물리학 I 공식 정리

1. 물체의 운동

v＝속도(m/s), v_0＝처음 속도, a＝가속도(m/s^2), t＝시간(s), s＝변위(m)

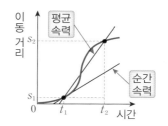

$$속력(속도)＝\frac{이동 거리(변위)}{걸린 시간} \rightarrow v＝\frac{s}{t}$$

$$가속도＝\frac{속도 변화량(나중 속도－처음 속도)}{걸린 시간} \rightarrow a＝\frac{v-v_0}{\Delta t}$$

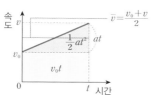

등가속도 직선 운동 공식

① $v＝v_o+at$

② $s＝v_0t+\frac{1}{2}at^2$

③ $2as＝v^2-v_0^2$

2. 뉴턴 운동 법칙

F＝힘(N, kgf), m＝질량(kg)

힘의 평형: 알짜힘이 0인 상태

뉴턴의 운동 법칙

① 관성의 법칙 : 물체가 원래의 운동 상태를 유지하려는 성질

② 가속도 법칙 : $F＝ma$

③ 작용 반작용 법칙 : 물체에 힘을 가하면 크기는 같고 방향은 반대인 힘을 받음

3. 운동량과 충격량

p＝운동량(kg·m/s), I＝충격량(N·s, kg·m/s)

운동량: 질량 × 속도 → $p＝mv$

운동량 보존 법칙: 충돌 전후의 운동량의 합은 일정하게 보존된다.

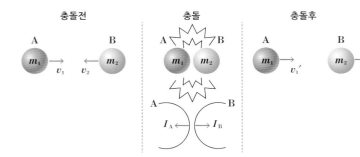

충격량: 힘 × 시간 → $I＝Ft$

충격량: 운동량의 변화량＝ 나중 운동량－처음 운동량 → $I＝\Delta p$

충격력: 물체가 충돌할 때 받는 평균힘 → 충돌 시간이 길수록 충격력이 작아짐

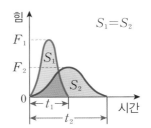

4. 역학적 에너지 보존 $W=$ 일(J), $E_K=$ 운동 에너지(J), $E_P=$ 퍼텐셜 에너지(J), $h=$ 높이, $k=$ 용수철상수(N/m)

일: 힘 $\times$ 힘의 방향으로 이동한 거리 $\rightarrow W=Fs\cos\theta$

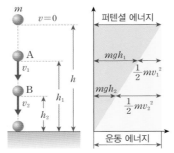

운동 에너지: 운동하는 물체가 가지는 에너지 $\rightarrow E_K=\dfrac{1}{2}mv^2$

퍼텐셜 에너지: 중력이 작용하는 공간에서 물체가 가지는 에너지 $\rightarrow E_P=mgh$

탄성 퍼텐셜 에너지: 용수철이 $x(\mathrm{m})$만큼 변형됐을 때 가지는 에너지 $\rightarrow E_P=\dfrac{1}{2}kx^2$

> **역학적 에너지:** 운동 에너지 + 퍼텐셜 에너지 $\rightarrow E=E_K+E_P$

☆ 역학적 에너지는 중력만 받아 운동하는 경우 외부 힘의 개입이 없을 시 항상 보존된다.

☆ 탄성력에 의한 역학적 에너지 또한 항상 외부 힘의 개입이 없을 시 보존된다.

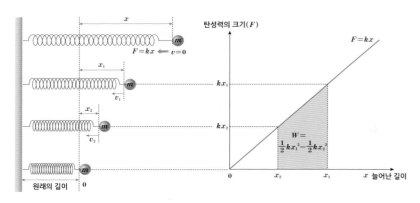

☆ 보존되지 않을 경우 : 마찰 또는 공기 저항을 받을 경우 역학적 에너지는 감소한다.

5. 열역학 제 1법칙

$W=$ 일(J), $P=$ 압력($\mathrm{N/m^2}$, Pa), $V=$ 부피, $U=$ 내부 에너지, $T=$ 절대온도(K), $N=$ 분자수, $Q=$ 열

기체가 하는 일: 압력과 부피 변화량의 곱 $\rightarrow W=P\Delta V$

기체의 내부 에너지: 기체의 분자 수와 절대 온도에 비례함 $\rightarrow U\propto NT$

열역학 제 1법칙: 기체가 흡수한 열은 내부 에너지 변화량과 기체가 외부에 한 일의 합과 같다. $\rightarrow Q=\Delta U+W=\Delta U+P\Delta V$

열역학적 과정

등압 과정(압력)	등적 과정(부피)	단열 과정(열 출입×)	등온 과정(온도)
ΔU도 있고, ΔU도 존재함. $Q=\Delta U+P\Delta V$	$\Delta V=0$이므로 $Q=\Delta U$이다.	열출입이 없으므로 $Q=0$이다. 따라서 $W=-\Delta U$	온도가 변하지 않으므로 $\Delta U=0$이다. 따라서 $Q=P\Delta V$

정답표

02 물질의 자성

1 ③	2 ⑤	3 ②	4 ②	5 ①
6 ①	7 ①	8 ①	9 ①	10 ④
11 ③	12 ⑤	13 ③	14 ①	15 ③
16 ④	17 ②	18 ①	19 ④	20 ②
21 ①	22 ①	23 ④	24 ④	25 ③
26 ①	27 ⑤	28 ①	29 ⑤	30 ①
31 ④	32 ①	33 ③	34 ①	35 ⑤
36 ③				

03 전자기 유도

1 ③	2 ④	3 ③	4 ③	5 ⑤
6 ③	7 ②	8 ④	9 ①	10 ③
11 ②	12 ⑤	13 ①	14 ④	15 ②
16 ⑤	17 ①	18 ②	19 ②	20 ④
21 ④	22 ①	23 ③	24 ⑤	25 ④
26 ③	27 ②	28 ②	29 ①	30 ③
31 ④	32 ⑤	33 ③	34 ③	35 ⑤
36 ⑤	37 ③	38 ③	39 ③	40 ⑤
41 ⑤	42 ③	43 ①	44 ②	45 ②
46 ⑤	47 ⑤	48 ⑤	49 ③	50 ②
51 ⑤				

III. 파동과 정보통신

1. 파동

01 파동의 성질

1 ④	2 ②	3 ④	4 ④	5 ①
6 ⑤	7 ③	8 ①	9 ②	10 ④
11 ①	12 ②	13 ②	14 ⑤	15 ⑤
16 ①	17 ①	18 ④	19 ④	20 ③
21 ④	22 ②	23 ③	24 ④	25 ④
26 ②	27 ④	28 ④	29 ③	30 ②
31 ③	32 ⑤			

02 전반사와 광통신

1 ②	2 ④	3 ①	4 ⑤	5 ②
6 ④	7 ③	8 ②	9 ④	10 ③
11 ①	12 ②	13 ③	14 ③	15 ②
16 ④	17 ②	18 ②	19 ②	20 ①
21 ⑤	22 ①	23 ②	24 ③	25 ⑤
26 ②	27 ①	28 ⑤	29 ⑤	30 ①
31 ②	32 ⑤	33 ④	34 ⑤	35 ②
36 ①	37 ②	38 ⑤	39 ①	40 ①
41 ④	42 ④	43 ④	44 ③	45 ③
46 ①	47 ①	48 ③		

03 전자기파와 파동의 간섭

1 ⑤	2 ③	3 ⑤	4 ④	5 ①
6 ①	7 ④	8 ④	9 ④	10 ②
11 ③	12 ③	13 ④	14 ①	15 ③
16 ④	17 ④	18 ④	19 ③	20 ④
21 ③	22 ⑤	23 ④	24 ①	25 ④
26 ②	27 ③	28 ⑤	29 ④	30 ②
31 ①	32 ①	33 ③	34 ②	35 ③
36 ④	37 ③	38 ③	39 ④	40 ④
41 ④	42 ⑤	43 ②	44 ④	45 ①
46 ④	47 ③	48 ⑤	49 ③	50 ⑤
51 ①	52 ①	53 ④	54 ④	55 ⑤
56 ②	57 ①	58 ②	59 ①	60 ②
61 ⑤	62 ①	63 ①	64 ①	65 ①
66 ⑤	67 ③	68 ①	69 ④	70 ④
71 ⑤	72 ①	73 ④	74 ①	75 ⑤
76 ③	77 ④	78 ④	79 ②	

2. 빛과 물질의 이중성

01 빛의 이중성

1 ①	2 ①	3 ④	4 ①	5 ⑤
6 ③	7 ①	8 ④	9 ①	10 ③
11 ②	12 ①	13 ②	14 ③	15 ④
16 ②	17 ④	18 ②	19 ③	20 ①
21 ②	22 ⑤	23 ①		

02 물질의 이중성

1 ④	2 ④	3 ⑤	4 ①	5 ③
6 ④	7 ④	8 ④	9 ①	10 ①
11 ③	12 ①	13 ②	14 ⑤	15 ②
16 ④	17 ③	18 ②	19 ③	20 ③
21 ④	22 ③	23 ⑤	24 ②	25 ①
26 ②	27 ⑤	28 ②	29 ⑤	30 ②
31 ③	32 ②	33 ①	34 ②	35 ④
36 ③				

2023학년도 6월 고3 모의평가

1 ⑤	2 ①	3 ③	4 ③	5 ②
6 ④	7 ②	8 ④	9 ③	10 ①
11 ②	12 ⑤	13 ④	14 ③	15 ①
16 ⑤	17 ③	18 ⑤	19 ④	20 ①

2023학년도 9월 고3 모의평가

1 ②	2 ①	3 ③	4 ①	5 ④
6 ④	7 ①	8 ②	9 ⑤	10 ③
11 ④	12 ①	13 ②	14 ①	15 ⑤
16 ④	17 ①	18 ③	19 ④	20 ⑤

2023학년도 대학수학능력시험

1 ④	2 ⑤	3 ①	4 ②	5 ④
6 ⑤	7 ④	8 ④	9 ③	10 ③
11 ①	12 ③	13 ⑤	14 ①	15 ⑤
16 ⑤	17 ②	18 ③	19 ⑤	20 ①

2024학년도 6월 고3 모의평가

1 ④	2 ①	3 ④	4 ④	5 ②
6 ⑤	7 ④	8 ②	9 ③	10 ⑤
11 ①	12 ③	13 ②	14 ②	15 ①
16 ①	17 ②	18 ②	19 ④	20 ③

2024학년도 9월 고3 모의평가

1 ②	2 ①	3 ④	4 ③	5 ①
6 ②	7 ②	8 ③	9 ④	10 ⑤
11 ①	12 ⑤	13 ⑤	14 ①	15 ④
16 ②	17 ④	18 ⑤	19 ③	20 ④

2024학년도 대학수학능력시험

1 ④	2 ②	3 ①	4 ①	5 ④
6 ②	7 ④	8 ①	9 ⑤	10 ①
11 ④	12 ④	13 ⑤	14 ①	15 ⑤
16 ⑤	17 ②	18 ④	19 ④	20 ②

2025학년도 6월 고3 모의평가

1 ②	2 ③	3 ①	4 ③	5 ③
6 ④	7 ③	8 ①	9 ⑤	10 ④
11 ④	12 ②	13 ①	14 ③	15 ⑤
16 ④	17 ②	18 ⑤	19 ①	20 ②

2025학년도 9월 고3 모의평가

1 ①	2 ③	3 ⑤	4 ④	5 ②
6 ④	7 ②	8 ①	9 ③	10 ①
11 ⑤	12 ①	13 ①	14 ②	15 ⑤
16 ③	17 ①	18 ③	19 ⑤	20 ④

2025학년도 대학수학능력시험

1 ②	2 ⑤	3 ①	4 ③	5 ①
6 ④	7 ③	8 ⑤	9 ④	10 ③
11 ②	12 ①	13 ①	14 ③	15 ⑤
16 ④	17 ①	18 ⑤	19 ⑤	20 ②

정답표

I. 역학과 에너지
1. 힘과 운동
01 물체의 운동

1 ①	2 ④	3 ④	4 ④	5 ④
6 ③	7 ②	8 ③	9 ⑤	10 ①
11 ③	12 ④	13 ①	14 ①	15 ②
16 ④	17 ①	18 ④	19 ⑤	20 ①
21 ①	22 ②	23 ②	24 ①	25 ②
26 ④	27 ④	28 ④	29 ①	30 ③
31 ④	32 ④	33 ⑤	34 ②	35 ④
36 ④	37 ④	38 ②	39 ④	40 ④
41 ②	42 ③	43 ⑤	44 ③	45 ②
46 ④	47 ④	48 ④	49 ③	50 ②
51 ②	52 ④	53 ④	54 ④	55 ②
56 ③	57 ②	58 ④		

02 뉴턴 운동 법칙

1 ④	2 ④	3 ②	4 ①	5 ②
6 ②	7 ⑤	8 ②	9 ④	10 ②
11 ②	12 ③	13 ④	14 ④	15 ③
16 ①	17 ⑤	18 ④	19 ⑤	20 ①
21 ⑤	22 ②	23 ③	24 ②	25 ④
26 ③	27 ①	28 ④	29 ②	30 ⑤
31 ②	32 ④	33 ③	34 ③	35 ⑤
36 ④	37 ⑤	38 ④	39 ③	40 ②
41 ②	42 ④	43 ⑤	44 ④	45 ①
46 ⑤	47 ②	48 ②	49 ①	50 ③
51 ⑤	52 ④	53 ④	54 ④	55 ④
56 ⑤	57 ④	58 ①	59 ④	60 ②
61 ⑤	62 ④	63 ②	64 ①	65 ⑤
66 ①	67 ④	68 ⑤	69 ③	70 ①
71 ①	72 ③			

03 운동량 보존 법칙과 여러 가지 충돌

1 ②	2 ⑤	3 ⑤	4 ⑤	5 ⑤
6 ③	7 ③	8 ③	9 ⑤	10 ④
11 ②	12 ⑤	13 ③	14 ⑤	15 ④
16 ③	17 ⑤	18 ⑤	19 ④	20 ③
21 ⑤	22 ④	23 ③	24 ④	25 ②
26 ④	27 ③	28 ②	29 ②	30 ①
31 ②	32 ⑤	33 ②	34 ④	35 ⑤
36 ⑤	37 ③	38 ④	39 ③	40 ⑤
41 ①	42 ①	43 ③	44 ④	45 ③
46 ④	47 ⑤	48 ③	49 ②	50 ④
51 ②	52 ②	53 ④	54 ⑤	55 ⑤
56 ③	57 ④	58 ①	59 ④	60 ②
61 ①	62 ②	63 ③	64 ①	65 ④
66 ③				

2. 에너지와 열
01 일과 에너지

1 ③	2 ②	3 ③	4 ③	5 ⑤
6 ②	7 ②	8 ⑤	9 ②	10 ①
11 ④	12 ⑤	13 ②	14 ②	15 ④
16 ④	17 ③	18 ①	19 ①	20 ④
21 ④	22 ②	23 ②	24 ④	25 ②
26 ④	27 ③	28 ③	29 ④	30 ③
31 ④	32 ⑤	33 ④	34 ④	35 ⑤
36 ⑤	37 ②	38 ④	39 ④	40 ⑤
41 ①	42 ⑤	43 ①	44 ⑤	45 ②
46 ①	47 ①	48 ⑤	49 ②	50 ④
51 ⑤	52 ②			

02 열역학 법칙

1 ⑤	2 ⑤	3 ⑤	4 ④	5 ④
6 ②	7 ③	8 ①	9 ③	10 ⑤
11 ②	12 ③	13 ⑤	14 ③	15 ①
16 ③	17 ⑤	18 ②	19 ⑤	20 ⑤
21 ④	22 ②	23 ④	24 ⑤	25 ⑤
26 ⑤	27 ④	28 ③	29 ③	30 ③
31 ③	32 ①	33 ④	34 ③	35 ③
36 ③	37 ③	38 ⑤	39 ④	40 ①
41 ⑤	42 ④	43 ④	44 ⑤	45 ⑤
46 ④	47 ⑤	48 ④	49 ⑤	50 ②
51 ④	52 ②	53 ①	54 ③	55 ⑤
56 ⑤	57 ①	58 ③	59 ⑤	

3. 특수 상대성 이론
01 특수 상대성 이론

1 ④	2 ④	3 ⑤	4 ⑤	5 ④
6 ②	7 ③	8 ④	9 ①	10 ⑤
11 ②	12 ③	13 ④	14 ②	15 ①
16 ③	17 ④	18 ④	19 ③	20 ⑤
21 ③	22 ④	23 ④	24 ③	25 ①
26 ②	27 ④	28 ②	29 ③	30 ③
31 ②	32 ③	33 ⑤	34 ③	35 ④
36 ⑤	37 ②	38 ②	39 ①	40 ④
41 ③	42 ④	43 ②	44 ⑤	45 ⑤
46 ⑤	47 ④	48 ④		

02 질량과 에너지

1 ⑤	2 ③	3 ①	4 ④	5 ①
6 ③	7 ⑤	8 ①	9 ③	10 ④
11 ③	12 ③	13 ③	14 ⑤	15 ③
16 ④	17 ⑤	18 ④	19 ④	20 ②
21 ③	22 ④	23 ④	24 ④	25 ①
26 ③	27 ①	28 ⑤	29 ③	30 ②
31 ⑤	32 ①	33 ③	34 ⑤	35 ④
36 ④	37 ⑤			

II. 물질과 전자기장
1. 물질의 구조와 성질
01 전기력

1 ③	2 ⑤	3 ①	4 ④	5 ⑤
6 ②	7 ⑤	8 ⑤	9 ④	10 ①
11 ③	12 ②	13 ①	14 ①	15 ④
16 ③	17 ②	18 ①	19 ⑤	20 ⑤
21 ③	22 ②	23 ③	24 ③	25 ①
26 ③	27 ③	28 ③	29 ③	30 ①
31 ①				

02 빛의 흡수와 방출

1 ⑤	2 ④	3 ④	4 ⑤	5 ①
6 ①	7 ③	8 ①	9 ⑤	10 ①
11 ④	12 ②	13 ④	14 ⑤	15 ⑤
16 ③	17 ①	18 ②	19 ③	20 ⑤
21 ③	22 ②	23 ③	24 ②	25 ⑤
26 ①	27 ①	28 ⑤	29 ③	30 ③
31 ①	32 ⑤	33 ①	34 ②	35 ①
36 ①	37 ⑤	38 ②	39 ①	40 ②
41 ④	42 ④	43 ⑤	44 ①	

03 에너지띠

1 ②	2 ⑤	3 ③	4 ②	5 ①
6 ①	7 ②	8 ⑤	9 ①	10 ①
11 ⑤	12 ④	13 ③	14 ②	15 ③

04 반도체와 다이오드

1 ③	2 ③	3 ②	4 ③	5 ④
6 ③	7 ③	8 ②	9 ②	10 ①
11 ③	12 ②	13 ④	14 ④	15 ①
16 ①	17 ④	18 ①	19 ①	20 ⑤
21 ④	22 ②	23 ③	24 ②	25 ④
26 ⑤	27 ③	28 ①	29 ③	30 ③
31 ①				

2. 전자기장
01 전류에 의한 자기장

1 ③	2 ③	3 ③	4 ⑤	5 ④
6 ⑤	7 ②	8 ⑤	9 ①	10 ②
11 ②	12 ①	13 ⑤	14 ⑤	15 ③
16 ①	17 ⑤	18 ②	19 ③	20 ⑤
21 ③	22 ④	23 ③	24 ⑤	25 ③
26 ⑤	27 ④	28 ①	29 ④	30 ⑤
31 ⑤	32 ③	33 ①	34 ③	35 ⑤
36 ⑤	37 ①	38 ⑤	39 ②	40 ⑤
41 ③	42 ②	43 ④	44 ⑤	45 ③
46 ⑤				

MOTHERTONGUE
마더텅출판사
since1999.4.1.

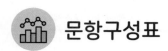

2026 마더텅 수능기출문제집 물리학 I 은

총 864문항을 단원별로 나누어 수록하였습니다.

- 2026 수능(2025.11.13.시행) 적용 새교육과정 반영!
- 2025~2008학년도(2024~2007년 시행) 최신 18개년
  수능·모의평가·학력평가 기출문제 중 새교육과정에 맞는
  우수 문항 + 새교육과정을 반영한 연도별 모의고사 9회분 수록
- 특별 부록 더 자세한 해설 @, 기출 OX 405제
- 수능에 꼭 나오는 단원별, 소주제별 필수 개념 및 암기사항 정리
- 대한민국 최초! 전 문항, 모든 선지에 100% 첨삭해설 수록

2025학년도 수능 분석 동영상 강의 QR ▶

단원별 문항 구성표

I 단원	II 단원	III 단원
392	254	218
총 수록 문항 수		864

연도별 문항 구성표

시행 년도	3월 학평 서울시	4월 학평 경기도	6월 모평 평가원	7월 학평 인천시	9월 모평 평가원	10월 학평 서울시	11월 수능 평가원	연도별 문항 수
2024	20	20	20	20	20	20	20	140
2023	20	20	20	20	20	20	20	140
2022	20	20	20	20	20	20	20	140
2021	20	20	20	20	20	20	20	140
2020	20	20	20	20	20	20	20	140
2019	9	8	10	10	11	12	12	72
2018	11	12	10	12	10	9	11	75
2017	-	1	-	1	-	-	-	2
2016	-	1	-	-	-	3	-	4
2015	-	-	-	-	-	-	-	0
2014	-	-	-	-	-	-	-	0
2013	-	-	-	-	-	-	-	0
2012	1	1	1	-	1	1	2	7
2011	-	-	1	-	1	-	-	2
2010	-	-	-	-	-	-	-	0
2009	-	-	1	-	-	-	-	1
2008	-	-	-	-	-	-	-	0
2007	-	-	1	-	-	-	-	1
합계								864

2025학년도 6월/9월 모의평가 및 대학수학능력시험 과학탐구영역 물리학 I 문항 배치표

문항 번호	6월 모의평가	9월 모의평가	수능
1	p.245 **041**	p.253 **074**	p.254 **078**
2	p.14 **024**	p.22 **056**	p.124 **037**
3	p.145 **032**	p.148 **043**	p.148 **044**
4	p.122 **030**	p.123 **035**	p.273 **036**
5	p.38 **050**	p.216 **030**	p.43 **071**
6	p.247 **052**	p.185 **019**	p.63 **065**
7	p.110 **041**	p.42 **067**	p.189 **036**
8	p.186 **022**	p.230 **043**	p.217 **032**
9	p.220 **004**	p.254 **076**	p.112 **048**
10	p.94 **046**	p.63 **063**	p.63 **660**
11	p.55 **034**	p.111 **046**	p.254 **079**
12	p.130 **017**	p.62 **062**	p.165 **031**
13	p.77 **016**	p.165 **030**	p.133 **031**
14	p.268 **014**	p.273 **034**	p.232 **048**
15	p.226 **028**	p.97 **058**	p.97 **059**
16	p.159 **017**	p.179 **044**	p.283 **057**
17	p.178 **039**	p.133 **029**	p.179 **046**
18	p.202 **036**	p.207 **049**	p.43 **072**
19	p.71 **018**	p.42 **068**	p.207 **051**
20	p.41 **063**	p.79 **051**	p.80 **052**

💡 더 자세한 해설 @ 1등급 비결전수

> **마더텅 <더 자세한 해설 @>로 공부하고
수능 1등급으로 도약하기!**

정말 잘 이해되는 자세한 해설
최신 9개년 수능, 모의평가, 학력평가 문항 중 **고난도 42문항**을 선별!
고난도 42문항: 기존 마더텅 해설 + <더 자세한 해설 @>까지 추가 제공!

<정답과 해설편>에는 최신 9개년 수능, 모의평가, 학력평가에 출제된 문항 중에서 체감난도가 높은 고난도 42문항의 자세한 해설이 수록되어 있습니다.
수능 고득점을 위해 꼭 풀어봐야 하는 문항을 선별하여 구성하였습니다.

어려워서 포기한 1등급, 고난도 문항의 풀이 비결을
마더텅 <더 자세한 해설 @>에서 알려드립니다!

해당 문항은 <문제편> 문제 번호 오른쪽에 고난도 표시가 되어있습니다.
(※난도가 상대적으로 낮은 문항은 단원별 문항 수를 고려하여 선정되었습니다.)

🍎 **단원별**

📖 더 자세한 해설 ⓐ

*수능 고득점을 위해 꼭 풀어봐야 하는 고난도 42문항을 선별하여 아주 자세한 해설을 추가로 수록하였습니다.

🖥 연도별

🏅 특급 부록

수능 완전 정복을 위한 기출 OX 405제 p.310

I. 역학과 에너지

1. 힘과 운동

01 물체의 운동

❶ 위치-시간 그래프 해석 ★수능에 나오는 필수 개념 2가지 + 필수 암기사항 4개

기본자료

필수개념 1 이동 거리, 변위, 속력, 속도의 이해

물리량	정의 및 공식
이동 거리(s)	물체가 운동한 총 거리
변위($\vec{s}$)	물체의 처음 위치에서 나중 위치까지의 이은 직선 거리와 방향
속력(v)	물체의 빠르기, 단위 시간(1초) 동안의 이동 거리 속력 = $\dfrac{\text{이동 거리}}{\text{걸린 시간}}$, $v = \dfrac{s}{t}$
속도($\vec{v}$)	물체의 운동 방향과 빠르기, 단위 시간(1초) 동안의 변위 속도 = $\dfrac{\text{변위}}{\text{걸린 시간}}$, $\vec{v} = \dfrac{\vec{s}}{t}$

* 화살표는 크기와 방향을 가지는 물리량을 나타내는 기호에 사용하는 것으로 크기만 가지는 물리량과 구분하기 위해 쓰인다.

- **암기** 평균 속력과 평균 속도 공식

  평균 속력 = $\dfrac{\text{총 이동 거리}}{\text{총 걸린 시간}}$

  평균 속도 = $\dfrac{\text{변위}}{\text{걸린 시간}}$

- 이동 거리−시간 그래프에서 평균 속력과 순간 속력

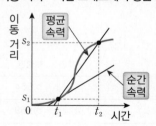

$t_1 \sim t_2$ 사이의 평균 속력 = 두 점을 잇는 직선의 기울기
t_1일 때의 순간 속력 = t_1에서의 접선의 기울기

필수개념 2 **위치―시간 그래프 해석**

- **암기** 위치―시간 그래프에서 **기울기의 절댓값** → 속력(속도의 크기)

  기울기의 부호 → 운동 방향(속도의 방향)

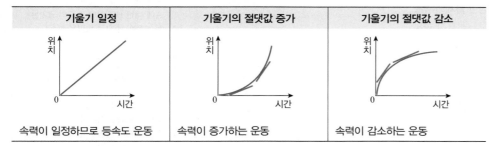

기울기 일정	기울기의 절댓값 증가	기울기의 절댓값 감소
속력이 일정하므로 등속도 운동	속력이 증가하는 운동	속력이 감소하는 운동

- **암기** 위치―시간 그래프에서 **두 물체 사이의 거리** → 같은 시각에서 두 지점 사이의 간격

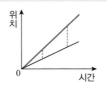

두 물체 사이의 거리 일정	두 물체 사이의 거리 증가	두 물체 사이의 거리 감소
두 그래프의 기울기가 같으므로 속력은 서로 같다. 같은 시각에서 두 지점 사이의 간격이 일정하므로 두 물체 사이의 거리도 항상 같다.	두 그래프의 기울기가 다르므로 속력은 서로 다르다. 같은 시각에서 두 지점 사이의 간격이 증가하므로 두 물체 사이의 거리도 멀어진다.	두 그래프의 기울기가 다르므로 속력은 서로 다르다. 같은 시각에서 두 지점 사이의 간격이 감소하므로 두 물체 사이의 거리도 가까워진다.

- **암기** 위치―시간 그래프 또는 속도―시간 그래프에서 **운동 방향(속도의 부호)이 바뀌는 시각**

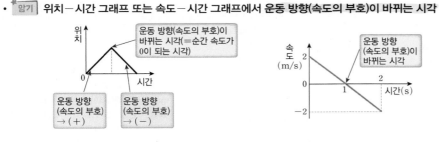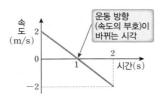

▶ 운동 방향(속도의 부호)과 가속도의 방향 비교법
속력(속도의 크기)이 증가하면 운동 방향과 가속도의 방향은 같고 속력(속도의 크기)이 감소하면 운동 방향과 가속도의 방향은 서로 반대이다.

위치―시간 그래프 분석

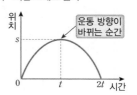

$0 \sim t$ 동안 운동 방향은 ($+$)이고 속력은 감소하고 $t \sim 2t$ 동안 운동 방향은 ($-$)이고 속력은 증가한다. 따라서 운동 방향이 바뀌는 시각은 위치―시간 그래프에서 기울기가 0인 지점인 t일 때이다.

❷ 상대 속도 개념 유형 ◀★수능에 나오는 필수 개념 1가지 + 필수 암기사항 4개

필수개념 1 상대 속도

- **암기** 상대 속도 : 운동하는 관측자가 측정한 물체의 속도

  상대 속도＝물체의 속도－관측자 속도

  A에 대한 B의 속도(＝A가 본 B의 속도)＝B의 속도－A의 속도

  v_A : A의 속도, v_B : B의 속도, v_{AB} : A에 대한 B의 속도

  $v_{AB}＝v_B－v_A$

- 속도－시간 그래프에서 상대 속도의 크기와 방향

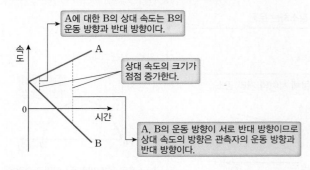

A에 대한 B의 상대 속도는 B의 운동 방향과 반대 방향이다.

상대 속도의 크기가 점점 증가한다.

A, B의 운동 방향이 서로 반대 방향이므로 상대 속도의 방향은 관측자의 운동 방향과 반대 방향이다.

암기 직선상의 운동에서 상대 속도의 크기와 방향 구하기

① 두 물체의 운동 방향이 같을 때 : A에 대한 B의 상대 속도의 크기는 큰 속력에서 작은 속력을 뺀 값.

$v_{AB}＝v_B－v_A$

② 두 물체의 운동 방향이 반대일 때 : 상대 속도의 크기는 두 속력의 합. 상대 속도의 방향은 관측자의 운동 방향과 반대 방향이다.

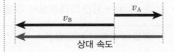

경우	그래프	설명
㉠ A, B가 같은 방향으로 각각 등속도 운동하는 경우	속도-시간 그래프 (A, B 수평선)	A에 대한 B의 속도, B에 대한 A의 속도의 크기는 일정하다. A에 대한 B의 속도는 부호가 (－)가 되어 B의 운동 방향과 반대이고, B에 대한 A의 속도는 부호가 (＋)가 되어 A의 운동 방향과 같다.
㉡ A, B가 서로 반대 방향으로 각각 등속도 운동하는 경우	속도-시간 그래프 (A 양, B 음)	상대 속도의 크기는 일정하고, A에 대한 B의 운동 방향은 B의 운동 방향과 같고 B에 대한 A의 운동 방향은 A의 운동 방향과 같다.
㉢ A, B가 같은 방향으로 각각 등가속도 직선 운동과 등속도 운동하는 경우	속도-시간 그래프 (A 증가, B 수평)	상대 속도의 크기는 증가하고, A에 대한 B의 운동 방향은 B의 운동 방향과 반대 방향이고, B에 대한 A의 운동 방향은 A의 운동 방향과 같다.
㉣ A, B가 같은 방향으로 각각 등가속도 직선 운동하는 경우	속도-시간 그래프 (A, B 증가)	상대 속도의 크기는 증가하고, A에 대한 B의 운동 방향은 B의 운동 방향과 반대 방향이고, B에 대한 A의 운동 방향은 A의 운동 방향과 같다.
㉤ A, B가 반대 방향으로 등가속도 직선 운동하는 경우	속도-시간 그래프 (A 증가, B 감소, t_1)	상대 속도의 크기는 증가하고, 0~t_1까지 A에 대한 B의 운동 방향은 B의 운동 방향과 반대이고 t_1 이후 A에 대한 B의 운동 방향은 B의 운동 방향과 같고 B에 대한 A의 운동 방향은 A의 운동 방향과 같다.

▶ A와 B 사이의 거리－시간 그래프

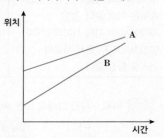

A와 B의 거리가 가까워지고 있으므로 B가 A를 볼 때, A가 B쪽으로 다가오는 것처럼 보인다.

그러므로 B에 대한 A의 상대속도 $v_{BA}＝v_A－v_B$는 부호가 －가 된다. (B의 속도가 더 크므로 A에서 B의 속도를 빼면 －가 된다.)

암기 B는 등속도, A는 등가속도 직선 운동할 때 B에 대한 A의 속도－시간 그래프

그래프의 기울기는 등가속도 직선 운동하는 A의 가속도를 나타낸다.

암기 A, B가 직선상에서 운동할 때 A와 B 사이의 거리는 상대 속도의 크기에 따라 증가하거나 감소한다.

t초 동안 A와 B 사이가 가까워지거나 멀어지는 거리＝$v_{AB}×t$

❸ 등속도와 등가속도 운동 ◀ **수능에 나오는** 필수 개념 3가지 + 필수 암기사항 5개

기본자료

필수개념 1 등속도 운동

• **등속 직선 운동** : 속도가 일정한 직선 운동. 즉, 속도의 크기(속력)와 속도의 방향(운동 방향)이 일정한 운동. 알짜힘(합력)이 0인 경우 성립하며, 이는 물체가 본래의 운동 상태를 유지하려는 관성을 가지고 있기 때문에 나타나는 현상이다.
  이동 거리＝속력×시간, $s = vt$

• **등속 직선 운동 그래프**

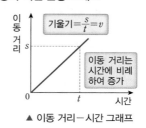

▲ 이동 거리－시간 그래프

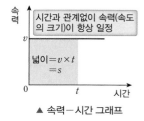

▲ 속력－시간 그래프

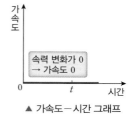

▲ 가속도－시간 그래프

필수개념 2 가속도

• **가속도(a)** : 시간에 따라 물체의 속도가 변하는 정도를 나타내는 물리량으로, 단위 시간(1초) 동안 속도 변화량으로 나타낸다.

$$\text{가속도} = \frac{\text{속도 변화량}}{\text{걸린 시간}} = \frac{\text{나중 속도} - \text{처음 속도}}{\text{걸린 시간}}, \ a = \frac{v - v_0}{t} \ (\text{단위} : \text{m/s}^2)$$

필수개념 3 등가속도 직선 운동

• **등가속도 직선 운동** : 가속도의 크기와 방향이 일정한 직선 운동. 즉, 단위 시간 동안 속도 변화량이 일정한 운동.

• **등가속도 직선 운동 그래프와 식**

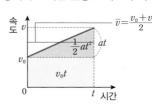

★암기
$$v = v_0 + at$$
$$s = v_0 t + \frac{1}{2}at^2$$
$$2as = v^2 - v_0^2$$

★암기
평균 속도($\overline{v}$) $\overline{v} = \frac{v_0 + v}{2}$
등가속도 직선 운동에서 처음 속도(v_0)와 나중 속도(v)의 중간값.
이동 거리는 평균 속력에 비례함.

▶ 운동 방향(속도의 부호)과 가속도의 방향 비교법
속력(속도의 크기)이 증가하면 운동 방향과 가속도의 방향은 같고 속력(속도의 크기)이 감소하면 운동 방향과 가속도의 방향은 서로 반대이다.

• **등가속도 직선 운동 그래프**
① $a > 0$인 경우

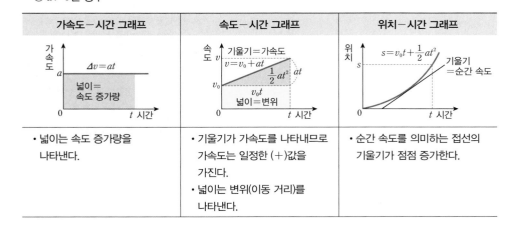

가속도－시간 그래프	속도－시간 그래프	위치－시간 그래프
• 넓이는 속도 증가량을 나타낸다.	• 기울기가 가속도를 나타내므로 가속도는 일정한 (＋)값을 가진다. • 넓이는 변위(이동 거리)를 나타낸다.	• 순간 속도를 의미하는 접선의 기울기가 점점 증가한다.

② $a < 0$인 경우

가속도─시간 그래프	속도─시간 그래프	위치─시간 그래프
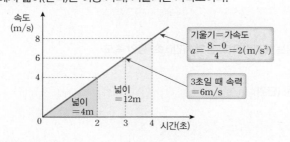	처음 방향으로 이동한 거리 반대 방향으로 이동한 거리	운동 방향이 바뀌는 순간
• 넓이는 속도 감소량을 나타낸다.	• 기울기가 가속도를 나타내므로 가속도는 일정한(─)값을 가진다. • 속도의 부호가 바뀔 때 운동 방향이 바뀐다.	• 위치가 증가하다가 감소할 때 운동 방향이 바뀐다.

TIP! 처음 속도가 0인 등가속도 직선 운동의 속도─시간 그래프

속도─시간 그래프에서 넓이(면적)는 이동 거리, 기울기는 가속도이다.

기울기=가속도
$a = \dfrac{8-0}{4} = 2(\text{m/s}^2)$

3초일 때 속력 =6m/s

넓이 =4m

넓이 =12m

걸린 시간이 같으면 면적의 비가 $1 : 3 : 5 : 7 \cdots$이 된다.
또 평균 속력의 비도 $1 : 3 : 5 : 7 \cdots$이 된다.

• 암기 **등가속도 직선 운동에서 평균 속도와 순간 속도와의 관계**

(1) 0~10초 동안 100m를 이동했다면 평균 속도는 10m/s이고 등가속도 직선 운동에서는 5초일 때 순간 속도와 같다.

(2) 평균 속도($\bar{v}$)는 처음 속도(v_0)와 나중 속도(v)의 중간값과 같다.

$\bar{v} = \dfrac{v_0 + v}{2} = \dfrac{15+5}{2} = 10$이며, 이는 5초일 때 순간 속도와 같다.

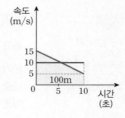

기본자료

▶ 암기 **등가속도 직선 운동에서 그래프 변환하기**

① 가속도─시간 그래프

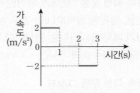

면적=속도 변화량

② 속도─시간 그래프($v_0 = 0$인 경우)

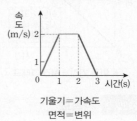

기울기=가속도
면적=변위

③ 이동 거리─시간 그래프

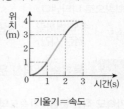

기울기=속도

암기 **A와 B의 평균 속력은 같으나 가속도의 크기가 다른 경우**

① 처음 속도가 A가 B보다 큰 경우 A의 속력은 감소하고 B의 속력은 증가한다.

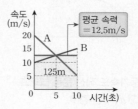

평균 속력 =12.5m/s

② 평균 속력은 12.5m/s로 같으므로 10초 동안 이동 거리는 125m이다.

③ A, B의 속력이 같아질 때까지 걸린 시간은 총 걸린 시간 10초의 반인 5초이다.

④ 같은 시간 동안 A의 속도 변화량의 크기가 15m/s이고 B의 속도 변화량의 크기가 5m/s이므로 가속도의 크기는 A가 B의 3배이다.

1

그림은 직선상에서 운동하는 물체의 위치를 시간에 따라 나타낸 것이다. 구간 A, B, C에서 물체는 각각 등가속도 운동을 한다.
A~C에서 물체의 운동에 대한 설명으로 옳은 것만을 <보기>에서 있는 대로 고른 것은? **3점**

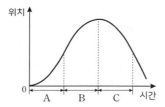

보기
ㄱ. A에서 속력은 점점 증가한다.
ㄴ. 가속도의 방향은 B에서와 C에서가 서로 반대이다.
ㄷ. 물체에 작용하는 알짜힘의 방향은 두 번 바뀐다.

① ㄱ   ② ㄴ   ③ ㄱ, ㄷ   ④ ㄴ, ㄷ   ⑤ ㄱ, ㄴ, ㄷ

2

그림은 직선상에서 운동하는 물체의 속도를 시간에 따라 나타낸 것이다.
0초부터 2초까지, 물체의 위치를 시간에 따라 나타낸 것으로 가장 적절한 것은? **3점**

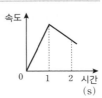

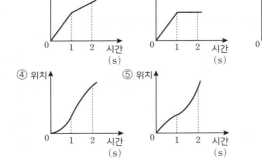

3

그림 (가)는 정지한 학생 A가 오른쪽으로 직선 운동하는 학생 B를 가로 길이 25cm인 창문 너머로 보는 모습을 나타낸 것이고, (나)는 A가 본 B의 모습을 1초 간격으로 나타낸 것이다.

학생 B
창문
20m
1m
학생 A
(가)

창문
0초 1초 2초
0 5 10 15 20 25(cm)
(나)

B의 운동에 대한 설명으로 옳은 것만을 <보기>에서 있는 대로 고른 것은? **3점**

보기
ㄱ. 0~1초 동안 이동한 거리는 1m이다.
ㄴ. 1~2초 동안 평균 속력은 2m/s이다.
ㄷ. 0~2초 동안 일정한 속력으로 운동하였다.

① ㄱ   ② ㄴ   ③ ㄷ   ④ ㄱ, ㄴ   ⑤ ㄴ, ㄷ

4

그림은 동일 직선상에서 운동하는 물체 A, B의 위치를 시간에 따라 나타낸 것이다.
A, B의 운동에 대한 설명으로 옳은 것만을 <보기>에서 있는 대로 고른 것은?

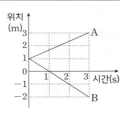

보기
ㄱ. 1초일 때, B의 운동 방향이 바뀐다.
ㄴ. 2초일 때, 속도의 크기는 A가 B보다 작다.
ㄷ. 0초부터 3초까지 이동한 거리는 A가 B보다 작다.

① ㄱ   ② ㄴ   ③ ㄱ, ㄷ   ④ ㄴ, ㄷ   ⑤ ㄱ, ㄴ, ㄷ

5

그림 (가)는 직선 도로 상에서 자동차 A, B가 오른쪽으로 운동하는 것을 나타낸 것이다. B는 20m/s의 일정한 속력으로 운동한다. 그림 (나)는 B에 대한 A의 속도를 시간에 따라 나타낸 것이다.

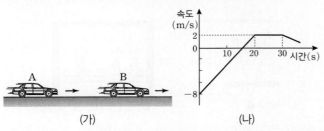

(가)   (나)

지면에 대한 A의 운동을 설명한 것으로 옳은 것을 〈보기〉에서 모두 고른 것은? (단, 오른쪽을 양(+)의 방향으로 한다.) **3점**

> **보기**
> ㄱ. 10초일 때 가속도의 크기는 0.5m/s²이다.
> ㄴ. 25초일 때 속력은 18m/s이다.
> ㄷ. 20초부터 30초까지 이동한 거리는 220m이다.

① ㄱ　　② ㄴ　　③ ㄱ, ㄴ　　④ ㄱ, ㄷ　　⑤ ㄴ, ㄷ

6

그림은 철수와 영희가 각각 10m/s, 5m/s의 일정한 속력으로 동일 직선 상에서 운동하고 있는 어느 순간의 모습을 나타낸 것이다. 이 순간 철수와 영희 사이의 거리는 60m이다.

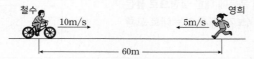

이에 대한 설명으로 옳은 것만을 〈보기〉에서 있는 대로 고른 것은?

> **보기**
> ㄱ. 철수의 가속도는 0이다.
> ㄴ. 철수에 대한 영희의 속도의 크기는 15m/s이다.
> ㄷ. 이 순간으로부터 1초가 지났을 때 철수와 영희 사이의 거리는 50m이다.

① ㄱ　　② ㄴ　　③ ㄱ, ㄴ　　④ ㄱ, ㄷ　　⑤ ㄴ, ㄷ

7

그림은 지면에서 운동하는 개미와 지면에 놓인 종이 위에서 운동하는 달팽이를 나타낸 것이다. 개미와 종이는 지면에 대하여 각각 동쪽으로 v와 $3v$의 속력으로, 달팽이는 종이에 대하여 서쪽으로 v의 속력으로 등속도 운동한다. 기준선은 지면에 고정되어 있고, 개미와 달팽이는 일직선상에서 운동한다.

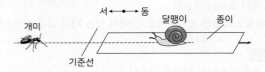

개미와 달팽이의 운동에 대한 설명으로 옳은 것만을 〈보기〉에서 있는 대로 고른 것은? **3점**

> **보기**
> ㄱ. 달팽이는 기준선에 점점 가까워진다.
> ㄴ. 지면에 대한 달팽이의 속도 크기는 점점 커진다.
> ㄷ. 달팽이에 대한 개미의 속도 크기는 v이다.

① ㄱ　　② ㄷ　　③ ㄱ, ㄴ　　④ ㄴ, ㄷ　　⑤ ㄱ, ㄴ, ㄷ

8

그림은 직선 운동하는 물체의 속도를 시간에 따라 나타낸 것이다.

이에 대한 옳은 설명만을 〈보기〉에서 있는 대로 고른 것은?

> **보기**
> ㄱ. 1초일 때 물체에 작용하는 알짜힘은 0이다.
> ㄴ. 운동량의 크기는 1초일 때가 3초일 때보다 크다.
> ㄷ. 3초일 때 물체의 운동 방향으로 알짜힘이 작용한다.

① ㄱ　　② ㄷ　　③ ㄱ, ㄴ　　④ ㄴ, ㄷ　　⑤ ㄱ, ㄴ, ㄷ

9

그림은 물체 A, B가 서로 반대 방향으로 등가속도 직선 운동할 때의 속도를 시간에 따라 나타낸 것이다. 색칠된 두 부분의 면적은 각각 S, $2S$ 이다.
A, B의 운동에 대한 설명으로 옳은 것은?

① $2t$일 때 속력은 A가 B의 2배이다.
② t일 때 가속도의 크기는 A가 B의 2배이다.
③ t일 때 A와 B의 가속도의 방향은 서로 같다.
④ 0부터 $2t$까지 평균 속력은 A가 B의 2배이다.
⑤ 0부터 $2t$까지 A와 B의 이동 거리의 합은 $3S$이다.

11

그림은 자유 낙하하는 물체 A와 수평으로 던진 물체 B가 운동하는 모습을 나타낸 것이다.

이에 대한 옳은 설명만을 〈보기〉에서 있는 대로 고른 것은?

보기

ㄱ. A는 속력이 변하는 운동을 한다.
ㄴ. B는 운동 방향이 변하는 운동을 한다.
ㄷ. B는 운동 방향과 가속도의 방향이 같다.

① ㄱ　　② ㄷ　　③ ㄱ, ㄴ　　④ ㄴ, ㄷ　　⑤ ㄱ, ㄴ, ㄷ

10

그림은 직선 운동하는 물체 A, B의 속도를 시간에 따라 나타낸 것이다. A의 처음 속도는 v_0이다. 0에서 4초까지 이동한 거리는 A가 B의 2배이다.
3초일 때 A의 가속도의 크기와 1초일 때 B의 가속도의 크기를 각각 a_A, a_B라 할 때, $a_A : a_B$는?

① $2:1$　　② $3:1$　　③ $3:2$　　④ $5:2$　　⑤ $7:5$

12

그림은 물체 A, B, C의 운동에 대한 설명이다.

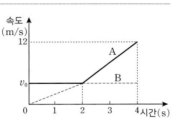
등속 원운동하는 장난감 비행기 A

연직 아래로 떨어지는 사과 B

포물선 운동하는 축구공 C

A, B, C 중 속력과 운동 방향이 모두 변하는 물체를 있는 대로 고른 것은?

① A　　② C　　③ A, B　　④ B, C　　⑤ A, B, C

13

그림은 놀이 기구 A, B, C가 운동하는 모습을 나타낸 것이다.

A : 자유 낙하   B : 회전 운동   C : 왕복 운동

운동 방향이 일정한 놀이 기구만을 있는 대로 고른 것은?

① A   ② B   ③ A, C   ④ B, C   ⑤ A, B, C

14

그림 (가)~(다)는 각각 뜀틀을 넘는 사람, 그네를 타는 아이, 직선 레일에서 속력이 느려지는 기차를 나타낸 것이다.

(가)   (나)   (다)

이에 대한 설명으로 옳은 것만을 〈보기〉에서 있는 대로 고른 것은?

보기
ㄱ. (가)에서 사람의 운동 방향은 변한다.
ㄴ. (나)에서 아이는 등속도 운동을 한다.
ㄷ. (다)에서 기차의 운동 방향과 가속도 방향은 서로 같다.

① ㄱ   ② ㄴ   ③ ㄱ, ㄷ   ④ ㄴ, ㄷ   ⑤ ㄱ, ㄴ, ㄷ

15

그림은 물체가 점 p, q를 지나는 곡선 경로를 따라 운동하는 것을 나타낸 것이다.

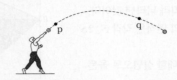

p에서 q까지 물체의 운동에 대한 설명으로 옳은 것만을 〈보기〉에서 있는 대로 고른 것은?

보기
ㄱ. 등속도 운동이다.
ㄴ. 운동 방향은 일정하다.
ㄷ. 이동 거리는 변위의 크기보다 크다.

① ㄱ   ② ㄷ   ③ ㄱ, ㄴ   ④ ㄴ, ㄷ   ⑤ ㄱ, ㄴ, ㄷ

16

그림과 같이 수평면 위의 점 p에서 비스듬히 던져진 공이 곡선 경로를 따라 운동하여 점 q를 통과하였다.

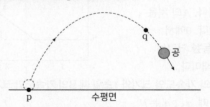

p   수평면

p에서 q까지 공의 운동에 대한 옳은 설명만을 〈보기〉에서 있는 대로 고른 것은?

보기
ㄱ. 속력이 변하는 운동이다.
ㄴ. 운동 방향이 일정한 운동이다.
ㄷ. 변위의 크기는 이동 거리보다 작다.

① ㄱ   ② ㄷ   ③ ㄱ, ㄴ   ④ ㄱ, ㄷ   ⑤ ㄴ, ㄷ

17

여러 가지 운동
[2021학년도 6월 모평 1번]

그림 (가), (나), (다)는 각각 연직 위로 던진 구슬, 선수가 던진 농구공, 회전하고 있는 놀이 기구에 타고 있는 사람을 나타낸 것이다.

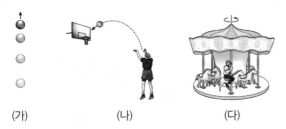

(가)   (나)   (다)

이에 대한 설명으로 옳은 것만을 〈보기〉에서 있는 대로 고른 것은?

보기
ㄱ. (가)에서 구슬의 속력은 변한다.
ㄴ. (나)에서 농구공에 작용하는 알짜힘의 방향과 농구공의 운동 방향은 같다.
ㄷ. (다)에서 사람의 운동 방향은 변하지 않는다.

① ㄱ   ② ㄷ   ③ ㄱ, ㄴ   ④ ㄴ, ㄷ   ⑤ ㄱ, ㄴ, ㄷ

19

여러 가지 운동
[2021학년도 수능 6번]

표는 물체의 운동 A, B, C에 대한 자료이다.

특징	A	B	C
물체의 속력이 일정하다.	×	○	×
물체에 작용하는 알짜힘의 방향이 일정하다.	○	×	○
물체에 작용하는 알짜힘의 방향이 물체의 운동 방향과 같다.	○	×	×

(○: 예, ×: 아니요)

이에 대한 설명으로 옳은 것만을 〈보기〉에서 있는 대로 고른 것은?

보기
ㄱ. 자유 낙하하는 공의 등가속도 직선 운동은 A에 해당한다.
ㄴ. 등속 원운동을 하는 위성의 운동은 B에 해당한다.
ㄷ. 수평면에 대해 비스듬히 던진 공의 포물선 운동은 C에 해당한다.

① ㄴ   ② ㄷ   ③ ㄱ, ㄴ   ④ ㄱ, ㄷ   ⑤ ㄱ, ㄴ, ㄷ

18

등가속도 운동
[2020년 7월 학평 1번]

그림과 같이 수영 선수가 점 p에서 점 q까지 곡선 경로를 따라 이동한다. 선수가 p에서 q까지 이동하는 동안, 선수의 운동에 대한 설명으로 옳은 것만을 〈보기〉에서 있는 대로 고른 것은?

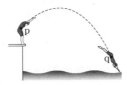

보기
ㄱ. 이동 거리와 변위의 크기는 같다.
ㄴ. 평균 속력은 평균 속도의 크기보다 크다.
ㄷ. 속력과 운동 방향이 모두 변하는 운동을 한다.

① ㄱ   ② ㄴ   ③ ㄱ, ㄷ   ④ ㄴ, ㄷ   ⑤ ㄱ, ㄴ, ㄷ

20

여러 가지 운동
[2022년 3월 학평 1번]

그림은 자동차 A, B, C의 운동을 나타낸 것이다. A는 일정한 속력으로 직선 경로를 따라, B는 속력이 변하면서 직선 경로를 따라, C는 일정한 속력으로 곡선 경로를 따라 운동을 한다.

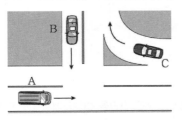

등속도 운동을 하는 자동차만을 있는 대로 고른 것은?

① A   ② B   ③ C   ④ A, B   ⑤ A, C

21

그림 (가)는 속력이 빨라지며 직선 운동하는 수레의 모습을, (나)는 포물선 운동하는 배구공의 모습을, (다)는 회전하고 있는 놀이 기구에 탄 사람의 모습을 나타낸 것이다.

(가)   (나)   (다)

이에 대한 설명으로 옳은 것만을 <보기>에서 있는 대로 고른 것은?

보기
ㄱ. (가)에서 수레에 작용하는 알짜힘의 방향과 수레의 운동 방향은 같다.
ㄴ. (나)에서 배구공의 속력은 일정하다.
ㄷ. (다)에서 사람의 운동 방향은 일정하다.

① ㄱ   ② ㄷ   ③ ㄱ, ㄴ   ④ ㄴ, ㄷ   ⑤ ㄱ, ㄴ, ㄷ

22

그림 (가)~(다)는 각각 원궤도를 따라 일정한 속력으로 운동하는 공 A, 수평으로 던져 낙하하는 공 B, 빗면에서 속력이 작아지는 운동을 하는 공 C의 운동 경로를 나타낸 것이다.

(가)   (나)   (다)

이에 대한 설명으로 옳은 것만을 <보기>에서 있는 대로 고른 것은?

보기
ㄱ. A는 등속도 운동을 한다.
ㄴ. B는 운동 방향과 속력이 모두 변하는 운동을 한다.
ㄷ. C에 작용하는 알짜힘은 0이다.

① ㄱ   ② ㄴ   ③ ㄱ, ㄷ   ④ ㄴ, ㄷ   ⑤ ㄱ, ㄴ, ㄷ

23

그림은 사람 A, B, C가 스키장에서 운동하는 모습을 나타낸 것이다. A는 일정한 속력으로 직선 경로를 따라 올라가고, B는 속력이 빨라지며 직선 경로를 따라 내려오며, C는 속력이 변하며 곡선 경로를 따라 내려온다.

운동 방향으로 알짜힘을 받는 사람만을 있는 대로 고른 것은? (단, 사람의 크기는 무시한다.)

① A   ② B   ③ C   ④ A, B   ⑤ A, C

24 2025 평가원

그림은 수평면에서 실선을 따라 운동하는 물체의 위치를 일정한 시간 간격으로 나타낸 것이다. Ⅰ, Ⅱ, Ⅲ은 각각 직선 구간, 반원형 구간, 곡선 구간이다. 이에 대한 설명으로 옳은 것만을 <보기>에서 있는 대로 고른 것은? 3점

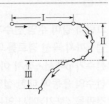

보기
ㄱ. Ⅰ에서 물체의 속력은 변한다.
ㄴ. Ⅱ에서 물체에 작용하는 알짜힘의 방향은 물체의 운동 방향과 같다.
ㄷ. Ⅲ에서 물체의 운동 방향은 변하지 않는다.

① ㄱ   ② ㄴ   ③ ㄱ, ㄷ   ④ ㄴ, ㄷ   ⑤ ㄱ, ㄴ, ㄷ

25

그림 (가)는 자동차 A, B가 평행한 직선 경로를 따라 각각 가속도 운동과 등속도 운동을 하는 모습을 나타낸 것이다. 0초일 때 A, B의 속력은 모두 10m/s이고, B는 A보다 L만큼 앞에 있다. 6초일 때 A, B는 기준선을 동시에 통과한다. 그림 (나)는 A의 가속도를 시간에 따라 나타낸 것이다.

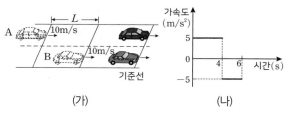

(가)   (나)

L은? (단, A, B의 크기는 무시한다.)

① 60m   ② 70m   ③ 90m   ④ 100m   ⑤ 130m

27

그림과 같이 물체가 점 a~d를 지나는 등가속도 직선 운동을 한다. a와 b, b와 c, c와 d 사이의 거리는 각각 L, x, $3L$이다. 물체가 운동하는 데 걸리는 시간은 a에서 b까지와 c에서 d까지가 같다. a, d에서 물체의 속력은 각각 v, $4v$이다.

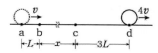

x는? 3점

① $2L$ ② $4L$ ③ $6L$ ④ $8L$ ⑤ $10L$

26

그림과 같이 직선 도로에서 기준선 P, Q를 각각 $4v$, v의 속력으로 동시에 통과한 자동차 A, B가 각각 등가속도 운동하여 기준선 R에서 동시에 정지한다. P와 R 사이의 거리는 L이다.

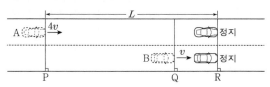

A가 Q에서 R까지 운동하는 데 걸린 시간은? (단, A, B는 도로와 나란하게 운동하며, A, B의 크기는 무시한다.)

① $\dfrac{L}{8v}$ ② $\dfrac{L}{6v}$ ③ $\dfrac{L}{5v}$ ④ $\dfrac{L}{4v}$ ⑤ $\dfrac{L}{3v}$

28

그림은 직선 도로에서 정지해 있던 자동차가 시간 $t=0$일 때 기준선 P에서 출발하여 기준선 R까지 등가속도 직선 운동하는 모습을 나타낸 것이다. $t=6$초일 때 기준선 Q를 통과하고 $t=8$초일 때 R를 통과한다. Q와 R 사이의 거리는 21m이다.

자동차의 운동에 대한 설명으로 옳은 것만을 <보기>에서 있는 대로 고른 것은? (단, 자동차의 크기는 무시한다.) 3점

보기
ㄱ. 가속도의 크기는 1.5m/s²이다.
ㄴ. $t=4$초일 때 속력은 7m/s이다.
ㄷ. $t=2$초부터 $t=6$초까지 이동 거리는 24m이다.

① ㄴ   ② ㄷ   ③ ㄱ, ㄴ   ④ ㄱ, ㄷ   ⑤ ㄴ, ㄷ

29

그림과 같이 직선 도로와 나란하게 운동하는 자동차가 $t=0$, $t=2$초, $t=5$초일 때 각각 기준선 P, Q, R를 지난다. 자동차는 P에서 Q까지, Q에서 R까지 각각 등가속도 운동을 하고 P, R를 지날 때 자동차의 속력은 각각 8m/s, 5m/s이다. P에서 Q까지와 Q에서 R까지의 거리는 같다.

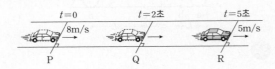

Q를 지날 때 자동차의 속력은?

① 1m/s ② 1.5m/s ③ 2m/s ④ 2.5m/s ⑤ 3m/s

30

다음은 물체의 운동을 분석하기 위한 실험이다.

[실험 과정]
(가) 그림과 같이 빗면에서 직선 운동하는 수레를 디지털 카메라로 동영상 촬영한다.

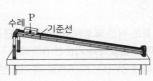

(나) 동영상 분석 프로그램을 이용하여 수레의 한 지점 P가 기준선을 통과하는 순간부터 0.1초 간격으로 P의 위치를 기록한다.

[실험 결과]

시간(초)	0	0.1	0.2	0.3	0.4	0.5
위치(cm)	0	6	14	24	㉠	50

○ 수레는 가속도의 크기가 ㉡ 인 등가속도 직선 운동을 하였다.

이에 대한 설명으로 옳은 것만을 〈보기〉에서 있는 대로 고른 것은?

보기
ㄱ. ㉠은 36이다.
ㄴ. ㉡은 2m/s²이다.
ㄷ. P가 기준선을 통과하는 순간의 속력은 0.4m/s이다.

① ㄱ ② ㄷ ③ ㄱ, ㄴ ④ ㄴ, ㄷ ⑤ ㄱ, ㄴ, ㄷ

31 2023 평가원

그림 (가)는 기울기가 서로 다른 빗면에서 v_0의 속력으로 동시에 출발한 물체 A, B, C가 각각 등가속도 운동하는 모습을 나타낸 것이다. 그림 (나)는 A, B, C가 각각 최고점에 도달하는 순간까지 물체의 속력을 시간에 따라 나타낸 것이다.

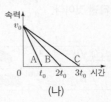

(가) (나)

이에 대한 설명으로 옳은 것만을 〈보기〉에서 있는 대로 고른 것은?

보기
ㄱ. 가속도의 크기는 B가 A의 2배이다.
ㄴ. t_0일 때, C의 속력은 $\frac{2}{3}v_0$이다.
ㄷ. 물체가 출발한 순간부터 최고점에 도달할 때까지 이동한 거리는 C가 A의 3배이다.

① ㄱ ② ㄴ ③ ㄱ, ㄷ ④ ㄴ, ㄷ ⑤ ㄱ, ㄴ, ㄷ

32

그림과 같이 0초일 때 기준선 P를 서로 반대 방향의 같은 속력으로 통과한 물체 A와 B가 각각 등가속도 직선 운동하여 기준선 Q를 동시에 지난다. P에서 Q까지 A의 이동 거리는 L이다. 가속도의 방향은 A와 B가 서로 반대이고, 가속도의 크기는 B가 A의 7배이다. t_0초일 때 A와 B의 속도는 같다. 0초에서 t_0초까지 A의 이동 거리는? (단, 물체의 크기는 무시한다.)

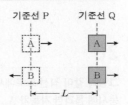

① $\frac{5}{13}L$ ② $\frac{7}{16}L$ ③ $\frac{1}{2}L$ ④ $\frac{7}{12}L$ ⑤ $\frac{5}{7}L$

33
등가속도 운동
[2022년 7월 학평 2번]

그림은 기준선 P에 정지해 있던 두 자동차 A, B가 동시에 출발하는 모습을 나타낸 것이다. A, B는 P에서 기준선 Q까지 각각

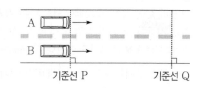

기준선 P　　　　　기준선 Q

등가속도 직선 운동을 하고, P에서 Q까지 운동하는 데 걸린 시간은 B가 A의 2배이다.

A가 P에서 Q까지 운동하는 동안, 물리량이 A가 B의 4배인 것만을 <보기>에서 있는 대로 고른 것은? (단, A, B의 크기는 무시한다.)

 3점

보기
ㄱ. 평균 속력　　　ㄴ. 가속도의 크기　　　ㄷ. 이동 거리

① ㄱ　　② ㄴ　　③ ㄱ, ㄷ　　④ ㄴ, ㄷ　　⑤ ㄱ, ㄴ, ㄷ

35　2022 평가원
등가속도 운동
[2022학년도 9월 모평 11번]

그림과 같이 수평면에서 간격 L을 유지하며 일정한 속력 $3v$로 운동하던 물체 A, B가 빗면을 따라 운동한다. A가 점 p를 속력 $2v$로 지나는 순간에 B는 점 q를 속력 v로 지난다.

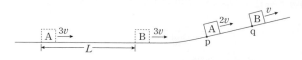

p와 q 사이의 거리는? (단, A, B는 동일 연직면에서 운동하며, 물체의 크기, 모든 마찰은 무시한다.)

① $\frac{2}{5}L$　　② $\frac{1}{2}L$　　③ $\frac{\sqrt{3}}{3}L$　　④ $\frac{\sqrt{2}}{2}L$　　⑤ $\frac{3}{4}L$

34
등가속도 운동
[2022년 4월 학평 16번]

그림과 같이 직선 도로에서 자동차 A가 기준선 P를 통과하는 순간 자동차 B가 기준선 Q를 통과한다. A, B는 각각 등속도 운동, 등가속도 운동하여 B가 기준선 R에서 정지한 순간부터 2초 후 A가 R를 통과한다. Q에서의 속력은 A가 B의 $\frac{5}{4}$배이다. P와 Q 사이의 거리는 30m이고 Q와 R 사이의 거리는 10m이다.

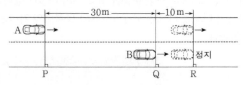

B의 가속도의 크기는? (단, A, B는 도로와 나란하게 운동하며, A, B의 크기는 무시한다.) 3점

① $\frac{7}{5}$m/s² 　　② $\frac{9}{5}$m/s² 　　③ $\frac{11}{5}$m/s²

④ $\frac{13}{5}$m/s² 　　⑤ 3m/s²

36
등가속도 직선 운동
[2023년 7월 학평 20번]

그림과 같이 직선 도로에서 자동차 A가 속력 $3v$로 기준선 Q를 지나는 순간 기준선 P에 정지해 있던 자동차 B가 출발하여 기준선 S에 동시에 도달한다. A가 Q에서 기준선 R까지 등가속도 운동하는 동안 A의 가속도와 B가 P에서 R까지 등가속도 운동하는 동안 B의 가속도는 크기와 방향이 서로 같고, R에서 S까지 A와 B가 등가속도 운동하는 동안 A와 B의 가속도는 크기와 방향이 서로 같다. A가 S에 도달하는 순간 A의 속력은 v이고, B가 P에서 R까지 운동하는 동안, R에서 S까지 운동하는 동안 B의 평균 속력은 각각 $3.5v$, $6v$이다. R와 S 사이의 거리는 L이다.

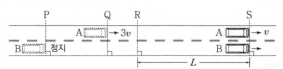

P와 Q 사이의 거리는? (단, A, B의 크기는 무시한다.) 3점

① $\frac{11}{20}L$　　② $\frac{3}{5}L$　　③ $\frac{13}{20}L$　　④ $\frac{7}{10}L$　　⑤ $\frac{3}{4}L$

37

그림과 같이 등가속도 직선 운동을 하는 자동차 A, B가 기준선 P, R를 각각 v, $2v$의 속력으로 동시에 지난 후, 기준선 Q를 동시에 지난다. P에서 Q까지 A의 이동 거리는 L이고, R에서 Q까지 B의 이동 거리는 $3L$이다. A, B의 가속도의 크기와 방향은 서로 같다.

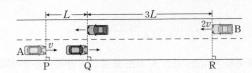

A의 가속도의 크기는? **3점**

① $\dfrac{3v^2}{16L}$ ② $\dfrac{3v^2}{8L}$ ③ $\dfrac{3v^2}{4L}$ ④ $\dfrac{9v^2}{8L}$ ⑤ $\dfrac{4v^2}{3L}$

39 **2024 수능**

그림과 같이 직선 도로에서 서로 다른 가속도로 등가속도 운동을 하는 자동차 A, B가 각각 속력 v_A, v_B로 기준선 P, Q를 동시에 지난 후 기준선 S에 동시에 도달한다. 가속도의 방향은 A와 B가 같고, 가속도의 크기는 A가 B의 $\dfrac{2}{3}$배이다. B가 Q에서 기준선 R까지 운동하는 데 걸린 시간은 R에서 S까지 운동하는 데 걸린 시간의 $\dfrac{1}{2}$배이다. P와 Q 사이, Q와 R 사이, R와 S 사이에서 자동차의 이동 거리는 모두 L로 같다.

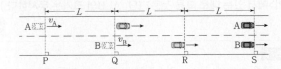

$\dfrac{v_A}{v_B}$는? **3점**

① $\dfrac{9}{4}$ ② $\dfrac{3}{2}$ ③ $\dfrac{7}{6}$ ④ $\dfrac{8}{7}$ ⑤ $\dfrac{8}{9}$

38 **2024 평가원**

그림과 같이 직선 도로에서 출발선에 정지해 있던 자동차 A, B가 구간 Ⅰ에서는 가속도의 크기가 $2a$인 등가속도 운동을, 구간 Ⅱ에서는 등속도 운동을, 구간 Ⅲ에서는 가속도의 크기가 a인 등가속도 운동을 하여 도착선에서 정지한다. A가 출발선에서 L만큼 떨어진 기준선 P를 지나는 순간 B가 출발하였다. 구간 Ⅲ에서 A, B 사이의 거리가 L인 순간 A, B의 속력은 각각 v_A, v_B이다.

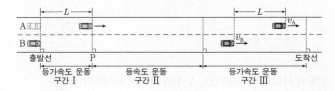

$\dfrac{v_A}{v_B}$는? **3점**

① $\dfrac{1}{4}$ ② $\dfrac{1}{3}$ ③ $\dfrac{1}{2}$ ④ $\dfrac{2}{3}$ ⑤ 1

40

그림은 직선 도로에서 10m 간격을 유지하며 5m/s의 일정한 속력으로 운동하는 자동차 A, B를 나타낸 것이다. A, B는 터널 내부에서 각각 등가속도 직선 운동을 하고, B가 터널에 들어가는 순간부터 A가 터널을 나오는 순간까지 A와 B 사이의 거리는 1초에 2m씩 증가한다.

이에 대한 설명으로 옳은 것만을 <보기>에서 있는 대로 고른 것은? (단, A와 B의 크기는 무시한다.) **3점**

보기

ㄱ. A가 터널을 빠져나온 순간부터 2초 후에 B가 터널을 빠져나온다.
ㄴ. B가 터널에 들어가는 순간 A의 속력은 7m/s이다.
ㄷ. 터널 안에서 B의 가속도의 크기는 1.5m/s²이다.

① ㄱ ② ㄴ ③ ㄷ ④ ㄱ, ㄴ ⑤ ㄴ, ㄷ

41

그림은 학생 A, B가 동일한 직선상에서 이어달리기를 하는 모습을
나타낸 것이다. 기준선 P를 속력 6m/s로 통과하여 등속도 운동하는
A가 기준선 Q에서 B에게 바통을 넘겨주면, B는 Q부터 기준선
R까지 등가속도 운동한다. Q, R에서 B의 속력은 각각 6m/s, 8m/s
이다. A가 P를 통과할 때부터 B가 R를 통과할 때까지 걸린 시간은
3초이고 P와 R 사이의 거리는 20m이다.

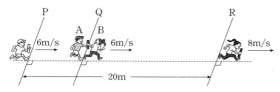

Q와 R 사이의 거리는? (단, A, B의 크기는 무시한다.)

① 12m   ② 14m   ③ 15m   ④ 16m   ⑤ 17m

42

그림 (가)와 같이 마찰이 없는 빗면에서 가만히 놓은 물체 A가 점 p를
지나 점 q를 v의 속력으로 통과하는 순간, 물체 B를 p에 가만히
놓았다. p와 q 사이의 거리는 L이고, A가 p에서 q까지 운동하는
동안 A의 평균 속력은 $\frac{4}{5}v$이다. 그림 (나)는 (가)의 A, B가
운동하여 B가 q를 지나는 순간 A가 점 r를 지나는 모습을 나타낸
것이다.

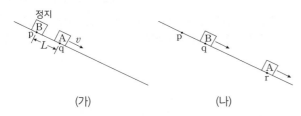

(가)   (나)

q와 r 사이의 거리는? (단, 물체의 크기, 공기 저항은 무시한다.)

① $\frac{5}{2}L$ ② 3L   ③ $\frac{7}{2}L$ ④ 4L   ⑤ $\frac{9}{2}L$

43

그림과 같이 기준선에 정지해 있던 자동차가 출발하여 직선 경로를
따라 운동한다. 자동차는 구간 A에서 등가속도, 구간 B에서 등속도,
구간 C에서 등가속도 운동한다. A, B, C의 길이는 모두 같고,
자동차가 구간을 지나는 데 걸린 시간은 A에서가 C에서의 4배이다.

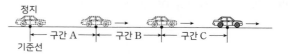

자동차의 운동에 대한 설명으로 옳은 것만을 〈보기〉에서 있는 대로
고른 것은? (단, 자동차의 크기는 무시한다.) 3점

> **보기**
> ㄱ. 평균 속력은 B에서가 A에서의 2배이다.
> ㄴ. 구간을 지나는 데 걸린 시간은 B에서가 C에서의 2배이다.
> ㄷ. 가속도의 크기는 C에서가 A에서의 8배이다.

① ㄱ   ② ㄷ   ③ ㄱ, ㄴ   ④ ㄴ, ㄷ   ⑤ ㄱ, ㄴ, ㄷ

44

그림과 같이 직선 도로에서 서로 다른 가속도로 등가속도 운동하는
물체 A, B가 시간 $t=0$일 때 기준선 P, Q를 각각 v, v_0의 속력으로
지난 후, $t=T$일 때 기준선 R, P를 $4v$의 속력으로 지난다. P와 Q
사이, Q와 R 사이의 거리는 각각 x, 3L이다. 가속도의 방향은 A와
B가 서로 반대이고, 가속도의 크기는 B가 A의 2배이다.

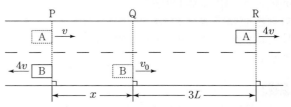

이에 대한 설명으로 옳은 것만을 〈보기〉에서 있는 대로 고른 것은?
(단, A, B의 크기는 무시한다.)

> **보기**
> ㄱ. $v_0=2v$이다.
> ㄴ. $x=2L$이다.
> ㄷ. $t=0$부터 $t=T$까지 B의 평균 속력은 $\frac{5}{2}v$이다.

① ㄴ   ② ㄷ   ③ ㄱ, ㄴ   ④ ㄱ, ㄷ   ⑤ ㄱ, ㄴ, ㄷ

그림과 같이 직선 도로에서 기준선 P를 속력 v_0으로 동시에 통과한 자동차 A, B가 각각 등가속도 운동하여 A가 기준선 Q를 통과하는 순간 B는 기준선 R를 통과한다. A, B의 가속도는 방향이 반대이고 크기가 a로 같다. A, B가 각각 Q, R를 통과하는 순간, 속력은 B가 A의 3배이다. P와 Q 사이, Q와 R 사이의 거리는 각각 $3L$, $2L$이다.

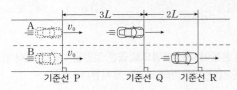

a는? (단, A, B는 도로와 나란하게 운동하며, A, B의 크기는 무시한다.) 3점

① $\dfrac{v_0^2}{10L}$　　② $\dfrac{v_0^2}{8L}$　　③ $\dfrac{v_0^2}{6L}$　　④ $\dfrac{v_0^2}{4L}$　　⑤ $\dfrac{v_0^2}{2L}$

그림 (가)는 마찰이 없는 빗면에서 등가속도 직선 운동하는 물체 A, B의 속력이 각각 $3v$, $2v$일 때 A와 B 사이의 거리가 $7L$인 순간을, (나)는 B가 최고점에 도달한 순간 A와 B 사이의 거리가 $3L$인 것을 나타낸 것이다. 이후 A와 B는 A의 속력이 v_A일 때 만난다.

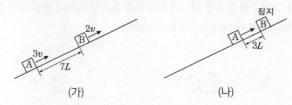

(가)　　　　　　(나)

v_A는? (단, 물체의 크기는 무시한다.)

① $\dfrac{1}{5}v$　　② $\dfrac{1}{4}v$　　③ $\dfrac{1}{3}v$　　④ $\dfrac{1}{2}v$　　⑤ v

그림과 같이 빗면을 따라 등가속도 운동하는 물체 A, B가 각각 점 p, q를 $10m/s$, $2m/s$의 속력으로 지난다. p와 q 사이의 거리는 $16m$이고, A와 B는 q에서 만난다. 이에 대한 설명으로 옳은 것만을 <보기>에서 있는 대로 고른 것은? (단, A, B는 동일 연직면상에서 운동하며, 물체의 크기, 마찰은 무시한다.)

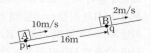

<보기>
ㄱ. q에서 만나는 순간, 속력은 A가 B의 4배이다.
ㄴ. A가 p를 지나는 순간부터 2초 후 B와 만난다.
ㄷ. B가 최고점에 도달했을 때, A와 B 사이의 거리는 8m이다.

① ㄱ　　② ㄷ　　③ ㄱ, ㄴ　　④ ㄴ, ㄷ　　⑤ ㄱ, ㄴ, ㄷ

그림은 빗면을 따라 운동하는 물체 A가 점 q를 지나는 순간 점 p에 물체 B를 가만히 놓았더니, A와 B가 등가속도 운동하여 점 r에서 만나는 것을 나타낸 것이다. p와 r 사이의 거리는 d이고, r에서의 속력은 B가 A의 $\dfrac{4}{3}$배이다. p, q, r는 동일 직선상에 있다.

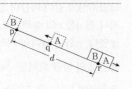

A가 최고점에 도달한 순간, A와 B 사이의 거리는? (단, 물체의 크기와 모든 마찰은 무시한다.) 3점

① $\dfrac{3}{16}d$　　② $\dfrac{1}{4}d$　　③ $\dfrac{5}{16}d$　　④ $\dfrac{3}{8}d$　　⑤ $\dfrac{7}{16}d$

49

그림과 같이 수평면 위의 두 지점 p, q에 정지해 있던 물체 A, B가 동시에 출발하여 각각 r까지는 가속도의 크기가 a로 동일한 등가속도 직선 운동을, r부터는 등속도 운동을 한다. p와 q 사이의 거리는 5m이고 r를 지난 후 A와 B의 속력은 각각 6m/s, 4m/s 이다.

이에 대한 옳은 설명만을 〈보기〉에서 있는 대로 고른 것은? (단, A, B는 동일 직선상에서 운동하며, 크기는 무시한다.) ③점

보기

ㄱ. $a = 2$m/s²이다.

ㄴ. B가 q에서 r까지 운동한 시간은 1초이다.

ㄷ. A가 출발한 순간부터 B와 충돌할 때까지 걸리는 시간은 5초이다.

① ㄱ   ② ㄴ   ③ ㄱ, ㄷ   ④ ㄴ, ㄷ   ⑤ ㄱ, ㄴ, ㄷ

50

그림은 자동차가 등가속도 직선 운동하는 모습을 나타낸 것이다. 점 a, b, c, d는 운동 경로상에 있고, a와 b, b와 c, c와 d 사이의 거리는 각각 2L, L, 3L이다. 자동차의 운동 에너지는 c에서가 b에서의 $\frac{5}{4}$배이다.

자동차의 속력은 d에서가 a에서의 몇 배인가? (단, 자동차의 크기는 무시한다.) ③점

① $\sqrt{3}$배   ② 2배   ③ $2\sqrt{2}$배   ④ 3배   ⑤ $2\sqrt{3}$배

51

그림과 같이 빗면의 점 p에 가만히 놓은 물체 A가 점 q를 v_A의 속력으로 지나는 순간 물체 B는 p를 v_B의 속력으로 지났으며, A와 B는 점 r에서 만난다. p, q, r는 동일 직선상에 있고, p와 q 사이의 거리는 4d, q와 r 사이의 거리는 5d이다.

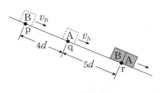

$\frac{v_A}{v_B}$는? (단, 물체의 크기, 모든 마찰과 공기 저항은 무시한다.)

① $\frac{4}{9}$ ② $\frac{1}{2}$ ③ $\frac{5}{9}$ ④ $\frac{2}{3}$ ⑤ $\frac{4}{5}$

52

그림과 같이 직선 도로에서 속력 v로 등속도 운동하는 자동차 A가 기준선 P를 지나는 순간 P에 정지해 있던 자동차 B가 출발한다. B는 P에서 Q까지 등가속도 운동을, Q에서 R까지 등속도 운동을, R에서 S까지 등가속도 운동을 한다. A와 B는 R를 동시에 지나고, S를 동시에 지난다. A, B의 이동 거리는 P와 Q 사이, Q와 R 사이, R와 S 사이가 모두 L로 같다.

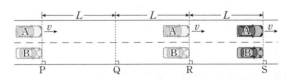

이에 대한 설명으로 옳은 것만을 〈보기〉에서 있는 대로 고른 것은? ③점

보기

ㄱ. A가 Q를 지나는 순간, 속력은 B가 A보다 크다.

ㄴ. B가 P에서 Q까지 운동하는 데 걸린 시간은 $\frac{4L}{3v}$이다.

ㄷ. B의 가속도의 크기는 P와 Q 사이에서가 R와 S 사이에서보다 작다.

① ㄱ   ② ㄷ   ③ ㄱ, ㄴ   ④ ㄴ, ㄷ   ⑤ ㄱ, ㄴ, ㄷ

53 2023 수능

그림 (가)는 빗면의 점 p에 가만히 놓은 물체 A가 등가속도 운동하는 것을, (나)는 (가)에서 A의 속력이 v가 되는 순간, 빗면을 내려오던 물체 B가 p를 속력 $2v$로 지나는 것을 나타낸 것이다. 이후 A, B는 각각 속력 v_A, v_B로 만난다.

(가)   (나)

$\dfrac{v_B}{v_A}$는? (단, 물체의 크기, 모든 마찰은 무시한다.)

① $\dfrac{5}{4}$ ② $\dfrac{4}{3}$ ③ $\dfrac{3}{2}$ ④ $\dfrac{5}{3}$ ⑤ $\dfrac{7}{4}$

55

그림과 같이 동일 직선상에서 등가속도 운동하는 물체 A, B가 시간 $t=0$일 때 각각 점 p, q를 속력 v_A, v_B로 지난 후, $t=t_0$일 때 A는 점 r에서 정지하고 B는 빗면 위로 운동한다. p와 q, q와 r 사이의 거리는 각각 L, $2L$이다. A가 다시 p를 지나는 순간 B는 빗면 아래 방향으로 속력 $\dfrac{v_B}{2}$로 운동한다.

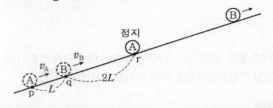

이에 대한 옳은 설명만을 〈보기〉에서 있는 대로 고른 것은? (단, 물체의 크기, 모든 마찰과 공기 저항은 무시한다.) 3점

보기

ㄱ. $v_B=4v_A$이다.

ㄴ. $t=\dfrac{8}{3}t_0$일 때 B가 q를 지난다.

ㄷ. $t=t_0$부터 $t=2t_0$까지 평균 속력은 A가 B의 3배이다.

① ㄱ   ② ㄴ   ③ ㄱ, ㄷ   ④ ㄴ, ㄷ   ⑤ ㄱ, ㄴ, ㄷ

54 2024 평가원

그림과 같이 빗면에서 물체가 등가속도 직선 운동을 하여 점 a, b, c, d를 지난다. a에서 물체의 속력은 v이고, 이웃한 점 사이의 거리는 각각 L, $6L$, $3L$이다. 물체가 a에서 b까지, c에서 d까지 운동하는 데 걸린 시간은 같고, a와 d 사이의 평균 속력은 b와 c 사이의 평균 속력과 같다.

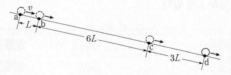

물체의 가속도의 크기는? (단, 물체의 크기는 무시한다.)

① $\dfrac{5v^2}{9L}$ ② $\dfrac{2v^2}{3L}$ ③ $\dfrac{7v^2}{9L}$ ④ $\dfrac{8v^2}{9L}$ ⑤ $\dfrac{v^2}{L}$

56 2025 평가원

그림은 직선 경로를 따라 등가속도 운동하는 물체의 속도를 시간에 따라 나타낸 것이다. 물체의 운동에 대한 설명으로 옳은 것만을 〈보기〉에서 있는 대로 고른 것은?

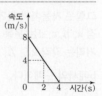

보기

ㄱ. 가속도의 크기는 $2m/s^2$이다.

ㄴ. 0초부터 4초까지 이동한 거리는 16m이다.

ㄷ. 2초일 때, 운동 방향과 가속도 방향은 서로 같다.

① ㄱ   ② ㄷ   ③ ㄱ, ㄴ   ④ ㄴ, ㄷ   ⑤ ㄱ, ㄴ, ㄷ

57

그림은 점 a에서 출발하여 점 b, c를 지나 a로 되돌아오는 수영 선수의 운동 경로를 실선으로 나타낸 것이다. a와 b, b와 c, c와 a 사이의 직선거리는 100m로 같다. 전체 운동 경로에서 선수의 운동에 대한 옳은 설명만을 〈보기〉에서 있는 대로 고른 것은?

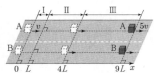
운동 경로

보기

ㄱ. 변위의 크기는 300m이다.

ㄴ. 운동 방향이 변하는 운동이다.

ㄷ. 평균 속도의 크기는 평균 속력보다 크다.

① ㄱ   ② ㄴ   ③ ㄷ   ④ ㄱ, ㄴ   ⑤ ㄴ, ㄷ

58 [2025 수능]

그림과 같이 직선 경로에서 물체 A가 속력 v로 $x=0$을 지나는 순간 $x=0$에 정지해 있던 물체 B가 출발하여, A와 B는 $x=4L$을 동시에 지나고, $x=9L$을 동시에 지난다. A가 $x=9L$을 지나는 순간 A의 속력은 $5v$이다. 표는 구간 Ⅰ, Ⅱ, Ⅲ에서 A, B의 운동을 나타낸 것이다. Ⅰ에서 B의 가속도의 크기는 a이다.

구간\물체	Ⅰ	Ⅱ	Ⅲ
A	등속도	등가속도	등속도
B	등가속도	등속도	등가속도

Ⅲ에서 B의 가속도의 크기는? (단, 물체의 크기는 무시한다.) 3점

① $\frac{11}{5}a$ ② $2a$ ③ $\frac{9}{5}a$ ④ $\frac{8}{5}a$ ⑤ $\frac{7}{5}a$

개념편 동영상 강의
물1-1-1-02(개)

Ⅰ. 역학과 에너지

1-02. 뉴턴 운동 법칙

문제편 동영상 강의
물1-1-1-02(문)

02 뉴턴 운동 법칙 ★수능에 나오는 필수 개념 3가지 + 필수 암기사항 8개

기본자료

필수개념 1 관성 법칙(뉴턴의 운동 제1법칙)

· **암기** 관성 법칙 : 물체에 작용하는 알짜힘(합력)이 0일 때 정지해 있던 물체는 계속 정지해 있고, 운동하던 물체는 계속 등속 직선 운동(등속도 운동)을 한다.
  ① 관성 : 물체가 자신의 운동 상태를 계속 유지하려는 성질. 정지 관성 또는 운동 관성
  ② 관성의 크기 : 질량이 클수록 관성이 크다.

필수개념 2 가속도 법칙(뉴턴의 운동 제2법칙)

· **암기** 가속도 법칙 : 물체의 가속도(a)는 물체에 작용하는 알짜힘의 크기(F)에 비례하고, 물체의 질량(m)에 반비례한다.

$a = \dfrac{F}{m}$, $F = ma$(운동 방정식)

· **암기** 여러 물체가 함께 운동하는 경우 운동 방정식의 적용
  ① 함께 운동하는 물체들의 질량을 더한다.
  ② 운동하는 물체들에게 작용하는 외력만을 더한다.
  ③ 한 물체처럼 생각하여 가속도는 $\dfrac{\text{알짜힘}}{\text{질량 합}}\left(a = \dfrac{F}{m}\right)$으로 구한다.

상황	한 물체에 작용하는 힘	한 물체의 운동 방정식
$F \rightarrow$ A(m_A) B(m_B) / A(m_A) B(m_B) $F \rightarrow$	$m_A + m_B$ $F \rightarrow$	$F = (m_A + m_B)a$
B(m_B) / m_A A ↓ $m_A g$	$m_A + m_B$ $\xrightarrow{m_A g}$	$m_A g = (m_A + m_B)a$
A(m_A) m_B B / $m_A g$↓ $m_B g$↓	$\xleftarrow{m_A g}$ $m_A + m_B$ $\xrightarrow{m_B g}$	$(m_B - m_A)g = (m_A + m_B)a$

· **암기** 두 물체가 함께 운동할 때 알짜힘과 질량의 관계

$m_A : m_B = F_A : F_B$
$F = F_A + F_B$

A와 B가 받는 알짜힘의 크기를 각각 F_A, F_B라 하면 가속도의 크기가 같으므로 운동 방정식 $F = ma$를 적용하면 A와 B가 받는 알짜힘의 크기는 질량에 비례한다. 따라서 $m_A : m_B = F_A : F_B$이다. 또 $F = (m_A + m_B)a$이므로 $F = F_A + F_B$이다.

필수개념 3 **작용 반작용 법칙(뉴턴의 운동 제3법칙)**

기본자료

- **암기** **작용 반작용 법칙** : 힘은 항상 두 물체 사이에서 상호 작용하는데, A가 B에게 힘(F_{AB})을 작용하면, 동시에 B도 A에게 반대 방향으로 같은 크기의 힘(F_{BA})을 작용한다. $F_{AB} = -F_{BA}$

- **힘의 평형과 작용 반작용**

구분	특성	공통점	차이점
두 힘의 평형	평형을 이루는 두 힘은 한 물체에 작용하므로, 두 힘의 작용점이 한 물체에 있어 두 힘을 합성하면 합력(알짜힘)은 0이다.	두 힘은 각각 크기가 같고 방향이 반대이며 같은 직선상에 존재한다.	두 힘을 합성할 수 있다.
작용 반작용	두 물체가 서로 주고받는 힘이므로 작용점이 서로 다른 물체에 있다. 따라서 작용 반작용은 합성할 수 없다.		두 힘을 합성할 수 없다.

- **암기** **떨어진 물체 사이에 작용 반작용의 관계**

① 전기력

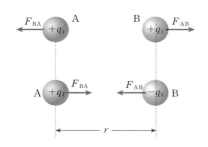

- 같은 종류의 전하 사이에는 척력
- 반대 종류의 전하 사이에는 인력
- A가 B에게 작용하는 힘 : F_{AB}
- B가 A에게 작용하는 힘 : F_{BA}
- 작용 반작용의 관계 : $F_{AB} = -F_{BA}$

② 중력(만유인력)

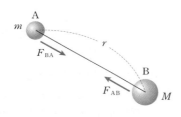

- 중력(만유인력)은 항상 인력
- A가 B에게 작용하는 힘 : F_{AB}
- B가 A에게 작용하는 힘 : F_{BA}
- 작용 반작용의 관계 : $F_{AB} = -F_{BA}$

- **작용 반작용의 특성**
  ① 작용과 반작용은 항상 크기가 같고 방향은 반대이다.
  ② 작용과 반작용은 항상 동일 직선상에서 서로 다른 두 물체 사이에 작용한다.
  ③ 작용과 반작용은 힘의 작용점이 서로 다른 물체에 있으므로 합성할 수 없다.
  ④ 작용과 반작용은 모든 힘에 대해 성립하며, 물체의 운동 상태에 관계없이 항상 성립한다.

- **암기** 작용 반작용 구분법
A가 B에 작용하는 힘에 대한 반작용은 B가 A에 작용하는 힘이다. 즉, 'A가 B에게 ~'에 대한 반작용은 'B가 A에게 ~'라는 형태로 표시되거나 'A가 B를 미는 ~'에 대한 반작용은 'B가 A를 미는 ~'라는 형태로 표시된다.

- **암기** 용수철 저울에 의해 측정된 힘의 크기

양쪽으로 크기가 F인 두 힘을 받으면 용수철 저울이 가리키는 힘의 크기도 F이다.

1

다음은 힘과 가속도 사이의 관계를 알아보는 실험이다.

[준비물]
수레, 질량이 같은 추 4개, 운동 센서, 도르래, 실

[실험 과정]
(가) 그림과 같이 수레와
추를 도르래를 통해
실로 연결한 후 수레를
가만히 놓고 운동
센서를 이용하여 수레의
가속도를 측정한다.

(나) 표와 같이 추의 위치를
바꾸어 가며 과정 (가)를
반복한다.

실험	실에 매달린 추의 수	수레 위의 추의 수
I	1	3
II	2	2
III	3	1
IV	4	0

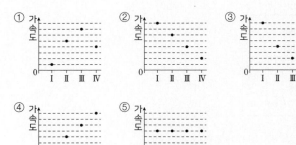

실험 I ~ IV에서 수레의 가속도를 나타낸 그래프로 가장 적절한 것은?

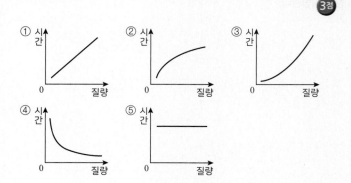

2

그림은 점 P에 정지해 있던 물체가 일정한 알짜힘을 받아 점 Q까지 직선 운동하는 모습을 나타낸 것이다.

물체가 P에서 Q까지 가는 데 걸리는 시간을 물체의 질량에 따라 나타낸 그래프로 가장 적절한 것은? (단, 물체의 크기는 무시한다.)

3점

3

그림 (가), (나)는 물체 A, B를 실로 연결한 후 가만히 놓았을 때 A, B가 L만큼 이동한 순간의 모습을 나타낸 것이다. (가), (나)에서 A, B가 L만큼 운동하는 데 걸린 시간은 각각 t_1, t_2이다. 질량은 B가 A의 4배이다.

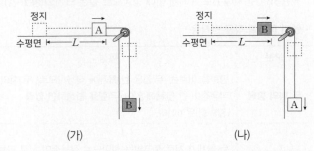

$\dfrac{t_2}{t_1}$는? (단, 실의 질량, 모든 마찰과 공기 저항은 무시한다.) 3점

① $\sqrt{2}$ ② 2 ③ $2\sqrt{2}$ ④ 3 ⑤ 4

4

그림 (가)는 물체 A와 B를, (나)는 물체 A와 C를 각각 실로 연결하고 수평 방향의 일정한 힘 F로 당기는 모습을 나타낸 것이다. 질량은 C가 B의 3배이고, 실은 수평면과 나란하다. 등가속도 직선 운동을 하는 A의 가속도의 크기는 (가)에서가 (나)에서의 2배이다.

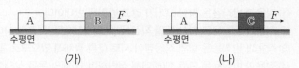

이에 대한 설명으로 옳은 것만을 〈보기〉에서 있는 대로 고른 것은? (단, 실의 질량, 마찰과 공기 저항은 무시한다.)

보기
ㄱ. A의 질량은 B의 질량과 같다.
ㄴ. C에 작용하는 알짜힘의 크기는 B에 작용하는 알짜힘의 크기의 3배이다.
ㄷ. (가)에서 실이 A를 당기는 힘의 크기는 (나)에서 실이 C를 당기는 힘의 크기와 같다.

① ㄱ ② ㄴ ③ ㄱ, ㄷ ④ ㄴ, ㄷ ⑤ ㄱ, ㄴ, ㄷ

5

그림 (가)와 같이 물체 A, B에 크기가 각각 F, $4F$인 힘이 수평 방향으로 작용한다. 실로 연결된 A, B는 함께 등가속도 직선 운동을 하다가 실이 끊어진 후 각각 등가속도 직선 운동을 한다. 그림 (나)는 B의 속력을 시간에 따라 나타낸 것이다. A의 질량은 1kg이다.

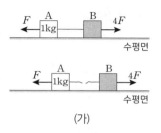
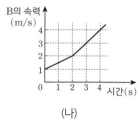

(가)   (나)

이에 대한 설명으로 옳은 것만을 〈보기〉에서 있는 대로 고른 것은? (단, 실의 질량과 모든 마찰은 무시한다.)

보기
ㄱ. B의 질량은 3kg이다.
ㄴ. 3초일 때, A의 속력은 1.5m/s이다.
ㄷ. A와 B 사이의 거리는 4초일 때가 3초일 때보다 2.5m만큼 크다.

① ㄱ   ② ㄴ   ③ ㄱ, ㄷ   ④ ㄴ, ㄷ   ⑤ ㄱ, ㄴ, ㄷ

6 2024 평가원

그림 (가), (나)와 같이 마찰이 있는 동일한 빗면에 놓인 물체 A가 각각 물체 B, C와 실로 연결되어 서로 반대 방향으로 등가속도 운동을 하고 있다. (가)와 (나)에서 A의 가속도의 크기는 각각 $\frac{1}{6}g$, $\frac{1}{3}g$이고, 가속도의 방향은 운동 방향과 같다. A, B, C의 질량은 각각 $3m$, m, $6m$이고, 빗면과 A 사이에는 크기가 F로 일정한 마찰력이 작용한다.

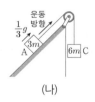

(가)   (나)

F는? (단, 중력 가속도는 g이고, 빗면에서의 마찰 외의 모든 마찰과 공기 저항, 실의 질량은 무시한다.) 3점

① $\frac{1}{3}mg$ ② $\frac{2}{3}mg$ ③ mg ④ $\frac{3}{2}mg$ ⑤ $\frac{5}{2}mg$

7

그림 (가), (나), (다)는 동일한 빗면에서 실로 연결된 물체 A와 B가 운동하는 모습을 나타낸 것이다. A, B의 질량은 각각 m_A, m_B이다. (가)에서 A는 등속도 운동을 하고, (나), (다)에서 A는 가속도의 크기가 각각 $8a$, $17a$인 등가속도 운동을 한다.

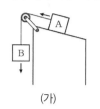
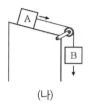
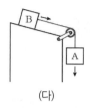

(가)   (나)   (다)

$m_A : m_B$는? (단, 실의 질량, 모든 마찰은 무시한다.) 3점

① 1 : 4   ② 2 : 5   ③ 2 : 1   ④ 5 : 2   ⑤ 4 : 1

8

그림은 물체 A~D가 실 p, q, r로 연결되어 정지해 있는 모습을 나타낸 것이다. A와 B의 질량은 각각 $2m$, m이고, C와 D의 질량은 같다. p를 끊었을 때, C는 가속도의 크기가 $\frac{2}{9}g$로 일정한 직선 운동을 하고, r이 D를 당기는 힘의 크기는 $\frac{10}{9}mg$이다.

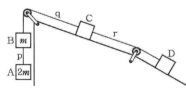

r을 끊었을 때, D의 가속도의 크기는? (단, g는 중력 가속도이고, 실의 질량, 공기 저항, 모든 마찰은 무시한다.) 3점

① $\frac{2}{5}g$ ② $\frac{1}{2}g$ ③ $\frac{5}{9}g$ ④ $\frac{3}{5}g$ ⑤ $\frac{5}{8}g$

정답과 해설   5   p.42   6   p.42   7   p.43   8   p.43

그림 (가)는 수평면 위의 질량이 $8m$인 수레와 질량이 각각 m인 물체 2개를 실로 연결하고 수레를 잡아 정지한 모습을, (나)는 (가)에서 수레를 가만히 놓은 뒤 시간에 따른 수레의 속도를 나타낸 것이다. 1초일 때, 물체 사이의 실 p가 끊어졌다.

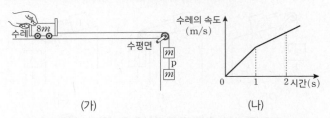

(가)   (나)

수레의 운동에 대한 설명으로 옳은 것만을 〈보기〉에서 있는 대로 고른 것은? (단, 중력 가속도는 10m/s²이고, 실의 질량 및 모든 마찰과 공기 저항은 무시한다.) **3점**

> **보기**
>
> ㄱ. 1초일 때, 수레의 속도의 크기는 1m/s이다.
>
> ㄴ. 2초일 때, 수레의 가속도의 크기는 $\frac{10}{9}$m/s²이다.
>
> ㄷ. 0초부터 2초까지 수레가 이동한 거리는 $\frac{32}{9}$m이다.

① ㄱ   ② ㄷ   ③ ㄱ, ㄴ   ④ ㄴ, ㄷ   ⑤ ㄱ, ㄴ, ㄷ

그림 (가)는 물체 A, B가 실로 연결되어 서로 다른 빗면에서 속력 v로 등속도 운동하다가 A가 점 p를 지나는 순간 실이 끊어지는 것을 나타낸 것이다. 그림 (나)는 (가) 이후 A와 B가 각각 빗면을 따라 등가속도 운동을 하다가 A가 다시 p에 도달하는 순간 B의 속력이 $4v$인 것을 나타낸 것이다.

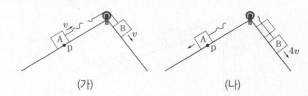

(가)   (나)

A, B의 질량을 각각 m_A, m_B라 할 때, $\frac{m_A}{m_B}$는? (단, 물체의 크기, 실의 질량, 모든 마찰은 무시한다.) **3점**

① 2   ② $\frac{3}{2}$ ③ $\frac{4}{3}$ ④ $\frac{5}{4}$ ⑤ $\frac{6}{5}$

그림 (가)는 물체 A와 질량이 m인 물체 B를 실로 연결한 후, 손이 A에 연직 아래 방향으로 일정한 힘 F를 가해 A, B가 정지한 모습을 나타낸 것이다. 실이 A를 당기는 힘의 크기는 F의 크기의 3배이다. 그림 (나)는 (가)에서 A를 놓은 순간부터 A, B가 가속도의 크기 $\frac{1}{8}g$로 등가속도 운동을 하는 모습을 나타낸 것이다.

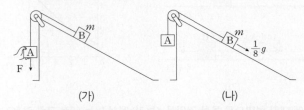

(가)   (나)

(나)에서 실이 A를 당기는 힘의 크기는? (단, 중력 가속도는 g이고, 실의 질량, 모든 마찰과 공기 저항은 무시한다.) **3점**

① $\frac{1}{4}mg$ ② $\frac{3}{8}mg$ ③ $\frac{1}{2}mg$ ④ $\frac{5}{8}mg$ ⑤ $\frac{3}{4}mg$

그림과 같이 빗면 위의 물체 A가 질량 2kg인 물체 B와 실로 연결되어 등가속도 운동을 한다. 표는 A가 점 p를 통과하는 순간부터 A의 위치를 2초 간격으로 나타낸 것이다. p와 점 q 사이의 거리는 8m이다.

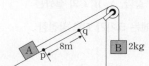

시간	0초	2초	4초
A의 위치	p	q	q

실이 A를 당기는 힘의 크기는? (단, 중력 가속도는 10m/s²이고, 물체의 크기, 실의 질량, 모든 마찰과 공기 저항은 무시한다.) **3점**

① 16N   ② 20N   ③ 24N   ④ 28N   ⑤ 32N

13

그림과 같이 물체가 수평면에서 직선 운동하며 길이가 같은 6개의 터널과 점 a ~ e를 통과한다. 물체는 각 터널을 통과하는 동안에만 같은 크기의 힘을 운동 방향으로 받는다. 첫 번째 터널을 통과하기 전과 후의 물체의 속력은 각각 v, $2v$이다.

a ~ e 중 물체의 속력이 $4v$인 점은? (단, 물체의 크기, 모든 마찰과 공기 저항은 무시한다.) ③점

① a   ② b   ③ c   ④ d   ⑤ e

15

그림과 같이 물체 A, B를 실로 연결하고 A에 연직 아래로 일정한 힘 F를 작용하여 일정한 거리만큼 이동시킨 순간 F를 제거하였다. 표는 F를 제거하기 전과 후 A의 가속도의 크기와 실이 B를 당기는 힘의 크기를 나타낸 것이다. F를 제거한 후, A에 작용하는 알짜힘은 F의 크기의 $\frac{1}{15}$배이고 방향은 F와 반대이다. A의 질량은 m이다.

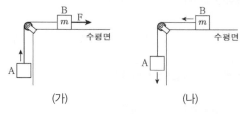

구분	F 제거 전	F 제거 후
A의 가속도의 크기	$2a$	a
실이 B를 당기는 힘의 크기	$3T$	T

F의 크기는? (단, 중력 가속도는 g이고, 실의 질량, 모든 마찰 및 공기 저항은 무시한다.) ③점

① mg ② $2mg$ ③ $3mg$ ④ $4mg$ ⑤ $5mg$

14

그림 (가)와 같이 질량이 각각 $7m$, $2m$, 9kg인 물체 A~C가 실 p, q로 연결되어 2m/s로 등속도 운동한다. 그림 (나)는 (가)에서 실이 끊어진 순간부터 C의 속력을 시간에 따라 나타낸 것이다. ㉠과 ㉡은 각각 p와 q 중 하나이다.

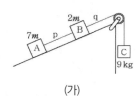 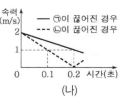

(가)   (나)

p가 끊어진 경우, 0.1초일 때 A의 속력은? (단, 중력 가속도는 10m/s² 이고, 실의 질량과 모든 마찰은 무시한다.) ③점

① 1.6m/s   ② 1.8m/s   ③ 2.2m/s   ④ 2.4m/s   ⑤ 2.6m/s

16

그림 (가)는 물체 A와 실로 연결된 물체 B에 수평 방향으로 일정한 힘 F를 작용하여 A, B가 등가속도 운동하는 모습을, (나)는 (가)에서 F를 제거한 후 A, B가 등가속도 운동하는 모습을 나타낸 것이다. A의 가속도의 크기는 (가)에서와 (나)에서가 같고, 실이 B를 당기는 힘의 크기는 (가)에서가 (나)에서의 2배이다. B의 질량은 m이다.

(가)   (나)

F의 크기는? (단, 중력 가속도는 g이고, 실의 질량, 마찰은 무시한다.)

① mg ② $2mg$ ③ $3mg$ ④ $4mg$ ⑤ $5mg$

17

그림 (가)는 물체 A, B, C를 실 p, q로 연결하고 C를 손으로 잡아 정지시킨 모습을, (나)는 (가)에서 C를 가만히 놓은 순간부터 C의 속력을 시간에 따라 나타낸 것이다. A, C의 질량은 각각 m, $2m$ 이고, p와 q는 각각 2초일 때와 3초일 때 끊어진다.

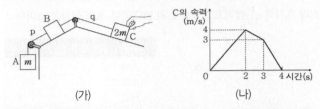

(가)   (나)

4초일 때 B의 속력은? (단, 중력 가속도는 10m/s²이고, 실의 질량 및 모든 마찰과 공기 저항은 무시한다.) **3점**

① 4m/s   ② 5m/s   ③ 6m/s   ④ 7m/s   ⑤ 8m/s

19

그림 (가)는 물체 A, B를 실로 연결하고 A를 손으로 잡아 정지시킨 모습을 나타낸 것이다. 그림 (나)는 (가)에서 A를 가만히 놓은 순간부터 A의 속력을 시간에 따라 나타낸 것이다. 4t일 때 실이 끊어졌다. A, B의 질량은 각각 3m, 2m이다.

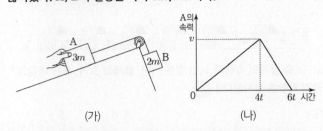

(가)   (나)

이에 대한 설명으로 옳은 것만을 〈보기〉에서 있는 대로 고른 것은? (단, 실의 질량, 공기 저항과 모든 마찰은 무시한다.) **3점**

보기
ㄱ. A의 운동 방향은 t일 때와 $5t$일 때가 같다.
ㄴ. $5t$일 때, 가속도의 크기는 B가 A의 $\frac{11}{4}$배이다.
ㄷ. $4t$부터 $6t$까지 B의 이동 거리는 $\frac{19}{4}vt$이다.

① ㄴ   ② ㄷ   ③ ㄱ, ㄴ   ④ ㄱ, ㄷ   ⑤ ㄱ, ㄴ, ㄷ

18

그림과 같이 질량이 각각 $2m$, m인 물체 A, B가 동일 직선상에서 크기와 방향이 같은 힘을 받아 각각 등가속도 운동을 하고 있다. A가 점 p를 지날 때, A와 B의 속력은 v로 같고 A와 B 사이의 거리는 d 이다. A가 p에서 $2d$만큼 이동했을 때, B의 속력은 $\frac{v}{2}$이고 A와 B 사이의 거리는 x이다.

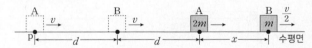

x는? (단, 물체의 크기는 무시한다.)

① $\frac{1}{2}d$ ② $\frac{3}{5}d$ ③ $\frac{2}{3}d$ ④ $\frac{5}{7}d$ ⑤ $\frac{3}{4}d$

20

그림 (가)는 물체 A, B, C를 실 p, q로 연결하여 C를 손으로 잡아 정지시킨 모습을, (나)는 C를 가만히 놓은 후 시간에 따른 C의 속력을 나타낸 것이다. 1초일 때 p가 끊어졌다. A, B의 질량은 각각 2kg, 1kg이다.

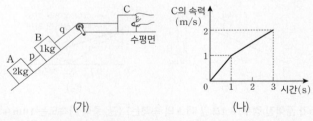

(가)   (나)

이에 대한 설명으로 옳은 것만을 〈보기〉에서 있는 대로 고른 것은? (단, 실의 질량, 모든 마찰은 무시한다.)

보기
ㄱ. 1~3초까지 C가 이동한 거리는 3m이다.
ㄴ. C의 질량은 1kg이다.
ㄷ. q가 B를 당기는 힘의 크기는 0.5초일 때가 2초일 때의 3배 이다.

① ㄱ   ② ㄷ   ③ ㄱ, ㄴ   ④ ㄴ, ㄷ   ⑤ ㄱ, ㄴ, ㄷ

21
운동 방정식
[2022년 10월 학평 13번]

그림과 같이 물체 A 또는 B와 추를 실로 연결하고 물체를 빗면의 점 p에 가만히 놓았더니, 물체가 등가속도 직선 운동하여 점 q를 통과하였다. 추의 질량은 1kg이다. 표는 물체의 질량, 물체가 p에서 q까지 운동하는 데 걸린 시간과 실이 물체에 작용한 힘의 크기 T를 나타낸 것이다.

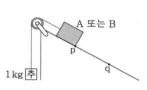

물체	질량	걸린 시간	T
A	3kg	4초	T_A
B	9kg	2초	T_B

$T_A : T_B$는? (단, 물체의 크기, 실의 질량, 모든 마찰과 공기 저항은 무시한다.) **3점**

① 1 : 4 ② 2 : 3 ③ 3 : 4 ④ 4 : 5 ⑤ 5 : 6

22
운동 방정식
[2024년 5월 학평 11번]

그림 (가)와 같이 물체 A, B, C를 실로 연결하고 수평면상의 점 p에서 B를 가만히 놓았더니 물체가 등가속도 운동하여 B가 점 q를 지나는 순간 B와 C 사이의 실이 끊어진다. 그림 (나)는 (가) 이후 A, B가 등가속도 운동하여 B가 점 r에서 속력이 0이 되는 순간을 나타낸 것이다. A, C의 질량은 각각 m, $5m$이고, p와 q 사이의 거리는 q와 r 사이의 거리의 $\frac{2}{3}$배이다.

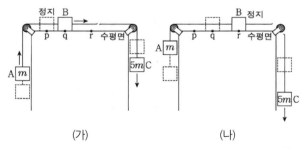

(가)   (나)

B의 질량은? (단, 물체의 크기, 실의 질량, 마찰은 무시한다.) **3점**

① m ② $2m$ ③ $3m$ ④ $4m$ ⑤ $5m$

23 [2023 평가원]
운동 방정식
[2023학년도 6월 모평 14번]

그림 (가)는 물체 A, B, C를 실로 연결하여 수평면의 점 p에서 B를 가만히 놓아 물체가 등가속도 운동하는 모습을, (나)는 (가)의 B가 점 q를 지날 때부터 점 r를 지날 때까지 운동 방향과 반대 방향으로 크기가 $\frac{1}{4}mg$인 힘을 받아 물체가 등가속도 운동하는 모습을 나타낸 것이다. p와 q 사이, q와 r 사이의 거리는 같고, B가 q, r를 지날 때 속력은 각각 $4v$, $5v$이다. A, B, C의 질량은 각각 m, m, M이다.

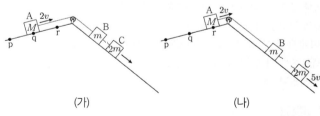

(가)   (나)

M은? (단, 중력 가속도는 g이고, 물체의 크기, 실의 질량, 모든 마찰은 무시한다.)

① $\frac{4}{3}m$ ② $\frac{7}{5}m$ ③ $\frac{11}{7}m$ ④ $\frac{15}{8}m$ ⑤ $\frac{5}{2}m$

24 [2023 수능]
운동 방정식
[2023학년도 수능 17번]

그림 (가)와 같이 물체 A, B, C를 실로 연결하고 A를 점 p에 가만히 놓았더니, 물체가 각각의 빗면에서 등가속도 운동하여 A가 점 q를 속력 $2v$로 지나는 순간 B와 C 사이의 실이 끊어진다. 그림 (나)와 같이 (가) 이후 A와 B는 등속도, C는 등가속도 운동하여, A가 점 r를 속력 $2v$로 지나는 순간 C의 속력은 $5v$가 된다. p와 q 사이, q와 r 사이의 거리는 같다. A, B, C의 질량은 각각 M, m, $2m$이다.

(가)   (나)

M은? (단, 물체의 크기, 실의 질량, 모든 마찰은 무시한다.)

① $2m$ ② $3m$ ③ $4m$ ④ $5m$ ⑤ $6m$

그림 (가)와 같이 물체 A, B, C를 실 p, q로 연결하고 수평면 위의 점 O에서 B를 가만히 놓았더니 물체가 등가속도 운동하여 B의 속력이 v가 된 순간 q가 끊어진다. 그림 (나)와 같이 (가) 이후 A, B가 등가속도 운동하여 B가 O를 $3v$의 속력으로 지난다. A, C의 질량은 각각 $4m$, $5m$이다.

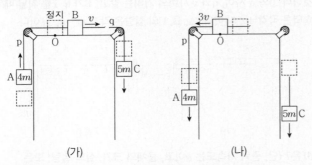

(가)   (나)

(나)에서 p가 A를 당기는 힘의 크기는? (단, 중력 가속도는 g이고, 물체의 크기, 실의 질량, 마찰은 무시한다.) 3점

① $\frac{1}{2}mg$ ② $\frac{2}{3}mg$ ③ $\frac{3}{4}mg$ ④ $\frac{4}{5}mg$ ⑤ $\frac{5}{6}mg$

그림 (가)는 물체 A, B, C를 실로 연결하고 C에 수평 방향으로 크기가 F인 힘을 작용하여 A, B, C가 속력이 증가하는 등가속도 운동을 하는 모습을 나타낸 것이다. 그림 (나)는 (가)에서 B의 속력이 v인 순간 B와 C를 연결한 실이 끊어졌을 때, 실이 끊어진 순간부터 B가 정지한 순간까지 A와 B, C가 각각 등가속도 운동을 하여 d, $4d$만큼 이동한 것을 나타낸 것이다. A의 가속도의 크기는 (나)에서가 (가)에서의 2배이다. B, C의 질량은 각각 m, $3m$이다.

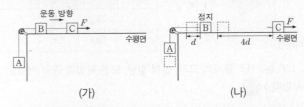

(가)   (나)

이에 대한 설명으로 옳은 것만을 〈보기〉에서 있는 대로 고른 것은? (단, 중력 가속도는 g이고, 물체는 동일 연직면상에서 운동하며, 물체의 크기, 실의 질량, 공기 저항과 모든 마찰은 무시한다.) 3점

보기
ㄱ. (나)에서 B가 정지한 순간 C의 속력은 $3v$이다.
ㄴ. A의 질량은 $3m$이다.
ㄷ. F는 $5mg$이다.

① ㄱ ② ㄴ ③ ㄱ, ㄷ ④ ㄴ, ㄷ ⑤ ㄱ, ㄴ, ㄷ

그림은 물체 A, B, C가 실 p, q로 연결되어 등속도 운동을 하는 모습을 나타낸 것이다. p를 끊으면, A는 가속도의 크기가 $6a$인 등가속도 운동을, B와 C는 가속도의 크기가 a인 등가속도 운동을 한다. 이후 q를 끊으면, B는 가속도의 크기가 $3a$인 등가속도 운동을 한다. A, C의 질량은 각각 m, $2m$이다.

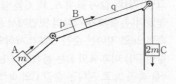

이에 대한 설명으로 옳은 것만을 〈보기〉에서 있는 대로 고른 것은? (단, 중력 가속도는 g이고, 실의 질량, 모든 마찰과 공기 저항은 무시한다.) 3점

보기
ㄱ. B의 질량은 $4m$이다.
ㄴ. $a = \frac{1}{8}g$이다.
ㄷ. p를 끊기 전, p가 B를 당기는 힘의 크기는 $\frac{2}{3}mg$이다.

① ㄱ ② ㄴ ③ ㄱ, ㄷ ④ ㄴ, ㄷ ⑤ ㄱ, ㄴ, ㄷ

그림 (가), (나)와 같이 무게가 10N인 물체가 용수철에 매달려 정지해 있다. (가), (나)에서 용수철이 물체에 작용하는 탄성력의 크기는 같고, (나)에서 손은 물체를 연직 위로 떠받치고 있다.
(나)에서 물체가 손에 작용하는 힘의 크기는? (단, 용수철의 질량은 무시한다.)

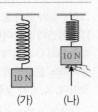

(가)   (나)

① 5N ② 10N ③ 15N ④ 20N ⑤ 30N

29

그림은 책을 벽에 대고 손으로 수평
방향으로 밀 때 책이 정지해 있는 모습을
나타낸 것이다.

이에 대한 옳은 설명만을 〈보기〉에서 있는
대로 고른 것은?

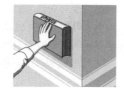

> **보기**
> ㄱ. 책에 작용하는 중력은 0이다.
> ㄴ. 책에 작용하는 알짜힘은 0이다.
> ㄷ. 손이 책을 미는 힘과 벽이 책을 미는 힘은 작용과 반작용의
>   관계이다.

① ㄱ   ② ㄴ   ③ ㄱ, ㄴ   ④ ㄱ, ㄷ   ⑤ ㄴ, ㄷ

30

다음은 자석 사이에 작용하는 힘에 대한 실험이다.

> **[실험 과정]**
> (가) 저울 위에 자석 A를 올려놓은 후 실에 매달린 자석 B를
>   A의 위쪽에 접근시키고, 정지한 상태에서 저울의
>   측정값을 기록한다.
> (나) (가)의 상태에서 B를 A에 더 가깝게 접근시키고, 정지한
>   상태에서 저울의 측정값을 기록한다.
>
>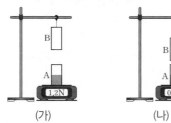
>
> (가)   (나)
>
> **[실험 결과]**
>
> | (가)의 결과 | (나)의 결과 |
> | --- | --- |
> | 1.2N | 0.9N |

이에 대한 옳은 설명만을 〈보기〉에서 있는 대로 고른 것은? **3점**

> **보기**
> ㄱ. (가)에서 A, B 사이에는 서로 미는 자기력이 작용한다.
> ㄴ. (나)에서 A가 B에 작용하는 자기력과 B가 A에 작용하는
>   자기력은 작용 반작용 관계이다.
> ㄷ. A가 B에 작용하는 자기력의 크기는 (나)에서가
>   (가)에서보다 크다.

① ㄴ   ② ㄷ   ③ ㄱ, ㄴ   ④ ㄱ, ㄷ   ⑤ ㄴ, ㄷ

31

그림은 동일한 자석 A, B를 플라스틱 관에
넣고, A에 크기가 F인 힘을 연직 아래
방향으로 작용하였을 때 A, B가 정지해 있는
모습을 나타낸 것이다.

이에 대한 설명으로 옳은 것을 〈보기〉에서
있는 대로 고른 것은? (단, 마찰은 무시한다.)

> **보기**
> ㄱ. A에 작용하는 알짜힘은 0이다.
> ㄴ. A에 작용하는 중력과 B가 A에 작용하는 자기력은 작용
>   반작용 관계이다.
> ㄷ. 수평면이 B에 작용하는 힘의 크기는 F보다 크다.

① ㄱ   ② ㄴ   ③ ㄱ, ㄷ   ④ ㄴ, ㄷ   ⑤ ㄱ, ㄴ, ㄷ

32

그림은 드론에 연결된 질량 m인
상자가 공중에 정지해 있는 모습을
나타낸 것이다.

이에 대한 옳은 설명만을 〈보기〉
에서 있는 대로 고른 것은? (단,
중력 가속도는 g이다.)

> **보기**
> ㄱ. 드론에 작용하는 중력은 0이다.
> ㄴ. 상자에 작용하는 알짜힘의 크기는 mg이다.
> ㄷ. 드론이 상자에 작용하는 힘과 상자가 드론에 작용하는 힘은
>   작용 반작용 관계이다.

① ㄴ   ② ㄷ   ③ ㄱ, ㄴ   ④ ㄱ, ㄷ   ⑤ ㄴ, ㄷ

DAY
03
I
1
ㅣ
02
뉴턴 운동 법칙

다음은 저울을 이용한 실험이다.

[실험 과정]
(가) 밀폐된 상자를 저울 위에 올려놓고 저울의 측정값을
     기록한다.
(나) (가)의 상자 바닥에 드론을 놓고 상자를 밀폐시킨 후
     저울의 측정값을 기록한다.
(다) (나)에서 드론을 가만히 떠 있게 한 후 저울의 측정값을
     기록한다.

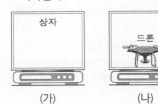

	(가)	(나)	(다)
(가)			

[실험 결과]

	(가)	(나)	(다)
저울의 측정값	2N	8N	8N

이에 대한 옳은 설명만을 〈보기〉에서 있는 대로 고른 것은?

보기
ㄱ. (나)에서 저울이 상자를 떠받치는 힘의 크기는 8N이다.
ㄴ. (다)에서 공기가 드론에 작용하는 힘과 드론에 작용하는
    중력은 작용 반작용 관계이다.
ㄷ. 상자 안의 공기가 상자에 작용하는 힘의 크기는 (다)에서가
    (가)에서보다 6N만큼 크다.

① ㄱ   ② ㄴ   ③ ㄱ, ㄷ   ④ ㄴ, ㄷ   ⑤ ㄱ, ㄴ, ㄷ

그림은 자석 A와 B가 실에 매달려 정지해 있는
모습을 나타낸 것이다.
이에 대한 옳은 설명만을 〈보기〉에서 있는 대로
고른 것은?

보기
ㄱ. A에 작용하는 알짜힘은 0이다.
ㄴ. A가 B에 작용하는 자기력과 B가 A에 작용하는 자기력은
    작용 반작용 관계이다.
ㄷ. B에 연결된 실이 B를 당기는 힘의 크기는 지구가 B를
    당기는 힘의 크기보다 작다.

① ㄱ   ② ㄴ   ③ ㄱ, ㄴ   ④ ㄴ, ㄷ   ⑤ ㄱ, ㄴ, ㄷ

그림과 같이 마찰이 없는 수평면에
자석 A가 고정되어 있고, 용수철에
연결된 자석 B는 정지해 있다.
이에 대한 설명으로 옳은 것만을 〈보기〉에서 있는 대로 고른 것은?

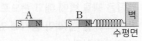

3점

보기
ㄱ. A가 B에 작용하는 자기력은 B가 A에 작용하는 자기력과
    작용 반작용 관계이다.
ㄴ. 벽이 용수철에 작용하는 힘의 방향과 A가 B에 작용하는
    자기력의 방향은 서로 반대이다.
ㄷ. B에 작용하는 알짜힘은 0이다.

① ㄱ   ② ㄴ   ③ ㄱ, ㄷ   ④ ㄴ, ㄷ   ⑤ ㄱ, ㄴ, ㄷ

그림과 같이 질량이 각각 $3m$, m인 물체 A, B가
실로 연결되어 정지해 있다.
이에 대한 옳은 설명만을 〈보기〉에서 있는 대로
고른 것은? (단, 중력 가속도는 g이고, 실의 질량과
모든 마찰은 무시한다.)

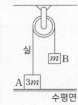

보기
ㄱ. 수평면이 A를 떠받치는 힘의 크기는 $3mg$이다.
ㄴ. B가 지구를 당기는 힘의 크기는 mg이다.
ㄷ. 실이 A를 당기는 힘과 지구가 A를 당기는 힘은 작용 반작용
    관계이다.

① ㄱ   ② ㄴ   ③ ㄱ, ㄷ   ④ ㄴ, ㄷ   ⑤ ㄱ, ㄴ, ㄷ

37

그림과 같이 물체 A와 용수철로 연결된 물체 B에 크기가 F인 힘을 연직 아래 방향으로 작용하였더니 용수철이 압축되어 A와 B가 정지해 있다. A, B의 질량은 각각 $2m$, m이고, 수평면이 A를 떠받치는 힘의 크기는 용수철이 B에 작용하는 힘의 크기의 2배이다.

이에 대한 설명으로 옳은 것만을 〈보기〉에서 있는 대로 고른 것은? (단, 중력 가속도는 g이고, 용수철의 질량, 마찰은 무시한다.) **3점**

> **보기**
> ㄱ. $F = mg$이다.
> ㄴ. 용수철이 A에 작용하는 힘의 크기는 $3mg$이다.
> ㄷ. B에 작용하는 중력과 용수철이 B에 작용하는 힘은 작용 반작용 관계이다.

① ㄱ ② ㄴ ③ ㄱ, ㄷ ④ ㄴ, ㄷ ⑤ ㄱ, ㄴ, ㄷ

39

그림과 같이 기중기에 줄로 연결된 상자가 연직 아래로 등속도 운동을 하고 있다. 상자 안에는 질량이 각각 m, $2m$인 물체 A, B가 놓여 있다. 이에 대한 설명으로 옳은 것만을 〈보기〉에서 있는 대로 고른 것은?

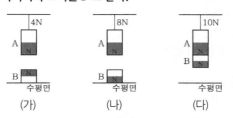

> **보기**
> ㄱ. A에 작용하는 알짜힘은 0이다.
> ㄴ. 줄이 상자를 당기는 힘과 상자가 줄을 당기는 힘은 작용 반작용 관계이다.
> ㄷ. 상자가 B를 떠받치는 힘의 크기는 A가 B를 누르는 힘의 크기의 2배이다.

① ㄱ ② ㄷ ③ ㄱ, ㄴ ④ ㄴ, ㄷ ⑤ ㄱ, ㄴ, ㄷ

38

그림 (가)는 용수철에 자석 A가 매달려 정지해 있는 모습을, (나)는 (가)에서 A 아래에 다른 자석을 놓아 용수철이 (가)에서보다 늘어나 정지해 있는 모습을 나타낸 것이다.
이에 대한 설명으로 옳은 것만을 〈보기〉에서 있는 대로 고른 것은? (단, 용수철의 질량은 무시한다.) **3점**

수평면 (가)   수평면 (나)

> **보기**
> ㄱ. (가)에서 용수철이 A를 당기는 힘과 A에 작용하는 중력은 작용 반작용 관계이다.
> ㄴ. (나)에서 A에 작용하는 알짜힘은 0이다.
> ㄷ. A가 용수철을 당기는 힘의 크기는 (가)에서가 (나)에서보다 작다.

① ㄱ ② ㄴ ③ ㄱ, ㄷ ④ ㄴ, ㄷ ⑤ ㄱ, ㄴ, ㄷ

40

그림 (가), (나), (다)와 같이 자석 A, B가 정지해 있을 때, 실이 A를 당기는 힘의 크기는 각각 4N, 8N, 10N이다. (가), (나)에서 A가 B에 작용하는 자기력의 크기는 F로 같다.

|4N|8N|10N|
A   A   A
B   B   B
수평면   수평면   수평면
(가)   (나)   (다)

이에 대한 옳은 설명만을 〈보기〉에서 있는 대로 고른 것은? (단, 자기력은 A와 B 사이에만 연직 방향으로 작용한다.) **3점**

> **보기**
> ㄱ. $F = 4\text{N}$이다.
> ㄴ. A의 무게는 6N이다.
> ㄷ. 수평면이 B를 떠받치는 힘의 크기는 (가)에서가 (나)에서의 2배이다.

① ㄱ ② ㄴ ③ ㄱ, ㄷ ④ ㄴ, ㄷ ⑤ ㄱ, ㄴ, ㄷ

41

그림 (가)는 저울 위에 놓인 물체 A, B가 정지해 있는 모습을, (나)는 (가)의 A에 크기가 F인 힘을 연직 방향으로 가할 때 A, B가 정지해 있는 모습을 나타낸 것이다. 저울에 측정된 힘의 크기는 (나)에서가 (가)에서의 2배이다.

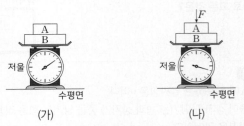

(가)   (나)

이에 대한 설명으로 옳은 것만을 〈보기〉에서 있는 대로 고른 것은?
3점

보기

ㄱ. (가)에서 A에 작용하는 중력과 B가 A에 작용하는 힘은 작용 반작용 관계이다.
ㄴ. (나)에서 B가 A에 작용하는 힘의 크기는 F보다 크다.
ㄷ. (나)의 저울에 측정된 힘의 크기는 $3F$이다.

① ㄱ   ② ㄴ   ③ ㄱ, ㄷ   ④ ㄴ, ㄷ   ⑤ ㄱ, ㄴ, ㄷ

42 2023 수능

그림과 같이 무게가 1N인 물체 A가 저울 위에 놓인 물체 B와 실로 연결되어 정지해 있다. 저울에 측정된 힘의 크기는 2N이다. 이에 대한 설명으로 옳은 것만을 〈보기〉에서 있는 대로 고른 것은? (단, 실의 질량, 모든 마찰은 무시한다.) 3점

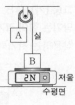

보기

ㄱ. 실이 B를 당기는 힘의 크기는 1N이다.
ㄴ. B가 저울을 누르는 힘과 저울이 B를 떠받치는 힘은 작용 반작용 관계이다.
ㄷ. B의 무게는 3N이다.

① ㄱ   ② ㄷ   ③ ㄱ, ㄴ   ④ ㄴ, ㄷ   ⑤ ㄱ, ㄴ, ㄷ

43

그림 (가), (나)는 물체 A, B, C가 수평 방향으로 24N의 힘을 받아 함께 등가속도 직선 운동하는 모습을 나타낸 것이다. A, B, C의 질량은 각각 4kg, 6kg, 2kg이고, (가)와 (나)에서 A가 B에 작용하는 힘의 크기는 각각 F_1, F_2이다.

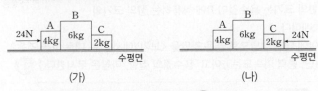

(가)   (나)

$F_1 : F_2$는? (단, 모든 마찰은 무시한다.) 3점

① 1 : 2   ② 2 : 3   ③ 1 : 1   ④ 3 : 2   ⑤ 2 : 1

44 2023 평가원

다음은 자석의 무게를 측정하는 실험이다.

[실험 과정]
(가) 무게가 10N인 자석 A, B를 준비한다.
(나) A를 저울에 올려 측정값을 기록한다.
(다) A와 B를 같은 극끼리 마주 보게 한 후 저울에 올려 A와 B가 정지된 상태에서 측정값을 기록한다.
(라) A와 B를 다른 극끼리 마주 보게 한 후 저울에 올려 A와 B가 정지된 상태에서 측정값을 기록한다.

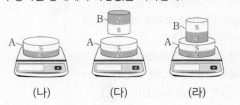

(나)   (다)   (라)

[실험 결과]
o (나), (다), (라)의 결과는 각각 10N, 20N, ⊙ N이다.

이에 대한 설명으로 옳은 것만을 〈보기〉에서 있는 대로 고른 것은?
3점

보기

ㄱ. (나)에서 A에 작용하는 중력과 저울이 A를 떠받치는 힘은 작용 반작용 관계이다.
ㄴ. (다)에서 B가 A에 작용하는 자기력의 크기는 A에 작용하는 중력의 크기와 같다.
ㄷ. ⊙은 20보다 크다.

① ㄱ   ② ㄴ   ③ ㄱ, ㄷ   ④ ㄴ, ㄷ   ⑤ ㄱ, ㄴ, ㄷ

45

그림은 지면 위에 있는 받침대에 의해 지구본이 공중에 떠 정지해 있는 모습을 나타낸 것이다. 받침대와 지구본의 무게는 각각 w로 같다.

이에 대한 설명으로 옳은 것만을 〈보기〉에서 있는 대로 고른 것은?

보기

ㄱ. 지구본에 작용하는 알짜힘은 0이다.

ㄴ. 받침대에 작용하는 중력과 지면이 받침대를 떠받치는 힘은 작용 반작용 관계이다.

ㄷ. 받침대가 지면을 누르는 힘의 크기는 w이다.

① ㄱ   ② ㄴ   ③ ㄱ, ㄷ   ④ ㄴ, ㄷ   ⑤ ㄱ, ㄴ, ㄷ

47

그림은 수평면과 나란하고 크기가 F인 힘으로 물체 A, B를 벽을 향해 밀어 정지한 모습을 나타낸 것이다. A, B의 질량은 각각 $2m$, m이다.

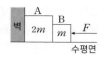

이에 대한 설명으로 옳은 것만을 〈보기〉에서 있는 대로 고른 것은? (단, 물체와 수평면 사이의 마찰은 무시한다.)

보기

ㄱ. 벽이 A를 미는 힘의 반작용은 A가 B를 미는 힘이다.

ㄴ. 벽이 A를 미는 힘의 크기와 B가 A를 미는 힘의 크기는 같다.

ㄷ. A가 B를 미는 힘의 크기는 $\dfrac{2}{3}F$이다.

① ㄱ   ② ㄴ   ③ ㄱ, ㄷ   ④ ㄴ, ㄷ   ⑤ ㄱ, ㄴ, ㄷ

46

그림은 수평면에서 정지해 있는 물체 C 위에 물체 A, B를 올려놓고 B에 크기가 F인 힘을 수평 방향으로 작용할 때 A, B, C가 정지해 있는 모습을 나타낸 것이다.
이에 대한 설명으로 옳은 것만을 〈보기〉에서 있는 대로 고른 것은?

(3점)

보기

ㄱ. B에 작용하는 알짜힘은 0이다.

ㄴ. 수평면이 C에 작용하는 수평 방향의 힘의 크기는 F이다.

ㄷ. A가 B에 작용하는 힘은 B가 A에 작용하는 힘과 작용 반작용 관계이다.

① ㄱ   ② ㄴ   ③ ㄱ, ㄷ   ④ ㄴ, ㄷ   ⑤ ㄱ, ㄴ, ㄷ

48

그림 (가)와 같이 물체 B와 실로 연결된 물체 A가 시간 $0 \sim 6t$동안 수평 방향의 일정한 힘 F를 받아 직선 운동을 하였다. A, B의 질량은 각각 m_A, m_B이다. 그림 (나)는 A, B의 속력을 시간에 따라 나타낸 것으로, $2t$일 때 실이 끊어졌다.

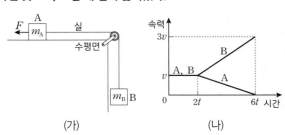

(가)   (나)

이에 대한 옳은 설명만을 〈보기〉에서 있는 대로 고른 것은? (단, 실의 질량, 모든 마찰과 공기 저항은 무시한다.) (3점)

보기

ㄱ. t일 때, 실이 A를 당기는 힘의 크기는 $\dfrac{3m_B v}{4t}$이다.

ㄴ. t일 때, A의 운동 방향은 F의 방향과 같다.

ㄷ. $m_A = 2m_B$이다.

① ㄴ   ② ㄷ   ③ ㄱ, ㄴ   ④ ㄱ, ㄷ   ⑤ ㄴ, ㄷ

49

그림은 실에 매달린 물체 A를 물체 B와 용수철로
연결하여 저울에 올려놓았더니 물체가 정지한
모습을 나타낸 것이다. A, B의 무게는 2N으로
같고, 저울에 측정된 힘의 크기는 3N이다.
이에 대한 설명으로 옳은 것만을 〈보기〉에서
있는 대로 고른 것은? (단, 실과 용수철의 무게는
무시한다.) 3점

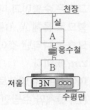

보기

ㄱ. 실이 A를 당기는 힘의 크기는 1N이다.
ㄴ. 용수철이 A에 작용하는 힘의 방향은 A에 작용하는 중력의
   방향과 같다.
ㄷ. B에 작용하는 중력과 저울이 B에 작용하는 힘은 작용
   반작용의 관계이다.

① ㄱ   ② ㄷ   ③ ㄱ, ㄴ   ④ ㄴ, ㄷ   ⑤ ㄱ, ㄴ, ㄷ

51

그림 (가)는 저울 위에 놓인
물체 A와 B가 정지해 있는
모습을, (나)는 (가)에서 A에
크기가 F인 힘을 연직 위
방향으로 작용할 때, A와
B가 정지해 있는 모습을
나타낸 것이다. 저울에 측정된 힘의 크기는 (가)에서가 (나)에서의
2배이고, B가 A에 작용하는 힘의 크기는 (가)에서가 (나)에서의
4배이다.

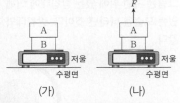

이에 대한 설명으로 옳은 것만을 〈보기〉에서 있는 대로 고른 것은?
3점

보기

ㄱ. 질량은 A가 B의 2배이다.
ㄴ. (가)에서 저울이 B에 작용하는 힘의 크기는 $2F$이다.
ㄷ. (나)에서 A가 B에 작용하는 힘의 크기는 $\frac{1}{3}F$이다.

① ㄱ   ② ㄷ   ③ ㄱ, ㄴ   ④ ㄴ, ㄷ   ⑤ ㄱ, ㄴ, ㄷ

50

그림 (가)는 실 p에 매달려 정지한 용수철
저울의 눈금 값이 0인 모습을, (나)는
(가)의 용수철저울에 추를 매단 후 정지한
용수철저울의 눈금 값이 10N인 모습을
나타낸 것이다. 용수철저울의 무게는 2N
이다.
이에 대한 설명으로 옳은 것만을
〈보기〉에서 있는 대로 고른 것은? 3점

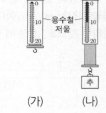

보기

ㄱ. (가)에서 용수철저울에 작용하는 알짜힘은 0이다.
ㄴ. (나)에서 p가 용수철저울에 작용하는 힘의 크기는 12N이다.
ㄷ. (나)에서 추에 작용하는 중력과 용수철저울이 추에 작용하는
   힘은 작용 반작용 관계이다.

① ㄱ   ② ㄷ   ③ ㄱ, ㄴ   ④ ㄴ, ㄷ   ⑤ ㄱ, ㄴ, ㄷ

52

그림 (가), (나)와 같이 직육면체 모양의 물체 A 또는 B를 용수철과
연직 방향으로 연결하여 저울 위에 올려놓았더니 A와 B가 정지해
있다. (가)와 (나)에서 용수철이 늘어난 길이는 서로 같고, (가)에서
저울에 측정된 힘의 크기는 35N이다. A, B의 질량은 각각 1kg,
3kg이다.

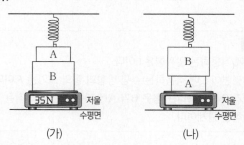

이에 대한 설명으로 옳은 것만을 〈보기〉에서 있는 대로 고른 것은?
(단, 중력 가속도는 10m/s²이고, 용수철의 질량은 무시한다.)

보기

ㄱ. (가)에서 A가 용수철을 당기는 힘의 크기는 5N이다.
ㄴ. (나)에서 저울에 측정된 힘의 크기는 35N보다 크다.
ㄷ. (가)에서 A가 B를 누르는 힘의 크기는 (나)에서 A가 B를
   떠받치는 힘의 크기의 $\frac{1}{5}$배이다.

① ㄴ   ② ㄷ   ③ ㄱ, ㄴ   ④ ㄱ, ㄷ   ⑤ ㄱ, ㄴ, ㄷ

---

53 **2024 평가원**

작용 반작용 법칙
[2024학년도 9월 모평 9번]

그림 (가), (나)는 직육면체 모양의 물체 A, B가 수평면에 놓여 있는 상태에서 A에 각각 크기가 F, $2F$인 힘이 연직 방향으로 작용할 때, A, B가 정지해 있는 모습을 나타낸 것이다.

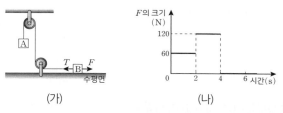

(가)   (나)

A, B의 질량은 각각 m, $3m$이고, B가 A를 떠받치는 힘의 크기는 (가)에서가 (나)에서의 2배이다.

이에 대한 설명으로 옳은 것만을 〈보기〉에서 있는 대로 고른 것은?
(단, 중력 가속도는 g이다.)

보기

ㄱ. A에 작용하는 중력과 B가 A를 떠받치는 힘은 작용 반작용 관계이다.

ㄴ. $F = \frac{1}{5}mg$이다.

ㄷ. 수평면이 B를 떠받치는 힘의 크기는 (가)에서가 (나)에서의 $\frac{7}{6}$배이다.

① ㄱ   ② ㄴ   ③ ㄷ   ④ ㄴ, ㄷ   ⑤ ㄱ, ㄴ, ㄷ

54

운동 방정식
[2020년 10월 학평 15번]

그림과 같이 수평면에 놓인 물체 A, B에 각각 수평면과 나란하게 서로 반대 방향으로 힘 F_A, F_B가 작용하고 있다. 질량은 B가 A의 2배이다. 표는 F_A, F_B의 크기에 따라 B가 A에 작용하는 힘 f의 크기를 나타낸 것이다.

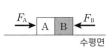

힘	F_A	F_B	f
크기	10N	0	f_1
	15N	5N	f_2

$\frac{f_2}{f_1}$는? (단, 물체의 크기, 모든 마찰과 공기 저항은 무시한다.) **3점**

① 1   ② $\frac{3}{2}$ ③ $\frac{5}{3}$ ④ $\frac{7}{4}$ ⑤ 2

55

작용 반작용과 운동 법칙 적용
[2020년 10월 학평 19번]

그림 (가)는 물체 A와 실로 연결된 물체 B에 수평 방향으로 힘 F와 실이 당기는 힘 T가 작용하는 모습을, (나)는 (가)에서 F의 크기를 시간에 따라 나타낸 것이다. A, B는 0~2초 동안 정지해 있다. F의 방향은 0~4초 동안 일정하고, T의 크기는 3초일 때가 5초일 때의 4배이다.

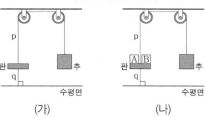

(가)   (나)

B의 질량 m_B와 B가 0~6초 동안 이동한 거리 L_B로 옳은 것은?
(단, 중력 가속도는 $10m/s^2$이고, 실의 질량, 모든 마찰과 공기 저항은 무시한다.) **3점**

	m_B	L_B		m_B	L_B
①	2kg	30m	②	2kg	48m
③	4kg	12m	④	4kg	24m
⑤	6kg	20m			

56 **2024 수능**

뉴턴의 운동 법칙
[2024학년도 수능 9번]

그림 (가)는 질량이 5kg인 판, 질량이 10kg인 추, 실 p, q가 연결되어 정지한 모습을, (나)는 (가)에서 질량이 1kg으로 같은 물체 A, B를 동시에 판에 가만히 올려놓았을 때 정지한 모습을 나타낸 것이다.

(가)   (나)

이에 대한 설명으로 옳은 것만을 〈보기〉에서 있는 대로 고른 것은?
(단, 중력 가속도는 $10m/s^2$이고, 판은 수평면과 나란하며, 실의 질량과 모든 마찰은 무시한다.) **3점**

보기

ㄱ. (가)에서 q가 판을 당기는 힘의 크기는 50N이다.

ㄴ. p가 판을 당기는 힘의 크기는 (가)에서와 (나)에서가 같다.

ㄷ. 판이 q를 당기는 힘의 크기는 (가)에서가 (나)에서보다 크다.

① ㄱ   ② ㄷ   ③ ㄱ, ㄴ   ④ ㄴ, ㄷ   ⑤ ㄱ, ㄴ, ㄷ

57

그림 (가)는 수평면 위에 있는 물체 A가 물체 B, C에 실 p, q로
연결되어 정지해 있는 모습을 나타낸 것이다. 그림 (나)는 (가)에서
p, q 중 하나가 끊어진 경우, 시간에 따른 A의 속력을 나타낸 것이다.
A, B의 질량은 같고, C의 질량은 2kg이다.

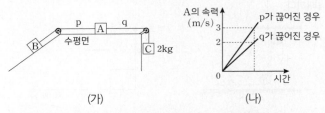

(가)   (나)

A의 질량은? (단, 실의 질량, 마찰과 공기 저항은 무시한다.)

① 3kg   ② 4kg   ③ 5kg   ④ 6kg   ⑤ 7kg

58

그림 (가)는 저울 위에 고정된 수직 봉을 따라 연직 방향으로 운동할
수 있는 로봇을 수직 봉에 매달고 로봇이 정지한 상태에서 저울의
측정값을 0으로 맞춘 모습을 나타낸 것이고, (나)는 (가)의 로봇이
운동하는 동안 저울에서 측정한 힘을 시간에 따라 나타낸 것이다.
로봇의 질량은 0.1kg이고, t_1일 때 정지해 있다.

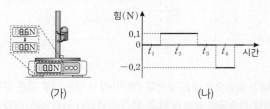

(가)   (나)

로봇의 운동에 대한 설명으로 옳은 것만을 <보기>에서 있는 대로
고른 것은? 3점

보기

ㄱ. t_2일 때, 로봇에 작용하는 알짜힘의 방향은 연직
윗방향이다.

ㄴ. t_3일 때, 속력은 0이다.

ㄷ. t_4일 때, 가속도 크기는 1m/s²이다.

① ㄱ   ② ㄴ   ③ ㄱ, ㄷ   ④ ㄴ, ㄷ   ⑤ ㄱ, ㄴ, ㄷ

59

그림 (가)와 같이 질량이 1kg인 물체 A와 B가 실로 연결되어
있으며 A에 수평면과 나란하게 왼쪽으로 힘 F가 작용하고 있다.
그림 (나)는 (가)에서 F의 크기를 시간에 따라 나타낸 것이다. B는
0~2초 동안 정지해 있었고, 2~6초 동안 점 p에서 점 q까지
L만큼 이동하였다. 3초일 때 실이 B를 당기는 힘의 크기는 T이다.

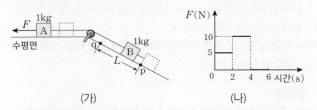

(가)   (나)

L과 T로 옳은 것은? (단, 물체의 크기, 실의 질량, 모든 마찰과 공기
저항은 무시한다.) 3점

	L	T		L	T
①	5m	2.5N	②	5m	7.5N
③	10m	2.5N	④	10m	7.5N
⑤	10m	15N			

60 2023 평가원

그림 (가)는 질량이 각각 M, m, $4m$인 물체 A, B, C가 빗면과
나란한 실 p, q로 연결되어 정지해 있는 것을, (나)는 (가)에서
물체의 위치를 바꾸었더니 물체가 등가속도 운동하는 것을 나타낸
것이다. (가)에서 p가 B를 당기는 힘의 크기는 $\frac{10}{3}mg$이다.

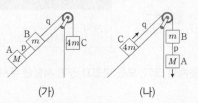

(가)   (나)

(나)에서 q가 C를 당기는 힘의 크기는? (단, 중력 가속도는 g이고,
실의 질량 및 모든 마찰은 무시한다.)

① $\frac{13}{3}mg$ ② $4mg$ ③ $\frac{11}{3}mg$ ④ $\frac{10}{3}mg$ ⑤ $3mg$

61

그림과 같이 물체 A, B를 실로
연결하고 빗면의 점 p에서 A를 잡고
있다가 가만히 놓았더니 A, B가
등가속도 운동을 하다가 A가 점 q를
지나는 순간 실이 끊어졌다. 이후 A는
등가속도 직선 운동을 하여 다시 p를 지난다. A가 p에서 q까지 6m
이동하는 데 걸린 시간은 3초이고, q에서 p까지 6m 이동하는 데
걸린 시간은 1초이다. A와 B의 질량은 각각 m_A, m_B이다.

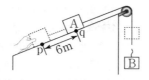

$\dfrac{m_A}{m_B}$는? (단, 중력 가속도는 10m/s^2이고, 실의 질량, A와 B의 크기,
모든 마찰과 공기 저항은 무시한다.) 3점

① $\dfrac{1}{8}$ ② $\dfrac{3}{10}$ ③ $\dfrac{1}{2}$ ④ $\dfrac{13}{10}$ ⑤ $\dfrac{13}{8}$

62

그림은 물체 A, B, C, D가 실로
연결되어 가속도의 크기가 a_1인
등가속도 운동을 하고 있는 것을
나타낸 것이다. 실 p를 끊으면
A는 등속도 운동을 하고, 이후
실 q를 끊으면 A는 가속도의 크기가 a_2인 등가속도 운동을 한다. p를
끊은 후 C와, q를 끊은 후 D의 가속도의 크기는 서로 같다. A, B, C,
D의 질량은 각각 $4m$, $3m$, $2m$, m이다.

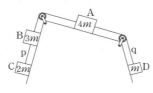

$\dfrac{a_1}{a_2}$은? (단, 실의 질량 및 모든 마찰은 무시한다.)

① 2   ② $\dfrac{9}{5}$ ③ $\dfrac{8}{5}$ ④ $\dfrac{7}{5}$ ⑤ $\dfrac{6}{5}$

63 2025 평가원

그림 (가)와 같이 물체 A, B, C가 실로 연결되어 등가속도 운동
한다. A, B의 질량은 각각 $3m$, $8m$이고, 실 p가 B를 당기는 힘의
크기는 $\dfrac{9}{4}mg$이다. 그림 (나)는 (가)에서 A, C의 위치를 바꾸어
연결했을 때 등가속도 운동하는 모습을 나타낸 것이다. B의
가속도의 크기는 (나)에서가 (가)에서의 2배이다.

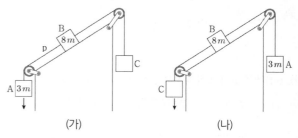

(가)   (나)

C의 질량은? (단, 중력 가속도는 g이고, 실의 질량, 모든 마찰은
무시한다.) 3점

① $4m$ ② $5m$ ③ $6m$ ④ $7m$ ⑤ $8m$

64

그림 (가)와 같이 질량이 각각 $3m$, $2m$, $4m$인 물체 A, B, C가 실로
연결된 채 정지해 있다. 실 p, q는 빗면과 나란하다. 그림 (나)는
(가)에서 p가 끊어진 후, A, B, C가 등가속도 운동하는 모습을
나타낸 것이다.

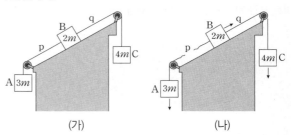

(가)   (나)

(나)의 상황에 대한 설명으로 옳은 것만을 〈보기〉에서 있는 대로
고른 것은? (단, 중력 가속도는 g이고, 실의 질량, 모든 마찰과 공기
저항은 무시한다.)

> **보기**
>
> ㄱ. 가속도의 크기는 A가 B의 2배이다.
>
> ㄴ. A에 작용하는 알짜힘의 크기는 C에 작용하는 알짜힘의
>   크기보다 작다.
>
> ㄷ. q가 B를 당기는 힘의 크기는 mg이다.

① ㄱ   ② ㄴ   ③ ㄱ, ㄷ   ④ ㄴ, ㄷ   ⑤ ㄱ, ㄴ, ㄷ

그림 (가)는 수평면 위의 질량 2kg인 물체 A와 빗면 위의 질량 3kg인 물체 B가 실로 연결되어 등가속도 운동하는 것을, (나)는 (가)에서 A와 B를 서로 바꾸어 연결하고 B에 수평 방향으로 10N의 힘을 계속 작용하여 A, B를 등가속도 운동시키는 것을 나타낸 것이다. (가), (나)에서 A의 가속도의 크기는 같다.

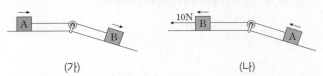

(가)   (나)

(가), (나)에서 실이 A에 작용하는 힘의 크기를 각각 F_1, F_2라 할 때, $\dfrac{F_2}{F_1}$는? (단, 실의 질량, 모든 마찰 및 공기 저항은 무시한다.) 3점

① $\dfrac{2}{3}$ ② $\dfrac{4}{3}$ ③ $\dfrac{3}{2}$ ④ $\dfrac{5}{2}$ ⑤ $\dfrac{8}{3}$

그림 (가)와 같이 질량이 각각 $2m$, m, $2m$인 물체 A, B, C가 실로 연결된 채 각각 빗면에서 일정한 속력 v로 운동한다. 그림 (나)는 (가)에서 A가 점 p에 도달하는 순간, A와 B를 연결하고 있던 실이 끊어져 A, B, C가 각각 등가속도 직선 운동하는 모습을 나타낸 것이다. (나)에서 실이 B에 작용하는 힘의 크기는 $\dfrac{5}{6}mg$이고, 실이 끊어진 순간부터 A가 최고점에 도달할 때까지 C는 d만큼 이동한다.

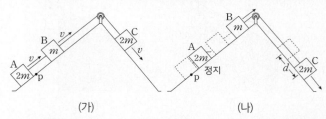

(가)   (나)

d는? (단, 중력 가속도는 g이고, 물체의 크기, 실의 질량과 모든 마찰은 무시한다.) 3점

① $\dfrac{8v^2}{3g}$ ② $\dfrac{10v^2}{3g}$ ③ $\dfrac{4v^2}{g}$ ④ $\dfrac{14v^2}{3g}$ ⑤ $\dfrac{16v^2}{3g}$

그림과 같이 수평면에 놓여 있는 자석 B 위에 자석 A가 떠 있는 상태로 정지해 있다. A에 작용하는 중력의 크기와 B가 A에 작용하는 자기력의 크기는 같고, A, B의 질량은 각각 m, $3m$이다. 이에 대한 설명으로 옳은 것만을 〈보기〉에서 있는 대로 고른 것은? (단, 중력 가속도는 g이다.) 3점

자석 A m
자석 B $3m$
수평면

보기
ㄱ. A가 B에 작용하는 자기력의 크기는 $3mg$이다.
ㄴ. 수평면이 B를 떠받치는 힘의 크기는 $4mg$이다.
ㄷ. A에 작용하는 중력과 B가 A에 작용하는 자기력은 작용 반작용 관계이다.

① ㄱ   ② ㄴ   ③ ㄷ   ④ ㄱ, ㄴ   ⑤ ㄱ, ㄷ

그림 (가)와 같이 질량이 각각 $2m$, m, $3m$인 물체 A, B, C를 실로 연결하고 B를 점 p에 가만히 놓았더니 A, B, C는 등가속도 운동을 한다. 그림 (나)와 같이 B가 점 q를 속력 v_0으로 지나는 순간 B와 C를 연결한 실이 끊어지면, A와 B는 등가속도 운동하여 B가 점 r에서 속력이 0이 된 후 다시 q와 p를 지난다. p, q, r는 수평면상의 점이다.

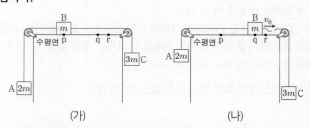

(가)   (나)

이에 대한 설명으로 옳은 것만을 〈보기〉에서 있는 대로 고른 것은? (단, 중력 가속도는 g이고, 물체의 크기, 실의 질량, 모든 마찰과 공기 저항은 무시한다.) 3점

보기
ㄱ. (가)에서 B가 p와 q 사이를 지날 때, A에 연결된 실이 A를 당기는 힘의 크기는 $\dfrac{7}{3}mg$이다.
ㄴ. q와 r 사이의 거리는 $\dfrac{3v_0^2}{4g}$이다.
ㄷ. (나)에서 B가 p를 지나는 순간 B의 속력은 $\sqrt{5}v_0$이다.

① ㄱ   ② ㄷ   ③ ㄱ, ㄴ   ④ ㄴ, ㄷ   ⑤ ㄱ, ㄴ, ㄷ

69
운동 방정식
[2024년 10월 학평 20번]

그림은 물체 A, B, C가 실 p, q, r로 연결되어 정지해 있는 모습을 나타낸 것으로, q가 B에 작용하는 힘의 크기가 r이 C에 작용하는 힘의 크기의 $\frac{3}{2}$배이다. r을 끊으면 A, B, C가 등가속도 운동을 하다가 B가 수평면과 나란한 평면 위의 점 O를 지나는 순간 p가 끊어진다. 이후 A, B는 등가속도 운동을 하며, 가속도의 크기는 A가 B의 2배이다. r이 끊어진 순간부터 B가 O에 다시 돌아올 때까지 걸린 시간은 t_0이다. A, C의 질량은 각각 $6m$, m이다.

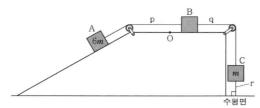

p가 끊어진 순간 C의 속력은? (단, 중력 가속도는 g이고, 물체는 동일 연직면상에서 운동하며, 물체의 크기, 실의 질량, 모든 마찰은 무시한다.) 3점

① $\frac{1}{9}gt_0$　　② $\frac{1}{11}gt_0$　　③ $\frac{1}{13}gt_0$　　④ $\frac{1}{15}gt_0$　　⑤ $\frac{1}{17}gt_0$

70
작용 반작용 법칙
[2024년 10월 학평 10번]

그림 (가)는 저울 위에 놓인 무게가 5N인 ㄷ자형 나무 상자와 무게가 각각 3N, 2N인 자석 A, B가 실로 연결되어 정지해 있는 모습을 나타낸 것이다. 그림 (나)는 (가)의 상자가 90° 회전한 상태로 B는 상자에, A는 스탠드에 실로 연결되어 정지해 있는 모습을 나타낸 것이다. (가)와 (나)에서 A와 B 사이에 작용하는 자기력의 크기는 같고, (가)에서 실이 A를 당기는 힘의 크기는 8N이다.

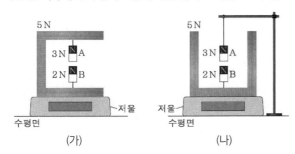

(가)와 (나)에서 저울의 측정값은? (단, A, B는 동일 연직선 상에 있고, 실의 질량은 무시하며, 자기력은 A와 B 사이에서만 작용한다.) 3점

	(가)	(나)
①	10N	2N
②	10N	3N
③	10N	7N
④	5N	3N
⑤	5N	5N

71 2025 수능
작용 반작용 법칙
[2025학년도 수능 5번]

그림은 실 p로 연결된 물체 A와 자석 B가 정지해 있고, B의 연직 아래에는 자석 C가 실 q에 연결되어 정지해 있는 모습을 나타낸 것이다. A, B, C의 질량은 각각 4kg, 1kg, 1kg이고, B와 C 사이에 작용하는 자기력의 크기는 20N이다. 이에 대한 설명으로 옳은 것만을 〈보기〉에서 있는 대로 고른 것은? (단, 중력 가속도는 10m/s²이고, 실의 질량과 모든 마찰은 무시하며, 자기력은 B와 C 사이에만 작용한다.)

> **보기**
> ㄱ. 수평면이 A를 떠받치는 힘의 크기는 10N이다.
> ㄴ. B에 작용하는 중력과 p가 B를 당기는 힘은 작용 반작용 관계이다.
> ㄷ. B가 C에 작용하는 자기력의 크기는 q가 C를 당기는 힘의 크기와 같다.

① ㄱ　　② ㄴ　　③ ㄱ, ㄷ　　④ ㄴ, ㄷ　　⑤ ㄱ, ㄴ, ㄷ

72 2025 수능
운동 방정식
[2025학년도 수능 18번]

그림 (가)는 물체 A, B, C를 실 p, q로 연결하고 A에 수평 방향으로 일정한 힘 20N을 작용하여 물체가 등가속도 운동하는 모습을, (나)는 (가)에서 A에 작용하는 힘 20N을 제거한 후, 물체가 등가속도 운동하는 모습을 나타낸 것이다. (가)와 (나)에서 물체의 가속도의 크기는 a로 같다. p가 B를 당기는 힘의 크기와 q가 B를 당기는 힘의 크기의 비는 (가)에서 2 : 3이고, (나)에서 2 : 9이다.

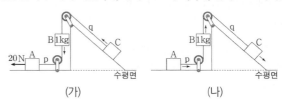

이에 대한 설명으로 옳은 것만을 〈보기〉에서 있는 대로 고른 것은? (단, 중력 가속도는 10m/s²이고, 물체는 동일 연직면상에서 운동하며, 실의 질량, 공기 저항과 모든 마찰은 무시한다.) 3점

> **보기**
> ㄱ. p가 A를 당기는 힘의 크기는 (가)에서가 (나)에서의 5배이다.
> ㄴ. $a = \frac{5}{3}$m/s²이다.
> ㄷ. C의 질량은 4kg이다.

① ㄱ　　② ㄷ　　③ ㄱ, ㄴ　　④ ㄴ, ㄷ　　⑤ ㄱ, ㄴ, ㄷ

개념편 동영상 강의

물1-1-1-03(개)

I. 역학과 에너지

1-03. 운동량 보존 법칙과 여러 가지 충돌

문제편 동영상 강의

물1-1-1-03(문)

03 운동량 보존 법칙과 여러 가지 충돌

★수능에 나오는 필수 개념 3가지 + 필수 암기사항 11개

기본자료

필수개념 1 운동량과 충격량

- 암기 **운동량(p)** : 물체의 운동 정도를 나타낸 물리량. $p=mv$ → 💡움직일 힘
  move = P

  ① 운동량의 크기 : 질량과 속도의 크기의 곱

  ② 운동량의 방향 : 운동 방향(속도의 방향)과 운동량의 방향은 항상 같다.

  ③ $p-t$ 그래프에서 기울기 = $\dfrac{\Delta p}{\Delta t}=F$(평균 힘), 단위 시간 동안 운동량의 변화량은 물체가 받은 힘

  (평균 힘)이다.

  ④ 운동량의 단위 : kg·m/s

- **충격량(I)** : 물체가 받은 충격의 정도를 나타낸 물리량. $I=Ft$ → 💡발에 차이면 충격 받는다.
  Feet = I

  ① 충격량의 크기 : 물체에 작용한 힘과 힘이 작용한 시간의 곱

  ② 충격량의 방향 : 힘의 방향(가속도의 방향)과 충격량의 방향은 항상 같다.

  ③ $F-t$ 그래프에서 면적 = 충격량(I)

 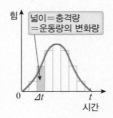

  ④ 충격량의 단위 : kg·m/s 또는 N·s

- 암기 **운동량과 충격량의 관계** : $I=\Delta p$(충격량은 운동량 변화량과 같다.)

  질량 m인 물체가 v_0의 속도로 운동하다가 일정한 힘 F를 시간 t 초 동안 받아 속도가 v가 되었다면

  $F=ma=m\dfrac{v-v_0}{t}$ 가 되어 $Ft=mv-mv_0$이다. 따라서 $I=\Delta p$ 이다.

- 암기 **운동량과 충격량에서 물리량 비교하기**

  $I=\Delta p=Ft=mat=m\Delta v$ 이다. 따라서 다음 물리량들의 방향은 항상 같다.

  I의 방향 = Δp의 방향 = F의 방향 = a의 방향 = Δv의 방향

- 암기 **충격량은 같으나 힘을 받은 시간이 다른 경우**

  충격량(I)이 같을 때 충돌 시간(t)이 길수록 충격력(F)은 작아진다.

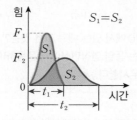

  예 충격 흡수 장치

- **힘은 같으나 힘을 받은 시간이 다른 경우**

  힘을 받은 시간과 충격량이 비례하므로 힘을 받은 시간(t)이 길수록 운동량 변화량(Δp)은 커진다.

  예 총신(포신)의 길이가 긴 경우

• [암기] **두 물체의 충돌에서 두 물체의 충격량 또는 운동량 변화량 구하기**

충돌 시 작용 반작용이 성립하므로 두 물체가 각각 동시에 받은 힘의 크기는 같고 방향이 반대이고 힘을 받은 시간도 같다.

B가 A에 작용한 힘을 F_{BA}, A가 B에게 작용한 힘을 F_{AB}, A 또는 B가 힘을 받는 시간을 t라고 할 때, 작용 반작용으로 인해 $F_{AB} = -F_{BA}$이고 두 물체가 힘을 받은 시간 t도 동일하므로 $F_{AB}t = -F_{BA}t$이 되어 $-I_A = I_B$이다. 즉, 두 물체의 충돌에서 각각의 물체가 받은 충격량은 크기가 같고, 방향은 반대가 된다.

결론 : $-I_A = I_B = -\Delta p_A = \Delta p_B$(이는 문항에서 I_A의 크기를 구하라고 할 때 I_B의 크기 또는 Δp_A의 크기 또는 Δp_B의 크기를 구하면 된다는 의미이다.)

[필수개념 2] **운동량 보존 법칙**

• [암기] **운동량 보존 법칙** : 두 물체가 서로 충돌할 때 서로에게 작용하는 힘 이외에 마찰이나 공기 저항과 같은 다른 힘이 없다면 충돌 전 두 물체의 운동량의 합은 충돌 후 두 물체의 운동량의 합과 같다. 이를 운동량 보존 법칙이라고 한다.

① 운동량의 합 : 운동량은 방향이 있는 물리량으로 운동량의 합은 방향을 고려해 구해야 한다.

② 운동량 보존 법칙 증명 : 그림과 같이 질량이 각각 m_1, m_2인 A와 B 두 물체가 각각 v_1, v_2의 속도로 서로 충돌한 후 속도가 v_1', v_2'으로 변하는 경우 운동량 보존 법칙은 다음과 같다.

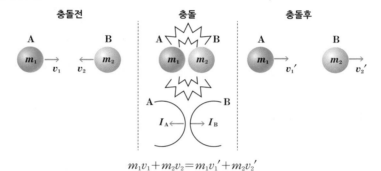

$$m_1 v_1 + m_2 v_2 = m_1 v_1' + m_2 v_2'$$

충돌 전 과 후 A의 운동량 변화량(Δp_A) $= m_1 v_1' - m_1 v_1$
충돌 전 과 후 B의 운동량 변화량(Δp_B) $= m_2 v_2' - m_2 v_2$
충돌하는 동안 두 물체는 서로에게 크기 F의 힘을 준다.
또한 충돌해 서로 붙어 있는 시간은 t로 동일하다.
A가 B로부터 받은 충격량(I_A)은 $-Ft$,
B가 A로부터 받은 충격량(I_B)은 Ft이다.
충격량은 운동량 변화량과 같으므로 ($I_A = \Delta p_A$, $I_B = \Delta p_B$)
$-Ft = m_1 v_1' - m_1 v_1$, $Ft = m_2 v_2' - m_2 v_2$
두 식을 정리하면 $m_1 v_1 + m_2 v_2 = m_1 v_1' + m_2 v_2'$이 된다.
이 식을 운동량 보존 법칙이라 한다.

• [암기] **운동량 보존 법칙의 성립** : 운동량 보존 법칙은 두 물체가 충돌 후 다른 속도로 운동할 때뿐만 아니라 여러 물체 사이에서도 성립하고, 충돌 후 한 덩어리가 되어 같은 속도로 운동하는 경우나 한 물체가 폭발하여 여러 물체로 나누어지는 경우에도 성립한다.

① 충돌 후 한 덩어리가 되는 경우 : 질량 m인 물체가 속도 v로 운동하고 있고 질량 M인 물체는 정지해 있다. 두 물체는 충돌 후 한 덩어리가 되어 v'의 속도로 움직인다. 운동량 보존법칙에 의해 $mv + 0 = (m+M)v'$이고 $v' = \dfrac{m}{m+M}v$가 된다.

따라서 충돌 후 한 덩어리가 된 물체의 속도는 v보다 작다.

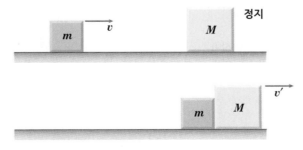

DAY
05

Ⅰ

1
–
03

운동량 보존 법칙과 여러 가지 충돌

② 한 물체가 폭발하여 여러 물체로 나누어지는 경우 : 질량이 M, 속도가 V인 물체가 폭발하여 질량이 각각 m_1, m_2인 작은 조각으로 나누어졌다. 조각의 속도는 각각 v_1, v_2이다. 운동량 보존법칙에 의해 $MV = m_1v_1 + m_2v_2$가 된다.

포탄이 상공에서 터지는 경우가 대표적인 예이다. 여러 조각으로 나누어져도 각 조각들의 운동량을 모두 더하면 폭발하기 전 물체의 운동량과 같다.

기본자료

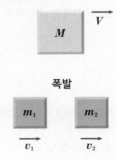

필수개념 3 여러 가지 충돌

- **암기** **탄성충돌** : 두 물체가 충돌 했을 때 충돌 전과 충돌 후의 운동에너지와 운동량이 전부 보존되는 충돌을 탄성충돌이라고 한다. 일반적으로 쇠구슬 사이에서의 충돌, 원자나 분자들 사이의 충돌은 운동에너지와 운동량이 모두 보존되는 탄성충돌로 알려져 있다.

- **암기** **비탄성충돌** : 일상생활이나 운동 경기에서 일어나는 대부분의 충돌은 운동 에너지가 보존되지 않고 감소한다. 바닥에 축구공이 떨어져 튕겨 오를 때, 달리던 두 자동차가 사고에 의하여 충돌할 때는 전체 운동 에너지가 보존되지 않고 감소한다. 이와 같은 충돌은 비탄성충돌이라고 한다.

- **암기** **완전 비탄성충돌** : **암기** 운동량 보존 법칙의 성립에서 다룬 충돌 중에서 충돌 후 한 물체가 되어 운동하는 경우의 충돌을 완전 비탄성 충돌이라고 한다. 화살이 표적에 박힐 때, 운석이 지구에 충돌할 때, 날아오는 공을 잡고 공과 함께 미끄러질 때와 같이 완전 비탄성 충돌이 일어나면 전체 운동에너지는 더 많이 감소하게 된다.

- **암기** **반발계수** : 두 물체가 충돌할 때, 충돌 전의 속도 차이와 충돌 후의 속도 차이의 비의 절댓값을 반발계수라 한다. 즉, 두 물체가 충돌하여 각각 그림과 같이 속도가 변했다면 반발계수 e는 다음과 같다. 탄성충돌은 반발계수가 1, 완전 비탄성충돌은 반발계수가 0, 비탄성충돌은 반발계수가 0보다 크고 1보다 작다.

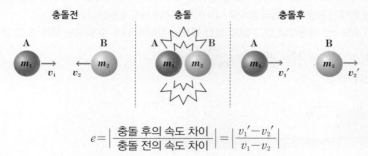

$$e = \left| \frac{\text{충돌 후의 속도 차이}}{\text{충돌 전의 속도 차이}} \right| = \left| \frac{v_1{}' - v_2{}'}{v_1 - v_2} \right|$$

1

그림은 학생 A가 헬멧을 쓰고, 속력 제한 장치가 있는 전동 스쿠터를 타는 모습을 나타낸 것이다.

헬멧 : 내부에 ㉠푹신한 스타이로폼 소재가 들어 있다.

속력 제한 장치 : 속력의 최댓값을 25 km/h로 제한한다.

이에 대한 옳은 설명만을 <보기>에서 있는 대로 고른 것은?

보기
ㄱ. ㉠은 충돌이 일어날 때 머리가 충격을 받는 시간을 짧아지게 한다.
ㄴ. ㉠은 충돌하는 동안 머리가 받는 평균 힘의 크기를 증가시킨다.
ㄷ. 속력 제한 장치는 A의 운동량의 최댓값을 제한한다.

① ㄴ　　② ㄷ　　③ ㄱ, ㄴ　　④ ㄱ, ㄷ　　⑤ ㄱ, ㄴ, ㄷ

2

그림 A, B, C는 충격량과 관련된 예를 나타낸 것이다.

A. 라켓으로 공을 친다.　　B. 충돌할 때 에어백이 펴진다.　　C. 활시위를 당겨 화살을 쏜다.

이에 대한 설명으로 옳은 것만을 <보기>에서 있는 대로 고른 것은?

보기
ㄱ. A에서 라켓의 속력을 더 크게 하여 공을 치면 공이 라켓으로부터 받는 충격량이 커진다.
ㄴ. B에서 에어백은 탑승자가 받는 평균 힘을 감소시킨다.
ㄷ. C에서 활시위를 더 당기면 활시위를 떠날 때 화살의 운동량이 커진다.

① ㄱ　　② ㄷ　　③ ㄱ, ㄴ　　④ ㄴ, ㄷ　　⑤ ㄱ, ㄴ, ㄷ

3

그림 A, B, C는 충격량과 관련된 예를 나타낸 것이다.

A. 골프채를 휘두르는 속도를 더 크게 하여 공을 친다.　　B. 글러브를 뒤로 빼면서 공을 받는다.　　C. 사람을 안전하게 구조하기 위해낙하 지점에 에어 매트를 설치한다.

이에 대한 설명으로 옳은 것만을 <보기>에서 있는 대로 고른 것은?

보기
ㄱ. A에서는 공이 받는 충격량이 커진다.
ㄴ. B에서는 충돌 시간이 늘어나 글러브가 받는 평균 힘이 작아진다.
ㄷ. C에서는 사람의 운동량의 변화량과 사람이 받는 충격량이 같다.

① ㄱ　　② ㄷ　　③ ㄱ, ㄴ　　④ ㄴ, ㄷ　　⑤ ㄱ, ㄴ, ㄷ

4

그림은 야구 경기에서 충격량과 관련된 예를 나타낸 것이다.

A : 포수가 글러브를 이용해 공을 받는다.　　B : 타자가 방망이를 이용해 공을 친다.　　C : 투수가 공을 던진다.

이에 대한 설명으로 옳은 것만을 <보기>에서 있는 대로 고른 것은?

보기
ㄱ. A에서 글러브를 뒤로 빼면서 공을 받으면 글러브가 공으로부터 받는 평균 힘의 크기는 감소한다.
ㄴ. B에서 방망이의 속력을 더 크게 하여 공을 치면 공이 방망이로부터 받는 충격량의 크기는 커진다.
ㄷ. C에서 공에 힘을 더 오래 작용하며 던질수록 손을 떠날 때 공의 운동량의 크기는 커진다.

① ㄱ　　② ㄷ　　③ ㄱ, ㄴ　　④ ㄴ, ㄷ　　⑤ ㄱ, ㄴ, ㄷ

그림은 직선상에서 운동하는 질량이 5kg인 물체의 속력을 시간에 따라 나타낸 것이다. 0초일 때와 t_0초일 때 물체의 위치는 같고, 운동 방향은 서로 반대이다. 0초에서 t_0초까지 물체가 받은 평균 힘의 크기는? (단, 물체의 크기는 무시한다.) ③점

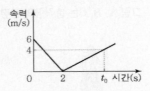

① 2N ② 4N ③ 6N ④ 8N ⑤ 10N

그림 A, B, C는 충격량과 관련된 예를 나타낸 것이다.

A. 번지점프에서 낙하하는 사람을 매단 줄   B. 충돌로 인한 피해 감소용 타이어   C. 빨대 안에서 속력이 증가하는 구슬

이에 대한 설명으로 옳은 것만을 〈보기〉에서 있는 대로 고른 것은?

보기

ㄱ. A에서 늘어나는 줄은 사람이 힘을 받는 시간을 길게 해 준다.
ㄴ. B에서 타이어는 충돌할 때 배가 받는 평균 힘의 크기를 크게 해 준다.
ㄷ. C에서 구슬의 속력이 증가하면 구슬의 운동량의 크기는 증가한다.

① ㄱ ② ㄴ ③ ㄱ, ㄷ ④ ㄴ, ㄷ ⑤ ㄱ, ㄴ, ㄷ

그림 (가)는 마찰이 없는 수평면에 정지해 있던 물체가 수평면과 나란한 방향의 힘을 받아 0~2초까지 오른쪽으로 직선 운동을 하는 모습을, (나)는 (가)에서 물체에 작용한 힘을 시간에 따라 나타낸 것이다. 물체의 운동량의 크기는 1초일 때가 2초일 때의 2배이다.

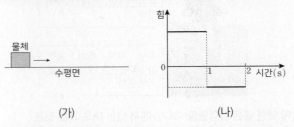

(가)   (나)

이에 대한 설명으로 옳은 것만을 〈보기〉에서 있는 대로 고른 것은? (단, 공기 저항은 무시한다.)

보기

ㄱ. 1.5초일 때, 물체의 운동 방향과 가속도 방향은 서로 반대이다.
ㄴ. 물체가 받은 충격량의 크기는 0~1초까지가 1~2초까지의 2배이다.
ㄷ. 물체가 이동한 거리는 0~1초까지가 1~2초까지의 $\frac{3}{2}$배이다.

① ㄱ ② ㄷ ③ ㄱ, ㄴ ④ ㄴ, ㄷ ⑤ ㄱ, ㄴ, ㄷ

그림 (가)는 수평면에서 질량이 각각 2kg, 3kg인 물체 A, B가 각각 6m/s, 3m/s의 속력으로 등속도 운동하는 모습을 나타낸 것이다. 그림 (나)는 A와 B가 충돌하는 동안 A가 B에 작용한 힘의 크기를 시간에 따라 나타낸 것이다. 곡선과 시간 축이 만드는 면적은 6N·s이다.

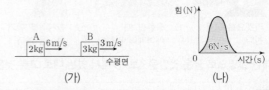

(가)   (나)

충돌 후, 등속도 운동하는 A, B의 속력을 각각 v_A, v_B라 할 때, $\dfrac{v_B}{v_A}$는? (단, A와 B는 동일 직선상에서 운동한다.)

① $\dfrac{4}{3}$ ② $\dfrac{3}{2}$ ③ $\dfrac{5}{3}$ ④ 2 ⑤ $\dfrac{5}{2}$

❷ 역학적 에너지 보존 ★수능에 나오는 필수 개념 2가지 + 필수 암기사항 9개

기본자료

필수개념 1 역학적 에너지

- *암기* 운동 에너지(K 또는 E_k) : 운동하는 물체가 가지는 에너지이다.
  ① 운동 에너지 : 질량 m, 속력 v인 물체가 가지는 운동 에너지는 다음과 같다.

$$E_k = \frac{1}{2}mv^2$$

- *암기* 일 운동 에너지 정리 : 물체에 작용한 알짜힘이 물체에 한 일은 물체의 운동 에너지 변화량과 같다.

  ① 수평면에서 운동하고 있는 질량 m, 처음 속도 v_0의 물체에 운동 방향으로 일정한 크기의 힘 F가 작용하여 물체가 s만큼 이동하였을 때, 나중 속도가 v라면 가속도는 뉴턴의 운동 제2법칙에 의해 $a = \dfrac{F}{m}$가 된다. 등가속도 직선 운동에 의해 $v^2 - v_0{}^2 = 2as$이다. 물체가 받은 일의 양은 $W = Fs$이므로

$$W = Fs = mas = m\left(\frac{1}{2}v^2 - \frac{1}{2}v_0{}^2\right) = \frac{1}{2}mv^2 - \frac{1}{2}mv_0{}^2 = \Delta E_k \text{이다.}$$

- *암기* 중력에 의한 퍼텐셜 에너지(U 또는 E_p 중력 퍼텐셜 에너지) : 물체가 기준점을 기준으로, 기준점과 다른 높이에 있을 때 물체가 가지는 에너지

  ① 물체의 무게와 같은 힘 $F = mg$로 물체를 높이 h만큼 들어 올릴 때 F가 물체에 한 일 : $W = Fs = mgh$이다. 즉, 물체를 들어 올리는 힘이 한 일은 중력에 의한 퍼텐셜 에너지로 저장된다.

  ② 중력에 의한 퍼텐셜 에너지 : $E_p = mgh$

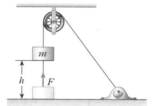

- *암기* 탄성력에 의한 퍼텐셜 에너지(U 또는 E_p 탄성 퍼텐셜 에너지) : 용수철, 고무줄과 같이 탄성력을 가진 물체의 길이가 변할 때 (처음 길이보다 늘어나거나 줄어들 때) 가지는 에너지

  ① 용수철이 늘어나거나 줄어들면 원래 길이로 되돌아가려는 방향으로 탄성력을 작용한다. 이때 탄성력은 변형된 길이에 비례하므로 용수철의 변형된 길이가 x일 때 탄성력은

$$F = -kx$$

이다. k는 용수철 상수라 하며 $(-)$는 탄성력의 방향이 변형된 길이와 반대 방향임을 나타낸다. 따라서 용수철에 탄성력과 같은 크기의 힘을 작용시켜 길이를 서서히 변형시키면 힘이 용수철에 해준 일만큼 원래 길이로 돌아가는 동안 일을 할 수 있는 능력인 에너지를 가지게 되는데 이를 탄성 퍼텐셜 에너지라고 한다.

  ② 탄성력에 의한 퍼텐셜 에너지 : 그림과 같이 용수철상수가 k인 용수철에 힘을 작용시켜 용수철의 길이를 x만큼 변화시킬 때 용수철에 해준 일의 양은 그래프의 면적에 해당하는

$$W = \frac{1}{2}kx^2$$

가 된다. 용수철은 이 일만큼 물체에 일을 할 수 있으므로 탄성 퍼텐셜 에너지 E_p는 다음과 같다.

$$E_p = \frac{1}{2}kx^2$$

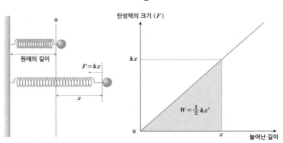

암기 알짜힘과 운동 에너지 변화 비교하기
① 합력이 한 일이 양$(+)$인 경우 : 물체의 운동 에너지는 증가함.
② 합력이 한 일이 음$(-)$인 경우 : 물체의 운동 에너지는 감소함.
③ 합력이 한 일이 0인 경우 : 물체의 운동 에너지는 일정함.

DAY
07

Ⅰ

2
ㅣ
01

일
과
에
너
지

필수개념 2   역학적 에너지 보존

- 암기 **역학적 에너지** : 물체의 운동 에너지와 퍼텐셜 에너지의 합, $E_k + E_p$

- **역학적 에너지 보존 법칙** : 마찰이나 공기 저항이 없으면 물체의 역학적 에너지는 항상 일정하게 보존된다.

① 중력에 의한 역학적 에너지 보존

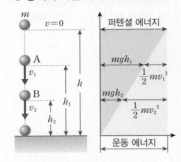

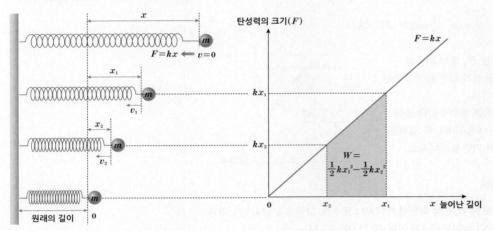

출발점, A점, B점, 도착점에서 역학적 에너지 보존

$$mgh = \frac{1}{2}mv_1^2 + mgh_1 = \frac{1}{2}mv_2^2 + mgh_2 = \frac{1}{2}mv^2$$

$$mgh_1 - mgh_2 = \frac{1}{2}mv_2^2 - \frac{1}{2}mv_1^2$$

② 탄성력에 의한 역학적 에너지 보존

탄성력이 한 일의 양(W) : $\frac{1}{2}kx_1^2 - \frac{1}{2}kx_2^2$

운동 에너지 증가량(ΔE_k) : $\frac{1}{2}mv_2^2 - \frac{1}{2}mv_1^2$

일 운동 에너지 정리에 의해
탄성력이 한 일의 양(W) = 운동 에너지 증가량(ΔE_k)

$$\frac{1}{2}kx_1^2 - \frac{1}{2}kx_2^2 = \frac{1}{2}mv_2^2 - \frac{1}{2}mv_1^2$$

$$\frac{1}{2}kx_1^2 + \frac{1}{2}mv_1^2 = \frac{1}{2}kx_2^2 + \frac{1}{2}mv_2^2 \text{ (역학적 에너지 보존)}$$

- 암기 **자유 낙하에서 역학적 에너지 보존 그래프**

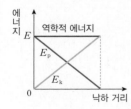

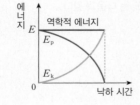

기본자료

▶ 암기 자유 낙하에서 역학적 에너지 보존 법칙 응용

$$mgh_1 - mgh_2 = \frac{1}{2}mv_2^2 - \frac{1}{2}mv_1^2$$

$$-\Delta E_p = \Delta E_k$$

중력 퍼텐셜 에너지 감소량과 운동 에너지 증가량은 항상 같다.

암기 두 빗면에서 두 물체 A, B가 실로 연결되어 각각 빗면에서 등가속도 직선 운동할 때

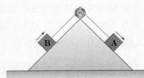

A의 운동 에너지, B의 운동 에너지, B의 퍼텐셜 에너지가 증가하고 A의 퍼텐셜 에너지가 감소한다면 A와 B의 운동 에너지 증가량과 B의 퍼텐셜 에너지 증가량은 A의 퍼텐셜 에너지 감소량과 같다. 즉, 실로 연결되어 있는 경우 어느 한 쪽에서 역학적 에너지가 감소(증가)하면 반드시 다른 한 쪽에서 역학적 에너지가 증가(감소)한다.

1

다음은 용수철 진자의 역학적 에너지 감소에 관한 실험이다.

[실험 과정]
(가) 그림과 같이 유리판 위에 놓인 나무 도막에 용수철을
    연결하고 용수철의 한쪽 끝을 벽에 고정시킨다.
(나) 나무 도막을 평형점 O에서 점 P까지 당겨 용수철이
    늘어나게 한다.
(다) 나무 도막을 가만히 놓은 후 나무 도막이 여러 번 진동하여
    멈출 때까지 걸린 시간 t를 측정한다.
(라) (가)에서 유리판만을 사포로 바꾼 후 (나)와 (다)를
    반복한다.

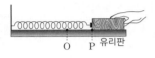 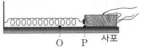

[실험 결과]

바닥면의 종류	t
유리판	5초
사포	2초

이에 대한 설명으로 옳은 것만을 〈보기〉에서 있는 대로 고른 것은?

보기
ㄱ. (다)에서 나무 도막이 진동하는 동안 마찰에 의해 열이
   발생한다.
ㄴ. 나무 도막을 놓는 순간부터 나무 도막이 멈출 때까지 나무
   도막의 이동 거리는 유리판 위에서가 사포 위에서보다
   크다.
ㄷ. (다)에서 나무 도막이 P에서 O까지 이동하는 동안 용수철에
   저장된 탄성 퍼텐셜 에너지는 증가한다.

① ㄱ ② ㄷ ③ ㄱ, ㄴ ④ ㄴ, ㄷ ⑤ ㄱ, ㄴ, ㄷ

2

**그림 (가)는 마찰이 없는 수평면에서 물체 A가 정지해 있는 물체 B를
향해 운동하는 모습을 나타낸 것이고, (나)는 A의 위치를 시간에
따라 나타낸 것이다. A, B의 질량은 각각 m_A, m_B이고, 충돌 후
운동 에너지는 B가 A의 3배이다.**

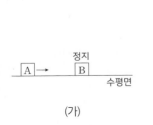 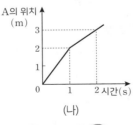

(가)   (나)

$m_A : m_B$는? (단, A와 B는 동일 직선상에서 운동한다.) 3점

① 2 : 1 ② 3 : 1 ③ 3 : 2 ④ 4 : 3 ⑤ 5 : 2

3

다음은 역학 수레를 이용한 실험이다.

[실험 과정]
(가) 그림과 같이 수평면으로부터 높이 h인 지점에 가만히 놓은
    질량 m인 수레가 빗면을 내려와 수평면 위의 점 p를 지나
    용수철을 압축시킬 때, 용수철이 최대로 압축되는 길이 x를
    측정한다.

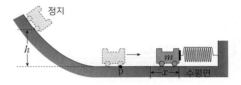

(나) 수레의 질량 m과 수레를 놓는 높이 h를 변화시키면서
    (가)를 반복한다.

[실험 결과]

실험	m(kg)	h(cm)	x(cm)
Ⅰ	1	50	2
Ⅱ	2	50	㉠
Ⅲ	2	㉡	2

**이에 대한 설명으로 옳은 것만을 〈보기〉에서 있는 대로 고른 것은?
(단, 용수철의 질량, 수레의 크기, 모든 마찰과 공기 저항은 무시한다.)**

보기
ㄱ. ㉠은 2보다 크다.
ㄴ. ㉡은 50보다 작다.
ㄷ. p에서 수레의 속력은 Ⅱ에서가 Ⅲ에서보다 작다.

① ㄱ ② ㄷ ③ ㄱ, ㄴ ④ ㄴ, ㄷ ⑤ ㄱ, ㄴ, ㄷ

4

그림과 같이 수평면으로부터 높이 H인 왼쪽 빗면 위에 물체를 가만히 놓았더니 물체는 수평면에서 속력 v로 운동한다. 이후 물체는 일정한 마찰력이 작용하는 구간 Ⅰ을 지나 오른쪽 빗면에 올라갔다가 다시 왼쪽 빗면의 높이 h인 지점까지 올라간 후 Ⅰ의 오른쪽 끝 점 p에서 정지한다.

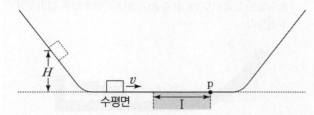

이에 대한 설명으로 옳은 것만을 〈보기〉에서 있는 대로 고른 것은? (단, 중력 가속도는 g이고, 물체의 크기, Ⅰ의 마찰을 제외한 모든 마찰 및 공기 저항은 무시한다.)

보기
ㄱ. $v = \sqrt{2gH}$이다.
ㄴ. $h = \dfrac{H}{3}$이다.
ㄷ. 왼쪽 빗면의 높이가 $2H$인 지점에 물체를 가만히 놓으면 물체가 Ⅰ을 4회 지난 순간 p에서 정지한다.

① ㄱ   ② ㄷ   ③ ㄱ, ㄴ   ④ ㄴ, ㄷ   ⑤ ㄱ, ㄴ, ㄷ

5

그림과 같이 질량이 m인 물체가 빗면을 따라 운동하여 점 p, q를 지나 최고점 r에 도달한다. 물체의 역학적 에너지는 p에서 q까지 운동하는 동안 감소하고, q에서 r까지 운동하는 동안 일정하다. 물체의 속력은 p에서가 q에서의 2배이고, p와 q의 높이 차는 h이다. 물체가 p에서 q까지 운동하는 동안, 물체의 운동 에너지 감소량은 물체의 중력 퍼텐셜 에너지 증가량의 3배이다.

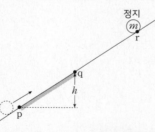

이에 대한 설명으로 옳은 것만을 〈보기〉에서 있는 대로 고른 것은? (단, 중력 가속도는 g이고, 물체의 크기는 무시한다.)

보기
ㄱ. q에서 물체의 속력은 $\sqrt{2gh}$이다.
ㄴ. q와 r의 높이 차는 h이다.
ㄷ. 물체가 p에서 q까지 운동하는 동안, 물체의 역학적 에너지 감소량은 $2mgh$이다.

① ㄱ   ② ㄴ   ③ ㄱ, ㄷ   ④ ㄴ, ㄷ   ⑤ ㄱ, ㄴ, ㄷ

6

그림 (가)는 경사면에서 질량 $2kg$인 물체가 p점에서 q점까지 직선 운동하는 모습을 나타낸 것이고, 그림 (나)는 물체가 p를 통과하는 순간부터 q에 도달하는 순간까지 물체의 운동량의 크기를 시간에 따라 나타낸 것이다.

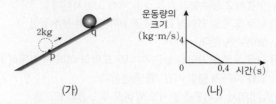

(가)   (나)

0초부터 0.4초까지 물체의 중력에 의한 퍼텐셜 에너지 변화량은? (단, 물체의 크기, 모든 마찰과 공기 저항은 무시한다.)

① 1J   ② 2J   ③ 3J   ④ 4J   ⑤ 8J

7

그림 (가)와 같이 물체 A, B를 실로 연결하고 빗면 위의 점 p에 A를 가만히 놓았더니 A, B는 등가속도 운동하여 A가 점 q를 통과한다. B의 질량은 m이고, p에서 q까지의 거리는 d이다. A가 p에서 q까지 이동하는 동안 A의 역학적 에너지 증가량은 $\dfrac{1}{3}mgd$이다.

그림 (나)는 (가)의 실이 끊어진 후 A, B가 각각 등가속도 운동하는 것을 나타낸 것이다. A의 가속도의 크기는 (가)와 (나)에서 a로 같다.

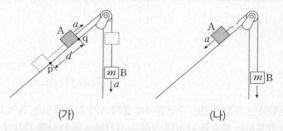

(가)   (나)

이에 대한 설명으로 옳은 것만을 〈보기〉에서 있는 대로 고른 것은? (단, 중력 가속도는 g이고, A, B의 크기, 모든 마찰과 공기 저항은 무시한다.) 3점

보기
ㄱ. (가)에서 A가 q를 통과하는 순간 B의 운동 에너지는 $\dfrac{1}{3}mgd$이다.
ㄴ. $a = \dfrac{2}{3}g$이다.
ㄷ. A의 질량은 $\dfrac{1}{4}m$이다.

① ㄱ   ② ㄴ   ③ ㄱ, ㄷ   ④ ㄴ, ㄷ   ⑤ ㄱ, ㄴ, ㄷ

8

그림과 같이 빗면 위의 점 O에 물체를 가만히 놓았더니 물체가 일정한 시간 간격으로 빗면 위의 점 A, B, C를 통과하였다. 물체는 B~C 구간에서 마찰력을 받아 역학적 에너지가 18J만큼 감소하였다. 물체의 중력 퍼텐셜 에너지 차는 O와 B 사이에서 32J, A와 C 사이에서 60J이다.

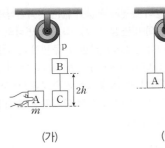

C에서 물체의 운동 에너지는? (단, 물체의 크기와 공기 저항은 무시한다.) (3점)

① 18J   ② 28J   ③ 32J   ④ 42J   ⑤ 50J

9

그림 (가)는 물체 A, B, C를 실로 연결한 후, 질량이 m인 A를 손으로 잡아 A와 C가 같은 높이에서 정지한 모습을 나타낸 것이다. A와 B 사이에 연결된 실은 p이고, B와 C

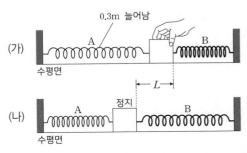

사이의 거리는 $2h$이다. 그림 (나)는 (가)에서 A를 가만히 놓은 후 A와 B의 높이가 같아진 순간의 모습을 나타낸 것이다. (가)에서 (나)로 물체가 운동하는 동안 운동 에너지 변화량의 크기는 C가 A의 3배이고, A의 중력 퍼텐셜 에너지 변화량의 크기와 C의 역학적 에너지 변화량의 크기는 같다.

(나)에 대한 설명으로 옳은 것만을 <보기>에서 있는 대로 고른 것은? (단, 모든 마찰과 공기 저항, 실의 질량은 무시한다.) (3점)

> **보기**
> ㄱ. A의 속력은 $\sqrt{2gh}$이다.
> ㄴ. B의 질량은 $2m$이다.
> ㄷ. p가 B를 당기는 힘의 크기는 mg이다.

① ㄱ   ② ㄴ   ③ ㄱ, ㄷ   ④ ㄴ, ㄷ   ⑤ ㄱ, ㄴ, ㄷ

10

그림은 물체 B와 실로 연결되어 점 p에 정지해 있던 물체 A에 크기가 $3mg$로 일정한 힘을 가해 A를 점 q까지 이동시킨 모습을 나타낸 것이다. A가 q를 지나는 순간 당기던 실을 놓았더니 점 r에서 A의 속력이 0이 되었다. A, B의 질량은 모두 m이다. A가 p에서 q까지, q에서 r까지 운동하는 동안 B의 역학적 에너지 증가량은 각각 E_1, E_2이다.

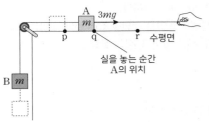

$\dfrac{E_2}{E_1}$는? (단, 중력 가속도는 g이고, 실의 질량, 물체의 크기, 모든 마찰과 공기 저항은 무시한다.) (3점)

① $\dfrac{1}{2}$ ② $\dfrac{3}{5}$ ③ $\dfrac{2}{3}$ ④ 1   ⑤ 2

11

그림 (가)와 같이 수평면에서 용수철 A, B가 양쪽에 수평으로 연결되어 있는 물체를 손으로 잡아 정지시켰다. A, B의 용수철 상수는 각각 100N/m, 200N/m이고, A의 늘어난 길이는 0.3m 이며, B의 탄성 퍼텐셜 에너지는 0이다. 그림 (나)와 같이 (가)에서 손을 가만히 놓았더니 물체가 직선 운동을 하다가 처음으로 정지한 순간 B의 늘어난 길이는 L이다.

(가)

0.3m 늘어남

A   B

수평면

← L →

(나)

A   정지   B

수평면

L은? (단, 물체의 크기, 용수철의 질량, 모든 마찰과 공기 저항은 무시한다.) (3점)

① 0.05m   ② 0.1m   ③ 0.15m   ④ 0.2m   ⑤ 0.3m

12

그림은 물체 A, B, C를 실 p, q로 연결하여 C를 손으로 잡아 정지시킨 모습을 나타낸 것이다. C를 가만히 놓으면 B는 가속도의 크기 a로 등가속도 운동한다. 이후 p를 끊으면 B는 가속도의 크기 a로 등가속도 운동한다. A, B, C의 질량은 각각 $3m$, m, $2m$이다.

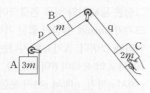

이에 대한 설명으로 옳은 것만을 〈보기〉에서 있는 대로 고른 것은? (단, 중력 가속도는 g이고, 실의 질량 및 모든 마찰과 공기 저항은 무시한다.)

보기

ㄱ. q가 B를 당기는 힘의 크기는 p를 끊기 전이 p를 끊은 후보다 크다.

ㄴ. $a = \frac{1}{3}g$이다.

ㄷ. p를 끊기 전까지, A의 중력 퍼텐셜 에너지 감소량은 B와 C의 운동 에너지 증가량의 합보다 크다.

① ㄱ   ② ㄷ   ③ ㄱ, ㄴ   ④ ㄴ, ㄷ   ⑤ ㄱ, ㄴ, ㄷ

13

그림 (가)와 같이 질량이 각각 2kg, 3kg, 1kg인 물체 A, B, C가 용수철 상수가 200N/m인 용수철과 실에 연결되어 정지해 있다. 수평면에 연직으로 연결된 용수철은 원래 길이에서 0.1m만큼 늘어나 있다. 그림 (나)는 (가)의 C에 연결된 실이 끊어진 후, A가 연직선상에서 운동하여 용수철이 원래 길이에서 0.05m만큼 늘어난 순간의 모습을 나타낸 것이다.

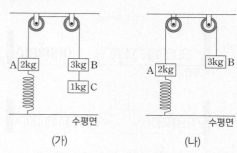

(가)   (나)

(나)에서 A의 운동 에너지는 용수철에 저장된 탄성 퍼텐셜 에너지의 몇 배인가? (단, 중력 가속도는 10m/s²이고, 실과 용수철의 질량, 모든 마찰과 공기 저항은 무시한다.)

① $\frac{1}{5}$ ② $\frac{2}{5}$ ③ $\frac{3}{5}$ ④ $\frac{4}{5}$ ⑤ 1

14

그림과 같이 마찰이 없는 궤도를 따라 운동하는 물체 A, B가 각각 높이 $2h_0$, h_0인 지점을 v_0, $2v_0$의 속력으로 지난다. h_0인 지점에서 B의 운동 에너지는 중력 퍼텐셜 에너지의 4배이다. 궤도의 구간 Ⅰ, Ⅱ는 각각 수평면, 경사면이고, 구간 Ⅲ은 높이가 $4h_0$인 수평면이다.

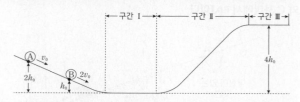

이에 대한 설명으로 옳은 것만을 〈보기〉에서 있는 대로 고른 것은? (단, Ⅰ에서 중력 퍼텐셜 에너지는 0이고, 물체는 동일 연직면상에서 운동하며, 물체의 크기는 무시한다.)

보기

ㄱ. Ⅰ을 통과하는 데 걸리는 시간은 A가 B의 $\frac{5}{3}$배이다.

ㄴ. Ⅱ에서 A의 운동 에너지와 중력 퍼텐셜 에너지가 같은 지점의 높이는 h_0이다.

ㄷ. Ⅲ에서 B의 속력은 v_0이다.

① ㄱ   ② ㄷ   ③ ㄱ, ㄴ   ④ ㄴ, ㄷ   ⑤ ㄱ, ㄴ, ㄷ

15

그림과 같이 물체가 마찰이 없는 연직면상의 궤도를 따라 운동한다. 물체는 왼쪽 빗면상의 점 a, b, 수평면상의 점 c, d, 오른쪽 빗면상의 점 e를 지나 점 f에 도달한다. 물체가 a, b를 지나는 순간의 속력은 각각 v, $4v$이고, a~b 구간을 통과하는 데 걸리는 시간은 e~f 구간을 통과하는 데 걸리는 시간의 3배이다. 물체는 c~d 구간에서 운동 방향과 반대 방향으로 크기가 F인 일정한 힘을 받는다. b와 e의 높이는 같다.

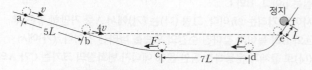

e~f 구간에서 물체에 작용하는 알짜힘의 크기는? (단, 물체의 크기와 공기 저항은 무시한다.) 3점

① $4F$ ② $5F$ ③ $7F$ ④ $9F$ ⑤ $10F$

16

그림 (가)와 같이 물체 A가 수평면에서 용수철이 달린 정지해 있는 물체 B를 향해 등속 직선 운동한다. 그림 (나)는 (가)에서 A와 B가 충돌하고 분리된 후 B가 수평면에서 등속 직선 운동하는 모습을 나타낸 것이다. (나)에서 B의 속력은 (가)에서 A의 속력의 $\frac{2}{3}$배이고, 질량은 B가 A의 2배이다.

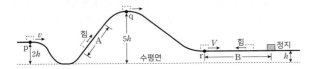

(가)   (나)

용수철이 압축되는 동안 용수철에 저장되는 탄성 퍼텐셜 에너지의 최댓값을 E_1, (나)에서 B의 운동 에너지를 E_2라 할 때 $\frac{E_1}{E_2}$는?

(단, 충돌 과정에서 역학적 에너지 손실은 없고, 용수철의 질량, 모든 마찰과 공기 저항은 무시한다.) 3점

① $\frac{2}{9}$ ② $\frac{4}{9}$ ③ $\frac{2}{3}$ ④ $\frac{3}{4}$ ⑤ $\frac{4}{3}$

17

그림과 같이 레일을 따라 운동하는 물체가 점 p, q, r를 지난다. 물체는 빗면 구간 A를 지나는 동안 역학적 에너지가 $2E$만큼 증가하고, 높이가 h인 수평 구간 B에서 역학적 에너지가 $3E$만큼 감소하여 정지한다. 물체의 속력은 p에서 v, B의 시작점 r에서 V이고, 물체의 운동 에너지는 q에서가 p에서의 2배이다.

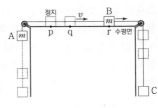

V는? (단, 물체의 크기, 마찰과 공기 저항은 무시한다.)

① $\sqrt{2}v$ ② $2v$ ③ $\sqrt{6}v$ ④ $3v$ ⑤ $2\sqrt{3}v$

18 2025 평가원

그림은 물체 A, C를 수평면에 놓인 물체 B의 양쪽에 실로 연결하여 서로 다른 빗면에 놓고, A를 손으로 잡아 점 p에 정지시킨 모습을 나타낸 것이다. A를 가만히 놓으면 A는 빗면을 따라 등가속도 운동한다. A가 p에서 d만큼 떨어진 점 q까지 운동하는 동안 A, C의 중력 퍼텐셜 에너지 변화량의 크기는 각각 E_0, $7E_0$이다. A, B, C의 질량은 각각 m, $2m$, $3m$이다.

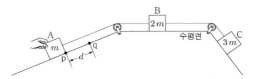

A가 p에서 q까지 운동하는 동안, 이에 대한 설명으로 옳은 것만을 〈보기〉에서 있는 대로 고른 것은? (단, 물체의 크기, 실의 질량, 모든 마찰은 무시한다.)

보기
ㄱ. A의 운동 에너지 변화량과 중력 퍼텐셜 에너지 변화량은 크기가 같다.
ㄴ. B의 가속도의 크기는 $\frac{2E_0}{md}$이다.
ㄷ. 역학적 에너지 변화량의 크기는 B가 C보다 크다.

① ㄱ   ② ㄴ   ③ ㄷ   ④ ㄱ, ㄴ   ⑤ ㄱ, ㄷ

19

그림은 물체 A, B, C를 실로 연결하여 수평면의 점 p에서 B를 가만히 놓아 물체가 등가속도 운동하는 모습을 나타낸 것이다. B가 점 q를 지날 때 속력은 v이다. B가 p에서 q까지 운동하는 동안 A의 중력 퍼텐셜 에너지의 증가량은 A의 운동 에너지 증가량의 4배이다. B의 운동 에너지는 점 r에서가 q에서의 3배이다. A, B의 질량은 각각 m이고, q와 r 사이의 거리는 L이다. B가 r를 지날 때 C의 운동 에너지는? (단, 중력 가속도는 g이고, 물체의 크기, 실의 질량, 모든 마찰은 무시한다.)

① $\frac{3}{4}mgL$ ② $\frac{4}{5}mgL$ ③ $\frac{5}{6}mgL$ ④ mgL ⑤ $\frac{4}{3}mgL$

그림 (가)는 물체 A, B가 운동을 시작하는 순간의 모습을, (나)는 A와 B의 높이가 (가) 이후 처음으로 같아지는 순간의 모습을 나타낸 것이다. 점 p, q, r, s는 A, B가 직선 운동을 하는 빗면 구간의 점이고, p와 q, r와 s 사이의 거리는 각각 L, $2L$이다. A는 p에서 정지 상태에서 출발하고, B는 q에서 속력 v로 출발한다. A가 q를 v의 속력으로 지나는 순간에 B는 r를 지난다.

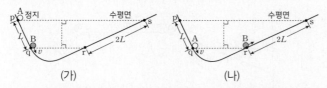

A와 B가 처음으로 만나는 순간, A의 속력은? (단, 물체의 크기, 마찰과 공기 저항은 무시한다.)

① $\frac{1}{8}v$ ② $\frac{1}{6}v$ ③ $\frac{1}{5}v$ ④ $\frac{1}{4}v$ ⑤ $\frac{1}{2}v$

그림과 같이 빗면의 마찰 구간 Ⅰ에서 일정한 속력 v로 직선 운동한 물체가 마찰 구간 Ⅱ를 속력 v로 빠져나왔다. 점 p~s는 각각 Ⅰ 또는 Ⅱ의 양 끝점이고, p와 q, r과 s의 높이차는 모두 h이다. Ⅰ과 Ⅱ에서 물체의 역학적 에너지 감소량은 p에서 물체의 운동 에너지의 4배로 같다.

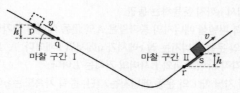

r에서 물체의 속력은? (단, 물체의 크기, 공기 저항, 마찰 구간 외의 모든 마찰은 무시한다.)

① $2v$ ② $\sqrt{6}v$ ③ $2\sqrt{2}v$ ④ $3v$ ⑤ $4v$

그림 (가)와 같이 빗면을 따라 운동하는 물체 A는 수평한 기준선 P를 속력 $5v$로 지나고, 물체 B는 수평면에 정지해 있다. 그림 (나)는 (가) 이후, A와 B가 충돌하여 서로 반대 방향으로 속력 $2v$로 운동하는 모습을 나타낸 것이다. A, B의 질량은 각각 m, $3m$이다. A가 마찰 구간을 올라갈 때와 내려갈 때 손실된 역학적 에너지는 같다. (나) 이후, A, B는 각각 P를 속력 v_A, $3v$로 지난다.

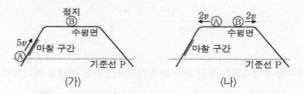

v_A는? (단, 물체의 크기, 공기 저항, 마찰 구간 외의 모든 마찰은 무시한다.) ③점

① $2v$ ② $\sqrt{5}v$ ③ $\sqrt{6}v$ ④ $\sqrt{7}v$ ⑤ $2\sqrt{2}v$

그림과 같이 수평면에서 질량이 각각 $2m$, m인 물체 A, B를 용수철의 양 끝에 접촉하여 용수철을 압축시킨 후 동시에 가만히 놓았더니 A, B가 궤도를 따라 운동하여 A는 마찰 구간에서 정지하고, B는 점 p, q를 지나 점 r에서 정지한다. p에서 q까지는 마찰 구간이고 p의 높이는 $7h$이고, q와 r의 높이 차는 h이다. B의 속력은 p에서가 q에서의 3배이고, p에서 q까지 운동하는 동안 B의 운동 에너지 감소량은 B의 중력 퍼텐셜 에너지 증가량의 3배이다.

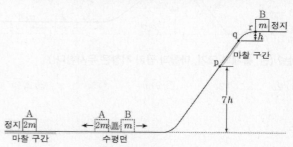

마찰 구간에서 A, B의 역학적 에너지 감소량을 각각 E_A, E_B라 할 때, $\frac{E_A}{E_B}$는? (단, A, B의 크기 및 용수철의 질량, 공기 저항, 마찰 구간 외의 마찰은 무시한다.) ③점

① $\frac{4}{3}$ ② $\frac{3}{2}$ ③ $\frac{5}{3}$ ④ $\frac{7}{4}$ ⑤ $\frac{9}{5}$

24 [2023 평가원]

그림은 높이 h인 평면에서 용수철 P에 연결된 물체 A에 물체 B를 접촉시키고, P를 원래 길이에서 $2d$만큼 압축시킨 모습을 나타낸 것이다. B를 가만히 놓으면 B는 P의 원래 길이에서 A와 분리되어 면을 따라 운동하고 A는 P에 연결된 채로 직선 운동한다. 이후 B는 높이차가 $2h$인 마찰 구간을 등속도로 지나 수평면에 놓인 용수철 Q를 원래 길이에서 $\sqrt{2}d$만큼 압축시킬 때 속력이 0이 된다. A와 B가 분리된 후 P의 탄성 퍼텐셜 에너지의 최댓값은 B가 마찰 구간에서 높이차 $2h$만큼 내려가는 동안 B의 역학적 에너지 감소량과 같다. P, Q의 용수철 상수는 같다.

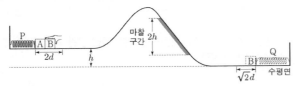

A, B의 질량을 각각 m_A, m_B라 할 때, $\dfrac{m_B}{m_A}$는? (단, 용수철의 질량, 물체의 크기, 공기 저항, 마찰 구간 외의 모든 마찰은 무시한다.)

① $\dfrac{1}{3}$ ② $\dfrac{1}{2}$ ③ 1   ④ 2   ⑤ 3

25 [2024 수능]

그림 (가)와 같이 질량이 m인 물체 A를 높이 $9h$인 지점에 가만히 놓았더니 A가 마찰 구간 Ⅰ을 지나 수평면에 정지한 질량이 $2m$인 물체 B와 충돌한다. 그림 (나)는 A와 B가 충돌한 후, A는 다시 Ⅰ을 지나 높이 H인 지점에서 정지하고, B는 마찰 구간 Ⅱ를 지나 높이 $\dfrac{7}{2}h$인 지점에서 정지한 순간의 모습을 나타낸 것이다. A가 Ⅰ을 한 번 지날 때 손실되는 역학적 에너지는 B가 Ⅱ를 지날 때 손실되는 역학적 에너지와 같고, 충돌에 의해 손실되는 역학적 에너지는 없다.

H는? (단, 물체는 동일 연직면상에서 운동하고, 물체의 크기, 공기 저항, 마찰 구간 외의 모든 마찰은 무시한다.)

① $\dfrac{5}{17}h$ ② $\dfrac{7}{17}h$ ③ $\dfrac{9}{17}h$ ④ $\dfrac{11}{17}h$ ⑤ $\dfrac{13}{17}h$

26

그림 (가)와 같이 물체 A, B를 실로 연결하고, A에 연결된 용수철을 원래 길이에서 $3L$만큼 압축시킨 후 A를 점 p에서 가만히 놓았다. B의 질량은 m이다. 그림 (나)는 (가)에서 A, B가 직선 운동하여 각각 $7L$만큼 이동한 후 $4L$만큼 되돌아와 정지한 모습을 나타낸 것이다. A가 구간 p → r, r → q에서 이동할 때, 각 구간에서 마찰에 의해 손실된 역학적 에너지는 각각 $7W$, $4W$이다.

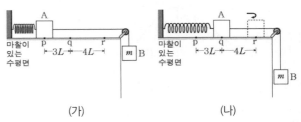

(가)   (나)

W는? (단, 중력 가속도는 g이고, 용수철과 실의 질량, 물체의 크기, 수평면에 의한 마찰 외의 모든 마찰과 공기 저항은 무시한다.) ③점

① $\dfrac{1}{3}mgL$ ② $\dfrac{2}{5}mgL$ ③ $\dfrac{1}{2}mgL$ ④ $\dfrac{3}{5}mgL$ ⑤ $\dfrac{2}{3}mgL$

27 [2024 평가원]

그림과 같이 수평면에서 운동하던 질량이 m인 물체가 언덕을 따라 올라갔다가 내려온다. 높이가 같은 점 p, s에서 물체의 속력은 각각 $2v_0$, v_0이고, 최고점 q에서의 속력은 v_0이다. 높이 차가 h로 같은 마찰 구간 Ⅰ, Ⅱ에서 물체의 역학적 에너지 감소량은 Ⅱ에서가 Ⅰ에서의 2배이다.

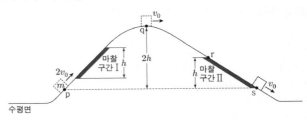

점 r에서 물체의 속력은? (단, 마찰 구간 외의 모든 마찰과 공기 저항, 물체의 크기는 무시한다.)

① $\dfrac{\sqrt{5}}{2}v_0$ ② $\dfrac{\sqrt{7}}{2}v_0$ ③ $\sqrt{2}v_0$ ④ $\dfrac{3}{2}v_0$ ⑤ $\sqrt{3}v_0$

DAY 07
Ⅰ
2 - 01
일과 에너지

그림은 높이 h인 점 p에서 속력 $4v$로 운동하는 물체가 궤도를 따라 마찰 구간 Ⅰ, Ⅱ를 지나 높이가 $2h$인 최고점 t에 도달하여 정지한 순간의 모습을 나타낸 것이다. 점 q, r, s의 높이는 각각 $2h$, h, h이고, q, r, s에서 물체의 속력은 각각 $3v$, v_r, v_s이다. 마찰 구간에서 손실된 역학적 에너지는 Ⅱ에서가 Ⅰ에서의 3배이다.

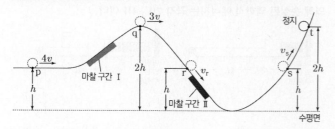

$\dfrac{v_r}{v_s}$는? (단, 마찰 구간 외의 모든 마찰과 공기 저항, 물체의 크기는 무시한다.) 3점

① $\dfrac{\sqrt{5}}{2}$ ② $\dfrac{3}{2}$ ③ $\dfrac{\sqrt{13}}{2}$ ④ $\dfrac{7}{3}$ ⑤ $\sqrt{13}$

그림 (가)와 같이 빗면의 점 p에 가만히 놓은 물체 A는 빗면의 점 r에서 정지하고, (나)와 같이 r에 가만히 놓은 A는 빗면의 점 q에서 정지한다. (가), (나)의 마찰 구간에서 A의 속력은 감소하고, 가속도의 크기는 각각 $3a$, a로 일정하며, 손실된 역학적 에너지는 서로 같다. p와 q 사이의 높이차는 h_1, 마찰 구간의 높이차는 h_2이다.

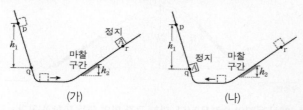

$\dfrac{h_2}{h_1}$는? (단, 물체의 크기, 공기 저항, 마찰 구간 외의 모든 마찰은 무시한다.) 3점

① $\dfrac{1}{5}$ ② $\dfrac{2}{9}$ ③ $\dfrac{6}{25}$ ④ $\dfrac{1}{4}$ ⑤ $\dfrac{2}{7}$

그림은 높이 $6h$인 점에서 가만히 놓은 물체가 궤도를 따라 운동하여 마찰 구간 Ⅰ, Ⅱ를 지나 최고점 r에 도달하여 정지한 순간의 모습을 나타낸 것이다. 점 p, q의 높이는 각각 h, $2h$이고, p, q에서 물체의 속력은 각각 $\sqrt{2}v$, v이다. 마찰 구간에서 손실된 역학적 에너지는 Ⅱ에서가 Ⅰ에서의 2배이다.

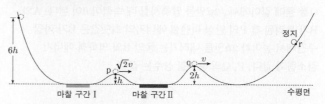

r의 높이는? (단, 물체의 크기, 공기 저항, 마찰 구간 외의 모든 마찰은 무시한다.) 3점

① $\dfrac{19}{5}h$ ② $4h$ ③ $\dfrac{21}{5}h$ ④ $\dfrac{22}{5}h$ ⑤ $\dfrac{23}{5}h$

그림과 같이 높이가 $3h$인 평면에서 질량이 각각 m, $2m$인 물체 A, B를 용수철의 양 끝에 접촉하여 압축시킨 후 동시에 가만히 놓았더니 A, B가 궤도를 따라 운동한다. A는 마찰 구간 Ⅰ의 끝점 p에서 정지하고, B는 높이차가 h인 마찰 구간 Ⅱ를 등속도로 지난 후 마찰 구간 Ⅲ을 지나 v의 속력으로 운동한다. Ⅰ, Ⅲ에서 A, B는 서로 같은 크기의 마찰력을 받아 등가속도 직선 운동한다. Ⅰ, Ⅲ에서 A, B의 평균 속력은 같고, A가 Ⅰ에서 운동하는 데 걸린 시간과 B가 Ⅲ에서 운동하는 데 걸린 시간은 같다.

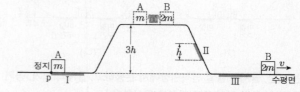

Ⅱ에서 B의 감소한 역학적 에너지는? (단, 용수철의 질량, 물체의 크기, 공기 저항, 마찰 구간 외의 마찰은 무시한다.) 3점

① mv^2 ② $2mv^2$ ③ $3mv^2$ ④ $4mv^2$ ⑤ $5mv^2$

32

그림 (가)는 수평면에서 질량이 m인 물체로 용수철을 원래 길이에서 $2d$만큼 압축시킨 후 가만히 놓았더니 물체가 마찰 구간을 지나 높이가 h인 최고점에서 속력이 0인 순간을 나타낸 것이다. 마찰 구간을 지나는 동안 감소한 물체의 운동 에너지는 마찰 구간의 최저점 p에서 물체의 중력 퍼텐셜 에너지의 6배이다. 그림 (나)는 (가)에서 물체가 마찰 구간을 지나 용수철을 원래 길이에서 최대 d만큼 압축시킨 모습을 나타낸 것으로, 물체는 마찰 구간에서 등속도 운동한다. 마찰 구간에서 손실된 물체의 역학적 에너지는 (가)에서와 (나)에서가 같다.

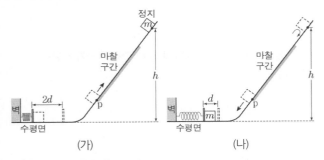

(가)　　　　(나)

(나)의 p에서 물체의 운동 에너지는? (단, 중력 가속도는 g이고, 수평면에서 물체의 중력 퍼텐셜 에너지는 0이며 용수철의 질량, 물체의 크기, 공기 저항, 마찰 구간 외의 마찰은 무시한다.) 3점

① $\frac{1}{9}mgh$　② $\frac{1}{8}mgh$　③ $\frac{1}{7}mgh$　④ $\frac{1}{6}mgh$　⑤ $\frac{1}{5}mgh$

33 고난도

그림은 $x=0$에서 정지해 있던 물체 A, B가 x축과 나란한 직선 경로를 따라 운동을 한 모습을, 표는 구간에 따라 A, B에 작용한 힘의 크기와 방향을 나타낸 것이다. A, B의 질량은 같고, $x=0$에서 $x=4L$까지 운동하는데 걸린 시간은 같다. F_A와 F_B는 각각 크기가 일정하고, x축과 나란한 방향이다.

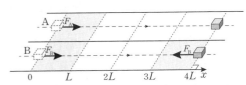

물체 \ 구간	$0 \leq x \leq L$	$L < x < 3L$	$3L \leq x \leq 4L$
A	F_A, 오른쪽	0	0
B	F_B, 오른쪽	0	F_B, 왼쪽

$0 \leq x \leq L$에서 A, B가 받은 일을 각각 W_A, W_B라고 할 때, $\frac{W_A}{W_B}$는? (단, 물체의 크기, 마찰, 공기 저항은 무시한다.) 3점

① $\frac{16}{25}$　② $\frac{25}{36}$　③ $\frac{36}{49}$　④ $\frac{49}{64}$　⑤ $\frac{64}{81}$

34 고난도

그림은 높이가 h인 지점에 가만히 놓은 질량 m인 물체가 마찰이 없는 연직면상의 궤도를 따라 운동하는 모습을 나타낸 것이다. 물체는 궤도의 수평 구간의 점 p에서 점 q까지 운동하는 동안 물체의 운동 방향으로 일정한 크기의 힘 F를 받는다. 물체의 운동 에너지는 높이가 $2h$인 지점에서가 p에서의 2배이다.

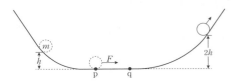

$F=2mg$일 때, 물체가 p에서 q까지 운동하는 데 걸린 시간은? (단, 중력 가속도는 g이고, 물체의 크기와 공기 저항은 무시한다.) 3점

① $\sqrt{\frac{h}{5g}}$　② $\sqrt{\frac{h}{4g}}$　③ $\sqrt{\frac{h}{3g}}$　④ $\sqrt{\frac{h}{2g}}$　⑤ $\sqrt{\frac{h}{g}}$

35 고난도

그림 (가)와 같이 동일한 용수철 A, B가 연직선상에 x만큼 떨어져 있다. 그림 (나)는 (가)의 A를 d만큼 압축시키고 질량 m인 물체를 올려놓았더니 물체가 힘의 평형을 이루며 정지해 있는 모습을, (다)는 (나)의 A를 $2d$만큼 더 압축시켰다가 가만히 놓는 순간의 모습을, (라)는 (다)의 물체가 A와 분리된 후 B를 압축시킨 모습을 나타낸 것이다. B가 $\frac{1}{2}d$만큼 압축되었을 때 물체의 속력은 0이다.

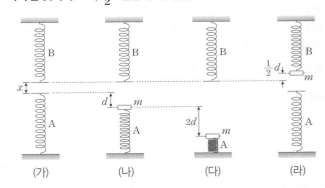

(가)　　(나)　　(다)　　(라)

이에 대한 설명으로 옳은 것만을 <보기>에서 있는 대로 고른 것은? (단, 중력 가속도는 g이고, 물체의 크기, 용수철의 질량, 공기 저항은 무시한다.) 3점

보기

ㄱ. 용수철 상수는 $\frac{mg}{d}$이다.

ㄴ. $x = \frac{7}{8}d$이다.

ㄷ. 물체가 운동하는 동안 물체의 운동 에너지의 최댓값은 $2mgd$이다.

① ㄴ　② ㄷ　③ ㄱ, ㄴ　④ ㄱ, ㄷ　⑤ ㄱ, ㄴ, ㄷ

36 고난도

그림은 서로 다른 경사면에 놓인 물체 A, B, C가 실로 연결되어 정지해 있는 모습을 나타낸 것이다. A의 질량은 C의 3배이다. $t=0$일 때 A와 B를 연결하는 실 p를 잘랐더니 $t=2$초까지 A, B, C는 각각 등가속도 직선 운동하고, $t=2$초일 때 운동 에너지는 B가 C의 4배이다. $t=0$부터 $t=2$초까지 A, B, C의 중력 퍼텐셜 에너지의 감소량은 각각 E_A, E_B, E_C이다.

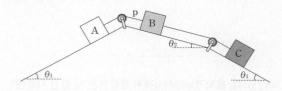

$E_A : E_B : E_C$는? (단, $\theta_1 > \theta_2$이고, 실의 질량, 모든 마찰과 공기 저항은 무시한다.) 3점

① 5:1:2 ② 5:2:1 ③ 5:2:3
④ 5:3:2 ⑤ 5:3:3

37 고난도

그림과 같이 물체 A, B를 실로 연결하고 빗면의 점 P에 A를 가만히 놓았더니 A, B가 함께 등가속도 운동을 하다가 A가 점 Q를 지나는 순간 실이 끊어졌다. 이후 A는 등가속도 직선 운동을 하여 점 R를 지난다. A가 P에서 Q까지 운동하는 동안, A의 운동 에너지 증가량은 B의 중력 퍼텐셜 에너지 증가량의 $\frac{4}{5}$배이고, A의 운동 에너지는 R에서가 Q에서의 $\frac{9}{4}$배이다.

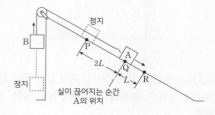

A, B의 질량을 각각 m_A, m_B라 할 때, $\frac{m_A}{m_B}$는? (단, 물체의 크기, 마찰과 공기 저항은 무시한다.) 3점

① 3 ② 4 ③ 5 ④ 6 ⑤ 7

38 고난도

그림과 같이 수평면에서 운동하던 물체가 왼쪽 빗면을 따라 올라간 후 곡선 구간을 지나 오른쪽 빗면을 따라 내려온다. 물체가 왼쪽 빗면에서 거리 L_1과 L_2를 지나는 데 걸린 시간은 각각 t_0으로 같고, 오른쪽 빗면에서 거리 L_3을 지나는 데 걸린 시간은 $\frac{t_0}{2}$이다.

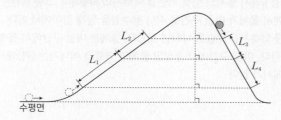

$L_2 = L_4$일 때, $\frac{L_1}{L_3}$은? (단, 물체의 크기, 마찰과 공기 저항은 무시한다.)

① $\frac{3}{2}$ ② $\frac{5}{2}$ ③ 3 ④ 4 ⑤ 6

39 고난도

그림 (가)는 질량이 같은 두 물체가 실로 연결되어 용수철 A, B와 도르래를 이용해 정지해 있는 것을 나타낸 것이다. A, B는 각각 원래의 길이에서 L만큼 늘어나 있다. 그림 (나)는 두 물체를 연결한 실이 끊어져 B가 원래의 길이에서 x만큼 최대로 압축되어 물체가 정지한 순간의 모습을 나타낸 것이다. A, B의 용수철 상수는 같다.

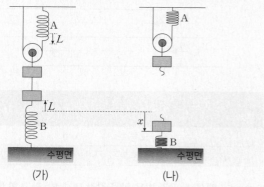

x는? (단, 실의 질량, 용수철의 질량, 도르래의 질량 및 모든 마찰과 공기 저항은 무시한다.) 3점

① L ② $\frac{3}{2}L$ ③ $2L$ ④ $\frac{5}{2}L$ ⑤ $3L$

40 고난도

그림 (가)는 마찰이 있는 수평면에서 물체와 연결된 용수철을 원래 길이에서 $2L$만큼 압축하여 물체를 점 p에 정지시킨 모습을 나타낸 것이다. 물체가 p에 있을 때, 용수철에 저장된 탄성 퍼텐셜 에너지는 E_0이다. 그림 (나)는 (가)에서 물체를 가만히 놓았더니 물체가 점 q, r를 지나 정지한 순간의 모습을 나타낸 것이다. p와 q 사이, q와 r 사이의 거리는 각각 $2L$, L이다. (나)에서 물체가 q에서 r까지 운동하는 동안, 물체의 운동 에너지 감소량은 용수철에 저장된 탄성 퍼텐셜 에너지 증가량의 $\frac{7}{5}$배이다.

(나)에서 물체가 q, r를 지나는 순간 용수철에 저장된 탄성 퍼텐셜 에너지와 물체의 운동 에너지의 합을 각각 E_1, E_2라 할 때, E_1-E_2는? (단, 물체의 크기, 용수철의 질량은 무시한다.) 3점

① $\frac{1}{10}E_0$ ② $\frac{1}{5}E_0$ ③ $\frac{3}{10}E_0$ ④ $\frac{2}{5}E_0$ ⑤ $\frac{1}{2}E_0$

41 고난도

그림과 같이 수평 구간 Ⅰ에서 물체 A, B를 용수철의 양 끝에 접촉하여 용수철을 원래 길이에서 d만큼 압축시킨 후 동시에 가만히 놓으면, A는 높이 h에서 속력이 0이고, B는 높이가 $3h$인 마찰이 있는 수평 구간 Ⅱ에서 정지한다. A, B의 질량은 각각 $2m$, m이고, 용수철 상수는 k이다.

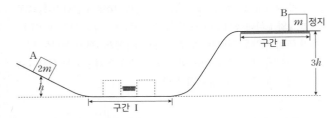

이에 대한 설명으로 옳은 것만을 〈보기〉에서 있는 대로 고른 것은? (단, 중력 가속도는 g이고, 물체의 크기, 용수철의 질량, 구간 Ⅱ의 마찰을 제외한 모든 마찰 및 공기 저항은 무시한다.) 3점

보기

ㄱ. $k=\dfrac{12mgh}{d^2}$이다.

ㄴ. A, B가 각각 높이 $\dfrac{h}{2}$를 지날 때의 속력은 B가 A의 $\sqrt{6}$배이다.

ㄷ. 마찰에 의한 B의 역학적 에너지 감소량은 $\dfrac{3}{2}mgh$이다.

① ㄱ   ② ㄴ   ③ ㄷ   ④ ㄱ, ㄴ   ⑤ ㄴ, ㄷ

42 고난도

그림과 같이 높이가 $2h$인 평면, 수평면에서 각각 물체 A, B로 용수철 P, Q를 원래 길이에서 d만큼 압축시킨 후 가만히 놓으면 A와 B가 높이 $3h$인 평면에서 충돌한다. A의 속력은 B와 충돌 직전이 충돌 직후의 4배이다. B는 높이차가 h인 마찰 구간을 내려갈 때 등속도 운동하고, 마찰 구간을 올라갈 때 손실된 역학적 에너지는 내려갈 때와 같다. 충돌 후 A, B는 각각 P, Q를 원래 길이에서 최대 $\dfrac{d}{2}$, x만큼 압축시킨다. A, B의 질량은 각각 $2m$, m이고, P, Q의 용수철 상수는 각각 k, $2k$이다.

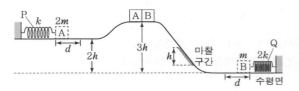

$\dfrac{x}{d}$는? (단, 물체는 면을 따라 운동하고, 용수철 질량, 물체의 크기, 공기 저항, 마찰 구간 외의 모든 마찰은 무시한다.) 3점

① $\sqrt{\dfrac{1}{20}}$ ② $\sqrt{\dfrac{1}{15}}$ ③ $\sqrt{\dfrac{1}{10}}$ ④ $\sqrt{\dfrac{2}{15}}$ ⑤ $\sqrt{\dfrac{3}{20}}$

43 고난도

그림 (가)는 물체 A와 실로 연결된 물체 B를 원래 길이가 L_0인 용수철과 수평면 위에서 연결하여 잡고 있는 모습을, (나)는 (가)에서 B를 가만히 놓은 후, 용수철의 길이가 L까지 늘어나 A의 속력이 0인 순간의 모습을 나타낸 것이다. A, B의 질량은 각각 m이고, 용수철 상수는 k이다.

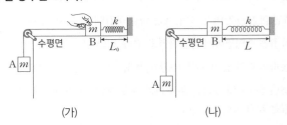

(가)   (나)

이에 대한 설명으로 옳은 것만을 〈보기〉에서 있는 대로 고른 것은? (단, 중력 가속도는 g이고, 실과 용수철의 질량 및 모든 마찰과 공기 저항은 무시한다.) 3점

보기

ㄱ. $L-L_0=\dfrac{2mg}{k}$이다.

ㄴ. 용수철의 길이가 L일 때, A에 작용하는 알짜힘은 0이다.

ㄷ. B의 최대 속력은 $\sqrt{\dfrac{m}{k}}g$이다.

① ㄱ   ② ㄴ   ③ ㄱ, ㄷ   ④ ㄴ, ㄷ   ⑤ ㄱ, ㄴ, ㄷ

그림과 같이 실로 연결된 채 두 빗면에서 속력 v로 각각 등속도 운동을 하던 물체 A, B가 수평선 P를 동시에 지나는 순간 실이 끊어졌으며, 이후 각각 등가속도 직선 운동을 하여 수평선 Q를 동시에 지났다. A, B의 질량은 각각 m, $5m$이고, 두 빗면의 기울기는 같으며, B는 빗면으로부터 일정한 마찰력을 받는다.

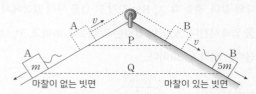

P에서 Q까지 B의 역학적 에너지 감소량은? (단, 실의 질량, 물체의 크기, B가 받는 마찰 이외의 모든 마찰과 공기 저항은 무시한다.) (3점)

① $6mv^2$ ② $12mv^2$ ③ $18mv^2$ ④ $24mv^2$ ⑤ $30mv^2$

그림과 같이 물체 A, B를 각각 서로 다른 빗면의 높이 h_A, h_B인 지점에 가만히 놓았다. A가 내려가는 빗면의 일부에는 높이차가 $\frac{3}{4}h$인 마찰 구간이 있으며, A는 마찰 구간에서 등속도 운동하였다. A와 B는 수평면에서 충돌하였고, 충돌 전의 운동 방향과 반대로 운동하여 각각 높이 $\frac{h}{4}$와 $4h$인 지점에서 속력이 0이 되었다. 수평면에서 B의 속력은 충돌 후가 충돌 전의 2배이다. A, B의 질량은 각각 $3m$, $2m$이다.

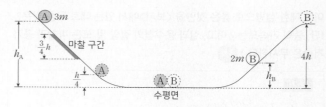

$\frac{h_B}{h_A}$는? (단, 물체의 크기, 공기 저항, 마찰 구간 외의 모든 마찰은 무시한다.) (3점)

① $\frac{1}{4}$ ② $\frac{1}{3}$ ③ $\frac{4}{9}$ ④ $\frac{1}{2}$ ⑤ $\frac{2}{3}$

그림 (가)와 같이 높이 h_A인 평면에서 물체 A로 용수철을 원래 길이에서 d만큼 압축시킨 후 가만히 놓고, 물체 B를 높이 $9h$인 지점에 가만히 놓으면, A와 B는 수평면에서 서로 같은 속력으로 충돌한다. 충돌 후 그림 (나)와 같이 A는 용수철을 원래 길이에서 최대 $2d$만큼 압축시키고, B는 높이 h인 지점에서 속력이 0이 된다. A, B는 질량이 각각 m, $2m$이고, 면을 따라 운동한다. A는 빗면을 내려갈 때 높이차가 $2h$인 마찰 구간에서 등속도 운동하고, 마찰 구간을 올라갈 때 손실된 역학적 에너지는 내려갈 때와 같다.

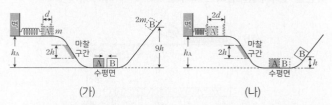

(가)　　　　　(나)

h_A는? (단, 용수철의 질량, 물체의 크기, 공기 저항, 마찰 구간 외의 모든 마찰은 무시한다.) (3점)

① $7h$ ② $\frac{13}{2}h$ ③ $6h$ ④ $\frac{11}{2}h$ ⑤ $\frac{9}{2}h$

그림은 빗면의 점 p에 가만히 놓은 물체가 점 q, r, s를 지나 빗면의 점 t에서 속력이 0인 순간을 나타낸 것이다. 물체는 p와 q 사이에서 가속도의 크기 $3a$로 등가속도 운동을, 빗면의 마찰 구간에서 등속도 운동을, r와 t 사이에서 가속도의 크기 $2a$로 등가속도 운동을 한다. 물체가 마찰 구간을 지나는 데 걸린 시간과 r에서 s까지 지나는 데 걸린 시간은 같다. p와 q 사이, s와 r 사이의 높이차는 h로 같고, t는 마찰 구간의 최고점 q와 높이가 같다.

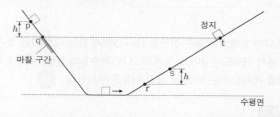

t와 s 사이의 높이차는? (단, 물체의 크기, 공기 저항, 마찰 구간 외의 모든 마찰은 무시한다.) (3점)

① $\frac{16}{9}h$ ② $2h$ ③ $\frac{20}{9}h$ ④ $\frac{7}{3}h$ ⑤ $\frac{8}{3}h$

그림은 질량이 각각 m, $2m$인 물체 A, B를 실로 연결하고 서로 다른 빗면의 점 p, r에 정지시킨 모습을 나타낸 것이다. A를 가만히 놓았더니 A가 점 q를 지나는 순간 실이 끊어지고 A, B는 빗면을 따라 가속도의 크기가 각각 $3a$, $2a$인 등가속도 운동을 한다. B는 마찰 구간이 시작되는 점 s부터 등속도 운동을 한다. A가 수평면에 닿기 직전 A의 운동 에너지는 마찰 구간에서 B의 운동 에너지의 2배이다. p와 s의 높이는 h_1로 같고, q와 r의 높이는 h_2로 같다.

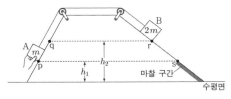

$\dfrac{h_2}{h_1}$는? (단, 실의 질량, 물체의 크기, 공기 저항, 마찰 구간 외의 모든 마찰은 무시한다.) `3점`

① $\dfrac{3}{2}$ ② $\dfrac{7}{4}$ ③ 2   ④ $\dfrac{9}{4}$ ⑤ $\dfrac{5}{2}$

그림 (가)와 같이 원래 길이가 $8d$인 용수철에 물체 A를 연결하고, 물체 B로 A를 $6d$만큼 밀어 올려 정지시켰다. 용수철을 압축시키는 동안 용수철에 저장된 탄성 퍼텐셜 에너지의 증가량은 A의 중력 퍼텐셜 에너지 증가량의 3배이다. A와 B의 질량은 각각 m이다. 그림 (나)는 (가)에서 B를 가만히 놓았더니 A가 B와 함께 연직선상에서 운동하다가 B와 분리된 후 용수철의 길이가 $9d$인 지점을 지나는 순간을 나타낸 것이다.

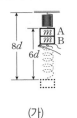
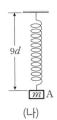

(가)   (나)

(나)에서 A의 운동 에너지는? (단, 중력 가속도는 g이고, 용수철의 질량, 물체의 크기, 모든 마찰과 공기 저항은 무시한다.) `3점`

① $\dfrac{29}{2}mgd$ ② $\dfrac{31}{2}mgd$ ③ $\dfrac{63}{4}mgd$ ④ $\dfrac{65}{4}mgd$ ⑤ $\dfrac{33}{2}mgd$

그림은 높이가 $3h$인 지점을 속력 v로 지나는 물체가 빗면 위의 마찰 구간 Ⅰ과 수평면 위의 마찰 구간 Ⅱ를 지난 후 높이가 h인 지점을 속력 v로 통과하는 모습을 나타낸 것이다. 점 p, q는 Ⅱ의 양 끝점이다. 높이차가 d인 Ⅰ에서 물체는 등속도 운동을 하고, Ⅰ의 최저점의 높이는 h이다. Ⅰ과 Ⅱ에서 물체의 역학적 에너지 감소량은 q에서 물체의 운동 에너지의 $\dfrac{2}{3}$배로 같다.

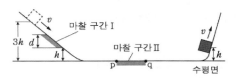

이에 대한 옳은 설명만을 〈보기〉에서 있는 대로 고른 것은? (단, 물체의 크기, 공기 저항, 마찰 구간 외의 모든 마찰은 무시한다.)

보기
ㄱ. $d = h$이다.
ㄴ. p에서 물체의 속력은 $\sqrt{5}v$이다.
ㄷ. 물체의 운동 에너지는 Ⅰ에서와 q에서가 같다.

① ㄱ   ② ㄷ   ③ ㄱ, ㄴ   ④ ㄴ, ㄷ   ⑤ ㄱ, ㄴ, ㄷ

그림과 같이 수평면으로부터 높이가 h인 수평 구간에서 질량이 각각 m, $3m$인 물체 A와 B로 용수철을 압축시킨 후 가만히 놓았더니, A, B는 각각 수평면상의 마찰 구간 Ⅰ, Ⅱ를 지나 높이 $3h$, $2h$에서 정지하였다. 이 과정에서 A의 운동 에너지의 최댓값은 A의 중력 퍼텐셜 에너지의 최댓값의 4배이다. A, B가 각각 Ⅰ, Ⅱ를 한 번 지날 때 손실되는 역학적 에너지는 각각 $W_Ⅰ$, $W_Ⅱ$이다.

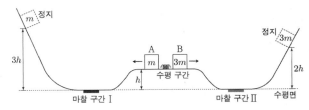

$\dfrac{W_Ⅰ}{W_Ⅱ}$은? (단, 수평면에서 중력 퍼텐셜 에너지는 0이고, A와 B는 동일 연직면상에서 운동한다. 물체의 크기, 용수철의 질량, 공기 저항과 마찰 구간 외의 모든 마찰은 무시한다.)

① 9   ② $\dfrac{21}{2}$ ③ 12   ④ $\dfrac{27}{2}$ ⑤ 15

역학적 에너지 보존
[2025학년도 수능 20번]

그림 (가)와 같이 높이 $4h$인 평면에서 용수철 P에 연결된 물체 A에 물체 B를 접촉시켜 P를 원래 길이에서 $2d$만큼 압축시킨 후 가만히 놓았더니, B는 A와 분리된 후 높이 차가 H인 마찰 구간을 등속도로 지나 수평면에 놓인 용수철 Q를 향해 운동한다. 이후 그림 (나)와 같이 A는 P를 원래 길이에서 최대 d만큼 압축시키며 직선 운동하고, B는 Q를 원래 길이에서 최대 $3d$만큼 압축시킨 후 다시 마찰 구간을 지나 높이 $4h$인 지점에서 정지한다. B가 마찰 구간을 올라갈 때 손실된 역학적 에너지는 내려갈 때와 같고, P, Q의 용수철 상수는 같다.

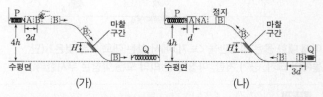

(가)　　　　　(나)

H는? (단, 물체는 동일 연직면상에서 운동하고, 용수철의 질량, 물체의 크기, 공기 저항, 마찰 구간 외의 모든 마찰은 무시한다.)

① $\dfrac{3}{5}h$　　② $\dfrac{4}{5}h$　　③ h　　④ $\dfrac{6}{5}h$　　⑤ $\dfrac{7}{5}h$

❷ 역학적 에너지 보존 ★수능에 나오는 필수 개념 2가지 + 필수 암기사항 9개

필수개념 1 역학적 에너지

- 암기 **운동 에너지(K 또는 E_k)** : 운동하는 물체가 가지는 에너지이다.
  ① 운동 에너지 : 질량 m, 속력 v인 물체가 가지는 운동 에너지는 다음과 같다.

  $$E_k = \frac{1}{2}mv^2$$

- 암기 **일 운동 에너지 정리** : 물체에 작용한 알짜힘이 물체에 한 일은 물체의 운동 에너지 변화량과 같다.
  ① 수평면에서 운동하고 있는 질량 m, 처음 속도 v_0의 물체에 운동 방향으로 일정한 크기의 힘 F가 작용하여 물체가 s만큼 이동하였을 때, 나중 속도가 v라면 가속도는 뉴턴의 운동 제2법칙에 의해 $a = \dfrac{F}{m}$가 된다. 등가속도 직선 운동에 의해 $v^2 - v_0^2 = 2as$이다. 물체가 받은 일의 양은 $W = Fs$이므로

  $$W = Fs = mas = m\left(\frac{1}{2}v^2 - \frac{1}{2}v_0^2\right) = \frac{1}{2}mv^2 - \frac{1}{2}mv_0^2 = \Delta E_k\text{이다.}$$

- 암기 **중력에 의한 퍼텐셜 에너지(U 또는 E_p 중력 퍼텐셜 에너지)** : 물체가 기준점을 기준으로, 기준점과 다른 높이에 있을 때 물체가 가지는 에너지
  ① 물체의 무게와 같은 힘 $F = mg$로 물체를 높이 h만큼 들어 올릴 때 F가 물체에 한 일 : $W = Fs = mgh$이다. 즉, 물체를 들어 올리는 힘이 한 일은 중력에 의한 퍼텐셜 에너지로 저장된다.
  ② 중력에 의한 퍼텐셜 에너지 : $E_p = mgh$

  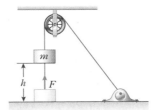

- 암기 **탄성력에 의한 퍼텐셜 에너지(U 또는 E_p 탄성 퍼텐셜 에너지)** : 용수철, 고무줄과 같이 탄성력을 가진 물체의 길이가 변할 때 (처음 길이보다 늘어나거나 줄어들 때) 가지는 에너지
  ① 용수철이 늘어나거나 줄어들면 원래 길이로 되돌아가려는 방향으로 탄성력을 작용한다. 이때 탄성력은 변형된 길이에 비례하므로 용수철의 변형된 길이가 x일 때 탄성력은

  $$F = -kx$$

  이다. k는 용수철 상수라 하며 (−)는 탄성력의 방향이 변형된 길이와 반대 방향임을 나타낸다. 따라서 용수철에 탄성력과 같은 크기의 힘을 작용시켜 길이를 서서히 변형시키면 힘이 용수철에 해준 일만큼 원래 길이로 돌아가는 동안 일을 할 수 있는 능력인 에너지를 가지게 되는데 이를 탄성 퍼텐셜 에너지라고 한다.

  ② 탄성력에 의한 퍼텐셜 에너지 : 그림과 같이 용수철상수가 k인 용수철에 힘을 작용시켜 용수철의 길이를 x만큼 변화시킬 때 용수철에 해준 일의 양은 그래프의 면적에 해당하는

  $$W = \frac{1}{2}kx^2$$

  가 된다. 용수철은 이 일만큼 물체에 일을 할 수 있으므로 탄성 퍼텐셜 에너지 E_p는 다음과 같다.

  $$E_p = \frac{1}{2}kx^2$$

  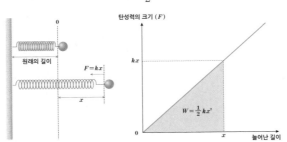

필수개념 2 **역학적 에너지 보존**

기본자료

- 암기 **역학적 에너지** : 물체의 운동 에너지와 퍼텐셜 에너지의 합, $E_k + E_p$

- **역학적 에너지 보존 법칙** : 마찰이나 공기 저항이 없으면 물체의 역학적 에너지는 항상 일정하게 보존된다.

① 중력에 의한 역학적 에너지 보존

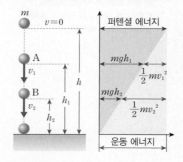

출발점, A점, B점, 도착점에서 역학적 에너지 보존

$$mgh = \frac{1}{2}mv_1^2 + mgh_1 = \frac{1}{2}mv_2^2 + mgh_2 = \frac{1}{2}mv^2$$

$$mgh_1 - mgh_2 = \frac{1}{2}mv_2^2 - \frac{1}{2}mv_1^2$$

▶ 암기 자유 낙하에서 역학적 에너지 보존 법칙 응용

$$mgh_1 - mgh_2 = \frac{1}{2}mv_2^2 - \frac{1}{2}mv_1^2$$

$$-\Delta E_p = \Delta E_k$$

중력 퍼텐셜 에너지 감소량과 운동 에너지 증가량은 항상 같다.

암기 두 빗면에서 두 물체 A, B가 실로 연결되어 각각 빗면에서 등가속도 직선 운동할 때

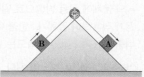

A의 운동 에너지, B의 운동 에너지, B의 퍼텐셜 에너지가 증가하고 A의 퍼텐셜 에너지가 감소한다면 A와 B의 운동 에너지 증가량과 B의 퍼텐셜 에너지 증가량은 A의 퍼텐셜 에너지 감소량과 같다. 즉, 실로 연결되어 있는 경우 어느 한 쪽에서 역학적 에너지가 감소(증가)하면 반드시 다른 한 쪽에서 역학적 에너지가 증가(감소)한다.

② 탄성력에 의한 역학적 에너지 보존

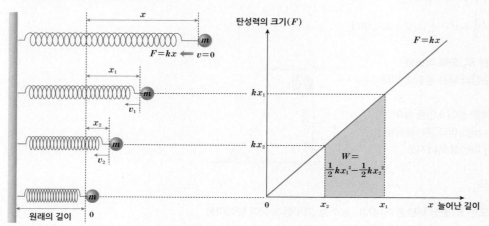

탄성력이 한 일의 양(W) : $\frac{1}{2}kx_1^2 - \frac{1}{2}kx_2^2$

운동 에너지 증가량 (ΔE_k) : $\frac{1}{2}mv_2^2 - \frac{1}{2}mv_1^2$

일 운동 에너지 정리에 의해

탄성력이 한 일의 양(W) = 운동 에너지 증가량 (ΔE_k)

$$\frac{1}{2}kx_1^2 - \frac{1}{2}kx_2^2 = \frac{1}{2}mv_2^2 - \frac{1}{2}mv_1^2$$

$$\frac{1}{2}kx_1^2 + \frac{1}{2}mv_1^2 = \frac{1}{2}kx_2^2 + \frac{1}{2}mv_2^2 \text{ (역학적 에너지 보존)}$$

- 암기 **자유 낙하에서 역학적 에너지 보존 그래프**

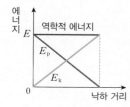

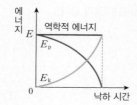

1

다음은 용수철 진자의 역학적 에너지 감소에 관한 실험이다.

[실험 과정]

(가) 그림과 같이 유리판 위에 놓인 나무 도막에 용수철을 연결하고 용수철의 한쪽 끝을 벽에 고정시킨다.

(나) 나무 도막을 평형점 O에서 점 P까지 당겨 용수철이 늘어나게 한다.

(다) 나무 도막을 가만히 놓은 후 나무 도막이 여러 번 진동하여 멈출 때까지 걸린 시간 t를 측정한다.

(라) (가)에서 유리판만을 사포로 바꾼 후 (나)와 (다)를 반복한다.

[실험 결과]

바닥면의 종류	t
유리판	5초
사포	2초

이에 대한 설명으로 옳은 것만을 〈보기〉에서 있는 대로 고른 것은?

보기

ㄱ. (다)에서 나무 도막이 진동하는 동안 마찰에 의해 열이 발생한다.

ㄴ. 나무 도막을 놓는 순간부터 나무 도막이 멈출 때까지 나무 도막의 이동 거리는 유리판 위에서가 사포 위에서보다 크다.

ㄷ. (다)에서 나무 도막이 P에서 O까지 이동하는 동안 용수철에 저장된 탄성 퍼텐셜 에너지는 증가한다.

① ㄱ   ② ㄷ   ③ ㄱ, ㄴ   ④ ㄴ, ㄷ   ⑤ ㄱ, ㄴ, ㄷ

2

그림 (가)는 마찰이 없는 수평면에서 물체 A가 정지해 있는 물체 B를 향해 운동하는 모습을 나타낸 것이고, (나)는 A의 위치를 시간에 따라 나타낸 것이다. A, B의 질량은 각각 m_A, m_B이고, 충돌 후 운동 에너지는 B가 A의 3배이다.

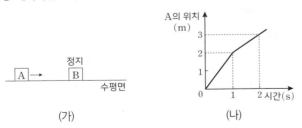

| (가) | (나) |

$m_A : m_B$는? (단, A와 B는 동일 직선상에서 운동한다.) 3점

① 2 : 1   ② 3 : 1   ③ 3 : 2   ④ 4 : 3   ⑤ 5 : 2

3

다음은 역학 수레를 이용한 실험이다.

[실험 과정]

(가) 그림과 같이 수평면으로부터 높이 h인 지점에 가만히 놓은 질량 m인 수레가 빗면을 내려와 수평면 위의 점 p를 지나 용수철을 압축시킬 때, 용수철이 최대로 압축되는 길이 x를 측정한다.

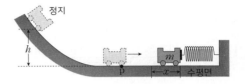

(나) 수레의 질량 m과 수레를 놓는 높이 h를 변화시키면서 (가)를 반복한다.

[실험 결과]

실험	m(kg)	h(cm)	x(cm)
Ⅰ	1	50	2
Ⅱ	2	50	㉠
Ⅲ	2	㉡	2

이에 대한 설명으로 옳은 것만을 〈보기〉에서 있는 대로 고른 것은? (단, 용수철의 질량, 수레의 크기, 모든 마찰과 공기 저항은 무시한다.)

보기

ㄱ. ㉠은 2보다 크다.

ㄴ. ㉡은 50보다 작다.

ㄷ. p에서 수레의 속력은 Ⅱ에서가 Ⅲ에서보다 작다.

① ㄱ   ② ㄷ   ③ ㄱ, ㄴ   ④ ㄴ, ㄷ   ⑤ ㄱ, ㄴ, ㄷ

4

그림과 같이 수평면으로부터 높이 H인 왼쪽 빗면 위에 물체를 가만히 놓았더니 물체는 수평면에서 속력 v로 운동한다. 이후 물체는 일정한 마찰력이 작용하는 구간 Ⅰ을 지나 오른쪽 빗면에 올라갔다가 다시 왼쪽 빗면의 높이 h인 지점까지 올라간 후 Ⅰ의 오른쪽 끝 점 p에서 정지한다.

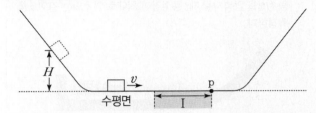

이에 대한 설명으로 옳은 것만을 〈보기〉에서 있는 대로 고른 것은? (단, 중력 가속도는 g이고, 물체의 크기, Ⅰ의 마찰을 제외한 모든 마찰 및 공기 저항은 무시한다.)

보기

ㄱ. $v=\sqrt{2gH}$이다.

ㄴ. $h=\dfrac{H}{3}$이다.

ㄷ. 왼쪽 빗면의 높이 $2H$인 지점에 물체를 가만히 놓으면 물체가 Ⅰ을 4회 지난 순간 p에서 정지한다.

① ㄱ   ② ㄷ   ③ ㄱ, ㄴ   ④ ㄴ, ㄷ   ⑤ ㄱ, ㄴ, ㄷ

6

그림 (가)는 경사면에서 질량 2kg인 물체가 p점에서 q점까지 직선 운동하는 모습을 나타낸 것이고, 그림 (나)는 물체가 p를 통과하는 순간부터 q에 도달하는 순간까지 물체의 운동량의 크기를 시간에 따라 나타낸 것이다.

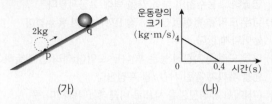

(가)   (나)

0초부터 0.4초까지 물체의 중력에 의한 퍼텐셜 에너지 변화량은? (단, 물체의 크기, 모든 마찰과 공기 저항은 무시한다.)

① 1J   ② 2J   ③ 3J   ④ 4J   ⑤ 8J

5

그림과 같이 질량이 m인 물체가 빗면을 따라 운동하여 점 p, q를 지나 최고점 r에 도달한다. 물체의 역학적 에너지는 p에서 q까지 운동하는 동안 감소하고, q에서 r까지 운동하는 동안 일정하다. 물체의 속력은 p에서가 q에서의 2배이고, p와 q의 높이 차는 h이다. 물체가 p에서 q까지 운동하는 동안, 물체의 운동 에너지 감소량은 물체의 중력 퍼텐셜 에너지 증가량의 3배이다.

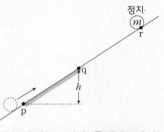

이에 대한 설명으로 옳은 것만을 〈보기〉에서 있는 대로 고른 것은? (단, 중력 가속도는 g이고, 물체의 크기는 무시한다.)

보기

ㄱ. q에서 물체의 속력은 $\sqrt{2gh}$이다.

ㄴ. q와 r의 높이 차는 h이다.

ㄷ. 물체가 p에서 q까지 운동하는 동안, 물체의 역학적 에너지 감소량은 $2mgh$이다.

① ㄱ   ② ㄴ   ③ ㄱ, ㄷ   ④ ㄴ, ㄷ   ⑤ ㄱ, ㄴ, ㄷ

7

그림 (가)와 같이 물체 A, B를 실로 연결하고 빗면 위의 점 p에 A를 가만히 놓았더니 A, B는 등가속도 운동하여 A가 점 q를 통과한다. B의 질량은 m이고, p에서 q까지의 거리는 d이다. A가 p에서 q까지 이동하는 동안 A의 역학적 에너지 증가량은 $\dfrac{1}{3}mgd$이다.

그림 (나)는 (가)의 실이 끊어진 후 A, B가 각각 등가속도 운동하는 것을 나타낸 것이다. A의 가속도의 크기는 (가)와 (나)에서 a로 같다.

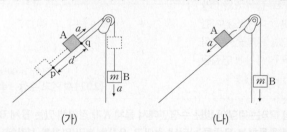

(가)   (나)

이에 대한 설명으로 옳은 것만을 〈보기〉에서 있는 대로 고른 것은? (단, 중력 가속도는 g이고, A, B의 크기, 모든 마찰과 공기 저항은 무시한다.) 3점

보기

ㄱ. (가)에서 A가 q를 통과하는 순간 B의 운동 에너지는 $\dfrac{1}{3}mgd$이다.

ㄴ. $a=\dfrac{2}{3}g$이다.

ㄷ. A의 질량은 $\dfrac{1}{4}m$이다.

① ㄱ   ② ㄴ   ③ ㄱ, ㄷ   ④ ㄴ, ㄷ   ⑤ ㄱ, ㄴ, ㄷ

8

그림과 같이 빗면 위의 점 O에 물체를 가만히 놓았더니 물체가 일정한 시간 간격으로 빗면 위의 점 A, B, C를 통과하였다. 물체는 B~C 구간에서 마찰력을 받아 역학적 에너지가 18J만큼 감소하였다. 물체의 중력 퍼텐셜 에너지 차는 O와 B 사이에서 32J, A와 C 사이에서 60J이다.

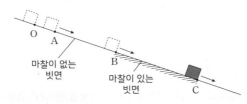

C에서 물체의 운동 에너지는? (단, 물체의 크기와 공기 저항은 무시한다.) 3점

① 18J　　② 28J　　③ 32J　　④ 42J　　⑤ 50J

9

그림 (가)는 물체 A, B, C를 실로 연결한 후, 질량이 m인 A를 손으로 잡아 A와 C가 같은 높이에서 정지한 모습을 나타낸 것이다. A와 B 사이에 연결된 실은 p이고, B와 C

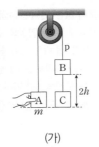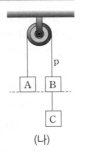

사이의 거리는 $2h$이다. 그림 (나)는 (가)에서 A를 가만히 놓은 후 A와 B의 높이가 같아진 순간의 모습을 나타낸 것이다. (가)에서 (나)로 물체가 운동하는 동안 운동 에너지 변화량의 크기는 C가 A의 3배이고, A의 중력 퍼텐셜 에너지 변화량의 크기와 C의 역학적 에너지 변화량의 크기는 같다.
(나)에 대한 설명으로 옳은 것만을 〈보기〉에서 있는 대로 고른 것은? (단, 모든 마찰과 공기 저항, 실의 질량은 무시한다.) 3점

보기
ㄱ. A의 속력은 $\sqrt{2gh}$이다.
ㄴ. B의 질량은 $2m$이다.
ㄷ. p가 B를 당기는 힘의 크기는 mg이다.

① ㄱ　　② ㄴ　　③ ㄱ, ㄷ　　④ ㄴ, ㄷ　　⑤ ㄱ, ㄴ, ㄷ

10

그림은 물체 B와 실로 연결되어 점 p에 정지해 있던 물체 A에 크기가 $3mg$로 일정한 힘을 가해 A를 점 q까지 이동시킨 모습을 나타낸 것이다. A가 q를 지나는 순간 당기던 실을 놓았더니 점 r에서 A의 속력이 0이 되었다. A, B의 질량은 모두 m이다. A가 p에서 q까지, q에서 r까지 운동하는 동안 B의 역학적 에너지 증가량은 각각 E_1, E_2이다.

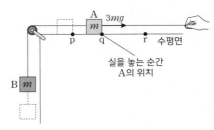

$\dfrac{E_2}{E_1}$는? (단, 중력 가속도는 g이고, 실의 질량, 물체의 크기, 모든 마찰과 공기 저항은 무시한다.) 3점

① $\dfrac{1}{2}$　　② $\dfrac{3}{5}$　　③ $\dfrac{2}{3}$　　④ 1　　⑤ 2

11

그림 (가)와 같이 수평면에서 용수철 A, B가 양쪽에 수평으로 연결되어 있는 물체를 손으로 잡아 정지시켰다. A, B의 용수철 상수는 각각 100N/m, 200N/m이고, A의 늘어난 길이는 0.3m 이며, B의 탄성 퍼텐셜 에너지는 0이다. 그림 (나)와 같이 (가)에서 손을 가만히 놓았더니 물체가 직선 운동을 하다가 처음으로 정지한 순간 B의 늘어난 길이는 L이다.

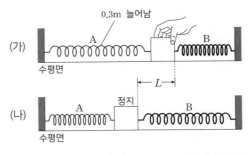

L은? (단, 물체의 크기, 용수철의 질량, 모든 마찰과 공기 저항은 무시한다.) 3점

① 0.05m　　② 0.1m　　③ 0.15m　　④ 0.2m　　⑤ 0.3m

12
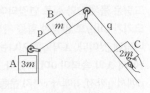

역학적 에너지 보존
[2022학년도 수능 15번]

그림은 물체 A, B, C를 실 p, q로 연결하여 C를 손으로 잡아 정지시킨 모습을 나타낸 것이다. C를 가만히 놓으면 B는 가속도의 크기 a로 등가속도 운동한다. 이후 p를 끊으면 B는 가속도의 크기 a로 등가속도 운동한다. A, B, C의 질량은 각각 $3m$, m, $2m$이다.

이에 대한 설명으로 옳은 것만을 〈보기〉에서 있는 대로 고른 것은? (단, 중력 가속도는 g이고, 실의 질량 및 모든 마찰과 공기 저항은 무시한다.)

보기

ㄱ. q가 B를 당기는 힘의 크기는 p를 끊기 전이 p를 끊은 후 보다 크다.

ㄴ. $a = \frac{1}{3}g$이다.

ㄷ. p를 끊기 전까지, A의 중력 퍼텐셜 에너지 감소량은 B와 C의 운동 에너지 증가량의 합보다 크다.

① ㄱ　　② ㄷ　　③ ㄱ, ㄴ　　④ ㄴ, ㄷ　　⑤ ㄱ, ㄴ, ㄷ

14

역학적 에너지 보존
[2020학년도 9월 모평 17번]

그림과 같이 마찰이 없는 궤도를 따라 운동하는 물체 A, B가 각각 높이 $2h_0$, h_0인 지점을 v_0, $2v_0$의 속력으로 지난다. h_0인 지점에서 B의 운동 에너지는 중력 퍼텐셜 에너지의 4배이다. 궤도의 구간 Ⅰ, Ⅱ는 각각 수평면, 경사면이고, 구간 Ⅲ은 높이가 $4h_0$인 수평면이다.

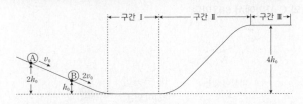

이에 대한 설명으로 옳은 것만을 〈보기〉에서 있는 대로 고른 것은? (단, Ⅰ에서 중력 퍼텐셜 에너지는 0이고, 물체는 동일 연직면상에서 운동하며, 물체의 크기는 무시한다.)

보기

ㄱ. Ⅰ을 통과하는 데 걸리는 시간은 A가 B의 $\frac{5}{3}$배이다.

ㄴ. Ⅱ에서 A의 운동 에너지와 중력 퍼텐셜 에너지가 같은 지점의 높이는 h_0이다.

ㄷ. Ⅲ에서 B의 속력은 v_0이다.

① ㄱ　　② ㄷ　　③ ㄱ, ㄴ　　④ ㄴ, ㄷ　　⑤ ㄱ, ㄴ, ㄷ

13

역학적 에너지 보존
[2021학년도 수능 20번]

그림 (가)와 같이 질량이 각각 2kg, 3kg, 1kg인 물체 A, B, C가 용수철 상수가 200N/m인 용수철과 실에 연결되어 정지해 있다. 수평면에 연직으로 연결된 용수철은 원래 길이에서 0.1m만큼 늘어나 있다. 그림 (나)는 (가)의 C에 연결된 실이 끊어진 후, A가 연직선상에서 운동하여 용수철이 원래 길이에서 0.05m만큼 늘어난 순간의 모습을 나타낸 것이다.

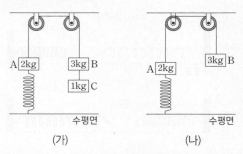

(가)　　　　　　(나)

(나)에서 A의 운동 에너지는 용수철에 저장된 탄성 퍼텐셜 에너지의 몇 배인가? (단, 중력 가속도는 10m/s²이고, 실과 용수철의 질량, 모든 마찰과 공기 저항은 무시한다.)

① $\frac{1}{5}$　　② $\frac{2}{5}$　　③ $\frac{3}{5}$　　④ $\frac{4}{5}$　　⑤ 1

15

일과 에너지
[2019년 10월 학평 19번]

그림과 같이 물체가 마찰이 없는 연직면상의 궤도를 따라 운동한다. 물체는 왼쪽 빗면상의 점 a, b, 수평면상의 점 c, d, 오른쪽 빗면상의 점 e를 지나 점 f에 도달한다. 물체가 a, b를 지나는 순간의 속력은 각각 v, $4v$이고, a~b 구간을 통과하는 데 걸리는 시간은 e~f 구간을 통과하는 데 걸리는 시간의 3배이다. 물체는 c~d 구간에서 운동 방향과 반대 방향으로 크기가 F인 일정한 힘을 받는다. b와 e의 높이는 같다.

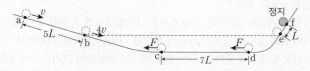

e~f 구간에서 물체에 작용하는 알짜힘의 크기는? (단, 물체의 크기와 공기 저항은 무시한다.) **3점**

① $4F$　　② $5F$　　③ $7F$　　④ $9F$　　⑤ $10F$

16

그림 (가)와 같이 물체 A가 수평면에서 용수철이 달린 정지해 있는
물체 B를 향해 등속 직선 운동한다. 그림 (나)는 (가)에서 A와 B가
충돌하고 분리된 후 B가 수평면에서 등속 직선 운동하는 모습을
나타낸 것이다. (나)에서 B의 속력은 (가)에서 A의 속력의 $\frac{2}{3}$배이고,
질량은 B가 A의 2배이다.

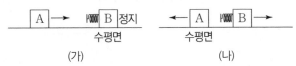

(가)   (나)

용수철이 압축되는 동안 용수철에 저장되는 탄성 퍼텐셜 에너지의

최댓값을 E_1, (나)에서 B의 운동 에너지를 E_2라 할 때 $\dfrac{E_1}{E_2}$는?

(단, 충돌 과정에서 역학적 에너지 손실은 없고, 용수철의 질량, 모든
마찰과 공기 저항은 무시한다.) **3점**

① $\dfrac{2}{9}$ ② $\dfrac{4}{9}$ ③ $\dfrac{2}{3}$ ④ $\dfrac{3}{4}$ ⑤ $\dfrac{4}{3}$

17

그림과 같이 레일을 따라 운동하는 물체가 점 p, q, r를 지난다.
물체는 빗면 구간 A를 지나는 동안 역학적 에너지가 $2E$만큼
증가하고, 높이가 h인 수평 구간 B에서 역학적 에너지가 $3E$만큼
감소하여 정지한다. 물체의 속력은 p에서 v, B의 시작점 r에서
V이고, 물체의 운동 에너지는 q에서가 p에서의 2배이다.

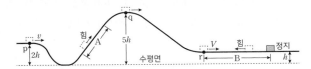

V는? (단, 물체의 크기, 마찰과 공기 저항은 무시한다.)

① $\sqrt{2}v$ ② $2v$ ③ $\sqrt{6}v$ ④ $3v$ ⑤ $2\sqrt{3}v$

18 2025 평가원

그림은 물체 A, C를 수평면에 놓인 물체 B의 양쪽에 실로 연결하여
서로 다른 빗면에 놓고, A를 손으로 잡아 점 p에 정지시킨 모습을
나타낸 것이다. A를 가만히 놓으면 A는 빗면을 따라 등가속도
운동한다. A가 p에서 d만큼 떨어진 점 q까지 운동하는 동안 A, C의
중력 퍼텐셜 에너지 변화량의 크기는 각각 E_0, $7E_0$이다. A, B, C의
질량은 각각 m, $2m$, $3m$이다.

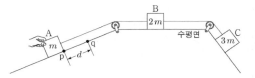

A가 p에서 q까지 운동하는 동안, 이에 대한 설명으로 옳은 것만을
〈보기〉에서 있는 대로 고른 것은? (단, 물체의 크기, 실의 질량, 모든
마찰은 무시한다.)

> **보기**
> ㄱ. A의 운동 에너지 변화량과 중력 퍼텐셜 에너지 변화량은
>   크기가 같다.
> ㄴ. B의 가속도의 크기는 $\dfrac{2E_0}{md}$이다.
> ㄷ. 역학적 에너지 변화량의 크기는 B가 C보다 크다.

① ㄱ   ② ㄴ   ③ ㄷ   ④ ㄱ, ㄴ   ⑤ ㄱ, ㄷ

19

그림은 물체 A, B, C를 실로
연결하여 수평면의 점 p에서 B를
가만히 놓아 물체가 등가속도
운동하는 모습을 나타낸 것이다.
B가 점 q를 지날 때 속력은 v이다.
B가 p에서 q까지 운동하는 동안
A의 중력 퍼텐셜 에너지의 증가량은 A의 운동 에너지 증가량의 4배
이다. B의 운동 에너지는 점 r에서가 q에서의 3배이다. A, B의
질량은 각각 m이고, q와 r 사이의 거리는 L이다.
B가 r를 지날 때 C의 운동 에너지는? (단, 중력 가속도는 g이고,
물체의 크기, 실의 질량, 모든 마찰은 무시한다.)

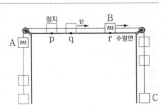

① $\dfrac{3}{4}mgL$ ② $\dfrac{4}{5}mgL$ ③ $\dfrac{5}{6}mgL$ ④ mgL ⑤ $\dfrac{4}{3}mgL$

20

그림 (가)는 물체 A, B가 운동을 시작하는 순간의 모습을, (나)는 A와 B의 높이가 (가) 이후 처음으로 같아지는 순간의 모습을 나타낸 것이다. 점 p, q, r, s는 A, B가 직선 운동을 하는 빗면 구간의 점이고, p와 q, r와 s 사이의 거리는 각각 L, $2L$이다. A는 p에서 정지 상태에서 출발하고, B는 q에서 속력 v로 출발한다. A가 q를 v의 속력으로 지나는 순간에 B는 r를 지난다.

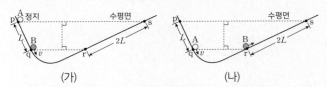

(가)   (나)

A와 B가 처음으로 만나는 순간, A의 속력은? (단, 물체의 크기, 마찰과 공기 저항은 무시한다.)

① $\frac{1}{8}v$ ② $\frac{1}{6}v$ ③ $\frac{1}{5}v$ ④ $\frac{1}{4}v$ ⑤ $\frac{1}{2}v$

21

그림과 같이 빗면의 마찰 구간 Ⅰ에서 일정한 속력 v로 직선 운동한 물체가 마찰 구간 Ⅱ를 속력 v로 빠져나왔다. 점 p~s는 각각 Ⅰ 또는 Ⅱ의 양 끝점이고, p와 q, r과 s의 높이차는 모두 h이다. Ⅰ과 Ⅱ에서 물체의 역학적 에너지 감소량은 p에서 물체의 운동 에너지의 4배로 같다.

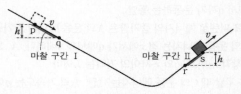

r에서 물체의 속력은? (단, 물체의 크기, 공기 저항, 마찰 구간 외의 모든 마찰은 무시한다.)

① $2v$ ② $\sqrt{6}v$ ③ $2\sqrt{2}v$ ④ $3v$ ⑤ $4v$

22

그림 (가)와 같이 빗면을 따라 운동하는 물체 A는 수평한 기준선 P를 속력 $5v$로 지나고, 물체 B는 수평면에 정지해 있다. 그림 (나)는 (가) 이후, A와 B가 충돌하여 서로 반대 방향으로 속력 $2v$로 운동하는 모습을 나타낸 것이다. A, B의 질량은 각각 m, $3m$이다. A가 마찰 구간을 올라갈 때와 내려갈 때 손실된 역학적 에너지는 같다. (나) 이후, A, B는 각각 P를 속력 v_A, $3v$로 지난다.

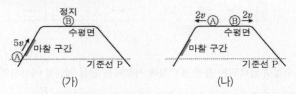

(가)   (나)

v_A는? (단, 물체의 크기, 공기 저항, 마찰 구간 외의 모든 마찰은 무시한다.) 3점

① $2v$ ② $\sqrt{5}v$ ③ $\sqrt{6}v$ ④ $\sqrt{7}v$ ⑤ $2\sqrt{2}v$

23

그림과 같이 수평면에서 질량이 각각 $2m$, m인 물체 A, B를 용수철의 양 끝에 접촉하여 용수철을 압축시킨 후 동시에 가만히 놓았더니 A, B가 궤도를 따라 운동하여 A는 마찰 구간에서 정지하고, B는 점 p, q를 지나 점 r에서 정지한다. p에서 q까지는 마찰 구간이고 p의 높이는 $7h$, q와 r의 높이 차는 h이다. B의 속력은 p에서가 q에서의 3배이고, p에서 q까지 운동하는 동안 B의 운동 에너지 감소량은 B의 중력 퍼텐셜 에너지 증가량의 3배이다.

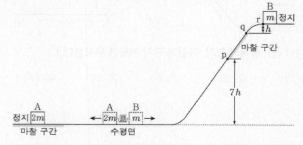

마찰 구간에서 A, B의 역학적 에너지 감소량을 각각 E_A, E_B라 할 때, $\frac{E_A}{E_B}$는? (단, A, B의 크기 및 용수철의 질량, 공기 저항, 마찰 구간 외의 마찰은 무시한다.) 3점

① $\frac{4}{3}$ ② $\frac{3}{2}$ ③ $\frac{5}{3}$ ④ $\frac{7}{4}$ ⑤ $\frac{9}{5}$

24 2023 평가원

그림은 높이 h인 평면에서 용수철 P에 연결된 물체 A에 물체 B를 접촉시키고, P를 원래 길이에서 $2d$만큼 압축시킨 모습을 나타낸 것이다. B를 가만히 놓으면 B는 P의 원래 길이에서 A와 분리되어 면을 따라 운동하고 A는 P에 연결된 채로 직선 운동한다. 이후 B는 높이차가 $2h$인 마찰 구간을 등속도로 지나 수평면에 놓인 용수철 Q를 원래 길이에서 $\sqrt{2}d$만큼 압축시킬 때 속력이 0이 된다. A와 B가 분리된 후 P의 탄성 퍼텐셜 에너지의 최댓값은 B가 마찰 구간에서 높이차 $2h$만큼 내려가는 동안 B의 역학적 에너지 감소량과 같다. P, Q의 용수철 상수는 같다.

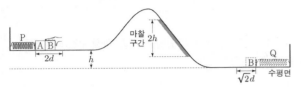

A, B의 질량을 각각 m_A, m_B라 할 때, $\dfrac{m_B}{m_A}$는? (단, 용수철의 질량, 물체의 크기, 공기 저항, 마찰 구간 외의 모든 마찰은 무시한다.)

① $\dfrac{1}{3}$ ② $\dfrac{1}{2}$ ③ 1 ④ 2 ⑤ 3

25 2024 수능

그림 (가)와 같이 질량이 m인 물체 A를 높이 $9h$인 지점에 가만히 놓았더니 A가 마찰 구간 Ⅰ을 지나 수평면에 정지한 질량이 $2m$인 물체 B와 충돌한다. 그림 (나)는 A와 B가 충돌한 후, A는 다시 Ⅰ을 지나 높이 H인 지점에서 정지하고, B는 마찰 구간 Ⅱ를 지나 높이 $\dfrac{7}{2}h$인 지점에서 정지한 순간의 모습을 나타낸 것이다. A가 Ⅰ을 한 번 지날 때 손실되는 역학적 에너지는 B가 Ⅱ를 지날 때 손실되는 역학적 에너지와 같고, 충돌에 의해 손실되는 역학적 에너지는 없다.

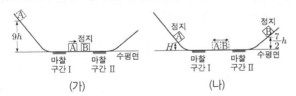

H는? (단, 물체는 동일 연직면상에서 운동하고, 물체의 크기, 공기 저항, 마찰 구간 외의 모든 마찰은 무시한다.)

① $\dfrac{5}{17}h$ ② $\dfrac{7}{17}h$ ③ $\dfrac{9}{17}h$ ④ $\dfrac{11}{17}h$ ⑤ $\dfrac{13}{17}h$

26

그림 (가)와 같이 물체 A, B를 실로 연결하고, A에 연결된 용수철을 원래 길이에서 $3L$만큼 압축시킨 후 A를 점 p에서 가만히 놓았다. B의 질량은 m이다. 그림 (나)는 (가)에서 A, B가 직선 운동하여 각각 $7L$만큼 이동한 후 $4L$만큼 되돌아와 정지한 모습을 나타낸 것이다. A가 구간 p → r, r → q에서 이동할 때, 각 구간에서 마찰에 의해 손실된 역학적 에너지는 각각 $7W$, $4W$이다.

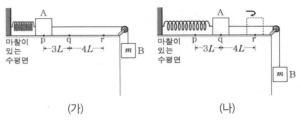

W는? (단, 중력 가속도는 g이고, 용수철과 실의 질량, 물체의 크기, 수평면에 의한 마찰 외의 모든 마찰과 공기 저항은 무시한다.) 3점

① $\dfrac{1}{3}mgL$ ② $\dfrac{2}{5}mgL$ ③ $\dfrac{1}{2}mgL$ ④ $\dfrac{3}{5}mgL$ ⑤ $\dfrac{2}{3}mgL$

27 2024 평가원

그림과 같이 수평면에서 운동하던 질량이 m인 물체가 언덕을 따라 올라갔다가 내려온다. 높이가 같은 점 p, s에서 물체의 속력은 각각 $2v_0$, v_0이고, 최고점 q에서의 속력은 v_0이다. 높이 차가 h로 같은 마찰 구간 Ⅰ, Ⅱ에서 물체의 역학적 에너지 감소량은 Ⅱ에서가 Ⅰ에서의 2배이다.

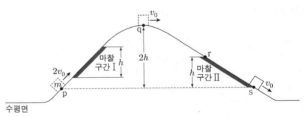

점 r에서 물체의 속력은? (단, 마찰 구간 외의 모든 마찰과 공기 저항, 물체의 크기는 무시한다.)

① $\dfrac{\sqrt{5}}{2}v_0$ ② $\dfrac{\sqrt{7}}{2}v_0$ ③ $\sqrt{2}v_0$ ④ $\dfrac{3}{2}v_0$ ⑤ $\sqrt{3}v_0$

28

그림은 높이 h인 점 p에서 속력 $4v$로 운동하는 물체가 궤도를 따라 마찰 구간 Ⅰ, Ⅱ를 지나 높이가 $2h$인 최고점 t에 도달하여 정지한 순간의 모습을 나타낸 것이다. 점 q, r, s의 높이는 각각 $2h$, h, h이고, q, r, s에서 물체의 속력은 각각 $3v$, v_r, v_s이다. 마찰 구간에서 손실된 역학적 에너지는 Ⅱ에서가 Ⅰ에서의 3배이다.

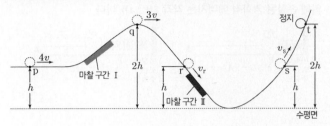

$\dfrac{v_r}{v_s}$는? (단, 마찰 구간 외의 모든 마찰과 공기 저항, 물체의 크기는 무시한다.) 3점

① $\dfrac{\sqrt{5}}{2}$　　② $\dfrac{3}{2}$　　③ $\dfrac{\sqrt{13}}{2}$　　④ $\dfrac{7}{3}$　　⑤ $\sqrt{13}$

30　2024 평가원

그림은 높이 $6h$인 점에서 가만히 놓은 물체가 궤도를 따라 운동하여 마찰 구간 Ⅰ, Ⅱ를 지나 최고점 r에 도달하여 정지한 순간의 모습을 나타낸 것이다. 점 p, q의 높이는 각각 h, $2h$이고, p, q에서 물체의 속력은 각각 $\sqrt{2}v$, v이다. 마찰 구간에서 손실된 역학적 에너지는 Ⅱ에서가 Ⅰ에서의 2배이다.

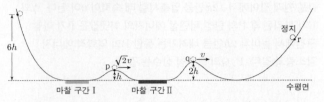

r의 높이는? (단, 물체의 크기, 공기 저항, 마찰 구간 외의 모든 마찰은 무시한다.) 3점

① $\dfrac{19}{5}h$　　② $4h$　　③ $\dfrac{21}{5}h$　　④ $\dfrac{22}{5}h$　　⑤ $\dfrac{23}{5}h$

29

그림 (가)와 같이 빗면의 점 p에 가만히 놓은 물체 A는 빗면의 점 r에서 정지하고, (나)와 같이 r에 가만히 놓은 A는 빗면의 점 q에서 정지한다. (가), (나)의 마찰 구간에서 A의 속력은 감소하고, 가속도의 크기는 각각 $3a$, a로 일정하며, 손실된 역학적 에너지는 서로 같다. p와 q 사이의 높이차는 h_1, 마찰 구간의 높이차는 h_2이다.

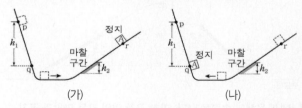

(가)　　　　　　　　(나)

$\dfrac{h_2}{h_1}$는? (단, 물체의 크기, 공기 저항, 마찰 구간 외의 모든 마찰은 무시한다.) 3점

① $\dfrac{1}{5}$　　② $\dfrac{2}{9}$　　③ $\dfrac{6}{25}$　　④ $\dfrac{1}{4}$　　⑤ $\dfrac{2}{7}$

31

그림과 같이 높이가 $3h$인 평면에서 질량이 각각 m, $2m$인 물체 A, B를 용수철의 양 끝에 접촉하여 압축시킨 후 동시에 가만히 놓았더니 A, B가 궤도를 따라 운동한다. A는 마찰 구간 Ⅰ의 끝점 p에서 정지하고, B는 높이차가 h인 마찰 구간 Ⅱ를 등속도로 지난 후 마찰 구간 Ⅲ을 지나 v의 속력으로 운동한다. Ⅰ, Ⅲ에서 A, B는 서로 같은 크기의 마찰력을 받아 등가속도 직선 운동한다. Ⅰ, Ⅲ에서 A, B의 평균 속력은 같고, A가 Ⅰ에서 운동하는 데 걸린 시간과 B가 Ⅲ에서 운동하는 데 걸린 시간은 같다.

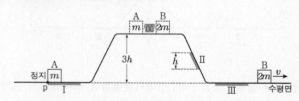

Ⅱ에서 B의 감소한 역학적 에너지는? (단, 용수철의 질량, 물체의 크기, 공기 저항, 마찰 구간 외의 마찰은 무시한다.) 3점

① mv^2　　② $2mv^2$　　③ $3mv^2$　　④ $4mv^2$　　⑤ $5mv^2$

32

그림 (가)는 수평면에서 질량이 m인 물체로 용수철을 원래 길이에서 $2d$만큼 압축시킨 후 가만히 놓았더니 물체가 마찰 구간을 지나 높이가 h인 최고점에서 속력이 0인 순간을 나타낸 것이다. 마찰 구간을 지나는 동안 감소한 물체의 운동 에너지는 마찰 구간의 최저점 p에서 물체의 중력 퍼텐셜 에너지의 6배이다. 그림 (나)는 (가)에서 물체가 마찰 구간을 지나 용수철을 원래 길이에서 최대 d만큼 압축시킨 모습을 나타낸 것으로, 물체는 마찰 구간에서 등속도 운동한다. 마찰 구간에서 손실된 물체의 역학적 에너지는 (가)에서와 (나)에서가 같다.

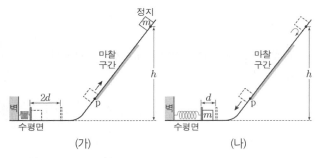

(나)의 p에서 물체의 운동 에너지는? (단, 중력 가속도는 g이고, 수평면에서 물체의 중력 퍼텐셜 에너지는 0이며 용수철의 질량, 물체의 크기, 공기 저항, 마찰 구간 외의 마찰은 무시한다.) 3점

① $\frac{1}{9}mgh$ ② $\frac{1}{8}mgh$ ③ $\frac{1}{7}mgh$ ④ $\frac{1}{6}mgh$ ⑤ $\frac{1}{5}mgh$

33 고난도

그림은 $x=0$에서 정지해 있던 물체 A, B가 x축과 나란한 직선 경로를 따라 운동을 한 모습을, 표는 구간에 따라 A, B에 작용한 힘의 크기와 방향을 나타낸 것이다. A, B의 질량은 같고, $x=0$에서 $x=4L$까지 운동하는데 걸린 시간은 같다. F_A와 F_B는 각각 크기가 일정하고, x축과 나란한 방향이다.

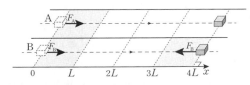

물체\구간	$0 \le x \le L$	$L < x < 3L$	$3L \le x \le 4L$
A	F_A, 오른쪽	0	0
B	F_B, 오른쪽	0	F_B, 왼쪽

$0 \le x \le L$에서 A, B가 받은 일을 각각 W_A, W_B라고 할 때, $\frac{W_A}{W_B}$는? (단, 물체의 크기, 마찰, 공기 저항은 무시한다.) 3점

① $\frac{16}{25}$ ② $\frac{25}{36}$ ③ $\frac{36}{49}$ ④ $\frac{49}{64}$ ⑤ $\frac{64}{81}$

34 고난도

그림은 높이 h인 지점에 가만히 놓은 질량 m인 물체가 마찰이 없는 연직면상의 궤도를 따라 운동하는 모습을 나타낸 것이다. 물체는 궤도의 수평 구간의 점 p에서 점 q까지 운동하는 동안 물체의 운동 방향으로 일정한 크기의 힘 F를 받는다. 물체의 운동 에너지는 높이 $2h$인 지점에서가 p에서의 2배이다.

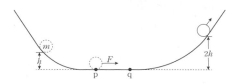

$F=2mg$일 때, 물체가 p에서 q까지 운동하는 데 걸린 시간은? (단, 중력 가속도는 g이고, 물체의 크기와 공기 저항은 무시한다.) 3점

① $\sqrt{\frac{h}{5g}}$ ② $\sqrt{\frac{h}{4g}}$ ③ $\sqrt{\frac{h}{3g}}$ ④ $\sqrt{\frac{h}{2g}}$ ⑤ $\sqrt{\frac{h}{g}}$

35 고난도

그림 (가)와 같이 동일한 용수철 A, B가 연직선상에 x만큼 떨어져 있다. 그림 (나)는 (가)의 A를 d만큼 압축시키고 질량 m인 물체를 올려놓았더니 물체가 힘의 평형을 이루며 정지해 있는 모습을, (다)는 (나)의 A를 $2d$만큼 더 압축시켰다가 가만히 놓는 순간의 모습을, (라)는 (다)의 물체가 A와 분리된 후 B를 압축시킨 모습을 나타낸 것이다. B가 $\frac{1}{2}d$만큼 압축되었을 때 물체의 속력은 0이다.

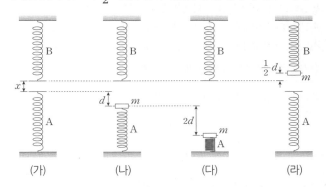

이에 대한 설명으로 옳은 것만을 <보기>에서 있는 대로 고른 것은? (단, 중력 가속도는 g이고, 물체의 크기, 용수철의 질량, 공기 저항은 무시한다.) 3점

보기

ㄱ. 용수철 상수는 $\frac{mg}{d}$이다.

ㄴ. $x=\frac{7}{8}d$이다.

ㄷ. 물체가 운동하는 동안 물체의 운동 에너지의 최댓값은 $2mgd$이다.

① ㄴ ② ㄷ ③ ㄱ, ㄴ ④ ㄱ, ㄷ ⑤ ㄱ, ㄴ, ㄷ

36 고난도

그림은 서로 다른 경사면에 놓인 물체 A, B, C가 실로 연결되어 정지해 있는 모습을 나타낸 것이다. A의 질량은 C의 3배이다. $t=0$일 때 A와 B를 연결하는 실 p를 잘랐더니 $t=2$초까지 A, B, C는 각각 등가속도 직선 운동하고, $t=2$초일 때 운동 에너지는 B가 C의 4배이다. $t=0$부터 $t=2$초까지 A, B, C의 중력 퍼텐셜 에너지의 감소량은 각각 E_A, E_B, E_C이다.

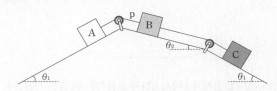

$E_A : E_B : E_C$는? (단, $\theta_1 > \theta_2$이고, 실의 질량, 모든 마찰과 공기 저항은 무시한다.) 3점

① $5:1:2$ ② $5:2:1$ ③ $5:2:3$

④ $5:3:2$ ⑤ $5:3:3$

37 고난도

그림과 같이 물체 A, B를 실로 연결하고 빗면의 점 P에 A를 가만히 놓았더니 A, B가 함께 등가속도 운동을 하다가 A가 점 Q를 지나는 순간 실이 끊어졌다. 이후 A는 등가속도 직선 운동을 하여 점 R를 지난다. A가 P에서 Q까지 운동하는 동안, A의 운동 에너지 증가량은 B의 중력 퍼텐셜 에너지 증가량의 $\frac{4}{5}$배이고, A의 운동 에너지는 R에서가 Q에서의 $\frac{9}{4}$배이다.

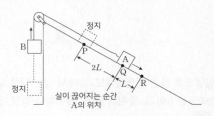

A, B의 질량을 각각 m_A, m_B라 할 때, $\frac{m_A}{m_B}$는? (단, 물체의 크기, 마찰과 공기 저항은 무시한다.) 3점

① 3   ② 4   ③ 5   ④ 6   ⑤ 7

38 고난도

그림과 같이 수평면에서 운동하던 물체가 왼쪽 빗면을 따라 올라간 후 곡선 구간을 지나 오른쪽 빗면을 따라 내려온다. 물체가 왼쪽 빗면에서 거리 L_1과 L_2를 지나는 데 걸린 시간은 각각 t_0으로 같고, 오른쪽 빗면에서 거리 L_3을 지나는 데 걸린 시간은 $\frac{t_0}{2}$이다.

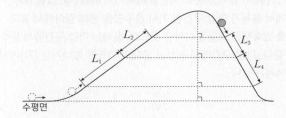

$L_2 = L_4$일 때, $\frac{L_1}{L_3}$은? (단, 물체의 크기, 마찰과 공기 저항은 무시한다.)

① $\frac{3}{2}$ ② $\frac{5}{2}$ ③ 3   ④ 4   ⑤ 6

39 고난도

그림 (가)는 질량이 같은 두 물체가 실로 연결되어 용수철 A, B와 도르래를 이용해 정지해 있는 것을 나타낸 것이다. A, B는 각각 원래의 길이에서 L만큼 늘어나 있다. 그림 (나)는 두 물체를 연결한 실이 끊어져 B가 원래의 길이에서 x만큼 최대로 압축되어 물체가 정지한 순간의 모습을 나타낸 것이다. A, B의 용수철 상수는 같다.

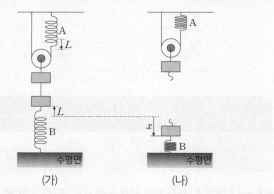

(가)   (나)

x는? (단, 실의 질량, 용수철의 질량, 도르래의 질량 및 모든 마찰과 공기 저항은 무시한다.) 3점

① L ② $\frac{3}{2}L$ ③ $2L$ ④ $\frac{5}{2}L$ ⑤ $3L$

40 고난도
역학적 에너지 보존
[2021년 4월 학평 20번]

그림 (가)는 마찰이 있는 수평면에서 물체와 연결된 용수철을 원래 길이에서 $2L$만큼 압축하여 물체를 점 p에 정지시킨 모습을 나타낸 것이다. 물체가 p에 있을 때, 용수철에 저장된 탄성 퍼텐셜 에너지는 E_0이다. 그림 (나)는 (가)에서 물체를 가만히 놓았더니 물체가 점 q, r를 지나 정지한 순간의 모습을 나타낸 것이다. p와 q 사이, q와 r 사이의 거리는 각각 $2L$, L이다. (나)에서 물체가 q에서 r까지 운동하는 동안, 물체의 운동 에너지 감소량은 용수철에 저장된 탄성 퍼텐셜 에너지 증가량의 $\frac{7}{5}$배이다.

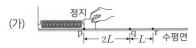

(나)에서 물체가 q, r를 지나는 순간 용수철에 저장된 탄성 퍼텐셜 에너지와 물체의 운동 에너지의 합을 각각 E_1, E_2라 할 때, $E_1 - E_2$는? (단, 물체의 크기, 용수철의 질량은 무시한다.) 3점

① $\frac{1}{10}E_0$ ② $\frac{1}{5}E_0$ ③ $\frac{3}{10}E_0$ ④ $\frac{2}{5}E_0$ ⑤ $\frac{1}{2}E_0$

41 고난도
역학적 에너지 보존
[2022학년도 6월 모평 20번]

그림과 같이 수평 구간 Ⅰ에서 물체 A, B를 용수철의 양 끝에 접촉하여 용수철을 원래 길이에서 d만큼 압축시킨 후 동시에 가만히 놓으면, A는 높이 h에서 속력이 0이고, B는 높이가 $3h$인 마찰이 있는 수평 구간 Ⅱ에서 정지한다. A, B의 질량은 각각 $2m$, m이고, 용수철 상수는 k이다.

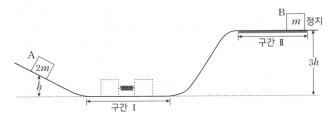

이에 대한 설명으로 옳은 것만을 〈보기〉에서 있는 대로 고른 것은? (단, 중력 가속도는 g이고, 물체의 크기, 용수철의 질량, 구간 Ⅱ의 마찰을 제외한 모든 마찰 및 공기 저항은 무시한다.) 3점

보기
ㄱ. $k = \frac{12mgh}{d^2}$이다.

ㄴ. A, B가 각각 높이 $\frac{h}{2}$를 지날 때의 속력은 B가 A의 $\sqrt{6}$배이다.

ㄷ. 마찰에 의한 B의 역학적 에너지 감소량은 $\frac{3}{2}mgh$이다.

① ㄱ ② ㄴ ③ ㄷ ④ ㄱ, ㄴ ⑤ ㄴ, ㄷ

42 고난도
역학적 에너지
[2022년 10월 학평 20번]

그림과 같이 높이가 $2h$인 평면, 수평면에서 각각 물체 A, B로 용수철 P, Q를 원래 길이에서 d만큼 압축시킨 후 가만히 놓으면 A와 B가 높이 $3h$인 평면에서 충돌한다. A의 속력은 B와 충돌 직전이 충돌 직후의 4배이다. B는 높이차가 h인 마찰 구간을 내려갈 때 등속도 운동하고, 마찰 구간을 올라갈 때 손실된 역학적 에너지는 내려갈 때와 같다. 충돌 후 A, B는 각각 P, Q를 원래 길이에서 최대 $\frac{d}{2}$, x만큼 압축시킨다. A, B의 질량은 각각 $2m$, m이고, P, Q의 용수철 상수는 각각 k, $2k$이다.

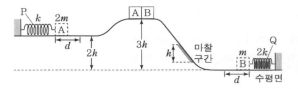

$\frac{x}{d}$는? (단, 물체는 면을 따라 운동하고, 용수철 질량, 물체의 크기, 공기 저항, 마찰 구간 외의 모든 마찰은 무시한다.) 3점

① $\sqrt{\frac{1}{20}}$ ② $\sqrt{\frac{1}{15}}$ ③ $\sqrt{\frac{1}{10}}$ ④ $\sqrt{\frac{2}{15}}$ ⑤ $\sqrt{\frac{3}{20}}$

43 고난도
역학적 에너지 보존
[2021학년도 9월 모평 20번]

그림 (가)는 물체 A와 실로 연결된 물체 B를 원래 길이가 L_0인 용수철과 수평면 위에서 연결하여 잡고 있는 모습을, (나)는 (가)에서 B를 가만히 놓은 후, 용수철의 길이가 L까지 늘어나 A의 속력이 0인 순간의 모습을 나타낸 것이다. A, B의 질량은 각각 m이고, 용수철 상수는 k이다.

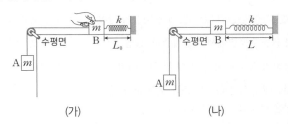

(가)   (나)

이에 대한 설명으로 옳은 것만을 〈보기〉에서 있는 대로 고른 것은? (단, 중력 가속도는 g이고, 실과 용수철의 질량 및 모든 마찰과 공기 저항은 무시한다.) 3점

보기
ㄱ. $L - L_0 = \frac{2mg}{k}$이다.

ㄴ. 용수철의 길이가 L일 때, A에 작용하는 알짜힘은 0이다.

ㄷ. B의 최대 속력은 $\sqrt{\frac{m}{k}}g$이다.

① ㄱ ② ㄴ ③ ㄱ, ㄷ ④ ㄴ, ㄷ ⑤ ㄱ, ㄴ, ㄷ

44 고난도

그림과 같이 실로 연결된 채 두 빗면에서 속력 v로 각각 등속도 운동을 하던 물체 A, B가 수평선 P를 동시에 지나는 순간 실이 끊어졌으며, 이후 각각 등가속도 직선 운동을 하여 수평선 Q를 동시에 지났다. A, B의 질량은 각각 m, $5m$이고, 두 빗면의 기울기는 같으며, B는 빗면으로부터 일정한 마찰력을 받는다.

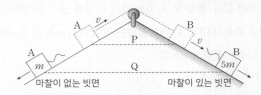

P에서 Q까지 B의 역학적 에너지 감소량은? (단, 실의 질량, 물체의 크기, B가 받는 마찰 이외의 모든 마찰과 공기 저항은 무시한다.) 3점

① $6mv^2$ ② $12mv^2$ ③ $18mv^2$ ④ $24mv^2$ ⑤ $30mv^2$

46 고난도

그림 (가)와 같이 높이 h_A인 평면에서 물체 A로 용수철을 원래 길이에서 d만큼 압축시킨 후 가만히 놓고, 물체 B를 높이 $9h$인 지점에 가만히 놓으면, A와 B는 수평면에서 서로 같은 속력으로 충돌한다. 충돌 후 그림 (나)와 같이 A는 용수철을 원래 길이에서 최대 $2d$만큼 압축시키고, B는 높이 h인 지점에서 속력이 0이 된다. A, B는 질량이 각각 m, $2m$이고, 면을 따라 운동한다. A는 빗면을 내려갈 때 높이차가 $2h$인 마찰 구간에서 등속도 운동하고, 마찰 구간을 올라갈 때 손실된 역학적 에너지는 내려갈 때와 같다.

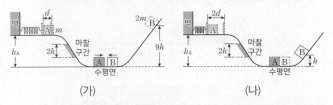

(가)   (나)

h_A는? (단, 용수철의 질량, 물체의 크기, 공기 저항, 마찰 구간 외의 모든 마찰은 무시한다.) 3점

① $7h$ ② $\dfrac{13}{2}h$ ③ $6h$ ④ $\dfrac{11}{2}h$ ⑤ $\dfrac{9}{2}h$

45 고난도

그림과 같이 물체 A, B를 각각 서로 다른 빗면의 높이 h_A, h_B인 지점에 가만히 놓았다. A가 내려가는 빗면의 일부에는 높이차가 $\dfrac{3}{4}h$인 마찰 구간이 있으며, A는 마찰 구간에서 등속도 운동하였다. A와 B는 수평면에서 충돌하였고, 충돌 전의 운동 방향과 반대로 운동하여 각각 높이 $\dfrac{h}{4}$와 $4h$인 지점에서 속력이 0이 되었다. 수평면에서 B의 속력은 충돌 후가 충돌 전의 2배이다. A, B의 질량은 각각 $3m$, $2m$이다.

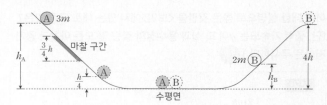

$\dfrac{h_B}{h_A}$는? (단, 물체의 크기, 공기 저항, 마찰 구간 외의 모든 마찰은 무시한다.) 3점

① $\dfrac{1}{4}$ ② $\dfrac{1}{3}$ ③ $\dfrac{4}{9}$ ④ $\dfrac{1}{2}$ ⑤ $\dfrac{2}{3}$

47 2023 수능 고난도

그림은 빗면의 점 p에 가만히 놓은 물체가 점 q, r, s를 지나 빗면의 점 t에서 속력이 0인 순간을 나타낸 것이다. 물체는 p와 q 사이에서 가속도의 크기 $3a$로 등가속도 운동을, 빗면의 마찰 구간에서 등속도 운동을, r와 t 사이에서 가속도의 크기 $2a$로 등가속도 운동을 한다. 물체가 마찰 구간을 지나는 데 걸린 시간과 r에서 s까지 지나는 데 걸린 시간은 같다. p와 q 사이, s와 r 사이의 높이차는 h로 같고, t는 마찰 구간의 최고점 q와 높이가 같다.

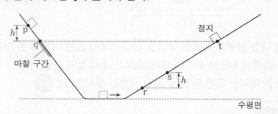

t와 s 사이의 높이차는? (단, 물체의 크기, 공기 저항, 마찰 구간 외의 모든 마찰은 무시한다.) 3점

① $\dfrac{16}{9}h$ ② $2h$ ③ $\dfrac{20}{9}h$ ④ $\dfrac{7}{3}h$ ⑤ $\dfrac{8}{3}h$

48 2023 평가원 고난도

그림은 질량이 각각 m, $2m$인 물체 A, B를 실로 연결하고 서로 다른 빗면의 점 p, r에 정지시킨 모습을 나타낸 것이다. A를 가만히 놓았더니 A가 점 q를 지나는 순간 실이 끊어지고 A, B는 빗면을 따라 가속도의 크기가 각각 $3a$, $2a$인 등가속도 운동을 한다. B는 마찰 구간이 시작되는 점 s부터 등속도 운동을 한다. A가 수평면에 닿기 직전 A의 운동 에너지는 마찰 구간에서 B의 운동 에너지의 2배이다. p와 s의 높이는 h_1로 같고, q와 r의 높이는 h_2로 같다.

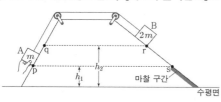

$\dfrac{h_2}{h_1}$는? (단, 실의 질량, 물체의 크기, 공기 저항, 마찰 구간 외의 모든 마찰은 무시한다.) 3점

① $\dfrac{3}{2}$ ② $\dfrac{7}{4}$ ③ 2 ④ $\dfrac{9}{4}$ ⑤ $\dfrac{5}{2}$

50

그림은 높이가 $3h$인 지점을 속력 v로 지나는 물체가 빗면 위의 마찰 구간 I과 수평면 위의 마찰 구간 II를 지난 후 높이가 h인 지점을 속력 v로 통과하는 모습을 나타낸 것이다. 점 p, q는 II의 양 끝점이다. 높이차가 d인 I에서 물체는 등가속도 운동을 하고, I의 최저점의 높이는 h이다. I과 II에서 물체의 역학적 에너지 감소량은 q에서 물체의 운동 에너지의 $\dfrac{2}{3}$배로 같다.

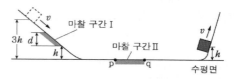

이에 대한 옳은 설명만을 〈보기〉에서 있는 대로 고른 것은? (단, 물체의 크기, 공기 저항, 마찰 구간 외의 모든 마찰은 무시한다.)

보기
ㄱ. $d = h$이다.
ㄴ. p에서 물체의 속력은 $\sqrt{5}v$이다.
ㄷ. 물체의 운동 에너지는 I에서와 q에서가 같다.

① ㄱ ② ㄷ ③ ㄱ, ㄴ ④ ㄴ, ㄷ ⑤ ㄱ, ㄴ, ㄷ

49 고난도

그림 (가)와 같이 원래 길이가 $8d$인 용수철에 물체 A를 연결하고, 물체 B로 A를 $6d$만큼 밀어 올려 정지시켰다. 용수철을 압축시키는 동안 용수철에 저장된 탄성 퍼텐셜 에너지의 증가량은 A의 중력 퍼텐셜 에너지 증가량의 3배이다. A와 B의 질량은 각각 m이다. 그림 (나)는 (가)에서 B를 가만히 놓았더니 A가 B와 함께 연직선상에서 운동하다가 B와 분리된 후 용수철의 길이가 $9d$인 지점을 지나는 순간을 나타낸 것이다.

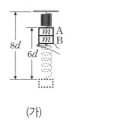

(가)   (나)

(나)에서 A의 운동 에너지는? (단, 중력 가속도는 g이고, 용수철의 질량, 물체의 크기, 모든 마찰과 공기 저항은 무시한다.) 3점

① $\dfrac{29}{2}mgd$ ② $\dfrac{31}{2}mgd$ ③ $\dfrac{63}{4}mgd$ ④ $\dfrac{65}{4}mgd$ ⑤ $\dfrac{33}{2}mgd$

51 2025 평가원

그림과 같이 수평면으로부터 높이가 h인 수평 구간에서 질량이 각각 m, $3m$인 물체 A와 B로 용수철을 압축시킨 후 가만히 놓았더니, A, B는 각각 수평면상의 마찰 구간 I, II를 지나 높이 $3h$, $2h$에서 정지하였다. 이 과정에서 A의 운동 에너지의 최댓값은 A의 중력 퍼텐셜 에너지의 최댓값의 4배이다. A, B가 각각 I, II를 한 번 지날 때 손실되는 역학적 에너지는 각각 W_{I}, W_{II}이다.

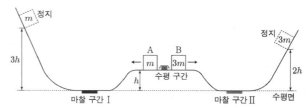

$\dfrac{W_{\mathrm{I}}}{W_{\mathrm{II}}}$은? (단, 수평면에서 중력 퍼텐셜 에너지는 0이고, A와 B는 동일 연직면상에서 운동한다. 물체의 크기, 용수철의 질량, 공기 저항과 마찰 구간 외의 모든 마찰은 무시한다.)

① 9 ② $\dfrac{21}{2}$ ③ 12 ④ $\dfrac{27}{2}$ ⑤ 15

그림 (가)와 같이 높이 $4h$인 평면에서 용수철 P에 연결된 물체 A에 물체 B를 접촉시켜 P를 원래 길이에서 $2d$만큼 압축시킨 후 가만히 놓았더니, B는 A와 분리된 후 높이 차가 H인 마찰 구간을 등속도로 지나 수평면에 놓인 용수철 Q를 향해 운동한다. 이후 그림 (나)와 같이 A는 P를 원래 길이에서 최대 d만큼 압축시키며 직선 운동하고, B는 Q를 원래 길이에서 최대 $3d$만큼 압축시킨 후 다시 마찰 구간을 지나 높이 $4h$인 지점에서 정지한다. B가 마찰 구간을 올라갈 때 손실된 역학적 에너지는 내려갈 때와 같고, P, Q의 용수철 상수는 같다.

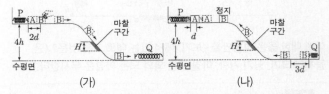

(가)   (나)

H는? (단, 물체는 동일 연직면상에서 운동하고, 용수철의 질량, 물체의 크기, 공기 저항, 마찰 구간 외의 모든 마찰은 무시한다.)

① $\frac{3}{5}h$ ② $\frac{4}{5}h$ ③ h ④ $\frac{6}{5}h$ ⑤ $\frac{7}{5}h$

02 열역학 법칙 ◀수능에 나오는 필수 개념 3가지 + 필수 암기사항 6개

필수개념 1 열역학

- **암기** **내부 에너지(U)** : 기체 분자들이 가지고 있는 에너지로, 운동 에너지와 퍼텐셜 에너지의 총합을 말함

- **암기** **내부 에너지와 속력과의 관계**
  ① 내부 에너지(U)는 절대 온도(T)에 비례한다.
  ② 온도가 높으면 기체 분자의 운동 에너지가 증가하면서 평균 속력(v)이 빨라진다.
  $$U \propto T \propto v^2$$

- **열에너지와 기체의 관계**
  ○ 기체에 열에너지가 출입하여 기체 분자의 운동 에너지가 변하면 온도 변화가 일어남
  ○ 기체가 팽창하면 외부로 일을 하게 되고, 수축하면 외부에서 일을 받게 된다.
  ○ 압력이 일정할 때 기체가 하는 일은 $W = P\Delta V$ 이다.

- **암기** **이상 기체 상태 방정식** : 이상 기체는 압력(P), 부피(V), 온도(T) 사이에서 다음과 같은 공식이 성립함
  $$\frac{PV}{T} = \text{일정}, \ PV = nRT$$

- **열역학 법칙**
  ○ **열역학 제0법칙** : 물체 A와 B가 열평형을 이루고 물체 B와 C가 열평형을 이룬다면, 물체 A와 C도 열평형 상태이다. 이때, 세 물체의 온도는 같다.
  ○ **암기** **열역학 제1법칙** : 기체에 가해 준 열에너지의 양은 기체의 내부 에너지 증가량과 기체가 외부에 한 일의 양의 합과 같다. 즉, 열에너지와 역학적 에너지를 포함한 에너지 보존의 법칙이다.
  $$Q = \Delta U + W$$
  ○ **열역학 제2법칙** : 열은 스스로 고온의 물체에서 저온의 물체로 이동하지만, 반대로는 스스로 이동하지 않는다. ⇨ 열 또는 에너지 이동에 방향성이 있음을 나타내는 법칙이다.

- **암기** **열역학적 과정**

등압과정	등적과정	단열과정
압력이 일정하게 유지되는 상태	부피가 일정하게 유지되는 상태	외부와의 열 출입이 없는 상태에서 부피가 변하는 것
$P = $ 일정 ➡ $Q = \Delta U + W$ ➡ $\boxed{Q = \Delta U + P\Delta V}$ 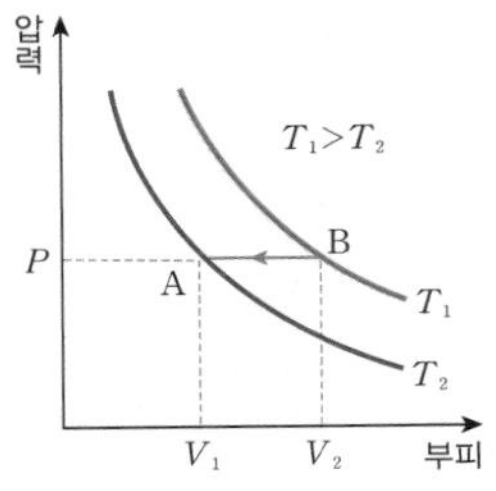	$V = $ 일정 ➡ $\Delta V = 0$ ➡ $W = 0$ ➡ $\boxed{Q = \Delta U}$ 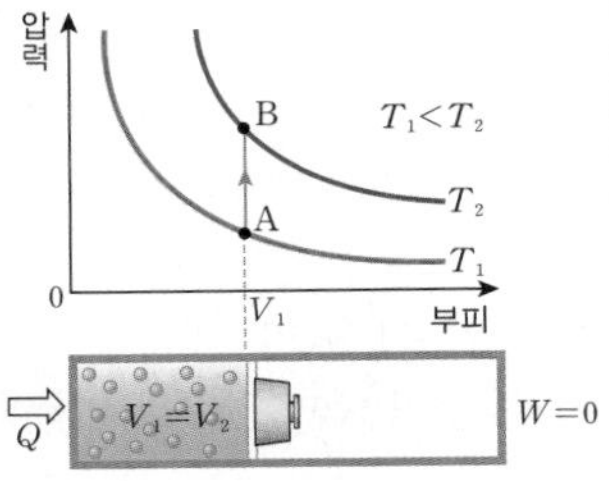	$Q = 0$ ➡ $\boxed{W = -\Delta U}$ 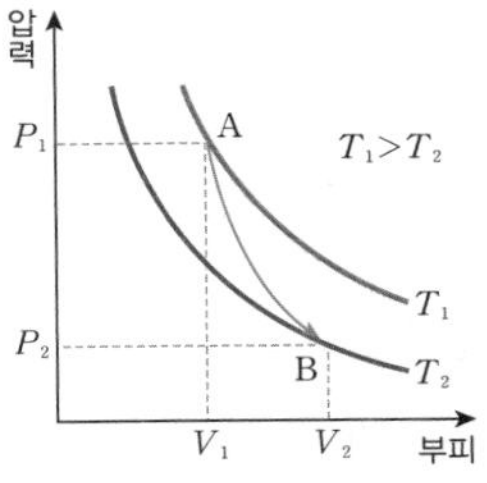

기본자료

열평형
온도가 다른 두 물체가 접촉하였을 때, 열이 이동하여 두 물체의 온도가 같아져 더 이상 열의 이동이 없는 상태

열과 일의 부호에 따른 기체의 상태

	(+)	(−)
Q	기체가 열을 흡수한다.	기체가 열을 방출한다.
W	부피 팽창, 기체가 외부에 일을 한다.	부피 수축, 기체가 외부로부터 일을 받는다.
ΔU	기체의 내부 에너지가 증가한다.	기체의 내부 에너지가 감소한다.

기본자료

필수개념 2 가역과정과 비가역과정

○ **가역과정** : 그네는 오른쪽으로 올라갔다가 다시 내려오고 왼쪽으로 올라간다. 이처럼 스스로 원래 상태로 돌아갈 수 있는 과정을 가역과정이라고 한다. 그러나 실제로는 공기저항과 마찰이 있어서 그네의 역학적 에너지는 감소하고 원래 상태로 돌아가지 못한다.

○ **비가역과정** : 원래 상태로 돌아가지 못하는 그네를 원래 상태로 돌아가게 하려면 주변에서 누군가가 밀어주어야 한다. 이렇게 누군가의 도움 없이 원래 상태로 돌아가지 못하는 과정을 비가역과정이라고 한다. 예를 들어 빨간색 구슬과 파란색 구슬을 정확히 반반씩 구분해 놓은 후 흔들어주면 두 구슬은 마구잡이로 섞이게 된다. 그러나 아무리 오래 흔들어도 처음과 같이 빨간색 구슬과 파란색 구슬로 완벽히 분리된 상태로는 돌아가지 못한다. 이렇게 비가역 과정은 무질서한 정도가 증가하는 방향으로 일어나고 이는 열역학 제2법칙이 성립하는 것을 보여준다. 열이 온도가 높은 곳에서 낮은 곳으로 자발적으로 이동한다는 표현도 자연 현상은 무질서한 정도가 증가하는 방향으로 일어나는 것과 같은 뜻이다.

필수개념 3 열기관

○ 암기 **열기관** : 열에너지를 일로 바꾸는 기관
○ 높은 온도의 열원(고열원)에서 열을 흡수하고, 일을 한 후 남은 열을 온도가 낮은 열원(저열원)으로 방출
○ 열기관의 효율 : 열기관에 공급된 열에너지 중 일($W = Q_1 - Q_2$)로 사용된 비율

$$e = \frac{W}{Q_1} = 1 - \frac{Q_2}{Q_1}$$ (Q_1 : 고열원에서 흡수한 열량, Q_2 : 저열원으로 방출한 열량)

○ 열역학 제2법칙에 따라 e는 항상 1보다 작다.
○ 카르노 기관 : 가역과정을 거쳐 작동하는 열기관 중에서 열효율이 가장 높은 열기관으로 온도가 일정한 압축과 팽창 과정(등온과정)과 열의 출입이 없는 압축과 팽창과정(단열과정)을 거치는 이상적인 열기관이다.

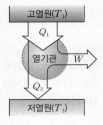

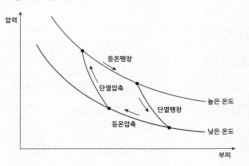

등온팽창 : 열을 흡수한다.
단열팽창 : 온도가 낮아진다.
등온압축 : 열을 방출한다.
단열압축 : 온도가 높아진다.

카르노 기관의 열효율은 다음과 같다.

$$e = 1 - \frac{Q_2}{Q_1} = 1 - \frac{T_2}{T_1}$$

고열원과 저열원 사이의 온도 차이를 크게 함으로써 열효율을 높일 수는 있지만 온도가 0K인 저열원은 없으므로 이상적인 열기관의 효율도 100%가 될 수 없다. 그러므로 열효율이 100%인 열기관은 존재할 수 없다.

1

그림은 난로에서 물로 열이 이동하여 물이 끓는 과정에 대해 학생 A, B, C가 대화하는 모습을 나타낸 것이다.

열은 고온에서 저온으로 저절로 이동해.

이 과정은 비가역적이야.

이 과정에서 엔트로피는 증가해.

학생 A   학생 B   학생 C

제시한 내용이 옳은 학생만을 있는 대로 고른 것은?

① A   ② B   ③ A, C   ④ B, C   ⑤ A, B, C

3

그림은 따뜻한 바닥에 의해 드라이아이스가 기체로 변하는 과정을 나타낸 것이다. 이 과정에 대한 설명으로 옳은 것만을 <보기>에서 있는 대로 고른 것은?

드라이아이스

바닥

보기

ㄱ. 바닥에서 드라이아이스로 열이 저절로 이동한다.

ㄴ. 비가역적이다.

ㄷ. 드라이아이스가 기체로 변하는 과정에서 엔트로피는 증가한다.

① ㄱ   ② ㄴ   ③ ㄱ, ㄷ   ④ ㄴ, ㄷ   ⑤ ㄱ, ㄴ, ㄷ

2

그림은 손에서 얼음으로 이동하는 열에 의해 얼음이 녹는 모습을 나타낸 것이다. 이 현상에 대한 설명으로 옳은 것만을 <보기>에서 있는 대로 고른 것은?

보기

ㄱ. 손과 얼음의 온도 차에 의해서 열이 이동한다.

ㄴ. 비가역적이다.

ㄷ. 얼음이 녹는 과정에서 엔트로피는 증가한다.

① ㄱ   ② ㄷ   ③ ㄱ, ㄴ   ④ ㄴ, ㄷ   ⑤ ㄱ, ㄴ, ㄷ

4

그림과 같이 온도가 T_0인 일정량의 이상 기체가 등압 팽창 또는 단열 팽창하여 온도가 각각 T_1, T_2가 되었다.

등압 팽창 T_0 단열 팽창

T_1 T_2

T_0, T_1, T_2를 옳게 비교한 것은? (단, 대기압은 일정하다.) **3점**

① $T_0 = T_1 = T_2$ ② $T_0 > T_1 = T_2$ ③ $T_1 = T_2 > T_0$

④ $T_1 > T_0 > T_2$ ⑤ $T_2 > T_0 > T_1$

5

그림과 같이 실린더에 들어 있는 일정량의 이상 기체의 온도를 T_1에서 T_2로 변화시켰더니 기체의 압력이 일정한 상태에서 부피가 감소하였다. 이에 대한 설명으로 옳은 것만을 〈보기〉에서 있는 대로 고른 것은?

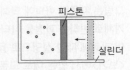

피스톤
실린더

보기

ㄱ. $T_1 < T_2$이다.

ㄴ. 기체의 내부 에너지는 온도가 T_1일 때가 T_2일 때보다 크다.

ㄷ. 기체의 부피가 감소하는 동안 기체는 외부로 열을 방출한다.

① ㄱ   ② ㄷ   ③ ㄱ, ㄴ   ④ ㄴ, ㄷ   ⑤ ㄱ, ㄴ, ㄷ

6

그림은 일정량의 이상 기체의 상태가 $A \rightarrow B \rightarrow C$를 따라 변할 때 압력과 부피를 나타낸 것이다. $A \rightarrow B$ 과정에서 기체에 공급한 열량은 Q이다. 이에 대한 설명으로 옳은 것만을 〈보기〉에서 있는 대로 고른 것은?

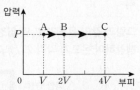

보기

ㄱ. 기체가 한 일은 $A \rightarrow B$ 과정에서와 $B \rightarrow C$ 과정에서가 같다.

ㄴ. 기체의 온도는 C에서가 A에서보다 높다.

ㄷ. $A \rightarrow B$ 과정에서 기체의 내부 에너지 변화량은 Q와 같다.

① ㄱ   ② ㄴ   ③ ㄱ, ㄷ   ④ ㄴ, ㄷ   ⑤ ㄱ, ㄴ, ㄷ

7

그림 (가)와 같이 피스톤과 금속판으로 나누어진 상자 내부에 같은 양의 동일한 이상 기체 A, B, C가 같은 부피로 들어 있고, 피스톤은 정지해 있다. 그림 (나)는 (가)의 A에 열량 Q를 가했을 때 피스톤이 서서히 이동해 정지한 모습을 나타낸 것이다.

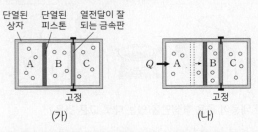

단열된 상자   단열된 피스톤   열전달이 잘 되는 금속판

고정   고정

(가)   (나)

이에 대한 옳은 설명만을 〈보기〉에서 있는 대로 고른 것은? (단, 피스톤의 마찰, 금속판이 흡수한 열량은 무시한다.)

보기

ㄱ. A의 온도는 (나)에서가 (가)에서보다 높다.

ㄴ. (가) → (나) 과정에서 A가 한 일은 Q이다.

ㄷ. (나)에서 B와 C의 압력은 같다.

① ㄱ   ② ㄴ   ③ ㄷ   ④ ㄱ, ㄴ   ⑤ ㄱ, ㄷ

8

다음은 열의 이동에 따른 기체의 부피 변화를 알아보기 위한 실험이다.

[실험 과정]

(가) 20mL의 기체가 들어있는 유리 주사기의 끝을 고무마개로 막는다.

(나) (가)의 주사기를 뜨거운 물이 든 비커에 담그고, 피스톤이 멈추면 눈금을 읽는다.

(다) (나)의 주사기를 얼음물이 든 비커에 담그고, 피스톤이 멈추면 눈금을 읽는다.

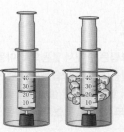

(나) 과정   (다) 과정

[실험 결과]

과정	(가)	(나)	(다)
기체의 부피(mL)	20	23	18

주사기 속 기체에 대한 설명으로 옳은 것만을 〈보기〉에서 있는 대로 고른 것은? **3점**

보기

ㄱ. 기체의 내부 에너지는 (가)에서가 (나)에서보다 작다.

ㄴ. (나)에서 기체가 흡수한 열은 기체가 한 일과 같다.

ㄷ. (다)에서 기체가 방출한 열은 기체의 내부 에너지 변화량과 같다.

① ㄱ   ② ㄴ   ③ ㄱ, ㄷ   ④ ㄴ, ㄷ   ⑤ ㄱ, ㄴ, ㄷ

그림 (가)는 이상 기체가 들어 있는 실린더에서 피스톤이 정지해 있는 모습을, (나)는 (가)의 피스톤 위에 추를 올려놓았더니 피스톤이 아래로 이동하여 정지한 모습을, (다)는 (나)의 기체에 열량 Q를 공급하였더니 기체의 압력이 일정하게 유지되며 피스톤이 위로 이동하여 정지한 모습을 나타낸 것이다. 기체의 부피는 (가)와 (다)에서 같다.

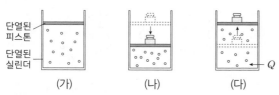

이에 대한 설명으로 옳은 것만을 〈보기〉에서 있는 대로 고른 것은? (단, 피스톤의 마찰은 무시한다.) 3점

보기
ㄱ. 기체의 압력은 (가)에서가 (나)에서보다 작다.
ㄴ. 기체의 온도는 (나)와 (다)에서 같다.
ㄷ. Q는 (가)에서 (나)로 변하는 과정에서 기체가 받은 일보다 크다.

① ㄱ   ② ㄴ   ③ ㄱ, ㄷ   ④ ㄴ, ㄷ   ⑤ ㄱ, ㄴ, ㄷ

그림 (가)는 단열된 실린더 내부에 이상 기체가 들어 있는 모습을 나타낸 것이다. 피스톤의 질량은 m이고 단면적은 S이다. 그림 (나)는 (가)의 실린더를 천천히 뒤집었더니 피스톤이 이동하여 기체의 부피가 증가한 채로 정지한 모습을 나타낸 것이다.

(가)에서 (나)로 변하는 동안, 기체에 대한 옳은 설명만을 〈보기〉에서 있는 대로 고른 것은? (단, 중력 가속도는 g이고, 대기압은 일정하며 모든 마찰은 무시한다.) 3점

보기
ㄱ. 외부로부터 일을 받는다.
ㄴ. 압력이 $\frac{mg}{S}$만큼 감소한다.
ㄷ. 내부 에너지가 감소한다.

① ㄱ   ② ㄷ   ③ ㄱ, ㄴ   ④ ㄴ, ㄷ   ⑤ ㄱ, ㄴ, ㄷ

그림 (가)와 같이 실린더 안의 동일한 이상 기체 A와 B가 열전달이 잘되는 고정된 금속판에 의해 분리되어 열평형 상태에 있다. A, B의 압력과 부피는 각각 P, V로 같다. 그림 (나)는 (가)에서 피스톤에 힘을 가하여 B의 부피가 감소한 상태로 A와 B가 열평형을 이룬 모습을 나타낸 것이다.

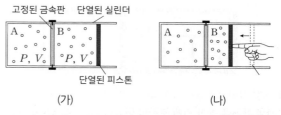

이에 대한 설명으로 옳은 것만을 〈보기〉에서 있는 대로 고른 것은? (단, 피스톤의 마찰, 금속판이 흡수한 열량은 무시한다.) 3점

보기
ㄱ. A의 온도는 (가)에서가 (나)에서보다 높다.
ㄴ. (나)에서 기체의 압력은 A가 B보다 작다.
ㄷ. (가) → (나) 과정에서 B가 받은 일은 B의 내부 에너지 증가량과 같다.

① ㄱ   ② ㄴ   ③ ㄱ, ㄷ   ④ ㄴ, ㄷ   ⑤ ㄱ, ㄴ, ㄷ

그림 (가)는 이상 기체 A가 들어 있는 실린더에서 피스톤이 정지해 있는 것을, (나)는 (가)에서 핀을 제거하였더니 A가 단열 팽창하여 피스톤이 정지한 것을, (다)는 (나)에서 A에 열량 Q를 공급한 것을 나타낸 것이다. A의 압력은 (가)에서와 (다)에서가 같고, A의 부피는 (나)에서와 (다)에서가 같다.

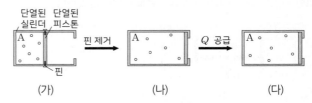

이에 대한 설명으로 옳은 것만을 〈보기〉에서 있는 대로 고른 것은? 3점

보기
ㄱ. (가) → (나) 과정에서 A는 외부에 일을 한다.
ㄴ. (나) → (다) 과정에서 A의 내부 에너지 증가량은 Q이다.
ㄷ. A의 온도는 (다)에서가 (가)에서보다 작다.

① ㄱ   ② ㄷ   ③ ㄱ, ㄴ   ④ ㄴ, ㄷ   ⑤ ㄱ, ㄴ, ㄷ

그림과 같이 이상 기체가 들어 있는 용기와 실린더가 피스톤에 의해 A, B, C 세 부분으로 나누어져 있다. 피스톤 P는 고정핀에 의해 고정되어 있고, 피스톤 Q는 정지해 있다. A, B에서 온도는 같고, 압력은 A에서가 B에서보다 작다. 이후, 고정핀을 제거하였다.

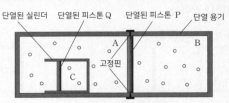

이에 대한 설명으로 옳은 것만을 <보기>에서 있는 대로 고른 것은? (단, 단열 용기를 통한 기체 분자의 이동은 없고, 피스톤의 마찰은 무시한다.)

> **보기**
> ㄱ. 고정핀을 제거하기 전 기체의 압력은 A, C에서 같다.
> ㄴ. 고정핀을 제거한 후 P가 움직이는 동안 B에서 기체의 온도는 감소한다.
> ㄷ. 고정핀을 제거한 후 Q가 움직이는 동안 C에서 기체의 내부 에너지는 증가한다.

① ㄱ   ② ㄴ   ③ ㄱ, ㄷ   ④ ㄴ, ㄷ   ⑤ ㄱ, ㄴ, ㄷ

그림 (가)와 같이 단열된 실린더와 단열되지 않은 실린더에 각각 같은 양의 동일한 이상 기체 A, B가 들어 있고, 단면적이 같은 단열된 두 피스톤이 정지해 있다. B의 온도를 일정하게 유지하면서 A에 열을 공급하였더니 피스톤이 천천히 이동하여 정지하였다. 그림 (나)는 시간에 따른 A와 B의 온도를 나타낸 것이다.

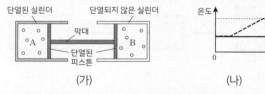

(가)　　　　　(나)

이에 대한 설명으로 옳은 것만을 <보기>에서 있는 대로 고른 것은? (단, 실린더는 고정되어 있고, 피스톤의 마찰은 무시한다.) **3점**

> **보기**
> ㄱ. t_0일 때, 내부 에너지는 A가 B보다 크다.
> ㄴ. t_0일 때, 부피는 B가 A보다 크다.
> ㄷ. A의 온도가 높아지는 동안 B는 열을 방출한다.

① ㄱ   ② ㄴ   ③ ㄱ, ㄷ   ④ ㄴ, ㄷ   ⑤ ㄱ, ㄴ, ㄷ

그림 (가)와 같이 단열된 실린더와 두 단열된 피스톤에 의해 분리되어 있는 일정량의 이상 기체 A, B, C가 있다. 두 피스톤은 정지해 있다. 그림 (나)는 (가)의 B에 열을 서서히 가하여 B의 상태를 a → b 과정을 따라 변화시킬 때 B의 압력과 부피를 나타낸 것이다. b에서 두 피스톤은 정지 상태에 있다.

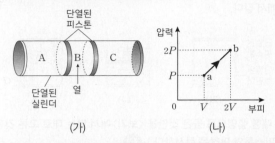

(가)　　　　　(나)

이에 대한 설명으로 옳은 것만을 <보기>에서 있는 대로 고른 것은? (단, 모든 마찰은 무시한다.) **3점**

> **보기**
> ㄱ. b에서 C의 압력은 $2P$이다.
> ㄴ. a → b 과정에서 B가 한 일은 $2PV$이다.
> ㄷ. a → b 과정에서 A와 C의 내부 에너지 증가량의 합은 $2PV$이다.

① ㄱ   ② ㄴ   ③ ㄱ, ㄷ   ④ ㄴ, ㄷ   ⑤ ㄱ, ㄴ, ㄷ

그림 (가)의 I은 이상 기체가 들어 있는 실린더에 피스톤이 정지해 있는 모습을, II는 I에서 기체에 열을 서서히 가했을 때 기체가 팽창하여 피스톤이 정지한 모습을, III은 II에서 피스톤에 모래를 서서히 올려 피스톤이 내려가 정지한 모습을 나타낸 것이다. I과 III에서 기체의 부피는 같다. 그림 (나)는 (가)의 기체 상태가 변화할 때 압력과 부피를 나타낸 것이다. A, B, C는 각각 I, II, III에서의 기체의 상태 중 하나이다.

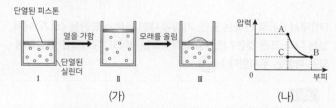

(가)　　　　　(나)

이에 대한 설명으로 옳은 것만을 <보기>에서 있는 대로 고른 것은? (단, 피스톤의 마찰은 무시한다.) **3점**

> **보기**
> ㄱ. I → II 과정에서 기체는 외부에 일을 한다.
> ㄴ. 기체의 온도는 III에서가 I에서보다 높다.
> ㄷ. II → III 과정은 B → C 과정에 해당한다.

① ㄱ   ② ㄷ   ③ ㄱ, ㄴ   ④ ㄴ, ㄷ   ⑤ ㄱ, ㄴ, ㄷ

17

그림 (가)와 같이 피스톤으로 분리된 실린더의 두 부분에 같은 양의 동일한 이상 기체 A와 B가 들어 있다. A와 B의 온도와 부피는 서로 같다. 그림 (나)는 (가)의 A에 열량 Q_1을 가했더니 피스톤이 천천히 d만큼 이동하여 정지한 모습을, (다)는 (나)의 B에 열량 Q_2를 가했더니 피스톤이 천천히 d만큼 이동하여 정지한 모습을 나타낸 것이다.

이에 대한 옳은 설명만을 <보기>에서 있는 대로 고른 것은? (단, 피스톤과 실린더의 마찰은 무시한다.)

보기
ㄱ. A의 내부 에너지는 (가)에서와 (나)에서가 같다.
ㄴ. A의 압력은 (다)에서가 (가)에서보다 크다.
ㄷ. B의 내부 에너지는 (다)에서가 (가)에서보다 $\dfrac{Q_1+Q_2}{2}$만큼 크다.

① ㄴ   ② ㄷ   ③ ㄱ, ㄴ   ④ ㄱ, ㄷ   ⑤ ㄴ, ㄷ

18

그림은 열기관에 들어 있는 일정량의 이상 기체의 압력과 부피 변화를 나타낸 것으로, 상태 A → B, C → D, E → F는 등압 과정, B → C와 E → F, F → D → A는 단열 과정이다. 표는 순환 과정 Ⅰ과 Ⅱ에서 기체의 상태 변화를 나타낸 것이다.

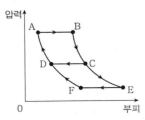

순환 과정	상태 변화
Ⅰ	A→B→C→D→A
Ⅱ	A→B→E→F→A

기체가 한 번 순환하는 동안, Ⅱ에서가 Ⅰ에서보다 큰 물리량만을 <보기>에서 있는 대로 고른 것은? 3점

보기
ㄱ. 기체가 흡수한 열량   ㄴ. 기체가 방출한 열량
ㄷ. 열기관의 열효율

① ㄱ   ② ㄷ   ③ ㄱ, ㄴ   ④ ㄱ, ㄷ   ⑤ ㄴ, ㄷ

19

그림 (가), (나)는 서로 다른 열기관에서 같은 양의 동일한 이상 기체가 각각 상태 A → B → C → A, A → B → D → A를 따라 순환하는 동안 기체의 압력과 부피를 나타낸 것이다. C → A 과정은 등온 과정, D → A 과정은 단열 과정이다. 기체가 한 번 순환하는 동안 한 일은 (나)에서가 (가)에서보다 크다.

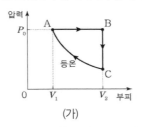 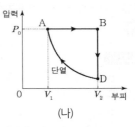

이에 대한 옳은 설명만을 <보기>에서 있는 대로 고른 것은?

보기
ㄱ. 기체의 온도는 C에서가 D에서보다 높다.
ㄴ. 열효율은 (나)의 열기관이 (가)의 열기관보다 크다.
ㄷ. 기체가 한 번 순환하는 동안 방출한 열은 (가)에서가 (나)에서보다 크다.

① ㄱ   ② ㄷ   ③ ㄱ, ㄴ   ④ ㄴ, ㄷ   ⑤ ㄱ, ㄴ, ㄷ

20

그림은 일정한 양의 이상 기체의 상태가 A → B → C를 따라 변할 때, 압력과 부피를 나타낸 것이다. 이에 대한 설명으로 옳은 것만을 <보기>에서 있는 대로 고른 것은?

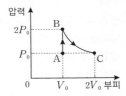

보기
ㄱ. A → B 과정에서 기체는 열을 흡수한다.
ㄴ. B → C 과정에서 기체는 외부에 일을 한다.
ㄷ. 기체의 내부 에너지는 C에서가 A에서보다 크다.

① ㄱ   ② ㄴ   ③ ㄱ, ㄷ   ④ ㄴ, ㄷ   ⑤ ㄱ, ㄴ, ㄷ

DAY 09
Ⅰ
2
Ⅰ
02
열역학 법칙

그림은 일정량의 이상 기체의 상태가 A → B → C → D → A를 따라 변할 때 절대 온도와 부피를 나타낸 것이다. 이에 대한 옳은 설명만을 〈보기〉에서 있는 대로 고른 것은?

 (3점)

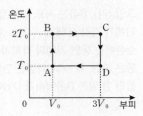

보기

ㄱ. A와 C에서 기체의 압력은 같다.
ㄴ. B → C 과정에서 기체가 한 일은 기체가 흡수한 열량과 같다.
ㄷ. A → B 과정에서 기체가 흡수한 열량은 C → D 과정에서 기체가 방출한 열량과 같다.

① ㄱ   ② ㄷ   ③ ㄱ, ㄴ   ④ ㄴ, ㄷ   ⑤ ㄱ, ㄴ, ㄷ

그림은 일정량의 이상 기체의 상태가 A → B → C 과정을 따라 변할 때 부피와 절대 온도를 나타낸 것이다. 이에 대한 설명으로 옳은 것만을 〈보기〉에서 있는 대로 고른 것은?

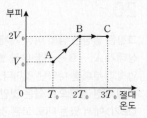

보기

ㄱ. 기체 분자의 평균 운동 에너지는 A에서가 B에서의 2배이다.
ㄴ. 기체의 압력은 C에서가 A에서보다 크다.
ㄷ. B → C 과정에서 기체가 한 일은 0이다.

① ㄱ   ② ㄴ   ③ ㄷ   ④ ㄱ, ㄴ   ⑤ ㄴ, ㄷ

그림은 일정량의 이상 기체의 상태가 A → B → C → D → A 과정을 따라 변할 때 압력과 부피를 나타낸 것이다. B → C, D → A 과정은 등온 과정이다. 이에 대한 설명으로 옳은 것만을 〈보기〉에서 있는 대로 고른 것은?

 (3점)

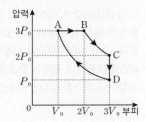

보기

ㄱ. A → B 과정에서 기체가 한 일은 $3P_0V_0$이다.
ㄴ. C → D 과정에서 기체의 내부 에너지는 감소한다.
ㄷ. A → B → C 과정에서 기체가 흡수한 열량은 C → D → A 과정에서 기체가 방출한 열량과 같다.

① ㄱ   ② ㄷ   ③ ㄱ, ㄴ   ④ ㄴ, ㄷ   ⑤ ㄱ, ㄴ, ㄷ

그림은 온도가 T_1인 열원에서 $3Q$의 열을 흡수하여 Q의 일을 하고, 온도가 T_2인 열원으로 열을 방출하는 열기관을 나타낸 것이다. 이에 대한 설명으로 옳은 것만을 〈보기〉에서 있는 대로 고른 것은?

보기

ㄱ. $T_1 > T_2$이다.
ㄴ. 열효율은 $\frac{1}{3}$이다.
ㄷ. T_2인 열원으로 방출하는 열은 $2Q$이다.

① ㄴ   ② ㄷ   ③ ㄱ, ㄴ   ④ ㄱ, ㄷ   ⑤ ㄱ, ㄴ, ㄷ

25

열역학 법칙
[물리Ⅱ 2017년 4월 학평 15번]

그림은 일정량의 이상 기체의
상태가 A → B → C → D → A를
따라 변할 때, 절대 온도와 압력을
나타낸 것이다. B → C는 등적
과정이다.
이에 대한 설명으로 옳은 것만을
〈보기〉에서 있는 대로 고른 것은?

온도
$2T_0$ — A ·······→ B
T_0 — D, C
0 ···· P_0 ···· $3P_0$ 압력

보기
ㄱ. A → B 과정에서 기체의 부피는 증가한다.
ㄴ. B → C 과정에서 기체가 방출한 열량은 D → A 과정에서
　　기체가 흡수한 열량보다 작다.
ㄷ. C → D 과정에서 기체의 엔트로피는 증가한다.

① ㄱ　　② ㄴ　　③ ㄷ　　④ ㄱ, ㄴ　　⑤ ㄴ, ㄷ

27

열기관
[2019년 10월 학평 15번]

그림은 고열원으로부터 열을 흡수하여 $4W$의 일을 하고 저열원으로
Q_0의 열을 방출하는 열기관 A와, Q_0의 열을 흡수하여 $3W$의 일을
하는 열기관 B를 나타낸 것이다. A와 B의 열효율은 e로 같다.

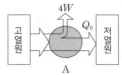 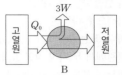

e는?

① $\frac{1}{8}$　　② $\frac{1}{5}$　　③ $\frac{1}{4}$　　④ $\frac{1}{3}$　　⑤ $\frac{1}{2}$

26

열기관
[2020년 4월 학평 5번]

표는 고열원에서 열을 흡수하여
일을 하고 저열원으로 열을
방출하는 열기관 A, B가
1회의 순환 과정 동안 한 일과

열기관	한 일	방출한 열
A	8kJ	12kJ
B	W_0	8kJ

저열원으로 방출한 열을 나타낸 것이다. 열효율은 A가 B의 2배이다.
이에 대한 설명으로 옳은 것만을 〈보기〉에서 있는 대로 고른 것은?

보기
ㄱ. A의 열효율은 $\frac{2}{5}$이다.
ㄴ. $W_0 = 2$kJ이다.
ㄷ. 1회의 순환 과정 동안 고열원에서 흡수한 열은 A가 B의
　　2배이다.

① ㄱ　　② ㄴ　　③ ㄱ, ㄷ　　④ ㄴ, ㄷ　　⑤ ㄱ, ㄴ, ㄷ

28 2025 평가원

열역학
[2025학년도 9월 모평 15번]

그림 (가)는 일정량의 이상 기체가 상태 A → B → C를 따라 변할 때
기체의 압력과 부피를 나타낸 것이다. 그림 (나)는 (가)의 A → B
과정과 B → C 과정 중 하나로, 기체가 들어 있는 열 출입이 자유로운
실린더의 피스톤에 모래를 조금씩 올려 피스톤이 서서히 내려가는
과정을 나타낸 것이다. (나)의 과정에서 기체의 온도는 T_0으로
일정하다.

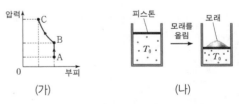

(가)　　　　　　　　　(나)

이에 대한 설명으로 옳은 것만을 〈보기〉에서 있는 대로 고른 것은?
(단, 실린더와 피스톤 사이의 마찰은 무시한다.)

보기
ㄱ. (나)는 B → C 과정이다.
ㄴ. (가)에서 기체의 내부 에너지는 A에서가 C에서보다 작다.
ㄷ. (나)의 과정에서 기체는 외부에 열을 방출한다.

① ㄱ　　② ㄷ　　③ ㄱ, ㄴ　　④ ㄴ, ㄷ　　⑤ ㄱ, ㄴ, ㄷ

정답과 해설　25 p.192　26 p.193　27 p.193　28 p.194

29

그림은 고열원에서 Q_1의 열을 흡수하여 W의 일을 하고 저열원으로 Q_2의 열을 방출하는 열기관을 모식적으로 나타낸 것이다. 표는 이 열기관에서 두 가지 상황 A, B의 Q_1, W, Q_2를 나타낸 것이다. 열기관의 열효율은 일정하다. ㉠ : ㉡은?

	A	B
Q_1	200kJ	㉡
W	㉠	30kJ
Q_2	150kJ	

① 1 : 1 ② 5 : 12 ③ 7 : 12 ④ 12 : 5 ⑤ 12 : 7

31

그림은 열기관에서 일정량의 이상 기체의 상태가 A → B → C → D → A를 따라 순환하는 동안 기체의 압력과 부피를, 표는 각 과정에서 기체가 흡수 또는 방출하는 열량을 나타낸 것이다.

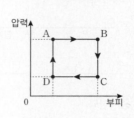

과정	흡수 또는 방출하는 열량
A → B	15Q
B → C	9Q
C → D	5Q
D → A	3Q

이에 대한 옳은 설명만을 〈보기〉에서 있는 대로 고른 것은? 3점

보기

ㄱ. A → B 과정에서 기체의 온도가 증가한다.
ㄴ. 기체가 한 번 순환하는 동안 한 일은 16Q이다.
ㄷ. 열기관의 열효율은 $\frac{2}{9}$이다.

① ㄱ ② ㄴ ③ ㄱ, ㄷ ④ ㄴ, ㄷ ⑤ ㄱ, ㄴ, ㄷ

30

그림은 어떤 열기관에서 일정량의 이상 기체의 상태가 과정 Ⅰ → Ⅱ → Ⅲ → Ⅳ를 따라 변할 때, 압력과 부피를 나타낸 것이다. 표는 과정 Ⅰ~Ⅳ에서 기체가 외부에 한 일(W), 기체가 흡수한 열량(Q), 기체의 내부 에너지 변화량(ΔU)을 일부만 나타낸 것이다.

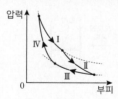

구분	Ⅰ	Ⅱ	Ⅲ	Ⅳ
W		c		
Q	a		$-b$	0
ΔU	0	$-c$	0	

이 열기관의 열효율은? (단, $b \neq c$이다.)

① $\frac{a-2b}{a}$ ② $\frac{a-b}{a}$ ③ $\frac{a-c}{a}$ ④ $\frac{a-b}{a+b}$ ⑤ $\frac{a-c}{a+b}$

32

그림은 열기관에서 일정량의 이상 기체의 상태가 A → B → C → D → A를 따라 순환하는 동안 기체의 압력과 부피를 나타낸 것이다. 표는 각 과정에서 기체의 내부 에너지 증가량 또는 감소량 ΔU와 기체가 외부에 한 일 또는 외부로부터 받은 일 W를 나타낸 것이다.

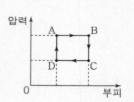

과정	$\Delta U(J)$	$W(J)$
A → B	120	80
B → C	110	0
C → D	㉠	40
D → A	50	0

이에 대한 옳은 설명만을 〈보기〉에서 있는 대로 고른 것은?

보기

ㄱ. ㉠은 60이다.
ㄴ. B → C 과정에서 기체는 열을 흡수한다.
ㄷ. 열기관의 열효율은 0.2이다.

① ㄱ ② ㄴ ③ ㄱ, ㄷ ④ ㄴ, ㄷ ⑤ ㄱ, ㄴ, ㄷ

33

그림은 열효율이 0.4인 열기관에서 일정량의 이상 기체의 상태가 A → B → C → D → A를 따라 변할 때 기체의 압력과 부피를 나타낸 것이다. A → B는 기체의 압력이 일정한 과정, C → D는 기체의 부피가 일정한 과정, B → C와 D → A는 단열 과정이다. A→ B 과정에서 기체가 흡수한 열량은 Q_0이다.

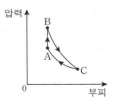

이에 대한 설명으로 옳은 것만을 〈보기〉에서 있는 대로 고른 것은?

보기
ㄱ. A → B 과정에서 기체가 외부에 한 일은 Q_0이다.
ㄴ. B → C 과정에서 기체의 내부 에너지는 감소한다.
ㄷ. C → D 과정에서 기체가 방출한 열량은 $0.6Q_0$이다.

① ㄱ   ② ㄷ   ③ ㄱ, ㄴ   ④ ㄴ, ㄷ   ⑤ ㄱ, ㄴ, ㄷ

34

그림은 열기관에서 일정량의 이상 기체의 상태가 A → B → C → D → A의 과정을 따라 변할 때 기체의 압력과 부피를 나타낸 것이다. 표는 각 과정에서 기체가 외부에 한 일 또는 외부로부터 받은 일 W와 기체가 흡수 또는 방출하는 열량 Q를 나타낸 것이다.

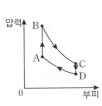

과정	W(J)	Q(J)
A → B	0	㉠
B → C	90	0
C → D	0	160
D → A	50	0

이에 대한 설명으로 옳은 것만을 〈보기〉에서 있는 대로 고른 것은?

3점

보기
ㄱ. B → C는 단열 과정이다.
ㄴ. ㉠은 300이다.
ㄷ. 열기관의 열효율은 0.2이다.

① ㄱ   ② ㄴ   ③ ㄱ, ㄷ   ④ ㄴ, ㄷ   ⑤ ㄱ, ㄴ, ㄷ

35

그림은 열효율이 0.2인 열기관에서 일정량의 이상 기체가 상태 A → B → C → A를 따라 순환하는 동안 기체의 압력과 부피를 나타낸 것이다. A → B 과정은 부피가 일정한 과정이고, B → C 과정은 단열 과정이며, C → A 과정은 등온 과정이다. C → A 과정에서 기체가 외부로부터 받은 일은 160J이다.

이에 대한 설명으로 옳은 것만을 〈보기〉에서 있는 대로 고른 것은?

보기
ㄱ. 기체의 온도는 B에서가 C에서보다 높다.
ㄴ. A → B 과정에서 기체가 흡수한 열량은 200J이다.
ㄷ. B → C 과정에서 기체가 한 일은 240J이다.

① ㄱ   ② ㄷ   ③ ㄱ, ㄴ   ④ ㄴ, ㄷ   ⑤ ㄱ, ㄴ, ㄷ

36

그림은 열효율이 0.2인 열기관에서 일정량의 이상 기체가 A → B → C → D → A를 따라 순환하는 동안 기체의 압력과 부피를 나타낸 것이다. B → C 과정과 D → A 과정은 단열 과정이다. C → D 과정에서 기체의 내부 에너지 감소량은 $4E_0$이고, D → A 과정에서 기체가 받은 일은 E_0이다.

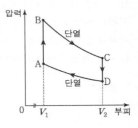

이에 대한 설명으로 옳은 것만을 〈보기〉에서 있는 대로 고른 것은?

3점

보기
ㄱ. 기체의 내부 에너지는 A에서가 D에서보다 크다.
ㄴ. A → B 과정에서 기체가 흡수한 열량은 $6E_0$이다.
ㄷ. B → C 과정에서 기체가 한 일은 $2E_0$이다.

① ㄱ   ② ㄷ   ③ ㄱ, ㄴ   ④ ㄱ, ㄷ   ⑤ ㄴ, ㄷ

37

그림은 어떤 열기관에서 일정량의 이상 기체가 상태 A → B → C → D → A를 따라 순환하는 동안 기체의 압력과 부피를, 표는 각 과정에서 기체가 흡수 또는 방출하는 열량을 나타낸 것이다.

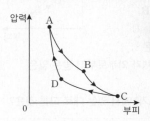

과정	흡수 또는 방출하는 열량(J)
A → B	150
B → C	0
C → D	120
D → A	0

이에 대한 설명으로 옳은 것만을 〈보기〉에서 있는 대로 고른 것은?

보기
ㄱ. B → C 과정에서 기체가 한 일은 0이다.
ㄴ. 기체가 한 번 순환하는 동안 한 일은 30J이다.
ㄷ. 열기관의 열효율은 0.2이다.

① ㄱ   ② ㄷ   ③ ㄱ, ㄴ   ④ ㄴ, ㄷ   ⑤ ㄱ, ㄴ, ㄷ

39

그림은 일정량의 이상 기체의 상태가 A → B → C → A로 한 번 순환하는 동안 W의 일을 하는 열기관에서 기체의 압력과 부피를 나타낸 것이다. A → B 과정과 B → C 과정에서 기체가 흡수한 열량은 각각 Q_1, Q_2이다.

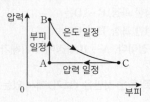

이에 대한 설명으로 옳은 것은?

① A → B 과정에서 기체의 온도는 감소한다.
② B → C 과정에서 기체가 한 일은 Q_2보다 작다.
③ C → A 과정에서 내부 에너지 감소량은 Q_1이다.
④ $Q_1 + Q_2 = W$이다.
⑤ 열기관의 열효율은 $\dfrac{W}{Q_1}$이다.

38

그림은 열기관에서 일정량의 이상 기체의 상태가 A → B → C → D → A를 따라 변할 때 기체의 압력과 부피를, 표는 각 과정에서 기체가 외부에 한 일 또는 외부로부터 받은 일을 나타낸 것이다. 기체는 A → B 과정에서 250J의 열량을 흡수하고, B → C 과정과 D → A 과정은 열 출입이 없는 단열 과정이다.

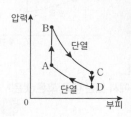

과정	외부에 한 일 또는 외부로부터 받은 일(J)
A → B	0
B → C	100
C → D	0
D → A	50

이에 대한 설명으로 옳은 것만을 〈보기〉에서 있는 대로 고른 것은?

보기
ㄱ. B → C 과정에서 기체의 온도가 감소한다.
ㄴ. C → D 과정에서 기체가 방출한 열량은 150J이다.
ㄷ. 열기관의 열효율은 0.4이다.

① ㄱ   ② ㄷ   ③ ㄱ, ㄴ   ④ ㄴ, ㄷ   ⑤ ㄱ, ㄴ, ㄷ

40

그림은 열효율이 0.3인 열기관에서 일정량의 이상 기체가 상태 A → B → C → D → A를 따라 순환하는 동안 기체의 압력과 부피를, 표는 각 과정에서 기체가 흡수 또는 방출하는 열량을 나타낸 것이다.

과정	흡수 또는 방출하는 열량(J)
A → B	㉠
B → C	0
C → D	140
D → A	0

이에 대한 설명으로 옳은 것만을 〈보기〉에서 있는 대로 고른 것은?

보기
ㄱ. ㉠은 200이다.
ㄴ. A → B 과정에서 기체의 내부 에너지는 감소한다.
ㄷ. C → D 과정에서 기체는 외부로부터 열을 흡수한다.

① ㄱ   ② ㄷ   ③ ㄱ, ㄴ   ④ ㄴ, ㄷ   ⑤ ㄱ, ㄴ, ㄷ

41

열기관
[2024년 3월 학평 19번]

표는 열효율이 0.25인 열기관에서 일정량의 이상 기체가 상태 A → B → C → D → A를 따라 순환하는 동안 기체가 흡수 또는 방출하는 열량을 나타낸 것이다. A → B 과정과 C → D 과정에서 기체가 한 일은 0이다.
위 기체의 상태 변화와 Q를 옳게 짝지은 것만을 <보기>에서 있는 대로 고른 것은?

과정	흡수 또는 방출하는 열량
A → B	$12Q_0$
B → C	0
C → D	Q
D → A	0

보기

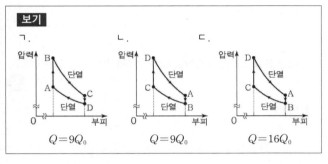

ㄱ.
$Q = 9Q_0$

ㄴ.
$Q = 9Q_0$

ㄷ.
$Q = 16Q_0$

① ㄱ ② ㄴ ③ ㄷ ④ ㄱ, ㄴ ⑤ ㄱ, ㄷ

43

열기관
[2022년 4월 학평 12번]

그림은 열효율이 0.2인 열기관에서 일정량의 이상 기체가 상태 A → B → C → D → A를 따라 순환하는 동안 기체의 압력과 부피를 나타낸 것이다. A → B 과정과 C → D 과정은 부피가 일정한 과정이고, B → C 과정과 D → A 과정은 온도가 일정한 과정이다. B → C 과정에서 기체가 흡수한 열량은 $4Q$이고, D → A 과정에서 기체가 방출한 열량은 $3Q$이다. 이에 대한 설명으로 옳은 것만을 <보기>에서 있는 대로 고른 것은?

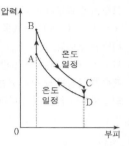

보기

ㄱ. A → B 과정에서 기체의 내부 에너지는 증가한다.

ㄴ. B → C 과정에서 기체가 한 일은 D → A 과정에서 기체가 받은 일의 $\frac{4}{3}$배이다.

ㄷ. C → D 과정에서 기체가 방출한 열량은 Q이다.

① ㄱ ② ㄷ ③ ㄱ, ㄴ ④ ㄴ, ㄷ ⑤ ㄱ, ㄴ, ㄷ

42

열역학
[2022년 7월 학평 5번]

그림은 일정량의 이상 기체의 상태가 A → B → C → A를 따라 순환하는 동안 압력과 부피를 나타낸 것이다. 표는 과정 A → B, B → C, C → A를 순서 없이 Ⅰ, Ⅱ, Ⅲ으로 나타낸 것이다. Q는 기체가 흡수 또는 방출하는 열량, ΔU는 기체의 내부 에너지 변화량, W는 기체가 한 일이다. B → C 과정은 등온 과정이다.

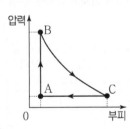

과정	Q	ΔU	W
Ⅰ	E	0	E
Ⅱ	㉠	$\frac{E}{3}$	0
Ⅲ	$-\frac{5}{9}E$	$-\frac{E}{3}$	

($Q > 0$: 열 흡수, $Q < 0$: 열 방출)

이에 대한 설명으로 옳은 것만을 <보기>에서 있는 대로 고른 것은?

보기

ㄱ. Ⅰ은 A → B이다.

ㄴ. ㉠은 $\frac{E}{3}$이다.

ㄷ. 기체가 한 번 순환하는 동안 한 일은 $\frac{7}{9}E$이다.

① ㄱ ② ㄴ ③ ㄱ, ㄷ ④ ㄴ, ㄷ ⑤ ㄱ, ㄴ, ㄷ

44 2023 평가원

열기관
[2023학년도 9월 모평 15번]

그림은 열기관에서 일정량의 이상 기체가 상태 A → B → C → D → A를 따라 순환하는 동안 기체의 압력과 부피를, 표는 각 과정에서 기체가 흡수 또는 방출하는 열량과 기체의 내부 에너지 증가량 또는 감소량을 나타낸 것이다.

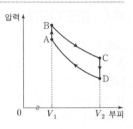

과정	흡수 또는 방출하는 열량(J)	내부 에너지 증가량 또는 감소량(J)
A → B	50	㉡
B → C	100	0
C → D	㉠	120
D → A	0	㉢

이에 대한 설명으로 옳은 것만을 <보기>에서 있는 대로 고른 것은?

보기

ㄱ. ㉠은 120이다.

ㄴ. ㉢ - ㉡ = 20이다.

ㄷ. 열기관의 열효율은 0.2이다.

① ㄱ ② ㄷ ③ ㄱ, ㄴ ④ ㄴ, ㄷ ⑤ ㄱ, ㄴ, ㄷ

45 2023 평가원

그림은 열효율이 0.5인 열기관에서 일정량의 이상 기체의 상태가 $A \rightarrow B \rightarrow C \rightarrow D \rightarrow A$를 따라 변할 때 기체의 압력과 부피를 나타낸 것이다. $A \rightarrow B$, $C \rightarrow D$는 각각 압력이 일정한 과정이고, $B \rightarrow C$, $D \rightarrow A$는 각각 단열 과정이다. $A \rightarrow B$ 과정에서 기체가 흡수한 열량은 Q이다. 표는 각 과정에서 기체가 외부에 한 일 또는 외부로부터 받은 일을 나타낸 것이다.

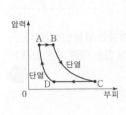

과정	기체가 외부에 한 일 또는 외부로부터 받은 일
$A \rightarrow B$	$8W$
$B \rightarrow C$	$9W$
$C \rightarrow D$	$4W$
$D \rightarrow A$	$3W$

이에 대한 설명으로 옳은 것만을 <보기>에서 있는 대로 고른 것은? 3점

보기

ㄱ. $Q = 20W$이다.
ㄴ. 기체의 온도는 A에서가 C에서보다 낮다.
ㄷ. $A \rightarrow B$ 과정에서 기체의 내부 에너지 증가량은 $C \rightarrow D$ 과정에서 기체의 내부 에너지 감소량보다 크다.

① ㄱ   ② ㄷ   ③ ㄱ, ㄴ   ④ ㄴ, ㄷ   ⑤ ㄱ, ㄴ, ㄷ

46 2025 평가원

그림은 열효율이 0.2인 열기관에서 일정량의 이상 기체가 상태 $A \rightarrow B \rightarrow C \rightarrow D \rightarrow A$를 따라 변할 때 기체의 압력과 부피를 나타낸 것이다. $A \rightarrow B$와 $C \rightarrow D$는 각각 압력이 일정한 과정, $B \rightarrow C$는 온도가 일정한 과정, $D \rightarrow A$는 단열 과정이다. 표는 각 과정에서 기체가 외부에 한 일 또는 외부로부터 받은 일을 나타낸 것이다.

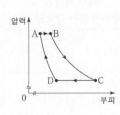

과정	기체가 외부에 한 일 또는 외부로부터 받은 일(J)
$A \rightarrow B$	140
$B \rightarrow C$	400
$C \rightarrow D$	240
$D \rightarrow A$	150

$C \rightarrow D$ 과정에서 기체의 내부 에너지 감소량은? 3점

① 240J   ② 280J   ③ 320J   ④ 360J   ⑤ 400J

47 2023 수능

그림은 열효율이 0.2인 열기관에서 일정량의 이상 기체가 상태 $A \rightarrow B \rightarrow C \rightarrow A$를 따라 순환하는 동안 기체의 압력과 부피를 나타낸 것이다. $A \rightarrow B$ 과정은 압력이 일정한 과정, $B \rightarrow C$ 과정은 단열 과정, $C \rightarrow A$ 과정은 등온 과정이다. 표는 각 과정에서 기체가 외부에 한 일 또는 외부로부터 받은 일을 나타낸 것이다.

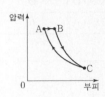

과정	기체가 외부에 한 일 또는 외부로부터 받은 일(J)
$A \rightarrow B$	60
$B \rightarrow C$	90
$C \rightarrow A$	㉠

이에 대한 설명으로 옳은 것만을 <보기>에서 있는 대로 고른 것은? 3점

보기

ㄱ. 기체의 온도는 B에서가 C에서보다 높다.
ㄴ. $A \rightarrow B$ 과정에서 기체가 흡수한 열량은 150J이다.
ㄷ. ㉠은 120이다.

① ㄱ   ② ㄷ   ③ ㄱ, ㄴ   ④ ㄴ, ㄷ   ⑤ ㄱ, ㄴ, ㄷ

48

그림은 열기관에서 일정량의 이상 기체가 상태 $A \rightarrow B \rightarrow C \rightarrow A$를 따라 순환하는 동안 기체의 압력과 부피를 나타낸 것이다. $A \rightarrow B$ 과정은 등온 과정이고, $B \rightarrow C$ 과정은 압력이 일정한 과정이다. 표는 각 과정에서 기체가 흡수 또는 방출하는 열량과 기체가 외부에 한 일 또는 외부로부터 받은 일을 나타낸 것이다.

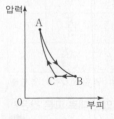

과정	흡수 또는 방출하는 열량(J)	기체가 외부에 한 일 또는 외부로부터 받은 일(J)
$A \rightarrow B$	100	100
$B \rightarrow C$	80	㉠
$C \rightarrow A$	0	48

이에 대한 설명으로 옳은 것만을 <보기>에서 있는 대로 고른 것은? 3점

보기

ㄱ. $A \rightarrow B$ 과정에서 기체는 열을 방출한다.
ㄴ. ㉠은 32이다.
ㄷ. 열기관의 열효율은 0.2이다.

① ㄱ   ② ㄴ   ③ ㄱ, ㄷ   ④ ㄴ, ㄷ   ⑤ ㄱ, ㄴ, ㄷ

49

열기관
[2023년 10월 학평 19번]

그림은 열기관에서 일정량의 이상 기체가 상태 A → B → C → D → A를 따라 순환하는 동안 기체의 압력과 부피를 나타낸 것이다. A → B는 압력이, B → C와 D → A는 온도가, C → D는 부피가 일정한 과정이다. 표는 각 과정에서 기체가 흡수 또는 방출한 열량을 나타낸 것이다. A → B에서 기체가 한 일은 W_1이다.

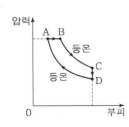

과정	기체가 흡수 또는 방출한 열량
A → B	Q_1
B → C	Q_2
C → D	Q_3
D → A	Q_4

이에 대한 옳은 설명만을 〈보기〉에서 있는 대로 고른 것은? 3점

보기
ㄱ. B → C에서 기체가 한 일은 Q_2이다.
ㄴ. $Q_1 = W_1 + Q_3$이다.
ㄷ. 열기관의 열효율은 $1 - \dfrac{Q_3 + Q_4}{Q_1 + Q_2}$이다.

① ㄴ ② ㄷ ③ ㄱ, ㄴ ④ ㄱ, ㄷ ⑤ ㄱ, ㄴ, ㄷ

50 2024 평가원

열역학 법칙
[2024학년도 6월 모평 8번]

그림은 열기관에서 일정량의 이상 기체가 과정 Ⅰ~Ⅳ를 따라 순환하는 동안 기체의 압력과 부피를 나타낸 것이다. 표는 각 과정에서 기체가 외부에 한 일 또는 외부로부터 받은 일을 나타낸 것이다. Ⅰ, Ⅲ은 등온 과정이고, Ⅳ에서 기체가 흡수한 열량은 $2E_0$이다.

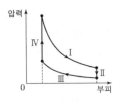

과정	Ⅰ	Ⅱ	Ⅲ	Ⅳ
외부에 한 일 또는 외부로부터 받은 일	$3E_0$	0	E_0	0

이에 대한 설명으로 옳은 것만을 〈보기〉에서 있는 대로 고른 것은?

보기
ㄱ. Ⅰ에서 기체가 흡수하는 열량은 0이다.
ㄴ. Ⅱ에서 기체의 내부 에너지 감소량은 Ⅳ에서 기체의 내부 에너지 증가량보다 작다.
ㄷ. 열기관의 열효율은 0.4이다.

① ㄱ ② ㄷ ③ ㄱ, ㄴ ④ ㄴ, ㄷ ⑤ ㄱ, ㄴ, ㄷ

51 2024 수능

열기관
[2024학년도 수능 11번]

그림은 열효율이 0.25인 열기관에서 일정량의 이상 기체가 상태 A → B → C → D → A를 따라 순환하는 동안 기체의 압력과 부피를 나타낸 것이다. B → C는 등온 과정이고, D → A는 단열 과정이다. 기체가 B → C 과정에서 외부에 한 일은 150J이고, D → A 과정에서 외부로부터 받은 일은 100J이다. 이에 대한 설명으로 옳은 것만을 〈보기〉에서 있는 대로 고른 것은?

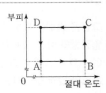

보기
ㄱ. 기체의 온도는 A에서가 C에서보다 높다.
ㄴ. A → B 과정에서 기체가 흡수한 열량은 50J이다.
ㄷ. C → D 과정에서 기체의 내부 에너지 감소량은 150J이다.

① ㄱ ② ㄴ ③ ㄱ, ㄷ ④ ㄴ, ㄷ ⑤ ㄱ, ㄴ, ㄷ

52 2024 평가원

열기관
[2024학년도 9월 모평 7번]

그림은 열효율이 0.25인 열기관에서 일정량의 이상 기체의 상태가 A → B → C → D → A를 따라 순환하는 동안 기체의 부피와 절대 온도를 나타낸 것이다. 기체가 흡수한 열량은 A → B 과정, B → C 과정에서 각각 5Q, 3Q이다. 이에 대한 설명으로 옳은 것만을 〈보기〉에서 있는 대로 고른 것은?

보기
ㄱ. 기체의 압력은 B에서가 C에서보다 작다.
ㄴ. C → D 과정에서 기체가 방출한 열량은 5Q이다.
ㄷ. D → A 과정에서 기체가 외부로부터 받은 일은 2Q이다.

① ㄱ ② ㄴ ③ ㄷ ④ ㄱ, ㄴ ⑤ ㄴ, ㄷ

53

그림은 일정량의 이상 기체의 상태가 A → B → C를 따라 변할 때 기체의 압력과 절대 온도를 나타낸 것이다. A → B 과정은 부피가 일정한 과정이고, B → C 과정은 압력이 일정한 과정이다.

A → B → C 과정을 나타낸 그래프로 가장 적절한 것은? (3점)

①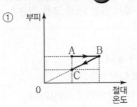

②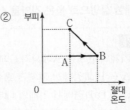

③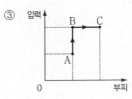

④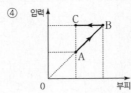

⑤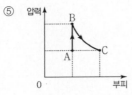

54

그림은 열효율이 0.2인 열기관에서 일정량의 이상 기체의 상태가 A → B → C → D → A를 따라 변할 때 기체의 절대 온도와 압력을 나타낸 것이다. A → B, C → D 과정은 각각 압력이 일정한 과정이고, B → C, D → A 과정은 각각 등온 과정이다. B → C 과정에서 기체가 외부에 한 일 또는 외부로부터 받은 일은 $2W$이고, D → A 과정에서 기체가 외부에 한 일 또는 외부로부터 받은 일은 W이다.

이에 대한 설명으로 옳은 것만을 〈보기〉에서 있는 대로 고른 것은? (3점)

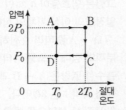

보기
ㄱ. B → C 과정에서 기체는 외부로부터 열을 흡수한다.
ㄴ. A → B 과정에서 기체의 내부 에너지 증가량은 C → D 과정에서 기체의 내부 에너지 감소량보다 크다.
ㄷ. A → B 과정에서 기체가 흡수한 열량은 $3W$이다.

① ㄱ   ② ㄴ   ③ ㄱ, ㄷ   ④ ㄴ, ㄷ   ⑤ ㄱ, ㄴ, ㄷ

55 고난도

그림은 일정량의 이상 기체의 상태가 A → B → C → D → A를 따라 변할 때 압력과 부피를 나타낸 것이다. A → B, C → D는 단열 과정, B → C는 등압 과정, D → A는 등적 과정이다.

기체에 대한 설명으로 옳은 것만을 〈보기〉에서 있는 대로 고른 것은? (3점)

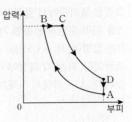

보기
ㄱ. A → B 과정에서 내부 에너지는 증가한다.
ㄴ. B → C 과정에서 흡수한 열량은 D → A 과정에서 방출한 열량보다 크다.
ㄷ. 온도는 C에서가 A에서보다 높다.

① ㄱ   ② ㄷ   ③ ㄱ, ㄴ   ④ ㄴ, ㄷ   ⑤ ㄱ, ㄴ, ㄷ

56 고난도

그림은 열기관에서 일정량의 이상 기체의 상태가 A → B → C → A를 따라 순환하는 동안 기체의 부피와 절대 온도를 나타낸 것이다. A → B 과정에서 기체는 압력이 P_0으로 일정하고 기체가 흡수하는 열량은 Q_1이다. B → C 과정에서 기체가 방출하는 열량은 Q_2이다.

이에 대한 설명으로 옳은 것만을 〈보기〉에서 있는 대로 고른 것은?

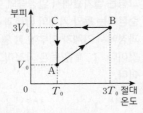

보기
ㄱ. A → B 과정에서 기체의 내부 에너지는 증가한다.
ㄴ. 열기관의 열효율은 $\dfrac{Q_1 - Q_2}{Q_1}$ 보다 작다.
ㄷ. 기체가 한 번 순환하는 동안 한 일은 $\dfrac{2}{3}P_0 V_0$보다 크다.

① ㄱ   ② ㄷ   ③ ㄱ, ㄴ   ④ ㄴ, ㄷ   ⑤ ㄱ, ㄴ, ㄷ

57

그림은 열기관에서 일정량의 이상 기체가 상태 A → B → C → D → A를 따라 순환하는 동안 기체의 압력과 내부 에너지를 나타낸 것이다. A → B, C → D는 각각 압력이 일정한 과정이고, B → C, D → A는 각각 부피가 일정한 과정이다. B → C 과정에서 기체의 내부 에너지 감소량은 C → D 과정에서 기체가 외부로부터 받은 일의 3배이다.

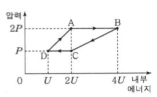

이에 대한 옳은 설명만을 〈보기〉에서 있는 대로 고른 것은? 3점

> **보기**
> ㄱ. 기체의 부피는 B에서가 A에서보다 크다.
> ㄴ. 기체가 방출하는 열량은 C → D 과정에서가 B → C 과정에서보다 크다.
> ㄷ. 열기관의 열효율은 $\frac{4}{13}$이다.

① ㄱ   ② ㄴ   ③ ㄱ, ㄷ   ④ ㄴ, ㄷ   ⑤ ㄱ, ㄴ, ㄷ

58

그림은 고열원에서 열을 흡수하여 W의 일을 하고 저열원으로 Q의 열을 방출하는 열기관을 나타낸 것이다.
이 열기관의 열효율은?

① $\frac{Q}{W}$ ② $\frac{W}{Q}$ ③ $\frac{W}{Q+W}$

④ $\frac{Q}{Q+W}$ ⑤ $\frac{W}{Q-W}$

---

59 2025 수능

그림은 열기관에서 일정량의 이상 기체가 상태 A → B → C → D → A를 따라 순환하는 동안 기체의 압력과 절대 온도를 나타낸 것이다. A → B는 부피가 일정한 과정, B → C는 압력이 일정한 과정, C → D는 단열 과정, D → A는 등온 과정이다. 표는 각 과정에서 기체가 외부에 한 일 또는 외부로부터 받은 일을 나타낸 것이다. 기체가 흡수하거나 방출한 열량은 A → B 과정과 B → C 과정에서 같다.

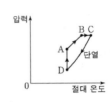

과정	기체가 외부에 한 일 또는 외부로부터 받은 일(J)
A → B	0
B → C	16
C → D	64
D → A	60

이에 대한 설명으로 옳은 것만을 〈보기〉에서 있는 대로 고른 것은?

> **보기**
> ㄱ. 기체의 부피는 A에서가 C에서보다 작다.
> ㄴ. B → C 과정에서 기체의 내부 에너지 증가량은 24J이다.
> ㄷ. 열기관의 열효율은 0.25이다.

① ㄱ   ② ㄷ   ③ ㄱ, ㄴ   ④ ㄴ, ㄷ   ⑤ ㄱ, ㄴ, ㄷ

3. 특수 상대성 이론

01 특수 상대성 이론 ★수능에 나오는 필수 개념 1가지 + 필수 암기사항 5개

기본자료

필수개념 1 **특수 상대성 이론**

• **관성 좌표계**
뉴턴의 관성의 법칙을 만족하는 좌표계로, 외부의 알짜힘이 0일 때 정지한 물체는 절대 공간(뉴턴이 정의한 멈춰 있는 공간)에 대해 계속 정지하고 있고 움직이는 물체는 절대 공간에 대해 등속 직선 운동하는 공간 및 장소를 일컫는 용어이다. 예를 들면 버스가 급출발을 하면(버스가 가속을 하면) 정지한 사람이 뒤로 넘어진다. 이는 정지한 물체는 계속 정지한다는 관성의 법칙에 위배된다. 이러한 공간은 관성 좌표계가 아니다. 즉 급출발 하는 버스라는 공간은 관성 좌표계가 아닌 것이다. 만약 버스가 일정한 속도로 움직이면 사람은 가만히 정지해 서있을 수 있으므로 이때에는 관성의 법칙에 위배되지 않는다. 그러므로 일정한 속도로 움직이는 버스라는 공간은 관성 좌표계가 된다. 또한, 관성 좌표계에 대해 정지하거나 등속 직선 운동하는 공간도 역시 관성 좌표계이다.

• **암기** **특수 상대성 이론의 가정 유형** → 모든 관성 좌표계에서 빛의 속력은 관찰자에 상관없이 항상 일정함(광속 불변의 법칙)
  ○ 상대성의 원리 : 모든 관성 좌표계에서 물리 법칙은 동일하게 성립함
  ○ 광속 불변의 법칙 : 모든 관성 좌표계에서 보았을 때, 진공 중에서 진행하는 빛의 속력은 관찰자나 광원의 속도에 상관없이 항상 일정함

• **암기** **동시성의 상대성**
서로 떨어진 지점에서 발생한 두 사건을 관측자에 따라 동시에 일어난 사건으로 보기도 하고 동시에 일어나지 않은 사건으로 보기도 한다.

① 같은 관성 좌표계 안에서의 동시성 : A와 B에서 방출 된 두 빛이 철수에게 동시에 도달한다. 영희 입장에서는 A에서 발생한 빛이 먼저 도달하고 B에서 발생한 빛이 나중에 도달한다. 그러나 영희는 빛이 발생한 지점까지의 거리가 다름을 알고 있으므로 두 빛이 동시에 발생했다고 생각한다. 같은 관성 좌표계 안에서의 두 사건은 관측자 모두 동시에 일어난 사건으로 인식하게 된다.

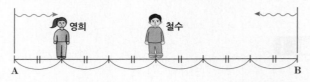

② 서로 다른 관성 좌표계 안에서의 동시성 :
민수의 우주선이 A, B의 가운데를 지날 때, 양쪽에서 빛이 방출된다. 민수는 파란색 빛이 발생한 지점을 향해 움직이고 있으므로 파란색 빛을 먼저 관측한다. 양쪽에서 빛이 방출된 순간, 양쪽의 빛과 민수와의 거리가 같았고, 파란색 빛을 먼저 관측했기 때문에 민수는 파란색 빛이 빨간색 빛보다 먼저 발생한 빛이라고 인식하게 된다. 그러나 철수에게는 두 빛이 동시에 도달하므로 동시에 발생한 빛이라고 인식하게 된다. 이처럼 서로 다른 관성 좌표계에서는 같은 사건이라도 관측자에 따라 동시에 인식될 수도, 아닐 수도 있다.

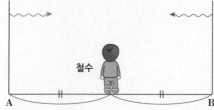

- 암기 **길이 수축 유형** → 관찰자와 다른 속도로 운동하는 물체의 길이는 속도 방향으로 짧아진다.
  - ○ 길이 수축 : 측정하고자 하는 물체와 다른 속도를 가진 관측자가 물체의 길이를 측정하면 물체의 길이가 물체의 운동 방향으로 짧게 측정되는 현상
    - ① 측정하고자 하는 물체의 속도와 관측자의 속도가 다른 경우 관측자가 측정한 물체의 길이는 고유 길이보다 짧게 측정된다.
    - ② 길이 수축은 운동 방향으로만 일어나며, 운동 방향과 수직인 방향의 길이는 수축되지 않는다.
    - ③ 관측자와 물체 사이의 상대 속도가 0이 아닐 때 관측자가 측정한 물체의 길이 : 수축된 길이(길이 수축)

- 암기 **시간 팽창 유형** → 관측자와 다른 속도로 운동하는 상대방의 시간은 느리게 감(시간 지연)
  - ○ 시간 팽창 : 시간 지연이라고도 함
  - ○ 정지한 관측자가 운동하는 관측자를 볼 때 상대방의 시간이 느리게 가는 것으로 관측되는 현상
    - ① 어떤 물체의 시간을 측정할 때 그 물체와의 상대적인 움직임이 있는(물체와의 상대 속도가 0이 아닌) 관측자가 측정한 시간은 고유 시간보다 길게 측정됨
    - ② 관측자와 물체 사이의 상대 속도가 0이 아닐 때 관측자가 측정한 물체의 수명 : 늘어난 수명

  - ○ 지표면에 정지해 있는 철수가 $0.9c$ 의 속도로 움직이는 우주선을 보면 고유 길이 L_0 보다 짧게 관측됨 → 길이 수축
  - ○ 지표면에 정지해 있는 철수가 $0.9c$ 의 속도로 움직이는 영희의 시간을 관측하면 고유 시간보다 느리게 가는 것으로 관측됨 → 시간 팽창
  - ○ 등속 운동하는 우주선 안의 광원에서 빛이 나올 경우
    - ① 우주선 안에서 볼 때(그림1) : 빛이 양쪽 방향으로 진행한 거리가 같으므로 동시에 A와 B에 도달함
    - ② 정지한 지표면에서 볼 때(그림2) : 빛이 오른쪽으로 진행하는 거리가 왼쪽으로 진행하는 거리보다 길어 B에 먼저 도달함

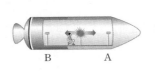

(그림 1)

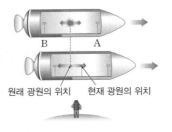

원래 광원의 위치   현재 광원의 위치

(그림 2)

- 암기 **특수 상대성 이론의 검증 − 뮤온 입자 유형** → 광속에 가까운 속도로 운동하는 뮤온의 수명이 길어짐
  - ○ 뮤온의 고유 수명은 $2\mu s$로 매우 짧아서 지표면에 도달할 수 없어 이론적으로 지표면에서 관측하기 힘듦 → 실제로는 지표면에서 뮤온이 관측됨
  - ○ 이유 : 뮤온이 광속의 99%로 이동하면서 지표면에 있는 관측자에게 시간 팽창으로 뮤온의 수명이 길어졌기 때문 → 특수 상대성 이론이 타당함을 입증

기본자료

▶ 고유 길이
물체의 길이를 측정하고자 할 때 물체와의 상대적인 움직임이 없는 (물체와의 상대 속도가 0인) 관측자가 측정한 길이

고유 시간(고유 수명)
관측자와 물체 사이의 상대 속도가 0일 때 관측자가 측정한 물체의 시간(수명)

DAY
11

Ⅰ

3
−
01

특
수
상
대
성
이
론

▶ 뮤온의 관측
뮤온이 광속의 99%로 고유 수명의 시간 동안 이동할 때 이동 거리는 약 0.6km로 지상에서 관측되기가 힘들지만, 실제로는 에베레스트 산 정상 부근에서 발생한 뮤온이 지표면까지 도달하여 관측이 가능함

1

그림과 같이 우주선 A, B가 우주선 C를 향해 같은 방향으로 운동한다. A, B는 C에 대해 각각 $0.9c$, $0.7c$로 운동한다. C의 광원에서 방출된 빛이 거울에서 반사되어 되돌아오는 데 걸린 시간을 A와 B에서 측정하면 각각 t_A, t_B이다.

이에 대한 옳은 설명만을 <보기>에서 있는 대로 고른 것은? (단, c는 빛의 속력이다.) 3점

보기
ㄱ. C의 길이는 B에서 측정할 때가 A에서 측정할 때보다 짧다.
ㄴ. 광원에서 방출된 빛의 속력은 B에서 측정할 때와 C에서 측정할 때가 같다.
ㄷ. $t_A > t_B$이다.

① ㄱ　　② ㄷ　　③ ㄱ, ㄴ　　④ ㄴ, ㄷ　　⑤ ㄱ, ㄴ, ㄷ

3

그림과 같이 관찰자 A에 대해 광원 p와 검출기 q는 정지해 있고, 관찰자 B, 광원 r, 검출기 s는 우주선과 함께 $0.5c$의 속력으로 직선 운동한다. A의 관성계에서 빛이 p에서 q까지, r에서 s까지 진행하는 데 걸린 시간은 t_0으로 같고, 두 빛의 진행 방향과 우주선의 운동 방향은 반대이다. 이에 대한 설명으로 옳은 것은? (단, 빛의 속력은 c이다.) 3점

① A의 관성계에서, r에서 나온 빛의 속력은 $0.5c$이다.
② A의 관성계에서, r와 s 사이의 거리는 ct_0보다 작다.
③ B의 관성계에서, p와 q 사이의 거리는 ct_0보다 크다.
④ B의 관성계에서, A의 시간은 B의 시간보다 빠르게 간다.
⑤ B의 관성계에서, 빛이 r에서 s까지 진행하는 데 걸린 시간은 t_0보다 크다.

2

그림과 같이 관찰자 A, B가 탄 우주선이 수평면에 있는 관찰자 C에 대해 수평면과 나란한 방향으로 각각 일정한 속도 v_A, v_B로 운동한다. 광원에서 방출된 빛이 거울에 반사되어 되돌아오는 데 걸린 시간은 A가 측정할 때가 B가 측정할 때보다 작다. 광원, 거울은 C에 대해 정지해 있다.
이에 대한 설명으로 옳은 것만을 <보기>에서 있는 대로 고른 것은?

3점

보기
ㄱ. 광원에서 방출된 빛의 속력은 B가 측정할 때가 C가 측정할 때보다 크다.
ㄴ. $v_A < v_B$이다.
ㄷ. C가 측정할 때, B의 시간은 A의 시간보다 느리게 간다.

① ㄱ　　② ㄷ　　③ ㄱ, ㄴ　　④ ㄴ, ㄷ　　⑤ ㄱ, ㄴ, ㄷ

4

그림은 관찰자 B에 대해 관찰자 A가 탄 우주선이 x축과 나란하게 광속에 가까운 속력으로 등속도 운동하는 모습을 나타낸 것이다. 광원, 검출기 P, Q를 잇는 직선은 x축과 나란하다. 광원에서 발생한 빛은 A의 관성계에서는 P보다 Q에 먼저 도달하고 B의 관성계에서는 Q보다 P에 먼저 도달한다. A의 관성계에서 광원에서 발생한 빛이 R까지 진행하는 데 걸린 시간은 t_0이다.
이에 대한 설명으로 옳은 것만을 <보기>에서 있는 대로 고른것은?

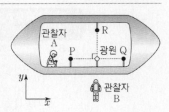

3점

보기
ㄱ. B의 관성계에서 우주선의 운동 방향은 $+x$방향이다.
ㄴ. B의 관성계에서 광원과 P 사이의 거리는 광원과 P 사이의 고유 길이보다 작다.
ㄷ. B의 관성계에서 빛이 광원에서 R까지 가는 데 걸린 시간은 t_0보다 크다.

① ㄱ　　② ㄴ　　③ ㄱ, ㄷ　　④ ㄴ, ㄷ　　⑤ ㄱ, ㄴ, ㄷ

5

그림과 같이 관찰자 A에 대해 관찰자 B가 탄 우주선이 광속에 가까운 속력 v로 등속도 운동한다. 점 X, Y는 각각 우주선의 앞과 뒤의 점이다. A의 관성계에서 기준선 P, Q는 정지해 있으며 X가 P를 지나는 순간 Y가 Q를 지난다.

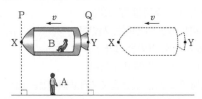

B의 관성계에서 관측했을 때에 대한 옳은 설명만을 <보기>에서 있는 대로 고른 것은?

보기
ㄱ. A의 시간은 B의 시간보다 느리게 간다.
ㄴ. X와 Y 사이의 거리는 P와 Q 사이의 거리와 같다.
ㄷ. P가 X를 지나는 사건이 Q가 Y를 지나는 사건보다 먼저 일어난다.

① ㄱ ② ㄷ ③ ㄱ, ㄴ ④ ㄱ, ㄷ ⑤ ㄴ, ㄷ

6 2023 수능

그림과 같이 관찰자 A에 대해 관찰자 B가 탄 우주선이 광원과 거울 P, Q를 잇는 직선과 나란하게 광속에 가까운 속력으로 등속도 운동한다. A의 관성계에서, P와 Q는 광원으로부터 각각 거리 L_1, L_2만큼 떨어져 정지해 있고, 빛은 광원으로부터 각각 P, Q를 향해 동시에 방출된다. B의 관성계에서, 광원에서 방출된 빛이 P, Q에 도달하는 데 걸리는 시간은 같다. 이에 대한 설명으로 옳은 것만을 <보기>에서 있는 대로 고른 것은?

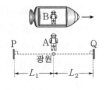

보기
ㄱ. $L_1 > L_2$이다.
ㄴ. A의 관성계에서, 빛은 P에서가 Q에서보다 먼저 반사된다.
ㄷ. 빛이 광원과 Q 사이를 왕복하는 데 걸리는 시간은 A의 관성계에서가 B의 관성계에서보다 크다.

① ㄱ ② ㄴ ③ ㄱ, ㄷ ④ ㄴ, ㄷ ⑤ ㄱ, ㄴ, ㄷ

7 2024 평가원

그림과 같이 관찰자 A에 대해 광원 P, Q가 정지해 있고, 관찰자 B가 탄 우주선이 P, A, Q를 잇는 직선과 나란하게 0.9c의 속력으로 등속도 운동을 하고 있다. A의 관성계에서, A에서 P, Q까지의 거리는 각각 L로 같고, P, Q에서 빛이 A를 향해 동시에 방출된다.
이에 대한 설명으로 옳은 것만을 <보기>에서 있는 대로 고른 것은?
(단, c는 빛의 속력이다.)

보기
ㄱ. A의 관성계에서, B의 시간은 A의 시간보다 느리게 간다.
ㄴ. B의 관성계에서, 빛이 P에서 A까지 도달하는 데 걸린 시간은 $\dfrac{L}{c}$이다.
ㄷ. B의 관성계에서, 빛은 Q에서가 P에서보다 먼저 방출된다.

① ㄱ ② ㄴ ③ ㄱ, ㄷ ④ ㄴ, ㄷ ⑤ ㄱ, ㄴ, ㄷ

8

그림과 같이 관찰자 A에 대해 관찰자 B가 탄 우주선이 +x방향으로 광속에 가까운 속력 v로 등속도 운동한다. B의 관성계에서 빛은 광원으로부터 각각 점 p, q, r를 향해 $-x$, $+x$, $+y$방향으로 동시에 방출된다. 표는 A, B의 관성계에서 각각의 경로에 따라 빛이 진행하는 데 걸린 시간을 나타낸 것이다.

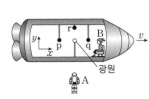

빛의 경로	걸린 시간	
	A의 관성계	B의 관성계
광원 → p	t_1	㉠
광원 → q	t_1	t_2
광원 → r	㉡	t_2

이에 대한 설명으로 옳은 것만을 <보기>에서 있는 대로 고른 것은?
(단, 빛의 속력은 c이다.)

보기
ㄱ. ㉠은 t_1보다 작다.
ㄴ. ㉡은 t_2보다 크다.
ㄷ. B의 관성계에서 p에서 q까지의 거리는 $2ct_2$보다 크다.

① ㄱ ② ㄴ ③ ㄱ, ㄷ ④ ㄴ, ㄷ ⑤ ㄱ, ㄴ, ㄷ

9

그림은 우주인 A에 대해 우주인 B, C가 타고 있는 우주선이 각각 일정한 속력 0.6*c*, 0.3*c*로 서로 반대 방향으로 직선 운동하는 모습을 나타낸 것이다. A는 B를 향해 레이저 광선을 쏘고 있다. B, C가 타고 있는 우주선의 길이를 A가 측정한 값은 각각 L_B, L_C이고, 두 우주선의 고유 길이는 같다.

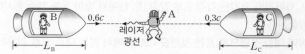

이에 대한 설명으로 옳은 것만을 〈보기〉에서 있는 대로 고른 것은? (단, *c*는 빛의 속력이다.) **3점**

> **보기**
> ㄱ. A가 쏜 레이저 광선의 속력은 B가 측정한 값이 C가 측정한 값보다 크다.
> ㄴ. $L_B < L_C$이다.
> ㄷ. A가 측정할 때 B의 시간이 C의 시간보다 빠르게 간다.

① ㄴ ② ㄷ ③ ㄱ, ㄴ ④ ㄱ, ㄷ ⑤ ㄴ, ㄷ

10

그림은 관찰자 A에 대해 관찰자 B가 탄 우주선이 0.9*c*로 등속도 운동하는 모습을 나타낸 것이다. B가 측정할 때 광원 P와 Q에서 동시에 발생한 빛이 검출기 R에 동시에 도달하였다. Q와 R을 잇는 직선은 우주선의 운동 방향과 나란하고 P와 R을 잇는 직선은 우주선의 운동 방향과 수직이다.

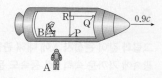

이에 대한 설명으로 옳은 것만을 〈보기〉에서 있는 대로 고른 것은? (단, *c*는 빛의 속력이다.)

> **보기**
> ㄱ. A와 B가 측정한 빛의 속력은 같다.
> ㄴ. B가 측정할 때, A의 시간은 B의 시간보다 느리게 간다.
> ㄷ. A가 측정할 때, P와 R 사이의 거리는 Q와 R 사이의 거리보다 길다.

① ㄱ ② ㄴ ③ ㄱ, ㄷ ④ ㄴ, ㄷ ⑤ ㄱ, ㄴ, ㄷ

11

그림과 같이 점 p, q에 대해 정지해 있는 관측자 A가 측정할 때, 관측자 B, C가 탄 우주선이 각각 일정한 속도 0.7*c*, *v*로 서로 반대 방향으로 등속도 운동하고 있다. A가 측정할 때, B가 p에서 q까지 이동하는 데 걸리는 시간은 *T*이다. p와 q 사이의 거리는 B가 측정할 때가 C가 측정할 때보다 작다.

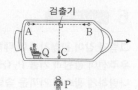

이에 대한 설명으로 옳은 것만을 〈보기〉에서 있는 대로 고른 것은? (단, *c*는 빛의 속력이다.)

> **보기**
> ㄱ. B가 측정할 때, p와 q 사이의 거리는 0.7*cT*이다.
> ㄴ. *v*는 0.7*c*보다 작다.
> ㄷ. A가 측정할 때, C의 시간은 B의 시간보다 더 느리게 간다.

① ㄱ ② ㄴ ③ ㄱ, ㄷ ④ ㄴ, ㄷ ⑤ ㄱ, ㄴ, ㄷ

12

그림과 같이 관찰자 P에 대해 관찰자 Q가 탄 우주선이 광원 A, 검출기, 광원 B를 잇는 직선과 나란하게 광속에 가까운 속력으로 등속도 운동한다. P의 관성계에서, 광원 A, B, C에서 동시에 방출된 빛은 검출기에 동시에 도달한다.

이에 대한 설명으로 옳은 것만을 〈보기〉에서 있는 대로 고른 것은? **3점**

> **보기**
> ㄱ. A와 B 사이의 거리는 P의 관성계에서가 Q의 관성계에서보다 크다.
> ㄴ. C에서 방출된 빛이 검출기에 도달하는 데 걸리는 시간은 Q의 관성계에서가 P의 관성계에서보다 작다.
> ㄷ. Q의 관성계에서, 빛은 A에서가 B에서보다 먼저 방출된다.

① ㄱ ② ㄴ ③ ㄱ, ㄷ ④ ㄴ, ㄷ ⑤ ㄱ, ㄴ, ㄷ

정답과 해설 9 p.220 10 p.220 11 p.221 12 p.221

13

그림과 같이 관찰자 P가 관측할 때 우주선 A, B는 길이가 같고, 같은 방향으로 속력 v_A, v_B로 직선 운동한다. B의 관성계에서 A의 길이가 B의 길이보다 크다. A, B의 고유 길이는 각각 L_A, L_B이다.

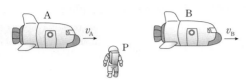

이에 대한 옳은 설명만을 〈보기〉에서 있는 대로 고른 것은?

보기

ㄱ. $L_A < L_B$이다.
ㄴ. $v_A > v_B$이다.
ㄷ. A의 관성계에서, A와 B의 길이 차는 $|L_A - L_B|$보다 크다.

① ㄱ   ② ㄴ   ③ ㄱ, ㄷ   ④ ㄴ, ㄷ   ⑤ ㄱ, ㄴ, ㄷ

14

그림과 같이 검출기에 대해 정지한 좌표계에서 관측할 때, 광자 A와 입자 B가 검출기로부터 4광년 떨어진 점 p를 동시에 지나 A는 속력 c로, B는 속력 v로 검출기를 향해 각각 등속도 운동하며, A는 B보다 1년 먼저 검출기에 도달한다.

B와 같은 속도로 움직이는 좌표계에서 관측하는 물리량에 대한 설명으로 옳은 것만을 〈보기〉에서 있는 대로 고른 것은? (단, 1광년은 빛이 1년 동안 진행하는 거리이다.) 3점

보기

ㄱ. p와 검출기 사이의 거리는 4광년이다.
ㄴ. p가 B를 지나는 순간부터 검출기가 B에 도달할 때까지 걸리는 시간은 5년이다.
ㄷ. 검출기의 속력은 $0.8c$이다.

① ㄱ   ② ㄷ   ③ ㄱ, ㄴ   ④ ㄴ, ㄷ   ⑤ ㄱ, ㄴ, ㄷ

15

그림은 관찰자 A에 대해 관찰자 B가 탄 우주선이 $0.8c$로 등속도 운동하는 모습을 나타낸 것이다. A가 측정할 때, 광원에서 발생한 빛이 검출기 P, Q, R에 동시에 도달한다. B가 측정할 때, P, Q, R는 광원으로부터 각각 거리 L_P, L_Q, L_R 만큼 떨어져 있다. P, 광원, Q는 운동 방향과 나란한 동일 직선상에 있다. 이에 대한 설명으로 옳은 것만을 〈보기〉에서 있는 대로 고른 것은? (단, c는 빛의 속력이다.) 3점

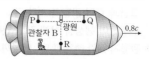

보기

ㄱ. A가 측정할 때, P와 Q 사이의 거리는 $L_P + L_Q$보다 작다.
ㄴ. B가 측정할 때, L_P가 L_R보다 작다.
ㄷ. B가 측정할 때, A의 시간은 B의 시간보다 빠르게 간다.

① ㄱ   ② ㄷ   ③ ㄱ, ㄴ   ④ ㄴ, ㄷ   ⑤ ㄱ, ㄴ, ㄷ

16

그림과 같이 우주 정거장 A에서 볼 때 다가오는 우주선 B와 멀어지는 우주선 C가 각각 $0.5c$, $0.7c$의 속력으로 등속도 운동하며 A에 대해 정지해 있는 점 p, q를 지나고 있다. B, C가 각각 p, q를 지나는 순간 A의 광원에서 B와 C를 향해 빛신호를 보냈다. B에서 측정할 때 광원과 p 사이의 거리는 C에서 측정할 때 광원과 q 사이의 거리와 같고, A에서 측정할 때 광원과 p 사이의 거리는 1광년이다.

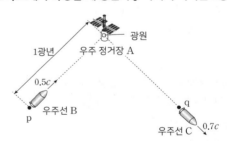

이에 대한 설명으로 옳은 것만을 〈보기〉에서 있는 대로 고른 것은? (단, c는 빛의 속력이고, 1광년은 빛이 1년 동안 진행하는 거리이다.) 3점

보기

ㄱ. 빛의 속력은 B에서 측정할 때가 C에서 측정할 때보다 크다.
ㄴ. A에서 측정할 때 B가 p에서 광원까지 이동하는 데 걸리는 시간은 2년보다 크다.
ㄷ. A에서 측정할 때 광원과 q 사이의 거리는 1광년보다 크다.

① ㄴ   ② ㄷ   ③ ㄱ, ㄴ   ④ ㄱ, ㄷ   ⑤ ㄴ, ㄷ

17

그림과 같이 관찰자 A가 탄 우주선이 행성을 향해 가고 있다. 관찰자 B가 측정할 때, 행성까지의 거리는 7광년이고 우주선은 $0.7c$의 속력으로 등속도 운동한다. B는 멀어지고 있는 A를 향해 자신이 측정하는 시간을 기준으로 1년마다 빛 신호를 보낸다. 이에 대한 설명으로 옳은 것만을 〈보기〉에서 있는 대로 고른 것은? (단, c는 빛의 속력이다.) 3점

보기
ㄱ. A가 B의 신호를 수신하는 시간 간격은 1년보다 짧다.
ㄴ. A가 측정할 때, 지구에서 행성까지의 거리는 7광년보다 작다.
ㄷ. B가 측정할 때, A의 시간은 B의 시간보다 느리게 간다.

① ㄱ   ② ㄴ   ③ ㄱ, ㄷ   ④ ㄴ, ㄷ   ⑤ ㄱ, ㄴ, ㄷ

18

그림과 같이 관찰자의 관성계에 대해 동일 직선 위에 있는 점 P, Q, R은 정지해 있으며, 점광원 X가 있는 우주선이 $0.5c$로 등속도 운동하고 있다. 표는 사건 Ⅰ~Ⅳ를 나타낸 것으로, 관찰자의 관성계에서 Ⅰ과 Ⅱ가 동시에, Ⅲ과 Ⅳ가 동시에 발생한다.

사건	내용
Ⅰ	X와 P의 위치가 일치
Ⅱ	빛이 X에서 방출
Ⅲ	X와 Q의 위치가 일치
Ⅳ	Ⅱ의 빛이 R에 도달

우주선의 관성계에서, Ⅰ과 Ⅱ의 발생 순서와 Ⅲ과 Ⅳ의 발생 순서로 옳은 것은? (단, c는 빛의 속력이다.) 3점

	Ⅰ과 Ⅱ의 발생 순서	Ⅲ과 Ⅳ의 발생 순서
①	Ⅰ과 Ⅱ가 동시에 발생	Ⅲ이 Ⅳ보다 먼저 발생
②	Ⅰ과 Ⅱ가 동시에 발생	Ⅳ가 Ⅲ보다 먼저 발생
③	Ⅰ이 Ⅱ보다 먼저 발생	Ⅲ과 Ⅳ가 동시에 발생
④	Ⅰ이 Ⅱ보다 먼저 발생	Ⅲ이 Ⅳ보다 먼저 발생
⑤	Ⅱ가 Ⅰ보다 먼저 발생	Ⅳ가 Ⅲ보다 먼저 발생

19

그림은 관찰자 A에 대해 관찰자 B가 탄 우주선이 $0.9c$로 등속도 운동하는 모습을 나타낸 것이다. B가 관측할 때, 광원에서 발생한 빛이 검출기 P, Q에 동시에 도달한다. 표는 A가 관측한 사건을 순서대로 기록한 것으로 ㉠, ㉡은 P 또는 Q이다.

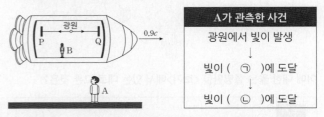

A가 관측한 사건
광원에서 빛이 발생
↓
빛이 (㉠)에 도달
↓
빛이 (㉡)에 도달

A가 관측한 것에 대한 옳은 설명만을 〈보기〉에서 있는 대로 고른 것은? (단, c는 빛의 속력이고, P, 광원, Q는 운동 방향과 나란한 동일 직선상에 있다.) 3점

보기
ㄱ. ㉠은 P, ㉡은 Q이다.
ㄴ. 광원에서 P로 진행하는 빛과 Q로 진행하는 빛의 속력은 같다.
ㄷ. 광원과 P 사이의 거리는 광원과 Q 사이의 거리보다 짧다.

① ㄴ   ② ㄷ   ③ ㄱ, ㄴ   ④ ㄱ, ㄷ   ⑤ ㄱ, ㄴ, ㄷ

20

그림은 관찰자 A에 대해 관찰자 B, C가 탄 우주선이 각각 $0.6c$, v의 속력으로 등속도 운동하는 모습을 나타낸 것이다. A가 측정할 때, B가 탄 우주선의 광원에서 발생한 빛은 검출기 P, Q에 동시에 도달하고 B가 탄 우주선의 길이 L_B는 C가 탄 우주선의 길이 L_C보다 크다. B와 C가 탄 우주선의 고유 길이는 같다. P, 광원, Q는 운동 방향과 나란한 동일 직선상에 있다.

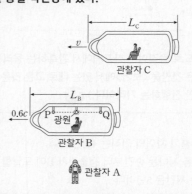

이에 대한 설명으로 옳은 것만을 〈보기〉에서 있는 대로 고른 것은? (단, c는 빛의 속력이다.) 3점

보기
ㄱ. $v > 0.6c$이다.
ㄴ. A가 측정할 때, C의 시간이 B의 시간보다 느리게 간다.
ㄷ. B가 측정할 때, 광원에서 발생한 빛은 Q보다 P에 먼저 도달한다.

① ㄱ   ② ㄷ   ③ ㄱ, ㄴ   ④ ㄴ, ㄷ   ⑤ ㄱ, ㄴ, ㄷ

21

그림과 같이 우주 정거장에 대해 정지한 두 점 P에서 Q까지 우주선이 일정한 속도로 운동한다. 우주 정거장의 관성계에서 관측할 때 P와 Q 사이의 거리는 3광년이고, 우주선이 P에서 방출한 빛은 우주선보다 2년 먼저 Q에 도달한다.

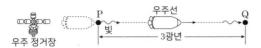

우주선의 관성계에서 관측할 때에 대한 옳은 설명만을 〈보기〉에서 있는 대로 고른 것은? (단, 빛의 속력은 c이고, 1광년은 빛이 1년 동안 진행하는 거리이다.) 3점

보기

ㄱ. Q의 속력은 $0.6c$이다.
ㄴ. P와 Q 사이의 거리는 3광년이다.
ㄷ. 우주선의 시간은 우주 정거장의 시간보다 빠르게 간다.

① ㄱ　　② ㄴ　　③ ㄱ, ㄷ　　④ ㄴ, ㄷ　　⑤ ㄱ, ㄴ, ㄷ

22

그림과 같이 우주선이 우주 정거장에 대해 $0.6c$의 속력으로 직선 운동하고 있다. 광원에서 우주선의 운동 방향과 나란하게 발생시킨 빛 신호는 거울에 반사되어 광원으로 되돌아온다. 표는 우주선과 우주 정거장에서 각각 측정한 물리량을 나타낸 것이다.

측정한 물리량	우주선	우주 정거장
광원과 거울 사이의 거리	L_0	L_1
빛 신호가 광원에서 거울까지 가는 데 걸린 시간	t_0	t_1
빛 신호가 거울에서 광원까지 가는 데 걸린 시간	t_0	t_2

이에 대한 설명으로 옳은 것만을 〈보기〉에서 있는 대로 고른 것은? (단, c는 빛의 속력이다.) 3점

보기

ㄱ. $L_0 > L_1$이다.　　ㄴ. $t_0 = \dfrac{L_0}{c}$이다.　　ㄷ. $t_1 > t_2$이다.

① ㄱ　　② ㄷ　　③ ㄱ, ㄴ　　④ ㄴ, ㄷ　　⑤ ㄱ, ㄴ, ㄷ

23

그림과 같이 관찰자에 대해 우주선 A, B가 각각 일정한 속도 $0.7c$, $0.9c$로 운동한다. A, B에서는 각각 광원에서 방출된 빛이 검출기에 도달하고, 광원과 검출기 사이의 고유 길이는 같다. 광원과 검출기는 운동 방향과 나란한 직선상에 있다.

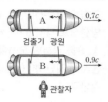

관찰자가 측정할 때, 이에 대한 설명으로 옳은 것만을 〈보기〉에서 있는 대로 고른 것은? (단, 빛의 속력은 c이다.)

보기

ㄱ. A에서 방출된 빛의 속력은 c보다 작다.
ㄴ. 광원과 검출기 사이의 거리는 A에서가 B에서보다 크다.
ㄷ. 광원에서 방출된 빛이 검출기에 도달하는 데 걸린 시간은 A에서가 B에서보다 크다.

① ㄱ　　② ㄴ　　③ ㄱ, ㄷ　　④ ㄴ, ㄷ　　⑤ ㄱ, ㄴ, ㄷ

24

그림은 관찰자 A가 탄 우주선이 정지해 있는 관찰자 B에 대해 $+x$방향으로 $0.6c$의 일정한 속력으로 운동하는 모습을 나타낸 것이다. 광원과 점 P, Q는 B에 대해 정지해 있다. A가 관측할 때, 광원과 P 사이의 거리는 L이고 광원에서 방출된 빛은 P, Q에 동시에 도달하였다.

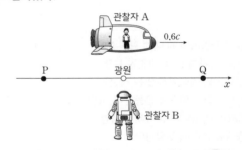

이에 대한 설명으로 옳은 것은? (단, c는 광속이다.) 3점

① A가 관측할 때 B의 속력은 $0.6c$보다 크다.
② A가 관측할 때 광원과 Q 사이의 거리는 L이다.
③ B가 관측할 때 빛은 Q보다 P에 먼저 도달하였다.
④ B가 관측할 때 A의 시간은 B의 시간보다 빠르게 간다.
⑤ 광원에서 P로 진행하는 빛의 속력은 A가 관측할 때가 B가 관측할 때보다 크다.

그림은 기준선 P, O, Q에 대해 정지한 관찰자 C가 서로 반대 방향으로 각각 $0.9c$, v의 속력으로 등속도 운동을 하는 우주선 A, B를 관측한 모습을 나타낸 것이다. C가 관측할 때, A, B는 O를 동시에 지난 후, O에서 각각 $9L$, $8L$ 떨어진 Q와 P를 동시에 지난다.

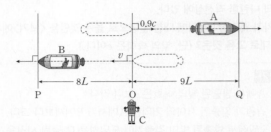

이에 대한 옳은 설명만을 〈보기〉에서 있는 대로 고른 것은? (단, c는 빛의 속력이다.) 3점

보기
ㄱ. $v = 0.8c$이다.
ㄴ. P와 Q 사이의 거리는 B에서 측정할 때가 A에서 측정할 때보다 짧다.
ㄷ. B에서 측정할 때, O가 B를 지나는 순간부터 P가 B를 지날 때까지 걸리는 시간은 $\frac{10L}{c}$이다.

① ㄱ   ② ㄷ   ③ ㄱ, ㄴ   ④ ㄱ, ㄷ   ⑤ ㄴ, ㄷ

그림과 같이 관찰자 A에 대해 광원 P와 Q, 검출기가 정지해 있고, 관찰자 B가 탄 우주선이 P와 검출기를 잇는 직선과 나란하게 $0.8c$의 속력으로 운동한다. A의 관성계에서는 P, Q에서 동시에 발생한 빛이 검출기에 동시에 도달한다.

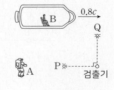

이에 대한 설명으로 옳은 것만을 〈보기〉에서 있는 대로 고른 것은? (단, c는 빛의 속력이다.) 3점

보기
ㄱ. B의 관성계에서는 P에서 발생한 빛의 속력이 c보다 작다.
ㄴ. Q와 검출기 사이의 거리는 A의 관성계에서와 B의 관성계에서가 같다.
ㄷ. B의 관성계에서는 P, Q에서 빛이 동시에 발생한다.

① ㄱ   ② ㄴ   ③ ㄷ   ④ ㄱ, ㄴ   ⑤ ㄴ, ㄷ

그림과 같이 관찰자 P에 대해 관찰자 Q가 탄 우주선이 $0.5c$의 속력으로 직선 운동하고 있다. P의 관성계에서, Q가 P를 스쳐 지나는 순간 Q로부터 같은 거리만큼 떨어져 있는 광원 A, B에서 빛이 동시에 발생한다.

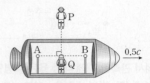

이에 대한 설명으로 옳은 것만을 〈보기〉에서 있는 대로 고른 것은? (단, c는 빛의 속력이다.) 3점

보기
ㄱ. P의 관성계에서, A와 B에서 발생한 빛은 동시에 P에 도달한다.
ㄴ. P의 관성계에서, A와 B에서 발생한 빛은 동시에 Q에 도달한다.
ㄷ. B에서 발생한 빛이 Q에 도달할 때까지 걸리는 시간은 Q의 관성계에서가 P의 관성계에서보다 크다.

① ㄴ   ② ㄷ   ③ ㄱ, ㄴ   ④ ㄱ, ㄷ   ⑤ ㄱ, ㄴ, ㄷ

그림은 관찰자 A가 탄 우주선이 관찰자 B에 대해 광원 Y와 검출기 R를 잇는 직선과 나란하게 $0.8c$로 등속도 운동하는 모습을 나타낸 것이다. A가 측정할 때 광원 X에서 발생한 빛이 검출기 P와 Q에 각각 도달하는 데 걸린 시간은 같다. B가 측정할 때 광원 Y에서 발생한 빛이 R에 도달하는 데 걸린 시간은 t_0이다. Y와 R는 B에 대해 정지해 있다.

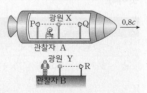

이에 대한 설명으로 옳은 것만을 〈보기〉에서 있는 대로 고른 것은? (단, c는 빛의 속력이다.) 3점

보기
ㄱ. X에서 발생하여 P에 도달하는 빛의 속력은 B가 측정할 때가 A가 측정할 때보다 크다.
ㄴ. B가 측정할 때, X에서 발생한 빛은 Q보다 P에 먼저 도달한다.
ㄷ. A가 측정할 때, Y와 R 사이의 거리는 ct_0보다 크다.

① ㄱ   ② ㄴ   ③ ㄷ   ④ ㄴ, ㄷ   ⑤ ㄱ, ㄴ, ㄷ

그림과 같이 관찰자 A의 관성계에서 광원 X, Y와 검출기 P, Q가
점 O로부터 각각 같은 거리 L만큼 떨어져 정지해 있고 X, Y로부터
각각 P, Q를 향해 방출된 빛은 O를 동시에 지난다. 관찰자 B가 탄
우주선은 A에 대해 광속에 가까운 속력 v로 X와 P를 잇는 직선과
나란하게 운동한다.

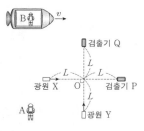

이에 대한 설명으로 옳은 것만을 〈보기〉에서 있는 대로 고른 것은?

3점

보기
ㄱ. B의 관성계에서, 빛은 Y에서가 X에서보다 먼저 방출된다.
ㄴ. B의 관성계에서, 빛은 P와 Q에 동시에 도달한다.
ㄷ. Y에서 방출된 빛이 Q에 도달하는 데 걸리는 시간은 B의
　　관성계에서가 A의 관성계에서보다 크다.

① ㄱ　　　② ㄴ　　　③ ㄱ, ㄷ　　　④ ㄴ, ㄷ　　　⑤ ㄱ, ㄴ, ㄷ

그림과 같이 관찰자 A에 대해 광원
P, 검출기, 광원 Q가 정지해 있고
관찰자 B, C가 탄 우주선이 각각
광속에 가까운 속력으로 P, 검출기,
Q를 잇는 직선과 나란하게 서로
반대 방향으로 등속도 운동을 한다.

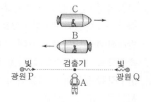

A의 관성계에서, P, Q에서 검출기를 향해 동시에 방출된 빛은
검출기에 동시에 도달한다. P와 Q 사이의 거리는 B의 관성계에서가
C의 관성계에서보다 크다.
이에 대한 설명으로 옳은 것만을 〈보기〉에서 있는 대로 고른 것은?

보기
ㄱ. A의 관성계에서, B의 시간은 C의 시간보다 느리게 간다.
ㄴ. B의 관성계에서, 빛은 P에서가 Q에서보다 먼저 방출된다.
ㄷ. C의 관성계에서, 검출기에서 P까지의 거리는 검출기에서
　　Q까지의 거리보다 크다.

① ㄱ　　　② ㄴ　　　③ ㄱ, ㄷ　　　④ ㄴ, ㄷ　　　⑤ ㄱ, ㄴ, ㄷ

그림은 관찰자 A에 대해 관찰자 B가 탄
우주선이 $0.6c$의 속력으로 직선 운동하는
모습을 나타낸 것이다. B의 관성계에서
광원과 거울 사이의 거리는 L이고,
광원에서 우주선의 운동 방향과 수직으로
발생시킨 빛은 거울에서 반사되어
되돌아온다.

이에 대한 설명으로 옳은 것만을 〈보기〉에서 있는 대로 고른 것은?
(단, c는 빛의 속력이다.) **3점**

보기
ㄱ. A의 관성계에서, 빛의 속력은 c이다.
ㄴ. A의 관성계에서, 광원과 거울 사이의 거리는 L이다.
ㄷ. B의 관성계에서, A의 시간은 B의 시간보다 빠르게 간다.

① ㄱ　　　② ㄷ　　　③ ㄱ, ㄴ　　　④ ㄴ, ㄷ　　　⑤ ㄱ, ㄴ, ㄷ

그림과 같이 관찰자 A에 대해 관찰자 B가
탄 우주선이 광속에 가까운 속력 v로 등속도
운동한다. A의 관성계에서, 광원 p, q와
검출기는 정지해 있고, p와 검출기를 잇는
직선은 우주선의 운동 방향과 나란하다.
B의 관성계에서, p와 q에서 동시에 방출된
빛은 검출기에 동시에 도달한다.
이에 대한 설명으로 옳은 것만을 〈보기〉에서 있는 대로 고른 것은?

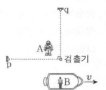

3점

보기
ㄱ. p와 검출기 사이의 거리는 A의 관성계에서가 B의
　　관성계에서보다 크다.
ㄴ. q에서 방출된 빛이 검출기에 도달할 때까지 걸린 시간은
　　A의 관성계에서가 B의 관성계에서보다 크다.
ㄷ. A의 관성계에서, 빛은 p에서가 q에서보다 먼저 방출된다.

① ㄱ　　　② ㄴ　　　③ ㄱ, ㄷ　　　④ ㄴ, ㄷ　　　⑤ ㄱ, ㄴ, ㄷ

33

그림과 같이 관찰자 A가 관측했을 때, 정지한 광원에서 빛 p, q가 각각 +x방향과 +y방향으로 동시에 방출된 후 정지한 각 거울에서 반사하여 광원으로 동시에 되돌아온다. 관찰자 B는 A에 대해 0.6c의 속력으로 +x방향으로 이동하고 있다. 표는 B가 측정했을 때, p와 q가 각각 광원에서 거울까지, 거울에서 광원까지 가는 데 걸린 시간을 나타낸 것이다.

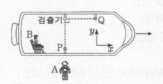

<B가 측정한 시간>

빛	광원에서 거울까지	거울에서 광원까지
p	t_1	t_2
q	t_3	t_3

B의 관성계에서 관측했을 때에 대한 옳은 설명만을 <보기>에서 있는 대로 고른 것은? (단, c는 빛의 속력이고, 광원의 크기는 무시한다.) 3점

보기
ㄱ. p의 속력은 거울에서 반사하기 전과 후가 서로 다르다.
ㄴ. p가 q보다 먼저 거울에서 반사한다.
ㄷ. 2t_3=t_1+t_2이다.

① ㄴ   ② ㄷ   ③ ㄱ, ㄴ   ④ ㄱ, ㄷ   ⑤ ㄴ, ㄷ

34

그림은 관찰자 A에 대해 관찰자 B가 탄 우주선이 +x방향으로 광속에 가까운 속력으로 등속도 운동하는 것을 나타낸 것이다. B의 관성계에서, 광원 P, Q에서 각각 +y방향, −x방향으로 동시에 방출된 빛은 검출기에 동시에 도달한다. 표는 A의 관성계에서, 빛의 경로에 따라 빛이 진행하는 데 걸린 시간과 빛이 진행한 거리를 나타낸 것이다.

빛의 경로	걸린 시간	빛이 진행한 거리
P → 검출기	t_1	d_1
Q → 검출기	t_2	d_2

이에 대한 설명으로 옳은 것은?

① $d_1 < d_2$이다.
② A의 관성계에서, A의 시간은 B의 시간보다 느리게 간다.
③ A의 관성계에서, 빛은 P에서가 Q에서보다 먼저 방출된다.
④ B의 관성계에서, 빛의 속력은 $\frac{d_2}{t_2}$보다 크다.
⑤ B의 관성계에서, Q에서 방출된 빛이 검출기에 도달하는 데 걸리는 시간은 t_1보다 크다.

35

그림과 같이 관찰자 A가 탄 우주선이 관찰자 B에 대해 광속에 가까운 일정한 속력으로 +x방향으로 운동한다. A의 관성계에서 빛은 광원으로부터 각각 −x방향, +y방향으로 방출된다. 표는 A와 B가 각각 측정했을 때 빛이 광원에서 점 p, q까지 가는 데 걸린 시간을 나타낸 것이다.

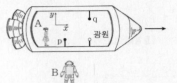

빛의 경로	걸린 시간	
	A	B
광원 → p	$2t_1$	t_2
광원 → q	t_1	t_2

이에 대한 설명으로 옳은 것은? (단, 빛의 속력은 c이다.) 3점

① $t_1 > t_2$이다.
② A의 관성계에서 광원과 p 사이의 거리는 $2ct_1$보다 작다.
③ B의 관성계에서 광원과 p 사이의 거리는 ct_2이다.
④ B의 관성계에서 광원과 q 사이의 거리는 ct_2보다 작다.
⑤ B가 측정할 때, B의 시간은 A의 시간보다 느리게 간다.

36 2023 평가원

다음은 특수 상대성 이론에 대한 사고 실험의 일부이다.

관찰자 C에 대해 관찰자 A, B가 타고 있는 우주선이 각각 광속에 가까운 서로 다른 속력으로 +x방향으로 등속도 운동하고 있다. A의 관성계에서, 광원에서 각각 −x, +x, −y방향으로 동시에 방출된 빛은 거울 p, q, r에서 반사되어 광원에 도달한다.

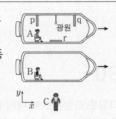

(가) A의 관성계에서, 광원에서 방출된 빛은 p, q, r에서 동시에 반사된다.
(나) B의 관성계에서, 광원에서 방출된 빛은 q보다 p에서 먼저 반사된다.
(다) C의 관성계에서, 광원에서 방출된 빛이 r에 도달할 때까지 걸린 시간은 t_0이다.

이에 대한 설명으로 옳은 것만을 <보기>에서 있는 대로 고른 것은?

보기
ㄱ. A의 관성계에서, B와 C의 운동 방향은 같다.
ㄴ. B의 관성계에서, 광원에서 방출된 빛은 p, q, r에서 반사되어 광원에 동시에 도달한다.
ㄷ. C의 관성계에서, 광원에서 방출된 빛이 q에 도달할 때까지 걸린 시간은 t_0보다 크다.

① ㄱ   ② ㄷ   ③ ㄱ, ㄴ   ④ ㄴ, ㄷ   ⑤ ㄱ, ㄴ, ㄷ

37

그림은 관측자 P에 대해 관측자 Q가
탄 우주선이 $0.8c$의 속력으로 등속도
운동하는 것을 나타낸 것이다. 검출기
O와 광원 A를 잇는 직선은 우주선의

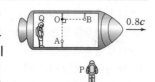

진행 방향과 수직이고, O와 광원 B를
잇는 직선은 우주선의 진행 방향과 나란하다. Q의 관성계에서 A,
B에서 동시에 발생한 빛은 O에 동시에 도달한다.
P의 관성계에서 측정할 때, 이에 대한 설명으로 옳은 것만을 <보기>
에서 있는 대로 고른 것은? (단, c는 빛의 속력이다.)

보기

ㄱ. O에서 A까지의 거리와 O에서 B까지의 거리는 같다.

ㄴ. A와 B에서 발생한 빛은 O에 동시에 도달한다.

ㄷ. 빛은 B에서가 A에서보다 먼저 발생하였다.

① ㄱ   ② ㄴ   ③ ㄱ, ㄷ   ④ ㄴ, ㄷ   ⑤ ㄱ, ㄴ, ㄷ

39

그림과 같이 관찰자 A에 대해 광원,
검출기가 정지해 있고, 관찰자 B가
탄 우주선이 광원과 검출기를 잇는

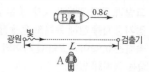

직선과 나란하게 $0.8c$의 속력으로
등속도 운동하고 있다. A, B의 관성계에서 광원에서 방출된 빛이
검출기에 도달하는 데 걸린 시간은 각각 t_A, t_B이다. A의 관성계에서
광원과 검출기 사이의 거리는 L이다.
이에 대한 설명으로 옳은 것만을 <보기>에서 있는 대로 고른 것은?
(단, c는 빛의 속력이다.) **3점**

보기

ㄱ. A의 관성계에서, A의 시간은 B의 시간보다 빠르게 간다.

ㄴ. B의 관성계에서, 광원과 검출기 사이의 거리는 L보다 크다.

ㄷ. $t_A < t_B$이다.

① ㄱ   ② ㄴ   ③ ㄱ, ㄷ   ④ ㄴ, ㄷ   ⑤ ㄱ, ㄴ, ㄷ

38 **2024 평가원**

그림과 같이 관찰자 A에 대해 광원 P,
검출기 Q가 정지해 있고, 관찰자 B가 탄
우주선이 P, Q를 잇는 직선과 나란하게

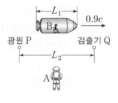

$0.9c$의 속력으로 등속도 운동을 하고
있다. A의 관성계에서, 우주선의 길이는
L_1이고, P와 Q 사이의 거리는 L_2이다.
이에 대한 설명으로 옳은 것만을 <보기>에서 있는 대로 고른 것은?
(단, 빛의 속력은 c이다.)

보기

ㄱ. A의 관성계에서, A의 시간은 B의 시간보다 느리게 간다.

ㄴ. B의 관성계에서, 우주선의 길이는 L_1보다 길다.

ㄷ. B의 관성계에서, P에서 방출된 빛이 Q에 도달하는 데
　　걸리는 시간은 $\dfrac{L_2}{c}$보다 크다.

① ㄱ   ② ㄴ   ③ ㄷ   ④ ㄱ, ㄴ   ⑤ ㄴ, ㄷ

40

그림과 같이 관찰자 X에 대해 우주선 A, B가 서로 반대 방향으로
속력 $0.6c$로 등속도 운동한다. 기준선 P, Q와 점 O는 X에 대해
정지해 있다. X의 관성계에서, A가 P에서 빛 a를 방출하는 순간 B는
Q에서 빛 b를 방출하고, a와 b는 O를 동시에 지난다.

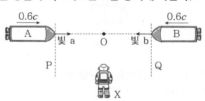

A의 관성계에서, 이에 대한 옳은 설명만을 <보기>에서 있는 대로
고른 것은? (단, c는 빛의 속력이다.) **3점**

보기

ㄱ. B의 길이는 X가 측정한 B의 길이보다 크다.

ㄴ. a와 b는 O에 동시에 도달한다.

ㄷ. b가 방출된 후 a가 방출된다.

① ㄱ   ② ㄴ   ③ ㄱ, ㄷ   ④ ㄴ, ㄷ   ⑤ ㄱ, ㄴ, ㄷ

41 2025 평가원

그림과 같이 관찰자 A가 탄 우주선이 우주 정거장 P에서 우주 정거장 Q를 향해 등속도 운동한다. A의 관성계에서, 관찰자 B의 속력은 $0.8c$이고 P와 Q 사이의 거리는 L이다. B의 관성계에서, P와 Q는 정지해 있다.

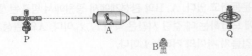

이에 대한 설명으로 옳은 것만을 <보기>에서 있는 대로 고른 것은? (단, c는 빛의 속력이다.) 3점

보기
ㄱ. A의 관성계에서, P의 속력은 Q의 속력보다 작다.
ㄴ. A의 관성계에서, A의 시간이 B의 시간보다 느리게 간다.
ㄷ. B의 관성계에서, P와 Q 사이의 거리는 L보다 크다.

① ㄱ   ② ㄴ   ③ ㄷ   ④ ㄱ, ㄴ   ⑤ ㄴ, ㄷ

43 고난도

그림은 우주선 A가 우주 정거장 P와 Q를 잇는 직선과 나란하게 등속도 운동하는 모습을 나타낸 것이다. P에 대해 Q는 정지해 있고, P에서 관측한 A의 속력은 $0.6c$이다. P에서 관측할 때, P와 Q 사이의 거리는 6광년이다. A가 Q를 스쳐 지나는 순간, Q는 P를 향해 빛 신호를 보낸다.

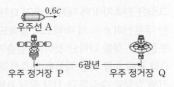

이에 대한 설명으로 옳은 것만을 <보기>에서 있는 대로 고른 것은? (단, c는 빛의 속력이고, 1광년은 빛이 1년 동안 진행하는 거리이다.)

3점

보기
ㄱ. A에서 관측할 때, P와 Q 사이의 거리는 6광년보다 짧다.
ㄴ. A에서 관측할 때, P가 지나는 순간부터 Q가 지나는 순간까지 10년이 걸린다.
ㄷ. P에서 관측할 때, A가 P를 지나는 순간부터 Q의 빛 신호가 P에 도달하기까지 16년이 걸린다.

① ㄱ   ② ㄴ   ③ ㄱ, ㄷ   ④ ㄴ, ㄷ   ⑤ ㄱ, ㄴ, ㄷ

42 고난도

그림과 같이 관찰자 P에 대해 별 A, B가 같은 거리만큼 떨어져 정지해 있고, 관찰자 Q가 탄 우주선이 $0.9c$의 속력으로 A에서 B를 향해 등속도 운동하고 있다. P의 관성계에서 Q가 P를 스쳐 지나는 순간 A, B가 동시에 빛을 내며 폭발한다.

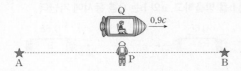

이에 대한 설명으로 옳은 것만을 <보기>에서 있는 대로 고른 것은? (단, c는 빛의 속력이다.)

보기
ㄱ. P의 관성계에서, A와 B가 폭발할 때 발생한 빛이 동시에 P에 도달한다.
ㄴ. Q의 관성계에서, B가 A보다 먼저 폭발한다.
ㄷ. Q의 관성계에서, A와 P 사이의 거리는 B와 P 사이의 거리보다 크다.

① ㄱ   ② ㄷ   ③ ㄱ, ㄴ   ④ ㄴ, ㄷ   ⑤ ㄱ, ㄴ, ㄷ

44 고난도

그림은 관찰자 A에 대해 관찰자 B가 탄 우주선이 x축과 나란하게 광속에 가까운 속력으로 등속도 운동을 하고 있는 모습을 나타낸 것이다. B의 관성계에서 빛은 광원으로부터 각각 $+x$방향, $-y$방향으로 동시에 방출된 후 거울 p, q에서 반사하여 광원에 동시에 도달하며 광원과 q 사이의 거리는 L이다. 표는 A의 관성계에서 빛이 광원에서 p까지, p에서 광원까지 가는 데 걸린 시간을 나타낸 것이다.

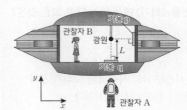

빛의 경로	시간
광원 → p	$0.4t_0$
p → 광원	$0.6t_0$

이에 대한 설명으로 옳은 것만을 <보기>에서 있는 대로 고른 것은? (단, 빛의 속력은 c이다.)

보기
ㄱ. 우주선의 운동 방향은 $-x$방향이다.
ㄴ. $t_0 > \dfrac{2L}{c}$이다.
ㄷ. A의 관성계에서 광원과 p 사이의 거리는 L보다 작다.

① ㄱ   ② ㄴ   ③ ㄱ, ㄷ   ④ ㄴ, ㄷ   ⑤ ㄱ, ㄴ, ㄷ

45 고난도
특수 상대성 이론
[2022학년도 9월 모평 10번]

다음은 특수 상대성 이론에 대한 사고 실험의 일부이다.

가설 Ⅰ : 모든 관성계에서 물리 법칙은 동일하다.
가설 Ⅱ : 모든 관성계에서 빛의 속력은 c로 일정하다.

관찰자 A에 대해 정지해 있는 두 천체 P, Q 사이를 관찰자 B가 탄 우주선이 광속에 가까운 속력 v로 등속도 운동을 하고 있다. B의 관성계에서 광원으로부터 우주선의 운동 방향에 수직으로 방출된 빛은 거울에서 반사되어 되돌아온다.

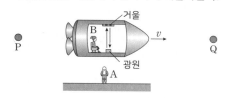

(가) 빛이 1회 왕복한 시간은 A의 관성계에서 t_A이고, B의 관성계에서 t_B이다.
(나) A의 관성계에서 t_A동안 빛의 경로 길이는 L_A이고, B의 관성계에서 t_B동안 빛의 경로 길이는 L_B이다.
(다) A의 관성계에서 P와 Q 사이의 거리 D_A는 P에서 Q까지 우주선의 이동 시간과 v를 곱한 값이다.
(라) B의 관성계에서 P와 Q 사이의 거리 D_B는 P가 B를 지날 때부터 Q가 B를 지날 때까지 걸린 시간과 v를 곱한 값이다.

이에 대한 설명으로 옳은 것만을 〈보기〉에서 있는 대로 고른 것은? ③점

보기
ㄱ. $t_A > t_B$이다.
ㄴ. $L_A > L_B$이다.
ㄷ. $\dfrac{D_A}{D_B} = \dfrac{L_A}{L_B}$이다.

① ㄱ   ② ㄷ   ③ ㄱ, ㄴ   ④ ㄴ, ㄷ   ⑤ ㄱ, ㄴ, ㄷ

46 2025 평가원
특수 상대성 이론
[2025학년도 9월 모평 11번]

그림과 같이 관찰자 A에 대해, 검출기 P와 점 Q가 정지해 있고 관찰자 B가 탄 우주선이 A, P, Q를 잇는 직선과 나란하게 $0.6c$의 속력으로 등속도 운동을 한다. A의 관성계에서 B가 Q를 지나는 순간, A와 B는 동시에 P를 향해 빛을 방출한다. A의 관성계에서, A에서 P까지의 거리와 P에서 Q까지의 거리는 L로 같다.

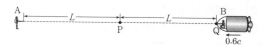

이에 대한 설명으로 옳은 것만을 〈보기〉에서 있는 대로 고른 것은? (단, c는 빛의 속력이고, 우주선과 관찰자의 크기는 무시한다.)

보기
ㄱ. A의 관성계에서, A가 방출한 빛의 속력과 B가 방출한 빛의 속력은 같다.
ㄴ. A의 관성계에서, B가 방출한 빛이 P에 도달하는 데 걸리는 시간은 $\dfrac{L}{c}$이다.
ㄷ. B의 관성계에서, A가 방출한 빛이 P에 도달하는 데 걸리는 시간은 B가 방출한 빛이 P에 도달하는 데 걸리는 시간보다 크다.

① ㄱ   ② ㄷ   ③ ㄱ, ㄴ   ④ ㄴ, ㄷ   ⑤ ㄱ, ㄴ, ㄷ

47
특수 상대성 이론
[2024년 10월 학평 9번]

그림은 관찰자 C에 대해 관찰자 A, B가 탄 우주선이 각각 광속에 가까운 속도로 등속도 운동하는 것을 나타낸 것으로, B에 대해 광원 O, 검출기 P, Q가 정지해 있다. P, O, Q를 잇는 직선은 두 우주선의 운동 방향과 나란하다. A, B가 탄 우주선의 고유 길이는 서로 같으며, C의 관성계에서, A가 탄 우주선의 길이는 B가 탄 우주선의 길이보다 짧다. A의 관성계에서, O에서 동시에 방출된 빛은 P, Q에 동시에 도달한다.

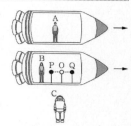

이에 대한 옳은 설명만을 〈보기〉에서 있는 대로 고른 것은? ③점

보기
ㄱ. C의 관성계에서, A가 탄 우주선의 속력은 B가 탄 우주선의 속력보다 크다.
ㄴ. B의 관성계에서, P와 O 사이의 거리는 O와 Q 사이의 거리와 같다.
ㄷ. C의 관성계에서, 빛은 Q보다 P에 먼저 도달한다.

① ㄱ   ② ㄴ   ③ ㄱ, ㄴ   ④ ㄱ, ㄷ   ⑤ ㄴ, ㄷ

48 [2025 수능]

그림과 같이 관찰자 A에 대해
관찰자 B가 탄 우주선이
+x방향으로 터널을 향해 $0.8c$의
속력으로 등속도 운동한다. A의
관성계에서, x축과 나란하게
정지해 있는 터널의 길이는 L이고, 우주선의 앞이 터널의 출구를
지나는 순간 우주선의 뒤가 터널의 입구를 지난다.
이에 대한 설명으로 옳은 것만을 〈보기〉에서 있는 대로 고른 것은?
(단, c는 빛의 속력이다.) 3점

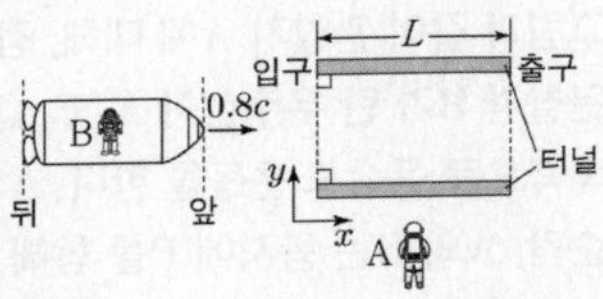

> **보기**
>
> ㄱ. A의 관성계에서, 우주선의 앞이 터널의 입구를 지나는
>   순간부터 우주선의 뒤가 터널의 입구를 지나는 순간까지
>   걸린 시간은 $\dfrac{L}{0.8c}$보다 작다.
> ㄴ. B의 관성계에서, 터널의 길이는 L보다 작다.
> ㄷ. B의 관성계에서, 터널의 출구가 우주선의 앞을 지나고 난
>   후 터널의 입구가 우주선의 뒤를 지난다.

① ㄱ   ② ㄴ   ③ ㄱ, ㄷ   ④ ㄴ, ㄷ   ⑤ ㄱ, ㄴ, ㄷ

I. 역학과 에너지

3-02. 질량과 에너지

02 질량과 에너지 ★수능에 나오는 필수 개념 2가지 + 필수 암기사항 4개

기본자료

필수개념 1 질량과 에너지

- **암기 질량과 에너지**
  - ○ 정지 질량 : 물체에 대해 상대적으로 정지해 있는 관측자가 측정한 물체의 질량으로 m_0로 나타낸다.
  - ○ 상대론적 질량 : 한 관성 좌표계에 대하여 v의 속도로 움직이고 있는 물체의 질량은 다음과 같다.

$$m = \frac{m_0}{\sqrt{1 - v^2/c^2}}$$

  물체의 속도는 빛의 속도 c보다 작으므로 분모가 1보다 작다. 따라서 물체의 속력이 증가할수록 물체의 질량은 증가한다.

  - ○ 질량 에너지 등가 원리 : 아인슈타인은 질량과 에너지가 별개의 양이 아니라 서로 변환될 수 있는 양이라고 하였다. 이 원리에 따르면 질량 m에 해당하는 에너지 E는 다음과 같다.

$$E = mc^2$$

  특히, 관측자에 대해 정지한 물체가 가지고 있는 에너지를 정지 에너지라고 하며

$$E_0 = m_0 c^2$$

  와 같이 나타낸다. 물체가 운동하는 속도가 빠를수록 에너지도 커진다. 질량 에너지 등가 원리는 핵융합 및 핵분열을 통해 에너지가 생성되는 것으로 증명이 되었다.

▶ 질량 에너지 동등성과 질량의 상대성
  - 질량 에너지 동등성 : 질량과 에너지는 서로 전환될 수 있으며, 정지 질량 m_0인 물체가 가지는 에너지는 $E = m_0 c^2$이다.
  - 질량의 상대성 : 물체의 속력이 증가하면 상대론적 질량도 증가한다.

DAY 13

I

3 - 02 질량과 에너지

필수개념 2 핵에너지

- **암기 원자핵의 표현**
  - ○ 원자 번호(Z) : 원자핵 속에 들어 있는 양성자의 수
  - ○ 질량수(A) : 원자핵 속에 들어 있는 양성자수와 중성자수의 합

$$\text{질량수} \rightarrow \text{A} \quad \text{X} \quad (A = Z + N)$$
$$\text{원자 번호} = \text{양성자수} \rightarrow \text{Z} \quad \text{X} \quad (N : \text{중성자수})$$

  - ○ 동위원소 : 양성자의 수는 같지만 중성자수가 달라 질량수가 다른 원소

- **암기 핵반응**
  - ○ 질량 결손 : 핵반응 후 질량의 합이 반응 전 질량의 합보다 작아지는 현상. 이를 질량 결손(Δm)이라고 하고, 아인슈타인의 질량 에너지 동등성에 의해 핵반응 과정에서 방출되는 에너지는 질량 결손과 비례함. $E = \Delta m c^2$
  - ○ 핵분열과 핵융합

핵반응의 종류	핵분열	핵융합
정의	무거운 원자핵이 2개 이상의 가벼운 원자핵으로 쪼개지는 반응	2개 이상의 가벼운 원자핵이 결합하여 무거운 원자핵이 되는 반응
모형과 핵반응식	$^{235}_{92}\text{U} + ^{1}_{0}\text{n} \rightarrow ^{92}_{36}\text{Kr} + ^{141}_{56}\text{Ba} + 3^{1}_{0}\text{n} + 200\text{MeV}$	$^{2}_{1}\text{H} + ^{3}_{1}\text{H} \rightarrow ^{4}_{2}\text{He} + ^{1}_{0}\text{n} + 17.6\text{MeV}$

- **암기** **핵반응식**

핵반응을 화학 반응식처럼 간단하게 나타낸 것으로 핵반응 전후에는 전하량 보존의 법칙과 질량수
보존의 법칙이 성립
① 전하량 보존의 법칙 : 핵반응 전 전하량 합과 핵반응 후 전하량 합이 같음
② 질량수 보존의 법칙 : 핵반응 전 질량수 합과 핵반응 후 질량수 합이 같음

- **원자로** : 원자력 발전소에서 우라늄의 핵분열이 일어나는 곳. 저속의 중성자가 우라늄에 흡수되면
우라늄 원자핵이 분열하면서 에너지를 방출하고 고속의 중성자를 2~3개 방출함

구분	사용 연료	감속재, 냉각재	장점	단점
경수로	저농축 우라늄	경수(물)	감속재 확보가 편리함	농축 우라늄 확보가 어려움
중수로	천연 우라늄	중수	중수 사용으로 반응 조절이 편리함	감속재 확보가 어려움

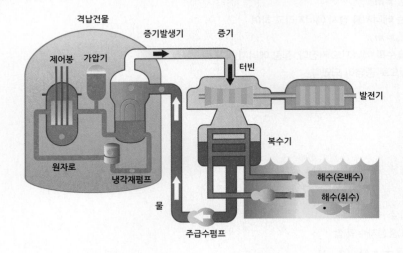

- **핵변환** : 원자핵에 입자가 충돌하여 일어나는 핵반응의 일종으로 반응 후 원래의 원자핵과 다른
원자핵이 생성되는 반응

기본자료

▶ 연쇄 반응
질량수가 235인 우라늄이 핵분열할 때
방출된 고속 중성자들을 느리게 하면
다른 우라늄과 계속 충돌하여 핵분열이
연속적으로 일어나는 반응

핵연료
원자로 안에서 핵분열을 연쇄적으로
일으켜 에너지를 얻을 수 있는 물질

감속재
핵분열로 생긴 고속 중성자를 감속하여
연쇄 반응이 잘 일어나도록 해주는
물질

냉각재
원자로에서 발생한 열을 흡수하여 증기
발생기로 전달하는 물질

제어봉
중성자를 흡수하여 연쇄 반응을
억제하는 물질로 카드뮴, 붕소 사용

그림은 주어진 핵반응에 대해 학생 A, B, C가 대화하는 모습을 나타낸 것이다.

$$_1^2H + {_1^3}H \rightarrow \boxed{\text{㉠}} + {_0^1}n + 17.6MeV$$

핵융합 반응이야.

질량 결손에 의한 에너지는 17.6MeV야.

㉠의 중성자수는 2야.

학생 A   학생 B   학생 C

제시한 내용이 옳은 학생만을 있는 대로 고른 것은?

① A   ② C   ③ A, B   ④ B, C   ⑤ A, B, C

다음은 국제핵융합실험로(ITER)에 대한 기사의 일부이다.

2020년 8월 ○일   ○○신문

라틴어로 '길'이라는 뜻을 지닌 국제핵융합실험로(ITER) 공동 개발 사업은 ㉠ 핵융합 발전의 상용화를 위해 대한민국 등 7개국이 참여한 과학기술 협력 프로젝트이다.

㉡ 태양에서 ____A____ 원자핵이 헬륨 원자핵으로 융합되는 것과 같은 핵반응을 핵융합로에서 일으키려면 핵융합로는 1억도 이상의 온도를 유지해야 한다. … (중략) … 현재 ITER는 대한민국이 생산한 주요 부품을 바탕으로 본격적인 조립 단계에 접어들었다.

이에 대한 옳은 설명만을 〈보기〉에서 있는 대로 고른 것은?

보기
ㄱ. ㉠은 질량이 에너지로 전환되는 현상을 이용한다.
ㄴ. ㉡이 일어날 때 태양의 질량은 변하지 않는다.
ㄷ. 원자 번호는 A가 헬륨보다 크다.

① ㄱ   ② ㄷ   ③ ㄱ, ㄴ   ④ ㄴ, ㄷ   ⑤ ㄱ, ㄴ, ㄷ

그림은 중수소($_1^2H$)와 삼중수소($_1^3H$)가 충돌하여 헬륨($_2^4He$), 입자 a, 에너지가 생성되는 핵반응을 나타낸 것이다. $_1^2H$, $_1^3H$, a의 질량은 각각 m_1, m_2, m_3이다. 이에 대한 옳은 설명만을 〈보기〉에서 있는 대로 고른 것은?

$_1^2H$

$_1^3H$

$_2^4He$

a

에너지

보기
ㄱ. a는 중성자이다.
ㄴ. 이 반응은 핵융합 반응이다.
ㄷ. $_2^4He$의 질량은 $m_1 + m_2 - m_3$이다.

① ㄴ   ② ㄷ   ③ ㄱ, ㄴ   ④ ㄱ, ㄷ   ⑤ ㄱ, ㄴ, ㄷ

다음은 두 가지 핵반응을 나타낸 것이다. ㉠과 ㉡은 서로 다른 원자핵이다.

(가) ㉠ + $_3^6Li \rightarrow 2{_2^4}He + 22.4MeV$

(나) $_2^3He + {_3^6}Li \rightarrow 2{_2^4}He + ㉡ + 16.9MeV$

이에 대한 옳은 설명만을 〈보기〉에서 있는 대로 고른 것은?

보기
ㄱ. 양성자수는 ㉠과 ㉡이 같다.
ㄴ. 질량수는 ㉡이 ㉠보다 크다.
ㄷ. 질량 결손은 (가)에서가 (나)에서보다 크다.

① ㄴ   ② ㄷ   ③ ㄱ, ㄴ   ④ ㄱ, ㄷ   ⑤ ㄴ, ㄷ

5

다음은 두 가지 핵반응이다.

(가) $^2_1\text{H} + ^3_1\text{H} \rightarrow ^4_2\text{He} + ^1_0\text{n} + 17.6\text{MeV}$

(나) $^{15}_7\text{N} + ^1_1\text{H} \rightarrow \boxed{\bigcirc} + ^4_2\text{He} + 4.96\text{MeV}$

이에 대한 설명으로 옳은 것만을 〈보기〉에서 있는 대로 고른 것은?

보기

ㄱ. (가)는 핵융합 반응이다.

ㄴ. 질량 결손은 (나)에서가 (가)에서보다 크다.

ㄷ. $\bigcirc$의 질량수는 10이다.

① ㄱ   ② ㄷ   ③ ㄱ, ㄴ   ④ ㄴ, ㄷ   ⑤ ㄱ, ㄴ, ㄷ

7

다음은 두 가지 핵반응이다.

○ $\boxed{\bigcirc} + ^3_1\text{H} \rightarrow ^4_2\text{He} + ^1_1\text{H} + ^1_0\text{n} + 12.1\text{MeV}$

○ $^3_2\text{He} + ^3_1\text{H} \rightarrow ^4_2\text{He} + \boxed{\bigcirc\bigcirc} + 14.3\text{MeV}$

이에 대한 옳은 설명만을 〈보기〉에서 있는 대로 고른 것은?

보기

ㄱ. 핵반응에서 발생하는 에너지는 질량 결손에 의한 것이다.

ㄴ. $\bigcirc$과 $\bigcirc\bigcirc$의 중성자수는 같다.

ㄷ. $\bigcirc\bigcirc$의 질량은 ^1_1H와 ^1_0n의 질량의 합보다 작다.

① ㄱ   ② ㄷ   ③ ㄱ, ㄴ   ④ ㄴ, ㄷ   ⑤ ㄱ, ㄴ, ㄷ

6

그림은 우라늄($^{235}_{92}\text{U}$) 핵분열 반응의 두 가지 예를 모식적으로 나타낸 것이다. x, y는 각각 Ba과 Xe의 질량수이고, A는 각 핵분열 반응에서 방출되는 입자이다.

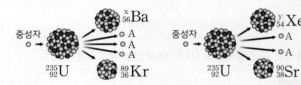

이에 대한 설명으로 옳은 것만을 〈보기〉에서 있는 대로 고른 것은?

보기

ㄱ. A는 중성자이다.

ㄴ. x는 y보다 작다.

ㄷ. 핵분열 반응에서 질량 결손에 의해 에너지가 발생한다.

① ㄱ   ② ㄴ   ③ ㄱ, ㄷ   ④ ㄴ, ㄷ   ⑤ ㄱ, ㄴ, ㄷ

8

다음은 핵융합 반응로에서 일어날 수 있는 수소 핵융합 반응식이다.

(가) $^2_1\text{H} + ^3_1\text{H} \rightarrow ^4_2\text{He} + \boxed{\bigcirc} + 17.6\text{MeV}$

(나) $^2_1\text{H} + ^2_1\text{H} \rightarrow \boxed{\bigcirc\bigcirc} + \boxed{\bigcirc} + 3.27\text{MeV}$

이에 대한 설명으로 옳은 것만을 〈보기〉에서 있는 대로 고른 것은?

보기

ㄱ. $\bigcirc$은 중성자이다.

ㄴ. $\bigcirc\bigcirc$과 ^4_2He은 질량수가 서로 같다.

ㄷ. 질량 결손은 (가)에서가 (나)에서보다 작다.

① ㄱ   ② ㄴ   ③ ㄱ, ㄷ   ④ ㄴ, ㄷ   ⑤ ㄱ, ㄴ, ㄷ

다음 (가), (나)는 두 가지 핵반응식이고, X, Y는 원자핵이다.

> (가) $2\boxed{X} \rightarrow \boxed{Y} + {}^{1}_{0}n + 3.27\text{MeV}$
> (나) $\boxed{X} + \boxed{Y} \rightarrow {}^{4}_{2}\text{He} + {}^{1}_{1}\text{H} + 18.3\text{MeV}$

이에 대한 옳은 설명만을 〈보기〉에서 있는 대로 고른 것은?

> **보기**
> ㄱ. ${}^{4}_{2}\text{He}$의 중성자수는 2이다.
> ㄴ. X, Y의 양성자수는 같다.
> ㄷ. 핵반응 과정에서 질량 결손은 (나)에서가 (가)에서보다 크다.

① ㄱ   ② ㄴ   ③ ㄱ, ㄷ   ④ ㄴ, ㄷ   ⑤ ㄱ, ㄴ, ㄷ

다음은 두 가지 핵반응이다.

> (가) ${}^{235}_{92}\text{U} + \boxed{\bigcirc} \rightarrow {}^{141}_{56}\text{Ba} + {}^{92}_{36}\text{Kr} + 3\boxed{\bigcirc}$
> $\qquad\qquad\qquad\qquad\qquad\qquad + \text{약 } 200\text{MeV}$
> (나) $\boxed{\bigcirc} + \boxed{\bigcirc} \rightarrow {}^{3}_{2}\text{He} + \boxed{\bigcirc} + 3.27\text{MeV}$

이에 대한 옳은 설명만을 〈보기〉에서 있는 대로 고른 것은?

> **보기**
> ㄱ. ⊙은 중성자이다.
> ㄴ. ⓒ의 질량수는 2이다.
> ㄷ. 질량 결손은 (가)에서가 (나)에서보다 작다.

① ㄱ   ② ㄷ   ③ ㄱ, ㄴ   ④ ㄴ, ㄷ   ⑤ ㄱ, ㄴ, ㄷ

다음은 두 가지 핵반응이다.

> (가) ${}^{235}_{92}\text{U} + {}^{1}_{0}n \rightarrow {}^{141}_{56}\text{Ba} + \boxed{\bigcirc} + 3{}^{1}_{0}n + \text{약 } 200\text{MeV}$
> (나) ${}^{235}_{92}\text{U} + \boxed{\bigcirc} \rightarrow {}^{140}_{54}\text{Xe} + {}^{94}_{38}\text{Sr} + 2{}^{1}_{0}n + \text{약 } 200\text{MeV}$

이에 대한 설명으로 옳은 것만을 〈보기〉에서 있는 대로 고른 것은?

> **보기**
> ㄱ. ⊙은 ${}^{94}_{38}\text{Sr}$보다 질량수가 크다.
> ㄴ. ⓒ은 중성자이다.
> ㄷ. (가)에서 질량 결손에 의해 에너지가 방출된다.

① ㄱ   ② ㄴ   ③ ㄱ, ㄷ   ④ ㄴ, ㄷ   ⑤ ㄱ, ㄴ, ㄷ

다음은 두 가지 핵반응을 나타낸 것이다.

> (가) ${}^{2}_{1}\text{H} + {}^{3}_{1}\text{H} \rightarrow {}^{4}_{2}\text{He} + \boxed{\bigcirc} + 17.6\text{MeV}$
> (나) ${}^{235}_{92}\text{U} + {}^{1}_{0}n \rightarrow {}^{140}_{54}\text{Xe} + {}^{94}_{38}\text{Sr} + 2\boxed{\bigcirc} + 200\text{MeV}$

이에 대한 설명으로 옳은 것만을 〈보기〉에서 있는 대로 고른 것은?

> **보기**
> ㄱ. (가)는 핵융합 반응이다.
> ㄴ. ⊙은 중성자이다.
> ㄷ. 질량 결손은 (가)에서가 (나)에서보다 크다.

① ㄱ   ② ㄷ   ③ ㄱ, ㄴ   ④ ㄴ, ㄷ   ⑤ ㄱ, ㄴ, ㄷ

13

그림은 핵분열 과정과 핵반응식을 나타낸 것이다. 중성자의 속력은 A가 B보다 작다. 이에 대한 설명으로 옳은 것만을 〈보기〉에서 있는 대로 고른 것은?

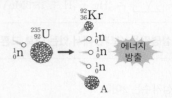

$$^{235}_{92}U + ^{1}_{0}n \rightarrow ^{141}_{56}Ba + ^{⑤}_{36}Kr + 3^{1}_{0}n + 200MeV$$

> 보기
> ㄱ. ⑤은 92이다.
> ㄴ. 핵반응에서 발생하는 에너지는 질량 결손에 의한 것이다.
> ㄷ. 상대론적 질량은 A가 B보다 크다.

① ㄱ   ② ㄷ   ③ ㄱ, ㄴ   ④ ㄴ, ㄷ   ⑤ ㄱ, ㄴ, ㄷ

14

다음은 원자로에 대한 내용이다.

> ○ 원자로에서는 우라늄(^{235}U) 원자핵이 분열되면서 에너지와 고속의 중성자가 방출되는 핵반응이 연쇄적으로 일어나는데, 이 연쇄 반응을 제어하기 위해서 제어봉과 ⑤ 을/를 사용한다.
> ○ 원자로의 한 종류인 경수로는 경수(H_2O)를 ⑤ 과/와 냉각재로 사용한다. 경수는 고속의 중성자를 감속시키는 효율이 중수(D_2O)보다 낮지만 중수에 비해 얻기 쉽다는 장점이 있다.

이에 대한 설명으로 옳은 것만을 〈보기〉에서 있는 대로 고른 것은?

> 보기
> ㄱ. ⑤은 감속재이다.
> ㄴ. 제어봉은 핵반응에서 방출된 중성자를 흡수하는 역할을 한다.
> ㄷ. 우라늄(^{235}U) 원자핵이 분열할 때 방출되는 에너지는 질량 결손에 의한 것이다.

① ㄱ   ② ㄴ   ③ ㄱ, ㄷ   ④ ㄴ, ㄷ   ⑤ ㄱ, ㄴ, ㄷ

15

그림은 우라늄 원자핵($^{235}_{92}U$)과 중성자($^{1}_{0}n$)가 반응하여 크립톤 원자핵($^{92}_{36}Kr$)과 원자핵 A가 생성되면서 중성자 3개와 에너지를 방출하는 핵반응을 나타낸 것이다.

이에 대한 설명으로 옳은 것만을 〈보기〉에서 있는 대로 고른 것은?

(3점)

> 보기
> ㄱ. 핵분열 반응이다.
> ㄴ. A의 질량수는 141이다.
> ㄷ. 입자들의 질량의 합은 반응 전이 반응 후보다 작다.

① ㄱ   ② ㄷ   ③ ㄱ, ㄴ   ④ ㄴ, ㄷ   ⑤ ㄱ, ㄴ, ㄷ

16

다음은 핵융합로와 양전자 방출 단층 촬영 장치에 대한 설명이다.

> (가) 핵융합로에서 중수소($^{2}_{1}H$)와 삼중수소($^{3}_{1}H$)가 핵융합하여 헬륨($^{4}_{2}He$), 입자 ⑤을 생성하며 에너지를 방출한다.
> (나) 인체에 투입한 물질에서 방출된 양전자*가 전자와 만나 함께 소멸할 때 발생한 감마선을 양전자 방출 단층 촬영 장치로 촬영하여 질병을 진단한다.
>
> * 양전자: 전자와 전하의 종류는 다르고 질량은 같은 입자

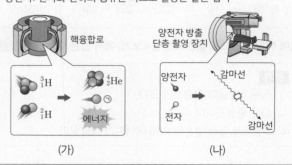

| (가) | (나) |

이에 대한 옳은 설명만을 〈보기〉에서 있는 대로 고른 것은?

> 보기
> ㄱ. ⑤은 양성자이다.
> ㄴ. (가)에서 핵융합 전후 입자들의 질량수 합은 같다.
> ㄷ. (나)에서 양전자와 전자의 질량이 감마선의 에너지로 전환된다.

① ㄱ   ② ㄷ   ③ ㄱ, ㄴ   ④ ㄴ, ㄷ   ⑤ ㄱ, ㄴ, ㄷ

다음은 두 가지 핵반응이다.

$$(가) \ {}^{2}_{1}H + {}^{2}_{1}H \rightarrow {}^{3}_{2}He + \boxed{\text{㉠}} + 3.27\text{MeV}$$
$$(나) \ {}^{2}_{1}H + {}^{2}_{1}H \rightarrow {}^{3}_{1}H + \boxed{\text{㉡}} + 4.03\text{MeV}$$

이에 대한 설명으로 옳은 것만을 〈보기〉에서 있는 대로 고른 것은?

보기
ㄱ. ㉠은 중성자이다.
ㄴ. ㉠과 ㉡은 질량수가 서로 같다.
ㄷ. 질량 결손은 (가)에서가 (나)에서보다 작다.

① ㄱ   ② ㄴ   ③ ㄱ, ㄷ   ④ ㄴ, ㄷ   ⑤ ㄱ, ㄴ, ㄷ

다음은 핵융합 발전에 대한 내용이다.

태양에서 방출되는 에너지의 대부분은 ⌐ A ⌐ 원자핵들의 ㉠ 핵융합 반응으로 ⌐ B ⌐ 원자핵이 생성되는 과정에서 발생한다. 핵융합을 이용한 발전은 ㉡ 핵분열을 이용한 발전보다 안정성과 지속성이 높고 방사성 폐기물 발생량이 적어 미래 에너지 기술로 기대되고 있다. 우리나라 과학자들은 핵융합 발전의 상용화에 필수적인 초고온 플라즈마 발생 기술과 핵융합로 제작 기술을 활발하게 연구하고 있다.

이에 대한 설명으로 옳은 것만을 〈보기〉에서 있는 대로 고른 것은?

보기
ㄱ. 원자핵 1개의 질량은 A가 B보다 크다.
ㄴ. ㉠ 과정에서 질량 결손에 의해 에너지가 발생한다.
ㄷ. ㉡ 과정에서 질량수가 큰 원자핵이 반응하여 질량수가 작은 원자핵들이 생성된다.

① ㄱ   ② ㄴ   ③ ㄱ, ㄷ   ④ ㄴ, ㄷ   ⑤ ㄱ, ㄴ, ㄷ

다음은 두 가지 핵반응이다.

$$(가) \ {}^{235}_{92}U + {}^{1}_{0}n \rightarrow \boxed{\text{㉠}} + {}^{141}_{56}Ba + 3{}^{1}_{0}n + 200\text{MeV}$$
$$(나) \ {}^{2}_{1}H + {}^{3}_{1}H \rightarrow \boxed{\text{㉡}} + {}^{1}_{0}n + 17.6\text{MeV}$$

이에 대한 설명으로 옳은 것만을 〈보기〉에서 있는 대로 고른 것은?

보기
ㄱ. (가)는 핵융합 반응이다.
ㄴ. 질량수는 ㉠이 ㉡의 23배이다.
ㄷ. 질량 결손은 (가)에서가 (나)에서보다 크다.

① ㄱ   ② ㄷ   ③ ㄱ, ㄴ   ④ ㄴ, ㄷ   ⑤ ㄱ, ㄴ, ㄷ

다음은 두 가지 핵반응을, 표는 (가)와 관련된 원자핵과 중성자(${}^{1}_{0}n$)의 질량을 나타낸 것이다.

$$(가) \ \text{㉠} + \text{㉠} \rightarrow {}^{3}_{2}He + {}^{1}_{0}n + 3.27\text{MeV}$$
$$(나) \ {}^{3}_{1}H + \text{㉠} \rightarrow {}^{4}_{2}He + \text{㉡} + 17.6\text{MeV}$$

입자	질량
㉠	M_1
${}^{3}_{2}He$	M_2
중성자(${}^{1}_{0}n$)	M_3

이에 대한 설명으로 옳은 것만을 〈보기〉에서 있는 대로 고른 것은?

보기
ㄱ. ㉠은 ${}^{2}_{1}H$이다.
ㄴ. ㉡은 중성자(${}^{1}_{0}n$)이다.
ㄷ. $2M_1 = M_2 + M_3$이다.

① ㄱ   ② ㄴ   ③ ㄱ, ㄷ   ④ ㄴ, ㄷ   ⑤ ㄱ, ㄴ, ㄷ

다음은 각각 E_1, E_2의 에너지가 방출되는 두 가지 핵반응식이다. 표는 입자와 원자핵의 종류에 따른 질량을 나타낸 것이다.

○ $^2_1\text{H} + {}^1_1\text{H} \rightarrow {}^3_1\text{H} + \boxed{\text{㉠}} + E_1$

○ $^2_1\text{H} + \boxed{\text{㉡}} \rightarrow {}^4_2\text{He} + {}^1_0\text{n} + E_2$

종류	질량(u)
^1_0n	1.009
^1_1H	1.007
^2_1H	2.014
^3_1H	3.016
^4_2He	4.003

이에 대한 옳은 설명만을 <보기>에서 있는 대로 고른 것은? (단, u는 원자 질량 단위이다.)

보기
ㄱ. ㉠의 질량수는 1이다.
ㄴ. ㉠과 ㉡의 전하량은 같다.
ㄷ. $E_1 > E_2$이다.

① ㄱ ② ㄷ ③ ㄱ, ㄴ ④ ㄴ, ㄷ ⑤ ㄱ, ㄴ, ㄷ

다음은 핵융합 반응을, 표는 원자핵 A, B의 중성자수와 질량수를 나타낸 것이다.

$\text{A} + \text{A} \rightarrow \text{B} + \boxed{\text{㉠}} + 3.27\text{MeV}$

원자핵	중성자수	질량수
A	1	2
B	1	3

이에 대한 설명으로 옳은 것만을 <보기>에서 있는 대로 고른 것은?

보기
ㄱ. 양성자수는 A와 B가 같다.
ㄴ. ㉠은 중성자이다.
ㄷ. 핵융합 반응에서 방출된 에너지는 질량 결손에 의한 것이다.

① ㄱ ② ㄷ ③ ㄱ, ㄴ ④ ㄴ, ㄷ ⑤ ㄱ, ㄴ, ㄷ

다음은 두 가지 핵반응을, 표는 원자핵 a~d의 질량수와 양성자수를 나타낸 것이다.

(가) $\text{a} + \text{a} \rightarrow \text{c} + \boxed{\text{X}} + 3.3\text{MeV}$

(나) $\text{a} + \text{b} \rightarrow \text{d} + \boxed{\text{X}} + 17.6\text{MeV}$

원자핵	질량수	양성자수
a	2	㉠
b	3	1
c	3	2
d	㉡	2

이에 대한 설명으로 옳은 것만을 <보기>에서 있는 대로 고른 것은?

보기
ㄱ. 질량 결손은 (가)에서가 (나)에서보다 작다.
ㄴ. X는 중성자이다.
ㄷ. ㉡은 ㉠의 4배이다.

① ㄱ ② ㄴ ③ ㄱ, ㄷ ④ ㄴ, ㄷ ⑤ ㄱ, ㄴ, ㄷ

다음은 두 가지 핵반응이다. A, B는 원자핵이다.

(가) $\text{A} + \text{B} \rightarrow {}^4_2\text{He} + {}^1_0\text{n} + 17.6\text{MeV}$

(나) $\text{A} + \text{A} \rightarrow \text{B} + {}^1_1\text{H} + 4.03\text{MeV}$

이에 대한 설명으로 옳은 것만을 <보기>에서 있는 대로 고른 것은?

보기
ㄱ. (가)는 핵분열 반응이다.
ㄴ. (나)에서 질량 결손에 의해 에너지가 방출된다.
ㄷ. 중성자수는 B가 A의 2배이다.

① ㄱ ② ㄴ ③ ㄱ, ㄷ ④ ㄴ, ㄷ ⑤ ㄱ, ㄴ, ㄷ

25

다음은 두 가지 핵반응이다.

(가) $_1^2\text{H} + _1^1\text{H} \rightarrow \boxed{\,\text{㉠}\,} + 5.49\text{MeV}$

(나) $\boxed{\,\text{㉠}\,} + \boxed{\,\text{㉠}\,} \rightarrow _2^4\text{He} + \boxed{\,\text{㉡}\,} + \boxed{\,\text{㉢}\,}$
$+ 12.86\text{MeV}$

이에 대한 옳은 설명만을 〈보기〉에서 있는 대로 고른 것은?

보기
ㄱ. ㉠의 질량수는 3이다.
ㄴ. ㉡은 중성자이다.
ㄷ. 질량 결손은 (가)에서가 (나)에서보다 크다.

① ㄱ   ② ㄴ   ③ ㄱ, ㄷ   ④ ㄴ, ㄷ   ⑤ ㄱ, ㄴ, ㄷ

27

다음은 두 가지 핵반응이다. X, Y는 원자핵이다.

(가) $_{92}^{233}\text{U} + _0^1\text{n} \rightarrow \text{X} + _{38}^{94}\text{Sr} + 3_0^1\text{n} + 200\text{MeV}$

(나) $_1^2\text{H} + \text{Y} \rightarrow _2^4\text{He} + _0^1\text{n} + 17.6\text{MeV}$

이에 대한 설명으로 옳은 것은?

① X의 양성자수는 54이다.
② 질량수는 Y가 $_1^2\text{H}$와 같다.
③ (나)는 핵분열 반응이다.
④ $_{92}^{233}\text{U}$의 중성자수는 233이다.
⑤ 질량 결손은 (나)에서가 (가)에서보다 크다.

26 2023 수능

다음은 두 가지 핵반응이다. X, Y는 원자핵이다.

(가) $_1^2\text{H} + _1^1\text{H} \rightarrow \text{X} + 5.49\text{MeV}$

(나) $\text{X} + \text{X} \rightarrow \text{Y} + _1^1\text{H} + _1^1\text{H} + 12.86\text{MeV}$

이에 대한 설명으로 옳은 것만을 〈보기〉에서 있는 대로 고른 것은?

보기
ㄱ. (가)에서 질량 결손에 의해 에너지가 방출된다.
ㄴ. Y는 $_2^4\text{He}$이다.
ㄷ. 양성자수는 Y가 X보다 크다.

① ㄱ   ② ㄷ   ③ ㄱ, ㄴ   ④ ㄴ, ㄷ   ⑤ ㄱ, ㄴ, ㄷ

28

다음은 두 가지 핵반응이다. X, Y는 원자핵이다.

(가) $_1^2\text{H} + _1^2\text{H} \rightarrow \text{X} + _0^1\text{n} + 3.27\text{MeV}$

(나) $\text{X} + _1^3\text{H} \rightarrow _2^4\text{He} + \text{Y} + _0^1\text{n} + 12.1\text{MeV}$

이에 대한 설명으로 옳은 것만을 〈보기〉에서 있는 대로 고른 것은?

보기
ㄱ. (가)는 핵융합 반응이다.
ㄴ. 양성자수는 X가 Y보다 크다.
ㄷ. 질량 결손은 (가)에서가 (나)에서보다 작다.

① ㄱ   ② ㄴ   ③ ㄱ, ㄷ   ④ ㄴ, ㄷ   ⑤ ㄱ, ㄴ, ㄷ

다음은 두 가지 핵반응이다. X, Y는 원자핵이다.

(가) $^2_1\text{H} + \text{X} \rightarrow \text{Y} + ^1_0\text{n} + 17.6\text{MeV}$

(나) $^3_2\text{He} + ^3_1\text{H} \rightarrow \text{Y} + ^1_1\text{H} + ^1_0\text{n} + 12.1\text{MeV}$

이에 대한 설명으로 옳은 것만을 〈보기〉에서 있는 대로 고른 것은?

보기

ㄱ. (가)는 핵융합 반응이다.

ㄴ. 질량 결손은 (가)에서가 (나)에서보다 크다.

ㄷ. 양성자수는 Y가 X의 2배이다.

① ㄱ　　② ㄴ　　③ ㄱ, ㄷ　　④ ㄴ, ㄷ　　⑤ ㄱ, ㄴ, ㄷ

다음은 우리나라의 핵융합 연구 장치에 대한 설명이다.

'한국의 인공 태양'이라 불리는 KSTAR는 바닷물에 풍부한 중수소(^2_1H)와 리튬에서 얻은 삼중수소(^3_1H)를 고온에서 충돌시켜 다음과 같이 핵융합 에너지를 얻기 위한 연구 장치이다.

$^2_1\text{H} + ^3_1\text{H} \rightarrow ^4_2\text{He} + \boxed{\text{㉠}} + \text{㉡ 에너지}$

이에 대한 설명으로 옳은 것만을 〈보기〉에서 있는 대로 고른 것은?

보기

ㄱ. ^2_1H와 ^3_1H는 질량수가 같다.

ㄴ. ㉠은 중성자이다.

ㄷ. ㉡은 질량 결손에 의해 발생한다.

① ㄱ　　② ㄴ　　③ ㄷ　　④ ㄱ, ㄴ　　⑤ ㄴ, ㄷ

다음은 핵반응식을 나타낸 것이다. E_0은 핵반응에서 방출되는 에너지이다.

$$^{235}_{92}\text{U} + ^1_0\text{n} \rightarrow ^{141}_{56}\text{Ba} + ^{92}_{36}\text{Kr} + \boxed{\text{㉠}}\,^1_0\text{n} + E_0$$

이에 대한 설명으로 옳은 것만을 〈보기〉에서 있는 대로 고른 것은?

보기

ㄱ. ㉠은 3이다.

ㄴ. 핵융합 반응이다.

ㄷ. E_0은 질량 결손에 의해 발생한다.

① ㄱ　　② ㄴ　　③ ㄱ, ㄷ　　④ ㄴ, ㄷ　　⑤ ㄱ, ㄴ, ㄷ

다음은 핵반응 (가), (나)에 대해 학생 A, B, C가 대화하는 모습을 나타낸 것이다.

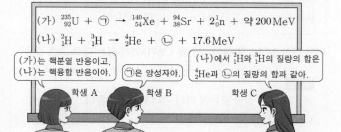

(가) $^{235}_{92}\text{U} + ㉠ \rightarrow ^{140}_{54}\text{Xe} + ^{94}_{38}\text{Sr} + 2\,^1_0\text{n} + $ 약 200 MeV

(나) $^2_1\text{H} + ^3_1\text{H} \rightarrow ^4_2\text{He} + ㉡ + 17.6\,\text{MeV}$

학생 A: (가)는 핵분열 반응이고, (나)는 핵융합 반응이야.

학생 B: ㉠은 양성자야.

학생 C: (나)에서 ^2_1H와 ^3_1H의 질량의 합은 ^4_2He과 ㉡의 질량의 합과 같아.

제시한 내용이 옳은 학생만을 있는 대로 고른 것은?

① A　　② B　　③ A, C　　④ B, C　　⑤ A, B, C

33

핵에너지
[2023년 10월 학평 3번]

다음은 두 가지 핵반응을 나타낸 것이다. 중성자, 원자핵 X, Y의 질량은 각각 m_n, m_X, m_Y이고, $m_Y - m_X < m_n$이다.

> (가) $X + {}_1^3H \rightarrow {}_2^4He + {}_0^1n +$ 에너지
> (나) $Y + {}_1^3H \rightarrow {}_2^4He + 2{}_0^1n +$ 에너지

이에 대한 옳은 설명만을 〈보기〉에서 있는 대로 고른 것은?

> **보기**
> ㄱ. (가)는 핵융합 반응이다.
> ㄴ. Y는 ${}_1^3H$이다.
> ㄷ. 핵반응에서 발생한 에너지는 (나)에서가 (가)에서보다 크다.

① ㄴ   ② ㄷ   ③ ㄱ, ㄴ   ④ ㄱ, ㄷ   ⑤ ㄱ, ㄴ, ㄷ

34

핵에너지
[2024년 7월 학평 2번]

다음은 두 가지 핵반응이다.

> (가) ⬜️㉠ $+ {}_1^2H \rightarrow {}_2^3He + {}_0^1n + 3.27MeV$
> (나) ${}_{92}^{235}U + $ ⬜️㉡ $\rightarrow {}_{56}^{141}Ba + {}_{36}^{92}Kr + 3{}_0^1n +$ 약 200MeV

이에 대한 설명으로 옳은 것만을 〈보기〉에서 있는 대로 고른 것은?

> **보기**
> ㄱ. ㉠은 ${}_1^2H$이다.
> ㄴ. ㉡은 중성자이다.
> ㄷ. (나)는 핵분열 반응이다.

① ㄱ   ② ㄴ   ③ ㄱ, ㄷ   ④ ㄴ, ㄷ   ⑤ ㄱ, ㄴ, ㄷ

35 **2025 평가원**

핵에너지
[2025학년도 9월 모평 4번]

다음은 두 가지 핵반응이다. (가)와 (나)에서 방출되는 에너지는 각각 E_1, E_2이고, 질량 결손은 (가)에서가 (나)에서보다 크다.

> (가) ⬜️㉠ $+ {}_0^1n \rightarrow {}_{56}^{141}Ba + {}_{36}^{92}Kr + 3{}_0^1n + E_1$
> (나) ${}_1^2H + {}_1^3H \rightarrow {}_2^4He + {}_0^1n + E_2$

이에 대한 설명으로 옳은 것만을 〈보기〉에서 있는 대로 고른 것은?

> **보기**
> ㄱ. ㉠의 질량수는 238이다.
> ㄴ. (나)는 핵융합 반응이다.
> ㄷ. E_1은 E_2보다 크다.

① ㄱ   ② ㄴ   ③ ㄱ, ㄷ   ④ ㄴ, ㄷ   ⑤ ㄱ, ㄴ, ㄷ

36

핵에너지
[2024년 10월 학평 6번]

다음은 두 가지 핵융합 반응식이다.

> (가) ${}_2^3He + {}_2^3He \rightarrow $ ⬜️㉠ $+ {}_1^1H + {}_1^1H + 12.9MeV$
> (나) ${}_2^3He + $ ⬜️㉡ $\rightarrow $ ⬜️㉠ $+ {}_1^1H + {}_0^1n + 12.1MeV$

이에 대한 옳은 설명만을 〈보기〉에서 있는 대로 고른 것은?

> **보기**
> ㄱ. ㉠의 질량수는 2이다.
> ㄴ. ㉡은 ${}_1^3H$이다.
> ㄷ. 질량 결손은 (가)에서가 (나)에서보다 크다.

① ㄱ   ② ㄷ   ③ ㄱ, ㄴ   ④ ㄴ, ㄷ   ⑤ ㄱ, ㄴ, ㄷ

다음은 핵반응에 대한 설명이다.

원자로 내부에서 $^{235}_{92}$U 원자핵이 중성자($^1_0$n) 하나를 흡수하면,
$^{141}_{56}$Ba 원자핵과 $^{92}_{36}$Kr 원자핵으로 쪼개지며 세 개의 중성자와
에너지가 방출된다. 이 핵반응을 ⓐ ___㉠___ 반응이라 하고, 이때
ⓑ 방출되는 에너지를 이용해 전기를 생산할 수 있다.

이에 대한 설명으로 옳은 것만을 <보기>에서 있는 대로 고른 것은?

보기
ㄱ. $^{235}_{92}$U 원자핵의 질량수는 $^{141}_{56}$Ba 원자핵과 $^{92}_{36}$Kr 원자핵의
   질량수의 합과 같다.
ㄴ. '핵분열'은 ㉠으로 적절하다.
ㄷ. ㉡은 질량 결손에 의해 발생한다.

① ㄱ   ② ㄴ   ③ ㄷ   ④ ㄱ, ㄴ   ⑤ ㄴ, ㄷ

Ⅱ. 물질과 전자기장

1. 물질의 구조와 성질

01 전기력 ◀★수능에 나오는 필수 개념 2가지 ✛필수 암기사항 3개

필수개념 1 마찰 전기

- **암기 마찰 전기** : 종류가 다른 두 물체를 마찰시키면 전자가 한 물체에서 다른 물체로 이동하는데, 전자를 잃은 물체는 양(+)전하를 띠고 전자를 얻은 물체는 음(−)전하를 띤다.

  ① 대전과 대전체 : 물체가 전기를 띠는 현상을 대전, 전기를 띤 물체를 대전체라 한다.

  ② 전하 : 대전체가 띠고 있는 전기를 전하라고 하며, 전하의 양을 전하량이라고 한다. 기본 전하량은 전자의 전하량 (e)의 크기인 1.6×10^{-19}C이다.

  ③ 전하량 보존 법칙 : 임의의 고립된 계 내의 모든 전하의 대수적인 합은 언제나 일정하다.

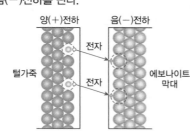

양(+)전하 음(−)전하

전자

전자

털가죽

에보나이트 막대

기본자료

암기 전하량 보존 법칙

구분	접촉 전		접촉 후		전하량의 합
	A	B	A	B	
(가)	+2Q	+4Q	+3Q	+3Q	+6Q
(나)	+2Q	−4Q	−Q	−Q	−2Q
(다)	−2Q	+6Q	+2Q	+2Q	+4Q

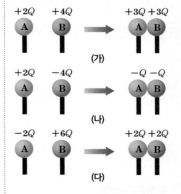

+2Q +4Q → +3Q +3Q
A   B   A   B
(가)

+2Q −4Q → −Q −Q
A   B   A   B
(나)

−2Q +6Q → +2Q +2Q
A   B   A   B
(다)

DAY
14

Ⅱ

1
−
01

전
기
력

필수개념 2 쿨롱 법칙

- **암기 전기력** : 전하들 사이에 작용하는 힘으로 같은 종류의 전하 사이에는 미는 힘(척력), 반대 종류의 전하 사이에는 끌어당기는 힘(인력)이 작용한다.

- **쿨롱 법칙** : 두 점전하 사이의 전기력은 각 전하량의 곱(q_1q_2)에 비례하고 거리의 제곱(r^2)에 반비례한다.

  전기력 $F = k\dfrac{q_1q_2}{r^2}$ (k : 비례 상수)

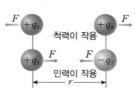

F ← +q_1 +q_2 → F
척력이 작용

+q_3 F→   ←F −q_2
인력이 작용
r

1

그림 (가)와 같이 점전하 A와 B를 x축상에 고정시키고 점전하 P를 x축상에 놓았다. A, B는 각각 양(+)전하, 음(−)전하이다. 그림 (나)는 (가)에서 A, B가 각각 P에 작용하는 전기력의 크기 F_A, F_B를 P의 위치에 따라 나타낸 것이다. P의 위치가 $x=d_2$일 때, P에 작용하는 전기력의 방향은 $+x$방향이다.

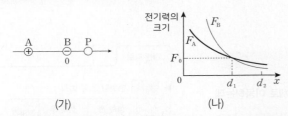

(가) (나)

이에 대한 옳은 설명만을 〈보기〉에서 있는 대로 고른 것은? (3점)

보기

ㄱ. P는 양(+)전하이다.

ㄴ. 전하량의 크기는 A가 B보다 크다.

ㄷ. P의 위치가 $x=d_1$일 때, P에 작용하는 전기력의 크기는 $2F_0$이다.

---

① ㄴ   ② ㄷ   ③ ㄱ, ㄴ   ④ ㄱ, ㄷ   ⑤ ㄱ, ㄴ, ㄷ

---

2 [2024 평가원]

그림과 같이 점전하 A, B, C를 x축상에 고정하였다. 전하량의 크기는 B가 A의 2배이고, B와 C가 A로부터 받는 전기력의 크기는 F로 같다. A와 B 사이에는 서로 밀어내는 전기력이, A와 C 사이에는 서로 당기는 전기력이 작용한다.

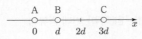

이에 대한 설명으로 옳은 것만을 〈보기〉에서 있는 대로 고른 것은? (3점)

보기

ㄱ. 전하량의 크기는 C가 가장 크다.

ㄴ. B와 C 사이에는 서로 당기는 전기력이 작용한다.

ㄷ. B와 C 사이에 작용하는 전기력의 크기는 F보다 크다.

---

① ㄱ   ② ㄷ   ③ ㄱ, ㄴ   ④ ㄴ, ㄷ   ⑤ ㄱ, ㄴ, ㄷ

3

그림 (가)와 같이 x축상에 점전하 A, B, C를 같은 간격으로 고정시켰더니 양(+)전하 A에 작용하는 전기력이 0이 되었다. 그림 (나)와 같이 (가)의 C를 $-x$방향으로 옮겨 고정시켰더니 B에 작용하는 전기력이 0이 되었다.

(가) (나)

이에 대한 설명으로 옳은 것만을 〈보기〉에서 있는 대로 고른 것은? (3점)

보기

ㄱ. C는 양(+)전하이다.

ㄴ. 전하량의 크기는 B가 A보다 크다.

ㄷ. (가)에서 C에 작용하는 전기력의 방향은 $-x$방향이다.

---

① ㄱ   ② ㄴ   ③ ㄱ, ㄷ   ④ ㄴ, ㄷ   ⑤ ㄱ, ㄴ, ㄷ

4

그림 (가)와 같이 점전하 A, B, C가 각각 $x=0$, $x=d$, $x=2d$에 고정되어 있다. 양(+)전하 B에는 $+x$방향으로 크기가 F인 전기력이 작용한다. 그림 (나)와 같이 (가)의 C를 $x=4d$로 옮겨 고정시켰더니 B에는 $+x$방향으로 크기가 $2F$인 전기력이 작용한다.

(가) ![A(0), B(d) F, C(2d) 축: 0 d 2d 3d 4d x]

(나) ![A(0), B(d) 2F, C(4d) 축: 0 d 2d 3d 4d x]

A와 C의 전하량의 크기를 각각 Q_A, Q_C라 할 때, $\dfrac{Q_A}{Q_C}$는? (3점)

① $\dfrac{10}{9}$ ② $\dfrac{13}{9}$ ③ $\dfrac{5}{3}$ ④ $\dfrac{17}{9}$ ⑤ $\dfrac{20}{9}$

5

그림 (가)와 같이 x축상에 점전하 A, B, C를 같은 간격으로 고정시켰더니, 음(−)전하 B는 +x방향으로 전기력을 받고, C가 받는 전기력은 0이 되었다. 그림 (나)와 같이 (가)에서 C를 점전하 D로 바꾸어 같은 지점에 고정시켰더니 A가 받는 전기력이 0이 되었다.

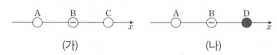

(가)   (나)

이에 대한 옳은 설명만을 〈보기〉에서 있는 대로 고른 것은? ③점

보기
ㄱ. A는 음(−)전하이다.
ㄴ. (가)에서 A가 받는 전기력의 방향은 −x방향이다.
ㄷ. 전하량의 크기는 C가 D보다 작다.

① ㄱ   ② ㄴ   ③ ㄱ, ㄴ   ④ ㄱ, ㄷ   ⑤ ㄴ, ㄷ

6

그림은 점전하 A, B, C를 각각 $x=-d$, $x=0$, $x=d$에 고정시켜 놓은 모습을 나타낸 것이다. 표는 A, B의 전하량과 A와 B에 작용하는 전기력의 방향과 크기를 나타낸 것이다.

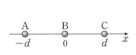

점전하	전하량	전기력의 방향	전기력의 크기
A	$+Q$	$-x$	F
B	$+Q$	$+x$	$6F$

C의 전하량의 크기는? ③점

① Q ② $2Q$ ③ $3Q$ ④ $4Q$ ⑤ $5Q$

7

그림 (가)는 x축상에 고정된 점전하 A, B, C를 나타낸 것으로 B에 작용하는 전기력의 방향은 +x방향이고, C에 작용하는 전기력은 0이다. 그림 (나)는 (가)에서 A, B의 위치만 바꾸어 고정시킨 것을 나타낸 것이다. A는 양(+)전하이다.

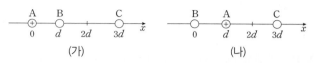

(가)   (나)

이에 대한 설명으로 옳은 것만을 〈보기〉에서 있는 대로 고른 것은?

보기
ㄱ. 전하량의 크기는 B가 C보다 작다.
ㄴ. A에 작용하는 전기력의 방향은 (가)에서와 (나)에서가 같다.
ㄷ. (나)에서 A에 작용하는 전기력의 크기는 B에 작용하는 전기력의 크기보다 크다.

① ㄱ   ② ㄷ   ③ ㄱ, ㄴ   ④ ㄴ, ㄷ   ⑤ ㄱ, ㄴ, ㄷ

8

그림 (가)는 점전하 A, B, C를 x축상에 고정시킨 모습을, (나)는 (가)에서 점전하의 위치만 서로 바꾼 모습을 나타낸 것이다. A, B는 모두 양(+)전하이며, (나)에서 A, B, C에 작용하는 전기력은 모두 0이다.

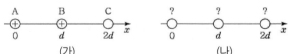

(가)   (나)

이에 대한 옳은 설명만을 〈보기〉에서 있는 대로 고른 것은? ③점

보기
ㄱ. C는 음(−)전하이다.
ㄴ. 전하량의 크기는 A와 B가 같다.
ㄷ. (가)에서 A에 작용하는 전기력의 방향은 −x방향이다.

① ㄱ   ② ㄷ   ③ ㄱ, ㄴ   ④ ㄴ, ㄷ   ⑤ ㄱ, ㄴ, ㄷ

그림과 같이 점전하 A, B, C가 각각 $x=-d$, $x=0$, $x=2d$에 고정되어 있다. A와 C가 B에 작용하는 전기력은 0이고, B가 A에 작용하는 전기력의 크기는 C가 A에 작용하는 전기력의 크기보다 작다. A, B, C는 양(+)전하이다.

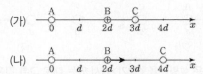

A, B, C의 전하량을 각각 Q_A, Q_B, Q_C라 할 때 Q_A, Q_B, Q_C를 옳게 비교한 것은? ③점

① $Q_A > Q_B > Q_C$ ② $Q_A > Q_C > Q_B$ ③ $Q_B > Q_A > Q_C$

④ $Q_C > Q_A > Q_B$ ⑤ $Q_C > Q_B > Q_A$

그림 (가), (나)와 같이 점전하 A, B, C를 각각 x축상에 고정시켰다. (가)에서 B가 받는 전기력은 0이고, (가), (나)에서 C는 각각 $+x$방향과 $-x$방향으로 크기가 F_1, F_2인 전기력을 받는다. $F_1 > F_2$이다.

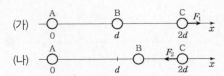

이에 대한 옳은 설명만을 〈보기〉에서 있는 대로 고른 것은? ③점

> **보기**
>
> ㄱ. 전하량의 크기는 A와 C가 같다.
> ㄴ. A와 B 사이에는 서로 당기는 전기력이 작용한다.
> ㄷ. (나)에서 A가 받는 전기력의 크기는 F_2보다 작다.

① ㄴ   ② ㄷ   ③ ㄱ, ㄴ   ④ ㄱ, ㄷ   ⑤ ㄱ, ㄴ, ㄷ

그림 (가)와 같이 점전하 A, B, C를 x축상에 고정시켰더니 양(+)전하 B에 작용하는 전기력이 0이 되었다. 그림 (나)와 같이 (가)의 C를 $x=4d$로 옮겨 고정시켰더니 B에 작용하는 전기력의 방향이 $+x$방향이 되었다. C에 작용하는 전기력의 크기는 (가)에서가 (나)에서의 2배이다.

이에 대한 설명으로 옳은 것만을 〈보기〉에서 있는 대로 고른 것은? ③점

> **보기**
>
> ㄱ. B와 C 사이에는 미는 전기력이 작용한다.
> ㄴ. (나)에서 A에 작용하는 전기력의 크기는 C에 작용하는 전기력의 크기보다 작다.
> ㄷ. 전하량의 크기는 A가 B보다 작다.

① ㄱ   ② ㄴ   ③ ㄱ, ㄷ   ④ ㄴ, ㄷ   ⑤ ㄱ, ㄴ, ㄷ

그림 (가), (나)와 같이 점전하 A, B, C를 x축상에 고정시키고, 점전하 P를 각각 $x=-d$와 $x=d$에 놓았다. (가)와 (나)에서 P가 받는 전기력은 모두 0이다. A는 양(+)전하이고, A와 C는 전하량의 크기가 같다.

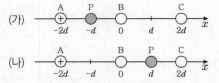

이에 대한 옳은 설명만을 〈보기〉에서 있는 대로 고른 것은? ③점

> **보기**
>
> ㄱ. A와 C가 P에 작용하는 전기력의 합력의 방향은 (가)에서와 (나)에서가 같다.
> ㄴ. C는 양(+)전하이다.
> ㄷ. 전하량의 크기는 A가 B보다 작다.

① ㄱ   ② ㄴ   ③ ㄱ, ㄷ   ④ ㄴ, ㄷ   ⑤ ㄱ, ㄴ, ㄷ

13

그림과 같이 x축상에 점전하 A, B, C가 같은 거리만큼 떨어져
고정되어 있다. 양(+)전하 A에 작용하는 전기력은 0이고, B에
작용하는 전기력의 방향은 $-x$방향이다.

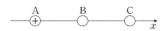

이에 대한 설명으로 옳은 것만을 〈보기〉에서 있는 대로 고른 것은?

 3점

보기

ㄱ. B는 음($-$)전하이다.
ㄴ. 전하량의 크기는 C가 A보다 크다.
ㄷ. C에 작용하는 전기력의 방향은 $-x$방향이다.

① ㄱ   ② ㄴ   ③ ㄱ, ㄷ   ④ ㄴ, ㄷ   ⑤ ㄱ, ㄴ, ㄷ

14

그림 (가)는 점전하 A, B, C를 x축상에 고정시킨 것을, (나)는
(가)에서 A, C의 위치만을 바꾸어 고정시킨 것을 나타낸 것이다.
(가)와 (나)에서 양(+)전하인 A에 작용하는 전기력의 방향은 같고,
C에 작용하는 전기력의 방향은 $+x$방향으로 같다.

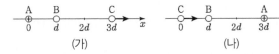

이에 대한 설명으로 옳은 것만을 〈보기〉에서 있는 대로 고른 것은?

보기

ㄱ. C는 양($+$)전하이다.
ㄴ. (가)에서 A에 작용하는 전기력의 방향은 $-x$방향이다.
ㄷ. (나)에서 B에 작용하는 전기력의 크기는 C에 작용하는
　 전기력의 크기보다 작다.

① ㄱ   ② ㄴ   ③ ㄱ, ㄷ   ④ ㄴ, ㄷ   ⑤ ㄱ, ㄴ, ㄷ

15   2023 평가원

그림 (가)는 점전하 A, B, C를 x축상에 고정시킨 것으로 양(+)
전하인 C에 작용하는 전기력의 방향은 $+x$방향이다. 그림 (나)는
(가)에서 A의 위치만 $x=3d$로 바꾸어 고정시킨 것으로 B, C에
작용하는 전기력의 방향은 $+x$방향으로 같다.

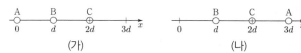

이에 대한 설명으로 옳은 것만을 〈보기〉에서 있는 대로 고른 것은?

보기

ㄱ. A에 작용하는 전기력의 방향은 (가)에서와 (나)에서가 서로
　 같다.
ㄴ. 전하량의 크기는 B가 C보다 크다.
ㄷ. (가)에서 B에 작용하는 전기력의 크기는 (나)에서 C에
　 작용하는 전기력의 크기보다 크다.

① ㄱ   ② ㄴ   ③ ㄱ, ㄷ   ④ ㄴ, ㄷ   ⑤ ㄱ, ㄴ, ㄷ

16   2023 수능

그림 (가)는 점전하 A, B, C를 x축상에 고정시킨 것으로 A, B에
작용하는 전기력의 방향은 같고, B는 양(+)전하이다. 그림 (나)는
(가)에서 $x=3d$에 음($-$)전하인 점전하 D를 고정시킨 것으로 B에
작용하는 전기력은 0이다. C에 작용하는 전기력의 크기는 (가)에서가
(나)에서보다 크다.

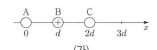 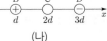

이에 대한 설명으로 옳은 것만을 〈보기〉에서 있는 대로 고른 것은?

보기

ㄱ. (가)에서 C에 작용하는 전기력의 방향은 $+x$방향이다.
ㄴ. A는 음($-$)전하이다.
ㄷ. 전하량의 크기는 A가 C보다 크다.

① ㄱ   ② ㄷ   ③ ㄱ, ㄴ   ④ ㄴ, ㄷ   ⑤ ㄱ, ㄴ, ㄷ

17

그림 (가)는 점전하 A, B, C를 x축상에 고정시킨 모습을, (나)는 (가)에서 A의 위치만 $x=2d$로 옮겨 고정시킨 모습을 나타낸 것이다. 양(+)전하인 C에 작용하는 전기력의 크기는 (가), (나)에서 각각 F, $5F$이고, 방향은 $+x$방향으로 같다. (나)에서 B에 작용하는 전기력의 크기는 $4F$이다.

이에 대한 설명으로 옳은 것만을 <보기>에서 있는 대로 고른 것은?

보기

ㄱ. A와 C 사이에는 서로 밀어내는 전기력이 작용한다.
ㄴ. (가)에서 A와 C 사이에 작용하는 전기력의 크기는 $2F$보다 작다.
ㄷ. (나)에서 B에 작용하는 전기력의 방향은 $-x$방향이다.

① ㄱ ② ㄴ ③ ㄷ ④ ㄱ, ㄴ ⑤ ㄴ, ㄷ

18

그림과 같이 x축상에 점전하 A, B를 각각 $x=0$, $x=3d$에 고정한다. 양(+)전하인 점전하 P를 x축상에 옮기며 고정할 때, $x=d$에서 P에 작용하는 전기력의 방향은 $+x$방향이고, $x>3d$에서 P에 작용하는 전기력의 방향이 바뀌는 위치가 있다.

이에 대한 설명으로 옳은 것만을 <보기>에서 있는 대로 고른 것은?

보기

ㄱ. A는 양(+)전하이다.
ㄴ. 전하량의 크기는 A가 B보다 작다.
ㄷ. $x<0$에서 P에 작용하는 전기력의 방향이 바뀌는 위치가 있다.

① ㄱ ② ㄴ ③ ㄱ, ㄷ ④ ㄴ, ㄷ ⑤ ㄱ, ㄴ, ㄷ

19

그림과 같이 x축상에 점전하 A, B, C를 고정하고, 양(+)전하인 점전하 P를 옮기며 고정한다. P가 $x=2d$에 있을 때, P에 작용하는 전기력의 방향은 $+x$방향이다. B, C는 각각 양(+)전하, 음(−)전하이고, A, B, C의 전하량의 크기는 같다.

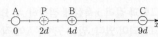

이에 대한 설명으로 옳은 것만을 <보기>에서 있는 대로 고른 것은?

보기

ㄱ. A는 양(+)전하이다.
ㄴ. P가 $x=6d$에 있을 때, P에 작용하는 전기력의 방향은 $+x$방향이다.
ㄷ. P에 작용하는 전기력의 크기는 P가 $x=d$에 있을 때가 $x=5d$에 있을 때보다 작다.

① ㄱ ② ㄷ ③ ㄱ, ㄴ ④ ㄴ, ㄷ ⑤ ㄱ, ㄴ, ㄷ

20

그림 (가)는 점전하 A, B, C를 x축상에 고정시킨 것을, (나)는 (가)에서 B의 위치만 $x=3d$로 옮겨 고정시킨 것을 나타낸 것이다. (가)와 (나)에서 양(+)전하인 A에 작용하는 전기력의 방향은 $+x$방향으로 같고, C에 작용하는 전기력의 크기는 (가)에서가 (나)에서보다 크다.

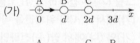

이에 대한 설명으로 옳은 것만을 <보기>에서 있는 대로 고른 것은?

보기

ㄱ. (가)에서 B에 작용하는 전기력의 방향은 $-x$방향이다.
ㄴ. 전하량의 크기는 C가 B보다 크다.
ㄷ. A에 작용하는 전기력의 크기는 (나)에서가 (가)에서보다 크다.

① ㄱ ② ㄴ ③ ㄷ ④ ㄱ, ㄷ ⑤ ㄴ, ㄷ

21
쿨롱 법칙
[2024년 7월 학평 18번]

그림과 같이 x축상에 점전하 A~D를 고정하고 양(+)전하인 점전하 P를 옮기며 고정한다. A와 B의 전하량의 크기는 서로 같고, C와 D의 전하량의 크기는 서로 같다. B, C는 양(+)전하이고 A, D는 음(−)전하이다. P가 $x=4d$에 있을 때, P에 작용하는 전기력은 0이다.

A	B	P	C	D	
0	2d	4d	8d	12d	x

이에 대한 설명으로 옳은 것만을 〈보기〉에서 있는 대로 고른 것은?

3점

보기
ㄱ. 전하량의 크기는 A가 C보다 크다.
ㄴ. P가 $x=d$에 있을 때, P에 작용하는 전기력의 방향은 $-x$방향이다.
ㄷ. P에 작용하는 전기력의 크기는 $x=6d$에 있을 때가 $x=10d$에 있을 때보다 크다.

① ㄱ   ② ㄴ   ③ ㄱ, ㄷ   ④ ㄴ, ㄷ   ⑤ ㄱ, ㄴ, ㄷ

22
쿨롱 법칙
[2022년 10월 학평 17번]

그림 (가)는 x축상에 점전하 A와 B를 각각 $x=0$과 $x=d$에 고정하고 점전하 C를 $x>d$인 범위에서 x축상에 놓은 모습을 나타낸 것이다. A와 C의 전하량의 크기는 같다. 그림 (나)는 C가 받는 전기력 F_C를 C의 위치 x에 따라 나타낸 것으로, 전기력은 $+x$방향일 때가 양(+)이다.

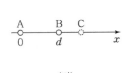

(가)   (나)

(가)에서 C를 x축상의 $x=2d$에 고정하고 B를 $0<x<2d$인 범위에서 x축상에 놓을 때, B가 받는 전기력 F_B를 B의 위치 x에 따라 나타낸 것으로 가장 적절한 것은? **3점**

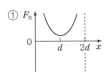

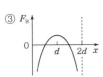
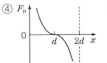

23 고난도
쿨롱 법칙
[2023년 4월 학평 19번]

그림 (가)와 같이 x축상에 점전하 A, B를 각각 $x=0$, $x=6d$에 고정하고, 양(+)전하인 점전하 C를 옮기며 고정한다. 그림 (나)는 (가)에서 C의 위치가 $d\leq x\leq 5d$인 구간에서 A, B에 작용하는 전기력을 나타낸 것이다.

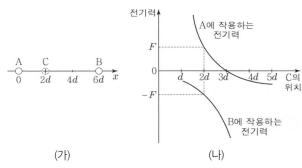

(가)   (나)

이에 대한 설명으로 옳은 것만을 〈보기〉에서 있는 대로 고른 것은?

보기
ㄱ. A는 음(−)전하이다.
ㄴ. 전하량의 크기는 A와 C가 같다.
ㄷ. C를 $x=2d$에 고정할 때 A가 C에 작용하는 전기력의 크기는 F보다 작다.

① ㄱ   ② ㄷ   ③ ㄱ, ㄴ   ④ ㄴ, ㄷ   ⑤ ㄱ, ㄴ, ㄷ

24 고난도
쿨롱 법칙
[2021학년도 9월 모평 19번]

그림 (가), (나), (다)는 점전하 A, B, C가 x축 상에 고정되어 있는 세 가지 상황을 나타낸 것이다. (가)에서는 양(+)전하인 C에 $+x$ 방향으로 크기가 F인 전기력이, A에는 크기가 $2F$인 전기력이 작용한다. (나)에서는 C에 $+x$ 방향으로 크기가 $2F$인 전기력이 작용한다.

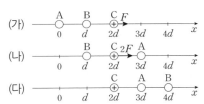

(다)에서 A에 작용하는 전기력의 크기와 방향으로 옳은 것은?

	크기	방향		크기	방향
①	$\dfrac{F}{2}$	$+x$	②	$\dfrac{F}{2}$	$-x$
③	F	$+x$	④	F	$-x$
⑤	$2F$	$+x$			

그림 (가)는 점전하 A, B, C를 x축상에 고정시킨 것으로 C에 작용하는 전기력의 방향은 $+x$방향이다. 그림 (나)는 (가)에서 C의 위치만 $x=2d$로 바꾸어 고정시킨 것으로 A에 작용하는 전기력의 크기는 0이고, C에 작용하는 전기력의 방향은 $-x$방향이다. B는 양(+)전하이다.

(가)   (나)

이에 대한 설명으로 옳은 것만을 〈보기〉에서 있는 대로 고른 것은?

보기
ㄱ. A는 음(−)전하이다.
ㄴ. 전하량의 크기는 A가 C보다 크다.
ㄷ. B에 작용하는 전기력의 방향은 (가)에서와 (나)에서가 같다.

① ㄱ   ② ㄴ   ③ ㄱ, ㄷ   ④ ㄴ, ㄷ   ⑤ ㄱ, ㄴ, ㄷ

그림 (가)는 점전하 A, B, C, D를 x축상에 고정시킨 것으로 A에 작용하는 전기력의 방향은 $-x$방향이고, B에 작용하는 전기력은 0이다. 그림 (나)는 (가)에서 A와 C의 위치만 서로 바꾸어 고정시킨 것으로 B에는 $+x$방향으로 크기가 F인 전기력이 작용한다. A, B, C의 전하량의 크기는 각각 $2Q$, Q, Q이다.

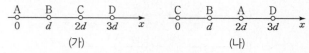
(가)   (나)

(가)에서 A에 작용하는 전기력의 크기는? [3점]

① $\frac{1}{36}F$ ② $\frac{1}{18}F$ ③ $\frac{1}{12}F$ ④ $\frac{1}{9}F$ ⑤ $\frac{1}{6}F$

그림 (가)와 같이 x축상에 점전하 A∼D를 고정하고 양(+)전하인 점전하 P를 옮기며 고정한다. A, B는 전하량이 같은 음(−)전하이고 C, D는 전하량이 같은 양(+)전하이다. 그림 (나)는 P의 위치 x가 $0 < x < 5d$인 구간에서 P에 작용하는 전기력을 나타낸 것이다.

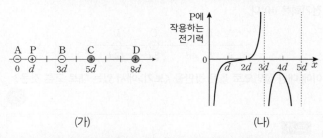
(가)   (나)

이에 대한 설명으로 옳은 것만을 〈보기〉에서 있는 대로 고른 것은?

보기
ㄱ. $x=d$에서 P에 작용하는 전기력의 방향은 $-x$방향이다.
ㄴ. 전하량의 크기는 A가 C보다 작다.
ㄷ. $5d < x < 6d$인 구간에 P에 작용하는 전기력이 0이 되는 위치가 있다.

① ㄱ   ② ㄷ   ③ ㄱ, ㄴ   ④ ㄴ, ㄷ   ⑤ ㄱ, ㄴ, ㄷ

그림 (가)는 점전하 A, B, C, D를 x축상에 고정시킨 것으로 B는 음(−)전하이고 A와 C는 같은 종류의 전하이다. A에 작용하는 전기력의 방향은 $+x$방향이고, C에 작용하는 전기력은 0이다. 그림 (나)는 (가)에서 B만 제거한 것으로 D에 작용하는 전기력의 방향은 $+x$방향이다.

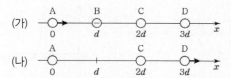

이에 대한 옳은 설명만을 〈보기〉에서 있는 대로 고른 것은?

보기
ㄱ. A는 양(+)전하이다.
ㄴ. 전하량의 크기는 B가 A보다 크다.
ㄷ. (나)의 D에 작용하는 전기력의 크기는 (나)의 A에 작용하는 전기력의 크기보다 크다.

① ㄱ   ② ㄴ   ③ ㄱ, ㄷ   ④ ㄴ, ㄷ   ⑤ ㄱ, ㄴ, ㄷ

그림 (가)와 같이 x축상에 점전하 A, 양(+)전하인 점전하 C를 각각 $x=0$, $x=5d$에 고정하고, 점전하 B를 x축상의 $d \leq x \leq 3d$인 구간에서 옮기며 고정한다. 그림 (나)는 (가)에서 C에 작용하는 전기력을 B의 위치에 따라 나타낸 것이고, 전기력의 방향은 $+x$방향이 양(+)이다.

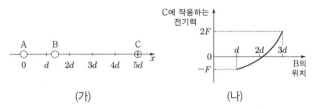

이에 대한 설명으로 옳은 것만을 〈보기〉에서 있는 대로 고른 것은?
(3점)

보기

ㄱ. A는 음(−)전하이다.

ㄴ. 전하량의 크기는 A가 B보다 작다.

ㄷ. B가 $x=3d$에 있을 때, B에 작용하는 전기력의 크기는 $2F$보다 작다.

① ㄱ   ② ㄴ   ③ ㄱ, ㄷ   ④ ㄴ, ㄷ   ⑤ ㄱ, ㄴ, ㄷ

30
쿨롱 법칙
[2024년 10월 학평 19번]

그림 (가)는 점전하 A, B, C를 x축상에 고정시킨 것으로 A, C에 작용하는 전기력의 크기는 같다. 그림 (나)는 (가)에서 B와 C의 위치를 바꾸어 고정시킨 것으로 C에 작용하는 전기력은 0이다. 전하량의 크기는 A가 C보다 크다.

이에 대한 옳은 설명만을 〈보기〉에서 있는 대로 고른 것은? (3점)

보기

ㄱ. 전하량의 크기는 B가 C보다 크다.

ㄴ. A와 C 사이에는 서로 밀어내는 전기력이 작용한다.

ㄷ. (가)에서 A와 B에 작용하는 전기력의 방향은 같다.

① ㄱ   ② ㄴ   ③ ㄱ, ㄷ   ④ ㄴ, ㄷ   ⑤ ㄱ, ㄴ, ㄷ

31 2025 수능
쿨롱 법칙
[2025학년도 수능 13번]

그림 (가)는 점전하 A, B를 x축상에 고정하고 음(−)전하 P를 옮기며 x축상에 고정하는 것을 나타낸 것이다. 그림 (나)는 점전하 A~D를 x축상에 고정하고 양(+)전하 R를 옮기며 x축상에 고정하는 것을 나타낸 것이다. A와 D, B와 C, P와 R는 각각 전하량의 크기가 같고, C와 D는 양(+)전하이다. 그림 (다)는 (가)에서 P의 위치 x가 $0<x<3d$인 구간에서 P에 작용하는 전기력을 나타낸 것으로, 전기력의 방향은 $+x$방향이 양(+)이다.

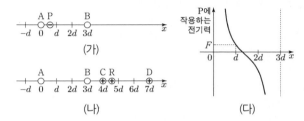

이에 대한 설명으로 옳은 것만을 〈보기〉에서 있는 대로 고른 것은?
(3점)

보기

ㄱ. (가)에서 P의 위치가 $x=-d$일 때, P에 작용하는 전기력의 크기는 F보다 크다.

ㄴ. (나)에서 R의 위치가 $x=d$일 때, R에 작용하는 전기력의 방향은 $+x$방향이다.

ㄷ. (나)에서 R의 위치가 $x=6d$일 때, R에 작용하는 전기력의 크기는 F보다 작다.

① ㄱ   ② ㄴ   ③ ㄱ, ㄷ   ④ ㄴ, ㄷ   ⑤ ㄱ, ㄴ, ㄷ

DAY 14 Ⅱ 1-01 전기력

02 빛의 흡수와 방출

❶ 돌턴, 톰슨과 러더퍼드의 원자 모형 ★수능에 나오는 필수 개념 2가지

기본자료

필수개념 1 돌턴과 톰슨의 원자 모형

○ **돌턴 원자 모형** : 돌턴은 더 이상 쪼갤 수 없는 가장 작은 입자(알갱이)를 원자라고 하였다.

○ **톰슨 원자 모형** : 두 개의 전극을 넣은 유리관을 진공 상태에 가깝게 만들고 두 전극 사이에 높은
전압을 걸어 주면 유리관 속의 (−)극에서 (+)극 쪽으로 빛이 나오는데, 톰슨은 이를 음극선이라고
하였다. 톰슨은 음극선에 전기장을 걸어주었을 때 음극선의 경로가 (+)쪽으로 휘는 것을 보고
음극선이 (−)전하를 띤 입자의 흐름이라는 것을 알아내었다. 이를 통해 원자를 구성하는 전자의
존재를 처음 알게 되었다. 이후 톰슨은 원자가 (+)전하를 띤 물질로 채워져 있고, 그 속에 전자들이
띄엄띄엄 박혀 있다고 생각하였다.

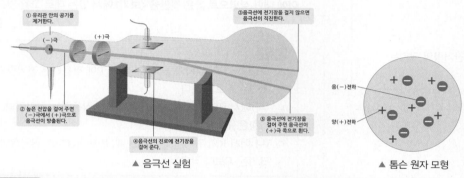

▲ 음극선 실험

▲ 톰슨 원자 모형

필수개념 2 러더퍼드의 원자 모형

○ **러더퍼드 원자 모형** : 러더퍼드는 (+)전하를 띤 알파입자를 아주 얇은 금박에 쏘았더니 일부
알파입자가 거의 180도에 가까운 각도로 튕겨 나오는 것을 발견했다. 톰슨의 원자 모형에 의하면
180도 가까이 튕겨 나오는 알파입자를 설명할 수 없었다. 그래서 러더퍼드는 원자 가운데 좁은 공간에
빽빽하게 모여 있는 (+)전하를 띤 무엇인가가 존재할 것이라고 생각했으며 이를 원자핵이라고 하였다.
러더퍼드의 알파입자 산란 실험을 통해 원자핵의 존재를 발견하였다. 또, 원자핵의 지름은 원자 지름에
비해 매우 작지만 원자핵의 질량은 전자에 비해 매우 커서 원자 질량의 대부분을 차지한다는 것도
알아내었다.

▲ 알파 입자 산란 실험

▲ 러더퍼드 원자 모형

러더퍼드 원자 모형을 흔히 태양계 모형이라고 한다. 원자의 중심에 원자 질량의 대부분을 차지하는
원자핵이 있고, 그 주위를 가벼운 전자들이 돌고 있는 구조로 마치 행성이 태양 주위를 돌고 있는
것과 같은 모양이다. 원자핵의 주위를 전자가 돌 수 있는 이유는 (+)전하를 띠는 원자핵과
(−)전하를 띠는 전자 사이의 전기력이 존재하기 때문이다. 뉴턴의 운동 법칙으로 원자핵과 전자
사이의 만유인력을 계산하면 매우 작은 값이 나온다. 따라서 원자가 존재하기 위해서는 중력보다 더
큰 힘이 존재해야 하는데 그 힘이 전기력이다.

○ **러더퍼드 모형의 한계점** : 러더퍼드 모형으로는 원자에서 방출되는 선 스펙트럼을 설명할 수 없다.
또한, 러더퍼드 모형에 따르면 전자가 원자핵 주위를 돌게 되면 에너지를 잃어 언젠가는 원자핵에
가까이 빨려 들어가야 하는데 그러한 일이 일어나지 않는다. 러더퍼드 모형의 한계점을 극복한 인물이
보어이다.

❷ 보어의 원자 모형 유형 ◀ ★수능에 나오는 필수 개념 2가지 + 필수 암기사항 3개

필수개념 1 에너지의 양자화

- ★암기 **보어 원자 모형** → 양자화된 에너지 준위 : 전자가 갖는 에너지는 불연속적인 에너지이다.

> ○ 전자는 원자핵 주위를 특정한 궤도로 돌고 있다.
> ○ 전자가 돌 수 있는 특정한 궤도를 양자라고 하며, n으로 표현한다.
> ○ 양자수 n은 불연속적인 값을 가지며 $n=1, 2, 3, \cdots$ 으로 표현한다.
> ○ 특정 궤도를 도는 전자가 가지고 있는 에너지는 양자수에 따라 결정되며 불연속적인 값이다.

- ★암기 **진동수 조건** → $\Delta E = hf = h\dfrac{c}{\lambda}$ (에너지 준위의 차이는 진동수에 비례하고, 파장에 반비례)

> ○ 전자는 에너지를 방출하여 에너지 준위가 낮은 곳으로 전이한다.
> ○ 전자는 에너지를 흡수하여 에너지 준위가 높은 곳으로 전이한다.
>
>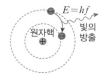
>
> ○ 에너지 준위의 차이(ΔE)가 크면 ⇨ 흡수 또는 방출하는 빛의 진동수(f)가 크고 ⇨ 파장(λ)은 짧다.

필수개념 2 에너지 준위

- ★암기 → 전자는 에너지 준위의 차이에 해당하는 에너지만을 흡수, 방출한다.

> ○ 원자는 특정 궤도를 도는 전자가 가질 수 있는 에너지가 있는데 이를 에너지 준위(Energy Level)라고 한다.
> ○ 전자가 갖는 에너지 준위는 불연속적이다.
> ○ 전자는 에너지 준위의 차이에 해당하는 에너지만을 흡수하고 방출한다.
> ○ 전자가 높은 에너지 준위(n)에서 낮은 에너지 준위(m)로 전이할 때 방출하는 에너지는 다음과 같다.
> $$\Delta E = E_n - E_m = hf$$
> ○ 전자가 전이할 때 $n=1$로 전이하면 자외선을 내는 라이먼 계열, $n=2$로 전이하면 가시광선을 내는 발머 계열, $n=3$으로 전이하면 적외선을 내는 파셴 계열이다.
> ○ 수소 원자의 에너지 준위 식에서 ($-$) 부호는 원자핵에 전자가 속박되어 있다는 것을 뜻한다. 전자가 원자핵으로부터 무한대로 떨어져 있을 때의 에너지가 0 이며, n이 작을수록 에너지 준위가 낮은 상태이다.
> $$E_n(\text{eV}) = -\frac{13.6}{n^2}$$

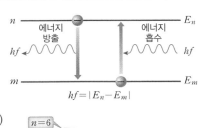

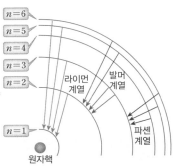

▲ 수소 원자의 선 스펙트럼

기본자료

▶ **전자 궤도의 양자화**
가장 낮은 에너지 준위일 때를 안정 상태 혹은 바닥 상태라고 하며 $n=1$이 여기에 해당하고, $n=2$부터는 들뜬상태 (불안정 상태)가 된다.

궤도	에너지
$n=\infty$	E_∞
$n=4$	E_4
$n=3$	E_3
$n=2$	E_2
$n=1$	E_1

플랑크 상수(h)
플랑크가 고안한 상수로 양자물리를 만드는 데 지대한 공헌을 하였다.
($h = 6.63 \times 10^{-34}\,\text{J} \cdot \text{s}$)

전이
전자가 에너지 준위 사이를 이동하는 것

▶ **에너지 준위**
양자수가 클수록 에너지 준위도 크다.

궤도	에너지
$n=\infty$	E_∞
$n=4$	E_4
$n=3$	E_3
$n=2$	E_2
$n=1$	E_1

$E_1 < E_2 < E_3 < \cdots < E_\infty$

광자의 에너지
빛의 속력을 c, 빛의 진동수와 파장을 각각 f, λ라고 하면 광자 한 개의 에너지는 $E = hf = h\dfrac{c}{\lambda}$ 이다.

❸ 선 스펙트럼 유형 ★수능에 나오는 필수 개념 2가지 + 필수 암기사항 2개

필수개념 1 **원자의 구성과 스펙트럼**

• **암기** → 선 스펙트럼은 에너지 준위가 불연속적임을 알려준다.

> ○ 원자는 양성자와 중성자로 이루어진 원자핵과 전자로 구성되어 있다.
> ○ 연속 스펙트럼 : 빛의 색이 무지개처럼 연속적인 띠로 나타나는 것으로, 햇빛, 전등 빛, 가열된
>   고체에서 방출되는 빛의 파장은 연속적이다.

> ○ 방출 선 스펙트럼 : 빛의 색이 띄엄띄엄 선으로 나타나는 것으로, 가열된 기체에서 방출되는 빛의
>   파장은 불연속적이다.

> ○ 선 스펙트럼은 기체의 종류마다 다르게 나타나는 것을 알 수 있으며 기체의 고유한 특징이기도
>   하다. 다음은 수소, 네온, 수은에 높은 전압을 걸었을 때 나타나는 선 스펙트럼이다.

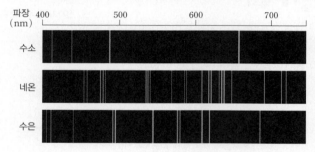

> ○ 흡수 스펙트럼 : 연속 스펙트럼을 나타내는 빛을 저온 기체 속으로 지나가게 하면 기체가 특정
>   파장의 빛을 흡수하여 연속 스펙트럼에 검은 선이 나타나게 된다. 이러한 스펙트럼을 흡수
>   스펙트럼이라고 한다. ①의 경우는 백열등에서 나오는 빛이 온도가 낮은 수소 기체를 통과한 후의
>   흡수 스펙트럼이고, ②의 경우는 태양의 흡수 스펙트럼을 나타낸 것이다.

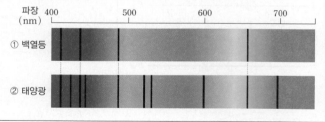

필수개념 2 **선 스펙트럼 분석**

• **암기** → 파장이 짧은 빛의 진동수는 크고, 에너지도 크다.

> ○ 가열된 기체가 방출하는 빛을 분광기로 관찰한 결과 다음과 같은 스펙트럼이 나타났다.

> ① 기체 원자의 에너지 준위는 불연속적이다.
> ② 파장이 길수록 진동수가 작은 빛이다.
> ③ 따라서 파장이 짧은 빛이 진동수가 크고, 방출되는 광자 1개의 에너지가 크다.

기본자료

▶ 스펙트럼(spectrum)
색깔의 띠를 스펙트럼이라고 한다.
햇빛과 같은 연속 스펙트럼과 가열된
기체에서 방출되는 선 스펙트럼이 있다.

▶ 파장과 진동수의 관계
빛의 속력은 일정하므로 파장과
진동수는 서로 반비례 관계이다.

❹ 보어의 원자 모형 + 선 스펙트럼 유형   ★수능에 나오는 필수 개념 1가지 + 필수 암기사항 2개

필수개념 1   에너지 준위와 선 스펙트럼

• 암기 **양자수에 따른 에너지 준위와 선 스펙트럼 제시 유형(기본 유형)** → 양자수(n)가 클수록 에너지 준위도 커지고, 에너지 준위의 차이가 작을수록 파장이 긴 빛이 방출된다.

○ (가)와 같이 수소 원자의 양자수에 따른 에너지 준위 그림을 제시하고, 거기에 (나)와 같이 수소 원자가 방출하는 발머 계열의 선 스펙트럼을 함께 제시하는 유형으로 보어 원자 모형에 대한 기본적인 개념을 묻는 유형이다.

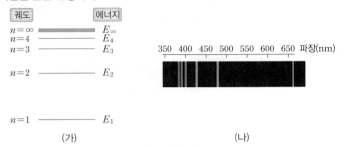

① (가)에서 양자수(n)가 클수록 에너지 준위도 커진다.
  ⇨ $E_1 < E_2 < E_3 < \cdots < E_\infty$
② (가)에서 수소 원자의 에너지 준위는 불연속적이라는 것을 알 수 있다.
③ (가)에서 전자가 $n=1$인 상태에 있을 때 바닥 상태에 있다고 한다.
④ (나)는 발머 계열의 선 스펙트럼으로 들뜬 상태의 전자가 $n=2$인 궤도로 전이할 때 방출하는 스펙트럼이다.
⑤ (나)에서 파장이 긴 쪽으로 갈수록 선의 간격이 넓어지는 것을 알 수 있다.

• 암기 **전자의 전이 과정에 해당하는 선 스펙트럼 찾기 유형(심화 유형)** → 에너지 준위의 차이(ΔE)가 클수록 방출하는 빛의 진동수(f)는 커지고, 빛의 파장(λ)은 짧아진다.

○ (가)와 같이 에너지 준위 그림에서 전자가 전이하는 과정을 몇 가지 제시하고 (나)의 선 스펙트럼에서 해당되는 경우의 빛의 파장을 찾는 문제 유형이다.

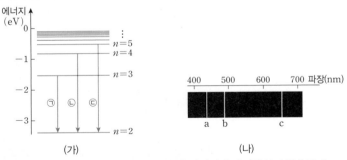

① (가)에서 ㉠, ㉡, ㉢ 모두 $n=2$로 전이하므로 발머 계열이며 가시광선이 방출된다.
② ㉠은 $n=3$에서 $n=2$인 상태로 전이하고, ㉡은 $n=4$에서 $n=2$인 상태로 전이하고 ㉢은 $n=5$에서 $n=2$인 상태로 전이하므로 에너지 준위의 차이는 ㉢ > ㉡ > ㉠ 이다.
③ $\Delta E = hf$이고 $f = \dfrac{c}{\lambda}$이므로, $\Delta E = hf = h\dfrac{c}{\lambda}$이다. 즉 에너지 준위의 차이($\Delta E$)는 전자가 전이하면서 방출하는 빛의 진동수(f)에 비례하고, 파장(λ)에는 반비례한다.
④ 따라서 에너지 준위의 차이는 ㉢ > ㉡ > ㉠ 이고, 파장은 $a < b < c$ 이므로 전자가 ㉠과 같이 전이할 때 방출하는 빛의 파장은 c이다.
⑤ ㉡에 해당하는 빛은 b, ㉢에 해당하는 빛은 a이다.

기본자료

▶ 수소 원자의 스펙트럼

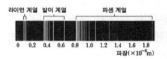

① 수소 원자에 있는 전자가 $n=1$인 상태로 전이될 때 방출하는 빛은 자외선으로 이를 라이먼 계열이라고 한다.
② 수소 원자에 있는 전자가 $n=2$인 상태로 전이될 때 방출하는 빛은 가시광선으로 이를 발머 계열이라고 한다.
③ 수소 원자에 있는 전자가 $n=3$인 상태로 전이될 때 방출하는 빛은 적외선으로 이를 파센 계열이라고 한다.

▶ 파동의 전파 속력
파동의 전파 속력을 v라면 $v = f\lambda$이다. 이때 f는 진동수, λ는 파장에 해당한다. 빛의 경우에는 속력이 일정하여 광속을 c로 표현해 $c = f\lambda$라는 식을 사용한다.

DAY
15

Ⅱ

1
-
02

빛의 흡수와 방출

1

그림은 보어의 수소 원자 모형에서
양자수 n에 따른 에너지 준위의 일부와
전자의 전이 a, b, c를 나타낸 것이다.
a, b, c에서 방출되는 광자 1개의
에너지는 각각 E_a, E_b, E_c이다.
이에 대한 설명으로 옳은 것만을 〈보기〉에서 있는 대로 고른 것은?
(단, 플랑크 상수는 h이다.)

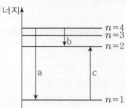

보기

ㄱ. a에서 방출되는 빛의 진동수는 $\dfrac{E_a}{h}$이다.

ㄴ. 방출되는 빛의 파장은 a에서가 c에서보다 짧다.

ㄷ. $E_a = E_b + E_c$이다.

① ㄱ　　② ㄷ　　③ ㄱ, ㄴ　　④ ㄴ, ㄷ　　⑤ ㄱ, ㄴ, ㄷ

2

그림은 보어의 수소 원자
모형에서 양자수 n에 따른
에너지 준위의 일부와 전자의
전이 a, b, c를 나타낸 것이다.
a, b, c에서 방출되는 빛의
진동수는 각각 f_a, f_b, f_c이다.
이에 대한 설명으로 옳은
것만을 〈보기〉에서 있는 대로
고른 것은? 3점

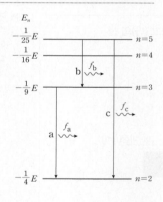

보기

ㄱ. a에서 방출되는 광자 1개의 에너지는 $\dfrac{1}{4}E$이다.

ㄴ. 방출되는 빛의 파장은 a에서가 b에서보다 짧다.

ㄷ. $f_c = f_a + f_b$이다.

① ㄱ　　② ㄴ　　③ ㄱ, ㄷ　　④ ㄴ, ㄷ　　⑤ ㄱ, ㄴ, ㄷ

3

그림은 보어의 수소 원자 모형에서 양자수 n에 따른 에너지 준위의
일부와 전자의 전이 a~c를, 표는 a, b에서 방출되는 광자 1개의
에너지를 나타낸 것이다.

전이	방출되는 광자 1개의 에너지
a	$5E_0$
b	E_0

이에 대한 설명으로 옳은 것만을 〈보기〉에서 있는 대로 고른 것은?
(단, 플랑크 상수는 h이다.) 3점

보기

ㄱ. a에서 방출되는 빛은 가시광선이다.

ㄴ. 방출되는 빛의 파장은 a에서가 b에서보다 짧다.

ㄷ. c에서 흡수되는 빛의 진동수는 $\dfrac{4E_0}{h}$이다.

① ㄱ　　② ㄴ　　③ ㄱ, ㄷ　　④ ㄴ, ㄷ　　⑤ ㄱ, ㄴ, ㄷ

4

그림 (가)는 수소 기체 방전관에 전압을 걸었더니 수소 기체가
에너지를 흡수한 후 빛이 방출되는 모습을, (나)는 보어의 수소 원자
모형에서 양자수 $n = 2, 3, 4$인 에너지 준위와 (가)에서 일어날 수
있는 전자의 전이 과정 a, b, c를 나타낸 것이다. b, c에서 방출하는
빛의 파장은 각각 λ_b, λ_c이다.

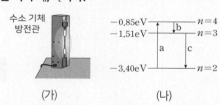

이에 대한 옳은 설명만을 〈보기〉에서 있는 대로 고른 것은?

보기

ㄱ. (가)에서 방출된 빛의 스펙트럼은 선 스펙트럼이다.

ㄴ. (나)의 a는 (가)에서 수소 기체가 에너지를 흡수할 때
　일어날 수 있는 과정이다.

ㄷ. $\lambda_b > \lambda_c$이다.

① ㄱ　　② ㄷ　　③ ㄱ, ㄴ　　④ ㄴ, ㄷ　　⑤ ㄱ, ㄴ, ㄷ

5

그림은 보어의 수소 원자 모형에서 양자수 n에 따른 전자의 궤도 일부와 전자의 전이 a, b, c를, 표는 n에 따른 에너지를 나타낸 것이다. a, b, c에서 방출되는 빛의 진동수는 각각 f_a, f_b, f_c이다.

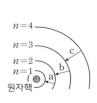

양자수	에너지(eV)
$n=1$	-13.6
$n=2$	-3.40
$n=3$	-1.51
$n=4$	-0.85

이에 대한 설명으로 옳은 것만을 〈보기〉에서 있는 대로 고른 것은?

보기
ㄱ. 방출되는 빛의 파장은 a에서가 b에서보다 짧다.
ㄴ. $f_a < f_b + f_c$이다.
ㄷ. 전자가 원자핵으로부터 받는 전기력의 크기는 $n=2$일 때가 $n=3$일 때보다 작다.

① ㄱ ② ㄷ ③ ㄱ, ㄴ ④ ㄴ, ㄷ ⑤ ㄱ, ㄴ, ㄷ

7

그림은 보어의 수소 원자 모형에서 양자수 n에 따른 전자 궤도의 일부와 전자가 전이하는 과정 P, Q, R를 나타낸 것이다. P, Q, R에서 방출되는 빛의 파장은 각각 λ_1, λ_2, λ_3이다.

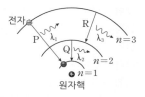

이에 대한 설명으로 옳은 것만을 〈보기〉에서 있는 대로 고른 것은? (단, 빛의 속력은 c이다.)

보기
ㄱ. $\lambda_1 < \lambda_2$이다.
ㄴ. P에서 방출되는 빛의 진동수는 $\dfrac{c}{\lambda_1}$이다.
ㄷ. $\lambda_3 = |\lambda_1 - \lambda_2|$이다.

① ㄱ ② ㄷ ③ ㄱ, ㄴ ④ ㄴ, ㄷ ⑤ ㄱ, ㄴ, ㄷ

6

그림은 보어의 수소 원자 모형에서 양자수 n에 따른 에너지 준위의 일부와 전자의 전이 a, b, c를 나타낸 것이다. a, b, c에서 흡수 또는 방출된 빛의 진동수는 각각 f_a, f_b, f_c이다.

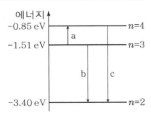

이에 대한 옳은 설명만을 〈보기〉에서 있는 대로 고른 것은?

보기
ㄱ. a에서 빛이 흡수된다.
ㄴ. $f_c = f_b - f_a$이다.
ㄷ. 전자가 원자핵으로부터 받는 전기력의 크기는 $n=4$일 때가 $n=3$일 때보다 크다.

① ㄱ ② ㄷ ③ ㄱ, ㄴ ④ ㄴ, ㄷ ⑤ ㄱ, ㄴ, ㄷ

8

그림은 보어의 수소 원자 모형에서 양자수 n에 따른 에너지 준위 E_n의 일부를 나타낸 것이다. $n=3$인 상태의 전자가 진동수 f_A인 빛을 흡수하여 전이한 후, 진동수 f_B인 빛과 f_C인 빛을 차례로 방출하며 전이한다. 진동수의 크기는 $f_B < f_A < f_C$이다.

이에 해당하는 전자의 전이 과정을 나타낸 것으로 가장 적절한 것은? 3점

9

그림은 보어의 수소 원자 모형에서
양자수 n에 따른 에너지 준위의
일부와 전자의 전이 a, b, c, d를
나타낸 것이다.
이에 대한 설명으로 옳은 것만을
〈보기〉에서 있는 대로 고른 것은? **3점**

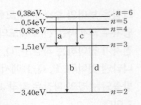

보기

ㄱ. 방출되는 빛의 파장은 a에서가 b에서보다 길다.

ㄴ. 방출되는 빛의 진동수는 a에서가 c에서보다 크다.

ㄷ. d에서 흡수되는 광자 1개의 에너지는 2.55eV이다.

① ㄱ   ② ㄴ   ③ ㄱ, ㄷ   ④ ㄴ, ㄷ   ⑤ ㄱ, ㄴ, ㄷ

10

그림 (가)와 (나)는 각각 보어의 수소 원자 모형에서 양자수 n에 따른
전자의 궤도와 에너지 준위의 일부를 나타낸 것이다. a, b, c는 각각
2, 3, 4 중 하나이다.

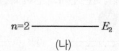

(가)   (나)

이에 대한 옳은 설명만을 〈보기〉에서 있는 대로 고른 것은?

보기

ㄱ. a=4이다.

ㄴ. 전자는 E_2와 E_3 사이의 에너지를 가질 수 없다.

ㄷ. 전자가 $n=b$에서 $n=c$로 전이할 때 흡수 또는 방출하는
　광자 1개의 에너지는 $|E_3-E_2|$이다.

① ㄴ   ② ㄷ   ③ ㄱ, ㄴ   ④ ㄱ, ㄷ   ⑤ ㄴ, ㄷ

11

그림은 보어의 수소 원자 모형에서
양자수 n에 따른 에너지 준위의
일부와 전자의 전이 A, B, C를 나타낸
것이다.
이에 대한 설명으로 옳은 것만을
〈보기〉에서 있는 대로 고른 것은?
(단, h는 플랑크 상수이다.)

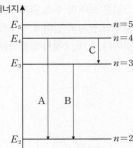

보기

ㄱ. 방출되는 빛의 파장은 A에서가 B에서보다 길다.

ㄴ. B에서 방출되는 광자 1개의 에너지는 E_3-E_2이다.

ㄷ. C에서 방출되는 빛의 진동수는 $\dfrac{E_4-E_3}{h}$이다.

① ㄱ   ② ㄷ   ③ ㄱ, ㄴ   ④ ㄴ, ㄷ   ⑤ ㄱ, ㄴ, ㄷ

12

그림은 보어의 수소 원자 모형에서
양자수 n에 따른 에너지 준위의
일부와 전자의 전이 a~d를 나타낸
것이다. c에서 방출되는 빛은
가시광선이다.
이에 대한 설명으로 옳은 것만을
〈보기〉에서 있는 대로 고른 것은?
(단, 플랑크 상수는 h이다.)

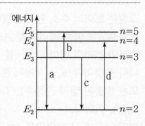

보기

ㄱ. a에서 방출되는 빛은 적외선이다.

ㄴ. b에서 흡수되는 빛의 진동수는 $\dfrac{|E_5-E_3|}{h}$이다.

ㄷ. d에서 흡수되는 빛의 파장은 c에서 방출되는 빛의 파장보다
　길다.

① ㄱ   ② ㄴ   ③ ㄱ, ㄷ   ④ ㄴ, ㄷ   ⑤ ㄱ, ㄴ, ㄷ

13

그림은 보어의 수소 원자 모형에서 양자수 n에 따른 에너지 준위의 일부와 전자의 전이 a~d를 나타낸 것이다. a~d에서 흡수 또는 방출되는 빛의 파장은 각각 λ_a, λ_b, λ_c, λ_d이다.

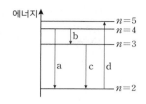

이에 대한 설명으로 옳은 것만을 〈보기〉에서 있는 대로 고른 것은?

> **보기**
> ㄱ. d에서는 빛이 방출된다.
> ㄴ. $\lambda_a > \lambda_d$이다.
> ㄷ. $\dfrac{1}{\lambda_a} - \dfrac{1}{\lambda_b} = \dfrac{1}{\lambda_c}$이다.

① ㄱ   ② ㄴ   ③ ㄱ, ㄷ   ④ ㄴ, ㄷ   ⑤ ㄱ, ㄴ, ㄷ

15

그림은 보어의 수소 원자 모형에서 양자수 n에 따른 에너지 준위의 일부와 전자의 전이 a, b를 나타낸 것이다. a, b에서 방출되는 빛의 진동수는 각각 f_a, f_b이다. 이에 대한 설명으로 옳은 것만을 〈보기〉에서 있는 대로 고른 것은? (단, 플랑크 상수는 h이다.)

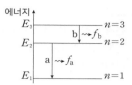

> **보기**
> ㄱ. 전자가 원자핵으로부터 받는 전기력의 크기는 $n=1$인 궤도에서가 $n=2$인 궤도에서보다 크다.
> ㄴ. b에서 방출되는 빛은 가시광선이다.
> ㄷ. $f_a + f_b = \dfrac{|E_3 - E_1|}{h}$이다.

① ㄱ   ② ㄷ   ③ ㄱ, ㄴ   ④ ㄴ, ㄷ   ⑤ ㄱ, ㄴ, ㄷ

14

그림은 보어의 수소 원자 모형에서 양자수 n에 따른 에너지 준위의 일부와 전자의 전이 a, b, c를 나타낸 것이다. a, b, c에서 방출되는 광자 1개의 에너지는 각각 E_a, E_b, E_c이다. 이에 대한 설명으로 옳은 것만을 〈보기〉에서 있는 대로 고른 것은? (단, 플랑크 상수는 h이다.)

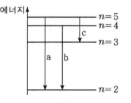

> **보기**
> ㄱ. 방출되는 빛의 파장은 a에서가 b에서보다 짧다.
> ㄴ. 전자가 $n=3$에서 $n=2$로 전이할 때 방출되는 빛의 진동수는 $\dfrac{E_a - E_c}{h}$이다.
> ㄷ. $E_a < E_b + E_c$이다.

① ㄱ   ② ㄷ   ③ ㄱ, ㄴ   ④ ㄴ, ㄷ   ⑤ ㄱ, ㄴ, ㄷ

16   2023 수능

그림은 보어의 수소 원자 모형에서 양자수 n에 따른 에너지 준위의 일부와 전자의 전이 a~d를, 표는 a~d에서 흡수 또는 방출되는 광자 1개의 에너지를 나타낸 것이다.

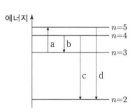

전이	흡수 또는 방출되는 광자 1개의 에너지(eV)
a	0.97
b	0.66
c	㉠
d	2.86

이에 대한 설명으로 옳은 것만을 〈보기〉에서 있는 대로 고른 것은?

> **보기**
> ㄱ. a에서는 빛이 방출된다.
> ㄴ. 빛의 파장은 b에서가 d에서보다 길다.
> ㄷ. ㉠은 2.55이다.

① ㄱ   ② ㄴ   ③ ㄱ, ㄷ   ④ ㄴ, ㄷ   ⑤ ㄱ, ㄴ, ㄷ

그림은 보어의 수소 원자 모형에서 양자수 n에 따른 에너지 준위와 전자의 전이 P, Q, R를 나타낸 것이다. 표는 양자수 n에 따른 핵과 전자 사이의 거리, 핵과 전자 사이에 작용하는 전기력의 크기를 나타낸 것이다.

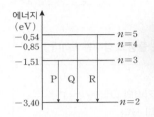

양자수	핵과 전자 사이의 거리	전기력의 크기
$n=2$	$4r$	㉠
$n=3$	$9r$	㉡

이에 대한 설명으로 옳은 것만을 〈보기〉에서 있는 대로 고른 것은?

보기

ㄱ. 방출되는 광자 한 개의 에너지는 R에서가 Q에서보다 크다.

ㄴ. 방출되는 빛의 진동수는 Q에서가 P에서의 2배이다.

ㄷ. ㉡은 ㉠의 $\frac{9}{4}$배이다.

① ㄱ   ② ㄴ   ③ ㄱ, ㄷ   ④ ㄴ, ㄷ   ⑤ ㄱ, ㄴ, ㄷ

그림 (가)는 보어의 수소 원자 모형에서 에너지가 E_2, E_3, E_4인 세 준위 사이에서 전자가 전이할 때 방출되는 빛 A, B, C를 나타낸 것이다. 그림 (나)는 (가)에서 방출된 B, C를 같은 입사각으로 프리즘에 입사시켰을 때, B, C가 경로 Ⅰ 또는 Ⅱ로 각각 진행하는 것을 나타낸 것이다.

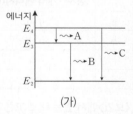

이에 대한 설명으로 옳은 것만을 〈보기〉에서 있는 대로 고른 것은?

보기

ㄱ. A~C 중 광자 1개의 에너지가 가장 큰 것은 A이다.

ㄴ. 파장은 A가 C보다 길다.

ㄷ. (나)에서 Ⅱ의 경로로 진행하는 빛은 B이다.

① ㄱ   ② ㄴ   ③ ㄱ, ㄷ   ④ ㄴ, ㄷ   ⑤ ㄱ, ㄴ, ㄷ

그림은 보어의 수소 원자 모형에서 양자수 n에 따른 전자의 궤도와 전자의 전이 a, b, c를 나타낸 것이다. a, b, c에서 흡수하거나 방출하는 빛의 파장은 각각 λ_a, λ_b, λ_c이며, n에 따른 에너지 준위는 E_n이다.

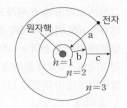

이에 대한 설명으로 옳은 것만을 〈보기〉에서 있는 대로 고른 것은? ③점

보기

ㄱ. a에서 빛을 흡수한다.

ㄴ. $\frac{1}{\lambda_a} = \frac{1}{\lambda_b} + \frac{1}{\lambda_c}$이다.

ㄷ. $\frac{\lambda_a}{\lambda_c} = \frac{E_3 - E_1}{E_3 - E_2}$이다.

① ㄴ   ② ㄷ   ③ ㄱ, ㄴ   ④ ㄱ, ㄷ   ⑤ ㄴ, ㄷ

그림은 보어의 수소 원자 모형에서 양자수 n에 따른 에너지 준위의 일부와 진동수가 각각 f_A, f_B, f_C인 빛이 방출되는 전자의 전이를 나타낸 것이다.

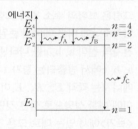

이에 대한 옳은 설명만을 〈보기〉에서 있는 대로 고른 것은? (단, h는 플랑크 상수이다.)

보기

ㄱ. $f_A < \frac{E_2 - E_1}{h}$이다.

ㄴ. 파장은 진동수가 f_C인 빛이 f_B인 빛보다 짧다.

ㄷ. $n=3$인 상태에 있는 전자는 진동수가 $f_B - f_A$인 빛을 흡수할 수 있다.

① ㄱ   ② ㄷ   ③ ㄱ, ㄴ   ④ ㄴ, ㄷ   ⑤ ㄱ, ㄴ, ㄷ

21

그림 (가)는 수소 원자가 에너지 2.55eV인 광자를 방출하는 모습을, (나)는 보어의 수소 원자 모형에서 양자수 n에 따른 에너지 준위의 일부와 전자의 전이 a, b를 나타낸 것이다.

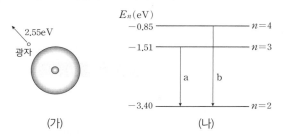

(가)   (나)

이에 대한 옳은 설명만을 〈보기〉에서 있는 대로 고른 것은? (단, h는 플랑크 상수이다.)

보기
ㄱ. (가)에서 광자의 진동수는 $\dfrac{2.55\text{eV}}{h}$이다.
ㄴ. (가)에서 일어나는 전자의 전이는 b이다.
ㄷ. (나)에서 방출되는 빛의 파장은 b에서가 a에서보다 길다.

① ㄱ   ② ㄷ   ③ ㄱ, ㄴ   ④ ㄴ, ㄷ   ⑤ ㄱ, ㄴ, ㄷ

22

그림은 보어의 수소 원자 모형에서 에너지 준위의 일부와 전자의 세 가지 전이를 나타낸 것이다. 세 가지 전이에서 진동수가 f_1인 빛이 흡수되고, 진동수가 f_2, f_3인 빛이 방출된다. $f_2 < f_3$이다. 이에 대한 설명으로 옳은 것만을 〈보기〉에서 있는 대로 고른 것은? (단, h는 플랑크 상수이다.)

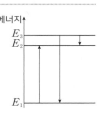

보기
ㄱ. 수소 원자의 에너지 준위는 불연속적이다.
ㄴ. $f_1 < f_3$이다.
ㄷ. $f_2 = \dfrac{E_3 - E_1}{h}$이다.

① ㄱ   ② ㄷ   ③ ㄱ, ㄴ   ④ ㄴ, ㄷ   ⑤ ㄱ, ㄴ, ㄷ

23

표는 보어의 수소 원자 모형에서 양자수 n에 따른 에너지의 일부를 나타낸 것이다. 이에 대한 옳은 설명만을 〈보기〉에서 있는 대로 고른 것은? (단, 플랑크 상수는 h이다.)

양자수	에너지(eV)
$n=2$	-3.40
$n=3$	-1.51
$n=4$	-0.85

보기
ㄱ. 진동수가 $\dfrac{1.89\text{eV}}{h}$인 빛은 가시광선이다.
ㄴ. 전자와 원자핵 사이의 거리는 $n=4$일 때가 $n=2$일 때보다 크다.
ㄷ. $n=2$인 궤도에 있는 전자는 에너지가 1.51eV인 광자를 흡수할 수 있다.

① ㄱ   ② ㄷ   ③ ㄱ, ㄴ   ④ ㄴ, ㄷ   ⑤ ㄱ, ㄴ, ㄷ

24

표는 보어의 수소 원자 모형에서 전자가 양자수 $n=2$로 전이할 때 방출된 빛 A, B, C의 파장을 나타낸 것이다. B는 전자가 $n=4$에서 $n=2$로 전이할 때 방출된 빛이다. 이에 대한 옳은 설명만을 〈보기〉에서 있는 대로 고른 것은?

빛	파장(nm)
A	656
B	486
C	434

보기
ㄱ. 광자 1개의 에너지는 B가 C보다 크다.
ㄴ. A는 전자가 $n=3$에서 $n=2$로 전이할 때 방출된 빛이다.
ㄷ. 수소 원자의 에너지 준위는 불연속적이다.

① ㄱ   ② ㄷ   ③ ㄱ, ㄴ   ④ ㄴ, ㄷ   ⑤ ㄱ, ㄴ, ㄷ

DAY 15
Ⅱ
1
─
02
빛의 흡수와 방출

그림은 보어의 수소 원자 모형에서 양자수 n에 따른 에너지 준위의 일부와 전자의 전이 a~c를, 표는 a~c에서 방출된 적외선과 가시광선 중 가시광선의 파장과 진동수를 나타낸 것이다.

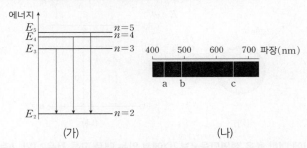

전이	파장	진동수
㉠	656nm	f_1
㉡	486nm	f_2

이에 대한 옳은 설명만을 〈보기〉에서 있는 대로 고른 것은?

보기
ㄱ. ㉠은 a이다.
ㄴ. 방출된 적외선의 진동수는 f_2-f_1이다.
ㄷ. 수소 원자의 에너지 준위는 불연속적이다.

① ㄴ ② ㄷ ③ ㄱ, ㄴ ④ ㄱ, ㄷ ⑤ ㄱ, ㄴ, ㄷ

표는 보어의 수소 원자 모형에서 양자수 n에 따른 핵과 전자 사이의 거리, 핵과 전자 사이에 작용하는 전기력의 크기, 전자의 에너지 준위를 나타낸 것이다.

양자수	거리	전기력의 크기	에너지 준위
$n=1$	r	㉠	$-4E_0$
$n=2$	$4r$	F	$-E_0$

이에 대한 설명으로 옳은 것만을 〈보기〉에서 있는 대로 고른 것은?

보기
ㄱ. 전자의 에너지 준위는 양자화되어 있다.
ㄴ. ㉠은 $4F$이다.
ㄷ. 전자가 $n=2$에서 $n=1$로 전이할 때 방출되는 빛의 에너지는 $5E_0$이다.

① ㄱ ② ㄴ ③ ㄱ, ㄷ ④ ㄴ, ㄷ ⑤ ㄱ, ㄴ, ㄷ

그림 (가)는 보어의 수소 원자 모형에서 양자수 n에 따른 에너지 준위와 전자의 전이 과정 세 가지를 나타낸 것이다. 그림 (나)는 (가)에서 방출된 빛 a, b, c를 파장에 따라 나타낸 것이다.

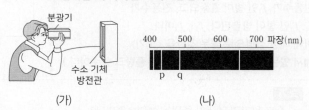

(가)   (나)

이에 대한 옳은 설명만을 〈보기〉에서 있는 대로 고른 것은?

보기
ㄱ. a는 전자가 $n=5$에서 $n=2$인 상태로 전이할 때 방출된 빛이다.
ㄴ. $n=2$인 상태에 있는 전자는 에너지가 E_4-E_3인 광자를 흡수할 수 있다.
ㄷ. a와 b의 진동수 차는 b와 c의 진동수 차보다 크다.

① ㄱ ② ㄴ ③ ㄱ, ㄷ ④ ㄴ, ㄷ ⑤ ㄱ, ㄴ, ㄷ

그림 (가)는 수소 기체 방전관에서 나오는 빛을 분광기로 관찰하는 것을 나타낸 것이고, (나)는 (가)에서 관찰한 가시광선 영역의 선 스펙트럼을 파장에 따라 나타낸 것이다. p는 전자가 양자수 $n=5$에서 $n=2$로 전이할 때 나타난 스펙트럼선이다.

이에 대한 설명으로 옳은 것만을 〈보기〉에서 있는 대로 고른 것은?

보기
ㄱ. 수소 원자의 에너지 준위는 불연속적이다.
ㄴ. 광자 한 개의 에너지는 p에 해당하는 빛이 q에 해당하는 빛보다 크다.
ㄷ. q는 전자가 $n=4$에서 $n=2$로 전이할 때 나타난 스펙트럼선이다.

① ㄱ ② ㄷ ③ ㄱ, ㄴ ④ ㄴ, ㄷ ⑤ ㄱ, ㄴ, ㄷ

그림 (가)는 보어의 수소 원자 모형에서 양자수 n에 따른 에너지 준위의 일부와 전자의 전이에서 방출되는 빛 a, b를 나타낸 것이다. 그림 (나)는 수소 원자의 전자가 $n=2$인 상태로 전이할 때 방출되는 빛 중에서 파장이 긴 것부터 차례대로 4개를 나타낸 스펙트럼이다.

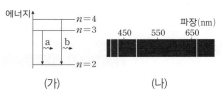

(가)   (나)

이에 대한 옳은 설명만을 〈보기〉에서 있는 대로 고른 것은? **3점**

보기

ㄱ. 진동수는 a가 b보다 크다.

ㄴ. 광자 1개의 에너지는 a가 b보다 작다.

ㄷ. b의 파장은 450nm보다 작다.

① ㄴ　　② ㄷ　　③ ㄱ, ㄴ　　④ ㄱ, ㄷ　　⑤ ㄴ, ㄷ

그림 (가)는 보어의 수소 원자 모형에서 양자수 n에 따른 에너지 준위 일부와 전자의 전이 a, b, c, d를 나타낸 것이고, (나)는 (가)의 a, b, c에 의한 빛의 흡수 스펙트럼을 파장에 따라 나타낸 것이다.

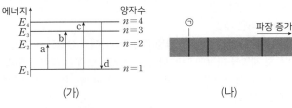

(가)   (나)

이에 대한 설명으로 옳은 것만을 〈보기〉에서 있는 대로 고른 것은?

보기

ㄱ. 흡수되는 빛의 진동수는 a에서가 b에서보다 작다.

ㄴ. ㉠은 c에 의해 나타난 스펙트럼선이다.

ㄷ. d에서 방출되는 광자 1개의 에너지는 $|E_2-E_1|$보다 작다.

① ㄱ　　② ㄷ　　③ ㄱ, ㄴ　　④ ㄴ, ㄷ　　⑤ ㄱ, ㄴ, ㄷ

그림 (가), (나)는 각각 보어의 수소 원자 모형에서 양자수 n에 따른 전자의 에너지 준위와 선 스펙트럼의 일부를 나타낸 것이다.

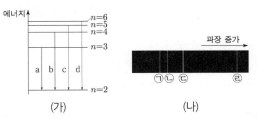

(가)   (나)

A에 해당하는 빛의 진동수가 $\dfrac{5E_0}{h}$일 때, 다음 중 B와 진동수가 같은 빛은? (단, h는 플랑크 상수이다.)

① $n=2$에서 $n=5$로 전이할 때 흡수하는 빛

② $n=3$에서 $n=4$로 전이할 때 흡수하는 빛

③ $n=4$에서 $n=2$로 전이할 때 방출하는 빛

④ $n=5$에서 $n=1$로 전이할 때 방출하는 빛

⑤ $n=6$에서 $n=3$으로 전이할 때 방출하는 빛

그림 (가)는 보어의 수소 원자 모형에서 양자수 n에 따른 에너지 준위의 일부와 전자의 전이 a~d를 나타낸 것이다. 그림 (나)는 (가)의 a~d에서 방출되는 빛의 스펙트럼을 파장에 따라 나타낸 것이다.

에너지↑

$n=6$
$n=5$
$n=4$

파장 증가 →

$n=3$

a b c d

$n=2$

㉠㉡㉢　㉣

(가)   (나)

(나)의 ㉠~㉣에 해당하는 전자의 전이로 옳은 것은?

	㉠	㉡	㉢	㉣
①	a	b	c	d
②	a	c	b	d
③	d	a	b	c
④	d	b	c	a
⑤	d	c	b	a

그림 (가)는 보어의 수소 원자 모형에서 양자수 n에 따른 전자의 에너지 준위 일부와 전자의 전이 a, b, c를 나타낸 것이다. 그림 (나)는 a, b, c에서 방출 또는 흡수하는 빛의 스펙트럼을 X와 Y로 순서 없이 나타낸 것이다.

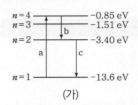 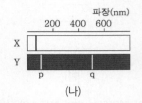

이에 대한 옳은 설명만을 〈보기〉에서 있는 대로 고른 것은?

> **보기**
> ㄱ. X는 흡수 스펙트럼이다.
> ㄴ. p는 b에서 나타나는 스펙트럼선이다.
> ㄷ. 전자가 $n=2$와 $n=3$ 사이에서 전이할 때 흡수 또는 방출하는 광자 1개의 에너지는 1.51eV이다.

① ㄱ   ② ㄴ   ③ ㄱ, ㄴ   ④ ㄱ, ㄷ   ⑤ ㄴ, ㄷ

그림 (가)는 보어의 수소 원자 모형에서 양자수 n에 따른 에너지 준위 일부와 전자의 전이 a~d를 나타낸 것이다. 그림 (나)는 a~d에서 방출과 흡수되는 빛의 스펙트럼을 파장에 따라 나타낸 것이다.

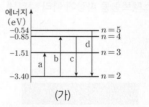 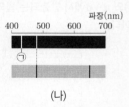

이에 대한 설명으로 옳은 것만을 〈보기〉에서 있는 대로 고른 것은?

> **보기**
> ㄱ. ㉠은 a에 의해 나타난 스펙트럼선이다.
> ㄴ. b에서 흡수되는 광자 1개의 에너지는 2.55eV이다.
> ㄷ. 방출되는 빛의 진동수는 c에서가 d에서보다 크다.

① ㄱ   ② ㄴ   ③ ㄱ, ㄷ   ④ ㄴ, ㄷ   ⑤ ㄱ, ㄴ, ㄷ

그림 (가)는 보어의 수소 원자 모형에서 양자수 n에 따른 에너지 준위의 일부와 전자의 전이 a~f를 나타낸 것이고, (나)는 a~f에서 방출되는 빛의 스펙트럼을 파장에 따라 나타낸 것이다.

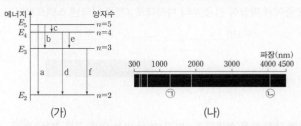

이에 대한 설명으로 옳은 것만을 〈보기〉에서 있는 대로 고른 것은? (단, h는 플랑크 상수이다.) 3점

> **보기**
> ㄱ. 방출된 빛의 파장은 a에서가 f에서보다 길다.
> ㄴ. ㉠은 b에 의해 나타난 스펙트럼선이다.
> ㄷ. ㉡에 해당하는 빛의 진동수는 $\dfrac{|E_5-E_2|}{h}$이다.

① ㄴ   ② ㄷ   ③ ㄱ, ㄴ   ④ ㄱ, ㄷ   ⑤ ㄴ, ㄷ

그림 (가)는 보어의 수소 원자 모형에서 양자수 n에 따른 에너지 준위와 전자의 전이에 따른 스펙트럼 계열 중 라이먼 계열,

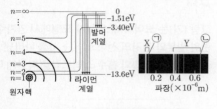

발머 계열을 나타낸 것이다. 그림 (나)는 (가)에서 방출되는 빛의 스펙트럼 계열을 파장에 따라 나타낸 것으로 X, Y는 라이먼 계열, 발머 계열 중 하나이고, ㉠과 ㉡은 각 계열에서 파장이 가장 긴 빛의 스펙트럼선이다.
이에 대한 설명으로 옳은 것만을 〈보기〉에서 있는 대로 고른 것은?

> **보기**
> ㄱ. X는 라이먼 계열이다.
> ㄴ. 광자 1개의 에너지는 ㉠에서가 ㉡에서보다 작다.
> ㄷ. ㉡은 전자가 $n=\infty$에서 $n=2$로 전이할 때 방출되는 빛의 스펙트럼선이다.

① ㄱ   ② ㄴ   ③ ㄱ, ㄷ   ④ ㄴ, ㄷ   ⑤ ㄱ, ㄴ, ㄷ

37

그림은 가열된 수소 기체에서 발생한 빛을 분광기로 관측한 실험 결과에 대해 학생 A, B, C가 대화하는 모습을 나타낸 것이다.

제시한 내용이 옳은 학생만을 있는 대로 고른 것은? 3점

① A   ② B   ③ A, C   ④ B, C   ⑤ A, B, C

39

그림 (가)는 보어의 수소 원자 모형에서 양자수 $n=2$, 3, 4인 전자의 궤도 일부와 전자의 전이 a, b를 나타낸 것이다. 그림 (나)는 수소 기체의 스펙트럼이다. ⓒ은 a에 의해 나타난 스펙트럼선이다.

이에 대한 옳은 설명만을 <보기>에서 있는 대로 고른 것은? 3점

보기
ㄱ. 방출되는 광자 1개의 에너지는 a에서가 b에서보다 크다.
ㄴ. ⓒ은 b에 의해 나타난 스펙트럼선이다.
ㄷ. 전자가 원자핵으로부터 받는 전기력의 크기는 $n=4$일 때가 $n=2$일 때보다 크다.

① ㄱ   ② ㄴ   ③ ㄱ, ㄷ   ④ ㄴ, ㄷ   ⑤ ㄱ, ㄴ, ㄷ

38

그림 (가)는 보어의 수소 원자 모형에서 양자수 n에 따른 에너지 준위의 일부와 전자의 전이 a, b, c를 나타낸 것이다. a, b, c에서 방출되는 빛의 파장은 각각 λ_a, λ_b, λ_c이다. 그림 (나)는 (가)의 a, b, c에서 방출되는 빛의 선 스펙트럼을 파장에 따라 나타낸 것이다.

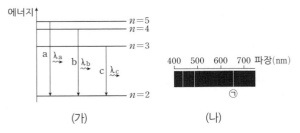

이에 대한 설명으로 옳은 것만을 <보기>에서 있는 대로 고른 것은? 3점

보기
ㄱ. (나)의 ⓒ은 a에 의해 나타난 스펙트럼선이다.
ㄴ. 방출되는 빛의 진동수는 a에서가 b에서보다 크다.
ㄷ. 전자가 $n=4$에서 $n=3$인 상태로 전이할 때 방출되는 빛의 파장은 $|\lambda_b - \lambda_c|$와 같다.

① ㄱ   ② ㄴ   ③ ㄱ, ㄷ   ④ ㄴ, ㄷ   ⑤ ㄱ, ㄴ, ㄷ

40

그림 (가)는 보어의 수소 원자 모형에서 양자수 n에 따른 에너지 준위의 일부와 전자의 전이 a~d를 나타낸 것이다. 그림 (나)는 (가)의 b, c, d에서 방출되는 빛의 스펙트럼을 파장에 따라 나타낸 것이고, ⓒ은 c에 의해 나타난 스펙트럼선이다.

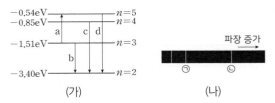

이에 대한 설명으로 옳은 것만을 <보기>에서 있는 대로 고른 것은?

보기
ㄱ. a에서 흡수되는 광자 1개의 에너지는 1.51eV이다.
ㄴ. 방출되는 빛의 진동수는 c에서가 b에서보다 크다.
ㄷ. ⓒ은 d에 의해 나타난 스펙트럼선이다.

① ㄱ   ② ㄴ   ③ ㄱ, ㄷ   ④ ㄴ, ㄷ   ⑤ ㄱ, ㄴ, ㄷ

그림 (가)는 보어의 수소 원자 모형에서 양자수 n에 따른 에너지 준위의 일부와 전자의 전이 a, b를 나타낸 것이다. 그림 (나)는 a, b에서 방출되는 빛의 스펙트럼을 파장에 따라 나타낸 것이다. 전자가 $n=2$인 궤도에 있을 때 파장이 λ_1인 빛은 흡수하지 못하고 파장이 λ_2인 빛은 흡수한다.

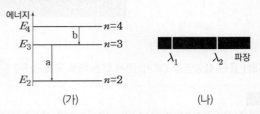

이에 대한 설명으로 옳은 것만을 <보기>에서 있는 대로 고른 것은?

보기

ㄱ. $\lambda_1 > \lambda_2$이다.

ㄴ. 전자가 $n=4$에서 $n=2$인 궤도로 전이할 때 방출되는 빛의 파장은 $\lambda_1 + \lambda_2$이다.

ㄷ. 전자가 $n=3$인 궤도에 있을 때 파장이 λ_1인 빛을 흡수할 수 있다.

① ㄱ   ② ㄴ   ③ ㄱ, ㄷ   ④ ㄴ, ㄷ   ⑤ ㄱ, ㄴ, ㄷ

그림 (가)는 보어의 수소 원자 모형에서 양자수 n에 따른 에너지 준위의 일부와 전자의 전이 A~D를 나타낸 것이다. 그림 (나)는 (가)의 A, B, C에서 방출되는 빛의 스펙트럼을 파장에 따라 나타낸 것이다.

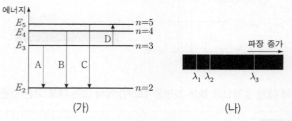

이에 대한 설명으로 옳은 것만을 <보기>에서 있는 대로 고른 것은? (단, 빛의 속력은 c이다.) 3점

보기

ㄱ. B에서 방출되는 광자 1개의 에너지는 $|E_4 - E_2|$이다.

ㄴ. C에서 방출되는 빛의 파장은 λ_1이다.

ㄷ. D에서 흡수되는 빛의 진동수는 $\left(\dfrac{1}{\lambda_1} + \dfrac{1}{\lambda_3}\right)c$이다.

① ㄱ   ② ㄷ   ③ ㄱ, ㄴ   ④ ㄴ, ㄷ   ⑤ ㄱ, ㄴ, ㄷ

그림은 수소 원자에서 방출되는 빛의 스펙트럼과 보어의 수소 원자 모형에 대한 학생 A, B, C의 대화를 나타낸 것이다.

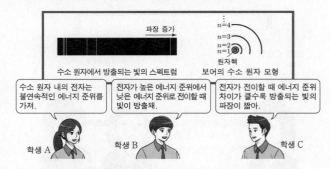

제시한 내용이 옳은 학생만을 있는 대로 고른 것은?

① A   ② C   ③ A, B   ④ B, C   ⑤ A, B, C

그림은 보어의 수소 원자 모형에서 양자수 n에 따른 에너지 준위의 일부와 전자의 전이 a~d를 나타낸 것이다. a에서 흡수되는 빛의 진동수는 f_a이다. 이에 대한 설명으로 옳은 것만을 <보기>에서 있는 대로 고른 것은? 3점

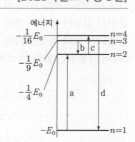

보기

ㄱ. a에서 흡수되는 광자 1개의 에너지는 $\dfrac{3}{4}E_0$이다.

ㄴ. 방출되는 빛의 파장은 b에서가 d에서보다 짧다.

ㄷ. c에서 흡수되는 빛의 진동수는 $\dfrac{1}{8}f_a$이다.

① ㄱ   ② ㄴ   ③ ㄱ, ㄷ   ④ ㄴ, ㄷ   ⑤ ㄱ, ㄴ, ㄷ

개념편 동영상 강의

물1-2-1-03(개)

Ⅱ. 물질과 전자기장

문제편 동영상 강의

1-03. 에너지띠

물1-2-1-03(문)

03 에너지띠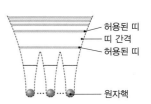

★수능에 나오는 필수 개념 2가지 + 필수 암기사항 2개

기본자료

필수개념 1 **고체의 에너지띠**

- ★**암기** → 고체의 에너지 준위는 연속적인 띠를 이룬다.

○ 고체의 에너지띠

① 에너지띠 : 고체는 기체와 달리 매우 많은 원자들이 서로 가까이 있기 때문에 원자들 내의 전자의 에너지 준위가 서로 겹치지 않게 미세하게 나누어지므로 에너지 준위는 거의 연속적인 띠를 이룬다.

② 허용된 띠 : 고체 내의 전자들이 존재할 수 있는 에너지띠이다.

③ 띠 간격 : 허용된 띠 사이의 간격을 말하며, 전자는 띠 간격에 존재할 수 없다.

▶ 에너지띠
수소와 같은 기체에서는 에너지 준위로 표현하지만, 고체의 경우에는 매우 많은 원자들이 존재하기 때문에 띠(band)로 표현한다.

필수개념 2 **고체의 전도성**

- ★**암기** → 띠 간격(원자가띠와 전도띠 사이의 간격)으로 전도성 확인하기

⇨ 띠 간격이 없다 : 도체, 띠 간격이 매우 넓다 : 절연체, 띠 간격이 좁다 : 반도체

○ 원자가띠와 전도띠

① 원자가띠 : 원자의 가장 바깥쪽에 있는 전자가 채워져 있는 에너지띠를 원자가띠라고 한다.

② 전도띠 : 원자가띠의 전자가 에너지를 흡수하여 이동할 수 있는 허용된 띠로 원자가띠 바로 위에 위치한다.

○ 고체의 전도성

① 도체 : 원자가띠의 일부분만 전자가 채워져 있고, 원자가띠와 전도띠가 일부 겹친 것으로 원자가띠와 전도띠 사이에 띠 간격이 없기 때문에 전자는 전도띠로 이동하여 고체 안을 자유롭게 움직일 수 있다.

② 절연체 : 띠 간격이 매우 넓기 때문에 전도띠로 전자가 이동하는 것이 거의 불가능하므로 전류도 거의 흐르지 않는다.

③ 반도체 : 띠 간격이 절연체에 비해 좁기 때문에 적당한 에너지를 흡수하면 원자가띠에서 전도띠로 많은 전자가 이동하여 전류를 흐르게 할 수 있다.

▶ 전기 전도성
물체에 전기가 얼마나 잘 통하느냐를 나타내는 척도로 구리, 금 등의 도체는 전기 전도성(전기 전도도)이 좋다.

▶ 절연체
절연체는 전기가 통하지 않는 물체로 부도체, 유전체라고도 한다. 예전에는 부도체라는 말을 많이 썼지만 지금은 절연체라는 말을 더 많이 사용한다.

1

그림은 도체와 반도체의 에너지띠 구조에 대해 학생 A, B, C가 대화하는 모습을 나타낸 것이다.

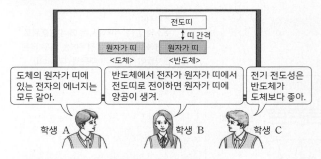

제시한 내용이 옳은 학생만을 있는 대로 고른 것은?

① A   ② B   ③ A, C   ④ B, C   ⑤ A, B, C

2

표는 고체 A, B의 에너지띠 구조와 전기 전도도를 나타낸 것이다. A, B는 반도체, 절연체를 순서 없이 나타낸 것이다.

	A	B
에너지띠 구조	전도띠 띠 간격 5.47eV 원자가 띠	전도띠 띠 간격 1.12eV 원자가 띠
전기 전도도 $(1/\Omega \cdot m)$	㉠	4.35×10^{-4}

이에 대한 설명으로 옳은 것만을 <보기>에서 있는 대로 고른 것은?

보기
ㄱ. A는 절연체이다.
ㄴ. B에서 원자가 띠에 있던 전자가 전도띠로 전이할 때, 전자는 1.12eV 이상의 에너지를 흡수한다.
ㄷ. ㉠은 4.35×10^{-4}보다 작다.

① ㄱ   ② ㄷ   ③ ㄱ, ㄴ   ④ ㄴ, ㄷ   ⑤ ㄱ, ㄴ, ㄷ

3

그림은 학생 A, B, C가 도체, 반도체, 절연체를 각각 대표하는 세 가지 고체의 전기 전도도와 에너지띠 구조에 대해 대화하는 모습을 나타낸 것이다.

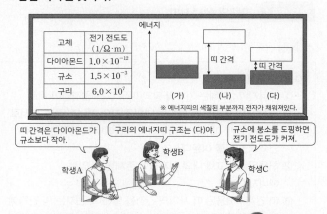

제시한 내용이 옳은 학생만을 있는 대로 고른 것은? 3점

① A   ② B   ③ C   ④ A, B   ⑤ B, C

4 2023 평가원

그림은 고체 A, B의 에너지띠 구조를 나타낸 것이다. A, B에서 전도띠의 전자가 원자가 띠로 전이하며 빛이 방출된다. 이에 대한 설명으로 옳은 것만을 <보기>에서 있는 대로 고른 것은? 3점

보기
ㄱ. A에서 방출된 광자 1개의 에너지는 $E_2 - E_1$보다 작다.
ㄴ. 띠 간격은 A가 B보다 작다.
ㄷ. 방출된 빛의 파장은 A에서가 B에서보다 짧다.

① ㄱ   ② ㄴ   ③ ㄱ, ㄷ   ④ ㄴ, ㄷ   ⑤ ㄱ, ㄴ, ㄷ

정답과 해설   1 p.317   2 p.317   3 p.318   4 p.318

5

표는 고체 X와 Y의 전기 전도도를
나타낸 것이다. X, Y 중 하나는
도체이고 다른 하나는 반도체이다.
X와 Y의 에너지띠 구조를 나타낸
것으로 가장 적절한 것은? (단, 전자는
색칠된 부분 ▨ 에만 채워져 있다.) 3점

고체	전기 전도도 $(1/\Omega \cdot m)$
X	2.0×10^{-2}
Y	1.0×10^{5}

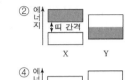

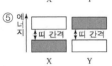

6

그림은 고체 A의 에너지띠 구조를 절대 온도에 따라 나타낸 것이다.
색칠한 부분은 0K에서 전자가 차 있는 에너지띠를 나타낸 것이다.

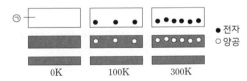

이에 대한 옳은 설명만을 〈보기〉에서 있는 대로 고른 것은?

보기
ㄱ. ㉠은 전도띠이다.
ㄴ. A는 도체이다.
ㄷ. 온도가 높을수록 A의 전기 전도성이 낮아진다.

① ㄱ   ② ㄷ   ③ ㄱ, ㄴ   ④ ㄴ, ㄷ   ⑤ ㄱ, ㄴ, ㄷ

7

그림은 온도 T_0에서 반도체 A의 에너지띠
구조를 나타낸 것이다.
이에 대한 설명으로 옳은 것만을 〈보기〉
에서 있는 대로 고른 것은?

보기
ㄱ. 원자가 띠에 있는 전자의 에너지 준위는 모두 같다.
ㄴ. 원자가 띠의 전자가 전도띠로 전이할 때 띠 간격에 해당하는
　　에너지를 방출한다.
ㄷ. 도체는 A보다 전기 전도성이 좋다.

① ㄱ   ② ㄷ   ③ ㄱ, ㄴ   ④ ㄴ, ㄷ   ⑤ ㄱ, ㄴ, ㄷ

8

다음은 상온에서 실시한 고체의 전기 전도성에 대한 실험이다.

[실험 과정]
(가) 그림과 같이 동일한 모양의 나무 막대와 규소(Si) 막대를
　　준비하고 회로를 구성한다.

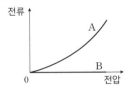

(나) 두 집게를 나무 막대의 양 끝 또는 규소 막대의 양 끝에
　　연결한 후, 전원의 전압을 증가시키면서 막대에 흐르는
　　전류를 측정한다.

[실험 결과]

A, B는 나무 막대
또는 규소 막대에
연결했을 때의 결과임

이에 대한 옳은 설명만을 〈보기〉에서 있는 대로 고른 것은? 3점

보기
ㄱ. 전기 전도성은 나무가 규소보다 좋다.
ㄴ. A는 규소 막대를 연결했을 때의 결과이다.
ㄷ. 상온에서 전도띠로 전이한 전자의 수는 나무 막대에서가
　　규소 막대에서보다 크다.

① ㄱ   ② ㄴ   ③ ㄱ, ㄷ   ④ ㄴ, ㄷ   ⑤ ㄱ, ㄴ, ㄷ

9

그림 (가), (나)는 반도체의 원자가띠와 전도띠 사이에서 전자가 전이하는 과정을 나타낸 것이다. (나)에서는 광자가 방출된다.

(가)   (나)

이에 대한 설명으로 옳은 것만을 〈보기〉에서 있는 대로 고른 것은? (3점)

보기
ㄱ. (가)에서 전자는 에너지를 흡수한다.
ㄴ. (나)에서 방출되는 광자의 에너지는 E_0보다 작다.
ㄷ. (나)에서 원자가띠에 있는 전자의 에너지는 모두 같다.

① ㄱ   ② ㄴ   ③ ㄱ, ㄷ   ④ ㄴ, ㄷ   ⑤ ㄱ, ㄴ, ㄷ

11

그림은 상온에서 고체 A와 B의 에너지띠 구조를 나타낸 것이다. A와 B는 반도체와 절연체를 순서 없이 나타낸 것이다.

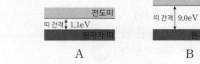

A   B

이에 대한 설명으로 옳은 것만을 〈보기〉에서 있는 대로 고른 것은? (3점)

보기
ㄱ. A는 반도체이다.
ㄴ. 전기 전도성은 A가 B보다 좋다.
ㄷ. 단위 부피당 전도띠에 있는 전자 수는 A가 B보다 많다.

① ㄱ   ② ㄷ   ③ ㄱ, ㄴ   ④ ㄴ, ㄷ   ⑤ ㄱ, ㄴ, ㄷ

10

다음은 고체의 전기 전도성에 대한 실험이다.

[실험 과정]
(가) 도체 또는 절연체인 고체 A, B를 준비한다.
(나) 그림과 같이 A를 이용하여 실험 장치를 구성한다.

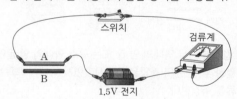

(다) 스위치를 닫아 검류계에 흐르는 전류를 측정한다.
(라) A를 B로 바꾸어 과정 (다)를 반복한다.

[실험 결과]
○ (다)에서는 전류가 흐르고, (라)에서는 전류가 흐르지 않는다.

이에 대한 옳은 설명만을 〈보기〉에서 있는 대로 고른 것은?

보기
ㄱ. A는 도체이다.
ㄴ. 전기 전도성은 A가 B보다 좋다.
ㄷ. B는 반도체에 비해 원자가 띠와 전도띠 사이의 띠 간격이 크다.

① ㄱ   ② ㄷ   ③ ㄱ, ㄴ   ④ ㄴ, ㄷ   ⑤ ㄱ, ㄴ, ㄷ

12

그림 (가)는 고체 A, B의 전기 전도도를 나타낸 것이다. A, B는 각각 도체와 반도체 중 하나이다. 그림 (나)의 X, Y는 A, B의 에너지띠 구조를 순서 없이 나타낸 것이다.

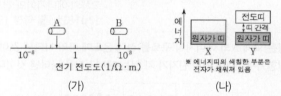

(가)   (나)

이에 대한 설명으로 옳은 것만을 〈보기〉에서 있는 대로 고른 것은? (3점)

보기
ㄱ. A는 도체이다.
ㄴ. X는 B의 에너지띠 구조이다.
ㄷ. Y에서 원자가 띠의 전자가 전도띠로 전이할 때, 전자는 띠 간격 이상의 에너지를 흡수한다.

① ㄱ   ② ㄴ   ③ ㄱ, ㄷ   ④ ㄴ, ㄷ   ⑤ ㄱ, ㄴ, ㄷ

다음은 물질의 전기 전도도에 대한 실험이다.

[실험 과정]

(가) 물질 X로 이루어진 원기둥 모양의 막대 a, b, c를 준비한다.

(나) a, b, c의 [㉠]과/와 길이를 측정한다.

(다) 저항 측정기를 이용하여 a, b, c의 저항값을 측정한다.

(라) (나)와 (다)의 측정값을 이용하여 X의 전기 전도도를 구한다.

[실험 결과]

막대	㉠ (cm^2)	길이 (cm)	저항값 (kΩ)	전기 전도도 (1/$\Omega \cdot$m)
a	0.20	1.0	㉡	2.0×10^{-2}
b	0.20	2.0	50	2.0×10^{-2}
c	0.20	3.0	75	2.0×10^{-2}

이에 대한 설명으로 옳은 것만을 〈보기〉에서 있는 대로 고른 것은? (3점)

보기

ㄱ. 단면적은 ㉠에 해당한다.

ㄴ. ㉡은 50보다 크다.

ㄷ. X의 전기 전도도는 막대의 길이에 관계없이 일정하다.

① ㄱ ② ㄴ ③ ㄱ, ㄷ ④ ㄴ, ㄷ ⑤ ㄱ, ㄴ, ㄷ

다음은 물질 A, B, C의 전기 전도도를 알아보기 위한 탐구이다.

[자료 조사 결과]

○ A, B, C는 각각 도체와 반도체 중 하나이다.

○ 에너지띠의 색칠된 부분까지 전자가 채워져 있다.

에너지띠 구조

[실험 과정]

(가) 그림과 같이 저항 측정기에 A, B, C를 연결하여 저항을 측정한다.

(나) 측정한 저항값을 이용하여 A, B, C의 전기 전도도를 구한다.

[실험 결과]

물질	A	B	C
전기 전도도(1/$\Omega \cdot$m)	6.0×10^7	2.2	㉠

이에 대한 설명으로 옳은 것만을 〈보기〉에서 있는 대로 고른 것은? (3점)

보기

ㄱ. ㉠에 해당하는 값은 2.2보다 작다.

ㄴ. A에서는 주로 양공이 전류를 흐르게 한다.

ㄷ. B에 도핑을 하면 전기 전도도가 커진다.

① ㄱ ② ㄷ ③ ㄱ, ㄴ ④ ㄴ, ㄷ ⑤ ㄱ, ㄴ, ㄷ

그림 (가)는 고체 A, B의 에너지띠 구조를, (나)는 A, B를 이용하여 만든 집게 달린 전선의 단면을 나타낸 것이다. A와 B는 각각 도체와 절연체 중 하나이고, (가)에서 에너지띠의 색칠된 부분까지 전자가 채워져 있다.

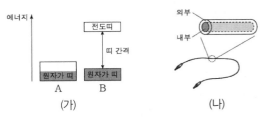

(가)   (나)

이에 대한 옳은 설명만을 〈보기〉에서 있는 대로 고른 것은?

보기

ㄱ. A는 도체이다.

ㄴ. B의 원자가 띠에 있는 전자의 에너지 준위는 모두 같다.

ㄷ. (나)에서 전선의 내부는 A, 외부는 B로 이루어져 있다.

① ㄱ ② ㄴ ③ ㄱ, ㄷ ④ ㄴ, ㄷ ⑤ ㄱ, ㄴ, ㄷ

04 반도체와 다이오드 ★수능에 나오는 필수 개념 2가지 + 필수 암기사항 2개

기본자료

필수개념 1 반도체

• 암기 **반도체** → n형 반도체에서는 전자가, p형 반도체에서는 양공이 전하를 운반한다.

○ 순수한 반도체 : 불순물이 없는 반도체로 전기 전도성이 낮다.
○ 불순물 반도체 : 순수한 반도체에 불순물을 첨가하여 전기 전도성을 높인 반도체
 (1) n형 반도체 : 실리콘(Si), 저마늄(Ge) 등과 같은
  순수한 반도체 물질에 원자가 전자가 5개인
  원소를 도핑하여 만들 수 있는 반도체로 주로
  전자가 전하를 운반한다.
 (2) p형 반도체 : 실리콘, 저마늄 등과 같은 순수한
  반도체 물질에 원자가 전자가 3개인 원소를
  도핑하여 만들 수 있는 반도체로 주로 양공이
  전하를 운반한다.

▲ n형 반도체

▲ p형 반도체

▶ 원자가 전자가 5개인 원소(n형)
인(P), 비소(As), 안티몬(Sb), 비스무트
(Bi)

원자가 전자가 3개인 원소(p형)
알루미늄(Al), 붕소(B), 인듐(In), 갈륨
(Ga)

필수개념 2 다이오드

• 암기 **다이오드** → p형 반도체와 n형 반도체를 붙여 만든 정류 작용을 하는 소자

○ 구조 : p형 반도체와 n형 반도체의 p−n 접합을 이용하여 만든다.
○ 다이오드의 역할 : 전류를 한쪽 방향으로만 흐르게 하는 역할을 하며, 교류를
 직류로 바꾸는 기능을 한다.
○ 순방향 : p형 반도체에 전지의 (+)극을 연결하고, n형 반도체에 전지의 (−)극을
 연결한 상태이다. p형 반도체의 양공과 n형 반도체의 전자가 접합면을 향해 이동하여 결합하는
 형태로 전류가 흐른다.
○ 발광 다이오드(LED) : 발광 다이오드에 순방향의 전압을 걸어주면 전도띠의 전자와 원자가띠의
 양공이 결합하면서 띠 간격에 해당하는 만큼의 에너지가 빛으로 방출된다.

p형 n형
양공   전자

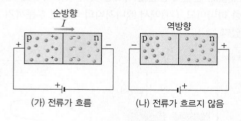
(가) 전류가 흐름   (나) 전류가 흐르지 않음

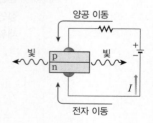
양공 이동
빛   빛
전자 이동

① LED를 제작하는 반도체의 재료에 따라 띠 간격에 해당되는 에너지가 달라지므로 방출되는
 빛의 색을 다양하게 만들 수 있다.
② 수명이 길고, 전력 소모가 적으며 작고 가볍다는 장점이 있어 각종 영상 장치와 조명 장치에
 사용된다.

▶ 양공
반도체의 원자가띠 내에 전자가 비어
있는 상태

1

그림 (가)는 직류 전원 장치, 저항, p−n 접합 다이오드, 스위치 S로 구성한 회로를, (나)는 (가)의 다이오드를 구성하는 반도체 X와 Y의 에너지띠 구조를 나타낸 것이다.

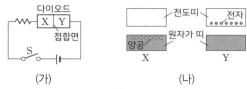

(가)   (나)

이에 대한 옳은 설명만을 <보기>에서 있는 대로 고른 것은? 3점

보기
ㄱ. X는 p형 반도체이다.
ㄴ. S를 닫으면 저항에 전류가 흐른다.
ㄷ. S를 닫으면 Y의 전자는 p−n 접합면에서 멀어진다.

① ㄱ   ② ㄷ   ③ ㄱ, ㄴ   ④ ㄴ, ㄷ   ⑤ ㄱ, ㄴ, ㄷ

2

다음은 고체의 전기적 특성을 알아보기 위한 실험이다.

[실험 과정]
(가) 고체 막대 A와 B를 각각 연결할 수 있는 전기 회로를 구성한다. A, B는 도체와 절연체 중 하나이다.

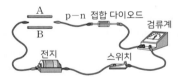

(나) 두 집게를 A의 양 끝 또는 B의 양 끝에 연결하고 스위치를 닫은 후 막대에 흐르는 전류의 유무를 관찰한다.
(다) (가)에서 [㉠   ]의 양 끝에 연결된 집게를 서로 바꿔 연결한 후 (나)를 반복한다.

[실험 결과]

구분	A	B
(나)의 결과	○	×
(다)의 결과	×	㉡

(○ : 전류가 흐름, × : 전류가 흐르지 않음.)

이에 대한 옳은 설명만을 <보기>에서 있는 대로 고른 것은? 3점

보기
ㄱ. 전기 전도도는 A가 B보다 크다.
ㄴ. 'p−n 접합 다이오드'는 ㉠으로 적절하다.
ㄷ. ㉡은 '○'이다.

① ㄱ   ② ㄷ   ③ ㄱ, ㄴ   ④ ㄴ, ㄷ   ⑤ ㄱ, ㄴ, ㄷ

3

그림 (가)는 동일한 p−n 접합 다이오드 A와 B, 전구, 스위치 S, 직류 전원 장치를 이용하여 구성한 회로를 나타낸 것이다. S를 a에 연결할 때 전구에 불이 켜지고, S를 b에 연결할 때 전구에 불이 켜지지 않는다. 그림 (나)는 (가)의 X를 구성하는 원소와 원자가 전자의 배열을 나타낸 것이다.

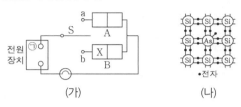

(가)   (나)

이에 대한 설명으로 옳은 것만을 <보기>에서 있는 대로 고른 것은?

보기
ㄱ. S를 a에 연결할 때, A에 역방향 전압이 걸린다.
ㄴ. 직류 전원 장치의 단자 ㉠은 (+)극이다.
ㄷ. S를 b에 연결할 때, X에 있는 전자는 p−n 접합면 쪽으로 이동한다.

① ㄱ   ② ㄴ   ③ ㄱ, ㄷ   ④ ㄴ, ㄷ   ⑤ ㄱ, ㄴ, ㄷ

4

그림 (가)와 같이 동일한 p−n 접합 다이오드 A, B, C와 직류 전원을 연결하여 회로를 구성하였다. X, Y는 각각 p형 반도체와 n형 반도체 중 하나이며 B에는 전류가 흐른다. 그림 (나)는 X의 원자가 전자 배열과 Y의 에너지띠 구조를 각각 나타낸 것이다.

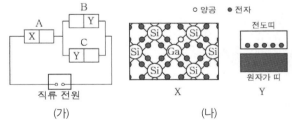

(가)   (나)

이에 대한 설명으로 옳은 것은?

① X는 n형 반도체이다.
② A에는 역방향 전압이 걸려있다.
③ A의 X는 직류 전원의 (+)극에 연결되어 있다.
④ C의 p−n 접합면에서 양공과 전자가 결합한다.
⑤ Y에서는 주로 원자가 띠에 있는 전자에 의해 전류가 흐른다.

5

그림 (가)는 불순물 a를 도핑한 반도체 A를 구성하는 원소와 원자가 전자의 배열을, (나)는 A를 포함한 p−n 접합 다이오드가 연결된 회로에서 전구에 불이 켜진 모습을 나타낸 것이다. X, Y는 각각 p형, n형 반도체 중 하나이다.

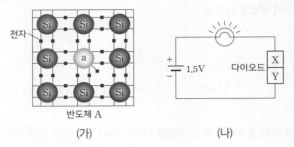

(가)   (나)

이에 대한 설명으로 옳지 **않은** 것은?

① a의 원자가 전자는 5개이다.
② A는 n형 반도체이다.
③ 다이오드에는 순방향 전압(바이어스)이 걸린다.
④ X가 A이다.
⑤ Y에서는 주로 전자가 전류를 흐르게 한다.

7

그림 (가)와 같이 전원 장치, 저항, p−n 접합 발광 다이오드(LED)를 연결했더니 LED에서 빛이 방출되었다. X, Y는 각각 p형 반도체, n형 반도체 중 하나이다. 그림 (나)는 (가)의 X를 구성하는 원소와 원자가 전자의 배열을 나타낸 것이다.

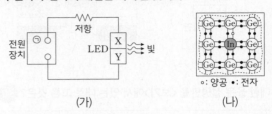

(가)   (나)

이에 대한 설명으로 옳은 것만을 〈보기〉에서 있는 대로 고른 것은?

> **보기**
> ㄱ. X는 p형 반도체이다.
> ㄴ. (가)의 LED에서 n형 반도체에 있는 전자는 p−n 접합면 쪽으로 이동한다.
> ㄷ. 전원 장치의 단자 ㉠은 (−)극이다.

① ㄱ   ② ㄷ   ③ ㄱ, ㄴ   ④ ㄴ, ㄷ   ⑤ ㄱ, ㄴ, ㄷ

6

그림 (가)는 실리콘(Si)에 붕소(B)를 첨가한 반도체 X와 실리콘(Si)에 비소(As)를 첨가한 반도체 Y를 나타낸 것이다. 그림 (나)는 X, Y를 접합하여 만든 p−n 접합 다이오드를 이용하여 구성한 회로를 나타낸 것이다.

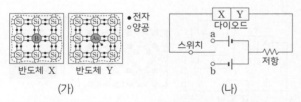

(가)   (나)

이에 대한 설명으로 옳은 것만을 〈보기〉에서 있는 대로 고른 것은?

> **보기**
> ㄱ. X는 p형 반도체이다.
> ㄴ. (나)에서 스위치를 a에 연결할 때, 다이오드에는 순방향 전압이 걸린다.
> ㄷ. (나)에서 스위치를 b에 연결할 때, 다이오드의 p형 반도체에 있는 양공은 p−n 접합면 쪽으로 이동한다.

① ㄱ   ② ㄷ   ③ ㄱ, ㄴ   ④ ㄴ, ㄷ   ⑤ ㄱ, ㄴ, ㄷ

8

그림 (가)는 고체 A와 B의 에너지띠 구조를 나타낸 것으로, A와 B는 각각 도체와 절연체 중 하나이다. 그림 (나)와 같이 저항, p−n 접합 다이오드, A, 직류 전원 장치로 구성된 회로에서 직선 도선 위에 나침반을 놓고 스위치를 a에 연결하였더니 자침이 시계 방향으로 각 θ만큼 회전하였다. X, Y는 각각 p형 반도체와 n형 반도체 중 하나이다.

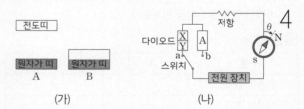

(가)   (나)

이에 대한 설명으로 옳은 것만을 〈보기〉에서 있는 대로 고른 것은? (단, $0 < \theta < 90°$이다.) **3점**

> **보기**
> ㄱ. (가)에서 B의 원자가 띠에 있는 전자의 에너지는 모두 같다.
> ㄴ. (나)의 회로에서 X는 p형 반도체이다.
> ㄷ. (나)의 회로에서 스위치를 b에 연결하면 자침의 회전각은 θ보다 커진다.

① ㄱ   ② ㄴ   ③ ㄱ, ㄴ   ④ ㄱ, ㄷ   ⑤ ㄴ, ㄷ

9

그림 (가)는 규소(Si)에 비소(As)를 첨가한 반도체 X와 규소(Si)에 붕소(B)를 첨가한 반도체 Y의 원자가 전자 배열을 나타낸 것이다. 그림 (나)와 같이 (가)의 X, Y를 이용하여 만든 다이오드에 저항과 전류계를 연결하고 광 다이오드에만 빛을 비추었더니 저항에 전류가 흘렀다.

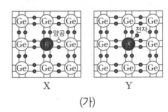

반도체 X　　반도체 Y

● 전자
○ 양공

(가)　　　　　　　(나)

이에 대한 설명으로 옳은 것만을 〈보기〉에서 있는 대로 고른 것은?

3점

보기
ㄱ. 전류의 방향은 a → 저항 → b이다.
ㄴ. 발광 다이오드에서 빛이 방출된다.
ㄷ. 발광 다이오드의 전자와 양공은 접합면에서 서로 멀어진다.

① ㄱ　② ㄷ　③ ㄱ, ㄴ　④ ㄴ, ㄷ　⑤ ㄱ, ㄴ, ㄷ

11

그림은 동일한 p−n 접합 다이오드 A~D, 전구, 스위치, 동일한 전지를 이용하여 구성한 회로를 나타낸 것이다. 스위치를 a에 연결하면 전구에 불이 켜진다. X는 p형 반도체와 n형 반도체 중 하나이다.

이에 대한 설명으로 옳은 것만을 〈보기〉에서 있는 대로 고른 것은?

3점

보기
ㄱ. 스위치를 a에 연결하면 C에는 순방향 전압이 걸린다.
ㄴ. X는 p형 반도체이다.
ㄷ. 스위치를 b에 연결하면 전구에 불이 켜진다.

① ㄱ　② ㄴ　③ ㄱ, ㄷ　④ ㄴ, ㄷ　⑤ ㄱ, ㄴ, ㄷ

10

그림 (가)의 X, Y는 저마늄(Ge)에 각각 인듐(In), 비소(As)를 도핑한 반도체를 나타낸 것이다. 그림 (나)는 직류 전원, 교류 전원, 전구, 스위치, X와 Y가 접합된 구조의 p−n 접합 다이오드를 이용하여 회로를 구성하고 스위치를 a에 연결하였더니 전구에서 빛이 방출되는 것을 나타낸 것이다. A와 B는 각각 X와 Y 중 하나이다.

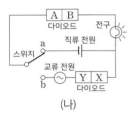

X　　　　　Y

(가)　　　　　　　(나)

이에 대한 설명으로 옳은 것만을 〈보기〉에서 있는 대로 고른 것은?

보기
ㄱ. A는 Y이다.
ㄴ. 스위치를 a에 연결했을 때, B에서 p−n 접합면 쪽으로 이동하는 것은 전자이다.
ㄷ. 스위치를 b에 연결하면 전구에서는 빛이 방출된다.

① ㄱ　② ㄴ　③ ㄱ, ㄷ　④ ㄴ, ㄷ　⑤ ㄱ, ㄴ, ㄷ

12

그림 (가)는 동일한 p−n 접합 다이오드 A와 B, 저항, 스위치를 전압이 일정한 직류 전원에 연결한 것을 나타낸 것이다. ㉠은 p형 반도체 또는 n형 반도체 중 하나이다. 그림 (나)는 스위치를 a 또는 b에 연결할 때 A에 흐르는 전류를 시간 t에 따라 나타낸 것이다. $t=0$부터 $t=2T$까지 스위치는 a에 연결되어 있다.

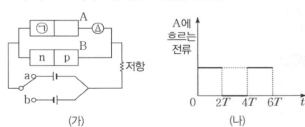

(가)　　　　　　　(나)

이에 대한 설명으로 옳은 것만을 〈보기〉에서 있는 대로 고른 것은?

보기
ㄱ. ㉠은 n형 반도체이다.
ㄴ. $t=3T$일 때 A의 p−n 접합면에서 양공과 전자가 결합한다.
ㄷ. $t=5T$일 때 B에는 역방향 전압이 걸린다.

① ㄱ　② ㄷ　③ ㄱ, ㄴ　④ ㄴ, ㄷ　⑤ ㄱ, ㄴ, ㄷ

그림과 같이 동일한 p−n 접합 발광 다이오드(LED) A~E와 직류 전원, 저항, 스위치 S로 회로를 구성하였다. S를 단자 a에 연결하면 2개의 LED에서, 단자 b에 연결하면 5개의 LED에서 빛이 방출된다. X는 p형 반도체와 n형 반도체 중 하나이다. 이에 대한 옳은 설명만을 <보기>에서 있는 대로 고른 것은?

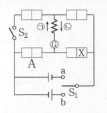

보기

ㄱ. S를 a에 연결하면, A의 p형 반도체에 있는 양공은 p−n 접합면 쪽으로 이동한다.

ㄴ. S를 b에 연결하면, A~E에 순방향 전압이 걸린다.

ㄷ. X는 p형 반도체이다.

① ㄱ   ② ㄷ   ③ ㄱ, ㄴ   ④ ㄴ, ㄷ   ⑤ ㄱ, ㄴ, ㄷ

그림과 같이 직류 전원 2개, 스위치 S_1과 S_2, p−n 접합 다이오드 A, A와 동일한 다이오드 3개, 저항, 검류계로 회로를 구성한다. 표는 S_1을 a 또는 b에 연결하고, S_2를 열고 닫으며 검류계의 눈금을 관찰한 결과이다. X는 p형 반도체와 n형 반도체 중 하나이다.

스위치		S_2	
		열림	닫힘
S_1	a		
	b		

이에 대한 설명으로 옳은 것만을 <보기>에서 있는 대로 고른 것은? **3점**

보기

ㄱ. X는 n형 반도체이다.

ㄴ. S_1을 a에 연결하고 S_2를 닫았을 때 저항에 흐르는 전류의 방향은 ㉠이다.

ㄷ. S_1을 b에 연결하고 S_2를 열었을 때 A에는 역방향 전압이 걸린다.

① ㄱ   ② ㄴ   ③ ㄱ, ㄴ   ④ ㄱ, ㄷ   ⑤ ㄴ, ㄷ

그림은 동일한 p−n 접합 다이오드 2개, 동일한 저항 A, B, C와 전지를 이용하여 구성한 회로를 나타낸 것이다. X와 Y는 p형 반도체와 n형 반도체를 순서 없이 나타낸 것이다. A에는 화살표 방향으로 전류가 흐른다. 이에 대한 설명으로 옳은 것만을 <보기>에서 있는 대로 고른 것은?

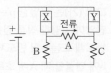

보기

ㄱ. X에서는 주로 양공이 전류를 흐르게 한다.

ㄴ. Y는 p형 반도체이다.

ㄷ. 전류의 세기는 B에서가 C에서보다 크다.

① ㄱ   ② ㄴ   ③ ㄷ   ④ ㄱ, ㄷ   ⑤ ㄴ, ㄷ

그림과 같이 전지, 저항, 동일한 p−n접합 다이오드 A, B로 구성한 회로에서 A에는 전류가 흐르고, B에는 전류가 흐르지 않는다. X, Y는 저마늄(Ge)에 원자가 전자가 각각 x개, y개인 원소를 도핑한 반도체이다. 이에 대한 옳은 설명만을 <보기>에서 있는 대로 고른 것은? **3점**

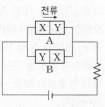

보기

ㄱ. X는 n형 반도체이다.

ㄴ. $x < y$이다.

ㄷ. B에는 순방향으로 전압이 걸린다.

① ㄴ   ② ㄷ   ③ ㄱ, ㄴ   ④ ㄱ, ㄷ   ⑤ ㄴ, ㄷ

---

17 [2025 평가원]

다음은 p−n 접합 다이오드를 이용한 회로에 대한 실험이다.

[실험 과정]

(가) 그림과 같이 전압이 같은 직류
전원 2개, 저항, 동일한 p−n 접합
다이오드 A와 B, 스위치 S_1과 S_2,
전류계를 이용하여 회로를 구성
한다. X는 p형 반도체와 n형
반도체 중 하나이다.

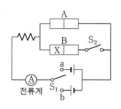

(나) S_1과 S_2의 연결 상태를 바꾸어 가며 전류계에 흐르는
전류의 세기를 측정한다.

[실험 결과]

S_1	S_2	전류의 세기
a에 연결	열림	㉠
	닫힘	I_0
b에 연결	열림	0
	닫힘	I_0

이에 대한 설명으로 옳은 것만을 〈보기〉에서 있는 대로 고른 것은?

보기

ㄱ. X는 p형 반도체이다.

ㄴ. S_1을 b에 연결했을 때, A에는 순방향 전압이 걸린다.

ㄷ. ㉠은 I_0이다.

① ㄱ   ② ㄴ   ③ ㄷ   ④ ㄱ, ㄷ   ⑤ ㄴ, ㄷ

18

다음은 p−n 접합 다이오드의 특성을 알아보는 실험이다.

[실험 과정]

(가) 그림과 같이 동일한 p−n 접합
다이오드 4개, 스위치 S_1, S_2,
집게 전선 a, b가 포함된 회로를
구성한다. Y는 p형 반도체와 n형
반도체 중 하나이다.

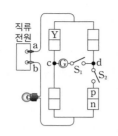

(나) S_1, S_2를 열고 전구와 검류계를
관찰한다.

(다) (나)에서 S_1만 닫고 전구와 검류계를 관찰한다.

(라) a, b를 직류 전원의 (+), (−) 단자에 서로 바꾸어 연결한
후, S_1, S_2를 닫고 전구와 검류계를 관찰한다.

[실험 결과]

과정	전구	전류의 방향
(나)	×	해당 없음
(다)	○	$c \rightarrow S_1 \rightarrow d$
(라)	○	㉠

(○: 켜짐, ×: 켜지지 않음)

이에 대한 설명으로 옳은 것만을 〈보기〉에서 있는 대로 고른 것은? 3점

보기

ㄱ. Y는 p형 반도체이다.

ㄴ. (나)에서 a는 (+) 단자에 연결되어 있다.

ㄷ. ㉠은 'd → S_1 → c'이다.

① ㄱ   ② ㄴ   ③ ㄱ, ㄷ   ④ ㄴ, ㄷ   ⑤ ㄱ, ㄴ, ㄷ

DAY
17

II

1
I
04

반도체와 다이오드

다음은 p−n 접합 다이오드의 특성을 알아보는 실험이다.

[실험 과정]

(가) 그림과 같이 직류 전원, 동일한
p−n 접합 다이오드 A, B, p−n
접합 발광 다이오드(LED),
스위치 S₁, S₂를 이용하여 회로를
구성한다. X는 p형 반도체와 n형
반도체 중 하나이다.

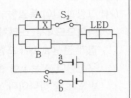

(나) S₁을 a 또는 b에 연결하고, S₂를 열고 닫으며 LED에서
빛의 방출 여부를 관찰한다.

[실험 결과]

S₁	S₂	LED에서 빛의 방출 여부
a에 연결	열림	방출되지 않음
	닫힘	방출됨
b에 연결	열림	방출되지 않음
	닫힘	㉠

이에 대한 설명으로 옳은 것만을 <보기>에서 있는 대로 고른 것은? **3점**

보기

ㄱ. A의 X는 주로 양공이 전류를 흐르게 하는 반도체이다.
ㄴ. S₁을 a에 연결하고 S₂를 열었을 때, B에는 순방향 전압이
걸린다.
ㄷ. ㉠은 '방출됨'이다.

① ㄱ   ② ㄴ   ③ ㄷ   ④ ㄱ, ㄴ   ⑤ ㄱ, ㄷ

다음은 고체의 전기적 특성을 알아보기 위한 실험이다.

[실험 과정]

(가) 크기와 모양이 같은 고체 A, B를
준비한다. A, B는 도체 또는
절연체이다.

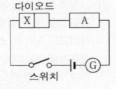

(나) 그림과 같이 p−n 접합
다이오드와 A를 전지에 연결한다.
X는 p형 반도체와 n형 반도체 중 하나이다.

(다) 스위치를 닫고 전류가 흐르는지 관찰한 후, A를 B로
바꾸어 전류가 흐르는지 관찰한다.

(라) (나)에서 전지의 연결 방향을 반대로 하여 (다)를 반복한다.

[실험 결과]

고체	A	B
(다)의 결과	전류 흐름	전류 흐르지 않음
(라)의 결과	㉠	?

이에 대한 옳은 설명만을 <보기>에서 있는 대로 고른 것은?

보기

ㄱ. ㉠은 '전류 흐름'이다.
ㄴ. X는 p형 반도체이다.
ㄷ. 전기 전도도는 A가 B보다 크다.

① ㄱ   ② ㄴ   ③ ㄱ, ㄴ   ④ ㄱ, ㄷ   ⑤ ㄴ, ㄷ

다음은 p−n 접합 다이오드를 이용한 실험이다.

[실험 과정]
(가) 그림과 같이 직류 전원 2개, p−n 접합 다이오드 4개, p−n
접합 발광 다이오드(LED), 스위치 S로 회로를 구성한다.

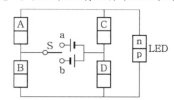

※ A~D는 각각 p형 또는 n형 반도체 중 하나임.
(나) S를 단자 a 또는 b에 연결하고 LED를 관찰한다.

[실험 결과]
○ a에 연결했을 때 LED가 빛을 방출함.
○ b에 연결했을 때 LED가 빛을 방출함.

A~D의 반도체의 종류로 옳은 것은?

	A	B	C	D		A	B	C	D
①	p형	p형	p형	p형	②	p형	p형	n형	n형
③	p형	n형	n형	p형	④	n형	n형	n형	n형
⑤	n형	p형	n형	p형					

다음은 p−n 접합 다이오드의 특성을 알아보는 실험이다.

[실험 과정]
(가) 그림과 같이 직류 전원 2개,
스위치 S_1, S_2, p−n 접합
다이오드 A, A와 동일한
다이오드 3개, 저항, 검류계로
회로를 구성한다. X는 p형
반도체와 n형 반도체 중 하나
이다.

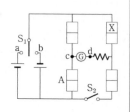

(나) S_1을 a 또는 b에 연결하고, S_2를 열고 닫으며 검류계를
관찰한다.

[실험 결과]

S_1	S_2	전류 흐름
㉠	열기	흐르지 않는다.
	닫기	c → Ⓖ → d로 흐른다.
㉡	열기	c → Ⓖ → d로 흐른다.
	닫기	c → Ⓖ → d로 흐른다.

이에 대한 설명으로 옳은 것만을 <보기>에서 있는 대로 고른 것은? ③점

보기
ㄱ. X는 n형 반도체이다.
ㄴ. 'b에 연결'은 ㉠에 해당한다.
ㄷ. S_1을 a에 연결하고 S_2를 닫으면 A에는 순방향 전압이 걸린다.

① ㄱ   ② ㄴ   ③ ㄱ, ㄷ   ④ ㄴ, ㄷ   ⑤ ㄱ, ㄴ, ㄷ

23

다음은 p−n 접합 다이오드의 특성을 알아보는 실험이다.

[실험 과정]
(가) 그림과 같이 p−n 접합 다이오드 A, A와 동일한 다이오드 3개, 직류 전원 2개, 스위치 S₁, S₂, 전구로 회로를 구성한다. X는 p형 반도체와 n형 반도체 중 하나이다.

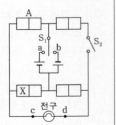

(나) S₁을 a 또는 b에 연결하고, S₂를 열고 닫으며 전구를 관찰한다.

[실험 결과]

S_1	S_2	전구
a에 연결	열기	×
	닫기	○
b에 연결	열기	○
	닫기	○

(○: 켜짐, ×: 켜지지 않음)

이에 대한 설명으로 옳은 것만을 <보기>에서 있는 대로 고른 것은? 【3점】

보기
ㄱ. X는 p형 반도체이다.
ㄴ. S₁을 a에 연결하고 S₂를 닫았을 때, 전류는 d → 전구 → c로 흐른다.
ㄷ. S₁을 b에 연결하고 S₂를 열었을 때, A의 n형 반도체에 있는 전자는 p−n 접합면 쪽으로 이동한다.

① ㄱ   ② ㄷ   ③ ㄱ, ㄴ   ④ ㄴ, ㄷ   ⑤ ㄱ, ㄴ, ㄷ

24 2024 평가원

다음은 p−n 접합 발광 다이오드(LED)의 특성을 알아보기 위한 실험이다.

[실험 과정]
(가) 그림과 같이 동일한 LED A∼D, 저항, 스위치, 직류 전원으로 회로를 구성한다. X는 p형 반도체와 n형 반도체 중 하나이다.

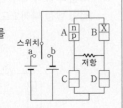

(나) 스위치를 a 또는 b에 연결하고, C, D에서 빛의 방출 여부를 관찰한다.

[실험 결과]

스위치	C에서 빛의 방출 여부	D에서 빛의 방출 여부
a에 연결	방출됨	방출되지 않음
b에 연결	방출되지 않음	방출됨

이에 대한 설명으로 옳은 것만을 <보기>에서 있는 대로 고른 것은?

보기
ㄱ. 스위치를 a에 연결하면 A에는 역방향 전압이 걸린다.
ㄴ. B의 X는 n형 반도체이다.
ㄷ. 스위치를 b에 연결하면 D의 p형 반도체에 있는 양공이 p−n 접합면에서 멀어진다.

① ㄱ   ② ㄴ   ③ ㄱ, ㄷ   ④ ㄴ, ㄷ   ⑤ ㄱ, ㄴ, ㄷ

다음은 p－n 접합 발광 다이오드의 특성을 알아보는 실험이다.

[실험 과정]

(가) 그림과 같이 동일한 직류 전원 2개, p－n 접합 발광 다이오드(LED) A, A와 동일한 LED 4개, 저항, 스위치 S_1, S_2로 회로를 구성한다. X는 p형 반도체와 n형 반도체 중 하나이다.

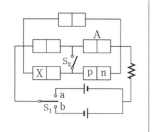

(나) S_1을 a 또는 b에 연결하고, S_2를 열고 닫으며 LED를 관찰한다.

[실험 결과]

S_1	S_2	빛이 방출된 LED의 개수
a에 연결	열림	0
	닫힘	㉠
b에 연결	열림	1
	닫힘	3

이에 대한 설명으로 옳은 것만을 〈보기〉에서 있는 대로 고른 것은?　(3점)

보기

ㄱ. X는 p형 반도체이다.

ㄴ. S_1을 b에 연결하고 S_2를 닫았을 때, A에는 순방향 전압이 걸린다.

ㄷ. ㉠은 '2'이다.

① ㄱ　　② ㄴ　　③ ㄱ, ㄷ　　④ ㄴ, ㄷ　　⑤ ㄱ, ㄴ, ㄷ

그림은 동일한 전지, 동일한 전구 P와 Q, 전기 소자 X와 Y를 이용하여 구성한 회로를 나타낸 것이고, 표는 스위치를 연결하는 위치에 따라 P, Q가 켜지는지를 나타낸 것이다. X, Y는 저항, 다이오드를 순서 없이 나타낸 것이다.

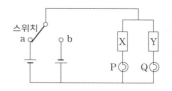

스위치 연결 위치	전구	
	P	Q
a	○	○
b	○	×

○: 켜짐, ×: 켜지지 않음

이에 대한 설명으로 옳은 것만을 〈보기〉에서 있는 대로 고른 것은?

보기

ㄱ. X는 저항이다.

ㄴ. 스위치를 a에 연결하면 다이오드에 순방향으로 전압이 걸린다.

ㄷ. Y는 정류 작용을 하는 전기 소자이다.

① ㄱ　　② ㄴ　　③ ㄱ, ㄷ　　④ ㄴ, ㄷ　　⑤ ㄱ, ㄴ, ㄷ

그림 (가)는 동일한 p－n 접합 발광 다이오드(LED) A와 B, 고체 막대 P와 Q로 회로를 구성하고, 스위치를 a 또는 b에 연결할 때 A, B의 빛의 방출 여부를 나타낸 것이다. P, Q는 도체와 절연체를 순서 없이 나타낸 것이고, Y는 p형 반도체와 n형 반도체 중 하나이다. 그림 (나)의 ㉠, ㉡은 각각 P 또는 Q의 에너지띠 구조를 나타낸 것으로 음영으로 표시된 부분까지 전자가 채워져 있다.

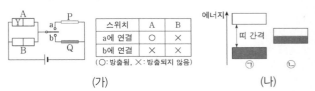

스위치	A	B
a에 연결	○	×
b에 연결	×	×

(○: 방출됨, ×: 방출되지 않음)

(가)　　　　(나)

이에 대한 설명으로 옳은 것만을 〈보기〉에서 있는 대로 고른 것은?　(3점)

보기

ㄱ. Y는 주로 양공이 전류를 흐르게 하는 반도체이다.

ㄴ. (나)의 ㉠은 Q의 에너지띠 구조이다.

ㄷ. 스위치를 a에 연결하면 B의 n형 반도체에 있는 전자는 p－n 접합면으로 이동한다.

① ㄱ　　② ㄷ　　③ ㄱ, ㄴ　　④ ㄴ, ㄷ　　⑤ ㄱ, ㄴ, ㄷ

28

다음은 p−n 접합 다이오드를 이용한 회로에 대한 실험이다.

[실험 과정]

(가) 그림 I 과 같이 p−n 접합 다이오드 X, X와 동일한 다이오드 3개, 전원 장치, 스위치, 검류계, 저항, 오실로스코프가 연결된 회로를 구성한다.

그림 I

(나) 스위치를 닫는다.

(다) 전원 장치에서 그림 II 와 같은 전압을 발생시키고, 저항에 걸리는 전압을 오실로스코프로 관찰한다.

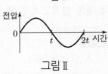
그림 II

(라) 스위치를 열고 (다)를 반복한다.

[실험 결과]

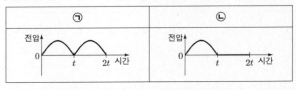

이에 대한 설명으로 옳은 것만을 <보기>에서 있는 대로 고른 것은? **3점**

보기
ㄱ. ㉠은 (다)의 결과이다.
ㄴ. (다)에서 0~t일 때, 전류의 방향은 b → ⑤ → a이다.
ㄷ. (라)에서 t~$2t$일 때, X에는 순방향 전압이 걸린다.

① ㄱ   ② ㄴ   ③ ㄱ, ㄷ   ④ ㄴ, ㄷ   ⑤ ㄱ, ㄴ, ㄷ

29

그림은 동일한 직류 전원 2개, 스위치 S, p−n 접합 다이오드 A, A와 동일한 다이오드 3개, 저항, 검류계로 회로를 구성한 모습을 나타낸 것이다. X는 p형 반도체와 n형 반도체 중 하나이다. 표는 S를 a 또는 b에 연결했을 때 검류계를 관찰한 결과이다.

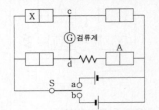

S	검류계
a에 연결	
b에 연결	

이에 대한 옳은 설명만을 <보기>에서 있는 대로 고른 것은? **3점**

보기
ㄱ. X는 p형 반도체이다.
ㄴ. S를 a에 연결하면 전류는 c → ⑤ → d 방향으로 흐른다.
ㄷ. S를 b에 연결하면 A에는 순방향 전압이 걸린다.

① ㄱ   ② ㄷ   ③ ㄱ, ㄴ   ④ ㄴ, ㄷ   ⑤ ㄱ, ㄴ, ㄷ

다음은 p−n 접합 발광 다이오드(LED)와 고체 막대를 이용한
회로에 대한 실험이다.

[실험 과정]
(가) 그림과 같이 전압이 같은 직류
전원 2개, 저항, 동일한 LED
$D_1 \sim D_4$, 고체 막대 X와 Y,
스위치 S_1과 S_2를 이용하여
회로를 구성한다. X와 Y는
도체와 절연체를 순서 없이
나타낸 것이다.

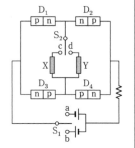

(나) S_1을 a 또는 b에 연결하고 S_2를
c 또는 d에 연결하며 $D_1 \sim D_4$에서
빛의 방출 여부를 관찰한다.

[실험 결과]

S_1	S_2	빛이 방출된 LED
a에 연결	c에 연결	없음
	d에 연결	D_2, D_3
b에 연결	c에 연결	없음
	d에 연결	㉠

이에 대한 설명으로 옳은 것만을 〈보기〉에서 있는 대로 고른 것은?
3점

보기
ㄱ. X는 절연체이다.
ㄴ. ㉠은 D_1, D_4이다.
ㄷ. S_1을 a에 연결하고 S_2를 d에 연결했을 때, D_1에는 순방향
전압이 걸린다.

① ㄱ　　② ㄷ　　③ ㄱ, ㄴ　　④ ㄴ, ㄷ　　⑤ ㄱ, ㄴ, ㄷ

다음은 p−n 접합 다이오드의 특성을 알아보는 실험이다.

[실험 과정]
(가) 그림과 같이 전압이 같은 직류
전원 2개, 스위치, 동일한 p−n
접합 다이오드 4개, 저항, 검류계를
이용하여 회로를 구성한다. X, Y는
p형 반도체와 n형 반도체를 순서
없이 나타낸 것이다.

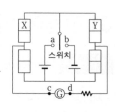

(나) 스위치를 a 또는 b에 연결하고, 검류계를 관찰한다.

[실험 결과]

스위치	전류의 흐름	전류의 방향
a에 연결	흐른다.	c → Ⓖ → d
b에 연결	흐른다.	㉠

이에 대한 설명으로 옳은 것만을 〈보기〉에서 있는 대로 고른 것은?

보기
ㄱ. X는 p형 반도체이다.
ㄴ. ㉠은 'd → Ⓖ → c'이다.
ㄷ. 스위치를 b에 연결하면 Y에서 전자는 p−n 접합면으로부터
멀어진다.

① ㄱ　　② ㄷ　　③ ㄱ, ㄴ　　④ ㄴ, ㄷ　　⑤ ㄱ, ㄴ, ㄷ

DAY
17

Ⅱ

1
ㅣ
04

반
도
체
와
다
이
오
드

2. 전자기장

01 전류에 의한 자기장 ★수능에 나오는 필수 개념 4가지 ＋ 필수 암기사항 7개

필수개념 1 **자기장과 자기력선**

- **자기장** : 자석 주위나 전류가 흐르는 도선 주위에 생기는 자기력이 작용하는 공간
  ① 자기장 방향 : 자침의 N극이 가리키는 방향
  ② 자속(자기력선속) : 자기장에 수직한 면을 지나는 자기력선의 총 수. 단위 Wb(웨버)
  ③ 자기장의 세기(자속 밀도) : 단위 면적당 자속. 자기장에 수직한 면적 S를 지나는 자속을 ϕ라고 하면

  자기장의 세기 B는 $B=\dfrac{\phi}{S}$. 단위 : T(테슬라)

  ④ 암기 자기력선 : 자기장을 시각적으로 표현한 선
  ○ 자석 외부에서는 N극에서 나와 S극으로 들어간다.(자석 내부에선 S극 → N극)
  ○ 도중에 끊어지거나 교차하지 않는다.
  ○ 자기력선상의 한 점에 접하는 접선 방향이 그 점에서의 자기장의 방향이다.
  ○ 자기력선의 간격이 좁을수록 자기장이 세다.

필수개념 2 **직선 전류에 의한 자기장**

- 암기 **직선 전류에 의한 자기장** : 직선 도선을 중심으로 한 동심원 모양

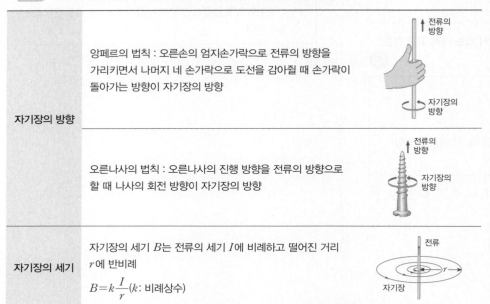

자기장의 방향	앙페르의 법칙 : 오른손의 엄지손가락으로 전류의 방향을 가리키면서 나머지 네 손가락으로 도선을 감아쥘 때 손가락이 돌아가는 방향이 자기장의 방향	
	오른나사의 법칙 : 오른나사의 진행 방향을 전류의 방향으로 할 때 나사의 회전 방향이 자기장의 방향	
자기장의 세기	자기장의 세기 B는 전류의 세기 I에 비례하고 떨어진 거리 r에 반비례 $B=k\dfrac{I}{r}$(k: 비례상수)	

- 암기 **두 직선 전류에 의한 자기장이 0이 되는 지점 찾기**
  ① I_A와 I_B의 방향이 서로 반대 방향일 때 : 자기장이 0인 지점은 두 전류 바깥 지점에 있다.

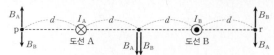

  ○ $I_A > I_B$이면 I_B의 바깥쪽   ○ $I_B > I_A$이면 I_A의 바깥쪽
  ② I_A와 I_B의 방향이 같을 때 : 자기장이 0인 지점은 두 전류 사이에 있는 지점에 있다.

기본자료

▶ 지구 자기장
지구는 남극 부근이 N극, 북극 부근이 S극이므로 지표면에서 지구 자기장은 남쪽에서 북쪽으로 향한다.

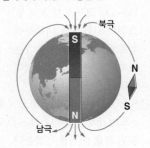

▶ 암기 전류의 방향에 따른 자기장의 방향
① 지면에서 나오는 방향으로 전류가 흐를 경우 : 전류 주변의 자기장은 시계 반대 방향으로 형성된다.

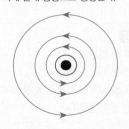

② 지면으로 들어가는 방향으로 전류가 흐를 경우 : 전류 주변의 자기장은 시계 방향으로 형성된다.

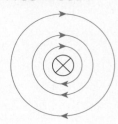

• 암기 **직선 전류에 의한 자기장 실험**

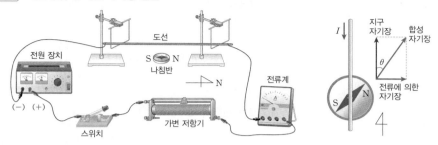

$$\tan \theta = \frac{직선\ 전류에\ 의한\ 자기장}{지구\ 자기장}$$

결론

① 전류의 세기가 증가할수록 나침반 자침의 회전각은 증가한다.
② 도선과 나침반 사이의 거리가 증가할수록 나침반 자침의 회전각은 감소한다.
③ 전류의 방향이 바뀌면 나침반 자침의 회전 방향이 반대로 바뀐다.
④ 나침반을 도선 위에다 설치하면 나침반 자침의 회전 방향이 반대로 바뀐다.

필수개념 3　원형 전류에 의한 자기장

• 암기 **원형 전류에 의한 자기장** : 직선 전류에 의한 자기장을 원 모양으로 감은 모양. 원형 전류 중심에서 자기장의 방향은 직선 형태임

자기장의 방향	전류의 방향으로 오른손 엄지손가락을 향하게 하면 자기장의 방향은 나머지 네 손가락이 도선을 감아쥐는 방향
자기장의 세기	원형 도선 중심에서의 자기장의 세기 B는 전류의 세기 I에 비례하고 원형 도선의 반지름 r에 반비례함 $$B = k' \frac{I}{r}\ (k' : 비례상수)$$

▶ 원형 전류에 의한 원형 전류 중심에서의 자기장의 방향 쉽게 찾는 법

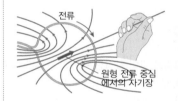

전류의 방향을 오른손 네 손가락으로 감아쥐고 엄지손가락을 펴면 엄지손가락이 가리키는 방향이 원형 전류 중심에서의 자기장 방향이다.

필수개념 4　솔레노이드에 의한 자기장

• 암기 **솔레노이드에 의한 자기장** : 다수의 같은 방향으로 흐르는 원형 전류가 합쳐진 것

자기장의 방향	오른손의 네 손가락을 솔레노이드에 흐르는 전류 방향으로 감아쥘 때 엄지손가락이 가리키는 방향이 자기장의 방향
자기장의 세기	솔레노이드 내부에 균일한 자기장의 세기 B는 다음과 같이 단위 길이당 코일의 감은 횟수 n에 비례하고, 전류의 세기 I에 비례함 $$B = k'' n I\ (k'' : 비례상수)$$

▶ 단위 길이당 감은 수(n)
솔레노이드에 감은 코일의 총 수를 N, 코일이 감긴 솔레노이드의 길이를 l이라 하면

$$n = \frac{N}{l}$$

솔레노이드에 강자성체와 상자성체를 넣은 후 솔레노이드에 전류를 흘렸다가 제거하는 경우
① 강자성체 : 자성을 오랫동안 유지하므로 자석의 역할을 한다.
② 상자성체 : 즉시 자성을 잃어버린다.

• **전자석** : 솔레노이드 내부에 철심을 넣으면 도선에 전류가 흐를 때, 철심이 자기화되어 더 강한 자석이 된다. 전류의 세기나 감은 수를 조절하여 자기장의 세기를 조절할 수 있고 전화기, 자기부상열차, MRI, 도난 경보기 등에 사용된다.

1

도선에 흐르는 전류에 의한 자기장을 활용하는 것만을 〈보기〉에서 있는 대로 고른 것은? 3점

보기

ㄱ. 전자석 기중기　　ㄴ. 발광 다이오드　　ㄷ. 자기 공명 영상 장치
　　　　　　　　　　　　　(LED)　　　　　　　　(MRI)

① ㄱ　　② ㄴ　　③ ㄱ, ㄷ　　④ ㄴ, ㄷ　　⑤ ㄱ, ㄴ, ㄷ

2

그림과 같이 일정한 세기의 전류가 흐르는 무한히 긴 직선 도선 A, B, C가 xy평면에 고정되어 있다. A, B에 흐르는 전류는 방향이 각각 $+y$방향, $-y$방향이고, 세기가 I로 같다. p, q는 x축상의 점이고, p에서 A, B, C에 흐르는 전류에 의한 자기장은 0이다.

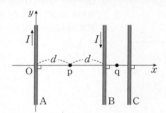

이에 대한 설명으로 옳은 것만을 〈보기〉에서 있는 대로 고른 것은?
3점

보기

ㄱ. C에 흐르는 전류의 방향은 $+y$방향이다.

ㄴ. C에 흐르는 전류의 세기는 I보다 크다.

ㄷ. q에서 A, B, C에 흐르는 전류에 의한 자기장의 방향은 xy평면에 수직으로 들어가는 방향이다.

① ㄱ　　② ㄷ　　③ ㄱ, ㄴ　　④ ㄴ, ㄷ　　⑤ ㄱ, ㄴ, ㄷ

3

그림과 같이 세기와 방향이 일정한 전류가 흐르는 가늘고 무한히 긴 직선 도선 A, B, C가 xy평면에 고정되어 있다. C에는 $+x$방향으로 세기가 $10I_0$인 전류가 흐른다. 점 p, q는 xy평면상의 점이고, p와 q에서 A, B, C의 전류에 의한 자기장의 세기는 모두 0이다. A에 흐르는 전류의 세기는? 3점

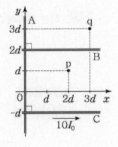

① $7I_0$　　② $8I_0$　　③ $9I_0$　　④ $10I_0$　　⑤ $11I_0$

4

2024 평가원

그림과 같이 가늘고 무한히 긴 직선 도선 P, Q가 일정한 각을 이루고 xy평면에 고정되어 있다. P에는 세기가 I_0인 전류가 화살표 방향으로 흐른다. 점 a에서 P에 흐르는 전류에 의한 자기장의 세기는 B_0이고, P와 Q에 흐르는 전류에 의한 자기장의 세기는 0이다.

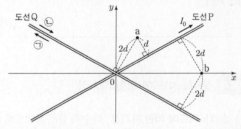

이에 대한 설명으로 옳은 것만을 〈보기〉에서 있는 대로 고른 것은? (단, 점 a, b는 xy평면상의 점이다.) 3점

보기

ㄱ. Q에 흐르는 전류의 방향은 ㉠이다.

ㄴ. Q에 흐르는 전류의 세기는 $2I_0$이다.

ㄷ. b에서 P와 Q에 흐르는 전류에 의한 자기장의 세기는 $\frac{3}{2}B_0$이다.

① ㄱ　　② ㄷ　　③ ㄱ, ㄴ　　④ ㄴ, ㄷ　　⑤ ㄱ, ㄴ, ㄷ

5

다음은 직선 도선에 흐르는 전류에 의한 자기장에 대한 실험이다.

[실험 과정]
(가) 그림과 같이 직선 도선이 수평면에 놓인 나침반의 자침과 나란하도록 실험 장치를 구성한다.

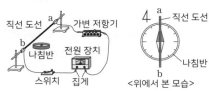

(나) 스위치를 닫고, 나침반 자침의 방향을 관찰한다.
(다) (가)의 상태에서 가변 저항기의 저항값을 변화시킨 후, (나)를 반복한다.
(라) (가)의 상태에서 [㉠], (나)를 반복한다.

[실험 결과]

(나)	(다)	(라)

이에 대한 설명으로 옳은 것만을 〈보기〉에서 있는 대로 고른 것은?
3점

보기
ㄱ. (나)에서 직선 도선에 흐르는 전류의 방향은 a → b 방향이다.
ㄴ. 직선 도선에 흐르는 전류의 세기는 (나)에서가 (다)에서보다 작다.
ㄷ. '전원 장치의 (+), (−) 단자에 연결된 집게를 서로 바꿔 연결한 후'는 ㉠으로 적절하다.

① ㄱ ② ㄷ ③ ㄱ, ㄴ ④ ㄴ, ㄷ ⑤ ㄱ, ㄴ, ㄷ

6

그림 (가)와 같이 수평면에 놓인 나침반의 연직 위에 자침과 나란하도록 직선 도선을 고정시킨다. 그림 (나)는 직선 도선에 흐르는 전류를 시간에 따라 나타낸 것이다. t_1일 때 자침의 N극은 북서쪽을 가리킨다.

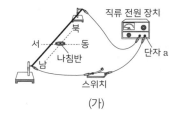
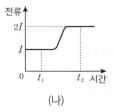

이에 대한 옳은 설명만을 〈보기〉에서 있는 대로 고른 것은? **3점**

보기
ㄱ. t_1일 때 나침반의 중심에서 직선 도선에 흐르는 전류에 의한 자기장의 방향은 서쪽이다.
ㄴ. 직류 전원 장치의 단자 a는 (+)극이다.
ㄷ. 자침의 N극이 북쪽과 이루는 각은 t_2일 때가 t_1일 때보다 크다.

① ㄴ ② ㄷ ③ ㄱ, ㄴ ④ ㄱ, ㄷ ⑤ ㄱ, ㄴ, ㄷ

7

그림 (가), (나)는 수평면에 수직으로 고정된 무한히 긴 하나의 직선 도선에 전류 I_1이 흐를 때와 전류 I_2가 흐를 때, 각각 도선으로부터 북쪽으로 거리 r, $3r$만큼 떨어진 곳에 놓인 나침반의 자침이 $45°$만큼 회전하여 정지한 것을 나타낸 것이다. (나)에서 점 P는 도선으로부터 북쪽으로 $2r$만큼 떨어진 곳이다.

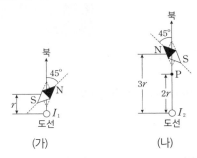

이에 대한 설명으로 옳은 것만을 〈보기〉에서 있는 대로 고른 것은? (단, 지구에 의한 자기장은 균일하고, 자침의 크기와 도선의 두께는 무시한다.) **3점**

보기
ㄱ. I_1의 방향은 I_2의 방향과 같다.
ㄴ. I_1의 세기는 I_2의 세기의 $\frac{1}{3}$배이다.
ㄷ. (나)에서 나침반을 P로 옮기면 자침의 N극이 북쪽과 이루는 각은 $45°$보다 작아진다.

① ㄱ ② ㄴ ③ ㄷ ④ ㄴ, ㄷ ⑤ ㄱ, ㄴ, ㄷ

DAY 18
Ⅱ
2
ㅣ
01
전류에 의한 자기장

8

그림은 일정한 전류가 흐르는 무한히 긴 직선 도선 A, B, C가 종이면에 수직으로 고정되어 있는 모습을 나타낸 것이다. A에는 종이면에 수직으로 들어가는 방향으로 전류가 흐른다. x축 상의 점 p에서 A와 B에 의한 자기장은 0이고, B와 C에 의한 자기장도 0이다.

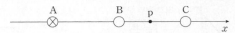

이에 대한 옳은 설명만을 〈보기〉에서 있는 대로 고른 것은? 3점

보기

ㄱ. 전류의 세기는 A에서가 B에서보다 크다.

ㄴ. 전류의 방향은 B와 C에서 같다.

ㄷ. p에서 A와 C에 의한 자기장의 세기는 B에 의한 자기장의 세기의 2배이다.

① ㄴ　　② ㄷ　　③ ㄱ, ㄴ　　④ ㄱ, ㄷ　　⑤ ㄱ, ㄴ, ㄷ

9

그림과 같이 무한히 긴 직선 도선 A, B가 xy평면에 각각 $x=-d$, $x=d$인 점에 수직으로 고정되어 있다. A, B에 흐르는 전류의 세기는 각각 I_A, I_B이고, 점 p, q, r는 x축상의 점이다. 표는 원점 O와 p에서 자기장의 세기와 방향을 나타낸 것이다.

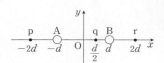

위치	자기장의 세기	자기장의 방향
O		+y
p	0	

이에 대한 설명으로 옳은 것만을 〈보기〉에서 있는 대로 고른 것은? 3점

보기

ㄱ. $I_A > I_B$이다.

ㄴ. B에 흐르는 전류의 방향은 xy평면에 수직으로 들어가는 방향이다.

ㄷ. 자기장의 방향은 q와 r에서가 같다.

① ㄴ　　② ㄷ　　③ ㄱ, ㄴ　　④ ㄱ, ㄷ　　⑤ ㄴ, ㄷ

10

그림과 같이 전류가 흐르는 가늘고 무한히 긴 직선 도선 A, B가 xy평면의 $x=0$, $x=d$에 각각 고정되어 있다. A, B에는 각각 세기가 I_0, $2I_0$인 전류가 흐르고 있다. A, B에 흐르는 전류의 방향이 같을 때와 서로 반대일 때 x축상에서 A, B의 전류에 의한 자기장이 0인 점을 각각 p, q라고 할 때, p와 q 사이의 거리는?

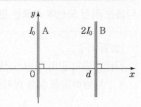

① d　　② $\dfrac{4}{3}d$　　③ $\dfrac{3}{2}d$　　④ $\dfrac{5}{3}d$　　⑤ $2d$

11

그림과 같이 무한히 긴 직선 도선 A, B가 xy평면에 수직으로 고정되어 있다. A에는 xy평면에 수직으로 들어가는 방향으로 세기가 I인 일정한 전류가 흐르고 있다. 점 p, q, r는 시간 t_1, t_2, t_3일 때, A와 B에 의한 자기장의 세기가 각각 0인 지점을 나타낸 것이다.

이에 대한 설명으로 옳은 것만을 〈보기〉에서 있는 대로 고른 것은? 3점

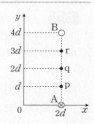

보기

ㄱ. t_1일 때, 전류의 세기는 A에서가 B에서보다 크다.

ㄴ. t_2일 때, p에서의 자기장의 방향은 +x방향이다.

ㄷ. t_3일 때, A와 B에 흐르는 전류의 방향은 서로 반대이다.

① ㄱ　　② ㄴ　　③ ㄱ, ㄷ　　④ ㄴ, ㄷ　　⑤ ㄱ, ㄴ, ㄷ

그림과 같이 세기와 방향이
일정한 전류가 흐르는 무한히
긴 직선 도선 A, B, C, D가
xy평면에 고정되어 있다.
전류의 세기와 방향은 A와
B에서 서로 같고, C와 D에서
서로 같다. 점 p에서 A의 전류에
의한 자기장의 세기는 B_0이고,
점 q에서 A, B, C, D의 전류에 의한 자기장의 세기는 0이다.
C와 D에 흐르는 전류의 세기가 각각 2배가 될 때, q에서 A, B, C, D
의 전류에 의한 자기장의 세기는?

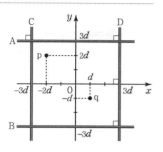

① $\frac{1}{4}B_0$ ② $\frac{1}{2}B_0$ ③ $\frac{3}{4}B_0$ ④ B_0 ⑤ $\frac{5}{4}B_0$

그림과 같이 중심이 점 O인 세 원형 도선 A, B, C가 종이면에
고정되어 있다. 표는 O에서 A, B, C의 전류에 의한 자기장의 세기와
방향을 나타낸 것이다. A에 흐르는 전류의 방향은 시계 반대
방향이다.

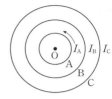

실험	전류의 세기			O에서의 자기장	
	A	B	C	세기	방향
Ⅰ	I_A	0	0	B_0	㉠
Ⅱ	I_A	I_B	0	$0.5B_0$	×
Ⅲ	I_A	I_B	I_C	B_0	⊙

× : 종이면에 수직으로 들어가는 방향
⊙ : 종이면에서 수직으로 나오는 방향

이에 대한 설명으로 옳은 것만을 〈보기〉에서 있는 대로 고른 것은? **3점**

보기
ㄱ. ㉠은 '⊙'이다.
ㄴ. 실험 Ⅱ에서 B에 흐르는 전류의 방향은 시계 방향이다.
ㄷ. $I_B < I_C$이다.

① ㄱ   ② ㄷ   ③ ㄱ, ㄴ   ④ ㄴ, ㄷ   ⑤ ㄱ, ㄴ, ㄷ

그림 (가)와 같이 종이면에 수직으로 고정된 무한히 긴 직선 도선 A,
B에 흐르는 전류에 의한 자기장에 의해 점 p에 놓인 자침의 N극이
동쪽으로 θ_1만큼 회전하여 정지해 있다. A, B에 흐르는 전류의
세기는 각각 I_A, I_B이다. 그림 (나)와 같이 (가)에서 A의 위치만을
변화시켰더니 자침의 N극이 동쪽으로 θ_2만큼 회전하여 정지해 있다.
$\theta_1 < \theta_2$이다.

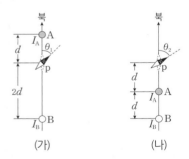

(가)   (나)

이에 대한 설명으로 옳은 것만을 〈보기〉에서 있는 대로 고른 것은?
(단, A, B, p는 종이면의 동일 직선상에 있고, 자침의 크기는
무시한다.) **3점**

보기
ㄱ. 전류의 방향은 A와 B에서 같다.
ㄴ. p에서 B에 흐르는 전류에 의한 자기장의 방향은 동쪽이다.
ㄷ. $I_A < I_B$이다.

① ㄱ   ② ㄷ   ③ ㄱ, ㄴ   ④ ㄴ, ㄷ   ⑤ ㄱ, ㄴ, ㄷ

그림과 같이 원형 도선 P와 무한히 긴 직선 도선 Q가 xy평면에
고정되어 있다. Q에는 세기가 I인 전류가 $-y$방향으로 흐른다.
원점 O는 P의 중심이다. 표는 O에서 P, Q에 흐르는 전류에 의한
자기장의 세기를 P에 흐르는 전류에 따라 나타낸 것이다.

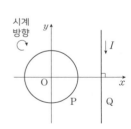

P에 흐르는 전류		O에서 P, Q에 흐르는 전류에 의한 자기장의 세기
세기	방향	
0	없음	B_0
I_0	㉠	0
$2I_0$	시계 방향	㉡

이에 대한 설명으로 옳은 것만을 〈보기〉에서 있는 대로 고른 것은? **3점**

보기
ㄱ. O에서 Q에 흐르는 전류에 의한 자기장의 방향은 xy평면에
수직으로 들어가는 방향이다.
ㄴ. ㉠은 시계 방향이다.
ㄷ. ㉡은 $2B_0$보다 크다.

① ㄱ   ② ㄴ   ③ ㄱ, ㄷ   ④ ㄴ, ㄷ   ⑤ ㄱ, ㄴ, ㄷ

DAY 18
Ⅱ
2 ㅣ 01
전류에 의한 자기장

그림 (가)는 원형 도선 P와 무한히 긴 직선 도선 Q가 xy평면에 고정되어 있는 모습을, (나)는 (가)에서 Q만 옮겨 고정시킨 모습을 나타낸 것이다. P, Q에는 각각 화살표 방향으로 세기가 일정한 전류가 흐른다. (가), (나)의 원점 O에서 자기장의 세기는 같고 방향은 반대이다.

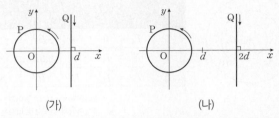

(가)   (나)

(가)의 O에서 P, Q의 전류에 의한 자기장의 세기를 각각 B_P, B_Q라고 할 때 $\dfrac{B_Q}{B_P}$는? (단, 지구 자기장은 무시한다.) **3점**

① $\dfrac{4}{3}$ ② $\dfrac{3}{2}$ ③ $\dfrac{8}{5}$ ④ $\dfrac{5}{3}$ ⑤ $\dfrac{7}{4}$

그림과 같이 가늘고 무한히 긴 직선 도선 A, B, C가 xy평면에 고정되어 있다. A, B, C에는 방향이 일정하고 세기가 각각 I_0, $2I_0$, I_C인 전류가 흐르고 있다. A, C의 전류의 방향은 화살표 방향이고, 점 p에서 A, B, C에 흐르는 전류에 의한 자기장은 0이다. p에서 A에 흐르는 전류에 의한 자기장의 세기는 B_0이다. 이에 대한 설명으로 옳은 것만을 〈보기〉에서 있는 대로 고른 것은?

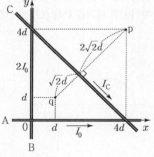

3점

> **보기**
>
> ㄱ. B에 흐르는 전류의 방향은 $+y$방향이다.
>
> ㄴ. $I_C = \dfrac{\sqrt{2}}{2}I_0$이다.
>
> ㄷ. q에서 A, B, C에 흐르는 전류에 의한 자기장의 세기는 $6B_0$이다.

① ㄱ   ② ㄷ   ③ ㄱ, ㄴ   ④ ㄴ, ㄷ   ⑤ ㄱ, ㄴ, ㄷ

그림과 같이 가늘고 무한히 긴 직선 도선 A, B, C와 원형 도선 D가 xy평면에 고정되어 있다. A~D에는 각각 일정한 전류가 흐르고, C, D에는 화살표 방향으로 전류가 흐른다. 표는 y축 상의 점 p, q에서 A~C 또는 A~D의 전류에 의한 자기장의 세기를 나타낸 것이다. p에서 A, B, C까지의 거리는 d로 같다.

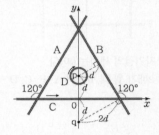

점	도선의 전류에 의한 자기장의 세기	
	A~C	A~D
p	$3B_0$	$5B_0$
q	0	

p에서, C의 전류에 의한 자기장의 세기 B_C와 D의 전류에 의한 자기장의 세기 B_D로 옳은 것은? **3점**

	$\dfrac{B_C}{B_0}$	$\dfrac{B_D}{B_0}$			$\dfrac{B_C}{B_0}$	$\dfrac{B_D}{B_0}$
①		$2B_0$		②		$8B_0$
③	$2B_0$	$2B_0$		④	$3B_0$	$2B_0$
⑤	$3B_0$	$8B_0$				

그림과 같이 가늘고 무한히 긴 직선 도선 A, B, C가 xy평면에 고정되어 있다. A, B, C에는 방향이 일정하고 세기가 각각 I_0, $2I_0$, I_C인 전류가 흐르며, A와 B에 흐르는 전류의 방향은 반대이다. 표는 점 p, q에서 A, B, C의 전류에 의한 자기장을 나타낸 것이다.

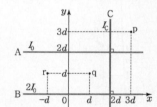

위치	A, B, C의 전류에 의한 자기장	
	방향	세기
p	×	B_0
q	해당 없음	0

×: xy평면에 수직으로 들어가는 방향

이에 대한 설명으로 옳은 것만을 〈보기〉에서 있는 대로 고른 것은? (단, p, q, r은 xy평면상의 점이다.) **3점**

> **보기**
>
> ㄱ. $I_C = 3I_0$이다.
>
> ㄴ. C에 흐르는 전류의 방향은 $-y$방향이다.
>
> ㄷ. r에서 A, B, C에 흐르는 전류에 의한 자기장의 세기는 $\dfrac{3}{4}B_0$이다.

① ㄱ   ② ㄴ   ③ ㄱ, ㄷ   ④ ㄴ, ㄷ   ⑤ ㄱ, ㄴ, ㄷ

20

그림은 일정한 세기의 전류가 흐르는 무한히 가늘고 긴 직선 도선 A, B, C가 xy평면에 고정되어 있는 모습을 나타낸 것이다. A, B에 흐르는 전류의 방향은 각각 $+y$, $+x$방향이고, 세기는 I이다. 점 p와 q에서 A, B, C의 전류에 의한 자기장의 세기와 방향은 같고, p에서 A의 전류에 의한 자기장의 세기는 B_0이다.

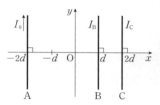

C에 흐르는 전류의 방향과 점 r에서 A, B, C의 전류에 의한 자기장의 세기로 옳은 것은? **3점**

	전류의 방향	자기장의 세기
①	$-y$	$0.5B_0$
②	$-y$	B_0
③	$-y$	$2B_0$
④	$+y$	B_0
⑤	$+y$	$2B_0$

22

그림과 같이 무한히 긴 직선 도선 A, B, C가 xy평면에 고정되어 있다. A에는 세기가 I_0으로 일정한 전류가 $+y$방향으로 흐르고 있다. 표는 x축상에서 전류에 의한 자기장이 0인 지점을 B, C에 흐르는 전류 I_B, I_C에 따라 나타낸 것이다.

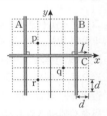

I_B		I_C		자기장이
세기	방향	세기	방향	0인 지점
⊙	$+y$	0	없음	$x=-d$
I_0	$-y$	ⓒ	ⓒ	$x=0$

⊙, ⓒ, ⓒ으로 옳은 것은?

	⊙	ⓒ	ⓒ		⊙	ⓒ	ⓒ
①	I_0	I_0	$-y$	②	I_0	$2I_0$	$-y$
③	$2I_0$	$3I_0$	$-y$	④	$2I_0$	$3I_0$	$+y$
⑤	$2I_0$	$4I_0$	$+y$				

21

그림과 같이 xy평면에 무한히 긴 직선 도선 A, B, C가 고정되어 있다. A, B에는 서로 반대 방향으로 세기 I_0인 전류가, C에는 세기 I_C인 전류가 각각 일정하게 흐르고 있다.

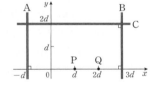

xy평면에서 수직으로 나오는 자기장의 방향을 양(+)으로 할 때, x축상의 점 P, Q에서 세 도선에 흐르는 전류에 의한 자기장의 방향은 각각 양(+), 음(−)이다.

이에 대한 설명으로 옳은 것만을 <보기>에서 있는 대로 고른 것은? **3점**

> **보기**
> ㄱ. A에 흐르는 전류의 방향은 $+y$방향이다.
> ㄴ. C에 흐르는 전류의 방향은 $-x$방향이다.
> ㄷ. $I_C < 2I_0$이다.

① ㄱ ② ㄷ ③ ㄱ, ㄴ ④ ㄴ, ㄷ ⑤ ㄱ, ㄴ, ㄷ

23

그림과 같이 전류가 흐르는 무한히 긴 직선 도선 A, B, C가 xy평면에 고정되어 있고, C에는 세기가 I인 전류가 $+x$방향으로 흐른다. 점 p, q, r는 xy평면에 있고, p, q에서 A, B, C에 흐르는 전류에 의한 자기장은 0이다.

이에 대한 설명으로 옳은 것만을 <보기>에서 있는 대로 고른 것은? **3점**

> **보기**
> ㄱ. 전류의 방향은 A에서와 B에서가 같다.
> ㄴ. A에 흐르는 전류의 세기는 I보다 작다.
> ㄷ. r에서 A, B, C에 흐르는 전류에 의한 자기장의 방향은 xy평면에서 수직으로 나오는 방향이다.

① ㄱ ② ㄴ ③ ㄱ, ㄷ ④ ㄴ, ㄷ ⑤ ㄱ, ㄴ, ㄷ

그림과 같이 xy평면에 각각 일정한 전류가 흐르는 무한히 긴 직선 도선 P, Q가 놓여 있다. P는 x축에, Q는 $x=-2d$인 지점에 고정되어 있고, Q에는 $+y$ 방향으로 전류가 흐른다. 점 a에서 P, Q에 흐르는 전류에 의한 자기장은 0이다. 표는 Q의 위치만을 $x=0$, $x=2d$인 지점으로 변화시킬 때 a에서 P, Q에 흐르는 전류에 의한 자기장의 세기를 나타낸 것이다.

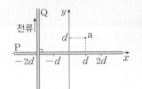

Q의 위치	a에서 전류에 의한 자기장의 세기
$x=0$	B_0
$x=2d$	B_1

이에 대한 설명으로 옳은 것만을 〈보기〉에서 있는 대로 고른 것은? **3점**

보기

ㄱ. P에 흐르는 전류의 방향은 $+x$ 방향이다.

ㄴ. a에서 P, Q에 흐르는 전류에 의한 자기장의 방향은 Q의 위치가 $x=0$일 때와 $x=2d$일 때가 서로 반대 방향이다.

ㄷ. $B_0 < B_1$이다.

① ㄱ   ② ㄴ   ③ ㄱ, ㄷ   ④ ㄴ, ㄷ   ⑤ ㄱ, ㄴ, ㄷ

그림은 xy 평면에 수직으로 고정된 무한히 가늘고 긴 세 직선 도선 A, B, C에 전류가 흐르는 것을 나타낸 것으로, A에는 xy 평면에 수직으로 들어가는 방향으로 전류가 흐른다. 원점 O에서 A와 C에 흐르는 전류에 의한 자기장의 세기는 각각 B_0으로 같고, O에서 A, B, C에 흐르는 전류에 의한 자기장의 방향은 $+y$ 방향이다.

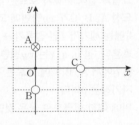

이에 대한 설명으로 옳은 것만을 〈보기〉에서 있는 대로 고른 것은? (단, 모눈 간격은 동일하다.) **3점**

보기

ㄱ. 전류의 방향은 B에서와 C에서가 반대이다.

ㄴ. 전류의 세기는 A에서가 B에서보다 크다.

ㄷ. O에서 A, B, C에 흐르는 전류에 의한 자기장의 세기는 B_0이다.

① ㄱ   ② ㄴ   ③ ㄷ   ④ ㄱ, ㄷ   ⑤ ㄱ, ㄴ, ㄷ

그림과 같이 xy평면에 고정된 무한히 긴 직선 도선 A, B, C에 세기가 각각 I_A, I_B, I_C로 일정한 전류가 흐르고 있다. B에 흐르는 전류의 방향은 $+y$방향이고, x축상의 점 p에서 세 도선의 전류에 의한 자기장은 0이다. C에 흐르는 전류의 방향을 반대로 바꾸었더니 p에서 세 도선의 전류에 의한 자기장의 방향은 xy평면에 수직으로 들어가는 방향이 되었다.

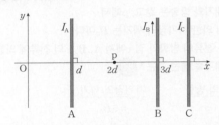

이에 대한 설명으로 옳은 것만을 〈보기〉에서 있는 대로 고른 것은? **3점**

보기

ㄱ. A에 흐르는 전류의 방향은 $+y$방향이다.

ㄴ. $I_A < I_B + I_C$이다.

ㄷ. 원점 O에서 세 도선의 전류에 의한 자기장의 방향은 C에 흐르는 전류의 방향을 바꾸기 전과 후가 같다.

① ㄱ   ② ㄷ   ③ ㄱ, ㄴ   ④ ㄴ, ㄷ   ⑤ ㄱ, ㄴ, ㄷ

그림 (가)와 같이 무한히 긴 직선 도선 a, b, c가 xy평면에 고정되어 있고, a, b에는 세기가 I_0으로 일정한 전류가 서로 반대 방향으로 흐르고 있다. 그림 (나)는 원점 O에서 a, b, c의 전류에 의한 자기장 B를 c에 흐르는 전류 I에 따라 나타낸 것이다.

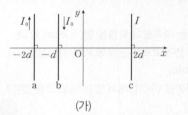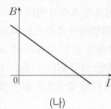

(가)   (나)

이에 대한 설명으로 옳은 것만을 〈보기〉에서 있는 대로 고른 것은?

보기

ㄱ. $I=0$일 때, B의 방향은 xy평면에서 수직으로 나오는 방향이다.

ㄴ. $B=0$일 때, I의 방향은 $-y$ 방향이다.

ㄷ. $B=0$일 때, I의 세기는 I_0이다.

① ㄱ   ② ㄷ   ③ ㄱ, ㄴ   ④ ㄴ, ㄷ   ⑤ ㄱ, ㄴ, ㄷ

정답과 해설   24 p.364   25 p.364   26 p.365   27 p.366

28

직선 전류에 의한 자기장
[2020학년도 수능 13번]

그림 (가)와 같이 전류가 흐르는 무한히 긴 직선 도선 A, B가
xy평면의 $x=-d$, $x=0$에 각각 고정되어 있다. A에는 세기가 I_0인
전류가 $+y$방향으로 흐른다. 그림 (나)는 $x>0$ 영역에서 A, B에
흐르는 전류에 의한 자기장을 x에 따라 나타낸 것이다. 자기장의
방향은 xy평면에서 수직으로 나오는 방향이 양(+)이다.

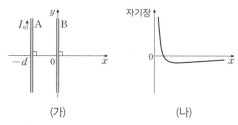

(가) (나)

이에 대한 설명으로 옳은 것만을 〈보기〉에서 있는 대로 고른 것은?

(3점)

보기

ㄱ. B에 흐르는 전류의 방향은 $-y$방향이다.

ㄴ. B에 흐르는 전류의 세기는 I_0보다 크다.

ㄷ. A, B에 흐르는 전류에 의한 자기장의 방향은
$x=-\dfrac{1}{2}d$에서와 $x=-\dfrac{3}{2}d$에서가 같다.

① ㄱ   ② ㄴ   ③ ㄱ, ㄷ   ④ ㄴ, ㄷ   ⑤ ㄱ, ㄴ, ㄷ

29

직선 전류에 의한 자기장
[2021년 10월 학평 19번]

그림 (가)와 같이 xy평면에 고정된 무한히 긴 직선 도선 A, B, C에
화살표 방향으로 전류가 흐른다. A와 B 중 하나에는 일정한 전류가,
다른 하나에는 세기를 바꿀 수 있는 전류 I가 흐른다. C에 흐르는
전류의 세기는 I_0으로 일정하다. 그림 (나)는 (가)의 점 p에서 A, B,
C의 전류에 의한 자기장의 세기를 I에 따라 나타낸 것이다.

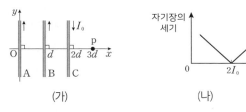

(가) (나)

A와 B 중 일정한 전류가 흐르는 도선과 그 도선에 흐르는 전류의
세기로 옳은 것은? (3점)

	도선	전류의 세기		도선	전류의 세기
①	A	$\dfrac{8}{3}I_0$	②	A	$\dfrac{9}{2}I_0$
③	B	$\dfrac{1}{2}I_0$	④	B	$\dfrac{2}{3}I_0$
⑤	B	$\dfrac{28}{9}I_0$			

30

직선 전류에 의한 자기장
[2022년 4월 학평 19번]

그림과 같이 일정한 방향으로 전류가 흐르는 무한히 긴 직선 도선
P, Q, R가 xy평면에 고정되어 있다. P, R에 흐르는 전류의 세기는
일정하다. 표는 Q에 흐르는 전류의 세기에 따라 xy평면상의 점 a,
b에서 P, Q, R의 전류에 의한 자기장을 나타낸 것이다.

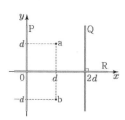

Q에 흐르는 전류의 세기	P, Q, R의 전류에 의한 자기장			
	a		b	
	방향	세기	방향	세기
I_0	⊙	$3B_0$	⊙	㉠
$2I_0$	⊙	$4B_0$	⊙	$2B_0$

⊙ : xy평면에서 수직으로 나오는 방향

이에 대한 설명으로 옳은 것만을 〈보기〉에서 있는 대로 고른 것은?

보기

ㄱ. Q에 흐르는 전류의 방향은 $+y$방향이다.

ㄴ. ㉠은 B_0이다.

ㄷ. P에 흐르는 전류의 세기는 I_0이다.

① ㄱ   ② ㄷ   ③ ㄱ, ㄴ   ④ ㄴ, ㄷ   ⑤ ㄱ, ㄴ, ㄷ

---

31 [2023 평가원]

직선, 원형 전류에 의한 자기장
[2023학년도 6월 모평 18번]

그림과 같이 무한히 긴 직선 도선 A, B와 원형 도선 C가 xy평면에
고정되어 있다. A, B에는 같은 세기의 전류가 흐르고, C에는 세기가
I_0인 전류가 시계 반대 방향으로 흐른다. 표는 C의 중심 위치를
각각 점 p, q에 고정할 때, C의 중심에서 A, B, C의 전류에 의한
자기장의 세기와 방향을 나타낸 것이다.

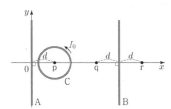

C의 중심 위치	C의 중심에서 자기장	
	세기	방향
p	0	해당 없음
q	B_0	⊙

⊙ : xy평면에서 수직으로 나오는 방향
✕ : xy평면에 수직으로 들어가는 방향

이에 대한 설명으로 옳은 것만을 〈보기〉에서 있는 대로 고른 것은?

(3점)

보기

ㄱ. A에 흐르는 전류의 방향은 $+y$방향이다.

ㄴ. C의 중심에서 C의 전류에 의한 자기장의 세기는 B_0보다
작다.

ㄷ. C의 중심 위치를 점 r로 옮겨 고정할 때, r에서 A, B, C의
전류에 의한 자기장의 방향은 '✕'이다.

① ㄱ   ② ㄷ   ③ ㄱ, ㄴ   ④ ㄴ, ㄷ   ⑤ ㄱ, ㄴ, ㄷ

---

32 2023 수능

그림과 같이 무한히 긴 직선 도선 A, B와 점 p를 중심으로 하는 원형 도선 C, D가 xy평면에 고정되어 있다. C, D에는 같은 세기의 전류가 일정하게 흐르고, B에는 세기가 I_0인 전류가 $+x$방향으로 흐른다. p에서 C의 전류에 의한 자기장의 세기는 B_0이다. 표는 p에서 A~D의 전류에 의한 자기장의 세기를 A에 흐르는 전류에 따라 나타낸 것이다.

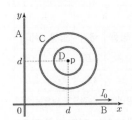

A에 흐르는 전류		p에서 A~D의 전류에 의한 자기장의 세기
세기	방향	
0	해당 없음	0
I_0	$+y$	㉠
I_0	$-y$	B_0

이에 대한 설명으로 옳은 것만을 〈보기〉에서 있는 대로 고른 것은? 3점

보기
ㄱ. ㉠은 B_0이다.
ㄴ. p에서 C의 전류에 의한 자기장의 방향은 xy평면에 수직으로 들어가는 방향이다.
ㄷ. p에서 D의 전류에 의한 자기장의 세기는 B의 전류에 의한 자기장의 세기보다 크다.

① ㄱ   ② ㄴ   ③ ㄱ, ㄷ   ④ ㄴ, ㄷ   ⑤ ㄱ, ㄴ, ㄷ

33

그림과 같이 종이면에 고정된 중심이 점 O인 원형 도선 P, Q와 무한히 긴 직선 도선 R에 세기가 일정한 전류가 흐르고 있다. 전류의 세기는 P에서가 Q에서보다 크다. 표는 O에서 한 도선의 전류에 의한 자기장을 나타낸 것이다. O에서 P, Q, R의 전류에 의한 자기장은 방향이 종이면에서 수직으로 나오는 방향이고 세기가 B이다.

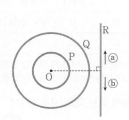

도선	O에서의 자기장	
	세기	방향
P	$2B$	×
Q	㉠	⊙
R	$2B$	㉡

× : 종이면에 수직으로 들어가는 방향
⊙ : 종이면에서 수직으로 나오는 방향

이에 대한 설명으로 옳은 것만을 〈보기〉에서 있는 대로 고른 것은?

보기
ㄱ. ㉠은 B이다.
ㄴ. ㉡은 '×'이다.
ㄷ. R에 흐르는 전류의 방향은 ⓑ 방향이다.

① ㄱ   ② ㄷ   ③ ㄱ, ㄴ   ④ ㄴ, ㄷ   ⑤ ㄱ, ㄴ, ㄷ

34

그림 (가)와 같이 무한히 긴 직선 도선 P, Q와 점 a를 중심으로 하는 원형 도선 R가 xy평면에 고정되어 있다. P, Q에는 세기가 각각 I_0, $3I_0$인 전류가 $-y$방향으로 흐른다. 그림 (나)는 (가)에서 Q만 제거한 모습을 나타낸 것이다. (가)와 (나)의 a에서 P, Q, R의 전류에 의한 자기장의 방향은 서로 반대이고, 자기장의 세기는 각각 B_0, $2B_0$이다.

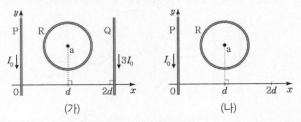

a에서의 자기장에 대한 옳은 설명만을 〈보기〉에서 있는 대로 고른 것은? 3점

보기
ㄱ. (가)에서 Q의 전류에 의한 자기장의 세기는 P의 전류에 의한 자기장의 세기의 3배이다.
ㄴ. (나)에서 P, R의 전류에 의한 자기장의 방향은 xy평면에 수직으로 들어가는 방향이다.
ㄷ. R의 전류에 의한 자기장의 세기는 B_0이다.

① ㄱ   ② ㄴ   ③ ㄱ, ㄷ   ④ ㄴ, ㄷ   ⑤ ㄱ, ㄴ, ㄷ

35 2023 평가원

그림과 같이 세기와 방향이 일정한 전류가 흐르는 무한히 긴 직선 도선 A~D가 xy평면에 수직으로 고정되어 있다. D에는 xy평면에 수직으로 들어가는 방향으로 전류가 흐른다. 원점 O에서 B, D의 전류에 의한 자기장은 0이다. 표는 xy평면의 점 p, q, r에서 두 도선의 전류에 의한 자기장의 방향을 나타낸 것이다.

×:xy평면에 수직으로 들어가는 방향

도선	위치	두 도선의 전류에 의한 자기장 방향
A, B	p	$+y$
B, C	q	$+x$
A, D	r	㉠

이에 대한 설명으로 옳은 것만을 〈보기〉에서 있는 대로 고른 것은?

보기
ㄱ. ㉠은 '$+x$'이다.
ㄴ. 전류의 세기는 B에서가 C에서보다 크다.
ㄷ. 전류의 방향이 A, C에서가 서로 같으면, 전류의 세기는 A~D 중 C에서가 가장 크다.

① ㄱ   ② ㄴ   ③ ㄱ, ㄷ   ④ ㄴ, ㄷ   ⑤ ㄱ, ㄴ, ㄷ

36 2024 수능

그림과 같이 가늘고 무한히 긴
직선 도선 A, B, C가 정삼각형을
이루며 xy평면에 고정되어 있다.
A, B, C에는 방향이 일정하고
세기가 각각 I_0, I_0, I_C인 전류가
흐른다. A에 흐르는 전류의 방향은
$+x$방향이다. 점 O는 A, B, C가

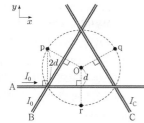

교차하는 점을 지나는 반지름이 $2d$인 원의 중심이고, 점 p, q, r는
원 위의 점이다. O에서 A에 흐르는 전류에 의한 자기장의 세기는
B_0이고, p, q에서 A, B, C에 흐르는 전류에 의한 자기장의 세기는
각각 0, $3B_0$이다.
r에서 A, B, C에 흐르는 전류에 의한 자기장의 세기는? 3점

① 0 ② $\frac{1}{2}B_0$ ③ B_0 ④ $2B_0$ ⑤ $3B_0$

37

그림과 같이 종이면에 고정된 무한히
긴 직선 도선 A, B, C에 화살표
방향으로 같은 세기의 전류가 흐르고
있다. 종이면 위의 점 p, q, r는 각각
A와 B, B와 C, C와 A로부터 같은

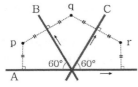

거리만큼 떨어져 있으며, p에서 A의 전류에 의한 자기장의 세기는
B_0이다.
A, B, C의 전류에 의한 자기장에 대한 옳은 설명만을 <보기>에서
있는 대로 고른 것은? 3점

보기

ㄱ. q와 r에서 자기장의 세기는 서로 같다.
ㄴ. q와 r에서 자기장의 방향은 서로 같다.
ㄷ. p에서 자기장의 세기는 $\frac{B_0}{2}$이다.

① ㄱ ② ㄴ ③ ㄱ, ㄷ ④ ㄴ, ㄷ ⑤ ㄱ, ㄴ, ㄷ

38

그림 (가)와 같이 무한히 긴 직선 도선 A, B, C가 같은 종이면에
있다. A, B, C에는 세기가 각각 $4I_0$, $2I_0$, $5I_0$인 전류가 일정하게
흐른다. A와 B는 고정되어 있고, A와 B에 흐르는 전류의 방향은
서로 반대이다. 그림 (나)는 C를 $x=-d$와 $x=d$ 사이의 위치에
놓을 때, C의 위치에 따른 점 p에서의 A, B, C에 흐르는 전류에
의한 자기장을 나타낸 것이다. 자기장의 방향은 종이면에서
수직으로 나오는 방향이 양(+)이다.

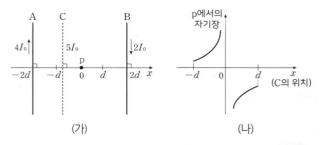

(가)   (나)

이에 대한 설명으로 옳은 것만을 <보기>에서 있는 대로 고른 것은?
3점

보기

ㄱ. 전류의 방향은 B에서와 C에서가 서로 같다.
ㄴ. p에서의 자기장의 세기는 C의 위치가 $x=\frac{d}{5}$에서가
$x=-\frac{d}{5}$에서보다 크다.
ㄷ. p에서의 자기장이 0이 되는 C의 위치는 $x=-2d$와
$x=-d$ 사이에 있다.

① ㄱ ② ㄷ ③ ㄱ, ㄴ ④ ㄴ, ㄷ ⑤ ㄱ, ㄴ, ㄷ

39 [2025 평가원]
직선 전류에 의한 자기장
[2025학년도 6월 모평 17번]

그림 (가)와 같이 xy평면에 무한히 긴 직선 도선 A, B, C가 각각 $x=-d$, $x=0$, $x=d$에 고정되어 있다. 그림 (나)는 (가)의 $x>0$인 영역에서 A, B, C의 전류에 의한 자기장을 나타낸 것으로, x축상의 점 p에서 자기장은 0이다. 자기장의 방향은 xy평면에서 수직으로 나오는 방향이 양(+)이다.

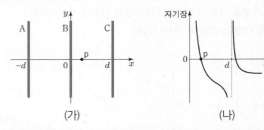

(가)　　　　　　　　(나)

이에 대한 설명으로 옳은 것만을 〈보기〉에서 있는 대로 고른 것은? ③점

보기
ㄱ. A에 흐르는 전류의 방향은 $-y$방향이다.
ㄴ. A, B, C 중 A에 흐르는 전류의 세기가 가장 크다.
ㄷ. p에서, C의 전류에 의한 자기장의 세기가 B의 전류에 의한 자기장의 세기보다 크다.

① ㄱ　　② ㄴ　　③ ㄷ　　④ ㄱ, ㄷ　　⑤ ㄴ, ㄷ

41 [고난도]
직선, 원형 전류에 의한 자기장
[2022학년도 6월 모평 18번]

그림 (가)와 같이 중심이 원점 O인 원형 도선 P와 무한히 긴 직선 도선 Q, R가 xy평면에 고정되어 있다. P에는 세기가 일정한 전류가 흐르고, Q에는 세기가 I_0인 전류가 $-x$방향으로 흐르고 있다. 그림 (나)는 (가)의 O에서 P, Q, R의 전류에 의한 자기장의 세기 B를 R에 흐르는 전류의 세기 I_R에 따라 나타낸 것으로, $I_R = I_0$일 때 O에서 자기장의 방향은 xy평면에서 수직으로 나오는 방향이고, 세기는 B_1이다.

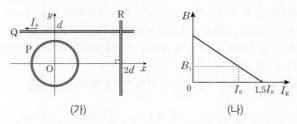

(가)　　　　　　　　(나)

이에 대한 설명으로 옳은 것만을 〈보기〉에서 있는 대로 고른 것은? ③점

보기
ㄱ. R에 흐르는 전류의 방향은 $-y$방향이다.
ㄴ. O에서 P의 전류에 의한 자기장의 방향은 xy평면에서 수직으로 나오는 방향이다.
ㄷ. O에서 P의 전류에 의한 자기장의 세기는 B_1이다.

① ㄱ　② ㄴ　③ ㄱ, ㄴ　④ ㄴ, ㄷ　⑤ ㄱ, ㄴ, ㄷ

40 [2024 평가원]
직선, 원형 전류에 의한 자기장
[2024학년도 9월 모평 12번]

그림은 무한히 가늘고 긴 직선 도선 P, Q와 원형 도선 R가 xy평면에 고정되어 있는 모습을 나타낸 것이다. 표는 R의 중심이 점 a, b, c에 있을 때, R의 중심에서 P, Q, R에 흐르는 전류에 의한 자기장의 세기와 방향을 나타낸 것이다. P, Q에 흐르는 전류의 세기는 각각 $2I_0$, $3I_0$이고, P에 흐르는 전류의 방향은 $-x$방향이다. R에 흐르는 전류의 세기와 방향은 일정하다.

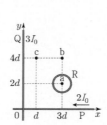

R의 중심	R의 중심에서 P, Q, R에 의한 자기장	
	세기	방향
a	0	해당 없음
b	B_0	㉠
c	㉡	×

× : xy평면에 수직으로 들어가는 방향

이에 대한 설명으로 옳은 것만을 〈보기〉에서 있는 대로 고른 것은? ③점

보기
ㄱ. Q에 흐르는 전류의 방향은 $+y$방향이다.
ㄴ. ㉠은 xy평면에서 수직으로 나오는 방향이다.
ㄷ. ㉡은 $3B_0$이다.

① ㄱ　　② ㄷ　　③ ㄱ, ㄴ　　④ ㄴ, ㄷ　　⑤ ㄱ, ㄴ, ㄷ

42 [고난도]
직선 전류에 의한 자기장
[2022학년도 수능 18번]

그림과 같이 무한히 긴 직선 도선 A, B, C가 xy평면에 고정되어 있다. A, B, C에는 방향이 일정하고 세기가 각각 I_0, I_B, $3I_0$인 전류가 흐르고 있다. A의 전류의 방향은 $-x$방향이다. 표는 점 P, Q에서 A, B, C의 전류에 의한 자기장의 세기를 나타낸 것이다. P에서 A의 전류에 의한 자기장의 세기는 B_0이다.

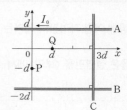

위치	A, B, C의 전류에 의한 자기장의 세기
P	B_0
Q	$3B_0$

이에 대한 설명으로 옳은 것만을 〈보기〉에서 있는 대로 고른 것은? ③점

보기
ㄱ. $I_B = I_0$이다.
ㄴ. C의 전류의 방향은 $-y$방향이다.
ㄷ. Q에서 A, B, C의 전류에 의한 자기장의 방향은 xy평면에서 수직으로 나오는 방향이다.

① ㄱ　② ㄴ　③ ㄱ, ㄴ　④ ㄴ, ㄷ　⑤ ㄱ, ㄴ, ㄷ

43 고난도

그림과 같이 일정한 세기의 전류가 각각 흐르는 무한히 긴 두 직선 도선 A, B가 xy 평면에 수직으로 y축에 고정되어 있다. 점 a, b, c는 y축 상에 있다. A와 B의 전류에 의한 자기장의 세기는 a에서가 b에서보다 크고, 방향은 a와 b에서 서로 같다.

이에 대한 설명으로 옳은 것만을 〈보기〉에서 있는 대로 고른 것은? **3점**

```
         y
       4d • a
       3d ○ A
       2d • b
        0  ○ B
              x
       -d • c
```

보기
ㄱ. 전류의 방향은 A와 B에서 서로 같다.
ㄴ. 전류의 세기는 B가 A보다 크다.
ㄷ. A와 B의 전류에 의한 자기장의 세기는 c에서가 a에서보다 크다.

① ㄱ ② ㄷ ③ ㄱ, ㄴ ④ ㄴ, ㄷ ⑤ ㄱ, ㄴ, ㄷ

45 2025 평가원

그림과 같이 가늘고 무한히 긴 직선 도선 A, C와 중심이 원점 O인 원형 도선 B가 xy평면에 고정되어 있다. A에는 세기가 I_0인 전류가 $+y$방향으로 흐르고, B와 C에는 각각 세기가 일정한 전류가 흐른다. 표는 B, C에 흐르는 전류의 방향에 따른 O에서 A, B, C의 전류에 의한 자기장의 세기를 나타낸 것이다.

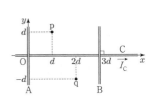

전류의 방향		O에서 A, B, C의 전류에 의한 자기장의 세기
B	C	
시계 방향	$+y$방향	0
시계 방향	$-y$방향	$4B_0$
시계 반대 방향	$-y$방향	$2B_0$

C에 흐르는 전류의 세기는? **3점**

① I_0 ② $2I_0$ ③ $4I_0$ ④ $6I_0$ ⑤ $8I_0$

44

그림과 같이 세기와 방향이 일정한 전류가 흐르는 무한히 긴 직선 도선 A, B, C, D가 xy평면에 수직으로 고정되어 있다. A와 B에는 xy평면에 수직으로 들어가는 방향으로 전류가 흐른다. 원점 O에서 A, B의 전류에 의한 자기장의 세기는 각각 B_0으로 서로 같다. 표는 O에서 두 도선의 전류에 의한 자기장의 세기와 방향을 나타낸 것이다.

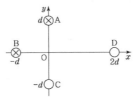

도선	두 도선의 전류에 의한 자기장	
	세기	방향
A, C	B_0	$+x$
B, D	$2B_0$	$-y$

× : xy평면에 수직으로 들어가는 방향

이에 대한 옳은 설명만을 〈보기〉에서 있는 대로 고른 것은? **3점**

보기
ㄱ. O에서 C의 전류에 의한 자기장의 세기는 $2B_0$이다.
ㄴ. 전류의 세기는 D에서가 B에서의 2배이다.
ㄷ. 전류의 방향은 C와 D에서 서로 반대이다.

① ㄱ ② ㄷ ③ ㄱ, ㄴ ④ ㄴ, ㄷ ⑤ ㄱ, ㄴ, ㄷ

46 2025 수능

그림과 같이 xy평면에 가늘고 무한히 긴 직선 도선 A, B, C가 고정되어 있다. C에는 세기가 I_C로 일정한 전류가 $+x$방향으로 흐른다. 표는 A, B에 흐르는 전류의 세기와 방향을 나타낸 것이다. 점 p, q는 xy평면상의 점이고, p에서 A, B, C의 전류에 의한 자기장의 세기는 (가)일 때가 (다)일 때의 2배이다.

```
   y
 d  p
    |
 O  d  2d  3d    C
                  →  x
                  I_C
-d  q
    A      B
```

	A의 전류		B의 전류	
	세기	방향	세기	방향
(가)	I_0	$-y$	I_0	$+y$
(나)	I_0	$+y$	I_0	$+y$
(다)	I_0	$+y$	$\frac{1}{2}I_0$	$+y$

이에 대한 설명으로 옳은 것만을 〈보기〉에서 있는 대로 고른 것은?

보기
ㄱ. $I_C = 3I_0$이다.
ㄴ. (나)일 때, A, B, C의 전류에 의한 자기장의 세기는 p에서와 q에서가 같다
ㄷ. (다)일 때, q에서 A, B, C의 전류에 의한 자기장의 방향은 xy평면에 수직으로 들어가는 방향이다.

① ㄱ ② ㄷ ③ ㄱ, ㄴ ④ ㄴ, ㄷ ⑤ ㄱ, ㄴ, ㄷ

DAY 19
Ⅱ
2 - 01
전류에 의한 자기장

02 물질의 자성 ★수능에 나오는 필수 개념 2가지 + 필수 암기사항 3개

기본자료

필수개념 1 자성과 자성체

• **자성** : 철이나 니켈 등과 같은 금속을 끌어당기는 성질을 자성이라 하고, 자성을 가진 물체를 자성체라 한다.

필수개념 2 자성의 종류와 원인

• 암기 **물질의 자성** : 자기화 정도에 따라 강자성, 상자성, 반자성으로 분류한다.

자성의 종류	상태	설명
강자성 예 철, 코발트, 니켈 등	(가) 외부 자기장을 가하기 전	원자 자석들에 의한 자기장의 방향이 무질서하므로 자석의 효과가 나타나지 않음
	(나) 외부 자기장을 가했을 때	외부 자기장의 방향으로 원자 자석이 배열됨
	(다) 외부 자기장을 제거한 후	자석의 효과를 오래 유지하지만 영원히 자화된 상태를 유지하지는 않음
	(가) (나) N □ S (다)	
상자성 예 알루미늄, 산소, 백금 등	(가) 외부 자기장을 가하기 전	원자 내에 쌍을 이루지 않는 전자들이 있지만 물질 내에 원자 자석들이 무질서하게 배열되어 자석의 효과가 나타나지 않음
	(나) 외부 자기장을 가했을 때	외부 자기장의 방향으로 원자 자석이 약하게 배열됨 열운동에 의해 원자 자석의 정렬이 방해를 받아 강자성보다 정렬 상태가 약함
	(다) 외부 자기장을 제거한 후	자성이 바로 사라짐
	(가) (나) N □ S (다)	
반자성 예 물, 구리, 유리, 나무 등	(가) 외부 자기장을 가하기 전	원자 내의 모든 전자가 스핀 방향이 반대인 전자끼리 쌍을 이루므로 자기적 성질을 띠지 않음
	(나) 외부 자기장을 가했을 때	외부 자기장의 반대 방향으로 원자 자석들이 정렬됨
	(다) 외부 자기장을 제거한 후	자성이 바로 사라짐
	(가) (나) N □ S (다)	

• 암기 **자성의 원인** : 물질을 구성하는 원자 내 전자의 운동에 의한 자기장 때문

전자의 궤도 운동	전자의 스핀
전자가 원자핵 주위로 궤도 운동(공전)하므로 전류가 흐르는 것과 같은 효과로 자기장이 발생. 전자의 운동 방향 : 반시계 방향 전류의 방향 : 시계 방향 중심에서 자기장 방향 : 아래 방향 S / 전류 / r / 전자 / 전자의 방향 / N	전자의 회전 운동(자전)으로 인해 전류가 흐르는 것과 같은 효과로 자기장이 발생. 전자의 자전 방향 : 반시계 방향 전류의 방향 : 시계 방향 중심에서 자기장 방향 : 아래 방향 전자 / 회전 방향 / S / N

▶ 개구리가 공중에 떠 있는 이유
자기장이 형성된 공간에 놓인 개구리가 공중에 떠 정지해 있는 것은 개구리를 구성하는 대부분의 물질이 반자성체인 물이기 때문이다. 물에 의해 개구리는 아래쪽으로 중력, 위쪽으로 자기력을 받아 힘의 평형을 이루어 정지해 있다.

마이스너 효과
초전도체 위에 자석을 올려놓으면 그림과 같이 자석을 공중에 뜨게 한다. 외부에 자기장을 걸어 주면 초전도체는 반자성의 효과로 외부 자기장과 반대 방향의 자기장이 형성되어 자석을 강하게 밀어낸다.

자기적 성질을 이용한 저장 매체
정보를 저장할 때에는 강자성체에 전류에 의한 자기장을 이용하여 정보를 저장하고, 정보를 읽을 때에는 전자기 유도 법칙을 활용하여 정보를 읽는다.
― 대표적인 예 : 자기 테이프, 하드 디스크, 마그네틱 카드 등

암기 대부분의 물질이 자성을 띠지 않는 이유
대부분의 물질은 전자의 궤도 운동과 전자의 스핀에 의한 자기장이 0이거나 매우 작다. 즉, 서로 반대 방향으로 궤도 운동을 하거나 서로 반대 방향의 스핀을 갖는 전자들이 짝을 이루어 전자가 만드는 자기장의 합이 0이 되기 때문이다.
① 강자성과 상자성 : 원자 내에 쌍을 이루지 않는 전자들이 있을 때 나타난다.
② 반자성 : 원자 내 전자들이 모두 쌍을 이루어 전자의 궤도 운동과 스핀에 의한 자기장이 완전히 상쇄될 때 나타난다.

1

그림은 물질의 자성에 대해 학생 A, B, C가 발표하는 모습을 나타낸 것이다.

발표한 내용이 옳은 학생만을 있는 대로 고른 것은?

① A   ② B   ③ A, C   ④ B, C   ⑤ A, B, C

2

그림 (가)는 철 바늘을 물 위에 띄웠더니 회전하여 북쪽을 가리키는 모습을, (나)는 플라스틱 빨대에 자석을 가까이 하였더니 빨대가 자석으로부터 멀어지는 모습을 나타낸 것이다.

(가)   (나)

이에 대한 옳은 설명만을 〈보기〉에서 있는 대로 고른 것은?

> **보기**
> ㄱ. (가)의 철 바늘은 자기화되어 있다.
> ㄴ. 철 바늘은 강자성체이다.
> ㄷ. 플라스틱 빨대는 반자성체이다.

① ㄱ   ② ㄷ   ③ ㄱ, ㄴ   ④ ㄴ, ㄷ   ⑤ ㄱ, ㄴ, ㄷ

3

그림 (가)는 자석에 붙여 놓았던 알루미늄 클립들이 서로 달라붙지 않는 모습을, (나)는 자석에 붙여 놓았던 철 클립들이 서로 달라붙는 모습을 나타낸 것이다.

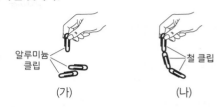

(가)   (나)

이에 대한 설명으로 옳은 것만을 〈보기〉에서 있는 대로 고른 것은?

> **보기**
> ㄱ. (가)의 알루미늄 클립은 강자성체이다.
> ㄴ. (나)의 철 클립은 상자성체이다.
> ㄷ. (나)의 철 클립은 자기화되어 있다.

① ㄴ   ② ㄷ   ③ ㄱ, ㄴ   ④ ㄱ, ㄷ   ⑤ ㄱ, ㄴ, ㄷ

4

다음은 자성체에 대한 실험이다.

> [실험 과정]
> (가) 스탠드에 유리 막대를 수평으로 매달고, 자석을 유리 막대의 A 부분에 가까이 가져간다.
> (나) 스탠드에 지폐를 수평으로 매달고, 자석을 지폐의 숫자가 있는 B 부분에 가까이 가져간다.
>
>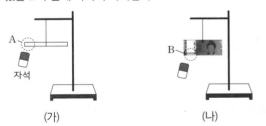
>
> (가)   (나)
>
> [실험 결과]

실험	N극을 가까이 할 때	S극을 가까이 할 때
(가)	A가 밀려난다.	㉠
(나)		B가 끌려온다.

이에 대한 옳은 설명만을 〈보기〉에서 있는 대로 고른 것은? 3점

> **보기**
> ㄱ. ㉠은 'A가 끌려온다.'이다.
> ㄴ. 유리 막대는 강자성체이다.
> ㄷ. B에는 외부 자기장과 같은 방향으로 자기화되는 물질이 있다.

① ㄱ   ② ㄷ   ③ ㄱ, ㄴ   ④ ㄱ, ㄷ   ⑤ ㄴ, ㄷ

다음은 물질의 자성에 대한 실험이다.

[실험 과정]

(가) 나무 막대의 양 끝에 물체 A와 B를 고정하고 수평을 이루며 정지해 있도록 실로 매단다. A와 B는 반자성체와 상자성체를 순서 없이 나타낸 것이다.

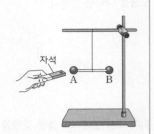

(나) 자석을 A에 서서히 가져가며 자석과 A 사이에 작용하는 힘의 방향을 찾는다.

(다) (나)에서 자석의 극을 반대로 하여 (나)를 반복한다.

(라) 자석을 B에 서서히 가져가며 자석과 B 사이에 작용하는 힘의 방향을 찾는다.

[실험 결과]

ㅇ (나)에서 자석과 A 사이에 작용하는 힘의 방향은 서로 미는 방향이다.

이에 대한 설명으로 옳은 것만을 <보기>에서 있는 대로 고른 것은? 3점

보기

ㄱ. (나)에서 A는 외부 자기장과 반대 방향으로 자화된다.

ㄴ. (다)에서 자석과 A 사이에 작용하는 힘의 방향은 서로 당기는 방향이다.

ㄷ. (라)에서 자석과 B 사이에 작용하는 힘의 방향은 서로 미는 방향이다.

① ㄱ   ② ㄴ   ③ ㄱ, ㄷ   ④ ㄴ, ㄷ   ⑤ ㄱ, ㄴ, ㄷ

그림은 자석이 냉장고의 철판에는 붙고, 플라스틱판에는 붙지 않는 현상에 대한 학생 A, B, C의 대화를 나타낸 것이다.

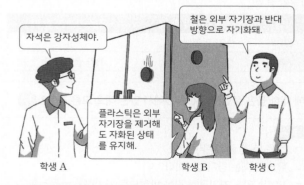

제시한 내용이 옳은 학생만을 있는 대로 고른 것은?

① A   ② B   ③ A, B   ④ A, C   ⑤ B, C

다음은 물체 A, B, C의 자성을 알아보기 위한 실험이다. A, B, C는 강자성체, 상자성체, 반자성체를 순서 없이 나타낸 것이다.

[실험 과정]

(가) 자기화되어 있지 않은 A, B, C를 자기장에 놓아 자기화시킨다.

(나) 그림 I과 같이 자기장에서 A를 꺼내 용수철저울에 매단 후, 정지된 상태에서 용수철저울의 측정값을 읽는다.

(다) 그림 II와 같이 자기장에서 꺼낸 B를 A의 연직 아래에 놓은 후, 정지된 상태에서 용수철저울의 측정값을 읽는다.

(라) 그림 III과 같이 자기장에서 꺼낸 C를 A의 연직 아래에 놓은 후, 정지된 상태에서 용수철저울의 측정값을 읽는다.

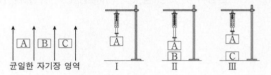

[실험 결과]

	I	II	III
용수철저울의 측정값	w	$1.2w$	$0.9w$

A, B, C로 옳은 것은?

	A	B	C
①	강자성체	상자성체	반자성체
②	강자성체	반자성체	상자성체
③	반자성체	강자성체	상자성체
④	상자성체	강자성체	반자성체
⑤	상자성체	반자성체	강자성체

그림 (가)와 같이 자석 주위에 자기화되어 있지 않은 자성체 A, B를 놓았더니 자석으로부터 각각 화살표 방향으로 자기력을 받았다. 그림 (나)는 (가)에서 자석을 치운 후 A와 B를 가까이 놓은 모습을 나타낸 것으로, B는 A로부터 자기력을 받는다.

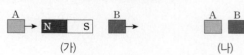

이에 대한 옳은 설명만을 <보기>에서 있는 대로 고른 것은?

보기

ㄱ. B는 반자성체이다.

ㄴ. (가)에서 A와 B는 같은 방향으로 자기화되어 있다.

ㄷ. (나)에서 A, B 사이에는 서로 당기는 자기력이 작용한다.

① ㄱ   ② ㄴ   ③ ㄱ, ㄴ   ④ ㄱ, ㄷ   ⑤ ㄴ, ㄷ

9 2023 평가원

그림 (가)는 막대자석의 모습을, (나)는 (가)의 자석의 가운데를 자른 모습을 나타낸 것이다.

(가)   (나)

(나)에서 a, b 사이의 자기장 모습으로 가장 적절한 것은?

① ② 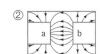 ③

④ ⑤

10 2024 평가원

다음은 자성체의 성질을 알아보기 위한 실험이다.

[실험 과정]
(가) 그림과 같이 코일을 고정시키고, 자기화되어 있지 않은 자성체 A, B를 준비한다. A, B는 강자성체, 상자성체를 순서 없이 나타낸 것이다.
(나) 바닥으로부터 같은 높이 h에서 A, B를 각각 가만히 놓아 코일의 중심을 통과하여 바닥에 닿을 때까지의 낙하 시간을 측정한다.
(다) A, B를 강한 외부 자기장으로 자기화시킨 후 꺼내, (나)와 같이 낙하 시간을 측정한다.

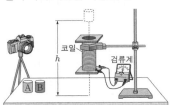

[실험 결과]
○ A의 낙하 시간은 (나)에서와 (다)에서가 같다.
○ B의 낙하 시간은 　　　⊙　　　.

이에 대한 설명으로 옳은 것만을 〈보기〉에서 있는 대로 고른 것은?

보기
ㄱ. A는 강자성체이다.
ㄴ. '(나)에서보다 (다)에서 길다'는 ⊙에 해당한다.
ㄷ. (다)에서 B가 코일과 가까워지는 동안, 코일과 B 사이에는 서로 밀어내는 자기력이 작용한다.

① ㄱ　　② ㄷ　　③ ㄱ, ㄴ　　④ ㄴ, ㄷ　　⑤ ㄱ, ㄴ, ㄷ

11

그림 (가)는 전류가 흐르는 전자석에 철못이 달라붙어 있는 모습을, (나)는 (가)의 철못에 클립이 달라붙은 모습을 나타낸 것이다.

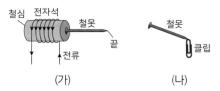

(가)   (나)

이에 대한 설명으로 옳은 것만을 〈보기〉에서 있는 대로 고른 것은?

보기
ㄱ. 철못은 강자성체이다.
ㄴ. (가)에서 철못의 끝은 S극을 띤다.
ㄷ. (나)에서 클립은 자기화되어 있다.

① ㄱ　　② ㄴ　　③ ㄱ, ㄷ　　④ ㄴ, ㄷ　　⑤ ㄱ, ㄴ, ㄷ

12

그림 (가)는 강자성체 X가 솔레노이드에 의해 자기화된 모습을, (나)는 (가)의 X를 자기화되어 있지 않은 강자성체 Y에 가져간 모습을 나타낸 것이다.

(가)   (나)

(나)에서 자기장의 모습을 나타낸 것으로 가장 적절한 것은? 3점

① 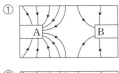 ②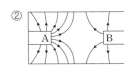

③ 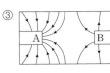 ④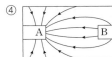

⑤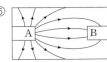

13

그림은 자성체를 이용한 실험에 대해 학생 A, B, C가 대화하는 모습을 나타낸 것이다.

제시한 내용이 옳은 학생만을 있는 대로 고른 것은?

① A   ② B   ③ A, C   ④ B, C   ⑤ A, B, C

14

그림 (가)와 같이 자화되어 있지 않은 자성체 A와 B를 각각 막대자석에 가까이 하였더니, A와 자석 사이에는 서로 미는 자기력이 작용하였고 B와 자석 사이에는 서로 당기는 자기력이 작용하였다. 그림 (나)와 같이 (가)에서 막대자석을 치운 후 A와 B를 가까이 하였더니, A와 B 사이에는 자기력이 작용하였다. 그림 (다)는 실에 매달린 막대자석 연직 아래의 수평한 지면 위에 A를 놓은 것을 나타낸 것이다.

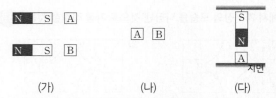

(가)   (나)   (다)

이에 대한 설명으로 옳은 것만을 <보기>에서 있는 대로 고른 것은?

보기

ㄱ. A는 강자성체이다.

ㄴ. (나)에서 A와 B 사이에는 서로 미는 자기력이 작용한다.

ㄷ. (다)에서 지면이 A를 떠받치는 힘의 크기는 A의 무게보다 크다.

① ㄴ   ② ㄷ   ③ ㄱ, ㄴ   ④ ㄱ, ㄷ   ⑤ ㄴ, ㄷ

15

다음은 한 종류의 순수한 금속으로 이루어진 초전도체 A에 대한 내용이다.

(가) 그림과 같이 A의 저항값은 온도가 낮아짐에 따라 감소하다가 온도 T_0에서 갑자기 0이 된다.

(나) 온도 T인 A를 자석 위의 공중에 가만히 놓으면, A는 그대로 공중에 뜬 상태를 유지한다.

이에 대한 설명으로 옳은 것만을 <보기>에서 있는 대로 고른 것은?

보기

ㄱ. $T > T_0$이다.

ㄴ. (나)는 마이스너 효과에 의해 나타나는 현상이다.

ㄷ. (나)에서 A의 내부에는 외부 자기장과 같은 방향의 자기장이 형성된다.

① ㄱ   ② ㄴ   ③ ㄱ, ㄷ   ④ ㄴ, ㄷ   ⑤ ㄱ, ㄴ, ㄷ

16

그림 (가)와 같이 천장에 실로 연결된 자석의 연직 아래 수평면에 자기화되지 않은 물체 A를 놓았더니 A가 정지해 있다. 그림 (나)와 같이 (가)에서 자석을 자기화되지 않은 물체 B로 바꾸어 연결하고 A를 이동시켰더니 B가 A쪽으로 기울어져 정지해 있다. B는 상자성체, 반자성체 중 하나이다.

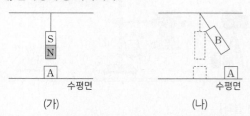

(가)   (나)

이에 대한 설명으로 옳은 것만을 <보기>에서 있는 대로 고른 것은?

보기

ㄱ. A는 외부 자기장과 반대 방향으로 자기화된다.

ㄴ. (가)에서 실이 자석에 작용하는 힘의 크기는 자석의 무게보다 크다.

ㄷ. B는 상자성체이다.

① ㄱ   ② ㄴ   ③ ㄱ, ㄷ   ④ ㄴ, ㄷ   ⑤ ㄱ, ㄴ, ㄷ

17

다음은 자성체 P, Q, R를 이용한 실험이다. P, Q, R는 강자성체, 상자성체, 반자성체를 순서 없이 나타낸 것이다.

[실험 과정]
(가) 그림과 같이 전지, 스위치, 코일을 이용하여 회로를 구성한 후 자성체 P를 코일의 왼쪽에 놓는다.

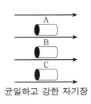

(나) 스위치를 a와 b에 각각 연결하여 코일이 자성체에 작용하는 자기력의 방향을 알아본다.
(다) (가)에서 P 대신 Q를 코일의 왼쪽에 놓은 후 (나)를 반복한다.
(라) (가)에서 P 대신 R를 코일의 왼쪽에 놓은 후 (나)를 반복한다.

[실험 결과]

스위치 연결	코일이 P에 작용하는 자기력의 방향	코일이 Q에 작용하는 자기력의 방향	코일이 R에 작용하는 자기력의 방향
a	왼쪽	오른쪽	왼쪽
b	왼쪽	㉠	오른쪽

이에 대한 설명으로 옳은 것만을 〈보기〉에서 있는 대로 고른 것은? 3점

보기
ㄱ. P는 외부 자기장을 제거해도 자기화된 상태를 계속 유지한다.
ㄴ. ㉠은 '오른쪽'이다.
ㄷ. R는 반자성체이다.

① ㄱ   ② ㄴ   ③ ㄱ, ㄷ   ④ ㄴ, ㄷ   ⑤ ㄱ, ㄴ, ㄷ

18

그림은 모양과 크기가 같은 자성체 P 또는 Q를 일정한 전류가 흐르는 솔레노이드에 넣은 모습을 나타낸 것이다. 자기장의 세기는 P 내부에서가 Q 내부에서보다 크다. P와 Q 중 하나는 상자성체이고, 다른 하나는 반자성체이다.

이에 대한 옳은 설명만을 〈보기〉에서 있는 대로 고른 것은?

보기
ㄱ. P는 상자성체이다.
ㄴ. Q는 솔레노이드에 의한 자기장과 같은 방향으로 자기화된다.
ㄷ. 스위치를 열어도 Q는 자기화된 상태를 유지한다.

① ㄱ   ② ㄴ   ③ ㄷ   ④ ㄱ, ㄷ   ⑤ ㄴ, ㄷ

19 2025 평가원

그림은 한 면만 검게 칠한 자기화되어 있지 않은 자성체 A, B, C를 균일하고 강한 자기장 영역에 놓아 자기화시킨 모습을 나타낸 것이다. 표는 그림의 자기장 영역에서 꺼낸 A, B, C 중 2개를 마주 보는 면을 바꾸며 가까이 놓았을 때, 자성체 사이에 작용하는 자기력을 나타낸 것이다. A, B, C는 강자성체, 상자성체, 반자성체를 순서 없이 나타낸 것이다.

자성체의 위치	자기력
A B	없음
A C	서로 미는 힘
B C	서로 당기는 힘

A, B, C로 옳은 것은? 3점

	A	B	C
①	강자성체	상자성체	반자성체
②	상자성체	강자성체	반자성체
③	상자성체	반자성체	강자성체
④	반자성체	상자성체	강자성체
⑤	반자성체	강자성체	상자성체

20 2023 평가원

그림은 자성체에 대해 학생 A, B, C가 대화하는 모습을 나타낸 것이다.

제시한 내용이 옳은 학생만을 있는 대로 고른 것은? 3점

① A   ② C   ③ A, B   ④ B, C   ⑤ A, B, C

21

그림 (가)와 같이 자기화되어 있지 않은 물체 A, B를 균일한 자기장 영역에 놓았더니 A, B가 자기화되었다. 그림 (나)와 같이 자기화되어 있지 않은 물체 C를 실에 매단 후 (가)의 자기장 영역에서 꺼낸 A를 C의 연직 아래에 가까이 가져갔더니 실이 C를 당기는 힘의 크기가 C의 무게보다 작아졌다. A, B, C는 강자성체, 반자성체, 상자성체를 순서 없이 나타낸 것이다.

균일한 자기장

(가)   (나)

이에 대한 설명으로 옳은 것만을 〈보기〉에서 있는 대로 고른 것은?

보기
ㄱ. A는 강자성체이다.
ㄴ. (가)에서 B는 외부 자기장과 반대 방향으로 자기화된다.
ㄷ. (나)에서 A를 B로 바꾸면 실이 C를 당기는 힘의 크기는 C의 무게보다 작다.

① ㄱ   ② ㄴ   ③ ㄱ, ㄷ   ④ ㄴ, ㄷ   ⑤ ㄱ, ㄴ, ㄷ

22 [2025 평가원]

그림 (가)는 자기화되지 않은 물체 A, B, C를 균일하고 강한 자기장 영역에 놓아 자기화시키는 모습을, (나)는 (가)의 B와 C를 자기장 영역에서 꺼내 가까이 놓았을 때 자기장의 모습을 나타낸 것이다. A, B, C는 강자성체, 상자성체, 반자성체를 순서 없이 나타낸 것이다.

균일하고 강한 자기장

(가)   (나)

이에 대한 설명으로 옳은 것만을 〈보기〉에서 있는 대로 고른 것은?

보기
ㄱ. A는 반자성체이다.
ㄴ. (가)에서 A와 C는 같은 방향으로 자기화된다.
ㄷ. (나)에서 B와 C 사이에는 서로 밀어내는 자기력이 작용한다.

① ㄱ   ② ㄴ   ③ ㄱ, ㄷ   ④ ㄴ, ㄷ   ⑤ ㄱ, ㄴ, ㄷ

23

다음은 전동 스테이플러의 작동 원리이다.

그림 (가)와 같이 전동 스테이플러에 종이를 넣지 않았을 때는 고정된 코일이 자성체 A를 당기지 않는다. 그림 (나)와 같이 종이를 넣으면 스위치가 닫히면서 코일에 전류가 흐르고, ⊙ 코일이 A를 강하게 당긴다. 그리고 A가 철사 침을 눌러 종이에 박는다.

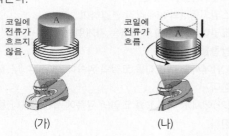

코일에 전류가 흐르지 않음.   코일에 전류가 흐름.

(가)   (나)

이에 대한 옳은 설명만을 〈보기〉에서 있는 대로 고른 것은?

보기
ㄱ. ⊙은 자기력에 의해 나타나는 현상이다.
ㄴ. A는 반자성체이다.
ㄷ. (나)의 A는 코일의 전류에 의한 자기장과 같은 방향으로 자기화된다.

① ㄱ   ② ㄷ   ③ ㄱ, ㄴ   ④ ㄱ, ㄷ   ⑤ ㄴ, ㄷ

24

그림과 같이 같은 세기의 전류가 흐르고 있는 무한히 긴 직선 도선 A, B가 xy평면상에 고정되어 있고 A에는 $+y$ 방향으로 전류가 흐른다. 자성체 P, Q는 x축상에 고정되어 있고, A, B가 만드는 자기장에 의해 모두 자기화되어 있다. P, Q 중 하나는 상자성체, 다른 하나는 반자성체이다.

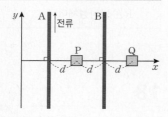

이에 대한 옳은 설명만을 〈보기〉에서 있는 대로 고른 것은? (단, P, Q의 크기와 P, Q에 의한 자기장은 무시한다.) **3점**

보기
ㄱ. B에는 $+y$ 방향으로 전류가 흐른다.
ㄴ. A와 B 사이에 자기장이 0인 지점은 없다.
ㄷ. P, Q는 같은 방향으로 자기화되어 있다.

① ㄱ   ② ㄷ   ③ ㄱ, ㄴ   ④ ㄴ, ㄷ   ⑤ ㄱ, ㄴ, ㄷ

25 자성의 종류와 원인
[2022년 10월 학평 15번]

그림은 저울에 무게가 W_0으로 같은 물체 P 또는 Q를 놓고 전지와 스위치에 연결된 코일을 가까이한 모습을 나타낸 것이다. P, Q는 강자성체, 상자성체를 순서 없이 나타낸 것이다. 표는 스위치를 a, b에 연결했을 때 저울의 측정값을 비교한 것이다.

연결 위치	저울의 측정값	
	P	**Q**
a	W_0보다 큼	W_0보다 작음
b	W_0보다 작음	㉠

이에 대한 옳은 설명만을 〈보기〉에서 있는 대로 고른 것은? (단, 지구 자기장은 무시한다.) **3점**

보기
ㄱ. P는 강자성체이다.
ㄴ. ㉠은 'W_0보다 작음'이다.
ㄷ. Q는 스위치를 a에 연결했을 때와 b에 연결했을 때 같은 방향으로 자기화된다.

① ㄱ   ② ㄷ   ③ ㄱ, ㄴ   ④ ㄴ, ㄷ   ⑤ ㄱ, ㄴ, ㄷ

26 2023 수능 자성의 종류와 원인
[2023학년도 수능 7번]

그림은 자성체 P와 Q, 솔레노이드가 x축상에 고정되어 있는 것을 나타낸 것이다. 솔레노이드에 흐르는 전류의 방향이 a일 때, P와 Q가 솔레노이드에 작용하는 자기력의 방향은 $+x$방향이다. P와 Q는 상자성체와 반자성체를 순서 없이 나타낸 것이다.

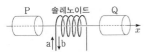

이에 대한 설명으로 옳은 것만을 〈보기〉에서 있는 대로 고른 것은?

보기
ㄱ. P는 반자성체이다.
ㄴ. Q가 자기화되는 방향은 전류의 방향이 a일 때와 b일 때가 같다.
ㄷ. 전류의 방향이 b일 때, P와 Q가 솔레노이드에 작용하는 자기력의 방향은 $-x$방향이다.

① ㄱ   ② ㄴ   ③ ㄱ, ㄷ   ④ ㄴ, ㄷ   ⑤ ㄱ, ㄴ, ㄷ

27 물질의 자성
[2024년 7월 학평 5번]

그림과 같이 자기화되어 있지 않은 자성체 A, B, C, D를 균일하고 강한 자기장 영역에 놓아 자기화시킨다. 표는 외부 자기장이 없는 영역에서 그림의 A~D 중 두 자성체를 가까이했을 때 자성체 사이에 서로 작용하는 자기력을 나타낸 것이다. A~D는 각각 강자성체, 상자성체, 반자성체 중 하나이다.

균일하고 강한 자기장

자성체	자기력	자성체	자기력
A, B	미는 힘	B, C	ㅡ
A, C	당기는 힘	B, D	미는 힘
A, D	당기는 힘	C, D	㉠

(ㅡ : 힘이 작용하지 않음)

이에 대한 설명으로 옳은 것만을 〈보기〉에서 있는 대로 고른 것은?

보기
ㄱ. A는 강자성체이다.
ㄴ. ㉠은 '당기는 힘'이다.
ㄷ. D는 하드디스크에 이용된다.

① ㄱ   ② ㄷ   ③ ㄱ, ㄴ   ④ ㄴ, ㄷ   ⑤ ㄱ, ㄴ, ㄷ

28 물질의 자성
[2023년 4월 학평 17번]

다음은 물질의 자성에 대한 실험이다.

[실험 과정]
(가) 자기화되어 있지 않은 물체 A, B, C를 균일한 자기장에 놓아 자기화시킨다.
(나) 자기장 영역에서 꺼낸 A를 실에 매단다.
(다) 자기장 영역에서 꺼낸 B를 A에 가까이 하며 A를 관찰한다.
(라) 자기장 영역에서 꺼낸 C를 A에 가까이 하며 A를 관찰한다.
※ A, B, C는 강자성체, 상자성체, 반자성체를 순서 없이 나타낸 것이다.

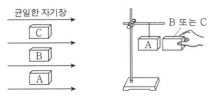
균일한 자기장   B 또는 C

[실험 결과]
○ (다)의 결과: A가 밀려난다.
○ (라)의 결과: A가 끌려온다.

이에 대한 설명으로 옳은 것만을 〈보기〉에서 있는 대로 고른 것은?
3점

보기
ㄱ. A는 외부 자기장을 제거해도 자기화된 상태를 유지한다.
ㄴ. (가)에서 A와 B는 같은 방향으로 자기화된다.
ㄷ. C는 반자성체이다.

① ㄱ   ② ㄴ   ③ ㄱ, ㄷ   ④ ㄴ, ㄷ   ⑤ ㄱ, ㄴ, ㄷ

29

다음은 물체의 자성을 알아보기 위한 실험이다.

[실험 과정]
(가) 자기화되어 있지 않은 물체 A, B, C에 각각 막대자석을
가까이하여 물체의 움직임을 관찰한다. A, B, C는
강자성체, 상자성체, 반자성체를 순서 없이 나타낸 것이다.
(나) 막대자석을 제거하고 A, B, C를 각각 원형 도선에
통과시켜 유도 전류의 발생 유무를 관찰한다.

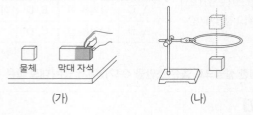

| 물체 | 막대 자석 | (나) |

[실험 결과]

물체	(가)의 결과	(나)의 결과
A	자석에서 밀린다.	㉠
B	자석에 끌린다.	흐른다.
C	자석에 끌린다.	흐르지 않는다.

이에 대한 설명으로 옳은 것만을 〈보기〉에서 있는 대로 고른 것은? 3점

보기
ㄱ. '흐르지 않는다.'는 ㉠으로 적절하다.
ㄴ. B는 외부 자기장의 방향과 같은 방향으로 자기화된다.
ㄷ. C는 상자성체이다.

① ㄱ   ② ㄴ   ③ ㄱ, ㄷ   ④ ㄴ, ㄷ   ⑤ ㄱ, ㄴ, ㄷ

30

그림은 자석의 S극을 물체 A, B에 각각 가져갔을 때 자기장의 모습을 나타낸 것이다. A와 B는 상자성체와 반자성체를 순서 없이 나타낸 것이다.

이에 대한 설명으로 옳은 것만을 〈보기〉에서 있는 대로 고른 것은?

3점

보기
ㄱ. A는 자기화되어 있다.
ㄴ. A와 자석 사이에는 서로 미는 힘이 작용한다.
ㄷ. B는 상자성체이다.

① ㄱ   ② ㄷ   ③ ㄱ, ㄴ   ④ ㄴ, ㄷ   ⑤ ㄱ, ㄴ, ㄷ

31

다음은 자성체에 대한 실험이다.

[실험 과정]
(가) 막대 A, B를 각각 수평이 유지되도록 실에
매달아 동서 방향으로 가만히 놓는다. A,
B는 강자성체, 반자성체를 순서 없이
나타낸 것이다.

실
막대

(나) 정지한 A, B의 모습을 나침반 자침과 함께 관찰한다.
(다) (나)에서 A, B의 끝에 네오디뮴
자석을 가까이하여 A, B의 움직임을
관찰한다.

실
막대
네오디뮴 자석

[실험 결과]

	A	B
(나)	(나침반 모습)	(나침반 모습)
(다)	㉠	자석으로 끌려온다.

이에 대한 옳은 설명만을 〈보기〉에서 있는 대로 고른 것은? (단, 실에 의한 회전은 무시한다.) 3점

보기
ㄱ. (나)에서 A는 지구 자기장 방향으로 자기화되어 있다.
ㄴ. '자석으로부터 밀려난다'는 ㉠으로 적절하다.
ㄷ. B는 강한 전자석을 만드는 데 이용할 수 있다.

① ㄱ   ② ㄷ   ③ ㄱ, ㄴ   ④ ㄴ, ㄷ   ⑤ ㄱ, ㄴ, ㄷ

32 2024 수능

그림 (가)와 같이 자기화되어 있지 않은 자성체 A, B, C를 균일하고 강한 자기장 영역에 놓아 자기화시킨다. 그림 (나), (다)는 (가)의 A, B, C를 각각 수평면 위에 올려놓았을 때 정지한 모습을 나타낸 것이다. A에 작용하는 중력과 자기력의 합력의 크기는 (나)에서가 (다)에서보다 크다. A는 강자성체이고, B, C는 상자성체, 반자성체를 순서 없이 나타낸 것이다.

균일하고 강한 자기장   수평면   수평면
(가)   (나)   (다)

이에 대한 설명으로 옳은 것만을 〈보기〉에서 있는 대로 고른 것은?

3점

보기
ㄱ. B는 상자성체이다.
ㄴ. (가)에서 A와 C는 같은 방향으로 자기화된다.
ㄷ. (나)에서 B에 작용하는 중력과 자기력의 방향은 같다.

① ㄱ   ② ㄴ   ③ ㄱ, ㄷ   ④ ㄴ, ㄷ   ⑤ ㄱ, ㄴ, ㄷ

[33~34] 다음은 자석과 자성체를 이용한 실험이다.

[실험 과정]
(가) 그림과 같은 고리 모양의 동일한 자석 A, B, C, ㉠ 강자성체 X, 상자성체 Y를 준비한다.

(나) 수평면에 연직으로 고정된 나무 막대에 자석과 자성체를 넣고, 모두 정지했을 때의 위치를 비교한다.

[실험 결과]

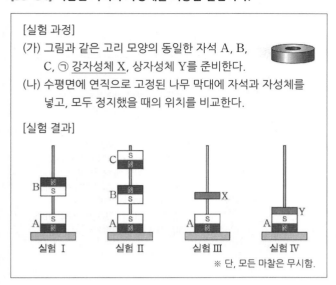

실험 I   실험 II   실험 III   실험 IV

※ 단, 모든 마찰은 무시함.

33

실험 I과 II에 대한 설명으로 옳은 것은? 3점

① I에서 A가 B에 작용하는 자기력과 B에 작용하는 중력은 작용 반작용 관계이다.

② II에서 A가 B에 작용하는 자기력의 크기는 B의 무게와 같다.

③ I과 II에서 A가 B에 작용하는 자기력의 크기는 같다.

④ B에 작용하는 알짜힘의 크기는 II에서가 I에서보다 크다.

⑤ A가 수평면을 누르는 힘의 크기는 II에서가 I에서보다 크다.

34

X, Y에 대한 옳은 설명만을 〈보기〉에서 있는 대로 고른 것은?

보기
ㄱ. (가)에서 ㉠은 자기화된 상태이다.
ㄴ. IV에서 A와 Y 사이에는 밀어내는 자기력이 작용한다.
ㄷ. III, IV에서 X, Y는 서로 같은 방향으로 자기화되어 있다.

① ㄱ   ② ㄴ   ③ ㄱ, ㄴ   ④ ㄱ, ㄷ   ⑤ ㄴ, ㄷ

35

그림 (가)는 자기화되지 않은 자성체를 자석에 가까이 놓아 자기화시키는 모습을 나타낸 것이다. 그림 (나)는 (가)에서 자석을 치운 후 p−n 접합 발광 다이오드[LED]가 연결된 코일에 자성체의 A 부분을 가까이 했을 때 LED에 불이 켜지는 모습을 나타낸 것이다. X는 p형 반도체와 n형 반도체 중 하나이다.

(가)   (나)

이에 대한 옳은 설명만을 〈보기〉에서 있는 대로 고른 것은?

보기
ㄱ. (가)에서 자성체와 자석 사이에는 서로 당기는 자기력이 작용한다.
ㄴ. (가)에서 자성체는 외부 자기장과 같은 방향으로 자기화된다.
ㄷ. (나)에서 X는 p형 반도체이다.

① ㄱ   ② ㄷ   ③ ㄱ, ㄴ   ④ ㄴ, ㄷ   ⑤ ㄱ, ㄴ, ㄷ

36 2025 수능

그림 (가)는 자석의 S극을 가까이 하여 자기화된 자성체 A를, (나)는 자기화되지 않은 자성체 B를, (다)는 (나)에서 S극을 가까이 하여 자기화된 B를 나타낸 것이다. (다)에서 B와 자석 사이에는 서로 미는 자기력이 작용한다. A, B는 상자성체와 반자성체를 순서 없이 나타낸 것이다. 이에 대한 설명으로 옳은 것만을 〈보기〉에서 있는 대로 고른 것은?

자성체 A   자성체 B   자성체 B

(가)   (나)   (다)

보기
ㄱ. (가)에서 A와 자석 사이에는 서로 당기는 자기력이 작용한다.
ㄴ. (다)에서 S극 대신 N극을 가까이 하면, B와 자석 사이에는 서로 당기는 자기력이 작용한다.
ㄷ. (다)에서 자석을 제거하면, B는 (나)의 상태가 된다.

① ㄱ   ② ㄴ   ③ ㄱ, ㄷ   ④ ㄴ, ㄷ   ⑤ ㄱ, ㄴ, ㄷ

03 전자기 유도 ◀★수능에 나오는 필수 개념 2가지+ 필수 암기사항 8개

기본자료

필수개념 1 전자기 유도

- [암기] **전자기 유도** : 코일과 자석의 상대적인 운동에 의해 코일 주변의 자기장이 변할 때 코일에 유도 기전력이 형성되어 유도 전류가 흐르는 현상

- **렌츠 법칙** : 유도 전류는 코일 내부를 지나는 자기력선속의 변화를 방해하는 방향 또는 자석의 운동을 방해하는 방향으로 흐른다.
  ① 자석이 코일에 접근할 때(코일이 다른 자석에 접근할 때) : 자기력선속의 증가를 방해하는 방향으로 또는 자석과 코일 사이에 척력이 작용하도록 유도 전류가 흐른다.
  ② 자석이 코일에 멀어질 때(코일이 다른 자석에 멀어질 때) : 자기력선속의 감소를 방해하는 방향으로 또는 자석과 코일 사이에 인력이 작용하도록 유도 전류가 흐른다.

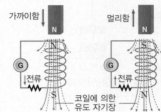

▶ 유도 전압
전자기 유도에 의해 외부 저항에 유도되는 전압. 단위 V

전자기 유도와 에너지 보존
자석과 코일의 상대적인 운동에서 자석을 움직일 때 에너지를 소비하여 일을 하게 되므로 일이 전기 에너지로 전환된다. 따라서 유도 전류는 다른 형태의 에너지가 전기 에너지로 전환될 때 나타나는 현상이다.

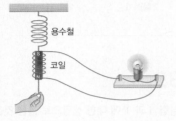

그림에서는 자석의 운동 에너지가 전기 에너지로 전환되는 것을 보여주고 있다. 또 만약 전구 대신 LED를 연결하면 LED는 전류를 한쪽 방향으로만 흐르게 하므로 코일이 진동하는 동안 LED에는 전류가 흘렀다가 차단되는 것을 반복한다.

N극이 접근할 때	N극이 멀어질 때	S극이 접근할 때	S극이 멀어질 때
• 코일 위쪽에 N극이 형성 • 척력이 작용 • 유도 전류의 방향은 A → ⓖ → B	• 코일 위쪽에 S극이 형성 • 인력이 작용 • 유도 전류의 방향은 B → ⓖ → A	• 코일 위쪽에 S극이 형성 • 척력이 작용 • 유도 전류의 방향은 B → ⓖ → A	• 코일 위쪽에 N극이 형성 • 인력이 작용 • 유도 전류의 방향은 A → ⓖ → B

- [암기] **패러데이 전자기 유도 법칙**
  ① 패러데이 전자기 유도 법칙 : 전자기 유도에 의한 유도 기전력(V)의 크기는 코일의 감은 수(N)와 자기력선속의 시간적 변화 $\left(\dfrac{\Delta\phi}{\Delta t}\right)$에 비례한다.

$$V = -N\frac{\Delta\phi}{\Delta t} = -N\frac{\Delta(BS)}{\Delta t}$$ (N : 코일의 감은 수, B : 외부 자기장의 세기, S : 코일의 단면적)

  ② 유도 전류의 세기 : 유도 기전력의 크기에 비례하고 유도 전류(유도 기전력의 크기)를 증가시키는 방법은 다음과 같다.
  ○ 자석이 코일에 빠르게 접근하거나 빠르게 멀어질수록 유도 전류의 세기는 커짐(시간에 따른 자속 변화율이 커짐)
  ○ 코일의 감은 수가 많을수록 유도 전류의 세기는 커짐(유도 전류를 만드는 코일의 개수가 많아지는 효과)
  ○ 자기력이 센 자석을 사용할수록 유도 전류의 세기는 커짐(센 자석일수록 자기력선의 수가 많으므로 같은 속력일 때 자속의 시간적 변화율이 큼)

  ③ [암기] 자석의 낙하에 의한 전자기 유도

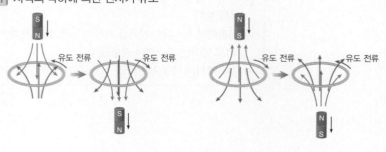

[암기] 여러 가지 관을 통과해 떨어지는 자석의 운동
자석의 낙하 시간은 플라스틱 관 <알루미늄 관<구리 관이다. 절연체는 전류가 유도 되지 않고 알루미늄과 구리에서는 유도 전류가 흘러 자석의 운동을 방해하기 때문에 낙하 시간이 플라스틱에서보다 길다. 이때 알루미늄 관과 구리 관에서 자석이 낙하하는 동안 자석의 역학적 에너지 일부가 전기 에너지로 전환된다. 또 알루미늄에서보다 구리에서 낙하 시간이 긴 이유는 구리의 저항이 알루미늄보다 작아서 유도 전류의 세기가 크기 때문이다.

막대 자석을 수직하게 세워 원형 도선 사이로 낙하시키는 경우

ㅇ 자속의 변화를 방해하는 방향으로 유도 전류가 생김

ㅇ 자석의 통과 전후로 도선의 자속 변화에 미치는 영향이 반대로 바뀜 → 유도 전류의 흐름도 반대로 바뀜

ㅇ N극이 아래로 낙하 : 통과 전 반시계 방향의 유도 전류 발생 → 통과 후 시계 방향의 유도 전류 발생

ㅇ S극이 아래로 낙하 : 통과 전 시계 방향의 유도 전류 발생 → 통과 후 반시계 방향의 유도 전류 발생

ㅇ 자석이 원형 도선 사이로 낙하할 때, 역학적 에너지의 총량은 보존되지 않음(자석의 낙하에 의해 유도 기전력이 발생했기 때문)

ㅇ 낙하 전 위치 에너지＝바닥에서의 운동 에너지＋전기 에너지(단, 마찰은 무시)

④ **암기** 자석이 정지해 있고 코일이 움직일 때 유도 전류의 방향

자석의 위쪽이 N극일 때		자석의 위쪽이 S극일 때	
가까워질 때	**멀어질 때**	**가까워질 때**	**멀어질 때**
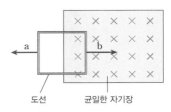			
가까워지려는 것을 방해하려면 도선과 자석이 척력이 작용해야 하므로 원형 도선 단면의 아래쪽은 N극이 되도록 유도 전류가 흐름	멀어지려는 것을 방해하려면 도선과 자석이 인력이 작용해야 하므로 원형 도선 단면의 아래쪽은 S극이 되도록 유도 전류가 흐름	가까워지려는 것을 방해하려면 도선과 자석이 척력이 작용해야 하므로 원형 도선 단면의 아래쪽은 S극이 되도록 유도 전류가 흐름	멀어지려는 것을 방해하려면 도선과 자석이 인력이 작용해야 하므로 원형 도선 단면의 아래쪽은 N극이 되도록 유도 전류가 흐름

⑤ **암기** 사각형 코일이 자기장에 들어갈 때

• 유도 전류의 방향

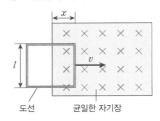

도선의 운동 방향	b	a
자속 변화	종이면으로 들어가는 방향의 자속 증가	종이면으로 들어가는 방향의 자속 감소
유도 전류에 의한 자기장의 방향	종이면에서 나오는 방향	종이면으로 들어가는 방향
유도 전류의 방향	반시계 방향	시계 방향

• 유도 전류의 세기

세로 길이가 l이고, 전기 저항이 R인 사각 도선이 세기가 B인 균일한 자기장 영역에 일정한 속력 v로 직선 운동하여 입사할 때

－ 자속 변화 : 자기장의 세기가 B이고 자기장 영역에 포함된 면적이 $A=lx$이므로 자속은 $\phi=BA=Blx$. 여기서 자기장 B와 도선의 세로 길이 l이 일정하므로 자속 변화는 다음과 같음

$$\Delta\phi=\Delta(Blx)=Bl\Delta x$$

－ 유도 전압 : $V=-N\dfrac{\Delta\phi}{\Delta t}$ 에서 감은 수가 $N=1$이므로 $V=-\dfrac{Bl\Delta x}{\Delta t}$, 여기서 $\dfrac{\Delta x}{\Delta t}=v$이므로 유도 전압은 $V=-Blv$

－ 유도 전류의 세기(I) : 도선의 전기 저항이 R이므로 옴의 법칙을 적용하면 $I=\dfrac{Blv}{R}$

기본자료

▶ **암기** 자기장이 형성된 공간에 ㄷ자형 도선을 설치하고 직선 도선 AB를 올려놓은 후 막대를 당기는 경우 ㄷ자형 도선과 직선 도선이 이루는 사각형의 면적이 증가하고 사각형을 통과하는 자속이 증가하므로 자속의 증가를 방해하기 위해 사각형 도선은 아래쪽 방향의 자기장을 만들기 위해 유도 전류가 위에서 보면 시계 방향 (A → D → C → B → A)으로 흐른다.

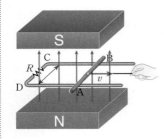

필수개념 2 전자기 유도의 이용

기본자료

• **암기** 전자기 유도의 이용

<마이크>

<발전기>

<전기 기타>

<변압기>

• **마이크와 스피커의 비교**

① 마이크(전자기 유도 이용)
- 소리에 의해 진동판이 진동하면 진동판과 연결된 코일이 함께 진동하고, 고정된 영구자석에 의해 코일에 소리의 신호를 담은 유도 전류가 발생한다.

마이크

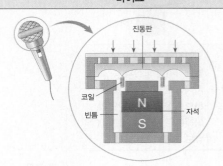

- 음성 신호(소리) → 전기 신호
- 패러데이의 전자기 유도 법칙
- 소리 → 진동판 진동 → 코일 진동 → 자기장 변화 → 유도 전류(전기 신호)

---

② 스피커(전류에 의한 자기장 이용)
- 코일에 소리의 신호를 담은 교류 전류를 흐르게 하면 전류에 의해 자기장이 발생하게 된다. 발생한 자기장이 영구자석의 자기장과 상호작용하여 코일이 자기력을 받아 진동하면, 코일에 연결된 진동판도 진동하여 소리를 발생시킨다.

스피커

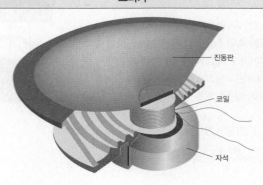

- 전기 신호 → 음성 신호(소리)
- 자기장 속에서 전류가 받는 힘(자기력)
- 전기 신호 → 코일에 자기력 발생 → 코일 진동 → 진동판 진동 → 소리

▶ 전자기 유도 이용의 또 다른 예

① 발광 킥보드 : 바퀴의 회전에 의해 코일에 유도 전류가 발생함

② 신용 카드 판독기 또는 자기 테이프 재생 : 원자 자석이 코일이 있는 헤드를 지날 때 코일에 유도 전류가 발생함

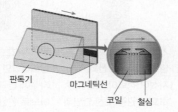

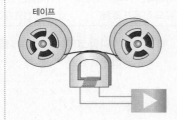

1

전자기 유도 현상을 활용하는 것만을 〈보기〉에서 있는 대로 고른 것은?

보기
ㄱ. 마이크   ㄴ. 무선 충전   ㄷ. 전자석 기중기

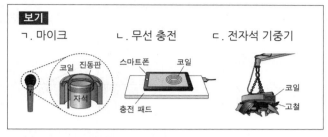

① ㄱ   ② ㄷ   ③ ㄱ, ㄴ   ④ ㄴ, ㄷ   ⑤ ㄱ, ㄴ, ㄷ

2

다음은 간이 발전기에 대한 설명이다.

○ 간이 발전기의 자석이 일정한 속력으로 회전할 때, 코일에 유도 전류가 흐른다. 이때 [㉠] 유도 전류의 세기가 커진다.

㉠으로 적절한 것만을 〈보기〉에서 있는 대로 고른 것은?

보기
ㄱ. 자석의 회전 속력만을 증가시키면
ㄴ. 자석의 회전 방향만을 반대로 하면
ㄷ. 자석을 세기만 더 강한 것으로 바꾸면

① ㄱ   ② ㄷ   ③ ㄱ, ㄴ   ④ ㄱ, ㄷ   ⑤ ㄴ, ㄷ

3

그림 (가)는 마이크의 내부 구조를 나타낸 것으로, 소리에 의해 진동판과 코일이 진동한다. 그림 (나)는 (가)에서 자석의 윗면과 코일 사이의 거리 d를 시간에 따라 나타낸 것이다. t_3일 때 코일에는 화살표 방향으로 유도 전류가 흐른다.

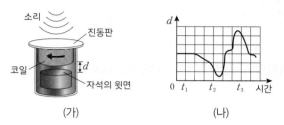

(가)   (나)

이에 대한 옳은 설명만을 〈보기〉에서 있는 대로 고른 것은?

보기
ㄱ. 자석의 윗면은 N극이다.
ㄴ. t_1일 때 코일에는 유도 전류가 흐르지 않는다.
ㄷ. 코일에 흐르는 유도 전류의 방향은 t_2일 때와 t_3일 때가 서로 반대이다.

① ㄱ   ② ㄷ   ③ ㄱ, ㄴ   ④ ㄴ, ㄷ   ⑤ ㄱ, ㄴ, ㄷ

4

다음은 헤드폰의 스피커를 이용한 실험이다.

[자료 조사 내용]
○ 헤드폰의 스피커는 진동판, 코일, 자석 등으로 구성되어 있다.

〈헤드폰의 스피커 구조〉

[실험 과정]
(가) 컴퓨터의 마이크 입력 단자에 헤드폰을 연결하고, 녹음 프로그램을 실행시킨다.
(나) 헤드폰의 스피커 가까이에서 다양한 소리를 낸다.
(다) 녹음 프로그램을 종료하고 저장된 파일을 재생시킨다.

[실험 결과]
○ 헤드폰의 스피커 가까이에서 냈던 다양한 소리가 재생되었다.

이 실험에서 소리가 녹음되는 동안 헤드폰의 스피커에서 일어나는 현상에 대한 설명으로 옳은 것만을 〈보기〉에서 있는 대로 고른 것은?

보기
ㄱ. 진동판은 공기의 진동에 의해 진동한다.
ㄴ. 코일에서는 전자기 유도 현상이 일어난다.
ㄷ. 코일이 자석에 붙은 상태로 자석과 함께 운동한다.

① ㄱ   ② ㄷ   ③ ㄱ, ㄴ   ④ ㄴ, ㄷ   ⑤ ㄱ, ㄴ, ㄷ

DAY 21
Ⅱ
2
-
03
전자기 유도

5 2023 평가원

그림 A, B, C는 자기장을 활용한 장치의 예를 나타낸 것이다.

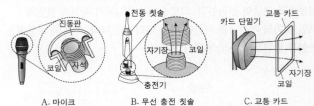

A. 마이크   B. 무선 충전 칫솔   C. 교통 카드

전자기 유도 현상을 활용한 예만을 있는 대로 고른 것은?

① A   ② C   ③ A, B   ④ B, C   ⑤ A, B, C

7

그림 (가)는 무선 충전기에서 스마트폰의 원형 도선에 전류가 유도되어 스마트폰이 충전되는 모습을, (나)는 원형 도선을 통과하는 자기 선속 Φ를 시간 t에 따라 나타낸 것이다.

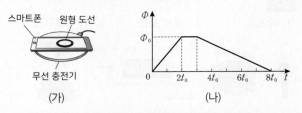

(가)   (나)

원형 도선에 흐르는 유도 전류에 대한 설명으로 옳은 것만을 〈보기〉에서 있는 대로 고른 것은? 3점

보기
ㄱ. 유도 전류의 세기는 $0 < t < 2t_0$에서 증가한다.
ㄴ. 유도 전류의 세기는 t_0일 때가 $5t_0$일 때보다 크다.
ㄷ. 유도 전류의 방향은 t_0일 때와 $6t_0$일 때가 서로 같다.

① ㄱ   ② ㄴ   ③ ㄱ, ㄷ   ④ ㄴ, ㄷ   ⑤ ㄱ, ㄴ, ㄷ

6

그림은 휴대 전화를 무선 충전기 위에 놓고 충전하는 모습을 나타낸 것이다. 코일 A, B는 각각 무선 충전기와 휴대 전화 내부에 있고, A에 흐르는 전류의 세기 I는 주기적으로 변한다.
이에 대한 옳은 설명만을 〈보기〉에서 있는 대로 고른 것은?

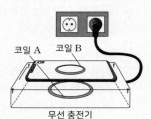

코일 A   코일 B

무선 충전기

보기
ㄱ. I가 증가할 때 B에 유도 전류가 흐른다.
ㄴ. I가 감소할 때 B에 유도 전류가 흐르지 않는다.
ㄷ. 무선 충전은 전자기 유도 현상을 이용한다.

① ㄱ   ② ㄴ   ③ ㄱ, ㄷ   ④ ㄴ, ㄷ   ⑤ ㄱ, ㄴ, ㄷ

8

그림과 같이 N극이 아래로 향한 자석이 금속 고리의 중심축을 따라 운동하여 점 p, q를 지난다. p, q로부터 고리의 중심까지의 거리는 서로 같다. 고리에 흐르는 유도 전류의 세기는 자석이 p를 지날 때가 q를 지날 때보다 작다. 이에 대한 설명으로 옳은 것만을 〈보기〉에서 있는 대로 고른 것은? (단, 자석의 크기는 무시한다.)

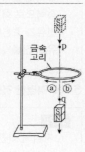

금속 고리

보기
ㄱ. 자석이 p를 지날 때 고리에 흐르는 유도 전류의 방향은 ⓐ방향이다.
ㄴ. 자석이 p를 지날 때의 속력은 자석이 q를 지날 때의 속력보다 작다.
ㄷ. 자석이 q를 지날 때 고리와 자석 사이에는 당기는 자기력이 작용한다.

① ㄱ   ② ㄴ   ③ ㄱ, ㄷ   ④ ㄴ, ㄷ   ⑤ ㄱ, ㄴ, ㄷ

9

다음은 자가발전 손전등에 대한 설명이다.

○ 자가발전 손전등은 자석의 운동에 의해 코일에 유도 전류가 발생하여 전구에서 불이 켜지는 장치이다.
○ 그림에서 자석이 코일에 가까워지면 자석에 의해 코일을 통과하는 자기 선속이 증가하고, 코일에는 (가) 방향으로 유도 전류가 흐른다.

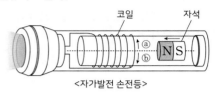

<자가발전 손전등>

이에 대한 설명으로 옳은 것만을 〈보기〉에서 있는 대로 고른 것은?

보기
ㄱ. 자가발전 손전등은 전자기 유도 현상을 이용한다.
ㄴ. (가)는 ⓐ이다.
ㄷ. 자석이 코일에 가까워지면 자석과 코일 사이에는 서로 당기는 자기력이 작용한다.

① ㄱ   ② ㄴ   ③ ㄱ, ㄷ   ④ ㄴ, ㄷ   ⑤ ㄱ, ㄴ, ㄷ

10

그림은 어떤 전기밥솥에서 수증기의 양을 조절하는 데 사용되는 밸브의 구조를 나타낸 것이다. 스위치 S가 열리면 금속 봉 P가 관을 막고, S가 닫히면 솔레노이드로부터 P가 위쪽으로 힘 F를 받아 관이 열린다.

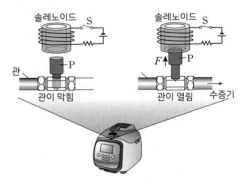

S를 닫았을 때에 대한 옳은 설명만을 〈보기〉에서 있는 대로 고른 것은?

보기
ㄱ. F는 자기력이다.
ㄴ. 솔레노이드 내부에는 아래쪽 방향으로 자기장이 생긴다.
ㄷ. P에 작용하는 중력과 F는 작용 반작용 관계이다.

① ㄱ   ② ㄷ   ③ ㄱ, ㄴ   ④ ㄴ, ㄷ   ⑤ ㄱ, ㄴ, ㄷ

11

그림 (가)는 정지해 있는 코일의 중심축을 따라 자석이 움직이는 모습이다. 그림 (나)는 (가)에서 코일의 중심축에 수직이고, 코일 위의 점 p를 포함한 코일의 단면을 통과하는 자기 선속 Φ를 시간 t에 따라 나타낸 것이다.

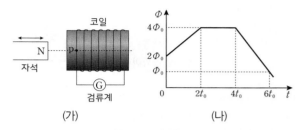

(가)   (나)

이에 대한 설명으로 옳은 것만을 〈보기〉에서 있는 대로 고른 것은?

보기
ㄱ. p에 흐르는 유도 전류의 방향은 $t=t_0$일 때와 $t=5t_0$일 때가 같다.
ㄴ. p에 흐르는 유도 전류의 세기는 $t=t_0$일 때가 $t=5t_0$일 때보다 크다.
ㄷ. $t=3t_0$일 때 p에는 유도 전류가 흐르지 않는다.

① ㄱ   ② ㄷ   ③ ㄱ, ㄴ   ④ ㄴ, ㄷ   ⑤ ㄱ, ㄴ, ㄷ

DAY
21

Ⅱ

2
ㅣ
03
전자기 유도

다음은 전자기 유도에 대한 실험이다.

[실험 과정]
(가) 그림과 같이 코일에 검류계를 연결한다.

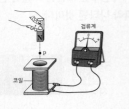
검류계
p
코일

(나) 자석의 N극을 아래로 하고, 코일의 중심축을 따라 자석을 일정한 속력으로 코일에 가까이 가져간다.
(다) 자석이 p점을 지나는 순간 검류계의 눈금을 관찰한다.
(라) 자석의 S극을 아래로 하고, 코일의 중심축을 따라 자석을 (나)에서보다 빠른 속력으로 코일에 가까이 가져가면서 (다)를 반복한다.

[실험 결과]

(다)의 결과	(라)의 결과
(눈금 그림)	㉠

㉠으로 가장 적절한 것은? 3점

①
②
③
④
⑤

그림은 xy평면에 수직인 방향의 자기장 영역에서 정사각형 금속 고리 A, B, C가 각각 $+x$방향, $-y$방향, $+y$방향으로 직선 운동하고 있는 순간의 모습을 나타낸 것이다. 자기장 영역에서 자기장은 일정하고 균일하다.

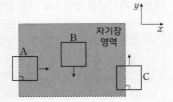

유도 전류가 흐르는 고리만을 있는 대로 고른 것은? (단, A, B, C 사이의 상호 작용은 무시한다.) 3점

① A   ② B   ③ A, C   ④ B, C   ⑤ A, B, C

그림은 자석이 솔레노이드 위에서 점 a와 b를 지나는 직선을 따라 화살표 방향으로 등속도 운동하는 모습을 나타낸 것이다. 자석이 a를 지날 때 솔레노이드에 연결된 저항에는 ㉠ 방향으로 유도 전류가 흐른다. a와 b는 솔레노이드로부터 같은 거리만큼 떨어져 있다.

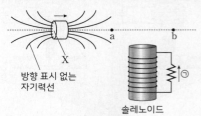
방향 표시 없는 자기력선
X
솔레노이드

이에 대한 옳은 설명만을 <보기>에서 있는 대로 고른 것은? (단, 자석은 회전하지 않는다.) 3점

보기
ㄱ. X는 S극이다.
ㄴ. 자석이 a를 지날 때 자석과 솔레노이드 사이에 인력이 작용한다.
ㄷ. 자석이 b를 지날 때 유도 전류의 방향은 ㉠이다.

① ㄱ   ② ㄷ   ③ ㄱ, ㄴ   ④ ㄱ, ㄷ   ⑤ ㄴ, ㄷ

15
전자기 유도
[2018년 7월 학평 9번]

그림은 직사각형 금속 고리가 $t=0$일 때 종이면에 수직으로 들어가는 방향의 균일한 자기장 영역에 $+x$ 방향으로 들어가는 순간부터 고리의 위치를 1초 간격으로 나타낸 것이다. 금속 고리는 0부터 1초까지와 3초부터 4초까지 각각 속력이 v인 등속도 운동을 하고, 1초에서 3초 사이에는 고리면이 자기장에 수직인 상태를 유지하면서 자기장 영역에서 $90°$만큼 회전하면서 이동한다.

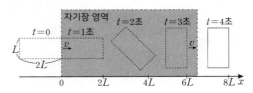

이에 대한 설명으로 옳은 것만을 〈보기〉에서 있는 대로 고른 것은? 3점

보기
ㄱ. $t=0.5$초일 때 금속 고리에는 시계 방향으로 유도 전류가 흐른다.
ㄴ. $t=2$초일 때 금속 고리에는 유도 전류가 흐르지 않는다.
ㄷ. 금속 고리에 흐르는 전류의 세기는 $t=0.5$초일 때가 $t=3.5$초일 때보다 크다.

① ㄴ ② ㄷ ③ ㄱ, ㄴ ④ ㄱ, ㄷ ⑤ ㄴ, ㄷ

16
전자기 유도
[2022년 3월 학평 13번]

그림 (가)와 같이 종이면에 수직으로 들어가는 방향의 균일한 자기장 영역 Ⅰ과 Ⅱ에서 종이면에 고정된 동일한 원형 금속 고리 P, Q의 중심이 각 영역의 경계에 있다. 그림 (나)는 (가)의 Ⅰ과 Ⅱ에서 자기장의 세기를 시간에 따라 나타낸 것이다.

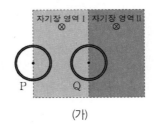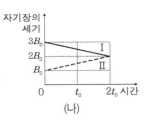

(가)   (나)

t_0일 때에 대한 옳은 설명만을 〈보기〉에서 있는 대로 고른 것은? (단, P, Q 사이의 상호 작용은 무시한다.) 3점

보기
ㄱ. P의 유도 전류는 P의 중심에 종이면에 수직으로 들어가는 방향의 자기장을 만든다.
ㄴ. Q에는 유도 전류가 흐르지 않는다.
ㄷ. Ⅰ과 Ⅱ에 의해 고리면을 통과하는 자기 선속의 크기는 Q에서가 P에서보다 크다.

① ㄴ ② ㄷ ③ ㄱ, ㄴ ④ ㄱ, ㄷ ⑤ ㄱ, ㄴ, ㄷ

17
전자기 유도
[2022년 10월 학평 5번]

그림은 동일한 원형 자석 A, B를 플라스틱 통의 양쪽에 고정하고 플라스틱 통 바깥쪽에서 금속 고리를 오른쪽 방향으로 등속 운동시키는 모습을 나타낸 것이다. 금속 고리가 플라스틱 통의 왼쪽 끝에서 오른쪽 끝까지 운동하는 동안 금속 고리에 흐르는 유도 전류의 방향은 화살표 방향으로 일정하다.

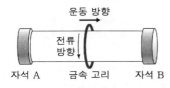

이에 대한 옳은 설명만을 〈보기〉에서 있는 대로 고른 것은? 3점

보기
ㄱ. A의 오른쪽 면은 N극이다.
ㄴ. B의 오른쪽 면은 N극이다.
ㄷ. 금속 고리를 통과하는 자기 선속은 일정하다.

① ㄱ ② ㄴ ③ ㄱ, ㄷ ④ ㄴ, ㄷ ⑤ ㄱ, ㄴ, ㄷ

18 **2024 평가원**
전자기 유도
[2024학년도 6월 모평 13번]

그림 (가)는 균일한 자기장 영역 Ⅰ, Ⅱ가 있는 xy평면에 한 변의 길이가 $2d$인 정사각형 금속 고리가 고정되어 있는 것을 나타낸 것이다. Ⅰ의 자기장의 세기는 B_0으로 일정하고, Ⅱ의 자기장의 세기 B는 그림 (나)와 같이 시간에 따라 변한다.

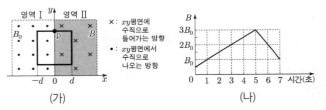

(가)   (나)

이에 대한 설명으로 옳은 것만을 〈보기〉에서 있는 대로 고른 것은? 3점

보기
ㄱ. 1초일 때, 고리에 유도 전류가 흐르지 않는다.
ㄴ. 2초일 때, 고리의 점 p에서 유도 전류의 방향은 $-x$방향이다.
ㄷ. 고리에 흐르는 유도 전류의 세기는 3초일 때와 6초일 때가 같다.

① ㄱ ② ㄴ ③ ㄱ, ㄷ ④ ㄴ, ㄷ ⑤ ㄱ, ㄴ, ㄷ

그림과 같이 고정되어 있는 동일한 솔레노이드 A, B의 중심축에 마찰이 없는 레일이 있고, A, B에는 동일한 저항 P, Q가 각각 연결되어 있다. 빗면을 내려온 자석이 수평인 레일 위의 점 a, b, c를 지난다.

이에 대한 설명으로 옳은 것만을 〈보기〉에서 있는 대로 고른 것은? (단, A와 B 사이의 상호 작용은 무시한다.) **3점**

> **보기**
> ㄱ. 자석의 속력은 c에서가 a에서보다 크다.
> ㄴ. b에서 자석에 작용하는 자기력의 방향은 자석의 운동방향과 같다.
> ㄷ. P에 흐르는 전류의 최댓값은 Q에 흐르는 전류의 최댓값보다 크다.

① ㄱ   ② ㄷ   ③ ㄱ, ㄴ   ④ ㄴ, ㄷ   ⑤ ㄱ, ㄴ, ㄷ

그림은 빗면 위의 점 p에 가만히 놓은 자석 A가 빗면을 따라 내려와 수평인 직선 레일에 고정된 솔레노이드의 중심축을 통과한 것을 나타낸 것이다. a, b, c는 직선 레일 위의 점이다.

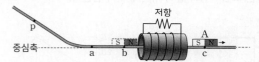

이에 대한 설명으로 옳은 것만을 〈보기〉에서 있는 대로 고른 것은? (단, A의 크기와 모든 마찰은 무시한다.)

> **보기**
> ㄱ. A는 a에서 b까지 등속도 운동한다.
> ㄴ. 솔레노이드가 A에 작용하는 자기력의 방향은 A가 b를 지날 때와 c를 지날 때가 같다.
> ㄷ. 솔레노이드에 흐르는 유도 전류의 방향은 A가 b를 지날 때와 c를 지날 때가 반대이다.

① ㄱ   ② ㄷ   ③ ㄱ, ㄴ   ④ ㄴ, ㄷ   ⑤ ㄱ, ㄴ, ㄷ

다음은 전자기 유도에 대한 실험이다.

> [실험 과정]
> (가) 그림과 같이 고정된 코일에 검류계를 연결하고 코일 위에 실로 연결된 자석을 점 a에 정지시킨다.
>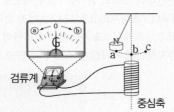
> (나) a에서 자석을 가만히 놓아 자석이 최저점 b를 지나 점 c까지 갔다가 b로 되돌아오는 동안 검류계 바늘이 움직이는 방향을 기록한다.
>
> [실험 결과]
>
> | 자석의 운동 경로 | 검류계 바늘이 움직이는 방향 |
> |:---:|:---:|
> | a → b | ⓐ |
> | b → c | ⓑ |
> | c → b | ㉠ |

이에 대한 설명으로 옳은 것만을 〈보기〉에서 있는 대로 고른 것은? (단, 모든 마찰과 공기 저항은 무시한다.)

> **보기**
> ㄱ. a와 c의 높이는 같다.
> ㄴ. ㉠은 ⓐ이다.
> ㄷ. 자석이 b에서 c까지 이동하는 동안 자석과 코일 사이에 작용하는 자기력의 크기는 작아진다.

① ㄱ   ② ㄴ   ③ ㄱ, ㄷ   ④ ㄴ, ㄷ   ⑤ ㄱ, ㄴ, ㄷ

22

다음은 전자기 유도에 대한 실험이다.

[실험 과정]

(가) 그림과 같이 코일 P, Q를 서로 연결하고, 자기장 측정 앱이 실행 중인 스마트폰을 P 위에 놓는다.

(나) 자석의 N극을 Q의 윗면까지 일정한 속력으로 접근시키면서 스마트폰으로 자기장의 세기를 측정한다.

(다) (나)에서 자석의 속력만 ___⊙___ 하여 자기장의 세기를 측정한다.

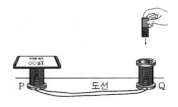

[실험 결과]

과정	(나)	(다)
자기장의 세기의 최댓값	B_0	$1.7B_0$

이에 대한 옳은 설명만을 〈보기〉에서 있는 대로 고른 것은? (단, 스마트폰은 P의 전류에 의한 자기장의 세기만 측정한다.)

보기
ㄱ. 자석이 Q에 접근할 때, P에 전류가 흐른다.
ㄴ. '작게 '는 ⊙에 해당한다.
ㄷ. (나)에서 자석과 Q 사이에는 서로 당기는 자기력이 작용한다.

① ㄱ　　② ㄴ　　③ ㄷ　　④ ㄱ, ㄴ　　⑤ ㄱ, ㄷ

23

그림 (가)는 자기장 B가 균일한 영역에 금속 고리가 고정되어 있는 것을 나타낸 것이고, (나)는 B의 세기를 시간에 따라 나타낸 것이다. B의 방향은 종이면에 수직으로 들어가는 방향이다.

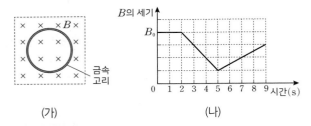

(가)　　　　　　　　(나)

이에 대한 설명으로 옳은 것만을 〈보기〉에서 있는 대로 고른 것은?

(3점)

보기
ㄱ. 1초일 때 유도 전류는 흐르지 않는다.
ㄴ. 유도 전류의 방향은 3초일 때와 6초일 때가 서로 반대이다.
ㄷ. 유도 전류의 세기는 7초일 때가 4초일 때보다 크다.

① ㄱ　　② ㄷ　　③ ㄱ, ㄴ　　④ ㄴ, ㄷ　　⑤ ㄱ, ㄴ, ㄷ

24

그림 (가)와 같이 한 변의 길이가 $2d$인 직사각형 금속 고리가 xy평면에서 $+x$방향으로 폭이 d인 균일한 자기장 영역을 향해 운동한다. 균일한 자기장 영역의 자기장은 세기가 일정하고 방향이 xy평면에 수직으로 들어가는 방향이다. 그림 (나)는 금속 고리의 한 점 p의 위치를 시간 t에 따라 나타낸 것이다.

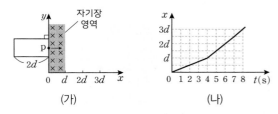

(가)　　　　　　　　(나)

이에 대한 설명으로 옳은 것만을 〈보기〉에서 있는 대로 고른 것은?

보기
ㄱ. 2초일 때, p에 흐르는 유도 전류의 방향은 $+y$방향이다.
ㄴ. 5초일 때, 유도 전류는 흐르지 않는다.
ㄷ. 유도 전류의 세기는 2초일 때가 7초일 때보다 작다.

① ㄱ　　② ㄴ　　③ ㄱ, ㄷ　　④ ㄴ, ㄷ　　⑤ ㄱ, ㄴ, ㄷ

25

그림은 한 변의 길이가 $4d$인 직사각형 금속 고리가 xy평면에서 운동하는 모습을 나타낸 것이다. 고리는 세기가 각각 B_0, $2B_0$, B_0으로 균일한 자기장 영역 Ⅰ, Ⅱ, Ⅲ을 $+x$방향

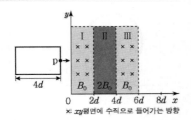

으로 등속도 운동을 하며 지난다. 고리의 점 p가 $x=3d$를 지날 때, p에는 세기가 I_0인 유도 전류가 $+y$방향으로 흐른다. Ⅱ에서 자기장의 방향은 xy평면에 수직이다.

p에 흐르는 유도 전류에 대한 옳은 설명만을 〈보기〉에서 있는 대로 고른 것은?

보기
ㄱ. p가 $x=d$를 지날 때, 전류의 세기는 $2I_0$이다.
ㄴ. p가 $x=5d$를 지날 때, 전류가 흐르지 않는다.
ㄷ. p가 $x=7d$를 지날 때, 전류는 $-y$방향으로 흐른다.

① ㄱ　　② ㄴ　　③ ㄱ, ㄷ　　④ ㄴ, ㄷ　　⑤ ㄱ, ㄴ, ㄷ

26

그림은 xy평면에서 동일한 정사각형 금속 고리 P, Q, R가 각각
$-y$ 방향, $+x$ 방향, $+x$ 방향의 속력 v로 등속도 운동하고 있는
순간의 모습을 나타낸 것이다. 이때 Q에 흐르는 유도 전류의 방향은
시계 반대 방향이다. 영역 Ⅰ과 Ⅱ에서 자기장의 세기는 각각 B_0,
$2B_0$으로 균일하다.

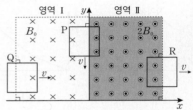

× : xy평면에 수직으로 들어가는 방향
⊙ : xy평면에서 수직으로 나오는 방향

이에 대한 설명으로 옳은 것만을 〈보기〉에서 있는 대로 고른 것은?
(단, P, Q, R 사이의 상호 작용은 무시한다.)

보기
ㄱ. P에는 유도 전류가 흐르지 않는다.
ㄴ. R에 흐르는 유도 전류의 방향은 시계 방향이다.
ㄷ. 유도 전류의 세기는 Q에서가 R에서보다 작다.

① ㄱ   ② ㄴ   ③ ㄱ, ㄷ   ④ ㄴ, ㄷ   ⑤ ㄱ, ㄴ, ㄷ

27

그림 (가)는 균일한 자기장이 수직으로 통과하는 종이면에 원형
도선이 고정되어 있는 모습을 나타낸 것이고, (나)는 (가)의 자기장을
시간에 따라 나타낸 것이다. t_1일 때, 원형 도선에 흐르는 유도
전류의 방향은 시계 방향이다.

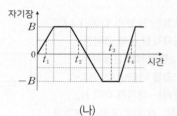

(가)   (나)

이에 대한 설명으로 옳은 것만을 〈보기〉에서 있는 대로 고른 것은?

3점

보기
ㄱ. t_2일 때, 유도 전류의 방향은 시계 방향이다.
ㄴ. t_3일 때, 자기장의 방향은 종이면에서 수직으로 나오는
   방향이다.
ㄷ. 유도 전류의 세기는 t_2일 때가 t_4일 때보다 작다.

① ㄱ   ② ㄷ   ③ ㄱ, ㄴ   ④ ㄴ, ㄷ   ⑤ ㄱ, ㄴ, ㄷ

28

그림은 막대자석의 P면이
솔레노이드를 향해 다가갈 때
솔레노이드에 흐르는 유도 전류에
의한 자기장이 발생하는 모습을
나타낸 것이다.

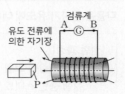

이에 대한 옳은 설명만을 〈보기〉에서 있는 대로 고른 것은?

보기
ㄱ. P는 S극이다.
ㄴ. 유도 전류의 방향은 A → Ⓖ → B이다.
ㄷ. 자석과 솔레노이드 사이에는 인력이 작용한다.

① ㄱ   ② ㄴ   ③ ㄱ, ㄷ   ④ ㄴ, ㄷ   ⑤ ㄱ, ㄴ, ㄷ

29

그림 (가), (나)는 동일한 자석이 솔레노이드 A, B의 중심축을 따라
A, B로부터 같은 거리만큼 떨어진 지점을 같은 속도로 지나는
순간의 모습을 나타낸 것이다. 감은 수는 B가 A보다 크고 감긴
방향은 서로 반대이다.

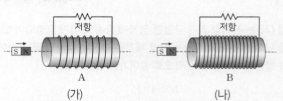

(가)   (나)

이에 대한 옳은 설명만을 〈보기〉에서 있는 대로 고른 것은? (단, A,
B는 길이와 단면적이 서로 같다.)

보기
ㄱ. 유도 기전력의 크기는 B에서가 A에서보다 크다.
ㄴ. A와 B의 내부에서 유도 전류에 의한 자기장의 방향은 서로
   반대이다.
ㄷ. (가), (나)의 저항에는 모두 오른쪽 방향으로 유도 전류가
   흐른다.

① ㄱ   ② ㄷ   ③ ㄱ, ㄴ   ④ ㄴ, ㄷ   ⑤ ㄱ, ㄴ, ㄷ

그림과 같이 솔레노이드와 금속 고리를 고정한 후, 솔레노이드에 흐르는 전류의 세기를 증가시켰더니 금속 고리에 a 방향으로 유도 전류가 흐른다.

이에 대한 설명으로 옳은 것만을 〈보기〉에서 있는 대로 고른 것은?

보기
ㄱ. 금속 고리를 통과하는 솔레노이드에 흐르는 전류에 의한 자기선속은 증가한다.
ㄴ. 전원 장치의 단자 ㉠은 (−)극이다.
ㄷ. 금속 고리와 솔레노이드 사이에는 당기는 자기력이 작용한다.

① ㄱ ② ㄷ ③ ㄱ, ㄴ ④ ㄴ, ㄷ ⑤ ㄱ, ㄴ, ㄷ

그림 (가)와 같이 한 변의 길이가 d인 정사각형 금속 고리가 xy평면에서 $+x$방향으로 자기장 영역 Ⅰ, Ⅱ, Ⅲ을 통과한다. Ⅰ, Ⅱ, Ⅲ에서 자기장의 세기는 각각 B, $2B$, B로 균일하고, 방향은 모두 xy평면에 수직으로 들어가는 방향이다. P는 금속 고리의 한 점이다. 그림 (나)는 P의 속력을 위치에 따라 나타낸 것이다.

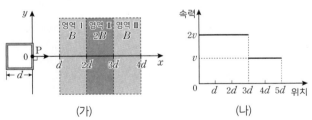

(가)   (나)

이에 대한 설명으로 옳은 것만을 〈보기〉에서 있는 대로 고른 것은?

3점

보기
ㄱ. P가 $x=1.5d$를 지날 때, P에서의 유도 전류의 방향은 $-y$방향이다.
ㄴ. 유도 전류의 세기는 P가 $x=1.5d$를 지날 때가 $x=4.5d$를 지날 때보다 크다.
ㄷ. 유도 전류의 방향은 P가 $x=2.5d$를 지날 때와 $x=3.5d$를 지날 때가 서로 반대 방향이다.

① ㄱ ② ㄷ ③ ㄱ, ㄴ ④ ㄴ, ㄷ ⑤ ㄱ, ㄴ, ㄷ

그림과 같이 동일한 정사각형 금속 고리 A, B가 종이면에 수직인 방향의 균일한 자기장 영역 Ⅰ, Ⅱ를 일정한 속력 v로 서로 반대 방향으로 통과한다. p, q, r는 영역의 경계면이다. Ⅰ에서 자기장의 세기는 B_0이고, A의 중심이 p, q를 지날 때 A에 흐르는 유도 전류의 세기와 방향은 각각 같다.

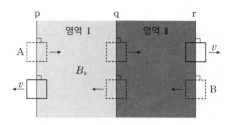

이에 대한 옳은 설명만을 〈보기〉에서 있는 대로 고른 것은? (단, A와 B의 상호 작용은 무시한다.) 3점

보기
ㄱ. Ⅱ에서 자기장의 세기는 $2B_0$이다.
ㄴ. A에 흐르는 유도 전류의 세기는 A의 중심이 r를 지날 때가 p를 지날 때의 2배이다.
ㄷ. A와 B의 중심이 각각 q를 지날 때 A와 B에 흐르는 유도 전류의 방향은 서로 반대이다.

① ㄱ ② ㄷ ③ ㄱ, ㄴ ④ ㄴ, ㄷ ⑤ ㄱ, ㄴ, ㄷ

그림과 같이 한 변의 길이가 $6d$인 직사각형 금속 고리가 xy평면에서 균일한 자기장 영역 Ⅰ, Ⅱ, Ⅲ을 $+x$방향으로 등속도 운동하며 지난다. Ⅰ, Ⅱ, Ⅲ에서 자기장의 세기는 일정하고, Ⅰ에서 자기장의 방향은 xy평면에 수직이다. 금속 고리의 점 p가 $x=5d$를 지날 때와 $x=8d$를 지날 때 p에 흐르는 유도 전류의 세기와 방향은 같다.

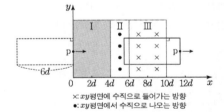

×: xy평면에 수직으로 들어가는 방향
●: xy평면에서 수직으로 나오는 방향

이에 대한 설명으로 옳은 것만을 〈보기〉에서 있는 대로 고른 것은?

3점

보기
ㄱ. 자기장의 세기는 Ⅰ에서가 Ⅲ에서보다 크다.
ㄴ. Ⅰ에서 자기장의 방향은 xy평면에서 수직으로 나오는 방향이다.
ㄷ. p에 흐르는 유도 전류의 세기는 p가 $x=2d$를 지날 때가 $x=11d$를 지날 때보다 크다.

① ㄱ ② ㄴ ③ ㄱ, ㄷ ④ ㄴ, ㄷ ⑤ ㄱ, ㄴ, ㄷ

34 ^{2023 수능}

그림과 같이 한 변의 길이가 $4d$인 정사각형 금속 고리가 xy평면에서 $+x$방향으로 등속도 운동하며 자기장의 세기가 B_0으로 같은 균일한 자기장 영역 Ⅰ, Ⅱ, Ⅲ을 지난다. 금속 고리의 점 p가 $x=7d$를 지날 때, p에는 유도 전류가 흐르지 않는다. Ⅲ에서 자기장의 방향은 xy평면에 수직이다.

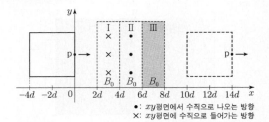

● : xy평면에서 수직으로 나오는 방향
× : xy평면에 수직으로 들어가는 방향

이에 대한 설명으로 옳은 것만을 〈보기〉에서 있는 대로 고른 것은? ^{3점}

보기

ㄱ. 자기장의 방향은 Ⅰ에서와 Ⅲ에서가 같다.

ㄴ. p가 $x=3d$를 지날 때, p에 흐르는 유도 전류의 방향은 $+y$방향이다.

ㄷ. p에 흐르는 유도 전류의 세기는 p가 $x=5d$를 지날 때가 $x=3d$를 지날 때보다 크다.

① ㄱ　　② ㄷ　　③ ㄱ, ㄴ　　④ ㄴ, ㄷ　　⑤ ㄱ, ㄴ, ㄷ

35

그림과 같이 한 변의 길이가 $4d$인 직사각형 금속 고리가 xy평면에서 $+x$방향으로 등속도 운동하며 균일한 자기장 영역 Ⅰ, Ⅱ, Ⅲ을 지난다. Ⅰ, Ⅱ, Ⅲ에서 자기장의 세기는 각각 B_0, B, B_0이고, Ⅱ에서 자기장의 방향은 xy평면에 수직이다. 표는 금속 고리의 점 p의 위치에 따른 p에 흐르는 유도 전류의 방향을 나타낸 것이다.

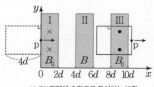

× : xy평면에 수직으로 들어가는 방향
● : xy평면에서 수직으로 나오는 방향

p의 위치	p에 흐르는 유도 전류의 방향
$x=5d$	㉠
$x=9d$	$+y$

이에 대한 설명으로 옳은 것만을 〈보기〉에서 있는 대로 고른 것은? ^{3점}

보기

ㄱ. $B>B_0$이다.

ㄴ. ㉠은 '$-y$'이다.

ㄷ. p에 흐르는 유도 전류의 세기는 p가 $x=5d$를 지날 때가 $x=9d$를 지날 때보다 크다.

① ㄱ　　② ㄷ　　③ ㄱ, ㄴ　　④ ㄴ, ㄷ　　⑤ ㄱ, ㄴ, ㄷ

36 ^{2025 평가원}

그림과 같이 두 변의 길이가 각각 d, $2d$인 동일한 직사각형 금속 고리 A, B가 xy평면에서 $+x$방향으로 등속도 운동하며 균일한 자기장 영역 Ⅰ, Ⅱ를 지난다. Ⅰ, Ⅱ에서 자기장의 방향은 xy평면에 수직이고 세기는 각각 일정하다. A, B의 속력은 같고, 점 p, q는 각각 A, B의 한 지점이다. 표는 p의 위치에 따라 p에 흐르는 유도 전류의 세기와 방향을 나타낸 것이다.

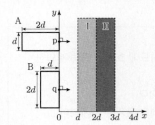

p의 위치	p에 흐르는 유도 전류	
	세기	방향
$x=1.5d$	I_0	$+y$
$x=2.5d$	$2I_0$	$-y$

이에 대한 설명으로 옳은 것만을 〈보기〉에서 있는 대로 고른 것은? (단, A와 B의 상호 작용은 무시한다.) ^{3점}

보기

ㄱ. p의 위치가 $x=3.5d$일 때, A에 흐르는 유도 전류의 세기는 I_0이다.

ㄴ. q의 위치가 $x=2.5d$일 때, B에 흐르는 유도 전류의 세기는 $3I_0$보다 크다.

ㄷ. p와 q의 위치가 $x=3.5d$일 때, p와 q에 흐르는 유도 전류의 방향은 서로 반대이다.

① ㄱ　　② ㄴ　　③ ㄱ, ㄷ　　④ ㄴ, ㄷ　　⑤ ㄱ, ㄴ, ㄷ

다음은 상온에서 물질의 자성을 알아보기 위한 실험이다.

[실험 과정]
(가) 물체 A, B를 연직 위 방향의 강한 균일한 자기장으로 자기화시킨다. A, B는 각각 강자성체, 상자성체 중 하나이다.
(나) (가)를 거친 A의 P쪽을 솔레노이드를 향해 접근시키며 검류계에 흐르는 전류를 측정한다.
(다) (가)를 거친 B의 Q쪽을 솔레노이드를 향해 접근시키며 검류계에 흐르는 전류를 측정한다.
※ (나), (다)는 외부 자기장이 없는 곳에서 수행한다.

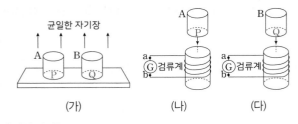

[실험 결과]
○ (나)의 결과: 전류가 흐른다.
○ (다)의 결과: 전류가 흐르지 않는다.

이에 대한 설명으로 옳은 것만을 〈보기〉에서 있는 대로 고른 것은?

보기
ㄱ. (가)에서 A의 P쪽은 S극이다.
ㄴ. B는 강자성체이다.
ㄷ. (나)에서 전류의 방향은 a → 검류계 → b 방향이다.

① ㄱ ② ㄴ ③ ㄱ, ㄷ ④ ㄴ, ㄷ ⑤ ㄱ, ㄴ, ㄷ

그림과 같이 xy평면에 일정한 전류가 흐르는 무한히 긴 직선 도선 A가 $x=-3d$에 고정되어 있고, 원형 도선 B는 중심이 원점 O가 되도록 놓여있다. 표는 B가 움직이기 시작하는 순간, B의 운동 방향에 따라 B에 흐르는 유도 전류의 방향을 나타낸 것이다.

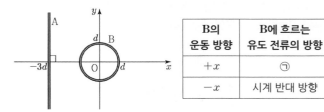

B의 운동 방향	B에 흐르는 유도 전류의 방향
$+x$	㉠
$-x$	시계 반대 방향

이에 대한 설명으로 옳은 것만을 〈보기〉에서 있는 대로 고른 것은?

보기
ㄱ. A에 흐르는 전류의 방향은 $+y$방향이다.
ㄴ. ㉠은 '시계 방향'이다.
ㄷ. B의 운동 방향이 $+y$방향일 때, B에는 일정한 세기의 유도 전류가 흐른다.

① ㄱ ② ㄷ ③ ㄱ, ㄴ ④ ㄴ, ㄷ ⑤ ㄱ, ㄴ, ㄷ

그림은 마찰이 없는 빗면에서 자석이 솔레노이드의 중심축을 따라 운동하는 모습을 나타낸 것이다. 점 p, q는 솔레노이드의 중심축상에 있고, 전구의 밝기는 자석이 p를 지날 때가 q를 지날 때보다 밝다.
이에 대한 설명으로 옳은 것만을 〈보기〉에서 있는 대로 고른 것은? (단, 자석의 크기는 무시한다.)

보기
ㄱ. 솔레노이드에 유도되는 기전력의 크기는 자석이 p를 지날 때가 q를 지날 때보다 크다.
ㄴ. 전구에 흐르는 전류의 방향은 자석이 p를 지날 때와 q를 지날 때가 서로 반대이다.
ㄷ. 자석의 역학적 에너지는 p에서가 q에서보다 작다.

① ㄱ ② ㄷ ③ ㄱ, ㄴ ④ ㄴ, ㄷ ⑤ ㄱ, ㄴ, ㄷ

40 2024 수능

그림과 같이 한 변의 길이가 $2d$인 정사각형 금속 고리가 xy평면에서 균일한 자기장 영역 Ⅰ~Ⅲ을 $+x$방향으로 등속도 운동을 하며 지난다. 금속 고리의 한 변의 중앙에 고정된 점 p가 $x=d$와 $x=5d$를 지날 때, p에 흐르는 유도 전류의 세기는 같고 방향은 $-y$방향이다. Ⅰ, Ⅱ에서 자기장의 세기는 각각 B_0이고, Ⅲ에서 자기장의 세기는 일정하고 방향은 xy평면에 수직이다.

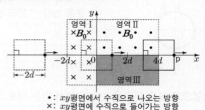
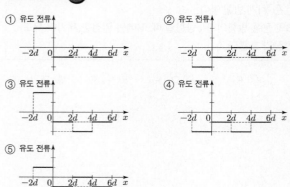

• : xy평면에서 수직으로 나오는 방향
× : xy평면에 수직으로 들어가는 방향

p에 흐르는 유도 전류를 p의 위치에 따라 나타낸 그래프로 가장 적절한 것은? (단, p에 흐르는 유도 전류의 방향은 $+y$방향이 양($+$)이다.) 3점

① 유도 전류

$-2d$ 0 $2d$ $4d$ $6d$ x

② 유도 전류

$-2d$ 0 $2d$ $4d$ $6d$ x

③ 유도 전류

$-2d$ 0 $2d$ $4d$ $6d$ x

④ 유도 전류

$-2d$ 0 $2d$ $4d$ $6d$ x

⑤ 유도 전류

$-2d$ 0 $2d$ $4d$ $6d$ x

41 2024 평가원

그림과 같이 한 변의 길이가 $4d$인 직사각형 금속 고리가 xy평면에서 자기장 세기가 각각 B_0, $2B_0$인 균일한 자기장 영역 Ⅰ, Ⅱ를 $+x$방향으로 등속도 운동을 하며 지난다.

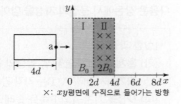

× : xy평면에 수직으로 들어가는 방향

금속 고리의 점 a가 $x=d$와 $x=7d$를 지날 때, a에 흐르는 유도 전류의 방향은 같다. Ⅰ, Ⅱ에서 자기장의 방향은 xy평면에 수직이다.

a의 위치에 따른 a에 흐르는 유도 전류를 나타낸 그래프로 가장 적절한 것은? (단, a에 흐르는 유도 전류의 방향은 $+y$방향이 양($+$)이다.)

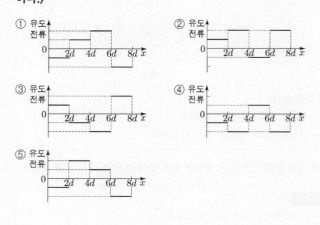

42

그림과 같이 p−n 접합 발광 다이오드(LED)가 연결된 솔레노이드의 중심축에 마찰이 없는 레일이 있다.

a, b, c, d는 레일 위의 지점이다. a에 가만히 놓은 자석은 솔레노이드를 통과하여 d에서 운동 방향이 바뀌고, 자석이 d로부터 내려와 c를 지날 때 LED에서 빛이 방출된다. X는 N극과 S극 중 하나이다.

이에 대한 설명으로 옳은 것만을 <보기>에서 있는 대로 고른 것은?

3점

보기

ㄱ. X는 N극이다.

ㄴ. a로부터 내려온 자석이 b를 지날 때 LED에서 빛이 방출된다.

ㄷ. 자석의 역학적 에너지는 a에서와 d에서가 같다.

① ㄱ   ② ㄷ   ③ ㄱ, ㄴ   ④ ㄴ, ㄷ   ⑤ ㄱ, ㄴ, ㄷ

그림과 같이 p−n 접합 발광 다이오드(LED)가 연결된 한 변의 길이가 d인 정사각형 금속 고리가 종이면에 수직인 균일한 자기장 영역 Ⅰ, Ⅱ를 $+x$방향으로 등속도 운동하여 지난다. 고리의 중심이 $x=4d$를 지날 때 LED에서 빛이 방출된다. A는 p형 반도체와 n형 반도체 중 하나이다.

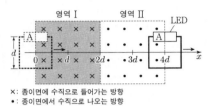

×: 종이면에 수직으로 들어가는 방향
•: 종이면에서 수직으로 나오는 방향

이에 대한 설명으로 옳은 것만을 〈보기〉에서 있는 대로 고른 것은? (3점)

보기
ㄱ. A는 n형 반도체이다.
ㄴ. 고리의 중심이 $x=d$를 지날 때, 유도 전류가 흐른다.
ㄷ. 고리의 중심이 $x=2d$를 지날 때, LED에서 빛이 방출된다.

① ㄱ   ② ㄴ   ③ ㄱ, ㄷ   ④ ㄴ, ㄷ   ⑤ ㄱ, ㄴ, ㄷ

44

전자기 유도
[2023년 3월 학평 12번]

그림 (가)와 같이 방향이 각각 일정한 자기장 영역 Ⅰ과 Ⅱ에 p−n 접합 다이오드가 연결된 사각형 금속 고리가 고정되어 있다. A는 p형 반도체와 n형 반도체 중 하나이다. 그림 (나)는 Ⅰ과 Ⅱ의 자기장의 세기를 시간에 따라 나타낸 것이다. t_0일 때, 고리에 흐르는 유도 전류의 세기는 I_0이다.

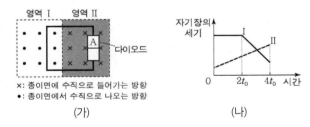

×: 종이면에 수직으로 들어가는 방향
•: 종이면에서 수직으로 나오는 방향
(가)   (나)

이에 대한 옳은 설명만을 〈보기〉에서 있는 대로 고른 것은?

보기
ㄱ. t_0일 때 유도 전류의 방향은 시계 방향이다.
ㄴ. $3t_0$일 때 유도 전류의 세기는 I_0보다 작다.
ㄷ. A는 n형 반도체이다.

① ㄱ   ② ㄷ   ③ ㄱ, ㄴ   ④ ㄴ, ㄷ   ⑤ ㄱ, ㄴ, ㄷ

45

전자기 유도
[2023년 7월 학평 15번]

그림 (가)와 같이 p−n 접합 발광 다이오드(LED)가 연결된 한 변의 길이가 d인 정사각형 금속 고리가 용수철에 매달려 종이면에 수직으로 들어가는 방향의 균일한 자기장 영역에 정지해 있다. 그림 (나)는 (가)에서 금속 고리를 $-y$방향으로 d만큼 잡아당겨, 시간 $t=0$인 순간 가만히 놓아 금속 고리가 y축과 나란하게 운동할 때 LED의 변위 y를 t에 따라 나타낸 것이다. $t=t_2$일 때 금속 고리에 흐르는 유도 전류에 의해 LED에서 빛이 방출된다. A는 p형 반도체와 n형 반도체 중 하나이다.

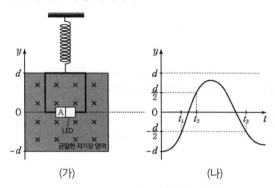

(가)   (나)

이에 대한 설명으로 옳은 것만을 〈보기〉에서 있는 대로 고른 것은? (단, 금속 고리는 회전하지 않으며, 공기 저항은 무시한다.) (3점)

보기
ㄱ. A는 p형 반도체이다.
ㄴ. $t=t_1$일 때 LED에서 빛이 방출되지 않는다.
ㄷ. 금속 고리의 운동 에너지는 $t=t_1$일 때와 $t=t_3$일 때가 같다.

① ㄱ   ② ㄴ   ③ ㄱ, ㄷ   ④ ㄴ, ㄷ   ⑤ ㄱ, ㄴ, ㄷ

46 고난도
전자기 유도
[2019학년도 9월 모평 10번]

그림 (가)는 경사면에 금속 고리를 고정하고, 자석을 점 p에 가만히 놓았을 때 자석이 점 q를 지나는 모습을 나타낸 것이다. 그림 (나)는 (가)에서 극의 방향을 반대로 한 자석을 p에 가만히 놓았을 때 자석이 q를 지나는 모습을 나타낸 것이다. (가), (나)에서 자석은 금속 고리의 중심을 지난다.

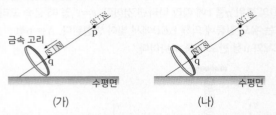

(가)   (나)

이에 대한 설명으로 옳은 것만을 〈보기〉에서 있는 대로 고른 것은? (단, 모든 마찰과 공기 저항은 무시한다.) 3점

보기

ㄱ. (가)에서 자석은 p에서 q까지 등가속도 운동을 한다.
ㄴ. 자석이 q를 지날 때 자석에 작용하는 자기력의 방향은 (가)에서와 (나)에서가 서로 같다.
ㄷ. 자석이 q를 지날 때 금속 고리에 유도되는 전류의 방향은 (가)에서와 (나)에서가 서로 반대이다.

① ㄱ   ② ㄴ   ③ ㄷ   ④ ㄱ, ㄴ   ⑤ ㄴ, ㄷ

47 고난도
전자기 유도
[2020년 7월 학평 20번]

그림은 xy평면에 수직인 방향의 균일한 자기장 영역 Ⅰ, Ⅱ의 경계에서 변의 길이가 $4d$인 동일한 정사각형 도선 A, B, C가 각각 일정한 속력 v, v, $2v$로 직선 운동하는 어느 순간의 모습을 나타낸 것이다. A, B, C는 각각 $-y$, $+x$, $+y$ 방향으로 운동한다. Ⅰ과 Ⅱ에서 자기장의 방향은 서로 반대이고 A와 B에 흐르는 유도 전류의 세기는 같다.

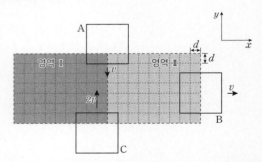

이에 대한 설명으로 옳은 것만을 〈보기〉에서 있는 대로 고른 것은? (단, 모눈 눈금은 동일하고, A, B, C 사이의 상호 작용은 무시한다.) 3점

보기

ㄱ. 자기장의 세기는 Ⅰ에서가 Ⅱ에서의 3배이다.
ㄴ. 유도 전류의 방향은 A에서와 B에서가 같다.
ㄷ. 유도 전류의 세기는 C에서가 A에서의 4배이다.

① ㄱ   ② ㄴ   ③ ㄱ, ㄷ   ④ ㄴ, ㄷ   ⑤ ㄱ, ㄴ, ㄷ

48 고난도
전자기 유도
[2022학년도 9월 모평 17번]

다음은 전자기 유도에 대한 실험이다.

[실험 과정]

(가) 그림과 같이 플라스틱 관에 감긴 코일, 저항, p−n 접합 다이오드, 스위치, 검류계가 연결된 회로를 구성한다.
(나) 스위치를 a에 연결하고, 자석의 N극을 아래로 한다.
(다) 관의 중심축을 따라 통과하도록 자석을 점 q에서 가만히 놓고, 자석을 놓은 순간부터 시간에 따른 전류를 측정한다.
(라) 스위치를 b에 연결하고, 자석의 S극을 아래로 한다.
(마) (다)를 반복한다.

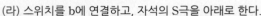

[실험 결과]

(다)의 결과	(마)의 결과
㉠	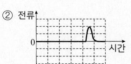

㉠으로 가장 적절한 것은? 3점

①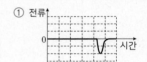

②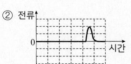

③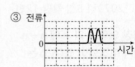

④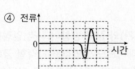

⑤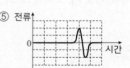

정답과 해설   46 p.432   47 p.434   48 p.436

49 2025 평가원

그림 (가)와 같이 균일한 자기장 영역 Ⅰ과 Ⅱ가 있는 xy평면에 원형 금속 고리가 고정되어 있다. Ⅰ, Ⅱ의 자기장이 고리 내부를 통과하는 면적은 같다. 그림 (나)는 (가)의 Ⅰ, Ⅱ에서 자기장의 세기를 시간에 따라 나타낸 것이다.

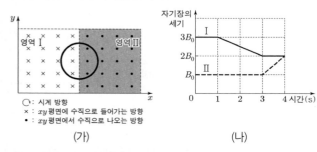

○ : 시계 방향
× : xy 평면에 수직으로 들어가는 방향
• : xy 평면에서 수직으로 나오는 방향

(가)   (나)

고리에 흐르는 유도 전류를 시간에 따라 나타낸 그래프로 가장 적절한 것은? (단, 유도 전류의 방향은 시계 방향이 양(+)이다.)

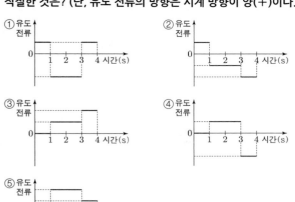

50

그림과 같이 세기와 방향이 일정한 전류가 흐르는 무한히 긴 직선 도선 A, B를 각각 x축, y축에 고정하고, xy평면에 금속 고리를 놓았다. 표는 금속 고리가 움직이기 시작하는 순간, 금속 고리의 운동 방향에 따라 금속 고리에 흐르는 유도 전류의 방향을 나타낸 것이다.

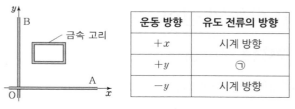

운동 방향	유도 전류의 방향
$+x$	시계 방향
$+y$	㉠
$-y$	시계 방향

이에 대한 옳은 설명만을 〈보기〉에서 있는 대로 고른 것은?

보기

ㄱ. ㉠은 시계 방향이다.
ㄴ. A에 흐르는 전류의 방향은 $+x$방향이다.
ㄷ. $x>0$인 xy평면상에서 B의 전류에 의한 자기장의 방향은 xy평면에서 수직으로 나오는 방향이다.

① ㄱ   ② ㄴ   ③ ㄷ   ④ ㄱ, ㄴ   ⑤ ㄴ, ㄷ

51 2025 수능

그림과 같이 한 변의 길이가 $2d$인 정사각형 금속 고리가 xy평면에서 균일한 자기장 영역 Ⅰ, Ⅱ, Ⅲ을 $+x$방향으로 등속도 운동하며 지난다. 금속 고리의 점 p가 $x=2.5d$를 지날 때, p에 흐르는 유도 전류의 방향은 $+y$방향이다. Ⅰ, Ⅲ에서 자기장의 세기는 각각 B_0이고, Ⅱ에서 자기장의 세기는 일정하고 방향은 xy평면에 수직이다.

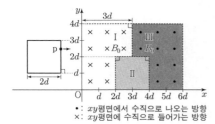

• : xy평면에서 수직으로 나오는 방향
× : xy평면에 수직으로 들어가는 방향

이에 대한 설명으로 옳은 것만을 〈보기〉에서 있는 대로 고른 것은?

3점

보기

ㄱ. 자기장의 방향은 Ⅰ에서와 Ⅱ에서가 같다.
ㄴ. p가 $x=4.5d$를 지날 때, p에 흐르는 유도 전류의 방향은 $-y$방향이다.
ㄷ. p에 흐르는 유도 전류의 세기는 p가 $x=5.5d$를 지날 때가 $x=2.5d$를 지날 때보다 크다.

① ㄱ   ② ㄷ   ③ ㄱ, ㄴ   ④ ㄴ, ㄷ   ⑤ ㄱ, ㄴ, ㄷ

Ⅲ. 파동과 정보통신

1. 파동

01 파동의 성질 ★수능에 나오는 필수 개념 3가지 + 필수 암기사항 2개

필수개념 1 **파동 그래프**

• 암기 파동의 전파 속력 : $v = \dfrac{\lambda}{T} = f\lambda$ → 5. 소리와 빛 단원 전반에서 사용되므로 꼭 암기 할 것!!

변위 − 위치 그래프	변위 − 시간 그래프
(변위–위치 그래프: 파장, 진폭 A 표시)	(변위–시간 그래프: 주기, 진폭 A 표시)
측정 가능한 물리량 : 파장, 진폭	측정 가능한 물리량 : 주기, 진동수, 진폭

필수개념 2 **파동의 분류**

분류		특징
매질의 유무	전자기파	매질이 없어도 전파되는 전자기파 ex) 빛, 전파, 마이크로파 등
	탄성파	파동이 전파될 때 매질이 필요한 파동 ex) 음파, 지진파, 물결파 등
진행 방향과 진동 방향	횡파	매질의 진동 방향과 진행 방향이 수직인 파동 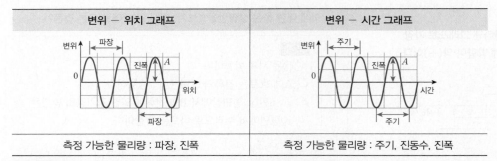 ex) 전파, 지진파의 S파 등
	종파	매질의 진동 방향과 진행 방향이 나란한 파동 (종파 그림: 소, 밀, 진행 방향) ex) 음파, 지진파의 P파 등

필수개념 3 **파동의 반사와 굴절**

반사	굴절
(반사 그림: 입사파, 법선, 반사파, 입사각 i, 반사각 i, 반사면)	(굴절 그림: 음파의 진행 방향, 찬 공기, 위로 굴절, 더운 공기)
• 입사각 = 반사각 • 파장, 주기(진동수), 진폭의 변화 없음	• 매질의 변화에 따라 음파의 속력이 변해 굴절이 발생함 • 속력이 느린 방향으로 꺾임

1

그림 (가)는 공기에서 유리로 진행하는 빛의 진행 방향을, (나)는 낮에 발생한 소리의 진행 방향을, (다)는 신기루가 보일 때 빛의 진행 방향을 나타낸 것이다.

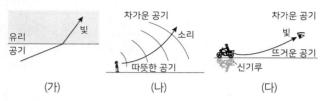

이에 대한 설명으로 옳은 것만을 〈보기〉에서 있는 대로 고른 것은?

보기
ㄱ. (가)에서 굴절률은 유리가 공기보다 크다.
ㄴ. (나)에서 소리의 속력은 차가운 공기에서가 따뜻한 공기에서보다 크다.
ㄷ. (다)에서 빛의 속력은 뜨거운 공기에서가 차가운 공기에서보다 크다.

① ㄴ   ② ㄷ   ③ ㄱ, ㄴ   ④ ㄱ, ㄷ   ⑤ ㄱ, ㄴ, ㄷ

3

그림 (가)는 파동이 매질 A에서 매질 B로 진행하는 모습을 나타낸 것이고, 그림 (나)는 A 위의 점 p의 변위를 시간에 따라 나타낸 것이다. A에서 파동의 파장은 10cm이다.

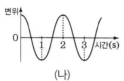

이에 대한 설명으로 옳은 것만을 〈보기〉에서 있는 대로 고른 것은?

보기
ㄱ. 파동의 진동수는 2Hz이다.
ㄴ. (가)에서 입사각이 굴절각보다 작다.
ㄷ. B에서 파동의 진행 속력은 5cm/s보다 크다.

① ㄱ   ② ㄷ   ③ ㄱ, ㄴ   ④ ㄴ, ㄷ   ⑤ ㄱ, ㄴ, ㄷ

2

그림 (가)는 파동이 매질 A에서 매질 B로 진행하는 모습을, (나)는 (가)의 파동이 매질 Ⅰ에서 매질 Ⅱ로 진행하는 경로를 나타낸 것이다. Ⅰ, Ⅱ는 각각 A, B 중 하나이다.

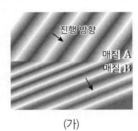
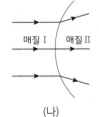

이에 대한 설명으로 옳은 것만을 〈보기〉에서 있는 대로 고른 것은?

3점

보기
ㄱ. (가)에서 파동의 속력은 B에서가 A에서보다 크다.
ㄴ. Ⅱ는 B이다.
ㄷ. (나)에서 파동의 파장은 Ⅱ에서가 Ⅰ에서보다 길다.

① ㄱ   ② ㄷ   ③ ㄱ, ㄴ   ④ ㄴ, ㄷ   ⑤ ㄱ, ㄴ, ㄷ

4

그림 (가)는 파동 P, Q가 각각 화살표 방향으로 1m/s의 속력으로 진행할 때, 어느 순간의 매질의 변위를 위치에 따라 나타낸 것이다. 그림 (나)는 (가)의 순간부터 점 a~e 중 하나의 변위를 시간에 따라 나타낸 것이다.

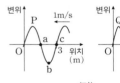

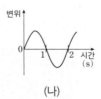

(나)는 어느 점의 변위를 나타낸 것인가? 3점

① a   ② b   ③ c   ④ d   ⑤ e

5

그림 (가)는 물에서 공기로 진행하는 빛의 진행 방향을, (나)는 밤에 발생한 소리의 진행 방향을 나타낸 것이다.

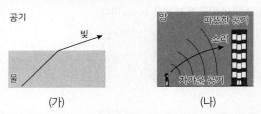

(가)　　　　　　　　　　　(나)

이에 대한 설명으로 옳은 것만을 <보기>에서 있는 대로 고른 것은?

3점

보기
ㄱ. (가)에서 빛의 파장은 물에서가 공기에서보다 짧다.
ㄴ. (가)에서 빛의 진동수는 물에서가 공기에서보다 크다.
ㄷ. (나)에서 소리의 속력은 차가운 공기에서가 따뜻한 공기에서보다 크다.

① ㄱ　　② ㄴ　　③ ㄱ, ㄷ　　④ ㄴ, ㄷ　　⑤ ㄱ, ㄴ, ㄷ

7

다음은 물결파에 대한 실험이다.

[실험 과정]
(가) 그림과 같이 물결파 실험 장치의 한쪽에 유리판을 넣어 물의 깊이를 다르게 한다.
(나) 일정한 진동수의 물결파를 발생시켜 스크린에 투영된 물결파의 무늬를 관찰한다.

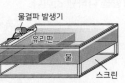

[실험 결과]

Ⅰ : 유리판을 넣은 영역
Ⅱ : 유리판을 넣지 않은 영역

[결론]
물결파의 속력은 물이 ［　　　　　㉠　　　　　］

이에 대한 설명으로 옳은 것만을 <보기>에서 있는 대로 고른 것은?

3점

보기
ㄱ. 파장은 Ⅰ에서가 Ⅱ에서보다 짧다.
ㄴ. 진동수는 Ⅰ에서가 Ⅱ에서보다 크다.
ㄷ. '깊은 곳에서가 얕은 곳에서보다 크다.'는 ㉠에 해당한다.

① ㄱ　　② ㄴ　　③ ㄱ, ㄷ　　④ ㄴ, ㄷ　　⑤ ㄱ, ㄴ, ㄷ

6

그림 (가)는 지표면 근처에서 발생한 소리의 진행 경로를 나타낸 것이다. 점 a, b는 소리의 진행 경로상의 지점으로, a에서 소리의 진동수는 f이다. 그림 (나)는 (가)에서 지표면으로부터의 높이와 소리의 속력과의 관계를 나타낸 것이다.

(가)　　　　　　　　　　　(나)

a에서 b까지 진행하는 소리에 대한 옳은 설명만을 <보기>에서 있는 대로 고른 것은?

보기
ㄱ. 굴절하면서 진행한다.
ㄴ. 진동수는 f로 일정하다.
ㄷ. 파장은 길어진다.

① ㄴ　　② ㄷ　　③ ㄱ, ㄴ　　④ ㄱ, ㄷ　　⑤ ㄱ, ㄴ, ㄷ

8

다음은 전자기파와 소리의 전달에 대한 내용이다.

투명한 용기 안에 휴대 전화를 두고, 용기 안을 진공으로 만들었더니 통화 연결된 화면의 ㉠ 빛은 보이고 ㉡ 벨소리는 들리지 않았다.

이에 대한 설명으로 옳은 것만을 <보기>에서 있는 대로 고른 것은?

보기
ㄱ. ㉠은 진공에서 전달된다.
ㄴ. ㉡의 속력은 공기에서가 물에서보다 크다.
ㄷ. 공기 중에서의 속력은 ㉠이 ㉡보다 작다.

① ㄱ　　② ㄷ　　③ ㄱ, ㄴ　　④ ㄴ, ㄷ　　⑤ ㄱ, ㄴ, ㄷ

9

다음은 물결파에 대한 실험이다.

[실험 과정]

(가) 그림과 같이 물결파 실험 장치를 준비한다.

물결파 발생기
물
스크린

(나) 일정한 진동수의 물결파를 발생시켜 스크린에 투영된 물결파의 무늬를 관찰한다.

(다) 물결파 실험 장치에 두께가 일정한 삼각형 모양의 유리판을 넣고 과정 (나)를 반복한다.

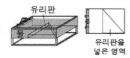
유리판
물
유리판을 넣은 영역

[실험 결과]

(나)의 결과	(다)의 결과
	㉠

[결론]

물결파의 속력은 물의 깊이가 얕을수록 느리고, 물의 깊이가 얕은 곳에서 깊은 곳으로 진행하는 물결파는 입사각이 굴절각보다 작다.

㉠으로 가장 적절한 것은?

①   ②   ③

④   ⑤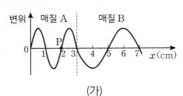

10

그림 (가)는 매질 A와 매질 B에서 +x방향으로 진행하는 파동의 어느 순간의 변위를 위치 x에 따라 나타낸 것이다. 그림 (나)는 (가)의 순간부터 매질 위의 점 P의 변위를 시간 t에 따라 나타낸 것이다.

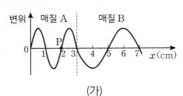
(가)

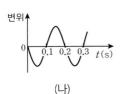
(나)

B에서 파동의 속력은? 3점

① 5cm/s ② 10cm/s ③ 15cm/s
④ 20cm/s ⑤ 30cm/s

11

다음은 물결파에 대한 실험이다.

[실험 과정]

(가) 그림과 같이 물결파 실험 장치의 한쪽에 삼각형 모양의 유리판을 놓은 후 물을 채우고 일정한 진동수의 물결파를 발생시킨다.

물결파 발생기
A
B

(나) 유리판이 없는 영역 A와, 있는 영역 B에서의 물결파의 무늬를 관찰한다.

(다) (가)에서 물의 양만을 증가시킨 후 (나)를 반복한다.

[실험 결과 및 결론]

(나)의 결과

(다)의 결과

○ (다)에서가 (나)에서보다 큰 물리량
 − A에서 이웃한 파면 사이의 거리
 − B에서 물결파의 굴절각
 − ㉠

㉠에 해당하는 것만을 <보기>에서 있는 대로 고른 것은? 3점

보기
ㄱ. A에서 물결파의 속력
ㄴ. B에서 물결파의 진동수
ㄷ. 물결파의 입사각과 굴절각의 차이

① ㄱ ② ㄴ ③ ㄱ, ㄷ ④ ㄴ, ㄷ ⑤ ㄱ, ㄴ, ㄷ

12

그림은 일정한 속력으로 진행하는 파동의 $t=0$과 $t=t_0$인 순간의 변위를 위치 x에 따라 나타낸 것이다.

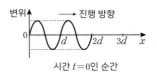
시간 $t=0$인 순간

시간 $t=t_0$인 순간

이 파동의 파장과 진동수로 옳은 것은? 3점

	파장	진동수		파장	진동수
①	d	$\dfrac{1}{2t_0}$	②	d	$\dfrac{1}{t_0}$
③	$2d$	$\dfrac{1}{2t_0}$	④	$2d$	$\dfrac{1}{t_0}$
⑤	$4d$	$\dfrac{1}{t_0}$			

13

다음은 소리를 분석하는 실험이다.

[실험 과정]
(가) 실험실의 온도를 일정하게 유지한다.
(나) 소리굽쇠에서 발생하는 소리를 녹음한다.
(다) 소리 분석기로 서로 다른 시간 A, B에서의 소리굽쇠의
 소리를 분석한다.

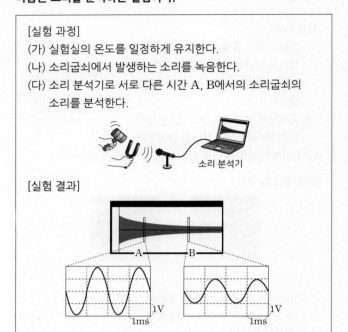

[실험 결과]

A에서가 B에서보다 큰 물리량만을 〈보기〉에서 있는 대로 고른 것은?

보기
ㄱ. 소리의 높이   ㄴ. 소리의 세기   ㄷ. 소리의 파장

① ㄱ   ② ㄴ   ③ ㄱ, ㄷ   ④ ㄴ, ㄷ   ⑤ ㄱ, ㄴ, ㄷ

14

그림 (가)는 진폭이 2cm이고 일정한 속력으로 진행하는 물결파의 어느 순간의 모습을 나타낸 것이다. 실선과 점선은 각각 물결파의 마루와 골이고, 점 P, Q는 평면상의 고정된 지점이다. 그림 (나)는 P에서 물결파의 변위를 시간에 따라 나타낸 것이다.

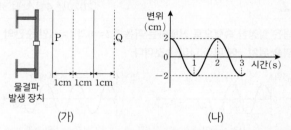

(가)   (나)

물결파에 대한 설명으로 옳은 것만을 〈보기〉에서 있는 대로 고른 것은?

보기
ㄱ. 파장은 2cm이다.
ㄴ. 진행 속력은 1cm/s이다.
ㄷ. 2초일 때, Q에서 변위는 −2cm이다.

① ㄱ   ② ㄷ   ③ ㄱ, ㄴ   ④ ㄴ, ㄷ   ⑤ ㄱ, ㄴ, ㄷ

15

그림은 소리 분석기로 분석한 소리 A의 파형을 나타낸 것이다.

진동수가 A의 $\frac{3}{2}$배인 소리의 파형으로 가장 적절한 것은?

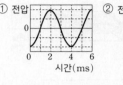 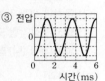

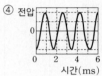 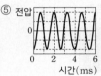

16

그림 (가)는 $t=0$일 때, 일정한 속력으로 x축과 나란하게 진행하는 파동의 변위 y를 위치 x에 따라 나타낸 것이다. 그림 (나)는 $x=2$cm에서 y를 시간 t에 따라 나타낸 것이다.

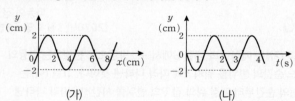

(가)   (나)

이에 대한 설명으로 옳은 것만을 〈보기〉에서 있는 대로 고른 것은?

보기
ㄱ. 파동의 진행 방향은 $-x$ 방향이다.
ㄴ. 파동의 진행 속력은 8cm/s이다.
ㄷ. 2초일 때, $x=4$cm에서 y는 2cm이다.

① ㄱ   ② ㄴ   ③ ㄱ, ㄷ   ④ ㄴ, ㄷ   ⑤ ㄱ, ㄴ, ㄷ

17 2023 평가원

그림은 시간 $t=0$일 때 2m/s의 속력으로 x축과 나란하게 진행하는 파동의 변위를 위치 x에 따라 나타낸 것이다.

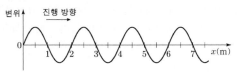

$x=7$m에서 파동의 변위를 t에 따라 나타낸 것으로 가장 적절한 것은? 3점

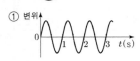

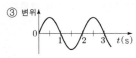
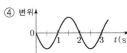
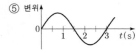

18

그림은 0초일 때 진동수가 f이고 진폭이 1cm인 두 파동이 줄을 따라 서로 반대 방향으로 진행하는 모습을 나타낸 것이다. 두 파동의 속력은 같고, 줄 위의 점 p는 5초일 때 처음으로 변위의 크기가 2cm가 된다.

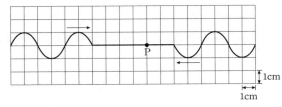

f는? 3점

① $\frac{1}{20}$Hz ② $\frac{1}{10}$Hz ③ $\frac{1}{8}$Hz ④ $\frac{1}{4}$Hz ⑤ $\frac{1}{2}$Hz

19

그림은 시간 $t=0$일 때, 매질 A에서 매질 B로 x축과 나란하게 진행하는 파동의 변위를 위치 x에 따라 나타낸 것이다. A에서 파동의 진행 속력은 2m/s이다.

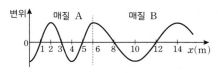

$x=12$m에서 파동의 변위를 t에 따라 나타낸 것으로 가장 적절한 것은? 3점

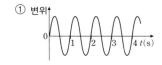
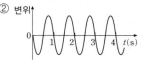
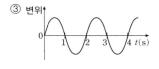
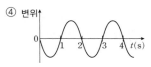
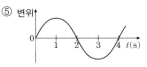

20

그림은 매질 Ⅰ, Ⅱ에서 $+x$방향으로 진행하는 파동의 0초일 때와 6초일 때의 변위를 위치 x에 따라 나타낸 것이다.

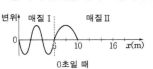

Ⅰ에서 파동의 속력은? 3점

① $\frac{1}{6}$m/s ② $\frac{1}{3}$m/s ③ $\frac{1}{2}$m/s ④ 1m/s ⑤ $\frac{3}{2}$m/s

21 2023 수능

그림 (가)는 시간 $t=0$일 때, x축과 나란하게 매질 A에서 매질 B로 진행하는 파동의 변위를 위치 x에 따라 나타낸 것이다. 점 P, Q는 x축상의 지점이다. 그림 (나)는 P, Q 중 한 지점에서 파동의 변위를 t에 따라 나타낸 것이다.

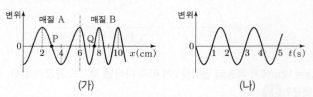

(가)　　　　　　(나)

이에 대한 설명으로 옳은 것만을 〈보기〉에서 있는 대로 고른 것은? 3점

보기
ㄱ. 파동의 진동수는 2Hz이다.
ㄴ. (나)는 Q에서 파동의 변위이다.
ㄷ. 파동의 진행 속력은 A에서가 B에서의 2배이다.

① ㄱ　　② ㄷ　　③ ㄱ, ㄴ　　④ ㄴ, ㄷ　　⑤ ㄱ, ㄴ, ㄷ

23 2024 평가원

그림은 10m/s의 속력으로 x축과 나란하게 진행하는 파동의 변위를 위치 x에 따라 나타낸 것으로, 어떤 순간에는 파동의 모양이 P와 같고, 다른 어떤 순간에는 파동의 모양이 Q와 같다. 표는 파동의 모양이 P에서 Q로, Q에서 P로 바뀌는 데 걸리는 최소 시간을 나타낸 것이다.

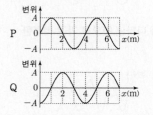

구분	최소 시간(s)
P에서 Q	0.3
Q에서 P	0.1

이에 대한 설명으로 옳은 것만을 〈보기〉에서 있는 대로 고른 것은?

보기
ㄱ. 파장은 4m이다.
ㄴ. 주기는 0.4s이다.
ㄷ. 파동은 $+x$방향으로 진행한다.

① ㄱ　　② ㄷ　　③ ㄱ, ㄴ　　④ ㄴ, ㄷ　　⑤ ㄱ, ㄴ, ㄷ

22

그림 (가), (나)는 시간 $t=0$일 때, x축과 나란하게 진행하는 파동 A, B의 변위를 각각 위치 x에 따라 나타낸 것이다. A와 B의 진행 속력은 1cm/s로 같다. (가)의 $x=x_1$에서의 변위와 (나)의 $x=x_2$에서의 변위는 y_0으로 같다. $t=0.1$초일 때, $x=x_1$에서의 변위는 y_0보다 작고, $x=x_2$에서의 변위는 y_0보다 크다.

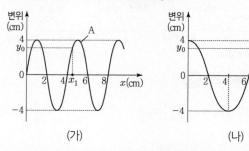

(가)　　　　　　(나)

이에 대한 설명으로 옳은 것만을 〈보기〉에서 있는 대로 고른 것은? 3점

보기
ㄱ. 주기는 A가 B의 2배이다.
ㄴ. B의 진행 방향은 $-x$방향이다.
ㄷ. $t=0.5$초일 때, $x=x_1$에서 A의 변위는 4cm이다.

① ㄱ　　② ㄴ　　③ ㄷ　　④ ㄱ, ㄴ　　⑤ ㄴ, ㄷ

24

그림 (가)는 시간 $t=0$일 때, x축과 나란하게 매질 Ⅰ에서 매질 Ⅱ로 진행하는 파동의 변위를 위치 x에 따라 나타낸 것이다. 그림 (나)는 $x=2$cm에서 파동의 변위를 t에 따라 나타낸 것이다.

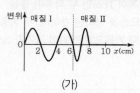
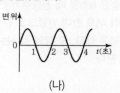

(가)　　　　　　(나)

$x=10$cm에서 파동의 변위를 t에 따라 나타낸 것으로 가장 적절한 것은? 3점

① 변위
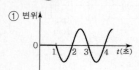

② 변위
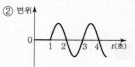

③ 변위

④ 변위

⑤ 변위
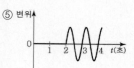

25 2024 평가원

그림은 시간 $t=0$일 때, x축과 나란하게 매질 A에서 매질 B로 진행하는 파동의 변위를 위치 x에 따라 나타낸 것이다. $x=3cm$인 지점 P에서 변위는 y_P이고, A에서 파동의 진행 속력은 4cm/s이다.

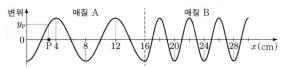

이에 대한 설명으로 옳은 것만을 <보기>에서 있는 대로 고른 것은?

보기
ㄱ. 파동의 주기는 2초이다.
ㄴ. B에서 파동의 진행 속력은 8cm/s이다.
ㄷ. $t=0.1$초일 때, P에서 파동의 변위는 y_P보다 작다.

① ㄱ ② ㄴ ③ ㄷ ④ ㄱ, ㄷ ⑤ ㄱ, ㄴ, ㄷ

27

그림은 각각 0초일 때와 0.2초일 때, 매질 P, Q에서 x축과 나란하게 진행하는 파동의 변위를 위치 x에 따라 나타낸 것이다. P에서 파동의 속력은 5m/s이다.

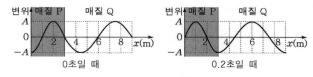

이 파동에 대한 설명으로 옳은 것은? 3점

① P에서의 파장은 2m이다.
② P에서의 진폭은 $2A$이다.
③ 주기는 0.8초이다.
④ $+x$방향으로 진행한다.
⑤ Q에서의 속력은 10m/s이다.

26

그림은 시간 $t=0$일 때, 매질 A, B에서 x축과 나란하게 한쪽 방향으로 진행하는 파동의 변위 y를 위치 x에 따라 나타낸 것으로, 점 P와 Q는 x축상의 지점이다. A에서 파동의 진행 속력은 1cm/s 이고, $t=1$초일 때 Q에서 매질의 운동 방향은 $-y$방향이다.

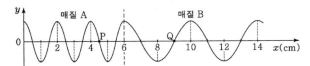

이에 대한 설명으로 옳은 것만을 <보기>에서 있는 대로 고른 것은?
3점

보기
ㄱ. B에서 파동의 진행 속력은 4cm/s이다.
ㄴ. P에서 파동의 변위는 $t=0$일 때와 $t=2$초일 때가 같다.
ㄷ. 파동의 진행 방향은 $+x$방향이다.

① ㄱ ② ㄴ ③ ㄱ, ㄷ ④ ㄴ, ㄷ ⑤ ㄱ, ㄴ, ㄷ

28 2024 수능

그림은 주기가 2초인 파동이 x축과 나란하게 매질 Ⅰ에서 매질 Ⅱ로 진행할 때, 시간 $t=0$인 순간과 $t=3$초인 순간의 파동의 모습을 각각 나타낸 것이다. 실선과 점선은 각각 마루와 골이다. 이에 대한 설명으로 옳은 것만을 <보기>에서 있는 대로 고른 것은?
3점

보기
ㄱ. Ⅰ에서 파동의 파장은 1m이다.
ㄴ. Ⅱ에서 파동의 진행 속력은 $\frac{3}{2}$m/s이다.
ㄷ. $t=0$부터 $t=3$초까지, $x=7m$에서 파동이 마루가 되는 횟수는 2회이다.

① ㄱ ② ㄴ ③ ㄷ ④ ㄴ, ㄷ ⑤ ㄱ, ㄴ, ㄷ

29

그림 (가)는 시간 $t=0$일 때, 매질 Ⅰ, Ⅱ에서 진행하는 파동의 모습을 나타낸 것이다. 파동의 진행 방향은 $+x$방향과 $-x$방향 중 하나이다. 그림 (나)는 (가)에서 $x=3$m에서의 파동의 변위를 t에 따라 나타낸 것이다.

(가)   (나)

이에 대한 옳은 설명만을 〈보기〉에서 있는 대로 고른 것은?

보기
ㄱ. Ⅱ에서 파동의 속력은 1m/s이다.
ㄴ. 파동은 $-x$방향으로 진행한다.
ㄷ. $x=5$m에서 파동의 변위는 $t=2$초일 때가 $t=2.5$초일
    때보다 크다.

① ㄱ   ② ㄴ   ③ ㄱ, ㄷ   ④ ㄴ, ㄷ   ⑤ ㄱ, ㄴ, ㄷ

30 **2025 평가원**

그림 (가)와 (나)는 같은 속력으로 진행하는 파동 A와 B의 어느 지점에서의 변위를 각각 시간에 따라 나타낸 것이다.

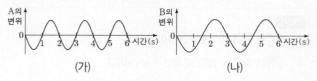

(가)   (나)

A, B의 파장을 각각 λ_A, λ_B라 할 때, $\dfrac{\lambda_A}{\lambda_B}$는?

① $\dfrac{1}{3}$ ② $\dfrac{2}{3}$ ③ 1   ④ $\dfrac{4}{3}$ ⑤ $\dfrac{5}{3}$

31

다음은 물결파에 대한 실험이다.

[실험 과정]
(가) 그림과 같이 물결파 실험 장치의
    영역 Ⅱ에 사다리꼴 모양의
    유리판을 넣은 후 물을 채운다.
(나) 영역 Ⅰ에서 일정한 진동수의
    물결파를 발생시켜 스크린에
    투영된 물결파의 무늬를 관찰한다.
(다) (가)에서 유리판의 위치만을 Ⅱ에서 Ⅰ로 옮긴 후 (나)를
    반복한다.

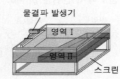

[실험 결과]

(나)의 결과   (다)의 결과

＊ 화살표는 물결파의 진행 방향을
  나타낸다.
＊ 색칠된 부분은 유리판을 넣은
  영역을 나타낸다.

이에 대한 옳은 설명만을 〈보기〉에서 있는 대로 고른 것은? **3점**

보기
ㄱ. (나)에서 물결파의 속력은 Ⅰ에서가 Ⅱ에서보다 크다.
ㄴ. Ⅰ과 Ⅱ의 경계면에서 물결파의 굴절각은 (나)에서가
    (다)에서보다 작다.

ㄷ.  은 (다)의 결과로 적절하다.

① ㄱ   ② ㄷ   ③ ㄱ, ㄴ   ④ ㄴ, ㄷ   ⑤ ㄱ, ㄴ, ㄷ

그림 (가)는 진동수가 일정한 물결파가 매질 A에서 매질 B로 진행할 때, 시간 $t=0$인 순간의 물결파의 모습을 나타낸 것이다. 실선은 물결파의 마루이고, A와 B에서 이웃한 마루와 마루 사이의 거리는 각각 d, $2d$이다. 점 p, q는 평면상의 고정된 점이다. 그림 (나)는 (가)의 p에서 물결파의 변위를 시간 t에 따라 나타낸 것이다.

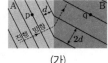
(가)

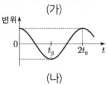
(나)

이에 대한 설명으로 옳은 것만을 〈보기〉에서 있는 대로 고른 것은?

보기

ㄱ. 물결파의 속력은 B에서가 A에서의 2배이다.

ㄴ. (가)에서 입사각은 굴절각보다 작다.

ㄷ. $t=2t_0$일 때, q에서 물결파는 마루가 된다.

---

① ㄱ   ② ㄷ   ③ ㄱ, ㄴ   ④ ㄴ, ㄷ   ⑤ ㄱ, ㄴ, ㄷ

개념편 동영상 강의
물1-3-1-02(개)

III. 파동과 정보통신

문제편 동영상 강의

1-02. 전반사와 광통신

물1-3-1-02(문)

02 전반사와 광통신 ◀수능에 나오는 필수 개념 2가지 + 필수 암기사항 5개

기본자료

필수개념 1 빛의 굴절

• 빛의 굴절 : 빛이 한 매질에서 다른 매질로 진행할 때 각 매질에서 빛의 속력 차이에 의해 경계면에서 진행 방향이 꺾이는 현상

1. 암기 **매질의 종류에 따른 굴절률과 속력**
- ○ 밀한 매질 : 굴절률이 큰 매질로 빛의 속력이 상대적으로 느리다.
- ○ 소한 매질 : 굴절률이 작은 매질로 빛의 속력이 상대적으로 빠르다.

2. 매질에 따른 빛의 굴절

빛이 소한 매질(굴절률이 작은 매질)에서 밀한 매질(굴절률이 큰 매질)로 진행할 때	빛이 밀한 매질(굴절률이 큰 매질)에서 소한 매질(굴절률이 작은 매질)로 진행할 때
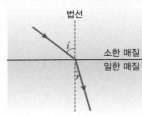	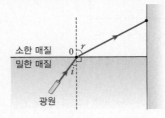
입사각(i) > 굴절각(r)	입사각(i) < 굴절각(r)
빛의 속력 : 소한 매질 > 밀한 매질	빛의 속력 : 밀한 매질 < 소한 매질
빛의 파장 : 소한 매질 > 밀한 매질	빛의 파장 : 밀한 매질 < 소한 매질

3. 암기 **굴절 법칙**
매질 I 에서 매질 II 로 진행할 때

$$\frac{\sin i}{\sin r} = \frac{v_1}{v_2} = \frac{\lambda_1}{\lambda_2} = \frac{n_2}{n_1}$$

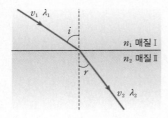

4. 빛의 파장에 따른 굴절률
빛의 파장이 짧을수록 굴절률이 더 크다. 파장이 짧은 빛일수록 공기 중에서 물로 진행할 때 속도가 더 많이 줄어들게 된다. 공기 중에서 물로 빨간색 빛과 파란색 빛을 같은 각도로 입사시킬 경우 파장이 짧은 파란색 빛이 더 많이 꺾이게 된다. 이렇게 파장에 따라 굴절률이 다르기 때문에 백색광을 프리즘에 통과시키면 무지개 색으로 빛이 퍼져나가게 되는데 이를 분산이라 한다. 파장이 가장 긴 빨간색 빛 (굴절이 조금만 되므로)이 위쪽에, 가장 짧은 보라색 빛(굴절이 많이 되므로)이 아래쪽으로 꺾여 나오게 된다.

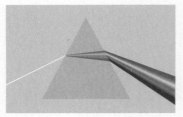

▲ 빛의 분산

기본자료

필수개념 2 **전반사와 광통신**

• **전반사** : 빛이 매질의 경계면에서 전부 반사되는 현상

1. **암기** **전반사의 조건**
   ○ 빛이 밀한 매질(굴절률이 큰 매질)에서 소한 매질(굴절률이 작은 매질)로 진행해야 한다.
   ○ 입사각이 임계각보다 커야 한다.

2. **암기** **임계각(i_c)** : 굴절각이 90°일 때의 입사각을 임계각이라고 함

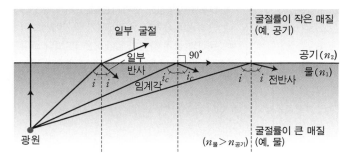

굴절 법칙에 의해 $\dfrac{\sin i_c}{\sin 90°} = \dfrac{n_2}{n_1}$ 이다. $\sin 90°$는 1이므로 $\sin i_c = \dfrac{n_2}{n_1}$ 이다.

따라서 $i_c = \sin^{-1} \dfrac{n_2}{n_1}$ 이다.

임계각 $\sin i_c = \dfrac{n_{소한매질}}{n_{밀한매질}}$ 이므로 매질 사이의 굴절률 차이가 클수록 임계각은 작아진다.

<진공에서의 굴절률=1>

• **광통신**

1. **광섬유** : 전반사 현상을 이용하여 빛을 멀리까지 전송시키는 유리 또는 플라스틱 재질의 관
   ○ 광섬유의 구조 : 중앙에 굴절률이 큰 코어가 있고, 코어보다 굴절률이 작은 클래딩이 둘러싸고 있는 이중 원기둥 모양의 선

2. **암기** **광섬유에서 빛의 진행 원리** : 광섬유 내부의 코어로 입사한 빛은 굴절률이 큰 코어에 들어가 굴절률이 작은 클래딩의 경계면에서 전반사가 일어나 클래딩으로 나가지 못하고 코어에서만 빛이 진행된다.

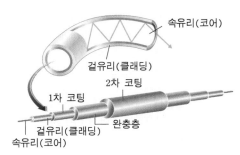

DAY 24

III

1 — 02

전반사와 광통신

1

그림 (가)와 같이 동일한 단색광 P가 매질 C에서 매질 A와 B로 각각 입사하여 굴절하였다. 그림 (나)는 P가 B에서 A로 입사하는 모습을 나타낸 것이다.

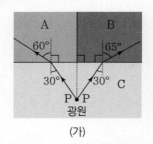 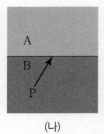

(가)   (나)

이에 대한 설명으로 옳은 것만을 〈보기〉에서 있는 대로 고른 것은?

> **보기**
> ㄱ. 굴절률은 B가 C보다 크다.
> ㄴ. P의 속력은 A에서가 B에서보다 크다.
> ㄷ. (나)에서 P가 A로 굴절할 때 입사각이 굴절각보다 크다.

① ㄱ   ② ㄷ   ③ ㄱ, ㄴ   ④ ㄴ, ㄷ   ⑤ ㄱ, ㄴ, ㄷ

2

다음은 물 밖에서 보이는 물고기의 위치에 대한 설명이다.

> 물 밖에서 보이는 물고기의 위치는 실제 위치보다 수면에 가깝다. 이는 빛의 속력이 공기에서가 물에서보다 ⓐ 수면에서 빛이 ⓑ 하여 빛의 진행 방향이 바뀌기 때문이다.
>
>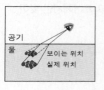

ⓐ, ⓑ으로 적절한 것은?

	ⓐ	ⓑ		ⓐ	ⓑ
①	느리므로	간섭	②	빠르므로	간섭
③	느리므로	굴절	④	빠르므로	굴절
⑤	느리므로	반사			

3

그림과 같이 동일한 단색광이 공기에서 부채꼴 모양의 유리에 수직으로 입사하여 유리와 공기의 경계면의 점 a, b에 각각 도달한다. a에 도달한 단색광은 전반사하여 입사광의 진행 방향에 수직인 방향으로 진행한다.

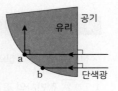

이에 대한 옳은 설명만을 〈보기〉에서 있는 대로 고른 것은?

> **보기**
> ㄱ. b에서 단색광은 전반사한다.
> ㄴ. 단색광의 속력은 유리에서가 공기에서보다 크다.
> ㄷ. 유리와 공기 사이의 임계각은 45°보다 크다.

① ㄱ   ② ㄷ   ③ ㄱ, ㄴ   ④ ㄴ, ㄷ   ⑤ ㄱ, ㄴ, ㄷ

4   **2025 평가원**

그림과 같이 동일한 단색광 X, Y가 반원형 매질 Ⅰ에 수직으로 입사한다. 점 p에 입사한 X는 Ⅰ과 매질 Ⅱ의 경계면에서 전반사한 후 점 r를 향해 진행한다. 점 q에 입사한 Y는 점 s를 향해 진행한다. r, s는 Ⅰ과 Ⅱ의 경계면에 있는 점이다.

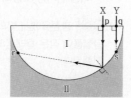

이에 대한 설명으로 옳은 것만을 〈보기〉에서 있는 대로 고른 것은?

> **보기**
> ㄱ. 굴절률은 Ⅰ이 Ⅱ보다 크다.
> ㄴ. X는 r에서 전반사한다.
> ㄷ. Y는 s에서 전반사한다.

① ㄱ   ② ㄴ   ③ ㄱ, ㄷ   ④ ㄴ, ㄷ   ⑤ ㄱ, ㄴ, ㄷ

5

빛의 굴절, 전반사
[2023년 3월 학평 14번]

그림 (가), (나)와 같이 단색광 P가 매질 X, Y, Z에서 진행한다. (가)에서 P는 Y와 Z의 경계면에서 전반사한다. θ_0과 θ_1은 각 경계면에서 P의 입사각 또는 굴절각으로, $\theta_0 < \theta_1$이다.

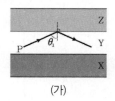 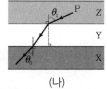

(가)   (나)

이에 대한 옳은 설명만을 〈보기〉에서 있는 대로 고른 것은? 3점

> **보기**
> ㄱ. Y와 Z 사이의 임계각은 θ_1보다 크다.
> ㄴ. 굴절률은 X가 Z보다 크다.
> ㄷ. (나)에서 P를 θ_1보다 큰 입사각으로 Z에서 Y로 입사시키면 P는 Y와 X의 경계면에서 전반사할 수 있다.

① ㄱ   ② ㄴ   ③ ㄱ, ㄷ   ④ ㄴ, ㄷ   ⑤ ㄱ, ㄴ, ㄷ

6

빛의 굴절, 전반사
[2024년 7월 학평 12번]

그림과 같이 단색광 X가 공기와 매질 A의 경계면 위의 점 p에 입사각 θ_1로 입사한 후, A와 매질 B의 경계면에서 굴절하고 옆면 Q에서 전반사하여 진행한다.
이에 대한 설명으로 옳은 것만을 〈보기〉에서 있는 대로 고른 것은? 3점

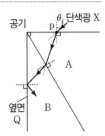

> **보기**
> ㄱ. X의 속력은 공기에서가 A에서보다 작다.
> ㄴ. 굴절률은 B가 A보다 크다.
> ㄷ. p에서 θ_1보다 작은 각으로 X가 입사하면 Q에서 전반사가 일어난다.

① ㄱ   ② ㄴ   ③ ㄱ, ㄷ   ④ ㄴ, ㄷ   ⑤ ㄱ, ㄴ, ㄷ

7

전반사와 광통신
[2021학년도 6월 모평 16번]

그림은 단색광 P를 매질 A와 B의 경계면에 입사각 θ로 입사시켰을 때 P의 일부는 굴절하고, 일부는 반사한 후 매질 A와 C의 경계면에서 전반사하는 모습을 나타낸 것이다.

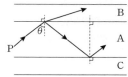

이에 대한 설명으로 옳은 것만을 〈보기〉에서 있는 대로 고른 것은? 3점

> **보기**
> ㄱ. P의 속력은 A에서가 B에서보다 작다.
> ㄴ. θ는 A와 C 사이의 임계각보다 크다.
> ㄷ. C를 코어로 사용한 광섬유에 B를 클래딩으로 사용할 수 있다.

① ㄱ   ② ㄷ   ③ ㄱ, ㄴ   ④ ㄴ, ㄷ   ⑤ ㄱ, ㄴ, ㄷ

8

전반사
[2023년 4월 학평 14번]

그림 (가)는 매질 A와 B의 경계면에 입사한 단색광 P가 B와 매질 C의 경계면에 임계각 θ_1로 입사하는 모습을, (나)는 B와 A의 경계면에 입사각 θ_2로 입사한 P가 A와 C의 경계면에 입사각 θ_1로 입사하는 모습을 나타낸 것이다. $\theta_1 < \theta_2$이다.

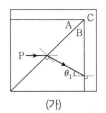 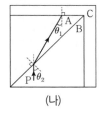

(가)   (나)

이에 대한 설명으로 옳은 것만을 〈보기〉에서 있는 대로 고른 것은?

> **보기**
> ㄱ. P의 파장은 A에서가 B에서보다 짧다.
> ㄴ. 굴절률은 A가 C보다 크다.
> ㄷ. (나)에서 P는 A와 C의 경계면에서 전반사한다.

① ㄱ   ② ㄴ   ③ ㄱ, ㄷ   ④ ㄴ, ㄷ   ⑤ ㄱ, ㄴ, ㄷ

DAY
24
Ⅲ
1 – 02 전반사와 광통신

9

그림은 진동수가 동일한 단색광 P, Q가 매질 A, B의 경계면에 동일한 입사각으로 각각 입사하여 B와 매질 C의 경계면의 점 a, b에 도달하는 모습을 나타낸 것이다. Q는 a에서 전반사한다. 이에 대한 설명으로 옳은 것만을 〈보기〉에서 있는 대로 고른 것은? (3점)

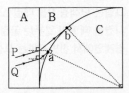

보기
ㄱ. P는 b에서 전반사한다.
ㄴ. Q의 속력은 A에서가 C에서보다 작다.
ㄷ. B를 코어로 사용한 광섬유에 A를 클래딩으로 사용할 수 있다.

① ㄱ   ② ㄴ   ③ ㄷ   ④ ㄱ, ㄴ   ⑤ ㄴ, ㄷ

10

그림 (가)는 공기에서 물질 A로 입사한 단색광 P가 A와 물질 C의 경계면에서 전반사하는 모습을, (나)는 공기에서 물질 B로 입사한 P가 B와 C의 경계면에 입사하는 모습을 나타낸 것이다.

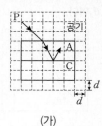 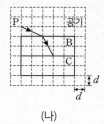

(가)   (나)

이에 대한 설명으로 옳은 것만을 〈보기〉에서 있는 대로 고른 것은? (3점)

보기
ㄱ. 굴절률은 A가 C보다 크다.
ㄴ. (나)에서 P는 B와 C의 경계면에서 전반사한다.
ㄷ. 코어에 A를 사용한 광섬유의 클래딩으로 B를 사용할 수 있다.

① ㄱ   ② ㄷ   ③ ㄱ, ㄴ   ④ ㄴ, ㄷ   ⑤ ㄱ, ㄴ, ㄷ

11 2024 평가원

그림 (가)는 단색광이 공기에서 매질 A로 입사각 θ_i로 입사한 후, 매질 A의 옆면 P에 임계각 θ_c로 입사하는 모습을 나타낸 것이다. 그림 (나)는 (가)에 물을 더 넣고 단색광을 θ_i로 입사시킨 모습을 나타낸 것이다.

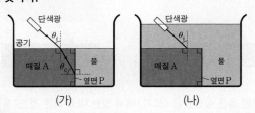

(가)   (나)

이에 대한 설명으로 옳은 것만을 〈보기〉에서 있는 대로 고른 것은?

보기
ㄱ. A의 굴절률은 물의 굴절률보다 크다.
ㄴ. (가)에서 θ_i를 증가시키면 옆면 P에서 전반사가 일어난다.
ㄷ. (나)에서 단색광은 옆면 P에서 전반사한다.

① ㄱ   ② ㄴ   ③ ㄱ, ㄷ   ④ ㄴ, ㄷ   ⑤ ㄱ, ㄴ, ㄷ

12

다음은 광통신에 쓰이는 전자기파 A와 광섬유에 대한 설명이다.

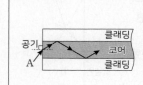

o A의 파장은 가시광선보다 길고, 마이크로파보다 짧다.
o A는 광섬유의 코어로 입사하여 코어와 클래딩의 경계면에서 전반사한다.

이에 대한 설명으로 옳은 것만을 〈보기〉에서 있는 대로 고른 것은? (3점)

보기
ㄱ. A는 자외선이다.
ㄴ. 굴절률은 클래딩이 코어보다 크다.
ㄷ. A의 속력은 코어에서가 공기에서보다 느리다.

① ㄱ   ② ㄷ   ③ ㄱ, ㄴ   ④ ㄴ, ㄷ   ⑤ ㄱ, ㄴ, ㄷ

13

그림과 같이 단색광 P가 공기로부터 매질 A에 θ_i로 입사하고 A와 매질 C의 경계면에서 전반사하여 진행한 뒤, 매질 B로 입사한다. 굴절률은 A가 B보다 작다. P가 A에서 B로 진행할 때 굴절각은 θ_B 이다.

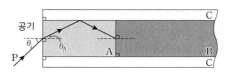

이에 대한 설명으로 옳은 것만을 〈보기〉에서 있는 대로 고른 것은?
 (3점)

> **보기**
> ㄱ. 굴절률은 A가 C보다 크다.
> ㄴ. $\theta_A < \theta_B$이다.
> ㄷ. B와 C의 경계면에서 P는 전반사한다.

① ㄱ ② ㄴ ③ ㄱ, ㄷ ④ ㄴ, ㄷ ⑤ ㄱ, ㄴ, ㄷ

14

그림 (가), (나)는 각각 물질 X, Y, Z 중 두 물질을 이용하여 만든 광섬유의 코어에 단색광 A를 입사각 θ_0으로 입사시킨 모습을 나타낸 것이다. θ_1은 X와 Y 사이의 임계각이고, 굴절률은 Z가 X보다 크다.

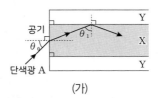 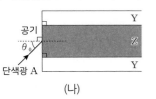

(가)   (나)

이에 대한 설명으로 옳은 것만을 〈보기〉에서 있는 대로 고른 것은?

> **보기**
> ㄱ. (가)에서 A를 θ_0보다 큰 입사각으로 X에 입사시키면 A는 X와 Y의 경계면에서 전반사하지 않는다.
> ㄴ. (나)에서 Z와 Y 사이의 임계각은 θ_1보다 크다.
> ㄷ. (나)에서 A는 Z와 Y의 경계면에서 전반사한다.

① ㄱ ② ㄴ ③ ㄱ, ㄷ ④ ㄴ, ㄷ ⑤ ㄱ, ㄴ, ㄷ

15

그림 (가)는 단색광이 매질 A, B의 경계면에서 전반사한 후 매질 A, C의 경계면에서 반사와 굴절하는 모습을, (나)는 (가)의 A, B, C 중 두 매질로 만든 광섬유의 구조를 나타낸 것이다.

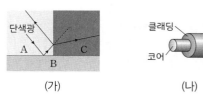

(가)   (나)

광통신에 사용하기에 적절한 구조를 가진 광섬유만을 〈보기〉에서 있는 대로 고른 것은? (3점)

> **보기**
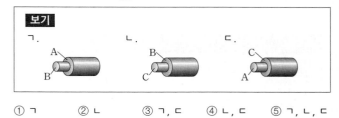

① ㄱ ② ㄴ ③ ㄱ, ㄷ ④ ㄴ, ㄷ ⑤ ㄱ, ㄴ, ㄷ

16

다음은 액체의 굴절률을 알아보기 위한 실험이다.

> [실험 과정]
> (가) 그림과 같이 수조에 액체 A를 채우고 액체 표면 위 30cm 위치에서 액체 표면 위의 점 p를 본다.
>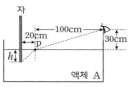
> (나) (가)에서 자를 액체의 표면에 수직으로 넣으면서 p와 자의 끝이 겹쳐 보이는 순간, 자의 액체에 잠긴 부분의 길이 h를 측정한다.
> (다) (가)에서 액체 A를 다른 액체로 바꾸어 (나)를 반복한다.
>
> [실험 결과]

액체의 종류	h(cm)
A	17
물	19
B	21
C	24

이에 대한 설명으로 옳은 것만을 〈보기〉에서 있는 대로 고른 것은?
 (3점)

> **보기**
> ㄱ. 굴절률은 A가 물보다 크다.
> ㄴ. 빛의 속력은 B에서가 C에서보다 빠르다.
> ㄷ. 액체와 공기 사이의 임계각은 A가 B보다 크다.

① ㄱ ② ㄴ ③ ㄷ ④ ㄴ, ㄷ ⑤ ㄱ, ㄴ, ㄷ

다음은 빛의 전반사에 대한 실험이다.

[실험 과정]
(가) 그림과 같이 단색광 P를 공기 중에서 매질 A의 윗면에 입사시킨다.

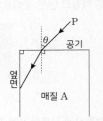

(나) 입사각 θ를 변화시키며 매질의 옆면에서 P의 전반사 여부를 관찰한다.

(다) (가)에서 A를 같은 모양의 매질 B로 바꾸고 (나)를 반복한다.

[실험 결과]

매질	θ	옆면에서 전반사 여부
A	$0 < \theta < 64°$	일어남
	$64° < \theta < 90°$	일어나지 않음
B	$0 < \theta < 90°$	일어남

이에 대한 옳은 설명만을 〈보기〉에서 있는 대로 고른 것은? 3점

보기
ㄱ. P의 속력은 B에서가 A에서보다 크다.
ㄴ. 매질에서 공기로 P가 진행할 때 임계각은 A에서가 B에보다 크다.
ㄷ. A와 B로 광섬유를 만든다면 A를 코어로 사용해야 한다.

① ㄱ ② ㄴ ③ ㄱ, ㄷ ④ ㄴ, ㄷ ⑤ ㄱ, ㄴ, ㄷ

그림은 광섬유에 사용되는 물질 A, B, C 중 A와 C의 경계면과 B와 C의 경계면에 각각 입사시킨 동일한 단색광 X가 굴절하는 모습을 나타낸 것이다. θ는 입사각이고, θ_1과 θ_2는 굴절각이며, $\theta_2 > \theta_1 > \theta$ 이다.

이에 대한 설명으로 옳은 것만을 〈보기〉에서 있는 대로 고른 것은?

3점

보기
ㄱ. X의 속력은 B에서가 A에서보다 크다.
ㄴ. X가 A에서 C로 입사할 때, 전반사가 일어나는 입사각은 θ보다 크다.
ㄷ. 클래딩에 A를 사용한 광섬유의 코어로 C를 사용할 수 있다.

① ㄱ ② ㄴ ③ ㄱ, ㄷ ④ ㄴ, ㄷ ⑤ ㄱ, ㄴ, ㄷ

그림과 같이 단색광 X가 입사각 θ로 매질 Ⅰ에서 매질 Ⅱ로 입사할 때는 굴절하고, X가 입사각 θ로 매질 Ⅲ에서 Ⅱ로 입사할 때는 전반사한다.

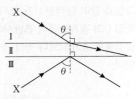

이에 대한 설명으로 옳은 것만을 〈보기〉에서 있는 대로 고른 것은? 3점

보기
ㄱ. 굴절률은 Ⅱ가 가장 크다.
ㄴ. X가 Ⅱ에서 Ⅲ으로 진행할 때 전반사한다.
ㄷ. 임계각은 X가 Ⅰ에서 Ⅱ로 입사할 때가 Ⅲ에서 Ⅱ로 입사할 때보다 크다.

① ㄱ ② ㄷ ③ ㄱ, ㄴ ④ ㄴ, ㄷ ⑤ ㄱ, ㄴ, ㄷ

그림은 단색광 P가 매질 A와 B의 경계면에 임계각 45°로 입사하여 반사한 후, A와 매질 C의 경계면에서 굴절하여 C와 B의 경계면에 입사하는 모습을 나타낸 것이다.

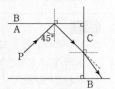

이에 대한 설명으로 옳은 것만을 〈보기〉에서 있는 대로 고른 것은?

3점

보기
ㄱ. P의 속력은 A에서가 C에서보다 작다.
ㄴ. 굴절률은 B가 C보다 크다.
ㄷ. P는 C와 B의 경계면에서 전반사한다.

① ㄱ ② ㄴ ③ ㄱ, ㄷ ④ ㄴ, ㄷ ⑤ ㄱ, ㄴ, ㄷ

21

그림과 같이 매질 A와 B의 경계면에 입사각 45°로 입사시킨 단색광 X, Y가 굴절하여 각각 B와 공기의 경계면에 있는 점 p와 q로 진행하였다. X, Y는 p, q에 같은 세기로 입사하며, p와 q 중 한 곳에서만 전반사가 일어난다. 이에 대한 옳은 설명만을 〈보기〉에서 있는 대로 고른 것은? (단, X, Y의 진동수는 같다.) 3점

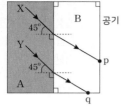

보기

ㄱ. 굴절률은 A가 B보다 작다.

ㄴ. q에서 전반사가 일어난다.

ㄷ. p에서 반사된 X의 세기는 q에서 반사된 Y의 세기보다 작다.

① ㄱ   ② ㄴ   ③ ㄱ, ㄷ   ④ ㄴ, ㄷ   ⑤ ㄱ, ㄴ, ㄷ

23

그림과 같이 단색광 P가 물질 A, B의 경계면에 입사한 후 일부는 굴절하여 B로 진행하고, 일부는 반사하여 물질 C의 경계면에서 전반사한다. 광섬유의 코어와 클래딩을 A, B, C 중 두 가지를 사용하여 만들고, 코어에서 클래딩으로 P를 입사시킬 때, 코어와 클래딩 사이의 임계각이 가장 작은 경우로 옳은 것은?

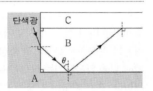

	코어	클래딩		코어	클래딩
①	A	B	②	A	C
③	B	C	④	C	A
⑤	C	B			

22

그림과 같이 물질 A와 B의 경계면에 50°로 입사한 단색광 P가 전반사하여 A와 물질 C의 경계면에서 굴절한 후, C와 B의 경계면에 입사한다. A와 B 사이의 임계각은 45°이다. 이에 대한 설명으로 옳은 것만을 〈보기〉에서 있는 대로 고른 것은? 3점

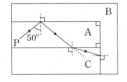

보기

ㄱ. 굴절률은 A가 B보다 크다.

ㄴ. P의 속력은 A에서가 C에서보다 크다.

ㄷ. C와 B의 경계면에서 P는 전반사한다.

① ㄱ   ② ㄴ   ③ ㄱ, ㄷ   ④ ㄴ, ㄷ   ⑤ ㄱ, ㄴ, ㄷ

24

그림과 같이 매질 A와 B의 경계면에 입사한 단색광이 굴절한 후 B와 A의 경계면에서 반사하여 B와 매질 C의 경계면에 입사한다. θ는 B와 A 사이의 임계각이고, 굴절률은 A가 C보다 크다. 이에 대한 설명으로 옳은 것만을 〈보기〉에서 있는 대로 고른 것은? 3점

보기

ㄱ. 단색광의 속력은 A에서가 B에서보다 크다.

ㄴ. θ는 45°보다 작다.

ㄷ. 단색광은 B와 C의 경계면에서 전반사한다.

① ㄱ   ② ㄴ   ③ ㄱ, ㄷ   ④ ㄴ, ㄷ   ⑤ ㄱ, ㄴ, ㄷ

25

그림 (가), (나)는 각각 매질 A와 B, 매질 B와 C에서 진행하는 단색광 P의 진행 경로의 일부를 나타낸 것이다. 표는 (가), (나)에서의 입사각과 굴절각을 나타낸 것이다. P의 속력은 C에서가 A에서보다 크다.

	(가)	(나)
입사각	45°	40°
굴절각	35°	㉠

(가)　　　　(나)

이에 대한 옳은 설명만을 〈보기〉에서 있는 대로 고른 것은? **3점**

보기
ㄱ. ㉠은 45°보다 크다.
ㄴ. 굴절률은 B가 C보다 크다.
ㄷ. B를 코어로 사용하는 광섬유에 A를 클래딩으로 사용할 수 있다.

① ㄱ　　② ㄷ　　③ ㄱ, ㄴ　　④ ㄴ, ㄷ　　⑤ ㄱ, ㄴ, ㄷ

26

그림은 반원형 매질 A 또는 B의 경계면을 따라 점 P, Q 사이에서 광원의 위치를 변화시키며 중심 O를 향해 빛을 입사시키는 모습을 나타낸 것이다. 표는 매질이 A 또는 B일 때, O에서의 전반사 여부에 따라 입사각 θ의 범위를 Ⅰ, Ⅱ로 구분한 것이다.

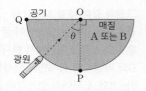

매질	Ⅰ	Ⅱ
A	$0 < \theta < 42°$	$42° < \theta < 90°$
B	$0 < \theta < 34°$	$34° < \theta < 90°$

이에 대한 옳은 설명만을 〈보기〉에서 있는 대로 고른 것은? **3점**

보기
ㄱ. 전반사가 일어나는 범위는 Ⅰ이다.
ㄴ. 굴절률은 A가 B보다 작다.
ㄷ. A와 B로 광섬유를 만든다면 A를 코어로 사용해야 한다.

① ㄱ　　② ㄴ　　③ ㄱ, ㄴ　　④ ㄴ, ㄷ　　⑤ ㄱ, ㄴ, ㄷ

---

27 2023 수능

그림 (가)는 매질 A에서 원형 매질 B에 입사각 θ_1로 입사한 단색광 P가 B와 매질 C의 경계면에 임계각 θ_c로 입사하는 모습을, (나)는 C에서 B로 입사한 P가 B와 A의 경계면에서 굴절각 θ_2로 진행하는 모습을 나타낸 것이다.

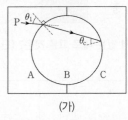 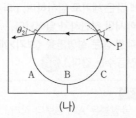

(가)　　　　(나)

이에 대한 설명으로 옳은 것만을 〈보기〉에서 있는 대로 고른 것은?

보기
ㄱ. P의 파장은 A에서가 B에서보다 길다.
ㄴ. $\theta_1 < \theta_2$이다.
ㄷ. A와 B 사이의 임계각은 θ_c보다 작다.

① ㄱ　　② ㄴ　　③ ㄱ, ㄷ　　④ ㄴ, ㄷ　　⑤ ㄱ, ㄴ, ㄷ

---

28 2025 평가원

그림과 같이 단색광 P가 매질 Ⅰ, Ⅱ, Ⅲ의 경계면에서 굴절하며 진행한다. P가 Ⅰ에서 Ⅱ로 진행할 때 입사각과 굴절각은 각각 θ_1, θ_2이고, Ⅱ에서 Ⅲ으로 진행할 때 입사각과 굴절각은 각각 θ_3, θ_1이며, Ⅲ에서 Ⅰ로 진행할 때 굴절각은 θ_2이다.

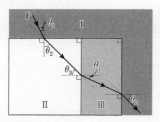

이에 대한 설명으로 옳은 것만을 〈보기〉에서 있는 대로 고른 것은?

보기
ㄱ. P의 파장은 Ⅰ에서가 Ⅱ에서보다 짧다.
ㄴ. P의 속력은 Ⅰ에서가 Ⅲ에서보다 크다.
ㄷ. $\theta_3 > \theta_2$이다.

① ㄱ　　② ㄷ　　③ ㄱ, ㄴ　　④ ㄴ, ㄷ　　⑤ ㄱ, ㄴ, ㄷ

29

그림은 일정한 세기의 단색광 X가 매질 A와 B의 경계면의 점 O에 입사각 θ로 입사하여 진행하는 경로를 나타낸 것이다. 표는 X의 입사각이 θ, 2θ일 때, 금속판 P, Q에서 각각 광전자의 방출 여부를 나타낸 것이다.

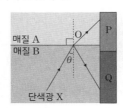

X의	광전자 방출 여부	
입사각	P	Q
θ	방출됨	방출됨
2θ	방출 안 됨	방출됨

이에 대한 옳은 설명만을 〈보기〉에서 있는 대로 고른 것은?

보기

ㄱ. 입사각이 θ일 때 굴절각은 반사각보다 크다.

ㄴ. Q에서 단위 시간당 방출되는 광전자의 수는 입사각이 2θ일 때가 θ일 때보다 많다.

ㄷ. A와 B로 광섬유를 만든다면 B를 코어로 사용해야 한다.

① ㄴ   ② ㄷ   ③ ㄱ, ㄴ   ④ ㄱ, ㄷ   ⑤ ㄱ, ㄴ, ㄷ

30

그림은 단색광 P가 매질 A와 중심이 O인 원형 매질 B의 경계면에 입사각 θ로 입사하여 굴절한 후, B와 매질 C의 경계면에 임계각 i_c로 입사하는 모습을 나타낸 것이다.

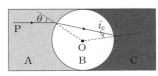

이에 대한 설명으로 옳은 것만을 〈보기〉에서 있는 대로 고른 것은? (단, A, B, C는 광섬유에 사용되는 물질이다.) 3점

보기

ㄱ. P의 파장은 A에서가 B에서보다 길다.

ㄴ. θ가 작아지면 P는 B와 C의 경계면에서 전반사한다.

ㄷ. 클래딩에 A를 사용한 광섬유의 코어로 C를 사용할 수 있다.

① ㄱ   ② ㄴ   ③ ㄱ, ㄷ   ④ ㄴ, ㄷ   ⑤ ㄱ, ㄴ, ㄷ

31

다음은 빛의 굴절에 대한 실험이다.

[실험 과정]

(가) 그림과 같이 광학용 물통의 절반을 물로 채운 후 레이저를 물통의 둥근 부분 쪽에서 중심을 향해 비추어 빛이 물에서 공기로 진행하도록 한다.

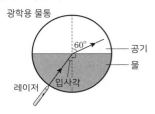

(나) (가)에서 입사각을 변화시키면서 굴절각이 60°가 되는 입사각을 측정한다.

(다) (가)에서 물을 액체 A, B로 각각 바꾸고 (나)를 반복한다.

[실험 결과]

액체의 종류	입사각	굴절각
물	41°	60°
A	38°	60°
B	35°	60°

이에 대한 설명으로 옳은 것만을 〈보기〉에서 있는 대로 고른 것은? 3점

보기

ㄱ. 빛의 속력은 물에서가 A에서보다 크다.

ㄴ. 굴절률은 A가 B보다 크다.

ㄷ. 공기와 액체 사이의 임계각은 A일 때가 B일 때보다 크다.

① ㄱ   ② ㄴ   ③ ㄱ, ㄷ   ④ ㄴ, ㄷ   ⑤ ㄱ, ㄴ, ㄷ

32

그림과 같이 단색광을 매질 A, B의 경계면에 입사각 45°로 입사시켰더니 단색광이 A, B의 경계면에서 전반사한 후, A와 매질 C의 경계면에서 일부는 반사하고 일부는 C로 굴절하였다. A, B, C의 굴절률은 각각 n_A, n_B, n_C이다. A, B, C의 굴절률의 크기를 옳게 비교한 것은?

① $n_A > n_B > n_C$ ② $n_A > n_C > n_B$ ③ $n_B > n_A > n_C$

④ $n_B > n_C > n_A$ ⑤ $n_C > n_A > n_B$

다음은 빛의 성질을 알아보는 실험이다.

[실험 과정]

(가) 반원 Ⅰ, Ⅱ로 구성된 원이 그려진 종이면의 Ⅰ에 반원형 유리 A를 올려놓는다.

(나) 레이저 빛이 점 p에서 유리면에 수직으로 입사하도록 한다.

(다) 그림과 같이 빛이 진행하는 경로를 종이면에 그린다.

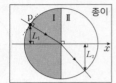

(라) p와 x축 사이의 거리 L_1, 빛의 경로가 Ⅱ의 호와 만나는 점과 x축 사이의 거리 L_2를 측정한다.

(마) (가)에서 Ⅰ의 A를 반원형 유리 B로 바꾸고, (나)~(라)를 반복한다.

(바) (마)에서 Ⅱ에 A를 올려놓고, (나)~(라)를 반복한다.

[실험 결과]

과정	Ⅰ	Ⅱ	L_1(cm)	L_2(cm)
(라)	A	공기	3.0	4.5
(마)	B	공기	3.0	5.1
(바)	B	A	3.0	㉠

이에 대한 설명으로 옳은 것만을 〈보기〉에서 있는 대로 고른 것은? 3점

보기

ㄱ. ㉠ > 5.1이다.

ㄴ. 레이저 빛의 속력은 A에서가 B에서보다 크다.

ㄷ. 임계각은 레이저 빛이 A에서 공기로 진행할 때가 B에서 공기로 진행할 때보다 크다.

① ㄱ ② ㄴ ③ ㄱ, ㄷ ④ ㄴ, ㄷ ⑤ ㄱ, ㄴ, ㄷ

그림과 같이 단색광이 물속에 놓인 유리를 지나면서 점 p, q에서 굴절한다. 표는 각 점에서 입사각과 굴절각을 나타낸 것이다.

점	입사각	굴절각
p	θ_0	θ_1
q	θ_2	θ_0

이에 대한 옳은 설명만을 〈보기〉에서 있는 대로 고른 것은?

보기

ㄱ. $\theta_1 = \theta_2$이다.

ㄴ. 단색광의 진동수는 유리에서와 물에서가 같다.

ㄷ. 단색광의 파장은 유리에서가 물에서보다 작다.

① ㄱ ② ㄷ ③ ㄱ, ㄴ ④ ㄴ, ㄷ ⑤ ㄱ, ㄴ, ㄷ

그림은 단색광 P가 매질 X, Y, Z에서 진행하는 모습을 나타낸 것이다. θ_0과 θ_1은 각 경계면에서의 P의 입사각 또는 굴절각이고, P는 Z와 X의 경계면에서 전반사한다.

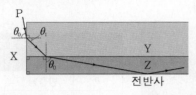

이에 대한 옳은 설명만을 〈보기〉에서 있는 대로 고른 것은? 3점

보기

ㄱ. P의 속력은 Y에서가 Z에서보다 크다.

ㄴ. 굴절률은 Z가 X보다 크다.

ㄷ. θ_1은 45°보다 크다.

① ㄱ ② ㄴ ③ ㄱ, ㄴ ④ ㄱ, ㄷ ⑤ ㄴ, ㄷ

다음은 빛의 성질을 알아보는 실험이다.

[실험 과정]

(가) 그림과 같이 반원형 매질 A와 B를 서로 붙여 놓는다.

(나) 단색광을 A에서 B를 향해 원의 중심을 지나도록 입사시킨다.

(다) (나)에서 입사각을 변화시키면서 굴절각과 반사각을 측정한다.

[실험 결과]

실험	입사각	굴절각	반사각
Ⅰ	30°	34°	30°
Ⅱ	㉠	59°	50°
Ⅲ	70°	해당 없음	70°

이에 대한 설명으로 옳은 것만을 〈보기〉에서 있는 대로 고른 것은? 3점

보기

ㄱ. ㉠은 50°이다.

ㄴ. 단색광의 속력은 A에서가 B에서보다 크다.

ㄷ. A와 B 사이의 임계각은 70°보다 크다.

① ㄱ ② ㄴ ③ ㄱ, ㄷ ④ ㄴ, ㄷ ⑤ ㄱ, ㄴ, ㄷ

그림 (가)와 같이 단색광이 매질 B와 C에서 진행한다. 단색광은 매질 A와 B의 경계면에 있는 p점과 A와 C의 경계면에 있는 r점에서 전반사한다. $\theta_1 > \theta_2$이다. 그림 (나)는 (가)의 단색광이 코어와 클래딩으로 구성된 광섬유에서 전반사하는 모습을 나타낸 것이다.

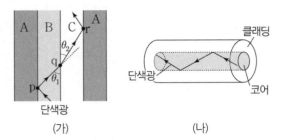

(가)   (나)

이에 대한 설명으로 옳은 것만을 〈보기〉에서 있는 대로 고른 것은?

3점

보기
ㄱ. 단색광의 파장은 B에서가 C에서보다 길다.
ㄴ. 임계각은 A와 B 사이에서가 A와 C 사이에서보다 작다.
ㄷ. A, B, C로 (나)의 광섬유를 제작할 때 코어를 B, 클래딩을 C로 만들면 임계각이 가장 작다.

① ㄱ   ② ㄴ   ③ ㄱ, ㄷ   ④ ㄴ, ㄷ   ⑤ ㄱ, ㄴ, ㄷ

38 2023 평가원

빛의 굴절, 전반사
[2023학년도 9월 모평 9번]

그림 (가)는 단색광 X가 매질 Ⅰ, Ⅱ, Ⅲ의 반원형 경계면을 지나는 모습을, (나)는 (가)에서 매질을 바꾸었을 때 X가 매질 ㉠과 ㉡ 사이의 임계각으로 입사하여 점 p에 도달한 모습을 나타낸 것이다. ㉠과 ㉡은 각각 Ⅰ과 Ⅱ 중 하나이다.

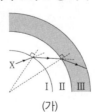   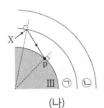

(가)   (나)

이에 대한 설명으로 옳은 것만을 〈보기〉에서 있는 대로 고른 것은?

3점

보기
ㄱ. 굴절률은 Ⅰ이 가장 크다.
ㄴ. ㉡은 Ⅱ이다.
ㄷ. (나)에서 X는 p에서 전반사한다.

① ㄱ   ② ㄴ   ③ ㄱ, ㄷ   ④ ㄴ, ㄷ   ⑤ ㄱ, ㄴ, ㄷ

다음은 빛의 성질을 알아보는 실험이다.

[실험 과정]
(가) 반원형 매질 A, B, C를 준비한다.
(나) 그림과 같이 반원형 매질을 서로 붙여 놓고 단색광 P를 입사시켜 입사각과 굴절각을 측정한다.

실험 Ⅰ   실험 Ⅱ   실험 Ⅲ

[실험 결과]

실험	입사각	굴절각
Ⅰ	45°	30°
Ⅱ	30°	25°
Ⅲ	30°	㉠

이에 대한 설명으로 옳은 것만을 〈보기〉에서 있는 대로 고른 것은?

3점

보기
ㄱ. ㉠은 45°보다 크다.
ㄴ. P의 파장은 A에서가 B에서보다 짧다.
ㄷ. 임계각은 P가 B에서 A로 진행할 때가 C에서 A로 진행할 때보다 작다.

① ㄱ   ② ㄴ   ③ ㄱ, ㄷ   ④ ㄴ, ㄷ   ⑤ ㄱ, ㄴ, ㄷ

DAY
24

Ⅲ
1
ㅣ
02
전반사와 광통신

다음은 임계각을 찾는 실험이다.

[실험 과정]
(가) 반원형 매질 A, B, C 중 두 매질을 서로 붙인다.
(나) 단색광 P를 원의 중심으로 입사시키고, 입사각을 0에서
부터 연속적으로 증가시키면서 임계각을 찾는다.

[실험 결과]

| 실험 I | 실험 II | 실험 III |

임계각 : 40°

임계각 : 50°

임계각 : ?

실험 III의 결과로 가장 적절한 것은? 3점

①
②
③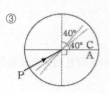

④
⑤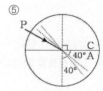

그림 (가)는 매질 A, B에 볼펜을
넣어 볼펜이 꺾여 보이는 것을,
(나)는 물속에 잠긴 다리가 짧아
보이는 것을 나타낸 것이다.
이에 대한 설명으로 옳은 것만을
〈보기〉에서 있는 대로 고른 것은?

(가)

(나)

3점

보기
ㄱ. (가)에서 굴절률은 A가 B보다 크다.
ㄴ. (가)에서 빛의 속력은 A에서가 B에서보다 크다.
ㄷ. (나)에서 빛이 물에서 공기로 진행할 때 굴절각이 입사각보다
   크다.

① ㄱ   ② ㄷ   ③ ㄱ, ㄴ   ④ ㄴ, ㄷ   ⑤ ㄱ, ㄴ, ㄷ

다음은 전반사에 대한 실험이다.

[실험 과정]
(가) 그림과 같이 동일한 단색광을 크기와 모양이 같은
    직육면체 매질 A, B의 옆면의 중심에 각각 입사시켜
    윗면의 중심에 도달하도록 한다.

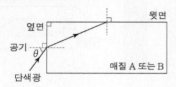

(나) (가)에서 옆면의 중심에서 입사각 θ를 측정하고, 윗면의
    중심에서 단색광이 전반사하는지 관찰한다.

[실험 결과]

매질	A	B
θ	θ_1	θ_2
	전반사함	전반사 안 함

전반사

이에 대한 옳은 설명만을 〈보기〉에서 있는 대로 고른 것은? 3점

보기
ㄱ. 굴절률은 A가 B보다 크다.
ㄴ. $\theta_1 > \theta_2$이다.
ㄷ. A와 B로 광섬유를 만들 때 코어는 B를 사용해야 한다.

① ㄱ   ② ㄴ   ③ ㄷ   ④ ㄱ, ㄴ   ⑤ ㄴ, ㄷ

그림은 매질 A에서 매질 B로 입사한
단색광 P가 굴절각 45°로 진행하여
B와 매질 C의 경계면에서 전반사한 후
B와 매질 D의 경계면에서 굴절하여
진행하는 모습을 나타낸 것이다.

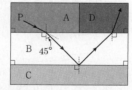

이에 대한 설명으로 옳은 것만을 〈보기〉에서 있는 대로 고른 것은?

보기
ㄱ. B와 C 사이의 임계각은 45°보다 크다.
ㄴ. 굴절률은 A가 C보다 크다.
ㄷ. P의 속력은 A에서가 D에서보다 크다.

① ㄱ   ② ㄷ   ③ ㄱ, ㄴ   ④ ㄴ, ㄷ   ⑤ ㄱ, ㄴ, ㄷ

다음은 빛의 성질을 알아보는 실험이다.

[실험 과정 및 결과]
(가) 반원형 매질 A, B, C를 준비한다.
(나) 그림과 같이 반원형 매질을 서로 붙여 놓고, 단색광 P의
　　입사각(i)을 변화시키면서 굴절각(r)을 측정하여 $\sin r$
　　값을 $\sin i$ 값에 따라 나타낸다.

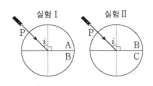 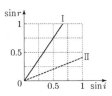

이에 대한 설명으로 옳은 것만을 〈보기〉에서 있는 대로 고른 것은?

보기
ㄱ. 굴절률은 A가 B보다 크다.
ㄴ. P의 속력은 B에서가 C에서보다 작다.
ㄷ. I 에서 $\sin i_0 = 0.75$인 입사각 i_0으로 P를 입사시키면
　　전반사가 일어난다.

① ㄱ　　② ㄴ　　③ ㄱ, ㄷ　　④ ㄴ, ㄷ　　⑤ ㄱ, ㄴ, ㄷ

그림은 동일한 단색광 A, B를 각각 매질
I, II 에서 중심이 O인 원형 모양의 매질
III으로 동일한 입사각 θ로 입사시켰더니,
A와 B가 굴절하여 점 p에 입사하는
모습을 나타낸 것이다.
이에 대한 설명으로 옳은 것만을 〈보기〉에서 있는 대로 고른 것은?
（3점）

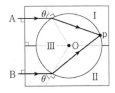

보기
ㄱ. A의 파장은 I 에서가 III에서보다 길다.
ㄴ. 굴절률은 I 이 II 보다 크다.
ㄷ. p에서 B는 전반사한다.

① ㄱ　　② ㄷ　　③ ㄱ, ㄴ　　④ ㄴ, ㄷ　　⑤ ㄱ, ㄴ, ㄷ

그림 (가)는 단색광 X가 광섬유에 사용되는 물질 A, B, C를
지나는 모습을 나타낸 것이다. 그림 (나)는 A, B, C를 이용하여
만든 광섬유에 X가 각각 입사각 i_1, i_2로 입사하여 진행하는 모습을
나타낸 것이다. θ_1, θ_2는 코어와 클래딩 사이의 임계각이다.

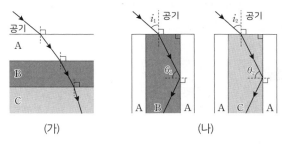

(가)　　　　　　　　　　(나)

이에 대한 설명으로 옳은 것만을 〈보기〉에서 있는 대로 고른 것은?

보기
ㄱ. 굴절률은 C가 A보다 크다.
ㄴ. $\theta_1 < \theta_2$이다.
ㄷ. $i_1 > i_2$이다.

① ㄱ　　② ㄴ　　③ ㄱ, ㄷ　　④ ㄴ, ㄷ　　⑤ ㄱ, ㄴ, ㄷ

그림과 같이 진동수가 동일한 단색광
X, Y가 매질 A에서 각각 매질 B, C로
동일한 입사각 θ_0으로 입사한다. X는 A와
B의 경계면의 점 p를 향해 진행한다. Y는
B와 C의 경계면에 입사각 θ_0으로 입사한
후 p에 임계각으로 입사한다.
이에 대한 옳은 설명만을 〈보기〉에서
있는 대로 고른 것은? （3점）

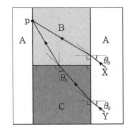

보기
ㄱ. $\theta_0 < 45°$이다.
ㄴ. p에서 X의 굴절각은 Y의 입사각보다 크다.
ㄷ. 임계각은 A와 B 사이에서가 B와 C 사이에서보다 작다.

① ㄱ　　② ㄴ　　③ ㄱ, ㄷ　　④ ㄴ, ㄷ　　⑤ ㄱ, ㄴ, ㄷ

그림은 동일한 단색광 P, Q, R를 입사각 θ로 각각 매질 A에서 매질 B로, B에서 매질 C로, C에서 B로 입사시키는 모습을 나타낸 것이다.

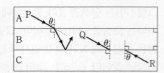

P는 A와 B의 경계면에서 굴절하여 B와 C의 경계면에서 전반사한다. 이에 대한 설명으로 옳은 것만을 <보기>에서 있는 대로 고른 것은?

3점

보기

ㄱ. 굴절률은 A가 C보다 크다.

ㄴ. Q는 B와 C의 경계면에서 전반사한다.

ㄷ. R는 B와 A의 경계면에서 전반사한다.

---

① ㄱ   ② ㄷ   ③ ㄱ, ㄴ   ④ ㄴ, ㄷ   ⑤ ㄱ, ㄴ, ㄷ

개념편 동영상 강의
물1-3-1-03(가)

III. 파동과 정보통신

문제편 동영상 강의
1-03. 전자기파와 파동의 간섭
물1-3-1-03(문)

03 전자기파와 파동의 간섭

◀ ★ 수능에 나오는 필수 개념 2가지 + 필수 암기사항 2개

기본자료

필수개념 1 **전자기파**

• **전자기파** : 전기장과 자기장이 시간에 따라 진동하면서 공간을 퍼져 나가는 파동

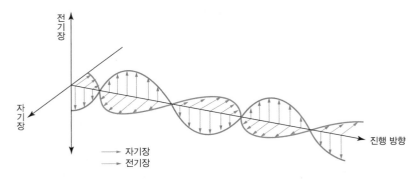

○ 전기장과 자기장의 진동 방향이 서로 수직이고, 진동 방향과 진행 방향이 수직인 횡파
○ 전자기파는 매질이 없어도 진행하며, 진공에서 전자기파의 속력은 파장에 관계없이 약 3×10^8m/s
이다.

• ★암기 **전자기파의 특징**

① 전자기파의 속력이 일정하므로, 파장과 진동수는 반비례한다. $\left(\lambda \propto \dfrac{1}{f} \right)$

② 전자기파의 에너지는 진동수에 비례한다. ($E \propto f$)

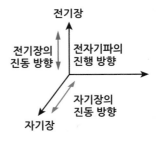

• ★암기 **전자기파의 스펙트럼**
파장 또는 진동수에 따라 각 전자기파의 명칭, 특징, 예를 암기해야 한다. → 광전 효과와 연계되어 출제되고 있으니
꼭 암기하자!!

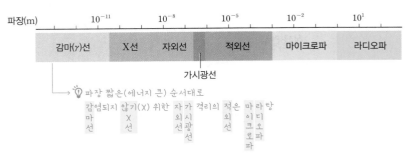

γ선	• 원자핵이 붕괴될 때 방출되며 투과력이 매우 강함 • 암 치료에 이용되나 많은 양을 쬐면 인체에 해로움
X선	• 고속의 가속 전자를 금속에 충돌시켜서 발생 • 투과력이 강해 물질의 구조 분석, X선 사진, 공항의 수하물 검사에 사용됨
자외선	• 화학 작용이 강하고 살균 작용을 함 • 식기세척기, 집적 회로 제조 등에 사용함
가시광선	• 사람의 눈으로 감지할 수 있는 전자기파로 빨간색 빛의 파장이 가장 길고, 보라색 빛의 파장이 가장 짧음 • 광학용 카메라, 광통신, 영상 장치 등에 사용
적외선	• 강한 열작용을 하여 열선이라고도 하고, 복사의 형태로 진행 • 적외선 온도계, 카메라, 야간 투시경, 리모컨 등에 사용
마이크로파	• 파장이 1mm에서 1m까지의 전자기파로 전자레인지에서 물 분자를 진동시켜 물이 포함된 음식물을 데움 • 기상 관측용 레이더, 위성 통신, 전자레인지 등에 사용
라디오파	• 전자기파 중에서 파장이 가장 긺 • 회절이 잘 되어 장애물 뒤쪽까지 도달함 • TV, 라디오 방송, 레이더 등에 사용

> 기본자료

필수개념 2 파동의 간섭

• **파동의 중첩**
  ○ 파동의 중첩 : 두 개의 파동이 만나 파동의 모양이나 변위가 바뀌는 현상.
  ○ 중첩원리 : 둘 이상의 파동이 만나면 합성파의 변위는 각 파동의 변위의 합과 같다.
  ○ 파동의 독립성 : 중첩 후, 각각의 파동은 중첩되기 전의 파동 특성을 그대로 유지한 상태로
    독립적으로 진행한다.

• **파동의 간섭** : 두 파동이 중첩되어 진폭이 변화하는(커지거나 작아짐) 현상.

▶ 위상
파동이 전파될 때 매질이 진동하는
상태를 나타내는 물리 용어

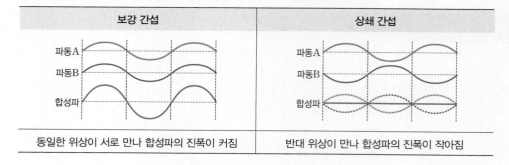

보강 간섭	상쇄 간섭
동일한 위상이 서로 만나 합성파의 진폭이 커짐	반대 위상이 만나 합성파의 진폭이 작아짐

1

그림은 전자기파에 대해 학생 A, B, C가 대화하는 모습을 나타낸 것이다.

적외선은 열화상 카메라에 이용돼.
학생 A

마이크로파는 음식을 데우는 전자레인지에 이용돼.
학생 B

자외선은 살균 효과가 있어.
학생 C

제시한 내용이 옳은 학생만을 있는 대로 고른 것은?

① A   ② C   ③ A, B   ④ B, C   ⑤ A, B, C

2

그림은 전자기파 A와 B를 사용하는 예에 대한 설명이다. A와 B 중 하나는 가시광선이고, 다른 하나는 자외선이다.

A, B 방출

칫솔모 살균 장치에서 A와 B가 방출된다. A는 살균 작용을 하고, 눈에 보이는 B는 장치가 작동 중임을 알려 준다.

이에 대한 옳은 설명만을 〈보기〉에서 있는 대로 고른 것은?

보기
ㄱ. A는 자외선이다.
ㄴ. 진동수는 B가 A보다 크다.
ㄷ. 진공에서 속력은 A와 B가 같다.

① ㄱ   ② ㄴ   ③ ㄱ, ㄷ   ④ ㄴ, ㄷ   ⑤ ㄱ, ㄴ, ㄷ

3

그림 (가)는 진동수에 따른 전자기파의 분류를, (나)는 전자기파 A, B를 이용한 예를 나타낸 것이다. A, B는 각각 ㉠, ㉡ 중 하나에 해당한다.

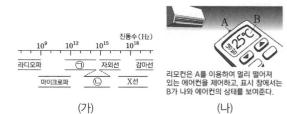

리모컨은 A를 이용하여 멀리 떨어져 있는 에어컨을 제어하고, 표시 창에서는 B가 나와 에어컨의 상태를 보여준다.

(가)   (나)

이에 대한 설명으로 옳은 것만을 〈보기〉에서 있는 대로 고른 것은?

보기
ㄱ. A는 ㉠에 해당한다.
ㄴ. 진공에서의 속력은 A와 B가 같다.
ㄷ. 파장은 B가 X선보다 길다.

① ㄱ   ② ㄴ   ③ ㄱ, ㄷ   ④ ㄴ, ㄷ   ⑤ ㄱ, ㄴ, ㄷ

4

다음은 비접촉식 체온계의 작동에 대한 설명이다.

체온계의 센서가 몸에서 방출되는 전자기파 A를 측정하면 화면에 체온이 표시된다. A의 파장은 가시광선보다 길고 마이크로파보다 짧다.

A는?

① 감마선   ② X선   ③ 자외선   ④ 적외선   ⑤ 라디오파

5

그림 (가)는 전자기파를 파장에 따라 분류한 것을, (나)는 1965년에 펜지어스(A. Penzias)와 윌슨(R. W. Wilson)이 (가)의 C에 속하는 우주 배경 복사를 발견하는 데 사용된 안테나의 모습을 나타낸 것이다.

(가)   (나)

이에 대한 설명으로 옳은 것만을 〈보기〉에서 있는 대로 고른 것은?

보기
ㄱ. C는 마이크로파이다.
ㄴ. 진동수는 A가 B보다 작다.
ㄷ. 진공에서 속력은 A가 C보다 크다.

① ㄱ   ② ㄷ   ③ ㄱ, ㄴ   ④ ㄴ, ㄷ   ⑤ ㄱ, ㄴ, ㄷ

6

그림은 전자기파 A에 대해 설명하는 모습을 나타낸 것이다.

전자레인지로 음식을 데울 때 이용되는 전자기파 A는 파장이 적외선보다 길고, 라디오파보다 짧습니다.

A는?

① 마이크로파   ② 가시광선   ③ 자외선
④ X선   ⑤ 감마선

7

다음은 전자기파 A, B가 실생활에서 이용되는 예이다.

○ A를 이용하여 인체 내부의 뼈의 영상을 얻는다.
○ 열화상 카메라는 사람의 몸에서 방출되는 B의 양을 측정하여 체온을 확인한다.

A, B로 적절한 것은?

	A	B		A	B
①	마이크로파	자외선	②	마이크로파	적외선
③	X선	자외선	④	X선	적외선
⑤	자외선	적외선			

8

그림 (가)~(다)는 전자기파를 일상생활에서 이용하는 예이다.

(가) 위성 통신   (나) 광통신   (다) LED 신호등

이에 대한 설명으로 옳은 것만을 〈보기〉에서 있는 대로 고른 것은?

보기
ㄱ. (가)에서 자외선을 이용한다.
ㄴ. (나)에서 전반사를 이용한다.
ㄷ. (다)에서 가시광선을 이용한다.

① ㄱ   ② ㄷ   ③ ㄱ, ㄴ   ④ ㄴ, ㄷ   ⑤ ㄱ, ㄴ, ㄷ

9

그림은 동일한 미술 작품을 각각 가시광선과 X선으로 촬영한
사진으로, 점선 영역에서 서로 다른 모습이 관찰된다.

가시광선으로 촬영   X선으로 촬영

이에 대한 옳은 설명만을 〈보기〉에서 있는 대로 고른 것은?

보기

ㄱ. 파장은 X선이 가시광선보다 크다.
ㄴ. 가시광선과 X선은 모두 전자기파이다.
ㄷ. X선은 물체의 내부 구조를 알아보는 데 이용할 수 있다.

---

① ㄱ   ② ㄴ   ③ ㄱ, ㄷ   ④ ㄴ, ㄷ   ⑤ ㄱ, ㄴ, ㄷ

10

그림은 카메라로 사람을 촬영하는 모습을 나타낸 것으로, 이
카메라는 가시광선과 전자기파 A를 인식하여 실물 화상과 열화상을
함께 보여준다.

A에 대한 옳은 설명만을 〈보기〉에서 있는 대로 고른 것은?

보기

ㄱ. 자외선이다.
ㄴ. 진동수는 가시광선보다 크다.
ㄷ. 진공에서의 속력은 가시광선과 같다.

---

① ㄴ   ② ㄷ   ③ ㄱ, ㄴ   ④ ㄱ, ㄷ   ⑤ ㄴ, ㄷ

11

그림은 전자기파 A∼D를 파장에 따라 분류하여 나타낸 것이다.
B는 인체 내부의 뼈 사진을 촬영하는 데 사용된다.

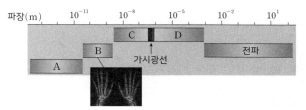

A∼D에 대한 설명으로 옳은 것만을 〈보기〉에서 있는 대로 고른
것은?

보기

ㄱ. A는 투과력이 가장 강하고 암 치료에 사용된다.
ㄴ. C는 컵을 소독하는 데 사용된다.
ㄷ. 진공에서 전자기파의 속력은 B가 D보다 크다.

---

① ㄱ   ② ㄷ   ③ ㄱ, ㄴ   ④ ㄴ, ㄷ   ⑤ ㄱ, ㄴ, ㄷ

12

그림은 학생 A, B, C가 X선과 초음파에 대해 대화하는 모습을
나타낸 것이다.

제시한 내용이 옳은 학생만을 있는 대로 고른 것은?

① A   ② C   ③ A, B   ④ B, C   ⑤ A, B, C

그림은 파장에 따른 전자기파의 분류를 나타낸 것이다.

| A | 가시광선 | C |
감마선 | 자외선 | B | 라디오파
10^{-12} 10^{-9} 10^{-6} 10^{-3} 1 10^{3}
파장(m)

이에 대한 설명으로 옳은 것만을 〈보기〉에서 있는 대로 고른 것은?

보기

ㄱ. 진동수는 C가 A보다 크다.
ㄴ. 공항에서 수하물 검사에 사용하는 X선은 A에 해당한다.
ㄷ. 적외선 체온계는 몸에서 나오는 B에 해당하는 전자기파를 측정한다.

① ㄱ   ② ㄷ   ③ ㄱ, ㄴ   ④ ㄴ, ㄷ   ⑤ ㄱ, ㄴ, ㄷ

그림 (가)는 전자기파를 파장에 따라 분류한 것을, (나)는 (가)의 C영역에 속하는 전자기파를 송수신하는 장치를 나타낸 것이다.

10^{-12} 10^{-9} 10^{-6} 10^{-3} 1 10^{3} 파장(m)
감마선 | 자외선 | 적외선 | 라디오파
A   B   C
(가)

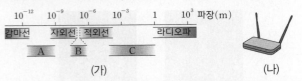
(나)

이에 대한 설명으로 옳은 것만을 〈보기〉에서 있는 대로 고른 것은?

보기

ㄱ. 진동수는 A가 C보다 크다.
ㄴ. B는 가시광선이다.
ㄷ. (나)의 장치에서 송수신하는 전자기파는 X선이다.

① ㄱ   ② ㄷ   ③ ㄱ, ㄴ   ④ ㄴ, ㄷ   ⑤ ㄱ, ㄴ, ㄷ

그림 (가)는 전자기파를 진동수에 따라 분류한 것이고, (나)는 전자기파 ㉠, ㉡을 이용한 장치를 나타낸 것이다.

진동수(Hz)
10^{9} 10^{12} 10^{15} 10^{18}
A | 적외선 | B | C
마이크로파 | 가시광선 | X선

㉠을 수신하여 방송이 나오는 라디오   ㉡으로 살균하는 식기 소독기

(가)   (나)

(가)의 A, B, C 중 ㉠, ㉡이 해당하는 영역은?

	㉠	㉡		㉠	㉡
①	A	B	②	A	C
③	B	A	④	B	C
⑤	C	A			

그림은 전자기파를 파장에 따라 분류한 것이고, 표는 전자기파 A, B, C가 사용되는 예를 순서 없이 나타낸 것이다.

| A | 가시광선 | C |
감마선 | 자외선 | B | 라디오파
10^{-12} 10^{-9} 10^{-6} 10^{-3} 1 10^{3}
파장(m)

전자기파	사용되는 예
(가)	체온을 측정하는 열화상 카메라에 사용된다.
(나)	음식물을 데우는 전자레인지에 사용된다.
(다)	공항 검색대에서 수하물의 내부 영상을 찍는 데 사용된다.

(가), (나), (다)에 해당하는 전자기파로 옳은 것은?

	(가)	(나)	(다)		(가)	(나)	(다)
①	A	B	C	②	A	C	B
③	B	A	C	④	B	C	A
⑤	C	A	B				

그림 (가)는 전자기파를 파장에 따라 분류한 것을, (나)는 (가)의 전자기파 A를 이용하는 레이더가 설치된 군함을 나타낸 것이다.

(가)

(나)

이에 대한 설명으로 옳은 것만을 〈보기〉에서 있는 대로 고른 것은?

보기
ㄱ. A의 진동수는 가시광선의 진동수보다 크다.
ㄴ. 전자레인지에서 음식물을 데우는 데 이용하는 전자기파는 A에 해당한다.
ㄷ. 진공에서의 속력은 감마선과 (나)의 레이더에서 이용하는 전자기파가 같다.

① ㄱ   ② ㄴ   ③ ㄱ, ㄷ   ④ ㄴ, ㄷ   ⑤ ㄱ, ㄴ, ㄷ

다음은 병원의 의료 기기에서 파동 A, B, C를 이용하는 예이다.

뼈 촬영
A : X선

의료 기구 소독
B : 자외선

태아 검진
C : 초음파

이에 대한 설명으로 옳은 것만을 〈보기〉에서 있는 대로 고른 것은?

보기
ㄱ. A, B는 전자기파에 속한다.
ㄴ. 진공에서의 파장은 A가 B보다 길다.
ㄷ. C는 매질이 없는 진공에서 진행할 수 없다.

① ㄴ   ② ㄷ   ③ ㄱ, ㄴ   ④ ㄱ, ㄷ   ⑤ ㄱ, ㄴ, ㄷ

그림은 스마트폰에서 재생한 음악이 전파를 이용한 무선 통신 방식의 블루투스 스피커로 출력되는 것을 나타낸 것이다. 스마트폰과 블루투스 스피커에는 안테나가 내장되어 있다. 이에 대한 설명으로 옳은 것만을 〈보기〉에서 있는 대로 고른 것은?

보기
ㄱ. 블루투스 스피커의 안테나는 전파를 수신하는 역할을 한다.
ㄴ. 블루투스 스피커로 전송되는 전파는 전기장과 자기장이 진동하면서 전달된다.
ㄷ. 진공에서는 스마트폰에서 블루투스 스피커로 전파가 전달되지 않는다.

① ㄱ   ② ㄷ   ③ ㄱ, ㄴ   ④ ㄱ, ㄷ   ⑤ ㄴ, ㄷ

그림과 같이 위조지폐를 감별하기 위해 지폐에 전자기파 A를 비추었더니 형광 무늬가 나타났다.

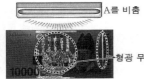

A를 비춤

형광 무늬

A는?

① 감마선   ② 자외선   ③ 적외선
④ 마이크로파   ⑤ 라디오파

21

다음은 어떤 전자기파가 실생활에서 이용되는 예이다.

열화상 카메라   TV 리모컨   체온계

이 전자기파는?

① X선   ② 자외선   ③ 적외선
④ 마이크로파   ⑤ 라디오파

23

그림은 전자기파 A, B, C를 이용하는 장치이다. A, B, C는 마이크로파, 자외선, 적외선을 순서 없이 나타낸 것이다.

물체의 온도를 측정할 때   음식을 데울 때   식기를 소독할 때
A를 이용하는 온도계   B를 이용하는 전자레인지   C를 이용하는 소독기

A, B, C로 옳은 것은?

	A	B	C
①	마이크로파	자외선	적외선
②	마이크로파	적외선	자외선
③	자외선	마이크로파	적외선
④	적외선	마이크로파	자외선
⑤	적외선	자외선	마이크로파

22

다음은 열화상 카메라 이용 사례에 대한 설명이다.

건물에서 난방용 에너지를 절약하기 위해서는 외부로 방출되는 열에너지를 줄이는 것이 중요하다. 열화상 카메라는 건물 표면에서 방출되는 전자기파 A를 인식하여 단열이 잘되지 않는 부분을 가시광선 영상으로 표시한다.

이에 대한 옳은 설명만을 〈보기〉에서 있는 대로 고른 것은?

보기
ㄱ. A는 적외선이다.
ㄴ. 진공에서 속력은 A와 가시광선이 같다.
ㄷ. 파장은 A가 가시광선보다 길다.

① ㄴ   ② ㄷ   ③ ㄱ, ㄴ   ④ ㄱ, ㄷ   ⑤ ㄱ, ㄴ, ㄷ

24

다음은 학생이 전자기파 ㉠, ㉡에 대해 조사한 내용이다.

○ 형광등 내부의 수은에서 방출된 ㉠ 이 형광등 내부에 발라놓은 형광 물질에 흡수되면 형광 물질에서 ㉡ 이 방출된다.

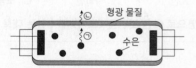

형광 물질
㉡
㉠
수은

○ ㉠ 은 살균 기능이 있어 식기 소독기에 이용된다.
○ ㉡ 은 광학 현미경에 이용된다.

㉠, ㉡에 들어갈 전자기파는?

	㉠	㉡
①	자외선	가시광선
②	자외선	감마(γ)선
③	자외선	X선
④	적외선	가시광선
⑤	적외선	감마(γ)선

25 [2024 수능] 전자기파 [2024학년도 수능 1번]

그림은 버스에서 이용하는 전자기파를 나타낸 것이다.

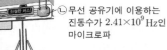

ㄱ전광판에 이용하는
진동수가 4.54×10^{14} Hz인
빨간색 빛

ㄴ무선 공유기에 이용하는
진동수가 2.41×10^{9} Hz인
마이크로파

ㄷ교통카드 시스템에 이용하는
진동수가 1.36×10^{7} Hz인
라디오파

이에 대한 설명으로 옳은 것만을 <보기>에서 있는 대로 고른 것은?

보기
ㄱ. ㄱ은 가시광선 영역에 해당한다.
ㄴ. 진공에서 속력은 ㄱ이 ㄴ보다 크다.
ㄷ. 진공에서 파장은 ㄴ이 ㄷ보다 짧다.

① ㄱ   ② ㄴ   ③ ㄱ, ㄴ   ④ ㄱ, ㄷ   ⑤ ㄴ, ㄷ

27 전자기파 [2018년 3월 학평 1번]

그림은 일상생활에서 활용되는 전자기파를 나타낸 것이다.

A : 열화상 카메라가   B : 광섬유를 따라 진   C : 무선 공유기가 송
감지하는 적외선   행하는 가시광선   신하는 마이크로파

전자기파 A, B, C를 진동수가 큰 순서대로 나열한 것은?

① A－B－C   ② A－C－B   ③ B－A－C
④ B－C－A   ⑤ C－A－B

26 전자기파의 분류와 활용 [2021학년도 9월 모평 3번]

그림은 스마트폰에서 쓰이는 파동 A, B, C를 나타낸 것이다.

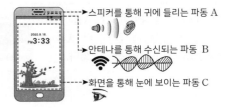

→ 스피커를 통해 귀에 들리는 파동 A
→ 안테나를 통해 수신되는 파동 B
→ 화면을 통해 눈에 보이는 파동 C

이에 대한 설명으로 옳은 것만을 <보기>에서 있는 대로 고른 것은?

보기
ㄱ. A는 전자기파에 속한다.
ㄴ. 진동수는 B가 C보다 작다.
ㄷ. C는 매질에 관계없이 속력이 일정하다.

① ㄱ   ② ㄴ   ③ ㄱ, ㄷ   ④ ㄴ, ㄷ   ⑤ ㄱ, ㄴ, ㄷ

28 전자기파 [2018년 4월 학평 2번]

그림은 전자기파를 진동수에 따라 분류하고, 전자기파 A, B가 생활에 이용되는 예를 나타낸 것이다.

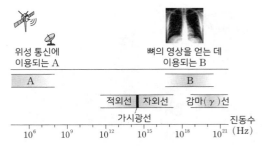

위성 통신에
이용되는 A

뼈의 영상을 얻는 데
이용되는 B

이에 대한 설명으로 옳은 것만을 <보기>에서 있는 대로 고른 것은?

보기
ㄱ. A는 X선이다.
ㄴ. 감마(γ)선은 전자레인지에 이용된다.
ㄷ. 진공에서의 속력은 A와 B가 같다.

① ㄱ   ② ㄷ   ③ ㄱ, ㄴ   ④ ㄴ, ㄷ   ⑤ ㄱ, ㄴ, ㄷ

그림 (가)는 파장에 따른 전자기파의 분류를 나타낸 것이고, (나)는 (가)의 전자기파 A, B, C를 이용한 예를 순서 없이 나타낸 것이다.

암 치료기

전자레인지

라디오

(가)　　　　　　　　　(나)

A, B, C를 이용한 예로 옳은 것은?

	A	B	C
①	라디오	암 치료기	전자레인지
②	라디오	전자레인지	암 치료기
③	암 치료기	라디오	전자레인지
④	암 치료기	전자레인지	라디오
⑤	전자레인지	암 치료기	라디오

다음은 전자기파 A에 대한 설명이다.

> 암 치료에 이용되는 전자기파 A는 핵반응 과정에서 방출되며 X선보다 파장이 짧고 투과력이 강하다.

암 치료기

A는?

① 감마선　② 자외선　③ 가시광선　④ 적외선　⑤ 마이크로파

그림은 전자기파 A, B, C가 사용되는 모습을 나타낸 것이다. A, B, C는 X선, 가시광선, 적외선을 순서 없이 나타낸 것이다.

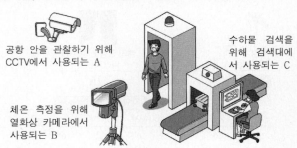

공항 안을 관찰하기 위해 CCTV에서 사용되는 A

수하물 검색을 위해 검색대에서 사용되는 C

체온 측정을 위해 열화상 카메라에서 사용되는 B

이에 대한 옳은 설명만을 〈보기〉에서 있는 대로 고른 것은?

> **보기**
> ㄱ. C는 X선이다.
> ㄴ. 진동수는 A가 C보다 크다.
> ㄷ. 진공에서의 속력은 C가 B보다 크다.

① ㄱ　② ㄷ　③ ㄱ, ㄴ　④ ㄱ, ㄷ　⑤ ㄴ, ㄷ

다음은 전자기파 A에 대한 설명이다.

> 공항 검색대에서는 투과력이 강한 A를 이용하여 가방 내부의 물건을 검색한다. A의 파장은 감마선보다 길고, 자외선보다 짧다.

A는?

① X선　② 가시광선　③ 적외선　④ 라디오파　⑤ 마이크로파

33

그림은 스마트폰에 정보를 전송하는 과정을 나타낸 것이다. A와 B는 각각 적외선과 마이크로파 중 하나이다.

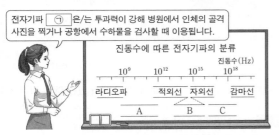

모뎀에서 광 다이오드가
A를 전기 신호로 전환함.

광섬유에서
A가 진행함.

무선 공유기가
B로 정보를 송신함.

스마트폰이
B를 수신함.

이에 대한 옳은 설명만을 〈보기〉에서 있는 대로 고른 것은?

> **보기**
> ㄱ. 진동수는 A가 B보다 크다.
> ㄴ. 진공에서 A와 B의 속력은 같다.
> ㄷ. A는 전자레인지에서 음식을 가열하는 데 이용된다.

① ㄱ ② ㄷ ③ ㄱ, ㄴ ④ ㄴ, ㄷ ⑤ ㄱ, ㄴ, ㄷ

34 **2023 평가원**

그림은 전자기파에 대해 학생이 발표하는 모습을 나타낸 것이다.

전자기파 ㉠은/는 투과력이 강해 병원에서 인체의 골격 사진을 찍거나 공항에서 수하물을 검사할 때 이용됩니다.

진동수에 따른 전자기파의 분류

진동수(Hz)
10^9 10^{12} 10^{15} 10^{18}

라디오파   적외선 자외선   감마선

A   B   C

이에 대한 설명으로 옳은 것만을 〈보기〉에서 있는 대로 고른 것은?

> **보기**
> ㄱ. ㉠은 A에 해당하는 전자기파이다.
> ㄴ. 진공에서 파장은 A가 B보다 길다.
> ㄷ. 열화상 카메라는 사람의 몸에서 방출되는 C를 측정한다.

① ㄱ ② ㄴ ③ ㄱ, ㄷ ④ ㄴ, ㄷ ⑤ ㄱ, ㄴ, ㄷ

35

그림은 전자기파에 대해 학생 A, B, C가 대화하는 모습을 나타낸 것이다.

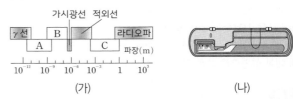

| X선 | 가시광선 | 마이크로파 |

㉠   ㉡

파장(m)
10^{-9} 10^{-6} 10^{-3} 1

x
전기장
자기장
y
z

전자기파는 전기장과 자기장의 진동 방향이 서로 수직이야. (학생 A)

㉠은 살균 작용을 해. (학생 B)

진동수는 ㉠이 ㉡보다 작아. (학생 C)

제시한 내용이 옳은 학생만을 있는 대로 고른 것은?

① A ② C ③ A, B ④ B, C ⑤ A, B, C

36

그림 (가)는 전자기파를 파장에 따라 분류한 것을, (나)는 (가)의 전자기파 A, B, C 중 하나를 이용한 휴대용 칫솔 살균기를 나타낸 것이다.

가시광선 적외선

γ선 | B | | 라디오파 |
  A   C   파장(m)
10^{-12} 10^{-9} 10^{-6} 10^{-3} 1 10^5

(가)   (나)

이에 대한 옳은 설명만을 〈보기〉에서 있는 대로 고른 것은?

> **보기**
> ㄱ. A는 마이크로파이다.
> ㄴ. (나)는 B를 이용한다.
> ㄷ. 진동수는 A가 C보다 크다.

① ㄱ ② ㄷ ③ ㄱ, ㄴ ④ ㄴ, ㄷ ⑤ ㄱ, ㄴ, ㄷ

DAY
25

Ⅲ

1
-
03
전자기파와 파동의 간섭

그림 (가)는 병원에서 전자기파 A를 사용하여 의료 진단용 사진을 찍는 모습을, (나)는 (가)에서 찍은 사진을 나타낸 것이다.

(가)　　　　　(나)

이에 대한 설명으로 옳은 것만을 <보기>에서 있는 대로 고른 것은?

보기
ㄱ. A는 X선이다.
ㄴ. A의 진동수는 마이크로파의 진동수보다 작다.
ㄷ. A는 공항에서 가방 속 물품을 검색하는 데 사용된다.

① ㄱ　　　② ㄴ　　　③ ㄱ, ㄷ　　　④ ㄴ, ㄷ　　　⑤ ㄱ, ㄴ, ㄷ

다음은 파동 A, B, C가 이용되는 예를 나타낸 것이다.

A: 레이더가 수신하는 마이크로파　　B: 광섬유 내부를 지나가는 가시광선　　C: 박쥐가 먹이를 찾을 때 이용하는 초음파

이에 대한 옳은 설명만을 <보기>에서 있는 대로 고른 것은?

보기
ㄱ. A, B, C는 모두 종파이다.
ㄴ. 진동수는 B가 A보다 크다.
ㄷ. C가 진행하려면 매질이 필요하다.

① ㄱ　　　② ㄷ　　　③ ㄱ, ㄴ　　　④ ㄴ, ㄷ　　　⑤ ㄱ, ㄴ, ㄷ

다음은 어떤 화장품과 관련된 내용이다. A, B, C는 가시광선, 자외선, 적외선을 순서 없이 나타낸 것이다.

　햇빛에는 우리 눈에 보이는 ┌ A ┐ 외에도 파장이 더 짧은 자외선과 더 긴 ┌ B ┐도 포함되어 있다. 햇빛이 강한 여름에 야외 활동을 할 때에는 피부를 보호하기 위해 ┌ C ┐을 차단할 수 있는 화장품을 사용하는 것이 좋다.

이에 대한 설명으로 옳은 것만을 <보기>에서 있는 대로 고른 것은?

보기
ㄱ. A는 가시광선이다.
ㄴ. 진동수는 B가 C보다 크다.
ㄷ. 열을 내는 물체에서는 B가 방출된다.

① ㄱ　　　② ㄴ　　　③ ㄱ, ㄷ　　　④ ㄴ, ㄷ　　　⑤ ㄱ, ㄴ, ㄷ

그림 (가)는 전자기파 A, B를 이용한 예를, (나)는 진동수에 따른 전자기파의 분류를 나타낸 것이다.

 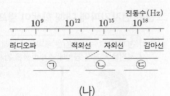

전자레인지의 내부에서는 음식을 데우기 위해 A가 이용되고, 표시 창에서는 B가 나와 남은 시간을 보여 준다.

(가)　　　　　(나)

이에 대한 설명으로 옳은 것만을 <보기>에서 있는 대로 고른 것은?

보기
ㄱ. A는 ⓒ에 해당한다.
ㄴ. B는 ⓛ에 해당한다.
ㄷ. 파장은 A가 B보다 길다.

① ㄱ　　　② ㄷ　　　③ ㄱ, ㄴ　　　④ ㄴ, ㄷ　　　⑤ ㄱ, ㄴ, ㄷ

그림은 전자기파를 파장에 따라 분류한 것이다.

X선		가시광선	마이크로파	
감마선	자외선	적외선		라디오파

10^{-12}　10^{-9}　10^{-6}　10^{-3}　1　10^3
파장(m)

이에 대한 설명으로 옳은 것은?

① X선은 TV용 리모컨에 이용된다.
② 자외선은 살균 기능이 있는 제품에 이용된다.
③ 파장은 감마선이 마이크로파보다 길다.
④ 진동수는 가시광선이 라디오파보다 작다.
⑤ 진공에서 속력은 적외선이 마이크로파보다 크다.

42

에너지의 양자화, 전자기파
[2022년 7월 학평 9번]

그림 (가)는 보어의 수소 원자 모형에서 양자수 n에 따른 전자의 에너지 준위의 일부와 전자의 전이 과정에서 방출되는 빛 a, b, c를 나타낸 것이다. b는 가시광선에 해당하는 빛이고, a와 c는 순서 없이 자외선, 적외선에 해당하는 빛이다. a, b, c의 진동수는 각각 f_a, f_b, f_c이다. 그림 (나)는 전자기파의 일부를 파장에 따라 분류한 것이다. a와 c는 ㉠과 ㉡ 중 하나에 해당한다.

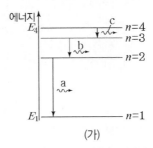

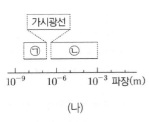

(가)　　　　　　(나)

이에 대한 설명으로 옳은 것만을 〈보기〉에서 있는 대로 고른 것은? (단, 플랑크 상수는 h이다.)

보기

ㄱ. $f_a + f_b + f_c = \dfrac{E_4 - E_1}{h}$ 이다.

ㄴ. a는 (나)에서 ㉠에 해당한다.

ㄷ. TV 리모컨에 사용되는 전자기파는 (나)에서 ㉡에 해당한다.

① ㄴ　　② ㄷ　　③ ㄱ, ㄴ　　④ ㄱ, ㄷ　　⑤ ㄱ, ㄴ, ㄷ

다음은 전자기파 A와 B를 사용하는 예에 대한 설명이다.

전자레인지에 사용되는 A는 음식물 속의 물 분자를 운동시키고, 물 분자가 주위의 분자와 충돌하면서 음식물을 데운다.

X선	B		A	
감마선	자외선	적외선		라디오파

10^{-12}　10^{-9}　10^{-6}　10^{-3}　1　10^3
파장(m)

A보다 파장이 짧은 B는 전자레인지가 작동하는 동안 내부를 비춰 작동 여부를 눈으로 확인할 수 있게 한다.

이에 대한 설명으로 옳은 것만을 〈보기〉에서 있는 대로 고른 것은?

보기

ㄱ. A는 가시광선이다.

ㄴ. 진공에서 속력은 A와 B가 같다.

ㄷ. 진동수는 A가 B보다 크다.

① ㄱ　　② ㄴ　　③ ㄱ, ㄷ　　④ ㄴ, ㄷ　　⑤ ㄱ, ㄴ, ㄷ

44

전자기파
[2023년 10월 학평 1번]

다음은 가상 현실(VR) 기기에 대한 설명이다. A와 B 중 하나는 가시광선이고, 다른 하나는 적외선이다.

컨트롤러 : A를 이용해 동작 정보를 머리 착용형 디스플레이로 전송함.

머리 착용형 디스플레이 : B를 이용해 사용자가 볼 수 있는 화면을 구현함.

이에 대한 옳은 설명만을 〈보기〉에서 있는 대로 고른 것은?

보기

ㄱ. B는 가시광선이다.

ㄴ. 진동수는 B가 A보다 크다.

ㄷ. 진공에서의 속력은 B가 A보다 크다.

① ㄱ　　② ㄴ　　③ ㄱ, ㄴ　　④ ㄱ, ㄷ　　⑤ ㄴ, ㄷ

45

그림 (가)는 초음파를 이용하여 인체 내의 이물질을 파괴하는 의료 장비를, (나)는 소음 제거 이어폰을 나타낸 것이다.

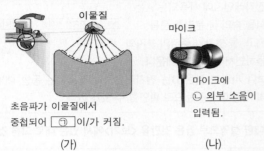

초음파가 이물질에서
중첩되어 ㉠ 이/가 커짐.
(가)

마이크에 ㉡ 외부 소음이 입력됨.
(나)

이에 대한 옳은 설명만을 〈보기〉에서 있는 대로 고른 것은?

보기

ㄱ. '진동수'는 ㉠에 해당한다.
ㄴ. (나)의 이어폰은 ㉡과 위상이 반대인 소리를 발생시킨다.
ㄷ. (가)와 (나)는 모두 파동의 상쇄 간섭을 이용한다.

① ㄴ   ② ㄷ   ③ ㄱ, ㄴ   ④ ㄱ, ㄷ   ⑤ ㄱ, ㄴ, ㄷ

46

다음은 간섭 현상을 활용한 예이다.

자동차의 배기관은 소음을 줄이는 구조로 되어 있다. A 부분에서 분리된 소리는 B 부분에서 중첩되는데, 이때 두 소리가 ㉠ 위상으로 중첩되면서 ㉡ 상쇄 간섭이 일어나 소음이 줄어든다.

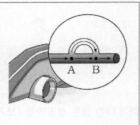

이에 대한 옳은 설명만을 〈보기〉에서 있는 대로 고른 것은?

보기

ㄱ. '같은'은 ㉠으로 적절하다.
ㄴ. ㉡이 일어날 때 파동의 진폭이 작아진다.
ㄷ. 소리의 진동수는 B에서가 A에서보다 크다.

① ㄱ   ② ㄴ   ③ ㄱ, ㄷ   ④ ㄴ, ㄷ   ⑤ ㄱ, ㄴ, ㄷ

47   2023 평가원

다음은 파동의 간섭을 활용한 무반사 코팅 렌즈에 대한 내용이다.

무반사 코팅 렌즈는 파동이 ⓐ 간섭하여 빛의 세기가 줄어드는 현상을 활용한 예로 ㉠ 공기와 코팅 막의 경계에서 반사하여 공기로 진행한 빛과 ㉡ 코팅 막과 렌즈의 경계에서 반사하여 공기로 진행한 빛이 ⓐ 간섭한다.

공기
코팅 막
렌즈

이에 대한 설명으로 옳은 것만을 〈보기〉에서 있는 대로 고른 것은?

보기

ㄱ. '상쇄'는 ⓐ에 해당한다.
ㄴ. ㉠과 ㉡은 위상이 같다.
ㄷ. 파동의 간섭 현상은 소음 제거 이어폰에 활용된다.

① ㄱ   ② ㄴ   ③ ㄱ, ㄷ   ④ ㄴ, ㄷ   ⑤ ㄱ, ㄴ, ㄷ

48

다음은 빛의 간섭을 활용하는 사례에 대한 설명이다.

태양 전지에 투명한 반사 방지막을 코팅하면 공기와의 경계면에서 반사에 의한 빛에너지 손실이 감소하고 흡수하는 빛에너지가 증가한다. 반사 방지막의 윗면과 아랫면에서 각각 반사한 빛이 ㉠ 위상으로 중첩되므로 ㉡ 간섭이 일어나 반사한 빛의 세기가 줄어든다.

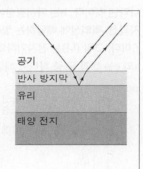

공기
반사 방지막
유리
태양 전지

이에 대한 옳은 설명만을 〈보기〉에서 있는 대로 고른 것은?

보기

ㄱ. 간섭은 빛의 파동성으로 설명할 수 있다.
ㄴ. '같은'은 ㉠으로 적절하다.
ㄷ. '보강'은 ㉡으로 적절하다.

① ㄱ   ② ㄷ   ③ ㄱ, ㄴ   ④ ㄴ, ㄷ   ⑤ ㄱ, ㄴ, ㄷ

49

그림은 두 파원에서 진동수가 f인 물결파가 같은 진폭으로 발생하여 중첩되는 모습을 나타낸 것이다. 두 물결파는 점 a에서는 같은 위상으로, 점 b에서는 반대 위상으로 중첩된다.

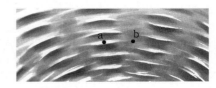

이에 대한 옳은 설명만을 〈보기〉에서 있는 대로 고른 것은?

보기
ㄱ. 물결파는 a에서 보강 간섭한다.
ㄴ. 진폭은 a에서가 b에서보다 크다.
ㄷ. a에서 물의 진동수는 f보다 크다.

① ㄴ   ② ㄷ   ③ ㄱ, ㄴ   ④ ㄱ, ㄷ   ⑤ ㄱ, ㄴ, ㄷ

50 `2023 수능`

그림은 소리의 간섭 실험에 대해 학생 A, B, C가 대화하는 모습을 나타낸 것이다.

제시한 내용이 옳은 학생만을 있는 대로 고른 것은? `3점`

① A   ② B   ③ A, C   ④ B, C   ⑤ A, B, C

51

그림은 점 S_1, S_2에서 진동수와 진폭이 같고 동일한 위상으로 발생한 물결파가 같은 속력으로 진행하는 어느 순간의 모습에 대해 학생 A, B, C가 대화하는 모습을 나타낸 것이다.

제시한 내용이 옳은 학생만을 있는 대로 고른 것은? `3점`

① A   ② B   ③ A, C   ④ B, C   ⑤ A, B, C

52 `2025 평가원`

그림은 진행 방향이 서로 반대인 동일한 두 파동 X, Y의 중첩에 대해 학생 A, B, C가 대화하는 모습을 나타낸 것이다. 점 P, Q, R는 x축상의 고정된 점이다.

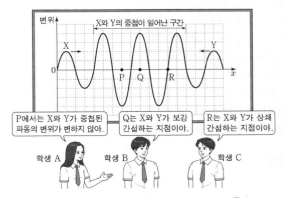

제시한 내용이 옳은 학생만을 있는 대로 고른 것은? `3점`

① A   ② B   ③ A, C   ④ B, C   ⑤ A, B, C

DAY
26
III
1
|
03
전
자
기
파
와
파
동
의
간
섭

다음은 일상생활에서 소리의 간섭 현상을 이용한 예이다.

○ 자동차 배기 장치에는 소리의 ⬚ ㉠ 간섭 현상을 이용한 구조가 있어서 소음이 줄어든다.

○ 소음 제거 헤드폰은 헤드폰의 마이크에 ㉡ 외부 소음이 입력되면 ㉠ 간섭을 일으킬 수 있는 ㉢ 소리를 헤드폰에서 발생시켜서 소음을 줄여준다.

이에 대한 설명으로 옳은 것만을 〈보기〉에서 있는 대로 고른 것은?

보기

ㄱ. '보강'은 ㉠에 해당한다.

ㄴ. ㉡과 ㉢은 위상이 반대이다.

ㄷ. 소리의 간섭 현상은 파동적 성질 때문에 나타난다.

① ㄱ ② ㄴ ③ ㄱ, ㄷ ④ ㄴ, ㄷ ⑤ ㄱ, ㄴ, ㄷ

그림은 주기와 파장이 같고, 속력이 일정한 두 수면파가 진행하는 어느 순간의 모습을 평면상에 모식적으로 나타낸 것이다. 두 수면파의 진폭은 A로 같다. 실선과 점선은 각각 수면파의 마루와 골의 위치를, 점 P, Q는 평면상의 고정된 지점을 나타낸 것이다.

P, Q에서 중첩된 수면파의 변위를 시간에 따라 나타낸 것으로 가장 적절한 것을 〈보기〉에서 고른 것은?

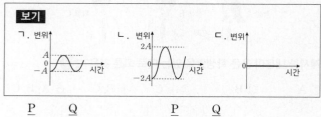

	P	Q		P	Q
①	ㄱ		ㄴ	②	ㄱ		ㄷ
③	ㄴ		ㄱ	④	ㄴ		ㄷ
⑤	ㄷ		ㄴ			

그림 (가)는 파장과 속력이 같고 연속적으로 발생되는 두 파동 A, B가 서로 반대 방향으로 진행할 때 시간 $t=0$인 순간의 모습을 나타낸 것이다. 그림 (나)는 (가)에서 $t=1$초일 때, A, B가 중첩된 모습을 나타낸 것이다.

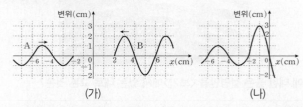

(가)   (나)

이에 대한 설명으로 옳은 것만을 〈보기〉에서 있는 대로 고른 것은?

 3점

보기

ㄱ. A의 속력은 2cm/s이다.

ㄴ. B의 주기는 1초이다.

ㄷ. $t=2$초일 때 $x=-5$cm에서 변위의 크기는 3cm이다.

① ㄱ ② ㄴ ③ ㄱ, ㄷ ④ ㄴ, ㄷ ⑤ ㄱ, ㄴ, ㄷ

그림은 줄에서 연속적으로 발생하는 두 파동 P, Q가 서로 반대 방향으로 x축과 나란하게 진행할 때, 두 파동이 만나기 전 시간 $t=0$인 순간의 줄의 모습을 나타낸 것이다. P와 Q의 진동수는 0.25Hz로 같다.

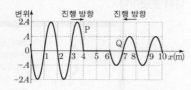

$t=2$초부터 $t=6$초까지, $x=5$m에서 중첩된 파동의 변위의 최댓값은?

① 0 ② A ③ $\frac{3}{2}A$ ④ $2A$ ⑤ $3A$

그림 (가)는 파원 S_1, S_2에서 발생한 물결파가 중첩될 때, 각 파원에서 발생한 물결파의 마루와 골을 나타낸 것이다. 그림 (나)는 (가)의 순간 점 P, O, Q를 잇는 직선상에서 중첩된 물결파의 변위를 나타낸 것이다. P에서 상쇄 간섭이 일어난다.

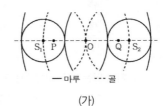

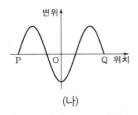

(가)   (나)

이에 대한 옳은 설명만을 〈보기〉에서 있는 대로 고른 것은? (단, 두 파원과 P, O, Q는 동일 평면상에 고정된 지점이다.)

> **보기**
> ㄱ. O에서 보강 간섭이 일어난다.
> ㄴ. Q에서 중첩된 두 물결파의 위상은 같다.
> ㄷ. 중첩된 물결파의 진폭은 O에서와 Q에서가 같다.

① ㄱ   ② ㄴ   ③ ㄱ, ㄷ   ④ ㄴ, ㄷ   ⑤ ㄱ, ㄴ, ㄷ

다음은 소리의 간섭 실험이다.

> [실험 과정]
> (가) 그림과 같이 나란하게 놓인 스피커 S_1과 S_2 사이의 중앙 지점에서 수직 방향으로 2m 떨어진 점 O를 표시한다.
>
>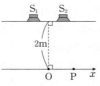
>
> (나) S_1, S_2에서 진동수가 340Hz이고 위상과 진폭이 동일한 소리를 발생시킨다.
> (다) O에서 $+x$방향으로 이동하며 소리의 세기를 측정하여 처음으로 보강 간섭하는 지점과 상쇄 간섭하는 지점을 표시한다.
>
> [실험 결과]
> ○ (다)의 결과
>
> | | 보강 간섭 | 상쇄 간섭 |
> |------|:--------:|:--------:|
> | 지점 | O | P |
>
> ○ O에서 P까지의 거리는 1m이다.

이에 대한 설명으로 옳은 것만을 〈보기〉에서 있는 대로 고른 것은?

3점

> **보기**
> ㄱ. S_1, S_2에서 발생한 소리의 위상은 O에서 서로 반대이다.
> ㄴ. O에서 $-x$방향으로 1m만큼 떨어진 지점에서는 S_1, S_2에서 발생한 소리가 상쇄 간섭한다.
> ㄷ. S_1에서 발생하는 소리의 위상만을 반대로 하면 S_1, S_2에서 발생한 소리가 O에서 보강 간섭한다.

① ㄱ   ② ㄴ   ③ ㄷ   ④ ㄱ, ㄴ   ⑤ ㄴ, ㄷ

그림과 같이 정사각형의 두 꼭짓점에 놓인 스피커 A, B에서 세기가 같고 진동수가 440Hz인 소리가 같은 위상으로 발생한다. 점 O는 두 꼭짓점 P, Q를 잇는 선분 $\overline{PQ}$의 중점이다. A, B에서 발생한 소리는 P에서 상쇄 간섭하고 O에서 보강 간섭한다.

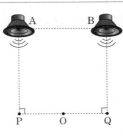

A, B에서 발생한 소리의 간섭에 대한 옳은 설명만을 〈보기〉에서 있는 대로 고른 것은?

> **보기**
> ㄱ. Q에서 상쇄 간섭한다.
> ㄴ. 중첩된 소리의 세기는 P와 O에서 같다.
> ㄷ. $\overline{PQ}$에서 보강 간섭하는 지점은 짝수 개다.

① ㄱ   ② ㄴ   ③ ㄱ, ㄷ   ④ ㄴ, ㄷ   ⑤ ㄱ, ㄴ, ㄷ

60

그림과 같이 두 개의 스피커에서
진폭과 진동수가 동일한 소리를
발생시키면 $x=0$에서 보강 간섭이
일어난다. 소리의 진동수가 f_1, f_2일
때 x축상에서 $x=0$으로부터 첫 번째
보강 간섭이 일어난 지점까지의
거리는 각각 $2d$, $3d$이다.
이에 대한 설명으로 옳은 것만을 <보기>에서 있는 대로 고른 것은?

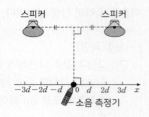

보기
ㄱ. $f_1 < f_2$이다.
ㄴ. f_1일 때 $x=0$과 $x=2d$ 사이에 상쇄 간섭이 일어나는 지점이
  있다.
ㄷ. 보강 간섭된 소리의 진동수는 스피커에서 발생한 소리의
  진동수보다 크다.

① ㄱ ② ㄴ ③ ㄱ, ㄷ ④ ㄴ, ㄷ ⑤ ㄱ, ㄴ, ㄷ

61

그림과 같이 스피커 A, B에서 진폭과
진동수가 동일한 소리를 발생시키면 점
O에서 보강 간섭이 일어나고, 점 P에서는
상쇄 간섭이 일어난다.
이에 대한 설명으로 옳은 것만을 <보기>
에서 있는 대로 고른 것은? (단, 스피커의 크기는 무시한다.)

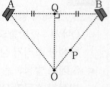

보기
ㄱ. A와 B에서 같은 위상으로 소리가 발생한다.
ㄴ. A와 B에서 발생한 소리는 점 Q에서 보강 간섭한다.
ㄷ. B에서 발생하는 소리의 위상만을 반대로 하면 A와 B에서
  발생한 소리가 P에서 보강 간섭한다.

① ㄱ ② ㄷ ③ ㄱ, ㄴ ④ ㄴ, ㄷ ⑤ ㄱ, ㄴ, ㄷ

62

그림은 빛의 간섭 현상을 알아보기 위한 실험을 나타낸 것이다.
스크린상의 점 O는 밝은 무늬의 중심이고, 점 P는 어두운 무늬의
중심이다.

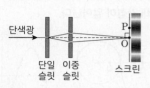

이에 대한 설명으로 옳은 것만을 <보기>에서 있는 대로 고른 것은?

보기
ㄱ. O에서는 보강 간섭이 일어난다.
ㄴ. 이중 슬릿을 통과하여 P에서 간섭한 빛의 위상은 서로 같다.
ㄷ. 간섭은 빛의 입자성을 보여 주는 현상이다.

① ㄱ ② ㄴ ③ ㄷ ④ ㄱ, ㄴ ⑤ ㄴ, ㄷ

63

다음은 소리의 간섭 실험이다.

[실험 과정]
(가) 약 1m 떨어져 서로 마주
  보고 있는 스피커 A, B에서
  진동수가 ⑦ 인 소리를
  같은 세기로 발생시킨다.
(나) 마이크를 A와 B 사이에서
  이동시키면서 ⓒ 소리의
  세기가 가장 작은 지점을 찾아 마이크를 고정시킨다.
(다) 소리의 파형을 측정한다.
(라) B만 끈 후 소리의 파형을 측정한다.

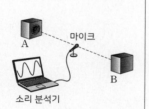

[실험 결과]
○ X, Y : (다), (라)의 결과를 구분 없이 나타낸 그래프

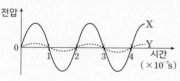

이에 대한 옳은 설명만을 <보기>에서 있는 대로 고른 것은?

보기
ㄱ. ⑦은 500Hz이다.
ㄴ. ⓒ에서 간섭한 소리의 위상은 서로 같다.
ㄷ. (라)의 결과는 Y이다.

① ㄱ ② ㄷ ③ ㄱ, ㄴ ④ ㄱ, ㄷ ⑤ ㄴ, ㄷ

64

그림 (가)는 진폭이 1cm, 속력이 5cm/s로 같은 두 물결파를 나타낸 것이다. 실선과 점선은 각각 물결파의 마루와 골이고, 점 P, Q, R는 평면상의 고정된 지점이다. 그림 (나)는 R에서 중첩된 물결파의 변위를 시간에 따라 나타낸 것이다.

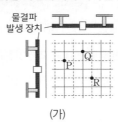
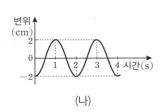

(가)   (나)

이에 대한 설명으로 옳은 것만을 <보기>에서 있는 대로 고른 것은?

3점

보기

ㄱ. 두 물결파의 파장은 10cm로 같다.
ㄴ. 1초일 때, P에서 중첩된 물결파의 변위는 2cm이다.
ㄷ. 2초일 때, Q에서 중첩된 물결파의 변위는 0이다.

① ㄱ   ② ㄷ   ③ ㄱ, ㄴ   ④ ㄴ, ㄷ   ⑤ ㄱ, ㄴ, ㄷ

65 [2024 평가원]

그림과 같이 파원 S_1, S_2에서 진폭과 위상이 같은 물결파를 0.5Hz의 진동수로 발생시키고 있다. 물결파의 속력은 1m/s로 일정하다.

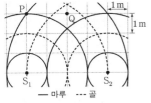

이에 대한 설명으로 옳은 것만을 <보기>에서 있는 대로 고른 것은? (단, 두 파원과 점 P, Q는 동일 평면상에 고정된 지점이다.) **3점**

보기

ㄱ. P에서는 보강 간섭이 일어난다.
ㄴ. Q에서 수면의 높이는 시간에 따라 변하지 않는다.
ㄷ. $\overline{PQ}$에서 상쇄 간섭이 일어나는 지점의 수는 2개이다.

① ㄱ   ② ㄴ   ③ ㄷ   ④ ㄱ, ㄴ   ⑤ ㄱ, ㄷ

66

그림은 파원 S_1, S_2에서 서로 같은 진폭과 위상으로 발생시킨 두 물결파의 0초일 때의 모습을 나타낸 것이다. 두 물결파의 진동수는 0.5Hz이다.

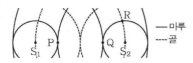

이에 대한 옳은 설명만을 <보기>에서 있는 대로 고른 것은? (단, 점 P, Q, R은 동일 평면상에 고정된 지점이다.) **3점**

보기

ㄱ. $\overline{PQ}$에서 상쇄 간섭이 일어나는 지점의 수는 1개이다.
ㄴ. 1초일 때 Q에서는 보강 간섭이 일어난다.
ㄷ. 소음 제거 이어폰은 R에서와 같은 종류의 간섭 현상을 활용한다.

① ㄴ   ② ㄷ   ③ ㄱ, ㄴ   ④ ㄱ, ㄷ   ⑤ ㄴ, ㄷ

67

다음은 스피커를 이용한 파동의 간섭 실험이다.

[실험 과정]
(가) 그림과 같이 동일한 스피커 A, B를 나란하게 두고 휴대폰과 연결한다.

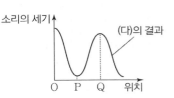

(나) A, B로부터 같은 거리에 있는 점 O에 소음 측정기를 놓고 A와 B에서 진동수와 진폭이 동일한 소리를 발생시킨다.
(다) 기준선을 따라 소음 측정기를 이동하면서 소음 측정기의 위치에 따른 소리의 세기를 측정한다.
(라) B를 제거하고 과정 (다)를 반복한다.

[실험 결과]

이에 대한 설명으로 옳은 것만을 <보기>에서 있는 대로 고른 것은?

3점

보기

ㄱ. A, B에서 발생한 소리는 O에서 같은 위상으로 만난다.
ㄴ. (다)에서 점 P에서는 상쇄 간섭이 일어난다.
ㄷ. 점 P에서 측정된 소리의 세기는 (다)에서가 (라)에서보다 크다.

① ㄱ   ② ㄷ   ③ ㄱ, ㄴ   ④ ㄴ, ㄷ   ⑤ ㄱ, ㄴ, ㄷ

DAY 26
Ⅲ
1 - 03
전자기파와 파동의 간섭

68

그림 A, B, C는 파동의 성질을 활용한 예를 나타낸 것이다.

A. 소음 제거 이어폰   B. 돋보기   C. 악기의 울림통

A, B, C 중 파동이 간섭하여 파동의 세기가 감소하는 현상을 활용한 예만을 있는 대로 고른 것은?

① A   ② C   ③ A, B   ④ B, C   ⑤ A, B, C

69

다음은 소리의 간섭 실험이다.

[실험 과정]

(가) 그림과 같이 $x=0$에서부터 같은 거리만큼 떨어진 곳에 스피커 A, B를 나란히 고정한다.

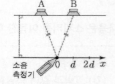

(나) A, B에서 진동수가 f이고 진폭이 동일한 소리를 발생시킨다.

(다) $+x$방향으로 이동하며 소리의 세기를 측정하여, $x=0$에서부터 처음으로 보강 간섭하는 지점과 상쇄 간섭하는 지점을 기록한다.

(라) (나)의 A, B에서 발생하는 소리의 진동수만을 $2f$로 바꾼 후, (다)를 반복한다.

(마) (나)의 A, B에서 발생하는 소리의 진동수만을 $3f$로 바꾼 후, (다)를 반복한다.

[실험 결과]

실험	소리의 진동수	보강 간섭하는 지점	상쇄 간섭하는 지점
(다)	f	$x=0$	$x=2d$
(라)	$2f$	$x=0$	$x=d$
(마)	$3f$	$x=0$	$x=\text{㉠}$

이에 대한 설명으로 옳은 것만을 〈보기〉에서 있는 대로 고른 것은? ③점

보기

ㄱ. (라)에서, 측정한 소리의 세기는 $x=0$에서가 $x=d$에서보다 작다.

ㄴ. ㉠은 d보다 작다.

ㄷ. (나)에서, A에서 발생하는 소리의 위상만을 반대로 하면 A, B에서 발생한 소리가 $x=0$에서 상쇄 간섭한다.

① ㄱ   ② ㄴ   ③ ㄱ, ㄷ   ④ ㄴ, ㄷ   ⑤ ㄱ, ㄴ, ㄷ

70

그림 A, B, C는 빛의 성질을 활용한 예를 나타낸 것이다.

A. 렌즈를 통해 보면 물체의 크기가 다르게 보인다.   B. 렌즈에 무반사 코팅을 하면 시야가 선명해진다.   C. 보는 각도에 따라 지폐의 글자 색이 다르게 보인다.

A, B, C 중 빛의 간섭 현상을 활용한 예만을 있는 대로 고른 것은?

① A   ② C   ③ A, B   ④ B, C   ⑤ A, B, C

71

그림 (가)는 두 점 S_1, S_2에서 발생시킨 진동수, 진폭, 위상이 같은 두 물결파가 일정한 속력으로 진행하는 순간의 모습을, (나)는 (가)의 순간부터 점 P, Q 중 한 점에서 중첩된 물결파의 변위를 시간에 따라 나타낸 것이다.

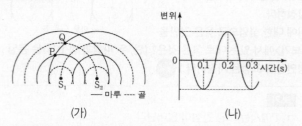

(가)   (나)

이에 대한 설명으로 옳은 것만을 〈보기〉에서 있는 대로 고른 것은? (단, S_1, S_2, P, Q는 동일 평면상에 고정된 지점이다.)

보기

ㄱ. (나)는 P에서의 변위를 나타낸 것이다.

ㄴ. S_1에서 발생시킨 물결파의 진동수는 5Hz이다.

ㄷ. $\overline{S_1 S_2}$에서 보강 간섭이 일어나는 지점의 수는 3개이다.

① ㄱ   ② ㄷ   ③ ㄱ, ㄴ   ④ ㄴ, ㄷ   ⑤ ㄱ, ㄴ, ㄷ

72 2023 평가원

그림 (가)는 두 점 S_1, S_2에서 진동수와 진폭이 같고 서로 반대의 위상으로 발생시킨 두 물결파의 시간 $t=0$일 때의 모습을 나타낸 것이다. 점 A, B, C는 평면상에 고정된 세 지점이고, 두 물결파의 속력은 같다. 그림 (나)는 C에서 중첩된 물결파의 변위를 t에 따라 나타낸 것이다.

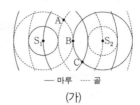
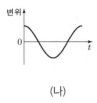

— 마루 ---- 골

(가)　　　　　　(나)

A, B에서 중첩된 물결파의 변위를 t에 따라 나타낸 것으로 가장 적절한 것은? 3점

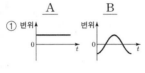
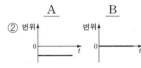

73 2024 평가원

그림은 진동수와 진폭이 같고 위상이 반대인 두 물결파를 발생시키고 있을 때, 시간 $t=0$인 순간의 모습을 나타낸 것이다. 두 물결파는 진행 속력이 20cm/s로 같고, 서로 이웃한 마루와 마루 사이의 거리는 20cm이다. 이에 대한 설명으로 옳은 것만을 〈보기〉에서 있는 대로 고른 것은? (단, 점 P, Q, R는 평면상에 고정된 지점이다.) 3점

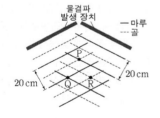

물결파 발생 장치
— 마루
--- 골
20cm
20cm

보기
ㄱ. P에서는 상쇄 간섭이 일어난다.
ㄴ. Q에서 중첩된 물결파의 변위는 시간에 따라 일정하다.
ㄷ. R에서 중첩된 물결파의 변위는 $t=1$초일 때와 $t=2$초일 때가 같다.

① ㄱ　　② ㄷ　　③ ㄱ, ㄴ　　④ ㄱ, ㄷ　　⑤ ㄴ, ㄷ

74 2025 평가원

그림은 가시광선, 마이크로파, X선을 분류하는 과정을 나타낸 것이다.

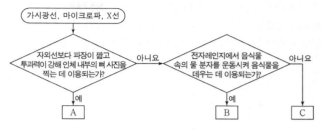

A, B, C에 해당하는 전자기파로 옳은 것은?

	A	B	C
①	X선	마이크로파	가시광선
②	X선	가시광선	마이크로파
③	마이크로파	X선	가시광선
④	마이크로파	가시광선	X선
⑤	가시광선	X선	마이크로파

75

그림은 전자기파 A, B가 사용되는 모습을 나타낸 것이다. A, B는 X선, 가시광선을 순서 없이 나타낸 것이다.

신체 내부의 뼈를 촬영하기 위해 사용되는 A

모니터 화면을 통해 눈에 보이는 B

이에 대한 옳은 설명만을 〈보기〉에서 있는 대로 고른 것은?

보기
ㄱ. A는 X선이다.
ㄴ. B는 적외선보다 진동수가 크다.
ㄷ. 진공에서 속력은 A와 B가 같다.

① ㄱ　　② ㄷ　　③ ㄱ, ㄴ　　④ ㄴ, ㄷ　　⑤ ㄱ, ㄴ, ㄷ

DAY 26
Ⅲ
1
I
03
전자기파와 파동의 간섭

76 2025 평가원

그림 (가)는 두 점 S_1, S_2에서 진동수 f로 발생시킨 진폭이 같고 위상이 반대인 두 물결파의 어느 순간의 모습을, (나)는 (가)의 S_1, S_2에서 진동수 $2f$로 발생시킨 진폭과 위상이 같은 두 물결파의 어느 순간의 모습을 나타낸 것이다. (가)와 (나)에서 발생시킨 물결파의 진행 속력은 같다. d_1과 d_2는 S_2에서 발생시킨 물결파의 파장이다.

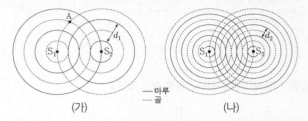

—마루
-----골
(가)   (나)

이에 대한 설명으로 옳은 것만을 〈보기〉에서 있는 대로 고른 것은? (단, S_1, S_2, A는 동일 평면상에 고정된 지점이다.) 3점

보기
ㄱ. (가)의 A에서는 보강 간섭이 일어난다.
ㄴ. (나)의 $\overline{S_1S_2}$에서 상쇄 간섭이 일어나는 지점의 개수는 5개이다.
ㄷ. $d_1 = 2d_2$이다.

① ㄱ ② ㄴ ③ ㄱ, ㄷ ④ ㄴ, ㄷ ⑤ ㄱ, ㄴ, ㄷ

77

그림과 같이 진폭과 진동수가 동일한 소리를 일정하게 발생시키는 스피커 A와 B를 $x=0$으로부터 같은 거리만큼 떨어진 x축상의 지점에 각각 고정시키고, 소음 측정기로 x축상에서 위치에 따른 소리의 세기를 측정하였다. $x=0$에서 상쇄 간섭이 일어나고, $x=0$으로부터 첫 번째 상쇄 간섭이 일어난 지점까지의 거리는 $2d$이다.

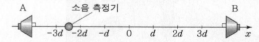

이에 대한 옳은 설명만을 〈보기〉에서 있는 대로 고른 것은? (단, 소음 측정기와 A, B의 크기는 무시한다.)

보기
ㄱ. $x=0$과 $x=-2d$ 사이에 보강 간섭이 일어나는 지점이 있다.
ㄴ. 소리의 세기는 $x=0$에서가 $x=3d$에서보다 작다.
ㄷ. A와 B에서 발생한 소리는 $x=0$에서 같은 위상으로 만난다.

① ㄱ ② ㄴ ③ ㄷ ④ ㄱ, ㄴ ⑤ ㄴ, ㄷ

78 2025 수능

그림은 전자기파를 일상생활에서 이용하는 예이다.

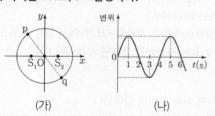

㉠ 음악 감상을 위한 무선 블루투스 헤드폰
㉡ 칫솔 살균을 위한 휴대용 칫솔 살균기
㉢ 어두울 때 사용할 손전등

이에 대한 설명으로 옳은 것만을 〈보기〉에서 있는 대로 고른 것은?

보기
ㄱ. ㉠은 감마선을 이용하여 스마트폰과 통신한다.
ㄴ. ㉡에서 살균 작용에 사용되는 자외선은 마이크로파보다 파장이 짧다.
ㄷ. 진공에서의 속력은 ㉢에서 사용되는 전자기파가 X선보다 크다.

① ㄱ ② ㄴ ③ ㄷ ④ ㄱ, ㄴ ⑤ ㄴ, ㄷ

79 2025 수능

그림 (가)와 같이 xy평면의 원점 O로부터 같은 거리에 있는 x축상의 두 지점 S_1, S_2에서 진동수와 진폭이 같고, 위상이 서로 반대인 두 물결파를 동시에 발생시킨다. 점 p, q는 O를 중심으로 하는 원과 O를 지나는 직선이 만나는 지점이다. 그림 (나)는 p에서 중첩된 물결파의 변위를 시간 t에 따라 나타낸 것이다. S_1, S_2에서 발생시킨 두 물결파의 속력은 10cm/s로 일정하다.

이에 대한 설명으로 옳은 것만을 〈보기〉에서 있는 대로 고른 것은? (단, S_1, S_2, p, q는 xy평면상의 고정된 지점이다.) 3점

보기
ㄱ. S_1에서 발생한 물결파의 파장은 20cm이다.
ㄴ. $t=1$초일 때, 중첩된 물결파의 변위의 크기는 p에서와 q에서가 같다.
ㄷ. O에서 보강 간섭이 일어난다.

① ㄱ ② ㄴ ③ ㄷ ④ ㄱ, ㄴ ⑤ ㄴ, ㄷ

2. 빛과 물질의 이중성

01 빛의 이중성 ★수능에 나오는 필수 개념 2가지 + 필수 암기사항 5개

기본자료

▶ 문턱 진동수(한계 진동수)
금속판에 대해 빛이 전자를 방출할 수 있는 최소한의 진동수

필수개념 1 광전 효과

• **암기** 빛의 세기에 관계없이 광전 효과는 **특정 진동수(한계 진동수 f_0) 이상의 빛을 비춰주면 광전자가 방출된다.** → 광전 효과 실험 결과 해석은 매 시험마다 출제되므로 꼭 암기해야 한다.
  ○ 정의 : 금속의 표면에 문턱 진동수 이상의 진동수를 가진 빛을 비추면 금속으로부터 전자가 방출되는 현상
  ○ 실험 결과

결과	파동으로 설명이 불가능한 이유
1. 금속 표면에 쪼여주는 빛의 진동수가 문턱 진동수라는 특정한 값보다 작으면 아무리 센 빛을 쪼여주어도 광전자가 방출되지 않는다.	파동에너지는 진폭과 진동수의 제곱에 비례함. 진폭이 큰 빛을 금속에 비추면 광전자가 방출되어야 하는데 방출되지 않음
2. 광전자의 운동 에너지는 빛의 세기와 관계가 없고 빛의 진동수에 비례한다.	진동수가 일정하면서 빛의 세기가 큰 빛을 받으면 전자가 받는 에너지가 커지므로 운동 에너지도 커져야 하는데 커지지 않음
3. 쪼여주는 빛의 진동수가 문턱 진동수보다 크면 즉시 광전자가 방출되며, 단위 시간에 방출되는 광전자의 수는 빛의 세기에 비례한다.	세기가 작은 빛을 비추면 전자가 방출되는 데 필요한 에너지가 축적되어야 하므로 시간이 걸려야 하지만 즉시 광전자가 방출됨
위의 실험 결과는 빛의 파동성으로 설명할 수 없음	

• **암기** **정지전압(V_s) :** 금속판(음극)에서 방출된 전자는 양극으로 이동하게 된다. 그러나 광전관 안에 역 전압을 걸어주면 금속판에서 튀어나온 전자는 전기력에 의해 속도를 잃게 된다. 속도를 잃은 전자는 양극으로 건너가지 못하게 되고 회로에 흐르는 광전류는 0이 된다. 이렇게 광전류의 값이 0이 될 때 광전관에 걸리는 역 전압의 크기를 정지전압이라고 한다. 정지전압의 크기는 광전자의 운동에너지가 클수록 크다. 이는 빠르게 움직이는 자동차를 멈추게 하는 것이 더 어려운 것과 같은 내용이다. 아래 그림처럼 저항의 크기를 조절하면서 전류계에 흐르는 광전류 값이 0이 되도록 한다. 광전류 값이 0이 될 때 전압계에 측정되는 전압이 정지전압이다.

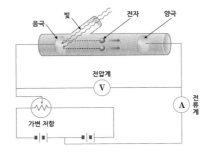

- 암기 빛의 세기-전압에 따른 광전류 그래프

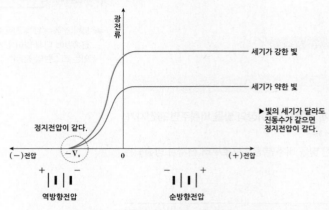

〈진동수는 같고 세기가 다른 빛을 비출 때〉

- 암기 빛의 진동수-전압에 따른 광전류 그래프

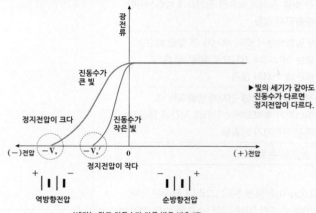

〈세기는 같고 진동수가 다른 빛을 비출 때〉

- **결론** : 정지전압은 광전자의 최대 운동에너지에 비례한다. 광전자의 최대 운동에너지는 빛의 세기가 아닌 진동수에 관계한다. 이것은 빛의 입자성을 증명하는 결과이다.

필수개념 2 **광양자설**

- 암기 **빛의 진동수와 세기가 광전 효과에 미치는 영향** → 광전 효과에서 빛의 진동수와 세기는 자주 출제되는 부분이기에 꼭 암기해야 한다!!
  - O 빛의 진동수 → 광자 1개의 에너지 → 광전자의 운동 에너지
  - O 빛의 세기 → 광자의 수 → 광전자의 수(광전류)

광양자설
빛은 연속적인 파동의 흐름이 아니라 진동수에 비례하는 에너지를 갖는 광자(광양자)의 흐름.
진동수가 f인 광자 1개의 에너지 : $E=hf=h\dfrac{c}{\lambda}$
빛에 의해 전달되는 에너지는 광자들이 갖는 에너지의 정수배로 이루어지는 불연속적인 값
광전자를 방출하려면 한계 진동수 f_0 이상의 빛을 비춰야 하며, 이때 금속으로부터 전자를 방출시키기 위한 최소한의 에너지를 일함수(W)라고 함.
금속의 일함수 : $W=hf_0$

진동수가 f인 광양자를 한계 진동수 f_0인 금속에 비출 때 광전자가 방출되려면 광자의 에너지는 일함수 W보다 커야 하며, 광전자의 최대 운동 에너지 E_k는 다음과 같다.

$$E_k=E-W=hf-hf_0=h(f-f_0)$$

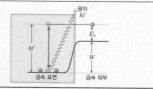

▶ 플랑크 상수(h)
양자역학적인 현상에서 기본적인 의미를 가지고 있는 기본 상수. 독일의 물리학자 M. 플랑크가 1900년에 열복사를 연구하다 발견함
$$h=6.63\times10^{-34}\,\text{J}\cdot\text{s}$$

1

다음은 전하 결합 소자(CCD)에 대한 설명이다.

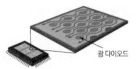

디지털카메라의 한 부품인 전하
결합 소자는 영상 정보를 기록하는
소자로, 광 다이오드로 구성된
전하 결합 소자에 빛을 비추면
전자가 발생하는 ⓐ 에 의해
전류가 흐르므로 빛의 ⓑ 을 이용하는 장치이다.

ⓐ과 ⓑ에 해당하는 것으로 옳은 것은?

	ⓐ	ⓑ
①	광전 효과	입자성
②	광전 효과	파동성
③	빛의 간섭	입자성
④	빛의 간섭	파동성
⑤	빛의 굴절	입자성

3

2023 평가원

그림과 같이 단색광 A를 금속판 P에
비추었을 때 광전자가 방출되지 않고,
단색광 B, C를 각각 P에 비추었을 때
광전자가 방출된다. 방출된 광전자의

최대 운동 에너지는 B를 비추었을 때가 C를 비추었을 때보다 크다.
이에 대한 설명으로 옳은 것만을 〈보기〉에서 있는 대로 고른 것은?

3점

보기
ㄱ. A의 세기를 증가시키면 광전자가 방출된다.
ㄴ. P의 문턱 진동수는 B의 진동수보다 작다.
ㄷ. 단색광의 진동수는 B가 C보다 크다.

① ㄱ   ② ㄴ   ③ ㄱ, ㄷ   ④ ㄴ, ㄷ   ⑤ ㄱ, ㄴ, ㄷ

2

그림은 빛에 의한 현상 A, B, C를 나타낸 것이다.

A. 전하 결합 소자에서 전자-양공쌍이 생성된다.   B. 비누 막에서 다양한 색의 무늬가 보인다.   C. 지폐의 숫자 부분이 보는 각도에 따라 다른 색으로 보인다.

빛의 입자성으로 설명할 수 있는 현상만을 있는 대로 고른 것은?

① A   ② B   ③ A, C   ④ B, C   ⑤ A, B, C

4

다음은 단색광 A, B를 광전관의 금속판 P에 각각 비추었을 때
일어나는 현상에 대한 설명이다.

단색광 A
단색광 B
금속판 P
광전관

(가) 세기가 I인 A를 P에 비추었을 때, P에서 광전자가
방출되었다.
(나) 세기가 I인 B를 P에 비추었을 때, P에서 광전자가
방출되지 않았다.

이에 대한 설명으로 옳은 것만을 〈보기〉에서 있는 대로 고른 것은?

보기
ㄱ. 진동수는 A가 B보다 크다.
ㄴ. (가)에서 A의 세기를 $\frac{1}{2}I$로 감소시키면 P에서 방출되는
광전자의 수가 증가한다.
ㄷ. (나)에서 B의 세기를 $2I$로 증가시키면 P에서 광전자가
방출된다.

① ㄱ   ② ㄷ   ③ ㄱ, ㄴ   ④ ㄴ, ㄷ   ⑤ ㄱ, ㄴ, ㄷ

5

다음은 빛의 이중성에 대한 내용이다.

> 오랫동안 과학자들 사이에 빛이 파동인지 입자인지에 관한 논쟁이 있어 왔다. 19세기에 빛의 간섭 실험과 매질 내에서 빛의 속력 측정 실험 등으로 빛의 파동성이 인정받게 되었다. 그러나 빛의 파동성으로 설명할 수 없는 ⑤ 을/를 아인슈타인이 광자(광양자)의 개념을 도입하여 설명한 이후, 여러 과학자들의 연구를 통해 빛의 입자성도 인정받게 되었다.

이에 대한 설명으로 옳은 것만을 〈보기〉에서 있는 대로 고른 것은?

> **보기**
> ㄱ. 광전 효과는 ⑤에 해당된다.
> ㄴ. 전하 결합 소자(CCD)는 빛의 입자성을 이용한다.
> ㄷ. 비눗방울에서 다양한 색의 무늬가 보이는 현상은 빛의 파동성으로 설명할 수 있다.

① ㄱ　　② ㄷ　　③ ㄱ, ㄴ　　④ ㄴ, ㄷ　　⑤ ㄱ, ㄴ, ㄷ

7

그림은 동일한 금속판에 단색광 A, B를 각각 비추었을 때 광전자가 방출되는 모습을 나타낸 것이다. 방출되는 광전자 중 속력이 최대인 광전자 a, b의 운동 에너지는 각각 E_a, E_b이고, $E_a > E_b$이다.

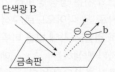

이에 대한 옳은 설명만을 〈보기〉에서 있는 대로 고른 것은?

> **보기**
> ㄱ. 진동수는 A가 B보다 크다.
> ㄴ. 물질파 파장은 a가 b보다 크다.
> ㄷ. B의 세기를 증가시키면 E_b가 증가한다.

① ㄱ　　② ㄴ　　③ ㄱ, ㄷ　　④ ㄴ, ㄷ　　⑤ ㄱ, ㄴ, ㄷ

6

그림과 같이 금속판에 초록색 빛을 비추어 방출된 광전자를 가속하여 이중 슬릿에 입사시켰더니 형광판에 간섭무늬가 나타났다. 금속판에 빨간색 빛을 비추었을 때는 광전자가 방출되지 않았다. 이에 대한 설명으로 옳은 것만을 〈보기〉에서 있는 대로 고른 것은?

3점

> **보기**
> ㄱ. 광전자의 속력이 커지면 광전자의 물질파 파장은 줄어든다.
> ㄴ. 초록색 빛의 세기를 감소시켜도 간섭무늬의 밝은 부분의 밝기가 변하지 않는다.
> ㄷ. 금속판의 문턱 진동수는 빨간색 빛의 진동수보다 크다.

① ㄱ　　② ㄴ　　③ ㄱ, ㄷ　　④ ㄴ, ㄷ　　⑤ ㄱ, ㄴ, ㄷ

8

그림 (가)는 금속판 A에 단색광 P를 비추었을 때 광전자가 방출되지 않는 것을, (나)는 A에 단색광 Q를 비추었을 때 광전자가 방출되는 것을 나타낸 것이다.

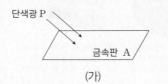
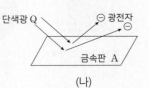

이에 대한 설명으로 옳은 것만을 〈보기〉에서 있는 대로 고른 것은?

> **보기**
> ㄱ. 진동수는 P가 Q보다 작다.
> ㄴ. (가)에서 P의 세기를 증가시켜 A에 비추면 광전자가 방출된다.
> ㄷ. (나)에서 광전자가 방출되는 것은 빛의 입자성을 보여주는 현상이다.

① ㄱ　　② ㄴ　　③ ㄱ, ㄷ　　④ ㄴ, ㄷ　　⑤ ㄱ, ㄴ, ㄷ

9

그림과 같이 단색광 A 또는 B를 광 다이오드에 비추었더니 광 다이오드에 전류가 흘렀다. 표는 단색광의 세기에 따른 전류의 세기를 측정한 것을 나타낸 것이다.

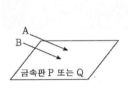

단색광	단색광의 세기	전류의 세기
A	I	0
	$2I$	㉠
B	I	㉡
	$2I$	$2I_0$

단색광 A 또는 B → 전류 → 광 다이오드

이에 대한 설명으로 옳은 것만을 〈보기〉에서 있는 대로 고른 것은?

보기

ㄱ. ㉠은 0이다.
ㄴ. ㉡은 $2I_0$보다 크다.
ㄷ. 광 다이오드는 빛의 파동성을 이용한다.

① ㄱ ② ㄷ ③ ㄱ, ㄴ ④ ㄴ, ㄷ ⑤ ㄱ, ㄴ, ㄷ

11

그림 (가)는 단색광 A, B를 광전관의 금속판에 비추는 모습을 나타낸 것이고, (나)는 A, B의 세기를 시간에 따라 나타낸 것이다. t_1일 때 광전자가 방출되지 않고, t_2일 때 광전자가 방출된다.

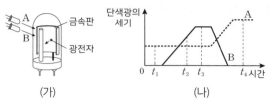

(가)   (나)

이에 대한 설명으로 옳은 것만을 〈보기〉에서 있는 대로 고른 것은?

보기

ㄱ. 진동수는 A가 B보다 작다.
ㄴ. 방출되는 광전자의 최대 운동 에너지는 t_2일 때가 t_3일 때보다 작다.
ㄷ. t_4일 때 광전자가 방출된다.

① ㄱ ② ㄷ ③ ㄱ, ㄴ ④ ㄴ, ㄷ ⑤ ㄱ, ㄴ, ㄷ

10

그림은 진동수가 다른 단색광 A, B를 금속판 P 또는 Q에 비추는 모습을, 표는 금속판에 비춘 단색광에 따라 금속판에서 방출되는 광전자의 최대 운동 에너지를 나타낸 것이다.

A B → 금속판 P 또는 Q

금속판	금속판에 비춘 단색광	최대 운동 에너지
P	A	E_0
	A, B	E_0
Q	B	$2E_0$
	A, B	㉠

이에 대한 설명으로 옳은 것만을 〈보기〉에서 있는 대로 고른 것은?

보기

ㄱ. 진동수는 A가 B보다 크다.
ㄴ. 문턱 진동수는 P가 Q보다 작다.
ㄷ. ㉠은 $2E_0$보다 크다.

① ㄱ ② ㄴ ③ ㄱ, ㄷ ④ ㄴ, ㄷ ⑤ ㄱ, ㄴ, ㄷ

12

그림은 보어의 수소 원자 모형에서 양자수 n에 따른 에너지 준위의 일부와 전자의 전이에서 방출되는 단색광 a, b, c, d를 나타낸 것이다. 표는 a, b, c, d를 광전관 P에 각각 비추었을 때 광전자의 방출 여부와 광전자의 최대 운동 에너지 E_{max}를 나타낸 것이다.

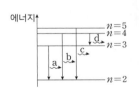

단색광	광전자의 방출 여부	E_{max}
a	방출 안 됨	—
b	방출됨	E_1
c	방출됨	E_2
d	방출 안 됨	—

이에 대한 설명으로 옳은 것만을 〈보기〉에서 있는 대로 고른 것은?

보기

ㄱ. 진동수는 a가 b보다 크다.
ㄴ. b와 c를 P에 동시에 비출 때 E_{max}는 E_2이다.
ㄷ. a와 d를 P에 동시에 비출 때 광전자가 방출된다.

① ㄱ ② ㄴ ③ ㄱ, ㄷ ④ ㄴ, ㄷ ⑤ ㄱ, ㄴ, ㄷ

DAY 27
Ⅲ
2 - 01 빛의 이중성

그림 (가)는 보어의 수소 원자 모형에서 에너지 준위와 전자가 전이할 때 방출된 빛 A, B, C를 나타낸 것이다. 그림 (나)는 (가)의 A, B, C 중 하나를 금속판 P에 비추는 것을 나타낸 것이다. P에 B를 비추었을 때는 광전자가 방출되었고 C를 비추었을 때는 광전자가 방출되지 않았다.

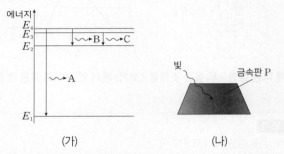

(가)   (나)

이에 대한 설명으로 옳은 것만을 〈보기〉에서 있는 대로 고른 것은?

보기
ㄱ. A를 P에 비추면 광전자가 방출된다.
ㄴ. 파장은 B가 C보다 길다.
ㄷ. C의 세기를 증가시켜 P에 비추면 광전자가 방출된다.

① ㄱ   ② ㄷ   ③ ㄱ, ㄴ   ④ ㄴ, ㄷ   ⑤ ㄱ, ㄴ, ㄷ

그림은 서로 다른 금속판 P, Q에 각각 단색광 A, B 중 하나를 비추는 모습을 나타낸 것이다. 표는 단색광을 비추었을 때 금속판에서 방출되는 광전자의 최대 운동 에너지를 나타낸 것이다.

	A	B
P	$3E_0$	$5E_0$
Q	E_0	㉠

이에 대한 설명으로 옳은 것만을 〈보기〉에서 있는 대로 고른 것은?

보기
ㄱ. 문턱 진동수는 Q가 P보다 크다.
ㄴ. 파장은 B가 A보다 길다.
ㄷ. ㉠은 E_0보다 크다.

① ㄱ   ② ㄴ   ③ ㄱ, ㄷ   ④ ㄴ, ㄷ   ⑤ ㄱ, ㄴ, ㄷ

그림은 광 다이오드에 단색광을 비추었을 때 광 다이오드의 p−n 접합면에서 광전자가 방출되어 n형 반도체 쪽으로 이동하는 모습을 나타낸 것이다. 표는 단색광의 세기만을 다르게 하여 광 다이오드에 비추었을 때 단위 시간당 방출되는 광전자의 수를 나타낸 것이다.

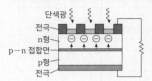

구분	단색광의 세기	광전자의 수
A	I_A	$2N_0$
B	I_B	N_0

이에 대한 설명으로 옳은 것만을 〈보기〉에서 있는 대로 고른 것은?

보기
ㄱ. $I_A < I_B$이다.
ㄴ. 광 다이오드는 빛의 입자성을 이용한다.
ㄷ. 광 다이오드는 전하 결합 소자(CCD)에 이용될 수 있다.

① ㄱ   ② ㄷ   ③ ㄱ, ㄴ   ④ ㄴ, ㄷ   ⑤ ㄱ, ㄴ, ㄷ

표는 금속판 A, B에 비춘 빛의 파장과 세기에 따른 광전자의 방출 여부와 광전자의 최대 운동 에너지 E_{max}의 측정 결과를 나타낸 것이다.

금속판	빛의 파장	빛의 세기	광전자 방출 여부	E_{max}
A	λ	I	방출 안 됨	—
	㉠	I	방출됨	E
B	λ	I	방출됨	$2E$
	λ	$2I$	방출됨	㉡

이에 대한 옳은 설명만을 〈보기〉에서 있는 대로 고른 것은?

보기
ㄱ. ㉠은 λ보다 크다.
ㄴ. 문턱 진동수는 A가 B보다 크다.
ㄷ. ㉡은 $2E$보다 크다.

① ㄱ   ② ㄴ   ③ ㄱ, ㄷ   ④ ㄴ, ㄷ   ⑤ ㄱ, ㄴ, ㄷ

17

그림 (가)는 단색광 A와 B를 금속판 P에 비추었을 때 광전자가 방출되지 않는 것을, (나)는 B와 단색광 C를 P에 비추었을 때 광전자가 방출되는 것을 나타낸 것이다. 이때 광전자의 최대 운동 에너지는 E_0이다.

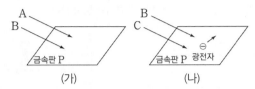

이에 대한 설명으로 옳은 것만을 〈보기〉에서 있는 대로 고른 것은?

보기
ㄱ. A의 진동수는 P의 문턱 진동수보다 크다.
ㄴ. 진동수는 C가 B보다 크다.
ㄷ. A와 C를 P에 비추면 P에서 방출되는 광전자의 최대 운동 에너지는 E_0이다.

① ㄱ   ② ㄷ   ③ ㄱ, ㄴ   ④ ㄴ, ㄷ   ⑤ ㄱ, ㄴ, ㄷ

18

그림 (가)와 같이 금속판 P에 단색광 A를 비추었을 때는 광전자가 방출되지 않고, P에 단색광 B를 비추었을 때 광전자가 방출된다. 그림 (나)와 같이 금속판 Q에 A, B를 각각 비추었을 때 각각 광전자가 방출된다.

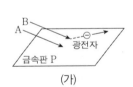 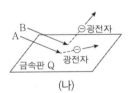

이에 대한 설명으로 옳은 것만을 〈보기〉에서 있는 대로 고른 것은?

보기
ㄱ. (가)에서 A의 세기를 증가시키면 광전자가 방출된다.
ㄴ. (나)에서 방출된 광전자의 최대 운동 에너지는 A를 비추었을 때가 B를 비추었을 때보다 작다.
ㄷ. B를 비추었을 때 방출되는 광전자의 물질파 파장의 최솟값은 (가)에서가 (나)에서보다 작다.

① ㄱ   ② ㄴ   ③ ㄱ, ㄷ   ④ ㄴ, ㄷ   ⑤ ㄱ, ㄴ, ㄷ

19 **2024 평가원**

그림은 금속판 P, Q에 단색광을 비추었을 때, P, Q에서 방출되는 광전자의 최대 운동 에너지 E_K를 단색광의 진동수에 따라 나타낸 것이다.
이에 대한 설명으로 옳은 것만을 〈보기〉에서 있는 대로 고른 것은?

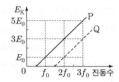

보기
ㄱ. 문턱 진동수는 P가 Q보다 작다.
ㄴ. 광양자설에 의하면 진동수가 f_0인 단색광을 Q에 오랫동안 비추어도 광전자가 방출되지 않는다.
ㄷ. 진동수가 $2f_0$일 때, 방출되는 광전자의 물질파 파장의 최솟값은 Q에서가 P에서의 3배이다.

① ㄱ   ② ㄷ   ③ ㄱ, ㄴ   ④ ㄴ, ㄷ   ⑤ ㄱ, ㄴ, ㄷ

20

표는 서로 다른 금속판 A, B에 진동수가 각각 f_X, f_Y인 단색광 X, Y 중 하나를 비추었을 때 방출되는 광전자의 최대 운동 에너지를 나타낸 것이다.

금속판	광전자의 최대 운동 에너지	
	X를 비춘 경우	Y를 비춘 경우
A	E_0	광전자가 방출되지 않음
B	$3E_0$	E_0

이에 대한 설명으로 옳은 것만을 〈보기〉에서 있는 대로 고른 것은? (단, h는 플랑크 상수이다.)

보기
ㄱ. $f_X > f_Y$이다.
ㄴ. $E_0 = hf_X$이다.
ㄷ. Y의 세기를 증가시켜 A에 비추면 광전자가 방출된다.

① ㄱ   ② ㄴ   ③ ㄱ, ㄷ   ④ ㄴ, ㄷ   ⑤ ㄱ, ㄴ, ㄷ

그림은 금속판에 광원 A 또는 B에서 방출된 빛을 비추는 모습을 나타낸 것으로 A, B에서 방출된 빛의 파장은 각각 λ_A, λ_B이다. 표는 광원의 종류와 개수에 따라 금속판에서 단위 시간당 방출되는 광전자의 수 N을 나타낸 것이다.

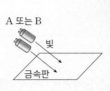

광원		N
A	1개	0
	2개	㉠
B	1개	3×10^{18}
	2개	㉡

이에 대한 옳은 설명만을 〈보기〉에서 있는 대로 고른 것은?

보기
ㄱ. ㉠은 0이다.
ㄴ. ㉡은 3×10^{18}보다 크다.
ㄷ. $\lambda_A < \lambda_B$이다.

① ㄱ ② ㄷ ③ ㄱ, ㄴ ④ ㄴ, ㄷ ⑤ ㄱ, ㄴ, ㄷ

그림 (가)는 단색광이 이중 슬릿을 지나 금속판에 도달하여 광전자를 방출시키는 실험을, (나)는 (가)의 금속판에서의 위치에 따라 방출된 광전자의 개수를 나타낸 것이다. 점 O, P는 금속판 위의 지점이다.

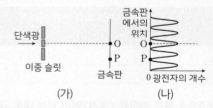

(가)　　　　(나)

이에 대한 설명으로 옳은 것만을 〈보기〉에서 있는 대로 고른 것은?

보기
ㄱ. 단색광의 세기를 증가시키면 O에서 방출되는 광전자의 개수가 증가한다.
ㄴ. 금속판의 문턱 진동수는 단색광의 진동수보다 작다.
ㄷ. P에서 단색광의 상쇄 간섭이 일어난다.

① ㄱ ② ㄴ ③ ㄱ, ㄷ ④ ㄴ, ㄷ ⑤ ㄱ, ㄴ, ㄷ

그림 (가)는 보어의 수소 원자 모형에서 양자수 n에 따른 에너지 준위의 일부와, 전자가 전이하면서 진동수가 f_a, f_b인 빛이 방출되는 것을 나타낸 것이다. 그림 (나)는 분광기를 이용하여 (가)에서 방출되는 빛을 금속판에 비추는 모습을 나타낸 것으로, 광전자는 진동수가 f_a, f_b인 빛 중 하나에 의해서만 방출된다.

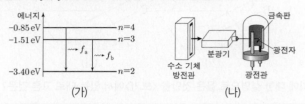

(가)　　　　(나)

이에 대한 설명으로 옳은 것만을 〈보기〉에서 있는 대로 고른 것은?

보기
ㄱ. 진동수가 f_a인 빛을 금속판에 비출 때 광전자가 방출된다.
ㄴ. 진동수가 f_b인 빛은 적외선이다.
ㄷ. 진동수가 $f_a - f_b$인 빛을 금속판에 비출 때 광전자가 방출된다.

① ㄱ ② ㄷ ③ ㄱ, ㄴ ④ ㄴ, ㄷ ⑤ ㄱ, ㄴ, ㄷ

02 물질의 이중성 ★수능에 나오는 필수 개념 3가지 + 필수 암기사항 4개

기본자료

필수개념 1 물질파

- 암기 **물질파** : 1924년 드브로이는 운동하는 입자도 파동의 성질을 가진다는 것을 제안하였고, 이러한 파동을 물질파라고 불렀다. 드브로이는 파동의 성질을 갖는 빛이 입자의 성질을 가지고 있으므로 자연의 대칭성을 근거로 입자의 성질을 갖는 전자(입자)도 파동의 성질을 가질 것이라 생각했다.

① 드브로이 파장 : 1924년 드브로이는 파장이 λ인 광자의 운동량이 $p = \frac{h}{\lambda}$인 것처럼, 속력 v로 움직이는 질량 m인 입자의 파장은 $\lambda = \frac{h}{p} = \frac{h}{mv}$인 것으로 예상하였다.

② 물질인 입자가 파동의 성질을 가질 때, 이 파동을 물질파 또는 드브로이파라 하고, 이때 파장을 드브로이 파장이라고 한다.

③ 일상생활 수준에서는 물질파의 파장이 매우 짧아 확인할 수 없으나, 전자나 양성자와 같은 아주 작은 입자의 세계에서는 파동성을 관찰할 수 있다.

필수개념 2 물질파 확인 실험

- 암기 **톰슨의 전자 회절 실험**
① 톰슨은 X선의 파장과 동일한 파장의 드브로이 파장을 갖는 전자선을 얇은 금속박에 입사시킬 때 X선에 의한 회절 모양과 전자선에 의한 회절 모양이 같다는 것을 보여 전자의 물질파 이론을 증명하였다.

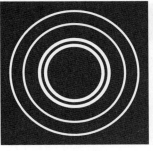

X선의 회절 무늬   전자선의 회절 무늬

② 전자의 속력이 빨라지면 물질파의 파장이 짧아져 전자선에 의한 회절무늬의 간격은 좁아진다.

- 암기 **데이비슨 · 거머 실험**
① 데이비슨과 거머는 니켈 결정에 가속된 전자를 비출 때 특정한 각도로 전자가 많이 산란됨을 발견하였다. 전자를 입자라고 생각하면 특정한 산란각에 의존하지 않고 모든 방향으로 방출되어야 한다. 특정한 각도에서 발견되는 전자의 수가 많거나 적다는 것은 X선이 결정에 의해 회절하여 보강 간섭과 상쇄 간섭을 일으키는 것과 같이 전자의 드브로이 파가 보강 간섭 또는 상쇄 간섭이 일어난 결과로 해석할 수 있다.

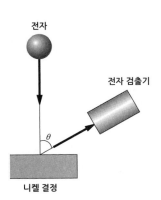

전자

전자 검출기

θ

니켈 결정

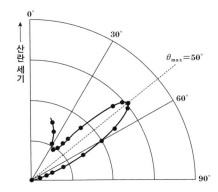

$0°$

$30°$

산란세기

$\theta_{max} = 50°$

$60°$

$90°$

DAY
28

Ⅲ

2
ㅣ
02
물질의 이중성

② 결과 해석 : 54V의 전압에 의해 가속한 전자가 입사한 경우 입사한 전자선과 50°의 각을 이루는
곳에서 산란되어 나오는 전자의 수가 가장 많았다. 원자가 반복적으로 배열된 결정 표면에 X선을
비출 때, 결정면에 대하여 특정한 각도로 X선을 입사 시키는 경우 결정 표면에서 반사된 빛과
이웃한 결정면에서 반사된 빛이 보강 간섭을 일으킨다. 전자를 결정 표면에 입사 시킬 때, X선을
결정 표면에 비출 경우와 마찬가지로 입사한 전자선과 결정면에서 튀어나온 전자선이 이루는 각이
특정한 각도에서 전자가 많이 검출된다. 전자의 드브로이 파장을 통해서 구한 결과와 X선의 파장을
통해서 구한 결과가 일치한다는 사실로 드브로이 물질파 이론이 증명 되었다.

기본자료

필수개념 3   **전자 현미경**

○ 　암기　 **분해능** : 서로 떨어져 있는 두 물체를 구별할 수 있는 능력으로 분해능이 높을수록 아주 가까운
두 물체를 서로 다른 물체로 구별할 수 있다.
○ 두 점광원에서 나온 파장 λ인 두 빛이 지름 D인 원형 구멍으로 θ의 각을 이루어 진행할 때 한 빛이
만드는 회절 무늬의 가운데 밝은 무늬의 중심이 다른 빛에 의한 회절 무늬의 첫 번째 어두운 무늬의
중심에 위치하면 두 광원을 분리하여 볼 수 있게 된다. 이것은 두 광원을 구별할 수 있는 최소한의
조건이다. 이를 레일리 기준이라고 한다.

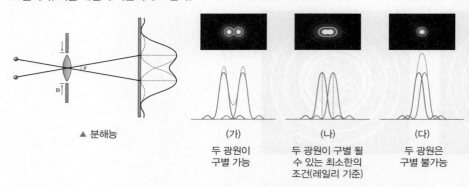

▲ 분해능

(가)
두 광원이
구별 가능

(나)
두 광원이 구별 될
수 있는 최소한의
조건(레일리 기준)

(다)
두 광원은
구별 불가능

○ 광학 기기에서는 빛이 통과하는 구멍의 지름(렌즈의 지름)이 클수록, 광원의 파장이 짧을수록 가까이
있는 두 물체를 구별하는 것이 더 쉬워진다. 전자 현미경은 광학 현미경 보다 더 짧은 파장을 이용하기
때문에 아주 가까이 붙어 있는 물체도 쉽게 구별할 수 있다.

1

그림은 운동 에너지가 서로 같은 입자 A, B가
속력이 각각 v, $2v$인 상태로 운동하는 모습을
나타낸 것이다.
A, B의 물질파 파장의 비 $\lambda_A : \lambda_B$는?

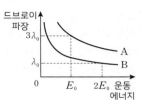

① 4 : 1 　　② 2 : 1 　　③ 1 : 4 　　④ 1 : 2 　　⑤ 1 : 1

3

그림은 각각 질량이 m_A, m_B인
입자 A, B의 드브로이 파장을
운동 에너지에 따라 나타낸
것이다.
이에 대한 설명으로 옳은 것만을
〈보기〉에서 있는 대로 고른 것은?

3점

보기

ㄱ. 입자의 운동량의 크기가 클수록 드브로이 파장이 짧아진다.
ㄴ. $m_A : m_B = 2 : 9$이다.
ㄷ. B의 운동 에너지가 E_0일 때 드브로이 파장은 $\sqrt{2}\lambda_0$이다.

① ㄱ 　　② ㄷ 　　③ ㄱ, ㄴ 　　④ ㄴ, ㄷ 　　⑤ ㄱ, ㄴ, ㄷ

2   2024 수능

그림은 입자 P, Q의 물질파 파장의 역수를
입자의 속력에 따라 나타낸 것이다. P, Q는
각각 중성자와 헬륨 원자를 순서 없이
나타낸 것이다.
이에 대한 설명으로 옳은 것만을 〈보기〉
에서 있는 대로 고른 것은? (단, h는 플랑크 상수이다.)

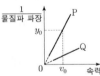

보기

ㄱ. P의 질량은 $h\dfrac{y_0}{v_0}$이다.
ㄴ. Q는 중성자이다.
ㄷ. P와 Q의 물질파 파장이 같을 때, 운동 에너지는 P가 Q보다
작다.

① ㄱ 　　② ㄷ 　　③ ㄱ, ㄴ 　　④ ㄴ, ㄷ 　　⑤ ㄱ, ㄴ, ㄷ

4

그림은 입자의 종류를 바꿔가며 이중 슬릿에 의한 물질파의 간섭
무늬를 관찰하는 실험을 모식적으로 나타낸 것이다. Δx는 이웃한
밝은 무늬 사이의 간격이다. 표는 입자 A, B의 운동량과 운동
에너지를 나타낸 것이다.

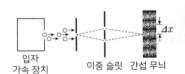

입자	운동량	운동 에너지
A	p	$2E$
B	$2p$	E

이에 대한 설명으로 옳은 것만을 〈보기〉에서 있는 대로 고른 것은?

보기

ㄱ. 물질파 파장은 A가 B보다 길다.
ㄴ. Δx는 A일 때가 B일 때보다 작다.
ㄷ. 질량은 A가 B보다 크다.

① ㄱ 　　② ㄴ 　　③ ㄷ 　　④ ㄱ, ㄷ 　　⑤ ㄴ, ㄷ

5

그림 (가)는 입자의 종류와 운동 에너지를 바꿔가며 물질파의 이중 슬릿에 의한 간섭무늬를 관찰하는 실험을 모식적으로 나타낸 것이다. 이웃한 밝은 무늬 사이의 간격은 Δx이다. 그림 (나)의 A, B, C는 (가)에서 사용된 입자의 질량과 운동 에너지를 나타낸 것이다.

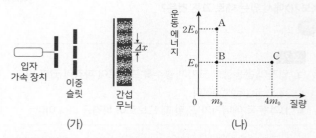

(가)   (나)

이에 대한 설명으로 옳은 것만을 〈보기〉에서 있는 대로 고른 것은?

> **보기**
> ㄱ. 운동량의 크기는 A가 B보다 크다.
> ㄴ. 물질파 파장은 B가 C의 2배이다.
> ㄷ. Δx는 A로 실험할 때가 B로 실험할 때보다 크다.

① ㄱ　　② ㄷ　　③ ㄱ, ㄴ　　④ ㄴ, ㄷ　　⑤ ㄱ, ㄴ, ㄷ

6

그림은 속력 v로 등속도 운동하던 입자 A가 정지해 있던 입자 B와 충돌한 후 A, B가 각각 $0.5v$, $1.5v$의 속력으로 등속도 운동하는 것을 나타낸 것이다. A, B의 질량은 각각 $3m$, m이다.

충돌 전   충돌 후

이에 대한 설명으로 옳은 것만을 〈보기〉에서 있는 대로 고른 것은?

> **보기**
> ㄱ. 입자의 운동량이 클수록 입자의 물질파 파장은 길다.
> ㄴ. A의 물질파 파장은 충돌 후가 충돌 전보다 길다.
> ㄷ. 충돌 후 물질파 파장은 A와 B가 같다.

① ㄱ　　② ㄴ　　③ ㄷ　　④ ㄴ, ㄷ　　⑤ ㄱ, ㄴ, ㄷ

7

그림은 기준선에 정지해 있던 질량이 각각 m, $2m$인 입자 A, B가 중력에 의하여 등가속도로 떨어지는 것을 나타낸 것이다.

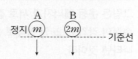

A, B 가 기준선으로부터 각각 거리 d, $2d$만큼 낙하했을 때의 물질파 파장을 각각 λ_A, λ_B라 하면, $\lambda_A : \lambda_B$는?

① $1 : 1$　　② $\sqrt{2} : 1$　　③ $2 : 1$　　④ $2\sqrt{2} : 1$　　⑤ $4 : 1$

8

표는 입자 A, B의 질량과 운동량의 크기를 나타낸 것이다.

입자	질량	운동량의 크기
A	m	$2p$
B	$2m$	p

입자의 물리량이 A가 B보다 큰 것만을 〈보기〉에서 있는 대로 고른 것은?

> **보기**
> ㄱ. 물질파 파장　　ㄴ. 속력　　ㄷ. 운동 에너지

① ㄱ　　② ㄴ　　③ ㄱ, ㄷ　　④ ㄴ, ㄷ　　⑤ ㄱ, ㄴ, ㄷ

9

그림은 입자 A, B, C의 물질파 파장을 속력에 따라 나타낸 것이다.

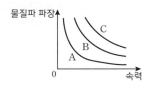

이에 대한 설명으로 옳은 것만을 <보기>에서 있는 대로 고른 것은?

> **보기**
> ㄱ. A, B의 운동량 크기가 같을 때, 물질파 파장은 A가 B보다 짧다.
> ㄴ. A, C의 물질파 파장이 같을 때, 속력은 A가 C보다 작다.
> ㄷ. 질량은 B가 C보다 작다.

① ㄱ   ② ㄴ   ③ ㄱ, ㄷ   ④ ㄴ, ㄷ   ⑤ ㄱ, ㄴ, ㄷ

11

표는 3개의 입자 A, B, C의 운동량과 운동 에너지를 나타낸 것이다. 이에 대한 설명으로 옳은 것만을 <보기>에서 있는 대로 고른 것은? **3점**

	운동량	운동 에너지
A	P_0	E_0
B	$2P_0$	$4E_0$
C	$2P_0$	E_0

> **보기**
> ㄱ. 물질파의 파장은 A가 C의 2배이다.
> ㄴ. 질량은 A와 B가 같다.
> ㄷ. 속력은 B가 C의 2배이다.

① ㄱ   ② ㄷ   ③ ㄱ, ㄴ   ④ ㄴ, ㄷ   ⑤ ㄱ, ㄴ, ㄷ

10

그림은 입자 가속 장치에 의해 방출된 전자선이 얇은 금속박을 통과하여 스크린에 원형의 회절 무늬를 만드는 모습을 나타낸 것이다.
이에 대한 옳은 설명만을 <보기>에서 있는 대로 고른 것은?

> **보기**
> ㄱ. 이 실험으로 전자의 파동성을 알 수 있다.
> ㄴ. 전자의 속력이 빠를수록 회절 무늬의 폭이 커진다.
> ㄷ. 전자보다 질량이 큰 입자를 같은 속력으로 방출시키면 회절 무늬의 폭이 커진다.

① ㄱ   ② ㄴ   ③ ㄷ   ④ ㄱ, ㄴ   ⑤ ㄴ, ㄷ

12

표는 입자 A, B, C의 속력과 물질파 파장을 나타낸 것이다.
이에 대한 옳은 설명만을 <보기>에서 있는 대로 고른 것은?

입자	A	B	C
속력	v_0	$2v_0$	$2v_0$
물질파 파장	$2\lambda_0$	$2\lambda_0$	λ_0

> **보기**
> ㄱ. 질량은 A가 B의 2배이다.
> ㄴ. 운동량의 크기는 B와 C가 같다.
> ㄷ. 운동 에너지는 C가 A의 2배이다.

① ㄱ   ② ㄴ   ③ ㄱ, ㄷ   ④ ㄴ, ㄷ   ⑤ ㄱ, ㄴ, ㄷ

DAY
28

Ⅲ

2
ㅣ
02

물질의 이중성

13

그림은 질량이 다른 입자 A, B의 물질파 파장과 운동 에너지 사이의 관계를 나타낸 것이다. 두 입자의 운동 에너지가 E로 같을 때, A, B의 운동량의 크기의 비 $p_A : p_B$는?

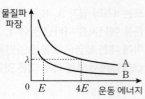

① 1 : 4　②1 : 2　③1 : 1　④2 : 1　⑤4 : 1

15

그림은 두 금속판 A와 B에 빛을 비추었을 때 방출되는 광전자의 드브로이 파장의 최솟값 $\lambda_{최소}$를 빛의 진동수에 따라 나타낸 것이다. A, B의 문턱(한계) 진동수는 각각 f_0, $2f_0$이다.

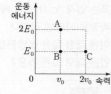

$\lambda_1 : \lambda_2$는? ③점

① 3 : 4　② 1 : $\sqrt{2}$　③ 2 : 3　④ 1 : $\sqrt{3}$　⑤ 1 : 2

14 2025 평가원

그림은 입자 A, B, C의 운동 에너지와 속력을 나타낸 것이다.

A, B, C의 물질파 파장을 각각 λ_A, λ_B, λ_C 라고 할 때, λ_A, λ_B, λ_C를 비교한 것으로 옳은 것은?

① $\lambda_A > \lambda_B > \lambda_C$　② $\lambda_A > \lambda_B = \lambda_C$　③ $\lambda_B > \lambda_A > \lambda_C$
④ $\lambda_B > \lambda_A = \lambda_C$　⑤ $\lambda_C > \lambda_B > \lambda_A$

16

그림의 A, B, C는 빛의 파동성, 빛의 입자성, 물질의 파동성을 이용한 예를 순서 없이 나타낸 것이다.

A : 빛을 비추면 전류가 흐르는 CCD의 광 다이오드　B : 얇은 막을 입혀, 반사되는 빛의 세기를 줄인 안경　C : 전자를 가속시켜 DVD 표면을 관찰 하는 전자 현미경

빛의 파동성, 빛의 입자성, 물질의 파동성의 예로 옳은 것은?

	빛의 파동성	빛의 입자성	물질의 파동성
①	A	B	C
②	A	C	B
③	B	A	C
④	B	C	A
⑤	C	A	B

17

물질파
[2023년 3월 학평 1번]

물질의 파동성으로 설명할 수 있는 것만을 <보기>에서 있는 대로 고른 것은?

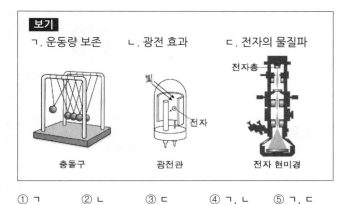

보기
ㄱ. 운동량 보존   ㄴ. 광전 효과   ㄷ. 전자의 물질파

충돌구   광전관   전자 현미경

① ㄱ   ② ㄴ   ③ ㄷ   ④ ㄱ, ㄴ   ⑤ ㄱ, ㄷ

18 2023 수능

물질파
[2023학년도 수능 4번]

다음은 물질의 이중성에 대한 설명이다.

○ 얇은 금속박에 전자선을 비추면 X선을 비추 었을 때와 같이 회절 무늬가 나타난다. 이러한 현상은 전자의 ⊙ 으로 설명할 수 있다.

○ 전자의 운동량의 크기가 클수록 물질파의 파장은 ⓒ . 물질파를 이용하는 ⓒ 현미경은 가시광선을 이용하는 현미경보다 작은 구조를 구분하여 관찰할 수 있다.

⊙, ⓒ, ⓒ에 들어갈 내용으로 가장 적절한 것은? 3점

	⊙	ⓒ	ⓒ		⊙	ⓒ	ⓒ
①	파동성	길다	전자	②	파동성	짧다	전자
③	파동성	길다	광학	④	입자성	짧다	전자
⑤	입자성	길다	광학				

19 2023 평가원

빛과 물질의 이중성
[2023학년도 9월 모평 3번]

그림은 빛과 물질의 이중성에 대해 학생 A, B, C가 대화하는 모습을 나타낸 것이다.

파장이 λ_1인 빛에 비해 광자의 에너지가 2배인 빛의 파장은 $\frac{1}{2}\lambda_1$이야.

물질파 파장이 λ_2인 전자에 비해 운동 에너지가 2배인 전자의 물질파 파장은 $\frac{1}{2}\lambda_2$야.

전자 현미경은 광학 현미경에 비해 더 작은 구조를 구분하여 관찰할 수 있어.

학생 A   학생 B   학생 C

제시한 내용이 옳은 학생만을 있는 대로 고른 것은? 3점

① A   ② B   ③ A, C   ④ B, C   ⑤ A, B, C

20

물질의 이중성
[2023년 7월 학평 2번]

그림은 전자선의 간섭무늬를 보고 물질의 이중성에 대해 학생 A, B, C가 대화하는 모습을 나타낸 것이다.

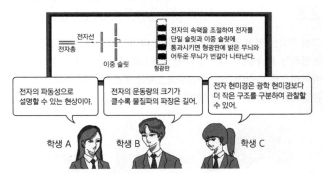

전자의 속력을 조절하여 전자를 단일 슬릿과 이중 슬릿에 통과시키면 형광판에 밝은 무늬와 어두운 무늬가 번갈아 나타난다.

전자의 파동성으로 설명할 수 있는 현상이야.

전자의 운동량의 크기가 클수록 물질파의 파장은 길어.

전자 현미경은 광학 현미경보다 더 작은 구조를 구분하여 관찰할 수 있어.

학생 A   학생 B   학생 C

제시한 내용이 옳은 학생만을 있는 대로 고른 것은?

① A   ② B   ③ A, C   ④ B, C   ⑤ A, B, C

21

다음은 전자 현미경에 대한 설명이다.

전자 현미경은 전자를 이용하여 시료를 관찰하는 장치이다. 전자 현미경에서 이용하는 ⊙ 전자의 물질파 파장은 가시광선의 파장보다 짧으므로 전자 현미경은 가시광선을 이용하여 시료를 관찰하는 광학 현미경보다 [(가)]이/가 좋다.
전자 현미경에는 시료를 투과하는 전자를 이용하는 투과 전자 현미경(TEM)과 시료 표면에서 반사되는 전자를 이용하는 주사 전자 현미경(SEM)이 있다.

이에 대한 설명으로 옳은 것만을 〈보기〉에서 있는 대로 고른 것은? ③점

〈보기〉
ㄱ. 전자의 운동량이 클수록 ⊙은 길다.
ㄴ. '분해능'은 (가)에 해당된다.
ㄷ. 주사 전자 현미경(SEM)을 이용하면 시료의 표면을 관찰할 수 있다.

① ㄱ 　② ㄷ 　③ ㄱ, ㄴ 　④ ㄴ, ㄷ 　⑤ ㄱ, ㄴ, ㄷ

23

그림은 전자 현미경의 구조를 나타낸 것이다.
전자 현미경에 대한 설명으로 옳은 것만을 〈보기〉에서 있는 대로 고른 것은?

전자선
자기렌즈
전자 검출기
시료

〈보기〉
ㄱ. 전자의 파동성을 이용하여 시료를 관찰한다.
ㄴ. 분해능은 전자 현미경이 광학 현미경보다 뛰어나다.
ㄷ. 자기렌즈는 전자의 진행 경로를 휘게 하여 전자들을 모으는 역할을 한다.

① ㄱ 　② ㄴ 　③ ㄱ, ㄷ 　④ ㄴ, ㄷ 　⑤ ㄱ, ㄴ, ㄷ

22

그림 (가)는 전하 결합 소자(CCD)가 내장된 카메라로 빨강 장미를 촬영하는 모습을, (나)는 광학 현미경으로는 관찰할 수 없는 바이러스를 파장이 λ인 전자의 물질파를 이용해 전자 현미경으로 관찰하는 모습을 나타낸 것이다.

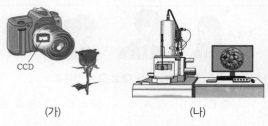

CCD

(가)　　　　　　　(나)

이에 대한 옳은 설명만을 〈보기〉에서 있는 대로 고른 것은?

〈보기〉
ㄱ. CCD는 빛의 입자성을 이용한 장치이다.
ㄴ. λ는 빨간색 빛의 파장보다 길다.
ㄷ. (나)에서 전자의 속력이 클수록 λ는 짧아진다.

① ㄱ 　② ㄴ 　③ ㄱ, ㄷ 　④ ㄴ, ㄷ 　⑤ ㄱ, ㄴ, ㄷ

24

그림은 현미경 A, B로 관찰할 수 있는 물체의 크기를 나타낸 것으로, A와 B는 각각 광학 현미경과 전자 현미경 중 하나이다. 사진 X, Y는 시료 P를 각각 A, B로 촬영한 것이다.

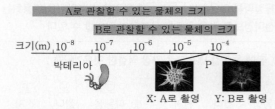

A로 관찰할 수 있는 물체의 크기				
	B로 관찰할 수 있는 물체의 크기			

크기(m) 10^{-8}　10^{-7}　10^{-6}　10^{-5}　10^{-4}

박테리아　　　　　　　　　　　P

X: A로 촬영　　Y: B로 촬영

이에 대한 옳은 설명만을 〈보기〉에서 있는 대로 고른 것은?

〈보기〉
ㄱ. B는 전자 현미경이다.
ㄴ. X는 물질의 파동성을 이용하여 촬영한 사진이다.
ㄷ. 전자 현미경으로 박테리아를 촬영하려면 P를 촬영할 때보다 저속의 전자를 이용해야 한다.

① ㄱ 　② ㄴ 　③ ㄱ, ㄴ 　④ ㄱ, ㄷ 　⑤ ㄴ, ㄷ

정답과 해설 21 p.555 22 p.555 23 p.556 24 p.556

25

그림 (가), (나)는 각각 광학 현미경, 전자 현미경으로 동일한 시료를 같은 배율로 관찰한 것이다. (나)는 (가)보다 작은 구조가 선명하게 관찰되고, 시료의 입체 구조가 확인된다. (가)를 얻기 위해 사용된 빛의 파장은 λ_1이고, (나)를 얻기 위해 사용된 전자의 물질파 파장과 속력은 각각 λ_2, v이다.

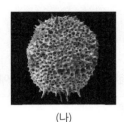

(가)   (나)

이에 대한 설명으로 옳은 것만을 <보기>에서 있는 대로 고른 것은?

보기
ㄱ. $\lambda_1 > \lambda_2$이다.
ㄴ. (나)는 투과 전자 현미경으로 관찰한 상이다.
ㄷ. 전자의 속력이 $\frac{v}{2}$이면 물질파 파장은 $4\lambda_2$이다.

① ㄱ   ② ㄷ   ③ ㄱ, ㄴ   ④ ㄴ, ㄷ   ⑤ ㄱ, ㄴ, ㄷ

26

그림은 전자 현미경과 광학 현미경에 대해 학생 A, B, C가 대화하는 모습을 나타낸 것이다.

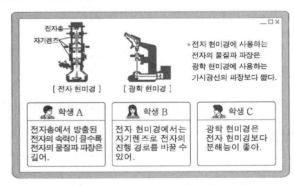

제시한 내용이 옳은 학생만을 있는 대로 고른 것은? **3점**

① A   ② B   ③ A, C   ④ B, C   ⑤ A, B, C

27

다음은 전자 현미경에 대한 설명이다.

⊙전자 현미경이 광학 현미경과 가장 크게 다른 점은 가시광선 대신 전자선을 사용한다는 것이다. 광학 현미경은 유리 렌즈를 사용하여 확대된 상을 얻고, 전자 현미경은 전자석 코일로 만든 ⓒ자기렌즈를 사용하여 확대된 상을 얻는다.
또한 전자 현미경은 높은 전압을 이용하여 ⓒ가속된 전자를 사용하므로, 확대된 상을 광학 현미경보다 선명하게 관찰할 수 있다.

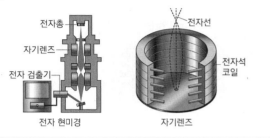

전자 현미경   자기렌즈

이에 대한 설명으로 옳은 것만을 <보기>에서 있는 대로 고른 것은?

보기
ㄱ. ⊙은 물질의 파동성을 이용한다.
ㄴ. ⓒ은 자기장을 이용하여 전자선의 경로를 휘게 하는 역할을 한다.
ㄷ. ⓒ의 물질파 파장은 가시광선의 파장보다 짧다.

① ㄱ   ② ㄴ   ③ ㄱ, ㄷ   ④ ㄴ, ㄷ   ⑤ ㄱ, ㄴ, ㄷ

28

그림은 투과 전자 현미경 A의 구조를 나타낸 것이다. 표는 A에서 시료를 관찰할 때 사용하는 전자의 드브로이 파장과 운동 에너지를 나타낸 것이다.

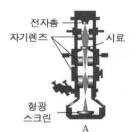

A

	드브로이 파장	운동 에너지
실험 I	λ_0	E_0
실험 II	$2\lambda_0$	⊙

이에 대한 설명으로 옳은 것만을 <보기>에서 있는 대로 고른 것은?

보기
ㄱ. A는 시료 표면의 3차원적 구조를 관찰할 때 이용된다.
ㄴ. 분해능은 A가 광학 현미경보다 좋다.
ㄷ. ⊙은 $\frac{1}{2}E_0$이다.

① ㄱ   ② ㄴ   ③ ㄱ, ㄷ   ④ ㄴ, ㄷ   ⑤ ㄱ, ㄴ, ㄷ

DAY 28
Ⅲ
2 - 02
물질의 이중성

29

그림은 주사 전자 현미경의 구조를
나타낸 것이다.
이에 대한 설명으로 옳은 것만을 〈보기〉
에서 있는 대로 고른 것은?

보기

ㄱ. 자기장을 이용하여 전자선을 제어하고 초점을 맞춘다.
ㄴ. 전자의 속력이 클수록 전자의 물질파 파장은 짧아진다.
ㄷ. 전자의 속력이 클수록 더 작은 구조를 구분하여 관찰할 수
있다.

① ㄱ ② ㄴ ③ ㄱ, ㄷ ④ ㄴ, ㄷ ⑤ ㄱ, ㄴ, ㄷ

30

그림은 투과 전자 현미경(TEM)의 구조를
나타낸 것이다. 전자총에서 방출된 전자의
운동 에너지가 E_0이면 물질파 파장은 λ_0이다.
이에 대한 설명으로 옳은 것만을 〈보기〉에서
있는 대로 고른 것은? 3점

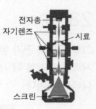

보기

ㄱ. 시료를 투과하는 전자기파에 의해 스크린에 상이
만들어진다.
ㄴ. 자기렌즈는 자기장을 이용하여 전자의 진행 경로를 바꾼다.
ㄷ. 운동 에너지가 $2E_0$인 전자의 물질파 파장은 $\frac{1}{2}\lambda_0$이다.

① ㄱ ② ㄴ ③ ㄱ, ㄷ ④ ㄴ, ㄷ ⑤ ㄱ, ㄴ, ㄷ

31

그림 (가), (나)는 주사 전자 현미경(SEM)으로 동일한 시료를
촬영한 사진을 나타낸 것이다. 촬영에 사용된 전자의 운동 에너지는
(가)에서가 (나)에서보다 작다.

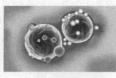

(가)   (나)

이에 대한 옳은 설명만을 〈보기〉에서 있는 대로 고른 것은?

보기

ㄱ. (가), (나)는 시료에 전자기파를 쪼여 촬영한 사진이다.
ㄴ. 전자의 물질파 파장은 (가)에서가 (나)에서보다 작다.
ㄷ. 광학 현미경보다 전자 현미경이 크기가 더 작은 시료를
관찰할 수 있다.

① ㄱ ② ㄴ ③ ㄷ ④ ㄱ, ㄴ ⑤ ㄴ, ㄷ

32 2024 평가원

그림 (가)는 주사 전자 현미경(SEM)의 구조를 나타낸 것이고, 그림
(나)는 (가)의 전자총에서 방출되는 전자 P, Q의 물질파 파장 λ와
운동 에너지 E_K를 나타낸 것이다.

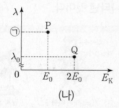

(가)   (나)

이에 대한 설명으로 옳은 것만을 〈보기〉에서 있는 대로 고른 것은?

보기

ㄱ. 전자의 운동량의 크기는 Q가 P의 $2\sqrt{2}$배이다.
ㄴ. ㉠은 $2\lambda_0$이다.
ㄷ. 분해능은 Q를 이용할 때가 P를 이용할 때보다 좋다.

① ㄱ ② ㄷ ③ ㄱ, ㄴ ④ ㄴ, ㄷ ⑤ ㄱ, ㄴ, ㄷ

33

전자 현미경
[2023년 10월 학평 2번]

다음은 투과 전자 현미경에 대한 기사의 일부이다.

○○대학교 물리학과 연구팀은 전자의 물질파를 이용하는 ⊙ 투과 전자 현미경(TEM)으로, 작동 중인 전기 소자의 원자 구조 변화를 실시간으로 관찰하였다. 이 연구팀의 실환경 투과 전자 현미경 분석법은 차세대 비휘발성 메모리소자 개발에 중요한 역할을 할 것으로 기대된다.

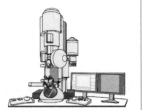

TEM : 광학 현미경으로 관찰 불가능한, ⊙ 시료의 매우 작은 구조까지 관찰 가능함.

이에 대한 옳은 설명만을 〈보기〉에서 있는 대로 고른 것은?

보기

ㄱ. ⊙은 전자의 파동성을 활용한다.
ㄴ. ⊙을 할 때, TEM에서 이용하는 전자의 물질파 파장은 가시광선의 파장보다 길다.
ㄷ. 전자의 속력이 클수록 전자의 물질파 파장이 길다.

① ㄱ ② ㄷ ③ ㄱ, ㄴ ④ ㄴ, ㄷ ⑤ ㄱ, ㄴ, ㄷ

34 2025 평가원

물질파
[2025학년도 9월 모평 14번]

그림은 입자 A, B, C의 운동량과 운동 에너지를 나타낸 것이다. 이에 대한 설명으로 옳은 것만을 〈보기〉에서 있는 대로 고른 것은?

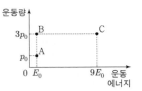

보기

ㄱ. 질량은 A가 B보다 크다.
ㄴ. 속력은 A와 C가 같다.
ㄷ. 물질파 파장은 B와 C가 같다.

① ㄱ ② ㄷ ③ ㄱ, ㄴ ④ ㄴ, ㄷ ⑤ ㄱ, ㄴ, ㄷ

35

물질파
[2024년 10월 학평 4번]

그림은 전자선과 X선을 얇은 금속박에 각각 비추었을 때 나타나는 회절 무늬에 대해 학생 A, B, C가 대화하는 모습을 나타낸 것이다.

(가) 전자선의 회절 무늬 (나) X선의 회절 무늬

학생 A: (가)는 전자의 파동성을 보여 주는 현상이야.
학생 B: (나)는 아인슈타인의 광양자설로 설명할 수 있어.
학생 C: 전자의 속력이 클수록 전자의 물질파 파장은 짧아.

제시한 내용이 옳은 학생만을 있는 대로 고른 것은? 3점

① A ② C ③ A, B ④ A, C ⑤ B, C

36 2025 수능

물질의 이중성
[2025학년도 수능 4번]

그림은 빛과 물질의 이중성에 대해 학생 A, B, C가 대화하는 모습을 나타낸 것이다.

학생 A: 광전 효과에서 광전자가 즉시 방출되는 현상은 빛의 입자성으로 설명해.
학생 B: 속력이 서로 다른 두 입자의 운동량이 같을 때, 속력이 작은 입자의 물질파 파장이 더 길어.
학생 C: 전자 현미경에서 전자의 운동 에너지가 클수록 더 작은 구조를 구분하여 관찰할 수 있어.

제시한 내용이 옳은 학생만을 있는 대로 고른 것은? 3점

① A ② B ③ A, C ④ B, C ⑤ A, B, C

2023학년도 대학수학능력시험 6월 모의평가 문제지

과학탐구 영역 (물리학 I)

성명 [   ]   수험번호 [ ][ ][ ][ ] – [ ][ ][ ]

---

1. 그림 A, B, C는 자기장을 활용한 장치의 예를 나타낸 것이다.

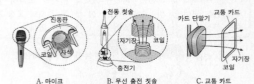

A. 마이크   B. 무선 충전 칫솔   C. 교통 카드

전자기 유도 현상을 활용한 예만을 있는 대로 고른 것은?

① A   ② C   ③ A, B   ④ B, C   ⑤ A, B, C

2. 그림은 자성체에 대해 학생 A, B, C가 대화하는 모습을 나타낸 것이다.

제시한 내용이 옳은 학생만을 있는 대로 고른 것은? [3점]

① A   ② C   ③ A, B   ④ B, C   ⑤ A, B, C

3. 그림 (가)는 전자기파를 파장에 따라 분류한 것을, (나)는 (가)의 전자기파 A를 이용하는 레이더가 설치된 군함을 나타낸 것이다.

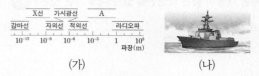

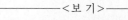

(가)   (나)

이에 대한 설명으로 옳은 것만을 〈보기〉에서 있는 대로 고른 것은?

―――〈보 기〉―――
ㄱ. A의 진동수는 가시광선의 진동수보다 크다.
ㄴ. 전자레인지에서 음식물을 데우는 데 이용하는 전자기파는 A에 해당한다.
ㄷ. 진공에서의 속력은 감마선과 (나)의 레이더에서 이용하는 전자기파가 같다.

① ㄱ   ② ㄴ   ③ ㄱ, ㄷ   ④ ㄴ, ㄷ   ⑤ ㄱ, ㄴ, ㄷ

4. 다음은 파동의 간섭을 활용한 무반사 코팅 렌즈에 대한 내용이다.

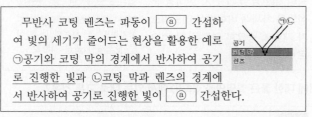

무반사 코팅 렌즈는 파동이 ⓐ 간섭하여 빛의 세기가 줄어드는 현상을 활용한 예로 ㉠공기와 코팅 막의 경계에서 반사하여 공기로 진행한 빛과 ㉡코팅 막과 렌즈의 경계에서 반사하여 공기로 진행한 빛이 ⓐ 간섭한다.

이에 대한 설명으로 옳은 것만을 〈보기〉에서 있는 대로 고른 것은?

―――〈보 기〉―――
ㄱ. '상쇄'는 ⓐ에 해당한다.
ㄴ. ㉠과 ㉡은 위상이 같다.
ㄷ. 파동의 간섭 현상은 소음 제거 이어폰에 활용된다.

① ㄱ   ② ㄴ   ③ ㄱ, ㄷ   ④ ㄴ, ㄷ   ⑤ ㄱ, ㄴ, ㄷ

5. 그림은 고체 A, B의 에너지띠 구조를 나타낸 것이다. A, B에서 전도띠의 전자가 원자가 띠로 전이하며 빛이 방출된다.

이에 대한 설명으로 옳은 것만을 〈보기〉에서 있는 대로 고른 것은? [3점]

―――〈보 기〉―――
ㄱ. A에서 방출된 광자 1개의 에너지는 $E_2 - E_1$보다 작다.
ㄴ. 띠 간격은 A가 B보다 작다.
ㄷ. 방출된 빛의 파장은 A에서가 B에서보다 짧다.

① ㄱ   ② ㄴ   ③ ㄱ, ㄷ   ④ ㄴ, ㄷ   ⑤ ㄱ, ㄴ, ㄷ

6. 그림과 같이 단색광 A를 금속판 P에 비추었을 때 광전자가 방출되지 않고, 단색광 B, C를 각각 P에 비추었을 때 광전자가 방출된다. 방출된 광전자의 최대 운동 에너지는 B를 비추었을 때가 C를 비추었을 때보다 크다.

이에 대한 설명으로 옳은 것만을 〈보기〉에서 있는 대로 고른 것은? [3점]

―――〈보 기〉―――
ㄱ. A의 세기를 증가시키면 광전자가 방출된다.
ㄴ. P의 문턱 진동수는 B의 진동수보다 작다.
ㄷ. 단색광의 진동수는 B가 C보다 크다.

① ㄱ   ② ㄴ   ③ ㄱ, ㄷ   ④ ㄴ, ㄷ   ⑤ ㄱ, ㄴ, ㄷ

과학탐구 영역 (물리학 Ⅰ)

7. 그림 (가)는 보어의 수소 원자 모형에서 양자수 n에 따른 에너지 준위 일부와 전자의 전이 a~d를 나타낸 것이다. 그림 (나)는 a~d에서 방출과 흡수되는 빛의 스펙트럼을 파장에 따라 나타낸 것이다.

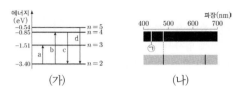

(가)   (나)

이에 대한 설명으로 옳은 것만을 〈보기〉에서 있는 대로 고른 것은?

〈보 기〉
ㄱ. ㉠은 a에 의해 나타난 스펙트럼선이다.
ㄴ. b에서 흡수되는 광자 1개의 에너지는 2.55eV이다.
ㄷ. 방출되는 빛의 진동수는 c에서가 d에서보다 크다.

① ㄱ   ② ㄴ   ③ ㄱ, ㄷ   ④ ㄴ, ㄷ   ⑤ ㄱ, ㄴ, ㄷ

8. 그림 (가)는 기울기가 서로 다른 빗면에서 v_0의 속력으로 동시에 출발한 물체 A, B, C가 각각 등가속도 운동하는 모습을 나타낸 것이다. 그림 (나)는 A, B, C가 각각 최고점에 도달하는 순간까지 물체의 속력을 시간에 따라 나타낸 것이다.

(가)   (나)

이에 대한 설명으로 옳은 것만을 〈보기〉에서 있는 대로 고른 것은?

〈보 기〉
ㄱ. 가속도의 크기는 B가 A의 2배이다.
ㄴ. t_0일 때, C의 속력은 $\frac{2}{3}v_0$이다.
ㄷ. 물체가 출발한 순간부터 최고점에 도달할 때까지 이동한 거리는 C가 A의 3배이다.

① ㄱ   ② ㄴ   ③ ㄱ, ㄷ   ④ ㄴ, ㄷ   ⑤ ㄱ, ㄴ, ㄷ

9. 그림 (가)는 수평면에서 질량이 각각 2kg, 3kg인 물체 A, B가 각각 6m/s, 3m/s의 속력으로 등속도 운동하는 모습을 나타낸 것이다. 그림 (나)는 A와 B가 충돌하는 동안 A가 B에 작용한 힘의 크기를 시간에 따라 나타낸 것이다. 곡선과 시간 축이 만드는 면적은 6N·s이다.

(가)   (나)

충돌 후, 등속도 운동하는 A, B의 속력을 각각 v_A, v_B라 할 때, $\dfrac{v_B}{v_A}$는? (단, A와 B는 동일 직선상에서 운동한다.)

① $\dfrac{4}{3}$ ② $\dfrac{3}{2}$ ③ $\dfrac{5}{3}$ ④ 2   ⑤ $\dfrac{5}{2}$

10. 그림은 시간 $t=0$일 때 2m/s의 속력으로 x축과 나란하게 진행하는 파동의 변위를 위치 x에 따라 나타낸 것이다.

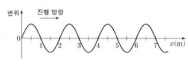

$x=7$m에서 파동의 변위를 t에 따라 나타낸 것으로 가장 적절한 것은? [3점]

⑤ 변위
0 1 2 3 t(s)

11. 다음은 자석의 무게를 측정하는 실험이다.

[실험 과정]
(가) 무게가 10N인 자석 A, B를 준비한다.
(나) A를 저울에 올려 측정값을 기록한다.
(다) A와 B를 같은 극끼리 마주 보게 한 후 저울에 올려 A와 B가 정지된 상태에서 측정값을 기록한다.
(라) A와 B를 다른 극끼리 마주 보게 한 후 저울에 올려 A와 B가 정지된 상태에서 측정값을 기록한다.

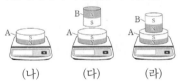

(나)   (다)   (라)

[실험 결과]
○ (나), (다), (라)의 결과는 각각 10N, 20N, ㉠ N이다.

이에 대한 설명으로 옳은 것만을 〈보기〉에서 있는 대로 고른 것은? [3점]

〈보 기〉
ㄱ. (나)에서 A에 작용하는 중력과 저울이 A를 떠받치는 힘은 작용 반작용 관계이다.
ㄴ. (다)에서 B가 A에 작용하는 자기력의 크기는 A에 작용하는 중력의 크기와 같다.
ㄷ. ㉠은 20보다 크다.

① ㄱ   ② ㄴ   ③ ㄱ, ㄷ   ④ ㄴ, ㄷ   ⑤ ㄱ, ㄴ, ㄷ

12. 다음은 두 가지 핵반응을, 표는 원자핵 a~d의 질량수와 양성 자수를 나타낸 것이다.

> (가) a + a → c + ☐X☐ + 3.3MeV
> (나) a + b → d + ☐X☐ + 17.6MeV

원자핵	질량수	양성자수
a	2	㉠
b	3	1
c	3	2
d	㉡	2

이에 대한 설명으로 옳은 것만을 〈보기〉에서 있는 대로 고른 것은?

> ─────〈보 기〉─────
> ㄱ. 질량 결손은 (가)에서가 (나)에서보다 작다.
> ㄴ. X는 중성자이다.
> ㄷ. ㉡은 ㉠의 4배이다.

① ㄱ　　② ㄴ　　③ ㄱ, ㄷ　　④ ㄴ, ㄷ　　⑤ ㄱ, ㄴ, ㄷ

13. 그림과 같이 수평면의 일직선상에서 물체 A, B가 각각 속력 $4v$, v로 등속도 운동하고 물체 C는 정지해 있다. A와 B는 충돌 하여 한 덩어리가 되어 속력 $3v$로 등속도 운동한다. 한 덩어리가 된 A, B와 C는 충돌하여 한 덩어리가 되어 속력 v로 등속도 운 동한다.

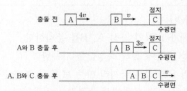

B, C의 질량을 각각 m_B, m_C라 할 때, $\dfrac{m_C}{m_B}$는? [3점]

① 3　　② 4　　③ 5　　④ 6　　⑤ 7

14. 그림 (가)는 물체 A, B, C를 실로 연결하여 수평면의 점 p에 서 B를 가만히 놓아 물체가 등가속도 운동하는 모습을, (나)는 (가)의 B가 점 q를 지날 때부터 점 r를 지날 때까지 운동 방향과 반대 방향으로 크기가 $\frac{1}{4}mg$인 힘을 받아 물체가 등가속도 운동 하는 모습을 나타낸 것이다. p와 q 사이, q와 r 사이의 거리는 같 고, B가 q, r를 지날 때 속력은 각각 $4v$, $5v$이다. A, B, C의 질 량은 각각 m, m, M이다.

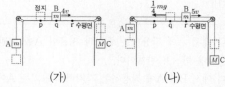

(가)　　　　(나)

M은? (단, 중력 가속도는 g이고, 물체의 크기, 실의 질량, 모든 마찰은 무시한다.)

① $\dfrac{4}{3}m$　　② $\dfrac{7}{5}m$　　③ $\dfrac{11}{7}m$　　④ $\dfrac{15}{8}m$　　⑤ $\dfrac{5}{2}m$

15. 다음은 빛의 성질을 알아보는 실험이다.

> [실험 과정]
> (가) 그림과 같이 반원형 매질 A와 B를 서로 붙여 놓는다.
>
> (나) 단색광을 A에서 B를 향해 원의 중심을 지 나도록 입사시킨다.
> (다) (나)에서 입사각을 변화시키면서 굴절각과 반사각을 측정한다.

> [실험 결과]

실험	입사각	굴절각	반사각
Ⅰ	30°	34°	30°
Ⅱ	㉠	59°	50°
Ⅲ	70°	해당 없음	70°

이에 대한 설명으로 옳은 것만을 〈보기〉에서 있는 대로 고른 것 은? [3점]

> ─────〈보 기〉─────
> ㄱ. ㉠은 50°이다.
> ㄴ. 단색광의 속력은 A에서가 B에서보다 크다.
> ㄷ. A와 B 사이의 임계각은 70°보다 크다.

① ㄱ　　② ㄴ　　③ ㄱ, ㄷ　　④ ㄴ, ㄷ　　⑤ ㄱ, ㄴ, ㄷ

16. 그림은 열효율이 0.5인 열기관에서 일정량의 이상 기체의 상태 가 A → B → C → D → A를 따라 변할 때 기체의 압력과 부피 를 나타낸 것이다. A → B, C → D는 각각 압력이 일정한 과정 이고, B → C, D → A는 각각 단열 과정이다. A → B 과정에서 기체가 흡수한 열량은 Q이다. 표는 각 과정에서 기체가 외부에 한 일 또는 외부로부터 받은 일을 나타낸 것이다.

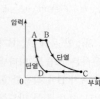

과정	기체가 외부에 한 일 또는 외부로부터 받은 일
A → B	$8W$
B → C	$9W$
C → D	$4W$
D → A	$3W$

이에 대한 설명으로 옳은 것만을 〈보기〉에서 있는 대로 고른 것 은? [3점]

> ─────〈보 기〉─────
> ㄱ. $Q = 20W$이다.
> ㄴ. 기체의 온도는 A에서가 C에서보다 낮다.
> ㄷ. A → B 과정에서 기체의 내부 에너지 증가량은 C → D 과정에서 기체의 내부 에너지 감소량보다 크다.

① ㄱ　　② ㄷ　　③ ㄱ, ㄴ　　④ ㄴ, ㄷ　　⑤ ㄱ, ㄴ, ㄷ

과학탐구 영역 (물리학Ⅰ)

17. 그림과 같이 관찰자 A의 관성계에서 광원 X, Y와 검출기 P, Q가 점 O로부터 각각 같은 거리 L만큼 떨어져 정지해 있고 X, Y로부터 각각 P, Q를 향해 방출된 빛은 O를 동시에 지난다. 관찰자 B가 탄 우주선은 A에 대해 광속에 가까운 속력 v로 X와 P를 잇는 직선과 나란하게 운동한다.

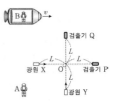

이에 대한 설명으로 옳은 것만을 〈보기〉에서 있는 대로 고른 것은? [3점]

―――――〈보 기〉―――――
ㄱ. B의 관성계에서, 빛은 Y에서가 X에서보다 먼저 방출된다.
ㄴ. B의 관성계에서, 빛은 P와 Q에 동시에 도달한다.
ㄷ. Y에서 방출된 빛이 Q에 도달하는 데 걸리는 시간은 B의 관성계에서가 A의 관성계에서보다 크다.

① ㄱ   ② ㄴ   ③ ㄱ, ㄷ   ④ ㄴ, ㄷ   ⑤ ㄱ, ㄴ, ㄷ

18. 그림과 같이 무한히 긴 직선 도선 A, B와 원형 도선 C가 xy평면에 고정되어 있다. A, B에는 같은 세기의 전류가 흐르고, C에는 세기가 I_0인 전류가 시계 반대 방향으로 흐른다. 표는 C의 중심 위치를 각각 점 p, q에 고정할 때, C의 중심에서 A, B, C의 전류에 의한 자기장의 세기와 방향을 나타낸 것이다.

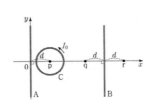

C의 중심 위치	C의 중심에서 자기장	
	세기	방향
p	0	해당 없음
q	B_0	⊙

⊙ : xy평면에서 수직으로 나오는 방향
× : xy평면에 수직으로 들어가는 방향

이에 대한 설명으로 옳은 것만을 〈보기〉에서 있는 대로 고른 것은? [3점]

―――――〈보 기〉―――――
ㄱ. A에 흐르는 전류의 방향은 $+y$방향이다.
ㄴ. C의 중심에서 C의 전류에 의한 자기장의 세기는 B_0보다 작다.
ㄷ. C의 중심 위치를 점 r로 옮겨 고정할 때, r에서 A, B, C의 전류에 의한 자기장의 방향은 '×'이다.

① ㄱ   ② ㄷ   ③ ㄱ, ㄴ   ④ ㄴ, ㄷ   ⑤ ㄱ, ㄴ, ㄷ

19. 그림은 높이 h인 평면에서 용수철 P에 연결된 물체 A에 물체 B를 접촉시키고, P를 원래 길이에서 $2d$만큼 압축시킨 모습을 나타낸 것이다. B를 가만히 놓으면 B는 P의 원래 길이에서 A와 분리되어 면을 따라 운동하고 A는 P에 연결된 채로 직선 운동한다. 이후 B는 높이차가 $2h$인 마찰 구간을 등속도로 지나 수평면에 놓인 용수철 Q를 원래 길이에서 $\sqrt{2}d$만큼 압축시킬 때 속력이 0이 된다. A와 B가 분리된 후 P의 탄성 퍼텐셜 에너지의 최댓값은 B가 마찰 구간에서 높이차 $2h$만큼 내려가는 동안 B의 역학적 에너지 감소량과 같다. P, Q의 용수철 상수는 같다.

A, B의 질량을 각각 m_A, m_B라 할 때, $\dfrac{m_B}{m_A}$는? (단, 용수철의 질량, 물체의 크기, 공기 저항, 마찰 구간 외의 모든 마찰은 무시한다.)

① $\dfrac{1}{3}$ ② $\dfrac{1}{2}$ ③ 1   ④ 2   ⑤ 3

20. 그림과 같이 x축상에 점전하 A, B를 각각 $x=0$, $x=3d$에 고정한다. 양(+)전하인 점전하 P를 x축상에 옮기며 고정할 때, $x=d$에서 P에 작용하는 전기력의 방향은 $+x$방향이고, $x>3d$에서 P에 작용하는 전기력의 방향이 바뀌는 위치가 있다.

P A B
O d 2d 3d x

이에 대한 설명으로 옳은 것만을 〈보기〉에서 있는 대로 고른 것은?

―――――〈보 기〉―――――
ㄱ. A는 양(+)전하이다.
ㄴ. 전하량의 크기는 A가 B보다 작다.
ㄷ. $x<0$에서 P에 작용하는 전기력의 방향이 바뀌는 위치가 있다.

① ㄱ   ② ㄴ   ③ ㄱ, ㄷ   ④ ㄴ, ㄷ   ⑤ ㄱ, ㄴ, ㄷ

――――――――――――――――
※ 확인 사항
○ 답안지의 해당란에 필요한 내용을 정확히 기입(표기)했는지 확인하시오.
――――――――――――――――

2023학년도 대학수학능력시험 9월 모의평가 문제지
과학탐구 영역 (물리학 I)

성명 [ ]   수험번호 [ ][ ][ ][ ] - [ ][ ][ ][ ]

---

1. 그림은 전자기파에 대해 학생이 발표하는 모습을 나타낸 것이다.

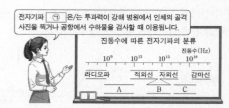

전자기파 ㉠은/는 투과력이 강해 병원에서 인체의 골격 사진을 찍거나 공항에서 수하물을 검사할 때 이용됩니다.

진동수에 따른 전자기파의 분류

| 진동수(Hz) |
| 10^9 10^{12} 10^{15} 10^{18} |
| 라디오파   적외선 자외선 감마선 |
| A   B   C |

이에 대한 설명으로 옳은 것만을 <보기>에서 있는 대로 고른 것은?

<보 기>
ㄱ. ㉠은 A에 해당하는 전자기파이다.
ㄴ. 진공에서 파장은 A가 B보다 길다.
ㄷ. 열화상 카메라는 사람의 몸에서 방출되는 C를 측정한다.

① ㄱ ② ㄴ ③ ㄱ, ㄷ ④ ㄴ, ㄷ ⑤ ㄱ, ㄴ, ㄷ

---

2. 그림 (가)는 막대자석의 모습을, (나)는 (가)의 자석의 가운데를 자른 모습을 나타낸 것이다.

(가)   (나)

(나)에서 a, b 사이의 자기장 모습으로 가장 적절한 것은?

---

3. 그림은 빛과 물질의 이중성에 대해 학생 A, B, C가 대화하는 모습을 나타낸 것이다.

파장이 λ_1인 빛에 비해 광자의 에너지가 2배인 빛의 파장은 $\frac{1}{2}\lambda_1$이야.

물질파 파장이 λ_2인 전자에 비해 운동 에너지가 2배인 전자의 물질파 파장은 $\frac{1}{2}\lambda_2$야.

전자 현미경은 광학 현미경에 비해 더 작은 구조를 구분하여 관찰할 수 있어.

학생 A 학생 B 학생 C

제시한 내용이 옳은 학생만을 있는 대로 고른 것은? [3점]
① A ② B ③ A, C ④ B, C ⑤ A, B, C

---

4. 그림 (가)는 보어의 수소 원자 모형에서 양자수 n에 따른 에너지 준위의 일부와, 전자가 전이하면서 진동수가 f_a, f_b인 빛이 방출되는 것을 나타낸 것이다. 그림 (나)는 분광기를 이용하여 (가)에서 방출되는 빛을 금속판에 비추는 모습을 나타낸 것으로, 광전자는 진동수가 f_a, f_b인 빛 중 하나에 의해서만 방출된다.

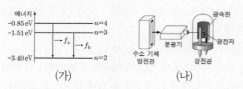

(가)   (나)

이에 대한 설명으로 옳은 것만을 <보기>에서 있는 대로 고른 것은?

<보 기>
ㄱ. 진동수가 f_a인 빛을 금속판에 비출 때 광전자가 방출된다.
ㄴ. 진동수가 f_b인 빛은 적외선이다.
ㄷ. 진동수가 $f_a - f_b$인 빛을 금속판에 비출 때 광전자가 방출된다.

① ㄱ ② ㄷ ③ ㄱ, ㄴ ④ ㄴ, ㄷ ⑤ ㄱ, ㄴ, ㄷ

---

5. 그림 (가)는 매질 A, B에 볼펜을 넣어 볼펜이 꺾여 보이는 것을, (나)는 물 속에 잠긴 다리가 짧아 보이는 것을 나타낸 것이다.
이에 대한 설명으로 옳은 것만을 <보기>에서 있는 대로 고른 것은? [3점]

(가)   (나)

<보 기>
ㄱ. (가)에서 굴절률은 A가 B보다 크다.
ㄴ. (가)에서 빛의 속력은 A에서가 B에서보다 크다.
ㄷ. (나)에서 빛이 물에서 공기로 진행할 때 굴절각이 입사각보다 크다.

① ㄱ ② ㄷ ③ ㄱ, ㄴ ④ ㄴ, ㄷ ⑤ ㄱ, ㄴ, ㄷ

---

6. 다음은 두 가지 핵반응이다. A, B는 원자핵이다.

(가) $A + B \rightarrow {}^4_2He + {}^1_0n + 17.6MeV$

(나) $A + A \rightarrow B + {}^1_1H + 4.03MeV$

이에 대한 설명으로 옳은 것만을 <보기>에서 있는 대로 고른 것은?

<보 기>
ㄱ. (가)는 핵분열 반응이다.
ㄴ. (나)에서 질량 결손에 의해 에너지가 방출된다.
ㄷ. 중성자수는 B가 A의 2배이다.

① ㄱ ② ㄴ ③ ㄱ, ㄷ ④ ㄴ, ㄷ ⑤ ㄱ, ㄴ, ㄷ

7. 그림은 실에 매달린 물체 A를 물체 B와 용수철로 연결하여 저울에 올려놓았더니 물체가 정지한 모습을 나타낸 것이다. A, B의 무게는 2N으로 같고, 저울에 측정된 힘의 크기는 3N이다. 이에 대한 설명으로 옳은 것만을 〈보기〉에서 있는 대로 고른 것은? (단, 실과 용수철의 무게는 무시한다.) [3점]

<보 기>
ㄱ. 실이 A를 당기는 힘의 크기는 1N이다.
ㄴ. 용수철이 A에 작용하는 힘의 방향은 A에 작용하는 중력의 방향과 같다.
ㄷ. B에 작용하는 중력과 저울이 B에 작용하는 힘은 작용 반작용의 관계이다.

① ㄱ ② ㄷ ③ ㄱ, ㄴ ④ ㄴ, ㄷ ⑤ ㄱ, ㄴ, ㄷ

8. 그림 (가)와 같이 마찰이 없는 수평면에 물체 A~D가 정지해 있고, B와 C는 압축된 용수철에 접촉되어 있다. 그림 (나)는 (가)에서 B, C를 동시에 가만히 놓았더니 A와 B, C와 D가 각각 한 덩어리로 등속도 운동하는 모습을 나타낸 것이다. A, B, C, D의 질량은 각각 m, $2m$, $3m$, m이다.

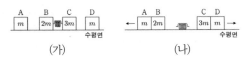

(가)　　　　　　　(나)

충돌하는 동안 A, D가 각각 B, C에 작용하는 충격량의 크기를 I_1, I_2라 할 때, $\dfrac{I_1}{I_2}$은? (단, 용수철의 질량은 무시한다.)

① 1 ② $\dfrac{4}{3}$ ③ $\dfrac{3}{2}$ ④ 2 ⑤ $\dfrac{9}{4}$

9. 그림 (가)는 단색광 X가 매질 Ⅰ, Ⅱ, Ⅲ의 반원형 경계면을 지나는 모습을, (나)는 (가)에서 매질을 바꾸었을 때 X가 매질 ㉠과 ㉡ 사이의 임계각으로 입사하여 점 p에 도달한 모습을 나타낸 것이다. ㉠과 ㉡은 각각 Ⅰ과 Ⅱ 중 하나이다.

(가)　　　　　　　(나)

이에 대한 설명으로 옳은 것만을 〈보기〉에서 있는 대로 고른 것은? [3점]

<보 기>
ㄱ. 굴절률은 Ⅰ이 가장 크다.
ㄴ. ㉡은 Ⅱ이다.
ㄷ. (나)에서 X는 p에서 전반사한다.

① ㄱ ② ㄴ ③ ㄱ, ㄷ ④ ㄴ, ㄷ ⑤ ㄱ, ㄴ, ㄷ

10. 그림 (가)는 두 점 S_1, S_2에서 진동수와 진폭이 같고 서로 반대의 위상으로 발생시킨 두 물결파의 시간 $t=0$일 때의 모습을 나타낸 것이다. 점 A, B, C는 평면상에 고정된 세 지점이고, 두 물결파의 속력은 같다. 그림 (나)는 C에서 중첩된 물결파의 변위를 t에 따라 나타낸 것이다.

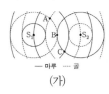

(가)　　　　　　　(나)

A, B에서 중첩된 물결파의 변위를 t에 따라 나타낸 것으로 가장 적절한 것은? [3점]

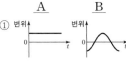
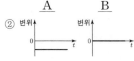
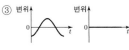

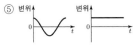

11. 다음은 특수 상대성 이론에 대한 사고 실험의 일부이다.

관찰자 C에 대해 관찰자 A, B가 타고 있는 우주선이 각각 광속에 가까운 서로 다른 속력으로 $+x$방향으로 등속도 운동하고 있다. A의 관성계에서, 광원에서 각각 $-x$, $+x$, $-y$방향으로 동시에 방출된 빛은 거울 p, q, r에서 반사되어 광원에 도달한다.

(가) A의 관성계에서, 광원에서 방출된 빛은 p, q, r에서 동시에 반사된다.
(나) B의 관성계에서, 광원에서 방출된 빛은 q보다 p에서 먼저 반사된다.
(다) C의 관성계에서, 광원에서 방출된 빛이 r에 도달할 때까지 걸린 시간은 t_0이다.

이에 대한 설명으로 옳은 것만을 〈보기〉에서 있는 대로 고른 것은?

<보 기>
ㄱ. A의 관성계에서, B와 C의 운동 방향은 같다.
ㄴ. B의 관성계에서, 광원에서 방출된 빛은 p, q, r에서 반사되어 광원에 동시에 도달한다.
ㄷ. C의 관성계에서, 광원에서 방출된 빛이 q에 도달할 때까지 걸린 시간은 t_0보다 크다.

① ㄱ ② ㄷ ③ ㄱ, ㄴ ④ ㄴ, ㄷ ⑤ ㄱ, ㄴ, ㄷ

12. 그림과 같이 p−n 접합 발광 다이오드(LED)가 연결된 한 변의 길이가 d인 정사각형 금속 고리가 종이면에 수직인 균일한 자기장 영역 Ⅰ, Ⅱ를 +x방향으로 등속도 운동하여 지난다. 고리의 중심이 $x=4d$를 지날 때 LED에서 빛이 방출된다. A는 p형 반도체와 n형 반도체 중 하나이다.

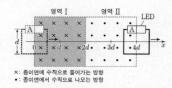

× : 종이면에 수직으로 들어가는 방향
• : 종이면에서 수직으로 나오는 방향

이에 대한 설명으로 옳은 것만을 〈보기〉에서 있는 대로 고른 것은? [3점]

─〈보 기〉─

ㄱ. A는 n형 반도체이다.

ㄴ. 고리의 중심이 $x=d$를 지날 때, 유도 전류가 흐른다.

ㄷ. 고리의 중심이 $x=2d$를 지날 때, LED에서 빛이 방출된다.

① ㄱ　　② ㄴ　　③ ㄱ, ㄷ　　④ ㄴ, ㄷ　　⑤ ㄱ, ㄴ, ㄷ

13. 그림 (가)와 같이 마찰이 없는 수평면에서 운동량의 크기가 각각 $2p$, p, p인 물체 A, B, C가 각각 +x, +x, −x방향으로 동일 직선상에서 등속도 운동한다. 그림 (나)는 (가)에서 A와 C의 위치를 시간에 따라 나타낸 것이다. B와 C의 질량은 같다.

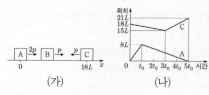

(가)　　　　　(나)

이에 대한 설명으로 옳은 것만을 〈보기〉에서 있는 대로 고른 것은? (단, 물체의 크기는 무시한다.) [3점]

─〈보 기〉─

ㄱ. 질량은 C가 A의 4배이다.

ㄴ. $2t_0$일 때, B의 운동량의 크기는 $\frac{7}{2}p$이다.

ㄷ. $4t_0$일 때, 속력은 C가 B의 5배이다.

① ㄱ　　② ㄷ　　③ ㄱ, ㄴ　　④ ㄴ, ㄷ　　⑤ ㄱ, ㄴ, ㄷ

14. 그림 (가)는 질량이 각각 M, m, $4m$인 물체 A, B, C가 빗면과 나란한 실 p, q로 연결되어 정지해 있는 것을, (나)는 (가)에서 물체의 위치를 바꾸었더니 물체가 등가속도 운동하는 것을 나타낸 것이다. (가)에서 p가 B를 당기는 힘의 크기는 $\frac{10}{3}mg$이다.

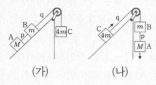

(가)　　　　　(나)

(나)에서 q가 C를 당기는 힘의 크기는? (단, 중력 가속도는 g이고, 실의 질량 및 모든 마찰은 무시한다.)

① $\frac{13}{3}mg$　② $4mg$　③ $\frac{11}{3}mg$　④ $\frac{10}{3}mg$　⑤ $3mg$

15. 그림은 열기관에서 일정량의 이상 기체가 상태 A → B → C → D → A를 따라 순환하는 동안 기체의 압력과 부피를, 표는 각 과정에서 기체가 흡수 또는 방출하는 열량과 기체의 내부 에너지 증가량 또는 감소량을 나타낸 것이다.

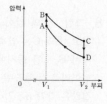

과정	흡수 또는 방출하는 열량(J)	내부 에너지 증가량 또는 감소량(J)
A → B	50	ⓒ
B → C	100	0
C → D	㉠	120
D → A	0	ⓒ

이에 대한 설명으로 옳은 것만을 〈보기〉에서 있는 대로 고른 것은?

─〈보 기〉─

ㄱ. ㉠은 120이다.

ㄴ. ⓒ−ⓒ=20이다.

ㄷ. 열기관의 열효율은 0.2이다.

① ㄱ　　② ㄷ　　③ ㄱ, ㄴ　　④ ㄴ, ㄷ　　⑤ ㄱ, ㄴ, ㄷ

16. 그림은 빗면을 따라 운동하는 물체 A가 점 q를 지나는 순간 점 p에 물체 B를 가만히 놓았더니, A와 B가 등가속도 운동하여 점 r에서 만나는 것을 나타낸 것이다.

p와 r 사이의 거리는 d이고, r에서의 속력은 B가 A의 $\frac{4}{3}$배이다. p, q, r는 동일 직선상에 있다.

A가 최고점에 도달한 순간, A와 B 사이의 거리는? (단, 물체의 크기와 모든 마찰은 무시한다.) [3점]

① $\frac{3}{16}d$　② $\frac{1}{4}d$　③ $\frac{5}{16}d$　④ $\frac{3}{8}d$　⑤ $\frac{7}{16}d$

17. 다음은 p—n 접합 다이오드를 이용한 회로에 대한 실험이다.

[실험 과정]

(가) 그림 I과 같이 p—n 접합 다이오드 X, X와 동일한 다이오드 3개, 전원 장치, 스위치, 검류계, 저항, 오실로스코프가 연결된 회로를 구성한다.

그림 I

(나) 스위치를 닫는다.

(다) 전원 장치에서 그림 II와 같은 전압을 발생시키고, 저항에 걸리는 전압을 오실로스코프로 관찰한다.

그림 II

(라) 스위치를 열고 (다)를 반복한다.

[실험 결과]

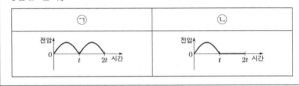

㉠	㉡

이에 대한 설명으로 옳은 것만을 〈보기〉에서 있는 대로 고른 것은? [3점]

──── < 보 기 > ────
ㄱ. ㉠은 (다)의 결과이다.
ㄴ. (다)에서 0~t일 때, 전류의 방향은 b → Ⓖ → a이다.
ㄷ. (라)에서 t~2t일 때, X에는 순방향 전압이 걸린다.

① ㄱ   ② ㄴ   ③ ㄱ, ㄷ   ④ ㄴ, ㄷ   ⑤ ㄱ, ㄴ, ㄷ

18. 그림과 같이 세기와 방향이 일정한 전류가 흐르는 무한히 긴 직선 도선 A~D가 xy평면에 수직으로 고정되어 있다. D에는 xy평면에 수직으로 들어가는 방향으로 전류가 흐른다. 원점 O에서 B, D의 전류에 의한 자기장은 0이다. 표는 xy평면의 점 p, q, r에서 두 도선의 전류에 의한 자기장의 방향을 나타낸 것이다.

×: xy 평면에 수직으로 들어가는 방향

도선	위치	두 도선의 전류에 의한 자기장 방향
A, B	p	$+y$
B, C	q	$+x$
A, D	r	㉠

이에 대한 설명으로 옳은 것만을 〈보기〉에서 있는 대로 고른 것은?

──── < 보 기 > ────
ㄱ. ㉠은 '$+x$'이다.
ㄴ. 전류의 세기는 B에서가 C에서보다 크다.
ㄷ. 전류의 방향이 A, C에서 서로 같으면, 전류의 세기는 A~D 중 C에서가 가장 크다.

① ㄱ   ② ㄴ   ③ ㄱ, ㄷ   ④ ㄴ, ㄷ   ⑤ ㄱ, ㄴ, ㄷ

19. 그림 (가)는 점전하 A, B, C를 x축상에 고정시킨 것으로 양(+)전하인 C에 작용하는 전기력의 방향은 $+x$방향이다. 그림 (나)는 (가)에서 A의 위치만 $x=3d$로 바꾸어 고정시킨 것으로 B, C에 작용하는 전기력의 방향은 $+x$방향으로 같다.

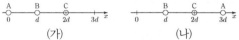

(가)   (나)

이에 대한 설명으로 옳은 것만을 〈보기〉에서 있는 대로 고른 것은?

──── < 보 기 > ────
ㄱ. A에 작용하는 전기력의 방향은 (가)에서와 (나)에서가 서로 같다.
ㄴ. 전하량의 크기는 B가 C보다 크다.
ㄷ. (가)에서 B에 작용하는 전기력의 크기는 (나)에서 C에 작용하는 전기력의 크기보다 크다.

① ㄱ   ② ㄴ   ③ ㄱ, ㄷ   ④ ㄴ, ㄷ   ⑤ ㄱ, ㄴ, ㄷ

20. 그림은 질량이 각각 m, $2m$인 물체 A, B를 실로 연결하고 서로 다른 빗면의 점 p, r에 정지시킨 모습을 나타낸 것이다. A를 가만히 놓았더니 A가 점 q를 지나는 순간 실이 끊어지고 A, B는 빗면을 따라 가속도의 크기가 각각 $3a$, $2a$인 등가속도 운동을 한다. B는 마찰 구간이 시작되는 점 s부터 등속도 운동을 한다. A가 수평면에 닿기 직전 A의 운동 에너지는 마찰 구간에서 B의 운동 에너지의 2배이다. p와 s의 높이는 h_1로 같고, q와 r의 높이는 h_2로 같다.

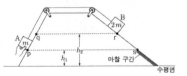

$\dfrac{h_2}{h_1}$ 는? (단, 실의 질량, 물체의 크기, 공기 저항, 마찰 구간 외의 모든 마찰은 무시한다.) [3점]

① $\dfrac{3}{2}$ ② $\dfrac{7}{4}$ ③ 2   ④ $\dfrac{9}{4}$ ⑤ $\dfrac{5}{2}$

※ 확인 사항
○ 답안지의 해당란에 필요한 내용을 정확히 기입(표기)했는지 확인하시오.

2023학년도 대학수학능력시험 문제지
과학탐구 영역 (물리학 Ⅰ)

성명 [ ] 수험번호 [ ][ ][ ][ ] - [ ][ ][ ][ ]

1. 그림 (가)는 전자기파 A, B를 이용한 예를, (나)는 진동수에 따른 전자기파의 분류를 나타낸 것이다.

전자레인지의 내부에서는 음식을 데우기 위해 A가 이용되고, 표시 창에서는 B가 나와 남은 시간을 보여 준다.

(가) (나)

이에 대한 설명으로 옳은 것만을 〈보기〉에서 있는 대로 고른 것은?

<보 기>
ㄱ. A는 ㉢에 해당한다.
ㄴ. B는 ㉡에 해당한다.
ㄷ. 파장은 A가 B보다 길다.

① ㄱ ② ㄷ ③ ㄱ, ㄴ ④ ㄴ, ㄷ ⑤ ㄱ, ㄴ, ㄷ

2. 그림은 소리의 간섭 실험에 대해 학생 A, B, C가 대화하는 모습을 나타낸 것이다.

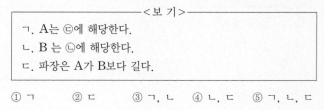

스피커
P
소음 측정기

두 개의 스피커에서 동일한 진동수의 소리를 같은 위상으로 발생시키고, 소음 측정기로 소리의 세기를 측정한다.

두 스피커로부터 거리가 같은 지점 P에서는 두 소리가 만나 보강 간섭해.

두 스피커에서 발생한 소리가 만날 때 위상이 서로 반대이면 상쇄 간섭해.

상쇄 간섭은 소음 제거 이어폰에 활용돼.

학생 A 학생 B 학생 C

제시한 내용이 옳은 학생만을 있는 대로 고른 것은? [3점]

① A ② B ③ A, C ④ B, C ⑤ A, B, C

3. 다음은 두 가지 핵반응이다. X, Y는 원자핵이다.

(가) $^2_1H + ^1_1H \rightarrow X + 5.49MeV$
(나) $X + X \rightarrow Y + ^1_1H + ^1_1H + 12.86MeV$

이에 대한 설명으로 옳은 것만을 〈보기〉에서 있는 대로 고른 것은?

<보 기>
ㄱ. (가)에서 질량 결손에 의해 에너지가 방출된다.
ㄴ. Y는 ^4_2He이다.
ㄷ. 양성자수는 Y가 X보다 크다.

① ㄱ ② ㄷ ③ ㄱ, ㄴ ④ ㄴ, ㄷ ⑤ ㄱ, ㄴ, ㄷ

4. 다음은 물질의 이중성에 대한 설명이다.

○ 얇은 금속박에 전자선을 비추면 X선을 비추었을 때와 같이 회절 무늬가 나타난다. 이러한 현상은 전자의 ㉠ 으로 설명할 수 있다.
○ 전자의 운동량의 크기가 클수록 물질파의 파장은 ㉡. 물질파를 이용하는 ㉢ 현미경은 가시광선을 이용하는 현미경보다 작은 구조를 구분하여 관찰할 수 있다.

㉠, ㉡, ㉢에 들어갈 내용으로 가장 적절한 것은? [3점]

	㉠	㉡	㉢		㉠	㉡	㉢
①	파동성	길다	전자	②	파동성	짧다	전자
③	파동성	길다	광학	④	입자성	짧다	전자
⑤	입자성	길다	광학				

5. 그림은 보어의 수소 원자 모형에서 양자수 n에 따른 에너지 준위의 일부와 전자의 전이 a~d를, 표는 a~d에서 흡수 또는 방출되는 광자 1개의 에너지를 나타낸 것이다.

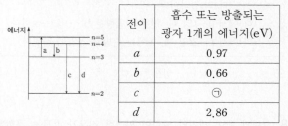

전이	흡수 또는 방출되는 광자 1개의 에너지(eV)
a	0.97
b	0.66
c	㉠
d	2.86

이에 대한 설명으로 옳은 것만을 〈보기〉에서 있는 대로 고른 것은?

<보 기>
ㄱ. a에서는 빛이 방출된다.
ㄴ. 빛의 파장은 b에서가 d에서보다 길다.
ㄷ. ㉠은 2.55이다.

① ㄱ ② ㄴ ③ ㄱ, ㄷ ④ ㄴ, ㄷ ⑤ ㄱ, ㄴ, ㄷ

6. 그림과 같이 무게가 1N인 물체 A가 저울 위에 놓인 물체 B와 실로 연결되어 정지해 있다. 저울에 측정된 힘의 크기는 2N이다.
이에 대한 설명으로 옳은 것만을 〈보기〉에서 있는 대로 고른 것은? (단, 실의 질량, 모든 마찰은 무시한다.) [3점]

<보 기>
ㄱ. 실이 B를 당기는 힘의 크기는 1N이다.
ㄴ. B가 저울을 누르는 힘과 저울이 B를 떠받치는 힘은 작용 반작용 관계이다.
ㄷ. B의 무게는 3N이다.

① ㄱ ② ㄷ ③ ㄱ, ㄴ ④ ㄴ, ㄷ ⑤ ㄱ, ㄴ, ㄷ

과학탐구 영역 (물리학 I)

7. 그림은 자성체 P와 Q, 솔레노이드가 x축상에 고정되어 있는 것을 나타낸 것이다. 솔레노이드에 흐르는 전류의 방향이 a일 때, P와 Q가 솔레노이드에 작용하는 자기력의 방향은 $+x$방향 이다. P와 Q는 상자성체와 반자성체를 순서 없이 나타낸 것이다. 이에 대한 설명으로 옳은 것만을 〈보기〉에서 있는 대로 고른 것은?

───── 〈보 기〉 ─────
ㄱ. P는 반자성체이다.
ㄴ. Q가 자기화되는 방향은 전류의 방향이 a일 때와 b일 때 가 같다.
ㄷ. 전류의 방향이 b일 때, P와 Q가 솔레노이드에 작용하는 자기력의 방향은 $-x$방향이다.

① ㄱ   ② ㄴ   ③ ㄱ, ㄷ   ④ ㄴ, ㄷ   ⑤ ㄱ, ㄴ, ㄷ

8. 그림 (가)는 시간 $t=0$일 때, x축과 나란하게 매질 A에서 매질 B로 진행하는 파동의 변위를 위치 x에 따라 나타낸 것이다. 점 P, Q는 x축상의 지점이다. 그림 (나)는 P, Q 중 한 지점에서 파동의 변위를 t에 따라 나타낸 것이다.

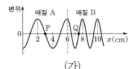 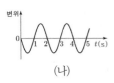

(가)   (나)

이에 대한 설명으로 옳은 것만을 〈보기〉에서 있는 대로 고른 것은? [3점]

───── 〈보 기〉 ─────
ㄱ. 파동의 진동수는 2Hz이다.
ㄴ. (나)는 Q에서 파동의 변위이다.
ㄷ. 파동의 진행 속력은 A에서가 B에서의 2배이다.

① ㄱ   ② ㄷ   ③ ㄱ, ㄴ   ④ ㄴ, ㄷ   ⑤ ㄱ, ㄴ, ㄷ

9. 그림 (가)는 $+x$방향으로 속력 v로 등속도 운동하던 물체 A가 구간 P를 지난 후 속력 $2v$로 등속도 운동하는 것을, (나)는 $+x$방 향으로 속력 $3v$로 등속도 운동하던 물체 B가 P를 지난 후 속력 v_B로 등속도 운동하는 것을 나타낸 것이다. A, B는 질량이 같고, P에서 같은 크기의 일정한 힘을 $+x$방향으로 받는다.

(가)   (나)

이에 대한 설명으로 옳은 것만을 〈보기〉에서 있는 대로 고른 것은? (단, 물체의 크기는 무시한다.)

───── 〈보 기〉 ─────
ㄱ. P를 지나는 데 걸리는 시간은 A가 B보다 크다.
ㄴ. 물체가 받은 충격량의 크기는 (가)에서가 (나)에서보다 크다.
ㄷ. $v_B=4v$이다.

① ㄱ   ② ㄷ   ③ ㄱ, ㄴ   ④ ㄴ, ㄷ   ⑤ ㄱ, ㄴ, ㄷ

10. 그림과 같이 한 변의 길이가 $4d$인 정사각형 금속 고리가 xy평 면에서 $+x$방향으로 등속도 운동하며 자기장의 세기가 B_0으로 같은 균일한 자기장 영역 Ⅰ, Ⅱ, Ⅲ를 지난다. 금속 고리의 점 p 가 $x=7d$를 지날 때, p에는 유도 전류가 흐르지 않는다. Ⅲ에서 자기장의 방향은 xy평면에 수직이다.

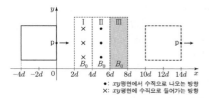

이에 대한 설명으로 옳은 것만을 〈보기〉에서 있는 대로 고른 것 은? [3점]

───── 〈보 기〉 ─────
ㄱ. 자기장의 방향은 Ⅰ에서와 Ⅲ에서가 같다.
ㄴ. p가 $x=3d$를 지날 때, p에 흐르는 유도 전류의 방향은 $+y$방향이다.
ㄷ. p에 흐르는 유도 전류의 세기는 p가 $x=5d$를 지날 때가 $x=3d$를 지날 때보다 크다.

① ㄱ   ② ㄷ   ③ ㄱ, ㄴ   ④ ㄴ, ㄷ   ⑤ ㄱ, ㄴ, ㄷ

11. 그림 (가)는 매질 A에서 원형 매질 B에 입사각 θ_1로 입사한 단 색광 P가 B와 매질 C의 경계면에 임계각 θ_c로 입사하는 모습을, (나)는 C에서 B로 입사한 P가 B와 A의 경계면에서 굴절각 θ_2로 진행하는 모습을 나타낸 것이다.

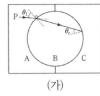 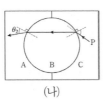

(가)   (나)

이에 대한 설명으로 옳은 것만을 〈보기〉에서 있는 대로 고른 것은?

───── 〈보 기〉 ─────
ㄱ. P의 파장은 A에서가 B에서보다 길다.
ㄴ. $\theta_1<\theta_2$이다.
ㄷ. A와 B 사이의 임계각은 θ_c보다 작다.

① ㄱ   ② ㄴ   ③ ㄱ, ㄷ   ④ ㄴ, ㄷ   ⑤ ㄱ, ㄴ, ㄷ

12. 그림과 같이 관찰자 A에 대해 관찰자 B가 탄 우주선이 광원과 거울 P, Q를 잇는 직선과 나란하게 광속에 가까운 속력으로 등속도 운동 한다. A의 관성계에서, P와 Q는 광원으로부터

각각 거리 L_1, L_2만큼 떨어져 정지해 있고, 빛은 광원으로부터 각각 P, Q를 향해 동시에 방출된다. B의 관성계에서, 광원에서 방출된 빛이 P, Q에 도달하는 데 걸리는 시간은 같다.

이에 대한 설명으로 옳은 것만을 〈보기〉에서 있는 대로 고른 것은?

─── 〈보 기〉───
ㄱ. $L_1 > L_2$이다.
ㄴ. A의 관성계에서, 빛은 P에서가 Q에서보다 먼저 반사된다.
ㄷ. 빛이 광원과 Q 사이를 왕복하는 데 걸리는 시간은 A의 관성계에서가 B의 관성계에서보다 크다.

① ㄱ   ② ㄴ   ③ ㄱ, ㄷ   ④ ㄴ, ㄷ   ⑤ ㄱ, ㄴ, ㄷ

13. 그림은 열효율이 0.2인 열기관에서 일정량의 이상 기체가 상태 A → B → C → A를 따라 순환하는 동안 기체의 압력과 부피를 나타낸 것이다. A → B 과정은 압력이 일정한 과정, B → C 과정은 단열 과정, C → A 과정은 등온 과정이다. 표는 각 과정에서 기체가 외부에 한 일 또는 외부로부터 받은 일을 나타낸 것이다.

과정	기체가 외부에 한 일 또는 외부로부터 받은 일(J)
A → B	60
B → C	90
C → A	㉠

이에 대한 설명으로 옳은 것만을 〈보기〉에서 있는 대로 고른 것은? [3점]

─── 〈보 기〉───
ㄱ. 기체의 온도는 B에서가 C에서보다 높다.
ㄴ. A → B 과정에서 기체가 흡수한 열량은 150J이다.
ㄷ. ㉠은 120이다.

① ㄱ   ② ㄷ   ③ ㄱ, ㄴ   ④ ㄴ, ㄷ   ⑤ ㄱ, ㄴ, ㄷ

14. 그림 (가)는 빗면의 점 p에 가만히 놓은 물체 A가 등가속도 운동하는 것을, (나)는 (가)에서 A의 속력이 v가 되는 순간, 빗면을 내려오던 물체 B가 p를 속력 $2v$로 지나는 것을 나타낸 것이다. 이후 A, B는 각각 속력 v_A, v_B로 만난다.

(가)   (나)

$\dfrac{v_B}{v_A}$는? (단, 물체의 크기, 모든 마찰은 무시한다.)

① $\dfrac{5}{4}$ ② $\dfrac{4}{3}$ ③ $\dfrac{3}{2}$ ④ $\dfrac{5}{3}$ ⑤ $\dfrac{7}{4}$

15. 다음은 p−n 접합 다이오드의 특성을 알아보는 실험이다.

[실험 과정]
(가) 그림과 같이 직류 전원 2개, 스위치 S_1, S_2, p−n 접합 다이오드 A, A와 동일한 다이오드 3개, 저항, 검류계로 회로를 구성한다. X는 p형 반도체와 n형 반도체 중 하나이다.

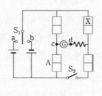

(나) S_1을 a 또는 b에 연결하고, S_2를 열고 닫으며 검류계를 관찰한다.

[실험 결과]

S_1	S_2	전류 흐름
㉠	열기	흐르지 않는다.
	닫기	$c → Ⓖ → d$로 흐른다.
㉡	열기	$c → Ⓖ → d$로 흐른다.
	닫기	$c → Ⓖ → d$로 흐른다.

이에 대한 설명으로 옳은 것만을 〈보기〉에서 있는 대로 고른 것은? [3점]

─── 〈보 기〉───
ㄱ. X는 n형 반도체이다.
ㄴ. 'b에 연결'은 ㉠에 해당한다.
ㄷ. S_1을 a에 연결하고 S_2를 닫으면 A에는 순방향 전압이 걸린다.

① ㄱ   ② ㄴ   ③ ㄱ, ㄷ   ④ ㄴ, ㄷ   ⑤ ㄱ, ㄴ, ㄷ

16. 그림 (가)와 같이 수평면에서 벽 p와 q 사이의 거리가 8m인 물체 A가 4m/s의 속력으로 등속도 운동하고, 물체 B가 p와 q 사이에서 등속도 운동한다. 그림 (나)는 p와 B 사이의 거리를 시간에 따라 나타낸 것이다. B는 1초일 때와 3초일 때 각각 q와 p에 충돌한다. 3초 이후 A는 5m/s의 속력으로 등속도 운동한다.

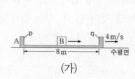   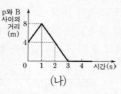

(가)   (나)

이에 대한 설명으로 옳은 것만을 〈보기〉에서 있는 대로 고른 것은? (단, A와 B는 동일 직선상에서 운동하며, 벽과 B의 크기, 모든 마찰은 무시한다.) [3점]

─── 〈보 기〉───
ㄱ. 질량은 A가 B의 3배이다.
ㄴ. 2초일 때, A의 속력은 6m/s이다.
ㄷ. 2초일 때, 운동 방향은 A와 B가 같다.

① ㄱ   ② ㄴ   ③ ㄱ, ㄷ   ④ ㄴ, ㄷ   ⑤ ㄱ, ㄴ, ㄷ

과학탐구 영역 (물리학 I)

17. 그림 (가)와 같이 물체 A, B, C를 실로 연결하고 A를 점 p에 가만히 놓았더니, 물체가 각각의 빗면에서 등가속도 운동하여 A가 점 q를 속력 $2v$로 지나는 순간 B와 C 사이의 실이 끊어진다. 그림 (나)와 같이 (가) 이후 A와 B는 등속도, C는 등가속도 운동하여, A가 점 r를 속력 $2v$로 지나는 순간 C의 속력은 $5v$가 된다. p와 q 사이, q와 r 사이의 거리는 같다. A, B, C의 질량은 각각 M, m, $2m$이다.

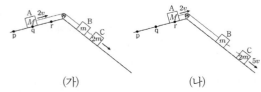

(가)   (나)

M은? (단, 물체의 크기, 실의 질량, 모든 마찰은 무시한다.)

① $2m$ ② $3m$ ③ $4m$ ④ $5m$ ⑤ $6m$

18. 그림과 같이 무한히 긴 직선 도선 A, B와 점 p를 중심으로 하는 원형 도선 C, D가 xy평면에 고정되어 있다. C, D에는 같은 세기의 전류가 일정하게 흐르고, B에는 세기가 I_0인 전류가 $+x$방향으로 흐른다. p에서 C의 전류에 의한 자기장의 세기는 B_0이다. 표는 p에서 A~D의 전류에 의한 자기장의 세기를 A에 흐르는 전류에 따라 나타낸 것이다.

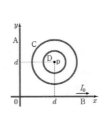

A에 흐르는 전류		p에서 A~D의 전류에 의한 자기장의 세기
세기	방향	
0	해당 없음	0
I_0	$+y$	㉠
I_0	$-y$	B_0

이에 대한 설명으로 옳은 것만을 〈보기〉에서 있는 대로 고른 것은? [3점]

─── 〈 보 기 〉───
ㄱ. ㉠은 B_0이다.
ㄴ. p에서 C의 전류에 의한 자기장의 방향은 xy평면에 수직으로 들어가는 방향이다.
ㄷ. p에서 D의 전류에 의한 자기장의 세기는 B의 전류에 의한 자기장의 세기보다 크다.

① ㄱ   ② ㄴ   ③ ㄱ, ㄷ   ④ ㄴ, ㄷ   ⑤ ㄱ, ㄴ, ㄷ

19. 그림 (가)는 점전하 A, B, C를 x축상에 고정시킨 것으로 A, B에 작용하는 전기력의 방향은 같고, B는 양(+)전하이다. 그림 (나)는 (가)에서 $x=3d$에 음(−)전하인 점전하 D를 고정시킨 것으로 B에 작용하는 전기력은 0이다. C에 작용하는 전기력의 크기는 (가)에서가 (나)에서보다 크다.

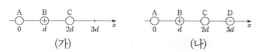

(가)   (나)

이에 대한 설명으로 옳은 것만을 〈보기〉에서 있는 대로 고른 것은?

─── 〈 보 기 〉───
ㄱ. (가)에서 C에 작용하는 전기력의 방향은 $+x$방향이다.
ㄴ. A는 음(−)전하이다.
ㄷ. 전하량의 크기는 A가 C보다 크다.

① ㄱ   ② ㄷ   ③ ㄱ, ㄴ   ④ ㄴ, ㄷ   ⑤ ㄱ, ㄴ, ㄷ

20. 그림은 빗면의 점 p에 가만히 놓은 물체가 점 q, r, s를 지나 빗면의 점 t에서 속력이 0인 순간을 나타낸 것이다. 물체는 p와 q 사이에서 가속도의 크기 $3a$로 등가속도 운동을, 빗면의 마찰 구간에서 등속도 운동을, r와 t 사이에서 가속도의 크기 $2a$로 등가속도 운동을 한다. 물체가 마찰 구간을 지나는 데 걸린 시간과 r에서 s까지 지나는 데 걸린 시간은 같다. p와 q 사이, s와 r 사이의 높이차는 h로 같고, t는 마찰 구간의 최고점 q와 높이가 같다.

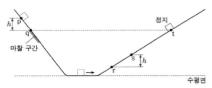

t와 s 사이의 높이차는? (단, 물체의 크기, 공기 저항, 마찰 구간 외의 모든 마찰은 무시한다.) [3점]

① $\dfrac{16}{9}h$ ② $2h$ ③ $\dfrac{20}{9}h$ ④ $\dfrac{7}{3}h$ ⑤ $\dfrac{8}{3}h$

※ 확인 사항
○ 답안지의 해당란에 필요한 내용을 정확히 기입(표기)했는지 확인하시오.

과학탐구 영역 (물리학 Ⅰ)

성명 [　　　]　수험번호 [　][　][　][　] － [　][　][　][　]

1. 다음은 병원의 의료 기기에서 파동 A, B, C를 이용하는 예이다.

뼈 촬영　　의료 기구 소독　　태아 검진
A : X선　　B : 자외선　　C : 초음파

이에 대한 설명으로 옳은 것만을 〈보기〉에서 있는 대로 고른 것은?

———— 〈보 기〉 ————
ㄱ. A, B는 전자기파에 속한다.
ㄴ. 진공에서의 파장은 A가 B보다 길다.
ㄷ. C는 매질이 없는 진공에서 진행할 수 없다.

① ㄴ　② ㄷ　③ ㄱ, ㄴ　④ ㄱ, ㄷ　⑤ ㄱ, ㄴ, ㄷ

2. 다음은 우리나라의 핵융합 연구 장치에 대한 설명이다.

'한국의 인공 태양'이라 불리는 KSTAR는 바닷물에 풍부한 중수소($_1^2H$)와 리튬에서 얻은 삼중수소($_1^3H$)를 고온에서 충돌시켜 다음과 같이 핵융합 에너지를 얻기 위한 연구 장치이다.

$$_1^2H + _1^3H \rightarrow _2^4He + \boxed{\text{㉠}} + \text{㉡ 에너지}$$

이에 대한 설명으로 옳은 것만을 〈보기〉에서 있는 대로 고른 것은?

———— 〈보 기〉 ————
ㄱ. $_1^2H$와 $_1^3H$는 질량수가 같다.
ㄴ. ㉠은 중성자이다.
ㄷ. ㉡은 질량 결손에 의해 발생한다.

① ㄱ　② ㄴ　③ ㄷ　④ ㄱ, ㄴ　⑤ ㄴ, ㄷ

3. 그림 (가)는 보어의 수소 원자 모형에서 양자수 n에 따른 에너지 준위의 일부와 전자의 전이 a~f를 나타낸 것이고, (나)는 a~f에서 방출되는 빛의 스펙트럼을 파장에 따라 나타낸 것이다.

(가)　　　　　　(나)

이에 대한 설명으로 옳은 것만을 〈보기〉에서 있는 대로 고른 것은? (단, h는 플랑크 상수이다.) [3점]

———— 〈보 기〉 ————
ㄱ. 방출된 빛의 파장은 a에서가 f 에서보다 길다.
ㄴ. ㉠은 b에 의해 나타난 스펙트럼선이다.
ㄷ. ㉡에 해당하는 빛의 진동수는 $\dfrac{|E_5 - E_2|}{h}$이다.

① ㄴ　② ㄷ　③ ㄱ, ㄴ　④ ㄱ, ㄷ　⑤ ㄴ, ㄷ

4. 다음은 자성체의 성질을 알아보기 위한 실험이다.

[실험 과정]
(가) 그림과 같이 코일을 고정시키고, 자기화되어 있지 않은 자성체 A, B를 준비한다. A, B는 강자성체, 상자성체를 순서 없이 나타낸 것이다.
(나) 바닥으로부터 같은 높이 h에서 A, B를 각각 가만히 놓아 코일의 중심을 통과하여 바닥에 닿을 때까지의 낙하 시간을 측정한다.
(다) A, B를 강한 외부 자기장으로 자기화시킨 후 꺼내, (나)와 같이 낙하 시간을 측정한다.

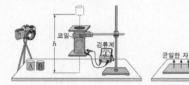

[실험 결과]
○ A의 낙하 시간은 (나)에서와 (다)에서가 같다.
○ B의 낙하 시간은 [　　　㉠　　　].

이에 대한 설명으로 옳은 것만을 〈보기〉에서 있는 대로 고른 것은?

———— 〈보 기〉 ————
ㄱ. A는 강자성체이다.
ㄴ. '(나)에서보다 (다)에서 길다'는 ㉠에 해당한다.
ㄷ. (다)에서 B가 코일과 가까워지는 동안, 코일과 B 사이에는 서로 밀어내는 자기력이 작용한다.

① ㄱ　② ㄷ　③ ㄱ, ㄴ　④ ㄴ, ㄷ　⑤ ㄱ, ㄴ, ㄷ

5. 그림 (가), (나)와 같이 마찰이 있는 동일한 빗면에 놓인 물체 A가 각각 물체 B, C와 실로 연결되어 서로 반대 방향으로 등가속도 운동을 하고 있다. (가)와 (나)에서 A의 가속도의 크기는 각각 $\dfrac{1}{6}g$, $\dfrac{1}{3}g$이고, 가속도의 방향은 운동 방향과 같다. A, B, C의 질량은 각각 $3m$, m, $6m$이고, 빗면과 A 사이에는 크기가 F로 일정한 마찰력이 작용한다.

(가)　　　　　(나)

F는? (단, 중력 가속도는 g이고, 빗면에서의 마찰 외의 모든 마찰과 공기 저항, 실의 질량은 무시한다.) [3점]

① $\dfrac{1}{3}mg$　② $\dfrac{2}{3}mg$　③ mg　④ $\dfrac{3}{2}mg$　⑤ $\dfrac{5}{2}mg$

과학탐구 영역 (물리학 I)

6. 그림 (가)는 저울 위에 놓인 물체 A와 B가 정지해 있는 모습을, (나)는 (가)에서 A에 크기가 F인 힘을 연직 위 방향으로 작용할 때, A와 B가 정지해 있는 모습을 나타낸 것이다. 저울에 측정된 힘의 크기는 (가)에서가 (나)에서의 2배이고, B가 A에 작용하는 힘의 크기는 (가)에서가 (나)에서의 4배이다.

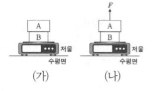

이에 대한 설명으로 옳은 것만을 〈보기〉에서 있는 대로 고른 것은? [3점]

― 〈보 기〉―
ㄱ. 질량은 A가 B의 2배이다.
ㄴ. (가)에서 저울이 B에 작용하는 힘의 크기는 $2F$이다.
ㄷ. (나)에서 A가 B에 작용하는 힘의 크기는 $\frac{1}{3}F$이다.

① ㄱ ② ㄷ ③ ㄱ, ㄴ ④ ㄴ, ㄷ ⑤ ㄱ, ㄴ, ㄷ

7. 그림 (가)와 같이 마찰이 없는 수평면에서 v_0의 속력으로 등속도 운동을 하던 물체 A, B가 벽과 충돌한 후, 충돌 전과 반대 방향으로 각각 v_0, $\frac{1}{2}v_0$의 속력으로 등속도 운동을 한다. 그림 (나)는 A, B가 충돌하는 동안 벽으로부터 받은 힘의 크기를 시간에 따라 나타낸 것이다. A, B의 질량은 각각 $2m$, m이고, 충돌 시간은 각각 t_0, $3t_0$이다.

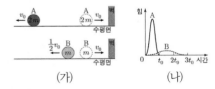

(가)   (나)

이에 대한 설명으로 옳은 것만을 〈보기〉에서 있는 대로 고른 것은?

― 〈보 기〉―
ㄱ. A가 충돌하는 동안 벽으로부터 받은 충격량의 크기는 $4mv_0$이다.
ㄴ. (나)에서 B의 곡선과 시간 축이 만드는 면적은 $\frac{1}{2}mv_0$이다.
ㄷ. 충돌하는 동안 벽으로부터 받은 평균 힘의 크기는 A가 B의 8배이다.

① ㄱ ② ㄴ ③ ㄱ, ㄴ ④ ㄱ, ㄷ ⑤ ㄴ, ㄷ

8. 그림은 열기관에서 일정량의 이상 기체가 과정 I ~ IV를 따라 순환하는 동안 기체의 압력과 부피를 나타낸 것이다. 표는 각 과정에서 기체가 외부에 한 일 또는 외부로부터 받은 일을 나타낸 것이다. I, III은 등온 과정이고, IV에서 기체가 흡수한 열량은 $2E_0$이다.

과정	I	II	III	IV
외부에 한 일 또는 외부로부터 받은 일	$3E_0$	0	E_0	0

이에 대한 설명으로 옳은 것만을 〈보기〉에서 있는 대로 고른 것은? [3점]

― 〈보 기〉―
ㄱ. I에서 기체가 흡수하는 열량은 0이다.
ㄴ. II에서 기체의 내부 에너지 감소량은 IV에서 기체의 내부 에너지 증가량보다 작다.
ㄷ. 열기관의 열효율은 0.4이다.

① ㄱ ② ㄷ ③ ㄱ, ㄴ ④ ㄴ, ㄷ ⑤ ㄱ, ㄴ, ㄷ

9. 그림과 같이 관찰자 A에 대해 광원 P, Q가 정지해 있고, 관찰자 B가 탄 우주선이 P, A, Q를 잇는 직선과 나란하게 $0.9c$의 속력으로 등속도 운동을 하고 있다. A의 관성계에서, A에서 P, Q까지의 거리는 각각 L로 같고, P, Q에서 빛이 A를 향해 동시에 방출된다.

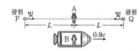

이에 대한 설명으로 옳은 것만을 〈보기〉에서 있는 대로 고른 것은? (단, c는 빛의 속력이다.)

― 〈보 기〉―
ㄱ. A의 관성계에서, B의 시간은 A의 시간보다 느리게 간다.
ㄴ. B의 관성계에서, 빛이 P에서 A까지 도달하는 데 걸린 시간은 $\frac{L}{c}$이다.
ㄷ. B의 관성계에서, 빛은 Q에서가 P에서보다 먼저 방출된다.

① ㄱ ② ㄴ ③ ㄱ, ㄷ ④ ㄴ, ㄷ ⑤ ㄱ, ㄴ, ㄷ

10. 그림과 같이 점전하 A, B, C를 x축상에 고정하였다. 전하량의 크기는 B가 A의 2배이고, B와 C가 A로부터 받는 전기력의 크기는 F로 같다. A와 B 사이에는 서로 밀어내는 전기력이, A와 C 사이에는 서로 당기는 전기력이 작용한다.

이에 대한 설명으로 옳은 것만을 〈보기〉에서 있는 대로 고른 것은? [3점]

― 〈보 기〉―
ㄱ. 전하량의 크기는 C가 가장 크다.
ㄴ. B와 C 사이에는 서로 당기는 전기력이 작용한다.
ㄷ. B와 C 사이에 작용하는 전기력의 크기는 F보다 크다.

① ㄱ ② ㄷ ③ ㄱ, ㄴ ④ ㄴ, ㄷ ⑤ ㄱ, ㄴ, ㄷ

11. 다음은 p−n 접합 발광 다이오드(LED)의 특성을 알아보기 위한 실험이다.

[실험 과정]

(가) 그림과 같이 동일한 LED A~D, 저항, 스위치, 직류 전원으로 회로를 구성한다. X는 p형 반도체와 n형 반도체 중 하나이다.

(나) 스위치를 a 또는 b에 연결하고, C, D에서 빛의 방출 여부를 관찰한다.

[실험 결과]

스위치	C에서 빛의 방출 여부	D에서 빛의 방출 여부
a에 연결	방출됨	방출되지 않음
b에 연결	방출되지 않음	방출됨

이에 대한 설명으로 옳은 것만을 〈보기〉에서 있는 대로 고른 것은?

───〈보 기〉───

ㄱ. 스위치를 a에 연결하면 A에는 역방향 전압이 걸린다.

ㄴ. B의 X는 n형 반도체이다.

ㄷ. 스위치를 b에 연결하면 D의 p형 반도체에 있는 양공이 p−n 접합면에서 멀어진다.

① ㄱ ② ㄴ ③ ㄱ, ㄷ ④ ㄴ, ㄷ ⑤ ㄱ, ㄴ, ㄷ

12. 그림과 같이 가늘고 무한히 긴 직선 도선 P, Q가 일정한 각을 이루고 xy평면에 고정되어 있다. P에는 세기가 I_0인 전류가 화살표 방향으로 흐른다. 점 a에서 P에 흐르는 전류에 의한 자기장의 세기는 B_0이고, P와 Q에 흐르는 전류에 의한 자기장의 세기는 0이다.

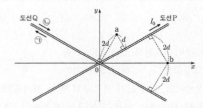

이에 대한 설명으로 옳은 것만을 〈보기〉에서 있는 대로 고른 것은? (단, 점 a, b는 xy평면상의 점이다.) [3점]

───〈보 기〉───

ㄱ. Q에 흐르는 전류의 방향은 ㉠이다.

ㄴ. Q에 흐르는 전류의 세기는 $2I_0$이다.

ㄷ. b에서 P와 Q에 흐르는 전류에 의한 자기장의 세기는 $\frac{3}{2}B_0$이다.

① ㄱ ② ㄷ ③ ㄱ, ㄴ ④ ㄴ, ㄷ ⑤ ㄱ, ㄴ, ㄷ

13. 그림 (가)는 균일한 자기장 영역 I, II가 있는 xy평면에 한 변의 길이가 $2d$인 정사각형 금속 고리가 고정되어 있는 것을 나타낸 것이다. I의 자기장의 세기는 B_0으로 일정하고, II의 자기장의 세기 B는 그림 (나)와 같이 시간에 따라 변한다.

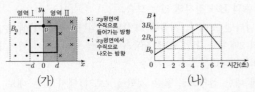

이에 대한 설명으로 옳은 것만을 〈보기〉에서 있는 대로 고른 것은? [3점]

───〈보 기〉───

ㄱ. 1초일 때, 고리에 유도 전류가 흐르지 않는다.

ㄴ. 2초일 때, 고리의 점 p에서 유도 전류의 방향은 $-x$방향이다.

ㄷ. 고리에 흐르는 유도 전류의 세기는 3초일 때와 6초일 때가 같다.

① ㄱ ② ㄴ ③ ㄱ, ㄷ ④ ㄴ, ㄷ ⑤ ㄱ, ㄴ, ㄷ

14. 그림은 10m/s의 속력으로 x축과 나란하게 진행하는 파동의 변위를 위치 x에 따라 나타낸 것으로, 어떤 순간에는 파동의 모양이 P와 같고, 다른 어떤 순간에는 파동의 모양이 Q와 같다. 표는 파동의 모양이 P에서 Q로, Q에서 P로 바뀌는 데 걸리는 최소 시간을 나타낸 것이다.

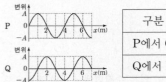

구분	최소 시간(s)
P에서 Q	0.3
Q에서 P	0.1

이에 대한 설명으로 옳은 것만을 〈보기〉에서 있는 대로 고른 것은?

───〈보 기〉───

ㄱ. 파장은 4m이다.

ㄴ. 주기는 0.4s이다.

ㄷ. 파동은 $+x$방향으로 진행한다.

① ㄱ ② ㄷ ③ ㄱ, ㄴ ④ ㄴ, ㄷ ⑤ ㄱ, ㄴ, ㄷ

15. 그림과 같이 파원 S_1, S_2에서 진폭과 위상이 같은 물결파를 0.5Hz의 진동수로 발생시키고 있다. 물결파의 속력은 1m/s로 일정하다.

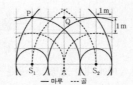

이에 대한 설명으로 옳은 것만을 〈보기〉에서 있는 대로 고른 것은? (단, 두 파원과 점 P, Q는 동일 평면상에 고정된 지점이다.) [3점]

───〈보 기〉───

ㄱ. P에서는 보강 간섭이 일어난다.

ㄴ. Q에서 수면의 높이는 시간에 따라 변하지 않는다.

ㄷ. $\overline{PQ}$에서 상쇄 간섭이 일어나는 지점의 수는 2개이다.

① ㄱ ② ㄴ ③ ㄷ ④ ㄱ, ㄴ ⑤ ㄱ, ㄷ

16. 그림 (가)는 단색광이 공기에서 매질 A로 입사각 θ_i로 입사한 후, 매질 A의 옆면 P에 임계각 θ_c로 입사하는 모습을 나타낸 것이다. 그림 (나)는 (가)에 물을 더 넣고 단색광을 θ_i로 입사시킨 모습을 나타낸 것이다.

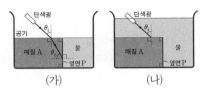

(가)   (나)

이에 대한 설명으로 옳은 것만을 〈보기〉에서 있는 대로 고른 것은?

─── 〈보 기〉───

ㄱ. A의 굴절률은 물의 굴절률보다 크다.
ㄴ. (가)에서 θ_i를 증가시키면 옆면 P에서 전반사가 일어난다.
ㄷ. (나)에서 단색광은 옆면 P에서 전반사한다.

① ㄱ   ② ㄴ   ③ ㄱ, ㄷ   ④ ㄴ, ㄷ   ⑤ ㄱ, ㄴ, ㄷ

17. 그림은 금속판 P, Q에 단색광을 비추었을 때, P, Q에서 방출되는 광전자의 최대 운동에너지 E_K를 단색광의 진동수에 따라 나타낸 것이다.

이에 대한 설명으로 옳은 것만을 〈보기〉에서 있는 대로 고른 것은?

─── 〈보 기〉───

ㄱ. 문턱 진동수는 P가 Q보다 작다.
ㄴ. 광양자설에 의하면 진동수가 f_0인 단색광을 Q에 오랫동안 비추어도 광전자가 방출되지 않는다.
ㄷ. 진동수가 $2f_0$일 때, 방출되는 광전자의 물질파 파장의 최솟값은 Q에서가 P에서의 3배이다.

① ㄱ   ② ㄷ   ③ ㄱ, ㄴ   ④ ㄴ, ㄷ   ⑤ ㄱ, ㄴ, ㄷ

18. 그림과 같이 직선 도로에서 출발선에 정지해 있던 자동차 A, B가 구간 I에서는 가속도의 크기가 $2a$인 등가속도 운동을, 구간 II에서는 등속도 운동을, 구간 III에서는 가속도의 크기가 a인 등가속도 운동을 하여 도착선에서 정지한다. A가 출발선에서 L만큼 떨어진 기준선 P를 지나는 순간 B가 출발하였다. 구간 III에서 A, B 사이의 거리가 L인 순간 A, B의 속력은 각각 v_A, v_B이다.

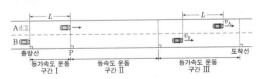

$\dfrac{v_A}{v_B}$는? [3점]

① $\dfrac{1}{4}$ ② $\dfrac{1}{3}$ ③ $\dfrac{1}{2}$ ④ $\dfrac{2}{3}$ ⑤ 1

19. 그림 (가)와 같이 마찰이 없는 수평면에서 물체 A, B, C가 등속도 운동을 한다. A, B, C의 운동량의 크기는 각각 $4p$, $4p$, p이다. 그림 (나)는 A와 B 사이의 거리(S_{AB}), B와 C 사이의 거리(S_{BC})를 시간 t에 따라 나타낸 것이다.

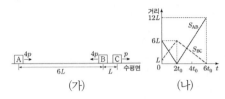

(가)   (나)

이에 대한 설명으로 옳은 것만을 〈보기〉에서 있는 대로 고른 것은? (단, A, B, C는 동일 직선상에서 운동하고, 물체의 크기는 무시한다.) [3점]

─── 〈보 기〉───

ㄱ. $t=t_0$일 때, 속력은 A와 B가 같다.
ㄴ. B와 C의 질량은 같다.
ㄷ. $t=4t_0$일 때, B의 운동량의 크기는 $4p$이다.

① ㄱ   ② ㄷ   ③ ㄱ, ㄴ   ④ ㄴ, ㄷ   ⑤ ㄱ, ㄴ, ㄷ

20. 그림과 같이 수평면에서 운동하던 질량이 m인 물체가 언덕을 따라 올라갔다가 내려온다. 높이가 같은 점 p, s에서 물체의 속력은 각각 $2v_0$, v_0이고, 최고점 q에서의 속력은 v_0이다. 높이 차가 h로 같은 마찰 구간 I, II에서 물체의 역학적 에너지 감소량은 II에서가 I에서의 2배이다.

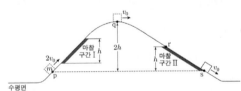

점 r에서 물체의 속력은? (단, 마찰 구간 외의 모든 마찰과 공기 저항, 물체의 크기는 무시한다.)

① $\dfrac{\sqrt{5}}{2}v_0$ ② $\dfrac{\sqrt{7}}{2}v_0$ ③ $\sqrt{2}v_0$ ④ $\dfrac{3}{2}v_0$ ⑤ $\sqrt{3}v_0$

※ 확인 사항
○ 답안지의 해당란에 필요한 내용을 정확히 기입(표기) 했는지 확인하시오.

2024 연도별

과학탐구 영역 (물리학 Ⅰ)

성명 [　　　]　　　수험번호 [　　　|　　] − [　　|　　|　|　]

---

1. 다음은 전자기파 A와 B를 사용하는 예에 대한 설명이다.

> 전자레인지에 사용되는 A는 음식물 속의 물 분자를 운동시키고, 물 분자가 주위의 분자와 충돌하면서 음식물을 데운다.
>
>
>
> A보다 파장이 짧은 B는 전자레인지가 작동하는 동안 내부를 비춰 작동 여부를 눈으로 확인할 수 있게 한다.

이에 대한 설명으로 옳은 것만을 〈보기〉에서 있는 대로 고른 것은?

> ─── 〈보 기〉 ───
> ㄱ. A는 가시광선이다.
> ㄴ. 진공에서 속력은 A와 B가 같다.
> ㄷ. 진동수는 A가 B보다 크다.

① ㄱ　　② ㄴ　　③ ㄱ, ㄷ　　④ ㄴ, ㄷ　　⑤ ㄱ, ㄴ, ㄷ

2. 다음은 핵반응 (가), (나)에 대해 학생 A, B, C가 대화하는 모습을 나타낸 것이다.

제시한 내용이 옳은 학생만을 있는 대로 고른 것은?

① A　　② B　　③ A, C　　④ B, C　　⑤ A, B, C

3. 그림은 시간 $t=0$일 때, x축과 나란하게 매질 A에서 매질 B로 진행하는 파동의 변위를 위치 x에 따라 나타낸 것이다. $x=3$cm인 지점 P에서 변위는 y_P이고, A에서 파동의 진행 속력은 4cm/s이다.

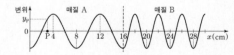

이에 대한 설명으로 옳은 것만을 〈보기〉에서 있는 대로 고른 것은?

> ─── 〈보 기〉 ───
> ㄱ. 파동의 주기는 2초이다.
> ㄴ. B에서 파동의 진행 속력은 8cm/s이다.
> ㄷ. $t=0.1$초일 때, P에서 파동의 변위는 y_P보다 작다.

① ㄱ　　② ㄴ　　③ ㄷ　　④ ㄱ, ㄷ　　⑤ ㄱ, ㄴ, ㄷ

---

4. 그림 (가)는 보어의 수소 원자 모형에서 양자수 n에 따른 에너지 준위의 일부와 전자의 전이 A~D를 나타낸 것이다. 그림 (나)는 (가)의 A, B, C에서 방출되는 빛의 스펙트럼을 파장에 따라 나타낸 것이다.

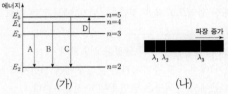

이에 대한 설명으로 옳은 것만을 〈보기〉에서 있는 대로 고른 것은? (단, 빛의 속력은 c이다.) [3점]

> ─── 〈보 기〉 ───
> ㄱ. B에서 방출되는 광자 1개의 에너지는 $|E_4-E_2|$이다.
> ㄴ. C에서 방출되는 빛의 파장은 λ_1이다.
> ㄷ. D에서 흡수되는 빛의 진동수는 $\left(\dfrac{1}{\lambda_1}+\dfrac{1}{\lambda_3}\right)c$이다.

① ㄱ　　② ㄷ　　③ ㄱ, ㄴ　　④ ㄴ, ㄷ　　⑤ ㄱ, ㄴ, ㄷ

5. 다음은 물체 A, B, C의 자성을 알아보기 위한 실험이다. A, B, C는 강자성체, 상자성체, 반자성체를 순서 없이 나타낸 것이다.

> [실험 과정]
> (가) 자기화되어 있지 않은 A, B, C를 자기장에 놓아 자기화시킨다.
> (나) 그림 Ⅰ과 같이 자기장에서 A를 꺼내 용수철저울에 매단 후, 정지된 상태에서 용수철저울의 측정값을 읽는다.
> (다) 그림 Ⅱ와 같이 자기장에서 꺼낸 B를 A의 연직 아래에 놓은 후, 정지된 상태에서 용수철저울의 측정값을 읽는다.
> (라) 그림 Ⅲ과 같이 자기장에서 꺼낸 C를 A의 연직 아래에 놓은 후, 정지된 상태에서 용수철저울의 측정값을 읽는다.
>
>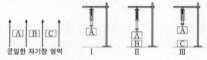
>
> [실험 결과]
>
> | | Ⅰ | Ⅱ | Ⅲ |
> |---|---|---|---|
> | 용수철저울의 측정값 | w | $1.2w$ | $0.9w$ |

A, B, C로 옳은 것은?

	A	B	C
①	강자성체	상자성체	반자성체
②	강자성체	반자성체	상자성체
③	반자성체	강자성체	상자성체
④	상자성체	강자성체	반자성체
⑤	상자성체	반자성체	강자성체

과학탐구 영역 (물리학 I)

6. 그림과 같이 관찰자 A에 대해 광원 P, 검출기 Q가 정지해 있고, 관찰자 B가 탄 우주선이 P, Q를 잇는 직선과 나란하게 0.9c의 속력으로 등속도 운동을 하고 있다. A의 관성계에서, 우주선의 길이는 L_1이고, P와 Q 사이의 거리는 L_2이다. 이에 대한 설명으로 옳은 것만을 〈보기〉에서 있는 대로 고른 것은? (단, 빛의 속력은 c이다.)

<보 기>
ㄱ. A의 관성계에서, A의 시간은 B의 시간보다 느리게 간다.
ㄴ. B의 관성계에서, 우주선의 길이는 L_1보다 길다.
ㄷ. B의 관성계에서, P에서 방출된 빛이 Q에 도달하는 데 걸리는 시간은 $\frac{L_2}{c}$보다 크다.

① ㄱ ② ㄴ ③ ㄷ ④ ㄱ, ㄴ ⑤ ㄴ, ㄷ

7. 그림은 열효율이 0.25인 열기관에서 일정량의 이상 기체의 상태가 A → B → C → D → A를 따라 순환하는 동안 기체의 부피와 절대 온도를 나타낸 것이다. 기체가 흡수한 열량은 A → B 과정, B → C 과정에서 각각 5Q, 3Q이다. 이에 대한 설명으로 옳은 것만을 〈보기〉에서 있는 대로 고른 것은? [3점]

<보 기>
ㄱ. 기체의 압력은 B에서가 C에서보다 작다.
ㄴ. C → D 과정에서 기체가 방출한 열량은 5Q이다.
ㄷ. D → A 과정에서 기체가 외부로부터 받은 일은 2Q이다.

① ㄱ ② ㄴ ③ ㄷ ④ ㄱ, ㄴ ⑤ ㄴ, ㄷ

8. 그림은 물체 A, B, C가 실 p, q로 연결되어 등속도 운동을 하는 모습을 나타낸 것이다. p를 끊으면, A는 가속도의 크기가 6a인 등가속도 운동을, B와 C는 가속도의 크기가 a인 등가속도 운동을 한다. 이후 q를 끊으면, B는 가속도의 크기가 3a인 등가속도 운동을 한다. A, C의 질량은 각각 m, 2m이다. 이에 대한 설명으로 옳은 것만을 〈보기〉에서 있는 대로 고른 것은? (단, 중력 가속도는 g이고, 실의 질량, 모든 마찰과 공기 저항은 무시한다.) [3점]

<보 기>
ㄱ. B의 질량은 4m이다.
ㄴ. $a = \frac{1}{8}g$이다.
ㄷ. p를 끊기 전, p가 B를 당기는 힘의 크기는 $\frac{2}{3}mg$이다.

① ㄱ ② ㄴ ③ ㄱ, ㄷ ④ ㄴ, ㄷ ⑤ ㄱ, ㄴ, ㄷ

9. 그림 (가), (나)는 직육면체 모양의 물체 A, B가 수평면에 놓여 있는 상태에서 A에 각각 크기가 F, 2F인 힘이 연직 방향으로 작용할 때, A, B가 정지해 있는 모습을 나타낸 것이다. A, B의 질량은 각각 m, 3m이고, B가 A를 떠받치는 힘의 크기는 (가)에서가 (나)에서의 2배이다. 이에 대한 설명으로 옳은 것만을 〈보기〉에서 있는 대로 고른 것은? (단, 중력 가속도는 g이다.)

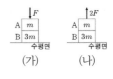

<보 기>
ㄱ. A에 작용하는 중력과 B가 A를 떠받치는 힘은 작용 반작용 관계이다.
ㄴ. $F = \frac{1}{5}mg$이다.
ㄷ. 수평면이 B를 떠받치는 힘의 크기는 (가)에서가 (나)에서의 $\frac{7}{6}$배이다.

① ㄱ ② ㄴ ③ ㄷ ④ ㄴ, ㄷ ⑤ ㄱ, ㄴ, ㄷ

10. 그림 (가)의 I ~ III과 같이 마찰이 없는 수평면에서 운동량의 크기가 p로 같은 물체 A, B가 서로를 향해 등속도 운동을 하다가 충돌한 후 각각 등속도 운동을 하고, 이후 B는 벽과 충돌한 후 운동량의 크기가 $\frac{1}{3}p$인 등속도 운동을 한다. 그림 (나)는 (가)에서 B가 받은 힘의 크기를 시간에 따라 나타낸 것이다. B와 A, B와 벽의 충돌 시간은 각각 T, 2T이고, 곡선과 시간 축이 만드는 면적은 각각 2S, S이다. A, B의 질량은 각각 m, 2m이다.

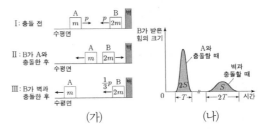

이에 대한 설명으로 옳은 것만을 〈보기〉에서 있는 대로 고른 것은? (단, A, B는 동일 직선상에서 운동한다.)

<보 기>
ㄱ. B가 받은 평균 힘의 크기는 A와 충돌하는 동안과 벽과 충돌하는 동안이 같다.
ㄴ. II에서 B의 운동량의 크기는 $\frac{1}{3}p$이다.
ㄷ. III에서 물체의 속력은 A가 B의 2배이다.

① ㄱ ② ㄴ ③ ㄷ ④ ㄱ, ㄴ ⑤ ㄴ, ㄷ

11. 다음은 p−n 접합 다이오드의 특성을 알아보는 실험이다.

[실험 과정]

(가) 그림과 같이 직류 전원, 동일한 p−n 접합 다이오드 A, B, p−n 접합 발광 다이오드(LED), 스위치 S_1, S_2를 이용하여 회로를 구성한다. X는 p형 반도체와 n형 반도체 중 하나이다.

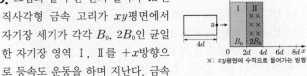

(나) S_1을 a 또는 b에 연결하고, S_2를 열고 닫으며 LED에서 빛의 방출 여부를 관찰한다.

[실험 결과]

S_1	S_2	LED에서 빛의 방출 여부
a에 연결	열림	방출되지 않음
	닫힘	방출됨
b에 연결	열림	방출되지 않음
	닫힘	㉠

이에 대한 설명으로 옳은 것만을 〈보기〉에서 있는 대로 고른 것은? [3점]

< 보 기 >
ㄱ. A의 X는 주로 양공이 전류를 흐르게 하는 반도체이다.
ㄴ. S_1을 a에 연결하고 S_2를 열었을 때, B에는 순방향 전압이 걸린다.
ㄷ. ㉠은 '방출됨'이다.

① ㄱ ② ㄴ ③ ㄷ ④ ㄱ, ㄴ ⑤ ㄱ, ㄷ

12. 그림은 무한히 가늘고 긴 직선 도선 P, Q와 원형 도선 R가 xy평면에 고정되어 있는 모습을 나타낸 것이다. 표는 R의 중심이 점 a, b, c에 있을 때, R의 중심에서 P, Q, R에 흐르는 전류에 의한 자기장의 세기와 방향을 나타낸 것이다. P, Q에 흐르는 전류의 세기는 각각 $2I_0$, $3I_0$이고, P에 흐르는 전류의 방향은 $-x$방향이다. R에 흐르는 전류의 세기와 방향은 일정하다.

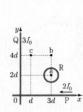

R의 중심	R의 중심에서 P, Q, R에 의한 자기장	
	세기	방향
a	0	해당 없음
b	B_0	㉠
c	㉡	×

× : xy평면에 수직으로 들어가는 방향

이에 대한 설명으로 옳은 것만을 〈보기〉에서 있는 대로 고른 것은? [3점]

< 보 기 >
ㄱ. Q에 흐르는 전류의 방향은 $+y$방향이다.
ㄴ. ㉠은 xy평면에서 수직으로 나오는 방향이다.
ㄷ. ㉡은 $3B_0$이다.

① ㄱ ② ㄷ ③ ㄱ, ㄴ ④ ㄴ, ㄷ ⑤ ㄱ, ㄴ, ㄷ

13. 그림과 같이 한 변의 길이가 $4d$인 직사각형 금속 고리가 xy평면에서 자기장 세기가 각각 B_0, $2B_0$인 균일한 자기장 영역 I, II를 $+x$방향으로 등속도 운동을 하며 지난다. 금속 고리의 점 a가 $x=d$와 $x=7d$를 지날 때, a에 흐르는 유도 전류의 방향은 같다. I, II에서 자기장의 방향은 xy평면에 수직이다.

× : xy평면에 수직으로 들어가는 방향

a의 위치에 따른 a에 흐르는 유도 전류를 나타낸 그래프로 가장 적절한 것은? (단, a에 흐르는 유도 전류의 방향은 $+y$방향이 양$(+)$이다.)

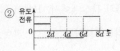

⑤ (그래프)

14. 그림은 동일한 단색광 A, B를 각각 매질 I, II에서 중심이 O인 원형 모양의 매질 III으로 동일한 입사각 θ로 입사시켰더니, A와 B가 굴절하여 점 p에 입사하는 모습을 나타낸 것이다.

이에 대한 설명으로 옳은 것만을 〈보기〉에서 있는 대로 고른 것은? [3점]

< 보 기 >
ㄱ. A의 파장은 I에서가 III에서보다 길다.
ㄴ. 굴절률은 I이 II보다 크다.
ㄷ. p에서 B는 전반사한다.

① ㄱ ② ㄷ ③ ㄱ, ㄴ ④ ㄴ, ㄷ ⑤ ㄱ, ㄴ, ㄷ

15. 그림은 진동수와 진폭이 같고 위상이 반대인 두 물결파를 발생시키고 있을 때, 시간 $t=0$인 순간의 모습을 나타낸 것이다. 두 물결파는 진행 속력이 20cm/s로 같고, 서로 이웃한 마루와 마루 사이의 거리는 20cm이다.

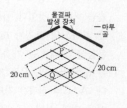

이에 대한 설명으로 옳은 것만을 〈보기〉에서 있는 대로 고른 것은? (단, 점 P, Q, R는 평면상에 고정된 지점이다.) [3점]

< 보 기 >
ㄱ. P에서는 상쇄 간섭이 일어난다.
ㄴ. Q에서 중첩된 물결파의 변위는 시간에 따라 일정하다.
ㄷ. R에서 중첩된 물결파의 변위는 $t=1$초일 때와 $t=2$초일 때가 같다.

① ㄱ ② ㄷ ③ ㄱ, ㄴ ④ ㄱ, ㄷ ⑤ ㄴ, ㄷ

16. 그림 (가)는 주사 전자 현미경(SEM)의 구조를 나타낸 것이고, 그림 (나)는 (가)의 전자총에서 방출되는 전자 P, Q의 물질파 파장 λ와 운동 에너지 E_K를 나타낸 것이다.

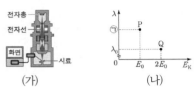

(가)   (나)

이에 대한 설명으로 옳은 것만을 〈보기〉에서 있는 대로 고른 것은?

―――― < 보 기 > ――――
ㄱ. 전자의 운동량의 크기는 Q가 P의 $2\sqrt{2}$배이다.
ㄴ. ㉠은 $2\lambda_0$이다.
ㄷ. 분해능은 Q를 이용할 때가 P를 이용할 때보다 좋다.

① ㄱ   ② ㄷ   ③ ㄱ, ㄴ   ④ ㄴ, ㄷ   ⑤ ㄱ, ㄴ, ㄷ

17. 그림 (가)와 같이 마찰이 없는 수평면에서 물체 A와 B 사이에 용수철을 넣어 압축시킨 후 A와 B를 동시에 가만히 놓았더니, 정지해 있던 A와 B가 분리되어 등속도 운동을 하는 물체 C, D를 향해 등속도 운동을 한다. 이때 C, D의 속력은 각각 $2v$, v이고, 운동 에너지는 C가 B의 2배이다. 그림 (나)는 (가)에서 물체가 충돌하여 A와 C는 정지하고, B와 D는 한 덩어리가 되어 속력 $\frac{1}{3}v$로 등속도 운동을 하는 모습을 나타낸 것이다.

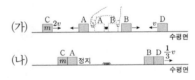

C의 질량이 m일 때, D의 질량은? (단, 물체는 동일 직선상에서 운동하고, 용수철의 질량은 무시한다.) [3점]

① $\frac{1}{2}m$ ② m ③ $\frac{3}{2}m$ ④ $2m$ ⑤ $\frac{5}{2}m$

18. 그림 (가)는 점전하 A, B, C를 x축상에 고정시킨 것을, (나)는 (가)에서 B의 위치만 $x=3d$로 옮겨 고정시킨 것을 나타낸 것이다. (가)와 (나)에서 양(+)전하인 A에 작용하는 전기력의 방향은 $+x$방향으로 같고, C에 작용하는 전기력의 크기는 (가)에서가 (나)에서보다 크다.

이에 대한 설명으로 옳은 것만을 〈보기〉에서 있는 대로 고른 것은? [3점]

―――― < 보 기 > ――――
ㄱ. (가)에서 B에 작용하는 전기력의 방향은 $-x$방향이다.
ㄴ. 전하량의 크기는 C가 B보다 크다.
ㄷ. A에 작용하는 전기력의 크기는 (나)에서가 (가)에서보다 크다.

① ㄱ   ② ㄴ   ③ ㄷ   ④ ㄱ, ㄷ   ⑤ ㄴ, ㄷ

19. 그림은 높이 $6h$인 점에서 가만히 놓은 물체가 궤도를 따라 운동하여 마찰 구간 Ⅰ, Ⅱ를 지나 최고점 r에 도달하여 정지한 순간의 모습을 나타낸 것이다. 점 p, q의 높이는 각각 h, $2h$이고, p, q에서 물체의 속력은 각각 $\sqrt{2}v$, v이다. 마찰 구간에서 손실된 역학적 에너지는 Ⅱ에서가 Ⅰ에서의 2배이다.

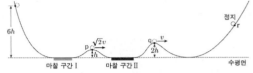

r의 높이는? (단, 물체의 크기, 공기 저항, 마찰 구간 외의 모든 마찰은 무시한다.) [3점]

① $\frac{19}{5}h$ ② $4h$ ③ $\frac{21}{5}h$ ④ $\frac{22}{5}h$ ⑤ $\frac{23}{5}h$

20. 그림과 같이 빗면에서 물체가 등가속도 직선 운동을 하여 점 a, b, c, d를 지난다. a에서 물체의 속력은 v이고, 이웃한 점 사이의 거리는 각각 L, $6L$, $3L$이다. 물체가 a에서 b까지, c에서 d까지 운동하는 데 걸린 시간은 같고, a와 d 사이의 평균 속력은 b와 c 사이의 평균 속력과 같다.

물체의 가속도의 크기는? (단, 물체의 크기는 무시한다.)

① $\frac{5v^2}{9L}$ ② $\frac{2v^2}{3L}$ ③ $\frac{7v^2}{9L}$ ④ $\frac{8v^2}{9L}$ ⑤ $\frac{v^2}{L}$

――――――――――――――――
※ 확인 사항
○ 답안지의 해당란에 필요한 내용을 정확히 기입(표기)했는지 확인하시오.

2024학년도 대학수학능력시험 문제지

과학탐구 영역 (물리학Ⅰ)

성명 [   ]   수험번호 [   ] – [   ]

1. 그림은 버스에서 이용하는 전자기파를 나타낸 것이다.

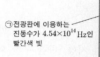

ⓛ무선 공유기에 이용하는 진동수가 2.41×10⁹ Hz인 마이크로파
ⓐ전광판에 이용하는 진동수가 4.54×10¹⁴ Hz인 빨간색 빛
ⓒ교통카드 시스템에 이용하는 진동수가 1.36×10⁷ Hz인 라디오파

이에 대한 설명으로 옳은 것만을 〈보기〉에서 있는 대로 고른 것은?

―― <보 기> ――
ㄱ. ㈀은 가시광선 영역에 해당한다.
ㄴ. 진공에서 속력은 ㈀이 ㈁보다 크다.
ㄷ. 진공에서 파장은 ㈁이 ㈂보다 짧다.

① ㄱ   ② ㄴ   ③ ㄱ, ㄴ   ④ ㄱ, ㄷ   ⑤ ㄴ, ㄷ

2. 다음은 두 가지 핵반응을, 표는 (가)와 관련된 원자핵과 중성자($_0^1 n$)의 질량을 나타낸 것이다.

(가) ㈀+㈀ → $_2^3 He + _0^1 n$ + 3.27MeV
(나) $_1^3 H$ + ㈀ → $_2^4 He$ + ㈁ + 17.6MeV

입자	질량
㈀	M_1
$_2^3 He$	M_2
중성자($_0^1 n$)	M_3

이에 대한 설명으로 옳은 것만을 〈보기〉에서 있는 대로 고른 것은?

―― <보 기> ――
ㄱ. ㈀은 $_1^2 H$이다.
ㄴ. ㈁은 중성자($_0^1 n$)이다.
ㄷ. $2M_1 = M_2 + M_3$이다.

① ㄱ   ② ㄴ   ③ ㄱ, ㄷ   ④ ㄴ, ㄷ   ⑤ ㄱ, ㄴ, ㄷ

3. 그림 (가)와 같이 자기화되어 있지 않은 자성체 A, B, C를 균일하고 강한 자기장 영역에 놓아 자기화시킨다. 그림 (나), (다)는 (가)의 A, B, C를 각각 수평면 위에 올려놓았을 때 정지한 모습을 나타낸 것이다. A에 작용하는 중력과 자기력의 합력의 크기는 (나)에서가 (다)에서보다 크다. A는 강자성체이고, B, C는 상자성체, 반자성체를 순서 없이 나타낸 것이다.

균일하고 강한 자기장   수평면   수평면
(가)   (나)   (다)

이에 대한 설명으로 옳은 것만을 〈보기〉에서 있는 대로 고른 것은? [3점]

―― <보 기> ――
ㄱ. B는 상자성체이다.
ㄴ. (가)에서 A와 C는 같은 방향으로 자기화된다.
ㄷ. (나)에서 B에 작용하는 중력과 자기력의 방향은 같다.

① ㄱ   ② ㄴ   ③ ㄱ, ㄷ   ④ ㄴ, ㄷ   ⑤ ㄱ, ㄴ, ㄷ

4. 그림 (가)는 보어의 수소 원자 모형에서 양자수 n에 따른 에너지 준위와 전자의 전이에 따른 스펙트럼 계열 중 라이먼 계열, 발머 계열을 나타낸 것이다. 그림 (나)는 (가)에서 방출되는 빛의 스펙트럼 계열을 파장에 따라 나타낸 것으로 X, Y는 라이먼 계열, 발머 계열 중 하나이고, ㈀과 ㈁은 각 계열에서 파장이 가장 긴 빛의 스펙트럼선이다.

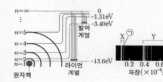

이에 대한 설명으로 옳은 것만을 〈보기〉에서 있는 대로 고른 것은?

―― <보 기> ――
ㄱ. X는 라이먼 계열이다.
ㄴ. 광자 1개의 에너지는 ㈀에서가 ㈁에서보다 작다.
ㄷ. ㈁은 전자가 $n=\infty$에서 $n=2$로 전이할 때 방출되는 빛의 스펙트럼선이다.

① ㄱ   ② ㄴ   ③ ㄱ, ㄷ   ④ ㄴ, ㄷ   ⑤ ㄱ, ㄴ, ㄷ

5. 그림은 주기가 2초인 파동이 x축과 나란하게 매질 Ⅰ에서 매질 Ⅱ로 진행할 때, 시간 $t=0$인 순간과 $t=3$초인 순간의 파동의 모습을 각각 나타낸 것이다. 실선과 점선은 각각 마루와 골이다.

이에 대한 설명으로 옳은 것만을 〈보기〉에서 있는 대로 고른 것은? [3점]

―― <보 기> ――
ㄱ. Ⅰ에서 파동의 파장은 1m이다.
ㄴ. Ⅱ에서 파동의 진행 속력은 $\frac{3}{2}$m/s이다.
ㄷ. $t=0$부터 $t=3$초까지, $x=7$m에서 파동이 마루가 되는 횟수는 2회이다.

① ㄱ   ② ㄴ   ③ ㄷ   ④ ㄴ, ㄷ   ⑤ ㄱ, ㄴ, ㄷ

6. 그림은 줄에서 연속적으로 발생하는 두 파동 P, Q가 서로 반대 방향으로 x축과 나란하게 진행할 때, 두 파동이 만나기 전 시간 $t=0$인 순간의 줄의 모습을 나타낸 것이다. P와 Q의 진동수는 0.25Hz로 같다.

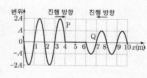

$t=2$초부터 $t=6$초까지, $x=5$m에서 중첩된 파동의 변위의 최댓값은?

① 0   ② A ③ $\frac{3}{2}A$ ④ $2A$ ⑤ $3A$

과학탐구 영역 (물리학 I)

7. 그림 (가)와 같이 마찰이 없는 수평면에서 등속도 운동을 하던 수레가 벽과 충돌한 후, 충돌 전과 반대 방향으로 등속도 운동을 한다. 그림 (나)는 수레의 속도와 수레가 벽으로부터 받은 힘의 크기를 시간 t에 따라 나타낸 것이다. 수레와 벽이 충돌하는 0.4초 동안 힘의 크기를 나타낸 곡선과 시간 축이 만드는 면적은 10N·s이다.

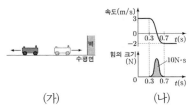

(가)　　　　　　　(나)

이에 대한 설명으로 옳은 것만을 〈보기〉에서 있는 대로 고른 것은?

――――――〈보 기〉――――――
ㄱ. 충돌 전후 수레의 운동량 변화량의 크기는 10kg·m/s이다.
ㄴ. 수레의 질량은 2kg이다.
ㄷ. 충돌하는 동안 벽이 수레에 작용한 평균 힘의 크기는 40N이다.

① ㄱ　　② ㄷ　　③ ㄱ, ㄴ　　④ ㄴ, ㄷ　　⑤ ㄱ, ㄴ, ㄷ

8. 그림 (가)는 마찰이 없는 수평면에서 정지한 물체 A 위에 물체 D와 용수철을 넣어 압축시킨 물체 B, C를 올려놓고 B와 C를 동시에 가만히 놓았더니, 정지해 있던 B와 C가 분리되어 각각 등속도 운동을 하는 모습을 나타낸 것이다. 그림 (나)는 (가)에서 먼저 C가 D와 충돌하여 한 덩어리가 되어 속력 v로 등속도 운동을 하고, 이후 B가 A와 충돌하여 한 덩어리가 되어 등속도 운동을 하는 모습을 나타낸 것이다. A, B, C, D의 질량은 각각 $5m$, $2m$, m, m이다.

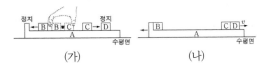

(가)　　　　　　　(나)

이에 대한 설명으로 옳은 것만을 〈보기〉에서 있는 대로 고른 것은? (단, 물체는 동일 연직면상에서 운동하고, 용수철의 질량은 무시하며, A의 윗면은 마찰이 없고 수평면과 나란하다.) [3점]

――――――〈보 기〉――――――
ㄱ. (가)에서 B와 C가 용수철에서 분리된 직후 운동량의 크기는 B와 C가 같다.
ㄴ. (가)에서 B와 C가 용수철에서 분리된 직후 B의 속력은 v이다.
ㄷ. (나)에서 한 덩어리가 된 A와 B의 속력은 $\frac{2}{5}v$이다.

① ㄱ　　② ㄷ　　③ ㄱ, ㄴ　　④ ㄴ, ㄷ　　⑤ ㄱ, ㄴ, ㄷ

9. 그림 (가)는 질량이 5kg인 판, 질량이 10kg인 추, 실 p, q가 연결되어 정지한 모습을, (나)는 (가)에서 질량이 1kg으로 같은 물체 A, B를 동시에 판에 가만히 올려놓았을 때 정지한 모습을 나타낸 것이다.

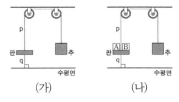

(가)　　　　　　　(나)

이에 대한 설명으로 옳은 것만을 〈보기〉에서 있는 대로 고른 것은? (단, 중력 가속도는 10m/s²이고, 판은 수평면과 나란하며, 실의 질량과 모든 마찰은 무시한다.) [3점]

――――――〈보 기〉――――――
ㄱ. (가)에서 q가 판을 당기는 힘의 크기는 50N이다.
ㄴ. p가 판을 당기는 힘의 크기는 (가)에서와 (나)에서가 같다.
ㄷ. 판이 q를 당기는 힘의 크기는 (가)에서가 (나)에서보다 크다.

① ㄱ　　② ㄷ　　③ ㄱ, ㄴ　　④ ㄴ, ㄷ　　⑤ ㄱ, ㄴ, ㄷ

10. 그림 (가)는 물체 A, B, C를 실로 연결하고 C에 수평 방향으로 크기가 F인 힘을 작용하여 A, B, C가 속력이 증가하는 등가속도 운동을 하는 모습을 나타낸 것이다. 그림 (나)는 (가)에서 B의 속력이 v인 순간 B와 C를 연결한 실이 끊어졌을 때, 실이 끊어진 순간부터 B가 정지한 순간까지 A와 B, C가 각각 등가속도 운동을 하여 d, $4d$만큼 이동한 것을 나타낸 것이다. A의 가속도의 크기는 (나)에서가 (가)에서의 2배이다. B, C의 질량은 각각 m, $3m$이다.

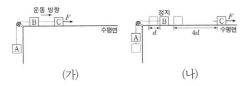

(가)　　　　　　　(나)

이에 대한 설명으로 옳은 것만을 〈보기〉에서 있는 대로 고른 것은? (단, 중력 가속도는 g이고, 물체는 동일 연직면상에서 운동하며, 물체의 크기, 실의 질량, 공기 저항과 모든 마찰은 무시한다.) [3점]

――――――〈보 기〉――――――
ㄱ. (나)에서 B가 정지한 순간 C의 속력은 $3v$이다.
ㄴ. A의 질량은 $3m$이다.
ㄷ. F는 $5mg$이다.

① ㄱ　　② ㄴ　　③ ㄱ, ㄷ　　④ ㄴ, ㄷ　　⑤ ㄱ, ㄴ, ㄷ

과학탐구 영역 (물리학Ⅰ)

11. 그림은 열효율이 0.25인 열기관에서 일정량의 이상 기체가 상태 A → B → C → D → A를 따라 순환하는 동안 기체의 압력과 부피를 나타낸 것이다. B → C는 등온 과정이고, D → A는 단열 과정이다. 기체가 B → C 과정에서 외부에 한 일은 150J이고, D → A 과정에서 외부로부터 받은 일은 100J이다.

이에 대한 설명으로 옳은 것만을 〈보기〉에서 있는 대로 고른 것은?

───〈보 기〉───
ㄱ. 기체의 온도는 A에서가 C에서보다 높다.
ㄴ. A → B 과정에서 기체가 흡수한 열량은 50J이다.
ㄷ. C → D 과정에서 기체의 내부 에너지 감소량은 150J이다.

① ㄱ ② ㄴ ③ ㄱ, ㄷ ④ ㄴ, ㄷ ⑤ ㄱ, ㄴ, ㄷ

12. 그림과 같이 관찰자 A에 대해 광원 P, 검출기, 광원 Q가 정지해 있고 관찰자 B, C가 탄 우주선이 각각 광속에 가까운 속력으로 P, 검출기, Q를 잇는 직선과 나란하게 서로 반대 방향으로 등속도 운동을 한다. A의 관성계에서, P, Q에서 검출기를 향해 동시에 방출된 빛은 검출기에 동시에 도달한다. P와 Q 사이의 거리는 B의 관성계에서가 C의 관성계에서보다 크다.

이에 대한 설명으로 옳은 것만을 〈보기〉에서 있는 대로 고른 것은?

───〈보 기〉───
ㄱ. A의 관성계에서, B의 시간은 C의 시간보다 느리게 간다.
ㄴ. B의 관성계에서, 빛은 P에서가 Q에서보다 먼저 방출된다.
ㄷ. C의 관성계에서, 검출기에서 P까지의 거리는 검출기에서 Q까지의 거리보다 크다.

① ㄱ ② ㄴ ③ ㄱ, ㄷ ④ ㄴ, ㄷ ⑤ ㄱ, ㄴ, ㄷ

13. 그림 (가)는 동일한 p-n 접합 발광 다이오드(LED) A와 B, 고체 막대 P와 Q로 회로를 구성하고, 스위치를 a 또는 b에 연결할 때 A, B의 빛의 방출 여부를 나타낸 것이다. P, Q는 도체와 절연체를 순서 없이 나타낸 것이고, Y는 p형 반도체와 n형 반도체 중 하나이다. 그림 (나)의 ㉠, ㉡은 각각 P 또는 Q의 에너지띠 구조를 나타낸 것으로 음영으로 표시된 부분까지 전자가 채워져 있다.

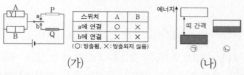

(가)   (나)

이에 대한 설명으로 옳은 것만을 〈보기〉에서 있는 대로 고른 것은? [3점]

───〈보 기〉───
ㄱ. Y는 주로 양공이 전류를 흐르게 하는 반도체이다.
ㄴ. (나)의 ㉠은 Q의 에너지띠 구조이다.
ㄷ. 스위치를 a에 연결하면 B의 n형 반도체에 있는 전자는 p-n 접합면으로 이동한다.

① ㄱ ② ㄷ ③ ㄱ, ㄴ ④ ㄴ, ㄷ ⑤ ㄱ, ㄴ, ㄷ

14. 다음은 빛의 성질을 알아보는 실험이다.

┌─────────────────────────────────┐
│ [실험 과정 및 결과]   │
│ (가) 반원형 매질 A, B, C를 준비한다.   │
│ (나) 그림과 같이 반원형 매질을 서로 붙여 놓고, 단색광 P의 │
│   입사각(i)을 변화시키면서 굴절각(r)을 측정하여 sin r │
│   값을 sin i 값에 따라 나타낸다.   │
│   │
│ 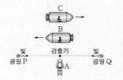   │
└─────────────────────────────────┘

이에 대한 설명으로 옳은 것만을 〈보기〉에서 있는 대로 고른 것은?

───〈보 기〉───
ㄱ. 굴절률은 A가 B보다 크다.
ㄴ. P의 속력은 B에서가 C에서보다 작다.
ㄷ. Ⅰ에서 $\sin i_0 = 0.75$인 입사각 i_0으로 P를 입사시키면 전반사가 일어난다.

① ㄱ ② ㄴ ③ ㄱ, ㄷ ④ ㄴ, ㄷ ⑤ ㄱ, ㄴ, ㄷ

15. 그림과 같이 x축상에 점전하 A, B, C를 고정하고, 양(+)전하인 점전하 P를 옮기며 고정한다. P가 $x=2d$에 있을 때, P에 작용하는 전기력의 방향은 $+x$방향이다. B, C는 각각 양(+)전하, 음(−)전하이고, A, B, C의 전하량의 크기는 같다.

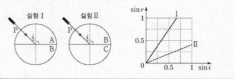

이에 대한 설명으로 옳은 것만을 〈보기〉에서 있는 대로 고른 것은? [3점]

───〈보 기〉───
ㄱ. A는 양(+)전하이다.
ㄴ. P가 $x=6d$에 있을 때, P에 작용하는 전기력의 방향은 $+x$방향이다.
ㄷ. P에 작용하는 전기력의 크기는 P가 $x=d$에 있을 때가 $x=5d$에 있을 때보다 작다.

① ㄱ ② ㄷ ③ ㄱ, ㄴ ④ ㄴ, ㄷ ⑤ ㄱ, ㄴ, ㄷ

16. 그림은 입자 P, Q의 물질파 파장의 역수를 입자의 속력에 따라 나타낸 것이다. P, Q는 각각 중성자와 헬륨 원자를 순서 없이 나타낸 것이다.

이에 대한 설명으로 옳은 것만을 〈보기〉에서 있는 대로 고른 것은? (단, h는 플랑크 상수이다.)

───〈보 기〉───
ㄱ. P의 질량은 $h \dfrac{y_0}{v_0}$이다.
ㄴ. Q는 중성자이다.
ㄷ. P와 Q의 물질파 파장이 같을 때, 운동 에너지는 P가 Q보다 작다.

① ㄱ ② ㄷ ③ ㄱ, ㄴ ④ ㄴ, ㄷ ⑤ ㄱ, ㄴ, ㄷ

17. 그림과 같이 한 변의 길이가 $2d$인 정사각형 금속 고리가 xy평면에서 균일한 자기장 영역 I~III을 $+x$방향으로 등속도 운동을 하며 지난다. 금속 고리의 한 변의 중앙에 고정된 점 p가 $x=d$와 $x=5d$를 지날 때, p에 흐르는 유도 전류의 세기는 같고 방향은 $-y$방향이다. I, II에서 자기장의 세기는 각각 B_0이고, III에서 자기장의 세기는 일정하고 방향은 xy평면에 수직이다.

・: xy평면에서 수직으로 나오는 방향
×: xy평면에서 수직으로 들어가는 방향

p에 흐르는 유도 전류를 p의 위치에 따라 나타낸 그래프로 가장 적절한 것은? (단, p에 흐르는 유도 전류의 방향은 $+y$방향이 양(+)이다.) [3점]

① 유도 전류
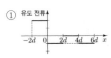

② 유도 전류
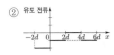

③ 유도 전류

④ 유도 전류
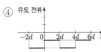

⑤ 유도 전류

18. 그림과 같이 가늘고 무한히 긴 직선 도선 A, B, C가 정삼각형을 이루며 xy평면에 고정되어 있다. A, B, C에는 방향이 일정하고 세기가 각각 I_0, I_0, I_C인 전류가 흐른다. A에 흐르는 전류의 방향은 $+x$방향이다. 점 O는

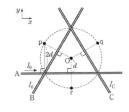

A, B, C가 교차하는 점을 지나는 반지름이 $2d$인 원의 중심이고, 점 p, q, r는 원 위의 점이다. O에서 A에 흐르는 전류에 의한 자기장의 세기는 B_0이고, p, q에서 A, B, C에 흐르는 전류에 의한 자기장의 세기는 각각 0, $3B_0$이다.

r에서 A, B, C에 흐르는 전류에 의한 자기장의 세기는? [3점]

① 0 ② $\frac{1}{2}B_0$ ③ B_0 ④ $2B_0$ ⑤ $3B_0$

19. 그림과 같이 직선 도로에서 서로 다른 가속도로 등가속도 운동을 하는 자동차 A, B가 각각 속력 v_A, v_B로 기준선 P, Q를 동시에 지난 후 기준선 S에 동시에 도달한다. 가속도의 방향은 A와 B가 같고, 가속도의 크기는 A가 B의 $\frac{2}{3}$배이다. B가 Q에서 기준선 R까지 운동하는 데 걸린 시간은 R에서 S까지 운동하는 데 걸린 시간의 $\frac{1}{2}$배이다. P와 Q 사이, Q와 R 사이, R와 S 사이에서 자동차의 이동 거리는 모두 L로 같다.

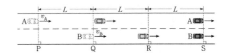

$\dfrac{v_A}{v_B}$는? [3점]

① $\dfrac{9}{4}$ ② $\dfrac{3}{2}$ ③ $\dfrac{7}{6}$ ④ $\dfrac{8}{7}$ ⑤ $\dfrac{8}{9}$

20. 그림 (가)와 같이 질량이 m인 물체 A를 높이 $9h$인 지점에 가만히 놓았더니 A가 마찰 구간 I을 지나 수평면에 정지한 질량이 $2m$인 물체 B와 충돌한다. 그림 (나)는 A와 B가 충돌한 후, A는 다시 I을 지나 높이 H인 지점에서 정지하고, B는 마찰 구간 II를 지나 높이 $\frac{7}{2}h$인 지점에서 정지한 순간의 모습을 나타낸 것이다. A가 I을 한 번 지날 때 손실되는 역학적 에너지는 B가 II를 지날 때 손실되는 역학적 에너지와 같고, 충돌에 의해 손실되는 역학적 에너지는 없다.

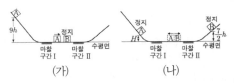

(가)   (나)

H는? (단, 물체는 동일 연직면상에서 운동하고, 물체의 크기, 공기 저항, 마찰 구간 외의 모든 마찰은 무시한다.)

① $\dfrac{5}{17}h$ ② $\dfrac{7}{17}h$ ③ $\dfrac{9}{17}h$ ④ $\dfrac{11}{17}h$ ⑤ $\dfrac{13}{17}h$

※ 확인 사항
○ 답안지의 해당란에 필요한 내용을 정확히 기입(표기) 했는지 확인하시오.

2025학년도 대학수학능력시험 6월 모의평가 문제지

과학탐구 영역 (물리학Ⅰ)

성명 [　　　　] 　수험번호 [　][　][　][　][　] – [　][　][　][　][　]

---

1. 그림은 전자기파를 파장에 따라 분류한 것이다.

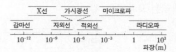

이에 대한 설명으로 옳은 것은?

① X선은 TV용 리모컨에 이용된다.
② 자외선은 살균 기능이 있는 제품에 이용된다.
③ 파장은 감마선이 마이크로파보다 길다.
④ 진동수는 가시광선이 라디오파보다 작다.
⑤ 진공에서 속력은 적외선이 마이크로파보다 크다.

2. 그림은 수평면에서 실선을 따라 운동하는 물체의 위치를 일정한 시간 간격으로 나타낸 것이다. Ⅰ, Ⅱ, Ⅲ은 각각 직선 구간, 반원형 구간, 곡선 구간이다.

이에 대한 설명으로 옳은 것만을 〈보기〉에서 있는 대로 고른 것은? [3점]

─── 〈 보 기 〉 ───
ㄱ. Ⅰ에서 물체의 속력은 변한다.
ㄴ. Ⅱ에서 물체에 작용하는 알짜힘의 방향은 물체의 운동 방향과 같다.
ㄷ. Ⅲ에서 물체의 운동 방향은 변하지 않는다.

① ㄱ　　② ㄴ　　③ ㄱ, ㄷ　　④ ㄴ, ㄷ　　⑤ ㄱ, ㄴ, ㄷ

3. 그림 (가)는 보어의 수소 원자 모형에서 양자수 n에 따른 에너지 준위의 일부와 전자의 전이 a~d를 나타낸 것이다. 그림 (나)는 (가)의 a~d에서 방출되는 빛의 스펙트럼을 파장에 따라 나타낸 것이다.

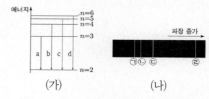

(가)　　　　　(나)

(나)의 ㉠~㉣에 해당하는 전자의 전이로 옳은 것은?

	㉠	㉡	㉢	㉣
①	a	b	c	d
②	a	c	b	d
③	d	a	b	c
④	d	b	c	a
⑤	d	c	b	a

4. 다음은 핵반응식을 나타낸 것이다. E_0은 핵반응에서 방출되는 에너지이다.

$$^{235}_{92}U + {}^{1}_{0}n \rightarrow {}^{141}_{56}Ba + {}^{92}_{36}Kr + \boxed{㉠} {}^{1}_{0}n + E_0$$

이에 대한 설명으로 옳은 것만을 〈보기〉에서 있는 대로 고른 것은?

─── 〈 보 기 〉 ───
ㄱ. ㉠은 3이다.
ㄴ. 핵융합 반응이다.
ㄷ. E_0은 질량 결손에 의해 발생한다.

① ㄱ　　② ㄴ　　③ ㄱ, ㄷ　　④ ㄴ, ㄷ　　⑤ ㄱ, ㄴ, ㄷ

5. 그림 (가)는 실 p에 매달려 정지한 용수철 저울의 눈금 값이 0인 모습을, (나)는 (가)의 용수철저울에 추를 매단 후 정지한 용수철저울의 눈금 값이 10N인 모습을 나타낸 것이다. 용수철저울의 무게는 2N이다.

이에 대한 설명으로 옳은 것만을 〈보기〉에서 있는 대로 고른 것은? [3점]

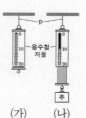

(가)　　(나)

─── 〈 보 기 〉 ───
ㄱ. (가)에서 용수철저울에 작용하는 알짜힘은 0이다.
ㄴ. (나)에서 p가 용수철저울에 작용하는 힘의 크기는 12N이다.
ㄷ. (나)에서 추에 작용하는 중력과 용수철저울이 추에 작용하는 힘은 작용 반작용 관계이다.

① ㄱ　　② ㄷ　　③ ㄱ, ㄴ　　④ ㄴ, ㄷ　　⑤ ㄱ, ㄴ, ㄷ

6. 그림은 진행 방향이 서로 반대인 동일한 두 파동 X, Y의 중첩에 대해 학생 A, B, C가 대화하는 모습을 나타낸 것이다. 점 P, Q, R는 x축상의 고정된 점이다.

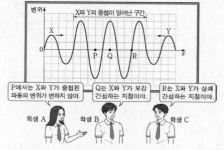

제시한 내용이 옳은 학생만을 있는 대로 고른 것은? [3점]

① A　　② B　　③ A, C　　④ B, C　　⑤ A, B, C

7. 그림과 같이 관찰자 A가 탄 우주선이 우주 정거장 P에서 우주 정거장 Q를 향해 등속도 운동한다. A의 관성계에서, 관찰자 B의 속력은 0.8*c*이고 P와 Q 사이의 거리는 *L*이다. B의 관성계에서, P와 Q는 정지해 있다.

이에 대한 설명으로 옳은 것만을 〈보기〉에서 있는 대로 고른 것은? (단, *c*는 빛의 속력이다.) [3점]

―〈보 기〉―
ㄱ. A의 관성계에서, P의 속력은 Q의 속력보다 작다.
ㄴ. A의 관성계에서, A의 시간이 B의 시간보다 느리게 간다.
ㄷ. B의 관성계에서, P와 Q 사이의 거리는 *L*보다 크다.

① ㄱ   ② ㄴ   ③ ㄷ   ④ ㄱ, ㄴ   ⑤ ㄴ, ㄷ

8. 그림 (가)는 자기화되지 않은 물체 A, B, C를 균일하고 강한 자기장 영역에 놓아 자기화시키는 모습을, (나)는 (가)의 B와 C를 자기장 영역에서 꺼내 가까이 놓았을 때 자기장의 모습을 나타낸 것이다. A, B, C는 강자성체, 상자성체, 반자성체를 순서 없이 나타낸 것이다.

(가)   (나)

이에 대한 설명으로 옳은 것만을 〈보기〉에서 있는 대로 고른 것은?

―〈보 기〉―
ㄱ. A는 반자성체이다.
ㄴ. (가)에서 A와 C는 같은 방향으로 자기화된다.
ㄷ. (나)에서 B와 C 사이에는 서로 밀어내는 자기력이 작용한다.

① ㄱ   ② ㄴ   ③ ㄱ, ㄷ   ④ ㄴ, ㄷ   ⑤ ㄱ, ㄴ, ㄷ

9. 그림과 같이 동일한 단색광 X, Y가 반원형 매질 Ⅰ에 수직으로 입사한다. 점 p에 입사한 X는 Ⅰ과 매질 Ⅱ의 경계면에서 전반사한 후 점 r를 향해 진행한다. 점 q에 입사한 Y는 점 s를 향해 진행한다. r, s는 Ⅰ과 Ⅱ의 경계면에 있는 점이다.

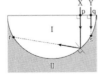

이에 대한 설명으로 옳은 것만을 〈보기〉에서 있는 대로 고른 것은?

―〈보 기〉―
ㄱ. 굴절률은 Ⅰ이 Ⅱ보다 크다.
ㄴ. X는 r에서 전반사한다.
ㄷ. Y는 s에서 전반사한다.

① ㄱ   ② ㄴ   ③ ㄱ, ㄷ   ④ ㄴ, ㄷ   ⑤ ㄱ, ㄴ, ㄷ

10. 그림은 열효율이 0.2인 열기관에서 일정량의 이상 기체가 상태 A → B → C → D → A를 따라 변할 때 기체의 압력과 부피를 나타낸 것이다. A → B와 C → D는 각각 압력이 일정한 과정, B → C는 온도가 일정한 과정, D → A는 단열 과정이다. 표는 각 과정에서 기체가 외부에 한 일 또는 외부로부터 받은 일을 나타낸 것이다.

과정	기체가 외부에 한 일 또는 외부로부터 받은 일(J)
A → B	140
B → C	400
C → D	240
D → A	150

C → D 과정에서 기체의 내부 에너지 감소량은? [3점]

① 240J   ② 280J   ③ 320J   ④ 360J   ⑤ 400J

11. 다음은 충돌하는 두 물체의 운동량에 대한 실험이다.

[실험 과정]
(가) 그림과 같이 수평한 직선 레일 위에서 수레 A를 정지한 수레 B에 충돌시킨다. A, B의 질량은 각각 2kg, 1kg이다.

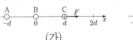 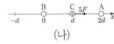

(나) (가)에서 시간에 따른 A와 B의 위치를 측정한다.

[실험 결과]

시간(초)	0.1	0.2	0.3	0.4	0.5	0.6	0.7	0.8
A의 위치(cm)	6	12	18	24	28	31	34	37
B의 위치(cm)	26	26	26	26	30	36	42	48

이에 대한 설명으로 옳은 것만을 〈보기〉에서 있는 대로 고른 것은? [3점]

―〈보 기〉―
ㄱ. 0.2초일 때, A의 속력은 0.4m/s이다.
ㄴ. 0.5초일 때, A와 B의 운동량의 합은 크기가 1.2kg·m/s이다.
ㄷ. 0.7초일 때, A와 B의 운동량은 크기가 같다.

① ㄱ   ② ㄷ   ③ ㄱ, ㄴ   ④ ㄴ, ㄷ   ⑤ ㄱ, ㄴ, ㄷ

12. 그림 (가)는 점전하 A, B, C를 *x*축상에 고정시킨 모습을, (나)는 (가)에서 A의 위치만 *x*=2*d*로 옮겨 고정시킨 모습을 나타낸 것이다. 양(+)전하인 C에 작용하는 전기력의 크기는 (가), (나)에서 각각 *F*, 5*F*이고, 방향은 +*x*방향으로 같다. (나)에서 B에 작용하는 전기력의 크기는 4*F*이다.

(가)   (나)

이에 대한 설명으로 옳은 것만을 〈보기〉에서 있는 대로 고른 것은?

―〈보 기〉―
ㄱ. A와 C 사이에는 서로 밀어내는 전기력이 작용한다.
ㄴ. (가)에서 A와 C 사이에 작용하는 전기력의 크기는 2*F*보다 작다.
ㄷ. (나)에서 B에 작용하는 전기력의 방향은 −*x*방향이다.

① ㄱ   ② ㄴ   ③ ㄷ   ④ ㄱ, ㄴ   ⑤ ㄴ, ㄷ

과학탐구 영역 (물리학 I)

13. 그림은 입자 A, B, C의 운동 에너지와 속력을 나타낸 것이다.

A, B, C의 물질파 파장을 각각 λ_A, λ_B, λ_C라고 할 때, λ_A, λ_B, λ_C를 비교한 것으로 옳은 것은?

① $\lambda_A > \lambda_B > \lambda_C$
② $\lambda_A > \lambda_B = \lambda_C$
③ $\lambda_B > \lambda_A > \lambda_C$
④ $\lambda_B > \lambda_A = \lambda_C$
⑤ $\lambda_C > \lambda_B > \lambda_A$

14. 그림 (가)와 같이 질량이 같은 두 물체 A, B를 빗면에서 높이가 각각 $4h$, h인 지점에 가만히 놓았더니, 각각 벽과 충돌한 후 반대 방향으로 운동하여 높이 h에서 속력이 0이 되었다. 그림 (나)는 A, B가 벽과 충돌하는 동안 벽으로부터 받은 힘의 크기를 시간에 따라 나타낸 것이다.

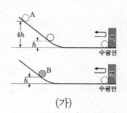
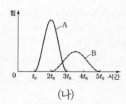

(가)   (나)

이에 대한 설명으로 옳은 것만을 〈보기〉에서 있는 대로 고른 것은? (단, 물체의 크기, 모든 마찰과 공기 저항은 무시한다.) [3점]

─── 〈보 기〉 ───
ㄱ. A의 운동량의 크기는 충돌 직전이 충돌 직후의 2배이다.
ㄴ. (나)에서 곡선과 시간 축이 만드는 면적은 A가 B의 $\frac{3}{2}$배이다.
ㄷ. 충돌하는 동안 벽으로부터 받은 평균 힘의 크기는 A가 B의 2배이다.

① ㄱ   ② ㄷ   ③ ㄱ, ㄴ   ④ ㄴ, ㄷ   ⑤ ㄱ, ㄴ, ㄷ

15. 그림과 같이 단색광 P가 매질 I, II, III의 경계면에서 굴절하며 진행한다. P가 I에서 II로 진행할 때 입사각과 굴절각은 각각 θ_1, θ_2이고, II에서 III으로 진행할 때 입사각과 굴절각은 각각 θ_3, θ_1이며, III에서 I로 진행할 때 굴절각은 θ_2이다.

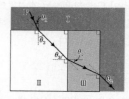

이에 대한 설명으로 옳은 것만을 〈보기〉에서 있는 대로 고른 것은?

─── 〈보 기〉 ───
ㄱ. P의 파장은 I에서가 II에서보다 짧다.
ㄴ. P의 속력은 I에서가 III에서보다 크다.
ㄷ. $\theta_3 > \theta_2$이다.

① ㄱ   ② ㄷ   ③ ㄱ, ㄴ   ④ ㄴ, ㄷ   ⑤ ㄱ, ㄴ, ㄷ

16. 다음은 p-n 접합 다이오드를 이용한 회로에 대한 실험이다.

[실험 과정]
(가) 그림과 같이 전압이 같은 직류 전원 2개, 저항, 동일한 p-n 접합 다이오드 A와 B, 스위치 S_1과 S_2, 전류계를 이용하여 회로를 구성한다. X는 p형 반도체와 n형 반도체 중 하나이다.

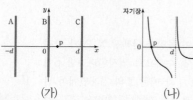

(나) S_1과 S_2의 연결 상태를 바꾸어 가며 전류계에 흐르는 전류의 세기를 측정한다.

[실험 결과]

S_1	S_2	전류의 세기
a에 연결	열림	㉠
	닫힘	I_0
b에 연결	열림	0
	닫힘	I_0

이에 대한 설명으로 옳은 것만을 〈보기〉에서 있는 대로 고른 것은?

─── 〈보 기〉 ───
ㄱ. X는 p형 반도체이다.
ㄴ. S_1을 b에 연결했을 때, A에는 순방향 전압이 걸린다.
ㄷ. ㉠은 I_0이다.

① ㄱ   ② ㄴ   ③ ㄷ   ④ ㄱ, ㄷ   ⑤ ㄴ, ㄷ

17. 그림 (가)와 같이 xy평면에 무한히 긴 직선 도선 A, B, C가 각각 $x=-d$, $x=0$, $x=d$에 고정되어 있다. 그림 (나)는 (가)의 $x>0$인 영역에서 A, B, C의 전류에 의한 자기장을 나타낸 것으로, x축상의 점 p에서 자기장은 0이다. 자기장의 방향은 xy평면에서 수직으로 나오는 방향이 양(+)이다.

(가)   (나)

이에 대한 설명으로 옳은 것만을 〈보기〉에서 있는 대로 고른 것은? [3점]

─── 〈보 기〉 ───
ㄱ. A에 흐르는 전류의 방향은 $-y$방향이다.
ㄴ. A, B, C 중 A에 흐르는 전류의 세기가 가장 크다.
ㄷ. p에서, C의 전류에 의한 자기장의 세기가 B의 전류에 의한 자기장의 세기보다 크다.

① ㄱ   ② ㄴ   ③ ㄷ   ④ ㄱ, ㄷ   ⑤ ㄴ, ㄷ

정답과 해설
p.591

과학탐구 영역 (물리학Ⅰ)

18. 그림과 같이 두 변의 길이가 각각 d, $2d$인 동일한 직사각형 금속 고리 A, B가 xy평면에서 $+x$방향으로 등속도 운동하며 균일한 자기장 영역 Ⅰ, Ⅱ를 지난다. Ⅰ, Ⅱ에서 자기장의 방향은 xy평면에 수직이고 세기는 각각 일정하다. A, B의 속력은 같고, 점 p, q는 각각 A, B의 한 지점이다. 표는 p의 위치에 따라 p에 흐르는 유도 전류의 세기와 방향을 나타낸 것이다.

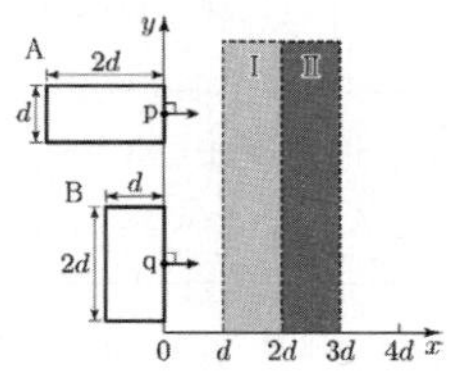

p의 위치	p에 흐르는 유도 전류	
	세기	방향
$x=1.5d$	I_0	$+y$
$x=2.5d$	$2I_0$	$-y$

이에 대한 설명으로 옳은 것만을 〈보기〉에서 있는 대로 고른 것은? (단, A와 B의 상호 작용은 무시한다.) [3점]

<보 기>

ㄱ. p의 위치가 $x=3.5d$일 때, A에 흐르는 유도 전류의 세기는 I_0이다.

ㄴ. q의 위치가 $x=2.5d$일 때, B에 흐르는 유도 전류의 세기는 $3I_0$보다 크다.

ㄷ. p와 q의 위치가 $x=3.5d$일 때, p와 q에 흐르는 유도 전류의 방향은 서로 반대이다.

① ㄱ ② ㄴ ③ ㄱ, ㄷ ④ ㄴ, ㄷ ⑤ ㄱ, ㄴ, ㄷ

19. 그림은 물체 A, C를 수평면에 놓인 물체 B의 양쪽에 실로 연결하여 서로 다른 빗면에 놓고, A를 손으로 잡아 점 p에 정지시킨 모습을 나타낸 것이다. A를 가만히 놓으면 A는 빗면을 따라 등가속도 운동한다. A가 p에서 d만큼 떨어진 점 q까지 운동하는 동안 A, C의 중력 퍼텐셜 에너지 변화량의 크기는 각각 E_0, $7E_0$이다. A, B, C의 질량은 각각 m, $2m$, $3m$이다.

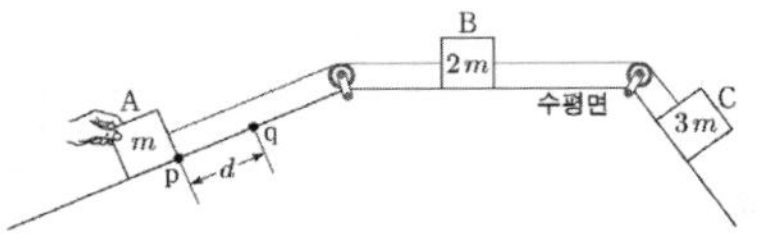

A가 p에서 q까지 운동하는 동안, 이에 대한 설명으로 옳은 것만을 〈보기〉에서 있는 대로 고른 것은? (단, 물체의 크기, 실의 질량, 모든 마찰은 무시한다.)

<보 기>

ㄱ. A의 운동 에너지 변화량과 중력 퍼텐셜 에너지 변화량은 크기가 같다.

ㄴ. B의 가속도의 크기는 $\frac{2E_0}{md}$이다.

ㄷ. 역학적 에너지 변화량의 크기는 B가 C보다 크다.

① ㄱ ② ㄴ ③ ㄷ ④ ㄱ, ㄴ ⑤ ㄱ, ㄷ

20. 그림 (가)와 같이 물체 A, B, C가 실로 연결되어 등가속도 운동한다. A, B의 질량은 각각 $3m$, $8m$이고, 실 p가 B를 당기는 힘의 크기는 $\frac{9}{4}mg$이다. 그림 (나)는 (가)에서 A, C의 위치를 바꾸어 연결했을 때 등가속도 운동하는 모습을 나타낸 것이다. B의 가속도의 크기는 (나)에서가 (가)에서의 2배이다.

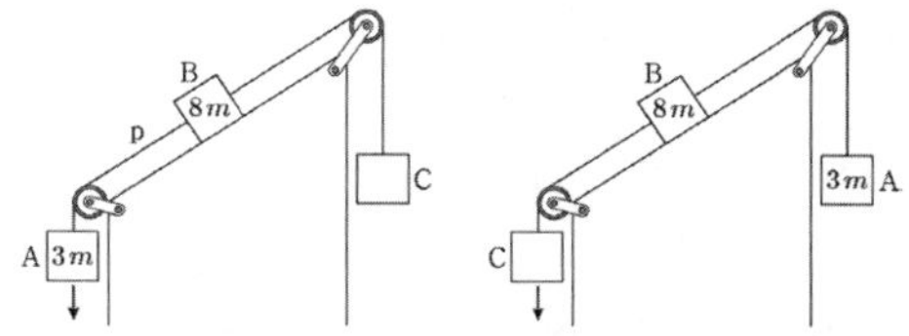

(가) (나)

C의 질량은? (단, 중력 가속도는 g이고, 실의 질량, 모든 마찰은 무시한다.) [3점]

① $4m$ ② $5m$ ③ $6m$ ④ $7m$ ⑤ $8m$

※ **확인 사항**
○ **답안지의 해당란에 필요한 내용을 정확히 기입(표기)했는지 확인하시오.**

2025학년도 대학수학능력시험 9월 모의평가 문제지
과학탐구 영역 (물리학 I)

성명 [　　　]　수험번호 [　][　][　][　] − [　][　][　][　]

---

1. 그림은 가시광선, 마이크로파, X선을 분류하는 과정을 나타낸 것이다.

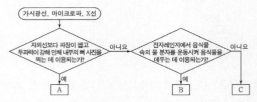

A, B, C에 해당하는 전자기파로 옳은 것은?

	A	B	C
①	X선	마이크로파	가시광선
②	X선	가시광선	마이크로파
③	마이크로파	X선	가시광선
④	마이크로파	가시광선	X선
⑤	가시광선	X선	마이크로파

2. 그림은 직선 경로를 따라 등가속도 운동하는 물체의 속도를 시간에 따라 나타낸 것이다. 물체의 운동에 대한 설명으로 옳은 것만을 〈보기〉에서 있는 대로 고른 것은?

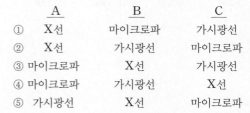

────〈보 기〉────
ㄱ. 가속도의 크기는 $2m/s^2$이다.
ㄴ. 0초부터 4초까지 이동한 거리는 16m이다.
ㄷ. 2초일 때, 운동 방향과 가속도 방향은 서로 같다.

① ㄱ　② ㄷ　③ ㄱ, ㄴ　④ ㄴ, ㄷ　⑤ ㄱ, ㄴ, ㄷ

3. 그림은 수소 원자에서 방출되는 빛의 스펙트럼과 보어의 수소 원자 모형에 대한 학생 A, B, C의 대화를 나타낸 것이다.

제시한 내용이 옳은 학생만을 있는 대로 고른 것은?

① A　② C　③ A, B　④ B, C　⑤ A, B, C

---

4. 다음은 두 가지 핵반응이다. (가)와 (나)에서 방출되는 에너지는 각각 E_1, E_2이고, 질량 결손은 (가)에서가 (나)에서보다 크다.

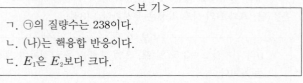

(가) $\boxed{} + {}^{1}_{0}n \rightarrow {}^{141}_{56}Ba + {}^{92}_{36}Kr + 3{}^{1}_{0}n + E_1$
(나) ${}^{2}_{1}H + {}^{3}_{1}H \rightarrow {}^{4}_{2}He + {}^{1}_{0}n + E_2$

이에 대한 설명으로 옳은 것만을 〈보기〉에서 있는 대로 고른 것은? [3점]

────〈보 기〉────
ㄱ. ㉠의 질량수는 238이다.
ㄴ. (나)는 핵융합 반응이다.
ㄷ. E_1은 E_2보다 크다.

① ㄱ　② ㄴ　③ ㄱ, ㄷ　④ ㄴ, ㄷ　⑤ ㄱ, ㄴ, ㄷ

5. 그림 (가)와 (나)는 같은 속력으로 진행하는 파동 A와 B의 어느 지점에서의 변위를 각각 시간에 따라 나타낸 것이다.

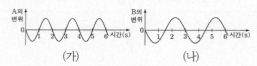

(가)　　　(나)

A, B의 파장을 각각 λ_A, λ_B라 할 때, $\dfrac{\lambda_A}{\lambda_B}$는?

① $\dfrac{1}{3}$　② $\dfrac{2}{3}$　③ 1　④ $\dfrac{4}{3}$　⑤ $\dfrac{5}{3}$

6. 그림은 한 면만 검게 칠한 자기화되어 있지 않은 자성체 A, B, C를 균일하고 강한 자기장 영역에 놓아 자기화시킨 모습을 나타낸 것이다. 표는 그림의 자기장 영역에서 꺼낸 A, B, C 중 2개를 마주 보는 면을 바꾸며 가까이 놓았을 때, 자성체 사이에 작용하는 자기력을 나타낸 것이다. A, B, C는 강자성체, 상자성체, 반자성체를 순서 없이 나타낸 것이다.

자성체의 위치	자기력
A B	없음
A C	서로 미는 힘
B C	서로 당기는 힘

A, B, C로 옳은 것은? [3점]

	A	B	C
①	강자성체	상자성체	반자성체
②	상자성체	강자성체	반자성체
③	상자성체	반자성체	강자성체
④	반자성체	상자성체	강자성체
⑤	반자성체	강자성체	상자성체

과학탐구 영역 (물리학 Ⅰ)

7. 그림과 같이 수평면에 놓여 있는 자석 B 위에 자석 A가 떠 있는 상태로 정지해 있다. A에 작용하는 중력의 크기와 B가 A에 작용하는 자기력의 크기는 같고, A, B의 질량은 각각 m, $3m$이다.

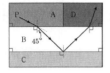

이에 대한 설명으로 옳은 것만을 〈보기〉에서 있는 대로 고른 것은? (단, 중력 가속도는 g이다.) [3점]

─── 〈보 기〉───
ㄱ. A가 B에 작용하는 자기력의 크기는 $3mg$이다.
ㄴ. 수평면이 B를 떠받치는 힘의 크기는 $4mg$이다.
ㄷ. A에 작용하는 중력과 B가 A에 작용하는 자기력은 작용 반작용 관계이다.

① ㄱ   ② ㄴ   ③ ㄷ   ④ ㄱ, ㄴ   ⑤ ㄱ, ㄷ

8. 그림은 매질 A에서 매질 B로 입사한 단색광 P가 굴절각 45°로 진행하여 B와 매질 C의 경계면에서 전반사한 후 B와 매질 D의 경계면에서 굴절하여 진행하는 모습을 나타낸 것이다.

이에 대한 설명으로 옳은 것만을 〈보기〉에서 있는 대로 고른 것은?

─── 〈보 기〉───
ㄱ. B와 C 사이의 임계각은 45°보다 크다.
ㄴ. 굴절률은 A가 C보다 크다.
ㄷ. P의 속력은 A에서가 D에서보다 크다.

① ㄱ   ② ㄷ   ③ ㄱ, ㄴ   ④ ㄴ, ㄷ   ⑤ ㄱ, ㄴ, ㄷ

9. 그림 (가)는 두 점 S_1, S_2에서 진동수 f로 발생시킨 진폭이 같고 위상이 반대인 두 물결파의 어느 순간의 모습을, (나)는 (가)의 S_1, S_2에서 진동수 $2f$로 발생시킨 진폭과 위상이 같은 두 물결파의 어느 순간의 모습을 나타낸 것이다. (가)와 (나)에서 발생시킨 물결파의 진행 속력은 같다. d_1과 d_2는 S_2에서 발생시킨 물결파의 파장이다.

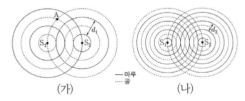

(가)   (나)

이에 대한 설명으로 옳은 것만을 〈보기〉에서 있는 대로 고른 것은? (단, S_1, S_2, A는 동일 평면상에 고정된 지점이다.) [3점]

─── 〈보 기〉───
ㄱ. (가)의 A에서는 보강 간섭이 일어난다.
ㄴ. (나)의 $\overline{S_1S_2}$에서 상쇄 간섭이 일어나는 지점의 개수는 5개이다.
ㄷ. $d_1 = 2d_2$이다.

① ㄱ   ② ㄴ   ③ ㄷ, ㄷ   ④ ㄴ, ㄷ   ⑤ ㄱ, ㄴ, ㄷ

10. 다음은 수레를 이용한 충격량에 대한 실험이다.

[실험 과정]
(가) 그림과 같이 속도 측정 장치, 힘 센서를 수평면상의 마찰이 없는 레일과 수직하게 설치한다.
(나) 레일 위에서 질량이 0.5kg인 수레 A가 일정한 속도로 운동하여 고정된 힘 센서에 충돌하게 한다.
(다) 속도 측정 장치를 이용하여 충돌 직전과 직후 A의 속도를 측정한다.
(라) 충돌 과정에서 힘 센서로 측정한 시간에 따른 힘 그래프를 통해 충돌 시간을 구한다.
(마) A를 질량이 1.0kg인 수레 B로 바꾸어 (나)~(라)를 반복한다.

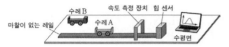

[실험 결과]

수레	질량(kg)	속도(m/s)		충돌 시간(s)
		충돌 직전	충돌 직후	
A	0.5	0.4	−0.2	0.02
B	1.0	0.4	−0.1	0.05

※ 충돌 시간: 수레가 힘 센서로부터 힘을 받는 시간

이에 대한 설명으로 옳은 것만을 〈보기〉에서 있는 대로 고른 것은? [3점]

─── 〈보 기〉───
ㄱ. 충돌 직전 운동량의 크기는 A가 B보다 작다.
ㄴ. 충돌하는 동안 힘 센서로부터 받은 충격량의 크기는 A가 B보다 크다.
ㄷ. 충돌하는 동안 힘 센서로부터 받은 평균 힘의 크기는 A가 B보다 작다.

① ㄱ   ② ㄴ   ③ ㄱ, ㄷ   ④ ㄴ, ㄷ   ⑤ ㄱ, ㄴ, ㄷ

11. 그림과 같이 관찰자 A에 대해, 검출기 P와 점 Q가 정지해 있고 관찰자 B가 탄 우주선이 A, P, Q를 잇는 직선과 나란하게 $0.6c$의 속력으로 등속도 운동을 한다. A의 관성계에서 B가 Q를 지나는 순간, A와 B는 동시에 P를 향해 빛을 방출한다. A의 관성계에서, A에서 P까지의 거리와 P에서 Q까지의 거리는 L로 같다.

이에 대한 설명으로 옳은 것만을 〈보기〉에서 있는 대로 고른 것은? (단, c는 빛의 속력이고, 우주선과 관찰자의 크기는 무시한다.)

─── 〈보 기〉───
ㄱ. A의 관성계에서, A가 방출한 빛의 속력과 B가 방출한 빛의 속력은 같다.
ㄴ. A의 관성계에서, B가 방출한 빛이 P에 도달하는 데 걸리는 시간은 $\frac{L}{c}$이다.
ㄷ. B의 관성계에서, A가 방출한 빛이 P에 도달하는 데 걸리는 시간은 B가 방출한 빛이 P에 도달하는 데 걸리는 시간보다 크다.

① ㄱ   ② ㄷ   ③ ㄱ, ㄴ   ④ ㄴ, ㄷ   ⑤ ㄱ, ㄴ, ㄷ

과학탐구 영역 (물리학 I)

12. 그림 (가)는 마찰이 없는 수평면에서 물체 A가 정지해 있는 물체 B를 향해 속력 v로 등속도 운동하는 모습을 나타낸 것이다. 그림 (나)는 (가)의 A와 B가 $x=2d$에서 충돌한 후 각각 등속도 운동하여, A가 $x=d$를 지나는 순간 B가 $x=4d$를 지나는 모습을 나타낸 것이다. 이후, B는 정지해 있던 물체 C와 $x=6d$에서 충돌하여, B와 C가 한 덩어리로 $+x$방향으로 속력 $\frac{1}{3}v$로 등속도 운동을 한다. B, C의 질량은 각각 $2m$, m이다.

A의 질량은? (단, 물체의 크기는 무시하고, A, B, C는 동일 직선상에서 운동한다.) [3점]

① m ② $\frac{4}{5}m$ ③ $\frac{3}{5}m$ ④ $\frac{2}{5}m$ ⑤ $\frac{1}{5}m$

13. 다음은 p−n 접합 발광 다이오드(LED)와 고체 막대를 이용한 회로에 대한 실험이다.

[실험 과정]

(가) 그림과 같이 전압이 같은 직류 전원 2개, 저항, 동일한 LED $D_1 \sim D_4$, 고체 막대 X와 Y, 스위치 S_1과 S_2를 이용하여 회로를 구성한다. X와 Y는 도체와 절연체를 순서 없이 나타낸 것이다.

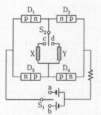

(나) S_1을 a 또는 b에 연결하고 S_2를 c 또는 d에 연결하며 $D_1 \sim D_4$에서 빛의 방출 여부를 관찰한다.

[실험 결과]

S_1	S_2	빛이 방출된 LED
a에 연결	c에 연결	없음
	d에 연결	D_2, D_3
b에 연결	c에 연결	없음
	d에 연결	㉠

이에 대한 설명으로 옳은 것만을 〈보기〉에서 있는 대로 고른 것은? [3점]

─────〈보 기〉─────
ㄱ. X는 절연체이다.
ㄴ. ㉠은 D_1, D_4이다.
ㄷ. S_1을 a에 연결하고 S_2를 d에 연결했을 때, D_1에는 순방향 전압이 걸린다.

① ㄱ   ② ㄷ   ③ ㄱ, ㄴ   ④ ㄴ, ㄷ   ⑤ ㄱ, ㄴ, ㄷ

14. 그림은 입자 A, B, C의 운동량과 운동 에너지를 나타낸 것이다.
이에 대한 설명으로 옳은 것만을 〈보기〉에서 있는 대로 고른 것은?

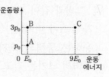

─────〈보 기〉─────
ㄱ. 질량은 A가 B보다 크다.
ㄴ. 속력은 A와 C가 같다.
ㄷ. 물질파 파장은 B와 C가 같다.

① ㄱ   ② ㄷ   ③ ㄱ, ㄴ   ④ ㄴ, ㄷ   ⑤ ㄱ, ㄴ, ㄷ

15. 그림 (가)는 일정량의 이상 기체가 상태 A → B → C를 따라 변할 때 기체의 압력과 부피를 나타낸 것이다. 그림 (나)는 (가)의 A → B 과정과 B → C 과정 중 하나로, 기체가 들어 있는 열 출입이 자유로운 실린더의 피스톤에 모래를 조금씩 올려 피스톤이 서서히 내려가는 과정을 나타낸 것이다. (나)의 과정에서 기체의 온도는 T_0으로 일정하다.

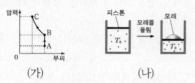

이에 대한 설명으로 옳은 것만을 〈보기〉에서 있는 대로 고른 것은? (단, 실린더와 피스톤 사이의 마찰은 무시한다.)

─────〈보 기〉─────
ㄱ. (나)는 B → C 과정이다.
ㄴ. (가)에서 기체의 내부 에너지는 A에서가 C에서보다 작다.
ㄷ. (나)의 과정에서 기체는 외부에 열을 방출한다.

① ㄱ   ② ㄷ   ③ ㄱ, ㄴ   ④ ㄴ, ㄷ   ⑤ ㄱ, ㄴ, ㄷ

16. 그림과 같이 가늘고 무한히 긴 직선 도선 A, C와 중심이 원점 O인 원형 도선 B가 xy평면에 고정되어 있다. A에는 세기가 I_0인 전류가 $+y$방향으로 흐르고, B와 C에는 각각 세기가 일정한 전류가 흐른다. 표는 B, C에 흐르는 전류의 방향에 따른 O에서 A, B, C의 전류에 의한 자기장의 세기를 나타낸 것이다.

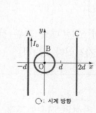

전류의 방향		O에서 A, B, C의 전류에 의한 자기장의 세기
B	C	
시계 방향	$+y$방향	0
시계 방향	$-y$방향	$4B_0$
시계 반대 방향	$-y$방향	$2B_0$

C에 흐르는 전류의 세기는? [3점]

① I_0 ② $2I_0$ ③ $4I_0$ ④ $6I_0$ ⑤ $8I_0$

17. 그림 (가)와 같이 x축상에 점전하 A, 양(+)전하인 점전하 C를 각각 $x=0$, $x=5d$에 고정하고, 점전하 B를 x축상의 $d \leq x \leq 3d$인 구간에서 옮기며 고정한다. 그림 (나)는 (가)에서 C에 작용하는 전기력을 B의 위치에 따라 나타낸 것이고, 전기력의 방향은 $+x$방향이 양(+)이다.

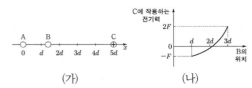

(가)   (나)

이에 대한 설명으로 옳은 것만을 〈보기〉에서 있는 대로 고른 것은? [3점]

<보 기>

ㄱ. A는 음(−)전하이다.

ㄴ. 전하량의 크기는 A가 B보다 작다.

ㄷ. B가 $x=3d$에 있을 때, B에 작용하는 전기력의 크기는 $2F$보다 작다.

① ㄱ   ② ㄴ   ③ ㄱ, ㄷ   ④ ㄴ, ㄷ   ⑤ ㄱ, ㄴ, ㄷ

18. 그림 (가)와 같이 균일한 자기장 영역 Ⅰ과 Ⅱ가 있는 xy평면에 원형 금속 고리가 고정되어 있다. Ⅰ, Ⅱ의 자기장이 고리 내부를 통과하는 면적은 같다. 그림 (나)는 (가)의 Ⅰ, Ⅱ에서 자기장의 세기를 시간에 따라 나타낸 것이다.

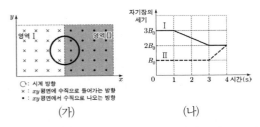

○ : 시계 방향
× : xy평면에 수직으로 들어가는 방향
• : xy평면에서 수직으로 나오는 방향

(가)   (나)

고리에 흐르는 유도 전류를 시간에 따라 나타낸 그래프로 가장 적절한 것은? (단, 유도 전류의 방향은 시계 방향이 양(+)이다.)

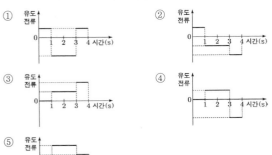

19. 그림 (가)와 같이 질량이 각각 $2m$, m, $3m$인 물체 A, B, C를 실로 연결하고 B를 점 p에 가만히 놓았더니 A, B, C는 등가속도 운동을 한다. 그림 (나)와 같이 B가 점 q를 속력 v_0으로 지나는 순간 B와 C를 연결한 실이 끊어지면, A와 B는 등가속도 운동하여 B가 점 r에서 속력이 0이 된 후 다시 q와 p를 지난다. p, q, r는 수평면상의 점이다.

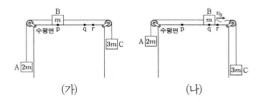

(가)   (나)

이에 대한 설명으로 옳은 것만을 〈보기〉에서 있는 대로 고른 것은? (단, 중력 가속도는 g이고, 물체의 크기, 실의 질량, 모든 마찰과 공기 저항은 무시한다.) [3점]

<보 기>

ㄱ. (가)에서 B가 p와 q 사이를 지날 때, A에 연결된 실이 A를 당기는 힘의 크기는 $\frac{7}{3}mg$이다.

ㄴ. q와 r 사이의 거리는 $\frac{3v_0^2}{4g}$이다.

ㄷ. (나)에서 B가 p를 지나는 순간 B의 속력은 $\sqrt{5}v_0$이다.

① ㄱ   ② ㄷ   ③ ㄱ, ㄴ   ④ ㄴ, ㄷ   ⑤ ㄱ, ㄴ, ㄷ

20. 그림과 같이 수평면으로부터 높이가 h인 수평 구간에서 질량이 각각 m, $3m$인 물체 A와 B로 용수철을 압축시킨 후 가만히 놓았더니, A, B는 각각 수평면상의 마찰 구간 Ⅰ, Ⅱ를 지나 높이 $3h$, $2h$에서 정지하였다. 이 과정에서 A의 운동 에너지의 최댓값은 A의 중력 퍼텐셜 에너지의 최댓값의 4배이다. A, B가 각각 Ⅰ, Ⅱ를 한 번 지날 때 손실되는 역학적 에너지는 각각 W_I, W_II이다.

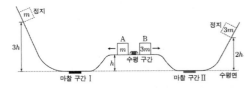

$\dfrac{W_\mathrm{I}}{W_\mathrm{II}}$ 은? (단, 수평면에서 중력 퍼텐셜 에너지는 0이고, A와 B는 동일 연직면상에서 운동한다. 물체의 크기, 용수철의 질량, 공기 저항과 마찰 구간 외의 모든 마찰은 무시한다.)

① 9   ② $\frac{21}{2}$ ③ 12   ④ $\frac{27}{2}$ ⑤ 15

※ 확인 사항
○ 답안지의 해당란에 필요한 내용을 정확히 기입(표기)했는지 확인하시오.

2025학년도 대학수학능력시험 문제지

과학탐구 영역 (물리학 I)

성명 [   ]   수험번호 [   ][   ][   ][   ][-][   ][   ][   ][   ]

---

1. 그림은 전자기파를 일상생활에서 이용하는 예이다.

⊙ 음악 감상을 위한 무선 블루투스 헤드폰
ⓛ 칫솔 살균을 위한 휴대용 칫솔 살균기
ⓒ 어두울 때 사용할 손전등

이에 대한 설명으로 옳은 것만을 〈보기〉에서 있는 대로 고른 것은?

― 〈 보 기 〉 ―
ㄱ. ⊙은 감마선을 이용하여 스마트폰과 통신한다.
ㄴ. ⓛ에서 살균 작용에 사용되는 자외선은 마이크로파보다 파장이 짧다.
ㄷ. 진공에서의 속력은 ⓒ에서 사용되는 전자기파가 X선보다 크다.

① ㄱ   ② ㄴ   ③ ㄷ   ④ ㄱ, ㄴ   ⑤ ㄴ, ㄷ

---

2. 다음은 핵반응에 대한 설명이다.

원자로 내부에서 $^{235}_{92}U$ 원자핵이 중성자(^1_0n) 하나를 흡수하면, $^{141}_{56}Ba$ 원자핵과 $^{92}_{36}Kr$ 원자핵으로 쪼개지며 세 개의 중성자와 에너지가 방출된다. 이 핵반응을 ⊙ 반응이라 하고, 이때 ⓛ 방출되는 에너지를 이용해 전기를 생산할 수 있다.

이에 대한 설명으로 옳은 것만을 〈보기〉에서 있는 대로 고른 것은?

― 〈 보 기 〉 ―
ㄱ. $^{235}_{92}U$ 원자핵의 질량수는 $^{141}_{56}Ba$ 원자핵과 $^{92}_{36}Kr$ 원자핵의 질량수의 합과 같다.
ㄴ. '핵분열'은 ⊙으로 적절하다.
ㄷ. ⓛ은 질량 결손에 의해 발생한다.

① ㄱ   ② ㄴ   ③ ㄷ   ④ ㄱ, ㄴ   ⑤ ㄴ, ㄷ

---

3. 그림은 보어의 수소 원자 모형에서 양자 수 n에 따른 에너지 준위의 일부와 전자의 전이 a~d를 나타낸 것이다. a에서 흡수되는 빛의 진동수는 f_a이다.
이에 대한 설명으로 옳은 것만을 〈보기〉에서 있는 대로 고른 것은? [3점]

에너지
$-\frac{1}{16}E_0$ ─ n=4
          ─ n=3
$-\frac{1}{9}E_0$
          ─ n=2
$-\frac{1}{4}E_0$
          a   d
$-E_0$ ─ n=1

― 〈 보 기 〉 ―
ㄱ. a에서 흡수되는 광자 1개의 에너지는 $\frac{3}{4}E_0$이다.
ㄴ. 방출되는 빛의 파장은 b에서가 d에서보다 짧다.
ㄷ. c에서 흡수되는 빛의 진동수는 $\frac{1}{8}f_a$이다.

① ㄱ   ② ㄴ   ③ ㄱ, ㄴ   ④ ㄴ, ㄷ   ⑤ ㄱ, ㄴ, ㄷ

---

4. 그림은 빛과 물질의 이중성에 대해 학생 A, B, C가 대화하는 모습을 나타낸 것이다.

광전 효과에서 광전자가 즉시 방출되는 현상은 빛의 입자성으로 설명해.
속력이 서로 다른 두 입자의 운동량이 같을 때, 속력이 작은 입자의 물질파 파장이 더 길어.
전자 현미경에서 전자의 운동 에너지가 클수록 더 작은 구조를 구분하여 관찰할 수 있어.

학생 A   학생 B   학생 C

제시한 내용이 옳은 학생만을 있는 대로 고른 것은? [3점]

① A   ② B   ③ A, C   ④ B, C   ⑤ A, B, C

---

5. 그림은 실 p로 연결된 물체 A와 자석 B가 정지해 있고, B의 연직 아래에는 자석 C가 실 q에 연결되어 정지해 있는 모습을 나타낸 것이다. A, B, C의 질량은 각각 4kg, 1kg, 1kg이고, B와 C 사이에 작용하는 자기력의 크기는 20N이다.

이에 대한 설명으로 옳은 것만을 〈보기〉에서 있는 대로 고른 것은? (단, 중력 가속도는 10m/s²이고, 실의 질량과 모든 마찰은 무시하며, 자기력은 B와 C 사이에만 작용한다.)

― 〈 보 기 〉 ―
ㄱ. 수평면이 A를 떠받치는 힘의 크기는 10N이다.
ㄴ. B에 작용하는 중력과 p가 B를 당기는 힘은 작용 반작용 관계이다.
ㄷ. B가 C에 작용하는 자기력의 크기는 q가 C를 당기는 힘의 크기와 같다.

① ㄱ   ② ㄴ   ③ ㄱ, ㄷ   ④ ㄴ, ㄷ   ⑤ ㄱ, ㄴ, ㄷ

---

6. 그림 (가)는 수평면에서 물체가 벽을 향해 등속도 운동하는 모습을 나타낸 것이다. 물체는 벽과 충돌한 후 반대 방향으로 등속도 운동하고, 마찰 구간을 지난 후 등속도 운동한다. 그림 (나)는 물체의 속도를 시간에 따라 나타낸 것으로, 물체는 벽과 충돌하는 과정에서 t_0 동안 힘을 받고, 마찰 구간에서 $2t_0$ 동안 힘을 받는다. 마찰 구간에서 물체가 운동 방향과 반대 방향으로 받은 평균 힘의 크기는 F이다.

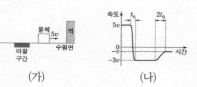

(가)   (나)

벽과 충돌하는 동안 물체가 벽으로부터 받는 평균 힘의 크기는? (단, 마찰 구간 외의 모든 마찰은 무시한다.) [3점]

① $2F$ ② $4F$ ③ $6F$ ④ $8F$ ⑤ $10F$

---

7. 그림 (가)는 자석의 S극을 가까이 하여 자기화된 자성체 A를, (나)는 자기화되지 않은 자성체 B를, (다)는 (나)에서 S극을 가까이 하여 자기화된 B를 나타낸 것이다.

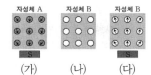

(다)에서 B와 자석 사이에는 서로 미는 자기력이 작용한다. A, B는 상자성체와 반자성체를 순서 없이 나타낸 것이다.

이에 대한 설명으로 옳은 것만을 〈보기〉에서 있는 대로 고른 것은?

─────〈보 기〉─────
ㄱ. (가)에서 A와 자석 사이에는 서로 당기는 자기력이 작용한다.
ㄴ. (다)에서 S극 대신 N극을 가까이 하면, B와 자석 사이에는 서로 당기는 자기력이 작용한다.
ㄷ. (다)에서 자석을 제거하면, B는 (나)의 상태가 된다.

① ㄱ　② ㄴ　③ ㄱ, ㄷ　④ ㄴ, ㄷ　⑤ ㄱ, ㄴ, ㄷ

8. 그림 (가)는 진동수가 일정한 물결파가 매질 A에서 매질 B로 진행할 때, 시간 $t=0$인 순간의 물결파의 모습을 나타낸 것이다. 실선은 물결파의 마루이고, A와 B에서 이웃한 마루와 마루 사이의 거리는 각각 d, $2d$이다. 점 p, q는 평면상의 고정된 점이다. 그림 (나)는 (가)의 p에서 물결파의 변위를 시간 t에 따라 나타낸 것이다.

이에 대한 설명으로 옳은 것만을 〈보기〉에서 있는 대로 고른 것은?

─────〈보 기〉─────
ㄱ. 물결파의 속력은 B에서가 A에서의 2배이다.
ㄴ. (가)에서 입사각은 굴절각보다 작다.
ㄷ. $t=2t_0$일 때, q에서 물결파는 마루가 된다.

① ㄱ　② ㄷ　③ ㄱ, ㄴ　④ ㄴ, ㄷ　⑤ ㄱ, ㄴ, ㄷ

9. 그림과 같이 관찰자 A에 대해 관찰자 B가 탄 우주선이 $+x$방향으로 터널을 향해 $0.8c$의 속력으로 등속도 운동한다. A의 관성계에서, x축과 나란하게 정지해 있는 터널의 길이는 L이고, 우주선의 앞이 터널의 출구를 지나는 순간 우주선의 뒤가 터널의 입구를 지난다.

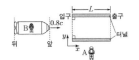

이에 대한 설명으로 옳은 것만을 〈보기〉에서 있는 대로 고른 것은? (단, c는 빛의 속력이다.) [3점]

─────〈보 기〉─────
ㄱ. A의 관성계에서, 우주선의 앞이 터널의 입구를 지나는 순간부터 우주선의 뒤가 터널의 입구를 지나는 순간까지 걸린 시간은 $\dfrac{L}{0.8c}$보다 작다.
ㄴ. B의 관성계에서, 터널의 길이는 L보다 작다.
ㄷ. B의 관성계에서, 터널의 출구가 우주선의 앞을 지나고 난 후 터널의 입구가 우주선의 뒤를 지난다.

① ㄱ　② ㄴ　③ ㄷ　④ ㄱ, ㄷ　⑤ ㄱ, ㄴ, ㄷ

10. 그림 (가)는 마찰이 없는 수평면에서 물체 A가 정지해 있는 물체 B, C를 향해 속력 $4v$로 등속도 운동하는 모습을 나타낸 것이다. A는 정지해 있는 B와 충돌한 후 충돌 전과 같은 방향으로 속력 $2v$로 등속도 운동한다. 그림 (나)는 B의 속도를 시간에 따라 나타낸 것이다. A, C의 질량은 각각 $4m$, $5m$이다.

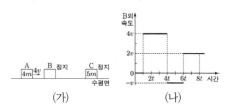

이에 대한 설명으로 옳은 것만을 〈보기〉에서 있는 대로 고른 것은? (단, 물체는 동일 직선상에서 운동하고, 물체의 크기는 무시한다.)

─────〈보 기〉─────
ㄱ. B의 질량은 $2m$이다.
ㄴ. $5t$일 때, C의 속력은 $2v$이다.
ㄷ. A와 C 사이의 거리는 $8t$일 때가 $7t$일 때보다 $2vt$만큼 크다.

① ㄱ　② ㄷ　③ ㄱ, ㄴ　④ ㄴ, ㄷ　⑤ ㄱ, ㄴ, ㄷ

11. 그림 (가)와 같이 xy평면의 원점 O로부터 같은 거리에 있는 x축 상의 두 지점 S_1, S_2에서 진동수와 진폭이 같고, 위상이 서로 반대인 두 물결파를 동시에 발생시킨다. 점 p, q는 O를 중심으로 하는 원과 O를 지나는 직선이 만나는 지점이다. 그림 (나)는 p에서 중첩된 물결파의 변위를 시간 t에 따라 나타낸 것이다. S_1, S_2에서 발생시킨 두 물결파의 속력은 10cm/s로 일정하다.

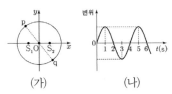

이에 대한 설명으로 옳은 것만을 〈보기〉에서 있는 대로 고른 것은? (단, S_1, S_2, p, q는 xy평면상의 고정된 지점이다.) [3점]

─────〈보 기〉─────
ㄱ. S_1에서 발생한 물결파의 파장은 20cm이다.
ㄴ. $t=1$초일 때, 중첩된 물결파의 변위의 크기는 p에서와 q에서가 같다.
ㄷ. O에서 보강 간섭이 일어난다.

① ㄱ　② ㄴ　③ ㄷ　④ ㄱ, ㄷ　⑤ ㄴ, ㄷ

과학탐구 영역 (물리학 I)

12. 다음은 p−n 접합 다이오드의 특성을 알아보는 실험이다.

> **[실험 과정]**
>
> (가) 그림과 같이 전압이 같은 직류 전원 2개, 스위치, 동일한 p−n 접합 다이오드 4개, 저항, 검류계를 이용하여 회로를 구성한다. X, Y는 p형 반도체와 n형 반도체를 순서 없이 나타낸 것이다.
>
>
>
> (나) 스위치를 a 또는 b에 연결하고, 검류계를 관찰한다.
>
> **[실험 결과]**
>
> | 스위치 | 전류의 흐름 | 전류의 방향 |
> |---|---|---|
> | a에 연결 | 흐른다. | c → ⒢ → d |
> | b에 연결 | 흐른다. | ㉠ |

이에 대한 설명으로 옳은 것만을 〈보기〉에서 있는 대로 고른 것은?

> ── < 보 기 > ──
>
> ㄱ. X는 p형 반도체이다.
> ㄴ. ㉠은 'd → ⒢ → c'이다.
> ㄷ. 스위치를 b에 연결하면 Y에서 전자는 p−n 접합면으로부터 멀어진다.

① ㄱ ② ㄷ ③ ㄱ, ㄴ ④ ㄴ, ㄷ ⑤ ㄱ, ㄴ, ㄷ

13. 그림 (가)는 점전하 A, B를 x축상에 고정하고 음(−)전하 P를 옮기며 x축상에 고정하는 것을 나타낸 것이다. 그림 (나)는 점전하 A~D를 x축상에 고정하고 양(+)전하 R를 옮기며 x축상에 고정하는 것을 나타낸 것이다. A와 D, B와 C, P와 R는 각각 전하량의 크기가 같고, C와 D는 양(+)전하이다. 그림 (다)는 (가)에서 P의 위치 x가 $0<x<3d$인 구간에서 P에 작용하는 전기력을 나타낸 것으로, 전기력의 방향은 $+x$방향이 양(+)이다.

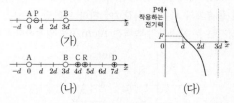

(가)   (다)

(나)

이에 대한 설명으로 옳은 것만을 〈보기〉에서 있는 대로 고른 것은? [3점]

> ── < 보 기 > ──
>
> ㄱ. (가)에서 P의 위치가 $x=-d$일 때, P에 작용하는 전기력의 크기는 F보다 크다.
> ㄴ. (나)에서 R의 위치가 $x=d$일 때, R에 작용하는 전기력의 방향은 $+x$방향이다.
> ㄷ. (나)에서 R의 위치가 $x=6d$일 때, R에 작용하는 전기력의 크기는 F보다 작다.

① ㄱ ② ㄴ ③ ㄱ, ㄷ ④ ㄴ, ㄷ ⑤ ㄱ, ㄴ, ㄷ

14. 그림은 동일한 단색광 P, Q, R를 입사각 θ로 각각 매질 A에서 매질 B로, B에서 매질 C로, C에서 B로 입사시키는 모습을 나타낸 것이다. P는 A와 B의 경계면에서 굴절하여 B와 C의 경계면에서 전반사한다. 이에 대한 설명으로 옳은 것만을 〈보기〉에서 있는 대로 고른 것은? [3점]

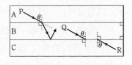

> ── < 보 기 > ──
>
> ㄱ. 굴절률은 A가 C보다 크다.
> ㄴ. Q는 B와 C의 경계면에서 전반사한다.
> ㄷ. R는 B와 A의 경계면에서 전반사한다.

① ㄱ ② ㄷ ③ ㄱ, ㄴ ④ ㄴ, ㄷ ⑤ ㄱ, ㄴ, ㄷ

15. 그림은 열기관에서 일정량의 이상 기체가 상태 A → B → C → D → A를 따라 순환하는 동안 기체의 압력과 절대 온도를 나타낸 것이다. A → B는 부피가 일정한 과정, B → C는 압력이 일정한 과정, C → D는 단열 과정, D → A는 등온 과정이다. 표는 각 과정에서 기체가 외부에 한 일 또는 외부로부터 받은 일을 나타낸 것이다. 기체가 흡수하거나 방출한 열량은 A → B 과정과 B → C 과정에서 같다.

과정	기체가 외부에 한 일 또는 외부로부터 받은 일(J)
A → B	0
B → C	16
C → D	64
D → A	60

이에 대한 설명으로 옳은 것만을 〈보기〉에서 있는 대로 고른 것은?

> ── < 보 기 > ──
>
> ㄱ. 기체의 부피는 A에서가 C에서보다 작다.
> ㄴ. B → C 과정에서 기체의 내부 에너지 증가량은 24J이다.
> ㄷ. 열기관의 열효율은 0.25이다.

① ㄱ ② ㄷ ③ ㄱ, ㄴ ④ ㄴ, ㄷ ⑤ ㄱ, ㄴ, ㄷ

16. 그림과 같이 직선 경로에서 물체 A가 속력 v로 $x=0$을 지나는 순간 $x=0$에 정지해 있던 물체 B가 출발하여, A와 B는 $x=4L$을 동시에 지나고, $x=9L$을 동시에 지난다. A가 $x=9L$을 지나는 순간 A의 속력은 $5v$이다. 표는 구간 Ⅰ, Ⅱ, Ⅲ에서 A, B의 운동을 나타낸 것이다. Ⅰ에서 B의 가속도의 크기는 a이다.

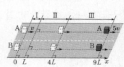

물체\구간	Ⅰ	Ⅱ	Ⅲ
A	등속도	등가속도	등속도
B	등가속도	등속도	등가속도

Ⅲ에서 B의 가속도의 크기는? (단, 물체의 크기는 무시한다.) [3점]

① $\frac{11}{5}a$ ② $2a$ ③ $\frac{9}{5}a$ ④ $\frac{8}{5}a$ ⑤ $\frac{7}{5}a$

과학탐구 영역 (물리학 Ⅰ)

17. 그림과 같이 xy평면에 가늘고 무한히 긴 직선 도선 A, B, C가 고정되어 있다. C에는 세기가 I_C로 일정한 전류가 $+x$방향으로 흐른다. 표는 A, B에 흐르는 전류의 세기와 방향을 나타낸 것이다. 점 p, q는 xy평면상의 점이고, p에서 A, B, C의 전류에 의한 자기장의 세기는 (가)일 때가 (다)일 때의 2배이다.

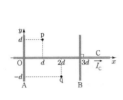

	A의 전류		B의 전류	
	세기	방향	세기	방향
(가)	I_0	$-y$	I_0	$+y$
(나)	I_0	$+y$	I_0	$+y$
(다)	I_0	$+y$	$\frac{1}{2}I_0$	$+y$

이에 대한 설명으로 옳은 것만을 〈보기〉에서 있는 대로 고른 것은?

<보 기>

ㄱ. $I_C = 3I_0$이다.

ㄴ. (나)일 때, A, B, C의 전류에 의한 자기장의 세기는 p에서와 q에서가 같다

ㄷ. (다)일 때, q에서 A, B, C의 전류에 의한 자기장의 방향은 xy평면에 수직으로 들어가는 방향이다.

① ㄱ ② ㄷ ③ ㄱ, ㄴ ④ ㄴ, ㄷ ⑤ ㄱ, ㄴ, ㄷ

18. 그림 (가)는 물체 A, B, C를 실 p, q로 연결하고 A에 수평 방향으로 일정한 힘 20N을 작용하여 물체가 등가속도 운동하는 모습을, (나)는 (가)에서 A에 작용하는 힘 20N을 제거한 후, 물체가 등가속도 운동하는 모습을 나타낸 것이다. (가)와 (나)에서 물체의 가속도의 크기는 a로 같다. p가 B를 당기는 힘의 크기와 q가 B를 당기는 힘의 크기의 비는 (가)에서 2 : 3이고, (나)에서 2 : 9이다.

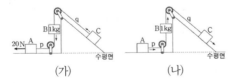

(가)   (나)

이에 대한 설명으로 옳은 것만을 〈보기〉에서 있는 대로 고른 것은? (단, 중력 가속도는 10m/s^2이고, 물체는 동일 연직면상에서 운동하며, 실의 질량, 공기 저항과 모든 마찰은 무시한다.) [3점]

<보 기>

ㄱ. p가 A를 당기는 힘의 크기는 (가)에서가 (나)에서의 5배이다.

ㄴ. $a = \frac{5}{3}\text{m/s}^2$이다.

ㄷ. C의 질량은 4kg이다.

① ㄱ ② ㄷ ③ ㄱ, ㄴ ④ ㄴ, ㄷ ⑤ ㄱ, ㄴ, ㄷ

19. 그림과 같이 한 변의 길이가 $2d$인 정사각형 금속 고리가 xy평면에서 균일한 자기장 영역 Ⅰ, Ⅱ, Ⅲ을 $+x$방향으로 등속도 운동하며 지난다. 금속 고리의 점 p가 $x = 2.5d$를 지날 때, p에 흐르는 유도 전류의 방향은 $+y$방향이다. Ⅰ, Ⅲ에서 자기장의 세기는 각각 B_0이고, Ⅱ에서 자기장의 세기는 일정하고 방향은 xy평면에 수직이다.

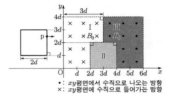

· : xy평면에서 수직으로 나오는 방향
× : xy평면에 수직으로 들어가는 방향

이에 대한 설명으로 옳은 것만을 〈보기〉에서 있는 대로 고른 것은? [3점]

<보 기>

ㄱ. 자기장의 방향은 Ⅰ에서와 Ⅲ에서가 같다.

ㄴ. p가 $x = 4.5d$를 지날 때, p에 흐르는 유도 전류의 방향은 $-y$방향이다.

ㄷ. p에 흐르는 유도 전류의 세기는 p가 $x = 5.5d$를 지날 때가 $x = 2.5d$를 지날 때보다 크다.

① ㄱ ② ㄷ ③ ㄱ, ㄴ ④ ㄴ, ㄷ ⑤ ㄱ, ㄴ, ㄷ

20. 그림 (가)와 같이 높이 $4h$인 평면에서 용수철 P에 연결된 물체 A에 물체 B를 접촉시켜 P를 원래 길이에서 $2d$만큼 압축시킨 후 가만히 놓았더니, B는 A와 분리된 후 높이 차가 H인 마찰 구간을 등속도로 지나 수평면에 놓인 용수철 Q를 향해 운동한다. 이후 그림 (나)와 같이 A는 P를 원래 길이에서 최대 d만큼 압축시키며 직선 운동하고, B는 Q를 원래 길이에서 최대 $3d$만큼 압축시킨 후 다시 마찰 구간을 지나 높이 $4h$인 지점에서 정지한다. B가 마찰 구간을 올라갈 때 손실된 역학적 에너지는 내려갈 때와 같고, P, Q의 용수철 상수는 같다.

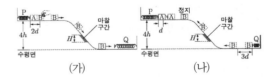

(가)   (나)

H는? (단, 물체는 동일 연직면상에서 운동하고, 용수철의 질량, 물체의 크기, 공기 저항, 마찰 구간 외의 모든 마찰은 무시한다.)

① $\frac{3}{5}h$ ② $\frac{4}{5}h$ ③ h ④ $\frac{6}{5}h$ ⑤ $\frac{7}{5}h$

※ 확인 사항

○ 답안지의 해당란에 필요한 내용을 정확히 기입(표기)했는지 확인하시오.

수능 완전 정복을 위한

기출 ○X 405제

풀자! 외우자! 만점받자!

Ⅰ 역학과 에너지

1. 힘과 운동

1 물체의 운동

⤵ 그림은 물체의 운동에 대한 그래프를 나타낸 것이다.

[001~004] 빈칸에 알맞은 말을 써넣으시오.

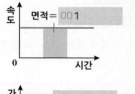
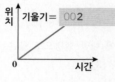
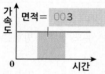
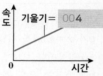

[005~013] 다음 문장을 읽고 옳으면 ○, 옳지 않으면 × 하시오.

005 등속도 운동에서 가속도는 0이다. _____ (   )

006 일정한 속도로 운동하는 물체에 작용하는 합력은 0이다.
_____ (   )

007 속도의 부호가 (＋)이고, 가속도의 부호가 (－)이면 물체의
속력은 감소한다. _____ (   )

008 가속도의 방향이 속도의 방향과 반대이면 속력이 감소한다.
_____ (   )

009 등속 원운동은 등속도 운동에 속한다. ____ (   )

010 직선 운동하는 물체의 운동 방향이 바뀌지 않을 때 물체의 이동
거리와 변위의 크기는 같다. _____ (   )

011 물체가 운동하면서 운동 방향이 바뀌는 경우 평균 속력은 평균
속도의 크기보다 작다. _____ (   )

012 등가속도 운동에서 평균 속력은 처음 속력과 나중 속력의
평균이다. _____ (   )

013 운동 방향과 가속도 방향이 같으면 속력은 증가한다. ( )

2 뉴턴 운동 법칙

⤵ 그림은 직선 운동하는 물체 A와 B의 위치ー시간 그래프이다.

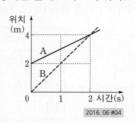

2016. 06 #04

[014~018] 빈칸에 알맞은 말을 써넣으시오.

014 0초에서 2초까지 A가 이동한 거리는 (   )m이다.

015 0초에서 2초까지 B가 이동한 거리는 (   )m이다.

016 0초에서 2초까지 A의 평균 속력은 (   )m/s이다.

017 0초에서 2초까지 B의 평균 속력은 (   )m/s이다.

018 1초일 때의 속력은 A가 B보다 더 (   ).

⤵ 그림은 일직선상에서 운동하는 물체의 속도ー시간 그래프를
나타낸 것이다.

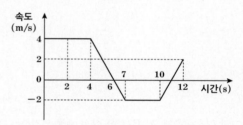

[019~023] 빈칸에 알맞은 값을 써넣으시오.

019 0초~4초 사이의 가속도의 크기는 (   )m/s²이다.

020 4초~7초 사이의 가속도의 크기는 (   )m/s²이다.

021 10초~12초 사이의 가속도의 크기는 (   )m/s²이다.

022 0초~12초 사이에서 운동 방향은 (   )번 바뀐다.

023 0초~6초 사이 변위의 크기는 (   )m이다.

[024~030] 다음 문장을 읽고 옳으면 ○, 옳지 않으면 × 하시오.

024 작용과 반작용의 관계에 있는 두 힘은 크기가 같다. ·( )

025 작용과 반작용의 관계에 있는 두 힘은 방향이 같다. ·( )

026 떨어져 있는 두 자석이 서로 자기력을 작용할 때 작용 반작용
법칙이 성립한다. _____ (   )

027 힘의 평형을 이루는 두 힘은 작용과 반작용의 관계이다.
_____ (   )

✎ **정답 및 풀이**

001 변위 002 속도 003 속도의 변화량(또는 속도의 증가량) 004 가속도 005 ○ 006 ○ 007 ○ 008 ○ 009 ×(속한다→속하지 않는다) 010 ○ 011 ×(작다→크다) 012 ○ 013 ○
014 2 015 4 016 1 017 2 018 느리다 019 0 020 2 021 2 022 2 023 20 024 ○ 025 ×(같다→반대이다) 026 ○ 027 ×(관계이다→관계가 아니다)

028 정지한 물체에 작용하는 합력은 0이다. ──── (　　　)

029 물체에 작용하는 중력에 대한 반작용은 물체가 지구를 당기는 힘이다. ──── (　　　)

030 책상 위에 놓여 있는 책에 대하여 지구가 책을 당기는 힘과 책상이 책을 떠받치는 힘은 작용과 반작용의 관계이다. ──── (　　　)

[031~033] 그림 (가)는 마찰이 없는 수평면에서 질량 m인 물체에 크기가 6N인 힘이 수평 방향으로 작용하는 모습을 나타낸 것이고, (나)는 (가)의 물체의 속도를 시간에 따라 나타낸 것이다. 빈 칸을 알맞게 채우시오.

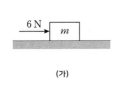
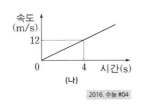

(가)　(나)

2016. 수능 #04

031 0초에서 4초까지 이동한 거리는 (　　　)m이다.

032 물체의 가속도의 크기는 (　　　)m/s²이다.

033 물체의 질량은 (　　　)kg이다.

3 운동량 보존 법칙과 여러 가지 충돌

그림은 인라인 스케이트를 신고 서 있던 철수와 영희가 서로 미는 동안 동일 직선상에서 반대 방향으로 운동하는 것을 나타낸 것이다. 단, 철수의 질량이 영희의 질량보다 크다.

철수　영희

수평면

2017. 06 #04

[034~037] 빈칸에 알맞은 부등호(<, >, =)를 써넣으시오.

034 철수가 영희를 미는 힘의 크기 (　　　) 영희가 철수를 미는 힘의 크기

035 철수의 가속도의 크기 (　　　) 영희의 가속도의 크기

036 철수가 영희로부터 받은 충격량의 크기 (　　　) 영희가 철수로부터 받은 충격량의 크기

037 철수의 운동량 변화량의 크기 (　　　) 영희의 운동량 변화량의 크기

그림은 같은 달걀이 같은 높이에서 마룻바닥과 방석에 떨어진 모습을 나타낸 것이다.

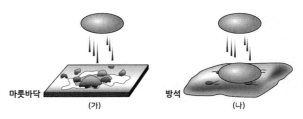

마룻바닥　　　　방석
(가)　　　　(나)

[038~041] 빈칸에 알맞은 부등호(<, >, =)를 써넣으시오.

038 (가)의 충격량의 크기 (　　　) (나)의 충격량의 크기

039 (가)의 충돌 시간 (　　　) (나)의 충돌 시간

040 (가)의 평균 충격력의 크기 (　　　) (나)의 평균 충격력의 크기

041 (가)의 운동량 변화량의 크기 (　　　) (나)의 운동량 변화량의 크기

그림은 일직선상에서 운동하는 물체 A, B의 충돌 과정을 나타낸 것이다.

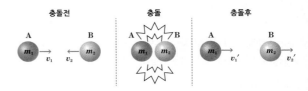

충돌전　　　　충돌　　　　충돌후

[042~046] 다음 문장을 읽고 옳으면 ○, 옳지 않으면 × 하시오.

042 충돌과정에서 A가 B로부터 받은 충격량과 B가 A로부터 받은 충격량은 다르다. ──── (　　　)

043 충돌 외에 외력이 작용하지 않았다면, 충돌 전후 A, B의 운동량은 보존된다. ──── (　　　)

044 A와 B의 반발계수 e는 항상 1이하이다. ──── (　　　)

045 충돌과정에서 운동에너지와 운동량이 전부 보존되고 반발계수 e가 1인 충돌을 비탄성충돌이라 부른다. ──── (　　　)

046 충돌 후 A, B가 한 물체가 되어 운동한다면 이 충돌을 완전 탄성충돌이라 부른다. ──── (　　　)

✎ 정답 및 풀이
028 ○　029 ○　030 × (작용과 반작용의 관계→힘의 평형 관계)　031 24　032 3　033 2　034 =　035 <　036 =　037 =　038 =　039 <　040 >　041 =　042 × (다르다→같다)
043 ○　044 ○　045 × (비탄성충돌→탄성충돌)　046 × (완전 탄성충돌→완전 비탄성충돌)

2. 에너지와 열

1 일과 에너지

그림은 점 a에 질량 m인 물체를 가만히 놓았더니 물체가 점 b를 지나 점 c를 통과하는 것을 나타낸 것이다. 중력 가속도는 g이고, 모든 마찰과 공기 저항은 무시한다.

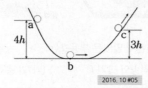

2016. 10 #05

[047~051] 다음 문장을 읽고 옳으면 ○, 옳지 않으면 × 하시오.

047 점 a에서의 중력 퍼텐셜 에너지와 점 b에서의 운동 에너지는 같다. ( )

048 점 c에서 물체의 운동 에너지는 $3mgh$이다. ( )

049 물체가 점 a에서 점 b까지 운동하는 동안 중력이 물체에 한 일은 $3mgh$이다. ( )

050 물체의 속력은 점 b에서가 점 c에서의 4배이다. ( )

051 점 a와 점 c에서 물체의 역학적 에너지는 같다. ( )

그림은 물체 A와 B를 도르래를 통해 실로 연결하여 정지 상태에서 가만히 놓은 것을 나타낸 것이다. 모든 마찰은 무시하며, 질량은 A가 B보다 작다.

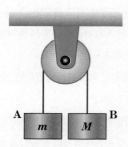

[052~055] 다음 문장을 읽고 옳으면 ○, 옳지 않으면 × 하시오.

052 A와 B의 운동 에너지는 증가한다. ( )

053 A와 B는 모두 중력 퍼텐셜 에너지가 감소한다. ( )

054 A의 역학적 에너지는 일정하다. ( )

055 B의 역학적 에너지는 일정하다. ( )

그림과 같이 마찰이 없는 수평면에서 용수철에 연결되어 점 O에 정지해 있던 물체에 일정한 힘 F를 계속 작용시켰더니 물체는 점 P를 지나 점 Q까지 이동하였다. P에서는 물체의 가속도가 0, Q에서는 물체의 속도가 0이었다.

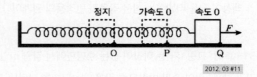

2012. 03 #11

[056~059] 다음 문장을 읽고 옳으면 ○, 옳지 않으면 × 하시오.
(W_1 : 물체가 O에서 P까지 이동할 때 F가 한 일, W_2 : 물체가 O에서 Q까지 이동할 때 F가 한 일.)

056 점 P에서 용수철에 작용하는 탄성력의 크기는 F보다 크다. ( )

057 W_2는 W_1의 2배이다. ( )

058 점 P에서 물체의 속도는 0이 아니다. ( )

059 점 Q에서 물체에 작용하는 알짜힘은 0이다. ( )

그림은 질량 m인 물체가 공기 저항 없이 자유 낙하하는 것을 나타낸 것이고, 그래프는 이 물체의 에너지 변화를 나타낸 것이다.

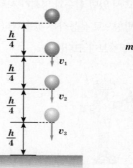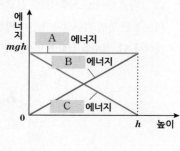

[060~068] 빈칸에 알맞은 말을 써넣으시오.

060 A는 ( )이다.

061 B는 ( )이다.

062 C는 ( )이다.

높이	속도	중력 퍼텐셜 에너지	운동 에너지	역학적 에너지
h	0	mgh	063	064
$\frac{1}{2}h$	v_2	065	066	mgh
높이 감소에 따른 에너지 변화		감소	067	068

✏️ 정답 및 풀이

047 ○ 048 ×($3mgh \rightarrow mgh$) 049 ×($3mgh \rightarrow 4mgh$) 050 ×(4배→2배) 051 ○ 052 ○ 053 ×(A는 증가, B는 감소) 054 ×(일정하다→증가한다) 055 ×(일정하다→감소한다) 056 ×(F보다 크다→F와 같다) 057 ○ 058 ○ 059 ×(0이다→0이 아니다.) 060 역학적 061 퍼텐셜 062 운동 063 0 064 mgh 065 $\frac{1}{2}mgh$ 066 $\frac{1}{2}mv_2^2=\frac{1}{2}mgh$ 067 증가 068 일정

312 마더텅 수능기출문제집 물리학 I

🔎 그림은 헬리콥터에서 줄에 매달린 물체를 일정한 속도로 끌어올리는 것을 나타낸 것이다. (줄의 질량은 없다고 가정한다.)

2011. 수능 #01

[069~073] 다음 문장을 읽고 옳으면 ○, 옳지 않으면 × 하시오.

069 헬리콥터에는 중력이 작용하지 않는다. ─────── (　　　)

070 줄이 물체를 당기는 힘은 물체의 무게보다 크다. ─── (　　　)

071 물체에 작용하는 알짜힘은 0이다. ───────── (　　　)

072 물체의 위치 에너지는 증가한다. ───────── (　　　)

073 줄이 물체를 당기는 힘이 물체에 한 일은 0이다. ── (　　　)

🔎 그림과 같이 고정된 관의 아래쪽 바닥에 용수철 상수가 400N/m인 용수철을 연결하고 정지해 있던 질량 0.2kg인 물체를 떨어뜨렸더니 용수철이 최대로 압축된 길이가 0.1m이었다. (단, 중력가속도는 10m/s²이고, 용수철의 질량과 모든 마찰은 무시한다.)

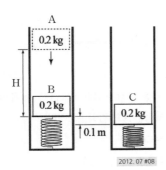

2012. 07 #08

[074~078] 빈칸에 알맞은 말을 채우시오.

	A	B	C
물체의 중력 퍼텐셜 에너지	2(H+0.1)	074	0
물체의 운동에너지	0	075	076
용수철의 탄성 퍼텐셜 에너지	0	0	077
전체 계의 역학적 에너지	2(H+0.1)	2	078

[079~081] 다음 문장을 읽고 옳으면 ○, 옳지 않으면 × 하시오.

079 A, B, C에서 전체 계의 운동 에너지는 모두 같다. ─── (　　　)

080 H는 1m이다. ──────────────────── (　　　)

081 B → C 과정에서 물체는 용수철에 일을 한다. ──── (　　　)

2 열역학 법칙

🔎 그림은 실린더에 들어 있는 이상 기체의 등압과정, 등적과정, 등온과정, 단열과정을 나타낸 것이다.

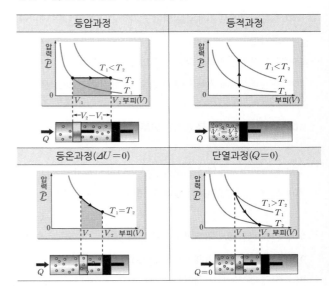

[082~091] 빈칸에 알맞은 말을 써넣으시오.

082 등압과정에서 온도가 증가하면 부피는 (　　　)한다.

083 등압과정에서 부피가 증가하면 온도는 (　　　)한다.

084 등압과정에서 Q가 한 일의 크기는 (　　　)이다.

085 등적과정에서 온도가 증가하면 압력은 (　　　)한다.

086 등적과정에서 압력이 증가하면 온도는 (　　　)한다.

087 등적과정에서 Q가 한 일의 크기는 (　　　)이다.

088 등온과정에서 부피가 증가하면 압력은 (　　　)한다.

089 등온과정에서 압력이 증가하면 부피는 (　　　)한다.

090 단열과정에서 압력이 증가하면, 부피는 (　　　)하고 온도는 (　　　)한다.

091 단열과정에서 부피가 증가하면, 압력은 (　　　)하고 온도는 (　　　)한다.

[092~096] 빈칸에 알맞은 말을 써넣으시오.

092 열역학 제1법칙을 나타내는 식은 (　　　　　　　　　)이다.

093 W는 기체가 (　　　) 일의 양이다.

✏️ 정답 및 풀이

069 ×(작용하지 않는다→작용한다) 070 ×(무게보다 크다→무게와 같다) 071 ○ 072 ○ 073 ×(0이다→0보다 크다) 074 0.2 075 1.8 076 0 077 2 078 2 079 ×(운동에너지→역학적 에너지) 080 ×(1m→0.9m) 081 ○ 082 증가 083 증가 084 $P(V_2-V_1)$ 085 증가 086 증가 087 0 088 감소 089 감소 090 감소, 증가 091 감소, 감소 092 $Q=\Delta U+W$ 093 한

094 Q, ΔU, W 중 등적과정에서 0인 값은 (   )이다.

095 Q, ΔU, W 중 단열과정에서 0인 값은 (   )이다.

096 고열원에서 Q_1의 열을 흡수하여 W의 일을 하고 저열원에서 Q_2의 열을 방출할 때, 열효율은 (   )이다.

[097~113] 다음 문장을 읽고 옳으면 ○, 옳지 않으면 × 하시오.

097 등압과정에서 가해진 열량은 외부에 일을 한다. ────── (   )

098 등압과정에서 기체에 열을 가하면 내부 에너지가 증가한다.
　　　　　　　　　　　　　　　　　　　　　　　　　　 (   )

099 등온과정에서 기체의 압력이 증가하면 기체의 내부 에너지는 증가한다. ────────────────────── (   )

100 등온과정은 기체의 열의 출입이 없는 과정이다. ─── (   )

101 등온과정에서 기체의 부피가 증가하면 기체는 열을 흡수한다.
　　　　　　　　　　　　　　　　　　　　　　　　　　 (   )

102 등적과정에서 열을 가하면 외부에 하는 일은 증가한다.
　　　　　　　　　　　　　　　　　　　　　　　　　　 (   )

103 등적과정에서 열을 가하면 내부 에너지는 증가한다. (   )

104 등적과정에서 기체가 열에너지를 흡수할 때 온도가 증가한다.
　　　　　　　　　　　　　　　　　　　　　　　　　　 (   )

105 단열 팽창에서 기체의 압력은 감소한다. ────── (   )

106 단열 팽창에서 기체의 온도는 감소한다. ────── (   )

107 단열 팽창에서 기체의 내부 에너지는 증가한다. ─── (   )

108 단열 팽창 시 기체 분자의 평균 속력은 증가한다. ── (   )

109 단열 팽창 시 기체는 외부에 일을 한다. ────── (   )

110 열기관은 열에너지를 일로 바꾸는 기관을 말한다. ── (   )

111 카르노 기관은 가역과정을 거쳐 작동하는 열기관 중 열효율이 가장 높은 이상적인 열기관이다. ──────── (   )

112 카르노 기관에서 고열원과 저열원의 온도차를 크게 하면 열효율은 낮아진다. ──────────────── (   )

113 열효율이 100%인 열기관은 존재할 수 있다. ─── (   )

[114 ~ 117] 그림은 손 위에 얼음을 올려놓은 모습이다. 빈 칸을 알맞게 채우시오.

물리II 2016. 04 #03

114 손에서 얼음으로 이동하는 (   )에 의해 얼음이 녹는다.

115 이 과정은 (   )과정이다.

116 얼음이 녹는 과정에서 엔트로피는 (   )한다.

117 손 위에 얼음이 녹는 과정은 열역학 제(   )법칙이 성립하는 것을 보여준다.

3. 특수 상대성 이론

1 특수 상대성 이론

🔍 그림은 정지해 있는 우주선 A에 대해 우주선 B가 수평면과 나란하게 $0.9c$의 일정한 속도로 운동하고 있는 모습이다. A와 B의 고유 길이는 L_0이고, A에서 측정한 B의 길이는 L이다.

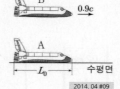

2014. 04 #09

[118~123] 다음 문장을 읽고 옳으면 ○, 옳지 않으면 × 하시오.

118 B에서 측정한 A의 길이는 L이다. ──────── (   )

119 L은 L_0보다 크다. ───────────────── (   )

120 B에서 관측할 때 A는 정지해 있다. ─────── (   )

121 A에서 측정할 때, B의 시간이 A의 시간보다 빠르게 간다.
　　　　　　　　　　　　　　　　　　　　　　　　　　 (   )

122 B에서 우주선의 진행 방향으로 보낸 빛을 A에서 관측하면 속력은 c보다 작다. ──────────────── (   )

123 A에서 오른쪽으로 보낸 빛을 B에서 관측하면 속력은 c이다.
　　　　　　　　　　　　　　　　　　　　　　　　　　 (   )

✎ 정답 및 풀이

094 W　095 Q　096 $e = \dfrac{W}{Q_1} = 1 - \dfrac{Q_2}{Q_1}$　097 ○　098 ○　099 ×(증가한다→변하지 않는다)　100 ×(열의 출입이→온도 변화가)　101 ○　102 ×(증가한다→0이다)　103 ○　104 ○　105 ○

106 ○　107 ×(증가한다→감소한다)　108 ×(증가한다→감소한다)　109 ○　110 ○　111 ○　112 ×(낮아진다→높아진다)　113 ×(있다→없다)　114 열　115 비가역　116 증가　117 2

118 ○　119 ×(크다→작다)　120 ×(정지해 있다→뒤로 이동한다)　121 ×(빠르게→느리게)　122 ×(c보다 작다→c이다)　123 ○

[124~128] 다음 문장을 읽고 옳으면 ○, 옳지 않으면 × 하시오.

124 모든 관성 좌표계에서 물리 법칙은 다르게 적용된다. (　　　)

125 모든 관성 좌표계에서 진공 중에서 진행하는 빛의 속도는 관측자나 광원의 속도에 관계없이 일정하다. (　　　)

126 관측자에 대하여 운동하는 사람의 시간이 빠르게 간다. (　　　)

127 두 관측자가 서로 다른 운동을 할 때 한 관측자에게 동시에 일어난 사건이 다른 관측자에게 동시에 일어나지 않을 수도 있다. (　　　)

128 길이 수축은 운동 방향으로만 발생하고 운동 방향에 수직한 방향으로는 발생하지 않는다. (　　　)

↻ 그림에서 영희가 탄 우주선이 지표면 위에 정지해 있는 철수에 대해 $0.8c$의 일정한 속도로 운동하고 있다. 우주선 내부 양 끝에 있는 점 중 p에서 빛이 출발하여 q에서 반사된 뒤 p로 되돌아오는 사건을 A라 하자. (단, c는 빛의 속력이고, 우주선 내부는 진공이다.)

2016. 07 #08

[129~138] 빈칸에 알맞은 말을 써넣으시오.

129 영희가 볼 때 철수의 시간은 (　　　)게 간다.

130 철수가 볼 때 영희의 시간은 (　　　)게 간다.

131 영희가 볼 때 철수의 속력은 (　　　)이다.

132 사건 A의 고유 시간은 (　　　)가 측정할 수 있다.

133 사건 A가 일어나는 데 걸린 시간은 (　　　)에게 더 길게 느껴진다.

134 p와 q 사이의 고유 길이는 (　　　)가 측정할 수 있다.

135 철수가 본 p와 q 사이의 거리는 영희가 측정한 것보다 길이가 (　　　).

136 사건 A가 일어날 동안 빛이 이동한 거리는 (　　　)에게 더 짧게 측정된다.

137 우주선의 속력이 $0.5c$였다면 철수가 본 p와 q 사이의 거리는 지금보다 더 (　　　).

138 우주선의 속력이 $0.9c$였다면 철수가 측정한 사건 A의 경과 시간은 더 (　　　).

[139~142] 다음 문장을 읽고 옳으면 ○, 옳지 않으면 × 하시오.

139 영희가 볼 때 빛이 p에서 q까지 가는 데 걸린 시간은 q에서 p로 되돌아오는 데 걸린 시간과 같다. (　　　)

140 철수가 볼 때 빛이 p에서 q까지 가는 데 걸린 시간은 q에서 p로 되돌아오는 데 걸린 시간과 같다. (　　　)

141 p와 q가 각각 우주선의 바닥과 천장에 서로 마주보게 설치되어 있었다면 철수가 보는 p와 q 사이의 거리는 줄어든다. (　　　)

142 영희와 같은 속도의 양성자가 있다면 영희가 본 양성자의 정지 에너지는 0이다. (　　　)

❷ 질량과 에너지

[143~145] 빈칸에 알맞은 말을 채우시오.

143 물체에 대해 상대적으로 정지해 있는 관측자가 측정한 물체의 질량은 (　　　　　)이라 한다.

144 관측자에 대해 정지한 물체가 가지고 있는 에너지는 (　　　　　)라고 한다.

145 질량 에너지 등가 원리에 따르면 질량 m에 해당하는 에너지 E는 (　　　)이다.

[146~149] 다음 문장을 읽고 옳으면 ○, 옳지 않으면 × 하시오.

146 정지 상태의 물체는 정지 질량에 비례하는 에너지를 가진다. (　　　)

147 질량−에너지 등가 원리에서 질량이 감소할 경우 감소한 질량에 해당하는 에너지가 방출된다. (　　　)

148 물체의 운동속도가 빠를수록 에너지도 커진다. (　　　)

149 빠르게 운동하는 물체의 질량은 정지한 물체의 질량보다 크다. (　　　)

↻ 그림은 원소 기호의 표기를 나타낸 것이다.

$$\begin{matrix} (\text{ㄱ}) \\ (\text{ㄴ}) \end{matrix} \begin{matrix} A \\ Z \end{matrix} X \text{ 원소 기호}$$

[150~151] 빈칸에 알맞은 말을 써넣으시오.

150 (ㄱ)은 (　　　　　)이다.

151 (ㄴ)은 (　　　　　)이다.

✎ **정답 및 풀이**

124 ×(다르게 적용된다→동일하다)　125 ○　126 ×(빠르게→느리게)　127 ○　128 ○　129 느리　130 느리　131 0.8c　132 영희　133 철수　134 영희　135 짧다　136 영희　137 길다
138 길다　139 ○　140 ×(같다→다르다)　141 ×(줄어든다→일정하다)　142 ×(0이다→0이 아니다)　143 정지 질량　144 정지 에너지　145 mc^2　146 ○　147 ○　148 ○　149 ○　150 질량수
151 원자 번호(＝양성자수)

↻ 그림은 핵분열 반응과 핵융합 반응을 나타낸 것이다.

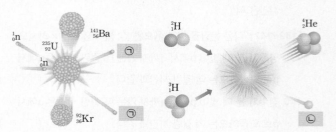

[152~153] 빈칸에 알맞은 말을 써넣으시오.

152 ㉠은 ( )이다.

153 ㉡은 ( )이다.

[154~159] 빈칸에 알맞은 말을 써넣으시오.

154 핵반응 후 질량의 합이 반응 전 질량의 합보다 작아지는 ( )이/가 일어난다.

155 양성자의 수는 같지만 중성자의 수가 달라 질량수가 다른 원소를 ( )(이)라고 한다.

156 물이나 흑연과 같이 핵분열로 생긴 고속 중성자를 감속하여 연쇄 반응이 잘 일어나도록 해주는 물질을 ( )(이)라고 한다.

157 원자로에서 발생하는 열을 흡수하여 증기 발생기로 전달하는 물질을 ( )(이)라고 한다.

158 중성자를 흡수하여 연쇄 반응을 억제하는 물질을 ( )(이)라고 하고 이 물질로 카드뮴, 붕소를 사용한다.

159 원자력 발전소에서 우라늄의 핵반응이 일어나는 곳을 ( )(이)라고 한다.

[160~167] 다음 문장을 읽고 옳으면 ○, 옳지 않으면 × 하시오.

160 원자력 발전소에서는 핵에너지가 열에너지로 전환된다. ─── ( )

161 핵반응 전후 전하량은 보존된다. ─── ( )

162 핵반응 전후 질량수는 보존되지 않는다. ─── ( )

163 핵반응 전후 질량의 합은 같다. ─── ( )

164 원자력 발전소에서는 핵융합 과정을 이용한다. ─── ( )

165 α 입자는 중성자수와 양성자수가 같다. ─── ( )

166 β 입자는 양(+)전하를 띤다. ─── ( )

167 고속 증식로에서는 감속재가 필요 없다. ─── ( )

Ⅱ 물질과 전자기장

1. 물질의 구조와 성질

1 전기력

[168~169] 빈 칸에 알맞은 단어를 써 넣으시오.

168 전기력의 크기는 두 전하의 전하량의 곱에 ( ) 하고, 떨어진 거리의 제곱에 ( )한다.

169 같은 종류의 전하 사이에는 ( )이 작용하고, 다른 종류의 전하 사이에는 ( )이 작용한다.

↻ 그림은 x축 상에서 같은 간격으로 고정되어 있는 네 개의 점전하 A, B, C, D를 나타낸 것이다. A, D의 전하량은 $+Q$로 같고, B가 A, C, D로부터 받는 전기력의 합력과 C가 A, B, D로부터 받는 전기력의 합력은 모두 0이다.

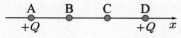

고2 2019. 09 #15

[170~173] 다음 문장을 읽고 옳으면 ○, 옳지 않으면 × 하시오.

170 A와 B 사이에는 인력이 작용한다. ─── ( )

171 B와 C 사이에는 척력이 작용한다. ─── ( )

172 C의 전하량의 크기는 Q이다. ─── ( )

173 B와 C의 전하량의 크기는 같다. ─── ( )

2 빛의 흡수와 방출

[174~177] 빈칸에 알맞은 단어를 써 넣으시오.

174 돌턴은 더 이상 쪼갤 수 없는 가장 작은 입자를 ( ) 라고 하였다.

175 톰슨은 음극선 실험을 통해, 원자를 구성하는 ( )의 존재를 알게 되었다.

176 러더퍼드의 알파입자 산란 실험을 통해 ( )의 존재를 발견하였다.

177 러더퍼드 모형으로는 원자에서 방출되는 ( )을 설명할 수 없다.

✎ 정답 및 풀이

152 중성자   153 중성자   154 질량 결손   155 동위 원소   156 감속재   157 냉각재   158 제어봉   159 원자로   160 ○   161 ○   162 ×(보존되지 않는다→보존된다)   163 ×(같다→같지 않다)   164 ×(핵융합→핵분열)   165 ○   166 ×(양(+)전하→음(−)전하)   167 ○   168 비례, 반비례   169 척력, 인력   170 ×(인력→척력)   171 ○   172 ×(Q이다→Q보다 작다.)   173 ○   174 원자   175 전자   176 원자핵   177 선 스펙트럼

그림은 두 가지 원자 모형을 나타낸 것이다.

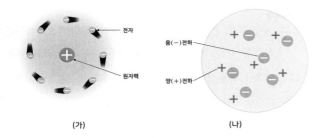

(가)   (나)

[178~179] 빈칸에 알맞은 단어를 써 넣으시오.

178 (가)는 (   )의 원자모형이다.

179 (나)는 (   )의 원자모형이다.

그림은 전자가 전이하는 과정을 나타낸 것이다.

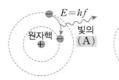

[180~181] 빈칸에 알맞은 말을 써넣으시오.

180 (A)는 (   )이다.

181 (B)는 (   )이다.

그림은 분광기를 통해 관찰된 스펙트럼이다.

[182~187] 빈칸에 알맞은 말을 써넣으시오.

182 (가)는 (   ) 스펙트럼이다.

183 (나)는 (   ) 스펙트럼이다.

184 (다)는 (   ) 스펙트럼이다.

185 선 스펙트럼은 에너지 준위가 (   )적임을 알려준다.

186 햇빛, 전등 빛, 가열된 고체에서 방출되는 빛의 파장은 (   )적이다.

187 수소, 네온, 수은 기체에 높은 전압을 걸었을 때 나타나는 스펙트럼은 (   ) 스펙트럼이다.

그림은 보어의 수소 원자 모형에서 에너지 준위의 일부를 나타낸 것이다.

[188~189] 진동수와 파장의 대소 관계를 각각 비교하시오.

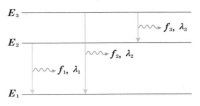

188 진동수의 대소 관계 : (   )>(   )>(   )

189 파장의 대소 관계 : (   )>(   )>(   )

[190~195] 빈칸에 알맞은 말을 써넣으시오.

190 전자가 돌 수 있는 특정한 궤도는 (   )(으)로 나타내며, n으로 표현한다.

191 전자가 존재할 수 있는 가장 낮은 에너지 준위를 안정 상태 또는 (   ) 상태라고 하며, $n=1$이 여기에 해당한다.

192 전자가 존재할 수 있는 에너지 준위로 $n=2$ 이상인 불안정한 상태를 (   ) 상태라고 한다.

193 수소 원자에 있는 전자가 $n>1$인 상태에서 $n=1$인 상태로 전이하면 (   )을/를 방출하며, 이를 라이먼 계열이라고 한다.

194 수소 원자에 있는 전자가 $n>2$인 상태에서 $n=2$인 상태로 전이하면 (   )을/를 방출하며, 이를 발머 계열이라고 한다.

195 수소 원자에 있는 전자가 $n>3$인 상태에서 $n=3$인 상태로 전이하면 (   )을/를 방출하며, 이를 파셴 계열이라고 한다.

[196~215] 다음 문장을 읽고 옳으면 ○, 옳지 않으면 × 하시오.

196 원자핵과 전자 사이에 작용하는 전기력의 크기는 $n=1$인 궤도에서 가장 작다. ┄┄┄┄┄┄ (   )

197 전자는 원자핵 주위를 특정한 궤도로 돌고 있다. ┄┄ (   )

198 전자는 에너지 준위 차이에 해당하는 에너지만을 흡수하거나 방출한다. ┄┄┄┄┄┄┄┄┄ (   )

199 수소 원자의 에너지 준위는 연속적이다. ┄┄┄┄ (   )

200 수소 원자의 에너지 준위는 양자화되어 있다. ┄┄ (   )

201 수소 원자에서 방출되는 빛의 스펙트럼은 불연속적이다. ┄┄┄┄┄┄┄┄┄┄┄┄┄┄┄┄┄ (   )

202 전자가 갖는 에너지 준위는 $n=4$에서가 $n=3$에서보다 높다.
_____ (   )

203 전자가 $n=1$인 궤도에 있을 때 전자의 에너지가 가장 크다.
_____ (   )

204 원자핵과 전자 사이에는 쿨롱 법칙을 따르는 힘이 작용한다.
_____ (   )

205 방출하는 전자기파의 진동수는 전이하는 두 에너지 준위의
차가 클수록 크다. _____ (   )

206 양자수가 작을수록 이웃한 양자수 사이의 에너지 준위 차가
작다. _____ (   )

207 전자가 낮은 궤도로 전이하면 전자의 에너지는 감소한다.
_____ (   )

208 전자가 방출하는 에너지가 큰 빛일수록 빛의 파장은 짧다.
_____ (   )

209 에너지 준위 차이가 작을수록 큰 진동수의 빛을 방출한다.
_____ (   )

210 방출하는 광자 1개의 에너지는 두 에너지 준위 차이에
해당한다. _____ (   )

211 전자는 $n=1$과 $n=2$인 궤도 사이에 존재할 수 있다. (   )

212 광자 1개의 에너지는 파장에 비례한다. _____ (   )

213 원자의 종류에 따라 에너지 준위 차이가 다르다. ___ (   )

214 수소 원자와 헬륨 원자의 선 스펙트럼은 서로 다르다.
_____ (   )

215 전자가 전이할 때 방출되는 빛을 분광기로 보면 선
스펙트럼으로 관측된다. _____ (   )

3 에너지띠

🔧 그림은 고체의 종류에 따른 전도성을 나타낸 것이다.

[216~221] 빈칸에 알맞은 말을 써넣으시오.

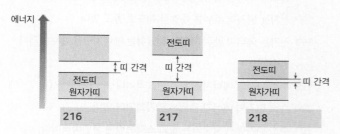

219 전자가 존재할 수 없는, 허용된 띠 사이의 간격을 (   )
(이)라고 한다.

220 원자의 가장 바깥쪽에 있는 전자가 채워져 있는 에너지띠를
(   )(이)라고 한다.

221 원자가띠의 전자가 에너지를 흡수하여 이동할 수 있는 허용된
띠로 원자가띠 바로 위에 있는 띠를 (   )(이)라고 한다.

[222~231] 다음 문장을 읽고 옳으면 ○, 옳지 않으면 × 하시오.

222 전자는 띠틈에 해당되는 에너지를 가질 수 없다. ── (   )

223 원자가띠에 있는 전자들의 에너지는 모두 다르다. ── (   )

224 원자가띠에 있는 전자가 전도띠로 이동할 때는 에너지를
방출한다. _____ (   )

225 절연체는 반도체보다 원자가띠의 전자가 전도띠로 이동하기
어렵다. _____ (   )

226 도체는 원자가띠와 전도띠 사이의 띠틈이 없다. ── (   )

227 온도가 높을수록 반도체의 양공의 수는 줄어든다. ── (   )

228 원자가띠에 있는 전자가 전도띠로 전이하면 양공이 생긴다.
_____ (   )

229 도체는 상온에서 원자 사이를 자유롭게 이동할 수 있는
전자들이 비교적 많다. _____ (   )

230 전도띠의 에너지가 원자가띠보다 높다. ──── (   )

231 전기 전도성이 좋기 위해서는 띠틈 간격이 넓어야 한다.
_____ (   )

4 반도체와 다이오드

🔧 그림은 두 종류의 다이오드를 나타낸 것이다.

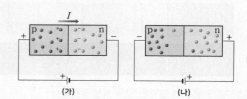

[232~233] 빈칸에 알맞은 말을 써넣으시오.

232 (가) 전압의 방향은 (   )방향, (나) 전압의 방향은
(   )방향이다.

233 (가)에서 전류는 (   ) (나)에서 전류는
(   ).

[234~238] 빈칸에 알맞은 말을 써넣으시오.

234 도체와 절연체의 중간 정도의 전기적 성질을 가진 물질을
(   )(이)라고 한다.

✏️ **정답 및 풀이**

202 ○ 203 ×(크다→작다) 204 ○ 205 ○ 206 ×(작다→크다) 207 ○ 208 ○ 209 ×(작을수록→클수록) 210 ○ 211 ×(있다→없다) 212 ×(비례→반비례) 213 ○ 214 ○ 215 ○
216 도체 217 절연체(=부도체) 218 반도체 219 띠틈 220 원자가띠 221 전도띠 222 ○ 223 ○ 224 ×(방출한다→ 흡수한다) 225 ○ 226 ○ 227 ×(줄어든다→늘어난다) 228 ○
229 ○ 230 ○ 231 ×(넓어야→좁아야) 232 순, 역 233 흐르고, 흐르지 않는다 234 반도체

235 순수한 반도체에 불순물을 첨가하여 전기적 성질을 바꾸는
    것을 ( )(이)라고 한다.

236 p형 반도체의 전하 운반체는 ( )이고, n형 반도체의
    전하 운반체는 ( )이다.

237 다이오드는 한쪽 방향으로만 전류를 흐르게 하는 ( )
    작용을 한다.

238 발광 다이오드는 전기 에너지를 ( ) 에너지로 전환한다.

[239~247] 다음 문장을 읽고 옳으면 ○, 옳지 않으면 × 하시오.

239 n형 반도체는 원자가 전자가 5개인 물질로 도핑되어 있다.
    ─────────────────────────── ( )

240 p형 반도체는 원자가 전자가 4개인 물질로 도핑되어 있다.
    ─────────────────────────── ( )

241 불순물 반도체는 순수한 반도체보다 전류가 잘 흐르지 않는다.
    ─────────────────────────── ( )

242 순방향 전압일 때, 다이오드 내에서 전자는 n형 반도체에서
    p형 반도체로 이동한다. ─────────── ( )

243 순방향 전압일 때, 전원 장치의 (+)극은 n형 반도체에
    연결한다. ───────────────────── ( )

244 발광 다이오드에 순방향 전압을 걸어주면 빛을 방출한다.
    ─────────────────────────── ( )

245 순방향 연결 시 p형 반도체에 있는 양공이 p−n 접합면 쪽으로
    이동한다. ───────────────────── ( )

246 원자가띠와 전도띠 사이의 띠틈은 파란색 LED가 빨간색
    LED보다 작다. ────────────────── ( )

247 역방향 전압이 걸려있을 때 n형 반도체의 전자는 p−n
    접합면에서 멀어지는 방향으로 이동한다. ─── ( )

2. 전자기장

1 전류에 의한 자기장

🔍 그림은 직선 전류에 의한 자기장 실험을 나타낸 것이다.

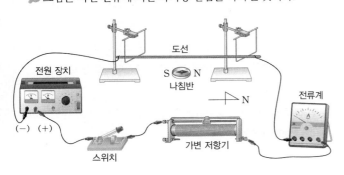

[248~251] 빈칸에 알맞은 말을 써넣으시오.

248 전류의 세기가 증가할수록 나침반 자침의 회전각은 ( )
    한다.

249 도선과 나침반 사이의 거리가 ( )할수록 나침반 자침의
    회전각은 감소한다.

250 전류의 방향이 바뀌면 나침반 자침의 회전 방향은
    ( ).

251 나침반을 도선 위에 설치하면 나침반 자침의 회전 방향은
    ( ).

[252~257] 다음 문장을 읽고 옳으면 ○, 옳지 않으면 × 하시오.

252 직선 전류에 의한 자기장의 세기는 전류의 세기에 비례한다.
    ─────────────────────────── ( )

253 직선 전류에 의한 자기장의 세기는 도선으로부터의 수직
    거리에 비례한다. ─────────────── ( )

254 평행하게 놓인 두 직선 도선에 동일한 방향으로 전류가 흐르면
    두 도선 사이에 자기장이 0인 곳이 존재한다. ── ( )

255 원형 전류에 의한 자기장의 세기는 전류에 비례하고 반지름에
    반비례한다. ──────────────────── ( )

256 원형 전류의 방향을 반대로 바꾸면 원형 도선의 중심에서
    자기장의 방향이 바뀐다. ───────────── ( )

257 코일에 흐르는 전류에 의한 자기장의 세기는 전류에 비례하고
    단위 길이당 감은 수에 반비례한다. ─────── ( )

2 물질의 자성

🔍 그림은 자성체의 종류에 따라 각각에 외부 자기장을 걸어주고
없앴을 때 물질 내부 원자 자석의 배열을 나타낸 것이다.

[258~260] 빈칸에 알맞은 말을 써넣으시오.

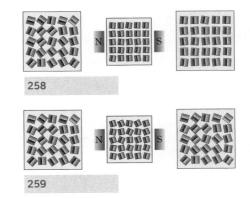

258

259

260

[261~264] 빈칸에 알맞은 말을 써넣으시오.

261 강자성체는 외부 자기장과 ( ) 방향으로 자화된다.

262 상자성체는 외부 자기장과 ( ) 방향으로 자화된다.

263 반자성체는 외부 자기장과 ( ) 방향으로 자화된다.

264 초전도체는 임계 온도 이하에서 자석을 강하게 밀어내는데, 이를 ( ) 효과라고 한다.

[265~270] 다음 문장을 읽고 옳으면 ○, 옳지 않으면 × 하시오.

265 전자의 궤도 운동과 스핀 때문에 자성이 나타난다. ─ ( )

266 강자성체는 외부 자기장을 제거해도 자성이 오랫동안 유지된다. ─────────── ( )

267 반자성체를 자석에 가까이하면 서로 잡아당기는 방향으로 자기력이 작용한다. ───────── ( )

268 상자성체는 외부 자기장이 사라지면 자성이 즉시 사라진다.

( )

269 초전도체는 임계 온도 이하에서 강자성체가 된다. ─ ( )

270 초전도체는 임계 온도 이상에서만 전기 저항이 0이 된다.

( )

[271~275] 다음 문장을 읽고 옳으면 ○, 옳지 않으면 × 하시오.

271 하드 디스크에 연결된 전원을 꺼도 저장된 정보가 사라지지 않는다. ──────────── ( )

272 하드 디스크 헤드의 코일에 흐르는 전류의 방향을 바꾸면 정보 저장 물질의 자기화 방향이 바뀐다. ─── ( )

273 플래터의 정보 저장 물질은 반자성체이다. ── ( )

274 플래터에 정보가 기록될 때 하드 디스크 헤드의 코일에 흐르는 전류의 방향은 일정하다. ──────── ( )

275 플래터에 기록되는 정보는 디지털 정보이다. ── ( )

[276~277] 빈칸에 알맞은 단어를 써넣으시오.

276 하드 디스크는 ( )적 성질을 이용하여 정보를 저장한다.

277 하드 디스크의 정보를 재생할 때는 ( )현상을 이용한다.

3 전자기 유도

그림은 코일 근처에서 자석이 접근할 때와 멀어질 때를 나타낸 것이다.

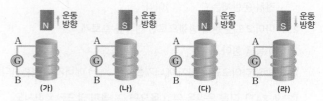

[278~289] 빈칸에 알맞은 말을 써넣으시오.

	(가)	(나)	(다)	(라)
유도 전류의 방향 (A→Ⓖ→B, B→Ⓖ→A)	278	279	280	281
자석과 코일 사이에 작용하는 힘 (인력, 척력)	282	283	284	285
코일 위쪽에 형성되는 극 (N극, S극)	286	287	288	289

그림은 종이면에 수직으로 나오는 균일한 자기장 영역에서 정사각형 도선이 일정한 속력 v로 움직이는 것을 나타낸 것이다.

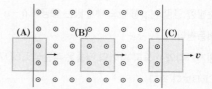

[290~292] 빈칸에 알맞은 말을 써넣으시오.

290 (A)에서 유도 전류의 방향은 ( )방향이다.

291 (B)에서 유도 전류의 세기는 ( )이다.

292 (C)에서 유도 전류의 방향은 ( )방향이다.

[293~301] 다음 문장을 읽고 옳으면 ○, 옳지 않으면 × 하시오.

293 코일에 N극을 가까이하면 자속이 증가한다. ── ( )

294 코일에 S극을 멀리하면 자속이 증가한다. ──── ( )

295 감은 수가 많은 코일에 자석을 접근시킬 때 유도 전류의 세기가 감은 수가 적은 코일에 자석을 접근시킬 때의 유도 전류의 세기보다 크다. ──────── ( )

296 코일 근처에서 움직이는 자석의 속도가 빠를수록 유도 전류의 세기가 커진다. ──────── ( )

✎ **정답 및 풀이**

260 반자성체 261 같은 262 같은 263 반대 264 마이스너 265 ○ 266 ○ 267 ×(잡아당기는→밀어내는) 268 ○ 269 ×(강자성체→반자성체) 270 ×(이상→이하) 271 ○ 272 ○ 273 × (반자성체→강자성체) 274 × (일정하다 → 바뀐다) 275 ○ 276 자기 277 전자기 유도 278 B→Ⓖ→A 279 A→Ⓖ→B 280 A→Ⓖ→B 281 B→Ⓖ→A 282 인력 283 인력 284 척력 285 척력 286 S극 287 N극 288 N극 289 S극 290 시계 291 0 292 반시계 293 ○ 294 ×(증가한다→감소한다) 295 ○ 296 ○

297 자석을 여러 개 가지고 움직이면 자석이 1개일 때보다 유도 전류의 세기가 커진다. ────────── (　　)

298 자석의 방향을 바꾸어 코일에 접근시키면 유도 전류의 세기가 커진다. ────────── (　　)

299 동일한 자석이 동일한 길이의 플라스틱 관과 구리 관에서 낙하할 때 관을 통과하는 시간이 더 긴 것은 플라스틱 관이다. ────────── (　　)

300 원형 고리를 자석이 통과할 때 원형 고리 중앙에 발생하는 유도 자기장은 자석의 운동을 방해한다. ────────── (　　)

301 낙하하는 자석이 원형 고리에 접근할 때와 통과하고 나갈 때 원형 고리가 자석에 작용하는 힘의 방향은 서로 반대 방향이다. ────────── (　　)

🔍 그림은 소리가 마이크와 증폭기를 거쳐 스피커에서 재생되는 과정이다.

2014. 09 #01

[302~304] 다음 문장을 읽고 옳으면 ○, 옳지 않으면 × 하시오.

302 마이크의 진동판은 공기의 진동에 의해 진동한다. ───── (　　)

303 마이크에서는 패러데이 전자기 유도 법칙을 이용하여 소리를 전기 신호로 전환한다. ────────── (　　)

304 스피커에서는 전기 신호가 소리로 전환된다. ───── (　　)

Ⅲ 파동과 정보통신

1. 파동

① 파동의 성질

🔍 그림 (가)와 (나)는 파동을 발생 방법에 따라 나타낸 것이다.

(가)　　　　　(나)

[305~309] 빈칸에 알맞은 말을 써넣으시오.

305 (가)는 (　　　　)이다.

306 (나)는 (　　　　)이다.

307 전자기파, 지진파의 S파가 속한 파동의 형태는 (가), (나) 중 (　　　　)이다.

308 음파, 지진파의 P파가 속한 파동의 형태는 (가), (나) 중 (　　　　)이다.

309 (가)에서 매질의 밀도가 높은 이웃한 지점 사이의 거리는 파동의 (　　　　)이다.

[310~316] 빈칸에 알맞은 말을 써넣으시오.

310 파동은 공간이나 물질의 한 부분에서 발생한 (　　　　)이/가 주위로 퍼져 나가는 현상이다.

311 파동이 전파될 때 (　　　　)은/는 제자리에서 진동만 할 뿐 이동하지 않고 (　　　　)만 전달된다.

312 매질의 한 점이 1초 동안 진동하는 횟수를 (　　　　) (이)라고 한다.

313 주기(T)와 진동수(f)의 관계를 나타내는 식은 (　　　　) 이다.

314 파동의 속력(v)을 나타내는 식은 (　　　　)이다.

315 진동수가 같을 때 (　　　　)이/가 크면 큰 소리이다.

316 진동수가 (　　　　)수록 고음이 된다.

🔍 그림 (가)는 변위－위치 그래프이고, (나)는 변위－시간 그래프이다.

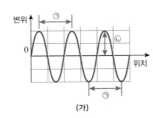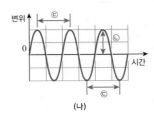

(가)　　　　　(나)

[317~322] 빈칸에 알맞은 말을 써넣으시오.

317 ㉠은 (　　　　)이다.

318 ㉡은 (　　　　)이다.

319 ㉢은 (　　　　)이다.

320 파동의 진동수는 (가), (나) 중 (　　　　)에서 알 수 있다.

321 파동의 개형을 나타내는 그래프는 (가), (나) 중 (　　　　)이다.

322 파동의 속력을 ㉠, ㉡, ㉢으로 표현하면 (　　　　)이다.

✏️ **정답 및 풀이**

297 ○　298 ×(세기가 커진다→세기는 변함 없다)　299 ×(플라스틱 관→구리 관)　300 ○　301 ×(서로 반대→동일한)　302 ○　303 ○　304 ○　305 종파　306 횡파　307 (나)　308 (가)
309 파장　310 진동　311 매질, 에너지　312 진동수(또는 주파수)　313 $T=\dfrac{1}{f}$　314 $v=\dfrac{\lambda}{T}=f\lambda$　315 진폭　316 클　317 파장　318 진폭　319 주기　320 (나)　321 (가)　322 $\dfrac{㉠}{㉢}$

[323~333] 다음 문장을 읽고 옳으면 ○, 옳지 않으면 × 하시오.

323 전자기파는 매질을 통해 전달된다. ─────── (   )

324 주기와 진동수는 매질에 따라 달라진다. ──── (   )

325 매질의 상태에 따른 소리의 속력은 고체＞액체＞기체 순이다.
       (   )

326 기체의 온도가 높을수록 소리의 속력은 빨라진다. ─ (   )

327 소리가 반사될 때 입사각과 반사각의 크기는 항상 같다.
       (   )

328 소리가 반사될 때 입사파와 반사파의 속력, 파장, 진동수는
    서로 동일하다. ─────────────── (   )

329 소리가 굴절되는 것은 매질에 따라 소리의 진폭이 달라지기
    때문이다. ─────────────────── (   )

330 소리가 굴절되는 과정에서 진동수가 변한다. ─── (   )

331 같은 매질이더라도 파동의 속력이 달라지면 굴절이 일어난다.
       (   )

332 초음파는 진동수가 20~20,000Hz인, 사람이 들을 수 있는
    소리를 말한다. ─────────────── (   )

333 초음파는 종파이다. ────────────── (   )

[334~336] 다음은 소리가 전파될 때 일어난 현상들이다. 빈칸에 알맞은 단어를 써넣으시오.

> (가) 산에서 큰 소리를 냈더니 메아리가 들렸다.
> (나) 낮에 소리의 진행 방향이 위쪽으로 휘어졌다.

334 (가)의 성질은 소리의 (   )이다.

335 (나)의 성질은 소리의 (   )이다.

336 박쥐나 돌고래는 (가), (나) 중 (   )의 원리를
    이용한다.

그림은 초음파의 이용을 나타낸 것이다.

| 자동차 후방 센서 | 태아 검진 장치 | 어군 탐지기 |

2017. 06 #01

[337~340] 초음파의 어떤 성질을 이용한 것인지 빈칸에 알맞은 말을 써넣으시오.

337 초음파 사진은 초음파의 (   )을/를 이용한 것이다.

338 어군 탐지기는 초음파의 (   )을/를 이용한 것이다.

339 자동차 후방 센서는 초음파의 (   )을/를 이용한
    것이다.

340 초음파 세척기는 초음파의 (   )을/를 이용한
    것이다.

2 전반사와 광통신

그림은 광섬유의 구조를 나타낸 것이다.

완충층
A   B   1차 코팅   2차 코팅

2013. 07 #18

[341~342] 빈칸에 알맞은 말을 써넣으시오.

341 A는 (   )이다.

342 B는 (   )이다.

[343~354] 다음 문장을 읽고 옳으면 ○, 옳지 않으면 × 하시오.

343 코어의 굴절률이 클래딩의 굴절률보다 크다. ─── (   )

344 클래딩에서 코어로 단색광을 입사시키면 전반사가 일어나지
    않는다. ─────────────────── (   )

345 광섬유는 전반사 현상을 이용하여 빛을 멀리까지 전송시킬 수
    있는 가느다란 선이다. ──────────── (   )

346 빛은 클래딩과 1차 코팅의 경계면에서 전반사하며 진행한다.
       (   )

347 코어와 클래딩의 굴절률 차이가 클수록 전반사가 더 잘 된다.
       (   )

348 전반사가 일어날 때 반사각은 입사각보다 크다. ── (   )

349 빛은 굴절률이 큰 매질에서 진행 속력이 느리다. ── (   )

350 빛이 전반사하려면 굴절률이 큰 매질에서 작은 매질로
    진행해야 한다. ─────────────── (   )

351 빛이 전반사하려면 입사각이 임계각보다 작아야 한다.
       (   )

352 전반사가 일어나면 입사한 빛의 세기는 반사한 빛의 세기와
    같다. ─────────────────── (   )

353 공기에서 물로 빛이 입사할 때 전반사할 수 있다. ── (   )

354 입사각보다 굴절각이 클 때 전반사가 일어날 수 있다.
       (   )

✎ **정답 및 풀이**

323 ×(매질 없이 전달됨)   324 ×(매질→파원)   325 ○   326 ○   327 ○   328 ○   329 ×(진폭→속력)   330 ×(변한다→변하지 않는다)   331 ○   332 ×(20~20,000Hz, 있는→20,000Hz 이상, 없는)   333 ○   334 반사   335 굴절   336 (가)   337 반사   338 반사   339 반사   340 진동 에너지   341 코어   342 클래딩   343 ○   344 ○   345 ○   346 ×(1차 코팅→코어)   347 ○   348 ×(보다 크다→과 같다)   349 ○   350 ○   351 ×(작아야→커야)   352 ○   353 ×(있다→없다)   354 ○

3 전자기파와 파동의 간섭

🔍 그림은 전자기파 스펙트럼을 파장에 따라 나타낸 것이다.

[355~359] 빈칸에 알맞은 말을 써넣으시오.

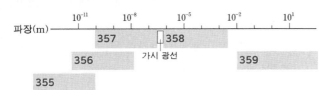

物Ⅱ 2011. 수능 #14

[360~370] 다음 문장을 읽고 옳으면 ○, 옳지 않으면 × 하시오.

360 전자기파는 전기장과 자기장이 진동하면서 전파된다.
( )

361 전자기파의 진행 방향은 전기장과 자기장의 진동 방향과 나란하다. ( )

362 전자기파는 매질이 없을 때 전파되지 않는다. ( )

363 전자기파는 횡파이다. ( )

364 전자기파는 파장이 길수록 투과성이 뛰어나다. ( )

365 전자레인지, 레이더에 사용되는 전자기파는 마이크로파이다.
( )

366 야간 투시경, TV 리모컨, 열화상 카메라, 귀 체온계에 사용되는 전자기파는 자외선이다. ( )

367 공항 수하물 검색, 인체의 흉부를 촬영하거나 뼈의 영상을 얻는 등의 의료 진단에 사용되는 전자기파는 X선이다.
( )

368 살균 작용을 하고 식기세척기에 사용되는 전자기파는 적외선이다. ( )

369 가시광선은 적외선보다 진동수가 작다. ( )

370 물속에서 전자기파의 속력은 진공 중에서보다 작다. ( )

🔍 그림 (가)와 (나)는 파동 A와 파동 B가 중첩되는 모습을 나타낸 것이다.

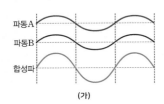 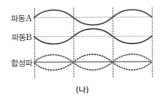

[371~375] 빈칸에 알맞은 단어를 써넣으시오.

371 둘 이상의 파동이 만나면 합성파의 변위는 각 파동의 변위의 합과 같다는 것을 ( )원리라고 한다.

372 중첩 후, 각각의 파동이 중첩되기 전의 파동의 특성을 그대로 유지한 상태로 진행하는 것을 파동의 ( )(이)라고 한다.

373 (가)는 ( )간섭이다.

374 (나)는 ( )간섭이다.

375 소음을 제거할 때는 (가), (나) 중 ( )를 이용한다.

2. 빛과 물질의 이중성

1 빛의 이중성

🔍 그림은 진동수가 f인 빛을 금속판에 비추었을 때 금속판에서 광전 효과가 일어나는 장면이다.

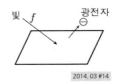

2014. 03 #14

[376~384] 다음 문장을 읽고 옳으면 ○, 옳지 않으면 × 하시오.

376 광전 효과는 빛의 파동성의 증거이다. ( )

377 아인슈타인의 광양자설은 빛이 광자라 불리는 연속적인 에너지 입자의 흐름이라는 것을 말한다. ( )

378 광자의 에너지는 빛의 진동수에 비례하고 파장에 반비례한다.
( )

379 빛의 진동수가 문턱 진동수보다 클 때 광전 효과가 나타난다.
( )

380 문턱 진동수보다 작은 진동수의 빛의 세기를 증가시켜 비추면 광전자가 방출된다. ( )

381 광전 효과에 의해 전자가 방출될 때 비추는 빛의 세기가 셀수록 방출되는 전자의 개수가 증가한다. ( )

382 빛의 세기가 커지면 광자의 에너지가 증가한다. ( )

383 빛의 세기가 커지면 광전자의 최대 운동 에너지가 증가한다.
( )

384 광다이오드는 빛에너지를 전기 에너지로 전환시킨다.
( )

그림은 금속판 A, B에 각각 단색광을 비출 때, 단색광의 진동수에 따른 광전자의 최대 운동 에너지를 나타낸 것이다.

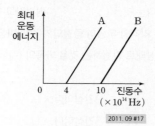

2011. 09 #17

[385~388] 빈칸에 알맞은 말을 써넣으시오.

385 광전 효과는 금속 표면에 진동수가 큰 빛을 비추었을 때 금속 표면에서 (　　　　)이/가 방출되는 현상이다.

386 방출되는 광전자의 최대 운동 에너지는 빛의 세기에 무관하고, 빛의 (　　　　)이/가 클수록 크다.

387 같은 빛을 비출 때 A, B에서 모두 광전자가 나왔다면, 광전자의 최대 운동 에너지가 더 큰 것은 (　　　　)에서 나온 광전자이다.

388 금속판의 일함수는 A, B 중 (　　　　)가 더 크다.

[389~391] 다음 문장을 읽고 옳으면 ○, 옳지 않으면 × 하시오.

389 B의 문턱 진동수를 갖는 빛을 A에 비출 경우, A에서는 광전자가 방출된다. ──────────── (　　　)

390 적외선을 A에 비추었을 때 광전자가 방출되지 않았다면, B에 비추어도 방출되지 않는다. ──────── (　　　)

391 같은 빛을 같은 세기로 비출 때 A, B에서 모두 광전자가 나왔다면, A에서 나온 광전자 수는 B에서 나온 광전자 수보다 많다. ──────────── (　　　)

그림 (가)는 광전 효과 실험 장치에서 다른 조건은 동일하게 하고, 진동수나 세기가 다른 단색광 A, B, C 각각을 금속판에 비추며 전압에 따른 광전류를 측정하는 것을 나타낸 것이다. 그림 (나)는 (가)의 실험 결과를 나타낸 것이다.

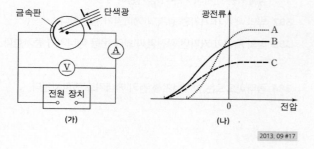

2013. 09 #17

[392~396] 빈칸에 알맞은 단어를 써넣으시오.

392 정지전압은 광전류의 값이 (　　　　)이 될 때 전압계에 측정되는 전압이다.

393 금속판에서 방출되는 광전자의 최대 운동 에너지는 A를 비출 때가 B를 비출 때보다 (　　　　).

394 단색광의 진동수는 A가 C보다 (　　　　).

395 단색광의 세기는 B가 C보다 (　　　　).

396 단색광 B와 C의 진동수는 (　　　　).

2 물질의 이중성

그림은 입자 가속 장치에 의해 방출된 전자선이 얇은 금속박을 통과하여 스크린에 원형의 회절 무늬를 만드는 모습을 나타낸 것이다.

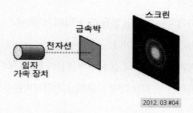

2012. 03 #04

[397~402] 다음 문장을 읽고 옳으면 ○, 옳지 않으면 × 하시오.

397 이 실험으로 전자의 파동성을 알 수 있다. ───── (　　　)

398 전자의 속력을 증가시키면, 전자의 물질파 파장도 증가한다. ──────────── (　　　)

399 전자의 속력을 증가시키면 회절 무늬의 간격이 좁아진다. ──────────── (　　　)

400 전자의 운동 에너지가 증가하면 전자의 물질파 파장은 감소한다. ──────────── (　　　)

401 전자의 운동량을 증가시키면 회절 무늬의 간격이 좁아진다. ──────────── (　　　)

402 전자보다 질량이 큰 입자를 같은 속력으로 방출시키면 회절 무늬의 간격이 좁아진다. ──────── (　　　)

✎ 정답 및 풀이

385 전자　386 진동수　387 A　388 B　389 ○　390 ○　391 ×(수보다 많다→수와 비슷하다)　392 0　393 작다　394 작다　395 크다　396 같다　397 ○　398 ×(파장도 증가한다→파장은 감소한다)　399 ○　400 ○　401 ○　402 ○

그림 (가), (나)는 두 종류의 현미경으로 모기를 관찰한 모습을 나타낸 것이다.

가시광선을 이용하는
광학 현미경으로 본 모기
(가)

전자를 이용하는
전자 현미경으로 본 모기 눈
(나)

2010. 03 #19

[403~405] 빈칸에 알맞은 단어를 써넣으시오

403 전자 현미경은 운동하는 전자의 ( )을 이용한 현미경이다.

404 전자 현미경에서 전자의 운동량을 더 ( ) 하면 더 작은 물체까지 볼 수 있다.

405 전자 현미경과 광학 현미경 중, 더 높은 배율로 볼 수 있는 현미경은 ( )이다.

✎ 정답 및 풀이
403 파동성 404 크게 405 전자 현미경

4주 28일 완성 학습계획표

● 마더텅 수능기출문제집을 100% 활용할 수 있도록 도와주는 학습계획표입니다. 계획표를 활용하여 학습 일정을 계획하고 자신의 성적을 체크해 보세요.
  꼭 4주 완성을 목표로 하지 않더라도, 스스로 학습 현황을 체크하면서 공부하는 습관은 문제집을 끝까지 푸는 데 도움을 줍니다.

● 날짜별로 정해진 분량에 맞춰 공부하고 학습 결과를 기록합니다.

● 계획은 도중에 틀어질 수 있습니다. 하지만 계획을 세우고 지키는 과정은 그 자체로 효율적인 학습에 큰 도움이 됩니다.
  학습 중 계획이 변경될 경우에 대비해 마더텅 홈페이지에서 학습계획표 PDF 파일을 제공하고 있습니다.

주차	Day	학습 내용		성취도				
				100%	99~75%	74~50%	49~25%	24~0%
1주차	1일차	Ⅰ. 역학과 에너지	p.004 ~ p.017					
	2일차		p.018 ~ p.023					
	3일차		p.024 ~ p.035					
	4일차		p.036 ~ p.043					
	5일차		p.044 ~ p.053					
	6일차		p.054 ~ p.063					
	7일차		p.064 ~ p.073					
2주차	8일차		p.074 ~ p.080					
	9일차		p.081 ~ p.091					
	10일차		p.092 ~ p.097					
	11일차		p.098 ~ p.105					
	12일차		p.106 ~ p.112					
	13일차		p.113 ~ p.124					
	14일차		p.125 ~ p.133					
3주차	15일차	Ⅱ. 물질과 전자기장	p.134 ~ p.148					
	16일차		p.149 ~ p.153					
	17일차		p.154 ~ p.165					
	18일차		p.166 ~ p.173					
	19일차		p.174 ~ p.179					
	20일차		p.180 ~ p.189					
	21일차		p.190 ~ p.199					
4주차	22일차	Ⅲ. 파동과 정보통신	p.200 ~ p.207					
	23일차		p.208 ~ p.217					
	24일차		p.218 ~ p.232					
	25일차		p.233 ~ p.243					
	26일차		p.244 ~ p.254					
	27일차		p.255 ~ p.262					
	28일차		p.263 ~ p.273					

Ⅰ. 역학과 에너지

1. 힘과 운동

01 물체의 운동

1	①	2	④	3	④	4	④	5	④
6	③	7	②	8	③	9	⑤	10	①
11	③	12	②	13	①	14	①	15	②
16	④	17	①	18	④	19	⑤	20	①
21	①	22	②	23	②	24	①	25	②
26	②	27	④	28	④	29	①	30	③
31	④	32	④	33	⑤	34	②	35	④
36	④	37	②	38	②	39	④	40	④
41	②	42	③	43	⑤	44	③	45	②
46	④	47	④	48	④	49	③	50	①
51	②	52	④	53	④	54	④	55	②
56	③	57	②	58	④				

02 뉴턴 운동 법칙

1	④	2	②	3	②	4	①	5	②
6	②	7	⑤	8	②	9	④	10	②
11	②	12	③	13	④	14	④	15	③
16	④	17	①	18	④	19	⑤	20	①
21	⑤	22	②	23	③	24	②	25	④
26	④	27	①	28	④	29	②	30	⑤
31	③	32	②	33	③	34	③	35	⑤
36	②	37	⑤	38	④	39	③	40	②
41	②	42	⑤	43	⑤	44	②	45	①
46	⑤	47	②	48	②	49	①	50	③
51	⑤	52	④	53	④	54	④	55	④
56	⑤	57	④	58	①	59	④	60	②
61	⑤	62	②	63	②	64	①	65	⑤
66	①	67	②	68	⑤	69	③	70	①
71	①	72	③						

03 운동량 보존 법칙과 여러 가지 충돌

1	②	2	⑤	3	⑤	4	⑤	5	⑤
6	③	7	③	8	③	9	⑤	10	④
11	②	12	⑤	13	③	14	⑤	15	④
16	③	17	⑤	18	⑤	19	④	20	③
21	⑤	22	④	23	③	24	④	25	②
26	④	27	③	28	②	29	③	30	①
31	②	32	⑤	33	②	34	④	35	①
36	⑤	37	③	38	④	39	②	40	③
41	①	42	①	43	③	44	④	45	③
46	④	47	⑤	48	③	49	⑤	50	②
51	②	52	②	53	④	54	⑤	55	⑤
56	③	57	④	58	①	59	④	60	②
61	①	62	②	63	③	64	①	65	④
66	③								

2. 에너지와 열

01 일과 에너지

1	③	2	②	3	③	4	③	5	⑤
6	④	7	④	8	⑤	9	②	10	①
11	④	12	⑤	13	④	14	②	15	④
16	④	17	③	18	①	19	①	20	①
21	④	22	②	23	②	24	④	25	②
26	②	27	③	28	③	29	④	30	③
31	④	32	⑤	33	②	34	④	35	④
36	③	37	③	38	④	39	③	40	①
41	①	42	③	43	①	44	⑤	45	②
46	①	47	①	48	⑤	49	②	50	④
51	⑤	52	②						

02 열역학 법칙

1	⑤	2	⑤	3	⑤	4	④	5	④
6	②	7	①	8	①	9	③	10	②
11	②	12	③	13	⑤	14	③	15	①
16	③	17	⑤	18	②	19	⑤	20	⑤
21	④	22	②	23	④	24	⑤	25	⑤
26	④	27	③	28	⑤	29	②	30	②
31	④	32	①	33	④	34	③	35	③
36	④	37	④	38	①	39	④	40	①
41	②	42	④	43	⑤	44	⑤	45	④
46	④	47	⑤	48	④	49	⑤	50	②
51	④	52	②	53	①	54	③	55	⑤
56	⑤	57	①	58	③	59	⑤		

3. 특수 상대성 이론

01 특수 상대성 이론

1	④	2	④	3	⑤	4	⑤	5	④
6	②	7	③	8	④	9	①	10	⑤
11	②	12	②	13	④	14	②	15	①
16	②	17	④	18	②	19	⑤	20	⑤
21	②	22	⑤	23	④	24	⑤	25	①
26	③	27	②	28	②	29	③	30	③
31	②	32	③	33	⑤	34	③	35	④
36	⑤	37	②	38	②	39	①	40	④
41	④	42	③	43	④	44	⑤	45	⑤
46	④	47	④	48	④				

02 질량과 에너지

1	⑤	2	③	3	①	4	④	5	①
6	③	7	⑤	8	①	9	③	10	④
11	②	12	④	13	③	14	⑤	15	③
16	④	17	⑤	18	④	19	④	20	②
21	③	22	④	23	⑤	24	④	25	①
26	③	27	①	28	⑤	29	⑤	30	②
31	⑤	32	①	33	③	34	⑤	35	④
36	④	37	⑤						

Ⅱ. 물질과 전자기장

1. 물질의 구조와 성질

01 전기력

1	③	2	⑤	3	①	4	④	5	⑤
6	③	7	⑤	8	⑤	9	④	10	①
11	③	12	⑤	13	③	14	①	15	④
16	③	17	②	18	③	19	⑤	20	⑤
21	②	22	②	23	③	24	③	25	①
26	①	27	②	28	①	29	①	30	①
31	①								

02 빛의 흡수와 방출

1	⑤	2	④	3	④	4	⑤	5	①
6	①	7	③	8	①	9	⑤	10	①
11	④	12	②	13	④	14	①	15	⑤
16	①	17	①	18	②	19	①	20	②
21	③	22	③	23	②	24	④	25	⑤
26	①	27	①	28	⑤	29	①	30	③
31	①	32	⑤	33	①	34	②	35	①
36	①	37	⑤	38	②	39	①	40	②
41	②	42	④	43	⑤	44	①		

03 에너지띠

1	②	2	⑤	3	③	4	②	5	①
6	①	7	②	8	②	9	①	10	⑤
11	⑤	12	④	13	③	14	②	15	③

04 반도체와 다이오드

1	③	2	②	3	②	4	③	5	④
6	③	7	③	8	⑤	9	②	10	①
11	③	12	②	13	③	14	④	15	①
16	⑤	17	①	18	①	19	①	20	⑤
21	①	22	①	23	④	24	①	25	④
26	⑤	27	③	28	①	29	③	30	③
31	①								

2. 전자기장

01 전류에 의한 자기장

1	③	2	③	3	③	4	⑤	5	④
6	⑤	7	②	8	⑤	9	①	10	②
11	②	12	①	13	⑤	14	⑤	15	③
16	①	17	⑤	18	②	19	③	20	③
21	③	22	④	23	①	24	⑤	25	③
26	⑤	27	⑤	28	①	29	④	30	⑤
31	⑤	32	②	33	①	34	③	35	③
36	⑤	37	①	38	⑤	39	②	40	④
41	③	42	②	43	④	44	⑤	45	③
46	⑤								

정답표

02 물질의 자성

1 ③	2 ⑤	3 ②	4 ②	5 ①
6 ①	7 ②	8 ①	9 ①	10 ④
11 ①	12 ⑤	13 ③	14 ⑤	15 ②
16 ④	17 ②	18 ①	19 ④	20 ①
21 ④	22 ①	23 ④	24 ④	25 ①
26 ①	27 ⑤	28 ①	29 ①	30 ①
31 ④	32 ⑤	33 ③	34 ①	35 ⑤
36 ③				

03 전자기 유도

1 ③	2 ④	3 ③	4 ③	5 ⑤
6 ③	7 ②	8 ④	9 ①	10 ③
11 ②	12 ⑤	13 ①	14 ④	15 ①
16 ⑤	17 ①	18 ②	19 ①	20 ④
21 ④	22 ①	23 ④	24 ⑤	25 ④
26 ②	27 ①	28 ②	29 ①	30 ⑤
31 ④	32 ③	33 ③	34 ④	35 ⑤
36 ⑤	37 ①	38 ③	39 ③	40 ①
41 ⑤	42 ③	43 ①	44 ②	45 ②
46 ⑤	47 ⑤	48 ⑤	49 ③	50 ②
51 ⑤				

III. 파동과 정보통신
1. 파동
01 파동의 성질

1 ④	2 ②	3 ④	4 ④	5 ①
6 ⑤	7 ③	8 ①	9 ②	10 ④
11 ①	12 ②	13 ②	14 ⑤	15 ⑤
16 ①	17 ①	18 ④	19 ④	20 ④
21 ④	22 ②	23 ④	24 ④	25 ②
26 ②	27 ③	28 ④	29 ③	30 ②
31 ③	32 ⑤			

02 전반사와 광통신

1 ②	2 ④	3 ①	4 ⑤	5 ②
6 ④	7 ③	8 ②	9 ④	10 ③
11 ①	12 ②	13 ④	14 ③	15 ②
16 ④	17 ②	18 ②	19 ②	20 ①
21 ⑤	22 ①	23 ②	24 ③	25 ⑤
26 ②	27 ①	28 ⑤	29 ⑤	30 ①
31 ③	32 ⑤	33 ④	34 ⑤	35 ②
36 ①	37 ②	38 ⑤	39 ①	40 ①
41 ④	42 ④	43 ④	44 ③	45 ⑤
46 ①	47 ①	48 ③		

03 전자기파와 파동의 간섭

1 ⑤	2 ③	3 ⑤	4 ④	5 ①
6 ①	7 ④	8 ④	9 ④	10 ②

11 ③	12 ③	13 ④	14 ①	15 ③
16 ④	17 ④	18 ④	19 ③	20 ②
21 ②	22 ⑤	23 ④	24 ①	25 ④
26 ②	27 ③	28 ②	29 ④	30 ①
31 ③	32 ①	33 ③	34 ②	35 ④
36 ④	37 ③	38 ③	39 ④	40 ④
41 ④	42 ⑤	43 ②	44 ④	45 ①
46 ②	47 ③	48 ①	49 ③	50 ⑤
51 ④	52 ④	53 ②	54 ④	55 ⑤
56 ②	57 ①	58 ②	59 ①	60 ⑤
61 ⑤	62 ①	63 ①	64 ①	65 ①
66 ①	67 ③	68 ①	69 ④	70 ④
71 ③	72 ②	73 ④	74 ①	75 ⑤
76 ③	77 ④	78 ②	79	

2. 빛과 물질의 이중성
01 빛의 이중성

1 ①	2 ①	3 ④	4 ①	5 ⑤
6 ③	7 ①	8 ③	9 ①	10 ③
11 ①	12 ②	13 ①	14 ③	15 ④
16 ②	17 ④	18 ②	19 ③	20 ①
21 ③	22 ⑤	23 ①		

02 물질의 이중성

1 ④	2 ⑤	3 ⑤	4 ①	5 ③
6 ④	7 ④	8 ④	9 ②	10 ①
11 ③	12 ①	13 ②	14 ⑤	15 ②
16 ③	17 ③	18 ②	19 ③	20 ⑤
21 ④	22 ③	23 ⑤	24 ①	25 ②
26 ②	27 ⑤	28 ②	29 ⑤	30 ②
31 ③	32 ②	33 ①	34 ②	35 ④
36 ③				

2023학년도 6월 고3 모의평가

1 ⑤	2 ①	3 ④	4 ③	5 ②
6 ④	7 ②	8 ④	9 ③	10 ①
11 ②	12 ⑤	13 ④	14 ③	15 ①
16 ⑤	17 ③	18 ⑤	19 ④	20 ①

2023학년도 9월 고3 모의평가

1 ②	2 ②	3 ③	4 ①	5 ④
6 ③	7 ①	8 ②	9 ⑤	10 ③
11 ⑤	12 ①	13 ③	14 ②	15 ⑤
16 ④	17 ①	18 ③	19 ④	20 ⑤

2023학년도 대학수학능력시험

1 ④	2 ⑤	3 ③	4 ②	5 ④
6 ⑤	7 ①	8 ④	9 ③	10 ③
11 ④	12 ①	13 ⑤	14 ④	15 ①
16 ⑤	17 ①	18 ④	19 ③	20 ①

2024학년도 6월 고3 모의평가

1 ②	2 ⑤	3 ①	4 ④	5 ②
6 ⑤	7 ④	8 ②	9 ⑤	10 ⑤
11 ①	12 ⑤	13 ①	14 ①	15 ⑤
16 ②	17 ①	18 ②	19 ④	20 ②

2024학년도 9월 고3 모의평가

1 ②	2 ①	3 ④	4 ③	5 ①
6 ②	7 ②	8 ③	9 ④	10 ⑤
11 ①	12 ⑤	13 ⑤	14 ③	15 ④
16 ②	17 ②	18 ②	19 ③	20 ④

2024학년도 대학수학능력시험

1 ④	2 ②	3 ①	4 ①	5 ④
6 ②	7 ③	8 ③	9 ⑤	10 ①
11 ④	12 ①	13 ⑤	14 ①	15 ⑤
16 ⑤	17 ①	18 ④	19 ④	20 ②

2025학년도 6월 고3 모의평가

1 ②	2 ①	3 ⑤	4 ②	5 ③
6 ④	7 ③	8 ①	9 ⑤	10 ④
11 ④	12 ①	13 ⑤	14 ①	15 ⑤
16 ④	17 ②	18 ⑤	19 ①	20 ⑤

2025학년도 9월 고3 모의평가

1 ①	2 ③	3 ⑤	4 ④	5 ②
6 ④	7 ②	8 ④	9 ③	10 ①
11 ⑤	12 ①	13 ③	14 ①	15 ⑤
16 ③	17 ①	18 ③	19 ⑤	20 ④

2025학년도 대학수학능력시험

1 ②	2 ⑤	3 ①	4 ③	5 ①
6 ④	7 ③	8 ⑤	9 ④	10 ③
11 ②	12 ①	13 ①	14 ③	15 ⑤
16 ④	17 ⑤	18 ③	19 ①	20 ②

2025 마더텅 9기
성적 우수·성적 향상 학습수기 공모전

수능 및 전국연합 학력평가 기출문제집 ▪ 까만책, ▪ 빨간책, ▫ 노란책, ▫ 파란책 등

2025년에도 마더텅 고등 교재와 함께 우수한 성적을 거두신
학습자님들께 장학금을 드립니다.

| 대상 500 만 원 | 금상 100 만 원 | 은상 50 만 원 | 동상 30 만 원 |

마더텅 고등 교재로 공부한 해당 과목 ※1인 1개 과목 이상 지원 가능하며, 여러 과목 지원 시 가산점이 부여됩니다.

아래 조건에 해당한다면 마더텅 고등 교재로 공부하면서 #느낀 점과 #공부 방법, #학업 성취, #성적 변화 등에 관한
자신만의 수기를 작성해서 마더텅으로 보내 주세요. 우수한 글을 보내 준 학습자님을 선발해 학습 수기 공모 장학금을 드립니다!
성적 우수·성적 향상 분야 동시 지원 가능합니다. (단, 선발은 하나의 분야에서 이뤄집니다.)

 성적 우수 분야
고3/N수생 수능 1등급
고1/고2 전국연합 학력평가 1등급 또는 내신 95점 이상

 성적 향상 분야
고3/N수생 수능 1등급 이상 향상
고1/고2 전국연합 학력평가 1등급 이상 향상 또는 내신 성적 10점 이상 향상
*전체 과목 중 과목별 향상 등급(혹은 점수)의 합계로 응모해 주시면 감사하겠습니다.

 마더텅 역대 장학생님들

제1기 2018년 2월 24일 총 55명	제2기 2019년 1월 18일 총 51명	제3기 2020년 1월 10일 총 150명
제4기 2021년 1월 29일 총 383명	제5기 2022년 1월 25일 총 210명	제6기 2023년 1월 20일 총 168명
제7기 2024년 1월 31일 총 270명	제8기 2025년 2월 6일 총 000명	

응모 대상 마더텅 고등 교재로 공부한 고1, 고2, 고3, N수생

마더텅 수능기출문제집, 마더텅 수능기출 모의고사, 마더텅 전국연합 학력평가 기출문제집, 마더텅 전국연합 학력평가 기출 모의고사 3개년,
마더텅 수능기출 전국연합 학력평가 20분 미니모의고사 24회, 마더텅 수능기출 20분 미니모의고사 24회, 마더텅 수능기출 고난도 미니모의고사,
마더텅 수능기출 유형별 20분 미니모의고사 24회 등 마더텅 고등 교재 중 1권 이상 신청 가능

선발 일정 접수기한 **2025년 12월 29일 월요일** 수상자 발표일 **2026년 1월 12일 월요일** 장학금 수여일 **2026년 2월 12일 목요일**

응모 방법 ① 마더텅 홈페이지 www.toptutor.co.kr
[커뮤니티 - 이벤트] 게시판에 접속
② [2025 마더텅 9기 학습수기 공모전 모집] 클릭 후
[2025 마더텅 9기 학습수기 공모전 양식]을 다운로드
③ [2025 마더텅 9기 학습수기 공모전 양식] 작성 후
mothert.marketing@gmail.com 메일 발송

2026 마더텅 수능기출문제집 시리즈

국어 영역	국어 문학, 국어 독서, 국어 언어와 매체, 국어 화법과 작문, 국어 어휘
수학 영역	수학Ⅰ, 수학Ⅱ, 확률과 통계, 미적분, 기하
영어 영역	영어 독해, 영어 어법·어휘, 영어 듣기
한국사 영역	한국사
사회 탐구 영역	세계사, 동아시아사, 한국지리, 세계지리, 윤리와 사상, 생활과 윤리, 사회·문화, 정치와 법, 경제
과학 탐구 영역	물리학Ⅰ, 화학Ⅰ, 생명과학Ⅰ, 지구과학Ⅰ
과학 탐구 영역(전자책)	물리학Ⅱ, 화학Ⅱ, 생명과학Ⅱ, 지구과학Ⅱ

7차 개정판 2쇄 2025년 1월 3일 (**초판 1쇄 발행일** 2008년 1월 7일) **발행처** (주)마더텅 **발행인** 문숙영

책임편집 장혜원

해설집필 임거묵(봉명고)

부록집필 임거묵(봉명고), 이준희

교정 최승희, 이아롱, 차진수, 이준희, 김민수

해설 감수 고낙기(PlanA입시학원)

컷 박성은, 곽원영 **디자인** 김연실, 양은선 **인디자인 편집** 김양자 **제작** 이주영 **홍보** 정반석

주소 서울시 금천구 가마산로 96, 708호 **등록번호** 제1-2423호(1999년 1월 8일)

마더텅 교재를 풀면서 궁금한 점이 생기셨나요?

교재 관련 내용 문의나 오류신고 사항이 있으면 아래 문의처로 보내 주세요! 문의하신 내용에 대해 성심성의껏 답변해 드리겠습니다.
또한 교재의 내용 오류 또는 오·탈자, 그 외 수정이 필요한 사항에 대해 가장 먼저 신고해 주신 분께는 감사의 마음을 담아
네이버페이 포인트 1천 원 을 보내 드립니다!

- 기한: 2025년 11월 30일 *오류신고 이벤트는 당사 사정에 따라 조기 종료될 수 있습니다. *홈페이지에 게시된 정오표 기준으로 최초 신고된 오류에 한하여 상품권을 보내 드립니다.
- 홈페이지 www.toptutor.co.kr ●교재Q&A게시판 ● 카카오톡 mothertongue ◉ 이메일 mothert1004@toptutor.co.kr
- 고객센터 전화 1661-1064(07:00~22:00) ✉ 문자 010-6640-1064(문자수신전용)

마더텅은 1999년 창업 이래 2024년까지 3,320만 부의 교재를 판매했습니다. 2024년 판매량은 309만 부로 자사 교재의 품질은 학원 강의와 온/오프라인 서점 판매량으로 검증받았습니다. [마더텅 수능기출문제집 시리즈]는 친절하고 자세한 해설로 수험생님들의 전폭적인 지지를 받으며 누적 판매 855만 부, 2024년 한 해에만 85만 부가 판매된 베스트셀러입니다. 또한 [중학영문법 3800제]는 2007년부터 2024년까지 18년 동안 중학 영문법 부문 판매 1위를 지키며 명실공히 대한민국 최고의 영문법 교재로 자리매김했습니다. 그리고 2018년 출간된 [뿌리깊은 초등국어 독해력 시리즈]는 2024년까지 278만 부가 판매되면서 초등 국어 부문 판매 1위를 차지하였습니다.(교보문고, YES24 판매량 기준, EBS 제외) 이처럼 마더텅은 초·중·고 학습 참고서를 대표하는 대한민국 제일의 교육 브랜드로 자리잡게 되었습니다. 이와 같은 성원에 감사드리며, 앞으로도 효율적인 학습에 보탬이 되는 교재로 보답하겠습니다.

마더텅 학습 교재 이벤트에 참여해 주세요. 참여해 주신 **모든 분께 선물**을 드립니다.

이벤트 1   1분 간단 교재 사용 후기 이벤트

마더텅은 고객님의 소중한 의견을 반영하여 보다 좋은 책을 만들고자 합니다.
교재 구매 후, <교재 사용 후기 이벤트>에 참여해 주신 모든 분께는 감사의 마음을 담아 네이버페이 포인트 1천 원 을 보내 드립니다.
지금 바로 QR 코드를 스캔해 소중한 의견을 보내 주세요!

이벤트 2   마더텅 교재로 공부하는 인증샷 이벤트

인스타그램에 <마더텅 교재로 공부하는 인증샷>을 올려 주시면 참여해 주신 모든 분께 감사의 마음을 담아
네이버페이 포인트 2천 원 을 보내 드립니다.
지금 바로 QR 코드를 스캔해 작성한 게시물의 URL을 입력해 주세요!

필수 태그 #마더텅 #마더텅기출 #공스타그램

※ 자세한 사항은 해당 QR 코드를 스캔하거나 홈페이지 이벤트 공지 글을 참고해 주세요.

※ 당사 사정에 따라 이벤트의 내용이나 상품이 변경될 수 있으며 변경 시 홈페이지에 공지합니다.

※ 상품은 이벤트 참여일로부터 2~3일(영업일 기준) 내에 발송됩니다.   ※ 동일 교재로 두 가지 이벤트 모두 참여 가능합니다. (단, 같은 이벤트 중복 참여는 불가합니다.)

※ 이벤트 기간: 2025년 11월 30일까지 (*해당 이벤트는 당사 사정에 따라 조기 종료될 수 있습니다.)

2026 마더텅 수능기출문제집
물리학 I
정답과 해설편

MOTHERTONGUE
마더텅출판사
since1999.4.1.

물리학 I 성적 향상 공부 방법

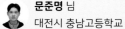
문준명 님
대전시 충남고등학교
서울대학교 식물생산과학부 합격
물리학 I 4등급 → 1등급(표준점수 67)
2023 마더텅 제7기 성적향상 장학생 동상
사용 교재 **까만책** 국어 독서, 국어 문학, 국어 언어와 매체, 수학 I, 수학 II, 미적분, 영어 독해, 물리학 I, 화학 I, **빨간책** 수학 영역, 수학 영역 LE, 물리학 I, 화학 I

물리학에서 기출 문제의 중요성을 느껴 마더텅 수능기출문제집으로 모든 문제를 다시 푸는 과정에서 최적의 풀이를 찾지 못한 문제들을 노트에 정리했습니다. 이를 반복하여 유형별 풀이 방법을 터득했습니다. 이후 실전 대비를 위해 마더텅 수능기출 모의고사 물리학을 활용하였습니다. 모의고사 형식의 문제를 푸는 과정에서 마더텅 수능기출문제집으로 공부한 내용이 체화된 것을 느꼈습니다.

이준우 님
부산시 부산고등학교
중앙대학교 전자전기공학부 합격
물리학 I 5등급 → 1등급(표준점수 69)
2023 마더텅 제7기 성적향상 장학생 동상
사용 교재 **까만책** 수학 I, 수학 II, 영어 독해, 물리학 I, 지구과학 I

처음에는 여러 번 회독을 진행하는 것을 목표로 공부를 시작했습니다. 그러다 2회독 때, 문제의 유형이 반복됨을 깨닫고, 문제들 사이의 공통점을 찾기 시작했습니다. 발문에서 반복되는 구절을 발견하고 이를 펜으로 표시하였습니다. 표시한 부분들을 보면서 반복적으로 실전에서 필요한 풀이방법을 연습하여 시간을 절약하고 문제를 빠르게 해결할 수 있었습니다. 이러한 연습은 시험장에서도 침착함을 유지하면서 문제를 풀 수 있도록 도와주었습니다.

고동민 님
고양시 백석고등학교
고려대학교 데이터과학과 합격
물리학 I 3등급 → 1등급(표준점수 69)
2023 마더텅 제7기 성적향상 장학생 은상
사용 교재 **까만책** 국어 독서, 미적분, 물리학 I, 지구과학 I

" 10분 이상 고민하지 않기 "

물리학 I 을 마더텅 교재로 공부할 때 제가 최우선적으로 지켰던 것은 문제당 고민을 10분 이상 하지 않기, 그리고 정리노트 작성하기였습니다. 물리학 I 의 역학 단원의 경우 특정 발상을 생각하지 못하거나, 어떠한 사소한 조건을 놓친다면 아무리 오래봐도 문제가 풀리지 않는 경우가 많습니다. 이럴 때에는 의미없는 시간이 지속되는 경우가 많았어서, 10분 이상 고민해도 모르겠는 경우 마더텅의 해설지를 적극적으로 활용하며 공부하였습니다.

마더텅의 해설지에는 풀이 방향이 여러가지 제시되어 있는 경우가 있는데, 특정 풀이만 공부하는 것이 아닌 모든 풀이를 제 것으로 만들기 위해 노력했습니다. 생각지 못한 발상이나 조건들은 정

리노트를 만들어 정리해두고 생각날 때마다 다시 보곤 했습니다. 이후 각종 사설 문제를 풀다가 기출에서 봤던 것과 같은 조건이나 문제 유형이 있다면, 문제를 다 풀고 난 뒤 즉시 마더텅을 펴서 그 문제들을 다시 풀어보며 복습하였습니다.

또 중요한 시험인 6월/9월/수능 전에는 3-4일 전부터 마더텅을 펴서 기출문제들을 보며 각종 발상과 실수들을 복습했습니다.

서윤지 님
오산시 세마고등학교
서울대학교 기계공학부 합격
물리학 I 3등급 → 1등급(표준점수 67)
2023 마더텅 제7기 성적향상 장학생 동상
사용 교재 **까만책** 국어 문학, 수학 I, 수학 II, 물리학 I, 화학 I, 생명과학 I, 지구과학 I

물리 문제를 풀 때 여러 가지 풀이 방법이 있습니다. 시험을 준비하는 경우 가장 효율적인 방법을 빠르게 선택하여 문제를 푸는 것이 중요합니다. 본격적인 공부를 시작한 후, 시간을 단축시키기 위해 문제 유형에 따라 미리 적용할 방법을 결정하고 첫 번째 시도에서는 그 방법을 사용했습니다. 이렇게 하면 해당 방법이 익숙해지고 풀이 시간이 줄어듭니다.

또한, 해설지를 읽으며 논리 단계와 조건 활용 방법을 이해하고, 이를 실전에서 적용하기 위해 다양한 문제를 풀었습니다. 문제 풀이 중 헷갈렸던 내용은 오답 노트에 기록하여 나중에 다시 확인했습니다.

최정우 님
원주시 육민관고등학교
서울대학교 건축학과 합격
물리학 I 5등급 → 2등급(표준점수 65)
2023 마더텅 제7기 성적향상 장학생 은상
사용 교재 **까만책** 국어 문학, 물리학 I, 화학 II, **빨간책** 영어 영역

마지막에 수록되어 있는 최근 3개년 기출 문제를 1차로 풀었습니다. 그 다음, 본 문제는 세 단계로 나누어서 풀이했는데, 단원마다 많게는 100문제 가량의 절대 부족하지 않은 수의 문제를 다루고 있기 때문에 순서대로 푼다면 분명 지루할 것이고 실제 시험에는 도움이 덜 될 거 같았습니다.

1. 단원의 순서는 가져가되, 처음 풀 때는 앞쪽의 기본문제 절반만 풀고 다음 단원으로 넘어갔고, 그러면서 기본 개념을 익혔습니다.

2. 나머지 반의 고난도 문제를 풀면서 어떤 개념을 어떻게 적용해서 풀어야 하는지를 연습했습니다.

3. 두 번째에서 막혔던 부분이나 미흡했던 문제를 다시 풀고 점검한 뒤 더 빠른 풀이는 없을지 생각하는 용도로 활용했습니다. 그리고 마지막에 처음 풀었던 최근 3개년 기출을 풀면서 마무리 점검하는 과정을 거쳤습니다.

④ 정답 : A가 Ⅰ, Ⅱ, Ⅲ에서 운동하는 동안 평균 속력은 각각 v, $\frac{v+5v}{2}$, $5v$이므로 걸린 시간은 각각 $\frac{L}{v}$, $\frac{3L}{3v}$, $\frac{5L}{5v}$로 같다. $x=4L$과 $x=9L$에서 B의 속력을 각각 v_1, v_2라 하면 B의 시간-속도 그래프로부터 $v_1\left(\frac{2L}{v}\right)=5L$이므로 $v_1=\frac{5}{2}v$ — ㉠이다. Ⅲ에서 B의 가속도의 크기를 a'라 하면 구간 Ⅰ과 Ⅲ에서 등가속도 직선 운동 식은 각각 $2aL=v_1{}^2$ — ㉡, $2a'(5L)=v_2{}^2-v_1{}^2$ — ㉢이고 Ⅲ에서 평균 속력은 A와 B가 같으므로 $5v=\frac{v_1+v_2}{2}$ — ㉣이므로 ㉠을 대입하면 $v_2=\frac{15}{2}v$ — ㉤이고 ㉠과 ㉤를 ㉡와 ㉢에 대입하면 $2aL=\frac{25}{4}v^2$, $10a'L=\frac{225}{4}v^2-\frac{25}{4}v^2=50v^2$ 또는 $a'L=\frac{225}{4}v^2-\frac{25}{4}v^2=5v^2$이다. 앞의 두 식을 연립하여 v를 소거하면 $a'=\frac{8}{5}a$이다.

---

17 직선 전류에 의한 자기장   정답 ⑤ 정답률 48%

	A의 전류		B의 전류	
	세기	방향	세기	방향
(가)	I_0	$-y$	I_0	$+y$
(나)	I_0	$+y$	I_0	$+y$
(다)	I_0	$+y$	$\frac{1}{2}I_0$	$+y$

① ㄱ   ② ㄷ   ③ ㄱ, ㄴ   ④ ㄴ, ㄷ   ⑤✓ ㄱ, ㄴ, ㄷ

xy평면으로 수직으로 들어가는 방향 : ⊗
xy평면으로 수직으로 나오는 방향 : ⊙
$B_0=k\frac{I_0}{4d}$, $B_C=k\frac{I_C}{d}$라 하면,

(가)일 때 p에서 자기장의 세기와 방향

A	B	C	합성 자기장의 세기
$4B_0$	$2B_0$	B_C	$+4B_0+2B_0+B_C=+2B$

(다)일 때 p에서 자기장의 세기와 방향

A	B	C	합성 자기장의 세기
$4B_0$	B_0	B_C	$-4B_0+B_0+B_C=+B$
⊗	⊙	⊙	

xy평면에서 수직으로 나오는 방향을 (+)로 표시하고 자기장의 세기를 $B_0=k\frac{I_0}{4d}$, $B_C=k\frac{I_C}{d}$라 하면, p와 q에서 자기장의 세기와 방향은 각각 $+4B_0+2B_0+B_C=2B$, $-4B_0+B_0+B_C=B$이므로 두 식을 정리하면 $B_C=12B_0$이다.

㉠ 정답 : $B_C=12B_0$이므로 $B_C=k\frac{I_C}{d}=k\frac{12I_0}{4d}$이므로 $I_C=3I_0$이다.

㉡ 정답 : (나)일 때 p와 q에서 A, B, C의 전류에 의한 자기장의 합의 세기와 방향은 각각 $-4B_0+2B_0+12B_0=+10B_0$, $-2B_0+4B_0-12B_0=-10B_0$이다.

㉢ 정답 : (다)일 때 q에서 A, B, C의 전류에 의한 자기장의 합의 세기와 방향은 $-2B_0+2B_0-12B_0=-12B_0$이다.

---

18 운동 방정식   정답 ③ 정답률 34%

운동 방정식 $20+10-F=(m_A+a+m_C)\times a=F-10=(m_A+1+m_C)\times a$

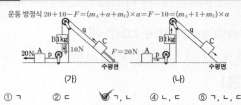

(가)   (나)

① ㄱ   ② ㄷ   ③✓ ㄱ, ㄴ   ④ ㄴ, ㄷ   ⑤ ㄱ, ㄴ, ㄷ

(가)와 (나)에서 물체의 가속도의 크기는 같으므로 A의 가속도 방향은 (가)에서 왼쪽, (나)에서 오른쪽이다. 무게로 인해 C에 빗면 아래 방향으로 작용하는 힘을 F, A와 C의 질량을 각각 m_A, m_C라 하면 운동 방정식은 (가)와 (나)에서 각각 $20+10-F=(m_A+1+m_C)a$, $F-10=(m_A+1+m_C)a$ — ① 이므로 두 식으로부터 $F=20$N이다. p와 q에 작용하는 장력을 각각 (가)에서 $2T$, $3T$라 하고 (나)에서 $2T'$, $9T'$라 하면 B의 운동 방정식은 각각 $2T+10-3T=a$, $9T'-2T'-10=a$ 이고 두 식에서 a를 소거하면 $T+7T'=20$ — ②이고 A의 운동 방정식은 (가)와 (나)에서 각각 $20-2T=m_A a$ — ⑤, $2T'=m_A a$ — ⑥이므로 두 식을 정리하면 $T+T'=10$ — ⑦이고 ②와 ⑦로부터 $T=\frac{25}{3}$N, $T'=\frac{5}{3}$N 이다.

㉠ 정답 : p가 A를 당기는 힘의 크기는 (가)에서 $2T=\frac{50}{3}$N, (나)에서 $2T'=\frac{10}{3}$N이다.

㉡ 정답 : $T=\frac{25}{3}$N, $T'=\frac{5}{3}$N이므로 이를 ②와 ③에 대입하면 $a=\frac{5}{3}$m/s², $m_A=2$kg — ⑧이다.

ㄷ. 오답 : ⑧을 ①에 대입하면 $m_C=3$kg이다.

---

19 전자기 유도   정답 ⑤ 정답률 56%

금속 고리의 점 p가 $x=2.5d$를 지날 때, p에 흐르는 유도 전류의 방향은 $+y$방향이다. ↳ Ⅱ에서 자기장의 방향은 ×이고 자기장의 세기는 B_0보다 크다.

① ㄱ   ② ㄷ   ③ ㄱ, ㄴ   ④ ㄴ, ㄷ   ⑤✓ ㄱ, ㄴ, ㄷ

p가 $x=2d$를 지날 때 금속 고리 전체는 Ⅰ에 위치한다. p가 $x=2.5d$를 지날 때 금속 고리의 일부는 Ⅱ를 지난다. 이때 p에 흐르는 유도 전류의 방향이 $+y$방향이므로 Ⅱ에서 자기장의 방향은 xy평면에 수직으로 들어가는 방향(×)으로 자기장의 세기는 Ⅰ보다 크다.

㉡ 정답 : p에서 금속 고리를 통과하는 자기 선속은 xy평면에 수직으로 나오는 방향으로 증가하므로 p에 흐르는 유도 전류의 방향은 이를 방해하는 방향인 $-y$방향이다.

㉢ 정답 : 유도 전류의 세기는 시간에 따라 자기 선속의 변화에 비례한다. 시간에 따라 금속 고리를 통과하는 자기 선속의 변화는 p가 $x=5.5d$를 지날 때가 $x=2.5d$를 지날 때보다 크다.

---

20 역학적 에너지 보존   정답 ② 정답률 53%

B가 마찰 구간을 올라갈 때 손실된 역학적 에너지는 내려갈 때와 같고, P, Q의 용수철 상수는 같다.

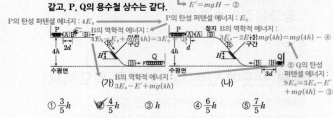

① $\frac{3}{5}h$ ②✓ $\frac{4}{5}h$ ③ h ④ $\frac{6}{5}h$ ⑤ $\frac{7}{5}h$

② 정답 : (가)에서 P의 탄성 퍼텐셜 에너지가 모두 A와 B의 운동 에너지로 전환될 때 두 물체는 최대 속력을 가지고 이때 A와 B는 분리된다. (나)에서 A의 운동 에너지가 모두 P의 탄성 퍼텐셜 에너지로 전환될 때 용수철은 d만큼 압축되므로 이때의 탄성 퍼텐셜 에너지를 E_0라 하면, (가)에서 용수철이 $2d$만큼 압축되었을 때 P의 탄성 퍼텐셜 에너지는 $4E_0$이고 B의 질량을 m이라 할 때 (가)에서 분리된 직후 B의 역학적 에너지는 $4E_0-E_0+mg(4h)$ — ①이다. 마찰 구간에서 B는 등속 운동을 하므로 손실된 역학적 에너지를 E'라 하면 $E'=mgH$ — ②이고 수평면에서 B의 역학적 에너지는 모두 Q의 탄성 퍼텐셜 에너지로 전환되고 이때 용수철은 $3d$만큼 압축되므로 $3E_0-E'+mg(4h)=9E_0$ — ③이다. Q의 탄성 퍼텐셜 에너지는 B의 역학적 에너지로 전환되고 마찰 구간을 지나 $4h$인 곳에서 정지하므로 $3E_0-2E'+mg(4h)=mg(4h)$이고 이를 정리하면 $E_0=\frac{2}{3}E'$ — ④이다. ②와 ④를 ③에 대입하여 정리하면 $H=\frac{4}{5}h$이다.

필수개념 2 **위치－시간 그래프 해석**

- **암기** 위치－시간 그래프에서 **기울기의 절댓값** → 속력(속도의 크기)

　　　　　　　　　　　　기울기의 부호 → 운동 방향(속도의 방향)

기울기 일정	기울기의 절댓값 증가	기울기의 절댓값 감소
속력이 일정하므로 등속도 운동	속력이 증가하는 운동	속력이 감소하는 운동

▶ 운동 방향(속도의 부호)과 가속도의 방향 비교법
속력(속도의 크기)이 증가하면 운동 방향과 가속도의 방향은 같고 속력(속도의 크기)이 감소하면 운동 방향과 가속도의 방향은 서로 반대이다.

- **암기** 위치－시간 그래프에서 **두 물체 사이의 거리** → 같은 시각에서 두 지점 사이의 간격

두 물체 사이의 거리 일정	두 물체 사이의 거리 증가	두 물체 사이의 거리 감소
두 그래프의 기울기가 같으므로 속력은 서로 같다. 같은 시각에서 두 지점 사이의 간격이 일정하므로 두 물체 사이의 거리도 항상 같다.	두 그래프의 기울기가 다르므로 속력은 서로 다르다. 같은 시각에서 두 지점 사이의 간격이 증가하므로 두 물체 사이의 거리도 멀어진다.	두 그래프의 기울기가 다르므로 속력은 서로 다르다. 같은 시각에서 두 지점 사이의 간격이 감소하므로 두 물체 사이의 거리도 가까워진다.

위치－시간 그래프 분석

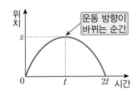

$0{\sim}t$ 동안 운동 방향은 ($+$)이고 속력은 감소하고 $t{\sim}2t$ 동안 운동 방향은 ($-$)이고 속력은 증가한다. 따라서 운동 방향이 바뀌는 시각은 위치－시간 그래프에서 기울기가 0인 지점인 t일 때이다.

- **암기** 위치－시간 그래프 또는 속도－시간 그래프에서 **운동 방향(속도의 부호)이 바뀌는 시각**

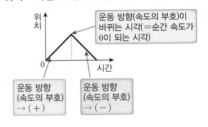
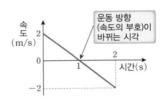

❷ 상대 속도 개념 유형 ★수능에 나오는 필수 개념 1가지 + 필수 암기사항 4개

필수개념 1 상대 속도

기본자료

- 암기 **상대 속도** : 운동하는 관측자가 측정한 물체의 속도

  상대 속도＝물체의 속도－관측자 속도

  A에 대한 B의 속도(＝A가 본 B의 속도)＝B의 속도－A의 속도

  v_A : A의 속도, v_B : B의 속도, v_{AB} : A에 대한 B의 속도

  $v_{AB}＝v_B－v_A$

- **속도－시간 그래프에서 상대 속도의 크기와 방향**

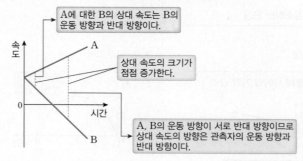

A에 대한 B의 상대 속도는 B의 운동 방향과 반대 방향이다.

상대 속도의 크기가 점점 증가한다.

A, B의 운동 방향이 서로 반대 방향이므로 상대 속도의 방향은 관측자의 운동 방향과 반대 방향이다.

▶ 암기 직선상의 운동에서 상대 속도의 크기와 방향 구하기

① 두 물체의 운동 방향이 같을 때 : A에 대한 B의 상대 속도의 크기는 큰 속력에서 작은 속력을 뺀 값.

상대 속도 $v_{AB}＝v_B－v_A$

② 두 물체의 운동 방향이 반대일 때 : 상대 속도의 크기는 두 속력의 합. 상대 속도의 방향은 관측자의 운동 방향과 반대 방향이다.

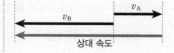

상대 속도

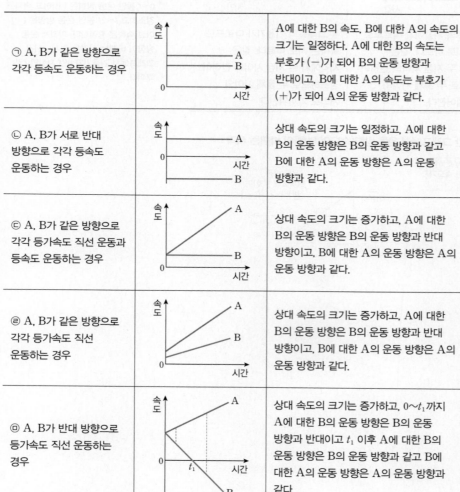

㉠ A, B가 같은 방향으로 각각 등속도 운동하는 경우	(속도-시간 그래프)	A에 대한 B의 속도, B에 대한 A의 속도의 크기는 일정하다. A에 대한 B의 속도는 부호가 (−)가 되어 B의 운동 방향과 반대이고, B에 대한 A의 속도는 부호가 (＋)가 되어 A의 운동 방향과 같다.
㉡ A, B가 서로 반대 방향으로 각각 등속도 운동하는 경우	(속도-시간 그래프)	상대 속도의 크기는 일정하고, A에 대한 B의 운동 방향은 B의 운동 방향과 같고 B에 대한 A의 운동 방향은 A의 운동 방향과 같다.
㉢ A, B가 같은 방향으로 각각 등가속도 직선 운동과 등속도 운동하는 경우	(속도-시간 그래프)	상대 속도의 크기는 증가하고, A에 대한 B의 운동 방향은 B의 운동 방향과 반대 방향이고, B에 대한 A의 운동 방향은 A의 운동 방향과 같다.
㉣ A, B가 같은 방향으로 각각 등가속도 직선 운동하는 경우	(속도-시간 그래프)	상대 속도의 크기는 증가하고, A에 대한 B의 운동 방향은 B의 운동 방향과 반대 방향이고, B에 대한 A의 운동 방향은 A의 운동 방향과 같다.
㉤ A, B가 반대 방향으로 등가속도 직선 운동하는 경우	(속도-시간 그래프)	상대 속도의 크기는 증가하고, $0 \sim t_1$까지 A에 대한 B의 운동 방향은 B의 운동 방향과 반대이고 t_1 이후 A에 대한 B의 운동 방향은 B의 운동 방향과 같고 B에 대한 A의 운동 방향은 A의 운동 방향과 같다.

▶ A와 B 사이의 거리－시간 그래프

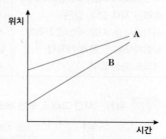

위치

A와 B의 거리가 가까워지고 있으므로 B가 A를 볼 때, A가 B쪽으로 다가오는 것처럼 보인다. 그러므로 B에 대한 A의 상대속도 $v_{BA}＝v_A－v_B$는 부호가 −가 된다. (B의 속도가 더 크므로 A에서 B의 속도를 빼면 −가 된다.)

암기 B는 등속도, A는 등가속도 직선 운동할 때 B에 대한 A의 속도－시간 그래프

그래프의 기울기는 등가속도 직선 운동하는 A의 가속도를 나타낸다.

★암기 A, B가 직선상에서 운동할 때 A와 B 사이의 거리는 상대 속도의 크기에 따라 증가하거나 감소한다. t초 동안 A와 B 사이가 가까워지거나 멀어지는 거리＝$v_{AB} \times t$

❸ 등속도와 등가속도 운동　◁ ★수능에 나오는 필수 개념 3가지 + 필수 암기사항 5개

기본자료

필수개념 1　등속도 운동

• **등속 직선 운동** : 속도가 일정한 직선 운동. 즉, 속도의 크기(속력)와 속도의 방향(운동 방향)이 일정한 운동. 알짜힘(합력)이 0인 경우 성립하며, 이는 물체가 본래의 운동 상태를 유지하려는 관성을 가지고 있기 때문에 나타나는 현상이다.
이동 거리＝속력×시간, 　$s=vt$

• **등속 직선 운동 그래프**

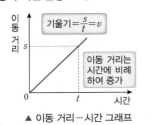

　　▲ 이동 거리－시간 그래프　　　　▲ 속력－시간 그래프　　　　▲ 가속도－시간 그래프

필수개념 2　가속도

• **가속도(a)** : 시간에 따라 물체의 속도가 변하는 정도를 나타내는 물리량으로, 단위 시간(1초) 동안 속도 변화량으로 나타낸다.

$$가속도=\frac{속도\ 변화량}{걸린\ 시간}=\frac{나중\ 속도-처음\ 속도}{걸린\ 시간},\ a=\frac{v-v_0}{t}\ (단위:m/s^2)$$

필수개념 3　등가속도 직선 운동

• **등가속도 직선 운동** : 가속도의 크기와 방향이 일정한 직선 운동. 즉, 단위 시간 동안 속도 변화량이 일정한 운동.

• **등가속도 직선 운동 그래프와 식**

⭐암기
$v=v_0+at$
$s=v_0t+\frac{1}{2}at^2$
$2as=v^2-v_0^2$

⭐암기
평균 속도($\bar{v}$)　　$\bar{v}=\frac{v_0+v}{2}$

등가속도 직선 운동에서 처음 속도(v_0)와 나중 속도(v)의 중간값.
이동 거리는 평균 속력에 비례함.

▶ 운동 방향(속도의 부호)과 가속도의 방향 비교법
속력(속도의 크기)이 증가하면 운동 방향과 가속도의 방향은 같고 속력(속도의 크기)이 감소하면 운동 방향과 가속도의 방향은 서로 반대이다.

• **등가속도 직선 운동 그래프**
　① $a>0$인 경우

가속도－시간 그래프	속도－시간 그래프	위치－시간 그래프
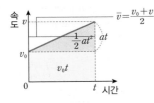		
• 넓이는 속도 증가량을 나타낸다.	• 기울기가 가속도를 나타내므로 가속도는 일정한 (+)값을 가진다. • 넓이는 변위(이동 거리)를 나타낸다.	• 순간 속도를 의미하는 접선의 기울기가 점점 증가한다.

② $a < 0$인 경우

가속도-시간 그래프	속도-시간 그래프	위치-시간 그래프
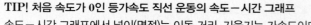		
• 넓이는 속도 감소량을 나타낸다.	• 기울기가 가속도를 나타내므로 가속도는 일정한(−)값을 가진다. • 속도의 부호가 바뀔 때 운동 방향이 바뀐다.	• 위치가 증가하다가 감소할 때 운동 방향이 바뀐다.

TIP! 처음 속도가 0인 등가속도 직선 운동의 속도-시간 그래프
속도-시간 그래프에서 넓이(면적)는 이동 거리, 기울기는 가속도이다.

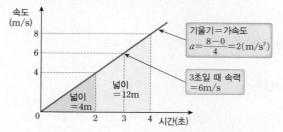

걸린 시간이 같으면 면적의 비가 $1 : 3 : 5 : 7 \cdots$이 된다.
또 평균 속력의 비도 $1 : 3 : 5 : 7 \cdots$이 된다.

• 암기 **등가속도 직선 운동에서 평균 속도와 순간 속도와의 관계**
(1) 0~10초 동안 100m를 이동했다면 평균 속도는 10m/s이고 등가속도 직선 운동에서는 5초일 때 순간 속도와 같다.
(2) 평균 속도($\bar{v}$)는 처음 속도(v_0)와 나중 속도(v)의 중간값과 같다.
$$\bar{v} = \frac{v_0 + v}{2} = \frac{15 + 5}{2} = 10$$이며, 이는 5초일 때 순간 속도와 같다.

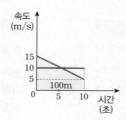

▶ 암기 **등가속도 직선 운동에서 그래프 변환하기**
① 가속도-시간 그래프

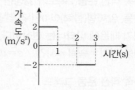

면적=속도 변화량

② 속도-시간 그래프($v_0 = 0$인 경우)

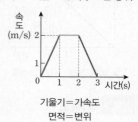

기울기=가속도
면적=변위

③ 이동 거리-시간 그래프

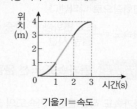

기울기=속도

암기 **A와 B의 평균 속력은 같으나 가속도의 크기가 다른 경우**
① 처음 속도가 A가 B보다 큰 경우 A의 속력은 감소하고 B의 속력은 증가한다.

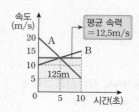

② 평균 속력은 12.5m/s로 같으므로 10초 동안 이동 거리는 125m이다.
③ A, B의 속력이 같아질 때까지 걸린 시간은 총 걸린 시간 10초의 반인 5초이다.
④ 같은 시간 동안 A의 속도 변화량의 크기가 15m/s이고 B의 속도 변화량의 크기는 5m/s이므로 가속도의 크기는 A가 B의 3배이다.

1 위치-시간 그래프 해석

정답 ① 정답률 79% 2021년 7월 학평 3번 문제편 9p

그림은 직선상에서 운동하는 물체의 위치를 시간에 따라 나타낸 것이다. 구간 A, B, C에서 물체는 각각 등가속도 운동을 한다.
A~C에서 물체의 운동에 대한 설명으로 옳은 것만을 〈보기〉에서 있는 대로 고른 것은? **3점**

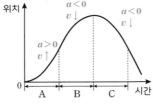

보기

ㄱ. A에서 속력은 점점 증가한다.
ㄴ. 가속도의 방향은 B에서와 C에서가 서로 반대이다. 같다.
ㄷ. 물체에 작용하는 알짜힘의 방향은 두 번 바뀐다. 한

① ㄱ　　② ㄴ　　③ ㄱ, ㄷ　　④ ㄴ, ㄷ　　⑤ ㄱ, ㄴ, ㄷ

|자|료|해|설|
위치-시간 그래프에서 접선의 기울기는 물체의 속도를 의미하고 접선의 기울기의 변화량은 가속도를 의미한다. A에서 물체의 운동 방향을 (+)방향으로 놓으면 A에서 기울기(속도)는 시간에 따라 증가하므로 가속도의 방향은 (+)방향이고 B와 C에서 기울기(속도)는 시간에 따라 감소하므로 가속도의 방향은 (-)방향이다.

|보|기|풀|이|
ㄱ. 정답 : A에서 접선의 기울기는 증가하므로 속력은 점점 증가한다.
ㄴ. 오답 : 가속도의 방향은 B와 C에서 (-)방향으로 같다.
ㄷ. 오답 : 알짜힘의 방향은 가속도의 방향과 일치한다. 가속도의 방향은 A와 B의 경계 지점에서 한 번 바뀌므로 알짜힘의 방향은 한 번 바뀐다. B와 C의 경계 지점에서는 물체의 운동 방향이 바뀐다.

😮 문제풀이 TIP | 위치-시간 그래프에서 바로 가속도를 알아내기는 힘들기 때문에 가장 먼저 속도에 대하여 해석해야 한다. 또한 기울기가 양(+)의 값을 가지는 것은 속도가 양(+)의 값을 가진다는 뜻이고 기울기가 증가하는 것은 가속도가 양(+)의 값을 가진다는 것을 헷갈리지 않도록 하자.

2 위치-시간 그래프 해석

정답 ④ 정답률 57% 2019년 4월 학평 2번 문제편 9p

그림은 직선상에서 운동하는 물체의 속도를 시간에 따라 나타낸 것이다.
0초부터 2초까지, 물체의 위치를 시간에 따라 나타낸 것으로 가장 적절한 것은? **3점**

위치-시간 그래프에서 기울기가 증가하는 그래프

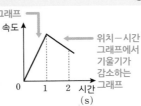

위치-시간 그래프에서 기울기가 감소하는 그래프

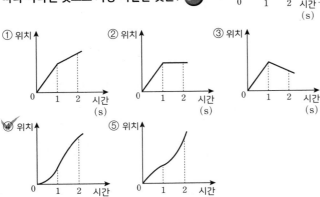

|자|료|해|설|
0~1초 동안에는 속도가 일정하게 증가하는 등가속도 운동, 1~2초 동안에는 속도가 일정하게 감소하는 등가속도 운동이다.

|선|택|지|풀|이|
④ 정답 : 위치-시간 그래프에서 기울기는 속도의 크기이므로 0~1초 동안은 기울기가 증가하고 1~2초 동안에는 기울기가 감소한다.

😮 문제풀이 TIP | 위치-시간 그래프에서 기울기는 속도이다.

😮 출제분석 | 위치-시간, 속도-시간 그래프를 해석하는 것은 모든 운동을 이해하기 위해 필수적으로 공부해야 할 부분이다.

그림 (가)는 정지한 학생 A가 오른쪽으로 직선 운동하는 학생 B를 가로 길이 25cm인 창문 너머로 보는 모습을 나타낸 것이고, (나)는 A가 본 B의 모습을 1초 간격으로 나타낸 것이다.

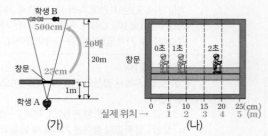

(가)   (나)
실제 위치 →

B의 운동에 대한 설명으로 옳은 것만을 〈보기〉에서 있는 대로 고른 것은? **3점**

> **보기**
> ㄱ. 0~1초 동안 이동한 거리는 1m이다. $5 \times 20 = 100cm$
> ㄴ. 1~2초 동안 평균 속력은 2m/s이다. $\frac{10cm \times 20}{1s} = 200cm/s$
> ㄷ. 0~2초 동안 일정한 속력으로 운동하였다. 하지 않았다.

① ㄱ   ② ㄴ   ③ ㄷ   ✔④ ㄱ, ㄴ   ⑤ ㄴ, ㄷ

|자|료|해|설|
(나)와 같이 학생 A가 1m 떨어진 곳에서 폭이 25cm인 창문을 통해 본 곳은 학생 A로부터 20m 떨어져 있다. 창문에서 25cm에 해당하는 실제 거리를 x라 하면 $1 : 20 = 25 : x$이므로 $x = 500cm$이다. $\frac{500}{25} = 20$이므로, 실제 거리는 창문에서 측정한 거리의 20배이다.

|보|기|풀|이|
ㄱ. 정답 : 0~1초 동안 창문을 통해 본 이동 거리는 5cm 이므로 실제로 B가 운동한 거리는 $5 \times 20 = 100cm$이다.
ㄴ. 정답 : 1~2초 동안 창문을 통해 본 이동 거리는 10cm 이므로 실제로 B가 운동한 거리는 $10 \times 20 = 200cm$이다. 평균 속력은 $\frac{총\ 이동\ 거리}{총\ 걸린\ 시간}$이므로 $\frac{2m}{1s} = 2m/s$이다.
ㄷ. 오답 : 0~1초 동안 이동한 거리와 1~2초 동안 이동한 거리가 다르므로 0~2초 동안 B는 일정한 속력으로 운동하지 않았다.

😮 문제풀이 T I P | 평균 속력 = $\frac{총\ 이동\ 거리}{총\ 걸린\ 시간}$

😊 출제분석 | 위치와 시간 정보를 통해 운동 상태를 묻는 문항으로 난도는 낮다. 만약 이 문항이 어렵게 느껴졌다면 문제를 꼼꼼히 읽는 노력이 필요하다.

그림은 동일 직선상에서 운동하는 물체 A, B의 위치를 시간에 따라 나타낸 것이다.
A, B의 운동에 대한 설명으로 옳은 것만을 〈보기〉에서 있는 대로 고른 것은?

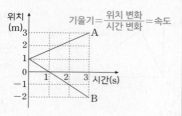

기울기 = $\frac{위치\ 변화}{시간\ 변화}$ = 속도

> **보기**
> ㄱ. 1초일 때, B의 운동 방향이 바뀐다.   바뀌지 않는다
> ㄴ. 2초일 때, 속도의 크기는 A가 B보다 작다.
> ㄷ. 0초부터 3초까지 이동한 거리는 A가 B보다 작다.

① ㄱ   ② ㄴ   ③ ㄱ, ㄷ   ✔④ ㄴ, ㄷ   ⑤ ㄱ, ㄴ, ㄷ

|자|료|해|설|
A는 (+)방향으로 3초 동안 위치 변화가 2m이므로 속도의 크기가 $\frac{2}{3}$m/s인 등속 직선 운동을 하고, B는 (−)방향으로 3초 동안 위치 변화가 3m이므로 속도의 크기가 1m/s인 등속 직선 운동을 한다.

|보|기|풀|이|
ㄱ. 오답 : A와 B는 등속 직선 운동을 하므로 0~3초 동안 운동 방향이 바뀌지 않는다.
ㄴ. 정답 : 2초일 때 속도의 크기는 A가 $\frac{2}{3}$m/s, B가 1m/s 이므로 속도의 크기는 A가 B보다 작다.
ㄷ. 정답 : 0~3초 동안 이동한 거리는 A가 2m, B가 3m이다.

😮 문제풀이 T I P | 위치−시간 그래프에서 기울기는 물체의 속도를 의미한다.

😊 출제분석 | 위치−시간 그래프를 해석하는 문항으로 기본 수준으로 출제되었다.

그림 (가)는 직선 도로 상에서 자동차 A, B가 오른쪽으로 운동하는 것을 나타낸 것이다. B는 20m/s의 일정한 속력으로 운동한다. 그림 (나)는 B에 대한 A의 속도를 시간에 따라 나타낸 것이다.

$\vec{v}_{BA} = \vec{v}_A - \vec{v}_B$

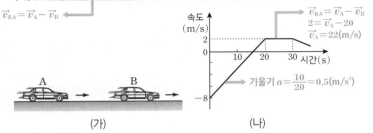

$\vec{v}_{BA} = \vec{v}_A - \vec{v}_B$
$2 = \vec{v}_A - 20$
$\vec{v}_A = 22(m/s)$

기울기 $a = \dfrac{10}{20} = 0.5(m/s^2)$

(가)   (나)

지면에 대한 A의 운동을 설명한 것으로 옳은 것을 <보기>에서 모두 고른 것은? (단, 오른쪽을 양(+)의 방향으로 한다.) 3점

보기

ㄱ. 10초일 때 가속도의 크기는 0.5m/s²이다.

ㄴ. 25초일 때 속력은 ~~18~~ 22 m/s이다.

ㄷ. 20초부터 30초까지 이동한 거리는 220m이다. $s_A = v_A \cdot t = 22 \times 10 = 220(m)$

① ㄱ   ② ㄴ   ③ ㄱ, ㄴ   ④ ㄱ, ㄷ   ⑤ ㄴ, ㄷ

|자|료|해|설|

등속도 운동하는 관찰자가 등가속도 운동하는 물체의 가속도를 측정하는 경우는 정지한 관찰자가 등가속도 운동하는 물체의 가속도를 측정할 때와 동일하다. 따라서 등속도 운동하는 B에 대한 A의 속도-시간 그래프에서 기울기는 A의 가속도를 나타낸다.

|보|기|풀|이|

ㄱ. 정답 : 10초일 때 A의 가속도는 그래프에서 기울기인 $\dfrac{10m/s}{20s} = 0.5m/s^2$이다.

ㄴ. 오답 : 25초일 때 B에 대한 A의 속도 $v_{BA} = v_A - v_B$를 적용하면 $+2 = v_A - (+20)$이므로 $v_A = 22(m/s)$이다.

ㄷ. 정답 : 20~30초 동안 A의 속력은 $v_A = 22(m/s)$이므로 이동 거리는 $s_A = v_A t = 22 \times 10 = 220(m)$이다.

😮 **문제풀이 TIP |** 관측자가 등속도 운동하는 경우 상대 속도-시간 그래프에서 기울기는 가속도 운동하는 물체의 가속도를 나타낸다.

😊 **출제분석 |** 관측자는 등속도 운동을, 물체는 등가속도 운동하는 경우에 가속도를 구하는 문항이 처음으로 출제되었다. 이때 관측자에 대한 물체의 상대 속도를 시간에 따라 나타낸 그래프의 기울기는 물체의 가속도를 나타냄을 꼭 기억해야 한다.

그림은 철수와 영희가 각각 10m/s, 5m/s의 일정한 속력으로 동일 직선 상에서 운동하고 있는 어느 순간의 모습을 나타낸 것이다. 이 순간 철수와 영희 사이의 거리는 60m이다.

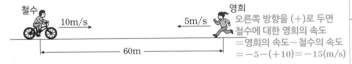

철수   10m/s   5m/s   영희

오른쪽 방향을 (+)로 두면 철수에 대한 영희의 속도
=영희의 속도-철수의 속도
$= -5 - (+10) = -15(m/s)$

60m

이에 대한 설명으로 옳은 것만을 <보기>에서 있는 대로 고른 것은?

보기

ㄱ. 철수의 가속도는 0이다. (등속도 운동)

ㄴ. 철수에 대한 영희의 속도의 크기는 15m/s이다.

ㄷ. 이 순간으로부터 1초가 지났을 때 철수와 영희 사이의 거리 는 ~~50~~ 45 m이다. 상대 속도의 크기에 의해 감소함
∴감소한 거리=15m/s·1s=15m

① ㄱ   ② ㄴ   ③ ㄱ, ㄴ   ④ ㄱ, ㄷ   ⑤ ㄴ, ㄷ

|자|료|해|설|

등속도 운동하는 물체는 가속도가 0이다. 철수와 영희의 속도를 각각 $v_철, v_영$이라 두면 철수에 대한 영희의 속도 $v_철영$은 $v_철영 = v_영 - v_철$이다. 이때 철수와 영희 사이의 거리는 상대 속도의 크기에 따라 감소하거나 증가한다.

|보|기|풀|이|

ㄱ. 정답 : 철수와 영희는 각각 등속도 운동을 하므로 철수와 영희의 가속도는 모두 0이다.

ㄴ. 정답 : 오른쪽 방향을 (+)로 두고 $v_철영 = v_영 - v_철$를 적용하면 $v_철영 = -5 - (+10) = -15(m/s)$이므로 철수에 대한 영희의 속도의 크기는 15m/s이다.

ㄷ. 오답 : 철수와 영희 사이의 거리는 상대 속도의 크기에 의해 감소하므로 1초 동안 철수와 영희 사이의 감소한 거리는 $v_철영 t = 15 \times 1 = 15(m)$이다. 따라서 1초일 때 철수와 영희 사이의 거리는 45m이다.

별해)

ㄷ. 1초 동안 철수와 영희의 이동 거리는 각각 $v_철 t = 10 \times 1 = 10(m)$, $v_영 t = 5 \times 1 = 5(m)$이므로 철수와 영희 사이의 거리는 1초 동안 15m 감소하였다. 따라서 1초일 때 철수와 영희 사이의 거리는 45m이다.

😮 **문제풀이 TIP |** A에 대한 B의 속도는 $v_{AB} = v_B - v_A$로 계산하고, t초 동안 A와 B 사이가 가까워지거나 멀어지는 거리는 $v_{AB} \times t$로 계산한다.

😊 **출제분석 |** 운동하는 두 물체 사이의 거리는 상대 속도의 크기에 의해 감소하거나 멀어진다. 따라서 상대 속도의 크기가 클수록 같은 시간 동안 가까워지거나 멀어지는 거리는 증가한다.

그림은 지면에서 운동하는 개미와 지면에 놓인 종이 위에서 운동하는 달팽이를 나타낸 것이다. 개미와 종이는 지면에 대하여 각각 동쪽으로 v와 $3v$의 속력으로, 달팽이는 종이에 대하여 서쪽으로 v의 속력으로 등속도 운동한다. 기준선은 지면에 고정되어 있고, 개미와 달팽이는 일직선상에서 운동한다.

$\vec{v}_종$: 종이의 속도
$\vec{v}_달$: 달팽이의 속도
$\vec{v}_{종달}$: 종이에 대한 달팽이의 속도

개미 v 서 ◄─► 동   달팽이   종이

기준선 $3v$ 동쪽 : (+)

개미와 달팽이의 운동에 대한 설명으로 옳은 것만을 〈보기〉에서 있는 대로 고른 것은? 3점

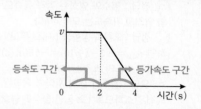

$\vec{v}_{종달} = \vec{v}_달 - \vec{v}_종$
$-v = \vec{v}_달 - (+3v)$
$\therefore \vec{v}_달 = \oplus 2v$
     동쪽

보기

ㄱ. 달팽이는 기준선에 점점 가까워진다.   멀어   달팽이는 지면에 대해 동쪽으로 운동함
ㄴ. 지면에 대한 달팽이의 속도 크기는 점점 커진다.   일정하다 (속력 $2v$)
ㄷ. 달팽이에 대한 개미의 속도 크기는 v이다.

① ㄱ   ✓ ㄷ   ③ ㄱ, ㄴ   ④ ㄴ, ㄷ   ⑤ ㄱ, ㄴ, ㄷ

|자|료|해|설|

개미, 종이, 달팽이의 속도를 각각 $v_개$, $v_종$, $v_달$이라 하면 달팽이에 대한 개미의 속도 $v_{달개}$는 $v_개 - v_달$이고, 종이에 대한 달팽이의 속도 $v_{종달}$은 $v_달 - v_종$이다.

|보|기|풀|이|

ㄱ. 오답 : 동쪽을 (+)로 정하면 '달팽이는 종이에 대하여 서쪽으로 v의 속력으로 등속도 운동한다.'의 의미는 종이에 대한 달팽이의 속도 $v_{종달} = v_달 - v_종$로 계산하면 $-v = v_달 - (+3v)$이 되어 지면에 대한 달팽이의 속도는 $v_달 = +2v$이다. 따라서 달팽이는 동쪽으로 운동하므로 기준선에서 멀어지고 있다.

ㄴ. 오답 : 지면에 대한 달팽이의 속도는 $2v$로 일정하다.

ㄷ. 정답 : 달팽이에 대한 개미의 속도를 $v_{달개} = v_개 - v_달$로 계산하면 $v_{달개} = +v - (+2v) = -v$이다. 따라서 달팽이에 대한 개미의 속도 크기는 v이다.

😮 **문제풀이 TIP** | A에 대한 B의 속도는 $v_{AB} = v_B - v_A$로 계산한다.

😊 **출제분석** | 지면은 항상 정지해 있으므로 지면에 대한 물체의 속도는 상대 속도가 아니라 물체의 속도를 의미한다.

그림은 직선 운동하는 물체의 속도를 시간에 따라 나타낸 것이다.

속도
v
등속도 구간   등가속도 구간
0   2   4   시간(s)

이에 대한 옳은 설명만을 〈보기〉에서 있는 대로 고른 것은?

보기   = 질량 × 속도의 크기   등속도 운동 → 가속도 = 0

ㄱ. 1초일 때 물체에 작용하는 알짜힘은 0이다.
ㄴ. 운동량의 크기는 1초일 때가 3초일 때보다 크다.
ㄷ. 3초일 때 물체의 운동 방향으로 알짜힘이 작용한다.
             운동 방향의 반대로

① ㄱ   ② ㄷ   ✓ ㄱ, ㄴ   ④ ㄴ, ㄷ   ⑤ ㄱ, ㄴ, ㄷ

|자|료|해|설|

그래프에서 물체는 0~2초 동안 속도가 변하지 않는 등속도 운동(= 알짜힘은 0)을 하고 2~4초 동안 속도가 감소하는 등가속도 운동을 한다.

|보|기|풀|이|

ㄱ. 정답 : 0~2초 동안 물체는 등속도 운동을 하므로 물체에 작용하는 알짜힘은 0이다.

ㄴ. 정답 : 운동량의 크기는 질량과 속도 크기의 곱이다. 1초일 때가 3초일 때보다 속도의 크기가 크므로 운동량의 크기는 1초일 때가 3초일 때보다 크다.

ㄷ. 오답 : 2~4초 동안 속도가 감소하므로 알짜힘은 물체의 운동 방향과 반대로 작용한다.

😮 **문제풀이 TIP** | 직선 운동에서 속도의 크기가 증가하면 운동 방향과 가속도, 알짜힘의 방향이 같고, 속도의 크기가 감소하면 운동 방향과 가속도, 알짜힘의 방향이 반대이다.

😊 **출제분석** | 운동 법칙을 이해하면 문제없이 해결할 수 있는 문항이다. 알짜힘의 방향과 가속도의 방향은 항상 일치함을 기억하자.

그림은 물체 A, B가 서로 반대 방향으로 등가속 직선 운동할 때의 속도를 시간에 따라 나타낸 것이다. 색칠된 두 부분의 면적은 각각 S, $2S$이다.

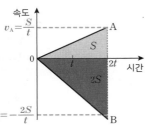

A, B의 운동에 대한 설명으로 옳은 것은?

① $2t$일 때 속력은 A가 B의 ~~2~~ $\frac{1}{2}$배이다.

② t일 때 가속도의 크기는 A가 B의 ~~2~~ $\frac{1}{2}$배이다.

③ t일 때 A와 B의 가속도의 방향은 서로 ~~같다~~ 반대

④ 0부터 $2t$까지 평균 속력은 A가 B의 ~~2~~ $\frac{1}{2}$배이다.

⑤ 0부터 $2t$까지 A와 B의 이동 거리의 합은 $3S$이다.

〈 2t일 때 물체의 운동 〉

문제풀이 T I P | 속도−시간 그래프에서 기울기는 가속도의 크기, 면적은 변위를 의미한다.

출제분석 | 속도−시간 그래프를 통해 가속도, 평균 속력, 이동거리 등에 관한 개념을 묻는 문항으로 기본적인 수준에서 출제되었다.

|자|료|해|설|

시간−속도 그래프에서 그래프의 면적은 변위이므로 시간 $2t$일 때, A의 속도의 크기(v_A)는 $S=\frac{1}{2}v_A \times 2t$ or $v_A=\frac{S}{t}$이고, B의 속도의 크기(v_B)는 $2S=\frac{1}{2}v_B \times 2t$ or $v_B=\frac{2S}{t}$이다. 또한 속도−시간 그래프에서 그래프의 기울기는 가속도의 크기이므로 0~$2t$동안 A의 가속도의 크기(a_A)는 $a_A=\frac{\frac{S}{t}}{2t}=\frac{S}{2t^2}$이고, B의 가속도의 크기($a_B$)는 $a_B=\frac{\frac{2S}{t}}{2t}=\frac{S}{t^2}$이다.

|선|택|지|풀|이|

① 오답 : $2t$일 때 A, B의 속력은 각각 $\frac{S}{t}$, $\frac{2S}{t}$이므로 속력은 A가 B의 $\frac{1}{2}$배이다.

② 오답 : t일 때 A, B의 가속도의 크기는 각각 $\frac{S}{2t^2}$, $\frac{S}{t^2}$이므로 A가 B의 $\frac{1}{2}$배이다.

③ 오답 : 0~$2t$동안 A, B는 반대 방향으로 운동하므로 가속도의 방향은 서로 반대이다.

④ 오답 : 평균 속력은 $\frac{총 이동거리}{총 걸린시간}$이므로 0~$2t$까지 A, B의 평균 속력은 각각 $\frac{S}{2t}$, $\frac{S}{t}$이고 A가 B의 $\frac{1}{2}$배이다.

⑤ 정답 : 속도−시간 그래프에서 면적은 이동거리이므로 A와 B의 이동거리의 합은 $3S$이다.

그림은 직선 운동하는 물체 A, B의 속도를 시간에 따라 나타낸 것이다. A의 처음 속도는 v_0이다. 0에서 4초까지 이동한 거리는 → 그래프의 넓이 A가 B의 2배이다.

3초일 때 A의 가속도의 크기와 1초일 때 B의 가속도의 크기를 각각 a_A, a_B라 할 때, $a_A : a_B$는?

① 2 : 1   ② 3 : 1   ③ 3 : 2   ④ 5 : 2   ⑤ 7 : 5

문제풀이 T I P | 속도−시간 그래프에서 넓이는 변위, 기울기는 가속도이다.

출제분석 | 속도−시간 그래프의 자료를 분석할 수 있는가 알아보는 문항으로 역학의 기본이므로 잘 이해할 수 있도록 하자.

|자|료|해|설|

속도−시간 그래프에서 넓이는 변위를 의미한다. A와 B는 모두 운동 방향이 변하지 않는 직선 운동을 하고 있으므로 변위와 이동거리는 같다. 또한 앞의 그래프에서 0에서 4초까지 A와 B그래프에 해당하는 넓이는 각각 $3v_0+12$, $3v_0$이고 문제에서 제시된 자료와 같이 $3v_0+12=2\times 3v_0$이므로 $v_0=4$m/s이다.

|선|택|지|풀|이|

① 정답 : 3초일 때 A의 가속도의 크기(a_A)는 3초일 때 A그래프의 순간 기울기로 2~4초 동안의 기울기와 같고 $a_A=\frac{\Delta v}{\Delta t}=\frac{(12-4)\text{m/s}}{(4-2)\text{s}}=4$m/s²이다. 또한 1초일 때 B의 가속도의 크기(a_B)는 1초일 때 B그래프의 순간 기울기로 0~2초 동안의 기울기와 같고 $a_B=\frac{\Delta v}{\Delta t}=\frac{4\text{m/s}}{2\text{s}}=2$m/s²이다. 따라서 $a_A : a_B = 2 : 1$이다.

정답 ③   정답률 83%   2021년 3월 학평 1번   문제편 11p

그림은 자유 낙하하는 물체 A와 수평으로 던진 물체 B가 운동하는 모습을 나타낸 것이다.

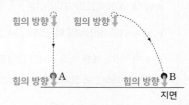

이에 대한 옳은 설명만을 <보기>에서 있는 대로 고른 것은?

보기
ㄱ. A는 속력이 변하는 운동을 한다.
ㄴ. B는 운동 방향이 변하는 운동을 한다.
ㄷ. B는 운동 방향과 가속도의 방향이 <del>같다.</del> 다르다

① ㄱ   ② ㄷ   ③ ㄱ, ㄴ   ④ ㄴ, ㄷ   ⑤ ㄱ, ㄴ, ㄷ

|자|료|해|설|
A는 자유 낙하 운동, B는 포물선으로 비스듬히 떨어지는 물체의 운동이다. 두 경우 중력에 의해 연직 아래 방향으로 가속도 운동을 한다.

|보|기|풀|이|
ㄱ. 정답 : A는 가속도 운동을 하므로 속력이 변하는 운동을 한다.
ㄴ. 정답 : B는 곡선 경로를 따라 운동 방향이 변하는 운동을 한다.
ㄷ. 오답 : B에서 가속도의 방향은 연직 아래 방향이므로 운동 방향과 가속도의 방향이 다르다.

😮 문제풀이 T I P | 두 경우 모두 연직 아래 방향의 가속도 운동을 한다.

😊 출제분석 | 물체의 운동 방향은 속도의 방향, 가속도의 방향은 힘의 방향임을 알고 있다면 쉽게 해결할 수 있는 문항이다.

정답 ②   정답률 92%   2021년 4월 학평 1번   문제편 11p

그림은 물체 A, B, C의 운동에 대한 설명이다.

등속 원운동하는   연직 아래로   포물선 운동하는
장난감 비행기 A   떨어지는 사과 B   축구공 C

A, B, C 중 속력과 운동 방향이 모두 변하는 물체를 있는 대로 고른 것은?

① A   ② C   ③ A, B   ④ B, C   ⑤ A, B, C

|자|료|해|설|
A는 등속 원운동이므로 속력은 일정하고 운동 방향만 변한다. B는 운동 방향은 연직 아래로 일정하지만, 속력이 증가하는 등가속도 운동이다. C는 운동 방향과 속력이 모두 변하는 포물선 운동이다.

|선|택|지|풀|이|
② 정답 : A는 운동 방향만 변하고, B는 속력만 변한다. C만 운동 방향과 속력이 모두 변한다.

😮 문제풀이 T I P | 속력과 운동 방향이 변하지 않는 운동은 등속 직선 운동뿐이다.

😊 출제분석 | 물체의 운동과 관련된 속력과 가속도 등의 개념을 확인하는 기본 수준의 문항이다.

그림은 놀이 기구 A, B, C가 운동하는 모습을 나타낸 것이다.

A: 자유 낙하   B: 회전 운동   C: 왕복 운동

운동 방향이 일정한 놀이 기구만을 있는 대로 고른 것은?

① A   ② B   ③ A, C   ④ B, C   ⑤ A, B, C

|자|료|해|설|및|선|택|지|풀|이|
① 정답 : A는 운동 방향이 직선 아래 방향으로 일정하고 B와 C는 운동 방향이 계속 변하는 운동이다.

😀 출제분석 | 물체의 운동을 설명하는 기본 문항이다.

그림 (가)~(다)는 각각 뜀틀을 넘는 사람, 그네를 타는 아이, 직선 레일에서 속력이 느려지는 기차를 나타낸 것이다.

(가)   (나)   (다)

이에 대한 설명으로 옳은 것만을 <보기>에서 있는 대로 고른 것은?

보기
ㄱ. (가)에서 사람의 운동 방향은 변한다.
ㄴ. (나)에서 아이는 등속도 운동을 한다. 하지 않는다.
ㄷ. (다)에서 기차의 운동 방향과 가속도 방향은 서로 같다. 반대이다.

① ㄱ   ② ㄴ   ③ ㄱ, ㄷ   ④ ㄴ, ㄷ   ⑤ ㄱ, ㄴ, ㄷ

|자|료|해|설|
(가)와 (나)는 곡선 경로로, (다)는 직선 경로를 따라 운동한다.

|보|기|풀|이|
ㄱ. 정답 : (가)에서 사람은 중력에 의해 운동 방향이 변한다.
ㄴ. 오답 : (나)에서 아이는 운동 방향과 속력이 변하는 운동을 한다.
ㄷ. 오답 : (다)에서 기차의 속력은 느려지므로 운동 방향과 가속도의 방향은 반대이다.

😀 출제분석 | 운동 방향과 속도, 가속도의 방향을 살펴보는 문항이다.

그림은 물체가 점 p, q를 지나는 곡선 경로를 따라 운동하는 것을
나타낸 것이다.

물체의
운동 방향

p   q

가속도
방향

p에서 q까지 물체의 운동에 대한 설명으로 옳은 것만을 〈보기〉에서
있는 대로 고른 것은?

보기

 아니다.
ㄱ. 등속도 운동이다.
ㄴ. 운동 방향은 일정하다. 하지 않다.
ㄷ. 이동 거리는 변위의 크기보다 크다.

① ㄱ   ② ㄷ ✓   ③ ㄱ, ㄴ   ④ ㄴ, ㄷ   ⑤ ㄱ, ㄴ, ㄷ

|자|료|해|설|
물체의 가속도 방향은 연직 아래 방향이므로 운동 방향과
가속도의 방향이 다르다. 따라서 물체는 운동 방향이
변하는 운동을 한다.

|보|기|풀|이|
ㄱ. 오답 : 위치에 따라 속력과 운동 방향이 변하는
운동이므로 등가속도 운동이 아니다.
ㄴ. 오답 : 물체의 운동 방향은 위치에 따라 변한다.
ㄷ. 정답 : 곡선 경로를 따라 운동하므로 이동 거리는
변위의 크기보다 크다.

😮 문제풀이 TIP | 변위의 크기는 두 지점의 직선 거리이고 이동
거리는 물체가 운동한 경로의 길이이다.

그림과 같이 수평면 위의 점 p에서 비스듬히 던져진 공이 곡선
경로를 따라 운동하여 점 q를 통과하였다.

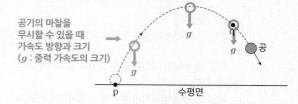

공기의 마찰을
무시할 수 있을 때
가속도 방향과 크기
(g : 중력 가속도의 크기)

g

g

g

q

공

p   수평면

p에서 q까지 공의 운동에 대한 옳은 설명만을 〈보기〉에서 있는 대로
고른 것은?

보기

ㄱ. 속력이 변하는 운동이다.
 계속 변하는
ㄴ. 운동 방향이 일정한 운동이다.
ㄷ. 변위의 크기는 이동 거리보다 작다.

① ㄱ   ② ㄷ   ③ ㄱ, ㄴ   ④ ㄱ, ㄷ ✓   ⑤ ㄴ, ㄷ

|자|료|해|설|
비스듬히 던져진 공에는 모든 지점에서 중력에 의해 아래
방향으로 힘이 작용한다.

|보|기|풀|이|
ㄱ. 정답 : 중력에 의해 공은 연직 아래 방향으로 속도가
변하는 운동을 한다.
ㄴ. 오답 : 공은 곡선 경로를 따라 운동 방향이 계속 변한다.
ㄷ. 정답 : 변위의 크기는 p와 q를 잇는 직선의 길이로
곡선의 길이인 이동 거리보다 작다.

😮 문제풀이 TIP | 비스듬히 던져진 물체의 운동은 모든 지점에서
아래 방향으로 중력을 받는다.

😊 출제분석 | 물체의 운동에서 변위와 이동 거리, 속력과 속도,
가속도에 대한 개념을 확인하는 문항으로 매우 쉬운 편에 속한다.
틀리지 않도록 유의해야 한다.

그림 (가), (나), (다)는 각각 연직 위로 던진 구슬, 선수가 던진 농구공, 회전하고 있는 놀이 기구에 타고 있는 사람을 나타낸 것이다.

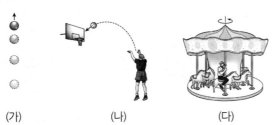

(가)   (나)   (다)

이에 대한 설명으로 옳은 것만을 〈보기〉에서 있는 대로 고른 것은?

보기

ㄱ. (가)에서 구슬의 속력은 변한다.

ㄴ. (나)에서 농구공에 작용하는 알짜힘의 방향과 농구공의 운동 방향은 ~~같다.~~ 다르다

ㄷ. (다)에서 사람의 운동 방향은 ~~변하지 않는다.~~ 변한다

① ㄱ   ② ㄷ   ③ ㄱ, ㄴ   ④ ㄴ, ㄷ   ⑤ ㄱ, ㄴ, ㄷ

|자|료|해|설|
(가)와 (나)는 중력에 의해 연직 아래 방향으로 힘이 작용하고 (다)는 원운동을 하므로 놀이기구의 중심 방향으로 힘이 작용한다.

|보|기|풀|이|
ㄱ. 정답 : (가)에서 구슬은 중력에 의해 속력이 변한다.
ㄴ. 오답 : (나)에서 농구공에 작용하는 알짜힘은 중력으로 연직 아래 방향으로 작용한다. 그러나 농구공은 포물선 운동을 하므로 알짜힘의 방향과 운동 방향은 다르다.
ㄷ. 오답 : (다)에서 사람은 원운동을 하므로 운동 방향은 계속 변하고 있다.

😮 **문제풀이 T I P |** 물체의 운동 방향과 속도의 방향은 일치한다. 물체의 가속도의 방향은 물체에 작용하는 힘의 방향과 같다.

😀 **출제분석 |** 힘의 방향이 속도의 변화가 일어나는 방향임을 알고 있다면 쉽게 해결할 수 있는 문항이다.

그림과 같이 수영 선수가 점 p에서 점 q까지 곡선 경로를 따라 이동한다. 선수가 p에서 q까지 이동하는 동안, 선수의 운동에 대한 설명으로 옳은 것만을 〈보기〉에서 있는 대로 고른 것은?

이동 거리

변위의 크기

보기

ㄱ. 이동 거리와 변위의 크기는 ~~같다.~~ 다르다.

ㄴ. 평균 속력은 평균 속도의 크기보다 크다.

ㄷ. 속력과 운동 방향이 모두 변하는 운동을 한다.

① ㄱ   ② ㄴ   ③ ㄱ, ㄷ   ④ ㄴ, ㄷ   ⑤ ㄱ, ㄴ, ㄷ

|자|료|해|설|
이동 거리는 곡선의 길이이고 변위의 크기는 p와 q를 직선으로 이은 길이이다.

|보|기|풀|이|
ㄱ. 오답 : 이동 거리는 변위의 크기보다 크다.
ㄴ. 정답 : 평균 속력 $= \dfrac{\text{이동 거리}}{\text{걸린 시간}}$, 평균 속도의 크기 $= \dfrac{\text{변위의 크기}}{\text{걸린 시간}}$ 이다. 이동 거리 > 변위의 크기이므로 평균 속력 > 평균 속도의 크기이다.
ㄷ. 정답 : 수영 선수는 중력에 의해 포물선 운동을 하므로 속력과 운동 방향이 모두 변하는 운동을 한다.

😮 **문제풀이 T I P |** 포물선 운동은 속력과 운동 방향이 모두 변하는 운동이다.

😀 **출제분석 |** 물체의 운동을 표현하는 기본 개념에 대한 문항이다.

표는 물체의 운동 A, B, C에 대한 자료이다.

특징	A	B	C
물체의 속력이 일정하다.	×	○	×
물체에 작용하는 알짜힘의 방향이 일정하다.	○	×	○
물체에 작용하는 알짜힘의 방향이 물체의 운동 방향과 같다.	○	×	×

(○: 예, ×: 아니요)

이에 대한 설명으로 옳은 것만을 〈보기〉에서 있는 대로 고른 것은?

보기

ㄱ. 자유 낙하하는 공의 등가속도 직선 운동은 A에 해당한다.
ㄴ. 등속 원운동을 하는 위성의 운동은 B에 해당한다.
ㄷ. 수평면에 대해 비스듬히 던진 공의 포물선 운동은 C에 해당한다.

① ㄴ   ② ㄷ   ③ ㄱ, ㄴ   ④ ㄱ, ㄷ   ⑤ ㄱ, ㄴ, ㄷ

| 자 | 료 | 해 | 설 | 및 | 보 | 기 | 풀 | 이 |

ㄱ. 정답 : A는 물체에 작용하는 알짜힘의 방향이 일정하고 알짜힘의 방향이 물체의 운동 방향과 같으므로 등가속도 직선 운동이다.

ㄴ. 정답 : B는 물체의 속력이 일정하지만, 물체에 작용하는 알짜힘의 방향이 일정하지 않은 운동으로 등속 원운동하는 위성의 운동이 이에 해당한다.

ㄷ. 정답 : C는 물체에 작용하는 알짜힘의 방향이 일정하나 물체에 작용하는 알짜힘의 방향과 물체의 운동 방향이 다른 경우로 비스듬히 던진 공의 포물선 운동이 이에 해당한다.

😀 출제분석 | 물체의 운동 방향과 알짜힘의 방향이 같을 때와 다를 때 운동의 예를 확인하는 문항이다.

그림은 자동차 A, B, C의 운동을 나타낸 것이다. A는 일정한 속력으로 직선 경로를 따라, B는 속력이 변하면서 직선 경로를 따라, C는 일정한 속력으로 곡선 경로를 따라 운동을 한다.

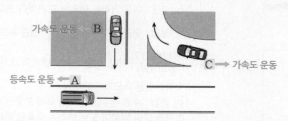

등속도 운동을 하는 자동차만을 있는 대로 고른 것은?
↳ 속도의 크기와 방향이 일정한 운동

① A   ② B   ③ C   ④ A, B   ⑤ A, C

| 자 | 료 | 해 | 설 |

등속도 운동은 속도가 일정한 운동이라는 의미로 속력과 운동 방향이 모두 일정하다. 운동 방향이 일정하고 속력만 변하는 운동이나 속력이 일정하고 운동 방향만 변하는 운동은 가속도 운동이다.

| 선 | 택 | 지 | 풀 | 이 |

① 정답 : 등속도 운동은 속도의 크기와 방향이 일정한 운동으로 이에 해당하는 자동차는 A이다. B는 속력이 변하는 가속도 운동, C는 운동 방향이 변하는 가속도 운동을 한다.

😮 문제풀이 TIP | 물체의 운동을 파악할 때는 속력, 운동 방향, 속도, 가속도를 중점적으로 관찰한다. 특히 속력이 일정하더라도 운동 방향이 변하는 경우는 가속도 운동임을 꼭 기억하자.

😀 출제분석 | 여러 가지 운동을 구분하는 문제는 모의고사마다 출제되고 있으므로 운동을 분류하는 기준에 대해 잘 공부해두자.

그림 (가)는 속력이 빨라지며 직선 운동하는 수레의 모습을, (나)는 포물선 운동하는 배구공의 모습을, (다)는 회전하고 있는 놀이 기구에 탄 사람의 모습을 나타낸 것이다.

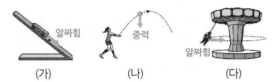

(가)   (나)   (다)

이에 대한 설명으로 옳은 것만을 〈보기〉에서 있는 대로 고른 것은?

보기

ㄱ. (가)에서 수레에 작용하는 알짜힘의 방향과 수레의 운동 방향은 같다.

ㄴ. (나)에서 배구공의 속력은 ~~일정하다.~~ 일정하지 않다.

ㄷ. (다)에서 사람의 운동 방향은 ~~일정하다.~~ 계속 변한다.

① ㄱ   ② ㄷ   ③ ㄱ, ㄴ   ④ ㄴ, ㄷ   ⑤ ㄱ, ㄴ, ㄷ

| 자 | 료 | 해 | 설 |

(가)의 수레에는 중력과 수직항력이 작용하므로 알짜힘은 빗면 아래 방향으로 작용한다.

(나)에서 배구공에는 중력이 작용하여 최고점에 도달하기까지는 속력이 감소하고 최고점을 지난 후에는 속력이 증가한다.

(다)에서 회전하는 놀이 기구에 탑승한 사람은 중력과 장력을 더한 알짜힘을 회전축 방향으로 받아 원운동한다.

| 보 | 기 | 풀 | 이 |

ㄱ. 정답 : 물체에 작용하는 알짜힘의 방향과 수레의 운동 방향은 모두 빗면 아래 방향으로 같다.

ㄴ. 오답 : 배구공의 속력은 최고점까지는 감소하고, 최고점을 지난 후에는 증가한다.

ㄷ. 오답 : 놀이 기구에 탄 사람은 원운동하므로 운동 방향은 회전 궤도의 접선 방향으로 계속 변한다.

그림 (가)~(다)는 각각 원궤도를 따라 일정한 속력으로 운동하는 공 A, 수평으로 던져 낙하하는 공 B, 빗면에서 속력이 작아지는 운동을 하는 공 C의 운동 경로를 나타낸 것이다.

(가) 등속 원운동   (나) 포물선 운동   (다) 등가속도 직선 운동

이에 대한 설명으로 옳은 것만을 〈보기〉에서 있는 대로 고른 것은?

보기

ㄱ. A는 ~~등가속도~~ 등속력 운동을 한다.

ㄴ. B는 운동 방향과 속력이 모두 변하는 운동을 한다.

ㄷ. C에 작용하는 알짜힘은 ~~0이다.~~ 아니다.

① ㄱ   ② ㄴ   ③ ㄱ, ㄷ   ④ ㄴ, ㄷ   ⑤ ㄱ, ㄴ, ㄷ

| 자 | 료 | 해 | 설 |

A는 원의 중심 방향으로 힘이 작용하는 등속 원운동, B는 중력 방향으로 힘이 작용하는 포물선 운동, C는 속력이 작아지고 있으므로 운동 방향과 반대 방향인 빗면 아래 방향으로 힘이 작용하는 등가속도 직선 운동이다.

| 보 | 기 | 풀 | 이 |

ㄱ. 오답 : A는 속력은 일정하지만, 물체의 운동방향이 변하는 운동이므로 등가속도 운동이 아니다.

ㄴ. 정답 : B는 힘의 방향과 물체의 운동 방향이 일치하지 않아 위치에 따라 운동 방향이 계속 변하는 운동을 한다.

ㄷ. 오답 : C에는 알짜힘이 빗면 아래 방향으로 작용하므로, C에 작용하는 알짜힘은 0이 아니다.

😀 출제분석 | 힘의 방향과 가속도의 방향은 같고 운동 방향은 속도의 방향과 같음을 이해하고 있어야 한다.

그림은 사람 A, B, C가 스키장에서 운동하는 모습을 나타낸 것이다. A는 일정한 속력으로 직선 경로를 따라 올라가고, B는 속력이 빨라지며 직선 경로를 따라 내려오며, C는 속력이 변하며 곡선 경로를 따라 내려온다.

운동 방향으로 알짜힘을 받는 사람만을 있는 대로 고른 것은? (단, 사람의 크기는 무시한다.)

① A　　②B　　③ C　　④ A, B　　⑤ A, C

|자|료|해|설|
운동 방향으로 알짜힘을 받는 사람은 등가속도 직선 운동을 한다.

|선|택|지|풀|이|
②정답 : A는 등속 직선 운동하므로 알짜힘이 0이고 B는 등가속도 직선 운동으로 운동 방향이 알짜힘의 방향과 같다. C는 운동 방향과 알짜힘의 방향이 나란하지 않아 곡선 경로를 따라 운동한다.

💡 문제풀이 TIP | 운동 방향은 속도의 방향과 일치하고 알짜힘의 방향은 가속도의 방향과 일치한다. 속도의 방향과 가속도의 방향은 같을 수도, 다를 수도 있다.

😀 출제분석 | 이 영역에서는 속도, 가속도, 힘의 기본 개념을 확인하는 수준에서 매우 쉽게 출제된다.

그림은 수평면에서 실선을 따라 운동하는 물체의 위치를 일정한 시간 간격으로 나타낸 것이다. Ⅰ, Ⅱ, Ⅲ은 각각 직선 구간, 반원형 구간, 곡선 구간이다. 이에 대한 설명으로 옳은 것만을 <보기>에서 있는 대로 고른 것은? 3점

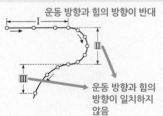

운동 방향과 힘의 방향이 반대
운동 방향과 힘의 방향이 일치하지 않음

보기
ㄱ. Ⅰ에서 물체의 속력은 변한다.
ㄴ. Ⅱ에서 물체에 작용하는 알짜힘의 방향은 물체의 운동 방향과 같다. 같지 않다
ㄷ. Ⅲ에서 물체의 운동 방향은 변하지 않는다. 변한다

①ㄱ　　② ㄴ　　③ ㄱ, ㄷ　　④ ㄴ, ㄷ　　⑤ ㄱ, ㄴ, ㄷ

|자|료|해|설|및|보|기|풀|이|
ㄱ. 정답 : Ⅰ에서 물체는 운동 방향과 힘의 방향이 반대인 운동을 한다.
ㄴ. 오답 : 알짜힘의 방향과 운동 방향이 같다면 직선 운동한다. Ⅱ에서 물체에 작용하는 알짜힘의 방향은 물체의 운동 방향과 같지 않다.
ㄷ. 오답 : Ⅲ에서 물체는 곡선 운동을 하므로 물체의 운동 방향은 변한다.

😀 출제분석 | 물체의 운동을 통해 힘의 방향과 운동 방향을 알 수 있어야 한다.

25 등가속도 운동

정답 ② 정답률 64% 2018년 3월 학평 7번 문제편 15p

그림 (가)는 자동차 A, B가 평행한 직선 경로를 따라 각각 가속도 운동과 등속도 운동을 하는 모습을 나타낸 것이다. 0초일 때 A, B의 속력은 모두 10m/s이고, B는 A보다 L만큼 앞에 있다. 6초일 때 A, B는 기준선을 동시에 통과한다. 그림 (나)는 A의 가속도를 시간에 따라 나타낸 것이다.

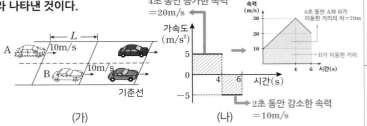

(가) (나)

L은? (단, A, B의 크기는 무시한다.)

① 60m ② 70m ③ 90m ④ 100m ⑤ 130m

|자|료|해|설|

가속도-시간 그래프에서 면적은 속력의 변화량을 나타내므로 그래프 (나)로부터 A의 속력은 0~4초 동안 등가속도 운동하여 5m/s²×4s=20m/s 증가한다. 즉, 4초에서 A의 속력은 처음 속력+증가한 속력=10+20 =30m/s이다. 또한 4~6초 동안 등가속도 운동하여 -5m/s²×2s=-10m/s, 즉 속력이 10m/s만큼 감소하였으므로 6초에서 속력은 30-10=20m/s이다. 이를 속력-시간 그래프로 그리면 왼쪽 그래프와 같다.

|선|택|지|풀|이|

② 정답 : 6초일 때 A와 B는 기준선을 동시에 통과하므로 0~6초 동안 A는 B보다 L만큼 더 이동하였다. 0~6초 동안 A와 B의 이동 거리 차이는 속력-시간 그래프에서 분홍색으로 칠한 면적과 같은데 이 부분의 넓이는 70m이므로 L=70m이다.

😀 **문제풀이 TIP** | 가속도-시간 그래프를 이용하여 속력-시간 그래프로 변환하면 물체의 운동을 쉽게 분석할 수 있다.

😀 **출제분석** | 등가속도 운동과 등속도 운동을 분석하여 시간에 따른 속력, 이동 거리를 구할 수 있는가 묻는 문항으로 등가속도 영역에서 평범한 수준으로 출제되었다. 속력-시간 그래프를 나타낼 수 있다면 무난하게 해결할 수 있다.

26 등가속도 직선 운동

정답 ④ 정답률 63% 2023년 4월 학평 6번 문제편 15p

그림과 같이 직선 도로에서 기준선 P, Q를 각각 $4v$, v의 속력으로 동시에 통과한 자동차 A, B가 각각 등가속도 운동하여 기준선 R에서 동시에 정지한다. P와 R 사이의 거리는 L이다.

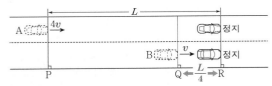

A가 Q에서 R까지 운동하는 데 걸린 시간은? (단, A, B는 도로와 나란하게 운동하며, A, B의 크기는 무시한다.)

① $\dfrac{L}{8v}$ ② $\dfrac{L}{6v}$ ③ $\dfrac{L}{5v}$ ④ $\dfrac{L}{4v}$ ⑤ $\dfrac{L}{3v}$

|자|료|해|설|

운동하는 동안 A와 B의 평균 속력은 각각 $2v$, $\dfrac{v}{2}$이고 운동하는 시간은 같으므로 이동 거리는 A가 B의 4배이다. 따라서 Q와 R 사이의 거리는 $\dfrac{L}{4}$, P와 Q 사이의 거리는 $\dfrac{3}{4}L$이다.

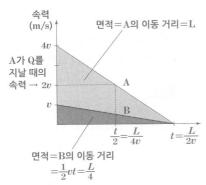

|선|택|지|풀|이|

④ 정답 : A가 Q를 지날 때의 속력을 v_A라 하면 $2a\left(\dfrac{3}{4}L\right)=(4v)^2-v_A{}^2$, $2a\left(\dfrac{L}{4}\right)=v_A{}^2$이므로 이 두 식을 연립하면 $v_A=2v$이다. 따라서 A가 Q에서 R까지 운동하는 데 걸린 시간은 $t_A=\dfrac{\dfrac{L}{4}}{\dfrac{2v+0}{2}}=\dfrac{L}{4v}$이다.

😀 **출제분석** | 등가속도 직선 운동은 등가속도 직선 운동 공식을 이용하여 만든 식을 연립하여 문제를 해결하는 형태로 출제된다. A와 B는 같은 시간 동안 운동하므로 A와 B의 평균 속력의 비는 이동 거리의 비와 같음을 이해하고 이를 이용하여 식을 간단히 표현할 수 있다면 문제는 쉽게 해결된다.

그림과 같이 물체가 점 a~d를 지나는 등가속도 직선 운동을 한다. a와 b, b와 c, c와 d 사이의 거리는 각각 L, x, $3L$이다. 물체가 운동하는 데 걸리는 시간은 a에서 b까지와 c에서 d까지가 같다. a, d에서 물체의 속력은 각각 v, $4v$이다.

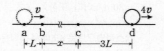

x는? **3점**

① $2L$ ② $4L$ ③ $6L$ ✓④ $8L$ ⑤ $10L$

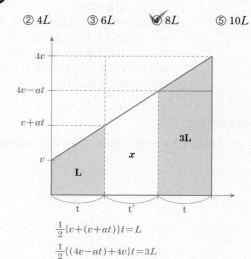

$$\frac{1}{2}\{v+(v+at)\}t=L$$
$$\frac{1}{2}\{(4v-at)+4v\}t=3L$$

| 자 | 료 | 해 | 설 | 및 | 선 | 택 | 지 | 풀 | 이 |

④ 정답 : 가속도의 크기를 a, a에서 b까지 걸린 시간을 t, b에서 c까지 걸린 시간을 t'라 할 때, b, c에서 속력은 각각 $v+at$, $4v-at$이다. $L=\dfrac{v+(v+at)}{2}t-$ ⊙, $3L=\dfrac{4v+(4v-at)}{2}t-$ ⓛ이다. ⊙과 ⓛ로부터 $at=\dfrac{1}{2}v-$ⓒ

이므로 b, c에서 속력은 각각 $\dfrac{3}{2}v$, $\dfrac{7}{2}v$이고 b에서 c까지 속력 변화는 ⓒ에 의해 $\dfrac{7}{2}v-\dfrac{3}{2}v=2v=at'=a(4t)$이므로

$x=\left(\dfrac{\frac{3}{2}v+\frac{7}{2}v}{2}\right)(4t)=10vt-$ⓔ이다. ⓒ을 ⊙에

대입하면 $vt=\dfrac{4}{5}L$이고 이를 ⓔ에 대입하면 $x=8L$이다.

😮 **문제풀이 TIP** | 이동 거리=평균 속력$\left(\dfrac{처음속력+나중속력}{2}\right)$ ×걸린 시간

😮 **출제분석** | 같은 시간 동안 물체의 속도 변화의 크기는 같음을 이용하여 등가속도 운동 방정식을 세울 수 있다면 해결할 수 있는 문항이다.

그림은 직선 도로에서 정지해 있던 자동차가 시간 $t=0$일 때 기준선 P에서 출발하여 기준선 R까지 등가속도 직선 운동하는 모습을 나타낸 것이다. $t=6$초일 때 기준선 Q를 통과하고 $t=8$초일 때 R를 통과한다. Q와 R 사이의 거리는 21m이다.

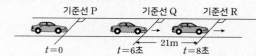

자동차의 운동에 대한 설명으로 옳은 것만을 〈보기〉에서 있는 대로 고른 것은? (단, 자동차의 크기는 무시한다.) **3점**

> **보기**
> ㄱ. 가속도의 크기는 1.5m/s²이다.
> ㄴ. $t=4$초일 때 속력은 $\frac{6}{7}$m/s이다.
> ㄷ. $t=2$초부터 $t=6$초까지 이동 거리는 24m이다.

① ㄴ   ② ㄷ   ③ ㄱ, ㄴ   ✓④ ㄱ, ㄷ   ⑤ ㄴ, ㄷ

| 자 | 료 | 해 | 설 |

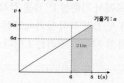

자동차는 등가속도 직선 운동을 하므로 속도-시간 그래프에서 기울기가 일정하게 나타나고 기울기는 가속도의 크기(a)를 의미한다. 또한, 6초와 8초에서의 속력은 각각 $6a$, $8a$이고 속도-시간 그래프에서 6초에서 8초까지에 해당하는 면적은 자동차가 운동한 거리이므로

$21=평균속력\times시간=\left(\dfrac{6a+8a}{2}\right)(8-6)=14a$이다.

따라서 $a=1.5$m/s²이다.

| 보 | 기 | 풀 | 이 |

ㄱ. 정답 : 가속도의 크기는 1.5m/s²이다.

ㄴ. 오답 : $t=4$초일 때 속력은 $v=at=(1.5\text{m/s}^2)(4\text{s})=$ 6m/s이다.

ㄷ. 정답 : 2초일 때 속력은 1.5m/s²×2s=3m/s, 6초일 때 속력은 1.5m/s²×6s=9m/s이므로 2초부터

6초까지 이동 거리는 평균 속력×시간=$\left(\dfrac{3\text{m/s}+9\text{m/s}}{2}\right)$ (6s−2s)=24m이다.

😮 **문제풀이 TIP** | 처음 속도가 0일 때 등가속도 직선 운동에서 이동 거리는 $s=\dfrac{1}{2}at^2$이므로 $\varDelta s=21=\dfrac{1}{2}at_2^2-\dfrac{1}{2}at_1^2=\dfrac{1}{2}a(8)^2-\dfrac{1}{2}a(6)^2$에서 $a=1.5$m/s²이다.

😮 **출제분석** | 제시된 자료를 속도-시간 그래프로 나타낼 수 있다면 쉽게 해결할 수 있다.

그림과 같이 직선 도로와 나란하게 운동하는 자동차가 $t=0$, $t=2$초, $t=5$초일 때 각각 기준선 P, Q, R를 지난다. 자동차는 P에서 Q까지, Q에서 R까지 각각 등가속도 운동을 하고 P, R를 지날 때 자동차의 속력은 각각 8m/s, 5m/s이다. **P에서 Q까지와 Q에서 R까지의 거리는 같다.**

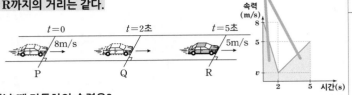

Q를 지날 때 자동차의 속력은?

① 1m/s   ② 1.5m/s   ③ 2m/s   ④ 2.5m/s   ⑤ 3m/s

|자|료|해|설|

자동차는 P에서 Q까지, Q에서 R까지 각각 등가속도 운동을 한다. Q에서 자동차의 속력을 v라 할 때, 주어진 자료를 그래프로 나타내면 왼쪽과 같다.

$$\frac{1}{2}(8+v)\times 2 = \frac{1}{2}(v+5)\times 3, \ v=1\text{m/s}$$

|선|택|지|풀|이|

① 정답 : P에서 Q까지와 Q에서 R까지의 거리가 같으므로 색칠한 두 면적(=이동 거리)은 같다. 따라서 $\frac{1}{2}(8+v)\times 2 = \frac{1}{2}(v+5)\times 3, \ v=1$m/s이다.

🤓 **문제풀이 TIP** | 제시된 자료를 바탕으로 속도-시간 그래프를 그려보면 쉽게 해결할 수 있다.

😀 **출제분석** | 등가속도 운동에 대한 문제로 제시된 자료를 그래프로 나타낼 수 있다면 쉽게 해결할 수 있다. 관련 기출 문제를 통해 그래프로 나타내는 연습을 해두자.

다음은 물체의 운동을 분석하기 위한 실험이다.

[실험 과정]

(가) 그림과 같이 빗면에서 직선 운동하는 수레를 디지털 카메라로 동영상 촬영한다.

(나) 동영상 분석 프로그램을 이용하여 수레의 한 지점 P가 기준선을 통과하는 순간부터 0.1초 간격으로 P의 위치를 기록한다.

[실험 결과]

시간(초)	0	0.1	0.2	0.3	0.4	0.5
위치(cm)	0	6	14	24	㉠	50

○ 수레는 가속도의 크기가 ㉡ 인 등가속도 직선 운동을 하였다.

이에 대한 설명으로 옳은 것만을 〈보기〉에서 있는 대로 고른 것은? (3점)

보기

ㄱ. ㉠은 36이다.

ㄴ. ㉡은 2m/s²이다.

ㄷ. P가 기준선을 통과하는 순간의 속력은 0.4m/s이다.

① ㄱ   ② ㄷ   ③ ㄱ, ㄴ   ④ ㄴ, ㄷ   ⑤ ㄱ, ㄴ, ㄷ

|자|료|해|설|

자료의 실험 결과에서 0.1초일 때 6cm, 0.2초일 때 14cm인 데이터를 이용하여 등가속도 직선 운동 공식에서 $s=v_0 t + \frac{1}{2}at^2$를 적용하면 $6=v_0(0.1)+\frac{1}{2}a(0.1)^2 \cdots$ ①, $14=v_0(0.2)+\frac{1}{2}a(0.2)^2 \cdots$ ② 두 식을 얻을 수 있고 이를 정리하여 기준선에서의 순간 속력(v_0)과 가속도의 크기(a)는 $v_0=50$cm/s$=0.5$m/s, $a=200$cm/s²$=2$m/s²임을 알 수 있다.

|보|기|풀|이|

ㄱ. 정답 : ㉠은 0.4초일 때의 위치이므로 $s=(50\text{cm/s})(0.4\text{s})+\frac{1}{2}(200\text{cm/s}^2)(0.4\text{s})^2=36$cm이다.

ㄴ. 정답 : 위의 자료 해설로부터 가속도의 크기는 2m/s²이다.

ㄷ. 오답 : 위의 자료 해설로부터 기준선을 통과하는 순간의 속력은 0.5m/s이다.

🤓 **문제풀이 TIP** | 수레의 실험 결과 표 분석

시간(초)	0	0.1	0.2	0.3	0.4	0.5
위치(m)	0	0.06	0.14	0.24	0.36 (㉠36cm)	0.5
위치 변화 (m)		0.06	0.08	0.10	0.12	0.14
평균 속력 (m/s)		0.6	0.8	1	1.2	1.4
속력의 변화 (m/s)			0.2	0.2	0.2	0.2
가속도의 크기(m/s²)			2	2	2	2

😀 **출제분석** | 등가속도 직선 운동에 대한 실험 결과 분석 문항으로 일반적인 형태로 출제되었다. 이 영역의 문제는 매우 어렵게도 출제되므로 응용력이 필요한 난도 높은 문제까지 깊이 있게 살펴보자.

위의 등가속도 직선 운동 공식을 이용 $6=v_0(0.1)+\frac{1}{2}a(0.1)^2 \cdots$ ① $14=v_0(0.2)+\frac{1}{2}a(0.2)^2 \cdots$ ②  ①과 ②를 연립하여 $v_0=50$cm/s$=0.5$m/s $a=200$cm/s²$=2$m/s²

그림 (가)는 기울기가 서로 다른 빗면에서 v_0의 속력으로 동시에 출발한 물체 A, B, C가 각각 등가속도 운동하는 모습을 나타낸 것이다. 그림 (나)는 A, B, C가 각각 최고점에 도달하는 순간까지 물체의 속력을 시간에 따라 나타낸 것이다.

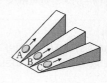
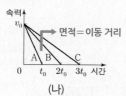

(가)   (나)

가속도 크기 : C<B<A

이에 대한 설명으로 옳은 것만을 〈보기〉에서 있는 대로 고른 것은?

> **보기**
>
> ㄱ. 가속도의 크기는 B가 A의 $\frac{1}{2}$배이다.
>
> ㄴ. t_0일 때, C의 속력은 $\frac{2}{3}v_0$이다.
>
> ㄷ. 물체가 출발한 순간부터 최고점에 도달할 때까지 이동한 거리는 C가 A의 3배이다.   면적 A : C = 1 : 3

① ㄱ   ② ㄴ   ③ ㄱ, ㄷ   ✔ ④ ㄴ, ㄷ   ⑤ ㄱ, ㄴ, ㄷ

😮 **문제풀이 T I P** | 그래프 아래의 면적은 물체의 이동 거리이다.

😀 **출제분석** | 속력-시간 그래프의 기울기와 면적의 물리적 의미를 확인하는 문항이다.

|자|료|해|설|

가속도는 $a = \frac{\Delta v}{\Delta t}$이므로 속력-시간 그래프의 기울기에 해당하고, 이동 거리는 $s = v \cdot t$이므로 속력-시간 그래프의 넓이에 해당한다. 따라서 A, B, C는 가속도가 각각 $-\frac{v_0}{t_0}$, $-\frac{v_0}{2t_0}$, $-\frac{v_0}{3t_0}$인 등가속도 직선 운동을 하며, 기울기가 급할수록 가속도의 크기가 큰 것을 확인할 수 있다.

|보|기|풀|이|

ㄱ. 오답 : 가속도의 크기는 그래프 기울기의 크기와 같으므로 A는 $|a_A| = \frac{v_0}{t_0}$이고, B는 $|a_B| = \frac{v_0}{2t_0}$이다. 따라서 B가 A의 $\frac{1}{2}$배이다.

ㄴ. 정답 : t_0일 때 C의 속력은 $v = v_0 + at$에 의해 $v_0 - \frac{v_0}{3t_0} \times t_0 = \frac{2}{3}v_0$이다. 또는 등가속도 운동에서 $3t_0$ 동안 속력 감소량이 v_0이므로 t_0 동안 속력 감소량이 $\frac{1}{3}v_0$가 되어 t_0에서 속력은 $v_0 - \frac{1}{3}v_0 = \frac{2}{3}v_0$이다.

ㄷ. 정답 : 물체가 출발한 순간부터 최고점에 도달할 때까지 이동한 거리는 그래프의 면적과 같다. 직각 삼각형의 높이가 같고 밑변이 A : B : C = 1 : 2 : 3이므로 삼각형의 면적 또는 이동 거리도 A : B : C = 1 : 2 : 3이다.

그림과 같이 0초일 때 기준선 P를 서로 반대 방향의 같은 속력으로 통과한 물체 A와 B가 각각 등가속도 직선 운동하여 기준선 Q를 동시에 지난다. P에서 Q까지 A의 이동 거리는 L이다. 가속도의 방향은 A와 B가 서로 반대이고, 가속도의 크기는 B가 A의 7배이다. t_0초일 때 A와 B의 속도는 같다. 0초에서 t_0초까지 A의 이동 거리는? (단, 물체의 크기는 무시한다.)

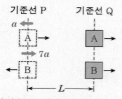

A와 B의 가속도는 각각 $-a$, $7a$

① $\frac{5}{13}L$ ② $\frac{7}{16}L$ ③ $\frac{1}{2}L$ ✔ ④ $\frac{7}{12}L$ ⑤ $\frac{5}{7}L$

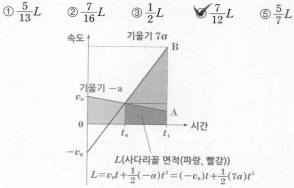

L(사다리꼴 면적(파랑, 빨강))

$L = v_0 t + \frac{1}{2}(-a)t^2 = (-v_0)t + \frac{1}{2}(7a)t^2$

|자|료|해|설|

A와 B의 가속도를 각각 $-a$, $7a$, 0초일 때 A와 B의 속도를 각각 v_0, $-v_0$, A와 B가 Q를 지날 때 시간을 t_1이라 하면 $L = v_0 t_1 - \frac{1}{2}at_1^2 = -v_0 t_1 + \frac{7}{2}at_1^2$이다. t_1을 소거하면 $3v_0^2 = 8aL$ — ①이고, A와 B의 속도가 같을 때 $v_0 - at_0 = -v_0 + 7at_0$이므로 $v_0 = 4at_0$ — ②이다.

|선|택|지|풀|이|

④ 정답 : ①과 ②에 의해 0초에서 t_0초까지 A의 이동 거리는 $L' = v_0 t_0 - \frac{1}{2}at_0^2 = v_0\left(\frac{v_0}{4a}\right) - \frac{1}{2}a\left(\frac{v_0}{4a}\right)^2 = \frac{7v_0^2}{32a} = \frac{7}{32a}\left(\frac{8}{3}aL\right) = \frac{7}{12}L$이다.

😮 **문제풀이 T I P** | A와 B가 P에서 출발하여 Q를 지날 때까지 걸린 시간과 변위는 같다.

😀 **출제분석** | 등가속도 운동을 식으로 표현할 수 있다면 쉽게 해결할 수 있는 문항이다.

그림은 기준선 P에 정지해 있던 두 자동차 A, B가 동시에 출발하는 모습을 나타낸 것이다. A, B는 P에서 기준선 Q까지 각각 등가속도 직선 운동을 하고, P에서 Q까지 운동하는 데 걸린 시간은 B가 A의 2배이다.

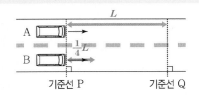

A가 P에서 Q까지 운동하는 동안, 물리량이 A가 B의 4배인 것만을 〈보기〉에서 있는 대로 고른 것은? (단, A, B의 크기는 무시한다.) **3점**

보기
 ㄱ. 평균 속력 ㄴ. 가속도의 크기 ㄷ. 이동 거리

 ㄱ   ㄴ   ㄱ, ㄷ   ㄴ, ㄷ ⑤ ㄱ, ㄴ, ㄷ

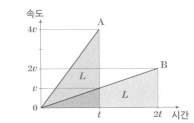

😀 **문제풀이 T I P |** A와 B 모두 $v_0=0$이므로 $s=\frac{1}{2}at^2$에서 s가 A : B=1 : 1일 때 t가 A : B=1 : 2이므로 a는 A : B=4 : 1이다. 따라서 같은 시간 동안에는 $\Delta v=at$에 의해 Δv가 A : B=4 : 1이므로 평균 속력(v)이 A : B=4 : 1이고, $s=\frac{1}{2}at^2$ 또는 $s=vt$에 의해 이동 거리(s)도 A : B=4 : 1이다.

😀 **출제분석 |** 문제는 어렵지 않았지만, 문제에서 주어진 'A가 P에서 Q까지 운동하는 동안'이라는 조건을 지나치면 틀리기 쉬우니 조심해야 한다.

|자|료|해|설|
P에서 Q까지의 거리를 L, A가 P에서 Q까지 운동하는 데 걸린 시간을 t, B가 P에서 Q까지 운동하는 데 걸린 시간을 $2t$라 하면, A와 B가 총 이동한 거리는 L로 같으므로 시간 $0\sim t$동안 A의 평균 속력은 시간 $0\sim2t$동안 B의 평균 속력의 2배이다. 0초인 기준선 P에서는 A, B 모두 정지해 있었으므로 기준선 Q에 도착했을 때 A의 속력은 기준선 Q에 도착했을 때 B의 속력의 2배이다. 따라서 시간 t일 때 A의 속력을 $4v$, 시간 $2t$일 때 B의 속력을 $2v$라고 나타낼 수 있다. 이를 이용하면 A와 B의 속도-시간 그래프는 그림과 같이 그릴 수 있다.

|보|기|풀|이|
ㄱ. 정답 : A가 P에서 Q까지 운동하는 동안 (시간 $0\sim t$까지) A의 평균 속력은 $\overline{v_A}=\frac{0+4v}{2}=2v$, A가 P에서 Q까지 운동하는 동안 (시간 $0\sim t$까지) B의 평균 속력은 $\overline{v_B}=\frac{0+v}{2}=\frac{v}{2}$이므로, 평균 속력은 A가 B의 4배이다.

ㄴ. 정답 : A가 P에서 Q까지 운동하는 동안 (시간 $0\sim t$까지) A의 가속도 크기는 $a_A=\frac{4v}{t}$, A가 P에서 Q까지 운동하는 동안 (시간 $0\sim t$까지) B의 가속도 크기는 $a_B=\frac{v}{t}$이므로, 가속도의 크기는 A가 B의 4배이다.

ㄷ. 정답 : A가 P에서 Q까지 운동하는 동안 (시간 $0\sim t$까지) A의 이동 거리는 $L_A=\frac{4vt}{2}=L$, A가 P에서 Q까지 운동하는 동안 (시간 $0\sim t$까지) B의 이동 거리는 $L_B=\frac{vt}{2}=\frac{L}{4}$이므로, 이동 거리는 A가 B의 4배이다.

그림과 같이 직선 도로에서 자동차 A가 기준선 P를 통과하는 순간 자동차 B가 기준선 Q를 통과한다. A, B는 각각 등속도 운동, 등가속도 운동하여 **B가 기준선 R에서 정지한 순간부터 2초 후 A가 R를 통과한다.** Q에서의 속력은 A가 B의 $\frac{5}{4}$배이다. P와 Q 사이의 거리는 30m이고 Q와 R 사이의 거리는 10m이다.

$$\frac{40}{5v}=\frac{10}{2v}+2$$

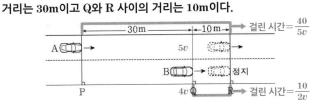

B의 가속도의 크기는? (단, A, B는 도로와 나란하게 운동하며, A, B의 크기는 무시한다.) **3점**

① $\frac{7}{5}$m/s² ② $\frac{9}{5}$m/s² ③ $\frac{11}{5}$m/s²

④ $\frac{13}{5}$m/s² ⑤ 3m/s²

|자|료|해|설|
Q에서 속력이 A : B=5 : 4이므로 이를 각각 $5v$, $4v$로 두자. A는 등속도 운동하므로 P에서 R까지 $5v$로 운동하고, B는 R에서 정지하므로 Q에서 R까지 평균 속력은 $\frac{4v}{2}=2v$이다. 주어진 조건에서 R에 도달하는 시간 차이가 2초라고 했으므로 A와 B의 운동을 시간에 대해 식을 세우면, A가 P에서 R까지 운동하는 데 걸린 시간은 $\frac{40}{5v}$이고, B가 Q에서 R까지 운동하는 데 걸린 시간은 $\frac{10}{2v}$이다. 따라서 $\frac{40}{5v}=\frac{10}{2v}+2$이므로 $v=\frac{3}{2}$(m/s)이다.

|선|택|지|풀|이|
② 정답 : Q에서 B의 속력은 $4v=6$(m/s)이다. 따라서 등가속도 운동 공식 $2as=v^2-v_0{}^2$에 의해 $2a(10)=0-36$이므로 가속도의 크기는 $|a|=\frac{36}{20}=\frac{9}{5}$(m/s²)이다.

그림과 같이 수평면에서 간격 L을 유지하며 일정한 속력 $3v$로 운동하던 물체 A, B가 빗면을 따라 운동한다. A가 점 p를 속력 $2v$로 지나는 순간에 B는 점 q를 속력 v로 지난다.

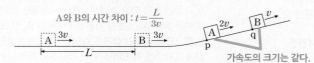

A와 B의 시간 차이 : $t=\dfrac{L}{3v}$

가속도의 크기는 같다.

p와 q 사이의 거리는? (단, A, B는 동일 연직면에서 운동하며, 물체의 크기, 모든 마찰은 무시한다.)

① $\dfrac{2}{5}L$ ✔② $\dfrac{1}{2}L$ ③ $\dfrac{\sqrt{3}}{3}L$ ④ $\dfrac{\sqrt{2}}{2}L$ ⑤ $\dfrac{3}{4}L$

|자|료|해|설|및|선|택|지|풀|이|

② 정답 : A는 시간 $t=\dfrac{L}{3v}$ 후에 B에 도착한다. 빗면에서 A와 B의 가속도의 크기는 같으므로 시간 $t=\dfrac{L}{3v}$ 후에 속력이 $2v$에서 v로 줄어든다. 즉, p와 q 사이의 거리는 A가 평균 속력 $\dfrac{2v+v}{2}$로 시간 $t=\dfrac{L}{3v}$만큼 간 거리이므로 $\dfrac{3v}{2}\times\dfrac{L}{3v}=\dfrac{L}{2}$이다.

🤪 문제풀이 TIP | B의 운동은 A의 시간 $\dfrac{L}{3v}$ 후의 미래와 같다.

😀 출제분석 | 두 물체의 운동이 일정한 시간 간격을 두고 같은 운동을 하는 것을 파악했다면 쉽게 해결할 수 있는 문항이다.

총 걸린 시간이 동일하다.

크기 : a_1 (운동 방향과 같은 방향)

그림과 같이 직선 도로에서 자동차 A가 속력 $3v$로 기준선 Q를 지나는 순간 기준선 P에 정지해 있던 자동차 B가 출발하여 기준선 S에 동시에 도달한다. A가 Q에서 기준선 R까지 등가속도 운동하는 동안 A의 가속도와 B가 P에서 R까지 등가속도 운동하는 동안 B의 가속도는 크기와 방향이 서로 같고, R에서 S까지 A와 B가 등가속도 운동하는 동안 A와 B의 가속도는 크기와 방향이 서로 같다. A가 S에 도달하는 순간 A의 속력은 v이고, B가 P에서 R까지 운동하는 동안, R에서 S까지 운동하는 동안 B의 평균 속력은 각각 $3.5v$, $6v$이다. R과 S 사이의 거리는 L이다.

크기 : a_2 (운동 방향과 반대 방향)

R과 S에서 B의 속력은 각각 $7v$, $5v$

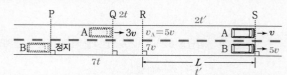

P와 Q 사이의 거리는? (단, A, B의 크기는 무시한다.) 3점

✔① $\dfrac{11}{20}L$ ② $\dfrac{3}{5}L$ ③ $\dfrac{13}{20}L$ ④ $\dfrac{7}{10}L$ ⑤ $\dfrac{3}{4}L$

🤪 문제풀이 TIP | ▶ A와 B의 속도−시간 그래프

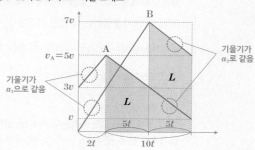

기울기가 a_1으로 같음

기울기가 a_2로 같음

😀 출제분석 | 등가속도 직선 운동에서 평균 속력과 등가속도 직선 운동 공식을 활용하는 문항으로 다소 시간이 걸리므로 시험에서는 다른 문항들을 신속 정확하게 풀어 위 문항에 충분한 시간을 가질 수 있도록 해야 한다.

|자|료|해|설|

등가속도 직선 운동에서 평균 속력은 $\dfrac{\text{처음 속력}+\text{나중 속력}}{2}$이므로 B의 R과 S에서의 속력을 각각 v_{BR}, v_{BS}라 하면 $3.5v=\dfrac{0+v_{BR}}{2}$에서 $v_{BR}=7v$, $6v=\dfrac{7v+v_{BS}}{2}$에서 $v_{BS}=5v$이다. R에서 A의 속력을 v_A라 하면 R에서 S까지 A, B의 가속도의 크기(a_2)와 이동 거리(L)가 같으므로 $2(-a_2)L=v^2-v_A{}^2=(5v)^2-(7v)^2$이고 이를 정리하면 $v_A=5v$이다.

A가 Q에서 R까지 운동할 때와 B가 P에서 R까지 운동할 때의 가속도 크기가 같으므로 같은 시간 동안 속도 변화량의 크기는 같다. A의 속도 변화량의 크기가 $5v-3v=2v$일 때 B의 속도 변화량의 크기는 $7v$이고, 걸린 시간의 비는 $2v:7v=2:7$이므로 이를 각각 $2t$, $7t$라고 하자. A와 B가 R에서 S까지 운동할 때 가속도의 크기(a_2)는 같고 이 구간에서 A와 B의 속도 변화량의 크기는 각각 $5v-v=4v$, $7v-5v=2v$이므로 B가 걸린 시간을 t'이라 할 때 A가 걸린 시간은 $2t'$이다. 따라서 B가 P에서 S까지 걸린 시간은 $7t+t'$이고, A는 Q에서 S까지 걸린 시간은 $2t+2t'$이다. 여기서, 기준선 S에 동시 도달한다고 했으므로, 총 걸린 시간이 동일하고, $2t+2t'=7t+t'$, $t'=5t$이다.

|선|택|지|풀|이|

① 정답 : P와 Q 사이의 거리=P와 R 사이의 거리−Q와 R 사이의 거리=P와 R에서 B의 평균 속력×걸린 시간−Q와 R에서 A의 평균 속력×걸린 시간$=(3.5v)(7t)-(4v)(2t)=16.5vt$이다. 또한 B가 R에서 S까지 이동한 거리는 $L=\left(\dfrac{7v+5v}{2}\right)5t=30vt$이고, $vt=\dfrac{L}{30}$이므로 $16.5vt=\dfrac{11}{20}L$이다.

그림과 같이 등가속도 직선 운동을 하는 자동차 A, B가 기준선 P, R를 각각 v, $2v$의 속력으로 동시에 지난 후, 기준선 Q를 동시에 지난다. P에서 Q까지 A의 이동 거리는 L이고, R에서 Q까지 B의 이동 거리는 $3L$이다. A, B의 가속도의 크기와 방향은 서로 같다.

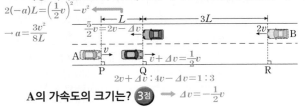

$$2(-a)L = \left(\frac{1}{2}v\right)^2 - v^2 \quad \leftarrow$$
$$\rightarrow a = \frac{3v^2}{8L}$$

$\frac{5}{2}v = 2v - \Delta v$

$v + \Delta v = \frac{1}{2}v$

$2v + \Delta v : 4v - \Delta v = 1 : 3$

A의 가속도의 크기는? (3점) $\rightarrow \Delta v = -\frac{1}{2}v$

① $\dfrac{3v^2}{16L}$ ✓② $\dfrac{3v^2}{8L}$ ③ $\dfrac{3v^2}{4L}$ ④ $\dfrac{9v^2}{8L}$ ⑤ $\dfrac{4v^2}{3L}$

|자|료|해|설|

(평균 속도) A와 B는 동시에 P, R을 통과하고 동시에 Q에 도달하므로 운동 시간이 같다. 또한 가속도의 크기가 같으므로 속력 변화량 $a \times \Delta t = \Delta v$도 같다. 따라서 Q에서 A의 속력을 $v + \Delta v$라고 하면, Q에서 B의 속력은 $2v - \Delta v$이다.

A와 B는 같은 시간 동안 이동한 거리가 1 : 3이므로 평균 속력도 1 : 3이다. A의 평균 속력은 $\dfrac{v + (v + \Delta v)}{2}$이고, B의 평균 속력은 $\dfrac{2v + (2v - \Delta v)}{2}$이므로 $3 \times (2v + \Delta v) = 4v - \Delta v$에 의해 $\Delta v = -\dfrac{1}{2}v$이다. 따라서 Q에서 A의 속력은 $\dfrac{1}{2}v$이고, B의 속력은 $\dfrac{5}{2}v$이다.

(등가속도 공식) B는 A의 속력의 2배인 $2v$의 속력으로 출발하여 A보다 3배의 이동 거리인 $3L$만큼 이동하므로 B는 빨라지고 A는 느려진다. A와 B의 가속도의 크기를 a라 하고 좌측 방향을 양(+)의 방향으로 두어 등가속도 공식으로 표현하면 A는 $L = vt - \dfrac{1}{2}at^2$ — ①, B는 $3L = 2vt + \dfrac{1}{2}at^2$ — ②이다. ①+②는 $4L = 3vt$이고 $t = \dfrac{4L}{3v}$이므로 이를 ①에 대입하면 $L = v\left(\dfrac{4L}{3v}\right) - \dfrac{1}{2}a\left(\dfrac{4L}{3v}\right)^2$이다. 따라서 $a = \dfrac{3v^2}{8L}$이다.

|선|택|지|풀|이|

② 정답 : (평균 속도) Δv의 부호로 판단했을 때 a는 좌측 방향으로 양(+)의 값을 가진다. 등가속도 운동 공식 $2 \cdot a \cdot S = v^2 - v_0^2$에 의해 A의 가속도를 구하면 $2(-a)L = \dfrac{1}{4}v^2 - v^2$이므로 $a = \dfrac{3v^2}{8L}$이고 B에서도 $2a(3L) = \dfrac{25}{4}v^2 - 4v^2$에 의해 $a = \dfrac{3v^2}{8L}$를 얻을 수 있다.

😲 **문제풀이 T I P |** 평균 속도로 풀이할 때는 가속도의 방향을 모르더라도 Δv를 일관된 방향으로 설정하고 계산하면 반대 방향인 경우 음(-)의 값이 나오기 때문에 가속도의 방향을 미리 추론할 필요는 없다.

그림과 같이 직선 도로에서 출발선에 정지해 있던 자동차 A, B가 구간 Ⅰ에서는 가속도의 크기가 $2a$인 등가속도 운동을, 구간 Ⅱ에서는 등속도 운동을, 구간 Ⅲ에서는 가속도의 크기가 a인 등가속도 운동을 하여 도착선에서 정지한다. A가 출발선에서 L만큼 떨어진 기준선 P를 지나는 순간 B가 출발하였다. 구간 Ⅲ에서 A, B 사이의 거리가 L인 순간 A, B의 속력은 각각 v_A, v_B이다.

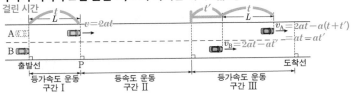

$\dfrac{v_A}{v_B}$ **는?** (3점)

① $\dfrac{1}{4}$ ✓② $\dfrac{1}{3}$ ③ $\dfrac{1}{2}$ ④ $\dfrac{2}{3}$ ⑤ 1

|자|료|해|설|

A가 출발선에서 P까지 이동하는 데 걸린 시간을 t라고 하면 B가 P를 지날 때의 속력은 $v = 2at$이고, 구간 Ⅰ에서 평균 속도는 $\dfrac{1}{2}v = \dfrac{L}{t} = at$이다. A와 B는 시간이 t만큼 차이나지만 동일한 운동을 하므로 구간 Ⅲ에서 B가 v_B인 시점에서부터 L만큼 운동할 때까지 걸린 시간도 t이다. 따라서 이 구간의 평균 속도는 $\dfrac{v_A + v_B}{2} = \dfrac{L}{t} = at$이므로 $v_A + v_B = 2at$이다.

|선|택|지|풀|이|

② 정답 : v_B에서 시간 t 동안 속력 변화량은 at이므로 $v_A = v_B - at$이다. $v_A + v_B = 2at$이므로 $v_A = \dfrac{1}{2}at$, $v_B = \dfrac{3}{2}at$이고, $\dfrac{v_A}{v_B} = \dfrac{1}{3}$이다.

😲 **문제풀이 T I P |**

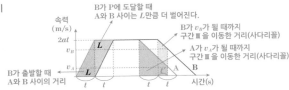

그림과 같이 직선 도로에서 서로 다른 가속도로 등가속도 운동을 하는 자동차 A, B가 각각 속력 v_A, v_B로 기준선 P, Q를 동시에 지난 후 기준선 S에 동시에 도달한다. 가속도의 방향은 A와 B가 같고,

가속도의 크기는 A가 B의 $\frac{2}{3}$배이다. B가 Q에서 기준선 R까지 운동
➡ A, B의 가속도 크기는 각각 $2a$, $3a$ ➡ 걸린 시간은 Q에서 R까지 t, R에서 S까지 $2t$

하는 데 걸린 시간은 R에서 S까지 운동하는 데 걸린 시간의 $\frac{1}{2}$배이다.

P와 Q 사이, Q와 R 사이, R와 S 사이에서 자동차의 이동 거리는
➡ 속력이 느려지고 있으므로 가속도의 방향은 운동방향과 반대
모두 L로 같다.

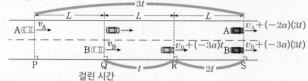

$\dfrac{v_A}{v_B}$ 는? **3점**

① $\dfrac{9}{4}$ ② $\dfrac{3}{2}$ ③ $\dfrac{7}{6}$ ④ $\dfrac{8}{7}$ ⑤ $\dfrac{8}{9}$

😀 **문제풀이 TIP** | 등가속도 운동에서 평균 속력은 $\overline{v} = \dfrac{\text{처음 속력} + \text{나중 속력}}{2}$ 이다.

😊 **출제분석** | 평균 속력과 등가속도 직선 운동 공식을 활용하여 문제를 해결할 수 있다.

|자|료|해|설|

B의 운동의 경우 Q와 R, R과 S 사이를 이동하는 데 걸린 시간을 각각 t, $2t$라 하면, 운동할수록 같은 거리를 가는 동안 걸린 시간이 t에서 $2t$로 늘어나고 있으므로 가속도의 방향이 운동 방향과 반대임을 알 수 있다. 그리고 A의 가속도 크기가 B의 크기의 $\frac{2}{3}$배라는 문제의 조건에 따라 자동차 A, B의 가속도를 각각 $-2a$, $-3a$로 가정할 수 있다. 이를 등가속도 직선운동 공식에 적용해보면 S에서 A와 B의 속력은 각각 $v_A + (-2a)(3t)$, $v_B + (-3a)(3t)$이고, R에서의 속력은 $v_B + (-3a)t$라 할 수 있다.

|선|택|지|풀|이|

④ 정답 : (평균 속도 이용) S에서 A와 B의 속력은 각각 $v_A + (-2a)(3t)$, $v_B + (-3a)(3t)$이고 평균 속력을 이용하면

$$3L = \frac{v_A + (v_A + (-2a)(3t))}{2} \times 3t,$$

$$2L = \frac{v_B + (v_B + (-3a)(3t))}{2} \times t$$ 이고 두 식을 연립하여

L을 소거하면 $4v_A - 6v_B = -15at$ — ①이다. R에서 B의 속력은 $v_B + (-3a)t$이고 Q와 R, R과 S 사이의 거리는 같으므로 이를 평균 속력을 이용하여

$$L = \frac{v_B + (v_B + (-3a)t)}{2} \times t =$$

$$\frac{(v_B + (-3a)t + v_B + (-3a)(3t))}{2} \times 2t$$ 로 정리할 수 있고,

$v_B = \frac{21}{2}at$이다. 이를 ①에 대입하면 $v_A = 12at$이므로 $\dfrac{v_A}{v_B}$

$= \dfrac{12at}{\frac{21}{2}at} = \dfrac{8}{7}$ 이다.

(등가속도 직선운동 공식 이용) 등가속도 직선 운동

공식에서 $s = v_0 t + \frac{1}{2}at^2$을 이용하면

$3L = v_A(3t) + \frac{1}{2}(-2a)(3t)^2$ — ①, $2L = v_B(3t) +$

$\frac{1}{2}(-3a)(3t)^2$ — ②, $L = v_B(t) + \frac{1}{2}(-3a)(t)^2$ — ③ 식을 얻을 수 있다. ②와 ③을 연립하여 식을 정리하면

$v_B = \frac{21}{2}at$, $L = 9at^2$ —④ 이고, ④을 식①에 대입하면

$v_A = 12at$라는 것을 알 수 있다. 따라서 $\dfrac{v_A}{v_B} = \dfrac{12at}{\frac{21}{2}at} = \dfrac{8}{7}$

이다.

그림은 직선 도로에서 **10m 간격을 유지하며 5m/s의 일정한 속력으로 운동하는 자동차 A, B를 나타낸 것이다. A, B는 터널 내부에서 각각 등가속도 직선 운동을 하고, B가 터널에 들어가는 순간부터 A가 터널을 나오는 순간까지 A와 B 사이의 거리는 1초에 2m씩 증가한다.**

→ A가 터널을 통과한 후 2초 뒤에 B가 터널을 통과함

→ B에 대한 A의 상대 속도의 크기는 2m/s이고 A와 B의 가속도의 크기는 같음 (속도−시간 그래프에서 기울기가 같음)

이에 대한 설명으로 옳은 것만을 〈보기〉에서 있는 대로 고른 것은? (단, A와 B의 크기는 무시한다.) 3점

보기
ㄱ. A가 터널을 빠져나온 순간부터 2초 후에 B가 터널을 빠져나온다.
ㄴ. B가 터널에 들어가는 순간 A의 속력은 7m/s이다.
ㄷ. 터널 안에서 B의 가속도의 크기는 ~~1~~5m/s²이다.

① ㄱ　　② ㄴ　　③ ㄷ　　④ ㄱ, ㄴ　　⑤ ㄴ, ㄷ

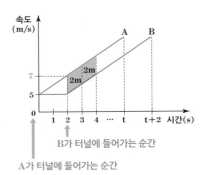

B가 터널에 들어가는 순간

A가 터널에 들어가는 순간

😀 **문제풀이 TIP** | 등가속도 직선 운동에서 속도−시간 그래프의 기울기는 가속도의 크기를 의미하고 면적은 이동 거리를 의미한다.

😀 **출제분석** | 등가속도 직선 운동에서 제시된 자료를 이용하여 물리량을 비교 분석할 수 있는지 묻는 문항으로 이와 같은 유형은 속도−시간 그래프를 나타내 문제를 해결하는 연습이 필요하다.

|자|료|해|설|

자동차 A, B는 10m 간격을 유지하며 5m/s의 일정한 속력으로 운동하므로 A가 터널에 들어간 뒤 2초 뒤에 B가 터널에 들어간다. 이때 두 자동차가 터널 내부에서 각각 등가속도 직선 운동을 하고, B가 터널에 들어가는 순간부터 A가 터널을 나오는 순간까지 A와 B 사이의 거리는 1초에 2m씩 증가하였다는 것은 B의 입장에서 측정한 A의 속도가 2m/s로 빨라지지도 느려지지도 않는다는 것을 의미한다. 즉, A와 B의 가속도의 크기는 같고 이를 속도−시간 그래프로 나타내면 왼쪽과 같다. 그래프의 기울기는 가속도의 크기를 의미하므로 A와 B의 기울기는 같다. 또한 그래프의 면적은 이동 거리를 의미하는데 파란 평행사변형은 A와 B의 초당 거리 차이로 2m를 의미하며 1초 동안 2m가 되기 위해서는 각 시간에서 A의 속도의 크기는 B보다 2m/s 커야하므로 2초일 때 A의 속도는 7m/s이다. 즉, A는 2초 동안 2m/s 증가하였으므로 가속도의 크기(a)는 $a = \dfrac{2\text{m/s}}{2\text{s}} = 1\text{m/s}^2$ 이다.

|보|기|풀|이|

ㄱ. 정답 : 자료 해설의 그래프와 같이 A가 터널을 빠져나올 때 걸린 시간이 t라 하면 터널의 길이는 0에서 t초까지 A그래프 아래의 사다리꼴 면적과 같다. 또한 0에서 t초까지 A가 움직인 거리는 2에서 $t+2$초까지 B가 움직인 거리(그래프 아래의 면적)와 같다. 즉, B는 $t+2$초에 터널을 통과한다.

ㄴ. 정답 : B에 대한 A의 상대 속도의 크기는 2m/s로 A가 터널에 들어간 뒤 2초 후에 B가 진입할 때 A의 속도의 크기는 B의 속력인 5m/s보다 2m/s 큰 7m/s이다.

ㄷ. 오답 : A가 터널에 들어간 뒤 2초 후에 B가 진입할 때 A의 속도의 크기는 B의 속력인 5m/s보다 2m/s 큰 7m/s 이다. 즉, A의 속력은 2초 동안 2m/s 증가하므로 가속도의 크기는 $a = \dfrac{2\text{m/s}}{2\text{s}} = 1\text{m/s}^2$이다. 또한 B가 터널에 들어가는 순간부터 A가 터널을 나오는 순간까지 A와 B 사이의 거리가 1초에 2m씩 증가하였다는 것은 B의 입장에서 측정한 A의 속도가 빨라지지도 느려지지도 않는다는 것을 의미한다. 따라서 B의 가속도의 크기는 A와 같은 1m/s² 이다.

그림은 학생 A, B가 동일한 직선상에서 이어달리기를 하는 모습을 나타낸 것이다. 기준선 P를 속력 6m/s로 통과하여 등속도 운동하는 A가 기준선 Q에서 B에게 바통을 넘겨주면, B는 Q부터 기준선 R까지 등가속도 운동한다. Q, R에서 B의 속력은 각각 6m/s, 8m/s 이다. A가 P를 통과할 때부터 B가 R을 통과할 때까지 걸린 시간은 3초이고 P와 R 사이의 거리는 20m이다.

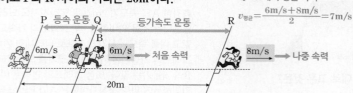

Q~R에서 평균 속력 $v_{평균} = \dfrac{6\text{m/s}+8\text{m/s}}{2}=7\text{m/s}$

Q와 R 사이의 거리는? (단, A, B의 크기는 무시한다.)

① 12m   ✓② 14m   ③ 15m   ④ 16m   ⑤ 17m

|자|료|해|설|

평균 속력 $=\dfrac{\text{이동 거리}}{\text{걸린 시간}}$

$\rightarrow v_{평균} = \dfrac{v_0 t + \frac{1}{2}at^2}{t}$

$\therefore v_{평균} = v_0 + \dfrac{1}{2}at = \dfrac{2v_0 + at}{2}$

$= \dfrac{v_0 + (v_0 + at)}{2} = \dfrac{v_0 + v}{2}$

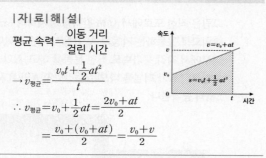

|선|택|지|풀|이|

②정답 : P에서 Q까지 걸린 시간 t_1 동안 6m/s의 등속도 운동을 하였으므로 $\overline{PQ}=6t_1$이고, Q에서 R까지 걸린 시간 t_2 동안 $\dfrac{v_{처음}+v_{나중}}{2} = \dfrac{6\text{m/s}+8\text{m/s}}{2} = 7\text{m/s}$의 평균 속력으로 운동하였으므로 $\overline{QR}=7t_2$이다.
$\overline{PQ}+\overline{QR}=20\text{m}$이고 $t_1+t_2=3$초라고 했으므로 대입하면, $6t_1+7(3-t_1)=20$으로부터 $t_1=1$초이고 $t_2=2$초임을 알 수 있다. 따라서 $\overline{QR}=7t_2=7\times2=14(\text{m})$이다.

👾 **문제풀이 TIP** | 한 사람이 처음에 일정한 속력으로 달리다가 나중에 등가속도 운동으로 전환하였다고 생각하면 공식을 적용하기가 더 편리하다.
등가속도 운동하는 물체의 처음 속력이 6m/s, 나중 속력이 8m/s이면, 평균 속력 $\dfrac{6\text{m/s}+8\text{m/s}}{2}=7\text{m/s}$이다.

😀 **출제분석** | 등가속도 직선 운동에서 평균 속력 $v_{평균}=\dfrac{v_0+v}{2}$의 공식을 이용하여 두 지점 사이의 거리를 구해내는 능력을 평가하는 문항이다.

그림 (가)와 같이 마찰이 없는 빗면에서 가만히 놓은 물체 A가 점 p를 지나 점 q를 v의 속력으로 통과하는 순간, 물체 B를 p에 가만히 놓았다. p와 q 사이의 거리는 L이고, A가 p에서 q까지 운동하는 동안 A의 평균 속력은 $\dfrac{4}{5}v$이다. 그림 (나)는 (가)의 A, B가 운동하여 B가 q를 지나는 순간 A가 점 r을 지나는 모습을 나타낸 것이다.

평균 속력 $= \dfrac{\text{처음 속력} + \text{나중 속력}}{2}$

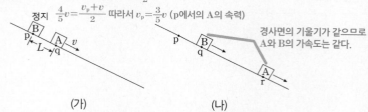

$\dfrac{4}{5}v = \dfrac{v_p+v}{2}$ 따라서 $v_p=\dfrac{3}{5}v$ (p에서의 A의 속력)

경사면의 기울기가 같으므로 A와 B의 가속도는 같다.

(가)   (나)

q와 r 사이의 거리는? (단, 물체의 크기, 공기 저항은 무시한다.)

① $\dfrac{5}{2}L$ ② $3L$ ✓③ $\dfrac{7}{2}L$ ④ $4L$ ⑤ $\dfrac{9}{2}L$

|자|료|해|설|

물체 A의 p에서 속력을 v_0라 하면 A는 등가속도 운동을 하므로 A가 p에서 q까지 운동하는 동안의 평균 속력을 이용하면 $\dfrac{4}{5}v = \dfrac{\text{처음 속력}+\text{나중 속력}}{2} = \dfrac{v_0+v}{2}$이므로 $v_0 = \dfrac{3}{5}v$이다. A, B가 p에서 q까지 운동하는 데 걸린 시간을 각각 t_1, t_2라 할 때, t_1동안 A는 $v - \dfrac{3}{5}v = \dfrac{2}{5}v$만큼 속력이 증가하므로 A, B의 가속도의 크기는 $a = \dfrac{2v}{5t_1}$이고 $L = \dfrac{4}{5}vt_1$(A가 이동한 거리)$= \dfrac{1}{2}at_2^2$(B가 이동한 거리)$= \dfrac{2vt_2^2}{10t_1}$에서 $t_2 = 2t_1$이다. A의 r에서의 속력은 q에서의 속력에 $at_2 = \dfrac{2v}{5t_1} \times 2t_1 = \dfrac{4}{5}v$만큼 증가하므로 $v + \dfrac{4}{5}v = \dfrac{9}{5}v$ 이다.

|선|택|지|풀|이|

③정답 : q와 r 사이의 거리는 t_2동안 A가 이동한 거리이므로 $\dfrac{v + \frac{9}{5}v}{2} \times 2t_1 = \dfrac{14}{5}vt_1$ — ①이다. 앞에서 A가 p에서 q까지 이동한 거리는 $L = \dfrac{4}{5}vt_1$에서 $vt_1 = \dfrac{5}{4}L$ — ②이므로 ②를 ①에 대입하면 q와 r 사이의 거리는 $\dfrac{14}{5}vt_1 = \dfrac{14}{5} \times \dfrac{5}{4}L = \dfrac{7}{2}L$이다.

👾 **문제풀이 TIP** | 마찰이 없는 같은 빗면에서의 물체의 가속도의 크기는 같다.

😀 **출제분석** | 제시된 자료의 그림만 보았다면 p에서 A의 속력이 0이라고 착각할 수 있다. 꼼꼼히 읽고 제시된 조건대로 식으로 표현하여 문제를 해결해야 한다.

그림과 같이 기준선에 정지해 있던 자동차가 출발하여 직선 경로를
따라 운동한다. 자동차는 구간 A에서 등가속도, 구간 B에서 등속도,
구간 C에서 등가속도 운동한다. A, B, C의 길이는 모두 같고,
자동차가 구간을 지나는 데 걸린 시간은 A에서가 C에서의 4배이다.

자동차의 운동에 대한 설명으로 옳은 것만을 〈보기〉에서 있는 대로
고른 것은? (단, 자동차의 크기는 무시한다.) **3점**

보기
ㄱ. 평균 속력은 B에서가 A에서의 2배이다.
ㄴ. 구간을 지나는 데 걸린 시간은 B에서가 C에서의 2배이다.
ㄷ. 가속도의 크기는 C에서가 A에서의 8배이다.

① ㄱ   ② ㄷ   ③ ㄱ, ㄴ   ④ ㄴ, ㄷ   ✓⑤ ㄱ, ㄴ, ㄷ

😮 **문제풀이 TIP** | 각 구간의 거리가 같다는 것을 먼저 파악해야 한다. 그리고 구간 A에서 걸린 시간이 구간 C에서 걸린 시간의 4배라는 조건을 이용하여 구간 A에서 걸린 시간을 $4t$, 구간 C에서 걸린 시간을 t로 놓을 수 있어야 한다. 이후에는 구간 A, C에서의 가속도와 구간 B에서 걸린 시간 등을 적당한 문자로 정의하고, 등가속도 운동 공식과 평균 속력 공식을 이용하면 문제를 쉽게 해결할 수 있다. 또 다른 방법으로는 $v-t$ 그래프를 그려서 문제를 해결하는 방법도 있다.

😊 **출제분석** | 구간이 3곳이고, 등가속도 운동과 등속도 운동을 반복하여 복잡해 보이지만, 등가속도 운동 공식과 평균 속력 공식을 미리 써 놓고 적용하면 쉽게 해결할 수 있는 문항이다. 당황하지 말고 차근차근 해결하자.

|자|료|해|설|

자동차는 같은 거리인 구간 A, 구간 B, 구간 C를 각각
등가속도, 등속도, 등가속도 운동을 번갈아가며 하고 있다.
이때, 자동차가 구간 A를 지나는 데 걸리는 시간은 구간
C를 지나는 데 걸리는 시간의 4배이다.

|보|기|풀|이|

ㄱ. 정답 : 구간 A의 마지막 부분에서 자동차의 속력을
v_1이라고 하면 자동차의 처음 속력은 0이므로 구간 A에서의
평균 속력 $\dfrac{v_0+v_1}{2}=\dfrac{v_1}{2}$이다. 한편, 구간 B에서는 등속도
운동을 하므로 구간 B의 평균 속력은 v_1이다. 따라서 평균
속력은 B에서가 A에서의 2배이다.

ㄴ. 정답 : 자동차가 구간을 지나는 데 걸리는 시간은
A에서가 C에서의 4배이므로 A에서 걸린 시간을 $4t$,
C에서 걸린 시간을 t로 놓을 수 있다. 구간 B에서 걸린
시간을 t_B라고 놓으면, 구간 A에서의 이동 거리 $S=\dfrac{v_1}{2}\cdot 4t$
$=2v_1t$이고, 구간 B에서의 이동 거리 $S=v_1\cdot t_B$이다.
따라서 $2v_1t=v_1t_B$이고, 이를 정리하면 $t_B=2t$이다. 구간
C에서 걸린 시간이 t이므로, 구간을 지나는 데 걸린 시간은
B에서가 C에서의 2배이다.

ㄷ. 정답 : 구간 C의 마지막 부분에서 자동차의 속력을
v_2라 하면, 구간 C에서의 이동 거리는 $S=\dfrac{v_1+v_2}{2}t$이다.

따라서 $2v_1t=\dfrac{v_1+v_2}{2}t$에서 $v_2=3v_1$임을 구할 수 있다.

등가속도 운동에서 가속도는 $a=\dfrac{v-v_0}{t}$임을 이용하면,

구간 A와 구간 C에서의 가속도 a_A, a_C는 각각 $a_A=\dfrac{v_1-0}{4t}$

$=\dfrac{1}{4}\cdot\dfrac{v_1}{t}$이고 $a_C=\dfrac{v_2-v_1}{t}=2\cdot\dfrac{v_1}{t}$이다. 두 식을 비교하면
$8a_A=a_C$이므로 가속도의 크기는 C에서가 A에서의
8배이다.

그림과 같이 직선 도로에서 서로 다른 가속도로 등가속도 운동하는 물체 A, B가 시간 $t=0$일 때 기준선 P, Q를 각각 v, v_0의 속력으로 지난 후, $t=T$일 때 기준선 R, P를 $4v$의 속력으로 지난다. P와 Q 사이, Q와 R 사이의 거리는 각각 x, 3L이다. 가속도의 방향은 A와 B가 서로 반대이고, **가속도의 크기는 B가 A의 2배이다.**

↪ A, B의 가속도의 크기는 각각 a, $2a$

$\Delta v_A = aT = 4v - v$
$= 3v$

$\Delta v_B = 2aT = 6v$
$= v_0 + 4v$

이에 대한 설명으로 옳은 것만을 〈보기〉에서 있는 대로 고른 것은? (단, A, B의 크기는 무시한다.)

보기

ㄱ. $v_0 = 2v$이다.

ㄴ. $x = 2L$이다.

ㄷ. $t=0$부터 $t=T$까지 B의 평균 속력은 $\frac{5}{3}v$ ~~$\frac{5}{2}v$~~ 이다.

① ㄴ   ② ㄷ   ✓③ ㄱ, ㄴ   ④ ㄱ, ㄷ   ⑤ ㄱ, ㄴ, ㄷ

| 자 | 료 | 해 | 설 |

A와 B의 가속도의 크기를 각각 a, $2a$라 하면 T동안 A와 B의 속도 변화의 크기는 각각 $\Delta v_A = aT = 4v - v = 3v$, $\Delta v_B = 2aT = 6v = v_0 + 4v$이다.

| 보 | 기 | 풀 | 이 |

ㄱ. 정답 : $\Delta v_B = 2aT = 6v = v_0 + 4v$이므로 $v_0 = 2v$이다.

ㄴ. 정답 : 변위의 크기＝평균 속도의 크기×걸린 시간이므로 A와 B 변위의 크기는 각각 $\left(\frac{v+4v}{2}\right)T = x + 3L$ — ①, $\left(\frac{4v-v_0}{2}\right)T = \left(\frac{4v-2v}{2}\right)T = x$ — ②이다. ①과 ②를 연립하여 정리하면 $x = 2L$이다.

ㄷ. 오답 : $aT = 3v$ 또는 $a = \frac{3v}{T}$이므로 B가 오른쪽으로 정지할 때까지 이동한 거리 s_1은 $2(2a)s_1 = 2\left(\frac{6v}{T}\right)s_1 = (2v)^2$로부터 $s_1 = \frac{vT}{3}$이고, 정지한 지점에서 P까지 왼쪽으로 이동한 거리 s_2는 $2\left(\frac{6v}{T}\right)s_2 = (4v)^2$로부터 $s_2 = \frac{4vT}{3}$이다. 따라서 B의 평균 속력은 $\overline{v_B} = \frac{\text{총 이동거리}}{\text{걸린 시간}} = \frac{s_1 + s_2}{T} = \frac{5}{3}v$이다.

😀 **문제풀이 TIP** | 평균 속도＝$\frac{\text{나중 속도＋처음 속도}}{\text{걸린 시간}}$이다. 직선 운동에서 운동 방향이 변하지 않을 때 평균 속도의 크기와 평균 속력은 같지만, 방향이 변할 때는 다르다.

😀 **출제분석** | 등가속도 직선 운동에서 필요한 식과 평균 속도 개념을 응용하여 해결하는 문항이다.

그림과 같이 직선 도로에서 기준선 P를 속력 v_0으로 동시에 통과한 자동차 A, B가 각각 등가속도 운동하여 A가 기준선 Q를 통과하는 순간 B는 기준선 R를 통과한다. A, B의 가속도는 방향이 반대이고 크기가 a로 같다. **A, B가 각각 Q, R를 통과하는 순간, 속력은 B가 A의 3배이다.** P와 Q 사이, Q와 R 사이의 거리는 각각 3L, 2L이다.

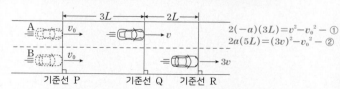

$2(-a)(3L) = v^2 - v_0^2$ — ①
$2a(5L) = (3v)^2 - v_0^2$ — ②

a는? (단, A, B는 도로와 나란하게 운동하며, A, B의 크기는 무시한다.) **3점**

① $\frac{v_0^2}{10L}$ ✓② $\frac{v_0^2}{8L}$ ③ $\frac{v_0^2}{6L}$ ④ $\frac{v_0^2}{4L}$ ⑤ $\frac{v_0^2}{2L}$

| 자 | 료 | 해 | 설 | 및 | 선 | 택 | 지 | 풀 | 이 |

② 정답 : 기준선 Q를 통과할 때 A의 속력을 v, 기준선 R을 통과할 때 B의 속력을 $3v$라 하면 등가속도 직선 운동 공식 $2aS = v^2 - v_0^2$에 따라 A와 B에 대해 $2(-a)(3L) = v^2 - v_0^2$ — ①, $2a(5L) = (3v)^2 - v_0^2$ — ②식이 성립한다.

②$-9×$①은 $64aL = 8v_0^2$이므로 $a = \frac{v_0^2}{8L}$이다. 또한 v를 구해보자면 가속도는 크기가 같고 방향이 반대이고 A와 B의 속도 변화량의 크기는 같으므로 $\Delta v = -(v - v_0) = 3v - v_0$ 즉, $v = \frac{1}{2}v_0$이다.

😀 **문제풀이 TIP** | $2aS = v^2 - v_0^2$ 공식을 이용하면 쉽게 해결할 수 있다.

😀 **출제분석** | 등가속도 직선 운동 공식을 적용하여 세운 식을 정리하면 쉽게 정답을 고를 수 있다.

그림과 같이 빗면을 따라 등가속도
운동하는 물체 A, B가 각각 점 p,
q를 10m/s, 2m/s의 속력으로
지난다. p와 q 사이의 거리는
16m이고, A와 B는 q에서 만난다.
이에 대한 설명으로 옳은 것만을 〈보기〉에서 있는 대로 고른 것은?
(단, A, B는 동일 연직면상에서 운동하며, 물체의 크기, 마찰은
무시한다.)

A, B의 가속도는 같음

보기

ㄱ. q에서 만나는 순간, 속력은 A가 B의 3̶ 3배이다.

ㄴ. A가 p를 지나는 순간부터 2초 후 B와 만난다.

ㄷ. B가 최고점에 도달했을 때, A와 B 사이의 거리는 8m이다.

① ㄱ   ② ㄷ   ③ ㄱ, ㄴ   ✓④ ㄴ, ㄷ   ⑤ ㄱ, ㄴ, ㄷ

|자|료|해|설|

두 물체는 같은 빗면을 움직이므로 가속도(a)가 같다.
A, B가 만나는데 걸린 시간을 t라 하고 등가속도 운동
공식 $s=v_0 t+\frac{1}{2}at^2$을 이용하면 A의 운동에 대하여
$16=10t+\frac{1}{2}at^2$ —①, B의 운동에 대하여 $0=2t+\frac{1}{2}at^2$
—②식이 성립한다. ①과 ②를 연립하면 $t=2$초,
$a=-2$m/s²이다.

|보|기|풀|이|

ㄱ. 오답 : 등가속도 운동 공식 $v=v_0+at$를 이용하면 두
물체가 만나는 2초 뒤 A의 속력은 $v_A=10+(-2)(2)=$
6m/s이고 B의 속력은 $v_B=2+(-2)(2)=-2$m/s 즉,
빗면을 내려오는 방향으로 2m/s이다. 따라서 q에서
만나는 순간, 속력은 A가 B의 3배이다.

ㄴ. 정답 : ①과 ②를 연립하면 $t=2$초이므로 A가 p를
지나는 순간부터 2초 후에 B와 만난다.

ㄷ. 정답 : B가 최고점에 도달할 때 B의 속력은 0이다. 이때
걸린 시간을 t'이라 하면, 등가속도 운동 공식 $v=v_0+at$
를 이용하여 $0=2+(-2)t'$를 구할 수 있다. 따라서
$t'=1$초이다. $t'=1$초에서의 거리는 등가속도 운동 공식
$s=v_0 t+\frac{1}{2}at^2$을 이용하여 구할 수 있다. $t'=1$초일 때 A의
이동 거리는 $s_A=10+\frac{1}{2}(-2)(1)^2=9$m이고 B의 이동
거리는 $s_B=2+\frac{1}{2}(-2)(1)^2=1$m이므로 두 물체 사이의
거리는 $16-9+1=8$m이다.

😮 **문제풀이 TIP** | 등가속도 직선 운동 공식

$$v=v_0+at \qquad s=v_0 t+\frac{1}{2}at^2 \qquad 2as=v^2-v_0^2$$

😊 **출제분석** | 등가속도 직선운동 공식으로 쉽게 해결할 수 있는 문항이다.

그림 (가)는 마찰이 없는 빗면에서 등가속도 직선 운동하는 물체 A,
B의 속력이 각각 $3v$, $2v$일 때 A와 B 사이의 거리가 $7L$인 순간을,
(나)는 B가 최고점에 도달한 순간 A와 B 사이의 거리가 $3L$인 것을
나타낸 것이다. 이후 A와 B는 A의 속력이 v_A일 때 만난다.

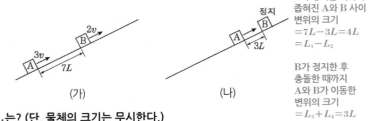

B가 정지할 때까지
좁혀진 A와 B 사이
변위의 크기
$=7L-3L=4L$
$=L_1-L_2$

B가 정지한 후
충돌할 때까지
A와 B가 이동한
변위의 크기
$=L_3+L_4=3L$

(가)   (나)

v_A는? (단, 물체의 크기는 무시한다.)

① $\frac{1}{5}v$ ② $\frac{1}{4}v$ ③ $\frac{1}{3}v$ ✓④ $\frac{1}{2}v$ ⑤ v

|자|료|해|설|및|선|택|지|풀|이|

④ 정답 : A와 B의 가속도 크기는 같으므로 같은 시간 동안
속도 변화량의 크기도 같다. 따라서 (나)에서 A의 속력은
v이다. 빗면 위 방향을 (+)방향, A와 B의 가속도 크기를
a, (가)에서 (나)까지 A와 B의 변위 크기를 각각 L_1, L_2라
하면 $2(-a)L_1=v^2-(3v)^2=-8v^2$ —①, $2(-a)L_2=$
$-(2v)^2=-4v^2$ —①이고 B가 정지할 때까지 A와 B는
$L_2-L_1=4L$만큼 줄었으므로 ①-①$=2(-a)(4L)=-v^2$
— ①이다. (나) 이후 A와 B가 만날 때 B의 속도를
V(방향 포함)라 하면 A의 속도는 $v-V$이다. 이때 A와 B
의 변위 크기를 각각 L_3, L_4라 하면 $2(-a)L_3=V^2-v^2$ —
②, $2aL_4=(v-V)^2$ — ⑩이고 $L_3-L_4=3L$이므로 ②-⑩
$=2(-a)(3L)=2v^2-2vV$ — ⑪이다. ①과 ⑪으로부터
$V=-\frac{1}{2}v$이므로 A와 B는 둘 다 빗면 아래 방향으로
운동하며 충돌하고 이때 A의 속력은 $v_A=\frac{1}{2}v$이다.

😮 **문제풀이 TIP** | A와 B의 가속도 크기는 같다.

😊 **출제분석** | 이 영역에서 등가속도 직선 운동 공식을 활용하는 것은 필수이다. 변위와 물체의 가속도, 속도만으로 제시된 문항이라면 등가속도 운동 공식($2aS=v^2-v_0^2$)을 활용하면
문제 풀이 시간을 크게 줄일 수 있다.

그림은 빗면을 따라 운동하는 물체 A가
점 q를 지나는 순간 점 p에 물체 B를
가만히 놓았더니, A와 B가 등가속도
운동하여 점 r에서 만나는 것을 나타낸
것이다. p와 r 사이의 거리는 d이고,

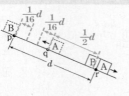

r에서 A의 속력 $3v$, B의 속력 $4v$

r에서의 속력은 B가 A의 $\frac{4}{3}$배이다. p, q, r는 동일 직선상에 있다.

A가 최고점에 도달한 순간, A와 B 사이의 거리는? (단, 물체의
크기와 모든 마찰은 무시한다.) **3점**

① $\frac{3}{16}d$ ② $\frac{1}{4}d$ ③ $\frac{5}{16}d$ ④ $\frac{3}{8}d$ ⑤ $\frac{7}{16}d$

| 자 | 료 | 해 | 설 |

r에서 A의 속력을 $3v$, B의 속력을 $4v$라고 하자. 두 물체가
충돌하는 데까지 걸린 시간을 $4t$라 하면 빗면에서 A와 B의
가속도 크기는 같으므로 $4t$ 동안 두 물체의 속도 변화량의
크기는 $4v$로 같다. p에서 r까지 B의 평균 속력이 $\frac{0+4v}{2}=$
$2v$이므로 $d=2v \cdot 4t=8vt$이고, $vt=\frac{1}{8}d$이다. A의 초기
속력은 빗면 위 방향으로 v이므로 최고점까지 평균 속력은
$\frac{1}{2}v$, 최고점에서 r까지 평균 속력은 $\frac{3}{2}v$이다. 따라서 A는
q에서 최고점까지 이동 거리가 $\frac{1}{2}vt$이고, 최고점에서 r까지
이동 거리는 $\frac{3}{2}v \cdot 3t=\frac{9}{2}vt$이다. q에서 r까지의 거리는 두
값의 차와 같으므로 $\frac{9}{2}vt-\frac{1}{2}vt=4vt=\frac{1}{2}d$이다.

| 선 | 택 | 지 | 풀 | 이 |

④ 정답 : A와 B는 가속도가 같으므로 상대 속도의 크기는
v로 일정하다. 따라서 A가 최고점일 때 B까지의 거리는,
초기 상태에서 B가 정지 상태이고 A가 v로 t 동안 등속도
운동했을 때 A와 B의 거리와 같다. p에서 q까지의 거리는
$\frac{1}{2}d$이고, A가 v로 t 동안 등속도 운동했을 때 이동 거리는
$vt=\frac{1}{8}d$이므로 A가 최고점일 때 A와 B의 거리는 $\frac{1}{2}d-$
$\frac{1}{8}d=\frac{3}{8}d$이다.

그림과 같이 수평면 위의 두 지점 p, q에 정지해 있던 물체 A, B가 동시에 출발하여 각각 r까지는 가속도의 크기가 a로 동일한 등가속도 직선 운동을, r부터는 등속도 운동을 한다. p와 q 사이의 거리는 5m이고 r를 지난 후 A와 B의 속력은 각각 6m/s, 4m/s 이다.

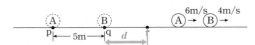

이에 대한 옳은 설명만을 〈보기〉에서 있는 대로 고른 것은? (단, A, B는 동일 직선상에서 운동하며, 크기는 무시한다.) **3점**

보기
ㄱ. $a = 2\text{m/s}^2$이다.
ㄴ. B가 q에서 r까지 운동한 시간은 초이다.
ㄷ. A가 출발한 순간부터 B와 충돌할 때까지 걸리는 시간은 5초이다.

① ㄱ   ② ㄴ   ③ ㄱ, ㄷ   ④ ㄴ, ㄷ   ⑤ ㄱ, ㄴ, ㄷ

😀 **문제풀이 T I P** | 물체의 운동을 속력−시간 그래프로 나타내면 다음과 같다.

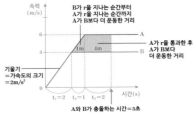

😀 **출제분석** | 물체의 운동을 분석하기 위해서는 등가속도 직선 운동 공식을 활용할 수 있어야 한다. 한 발 더 나아가 응용력을 기르기 위해서 속력−시간 그래프로 나타내는 연습까지 해보길 추천한다.

|자|료|해|설|
B가 r에 도착할 때까지 A와 B는 같은 가속도의 크기로 운동하므로 5m 간격을 유지한다. B가 r를 통과할 때 A의 속력은 B와 같은 $v_1 = 4\text{m/s}$이고, 이후 $s = 5\text{m}$를 더 운동하여 r를 지날 때 A의 속력은 $v_2 = 6\text{m/s}$가 된다. 따라서 등가속도 직선 운동 공식 $2as = v_2^2 - v_1^2$에 의해 $2a(5) = 6^2 - 4^2$이고, $a = 2\text{m/s}^2$이다.

|보|기|풀|이|
ㄱ. 정답 : q와 r 사이의 거리를 d라 하면 등가속도 직선 운동 공식 $2as = v^2 - v_0^2$에 의해 A의 경우 $2a(d+5) = 6^2$ −①이고 B의 경우 $2ad = 4^2$ −②이다. ①과 ②를 연립하면 $a = 2\text{m/s}^2$, $d = 4\text{m}$이다.

ㄴ. 오답 : B가 q에서 r까지 운동한 시간을 t라고 하면, 등가속도 직선 운동 공식 $s = \frac{1}{2}at^2$에 의해 $4 = \frac{1}{2}(2)t^2$이다. 따라서 B가 q에서 r까지 운동한 시간 $t = 2$초이다.

ㄷ. 정답 : 두 물체가 충돌하기 위해서 A는 B보다 5m를 더 움직여야 한다. B가 q에서 r까지 이동하는데 걸린 시간을 t_1이라고 하면, 등가속도 직선 운동 공식 $4 = \frac{1}{2}at_1^2 = \frac{1}{2}(2)t_1^2$에 의해 $t_1 = 2$초이고, 이 때 A와 B는 여전히 5m간격을 유지한 채 운동한다. B가 r을 지나는 순간부터 A가 r을 지나는 순간까지 A의 속력은 2m/s 증가하였으므로 이 때 걸린 시간은 $t_2 = \frac{\varDelta v}{a} = \frac{2\text{m/s}}{2\text{m/s}^2}$ $= 1$초이고 A는 B보다 $s_2 = \frac{1}{2}at_2^2 = \frac{1}{2}(2)(1)^2 = 1\text{m}$ 더 운동한다. A가 r을 통과한 후 B보다 더 운동한 거리 4m는 B가 보는 A의 상대속도의 크기와 이 때 운동하는데 걸린 시간의 곱이므로 $4 = (6-4) \times t_3$이고, $t_3 = 2$초이다. 따라서 두 물체가 충돌할 때까지 걸리는 시간은 $t_1 + t_2 + t_3 = 1 + 2 + 2 = 5$초이다.

그림은 자동차가 등가속도 직선 운동하는 모습을 나타낸 것이다. 점 a, b, c, d는 운동 경로상에 있고, a와 b, b와 c, c와 d 사이의 거리는 각각 $2L$, L, $3L$이다. **자동차의 운동 에너지는 c에서가 b에서의 $\frac{5}{4}$배이다.** 가속도의 크기 : a $\frac{1}{2}mv_c^2 = (\frac{1}{2}mv_b^2) \times \frac{5}{4}$ 또는 $v_c^2 = \frac{5}{4}v_b^2$

v_a v_b v_c v_d
a   b   c   d
    ⊢$2L$⊣⊢L⊣⊢$\quad 3L \quad$⊣

자동차의 속력은 d에서가 a에서의 몇 배인가? (단, 자동차의 크기는 무시한다.) **3점**

① $\sqrt{3}$배   ② 2배   ③ $2\sqrt{2}$배   ④ 3배   ⑤ $2\sqrt{3}$배

|자|료|해|설|
가속도의 크기를 a, 자동차의 질량을 m이라 하고 a, b, c, d지점에서 자동차의 속력을 각각 v_a, v_b, v_c, v_d라고 하자. 자동차의 운동에너지는 c에서가 b에서의 $\frac{5}{4}$배이므로 $\frac{1}{2}mv_c^2 = (\frac{1}{2}mv_b^2) \times \frac{5}{4}$이고, $v_c^2 = \frac{5}{4}v_b^2$ −①이다.

|선|택|지|풀|이|
② 정답 : 등가속도 직선 운동 공식 $2aS = v^2 - v_0^2$를 이용하면 b와 c에서는 $2aL = v_c^2 - v_b^2$식이 성립하며 여기에 ①을 대입하여 $v_b^2 = 8aL$ −②임을 알 수 있다. 또 a와 b에서 $2a(2L) = v_b^2 - v_a^2$가 성립하여 여기에 ②를 대입하면 $v_a = 2\sqrt{aL}$ −③이고 b와 d에서는 $2a(L+3L) = v_d^2 - v_b^2$가 성립하여 여기에 ②를 대입하면 $v_d = 4\sqrt{aL}$ −④이다. 따라서 ③과 ④로부터 $v_d = 2v_a$이다.

😀 **문제풀이 T I P** | 등가속도 직선 운동 공식 : $2aS = v^2 - v_0^2$, 물체의 운동 에너지 : $\frac{1}{2}mv^2$

😀 **출제분석** | 등가속도 직선 운동에 관한 문항은 등가속도 직선 운동 공식을 이용하여 연립 방정식을 세우고 정리하는 연습이 필요하다.

그림과 같이 빗면의 점 p에 가만히 놓은 물체 A가 점 q를 v_A의 속력으로 지나는 순간 물체 B는 p를 v_B의 속력으로 지났으며, A와 B는 점 r에서 만난다. p, q, r는 동일 직선상에 있고, p와 q 사이의 거리는 $4d$, q와 r 사이의 거리는 $5d$이다.

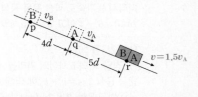

$\dfrac{v_A}{v_B}$ 는? (단, 물체의 크기, 모든 마찰과 공기 저항은 무시한다.)

① $\dfrac{4}{9}$ ② $\dfrac{1}{2}$ ③ $\dfrac{5}{9}$ ④ $\dfrac{2}{3}$ ⑤ $\dfrac{4}{5}$

|자|료|해|설|

A와 B의 가속도의 크기를 a, r에서 A의 속력을 v라 하면 등가속도 직선 운동 식에 따라 $v_A^2 = 2a(4d)$ — ①, $v^2 = 2a(9d)$ — ②이고 ①과 ②를 연립하면 $v = 1.5v_A$이다.

|선|택|지|풀|이|

② 정답 : A와 B의 가속도 크기는 같으므로 A와 B는 각각 q에서 r, p에서 r까지 같은 시간(t) 동안 $0.5v_A$속력이 증가한다. 이동 거리=평균속력×걸린 시간으로 A와 B가 이동한 거리는 각각 $5d = \dfrac{(v_A + 1.5v_A)}{2}t$ — ③,

$9d = \dfrac{v_B + (v_B + 0.5v_A)}{2}t$ — ④이므로 ③과 ④를 연립하면 $v_B = 2v_A$이다.

(상대속도) 두 물체에 작용하는 가속도가 같으므로 두 물체의 상대속도는 일정하다. 따라서 $(v_B - v_A)t = 4d$이고, ③에 의해 $v_A t = 4d$이므로 $v_B t = 8d$가 되어 $v_B = 2v_A$이다.

그림과 같이 직선 도로에서 속력 v로 등속도 운동하는 자동차 A가 기준선 P를 지나는 순간 P에 정지해 있던 자동차 B가 출발한다. B는 P에서 Q까지 등가속도 운동을, Q에서 R까지 등속도 운동을, R에서 S까지 등가속도 운동을 한다. A와 B는 R를 동시에 지나고, S를 동시에 지난다. A, B의 이동 거리는 P와 Q 사이, Q와 R 사이, R와 S 사이가 모두 L로 같다.

이에 대한 설명으로 옳은 것만을 〈보기〉에서 있는 대로 고른 것은?

(3점)

보기

ㄱ. A가 Q를 지나는 순간, 속력은 B가 A보다 크다.

ㄴ. B가 P에서 Q까지 운동하는 데 걸린 시간은 $\dfrac{4L}{3v}$이다.

ㄷ. B의 가속도의 크기는 P와 Q 사이에서가 R와 S 사이에서보다 ~~작다~~ 크다.

① ㄱ   ② ㄷ   ③ ㄱ, ㄴ   ④ ㄴ, ㄷ   ⑤ ㄱ, ㄴ, ㄷ

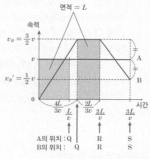

|자|료|해|설|

A는 등속 직선 운동을 하므로 L만큼 이동하는 데 걸린 시간은 $\dfrac{L}{v}$이다. Q에서 R까지 B의 속력을 v_B라 하면, B는 P에서 Q까지 평균 속력 $\dfrac{v_B}{2}$로 L만큼 이동하고, Q에서 R까지 v_B로 L만큼 이동한다. B가 P에서 R까지 운동하는 데 걸린 시간은 A가 P에서 R까지 운동하는 데 걸린 시간과 같으므로 $\dfrac{L}{\frac{v_B}{2}} + \dfrac{L}{v_B} = \dfrac{2L}{v}$이다. 따라서 $v_B = \dfrac{3}{2}v$이다. 또, B가 Q에 도달하는 시간은 B가 Q에서 R까지 이동하는 시간의 2배이다. 따라서 B가 Q에 도달하는 시간은 A가 R에 도달하는 데 걸린 시간의 $\dfrac{2}{3}$배인 $\dfrac{2L}{v} \times \dfrac{2}{3} = \dfrac{4L}{3v}$이다. A와 B가 R에서 동시에 만난 후 S에서 다시 동시에 만나므로 B는 속력이 줄어드는 등가속도 운동을 하고 이때 평균 속력은 같아야 하므로 S에 도달할 때 B의 속력 v_B'은 $v = \dfrac{v_B + v_B'}{2}$로부터 $v_B' = \dfrac{v}{2}$이다.

|보|기|풀|이|

ㄱ. 정답 : B가 P에서 Q까지 운동하는 동안 가속도의 크기는 $a_1 = \dfrac{\Delta v}{\Delta t} = \dfrac{\frac{3}{2}v}{\left(\frac{2L}{v} - \frac{2L}{3v}\right)} = \dfrac{9v^2}{8L}$이므로 A가 Q를 지나는 순간 B의 속력=B의 가속도×A가 Q에 도달하는 데 걸린 시간 $= \dfrac{9v^2}{8L} \times \dfrac{L}{v} = \dfrac{9v}{8}$이다. 따라서 A가 Q를 지나는 순간, 속력은 B가 A보다 크다.

ㄴ. 정답 : 자료 해설과 같이 B가 Q에 도달하는 시간은 A가 R에 도달하는 데 걸린 시간의 $\dfrac{2}{3}$배인 $\dfrac{2L}{v} \times \dfrac{2}{3} = \dfrac{4L}{3v}$이다.

ㄷ. 오답 : B가 R에서 S까지 운동하는 동안 가속도의 크기는 $a_2 = \dfrac{\Delta v}{\Delta t} = \dfrac{\frac{3}{2}v - \frac{1}{2}v}{\frac{L}{v}} = \dfrac{v^2}{L}$으로 $a_1 > a_2$이다.

그림 (가)는 빗면의 점 p에 가만히 놓은 물체 A가 등가속도 운동하는 것을, (나)는 (가)에서 A의 속력이 v가 되는 순간, 빗면을 내려오던 물체 B가 p를 속력 $2v$로 지나는 것을 나타낸 것이다. 이후 A, B는 각각 속력 v_A, v_B로 만난다.

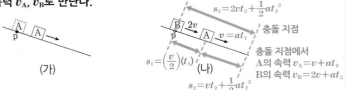

(가)　　　　　(나)

$s_3 = 2vt_2 + \dfrac{1}{2}at_2{}^2$

B $\overset{2v}{\rightarrow}$ p　A $\overset{v=at_1}{\rightarrow}$　충돌 지점

$s_1 = \left(\dfrac{v}{2}\right)(t_1)$　충돌 지점에서 A의 속력 $v_A = v + at_2$ B의 속력 $v_B = 2v + at_2$

$s_2 = vt_2 + \dfrac{1}{2}at_2{}^2$

$\dfrac{v_B}{v_A}$는? (단, 물체의 크기, 모든 마찰은 무시한다.)

① $\dfrac{5}{4}$　② $\dfrac{4}{3}$　③ $\dfrac{3}{2}$　④ $\dfrac{5}{3}$　⑤ $\dfrac{7}{4}$

🙂 **문제풀이 T I P** | A와 B의 가속도 크기는 같다.

😀 **출제분석** | 두 물체의 가속도가 같은 점을 이용하여 두 물체가 이동한 거리를 비교하는 식을 세울 수 있다면 문제는 쉽게 해결된다.

|자|료|해|설|

A와 B의 가속도 크기를 a, (가)에서 A의 속력이 0에서 v가 되는 순간까지 걸린 시간을 t_1, 이동 거리를 s_1이라 하면 $v = at_1$ — ①, $s_1 = \left(\dfrac{v}{2}\right)t_1$ — ②이다. B가 p를 지나는 순간부터 A와 만날 때까지 A와 B가 이동한 거리를 각각 s_2, s_3, 걸린 시간을 t_2라 하면 $s_2 = vt_2 + \dfrac{1}{2}at_2{}^2$, $s_3 = 2vt_2 + \dfrac{1}{2}at_2{}^2$이고 $s_3 - s_2 = vt_2 = s_1$이므로 ①과 ②를 대입하여 t_1을 소거하면 $s_1 = vt_2 = at_1 t_2 = \dfrac{v}{2}t_1$, $at_2 = \dfrac{v}{2}$ — ③이다.

|선|택|지|풀|이|

④ 정답 : $\dfrac{v_B}{v_A} = \dfrac{2v + at_2}{v + at_2}$이므로 여기에 ③을 대입하여 정리하면 $\dfrac{v_B}{v_A} = \dfrac{5}{3}$이다.

그림과 같이 빗면에서 물체가 등가속도 직선 운동을 하여 점 a, b, c, d를 지난다. a에서 물체의 속력은 v이고, 이웃한 점 사이의 거리는 각각 L, $6L$, $3L$이다. 물체가 a에서 b까지, c에서 d까지 운동하는 데 걸린 시간은 같고, a와 d 사이의 평균 속력은 b와 c 사이의 평균 속력과 같다. ↳ $=t$, b에서 c까지 운동하는 데 걸린시간 $=t'$　↳ ③=④

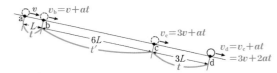

$\overset{v}{a}\; \overset{v_b=v+at}{b}$

$v_c = 3v+at$

$v_d = v_c + at = 3v + 2at$

L, t

$6L$, t'

$3L$, t

물체의 가속도의 크기는? (단, 물체의 크기는 무시한다.)

① $\dfrac{5v^2}{9L}$　② $\dfrac{2v^2}{3L}$　③ $\dfrac{7v^2}{9L}$　④ $\dfrac{8v^2}{9L}$　⑤ $\dfrac{v^2}{L}$

|자|료|해|설|및|선|택|지|풀|이|

④ 정답 : b, c, d에서 물체의 속력을 각각 v_b, v_c, v_d라 하자. a에서 b까지와 c에서 d까지 물체가 이동하는 데 걸린 시간을 t, 물체의 가속도 크기를 a라 하면 $v_b = v + at$이고 a와 b, c와 d 사이의 평균 속력은 각각 $\dfrac{L}{t} = \dfrac{v + v_b}{2} = v + \dfrac{1}{2}at$ — ①, $\dfrac{3L}{t} = \dfrac{v_c + v_d}{2}$ — ②이다. 이때 ①×3 = ②이므로 $\dfrac{v_c + v_d}{2} = 3v + \dfrac{3}{2}at$이고 d에서의 속력을 $v_d = v_c + at$라 두면, $v_c = 3v + at$, $v_d = 3v + 2at$라 할 수 있다. b에서 c까지 물체가 이동하는 데 걸린 시간을 t'라 하면, a와 d, b와 c 사이의 평균 속력은 각각 $\dfrac{v_a + v_d}{2} = \dfrac{4v + 2at}{2} = \dfrac{10L}{2t + t'}$ — ③, $\dfrac{v_b + v_c}{2} = \dfrac{4v + 2at}{2} = \dfrac{6L}{t'}$ — ④로, ③=④이므로 $t' = 3t$이고 $v_c = v + a(t + t') = v + 4at = 3v + at$ 이를 정리하면, $at = \dfrac{2}{3}v$ — ⑤이다. 따라서 $v_b = \dfrac{5}{3}v$이고 등가속도 직선 운동공식 $2aL = v_b{}^2 - v^2$으로부터 $a = \dfrac{8v^2}{9L}$임을 알 수 있다.

🙂 **문제풀이 T I P** | 등가속도 직선 운동에서 평균 속력은 $\dfrac{\text{처음 속력} + \text{나중 속력}}{2}$이다.

😀 **출제분석** | 제시된 조건을 바탕으로 적용할 수 있는 등가속도 식으로 표현한 후 정리하면 다소 시간이 걸리더라도 문제는 해결된다.

그림과 같이 동일 직선상에서 등가속도 운동하는 물체 A, B가 시간 $t=0$일 때 각각 점 p, q를 속력 v_A, v_B로 지난 후, $t=t_0$일 때 A는 점 r에서 정지하고 B는 빗면 위로 운동한다. p와 q, q와 r 사이의 거리는 각각 L, $2L$이다. A가 다시 p를 지나는 순간 B는 빗면 아래 $\quad \rightarrow t=2t_0$ 방향으로 속력 $\dfrac{v_B}{2}$로 운동한다.

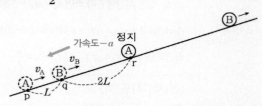

이에 대한 옳은 설명만을 〈보기〉에서 있는 대로 고른 것은? (단, 물체의 크기, 모든 마찰과 공기 저항은 무시한다.) 3점

> **보기**
> ㄱ. $v_B = 4v_A$이다. $3v_B$
> ㄴ. $t=\dfrac{8}{3}t_0$일 때 B가 q를 지난다.
> ㄷ. $t=t_0$부터 $t=2t_0$까지 평균 속력은 A가 B의 $\dfrac{9}{5}$배이다. ~~8~~

① ㄱ   ② ㄴ   ③ ㄱ, ㄷ   ④ ㄴ, ㄷ   ⑤ ㄱ, ㄴ, ㄷ

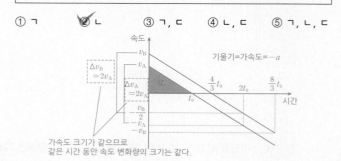

| 자 | 료 | 해 | 설 |

같은 기울기의 빗면에서 운동하므로 A와 B는 동일한 가속도의 등가속도 운동을 한다. 따라서 빗면의 윗 방향을 (+)방향으로 A의 운동 상태를 v-t 그래프로 나타내면, 처음 속도가 v_A이고 가속도(기울기)가 $-a$, t_0에서 $v=0$인 직선 그래프를 그릴 수 있다. 그리고 B의 경우, 처음 속도가 v_B이고 A와 동일한 기울기의 직선 그래프가 그려진다. 이 때 A와 B가 동일한 가속도를 가지므로 $0 \sim 2t_0$까지 속도 변화량이 같아야 한다. 그러므로 $(-v_A)-(v_A)=\left(-\dfrac{v_B}{2}\right)-(v_B)$, $v_B=\dfrac{4}{3}v_A$이고, B는 $\dfrac{4}{3}t_0$에서 $v=0$이 된다.

| 보 | 기 | 풀 | 이 |

ㄱ. 오답 : A와 B는 동일한 가속도를 가지므로 같은 시간 동안 A와 B의 속도 변화량의 크기는 같다. 따라서 A가 p에서 r에 도달한 뒤 p를 지나는 데까지 걸린 시간 $2t_0$ 동안 속도 변화량의 크기가 같아야 하므로 $v_B - \left(-\dfrac{v_B}{2}\right)=2v_A$이고, $3v_B=4v_A$이다.

ㄴ. 정답 : $v_B=\dfrac{4}{3}v_A$이므로 A와 B의 속도-시간 그래프에 B가 최고점에 도달하는 데 걸린 시간은 $\dfrac{4}{3}t_0$이다. 따라서 B가 q로 되돌아오는 데 걸린 시간은 $\dfrac{8}{3}t_0$이다.

ㄷ. 오답 : 속도-시간 그래프에서 $t_0 \sim 2t_0$까지 A의 평균 속력은 $\dfrac{v_A}{2}$이다. $t_0 \sim 2t_0$까지 B는 $\dfrac{1}{2}\times\left(\dfrac{1}{4}v_B\right)\times\left(\dfrac{1}{3}t_0\right)$ $+\dfrac{1}{2}\times\left(\dfrac{1}{2}v_B\right)\times\left(\dfrac{2}{3}t_0\right)=\dfrac{5}{24}v_Bt_0=\dfrac{5}{18}v_At_0$만큼 이동하였으므로 B의 평균 속력은 $\dfrac{5}{18}v_A$이고, 평균속력은 A가 B의 $\dfrac{9}{5}$배이다.

그림은 직선 경로를 따라 등가속도 운동하는 물체의 속도를 시간에 따라 나타낸 것이다. 물체의 운동에 대한 설명으로 옳은 것만을 〈보기〉에서 있는 대로 고른 것은?

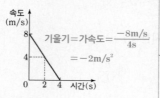

> **보기**
> ㄱ. 가속도의 크기는 2m/s²이다.
> ㄴ. 0초부터 4초까지 이동한 거리는 16m이다.
> ㄷ. 2초일 때, 운동 방향과 가속도 방향은 서로 ~~같다~~ 반대이다

① ㄱ   ② ㄷ   ③ ㄱ, ㄴ   ④ ㄴ, ㄷ   ⑤ ㄱ, ㄴ, ㄷ

| 자 | 료 | 해 | 설 |

물체는 운동 방향과 반대 방향으로 2m/s²의 가속도 운동을 한다.

| 보 | 기 | 풀 | 이 |

ㄱ. 정답 : 그래프의 기울기는 가속도를 의미하고, 그 값은 $a=\dfrac{-8\text{m/s}}{4\text{s}}=-2\text{m/s}^2$이다. 따라서 가속도의 크기는 2m/s², 방향은 운동 방향과 반대 방향이다.

ㄴ. 정답 : 0~4초까지 물체가 이동한 거리는 그래프에서 면적과 같으므로 $\dfrac{1}{2}\times8\text{m/s}\times4\text{s}=16\text{m}$이다.

ㄷ. 오답 : 그래프의 기울기가 0보다 작으므로 가속도의 방향은 운동 방향과 서로 반대이다.

😊 **출제분석** | 시간-속도 그래프에서 기울기와 면적이 의미하는 바를 이해하고 있는지 확인하는 기본 문항이다.

그림은 점 a에서 출발하여 점 b, c를 지나 a로 되돌아오는 수영 선수의 운동 경로를 실선으로 나타낸 것이다. a와 b, b와 c, c와 a 사이의 직선거리는 100m로 같다. 전체 운동 경로에서 선수의 운동에 대한 옳은 설명만을 〈보기〉에서 있는 대로 고른 것은?

보기

ㄱ. 변위의 크기는 ~~300m~~이다. (0)

ㄴ. 운동 방향이 변하는 운동이다.

ㄷ. 평균 속도의 크기는 평균 속력보다 ~~크다~~. (작다)

① ㄱ   ② ㄴ ✓   ③ ㄷ   ④ ㄱ, ㄴ   ⑤ ㄴ, ㄷ

|자|료|해|설|및|보|기|풀|이|

ㄱ. 오답 : a에서 a로 돌아오므로 변위는 0이다.

ㄴ. 정답 : 운동 방향이 100m마다 변한다.

ㄷ. 오답 : 직선 운동이 아니므로 이동 거리가 변위의 크기보다 크다.

😊 **출제분석** | 속력과 속도 개념을 확인하는 문항이다.

그림과 같이 직선 경로에서 물체 A가 속력 v로 $x=0$을 지나는 순간 $x=0$에 정지해 있던 물체 B가 출발하여, A와 B는 $x=4L$을 동시에 지나고, $x=9L$을 동시에 지난다. A가 $x=9L$을 지나는 순간 A의 속력은 $5v$이다. 표는 구간 Ⅰ, Ⅱ, Ⅲ에서 A, B의 운동을 나타낸 것이다. Ⅰ에서 B의 가속도의 크기는 a이다.

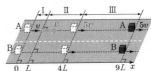

구간 물체	Ⅰ	Ⅱ	Ⅲ
A	등속도	등가속도	등속도
B	등가속도	등속도	등가속도

Ⅲ에서 B의 가속도의 크기는? (단, 물체의 크기는 무시한다.) **3점**

① $\dfrac{11}{5}a$ ② $2a$ ③ $\dfrac{9}{5}a$ ④ $\dfrac{8}{5}a$ ✓   ⑤ $\dfrac{7}{5}a$

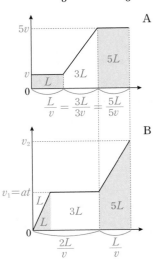

|자|료|해|설|및|선|택|지|풀|이|

④ 정답 : A가 Ⅰ, Ⅱ, Ⅲ에서 운동하는 동안 평균 속력은 각각 v, $\dfrac{v+5v}{2}$, $5v$이므로 걸린 시간은 각각 $\dfrac{L}{v}$, $\dfrac{3L}{3v}$, $\dfrac{5L}{5v}$로 같다. $x=4L$과 $x=9L$에서 B의 속력을 각각 v_1, v_2라 하면 B의 시간-속도 그래프로부터 $v_1\left(\dfrac{2L}{v}\right)=5L$이므로 $v_1=\dfrac{5}{2}v$ — ㉠이다. Ⅲ에서 B의 가속도의 크기를 a'라 하면 구간 Ⅰ과 Ⅲ에서 등가속도 직선 운동 식은 각각 $2aL=v_1{}^2$ — ㉡, $2a'(5L)=v_2{}^2-v_1{}^2$ — ㉢이고 Ⅲ에서 평균 속력은 A와 B가 같으므로 $5v=\dfrac{v_1+v_2}{2}$ — ㉣이므로 ㉠을 대입하면 $v_2=\dfrac{15}{2}v$ — ㉤이고 ㉠과 ㉤를 ㉡와 ㉢에 대입하면 $2aL=\dfrac{25}{4}v^2$, $10a'L=\dfrac{225}{4}v^2-\dfrac{25}{4}v^2=50v^2$ 또는 $a'L=\dfrac{225}{4}v^2-\dfrac{25}{4}v^2=5v^2$이다. 앞의 두 식을 연립하여 v를 소거하면 $a'=\dfrac{8}{5}a$이다.

😊 **출제분석** | 등가속도 관련 문항은 어려운 난이도로 출제된다. 시간-속도 그래프로 전체적인 문제 상황을 이해하고 식으로 표현하면 충분히 해결할 수 있다.

02 뉴턴 운동 법칙 ★수능에 나오는 필수 개념 3가지 + 필수 암기사항 8개

필수개념 1 관성 법칙(뉴턴의 운동 제1법칙)

• 암기 **관성 법칙** : 물체에 작용하는 알짜힘(합력)이 0일 때 정지해 있던 물체는 계속 정지해 있고,
운동하던 물체는 계속 등속 직선 운동(등속도 운동)을 한다.
① 관성 : 물체가 자신의 운동 상태를 계속 유지하려는 성질. 정지 관성 또는 운동 관성
② 관성의 크기 : 질량이 클수록 관성이 크다.

필수개념 2 가속도 법칙(뉴턴의 운동 제2법칙)

• 암기 **가속도 법칙** : 물체의 가속도(a)는 물체에 작용하는 알짜힘의 크기(F)에 비례하고, 물체의 질량
(m)에 반비례한다.

$a = \dfrac{F}{m}$, $F = ma$(운동 방정식)

• 암기 **여러 물체가 함께 운동하는 경우 운동 방정식의 적용**
① 함께 운동하는 물체들의 질량을 더한다.
② 운동하는 물체들에게 작용하는 외력만을 더한다.
③ 한 물체처럼 생각하여 가속도는 $\dfrac{알짜힘}{질량 합}\left(a = \dfrac{F}{m}\right)$으로 구한다.

상황	한 물체에 작용하는 힘	한 물체의 운동 방정식
		$F = (m_A + m_B)a$
		$m_A g = (m_A + m_B)a$
		$(m_B - m_A)g = (m_A + m_B)a$

• 암기 **두 물체가 함께 운동할 때 알짜힘과 질량의 관계**

$m_A : m_B = F_A : F_B$
$F = F_A + F_B$

A와 B가 받는 알짜힘의 크기를 각각 F_A, F_B라 하면 가속도의 크기가 같으므로 운동 방정식 $F = ma$
를 적용하면 A와 B가 받는 알짜힘의 크기는 질량에 비례한다. 따라서 $m_A : m_B = F_A : F_B$이다. 또
$F = (m_A + m_B)a$이므로 $F = F_A + F_B$이다.

필수개념 3   작용 반작용 법칙(뉴턴의 운동 제3법칙)

- **작용 반작용 법칙** : 힘은 항상 두 물체 사이에서 상호 작용하는데, A가 B에게 힘(F_{AB})을 작용하면, 동시에 B도 A에게 반대 방향으로 같은 크기의 힘(F_{BA})을 작용한다. $F_{AB} = -F_{BA}$

- 힘의 평형과 작용 반작용

구분	특성	공통점	차이점
두 힘의 평형	평형을 이루는 두 힘은 한 물체에 작용하므로, 두 힘의 작용점이 한 물체에 있어 두 힘을 합성하면 합력(알짜힘)은 0이다.	두 힘은 각각 크기가 같고 방향이 반대이며 같은 직선상에 존재한다.	두 힘을 합성할 수 있다.
작용 반작용	두 물체가 서로 주고받는 힘이므로 작용점이 서로 다른 물체에 있다. 따라서 작용 반작용은 합성할 수 없다.		두 힘을 합성할 수 없다.

- **떨어진 물체 사이에 작용 반작용의 관계**

  ① 전기력

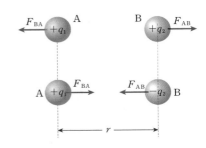

> - 같은 종류의 전하 사이에는 척력
> - 반대 종류의 전하 사이에는 인력
> - A가 B에게 작용하는 힘 : F_{AB}
> - B가 A에게 작용하는 힘 : F_{BA}
> - 작용 반작용의 관계 : $F_{AB} = -F_{BA}$

  ② 중력(만유인력)

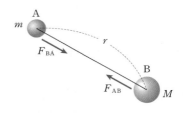

> - 중력(만유인력)은 항상 인력
> - A가 B에게 작용하는 힘 : F_{AB}
> - B가 A에게 작용하는 힘 : F_{BA}
> - 작용 반작용의 관계 : $F_{AB} = -F_{BA}$

- 작용 반작용의 특성
  ① 작용과 반작용은 항상 크기가 같고 방향은 반대이다.
  ② 작용과 반작용은 항상 동일 직선상에서 서로 다른 두 물체 사이에 작용한다.
  ③ 작용과 반작용은 힘의 작용점이 서로 다른 물체에 있으므로 합성할 수 없다.
  ④ 작용과 반작용은 모든 힘에 대해 성립하며, 물체의 운동 상태에 관계없이 항상 성립한다.

기본자료

▶ **암기** 작용 반작용 구분법
A가 B에 작용하는 힘에 대한 반작용은 B가 A에 작용하는 힘이다. 즉, 'A가 B에게 ~'에 대한 반작용은 'B가 A에게 ~'라는 형태로 표시되거나 'A가 B를 미는 ~'에 대한 반작용은 'B가 A를 미는 ~'라는 형태로 표시된다.

암기 용수철 저울에 의해 측정된 힘의 크기

양쪽으로 크기가 F인 두 힘을 받으면 용수철 저울이 가리키는 힘의 크기도 F이다.

다음은 힘과 가속도 사이의 관계를 알아보는 실험이다.

[준비물]
수레, 질량이 같은 추 4개, 운동 센서, 도르래, 실

[실험 과정]

(가) 그림과 같이 수레와 추를 도르래를 통해 실로 연결한 후 수레를 가만히 놓고 운동 센서를 이용하여 수레의 가속도를 측정한다.

(나) 표와 같이 추의 위치를 바꾸어 가며 과정 (가)를 반복한다.

실험	실에 매달린 추의 수	수레 위의 추의 수
I	1 mg	3
II	2 $2mg$	2
III	3 $3mg$	1
IV	4 $4mg$	0

전체 질량 (모두 같음) $M+m$

운동 센서 / 추 / 수평면 / 수레 / 추 / m

추의 무게

실험 I ~ IV에서 수레의 가속도를 나타낸 그래프로 가장 적절한 것은?

가속도의 크기 $=\dfrac{\text{실에 매달린 추의 무게}}{\text{전체 질량}} \propto$ 실에 매달린 추의 무게

① 가속도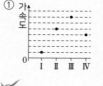
② 가속도
③ 가속도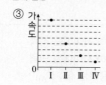
④ 가속도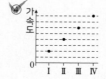
⑤ 가속도

|자|료|해|설|
수레의 질량을 M, 추의 질량을 m이라 할 때 (가)의 수레는 실에 매달린 추의 무게에 의해 등가속도 운동을 한다. 이때 수레 위의 추의 수와 실에 매달린 추의 수의 합은 모두 4개로 같으므로 실험 I부터 IV까지는 모두 전체 질량 $M+4m$을 각각 mg, $2mg$, $3mg$, $4mg$의 힘으로 잡아당기는 상황과 같다.

|선|택|지|풀|이|
④정답 : 뉴턴 제2법칙, 가속도의 법칙에 의해 가속도의 크기(a)는 $a=\dfrac{F}{m}$이므로 실험 I부터 IV까지의 가속도의 크기의 비는 $\dfrac{mg}{M+4m} : \dfrac{2mg}{M+4m} : \dfrac{3mg}{M+4m} : \dfrac{4mg}{M+4m}$
$=1:2:3:4$이다. 이에 가장 적절한 그래프는 ④이다.

😲 문제풀이 TIP | 물체의 작용하는 가속도의 크기는 물체에 작용하는 힘을 움직이는 전체 질량으로 나눈 값이다.

😲 출제분석 | 뉴턴 제2법칙을 이용하여 가속도를 측정하는 가장 기본적인 탐구실험이다. 이 문제가 어렵다면 여러 물체가 함께 운동하는 경우에 운동 방정식을 세우는 연습이 필요하다.

그림은 점 P에 정지해 있던 물체가 일정한 알짜힘을 받아 점 Q까지 직선 운동하는 모습을 나타낸 것이다.

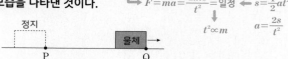

$F=ma=\dfrac{2ms}{t^2}=$일정 $s=\dfrac{1}{2}at^2$

$t^2 \propto m$ $a=\dfrac{2s}{t^2}$

정지

P   물체 →   Q

물체가 P에서 Q까지 가는 데 걸리는 시간을 물체의 질량에 따라 나타낸 그래프로 가장 적절한 것은? (단, 물체의 크기는 무시한다.)

3점

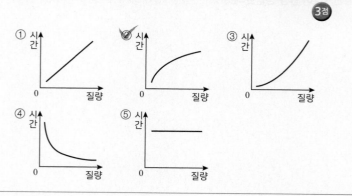

① 시간 / 질량
② 시간 / 질량
③ 시간 / 질량
④ 시간 / 질량
⑤ 시간 / 질량

|자|료|해|설|
물체가 일정한 알짜힘(F)을 받고 점 P에서 Q까지 일정한 거리(s)를 이동한다. 한편, 물체의 가속도(a)와 이동 거리의 관계는 $s=\dfrac{1}{2}at^2$ 또는 $a=\dfrac{2s}{t^2}$이므로 이를 이용하면 $F=ma=\dfrac{2ms}{t^2}=$일정이다. 이 식에서 F와 s는 일정하므로 P에서 Q까지 가는 데 걸리는 시간을 물체의 질량에 따라 나타내면 $t=\sqrt{\dfrac{2ms}{F}}=k\sqrt{m}$ (k는 상수)이다.

|선|택|지|풀|이|
②정답 : m이 x축이고, t가 y축일 때 주어진 식은 무리함수의 그래프 개형을 가진다.

😲 문제풀이 TIP | 제시된 자료에서는 알짜힘과 이동 거리가 일정하다.

😲 출제분석 | 알짜힘의 개념과 등가속도 직선 운동 공식을 바탕으로 질량에 따라 이동하는 데 걸린 시간의 관계를 나타내는 문항이다.

그림 (가), (나)는 물체 A, B를 실로 연결한 후 가만히 놓았을 때 A, B가 L만큼 이동한 순간의 모습을 나타낸 것이다. (가), (나)에서 A, B가 L만큼 운동하는 데 걸린 시간은 각각 t_1, t_2이다. 질량은 B가 A의 4배이다.

→ A의 질량 : m
　B의 질량 : $4m$

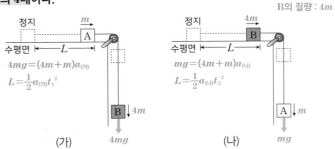

(가)　　　(나)

$\dfrac{t_2}{t_1}$는? (단, 실의 질량, 모든 마찰과 공기 저항은 무시한다.) **3점**

① $\sqrt{2}$　　② 2　　③ $2\sqrt{2}$　　④ 3　　⑤ 4

|자|료|해|설|및|선|택|지|풀|이|

② 정답 : A와 B의 질량을 각각 m, $4m$이라 하고 (가)와 (나)에서의 가속도의 크기를 각각 $a_{(가)}$, $a_{(나)}$라 하면 운동 방정식은 (가)와 (나)에서 각각 $4mg = (4m+m)a_{(가)}$, $mg = (4m+m)a_{(나)}$이므로 $a_{(가)} = 4a_{(나)}$이다.

등가속도 직선 운동 공식 $S = \dfrac{1}{2}at^2$로부터 같은 거리 L을 이동하는 경우 a와 t^2은 반비례하므로 $a_{(가)} : a_{(나)} = \dfrac{1}{t_1^{\,2}} : \dfrac{1}{t_2^{\,2}}$ $= 4 : 1$이다. 따라서 $t_1 : t_2 = 1 : 2$ 또는 $\dfrac{t_2}{t_1} = 2$이다.

😮 **문제풀이 TIP** | A와 B 전체에 걸리는 알짜힘의 크기는 (가)가 (나)보다 4배 크므로 가속도의 크기도 (가)의 경우가 (나)의 경우보다 4배 크다.

😮 **출제분석** | 운동 법칙을 이용하여 물리량을 비교하는 문제는 어려운 문제로 자주 출제되므로 많은 연습이 필요하다.

B의 질량 : m
C의 질량 : $3m$
A의 질량 : M

그림 (가)는 물체 A와 B를, (나)는 물체 A와 C를 각각 실로 연결하고 수평 방향의 일정한 힘 F로 당기는 모습을 나타낸 것이다. 질량은 C가 B의 3배이고, 실은 수평면과 나란하다. 등가속도 직선 운동을 하는 A의 가속도의 크기는 (가)에서가 (나)에서의 2배이다.

A의 가속도 크기
(가) : $2a$
(나) : a

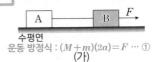
수평면
운동 방정식 : $(M+m)(2a) = F \cdots$ ①
(가)

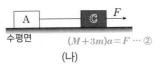
수평면
$(M+3m)a = F \cdots$ ②
(나)

이에 대한 설명으로 옳은 것만을 〈보기〉에서 있는 대로 고른 것은? (단, 실의 질량, 마찰과 공기 저항은 무시한다.)

보기
ㄱ. A의 질량은 B의 질량과 같다.
ㄴ. C에 작용하는 알짜힘의 크기는 B에 작용하는 알짜힘의 크기의 ~~3~~ $\frac{3}{2}$ 배이다.
ㄷ. (가)에서 실이 A를 당기는 힘의 크기는 (나)에서 실이 C를 당기는 힘의 크기와 ~~같다.~~ 의 2배이다.

① ㄱ　　② ㄴ　　③ ㄱ, ㄷ　　④ ㄴ, ㄷ　　⑤ ㄱ, ㄴ, ㄷ

|자|료|해|설|

A의 질량을 M, B의 질량을 m이라 할 때 C의 질량은 B의 3배이므로 $3m$이다. 또한 (가)에서 A의 가속도를 $2a$라 하면 (나)에서는 a이므로 (가)에서 운동 방정식은 $(M+m)(2a) = F \cdots$ ①이고 (나)에서 운동 방정식은 $(M+3m)a = F \cdots$ ②이다.

|보|기|풀|이|

ㄱ. 정답 : (가)와 (나)에서의 ①과 ②의 운동 방정식을 정리하면 $M = m$이다.

ㄴ. 오답 : C에 작용하는 알짜힘의 크기는 $3ma$, B에 작용하는 알짜힘의 크기는 $m(2a) = 2ma$이므로 C에 작용하는 알짜힘의 크기는 B에 작용하는 알짜힘의 크기의 $\dfrac{3}{2}$배이다.

ㄷ. 오답 : (가)에서 실이 A를 당기는 힘의 크기는 A에 작용하는 알짜힘이므로 그 크기는 $m(2a) = 2ma$이고 (나)에서 실이 C를 당기는 힘의 크기는 실이 A를 당기는 힘의 크기와 같으므로 ma이다. 따라서 (가)에서 실이 A를 당기는 힘의 크기는 (나)에서 실이 C를 당기는 힘의 크기의 2배이다.

😮 **문제풀이 TIP** | 가속도가 같을 때 알짜힘의 크기의 비는 물체의 질량의 비와 같다.

😮 **출제분석** | 운동 방정식에 대한 기본적인 내용만 알면 쉽게 해결할 수 있는 문제이다. 이 영역의 문제는 매우 어렵게도 출제되므로 응용력이 필요한 난도 높은 문제까지 깊이 있게 살펴보자.

I
1 ┃ 02
뉴턴 운동 법칙

그림 (가)와 같이 물체 A, B에 크기가 각각 F, $4F$인 힘이 수평 방향으로 작용한다. 실로 연결된 A, B는 함께 등가속도 직선 운동을 하다가 실이 끊어진 후 각각 등가속도 직선 운동을 한다. 그림 (나)는 B의 속력을 시간에 따라 나타낸 것이다. A의 질량은 1kg이다.

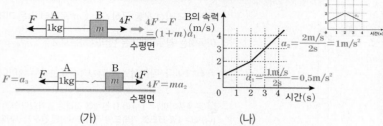

(가)   (나)

이에 대한 설명으로 옳은 것만을 〈보기〉에서 있는 대로 고른 것은?
(단, 실의 질량과 모든 마찰은 무시한다.)

보기

ㄱ. B의 질량은 kg이다.

ㄴ. 3초일 때, A의 속력은 1.5m/s이다.

ㄷ. A와 B 사이의 거리는 4초일 때가 3초일 때보다 ~~2.5~~ 2.25m만큼 크다.

① ㄱ   ✓② ㄴ   ③ ㄱ, ㄷ   ④ ㄴ, ㄷ   ⑤ ㄱ, ㄴ, ㄷ

|자|료|해|설|

실로 연결된 상태에서 A와 B는 수평면의 오른쪽으로 함께 등가속도 직선 운동을 한다. 이때 가속도의 크기 a_1은 (나)에서 2초까지 그래프의 기울기와 같으므로 $a_1 = \frac{1\text{m/s}}{2\text{s}}$ $=0.5\text{m/s}^2$이다. 물체의 질량을 m이라 하면 운동 방정식은 $4F - F = (1+m)a_1$ 즉, $3F = 0.5(1+m)$ — 식⑦이다.
실이 끊어진 후 B는 (나)의 그래프에서와 같이 가속도의 크기가 $a_2 = \frac{2\text{m/s}}{2\text{s}} = 1\text{m/s}^2$인 운동을 하고 운동 방정식은 $4F = ma_2 = m$ — 식⑭이다.

|보|기|풀|이|

ㄱ. 오답 : 식⑦와 식⑭에 의해 $m=2$kg, $F=0.5$N이다.

ㄴ. 정답 : 실이 끊어진 후 A는 왼쪽으로 힘을 받으므로 $F=0.5\text{N}=1\text{kg} \times a_3$, 가속도의 크기는 $a_3=0.5\text{m/s}^2$이고 왼쪽 방향이다. 2초일 때까지 A와 B는 함께 운동하므로 2초일 때 A와 B의 속력은 2m/s이고 3초일 때 A의 속력은 2m/s $-$ 0.5m/s² × 1s = 1.5m/s이다.

ㄷ. 오답 : 실이 끊어진 시간은 2초이다. 3초일 때 A와 B의 속력은 각각 2m/s + ($-$0.5m/s²)(1s) = 1.5m/s, 2m/s + (1m/s²)(1s) = 3m/s이고 3초에서 4초까지 1초 동안 A와 B가 운동한 거리는 각각 $\frac{1}{2}$(1.5m/s + 1m/s)(1s) = 1.25m, $\frac{1}{2}$(3m/s + 4m/s)(1s) = 3.5m이다. 4초일 때 3초일 때보다 A, B 사이의 거리는 3.5m $-$ 1.25m = 2.25m 더 벌어진다.

그림 (가), (나)와 같이 마찰이 있는 동일한 빗면에 놓인 물체 A가 각각 물체 B, C와 실로 연결되어 서로 반대 방향으로 등가속도 운동을 하고 있다. (가)와 (나)에서 A의 가속도의 크기는 각각 $\frac{1}{6}g$, $\frac{1}{3}g$이고, 가속도의 방향은 운동 방향과 같다. A, B, C의 질량은 각각 $3m$, m, $6m$이고, 빗면과 A 사이에는 크기가 F로 일정한 마찰력이 작용한다.

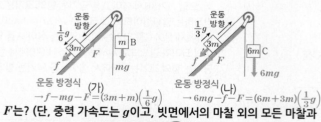

운동 방정식
(가) → $f - mg - F = (3m+m)\left(\frac{1}{6}g\right)$
운동 방정식
(나) → $6mg - f - F = (6m+3m)\left(\frac{1}{3}g\right)$

F는? (단, 중력 가속도는 g이고, 빗면에서의 마찰 외의 모든 마찰과 공기 저항, 실의 질량은 무시한다.) **3점**

① $\frac{1}{3}mg$ ✓② $\frac{2}{3}mg$ ③ mg ④ $\frac{3}{2}mg$ ⑤ $\frac{5}{2}mg$

|자|료|해|설|

중력에 의해 A에 빗면 아래 방향으로 작용하는 힘을 f라 하면 마찰력은 운동 방향의 반대 방향으로 작용하므로 (가)와 (나)에서 운동 방정식은 각각 $f - mg - F = (3m+m)\left(\frac{1}{6}g\right)$ 또는 $f - F = \frac{5}{3}mg$ — ①, $6mg - f - F = (6m+3m)\left(\frac{1}{3}g\right)$ 또는 $f + F = 3mg$ — ②이다.

|선|택|지|풀|이|

② 정답 : ①과 ②로부터 $F = \frac{2}{3}mg$, $f = \frac{7}{3}mg$이다.

😊 **출제분석** | 운동 방정식을 세울 수 있다면 쉽게 해결할 수 있는 문항이다.

그림 (가), (나), (다)는 동일한 빗면에서 실로 연결된 물체 A와 B가 운동하는 모습을 나타낸 것이다. A, B의 질량은 각각 m_A, m_B이다. (가)에서 A는 등속도 운동을 하고, (나), (다)에서 A는 가속도의 크기가 각각 $8a$, $17a$인 등가속도 운동을 한다.

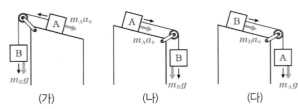

(가)   (나)   (다)

$m_A : m_B$는? (단, 실의 질량, 모든 마찰은 무시한다.) 3점

① 1 : 4   ② 2 : 5   ③ 2 : 1   ④ 5 : 2   ✓⑤ 4 : 1

|자|료|해|설|

중력 가속도를 g, 중력에 의한 빗면에서의 가속도를 a_0라 하면, (가), (나), (다)에서 운동 방정식은 각각 $m_B g = m_A a_0$ 또는 $g = \dfrac{m_A}{m_B} a_0$ —①, $m_B g + m_A a_0 = (m_A + m_B)(8a)$ —②, $m_A g + m_B a_0 = (m_A + m_B)(17a)$ —③이다.

|선|택|지|풀|이|

⑤ 정답 : $\dfrac{②}{③}$에 ①을 대입하면 $\dfrac{m_B\left(\dfrac{m_A}{m_B}a_0\right) + m_A a_0}{m_A\left(\dfrac{m_A}{m_B}a_0\right) + m_B a_0} = \dfrac{8}{17}$

이고, 식을 정리하면 $(m_A - 4m_B)(4m_A - m_B) = 0$이다. 이때 (가)에서 $g > a_0 = g\sin\theta$, $\dfrac{m_A}{m_B}a_0 > a_0 \rightarrow m_A > m_B$ 이므로 $m_A = 4m_B$이다.

😀 **문제풀이 TIP |** 마찰이 없는 빗면에서 물체의 가속도 크기는 질량과 관계없이 일정하다.

😀 **출제분석 |** 이 영역은 각 상황에 맞는 운동 방정식을 세워 연립하면 무난하게 해결할 수 있다.

그림은 물체 A~D가 실 p, q, r로 연결되어 정지해 있는 모습을 나타낸 것이다. A와 B의 질량은 각각 $2m$, m이고, C와 D의 질량은 같다. p를 끊었을 때, C는 가속도의 크기가 $\dfrac{2}{9}g$로 일정한 직선 운동을 하고, r이 D를 당기는 힘의 크기는 $\dfrac{10}{9}mg$이다.

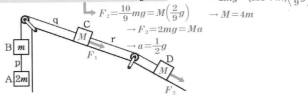

→ 운동 방정식 $F_1 + F_2 = 3mg$

$F_1 + F_2 - mg = 2mg = (2M + m)\left(\dfrac{2}{9}g\right)$

$F_2 = \dfrac{10}{9}mg = M\left(\dfrac{2}{9}g\right)$

$\rightarrow M = 4m$

$\rightarrow F_2 = 2mg = Ma$

$\rightarrow a = \dfrac{1}{2}g$

r을 끊었을 때, D의 가속도의 크기는? (단, g는 중력 가속도이고, 실의 질량, 공기 저항, 모든 마찰은 무시한다.) 3점

① $\dfrac{2}{5}g$ ✓② $\dfrac{1}{2}g$ ③ $\dfrac{5}{9}g$ ④ $\dfrac{3}{5}g$ ⑤ $\dfrac{5}{8}g$

|자|료|해|설|및|선|택|지|풀|이|

② 정답 : C와 D의 중력에 의해 빗면 아래로 작용하는 힘을 각각 F_1, F_2라 하면, 실 p, q, r이 모두 연결되어 있을 때 운동 방정식은 $F_1 + F_2 = 3mg$이다. C와 D의 질량을 M이라 하면 p를 끊었을 때, 운동 방정식은 $F_1 + F_2 - mg = 2mg = (2M + m)\left(\dfrac{2}{9}g\right)$ 또는 $M = 4m$이고 D에 대한 운동 방정식은 $F_2 - \dfrac{10}{9}mg = (4m)\left(\dfrac{2}{9}g\right)$이므로 $F_2 = 2mg$ 이다. r을 끊었을 때, D의 가속도의 크기는 $F_2 = 2mg = (4m)a$에서 $a = \dfrac{1}{2}g$이다.

😀 **문제풀이 TIP |** 빗면의 기울기가 다를 경우 질량이 같더라도 중력에 의해 빗면 아래 방향으로 물체에 작용하는 힘의 크기는 달라진다.

😀 **출제분석 |** 전체 계에 작용하는 알짜힘, 질량, 가속도의 관계를 운동 방정식으로 나타낼 수 있어야 문제를 해결할 수 있다.

그림 (가)는 수평면 위의 질량이 $8m$인 수레와 질량이 각각 m인 물체 2개를 실로 연결하고 수레를 잡아 정지한 모습을, (나)는 (가)에서 수레를 가만히 놓은 뒤 시간에 따른 수레의 속도를 나타낸 것이다. 1초일 때, 물체 사이의 실 p가 끊어졌다.

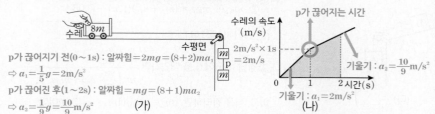

p가 끊어지기 전(0~1s) : 알짜힘$=2mg=(8+2)ma_1$
$\Rightarrow a_1=\frac{1}{5}g=2\text{m/s}^2$

p가 끊어진 후(1~2s) : 알짜힘$=mg=(8+1)ma_2$
$\Rightarrow a_2=\frac{1}{9}g=\frac{10}{9}\text{m/s}^2$

(가)

수레의 운동에 대한 설명으로 옳은 것만을 〈보기〉에서 있는 대로 고른 것은? (단, 중력 가속도는 10m/s²이고, 실의 질량 및 모든 마찰과 공기 저항은 무시한다.) 3점

보기

ㄱ. 1초일 때, 수레의 속도의 크기는 $\frac{2}{1}$m/s이다.

ㄴ. 2초일 때, 수레의 가속도의 크기는 $\frac{10}{9}$m/s²이다.

ㄷ. 0초부터 2초까지 수레가 이동한 거리는 $\frac{32}{9}$m이다.

① ㄱ   ② ㄷ   ③ ㄱ, ㄴ   ④ ㄴ, ㄷ   ⑤ ㄱ, ㄴ, ㄷ

| 자 | 료 | 해 | 설 |

(가)에서 p가 끊어지기 전(0~1s), 질량이 m인 2개의 물체의 무게로 수레와 물체는 등가속도 운동을 하므로 $2mg=10ma_1$로부터 $a_1=\frac{1}{5}g=2\text{m/s}^2$이다. p가 끊어진 후(1~2s)에서는 질량이 m인 물체 1개의 무게로 수레와 물체가 등가속도 운동을 하므로 $mg=9ma_2$ 즉, $a_2=\frac{10}{9}\text{m/s}^2$이다.

| 보 | 기 | 풀 | 이 |

ㄱ. 오답 : 1초일 때, 수레의 속도의 크기는 2m/s²×1s= 2m/s이다.

ㄴ. 정답 : 2초일 때, 수레의 가속도의 크기는 $mg=9ma_2$로부터 $a_2=\frac{10}{9}\text{m/s}^2$이다.

ㄷ. 정답 : 0~2초까지 수레가 이동한 거리는 (나)에서 0~2초까지 그래프 아래 면적과 같다. 0~1초에서 그래프 아래의 삼각형 면적은 $\frac{1}{2}\times2\text{m/s}\times1\text{s}=1\text{m}$이고, 2초일 때 수레의 속도의 크기는 $v=v_1+a\Delta t=2\text{m/s}+\left(\frac{10}{9}\text{m/s}^2\right)$ $(1\text{s})=\frac{28}{9}\text{m/s}$이므로 1~2초에서 그래프 아래의 사다리꼴 면적은 $\frac{1}{2}\times\left(2+\frac{28}{9}\right)\text{m/s}\times1\text{s}=\frac{23}{9}\text{m}$이다. 따라서 0~2초까지 수레가 이동한 거리는 $1+\frac{23}{9}=\frac{32}{9}\text{m}$이다.

그림 (가)는 물체 A, B가 실로 연결되어 서로 다른 빗면에서 속력 v로 등속도 운동하다가 A가 점 p를 지나는 순간 실이 끊어지는 것을 나타낸 것이다. 그림 (나)는 (가) 이후 A와 B가 각각 빗면을 따라 등가속도 운동을 하다가 A가 다시 p에 도달하는 순간 B의 속력이 $4v$인 것을 나타낸 것이다.

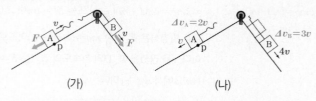

(가)   (나)

A, B의 질량을 각각 m_A, m_B라 할 때, $\frac{m_A}{m_B}$는? (단, 물체의 크기, 실의 질량, 모든 마찰은 무시한다.) 3점

① 2   ② $\frac{3}{2}$ ③ $\frac{4}{3}$ ④ $\frac{5}{4}$ ⑤ $\frac{6}{5}$

| 자 | 료 | 해 | 설 |

실로 연결되어 있을 때 A와 B는 등속도 운동하므로 A와 B의 무게에 의해 빗면 아래 방향으로 작용하는 힘의 크기 (F)는 같다. (나)에서 실이 끊어지고 같은 시간(t) 동안 A와 B의 속도 변화량의 크기는 $\Delta v_A=v-(-v)=2v$, $\Delta v_B=4v-v=3v$이므로 A와 B의 가속도 크기는 각각 $a_A=\frac{2v}{t}$, $a_B=\frac{3v}{t}$이다.

| 선 | 택 | 지 | 풀 | 이 |

② 정답 : A와 B의 질량은 각각 $m_A=\frac{F}{a_A}=\frac{Ft}{2v}$, $m_B=\frac{F}{a_B}$ $=\frac{Ft}{3v}$이므로 $\frac{m_A}{m_B}=\frac{3}{2}$이다.

🔍 **문제풀이 TIP** | (나)에서 A와 B의 질량비는 속도 변화량의 비에 반비례한다.

😊 **출제분석** | 힘과 가속도의 관계로 쉽게 해결할 수 있는 문항이다.

그림 (가)는 물체 A와 질량이 m인 물체 B를 실로 연결한 후, 손이 A에 연직 아래 방향으로 일정한 힘 F를 가해 A, B가 정지한 모습을 나타낸 것이다. 실이 A를 당기는 힘의 크기는 F의 크기의 3배이다. 그림 (나)는 (가)에서 A를 놓은 순간부터 A, B가 가속도의 크기 $\frac{1}{8}g$로 등가속도 운동을 하는 모습을 나타낸 것이다.

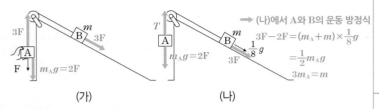

(가)   (나)

(나)에서 실이 A를 당기는 힘의 크기는? (단, 중력 가속도는 g이고, 실의 질량, 모든 마찰과 공기 저항은 무시한다.) 3점

① $\frac{1}{4}mg$ ② $\frac{3}{8}mg$ ③ $\frac{1}{2}mg$ ④ $\frac{5}{8}mg$ ⑤ $\frac{3}{4}mg$

→ T라 하면 (나)에서 A의 운동 방정식은

$T-2F=T-m_Ag=\frac{1}{8}m_Ag$

→ $T=\frac{9}{8}m_Ag=\frac{3}{8}mg$

|자|료|해|설|

(가)에서 A가 정지해 있으므로 A에 작용하는 알짜힘은 0이다. A의 질량을 m_A라 하면, 실이 A를 당기는 힘의 크기는 3F이므로 $3F=F+m_Ag$에서 $m_Ag=2F$ — ①이다. 또한, 실이 A를 당기는 힘과 실이 B를 당기는 힘의 크기는 같고 B는 정지해 있으므로 B의 무게에 의해 빗면 아래로 작용하는 힘은 3F이다.

(나)에서 A와 B에 작용하는 알짜힘의 크기는 $3F-2F=F$이고 이 힘으로 A와 B가 $\frac{1}{8}g$의 가속도로 운동하므로 $F=(m_A+m)\times\frac{1}{8}g$ — ②이다. 따라서 ①과 ②에 의해 $3m_A=m$ — ③이다.

|선|택|지|풀|이|

② 정답 : (나)에서 실이 A를 당기는 힘의 크기를 T라 하면 A의 운동 방정식은 $T-2F=T-m_Ag=\frac{1}{8}m_Ag$ — ④이고 ③과 ④에 의해 $T=\frac{9}{8}m_Ag=\frac{3}{8}mg$이다.

😀 **문제풀이 T I P** | (가)에서 A와 B의 알짜힘은 0이다.

😀 **출제분석** | 이 영역의 문항은 주로 3점 난이도로 출제된다. 제시된 자료를 식으로 표현하는 것이 관건이므로 다양한 기출문제를 통해 식을 세우는 연습을 해두자.

그림과 같이 빗면 위의 물체 A가 질량 2kg인 물체 B와 실로 연결되어 등가속도 운동을 한다. 표는 A가 점 p를 통과하는 순간부터 A의 위치를 2초 간격으로 나타낸 것이다. p와 점 q 사이의 거리는 8m이다.

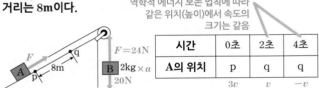

역학적 에너지 보존 법칙에 따라 같은 위치(높이)에서 속도의 크기는 같음

시간	0초	2초	4초
A의 위치	p	q	q
	$3v$	v	$-v$

실이 A를 당기는 힘의 크기는? (단, 중력 가속도는 10m/s²이고, 물체의 크기, 실의 질량, 모든 마찰과 공기 저항은 무시한다.) 3점

① 16N   ② 20N   ③ 24N   ④ 28N   ⑤ 32N

|자|료|해|설|

A와 B에는 중력만 작용하므로 역학적 에너지가 보존된다. 2초일 때와 4초일 때 A의 위치는 q로 같으므로 2초일 때와 4초일 때의 운동 에너지가 같다. 따라서 속도의 크기는 같고 운동 방향은 반대라는 것을 알 수 있다.

최고점에서 A와 B의 속력은 0m/s이므로 2초, 4초일 때 속력의 크기를 v라고 하면 2초에서 최고점까지와 최고점에서 4초까지 속력 변화량의 크기는 같다. 이때 A와 B는 등가속도 운동을 하기 때문에 최고점까지의 시간 차이가 같아야 하므로 최고점에 도달하는 시간은 3초일 때이다.

A의 빗면 위 방향을 (+)라고 할 때 가속도의 크기는 $a=\frac{0-v}{1s}=-v$m/s²이므로 1초에 속력이 v만큼 감소한다. 이에 따라 0초에서 2초까지 속력 감소량은 $2v$m/s이므로 0초일 때의 속도의 크기는 $3v$m/s이다. 이때 0~2초 사이의 평균 속력은 $\frac{3v+v}{2}=\frac{8m}{2s}=4$m/s이므로 $v=2$m/s이고 $a=-2$m/s²이다.

😀 **문제풀이 T I P** | 빗면에 A만 존재할 때 빗면 아래 방향으로 작용하는 힘에 대해서 알지 못하기 때문에 A에 대해 운동 방정식을 세우기는 힘들다. 출제자들은 항상 더 구하기 힘든 값을 출제하므로 같은 값 중에서 구하기 쉬운 값을 찾아서 구해야 한다.

😀 **출제분석** | 등가속도 운동이므로 같은 위치에서 물체의 속력이 같다. 이를 이용하여 p와 q에서의 속력을 구하고 가속도를 구한 뒤 운동 방정식을 세워 문제를 해결할 수 있다.

|선|택|지|풀|이|

③ 정답 : 실이 A를 당기는 힘의 크기(F)는 실이 B를 당기는 힘의 크기(F)와 같다. B에 작용하는 알짜힘의 크기는 위 방향으로 (2kg)×(2m/s²)=4N이므로 B의 운동 방정식 $F-20$N=4N에서 $F=24$N이다.

그림과 같이 물체가 수평면에서 직선 운동하며 길이가 같은 6개의 터널과 점 a ~ e를 통과한다. 물체는 각 터널을 통과하는 동안에만 같은 크기의 힘을 운동 방향으로 받는다. 첫 번째 터널을 통과하기 전과 후의 물체의 속력은 각각 v, $2v$이다.

a ~ e 중 물체의 속력이 $4v$인 점은? (단, 물체의 크기, 모든 마찰과 공기 저항은 무시한다.) (3점)

① a　　② b　　③ c　　④ d ✓　　⑤ e

→ 가속도의 크기가 일정

각 터널의 길이를 s라 할 때 속력─시간 그래프

⬇

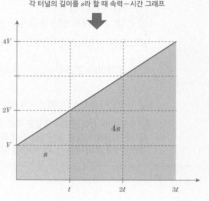

|자|료|해|설|및|선|택|지|풀|이|

④정답 : 등가속도 직선 운동 공식 $2as = v^2 - v_0^2$로부터 물체의 가속도를 a, 처음 물체의 속력이 v, 첫 번째 터널을 통과한 뒤 속력이 $2v$, 터널 1개를 통과할 때 지나는 거리를 s라 할 때 $2as = (2v)^2 - v^2 = 3v^2$ ─ ①이다. 한편, 물체의 속력이 $4v$가 될 때 거리를 S라 하면 $2aS = (4v)^2 - v^2 = 15v^2$ ─ ②이므로 ①과 ②에 의해 $S = 5s$이다. 즉, 터널을 총 5개 지난 d지점에서 물체의 속력은 $4v$가 된다.

😮 **문제풀이 T I P** | 물체가 같은 크기의 힘을 운동 방향으로 받는다면 물체의 가속도 크기는 일정하다. 속력─시간 그래프에서 기울기는 가속도의 크기, 면적은 이동 거리를 의미하므로 처음 물체의 속력이 v, 첫 번째 터널을 통과한 뒤 속력이 $2v$, 터널 1개를 통과할 때 지나는 거리를 s라 할 때 그래프는 위와 같다. 즉, 물체의 속도가 $4v$가 될 때 그래프의 면적은 $4s$만큼 늘어나므로 물체는 첫 번째 터널을 통과한 뒤 4개를 더 통과해야 한다.

😀 **출제분석** | 등가속도 운동하는 물체에 대한 문항으로 등가속도 직선 운동 공식을 이용하여 문제를 해결할 수 있지만 응용력을 기르기 위해 속력─시간 그래프를 그려보며 해석하는 연습을 하길 추천한다.

---

14 운동 방정식 　　　　　　　　　　　정답 ④　정답률 60%　2023년 10월 학평 14번　문제편 29p

그림 (가)와 같이 질량이 각각 $7m$, $2m$, 9kg인 물체 A~C가 실 p, q로 연결되어 2m/s로 등속 운동한다. 그림 (나)는 (가)에서 실이 끊어진 순간부터 C의 속력을 시간에 따라 나타낸 것이다. ㉠과 ㉡은 각각 p와 q 중 하나이다.
→ 알짜힘은 0

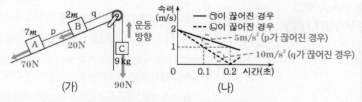

(가)　　　　　　　　(나)

p가 끊어진 경우, 0.1초일 때 A의 속력은? (단, 중력 가속도는 10m/s² 이고, 실의 질량과 모든 마찰은 무시한다.) (3점)

① 1.6m/s　② 1.8m/s　③ 2.2m/s　④ 2.4m/s ✓　⑤ 2.6m/s

|자|료|해|설|

(가)에서 A, B, C는 빗면 아래 방향으로 등속도 운동을 하며 A, B, C에 작용하는 알짜힘은 0이므로 빗면 아래 방향으로 A와 B의 무게에 의해 작용하는 힘의 크기는 각각 70N, 20N이다. (나)에서 ㉠과 ㉡이 끊어진 경우 각각의 가속도 크기는 5m/s², 10m/s²이고, q가 끊어진 경우 C가 중력 가속도로 운동한다는 점을 고려해보면 ㉠은 p, ㉡은 q가 끊어진 경우이다.

|선|택|지|풀|이|

④정답 : p가 끊어진 경우 B와 C의 운동 방정식은 90N − 20N = (9kg+$2m$) × (5m/s²)이므로 m=2.5kg이다. p가 끊어진 경우 A의 운동 방정식은 70N = 7 × (2.5kg) × a로 A의 가속도 크기는 a=4m/s²임을 알 수 있다. 따라서 0.1 초일 때 A의 속력은 2m/s+(4m/s²) (0.1s)=2.4m/s 이다.

😮 **문제풀이 T I P** | 빗면 아래 방향으로 A와 B의 무게에 의해 작용하는 힘의 크기는 A와 B의 질량의 비와 같다.

😀 **출제분석** | (나)의 그래프로부터 A, B, C의 운동 방향과 실이 끊어진 후 물체의 가속도의 크기를 알 수 있다. 이를 이용하여 운동 방정식을 세울 수 있어야 문제를 해결할 수 있다.

그림과 같이 물체 A, B를 실로 연결하고 A에 연직 아래로 일정한 힘 F를 작용하여 일정한 거리만큼 이동시킨 순간 F를 제거하였다. 표는 F를 제거하기 전과 후 A의 가속도의 크기와 실이 B를 당기는 힘의 크기를 나타낸 것이다. F를 제거한 후, A에 작용하는 알짜힘은 F의 크기의 $\frac{1}{15}$배이고 방향은 F와 반대이다. A의 질량은 m이다.

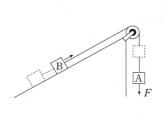

실이 A를 당기는 힘의 크기

구분	F 제거 전	F 제거 후
A의 가속도의 크기	$2a$	a
실이 B를 당기는 힘의 크기	$3T$	T

운동 방정식
$F+mg-3T$
$=m \cdot 2a$

운동 방정식
$T-mg=ma$
$=\frac{1}{15}F$

F의 크기는? (단, 중력 가속도는 g이고, 실의 질량, 모든 마찰 및 공기 저항은 무시한다.) 3점

① mg ② $2mg$ ✓③ $3mg$ ④ $4mg$ ⑤ $5mg$

|자|료|해|설|

실이 B를 당기는 힘의 크기는 실이 A를 당기는 힘의 크기와 같다. 따라서 F를 제거하기 전, 물체 A에 작용하는 힘은 아래 방향으로 F와 mg가 작용하고 위 방향으로 $3T$가 작용하여 운동 방정식은 $F+mg-3T=m \cdot 2a$ — ①이고 가속도의 방향은 아래 방향($F+mg>3T$)이다. 또한 F를 제거한 후 A에 작용하는 알짜힘의 방향은 위 방향, 크기는 $\frac{1}{15}F$이므로 $\frac{1}{15}F=ma$ 또는 $F=15ma$ — ②이고 이는 위 방향으로 실이 A를 당기는 힘인 T와 아래 방향으로 작용하는 중력 mg의 합($T>mg$)으로 나타나므로 $T-mg=ma$ — ③으로 표현할 수 있다.

|선|택|지|풀|이|

③ 정답 : $F=15ma$ — ②이므로 이를 ①에 대입하면 $3T-mg=13ma$ — ④가 되고 (④-③×3)을 통해 T를 소거하면 $2mg=10ma=10\left(\frac{1}{15}F\right)$이므로 $F=3mg$이다.

그림 (가)는 물체 A와 실로 연결된 물체 B에 수평 방향으로 일정한 힘 F를 작용하여 A, B가 등가속도 운동하는 모습을, (나)는 (가)에서 F를 제거한 후 A, B가 등가속도 운동하는 모습을 나타낸 것이다. A의 가속도의 크기는 (가)에서와 (나)에서가 같고, 실이 B를 당기는 힘의 크기는 (가)에서가 (나)에서의 2배이다. B의 질량은 m이다.

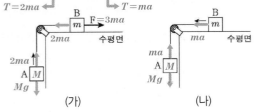

(가)   (나)

F의 크기는? (단, 중력 가속도는 g이고, 실의 질량, 마찰은 무시한다.)

✓① mg ② $2mg$ ③ $3mg$ ④ $4mg$ ⑤ $5mg$

|자|료|해|설|

A의 질량을 M이라고 할 때 (나)에서 A와 B가 포함된 계에 작용하는 알짜힘은 A에 작용하는 중력과 같고, $F=ma$에 의해 $Mg=(m+M)a$이다. 따라서 가속도의 크기는 $a=\frac{M}{(m+M)}g$이다.

(나)에서 장력의 크기를 $T=ma$라고 하면 (가)에서 장력의 크기는 $T=2ma$이다. 물체에 작용하는 가속도의 크기는 (가)와 (나)가 같으므로 (가)의 B에서 $F-2ma=ma$이고, $F=3ma$이다. 또한 A의 가속도의 크기는 (가)와 (나)에서 같으므로 A, B에 작용하는 알짜힘의 크기가 같아 $F-Mg=Mg$로부터 $F=2Mg$이다. 따라서 $F=3ma=3m\frac{M}{(m+M)}g=2Mg$에 의해 $3m=2m+2M$이고, $m=2M$이다.

|선|택|지|풀|이|

① 정답 : $F=2Mg$이므로 $2M=m$을 대입하면 $F=2Mg=mg$이다.

😀 **출제분석** | 주어진 조건에 맞는 운동 방정식을 세울 수 있어야 문제 해결이 가능하다.

그림 (가)는 물체 A, B, C를 실 p, q로 연결하고 C를 손으로 잡아 정지시킨 모습을, (나)는 (가)에서 C를 가만히 놓은 순간부터 C의 속력을 시간에 따라 나타낸 것이다. A, C의 질량은 각각 m, $2m$ 이고, p와 q는 각각 2초일 때와 3초일 때 끊어진다.

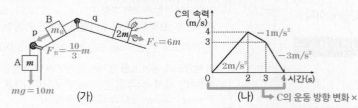

(가)   (나) → C의 운동 방향 변화×

4초일 때 B의 속력은? (단, 중력 가속도는 10m/s²이고, 실의 질량 및 모든 마찰과 공기 저항은 무시한다.) **3점**

① 4m/s   ② 5m/s   ③ 6m/s   ④ 7m/s   ⑤ 8m/s

😀 **문제풀이 T I P** | 0초~3초까지는 C가 A 또는 B와 함께 움직이므로 C에 작용하는 빗면 힘을 알아내기 힘들다. 따라서 p와 q가 모두 끊어진 후 C가 홀로 운동하는 시점부터 해석해야 C의 빗면 힘과 물체의 운동 방향을 알아낼 수 있다.

😀 **출제분석** | 빗면에서의 운동은 다양한 형태로 자주 출제되는 주제이다. 복합적인 운동을 해석하기 위해서는 단순한 운동부터 해석해야 함을 명심해야 한다.

|자|료|해|설|

B의 질량을 m_B, 3초 이후 B의 가속도를 a_B, B의 무게에 의해 왼쪽 빗면 아래로 작용하는 힘을 F_B, C의 무게에 의해 오른쪽 빗면 아래로 작용하는 힘을 F_C라 하자. (나)에서 0초~2초, 2초~3초, 3초~4초에서 C의 가속도의 크기는 각각 2m/s², 1m/s², 3m/s²이다. 3초일 때는 p와 q가 모두 끊어진 시점이므로 3초 이후 가속도의 크기를 이용하여 C가 받는 빗면 힘을 구할 수 있다.($F_C = 6m$) 또한 이때 속력이 감소하고 있으므로 힘을 받는 방향과 C의 운동 방향은 반대이다. 이를 통해 C는 0초~4초까지 빗면 위쪽으로 운동하는 것을 알 수 있다. 0초~2초 동안 A, B, C의 가속도는 같으므로 이를 이용하여 운동 방정식을 세우면 $10m + F_B - 6m = (m + m_B + 2m) \times (2\text{m/s}^2)$ — ①이고, 2초~3초 동안 B, C의 가속도가 같으므로 $F_B - 6m = (m_B + 2m) \times (-1\text{m/s}^2)$ — ②이다.

|선|택|지|풀|이|

⑤정답 : ①과 ②를 연립하여 정리하면 $10m - m_B - 2m = 6m + 2m_B$에 의해 $m_B = \frac{2}{3}m$이고, $F_B - 6m = -\frac{8}{3}m$에 의해 $F_B = \frac{10}{3}m$, $a_B = 5\text{m/s}^2$이다. 3초일 때 B의 속력은 3m/s이고, 가속도의 방향은 운동 방향과 같으므로 4초일 때의 속력은 8m/s이다.

그림과 같이 질량이 각각 $2m$, m인 물체 A, B가 동일 직선상에서 크기와 방향이 같은 힘을 받아 각각 등가속도 운동을 하고 있다. A가 점 p를 지날 때, A와 B의 속력은 v로 같고 A와 B 사이의 거리는 d 이다. A가 p에서 $2d$만큼 이동했을 때, B의 속력은 $\frac{v}{2}$이고 A와 B 사이의 거리는 x이다.

→ A와 B의 질량비가 2 : 1이므로 가속도의 비는 1 : 2
→ B의 속도 변화 $=\frac{v}{2}$
→ A의 속도 변화 $=\frac{v}{4}$

x는? (단, 물체의 크기는 무시한다.)

① $\frac{1}{2}d$ ② $\frac{3}{5}d$ ③ $\frac{2}{3}d$ ④ $\frac{5}{7}d$ ⑤ $\frac{3}{4}d$

|자|료|해|설|및|선|택|지|풀|이|

④정답 : A와 B의 질량비가 2 : 1이므로 가속도의 비는 1 : 2이다. 또한 B가 ($d+x$)만큼 이동하는 동안 B의 속도 변화는 $\Delta v_B = \frac{v}{2} - v = \frac{v}{2}$이므로 같은 시간 동안에 A가 $2d$ 만큼 이동하는 동안 A의 속도 변화는 $\Delta v_A = \frac{\Delta v_B}{2} = \frac{v}{4}$이고 A의 나중 속력은 $v - \frac{v}{4} = \frac{3}{4}v$이다. A와 B의 가속도 크기를 각각 a, $2a$라 하고 이를 등가속도 직선 운동식으로 표현하면 다음과 같다.

A : $2a(2d) = \left(\frac{3}{4}v\right)^2 - v^2$ 또는 $v^2 = -\frac{64}{7}ad$ — ①

B : $2(2a)(d+x) = \left(\frac{v}{2}\right)^2 - v^2 = -\frac{3}{4}v^2$ — ②

①을 ②에 대입하여 정리하면 $x = \frac{5}{7}d$이다.

😀 **문제풀이 T I P** | $F = ma$이므로 두 물체가 같은 힘을 받았을 때 가속도의 비는 $a_1 : a_2 = \frac{1}{m_1} : \frac{1}{m_2}$이다.

😀 **출제분석** | 가속도는 시간에 따른 속도 변화임을 알고 등가속도 직선 운동식으로 표현할 수 있어야 문제를 해결할 수 있다.

그림 (가)는 물체 A, B를 실로 연결하고 A를 손으로 잡아 정지시킨 모습을 나타낸 것이다. 그림 (나)는 (가)에서 A를 가만히 놓은 순간부터 A의 속력을 시간에 따라 나타낸 것이다. $4t$일 때 실이 끊어졌다. A, B의 질량은 각각 $3m$, $2m$이다.

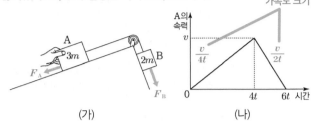

(가)   (나)

이에 대한 설명으로 옳은 것만을 〈보기〉에서 있는 대로 고른 것은? (단, 실의 질량, 공기 저항과 모든 마찰은 무시한다.) **3점**

보기
ㄱ. A의 운동 방향은 t일 때와 $5t$일 때가 같다.
ㄴ. $5t$일 때, 가속도의 크기는 B가 A의 $\frac{11}{4}$배이다.
ㄷ. $4t$부터 $6t$까지 B의 이동 거리는 $\frac{19}{4}vt$이다.

① ㄴ   ② ㄷ   ③ ㄱ, ㄴ   ④ ㄱ, ㄷ   ⑤ ㄱ, ㄴ, ㄷ

|자|료|해|설|
(나)로부터 실이 끊어지기 전과 후 A의 가속도 크기는 각각 $\frac{v}{4t}$, $\frac{v}{2t}$이다. A와 B의 무게에 의해 빗면 아래 방향으로 작용하는 힘을 각각 F_A, F_B라 하면 실이 끊어지기 전과 후의 운동 방정식은 $F_B - F_A = (3m + 2m)\left(\frac{v}{4t}\right)$ ─ ①, $F_A = (3m)\left(\frac{v}{2t}\right)$ ─ ②이다.

|보|기|풀|이|
ㄱ. 정답 : A의 운동 방향은 t일 때와 $5t$일 때 모두 빗면 위 방향이다.

ㄴ. 정답 : ②를 ①에 대입하면 $F_B = \frac{11mv}{4t} = (2m)\left(\frac{11v}{8t}\right)$ 이다. 따라서 실이 끊어진 $5t$일 때, A와 B의 가속도 크기는 각각 $\frac{v}{2t}$, $\frac{11v}{8t}$이다.

ㄷ. 정답 : $4t$부터 $6t$까지 B의 이동 거리는 $v(2t) + \frac{1}{2}\left(\frac{11v}{8t}\right)(2t)^2 = \frac{19}{4}vt$이다.

😊 **출제분석** | 주어진 조건에 따라 운동 방정식을 세울 수 있어야 문제를 해결할 수 있다.

그림 (가)는 물체 A, B, C를 실 p, q로 연결하여 C를 손으로 잡아 정지시킨 모습을, (나)는 C를 가만히 놓은 후 시간에 따른 C의 속력을 나타낸 것이다. 1초일 때 p가 끊어졌다. A, B의 질량은 각각 2kg, 1kg이다.

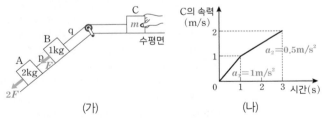

(가)   (나)

이에 대한 설명으로 옳은 것만을 〈보기〉에서 있는 대로 고른 것은? (단, 실의 질량, 모든 마찰은 무시한다.)

보기
ㄱ. 1~3초까지 C가 이동한 거리는 3m이다.
ㄴ. C의 질량은 $\frac{1}{3}$kg이다.
ㄷ. q가 B를 당기는 힘의 크기는 0.5초일 때가 2초일 때의 $\frac{3}{2}$배이다.

① ㄱ   ② ㄷ   ③ ㄱ, ㄴ   ④ ㄴ, ㄷ   ⑤ ㄱ, ㄴ, ㄷ

|자|료|해|설|
빗면의 기울기가 일정하므로 A와 B의 무게에 의해 빗면 아래 방향으로 작용하는 힘의 크기는 질량비와 같다. A와 B에 빗면 아래 방향으로 작용하는 힘을 각각 $2F$, F라 하고 C의 질량을 m이라 하자. 또 (나)에서 그래프의 기울기는 가속도의 크기이므로 p가 끊어지기 전과 후의 가속도의 크기는 각각 0~1초까지의 기울기 $a_1 = 1\text{m/s}^2$, 1~3초까지의 기울기 $a_2 = 0.5\text{m/s}^2$이다. (가)에서 운동 방정식은 $2F + F = (2 + 1 + m)(1)$ ─ ①이고 p가 끊어졌을 때, 운동 방정식은 $F = (1 + m)(0.5)$ ─ ②이다.

|보|기|풀|이|
ㄱ. 정답 : 1~3초까지 C가 이동한 거리는 그래프의 면적이므로 $\left(\frac{1\text{m/s} + 2\text{m/s}}{2}\right)(3s - 1s) = 3\text{m}$이다.

ㄴ. 오답 : ①과 ②를 연립하여 F를 소거하면 C의 질량은 $m = 3\text{kg}$이다.

ㄷ. 오답 : q가 B를 당기는 힘의 크기는 q가 C를 당기는 힘과 같다. q가 C를 당기는 알짜힘의 크기는 가속도의 크기에 비례하므로 0.5초일 때가 2초일 때의 2배이다.

🙂 **문제풀이 TIP** | A, B, C는 줄로 연결되어 있으므로 크기가 같은 가속도로 움직인다.

😊 **출제분석** | 물체에 작용하는 알짜힘은 실로 연결된 모든 물체를 크기가 같은 가속도로 움직이게 한다. 이점을 유념하여 운동 방정식을 세울 수 있다면 문제는 쉽게 풀린다.

그림과 같이 물체 A 또는 B와 추를 실로 연결하고 물체를 빗면의 점 p에 가만히 놓았더니, 물체가 등가속도 직선 운동하여 점 q를 통과하였다. 추의 질량은 1kg이다. 표는 물체의 질량, 물체가 p에서 q까지 운동하는 데 걸린 시간과 실이 물체에 작용한 힘의 크기 T를 나타낸 것이다.

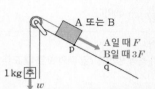

물체	질량	걸린 시간	T
A	3kg	4초	T_A
B	9kg	2초	T_B

$T_A : T_B$는? (단, 물체의 크기, 실의 질량, 모든 마찰과 공기 저항은 무시한다.) **3점**

① 1 : 4   ② 2 : 3   ③ 3 : 4   ④ 4 : 5   ✓⑤ 5 : 6

빗면 아래 방향으로 작용하는 힘의 크기	가속도 크기	$\left(s = \frac{1}{2}at^2 = 일정 \rightarrow a \propto \frac{1}{t^2}\right)$
F	a	
$3F$	$4a$	

|자|료|해|설|

등가속도 직선 운동에서 같은 직선거리를 이동하는데 가속도의 크기는 걸린 시간의 제곱에 반비례한다.

$$\left(s = \frac{1}{2}at^2\right)$$

p에서 q까지 운동하는 데 걸린 시간은 A가 B의 2배이므로 가속도의 크기는 B가 A의 4배이다.

|선|택|지|풀|이|

⑤정답 : 물체의 무게를 w, A와 B의 가속도 크기를 각각 a, $4a$라 하고 A와 B의 무게에 의해 빗면 아래 방향으로 작용하는 힘의 크기를 각각 F, $3F$라 하면 A와 B의 운동 방정식은 각각 $F - w = (3+1) \times a$ — ①, $3F - w = (9+1) \times 4a$ — ②이고 ② - ①로부터 $F = 18a$이다. A와 B의 알짜힘은 각각 $F - T_A = 3a$, $3F - T_B = 9 \times 4a$이므로 $T_A = 15a$, $T_B = 18a$이다. 따라서 $T_A : T_B = 5 : 6$이다.

🤯 **문제풀이 TIP** | 등가속도 직선 운동에서 이동 거리가 같을 때 가속도의 크기는 시간의 제곱에 반비례한다.

😀 **출제분석** | 힘과 가속도의 관계를 통해 식을 세울 수 있어야 문제를 해결할 수 있다.

그림 (가)와 같이 물체 A, B, C를 실로 연결하고 수평면상의 점 p에서 B를 가만히 놓았더니 물체가 등가속도 운동하여 B가 점 q를 지나는 순간 B와 C 사이의 실이 끊어진다. 그림 (나)는 (가) 이후 A, B가 등가속도 운동하여 B가 점 r에서 속력이 0이 되는 순간을 나타낸 것이다. A, C의 질량은 각각 m, $5m$이고, p와 q 사이의 거리는 q와 r 사이의 거리의 $\frac{2}{3}$배이다.

↳ =2L

↳ =3L

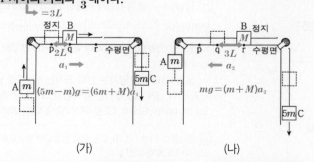

(가)   (나)

B의 질량은? (단, 물체의 크기, 실의 질량, 마찰은 무시한다.) **3점**

① m ✓② $2m$ ③ $3m$ ④ $4m$ ⑤ $5m$

|자|료|해|설|및|선|택|지|풀|이|

②정답 : q에서 B의 속력을 v, p와 q 사이의 거리와 q와 r 사이의 거리를 각각 $2L$과 $3L$, 실이 끊어지기 전과 후의 B의 가속도 크기를 각각 a_1, a_2라 하면 $2a_1(2L) = 2a_2(3L) = v^2$이므로 $a_2 = 3a$, $a_1 = 2a$이다. B의 질량을 M이라 하면 (가)와 (나)에서 운동 방정식은 각각 $(5m - m)g = (m + 5m + M)(3a)$, $mg = (m + M)(2a)$이므로 두 식을 연립하면 $M = 2m$임을 알 수 있다.

😀 **출제분석** | 힘과 가속도의 관계로 운동 방정식을 세울 수 있어야 문제 해결이 가능하다.

그림 (가)는 물체 A, B, C를 실로 연결하여 수평면의 점 p에서 B를 가만히 놓아 물체가 등가속도 운동하는 모습을, (나)는 (가)의 B가 점 q를 지날 때부터 점 r를 지날 때까지 운동 방향과 반대 방향으로 크기가 $\frac{1}{4}mg$인 힘을 받아 물체가 등가속도 운동하는 모습을 나타낸 것이다. p와 q 사이, q와 r 사이의 거리는 같고, B가 q, r를 지날 때 속력은 각각 $4v$, $5v$이다. A, B, C의 질량은 각각 m, m, M이다.

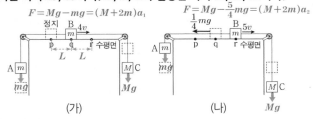

M은? (단, 중력 가속도는 g이고, 물체의 크기, 실의 질량, 모든 마찰은 무시한다.)

① $\frac{4}{3}m$　② $\frac{7}{5}m$　③ $\frac{11}{7}m$　④ $\frac{15}{8}m$　⑤ $\frac{5}{2}m$

|자|료|해|설|

(가)와 (나)에서 A, B, C의 가속도를 각각 a_1, a_2라고 하고, p와 q 사이의 거리를 L이라 하자. 등가속도 직선 운동 공식 $2as = v^2 - v_0^2$에 의해 (가)와 (나)를 표현하면 각각 $2a_1L = (4v)^2 = 16v^2$, $2a_2L = (5v)^2 - (4v)^2 = 9v^2$이므로 $a_1 : a_2 = 16 : 9$이다. 또한 $F = ma$이므로 전체 계에 대한 알짜힘의 비도 (가) : (나) = 16 : 9이다. 이때 (가)와 (나)에서 작용하는 힘의 차이는 B에 작용하는 $\frac{1}{4}mg$뿐이므로 이 힘의 크기가 (가)의 알짜힘 크기의 $\frac{7}{16}$에 해당한다.

따라서 (가)에서 알짜힘의 크기는 $\frac{1}{4}mg \times \frac{16}{7} = \frac{4}{7}mg$이다.

|선|택|지|풀|이|

③ 정답 : (가)에서 알짜힘을 구하면 B의 오른쪽 방향을 (+)로 두었을 때 $Mg - mg = \frac{4}{7}mg$이므로 $Mg = \frac{11}{7}mg$에 의해 $M = \frac{11}{7}m$이다.

😀 **문제풀이 TIP** | 등가속도 직선 운동 공식 $2as = v^2 - v_0^2$을 이용하자.

😎 **출제분석** | 이 영역의 문제는 반드시 주어진 조건에 맞는 운동 방정식을 세울 수 있어야 한다.

그림 (가)와 같이 물체 A, B, C를 실로 연결하고 A를 점 p에 가만히 놓았더니, 물체가 각각의 빗면에서 등가속도 운동하여 A가 점 q를 속력 $2v$로 지나는 순간 B와 C 사이의 실이 끊어진다. 그림 (나)와 같이 (가) 이후 A와 B는 등속도, C는 등가속도 운동하여, A가 점 r를 속력 $2v$로 지나는 순간 C의 속력은 $5v$가 된다. p와 q 사이, q와 r 사이의 거리는 같다. A, B, C의 질량은 각각 M, m, $2m$이다.

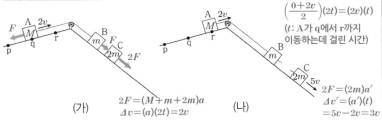

M은? (단, 물체의 크기, 실의 질량, 모든 마찰은 무시한다.)

① $2m$　② $3m$　③ $4m$　④ $5m$　⑤ $6m$

|자|료|해|설|

B의 무게에 의해 빗면 아래 방향으로 작용하는 힘을 F라 하면 (나)에서 A와 B는 등속운동을 하므로 A의 무게에 의해 빗면 아래 방향으로 작용하는 힘은 F, B보다 질량이 2배인 C에 작용하는 힘은 $2F$이다.

|선|택|지|풀|이|

② 정답 : (가)에서 물체의 가속도 크기를 a, (나)에서 C의 가속도 크기를 a'라 할 때, (가)에서 물체의 운동 방정식은 $2F = (M + m + 2m)a$ — ①이고 (나)에서 C의 운동 방정식은 $2F = (2m)a'$ — ②이다. p와 q 사이와 q와 r 사이를 운동하는 동안 A의 평균 속력은 각각 v, $2v$이다. p와 q 사이, q와 r 사이의 거리는 같으므로 A가 q와 r 사이를 운동하는 데 걸린 시간을 t라 하면 A가 p와 q 사이를 운동하는 데 걸린 시간은 $2t$이다. (가)에서 가속도의 크기는 $a = \frac{\Delta v}{\Delta t} = \frac{2v - 0}{2t} = \frac{v}{t}$ — ③, (나)에서 C의 가속도 크기는 $a' = \frac{5v - 2v}{t} = \frac{3v}{t}$ — ④이므로 ③과 ④로부터 $a' = 3a$ — ⑤이고 ⑤를 ②에 대입하여 ①과 연립하면 $M = 3m$이다.

😀 **문제풀이 TIP** | A가 p와 q 사이와 q와 r 사이를 운동하는 동안 걸린 시간의 비는 2 : 1이다.

😎 **출제분석** | 매회 출제되는 유형으로 힘과 가속도의 관계, 등가속도 직선 운동 공식을 이용하여 해결할 수 있다.

그림 (가)와 같이 물체 A, B, C를 실 p, q로 연결하고 수평면 위의 점 O에서 B를 가만히 놓았더니 물체가 등가속도 운동하여 B의 속력이 v가 된 순간 q가 끊어진다. 그림 (나)와 같이 (가) 이후 A, B가 등가속도 운동하여 B가 O를 $3v$의 속력으로 지난다. A, C의 질량은 각각 $4m$, $5m$이다.

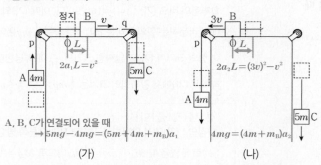

A, B, C가 연결되어 있을 때
→ $5mg - 4mg = (5m + 4m + m_B)a_1$

(가)

$4mg = (4m + m_B)a_2$

(나)

(나)에서 p가 A를 당기는 힘의 크기는? (단, 중력 가속도는 g이고, 물체의 크기, 실의 질량, 마찰은 무시한다.) 3점

① $\frac{1}{2}mg$ ② $\frac{2}{3}mg$ ③ $\frac{3}{4}mg$ ✓④ $\frac{4}{5}mg$ ⑤ $\frac{5}{6}mg$

| 자 | 료 | 해 | 설 |
B의 질량을 m_B, 실이 끊어지기 전과 후 B의 가속도 크기를 각각 a_1, a_2, B를 O에 놓은 순간부터 실이 끊어지는 순간까지 B가 이동한 거리를 L이라 할 때, (가)에서 운동 방정식은 $5mg - 4mg = (5m + 4m + m_B)a_1$ 또는 $mg = (9m + m_B)a_1$ — ①이고 $2a_1L = v^2$ — ②이다. (나)에서 운동 방정식은 $4mg = (4m + m_B)a_2$ — ③이고 $2a_2L = (3v)^2 - v^2 = 8v^2$ — ④이다. ②와 ④에 의해 $a_2 = 8a_1$이고 이를 ③에 대입하여 ①과 연립하면 $m_B = m$, $a_2 = \frac{4}{5}g$이다.

| 선 | 택 | 지 | 풀 | 이 |
④ 정답 : (나)에서 p가 A를 당기는 힘의 크기는 B에 작용하는 알짜힘과 같으므로 $F = m_Ba_2 = \frac{4}{5}mg$이다.

😊 **출제분석** | 힘과 가속도에 대한 식을 표현할 수 있어야 문제를 해결할 수 있다.

그림은 물체 A, B, C가 실 p, q로 연결되어 등속도 운동을 하는 모습을 나타낸 것이다. p를 끊으면, A는 가속도의 크기가 $6a$인 등가속도 운동을, B와 C는 가속도의 크기가 a인 등가속도 운동을 한다. 이후 q를 끊으면, B는 가속도의 크기가 $3a$인 등가속도 운동을 한다. A, C의 질량은 각각 m, $2m$이다.
이에 대한 설명으로 옳은 것만을 〈보기〉에서 있는 대로 고른 것은? (단, 중력 가속도는 g이고, 실의 질량, 모든 마찰과 공기 저항은 무시한다.) 3점

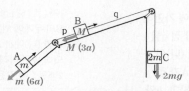

보기

ㄱ. B의 질량은 $4m$이다.

ㄴ. $a = \frac{1}{8 \frac{1}{9}}g$이다.

ㄷ. p를 끊기 전, p가 B를 당기는 힘의 크기는 $\frac{2}{3}mg$이다.

① ㄱ   ② ㄴ   ✓③ ㄱ, ㄷ   ④ ㄴ, ㄷ   ⑤ ㄱ, ㄴ, ㄷ

| 자 | 료 | 해 | 설 |
B의 질량을 M이라 하면, A, B에 빗면 아래 방향으로 작용하는 힘의 크기는 각각 $6ma$, $3Ma$이다. p가 끊어지기 전 A, B, C는 등속 운동을 하므로 물체에 작용하는 알짜힘은 $6ma + 3Ma - 2mg = 0$ — ①이고 p가 끊어진 후 B, C에 작용하는 알짜힘은 $2mg - 3Ma = (2m + M)a$, 이를 정리하면 $2mg - 2ma - 4Ma = 0$ — ②이다.

| 보 | 기 | 풀 | 이 |
ㄱ. 정답 : ①+②$= 4ma - Ma = 0$이므로 $M = 4m$ — ⑤이다.

ㄴ. 오답 : ⑤를 ①에 대입하여 정리하면 $a = \frac{1}{9}g$이다.

ㄷ. 정답 : p를 끊기 전, p가 B를 당기는 힘의 크기는 p가 A를 당기는 힘의 크기(T)와 같다. p가 끊어지기 전 A에 작용하는 알짜힘은 0이므로 $T = 6ma = \frac{2}{3}mg$이다.

😊 **출제분석** | 물체의 가속도를 이용하여 알짜힘에 대한 운동 방정식을 세울 수 있다면 문제는 쉽게 해결된다.

그림 (가)는 물체 A, B, C를 실로 연결하고 C에 수평 방향으로
크기가 F인 힘을 작용하여 A, B, C가 속력이 증가하는 등가속도
운동을 하는 모습을 나타낸 것이다. 그림 (나)는 (가)에서 B의
속력이 v인 순간 B와 C를 연결한 실이 끊어졌을 때, 실이 끊어진
순간부터 B가 정지한 순간까지 A와 B, C가 각각 등가속도 운동을
하여 d, $4d$만큼 이동한 것을 나타낸 것이다. A의 가속도의 크기는
(나)에서가 (가)에서의 2배이다. B, C의 질량은 각각 m, $3m$이다.

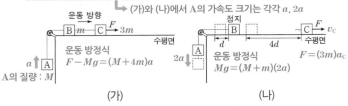

이에 대한 설명으로 옳은 것만을 〈보기〉에서 있는 대로 고른 것은?
(단, 중력 가속도는 g이고, 물체는 동일 연직면상에서 운동하며,
물체의 크기, 실의 질량, 공기 저항과 모든 마찰은 무시한다.) **3점**

보기

ㄱ. (나)에서 B가 정지한 순간 C의 속력은 $3v$이다.

ㄴ. A의 질량은 $3m$이다.

ㄷ. F는 $\dfrac{5}{4}mg$이다.

①ㄱ   ②ㄴ   ③ㄱ,ㄷ   ④ㄴ,ㄷ   ⑤ㄱ,ㄴ,ㄷ

출제분석 | 제시된 자료에 맞는 운동 방정식을 세울 수 있어야 문제를 해결할 수 있다.

|자|료|해|설|

(가)와 (나)에서 A의 가속도 크기를 각각 a, $2a$라하고 A의
질량을 M, (나)에서 C의 가속도 크기를 a_C라 하면 운동
방정식은 (가)에서 $F-Mg=(M+4m)a$ — ①, (나)에서
$Mg=(M+m)(2a)$ — ②, $F=3ma_C$ — ③이다.

|보|기|풀|이|

ㄱ. 정답: B가 정지했을 때 C의 속력을 v_c, 실이 끊어진
순간부터 B가 정지할 때까지 걸린 시간을 t라 하면 평균
속력은 $\dfrac{d}{t}=\dfrac{v+0}{2}$, $\dfrac{4d}{t}=\dfrac{v+v_c}{2}$이고 두 식을 정리하면
$v_c=3v$이다.

ㄴ. 오답 : (나)에서 A와 B의 가속도 크기는 $\dfrac{\Delta v}{\Delta t}=\dfrac{v-0}{t}$
$=2a$이므로 C의 가속도 크기는 $a_c=\dfrac{\Delta v}{\Delta t}=\dfrac{3v-v}{t}=4a$
이다. 이를 ③에 대입 하면 $F=12ma$이고 ①에 대입하여
F를 소거 후 ②식과 연립하면 $M=2m$이다.

ㄷ. 오답 : A의 질량이 $2m$이므로 ②식에 대입하면 $g=3a$
인 것을 알 수 있다. 이 때, 식①에 g 대신 $3a$를 대입하면
$F=12ma$이고, $F=4mg$이다.

문제풀이 T I P | 물체 C의 운동

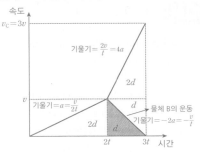

그림 (가), (나)와 같이 무게가 10N인 물체가
용수철에 매달려 정지해 있다. (가), (나)에서
용수철이 물체에 작용하는 탄성력의 크기는
같고, (나)에서 손은 물체를 연직 위로
떠받치고 있다.
(나)에서 물체가 손에 작용하는 힘의 크기는?
(단, 용수철의 질량은 무시한다.)

① 5N   ② 10N   ③ 15N   ④ 20N   ⑤ 30N

|자|료|해|설|

(가)에서 물체가 정지해 있으므로 물체의 무게와 탄성력의
크기는 10N으로 같고 방향은 반대이다. (나)에서 용수철의
길이는 다른데 탄성력의 크기는 (가)와 같으므로 탄성력이
작용하는 방향이 (가)와 반대이다. 따라서 손에 작용하는
힘의 크기는 용수철의 탄성력과 물체의 무게의 합인
10N+10N=20N이다.

|선|택|지|풀|이|

④정답 : 손에 작용하는 힘은 물체의 무게와 물체를
밀어내는 탄성력의 합이므로 10N+10N=20N이다.

문제풀이 T I P | 물체가 정지해 있거나 등속도 운동할 때 물체에 가해지는 알짜힘은 0이다. 탄성력은 용수철의 원래 길이에서 변형된 길이에 따라 달라지는 힘이므로 길이가 다른데
탄성력의 크기가 같다면 방향이 반대이다.

출제분석 | 힘의 평형에 대한 기본 개념을 확인하는 문제이다.

그림은 책을 벽에 대고 손으로 수평
방향으로 밀 때 책이 정지해 있는 모습을
나타낸 것이다.
이에 대한 옳은 설명만을 <보기>에서 있는
대로 고른 것은?

보기
 아니다
ㄱ. 책에 작용하는 중력은 0이다.
ㄴ. 책에 작용하는 알짜힘은 0이다.
ㄷ. 손이 책을 미는 힘과 벽이 책을 미는 힘은 작용과 반작용의
     관계이다.
                      책   손

① ㄱ   ② ㄴ   ③ ㄱ, ㄴ   ④ ㄱ, ㄷ   ⑤ ㄴ, ㄷ

|자|료|해|설|
책은 정지 상태이므로 책에 작용하는 알짜힘은 0이다.

|보|기|풀|이|
ㄱ. 오답 : 책에는 중력이 작용한다.
ㄴ. 정답 : 책은 정지해 있으므로 책에 작용하는 알짜힘은
0이다.
ㄷ. 오답 : 손이 책을 미는 힘의 반작용은 책이 손을 미는
힘이다.

😲 문제풀이 TIP | 정지하거나 등속 직선 운동하는 물체에
작용하는 알짜힘은 0이다. 또한 A가 B에 작용하는 힘의 반작용은
B가 A에 작용하는 힘이다.

😲 출제분석 | 알짜힘과 작용 반작용에 대한 내용은 자주 등장하는
보기로, 쉽게 해결할 수 있지만 보기 내용을 집중해서 읽지
않는다면 실수하기 쉽다.

다음은 자석 사이에 작용하는 힘에 대한 실험이다.

[실험 과정]
(가) 저울 위에 자석 A를 올려놓은 후 실에 매달린 자석 B를
     A의 위쪽에 접근시키고, 정지한 상태에서 저울의
     측정값을 기록한다.
(나) (가)의 상태에서 B를 A에 더 가깝게 접근시키고, 정지한
     상태에서 저울의 측정값을 기록한다.

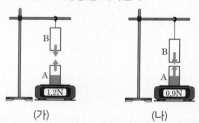

(가)   (나)

[실험 결과]

(가)의 결과	(나)의 결과
1.2N	0.9N

이에 대한 옳은 설명만을 <보기>에서 있는 대로 고른 것은? 3점

보기
                          당기는
ㄱ. (가)에서 A, B 사이에는 서로 미는 자기력이 작용한다.
ㄴ. (나)에서 A가 B에 작용하는 자기력과 B가 A에 작용하는
     자기력은 작용 반작용 관계이다.
ㄷ. A가 B에 작용하는 자기력의 크기는 (나)에서가
     (가)에서보다 크다.

① ㄴ   ② ㄷ   ③ ㄱ, ㄴ   ④ ㄱ, ㄷ   ⑤ ㄴ, ㄷ

|자|료|해|설|
(가)에서 (나)와 같이 B를 A에 가깝게 접근시켰을 때
당기는 힘이 더 커지므로 실험 결과 저울의 측정값은
줄어든다. 만약 A와 B에 미는 힘이 작용한다면 (나) 저울의
측정값이 (가)보다 커야 한다.

|보|기|풀|이|
ㄱ. 오답 : (가)와 (나) 모두 A와 B 사이에는 서로 당기는
자기력이 작용한다.
ㄴ. 정답 : A가 B에 작용하는 자기력은 B가 A에 작용하는
자기력과 같은 크기의 힘이 반대 방향으로 작용하는 것과
같다.
ㄷ. 정답 : A가 저울을 누르는 힘의 크기는 (나)에서가 더
작으므로 B가 A를 위로 당기는 자기력의 크기는 (나)에서가
(가)에서보다 크다. B가 A를 위로 당기는 자기력은 A가
B에 작용하는 자기력과 작용 반작용 관계이므로 A가 B에
작용하는 자기력의 크기는 (나)에서가 (가)에서보다 크다.

😲 문제풀이 TIP | A가 B에 작용하는 힘의 반작용은 B가 A에
작용하는 힘이다.

😲 출제분석 | 작용 반작용 법칙 개념을 확인하는 기본 수준의
문항이다.

31 작용과 반작용 법칙

정답 ③   정답률 82%   2023년 4월 학평 7번   문제편 33p

그림은 동일한 자석 A, B를 플라스틱 관에 넣고, A에 크기가 F인 힘을 연직 아래 방향으로 작용하였을 때 A, B가 정지해 있는 모습을 나타낸 것이다.

이에 대한 설명으로 옳은 것만을 〈보기〉에서 있는 대로 고른 것은? (단, 마찰은 무시한다.)

보기

ㄱ. A에 작용하는 알짜힘은 0이다.
ㄴ. A에 작용하는 중력과 B가 A에 작용하는 자기력은 작용 반작용 관계이다. ~~A가 지구를 당기는 힘~~
ㄷ. 수평면이 B에 작용하는 힘의 크기는 F보다 크다.

① ㄱ   ② ㄴ   ③ ㄱ, ㄷ   ④ ㄴ, ㄷ   ⑤ ㄱ, ㄴ, ㄷ

|자|료|해|설|

A에 작용하는 중력$+F=$B가 A에 작용하는 자기력
B에 작용하는 중력$+$A가 B에 작용하는 자기력$=$수평면이 B에 작용하는 힘

|보|기|풀|이|

ㄱ. 정답 : A는 정지해 있으므로 A에 작용하는 알짜힘은 0이다.
ㄴ. 오답 : A에 작용하는 중력의 반작용은 A가 지구를 당기는 힘이다. B가 A에 작용하는 자기력의 반작용은 A가 B에 작용하는 자기력이다.
ㄷ. 정답 : 수평면이 B에 작용하는 힘=A, B에 작용하는 중력$+F$이다.

😀 출제분석 | 물체에 작용하는 힘의 관계를 설명할 수 있다면 이와 같은 문항은 쉽게 해결할 수 있다.

---

32 작용 반작용과 운동 법칙

정답 ②   정답률 84%   2020년 3월 학평 2번   문제편 33p

그림은 드론에 연결된 질량 m인 상자가 공중에 정지해 있는 모습을 나타낸 것이다.

이에 대한 옳은 설명만을 〈보기〉에서 있는 대로 고른 것은? (단, 중력 가속도는 g이다.)

보기

ㄱ. 드론에 작용하는 중력은 0이다. 아니다
ㄴ. 상자에 작용하는 알짜힘의 크기는 mg이다. 0
ㄷ. 드론이 상자에 작용하는 힘과 상자가 드론에 작용하는 힘은 작용 반작용 관계이다.

① ㄴ   ② ㄷ   ③ ㄱ, ㄴ   ④ ㄱ, ㄷ   ⑤ ㄴ, ㄷ

|자|료|해|설|

상자의 무게는 mg이지만 드론이 상자를 mg로 들어 올리므로 상자는 공중에 정지해 있다.

|보|기|풀|이|

ㄱ. 오답 : 드론의 질량은 0이 아니므로 드론에는 중력이 작용한다.
ㄴ. 오답 : 상자는 정지해 있으므로 알짜힘의 크기는 0이다.
ㄷ. 정답 : 드론이 상자에 작용하는 힘의 반작용은 상자가 드론에 작용하는 힘이다.

😲 문제풀이 TIP | 정지한 물체의 알짜힘은 0이다.

😀 출제분석 | 힘의 상호작용에 대한 이해를 확인하는 문항이다.

다음은 저울을 이용한 실험이다.

[실험 과정]

(가) 밀폐된 상자를 저울 위에 올려놓고 저울의 측정값을 기록한다.

(나) (가)의 상자 바닥에 드론을 놓고 상자를 밀폐시킨 후 저울의 측정값을 기록한다.

(다) (나)에서 드론을 가만히 떠 있게 한 후 저울의 측정값을 기록한다.

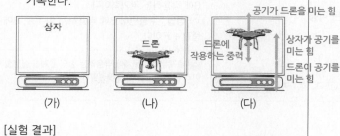

[실험 결과]

	(가)	(나)	(다)
저울의 측정값	2N	8N	8N

　　　　　　　　　　└▶ 드론의 무게＝6N

이에 대한 옳은 설명만을 〈보기〉에서 있는 대로 고른 것은?

보기

ㄱ. (나)에서 저울이 상자를 떠받치는 힘의 크기는 8N이다.

ㄴ. (다)에서 공기가 드론에 작용하는 힘과 드론에 작용하는 중력은 ~~작용 반작용~~ 관계이다. 힘의 평형

ㄷ. 상자 안의 공기가 상자에 작용하는 힘의 크기는 (다)에서가 (가)에서보다 6N만큼 크다.

① ㄱ　② ㄴ　③ ㄱ, ㄷ　④ ㄴ, ㄷ　⑤ ㄱ, ㄴ, ㄷ

|자|료|해|설|

실험 결과 (가)로부터 상자의 무게는 2N, (나)로부터 드론의 무게는 6N임을 알 수 있다.

|보|기|풀|이|

ㄱ. 정답 : 저울이 상자를 떠받치는 힘의 크기와 저울의 측정값은 같다.

ㄴ. 오답 : 공기가 드론에 작용하는 힘과 드론에 작용하는 중력은 힘의 평형 관계이다. 공기가 드론에 작용하는 힘의 반작용은 드론이 공기에 작용하는 힘이다.

ㄷ. 정답 : 상자 안의 공기가 상자에 작용하는 힘의 크기는 드론의 무게와 같은 6N이다.

😃 출제분석 | 작용 반작용 법칙을 이해하는지 확인하는 수준의 문항이다.

그림은 자석 A와 B가 실에 매달려 정지해 있는 모습을 나타낸 것이다.

이에 대한 옳은 설명만을 〈보기〉에서 있는 대로 고른 것은?

보기

ㄱ. A에 작용하는 알짜힘은 0이다.

ㄴ. A가 B에 작용하는 자기력과 B가 A에 작용하는 자기력은 작용 반작용 관계이다.

ㄷ. B에 연결된 실이 B를 당기는 힘의 크기는 지구가 B를 당기는 힘의 크기보다 ~~작다~~. 크다

① ㄱ　② ㄷ　③ ㄱ, ㄴ　④ ㄴ, ㄷ　⑤ ㄱ, ㄴ, ㄷ

|자|료|해|설|

A의 위쪽 실이 A를 당기는 힘은 A와 B의 무게 합이고 A의 아래쪽 실이 A를 당기는 힘은 B의 무게와 A가 B를 미는 자기력의 합이다.

|보|기|풀|이|

ㄱ. 정답 : 정지 상태이므로 A에 작용하는 알짜힘은 0이다.

ㄴ. 정답 : A가 B에 작용하는 자기력의 반작용은 B가 A에 작용하는 자기력이다.

ㄷ. 오답 : B에 연결된 실이 B를 당기는 힘의 크기＝지구가 B를 당기는 힘＋A가 B를 미는 자기력이다.

😮 문제풀이 TIP | 물체에 작용하는 모든 힘들을 더해야 알짜힘을 구할 수 있다.

😃 출제분석 | A와 B에 중력과 자기력이 동시에 작용하는 상황으로 다소 어렵게 느껴질 수 있으나 A, B가 정지 상태, 즉, 두 물체에 작용하는 알짜힘이 0임을 이용한다면 실이 물체에 작용하는 힘을 구할 수 있다.

그림과 같이 마찰이 없는 수평면에 자석 **A**가 고정되어 있고, 용수철에 연결된 자석 **B**는 정지해 있다. 이에 대한 설명으로 옳은 것만을 〈보기〉에서 있는 대로 고른 것은?

자기력＝탄성력　수평면

→ 알짜힘＝0　　　　　　　　　(3점)

보기
ㄱ. A가 B에 작용하는 자기력은 B가 A에 작용하는 자기력과 작용 반작용 관계이다.
ㄴ. 벽이 용수철에 작용하는 힘의 방향과 A가 B에 작용하는 자기력의 방향은 서로 반대이다.
ㄷ. B에 작용하는 알짜힘은 0이다.

① ㄱ　　② ㄴ　　③ ㄱ, ㄷ　　④ ㄴ, ㄷ　　⑤ ㄱ, ㄴ, ㄷ

|자|료|해|설|
B는 정지해 있으므로 A에 의한 자기력과 용수철에 의한 탄성력이 같다.

|보|기|풀|이|
ㄱ. 정답 : A가 B에 작용하는 자기력과 B가 A에 작용하는 자기력은 작용 반작용 관계이다.
ㄴ. 정답 : 벽이 용수철에 작용하는 힘의 방향은 오른쪽이다. A가 B에 작용하는 자기력의 방향은 왼쪽이므로 서로 반대이다.
ㄷ. 정답 : B는 정지해 있으므로, B에 작용하는 알짜힘은 0이다.

😀 문제풀이 TIP | A가 B에 작용하는 힘의 반작용은 B가 A에 작용하는 힘이다.

😀 출제분석 | 힘의 관계를 알아보는 기본 수준의 문항이다.

I
1
-
02
뉴턴 운동 법칙

그림과 같이 질량이 각각 $3m$, m인 물체 A, B가 실로 연결되어 정지해 있다. 이에 대한 옳은 설명만을 〈보기〉에서 있는 대로 고른 것은? (단, 중력 가속도는 g이고, 실의 질량과 모든 마찰은 무시한다.)

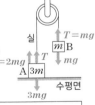
실
$T=mg$
m B
$N=2mg$　T　　mg
A $3m$
수평면
$3mg$

보기
ㄱ. 수평면이 A를 떠받치는 힘의 크기는 $\frac{2}{3}mg$이다.
ㄴ. B가 지구를 당기는 힘의 크기는 mg이다.
ㄷ. 실이 A를 당기는 힘과 지구가 A를 당기는 힘은 작용 반작용 관계이다.
　　　　　　　A　　실을

① ㄱ　　② ㄴ　　③ ㄱ, ㄷ　　④ ㄴ, ㄷ　　⑤ ㄱ, ㄴ, ㄷ

|자|료|해|설|
A와 B에 작용하는 알짜힘은 0이다.

|보|기|풀|이|
ㄱ. 오답 : 실이 A에 작용하는 힘＋수평면이 A를 떠받치는 힘＝A의 무게이다. B의 무게에 의해 실이 A에 작용하는 힘의 크기는 mg이므로 수평면이 A를 떠받치는 힘의 크기는 $3mg-mg=2mg$이다.
ㄴ. 정답 : B가 지구를 당기는 힘의 크기는 지구가 B를 당기는 힘의 크기인 mg이다.
ㄷ. 오답 : 실이 A를 당기는 힘의 반작용은 A가 실을 당기는 힘이다.

😀 문제풀이 TIP | A가 B에 작용하는 힘의 반작용은 B가 A에 작용하는 힘이다.

😀 출제분석 | 힘의 합력과 상호작용에 대한 기본 개념을 확인하는 문항으로 절대 틀려서는 안 되는 문항이다.

그림과 같이 물체 A와 용수철로 연결된 물체 B에 크기가 F인 힘을 연직 아래 방향으로 작용하였더니 용수철이 압축되어 A와 B가 정지해 있다. A, B의 질량은 각각 $2m$, m이고, 수평면이 A를 떠받치는 힘의 크기는 용수철이 B에 작용하는 힘의 크기의 2배이다. $= 3mg + F$ $= mg + F$

이에 대한 설명으로 옳은 것만을 〈보기〉에서 있는 대로 고른 것은? (단, 중력 가속도는 g이고, 용수철의 질량, 마찰은 무시한다.) 3점

보기
ㄱ. $F = mg$이다.
ㄴ. 용수철이 A에 작용하는 힘의 크기는 $\frac{2}{3}mg$이다.
ㄷ. B에 작용하는 중력과 용수철이 B에 작용하는 힘은 작용 반작용 관계이다.
     B가 지구에 작용하는

① ㄱ   ② ㄴ   ③ ㄱ, ㄷ   ④ ㄴ, ㄷ   ⑤ ㄱ, ㄴ, ㄷ

|자|료|해|설|
수평면이 A를 떠받치는 힘의 크기는 $3mg + F$ — ①이고 용수철이 B에 작용하는 힘의 크기는 $mg + F$ — ②이다.

|보|기|풀|이|
ㄱ 정답 : ①=②×2이므로 $F = mg$이다.
ㄴ. 오답 : 용수철이 A에 작용하는 힘의 크기는 $mg + F = 2mg$이다.
ㄷ. 오답 : B에 작용하는 중력의 반작용은 B가 지구에 작용하는 힘이다.

😀 출제분석 | 힘의 평형과 작용 반작용 관계를 설명할 수 있는지 확인하는 문항이다.

그림 (가)는 용수철에 자석 A가 매달려 정지해 있는 모습을, (나)는 (가)에서 A 아래에 다른 자석을 놓아 용수철이 (가)에서보다 늘어나 정지해 있는 모습을 나타낸 것이다.

알짜힘 = 0   알짜힘 = 0

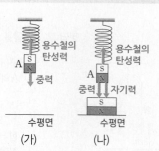

(가)   (나)

이에 대한 설명으로 옳은 것만을 〈보기〉에서 있는 대로 고른 것은? (단, 용수철의 질량은 무시한다.) 3점

보기
ㄱ. (가)에서 용수철이 A를 당기는 힘과 A에 작용하는 중력은 작용 반작용 관계이다.

     힘의 평형
ㄴ. (나)에서 A에 작용하는 알짜힘은 0이다.
ㄷ. A가 용수철을 당기는 힘의 크기는 (가)에서가 (나)에서보다 작다.

① ㄱ   ② ㄴ   ③ ㄱ, ㄷ   ④ ㄴ, ㄷ   ⑤ ㄱ, ㄴ, ㄷ

|자|료|해|설|
(가)와 (나) 모두에서 A는 정지해 있으므로 A에 작용하는 알짜힘은 0이다.

|보|기|풀|이|
ㄱ. 오답 : (가)에서 용수철이 A를 당기는 힘의 반작용은 A가 용수철을 당기는 힘이다. 용수철이 A를 당기는 힘과 A에 작용하는 중력은 힘의 평형 관계이다.
ㄴ 정답 : (나)에서 A는 정지해 있으므로 A에 작용하는 알짜힘은 0이다.
ㄷ 정답 : A가 용수철을 당기는 힘의 크기는 (가)에서는 중력, (나)에서는 중력+자기력이므로 (가)에서가 (나)에서보다 작다.

😀 문제풀이 T I P | 정지한 물체에 작용하는 알짜힘은 0이다. A가 B에 작용하는 힘의 반작용은 B가 A에 작용하는 힘이다.

😀 출제분석 | 뉴턴의 운동 법칙에 대한 기본 개념을 확인하는 문항이다.

그림과 같이 기중기에 줄로 연결된 상자가 연직 아래로 등속도 운동을 하고 있다. 상자 안에는 질량이 각각 m, $2m$인 물체 A, B가 놓여 있다. 이에 대한 설명으로 옳은 것만을 〈보기〉에서 있는 대로 고른 것은?

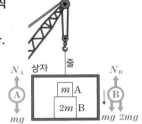

보기

ㄱ. A에 작용하는 알짜힘은 0이다.

ㄴ. 줄이 상자를 당기는 힘과 상자가 줄을 당기는 힘은 작용 반작용 관계이다.

ㄷ. 상자가 B를 떠받치는 힘의 크기는 A가 B를 누르는 힘의 크기의 2배이다.
　　　　↳ $3mg$　　　　　　　↳ mg
　　　　　　　 3

① ㄱ　　　② ㄷ　　　✓③ ㄱ, ㄴ　　　④ ㄴ, ㄷ　　　⑤ ㄱ, ㄴ, ㄷ

😲 **문제풀이 TIP** | A가 B에 작용하는 힘의 반작용은 B가 A에 작용하는 힘이다.

😲 **출제분석** | 물체의 가속도가 0일 때 알짜힘=0인 점과 작용 반작용의 관계를 설명하는 것은 힘과 물체의 운동을 분석하기 위해 가장 기본적인 개념이다. 잘 정리해두자.

|자|료|해|설|

상자가 연직 아래로 등속도 운동을 하고 있으므로 상자와 A, B에 작용하는 알짜힘은 0이다.
A에서는 A에 작용하는 중력(mg)과 B가 A를 떠받치는 수직항력($N_A=mg$)이 평형을 이룬다.
B에서는 A가 B를 누르는 힘(mg)과 B에 작용하는 중력($2mg$)을 더한 힘이 상자가 B를 떠받치는 수직항력($N_B=3mg$)과 평형을 이룬다.
상자에서는 B가 상자를 누르는 힘($3mg$)과 상자에 작용하는 중력을 더한 힘이 줄이 상자를 당기는 장력과 평형을 이룬다.

|보|기|풀|이|

ㄱ. 정답 : A는 등속도 운동을 하고 있으므로 A에 작용하는 알짜힘은 0이다.

ㄴ. 정답 : 줄이 상자를 당기는 힘의 반작용은 상자가 줄을 당기는 힘이다.

ㄷ. 오답 : 상자가 B를 떠받치는 힘의 크기는 A와 B의 무게의 합과 평형을 이루므로 $3mg$이다. A가 B를 누르는 힘의 크기는 A의 무게인 mg이다. 따라서 상자가 B를 떠받치는 힘의 크기는 A가 B를 누르는 힘의 크기의 3배이다.

그림 (가), (나), (다)와 같이 자석 A, B가 정지해 있을 때, 실이 A를 당기는 힘의 크기는 각각 4N, 8N, 10N이다. (가), (나)에서 A가 B에 작용하는 자기력의 크기는 F로 같다.

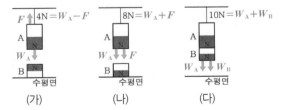

(가)　　　　　(나)　　　　　(다)

이에 대한 옳은 설명만을 〈보기〉에서 있는 대로 고른 것은? (단, 자기력은 A와 B 사이에만 연직 방향으로 작용한다.) **3점**

보기

ㄱ. $F=4N$이다.
　　　 2

ㄴ. A의 무게는 6N이다.

ㄷ. 수평면이 B를 떠받치는 힘의 크기는 (가)에서가 (나)에서의 2배이다.
　　　　　　　　　　　　　　3

① ㄱ　　　✓② ㄴ　　　③ ㄱ, ㄷ　　　④ ㄴ, ㄷ　　　⑤ ㄱ, ㄴ, ㄷ

|자|료|해|설|

A와 B의 무게를 각각 W_A, W_B라 하면 (가)에서 $4N=W_A-F$, (나)에서 $8N=W_A+F$이므로 이 두 식을 연립하면 $W_A=6N$, $F=2N$이다. 그리고 (다)에서 $10N=W_A+W_B$이므로 $W_B=4N$이다.

|보|기|풀|이|

ㄱ. 오답 : $F=2N$이다.

ㄴ. 정답 : A와 B의 무게는 각각 $W_A=6N$, $W_B=4N$이다.

ㄷ. 오답 : 수평면이 B를 떠받치는 힘의 크기는 자석의 극의 방향에 따른 자기력 방향을 고려하면 (가)에서 $W_B+F=6N$, (나)에서 $W_B-F=2N$으로 3배이다.

😲 **문제풀이 TIP** | (가)와 (나)에서 A에 작용하는 알짜힘은 0이다.

😲 **출제분석** | 알짜힘이 0임을 이용하여 A와 B에 작용하는 힘을 표현할 수 있어야 한다.

그림 (가)는 저울 위에 놓인 물체 A, B가 정지해 있는 모습을, (나)는 (가)의 A에 크기가 F인 힘을 연직 방향으로 가할 때 A, B가 정지해 있는 모습을 나타낸 것이다. 저울에 측정된 힘의 크기는 (나)에서가 (가)에서의 2배이다.

→ A와 B의 무게의 합=F

(가) 　　　　　　(나)

이에 대한 설명으로 옳은 것만을 〈보기〉에서 있는 대로 고른 것은?

3점

> **보기**
>
> A가 지구를 당기는
> ㄱ. (가)에서 A에 작용하는 중력과 ~~B가 A에 작용하는~~ 힘은 작용 반작용 관계이다.
> ㄴ. (나)에서 B가 A에 작용하는 힘의 크기는 F보다 크다.
> ㄷ. (나)의 저울에 측정된 힘의 크기는 ~~3F~~이다.
> 　　　　　　　　　　　　　　　　　2F

① ㄱ 　　② ㄴ✓ 　　③ ㄱ, ㄷ 　　④ ㄴ, ㄷ 　　⑤ ㄱ, ㄴ, ㄷ

|자|료|해|설|
(나)에서 저울에 측정된 힘의 크기는 A의 무게+B의 무게 +F=2F이므로 A의 무게+B의 무게=F이다.

|보|기|풀|이|
ㄱ. 오답 : (가)에서 A에 작용하는 중력의 반작용은 A가 지구를 당기는 힘이고, B가 A에 작용하는 힘은 A가 B에 작용하는 힘과 작용 반작용 관계이다.
ㄴ. 정답 : (나)에서 B가 A에 작용하는 힘의 크기는 A의 무게+F이므로 F보다 크다.
ㄷ. 오답 : (나)에서 저울에 측정된 힘의 크기는 A의 무게 +B의 무게+F=2F이다.

😲 문제풀이 TIP | 중력은 지구가 물체를 당기는 힘이므로 반작용은 물체가 지구를 당기는 힘이다.

😀 출제분석 | 힘의 작용-반작용 관계를 정확하게 설명할 수 있어야 옳은 보기 내용을 고를 수 있다.

그림과 같이 무게가 1N인 물체 A가 저울 위에 놓인 물체 B와 실로 연결되어 정지해 있다. 저울에 측정된 힘의 크기는 2N이다. 이에 대한 설명으로 옳은 것만을 〈보기〉에서 있는 대로 고른 것은? (단, 실의 질량, 모든 마찰은 무시한다.) 3점

> **보기**
>
> ㄱ. 실이 B를 당기는 힘의 크기는 1N이다.
> ㄴ. B가 저울을 누르는 힘과 저울이 B를 떠받치는 힘은 작용 반작용 관계이다.
> ㄷ. B의 무게는 3N이다.

① ㄱ 　　② ㄷ 　　③ ㄱ, ㄴ 　　④ ㄴ, ㄷ 　　⑤ ㄱ, ㄴ, ㄷ✓

|자|료|해|설|
B의 무게는 3N이고 실이 B를 위로 당기는 힘이 1N, 저울이 B를 떠받치는 힘이 2N이다.

|보|기|풀|이|
ㄱ. 정답 : A의 무게가 1N이므로 실이 B를 당기는 힘의 크기는 1N이다.
ㄴ. 정답 : B가 저울을 누르는 힘은 저울이 B를 떠받치는 힘과 작용 반작용 관계이다.
ㄷ. 정답 : B는 정지 상태이므로 B의 무게는 실이 B를 위로 당기는 힘과 저울이 B를 떠받치는 힘의 합인 3N이다.

😀 출제분석 | 작용 반작용 법칙을 확인하는 기본 문항이다.

43 운동 방정식

그림 (가), (나)는 물체 A, B, C가 수평 방향으로 24N의 힘을 받아 함께 등가속도 직선 운동하는 모습을 나타낸 것이다. A, B, C의 질량은 각각 4kg, 6kg, 2kg이고, (가)와 (나)에서 A가 B에 작용하는 힘의 크기는 각각 F_1, F_2이다.

A, B, C 세 물체의 가속도 $a = \dfrac{24N}{(4+6+2)kg} = 2m/s^2$

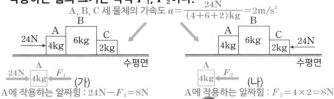

$F_1 : F_2$는? (단, 모든 마찰은 무시한다.) 3점

① 1 : 2   ② 2 : 3   ③ 1 : 1   ④ 3 : 2   ✔⑤ 2 : 1

|자|료|해|설|및|선|택|지|풀|이|

⑤ 정답 : (가)와 (나)에서 A, B, C는 같은 가속도의 크기로 함께 운동한다. 따라서 (가)와 (나)에서 A, B, C의 가속도 크기는 $a = \dfrac{24N}{(4+6+2)kg} = 2m/s^2$이다. A가 B에 작용하는 힘의 반작용은 B가 A에 작용하는 힘이고 이 힘의 크기는 (가)에서 F_1, (나)에서 F_2이다. 그러므로 A에 작용하는 알짜힘은 $4kg \times 2m/s^2 = 24N - F_1$이므로 $F_1 = 16N$이고 B에 작용하는 알짜힘은 $4kg \times 2m/s^2 = F_2$이므로 $F_2 = 8N$이다. 따라서 $F_1 : F_2 = 2 : 1$이다.

😀 문제풀이 T I P | 물체에 작용하는 알짜힘=물체에 작용하는 모든 힘의 합=물체의 질량×물체의 가속도

😀 출제분석 | 여러 물체가 함께 운동하는 경우, 운동 방정식을 세워 문제를 해결하는 기본적인 문항이므로 이 문제만큼은 반드시 이해할 수 있어야 한다.

---

44 작용 반작용 법칙

다음은 자석의 무게를 측정하는 실험이다.

[실험 과정]
(가) 무게가 10N인 자석 A, B를 준비한다.
(나) A를 저울에 올려 측정값을 기록한다.
(다) A와 B를 같은 극끼리 마주 보게 한 후 저울에 올려 A와 B가 정지된 상태에서 측정값을 기록한다.
(라) A와 B를 다른 극끼리 마주 보게 한 후 저울에 올려 A와 B가 정지된 상태에서 측정값을 기록한다.

[실험 결과]
○ (나), (다), (라)의 결과는 각각 10N, 20N, ⑦ N이다.

이에 대한 설명으로 옳은 것만을 〈보기〉에서 있는 대로 고른 것은? 3점

보기
ㄱ. (나)에서 A에 작용하는 중력과 저울이 A를 떠받치는 힘은 ~~작용 반작용~~ 관계이다. 평형
ㄴ. (다)에서 B가 A에 작용하는 자기력의 크기는 A에 작용하는 중력의 크기와 같다.
ㄷ. ⑦은 20~~보다 크다~~ 이다.

① ㄱ   ✔② ㄴ   ③ ㄱ, ㄷ   ④ ㄴ, ㄷ   ⑤ ㄱ, ㄴ, ㄷ

|자|료|해|설|

(나)에서 A의 무게가 10N이므로 A가 받는 중력의 크기가 10N이고, 저울이 A를 떠받치는 수직항력의 크기도 10N이다. (다)에서 A와 B를 하나의 계로 보았을 때 A와 B 사이에 작용하는 자기력은 계의 내력에 해당하므로 외부에 영향을 주지 않아 저울은 A와 B의 무게를 더한 20N을 나타낸다. 이는 (라)에서도 마찬가지이므로 (라)에서 저울이 나타내는 무게는 ⑦ 20N이다.

|보|기|풀|이|

ㄱ. 오답 : (나)에서 A에 작용하는 중력의 반작용은 A가 지구를 당기는 힘이다. A에 작용하는 중력과 저울이 A를 떠받치는 힘은 평형 관계이다.

ㄴ. 정답 : (다)에서 B는 정지 상태이므로 B의 무게와 A가 B에 위쪽으로 작용하는 자기력의 크기는 10N으로 같다. 따라서 A가 B에 작용하는 자기력의 반작용인 B가 A에 아래쪽으로 작용하는 자기력의 크기는 A에 작용하는 중력의 크기와 같은 10N이다.

ㄷ. 오답 : A와 B를 하나의 계로 보았을 때 A와 B 사이의 자기력은 계의 내력에 해당하므로 외부에 영향을 주지 않아 저울의 측정값은 A와 B의 무게를 더한 20N을 나타낸다. 따라서 ⑦은 20N이다.

😀 문제풀이 T I P | A가 B에 작용하는 힘의 반작용은 B가 A에 작용하는 힘이다.

😀 출제분석 | 힘은 항상 두 물체 사이에 상호 작용함을 숙지하고 두 힘의 평형 관계와 작용 반작용 관계를 구분할 수 있어야 문제를 해결할 수 있다.

그림은 지면 위에 있는 받침대에 의해 지구본이 공중에 떠 정지해 있는 모습을 나타낸 것이다. 받침대와 지구본의 무게는 각각 w로 같다.

이에 대한 설명으로 옳은 것만을 〈보기〉에서 있는 대로 고른 것은?

> **보기**
> ㄱ. 지구본에 작용하는 알짜힘은 0이다.
> ㄴ. 받침대에 작용하는 중력과 지면이 받침대를 떠받치는 힘은 ~~작용 반작용이다.~~ 가 아니다.
> ㄷ. 받침대가 지면을 누르는 힘의 크기는 ~~w~~ $2w$이다.

① ㄱ   ② ㄴ   ③ ㄱ, ㄷ   ④ ㄴ, ㄷ   ⑤ ㄱ, ㄴ, ㄷ

|자|료|해|설|
지구본은 정지해 있으므로 지구본의 무게와 받침대가 지구본을 미는 힘은 같고 방향은 반대이다.

|보|기|풀|이|
ㄱ. 정답 : 지구본은 정지해 있으므로 지구본에 작용하는 알짜힘은 0이다.
ㄴ. 오답 : 받침대에 작용하는 중력의 반작용은 받침대가 지구를 당기는 힘이고 지면이 받침대를 떠받치는 힘의 반작용은 받침대가 지면을 누르는 힘이다.
ㄷ. 오답 : 받침대가 지면을 누르는 힘의 크기는 받침대의 무게(w)와 지구본이 받침대를 미는 힘(w)의 합인 $2w$이다.

😮 **문제풀이 T I P |** 정지한 물체의 알짜힘은 0이다.

😊 **출제분석 |** 힘의 기본 개념을 확인하는 문항이다.

그림은 수평면에서 정지해 있는 물체 C 위에 물체 A, B를 올려놓고 B에 크기가 F인 힘을 수평 방향으로 작용할 때 A, B, C가 정지해 있는 모습을 나타낸 것이다.

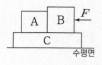

이에 대한 설명으로 옳은 것만을 〈보기〉에서 있는 대로 고른 것은?

3점

> **보기**
> ㄱ. B에 작용하는 알짜힘은 0이다.
> ㄴ. 수평면이 C에 작용하는 수평 방향의 힘의 크기는 F이다.
> ㄷ. A가 B에 작용하는 힘은 B가 A에 작용하는 힘과 작용 반작용 관계이다.

① ㄱ   ② ㄴ   ③ ㄱ, ㄷ   ④ ㄴ, ㄷ   ⑤ ㄱ, ㄴ, ㄷ

😊 **출제분석 |** 힘의 관계를 확인하는 문항으로 작용 반작용 관계와 힘의 평형 관계는 반드시 구분할 수 있어야 한다.

|자|료|해|설|
A, B, C는 정지 상태이므로 각 물체에 작용하는 알짜힘은 0이다.

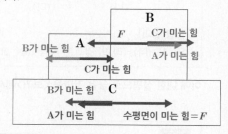

|보|기|풀|이|
ㄱ. 정답 : B는 정지 상태이므로 B에 작용하는 알짜힘은 0이다.
ㄴ. 정답 : C는 정지 상태이므로 C에 작용하는 알짜힘은 0이다. 즉, A, B의 마찰로 C에는 왼쪽으로 F가 작용하고 수평이 C에 오른쪽으로 F인 마찰력이 작용한다.
ㄷ. 정답 : A가 B에 작용하는 힘은 B가 A에 작용하는 힘과 작용 반작용 관계이다.

그림은 수평면과 나란하고 크기가 F인 힘으로 물체 A, B를 벽을 향해 밀어 정지한 모습을 나타낸 것이다. A, B의 질량은 각각 $2m$, m이다.

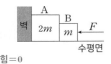
↳ 알짜힘=0

이에 대한 설명으로 옳은 것만을 〈보기〉에서 있는 대로 고른 것은? (단, 물체와 수평면 사이의 마찰은 무시한다.)

보기
. 벽이 A를 미는 힘의 반작용은 A가 ~~벽을~~ B를 미는 힘이다.
. 벽이 A를 미는 힘의 크기와 B가 A를 미는 힘의 크기는 같다.
ㄷ. A가 B를 미는 힘의 크기는 $\frac{2}{3}F$이다.

① ㄱ   ✓② ㄴ   ③ ㄱ, ㄷ   ④ ㄴ, ㄷ   ⑤ ㄱ, ㄴ, ㄷ

|자|료|해|설|
물체가 정지할 때 물체에 작용하는 알짜힘은 0이다.

|보|기|풀|이|
ㄱ. 오답 : 벽이 A를 미는 힘의 반작용은 A가 벽을 미는 힘이다.

ㄴ. 정답 : A는 정지하므로 벽이 A를 미는 힘의 크기와 B가 A를 미는 힘의 크기는 같다.

ㄷ. 오답 : B는 정지하므로 A가 B를 미는 힘의 크기는 B의 오른쪽에서 작용하는 힘의 크기와 같은 F이다.

🔎 **문제풀이 TIP** | 작용—반작용 법칙
▶ A가 B를 미는 힘의 반작용은 B가 A를 미는 힘이다.

😲 **출제분석** | 작용—반작용 법칙의 기본 개념을 알고 있다면 쉽게 해결할 수 있는 문항이다.

그림 (가)와 같이 물체 B와 실로 연결된 물체 A가 시간 $0{\sim}6t$동안 수평 방향의 일정한 힘 F를 받아 직선 운동을 하였다. A, B의 질량은 각각 m_A, m_B이다. 그림 (나)는 A, B의 속력을 시간에 따라 나타낸 것으로, $2t$일 때 실이 끊어졌다.

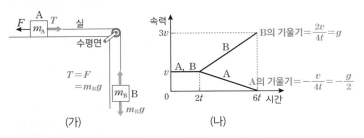

(가)   (나)

이에 대한 옳은 설명만을 〈보기〉에서 있는 대로 고른 것은? (단, 실의 질량, 모든 마찰과 공기 저항은 무시한다.) 3점

보기
ㄱ. t일 때, 실이 A를 당기는 힘의 크기는 $\frac{m_B v}{2t}$ ~~$\frac{3m_B v}{4t}$~~ 이다.
ㄴ. t일 때, A의 운동 방향은 F의 방향과 ~~같다.~~ 반대이다.
. $m_A = 2m_B$이다.

① ㄴ   ✓② ㄷ   ③ ㄱ, ㄴ   ④ ㄱ, ㄷ   ⑤ ㄴ, ㄷ

|자|료|해|설|
$0{\sim}2t$동안 A와 B는 등속 운동한다. $2t$에서 실이 끊어지므로 B의 가속도는 중력 가속도와 같고 (나)에서 $2t{\sim}6t$까지 B의 기울기와 같으므로 $\frac{3v-v}{6t-2t} = \frac{v}{2t}$

$=g$이다. $2t{\sim}6t$에서 A의 가속도는 $-\frac{v}{4t} = -\frac{g}{2}$이다.

|보|기|풀|이|
ㄱ. 오답 : t일 때 A는 등속 운동하므로 A에 작용하는 알짜힘은 0이다. 따라서 $T=F=m_B g = \frac{m_B v}{2t}$ — ①이다.

ㄴ. 오답 : $2t$에서 실이 끊어진 이후 A는 F에 의해 감속한다. 따라서 t에서 A의 운동 방향은 F의 방향과 반대이다.

ㄷ. 정답 : $2t{\sim}6t$에서 A에 작용하는 힘은 $F = m_A\left(\frac{g}{2}\right) = \frac{m_A v}{4t}$ — ②이므로 ①과 ②에 의해 $m_A = 2m_B$이다.

🔎 **문제풀이 TIP** | 실이 끊어진 후 A는 속력이 감소하므로 실이 끊어지기 전 A의 운동 방향은 오른쪽이다.

😲 **출제분석** | (나)의 그래프를 통해 (가)에서 물체의 운동을 이해하는 문항으로 그래프에서 속력의 증감을 통해 물체의 운동 방향과 가속도의 크기를 분석할 수 있어야 한다.

그림은 실에 매달린 물체 A를 물체 B와 용수철로 연결하여 저울에 올려놓았더니 물체가 정지한 모습을 나타낸 것이다. A, B의 무게는 2N으로 같고, 저울에 측정된 힘의 크기는 3N이다. 이에 대한 설명으로 옳은 것만을 <보기>에서 있는 대로 고른 것은? (단, 실과 용수철의 무게는 무시한다.) 3점

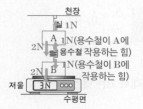
=저울이 B를 미는 힘

보기

ㄱ. 실이 A를 당기는 힘의 크기는 1N이다.

ㄴ. 용수철이 A에 작용하는 힘의 방향은 A에 작용하는 중력의 방향과 같다. 반대이다.

ㄷ. B에 작용하는 중력과 저울이 B에 작용하는 힘은 작용 반작용의 관계이다. 가 아니다.

① ㄱ   ② ㄷ   ③ ㄱ, ㄴ   ④ ㄴ, ㄷ   ⑤ ㄱ, ㄴ, ㄷ

|자|료|해|설|

A와 B는 정지 상태이므로 각 물체에 작용하는 알짜힘은 0이다. 저울에 측정된 힘의 크기가 3N이므로 B에 작용하는 알짜힘이 0이 되기 위해서는 용수철이 B를 1N으로 밀어야 한다. 따라서 용수철은 A도 1N으로 밀기 때문에 실에 걸리는 장력은 1N이다.

|보|기|풀|이|

ㄱ. 정답 : 저울에 측정된 3N은 저울이 B에 작용하는 힘이다. A와 B의 무게의 합은 4N이므로 실이 A를 당기는 힘의 크기는 4−3=1N이다.

ㄴ. 오답 : 용수철이 A에 작용하는 힘의 방향은 위쪽이므로 A에 작용하는 중력의 방향과 반대이다.

ㄷ. 오답 : B에 작용하는 중력의 반작용은 B가 지구를 당기는 힘이다.

그림 (가)는 실 p에 매달려 정지한 용수철저울의 눈금 값이 0인 모습을, (나)는 (가)의 용수철저울에 추를 매단 후 정지한 용수철저울의 눈금 값이 10N인 모습을 나타낸 것이다. 용수철저울의 무게는 2N이다.

이에 대한 설명으로 옳은 것만을 <보기>에서 있는 대로 고른 것은? 3점

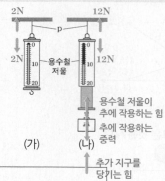

보기

ㄱ. (가)에서 용수철저울에 작용하는 알짜힘은 0이다.

ㄴ. (나)에서 p가 용수철저울에 작용하는 힘의 크기는 12N이다.

ㄷ. (나)에서 추에 작용하는 중력과 용수철저울이 추에 작용하는 힘은 작용 반작용 관계이다. 힘의 평형

① ㄱ   ② ㄷ   ③ ㄱ, ㄴ   ④ ㄴ, ㄷ   ⑤ ㄱ, ㄴ, ㄷ

|자|료|해|설|및|보|기|풀|이|

ㄱ. 정답 : (가)에서 용수철저울은 정지 상태이므로 용수철저울에 작용하는 알짜힘은 0이다.

ㄴ. 정답 : (나)에서 p가 용수철저울에 작용하는 힘의 크기는 용수철저울과 추의 무게의 합의 크기인 12N이다.

ㄷ. 오답 : (나)에서 추에 작용하는 중력의 반작용은 추가 지구를 당기는 힘이다. 추에 작용하는 중력과 용수철저울이 추에 작용하는 힘은 한 물체에 작용하는 두 힘이므로 힘의 평형 관계이다.

😊 출제분석 | 알짜힘과 물체에 작용하는 힘의 관계를 이해하는지 확인하는 기본 문항이다.

그림 (가)는 저울 위에 놓인 물체 A와 B가 정지해 있는 모습을, (나)는 (가)에서 A에 크기가 F인 힘을 연직 위 방향으로 작용할 때, A와 B가 정지해 있는 모습을 나타낸 것이다. 저울에 측정된 힘의 크기는 (가)에서가 (나)에서의 2배이고, B가 A에 작용하는 힘의 크기는 (가)에서가 (나)에서의 4배이다.

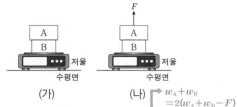

$w_A + w_B = 2(w_A + w_B - F)$

$w_A = 4(w_A - F)$

이에 대한 설명으로 옳은 것만을 〈보기〉에서 있는 대로 고른 것은?

(3점)

보기

ㄱ. 질량은 A가 B의 2배이다.

ㄴ. (가)에서 저울이 B에 작용하는 힘의 크기는 $2F$이다.

ㄷ. (나)에서 A가 B에 작용하는 힘의 크기는 $\frac{1}{3}F$이다.

① ㄱ   ② ㄷ   ③ ㄱ, ㄴ   ④ ㄴ, ㄷ   ⑤ ㄱ, ㄴ, ㄷ

|자|료|해|설|

A와 B의 무게를 각각 w_A, w_B라 하면, 저울에 측정된 힘의 크기는 (가)에서가 (나)에서의 2배이므로 $w_A + w_B = 2(w_A + w_B - F)$ 또는 $w_A + w_B = 2F$ — ①이고 B가 A에 작용하는 힘의 크기는 (가)에서가 (나)에서의 4배이므로 $w_A = 4(w_A - F)$ 또는 $w_A = \frac{4}{3}F$ — ②이다. ①과 ②로부터 $w_B = \frac{2}{3}F$이다.

|보|기|풀|이|

ㄱ. 정답 : A의 무게가 B의 2배이므로 질량도 A가 B의 2배이다.

ㄴ. 정답 : (가)에서 저울이 B에 작용하는 힘의 크기는 A와 B의 무게 합이므로 $w_A + w_B = 2F$이다.

ㄷ. 정답 : (나)에서 A가 B에 작용하는 힘의 크기는 $w_A - F = \frac{1}{3}F$이다.

😊 출제분석 | 힘의 관계를 이해하는지 확인하는 문항이다.

그림 (가), (나)와 같이 직육면체 모양의 물체 A 또는 B를 용수철과 연직 방향으로 연결하여 저울 위에 올려놓았더니 A와 B가 정지해 있다. (가)와 (나)에서 용수철이 늘어난 길이는 서로 같고, (가)에서 저울에 측정된 힘의 크기는 35N이다. A, B의 질량은 각각 1kg, 3kg이다.

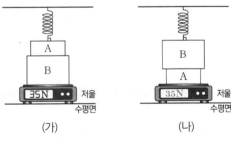

(가)   (나)

이에 대한 설명으로 옳은 것만을 〈보기〉에서 있는 대로 고른 것은?
(단, 중력 가속도는 10m/s²이고, 용수철의 질량은 무시한다.)

보기

ㄱ. (가)에서 A가 용수철을 당기는 힘의 크기는 5N이다.

ㄴ. (나)에서 저울에 측정된 힘의 크기는 35N보다 크다. 이다.

ㄷ. (가)에서 A가 B를 누르는 힘의 크기는 (나)에서 A가 B를 떠받치는 힘의 크기의 $\frac{1}{5}$배이다.

① ㄴ   ② ㄷ   ③ ㄱ, ㄴ   ④ ㄱ, ㄷ   ⑤ ㄱ, ㄴ, ㄷ

|자|료|해|설|및|보|기|풀|이|

ㄱ. 정답 : (가)에서 A와 B의 무게 합은 40N인데 저울은 35N을 나타내므로 용수철이 A를 당기는 힘의 크기는 40−35=5N이다. 작용 반작용 법칙에 따라 A가 용수철을 당기는 힘의 크기도 5N이다.

ㄴ. 오답 : (가)와 (나)에서 용수철이 늘어난 길이가 같으므로 용수철이 물체에 작용하는 힘의 크기는 5N으로 같다. 따라서 (나)에서 저울에 측정된 힘의 크기는 35N으로 (가)와 같다.

ㄷ. 정답 : (가)에서 A가 B를 누르는 힘의 크기는 A의 무게−용수철이 A를 당기는 힘의 크기=10−5=5N이다. (나)에서 A가 B를 떠받치는 힘의 크기는 B가 A를 누르는 힘의 크기로 B의 무게−용수철이 B를 당기는 힘의 크기=30−5=25N이다.

😊 출제분석 | A와 B에 작용하는 알짜힘은 0임을 이용하여 각 물체에 작용하는 힘을 표시할 수 있어야 문제를 해결할 수 있다.

그림 (가), (나)는 직육면체 모양의 물체 A, B가 수평면에 놓여 있는 상태에서 A에 각각 크기가 F, $2F$인 힘이 연직 방향으로 작용할 때, A, B가 정지해 있는 모습을 나타낸 것이다.

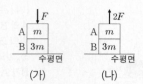
(가)   (나)

A, B의 질량은 각각 m, $3m$이고, B가 A를 떠받치는 힘의 크기는 (가)에서가 (나)에서의 2배이다.

$\rightarrow mg+F=2(mg-2F)$

이에 대한 설명으로 옳은 것만을 〈보기〉에서 있는 대로 고른 것은? (단, 중력 가속도는 g이다.)

보기

ㄱ. A에 작용하는 중력과 B가 A를 떠받치는 힘은 작용 반작용 관계이다.
$\rightarrow$ A가 지구를 당기는 힘

ㄴ. $F=\frac{1}{5}mg$이다.

ㄷ. 수평면이 B를 떠받치는 힘의 크기는 (가)에서가 (나)에서의 $\frac{7}{6}$배이다.

① ㄱ   ② ㄴ   ③ ㄷ   ④ ㄴ, ㄷ   ⑤ ㄱ, ㄴ, ㄷ

|자|료|해|설|
B가 A를 떠받치는 힘의 크기는 (가)에서 $mg+F$, (나)에서 $mg-2F$이다.

|보|기|풀|이|
ㄱ. 오답 : A에 작용하는 중력의 반작용은 A가 지구를 당기는 힘이다.

ㄴ. 정답 : $mg+F=2(mg-2F)$에서 $F=\frac{1}{5}mg$이다.

ㄷ. 정답 : 수평면이 B를 떠받치는 힘의 크기는 (가)에서 $4mg+F=\frac{21}{5}mg$, (나)에서 $4mg-2F=\frac{18}{5}mg$이다.

😎 출제분석 | 힘의 기본 개념을 이해하는지 확인하는 문항이다.

그림과 같이 수평면에 놓인 물체 A, B에 각각 수평면과 나란하게 서로 반대 방향으로 힘 F_A, F_B가 작용하고 있다. 질량은 B가 A의 2배이다. 표는 F_A, F_B의 크기에 따라 B가 A에 작용하는 힘 f의 크기를 나타낸 것이다.
$\rightarrow 2m_A=m_B$

힘	F_A	F_B	f
크기	10N	0	f_1
	15N	5N	f_2

$\frac{f_2}{f_1}$는? (단, 물체의 크기, 모든 마찰과 공기 저항은 무시한다.) **3점**

① 1   ② $\frac{3}{2}$ ③ $\frac{5}{3}$ ④ $\frac{7}{4}$ ⑤ 2

두 경우 물체 A, B에 작용하는 알짜힘이 10N으로 같다.

$a=\frac{F_A-F_B}{m_A+m_B}=\frac{10}{3m_A}$

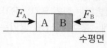 $F_A-f_1=m_Aa=\frac{10}{3}$

$f_1=F_A-m_Aa=10-\frac{10}{3}=\frac{20}{3}$

$F_A-f_2=m_Aa=\frac{10}{3}$

$f_2=F_A-m_Aa=15-\frac{10}{3}=\frac{35}{3}$

|자|료|해|설|및|선|택|지|풀|이|
④ 정답 : A의 질량을 m_A, B의 질량을 m_B라 하면 F_A가 각각 10N, 15N일 때 두 물체 A, B에 작용하는 알짜힘은 $10-0=10N$, $15-5=10N$으로 같다. 물체의 가속도의 크기는 $a=\frac{알짜힘}{전체 질량}=\frac{10N}{m_A+m_B}=\frac{10}{3m_A}$이므로 F_A가 10N일 때 A의 운동 방정식 $10-f_1=m_Aa=\frac{10}{3}$으로부터 $f_1=\frac{20}{3}N$이다. F_A가 15N일 때 A의 운동 방정식은 $15-f_2=m_Aa=\frac{10}{3}$이므로 $f_2=\frac{35}{3}N$이다. 따라서 $\frac{f_2}{f_1}=\frac{7}{4}$이다.

😎 문제풀이 TIP | 두 물체가 함께 움직일 때
▶ 알짜힘=두 물체의 질량×가속도의 크기

😎 출제분석 | 두 물체 사이에 작용하는 힘을 구하기 위해서는 다음 순서를 기억하자.
① 알짜힘 구하기 → ② 두 물체의 가속도의 크기 구하기 → ③ 각 물체에 작용하는 알짜힘 구하기 → ④ 두 물체 사이에 작용하는 힘 구하기

그림 (가)는 물체 A와 실로 연결된 물체 B에 수평 방향으로 힘 F와 실이 당기는 힘 T가 작용하는 모습을, (나)는 (가)에서 F의 크기를 시간에 따라 나타낸 것이다. A, B는 0~2초 동안 정지해 있다. F의 방향은 0~4초 동안 일정하고, T의 크기는 3초일 때가 5초일 때의 4배이다.

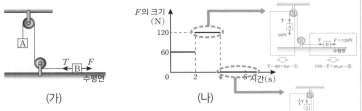

(가)   (나)

B의 질량 m_B와 B가 0~6초 동안 이동한 거리 L_B로 옳은 것은? (단, 중력 가속도는 10m/s^{2}이고, 실의 질량, 모든 마찰과 공기 저항은 무시한다.) 3점

	m_B	L_B		m_B	L_B
①	2kg	30m	②	2kg	48m
③	4kg	12m	✔④	4kg	24m
⑤	6kg	20m			

|자|료|해|설|및|선|택|지|풀|이|

④ 정답 : 0~2초 동안 정지해 있으므로 A의 무게는 F와 같다. ($F = m_A g = 10m_A = 60$N) 따라서 A의 질량은 $m_A = 6$kg이다. 2~4초에서 물체의 가속도의 크기를 a, B의 질량을 m_B라 하면 A와 B의 운동 방정식은 각각 $T - 60 = 6a$ — ①, $120 - T = m_B a$ — ②이다. 한편, 2~4초, 4~6초에서 두 물체에 작용하는 알짜힘은 60N으로 같아 4~6초에서 물체의 가속도의 크기는 2~4초에서와 같은 a이고 4~6초에서 실의 장력은 $\frac{1}{4}T$이므로 A와 B의 운동 방정식은 각각 $60 - \frac{1}{4}T = 6a$ — ③, $\frac{1}{4}T = m_B a$ — ④이다. ①과 ③으로부터 $a = 6$m/s^2, $T = 96$N — ⑤이고 ⑤를 ⑥에 대입하여 $\frac{1}{4}(96) = m_B(6)$ 또는 $m_B = 4$kg이다. 0~2초 동안 물체는 정지해 있고 2~4초와 4~6초 동안 물체는 각각 6m/s^2, -6m/s^{2}인 등가속도 직선 운동을 하고 4초일 때 속력은 $v = at = (6)(2) = 12$m/s이므로 0~2초, 2~4초, 4~6초 동안 이동한 거리는 각각 0, $\frac{1}{2}at^2 = \frac{1}{2}(6)(2)^2 = 12$m, $vt + \frac{1}{2}at^2 = (12)(2) + \frac{1}{2}(-6)(2)^2 = 12$m이므로 0~6초 동안 이동한 거리는 $L_B = 24$m이다.

😮 **문제풀이 TIP** | 2~4초, 4~6초에서 두 물체에 작용하는 알짜힘은 60N으로 같아 두 경우의 가속도의 크기는 같다.

😮 **출제분석** | 제시된 자료를 바탕으로 물체에 작용하는 운동 방정식을 세울 수 있어야 문제를 해결할 수 있다.

그림 (가)는 질량이 5kg인 판, 질량이 10kg인 추, 실 p, q가 연결되어 정지한 모습을, (나)는 (가)에서 질량이 1kg으로 같은 물체 A, B를 동시에 판에 가만히 올려놓았을 때 정지한 모습을 나타낸 것이다.

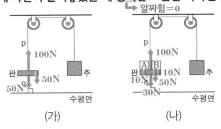

(가)   (나)

이에 대한 설명으로 옳은 것만을 <보기>에서 있는 대로 고른 것은? (단, 중력 가속도는 10m/s^{2}이고, 판은 수평면과 나란하며, 실의 질량과 모든 마찰은 무시한다.) 3점

보기
ㄱ. (가)에서 q가 판을 당기는 힘의 크기는 50N이다.
ㄴ. p가 판을 당기는 힘의 크기는 (가)에서와 (나)에서가 같다.
ㄷ. 판이 q를 당기는 힘의 크기는 (가)에서가 (나)에서보다 크다.

① ㄱ   ② ㄷ   ③ ㄱ, ㄴ   ④ ㄴ, ㄷ   ✔⑤ ㄱ, ㄴ, ㄷ

|자|료|해|설|
판은 정지 상태이므로 판에 작용하는 알짜힘은 0이다.

|보|기|풀|이|
ㄱ 정답 : (가)에서 추의 중력에 의해 p가 판을 당기는 힘의 크기 100N은 q가 판을 당기는 힘의 크기(50N)와 판에 작용하는 중력의 크기인 50N의 합과 같다.
ㄴ 정답 : p가 판을 당기는 힘의 크기는 p가 추를 당기는 힘의 크기인 100N으로 같다.
ㄷ 정답 : (나)에서 p가 판을 당기는 힘의 크기 100N은 A와 B, 판에 작용하는 중력의 크기 (10+10+50)N과 q가 판을 당기는 힘의 크기(30N)의 합과 같다. 따라서 판이 q를 당기는 힘은 (가)에서는 50N이, (나)에서는 30N이 작용하므로 (가)가 (나)보다 크다.

😮 **출제분석** | 작용과 반작용 법칙에 대한 보기와 함께 매회 출제되었던 유형의 문항이다.

그림 (가)는 수평면 위에 있는 물체 A가 물체 B, C에 실 p, q로 → 알짜힘=0
연결되어 정지해 있는 모습을 나타낸 것이다. 그림 (나)는 (가)에서 즉, $F_B = F_C$
p, q 중 하나가 끊어진 경우, 시간에 따른 A의 속력을 나타낸 것이다.
A, B의 질량은 같고, C의 질량은 2kg이다.

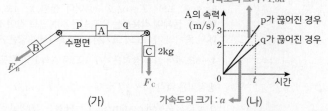

(가)

A의 질량은? (단, 실의 질량, 마찰과 공기 저항은 무시한다.)

① 3kg   ② 4kg   ③ 5kg   ④ 6kg   ⑤ 7kg

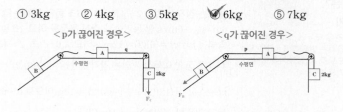

<p가 끊어진 경우>   <q가 끊어진 경우>

|자|료|해|설|및|선|택|지|풀|이|

④ 정답 : (가)에서 물체가 정지해 있으므로 물체에 작용하는 알짜힘은 0이다. 즉, B의 무게에 의해 빗면 아래 방향으로 작용하는 힘(F_B)과 C의 무게(F_C)는 같다.($F_B = F_C$ ─①)
(나)의 속력─시간 그래프에서 기울기는 가속도의 크기이다. p, q 끊어진 경우, 같은 시간 t동안 각각 3m/s, 2m/s 증가했으므로 가속도의 크기는 p가 끊어진 경우가 q가 끊어진 경우보다 1.5배 크다. 따라서 q가 끊어진 경우 가속도의 크기를 a라 하면 p가 끊어진 경우 가속도의 크기는 1.5a이고, 실로 연결된 물체는 같은 가속도를 가지고 함께 움직인다. A와 B의 질량을 m이라 할 때 가속도 법칙($F=ma$)으로부터 p가 끊어진 경우의 운동 방정식은 $F_C = (2+m) \times (1.5a)$ ─② 이고 q가 끊어진 경우 운동 방정식은 $F_B = 2ma$ ─③ 이다. ①에 의해 ②=③이고 이를 정리하면 $m=6kg$이다.

😀 문제풀이 T I P | 여러 물체가 함께 운동하는 경우 운동 방정식은 다음과 같다. 운동하는 물체들의 알짜힘=함께 운동하는 물체들의 질량의 합×물체의 가속도

😀 출제분석 | 뉴턴의 운동 법칙에 대한 문항이다. 제시된 자료를 분석하여 운동 방정식을 세우는 연습이 필요하다.

그림 (가)는 저울 위에 고정된 수직 봉을 따라 연직 방향으로 운동할 수 있는 로봇을 수직 봉에 매달고 로봇이 정지한 상태에서 저울의 측정값을 0으로 맞춘 모습을 나타낸 것이고, (나)는 (가)의 로봇이 운동하는 동안 저울에서 측정한 힘을 시간에 따라 나타낸 것이다. 로봇의 질량은 0.1kg이고, t_1일 때 정지해 있다.

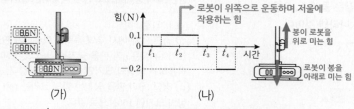

(가)   (나)

로봇의 운동에 대한 설명으로 옳은 것만을 <보기>에서 있는 대로 고른 것은? 3점

보기

ㄱ. t_2일 때, 로봇에 작용하는 알짜힘의 방향은 연직 윗방향이다.
ㄴ. t_3일 때, 속력은 0이 ̶아̶니̶다̶.
ㄷ. t_4일 때, 가속도 크기는 $\frac{1}{2}$m/s² 이다.

① ㄱ   ② ㄴ   ③ ㄱ, ㄷ   ④ ㄴ, ㄷ   ⑤ ㄱ, ㄴ, ㄷ

|자|료|해|설|

t_2에서 저울의 측정값이 0.1N을 가리키는 이유는 로봇이 봉을 밀어 연직 위로 운동할 때 봉도 로봇을 밀며 저울을 누르기 때문이다. 이 때 가속도의 크기는 $a_1 = \frac{0.1N}{0.1kg}$ =1m/s²이다. 또한 t_4에서 저울의 측정값이 −0.2N을 가리키고 있는 것은 로봇이 연직 아래 방향으로 운동하며 로봇의 무게가 봉에 덜 실리기 때문이다. 이 때 가속도의 크기는 $a_2 = \frac{-0.2N}{0.1kg} = -2m/s²$이다.

|보|기|풀|이|

ㄱ. 정답 : t_2일 때 저울이 가리키는 0.1N은 로봇이 봉을 밀면서 생긴 힘이기 때문에 로봇에는 이 힘의 반작용으로 0.1N의 알짜힘을 연직 윗방향으로 받는다.

ㄴ. 오답 : t_2부근에서 로봇은 연직 윗방향으로 가속 운동을 하여 속도가 있는 상태이다. t_3에서는 알짜힘이 0이므로 가속도가 0일뿐, 로봇은 정지 상태는 아닌 등속운동을 한다.

ㄷ. 오답 : t_4일 때 저울이 측정한 힘은 −0.2N이므로 로봇에 작용하는 알짜힘은 연직 아래 방향으로 0.2N이다. 따라서 로봇의 가속도의 크기는 $a_2 = \frac{0.2N}{0.1kg} = 2m/s²$이다.

😀 문제풀이 T I P | 작용 반작용 법칙에 따라 로봇이 봉을 밀면서 위쪽으로 운동하면 봉은 로봇을 밀면서 저울을 누르게 된다.

😀 출제분석 | 힘─시간 그래프를 분석하여 로봇의 운동 상태를 설명할 수 있어야 해결할 수 있는 3점 문항이지만 보기의 내용은 비교적 쉽게 출제되었다.

그림 (가)와 같이 질량이 1kg인 물체 A와 B가 실로 연결되어 있으며 A에 수평면과 나란하게 왼쪽으로 힘 F가 작용하고 있다. 그림 (나)는 (가)에서 F의 크기를 시간에 따라 나타낸 것이다. B는 0~2초 동안 정지해 있었고, 2~6초 동안 점 p에서 점 q까지 L만큼 이동하였다. 3초일 때 실이 B를 당기는 힘의 크기는 T이다.

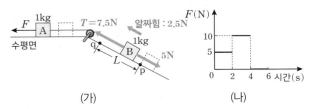

(가)   (나)

L과 T로 옳은 것은? (단, 물체의 크기, 실의 질량, 모든 마찰과 공기 저항은 무시한다.) **3점**

	L	T			L	T
①	5m	2.5N		②	5m	7.5N
③	10m	2.5N		④✓	10m	7.5N
⑤	10m	15N				

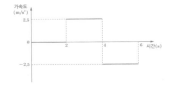 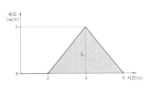

|자|료|해|설|

(가)에서 0~2초 동안 A에 5N의 힘을 왼쪽으로 작용할 때 B가 정지했다는 것은 알짜힘이 0이므로 빗면 아래 방향으로 B에 작용하는 힘이 5N이라는 것을 의미한다.

2~4초 동안 A를 10N으로 당길 때 A, B에 가해지는 알짜힘은 10−5=5N이므로 A와 B의 가속도는 $a = \dfrac{5N}{(1+1)kg} = 2.5 \, m/s^2$로 빗면 위를 향해 움직인다.

4~6초 동안 A와 B에 가해지는 알짜힘은 B의 무게에 의해 빗면 아래 방향으로 작용하는 5N으로 A와 B의 가속도는 빗면 아래 방향으로 $a = \dfrac{5N}{(1+1)kg} = 2.5 \, m/s^2$이다. 이를 가속도−시간, 속도−시간 그래프로 나타내면 왼쪽과 같다.

|선|택|지|풀|이|

④정답 : L은 물체가 이동한 거리로 앞의 속도−시간 그래프에서 2~6초 동안 그래프의 면적에 해당하므로 10m 이다. 또 3초일 때, B에 빗면 위로 작용하는 힘의 크기 T와 빗면 아래로 작용하는 5N의 힘의 합력으로 B에 작용하는 알짜 힘은 $1kg \times 2.5 \, m/s^2 = 2.5N$이므로 $T = 5 + 2.5 = 7.5N$ 이다.

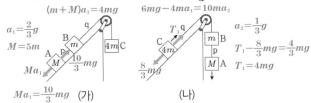

그림 (가)는 질량이 각각 $M, m, 4m$인 물체 A, B, C가 빗면과 나란한 실 p, q로 연결되어 정지해 있는 것을, (나)는 (가)에서 물체의 위치를 바꾸었더니 물체가 등가속도 운동하는 것을 나타낸 것이다. (가)에서 p가 B를 당기는 힘의 크기는 $\dfrac{10}{3}mg$이다.

(나)에서 q가 C를 당기는 힘의 크기는? (단, 중력 가속도는 g이고, 실의 질량 및 모든 마찰은 무시한다.)

① $\dfrac{13}{3}mg$ ②✓ $4mg$ ③ $\dfrac{11}{3}mg$ ④ $\dfrac{10}{3}mg$ ⑤ $3mg$

문제풀이 TIP | 빗면의 기울기가 같을 때 물체의 가속도는 같으므로 물체의 무게에 의해 작용하는 힘의 크기는 질량의 비와 같다.

출제분석 | 힘의 관계를 통해 운동 방정식을 세우면 쉽게 해결할 수 있는 문항이다.

|자|료|해|설|

(가)에서 p가 B를 $\dfrac{10}{3}mg$로 당기므로 p에 걸리는 장력이 $T = \dfrac{10}{3}mg$이고, p는 A도 $\dfrac{10}{3}mg$로 당긴다. 따라서 A에 작용하는 중력과 수직 항력의 합력에 의한 가속도를 a_1이라고 하면 $Ma_1 = \dfrac{10}{3}mg$이다. 이때 같은 빗면에 있는 B에서도 중력과 수직 항력의 합력에 의한 가속도는 a_1이므로 (가)에서 A, B, C에 대한 운동 방정식은 $4mg = (m+M)a_1$이다. 이 식에 $Ma_1 = \dfrac{10}{3}mg$를 대입하여 정리하면 $a_1 = \dfrac{2}{3}g$이고, $M = 5m$이다.

|선|택|지|풀|이|

②정답 : (나)에서 물체의 가속도를 a_2라고 하고 운동 방정식을 세우면, $6mg - 4ma_1 = 10ma_2$이다. $a_1 = \dfrac{2}{3}g$을 대입하여 정리하면 $a_2 = \dfrac{1}{3}g$이다. (나)에서 q가 C를 당기는 힘을 T_1이라고 하면, $T_1 - 4ma_1 = 4ma_2$이므로 $T_1 = 4mg$ 이다.

그림과 같이 물체 A, B를 실로 연결하고 빗면의 점 p에서 A를 잡고 있다가 가만히 놓았더니 A, B가 등가속도 운동을 하다가 A가 점 q를 지나는 순간 실이 끊어졌다. 이후 A는 등가속도 직선 운동을 하여 다시 p를 지난다. A가 p에서 q까지 6m 이동하는 데 걸린 시간은 3초이고, q에서 p까지 6m 이동하는 데 걸린 시간은 1초이다. A와 B의 질량은 각각 m_A, m_B이다.

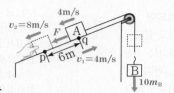

$\dfrac{m_A}{m_B}$는? (단, 중력 가속도는 10m/s²이고, 실의 질량, A와 B의 크기, 모든 마찰과 공기 저항은 무시한다.) **3점**

① $\dfrac{1}{8}$　② $\dfrac{3}{10}$　③ $\dfrac{1}{2}$　④ $\dfrac{13}{10}$　⑤ $\dfrac{13}{8}$

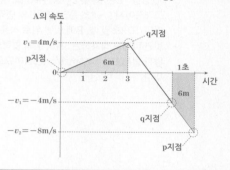

| 자 | 료 | 해 | 설 |

물체 A가 빗면을 따라 올라갈 때 q에서의 속력을 v_1, 빗면을 따라 내려갈 때 p에서의 속력을 v_2라 하면, 정지 상태였던 p에서 q까지 등가속도 직선 운동하여 3초 동안 6m를 이동하였으므로 $\dfrac{0+v_1}{2} \times (3\text{s}) = 6\text{m}$이다. 따라서 $v_1 = 4\text{m/s}$이다.

B와 연결된 실이 A가 q를 지나는 순간 끊어졌으므로, A가 q를 지나며 올라간 후 다시 q를 지나며 내려갈 때 속력은 역학적 에너지 보존 법칙에 따라 같은 속력인 4m/s이다.

A가 q를 지난 후 p를 지나기까지 1초가 걸리므로 $\dfrac{4+v_2}{2} = 6\text{m}$이다. 따라서 $v_2 = 8\text{m/s}$이다.

빗면을 따라 올라갈 때와 내려갈 때 A의 가속도 크기는 각각 $a_1 = \dfrac{4\text{m/s}}{3\text{s}} = \dfrac{4}{3}\text{m/s}^2 - ①$, $a_2 = \dfrac{4\text{m/s}}{1\text{s}} = 4\text{m/s}^2 - ②$이다.

| 선 | 택 | 지 | 풀 | 이 |

⑤ 정답 : A의 무게에 의해 빗면 아래로 작용하는 힘을 F라 하면, A가 빗면을 따라 올라갈 때와 내려올 때의 운동 방정식은 $10m_B - F = (m_A + m_B)a_1 - ③$, $F = m_A a_2 - ④$이고, ①, ②, ④를 ③에 대입하면 $8m_A = 13m_B$이다. 따라서 $\dfrac{m_A}{m_B} = \dfrac{13}{8}$이다.

😲 **문제풀이 TIP** | A가 q를 지날 때 B와 연결된 실이 끊어지므로, 빗면을 따라 올라가거나 내려오면서 q를 지나는 순간, A의 속력은 같다.

😊 **출제분석** | 빗면에서의 물체의 운동에 대한 문항은 어려운 난이도로 자주 출제되는 유형이다. 등급을 구분 짓는 중요한 문항이므로 기출 문제 중심으로 여러 문항을 풀어보는 것이 좋다.

그림은 물체 A, B, C, D가 실로 연결되어 가속도의 크기가 a_1인 등가속도 운동을 하고 있는 것을 나타낸 것이다. 실 p를 끊으면 A는 등속도 운동을 하고, 이후 실 q를 끊으면 A는 가속도의 크기가 a_2인 등가속도 운동을 한다. <u>p를 끊은 후 C와, q를 끊은 후 D의 가속도의 크기는 서로 같다.</u> A, B, C, D의 질량은 각각 $4m$, $3m$, $2m$, m이다.

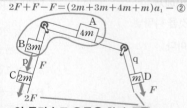

C를 빗면 아래 방향으로 작용하는 힘($2F$) = D를 빗면 아래 방향으로 작용하는 힘(F)×2

$\dfrac{a_1}{a_2}$은? (단, 실의 질량 및 모든 마찰은 무시한다.)

① 2　② $\dfrac{9}{5}$　③ $\dfrac{8}{5}$　④ $\dfrac{7}{5}$　⑤ $\dfrac{6}{5}$

| 자 | 료 | 해 | 설 |

p와 q가 모두 끊어졌을 때 A와 B에 작용하는 힘의 합력을 F라 하면 운동 방정식은 $F = (3m+4m)a_2$이고 $a_2 = \dfrac{F}{7m} - ①$이다.

실 p가 끊어졌을 때 A는 등속도 운동을 하므로 A, B, C에 작용하는 힘의 합력은 0이다. 따라서 D에 의해 작용하는 힘은 A와 B에 작용하는 힘의 합력과 같은 F이다.

p를 끊은 후 C와 q를 끊은 후 D의 가속도의 크기는 서로 같으므로 질량이 D보다 2배 큰 C에 작용하는 힘은 D에 작용하는 힘의 2배인 $2F$이다.

모든 물체에 대해 운동 방정식을 세우면 $2F+F-F = (2m+3m+4m+m)a_1$이므로 $a_1 = \dfrac{F}{5m} - ②$이다.

| 선 | 택 | 지 | 풀 | 이 |

④ 정답 : ①에 의해 $a_2 = \dfrac{F}{7m}$이고 ②에 의해 $a_1 = \dfrac{F}{5m}$이므로 $\dfrac{a_1}{a_2} = \dfrac{7}{5}$이다.

😲 **문제풀이 TIP** | 등속도 운동일 때 물체에 작용하는 힘의 합은 0이다.

😊 **출제분석** | 운동 방정식을 세우는 것은 많은 학생이 어려워하는 부분이다. 쉽게 해결하는 방법을 찾기보다는 기출 문제를 바탕으로 운동 방정식을 세워보는 연습을 많이 해두는 것이 좋다.

그림 (가)와 같이 물체 A, B, C가 실로 연결되어 등가속도 운동한다. A, B의 질량은 각각 $3m$, $8m$이고, **실 p가 B를 당기는 힘의 크기는 $\frac{9}{4}mg$이다.** 그림 (나)는 (가)에서 A, C의 위치를 바꾸어 연결했을 때 등가속도 운동하는 모습을 나타낸 것이다. B의 가속도의 크기는 (나)에서가 (가)에서의 2배이다.

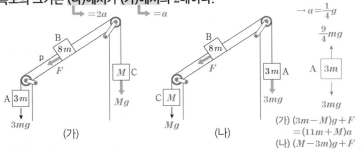

$$\rightarrow 3ma = 3mg - \frac{9}{4}mg = \frac{3}{4}mg(\text{알짜힘})$$
$$\rightarrow a = \frac{1}{4}g$$
$$\frac{9}{4}mg$$

(가) $(3m-M)g + F = (11m+M)a$
(나) $(M-3m)g + F = (11m+M)(2a)$

C의 질량은? (단, 중력 가속도는 g이고, 실의 질량, 모든 마찰은 무시한다.) 3점

① $4m$　② $5m$　③ $6m$　④ $7m$　⑤ $8m$

|자|료|해|설|및|선|택|지|풀|이|

② 정답 : C의 질량을 M, B의 무게에 의해 빗면 아래로 작용하는 힘을 F, (가)와 (나)에서 B의 가속도 크기를 각각 a, $2a$라 하면 (가)와 (나)에서 운동 방정식은 각각 $(3m-M)g + F = (11m+M)a$ ─ ⓐ, $(M-3m)g + F = (11m+M)(2a)$ ─ ⓑ이다. (가)에서 실 p가 B를 당기는 힘의 크기는 p가 A를 당기는 힘의 크기와 같으므로 A에 작용하는 알짜힘은 $3ma = 3mg - \frac{9}{4}mg = \frac{3}{4}mg$ 또는 $a = \frac{1}{4}g$ ─ ⓒ이다. ⓑ ─ ⓐ = $(2M-6m)g = (11m+M)a$ 이고 여기에 ⓒ을 대입하여 정리하면 $M = 5m$이다.

😀 **출제분석 |** 운동 방정식을 세울 수 있는 것이 문제 해결에 핵심이다.

그림 (가)와 같이 질량이 각각 $3m$, $2m$, $4m$인 물체 A, B, C가 실로 연결된 채 정지해 있다. 실 p, q는 빗면과 나란하다. 그림 (나)는 (가)에서 p가 끊어진 후, A, B, C가 등가속도 운동하는 모습을 나타낸 것이다.

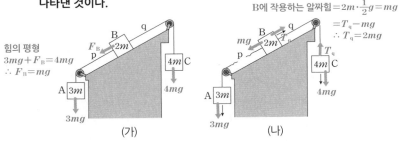

B에 작용하는 알짜힘 $= 2m \cdot \frac{1}{2}g = mg$
$= T_q - mg$
$\therefore T_q = 2mg$

힘의 평형
$3mg + F_B = 4mg$
$\therefore F_B = mg$

(나)의 상황에 대한 설명으로 옳은 것만을 〈보기〉에서 있는 대로 고른 것은? (단, 중력 가속도는 g이고, 실의 질량, 모든 마찰과 공기 저항은 무시한다.)

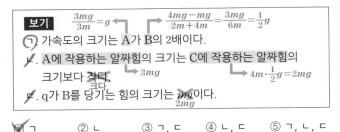

보기

$\frac{3mg}{3m} = g$　$\frac{4mg - mg}{2m + 4m} = \frac{3mg}{6m} = \frac{1}{2}g$

ㄱ. 가속도의 크기는 A가 B의 2배이다.
ㄴ. A에 작용하는 알짜힘의 크기는 C에 작용하는 알짜힘의 크기보다 작다. → $3mg$　$4m \cdot \frac{1}{2}g = 2mg$ 크다
ㄷ. q가 B를 당기는 힘의 크기는 $\frac{mg}{2mg}$이다.

① ㄱ　② ㄴ　③ ㄱ, ㄷ　④ ㄴ, ㄷ　⑤ ㄱ, ㄴ, ㄷ

|자|료|해|설|

(가)는 빗면을 중심으로 양쪽 도르래에 물체 A($3m$), 물체 C($4m$)가 매달려 있고, 빗면에는 물체 B($2m$)가 물체 A와는 실 p로, 물체 C와는 실 q로 연결되어 힘의 평형을 이루고 있는 상태이다. 이때 (나)에서 물체 A와 물체 B가 연결된 실 p가 끊어지면, 물체 A는 아래쪽으로 등가속도 운동을 하고, 물체 B는 빗면 위쪽 방향으로, 물체 C는 아래쪽으로 등가속도 운동을 하는 상황이다. 이때 물체 B와 물체 C는 붙어서 움직이므로 가속도가 같고, 실 q에는 장력이 걸려 있다. 빗면의 기울기는 모르지만, B에 빗면 아래쪽 방향으로 작용하는 중력의 성분 F_B는 힘의 평형 공식으로 유도할 수 있고, 이것으로 (나)에서 B에 작용하는 알짜힘을 구할 수 있다.

|보|기|풀|이|

ㄱ. 정답 : (가)는 힘의 평형 상태이므로, 힘의 평형 공식에 의해 $3mg + F_B = 4mg$에서 $F_B = mg$이다. (나)에서 A는 중력에 의해서만 움직이므로 A의 가속도의 크기는 중력 가속도의 크기 g이다. 또 (나)에서 B와 C가 함께 움직일 때, B와 C에 가해지는 알짜힘의 크기는 $4mg - F_B$이고 물체의 질량의 합은 $6m$이므로, $a_B = a_C = \frac{4mg - F_B}{6m} = \frac{4mg - mg}{6m} = \frac{1}{2}g$이다. 따라서 가속도의 크기는 A가 B의 2배이다.

ㄴ. 오답 : A에 작용하는 알짜힘의 크기는 $3mg$이고, C에 작용하는 알짜힘의 크기는 C의 가속도가 $\frac{1}{2}g$이므로 $4m \cdot \frac{1}{2}g = 2mg$이다. 따라서 A에 작용하는 알짜힘의 크기는 C에 작용하는 알짜힘의 크기보다 크다.

ㄷ. 오답 : (나)에서 B의 가속도는 $\frac{1}{2}g$이므로 B에 가해지는 알짜힘은 $2m \cdot \frac{1}{2}g = mg$이고, 이것은 실 q의 장력 T_q에서 B에 가해지는 빗면 방향의 중력 성분을 뺀 값이다. 즉, $mg = T_q - F_B = T_q - mg$이므로 $T_q = 2mg$이다.

😲 **문제풀이 T I P |** (가)에서 힘의 평형을 이용하여 B에 작용하는 중력의 빗면 방향의 성분인 F_B의 값을 구하는 것이 관건이다. 이후에 (나) 상황에서 각 물체가 움직이는 알짜힘과 가속도는 운동 방정식을 이용하여 쉽게 구할 수 있다.

😀 **출제분석 |** 그림은 복잡해 보이지만 답을 구하는 과정은 생각보다 간단한 문제이다. 하지만 역학적 에너지 보존 법칙과 연계하여 물체의 속력이나 운동 에너지를 묻는 어려운 문제로 변환할 수도 있다. 따라서 여러 가지 상황에서 운동 방정식을 세워 문제를 해결하는 연습을 하는 것이 중요하다.

Ⅰ
1
Ⅰ
02
뉴턴 운동 법칙

그림 (가)는 수평면 위의 질량 2kg인 물체 A와 빗면 위의 질량 3kg인 물체 B가 실로 연결되어 등가속도 운동하는 것을, (나)는 (가)에서 A와 B를 서로 바꾸어 연결하고 B에 수평 방향으로 10N의 힘을 계속 작용하여 A, B를 등가속도 운동시키는 것을 나타낸 것이다. (가), (나)에서 A의 가속도의 크기는 같다.

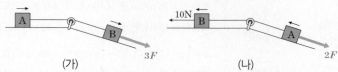

(가)　　　　　　　(나)

(가), (나)에서 실이 A에 작용하는 힘의 크기를 각각 F_1, F_2라 할 때, $\dfrac{F_2}{F_1}$는? (단, 실의 질량, 모든 마찰 및 공기 저항은 무시한다.) **3점**

① $\dfrac{2}{3}$　　② $\dfrac{4}{3}$　　③ $\dfrac{3}{2}$　　④ $\dfrac{5}{2}$　　✓⑤ $\dfrac{8}{3}$

|자|료|해|설|

빗면 위의 물체는 물체의 무게와 비례하여 빗면 아래 방향으로 힘이 작용한다. B와 A의 질량이 각각 3kg, 2kg이므로 (가)에서 B에 빗면 아래 방향으로 작용하는 힘을 3F라 하면 (나)에서 A에 빗면 아래 방향으로 작용하는 힘은 2F이다. 또한 (가)와 (나)에서 물체 A, B는 실로 연결되어 같은 가속도로 운동한다. A의 가속도의 크기를 a라 하면 $F=ma$로부터 (가)의 운동 방정식은 $3F=(2+3)a$이고 (나)의 운동 방정식은 $10\text{N}-2F=(2+3)a$이다. 이 두 식으로부터 $F=2\text{N}$, $a=\dfrac{6}{5}\text{m/s}^2$임을 알 수 있다.

|선|택|지|풀|이|

⑤ 정답 : (가)에서 A에 작용하는 알짜힘은 실이 A에 작용하는 힘(F_1)으로 $F_1=2\text{kg}\times a=\dfrac{12}{5}\text{N}$이고, (나)에서 A에 작용하는 알짜힘은 실이 A에 작용하는 힘(F_2)과 빗면 아래로 작용하는 힘($2F$)의 차이므로 $F_2-2F=2\text{kg}\times a$이고, $F_2=\dfrac{32}{5}\text{N}$이다. 따라서 $\dfrac{F_2}{F_1}=\dfrac{\frac{32}{5}}{\frac{12}{5}}=\dfrac{8}{3}$이다.

 더 자세한 해설 ⓐ

step 1. 개념 정리

● 빗면에서의 힘의 분해

빗면에 나란한 방향으로의 힘은 $mg\sin\theta$이며 물체를 운동시키는 힘이다.

빗면에 수직한 방향으로의 힘은 $mg\cos\theta$이며 수직 항력과 힘의 평형을 이룬다.

step 2. 자료 분석

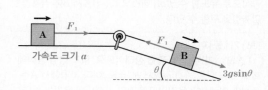

1. (가)에서 힘을 찾고 운동 방정식을 세운다.

▶ A에 작용하는 힘은 장력 F_1이며 B에 작용하는 힘은 장력 F_1과 빗면에 나란한 방향의 중력 성분 $3g\sin\theta$이다.

▶ A와 B는 같이 운동하므로 가속도 크기가 a로 같다.

▶ A와 B의 운동 방정식
　B에서 $3g\sin\theta-F_1=3a$ ─ ①
　A에서 $F_1=2a$ ─ ②

2. (나)에서 힘을 찾고 운동 방정식을 세운다.

▶ A에 작용하는 힘은 장력 F_2와 빗면에 나란한 방향의 중력 성분 $2g\sin\theta$이다. B에 작용하는 힘은 10N과 장력 F_2이다.

▶ A와 B는 같이 운동하므로 가속도 크기가 a로 같다.

▶ A와 B의 운동 방정식
　A에서 $F_2-2g\sin\theta=2a$ ─ ③
　B에서 $10-F_2=3a$ ─ ④

step 3. 선택지 풀이

⑤ **정답** | ①과 ②식으로부터 $a=\dfrac{3}{5}g\sin\theta$를 얻으며 ③과 ④식으로부터 $10-2g\sin\theta=5a$가 되어 $g\sin\theta=2$가 된다. $F_1=2a=\dfrac{12}{5}$, $F_2=10-3a$

$=10-\dfrac{18}{5}=\dfrac{32}{5}$이므로 $\dfrac{F_2}{F_1}=\dfrac{8}{3}$이다.

그림 (가)와 같이 질량이 각각 $2m$, m, $2m$인 물체 A, B, C가 실로 연결된 채 각각 빗면에서 일정한 속력 v로 운동한다. 그림 (나)는 (가)에서 A가 점 p에 도달하는 순간, A와 B를 연결하고 있던 실이 끊어져 A, B, C가 각각 등가속도 직선 운동하는 모습을 나타낸 것이다. (나)에서 실이 B에 작용하는 힘의 크기는 $\frac{5}{6}mg$이고, 실이 끊어진 순간부터 A가 최고점에 도달할 때까지 C는 d만큼 이동한다.

빗면 아래 방향으로 C에 작용하는 힘$=F$
빗면 아래 방향으로 A와 B에 작용하는 힘$=\frac{2}{3}F+\frac{1}{3}F$

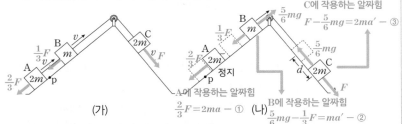

(가)

A에 작용하는 알짜힘
$\frac{2}{3}F=2ma$ ― ①

B에 작용하는 알짜힘
$\frac{5}{6}mg-\frac{1}{3}F=ma'$ ― ②

C에 작용하는 알짜힘
$F-\frac{5}{6}mg=2ma'$ ― ③

(나)

d는? (단, 중력 가속도는 g이고, 물체의 크기, 실의 질량과 모든 마찰은 무시한다.) **3점**

① $\dfrac{8v^2}{3g}$ ② $\dfrac{10v^2}{3g}$ ③ $\dfrac{4v^2}{g}$ ④ $\dfrac{14v^2}{3g}$ ⑤ $\dfrac{16v^2}{3g}$

😀 **문제풀이 TIP** | 마찰이 없는 경사면의 기울기가 같을 때 물체의 가속도의 크기는 같으므로 물체에 작용하는 힘은 물체의 질량에 비례한다.

😀 **출제분석** | 제시된 자료를 바탕으로 뉴턴 운동 법칙을 적용하여 운동 방정식을 세우는 것은 쉽지 않다. 이와 관련된 기출문제 풀이를 통해 많은 연습이 필요하다.

|자|료|해|설|

(가)에서 A, B, C는 일정한 속력으로 운동하므로 알짜힘은 0이다. 빗면 아래 방향으로 C에 작용하는 힘을 F라 하면 빗면 아래 방향으로 A와 B에 작용하는 힘의 합도 F이다. 또한, 기울기가 같은 경사면에서 A와 B에 작용하는 힘은 물체의 질량에 비례하므로 빗면 아래 방향으로 A와 B에 작용하는 힘은 각각 $\frac{2}{3}F$, $\frac{1}{3}F$이다. (나)에서 실이 끊어진 후 A에 작용하는 알짜힘은 $\frac{2}{3}F$이므로 A의 가속도를 a라 할 때 A의 운동 방정식은 $\frac{2}{3}F=2ma$ ― ①이다. 실이 끊어진 후 B와 C는 같은 가속도 a'으로 등가속도 운동한다. 실이 B에 작용하는 힘은 $\frac{5}{6}mg$, 빗면 아래 방향으로 B에 작용하는 힘은 $\frac{1}{3}F$이므로 B의 운동 방정식은 $\frac{5}{6}mg-\frac{1}{3}F$ $=ma'$ ― ②이다.

또한, 빗면 아래 방향으로 C에 작용하는 힘은 F, 실이 C에 작용하는 힘의 크기는 $\frac{5}{6}mg$이므로 C의 운동 방정식은 $F-\frac{5}{6}mg=2ma'$ ― ③이다. ②와 ③을 연립하면 $a'=\frac{1}{3}g$ ― ④, $F=\frac{3}{2}mg$ ― ⑤이고 ⑤를 ①에 대입하면 $a=\frac{1}{2}g$ ― ⑥이다.

|선|택|지|풀|이|

① 정답 : A가 최고점에 도달할 때까지 걸린 시간을 t라 하면 최고점에서의 속도는 0이므로 $0=v-at$이고 여기에 ⑥을 대입하여 $t=\frac{v}{a}=\frac{2v}{g}$ ― ⑦이다. d는 t동안 등가속도 직선 운동한 거리이므로 $d=vt+\frac{1}{2}a't^2$이고 여기에 ④와 ⑦을 대입하면 $d=v\left(\frac{2v}{g}\right)+\frac{1}{2}\left(\frac{1}{3}g\right)\left(\frac{2v}{g}\right)^2=\frac{8v^2}{3g}$이다.

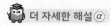

step 1. 자료 분석

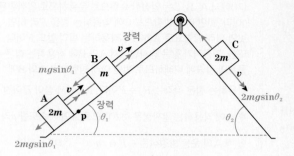

1. 경사각의 관계 구하기
   ▶ 왼쪽 빗면의 경사각이 θ_1, 오른쪽 빗면의 경사각 θ_2라 하면 (가)에서의 물체의 운동은 그림과 같이 힘 $2mg\sin\theta_2$와 $3mg\sin\theta_1$가 반대 방향으로 작용해 등속도 운동을 하는 것과 같다. 물체에 작용하는 알짜힘이 0이므로 다음 식이 성립한다.

   $$2mg\sin\theta_2 = 3mg\sin\theta_1$$

   $$\sin\theta_2 = \frac{3}{2}\sin\theta_1$$

2. (나)에서 B와 C의 운동으로 가속도와 장력 T, $\sin\theta_1$, $\sin\theta_2$ 구하기
   ▶ B와 C의 가속도를 a라 하면 다음 식이 성립한다.

   C : $2mg\sin\theta_2 - T = 3mg\sin\theta_1 - T = 2ma$

   B : $T - mg\sin\theta_1 = ma$

   $$a = \frac{2}{3}g\sin\theta_1$$

   ▶ 주어진 조건에서 B와 C 사이의 장력 T는 $\frac{5}{6}mg$이므로

   $T = \frac{5}{3}mg\sin\theta_1 = \frac{5}{6}mg$이다. 따라서 $\sin\theta_1 = \frac{1}{2}$, $\sin\theta_2 = \frac{3}{4}$이다.

3. 등가속도 직선 운동 공식 적용하기
   ▶ 실이 끊어진 직후부터 A가 최고점에 도달할 때까지 걸린 시간을 t로 놓는다.

   A의 가속도는 $\frac{g}{2}$, B의 가속도는 $\frac{g}{3}$이고 실이 끊어졌을 때 물체의 속도를 v라고 하면 등가속도 직선 운동 공식에 의해 아래의 식을 얻는다.

   A의 경우 $0 = v - \frac{g}{2}t$ — ①

   B의 경우 $d = vt + \frac{1}{2}\frac{g}{3}t^2$ — ②

step 2. 선택지 풀이

① **정답** | 자료 분석에서 얻은 ①과 ②을 정리하여 d에 대한 식을 구한다.

$$d = vt + \frac{1}{2}\frac{g}{3}t^2 = \frac{2v^2}{g} + \frac{1}{2}\frac{g}{3}\frac{4v^2}{g^2} = \frac{8v^2}{3g}$$

그림과 같이 수평면에 놓여 있는 자석 B 위에 자석 A가 떠 있는 상태로 정지해 있다. A에 작용하는 중력의 크기와 B가 A에 작용하는 자기력의 크기는 같고, A, B의 질량은 각각 m, $3m$이다. 이에 대한 설명으로 옳은 것만을 〈보기〉에서 있는 대로 고른 것은? (단, 중력 가속도는 g이다.) 〈3점〉

(수평면이 B를 떠받치는 힘) $4mg$ 　자석 A 　m 　mg (B가 A에 작용하는 전기력)
　mg (중력)
자석 B 　$3m$
$3mg$ (중력) 　↓ 수평면
　mg (A가 B에 작용하는 전기력)

보기

ㄱ. A가 B에 작용하는 자기력의 크기는 ~~$3mg$~~ mg 이다.
ㄴ. 수평면이 B를 떠받치는 힘의 크기는 $4mg$이다.
ㄷ. A에 작용하는 중력과 B가 A에 작용하는 자기력은 ~~작용 반작용~~ 힘의 평형 관계이다.

① ㄱ 　　② ㄴ ✓ 　　③ ㄷ 　　④ ㄱ, ㄴ 　　⑤ ㄱ, ㄷ

|자|료|해|설|

정지 상태의 물체에 작용하는 알짜힘의 크기는 0이다.

|보|기|풀|이|

ㄱ. 오답 : A는 정지 상태이므로 A에 작용하는 중력과 B가 A에 작용하는 자기력의 크기는 mg로 같다. 작용 반작용으로 A가 B에 작용하는 자기력의 크기는 mg이다.

ㄴ. 정답 : 수평면이 B를 떠받치는 힘의 크기는 B에 작용하는 중력과 B가 A에 작용하는 자기력의 크기의 합인 $4mg$이다.

ㄷ. 오답 : A에 작용하는 중력의 반작용은 A가 지구를 당기는 힘이다. A에 작용하는 중력과 B가 A에 작용하는 자기력은 힘의 평형 관계이다.

😮 **문제풀이 TIP** | A가 B에 작용하는 힘의 반작용은 B가 A에 작용하는 힘이다.

😮 **출제분석** | 물체에 작용하는 힘을 표현할 수 있는지 확인하는 문항이다.

그림 (가)와 같이 질량이 각각 $2m$, m, $3m$인 물체 A, B, C를 실로 연결하고 B를 점 p에 가만히 놓았더니 A, B, C는 등가속도 운동을 한다. 그림 (나)와 같이 B가 점 q를 속력 v_0으로 지나는 순간 B와 C를 연결한 실이 끊어지면, A와 B는 등가속도 운동하여 B가 점 r에서 속력이 0이 된 후 다시 q와 p를 지난다. p, q, r는 수평면상의 점이다.

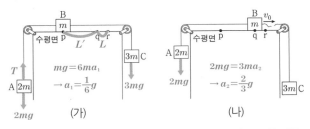

(가) 　　(나)

이에 대한 설명으로 옳은 것만을 〈보기〉에서 있는 대로 고른 것은? (단, 중력 가속도는 g이고, 물체의 크기, 실의 질량, 모든 마찰과 공기 저항은 무시한다.) 〈3점〉

보기

ㄱ. (가)에서 B가 p와 q 사이를 지날 때, A에 연결된 실이 A를 당기는 힘의 크기는 $\frac{7}{3}mg$이다.

ㄴ. q와 r 사이의 거리는 $\frac{3v_0{}^2}{4g}$이다.

ㄷ. (나)에서 B가 p를 지나는 순간 B의 속력은 $\sqrt{5}v_0$이다.

① ㄱ 　② ㄷ 　③ ㄱ, ㄴ 　④ ㄴ, ㄷ 　⑤ ㄱ, ㄴ, ㄷ ✓

|자|료|해|설|

(가)와 (나)에서 B의 가속도 크기를 각각 a_1, a_2라 하면 운동 방정식은 각각 $mg=6ma_1$, $2mg=3ma_2$이므로 $a_1=\frac{1}{6}g$, $a_2=\frac{2}{3}g$이다.

|보|기|풀|이|

ㄱ. 정답 : (가)에서 실이 A를 당기는 힘의 크기를 T라 하면 A의 운동 방정식은 $T-2mg=2ma_1=\frac{1}{3}mg$이므로 $T=\frac{7}{3}mg$이다.

ㄴ. 정답 : q와 r 사이의 거리를 L이라 하면 $2a_2L=v_0{}^2$이므로 $L=\frac{v_0{}^2}{2a_2}=\frac{3v_0{}^2}{4g}$이다.

ㄷ. 정답 : (나)에서 B가 p를 지나는 순간 B의 속력을 v, p와 q 사이의 거리를 L'라 하면 (가)와 (나)에서 등가속도 직선운동 식은 $L'=\frac{v_0{}^2}{2a_1}=\frac{3v_0{}^2}{g}$이고 r에서 q까지 운동에 대해 $2a_2(L+L')=v^2$이므로 $v^2=\frac{4}{3}g\cdot\left(\frac{3v_0{}^2}{4g}+\frac{3v_0{}^2}{g}\right)=5v_0{}^2$이다. $v>0$이므로 $v=\sqrt{5}v_0$이다.

😮 **문제풀이 TIP** | 등가속도 직선운동 식: $2as=v^2-v_0{}^2$

😮 **출제분석** | 매회 출제되는 문항으로 알짜힘으로부터 물체의 가속도의 크기를 구한 뒤 실의 작용하는 힘의 크기를 구할 수 있어야 문제를 해결할 수 있다.

그림은 물체 A, B, C가 실 p, q, r로 연결되어 정지해 있는 모습을 나타낸 것으로, q가 B에 작용하는 힘의 크기는 r이 C에 작용하는 힘의 크기의 $\frac{3}{2}$배이다. r을 끊으면 A, B, C가 등가속도 운동을 하다가 B가 수평면과 나란한 평면 위의 점 O를 지나는 순간 p가 끊어진다. 이후 A, B는 등가속도 운동을 하며, 가속도의 크기는 A가 B의 2배이다. r이 끊어진 순간부터 B가 O에 다시 돌아올 때까지 걸린 시간은 t_0이다. A, C의 질량은 각각 $6m$, m이다.

↳ A의 가속도 크기 : $2a'$, B의 가속도 크기 : a'

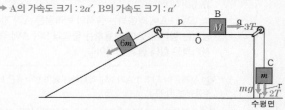

p가 끊어진 순간 C의 속력은? (단, 중력 가속도는 g이고, 물체는 동일 연직면상에서 운동하며, 물체의 크기, 실의 질량, 모든 마찰은 무시한다.) 3점

① $\frac{1}{9}gt_0$ ② $\frac{1}{11}gt_0$ ③ $\frac{1}{13}gt_0$ ④ $\frac{1}{15}gt_0$ ⑤ $\frac{1}{17}gt_0$

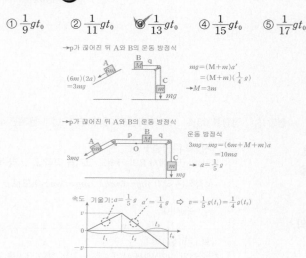

→p가 끊어진 뒤 A와 B의 운동 방정식

$mg=(M+m)a'$
$=(M+m)(\frac{1}{4}g)$
→$M=3m$

→p가 끊어진 뒤 A와 B의 운동 방정식

운동 방정식
$3mg-mg=(6m+M+m)a$
$=10ma$
→ $a=\frac{1}{5}g$

속도 기울기: $a=\frac{1}{5}g$ $a'=\frac{1}{4}g$ ⇒ $v=\frac{1}{5}g(t_1)=\frac{1}{4}g(t_2)$

|자|료|해|설|및|선|택|지|풀|이|

③정답 : q가 B에 작용하는 힘의 크기를 $3T$, r이 C에 작용하는 힘의 크기를 $2T$, r이 끊어진 후 세 물체의 가속도의 크기를 a, p가 끊어진 후 A와 B의 가속도의 크기를 각각 $2a'$, a'이라 하면 r이 끊어지기 전 세 물체는 정지 상태고 q가 B에 작용하는 힘의 크기는 q가 C에 작용하는 힘의 크기와 같으므로 $3T=mg+2T$, $T=mg$이다. 또한 이 힘은 A가 빗면 아래로 받는 힘의 크기와도 같으므로 이를 f라 하면 $f=3mg$이다. r이 끊어진 후 A, B, C는 함께 움직이므로 B의 질량을 M이라 하면 운동 방정식은

$$3mg-mg=(6m+m+M)a, \ a=\frac{2mg}{(7m+M)} - ⓐ$$이다.

p가 끊어진 후 A의 운동 방정식은 $3mg=(6m)(2a')$이므로 $a'=\frac{1}{4}g$이다. 또한 p가 끊어진 후 B와 C의 운동 방정식은 $mg=(M+m)a'$이고 여기에 $a'=\frac{1}{4}g$를 대입하면 $M=3m$이다. 이를 ⓐ에 대입하면 $a=\frac{1}{5}g$이다. r이 끊어진 후 B가 O를 지날 때까지 걸린 시간을 t_1, 이로부터 다시 O에 돌아올 때까지 걸린 시간을 $2t_2$, p가 끊어진 순간 C의 속력을 v라 하면, $t_1+2t_2=t_0$, $v=\frac{1}{5}gt_1=\frac{1}{4}gt_2$이므로 두 식에 의해 $t_1=\frac{5}{13}t_0$, $v=\left(\frac{1}{5}g\right)\left(\frac{5}{13}t_0\right)=\frac{1}{13}gt_0$이다.

😀 **출제분석** | 등가속도 직선 운동, 운동 방정식, 역학적 에너지 보존 관련 문항은 가장 어렵게 출제되는 영역이다. 위 문항은 운동 방정식을 세워 실이 끊어지기 전과 후의 가속도의 크기를 구함으로써 O에서의 속력을 구할 수 있다.

그림 (가)는 저울 위에 놓인 무게가 5N인 ㄷ자형 나무 상자와 무게가 각각 3N, 2N인 자석 A, B가 실로 연결되어 정지해 있는 모습을 나타낸 것이다. 그림 (나)는 (가)의 상자가 90° 회전한 상태로 B는 상자에, A는 스탠드에 실로 연결되어 정지해 있는 모습을 나타낸 것이다. (가)와 (나)에서 A와 B 사이에 작용하는 자기력의 크기는 같고, (가)에서 실이 A를 당기는 힘의 크기는 8N이다.

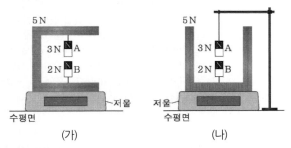

(가)   (나)

(가)와 (나)에서 저울의 측정값은? (단, A, B는 동일 연직선 상에 있고, 실의 질량은 무시하며, 자기력은 A와 B 사이에서만 작용한다.) 3점

	(가)	(나)
①	10N	2N
②	10N	3N
③	10N	7N
④	5N	3N
⑤	5N	5N

|자|료|해|설|및|선|택|지|풀|이|

① 정답 : (가)에서 저울의 측정값은 A, B, 나무 상자의 무게를 합한 10N이다. (나)에서 A, B, 나무 상자는 정지 상태이므로 알짜힘이 0이다. 실이 A를 당기는 힘의 크기는 (가)와 같은 8N이고 이는 A의 무게 3N과 B가 A에 작용하는 자기력의 합의 크기와 같으므로 자기력의 크기는 5N이다. B는 5N의 자기력이 위 방향으로 작용하고 이는 B의 무게 2N과 실이 B를 아래로 당기는 힘의 합과 같으므로 실이 B를 당기는 힘의 크기는 3N이다. 나무 상자의 무게 5N은 실이 나무 상자를 위로 당기는 힘 3N과 저울이 나무 상자를 떠받치는 힘의 합이므로 저울이 나무 상자를 떠받치는 힘의 크기는 2N인데 이는 나무 상자가 저울을 누르는 힘의 크기이므로 저울의 측정값은 2N이다.

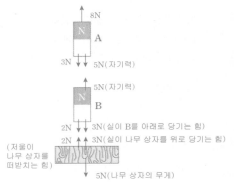

그림은 실 p로 연결된 물체 A와 자석 B가 정지해 있고, B의 연직 아래에는 자석 C가 실 q에 연결되어 정지해 있는 모습을 나타낸 것이다. A, B, C의 질량은 각각 4kg, 1kg, 1kg이고, B와 C 사이에 작용하는 자기력의 크기는 20N이다. 이에 대한 설명으로 옳은 것만을 〈보기〉에서 있는 대로 고른 것은? (단, 중력 가속도는 10m/s²이고, 실의 질량과 모든 마찰은 무시하며, 자기력은 B와 C 사이에만 작용한다.)

보기

ㄱ. 수평면이 A를 떠받치는 힘의 크기는 10N이다.

ㄴ. B에 작용하는 중력과 p가 B를 당기는 힘은 작용 반작용 관계이다.   B가 지구를 당기는 힘

ㄷ. B가 C에 작용하는 자기력의 크기는 q가 C를 당기는 힘의 크기와 같다. 보다 크다.

① ㄱ   ② ㄴ   ③ ㄱ, ㄷ   ④ ㄴ, ㄷ   ⑤ ㄱ, ㄴ, ㄷ

|자|료|해|설|

정지 상태이므로 A, B, C에 작용하는 알짜힘은 0이다.

|보|기|풀|이|

ㄱ. 정답 : B에서 p가 B를 당기는 힘의 크기는 자기력의 크기(20N)＋B에 작용하는 중력(10N)이므로 30N이다. A에서 수평면이 A를 떠받치는 힘의 크기는 A의 무게(40N) － P가 A를 당기는 힘의 크기(30N)이므로 10N 이다.

ㄴ. 오답 : B에 작용하는 중력의 반작용은 B가 지구를 당기는 힘이다.

ㄷ. 오답 : B가 C에 작용하는 자기력의 크기는 20N이고 이는 q가 C를 당기는 힘의 크기(10N)와 C에 작용하는 중력(10N)의 합과 같다.

😀 출제분석 | 정지 상태에서는 알짜힘이 0인 것을 이용하여 물체에 작용하는 힘을 표시할 수 있어야 한다.

그림 (가)는 물체 A, B, C를 실 p, q로 연결하고 A에 수평 방향으로 일정한 힘 20N을 작용하여 물체가 등가속도 운동하는 모습을, (나)는 (가)에서 A에 작용하는 힘 20N을 제거한 후, 물체가 등가속도 운동하는 모습을 나타낸 것이다. (가)와 (나)에서 물체의 가속도의 크기는 a로 같다. p가 B를 당기는 힘의 크기와 q가 B를 당기는 힘의 크기의 비는 (가)에서 2 : 3이고, (나)에서 2 : 9이다.

운동 방정식 $20+10-F=(m_A+a+m_C) \times a = F-10 = (m_A+1+m_C) \times a$

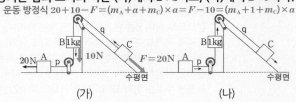

(가)   (나)

이에 대한 설명으로 옳은 것만을 〈보기〉에서 있는 대로 고른 것은? (단, 중력 가속도는 10m/s²이고, 물체는 동일 연직면상에서 운동하며, 실의 질량, 공기 저항과 모든 마찰은 무시한다.) 3점

보기

ㄱ. p가 A를 당기는 힘의 크기는 (가)에서가 (나)에서의 5배이다.

ㄴ. $a=\frac{5}{3}$m/s²이다.

ㄷ. C의 질량은 $\frac{3}{1}$kg이다.

① ㄱ   ② ㄷ   ③✓ ㄱ, ㄴ   ④ ㄴ, ㄷ   ⑤ ㄱ, ㄴ, ㄷ

$3T$ $9T'$

B 1kg   B 1kg

$2T$ ↓ $10N$ $2T'$ ↓ $10N$

(가)   (나)

$2T+10-3T=a$ $9T'-2T'-10=a$

$T+7T'=20$

$20N$ ← A m_A → $2T$ A m_A → $2T'$

(가)   (나)

$20-2T=m_A a$ $2T'=m_A a$

$T+T'=10$

⬇

$T=\frac{25}{3}N$ $T'=\frac{5}{3}N$

$a=\frac{5}{3}$ m/s² $m_A=2$kg

|자|료|해|설|

(가)와 (나)에서 물체의 가속도의 크기는 같으므로 A의 가속도 방향은 (가)에서 왼쪽, (나)에서 오른쪽이다. 무게로 인해 C에 빗면 아래 방향으로 작용하는 힘을 F, A와 C의 질량을 각각 m_A, m_C라 하면 운동 방정식은 (가)와 (나)에서 각각 $20+10-F=(m_A+1+m_C)a$, $F-10=(m_A+1+m_C)a$ – ① 이므로 두 식으로부터 $F=20$N이다. p와 q에 작용하는 장력을 각각 (가)에서 $2T$, $3T$라 하고 (나)에서 $2T'$, $9T'$라 하면 B의 운동 방정식은 각각 $2T+10-3T=a$ – ②, $9T'-2T'-10=a$ – ③이고 두 식에서 a를 소거하면 $T+7T'=20$ – ④이다. A의 운동 방정식은 (가)와 (나)에서 각각 $20-2T=m_A a$ – ⑤, $2T'=m_A a$ – ⑥이므로 두 식을 정리하면 $T+T'=10$ – ⑦이고 ④와 ⑦로부터 $T=\frac{25}{3}$N, $T'=\frac{5}{3}$N이다.

|보|기|풀|이|

ㄱ. 정답 : p가 A를 당기는 힘의 크기는 (가)에서 $2T=\frac{50}{3}$N, (나)에서 $2T'=\frac{10}{3}$N이다.

ㄴ. 정답 : $T=\frac{25}{3}$N, $T'=\frac{5}{3}$N이므로 이를 ②와 ③에 대입하면 $a=\frac{5}{3}$m/s², $m_A=2$kg – ⑧이다.

ㄷ. 오답 : ⑧을 ①에 대입하면 $m_C=3$kg이다.

03 운동량 보존 법칙과 여러 가지 충돌

★수능에 나오는 필수 개념 3가지 + 필수 암기사항 11개

필수개념 1　운동량과 충격량

- **암기 운동량(p)** : 물체의 운동 정도를 나타낸 물리량. $p=mv$ → 움직일 힘 move = P
  ① 운동량의 크기 : 질량과 속도의 크기의 곱
  ② 운동량의 방향 : 운동 방향(속도의 방향)과 운동량의 방향은 항상 같다.
  ③ $p-t$ 그래프에서 기울기$=\dfrac{\Delta p}{\Delta t}=F$(평균 힘), 단위 시간 동안 운동량의 변화량은 물체가 받은 힘 (평균 힘)이다.
  ④ 운동량의 단위 : $kg\cdot m/s$

- **충격량(I)** : 물체가 받은 충격의 정도를 나타낸 물리량. $I=Ft$ → 발에 차이면 충격 받는다. Feet = I
  ① 충격량의 크기 : 물체에 작용한 힘과 힘이 작용한 시간의 곱
  ② 충격량의 방향 : 힘의 방향(가속도의 방향)과 충격량의 방향은 항상 같다.
  ③ $F-t$ 그래프에서 면적$=$충격량(I)

 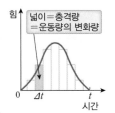

  ④ 충격량의 단위 : $kg\cdot m/s$ 또는 $N\cdot s$

- **암기 운동량과 충격량의 관계 :** $I=\Delta p$(충격량은 운동량 변화량과 같다.)
  질량 m인 물체가 v_0의 속도로 운동하다가 일정한 힘 F를 시간 t초 동안 받아 속도가 v가 되었다면
  $F=ma=m\dfrac{v-v_0}{t}$가 되어 $Ft=mv-mv_0$이다. 따라서 $I=\Delta p$이다.

- **암기 운동량과 충격량에서 물리량 비교하기**
  $I=\Delta p=Ft=mat=m\Delta v$이다. 따라서 다음 물리량들의 방향은 항상 같다.
  I의 방향$=\Delta p$의 방향$=F$의 방향$=a$의 방향$=\Delta v$의 방향

- **암기 충격량은 같으나 힘을 받은 시간이 다른 경우**
  충격량(I)이 같을 때 충돌 시간(t)이 길수록 충격력(F)은 작아진다.

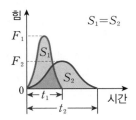

  예 충격 흡수 장치

- **힘은 같으나 힘을 받은 시간이 다른 경우**
  힘을 받은 시간과 충격량이 비례하므로 힘을 받은 시간(t)이 길수록 운동량 변화량(Δp)은 커진다.
  예 총신(포신)의 길이가 긴 경우

• 암기 **두 물체의 충돌에서 두 물체의 충격량 또는 운동량 변화량 구하기**

충돌 시 작용 반작용이 성립하므로 두 물체가 각각 동시에 받은 힘의 크기는 같고 방향이 반대이고 힘을 받은 시간도 같다.

B가 A에 작용한 힘을 F_{BA}, A가 B에게 작용한 힘을 F_{AB}, A 또는 B가 힘을 받는 시간을 t라고 할 때, 작용 반작용은 $F_{AB} = -F_{BA}$이고 두 물체가 힘을 받은 시간 t도 동일하므로 $F_{AB}t = -F_{BA}t$이 되어 $-I_A = I_B$이다. 즉, 두 물체의 충돌에서 각각의 물체가 받은 충격량은 크기가 같고, 방향은 반대가 된다.

결론 : $-I_A = I_B = -\Delta p_A = \Delta p_B$(이는 문항에서 I_A의 크기를 구하라고 할 때 I_B의 크기 또는 Δp_A의 크기 또는 Δp_B의 크기를 구하면 된다는 의미이다.)

필수개념 2 **운동량 보존 법칙**

• 암기 **운동량 보존 법칙** : 두 물체가 서로 충돌할 때 서로에게 작용하는 힘 이외에 마찰이나 공기 저항과 같은 다른 힘이 없다면 충돌 전 두 물체의 운동량의 합은 충돌 후 두 물체의 운동량의 합과 같다. 이를 운동량 보존 법칙이라고 한다.

① 운동량의 합 : 운동량은 방향이 있는 물리량으로 운동량의 합은 방향을 고려해 구해야 한다.

② 운동량 보존 법칙 증명 : 그림과 같이 질량이 각각 m_1, m_2인 A와 B 두 물체가 각각 v_1, v_2의 속도로 서로 충돌한 후 속도가 v_1', v_2'으로 변하는 경우 운동량 보존 법칙은 다음과 같다.

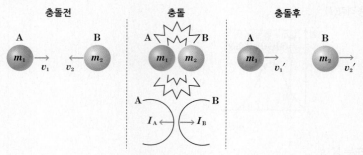

| 충돌전 | 충돌 | 충돌후 |

$$m_1 v_1 + m_2 v_2 = m_1 v_1' + m_2 v_2'$$

충돌 전 과 후 A의 운동량 변화량(Δp_A) $= m_1 v_1' - m_1 v_1$

충돌 전 과 후 B의 운동량 변화량(Δp_B) $= m_2 v_2' - m_2 v_2$

충돌하는 동안 두 물체는 서로에게 크기 F의 힘을 준다.

또한 충돌해 서로 붙어 있는 시간은 t로 동일하다.

A가 B로부터 받은 충격량(I_A)은 $-Ft$,

B가 A로부터 받은 충격량(I_B)은 Ft이다.

충격량은 운동량 변화량과 같으므로 ($I_A = \Delta p_A$, $I_B = \Delta p_B$)

$-Ft = m_1 v_1' - m_1 v_1$, $Ft = m_2 v_2' - m_2 v_2$

두 식을 정리하면 $m_1 v_1 + m_2 v_2 = m_1 v_1' + m_2 v_2'$이 된다.

이 식을 운동량 보존 법칙이라 한다.

• 암기 **운동량 보존 법칙의 성립** : 운동량 보존 법칙은 두 물체가 충돌 후 다른 속도로 운동할 때뿐만 아니라 여러 물체 사이에서도 성립하고, 충돌 후 한 덩어리가 되어 같은 속도로 운동하는 경우나 한 물체가 폭발하여 여러 물체로 나누어지는 경우에도 성립한다.

① 충돌 후 한 덩어리가 되는 경우 : 질량 m인 물체가 속도 v로 운동하고 있고 질량 M인 물체는 정지해 있다. 두 물체는 충돌 후 한 덩어리가 되어 v'의 속도로 움직인다. 운동량 보존법칙에 의해 $mv + 0 = (m+M)v'$이고 $v' = \dfrac{m}{m+M}v$가 된다.

따라서 충돌 후 한 덩어리가 된 물체의 속도는 v보다 작다.

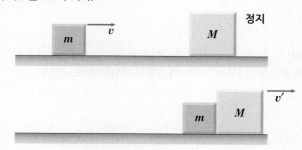

② 한 물체가 폭발하여 여러 물체로 나누어지는 경우 : 질량이 M, 속도가 V인 물체가 폭발하여 질량이 각각 m_1, m_2인 작은 조각으로 나누어졌다. 조각의 속도는 각각 v_1, v_2이다. 운동량 보존법칙에 의해 $MV = m_1 v_1 + m_2 v_2$가 된다.

포탄이 상공에서 터지는 경우가 대표적인 예이다. 여러 조각으로 나누어져도 각 조각들의 운동량을 모두 더하면 폭발하기 전 물체의 운동량과 같다.

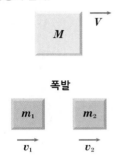

폭발

필수개념 3   **여러 가지 충돌**

- **[암기] 탄성충돌** : 두 물체가 충돌 했을 때 충돌 전과 충돌 후의 운동에너지와 운동량이 전부 보존되는 충돌을 탄성충돌이라고 한다. 일반적으로 쇠구슬 사이에서의 충돌, 원자나 분자들 사이의 충돌은 운동에너지와 운동량이 모두 보존되는 탄성충돌로 알려져 있다.

- **[암기] 비탄성충돌** : 일상생활이나 운동 경기에서 일어나는 대부분의 충돌은 운동 에너지가 보존되지 않고 감소한다. 바닥에 축구공이 떨어져 튕겨 오를 때, 달리던 두 자동차가 사고에 의하여 충돌할 때는 전체 운동 에너지가 보존되지 않고 감소한다. 이와 같은 충돌은 비탄성충돌이라고 한다.

- **[암기] 완전 비탄성충돌** : **[암기] 운동량 보존 법칙의 성립**에서 다룬 충돌 중에서 충돌 후 한 물체가 되어 운동하는 경우의 충돌을 완전 비탄성 충돌이라고 한다. 화살이 표적에 박힐 때, 운석이 지구에 충돌할 때, 날아오는 공을 잡고 공과 함께 미끄러질 때와 같이 완전 비탄성 충돌이 일어나면 전체 운동에너지는 더 많이 감소하게 된다.

- **[암기] 반발계수** : 두 물체가 충돌할 때, 충돌 전의 속도 차이와 충돌 후의 속도 차이의 비의 절댓값을 반발계수라 한다. 즉, 두 물체가 충돌하여 각각 그림과 같이 속도가 변했다면 반발계수 e는 다음과 같다. 탄성충돌은 반발계수가 1, 완전 비탄성충돌은 반발계수가 0, 비탄성충돌은 반발계수가 0보다 크고 1보다 작다.

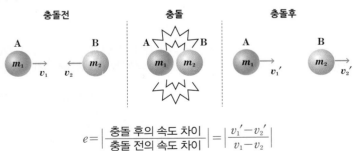

$$e = \left| \frac{\text{충돌 후의 속도 차이}}{\text{충돌 전의 속도 차이}} \right| = \left| \frac{v_1' - v_2'}{v_1 - v_2} \right|$$

그림은 학생 A가 헬멧을 쓰고, 속력 제한 장치가 있는 전동 스쿠터를 타는 모습을 나타낸 것이다.

헬멧 : 내부에 ㉠푹신한 스타이로폼 소재가 들어 있다.

속력 제한 장치 : 속력의 최댓값을 25 km/h로 제한한다.

이에 대한 옳은 설명만을 〈보기〉에서 있는 대로 고른 것은?

> **보기**
>
> <del>ㄱ</del>. ㉠은 충돌이 일어날 때 머리가 충격을 받는 시간을 <del>짧아</del>지게 한다.   길어
>
> <del>ㄴ</del>. ㉠은 충돌하는 동안 머리가 받는 평균 힘의 크기를 <del>증가</del>시킨다.   감소
>
> ㄷ. 속력 제한 장치는 A의 운동량의 최댓값을 제한한다.

① ㄴ   ✓② ㄷ   ③ ㄱ, ㄴ   ④ ㄱ, ㄷ   ⑤ ㄱ, ㄴ, ㄷ

|자|료|해|설|

헬멧은 사고 발생 시 충돌 시간을 길게 만들기 위해 사용하고, 속력 제한 장치는 사고 발생 시 충격량을 줄이기 위해 쓰인다.

|보|기|풀|이|

ㄱ, ㄴ. 오답 : 헬멧은 사고 발생 때 충격을 받는 시간을 길게 하여 머리가 받는 평균 힘을 줄여준다.

㉢ 정답 : 운동량의 크기=질량×속력이므로 속력을 제한하면 운동량의 크기도 제한된다.

😮 문제풀이 T I P | 충격량 $I = \overline{F} \times \Delta t$ ($\overline{F}$: 평균 힘)

😀 출제분석 | 충격량과 운동량의 기본 개념을 확인하는 수준에서 출제되었다.

그림 A, B, C는 충격량과 관련된 예를 나타낸 것이다.

A. 라켓으로 공을 친다.   B. 충돌할 때 에어백이 펴진다.   C. 활시위를 당겨 화살을 쏜다.

이에 대한 설명으로 옳은 것만을 〈보기〉에서 있는 대로 고른 것은?

> **보기**
>
> ㄱ. A에서 라켓의 속력을 더 크게 하여 공을 치면 공이 라켓으로부터 받는 충격량이 커진다.
>
> ㄴ. B에서 에어백은 탑승자가 받는 평균 힘을 감소시킨다.
>
> ㄷ. C에서 활시위를 더 당기면 활시위를 떠날 때 화살의 운동량이 커진다.

① ㄱ   ② ㄷ   ③ ㄱ, ㄴ   ④ ㄴ, ㄷ   ✓⑤ ㄱ, ㄴ, ㄷ

|자|료|해|설|

물체는 충돌할 때 작용 반작용에 의해 같은 힘을 같은 시간 동안 주고받는다. 이때 물체가 받는 힘과 시간을 곱한 값 $F \times \Delta t$를 충격량(I)이라고 하며 가속도 법칙에 의해 $F = ma$이고 $a \times \Delta t$는 Δv이므로 $F \times \Delta t = I$는 $m \times \Delta v$와 같다. 따라서 물체에 작용한 충격량은 운동량의 변화량과 같다.

|보|기|풀|이|

㉠ 정답 : A에서 라켓의 속력을 더 크게 하면, 공이 라켓으로부터 받는 충격량이 커져 공은 더 빠르게 날아간다.

㉡ 정답 : B에서 에어백은 탑승자가 충돌할 때 충격을 받는 시간을 증가시킴으로써 탑승자가 받는 평균 힘을 감소시킨다.

㉢ 정답 : C에서 활시위를 더 당기면 활이 받는 힘과 힘이 작용하는 시간이 늘어나 활에 가해지는 충격량이 커진다. 따라서 화살의 운동량이 커진다.

그림 A, B, C는 **충격량과 관련된 예**를 나타낸 것이다.

$$I = F\Delta t = \Delta p = m\Delta v$$

A. 골프채를 휘두르는   B. 글러브를 뒤로   C. 사람을 안전하게 구조하기
속도를 더 크게 하여   빼면서 공을   위해 낙하 지점에 에어 매트를
공을 친다.   받는다.   설치한다.

이에 대한 설명으로 옳은 것만을 〈보기〉에서 있는 대로 고른 것은?

> **보기**
>
> ㄱ. A에서는 공이 받는 충격량이 커진다.
> ㄴ. B에서는 충돌 시간이 늘어나 글러브가 받는 평균 힘이 작아진다.
> ㄷ. C에서는 사람의 운동량의 변화량과 사람이 받는 충격량이 같다.

① ㄱ   ② ㄷ   ③ ㄱ, ㄴ   ④ ㄴ, ㄷ   ⑤ ㄱ, ㄴ, ㄷ

|자|료|해|설|
충격량($I = F\Delta t$)은 운동량의 변화량($\Delta p = m\Delta v$)과 같다.

|보|기|풀|이|
ㄱ. 정답 : 골프채를 휘두르는 속도를 더 크게 하여 공을 치면 공의 운동량의 변화량도 커지므로 충격량이 커진다. ($\Delta p = I$)
ㄴ. 정답 : B에서 글러브를 뒤로 빼면서 공을 받아도 공의 운동량의 변화량(Δp)은 그대로이다. 즉, B에서 공의 충격량(I)은 일정하나 충돌 시간(Δt)이 늘어나므로 평균 힘$\left(\overline{F} = \dfrac{I}{\Delta t}\right)$은 작아진다.
ㄷ. 정답 : 운동량의 변화량은 충격량과 같으므로 C에서는 사람의 운동량의 변화량과 사람이 받는 충격량이 같다.

😀 **출제분석** | 운동량과 충격량의 관계를 확인하는 기본 수준의 문항이다.

그림은 **야구 경기에서 충격량과 관련된 예**를 나타낸 것이다.

A : 포수가 글러브를   B : 타자가 방망이를   C : 투수가
이용해 공을 받는다.   이용해 공을 친다.   공을 던진다.

이에 대한 설명으로 옳은 것만을 〈보기〉에서 있는 대로 고른 것은?

> **보기**
>
> ㄱ. A에서 글러브를 뒤로 빼면서 공을 받으면 글러브가 공으로부터 받는 평균 힘의 크기는 감소한다.
> ㄴ. B에서 방망이의 속력을 더 크게 하여 공을 치면 공이 방망이로부터 받는 충격량의 크기는 커진다.
> ㄷ. C에서 공에 힘을 더 오래 작용하며 던질수록 손을 떠날 때 공의 운동량의 크기는 커진다.

① ㄱ   ② ㄷ   ③ ㄱ, ㄴ   ④ ㄴ, ㄷ   ⑤ ㄱ, ㄴ, ㄷ

|자|료|해|설|
운동량 변화량의 크기 = 충격력 × 충돌 시간이다.

|보|기|풀|이|
ㄱ. 정답 : 글러브를 뒤로 빼면서 공을 받으면 충돌 시간이 길어져 충격력이 감소한다.
ㄴ. 정답 : 방망이의 속력을 더 크게 하여 공을 치면 공의 속력이 커지므로 공이 방망이로부터 받는 충격량의 크기는 커진다.
ㄷ. 정답 : 공에 힘을 더 오래 작용하여 던질수록 공이 투수로부터 받는 충격량이 커지므로 손을 떠날 때 공의 운동량의 크기는 커진다.

😀 **출제분석** | 운동량과 충격량의 관계를 확인하는 기본 문항이다.

그림은 직선상에서 운동하는 질량이 5kg인 물체의 속력을 시간에 따라 나타낸 것이다. 0초일 때와 t_0초일 때 물체의 위치는 같고, 운동 방향은 서로 반대이다.

그래프 ← 넓이 동일

0초에서 t_0초까지 물체가 받은 평균 힘의 크기는? (단, 물체의 크기는 무시한다.) 3점

$t=0$일 때, 속도 6m/s
t_0일 때, 속도 −4m/s

$\bar{F} = \dfrac{\Delta p}{\Delta t}$

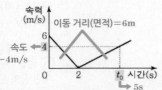
속력(m/s)
이동 거리(면적)=6m
6
속도 ← 4
−4m/s
0   2 t_0 시간(s)
5s

① 2N   ② 4N   ③ 6N   ④ 8N   ⑤ 10N

|자|료|해|설|
0초일 때와 t_0일 때 물체의 위치는 같으므로 물체의 이동 거리는 0~2초와 2~t_0초가 같다. 즉, $\dfrac{(6\text{m/s} \times 2\text{s})}{2} = \dfrac{4\text{m/s} \times (t_0 - 2\text{s})}{2}$에서 $t_0 = 5$초이다.

|선|택|지|풀|이|
⑤ 정답 : 평균 힘의 크기($\bar{F}$) = $\dfrac{운동량의 변화량(\Delta p)}{충돌 시간(\Delta t)}$

$= \dfrac{(5\text{kg})(6\text{m/s}) - (5\text{kg})(-4\text{m/s})}{5\text{s}} = 10\text{N}$이다.

[별해]
뉴턴의 제 2법칙(가속도 법칙)을 이용하면,
평균 가속도= $\dfrac{-4\text{m/s} - 6\text{m/s}}{5\text{s}} = -2\text{m/s}^2$

질량=5kg
따라서 $\bar{F} = -2\text{m/s}^2 \times 5\text{kg} = -10\text{N}$이다.

😮 문제풀이 TIP | 0~t_0초에서 변위는 0이다.

😊 출제분석 | 보통 두 물체 이상의 충돌과정에 대한 난이도 있는 문항이 출제되었지만, 이번에는 충격량에서 평균 힘의 개념을 확인하는 수준에서 출제되었다.

그림 A, B, C는 충격량과 관련된 예를 나타낸 것이다.

A. 번지점프에서 낙하하는 사람을 매단 줄

B. 충돌로 인한 피해 감소용 타이어

C. 빨대 안에서 속력이 증가하는 구슬

이에 대한 설명으로 옳은 것만을 〈보기〉에서 있는 대로 고른 것은?

> **보기**
> ㄱ. A에서 늘어나는 줄은 사람이 힘을 받는 시간을 길게 해 준다.
> ㄴ. B에서 타이어는 충돌할 때 배가 받는 평균 힘의 크기를 크게 해 준다.
> ㄷ. C에서 구슬의 속력이 증가하면 구슬의 운동량의 크기는 증가한다.

① ㄱ   ② ㄴ   ③ ㄱ, ㄷ   ④ ㄴ, ㄷ   ⑤ ㄱ, ㄴ, ㄷ

|자|료|해|설|
충격량은 충격력×충격이 가해질 때 힘을 받는 시간이다.

|보|기|풀|이|
ㄱ. 정답 : 늘어나는 줄은 사람이 받는 힘이 작용하는 시간을 길게 해 준다.
ㄴ. 오답 : 타이어는 배가 힘을 받는 시간을 길게 하여 배가 받는 평균 힘의 크기를 작게 해 준다.
ㄷ. 정답 : 운동량의 크기는 물체의 질량×속력이므로 C에서 구슬의 속력이 증가하면 구슬의 운동량의 크기는 증가한다.

😊 출제분석 | 운동량과 충격량의 기본 개념을 확인하는 문제이다.

그림 (가)는 마찰이 없는 수평면에 정지해 있던 물체가 수평면과 나란한 방향의 힘을 받아 0~2초까지 오른쪽으로 직선 운동을 하는 모습을, (나)는 (가)에서 물체에 작용한 힘을 시간에 따라 나타낸 것이다. 물체의 운동량의 크기는 **1초일 때가 2초일 때의 2배**이다.

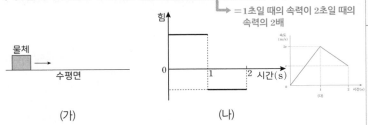

→ =1초일 때의 속력이 2초일 때의 속력의 2배

(가)   (나)

이에 대한 설명으로 옳은 것만을 〈보기〉에서 있는 대로 고른 것은? (단, 공기 저항은 무시한다.)

> **보기**
> ㄱ. 1.5초일 때, 물체의 운동 방향과 가속도 방향은 서로 반대이다.
> ㄴ. 물체가 받은 충격량의 크기는 0~1초까지가 1~2초까지의 2배이다.
> ㄷ. 물체가 이동한 거리는 0~1초까지가 1~2초까지의 ~~$\frac{2}{3}$~~ 배이다.

① ㄱ   ② ㄷ   ✓③ ㄱ, ㄴ   ④ ㄴ, ㄷ   ⑤ ㄱ, ㄴ, ㄷ

|자|료|해|설|

물체의 운동량의 크기는 1초일 때가 2초일 때의 2배이므로 1초일 때의 속력을 $2v$라 하면 2초일 때의 속력은 v이다. 또한 0~1초, 1~2초는 각각 방향이 다른 일정한 힘을 받으므로 가속도의 크기도 각각 방향이 다른 일정한 크기로 나타나야 하므로 속도−시간 그래프는 (다)와 같다.

|보|기|풀|이|

ㄱ. 정답 : 힘의 방향과 가속도의 방향은 같다. 1.5초일 때 힘이 운동 방향과 반대이므로 가속도의 방향도 운동 방향과 반대이다.

ㄴ. 정답 : 0~1초, 1~2초일 때 운동량 변화량의 크기는 각각 $2mv$, mv이므로 물체가 받은 충격량의 크기는 0~1초까지가 1~2초까지의 2배이다.

ㄷ. 오답 : (다)에서 물체가 이동한 거리는 그래프의 면적이므로 0~1초, 1~2초일 때 이동 거리는 각각 v, $\frac{3}{2}v$이다. 따라서 이동 거리는 0~1초까지가 1~2초까지의 $\frac{2}{3}$배이다.

🤖 **문제풀이 T I P |** 물체의 질량은 일정하므로 운동량의 크기는 물체의 속력에 비례한다.

😀 **출제분석 |** 힘과 가속도, 속도, 충격량의 개념을 확인하는 문항으로 (나)의 그래프를 속도−시간 그래프로 이해할 수 있다면 쉽게 해결할 수 있다.

그림 (가)는 수평면에서 질량이 각각 2kg, 3kg인 물체 A, B가 각각 6m/s, 3m/s의 속력으로 등속도 운동하는 모습을 나타낸 것이다. 그림 (나)는 A와 B가 충돌하는 동안 A가 B에 작용한 힘의 크기를 시간에 따라 나타낸 것이다. 곡선과 시간 축이 만드는 면적은 6N·s 이다.

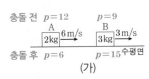

충돌 전 $p=12$ $p=9$
충돌 후 $p=6$ $p=15$ 수평면
(가)

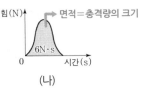

→ 면적=충격량의 크기
(나)

충돌 후, 등속도 운동하는 A, B의 속력을 각각 v_A, v_B라 할 때, $\frac{v_B}{v_A}$는? (단, A와 B는 동일 직선상에서 운동한다.)

① $\frac{4}{3}$ ② $\frac{3}{2}$ ✓③ $\frac{5}{3}$ ④ 2   ⑤ $\frac{5}{2}$

|자|료|해|설|

(가)에서 충돌 전 A와 B의 운동량의 크기는 각각 12kg·m/s, 9kg·m/s이다. (나)의 힘−시간 그래프에서 면적은 $F \cdot t = I$에 의해 충격량의 크기를 의미하므로 충돌 시 A와 B가 받는 충격량의 크기는 6N·s이다. 또한 충격량은 $I = F \cdot t = mat = m\Delta v$에 의해 운동량의 변화량과 같고, 충돌 시 A는 왼쪽으로, B는 오른쪽으로 충격량을 받으므로 충돌 후 A와 B의 운동량의 크기는 각각 12−6=6kg·m/s, 9+6=15kg·m/s이다.

|선|택|지|풀|이|

③ 정답 : A와 B의 충돌 후 속력을 각각 v_A, v_B라 하면 충돌 후 A의 운동량의 크기는 6kg·m/s이므로 $2v_A = 6$에 의해 $v_A = 3$m/s이고, B의 운동량의 크기는 15kg·m/s이므로 $3v_B = 15$에 의해 $v_B = 5$m/s이다. 따라서 $\frac{v_B}{v_A} = \frac{5}{3}$이다.

🤖 **문제풀이 T I P |** A와 B가 받은 충격량은 크기가 같고 방향은 반대이다.

😀 **출제분석 |** 충격량과 운동량의 변화 관계를 확인하는 기본적인 문항이다.

다음은 충돌에 대한 실험이다.

[실험 과정]

(가) 그림과 같이 힘 센서에 수레 A 또는 B를 충돌시켜서 충돌 전과 반대 방향으로 튀어나오게 한다. A, B의 질량은 각각 300g, 900g이다.

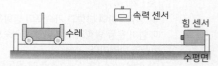

(나) (가)에서 충돌 전후 수레의 속력, 충돌하는 동안 수레가 받는 힘의 크기를 측정한다.

[실험 결과]

○ 속력 센서로 측정한 속력

A의 속력(cm/s)		B의 속력(cm/s)	
충돌 전	충돌 후	충돌 전	충돌 후
8	7	8	1

A의 속도 변화 : 15cm/s   B의 속도 변화 : 9cm/s

○ 힘 센서로 측정한 힘의 크기

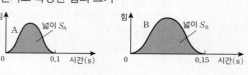

이에 대한 옳은 설명만을 〈보기〉에서 있는 대로 고른 것은? (단, 모든 마찰과 공기 저항은 무시한다.) **3점**

보기

ㄱ. 충돌 전후 A의 속도 변화량의 크기는 $\cancel{15}$cm/s이다.

ㄴ. $S_A : S_B = 5 : 9$이다.

ㄷ. 충돌하는 동안 수레가 받은 평균 힘의 크기는 B가 A의 $\frac{6}{5}$배 이다.

① ㄴ   ② ㄷ   ③ ㄱ, ㄴ   ④ ㄱ, ㄷ   ⑤ ㄴ, ㄷ ✓

|자|료|해|설|

충돌 전후의 A, B의 속도 변화량의 크기는 각각 $\Delta v_A = 8 - (-7) = 15$cm/s, $\Delta v_B = 8 - (-1) = 9$cm/s이므로 속도 변화량의 크기 비는 $\Delta v_A : \Delta v_B = 5 : 3$이다. A와 B의 질량비는 $m_A : m_B = 1 : 3$이므로 A와 B의 운동량 변화량의 비는 $m_A v_A : m_B v_B = 5 : 9$이다.

|보|기|풀|이|

ㄱ. 오답 : 충돌 전후 A의 속도 변화량의 크기는 $\Delta v_A = 8 - (-7) = 15$cm/s이다.

ㄴ. 정답 : S_A와 S_B는 충격량으로 각각 A와 B의 운동량 변화량의 비와 같다. $S_A : S_B = m_A v_A : m_B v_B = 5 : 9$이다.

ㄷ. 정답 : 충돌하는 동안 수레가 받은 평균 힘의 크기는 $F_A : F_B = \dfrac{S_A}{0.1s} : \dfrac{S_B}{0.15s} = 5 : 6$이므로 $F_B = \dfrac{6}{5}F_A$이다.

😲 **문제풀이 TIP** | $F_A : F_B = \dfrac{S_A}{t_A} : \dfrac{S_B}{t_B} = \dfrac{m_A v_A}{t_A} : \dfrac{m_B v_B}{t_B}$

😊 **출제분석** | 운동량과 충격량의 관계를 숙지하고 있다면 쉽게 해결할 수 있는 문항이다.

그림과 같이 질량이 2kg인 물체 A가 3m/s의 속력으로 등속도 운동을 하다가 물체 B와 0.2초 동안 충돌한 후 반대 방향으로 1m/s의 속력으로 등속도 운동을 한다.

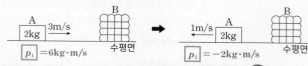

충돌하는 동안 A가 B로부터 받은 평균 힘의 크기는? **3점**

① 10N   ② 20N   ③ 30N   ④ 40N ✓   ⑤ 50N

$|p_2 - p_1| = \overline{F}\Delta t$

∴ $\overline{F} = 40$N

|자|료|해|설|및|선|택|지|풀|이|

④ 정답 : 오른쪽을 (+)방향으로 놓았을 때 충돌 전 A의 운동량은 $p_1 = (2$kg$)(3$m/s$) = 6$kg·m/s이고 충돌 후 A의 운동량은 $p_2 = (2$kg$)(-1$m/s$) = -2$kg·m/s이다. 충돌하는 동안 A가 받은 충격량의 크기($\overline{F}t$)는 A의 운동량 변화량의 크기($\Delta p = |p_2 - p_1|$)와 같으므로 $\overline{F}(0.2$s$) = |-2$kg·m/s$- 6$kg·m/s$|$이므로 $\overline{F} = 40$N 이다.

😲 **문제풀이 TIP** | 충격량의 크기=운동량 변화량 크기 ($\overline{F}\Delta t = m\Delta v$)

😊 **출제분석** | 충격량과 운동량의 관계를 확인하는 문항으로 기본 수준에서 출제되었다.

그림 (가)는 질량이 2kg인 수레가 물체를 향해 운동하는 모습을 나타낸 것이고, (나)는 수레가 물체와 충돌하는 동안 직선 운동하는 수레의 속력을 시간에 따라 나타낸 것이다.

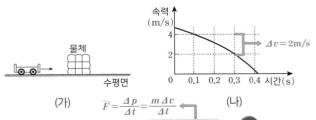

(가) $\overline{F} = \dfrac{\Delta p}{\Delta t} = \dfrac{m\,\Delta v}{\Delta t}$ (나)

0.1초부터 0.3초까지 수레가 받은 평균 힘의 크기는? 3점

① 10N   ✓② 20N   ③ 30N   ④ 40N   ⑤ 50N

|자|료|해|설|및|선|택|지|풀|이|

② 정답 : 0.1초부터 0.3초까지 수레의 속력 변화는 $\Delta v =$ 4m/s−2m/s=2m/s이다. 충격량의 크기는 운동량 변화량의 크기이므로 평균 힘의 크기는 $\overline{F} = \dfrac{\Delta p}{\Delta t} = \dfrac{m\,\Delta v}{\Delta t}$

$= \dfrac{2\text{kg} \times 2\text{m/s}}{0.3\text{s} - 0.1\text{s}} = 20\text{N}$이다.

😀 문제풀이 T I P | 충격량의 크기＝운동량 변화량의 크기 ($F\,\Delta t = m\,\Delta v$)

😀 출제분석 | 충격량과 운동량 변화량의 크기 관계를 알고 있다면 쉽게 해결할 수 있는 문항이다.

I 1 — 03 운동량 보존 법칙과 여러 가지 충돌

다음은 장난감 활을 이용한 실험이다.

[실험 과정]
(가) 화살에 쇠구슬을 부착한 물체 A와 화살에 스타이로폼 공을 부착한 물체 B의 질량을 측정하고 비교한다.

물체에 한 일이 같다.

(나) 그림과 같이 동일하게 당긴 활로 A, B를 각각 수평 방향으로 발사시키고, A, B의 운동을 동영상으로 촬영한다.

(다) 동영상을 분석하여 A, B가 활을 떠난 순간의 속력을 측정하고 비교한다.   A<B

(라) A, B가 활을 떠난 순간의 운동량의 크기를 비교한다.   A>B

[실험 결과]
※ ㉠과 ㉡은 각각 속력과 운동량의 크기 중 하나임.

질량	㉠ → 운동량	㉡ → 속력
A가 B보다 크다.	A가 B보다 크다.	B가 A보다 크다.

이에 대한 옳은 설명만을 〈보기〉에서 있는 대로 고른 것은? (단, 모든 마찰과 공기 저항은 무시한다.)

보기
㉠ (가), (다)에서의 측정값으로 (라)를 할 수 있다.
㉡ ㉡은 속력이다.
㉢ 활로부터 받는 충격량의 크기는 A가 B보다 크다.

① ㄴ   ② ㄷ   ③ ㄱ, ㄴ   ④ ㄱ, ㄷ   ✓⑤ ㄱ, ㄴ, ㄷ

|자|료|해|설|

A, B는 동일하게 당긴 활로부터 일(W)을 받고, 활의 탄성 퍼텐셜 에너지는 A와 B의 운동 에너지로 전환되므로 A, B의 운동 에너지가 같다. 따라서 $W = \dfrac{1}{2}mv^2 = \dfrac{(mv)^2}{2m} = \dfrac{p^2}{2m}$의 값이 같으므로 질량($m$)이 B보다 더 큰 A의 속력($v$)은 B의 속력보다 작고, A의 운동량 크기(p)는 B의 운동량 크기보다 크다. 이를 통해 ㉠은 운동량, ㉡은 속력임을 알 수 있다.

A와 B의 질량을 각각 m_A, m_B, 속도를 v_A, v_B, 운동량의 크기를 $p_A = m_A v_A$, $p_B = m_B v_B$라 할 때 $m_A > m_B$이므로 속력은 $v_A < v_B$, 운동량의 크기는 $p_A > p_B$이다.

|보|기|풀|이|

㉠ 정답 : 운동량의 크기＝질량×속력이므로 (가)에서 질량을 측정하고, (다)에서 속력을 측정하여 (라)에서 운동량의 크기를 비교할 수 있다.

㉡ 정답 : $W = \dfrac{1}{2}mv^2$에서 W가 같고, 질량이 A가 B보다 크다. 따라서 속력은 B가 A보다 크므로 ㉡이 속력이다.

㉢ 정답 : 활로부터 받는 충격량의 크기는 운동량 변화량의 크기이므로 운동량이 큰 A가 B보다 충격량의 크기가 크다.

😀 문제풀이 T I P | 일과 운동 에너지, 운동량의 관계 : $W = \dfrac{1}{2}mv^2 = \dfrac{p^2}{2m}$

😀 출제분석 | 일과 운동 에너지, 운동량의 관계를 알아야 실험 결과를 해석할 수 있는 문항이다.

그림은 물체 A가 v_0의 속력으로 등속도 운동을 하다가 정지해 있는 물체 B와 충돌한 후 A, B가 같은 방향으로 각각 등속도 운동을 하는 모습을 나타낸 것이다. A, B의 질량은 각각 $3m$, m이고, 충돌 후 속력은 B가 A의 2배이다.

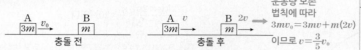

운동량 보존 법칙에 따라
$3mv_0 = 3mv + m(2v)$
이므로 $v = \frac{3}{5}v_0$

충돌하는 동안 A가 B로부터 받은 충격량의 크기는? 3점

① $\frac{3}{5}mv_0$ ② $\frac{4}{5}mv_0$ ③ $\frac{6}{5}mv_0$ ④ $\frac{8}{5}mv_0$ ⑤ $\frac{9}{5}mv_0$

충돌 전 A의 운동량 − 충돌 후 A의 운동량
$= 3mv_0 - 3mv$
$= \frac{6}{5}mv_0$

| 자 | 료 | 해 | 설 |

충돌 후 A와 B의 속력을 각각 v, $2v$라 하면, 운동량 보존 법칙에 따라 충돌 전과 후 A와 B의 운동량의 합은 같다. 즉, $3mv_0 = 3mv + m(2v)$에서 $v = \frac{3}{5}v_0$이다.

| 선 | 택 | 지 | 풀 | 이 |

③ 정답 : 충돌하는 동안 A가 B로부터 받은 충격량의 크기는 A의 운동량 변화량의 크기와 같으므로 $3mv_0 - \frac{9}{5}mv_0 = \frac{6}{5}mv_0$이다.

😮 문제풀이 TIP | A가 B로부터 받은 충격량의 크기는 A의 운동량 변화량의 크기와 같다.

😊 출제분석 | 운동량 보존 법칙을 이용하여 해결할 수 있는 가장 기본적인 문제이다.

그림과 같이 마찰이 없는 수평면에서 속력 $2v_0$으로 등속도 운동하던 물체 A, B가 각각 풀 더미와 벽으로부터 시간 $2t_0$, t_0 동안 힘을 받은 후 속력 v_0으로 운동한다. A의 운동 방향은 일정하고, B의 운동 방향은 충돌 전과 후가 반대이다. A, B의 질량은 각각 m, $2m$이다.

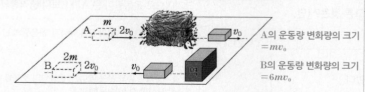

A의 운동량 변화량의 크기
$= mv_0$

B의 운동량 변화량의 크기
$= 6mv_0$

A, B가 각각 풀 더미와 벽으로부터 수평 방향으로 받은 평균 힘의 크기를 F_A, F_B라고 할 때, $F_A : F_B$는?

① 1 : 1   ② 1 : 4   ③ 1 : 6   ④ 1 : 8   ⑤ 1 : 12

| 자 | 료 | 해 | 설 |

물체가 충돌할 때 시간에 따라 변하는 힘의 크기를 측정하기는 어렵다. 따라서 작용한 힘에 시간을 곱한 충격량이 운동량의 변화량과 같다는 점을 통해 힘의 평균값을 구할 수 있다.

| 선 | 택 | 지 | 풀 | 이 |

⑤ 정답 : A와 B의 운동량 변화량의 크기는 각각 $|m(v_0 - 2v_0)| = mv_0$, $|2m(-v_0 - 2v_0)| = 6mv_0$이므로 A와 B가 받은 평균 힘의 크기는 각각 $F_A = \frac{mv_0}{2t_0}$, $F_B = \frac{6mv_0}{t_0}$이다.

따라서 $F_A : F_B = 1 : 12$이다.

😊 출제분석 | 충격량의 개념만 숙지한다면 쉽게 해결할 수 있는 문항이다.

그림은 수평면에서 충돌하는 물체 A, B의 속도를 시간에 따라 나타낸 것이다. A의 운동 방향은 B와 충돌하기 전과 후가 서로 반대이다. A의 질량은 2kg이다.

m_B ← **B의 질량은?** (단, 물체의 크기, 모든 마찰과 공기 저항은 무시한다.)

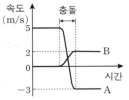

① 2kg　　② 4kg　　③ 6kg　　④ 8kg　　⑤ 10kg

충돌 전 A, B의 운동량의 합=충돌 후 A, B의 운동량의 합
$2kg \times 5m/s = 2kg \times (-3m/s) + m_B \times 2m/s$
$m_B = 8kg$

|자|료|해|설|
A의 충돌 전 속도는 5m/s이고, 충돌 후 속도는 −3m/s이다. B의 충돌 전 속도는 0이고, 충돌 후 속도는 2m/s이다.

|선|택|지|풀|이|
④ 정답 : B의 질량을 m_B라 하면, 운동량 보존 법칙에 따라 충돌 전 A와 B의 운동량의 합은 충돌 후 A, B의 운동량의 합과 같으므로 $2kg \times 5m/s = 2kg \times (-3m/s) + m_B \times 2m/s$이다. 따라서 $m_B = 8kg$이다.

😀 **문제풀이 TIP** | 충돌 전후의 A의 운동량의 변화량은 B의 운동량의 변화량과 같다.($|m_A \Delta v_A| = |m_B \Delta v_B|$) $\Delta v_A = |(-3) - (5)|m/s = 8m/s$, $\Delta v_B = 2m/s$이므로 $2kg \times 8m/s = m_B \times 2m/s$, $m_B = 8kg$이다.

😀 **출제분석** | 운동량 보존 법칙을 적용하여 쉽게 해결할 수 있는 문항이다.

그림 (가)와 같이 마찰이 없는 수평면에서 등속도 운동을 하던 수레가 벽과 충돌한 후, 충돌 전과 반대 방향으로 등속도 운동을 한다. 그림 (나)는 수레의 속도와 수레가 벽으로부터 받은 힘의 크기를 시간 t에 따라 나타낸 것이다. **수레와 벽이 충돌하는 0.4초 동안 힘의 크기를 나타낸 곡선과 시간 축이 만드는 면적은 10N·s이다.**　$F = \dfrac{I}{\Delta t}$

→ 충격량=10N·S

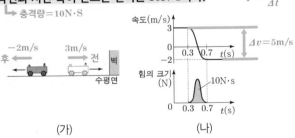

(가)　　　　　　(나)

이에 대한 설명으로 옳은 것만을 〈보기〉에서 있는 대로 고른 것은?

보기
ㄱ. 충돌 전후 수레의 운동량 변화량의 크기는 10kg·m/s이다.
ㄴ. 수레의 질량은 2kg이다.
ㄷ. 충돌하는 동안 벽이 수레에 작용한 평균 힘의 크기는 ~~40N~~이다.
25

① ㄱ　　② ㄷ　　③ ㄱ, ㄴ　　④ ㄴ, ㄷ　　⑤ ㄱ, ㄴ, ㄷ

|자|료|해|설|
수레가 벽으로부터 받은 충격량의 크기는 그래프의 면적과 같고 운동량의 변화량의 크기와 같다.

|보|기|풀|이|
ㄱ. 정답 : 수레의 운동량 변화량의 크기는 충격량의 크기인 10kg·m/s이다.
ㄴ. 정답 : 충격량의 크기와 운동량의 변화량의 크기가 같기 때문에 이를 이용하여 질량을 구할 수 있다. 충돌 전후 속도 변화는 5m/s이고, $m \times (5m/s) = 10kg·m/s$이므로 수레의 질량은 $m = 2kg$이다.
ㄷ. 오답 : 충돌하는 동안 벽이 수레에 작용한 평균 힘의 크기는 $\overline{F} = \dfrac{10N·s}{0.4s} = 25N$이다.

😀 **출제분석** | 운동량과 충격량의 개념만 이해한다면 쉽게 풀 수 있도록 출제되었다.

그림 (가)는 수평면에서 등속도 운동하는 공 A, B가 각각 발로부터 수평 방향의 힘을 받아 정지한 모습을 나타낸 것이다. 질량은 A와 B가 같다. 그림 (나)는 (가)에서 A, B의 운동량의 크기를 시간에 따라 나타낸 것이다. A, B는 t_1일 때 각각 힘을 받기 시작하여 A는 t_2일 때, B는 t_3일 때 정지한다.

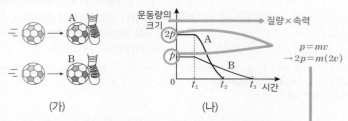

질량 : m

(가)   (나)

이에 대한 설명으로 옳은 것만을 〈보기〉에서 있는 대로 고른 것은? (단, A, B의 크기는 무시한다.) **3점**

> **보기**
> ㄱ. t_1 이전의 속력은 A가 B의 2배이다.
> ㄴ. t_1부터 t_2까지 A가 받은 충격량의 크기는 t_1부터 t_3까지 B가 받은 충격량의 크기보다 크다. $2p > p$
> ㄷ. t_1부터 t_2까지 A가 받은 평균 힘의 크기는 t_1부터 t_3까지 B가 받은 평균 힘의 크기보다 크다. $\dfrac{2p}{t_2-t_1} > \dfrac{p}{t_3-t_1}$

① ㄱ   ② ㄴ   ③ ㄱ, ㄷ   ④ ㄴ, ㄷ   ✓⑤ ㄱ, ㄴ, ㄷ

|자|료|해|설|
질량(m)이 같은 축구공이 각각 $2p$(A), p(B)의 운동량으로 운동하다 힘을 받아 정지한다. 이때 A와 B가 받은 충격량의 크기는 운동량의 변화량과 같으므로 각각 $2p$, p이다.

|보|기|풀|이|
ㄱ. 정답 : 운동량의 크기는 질량×속력이다. A, B의 질량을 각각 m이라 할 때, 운동량의 크기는 A가 B의 2배이므로 t_1 이전의 속력은 A가 B의 2배이다.
ㄴ. 정답 : 충격량의 크기는 운동량의 변화량과 같다. t_1부터 t_2까지 A가 받은 충격량의 크기는 $2p$이고 t_1부터 t_3까지 B가 받은 충격량의 크기는 p이므로 충격량의 크기는 A가 B보다 크다.
ㄷ. 정답 : 평균 힘의 크기는 $\dfrac{\text{운동량의 변화량(=충격량)}}{\text{힘을 받은 시간}}$ 이다. 운동량의 변화량(=충격량)은 A가 B보다 크고, 공이 정지하는 데까지 힘을 받은 시간은 A가 B보다 적으므로 공이 받은 평균 힘의 크기는 A가 B보다 크다.

😮 **문제풀이 TIP** | • 운동량의 크기 → $p=mv$
• 충격량의 크기=운동량의 변화량
• 평균 힘=$\dfrac{\text{운동량의 변화량}}{\text{힘을 받은 시간}}$

😊 **출제분석** | 운동량에 대한 자료 분석 능력을 알아보는 문항으로 그래프 해석을 통해 두 공의 속력, 충격량, 평균 힘을 묻는 유형이다.

그림 (가)는 수평면 위에서 질량이 2kg, 3kg인 두 물체 A, B가 서로 반대 방향으로 8m/s, 2m/s의 속력으로 운동하는 것을 나타낸 것이다. 그림 (나)는 두 물체가 충돌을 시작한 순간부터 B가 A에 작용한 힘 F의 크기를 시간 t에 따라 나타낸 것이다. 곡선과 시간 축이 만드는 면적은 18N·s이다.

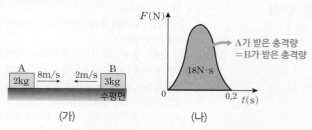

A가 받은 충격량 =B가 받은 충격량

(가)   (나)

이에 대한 설명으로 옳은 것만을 〈보기〉에서 있는 대로 고른 것은? (단, A, B는 동일 직선상에서만 운동하며, 모든 마찰과 공기 저항은 무시한다.)

> **보기**
> ㄱ. 충돌 과정에서 A가 B에 작용한 충격량의 크기는 18N·s 이다.
> ㄴ. 충돌하는 동안 B가 A에 작용한 평균 힘의 크기는 90N이다.
> ㄷ. 충돌이 끝난 직후 B의 속력은 4m/s이다.

① ㄱ   ② ㄴ   ③ ㄱ, ㄷ   ④ ㄴ, ㄷ   ✓⑤ ㄱ, ㄴ, ㄷ

|자|료|해|설|
(나)의 힘-시간 그래프에서 그래프의 면적은 A가 받은 충격량이고, 이는 작용 반작용 법칙에 의해 B가 받은 충격량과 같다. 따라서 A와 B가 받은 운동량의 변화는 18kg·m/s이다.

|보|기|풀|이|
ㄱ. 정답 : 작용-반작용 법칙에 의해 A와 B에 작용한 충격량의 크기는 같다.
ㄴ. 정답 : 평균 힘의 크기는 충격량÷충돌 시간이므로 $\bar{F}=\dfrac{18N\cdot s}{0.2s}=90N$이다.
ㄷ. 정답 : B가 받은 충격량은 B의 운동량 변화량이므로 이는 (B의 나중 운동량－B의 처음 운동량)이다. B의 나중 속력을 v라고 하면 $18N\cdot s=(3kg)\times v-(3kg)\times(-2m/s)$ 이므로 $v=4m/s$이다.

😮 **문제풀이 TIP** | 힘-시간 그래프에서 그래프의 면적은 A와 B가 받은 충격량의 크기와 같다.

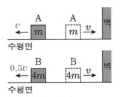

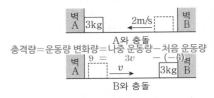

그림과 같이 마찰이 없는 수평면에서 속력 v로 등속도 운동하던 물체 A, B가 벽과 충돌한 후, 충돌 전과 반대 방향으로 각각 등속도 운동한다. 표는 A, B가 벽과 충돌하는 동안 충돌 시간, 충돌 전후 A, B의 운동량 변화량의 크기를 나타낸 것이다. A, B의 질량은 각각 m, $4m$이다.

물체	충돌 시간	운동량 변화량의 크기
A	t	$2mv$
B	$2t$	$6mv$

이에 대한 설명으로 옳은 것만을 〈보기〉에서 있는 대로 고른 것은?

(3점)

보기

ㄱ. A가 충돌하는 동안 벽으로부터 받은 충격량의 크기는 $2mv$이다.

ㄴ. 벽과 충돌한 후 물체의 속력은 B가 A의 $\overset{0.5}{2}$배이다.

ㄷ. 충돌하는 동안 벽으로부터 받은 평균 힘의 크기는 A가 B의 $\dfrac{2}{3}$배이다.

① ㄱ   ② ㄷ   ③ ㄱ, ㄴ   ④ ㄱ, ㄷ   ⑤ ㄴ, ㄷ

|자|료|해|설|

'운동량 변화량의 크기＝|나중 운동량－처음 운동량|' 이므로 충돌 후 A와 B의 속력은 $2mv=|mv-m(-v_A)|$, $6mv=|4mv-4m(-v_B)|$로부터 각각 $v_A=v$, $v_B=0.5v$ 이다.

|보|기|풀|이|

ㄱ. 정답 : A가 받은 충격량의 크기는 A의 운동량 변화량의 크기인 $2mv$이다.

ㄴ. 오답 : 벽과 충돌한 후 A와 B의 속력은 각각 $v_A=v$, $v_B=0.5v$이다.

ㄷ. 정답 : 충돌하는 동안 A와 B가 벽으로부터 받은 평균 힘의 크기는 각각 $\dfrac{2mv}{t}$, $\dfrac{6mv}{2t}$이다.

😀 **문제풀이 TIP** | 평균 충격력＝$\dfrac{운동량\ 변화량의\ 크기}{충돌\ 시간}$

😀 **출제분석** | 운동량 보존 법칙과 운동량－충격량의 관계를 이해하는 것으로 해결할 수 있는 문항이다.

그림과 같이 수평면에서 질량이 3kg인 물체가 2m/s의 속력으로 등속도 운동하여 벽 A와 충돌한 후, 충돌 전과 반대 방향으로 v의 속력으로 등속도 운동하여 벽 B와 충돌한다. 표는 물체가 A, B와 충돌하는 동안 물체가 A, B로부터 받은 충격량의 크기와 충돌 시간을 나타낸 것이다. 물체는 동일 직선상에서 운동한다.

	충격량의 크기(N·s)	충돌 시간(s)	받는 평균 힘
A와 충돌	9	0.1	90N
B와 충돌	3	0.3	10N

이에 대한 설명으로 옳은 것만을 〈보기〉에서 있는 대로 고른 것은?

보기

ㄱ. $v=1$m/s이다.

ㄴ. 충돌하는 동안 물체가 A로부터 받은 평균 힘의 크기는 B로부터 받은 평균 힘의 크기와 ~~같다.~~ 다르다.

ㄷ. 물체는 B와 충돌한 후 정지한다.

① ㄱ   ② ㄴ   ③ ㄱ, ㄷ   ④ ㄴ, ㄷ   ⑤ ㄱ, ㄴ, ㄷ

|자|료|해|설|

물체가 받은 충격량은 물체의 운동량의 변화량과 같다. 물체가 A와 충돌할 때 충격량의 크기＝|물체의 운동량 변화량|＝|나중 운동량－처음 운동량|＝|$(3kg)\times(v)-(3kg)\times(-2m/s)$|＝9N·s에서 $v>0$이므로 $v=1$m/s이다.

|보|기|풀|이|

ㄱ. 정답 : 물체가 A와 충돌할 때 물체의 운동량 변화량이 9N·s이므로 $(3kg)\times(v)-(3kg)\times(-2m/s)=9$N·s에서 $v=1$m/s이다.

ㄴ. 오답 : 충돌하는 동안 물체가 A와 B로부터 받은 평균 힘의 크기는 각각 $\dfrac{9N\cdot s}{0.1s}=90$N, $\dfrac{3N\cdot s}{0.3s}=10$N이다.

ㄷ. 정답 : B와 충돌하기 전 물체의 운동량은 B쪽으로 3kg·m/s이고, 충돌 시 B에 의해 운동 방향의 반대 방향으로 받는 충격량이 3N·s이므로 물체는 B와 충돌 후 정지한다.

😀 **문제풀이 TIP** | 충격력＝$\dfrac{충격량의\ 크기}{충돌\ 시간}$

😀 **출제분석** | 이번 문항은 운동량과 충격량 개념을 확실하게 이해하는 것에서 출발한다. 운동량의 변화량이 충격량임을 알고 식을 세우면 쉽게 정답을 고를 수 있을 것이다.

그림 (가)와 같이 수평면에서 용수철을 압축시킨 채로 정지해 있던 물체 A~D를 0초일 때 가만히 놓았더니, 용수철과 분리된 B와 C가 충돌하여 정지하였다. 그림 (나)는 A가 용수철로부터 받는 힘의 크기 F_A, D가 용수철로부터 받는 힘의 크기 F_D, B가 C로부터 받는 힘의 크기 F_{BC}를 시간에 따라 나타낸 것이다.

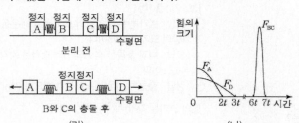

→ 용수철이 분리된 직후 A, B, C, D의 운동량은 모두 같음

이에 대한 옳은 설명만을 〈보기〉에서 있는 대로 고른 것은? (단, 용수철의 질량, 공기 저항, 모든 마찰은 무시한다.)

보기
ㄱ. 용수철과 분리된 후, A와 D의 운동량의 크기는 같다.
ㄴ. 힘의 크기를 나타내는 곡선과 시간축이 이루는 면적은 F_A에서와 F_D에서가 같다.
ㄷ. $6t \sim 7t$ 동안 F_{BC}의 평균값은 $0 \sim 2t$ 동안 F_A의 평균값의 2배이다.

① ㄱ　② ㄷ　③ ㄱ, ㄴ　④ ㄴ, ㄷ　⑤ ㄱ, ㄴ, ㄷ

|자|료|해|설|
(가)에서 용수철이 분리된 직후 A와 B, C와 D의 운동량의 크기는 같고 B와 C의 충돌 후 두 물체 모두 정지하므로 충돌 전 B와 C의 운동량의 크기는 같다. 따라서 용수철이 분리된 직후 A, B, C, D의 운동량의 크기는 모두 같다.

|보|기|풀|이|
ㄱ. 정답 : 용수철과 분리된 후, A, B, C, D의 운동량의 크기는 같다.
ㄴ. 정답 : (나)에서 그래프가 나타내는 면적은 충격량의 크기이고 A, D는 용수철로부터 같은 크기의 충격량을 받는다.
ㄷ. 정답 : 각 구간에서 물체가 받은 충격량이 같다. 힘의 평균값은 시간에 반비례하므로 F_{BC}의 평균값은 F_A의 평균값의 2배이다.

😮 **문제풀이 TIP |** 용수철이 분리된 후 충돌 전 B와 C의 운동량 크기는 같다.

😮 **출제분석 |** 운동량 보존 법칙, 충격량과 평균 힘의 기본 개념을 확인하는 수준의 문항이다.

그림 (가)와 같이 마찰이 없는 수평면에서 v_0의 속력으로 등속도 운동을 하던 물체 A, B가 벽과 충돌한 후, 충돌 전과 반대 방향으로 각각 v_0, $\frac{1}{2}v_0$의 속력으로 등속도 운동을 한다. 그림 (나)는 A, B가 충돌하는 동안 벽으로부터 받은 힘의 크기를 시간에 따라 나타낸 것이다. A, B의 질량은 각각 $2m$, m이고, 충돌 시간은 각각 t_0, $3t_0$이다.

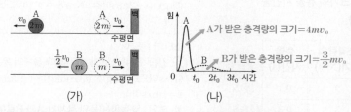

이에 대한 설명으로 옳은 것만을 〈보기〉에서 있는 대로 고른 것은?

보기
ㄱ. A가 충돌하는 동안 벽으로부터 받은 충격량의 크기는 $4mv_0$이다.
ㄴ. (나)에서 B의 곡선과 시간 축이 만드는 면적은 $\frac{3}{2}mv_0$이다.
ㄷ. 충돌하는 동안 벽으로부터 받은 평균 힘의 크기는 A가 B의 8배이다.

① ㄱ　② ㄴ　③ ㄱ, ㄴ　④ ㄱ, ㄷ　⑤ ㄴ, ㄷ

|자|료|해|설|
A의 속도 변화량의 크기는 $v_0 - (-v_0) = 2v_0$, B의 속도 변화량의 크기는 $\frac{1}{2}v_0 - (-v_0) = \frac{3}{2}v_0$이다. (나)에서 그래프의 면적은 충격량의 크기=운동량 변화량의 크기=질량×속도 변화량의 크기이므로 충격량의 크기는 A가 $4mv_0$, B가 $\frac{3}{2}mv_0$이다.

|보|기|풀|이|
ㄱ. 정답 : A가 충돌하는 동안 벽으로부터 받은 충격량의 크기는 운동량 변화량의 크기로 $2m \times 2v_0 = 4mv_0$이다.
ㄴ. 오답 : (나)에서 B의 곡선과 시간 축이 만드는 면적은 $\frac{3}{2}mv_0$이다.
ㄷ. 정답 : 충돌하는 동안 벽으로부터 받은 평균 힘의 크기는 $\frac{\text{충격량의 크기}}{\text{충돌 시간}}$이므로 A와 B가 각각 $\frac{4mv_0}{t_0}$, $\frac{\frac{3}{2}mv_0}{3t_0} = \frac{mv_0}{2t_0}$이다. 따라서 평균 힘의 크기는 A가 B의 8배이다.

😮 **문제풀이 TIP |** (나)에서 그래프의 면적은 충격량의 크기=운동량 변화량의 크기=질량×속도 변화량의 크기이다.

😮 **출제분석 |** 최근 기출 문항은 물체 3개의 충돌 과정을 상대 속도로 표현한 그래프 분석을 통해 물체의 속력 또는 질량을 구하는 유형으로 어렵게 출제됐지만 이번에는 운동량 변화량의 크기가 충격량임을 숙지하고 있는지 확인하는 수준에서 출제되었다.

그림 (가)와 같이 질량이 같은 두 물체 A, B를 빗면에서 높이가 각각 $4h$, h인 지점에 가만히 놓았더니, 각각 벽과 충돌한 후 반대 방향으로 운동하여 높이 h에서 속력이 0이 되었다. 그림 (나)는 A, B가 벽과 충돌하는 동안 벽으로부터 받은 힘의 크기를 시간에 따라 나타낸 것이다.

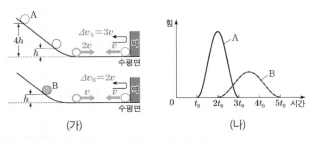

(가)　　　　　　　　　　(나)

이에 대한 설명으로 옳은 것만을 〈보기〉에서 있는 대로 고른 것은? (단, 물체의 크기, 모든 마찰과 공기 저항은 무시한다.) **3점**

보기

ㄱ. A의 운동량의 크기는 충돌 직전이 충돌 직후의 2배이다.

ㄴ. (나)에서 곡선과 시간 축이 만드는 면적은 A가 B의 $\frac{3}{2}$배 이다.

ㄷ. 충돌하는 동안 벽으로부터 받은 평균 힘의 크기는 A가 B의 $\frac{9}{4}$배이다.

① ㄱ　　② ㄷ　　③ ㄱ, ㄴ　　④ ㄴ, ㄷ　　⑤ ㄱ, ㄴ, ㄷ

|자|료|해|설|

역학적 에너지 보존 법칙$\left(mgh=\frac{1}{2}mv^2-\frac{1}{2}mv_0^2\right)$에 따라 A가 B보다 4배 높은 곳에서 내려오므로 충돌 전 수평면에서 B의 속도의 크기를 v라 하면 A의 속도의 크기는 $2v$이다. 벽과 충돌 후 A와 B는 h만큼 올라가므로 수평면에서 A와 B의 속도 크기는 v이다.

|보|기|풀|이|

ㄱ. 정답 : A의 질량을 m이라 하면 A의 운동량의 크기는 충돌 직전과 충돌 직후 각각 $m(2v)$, mv이다.

ㄴ. 정답 : (나)에서 곡선과 시간 축이 만드는 면적은 운동량의 변화량 크기 또는 충격량의 크기이므로 A와 B의 충격량은 각각 $m\Delta v_A=m(3v)$, $m\Delta v_B=m(2v)$이다.

ㄷ. 오답 : 벽으로부터 받은 평균 힘의 크기는 $\dfrac{\text{운동량 변화량의 크기}}{\text{충돌 시간}}$이므로 A와 B가 벽으로부터 받은 평균 힘의 크기는 각각 $\dfrac{3mv}{2t_0}$, $\dfrac{2mv}{3t_0}$이므로 평균 힘의 크기는 A가 B의 $\frac{9}{4}$배이다.

😲 **문제풀이 TIP** | $2gh=v^2-v_0^2=v^2$(A와 B의 처음 속도 $v_0=0$) 이므로 $h\propto v^2$이다.

🙂 **출제분석** | 역학적 에너지 보존 법칙으로부터 물체의 충돌 전과 후의 속도 크기를 구한 뒤 운동량과 충격량의 관계로 옳은 보기를 찾을 수 있다.

그림 (가)는 수평면에서 물체 A, B가 각각 속력 $2v$, $3v$로 정지한 물체 C를 향해 운동하는 모습을 나타낸 것이다. B, C의 질량은 각각 m, $2m$이다. 그림 (나)는 (가)의 순간부터 B와 C 사이의 거리를 시간 t에 따라 나타낸 것이다. A는 충돌 후 속력 v로 충돌 전과 같은 방향으로 운동한다.

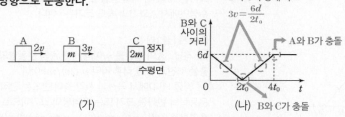

(가)

이에 대한 옳은 설명만을 <보기>에서 있는 대로 고른 것은? (단, A, B, C는 동일 직선상에서 운동하고, 물체의 크기, 모든 마찰과 공기 저항은 무시한다.) **3점**

> **보기**
> ㄱ. A의 질량은 $3m$이다.
> ㄴ. 충돌 과정에서 받은 충격량의 크기는 C가 A의 ~~2~~ $\frac{4}{3}$배이다.
> ㄷ. $t=0$일 때 A와 B 사이의 거리는 $4d$이다.

① ㄱ   ② ㄷ   ③ ㄱ, ㄴ   ④ ㄱ, ㄷ   ⑤ ㄴ, ㄷ

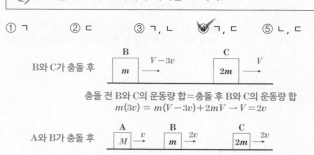

충돌 전 B와 C의 운동량 합＝충돌 후 B와 C의 운동량 합
$$m(3v) = m(V-3v)+2mV \rightarrow V=2v$$

충돌 전 A와 B의 운동량 합＝충돌 후 A와 B의 운동량 합
$$M(2v) + m(-v)=Mv+m(2v) \rightarrow M=3m$$

| 자 | 료 | 해 | 설 |

(나)의 그래프로부터 $2t_0$에서 B와 C가 충돌, $4t_0$에서 A와 B가 충돌하며 B와 C의 상대 속도의 크기는 그래프의 기울기이므로 충돌 전과 충돌 후가 각각 $3v=\dfrac{6d}{2t_0}$이다.

| 보 | 기 | 풀 | 이 |

ㄱ. 정답 : B와 C가 충돌 후 C의 속력을 V라 하면 B의 속력은 $V-3v$이고 운동량 보존 법칙에 따라 충돌 전 B와 C의 운동량의 합＝충돌 후 B와 C의 운동량의 합이므로 $m(3v)=m(V-3v)+2mV$에서 $V=2v$이고, 충돌 후 B의 속력 $V-3v=-v$이다. 이후 A와 B의 충돌에서 A와 B의 충돌 전 운동량 합은 충돌 후와 같으므로 A의 질량을 M이라 하면 $M(2v)+m(-v)=Mv+m(2v)$이므로 $M=3m$이다.

ㄴ. 오답 : 충돌 과정에서 물체가 받은 충격량의 크기는 물체의 운동량 변화량의 크기이므로 A와 C가 받은 충격량의 크기는 각각 $|Mv-M(2v)|=3mv$, $2mV=4mv$이므로 충돌 과정에서 받은 충격량의 크기는 C가 A의 $\dfrac{4}{3}$배이다.

ㄷ. 정답 : $t=4t_0$에서 A와 B가 충돌한다. $v_0t_0=d$이므로 $0\sim4t_0$까지 A의 위치변화량은 $2v \times 4t_0=8vt_0=8d$이고 B의 위치변화량은 $3v \times 2t_0+(-v) \times 2t_0=4vt_0=4d$이다. $t=0$에서 A와 B 사이의 거리는 A와 B의 위치변화량의 차이므로 $8d-4d=4d$이다.

😲 **문제풀이 TIP** | (나)에서 B와 C의 상대 속도의 크기는 B와 C가 충돌하기 전과 후가 같다.

25 운동량 보존 법칙

그림 (가)는 마찰이 없는 수평면에서 0초일 때 물체 A, B가 같은
방향으로 등속도 운동하는 모습을 나타낸 것으로, A와 B 사이의
거리와 B와 벽 사이의 거리는 12m로 같다. 그림 (나)는 (가)에서
A와 B 사이의 거리를 시간에 따라 나타낸 것이다. A, B의 질량은
각각 1kg, 4kg이고, A와 B는 동일 직선상에서 운동한다.

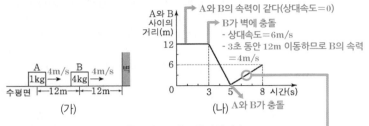

(가)   (나)

7초일 때, A의 속력은? (단, 물체의 크기는 무시한다.)

① $\frac{9}{5}$m/s   ②✓ $\frac{12}{5}$m/s   ③ 3m/s   ④ $\frac{18}{5}$m/s   ⑤ $\frac{21}{5}$m/s

▶ B가 벽에 충돌 후

A 4m/s → ← 2m/s B
1kg   4kg

▶ A와 B가 충돌 후

v_A ← A 1kg v_B ← B 4kg

A와 B의 상대 속도
$= v_A - v_B = 2$m/s

|자|료|해|설|및|선|택|지|풀|이|

②정답 : 3초 후에 B가 벽에 충돌하므로 0~3초까지 A와
B는 4m/s로 운동한다. B가 벽에 충돌 후 A와 B의 상대
속도는 3~5초에서 그래프의 기울기인 6m/s이므로 B는
처음과 반대 방향으로 2m/s로 운동한다. A와 B가 충돌
후 각각의 속력을 v_A, v_B라 하면 A와 B의 충돌 전과 후의
운동량은 보존되므로 $(1\text{kg})(4\text{m/s}) + (4\text{kg})(-2\text{m/s}) = (1\text{kg})(-v_A) + (4\text{kg})(-v_B)$ 또는 $-4\text{m/s} = -v_A - 4v_B$
— ㉠이다. 한편, 5~8초 그래프에서 A와 B의 상대 속도
크기는 $2\text{m/s} = v_A - v_B$ — ㉡이므로 $v_A = \frac{12}{5}$m/s,
$v_B = \frac{2}{5}$m/s이다.

😀 **출제분석** | 상대 속도를 나타낸 그래프와 운동량 보존 법칙을
이용하여 문제를 해결하는 유형으로 꾸준히 출제되고 있다.

---

26 운동량과 충격량

그림 (가)는 시간 $t=0$일 때 질량이 m인 물체를 점 p에서 가만히
놓았더니 물체가 용수철을 압축시킨 모습을 나타낸 것이다. 그림
(나)는 물체의 속도를 t에 따라 나타낸 것이다. 용수철은 $t=3t_0$부터
$t=4t_0$까지 물체에 힘을 작용한다. $t=7t_0$일 때 물체는 p까지
올라간다.

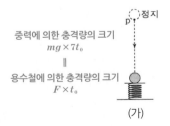 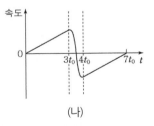

(가)   (나)

**$t=3t_0$부터 $t=4t_0$까지 용수철이 물체에 작용한 평균 힘의 크기는?
(단, 중력 가속도는 g이고, 물체의 크기, 용수철의 질량, 모든 마찰과
공기 저항은 무시한다.) 3점**

① $2mg$ ② $3mg$ ③ $5mg$ ④✓ $7mg$ ⑤ $8mg$

|자|료|해|설|

물체가 p에서 용수철을 압축시킨 후 다시 p에 위치할
때까지 운동량 변화량의 크기는 0이다.

|선|택|지|풀|이|

④정답 : 중력에 의한 충격량의 크기=용수철에 의한
충격량의 크기이므로 $mg \times 7t_0 = F \times t_0$이다. 따라서
용수철이 물체에 작용한 평균 힘의 크기는 $F = 7mg$이다.

😀 **문제풀이 TIP** | 그래프를 통해 각 힘이 작용한 시간을
분석하는 것이 중요하다.

😀 **출제분석** | 운동량 변화량의 크기가 충격량임을 이해한다면
쉽게 해결할 수 있는 문항이다.

27 충격량, 일과 에너지

정답 ③ 정답률 61% 2023학년도 수능 9번 문제편 53p

그림 (가)는 $+x$방향으로 속력 v로 등속도 운동하던 물체 A가 구간 P를 지난 후 속력 $2v$로 등속도 운동하는 것을, (나)는 $+x$방향으로 속력 $3v$로 등속도 운동하던 물체 B가 P를 지난 후 속력 v_B로 등속도 운동하는 것을 나타낸 것이다. A, B는 질량이 같고, P에서 같은 크기의 일정한 힘을 $+x$방향으로 받는다. → 구간 P에서 A와 B는 일정한 힘을 같은 거리만큼 받으므로 받은 일(=물체의 운동에너지 변화)이 같다.

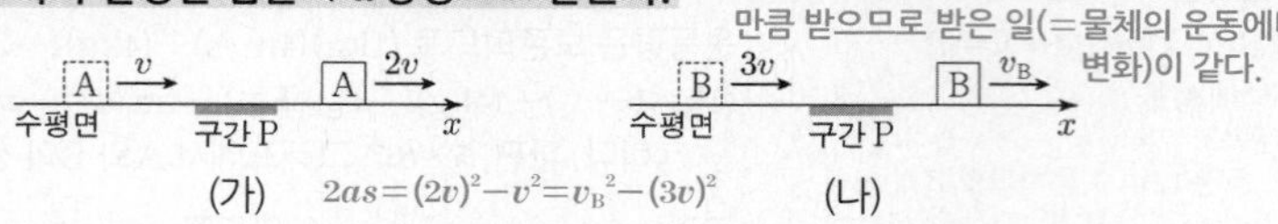

$2as=(2v)^2-v^2=v_B^2-(3v)^2$

이에 대한 설명으로 옳은 것만을 <보기>에서 있는 대로 고른 것은? (단, 물체의 크기는 무시한다.)

보기

ㄱ. P를 지나는 데 걸리는 시간은 A가 B보다 크다.

ㄴ. 물체가 받은 충격량의 크기는 (가)에서가 (나)에서보다 크다.

ㄷ. $v_B=4v$이다. ($2\sqrt{3}v$)

① ㄱ ② ㄷ ③ ㄱ, ㄴ ④ ㄴ, ㄷ ⑤ ㄱ, ㄴ, ㄷ

|자|료|해|설|

(가)와 (나)는 구간 P에서 일정한 힘을 같은 거리를 이동하는 동안 받으므로 물체에 한 일이 같다.

|보|기|풀|이|

ㄱ. 정답 : P를 지나는 데 평균 속력은 B가 A보다 크므로 P를 지나는 데 걸리는 시간은 A가 B보다 크다.

ㄴ. 정답 : 충격량은 물체가 받은 힘 × 힘이 가해진 시간이므로 (가)에서가 (나)에서보다 크다.

ㄷ. 오답 : 구간 P의 거리를 s, 물체에 가해진 힘을 F, 물체의 질량을 m이라 하면 물체에 한 일은 물체의 운동에너지 증가량과 같으므로 $Fs=\frac{1}{2}m(2v)^2-\frac{1}{2}mv^2=\frac{1}{2}mv_B^2-\frac{1}{2}m(3v)^2$이다. 따라서 $v_B=2\sqrt{3}v$이다.

별해) (가)와 (나)는 구간P에서 같은 거리를 이동하는 동안 일정한 힘을 받기 때문에 등가속도 직선 공식에 의해 $2as=(2v)^2-v^2=v_B^2-(3v)^2$, 따라서 $v_B=2\sqrt{3}v$이다.

출제분석 | 충격량의 개념, 일과 운동 에너지의 관계를 확인하는 수준에서 출제되었다.

28 운동량과 충격량

정답 ② 정답률 87% 2024년 7월 학평 7번 문제편 53p

그림과 같이 수평면에서 질량 2kg인 물체가 5m/s의 속력으로 등속도 운동을 하다가 구간 Ⅰ을 지난 후 2m/s의 속력으로 등속도 운동을 한다. Ⅰ을 지나는 데 걸린 시간은 0.5초이다.

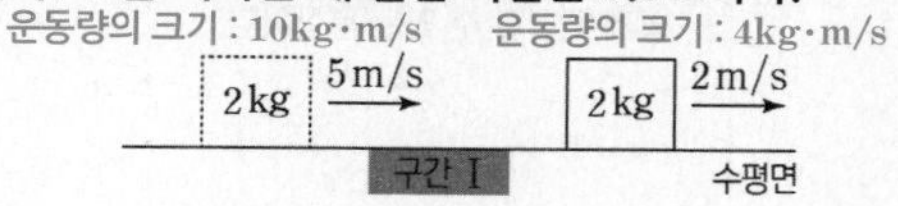

물체가 Ⅰ을 지나는 동안 물체가 받은 평균 힘의 크기는? (단, 물체는 동일 직선상에서 운동하고, 물체의 크기는 무시한다.)

① 6N ② 12N ③ 14N ④ 24N ⑤ 30N

|자|료|해|설|및|선|택|지|풀|이|

② 정답 : '구간 Ⅰ을 지나는 동안 물체가 받은 평균 힘의 크기 × 걸린 시간 = 운동량 변화량의 크기'이다. 따라서 $\frac{(10-4)\text{kg}\cdot\text{m/s}}{0.5\text{s}}=12\text{N}$이다.

출제분석 | 운동량과 충격량의 기본 개념을 확인하는 수준의 문항이다.

그림 (가)와 같이 마찰이 없는 수평면에 물체 A∼D가 정지해 있고, B와 C는 압축된 용수철에 접촉되어 있다. 그림 (나)는 (가)에서 B, C를 동시에 가만히 놓았더니 A와 B, C와 D가 각각 한 덩어리로 등속도 운동하는 모습을 나타낸 것이다. A, B, C, D의 질량은 각각 m, $2m$, $3m$, m이다.

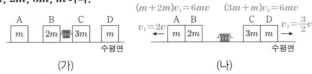

(가)   (나)

충돌하는 동안 A, D가 각각 B, C에 작용하는 충격량의 크기를 I_1, I_2라 할 때, $\dfrac{I_1}{I_2}$은? (단, 용수철의 질량은 무시한다.)

① 1   ② $\dfrac{4}{3}$ ③ $\dfrac{3}{2}$ ④ 2   ⑤ $\dfrac{9}{4}$

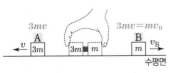

(다)

|자|료|해|설|

(다)와 같이 B, C가 용수철에서 분리되었을 때 운동량 보존 법칙에 따라 B와 C의 운동량의 합은 0이다. 따라서 B와 C의 운동량의 크기는 같고 방향은 반대이다. B의 속력을 $3v$라 하면 C의 속력은 $2v$이고 B와 C의 운동량의 크기는 $(2m)(3v)=(3m)(2v)=6mv$이다. (나)와 같이 A와 B, C와 D가 한 덩어리로 등속운동을 할 때의 속력의 크기를 각각 v_1, v_2라 하면 운동량의 크기는 $(m+2m)v_1=(3m+m)v_2$ $=6mv$이므로 $v_1=2v$, $v_2=\dfrac{3}{2}v$이다.

|선|택|지|풀|이|

② 정답 : 충돌하는 동안 A, D가 각각 B, C에 작용하는 충격량의 크기는 A와 D의 운동량 변화량의 크기와 같으므로 $I_1=\Delta p_A=m(2v)$, $I_2=\Delta p_B=m\left(\dfrac{3}{2}v\right)$이고 $\dfrac{I_1}{I_2}$ $=\dfrac{4}{3}$이다.

😀 문제풀이 T I P | 용수철이 분리된 후 B와 C의 운동량의 합은 분리되기 전과 같은 0이다.

😀 출제분석 | 운동량 보존 법칙에 따라 식을 세운다면 쉽게 해결할 수 있는 문항이다.

그림과 같이 수평면에서 물체 A와 B 사이에 용수철을 넣어 압축시킨 후 동시에 가만히 놓았더니, 정지해 있던 A와 B가 분리되어 서로 반대 방향으로 각각 등속도 운동하였다. 분리된 후 A, B의 속력은 각각 v, v_B이다. A, B의 질량은 각각 $3m$, m이다. v_B는? (단, 용수철의 질량, 모든 마찰과 공기 저항은 무시한다.)

① $3v$ ② $4v$ ③ $6v$ ④ $7v$ ⑤ $9v$

|자|료|해|설|및|선|택|지|풀|이|

① 정답 : 운동량 보존 법칙에 의해 A와 B의 운동량의 합은 분리 전과 후가 0으로 같다. 용수철이 분리된 후 A의 운동량의 크기는 $3mv$이므로 B의 운동량 크기도 $3mv=mv_B$이다. 따라서 $v_B=3v$이다.

😀 출제분석 | 운동량 보존 법칙을 확인하는 기본 문항이다.

Ⅰ 1 ㅡ 03 운동량 보존 법칙과 여러 가지 충돌

다음은 역학 수레를 이용한 실험이다.

[실험 과정]

(가) 그림과 같이 질량이 1kg인 수레 A에 달린 용수철을 압축시켜 고정시킨 후 질량이 2kg인 수레 B를 가만히 접촉시킨다.

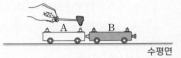

수평면

(나) A의 용수철 고정 장치를 해제하여, 정지해 있던 A와 B가 서로 반대 방향으로 운동하게 한다.

(다) A와 B가 분리된 이후부터 시간에 따라 이동한 거리를 측정한다.

[실험 결과]

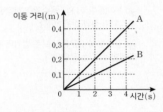

이에 대한 설명으로 옳은 것만을 〈보기〉에서 있는 대로 고른 것은? (3점)

보기

ㄱ. 2초일 때, A의 속력은 0.2m/s이다. [0.1]

ㄴ. 3초일 때, B의 운동량의 크기는 0.4kg·m/s이다. [0.1]

ㄷ. 4초일 때, 운동량의 크기는 A와 B가 같다.

① ㄱ   ② ㄷ   ③ ㄱ, ㄴ   ④ ㄴ, ㄷ   ⑤ ㄱ, ㄴ, ㄷ

|자|료|해|설|

용수철 고정 장치를 해제했을 때 A와 B의 속력은 실험 결과에서 그래프의 기울기이므로 A와 B의 속력은 각각 $v_A = 0.1$m/s, $v_B = 0.05$m/s이다.

|보|기|풀|이|

ㄱ. 오답 : 0~4초 동안 A와 B의 그래프의 기울기는 일정하다. 따라서 0~4초 동안 A와 B의 속력은 각각 $v_A = 0.1$m/s, $v_B = 0.05$m/s이다.

ㄴ. 오답 : 3초일 때, B의 운동량의 크기는 $p_B = 2$kg × 0.05m/s = 0.1kg·m/s이다.

ㄷ. 정답 : 운동량 보존 법칙에 따라 A와 B의 처음 운동량의 합은 0이고 분리된 후 A와 B의 운동량의 합도 0이다. 따라서 4초일 때, 운동량의 크기는 A와 B가 같고 방향은 반대이다.

😲 **문제풀이 TIP** | 두 물체가 서로 충돌할 때 두 물체의 운동량의 합은 충돌 전과 후가 같다.(운동량 보존 법칙)

😀 **출제분석** | 운동량 보존 법칙의 개념을 확인하는 기본적인 문항이다.

그림과 같이 수평면에서 $+x$ 방향의 속력 7m/s로 운동하던 물체 A가 정지해 있던 물체 B와 충돌한 후 $-x$ 방향으로 운동하여 높이가 0.2m인 최고점까지 올라갔다. A, B의 질량은 각각 1kg, 3kg이고, 충돌 후 B의 속력은 v이다.

v는? (단, 중력 가속도는 10m/s²이고, 물체의 크기, 모든 마찰과 공기 저항은 무시한다.)

① 1m/s   ② 1.5m/s   ③ 2m/s   ④ 2.5m/s   ⑤ 3m/s

|자|료|해|설|및|선|택|지|풀|이|

⑤ 정답 : A가 B와 충돌 후 0.2m의 높이까지 올라갔으므로 A의 충돌 후 속도의 크기는 $v = \sqrt{2gh} = \sqrt{2 \times (10) \times (0.2)} = 2$m/s이다. A의 운동량의 변화량의 크기($\Delta p = m_A \Delta v$) = (1kg)(7m/s − (−2m/s)) = 9kg·m/s)는 B의 운동량의 변화량의 크기($\Delta p = m_B \Delta v$ = (3kg)v)와 같다. 따라서 9 = 3v 즉, v = 3m/s이다.

😲 **문제풀이 TIP** | A의 운동량의 변화량의 크기 = B의 운동량의 변화량의 크기

😀 **출제분석** | 운동량 보존 법칙에 따라 충돌 전과 후의 상황을 비교한다면 쉽게 해결할 수 있는 문항이다.

다음은 충돌에 대한 실험이다.

[실험 과정]

(가) 그림과 같이 수레 A 또는 B를 벽면에 매달린 용수철을 향해 운동시킨다. A, B의 질량은 각각 1kg, 4kg이다.

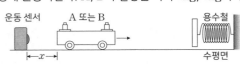

(나) 수레가 용수철과 충돌하기 전부터 충돌한 후까지 고정된 운동 센서와 수레 사이의 거리 x를 측정한다.

[실험 결과]

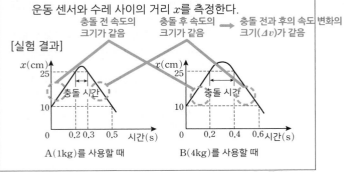

A(1kg)를 사용할 때   B(4kg)를 사용할 때

$\rightarrow I = F\Delta t = m\Delta v$

충돌하는 동안 A, B가 용수철로부터 받은 충격량의 크기를 각각 I_A, I_B, 평균 힘의 크기를 각각 F_A, F_B라 할 때, $I_A : I_B$와 $F_A : F_B$로 옳은 것은?

	$I_A : I_B$	$F_A : F_B$		$I_A : I_B$	$F_A : F_B$
①	1 : 4	1 : 4	②	1 : 4	1 : 2
③	1 : 2	1 : 4	④	1 : 2	1 : 2
⑤	1 : 2	1 : 1			

|자|료|해|설|및|선|택|지|풀|이|

② 정답 : 실험 결과 그래프의 기울기는 속도를 의미한다. 수레의 용수철 충돌 전과 충돌 후에서 A, B를 사용할 때 그래프의 기울기는 같으므로 A와 B의 충돌 전과 후의 속도 변화량(Δv)은 같다. 충격량의 크기는 $I = F\Delta t = m\Delta v$ 이므로 A, B가 용수철로부터 받은 충격량의 크기는 각각 $I_A = (1\text{kg})\Delta v$, $I_B = (4\text{kg})\Delta v$이고 $I_A : I_B = 1 : 4$이다. 한편 A와 B가 용수철에 충돌할 때 충돌 시간은 각각 0.1초, 0.2초이므로 평균 힘의 크기는 $F_A = \dfrac{I_A}{\Delta t_A} = \dfrac{I_A}{0.1s}$, $F_B = \dfrac{I_B}{\Delta t_B}$ $= \dfrac{4I_A}{0.2s}$ 이므로 $F_A : F_B = 1 : 2$이다.

👁 **문제풀이 TIP** | 충돌 전 운동량의 총합=충돌 후 운동량의 총합

😀 **출제분석** | 물체의 충돌에서 운동량 보존 법칙과 충격량은 필수로 이해해야 하는 개념이다.

다음은 충돌하는 두 물체의 운동량에 대한 실험이다.

[실험 과정]
(가) 그림과 같이 수평한 직선 레일 위에서 수레 A를 정지한 수레 B에 충돌시킨다. A, B의 질량은 각각 2kg, 1kg이다.

(나) (가)에서 시간에 따른 A와 B의 위치를 측정한다.

[실험 결과]

충돌
→ 60cm/s   → 30cm/s

시간(초)	0.1	0.2	0.3	0.4	0.5	0.6	0.7	0.8
A의 위치(cm)	6	12	18	24	28	31	34	37
B의 위치(cm)	26	26	26	26	30	36	42	48

→ 0   → 60cm/s

이에 대한 설명으로 옳은 것만을 〈보기〉에서 있는 대로 고른 것은? (3점)

보기
ㄱ. 0.2초일 때, A의 속력은 ~~0.4~~ 0.6 m/s이다.
ㄴ. 0.5초일 때, A와 B의 운동량의 합의 크기가 1.2kg·m/s이다.
ㄷ. 0.7초일 때, A와 B의 운동량은 크기가 같다.

① ㄱ   ② ㄷ   ③ ㄱ, ㄴ   ④ ㄴ, ㄷ   ⑤ ㄱ, ㄴ, ㄷ

|자|료|해|설|
실험 결과로부터 0.1~0.4초까지 A와 B의 속력은 각각
$\frac{0.06m}{0.1s}$=0.6m/s, 0이고 0.5~0.8초까지 A와 B의 속력은
각각 $\frac{0.03m}{0.1s}$=0.3m/s, $\frac{0.06m}{0.1s}$=0.6m/s이다.

|보|기|풀|이|
ㄱ. 오답 : 0.2초일 때, A의 속력은 0.6m/s이다.
ㄴ. 정답 : 0.5초일 때, A와 B의 운동량의 합의 크기는 운동량 보존 법칙에 따라 충돌 전 A와 B의 운동량의 합의 크기와 같다. 충돌 전 B의 운동량은 0이므로 A의 운동량의 크기인 (2kg)×(0.6m/s)=1.2kg·m/s가 A와 B의 운동량의 합의 크기가 된다.
ㄷ. 정답 : 0.7초일 때, A와 B의 운동량의 크기는 각각 (2kg)×(0.3m/s), (1kg)×(0.6m/s)으로 같다.

😮 문제풀이 T I P | 운동량 보존 법칙에 따라 A와 B의 운동량 크기 합은 충돌 전과 후가 같다.

😮 출제분석 | 운동량 보존 법칙을 확인하는 실험으로 매우 쉬운 수준의 문항이다.

그림 (가)와 같이 수평면에서 물체 A가 정지해 있는 물체 B를 향해 등속 직선 운동한다. 그림 (나)는 A가 $x=0$을 통과한 순간부터 A와 B의 위치 x를 시간에 따라 나타낸 것이다.

운동량 보존 법칙
$m_A v_A = m_A v_A' + m_B v_B'$

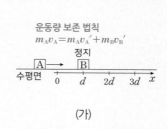

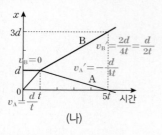

(가)   (나)

A, B의 질량을 각각 m_A, m_B라 할 때, $\frac{m_B}{m_A}$는? (단, A, B의 크기는 무시한다.) (3점)

① $\frac{5}{2}$ ② 3   ③ $\frac{7}{2}$ ④ 4   ⑤ $\frac{9}{2}$

|자|료|해|설|및|선|택|지|풀|이|
① 정답 : (나)에서 그래프의 기울기는 물체의 속도이다.
따라서 A와 B의 충돌 전 속도는 각각 $v_A=\frac{d}{t}$, $v_B=0$이고
충돌 후 속도는 각각 $v_A'=-\frac{d}{4t}$, $v_B'=\frac{2d}{4t}=\frac{d}{2t}$이다.
운동량 보존 법칙에 따라 충돌 전 A의 운동량은 충돌 후 A와 B의 운동량의 합과 같다. 즉, $m_A v_A = m_A v_A' + m_B v_B'$
이므로 $m_A\left(\frac{d}{t}\right)=m_A\left(-\frac{d}{4t}\right)+m_B\left(\frac{d}{2t}\right)$ 또는 $\frac{m_B}{m_A}=\frac{5}{2}$
이다.

😮 문제풀이 T I P | 운동량 보존 법칙 : 충돌 전 물체의 운동량의 총 합=충돌 후 물체의 운동량의 총 합

😮 출제분석 | 위와 같은 문제 해결의 시작은 운동량 보존 법칙이다. 아무리 어렵게 출제되어도 운동량 보존 법칙이 기준이 됨을 명심하고 이를 바탕으로 식을 세워 해결해보자.

그림 (가)의 Ⅰ~Ⅲ과 같이 마찰이 없는 수평면에서 운동량의 크기가 p로 같은 물체 A, B가 서로를 향해 등속도 운동을 하다가 충돌한 후 각각 등속도 운동을 하고, 이후 B는 벽과 충돌한 후 운동량의 크기가 $\frac{1}{3}p$인 등속도 운동을 한다. 그림 (나)는 (가)에서 B가 받은 힘의 크기를 시간에 따라 나타낸 것이다. B와 A, B와 벽의 충돌 시간은 각각 T, $2T$이고, 곡선과 시간 축이 만드는 면적은 각각 $2S$, S이다. A, B의 질량은 각각 m, $2m$이다.

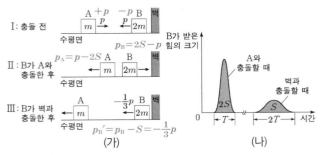

(가)   (나)

이에 대한 설명으로 옳은 것만을 〈보기〉에서 있는 대로 고른 것은? (단, A, B는 동일 직선상에서 운동한다.)

> **보기**
>
> ㄱ. B가 받은 평균 힘의 크기는 A와 충돌하는 동안과 벽과 충돌하는 동안이 ~~같다.~~ 다르다
>
> ㄴ. Ⅱ에서 B의 운동량의 크기는 $\frac{1}{3}p$이다.
>
> ㄷ. Ⅲ에서 물체의 속력은 A가 B의 2배이다.

① ㄱ   ② ㄴ   ③ ㄷ   ④ ㄱ, ㄴ   ✔⑤ ㄴ, ㄷ

|자|료|해|설|

주어진 상황에서 오른쪽 방향으로의 운동을 (+), 왼쪽 방향으로의 운동을 (−) 라고 하면, A와 B가 충돌할 때 A와 B가 받은 충격량 각각 왼쪽과 오른쪽으로 $2S$이므로 A와 B의 운동량은 각각 $p_A = p - 2S$ — ①, $p_B = 2S - p$ — ②이다. 이후 B가 벽과 충돌할 때 받은 충격량은 왼쪽으로 S이므로 충돌 후 B의 운동량은 $p_B{}' = p_B - S = -\frac{1}{3}p$ — ③이다.

|보|기|풀|이|

ㄱ. 오답 : A와 B가 받은 평균 힘의 크기는 각각 $\frac{2S}{T}$, $\frac{S}{2T}$로 다르다.

ㄴ. 정답 : 자료 해설의 ②와 ③을 연립하여 정리하면 $S = \frac{2}{3}p$, $p_B = \frac{1}{3}p$ (B의 운동량의 크기)이다.

ㄷ. 정답 : Ⅲ에서 A와 B의 운동량은 $p_A = p - 2S = -\frac{1}{3}p = mv_A$, $p_B{}' = p_B - S = -\frac{1}{3}p = 2mv_B$이므로 A와 B의 물체의 속력 비는 $v_A : v_B = 2 : 1$이다.

😀 **문제풀이 T I P** | 충격량=운동량의 변화량=나중 운동량−처음 운동량

😎 **출제분석** | 충격량과 운동량의 관계를 식으로 표현할 수 있다면 쉽게 해결할 수 있는 문항이다.

그림 (가)와 같이 0초일 때 마찰이 없는 수평면에서 물체 A가 점 P에 정지해 있는 물체 B를 향해 등속도 운동한다. A, B의 질량은 각각 4kg, 1kg이다. A와 B는 시간 t_0일 때 충돌하고, t_0부터 같은 방향으로 등속도 운동을 한다. 그림 (나)는 20초일 때 A와 B의 위치를 나타낸 것이다.

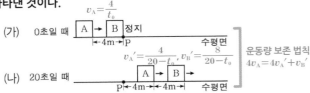

t_0은? (단, 물체의 크기는 무시한다.) **3점**

① 6초   ② 7초   ✔③ 8초   ④ 9초   ⑤ 10초

|자|료|해|설|

(가)에서 A의 속력은 $v_A = \frac{4}{t_0}$, (나)에서 A와 B의 속력은 각각 $v_A{}' = \frac{4}{20 - t_0}$, $v_B{}' = \frac{8}{20 - t_0}$이다.

|선|택|지|풀|이|

③ 정답 : 운동량 보존 법칙에 따라 $4v_A = 4v_A{}' + v_B{}'$이므로 $t_0 = 8$초이다.

😀 **문제풀이 T I P** | 충돌 후 B의 속력은 A보다 2배 빠르다.

😎 **출제분석** | 운동량 보존 법칙을 숙지하고 있다면 쉽게 해결할 수 있는 문항이다.

그림 (가)는 마찰이 없는 수평면에서 물체 A가 정지해 있는 물체 B를 향하여 등속도 운동을 하는 모습을, (나)는 (가)에서 A와 B 사이의 거리를 시간에 따라 나타낸 것이다. **벽에 충돌 직후 B의 속력은 충돌 직전과 같다.** A, B는 질량이 각각 m_A, m_B이고, 동일 직선상에서 운동한다.

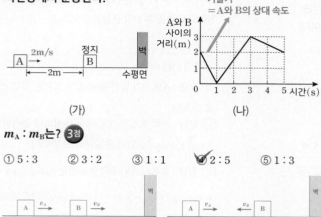

(가)   (나)

$m_A : m_B$는? **3점**

① 5 : 3   ② 3 : 2   ③ 1 : 1   ④ 2 : 5   ⑤ 1 : 3

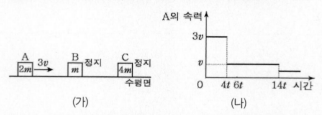

1~3초 : $v_B - v_A = 1.5$m/s   3~5초 : $v_A + v_B = 0.5$m/s

|자|료|해|설|

(나)에서 그래프의 기울기는 A와 B의 상대 속도를 의미한다. 0~1초에서 B는 정지해있으므로 A의 속력은 2m/s이다. 1초에서 A와 B가 충돌한 뒤 A와 B의 속도를 각각 v_A, v_B라 하면 1~3초에서 A와 B의 상대 속도의 크기는 1.5m/s이므로 $v_B - v_A = 1.5$m/s — ①이다. 3초에서 B가 벽과 충돌 후 v_B로 되돌아오고 3~5초에서 A와 B의 상대 속도의 크기는 0.5m/s이므로 $v_A + v_B = 0.5$m/s — ②이고 ①과 ②에 의해 $v_A = -0.5$m/s, $v_B = 1$m/s임을 알 수 있다.

|선|택|지|풀|이|

④ 정답 : 운동량 보존 법칙에 따라 A와 B가 충돌하기 전과 후의 운동량의 합은 일정하고 이를 식으로 나타내면 $m_A(2) = m_A v_A + m_B v_B = m_A(-0.5) + m_B(1)$이므로 $5m_A = 2m_B$ 또는 $m_A : m_B = 2 : 5$이다.

😀 **문제풀이 TIP** | (나)에서 그래프의 기울기는 A와 B의 상대 속도이다.

그림 (가)와 같이 수평면에서 물체 A가 정지해 있는 물체 B, C를 향해 운동하고 있다. 그림 (나)는 (가)의 순간부터 A의 속력을 시간에 따라 나타낸 것으로, A의 운동 방향은 일정하다. A, B, C의 질량은 각각 $2m$, m, $4m$이고, $6t$일 때 B와 C가 충돌한다.

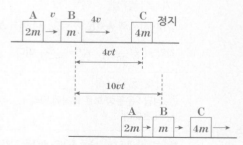

(가)   (나)

$8t$일 때, C의 속력은? (단, 물체의 크기, 공기 저항, 모든 마찰은 무시한다.) **3점**

① $\frac{3}{4}v$ ② $\frac{15}{16}v$ ③ $\frac{5}{4}v$ ④ $\frac{21}{16}v$ ⑤ $\frac{4}{3}v$

A와 B가 처음 충돌 후

A→ v B→ $4v$ C 정지

4vt

10vt

A 2m → B m → C 4m →

A와 B가 충돌 후 A와 B가 다시 충돌하기까지 A가 운동한 거리는 $10vt$

B와 C가 충돌 후 $8t$동안 운동한 거리는 $10vt - 8vt = 2vt$
→ C와 충돌 후 B의 속력은 $\frac{2vt}{8t} = \frac{1}{4}v$

|자|료|해|설|및|선|택|지|풀|이|

② 정답 : A와 B가 충돌 후 운동량은 보존되므로 $(2m)(3v) = 2mv + mv_B$이므로 충돌 후 B의 속력은 $v_B = 4v$이다. A가 B와 충돌 후 A와 B가 다시 충돌하기까지인 $4t$~$14t$ 동안 A가 운동한 거리는 $10vt$이고 B가 C와 충돌할 때까지 $4t$~$6t$동안 B가 운동한 거리는 $4v \times 2t = 8vt$이므로 B는 $6t$~$14t$동안 $10vt - 8vt = 2vt$만큼 운동한다. B와 C의 충돌에서 충돌 후 B의 속력은 $\frac{2vt}{8t} = \frac{v}{4}$이므로 운동량 보존 법칙에 따라 $m(4v) = m\left(\frac{v}{4}\right) + 4mv_C$이므로 $8t$일 때 C의 속력은 $v_C = \frac{15}{16}v$이다.

😀 **문제풀이 TIP** | (나)에서 그래프의 면적은 이동 거리로 A와 B는 $4t$, $14t$에서 충돌한다.

😀 **출제분석** | 운동량 보존 법칙을 이용하여 물체가 충돌한 뒤 A, B, C의 속력을 계산할 수 있어야 문제를 해결할 수 있다.

그림 (가)와 (나)는 빗면에서 물체 A를 각각 수평면으로부터 높이 h, $4h$인 지점에 가만히 놓았을 때 A가 빗면을 따라 내려와 수평면에서 정지한 물체 B와 충돌한 후 A와 B가 동일 직선 상에서 운동하는 모습을 나타낸 것이다. (가)와 (나)에서 충돌 후 A의 속력은 각각 v, $2v$이다. A와 B의 질량은 각각 $2m$, m이다.

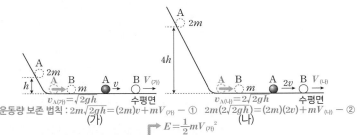

운동량 보존 법칙 : $2m\sqrt{2gh}=(2m)v+mV_{(가)}$ — ① $2m(2\sqrt{2gh})=(2m)(2v)+mV_{(나)}$ — ②

(가)   (나)

$E=\frac{1}{2}mV_{(가)}^2$

(가)에서 충돌 후 B의 운동 에너지를 E라 할 때, (나)에서 A와 B가 충돌하는 동안 A로부터 B가 받은 충격량의 크기는? (단, 물체의 크기와 모든 마찰은 무시한다.) 3점

① $\sqrt{2mE}$ ② $2\sqrt{mE}$ ✓③ $2\sqrt{2mE}$

④ $3\sqrt{mE}$ ⑤ $3\sqrt{2mE}$

|자|료|해|설|및|선|택|지|풀|이|

③정답 : A가 수평면에 도달할 때의 속력은 (가)와 (나)에서 각각 $\sqrt{2gh}$, $\sqrt{2g(4h)}=2\sqrt{2gh}$이다. (가)와 (나)에서 충돌 후 B의 속력을 각각 $V_{(가)}$, $V_{(나)}$라 하면, 운동량 보존 법칙에 따라 충돌 전 A의 운동량의 합은 충돌 후 A와 B의 운동량의 합과 같으므로 이를 식으로 나타내면 (가)에서는 $(2m)(\sqrt{2gh})=(2m)v+mV_{(가)}$ — ①, (나)에서는 $(2m)(2\sqrt{2gh})=(2m)(2v)+mV_{(나)}$ — ② 이다. 2×① − ②로부터 $V_{(나)}=2V_{(가)}$ — ③이다.

한편, (가)에서 충돌 후 B의 운동 에너지는 $E=\frac{1}{2}mV_{(가)}^2$ 이므로 ③에 의해 $V_{(나)}=2V_{(가)}=2\sqrt{\frac{2E}{m}}$이다. (나)에서 A와 B가 충돌하는 동안 A로부터 B가 받은 충격량의 크기 (I_B)는 B의 운동량 변화량의 크기($m\Delta v$)와 같고 B의 충돌 전 속력과 충돌 후 속력은 각각 0, $V_{(나)}=2\sqrt{\frac{2E}{m}}$이므로 $I_B=m\Delta v=m\left(2\sqrt{\frac{2E}{m}}-0\right)=2\sqrt{2mE}$이다.

그림과 같이 질량이 1kg인 고리 모양의 물체를 원통형 막대에 끼워 점 p에 가만히 놓았더니 물체는 점 q까지 자유 낙하하고, q에서부터 지면까지 속력이 일정하게 감소하다가 정지하는 순간 지면에 닿았다. p에서 q까지의 거리는 0.8m이고, 물체가 q에서부터 정지할 때까지 걸린 시간은 0.2초이다. 물체의 운동에 대한 설명으로 옳은 것만을 <보기>에서 있는 대로 고른 것은? (단, 중력 가속도는 $10m/s^2$이고, 물체의 크기와 공기 저항은 무시한다.) 3점

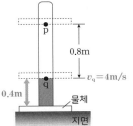

보기

ㄱ. q를 통과할 때 운동량의 크기는 $4kg \cdot m/s$이다.

~~ㄴ.~~ q에서 지면까지 이동한 거리는 ~~0.5m~~ 0.4m이다.

~~ㄷ.~~ p에서 운동을 시작한 순간부터 정지할 때까지 물체가 받은 충격량의 크기는 ~~4N·s~~ 0 이다.

✓① ㄱ   ② ㄴ   ③ ㄱ, ㄷ   ④ ㄴ, ㄷ   ⑤ ㄱ, ㄴ, ㄷ

|보|기|풀|이|

 정답 : q를 통과할 때 운동량의 크기는 $(1kg)\times(4m/s)=4kg\cdot m/s$이다.

ㄴ. 오답 : (평균 속력) q에서 지면까지 물체는 등가속도 운동을 했으므로 평균 속력은 $\frac{4m/s+0m/s}{2}=2m/s$이다. 따라서 0.2초 동안 낙하한 거리는 $(2m/s)\times 0.2s=0.4m$이다.

ㄷ. 오답 : p에서 운동을 시작한 순간부터 정지할 때까지 막대의 속도 변화량의 크기는 0이다. 따라서 막대의 운동량 변화량의 크기는 0이므로 충격량의 크기도 0이다.

|자|료|해|설|

㉠ q에서의 속력 구하기

(일−에너지 정리) 물체는 p에서 q까지 중력 가속도 $10m/s^2$으로 0.8m만큼 자유 낙하했으므로 중력이 물체에 해준 일 또는 중력 퍼텐셜 에너지 변화량은 $10N\times 0.8m=8J$이고, 이는 운동 에너지 변화량과 같으므로 $\frac{1}{2}v_q^2=8J$에 의해 $v_q=4m/s$이다. 가속도의 크기가 $10m/s^2$이고 물체의 속력 변화량이 4m/s이므로 p에서 q까지 걸린 시간은 0.4초이다. (등가속도 운동 공식) 1) $2\cdot a\cdot s=v^2-v_0^2$이고 $v_0=0$이므로 $2\times(10m/s^2)\times(0.8m)=v_q^2$이다. 따라서 q를 지나는 순간의 속력은 $v_q=4m/s$이다.

2) $s=v_0t+\frac{1}{2}at^2$이고 $v_0=0$이므로 $0.8m=\frac{1}{2}\times 10\times t^2$에 의해 $t=0.4$초이다. 가속도가 $10m/s^2$일 때 0.4초 동안 물체의 속력 변화량은 4m/s이므로 q에서의 속력은 $v_q=4m/s$이다.

㉡ q에서 지면까지 가속도와 알짜힘 구하기

(운동량과 충격량) q에서 운동량은 $1kg\times 4m/s=4N\cdot s$이고 지면에서의 운동량은 $0N\cdot s$이므로 0.2초 동안 물체가 받은 충격량의 크기는 $4N\cdot s$이다. 이때 속력이 일정하게 감소하였으므로 알짜힘이 일정한 것을 알 수 있다. 따라서 알짜힘 F의 크기는 $4N\cdot s \div 0.2s=20N$이고 가속도의 크기가 $20m/s^2$이다.

(가속도 법칙) 물체의 가속도가 0.2초 동안 4m/s만큼 감소했으므로 가속도의 크기는 $20m/s^2$이다. 따라서 물체에 작용하는 알짜힘은 $1kg\times 20m/s^2=20N$이다.

㉢ q에서 지면까지 이동 거리 구하기

(등가속도 운동 공식) 1) q에서 지면까지 운동할 때 $2\cdot a\cdot s=v^2-v_0^2$이고 $v=0$이므로 $2\times(-20m/s^2)\times s=-4^2$에 의해 $s=0.4m$이다.

2) $s=v_0t+\frac{1}{2}at^2$이므로 $s=4\times 0.2+\frac{1}{2}\times(-20)\times(0.2)^2$에 의해 $s=0.4m$이다.

그림 (가)는 마찰이 없는 수평면에서 물체 A가 정지해 있는 두 물체 B, C를 향해 등속 운동을 하는 모습을, (나)는 A, B가 충돌하고 다시 B, C가 충돌한 후 A, B, C가 모두 같은 방향으로 속력이 v인 등속 운동을 하는 모습을 나타낸 것이다. 그림 (다)는 두 번의 충돌 과정에서 B가 받은 힘의 크기를 시간에 따라 나타낸 것으로 시간 축과 곡선이 만드는 면적은 각각 $3S$, S이다. **A와 B의 질량은 같다.**

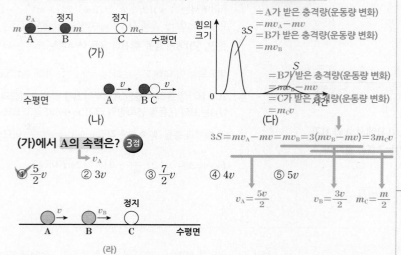

(가)에서 A의 속력은? 3점

① $\dfrac{5}{2}v$ 　② $3v$ 　③ $\dfrac{7}{2}v$ 　④ $4v$ 　⑤ $5v$

$3S = mv_A - mv = mv_B = 3(mv_B - mv) = 3m_C v$

$v_A = \dfrac{5v}{2}$ 　$v_B = \dfrac{3v}{2}$ 　$m_C = \dfrac{m}{2}$

|자|료|해|설|및|선|택|지|풀|이|

① 정답 : A와 B의 질량을 m, C의 질량을 m_C, (가)에서 A의 속력을 v_A, A와 B가 충돌한 후 B의 속력을 (라)에서와 같이 v_B라 하자. (다)에서 $3S$는 B가 A와 충돌할 때 B가 받은 충격량(=B의 운동량 변화)으로 이는 A가 받은 충격량(=A의 운동량 변화)과 같다. 이를 식으로 나타내면 $3S = mv_A - mv = mv_B$ — ①이다. 또한 S는 B가 C와 충돌할 때 B가 받은 충격량(=B의 운동량 변화)으로 이는 C가 받은 충격량(=C의 운동량 변화)과 같다. 이를 식으로 나타내면 $S = mv_B - mv = m_C v$ — ②이다.
①=3×②이므로 $3S = mv_A - mv = mv_B = 3mv_B - 3mv = 3m_C v$ — ④ 이고 이 식에서 $mv_B = 3mv_B - 3mv$ 즉, $v_B = \dfrac{3}{2}v$이므로 이를 ④식에 대입하여 $3m\left(\dfrac{3v}{2}\right) - 3mv = 3m_C v$ 즉, $m_C = \dfrac{m}{2}$임을 알 수 있다. 다시 이 결과를 ④식에 대입하면 $mv_A - mv = 3m_C v = 3\left(\dfrac{m}{2}\right)v$ 즉, $v_A = \dfrac{5v}{2}$이다.

😀 **문제풀이 TIP** | 운동량과 충격량의 관계
▶ $I = F\Delta t = mv - mv_0 = \Delta p$

😀 **출제분석** | 충격량은 운동량의 변화량이란 개념에 충실하여 식을 세우고 전개하면 다소 시간이 걸리더라도 충분히 해결할 수 있다.

그림 (가)는 수평면 위에서 질량이 각각 2kg, 6kg인 물체 A, B가 오른쪽으로 각각 4m/s, 2m/s의 속력으로 등속 직선 운동하는 것을 나타낸 것이고, (나)는 (가)에서 A가 B로부터 받는 힘의 크기를 시간에 따라 나타낸 것으로 시간 축과 곡선이 만드는 **넓이는 S이다.** 충돌 후 A는 오른쪽으로 1m/s의 속력으로 운동한다.

→ A가 B로부터 받는 충격량의 크기=A의 운동량 변화량 =B가 A로부터 받는 충격량의 크기=B의 운동량 변화량

[그림 (가): 2kg A 4m/s, 6kg B 2m/s]
[그림 (나): 힘의 크기, 넓이 S, 시간]

(가) 　　(나)

이에 대한 설명으로 옳은 것만을 〈보기〉에서 있는 대로 고른 것은? (단, 모든 마찰과 공기 저항은 무시한다.)

보기
ㄱ. $S = 6$N·s이다.
ㄴ. 충돌 후 B의 속력은 $\dfrac{3}{4}$m/s이다.
ㄷ. 충돌 과정에서 A가 B에 작용하는 힘의 크기는 B가 A에 작용하는 힘의 크기와 같다.

① ㄱ 　② ㄴ 　③ ㄱ, ㄷ 　④ ㄴ, ㄷ 　⑤ ㄱ, ㄴ, ㄷ

|자|료|해|설|
A는 B와 충돌하여 4m/s에서 1m/s로 속력이 줄어든다. 즉 A가 받은 충격량의 크기(I_A)는 A의 운동량의 변화량(Δp)과 같으므로 $I_A = \Delta p = m_A \Delta v = 2\text{kg} \times (4-1)\text{m/s} = 6\text{kg·m/s} = 6\text{N·s}$이다. 한편, B가 받은 충격량의 크기($I_B$)는 A가 받은 충격량의 크기($I_A$)와 같으므로 B의 충돌 후 속력을 v라 하면 $I_A = I_B = m_B \Delta v = 6 \times (v-2) = 6$이므로 $v = 3$m/s이다.

|보|기|풀|이|
ㄱ. 정답 : (나)에서 그래프의 넓이는 A가 B로부터 받는 충격량의 크기로 $S = 6$N·s이다.
ㄴ. 오답 : 충돌 후 B의 속력은 3m/s이다.
ㄷ. 정답 : 작용−반작용 법칙으로 A가 받은 충격과 B가 받은 충격은 같다.

😀 **문제풀이 TIP** | 작용−반작용 법칙으로 A가 받은 충격과 B가 받은 충격은 같고 힘을 받은 시간도 같으므로 A가 받은 충격량과 B가 받은 충격량의 크기는 같다.

😀 **출제분석** | 운동량과 충격량의 관계를 이해하는지 알아보는 문항으로 기본적인 수준에서 출제되었다.

그림과 같이 우주 공간에서 점 O를 향해 질량이 각각 m인 물체 A,
B와 질량이 $2m$인 우주인이 v_0의 일정한 속도로 운동한다. 우주인은
O에 도착하는 속도를 줄이기 위해 O를 향해 A, B의 순서로 물체를
하나씩 민다. A, B를 모두 민 후에, 우주인의 속도는 $\frac{1}{3}v_0$이 되고,
A와 B는 속도가 서로 같으며 충돌하지 않는다.

→ 처음 운동량: $p=4mv_0$

A를 민 직후에 우주인의 속도는?

① $\frac{1}{3}v_0$ ② $\frac{4}{9}v_0$ ③ $\frac{2}{3}v_0$ ④ $\frac{7}{9}v_0$ ⑤ $\frac{8}{9}v_0$

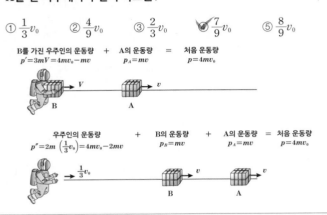

| B를 가진 우주인의 운동량 | + | A의 운동량 | = | 처음 운동량 |
| $p'=3mV=4mv_0-mv$ | | $p_A=mv$ | | $p=4mv_0$ |

| 우주인의 운동량 | + | B의 운동량 | + | A의 운동량 | = | 처음 운동량 |
| $p''=2m\left(\frac{1}{3}v_0\right)=4mv_0-2mv$ | | $p_B=mv$ | | $p_A=mv$ | | $p=4mv_0$ |

|자|료|해|설|및|선|택|지|풀|이|

④ 정답 : 물체 A, B를 들고 있는 우주인이 속력 v_0로
이동하므로 이때 운동량의 총합은 $p=(2m+m+m)v_0=$
$4mv_0$이다. 우주인이 A를 밀었을 때 A의 속력을 v, B를
들고 있는 우주인의 속도를 V라 하면 B를 가진 우주인의
운동량+A의 운동량의 합은 처음 운동량과 같으므로
$3mV+mv=4mv_0$ — ①이다. B를 민 후 우주인의 운동량
+B의 운동량+A의 운동량은 처음 운동량과 같으므로
$2m\left(\frac{1}{3}v_0\right)+2mv=4mv_0$ 또는 $v=\frac{5}{3}v_0$ — ②이다. ②를
①에 대입하면 $3mV+m\left(\frac{5}{3}v_0\right)=4mv_0$이므로 A를 민
직후에 우주인의 속도는 $V=\frac{7}{9}v_0$이다.

😀 **문제풀이 TIP** | 운동량 보존 법칙
▶ 두 물체가 서로 충돌할 때 충돌 전 두 물체의 운동량의 합은 충돌
후 두 물체의 운동량의 합과 같다.

😀 **출제분석** | 운동량 보존 법칙에 따라 물체를 던지기 전과 후를
비교하면 쉽게 해결할 수 있도록 출제되었다.

그림과 같이 수평면에서 물체 A, B가 각각 $4v$, v의 속력으로
운동하다가 A와 B가 충돌한 후 A는 충돌 전과 반대 방향으로 v의
속력으로 운동한다. A와 충돌한 B는 정지해 있는 물체 C와 충돌한
후 한 덩어리가 되어 운동한다. A, B의 질량은 각각 m, $5m$이고,
B가 A로부터 받은 충격량의 크기는 B가 C로부터 받은 충격량의
크기의 2배이다.

→ $\Delta p_1=m(4v)-m(-v)=5mv$

→ $\Delta p_2=m_c v'$

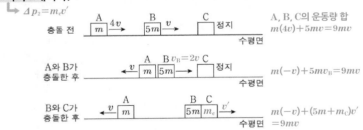

충돌 전   A, B, C의 운동량 합 $m(4v)+5mv=9mv$

A와 B가 충돌한 후 $m(-v)+5mv_B=9mv$

B와 C가 충돌한 후 $m(-v)+(5m+m_C)v'$ $=9mv$

**C의 질량은? (단, A, B, C는 동일 직선상에서 운동하고, 마찰과
공기 저항은 무시한다.)**

① $\frac{5}{4}m$ ② $\frac{3}{2}m$ ③ $\frac{5}{3}m$ ④ $\frac{7}{4}m$ ⑤ $\frac{7}{3}m$

|자|료|해|설|

충격량의 크기는 운동량의 변화량과 같다. 또한 운동량은
보존되므로 주어진 세 가지 상황에서 A~C의 운동량 합은
모두 같다. 충돌 전 A와 B의 운동량의 합은 $m(4v)+5mv$
$=9mv$이다. A와 B가 충돌한 후 운동량의 합은 보존되므로
$9mv=m(-v)+5mv_B$로부터 충돌 후 B의 속력은 $v_B=2v$
이다. 이때 B가 A로부터 받은 충격량은 B의 운동량
변화량의 크기이므로 $\Delta p_1=5m(2v)-5mv=5mv$이다.
B가 C로부터 받은 충격량의 크기는 B가 A로부터 받은
충격량의 $\frac{1}{2}$배이므로 B와 충돌 후 C의 운동량 크기는

$\Delta p_2=\frac{5}{2}mv$이다. 또한 B와 C가 충돌한 후 B와 C의
운동량의 합은 충돌 전 B의 운동량과 같으므로 $5m(2v)=$
$(5m+m_C)v'=5mv'+\frac{5}{2}mv$이다. 이를 정리하면 $v'=\frac{3}{2}v$
이므로 $m_C=\frac{5}{3}m$이다.

|선|택|지|풀|이|

③ 정답 : B가 A로부터 받은 충격량이 $5mv$이므로 B가
C로부터 받은 충격량은 $\frac{5}{2}mv$이다. 따라서 B와 C가 충돌한
후 C의 운동량은 $\frac{5}{2}mv$이고, 충돌 전 B의 운동량이 $10mv$
이므로 충돌 후 B의 운동량은 $\frac{15}{2}mv$이다. B의 질량이 $5m$
이므로 속력은 $\frac{3}{2}v$이고, 충돌 후 B와 C의 속력은 같으므로
C의 속력도 $\frac{3}{2}v$이다. 따라서 C의 질량은 $m=\frac{p}{v}=\frac{5}{2}mv\times$
$\frac{2}{3v}=\frac{5}{3}m$이다.

😀 **문제풀이 TIP** | 충돌 전과 후 물체의 운동량 총합은 보존된다.

😀 **출제분석** | 운동량 보존 법칙에 따라 식을 세울 수 있다면 쉽게 해결할 수 있는 문항이다.

그림과 같이 수평면의 일직선상에서 물체 A, B가 각각 속력 $4v$, v로 등속도 운동하고 물체 C는 정지해 있다. A와 B는 충돌하여 한 덩어리가 되어 속력 $3v$로 등속도 운동한다. 한 덩어리가 된 A, B와 C는 충돌하여 한 덩어리가 되어 속력 v로 등속도 운동한다.

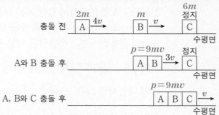

충돌 전　A $\xrightarrow{4v}$　B $\xrightarrow{v}$　C(정지, $6m$)　수평면

A와 B 충돌 후　A B $\xrightarrow{3v}$ C　$p=9mv$　정지　수평면

A, B와 C 충돌 후　A B C $\xrightarrow{v}$　$p=9mv$　수평면

B, C의 질량을 각각 m_B, m_C라 할 때, $\dfrac{m_C}{m_B}$는? **3점**

① 3　　② 4　　③ 5　　④ 6　　⑤ 7

|자|료|해|설|

충돌 후 A와 B의 속력 $3v$는 충돌 전 A의 속력 $4v$와 B의 속력 v의 $1 : 2$ 내분점에 해당한다. 따라서 A와 B의 질량비는 $m_A : m_B = 2 : 1$이다. 이를 식으로 구해보면 $m_A(4v) + m_B v = m_A(3v) + m_B(3v)$이므로 $\dfrac{m_A(4v) + m_B(v)}{m_A + m_B} = 3v$이 되어 x와 y의 $n : m$ 내분점 z를 구하는 공식 $\dfrac{mx + ny}{m + n} = z$와 같아지는 것을 알 수 있다.

|선|택|지|풀|이|

④ 정답 : A와 B의 질량비가 $m_A : m_B = 2 : 1$임을 구했으므로 이를 각각 $2m$, m으로 두자. A와 B가 충돌 후 A와 B의 운동량은 $3m \cdot 3v = 9mv$이다. 이는 A, B와 C가 충돌한 후에도 같아야 하므로 A, B, C의 질량 합을 M이라고 하면 $Mv = 9mv$이므로 $M = 9m$, C의 질량은 $6m$이다. 따라서 $\dfrac{m_C}{m_B} = \dfrac{6m}{m} = 6$이다.

😮 **문제풀이 TIP |** A, B, C가 차례로 충돌하는 동안 A, B, C의 운동량의 합은 보존된다.

😊 **출제분석 |** 운동량 보존 법칙에 따라 식을 세울 수 있어야 문제를 해결할 수 있다.

그림과 같이 수평면에서 운동량의 크기가 p인 물체 A, C가 정지해 있는 물체 B, D에 각각 충돌한다. A, C는 충돌 전후 각각 동일 직선상에서 운동한다. 충돌 후 운동량의 크기는 A가 C의 $\dfrac{3}{5}$배이고, 물체가 받은 충격량의 크기는 B가 D의 $\dfrac{3}{5}$배이다.　$|p_A| = \left|\dfrac{3}{5}p_C\right|$

$p_B = \dfrac{3}{5}p_D$

A $\xrightarrow{p}$　B(정지)　수평면　　C $\xrightarrow{p}$　D(정지)　수평면　→ $p = |p_A + p_B| = |p_C + p_D|$

충돌 후 D의 운동량의 크기는? (단, 모든 마찰과 공기 저항은 무시한다.) **3점**

① $\dfrac{1}{5}p$　　② $\dfrac{3}{5}p$　　③ $\dfrac{3}{4}p$　　④ $\dfrac{5}{4}p$　　⑤ $\dfrac{4}{3}p$

|자|료|해|설|

충돌 후 A, B, C, D의 운동량을 각각 p_A, p_B, p_C, p_D라 하자. A와 B, C와 D가 충돌할 때 운동량은 보존되므로 $p = p_A + p_B = p_C + p_D$ — ①이다. 그런데 충돌 후 B와 D는 오른쪽으로 운동하나 A와 C는 오른쪽 혹은 왼쪽으로 운동할 수 있으므로 제시된 자료를 식으로 표현하면 $|p_A| = \left|\dfrac{3}{5}p_C\right|$ — ②, $p_B = \dfrac{3}{5}p_D$ — ③이다.

|선|택|지|풀|이|

⑤ 정답 : ②의 경우 $p_A = \dfrac{3}{5}p_C$라면 $p_A > 0$, $p_A < 0$일 때 모두 ①이 $p = p_A + p_B = \dfrac{3}{5}(p_C + p_D) = p_C + p_D$가 되어 식이 성립하지 않는다. 충돌 후 D의 운동량이 B보다 더 크기 때문에 충돌 후 A와 C의 운동량의 부호가 반대라면 A는 오른쪽, C는 왼쪽으로 운동해야 하므로 $p_A > 0$이다. 따라서 $p_A = -\dfrac{3}{5}p_C$ $(p_A > 0)$ — ④이고 ④와 ③을 ①에 대입하면 $p = p_A + p_B = -\dfrac{3}{5}p_C + \dfrac{3}{5}p_D$ — ⑤, $p = p_C + p_D$ — ⑥이 된다. ⑤와 ⑥을 연립하여 p_C를 소거하면 $p_D = \dfrac{4}{3}p$이다.

😮 **문제풀이 TIP |** A와 B, C와 D가 충돌 후 B와 D의 운동 방향은 오른쪽으로 같고, A와 C는 운동 방향이 반대이다.

😊 **출제분석 |** 충돌 후 A, B, C, D의 운동 방향을 유추해서 부호를 고려한 식을 세워야 풀 수 있는 문항이다.

그림 (가)는 마찰이 없는 수평면에서 운동량의 크기가 $2p$로 같은 물체 A, B, C가 각각 등속도 운동하는 것을 나타낸 것이다. 그림 (나)는 (가) 이후 모든 충돌이 끝나 A, B, C가 크기가 각각 p, p, $2p$인 운동량으로 등속도 운동하는 것을 나타낸 것이다. (가) → (나) 과정에서 **C가 B로부터 받은 충격량의 크기는 $4p$이다.**

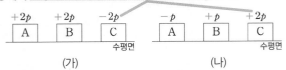

(가)　　　　　　　　(나)

이에 대한 설명으로 옳은 것만을 〈보기〉에서 있는 대로 고른 것은? (단, A, B, C는 동일 직선상에서 운동한다.) **3점**

> **보기**
> ㄱ. (가)에서 운동 방향은 A와 B가 같다. ~~반대 방향이다.~~
> ㄴ. A의 운동 방향은 (가)에서와 (나)에서가 ~~같다.~~
> ㄷ. (가) → (나) 과정에서 B가 A로부터 받은 충격량의 크기는 $3p$이다.

① ㄱ　　② ㄴ　　✓③ ㄱ, ㄷ　　④ ㄴ, ㄷ　　⑤ ㄱ, ㄴ, ㄷ

A와 B가 충돌 후
$-p$　$+5p$
A　　B

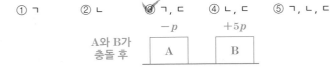

| 자 | 료 | 해 | 설 |

(+)는 오른쪽 방향, (−)는 왼쪽 방향으로 설정할 때 C가 B로부터 받은 충격량의 크기는 $4p$이므로 (가)와 (나)에서 C의 운동량은 각각 $-2p$, $+2p$이다. 또한 (가) → (나) 과정에서 운동량이 보존되는데, (가)에서 운동량 총합이 0 또는 $+4p$가 되는 것이 불가능하므로 (가)와 (나)에서 운동량 총합은 $+2p$이다. 따라서 (가)에서 A, B의 운동량은 모두 $+2p$이고, (나)에서 A, B의 운동량은 각각 $-p$, $+p$이다.
A와 B가 충돌할 때 충격량의 크기가 $3p$이므로 충돌 후 A의 운동량은 $-p$, B의 운동량은 $+5p$이다.

| 보 | 기 | 풀 | 이 |

ㄱ. 정답 : (가)에서 A와 B의 운동 방향은 오른쪽(+) 방향이다.

ㄴ. 오답 : A의 운동량은 (가)에서 $+2p$, (나)에서 $-p$이므로 운동 방향은 서로 반대이다.

ㄷ. 정답 : (가) → (나) 과정에서 B가 A로부터 받은 충격량의 크기는 $3p$이다.

😮 **문제풀이 TIP** | (나)에서 A, B, C는 더 이상 충돌하지 않는다는 점에 주목하자.

😄 **출제분석** | 최근 경향은 물체의 상대 운동을 분석한 뒤 운동량 보존 법칙에 따라 문제를 해결하는 유형이었다. 이번 문항은 주어진 조건에 따라 운동량의 방향을 유추하여 문제를 해결하도록 출제되었다.

그림 (가)와 같이 마찰이 없는 수평면에서 질량이 40kg인 학생이 질량이 각각 10kg, 20kg인 물체 A, B와 함께 2m/s의 속력으로 등속도 운동한다. 그림 (나)는 (가)에서 학생이 A, B를 동시에 수평 방향으로 0.5초 동안 밀었더니, 학생은 정지하고 A, B는 등속도 운동하는 모습을 나타낸 것이다. (나)에서 **운동량의 크기는 B가 A의 8배이다.**
↳ $20v_B = 10v_A \times 8$

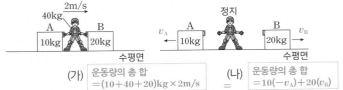

(가) 운동량의 총 합 $= (10+40+20)\text{kg} \times 2\text{m/s}$
(나) 운동량의 총 합 $= 10(-v_A) + 20(v_B)$

물체를 미는 동안 학생이 B로부터 받은 평균 힘의 크기는? (단, 학생과 물체는 동일 직선상에서 운동한다.)

① 160N　　✓② 240N　　③ 320N　　④ 360N　　⑤ 400N

| 자 | 료 | 해 | 설 |

(가)에서 A, B, 학생의 운동량의 합의 크기는 $(10+40+20)\text{kg} \times 2\text{m/s} = 140\text{kg} \cdot \text{m/s}$이다. (나)에서 A와 B의 속도의 크기를 각각 v_A, v_B라 하면 (나)에서 A, B, 학생의 운동량의 합의 크기는 $10(-v_A) + 20v_B$이다. (가)와 (나)에서 A, B, 학생의 운동량의 총합은 보존되므로, $140 = 10(-v_A) + 20v_B$ ─①이다. 한편, (나)에서 운동량의 크기는 B가 A의 8배이므로 $20v_B = 80v_A$이고, 이를 정리하면 $v_B = 4v_A$ ─②이다. ②를 ①에 대입하면 $v_A = 2\text{m/s}$, $v_B = 8\text{m/s}$이다.

| 선 | 택 | 지 | 풀 | 이 |

② 정답 : 물체를 미는 동안 학생이 B로부터 받은 충격량의 크기는 B의 운동량 변화량의 크기이므로, 물체를 미는 동안 학생이 B로부터 받은 평균 힘의 크기를 F라고 하면, $F\Delta t = \Delta p_B = 20\text{kg} \times (8-2)\text{m/s} = 120\text{kg} \cdot \text{m/s}$이다. $\Delta t = 0.5\text{s}$이므로 물체를 미는 동안 학생이 B로부터 받은 평균 힘의 크기는 $F = \dfrac{\Delta p}{\Delta t} = \dfrac{120}{0.5} = 240\text{N}$이다.

😮 **문제풀이 TIP** | 평균 힘의 크기 $\overline{F} = \dfrac{\Delta p}{\Delta t}$

😄 **출제분석** | 평소 출제되는 유형으로 운동량 보존 법칙, 충격량과 운동량의 관계로 쉽게 해결할 수 있는 문항이다.

그림 (가)는 마찰이 없는 수평면에서 정지한 물체 A 위에 물체 D와 용수철을 넣어 압축시킨 물체 B, C를 올려놓고 B와 C를 동시에 가만히 놓았더니, 정지해 있던 B와 C가 분리되어 각각 등속도 운동을 하는 모습을 나타낸 것이다. 그림 (나)는 (가)에서 먼저 C가 D와 충돌하여 한 덩어리가 되어 속력 v로 등속도 운동을 하고, 이후 B가 A와 충돌하여 한 덩어리가 되어 등속도 운동을 하는 모습을 나타낸 것이다. A, B, C, D의 질량은 각각 $5m, 2m, m, m$이다.

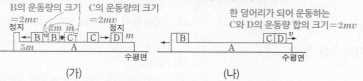

(가)   (나)

이에 대한 설명으로 옳은 것만을 〈보기〉에서 있는 대로 고른 것은? (단, 물체는 동일 연직면상에서 운동하고, 용수철의 질량은 무시하며, A의 윗면은 마찰이 없고 수평면과 나란하다.) **3점**

보기
ㄱ. (가)에서 B와 C가 용수철에서 분리된 직후 운동량의 크기는 B와 C가 같다.
ㄴ. (가)에서 B와 C가 용수철에서 분리된 직후 B의 속력은 v이다.
ㄷ. (나)에서 한 덩어리가 된 A와 B의 속력은 $\frac{2}{5}v$이다.

① ㄱ   ② ㄷ   ③ ㄱ, ㄴ   ④ ㄴ, ㄷ   ⑤ ㄱ, ㄴ, ㄷ

|자|료|해|설|
(가)와 (나)에서 A, B, C, D의 운동량의 총합은 0이다.

|보|기|풀|이|
ㄱ. 정답 : B와 C가 분리되기 전 운동량의 합은 0이므로 운동량 보존 법칙에 따라 B와 C의 운동량의 크기는 같고 방향은 반대이다.
ㄴ. 정답 : (나)에서 C와 D의 운동량 합의 크기는 $2mv$이므로 C와 D가 충돌 전 운동량의 크기의 합도 $2mv$여야 한다. 따라서 C의 운동량의 크기는 $2mv$가 된다. 이때 분리된 직후 B와 C의 운동량의 합도 0이므로 B의 운동량 크기는 C의 운동량의 크기와 같아야 한다. $2mv=(2m)v_B$, 따라서 B의 속력은 $v_B=v$이다.
ㄷ. 오답 : (나)에서 한 덩어리가 된 A와 B의 운동량 합의 크기는 충돌 전 A와 B의 운동량의 합과 같아야 한다. 충돌 전의 운동량의 합은 B의 운동량 크기인 $2mv$이므로 한 덩어리가 된 A와 B의 속력 v'은 $2mv=(5m+2m)v'$로부터 $v'=\frac{2}{7}v$이다.

😎 **문제풀이 T I P** | 운동량 보존 법칙에 따라 두 물체의 충돌 전과 후의 운동량 합은 같다.

😀 **출제분석** | 운동량 보존 법칙을 이해한다면 쉽게 해결할 수 있는 난이도의 문항이다.

그림 (가)와 같이 마찰이 없는 수평면에서 물체 A와 B 사이에 용수철을 넣어 압축시킨 후 A와 B를 동시에 가만히 놓았더니, 정지해 있던 A와 B가 분리되어 등속도 운동을 하는 물체 C, D를 향해 등속도 운동을 한다. 이때 C, D의 속력은 각각 $2v$, v이고, 운동 에너지는 C가 B의 2배이다. 그림 (나)는 (가)에서 물체가 충돌하여 A와 C는 정지하고, B와 D는 한 덩어리가 되어 속력 $\frac{1}{3}v$로 등속도 운동을 하는 모습을 나타낸 것이다.

C의 운동에너지=$2mv^2$
B의 운동에너지=mv^2

(가)   C $\boxed{m}$ $2v$ A $\boxed{\quad}$ B $\boxed{m}$ → v D $\boxed{m}$
        충돌 전 A, B의 운동량의 크기=$2mv$ 수평면

(나)   C A $\boxed{m}\boxed{\quad}$ 정지   B D $\boxed{m}\boxed{m}$ $\frac{1}{3}v$
                                   수평면

C의 질량이 m일 때, D의 질량은? (단, 물체는 동일 직선상에서 운동하고, 용수철의 질량은 무시한다.) **3점**

① $\frac{1}{2}m$ ② m ③ $\frac{3}{2}m$ ④ $2m$ ⑤ $\frac{5}{2}m$

|자|료|해|설| 및 |선|택|지|풀|이|
② 정답 : C의 운동 에너지는 $\frac{1}{2}(m)(2v)^2$이므로 B의 운동 에너지는 $E_B=mv^2$이다. (나)에서 A와 C가 충돌 후 정지하였으므로 운동량 보존 법칙에 의하여 (가)에서 A와 C의 운동량의 크기는 $2mv$로 같고, B의 운동량의 크기 역시 $2mv$라고 할 수 있다. 이때 B와 D의 질량을 각각 m_B, m_D라 하면 $E_B=\frac{(2mv)^2}{2m_B}=mv^2$이므로 $m_B=2m$이고, (가)와 (나)에서 B와 D의 운동량 합도 보존되므로 $2mv-m_Dv=(2m+m_D)\left(\frac{1}{3}v\right)$, 이를 정리하면 $m_D=m$이다.

😎 **문제풀이 T I P** | 운동 에너지(E)와 운동량(p)의 관계 : $E=\frac{p^2}{2m}$

😀 **출제분석** | 운동량 보존 법칙을 이용하여 식을 세우면 쉽게 해결되는 난이도로 출제되었다.

그림 (가)는 마찰이 없는 수평면에서 물체 A, B가 등속도 운동하는 모습을, (나)는 A와 B 사이의 거리를 시간에 따라 나타낸 것이다. A의 속력은 충돌 전이 2m/s이고, 충돌 후가 1m/s이다. A와 B는 질량이 각각 m_A, m_B이고 동일 직선상에서 운동한다. 충돌 후 운동량의 크기는 B가 A보다 크다.

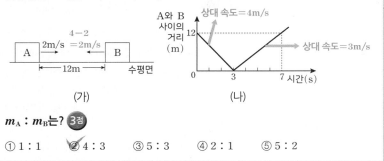

(가)   (나)

$m_A : m_B$는? 3점

① 1 : 1 ② 4 : 3 ③ 5 : 3 ④ 2 : 1 ⑤ 5 : 2

😊 **문제풀이 T I P** | 충돌 전 운동량의 총합=충돌 후 운동량의 총합

😊 **출제분석** | (나)로부터 두 물체의 속도를 구하여 운동량 보존 법칙을 적용하면 쉽게 해결할 수 있는 일반적인 문항으로 출제되었다.

|자|료|해|설|

(나) 그래프의 0~3초에서 A와 B의 상대 속도의 크기는 4m/s이므로 충돌 전 B의 속력은 왼쪽으로 2m/s이다. 충돌 후 A의 속력은 1m/s이므로 오른쪽으로 1m/s 또는 왼쪽으로 1m/s이다. 속력과 운동량의 방향은 왼쪽 방향을 −, 오른쪽 방향을 +로 생각한다.

|선|택|지|풀|이|

② 정답 : 먼저 충돌 후 A의 속력을 오른쪽으로 1m/s라 하면, B의 속력은 3+1=4m/s이므로 운동량 보존 법칙에 따라 $m_A(2)+m_B(-2)=m_A(1)+m_B(4)$이고, $m_A=6m_B$이다. 그러나 이 결과는 충돌 후 A와 B의 운동량 크기가 각각 $m_A(1)=6m_B$, $m_B(4)$로 B가 A보다 작다. 따라서 충돌 후 A의 속력은 왼쪽으로 1m/s이고 이때 충돌 후 B의 속력은 3−1=2m/s이므로 운동량 보존 법칙에 따라 $m_A(2)+m_B(-2)=m_A(-1)+m_B(2)$이고, $3m_A=4m_B$이다. 따라서 $m_A : m_B=4 : 3$이다. 이 결과는 충돌 후 A와 B의 운동량 크기가 각각 $m_A(1)=\frac{4}{3}m_B$, $m_B(2)$이므로 주어진 조건을 만족한다.

그림 (가)는 마찰이 없는 수평면에서 x축을 따라 운동하는 물체 A, B, C를 나타낸 것이다. 그림 (나)는 (가)의 순간부터 A, B의 위치 x를 시간 t에 따라 나타낸 것이다. A, B, C의 운동량의 합은 항상 0 이다.

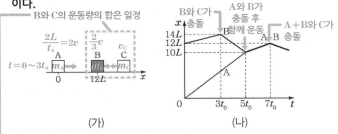

(가)   (나)

이에 대한 옳은 설명만을 〈보기〉에서 있는 대로 고른 것은? (단, 물체의 크기는 무시한다.) 3점

보기
ㄱ. $t=t_0$일 때 C의 운동 방향은 $-x$방향이다.
ㄴ. $t=4t_0$일 때 운동량의 크기는 A가 B의 $\frac{2}{3}$배이다.
ㄷ. 질량은 C가 B의 8배이다.

① ㄱ ② ㄷ ③ ㄱ, ㄴ ④ ㄱ, ㄷ ⑤ ㄴ, ㄷ

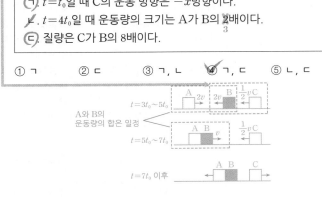

|자|료|해|설|

0~$3t_0$까지 A와 B의 속도는 $+x$방향으로 각각 $\frac{10L}{5t_0}=2v$, $\frac{2L}{3t_0}=\frac{2}{3}v$이고 A, B, C의 운동량의 합이 0이므로 C는 $-x$ 방향으로 운동하고 이때 C의 속력을 v_C라 하자. $3t_0$에서 B, C가 충돌한 뒤 B의 속도는 $-x$방향으로 $\frac{4L}{2t_0}=2v$, C는 $14L$ 지점에서 충돌 후 시간 $7t_0$에서 다시 A+B와 위치 $12L$에서 충돌하므로 $-x$방향으로 $\frac{14L-12L}{7t_0-3t_0}=\frac{1}{2}v$로 운동한다는 것을 알 수 있다. 그리고 $5t_0$에서 A와 B가 충돌 후 $+x$방향으로 A와 B가 함께 $\frac{2L}{2t_0}=v$로 운동한다. $7t_0$에서 A+B와 C가 충돌한 뒤 A, B는 함께 $-x$방향으로, A, B, C의 운동량의 합은 0이기 때문에 C는 $+x$방향으로 운동한다. A, B, C의 질량을 각각 m_A, m_B, m_C 라 할 때, 운동량 보존 법칙에 따라 $3t_0$~$5t_0$에서 A와 B의 운동량의 합은 $5t_0$~$7t_0$에서와 같으므로 $2m_Av-2m_Bv=m_Av+m_Bv$ 이고, 이를 정리하면 $m_A=3m_B$이다. 또한, 0~$3t_0$에서 B와 C의 운동량의 합은 $3t_0$~$5t_0$에서와 같으므로 $3m_B\left(\frac{2}{3}v\right)-m_Cv_C=-m_B(2v)-m_C\left(\frac{1}{2}v\right)$이고, 이를 정리하면 $m_C=8m_B$이다.

|보|기|풀|이|

ㄱ. 정답 : $t=t_0$에서 A와 B는 $+x$방향으로 운동한다. 이때 항상 A, B, C의 운동량의 합이 0이어야 하므로 C는 $-x$ 방향으로 운동한다.

ㄴ. 오답 : $t=4t_0$일 때 운동량의 크기는 위에서 구한 A와 B의 질량비를 이용해서 구하면 A와 B가 각각 $m_A(2v)=3m_B(2v)=6m_Bv$, $m_B(2v)=2m_Bv$이므로 A가 B의 3배이다.

ㄷ. 정답 : 운동량 보존 법칙에 따라 $m_C=8m_B$이다.

😊 **문제풀이 T I P** | $3t_0$에서 B와 C가, $5t_0$에서 A와 B가, $7t_0$에서 A+B가 C와 충돌한다.

😊 **출제분석** | 시간−속도 그래프로부터 물체의 충돌 전과 후의 속력을 구한 뒤 운동량 보존 법칙에 따라 물체의 질량을 비교하는 유형은 3점 문항으로 자주 출제된다.

그림 (가)와 같이 마찰이 없는 수평면에서 물체 A가 정지해 있는
물체 B, C를 향해 운동한다. A, B, C의 질량은 각각 M, m, m이다.
그림 (나)는 (가)의 순간부터 A와 C 사이의 거리를 시간에 따라
나타낸 것이다.

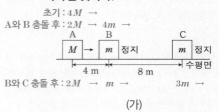

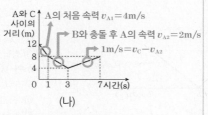

(가)　　　　　　　　　　　　(나)

이에 대한 옳은 설명만을 〈보기〉에서 있는 대로 고른 것은? (단, A, B, C는 동일 직선상에서 운동하고, 물체의 크기는 무시한다.) 3점

보기

ㄱ. 2초일 때 B의 속력은 ~~4~~ 2m/s이다.

ㄴ. $M=2m$이다.

ㄷ. 5초일 때 B의 속력은 1m/s이다.

① ㄴ　　② ㄷ　　③ ㄱ, ㄴ　　④ ㄱ, ㄷ　　⑤ ㄴ, ㄷ ✓

|자|료|해|설|

(나)에서 그래프의 기울기는 C에 대한 A의 상대 속도이다. 0초~1초에서 C는 정지 상태이므로 A의 속력은 $v_{A1} = \dfrac{(12-8)\,m}{1s} = 4$m/s이다. 1초일 때 그래프가 꺾이는 것으로 보아 A와 B의 충돌이 일어나고, 충돌 후 3초까지 A의 속력은 $v_{A2} = \dfrac{(8-4)\,m}{2s} = 2$m/s이다. 3초일 때 그래프가 또 한 번 꺾이므로 B는 2초 동안 $v_B = \dfrac{8m}{2s} = 4$m/s로 8m를 이동하여 C와 충돌하는 것을 알 수 있다. 충돌 후 A와 C가 멀어지고 있으므로 C의 속력이 A보다 크다. 이때 A와 C의 상대 속도는 1m/s이므로 1m/s $= v_C - 2$m/s에 의해 3초~7초에서 $v_C = 3$m/s이다.

|보|기|풀|이|

ㄱ. 오답 : B는 1초에서 A와 충돌하고 3초에서 C와 충돌한다. 따라서 B는 2초 동안 8m를 운동하므로 2초일 때 B의 속력은 4m/s이다.

ㄴ. 정답 : 운동량 보존 법칙에 따라 충돌 전 A의 운동량 ($4M$)은 충돌 후 A와 B의 운동량의 합($2M+4m$)과 같으므로 $4M=2M+4m$에 의해 $M=2m$이다.

ㄷ. 정답 : 3초에서 B와 C가 충돌할 때 운동량 보존 법칙에 따라 충돌 전 B의 운동량($4m$)은 충돌 후 B와 C의 운동량의 합($mv_B' + 3m$)과 같으므로 $4m = mv_B' + 3m$에 의해 3초에서 일어난 충돌 후 B의 속력은 $v_B' = 1$m/s이다.

😮 **문제풀이 TIP** | (나)에서 그래프의 기울기는 C에 대한 A의 상대 속도이다. 따라서 그래프가 꺾인 지점은 A 또는 C의 속도가 바뀐 지점이므로 충돌이 일어났다는 것을 알 수 있다.

😀 **출제분석** | 물체의 속도가 직접적으로 주어지면 문제가 너무 쉬워지기 때문에 최근 기출 문제에서는 간접적인 방식으로 속도를 제시하고 있다. 따라서 질량이 주어졌을 때 어떤 그래프가 나오든 속도 또는 속력을 구하면 문제를 해결할 수 있을 것이다.

그림 (가)와 같이 수평면에서 벽 p와 q 사이의 거리가 8m인 물체 A가 4m/s의 속력으로 등속도 운동하고, 물체 B가 p와 q 사이에서 등속도 운동한다. 그림 (나)는 p와 B 사이의 거리를 시간에 따라 나타낸 것이다. B는 1초일 때와 3초일 때 각각 q와 p에 충돌한다. 3초 이후 A는 5m/s의 속력으로 등속도 운동한다.

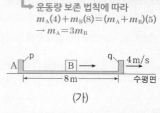

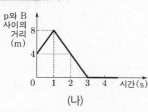

(가)　　　　　　　　　　　(나)

이에 대한 설명으로 옳은 것만을 〈보기〉에서 있는 대로 고른 것은? (단, A와 B는 동일 직선상에서 운동하며, 벽과 B의 크기, 모든 마찰은 무시한다.) 3점

보기

ㄱ. 질량은 A가 B의 3배이다.

ㄴ. 2초일 때, A의 속력은 6m/s이다.

ㄷ. 2초일 때, 운동 방향은 A와 B가 같다.

① ㄱ　　② ㄴ　　③ ㄱ, ㄷ　　④ ㄴ, ㄷ　　⑤ ㄱ, ㄴ, ㄷ ✓

|자|료|해|설|

(나)의 그래프로부터 0~1초에서 B는 A보다 4m/s 빠르므로 수평면을 기준으로 8m/s의 속력으로 운동한다. 1초에서 B가 q에 충돌 후 1~3초에서 A의 속도를 v라 하면 B의 속도는 $v-4$이고 3초 이후 A와 B는 5m/s로 함께 등속도 운동한다.

|보|기|풀|이|

ㄱ. 정답 : A와 B의 질량을 각각 m_A, m_B라 하면 0초일 때 A와 B의 운동량의 합은 3초 이후와 같으므로 $m_A(4) + m_B(8) = (m_A+m_B)(5)$이다. 따라서 $m_A = 3m_B$ — ①이다.

ㄴ. 정답 : 운동량 보존 법칙에 따라 2초일 때 A와 B의 운동량의 합은 3초 이후와 같으므로 $3m_Bv + m_B(v-4) = (3m_B+m_B)(5)$이다. 따라서 A의 속력은 $v=6$m/s이다.

ㄷ. 정답 : 2초일 때 B의 속도는 $6-4=2$m/s이므로 A와 B 모두 오른쪽으로 운동한다.

😮 **문제풀이 TIP** | 충돌 이후에도 A와 B의 운동량의 합은 보존된다.

😀 **출제분석** | 운동량 보존 법칙에 따라 식을 세운다면 쉽게 해결할 수 있다.

그림 (가)와 같이 마찰이 없는 수평면에서 운동량의 크기가 각각 $2p$, p, p인 물체 A, B, C가 각각 $+x$, $+x$, $-x$방향으로 동일 직선상에서 등속도 운동한다. 그림 (나)는 (가)에서 A와 C의 위치를 시간에 따라 나타낸 것이다. B와 C의 질량은 같다.

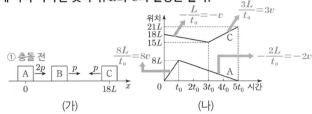

(가)   (나)

이에 대한 설명으로 옳은 것만을 〈보기〉에서 있는 대로 고른 것은? (단, 물체의 크기는 무시한다.) (3점)

보기

ㄱ. 질량은 C가 A의 4배이다.

ㄴ. $2t_0$일 때, B의 운동량의 크기는 $\frac{7}{2}p$이다.

ㄷ. $4t_0$일 때, 속력은 C가 B의 $\frac{6}{5}$배이다.

① ㄱ   ② ㄷ   ③ ㄱ, ㄴ ✓   ④ ㄴ, ㄷ   ⑤ ㄱ, ㄴ, ㄷ

② A와 B가 충돌 후

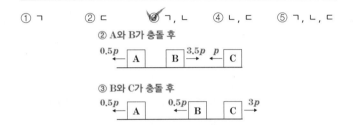

③ B와 C가 충돌 후

| 자 | 료 | 해 | 설 |

(나)에서 그래프의 기울기는 물체의 속도이므로 $\frac{L}{t_0}=v$ 라고 하면, A의 충돌 전과 후의 속도는 각각 $\frac{8L}{t_0}=8v$, $-\frac{2L}{t_0}=-2v$이고 C의 충돌 전과 후의 속도는 각각 $-\frac{L}{t_0}=-v$, $\frac{3L}{t_0}=3v$이다. A와 B가 충돌한 후 A의 속도는 $-x$방향으로 크기가 $\frac{1}{4}$배가 되므로 충돌 후 A의 운동량은 $-x$방향으로 $0.5p$이다. 이때, A의 운동량 변화량의 크기는 $2p-(-0.5p)=2.5p$이고 운동량 보존 법칙에 따라 A의 운동량 변화량의 크기는 B의 운동량 변화량의 크기와 같으므로 충돌 후 B의 운동량은 $+x$방향으로 크기는 $p+2.5p=3.5p$이다.(그림②) B와 C가 충돌 후 C의 속도는 $+x$방향으로 크기가 3배가 되므로 충돌 후 C의 운동량은 $+x$방향으로 크기는 $3p$이다. 이때, C의 운동량 변화량의 크기는 $3p-(-p)=4p$이고 운동량 보존 법칙에 C의 운동량 변화량의 크기는 B의 운동량 변화량의 크기와 같으므로 충돌 후 B의 운동량은 $-x$방향으로 크기는 $4p-3.5p=0.5p$이다.(그림③)

| 보 | 기 | 풀 | 이 |

ㄱ. 정답 : A의 질량을 m_A, B와 C의 질량을 m이라 하면, A의 충돌 전 운동량의 크기는 $2p=m_A(8v)$이므로 $m_A=\frac{p}{4v}$이고 C의 충돌 전 운동량의 크기는 $p=mv$이므로 $m=\frac{p}{v}$이다. 따라서 $m=4m_A$이다.

ㄴ. 정답 : $2t_0$에서는 그림 ②와 같이 A와 B가 충돌한 이후 상황으로 자료 해설과 같이 B의 운동량의 크기는 $3.5p$이다.

ㄷ. 오답 : 그림 ③과 같이 $4t_0$에서 B와 C의 운동량 크기는 각각 $0.5p$, $3p$이고 B와 C의 질량은 같으므로 B와 C의 속력의 비는 운동량의 크기 비와 같은 $1:6$이다.

🤓 **문제풀이 TIP** | 운동량의 크기는 $p=mv$이고 충돌 상황에서 충돌하는 물체의 질량은 그대로이므로 운동량의 크기는 속력의 크기에 비례한다.

😀 **출제분석** | 두 물체가 충돌할 때 각각의 물체가 받은 충격량의 크기가 같음을 알고 있다면 위와 같은 유형을 해결하는 데 큰 어려움은 없을 것이다.

그림은 동일 직선상에서 각각 일정한 속력으로 운동하는 물체 A와 B 사이의 거리를 시간 t에 따라 나타낸 것이다. $t=0$부터 $t=1$초까지 A와 B는 서로를 향해 운동하여 $t=1$초인 순간 충돌하고, $t=1$초 이후 A와 B의 운동 방향은 충돌 전 A의 운동 방향과 같다. 질량은 A가 B의 2배이고, **충돌 후 운동량의 크기는 B가 A의 2배이다.** 충돌 전 A, B의 속력을 각각 v_A, v_B라 할 때, $v_A : v_B$는? (3점)

운동량 보존 법칙
$(2m)v_A - mv_B$
$= (2m)v_A' + mv_B' - ③$
$2(2m)v_A' = mv_B' - ④$

① 1:1   ② 1:2   ③ 1:5   ④ 2:1 ✓   ⑤ 5:1

A와 B 사이의 거리(m) 그래프:
$v_A + v_B = 6\text{m/s} - ①$
$v_B' - v_A' = 3\text{m/s} - ②$

| 자 | 료 | 해 | 설 |

A와 B의 질량을 각각 $2m$, m이라 하고 충돌 전과 충돌 후, A와 B의 속력을 각각 v_A, v_B, v_A', v_B'라 하면 충돌 전 A, B는 서로를 향해 운동하므로 $v_A + v_B = 6 - ①$이고, 충돌 후 A와 B는 같은 방향으로 운동하므로 $v_B' - v_A' = 3 - ②$이다. 운동량 보존 법칙에 따라 $(2m)v_A - mv_B = (2m)v_A' + mv_B' - ③$이고 충돌 후 운동량의 크기는 B가 A의 2배이므로 $2(2m)v_A' = mv_B' - ④$이다.

| 선 | 택 | 지 | 풀 | 이 |

④ 정답 : ②와 ④로부터 $v_A' = 1\text{m/s}$, $v_B' = 4\text{m/s}$를 구할 수 있고, 이를 ③에 대입하면 $2v_A - v_B = 6 - ⑤$이므로 ①과 ⑤를 연립하여 $v_A = 4\text{m/s}$, $v_B = 2\text{m/s}$를 구할 수 있다. 따라서 $v_A : v_B = 2 : 1$이다.

🤓 **문제풀이 TIP** | 미지수를 최소로 사용하여 문제를 풀 수도 있다. 그래프에 따라 충돌 전 A와 B의 속도를 각각 $v+6$, v라고 하고, 충돌 후 속도를 각각 v', $v'+3$이라고 하면 충돌 후 $2 \times (2mv') = m(v'+3)$에 의해 $v'=1\text{m/s}$이고, $2m(v+6)+mv=2m+4m$에 의해 $v=-2\text{m/s}$이다.

😀 **출제분석** | 최근 기출 문제는 충돌하는 물체의 상대 속도를 그래프를 이용하여 물체의 운동을 분석하는 형태로 출제된다.

그림 (가)는 수평면에서 물체 A, B, C가 등속도 운동하는 모습을 나타낸 것이다. B의 속력은 1m/s이다. 그림 (나)는 A와 C 사이의 거리, B와 C 사이의 거리를 시간 t에 따라 나타낸 것이다. A, B, C는 동일 직선상에서 운동한다.

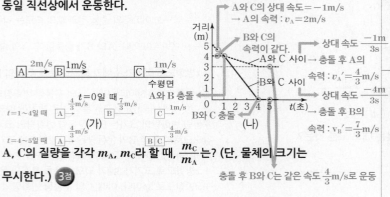

A, C의 질량을 각각 m_A, m_C라 할 때, $\dfrac{m_C}{m_A}$는? (단, 물체의 크기는 무시한다.) 3점

① $\dfrac{3}{2}$ ② 2   ③ $\dfrac{5}{2}$ ④ 3   ⑤ $\dfrac{7}{2}$

|자|료|해|설|

0~1초에서 A의 속력은 B보다 1m/s만큼 더 빠른 $v_A = 2$m/s이고, 1초에서 A와 B가 충돌 후 A의 속력은 C보다 $\dfrac{1}{3}$m/s 빠른 $v_A' = \dfrac{4}{3}$m/s이고 B는 C보다 $\dfrac{4}{3}$m/s만큼 더 빠른 $v_B' = \dfrac{7}{3}$m/s이다. 4초에서 B와 C가 충돌 후 B와 C는 1~4초에서 A의 속력과 같은 $v_B'' = v_C'' = v_A' = \dfrac{4}{3}$m/s이다.

|선|택|지|풀|이|

① 정답 : A, B, C의 질량을 각각 m_A, m_B, m_C라 할 때, A와 B, B와 C가 충돌 시 운동량의 합은 보존되므로 $2m_A + m_B = \dfrac{4}{3}m_A + \dfrac{7}{3}m_B$ ― ①, $\dfrac{7}{3}m_B + m_C = \dfrac{4}{3}(m_B + m_C)$ ― ②이다. ①과 ②를 연립하여 m_B를 소거하면 $\dfrac{m_C}{m_A} = \dfrac{3}{2}$이다.

🧠 **문제풀이 TIP** | 물체가 충돌할 때 충돌 전 운동량의 합은 충돌 후에도 보존된다.

😀 **출제분석** | 최근 물체의 상대 속도를 나타내는 그래프를 분석하여 물체의 속도를 구한 뒤 운동량 보존 법칙을 적용하는 문항이 자주 출제되고 있다.

🦉 **더 자세한 해설 @**

STEP 1. 물체 사이의 질량비

충돌이 일어날 때 물체 사이에는 운동량 보존 법칙이 성립하므로 충돌 전 속도를 v_1, 충돌 후 속도를 v_2, $\Delta v = v_2 - v_1$이라고 할 때 $m_A v_{A1} + m_B v_{B1} = m_A v_{A2} + m_B v_{B2}$이고, $m_A(v_{A2} - v_{A1}) = m_B(v_{B1} - v_{B2})$에 의해 $m_A \Delta v_A = -m_B \Delta v_B$이다. 문제에서 두 물체 사이의 질량비를 구하라고 했으므로 질량을 한쪽으로 넘겨서 정리하면 $\dfrac{m_B}{m_A} = -\dfrac{\Delta v_A}{\Delta v_B}$이고, 같은 방식으로 B와 C의 충돌에서 $\dfrac{m_C}{m_B} = -\dfrac{\Delta v_B'}{\Delta v_C}$를 구하여 $\dfrac{m_C}{m_A} = \dfrac{\Delta v_A}{\Delta v_B} \times \dfrac{\Delta v_B'}{\Delta v_C}$와 같이 구할 수 있다. 주어진 그래프가 시간-거리 그래프이므로 각 충돌에서 물체의 속도 변화량의 비를 구하여 질량비를 구할 수 있다.

STEP 2. 물체들의 충돌한 시간 구하기

A, B, C의 위치를 각각 S_A, S_B, S_C라고 하고 A와 B 사이, A와 C 사이, B와 C 사이 거리를 각각 S_{AB}, S_{AC}, S_{BC}라고 하면 오른쪽 방향을 양(+)의 부호로 설정할 때 $S_{AB} = S_B - S_A$, $S_{AC} = S_C - S_A$, $S_{BC} = S_C - S_B$이다. 따라서 주어진 그래프에서 S_{AC}에서 S_{BC}를 빼면 S_{AB}를 얻을 수 있다. 이때 $S_{AB} = 0$이 되는 시점이 A와 B가 충돌하는 시점이고, $S_{BC} = 0$이 되는 시점이 B와 C가 충돌하는 시점이므로 A와 B는 $t = 1$초일 때, B와 C는 $t = 4$초일 때 충돌한다.

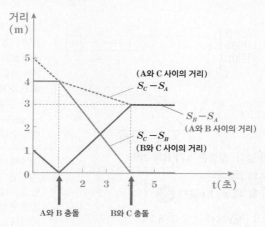

STEP 3. 그래프를 활용하여 각 구간에서 A, B, C의 속도 변화량 구하기

그래프에서 A와 C 사이의 거리 그래프의 기울기는 $\dfrac{\Delta y}{\Delta x} = \dfrac{\Delta S_C - \Delta S_A}{\Delta t} = v_C - v_A$와 같으므로 A에 대한 C의 상대 속도($v_{CA}$)를 의미한다. 마찬가지

방식으로 A와 B 사이, B와 C 사이 거리 그래프의 기울기는 각각 v_{BA}, v_{CB}를 의미한다.

C는 4초일 때 B와 충돌하기 전까지는 속도가 일정하므로 A와 B의 충돌이 일어날 때 속도 변화량은 A에서 $\Delta v_A = \Delta v_{AC} = (v_{A2} - v_C) - (v_{A1} - v_C)$이고, B에서 $\Delta v_B = \Delta v_{BC}$이다. 또한 A는 1초일 때 B와 충돌한 후에는 속도가 일정하므로 B와 C의 충돌이 일어날 때 $\Delta v_B' = \Delta v_{BA}$이고, $\Delta v_C = \Delta v_{CA}$이다.

이를 이용하여 충돌에서 속도 변화량을 구하면 아래 표와 같다. 이때 $v_{AC} = -v_{CA}$, $v_{BC} = -v_{CB}$이므로 부호에 유의한다.

〈$t=1$에서 A와 B의 충돌〉

	충돌 전	충돌 후	Δv
v_{AC}	$+1\text{m/s}$	$+\frac{1}{3}\text{m/s}$	$\Delta v_A = -\frac{2}{3}\text{m/s}$
v_{BC}	0	$+\frac{4}{3}\text{m/s}$	$\Delta v_B = +\frac{4}{3}\text{m/s}$

〈$t=4$에서 B와 C의 충돌〉

	충돌 전	충돌 후	Δv
v_{BA}	$+1\text{m/s}$	0	$\Delta v_B' = -1\text{m/s}$
v_{CA}	$-\frac{1}{3}\text{m/s}$	0	$\Delta v_C = +\frac{1}{3}\text{m/s}$

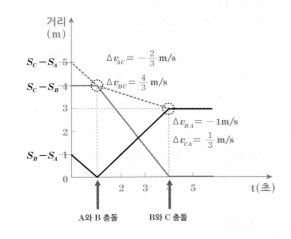

STEP 4. 선택지 풀이

① 정답 | $\Delta v_A = -\frac{2}{3}$, $\Delta v_B = \frac{4}{3}$이므로 $\frac{m_B}{m_A} = -\frac{\Delta v_A}{\Delta v_B} = \frac{1}{2}$이고, $\Delta v_B' = -1$, $\Delta v_C = \frac{1}{3}$이므로 $\frac{m_C}{m_B} = -\frac{\Delta v_B'}{\Delta v_C} = 3$이다. 따라서 $\frac{m_C}{m_A} = \frac{\Delta v_A}{\Delta v_B} \times \frac{\Delta v_B'}{\Delta v_C}$ $= \frac{1}{2} \times 3 = \frac{3}{2}$이다.

그림 (가)와 같이 마찰이 없는 수평면에서 물체 A, B, C가 등속도 운동을 한다. A, B, C의 운동량의 크기는 각각 $4p$, $4p$, p이다. 그림 (나)는 A와 B 사이의 거리(S_{AB}), B와 C 사이의 거리(S_{BC})를 시간 t에 따라 나타낸 것이다.

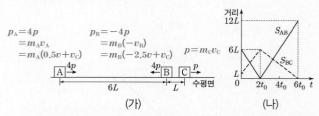

$p_A = 4p$
$= m_A v_A$
$= m_A(0.5v + v_C)$

$p_B = -4p$
$= m_B(-v_B)$
$= m_B(-2.5v + v_C)$

$p = m_C v_C$

(가)　　　　　　　　　　　　　(나)

이에 대한 설명으로 옳은 것만을 〈보기〉에서 있는 대로 고른 것은? (단, A, B, C는 동일 직선상에서 운동하고, 물체의 크기는 무시한다.) 【3점】

> **보기**
> ㄱ. $t = t_0$일 때, 속력은 ~~A와 B가 같다.~~ B가 A의 2배이다.
> ㄴ. B와 C의 질량은 같다.
> ㄷ. $t = 4t_0$일 때, B의 운동량의 크기는 $4p$이다.

① ㄱ　② ㄷ　③ ㄱ, ㄴ　**✔ ④ ㄴ, ㄷ**　⑤ ㄱ, ㄴ, ㄷ

|보|기|풀|이|

ㄱ. 오답 : ⑧ − ⑦ = $m_A(2v) = m_B(4v)$이므로 $m_A = 2m_B$ − ⑨이다. ⑨를 ⑦에 대입하여 정리하면 $v_C = 0.5v$이므로 $v_A = 0.5v + v_C = v$, $v_B = 2.5v - v_C = 2v$이다.

ㄴ. 정답 : A와 B의 충돌 전 B의 운동량의 크기는 $p_B = 4p = m_B v_B = m_B(2v)$이고 C의 운동량의 크기는 $p_C = p = m_C v_C = 0.5 m_C v$이므로 $p_B = 4p_C$이다. 따라서 $m_B(2v) = 4 \times 0.5 m_C v$이므로 $m_B = m_C$이다.

ㄷ. 정답 : $t = 4t_0$에서 B의 운동량의 크기는 $p_B' = m_B v_B' = m_B(2v)$이므로 충돌 전 B의 운동량 크기와 같은 $4p$이다.

😮 **문제풀이 T I P** | (나)에서 S_{AB}의 그래프 기울기는 B를 기준으로 A의 상대 속도를 의미한다.

🙂 **출제분석** | 상대 속도를 이용하여 물체의 속도를 구한 뒤 운동량 보존 법칙을 적용하는 문항은 매회 출제되었지만 이번 문항은 이전의 기출문제와는 달리 상대 속도에 대한 정보가 이전보다 어렵게 제시되어 자료를 분석하는데 매우 높은 수준의 사고가 필요한 난이도로 출제되었다.

|자|료|해|설|

(나)로부터 A와 B는 $t = 2t_0$에서 충돌한다. $v = \dfrac{L}{t_0}$라 하면, S_{AB}와 S_{BC}의 기울기는 각각 A와 B, B와 C의 상대 속도의 크기를 의미하므로 B를 기준으로 충돌 전 A와 C의 속도는 그림①과 같이 오른쪽으로 각각 $3v$, $2.5v$이고 충돌 후 A와 C의 속도는 그림②와 같이 왼쪽으로 각각 $3v$, $1.5v$이다.

그림 ①(충돌 전) 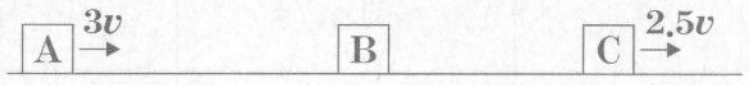 ［A］$\overset{3v}{\rightarrow}$ 　［B］　［C］$\overset{2.5v}{\rightarrow}$

그림 ②(충돌 후) 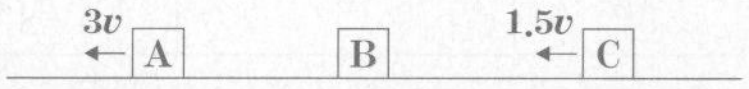 ［A］$\overset{3v}{\leftarrow}$ 　［B］　［C］$\overset{1.5v}{\leftarrow}$

이를 충돌하지 않은 C를 기준으로 나타내면 A와 B가 충돌 전에는 그림③과 같이 A와 B의 속도는 각각 오른쪽으로 $0.5v$, 왼쪽으로 $2.5v$이고 충돌 후에는 그림④와 같이 A와 B의 속도는 각각 왼쪽으로 $1.5v$, 오른쪽으로 $1.5v$이다.

그림 ③(충돌 전) 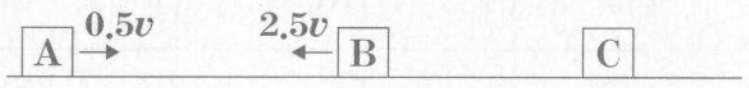 ［A］$\overset{0.5v}{\rightarrow}$ ［B］$\overset{2.5v}{\leftarrow}$ 　［C］

그림 ④(충돌 후) 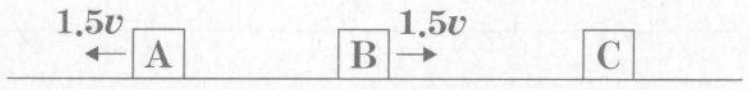 ［A］$\overset{1.5v}{\leftarrow}$ ［B］$\overset{1.5v}{\rightarrow}$ 　［C］

수평면을 기준으로 C의 속도를 오른쪽으로 v_C라 하면, A와 B의 속도는 충돌 전이 그림⑤와 같이 각각 오른쪽으로 $v_A = 0.5v + v_C$, 왼쪽으로 $v_B = 2.5v - v_C$이고 충돌 후가 그림⑥과 같이 각각 왼쪽으로 $v_A' = 1.5v - v_C$, 오른쪽으로 $v_B' = 1.5v + v_C$이다.

그림 ⑤(충돌 전) 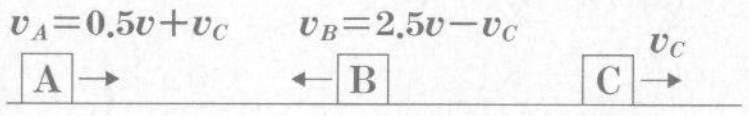 ［A］$\overset{v_A=0.5v+v_C}{\rightarrow}$ ［B］$\overset{v_B=2.5v-v_C}{\leftarrow}$ ［C］$\overset{v_C}{\rightarrow}$

그림 ⑥(충돌 후) 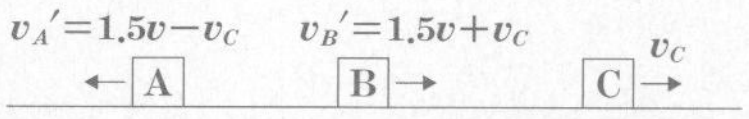 ［A］$\overset{v_A'=1.5v-v_C}{\leftarrow}$ ［B］$\overset{v_B'=1.5v+v_C}{\rightarrow}$ ［C］$\overset{v_C}{\rightarrow}$

A와 B의 질량을 각각 m_A, m_B라 할 때, A와 B의 충돌에서 A와 B의 충돌 전 운동량의 합 $p_A + p_B = 4p + (-4p) = m_A v_A + m_B(-v_B) = m_A(0.5v + v_C) + m_B(-2.5v + v_C) = 0$ − ⑦은 충돌 후 운동량의 합 $p_A' + p_B' = m_A(-v_A') + m_B v_B' = m_A(-1.5v + v_C) + m_B(1.5v + v_C) = 0$ − ⑧과 같다.

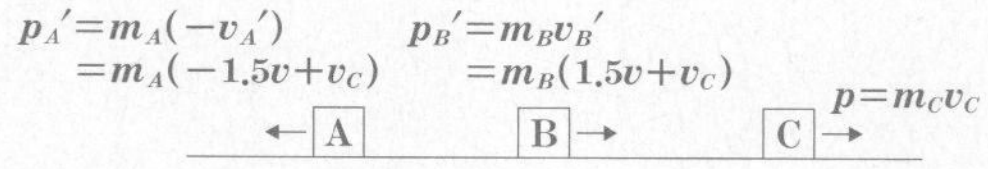

$p_A' = m_A(-v_A')$
$= m_A(-1.5v + v_C)$

$p_B' = m_B v_B'$
$= m_B(1.5v + v_C)$

$p = m_C v_C$

$\leftarrow$［A］　［B］$\rightarrow$　［C］$\rightarrow$

🦉 **더 자세한 해설** @

STEP 1. A와 C 사이의 거리(S_{AC}) 그래프 구하기

A와 C 사이의 거리를 S_{AC}라고 하면 $S_{AC} = S_{AB} + S_{BC}$이므로 S_{AC}의 그래프는 $(0, 7L)$과 $(2t_0, 6L)$을 이은 직선과 $(2t_0, 6L)$와 $(6t_0, 12L)$을 이은 직선으로 이루어진다. 또한 A와 C의 위치를 S_A, S_C라고 할 때 $S_{AC} = S_C - S_A$이므로 그래프의 기울기는 $\dfrac{\Delta y}{\Delta x} = \dfrac{\Delta S_C - \Delta S_A}{\Delta t} = v_C - v_A$에 의해 A에 대한 C의 상대 속도($v_{CA}$)를 의미한다.

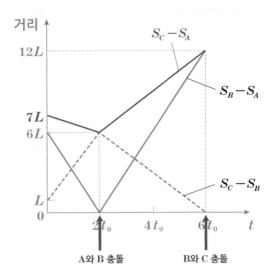

STEP 2. A와 B의 질량비, 속력의 비 구하기

충돌이 일어날 때 물체 사이에는 운동량 보존 법칙이 성립하므로 충돌 전 속도를 v_1, 충돌 후 속도를 v_2, $\Delta v = v_2 - v_1$이라고 할 때 $m_A v_{A1} + m_B v_{B1} = m_A v_{A2} + m_B v_{B2}$이고, $m_A(v_{A2} - v_{A1}) = m_B(v_{B1} - v_{B2})$에 의해 $m_A \Delta v_A = -m_B \Delta v_B$이다. 또한 C가 $6t_0$일 때 B와 충돌하기 전까지는 속도가 일정하므로 A와 B의 충돌이 일어날 때 속도 변화량은 A에서 $\Delta v_A = \Delta v_{AC} = (v_{A2} - v_C) - (v_{A1} - v_C)$이고, B에서 $\Delta v_B = \Delta v_{BC}$이다. $\frac{L}{t_0} = v$라고 하고, $v_{CA} = -v_{AC}$, $v_{CB} = -v_{BC}$임을 고려하여 Δv_A와 Δv_B를 구하면 아래 표와 같다.

⟨$t = 2t_0$에서 A와 B의 충돌⟩

	충돌 전	충돌 후	Δv
v_{AC}	$+\frac{1}{2}v$ m/s	$-\frac{3}{2}v$ m/s	$\Delta v_A = -2v$ m/s
v_{BC}	$-\frac{5}{2}v$ m/s	$+\frac{3}{2}v$ m/s	$\Delta v_B = +4v$ m/s

따라서 $m_A = 2m_B$이므로 A와 B의 질량을 각각 $2m$, m이라고 하면 충돌 전 A와 B의 운동량의 크기가 같으므로 속력의 비는 A : B = 1 : 2이다.

STEP 3. A와 B의 충돌 후 운동량 구하기

위에서 A와 B의 속력의 비가 1 : 2라고 했으므로 충돌 전 A와 B의 속력을 각각 $2v_0$, $4v_0$라고 하면 $4mv_0 = 4p$에 의해 $mv_0 = p$이고, 충돌 전 A에 대한 B의 상대 속도가 $v_{BA} = 6v_0 = \frac{6L}{2t_0}$이므로 $2v_0 = v$이다. 이를 속도 변화량 값에 대입하면 $\Delta v_A = -2v = -4v_0$이므로 $\Delta p_A = m_A \Delta v_A = -8p$이고, $\Delta v_B = +4v = +8v_0$이므로 $\Delta p_B = m_B \Delta v_B = +8p$이다. 따라서 충돌 후 A와 B의 운동량은 $-4p$, $+4p$로 A는 $-x$방향, B는 $+x$방향으로 운동하고 운동량의 크기는 $4p$로 같으므로 충돌 후 속력은 각각 $2v_0$, $4v_0$이다.

STEP 4. C의 속력과 질량 구하기

$S_{BC} = S_C - S_B$의 기울기는 B에 대한 C의 상대 속도를 의미하므로 $v_{BC} = v_C - v_B = \frac{6L}{4t_0} = 3v_0$이다. $2t_0$에서 $6t_0$까지 B의 속력은 $4v_0$이고, 운동 방향이 같은 B와 C의 속력을 비교했을 때 B가 C보다 $3v_0$만큼 빠르므로 C의 속력은 v_0이다. 앞서 $mv_0 = p$이었으므로 운동량의 크기가 p인 C의 질량은 B와 같은 m이다.

STEP 5. 선택지풀이

ㄱ. 오답 | $t = t_0$일 때 A의 속력은 $2v_0$이고, B의 속력은 $4v_0$이므로 속력은 B가 A의 2배이다.

ㄴ. 정답 | B와 C의 질량은 모두 m으로 같다.

ㄷ. 정답 | 충돌 후 $t = 4t_0$에서 B의 속력은 충돌 전과 같으므로 운동량의 크기도 충돌 전과 같은 $4p$이다.

그림 (가), (나)는 마찰이 없는 수평면에서 속력 v로 등속도 운동하던 물체 A, C가 각각 정지해 있던 물체 B, D와 충돌 후 한 덩어리가 되어 운동하는 모습을 나타낸 것이다. 각각의 <mark>충돌 과정에서 받은 충격량의 크기는 B가 C의 $\frac{2}{3}$배이다</mark>. B와 C 질량은 같고, 충돌 후 <mark>속력은 B가 C의 2배이다.</mark>

→ B와 C의 질량 : m

$m(2v') = m(v - v') \times \frac{2}{3} \rightarrow v = 4v'$

→ 충돌 후 B와 C의 속력은 각각 $2v', v'$

정지   정지

$\boxed{A} \xrightarrow{v} \boxed{B}$ $\boxed{A\,B} \xrightarrow{2v'}$ $\boxed{C} \xrightarrow{v} \boxed{D}$ $\boxed{C\,D} \xrightarrow{v'}$

수평면   수평면

(가)   (나)

운동량 보존 $m_A v = (m_A + m)(2v')$ $mv = (m + m_D)v'$

A, D의 질량을 각각 m_A, m_D라고 할 때, $\frac{m_D}{m_A}$는?

① 2   ② 3   ③ 4   ④ 5   ⑤ 6

|자|료|해|설|및|선|택|지|풀|이|

② 정답 : B와 C의 질량을 m, 충돌 후 B와 C의 속력을 각각 $2v', v'$이라 하면 충격량, 즉 운동량의 변화량($m \varDelta v$)은 B가 C의 $\frac{2}{3}$배이므로 $m(2v') = m(v - v') \times \frac{2}{3}$ 또는 $v = 4v'$ — ①이다. 운동량 보존 법칙에 따라 (가)와 (나)는 각각 $m_A v = (m_A + m)(2v')$ — ②, $mv = (m + m_D)v'$ — ③이고 ①을 대입하여 정리하면 $m_A = m$, $m_D = 3m$이다. 따라서 $\frac{m_D}{m_A} = 3$이다.

😀 출제분석 | 제시된 조건과 운동량 보존 법칙에 따라 식을 세울 수 있으면 쉽게 해결되는 문항이다.

그림 (가)와 같이 마찰이 없는 수평면에서 물체 A, B, C가 등속도 운동을 한다. A와 C는 같은 속력으로 B를 향해 운동하고, B의 속력은 4m/s이다. A, B, C의 질량은 각각 3kg, 2kg, 2kg이다. 그림 (나)는 (가)에서 B와 C 사이의 거리를 시간 t에 따라 나타낸 것이다. A, B, C는 동일 직선상에서 운동한다.

① A v_1 B   4m/s $-v_1$ C

$\boxed{3\text{kg}} \rightarrow \boxed{2\text{kg}} \rightarrow \leftarrow \boxed{2\text{kg}}$

수평면

(가)

[그래프 (나): 세로축 "B와 C 사이의 거리 (m)", 14, 12, 8 눈금 표시, 가로축 t(초), ①②③ 구간 표시, 0 1 2 3 4 5 6 7]

(나)

$t = 0$에서 $t = 7$초까지 <mark>A가 이동한 거리</mark>는? (단, 물체의 크기는 무시한다.) (3점)

→ $(2 \times 4) + \left(3 \times \frac{2}{3}\right) = 10$m

① 10m   ② 11m   ③ 12m   ④ 13m   ⑤ 14m

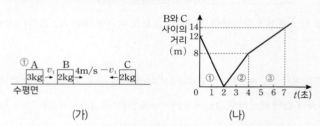

② 충돌 후 $\boxed{B} \xrightarrow{v_2}$ $\boxed{C} \xrightarrow{v_2 + 4}$

$v_2 = -1$m/s

(실제) $\boxed{B} \leftarrow$ 1m/s $\boxed{C} \xrightarrow{3\text{m/s}}$

③ 충돌 전 $\boxed{A} \xrightarrow{2\text{m/s}}$ $\boxed{B} \xrightarrow{1\text{m/s}}$

충돌 후 $\boxed{A} \xrightarrow{\frac{2}{3}\text{m/s}}$ $\boxed{B} \xrightarrow{1\text{m/s}}$

|자|료|해|설|

수평면의 우측 방향을 양(+)의 방향이라 할 때 A와 C의 속도를 각각 v_1과 $-v_1$라 하고, (나)의 그래프에서 그래프의 기울기에 따라 각각 ①, ②, ③구간이라고 하자.

①구간에서 B와 C는 $\frac{12\text{m}}{2\text{s}} = 6$m/s로 가까워지므로 $v_1 = 2$m/s이다. 2초일 때 B와 C가 충돌한 뒤 ②구간에서는 두 물체가 $\frac{8\text{m}}{2\text{s}} = 4$m/s의 속력으로 멀어지므로 B의 속력을 v_2m/s라고 하고 C의 속력을 $(v_2 + 4)$m/s라고 하자. 충돌 전후 운동량 보존 법칙을 적용한 식은 다음과 같다.

$2\text{kg} \times 4\text{m/s} + 2\text{kg} \times (-2\text{m/s}) = 2\text{kg} \times v_2\text{m/s} + 2\text{kg} \times (v_2 + 4)\text{m/s}$ ∴ $v_2 = -1$m/s

따라서 ②구간에서 B의 속력은 -1m/s이고 C의 속력은 $-1 + 4 = 3$m/s이다. 4초에서는 A와 B가 충돌하여 두 물체의 속력이 변하고 충돌 후 ③구간에서 B와 C는 $\frac{6\text{m}}{3\text{s}} = 2$m/s의 속력으로 멀어지므로 B의 충돌 후 속력은 1m/s이다. 충돌 후 A의 속력을 v_3라고 할 때 A와 B의 충돌에도 운동량 보존 법칙을 적용하면 다음과 같다.

$3\text{kg} \times 2\text{m/s} + 2\text{kg} \times (-1\text{m/s}) = 3\text{kg} \times v_3\text{m/s} + 2\text{kg} \times 1\text{m/s}$ ∴ $v_3 = \frac{2}{3}$m/s

따라서 충돌 후 ③구간에서 A의 속력은 $\frac{2}{3}$m/s이다.

|선|택|지|풀|이|

① 정답 : A는 0~4초까지 2m/s로 운동하고 4~7초까지 $\frac{2}{3}$m/s로 운동한다. 따라서 이동 거리는 $(4\text{s} \times 2\text{m/s}) + \left(3\text{s} \times \frac{2}{3}\text{m/s}\right) = 10$m이다.

🐵 문제풀이 TIP | B와 C가 가까워지는 속력과 멀어지는 속력을 활용하여 답을 구한다. 또한 충돌 후 속력을 미지수로 설정할 때 일정한 방향을 기준으로만 하면 실제 운동 방향과 다를 경우 음(−)의 값이 나오기 때문에 식을 세우기 전에 방향을 고려할 필요는 없다.

😀 출제분석 | 두 물체의 충돌 전과 후의 질량과 속도를 알면 운동량 보존 법칙을 적용하여 문제를 해결하기 쉽지만, 이번에는 각각의 충돌 시 물체의 속도를 그래프 해석을 통해 식을 세워야 해결이 가능한 문항으로 어렵게 출제되었다.

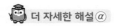

step 1. 자료 분석

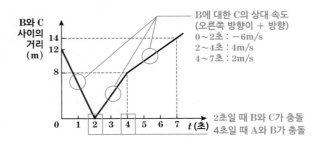

1. B와 C 사이의 거리를 통해 B에 대한 C의 상대 속도를 구한다.
   B에서 보았을 때 C의 속도는, C가 B와 가까워지면 $-$ 방향이고 C가 B와 멀어지면 $+$ 방향이다.

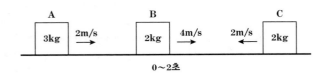

2. (가)의 그림을 보고 충돌 전과 후 물체의 속도를 상대 속도와 운동량 보존 법칙으로 구한다.
   ▶ 0~2초 : B에 대한 C의 상대 속도가 -6m/s이므로 C의 속도는 -2m/s 이며 A의 속도는 2m/s이다.
   ▶ 2~4초 : 충돌 후 C의 속도를 v_C, B의 속도를 v_B라 하면 상대 속도 공식에 의해 B에 대한 C의 상대 속도는 다음과 같다.
   $$v_C - v_B = 4\text{m/s} - ①$$
   충돌 전 B와 C의 운동량의 합$=4$kg·m/s
   충돌 후 B와 C의 운동량의 합$=(2v_B + 2v_C)$kg·m/s
   운동량 보존 법칙에 의해
   $$2v_B + 2v_C = 4\text{kg·m/s} - ②$$
   ①과 ②를 연립해 풀면 $v_B = -1$m/s, $v_C = 3$m/s이다.

▶ 4~7초 : 4초일 때 A와 B의 충돌로 인해 A와 B 모두 오른쪽으로 움직인다. (충돌 전 A의 질량과 속력이 B 보다 모두 크기 때문이다.)
B에 대한 C의 상대 속도가 2m/s이고 C의 속도가 3m/s이므로 B의 속도는 1m/s이다. 그리고 A의 속도를 v_A라 하면 다음과 같은 식을 얻는다.

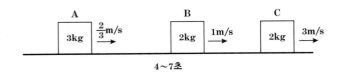

충돌 전 A와 B의 운동량의 합$=4$kg·m/s
충돌 후 A와 B의 운동량의 합$=(3v_A + 2)$kg·m/s
운동량 보존 법칙에 의해
$(3v_A + 2)$kg·m/s$=4$kg·m/s이므로
$v_A = \dfrac{2}{3}$m/s이다.

step 2. 선택지 풀이

① 정답 | 0~7초까지 A가 이동한 거리는 A와 B가 충돌하기 전까지 A가 이동한 거리와 충돌 후 A가 이동한 거리를 합한다. A와 B가 충돌하기 전 A의 속력은 2m/s이므로 이동 거리는 2m/s$\times$4s$=8$m이며 충돌 후 A의 속력은 $\dfrac{2}{3}$m/s이므로 이동 거리는 $\dfrac{2}{3}$m/s$\times$3s$=2$m이다. 그러므로 A가 이동한 거리는 10m이다.

그림 (가)는 마찰이 없는 수평면에서 물체 A가 정지해 있는 물체 B를 향해 속력 v로 등속도 운동하는 모습을 나타낸 것이다. 그림 (나)는 (가)의 A와 B가 $x=2d$에서 충돌한 후 각각 등속도 운동하여, A가 $x=d$를 지나는 순간 B가 $x=4d$를 지나는 모습을 나타낸 것이다. 이후, B는 정지해 있던 물체 C와 $x=6d$에서 충돌하여, B와 C가 한 덩어리로 +x방향으로 속력 $\frac{1}{3}v$로 등속도 운동을 한다. B, C의 질량은 각각 $2m$, m이다.

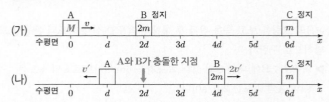

A의 질량은? (단, 물체의 크기는 무시하고, A, B, C는 동일 직선상에서 운동한다.) (3점)

① m ✓② $\frac{4}{5}m$ ③ $\frac{3}{5}m$ ④ $\frac{2}{5}m$ ⑤ $\frac{1}{5}m$

| 자 | 료 | 해 | 설 | 및 | 선 | 택 | 지 | 풀 | 이 |

② 정답 : (나)에서 A와 B는 $x=2d$에서 충돌 후 각각 같은 시간 동안 d, $2d$만큼 이동하므로 충돌 후 A의 속력을 v'라 하면 B의 속력은 $2v'$이다. A의 질량을 M이라 하면 운동량 보존 법칙에 따라 A와 B의 충돌에서 $Mv=M(-v')+(2m)(2v')$ — ①, B와 C의 충돌에서 $(2m)(2v')=(3m)\left(\frac{1}{3}v\right)$ — ②이다. ②를 정리하면 $v'=\frac{1}{4}v$이고 이를 ①에 대입하면 $M=\frac{4}{5}m$이다.

🤓 **문제풀이 T I P** | 두 물체가 충돌할 때 충돌 전과 후의 운동량의 합은 보존된다.

😀 **출제분석** | 운동량 보존 법칙에 따라 식을 표현할 수 있다면 쉽게 해결할 수 있다.

그림 (가), (나)는 마찰이 없는 수평면에서 등속도 운동하던 물체 A, B가 동일한 용수철을 원래 길이에서 각각 d, $2d$만큼 압축시켜 정지한 순간의 모습을 나타낸 것이다. A, B의 질량은 각각 m, $4m$이고, A, B가 정지할 때까지 용수철로부터 받은 충격량의 크기는 각각 I_A, I_B이다.

(가)   (나)

$\frac{I_B}{I_A}$는? (단, 용수철의 질량, 물체의 크기는 무시한다.)

① 1   ② 2   ✓③ 4   ④ 8   ⑤ 16

| 자 | 료 | 해 | 설 | 및 | 선 | 택 | 지 | 풀 | 이 |

③ 정답 : 용수철에 닿기 전 A와 B의 속력을 각각 v_A, v_B라 하면 물체의 운동 에너지는 모두 용수철의 탄성 퍼텐셜 에너지로 전환되므로 (가)와 (나)에서 각각 $\frac{1}{2}mv_A^2=\frac{1}{2}kd^2$ — ①, $\frac{1}{2}(4m)v_B^2=\frac{1}{2}k(2d)^2$ — ②이므로 ①과 ②로부터 $v_A=v_B$ — ③임을 알 수 있다. A, B가 받은 충격량의 크기는 운동량 변화량의 크기이므로 $I_A=mv_A$, $I_B=4mv_B$이고 ③에 의해 $I_B=4I_A$임을 알 수 있다.

😀 **출제분석** | 운동량과 충격량의 관계, 역학적 에너지 보존 법칙을 이용하여 쉽게 풀 수 있는 유형의 문항이다.

다음은 수레를 이용한 충격량에 대한 실험이다.

[실험 과정]

(가) 그림과 같이 속도 측정 장치, 힘 센서를 수평면상의 마찰이 없는 레일과 수직하게 설치한다.

(나) 레일 위에서 질량이 0.5kg인 수레 A가 일정한 속도로 운동하여 고정된 힘 센서에 충돌하게 한다.

(다) 속도 측정 장치를 이용하여 충돌 직전과 직후 A의 속도를 측정한다.

(라) 충돌 과정에서 힘 센서로 측정한 시간에 따른 힘 그래프를 통해 충돌 시간을 구한다.

(마) A를 질량이 1.0kg인 수레 B로 바꾸어 (나)~(라)를 반복한다.

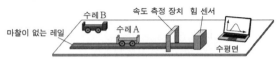

[실험 결과]

수레	질량(kg)	속도(m/s)		충돌 시간(s)	운동량 변화량의 크기(=충격량)
		충돌 직전	충돌 직후		
A	0.5	0.4	−0.2	0.02	0.5×0.6=0.3
B	1.0	0.4	−0.1	0.05	1.0×0.5=0.5

※ 충돌 시간: 수레가 힘 센서로부터 힘을 받는 시간

이에 대한 설명으로 옳은 것만을 〈보기〉에서 있는 대로 고른 것은?

보기

ㄱ. 충돌 직전 운동량의 크기는 A가 B보다 작다.

ㄴ. 충돌하는 동안 힘 센서로부터 받은 충격량의 크기는 A가 B보다 ~~크다~~. 작다

ㄷ. 충돌하는 동안 힘 센서로부터 받은 평균 힘의 크기는 A가 B보다 ~~작다~~. 크다

① ㄱ　　② ㄴ　　③ ㄱ, ㄷ　　④ ㄴ, ㄷ　　⑤ ㄱ, ㄴ, ㄷ

|자|료|해|설|

수레의 운동량 변화량의 크기는 충격량의 크기와 같다.

|보|기|풀|이|

ㄱ. 정답 : 충돌 직전 A와 B의 운동량의 크기($p=mv$)는 각각 $0.5×0.4=0.2kg·m/s$, $1.0×0.4=0.4kg·m/s$이다.

ㄴ. 오답 : A와 B가 받은 충격량의 크기는 운동량 변화량의 크기($\Delta p=m\Delta v$)이므로 각각 $0.5×|(-0.2)-0.4|=0.3kg·m/s$, $1.0×|(-0.1)-0.4|=0.5kg·m/s$이다.

ㄷ. 오답 : A와 B에 작용한 평균 힘의 크기($\overline{F}=\frac{\Delta p}{\Delta t}$)는 각각 $\frac{0.3kg·m/s}{0.02s}=15N$, $\frac{0.5kg·m/s}{0.05s}=10N$이다.

😊 출제분석 | 충격량과 운동량의 관계를 이해하는 것으로 쉽게 해결할 수 있는 문항이다.

그림 (가)는 수평면에서 물체가 벽을 향해 등속도 운동하는 모습을
나타낸 것이다. 물체는 벽과 충돌한 후 반대 방향으로 등속도
운동하고, 마찰 구간을 지난 후 등속도 운동한다. 그림 (나)는 물체의
속도를 시간에 따라 나타낸 것으로, 물체는 벽과 충돌하는 과정에서
t_0 동안 힘을 받고, 마찰 구간에서 $2t_0$ 동안 힘을 받는다. 마찰
구간에서 물체가 운동 방향과 반대 방향으로 받은 평균 힘의 크기가
F이다.
→ 마찰 구간에서 받은 충격량의 크기 $= F(2t_0) = m(2v)$

|자|료|해|설|및|선|택|지|풀|이|
④ 정답 : 물체가 마찰 구간에서 받은 충격량의 크기는 물체의 운동량 변화량의 크기와 같으므로 물체의 질량을 m이라 하면 $F(2t_0) = m(3v - v)$이다. 물체가 벽으로부터 받은 충격량의 크기는 이때의 운동량 변화량의 크기와 같으므로 $F't_0 = m(5v + 3v) = 8Ft_0$이므로 벽과 충돌하는 동안 물체가 벽으로부터 받은 평균 힘의 크기는 $F' = 8F$ 이다.

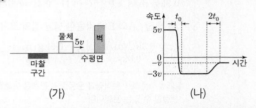

(가)   (나)

벽과 충돌하는 동안 물체가 벽으로부터 받는 평균 힘의 크기는? (단,
마찰 구간 외의 모든 마찰은 무시한다.) **3점**

① $2F$ ② $4F$ ③ $6F$ ④ $8F$ ⑤ $10F$

그림 (가)는 마찰이 없는 수평면에서 물체 A가 정지해 있는 물체 B,
C를 향해 속력 $4v$로 등속도 운동하는 모습을 나타낸 것이다. A는
정지해 있는 B와 충돌한 후 충돌 전과 같은 방향으로 속력 $2v$로
등속도 운동한다. 그림 (나)는 B의 속도를 시간에 따라 나타낸 것이다.
A, C의 질량은 각각 $4m$, $5m$이다.

|자|료|해|설|
시간 t에서 A와 B가 충돌 후 시간 $4t$에서 B와 C가 충돌 한다. 또, 시간 $6t$에서 A와 B가 다시 충돌한다.

|보|기|풀|이|
ㄱ. 정답 : B의 질량을 m_B라 하면, 시간 t의 전후로 운동량은 보존되므로 $(4m)(4v) = (4m)(2v) + m_B(4v)$이고 $m_B = 2m$이다.
ㄴ. 정답 : $5t$일 때 C의 속력을 v_C라 하면, 시간 $4t$의 전후로 운동량은 보존되므로 $(2m)(4v) = (2m)(-v) + (5m)v_C$이고 $v_C = 2v$이다.
ㄷ. 오답 : $6t$ 이후 A의 속력을 v_A라 하면, $6t$의 전후로 운동량은 보존되므로 $(4m)(2v) + (2m)(-v) = (4m)v_A + (2m)(2v)$이고 $v_A = \frac{1}{2}v$이다. 따라서 $6t$ 이후 C의 속력은 A의 속력보다 $2v - \frac{1}{2}v = \frac{3}{2}v$만큼 빠르므로 A와 C 사이의 거리는 $8t$일 때가 $7t$일 때보다 $\frac{3}{2}vt$만큼 크다.

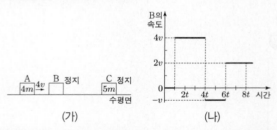

(가)   (나)

이에 대한 설명으로 옳은 것만을 <보기>에서 있는 대로 고른 것은?
(단, 물체는 동일 직선상에서 운동하고, 물체의 크기는 무시한다.)

보기

ㄱ. B의 질량은 $2m$이다.

ㄴ. $5t$일 때, C의 속력은 $2v$이다. $\frac{3}{2}vt$

ㄷ. A와 C 사이의 거리는 $8t$일 때가 $7t$일 때보다 ~~$2vt$~~만큼 크다.

① ㄱ   ② ㄷ   ③ ㄱ, ㄴ   ④ ㄴ, ㄷ   ⑤ ㄱ, ㄴ, ㄷ

1. 시간 t에서 A와 B가 충돌 후

$(4m)(4v) = (4m)(2v) + m_B(4v)$

∴ $m_B = 2m$

2. 시간 $4t$에서 B와 C가 충돌 후

$(2m)(4v) = (2m)(-v) + 5m(v_C)$

∴ $v_C = +2v$

3. 시간 $6t$에서 A와 B가 충돌 후

$(4m)(2v) + (2m)(-v) = (4m)(v_A) + 2m(2v)$

∴ $v_A = \frac{1}{2}v$

2. 에너지와 열

01 일과 에너지

❶ 일 ★**수능에 나오는** 필수 개념 3가지 + 필수 암기사항 4개

필수개념 1   힘이 한 일

• 암기 **일(W)** : 에너지의 이동. 물체에 힘을 작용하여 물체가 힘의 방향으로 이동했을 때 물체에 작용하는 힘이 물체에 일을 하였다고 한다.

① 일의 양 : 물체에 힘 F를 가했을 때 F의 방향으로 s만큼 이동했다면 일 W는

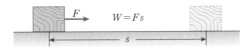

$$W = Fs \quad 단위 : J(줄)$$

② 힘의 방향과 물체의 운동 방향이 θ의 각을 이룰 때 일 W는

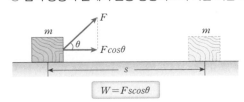

$$W = Fs\cos\theta$$

일의 양	일과 에너지의 관계
$W > 0$	일은 물체의 에너지를 증가시킴
$W = 0$	물체의 에너지는 변화 없다.
$W < 0$	일은 물체의 에너지를 감소시킴

③ 물체에 가해진 연직 방향의 F에 의해 물체가 연직 방향으로 s만큼 이동하는 경우

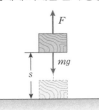

일의 양	일과 에너지의 관계
F가 한 일	$Fs > 0$
중력이 한 일	$mgs\cos 180° = -mgs < 0$

필수개념 2 $W = 0$인 경우

• 암기
○ $F = 0$: 물체가 등속 직선 운동할 때 알짜힘이 한 일
  예 마찰이 없는 수평면에서 움직이는 공
○ $s = 0$: 힘을 가해도 물체가 움직이지 않을 때
  예 벽을 밀어도 벽이 움직이지 않는 경우
○ $\theta = 90°$: 힘과 물체의 이동 방향이 수직일 때
  예 물체를 들고 앞으로 걸어가는 경우

필수개념 3   힘-이동 거리 그래프

• 암기 힘-이동 거리 그래프에서 넓이는 힘이 한 일의 양이다.

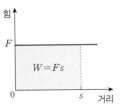
▲ F가 일정할 때

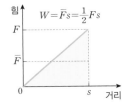
▲ F가 일정하게 변할 때

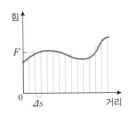
▲ F가 불규칙하게 변할 때

기본자료

▶ 암기 일과 에너지의 관계
물체에 힘을 작용하여 일을 하면 일을 한 만큼 물체의 에너지가 변한다.
① 물체가 외부에 일을 한 경우 : 물체의 에너지 감소
② 물체가 외부로부터 일을 받은 경우 : 물체의 에너지 증가

정지한 물체에 힘 F를 연직 방향으로 작용하여 연직 방향으로 h만큼 이동하여 정지한 경우 F가 물체에 한 일은 mgh이고 물체의 에너지는 mgh만큼 증가하였다.

일의 양(W)이 < 0인 경우
물체의 운동 방향과 반대로 힘이 작용했을 경우 힘이 물체에 한 일의 양은 0보다 작은 (−)값을 가지게 된다. 이 경우 물체가 가지는 에너지는 감소한다. 흔히 일의 양이 (−)가 된다고 해서 일도 방향을 가지는 물리량으로 생각하기 쉬우나 일은 크기만 가지는 물리량이다.
(−)의 일을 하는 힘은 마찰력을 생각해 볼 수 있다. 물체의 운동을 방해하는 마찰력은 물체에 (−)의 일을 한다. 그래서 물체의 운동 에너지가 감소하게 되는 것이다.

❷ 역학적 에너지 보존 ★수능에 나오는 필수 개념 2가지 + 필수 암기사항 9개

| 기본자료 |

▶ 암기 알짜힘과 운동 에너지 변화 비교하기
① 합력이 한 일이 양(+)인 경우 : 물체의 운동 에너지는 증가함.
② 합력이 한 일이 음(−)인 경우 : 물체의 운동 에너지는 감소함.
③ 합력이 한 일이 0인 경우 : 물체의 운동 에너지는 일정함.

필수개념 1 역학적 에너지

- 암기 **운동 에너지(K 또는 E_k)** : 운동하는 물체가 가지는 에너지이다.
  ① 운동 에너지 : 질량 m, 속력 v인 물체가 가지는 운동 에너지는 다음과 같다.

$$E_k = \frac{1}{2}mv^2$$

- 암기 **일 운동 에너지 정리** : 물체에 작용한 알짜힘이 물체에 한 일은 물체의 운동 에너지 변화량과 같다.
  ① 질량 m, 처음 속도 v_0의 물체가 수평면에서 운동할 때 물체에 운동 방향으로 일정한 크기의 힘 F가 작용하여 물체가 s만큼 이동하였을 때 나중 속도가 v라면 가속도는 뉴턴의 운동 제2법칙에 의해 $a=\frac{F}{m}$가 된다.

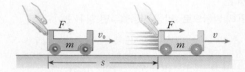

등가속도 직선 운동에 의해 $v^2-v_0^2=2as$이다. 물체가 받은 일의 양은 $W=Fs$이므로

$$W = Fs = mas = m\left(\frac{1}{2}v^2 - \frac{1}{2}v_0^2\right) = \frac{1}{2}mv^2 - \frac{1}{2}mv_0^2 = \Delta E_k \text{이다.}$$

- 암기 **중력에 의한 퍼텐셜 에너지(U 또는 E_p 중력 퍼텐셜 에너지)** : 물체가 기준점을 기준으로 기준점과 다른 높이에 있을 때 물체가 가지는 에너지
  ① 물체의 무게와 같은 힘 $F=mg$로 물체를 높이 h만큼 들어 올릴 때 F가 물체에 한 일 : $W=Fs=mgh$이다. 즉, 물체를 들어 올리는 힘이 한 일은 중력에 의한 퍼텐셜 에너지로 저장된다.

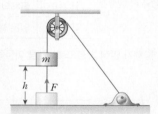

  ② 중력에 의한 퍼텐셜 에너지 : $E_p=mgh$

- 암기 **탄성력에 의한 퍼텐셜 에너지(U 또는 E_p탄성 퍼텐셜 에너지)** : 용수철, 고무줄과 같이 탄성력을 가진 물체의 길이가 변할 때 (처음 길이보다 늘어나거나 줄어들 때) 가지는 에너지
  ① 용수철이 늘어나거나 줄어들면 원래 길이로 되돌아가려는 방향으로 탄성력을 작용한다. 이때 탄성력은 변형된 길이에 비례하므로 용수철의 변형된 길이가 x일 때 탄성력은

$$F = -kx$$

  이다. k는 용수철 상수라 하며 (−)는 탄성력의 방향이 변형된 길이와 반대 방향임을 나타낸다. 따라서 용수철에 탄성력과 같은 크기의 힘을 작용시켜 길이를 서서히 변형시키면 힘이 용수철에 해준 일만큼 원래 길이로 돌아가는 동안 일을 할 수 있는 능력인 에너지를 가지게 되는데 이를 탄성 퍼텐셜 에너지라고 한다.
  ② 탄성력에 의한 퍼텐셜 에너지 : 그림과 같이 용수철상수가 k인 용수철에 힘을 작용시켜 용수철의 길이를 x만큼 변화시킬 때 용수철에 해준 일의 양은 그래프의 면적에 해당하는

$$W = \frac{1}{2}kx^2$$

가 된다. 용수철은 이 일만큼 물체에 일을 할 수 있으므로 탄성 퍼텐셜 에너지 E_p는 다음과 같다.

$$E_p = \frac{1}{2}kx^2$$

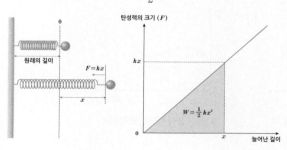

필수개념 2 **역학적 에너지 보존**

- 암기 **역학적 에너지** : 물체의 운동 에너지와 퍼텐셜 에너지의 합. $E_k + E_p$

- **역학적 에너지 보존 법칙** : 마찰이나 공기 저항이 없으면 물체의 역학적 에너지는 항상 일정하게 보존된다.

① 중력에 의한 역학적 에너지 보존

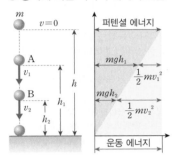

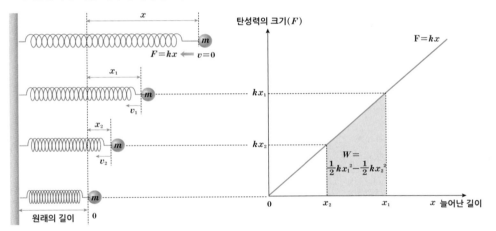

출발점, A점, B점, 도착점에서 역학적 에너지 보존

$$mgh = \frac{1}{2}mv_1^2 + mgh_1 = \frac{1}{2}mv_2^2 + mgh_2 = \frac{1}{2}mv^2$$

$$mgh_1 - mgh_2 = \frac{1}{2}mv_2^2 - \frac{1}{2}mv_1^2$$

② 탄성력에 의한 역학적 에너지 보존

탄성력이 한 일의 양(W) : $\frac{1}{2}kx_1^2 - \frac{1}{2}kx_2^2$

운동 에너지 증가량 (ΔE_k) : $\frac{1}{2}mv_2^2 - \frac{1}{2}mv_1^2$

일 운동 에너지 정리에 의해

탄성력이 한 일의 양 (W)=운동 에너지 증가량 (ΔE_k)

$$\frac{1}{2}kx_1^2 - \frac{1}{2}kx_2^2 = \frac{1}{2}mv_2^2 - \frac{1}{2}mv_1^2$$

$$\frac{1}{2}kx_1^2 + \frac{1}{2}mv_1^2 = \frac{1}{2}kx_2^2 + \frac{1}{2}mv_2^2 \text{ (역학적 에너지 보존)}$$

- 암기 **자유 낙하에서 역학적 에너지 보존 그래프**

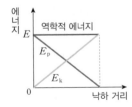

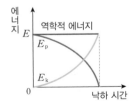

기본자료

▶ 암기 자유 낙하에서 역학적 에너지 보존 법칙 응용

$$mgh_1 - mgh_2 = \frac{1}{2}mv_2^2 - \frac{1}{2}mv_1^2$$

$$-\Delta E_p = \Delta E_k$$

중력 퍼텐셜 에너지 감소량과 운동 에너지 증가량은 항상 같다.

암기 두 빗면에서 두 물체 A, B가 실로 연결되어 각각 빗면에서 등가속도 직선 운동할 때

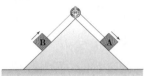

A의 운동 에너지, B의 운동 에너지, B의 퍼텐셜 에너지가 증가하고 A의 퍼텐셜 에너지가 감소한다면 A와 B의 운동 에너지 증가량과 B의 퍼텐셜 에너지 증가량은 A의 퍼텐셜 에너지 감소량과 같다. 즉, 실로 연결되어 있는 경우 어느 한 쪽에서 역학적 에너지가 감소(증가)하면 반드시 다른 한 쪽에서 역학적 에너지가 증가(감소)한다.

다음은 용수철 진자의 역학적 에너지 감소에 관한 실험이다.

[실험 과정]

(가) 그림과 같이 유리판 위에 놓인 나무 도막에 용수철을 연결하고 용수철의 한쪽 끝을 벽에 고정시킨다.

(나) 나무 도막을 평형점 O에서 점 P까지 당겨 용수철이 늘어나게 한다.

(다) 나무 도막을 가만히 놓은 후 나무 도막이 여러 번 진동하여 멈출 때까지 걸린 시간 t를 측정한다.

(라) (가)에서 유리판만을 사포로 바꾼 후 (나)와 (다)를 반복한다.

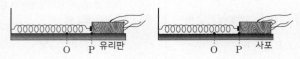

O   P   유리판   O   P   사포

[실험 결과]

바닥면의 종류	t
유리판	5초
사포	2초

이에 대한 설명으로 옳은 것만을 〈보기〉에서 있는 대로 고른 것은?

보기

ㄱ. (다)에서 나무 도막이 진동하는 동안 마찰에 의해 열이 발생한다.

ㄴ. 나무 도막을 놓는 순간부터 나무 도막이 멈출 때까지 나무 도막의 이동 거리는 유리판 위에서가 사포 위에서보다 크다.

ㄷ. (다)에서 나무 도막이 P에서 O까지 이동하는 동안 용수철에 저장된 탄성 퍼텐셜 에너지는 <s>증가</s>한다.   감소

① ㄱ   ② ㄷ   ③ ㄱ, ㄴ   ④ ㄴ, ㄷ   ⑤ ㄱ, ㄴ, ㄷ

|자|료|해|설|

나무 도막이 진동하면서 나무 도막과 바닥면은 마찰이 일어나며 열이 발생한다. 또한, 바닥면의 종류가 사포일 때가 유리판일 때보다 빨리 멈추므로 마찰력은 사포일 때가 더 크다.

|보|기|풀|이|

ㄱ. 정답 : 나무 도막이 진동하는 동안 나무 도막의 역학적 에너지는 바닥면과의 마찰 때문에 열에너지로 손실된다.

ㄴ. 정답 : 진동이 멈출 때까지 걸린 시간은 유리판에서 더 크므로 이동 거리는 유리판에서가 사포에서보다 크다.

ㄷ. 오답 : P에서 O까지 이동하는 동안 용수철의 변형된 길이가 감소하므로 탄성 퍼텐셜 에너지도 감소한다.

😀 **문제풀이 T I P** | 마찰로 나무 도막의 역학적 에너지는 감소한다.

😀 **출제분석** | 용수철 진자의 역학적 에너지가 마찰 때문에 감소하는 과정을 확인하는 문항으로 기본 개념을 확인하는 수준에서 출제되었다.

그림 (가)는 마찰이 없는 수평면에서 물체 A가 정지해 있는 물체 B를 향해 운동하는 모습을 나타낸 것이고, (나)는 A의 위치를 시간에 따라 나타낸 것이다. A, B의 질량은 각각 m_A, m_B이고, 충돌 후 운동 에너지는 B가 A의 3배이다.

$\frac{1}{2}m_A(1m/s)^2 \times 3 = \frac{1}{2}m_B v^2$ — ②

$\Delta p_A = \Delta p_B$
$m_A \Delta v_A = m_B \Delta v_B$
$m_A(2-1) = m_B(v-0)$ — ①

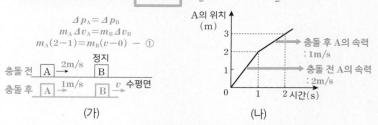

충돌 전   A $\xrightarrow{2m/s}$ 정지 B

충돌 후   A $\xrightarrow{1m/s}$ B $\to v$ 수평면

(가)

A의 위치 (m)

충돌 후 A의 속력 : 1m/s
충돌 전 A의 속력 : 2m/s

0   1   2 시간(s)

(나)

$m_A : m_B$는? (단, A와 B는 동일 직선상에서 운동한다.) 3점

① 2 : 1   ② 3 : 1   ③ 3 : 2   ④ 4 : 3   ⑤ 5 : 2

|자|료|해|설|및|선|택|지|풀|이|

② 정답 : (나)에서 그래프의 기울기는 물체의 속도를 나타내므로 충돌 전과 후 A의 속력은 각각 2m/s, 1m/s임을 알 수 있다. 충돌 후 B의 속도의 크기를 v라 하면 운동량 보존 법칙에 따라 A와 B의 운동량 변화량은 같으므로 $m_A(2m/s-1m/s) = m_B(v-0)$ 또는 $m_A = m_B v$ —①이다. 한편 충돌 후 운동 에너지는 B가 A의 3배이므로 $\frac{1}{2}m_A(1m/s)^2 \times 3 = \frac{1}{2}m_B v^2$ 또는 $3m_A = m_B v^2$ —②이다. ①과 ②에서 v를 소거하면 $m_A = 3m_B$이므로 $m_A : m_B = 3 : 1$ 이다.

😀 **문제풀이 T I P** | A와 B가 충돌 시 A의 운동량 변화량=B의 운동량 변화량

😀 **출제분석** | 운동량 보존 법칙을 이용하여 질량비를 구하는 문항으로 3점 문항이지만 비교적 쉽게 출제되었다.

다음은 역학 수레를 이용한 실험이다.

[실험 과정]

(가) 그림과 같이 수평면으로부터 높이 h인 지점에 가만히 놓은
질량 m인 수레가 빗면을 내려와 수평면 위의 점 p를 지나
용수철을 압축시킬 때, 용수철이 최대로 압축되는 길이 x를
측정한다.

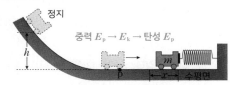

정지

중력 E_p → E_k → 탄성 E_p

(나) 수레의 질량 m과 수레를 놓는 높이 h를 변화시키면서
(가)를 반복한다.

[실험 결과]

실험	m(kg)	h(cm)	x(cm)
Ⅰ	1	50	2
Ⅱ	2	50	㉠$=2\sqrt{2}$
Ⅲ	2	㉡$=25$	2

이에 대한 설명으로 옳은 것만을 〈보기〉에서 있는 대로 고른 것은?
(단, 용수철의 질량, 수레의 크기, 모든 마찰과 공기 저항은 무시한다.)

보기

ㄱ. ㉠은 2보다 크다.

ㄴ. ㉡은 50보다 작다.

ㄷ. p에서 수레의 속력은 Ⅱ에서가 Ⅲ에서보다 ~~작다.~~ 크다.

---

① ㄱ   ② ㄷ   ③ ㄱ, ㄴ   ④ ㄴ, ㄷ   ⑤ ㄱ, ㄴ, ㄷ

|자|료|해|설|

모든 마찰과 공기 저항은 무시하므로 수레의 역학적
에너지는 보존된다. 수평면을 기준점으로 할 때 높이 h에서
수레의 중력 퍼텐셜 에너지는 모두 운동 에너지로
전환되었다가 용수철의 탄성 퍼텐셜 에너지로 전환되므로
$mgh = \frac{1}{2}kx^2$이다.

|보|기|풀|이|

ㄱ. 정답 : 실험 Ⅱ는 Ⅰ보다 질량이 2배 크므로 ㉠은
$2\sqrt{2}$cm이다.

ㄴ. 정답 : 실험 Ⅲ은 Ⅰ보다 질량이 2배 크지만, 용수철이
최대로 압축되는 길이가 같으므로 ㉡은 25cm이다.

ㄷ. 오답 : p에서 물체의 중력 퍼텐셜 에너지는 모두 운동
에너지로 전환되어 $mgh = \frac{1}{2}mv^2$이고 $v = \sqrt{2gh}$이다.

따라서 떨어지는 높이(h)가 높을수록 p에서 수레의 속력이
빠르므로 더 높은 곳에서 떨어지는 실험 Ⅱ에서가
Ⅲ에서보다 p에서 수레의 속력이 크다.

😮 문제풀이 T I P | 중력과 탄성력 이외의 힘이 작용하지 않으면
역학적 에너지는 보존된다.

그림과 같이 수평면으로부터 높이 H인 왼쪽 빗면 위에 물체를 가만히 놓았더니 물체는 수평면에서 속력 v로 운동한다. 이후 물체는 일정한 마찰력이 작용하는 구간 Ⅰ을 지나 오른쪽 빗면에 올라갔다가 다시 왼쪽 빗면의 높이 h인 지점까지 올라간 후 Ⅰ의 오른쪽 끝 점 p에서 정지한다.

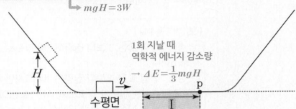

$\rightarrow mgH = 3W$

1회 지날 때 역학적 에너지 감소량

$\rightarrow \Delta E = \frac{1}{3}mgH$

수평면

이에 대한 설명으로 옳은 것만을 〈보기〉에서 있는 대로 고른 것은? (단, 중력 가속도는 g이고, 물체의 크기, Ⅰ의 마찰을 제외한 모든 마찰 및 공기 저항은 무시한다.)

보기

ㄱ. $v = \sqrt{2gH}$이다.

ㄴ. $h = \dfrac{H}{3}$이다.

ㄷ. 왼쪽 빗면의 높이 $2H$인 지점에 물체를 가만히 놓으면 물체가 Ⅰ을 4̶회(6회) 지난 순간 p에서 정지한다. Ⅰ의 왼쪽 끝에서 정지

① ㄱ　　② ㄷ　　③ ㄱ, ㄴ　　④ ㄴ, ㄷ　　⑤ ㄱ, ㄴ, ㄷ

|자|료|해|설|

물체가 마찰 구간을 지날 때 마찰력이 물체에 일을 하여 물체의 역학적 에너지를 감소시킨다. 구간 Ⅰ에서는 일정한 마찰력이 작용하므로 마찰 구간을 지날 때마다 물체의 역학적 에너지는 일정하게 감소한다. 물체가 마찰 구간을 1번 지날 때 감소하는 에너지를 W라 하면 $mgH = 3W$이다.

|보|기|풀|이|

ㄱ. 정답 : 수평면에서 물체의 역학적 에너지는 모두 운동 에너지로 전환되므로 $mgH = \dfrac{1}{2}mv^2$이다. 따라서 $v = \sqrt{2gH}$이다.

ㄴ. 정답 : $mgH = 3W$이므로 $W = \dfrac{1}{3}mgH$이다. h는 마찰 구간을 2번 지난 후 올라간 높이이므로 높이 h인 곳의 역학적 에너지는 $mgh = mgH - 2W = \dfrac{1}{3}mgH$이다. 따라서 $h = \dfrac{H}{3}$이다.

ㄷ. 오답 : 높이 $2H$인 곳에서 역학적 에너지는 2배 커지므로 마찰 구간도 2배인 6회를 지나 Ⅰ의 왼쪽 끝에서 정지한다.

💡 **문제풀이 TIP** | 마찰 구간에서 작용하는 마찰력과 마찰력이 작용하는 거리가 일정하므로 마찰 구간을 지날 때마다 감소하는 물체의 역학적 에너지도 일정하다.

😊 **출제분석** | 마찰 구간에서 역학적 에너지가 감소하거나 일정 구간에서 역학적 에너지가 증가하는 유형의 문제가 최근 자주 출제되고 있다.

그림과 같이 질량이 m인 물체가 빗면을 따라 운동하여 점 p, q를 지나 최고점 r에 도달한다. 물체의 역학적 에너지는 p에서 q까지 운동하는 동안 감소하고, q에서 r까지 운동하는 동안 일정하다. 물체의 속력은 p에서가 q에서의 2배이고, p와 q의 높이 차는 h이다. 물체가 p에서 q까지 운동하는 동안, 물체의 운동 에너지 감소량은 물체의 중력 퍼텐셜 에너지 증가량의 3배이다.

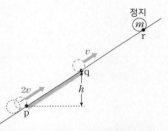

정지 ⓜ r

$\Delta E = \dfrac{1}{2}m(2v)^2 - \dfrac{1}{2}mv^2 = mgh \times 3$

이에 대한 설명으로 옳은 것만을 〈보기〉에서 있는 대로 고른 것은? (단, 중력 가속도는 g이고, 물체의 크기는 무시한다.)

보기

ㄱ. q에서 물체의 속력은 $\sqrt{2gh}$이다.

ㄴ. q와 r의 높이 차는 h이다.

ㄷ. 물체가 p에서 q까지 운동하는 동안, 물체의 역학적 에너지 감소량은 $2mgh$이다.

① ㄱ　　② ㄴ　　③ ㄱ, ㄷ　　④ ㄴ, ㄷ　　⑤ ㄱ, ㄴ, ㄷ

|자|료|해|설|

p와 q에서 물체의 속력을 각각 $2v$, v라 하면 물체가 p에서 q로 운동하는 동안 물체의 운동 에너지 감소량은 물체의 중력 퍼텐셜 에너지 증가량의 3배이므로 $\Delta E = \dfrac{1}{2}m(2v)^2 - \dfrac{1}{2}mv^2 = mgh \times 3$ — 식①이다.

|보|기|풀|이|

ㄱ. 정답 : 식①에 의해 $v = \sqrt{2gh}$이다.

ㄴ. 정답 : 식①에서 $\dfrac{1}{2}mv^2 = mgh$이다. 따라서 q에서 운동 에너지 $\dfrac{1}{2}mv^2$이 모두 중력 퍼텐셜 에너지로 전환되는 높이는 q보다 h 만큼 높은 위치이다.

ㄷ. 정답 : p의 중력 퍼텐셜 에너지를 0이라 하면 식①에 의해 p와 q에서의 역학적 에너지는 각각 $E_p = \dfrac{1}{2}m(2v)^2 = 4mgh$이고 $E_q = mgh + \dfrac{1}{2}mv^2 = 2mgh$이다. 따라서 물체가 p에서 q까지 운동하는 동안, 물체의 역학적 에너지 감소량은 $E_p - E_q = 2mgh$이다.

💡 **문제풀이 TIP** | 역학적 에너지 = 중력 퍼텐셜 에너지 + 운동 에너지

😊 **출제분석** | 문제에서 제시된 자료의 상황을 역학적 에너지를 생각하면서 분석하고 이를 식으로 나타낼 수 있다면 문제없이 정답을 고를 수 있다.

6 역학적 에너지 보존

정답 ④　정답률 70%　2018년 7월 학평 2번　문제편 68p

그림 (가)는 경사면에서 질량 2kg인 물체가 p점에서 q점까지 직선
운동하는 모습을 나타낸 것이고, 그림 (나)는 물체가 p를 통과하는
순간부터 q에 도달하는 순간까지 물체의 운동량의 크기를 시간에
따라 나타낸 것이다.

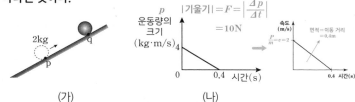

(가)　　　　　(나)

0초부터 0.4초까지 물체의 중력에 의한 퍼텐셜 에너지 변화량은?
(단, 물체의 크기, 모든 마찰과 공기 저항은 무시한다.)

① 1J　　② 2J　　③ 3J　　✔④ 4J　　⑤ 8J

= 중력에 의해 경사면 아래 　×　경사면 방향의
　　방향으로 작용하는 힘　　　　이동 거리
=　　　　10N　　　　×　　　0.4m
=　　　　　　4J

|자|료|해|설|

물체가 p점에서 q점까지 운동하는 동안 물체는 중력에
의해 경사면 아래 방향으로 힘을 받고 이 힘이 물체에
한 일(= 경사면 아래 방향으로 작용하는 힘 × 경사면
방향의 이동 거리)이 물체의 중력에 의한 퍼텐셜 에너지
변화량이다.

|선|택|지|풀|이|

④ 정답 : (나)의 그래프에서 기울기의 절댓값은 일정 시간
동안 운동량의 크기(P)의 변화이므로 물체에 작용하는 힘
(F)을 의미하고 이는 $F = \left| \dfrac{\Delta p}{\Delta t} \right| = \dfrac{4\text{kg} \cdot \text{m/s}}{0.4\text{s}} = 10\text{N}$
이다. 또한 그래프의 y축인 운동량의 크기($p = mv$)를 질량
(m)으로 나누면 속도의 크기(v)를 알 수 있으므로 (나)
그래프를 오른쪽 그래프와 같이 속도-시간 그래프로
변환할 수 있고 여기서 면적은 이동 거리를 의미하므로
p점에서 q점까지의 거리는 $\dfrac{1}{2} \times 0.4\text{s} \times 2\text{m/s} = 0.4\text{m}$이다.
따라서 물체의 중력에 의한 퍼텐셜 에너지 변화량은
경사면 아래 방향으로 작용하는 힘이 한 일과 같으므로
$10\text{N} \times 0.4\text{m} = 4\text{J}$이다.

😊 문제풀이 T I P | [별해] 물체의 중력에 의한 퍼텐셜 에너지 변화량은 물체의 운동 에너지의 변화량과 같다. 물체의 운동 에너지(K)는 $K = \dfrac{1}{2}mv^2 = \dfrac{p^2}{2m}$이므로 물체의 운동 에너지
변화량($|\Delta K|$)은 $|\Delta K| = \dfrac{(4\text{kg} \cdot \text{m/s})^2}{2 \times 2\text{kg}} - \dfrac{(0)^2}{2 \times 2\text{kg}} = 4\text{J}$이다. 따라서 물체의 중력에 의한 퍼텐셜 에너지 변화량은 4J이다.

😊 출제분석 | 운동량과 역학적 에너지의 관계, 역학적 에너지 보존 개념을 이해하는가를 묻는 문항이다.

---

7 역학적 에너지 보존

정답 ④　정답률 43%　2018년 4월 학평 20번　문제편 68p

그림 (가)와 같이 물체 A, B를 실로 연결하고 빗면 위의 점 p에 A를
가만히 놓았더니 A, B는 등가속도 운동하여 A가 점 q를 통과한다.
B의 질량은 m이고, p에서 q까지의 거리는 d이다. A가 p에서
q까지 이동하는 동안 A의 역학적 에너지 증가량은 $\dfrac{1}{3}mgd$이다. → B의 역학적
　　　　　　　　　　　　　　　　　　　　　　　　　　　에너지 감소량

그림 (나)는 (가)의 실이 끊어진 후 A, B가 각각 등가속도 운동하는
것을 나타낸 것이다. A의 가속도의 크기는 (가)와 (나)에서 a로 같다.

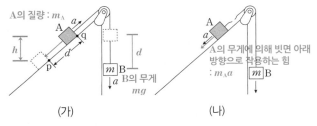

(가)　　　　　(나)

이에 대한 설명으로 옳은 것만을 <보기>에서 있는 대로 고른 것은?
(단, 중력 가속도는 g이고, A, B의 크기, 모든 마찰과 공기 저항은
무시한다.) 3점

<보기>

ㄱ. (가)에서 A가 q를 통과하는 순간 B의 운동 에너지는
$\dfrac{1}{3}mgd \atop \frac{2}{3}$이다.

ㄴ. $a = \dfrac{2}{3}g$이다.　　　$v^2 = 2ad, v^2 = \dfrac{4}{3}gd \to a = \dfrac{2}{3}g$
　　　　　　　　　　　　　$mg - m_A a = (m + m_A)a$

ㄷ. A의 질량은 $\dfrac{1}{4}m$이다.　$\therefore m = 4m_A$

① ㄱ　　② ㄴ　　③ ㄱ, ㄷ　　✔④ ㄴ, ㄷ　　⑤ ㄱ, ㄴ, ㄷ

|자|료|해|설|

(가)에서 두 물체는 실로 연결되어 같은 가속도의
크기(a), 같은 속력(v)으로 d만큼 이동하여 q지점을
통과한다. 이때 문제에서 제시된 조건과 같이 마찰이나
공기 저항은 무시할 수 있으므로 두 물체의 역학적
에너지의 합은 일정하다. 따라서 A의 질량을 m_A, A가
수직으로 올라간 높이를 h라 할 때 A의 역학적 에너지
증가량은 $m_A gh + \dfrac{1}{2}m_A v^2 = \dfrac{1}{3}mgd$이고 B의 역학적 에너지
변화량은 $\dfrac{1}{2}mv^2 - mgd = -\dfrac{1}{3}mgd$이다.
한편 (나)에서 물체 A에 작용하는 힘($m_A a$)을 알 수 있으므로
(가)에서 두 물체에 작용하는 알짜힘은 $mg - m_A a$이고
운동 방정식은 $mg - m_A a = (m + m_A)a$이다.

|보|기|풀|이|

ㄱ. 오답 : A가 q를 통과하는 순간 B의 역학적 에너지
변화량은 $\dfrac{1}{2}mv^2 - mgd = -\dfrac{1}{3}mgd$이므로 B의 운동
에너지는 $\dfrac{1}{2}mv^2 = \dfrac{2}{3}mgd \cdots$ ①이다.

ㄴ. 정답 : 물체에 작용하는 알짜힘이 한 일은 물체의
운동 에너지 증가량과 같다. (가)에서 A는 a의 가속도로
움직이므로 A에 작용하는 알짜힘은 $m_A a$이고 알짜힘이
한 일은 $W = F \times s = m_A ad = \dfrac{1}{2}m_A v^2$이다. 이를 정리하면
$v^2 = 2ad \cdots$ ②이고 ①을 정리하면 $v^2 = \dfrac{4}{3}gd \cdots$ ③이므로
②와 ③에 의해 $v^2 = 2ad = \dfrac{4}{3}gd$, 즉 $a = \dfrac{2}{3}g \cdots$ ④이다.

ㄷ. 정답 : 운동 방정식은 $mg - m_A a = (m + m_A)a$인데
④에 의해 $a = \dfrac{2}{3}g$이므로 $m = 4m_A$, $m_A = \dfrac{1}{4}m$이다.

그림과 같이 빗면 위의 점 O에 물체를 가만히 놓았더니 물체가
일정한 시간 간격으로 빗면 위의 점 A, B, C를 통과하였다.
물체는 B~C 구간에서 마찰력을 받아 역학적 에너지가 18J만큼
감소하였다. 물체의 중력 퍼텐셜 에너지 차는 O와 B 사이에서 32J,
A와 C 사이에서 60J이다.

처음 속도=0

=t

중력 퍼텐셜 에너지 차(ΔE_p)∝이동 거리(s)∝시간²(t^2)
중력 퍼텐셜 에너지 차의 비=t^2 : $(2t)^2$

O
A
마찰이 없는 빗면
B
마찰이 있는 빗면
C

$T=8J$
$(2t)^2 \to 32J$
60J

마찰이 없었을 때 C에서
물체의 운동 에너지
=O와 C 사이에서
중력 퍼텐셜 에너지 차
=8J+60J
=68J

C에서 물체의 운동 에너지는? (단, 물체의 크기와 공기 저항은
무시한다.) 3점

① 18J　　② 28J　　③ 32J　　④ 42J　　⑤ 50J

|자|료|해|설|및|선|택|지|풀|이|

⑤ 정답 : O에서 물체의 처음 속도는 0이다. 경사각이 일정한
마찰이 없는 빗면에서 물체는 등가속도 직선 운동을 하므로
빗면을 이동한 거리는 $s = \frac{1}{2}at^2$이다.

물체의 연직방향의 높이차(Δh)는 물체의 이동 거리와
비례하므로 시간의 제곱에 비례한다. 따라서 O와 A 사이
에서의 위치에너지 차 : O와 B 사이에서의 위치에너지 차
=t^2 : $(2t)^2$=x : 32J이므로 x=8J이다.
O와 C 사이에서의 물체의 중력 에너지 차이는 8J+60J=
68J이고 이는 마찰이 없었을 때 모두 전환된 C에서 물체의
운동 에너지이다. 한편, B~C 구간에서 마찰력을 받아 역학적
에너지가 18J 감소한 것은 모두 운동 에너지의 감소이므로
최종적인 C에서 물체의 운동 에너지는 68J−18J=50J
이다.

😮 **문제풀이 TIP** | 경사각이 일정한 마찰이 없는 빗면에서 중력
퍼텐셜 에너지의 차∝빗면을 따라 이동한 거리∝물체의 운동 시간²

😊 **출제분석** | 역학적 에너지에 관련된 문항은 등가속도 운동, 힘,
운동량, 충격량 개념을 모두 활용하여 출제되는 경우가 많다.

그림 (가)는 물체 A,
B, C를 실로 연결한
후, 질량이 m인 A를
손으로 잡아 A와 C가
같은 높이에서 정지한
모습을 나타낸 것이다.
A와 B 사이에 연결된
실은 p이고, B와 C

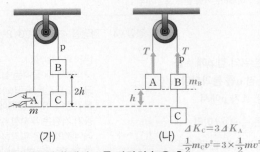

(가)　　　　(나)

$\Delta K_C = 3\Delta K_A$
$\frac{1}{2}m_C v^2 = 3 \times \frac{1}{2}mv^2$
→ $m_C = 3m$ — ②

사이의 거리는 $2h$이다. 그림 (나)는 (가)에서 A를 가만히 놓은 후,
A와 B의 높이가 같아진 순간의 모습을 나타낸 것이다. (가)에서
(나)로 물체가 운동하는 동안 운동 에너지 변화량의 크기는 C가 A의
3배이고, A의 중력 퍼텐셜 에너지 변화량의 크기와 C의 역학적
에너지 변화량의 크기는 같다.

$\Delta P_A = \Delta P_C - \Delta K_C$
$mgh = m_C gh - \frac{1}{2}m_C v^2$ — ③

(나)에 대한 설명으로 옳은 것만을 <보기>에서 있는 대로 고른 것은?
(단, 모든 마찰과 공기 저항, 실의 질량은 무시한다.) 3점

보기

ㄱ. A의 속력은 $\sqrt{2gh}$이다.　$\sqrt{\frac{4}{3}gh}$
ㄴ. B의 질량은 $2m$이다.　$\frac{5}{3}mg$
ㄷ. p가 B를 당기는 힘의 크기는 mg이다.

① ㄱ　　② ㄴ　　③ ㄱ, ㄷ　　④ ㄴ, ㄷ　　⑤ ㄱ, ㄴ, ㄷ

→ B와 C의 중력 퍼텐셜 에너지 감소량
=A의 중력 퍼텐셜 에너지 증가량+A, B, C의 운동 에너지 증가량
$\Delta P_B + \Delta P_C = \Delta P_A + \Delta K_A + \Delta K_B + \Delta K_C$
$m_B gh + m_C gh = mgh + \frac{1}{2}mv^2 + \frac{1}{2}m_B v^2 + \frac{1}{2}m_C v^2$ — ①

😮 **문제풀이 TIP** | (가)와 (나)에서 A, B, C의 역학적 에너지의 합은 보존된다.

😊 **출제분석** | 역학적 에너지 보존 법칙을 이용한 식을 세울 수 있다면 다소 시간이 걸릴뿐, 충분히 해결할 수
있는 문항이다.

|자|료|해|설|

B, C의 무게의 합은 A보다 무거워 (가)에서 (나)와 같이
운동한다. 이때 A가 올라간 높이와 B, C가 내려간 높이는
h이고 A, B, C의 속도는 같다. B와 C의 중력 퍼텐셜
에너지 감소량($\Delta P_B + \Delta P_C$)은 A의 중력 퍼텐셜 에너지
증가량(ΔP_A)과 A, B, C의 운동 에너지 증가량($\Delta K_A +
\Delta K_B + \Delta K_C$)의 합과 같으므로 B와 C의 질량을 각각 m_B,
m_C라 하고 (나)에서 A, B, C의 속력을 v라 하면
$$m_B gh + m_C gh = mgh + \frac{1}{2}mv^2 + \frac{1}{2}m_B v^2 + \frac{1}{2}m_C v^2 — ①$$
이다.

|보|기|풀|이|

ㄱ. 오답 : 제시된 자료와 같이 (가)에서 (나)로 물체가
운동하는 동안 운동 에너지 변화량의 크기는 C가 A의
3배이므로 $\frac{1}{2}m_C v^2 = 3 \times \frac{1}{2}mv^2$ 또는 $m_C = 3m$ — ②이다.
또한 A의 중력 퍼텐셜 에너지 변화량의 크기와 C의 역학적
에너지 변화량의 크기는 같으므로 $mgh = m_C gh - \frac{1}{2}m_C v^2$
— ③이다. ②를 ③에 대입하면 $v = \sqrt{\frac{4}{3}gh}$ — ④이다.

ㄴ. 정답 : ①에 ②와 ④를 대입하면 $m_B gh + 3mgh =
mgh + \frac{1}{2}m\left(\frac{4}{3}gh\right) + \frac{1}{2}m_B\left(\frac{4}{3}gh\right) + \frac{3}{2}m \times \left(\frac{4}{3}gh\right)$ 또는
$m_B = 2m$이다.

ㄷ. 오답 : p가 B를 당기는 힘의 크기를 T라 하면 T는 p가
A를 당기는 힘의 크기와 같다. 또한 A의 가속도 크기를
a라 하면 $2ah = v^2 = \frac{4}{3}gh$로부터 $a = \frac{2}{3}g$이므로 A에
작용하는 알짜힘은 $ma = \frac{2}{3}mg$, A의 무게는 mg이다.

따라서 $T = mg + \frac{2}{3}mg = \frac{5}{3}mg$이다.

그림은 물체 B와 실로 연결되어 점 p에 정지해 있던 물체 A에 크기가 $3mg$로 일정한 힘을 가해 A를 점 q까지 이동시킨 모습을 나타낸 것이다. A가 q를 지나는 순간 당기던 실을 놓았더니 점 r에서 A의 속력이 0이 되었다. A, B의 질량은 모두 m이다. A가 p에서 q까지, q에서 r까지 운동하는 동안 B의 역학적 에너지 증가량은 각각 E_1, E_2이다.

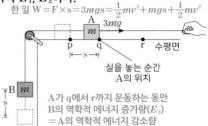

한 일 $W = F \times s = 3mgs = \frac{1}{2}mv^2 + mgs + \frac{1}{2}mv^2$

A가 q에서 r까지 운동하는 동안 B의 역학적 에너지 증가량(E_2) = A의 역학적 에너지 감소량

실을 놓는 순간 A의 위치

$\frac{E_2}{E_1}$는? (단, 중력 가속도는 g이고, 실의 질량, 물체의 크기, 모든 마찰과 공기 저항은 무시한다.) **3점**

① $\frac{1}{2}$ ② $\frac{3}{5}$ ③ $\frac{2}{3}$ ④ 1   ⑤ 2

| 자 | 료 | 해 | 설 |

물체 A, B는 실로 연결되어 있으므로 모든 지점에서 두 물체의 속력은 같다. q지점에서 물체 A와 B의 속력이 v, p에서 q까지 $3mg$의 일정한 힘을 가하는 동안 물체 A가 움직인 거리를 s라 할 때 물체 A와 B에 한 일은 A의 역학적 에너지 증가량($\frac{1}{2}mv^2$)과 B의 역학적 에너지 증가량

$\left(E_1 = mgs + \frac{1}{2}mv^2\right)$의 합과 같으므로 $W = F \times s = 3mgs$

$= \frac{1}{2}mv^2 + mgs + \frac{1}{2}mv^2 = mgs + mv^2 \cdots$ ⊙이다.

q에서 r까지 한 일은 없으므로 물체 A와 B의 역학적 에너지의 합은 변화가 없다. 따라서 B의 역학적 에너지 증가량(E_2)은 A의 역학적 에너지 감소량과 같으므로 $E_2 = \frac{1}{2}mv^2$이다.

| 선 | 택 | 지 | 풀 | 이 |

① 정답 : 식 ⊙으로부터 $mv^2 = 2mgs$이고

$E_1 = mgs + \frac{1}{2}mv^2 = mv^2$이므로 $\dfrac{E_2}{E_1} = \dfrac{\frac{1}{2}mv^2}{mv^2} = \dfrac{1}{2}$이다.

그림 (가)와 같이 수평면에서 용수철 A, B가 양쪽에 수평으로 연결되어 있는 물체를 손으로 잡아 정지시켰다. A, B의 용수철 상수는 각각 100N/m, 200N/m이고, A의 늘어난 길이는 0.3m이며, B의 탄성 퍼텐셜 에너지는 0이다. 그림 (나)와 같이 (가)에서 손을 가만히 놓았더니 물체가 직선 운동을 하다가 처음으로 정지한 순간 B의 늘어난 길이는 L이다.

B의 늘어난 길이=0

이때 A의 압축 또는 늘어난 길이 = |L-0.3|

0.3m 늘어남

A의 탄성 퍼텐셜 에너지 $= \frac{1}{2} \times (100\text{N/m}) \times (0.3\text{m})^2$

(가) A   B

수평면

A와 B의 탄성 퍼텐셜 에너지의 합 $= \frac{1}{2} \times (100\text{N/m}) \times (0.3\text{m}-L)^2 + \frac{1}{2} \times (200\text{N/m}) \times L^2$

(나) A   정지   B

수평면

L은? (단, 물체의 크기, 용수철의 질량, 모든 마찰과 공기 저항은 무시한다.) **3점**

① 0.05m   ② 0.1m   ③ 0.15m   ④ 0.2m   ⑤ 0.3m

| 자 | 료 | 해 | 설 |

마찰이 없는 수평면에서의 운동이므로 (가)와 (나)에서 용수철의 탄성 퍼텐셜 에너지의 합은 일정하게 보존된다. (가)에서는 A만 0.3m 늘어나 있으므로 A의 탄성 퍼텐셜 에너지 $= \frac{1}{2} \times (100\text{N/m}) \times (0.3\text{m})^2 = \frac{9}{2}\text{J} - ①$이고, (나)에서 A와 B가 변형된 길이는 각각 $0.3\text{m}-L$, L이므로 A와 B의 탄성 퍼텐셜 에너지의 합 $= \frac{1}{2} \times (100\text{N/m}) \times (0.3\text{m}-L)^2 + \frac{1}{2} \times (200\text{N/m}) \times L^2 - ②$이다.

| 선 | 택 | 지 | 풀 | 이 |

④ 정답 : (가)와 (나)에서 용수철의 탄성 퍼텐셜 에너지의 합은 일정하게 보존되므로 ①=②이고 이를 정리하면 $L = 0.2\text{m}$이다.

😀 문제풀이 T I P | (가)와 (나)에서 용수철의 탄성 퍼텐셜 에너지의 합은 일정하게 보존된다.

😊 출제분석 | 역학적 에너지가 보존되는 경우로 비교적 간단하게 해결할 수 있는 문항이다.

그림은 물체 A, B, C를 실 p, q로
연결하여 C를 손으로 잡아
정지시킨 모습을 나타낸 것이다.
C를 가만히 놓으면 B는 가속도의
크기 a로 등가속도 운동한다. 이후
p를 끊으면 B는 가속도의 크기 a로 등가속도 운동한다. A, B, C의
질량은 각각 $3m$, m, $2m$이다.
이에 대한 설명으로 옳은 것만을 〈보기〉에서 있는 대로 고른 것은?
(단, 중력 가속도는 g이고, 실의 질량 및 모든 마찰과 공기 저항은
무시한다.)

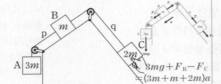

$3mg + F_B - F_C$
$= (3m + m + 2m)a$

$F_C - F_B$
$= (m + 2m)a$

> **보기**
> ㄱ. q가 B를 당기는 힘의 크기는 p를 끊기 전이 p를 끊은 후
>   보다 크다.
> ㄴ. $a = \frac{1}{3}g$이다.
> ㄷ. p를 끊기 전까지, A의 중력 퍼텐셜 에너지 감소량은 B와
>   C의 운동 에너지 증가량의 합보다 크다.

① ㄱ   ② ㄷ   ③ ㄱ, ㄴ   ④ ㄴ, ㄷ   ✓ ㄱ, ㄴ, ㄷ

😲 **문제풀이 T I P** | 빗면 방향으로 물체의 무게에 의해 작용하는 힘을 미지수로 설정하여 식을 세우자.

😊 **출제분석** | 운동 방정식을 통한 힘의 크기와 역학적 에너지 보존 법칙으로부터 에너지 변화량을 비교하는
보기는 자주 등장하는 출제 유형이다.

|자|료|해|설|

B의 무게에 의해 왼쪽 빗면 아래로 작용하는 힘을 F_B, C의
무게에 의해 오른쪽 빗면 아래로 작용하는 힘을 F_C라 하면,
손을 놓았을 때 운동 방정식은 $3mg + F_B - F_C = (3m + m + 2m)a$ —①이고 p가 끊어졌을 때 운동 방정식은 $F_C - F_B = (m + 2m)a$ —②이다.

|보|기|풀|이|

ㄱ. 정답 : 손을 놓았을 때, q가 B를 당기는 힘의 크기는 q가
C를 당기는 힘의 크기(T_1)와 같으므로 $T_1 - F_C = 2ma$이고,
$T_1 = F_C + 2ma$이다. p가 끊어졌을 때, q가 C를 당기는
힘의 크기(T_2)는 $F_C - T_2 = 2ma$이고, $T_2 = F_C - 2ma$이다.
따라서 $T_1 > T_2$이다.

ㄴ. 정답 : ①+②를 하면, $3mg = 9ma$이다. 따라서 $a = \frac{1}{3}g$
이다.

ㄷ. 정답 : C를 손으로 잡고 있는 동안 A, B, C의 에너지의
합을 0이라 하면, 손을 놓은 후 C의 중력 퍼텐셜 에너지
증가량(ΔP_C) − A와 B의 중력 퍼텐셜 에너지 감소량
($\Delta P_A + \Delta P_B$) + A, B, C의 운동 에너지 증가량($\Delta K_A +$
$\Delta K_B + \Delta K_C$) = 0이다. 이를 ΔP_A에 대한 식으로 정리하면
$\Delta P_A = \Delta K_A + \Delta K_B + \Delta K_C + \Delta P_C - \Delta P_B$이다. 한편, p가
끊어지면 B의 가속도 방향이 반대로 바뀐다는 것은, $F_C >$
F_B를 의미하고, P를 끊기 전에도 B, C는 같은 거리를
이동하므로 B, C의 중력에 의한 퍼텐셜 에너지 변화량의
관계는 $\Delta P_C > \Delta P_B$이다. 이는 $+\Delta P_C - \Delta P_B > 0$을
의미하므로 $\Delta P_A > \Delta K_A + \Delta K_B + \Delta K_C$이고, A의
초기 운동 에너지는 0이었으므로 $\Delta K_A > 0$이다. 따라서
$\Delta P_A > \Delta K_B + \Delta K_C$이다.

그림 (가)와 같이 질량이 각각 2kg, 3kg, 1kg인 물체 A, B, C가
용수철 상수가 200N/m인 용수철과 실에 연결되어 정지해 있다.
수평면에 연직으로 연결된 용수철은 원래 길이에서 0.1m만큼
늘어나 있다. 그림 (나)는 (가)의 C에 연결된 실이 끊어진 후, A가
연직선상에서 운동하여 용수철이 원래 길이에서 0.05m만큼 늘어난
순간의 모습을 나타낸 것이다.

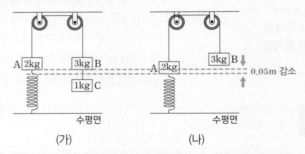

(가)   (나)

(나)에서 A의 운동 에너지는 용수철에 저장된 탄성 퍼텐셜 에너지의
몇 배인가? (단, 중력 가속도는 10m/s²이고, 실과 용수철의 질량,
모든 마찰과 공기 저항은 무시한다.)

① $\frac{1}{5}$ ✓ ② $\frac{2}{5}$ ③ $\frac{3}{5}$ ④ $\frac{4}{5}$ ⑤ 1

(나)에서 용수철의 탄성 퍼텐셜 에너지 변화량(감소)
+A의 중력 퍼텐셜 에너지 변화량(감소)+A의 운동 에너지 변화량(증가)
+B의 중력 퍼텐셜 에너지 변화량(증가)+B의 운동 에너지
$= 0$

|자|료|해|설|및|선|택|지|풀|이|

② 정답 : C에 연결된 실이 끊어진 후 용수철의 탄성 퍼텐셜
에너지와 A의 중력 퍼텐셜 에너지가 감소한 만큼 B의 중력
퍼텐셜 에너지와 A, B의 운동 에너지가 증가한다. 한편
A와 B는 연결된 실에 의해 같은 속력으로 움직이므로 A
와 B의 운동 에너지 비($K_A : K_B$)는 질량비와 같은 2 : 3
이므로 $K_B = \frac{3}{2}K_A$이다.

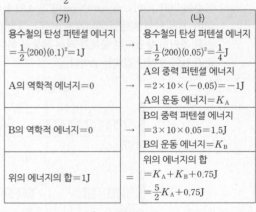

	(가)	(나)
용수철의 탄성 퍼텐셜 에너지	용수철의 탄성 퍼텐셜 에너지 $= \frac{1}{2}(200)(0.1)^2 = 1J$	→ 용수철의 탄성 퍼텐셜 에너지 $= \frac{1}{2}(200)(0.05)^2 = \frac{1}{4}J$
A의 역학적 에너지 = 0	→	A의 중력 퍼텐셜 에너지 $= 2 \times 10 \times (-0.05) = -1J$ A의 운동 에너지 $= K_A$
B의 역학적 에너지 = 0	→	B의 중력 퍼텐셜 에너지 $= 3 \times 10 \times 0.05 = 1.5J$ B의 운동 에너지 $= K_B$
위의 에너지의 합 = 1J	=	위의 에너지의 합 $= K_A + K_B + 0.75J$ $= \frac{5}{2}K_A + 0.75J$

위 표에 의해 $K_A = \frac{1}{10}J$이므로 (나)에서 A의 운동 에너지

$\left(\frac{1}{10}J\right)$는 용수철에 저장된 탄성 퍼텐셜 에너지$\left(\frac{1}{4}J\right)$의 $\frac{2}{5}$

배이다.

그림과 같이 마찰이 없는 궤도를 따라 운동하는 물체 A, B가 각각 높이 $2h_0$, h_0인 지점을 v_0, $2v_0$의 속력으로 지난다. **h_0인 지점에서 B의 운동 에너지는 중력 퍼텐셜 에너지의 4배이다.** 궤도의 구간 Ⅰ, Ⅱ는 각각 수평면, 경사면이고, 구간 Ⅲ은 높이가 $4h_0$인 수평면이다.

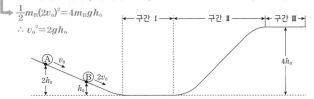

$$\frac{1}{2}m_B(2v_0)^2 = 4m_B gh_0$$

$$\therefore v_0^2 = 2gh_0$$

이에 대한 설명으로 옳은 것만을 〈보기〉에서 있는 대로 고른 것은?
(단, Ⅰ에서 중력 퍼텐셜 에너지는 0이고, 물체는 동일 연직면상에서 운동하며, 물체의 크기는 무시한다.)

> **보기**
>
> ㄱ. Ⅰ을 통과하는 데 걸리는 시간은 A가 B의 ~~$\frac{5}{3}$~~ $\sqrt{\frac{5}{3}}$ 배이다.
>
> ㄴ. Ⅱ에서 A의 운동 에너지와 중력 퍼텐셜 에너지가 같은 지점의 높이는 ~~h_0~~ $1.5h_0$이다.
>
> ㄷ. Ⅲ에서 B의 속력은 v_0이다.

① ㄱ   ✓② ㄷ   ③ ㄱ, ㄴ   ④ ㄴ, ㄷ   ⑤ ㄱ, ㄴ, ㄷ

😮 **문제풀이 T I P** | 역학적 에너지 보존 법칙 : 중력 퍼텐셜 에너지 + 운동 에너지 = 일정

😊 **출제분석** | 역학적 에너지 보존 법칙과 관련된 문항은 식을 세워 전개하는 과정이 복잡해 보여 어렵게 느껴진다. 그러나 여러 문제의 기출 문제를 살펴보면 풀이 과정이 거의 비슷하다는 것을 알게 될 것이다.

| 자 | 료 | 해 | 설 |

마찰이 없는 궤도를 따라 움직이는 A와 B의 역학적 에너지는 일정하게 보존된다. A의 질량을 m_A, B의 질량을 m_B라 하면 A와 B의 역학적 에너지는 각각

$$E_A = m_A g(2h_0) + \frac{1}{2}m_A v_0^2 \quad -①,$$

$$E_B = m_B gh_0 + \frac{1}{2}m_B(2v_0)^2 \quad -②이다.$$ h_0인 지점에서 B의 운동 에너지는 중력 퍼텐셜 에너지의 4배이므로 $\frac{1}{2}m_B(2v_0)^2 = 4m_B gh_0$이고 $v_0^2 = 2gh_0 \quad -③$이다. 이를 각각 ①과 ②에 대입하여 v_0를 소거하면 $E_A = 3m_A gh_0$, $E_B = 5m_B gh_0$이다.

| 보 | 기 | 풀 | 이 |

ㄱ. 오답 : 구간 Ⅰ에서 A와 B의 역학적 에너지는 모두 운동 에너지로 전환된다. 구간 Ⅰ에서 A와 B의 속력을 각각 v_A, v_B라 하면 $E_A = 3m_A gh_0 = \frac{1}{2}m_A v_A^2$이므로 $v_A = \sqrt{6gh_0}$, $E_B = 5m_B gh_0 = \frac{1}{2}m_B v_B^2$이므로 $v_B = \sqrt{10gh_0}$이다. 구간 Ⅰ의 거리를 s라 하면 A와 B가 구간 Ⅰ을 통과하는데 걸린 시간은 각각 $t_A = \frac{s}{v_A}$, $t_B = \frac{s}{v_B}$이므로, $\frac{t_A}{t_B} = \frac{\frac{s}{v_A}}{\frac{s}{v_B}} = \frac{v_B}{v_A} = \sqrt{\frac{5}{3}}$이다. 즉, 구간 Ⅰ을 통과하는데 걸리는 시간은 A가 B의 $\sqrt{\frac{5}{3}}$배이다.

ㄴ. 오답 : A의 역학적 에너지는 $E_A = 3m_A gh_0$이다. 구간 Ⅱ에서 운동 에너지와 중력 퍼텐셜 에너지가 같으려면 중력 퍼텐셜 에너지는 $\frac{E_A}{2} = 1.5m_A gh_0 = m_A g(1.5h_0)$ 이어야 하므로 이 지점의 높이는 $1.5h_0$이다.

ㄷ. 정답 : 역학적 에너지 보존 법칙에 따라 구간 Ⅲ에서 B의 역학적 에너지는 중력 퍼텐셜 에너지와 운동 에너지의 합과 같으므로 $E_B = 5m_B gh_0 = m_B g(4h_0) + \frac{1}{2}m_B v_B'^2$이다. 이 식에 ③을 대입하면 $\frac{1}{2}m_B v_B'^2 = \frac{1}{2}m_B v_0^2$이므로 구간 Ⅲ에서 B의 속력은 $v_B' = v_0$이다.

정답 ④ 정답률 42% 2019년 10월 학평 19번 문제편 70p

그림과 같이 물체가 마찰이 없는 연직면상의 궤도를 따라 운동한다. 물체는 왼쪽 빗면상의 점 a, b, 수평면상의 점 c, d, 오른쪽 빗면상의 점 e를 지나 점 f에 도달한다. 물체가 a, b를 지나는 순간의 속력은 각각 v, $4v$이고, **a~b 구간을 통과하는 데 걸리는 시간은 e~f 구간을 통과하는 데 걸리는 시간의 3배이다.** 물체는 c~d 구간에서 운동 방향과 반대 방향으로 크기가 F인 일정한 힘을 받는다. b와 e의 높이는 같다.

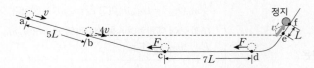

e~f 구간에서 물체에 작용하는 알짜힘의 크기는? (단, 물체의 크기와 공기 저항은 무시한다.) 3점

① $4F$ ② $5F$ ③ $7F$ ✓④ $9F$ ⑤ $10F$

|자|료|해|설|
e~f 구간을 통과하는데 걸린 시간을 t라 하면 a~b 구간을 통과하는데 걸리는 시간은 $3t$이다. 물체는 빗면에서 등가속도 운동하므로 a~b 구간에서 물체가 이동한 거리 $5L$은 이 구간에서 물체의 평균 속력 $=\dfrac{v+4v}{2}$과 걸린 시간 $3t$의 곱과 같다. $\left(5L=\dfrac{15}{2}vt\right)$ 이를 L에 대해 정리하면 $L=\dfrac{3}{2}vt$ —①이다. e에서 물체의 속력을 v'라 할 때, e~f 구간에서 물체가 이동한 거리 L은 이 구간에서 물체의 평균 속력 $=\dfrac{v'}{2}$과 걸린 시간 t의 곱과 같다. $\left(L=\dfrac{1}{2}v't$ —②$\right)$ 따라서 ①과 ②에 의해 $v'=3v$이다.

|선|택|지|풀|이|
④ 정답 : 물체의 질량을 m이라 할 때, b와 e의 높이는 같으므로 b의 높이를 기준으로 b에서 물체의 역학적 에너지는 운동에너지인 $\dfrac{1}{2}m(4v)^2$이고 e에서 물체의 역학적 에너지는 운동에너지인 $\dfrac{1}{2}m(3v)^2$이다. b와 e에서 역학적 에너지가 차이가 나는 이유는 c~d 구간에서 물체에 $W=F(7L)$만큼 일을 하여 물체의 역학적 에너지를 감소시켰기 때문이다. 즉 $\dfrac{1}{2}m(4v)^2-F(7L)=\dfrac{1}{2}m(3v)^2$ 이므로 $FL=\dfrac{1}{2}mv^2$ —③이다.
또한 e~f 구간에서 빗면 아래 방향으로 작용하는 알짜힘의 크기를 F'라 하면 e에서 물체가 가진 운동 에너지 $\dfrac{1}{2}m(3v)^2$는 알짜힘이 물체에 $W'=F'L$만큼 일을 하여 f에서 물체의 운동에너지를 0으로 만든다. 즉, $F'L=\dfrac{9}{2}mv^2$ —④이다. 따라서 ③과 ④를 연립하면 $F'=9F$이다.

😮 문제풀이 T I P | 물체에 작용한 알짜힘이 물체에 한 일은 물체의 운동 에너지 변화량과 같다.
① b의 운동 에너지 $-$c~d 구간에서 F가 물체에 한 일$=$e의 운동 에너지
② e의 운동 에너지$=$e~f 구간에서 물체에 작용하는 알짜힘이 한 일

😀 출제분석 | 일 운동 에너지 정리와 역학적 에너지 보존 법칙을 적용하는 문항으로 매우 어렵게 출제되었다.

정답 ④ 정답률 44% 2022년 7월 학평 18번 문제편 71p

그림 (가)와 같이 물체 A가 수평면에서 용수철이 달린 정지해 있는 물체 B를 향해 등속 직선 운동한다. 그림 (나)는 (가)에서 A와 B가 충돌하고 분리된 후 B가 수평면에서 등속 직선 운동하는 모습을 나타낸 것이다. (나)에서 B의 속력은 (가)에서 A의 속력의 $\dfrac{2}{3}$배이고, 질량은 B가 A의 2배이다.

용수철이 최대로 압축되었을 때 A와 B의 속력은 같음

(가) [A $\xrightarrow{3v}$ 용수철 B 정지] 수평면

(나) [$\leftarrow$ A 용수철 $\xrightarrow{2v}$ 2m B] 수평면

(다) [A 용수철 B $\xrightarrow{v'}$] 수평면

용수철이 압축되는 동안 용수철에 저장되는 탄성 퍼텐셜 에너지의 최댓값을 E_1, (나)에서 B의 운동 에너지를 E_2라 할 때 $\dfrac{E_1}{E_2}$는?

(단, 충돌 과정에서 역학적 에너지 손실은 없고, 용수철의 질량, 모든 마찰과 공기 저항은 무시한다.) 3점

① $\dfrac{2}{9}$ ② $\dfrac{4}{9}$ ③ $\dfrac{2}{3}$ ✓④ $\dfrac{3}{4}$ ⑤ $\dfrac{4}{3}$

|자|료|해|설|
A의 질량을 m이라 하면 B의 질량은 $2m$이다. (가)에서 A의 속력을 $3v$라 하면 (나)에서 B의 속력은 $2v$이다. 용수철이 최대로 압축되었을 때 A와 B의 속력은 (다)와 같이 v'으로 같고, 이때 A와 B의 운동량 총합은 (가)와 (다)가 같으므로 $m(3v)=3mv'$이고 $v'=v$이다.

|선|택|지|풀|이|
④ 정답 : 역학적 에너지 보존 법칙에 따라 (가)에서 A의 운동 에너지는 (다)에서 A, B의 운동 에너지와 E_1의 합과 같으므로 $\dfrac{1}{2}m(3v)^2=\dfrac{1}{2}(m+2m)v^2+E_1$이다. 따라서 $E_1=3mv^2$이고 $E_2=\dfrac{1}{2}(2m)(2v)^2=4mv^2$이므로 $\dfrac{E_1}{E_2}=\dfrac{3}{4}$이다.

😮 문제풀이 T I P | 용수철이 최대로 압축되었을 때, 용수철의 탄성 퍼텐셜 에너지가 최대이고 이때, A와 B의 속력은 같다.

😀 출제분석 | 용수철의 탄성 퍼텐셜 에너지가 최댓값을 갖기 위한 조건을 고려해야 하는 새로운 유형으로 출제되었다.

그림과 같이 레일을 따라 운동하는 물체가 점 p, q, r를 지난다. 물체는 빗면 구간 A를 지나는 동안 역학적 에너지가 $2E$만큼 증가하고, 높이가 h인 수평 구간 B에서 역학적 에너지가 $3E$만큼 감소하여 정지한다. 물체의 속력은 p에서 v, B의 시작점 r에서 V이고, 물체의 운동 에너지는 q에서가 p에서의 2배이다.

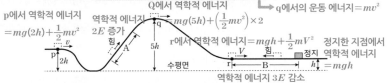

V는? (단, 물체의 크기, 마찰과 공기 저항은 무시한다.)

① $\sqrt{2}v$ ② $2v$ ③ $\sqrt{6}v$ ④ $3v$ ⑤ $2\sqrt{3}v$

😀 **문제풀이 T I P** | 역학적 에너지＝물체의 중력 퍼텐셜 에너지(mgh)＋운동 에너지$\left(\frac{1}{2}mv^2\right)$

😀 **출제분석** | 이 영역의 문항은 역학적 에너지 보존 법칙을 이용하여 각 위치의 역학적 에너지를 비교하는 것으로 문제가 요구하는 바를 충분히 해결할 수 있다.

|자|료|해|설|

물체의 질량을 m이라 하자. p에서의 역학적 에너지 $\left(mg(2h)+\frac{1}{2}mv^2\right)$는 구간 A에서 $2E$ 증가하고, 구간 B에서 $3E$ 감소하여 정지한다. 정지한 지점에서 역학적 에너지는 mgh이므로 이를 식으로 나타내면

$mg(2h)+\frac{1}{2}mv^2+2E-3E=mgh$이고

$mgh+\frac{1}{2}mv^2=E$ — ①이다. 또 q에서의 운동에너지는

p에서의 2배이므로 $\left(\frac{1}{2}mv^2\right)\times2=mv^2$이고 q에서의 역학적 에너지는 $mg(5h)+mv^2$이다. 이는 p에서의 역학적 에너지에서 $2E$ 만큼 증가한 것이므로

$mg(2h)+\frac{1}{2}mv^2+2E=mg(5h)+mv^2$이다. 따라서

$3mgh+\frac{1}{2}mv^2=2E$ — ②이다. ①과 ②에 의해 $E=mv^2$

— ③, $mgh=\frac{1}{2}mv^2$ — ④이다.

|선|택|지|풀|이|

③ **정답** : r지점에서 역학적 에너지는 $mgh+\frac{1}{2}mV^2$으로 이는 p에서의 역학적 에너지＋$2E$와 같으므로

$mgh+\frac{1}{2}mV^2=mg(2h)+\frac{1}{2}mv^2+2E$이고

$\frac{1}{2}mV^2=mgh+\frac{1}{2}mv^2+2E$이다. 이 식에 ③과 ④를

대입하면 $\frac{1}{2}mV^2=\frac{1}{2}mv^2+\frac{1}{2}mv^2+2mv^2=3mv^2$이므로

$V=\sqrt{6}v$이다.

그림은 물체 A, C를 수평면에 놓인 물체 B의 양쪽에 실로 연결하여 서로 다른 빗면에 놓고, A를 손으로 잡아 점 p에 정지시킨 모습을 나타낸 것이다. A를 가만히 놓으면 A는 빗면을 따라 등가속도 운동한다. A가 p에서 d만큼 떨어진 점 q까지 운동하는 동안 A, C의 중력 퍼텐셜 에너지 변화량의 크기는 각각 E_0, $7E_0$이다. A, B, C의 질량은 각각 m, $2m$, $3m$이다.

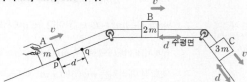

A가 p에서 q까지 운동하는 동안, 이에 대한 설명으로 옳은 것만을 〈보기〉에서 있는 대로 고른 것은? (단, 물체의 크기, 실의 질량, 모든 마찰은 무시한다.)

> **보기**
> ㄱ. A의 운동 에너지 변화량과 중력 퍼텐셜 에너지 변화량은 크기가 같다.
> ㄴ. B의 가속도의 크기는 $\dfrac{2E_0}{md}$이다.
> ㄷ. 역학적 에너지 변화량의 크기는 B가 C보다 ~~크다~~. 작다

①✓ㄱ   ②ㄴ   ③ㄷ   ④ㄱ, ㄴ   ⑤ㄱ, ㄷ

	중력 퍼텐셜 에너지	운동 에너지
A	증가	증가
B	변화 없음	증가
C	감소	증가

|자|료|해|설|

q에서 A, B, C의 속력을 v라 하면 역학적 에너지 보존 법칙에 의해 감소한 에너지 변화량이 증가한 에너지 변화량과 같아야 하므로 'C의 중력 퍼텐셜 에너지 감소량＝A의 중력 퍼텐셜 에너지 증가량＋A, B, C의 운동 에너지 증가량'이므로 $7E_0 = E_0 + \dfrac{1}{2}(m+2m+3m)v^2$이다.

또는 $\dfrac{1}{2}(m+2m+3m)v^2 = 6E_0$이므로 $E_0 = \dfrac{1}{2}mv^2$이다.

|보|기|풀|이|

ㄱ. 정답 : $E_0 = \dfrac{1}{2}mv^2$이므로 A의 중력 퍼텐셜 에너지 변화량과 운동 에너지 변화량은 같다.

ㄴ. 오답 : B에 작용한 알짜힘이 한 일은 B의 운동 에너지 증가량과 같으므로 $(2m)ad = \dfrac{1}{2}(2m)v^2$이다. 따라서 B의 가속도 크기는 $a = \dfrac{v^2}{2d} = \dfrac{E_0}{md}$이다.

ㄷ. 오답 : B와 C의 역학적 에너지 변화량의 크기는 각각 $\dfrac{1}{2}(2m)v^2 = 2E_0$, $7E_0 - \dfrac{1}{2}(3m)v^2 = 4E_0$이다.

😮 **문제풀이 T I P |** 알짜힘이 물체에 한 일만큼 운동 에너지가 증가한다. $\left(W = Fs = \dfrac{1}{2}mv^2 - \dfrac{1}{2}mv_0^2\right)$

😊 **출제분석 |** 역학적 에너지는 보존됨을 이용하여 에너지의 이동 관계를 이해하는지 확인하는 문항이다.

그림은 물체 A, B, C를 실로 연결하여 수평면의 점 p에서 B를 가만히 놓아 물체가 등가속도 운동하는 모습을 나타낸 것이다. B가 점 q를 지날 때 속력은 v이다. B가 p에서 q까지 운동하는 동안 **A의 중력 퍼텐셜 에너지의 증가량은 A의 운동 에너지 증가량의 4배** 이다. **B의 운동 에너지는 점 r에서가 q에서의 3배**이다. A, B의 질량은 각각 m이고, q와 r 사이의 거리는 L이다. B가 r를 지날 때 C의 운동 에너지는? (단, 중력 가속도는 g이고, 물체의 크기, 실의 질량, 모든 마찰은 무시한다.)

①✓$\dfrac{3}{4}mgL$ ②$\dfrac{4}{5}mgL$ ③$\dfrac{5}{6}mgL$ ④mgL ⑤$\dfrac{4}{3}mgL$

$2aL = (\sqrt{3}v)^2 - v^2 = 2v^2$
$2aL' = v^2$
$L' = \dfrac{L}{2}$

|자|료|해|설|

p와 q 사이의 거리를 L', B가 p에서 q까지 운동하는 동안 A의 중력 퍼텐셜 에너지 증가량을 $E_P = mgL'$, A의 운동 에너지 증가량을 $E_K = \dfrac{1}{2}mv^2$이라 하면 주어진 조건에 의해 $E_P = 4E_K$ — ①이다. q에서 A와 B의 운동 에너지는 각각 $E_K = \dfrac{1}{2}mv^2$이고 r에서 A와 B의 운동 에너지는 각각 $3E_K = \dfrac{1}{2}m(\sqrt{3}v)^2$이다.

B의 가속도의 크기를 a라 하면 p에서 q까지 구간에서 $2aL' = v^2$이고, q에서 r까지 구간에서 $2aL = 3v^2 - v^2$이 성립하므로 $L' = \dfrac{L}{2}$이다.

B가 p에서 출발하여 r을 지날 때까지 C의 중력 퍼텐셜 에너지 감소량＝A의 중력 퍼텐셜 에너지 증가량＋A, B, C의 운동 에너지 증가량이므로 C의 질량을 M이라 할 때 이를 E_P와 E_K로 나타내면 $\dfrac{M}{m}(E_P + 2E_P) = (E_P + 2E_P) + 3E_K + 3E_K + \dfrac{M}{m}(3E_K)$이고 ①에 의해 $M = 2m$이다.

|선|택|지|풀|이|

①정답 : B가 r를 지날 때 C의 운동 에너지는 $\dfrac{1}{2}M(\sqrt{3}v)^2 = 3mv^2$이므로 $3mv^2 = 6E_K = \dfrac{3}{2}E_P = \dfrac{3}{4}mgL$이다.

😮 **문제풀이 T I P |** C의 중력 퍼텐셜 에너지 감소량＝A의 중력 퍼텐셜 에너지 증가량＋A, B, C의 운동 에너지 증가량

😊 **출제분석 |** 제시된 자료를 바탕으로 역학적 에너지 보존 법칙에 따라 식을 세워 문제를 해결해야 한다.

그림 (가)는 물체 A, B가 운동을 시작하는 순간의 모습을, (나)는 A와 B의 높이가 (가) 이후 처음으로 같아지는 순간의 모습을 나타낸 것이다. 점 p, q, r, s는 A, B가 직선 운동을 하는 빗면 구간의 점이고, p와 q, r와 s 사이의 거리는 각각 L, $2L$이다. A는 p에서 정지 상태에서 출발하고, B는 q에서 속력 v로 출발한다. A가 q를 v의 속력으로 지나는 순간에 B는 r를 지난다.

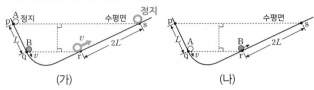

(가)   (나)

A와 B가 처음으로 만나는 순간, A의 속력은? (단, 물체의 크기, 마찰과 공기 저항은 무시한다.)

① $\frac{1}{8}v$ ② $\frac{1}{6}v$ ③ $\frac{1}{5}v$ ④ $\frac{1}{4}v$ ⑤ $\frac{1}{2}v$

→ A가 일정 시간 차이(t)를 두고 B와 같은 운동 상태가 된다.

| 자 | 료 | 해 | 설 |

A가 q를 지날 때의 속력이 B의 처음 속력과 같다는 것은 B를 p에서 가만히 놓은 뒤 t초 후 B가 q지점을 지날 때 A를 p에서 가만히 놓은 후의 운동 상태와 같다. 즉 A의 t초 후의 운동 상태는 항상 B의 운동 상태와 같다. 왼쪽 빗면에서 두 물체의 가속도의 크기를 a라 할 때 등가속도 직선 운동 공식 $2aS=v^2-v_0^2$로부터 $2aL=v^2$ 또는 $a=\frac{v^2}{2L}$ 이고 등가속도 직선 운동 공식 $v=v_0+at$로부터 $v=at$ 또는 $t=\frac{v}{a}=\frac{2L}{v}$이다.

마찰과 공기 저항은 무시할 수 있으므로 역학적 에너지는 보존되어 A와 B는 p와 s에서 정지하고 q와 r에서 v의 속력으로 운동한다. 한편, 오른쪽 경사면에서 가속도의 크기를 a'라 하면 A가 r를 지날 때는 속력이 v이고 s에서는 정지하므로 $2(-a')(2L)=0-v^2$ 또는 $a'=\frac{v^2}{4L}=\frac{a}{2}$이다.

A가 r를 지날 때 B는 오른쪽 경사면에서 v'로 운동한다. 이 때 B의 속력은 등가속도 직선 운동 공식 $v=v_0+at$를 이용하여 $v'=v-a't=v-\left(\frac{v^2}{4L}\right)\left(\frac{2L}{v}\right)=\frac{1}{2}v$ 이고 A와 B가 떨어져 있는 거리는 공식 $2aS=v^2-v_0^2$를 활용하여 $2(-a')L'=\left(\frac{1}{2}v\right)^2-v^2$ 또는 $L'=\frac{3}{2}L$임을 알 수 있다. 따라서 이것을 그림으로 표현하면 다음과 같다.

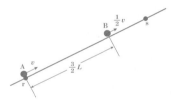

| 선 | 택 | 지 | 풀 | 이 |

④ 정답 : A가 r를 지날 때부터 A와 B가 처음 만나는 순간까지 걸린 시간을 t'라 하면 t'초 동안 A의 변위는 B의 변위보다 $\frac{3}{2}L$만큼 크므로 등가속도 직선 운동 공식 $S=v_0t+\frac{1}{2}at^2$를 이용하여 $vt'-\frac{1}{2}a't'^2=\left(\frac{1}{2}v\right)t'-\frac{1}{2}a't'^2+\frac{3}{2}L$ 이고 이를 정리하면 $t'=\frac{3L}{v}$이다. 즉, A와 B가 충돌할 때의 속력은 $v_A=v-a't'=v-\left(\frac{v^2}{4L}\right)\left(\frac{3L}{v}\right)=\frac{1}{4}v$이다.

그림과 같이 빗면의 마찰 구간 Ⅰ에서 일정한 속력 v로 직선 운동한 물체가 마찰 구간 Ⅱ를 속력 v로 빠져나왔다. 점 p~s는 각각 Ⅰ 또는 Ⅱ의 양 끝점이고, p와 q, r과 s의 높이차는 모두 h이다. Ⅰ과 Ⅱ에서 물체의 역학적 에너지 감소량은 p에서 물체의 운동 에너지의 4배로 같다.

역학적 에너지 감소량 $=mgh$

↳ 역학적 에너지 감소량 $=mgh=4\times\frac{1}{2}mv^2=2mv^2$

두 지점의 역학적 에너지 차이=역학적 에너지 감소량
$\frac{1}{2}mv_r^2-\left(mgh+\frac{1}{2}mv^2\right)=2mv^2$

마찰 구간 Ⅰ   마찰 구간 Ⅱ

r에서 물체의 속력은? (단, 물체의 크기, 공기 저항, 마찰 구간 외의 모든 마찰은 무시한다.)

① $2v$ ② $\sqrt{6}v$ ③ $2\sqrt{2}v$ ✓④ $3v$ ⑤ $4v$

|자|료|해|설|

마찰 구간 Ⅰ에서 물체는 일정한 속력으로 운동하므로 역학적 에너지 감소량은 mgh이다. 또한, Ⅰ과 Ⅱ에서 물체의 역학적 에너지 감소량은 p에서 물체의 운동 에너지의 4배이므로 $mgh=2mv^2$ — ①이다. r에서의 속력을 v_r이라 하면 r과 s의 역학적 에너지 차이는 Ⅱ에서 물체의 역학적 에너지 감소량과 같으므로 r을 기준점으로 식을 세운다면 $\frac{1}{2}mv_r^2-\left(mgh+\frac{1}{2}mv^2\right)=2mv^2$이다.

|선|택|지|풀|이|

④ 정답 : $\frac{1}{2}mv_r^2-\left(mgh+\frac{1}{2}mv^2\right)=2mv^2$에 식 ①을 대입하여 정리하면 $v_r^2=9v^2$, $v_r=3v$이다.

😮 문제풀이 T I P | 역학적 에너지의 차이는 마찰 구간에서 손실된 에너지와 같다.

😄 출제분석 | 전체의 에너지는 보존됨을 이용하여 식을 세운다면 쉽게 해결할 수 있는 문항이다.

그림 (가)와 같이 빗면을 따라 운동하는 물체 A는 수평한 기준선 P를 속력 $5v$로 지나고, 물체 B는 수평면에 정지해 있다. 그림 (나)는 (가) 이후, A와 B가 충돌하여 서로 반대 방향으로 속력 $2v$로 운동하는 모습을 나타낸 것이다. A, B의 질량은 각각 m, $3m$이다. A가 마찰 구간을 올라갈 때와 내려갈 때 손실된 역학적 에너지는 같다. (나) 이후, A, B는 각각 P를 속력 v_A, $3v$로 지난다.

↳ $=E$

운동량 보존 법칙 : $mV=m(-2v)+(3m)(2v) \rightarrow V=4v$

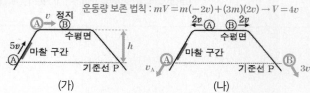

(가)   (나)

v_A는? (단, 물체의 크기, 공기 저항, 마찰 구간 외의 모든 마찰은 무시한다.) **3점**

① $2v$ ✓② $\sqrt{5}v$ ③ $\sqrt{6}v$ ④ $\sqrt{7}v$ ⑤ $2\sqrt{2}v$

역학적 에너지 보존 법칙

(가)의 A : $\frac{1}{2}m(5v)^2-E=\frac{1}{2}m(4v)^2+mgh$

(나)의 A : $\frac{1}{2}m(2v)^2+mgh-E=\frac{1}{2}mv_A^2$

(나)의 B : $\frac{1}{2}(3m)(2v)^2+(3m)gh=\frac{1}{2}(3m)(3v)^2 \rightarrow mgh=\frac{5}{2}mv^2$

|자|료|해|설|및|선|택|지|풀|이|

② 정답 : (가)에서 A가 수평면에서 B와 충돌하기 전의 속력을 V라 하면, 운동량 보존 법칙에 따라 $mV=m(-2v)+(3m)(2v)=4mv$이므로 $V=4v$이다. 마찰 구간에서 A의 손실된 역학적 에너지를 E, 수평면과 P의 높이차를 h라 하면, 역학적 에너지 보존 법칙에 따라 (가)의 A에서 $\frac{1}{2}m(5v)^2-E=\frac{1}{2}m(4v)^2+mgh$ 또는 $E+mgh=\frac{9}{2}mv^2$ — ㉠, (나)의 A에서 $\frac{1}{2}m(2v)^2+mgh-E=\frac{1}{2}mv_A^2$ — ㉡, (나)의 B에서 $\frac{1}{2}(3m)(2v)^2+(3m)gh=\frac{1}{2}(3m)(3v)^2$ 또는 $mgh=\frac{5}{2}mv^2$ — ㉢이다. ㉢을 ㉠에 대입하면 $E=2mv^2$ — ㉣이고 ㉢과 ㉣를 ㉡에 대입하면 $v_A=\sqrt{5}v$이다.

😄 출제분석 | 역학적 에너지 보존 법칙과 운동량 보존 법칙으로 기준선 P와 수평면에서의 물체의 운동 관계식을 세울 수 있어야 문제를 해결할 수 있는 난이도가 가장 높은 유형이다.

그림과 같이 수평면에서 질량이 각각 $2m$, m인 물체 A, B를 용수철의 양 끝에 접촉하여 용수철을 압축시킨 후 동시에 가만히 놓았더니 A, B가 궤도를 따라 운동하여 A는 마찰 구간에서 정지하고, B는 점 p, q를 지나 점 r에서 정지한다. p에서 q까지는 마찰 구간이고 p의 높이는 $7h$, q와 r의 높이 차는 h이다. B의 속력은 p에서가 q에서의 3배이고, p에서 q까지 운동하는 동안 B의 운동 에너지 감소량은 B의 중력 퍼텐셜 에너지 증가량의 3배이다.

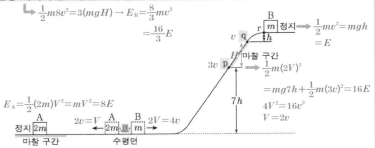

마찰 구간에서 A, B의 역학적 에너지 감소량을 각각 E_A, E_B라 할 때, $\dfrac{E_A}{E_B}$는? (단, A, B의 크기 및 용수철의 질량, 공기 저항, 마찰 구간 외의 마찰은 무시한다.) **3점**

① $\dfrac{4}{3}$ ✓② $\dfrac{3}{2}$ ③ $\dfrac{5}{3}$ ④ $\dfrac{7}{4}$ ⑤ $\dfrac{9}{5}$

| 자 | 료 | 해 | 설 |

용수철이 A와 B에 같은 힘을 같은 시간 동안 주기 때문에 $I=Ft=m\Delta v$에 의해 분리 후 A와 B의 운동량은 같다. 이때 A와 B의 속력을 각각 V, $2V$라고 하자. A의 역학적 에너지는 마찰 구간에서 모두 손실되므로 $E_A=\dfrac{1}{2}(2m)V^2=mV^2$이다.

주어진 조건에서 p에서 B의 속력은 q의 3배라고 했으므로 p에서 속력을 $3v$, q에서 속력을 v라고 하자. 역학적 에너지 보존 법칙에 의해 q에서 r까지의 구간에서 $mgh=\dfrac{1}{2}mv^2$이다. 또한 수평면에서 p까지의 구간에서 $\dfrac{1}{2}m(2V)^2=mg(7h)+\dfrac{1}{2}m(3v)^2$이므로 $mgh=\dfrac{1}{2}mv^2$을 대입하면 $4V^2=16v^2$이고, $V=2v$이다.

| 선 | 택 | 지 | 풀 | 이 |

② 정답 : 주어진 조건에서 p에서 q까지의 구간에서 운동 에너지 감소량은 중력 퍼텐셜 에너지 증가량의 3배라고 했으므로 역학적 에너지 손실량은 운동 에너지 감소량의 $\dfrac{2}{3}$배이다. 따라서 $E_B=\dfrac{2}{3}\times\dfrac{1}{2}m(8v^2)=\dfrac{8}{3}mv^2$이다. $E_A=mV^2$에 $V=2v$를 대입하면 $E_A=4mv^2$이므로 $\dfrac{E_A}{E_B}=\dfrac{4mv^2}{\dfrac{8}{3}mv^2}=\dfrac{3}{2}$이다.

😀 **문제풀이 TIP** | q에서 B의 운동 에너지를 E라고 하면, $E=mgh=\dfrac{1}{2}mv^2$이다. 따라서 p에서 B의 역학적 에너지는 $9E+7E=16E$이고, p-q에서 손실된 B의 역학적 에너지는 $E_B=\dfrac{2}{3}\times 8E=\dfrac{16}{3}E$이다. 수평면에서 B의 역학적 에너지는 p에서와 같이 $16E$이고, 분리된 직후 A와 B의 역학적 에너지 비가 A : B=1 : 2이므로 손실된 A의 역학적 에너지는 $E_A=8E$이다.

그림은 높이가 h인 평면에서 용수철 P에 연결된 물체 A에 물체 B를 접촉시키고, P를 원래 길이에서 $2d$만큼 압축시킨 모습을 나타낸 것이다. B를 가만히 놓으면 B는 P의 원래 길이에서 A와 분리되어 면을 따라 운동하고 A는 P에 연결된 채로 직선 운동한다. 이후 B는 높이차가 $2h$인 마찰 구간을 등속도로 지나 수평면에 놓인 용수철 Q를 원래 길이에서 $\sqrt{2}d$만큼 압축시킬 때 속력이 0이 된다. A와 B가 분리된 후 P의 탄성 퍼텐셜 에너지의 최댓값은 B가 마찰 구간에서 높이차 $2h$만큼 내려가는 동안 B의 역학적 에너지 감소량과 같다. P, Q의 용수철 상수는 같다.

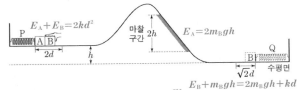

A, B의 질량을 각각 m_A, m_B라 할 때, $\dfrac{m_B}{m_A}$는? (단, 용수철의 질량, 물체의 크기, 공기 저항, 마찰 구간 외의 모든 마찰은 무시한다.)

① $\dfrac{1}{3}$ ② $\dfrac{1}{2}$ ③ 1   ✓④ 2   ⑤ 3

| 자 | 료 | 해 | 설 |

P에서 탄성력에 의한 퍼텐셜 에너지는 $E_P=\dfrac{1}{2}k(2d)^2=2kd^2$이고, 이 에너지는 P의 원래 길이에서 A와 B의 운동 에너지로 전환되므로 이를 각각 E_A, E_B라고 하면 $E_A+E_B=2kd^2$이다. A는 B와 분리된 후에도 P에 연결되어 운동하므로 E_A는 A의 속력이 0이 되는 지점에서 모두 P의 탄성 퍼텐셜 에너지로 다시 전환된다. 따라서 A와 B가 분리된 후 P의 탄성 퍼텐셜 에너지 최댓값은 E_A이다. B는 마찰 구간에서 등속도로 운동하므로 운동 에너지는 일정하고 중력 퍼텐셜 에너지만 감소한다. 따라서 B의 역학적 에너지 감소량은 $2m_Bgh$이므로 $2m_Bgh=E_A$이다. 또한 A와 분리된 직후 B의 역학적 에너지는 m_Bgh+E_B이고, Q에서 탄성력에 의한 퍼텐셜 에너지는 $E_P=\dfrac{1}{2}k(\sqrt{2}d)^2=kd^2$이므로 B의 역학적 에너지에 대해 식을 세우면 $m_Bgh+E_B=2m_Bgh+kd^2$이다.

| 선 | 택 | 지 | 풀 | 이 |

④ 정답 : $E_A+E_B=2kd^2$에 $E_A=2m_Bgh$와 $E_B=m_Bgh+kd^2$을 대입하면 $kd^2=3m_Bgh$이다. 이를 다시 $E_B=m_Bgh+kd^2$에 대입하면 $E_B=4m_Bgh$이므로 $\dfrac{m_B}{m_A}=\dfrac{E_B}{E_A}=\dfrac{4m_Bgh}{2m_Bgh}=2$이다.

그림 (가)와 같이 질량이 m인 물체 A를 높이 $9h$인 지점에 가만히 놓았더니 A가 마찰 구간 Ⅰ을 지나 수평면에 정지한 질량이 $2m$인 물체 B와 충돌한다. 그림 (나)는 A와 B가 충돌한 후, A는 다시 Ⅰ을 지나 높이 H인 지점에서 정지하고, B는 마찰 구간 Ⅱ를 지나 높이 $\frac{7}{2}h$인 지점에서 정지한 순간의 모습을 나타낸 것이다. A가 Ⅰ을 한

↳ 손실된 에너지 = E

번 지날 때 손실되는 역학적 에너지는 B가 Ⅱ를 지날 때 손실되는 역학적 에너지와 같고, 충돌에 의해 손실되는 역학적 에너지는 없다.

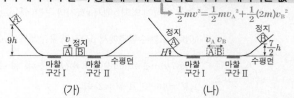

(가)   (나)

H는? (단, 물체는 동일 연직면상에서 운동하고, 물체의 크기, 공기 저항, 마찰 구간 외의 모든 마찰은 무시한다.)

① $\frac{5}{17}h$ ✓② $\frac{7}{17}h$ ③ $\frac{9}{17}h$ ④ $\frac{11}{17}h$ ⑤ $\frac{13}{17}h$

| 자 | 료 | 해 | 설 |

충돌 전 A의 속력을 v, 충돌 후 A, B의 속력을 각각 v_A, v_B라 하면, 충돌 시 운동량은 보존되므로 $mv = -mv_A + 2mv_B$ — ①이고 A와 B의 충돌로 손실되는 역학적 에너지는 없으므로 $\frac{1}{2}mv^2 = \frac{1}{2}mv_A^2 + \frac{1}{2}(2m)v_B^2$ — ②이다.

| 선 | 택 | 지 | 풀 | 이 |

② 정답 : ①과 ②를 연립하면 $v = 3v_A$, $v_B = 2v_A$이므로 A의 충돌 후 운동 에너지를 $\frac{1}{2}mv_A^2 = E_0$라 하면, 충돌 전 A의 운동 에너지는 $\frac{1}{2}mv^2 = \frac{9}{2}mv_A^2 = 9E_0$, 충돌 후 B의 운동 에너지는 $\frac{1}{2}(2m)v_B^2 = 4mv_A^2 = 8E_0$이다. 역학적 에너지와 손실된 에너지의 합은 일정하므로 (가)에서 $9mgh = 9E_0 + E$, (나)의 B에서 $2mg\left(\frac{7}{2}h\right) = 8E_0 - E$이고 두 식에 의해 $E_0 = \frac{16}{17}mgh$, $E = \frac{9}{17}mgh$ 이다. (나)의 A에서 $mgH = E_0 - E = \frac{7}{17}mgh$이므로 $H = \frac{7}{17}h$이다.

별해) 충돌시 역학적 에너지가 보존 된다면, 이는 완전 탄성 충돌의 경우로 반발계수 $e = 1$이 됨을 이용하여 $e = 1 = \frac{v_B - (-v_A)}{v - 0}$, $v = v_A + v_B$ — ②', 식 ①과 연립하여 $v = 3v_A$, $v_B = 2v_A$ 관계식을 얻을 수 있다.

😀 **문제풀이 TIP** | 충돌 시 A와 B의 운동량의 합은 보존되고 역학적 에너지도 보존된다.

😎 **출제분석** | 문제 유형이 다르고 익숙하지 않은 문제일수록 상황을 설명할 수 있는 물리 법칙에 따라 식을 세워 풀어야 한다. 이번 문항은 운동량 보존 법칙과 역학적 에너지 보존 법칙에 따라 식을 세운다면 충분히 해결할 수 있도록 출제되었다.

그림 (가)와 같이 물체 A, B를 실로 연결하고, A에 연결된 용수철을 원래 길이에서 $3L$만큼 압축시킨 후 A를 점 p에서 가만히 놓았다. B의 질량은 m이다. 그림 (나)는 (가)에서 A, B가 직선 운동하여 각각 $7L$만큼 이동한 후 $4L$만큼 되돌아와 정지한 모습을 나타낸 것이다. A가 구간 p → r, r → q에서 이동할 때, 각 구간에서 마찰에 의해 손실된 역학적 에너지는 각각 $7W$, $4W$이다.

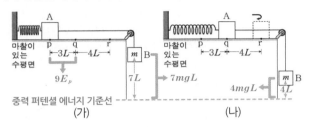

W는? (단, 중력 가속도는 g이고, 용수철과 실의 질량, 물체의 크기, 수평면에 의한 마찰 외의 모든 마찰과 공기 저항은 무시한다.) **3점**

① $\frac{1}{3}mgL$ ② $\frac{2}{5}mgL$ ③ $\frac{1}{2}mgL$ ④ $\frac{3}{5}mgL$ ⑤ $\frac{2}{3}mgL$

🤖 **문제풀이 T I P |** (가)에서 (나)와 같이 물체가 운동하는 동안 (용수철의 탄성 퍼텐셜 에너지) + (A, B의 중력 퍼텐셜 에너지와 운동 에너지) + (마찰 때문에 손실된 역학적 에너지)가 일정하다는 것을 이용하면 문제를 해결할 수 있다.

|자|료|해|설|

물체가 운동하는 동안 탄성 퍼텐셜 에너지, A, B의 중력 퍼텐셜 에너지와 운동 에너지, 마찰 때문에 손실된 역학적 에너지의 합은 일정하다. 용수철이 L만큼 변형되었을 때 탄성 퍼텐셜 에너지 $\frac{1}{2}kL^2$를 E_p라고 하고, B의 높이가 최소가 되는 지점에서의 중력 퍼텐셜 에너지를 0이라고 하자. (가)에서 탄성 퍼텐셜 에너지는 $9E_p$이고, B의 중력 퍼텐셜 에너지는 $7mgL$이다. A와 B는 모두 정지 상태이므로 운동 에너지는 0이다.

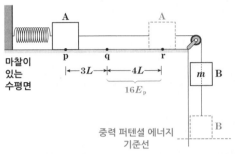

위 그림과 같이 A가 r에 도달했을 때 탄성 퍼텐셜 에너지는 $16E_p$이고, B의 중력 퍼텐셜 에너지는 0이다. 이때도 A와 B 모두 정지 상태이므로 운동 에너지가 0이다. 주어진 조건에서 p에서 r까지 이동하는 동안 손실된 역학적 에너지가 $7W$라고 했으므로 $9E_p + 7mgL = 16E_p + 7W$에 의해 $E_p = mgL - W$이다.
(나)에서 A가 q에 도달했을 때 정지하므로 운동 에너지가 0이고, 용수철이 원래 길이인 상태이므로 탄성 퍼텐셜 에너지도 0이다. 이때 B의 중력 퍼텐셜 에너지가 $4mgL$이고, 손실된 역학적 에너지는 총 $11W$이므로 $16E_p + 7W = 4mgL + 11W$에 의해 $4E_p = mgL + W$이다.

|선|택|지|풀|이|

④ 정답 : $E_p = mgL - W$이고 $4E_p = mgL + W$이므로 두 식을 연립하면 $4mgL - 4W = mgL + W$이다. 따라서 $5W = 3mgL$에 의해 $W = \frac{3}{5}mgL$이다.

그림과 같이 수평면에서 운동하던 질량이 m인 물체가 언덕을 따라 올라갔다가 내려온다. 높이가 같은 점 p, s에서 물체의 속력은 각각 $2v_0$, v_0이고, 최고점 q에서의 속력은 v_0이다. 높이 차가 h로 같은 마찰 구간 Ⅰ, Ⅱ에서 물체의 **역학적 에너지 감소량은 Ⅱ에서가 Ⅰ에서의 2배이다.**

→ 마찰 구간 Ⅰ과 Ⅱ에서 손실된 에너지는 각각 ΔE, $2\Delta E$

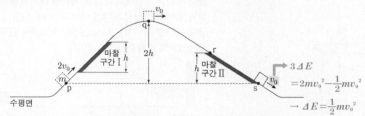

점 r에서 물체의 속력은? (단, 마찰 구간 외의 모든 마찰과 공기 저항, 물체의 크기는 무시한다.)

① $\dfrac{\sqrt{5}}{2}v_0$ ② $\dfrac{\sqrt{7}}{2}v_0$ ✓③ $\sqrt{2}v_0$ ④ $\dfrac{3}{2}v_0$ ⑤ $\sqrt{3}v_0$

|자|료|해|설|

마찰 구간 Ⅰ, Ⅱ에서 손실된 에너지를 각각 ΔE, $2\Delta E$라 하면, p에서 물체의 운동 에너지는 q에서 물체의 운동 에너지와 p와 q 사이의 중력 퍼텐셜 에너지 차이, 마찰 구간 Ⅰ에서 손실된 에너지의 합과 같으므로 $\dfrac{1}{2}m(2v_0)^2=\dfrac{1}{2}mv_0^2+mg(2h)+\Delta E$ — ①이다. 또한 물체의 운동 에너지는 q와 s에서 같으므로 마찰 구간 Ⅱ에서 손실된 에너지는 q와 s의 중력 퍼텐셜 에너지 차이와 같다. 따라서 $2\Delta E=mg(2h)$ — ②이고 ①과 ②로부터 $\Delta E=mgh=\dfrac{1}{2}mv_0^2$ — ③이다.

|선|택|지|풀|이|

③ 정답 : r에서 물체의 속력을 v라 하면, q와 r에서 역학적 에너지는 보존되므로 $\dfrac{1}{2}mv_0^2+2mgh=mgh+\dfrac{1}{2}mv^2$ — ④이고 ③과 ④에 의해 $v=\sqrt{2}v_0$이다.

😮 **문제풀이 T I P** | 역학적 에너지와 손실된 에너지의 합은 일정하다.

😊 **출제분석** | 손실된 에너지를 고려하여 각 구간의 에너지를 식으로 표현할 수 있다면 충분히 해결할 수 있는 유형의 문항이다.

그림은 높이가 h인 점 p에서 속력 $4v$로 운동하는 물체가 궤도를 따라 마찰 구간 Ⅰ, Ⅱ를 지나 높이가 $2h$인 최고점 t에 도달하여 정지한 순간의 모습을 나타낸 것이다. 점 q, r, s의 높이는 각각 $2h$, h, h이고, q, r, s에서 물체의 속력은 각각 $3v$, v_r, v_s이다. 마찰 구간에서 손실된 역학적 에너지는 Ⅱ에서가 Ⅰ에서의 3배이다.

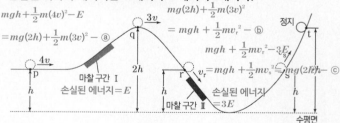

$\dfrac{v_r}{v_s}$는? (단, 마찰 구간 외의 모든 마찰과 공기 저항, 물체의 크기는 무시한다.) **3점**

① $\dfrac{\sqrt{5}}{2}$ ② $\dfrac{3}{2}$ ✓③ $\dfrac{\sqrt{13}}{2}$ ④ $\dfrac{7}{3}$ ⑤ $\sqrt{13}$

|자|료|해|설|및|선|택|지|풀|이|

③ 정답 : 마찰 구간 Ⅰ에서 손실된 에너지를 E라 하면 마찰 구간 Ⅱ에서 손실된 에너지는 $3E$이다. p와 q에서 에너지 관계는 $mgh+\dfrac{1}{2}m(4v)^2-E=mg(2h)+\dfrac{1}{2}m(3v)^2$ — ⓐ, q와 r에서 에너지 관계는 $mg(2h)+\dfrac{1}{2}m(3v)^2=mgh+\dfrac{1}{2}mv_r^2$ — ⓑ, q와 s, t에서 에너지 관계는 $mg(2h)+\dfrac{1}{2}m(3v)^2-3E=mgh+\dfrac{1}{2}mv_s^2=mg(2h)$ — ⓒ이다. ⓒ를 정리하면 $E=\dfrac{3}{2}mv^2$ — ⓓ이고 이를 ⓐ에 대입하면 $mgh=2mv^2$ — ⓔ이다. ⓑ와 ⓒ를 정리하고 ⓔ를 대입하면 각각 $\dfrac{1}{2}mv_r^2=mgh+\dfrac{9}{2}mv^2=\dfrac{13}{4}mgh$, $\dfrac{1}{2}mv_s^2=mgh$이므로 $\dfrac{v_r}{v_s}=\sqrt{\dfrac{\frac{1}{2}mv_r^2}{\frac{1}{2}mv_s^2}}=\sqrt{\dfrac{\frac{13}{4}mgh}{mgh}}=\dfrac{\sqrt{13}}{2}$이다.

😮 **문제풀이 T I P** | 역학적 에너지는 마찰 구간 Ⅰ과 Ⅱ에서 각각 E, $3E$만큼 감소한다.

😊 **출제분석** | 각 지점에서 에너지 관계를 식으로 세울 수 있다면 쉽게 해결할 수 있도록 출제되었다.

그림 (가)와 같이 빗면의 점 p에 가만히 놓은 물체 A는 빗면의 점 r에서 정지하고, (나)와 같이 r에 가만히 놓은 A는 빗면의 점 q에서 정지한다. (가), (나)의 마찰 구간에서 A의 속력은 감소하고, 가속도의 크기는 각각 $3a$, a로 일정하며, 손실된 역학적 에너지는 서로 같다. p와 q 사이의 높이차는 h_1, 마찰 구간의 높이차는 h_2이다.

→ 마찰로 손실된 에너지$=mgh_1$

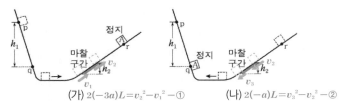

(가) $2(-3a)L=v_2{}^2-v_1{}^2$ ─①   (나) $2(-a)L=v_3{}^2-v_2{}^2$ ─②

길이$=L$

$\dfrac{h_2}{h_1}$는? (단, 물체의 크기, 공기 저항, 마찰 구간 외의 모든 마찰은 무시한다.) **3점**

① $\dfrac{1}{5}$ ② $\dfrac{2}{9}$ ③ $\dfrac{6}{25}$ ✓④ $\dfrac{1}{4}$ ⑤ $\dfrac{2}{7}$

| 자 | 료 | 해 | 설 |

A의 질량을 m, 중력 가속도를 g, 마찰 구간의 길이를 L, 마찰 구간에 들어갈 때와 나올 때의 속력을 (가)에서 각각 v_1, v_2, (나)에서는 v_2, v_3라 하자. 마찰 구간에서 속력은 감소하고 가속도의 크기는 (가)와 (나)에서 $3a$, a로 일정하므로 $2(-3a)L=v_2{}^2-v_1{}^2$ ─①, $2(-a)L=v_3{}^2-v_2{}^2$ ─②이다. 손실된 총 역학적 에너지는 $mgh_1=\dfrac{1}{2}mv_1{}^2-\dfrac{1}{2}mv_3{}^2$ ─③이고, (가)와 (나)에서 손실된 역학적 에너지는 같으므로 $\dfrac{1}{2}mv_1{}^2-\left(\dfrac{1}{2}mv_2{}^2+mgh_2\right)=\left(\dfrac{1}{2}mv_2{}^2+mgh_2\right)-\dfrac{1}{2}mv_3{}^2$ 이를 정리하면 $\dfrac{1}{2}m(v_1{}^2-v_2{}^2)=\dfrac{1}{2}m(v_2{}^2-v_3{}^2)+2mgh_2$ ─④이다.

| 선 | 택 | 지 | 풀 | 이 |

④정답 : ①과 ②로부터 v_2를 소거하고 이를 ③에 대입하면 $mgh_1=4maL$ ─⑤, ①과 ②를 ④에 대입하면 $mgh_2=maL$ ─⑥이므로 $\dfrac{h_2}{h_1}=\dfrac{⑥}{⑤}=\dfrac{1}{4}$ 이다.

🙂 **문제풀이 T I P** | 손실된 역학적 에너지는 마찰 구간을 들어가기 전 역학적 에너지와 마찰 구간을 나올 때의 역학적 에너지 차와 같다.

🙂 **출제분석** | 역학적 에너지를 이용하여 2개의 빗면 사이를 운동하는 물체를 분석하는 문제가 매회 출제되고 있다.

그림은 높이 $6h$인 점에서 가만히 놓은 물체가 궤도를 따라 운동하여 마찰 구간 Ⅰ, Ⅱ를 지나 최고점 r에 도달하여 정지한 순간의 모습을 나타낸 것이다. 점 p, q의 높이는 각각 h, $2h$이고, p, q에서 물체의 속력은 각각 $\sqrt{2}v$, v이다. 마찰 구간에서 손실된 역학적 에너지는 Ⅱ에서가 Ⅰ에서의 2배이다.

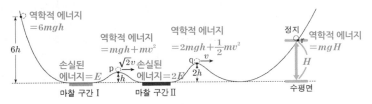

r의 높이는? (단, 물체의 크기, 공기 저항, 마찰 구간 외의 모든 마찰은 무시한다.) **3점**

① $\dfrac{19}{5}h$ ② $4h$ ✓③ $\dfrac{21}{5}h$ ④ $\dfrac{22}{5}h$ ⑤ $\dfrac{23}{5}h$

| 자 | 료 | 해 | 설 | 및 | 선 | 택 | 지 | 풀 | 이 |

③정답 : 마찰 구간에서 손실된 에너지를 E라 하면 마찰 구간을 지나기 전 물체의 역학적 에너지는 지난 후의 역학적 에너지와 손실된 에너지의 합과 같으므로 $6mgh=mgh+\dfrac{1}{2}m(\sqrt{2}v)^2+E$ 또는 $5mgh=mv^2+E$ ─①, $mgh+\dfrac{1}{2}m(\sqrt{2}v)^2=2mgh+\dfrac{1}{2}mv^2+2E$ 또는 $\dfrac{1}{2}mv^2=mgh+2E$ ─②이다. ①과 ②를 연립하면 $E=\dfrac{3}{5}mgh$이고 $\dfrac{1}{2}mv^2=\dfrac{11}{5}mgh$이다. r의 높이를 H라 하면, q와 r의 역학적 에너지는 보존에 의해 $2mgh+\dfrac{1}{2}mv^2=\dfrac{21}{5}mgh=mgH$이므로 $H=\dfrac{21}{5}h$이다.

🙂 **문제풀이 T I P** | 마찰 구간을 지나기 전 물체의 역학적 에너지는 지난 후의 역학적 에너지와 손실된 에너지의 합과 같다.

🙂 **출제분석** | 마찰이 일어난 후에도 역학적 에너지와 마찰로 손실된 에너지의 합은 일정함을 이용하여 식을 세우면 쉽게 해결할 수 있는 문항이다.

그림과 같이 높이가 $3h$인 평면에서 질량이 각각 m, $2m$인 물체 A, B를 용수철의 양 끝에 접촉하여 압축시킨 후 동시에 가만히 놓았더니 A, B가 궤도를 따라 운동한다. A는 마찰 구간 I의 끝점 p에서 정지하고, B는 높이차가 h인 마찰 구간 II를 등속도로 지난 후 마찰 구간 III을 지나 v의 속력으로 운동한다. I, III에서 A, B는 서로 같은 크기의 마찰력을 받아 등가속도 직선 운동한다. I, III에서 A, B의 평균 속력은 같고, A가 I에서 운동하는 데 걸린 시간과 B가 III에서 운동하는 데 걸린 시간은 같다.

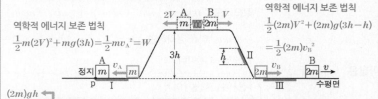

역학적 에너지 보존 법칙
$$\frac{1}{2}m(2V)^2+mg(3h)=\frac{1}{2}mv_A^2=W$$

역학적 에너지 보존 법칙
$$\frac{1}{2}(2m)V^2+(2m)g(3h-h)=\frac{1}{2}(2m)v_B^2$$

$(2m)gh$

II에서 B의 감소한 역학적 에너지는? (단, 용수철의 질량, 물체의 크기, 공기 저항, 마찰 구간 외의 마찰은 무시한다.) **3점**

① mv^2 ② $2mv^2$ ③ $3mv^2$ ④ $4mv^2$ ⑤ $5mv^2$

마찰력이 한 일
= 마찰력 × 이동 거리
= W로 I과 III에서 같다.
III에서 손실된 역학적 에너지
= $\frac{1}{2}(2m)(v_B^2-v^2)=W$

평균 속력: $\frac{v_A}{2}=\frac{v+v_B}{2}$
평균 속력 × 걸린 시간
= 이동 거리로 I과 III에서
마찰 구간 거리는 같다.

|자|료|해|설|및|선|택|지|풀|이|

④ 정답 : 운동량 보존 법칙에 따라 A와 B가 용수철과 분리된 직후 A의 속력을 $2V$라 하면 B의 속력은 V이다. 수평면에서 I과 III을 지나기 직전 A와 B의 속력을 각각 v_A, v_B라 하고 A가 I을 지날 때 손실된 역학적 에너지를 W라 하면 A는 역학적 에너지 보존 법칙에 따라

$$\frac{1}{2}m(2V)^2+mg(3h)=\frac{1}{2}mv_A^2=W-⊙이다.$$

B가 II를 지날 때 감소한 역학적 에너지는 $(2m)gh$이므로 B는 역학적 에너지 보존 법칙에 따라 $\frac{1}{2}(2m)V^2+(2m)g(3h-h)=\frac{1}{2}(2m)v_B^2-ⓒ이다.$ 한편, I과 III에서 평균 속력은 같으므로 $\frac{v_A}{2}=\frac{v+v_B}{2}-ⓒ이고$ I과 III에서 마찰력의 크기가 같고 마찰 구간의 거리도 같으므로 III에서 손실된 역학적 에너지도 $\frac{1}{2}(2m)v_B^2-\frac{1}{2}(2m)v^2=W-②이다.$

⊙과 ②에 의해 $v_A^2=2(v_B+v)(v_B-v)$이고 이를 ⓒ과 연립하면 $v_A=4v$, $v_B=3v-ⓜ이다.$ ⓜ를 ⊙과 ⓒ에 대입하면 $2V^2+3gh=8v^2-ⓐ$, $V^2+4gh=9v^2-ⓢ이고$ ⓐ과 ⓢ을 연립하여 V를 소거하면 $gh=2v^2-ⓞ이다.$ 따라서 II를 지날 때 감소한 역학적 에너지는 $(2m)gh=4mv^2$이다.

😮 **문제풀이TIP** | II에서 등속도 운동을 하므로 손실된 역학적 에너지는 높이 h에 해당하는 중력 퍼텐셜 에너지인 $(2m)gh$이다.

😎 **출제분석** | 운동량 보존 법칙, 역학적 에너지 보존 법칙을 기반으로 제시된 자료에서 에너지, 속도 관계식을 표현할 수 있어야 문제 해결이 가능하다.

그림 (가)는 수평면에서 질량이 m인 물체로 용수철을 원래 길이에서 $2d$만큼 압축시킨 후 가만히 놓았더니 물체가 마찰 구간을 지나 높이가 h인 최고점에서 속력이 0인 순간을 나타낸 것이다. 마찰 구간을 지나는 동안 감소한 물체의 운동 에너지는 마찰 구간의 최저점 p에서 물체의 중력 퍼텐셜 에너지의 6배이다. 그림 (나)는 (가)에서 물체가 마찰 구간을 지나 용수철을 원래 길이에서 최대 d만큼 압축시킨 모습을 나타낸 것으로, 물체는 마찰 구간에서 등속도 운동한다. 마찰 구간에서 손실된 물체의 역학적 에너지는 (가)에서와 (나)에서가 같다.

$$=\Delta E+E_3=6E_1$$

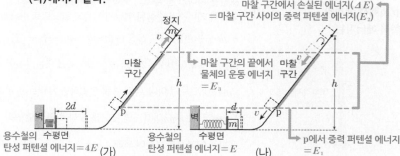

마찰 구간에서 손실된 에너지(ΔE)
= 마찰 구간 사이의 중력 퍼텐셜 에너지(E_2)

마찰 구간의 끝에서 물체의 운동 에너지 = E_3

용수철의 수평면
탄성 퍼텐셜 에너지 = $4E$ (가)

용수철의 수평면
탄성 퍼텐셜 에너지 = E (나)

p에서 중력 퍼텐셜 에너지 = E_1

(나)의 p에서 물체의 운동 에너지는? (단, 중력 가속도는 g이고, 수평면에서 물체의 중력 퍼텐셜 에너지는 0이며 용수철의 질량, 물체의 크기, 공기 저항, 마찰 구간 외의 마찰은 무시한다.) **3점**

① $\frac{1}{9}mgh$ ② $\frac{1}{8}mgh$ ③ $\frac{1}{7}mgh$ ④ $\frac{1}{6}mgh$ ⑤ $\frac{1}{5}mgh$

|자|료|해|설|

(나)에서 용수철의 탄성 퍼텐셜 에너지를 E라 하면 (가)에서는 압축된 길이의 비의 제곱인 $4E$이다. p에서의 중력 퍼텐셜 에너지를 E_1, 마찰 구간에서 손실된 에너지를 ΔE, 마찰 구간 사이에 해당하는 중력 퍼텐셜 에너지를 E_2라고 하자. (가)에서 마찰 구간의 윗부분에서 물체의 속력을 v라 하면, (나)에서 마찰 구간 양 끝에서의 물체의 속력도 v로 같으며 이때의 물체 운동 에너지를 E_3라고 하자. 제시된 조건에서 $\Delta E+E_2=6E_1-①이므로$ 에너지 보존 법칙에 따라 (가)에서 $4E=E_1+E_2+E_3+\Delta E=7E_1+E_3=mgh+\Delta E-②$, (나)에서 $E=E_1+E_2+E_3-\Delta E=mgh-\Delta E-③이다.$

|선|택|지|풀|이|

⑤ 정답 : 마찰 구간에서 등속도 운동을 하기 때문에 (나)에서 마찰 구간에서 손실된 역학적 에너지는 마찰 구간 사이의 중력 퍼텐셜 에너지와 같다. 그러므로 ①에 의해 $\Delta E=E_2=3E_1-④이고$, 이를 ②와 ③에 대입하여 정리하면 $E=\frac{2}{5}mgh$, $E_1=E_3=\frac{1}{5}mgh$, $E_2=\Delta E=\frac{3}{5}mgh$이다.

😮 **문제풀이TIP** | 마찰 구간에서 올라갈 때와 내려올 때 손실된 역학적 에너지는 같다.

😎 **출제분석** | 물체가 운동하면서 달라지는 위치 에너지와 운동 에너지, 탄성 퍼텐셜 에너지의 기본 개념을 이해하고 (가)와 (나)에서의 에너지 관계를 식으로 나타낼 수 있어야 문제를 해결할 수 있다.

그림은 $x=0$에서 정지해 있던 물체 A, B가 x축과 나란한 직선 경로를 따라 운동을 한 모습을, 표는 구간에 따라 A, B에 작용한 힘의 크기와 방향을 나타낸 것이다. A, B의 질량은 같고, $x=0$에서 $x=4L$까지 운동하는데 걸린 시간은 같다. F_A와 F_B는 각각 크기가 일정하고, x축과 나란한 방향이다.

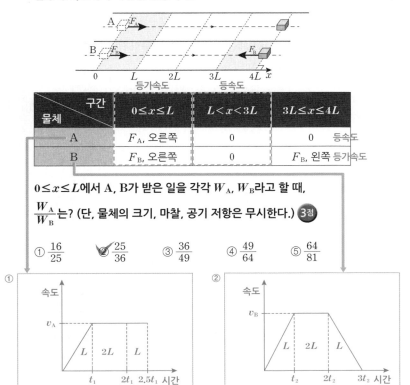

물체 \ 구간	$0 \leq x \leq L$	$L < x < 3L$	$3L \leq x \leq 4L$
A	F_A, 오른쪽	0	0 등속도
B	F_B, 오른쪽	0	F_B, 왼쪽 등가속도

$0 \leq x \leq L$에서 A, B가 받은 일을 각각 W_A, W_B라고 할 때, $\dfrac{W_A}{W_B}$는? (단, 물체의 크기, 마찰, 공기 저항은 무시한다.) 3점

① $\dfrac{16}{25}$ ② $\dfrac{25}{36}$ ③ $\dfrac{36}{49}$ ④ $\dfrac{49}{64}$ ⑤ $\dfrac{64}{81}$

① 속도-시간 그래프 (세로축 속도 v_A, 구간 L, $2L$, L, 시간축 t_1, $2t_1$, $2.5t_1$)

② 속도-시간 그래프 (세로축 속도 v_B, 구간 L, $2L$, L, 시간축 t_2, $2t_2$, $3t_2$)

|자|료|해|설|

A의 경우 $0 \leq x \leq L$ 구간에서 t_1 동안 등가속도 운동하여 속도 v_A가 되는 동안 L만큼 이동한다. 또한 v_A의 속도로 $L \leq x \leq 3L$ 구간에서 이동한 거리는 $2L$, $3L \leq x \leq 4L$ 구간에서 이동한 거리는 L이므로 속도-시간 그래프로 나타내면 그래프 ①과 같다. 한편 B의 경우 $0 \leq x \leq L$ 구간에서 t_2 동안 등가속도 운동하여 속도 v_B가 되는 동안 L만큼 이동하는데 이후 v_B의 속도로 $L \leq x \leq 3L$ 구간에서 이동한 거리는 $2L$, $3L \leq x \leq 4L$ 구간에서 감속하여 이동한 거리는 L이다. 또한 힘을 받은 두 구간에서 각각 $F_B L$, $-F_B L$의 일을 받았으므로 $x=4L$에서의 속력은 처음과 같이 0이며 이를 속도-시간 그래프로 나타내면 그래프 ②와 같다.

|선|택|지|풀|이|

② 정답 : 두 물체가 같은 거리를 이동하는 데 걸린 시간은 같으므로 그래프 ①과 ②에서 $2.5t_1 = 3t_2$이므로 $t_1 = \dfrac{6}{5}t_2$이다. 또한 그래프 ①, ②에서 A, B가 이동한 거리는 그래프의 면적과 같으므로 $2v_A t_1 = 2v_A \left(\dfrac{6}{5}t_2\right) = 4L$에서 $v_A = \dfrac{5L}{3t_2}$,

$2v_B t_2 = 4L$에서 $v_B = \dfrac{2L}{t_2}$이다.

$0 \leq x \leq L$에서 A, B가 받은 일은 각각 운동 에너지로 바뀌므로 $W = \dfrac{1}{2}mv^2$이고 앞에서 구한 v_A와 v_B를 이용하면

$$\dfrac{W_A}{W_B} = \dfrac{\frac{1}{2}mv_A^2}{\frac{1}{2}mv_B^2} = \dfrac{v_A^2}{v_B^2} = \dfrac{25}{36}$$ 이다.

😮 **문제풀이 TIP |** 운동 방향이 변하지 않는 등가속도 직선 운동에서 속도-시간 그래프의 면적은 이동 거리와 같다.

😄 **출제분석 |** 주어진 자료를 속도-시간 그래프로 나타내고 이를 통해 물체의 운동을 분석하는 문항이다. 시간, 속도, 가속도, 힘, 일과 에너지까지 각 개념들의 관계와 의미를 알고 그래프를 통해 해결하는 연습이 필요하다.

🦉 **더 자세한 해설 @**

step 1. 자료 분석

영역별 시간 기호를 정하고, 등가속도 직선 운동 공식으로 시간 값을 구한다.

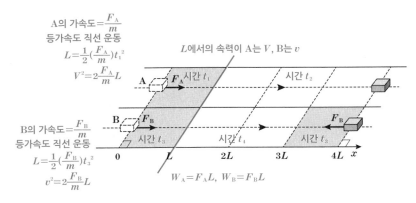

A의 가속도 = $\dfrac{F_A}{m}$
등가속도 직선 운동
$L = \dfrac{1}{2}\left(\dfrac{F_A}{m}\right)t_1^2$
$V^2 = 2\dfrac{F_A}{m}L$

L에서의 속력이 A는 V, B는 v

B의 가속도 = $\dfrac{F_B}{m}$
등가속도 직선 운동
$L = \dfrac{1}{2}\left(\dfrac{F_B}{m}\right)t_3^2$
$v^2 = 2\dfrac{F_B}{m}L$

$W_A = F_A L$, $W_B = F_B L$

▶ A의 운동 시간 : $0 \sim L$ 구간 t_1, $L \sim 4L$ 구간 t_2
▶ B의 운동 시간 : $0 \sim L$ 구간 t_3, $L \sim 3L$ 구간 t_4, $3L \sim 4L$ 구간 t_3

$0 \sim L$ 구간에서 외력 F_B가 B에 해준 일은 $W_B = F_B L$이고 $3L \sim 4L$ 구간에서 외력 F_B가 B에 해준 일은 $-W_B = -F_B L$이므로 일-에너지 정리에 의해 B는 $4L$에서 정지하고 각 구간에서 속력 변화량은 같다. 이때 $0 \sim L$ 구간과 $3L \sim 4L$ 구간에서 가속도의 크기도 같기 때문에 B가

운동한 시간도 같다.

▶ A의 가속도 $\frac{F_A}{m}$, 등가속도 직선 운동 공식에 의해 $L=\frac{1}{2}\left(\frac{F_A}{m}\right)t_1^2$, $V^2=2\frac{F_A}{m}L$

▶ B의 가속도 $\frac{F_B}{m}$, 등가속도 직선 운동 공식에 의해 $L=\frac{1}{2}\left(\frac{F_B}{m}\right)t_3^2$, $v^2=2\frac{F_B}{m}L$

▶ $W_A=F_A L$, $W_B=F_B L$

step 2. 선택지 풀이

② **정답** | $0 \sim L$ 구간에서의 A의 가속도가 $\frac{F_A}{m}$이고 운동 시간이 t_1이며 이동 거리가 L이므로 등가속도 직선 운동 공식 $L=\frac{1}{2}\left(\frac{F_A}{m}\right)t_1^2$와

$V^2=2\frac{F_A}{m}L$에 의해 $t_1=\sqrt{\dfrac{2mL}{F_A}}$, $V=\sqrt{\dfrac{2F_A L}{m}}$이다.

$L \sim 4L$ 구간 운동 시간 t_2는 $t_2=\dfrac{3L}{V}=\sqrt{\dfrac{9mL}{2F_A}}$이다.

따라서 A의 총 운동 시간은 $\sqrt{\dfrac{2mL}{F_A}}+\sqrt{\dfrac{9mL}{2F_A}}$이다.

B의 경우도 $0 \sim L$ 구간에서의 B의 가속도가 $\frac{F_B}{m}$이고 운동 시간이 t_3이며 이동 거리가 L이므로 등가속도 직선 운동 공식 $L=\frac{1}{2}\left(\frac{F_B}{m}\right)t_3^2$와

$v^2=2\frac{F_B}{m}L$에 의해 $t_3=\sqrt{\dfrac{2mL}{F_B}}$, $v=\sqrt{\dfrac{2F_B L}{m}}$이다.

$L \sim 3L$ 구간 운동 시간 t_4는 $t_4=\dfrac{2L}{v}=\sqrt{\dfrac{2mL}{F_B}}$이다.

따라서 B의 총 운동 시간은 $\sqrt{\dfrac{2mL}{F_B}}+\sqrt{\dfrac{2mL}{F_B}}+\sqrt{\dfrac{2mL}{F_B}}=3\sqrt{\dfrac{2mL}{F_B}}$이다.

문제에서 A와 B의 총 운동 시간이 같다고 했으므로 $\sqrt{\dfrac{2mL}{F_A}}+\sqrt{\dfrac{9mL}{2F_A}}=3\sqrt{\dfrac{2mL}{F_B}}$이 되고, 식을 정리하면 $\sqrt{\dfrac{F_B}{F_A}}=\dfrac{5}{6}$에 의해 $\dfrac{F_B}{F_A}=\dfrac{25}{36}$이다.

그림은 높이 h인 지점에 가만히 놓은 질량 m인 물체가 마찰이 없는 연직면상의 궤도를 따라 운동하는 모습을 나타낸 것이다. 물체는 궤도의 수평 구간의 점 p에서 점 q까지 운동하는 동안 물체의 운동 방향으로 일정한 크기의 힘 F를 받는다. 물체의 운동 에너지는 높이 $2h$인 지점에서가 p에서의 2배이다.

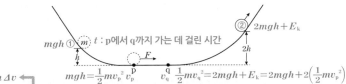

$F=2mg$일 때, 물체가 p에서 q까지 운동하는 데 걸린 시간은? (단, 중력 가속도는 g이고, 물체의 크기와 공기 저항은 무시한다.)

$$t=\frac{m\,\Delta v}{F}$$
3점

① $\sqrt{\dfrac{h}{5g}}$ ② $\sqrt{\dfrac{h}{4g}}$ ③ $\sqrt{\dfrac{h}{3g}}$ ④ $\sqrt{\dfrac{h}{2g}}$ ⑤ $\sqrt{\dfrac{h}{g}}$

|자|료|해|설|

h의 높이에 있던 질량 m의 물체가 수평면에 내려온 후, 일정한 힘 F를 점 p에서 점 q까지 받으며 운동 에너지가 늘어나는 등가속도 운동을 하였고, 이후 다시 경사면을 올라 $2h$의 높이를 지나가는 중이다. 물체는 높이 $2h$인 지점에서 멈추지 않았으며, 그때의 운동 에너지는 점 p에서의 운동 에너지의 2배이다. 물체가 수평면에서 받은 힘은 충격력으로 작용하여 그 충격량(Ft)만큼 물체의 운동량(Δp)을 증가시켰다.

|선|택|지|풀|이|

④ 정답 : 물체가 운동을 시작하는 높이 h인 지점과 다시 경사면을 올라가는 높이 $2h$인 지점을 각각 ① 지점, ② 지점이라고 하면, ① 지점에서는 중력 퍼텐셜 에너지만 가지므로 ① 지점에서의 역학적 에너지는 mgh이다.

점 p에서는 ① 지점의 역학적 에너지가 모두 운동 에너지로 전환되므로 점 p에서의 속력을 v_p라고 하면, 점 p에서의 운동 에너지는 $\frac{1}{2}mv_p^2=mgh$이고, 정리하면 $v_p=\sqrt{2gh}$이다.

점 q에서는 점 p에서 점 q로 운동하는 동안 받은 힘 F로 인해 점 p에서보다 더 큰 운동 에너지를 갖는다. 점 q에서의 속력을 v_q라고 하면, 점 q에서의 운동 에너지는 $\frac{1}{2}mv_q^2$이다.

② 지점에서는 $2mgh$의 중력 퍼텐셜 에너지와 운동 에너지 E_k를 가지게 되는데, 문제에서 운동 에너지는 높이 $2h$인 지점에서가 p에서의 2배라고 했으므로 ② 지점에서의 운동 에너지는 $E_k=2\left(\frac{1}{2}mv_p^2\right)=mv_p^2$이 된다. 이를 이용해 구한 역학적 에너지는 점 q에서의 역학적 에너지와 같아야 하므로 $2mgh+mv_p^2=\frac{1}{2}mv_q^2$이다. $v_p=\sqrt{2gh}$를 대입하여 이 식을 정리하면, $2mgh+2mgh=\frac{1}{2}mv_q^2$에서 $v_q=\sqrt{8gh}=2\sqrt{2gh}$이다.

한편, 점 p에서 점 q까지 물체가 받는 충격량은 $Ft=m(v_q-v_p)$이고 $F=2mg$이므로, 이 식을 t에 관하여 정리하면 $t=\dfrac{m(2\sqrt{2gh}-\sqrt{2gh})}{2mg}=\dfrac{\sqrt{2gh}}{2g}=\sqrt{\dfrac{h}{2g}}$이다.

🐱 **문제풀이 T I P** | 문제에서 마찰이 존재하지 않으므로 모든 역학적 에너지는 보존된다. 따라서 각 지점에서의 역학적 에너지를 일단 구해놓을 필요가 있다. 또한, 역학적 에너지 문제에서 가해준 힘이 나오는 경우는 등가속도 운동의 공식이 아니라 운동량과 충격량 공식 혹은 일과 에너지의 관계식으로 문제를 해결해야 하는 경우가 대부분이라는 것을 잊지 말자.

😊 **출제분석** | 지점이 4개나 되고, 마지막 지점에서 물체가 멈춘 것이 아니라서 여타 문제들보다는 조금 더 복잡하게 느껴지는 문제이다. 각 구간에서의 역학적 에너지를 구하는 것과 점 p와 점 q에서의 속력을 각각 v_p와 v_q로 놓아 t를 구하는 것을 연습하자.

🦉 **더 자세한 해설** ⓐ

STEP 1. 각 지점에서의 역학적 에너지 구하기

1) Ⅰ 지점: 높이 h인 출발 지점

물체는 정지해 있다가 출발하므로 운동 에너지는 0이고, 수평 구간의 높이를 기준으로 한 중력 퍼텐셜 에너지인 mgh만 존재하므로, Ⅰ 지점에서 물체의 역학적 에너지는 $E_Ⅰ=mgh$이다.

2) Ⅱ 지점: 점 p

점 p는 기준선인 수평 구간에 위치하므로 이 위치에서의 중력 퍼텐셜 에너지는 0이다. 점 p에서 물체의 속력을 v_p라고 하면, Ⅱ 지점에서 물체의 역학적 에너지는 $E_Ⅱ=\frac{1}{2}mv_p^2$이다.

3) Ⅲ 지점: 점 q

점 q도 수평 구간에 위치하므로 물체의 중력 퍼텐셜 에너지는 0이다. 점 q에서 물체의 속력을 v_q라고 하면, Ⅲ 지점에서 물체의 역학적 에너지는 $E_Ⅲ=\frac{1}{2}mv_q^2$이다. 물체는 점 p와 점 q 사이에서 운동 방향으로 힘 F를 지속적으로 받았으므로, v_q는 v_p보다 크다.

4) Ⅳ 지점: 높이 $2h$인 올라가고 있는 지점

높이가 $2h$이며 물체는 아직 멈추지 않았으므로, Ⅳ 지점에서 물체의 역학적 에너지는 $E_Ⅳ=2mgh+E_{k,Ⅳ}$로 표현할 수 있다. 이때 Ⅳ 지점에서 물체의 운동 에너지 $E_{k,Ⅳ}$는 Ⅱ 지점(점 p)에서의 2배이므로, $E_{k,Ⅳ}=2\cdot\left(\frac{1}{2}mv_p^2\right)=mv_p^2$가 성립한다. 따라서 $E_Ⅳ=2mgh+mv_p^2$이다.

STEP 2. 운동량과 충격량의 관계 적용하기

문제에서 구하는 값은 물체가 점 p에서 점 q까지 운동하는 데 걸린 시간이므로 물체에 가해진 힘의 크기($F=2mg$)와 운동량과 충격량의 관계식($F\Delta t=m\Delta v$)을 이용하여 Δt와 관련된 식을 정리해야 한다.

$$F\Delta t=m\Delta v \rightarrow \Delta t=\frac{m\Delta v}{F} \rightarrow F=2mg\text{를 대입} \rightarrow \Delta t=\frac{\Delta v}{2g} -------- \text{㉠}$$

STEP 3. 역학적 에너지 보존 법칙 적용하기

문제에서 물체의 크기와 마찰, 공기 저항을 무시하므로, 역학적 에너지 보존 법칙을 사용할 수 있다. 위에서 구한 각 지점에서 물체의 역학적 에너지를 비교하여 v_p, v_q의 관계를 정리해야 한다.

1) 중력을 제외한 외력이 작용하지 않으므로 Ⅰ, Ⅱ 지점에서의 역학적 에너지는 보존된다.

   두 지점에서 역학적 에너지 보존 법칙을 적용하면 $E_Ⅰ=E_Ⅱ \rightarrow mgh=\frac{1}{2}mv_p^2 \rightarrow v_p^2=2gh$

   $\therefore v_p=\sqrt{2gh} ------ \text{㉡}$

2) Ⅲ, Ⅳ 지점에서도 중력을 제외한 외력이 작용하지 않아 역학적 에너지가 보존된다.

   두 지점에서 역학적 에너지 보존 법칙을 적용하면 $E_Ⅲ=E_Ⅳ \rightarrow \frac{1}{2}mv_q^2=2mgh+mv_p^2$

   위 식에 $v_p=\sqrt{2gh}$를 대입 $\rightarrow \frac{1}{2}mv_q^2=2mgh+m(\sqrt{2gh})^2=4mgh$

   $\therefore v_q=\sqrt{8gh}=2\sqrt{2gh}$이다. $------ \text{㉢}$

STEP 4. p에서 q까지 운동하는 데 걸린 시간(Δt) 구하기

p에서 q까지 속력의 변화량은 $\Delta v=v_q-v_p$이므로 ㉠에 ㉡, ㉢을 대입하여 정리하면 다음과 같다.

$$\Delta t=\frac{\Delta v}{2g}=\frac{v_q-v_p}{2g}=\frac{2\sqrt{2gh}-\sqrt{2gh}}{2g}=\frac{\sqrt{2gh}}{2g}=\sqrt{\frac{2gh}{4g^2}}=\sqrt{\frac{h}{2g}}$$

따라서 p에서 q까지 운동하는 데 걸린 시간은 $\sqrt{\frac{h}{2g}}$이다.

그림 (가)와 같이 동일한 용수철 A, B가 연직선상에 x만큼 떨어져 있다. 그림 (나)는 (가)의 A를 d만큼 압축시키고 질량 m인 물체를 올려놓았더니 물체가 힘의 평형을 이루며 정지해 있는 모습을, (다)는 (나)의 A를 $2d$만큼 더 압축시켰다가 가만히 놓는 순간의 모습을, (라)는 (다)의 물체가 A와 분리된 후 B를 압축시킨 모습을 나타낸 것이다. B가 $\frac{1}{2}d$만큼 압축되었을 때 물체의 속력은 0이다.

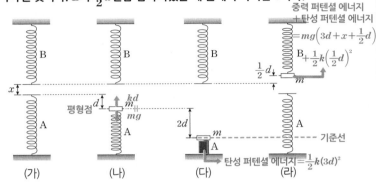

이에 대한 설명으로 옳은 것만을 〈보기〉에서 있는 대로 고른 것은? (단, 중력 가속도는 g이고, 물체의 크기, 용수철의 질량, 공기 저항은 무시한다.) 3점

보기

ㄱ. 용수철 상수는 $\frac{mg}{d}$이다.

ㄴ. $x = \frac{7}{8}d$이다.

ㄷ. 물체가 운동하는 동안 물체의 운동 에너지의 최댓값은 $2mgd$이다.

① ㄴ　　② ㄷ　　③ ㄱ, ㄴ　　④ ㄱ, ㄷ　　⑤ ㄱ, ㄴ, ㄷ

|자|료|해|설|

(다)에서 A 용수철에 저장된 탄성 퍼텐셜 에너지

$\left(U_{s(다)} = \frac{1}{2}k(3d)^2 = \frac{9}{2}kd^2 \right)$는 (라)에서 기준선을 기준으로

한 물체의 중력 퍼텐셜 에너지$\left(U_{g(라)} = mg\left(3d + x + \frac{1}{2}d\right) \right.$

$\left. = mg\left(\frac{7}{2}d + x\right) \right)$와 B 용수철의 탄성 퍼텐셜 에너지

$\left(U_{s(라)} = \frac{1}{2}k\left(\frac{1}{2}d\right)^2 = \frac{1}{8}kd^2 \right)$의 합과 같다.$\left(U_{s(다)} = U_{g(라)} + \right.$

$\left. U_{s(라)} \right)$

|보|기|풀|이|

ㄱ. 정답 : (나)에서 물체는 정지해 있다. 물체에 작용하는 알짜힘은 0이다. 즉, 물체에 작용하는 중력의 크기와 용수철의 탄성력의 크기는 같으므로 $mg = kd$ 즉, $k = \frac{mg}{d}$ — ㉮이다.

ㄴ. 정답 : $U_{s(다)} = U_{g(라)} + U_{s(라)}$이고 여기에 ㉮를 대입하면 $\frac{9}{2}\left(\frac{mg}{d}\right)d^2 = mg\left(\frac{7}{2}d + x\right) + \frac{1}{8}\left(\frac{mg}{d}\right)d^2$이므로 $x = \frac{7}{8}d$ 이다.

ㄷ. 정답 : (다)에서 물체에 작용하는 알짜힘은 연직 위 방향이므로 위로 빨라지는 가속 운동을 하다 평형점을 지난 이후부터는 중력이 탄성력보다 커지므로 아래 방향의 가속 운동을 하게 된다. 즉, 물체가 운동하는 동안 물체의 운동 에너지의 최댓값(K)은 물체가 평형점을 지날 때이다. 이 지점에서 (다)에서 A 용수철의 탄성 퍼텐셜 에너지는 평형점의 중력 퍼텐셜 에너지($mg(2d)$)와 물체가 평형점에 있을 때의 용수철의 탄성 퍼텐셜 에너지 $\left(\frac{1}{2}kd^2 = \frac{1}{2}\left(\frac{mg}{d}\right)d^2 = \frac{1}{2}mgd \right)$, 물체의 운동 에너지($K$)의 합과 같으므로 $\frac{9}{2}mgd = 2mgd + \frac{1}{2}mgd + K$ 즉, $K = 2mgd$이다.

🐧 **문제풀이 TIP** | 제시된 자료에서 물체의 모든 지점에서 용수철의 탄성 퍼텐셜 에너지＋물체의 역학적 에너지는 일정하다.

😀 **출제분석** | 역학적 에너지 보존 법칙을 이용하여 임의의 위치에서 운동 에너지와 용수철의 탄성 퍼텐셜 에너지, 중력 퍼텐셜 에너지 등을 비교하는 보기는 자주 등장한다.

🦉 **더 자세한 해설** @

STEP 1. 자료 분석

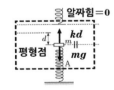

1. (나)에서 물체가 힘의 평형을 이루며 정지
   ▶ 물체에 작용하는 알짜힘＝0
   ▶ 탄성력＝중력이므로
   　용수철 상수를 k라 하면 $kd = mg$ — ①

2. (다)와 (라)에서 에너지 비교
   ▶ (다)와 (라)에서 에너지 손실은 없으므로 (다)와 (라)에서 물체의 역학적 에너지와 용수철의 탄성 퍼텐셜 에너지의 합은 같다.
   ▶ (다)에서 A를 $2d$만큼 압축시킨 지점을 위치 퍼텐셜 에너지가 0이 되는 기준으로 삼는다면, 물체는 멈춰있으므로 역학적 에너지＝물체의 위치 퍼텐셜 에너지＋운동 에너지＝0＋0＝0이다. 또한, 용수철 A는 $3d$만큼 압축되어 있으므로 (다)의 역학적 에너지와 용수철의 탄성 퍼텐셜 에너지의 합은 다음과 같다.

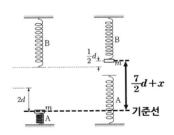

$$E_{(다)} = \frac{1}{2}k(3d)^2 = \frac{9}{2}kd^2 — ②$$

▶ (라)에서 B가 $\frac{1}{2}d$만큼 압축되었을 때 물체의 속력은 0이므로 이 지점에서의 물체의 운동 에너지는 0이다. 또한, 물체는 기준선으로부터 $\left(\frac{7}{2}d+x\right)$만큼 위에 있으므로 물체의 역학적 에너지는 $mg\left(\frac{7}{2}d+x\right)$이고 용수철 B는 $\frac{1}{2}d$만큼 압축되어 있으므로 탄성 퍼텐셜 에너지는 $\frac{1}{2}k\left(\frac{1}{2}d\right)^2=\frac{1}{8}kd^2$ 이다. 따라서 (라)의 역학적 에너지와 용수철의 탄성 퍼텐셜 에너지의 합은 다음과 같다.

$$U_{(라)}=mg\left(\frac{7}{2}d+x\right)+\frac{1}{8}kd^2 \; - \; ③$$

STEP 2. 보기 풀이

ㄱ. 정답 | 용수철 상수는 $\dfrac{mg}{d}$이다.

⇒ (나)에서 물체는 정지해 있다. 물체에 작용하는 알짜힘은 0, 즉, 물체에 작용하는 중력의 크기와 용수철의 탄성력의 크기는 같으므로 $mg=kd$ 또는 $k=\dfrac{mg}{d}$이다.

ㄴ. 정답 | $x=\dfrac{7}{8}d$이다.

⇒ ①을 ③에 대입하면 $U_{(라)}=mg\left(\frac{7}{2}d+x\right)+\frac{1}{8}kd^2=kd\left(\frac{7}{2}d+x\right)+\frac{1}{8}kd^2=\frac{29}{8}kd^2+kdx$이고 $U_{(다)}=U_{(라)}$이므로 $\frac{9}{2}kd^2=\frac{29}{8}kd^2+kdx$이다. 이를 정리하면 $x=\frac{7}{8}d$이다.

ㄷ. 정답 | 물체가 운동하는 동안 물체의 운동 에너지의 최댓값은 $2mgd$이다.

⇒ (다)에서 물체를 $3d$만큼 압축시킨 뒤 가만히 놓으면 용수철의 탄성력은 물체의 중력보다 크므로 알짜힘은 연직 위 방향으로 작용하여 물체가 위로 빨라지는 가속 운동을 한다. 이후 용수철이 d만큼 압축된 지점, 즉 용수철의 탄성력과 물체의 중력이 같아지는 이곳에서의 알짜힘이 0이므로 물체가 이곳을 지나면 중력이 탄성력보다 커지므로 물체는 아래 방향의 가속 운동을 한다. 따라서 물체의 속력이 가장 큰 지점은 물체가 평형점을 지날 때이다. 평형점에서 용수철 A의 탄성 퍼텐셜 에너지와 중력 퍼텐셜 에너지는 각각 $\frac{1}{2}kd^2=\frac{1}{2}\left(\frac{mg}{d}\right)d^2=\frac{1}{2}mgd$, $mg(2d)$이고 물체의 운동 에너지를 K라 하면 이들의 합은 $U_{(다)}$와 같으므로 $\frac{9}{2}kd^2=\frac{9}{2}mgd=2mgd+\frac{1}{2}mgd+K$이다. 따라서 $K=2mgd$이다.

그림은 서로 다른 경사면에 놓인 물체 A, B, C가 실로 연결되어 정지해 있는 모습을 나타낸 것이다. A의 질량은 C의 3배이다. $t=0$일 때 A와 B를 연결하는 실 p를 잘랐더니 $t=2$초까지 A, B, C는 각각 등가속도 직선 운동하고, $t=2$초일 때 운동 에너지는 B가 C의 4배이다. $t=0$부터 $t=2$초까지 A, B, C의 중력 퍼텐셜 에너지의 감소량은 각각 E_A, E_B, E_C이다.

알짜힘=0

A의 질량 : $3m$
C의 질량 : m

B와 C는 함께 움직이므로 가속도의 크기와 속력이 같음

② 알짜힘이 0이므로 B에 작용하는 힘은 $3F-F=2F$

B의 운동 에너지가 4배 크므로 질량도 4배 큼
∴ B의 질량 : $4m$

$3F$　A　p　B　θ_2　C　F

θ_1　θ_2　θ_1

① 경사각이 같으므로 중력에 의해 빗면 아래 방향으로 작용하는 힘은 질량비와 같다.

$E_A : E_B : E_C$는? (단, $\theta_1 > \theta_2$이고, 실의 질량, 모든 마찰과 공기 저항은 무시한다.) 3점

① 5 : 1 : 2　② 5 : 2 : 1　③ 5 : 2 : 3
④ 5 : 3 : 2　⑤ 5 : 3 : 3

 문제풀이 TIP | 물체 한 개가 마찰이 없는 빗면을 내려올 때는 중력 퍼텐셜 에너지의 변화량은 운동 에너지의 변화량과 같다. 하지만 위의 문제의 경우, 실 p가 끊어진 후 경사가 다른 곳에 올려져있는 B와 C는 함께 움직이므로 C의 중력 퍼텐셜 에너지의 감소량은 C의 운동 에너지뿐만 아니라 B의 운동 에너지의 변화에도 관여한다. 이에 단순히 운동 에너지의 변화량으로 중력 퍼텐셜 에너지의 변화량을 구할 수는 없다.

출제분석 | 역학적 에너지 보존에 관한 문제로 계산 과정이 어렵지는 않지만 개념을 정확히 알고 있어야 해결할 수 있는 상당히 높은 난도의 문제로 출제되었다.

| 자 | 료 | 해 | 설 |

A의 질량이 C의 3배이므로 C의 질량을 m이라 하면 A의 질량은 $3m$이다. 실 p를 잘랐을 때 A, B, C는 등가속도 직선 운동을 하는데 이때 B, C는 실로 연결되어 있으므로 가속도의 크기(a)와 속력(v)이 같다. $t=2$초일 때 운동 에너지를 보면, B가 C의 4배라는 것은 운동 에너지를 나타내는 식($E_k = \frac{1}{2}mv^2$)으로부터 B의 질량이 C의 4배라는 것을 의미하므로 B의 질량은 $4m$이다. 또한 실 p가 연결되어 있을 때, A와 C는 경사각이 같은 경사면에 놓여 있으므로 중력에 의해 C의 빗면 아래 방향으로 작용하는 힘을 F라 하면 질량이 3배 큰 A는 빗면 아래 방향으로 $3F$의 힘이 작용하고 있다. 또한 A, B, C는 정지해 있어 알짜힘이 0이므로 B는 중력에 의해 빗면 아래 방향으로 $2F$의 힘을 받는다.

| 선 | 택 | 지 | 풀 | 이 |

② 정답 : 가속도 법칙($F=ma$)으로부터 A의 가속도의 크기는 $\frac{3F}{3m}$, B와 C의 가속도의 크기는 $\frac{2F+F}{4m+m} = \frac{3F}{5m}$으로 가속도의 크기 비는 5 : 3이다. 한편, 정지 상태에서 출발하여 등가속도 직선 운동을 하는 물체의 걸린 시간이 같을 때 이동 거리는 가속도의 크기에 비례한다. 즉, 2초 동안 등가속도 직선 운동한 A, B, C의 이동 거리의 비는 5 : 3 : 3이다.

중력 퍼텐셜 에너지의 감소량($|\Delta E_p|$)은 중력에 의해 빗면 아래 방향으로 작용하는 힘(F)과 빗면 아래로 이동한 거리(s)의 곱이므로 $|\Delta E_p| = F \times s$이다. 즉, 자료 해설에서 표현했던 것처럼 A, B, C에 작용하는 힘은 각각 $3F$, $2F$, F이고, 이동 거리의 비는 5 : 3 : 3이므로 A, B, C의 중력 퍼텐셜 에너지의 감소량의 비는 $E_A : E_B : E_C = (3F \times 5s) : (2F \times 3s) : (F \times 3s) = 5 : 2 : 1$이다.

I
2
I
01
일과
에너지

더 자세한 해설 ⓐ

STEP 1. 물체 A, B, C의 질량의 비 구하기

A의 질량이 C의 질량의 3배이므로 A의 질량은 $3m$, C의 질량은 m으로 놓을 수 있다.

또한, B와 C는 함께 움직이므로(∵ $\theta_1 > \theta_2$) 항상 서로 같은 속력을 갖는다. 이때, 운동 에너지는 $\frac{1}{2}mv^2$의 공식으로 구할 수 있고, $t=2$초일 때 운동 에너지는 B가 C의 4배이므로 B의 질량을 m_B라 하면

$$\frac{1}{2}m_B v^2 = 4 \times \frac{1}{2}mv^2 \rightarrow m_B = 4m$$

∴ 물체 A, B, C의 질량비는 3 : 4 : 1이다.

STEP 2. 물체 A, B, C의 가속도의 크기의 비 구하기

$t=0$부터 $t=2$초까지 물체 A, B, C의 중력 퍼텐셜 에너지의 감소량의 비를 구하기 위해서는 t초 동안 각 물체가 아래쪽으로 움직인 거리의 비를 알아야 하고, 그러기 위해서 각 물체의 가속도의 크기의 비를 구해야 한다.

1) 실 p를 자르기 전
　물체 A, B, C는 정지해 있었으므로 물체 A, B, C 간에는 힘의 평형이 성립한다. 이때, 물체 A, B 사이에서 작용하는 실의 장력을 T_1, 물체 B, C 사이에서 작용하는 실의 장력을 T_2라고 하고, 물체 A, B, C의 질량을 각각 $3m$, $4m$, m이라 하면 각 물체에 작용하는 힘을 문제 그림과 같이 표시할 수 있다.
　힘의 평형 상태이므로 각 물체에 작용하는 힘을 정리하면 다음과 같다.
　A: $3mg\sin\theta_1 = T_1$　－－－－－－ ①
　B: $T_1 = 4mg\sin\theta_2 + T_2$　－－－－－ ②

C: $T_2 = mg\sin\theta_1$ —————— ③

①, ③을 ②에 대입하면 $3mg\sin\theta_1 = 4mg\sin\theta_2 + mg\sin\theta_1$이 되고, 정리하면 $\sin\theta_1 = 2\sin\theta_2$이 된다.

2) 실 p를 자른 후

물체 A, B, C는 각각 등가속도 운동을 하게 되는데 물체 A는 중력의 빗면 방향 성분에 의해 등가속도 운동을 하게 되고, 물체 B와 C에 가해지는 중력의 빗면 방향 성분에 의해 물체 B와 C는 연결되어서 함께 등가속도 운동을 하게 된다.

A에 가해지는 힘은 $3mg\sin\theta_1$이고, A의 질량이 $3m$이므로 A의 가속도의 크기는 $a_A = g\sin\theta_1$이다.

한편, B, C에 가해지는 힘은 각각 $4mg\sin\theta_2$, $mg\sin\theta_1$이고 두 물체의 질량의 합은 $5m$이므로 B, C의 가속도의 크기는

$a_{BC} = \dfrac{4mg\sin\theta_2 + mg\sin\theta_1}{5m}$이며, $\sin\theta_1 = 2\sin\theta_2$를 대입하면 $a_{BC} = \dfrac{3}{5}g\sin\theta_1 = \dfrac{3}{5}a_A$이다.

따라서 물체 A, B, C의 가속도의 크기의 비는 5 : 3 : 3이다. (B와 C는 함께 움직임)

STEP 3. 중력 퍼텐셜 에너지 감소량의 비 구하기

함께 운동하는 B와 C를 묶어 하나의 계로 생각하자.(계(물리계)는 하나 혹은 여러 구성 요소들을 체계적으로 통일한 조직을 이르는 말이며, 쉽게 말해 한 묶음으로 생각한다는 개념이다.) 물체 A와 B, C의 가속도의 크기의 비가 5 : 3이므로 t초 동안 늘어난 속력의 비도 5 : 3이고, 물체 A와 B, C 계의 운동 에너지 증가량의 비는 $E_k = \dfrac{1}{2}mv^2$에서 $3 \times 5^2 : 5 \times 3^2 = 5 : 3$ 이다. A와 B, C 계는 각각 역학적 에너지가 보존되므로, A와 B, C 계의 중력 퍼텐셜 에너지 감소량의 비도 5 : 3이다.

한편, 물체 A와 C가 이동한 거리(s)의 비는 등가속도 운동 공식 $s = v_0 t + \dfrac{1}{2}at^2$에서 $v_0 = 0$이고 t가 같아 가속도에 비례하므로

$s_A : s_C = a_A : a_{BC} = 5 : 3$이다. 따라서 A와 C의 중력 퍼텐셜 에너지의 감소량의 비는 $E_p = mgh = mgs\sin\theta$에서 $3 \times 5 : 1 \times 3 = 5 : 1$이다.

(경사각이 동일 → 높이와 빗면의 길이의 비가 동일($\sin\theta$) → 빗면의 길이의 비=높이의 비)

이를 종합하면 물체 A, B, C의 중력 퍼텐셜 에너지의 감소의 비는 5 : (3−1) : 1 = 5 : 2 : 1이다.

그림과 같이 물체 A, B를 실로 연결하고 빗면의 점 P에 A를 가만히 놓았더니 A, B가 함께 등가속도 운동을 하다가 A가 점 Q를 지나는 순간 실이 끊어졌다. 이후 A는 등가속도 직선 운동을 하여 점 R를 지난다. **A가 P에서 Q까지 운동하는 동안, A의 운동 에너지 증가량은 B의 중력 퍼텐셜 에너지 증가량의 $\frac{4}{5}$배이고, A의 운동 에너지는 R에서가 Q에서의 $\frac{9}{4}$배이다.**

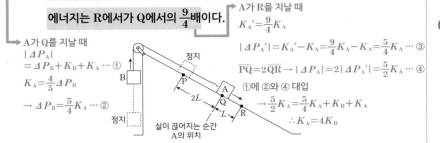

A가 Q를 지날 때
$|\Delta P_A|$
$= \Delta P_B + K_B + K_A$ … ①
$K_A = \frac{4}{5}\Delta P_B$
$\rightarrow \Delta P_B = \frac{5}{4}K_A$ … ②

A가 R을 지날 때
$K_A' = \frac{9}{4}K_A$
$|\Delta P_A'| = K_A' - K_A = \frac{9}{4}K_A - K_A = \frac{5}{4}K_A$ … ③
$\overline{PQ} = 2\overline{QR} \rightarrow |\Delta P_A| = 2|\Delta P_A'| = \frac{5}{2}K_A$ … ④
①에 ②와 ④ 대입
$\rightarrow \frac{5}{2}K_A = \frac{5}{4}K_A + K_B + K_A$
$\therefore K_A = 4K_B$

A, B의 질량을 각각 m_A, m_B라 할 때, $\dfrac{m_A}{m_B}$는? (단, 물체의 크기, 마찰과 공기 저항은 무시한다.) **3점** $= \dfrac{K_A}{K_B} = 4$

① 3   ❷ 4   ③ 5   ④ 6   ⑤ 7

🦉 **문제풀이 T I P** | 마찰이나 공기 저항이 없는 상황에서 연결된 두 물체의 역학적 에너지의 총 합은 변하지 않는다.

🦉 **출제분석** | 실로 연결된 두 물체의 운동에서 A의 역학적 에너지의 감소가 B의 역학적 에너지의 증가로 이어지는 상황을 이해하고 이를 바탕으로 식을 세워 A, B의 질량비를 구하는 문제이다.

|자|료|해|설|
A가 P에서 Q까지 운동하는 동안, A의 중력 퍼텐셜 에너지가 감소한 만큼 A의 운동 에너지와 B의 역학적 에너지는 증가한다. 또한 A가 Q에서 R까지 운동하는 동안 A의 중력 퍼텐셜 에너지가 감소한 만큼 A의 운동 에너지는 증가한다.

|선|택|지|풀|이|
② 정답 : A가 P에서 Q까지 운동할 때, A의 중력 퍼텐셜 에너지가 감소한 만큼($|\Delta P_A|$) A의 운동 에너지(K_A)와 B의 역학적 에너지($\Delta P_B + K_B$)는 증가하므로 $|\Delta P_A| = \Delta P_B + K_B + K_A$ … ①이다. 제시된 자료에 의해 $K_A = \frac{4}{5}\Delta P_B$, $\Delta P_B = \frac{5}{4}K_A$ … ②이고, A가 R를 지날 때 운동 에너지를 K_A', Q에서 R까지 운동하는 동안 A의 중력 퍼텐셜 에너지 변화량을 $\Delta P_A'$라 할 때, $K_A' = \frac{9}{4}K_A$인데 A가 Q에서 R까지 운동하는 동안 중력 퍼텐셜 에너지의 감소량($|\Delta P_A'|$)이 운동 에너지의 증가로 나타나므로 $|\Delta P_A'| = \Delta K_A = \frac{9}{4}K_A - K_A = \frac{5}{4}K_A$ … ③다. 또한, A가 빗면을 따라 내려온 거리는 P에서 Q까지가 Q에서 R까지의 2배이므로 ③에 의해 $|\Delta P_A| = 2|\Delta P_A'| = \frac{5}{2}K_A$ … ④이다. 이제 ①에 ②와 ④를 대입하여 K_A와 K_B로 나타내면 $K_A = 4K_B$임을 알 수 있다.

따라서 $K_A = \frac{1}{2}m_A v^2$, $K_B = \frac{1}{2}m_B v^2$이므로 $\dfrac{m_A}{m_B} = \dfrac{K_A}{K_B} = 4$ 이다.

🦉 **더 자세한 해설** ⓐ

step 1. 자료 분석

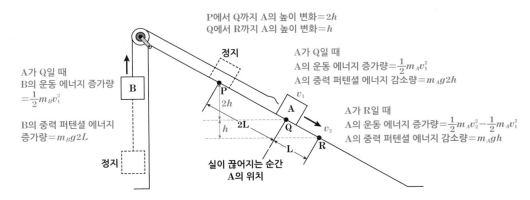

P에서 Q까지 A의 높이 변화 = $2h$
Q에서 R까지 A의 높이 변화 = h

A가 Q일 때
B의 운동 에너지 증가량 $= \frac{1}{2}m_B v_1^2$

B의 중력 퍼텐셜 에너지 증가량 = $m_B g 2L$

A가 Q일 때
A의 운동 에너지 증가량 $= \frac{1}{2}m_A v_1^2$
A의 중력 퍼텐셜 에너지 감소량 $= m_A g 2h$

A가 R일 때
A의 운동 에너지 증가량 $= \frac{1}{2}m_A v_2^2 - \frac{1}{2}m_A v_1^2$
A의 중력 퍼텐셜 에너지 감소량 $= m_A g h$

실이 끊어지는 순간 A의 위치

1. 물체의 에너지 변화 구하기

▶ P에서 Q까지 운동하는 동안

A의 중력 퍼텐셜 에너지 감소량 $= m_A g 2h$, A의 운동 에너지 증가량 $= \frac{1}{2}m_A v_1^2$

B의 중력 퍼텐셜 에너지 증가량 $= m_B g 2L$, B의 운동 에너지 증가량 $= \frac{1}{2}m_B v_1^2$

▶ Q에서 R까지 운동하는 동안

A의 중력 퍼텐셜 에너지 감소량 $= m_A g h$, A의 운동 에너지 증가량 $= \frac{1}{2}m_A v_2^2 - \frac{1}{2}m_A v_1^2$

2. 제시문에 주어진 결과 정리하기

▶ A의 운동 에너지 증가량이 B의 중력 퍼텐셜 에너지 증가량의 $\frac{4}{5}$배

▶ A의 운동 에너지는 R에서가 Q에서의 $\frac{9}{4}$배

step 2. 선택지 풀이

② 정답 | A의 운동 에너지 증가량이 B의 중력 퍼텐셜 에너지 증가량의 $\frac{4}{5}$배이므로

$$\frac{1}{2}m_A v_1^2 = \frac{4}{5}m_B g2L \quad - ①$$

A의 운동 에너지는 R에서가 Q에서의 $\frac{9}{4}$배이므로

$$\frac{1}{2}m_A v_2^2 = \frac{9}{4}\times\frac{1}{2}m_A v_1^2 \quad - ②$$

Q에서 R까지 운동하는 동안 A의 중력 퍼텐셜 에너지 감소량은 운동 에너지 증가량과 같으므로

$$\frac{1}{2}m_A v_2^2 - \frac{1}{2}m_A v_1^2 = m_A gh \quad - ③$$

P에서 Q까지 운동 하는 동안 A의 중력 퍼텐셜 에너지 감소량=
A와 B의 운동 에너지 증가량+B의 중력 퍼텐셜 에너지 증가량이므로

$$m_A g2h = \frac{1}{2}m_A v_1^2 + \frac{1}{2}m_B v_1^2 + m_B g2L \quad - ④$$

④에 ③의 $m_A gh$를 대입하여 정리하면

$$m_A v_2^2 - m_A v_1^2 = \frac{1}{2}m_A v_1^2 + \frac{1}{2}m_B v_1^2 + m_B g2L \quad - ⑤$$

②로부터 $m_A v_2^2 = \frac{9}{4}m_A v_1^2$, ①로부터 $m_B g2L = \frac{5}{8}m_A v_1^2$를 얻는다. 이 값을 ⑤에 대입하여 정리하면 다음과 같다.

$$\frac{1}{8}m_A = \frac{1}{2}m_B$$

$$\therefore \frac{m_A}{m_B} = 4$$

그림과 같이 수평면에서 운동하던 물체가 왼쪽 빗면을 따라 올라간 후 곡선 구간을 지나 오른쪽 빗면을 따라 내려온다. 물체가 왼쪽 빗면에서 거리 L_1과 L_2를 지나는 데 걸린 시간은 각각 t_0으로 같고, 오른쪽 빗면에서 거리 L_3을 지나는 데 걸린 시간은 $\dfrac{t_0}{2}$이다.

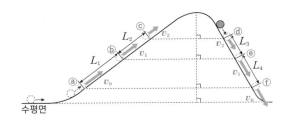

$L_2 = L_4$일 때, $\dfrac{L_1}{L_3}$은? (단, 물체의 크기, 마찰과 공기 저항은 무시한다.)

① $\dfrac{3}{2}$ ② $\dfrac{5}{2}$ ③ 3   ④ 4   ⑤ 6

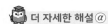

|자|료|해|설|및|선|택|지|풀|이|

④ 정답 : 역학적 에너지 보존 법칙에 의해 물체가 같은 높이에 있을 때의 속력은 같다. 따라서 ⓐ, ⓑ, ⓒ에서의 속력을 각각 v_0, v_1, v_2라 하면 ⓓ, ⓔ, ⓕ에서의 속력은 각각 v_2, v_1, v_0이다. 또한 왼쪽 빗면과 오른쪽 빗면에서는 각각 가속도의 크기가 다른 등가속도 운동을 하는데 왼쪽 빗면의 경우, 물체가 L_1과 L_2를 지나는 동안 감소한 속력(Δv)은 같은 시간 t_0만큼 등가속도 운동을 하므로 같다.($\Delta v = v_0 - v_1 = v_1 - v_2$) 오른쪽 빗면의 경우에도 L_3와 L_4를 지나는 동안 감소한 속력(Δv)은 같으므로 L_3를 지나는 데 걸린 시간이 $\dfrac{t_0}{2}$라면 L_4를 지나는 데 걸린 시간도 $\dfrac{t_0}{2}$이다. 이를 바탕으로 속력-시간 그래프로 나타내면 앞의 그래프와 같다.

L_1, L_2, L_3, L_4는 그래프의 면적으로 각각

$\dfrac{(v_0+v_1)t_0}{2}$, $\dfrac{(v_1+v_2)t_0}{2}$, $\dfrac{(v_1+v_2)t_0}{4}$, $\dfrac{(v_0+v_1)t_0}{4}$이고,

제시된 자료에서 $L_2 = L_4$이므로 $\dfrac{(v_1+v_2)t_0}{2} = \dfrac{(v_0+v_1)t_0}{4}$

또는 $\dfrac{v_0+v_1}{v_1+v_2} = 2$이다. 이를 이용하여

$\dfrac{L_1}{L_3} = \dfrac{\dfrac{(v_0+v_1)t_0}{2}}{\dfrac{(v_1+v_2)t_0}{4}} = \dfrac{2(v_0+v_1)}{(v_1+v_2)} = 4$임을 알 수 있다.

I

2-01

일과 에너지

👓 **문제풀이 TIP** | 마찰이나 공기 저항이 없으면 물체의 역학적 에너지는 항상 일정하게 보존된다. $\left(mgh_1 + \dfrac{1}{2}mv_1^2 = mgh_2 + \dfrac{1}{2}mv_2^2\right)$ 즉, 물체의 운동방향과는 관계없이 같은 높이에서 물체의 속력은 같다.

🦉 **더 자세한 해설 @**

step 1. 자료 분석

1. 물체의 속력 정하기

▶ 파란색으로 표시된 곳을 지날 때의 물체의 속력을 정한다. 마찰이 없고 중력과 탄성력만 작용할 때는 역학적 에너지가 보존되므로 같은 높이에서 중력 퍼텐셜 에너지의 크기가 같아서 운동 에너지의 크기도 같다. 따라서 속력은 같다.

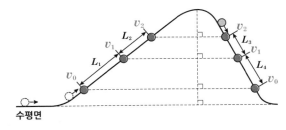

2. 빗면에서의 가속도와 시간을 이용해 구간별 속력 변화량과 L_4 구간을 지나는 데 걸린 시간 분석

▶ L_1과 L_2 구간에서의 가속도가 같으므로 같은 시간 동안 속력 변화량은 같다.

$$v_1 - v_0 = v_2 - v_1$$

▶ L_3와 L_4 구간에서의 속력 변화량이 같으며 가속도도 같으므로 걸린 시간도 같다.

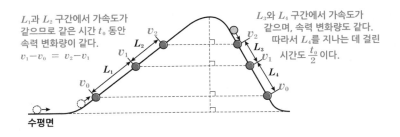

3. 평균 속력을 이용하여 속력과 구간별 이동 거리, 시간을 식으로 연결하기

등가속도 직선 운동에서의 평균 속력은 처음 속력과 나중 속력을 더한 후 2로 나누거나, 이동 거리를 걸린 시간으로 나눈다.

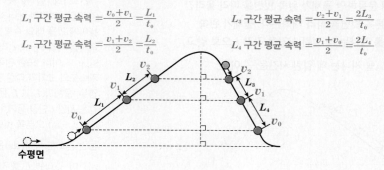

L_1 구간 평균 속력 $= \dfrac{v_0 + v_1}{2} = \dfrac{L_1}{t_0}$

L_2 구간 평균 속력 $= \dfrac{v_1 + v_2}{2} = \dfrac{L_2}{t_0}$

L_3 구간 평균 속력 $= \dfrac{v_2 + v_1}{2} = \dfrac{2L_3}{t_0}$

L_4 구간 평균 속력 $= \dfrac{v_1 + v_0}{2} = \dfrac{2L_4}{t_0}$

step 2. 선택지 풀이

④ **정답** | 등가속도 직선 운동에서 시간 t 동안 물체가 운동하는 거리는 시간 t 동안의 평균 속력과 t를 곱한 값과 같으며, 평균 속력은

$\dfrac{\text{나중 속력} + \text{처음 속력}}{2}$ 이므로 식을 정리하면 각 구간별 이동 거리는 다음과 같다.

$$L_1 = \frac{(v_0 + v_1)t_0}{2}, \quad L_2 = \frac{(v_1 + v_2)t_0}{2}, \quad L_3 = \frac{(v_2 + v_1)t_0}{4}, \quad L_4 = \frac{(v_1 + v_0)t_0}{4}$$

문제에서 $L_2 = L_4$라 했으므로 $\dfrac{(v_1 + v_2)t_0}{2} = \dfrac{(v_1 + v_0)t_0}{4} \rightarrow \dfrac{v_1 + v_0}{v_1 + v_2} = 2$이다. 따라서 $\dfrac{L_1}{L_3}$는 다음과 같다.

$$\frac{L_1}{L_3} = \frac{\dfrac{(v_0 + v_1)t_0}{2}}{\dfrac{(v_1 + v_2)t_0}{4}} = \frac{2(v_0 + v_1)}{(v_1 + v_2)} = 4$$

그림 (가)는 질량이 같은 두 물체가 실로 연결되어 용수철 A, B와 도르래를 이용해 정지해 있는 것을 나타낸 것이다. A, B는 각각 원래의 길이에서 L만큼 늘어나 있다. 그림 (나)는 두 물체를 연결한 실이 끊어져 B가 원래의 길이에서 x만큼 최대로 압축되어 물체가 정지한 순간의 모습을 나타낸 것이다. A, B의 용수철 상수는 같다.

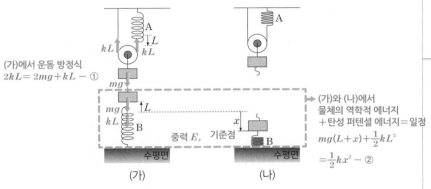

x는? (단, 실의 질량, 용수철의 질량, 도르래의 질량 및 모든 마찰과 공기 저항은 무시한다.) 3점

① L　　② $\frac{3}{2}L$　　③ $2L$　　④ $\frac{5}{2}L$　　⑤ $3L$

|자|료|해|설|

A, B의 용수철 상수를 k, 물체의 질량을 m이라 하면 (가)에서 운동 방정식은 $2kL=mg+mg+kL$이므로 $kL=2mg$ — ①이다.

(역학적 에너지 보존) 두 물체를 연결한 실이 끊어졌을 때, (가)와 (나)에서 아래쪽 물체의 역학적 에너지와 B의 탄성 퍼텐셜 에너지의 합은 보존되므로 $mg(L+x)+\frac{1}{2}kL^2=\frac{1}{2}kx^2$ — ②이다. ①을 ②에 대입하면 $(x-2L)(x+L)=0$이므로 $x=2L$이다.

|선|택|지|풀|이|

③ 정답 : (평형점) B에 작용하는 중력은 mg이고, $\frac{1}{2}kL=mg$이므로 평형점은 B의 원래 길이에서 $\frac{1}{2}L$만큼 압축된 지점이다. 따라서 실이 끊어진 직후 B에 연결된 물체가 운동을 시작한 지점과 평형점을 기준으로 대칭을 이루는 지점이 용수철이 최대로 압축되는 지점이므로 $x=2L$이다.

🦉 **문제풀이 TIP** | 두 물체를 연결한 실이 끊어졌을 때 아래쪽 물체의 역학적 에너지와 B의 탄성 퍼텐셜 에너지의 합은 일정하다.

🦉 **출제분석** | 제시된 상황을 역학적 에너지 식으로 나타낼 수 있어야 문제를 해결할 수 있다.

🦉 **더 자세한 해설 ⓐ**

step 1. 자료 분석

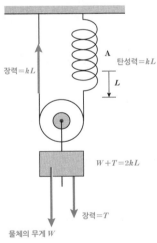

1. (가)에서 위에 있는 물체가 힘의 평형을 이루며 정지
   ▶ 물체에 작용하는 알짜힘 $=0$
   ▶ 천장에 연결된 실의 장력+ 탄성력=물체의 무게+물체 사이의 장력
   용수철 상수를 k라 하면
   $W+T=2kL$ — ①

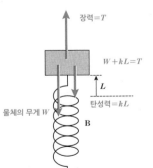

2. (가)에서 아래에 있는 물체가 힘의 평형을 이루며 정지
   ▶ 물체에 작용하는 알짜힘 $=0$
   ▶ 물체 사이의 장력=물체의 무게 +탄성력
   용수철 상수가 k이므로
   $W+kL=T$ — ②

3. (나)에서 용수철이 최대로 압축되었을 때 물체의 위치를 중력 퍼텐셜 에너지의 기준점으로 하여 B가 최대로 압축되었을 때와 실이 끊어진 직후의 위치에서의 역학적 에너지 보존 법칙을 적용한다.

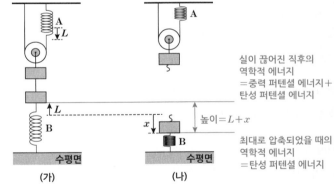

▶ 실이 끊어진 직후의 역학적 에너지$=W(L+x)+\frac{1}{2}kL^2$ — ③

B가 최대로 압축되었을 때의 위치에서의 역학적 에너지$=\frac{1}{2}kx^2$ — ④

step 2. 선택지 풀이

③ **정답** | ①과 ②에 의해 $kL=2W$가 되며 ③과 ④로부터 $W(L+x)+\frac{1}{2}kL^2=\frac{1}{2}kx^2$을 얻는다. 두 식을 연립하여 정리하면 $x^2-Lx-2L^2=0$이 되어 방정식을 풀면 $x>0$이므로 $x=2L$이다.

그림 (가)는 마찰이 있는 수평면에서 물체와 연결된 용수철을 원래 길이에서 $2L$만큼 압축하여 물체를 점 p에 정지시킨 모습을 나타낸 것이다. 물체가 p에 있을 때, 용수철에 저장된 탄성 퍼텐셜 에너지는 E_0이다. 그림 (나)는 (가)에서 물체를 가만히 놓았더니 물체가 점 q, r를 지나 정지한 순간의 모습을 나타낸 것이다. p와 q 사이, q와 r 사이의 거리는 각각 $2L$, L이다. (나)에서 물체가 q에서 r까지 운동하는 동안, 물체의 운동 에너지 감소량은 용수철에 저장된 탄성 퍼텐셜 에너지 증가량의 $\frac{7}{5}$배이다.

p에서 용수철의 탄성 퍼텐셜 에너지 :
$E_0 = \frac{1}{2}k(2L)^2$

$K_q - K_r$(q에서 r까지 운동하는 동안 물체의 운동 에너지 감소량)
$= \frac{1}{2}kL^2 \times \frac{7}{5} = \frac{E_0}{4} \times \frac{7}{5} = \frac{7E_0}{20}$ (r에서 용수철에 저장된 탄성 퍼텐셜 에너지 증가량의 $\frac{7}{5}$배)

K_q(q에서 운동 에너지)

(가)
정지

p ├── $2L$ ──┤q├L─┤r 수평면

(나)
정지

p ├── $2L$ ──┤q├L─┤r 수평면

K_r(r에서 운동 에너지)

(나)에서 물체가 q, r를 지나는 순간 용수철에 저장된 탄성 퍼텐셜 에너지와 물체의 운동 에너지의 합을 각각 E_1, E_2라 할 때, $E_1 - E_2$는? (단, 물체의 크기, 용수철의 질량은 무시한다.) **3점**

① $\frac{1}{10}E_0$ 　 ② $\frac{1}{5}E_0$ 　 ③ $\frac{3}{10}E_0$ 　 ④ $\frac{2}{5}E_0$ 　 ⑤ $\frac{1}{2}E_0$

$E_1 = K_q$
$-E_2 = -\left(K_r + \frac{E_0}{4}\right)$
$E_1 - E_2 = K_q - K_r - \frac{E_0}{4} = \frac{1}{10}E_0$

|자|료|해|설|

(가)의 p에서 용수철의 탄성 퍼텐셜 에너지는

$E_0 = \frac{1}{2}k(2L)^2 = 2kL^2$ (k : 용수철 상수) — ①이다.

(나)에서 q와 r에서의 운동에너지를 각각 K_q, K_r라 하면 q에서 r까지 운동하는 동안, 용수철에 저장된 탄성 퍼텐셜 에너지는 ①을 이용하여 표현하면 $\frac{1}{2}kL^2 = \frac{E_0}{4}$이고, 물체의 운동 에너지 감소량은 용수철에 저장된 탄성 퍼텐셜 에너지 증가량의 $\frac{7}{5}$배이므로 이를 식으로 표현하면

$K_q - K_r = \frac{E_0}{4} \times \frac{7}{5} = \frac{7}{20}E_0$ — ②이다.

|선|택|지|풀|이|

①정답 : q는 용수철의 원래 길이에 해당하는 지점이므로 q와 r에서 용수철에 저장된 탄성 퍼텐셜 에너지와 운동 에너지의 합은 각각 $E_1 = K_q$, $E_2 = K_r + \frac{E_0}{4}$이다. 따라서 $E_1 - E_2 = K_q - \left(K_r + \frac{E_0}{4}\right)$이고 여기에 ②를 대입하여 $E_1 - E_2 = \frac{7E_0}{20} - \frac{E_0}{4} = \frac{1}{10}E_0$임을 알 수 있다.

😲 **문제풀이 TIP** | 용수철의 탄성 퍼텐셜 에너지 $= E_P = \frac{1}{2}kx^2$

😊 **출제분석** | 역학적 에너지가 보존되지 않는 상황이다. 주어진 조건을 식으로 표현하여 비교하는 것이 문제 풀이의 핵심이다.

🦉 **더 자세한 해설** @

step1. 용수철에 저장되는 탄성 퍼텐셜 에너지

용수철에 나무 도막을 연결하고 나무 도막을 일정한 속력으로 잡아당긴다. 용수철이 늘어나는 길이가 길수록 탄성력이 커지므로 나무 도막의 속력이 일정하기 위해서는 나무 도막을 잡아당기는 힘 F도 탄성력이 커짐에 따라 같이 커져야 한다.

나무 도막을 x만큼 잡아당기는 동안 한 일 $W = F \cdot s$이고 원래 길이에서 x까지 늘어날 때 평균 힘은 $\frac{1}{2}kx$이므로 $W = \frac{1}{2}kx^2$이다. 이는 용수철의 탄성 퍼텐셜 에너지로 전환되므로 $E_P = \frac{1}{2}kx^2$이다.

용수철의 원래 길이에서부터 변형된 길이만 같으면 압축된 경우든 늘어난 경우든 탄성 퍼텐셜 에너지의 크기는 서로 같다.

step 2. 자료 분석

1. (가)의 p, q, r에서의 탄성 퍼텐셜 에너지를 구한다. q에서는 탄성 퍼텐셜 에너지가 0이다.

　p에서의 탄성 퍼텐셜 에너지 : $\frac{1}{2}k4L^2 = E_0$

　q에서의 탄성 퍼텐셜 에너지 : 0

　r에서의 탄성 퍼텐셜 에너지 : $\frac{1}{2}kL^2 = \frac{E_0}{4}$

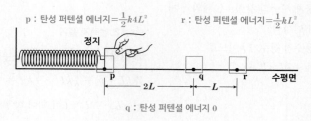

p : 탄성 퍼텐셜 에너지 $= \frac{1}{2}k4L^2$　　r : 탄성 퍼텐셜 에너지 $= \frac{1}{2}kL^2$

정지

p ├── $2L$ ──┤ q ├ L ┤ r　수평면

q : 탄성 퍼텐셜 에너지 0

2. (나)의 q에서 r로 운동하는 동안 마찰에 의해 역학적 에너지가 감소하므로 역학적 에너지가 보존되지 않는다.

마찰력이 한 일=역학적 에너지 감소량=E_1-E_2

q에서 r로 운동하는 동안 마찰에 의해 역학적 에너지가
손실된다. 따라서 운동 에너지 감소량의 크기는
탄성 퍼텐셜 에너지 증가량의 크기와 마찰에 의해 감소한
역학적 에너지 크기의 합과 같다.

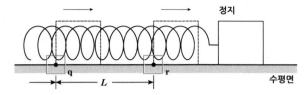

step 3. 선택지 풀이

① **정답** | q에서 r로 운동하는 동안 탄성 퍼텐셜 에너지 증가량은 $\frac{1}{2}kL^2-0=\frac{E_0}{4}$이다. 운동 에너지 감소량이 탄성 퍼텐셜 에너지 증가량의 $\frac{7}{5}$배

이므로 운동 에너지 감소량은 $\frac{7}{20}E_0$이다.

이때 E_1-E_2는 역학적 에너지 감소량이고 운동 에너지 감소량=탄성 퍼텐셜 에너지 증가량+역학적 에너지 감소량이다. 역학적 에너지 감소량=

마찰력이 한 일이므로 $\frac{7}{20}E_0=\frac{E_0}{4}+$마찰력이 한 일이 되어

마찰력이 한 일=역학적 에너지 감소량=$E_1-E_2=\frac{7}{20}E_0-\frac{1}{4}E_0=\frac{1}{10}E_0$이다.

그림과 같이 수평 구간 Ⅰ에서 물체 A, B를 용수철의 양 끝에
접촉하여 용수철을 원래 길이에서 d만큼 압축시킨 후 동시에 가만히
놓으면, A는 높이 h에서 속력이 0이고, B는 높이가 $3h$인 마찰이
있는 수평 구간 Ⅱ에서 정지한다. A, B의 질량은 각각 $2m$, m이고,
용수철 상수는 k이다.

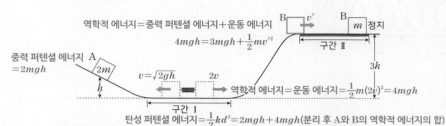

역학적 에너지＝중력 퍼텐셜 에너지＋운동 에너지
$$4mgh = 3mgh + \frac{1}{2}mv'^2$$

중력 퍼텐셜 에너지 A
＝$2mgh$

$v = \sqrt{2gh}$ $2v$

역학적 에너지＝운동 에너지＝$\frac{1}{2}m(2v)^2 = 4mgh$

탄성 퍼텐셜 에너지＝$\frac{1}{2}kd^2 = 2mgh + 4mgh$(분리 후 A와 B의 역학적 에너지의 합)

이에 대한 설명으로 옳은 것만을 〈보기〉에서 있는 대로 고른 것은?
(단, 중력 가속도는 g이고, 물체의 크기, 용수철의 질량, 구간 Ⅱ의
마찰을 제외한 모든 마찰 및 공기 저항은 무시한다.) **3점**

보기

ㄱ. $k = \dfrac{12mgh}{d^2}$이다.

ㄴ. A, B가 각각 높이 $\dfrac{h}{2}$를 지날 때의 속력은 B가 A의 $\sqrt{6}$배 ($\sqrt{7}$배)
이다.

ㄷ. 마찰에 의한 B의 역학적 에너지 감소량은 $\dfrac{3}{2}mgh$ (mgh)이다.

① ㄱ   ② ㄴ   ③ ㄷ   ④ ㄱ, ㄴ   ⑤ ㄴ, ㄷ

|자|료|해|설|

운동량 보존 법칙에 따라 구간 Ⅰ에서 A와 B의 운동량의
합은 용수철이 분리되기 전과 후 모두 0이다. 질량은 A가
B의 2배이므로 용수철로부터 분리된 직후 A의 속력을 v라
하면 B의 속력은 $2v$이다.

용수철과 분리된 직후 A의 운동 에너지는 높이 h에서 모두
중력 퍼텐셜 에너지로 전환되므로 역학적 에너지 보존
법칙에 의해 $\frac{1}{2}(2m)v^2 = 2mgh$이고 $v = \sqrt{2gh}$ ― ①이다.

용수철과 분리된 직후 B의 운동 에너지는 ①에 의해
$\frac{1}{2}m(2v)^2 = 4mgh$이고, B가 구간 Ⅱ를 진입하기 직전 B의
속도를 v'라 하면 역학적 에너지 보존 법칙에 따라 $4mgh =$
$3mgh + \frac{1}{2}mv'^2$이므로 이때 B의 운동 에너지는 $\frac{1}{2}mv'^2 =$
mgh이다.

|보|기|풀|이|

ㄱ. 정답 : 구간 Ⅰ에서 용수철의 탄성 퍼텐셜 에너지가 모두
A와 B의 운동 에너지로 전환된다. 따라서 $\frac{1}{2}kd^2 =$
$\frac{1}{2}(2m)v^2 + \frac{1}{2}m(2v)^2 = 2mgh + 4mgh = 6mgh$이므로
$k = \dfrac{12mgh}{d^2}$이다.

ㄴ. 오답 : A와 B의 역학적 에너지는 각각 $2mgh$, $4mgh$이고
높이 $\dfrac{h}{2}$를 지날 때의 속력을 각각 v_A, v_B라 하면, $2mgh =$
$2mg\left(\dfrac{h}{2}\right) + \frac{1}{2}(2m)v_A{}^2$에서 $v_A = \sqrt{gh}$이고 $4mgh =$
$mg\left(\dfrac{h}{2}\right) + \frac{1}{2}mv_B{}^2$에서 $v_B = \sqrt{7gh}$이다.

ㄷ. 오답 : 마찰에 의한 B의 역학적 에너지 감소량은 구간
Ⅱ에서 감소한 운동 에너지이므로 mgh이다.

🦉 **문제풀이 TIP** | 용수철과 분리된 직후, A와 B의 운동량 변화량의 크기는 같다. 또한, 처음 용수철의 탄성 퍼텐셜 에너지는 용수철과 분리된 직후 A와 B의 역학적 에너지의 합과 같다.

🦉 **출제분석** | 역학적 에너지가 보존되므로 제시된 자료를 역학적 에너지 식으로 표현할 수 있어야 문제를 해결할 수 있다.

🦉 **더 자세한 해설** @

step 1. 자료 분석

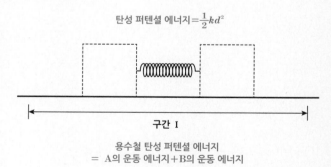

탄성 퍼텐셜 에너지＝$\frac{1}{2}kd^2$

구간 Ⅰ

용수철 탄성 퍼텐셜 에너지
＝ A의 운동 에너지＋B의 운동 에너지

1. 구간 Ⅰ에서 용수철의 탄성 퍼텐셜 에너지를 구한다.
2. 구간 Ⅰ에서 용수철에 의해 분리되는 두 물체는 하나의 물체가 폭발에
   의해 두 물체로 분리되는 것과 같은 상황이다. 즉, 용수철에 의해 압축된
   상태의 운동량은 0 이므로 분리된 직후의 운동량의 합은 0이 되어야 한다.
   따라서 A의 질량이 B의 2배이므로 속력은 B가 A의 2배가 되어야 한다.
   다른 관점으로는 용수철에 의해 분리되기까지 A와 B가 받는 평균 힘의
   크기는 같다. 뉴턴 제2 운동 법칙에 의해 가속도는 B가 A의 2배가 되므로
   분리된 직후의 속력도 B가 A의 2배가 된다. 따라서 A의 속력을 v라 하면
   B의 속력은 $2v$이다.

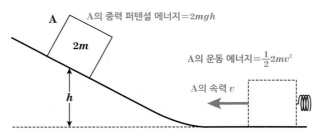

A의 중력 퍼텐셜 에너지$=2mgh$

A의 운동 에너지$=\frac{1}{2}2mv^2$

A의 속력 v

3. A의 에너지를 구한다.
  ▶ 용수철에서 분리 된 직후 운동 에너지
  ▶ 높이 h에서의 중력 퍼텐셜 에너지

4. B의 에너지와 마찰에 의해 감소한 운동 에너지를 구한다.
  ▶ 용수철에서 분리 된 직후 운동 에너지
  ▶ 높이 $3h$에서의 중력 퍼텐셜 에너지
  ▶ 마찰에 의해 손실된 운동 에너지

B $\boxed{m}$ 정지

구간 Ⅱ

마찰에 의해 감소한 운동 에너지 E
B의 중력 퍼텐셜 에너지$=3mgh$

$3h$

B의 운동 에너지$=\frac{1}{2}m(2v)^2$

B의 속력 $2v$

step 2. 보기 풀이

ㄱ. **정답** | 역학적 에너지 보존 법칙에 의해 용수철의 탄성 퍼텐셜 에너지는 A와 B의 운동 에너지 합과 같으므로 $\frac{1}{2}kd^2=\frac{1}{2}2mv^2+\frac{1}{2}m4v^2$이고,

$kd^2=6mv^2$이다. 또한 A의 구간 Ⅰ에서 운동 에너지는 높이 h일 때 중력에 의한 퍼텐셜 에너지와 같으므로 $\frac{1}{2}2mv^2=2mgh$이고 $mv^2=2mgh$이다.

따라서 $k=\dfrac{12mgh}{d^2}$이다.

ㄴ. **오답** | 높이 $\dfrac{h}{2}$를 지날 때 A의 속력을 v_A, B의 속력을 v_B로 놓고 역학적 에너지 보존 법칙을 적용한다.

A의 역학적 에너지 보존 법칙 : $2mgh=2mg\dfrac{h}{2}+\dfrac{1}{2}2mv_A{}^2 \rightarrow v_A=\sqrt{gh}$

B의 역학적 에너지 보존 법칙 : $\dfrac{1}{2}m4v^2=4mgh=mg\dfrac{h}{2}+\dfrac{1}{2}mv_B{}^2 \rightarrow v_B=\sqrt{7gh}$

따라서 속력은 B가 A의 $\sqrt{7}$배이다.

ㄷ. **오답** | 마찰력은 운동 방향과 반대 방향으로 작용하므로 마찰이 물체에 해준 일만큼 물체의 역학적 에너지가 감소한다. B의 역학적 에너지 감소량은 분리된 직후 B의 운동 에너지에서 정지한 B의 중력 퍼텐셜 에너지를 뺀 값과 같으므로 마찰에 의한 B의 역학적 에너지 감소량은 $E=4mgh-3mgh=mgh$이다.

그림과 같이 높이가 $2h$인 평면, 수평면에서 각각 물체 A, B로 용수철 P, Q를 원래 길이에서 d만큼 압축시킨 후 가만히 놓으면 A와 B가 높이 $3h$인 평면에서 충돌한다. A의 속력은 B와 충돌 직전이 충돌 직후의 4배이다. B는 높이차가 h인 마찰 구간을 내려갈 때 등속도 운동하고, 마찰 구간을 올라갈 때 손실된 역학적 에너지는 내려갈 때와 같다. 충돌 후 A, B는 각각 P, Q를 원래 길이에서 최대 $\dfrac{d}{2}$, x만큼 압축시킨다. A, B의 질량은 각각 $2m$, m이고, P, Q의 용수철 상수는 각각 k, $2k$이다.

→ 손실된 역학적 에너지 $= mgh$

충돌 전 → ① $E=\dfrac{1}{2}kd^2=(2m)gh+\dfrac{1}{2}(2m)v^2$ ② $\dfrac{1}{2}(2k)d^2=mg(3h+h)+\dfrac{1}{2}mv_B^2=2E$

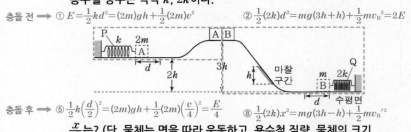

충돌 후 → ⑤ $\dfrac{1}{2}k\left(\dfrac{d}{2}\right)^2=(2m)gh+\dfrac{1}{2}(2m)\left(\dfrac{v}{4}\right)^2=\dfrac{E}{4}$ ⑧ $\dfrac{1}{2}(2k)x^2=mg(3h-h)+\dfrac{1}{2}mv_B'^2$

$\dfrac{x}{d}$는? (단, 물체는 면을 따라 운동하고, 용수철 질량, 물체의 크기, 공기 저항, 마찰 구간 외의 모든 마찰은 무시한다.) **3점**

① $\sqrt{\dfrac{1}{20}}$ ② $\sqrt{\dfrac{1}{15}}$ ③ $\sqrt{\dfrac{1}{10}}$ ④ $\sqrt{\dfrac{2}{15}}$ ⑤ $\sqrt{\dfrac{3}{20}}$

| 자 | 료 | 해 | 설 |

$3h$에서 충돌 전 A, B의 속력을 각각 v, v_B, 충돌 후 A, B의 속력을 $\dfrac{v}{4}$, v_B'이라고 하면, 충돌 전 용수철 P의 탄성 퍼텐셜 에너지는 모두 A의 역학적 에너지로 전환되므로 $E=\dfrac{1}{2}kd^2$

$=(2m)gh+\dfrac{1}{2}(2m)v^2 -$ ①이다.

용수철 Q의 탄성 퍼텐셜 에너지는 마찰 구간에서 손실된 에너지와 B의 역학적 에너지의 합과 같다. B는 마찰 구간에서 등속도 운동하므로 이 구간에서 운동 에너지가 일정하고, 중력 퍼텐셜 에너지 변화량 mgh만큼 역학적 에너지가 손실되는 것을 알 수 있다. 따라서 $\dfrac{1}{2}(2k)d^2=$

$mgh+mg(3h)+\dfrac{1}{2}mv_B^2=2E -$ ②이고, ② $=2\times$ ① 로부터 $v_B=2v -$ ③이다.

충돌 전 A의 운동량을 $+2mv$라고 하면, B의 운동량은 $-2mv$이다. 운동량 보존 법칙에 따라 충돌 후에도 운동량의 합이 0이어야 하므로 $v_B'=\dfrac{v}{2} -$ ④이다.

| 선 | 택 | 지 | 풀 | 이 |

⑤ 정답 : 충돌 후 A의 역학적 에너지는 P의 탄성 퍼텐셜 에너지로 전환되므로 $\dfrac{1}{2}k\left(\dfrac{d}{2}\right)^2=(2m)gh+\dfrac{1}{2}(2m)\left(\dfrac{v}{4}\right)^2$

$=\dfrac{E}{4} -$ ⑤이고, ① $=$ ⑤ $\times 4$이므로 $mv^2=8mgh -$ ⑥이다.

이를 다시 ①에 대입하면 $E=\dfrac{1}{2}kd^2=10mgh -$ ⑦이다.

충돌 후 B의 역학적 에너지는 마찰 구간에서 손실된 에너지와 용수철 Q의 탄성 퍼텐셜 에너지의 합과 같으므로 $mg(3h)+\dfrac{1}{2}mv_B'^2-mgh=\dfrac{1}{2}(2k)x^2 -$ ⑧이고 여기에 ④와 ⑥을 대입하면 $\dfrac{1}{2}kx^2=\dfrac{3}{2}mgh -$ ⑨이다. 따라서 $\dfrac{x}{d}=\sqrt{\dfrac{⑨}{⑦}}=\sqrt{\dfrac{3}{20}}$이다.

🧑‍🏫 **문제풀이 T I P** | B가 마찰 구간을 운동할 때 중력 퍼텐셜 에너지 변화량만큼 운동 에너지가 변해야 하지만, 마찰 구간에서 B가 등속도 운동하므로 중력 퍼텐셜 에너지 변화량만큼 역학적 에너지가 손실되는 것을 알 수 있다.

🧑‍🏫 **출제분석** | 물체에 중력과 탄성력만 작용하는 경우 역학적 에너지가 보존된다는 사실과 충돌 시 운동량이 보존된다는 사실을 이용하여 문제 상황에 대한 식을 세울 수 있어야 문제를 해결할 수 있다.

👨‍🏫 **더 자세한 해설** @

STEP 1. A의 역학적 에너지

A의 속력은 B와 충돌 직전이 충돌 직후의 4배이므로 충돌 직전 A의 속력을 $4v$, 충돌 직후 A의 속력을 v라고 하자. 처음 A가 P를 압축시킨 상태에서 A의 역학적 에너지는 탄성 퍼텐셜 에너지와 중력 퍼텐셜 에너지를 더한 값과 같다. 용수철이 압축된 길이는 d이므로 탄성 퍼텐셜 에너지는 $\dfrac{1}{2}kd^2$이고, 수평면을 중력 퍼텐셜 에너지의 기준점으로 삼을 때 A의 중력 퍼텐셜 에너지는 $2mg(2h)=4mgh$이다.

A의 충돌 직전 역학적 에너지는 운동 에너지와 중력 퍼텐셜 에너지의 합이다. A의 충돌 직전 속력은 $4v$이므로 운동 에너지는 $\dfrac{1}{2}2m(4v)^2=16mv^2$이고, 중력 퍼텐셜 에너지는 $6mgh$이다. 중력과 탄성력만 작용할 때 A의 역학적 에너지는 보존되므로 $\dfrac{1}{2}kd^2+4mgh=16mv^2+6mgh$의 식이 성립하고, 최종적으로 구해야 하는 값이 x와 d에 관련된 식이므로 kd^2에 대해 정리하면 $kd^2=32mv^2+4mgh(\cdots ㉠)$이다.

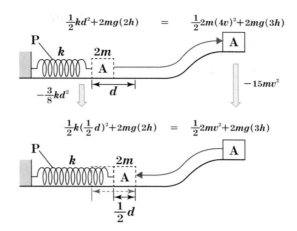

$$\frac{1}{2}kd^2 + 2mg(2h) = \frac{1}{2}2m(4v)^2 + 2mg(3h)$$

$$\frac{1}{2}k(\frac{1}{2}d)^2 + 2mg(2h) = \frac{1}{2}2mv^2 + 2mg(3h)$$

충돌이 일어날 때 A는 B에 의해 힘을 받으므로 역학적 에너지가 보존되지 않고, 충돌 후 A가 P를 다시 압축시킬 때까지는 역학적 에너지가 보존된다. A가 충돌하기 전과 후 역학적 에너지를 비교해보면 역학적 에너지 감소량은 $\Delta E = 15mv^2$이고, P를 압축시켰을 때 역학적 에너지를 비교하면 역학적 에너지 감소량은 $\Delta E = \frac{3}{8}kd^2$이다. 이때 두 값은 같아야 하므로 $\frac{3}{8}kd^2 = 15mv^2$에 의해 $kd^2 = 40mv^2(\cdots ㉡)$이며, 이를 ㉠에 대입하면 $2mv^2 = mgh(\cdots ㉢)$이다.

STEP 2. B의 역학적 에너지

충돌 전후 B의 속력에 대해서는 주어진 정보가 없으므로 충돌 전 B의 속력을 v_1, 충돌 후 B의 속력을 v_2라고 하자. 마찰 구간에서 역학적 에너지 변화량을 구하기 위해서 B가 충돌 후 빗면을 내려갈 때를 먼저 살펴보면 B가 마찰 구간을 지날 때 등속도 운동하므로 운동 에너지 증가량은 $\Delta E_k = 0$이고, 중력 퍼텐셜 에너지 감소량은 $\Delta E_p = -mgh$이다. 따라서 마찰에 의해 손실되는 역학적 에너지의 크기는 mgh이고, 이는 B가 빗면을 올라갈 때도 마찬가지라고 주어졌다. B가 빗면을 올라갈 때 마찰 구간에서 중력 퍼텐셜 에너지 증가량이 $\Delta E_p = +mgh$이므로 운동 에너지 감소량은 $\Delta E_k = -2mgh = -4mv^2$이다.

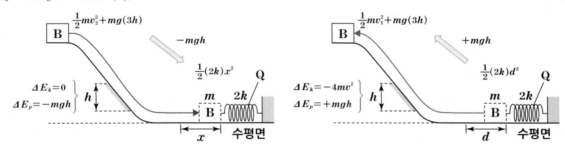

이를 토대로 B의 역학적 에너지를 비교해보면 충돌 후 B의 역학적 에너지는 $\frac{1}{2}mv_2^2 + 3mgh$이고, B가 빗면을 내려와 압축시킨 Q의 길이는 x이므로 탄성 퍼텐셜 에너지는 $\frac{1}{2}(2k)x^2 = kx^2$이다. 역학적 에너지 감소량이 $\Delta E = -mgh$임을 고려하면, $kx^2 = \frac{1}{2}mv_2^2 + 2mgh(\cdots ㉣)$이다.

충돌이 일어날 때 B도 A에 의해 힘을 받으므로 역학적 에너지가 보존되지 않는다. 충돌 전 B의 역학적 에너지는 $\frac{1}{2}mv_1^2 + 3mgh$이고, 처음 B가 압축시킨 Q의 길이는 d이므로 탄성 퍼텐셜 에너지는 kd^2이다. 또한 역학적 에너지 감소량이 $\Delta E = -mgh$임을 고려하면, $kd^2 = \frac{1}{2}mv_1^2 + 4mgh$ $(\cdots ㉤)$이다. ㉠과 ㉤을 연립하면 $32mv^2 = \frac{1}{2}mv_1^2$이므로 $v_1 = 8v$이다.

STEP 3. A와 B의 충돌 해석

A와 B의 충돌이 일어날 때 운동량 보존 법칙이 성립하므로 오른쪽 방향 속도의 부호를 양(+)의 부호라고 두면 충돌 전 A와 B의 운동량 합은 $2m \cdot 4v + m \cdot (-8v) = 0$이므로 충돌 후 운동량 합은 $2m \cdot (-v) + mv_2 = 0$이어야 하고, 이에 따라 $v_2 = 2v$이다. 이를 ㉣에 대입하면 $kx^2 = 2mv^2 + 2mgh$이고, ㉢에 의해 $kx^2 = 6mv^2(\cdots ㉥)$이다.

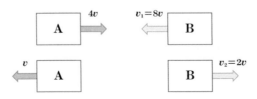

⑤ 정답 | ⓛ에서 $kd^2=40mv^2$이고, ⓗ에서 $kx^2=6mv^2$이므로 $\left(\dfrac{x}{d}\right)^2=\dfrac{3}{20}$이 되어 $\dfrac{x}{d}=\sqrt{\dfrac{3}{20}}$이다.

---

43 역학적 에너지 보존 　　　　　정답 ① 　정답률 18% 　2021학년도 9월 모평 20번 　문제편 77p

그림 (가)는 물체 A와 실로 연결된 물체 B를 원래 길이가 L_0인 용수철과 수평면 위에서 연결하여 잡고 있는 모습을, (나)는 (가)에서 B를 가만히 놓은 후, 용수철의 길이가 L까지 늘어나 A의 속력이 0인 순간의 모습을 나타낸 것이다. A, B의 질량은 각각 m이고, 용수철 상수는 k이다.

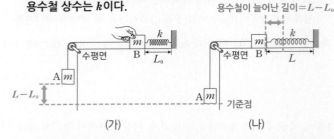

(가)　　　　　　　　(나)

이에 대한 설명으로 옳은 것만을 〈보기〉에서 있는 대로 고른 것은? (단, 중력 가속도는 g이고, 실과 용수철의 질량 및 모든 마찰과 공기 저항은 무시한다.) **3점**

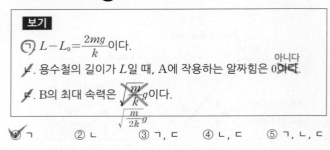

〈보기〉
ㄱ. $L-L_0=\dfrac{2mg}{k}$이다.
ㄴ. 용수철의 길이가 L일 때, A에 작용하는 알짜힘은 0이다. (아니다)
ㄷ. B의 최대 속력은 $\dfrac{m}{k}g$이다. $\left(\sqrt{\dfrac{m}{2k}}g\right)$

① ㄱ 　　② ㄴ 　　③ ㄱ, ㄷ 　　④ ㄴ, ㄷ 　　⑤ ㄱ, ㄴ, ㄷ

|자|료|해|설|
용수철의 탄성 퍼텐셜 에너지+중력 퍼텐셜 에너지+운동 에너지는 (가)와 (나)에서 같다. (가)에서 용수철은 늘어나지 않았고 물체는 정지한 상태이므로 역학적 에너지는 $mg(L-L_0)-$ ①이고 (나)에서 물체는 정지해 있고 중력 퍼텐셜 에너지는 기준점에 있으므로 역학적 에너지는 $\dfrac{1}{2}k(L-L_0)^2-$ ②이다.

|보|기|풀|이|
ㄱ. 정답 : ①=②이므로 $mg(L-L_0)=\dfrac{1}{2}k(L-L_0)^2$이다. 따라서 $L-L_0=\dfrac{2mg}{k}-$ ③이다.

ㄴ. 오답 : 용수철의 탄성력이 물체의 무게와 같을 때 용수철이 늘어난 길이를 x라 하면 $kx=mg$ 또는 $x=\dfrac{mg}{k}-$ ④이다. ③=2×④에서 $L-L_0=2x-$ ⑤이므로 용수철의 길이가 L일 때 탄성력은 중력보다 2배 크다. 따라서 용수철 길이가 L일 때, A에 작용하는 알짜힘은 0이 아니다.

ㄷ. 오답 : B의 최대 속력은 알짜힘이 0인 지점으로 ⑤와 같이 $x=\dfrac{L-L_0}{2}-$ ⑥인 지점이다. 이 지점에서 용수철의 탄성 퍼텐셜 에너지+중력 퍼텐셜 에너지+운동 에너지 $=\dfrac{1}{2}kx^2+mgx+\dfrac{1}{2}(2m)v^2$이고 이는 ①과 같다. 즉, $\dfrac{1}{2}kx^2+mgx+\dfrac{1}{2}(2m)v^2=mg(L-L_0)$이고 여기에 ④와 ⑤를 대입하여 정리하면 $\dfrac{1}{2}k\left(\dfrac{mg}{k}\right)^2+mg\left(\dfrac{mg}{k}\right)+\dfrac{1}{2}(2m)v^2=mg\left(\dfrac{2mg}{k}\right)$이다. 따라서 $v=\sqrt{\dfrac{m}{2k}}g$이다.

🐧 **더 자세한 해설 @**

step 1. 자료 분석

1. (가)에서 물체 A와 용수철의 퍼텐셜 에너지 분석
▶ A는 가장 높이 떠 있는 상태이며 가장 낮을 때의 위치에서 $L-L_0$만큼 떠 있으므로 중력 퍼텐셜 에너지는 $mg(L-L_0)$이다.
▶ (가)에서 B에 연결된 용수철의 원래 길이가 L_0이므로 B의 탄성 퍼텐셜 에너지가 0이다.
▶ 물체를 놓는 순간부터 B에 걸리는 장력과 탄성력이 같아지는 평형점까지 A와 B에 작용하는 알짜힘의 방향은 빨간색 화살표와 같다.

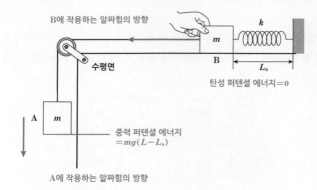

2. (나)에서 물체 A와 용수철의 퍼텐셜 에너지 분석

▶ A는 높이가 가장 낮은 상태이므로 중력 퍼텐셜 에너지가 0이다.

▶ (가)에서 B에 연결된 용수철의 길이가 L이므로 B의 탄성 퍼텐셜 에너지는 $\frac{1}{2}k(L-L_0)^2$이다.

▶ B에 걸리는 장력과 탄성력이 같아지는 평형점부터 A와 B가 멈출 때까지 알짜힘의 방향은 빨간색 화살표와 같다.

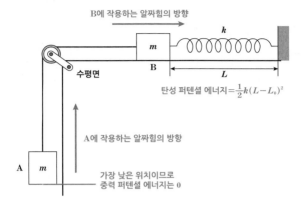

step 2. 보기 풀이

ㄱ. **정답** | A가 가장 낮은 곳까지 내려가서 멈출 때(A와 B 운동 에너지는 0) 중력 퍼텐셜 에너지 감소량은 용수철의 탄성 퍼텐셜 에너지 증가량과

같다. 그러므로 $mg(L-L_0)=\frac{1}{2}k(L-L_0)^2 \rightarrow L-L_0=\frac{2mg}{k}$이며, A와 B를 하나의 계로 봤을 때 A에 작용하는 중력과 탄성력이 같아지는

평형점은 $mg=\frac{1}{2}k(L-L_0)$에 의해 용수철이 $\frac{1}{2}(L-L_0)$만큼 늘어난 지점이다.

ㄴ. **오답** | 알짜힘이 0이 되는 지점은 평형점이고 이때 용수철의 길이는 $\frac{1}{2}(L-L_0)+L_0=\frac{1}{2}(L+L_0)$이다. 용수철의 길이가 L이면 A에 작용하는

알짜힘은 연직 윗 방향이다.

ㄷ. **오답** | 물체에 작용하는 알짜힘이 0이 되는 평형점 이전에서는 가속도의 방향과 물체의 운동 방향이 같으므로 속력이 증가하고, 평형점

이후에서는 가속도의 방향과 물체의 운동 방향이 반대이므로 속력이 감소한다. 따라서 알짜힘이 0이 되는 평형점에서 물체의 속력이 최대이다.

역학적 에너지 보존에 의해 (A의 중력 퍼텐셜 에너지 감소량=A와 B의 운동 에너지 증가량+용수철의 탄성 퍼텐셜 에너지 증가량)이므로 다음

식이 성립한다.

$$mg\left(\frac{L-L_0}{2}\right)=\frac{1}{2}2mv^2+\frac{1}{2}k\left(\frac{L-L_0}{2}\right)^2$$

이에 $L-L_0=\frac{2mg}{k}$를 대입하여 정리하면 $v=\sqrt{\frac{m}{2k}}g$이다.

그림과 같이 실로 연결된 채 두 빗면에서 **속력 v로 각각 등속도 운동**을 하던 물체 A, B가 수평선 P를 동시에 지나는 순간 실이 끊어졌으며, 이후 각각 등가속도 직선 운동을 하여 **수평선 Q를 동시에 지났다.** A, B의 질량은 각각 m, $5m$이고, 두 빗면의 기울기는 같으며, B는 빗면으로부터 일정한 마찰력을 받는다.

→ 마찰이 없을 때 물체에 작용하는 가속도의 크기(a)는 같다.

두 물체에 작용하는 알짜힘 = 0

같은 시간(t)동안 A와 B의 변위의 크기(s)는 같다.
$$s = -vt + \frac{1}{2}at^2$$
$$= f$$
$$= vt + \frac{1}{2}a't^2$$

실이 연결되어 있을 때 A, B에 작용하는 알짜힘 = 0, $ma = 5ma - f \rightarrow f = 4ma$

실이 끊어진 후 B에 작용하는 알짜힘 = 0
$$5ma' = 5ma - f = ma$$
B의 가속도의 크기
$$\rightarrow a' = \frac{1}{5}a$$

P에서 Q까지 B의 역학적 에너지 감소량은? (단, 실의 질량, 물체의 크기, B가 받는 마찰 이외의 모든 마찰과 공기 저항은 무시한다.)

→ $\Delta E_K = fs$(마찰력이 한 일)
$= 4mas$

③점

① $6mv^2$　② $12mv^2$　③ $18mv^2$　④ $24mv^2$　⑤ $30mv^2$

|자|료|해|설|및|선|택|지|풀|이|

⑤ 정답 : A, B가 실로 연결되어 있을 때 두 물체는 등속도 운동을 하므로 알짜힘 = 0이다. 마찰이 없는 상태에서 빗면의 기울기가 같으면 중력에 의해 물체에 작용하는 가속도의 크기도 같다. A에 작용하는 가속도의 크기를 a, B에 작용하는 마찰력의 크기를 f라 하면, 실이 연결되어 있을 때 A와 B의 운동 방정식은 $ma = 5ma - f$이므로 $f = 4ma$이다. 한편, 실이 끊어진 후 B의 가속도의 크기를 a'라 하면 B의 운동 방정식은 $5ma' = 5ma - f = ma$이므로 $a' = \frac{1}{5}a$이다. A, B가 P에서 Q에 도달할 때까지 걸린 시간을 t라 하면 A와 B의 변위 크기는 각각 $s = -vt + \frac{1}{2}at^2$ — ①, $s = vt + \frac{1}{2}a't^2 = vt + \frac{1}{2}\left(\frac{1}{5}a\right)t^2$ — ②이므로 ① = ②에서 $a = \frac{5v}{t}$ — ③이고 이를 ①에 대입하여 $s = \frac{3}{2}vt$ — ④이다. P에서 Q까지 B의 역학적 에너지 감소량은 마찰력이 한 일과 같으므로 ③과 ④에 의해 $\Delta E_K = fs = 4mas = 4m\left(\frac{5v}{t}\right)\left(\frac{3}{2}vt\right) = 30mv^2$이다.

 문제풀이 T I P | Q에서 A와 B의 속도의 크기를 각각 v_A, v_B라 하면 P에서 Q까지 A, B의 평균 속도의 크기가 같으므로 $\frac{v_A - v}{2} = \frac{v_B + v}{2}$ — ①이다. A와 B의 가속도의 크기는 $a : a' = \frac{v_A - (-v)}{\Delta t} : \frac{v_B - (v)}{\Delta t} = 5 : 1$ — ②이므로 ①과 ②에 의해 $v_A = 4v$, $v_B = 2v$이다. B가 마찰이 없는 빗면이라면 Q에서 A와 같은 $4v$가 되어있을 것이므로 P에서 Q까지 B의 역학적 에너지 감소량은 $\Delta E_K = \frac{1}{2}(5m)(4v)^2 - \frac{1}{2}(5m)(2v)^2 = 30mv^2$이다.

더 자세한 해설 @

step 1. 자료 분석

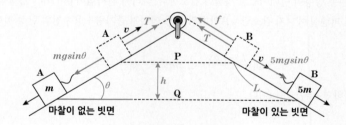

1. 마찰력의 크기(f) 구하기

▶ 실이 끊어지기 전 물체는 등속도 운동을 하므로 A와 B에 작용하는 알짜힘은 0이다.

$$mg\sin\theta = T$$
$$5mg\sin\theta = T + f$$

따라서 $f = 4mg\sin\theta$이고 $\sin\theta = \frac{h}{L}$이므로

$$f = \frac{4mgh}{L}$$이다.

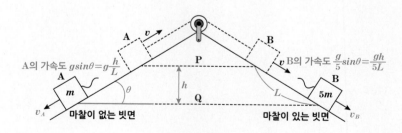

2. 등가속도 직선 운동 공식으로 v와 운동 시간 t에 대한 식 구하기

▶ 실이 끊어진 후 A의 가속도

$$g\sin\theta = g\frac{h}{L}$$

▶ 실이 끊어진 후 B의 가속도

$$\frac{5mg\sin\theta - 4mg\sin\theta}{5m} = \frac{g\sin\theta}{5} = \frac{gh}{5L}$$

▶ 운동 시간을 t, 이동 거리를 L이라 한다면 등가속도 직선 운동 공식에 의해 다음 식이 성립한다.

$$L = -vt + \frac{1}{2}\left(\frac{gh}{L}\right)t^2$$

$$L = vt + \frac{1}{2}\left(\frac{gh}{5L}\right)t^2$$

식을 정리하면 $\frac{ght}{L} = 5v$이다.

3. 등가속도 직선 운동 공식으로 Q에서 A와 B의 속력을 v로 나타내기

▶ 등가속도 직선 운동 공식에 의해

$$v_B = v + \left(\frac{gh}{5L}\right)t = 2v$$

$$v_A = -v + \left(\frac{gh}{L}\right)t = 4v$$

step 2. 선택지 풀이

⑤ **정답** | 역학적 에너지 보존 법칙에 의해 A의 중력 퍼텐셜 에너지 감소량=운동 에너지 증가량이므로

$$\frac{1}{2}mv_A^2 - \frac{1}{2}mv^2 = mgh$$

$$\frac{1}{2}m(4v)^2 - \frac{1}{2}mv^2 = mgh$$

$$mgh = \frac{15}{2}mv^2$$

B의 역학적 에너지 감소량은 마찰력 f가 한 일의 양과 같다. 마찰력이 한 일의 양은

$$fL = 4mg\sin\theta L = 4mg\frac{h}{L}L = 4mgh$$

따라서 $fL = 30mv^2$이다.

그림과 같이 물체 A, B를 각각 서로 다른 빗면의 높이 h_A, h_B인 지점에 가만히 놓았다. A가 내려가는 빗면의 일부에는 높이차가 $\frac{3}{4}h$인 마찰 구간이 있으며, A는 마찰 구간에서 등속도 운동하였다. A와 B는 수평면에서 충돌하였고, 충돌 전의 운동 방향과 반대로 운동하여 각각 높이 $\frac{h}{4}$와 $4h$인 지점에서 속력이 0이 되었다.

수평면에서 B의 속력은 충돌 후가 충돌 전의 2배이다. A, B의 질량은 각각 $3m$, $2m$이다.
$$v_B' = 2v_B$$

$\dfrac{h_B}{h_A}$는? (단, 물체의 크기, 공기 저항, 마찰 구간 외의 모든 마찰은 무시한다.) (3점)

① $\dfrac{1}{4}$ ② $\dfrac{1}{3}$ ③ $\dfrac{4}{9}$ ④ $\dfrac{1}{2}$ ⑤ $\dfrac{2}{3}$

|자|료|해|설|및|선|택|지|풀|이|

② 정답 : A는 마찰 구간에서 등속도 운동하므로 A는 마찰이 없는 빗면에 높이 $h_A - \frac{3}{4}h$에서 떨어진 것과 같다. 따라서 충돌하기 전 A와 B의 속력은 각각 $v_A = \sqrt{2g\left(h_A - \frac{3}{4}h\right)}$, $v_B = \sqrt{2gh_B}$이다. 또한 충돌 후 A와 B의 속력은 각각 $v_A' = \sqrt{2g\left(\frac{h}{4}\right)} = \frac{\sqrt{2gh}}{2}$, $v_B' = \sqrt{2g(4h)} = 2\sqrt{2gh}$인데 $v_B' = 2v_B$이므로 $h_B = h$이다. 한편, 운동량 보존 법칙에 따라 A, B의 충돌 전과 후의 운동량의 합은 같으므로 $(3m)v_A - (2m)v_B = -(3m)v_A' + (2m)v_B'$이고 이를 정리하면 $h_A = 3h$이다. 따라서 $\frac{h_B}{h_A} = \frac{1}{3}$이다.

👀 **문제풀이 T I P** | 높이가 h인 곳에서 마찰이 없는 빗면을 따라 떨어진 물체의 속력은 $v = \sqrt{2gh}$이다.

👀 **출제분석** | 역학적 에너지 보존 법칙을 이용한 일반적인 문제에서 빗면에 마찰 구간을 넣었지만, 마찰 구간에서는 등속도 운동을 하므로 마찰 구간에 해당하는 높이만큼을 제외하면 기존의 문제 형태와 비슷한 유형으로 출제되었다.

🦉 **더 자세한 해설** @

STEP 1. 구간 나누기

A와 B의 운동을 구간으로 나누면 아래와 같이 7개의 구간으로 나눌 수 있다.

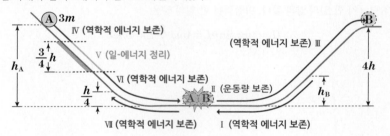

1. **역학적 에너지가 보존되는 구간 : Ⅰ, Ⅲ, Ⅳ, Ⅵ, Ⅶ**

수직 항력은 물체의 운동 방향과 수직으로 작용하는 힘이기 때문에 물체가 운동하더라도 수직 항력이 하는 일의 크기는 0이다. 따라서 수직 항력에 의해서는 역학적 에너지가 변하지 않는다.

일−에너지 정리에 의해 어떤 물체에 해준 일의 양은 운동 에너지 변화량과 같다. ($W = \Delta E_k$) 이때 중력이 물체에 일을 하면 한 일의 양만큼 퍼텐셜 에너지도 변하므로 중력이 일을 하더라도 물체의 역학적 에너지는 보존된다. 이러한 특징을 가지는 대표적인 힘으로는 중력과 탄성력이 있다. 구간 Ⅰ, Ⅲ, Ⅳ, Ⅵ, Ⅶ에서는 일을 하는 힘이 중력뿐이므로 A와 B의 역학적 에너지가 보존된다.

2. **충돌이 일어나는 구간 : Ⅱ**

충돌이 일어났을 때 역학적 에너지가 보존되는 경우도 있지만, 대부분의 경우에는 역학적 에너지가 보존되지 않는다. 따라서 충돌에 대해 해석할 때는 운동량 보존 법칙을 주로 사용하는데, 운동량 보존 법칙은 물체에 작용하는 외력의 벡터합이 0인 경우에만 사용할 수 있다. Ⅱ에서 A와 B에 작용하는 외력은 중력과 수직 항력으로, 서로 크기가 같고 방향이 반대인 힘이므로 운동량 보존 법칙을 사용할 수 있다.

3. **역학적 에너지 손실이 일어나는 구간 : Ⅴ**

어떤 힘이 일을 했을 때 물체의 역학적 에너지가 손실되는 대표적인 힘으로는 마찰력이 있다. 마찰력은 물체의 운동 방향에 반대로 작용하므로 일을 했을 때 물체의 운동 에너지가 감소한다. Ⅴ에서는 마찰력에 의해 운동 에너지가 감소해야 하지만, 중력에 의한 운동 에너지 증가량과 상쇄되어 A가 등속도 운동한다. 이때 중력이 한 일의 양만큼 중력 퍼텐셜 에너지가 감소하므로 결과적으로 물체의 역학적 에너지가 감소한다.

STEP 2. B의 운동 해석하기

B는 구간의 수가 적고, B의 속력에 대한 정보도 주어졌으므로 B의 운동에 대해 먼저 해석한다. Ⅲ에서 B의 운동이 끝난 지점에서 중력 퍼텐셜 에너지는 $E_p = mgh$에 의해 $E_p = 2mg \cdot 4h = 8mgh$이고, 이를 간단하게 $8E$라고 하자. Ⅱ에서 B의 속력은 충돌 후가 충돌 전의 2배이므로 충돌 전 속력을 v, 충돌 후 속력을 $2v$라고 하면, Ⅲ에서 역학적 에너지 보존 법칙에 의해 $8E = \frac{1}{2}(2m) \cdot (2v)^2 = 4mv^2$이므로 $E = mgh = \frac{1}{2}mv^2$이다.

Ⅲ에서 충돌 직전 B의 속력이 충돌 직후의 $\frac{1}{2}$배인 v이므로 운동 에너지는 충돌 후의 $\frac{1}{4}$배인 $2E = 2mgh$이다. Ⅰ에서 역학적 에너지 보존 법칙에 의해 B의 운동 시작 지점에서 $E_p = 2mg \cdot h_B = 2E$이므로 $h_B = h$이다.

STEP 3. Ⅱ에서의 충돌 해석하기

충돌 후 Ⅶ에서 A의 운동이 끝난 지점에서 중력 퍼텐셜 에너지는 $E_p = 3mg \cdot \left(\frac{1}{4}h\right) = \frac{3}{4}mgh$이므로 $\frac{3}{4}E$이다. 따라서 충돌 전 A의 속력을 v_1, 충돌 후 A의 속력을 v_2라고 하면, 충돌 직후 A의 속력은 역학적 에너지 보존 법칙에 의해 $E_k = \frac{1}{2}(3m)v_2^2 = \frac{3}{4}E = \frac{3}{8}mv^2$이므로 $v_2 = \frac{1}{2}v$이다.

그림에서 오른쪽 방향을 양($+$)의 방향으로 두면, Ⅱ에서 충돌이 일어날 때 B의 운동량 변화량은 $\Delta p = 2m \cdot (2v) - (-2mv) = 6mv$이다. 이때 A와 B의 운동량 변화량의 크기는 같고, 방향은 반대이므로 A의 운동량 변화량은 $\Delta p = 3m \cdot \left(-\frac{1}{2}v\right) - 3mv_1 = 3m\left(-\frac{1}{2}v - v_1\right) = -6mv$이고, $\frac{1}{2}v + v_1 = 2v$가 되어 $v_1 = \frac{3}{2}v$이다.

〈충돌 전〉 $\quad v_1 = \frac{3}{2}v \qquad v$

$3m$ Ⓐ → $\qquad$ ← Ⓑ $2m$

$\Delta p = -6mv \qquad \Delta p = 6mv$

〈충돌 후〉 $\quad$ ← Ⓐ $3m \qquad 2m$ Ⓑ →

$v_2 = \frac{1}{2}v \qquad\qquad\qquad 2v$

STEP 4. A의 운동 해석하기

A의 역학적 에너지는 Ⅴ에서 손실이 일어나고, Ⅳ와 Ⅵ에서는 보존되므로 (Ⅳ에서 역학적 에너지)=(Ⅴ에서 역학적 에너지 손실량)+(Ⅵ에서 역학적 에너지)이다. Ⅴ에서 운동 에너지는 마찰력에 의해 감소하고, 중력에 의해 증가하는데, A는 이 구간에서 등속도 운동하므로 (마찰력에 의한 운동 에너지 감소량)=(중력에 의한 운동 에너지 증가량)이다. 따라서 A의 역학적 에너지는 중력 퍼텐셜 에너지 감소량만큼 손실되므로 이는 $\Delta E_p = 3mg \cdot \left(\frac{3}{4}h\right) = \frac{9}{4}E$이다.

Ⅱ에서 A의 충돌 직전 속력이 $\frac{3}{2}v$이므로 운동 에너지는 $E_k = \frac{1}{2}(3m) \cdot \left(\frac{3}{2}v\right)^2 = \frac{27}{8}mv^2 = \frac{27}{4}E$이고, 이는 Ⅵ에서 역학적 에너지와 같다. Ⅳ에서 역학적 에너지는 A의 운동이 시작하는 지점에서의 중력 퍼텐셜 에너지 $E_p = 3mg \cdot h_A$와 같으므로 $3mg \cdot h_A = \frac{9}{4}E + \frac{27}{4}E = 9E$에 의해 $h_A = 3h$이다.

STEP 5. 선택지 풀이

② **정답** | $h_A = 3h$이고, $h_B = h$이므로 $\dfrac{h_B}{h_A} = \dfrac{h}{3h} = \dfrac{1}{3}$이다.

그림 (가)와 같이 높이 h_A인 평면에서 물체 A로 용수철을 원래 길이에서 d만큼 압축시킨 후 가만히 놓고, 물체 B를 높이 $9h$인 지점에 가만히 놓으면, A와 B는 수평면에서 서로 같은 속력으로 충돌한다. 충돌 후 그림 (나)와 같이 A는 용수철을 원래 길이에서 최대 $2d$만큼 압축시키고, B는 높이 h인 지점에서 속력이 0이 된다. A, B는 질량이 각각 m, $2m$이고, 면을 따라 운동한다. A는 빗면을 내려갈 때 높이차가 $2h$인 마찰 구간에서 등속도 운동하고, 마찰 구간을 올라갈 때 손실된 역학적 에너지는 내려갈 때와 같다.

$mg(2h)$만큼 역학적 에너지가 손실

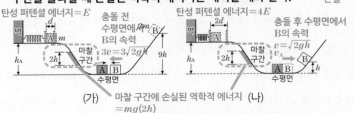

(가) 마찰 구간에 손실된 역학적 에너지 (나)
$= mg(2h)$

h_A는? (단, 용수철의 질량, 물체의 크기, 공기 저항, 마찰 구간 외의 모든 마찰은 무시한다.) 3점

① $7h$　　② $\dfrac{13}{2}h$　　③ $6h$　　④ $\dfrac{11}{2}h$　　⑤ $\dfrac{9}{2}h$

*운동량 보존 법칙

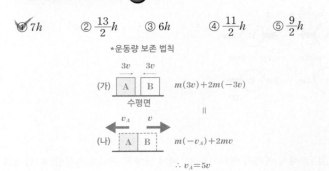

｜자｜료｜해｜설｜

(가)와 (나)의 수평면에서 충돌 전과 후 B의 속력은 각각 $\sqrt{2g(9h)}=3\sqrt{2gh}=3v$, $\sqrt{2gh}=v$이다. (나)의 수평면에서 충돌 후 왼쪽으로 운동하는 A의 속력을 v_A라 하면 (가)의 수평면에서 A의 속력은 B와 같은 $3v$이므로 운동량 보존 법칙에 따라 $m(3v)+2m(-3v)=m(-v_A)+2mv$이다. 따라서 $v_A=5v=5\sqrt{2gh}$이다.

｜선｜택｜지｜풀｜이｜

① 정답 : (가)에서 용수철에 저장된 탄성 퍼텐셜 에너지를 E라 하면, 용수철의 탄성 퍼텐셜 에너지는 변형된 길이의 제곱에 비례하므로 (나)에서 용수철에 저장된 탄성 퍼텐셜 에너지는 $4E$이다. 마찰 구간에서 A는 등속도 운동하므로 마찰 구간에서 손실된 역학적 에너지는 중력 퍼텐셜 에너지 감소량과 같은 $mg(2h)$이다. 따라서 역학적 에너지 보존 법칙에 따라 (가)와 (나)에서 각각 $E+mgh_A-mg(2h)=\dfrac{1}{2}m(3v)^2=9mgh$ —①, $4E+mgh_A=\dfrac{1}{2}m(5v)^2-mg(2h)=23mgh$ —②이다. ①과 ②를 연립하면 $E=4mgh$이고, $mgh_A=7mgh$이므로 $h_A=7h$이다.

🤓 **문제풀이 T I P** ｜ A는 마찰 구간에서 등속 운동을 하므로 손실된 역학적 에너지는 해당 구간의 중력 퍼텐셜 에너지와 같은 $mg(2h)$이다.

🤓 **출제분석** ｜ 수능의 마지막 문제답게 난이도가 매우 높게 출제되었다. 특별히 빠르게 푸는 방법을 찾기보다는 운동량 보존 법칙과 역학적 에너지 보존 법칙에 근거하여 식을 세워 차근차근 풀어가는 것이 중요하다.

🦉 **더 자세한 해설** @

STEP 1. 구간 나누기

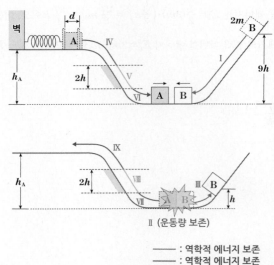

―― : 역학적 에너지 보존
―― : 역학적 에너지 보존
―― : 일-에너지 정리

B는 Ⅱ에서 A와 충돌이 일어난 구간을 제외하면 중력만 받는 Ⅰ과 Ⅲ에서는 역학적 에너지가 보존된다. A는 Ⅴ와 Ⅷ에서 마찰력을 받으므로 Ⅱ, Ⅴ, Ⅷ를 제외한 Ⅳ, Ⅵ, Ⅶ, Ⅸ에서만 역학적 에너지가 보존된다. 마찰력은 물체의 운동 방향과 반대 방향으로 작용하고, 일－에너지 정리에 의해 물체에 일을 해주면 물체의 운동 에너지가 변하므로 마찰력에 의해 A의 운동 에너지가 감소한다. 이때 A는 마찰 구간 Ⅴ, Ⅷ에서 등속도 운동하므로 (마찰력에 의한 운동 에너지 변화량)＝(중력에 의한 운동 에너지 변화량)임을 알 수 있다. 따라서 마찰 구간에서 A의 역학적 에너지는 중력 퍼텐셜 에너지 변화량만큼 손실된다. A의 구간에 따른 에너지를 비교해보면 (Ⅳ에서 역학적 에너지)＝(Ⅴ에서 손실된 에너지)＋(Ⅵ에서

역학적 에너지)이고, (VII에서 역학적 에너지)=(VIII에서 손실된 에너지)+(IX에서 역학적 에너지)이다.

STEP 2. B의 운동 해석하기

I의 시작 지점에서 B의 중력 퍼텐셜 에너지는 $E_p=mgh$에 의해 $E_p=2mg\cdot 9h=18mgh$이고, 이를 간단하게 $18E$라고 하자. III의 끝 지점에서 B의 중력 퍼텐셜 에너지는 $E_p=2mgh=2E$이다. 따라서 I과 III의 수평면에서 B의 역학적 에너지 비가 I:III=9:1이고, 운동 에너지 비도 I:III=9:1이므로 속력의 비는 I:III=3:1이다. 이에 따라 I의 수평면에서 B의 속력을 $3v$, III의 수평면에서 B의 속력을 v라고 하면 III에서 역학적 에너지 보존 법칙에 의해 $mgh=\frac{1}{2}mv^2=E$이다.

STEP 3. II에서의 충돌 해석하기

A와 B는 수평면에서 서로 같은 속력으로 충돌하므로 VI에서 A의 속력도 $3v$이다. A와 B에 작용하는 외력의 합력이 0이므로 충돌이 일어날 때 A와 B의 운동량을 보존된다. 이때 오른쪽 방향을 양(+)의 방향으로 두면, B의 운동량 변화량은 $\Delta p=2mv-2m\cdot(-3v)=8mv$이므로 A의 운동량 변화량은 $\Delta p=-8mv$이다. 따라서 충돌 후 A의 속력을 V라고 하면, $\Delta p=-8mv=m\cdot(-V)-3mv$에 의해 $V=5v$이다.

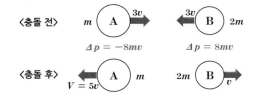

STEP 3. A의 운동 해석하기

IV에서 A의 역학적 에너지는 중력 퍼텐셜 에너지 $E_p=mgh_A$와 탄성 퍼텐셜 에너지 $E_p=\frac{1}{2}kd^2$을 더한 것과 같으므로 $mgh_A+\frac{1}{2}kd^2$이다. V에서 마찰력에 의해 손실된 에너지는 중력 퍼텐셜 에너지 감소량과 같으므로 $\Delta E_p=2mgh=2E$이다. VI에서 역학적 에너지는 충돌 전 수평면에서 운동 에너지와 같으므로 $E_k=\frac{1}{2}m(3v)^2$에 의해 $\frac{9}{2}mv^2=9E$가 되고, (IV에서 역학적 에너지)=(V에서 손실된 에너지)+(VI에서 역학적 에너지)이므로 $mgh_A+\frac{1}{2}kd^2=9E+2E=11E$이다.

VII에서 역학적 에너지는 충돌 후 수평면에서 운동 에너지와 같으므로 $E_k=\frac{1}{2}m(5v)^2$에 의해 $\frac{25}{2}mv^2=25E$이다. IX에서 역학적 에너지는 용수철이 최대로 수축했을 때 탄성 퍼텐셜 에너지 $E_p=\frac{1}{2}k(2d)^2=2kd^2$와 중력 퍼텐셜 에너지 $E_p=mgh_A$을 더한 것과 같으므로 mgh_A+2kd^2이다. VIII에서 손실된 에너지는 V에서와 같으므로 (VII에서 역학적 에너지)=(VIII에서 손실된 에너지)+(IX에서 역학적 에너지)에 의해 $25E=mgh_A+2kd^2+2E$가 되어 $mgh_A+2kd^2=23E$이다.

STEP 4. 선택지 풀이

① 정답 | $mgh_A+2kd^2=23E$에서 $mgh_A+\frac{1}{2}kd^2=11E$을 빼면 $\frac{3}{2}kd^2=12E$이고, $kd^2=8E$이다. 따라서 $mgh_A=23E-16E=7E$이므로 $mgh_A=7mgh$에 의해 $h_A=7h$이다.

그림은 빗면의 점 p에 가만히 놓은 물체가 점 q, r, s를 지나 빗면의 점 t에서 속력이 0인 순간을 나타낸 것이다. 물체는 p와 q 사이에서 **가속도의 크기 3a로 등가속도 운동을**, 빗면의 마찰 구간에서 **등속도 운동을**, r와 t 사이에서 **가속도의 크기 2a로 등가속도 운동을 한다.** 물체가 마찰 구간을 지나는 데 걸린 시간과 r에서 s까지 지나는 데 걸린 시간은 같다. p와 q 사이, s와 r 사이의 높이차는 h로 같고, t는 마찰 구간의 최고점 q와 높이가 같다.

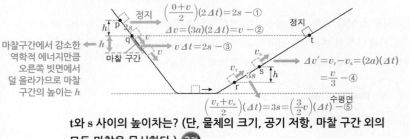

t와 s 사이의 높이차는? (단, 물체의 크기, 공기 저항, 마찰 구간 외의 모든 마찰은 무시한다.) **3점**

① $\frac{16}{9}h$ ② $2h$ ③ $\frac{20}{9}h$ ④ $\frac{7}{3}h$ ⑤ $\frac{8}{3}h$

왼쪽 빗면 거리: a_1
가속도 크기: $3a$

오른쪽 빗면 거리: s_2
가속도 크기: $2a$

중력 퍼텐셜 에너지=중력이 물체에 한 일
$mgh=m(3a)(s_1)=m(2a)(s_2)$
→ $s_1 : s_2 = 2 : 3$

😊 **문제풀이 TIP** | 물체가 기울기가 서로 다른 빗면을 같은 높이 h만큼 내려올 때 중력 퍼텐셜 에너지(mgh)는 중력이 물체에 한 일($Fs=mas$)이므로 빗면을 내려올 때의 물체의 가속도 크기(a)와 높이에 해당하는 빗면의 거리(s)는 반비례한다. 따라서 제시된 자료에서 높이 h에 해당하는 왼쪽 빗면과 오른쪽 빗면의 거리 비는 $s_1 : s_2 = \frac{1}{3a} : \frac{1}{2a} = 2 : 3$이다.

😊 **출제분석** | 2023학년도 6월 모평 19번과 9월 모평 20번 문항과 같이 물체의 운동에서 마찰 구간을 넣어 왼쪽 빗면과 오른쪽 빗면의 운동을 비교하여 역학적 에너지 또는 등가속도 운동 식을 세워 해결하는 유형으로 출제되었다.

| 자 | 료 | 해 | 설 |

p에 가만히 놓은 물체는 마찰 구간의 높이에 해당하는 중력 퍼텐셜 에너지만큼 손실되어 p보다 높이가 h만큼 낮은 t에서 정지한다. 따라서 마찰 구간의 높이는 h임을 알 수 있다. 왼쪽과 오른쪽의 빗면에서 높이 h에 해당하는 구간의 거리는 빗면을 내려올 때의 가속도의 크기에 반비례하므로 각각 $2s$(p와 q 사이의 거리, 마찰 구간의 거리), $3s$(r과 s 사이의 거리)라 하고 마찰 구간과 r에서 s까지 지나는 데 걸린 시간을 Δt, q에서의 속력을 v, r과 s에서의 속력을 각각 v_r, v_s라 하자. 이동 거리=물체의 평균 속력×걸린 시간이고 p와 q 사이에서와 마찰 구간에서 같은 거리 $2s$를 각각 평균 속력 $\frac{v}{2}$, v로 운동하므로 p와 q 사이에서 물체가 이동하는 데 걸린 시간은 $2\Delta t$이다. $\left(2s = \left(\frac{v}{2}\right)(2\Delta t) = v\Delta t$ — ①$\right)$ 따라서 p와 q 사이에서의 가속도의 크기는 $3a = \frac{v}{2\Delta t}$ — ②이다. 또한, r과 s 사이의 거리는 $3s = \frac{(v_r + v_s)}{2}\Delta t$이고 ①에서 $s = \frac{v\Delta t}{2}$이므로 $\frac{3v}{2}\Delta t = \frac{(v_r + v_s)}{2}\Delta t$ 또는 $3v = v_r + v_s$ — ③이다. 물체가 r에서 s로 이동하는 동안 가속도의 크기는 $2a = \frac{v_r - v_s}{\Delta t}$이고 ②에서 $a = \frac{v}{6\Delta t}$이므로 $2\left(\frac{v}{6\Delta t}\right) = \frac{v_r - v_s}{\Delta t}$ 또는 $\frac{v}{3} = v_r - v_s$ — ④이다. ③과 ④로부터 $v_r = \frac{5}{3}v$, $v_s = \frac{4}{3}v$이다.

| 선 | 택 | 지 | 풀 | 이 |

① **정답** : 오른쪽 빗면에서 물체는 Δt마다 $\frac{5v}{3} - \frac{4v}{3} = \frac{v}{3}$ 만큼 속력이 감소하므로 물체가 s에서 t까지 운동하는 동안 걸린 시간은 $4\Delta t$이고 이때 이동한 s와 t까지의 거리는 평균 속력 × 걸린 시간 $= \left(\frac{2}{3}v\right)(4\Delta t) = \frac{8}{3}v\Delta t$이고 이는 ①에 의해 $\frac{16}{3}s$이다. 오른쪽 빗면에서 빗면의 거리 $3s$는 높이 h에 해당하므로 t와 s 사이의 높이차는 $\frac{16}{9}h$이다.

🐧 **더 자세한 해설** ⓐ

STEP 1. 구간의 길이 비교하기

물체의 질량을 m, 중력 가속도를 g, 마찰 구간이 끝나는 지점을 u라고 하자. p–q 구간의 길이를 l_1이라고 할 때 p–q 구간에서 물체가 받는 힘의 크기는 $F_1 = 3ma$이므로 중력이 하는 일의 크기는 $W = F_1 \cdot l_1 = 3mal_1$이다. 이는 운동 에너지 증가량, 중력 퍼텐셜 에너지 감소량과 같으므로 $3mal_1 = mgh$이다. 같은 방식으로 r–s 구간의 길이를 l_2라고 하면 r–s 구간에서 물체가 받는 힘의 크기는 $F_2 = 2ma$이므로 $W = F_2 \cdot l_2 = 2mal_2 = mgh$이다. 따라서 $l_1 : l_2 = 2 : 3$이다.

이를 다른 방식으로도 생각해보면 빗면과 수평면이 이루는 각을 각각 θ_1, θ_2라고 했을 때 $\sin \theta_1 = \frac{h}{l_1}$, $\sin \theta_2 = \frac{h}{l_2}$이다. 또한 물체의 가속도 크기는 $g \sin \theta_1 = 3a$, $g \sin \theta_2 = 2a$이므로 $\sin \theta_1 : \sin \theta_2 = 3 : 2$이고, $l_1 : l_2 = 2 : 3$이다.

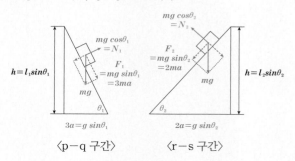

〈p–q 구간〉　　〈r–s 구간〉

STEP 2. q−u 구간의 높이와 길이 구하기

q−u 구간이 마찰 구간이 아니었다면 물체는 오른쪽 빗면에서 p와 같은 높이까지 운동했을 것이다. 하지만 t에서 정지한 것으로 보아 두 지점의 높이 차이에 해당하는 중력 퍼텐셜 에너지 만큼 역학적 에너지가 손실되었고, 그 크기는 $\Delta E = mgh$이다.

q−u 구간에서 물체가 운동할 때 속력은 변하지 않으므로 q와 u에서 운동 에너지는 동일하고, 높이 감소로 인한 중력 퍼텐셜 에너지 만큼 마찰로 인한 역학적 에너지 손실이 일어난다. 이때 앞서 구한 역학적 에너지의 손실량이 $\Delta E = mgh$이므로 q−u 구간의 높이는 h임을 알 수 있고, 마찰 구간의 길이 역시 l_1이라 할 수 있다.

STEP 3. 각 지점에서 속력 구하기

q−u 구간에서 속력을 v_1, r에서 속력을 v_2, s에서 속력을 v_3라고 하자. 물체가 q−u 구간을 운동하는데 걸린 시간과 r−s 구간을 운동하는데 걸린 시간은 같으므로 이를 t_0라고 하자. 앞서 $l_1 : l_2 = 2 : 3$이었으므로 이를 각각 $2l$, $3l$이라고 하고, q−u 구간은 등속도 운동, r−s 구간은 등가속도 운동하는 구간이므로 평균 속력은 $\frac{v_2 + v_3}{2}$이다. 이를 이용하여 식을 세우면 $2l = v_1 t_0$이고, $3l = \frac{(v_2 + v_3)}{2} t_0$이므로 $(v_2 + v_3) = 3v_1 (\cdots \ㄱ)$이다.

그리고 빗면에서의 가속도를 알고 있으므로 이를 통해서도 식을 세울 수 있다. p−q 구간에서 $2aS = v^2 - v_0^2$ 공식을 적용하면 $2(3a)2l = v_1^2 = 12al$이고, r−s 구간에서 $2(-2a)3l = v_3^2 - v_2^2$에 의해 $v_2^2 - v_3^2 = 12al = v_1^2 (\cdots \ㄴ)$이다. ㄱ과 ㄴ을 연립하면 $3(v_2 - v_3) = v_1$이고, $(v_2 + v_3) = 9(v_2 - v_3)$이므로 $v_3 = \frac{4}{5} v_2$, $v_1 = \frac{3}{5} v_2$이다. 이에 따라 $v_1 = 3v$, $v_2 = 5v$, $v_3 = 4v$라고 하자.

STEP 4. 등가속도 운동과 거리의 비

아래의 왼쪽 그림과 같이 공기 저항이 없는 상태에서 물체를 가만히 떨어뜨렸을 때 $2t$ 후 속력을 $2v_1$라고 하면 $3t$ 후 속력은 $3v_1$이다. 이때 처음 위치에서 각 지점까지 이동 거리를 각각 S_2, S_3라고 하고, 이를 등가속도 운동 공식 $2aS = v^2 - v_0^2$에 적용하면 $S_2 = \frac{4v_1^2}{a}$, $S_3 = \frac{9v_1^2}{a}$이므로 이동 거리의 비는 $S_2 : S_3 = 4 : 9$이다. 마찬가지 방식으로 $4t$ 후, $5t$ 후까지 이동 거리를 S_4, S_5라고 하면 $S_4 = \frac{16v_1^2}{a}$, $S_5 = \frac{25v_1^2}{a}$이므로 $S_2 : S_3 : S_4 : S_5 = 4 : 9 : 16 : 25$이다. 이처럼 초기 속력이 0인 등가속도 운동에서 $n \cdot t$초 후 속력을 $n \cdot v$라고 하면 처음 위치에서 각 지점까지 이동 거리의 비는 n^2의 비와 같다.

이를 문제에 주어진 상황에 적용해보면 t지점에서 물체를 빗면에 가만히 놓았을 때도 s지점에서 속력이 $4v$, r지점에서 속력이 $5v$가 될 것이므로 t−s 구간과 t−r 구간의 길이의 비는 (t−s) : (t−r) = 16 : 25이다.

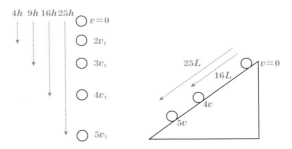

STEP 5. 선택지풀이

① **정답** | t에서 속력이 0이고, s에서 속력이 $4v$, r에서 속력이 $5v$이므로 t−s 구간과 t−r 구간의 길이의 비는 (t−s) : (t−r) = 16 : 25이다. 이는 높이의 비와도 같으므로 t−s 구간과 t−r 구간의 높이를 각각 $16h_0$, $25h_0$라고 하면 $9h_0 = h$이다. 따라서 t−s 구간의 높이는 $16h_0 = \frac{16}{9} h$이다.

그림은 질량이 각각 m, $2m$인 물체 A, B를 실로 연결하고 서로 다른 빗면의 점 p, r에 정지시킨 모습을 나타낸 것이다. A를 가만히 놓았더니 A가 점 q를 지나는 순간 실이 끊어지고 A, B는 빗면을 따라 가속도의 크기가 각각 $3a$, $2a$인 등가속도 운동을 한다. B는 마찰 구간이 시작되는 점 s부터 등속도 운동을 한다. A가 수평면에 닿기 직전 A의 운동 에너지는 마찰 구간에서 B의 운동 에너지의 2배이다. p와 s의 높이는 h_1로 같고, q와 r의 높이는 h_2로 같다.

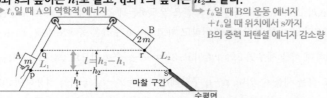

$\dfrac{h_2}{h_1}$는? (단, 실의 질량, 물체의 크기, 공기 저항, 마찰 구간 외의 모든 마찰은 무시한다.) **3점**

① $\dfrac{3}{2}$　② $\dfrac{7}{4}$　③ 2　④ $\dfrac{9}{4}$　⑤ $\dfrac{5}{2}$

| 자 | 료 | 해 | 설 |

중력 퍼텐셜 에너지의 기준점을 수평면이라고 하고, 실이 끊어진 직후를 t_0라고 하자. 실이 끊어진 후 A의 역학적 에너지는 보존되므로 수평면에 닿기 직전 A의 운동 에너지(E_k)는 t_0일 때 A의 역학적 에너지와 같다. B는 마찰 구간에서 등속도 운동하므로 이 구간에서 B의 운동 에너지는 일정하다. 또한 이때 B의 운동 에너지는 t_0일 때 운동 에너지와 t_0일 때 위치에서 s까지 중력 퍼텐셜 에너지(E_p) 감소량을 더한 것과 같다. 따라서 주어진 조건에 의해 다음 식이 성립한다.

수평면에 닿기 직전 A의 E_k
$= t_0$일 때 A의 역학적 에너지
$= 2 \times \{(t_0$일 때 B의 $E_k)$
　　　　$+ (t_0$의 위치에서 s까지 B의 E_p 감소량$)\}$

t_0의 위치에서 s까지 높이 변화량을 알기 위해 t_0일 때 B의 위치를 구해보자. p에서 q까지 거리를 L_1, r에서 s까지의 거리를 L_2라고 하고, $h_2 - h_1 = l$이라고 하자. t_0 이후 A와 B의 가속도의 크기가 각각 $3a$, $2a$이므로 다음과 같은 관계를 얻을 수 있다.

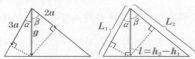

α 또는 β를 기준으로 직각 삼각형을 생각했을 때, 빗변과 밑변의 비율은 같다. 따라서 $g : 3a = L_1 : l$이므로 $L_1 = \dfrac{gl}{3a}$이고, $g : 2a = L_2 : l$이므로 $L_2 = \dfrac{gl}{2a}$이다. 따라서 $L_1 : L_2 = 2 : 3$이므로 t_0일 때 B는 r과 s의 2 : 1 내분점에 위치하고, t_0일 때의 위치에서 s까지 이동 거리는 $\dfrac{1}{3}L_2$, 높이 변화량은 $\dfrac{1}{3}l$이다.

| 선 | 택 | 지 | 풀 | 이 |

⑤ 정답 : t_0 이후 A와 B의 가속도 크기는 각각 $3a$, $2a$이므로 A와 B에 작용하는 힘의 크기는 각각 $3ma$, $4ma$이다. 따라서 t_0 이전 A와 B를 하나의 계로 보았을 때 알짜힘의 크기는 $F = ma$이므로 A와 B의 가속도는 $\dfrac{F}{3m} = \dfrac{ma}{3m} = \dfrac{1}{3}a$이다. t_0일 때 A와 B의 속력은 같으므로 이를 v라고 하면, 등가속도 운동 공식 $2as = v^2 - v_0^2$에 의해 t_0 이전 A에서 $2 \cdot \dfrac{1}{3}a \cdot L_1 = v^2$이다. 앞서 $L_1 = \dfrac{gl}{3a}$이었으므로 $v^2 = \dfrac{2}{9}gl$이다.

t_0일 때 A의 역학적 에너지는 $\dfrac{1}{2}mv^2 + mgh_2$이고, t_0일 때 B의 운동 에너지는 $\dfrac{1}{2} \cdot 2mv^2$, t_0의 위치에서 s까지 B의 중력 퍼텐셜 에너지 감소량은 $2mg \cdot \dfrac{1}{3}l$이다. 따라서 $\dfrac{1}{2}mv^2 + mgh_2 = 2\left(mv^2 + \dfrac{2}{3}mgl\right)$이고, $v^2 = \dfrac{2}{9}gl$을 대입하면 $\dfrac{1}{9}mgl + mgh_2 = \dfrac{4}{9}mgl + \dfrac{4}{3}mgl$이다. 이를 정리하면 $9h_2 = 15l$이고, $l = h_2 - h_1$이므로 $15h_1 = 6h_2$가 되어 $\dfrac{h_2}{h_1} = \dfrac{5}{2}$이다.

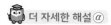

더 자세한 해설 @

STEP 1. 실이 끊어지고 물체가 받는 힘의 크기 구하기

가속도의 법칙 $F=ma$를 이용하여 실이 끊어진 상태에서 A, B가 각각 빗면 아래 방향으로 받는 힘을 파악한다. 주어진 조건에서 실이 끊어지고 A는 빗면을 따라 가속도가 $3a$인 등가속도 운동, B는 가속도가 $2a$인 등가속도 운동을 한다. A의 질량은 m이므로 $m \cdot 3a = 3F$라고 하면 실이 끊어졌을 때 빗면 아래 방향으로 $3F$의 힘을 받고, B의 질량은 $2m$이므로 B는 중력에 의해 빗면 아래 방향으로 $2m \cdot 2a = 4F$의 힘을 받는다.

STEP 2. 실이 연결된 상태에서 가속도와 A, B의 알짜힘 구하기

실이 연결된 상태에서 A, B의 가속도는 $4F - 3F = F = (m+2m) \cdot \left(\frac{1}{3}a\right)$에서 A는 왼쪽 빗면 위 방향으로, B는 오른쪽 빗면 아래 방향으로 $\frac{1}{3}a$의 등가속도 운동을 한다. 실이 연결된 상태에서 A는 $\frac{1}{3}a$로 등가속도 운동하므로 A에 작용하는 알짜힘은 $m \cdot \left(\frac{1}{3}a\right) = \frac{1}{3}F$이고, B도 $\frac{1}{3}a$로 등가속도 운동하므로 B에 작용하는 알짜힘은 $2m \cdot \left(\frac{1}{3}a\right) = \frac{2}{3}F$이다. 따라서 운동 방향을 고려했을 때 실이 연결된 상태에서 A는 왼쪽 빗면 위 방향으로 $\frac{1}{3}F$의 알짜힘을, B는 오른쪽 빗면 아래 방향으로 $\frac{2}{3}F$의 알짜힘을 받는다.

STEP 3. 각 빗면에서의 가속도비로 수평면으로부터 높이 변화가 같을 때, 빗면 방향으로 이동한 거리의 비 구하기

아래 그림의 왼쪽 빗면에서 $3a = g \sin \alpha$, $\sin \alpha = \dfrac{h}{L_1}$이고, 두 식을 정리하면 $\dfrac{h}{L_1} = \dfrac{3a}{g}$이다. 오른쪽 빗면에서는 $2a = g \sin \beta$, $\sin \beta = \dfrac{h}{L_2}$이고, 두 식을 정리하면 $\dfrac{h}{L_2} = \dfrac{2a}{g}$이다. 이를 이용하여 L_1과 L_2의 비를 구해보면, $\dfrac{h}{L_1} : \dfrac{h}{L_2} = \dfrac{3a}{g} : \dfrac{2a}{g} = 3 : 2$이고 $\dfrac{1}{L_1} : \dfrac{1}{L_2} = 3 : 2$이므로 $L_1 : L_2 = 2 : 3$이다. 주어진 그림에서 p−q 구간과 r−s 구간의 높이가 같으므로 이를 각각 $\overline{pq} = 2L$, $\overline{rs} = 3L$이라고 하자.

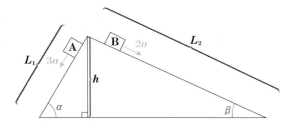

STEP 4. 수평면에 닿기 직전 A의 운동 에너지 구하기

A가 실이 연결된 상태에서 p에서 q로 이동할 때, 크기가 $\frac{1}{3}F$인 힘을 받으며 빗면 위 방향으로 운동하므로 q에서 A의 운동 에너지는 $\Delta E_K = F \cdot \overline{pq} = \frac{1}{3}F \cdot 2L$이다. q에서 실이 끊어진 후 최고점을 지나 다시 q를 지날 때 에너지 보존 법칙에 의해 운동 에너지는 $\frac{1}{3}F \cdot 2L$이다.

q에서 수평면까지의 이동 거리를 L'라고 하면 $3F$의 힘을 받으며 q에서 수평면까지 운동하므로 운동 에너지 증가량은 $3F \cdot L'$이다. 따라서 수평면에 닿기 직전 A의 운동 에너지는 $\frac{1}{3}F \cdot 2L + 3F \cdot L'$이다.

STEP 5. 마찰 구간에서 B의 운동 에너지 구하기

$\overline{rs} = 3L$이고, 실이 연결된 상태에서 r에서 s 방향으로 $2L$만큼 $\frac{2}{3}F$의 힘을 받으며 운동하므로 이때 증가한 운동 에너지는 $\frac{2}{3}F \cdot 2L$이다. 실이 끊어지고 마찰 구간까지 L만큼 $4F$의 힘을 받으며 운동하므로 이때 증가한 운동 에너지는 $4F \cdot L$이다. 따라서 마찰 구간에 진입할 때 B의 운동 에너지는 $\frac{2}{3}F \cdot 2L + 4F \cdot L = \frac{16}{3}F \cdot L$이고, 마찰 구간에서는 등속도 운동을 하므로 운동 에너지가 변하지 않는다. 주어진 조건에서 수평면에 닿기 직전 A의 운동 에너지는 마찰 구간에서 B의 운동 에너지의 2배이므로 다음과 같이 식을 세울 수 있다.

$$\frac{1}{3}F \cdot 2L + 3F \cdot L' = 2 \times \left(\frac{2}{3}F \cdot 2L + 4F \cdot L\right)$$

$$L' = \frac{10}{3}L$$

STEP 6. 선택지풀이

⑤ **정답** | p에서 빗면 방향으로 수평면까지의 거리 $\left(\frac{10}{3}L - 2L\right) = \frac{4}{3}L$과 q에서 수평면까지의 거리 $\frac{10}{3}L$의 비는 h_1과 h_2의 비와 같다. 따라서 $\frac{4}{3}L : \frac{10}{3}L = h_1 : h_2$이고, $\frac{h_2}{h_1} = \frac{5}{2}$이다.

그림 (가)와 같이 원래 길이가 $8d$인 용수철에 물체 A를 연결하고, 물체 B로 A를 $6d$만큼 밀어 올려 정지시켰다. 용수철을 압축시키는 동안 용수철에 저장된 탄성 퍼텐셜 에너지의 증가량은 A의 중력 퍼텐셜 에너지 증가량의 3배이다. A와 B의 질량은 각각 m이다. 그림 (나)는 (가)에서 B를 가만히 놓았더니 A가 B와 함께 연직선상에서 운동하다가 B와 분리된 후 용수철의 길이가 $9d$인 지점을 지나는 순간을 나타낸 것이다.

$$\rightarrow \frac{1}{2}k(6d)^2 = mg(6d)\times 3 - ①$$

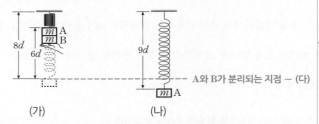

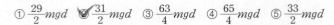

————— A와 B가 분리되는 지점 – (다)

(가)   (나)

(나)에서 A의 운동 에너지는? (단, 중력 가속도는 g이고, 용수철의 질량, 물체의 크기, 모든 마찰과 공기 저항은 무시한다.) 3점

① $\frac{29}{2}mgd$ ✔② $\frac{31}{2}mgd$ ③ $\frac{63}{4}mgd$ ④ $\frac{65}{4}mgd$ ⑤ $\frac{33}{2}mgd$

👀 **문제풀이 TIP** | 용수철의 길이가 $8d$일 때 A와 B가 분리된다.

😀 **출제분석** | A와 B가 분리되는 지점을 찾아낼 수 있다면 나머지는 역학적 에너지 보존 법칙으로 쉽게 풀 수 있는 일반적인 문항이다.

| 자 | 료 | 해 | 설 |

(가)에서 압축된 용수철의 길이가 $8d$가 될 때까지 용수철이 A에 가하는 힘의 방향은 중력 방향과 같으므로 함께 운동한다. 용수철의 길이가 $8d$보다 커지면서 용수철이 A에 가하는 힘의 방향은 중력과 반대 방향이 되므로 이때부터 A와 B는 분리된다. – (다) 용수철의 길이가 $8d$일 때 물체의 중력 퍼텐셜 에너지를 0이라 하면, 제시된 자료로부터 (가)에서 용수철의 탄성 퍼텐셜 에너지=A의 중력 퍼텐셜 에너지 증가량×3이므로 $\frac{1}{2}k(6d)^2 = mg(6d)\times 3$ – ①이다.

| 선 | 택 | 지 | 풀 | 이 |

②정답 : (가)와 (다)에서 역학적 에너지의 총합은 보존되므로 (가)에서 용수철의 탄성 퍼텐셜 에너지와 물체 A, B의 중력 퍼텐셜 에너지의 합은 (다)에서 A와 B의 운동 에너지의 합($K_A + K_B = 2K_A$)과 같다. 즉, $\frac{1}{2}k(6d)^2 + 2mg(6d) = K_A + K_B = 2K_A$ – ②이고 ①을 대입하면 $K_A = 15mgd$이다.

(나)에서 A의 운동 에너지를 K_A'라 하면 (다)와 (나)에서 A의 역학적 에너지의 총합은 보존되므로 $15mgd = K_A' + \frac{1}{2}kd^2 - mgd$이고 ①에서 $\frac{1}{2}kd^2 = \frac{1}{2}mgd$이므로 $K_A' = \frac{31}{2}mgd$이다.

🦉 **더 자세한 해설 @**

STEP 1. A와 B가 분리되기 전까지의 운동

A와 B는 용수철의 원래 길이에서 분리되는데, 그 이유에 대해 알아보자. A와 B의 크기를 무시하므로 두 물체는 위치가 달라지는 지점에서 분리된다. 두 물체의 위치는 속도와 관련되고, 속도는 가속도와, 가속도는 물체에 작용하는 힘과 관련되므로 A와 B에 작용하는 힘에 대해서 살펴보아야 한다.

A와 B는 용수철이 $6d$만큼 압축된 상태에서 운동을 시작하는데, 용수철이 원래 길이로 돌아가려는 방향으로 A와 B에 탄성력이 작용하므로 용수철의 길이가 $8d$가 될 때까지 A와 B에는 연직 아래 방향으로 탄성력이 작용한다. A와 B를 하나의 계로 보았을 때, 외력은 A에 작용하는 중력, B에 작용하는 중력, A에 작용하는 탄성력이다. 따라서 마치 만원 지하철에서 뒷사람이 나를 밀면 내가 앞사람을 밀게 되는 것처럼 탄성력에 의해 밀리는 A는 B를 밀게 되므로 분리되지 않고 함께 운동한다. 만약 어떤 이유로 A와 B가 미세하게 분리되었다고 해도, B는 중력만 받고 A는 중력과 탄성력을 모두 받아 A의 가속도가 B의 가속도보다 크기 때문에 A와 B는 다시 접촉되어 함께 운동한다.

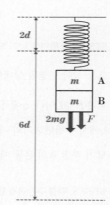

STEP 2. A와 B가 분리되는 지점

A와 B가 아래 방향으로 운동하다가 용수철이 원래 길이인 $8d$에서는 탄성력의 방향이 바뀌므로 A와 B가 분리된다. 용수철의 길이가 $8d$에 도달한 직후 B에 작용하는 알짜힘은 중력 mg이고, A에 작용하는 알짜힘은 중력 mg와 중력의 반대 방향으로 작용하는 탄성력 F의 합력이므로 $mg - F$이다. 따라서 B의 가속도(a_B)가 A의 가속도(a_A)보다 크기 때문에 용수철의 길이가 $8d$일 때 A와 B의 속력을 v_0라고 하면, 용수철의 길이가 $8d$인 지점부터 A의 위치 변화량은 $s_A = v_0 t + \frac{1}{2}a_A t^2$이고, B의 위치 변화량은 $s_B = v_0 t + \frac{1}{2}a_B t^2$이므로 $s_A < s_B$이다. 결론적으로 B의 가속도(a_B)가 A의 가속도(a_A)보다 커지는 지점인 $8d$에서부터 A와 B의 위치가 달라지므로 두 물체가 분리되는 것을 알 수 있다.

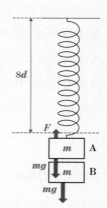

STEP 3. 역학적 에너지의 전환

(가)에서 용수철이 $6d$만큼 압축되었을 때, 물체의 운동 에너지는 0이므로 역학적 에너지는 중력 퍼텐셜 에너지와 탄성 퍼텐셜 에너지를 더한 것과 같다. 중력 퍼텐셜 에너지 기준점을 (나)에서 A의 위치로 하면 (가)에서 A와 B의 중력 퍼텐셜 에너지는 $E_p=mgh$에 의해 $E_p=2mg \cdot 7d=14mgd$ 이고, 탄성 퍼텐셜 에너지는 $E_p=\frac{1}{2}kx^2$에 의해 $E_p=\frac{1}{2}k(6d)^2=18kd^2$이므로 역학적 에너지는 $E=14mgd+18kd^2$이다. 이때 주어진 조건에서 탄성 퍼텐셜 에너지 증가량은 A의 중력 퍼텐셜 에너지 증가량의 3배이므로 $18kd^2=3\times 6mgd$, $kd^2=mgd$이고, 역학적 에너지는 $E=32mgd$이다. 용수철이 늘어나며 원래 길이로 되돌아오는 과정에서 퍼텐셜 에너지는 운동 에너지로 바뀌는데, A와 B의 속력과 질량이 같으므로 용수철이 원래 길이가 되었을 때 A와 B의 운동 에너지는 같다. 따라서 용수철이 원래 길이일 때 A의 역학적 에너지는 $E=16mgd$이고, 중력 퍼텐셜 에너지가 $E_p=mgd$이므로 운동 에너지는 $E_k=15mgd$이다.

STEP 4. 선택지 풀이

② 정답 | 용수철이 원래 길이일 때 A의 중력 퍼텐셜 에너지는 (나)가 되면서 운동 에너지와 탄성 퍼텐셜 에너지로 전환된다. (나)에서 A의 탄성 퍼텐셜 에너지가 $E_p=\frac{1}{2}kd^2=\frac{1}{2}mgd$이므로 운동 에너지는 $E_k=16mgd-\frac{1}{2}mgd=\frac{31}{2}mgd$이다.

---

50 역학적 에너지 보존   정답 ⑤   정답률 57%   2024년 10월 학평 18번   문제편 79p

그림은 높이가 $3h$인 지점을 속력 v로 지나는 물체가 빗면 위의 마찰 구간 Ⅰ과 수평면 위의 마찰 구간 Ⅱ를 지난 후 높이가 h인 지점을 속력 v로 통과하는 모습을 나타낸 것이다. 점 p, q는 Ⅱ의 양 끝점이다. 높이차가 d인 Ⅰ에서 물체는 등속도 운동을 하고, Ⅰ의 최저점의 높이는 h이다. Ⅰ과 Ⅱ에서 물체의 역학적 에너지 감소량은 q에서 물체의 운동 에너지의 $\frac{2}{3}$배로 같다.

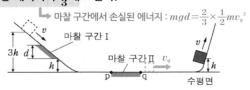

이에 대한 옳은 설명만을 〈보기〉에서 있는 대로 고른 것은? (단, 물체의 크기, 공기 저항, 마찰 구간 외의 모든 마찰은 무시한다.)

보기
ㄱ. $d=h$이다.
ㄴ. p에서 물체의 속력은 $\sqrt{5}v$이다.
ㄷ. 물체의 운동 에너지는 Ⅰ에서와 q에서가 같다.

① ㄱ   ② ㄷ   ③ ㄱ, ㄴ   ④ ㄴ, ㄷ   ✓⑤ ㄱ, ㄴ, ㄷ

|자|료|해|설|

q에서 물체의 속력을 v_q라 하면 마찰 구간 Ⅰ, Ⅱ에서 물체의 역학적 에너지 감소량은 $mgd=\frac{2}{3}\times\frac{1}{2}mv_q^2$ — ①이다.

$3h$에서 물체의 역학적 에너지는 마찰 구간에서 에너지가 감소하기 전이므로 q에서의 역학적 에너지와 마찰구간에서 감소한 에너지의 합으로 구할 수 있다. 따라서 $mg(3h)+\frac{1}{2}mv^2=\frac{1}{3}mv_q^2\times 2+\frac{1}{2}mv_q^2=\frac{7}{6}mv_q^2$ — ②이고 q에서 물체의 운동 에너지는 수평면을 통과한 후 높이 h에서의 물체의 역학적 에너지와 같으므로 $\frac{1}{2}mv_q^2=mgh+\frac{1}{2}mv^2$ — ③이다. ②과 ③에 의해 $v_q=\sqrt{3}v$ — ④, $mgh=mv^2$ — ⑤이다.

|보|기|풀|이|

ㄱ. 정답 : ④와 ⑤에서 $v_q^2=3gh$이고 이를 ①에 대입하면 $mgd=mgh$ — ⑥이다.

ㄴ. 정답 : p에서 물체의 속력을 v_p라 하면 $mg(3h)+\frac{1}{2}mv^2=mgd+\frac{1}{2}mv_p^2$이고 ⑤와 ⑥을 대입하여 정리하면 $v_p=\sqrt{5}v$이다.

ㄷ. 정답 : Ⅰ에서 물체의 속력을 v_1라 하면 $mg(3h)+\frac{1}{2}mv^2=mg(2h)+\frac{1}{2}mv_1^2$이므로 ⑤에 의해 Ⅰ에서 물체의 운동 에너지는 $\frac{1}{2}mv_1^2=\frac{3}{2}mv^2$이다. q에서의 운동 에너지는 ①과 ④로부터 $\frac{1}{2}mv_q^2=\frac{3}{2}mv^2$이다.

그림과 같이 수평면으로부터 높이가 h인 수평 구간에서 질량이 각각 m, $3m$인 물체 A와 B로 용수철을 압축시킨 후 가만히 놓았더니, A, B는 각각 수평면상의 마찰 구간 Ⅰ, Ⅱ를 지나 높이 $3h$, $2h$에서 정지하였다. 이 과정에서 A의 운동 에너지의 최댓값은 A의 중력 퍼텐셜 에너지의 최댓값의 4배이다. A, B가 각각 Ⅰ, Ⅱ를 한 번 지날 때 손실되는 역학적 에너지는 각각 $W_Ⅰ$, $W_Ⅱ$이다.

→ $\frac{1}{2}mv'^2 = 3mgh \times 4$

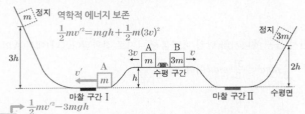

$$\frac{W_Ⅰ}{W_Ⅱ}$$ 은? (단, 수평면에서 중력 퍼텐셜 에너지는 0이고, A와 B는 동일 연직면상에서 운동한다. 물체의 크기, 용수철의 질량, 공기 저항과 마찰 구간 외의 모든 마찰은 무시한다.)

→ $\frac{1}{2}mv'^2 - 3mgh$

→ $3mgh + \frac{1}{2}(3m)v^2 - 6mgh$

① 9   ② $\frac{21}{2}$ ③ 12   ✓④ $\frac{27}{2}$ ⑤ 15

| 자 | 료 | 해 | 설 |

용수철과 분리된 직후 B의 속력을 v라 하면 운동량 보존 법칙에 따라 A의 속력은 $3v$가 된다. A의 운동 에너지의 최댓값은 마찰 구간 Ⅰ을 지나기 전 수평면에서 운동할 때이고 이때 속력을 v'라 하면 $\frac{1}{2}mv'^2$이고 이는 역학적 에너지 보존 법칙에 따라 수평 구간에서의 용수철과 분리된 직후의 A의 역학적 에너지와 같다. 또한 A의 중력 퍼텐셜 에너지의 최댓값은 $3mgh$이므로 주어진 조건에 따라 $\frac{1}{2}mv'^2 = mgh + \frac{1}{2}m(3v)^2 = 3mgh \times 4$ ─ ①이고 $\frac{1}{2}mv^2 = \frac{11}{9}mgh$ ─ ②이다.

| 선 | 택 | 지 | 풀 | 이 |

④ 정답 : W_1과 W_2는 수평 구간에서의 역학적 에너지와 정지한 곳에서의 역학적 에너지의 차이므로 ①과 ②에 의해 $W_Ⅰ = \frac{1}{2}mv'^2 - 3mgh = 12mgh - 3mgh = 9mgh$ 이고 $W_Ⅱ = 3mgh + \frac{1}{2}(3m)v^2 - 6mgh = \frac{2}{3}mgh$이므로 $$\frac{W_Ⅰ}{W_Ⅱ} = \frac{27}{2}$$ 이다.

😊 **출제분석** | 운동량 보존 법칙과 역학적 에너지 보존 법칙에 따라 식을 세울 수 있어야 문제를 해결할 수 있다.

그림 (가)와 같이 높이가 $4h$인 평면에서 용수철 P에 연결된 물체 A에 → 용수철이 원래 길이일 때 A와 B가 분리 물체 B를 접촉시켜 P를 원래 길이에서 $2d$만큼 압축시킨 후 가만히 놓았더니, B는 A와 분리된 후 높이 차가 H인 마찰 구간을 등속도로 지나 수평면에 놓인 용수철 Q를 향해 운동한다. 이후 그림 (나)와 같이 A는 P를 원래 길이에서 최대 d만큼 압축시키며 직선 운동하고, B는 Q를 원래 길이에서 최대 $3d$만큼 압축시킨 후 다시 마찰 구간을 지나 높이 $4h$인 지점에서 정지한다. B가 마찰 구간을 올라갈 때 손실된 역학적 에너지는 내려갈 때와 같고, P, Q의 용수철 상수는 같다.

→ $E' = mgH$ ─ ②

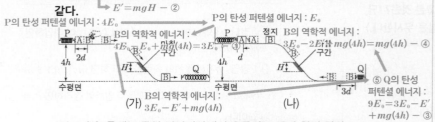

H는? (단, 물체는 동일 연직면상에서 운동하고, 용수철의 질량, 물체의 크기, 공기 저항, 마찰 구간 외의 모든 마찰은 무시한다.)

① $\frac{3}{5}h$ ✓② $\frac{4}{5}h$ ③ h ④ $\frac{6}{5}h$ ⑤ $\frac{7}{5}h$

| 자 | 료 | 해 | 설 | 및 | 선 | 택 | 지 | 풀 | 이 |

② 정답 : (가)에서 P의 탄성 퍼텐셜 에너지가 모두 A와 B의 운동 에너지로 전환될 때 두 물체는 최대 속력을 가지고 이때 A와 B는 분리된다. (나)에서 A의 운동 에너지가 모두 P의 탄성 퍼텐셜 에너지로 전환될 때 용수철은 d만큼 압축되므로 이때의 탄성 퍼텐셜 에너지를 E_0라 하면, (가)에서 용수철이 $2d$만큼 압축되었을 때 P의 탄성 퍼텐셜 에너지는 $4E_0$이고 B의 질량을 m이라 할 때 (가)에서 분리된 직후 B의 역학적 에너지는 $4E_0 - E_0 + mg(4h)$ ─ ①이다. 마찰 구간에서 B는 등속 운동을 하므로 손실된 역학적 에너지를 E'라 하면 $E' = mgH$ ─ ②이고 수평면에서 B의 역학적 에너지는 모두 Q의 탄성 퍼텐셜 에너지로 전환되고 이때 용수철은 $3d$만큼 압축되므로 $3E_0 - E' + mg(4h) = 9E_0$ ─ ③이다. Q의 탄성 퍼텐셜 에너지는 B의 역학적 에너지로 전환되고 마찰 구간을 지나 $4h$인 곳에서 정지하므로 $3E_0 - 2E' + mg(4h) = mg(4h)$ ─ ④ 이고 이를 정리하면 $E_0 = \frac{2}{3}E'$ ─ ④이다. ②와 ④를 ③에 대입하여 정리하면 $H = \frac{4}{5}h$이다.

😊 **문제풀이TIP** | 용수철의 탄성 퍼텐셜 에너지는 변형된 길이의 제곱에 비례한다.

😊 **출제분석** | 2025 EBS 수능 특강에서 출제된 문제 유형으로 에너지는 보존되므로 각 위치에서 에너지 상태를 식으로 표현하는 것이 문제 해결의 핵심이다.

02 열역학 법칙 ★수능에 나오는 필수 개념 3가지 + 필수 암기사항 6개

필수개념 1 열역학

- 암기 **내부 에너지** : 기체 분자들이 가지고 있는 에너지로 운동 에너지와 퍼텐셜 에너지의 총합을 말함

- 암기 **내부 에너지와 속력과의 관계**
① 내부 에너지(U)는 절대 온도(T)에 비례한다.
② 온도가 높으면 기체 분자의 운동 에너지가 증가하면서 평균 속력(v)이 빨라진다.
$$U \propto T \propto v^2$$

- **열에너지와 기체의 관계**
  ○ 기체에 열에너지의 출입으로 인해 기체 분자 운동 에너지가 변하면 온도의 변화가 일어남
  ○ 기체가 팽창하면 외부로 일을 하게 되고, 수축하면 외부에서 일을 받게 된다.
  ○ 압력이 일정할 때 기체가 하는 일은 $W = P\Delta V$이다.

- 암기 **이상 기체 상태 방정식** : 이상 기체는 압력(P), 부피(V), 온도(T) 사이에서 다음과 같은 공식이 성립함
$$\frac{PV}{T} = 일정, \ PV = nRT$$

- **열역학 법칙**
  ○ 열역학 제0법칙 : 물체 A와 B가 열평형을 이루고 물체 B와 C가 열평형을 이룬다면, 물체 A와 C도 열평형 상태. 이때, 세 물체의 온도는 같다.
  ○ 암기 열역학 제1법칙 : 기체에 가해 준 열에너지는 기체에서 내부 에너지의 증가와 외부에 한 일의 합과 같다. 즉, 열에너지와 역학적 에너지를 포함한 에너지 보존의 법칙이다.
$$Q = \Delta U + W$$
  ○ 열역학 제2법칙 : 열은 스스로 고온의 물체에서 저온의 물체로 이동하지만, 반대로는 스스로 이동하지 않는다. ⇨ 열 또는 에너지 이동에 방향성이 있음을 나타내는 법칙이다.

열평형
온도가 다른 두 물체가 접촉하였을 때, 열이 이동하여 두 물체의 온도가 같아져 더 이상 열의 이동이 없는 상태

- 암기 **열역학적 과정**

등압과정	등적과정	단열과정
압력이 일정하게 유지되는 상태	부피가 일정하게 유지되는 상태	외부와의 열 출입이 없는 상태에서 부피가 변하는 것
$P = 일정 \Rightarrow Q = \Delta U + W \Rightarrow$ $\boxed{Q = \Delta U + P\Delta V}$ 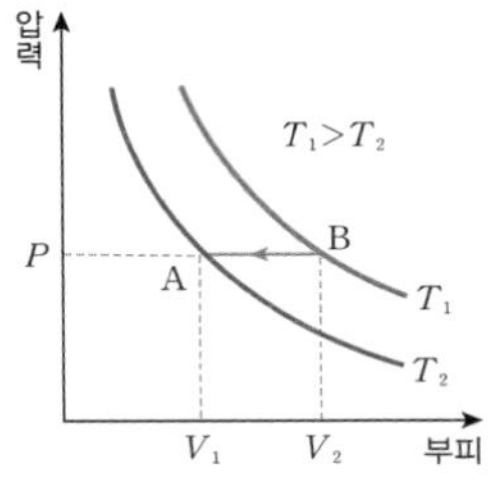	$V = 일정 \Rightarrow \Delta V = 0 \Rightarrow W = 0 \Rightarrow$ $\boxed{Q = \Delta U}$ 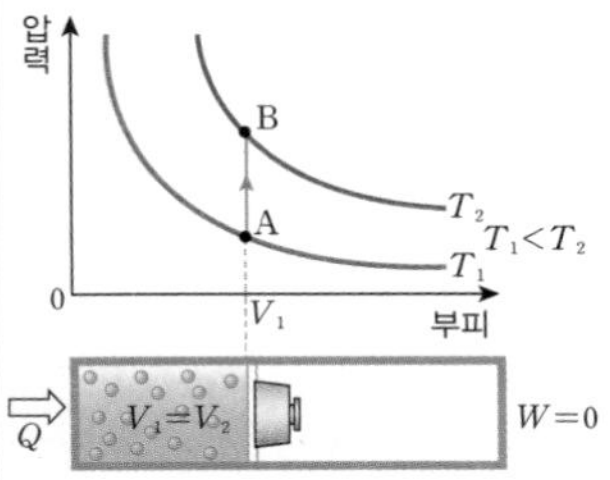	$Q = 0 \Rightarrow \boxed{W = -\Delta U}$ 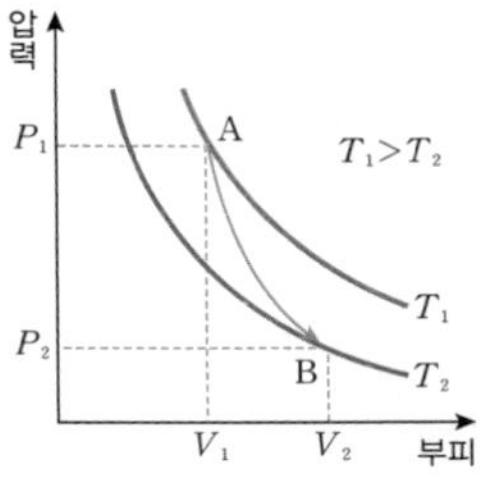

열과 일의 부호에 따른 기체의 상태

	(+)	(−)
Q	기체가 열을 흡수한다.	기체가 열을 방출한다.
W	부피 팽창, 기체가 외부에 일을 한다.	부피 수축, 기체가 외부로부터 일을 받는다.

필수개념 2 **가역과정과 비가역과정**

○ **가역과정** : 그네는 오른쪽으로 올라갔다가 다시 내려오고 왼쪽으로 올라간다. 이처럼 스스로 원래 상태로 돌아갈 수 있는 과정을 가역과정이라고 한다. 그러나 실제로는 공기저항과 마찰이 있어서 그네의 역학적 에너지는 감소하고 원래 상태로 돌아가지 못한다.

○ **비가역과정** : 원래 상태로 돌아가지 못하는 그네를 원래 상태로 돌아가게 하려면 주변에서 누군가가 밀어주어야 한다. 이렇게 누군가의 도움 없이 원래 상태로 돌아가지 못하는 과정을 비가역과정이라고 한다. 예를 들어 빨간색 구슬과 파란색 구슬을 정확히 반반씩 구분해 놓은 후 흔들어주면 두 구슬은 마구잡이로 섞이게 된다. 그러나 아무리 오래 흔들어도 처음과 같이 빨간색 구슬과 파란색 구슬로 완벽히 분리된 상태로는 돌아가지 못한다. 이렇게 비가역 과정은 무질서한 정도가 증가하는 방향으로 일어나고 이는 열역학 제2법칙이 성립하는 것을 보여준다. 열이 온도가 높은 곳에서 낮은 곳으로 자발적으로 이동한다는 표현도 자연 현상은 무질서한 정도가 증가하는 방향으로 일어나는 것과 같은 뜻이다.

필수개념 3 **열기관**

• 암기 **열기관** : 열에너지를 일로 바꾸는 기관

○ 높은 온도의 열원(고열원)에서 열을 흡수하고, 일을 한 후 남은 열을 온도가 낮은 열원(저열원)으로 방출

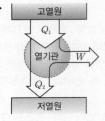

○ 열기관의 효율 : 열기관에 공급된 열에너지 중 일($W = Q_1 - Q_2$)로 사용된 비율

$e = \dfrac{W}{Q_1} = 1 - \dfrac{Q_2}{Q_1}$ (Q_1 : 고열원에서 흡수한 열량, Q_2 : 저열원으로 방출한 열량)

○ 열역학 제2법칙에 따라 e는 항상 1보다 작다.

○ **카르노 기관** : 가역과정을 거쳐 작동하는 열기관 중에서 열효율이 가장 높은 열기관으로 온도가 일정한 압축과 팽창 과정(등온과정)과 열의 출입이 없는 압축과 팽창과정(단열과정)을 거치는 이상적인 열기관이다.

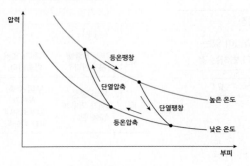

등온팽창 : 열을 흡수한다.
단열팽창 : 온도가 낮아진다.
등온압축 : 열을 방출한다.
단열압축 : 온도가 높아진다.

카르노 기관의 열효율은 다음과 같다.

$$e = 1 - \dfrac{Q_2}{Q_1} = 1 - \dfrac{T_2}{T_1}$$

고열원과 저열원 사이의 온도 차이를 크게 함으로써 열효율을 높일 수는 있지만 온도가 0K인 저열원은 없으므로 이상적인 열기관의 효율도 100%가 될 수 없다. 그러므로 열효율이 100%인 열기관은 존재할 수 없다.

그림은 난로에서 물로 열이 이동하여 물이 끓는 과정에 대해 학생 A,
B, C가 대화하는 모습을 나타낸 것이다.

> 열은 고온에서 저온으로 저절로 이동해.
> 이 과정은 비가역적이야.
> 이 과정에서 엔트로피는 증가해.

학생 A   학생 B   학생 C

제시한 내용이 옳은 학생만을 있는 대로 고른 것은?

① A   ② B   ③ A, C   ④ B, C   ⑤ A, B, C

|자|료|해|설|
이 문제는 엔트로피에 대한 간단한 문제이다. 열역학 제
2법칙을 고려해야 한다.
열역학 제 2법칙
: 열은 본질적으로 높은 온도 영역(고온의 물체)에서 낮은
온도 영역(저온의 물체)으로 흐른다. 즉, 열은 스스로
저온의 물체에서 고온의 물체로 흐르지 않는다.
: 고립된 계의 비가역 변화는 엔트로피가 증가하는
방향으로 진행한다.
계가 역으로 되돌아갈 수 있는 경우 가역적이라 하고
그렇지 못하는 경우 비가역적이라고 한다.
자연적인 변화 과정이 더욱 무질서해질수록 계의
엔트로피가 증가한다.

|보|기|풀|이|
학생A 정답 : 열역학 제 2법칙으로 설명 가능하다. 열은
고온에서 저온으로 저절로 흐른다.
학생B 정답 : 열은 스스로 저온에서 고온으로 흐르지 않기
때문에 비가역적이라고 할 수 있다.
학생C 정답 : 액체가 기체가 되는 과정이므로 더욱
무질서함이 증가함을 알 수 있다. 엔트로피는 무질서함이
증가할수록 증가하게 된다.

💡 **문제풀이 TIP** | 열역학 제 2법칙에 근거하여 문제를 풀 수 있어야 다른 문제에 대비할 수 있다.

😊 **출제분석** | 비교적 쉬운 개념과 쉬운 지문으로 구성되어 있어서 쉽게 풀 수 있다.

그림은 손에서 얼음으로 이동하는 열에 의해
얼음이 녹는 모습을 나타낸 것이다.
이 현상에 대한 설명으로 옳은 것만을
〈보기〉에서 있는 대로 고른 것은?

보기
ㄱ. 손과 얼음의 온도 차에 의해서 열이 이동한다.
ㄴ. 비가역적이다.
ㄷ. 얼음이 녹는 과정에서 엔트로피는 증가한다.

① ㄱ   ② ㄷ   ③ ㄱ, ㄴ   ④ ㄴ, ㄷ   ⑤ ㄱ, ㄴ, ㄷ

|자|료|해|설|
이 문제는 열의 전도 현상을 묻는 문제이다.
문제를 살펴보게 되면 손에서 얼음으로 열이 이동한다고
적혀 있다.
이러한 열의 이동을 전도라고 한다.
전도는 온도가 다른 두 물체가 접촉하고 있을 때, 고온의
물체에서 저온의 물체로 열이 이동하는 현상이다.
그러므로 두 물체의 온도 차에 의해서 열이 이동하는
것이다.
계가 역으로 되돌아갈 수 있는 경우 가역적이라 하고
그렇지 못하는 경우 비가역적이라고 한다.
열역학 제 2법칙에 따르면 고립된 계의 비가역 변화는
엔트로피가 증가하는 방향으로 진행한다.
자연적인 변화 과정이 더욱 무질서해질수록 계의
엔트로피가 증가한다.

|보|기|풀|이|
ㄱ. 정답 : 온도 차에 의해서 열이 이동하게 된다.
ㄴ. 정답 : 역으로 되돌아갈 수 없기 때문에 비가역적이다.
ㄷ. 정답 : 열역학 제 2법칙에 의해 얼음이 녹는 과정에서
무질서함이 증가함으로 엔트로피가 증가함을 알 수 있다.

💡 **문제풀이 TIP** | 전도현상과 가역적, 비가역적 현상의 의미, 엔트로피의 개념만 알면 쉽게 풀 수 있다.

😊 **출제분석** | 열역학 법칙의 기본 개념만 안다면 쉽게 풀 수 있는 간단한 문제이다.

그림은 따뜻한 바닥에 의해 드라이아이스가
기체로 변하는 과정을 나타낸 것이다.
이 과정에 대한 설명으로 옳은 것만을
<보기>에서 있는 대로 고른 것은?

드라이아이스
바닥

> **보기**
> ㉠ 바닥에서 드라이아이스로 열이 저절로 이동한다.
> ㉡ 비가역적이다.
> ㉢ 드라이아이스가 기체로 변하는 과정에서 엔트로피는
> 　증가한다.

① ㄱ　　　② ㄴ　　　③ ㄱ, ㄷ　　　④ ㄴ, ㄷ　　　✓⑤ ㄱ, ㄴ, ㄷ

|자|료|해|설|
문제에서 따뜻한 바닥에 의해 드라이아이스가 기체로
변한다고 서술되어 있다.
이는 열이 따뜻한 바닥에서 드라이아이스로 이동한다는
것을 알 수 있다.
열역학 제 2법칙
: 열은 본질적으로 높은 온도 영역(고온의 물체)에서 낮은
온도 영역(저온의 물체)으로 흐른다, 즉, 열은 스스로
저온의 물체에서 고온의 물체로 흐르지 않는다.
: 고립된 계의 비가역 변화는 엔트로피가 증가하는
방향으로 진행한다.
계가 역으로 되돌아갈 수 있는 경우 가역적이라 하고
그렇지 못하는 경우 비가역적이라고 한다.
자연적인 변화 과정이 더욱 무질서해질수록 계의
엔트로피가 증가한다.

|보|기|풀|이|
㉠ 정답 : 열역학 제 2법칙에 의해서 설명이 가능하다.
열은 따뜻한 바닥에서 드라이아이스로 저절로 이동한다는
것을 알 수 있다.
㉡ 정답 : 이 과정은 역으로 되돌아 갈 수 없기 때문에
비가역적이라고 할 수 있다.
㉢ 정답 : 고체가 기체가 되면서 무질서함이 증가하므로
엔트로피가 증가하게 된다.

😀 **문제풀이 T I P |** 엔트로피에 대한 기본적인 개념만 알면 쉽게 풀 수 있는 문제이다.

😀 **출제분석 |** 쉽게 출제된 문제이다. 다른 해에 출제되었던 기출들과 상당히 비슷한 유형임을 알 수 있다.

그림과 같이 온도가 T_0인 일정량의 이상 기체가 등압 팽창 또는 단열
팽창하여 온도가 각각 T_1, T_2가 되었다.

외부에서 열 유입
→ 기체의 온도 상승으로
인한 내부 압력 증가로
부피가 서서히 팽창
$T_1 > T_0$

등압 팽창　　T_0　　단열 팽창

외부에서 열 유입 없이
기체가 외부에 일을 함
→ 기체가 팽창하며
온도 하강
$T_0 > T_2$

T_1　　　　T_2

T_0, T_1, T_2를 옳게 비교한 것은? (단, 대기압은 일정하다.) **3점**

① $T_0 = T_1 = T_2$　　② $T_0 > T_1 = T_2$　　③ $T_1 = T_2 > T_0$
✓④ $T_1 > T_0 > T_2$　　⑤ $T_2 > T_0 > T_1$

|자|료|해|설|및|선|택|지|풀|이|
④ 정답 : 등압 팽창이 일어나려면 외부에서 열이 유입되어
기체 온도가 올라가야 한다.($T_1 > T_0$) 이때 기체의 내부
압력 증가로 기체의 부피가 외부 압력과 같아질 때까지
서서히 팽창한다.
단열 팽창의 경우 외부에서 열의 유입이 없으므로 기체의
부피가 팽창한다면 기체의 내부 에너지의 감소로 외부에
일을 하므로 기체 온도는 떨어진다.($T_0 > T_2$)

😀 **문제풀이 T I P |** 가해준 열에너지＝기체의 내부 에너지 증가
＋외부에 한 일

😀 **출제분석 |** 열역학 과정에서 열역학 제1법칙($Q = \Delta U + W$)
으로 등적, 등압, 등온, 단열 변화를 설명하는 것은 필수이다.

그림과 같이 실린더에 들어 있는 일정량의 이상 기체의 온도를 T_1에서 T_2로 변화시켰더니 기체의 압력이 일정한 상태에서 부피가 감소하였다. 이에 대한 설명으로 옳은 것만을 〈보기〉에서 있는 대로 고른 것은?

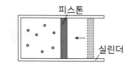

피스톤

실린더

→ 압력이 일정하게 유지되는 상태(등압과정)로 부피가 감소하는 과정

> **보기**
>
> ㄱ. $T_1 \lt T_2$이다. (취소선)
>
> ㄴ. 기체의 내부 에너지는 온도가 T_1일 때가 T_2일 때보다 크다.
> ㄷ. 기체의 부피가 감소하는 동안 기체는 외부로 열을 방출한다.

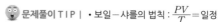

① ㄱ   ② ㄷ   ③ ㄱ, ㄴ   ✔④ ㄴ, ㄷ   ⑤ ㄱ, ㄴ, ㄷ

😮 **문제풀이 TIP** | • 보일-샤를의 법칙 : $\dfrac{PV}{T} =$일정

• 내부 에너지$(U) \propto$ 절대 온도(T)

😊 **출제분석** | 열역학 법칙에 대한 문항으로 압력, 부피, 온도와 열의 출입에 대한 기본적인 지식을 묻고 있다.

|자|료|해|설|

제시된 자료는 보일-샤를의 법칙$\left(\dfrac{PV}{T} =$일정$\right)$에서 기체의 압력(P)이 일정한 상태에서 부피(V)가 감소하므로 기체의 온도(T)와 내부 에너지는 낮아진다. 따라서 기체의 부피가 감소하는 동안 기체는 외부로 열을 방출한다.

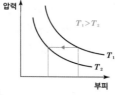

|보|기|풀|이|

ㄱ. 오답 : 보일-샤를의 법칙$\left(\dfrac{PV}{T} =$일정$\right)$에서 기체의 압력(P)이 일정한 상태에서 부피(V)가 감소하므로 기체의 온도(T)는 낮아진다. 따라서 $T_1 \gt T_2$이다.

ㄴ. 정답 : 기체의 내부 에너지는 절대 온도(T)와 비례하므로 온도가 높은 T_1이 T_2일 때보다 내부 에너지가 크다.

ㄷ. 정답 : 기체의 부피가 감소하는 동안 기체의 온도와 내부 에너지는 감소하므로 기체는 외부로 열을 방출한다.

그림은 일정량의 이상 기체의 상태가 $A \to B \to C$를 따라 변할 때 압력과 부피를 나타낸 것이다. $A \to B$ 과정에서 기체에 공급한 열량은 Q이다. 이에 대한 설명으로 옳은 것만을 〈보기〉에서 있는 대로 고른 것은?

압력

$A \to B$ 과정에서 기체가 한 일

→ 압력이 일정한 상태로 팽창
(등압 팽창)
$Q = \Delta U + W$
$= \Delta U + P\Delta V$

$B \to C$ 과정에서 기체가 한 일

$0 \quad V \quad 2V \quad\quad 4V$ 부피

> **보기**
>
> ㄱ. 기체가 한 일은 $A \to B$ 과정에서와 $B \to C$ 과정에서가 같다. (취소선: '같다' → 보다 2배 크다)
> ㄴ. 기체의 온도는 C에서가 A에서보다 높다.
> ㄷ. $A \to B$ 과정에서 기체의 내부 에너지 변화량은 Q와 같다. (취소선: '같다' → 보다 작다.)

① ㄱ   ✔② ㄴ   ③ ㄱ, ㄷ   ④ ㄴ, ㄷ   ⑤ ㄱ, ㄴ, ㄷ

😮 **문제풀이 TIP** | 기체에 가해 준 열에너지는 기체에서 내부 에너지의 증가와 외부에 한 일의 합과 같다. (열역학 제1법칙) 또한 압력이 일정하게 유지되는 등압 과정에서 압력-부피 그래프에서의 그래프의 밑면적은 기체가 한 일을 나타낸다.

😊 **출제분석** | 열역학 법칙에서 등압 과정에 대한 개념을 묻는 문제로 보일-샤를의 법칙과 함께 열의 출입 시 압력, 부피, 온도의 변화를 설명할 수 있도록 잘 정리해 둔다면 쉽게 해결할 수 있다.

|자|료|해|설|

그래프는 등압 팽창 과정으로 $A \to B \to C$ 과정에서 흡수한 열량(Q)은 기체의 내부 에너지를 높여(ΔU) 온도를 높이는 한편, 부피가 팽창하며 외부에 일(W)을 한다. 또한 그래프 밑면적(음영 처리된 부분$= P\Delta V$)은 기체가 한 일을 나타낸다.$(Q = \Delta U + W = \Delta U + P\Delta V)$

|보|기|풀|이|

ㄱ. 오답 : 그래프 밑면적(음영 처리된 부분$= P\Delta V$)은 기체가 한 일을 나타내는데 $B \to C$ 과정이 $A \to B$ 과정에서의 면적보다 2배 크므로 한 일도 2배 크다.

ㄴ. 정답 : $A \to C$ 과정은 보일-샤를의 법칙$\left(\dfrac{PV}{T} =$일정$\right)$에서 압력(P)은 일정한 상태이므로 부피(V)가 증가할 때 기체의 온도(T)가 증가한다. 즉, 열량은 기체의 내부 에너지를 높여 온도를 높이고, 기체의 부피는 팽창하며 외부에 일을 한다.

ㄷ. 오답 : 열량 Q는 기체의 내부 에너지의 증가량(ΔU)과 외부에 한 일(W)의 합과 같다.$(Q = \Delta U + W)$ 따라서 $A \to B$ 과정에서 기체의 내부 에너지 변화량은 Q보다 작다.$(\Delta U \lt Q)$

그림 (가)와 같이 피스톤과 금속판으로 나누어진 상자 내부에 같은
양의 동일한 이상 기체 A, B, C가 같은 부피로 들어 있고, 피스톤은
정지해 있다. 그림 (나)는 (가)의 **A에 열량 Q를 가했을 때** 피스톤이
서서히 이동해 정지한 모습을 나타낸 것이다.

→ 내부 에너지 증가($\Delta U > 0$)
→ A의 압력＝B의 압력 : A의 온도 증가
외부에 일 함($W > 0$)
: 압력, 부피 모두 증가

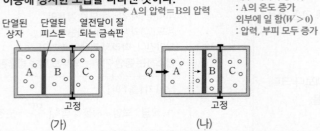

단열된   단열된   열전달이 잘
상자   피스톤   되는 금속판

고정   고정
(가)   (나)

이에 대한 옳은 설명만을 〈보기〉에서 있는 대로 고른 것은? (단,
피스톤의 마찰, 금속판이 흡수한 열량은 무시한다.)

보기

ㄱ. A의 온도는 (나)에서가 (가)에서보다 높다.

ㄴ. (가) → (나) 과정에서 A가 한 일은 ~~Q이다.~~ 보다 작다.

ㄷ. (나)에서 B와 C의 압력은 ~~같다.~~ 다르다.

① ㄱ   ② ㄴ   ③ ㄷ   ④ ㄱ, ㄴ   ⑤ ㄱ, ㄷ

|자|료|해|설|

A에 열량 Q를 가하면 열역학 제1법칙 $Q = \Delta U + W$에
의해 A의 내부 에너지 증가로 온도와 압력이 증가하는 한편,
A와 B 사이의 단열된 피스톤이 B쪽으로 이동하며 B에
일을 한다. B는 부피가 줄어들며 압력과 온도가 증가하는데
열전달이 잘 되는 금속판을 통해 B의 열에너지가 C로
이동하여 B와 C의 온도는 같아지는 한편, A와 B의 압력이
같아져 단열된 피스톤은 정지하게 된다.

|보|기|풀|이|

ㄱ. 정답 : 열량 Q에 의해 A의 내부 에너지가 증가하여
온도가 상승하게 된다.

ㄴ. 오답 : 열량 Q는 A의 내부 에너지 증가량과 A가 B에
한 일의 합과 같다. 따라서 A가 한 일은 Q보다 작다.

ㄷ. 오답 : B와 C는 금속판을 통해 온도가 같아질 때까지
열에너지가 이동한다. 온도가 같을 때 부피(V)가 작은 B의
압력(P)이 C보다 더 크다.

😀 **문제풀이 TIP** | 기체에 열에너지(Q)를 가하여 부피가 늘어나는 경우 외부에 일을 하므로 기체에 가한 열에너지(Q)와 기체의 내부 에너지 증가량(ΔU)은 같지 않다.

😀 **출제분석** | 열역학 제1법칙을 알고 적용할 수 있으면 쉽게 해결할 수 있는 문항이다.

다음은 열의 이동에 따른 기체의 부피 변화를 알아보기 위한 실험이다.

[실험 과정]

(가) 20mL의 기체가 들어있는 유리 주사기의 끝을 고무마개로 막는다.

(나) (가)의 주사기를 뜨거운 물이 든 비커에 담고, 피스톤이 멈추면 눈금을 읽는다.

(다) (나)의 주사기를 얼음물이 든 비커에 담고, 피스톤이 멈추면 눈금을 읽는다.

공기의 압력(외부 압력)은 일정

(나) 과정
— 기체의 온도 증가
— 내부 에너지 증가

(다) 과정
— 기체의 온도 감소
— 내부 에너지 감소

[실험 결과]

과정	(가)	(나)	(다)
기체의 부피(mL)	20	23	18

주사기 속 기체에 대한 설명으로 옳은 것만을 <보기>에서 있는 대로 고른 것은? 3점

보기

ㄱ. 기체의 내부 에너지는 (가)에서가 (나)에서보다 작다.

ㄴ. (나)에서 기체가 흡수한 열은 기체가 한 일과 같다. 보다 크다.

ㄷ. (다)에서 기체가 방출한 열은 기체의 내부 에너지 변화량과 같다. 보다 크다.

① ㄱ　　② ㄴ　　③ ㄱ, ㄷ　　④ ㄴ, ㄷ　　⑤ ㄱ, ㄴ, ㄷ

|자|료|해|설|

(나)와 (다)는 모두 외부 압력이 일정하므로 등압 과정이다. 따라서 샤를 법칙에 의해 기체의 온도가 증가하면 기체의 부피가 증가하고, 온도가 감소하면 부피도 감소한다.

(나)에서 뜨거운 물의 열에 의해 기체의 온도가 증가하므로 ($\Delta U > 0$) 기체의 부피도 증가($P\Delta V = W > 0$)한다. 따라서 $Q = \Delta U + W > 0$이므로 기체가 열을 흡수했음을 알 수 있다.

(나)에서 얼음물에 의해 기체의 온도가 감소하므로($\Delta U < 0$) 기체의 부피도 감소($P\Delta V = W < 0$)한다. 따라서 $Q = \Delta U + W < 0$이므로 기체가 열을 방출했음을 알 수 있다.

|보|기|풀|이|

ㄱ. 정답 : 기체의 내부 에너지는 기체의 온도에 비례하고, 기체의 온도는 (나)가 (가)보다 높으므로 내부 에너지도 (나)가 크다.

ㄴ. 오답 : (나)에서 기체가 흡수한 열량은 기체의 내부 에너지 증가량과 외부에 한 일의 합($Q = \Delta U + W$)과 같다. 기체의 내부 에너지가 증가($\Delta U > 0$)하였으므로 기체가 흡수한 열량(Q)은 기체가 한 일(W)보다 크다.

ㄷ. 오답 : (다)에서 기체가 방출한 열량은 기체의 내부 에너지 감소량과 외부로부터 받은 일의 합($Q = \Delta U + W$)과 같다. $W < 0$이므로 기체가 방출한 열량(Q)과 내부 에너지 감소량(ΔU)은 같지 않다.

🤓 문제풀이 TIP | 기체의 입자 수가 일정한 경우, 압력이 일정할 때 $\dfrac{V}{T}$ = 일정하므로 절대 온도(T)가 커지면 부피(V)도 증가한다.

🤓 출제분석 | 열역학 단원의 문제는 등온 과정, 등압 과정, 등적 과정, 단열 과정에 따라 Q와 ΔU, W를 파악하는 연습을 해야 한다.

그림 (가)는 이상 기체가 들어 있는 실린더에서 피스톤이 정지해
있는 모습을, (나)는 (가)의 피스톤 위에 추를 올려놓았더니
피스톤이 아래로 이동하여 정지한 모습을, (다)는 (나)의 기체에 열량
Q를 공급하였더니 기체의 압력이 일정하게 유지되며 피스톤이 위로
이동하여 정지한 모습을 나타낸 것이다. 기체의 부피는 (가)와
(다)에서 같다.

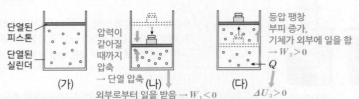

단열된 피스톤
단열된 실린더
(가)

압력이 같아질 때까지 압축
→ 단열 압축
외부로부터 일을 받음 → $W_1 < 0$
(나)

등압 팽창 부피 증가, 기체가 외부에 일을 함 → $W_2 > 0$
Q
(다) $\Delta U_2 > 0$

이에 대한 설명으로 옳은 것만을 〈보기〉에서 있는 대로 고른 것은?
(단, 피스톤의 마찰은 무시한다.) 3점

> **보기**
> ㄱ. 기체의 압력은 (가)에서가 (나)에서보다 작다.
> ㄴ. 기체의 온도는 (나)와 (다)에서 같다. 보다 낮다.
> ㄷ. Q는 (가)에서 (나)로 변하는 과정에서 기체가 받은 일보다
> 크다.

① ㄱ   ② ㄴ   ③ ㄱ, ㄷ   ④ ㄴ, ㄷ   ⑤ ㄱ, ㄴ, ㄷ

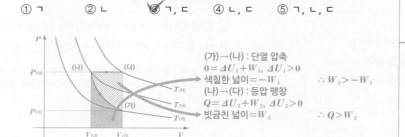

(가)→(나) : 단열 압축
$0 = \Delta U_1 + W_1,\ \Delta U_1 > 0$
색칠한 넓이 = $-W_1$ ∴ $W_2 > -W_1$
(나)→(다) : 등압 팽창
$Q = \Delta U_2 + W_2,\ \Delta U_2 > 0$
빗금친 넓이 = W_2 ∴ $Q > W_2$

|자|료|해|설|

(가)→(나) 과정은 추에 의해 피스톤을 누르는 압력이
증가하므로 기체의 부피가 줄어든다. 또한 기체의 부피가
수축하면서 기체 내부의 압력은 증가하여 기체의 압력과
피스톤을 누르는 압력이 같아질 때까지 압축된다.(단열 압축)
기체는 외부로부터 일을 받으므로($W_1 < 0$) 내부 에너지는
증가하여($\Delta U_1 > 0$) 온도는 상승한다. 열역학
제1법칙으로부터 $0 = \Delta U_1 + W_1$에서 $\Delta U_1 = -W_1$이다.
(나)→(다) 과정은 열량 Q에 의해 기체의 내부 에너지가
상승($\Delta U_2 > 0$)하며 온도와 부피가 증가한다. 기체가
피스톤을 밀어 올리면서 기체는 외부에 일을 한다.($W_2 > 0$)

|보|기|풀|이|

ㄱ. 정답 : (가)에서 기체의 압력은 피스톤 밖의 압력과
같다. (나)에서 기체의 압력은 피스톤 밖의 압력과 추에
의해 피스톤을 누르는 압력의 합과 같으므로 기체의 압력은
(가)에서가 (나)에서보다 작다.

ㄴ. 오답 : 이상 기체는 보일-샤를의 법칙$\left(\dfrac{PV}{T} = 일정\right)$을
만족한다. (나)→(다) 과정에서 기체는 압력(P)이 일정하게
유지되며 부피(V)가 증가하였으므로 온도(T)는 증가한다.

ㄷ. 정답 : 왼쪽 그래프에서와 같이 (가)→(나) 과정에서
기체가 받은 일($-W_1$)보다 (나)→(다) 과정에서 기체가 한
일(W_2)이 더 크다. ($W_2 > -W_1$) 또 $Q = \Delta U_2 + W_2$에서
$\Delta U_2 > 0$이므로 $Q > W_2$이다. 따라서 $Q > W_2 > -W_1$이므로
Q는 (가)→(나) 과정에서 기체가 받은 일($-W_1$)보다 크다.

🙂 **문제풀이 TIP** | 열역학 제1법칙에 의해 $Q = \Delta U + W$이다.
단열 과정에서 $Q = 0$이므로 $\Delta U = -W$이고, 등압과정에서는 P가
일정하고 $Q = \Delta U + W = \Delta U + P\Delta V$이다.

😀 **출제분석** | 열역학 과정을 이해하고 결론을 도출하는 문제로
보일-샤를의 법칙$\left(\dfrac{PV}{T} = 일정\right)$과 열역학 제1법칙을 이용하여
압력, 부피, 온도와의 관계를 설명할 수 있어야 문제를 해결할 수
있다.

그림 (가)는 단열된 실린더 내부에 이상 기체가 들어 있는 모습을 나타낸 것이다. 피스톤의 질량은 m이고 단면적은 S이다. 그림 (나)는 (가)의 실린더를 천천히 뒤집었더니 피스톤이 이동하여 기체의 부피가 증가한 채로 정지한 모습을 나타낸 것이다.

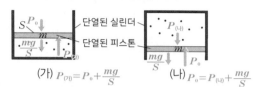

(가) $P_{(가)} = P_0 + \dfrac{mg}{S}$ (나) $P_0 = P_{(나)} + \dfrac{mg}{S}$

(가)에서 (나)로 변하는 동안, 기체에 대한 옳은 설명만을 〈보기〉에서 있는 대로 고른 것은? (단, 중력 가속도는 g이고, 대기압은 일정하며 모든 마찰은 무시한다.) 3점

보기

ㄱ. 외부로부터 일을 받는다. → 에   한다.

ㄴ. 압력이 $\dfrac{mg}{S}$ 만큼 감소한다. → $\dfrac{2mg}{S}$

ㄷ. 내부 에너지가 감소한다.

① ㄱ   ② ㄷ ✓   ③ ㄱ, ㄴ   ④ ㄴ, ㄷ   ⑤ ㄱ, ㄴ, ㄷ

|자|료|해|설|

(가)와 (나)는 피스톤이 움직이지 않는 상황으로 (가)에서는 대기압(P_0)과 피스톤의 질량에 의한 압력($\dfrac{mg}{S}$)의 합이 이상 기체의 압력($P_{(가)}$)과 같은 상황이고 (나)에서는 이상 기체의 압력($P_{(나)}$)과 피스톤의 질량에 의한 압력($\dfrac{mg}{S}$)의 합이 대기압(P_0)과 같은 상황이다. 이를 식으로 표현하면 (가)는 $P_{(가)} = P_0 + \left(\dfrac{mg}{S}\right)$ — ①, (나)는 $P_0 = P_{(나)} + \left(\dfrac{mg}{S}\right)$ — ②이다.

|보|기|풀|이|

ㄱ. 오답 : 부피가 늘어나면 기체는 외부에 일을 한다.

ㄴ. 오답 : ①과 ②식으로부터 $P_{(가)} = P_{(나)} + \dfrac{2mg}{S}$이므로 $P_{(가)}$는 $P_{(나)}$보다 $\dfrac{2mg}{S}$만큼 크다. 즉, (가)에서 (나)로 변하는 동안, 기체의 압력은 $\dfrac{2mg}{S}$만큼 감소한다.

ㄷ. 정답 : 단열 상태로 외부와 열 출입이 없는 상태($Q=0$)에서 기체의 부피가 팽창하여 외부에 일을 했으므로 ($W>0$) 기체의 내부 에너지는 감소($\Delta U<0$)한다. (열역학 제1법칙 $Q = \Delta U + W$에서 $W = -\Delta U$)

🙂 **문제풀이 TIP** | 단열 상태로 외부와 열 출입이 없는 상태에서 기체의 부피가 팽창하면 기체의 내부 에너지가 감소($\Delta U<0$)한 만큼 외부에 일을 한다. ($W>0$)

😀 **출제분석** | 열역학 법칙의 기본 개념을 알고 기체에 작용하는 압력의 관계를 고려해야 보기에서 정답을 고를 수 있다.

그림 (가)와 같이 실린더 안의 동일한 이상 기체 A와 B가 열전달이 잘되는 고정된 금속판에 의해 분리되어 열평형 상태에 있다. A, B의 압력과 부피는 각각 P, V로 같다. 그림 (나)는 (가)에서 피스톤에 힘을 가하여 B의 부피가 감소한 상태로 A와 B가 열평형을 이룬 모습을 나타낸 것이다.

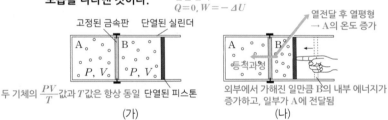

(가)   (나)

두 기체의 $\dfrac{PV}{T}$값과 T값은 항상 동일   단열된 피스톤

이에 대한 설명으로 옳은 것만을 〈보기〉에서 있는 대로 고른 것은? (단, 피스톤의 마찰, 금속판이 흡수한 열량은 무시한다.) 3점

보기

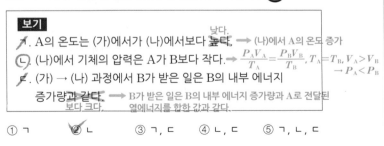

ㄱ. A의 온도는 (가)에서가 (나)에서보다 높다. 낮다. → (나)에서 A의 온도 증가

ㄴ. (나)에서 기체의 압력은 A가 B보다 작다. → $\dfrac{P_A V_A}{T_A} = \dfrac{P_B V_B}{T_B}$, $T_A = T_B$, $V_A > V_B$ → $P_A < P_B$

ㄷ. (가) → (나) 과정에서 B가 받은 일은 B의 내부 에너지 증가량과 같다. 보다 크다. → B가 받은 일은 B의 내부 에너지 증가량과 A로 전달된 열에너지를 합한 값과 같다.

① ㄱ   ② ㄴ ✓   ③ ㄱ, ㄷ   ④ ㄴ, ㄷ   ⑤ ㄱ, ㄴ, ㄷ

|자|료|해|설|

(가)에서 A와 B는 압력과 부피, 온도가 같으므로 보일-샤를의 법칙($\dfrac{PV}{T}$ =일정)의 값이 같다.

(가)에서 (나)로 변하면서 금속판은 고정되어 있으므로 A는 등적과정을 거치고, B는 초기에 외부의 힘에 의해 단열된 실린더가 밀리면서 부피가 작아지므로 단열 압축 과정을 거친다. 한편, 금속판은 열전달이 잘되므로 (가)에서 (나)로 변하면서 B에서 증가한 이상 기체의 내부 에너지가 A로 일부 전달되어 열평형이 일어난다. 이때, A에서는 보일-샤를의 법칙($\dfrac{PV}{T}$ =일정)에 의해 온도와 압력이 변화한다.

|보|기|풀|이|

ㄱ. 오답 : (나)에서 B가 단열 압축되면서 B의 내부 에너지, 즉 B의 온도가 증가하고, 이것이 A로 열전달 되어 A의 온도도 증가한다. 따라서 A의 온도는 (가)에서가 (나)에서보다 낮다.

ㄴ. 정답 : 열전달이 가능해 열평형이 일어나므로 (나)에서 A와 B의 온도는 같다. (가)에서 두 기체의 보일-샤를의 법칙($\dfrac{PV}{T}$ =일정)의 값이 같았으므로 (나)에서도 같아야 하는데, (나)는 동일한 온도에서 B의 부피가 A보다 작은 상태이므로 B의 압력은 A보다 크다. 따라서 (나)에서 기체의 압력은 A가 B보다 작다.

ㄷ. 오답 : (나)에서 B가 받은 일은 B의 내부 에너지의 증가로 이어지는데, A와 B 사이에는 B에서 A 방향으로 열전달이 일어나므로, B가 받은 일의 일부는 A의 내부 에너지 증가로도 이어진다. 즉, (가) → (나) 과정에서 B가 받은 일은 B의 내부 에너지 증가량과 A의 내부 에너지 증가량의 합이다.

🙂 **문제풀이 TIP** | 열전달이 잘되는 금속판을 사이에 둔 두 이상 기체에서는 열 교환이 일어난다. 또한 단열 압축이 일어나면 이상 기체의 부피는 감소하고 압력과 온도는 증가한다. 단열 압축이 일어날 때 외부와의 열 교환은 없으므로 $Q=0$이고, 외부에서 해준 일은 이상 기체의 내부 에너지 증가량과 같다. ($-W = \Delta U$) 하지만 A와 B 사이에 열전달이 일어나므로 B가 받은 일은 A에게도 전달되어, A의 온도가 증가한다.

그림 (가)는 이상 기체 A가 들어 있는 실린더에서 피스톤이 정지해 있는 것을, (나)는 (가)에서 핀을 제거하였더니 **A가 단열 팽창하여 피스톤이 정지한 것**을, (다)는 (나)에서 **A에 열량 Q를 공급한 것**을 나타낸 것이다. A의 압력은 (가)에서와 (다)에서가 같고, A의 부피는 (나)에서와 (다)에서가 같다.

$W = -\Delta U$ → 기체의 온도 하강

$Q = \Delta U'$ → 기체의 온도 상승

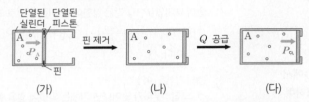

(가)   (나)   (다)

이에 대한 설명으로 옳은 것만을 〈보기〉에서 있는 대로 고른 것은?

3점

보기
ㄱ. (가) → (나) 과정에서 A는 외부에 일을 한다.
ㄴ. (나) → (다) 과정에서 A의 내부 에너지 증가량은 Q이다.
ㄷ. A의 온도는 (다)에서가 (가)에서보다 ~~작다.~~ 크다

① ㄱ   ② ㄷ   ③ ㄱ, ㄴ   ④ ㄴ, ㄷ   ⑤ ㄱ, ㄴ, ㄷ

|자|료|해|설|
(가) → (나) 과정 : 단열 팽창 과정으로 기체의 내부 에너지 감소량만큼 기체가 외부에 일하므로 기체 온도는 감소한다.($W = -\Delta U$)
(나) → (다) 과정 : 기체에 공급한 열량은 기체의 내부 에너지의 증가량과 같다.($Q = \Delta U'$)

|보|기|풀|이|
ㄱ. 정답 : (가) → (나) 과정에서 A의 부피는 증가하므로 A는 외부에 일을 한다.($W > 0$)
ㄴ. 정답 : (나) → (다) 과정에서 A의 부피는 변화가 없으므로 A에 공급한 열량 Q는 내부 에너지 증가량 $\Delta U'$ 와 같다.
ㄷ. 오답 : 압력이 일정할 때 이상 기체의 부피는 절대 온도에 비례한다.($PV = nRT$) A의 압력은 (가)와 (다)에서 같으므로 부피가 더 큰 (다)에서의 온도가 (가)에서보다 크다.

😊 **문제풀이 TIP** | 단열 팽창 : 기체의 내부 에너지 감소량= 기체가 외부에 한 일

😊 **출제분석** | 열역학 제1법칙($Q = \Delta U + W$)을 바탕으로 등압, 등적, 단열과정을 설명할 수 있다면 이 영역의 문항은 문제없이 해결할 수 있다.

그림과 같이 이상 기체가 들어 있는 용기와 실린더가 피스톤에 의해 A, B, C 세 부분으로 나누어져 있다. 피스톤 P는 고정핀에 의해 고정되어 있고, **피스톤 Q는 정지해 있다.** A, B에서 온도는 같고, 압력은 A에서가 B에서보다 작다. 이후, 고정핀을 제거하였다.

→ A의 압력=C의 압력

단열된 실린더 단열된 피스톤 Q 단열된 피스톤 P 단열 용기

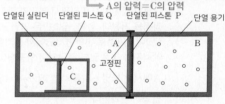

이에 대한 설명으로 옳은 것만을 〈보기〉에서 있는 대로 고른 것은? (단, 단열 용기를 통한 기체 분자의 이동은 없고, 피스톤의 마찰은 무시한다.)

보기
ㄱ. 고정핀을 제거하기 전 기체의 압력은 A, C에서 같다.
ㄴ. 고정핀을 제거한 후 P가 움직이는 동안 B에서 기체의 온도는 감소한다.
ㄷ. 고정핀을 제거한 후 Q가 움직이는 동안 C에서 기체의 내부 에너지는 증가한다.

① ㄱ   ② ㄴ   ③ ㄱ, ㄷ   ④ ㄴ, ㄷ   ⑤ ㄱ, ㄴ, ㄷ

|자|료|해|설|
피스톤 Q가 정지해 있다는 것은 A의 압력과 C의 압력이 같음을 의미한다. 이후 고정핀을 제거한다면 단열된 피스톤 P는 압력이 작은 A쪽으로 움직일 것이고 이 때 B는 단열 팽창하여 내부에너지와 온도, 압력이 감소하고 A는 단열 압축하여 내부에너지와 온도, 압력이 증가한다. 피스톤 P는 B와 A의 압력이 같아질 때까지 움직인다.

|보|기|풀|이|
ㄱ. 정답 : A의 압력과 C의 압력이 다르다면 피스톤 Q는 움직인다.
ㄴ. 정답 : 고정핀을 제거하면 단열된 피스톤 P는 압력이 작은 A쪽으로 움직인다. 이 때 B의 기체는 내부에너지가 감소한 만큼 A에 일을 한다. 내부 에너지는 절대 온도에 비례하므로 B에서 기체의 온도는 감소한다.
ㄷ. 정답 : 피스톤 P가 움직이는 동안 A의 압력도 증가하므로 피스톤 Q도 C의 부피가 줄어드는 쪽으로 움직이며 C는 단열 압축되어 내부에너지와 온도, 압력이 증가한다. Q는 A와 C의 압력이 같아질 때까지 움직인다.

😊 **문제풀이 TIP** | 열역학 제1법칙 : $Q = \Delta U + W$
단열과정($Q = 0$)에서 $W = -\Delta U$ 으로 부피가 팽창할 경우 기체가 가진 내부 에너지로 외부에 일을 한다.

😊 **출제분석** | 열역학적 과정 중 단열 과정에 해당하는 상황으로 열역학 제1법칙을 적용하여 예상되는 결과를 도출할 수 있어야 한다.

그림 (가)와 같이 단열된 실린더와 단열되지 않은 실린더에 각각
같은 양의 동일한 이상 기체 A, B가 들어 있고, 단면적이 같은
단열된 두 피스톤이 정지해 있다. B의 온도를 일정하게 유지하면서
A에 열을 공급하였더니 피스톤이 천천히 이동하여 정지하였다.
그림 (나)는 시간에 따른 A와 B의 온도를 나타낸 것이다.

A의 온도 증가
(=내부 에너지 증가)
⇩
A의 압력 증가
A의 압력이 B보다 크므로
막대는 B쪽으로 이동하며
A의 부피는 증가
⇩
A는 부피가 증가하며 압력 감소
B는 압축되어 온도가 올라가야
하지만 실린더가 단열되지 않아
열이 실린더 밖으로
방출
⇩
A와 B의 압력이
같아지면 막대는 정지

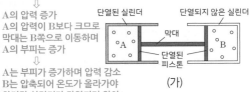

(가)

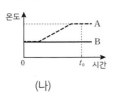

(나)

이에 대한 설명으로 옳은 것만을 〈보기〉에서 있는 대로 고른 것은?
(단, 실린더는 고정되어 있고, 피스톤의 마찰은 무시한다.) 3점

보기
ㄱ. t_0일 때, 내부 에너지는 A가 B보다 크다.
ㄴ. t_0일 때, 부피는 B가 A보다 크다. (작)
ㄷ. A의 온도가 높아지는 동안 B는 열을 방출한다.

① ㄱ　　② ㄴ　　③ ㄱ, ㄷ　　④ ㄴ, ㄷ　　⑤ ㄱ, ㄴ, ㄷ

|자|료|해|설|
A에 열을 공급하면 A의 온도가 증가하여 내부 에너지는
증가한다. 또한 A의 압력이 증가하여 (가)의 막대는
B쪽으로 이동한다. B는 압축되어 부피가 줄고 온도가
올라가야 하지만 (나)와 같이 시간에 따른 온도 변화는
없으므로 열이 실린더 밖으로 방출된다.

|보|기|풀|이|
ㄱ. 정답 : 내부에너지는 기체의 절대 온도에 비례한다.
따라서 t_0일 때 같은 양의 동일한 이상 기체 A, B의 내부
에너지는 온도가 더 높은 A가 B보다 크다.
ㄴ. 오답 : t_0일 때 A는 열을 받아 팽창하였으므로 부피는
A가 B보다 크다.
ㄷ. 정답 : A의 온도가 높아지면서 A는 팽창하고 막대가
오른쪽으로 움직여 B를 압축시켜 B에 일을 한다.
이 때 B의 온도 변화는 없으므로 내부에너지 변화는
없다.($\Delta U = 0$) 따라서 A로부터 B가 받은 일(W)은 모두
열(Q)로 방출된다.($Q = \Delta U + W = W$)

😀 **문제풀이 TIP |** 기체 A가 있는 단열된 실린더에서 $\frac{PV}{T}$ = 일정(P : 압력, V : 부피, T : 절대 온도)하므로 기체의 온도가 증가하면 기체의 압력이 외부의 압력보다 증가하여 부피가
증가한다.

그림 (가)와 같이 단열된 실린더와 두 단열된 피스톤에 의해
분리되어 있는 일정량의 이상 기체 A, B, C가 있다. 두 피스톤은
정지해 있다. 그림 (나)는 (가)의 B에 열을 서서히 가하여 B의
상태를 a → b 과정을 따라 변화시킬 때 B의 압력과 부피를 나타낸
것이다. b에서 두 피스톤은 정지 상태에 있다.

→ 기체의 내부
에너지 증가,
절대 온도 증가,
압력 증가

→ A, B, C의 압력은 같다.

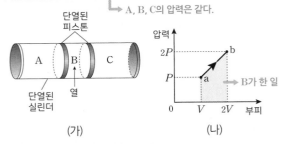

(가)　　　　　(나)

이에 대한 설명으로 옳은 것만을 〈보기〉에서 있는 대로 고른 것은?
(단, 모든 마찰은 무시한다.) 3점

보기
ㄱ. b에서 C의 압력은 $2P$이다.
ㄴ. a → b 과정에서 B가 한 일은 $2PV$이다. (1.5)
ㄷ. a → b 과정에서 A와 C의 내부 에너지 증가량의 합은 $2PV$
이다. (1.5)

① ㄱ　　② ㄴ　　③ ㄱ, ㄷ　　④ ㄴ, ㄷ　　⑤ ㄱ, ㄴ, ㄷ

|자|료|해|설|
B에 열을 서서히 가하여 a → b 과정을 따라 변화시키면
B의 내부 에너지와 절대 온도, 압력이 증가한다. 이때 B는
팽창하는 반면 A와 C는 압축하여 A, B, C의 압력이
같아질 때 피스톤은 정지한다.

|보|기|풀|이|
ㄱ. 정답 : b에서 피스톤이 정지하므로 A, B, C의 압력은
모두 $2P$로 같다.
ㄴ. 오답 : a → b 과정에서 B가 한 일은 (나)에서 그래프의
면적에 해당하므로 $1.5PV$이다.
ㄷ. 오답 : a → b 과정에서 A와 C의 내부 에너지의
증가량은 B가 한 일과 같으므로 $1.5PV$이다.

😀 **문제풀이 TIP |** 압력－부피 그래프에서 그래프의 면적은
기체가 한 일이다.

😀 **출제분석 |** 이 영역의 문제를 해결하기 위해서는 압력과 온도의
기본 개념을 바탕으로 이상 기체 상태 방정식을 이해해야 한다.
매회 등장하는 영역이므로 잘 정리해두자.

그림 (가)의 Ⅰ은 이상 기체가 들어 있는 실린더에 피스톤이 정지해 있는 모습을, Ⅱ는 Ⅰ에서 기체에 열을 서서히 가했을 때 기체가 팽창하여 피스톤이 정지한 모습을, Ⅲ은 Ⅱ에서 피스톤에 모래를 서서히 올려 피스톤이 내려가 정지한 모습을 나타낸 것이다. Ⅰ과 Ⅲ에서 기체의 부피는 같다. 그림 (나)는 (가)의 기체 상태가 변화할 때 압력과 부피를 나타낸 것이다. A, B, C는 각각 Ⅰ, Ⅱ, Ⅲ에서의 기체의 상태 중 하나이다.

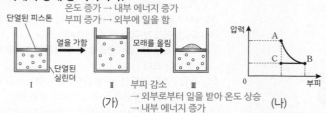

온도 증가 → 내부 에너지 증가
부피 증가 → 외부에 일을 함

단열된 피스톤 / 열을 가함 / 모래를 올림 / 단열된 실린더

Ⅰ   Ⅱ   부피 감소   Ⅲ
(가)   → 외부로부터 일을 받아 온도 상승   (나)
→ 내부 에너지 증가

이에 대한 설명으로 옳은 것만을 〈보기〉에서 있는 대로 고른 것은? (단, 피스톤의 마찰은 무시한다.) **3점**

보기
ㄱ. Ⅰ → Ⅱ 과정에서 기체는 외부에 일을 한다.
ㄴ. 기체의 온도는 Ⅲ에서가 Ⅰ에서보다 높다.
ㄷ. Ⅱ → Ⅲ 과정은 B → C̶ 과정에 해당한다.
                        A

① ㄱ   ② ㄷ   ③ ㄱ, ㄴ   ④ ㄴ, ㄷ   ⑤ ㄱ, ㄴ, ㄷ

|자|료|해|설|
Ⅰ → Ⅱ 과정에서 기체는 열을 받아 온도가 증가하여 내부 에너지가 증가하는 한편, 부피가 증가하여 외부에 일을 한다. Ⅱ → Ⅲ 과정에서 기체의 부피는 모래에 의해 줄어들며 외부로부터 일을 받는다. 이 때 기체는 온도가 상승하여 내부 에너지가 증가한다.

|보|기|풀|이|
ㄱ. 정답 : Ⅰ → Ⅱ 과정에서 기체는 팽창하므로 외부에 일을 한다.
ㄴ. 정답 : Ⅰ → Ⅱ 과정에서 기체의 온도는 상승한다. Ⅱ → Ⅲ 과정에서도 기체의 온도는 증가하므로 기체의 온도는 Ⅲ에서가 Ⅰ에서보다 높다.
ㄷ. 오답 : Ⅱ → Ⅲ 과정은 모래에 의해 기체의 부피가 줄어들면서 기체의 압력이 증가하는 상항이므로 B → A 과정에 해당한다.

😀 **문제풀이 TIP** | 기체의 부피가 팽창하면 기체는 외부에 일을 하고 부피가 줄어들면 기체는 외부로부터 일을 받는다.

😀 **출제분석** | 기체의 열 출입에 따른 온도, 압력, 부피 관계를 잘 이해하고 있다면 쉽게 해결할 수 있는 문항이다.

그림 (가)와 같이 피스톤으로 분리된 실린더의 두 부분에 같은 양의 동일한 이상 기체 A와 B가 들어 있다. A와 B의 온도와 부피는 서로 같다. 그림 (나)는 (가)의 A에 열량 Q_1을 가했더니 피스톤이 천천히 d만큼 이동하여 정지한 모습을, (다)는 (나)의 B에 열량 Q_2를 가했더니 피스톤이 천천히 d만큼 이동하여 정지한 모습을 나타낸 것이다.

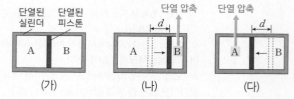

단열된 실린더 / 단열된 피스톤

단열 압축 / 단열 압축

(가)   (나)   (다)

이에 대한 옳은 설명만을 〈보기〉에서 있는 대로 고른 것은? (단, 피스톤과 실린더의 마찰은 무시한다.)

보기
ㄱ. A의 내부 에너지는 (가)에서와̶ (나)에서가̶ 같̶다̶.
                가   보다   작다.
ㄴ. A의 압력은 (다)에서가 (가)에서보다 크다.
ㄷ. B의 내부 에너지는 (다)에서가 (가)에서보다 $\dfrac{Q_1+Q_2}{2}$만큼 크다.

① ㄴ   ② ㄷ   ③ ㄱ, ㄴ   ④ ㄱ, ㄷ   ⑤ ㄴ, ㄷ

|자|료|해|설|
(가) → (나) : A가 열량 Q_1을 흡수하면서 A의 압력, 온도, 부피가 모두 상승하여 A와 B의 압력이 같아질 때까지 피스톤은 B쪽으로 움직인다. B는 압력, 온도가 증가, 부피는 감소한다.
(나) → (다) : B가 열량 Q_2를 흡수하면서 B의 압력, 온도, 부피가 모두 상승하여 A와 B의 압력이 같아질 때까지 피스톤은 A쪽으로 움직인다. A는 압력, 온도가 증가, 부피는 감소한다.

|보|기|풀|이|
ㄱ. 오답 : (가) → (나)에서 A의 온도는 증가하므로 내부 에너지는 (가)에서가 (나)에서보다 작다.
ㄴ. 정답 : A의 압력은 (가) → (나) → (다) 과정에서 계속 증가한다.
ㄷ. 정답 : (가)와 (다)를 비교하면 최종적으로 A와 B는 Q_1+Q_2의 에너지를 흡수하여 모두 내부 에너지가 Q_1+Q_2만큼 증가한다. 따라서 A와 B의 내부 에너지 증가량은 각각 $\dfrac{Q_1+Q_2}{2}$이다.

😀 **문제풀이 TIP** | A와 B는 같은 양의 동일한 이상기체이므로 (나)에서 $\dfrac{P_A V_A}{T_A} = \dfrac{P_B V_B}{T_B} =$ 일정하다. 피스톤은 움직이지 않으므로 $P_A = P_B$이고 $V_A > V_B$이므로 $T_A > T_B$이다.

😀 **출제분석** | 이상기체 상태 방정식($PV = nRT$)으로 위의 상황을 설명할 수 있도록 노력한다면 열역학 문제는 문제없이 해결할 수 있다.

그림은 열기관에 들어 있는 일정량의 이상 기체의 압력과 부피 변화를 나타낸 것으로, 상태 $A \rightarrow B$, $C \rightarrow D$, $E \rightarrow F$는 등압 과정, $B \rightarrow C \rightarrow E$, $F \rightarrow D \rightarrow A$는 단열 과정이다. 표는 순환 과정 Ⅰ과 Ⅱ에서 기체의 상태 변화를 나타낸 것이다.

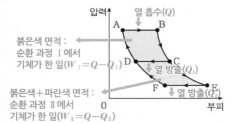

순환 과정	상태 변화
Ⅰ	$A \rightarrow B \rightarrow C \rightarrow D \rightarrow A$
Ⅱ	$A \rightarrow B \rightarrow E \rightarrow F \rightarrow A$

기체가 한 번 순환하는 동안, Ⅱ에서가 Ⅰ에서보다 큰 물리량만을 〈보기〉에서 있는 대로 고른 것은? 3점

보기

 ㄱ. 기체가 흡수한 열량 ➡ Ⅰ = Ⅱ   ~~ㄴ~~. 기체가 방출한 열량 ➡ Ⅰ > Ⅱ
ㄷ. 열기관의 열효율

① ㄱ   ② ㄷ ✓   ③ ㄱ, ㄴ   ④ ㄱ, ㄷ   ⑤ ㄴ, ㄷ

|자|료|해|설|

$B \rightarrow C \rightarrow E$, $F \rightarrow D \rightarrow A$는 단열 과정이므로 열을 흡수하는 과정은 기체가 팽창하는 $A \rightarrow B$ 과정이다. 순환 과정 Ⅰ, Ⅱ에서 열을 흡수하는 과정은 $A \rightarrow B$ 과정뿐이므로 두 순환 과정에서 기체가 흡수한 열량(Q)은 같다.
순환 과정 Ⅰ에서 열을 방출하는 과정은 기체가 압축되는 $C \rightarrow D$ 과정이고, 순환 과정 Ⅱ에서 열을 방출하는 과정은 $E \rightarrow F$이다. 이때 방출하는 두 열량(Q_I, Q_{II})을 정확히 비교하는 것은 어려우므로 두 순환 과정이 한 일(W_I, W_{II})을 이용하여 방출하는 열량을 비교해야 한다. 그래프에 둘러싸인 면적이 기체가 한 일을 의미하므로 기체가 한 일은 순환 과정 Ⅰ이 Ⅱ에서 보다 작다.($W_I < W_{II}$) 기체가 방출한 열량은 기체가 흡수한 열량에서 기체가 한 일을 빼면 구할 수 있으므로 $Q_I = Q - W_I$, $Q_{II} = Q - W_{II}$이다.

|보|기|풀|이|

ㄱ. 오답 : 순환 과정 Ⅰ, Ⅱ에서 열을 흡수하는 과정은 $A \rightarrow B$ 과정뿐이므로 기체가 흡수한 열량(Q)은 같다.

ㄴ. 오답 : 순환 과정 Ⅰ, Ⅱ에서 기체가 방출한 열량은 각각 $Q_I = Q - W_I$, $Q_{II} = Q - W_{II}$이고 $W_I < W_{II}$이므로 $Q_I > Q_{II}$이다.

ㄷ. 정답 : 열효율은 $e = \dfrac{W}{Q}$이고 $W_I < W_{II}$이므로 순환 과정 Ⅱ의 열효율이 Ⅰ보다 크다.

😊 **문제풀이 TIP |** 열역학 단원은 그래프와 관련된 문제가 자주 출제되므로 그래프를 해석하고 파악하는 연습을 중점적으로 해야 한다.

😎 **출제분석 |** 열역학은 다른 역학 단원에 가려져 공부를 등한시하기 쉬운 주제이지만, 수능에서 항상 오답률 상위권을 차지하는 주제이므로 공부를 소홀히 하면 안 된다.

그림 (가), (나)는 서로 다른 열기관에서 같은 양의 동일한 이상 기체가 각각 상태 $A \rightarrow B \rightarrow C \rightarrow A$, $A \rightarrow B \rightarrow D \rightarrow A$를 따라 순환하는 동안 기체의 압력과 부피를 나타낸 것이다. $C \rightarrow A$ 과정은 등온 과정, $D \rightarrow A$ 과정은 단열 과정이다. 기체가 한 번 순환하는 동안 한 일은 (나)에서가 (가)에서보다 크다.

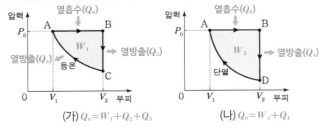

(가) $Q_0 = W_1 + Q_2 + Q_3$ (나) $Q_0 = W_2 + Q_4$

이에 대한 옳은 설명만을 〈보기〉에서 있는 대로 고른 것은?

보기

ㄱ. 기체의 온도는 C에서가 D에서보다 높다.
ㄴ. 열효율은 (나)의 열기관이 (가)의 열기관보다 크다.
ㄷ. 기체가 한 번 순환하는 동안 방출한 열은 (가)에서가 (나)에서보다 크다.

① ㄱ   ② ㄷ   ③ ㄱ, ㄴ   ④ ㄴ, ㄷ   ⑤ ㄱ, ㄴ, ㄷ ✓

|자|료|해|설|

(가)와 (나)의 $A \rightarrow B$ 과정에서 열을 흡수하고, (가)는 $B \rightarrow C \rightarrow A$ 과정, (나)는 $B \rightarrow D$ 과정에서 열을 방출한다.

|보|기|풀|이|

ㄱ. 정답 : (가)에서 $C \rightarrow A$ 과정은 등온이므로 A와 C는 온도가 같고, (나)에서 $D \rightarrow A$ 과정은 단열 압축이므로 A는 D보다 온도가 높다. 따라서 온도는 C에서가 D에서보다 높다.

ㄴ. 정답 : (가)와 (나)에서 열기관이 한 일은 그래프의 면적과 같다. 열효율 = $\dfrac{\text{한 일}}{\text{흡수한 열}}$인데 흡수한 열은 같고 기체가 한 일은 $W_1 < W_2$이므로 열효율은 (나)의 열기관이 (가)보다 크다.

ㄷ. 정답 : 기체가 한 번 순환하는 동안 방출한 열은 에너지 보존 법칙에 따라 (가)와 (나)에서 각각 $Q_0 - W_1$, $Q_0 - W_2$이다. $W_1 < W_2$이므로 $Q_0 - W_1 > Q_0 - W_2$이다.

😊 **문제풀이 TIP |** 보일-샤를의 법칙에 따라 압력과 부피가 같은 상태에서 기체의 온도는 같다.

😎 **출제분석 |** 압력-부피 그래프와 열역학적 과정, 열효율을 묻는 보기가 매회 등장한다.

그림은 일정한 양의 이상 기체의 상태가 A → B → C를 따라 변할 때, 압력과 부피를 나타낸 것이다. 이에 대한 설명으로 옳은 것만을 〈보기〉에서 있는 대로 고른 것은?

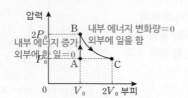

보기

ㄱ. A → B 과정에서 기체는 열을 흡수한다.

ㄴ. B → C 과정에서 기체는 외부에 일을 한다.

ㄷ. 기체의 내부 에너지는 C에서가 A에서보다 크다.

① ㄱ   ② ㄴ   ③ ㄱ, ㄷ   ④ ㄴ, ㄷ   ✔⑤ ㄱ, ㄴ, ㄷ

😀 **문제풀이 TIP** | 보일-샤를의 법칙 : $\frac{PV}{T}$ = 일정

열역학 제1법칙 : $Q = \Delta U + W$
등적과정 : 기체의 부피 변화가 없으므로($\Delta V = 0$) 외부에 하는 일은 0($W = 0$)이다. 즉, 기체에 공급된 열은 모두 내부 에너지 증가에 쓰인다.($Q = \Delta U + W = \Delta U$)
등온 팽창 과정 : 온도가 일정하게 유지($\Delta T = 0$)되므로 내부에너지 변화는 없다. ($\Delta U = 0$) 기체가 등온 팽창을 하면 기체는 외부에 일을 하므로 기체에 공급된 열은 모두 외부에 일을 하는데 쓰인다.($Q = \Delta U + W = W$)

😀 **출제분석** | 열역학 제1법칙에 관한 문항에서 열역학 과정에 대한 이해는 필수이다. 문제풀이 tip과 함께 등압 과정, 등온 압축 과정, 단열 과정을 잘 정리해두자.

|자|료|해|설|
A → B 과정은 등적 과정으로 부피 변화가 없으므로 외부에 한 일은 0이다. 또한 $\frac{PV}{T}$ = 일정한 상황에서 압력(P)과 부피(V)의 곱은 B지점($2P_0V_0$)이 A지점(P_0V_0)보다 크므로 온도는 B지점(T_B)이 A지점(T_A)보다 크다. 내부 에너지(U)는 절대 온도(T)에 비례하므로 A → B 과정에서 내부 에너지는 증가한다. B → C 과정에서는 압력(P)과 부피(V)의 곱이 $2P_0V_0$로 같으므로 B와 C지점의 온도는 같다. ($\frac{PV}{T}$ = 일정) 즉 B → C 과정은 등온 팽창 과정으로, 온도 변화가 없어 내부 에너지 변화가 없고 부피가 팽창하므로 외부에 일을 한다.

|보|기|풀|이|
ㄱ. 정답 : A → B 과정은 등적 과정으로 내부 에너지는 증가($\Delta U_{AB} > 0$)하지만 부피 변화가 없어 외부에 한 일은 0이다. ($W_{AB} = 0$) 즉, 열역학 제1법칙에 따라, 기체가 받은 열에너지는 $Q_{AB} = \Delta U_{AB} + W_{AB} = \Delta U_{AB}$이다.

ㄴ. 정답 : B → C 과정은 등온 팽창 과정으로 부피가 팽창하므로 외부에 일을 한다.($W_{BC} > 0$) 한편, 내부 에너지 변화는 없으므로($\Delta U = 0$) 열역학 제1법칙에 따라 기체가 받은 열에너지는 $Q_{BC} = \Delta U_{BC} + W_{BC} = W_{BC}$이다.

ㄷ. 정답 : A → B 과정에서 온도는 상승하여 내부 에너지는 증가하지만 B → C 과정은 등온 과정으로 내부 에너지가 일정하다. 따라서 기체의 내부 에너지는 C에서가 A에서보다 크다.

그림은 일정량의 이상 기체의 상태가 A → B → C → D → A를 따라 변할 때 절대 온도와 부피를 나타낸 것이다. 이에 대한 옳은 설명만을 〈보기〉에서 있는 대로 고른 것은?

3점

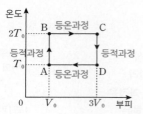

보기

ㄱ. A와 C에서 기체의 압력은 ~~같다.~~ 같지 않다.

ㄴ. B → C 과정에서 기체가 한 일은 기체가 흡수한 열량과 같다.

ㄷ. A → B 과정에서 기체가 흡수한 열량은 C → D 과정에서 기체가 방출한 열량과 같다.

① ㄱ   ② ㄷ   ③ ㄱ, ㄴ   ✔④ ㄴ, ㄷ   ⑤ ㄱ, ㄴ, ㄷ

	부피	온도	압력
A	V_0	T_0	P_0
B	V_0	$2T_0$	$2P_0$
C	$3V_0$	$2T_0$	$\frac{2}{3}P_0$
D	$3V_0$	T_0	$\frac{1}{3}P_0$

😀 **문제풀이 TIP** | 등온 과정, 등적 과정에 대한 이해가 필요한 문제이다.

😀 **출제분석** | 열역학 과정에 대한 이해만 있다면 쉽게 풀 수 있는 문제이다.

|자|료|해|설|
A → B, C → D는 부피가 일정한 등적과정이고 B → C, D → A는 온도가 일정한 등온과정이다. 이상기체 상태 방정식 $PV = nRT$를 활용하여 구한 A, B, C, D에서의 압력은 왼쪽 표와 같다.
〈등적과정〉 $V = 0 → W = 0$
$Q = \Delta U + W = \Delta U \propto \Delta T$
열을 흡수하면 모두 기체의 내부에너지 변화에 사용되어 온도가 올라간다. 흡수 혹은 방출한 열량과 기체의 온도변화(ΔT)는 비례한다.
〈등온과정〉 $\Delta T = 0 → \Delta U = 0$
$Q = \Delta U + W = W$
열을 흡수하면 흡수한 에너지양만큼 외부에 일을 한다.

|보|기|풀|이|
ㄱ. 오답 : A 상태의 압력은 P_0이고, C상태의 압력은 $\frac{2}{3}P_0$이다. 그러므로 같지 않다.

ㄴ. 정답 : B → C 과정은 등온과정이므로 기체가 한 일은 기체가 흡수한 열량과 같다.

ㄷ. 정답 : A → B 과정, C → D 과정은 등적과정이다. A → B 과정과 C → D 과정에서 온도변화(ΔT)는 같으므로 A → B 과정에서 기체가 흡수한 열량과 C → D 과정에서 기체가 방출한 열량은 같다.

그림은 일정량의 이상 기체의 상태가 A → B → C 과정을 따라 변할 때 부피와 절대 온도를 나타낸 것이다. 이에 대한 설명으로 옳은 것만을 <보기>에서 있는 대로 고른 것은?

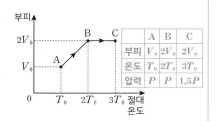

	A	B	C
부피	V_0	$2V_0$	$2V_0$
온도	T_0	$2T_0$	$3T_0$
압력	P	P	$1.5P$

보기

ㄱ. 기체 분자의 평균 운동 에너지는 A에서가 B에서의 ~~2배이다.~~ $\frac{1}{2}$배이다.

ㄴ. 기체의 압력은 C에서가 A에서보다 크다.

ㄷ. B → C 과정에서 기체가 한 일은 0이다.

① ㄱ　　② ㄴ　　③ ㄷ　　④ ㄱ, ㄴ　　✔⑤ ㄴ, ㄷ

|자|료|해|설|

그래프를 통해 각 상태의 부피와 온도를 알 수 있다. 이 조건을 가지고 $PV = nRT$라는 공식을 사용해서 각 상태의 압력을 비교할 수 있다. A상태의 압력을 P로 하고 각 상태의 조건들을 정리하면 왼쪽의 표와 같이 된다. 기체 분자의 평균 운동 에너지는 $\frac{3}{2}kT$이므로 온도에 비례한다. 기체가 한 일$(W) = P\varDelta V$이다.

|보|기|풀|이|

ㄱ. 오답 : 평균 운동 에너지는 온도에 의해서 결정되고 A에서의 온도가 B에서의 $\frac{1}{2}$배이므로 운동 에너지도 $\frac{1}{2}$배가 된다.

ㄴ. 정답 : 압력은 $PV = nRT$ 공식을 사용해서 구하면 C에서 $1.5P$이고 A에서 P이므로 C에서가 A에서보다 크다.

ㄷ. 정답 : B → C 과정에서 부피의 변화가 0이기 때문에 한 일도 0이 된다.

😲 **문제풀이 T I P** | 기체의 내부에너지와 기체 분자의 평균 운동 에너지는 온도에 비례한다는 것, $PV = nRT$, 기체가 한 일$= P\varDelta V$라는 공식만 알면 쉽게 풀 수 있다.

😊 **출제분석** | 비교적 기본적인 열역학 문제이므로 쉽게 풀 수 있다.

그림은 일정량의 이상 기체의 상태가 A → B → C → D → A 과정을 따라 변할 때 압력과 부피를 나타낸 것이다. B → C, D → A 과정은 등온 과정이다. 이에 대한 설명으로 옳은 것만을 <보기>에서 있는 대로 고른 것은?

3점

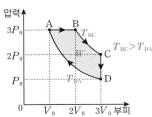

보기

ㄱ. A → B 과정에서 기체가 한 일은 $3P_0V_0$이다.

ㄴ. C → D 과정에서 기체의 내부 에너지는 감소한다.

ㄷ. A → B → C 과정에서 기체가 흡수한 열량은 C → D → A 과정에서 기체가 방출한 열량과 ~~같다.~~ 같지 않다.

① ㄱ　　② ㄷ　　✔③ ㄱ, ㄴ　　④ ㄴ, ㄷ　　⑤ ㄱ, ㄴ, ㄷ

|자|료|해|설|

압력−부피 그래프의 넓이로 기체가 한 일을 알 수 있다. 기체가 여러 변화 과정을 거치면서 처음의 상태로 되돌아오는 순환 과정임을 알 수 있다. 기체의 내부 에너지 $= \frac{3}{2}nRT$(단원자 분자)로 온도에 비례한다. 왼쪽 그래프를 참고하면 순환과정임을 알 수 있다. 순환과정에서 기체가 외부에 한 일은 그래프로 둘러싸인 부분의 넓이와 같다. 그래프에 표시해 보자면 왼쪽과 같다. 흡수한 열량−방출한 열량=기체가 외부에 한 일= 그래프로 둘러싸인 부분의 넓이≠0

|보|기|풀|이|

ㄱ. 정답 : A → B 과정에서 기체가 한 일$(W = P\varDelta V)$은 $V_0 \sim 2V_0$에서 A → B 그래프 아래의 넓이를 구하면 된다. A → B 과정에서 기체가 한 일은 $W = 3P_0\varDelta V = 3P_0(2V_0 - V_0) = 3P_0V_0$이다.

ㄴ. 정답 : C → D 과정에서 기체의 내부 에너지는 온도가 낮아졌으므로($T_{BC} > T_{DA}$) 감소한다.

ㄷ. 오답 : (A → B → C 과정에서 기체가 흡수한 열량) −(C → D → A 과정에서 기체가 방출한 열량)=(A → B → C → D → A 그래프로 둘러싸인 넓이)≠0이므로 같지 않다.

😲 **문제풀이 T I P** | 이 문제는 압력, 부피, 온도를 굳이 구하지 않고도 대수적으로 풀 수 있는 문제이다. 부피−압력 그래프에서는 그래프의 넓이가 기체가 한 일임을 아는 것이 중요하다.

😊 **출제분석** | ㄷ 보기가 헷갈리는 학생들이 있을 수 있다. 순환과정에서 둘러싸인 넓이가 기체가 한 일 임을 알아야 한다.

그림은 온도가 T_1인 열원에서 $3Q$의 열을 흡수하여 Q의 일을 하고, 온도가 T_2인 열원으로 열을 방출하는 열기관을 나타낸 것이다. 이에 대한 설명으로 옳은 것만을 〈보기〉에서 있는 대로 고른 것은?

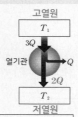

고열원
T_1

$3Q$

열기관 → Q

$2Q$

T_2
저열원

보기
ㄱ. $T_1 > T_2$이다.
ㄴ. 열효율은 $\frac{1}{3}$이다.
ㄷ. T_2인 열원으로 방출하는 열은 $2Q$이다.

① ㄴ   ② ㄷ   ③ ㄱ, ㄴ   ④ ㄱ, ㄷ   ✓⑤ ㄱ, ㄴ, ㄷ

|자|료|해|설|
그림은 열기관이 고열원인 T_1에서 $3Q$의 열을 흡수하여 Q의 일을 하고 저열원인 T_2로 $2Q$의 열을 방출하는 것을 나타낸 것이다.

|보|기|풀|이|
ㄱ. 정답 : 열기관은 고열원에서 열을 흡수하여 저열원으로 열을 방출하므로 $T_1 > T_2$이다.
ㄴ. 정답 : 열효율(e)은 $e = \dfrac{\text{한 일}}{\text{공급한 열}} = \dfrac{Q}{3Q} = \dfrac{1}{3}$이다.
ㄷ. 정답 : 저열원으로 방출되는 열량은 공급받은 열에서 한 일을 뺀 값으로 $3Q - Q = 2Q$이다.

😀 **문제풀이 TIP |** 열기관은 열에너지를 일로 바꾸는 기관으로 높은 온도의 열원에서 열을 흡수하고, 일을 한 후 남은 열을 온도가 낮은 열원으로 방출한다.

😊 **출제분석 |** 열기관에 대한 문제는 자주 출제되지 않는 영역이지만 매우 간단한 개념이므로 반드시 숙지하자.

그림은 일정량의 이상 기체의 상태가 A → B → C → D → A를 따라 변할 때, 절대 온도와 압력을 나타낸 것이다. B → C는 등적 과정이다. 이에 대한 설명으로 옳은 것만을 〈보기〉에서 있는 대로 고른 것은?

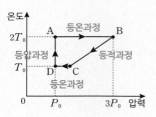

온도

$2T_0$ A — 등온과정 → B
등압과정   등적과정
T_0 D ← C
   등온과정
0   P_0 $3P_0$ 압력

보기

감소한다.

ㄱ. A → B 과정에서 기체의 부피는 ~~증가한다~~.
ㄴ. B → C 과정에서 기체가 방출한 열량은 D → A 과정에서 기체가 흡수한 열량보다 작다.
ㄷ. C → D 과정에서 기체의 엔트로피는 증가한다.

① ㄱ   ② ㄴ   ③ ㄷ   ④ ㄱ, ㄴ   ✓⑤ ㄴ, ㄷ

	압력	온도	부피
A	P_0	$2T_0$	$2V_0$
B	$3P_0$	$2T_0$	$\frac{2}{3}V_0$
C	$\frac{3}{2}P_0$	T_0	$\frac{2}{3}V_0$
D	P_0	T_0	V_0

|자|료|해|설|
이상기체 상태 방정식 $PV = nRT$를 활용하여 구한 A, B, D의 부피는 왼쪽 표와 같다. 문제에서 B → C는 등적과정이라 주어졌으므로 B와 C에서 기체의 부피는 같다.
〈등적과정〉 $\Delta V = 0 \rightarrow W = 0$
      $Q = \Delta U + W = \Delta U \propto \Delta T$
열을 흡수하면 모두 기체의 내부에너지 변화에 사용되어 온도가 올라간다. 흡수 혹은 방출한 열량과 기체의 온도변화(ΔT)는 비례한다.
〈등온과정〉 $\Delta T = 0 \rightarrow \Delta U = 0$
      $Q = \Delta U + W = W$
열을 흡수하면 흡수한 에너지양만큼 외부에 일을 한다.
〈등압과정〉 $Q = \Delta U + W = \Delta U + P\Delta V$
자연적인 변화 과정이 더욱 무질서해질수록 계의 엔트로피가 증가한다. 압력이 작아질수록 무질서함이 증가하게 된다.

|보|기|풀|이|
ㄱ. 오답 : A에서 부피는 $2V_0$, B에서 부피는 $\frac{2}{3}V_0$로 A → B과정에서 기체의 부피는 감소한다.
ㄴ. 정답 : B → C 과정은 등적과정으로 $W = 0$이므로 방출한 열량은 모두 내부에너지 변화를 일으킨다. ($Q = \Delta U$) D → A 과정은 등압과정으로 흡수한 열량만큼 내부에너지 변화(ΔU)가 일어나고 기체가 일을 한다.($Q = \Delta U + P\Delta V$) 두 과정에서 ΔT는 같아서 ΔU도 같으므로 B → C 과정에서 방출한 열량($Q = \Delta U$)은 D → A 과정에서 흡수한 열량($Q = \Delta U + P\Delta V$)보다 $P\Delta V$만큼 작다.
ㄷ. 정답 : C → D 과정에서 압력은 감소하고 부피가 증가해 무질서함이 증가하므로 엔트로피는 증가한다.

😀 **문제풀이 TIP |** 이 문제는 열역학의 모든 과정을 알아야 풀 수 있는 문제이다.

😊 **출제분석 |** 비교적 많은 개념을 다루고 있는 문제이므로 열역학 과정들에 대한 정확한 이해가 중요하다.

표는 고열원에서 열을 흡수하여 일을 하고 저열원으로 열을 방출하는 열기관 A, B가 1회의 순환 과정 동안 한 일과 저열원으로 방출한 열을 나타낸 것이다. **열효율은 A가 B의 2배이다.** 이에 대한 설명으로 옳은 것만을 〈보기〉에서 있는 대로 고른 것은?

열기관	한 일	방출한 열
A	$8kJ(W_A)+12kJ(Q_{CA})=20kJ=Q_{HA}$	
B	$W_0(W_B)+ 8kJ(Q_{CB})=Q_{HB}$	

보기

$$e_A\left(=\frac{W_A}{Q_{HA}}\right)=2e_B\left(=\frac{W_B}{Q_{HB}}\right)$$

ㄱ. A의 열효율은 $\frac{2}{5}$이다.

ㄴ. $W_0=2kJ$이다.

ㄷ. 1회의 순환 과정 동안 고열원에서 흡수한 열은 A가 B의 2배이다.

① ㄱ   ② ㄴ   ③ ㄱ, ㄷ   ④ ㄴ, ㄷ   ✓⑤ ㄱ, ㄴ, ㄷ

|자|료|해|설|

고열원에서 흡수한 열은 한 일과 방출한 열의 합이므로 A와 B의 흡수한 열은 각각 8kJ+12kJ=20kJ, W_0+8kJ 이다.

A와 B의 열효율은 각각 $e_A=\frac{W_A}{Q_{HA}}=\frac{8kJ}{20kJ}$, $e_B=\frac{W_B}{Q_{HB}}$ $=\frac{W_0}{W_0+8}$이고 A가 B의 2배이므로 $e_A=2e_B$이다. 즉, $\frac{8}{20}=\frac{2W_0}{W_0+8}$이므로 $W_0=2kJ$이다.

|보|기|풀|이|

ㄱ. 정답 : A의 열효율은 $e_A=\frac{W_A}{Q_{HA}}=\frac{8kJ}{20kJ}=\frac{2}{5}$이다.

ㄴ. 정답 : 자료 해설과 같이 $W_0=2kJ$이다.

ㄷ. 정답 : 1회의 순환과정 동안 고열원에서 흡수한 열은 A와 B가 각각 $Q_{HA}=20kJ$, $Q_{HB}=W_0+8=10kJ$이므로 A가 B의 2배이다.

🤓 **문제풀이 TIP** | 열효율 : $e=\frac{W}{Q_H}$

🤓 **출제분석** | 열효율의 기본 개념을 확인하는 문항이다. 출제 빈도는 낮은 편이나 매우 쉽게 해결할 수 있는 영역이므로 반드시 숙지하자.

그림은 고열원으로부터 열을 흡수하여 $4W$의 일을 하고 저열원으로 Q_0의 열을 방출하는 열기관 A와, Q_0의 열을 흡수하여 $3W$의 일을 하는 열기관 B를 나타낸 것이다. A와 B의 열효율은 e로 같다.

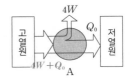

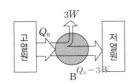

e는?

① $\frac{1}{8}$ ② $\frac{1}{5}$ ✓③ $\frac{1}{4}$ ④ $\frac{1}{3}$ ⑤ $\frac{1}{2}$

|자|료|해|설|

A에서 고열원으로부터 흡수한 열량은 일($4W$)과 저열원으로 방출한 열량(Q_0)의 합이므로 $4W+Q_0$이다.

열효율은 $\frac{일}{고열원에서 방출한 열량}$이므로 A와 B의 열효율은 각각 $e_A=\frac{4W}{4W+Q_0}$, $e_B=\frac{3W}{Q_0}$이다.

|선|택|지|풀|이|

③ 정답 : 문제에서 $e_A=e_B=e$이라고 주어졌으므로 $\frac{4W}{4W+Q_0}=\frac{3W}{Q_0}$이고 $Q_0=12W$이다.

따라서 $e=\frac{3W}{Q_0}=\frac{3W}{12W}=\frac{1}{4}$이다.

🤓 **문제풀이 TIP** | 열효율 $e=\frac{일}{고열원에서 방출한 열량}=\frac{W}{Q_고}<1$

🤓 **출제분석** | 열기관의 열효율에 관한 문항은 출제 빈도가 낮은 영역이지만 틀리면 매우 곤란하다. 개념이 비교적 쉽고 간단하므로 꼭 살펴보아야 한다.

그림 (가)는 일정량의 이상 기체가 상태 A → B → C를 따라 변할 때 기체의 압력과 부피를 나타낸 것이다. 그림 (나)는 (가)의 A → B 과정과 B → C 과정 중 하나로, 기체가 들어 있는 열 출입이 자유로운 실린더의 피스톤에 모래를 조금씩 올려 피스톤이 서서히 내려가는 과정을 나타낸 것이다. (나)의 과정에서 기체의 온도는 T_0으로 일정하다.

(가)

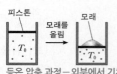
등온 압축 과정 – 외부에서 기체에 일한 만큼 열 방출
(나)

이에 대한 설명으로 옳은 것만을 〈보기〉에서 있는 대로 고른 것은? (단, 실린더와 피스톤 사이의 마찰은 무시한다.)

보기
ㄱ. (나)는 B → C 과정이다.
ㄴ. (가)에서 기체의 내부 에너지는 A에서가 C에서보다 작다.
ㄷ. (나)의 과정에서 기체는 외부에 열을 방출한다.

① ㄱ   ② ㄷ   ③ ㄱ, ㄴ   ④ ㄴ, ㄷ   ✔⑤ ㄱ, ㄴ, ㄷ

|자|료|해|설|
(나)는 등온 압축 과정으로 외부에서 기체에 일한 만큼 열을 방출한다.

|보|기|풀|이|
ㄱ. 정답 : (나)는 기체의 부피가 줄어드는 과정이므로 B → C 과정이다.
ㄴ. 정답 : A에서 온도를 T_1이라 하면 B와 C에서 기체의 온도는 T_0이고 $T_1 < T_0$이다. 기체의 내부 에너지는 기체의 절대 온도에 비례하므로 기체의 내부 에너지는 A에서가 C에서보다 작다.
ㄷ. 정답 : (나)에서 등온 과정으로 기체의 부피가 감소하므로 기체는 외부에 열을 방출한다.

😊 **출제분석** | 기체의 압력과 부피, 온도의 관계를 이해하고 등압, 등온, 등적, 단열의 열역학 과정을 설명할 수 있어야 한다.

그림은 고열원에서 Q_1의 열을 흡수하여 W의 일을 하고 저열원으로 Q_2의 열을 방출하는 열기관을 모식적으로 나타낸 것이다. 표는 이 열기관에서 두 가지 상황 A, B의 Q_1, W, Q_2를 나타낸 것이다. **열기관의 열효율은 일정하다.**

$\rightarrow e = \dfrac{W}{Q_1} =$ 일정

⊙ : ⓒ은?

	A	B
Q_1	200kJ	ⓒ
W	⊙	30kJ
Q_2	150kJ	

① 1 : 1   ✔② 5 : 12   ③ 7 : 12   ④ 12 : 5   ⑤ 12 : 7

|자|료|해|설|및|선|택|지|풀|이|
② 정답 : $Q_1 = W + Q_2$이므로 ⊙ = 200kJ − 150kJ = 50kJ 이다. A의 열효율은 $e = \dfrac{W}{Q_1} = \dfrac{50\text{kJ}}{200\text{kJ}} = 0.25$이고 이는 B의 열효율과 같다. 즉, B에서 열효율은 $e = 0.25 = \dfrac{30\text{kJ}}{ⓒ}$이므로 ⓒ은 120kJ이다.

😊 **문제풀이 TIP** | 열효율: $e = \dfrac{W}{Q_1}$

😊 **출제분석** | 열기관에 관한 내용은 비교적 단순하여 이 영역의 문항은 쉽게 해결할 수 있다. 틀리지 않도록 유의하자.

그림은 어떤 열기관에서 일정량의 이상 기체의 상태가 과정 Ⅰ → Ⅱ → Ⅲ → Ⅳ를 따라 변할 때, 압력과 부피를 나타낸 것이다. 표는 과정 Ⅰ~Ⅳ에서 기체가 외부에 한 일(W), 기체가 흡수한 열량(Q), 기체의 내부 에너지 변화량(ΔU)을 일부만 나타낸 것이다.

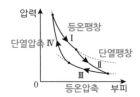

구분	Ⅰ	Ⅱ	Ⅲ	Ⅳ
W	a	c	$-b$	$-c$
Q	a	0	$-b$	0
ΔU	0	$-c$	0	c

이 열기관의 열효율은? (단, $b \neq c$이다.)

① $\dfrac{a-2b}{a}$ ✓② $\dfrac{a-b}{a}$ ③ $\dfrac{a-c}{a}$ ④ $\dfrac{a-b}{a+b}$ ⑤ $\dfrac{a-c}{a+b}$

😲 문제풀이 TIP | Ⅰ~Ⅳ에서의 일(W)을 직접 계산하여 열효율을 구할 수도 있다. $W = a + c - b - c$이므로 열기관의 열효율 $e_c = \dfrac{W}{Q_1} = \dfrac{a+c-b-c}{a} = \dfrac{a-b}{a}$이다.

😲 출제분석 | 이 문제는 카르노 열기관에 대한 이해가 필요한 문제이다. 식은 복잡하지 않으니 표를 채우다 보면 쉽게 풀 수 있다.

|자|료|해|설|

$Q = \Delta U + W$를 이용하여 Ⅰ~Ⅳ에서 비어있는 W, Q, ΔU를 채우면 위와 같다.

<등온과정> $\Delta T = 0 \rightarrow \Delta U = 0$

      $Q = \Delta U + W = W$

      열을 흡수하면 흡수한 에너지양만큼 외부에 일을 한다.

<단열과정> $Q = 0 \rightarrow \Delta U + W = 0$

      $\rightarrow \Delta U = -W = -P\Delta V$

열기관의 열효율(카르노 열효율 e_c)

$e_c = \dfrac{\text{얻은 에너지}}{\text{공급한 에너지}} = \dfrac{W}{Q_1} = \dfrac{Q_1 - Q_2}{Q_1} = 1 - \dfrac{Q_2}{Q_1}$이다.

(Q_1: 흡수한 열량, Q_2: 방출한 열량)

|선|택|지|풀|이|

② 정답 : 문제의 표에서는 흡수한 열량을 기준으로 나타냈으므로 (−)부호는 방출한 열량을 의미한다. Ⅰ에서는 a만큼 열량을 흡수하고, Ⅲ에서는 b만큼 열량을 방출한다. 정리하면 $Q_1 = a$, $Q_2 = b$가 되고 식에 대입해서 효율을 구하면 아래와 같다.

$e_c = \dfrac{W}{Q_1} = \dfrac{Q_1 - Q_2}{Q_1} = \dfrac{a-b}{a}$

그림은 열기관에서 일정량의 이상 기체의 상태가 A → B → C → D → A를 따라 순환하는 동안 기체의 압력과 부피를, 표는 각 과정에서 기체가 흡수 또는 방출하는 열량을 나타낸 것이다.

등압 과정
$Q = \Delta U + W = 15Q$(흡수)
→ 기체의 온도 증가

등적 과정
$\Delta V = 0$이므로 $W = 0$
$Q = \Delta U = 9Q$(방출)

등적 과정
$\Delta V = 0$이므로 $W = 0$
$Q = \Delta U = 3Q$(흡수)

한 일
$= 15Q + 3Q - 9Q - 5Q$
$= 4Q$

등압 과정
$Q = \Delta U + W = 5Q$(방출)

과정	흡수 또는 방출하는 열량
A → B	$15Q$ (흡수)
B → C	$9Q$ (방출)
C → D	$5Q$ (방출)
D → A	$3Q$ (흡수)

이에 대한 옳은 설명만을 <보기>에서 있는 대로 고른 것은? 3점

보기

ㄱ. A → B 과정에서 기체의 온도가 증가한다.

ㄴ. 기체가 한 번 순환하는 동안 한 일은 ~~16Q~~ $4Q$이다.

ㄷ. 열기관의 열효율은 $\dfrac{2}{9}$이다.

① ㄱ   ② ㄴ   ✓③ ㄱ, ㄷ   ④ ㄴ, ㄷ   ⑤ ㄱ, ㄴ, ㄷ

|자|료|해|설|

A → B 과정 : 등압 과정으로 $15Q$의 열량을 흡수한다. 이때 기체의 온도가 증가하고 부피가 팽창하므로 기체는 외부에 일을 한다.

B → C 과정 : 등적 과정으로 $9Q$의 열량을 방출한다. 이때 기체의 온도가 감소하며 기체의 압력이 감소하고, 부피 변화는 없으므로 기체가 한 일은 0이다.

C → D 과정 : 등압 과정으로 $5Q$의 열량을 방출한다. 이때 기체는 부피가 감소하므로 외부로부터 일을 받으면서도 온도가 감소한다.

D → A 과정 : 등적 과정으로 $3Q$의 열량을 흡수한다. 이때 부피 변화는 없으므로 한 일은 0이고 기체의 온도는 증가한다.

|보|기|풀|이|

ㄱ. 정답 : 자료 해설과 같이 A → B 과정에서 기체의 온도는 증가한다.

ㄴ. 오답 : 기체가 한 번 순환하는 동안 한 일은 그래프의 사각형 면적으로 총 흡수한 열량−방출한 열량 = $15Q - 9Q - 5Q + 3Q = 4Q$이다.

ㄷ. 정답 : 열기관의 열효율은 $\dfrac{\text{한 일}}{\text{총 흡수한 열량}} = \dfrac{4Q}{18Q} = \dfrac{2}{9}$이다.

😲 문제풀이 TIP | 등압 과정에서 부피가 팽창하는 과정, 압력이 상승하는 등적 과정은 열을 흡수하는 과정이다.

😲 출제분석 | 열역학 영역의 문항은 열역학의 4가지 과정(등압, 등적, 등온, 단열)을 반드시 이해해야 문제를 해결할 수 있다.

그림은 열기관에서 일정량의 이상 기체의 상태가 A → B → C → D → A를 따라 순환하는 동안 기체의 압력과 부피를 나타낸 것이다. 표는 각 과정에서 기체의 내부 에너지 증가량 또는 감소량 ΔU와 기체가 외부에 한 일 또는 외부로부터 받은 일 W를 나타낸 것이다.

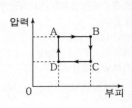

과정	ΔU(J)	W(J)	Q(J)
A → B	120	80	200
B → C	−110	0	−110
C → D	−㉠	−40	−㉠−40
D → A	50	0	50

이에 대한 옳은 설명만을 〈보기〉에서 있는 대로 고른 것은? 3점

보기

ㄱ. ㉠은 60이다.

ㄴ. B → C 과정에서 기체는 열을 흡수(방출)한다.

ㄷ. 열기관의 열효율은 ~~0.2~~(0.16)이다.

① ㄱ   ② ㄴ   ③ ㄱ, ㄷ   ④ ㄴ, ㄷ   ⑤ ㄱ, ㄴ, ㄷ

|자|료|해|설|

A → B → C → D → A를 따라 순환하는 동안 $\Delta U = 0$이다. A → B와 D → A 과정에서 $\Delta U > 0$이고 B → C → D 과정에서 $\Delta U < 0$이다.

|보|기|풀|이|

ㄱ. 정답 : 120−110−㉠+50=0이므로 ㉠은 60이다.

ㄴ. 오답 : B → C 과정에서 $Q < 0$이므로 기체는 열을 방출한다.

ㄷ. 오답 : 열기관의 열효율은 $e = \dfrac{\text{기체가 외부에 한 일}}{\text{흡수한 열 에너지}} = \dfrac{80-40}{200+50} = 0.16$이다.

💡 문제풀이 TIP | 기체는 A → B와 D → A 과정에서 열을 흡수하고 B → C → D 과정에서 열을 방출한다.

😀 출제분석 | 압력−부피 그래프의 열역학 과정에서 내부 에너지 변화와 기체가 한 일을 이해하는 것은 필수이다.

그림은 열효율이 0.4인 열기관에서 일정량의 이상 기체의 상태가 A → B → C → D → A를 따라 변할 때 기체의 압력과 부피를 나타낸 것이다. A → B는 기체의 압력이 일정한 과정, C → D는 기체의 부피가 일정한 과정, B → C와 D → A는 단열 과정이다. A → B 과정에서 기체가 흡수한 열량은 Q_0이다.

이에 대한 설명으로 옳은 것만을 〈보기〉에서 있는 대로 고른 것은?

등압 팽창(열 흡수)
$Q_0 = \Delta U + W$

단열 팽창, $Q = 0$
$W = -\Delta U > 0$

등적 과정(열 방출)
$\Delta V = 0$이므로
$W = 0$
기체의 온도가 감소하므로 내부에너지 감소
$-(1-0.4)Q_0$
$= \Delta U < 0$

보기

ㄱ. A → B 과정에서 기체가 외부에 한 일은 Q_0~~이다.~~(보다 작다.)

ㄴ. B → C 과정에서 기체의 내부 에너지는 감소한다.

ㄷ. C → D 과정에서 기체가 방출한 열량은 $0.6Q_0$이다.

① ㄱ   ② ㄷ   ③ ㄱ, ㄴ   ④ ㄴ, ㄷ   ⑤ ㄱ, ㄴ, ㄷ

|자|료|해|설|

A → B 과정 : 등압 팽창 과정으로 기체는 열(Q_0)을 흡수하여 내부 에너지(ΔU)가 증가하고 외부에 일(W)을 한다.($Q_0 = \Delta U + W$)

B → C 과정 : 단열 팽창 과정으로 열 출입은 없으며 기체의 내부 에너지 감소량만큼 외부에 일을 한다.

C → D 과정 : 등적 과정으로 기체의 내부 에너지 감소량만큼 열을 방출한다. 열효율이 0.4이므로 이때 방출된 열은 $Q_0 - W = Q_0 - 0.4Q_0 = 0.6Q_0$이다.

D → A 과정 : 단열 압축 과정으로 열 출입은 없으며 외부에서 일을 받은 만큼 내부 에너지가 증가한다.

|보|기|풀|이|

ㄱ. 오답 : 기체가 흡수한 열(Q_0)은 외부에 일을 하는 데 쓰일 뿐만 아니라 내부 에너지(ΔU)가 증가하는 데에도 쓰이므로 $Q_0 = \Delta U + W$에서 $Q_0 > W$이다.

ㄴ. 정답 : 단열 과정에서 기체의 부피가 늘어날 때 기체는 내부 에너지 감소량만큼 외부에 일을 한다.

ㄷ. 정답 : 기체가 방출한 열량은 흡수한 열량에서 기체가 외부에 한 일을 뺀 값과 같다. 따라서 방출된 열은 $Q_0 - W = Q_0 - 0.4Q_0 = 0.6Q_0$이다.

💡 문제풀이 TIP | 열효율이 0.4이므로 기체가 한 번 순환하는 과정에서 외부에 한 일은 $0.4Q_0$이다.

😀 출제분석 | 압력−부피 그래프로부터 열역학 과정과 열효율을 묻는 보기가 자주 등장하고 있으므로 이 점을 유의하여 잘 정리해두자.

그림은 열기관에서 일정량의 이상 기체의 상태가 A → B → C → D → A의 과정을 따라 변할 때 기체의 압력과 부피를 나타낸 것이다. 표는 각 과정에서 기체가 외부에 한 일 또는 외부로부터 받은 일 W와 기체가 흡수 또는 방출하는 열량 Q를 나타낸 것이다.

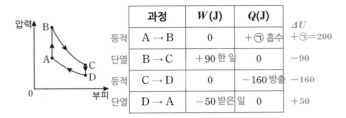

과정		$W(J)$	$Q(J)$	ΔU
등적	A → B	0	+㉠ 흡수	+㉠=200
단열	B → C	+90 한 일	0	−90
등적	C → D	0	−160 방출	−160
단열	D → A	−50 받은 일	0	+50

이에 대한 설명으로 옳은 것만을 <보기>에서 있는 대로 고른 것은?

3점

보기
ㄱ. B → C는 단열 과정이다.
ㄴ. ㉠은 ~~300~~ 200 이다.
ㄷ. 열기관의 열효율은 0.2이다.

① ㄱ   ② ㄴ   ③ ㄱ, ㄷ ✓   ④ ㄴ, ㄷ   ⑤ ㄱ, ㄴ, ㄷ

|자|료|해|설|

A → B 과정 : $\Delta U > 0$, $W = 0$, $Q > 0$
등적 과정으로 외부에서 ㉠만큼 열을 흡수하고 흡수한 열량만큼 내부 에너지가 증가한다.
B → C 과정 : $\Delta U < 0$, $W > 0$, $Q = 0$
단열 팽창 과정으로 외부에 90J의 일을 하고 한 일만큼 내부 에너지가 감소한다.
C → D 과정 : $\Delta U < 0$, $W = 0$, $Q < 0$
등적 과정으로 외부에 160J만큼 열을 방출하고 방출한 열량만큼 내부 에너지가 감소한다.
D → A 과정 : $\Delta U > 0$, $W < 0$, $Q = 0$
단열 압축 과정으로 외부에서 50J만큼 일을 받고 받은 일만큼 내부 에너지가 증가한다.

|보|기|풀|이|

ㄱ. 정답 : B → C 과정은 $Q = 0$이므로 단열 과정이다.
ㄴ. 오답 : 열기관이 한 번 순환했을 때 흡수한 열량은 ㉠, 방출한 열량은 160J, 외부에 한 일은 90−50=40J이므로 ㉠=160+40=200J이다.
ㄷ. 정답 : 열기관의 열효율은 $\frac{40J}{200J} = 0.2$이다.

😀 문제풀이 TIP | 온도 변화 또는 PV 값의 변화로 ΔU의 부호를, 부피 변화로 W의 부호를 알 수 있다.

$0.2 = \frac{W}{Q}$
$= \frac{Q−160}{Q}$

외부에 한 일 =0, 흡수한 열량 =내부 에너지 증가량

외부에 한 일 =기체의 내부 에너지 감소량

그림은 **열효율이 0.2인 열기관**에서 일정량의 이상 기체가 상태 A → B → C → A를 따라 순환하는 동안 기체의 압력과 부피를 나타낸 것이다. **A → B 과정은 부피가 일정한 과정**이고, **B → C 과정은 단열 과정**이며, **C → A 과정은 등온 과정이다.** C → A 과정에서 기체가 외부로부터 받은 일은 **160J이다.** 내부 에너지 변화=0, 외부로부터 받은 일=방출한 열량

이에 대한 설명으로 옳은 것만을 <보기>에서 있는 대로 고른 것은?

보기
ㄱ. 기체의 온도는 B에서가 C에서보다 높다.
ㄴ. A → B 과정에서 기체가 흡수한 열량은 200J이다.
ㄷ. B → C 과정에서 기체가 한 일은 ~~240J~~ 200 이다.

① ㄱ   ② ㄷ   ③ ㄱ, ㄴ ✓   ④ ㄴ, ㄷ   ⑤ ㄱ, ㄴ, ㄷ

|자|료|해|설|

흡수한 열량을 Q라 하면 열효율은 $0.2 = \frac{Q−160}{Q}$이므로 $Q=200J$이고 한번 순환하는 동안 기체가 한 일은 $W=Q−160=40J$이다.

|보|기|풀|이|

ㄱ. 정답 : B → C 과정은 단열 팽창하므로 기체가 외부에 한 일만큼 내부 에너지가 감소하므로 기체의 온도는 떨어진다.
ㄴ. 정답 : A → B는 한번 순환하는 동안 열량을 흡수하는 과정으로 기체는 $Q=200J$의 열량을 흡수한다.
ㄷ. 오답 : 자료 해설과 같이 B → C 과정에서 기체가 한 일은 200J이다.

😀 문제풀이 TIP | 열효율 = $\frac{\text{외부에 한 일}}{\text{기체가 흡수한 열량}}$ = $\frac{\text{기체가 흡수한 열량−방출한 열량}}{\text{기체가 흡수한 열량}}$

😀 출제분석 | 압력-부피 그래프에서 이상기체의 상태 그래프를 따라 한번 순환할 때, 각 순환과정에서 열역학 과정을 이해하고 있어야 한다.

그림은 **열효율이 0.2인 열기관**에서 일정량의 이상 기체가 A → B → C → D → A를 따라 순환하는 동안 기체의 압력과 부피를 나타낸 것이다. B → C 과정과 D → A 과정은 단열 과정이다. C → D 과정에서 **기체의 내부 에너지 감소량은 $4E_0$이고**, D → A 과정에서 **기체가 받은 일은 E_0이다.** 이에 대한 설명으로 옳은 것만을 〈보기〉에서 있는 대로 고른 것은?

$$0.2 = \frac{Q - 4E_0}{Q}$$

(그래프 레이블) 압력 / B / 흡수한 열량 = Q / 단열 / A / C / 방출된 열량 = $4E_0$ / 방출된 열량 = $4E_0$ / 단열 / D / 0 / V_1 / V_2 / 부피

〈3점〉

> **보기**
> ㄱ. 기체의 내부 에너지는 A에서가 D에서보다 크다.
> ㄴ. A → B 과정에서 기체가 흡수한 열량은 $\frac{5}{2}E_0$이다.
> ㄷ. B → C 과정에서 기체가 한 일은 $2E_0$이다.

① ㄱ　　② ㄷ　　③ ㄱ, ㄴ　　④ ㄱ, ㄷ　　⑤ ㄴ, ㄷ

|자|료|해|설|

A → B 과정에서 흡수한 열량을 Q라 하면 열효율 $0.2 = \frac{Q - 4E_0}{Q}$이므로 $Q = 5E_0$이고 이상기체가 한 번 순환하는 동안 외부에 한 일은 $W = Q - 4E_0 = E_0$이다.

|보|기|풀|이|

ㄱ. 정답 : 기체의 내부 에너지는 기체의 절대 온도에 비례한다. D → A 과정에서 단열 압축되므로 기체의 온도는 증가한다. 따라서 기체의 내부 에너지는 A에서가 D에서보다 크다.

ㄴ. 오답 : A → B 과정에서 기체가 흡수한 열량은 $Q = 5E_0$이다.

ㄷ. 정답 : B → C 과정에서 기체가 한 일은 기체가 한 번 순환하는 동안 한 일 E_0와 D → A 과정에서 기체가 받은 일 E_0의 합인 $2E_0$이다.

😀 **문제풀이 TIP |** B → C 과정에서 기체가 한 일은 B → C 과정의 그래프와 x축까지의 면적이다.

😀 **출제분석 |** 열효율과 열역학 그래프를 이해하는지 가볍게 확인하는 수준에서 출제되었다.

그림은 어떤 열기관에서 일정량의 이상 기체가 상태 A → B → C → D → A를 따라 순환하는 동안 기체의 압력과 부피를, 표는 각 과정에서 기체가 흡수 또는 방출하는 열량을 나타낸 것이다.

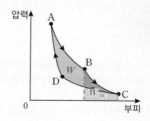

(그래프 레이블) 압력 / A / B / W / D / W_{BC} / C / 0 / 부피

과정	흡수 또는 방출하는 열량(J)
A → B	150
B → C	0
C → D	120
D → A	0

이에 대한 설명으로 옳은 것만을 〈보기〉에서 있는 대로 고른 것은?

〈3점〉

> **보기**
>
> ㄱ. B → C 과정에서 기체가 한 일은 0이다. 아니다
> ㄴ. 기체가 한 번 순환하는 동안 한 일은 30J이다.
> ㄷ. 열기관의 열효율은 0.2이다.

① ㄱ　　② ㄷ　　③ ㄱ, ㄴ　　④ ㄴ, ㄷ　　⑤ ㄱ, ㄴ, ㄷ

|자|료|해|설|

A → B 과정에서는 기체가 열을 흡수하며 부피는 팽창하여 외부에 일을 한다. B → C 과정에서는 단열 팽창 과정으로 기체의 내부 에너지가 감소한 만큼 외부에 일을 한다. C → D 과정에서는 외부에서 일을 받으며 기체의 부피는 압축되고 이때 기체는 외부로 열을 방출한다. D → A 과정에서는 단열 압축 과정으로 기체가 외부에서 받은 일만큼 내부 에너지가 증가한다.

|보|기|풀|이|

ㄱ. 오답 : B → C 과정에서 기체가 한 일은 압력-부피 그래프에서 B → C 그래프 아래 면적(W_{BC})으로 0이 아니다.

ㄴ. 정답 : 기체가 한 번 순환하는 동안 한 일은 그래프로 둘러싸인 면적(W)으로 W = 흡수한 열량(Q_1) - 방출한 열량(Q_2) = 150J - 120J = 30J이다.

ㄷ. 정답 : 열기관의 열효율은 $e = \frac{W}{Q_1} = \frac{30J}{150J} = 0.2$이다.

😀 **문제풀이 TIP |** 그래프가 만드는 면적은 기체가 외부에 한 일이다.

😀 **출제분석 |** 이 영역은 비교적 쉽게 이해할 수 있는 내용이므로 반드시 정답을 고를 수 있어야 한다.

그림은 열기관에서 일정량의 이상 기체의 상태가 A → B → C → D → A를 따라 변할 때 기체의 압력과 부피를, 표는 각 과정에서 기체가 외부에 한 일 또는 외부로부터 받은 일을 나타낸 것이다. 기체는 **A → B 과정에서 250J의 열량을 흡수**하고, B → C 과정과 D → A 과정은 열 출입이 없는 단열 과정이다.

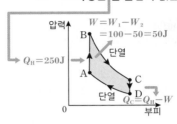

과정	외부에 한 일 또는 외부로부터 받은 일(J)
A → B	0
B → C	$W_1 = -\Delta U_1 = 100$
C → D	0
D → A	$-W_2 = \Delta U_2 = 50$

이에 대한 설명으로 옳은 것만을 〈보기〉에서 있는 대로 고른 것은? 3점

보기

ㄱ. B → C 과정에서 기체의 온도가 감소한다.
ㄴ. C → D 과정에서 기체가 방출한 열량은 ~~150~~ 200 이다.
ㄷ. 열기관의 열효율은 ~~0.4~~ 0.2 이다.

① ㄱ　　②ㄷ　　③ㄱ,ㄴ　　④ㄴ,ㄷ　　⑤ㄱ,ㄴ,ㄷ

|자|료|해|설|

A → B 과정 : $Q_H = 250$J의 열량을 흡수
B → C 과정 : 단열 과정으로 기체는 팽창하며 외부에 $W_1 = 100$J의 일을 하고 일한 만큼 기체의 내부 에너지가 감소($-\Delta U_1$)함.($W_1 = -\Delta U_1 = 100$J)
C → D 과정 : Q_C의 열량을 방출
D → A 과정 : 단열 과정으로 기체는 외부로부터 $-W_2 = 50$의 일을 받아 기체의 내부 에너지는 증가한다.($-W_2 = \Delta U_2 = 50$J)

|보|기|풀|이|

ㄱ 정답 : B → C 과정에서 기체의 내부 에너지는 감소하므로 기체 온도는 감소한다.

ㄴ. 오답 : 그래프의 면적은 열기관 한 번의 순환 과정을 거쳐 원래 상태로 되돌아올 때 외부에 한 일로 $W = W_1 - W_2 = 100 - 50 = 50$J이다. 따라서 C → D 과정에서 기체가 방출한 열량은 $Q_C = Q_H - W = 250 - 50 = 200$J이다.

ㄷ. 오답 : 열기관의 열효율은 $e = \dfrac{W}{Q_H} = \dfrac{50J}{250J} = 0.2$이다.

😲 문제풀이 T I P | ▶ 고열원에서 흡수한 열량(Q_H)=일(W)+ 저열원으로 방출한 열량(Q_C)
▶ 열효율 $e = \dfrac{W}{Q_H}$

😀 출제분석 | 열역학 과정에서 압력－부피에서 나타나는 그래프의 의미를 분석하는 문항으로 다소 어렵게 출제되었다.

그림은 일정량의 이상 기체의 상태가 A → B → C → A로 한 번 순환하는 동안 W의 일을 하는 열기관에서 기체의 압력과 부피를 나타낸 것이다. A → B 과정과 B → C 과정에서 기체가 흡수한 열량은 각각 Q_1, Q_2이다.

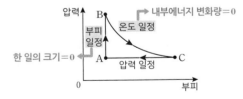

이에 대한 설명으로 옳은 것은? 3점

① A → B 과정에서 기체의 온도는 ~~감소~~ 증가 한다.
② B → C 과정에서 기체가 한 일은 Q_2 ~~보다 작다~~ 이다.
③ C → A 과정에서 내부 에너지 감소량은 Q_1이다.
④ $Q_1 + Q_2$ ~~=~~ > W이다. $\dfrac{W}{Q_1 + Q_2}$
⑤ 열기관의 열효율은 ~~$\dfrac{W}{Q_1}$~~ 이다.

|자|료|해|설|

	Q	ΔU	W
A → B	$+Q_1$	$+Q_1$	0
B → C	$+Q_2$	0	$+Q_2$
C → A	$W - Q_1 - Q_2$	$-Q_1$	$W - Q_2$

|선|택|지|풀|이|

① 오답 : A → B 과정에서 기체의 내부 에너지는 증가하므로 기체의 온도는 증가한다.
② 오답 : B → C 과정에서 기체의 온도가 일정하므로 기체가 한 일은 흡수한 열량과 같은 Q_2이다.
③ 정답 : B와 C는 온도가 같으므로 A → B 과정과 C → A 과정에서 온도 변화는 같다. 기체의 내부 에너지 변화량은 절대 온도의 변화에 비례하므로 C → A 과정에서 감소한 내부 에너지 감소량은 A → C 과정에서 증가한 내부 에너지 증가량과 같은 Q_1이다.
④ 오답 : C → A에서 방출되는 열량은 음 (−)의 값을 가지므로, $W - Q_1 - Q_2 < 0$에 의해 $Q_1 + Q_2 > W$이다.
⑤ 오답 : 기체가 흡수한 총열량은 $Q_1 + Q_2$이므로 열기관의 열효율은 $\dfrac{W}{Q_1 + Q_2}$이다.

😲 문제풀이 T I P | ▶ 열역학 제1법칙: $Q = \Delta U + W$
▶ 열효율 $e = \dfrac{W}{Q}$ (Q: 열기관에 공급된 열, W: 열기관이 한 일)

😀 출제분석 | 압력－부피 그래프에서 열역학 과정을 이해하는지 확인하는 문항이다.

그림은 **열효율이 0.3인** 열기관에서 일정량의 이상 기체가 상태
A → B → C → D → A를 따라 순환하는 동안 기체의 압력과 부피를,
표는 각 과정에서 기체가 흡수 또는 방출하는 열량을 나타낸 것이다.

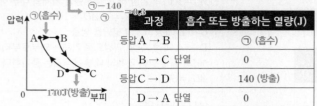

$$\frac{\textcircled{\tiny ㄱ}-140}{\textcircled{\tiny ㄱ}}=0.3$$

과정	흡수 또는 방출하는 열량(J)
등압 A → B	㉠ (흡수)
B → C 단열	0
등압 C → D	140 (방출)
D → A 단열	0

이에 대한 설명으로 옳은 것만을 〈보기〉에서 있는 대로 고른 것은?

보기

ㄱ. ㉠은 200이다.
ㄴ. A → B 과정에서 기체의 내부 에너지는 ~~감소~~ 증가 한다.
ㄷ. C → D 과정에서 기체는 외부로부터 열을 ~~흡수~~ 방출 한다.

① ㄱ   ② ㄷ   ③ ㄱ, ㄴ   ④ ㄴ, ㄷ   ⑤ ㄱ, ㄴ, ㄷ

|자|료|해|설|

A → B 과정 : ㉠을 흡수하여 기체의 압력이 일정하게 유지되면서 기체의 부피가 증가하고 온도가 상승하는 과정이다. (등압과정)
B → C 과정 : 기체의 내부 에너지가 감소한 만큼 외부에 일을 한다. 이때 기체의 온도는 감소하고 부피는 증가한다. (단열과정)
C → D 과정 : 140J의 열을 방출하여 기체의 압력이 일정하게 유지되면서 기체의 부피가 감소하고 온도가 감소하는 과정이다. (등압과정)
D → A 과정 : 외부에서 일을 받은 만큼 기체의 내부 에너지는 증가한다. 이때 기체의 부피는 줄어들고 온도는 증가한다. (단열과정)

|보|기|풀|이|

ㄱ. 정답 : 열기관의 열효율 = $\dfrac{\text{흡수한 열량} - \text{방출한 열량}}{\text{흡수한 열량}}$

= $\dfrac{\textcircled{\tiny ㄱ} - 140J}{\textcircled{\tiny ㄱ}} = 0.3$이므로 ㉠ = 200J이다.

ㄴ. 오답 : 자료 해설과 같이 A → B 과정에서 기체의 온도는 증가한다. 기체의 내부 에너지는 절대 온도에 비례하므로 기체의 내부 에너지는 증가한다.

ㄷ. 오답 : 자료 해설과 같이 C → D 과정에서 기체는 외부로 열을 방출한다.

😀 **문제풀이 TIP |** 열효율 = $\dfrac{\text{흡수한 열량} - \text{방출한 열량}}{\text{흡수한 열량}}$

😀 **출제분석 |** 열역학 과정을 나타내는 그래프와 열효율을 이용하는 문항이 자주 출제되고 있다. 압력 그래프에서 면적은 기체가 외부에 한 일(=흡수한 열량−방출한 열량)임을 이해함은 물론 열효율에 대해 숙지해야 문제를 해결할 수 있다.

표는 **열효율이 0.25인** 열기관에서
일정량의 이상 기체가 상태 A → B →
C → D → A를 따라 순환하는 동안
기체가 흡수 또는 방출하는 열량을
나타낸 것이다. A → B 과정과 C → D
과정에서 기체가 한 일은 0이다.
위 기체의 상태 변화와 Q를 옳게 짝지은
것만을 〈보기〉에서 있는 대로 고른 것은?

흡수한 열량 × 0.25 = 기체가 외부에 한 일 = $12Q_0 - Q$

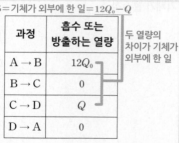

과정	흡수 또는 방출하는 열량	
A → B	$12Q_0$	두 열량의 차이가 기체가 외부에 한 일
B → C	0	
C → D	Q	
D → A	0	

|자|료|해|설|및|보|기|풀|이|

ㄱ, ㄷ. 정답, ㄴ. 오답 : 흡수한 열량이 $12Q_0$, 방출한 열량이 Q라면 기체가 외부에 한 일은 $12Q_0 - Q$이고 이는 압력−부피 그래프에서 그래프 안의 면적과 같다. 따라서 $12Q_0 - Q = 0.25 \times (12Q_0)$이므로 $Q = 9Q_0$이다. 흡수한 열량이 Q, 방출한 열량이 $12Q_0$라면 기체가 외부에 한 일은 $Q - 12Q_0 = 0.25 \times Q$이므로 $Q = 16Q_0$이다.

😀 **문제풀이 TIP |** 부피가 일정한 상황에서 압력이 증가하면 기체는 열을 흡수한다.

😀 **출제분석 |** 열효율 수치만으로 그려질 수 있는 열기관의 열역학 그래프를 찾는 문항으로 일반적으로 등장하는 유형과는 다르게 출제되었다.

보기

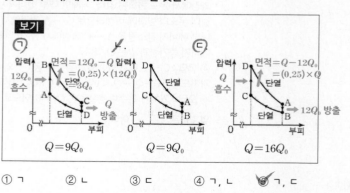

① ㄱ   ② ㄴ   ③ ㄷ   ④ ㄱ, ㄴ   ⑤ ㄱ, ㄷ

42 열역학

정답 ④　정답률 68%　2022년 7월 학평 5번　문제편 93p

그림은 일정량의 이상 기체의 상태가 A → B → C → A를 따라 순환하는 동안 압력과 부피를 나타낸 것이다. 표는 과정 A → B, B → C, C → A를 순서 없이 Ⅰ, Ⅱ, Ⅲ으로 나타낸 것이다. Q는 기체가 흡수 또는 방출하는 열량, ΔU는 기체의 내부 에너지 변화량, W는 기체가 한 일이다. B → C 과정은 등온 과정이다.

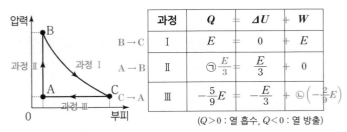

과정		Q	=	ΔU	+	W
B → C	Ⅰ	E		0		E
A → B	Ⅱ	$\frac{E}{3}$ ㉠		$\frac{E}{3}$		0
C → A	Ⅲ	$-\frac{5}{9}E$		$-\frac{E}{3}$		$\left(-\frac{2}{9}E\right)$ ㉡

($Q>0$: 열 흡수, $Q<0$: 열 방출)

이에 대한 설명으로 옳은 것만을 〈보기〉에서 있는 대로 고른 것은?

3점

보기

ㄱ. Ⅰ은 A → B이다.
ㄴ. ㉠은 $\frac{E}{3}$이다.
ㄷ. 기체가 한 번 순환하는 동안 한 일은 $\frac{7}{9}E$이다.

① ㄱ　② ㄴ　③ ㄱ, ㄷ　④ ㄴ, ㄷ　⑤ ㄱ, ㄴ, ㄷ

|자|료|해|설|
C → A 과정은 등압 압축 과정으로 기체가 방출하는 열량 (Q)은 내부 에너지 감소량(ΔU)과 외부에서 받은 일(W)의 합이므로 $-\frac{5}{9}E = -\frac{E}{3} + ㉡$이다. 따라서 ㉡ $= -\frac{2}{9}E$이다. A → B 과정은 등적 과정이므로 기체가 한 일이 0인 과정 Ⅱ 이다. B → C 과정은 등온 과정이므로 기체의 내부 에너지 변화량이 0인 과정 Ⅰ 이다.

|보|기|풀|이|
ㄱ. 오답 : 과정 Ⅰ은 등온 과정이므로 기체의 내부 에너지 변화량이 0이다. 따라서 B → C 과정이다.
ㄴ. 정답 : 과정 Ⅱ에서 $Q=\Delta U+W$이므로 ㉠ $=\frac{E}{3}+0$이다.
ㄷ. 정답 : 기체가 한 번 순환하는 동안 한 일은 과정 Ⅰ ~ Ⅲ 까지 기체가 한 일의 합이므로 $E-\frac{2}{9}E=\frac{7}{9}E$이다.

😮 **문제풀이 TIP** | 기체가 흡수 또는 방출하는 열량은 기체의 내부 에너지 변화량+기체가 한 일이다.($Q=\Delta U+W$)

😊 **출제분석** | 이 영역에서 압력−부피 그래프를 통해 열역학적 과정을 이해하는 부분은, 반드시 숙지해야 문제를 해결할 수 있다.

---

43 열기관

정답 ⑤　정답률 56%　2022년 4월 학평 12번　문제편 93p

$e=\dfrac{Q}{5Q}$ ← 그림은 **열효율이 0.2인 열기관**에서 일정량의 이상 기체가 상태 A → B → C → D → A를 따라 순환하는 동안 기체의 압력과 부피를 나타낸 것이다. $W=0$ ← **A → B 과정과 C → D 과정은 부피가 일정한 과정**이고, **B → C 과정과 D → A 과정은 온도가 일정한 과정**이다. B → C 과정에서 기체가 흡수한 열량은 $4Q$이고, D → A 과정에서 기체가 방출한 열량은 $3Q$이다.

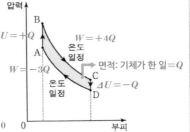

이에 대한 설명으로 옳은 것만을 〈보기〉에서 있는 대로 고른 것은?

3점

보기

ㄱ. A → B 과정에서 기체의 내부 에너지는 증가한다.
ㄴ. B → C 과정에서 기체가 한 일은 D → A 과정에서 기체가 받은 일의 $\frac{4}{3}$배이다.　↳$4Q$　↳$3Q$
ㄷ. C → D 과정에서 기체가 방출한 열량은 Q이다.

① ㄱ　② ㄷ　③ ㄱ, ㄴ　④ ㄴ, ㄷ　⑤ ㄱ, ㄴ, ㄷ

|자|료|해|설|
A → B 과정, C → D 과정은 등적 과정이므로 기체가 주고받은 일은 $W=0$이다. B → C 과정, D → A 과정은 등온 과정이므로 기체의 내부 에너지 변화량이 $\Delta U=0$이다. A와 D, B와 C의 온도가 각각 같으므로 A → B 과정, C → D 과정에서 내부 에너지 변화량의 크기는 같고, 그 크기를 Q_1이라고 하자. 온도(T)는 압력×부피(PV) 값에 비례하고 A → B 과정에서는 내부 에너지가 증가하므로 Q_1을 흡수하고, C → D 과정에서는 내부 에너지가 감소하므로 Q_1을 방출한다.
순환 과정에서 열기관이 흡수하는 열은 Q_1+4Q이고, 방출하는 열은 Q_1+3Q이므로 열기관이 하는 일은 Q이다. 이때 열효율이 $e=\dfrac{Q}{Q_1+4Q}=0.2$이므로 열기관이 흡수하는 열은 Q의 5배인 $5Q$이다. 따라서 $Q_1=Q$이다.

|보|기|풀|이|
ㄱ. 정답 : A → B 과정에서 기체의 온도는 증가하므로 기체의 내부 에너지는 증가한다.
ㄴ. 정답 : B → C 과정, D → A 과정은 기체의 내부 에너지 변화량이 $\Delta U=0$이므로 $Q=\Delta U+W$에 의해 $Q=W$이다. B → C 과정에서 기체가 한 일은 $4Q$, D → A 과정에서 기체가 받은 일은 $3Q$이므로 기체가 한 일은 받은 일의 $\frac{4}{3}$배 이다.
ㄷ. 정답 : C → D 과정에서 기체가 방출한 열량은 $Q_1=Q$ 이다.

😮 **문제풀이 TIP** | 등적 과정에서 흡수한 열량은 기체의 내부 에너지 증가량과 같고, 등온 과정에서 흡수한 열량은 기체가 외부에 한 일과 같다.

😊 **출제분석** | 최근 출제 경향은 열역학 과정을 압력−부피 그래프로 해석하고 열효율과 관련지어 묻는 보기가 자주 출제된다.

그림은 열기관에서 일정량의 이상
기체가 상태 A → B → C → D → A를
따라 순환하는 동안 기체의 압력과
부피를, 표는 각 과정에서 기체가 흡수
또는 방출하는 열량과 기체의 내부
에너지 증가량 또는 감소량을 나타낸
것이다.

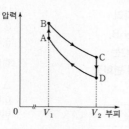

	과정	흡수 또는 방출하는 열량(J)		내부 에너지 증가량 또는 감소량(J)	
등적 과정 $(W=0, Q=\Delta U)$	A → B	50 (흡수)	=	50 ⓛ (증가량)	
등온 팽창$(\Delta U=0)$	B → C	100 (흡수)		0	→ 1번 순환하는 동안
등적 과정 $(W=0, Q=\Delta U)$	C → D	120 ㄱ (방출)	=	120 (감소량)	ⓒ−120+ⓒ =50−120+ⓒ =0 ∴ ⓒ=70
단열 과정$(Q=0)$	D → A	0		70 ⓒ (증가량)	

이에 대한 설명으로 옳은 것만을 〈보기〉에서 있는 대로 고른 것은?

보기

ㄱ. ㄱ은 120이다.
ㄴ. ⓒ−ⓛ=20이다.
ㄷ. 열기관의 열효율은 0.2이다.

① ㄱ   ② ㄷ   ③ ㄱ, ㄴ   ④ ㄴ, ㄷ   ✔⑤ ㄱ, ㄴ, ㄷ

|자|료|해|설|

A → B 과정은 압력만 증가하는 등적 과정으로 흡수한
열량이 내부 에너지 증가량과 같다. B → C 과정은 등온
팽창 과정으로 흡수한 열량이 모두 외부에 일을 하여 내부
에너지 변화량은 0이다. C → D 과정은 압력이 감소하는
등적 과정으로 방출한 열량이 내부 에너지 감소량과 같다.
D → A 과정은 부피가 줄어드는 단열 과정으로 외부에서
일을 받은 만큼 내부 에너지가 증가한다.

과정	Q	ΔU	W
A → B (등적)	+50J	+50J	0
B → C (등온)	+100J	0	+100J
C → D (등적)	−120J	−120J	0
D → A (단열)	0	+70J	−70J

|보|기|풀|이|

ㄱ. 정답 : C → D 과정은 압력이 감소하는 등적 과정으로
방출한 열량이 내부 에너지 감소량과 같으므로 ㄱ=120
이다.

ㄴ. 정답 : A → B 과정은 압력만 증가하는 등적 과정으로
흡수한 열량이 내부 에너지 증가량과 같아 ⓛ=50이다.
기체가 A → B → C → D → A를 따라 한번 순환하는 동안
내부 에너지 변화량은 0이므로 ⓛ−120+ⓒ=50−120+
ⓒ=0이므로 ⓒ=70이다. 따라서 ⓒ−ⓛ=20이다.

ㄷ. 정답 : 흡수하는 총 열량은 50+100=150J, 방출하는
열량은 120J이므로 열효율은 $\frac{150-120}{150}=0.2$이다.

😮 **문제풀이 T I P |** 열효율 $e=\dfrac{외부에 한 일}{흡수한 열량}=$
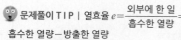
$\dfrac{흡수한 열량-방출한 열량}{흡수한 열량}$

😀 **출제분석 |** 최근 경향은 압력−부피 그래프로부터 열역학
과정을 유추하고 이로부터 열효율을 구하는 형태로 출제된다.

$0.5 = \dfrac{10W}{20W}$

그림은 **열효율이 0.5인 열기관**에서 일정량의 이상 기체의 상태가 $A \to B \to C \to D \to A$를 따라 변할 때 기체의 압력과 부피를 나타낸 것이다. $A \to B$, $C \to D$는 각각 압력이 일정한 과정이고, $B \to C$, $D \to A$는 각각 단열 과정이다. $A \to B$ 과정에서 기체가 흡수한 열량은 Q이다. 표는 각 과정에서 **기체가 외부에 한 일 또는 외부로부터 받은 일**을 나타낸 것이다.

→ $W > 0$

→ $W < 0$

과정	기체가 외부에 한 일 또는 외부로부터 받은 일	$\varDelta U$	Q
$A \to B$	$+8W$	$+12W$	$+20W$
$B \to C$	$+9W$	$-9W$	0
$C \to D$	$-4W$	$-6W$	$-10W$
$D \to A$	$-3W$	$+3W$	0

열기관이 한 일 : $10W$

이에 대한 설명으로 옳은 것만을 〈보기〉에서 있는 대로 고른 것은? ③점

보기

ㄱ. $Q = 20W$이다.
　　　　　→ ∝내부 에너지
ㄴ. 기체의 온도는 A에서가 C에서보다 낮다. → $12W$
ㄷ. $A \to B$ 과정에서 기체의 **내부 에너지 증가량**은 $C \to D$ 과정에서 기체의 **내부 에너지 감소량**보다 크다.
　　→ $6W$

① ㄱ　② ㄷ　③ ㄱ, ㄴ　④ ㄴ, ㄷ　⑤ ㄱ, ㄴ, ㄷ

😀 **문제풀이 TIP |** 열효율 $0.5 = \dfrac{W_합}{Q} = \dfrac{Q-Q'}{Q}$

😮 **출제분석 |** 최근 열효율 개념을 통해 기체가 흡수하는 열량과 기체가 한 일을 구하고 이를 이용하여 압력-부피 그래프를 해석하는 문항이 출제되고 있다.

|자|료|해|설|

기체의 PV 값은 온도에 비례하므로 온도가 증가한 $A \to B$ 과정은 열 Q를 흡수하고, 온도가 감소한 $C \to D$ 과정은 열 Q'을 방출한다. $A \to B$, $B \to C$ 과정은 기체의 부피가 증가하므로 기체가 외부로 일을 하는 구간이고, $C \to D$, $D \to A$ 과정은 기체의 부피가 감소하므로 기체가 외부로부터 일을 받는 구간이다. 따라서 열기관이 한 일은 $W_합 = +8W + 9W - 4W - 3W = 10W$이고, 열효율은 $0.5 = \dfrac{10W}{Q} = \dfrac{Q-Q'}{Q}$이므로 $Q = 20W$, $Q' = 10W$이다.

과정	Q	$\varDelta U$	W
$A \to B$	$+Q = +20W$	$+12W$	$+8W$
$B \to C$	0	$-9W$	$+9W$
$C \to D$	$-Q' = -10W$	$-6W$	$-4W$
$D \to A$	0	$+3W$	$-3W$

|보|기|풀|이|

ㄱ. 정답 : 열기관이 한 일이 $10W$이고, 열효율이 0.5이므로 $0.5 = \dfrac{10W}{Q}$에 의해 $Q = 20W$이다.

ㄴ. 정답 : $A \to B$ 과정은 등압 과정으로 열역학 제1법칙 $(Q = \varDelta U + W)$에 따라 $20W = \varDelta U_1 + 8W$이고 이때 기체의 내부 에너지 증가량은 $\varDelta U_1 = 12W$이다. $B \to C$ 과정에서 기체는 단열 팽창하므로 $0 = \varDelta U_2 + 9W$이고 기체의 내부 에너지 감소량은 $\varDelta U_2 = -9W$이다. $A \to B \to C$ 과정에서 기체의 내부 에너지 변화량은 $\varDelta U = \varDelta U_1 + \varDelta U_2 = 12W - 9W = 3W$이고 내부 에너지 변화량은 온도 변화량과 비례하므로 기체의 온도는 A에서가 C에서보다 낮다.

ㄷ. 정답 : $C \to D$ 과정에서 기체가 방출한 열량은 $Q' = \varDelta U_3 - 4W = -10W$이므로 기체의 내부 에너지 변화량은 $\varDelta U_3 = -6W$이다. $A \to B$ 과정에서 기체의 내부 에너지 증가량은 $\varDelta U_1 = 12W$이므로 $C \to D$ 과정에서 내부 에너지 감소량인 $|\varDelta U_3| = 6W$보다 크다.

Ⅰ
2
ㅣ
02
열역학 법칙

그림은 열효율이 0.2인 열기관에서 일정량의 이상 기체가 상태
A → B → C → D → A를 따라 변할 때 기체의 압력과 부피를
나타낸 것이다. A → B와 C → D는 각각 압력이 일정한 과정,
B → C는 온도가 일정한 과정, D → A는 단열 과정이다. 표는 각
과정에서 기체가 외부에 한 일 또는 외부로부터 받은 일을 나타낸
것이다.

$$\frac{W}{Q} = \frac{150J}{Q} = 0.2$$
$$\rightarrow Q = 750J$$
(흡수한 열량)

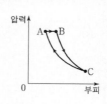

열 흡수량
=내부 에너지 증가량
+외부에 한 일

외부에서 받은 일
=내부 에너지 감소량

열 흡수량
=외부에 한 일

열 방출량
=내부 에너지 감소량
+외부에서 받은 일

과정	기체가 외부에 한 일 또는 외부로부터 받은 일(J)
A → B	140 (외부에 한 일)
B → C	400 (외부에 한 일)
C → D	240 (외부에서 받은 일)
D → A	150 (외부에서 받은 일)

한 번 순환하면서 외부에 한 일(W)=140+400−240−150=150

C → D 과정에서 기체의 내부 에너지 감소량은? **3점**

① 240J   ② 280J   ③ 320J   ④ 360J   ⑤ 400J

내부 에너지 변화	흡수 또는 방출한 열량
350−140=210(증가량)	750(Q)−400=350(흡수)
0	400(흡수)
600−240=360(감소량)	750(Q)−150(W)=600(방출)
150(감소량)	0

| 자 | 료 | 해 | 설 | 및 | 선 | 택 | 지 | 풀 | 이 |

④ 정답 : A → B 과정은 등압 팽창과정으로 '흡수한 열량
=기체의 내부 에너지 증가량+외부에 한 일'이고 B → C
과정은 등온 팽창 과정으로 '흡수한 열량=외부에 한 일'
이다. C → D 과정은 등압 수축과정으로 '방출한 열량=
기체의 내부 에너지 감소량+외부에서 받은 일'이고 D →
A 과정은 단열 과정으로 '기체가 외부에서 받은 일=내부
에너지 증가량'이다. 따라서 ⓐ 한 번 순환하면서 기체가
외부에 한 일(W)=140+400−240−150=150이고 ⓑ
열효율 $0.2 = \frac{W}{Q} = \frac{150J}{Q}$로부터 열기관이 고열원으로부터
흡수한 열량은 Q=750J이다. 따라서 ⓒ C → D 과정에서
방출한 열량은 Q−W=750−150=600J이고 ⓓ C →
D 과정에서 기체의 내부 에너지 감소량은 열 방출량−
외부에서 받은 일=600−240=360J이다.

👾 **문제풀이 T I P** | 내부 에너지 변화와 흡수 또는 방출한 열량에
해당하는 표를 만들어보자.

😃 **출제분석** | 열역학 과정에서 흡수 및 방출하는 에너지와 기체가
한 일, 내부 에너지 변화의 관계, 열효율 개념은 반드시 숙지해야
할 개념이다.

$$0.2 = \frac{흡수한 열량(60+90) - 방출한 열량(㉠)}{흡수한 열량(60+90)}$$

그림은 **열효율이 0.2인 열기관**에서 일정량의 이상 기체가 상태
A → B → C → A를 따라 순환하는 동안 기체의 압력과 부피를
나타낸 것이다. A → B 과정은 압력이 일정한 과정, B → C 과정은
단열 과정, C → A 과정은 등온 과정이다. 표는 각 과정에서 기체가
외부에 한 일 또는 외부로부터 받은 일을 나타낸 것이다.

압력

A → B → C

0 → 부피

과정	기체가 외부에 한 일 또는 외부로부터 받은 일(J)	
A → B (열 흡수)	60	=외부에 한 일=기체가 흡수한 열량 −기체의 내부에너지 증가량
B → C	90	=외부에 한 일 =기체와 내부에너지 감소량
C → A (열 방출)	㉠	=외부로부터 받은 일=방출한 열량

이에 대한 설명으로 옳은 것만을 〈보기〉에서 있는 대로 고른 것은?
3점

보기

ㄱ. 기체의 온도는 B에서가 C에서보다 높다.
ㄴ. A → B 과정에서 기체가 흡수한 열량은 150J이다.
ㄷ. ㉠은 120이다.

① ㄱ   ② ㄷ   ③ ㄱ, ㄴ   ④ ㄴ, ㄷ   ⑤ ㄱ, ㄴ, ㄷ

| 자 | 료 | 해 | 설 |

C → A 과정은 등온 과정이므로 A와 C에서 기체의 온도와
내부 에너지는 같다. A → B 과정에서 기체가 흡수한
열량은 기체의 내부 에너지 증가량+60J(외부에 한 일)
이지만 B → C 과정에서 A → B 과정에서 증가한 기체의
내부 에너지가 모두 외부에 일을 하므로 A → B 과정에서
증가한 기체의 내부 에너지는 B → C 과정에서 기체가
외부에 한 일인 90J이다.

| 보 | 기 | 풀 | 이 |

㉠ 정답 : B에서 기체의 내부 에너지는 A와 C보다 크므로
기체의 온도는 B에서가 C에서보다 높다.

㉡ 정답 : A → B 과정에서 기체가 흡수한 열량은 60+90
=150J이다.

㉢ 정답 : 열효율 $0.2 = \frac{60+90-㉠}{60+90}$이므로 ㉠은 120이다.

👾 **문제풀이 T I P** | 기체는 A → B 과정에서 열을 흡수하고 C →
A 과정에서 열을 방출한다.

😃 **출제분석** | 열역학 과정에 관한 문항은 압력−부피 그래프와
열역학적 과정, 열효율을 이용하는 보기가 매회 비슷하게 제시되어
출제되었다.

그림은 열기관에서 일정량의 이상 기체가 상태 A → B → C → A를 따라 순환하는 동안 기체의 압력과 부피를 나타낸 것이다. A → B 과정은 등온 과정이고, B → C 과정은 압력이 일정한 과정이다. 표는 각 과정에서 기체가 흡수 또는 방출하는 열량과 기체가 외부에 한 일 또는 외부로부터 받은 일을 나타낸 것이다.

→ 흡수한 열량 =외부에 한 일

→ 방출한 열량=기체의 내부 에너지 감소량 +외부에 받은 일

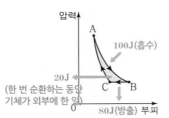

압력

A
100J(흡수)
20J
(한 번 순환하는 동안   C   B
기체가 외부에 한 일)
0   80J(방출) 부피

과정	흡수 또는 방출하는 열량(J)	기체가 외부에 한 일 또는 외부로부터 받은 일(J)
A → B	100 (흡수)	100 (한 일)
B → C	80 (방출)	32=㉠ (받은 일)
C → A	0	48 (받은 일)

100−80=100−㉠−48 (한 번 순환하는 동안 기체가 외부에 한 일)

이에 대한 설명으로 옳은 것만을 〈보기〉에서 있는 대로 고른 것은? ③점

보기

ㄱ. A → B 과정에서 기체는 열을 ~~방출~~한다.
                                   흡수
ㄴ. ㉠은 32이다.
ㄷ. 열기관의 열효율은 0.2이다.

① ㄱ   ② ㄴ   ③ ㄱ, ㄷ   ✓④ ㄴ, ㄷ   ⑤ ㄱ, ㄴ, ㄷ

|자|료|해|설|

A → B 과정은 등온 팽창 과정이므로 내부 에너지 변화량은 0이고, 기체는 100J의 에너지를 흡수하여 외부에 100J의 일을 한다. B → C 과정은 등압으로 압축되는 과정이므로 기체의 내부 에너지 감소량(ΔU)과 기체가 외부로부터 받은 일(㉠)의 합은 방출한 열량 80J이다. C → A 과정은 단열 압축 과정으로 기체는 외부로부터 48J의 일을 받아 기체의 내부 에너지가 $\Delta U = 48$J만큼 증가한다.

|보|기|풀|이|

ㄱ. 오답 : A → B 과정은 등온 팽창 과정이므로 기체는 열을 흡수한다.

ㄴ. 정답 : 열기관이 한 번 순환하는 동안 기체가 외부에 한 일은 흡수한 열량 − 방출한 열량=100J−80J=100J−㉠−48J이다. 따라서 ㉠은 32J이다.

ㄷ. 정답 : 열기관의 열효율은
$$e = \frac{흡수한\ 열량 - 방출한\ 열량}{흡수한\ 열량} = \frac{100J - 80J}{100J} = 0.2$$이다.

😀 문제풀이 T I P | B → C → A 과정에서 내부 에너지 변화량은 0이므로 80=㉠+48이다.

😀 출제분석 | 압력−부피 그래프에 따라 열역학 과정의 에너지 출입 과정을 설명할 수 있어야 문제를 해결할 수 있다.

그림은 열기관에서 일정량의 이상 기체가 상태 A → B → C → D → A를 따라 순환하는 동안 기체의 압력과 부피를 나타낸 것이다. A → B는 압력이, B → C와 D → A는 온도가, C → D는 부피가 일정한 과정이다. 표는 각 과정에서 기체가 흡수 또는 방출한 열량을 나타낸 것이다. A → B에서 기체가 한 일은 W_1이다.

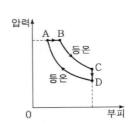

압력

A B
등온
C
등온   D
0   부피

과정	기체가 흡수 또는 방출한 열량	
A → B	Q_1 (흡수)	$=\Delta U$(증가)$+W_1$ (외부에 한 일)
B → C	Q_2 (흡수)	$=W_2$(외부에 한 일)
C → D	Q_3 (방출)	$=\Delta U$(감소)
D → A	Q_4 (방출)	$=W_4$(외부에서 받은 일)

이에 대한 옳은 설명만을 〈보기〉에서 있는 대로 고른 것은? ③점

보기

ㄱ. B → C에서 기체가 한 일은 Q_2이다.
ㄴ. $Q_1 = W_1 + Q_3$이다.
ㄷ. 열기관의 열효율은 $1 - \dfrac{Q_3 + Q_4}{Q_1 + Q_2}$이다.

① ㄴ   ② ㄷ   ③ ㄱ, ㄴ   ④ ㄱ, ㄷ   ✓⑤ ㄱ, ㄴ, ㄷ

|자|료|해|설|

A → B는 등압 팽창 과정으로 기체가 흡수한 열량(Q_1)은 내부 에너지 증가량(ΔU)과 외부에 한 일(W_1)의 합과 같다. B → C는 등온 과정이므로 내부 에너지 변화는 없으며 기체가 흡수한 열량(Q_2)는 기체가 외부에 한 일(W_2)과 같다. C → D는 등적 과정이므로 기체가 방출한 열량(Q_3)은 내부 에너지 감소량(ΔU)과 같다. D → A는 등온 과정이므로 내부 에너지 변화는 없으며 기체가 방출한 열량(Q_4)은 기체가 외부로부터 받은 일(W_4)과 같다.

과정	Q	ΔU	W
A → B (등압)	$Q_1(+)$	$+\Delta U$	$+W_1$
B → C (등온)	$Q_2(+)$	0	$+W_2$
C → D (등적)	$Q_3(-)$	$-\Delta U$	0
D → A (등온)	$Q_4(-)$	0	$-W_4$

|보|기|풀|이|

ㄱ. 정답 : B → C는 등온 과정이므로 내부 에너지 변화량은 0이다. 따라서 기체가 한 일은 기체가 흡수한 열량(Q_2)와 같다.

ㄴ. 정답 : B → C와 D → A는 등온 과정으로 A와 D, B와 C의 온도가 같다. 따라서 A → B, C → D 과정에서 각각의 기체의 내부 에너지 증가량과 내부 에너지 감소량은 같고 $\Delta U = Q_3$이므로 $Q_1 = \Delta U + W_1 = Q_3 + W_1$이다.

ㄷ. 정답 : 열기관의 열효율은 $1 - \dfrac{방출한\ 열량}{흡수한\ 열량} = 1 - \dfrac{Q_3 + Q_4}{Q_1 + Q_2}$이다.

😀 문제풀이 T I P | 기체의 내부 에너지 변화량은 기체의 온도 변화량에 비례하므로 B → C와 C → D 과정에서 내부 에너지 변화량은 같다.

😀 출제분석 | 압력−부피 그래프로부터 기체의 열 출입과 내부 에너지 변화, 기체가 한 일의 관계를 설명할 수 있어야 문제를 해결할 수 있다.

그림은 열기관에서 일정량의 이상 기체가 과정 Ⅰ~Ⅳ를 따라 순환하는 동안 기체의 압력과 부피를 나타낸 것이다. 표는 각 과정에서 기체가 외부에 한 일 또는 외부로부터 받은 일을 나타낸 것이다. Ⅰ, Ⅲ은 등온 과정이고, Ⅳ에서 기체가 흡수한 열량은 $2E_0$이다.

↳ 기체의 온도는 일정, 기체의 내부 에너지는 일정

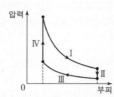

과정	Ⅰ	Ⅱ	Ⅲ	Ⅳ
외부에 한 일 또는 외부로부터 받은 일	$3E_0$	0	E_0	0

기체가 흡수한 열량   기체가 방출한 열량

이에 대한 설명으로 옳은 것만을 〈보기〉에서 있는 대로 고른 것은?

(3점)

보기

ㄱ. Ⅰ에서 기체가 흡수하는 열량은 ~~0이다.~~ $3E_0$

ㄴ. Ⅱ에서 기체의 내부 에너지 감소량은 Ⅳ에서 기체의 내부 에너지 증가량~~보다 작다.~~ 과 같다.

ㄷ. 열기관의 열효율은 0.4이다.

① ㄱ   ✓② ㄷ   ③ ㄱ, ㄴ   ④ ㄴ, ㄷ   ⑤ ㄱ, ㄴ, ㄷ

😀 **출제분석** | 매회 출제되는 유형으로 등압, 등적, 등온, 단열 과정에서 압력, 부피 온도에 따른 에너지 변화 과정을 설명할 수 있어야 정답을 고를 수 있다.

|자|료|해|설|

에너지 보존 법칙에 따라 외부에서 흡수 또는 방출한 열 에너지(Q)=내부 에너지 변화량(ΔU)+외부에 한 일 또는 받은 일(W)이다. 과정 Ⅰ, Ⅲ은 등온 과정이므로 내부 에너지 변화량은 0이다.

과정 Ⅰ에서 외부에서 흡수한 열량은 외부에 한 일과 $3E_0$로 같고, 과정 Ⅲ에서 외부에 방출한 열량은 외부로부터 받은 일과 같은 E_0이다. 과정 Ⅱ, Ⅳ은 부피 변화가 없는 과정이므로 외부에 한 일 또는 받은 일이 0이고 외부에 흡수하거나 방출한 열량은 기체의 내부 에너지 변화량과 같다. 과정 Ⅳ에 기체가 흡수한 열량은 기체의 내부 에너지 증가량 $2E_0$로 같고, 한 번 순환하는 동안 기체의 내부 에너지 변화는 0이므로 과정 Ⅱ에서 기체의 내부 에너지 감소량과 기체가 방출한 에너지는 과정 Ⅳ와 같은 $2E_0$이다.

과정	Q	ΔU	W
Ⅰ(등온 과정)	$3E_0$	0	$3E_0$
Ⅱ(등적 과정)	$-2E_0$	$-2E_0$	0
Ⅲ(등온 과정)	$-E_0$	0	$-E_0$
Ⅳ(등적 과정)	$2E_0$	$2E_0$	0

|보|기|풀|이|

ㄱ. 오답 : Ⅰ에서 기체가 흡수하는 열량은 $3E_0$이다.

ㄴ. 오답 : Ⅱ에서 기체의 내부 에너지 감소량은 Ⅳ에서 기체의 내부 에너지 증가량과 같은 $2E_0$이다.

ㄷ. 정답 : 열기관의 열효율은 $\dfrac{\text{기체가 외부에 한 일}}{\text{흡수한 열량}}=$

$\dfrac{3E_0-E_0}{3E_0+2E_0}=0.4$이다.

↳ 총 흡수한 열량 200J

그림은 **열효율이 0.25인 열기관**에서 일정량의 이상 기체가 상태 A → B → C → D → A를 따라 순환하는 동안 기체의 압력과 부피를 나타낸 것이다. B → C는 등온 과정이고, D → A는 단열 과정이다. **기체가 B → C 과정에서 외부에 한 일은 150J이고, D → A 과정에서 외부로부터 받은 일은 100J이다.** ➡ $W=50\text{J}$

이에 대한 설명으로 옳은 것만을 〈보기〉에서 있는 대로 고른 것은?

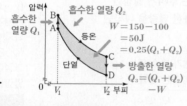

$W=150-100$
$=50\text{J}$
$=0.25(Q_1+Q_2)$

방출한 열량
$Q_3=(Q_1+Q_2)$
$-W$

보기

ㄱ. 기체의 온도는 A에서가 C에서보다 ~~높다.~~ 낮다.

ㄴ. A → B 과정에서 기체가 흡수한 열량은 50J이다.

ㄷ. C → D 과정에서 기체의 내부 에너지 감소량은 150J이다.

① ㄱ   ② ㄴ   ③ ㄱ, ㄷ   ✓④ ㄴ, ㄷ   ⑤ ㄱ, ㄴ, ㄷ

과정	Q 200J	ΔU	W
A → B (등적)	Q_1(+50J)	Q_1(+)	0
B → C (등온)	Q_2(+150J)	0	+150J
C → D (등적)	Q_3(−150J)	Q_3(−)	0
D → A (단열)	0	+100J	−100J
	50J	0	50J

😀 **문제풀이 TIP** | 열효율$=\dfrac{\text{흡수한 열량}-\text{방출한 열량}}{\text{흡수한 열량}}=\dfrac{\text{기체가 외부에 한일}}{\text{흡수한 열량}}$

😀 **출제분석** | 열역학 과정에서 흡수 및 방출하는 에너지와 기체가 한 일, 열효율 개념을 숙지하고 있어야 문제를 해결할 수 있다.

|자|료|해|설|

A → B 과정은 등적 과정으로 흡수한 열량 Q_1은 모두 기체의 내부 에너지 증가량과 같고 B → C 과정은 등온 팽창 과정으로 흡수한 열량 Q_2=150J은 모두 기체가 외부에 일을 한다. C → D 과정은 등적 과정으로 기체의 내부 에너지 감소량이 방출한 열량 Q_3과 같으며 D → A 과정은 단열 과정으로 기체가 외부로 받은 일 100J만큼 내부 에너지가 증가한다.

|보|기|풀|이|

ㄱ. 오답 : 기체의 온도는 B와 C가 같고, B가 A보다 온도가 높으므로 A에서가 C에서보다 온도가 낮다.

ㄴ. 정답 : 열기관이 한번 순환하면서 기체가 한 일은 $W=150-100=50\text{J}$이다. A → B, B → C 과정에서 기체가 흡수한 열은 $Q_1+150\text{J}$이고 열효율은 0.25이므로 $(Q_1+150)\times(0.25)=50\text{J}$이다. 따라서 $Q_1=50\text{J}$이다.

ㄷ. 정답 : C → D 과정에서 기체의 내부 에너지 감소량은 방출한 열량(Q_3)과 같고 $Q_3=Q_1+Q_2-W=150\text{J}$이다.

그림은 **열효율이 0.25인 열기관**에서 일정량의 이상 기체의 상태가 A → B → C → D → A를 따라 순환하는 동안 기체의 부피와 절대 온도를 나타낸 것이다. 기체가 흡수한 열량은 A → B 과정, B → C 과정에서 각각 $5Q$, $3Q$이다.

이에 대한 설명으로 옳은 것만을 〈보기〉에서 있는 대로 고른 것은? (3점)

$$0.25 = \frac{3Q + W_4}{5Q + 3Q}$$

부피
에너지 방출 (등적 과정)
D $Q_3 = \Delta U_3$ C
에너지 방출 (등온 압축 과정) $Q_4 = W_4$ ← 에너지 흡수 (등온 팽창 과정) $3Q = Q_2 = W_2$
A 에너지 흡수 (등적 과정) B
$5Q = Q_1 = \Delta U_1$
0 절대 온도

보기

ㄱ. 기체의 압력은 B에서가 C에서보다 ~~작다~~ 크다.

ㄴ. C → D 과정에서 기체가 방출한 열량은 $5Q$이다.

ㄷ. D → A 과정에서 기체가 외부로부터 받은 일은 ~~$2Q$~~ Q이다.

① ㄱ　　② ㄴ ✓　　③ ㄷ　　④ ㄱ, ㄴ　　⑤ ㄴ, ㄷ

|자|료|해|설|

A → B 과정은 에너지를 흡수하는 등적 과정으로 흡수한 열량은 내부 에너지 증가량과 같다.($Q_1 = 5Q = \Delta U_1$) B → C 과정은 에너지를 흡수하는 등온 팽창 과정으로 흡수한 열량은 외부에 한 일과 같다.($Q_2 = 3Q = W_2$) C → D 과정은 에너지를 방출하는 등적 과정으로 방출한 열량은 내부 에너지 감소량과 같다.($Q_3 = \Delta U_3$) D → A 과정은 에너지를 방출하는 등온 압축 과정으로 방출한 에너지는 외부에서 받은 일과 같다.($Q_4 = W_4$)

|보|기|풀|이|

ㄱ. 오답 : B와 C의 절대 온도는 같으므로 보일의 법칙에 따라 두 지점의 압력×부피는 일정하다. 따라서 부피가 작은 B에서가 C에서보다 기체의 압력이 크다.

ㄴ. 정답 : 내부 에너지 변화량은 절대 온도의 변화량에 비례하므로 $Q_1 = Q_3 = 5Q$이다.

ㄷ. 오답 : 열효율 = $\dfrac{\text{기체가 한 일}}{\text{흡수한 열량}}$이므로 $0.25 = \dfrac{W_2 + W_4}{Q_1 + Q_2} = \dfrac{3Q + W_4}{5Q + 3Q}$, $W_4 = -Q$이고, 외부에서 Q만큼 일을 받았다.

😲 **문제풀이 TIP** | 등온 과정에서 내부 에너지 변화량은 0, 등적 과정에서 기체가 한 일은 0이다.

😃 **출제분석** | 에너지 보존 법칙($Q = \Delta U + W$)과 보일-샤를의 법칙($\dfrac{PV}{T} = $일정)으로 그래프의 각 지점을 해석할 수 있어야 문제를 해결할 수 있다.

그림은 일정량의 이상 기체의 상태가 A → B → C를 따라 변할 때 기체의 압력과 절대 온도를 나타낸 것이다. **A → B 과정은 부피가 일정한 과정**이고, **B → C 과정은 압력이 일정한 과정**이다.

A → B → C 과정을 나타낸 그래프로 가장 적절한 것은? (3점)

(왼쪽 주석) 부피가 일정한 과정에서 절대 온도와 압력이 증가 → 열 흡수

압력
C ← B
A
0 절대 온도

(주석) 압력이 일정한 과정에서 절대 온도 감소, 압력이 일정 → 열을 방출, 부피가 감소

①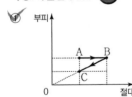
부피
A → B
C
0 절대 온도

②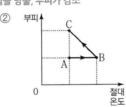
부피
C
A → B
0 절대 온도

③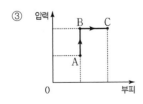
압력
B → C
A
0 부피

④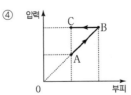
압력
C ← B
A
0 부피

⑤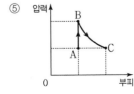
압력
B
A ⌒ C
0 부피

|자|료|해|설|및|선|택|지|풀|이|

① 정답 : A → B 과정은 부피가 일정한 과정에서 절대 온도와 압력이 증가하므로 열을 흡수하는 과정이다. B → C 과정은 압력이 일정한 과정에서 절대 온도가 감소하고 압력이 일정하므로 부피가 감소하면서 열을 방출하는 과정이다. 이에 해당하는 것은 ①번이고 압력-부피 그래프로는 다음과 같다.

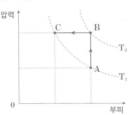
압력
C ← B T_2
A T_1
0 부피

😃 **출제분석** | 열역학 과정을 압력, 부피, 절대 온도로 표현할 수 있어야 위의 그래프를 해석할 수 있다.

그림은 열효율이 0.2인 열기관에서 일정량의 이상 기체의 상태가 A → B → C → D → A를 따라 변할 때 기체의 절대 온도와 압력을 나타낸 것이다. A → B, C → D 과정은 각각 압력이 일정한 과정이고, B → C, D → A 과정은 각각 → 기체의 내부 에너지 변화=0 등온 과정이다. B → C 과정에서 기체가 외부에 한 일 또는 외부로부터 받은 일은 $2W$이고, D → A 과정에서 기체가 외부에 한 일 또는 외부로부터 받은 일은 W이다.

이에 대한 설명으로 옳은 것만을 〈보기〉에서 있는 대로 고른 것은?

(3점)

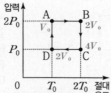

보기

ㄱ. B → C 과정에서 기체는 외부로부터 열을 흡수한다.

ㄴ. A → B 과정에서 기체의 내부 에너지 증가량은 C → D 과정에서 기체의 내부 에너지 감소량보다 크다. 과 같다.

ㄷ. A → B 과정에서 기체가 흡수한 열량은 $3W$이다.

① ㄱ　② ㄴ　③ ㄱ, ㄷ　④ ㄴ, ㄷ　⑤ ㄱ, ㄴ, ㄷ

|자|료|해|설|

A, B, C, D에서 이상 기체의 양은 변함이 없으므로 보일—샤를의 법칙에 따라 $\frac{PV}{T}$는 일정하다. A에서 이상 기체의 부피를 V_0라 하면, $\frac{PV}{T}=\frac{2P_0V_0}{T_0}=\frac{2P_0V_B}{2T_0}=\frac{P_0V_C}{2T_0}=\frac{P_0V_D}{T_0}$이므로 B, C, D에서 이상 기체의 부피는 각각 $V_B=2V_0$, $V_C=4V_0$, $V_D=2V_0$이고 이를 압력—부피 그래프로 나타내면 다음과 같다.

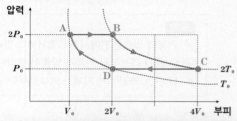

과정	Q	ΔU	W
A → B	$+3W$	$+U$	$+W_1$
B → C	$+2W$	0	$+2W$
C → D	$-3W$	$-U$	$-W_1$
D → A	$-W$	0	$-W$

|보|기|풀|이|

ㄱ. 정답 : B → C 과정은 등온 팽창 과정으로 $\Delta U=0$이고, 기체가 외부로부터 흡수한 열량만큼 외부에 일을 한다.

ㄴ. 오답 : 기체의 내부 에너지 변화량은 기체의 온도 변화량에 비례한다. A → B 과정과 C → D 과정에서 기체의 온도 변화량은 같으므로 두 과정의 내부 에너지 변화량도 같다.

ㄷ. 정답 : 기체가 외부에 한 일 또는 받은 일은 그래프의 면적이다. A → B 과정에서 기체가 외부에 한 일은 $2P_0V_0$, C → D 과정에서 기체가 외부로부터 받은 일은 $2P_0V_0$로 같으므로 기체가 한번 순환하는 동안 외부에 한 일은 $2P_0V_0+2W-2P_0V_0-W=W$이다. 또한 열효율은 $0.2=\frac{W}{기체가 \; 흡수한 \; 열량}$이므로 기체가 A → B → C 과정에서 흡수한 열량은 $5W$이고, B → C 과정에서 흡수한 열량은 $2W$이므로 A → B 과정에서 흡수한 열량은 $5W-2W=3W$이다.

😃 **출제분석** | 보일—샤를의 법칙을 이용하여 압력—온도 그래프를 압력—부피 그래프로 나타낸다면 문제는 쉽게 풀린다.

그림은 일정량의 이상 기체의 상태가
A → B → C → D → A를 따라 변할
때 압력과 부피를 나타낸 것이다.
A → B, C → D는 단열 과정,
B → C는 등압 과정, D → A는 등적
과정이다.
기체에 대한 설명으로 옳은 것만을
<보기>에서 있는 대로 고른 것은? **3점**

압력
등압과정
B   C
단열팽창
W
단열압축
D
등적과정
A
0   부피
└▶ 순환과정에서 그래프에
둘러싸인 넓이는 기체가
한 일이 된다.

보기

ㄱ. A → B 과정에서 내부 에너지는 증가한다.
ㄴ. B → C 과정에서 흡수한 열량은 D → A 과정에서 방출한
    열량보다 크다.
ㄷ. 온도는 C에서가 A에서보다 높다.

① ㄱ   ② ㄷ   ③ ㄱ, ㄴ   ④ ㄴ, ㄷ   ✓⑤ ㄱ, ㄴ, ㄷ

😊 **문제풀이 TIP** | 이 문제는 열역학 과정을 수식으로 다루기보다는 이론적으로 다룬 문제이다. 이론적으로
열역학 과정을 잘 파악하는 것이 중요하다.

😊 **출제분석** | 선지들이 어렵지는 않게 작성되어 있으나, 선지를 푸는 방식이 정성적이기 때문에 학생들이
접근하기 어려울 수 있는 문제이다.

|자|료|해|설|

C → D 과정 : 단열팽창 → $\Delta U = -W = -P\Delta V$ 기체가
일을 하며 내부에너지가 줄어들어 온도도 감소한다.
D → A 과정 : 등적과정 → 부피가 일정한 상태에서 압력이
감소하여 온도도 감소한다. ($PV = nRT$)
A → B → C → D → A 과정에서 출입한 열량의 합=A →
B → C → D → A 과정에서 기체가 한 일=A → B → C
→ D → A 과정에서 그래프로 둘러싸인 넓이=W > 0

|보|기|풀|이|

ㄱ. 정답 : A → B 과정은 단열압축과정이다.
($\Delta U = -W = -P\Delta V$) 부피가 감소하였으므로 $\Delta V < 0$
→ $\Delta U > 0$이 된다. 내부 에너지는 증가한다.

ㄴ. 정답 : 단열과정에서는 열의 출입이 없으므로 A → B
과정과 C → D 과정에서 열량의 변화는 0이다. 따라서
A → B → C → D → A 과정에서 출입한 열량의 합=(B
→ C 과정에서 흡수한 열량)−(D → A 과정에서 방출한
열량)=W > 0이므로 B → C 과정에서 흡수한 열량은
D → A 과정에서 방출한 열량보다 크다.

ㄷ. 정답 : C → D 과정과 D → A 과정에서 모두 온도가
감소하므로 C → D → A 과정을 지난 A의 온도는 C의
온도보다 낮다.

Ⅰ
2
Ⅰ
02
열역학 법칙

🦉 **더 자세한 해설 @**

STEP 1. 열역학 과정 분석하기

열역학 과정에는 대표적인 4가지 과정이 있다. 온도 변화가 없이 일정한
등온 과정, 외부와의 열 출입이 없는 단열 과정, 압력 변화가 없이
일정한 등압 과정, 부피 변화가 없이 일정한 등적 과정이다. 열역학 제1
법칙은 이상기체의 내부 에너지, 열, 일 3가지 요소의 관계를 나타내는
것으로 $\Delta U = Q - W$로 표현한다.
등온 과정 : 내부에너지는 온도에만 영향을 받으므로 등온 과정에서는
내부에너지가 일정하다($\Delta U = 0$). 그러므로 $Q = W$이다.
등압 과정 : 등압과정에서는 온도와 부피가 모두 변하므로
$\Delta U = Q - W$이다.
단열 과정 : 외부와의 열 출입이 없으므로($Q = 0$) $\Delta U = -W$이다.
등적 과정 : 부피변화가 없으므로($\Delta V = 0, W = P\Delta V = 0$) $\Delta U = Q$
이다.

STEP 2. 이상 기체 상태 방정식 생각하기

문제에서 "일정량의 이상 기체"라는 문구가 있으면 반드시 이상기체
상태 방정식($PV = nRT$)을 떠올려야 한다.

STEP 3. 열역학 제1법칙과 이상 기체 상태 방정식으로 ㄱ 분석하기

A → B 과정은 단열 과정이므로 $Q = 0$이다. 부피가 감소하고 있으므로
이상 기체가 외부로부터 일을 받고 있다. 외부로부터 일을 받는 경우 W
의 부호는 (−)가 된다. 열역학 제1법칙 식에 의해 $\Delta U = -W$이며 W의
부호가 (−)이므로 ΔU는 (+)가 된다. 즉, 내부 에너지는 증가한다.

STEP 4. 한 번의 순환 과정에서의 열역학 제1법칙 적용하여 ㄴ 분석하기

이상 기체가 A상태에서 출발해 다시 A상태로 온다. 순환 전후가 같은
상태일 때 온도 변화는 없고, 내부 에너지는 온도 변화에 비례하므로
내부 에너지 변화는 0이다. A → B 과정에서는 외부로부터 일을 받으며
B → C → A 과정에서는 외부로 일을 한다. 외부로 하는 일의 양이
더 많으므로(그래프 상에서 면적이 더 크다.) W의 부호는 +가 된다.
열역학 제1법칙 식에 의해 흡수한 열량과 방출한 열량의 차가 일의
양이 된다. 그러므로 $Q_{흡수} - Q_{방출} = W > 0$가 되어 흡수한 열량이 방출한
열량보다 크다.

STEP 5. 열역학 법칙과 이상 기체 상태 방정식으로 ㄷ 분석하기

C → D 과정에서 이상 기체가 외부에 일을 한다. 단열 과정이므로
내부 에너지가 감소하고, 내부 에너지는 온도에 비례하므로 온도도
감소한다.
D → A 과정에서는 부피 변화가 없고 압력이 감소하므로 이상 기체
상태 방정식($PV = nRT$)에 의해 온도가 감소한다.
그러므로 온도는 C에서가 A에서 보다 높다.

그림은 열기관에서 일정량의 이상 기체의 상태가 A → B → C → A를 따라 순환하는 동안 기체의 부피와 절대 온도를 나타낸 것이다. A → B 과정에서 기체는 압력이 P_0으로 일정하고 기체가 흡수하는 열량은 Q_1이다. B → C 과정에서 기체가 방출하는 열량은 Q_2이다. 이에 대한 설명으로 옳은 것만을 〈보기〉에서 있는 대로 고른 것은?

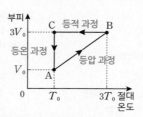

보기

ㄱ. A → B 과정에서 기체의 내부 에너지는 증가한다.

ㄴ. 열기관의 열효율은 $\dfrac{Q_1-Q_2}{Q_1}$ 보다 작다.

ㄷ. 기체가 한 번 순환하는 동안 한 일은 $\dfrac{2}{3}P_0V_0$보다 크다.

① ㄱ　　② ㄷ　　③ ㄱ, ㄴ　　④ ㄴ, ㄷ　　⑤ ㄱ, ㄴ, ㄷ

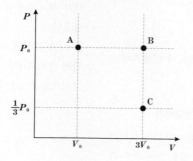

|자|료|해|설|

부피－절대온도 그래프에서 A →B, B →C, C →A 과정은 각각 등압, 등적, 등온 과정이므로 이를 압력－부피 그래프로 나타내면 기체가 한 번 순환하는 동안의 한 일을 그래프의 면적으로 쉽게 이해할 수 있다. A → B 과정은 등압 팽창 과정으로 Q_1의 열을 흡수하여 내부 에너지가 증가하고 외부에 일을 한다.($Q_1=\varDelta U+W_1$) B → C 과정은 기체의 압력이 줄어드는 등적 과정으로 Q_2의 에너지를 방출한 만큼 기체의 내부 에너지가 감소한다.($Q_2=\varDelta U$) C → A 과정은 등온 압축 과정으로 기체는 외부에서 일을 받아 그대로 외부로 열을 방출한다.($Q_3=W_2$) 또한, 압력－부피 그래프에서 C는 절대온도가 같은 A와 보일－샤를의 법칙에 따라 압력×부피가 같으므로 $P_C(3V_0)=P_0V_0$로부터 C의 압력은 $P_C=\dfrac{1}{3}P_0$이다.

|보|기|풀|이|

ㄱ. 정답 : A → B 과정에서 기체의 절대온도가 증가하므로 기체의 내부 에너지는 증가한다.

ㄴ. 정답 : 열기관의 열효율은 $e=\dfrac{Q_1-Q_2-Q_3}{Q_1}$이므로 $\dfrac{Q_1-Q_2}{Q_1}$보다 작다.

ㄷ. 정답 : 기체가 한 번 순환하는 동안 한 일은 압력－부피 그래프의 내부 면적으로 $\dfrac{2}{3}P_0V_0$(색칠된 삼각형 넓이)보다 크다.

😎 **문제풀이 T I P** | 제시된 부피－절대온도 그래프를 압력－부피 그래프로 변환하면 보기의 옳고 그름을 쉽게 따질 수 있다.

🙂 **출제분석** | 보일－샤를의 법칙을 숙지하고 압력－부피 그래프를 통해 열역학 과정을 이해한다면 이 영역의 문항은 비교적 쉽게 해결할 수 있다.

🦉 **더 자세한 해설** @

STEP 1. A, B, C를 $P-V$ 그래프에 나타내기

주어진 $V-T$ 그래프를 $P-V$ 그래프로 전환하는 과정을 알아보자. 기체의 압력과 부피를 곱한 PV 값은 기체의 분자 수와 절대 온도를 곱한 NT 값에 비례한다.($PV\propto NT$) A → B 과정에서 기체의 압력이 P_0로 일정하므로 A에서 P_0V_0일 때 절대 온도가 T_0이고, B에서 압력이 P_0이고, 부피가 $3V_0$이므로 온도는 $3T_0$로 증가했다. C에서 절대 온도 T_0는 PV 값이 P_0V_0일 때 온도인데, 부피가 $3V_0$이므로 압력은 $\dfrac{1}{3}P_0$이다. 따라서

$P-V$ 그래프에 나타내야 하는 압력 값은 $\dfrac{1}{3}P_0$와 P_0, 부피 값은 V_0와 $3V_0$이므로 A~C에 맞는 지점을 찾아서 점을 찍는다.

STEP 2. A~C를 잇는 선 그리기

주어진 조건과 $V-T$ 그래프에서 알 수 있듯이 A → B는 등압 과정, B → C는 등적 과정, C → A는 등온 과정이다. 따라서 A와 B를 잇는 직선은 y축에 수직으로 그리고, B와 C를 잇는 직선은 x축에 수직으로 그린다. $PV\propto T$이므로 V를 넘기면 $P\propto\dfrac{T}{V}$ 꼴이 되므로 절대 온도가 T인 점을 이은 선은 $y=\dfrac{k}{x}$ 꼴이 된다. 따라서 A와 C는 아래로 볼록한 곡선으로 그린다.

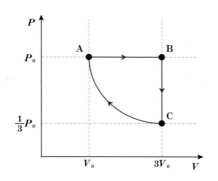

STEP 3. 순환 과정 표로 정리하기

순환 과정이 주어졌을 때 $Q = \Delta U + W$를 이용하여 각 과정을 표로 나타내는 것이 편하다. A → B 과정에서 PV 값이 증가하므로 기체의 내부 에너지도 증가한다. ($\Delta U > 0$) 또한 기체가 외부에 일을 하므로 $W > 0$이고, 기체가 한 일은 $P-V$ 그래프의 면적과 같으므로 $+W_1 = +2P_0V_0$이다. B → C 과정에서는 기체의 부피가 일정하므로 $W = 0$이고, PV 값이 감소하므로 기체의 내부 에너지도 감소한다. ($\Delta U < 0$) C → A 과정에서는 기체의 온도가 일정하므로 $\Delta U = 0$이고, 기체의 부피가 감소하므로 $W < 0$이다. 이때 기체가 받은 일을 나타내는 도형의 면적은 A, C를 잇는 직선과 V_0, $3V_0$를 나타내는 직선, x축이 이루는 사다리꼴의 넓이 $\left(\frac{4}{3}P_0V_0\right)$보다 작은 것을 알 수 있다. $\left(W_2 < \frac{4}{3}P_0V_0\right)$

과정	Q	ΔU	W
A → B	$+Q_1$	$+Q$	$+W_1$
B → C	$-Q_2$	$-Q$	0
C → A	$-Q_3$	0	$-W_2$

- 1번 순환할 때 ΔU의 합은 0이다.
- 1번 순환할 때 기체가 한 일 : $W = W_1 - W_2$
- $Q_1 = Q + W_1$
- $Q_2 = Q$
- $Q_3 = W_2$
- $W = (Q_1 - Q) - Q_3 = Q_1 - Q_2 - Q_3$
- $e = \dfrac{W}{Q_1} = \dfrac{W_1 - W_2}{Q_1} = \dfrac{Q_1 - Q_2 - Q_3}{Q_1}$

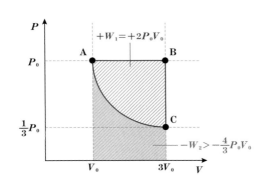

STEP 4. 보기 풀이

ㄱ. **정답** | A → B 과정에서 PV 값과 절대 온도가 증가하므로 기체의 내부 에너지는 증가한다.

ㄴ. **정답** | 열기관이 한 일은 흡수한 에너지−방출한 에너지와 같다. 따라서 열기관의 열효율(e)은 $\dfrac{\text{열기관이 한 일}}{\text{흡수한 에너지}} = \dfrac{\text{흡수한 에너지−방출한 에너지}}{\text{흡수한 에너지}}$ 이므로 $e = \dfrac{Q_1 - Q_2 - Q_3}{Q_1}$이다. 따라서 열효율은 $\dfrac{Q_1 - Q_2}{Q_1}$보다 작다.

ㄷ. **정답** | 기체가 한 번 순환하는 동안 한 일은 $2P_0V_0 - W$이다. 이때 $W < \frac{4}{3}P_0V_0$이므로 $2P_0V_0 - W > \frac{2}{3}P_0V_0$이다.

그림은 열기관에서 일정량의 이상 기체가 상태 A → B → C → D → A를 따라 순환하는 동안 기체의 압력과 내부 에너지를 나타낸 것이다. A → B, C → D는 각각 압력이 일정한 과정이고, B → C, D → A는 각각 부피가 일정한 과정이다. B → C 과정에서 기체의 내부 에너지 감소량은 C → D 과정에서 기체가 외부로부터 받은 일의 3배이다. $\rightarrow 2U = 3W$

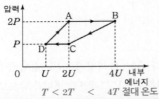

$T < 2T < 4T$ 절대 온도

이에 대한 옳은 설명만을 〈보기〉에서 있는 대로 고른 것은? (3점)

보기

ㄱ. 기체의 부피는 B에서가 A에서보다 크다.

ㄴ. 기체가 방출하는 열량은 C → D 과정에서가 B → C 과정에서보다 <del>크다.</del> 작다. $\frac{2}{13}$

ㄷ. 열기관의 열효율은 <del>$\frac{?}{13}$</del>이다.

① ㄱ   ② ㄴ   ③ ㄱ, ㄷ   ④ ㄴ, ㄷ   ⑤ ㄱ, ㄴ, ㄷ

😀 **문제풀이 TIP** | 압력－부피 그래프로 변환하면 보기의 내용을 쉽게 해결할 수 있다.

😀 **출제분석** | 최근에는 온도－압력 그래프를 압력－부피 그래프로 변환하여 문제를 해결할 수 있는지 확인하는 유형으로 출제되고 있다.

|자|료|해|설|

기체의 내부 에너지는 기체의 절대 온도에 비례하므로 U일 때 온도를 T라 하면 $2U$, $4U$일 때 온도는 각각 $2T$, $4T$이다.

A에서 기체의 부피를 V라 하면, $\frac{압력 \times 부피}{절대 온도}$=일정하므로

A와 B에서 $\frac{2PV}{2T} = \frac{2PV_B}{4T}$이다. 따라서 B에서 기체의 부피는 $V_B = 2V$이고 이를 압력－부피 그래프로 나타내면 다음과 같다.

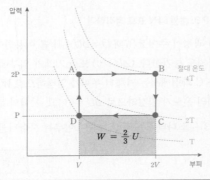

|보|기|풀|이|

ㄱ. 정답 : 기체의 부피는 B에서가 A에서보다 2배 크다.

ㄴ. 오답 : 기체의 내부 에너지 감소량은 B → C 과정에서 $2U$, C → D 과정에서 U이다. C → D 과정에서 기체가 외부로부터 받은 일을 W라 하면 제시된 조건에 따라 $W = \frac{2}{3}U$이므로 기체가 방출하는 열량(Q)은 B → C 과정 (등적 과정 $Q = \Delta U$)에서 $2U$, C → D 과정(등압 과정 $Q = W + \Delta U$)에서 $U + \frac{2}{3}U = \frac{5}{3}U$이다.

ㄷ. 오답 : 열기관의 열효율은 열기관에 공급된 열에 대해 열기관이 한 일의 비율이다. 한 번 순환하는 동안 흡수한 열량은 D → A → B 과정에서 기체의 내부 에너지 증가량인 $3U$와 A → B 과정에서 기체가 외부에 한 일인 $2P(2V - V) = 2PV = 2W = \frac{4}{3}U$의 합인 $3U + \frac{4}{3}U = \frac{13}{3}U$이다. 한 번 순환하는 동안 기체가 한 일은 그래프가 둘러싼 면적 $(2P - P)(2V - V) = PV = W = \frac{2}{3}U$이므로 열기관의 열효율은

$$\frac{기체가 한 일}{기체가 흡수한 열량} = \frac{\frac{2}{3}U}{\frac{13}{3}U} = \frac{2}{13}$$이다.

그림은 고열원에서 열을 흡수하여 W의 일을 하고 저열원으로 Q의 열을 방출하는 열기관을 나타낸 것이다.
이 열기관의 열효율은?

① $\dfrac{Q}{W}$ ② $\dfrac{W}{Q}$ ✓③ $\dfrac{W}{Q+W}$

④ $\dfrac{Q}{Q+W}$ ⑤ $\dfrac{W}{Q-W}$

|자|료|해|설|및|선|택|지|풀|이|
③ 정답 : 열역학 제1법칙에 따라 고열원에서 흡수한 열은 열기관이 한 일(W)과 저열원으로 방출한 열(Q)의 합과 같으므로 이 열기관의 열효율은 $e=\dfrac{W}{Q+W}$이다.

😀 문제풀이 T I P | 열효율(e) : 열기관에 공급된 열 Q_1에 대해 열기관이 한 일 W의 비율
▶ $e=\dfrac{W}{Q_1}=\dfrac{Q_1-Q_2}{Q_1}=1-\dfrac{Q_2}{Q_1}$

😀 출제분석 | 열효율의 기본 개념을 확인하는 문항으로 이 영역의 문항은 다른 영역에 비해 매우 쉽게 출제된다.

I
2
ㅣ
02
열역학 법칙

그림은 열기관에서 일정량의 이상 기체가 상태 A → B → C → D → A를 따라 순환하는 동안 기체의 압력과 절대 온도를 나타낸 것이다. A → B는 부피가 일정한 과정, B → C는 압력이 일정한 과정, C → D는 단열 과정, D → A는 등온 과정이다. 표는 각 과정에서 기체가 외부에 한 일 또는 외부로부터 받은 일을 나타낸 것이다. 기체가 흡수하거나 방출한 열량은 A → B 과정과 B → C 과정에서 같다.

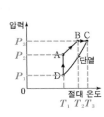

과정	기체가 외부에 한 일 또는 외부로부터 받은 일(J)
A → B	0
B → C	16 (한 일)
C → D	64 (한 일)
D → A	60 (받은 일)

이에 대한 설명으로 옳은 것만을 〈보기〉에서 있는 대로 고른 것은?

보기
ㄱ. 기체의 부피는 A에서가 C에서보다 작다.
ㄴ. B → C 과정에서 기체의 내부 에너지 증가량은 24J이다.
ㄷ. 열기관의 열효율은 0.25이다.

① ㄱ   ② ㄷ   ③ ㄱ, ㄴ   ④ ㄴ, ㄷ   ✓⑤ ㄱ, ㄴ, ㄷ

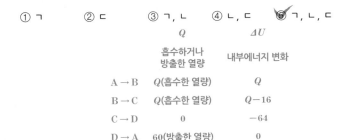

|자|료|해|설|
A, B, C에서의 절대 온도를 각각 T_1, T_2, T_3라 하고, D, A, B에서의 압력을 각각 P_1, P_2, P_3하고 B, C, D에서의 부피를 각각 V_1, V_2, V_3라 하면 압력-부피 그래프는 다음과 같다.

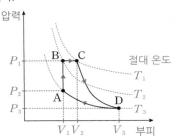

|보|기|풀|이|
ㄱ. 정답 : 기체의 부피는 A=B<C<D이다.
ㄴ. 정답 : 표와 같이 A → B 과정과 B → C 과정은 각각 부피가 일정한 상태에서 압력이 증가하는 과정과 등압 팽창과정으로 기체는 열을 흡수한다. 이때 흡수하는 열량을 각각 Q라 하면 한번 순환하는 동안 기체가 흡수하는 열량은 $2Q$이고 D → A 과정에서는 등온 압축 과정으로 기체가 외부로부터 받은 일 60J만큼 열을 방출한다. 한편, B → C 과정과 C → D 과정에서는 기체가 외부에 일을 하고, D → A 과정에서는 기체가 외부로부터 일을 받으므로 기체가 한번 순환하는 동안 한 일은 $16+64-60=2Q-60=20$J이다. 즉, $Q=40$J 이므로 B → C 과정에서 내부 에너지 변화를 ΔU라 하면 $40J=\Delta U+16$J이므로 $\Delta U=24$J이다.
ㄷ. 정답 : 열기관의 열효율은
$\dfrac{\text{한 번 순환하는 동안 기체가 한 일}}{\text{기체가 흡수한 열량}}=\dfrac{20J}{80J}=0.25$이다.

😀 문제풀이 T I P | 주어진 그래프를 압력-부피 그래프로 변환하고 표를 열역학 제1 법칙($Q=\Delta U+W$)에 따라 정리해보면 보기의 내용이 옳은지 구분할 수 있다.

3. 특수 상대성 이론

01 특수 상대성 이론 ◁ ★수능에 나오는 필수 개념 1가지 + 필수 암기사항 5개

필수개념 1 특수 상대성 이론

• **관성 좌표계**

뉴턴의 관성의 법칙을 만족하는 좌표계로, 외부의 알짜힘이 0일 때 정지한 물체는 절대 공간(뉴턴이 정의한 멈춰 있는 공간)에 대해 계속 정지하고 있고 움직이는 물체는 절대 공간에 대해 등속 직선 운동하는 공간 및 장소를 일컫는 용어이다. 예를 들면 버스가 급출발을 하면(버스가 가속을 하면) 정지한 사람이 뒤로 넘어진다. 이는 정지한 물체는 계속 정지한다는 관성의 법칙에 위배된다. 이러한 공간은 관성 좌표계가 아니다. 즉 급출발 하는 버스라는 공간은 관성 좌표계가 아닌 것이다. 만약 버스가 일정한 속도로 움직이면 사람은 가만히 정지해 서있을 수 있으므로 이때에는 관성의 법칙에 위배되지 않는다. 그러므로 일정한 속도로 움직이는 버스라는 공간은 관성 좌표계가 된다. 또한, 관성 좌표계에 대해 정지하거나 등속 직선 운동하는 공간도 역시 관성 좌표계이다.

• **암기 특수 상대성 이론의 가정 유형** → 모든 관성 좌표계에서 빛의 속도는 관찰자에 상관이 항상 일정함 (광속 불변의 법칙)

  ○ 상대성의 원리 : 모든 관성 좌표계에서 물리 법칙은 동일하게 성립함

  ○ 광속 불변의 법칙 : 모든 관성 좌표계에서 보았을 때, 진공 중에서 진행하는 빛의 속도는 관찰자나 광원의 속도에 상관없이 항상 일정함

• **암기 동시성의 상대성**

서로 떨어진 지점에서 발생한 두 사건을 관측자에 따라 동시에 일어난 사건으로 보기도 하고 동시에 일어나지 않은 사건으로 보기도 한다.

① 같은 관성 좌표계 안에서의 동시성 : A와 B에서 방출 된 두 빛이 철수에게 동시에 도달한다. 영희 입장에서는 A에서 발생한 빛이 먼저 도달하고 B에서 발생한 빛이 나중에 도달한다. 그러나 영희는 빛이 발생한 지점까지의 거리가 다름을 알고 있으므로 두 빛이 동시에 발생했다고 생각한다. 같은 관성 좌표계 안에서의 두 사건은 관측자 모두 동시에 일어난 사건으로 인식하게 된다.

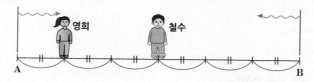

② 서로 다른 관성 좌표계 안에서의 동시성 : 민수의 우주선이 A, B의 가운데를 지날 때, 양쪽에서 빛이 방출된다. 민수는 파란색 빛이 발생한 지점을 향해 움직이고 있으므로 파란색 빛을 먼저 관측한다. 양쪽에서 빛이 방출된 순간, 양쪽의 빛과 민수와의 거리가 같았고, 파란색 빛을 먼저 관측했기 때문에 민수는 파란색 빛이 빨간색 빛보다 먼저 발생한 빛이라고 인식하게 된다. 그러나 철수에게는 두 빛이 동시에 도달하므로 동시에 발생한 빛이라고 인식하게 된다. 이처럼 서로 다른 관성 좌표계에서는 같은 사건이라도 관측자에 따라 동시에 인식될 수도, 아닐 수도 있다.

- 암기 **길이 수축 유형** → 관찰자와 다른 속도로 운동하는 물체의 길이는 속도 방향으로 짧아진다.
  - ○ 길이 수축 : 측정하고자 하는 물체와 다른 속도를 가진 관측자가 물체의 길이를 측정하면 물체의 길이가 물체의 운동 방향으로 짧게 측정되는 현상
    - ① 측정하고자 하는 물체의 속도와 관측자의 속도가 다른 경우 관측자가 측정한 물체의 길이는 고유 길이보다 짧게 측정된다.
    - ② 길이 수축은 운동 방향으로만 일어나며, 운동 방향과 수직인 방향의 길이는 수축되지 않는다.
    - ③ 관측자와 물체 사이의 상대 속도가 0이 아닐 때 관측자가 측정한 물체의 길이 : 수축된 길이(길이 수축)

- 암기 **시간 팽창 유형** → 관측자와 다른 속도로 운동하는 상대방의 시간은 느리게 감(시간 지연)
  - ○ 시간 팽창 : 시간 지연이라고도 함
  - ○ 정지한 관측자가 운동하는 관측자를 볼 때 상대방의 시간이 느리게 가는 것으로 관측되는 현상
    - ① 어떤 물체의 시간을 측정할 때 그 물체와의 상대적인 움직임이 있는(물체와의 상대 속도가 0이 아닌) 관측자가 측정한 시간은 고유 시간보다 길게 측정됨
    - ② 관측자와 물체 사이의 상대 속도가 0이 아닐 때 관측자가 측정한 물체의 수명 : 늘어난 수명

기본자료

▶ **고유 길이**
물체의 길이를 측정하고자 할 때 물체와의 상대적인 움직임이 없는 (물체와의 상대 속도가 0인) 관측자가 측정한 길이

고유 시간(고유 수명)
관측자와 물체 사이의 상대 속도가 0일 때 관측자가 측정한 물체의 시간(수명)

  - ○ 지표면에 정지해 있는 철수가 $0.9c$의 속도로 움직이는 우주선을 보면 고유 길이 L_0보다 짧게 관측됨 → 길이 수축
  - ○ 지표면에 정지해 있는 철수가 $0.9c$의 속도로 움직이는 영희의 시간을 관측하면 고유 시간보다 느리게 가는 것으로 관측됨 → 시간 팽창

  - ○ 등속 운동하는 우주선 안의 광원에서 빛이 나올 경우
    - ① 우주선 안에서 볼 때(그림1) : 빛이 양쪽 방향으로 진행한 거리가 같으므로 동시에 A와 B에 도달함
    - ② 정지한 지표면에서 볼 때(그림2) : 빛이 오른쪽으로 진행하는 거리가 왼쪽으로 진행하는 거리보다 길어 B에 먼저 도달함

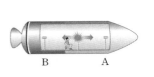

(그림 1)

원래 광원의 위치   현재 광원의 위치

(그림 2)

- 암기 **특수 상대성 이론의 검증 ─ 뮤온 입자 유형** → 광속에 가까운 속도로 운동하는 뮤온의 수명이 길어짐
  - ○ 뮤온의 고유 수명은 $2\mu s$로 매우 짧아서 지표면에 도달할 수 없어 이론적으로 지표면에서 관측하기 힘듦 → 실제로는 지표면에서 뮤온이 관측됨
  - ○ 이유 : 뮤온이 광속의 99%로 이동하면서 지표면에 있는 관측자에게 시간 팽창으로 뮤온의 수명이 길어졌기 때문 → 특수 상대성 이론이 타당함을 입증

▶ **뮤온의 관측**
뮤온이 광속의 99%로 고유 수명의 시간 동안 이동할 때 이동 거리는 약 0.6km로 지상에서 관측되기가 힘들지만, 실제로는 에베레스트 산 정상 부근에서 발생한 뮤온이 지표면까지 도달하여 관측이 가능함

그림과 같이 우주선 A, B가 우주선 C를 향해 같은 방향으로 운동한다. A, B는 C에 대해 각각 0.9c, 0.7c로 운동한다. C의 광원에서 방출된 빛이 거울에서 반사되어 되돌아오는 데 걸린 시간을 A와 B에서 측정하면 각각 t_A, t_B이다.

A에서 본 빛의 경로   0.9c   A

B에서 본 빛의 경로   0.7c   B

C의 길이   거울   C   광원

이에 대한 옳은 설명만을 〈보기〉에서 있는 대로 고른 것은? (단, c는 빛의 속력이다.) **3점**

보기

ㄱ. C의 길이는 B에서 측정할 때가 A에서 측정할 때보다 <del>짧다</del>. 길

 ㄴ. 광원에서 방출된 빛의 속력은 B에서 측정할 때와 C에서 측정할 때가 같다. → 광속 불변의 법칙

ㄷ. $t_A > t_B$이다. $t_A = \dfrac{L_A}{c} > t_B = \dfrac{L_B}{c}$

① ㄱ   ② ㄷ   ③ ㄱ, ㄴ   ✔④ ㄴ, ㄷ   ⑤ ㄱ, ㄴ, ㄷ

|자|료|해|설|
우주선 C에서 빛의 진행 경로는 수직 방향이지만 우주선 A와 B에서 본 빛의 진행 경로는 더 긴 거리를 움직인 것으로 관측된다.

|보|기|풀|이|
ㄱ. 오답 : 상대 속도의 크기가 클수록 길이 수축이 크게 일어나므로 C의 길이는 B에서 측정할 때가 A에서 측정할 때보다 길다.
ㄴ. 정답 : 광속 불변의 법칙에 의해 A, B, C에서 측정한 빛의 속력은 모두 같다.
ㄷ. 정답 : A와 B에서 측정한 빛의 이동 거리를 각각 L_A, L_B라 하면 A에서 본 빛의 경로가 B에서 본 빛의 경로보다 길므로 $L_A > L_B$이다. 또한 A와 B에서 측정한 빛이 되돌아오는 데 걸린 시간은 각각 $t_A = \dfrac{L_A}{c}$, $t_B = \dfrac{L_B}{c}$ (광속 불변의 법칙)이므로 $t_A > t_B$이다.

😮 **문제풀이 TIP** | 광속 불변의 법칙에 의해 진공에서 빛의 속도는 모든 관찰자에게 광속 c로 측정된다.

🙂 **출제분석** | 특수 상대성 이론에 관한 문항으로 특수 상대성 이론의 가정, 길이 수축에 대한 개념을 잘 알고 있다면 쉽게 정답을 고를 수 있는 문제이다. 이 외에도 특수 상대성 이론에 관한 문제는 유형이 대부분 비슷하기 때문에 기출 문제를 중심으로 잘 정리해 두자.

그림과 같이 관찰자 A, B가 탄 우주선이 수평면에 있는 관찰자 C에 대해 수평면과 나란한 방향으로 각각 일정한 속도 v_A, v_B로 운동한다. 광원에서 방출된 빛이 거울에 반사되어 되돌아오는 데 걸린 시간은 A가 측정할 때가 B가 측정할 때보다 작다. 광원, 거울은 C에 대해 정지해 있다. → $v_B > v_A$

관찰자 A v_A 관찰자 A가 본 빛의 경로

관찰자 B v_B 관찰자 B가 본 빛의 경로

관찰자 C   거울 광원   수평면

이에 대한 설명으로 옳은 것만을 〈보기〉에서 있는 대로 고른 것은? **3점**

보기

 ㄱ. 광원에서 방출된 빛의 속력은 B가 측정할 때가 C가 측정할 때보다 크다.

ㄴ. $v_A < v_B$이다.

ㄷ. C가 측정할 때, B의 시간은 A의 시간보다 느리게 간다.

① ㄱ   ② ㄷ   ③ ㄱ, ㄴ   ✔④ ㄴ, ㄷ   ⑤ ㄱ, ㄴ, ㄷ

|자|료|해|설|
광속 불변의 원리에 따라 빛의 속도는 일정하다. 광원에서 방출된 빛이 거울에 반사되어 되돌아오는 데 걸린 시간이 더 많이 걸렸다는 것은 빛의 경로의 길이가 더 길다는 것을 의미하므로 관찰자 B가 측정할 때가 A가 측정할 때보다 빛의 경로가 길다. 따라서 $v_B > v_A$이다.

|보|기|풀|이|
ㄱ. 오답 : 광속 불변의 원리에 따라 빛의 속도는 B가 측정할 때나 C가 측정할 때가 같다.
ㄴ. 정답 : 자료 해설과 같이 $v_B > v_A$이다.
ㄷ. 정답 : C가 측정할 때, $v_B > v_A$이므로 B의 시간은 A의 시간보다 느리게 간다.

😮 **문제풀이 TIP** | 관찰자로부터의 상대 속도가 큰 기준계일수록 시간은 천천히 흐른다.

🙂 **출제분석** | 다른 관찰자의 시점에서 보는 빛의 경로를 나타낼 수 있다면 쉽게 해결할 수 있는 문항이다.

그림과 같이 관찰자 A에 대해 광원 p와 검출기 q는 정지해 있고, 관찰자 B, 광원 r, 검출기 s는 우주선과 함께 $0.5c$의 속력으로 직선 운동한다. A의 관성계에서 빛이 p에서 q까지, r에서 s까지 진행하는 데 걸린 시간은 t_0으로 같고, 두 빛의 진행 방향과 우주선의 운동 방향은 반대이다. 이에 대한 설명으로 옳은 것은? (단, 빛의 속력은 c이다.) 3점

① A의 관성계에서, r에서 나온 빛의 속력은 $0.5c$이다. <del>c</del>
② A의 관성계에서, r와 s 사이의 거리는 ct_0보다 <del>작다.</del> 크다.
③ B의 관성계에서, p와 q 사이의 거리는 ct_0보다 <del>크다.</del> 작다.
④ B의 관성계에서, A의 시간은 B의 시간보다 <del>빠르게</del> 간다. 느리게
✓⑤ B의 관성계에서, 빛이 r에서 s까지 진행하는 데 걸린 시간은 t_0보다 크다.

|자|료|해|설|및|선|택|지|풀|이|

① 오답 : 모든 관성계에서 빛의 속력은 c이다.
② 오답 : 광원 r에서 빛이 진행하는 동안 검출기는 왼쪽으로 이동해 빛과 만나므로 r와 s 사이의 거리는 ct_0보다 크다.
③ 오답 : A의 관성계에서 측정한 p와 q 사이의 고유 길이는 ct_0이고, B의 관성계에서 측정한 p와 q 사이의 거리는 길이 수축으로 ct_0보다 작다.
④ 오답 : 관찰자에 대해 운동하는 관성계의 시간은 관찰자의 시간보다 느리게 간다.
⑤ 정답 : r와 s 사이의 고유 거리는 ct_0보다 크므로 B의 관성계에서 빛이 r에서 s까지 진행하는 데 걸린 시간은 t_0보다 크다.

😀 **출제분석** | 특수 상대성 이론의 기본 개념으로 쉽게 해결할 수 있는 유형이다.

그림은 관찰자 B에 대해 관찰자 A가 탄 우주선이 x축과 나란하게 광속에 가까운 속력으로 등속도 운동하는 모습을 나타낸 것이다. 광원, 검출기 P, Q를 잇는 직선은 x축과 나란하다. 광원에서 발생한 빛은 A의 관성계에서는 P보다 Q에 먼저 도달하고 B의 관성계에서는 Q보다 P에 먼저 도달한다. A의 관성계에서 광원에서 발생한 빛이 R까지 진행하는 데 걸린 시간은 t_0이다. 이에 대한 설명으로 옳은 것만을 〈보기〉에서 있는 대로 고른것은? 3점

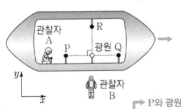

→ P와 광원 사이의 고유 길이 > Q와 광원 사이의 고유 길이

→ 우주선의 운동 방향 : $+x$

보기
ㄱ. B의 관성계에서 우주선의 운동 방향은 $+x$방향이다.
ㄴ. B의 관성계에서 광원과 P 사이의 거리는 광원과 P 사이의 고유 길이보다 작다.
ㄷ. B의 관성계에서 빛이 광원에서 R까지 가는 데 걸린 시간은 t_0보다 크다.

① ㄱ   ② ㄴ   ③ ㄱ, ㄷ   ④ ㄴ, ㄷ   ✓⑤ ㄱ, ㄴ, ㄷ

|자|료|해|설|

모든 관성 기준계에서 보았을 때 빛의 속력은 동일하며 한 관성 좌표계의 관찰자가 상대적으로 운동하는 물체를 보면 운동 방향의 길이가 수축하는 것으로 관측된다.

|보|기|풀|이|

ㄱ. 정답 : A의 관성계에서 광원에서 발생한 빛은 P보다 Q에 먼저 도달하므로 P와 광원 사이의 고유 길이는 Q와 광원 사이의 고유 길이보다 길다. 한편, B의 관성계에서는 광원에서 더 멀리 있는 P에 빛이 먼저 도달하므로 우주선의 운동 방향은 $+x$방향이다.
ㄴ. 정답 : B의 관성계에서 광원과 P 사이의 거리는 길이 수축이 일어나 광원과 P 사이의 고유 길이보다 작다.
ㄷ. 정답 : B의 관성계에서 빛은 오른쪽 위(↗)방향으로 이동하므로 빛의 진행 경로가 길어진다. 따라서 광원에서 R까지 가는 데 걸린 시간은 t_0보다 크다.

😀 **출제분석** | 광속 불변의 원리와 길이 수축 개념을 확인하는 일반적인 수준에서 출제되었다.

그림과 같이 관찰자 A에 대해 관찰자 B가 탄 우주선이 광속에 가까운 속력 v로 등속도 운동한다. 점 X, Y는 각각 우주선의 앞과 뒤의 점이다. A의 관성계에서 기준선 P, Q는 정지해 있으며 X가 P를 지나는 순간 Y가 Q를 지난다.

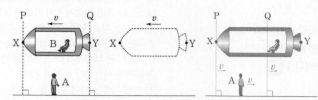

→ B의 관성계에서 관측했을 때

B의 관성계에서 관측했을 때에 대한 옳은 설명만을 〈보기〉에서 있는 대로 고른 것은?

보기

ㄱ. A의 시간은 B의 시간보다 느리게 간다.

ㄴ. X와 Y 사이의 거리는 P와 Q 사이의 거리와 같다.   보다 길다

ㄷ. P가 X를 지나는 사건이 Q가 Y를 지나는 사건보다 먼저 일어난다.

① ㄱ   ② ㄷ   ③ ㄱ, ㄴ   ✓④ ㄱ, ㄷ   ⑤ ㄴ, ㄷ

|자|료|해|설|
B의 관성계에서 관측할 때 P와 Q 사이의 거리는 길이 수축이 일어나 우주선의 길이보다 짧아진다.

|보|기|풀|이|
ㄱ 정답 : B의 관성계를 기준으로 운동하는 A의 시간은 더 느리게 간다.
ㄴ. 오답 : B의 관성계에서 X와 Y 사이의 거리는 길이 수축이 일어난 P와 Q 사이의 거리보다 길다.
ㄷ 정답 : X와 Y 사이의 거리가 P와 Q 사이의 거리보다 길기 때문에 P가 X를 지난 후 Q가 Y를 지난다.

😮 문제풀이 T I P | 상대적으로 운동하는 방향으로 길이 수축과 시간 지연이 일어난다.

😀 출제분석 | 시간 지연, 길이 수축 개념으로 쉽게 해결할 수 있는 문항이다.

그림과 같이 관찰자 A에 대해 관찰자 B가 탄 우주선이 광원과 거울 P, Q를 잇는 직선과 나란하게 광속에 가까운 속력으로 등속도 운동한다. A의 관성계에서, P와 Q는 광원으로 부터 각각 거리 L_1, L_2만큼 떨어져 정지해 있고, 빛은 광원으로부터 각각 P, Q를 향해 동시에 방출된다. B의 관성계 에서, 광원에서 방출된 빛이 P, Q에 도달하는 데 걸리는 시간은 같다. 이에 대한 설명으로 옳은 것만을 〈보기〉에서 있는 대로 고른 것은?

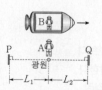

→ $L_1 < L_2$

보기

ㄱ. $L_1 > L_2$이다.

ㄴ. A의 관성계에서, 빛은 P에서가 Q에서보다 먼저 반사된다.

ㄷ. 빛이 광원과 Q 사이를 왕복하는 데 걸리는 시간은 A의 관성계에서가 B의 관성계에서보다 크다.   작다.

① ㄱ   ✓② ㄴ   ③ ㄱ, ㄷ   ④ ㄴ, ㄷ   ⑤ ㄱ, ㄴ, ㄷ

|자|료|해|설|
B의 관성계에서 P와 Q는 왼쪽으로 운동하므로 빛이 P, Q에 도달하는 데 걸린 시간이 같아지려면 A와 Q 사이의 거리가 P와 A 사이의 거리보다 멀어야 한다.

|보|기|풀|이|
ㄱ. 오답 : B의 관성계에서 A와 Q 사이의 거리가 P와 A 사이의 거리보다 멀다. 길이 수축은 같은 비율로 일어나므로 A의 관성계에서도 A와 Q 사이의 거리가 P와 A 사이의 거리보다 멀다.($L_1 < L_2$)
ㄴ 정답 : A의 관성계에서도 $L_1 < L_2$이므로 빛은 P에서가 Q에서보다 먼저 반사된다.
ㄷ. 오답 : A의 관성계에서 빛이 광원과 Q 사이를 왕복하는 데 걸리는 시간은 고유 시간이므로 B의 관성계에서 A의 시간은 느리게 흐른다. 따라서 빛이 광원과 Q 사이를 왕복하는 데 걸리는 시간은 A의 관성계에서가 B의 관성계에서 보다 작다.

😮 문제풀이 T I P | B의 관성계에서는 P, A, Q가 왼쪽으로 운동한다.

그림과 같이 관찰자 A에 대해 광원 P, Q가 정지해 있고, 관찰자 B가 탄 우주선이 P, A, Q를 잇는 직선과 나란하게 0.9c의 속력으로 등속도 운동을 하고 있다. A의 관성계에서, A에서 P, Q까지의 거리는 각각 L로 같고, P, Q에서 빛이 A를 향해 동시에 방출된다.

이에 대한 설명으로 옳은 것만을 〈보기〉에서 있는 대로 고른 것은? (단, c는 빛의 속력이다.)

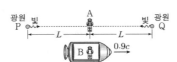

보기

ㄱ. A의 관성계에서, B의 시간은 A의 시간보다 느리게 간다.

ㄴ. B의 관성계에서, 빛이 P에서 A까지 도달하는 데 걸린 시간은 $\frac{L}{c}$이다. 보다 작다.

ㄷ. B의 관성계에서, 빛은 Q에서가 P에서보다 먼저 방출된다.

① ㄱ   ② ㄴ   ③ ㄱ, ㄷ ✓   ④ ㄴ, ㄷ   ⑤ ㄱ, ㄴ, ㄷ

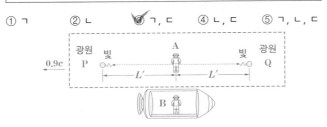

〈B에서 관찰한 광원과 A의 모습〉

|자|료|해|설|
B의 관성계에서 광원과 A는 왼쪽으로 0.9c의 속력으로 운동한다.

|보|기|풀|이|
ㄱ. 정답 : 관찰자로부터 운동하는 다른 관성 기준계의 시간은 느리게 간다.

ㄴ. 오답 : B의 관성계에서 P와 A 사이의 거리는 길이 수축으로 L보다 작다.($L > L'$) 또한, A는 광원 P쪽으로 운동하므로 B의 관성계에서, 빛이 P에서 A까지 도달하는 데 걸린 시간은 $\frac{L}{c}$보다 작다.

ㄷ. 정답 : A의 관성계에서 A와 광원 P, Q까지의 거리는 같으므로 빛은 동시에 도달한다. A의 관성계에서 한 지점에 동시에 일어난 사건은 B의 관성계에서도 동시에 일어난다. B의 관성계에서 광원과 A는 왼쪽으로 운동하므로 A에 광원이 동시에 도달하기 위해서는 빛이 광원 Q에서 P에서보다 먼저 방출되어야 한다.

😀 **문제풀이 T I P** | A의 관성계에서 한 지점에 동시에 일어난 사건은 B의 관성계에서 동시에 일어나므로 A와 B의 관성계에서 빛은 A에 동시에 도달한다.

😀 **출제분석** | 특수 상대성 이론에서 출제되는 보기 유형은 매회 비슷하게 제시된다.

그림과 같이 관찰자 A에 대해 관찰자 B가 탄 우주선이 $+x$방향으로 광속에 가까운 속력 v로 등속도 운동한다. B의 관성계에서 빛은 광원으로부터 각각 점 p, q, r를 향해 $-x$, $+x$, $+y$방향으로 동시에 방출된다. 표는 A, B의 관성계에서 각각의 경로에 따라 빛이 진행하는 데 걸린 시간을 나타낸 것이다.

A의 관성계에서
광원 → p거리 > 광원 → q거리
따라서 B의 관성계에서도 광원
→ p거리 > 광원 → q거리

빛의 경로	걸린 시간	
	A의 관성계	B의 관성계
광원 → p	t_1	㉠
광원 → q	t_1	t_2
광원 → r	㉡	t_2

B의 관성계에서
광원 → q거리
= 광원 → r거리

이에 대한 설명으로 옳은 것만을 〈보기〉에서 있는 대로 고른 것은? (단, 빛의 속력은 c이다.)

보기

ㄱ. ㉠은 t_1보다 작다. 크다.

ㄴ. ㉡은 t_2보다 크다.

ㄷ. B의 관성계에서 p에서 q까지의 거리는 $2ct_2$보다 크다.

① ㄱ   ② ㄴ   ③ ㄱ, ㄷ   ④ ㄴ, ㄷ ✓   ⑤ ㄱ, ㄴ, ㄷ

|자|료|해|설|
A의 관성계에서 우주선은 오른쪽으로 움직이므로 p는 광원으로 다가오고 q는 멀어진다. 그런데도 빛이 광원 → p, 광원 → q에서 걸린 시간(t_1)이 같다는 것은 거리는 광원 → p > 광원 → q임을 뜻한다. B의 관성계에서 r과 q는 정지해 있으므로 빛이 광원 → r, 광원 → q에서 걸린 시간(t_2)이 같다는 것은 광원에서 두 지점까지 거리가 같음을 의미한다.

|보|기|풀|이|
ㄱ. 오답 : 자료 해설과 같이 A의 관성계에서 길이 수축에 의해 나타나는 거리는 광원 → p > 광원 → q이다. 길이 수축이 일어나지 않은 B의 관성계에서 측정한 거리도 광원 → p > 광원 → q이다. 또한, B의 관성계에서 우주선은 정지해 있으므로 빛이 광원 → p로 진행하는 데 걸리는 시간 ㉠은 t_1보다 크다.

ㄴ. 정답 : A의 관성계에서 길이 수축은 x방향에서만 일어난다. 광원 → r 거리는 A, B 관성계에서 같지만, 빛이 진행한 거리는 B의 관성계에서 ↑↓(수직 방향)이고 A의 관성계에서 ╱(비스듬한 방향)로 B의 관성계보다 더 긴 거리를 진행한다. 따라서 ㉡은 t_2보다 크다.

ㄷ. 정답 : B의 관성계에서 빛이 광원 → q로 진행한 거리는 ct_2이다. 빛이 광원 → p로 진행한 거리는 광원 → q보다 크므로 B의 관성계에서 p에서 q까지의 거리는 $2ct_2$보다 크다.

😀 **문제풀이 T I P** | 모든 관성 기준계에서 빛의 속력은 같다.

😀 **출제분석** | 특수 상대성 이론의 개념을 기초로 서로 다른 관성 기준계에서 측정한 시간과 거리를 비교하는 일반적인 문항으로 출제되었다.

그림은 우주인 A에 대해 우주인 B, C가 타고 있는 우주선이 각각 일정한 속력 0.6c, 0.3c로 서로 반대 방향으로 직선 운동하는 모습을 나타낸 것이다. A는 B를 향해 레이저 광선을 쏘고 있다. B, C가 타고 있는 우주선의 길이를 A가 측정한 값은 각각 L_B, L_C이고, 두 우주선의 고유 길이는 같다. ⟶ 정지 상태에서 두 우주선의 길이는 같다

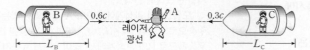

이에 대한 설명으로 옳은 것만을 〈보기〉에서 있는 대로 고른 것은? (단, c는 빛의 속력이다.) 3점

> **보기**
> ㄱ. A가 쏜 레이저 광선의 속력은 B가 측정한 값이 C가 측정한 값보다 크다. 과 같다.
> ㄴ. $L_B < L_C$이다.
> ㄷ. A가 측정할 때 B의 시간이 C의 시간보다 ~~빠르게~~ 느리 간다.

① ㄴ   ② ㄷ   ③ ㄱ, ㄴ   ④ ㄱ, ㄷ   ⑤ ㄴ, ㄷ

| 자 | 료 | 해 | 설 |

A가 B를 향해 레이저 광선을 쏘았을 때 B와 C가 측정한 광선의 속력은 모두 c로 같고 두 우주선의 고유 길이가 같을 때 A가 본 우주선의 길이는 A에 대해 더 빠르게 움직이는 B가 C보다 짧게 측정된다. 또한 A가 관측할 때 더 빠르게 움직이는 B가 C보다 시간이 느리게 간다.

| 보 | 기 | 풀 | 이 |

ㄱ. 오답 : 광속 불변의 법칙에 의해 A가 쏜 레이저 광선의 속력은 B와 C가 측정한 값이 c로 같다.

ㄴ. 정답 : A가 본 우주선의 길이는 A에 대해 더 빠르게 움직이는 B가 C보다 짧게 측정된다. 즉 $L_B < L_C$이다.

ㄷ. 오답 : 관측자와 다른 속력을 가진 물체의 시간은 빠르게 움직일수록 느리게 흐른다. 따라서 A가 측정할 때 더 빠르게 움직이는 B의 시간이 C의 시간보다 느리게 간다.

😀 **문제풀이 TIP** | 진공에서 빛의 속력은 관측자와 관계없이 항상 일정하며 물체와 다른 속력을 가진 관측자가 물체를 보면 물체의 운동 방향으로 길이 수축이 일어나고 시간은 느리게 흐른다.

😀 **출제분석** | 특수 상대성 이론에 대한 문항으로 특수 상대성 이론의 2가지 가정과 길이 수축, 시간 팽창에 대한 기본 개념을 알면 쉽게 해결할 수 있다.

그림은 관찰자 A에 대해 관찰자 B가 탄 우주선이 0.9c로 등속도 운동하는 모습을 나타낸 것이다. B가 측정할 때 광원 P와 Q에서 동시에 발생한 빛이 검출기 R에 ⟶ B가 측정할 때 RQ와 RP 사이의 거리는 같다. 동시에 도달하였다. Q와 R를 잇는 직선은 우주선의 운동 방향과 나란하고 P와 R를 잇는 직선은 우주선의 운동 방향과 수직이다. 이에 대한 설명으로 옳은 것만을 〈보기〉에서 있는 대로 고른 것은? (단, c는 빛의 속력이다.)

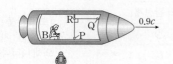

> **보기**
> ㄱ. A와 B가 측정한 빛의 속력은 같다.
> ㄴ. B가 측정할 때, A의 시간은 B의 시간보다 느리게 간다.
> ㄷ. A가 측정할 때, P와 R 사이의 거리는 Q와 R 사이의 거리보다 길다.

① ㄱ   ② ㄴ   ③ ㄱ, ㄷ   ④ ㄴ, ㄷ   ⑤ ㄱ, ㄴ, ㄷ

| 자 | 료 | 해 | 설 |

R, Q, P는 B에 대해 상대 속도가 0이므로 B가 측정할 때 광원 P와 Q에서 동시에 발생한 빛이 검출기 R에 동시에 도달했다면 R과 Q, R과 P 사이의 거리는 같다.

| 보 | 기 | 풀 | 이 |

ㄱ. 정답 : 광속 불변의 원리에 의해 광속은 관측자의 운동과 관계 없이 같다.

ㄴ. 정답 : B에 대해 A는 0.9c의 속력으로 운동하므로 B가 측정할 때 A의 시간은 B의 시간보다 느리게 간다.

ㄷ. 정답 : 길이 수축은 운동 방향으로만 일어나므로 Q와 R 사이의 거리만 B가 측정할 때보다 A가 측정할 때가 짧다. 따라서 A가 측정할 때 P와 R 사이의 거리는 Q와 R 사이의 거리보다 길다.

😀 **문제풀이 TIP** | 길이 수축은 운동 방향으로만 일어난다.

😀 **출제분석** | 특수 상대성 이론에 대한 기본 개념을 알고 있다면 쉽게 해결할 수 있는 문항이다.

그림과 같이 점 p, q에 대해 정지해 있는 관측자 A가 측정할 때, 관측자 B, C가 탄 우주선이 각각 일정한 속도 $0.7c$, v로 서로 반대 방향으로 등속도 운동하고 있다. **A가 측정할 때, B가 p에서 q까지 이동하는 데 걸리는 시간은 T이다. p와 q 사이의 거리는 B가 측정할 때가 C가 측정할 때보다 작다.** 이에 대한 설명으로 옳은 것만을 〈보기〉에서 있는 대로 고른 것은? (단, c는 빛의 속력이다.)

관측자 B
$0.7c$
$0.7cT$(관측자 A가 측정할 때)
p • ← → • q

v
관측자 C

관측자 A
C보다 B에서 길이 수축 정도가 크다.
B의 속력이 C의 속력보다 크다.
∴ $0.7c > v$

보기

ㄱ. B가 측정할 때, p와 q 사이의 거리는 $0.7cT$이다. ~~보다 작다.~~

ㄴ. v는 $0.7c$보다 작다.

ㄷ. A가 측정할 때, C의 시간은 B의 시간보다 더 ~~느리게~~ 빠르게 간다.

① ㄱ   ②✓ ㄴ   ③ ㄱ, ㄷ   ④ ㄴ, ㄷ   ⑤ ㄱ, ㄴ, ㄷ

|자|료|해|설|

관측자 A가 측정할 때 B가 p에서 q까지 이동하는 데 걸리는 시간이 T이므로 p와 q 사이의 거리는 $0.7cT$이다. 한편, 관측자 B와 C에서 p와 q 사이의 거리는 길이 수축이 일어나 $0.7cT$보다 짧아진다. p와 q 사이의 거리는 B가 측정할 때가 C가 측정할 때보다 작으므로 C보다 B에서 길이 수축 정도가 크다. 길이 수축 정도가 B가 C보다 크게 일어나므로 B의 속력이 C의 속력보다 큼을 알 수 있다. $(0.7c > v)$

|보|기|풀|이|

ㄱ. 오답 : p와 q 사이의 거리 $0.7cT$는 관측자 A가 측정한 고유 길이이므로 움직이는 B가 측정할 때는 길이 수축이 일어나 이보다 작아진다.

ㄴ. 정답 : 길이 수축 정도가 B가 C보다 크게 일어나므로 B의 속력이 C의 속력보다 크다.$(0.7c > v)$

ㄷ. 오답 : 우주선의 속력이 빠를수록 우주선 안의 시간은 느리게 간다. A가 측정할 때, 속력은 B가 C보다 크므로 B의 시간은 C의 시간보다 더 느리게 간다.

😮 **문제풀이 TIP** | 관찰자와 다른 속도로 운동하는 상대방의 시간은 느리게 가고 운동하는 물체의 길이는 속도 방향으로 짧아진다. 또한 상대방의 속도가 빠를수록 그 차이는 크게 나타난다.

😊 **출제분석** | 특수 상대성 이론을 이해하는가 묻는 문항으로 길이 수축과 시간 팽창에 대한 기본 개념만 안다면 쉽게 해결할 수 있는 유형이다.

그림과 같이 관찰자 P에 대해 관찰자 Q가 탄 우주선이 광원 A, 검출기, 광원 B를 잇는 직선과 나란하게 광속에 가까운 속력으로 등속도 운동한다. **P의 관성계에서, 광원 A, B, C에서 동시에 방출된 빛은 검출기에 동시에 도달한다.** → P의 관성계에서 관찰할 때 A, B, C에서 빛이 검출기까지 이동한 거리는 같다. 이에 대한 설명으로 옳은 것만을 〈보기〉에서 있는 대로 고른 것은?

3점

검출기
A   B
Q   C
→

P

보기

ㄱ. A와 B 사이의 거리는 P의 관성계에서가 Q의 관성계에서 보다 ~~크다~~ 작다.

ㄴ. C에서 방출된 빛이 검출기에 도달하는 데 걸리는 시간은 Q의 관성계에서가 P의 관성계에서보다 작다.

ㄷ. Q의 관성계에서, 빛은 A에서가 B에서보다 ~~먼저~~ 나중에 방출된다.

① ㄱ   ②✓ ㄴ   ③ ㄱ, ㄷ   ④ ㄴ, ㄷ   ⑤ ㄱ, ㄴ, ㄷ

P의 관성계에서 관찰할 때, 빛이 도달할 때의 검출기 위치

[그림1]

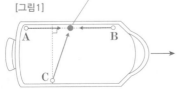

A ←• B
C

Q의 관성계에서 관찰할 때, 광원과 검출기 사이의 거리는 A가 가장 가깝고 B가 가장 멀다.

|자|료|해|설|

P의 관성계에서 광원 A, B, C에서 동시에 방출된 빛이 검출기 도달하는 곳까지 이동한 거리는 같다. 우주선은 오른쪽으로 이동하므로 빛이 이동한 경로는 [그림1]과 같고, 광원과 검출기 사이의 거리는 A가 가장 가깝고 B가 가장 멀다.

|보|기|풀|이|

ㄱ. 오답 : Q의 관성계에서 A와 B 사이의 거리는 고유 길이이므로 P의 관성계에서 A와 B 사이의 거리는 길이 수축이 일어나 Q의 관성계에서보다 작다.

ㄴ. 정답 : Q의 관성계에서 C에서 방출된 빛이 검출기까지 이동한 경로는 P의 관성계에서 빛의 이동 경로보다 짧으므로 C에서 방출된 빛이 검출기에 도달하는 데 걸린 시간은 Q의 관성계에서가 P의 관성계에서보다 작다.

ㄷ. 오답 : Q의 관성계에서도 A, B, C에서 방출한 빛은 검출기에 동시에 도달하므로 검출기로부터 멀리 있는 B에서가 A에서보다 먼저 방출된다.

😮 **문제풀이 TIP** | P의 관성계에서 검출기에 동시에 도달한 빛은 Q의 관성계에서도 검출기에 동시에 도달한다.

😊 **출제분석** | 기준계에 따라 일정한 것은 빛의 속력뿐임을 인지하고 서로 다른 관성계에서의 사건의 순서를 따질 수 있어야 문제를 해결할 수 있다.

그림과 같이 관찰자 P가 관측할 때 우주선 A, B는 길이가 같고, 같은 방향으로 속력 v_A, v_B로 직선 운동한다. **B의 관성계에서 A의 길이는 B의 길이보다 크다.** A, B의 고유 길이는 각각 L_A, L_B이다.

$\rightarrow L_A > L_B$

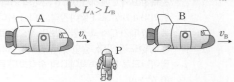

이에 대한 옳은 설명만을 〈보기〉에서 있는 대로 고른 것은?

> **보기**
> ㄱ. $L_A \cancel{>} L_B$이다.
> ㄴ. $v_A > v_B$이다.
> ㄷ. A의 관성계에서, A와 B의 길이 차는 $|L_A - L_B|$보다 크다.

① ㄱ   ② ㄴ   ③ ㄱ, ㄷ   ✔④ ㄴ, ㄷ   ⑤ ㄱ, ㄴ, ㄷ

|자|료|해|설|
관찰자 P가 관측할 때 길이 수축이 일어난 우주선 A, B의 길이는 같다. B의 관성계에서 길이 수축이 일어난 우주선 A의 길이가 B의 고유 길이보다 크므로 A의 고유 길이는 B의 고유 길이보다 크다.($L_A > L_B$)

|보|기|풀|이|
ㄱ. 오답 : 자료 해설과 같이 $L_A > L_B$이다.
ㄴ. 정답 : A의 고유 길이가 B의 고유 길이보다 크고, P가 관측할 때 두 우주선의 길이가 같으므로 길이 수축이 일어난 정도는 A가 B보다 크다. 길이 수축은 속력이 큰 우주선에서 더 많이 일어나므로 $v_A > v_B$이다.
ㄷ. 정답 : A의 관성계에서 길이 수축이 일어난 B의 길이를 L_B'라 하면 $L_A > L_B > L_B'$이다. 따라서 $L_A - L_B < L_A - L_B'$이다.

😀 **문제풀이 TIP |** 관찰자와 상대 속도가 클수록 길이 수축은 크게 일어난다.

😊 **출제분석 |** 길이 수축 개념으로 비교적 쉽게 해결할 수 있도록 출제되었다.

그림과 같이 검출기에 대해 정지한 좌표계에서 관측할 때, 광자 A와 입자 B가 검출기로부터 **4광년** 떨어진 점 p를 동시에 지나 A는 속력 c로, B는 속력 v로 검출기를 향해 각각 등속도 운동하며, A는 B보다 1년 먼저 검출기에 도달한다.

↳ 고유 길이

↳ 4년

↳ 5년

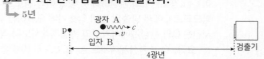

B와 같은 속도로 움직이는 좌표계에서 관측하는 물리량에 대한 설명으로 옳은 것만을 〈보기〉에서 있는 대로 고른 것은? (단, 1광년은 빛이 1년 동안 진행하는 거리이다.) **3점**

> **보기**
> ㄱ. p와 검출기 사이의 거리는 4광년~~이다.~~ 보다 짧다.
> ㄴ. p가 B를 지나는 순간부터 검출기가 B에 도달할 때까지 걸리는 시간은 5년~~이다.~~ 보다 적게 걸린다.
> ㄷ. 검출기의 속력은 $0.8c$이다.

① ㄱ   ✔② ㄷ   ③ ㄱ, ㄴ   ④ ㄴ, ㄷ   ⑤ ㄱ, ㄴ, ㄷ

|자|료|해|설|
검출기에 대해 정지한 좌표계에서 관측할 때 A는 4광년을 빛의 속도로 움직이므로 검출기에 도달할 때까지 걸린 시간은 4년이고 A는 B보다 1년 먼저 검출기에 도달하므로 B는 5년 뒤에 검출기에 도달한다. B와 같은 속도로 움직이는 좌표계에서 보면 p와 검출기 사이의 거리는 길이 수축이 일어나 4광년보다 짧아지며, 이 거리를 p와 검출기가 왼쪽으로 v의 속력으로 지나가는 데 걸리는 시간도 5년보다 짧아진다.

|보|기|풀|이|
ㄱ. 오답 : B와 같은 속도로 움직이는 좌표계에서 p와 검출기 사이의 거리는 길이 수축이 일어나 고유 길이인 4광년보다 짧아진다.
ㄴ. 오답 : B와 같은 속도로 움직이는 좌표계에서는 4광년보다 짧은 거리를 p와 검출기가 v의 속력으로 지나가므로 검출기에 대해 정지한 좌표계에서 관측할 때 B가 검출기에 도달한 5년보다 짧게 걸린다.
ㄷ. 정답 : 정지한 좌표계에서 측정했을 때 입자 B는 v의 속도로 4광년을 운동하는 데 5년이 걸린다. 즉 $5v = 4c$이므로 $v = 0.8c$이다. 따라서 상대성의 원리에 의해 B와 같은 속도로 움직이는 좌표계에서 측정한 검출기의 속력도 $0.8c$이다.

그림은 관찰자 A에 대해 관찰자 B가 탄 우주선이 $0.8c$로 등속도 운동하는 모습을 나타낸 것이다. A가 측정할 때, 광원에서 발생한 빛이 검출기 P, Q, R에 동시에 도달한다. B가 측정할 때, P, Q, R는 광원으로부터 각각 거리 L_P, L_Q, L_R 만큼 떨어져 있다. P, 광원, Q는 운동 방향과 나란한 동일 직선상에 있다. 이에 대한 설명으로 옳은 것만을 〈보기〉에서 있는 대로 고른 것은? (단, c는 빛의 속력이다.) **3점**

A가 본 광원과 P, Q, R의 거리 비율

보기

               → 수축된 길이   → 고유 길이

ㄱ. A가 측정할 때, P와 Q 사이의 거리는 L_P+L_Q보다 작다.

ㄴ. B가 측정할 때, L_P가 L_R보다 ~~작다~~ 크다.

ㄷ. B가 측정할 때, A의 시간은 B의 시간보다 ~~빠르게~~ 간다.

                                 느리게 →시간 지연

① ㄱ   ② ㄷ   ③ ㄱ, ㄴ   ④ ㄴ, ㄷ   ⑤ ㄱ, ㄴ, ㄷ

😲 **문제풀이 TIP** | 관측자의 시간과 길이는 항상 고유 시간, 고유 길이이고, 관측자가 봤을 때 운동하는 다른 물체는 시간 팽창과 길이 수축이 일어난다. 또한, 두 관측자가 서로 다른 운동을 하면 한쪽에서 동시에 일어난 일은 다른 쪽에서는 동시에 일어나지 않는다.

😊 **출제분석** | 특수 상대성 이론 관련 문제는 매년 1문제씩은 출제되고 있다. 출제된 문제는 대부분 어느 한 관측자의 광원에서 발사된 빛과 관련된 문제이다. 이번에는 운동 방향과 나란한 방향뿐만 아니라 수직인 방향으로 빛이 동시에 움직이는 상황을 제시하여 수험생들에게 약간의 혼란을 주려 하였다. 하지만 운동 방향과 수직인 방향으로는 길이 수축이 일어나지 않는 것을 감안한다면 오히려 수직인 방향으로 움직이는 빛을 기준으로 하여 양쪽으로 움직이는 빛을 비교할 수 있을 것이다.

|자|료|해|설|

우주선은 $0.8c$의 속력으로 일정하게 운동하고 있으므로, 관측자에 대하여 운동하는 물체는 길이 수축과 시간 팽창이 일어난다. 만약에 관찰자 A가 봤을 때 광원에서 P, Q, R 지점까지의 거리가 같다면, 우주선이 광원에서 Q로 가는 방향으로 움직이고 있으므로 빛은 P에 가장 먼저 도달하고, 그 다음에 R, 그 다음에 Q에 도착할 것이다. 하지만 A가 봤을 때 광원에서 발사된 빛이 각각 P, Q, R 지점에 동시에 도달하였으므로, 관찰자 A가 봤을 때 광원에서 P까지의 거리가 가장 크고 광원에서 Q까지의 거리가 가장 작다는 것을 알 수 있다.

|보|기|풀|이|

ㄱ. 정답 : A가 측정할 때 B가 탄 우주선은 $0.8c$의 속력으로 일정하게 운동하므로 P와 Q 사이의 거리는 길이 수축이 일어나 줄어든 거리이고, B가 측정한 L_P+L_Q는 고유 길이이다. 따라서 A가 측정한 P와 Q 사이의 거리는 L_P+L_Q보다 작다.

ㄴ. 오답 : A가 측정할 때 광원에서 P까지의 거리가 광원에서 R까지의 거리보다 크다. 이때 B가 측정한 광원에서 P까지의 거리 L_P는 고유 길이이고, A가 측정한 광원에서 P까지의 거리는 수축된 길이이므로 광원에서 P까지의 거리는 B가 측정할 때 더 크다. A와 B의 상대 속도의 방향에 수직으로 놓인 광원과 R 사이의 거리는 A와 B가 동일한 값으로 측정하므로, 결과적으로 L_R < (A가 측정한 광원에서 P까지의 거리) < L_P이다. 따라서 L_P가 L_R보다 크다.

ㄷ. 오답 : B가 측정할 때는 자신이 정지해 있고, A가 우주선의 운동 방향과 반대 방향으로 $0.8c$의 일정한 속력으로 운동하는 것으로 관측되므로, A에서 시간 팽창이 일어난다. 따라서 B가 측정할 때, A의 시간은 B의 시간보다 느리게 간다.

그림과 같이 우주 정거장 A에서 볼 때 다가오는 우주선 B와
멀어지는 우주선 C가 각각 0.5*c*, 0.7*c*의 속력으로 등속도 운동하며
A에 대해 정지해 있는 점 p, q를 지나고 있다. B, C가 각각 p, q를
지나는 순간 A의 광원에서 B와 C를 향해 빛신호를 보냈다. B에서
측정할 때 광원과 p 사이의 거리는 C에서 측정할 때 광원과 q 사이의
거리와 같고, A에서 측정할 때 광원과 p 사이의 거리는 1광년이다.

이에 대한 설명으로 옳은 것만을 〈보기〉에서 있는 대로 고른 것은?
(단, *c*는 빛의 속력이고, 1광년은 빛이 1년 동안 진행하는 거리이다.)
③점

> **보기**
>   와 같다.
> ㄱ. 빛의 속력은 B에서 측정할 때가 C에서 측정할 때~~보다 크다.~~
> ㄴ. A에서 측정할 때 B가 p에서 광원까지 이동하는 데 걸리는
>   시간은 2년~~보다 크다.~~ 이다.
> ㄷ. A에서 측정할 때 광원과 q 사이의 거리는 1광년보다 크다.

① ㄴ ②ㄷ ③ ㄱ, ㄴ ④ ㄱ, ㄷ ⑤ ㄴ, ㄷ

|자|료|해|설|
우주 정거장 A를 기준으로 우주선 B가 0.5*c*의 속력으로
다가오고, 우주선 C가 0.7*c*의 속력으로 멀어진다. 따라서
시간 팽창과 길이 수축은 B보다 C에서 더 크게 일어난다.

|보|기|풀|이|
ㄱ. 오답 : 광속 불변의 법칙으로 모든 관성 좌표계
(=가속도가 0인 기준계)에서 빛의 속력은 관찰자의 운동
상태에 관계없이 동일하다.

ㄴ. 오답 : A에서 측정할 때 우주선 B는 1광년을 0.5*c*의
속력으로 운동하므로 걸린 시간$=\dfrac{1광년}{0.5c}=$2년이다.

ㄷ. 정답 : A가 측정할 때 B보다 C가 더 빠르다. 길이
수축은 C에서 측정할 때가 B에서 측정할 때보다 크게
일어나므로 B에서 측정한 광원과 p 사이의 거리가 C에서
측정할 때 광원과 q 사이의 거리와 같다는 것은 실제로는
광원과 q 사이의 거리가 광원과 p 사이의 거리보다 크다는
것을 의미한다.

😊 **문제풀이 T I P** | 길이 수축은 운동 방향으로만 일어나며
관측자와 물체 사이의 상대 속도가 커질수록 크게 일어난다.

😊 **출제분석** | 특수 상대성 이론에 관한 문제는 관찰자에 따라
관측되는 물리량을 비교하는 형태로 자주 출제된다.

그림과 같이 관찰자 A가 탄
우주선이 행성을 향해 가고 있다.
관찰자 B가 측정할 때, 행성까지의
거리는 7광년이고 우주선은 0.7*c*의
속력으로 등속도 운동한다. B는
멀어지고 있는 A를 향해 자신이
측정하는 시간을 기준으로 1년마다 빛 신호를 보낸다.
이에 대한 설명으로 옳은 것만을 〈보기〉에서 있는 대로 고른 것은?
(단, *c*는 빛의 속력이다.) ③점

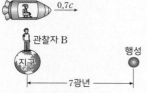

> **보기**
>   길
> ㄱ. A가 B의 신호를 수신하는 시간 간격은 1년보다 ~~짧다.~~
> ㄴ. A가 측정할 때, 지구에서 행성까지의 거리는 7광년보다
>   작다.
> ㄷ. B가 측정할 때, A의 시간은 B의 시간보다 느리게 간다.

① ㄱ ② ㄴ ③ ㄱ, ㄷ ④ ㄴ, ㄷ ⑤ ㄱ, ㄴ, ㄷ

|자|료|해|설|
관찰자 B가 측정할 때 관찰자 A가 탄 우주선은 지구에서
행성까지 $\dfrac{7광년}{0.7c}=$10년이 걸린다. 한편, 관찰자 B에

대해 0.7*c*로 운동하고 있는 관찰자 A가 측정할 때는 길이
수축이 일어나 지구와 행성까지의 거리는 7광년보다
짧아지고 시간은 느리게 가므로 우주선이 지구에서
행성까지 이동하는데 10년보다 덜 걸린다.

|보|기|풀|이|
ㄱ. 오답 : B가 A를 향해 자신이 측정하는 시간을 기준으로
빛 신호를 보내는 시간 간격은 1년(고유시간)이다.
A가 측정할 때 B의 시간은 천천히 가고 그 시간이 1년이
지난다면 이 때 A가 측정한 A의 시간은 1년보다 더 지나
있다. 따라서 A가 B의 신호를 수신하는 시간 간격은
1년보다 길다.

ㄴ. 정답 : A가 측정할 때, 지구와 행성은 왼쪽방향으로
0.7*c*의 상대적인 운동을 하므로 길이 수축이 일어나
7광년보다 짧아진다.

ㄷ. 정답 : 관측자와 다른 속도로 운동하는 상대방의 시간은
느리게 가므로 B가 측정할 때 A의 시간은 B의 시간보다
느리게 간다.

😊 **문제풀이 T I P** | 어떤 물체의 시간을 측정할 때 그 물체와의 상대적인 움직임이 있는 관측자가 측정한 시간은 고유시간보다 길게 측정된다.(시간 팽창)

😊 **출제분석** | 특수 상대성이론에서 서로 다르게 운동하는 관측자에게 신호를 보내고 시간 간격을 비교하는 보기는 처음 제시되었다. 이 부분이 어렵게 느껴진다면 고유시간,
고유길이의 개념을 꼼꼼히 다시 살펴보기 바란다.

그림과 같이 관찰자의 관성계에 대해 동일 직선 위에 있는 점 P, Q, R은 정지해 있으며, 점광원 X가 있는 우주선이 $0.5c$로 등속도 운동하고 있다. 표는 사건 I ~ IV를 나타낸 것으로, 관찰자의 관성계에서 I과 II가 동시에, III과 IV가 동시에 발생한다.

사건	내용
I	X와 P의 위치가 일치
II	빛이 X에서 방출
III	X와 Q의 위치가 일치
IV	II의 빛이 R에 도달

→ 같은 위치에서 동시에 일어난 사건이므로 모든 관성계에서 동시 사건으로 관찰

우주선의 관성계에서, I과 II의 발생 순서와 III과 IV의 발생 순서로 옳은 것은? (단, c는 빛의 속력이다.) 3점

	I과 II의 발생 순서	III과 IV의 발생 순서
①	I과 II가 동시에 발생	III이 IV보다 먼저 발생
②	I과 II가 동시에 발생	IV가 III보다 먼저 발생
③	I이 II보다 먼저 발생	III과 IV가 동시에 발생
④	I이 II보다 먼저 발생	III이 IV보다 먼저 발생
⑤	II가 I보다 먼저 발생	IV가 III보다 먼저 발생

|자|료|해|설|및|선|택|지|풀|이|

② 정답 : I, II는 같은 위치 P에서 동시에 일어난 사건이므로 우주선과 관찰자에게 동시 사건으로 관찰된다. 관찰자의 관성계에서 측정한 $\overline{PQ}=\overline{QR}=L$ 이라 하면, 우주선의 관성계에서는 길이 수축이 일어나 $\overline{PQ}=\overline{QR}=L'<L$로 측정되는데 우주선의 관성계에서 Q, R는 $0.5c$로 다가오고, 빛은 c로 멀어지므로 III은 I에서 시간 $\frac{L'}{0.5c}=\frac{2L'}{c}$가 지났을 때, IV는 II에서 시간 $\frac{2L'}{c+0.5c}$ $=\frac{4L'}{3c}$가 지났을 때이다. 따라서 IV가 III보다 먼저 발생한다.

😮 문제풀이 TIP | 같은 위치에서 동시에 일어난 사건은 모든 관성계에서 동시에 일어난 사건으로 관찰된다.

😄 출제분석 | 최근 동시의 상대성을 묻는 경향이 늘어나고 있다.

그림은 관찰자 A에 대해 관찰자 B가 탄 우주선이 $0.9c$로 등속도 운동하는 모습을 나타낸 것이다. **B가 관측할 때, 광원에서 발생한 빛이 검출기 P, Q에 동시에 도달한다.** 표는 A가 관측한 사건을 순서대로 기록한 것으로 ㉠, ㉡은 P 또는 Q이다.

→ B가 관측할 때, 광원에서 떨어진 거리는 P와 Q가 같음.

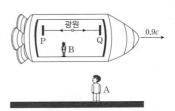

A가 관측한 사건
광원에서 빛이 발생
↓
빛이 (㉠)에 도달
↓
빛이 (㉡)에 도달

A가 관측한 것에 대한 옳은 설명만을 <보기>에서 있는 대로 고른 것은? (단, c는 빛의 속력이고, P, 광원, Q는 운동 방향과 나란한 동일 직선상에 있다.) 3점

보기
ㄱ. ㉠은 P, ㉡은 Q이다.
ㄴ. 광원에서 P로 진행하는 빛과 Q로 진행하는 빛의 속력은 같다.
ㄷ. 광원과 P 사이의 거리는 광원과 Q 사이의 거리 ~~보다 짧다.~~ 와 같다.

① ㄴ   ② ㄷ   ③ ㄱ, ㄴ   ④ ㄱ, ㄷ   ⑤ ㄱ, ㄴ, ㄷ

|자|료|해|설|

B가 관측할 때, 광원에서 발생한 빛이 검출기 P, Q에 동시에 도달했다는 것은 B가 관측할 때 광원에서 떨어진 P와 Q까지의 거리가 같다는 것을 의미한다. A가 관측할 때, 광원에서 P와 Q를 향해 진행하는 빛의 속도는 c로 동일하므로 빛은 광원으로 다가가는 P에 먼저 도달한다.

|보|기|풀|이|

㉠ 정답 : 광원에서 발생한 빛은 광원으로 다가가는 P에 먼저 도달한다.

㉡ 정답 : 광속 불변의 법칙에 의해 빛의 속력은 관찰자나 광원의 운동에 관계없이 항상 일정하다.

ㄷ. 오답 : 우주선은 우주선의 운동방향으로 동일한 비율로 길이 수축이 일어난다. 따라서 광원과 P 사이의 거리는 광원과 Q 사이의 거리와 같다.

😮 문제풀이 TIP | 모든 관성 좌표계(=가속도가 0인 좌표계)에서 보았을 때, 진공에서 빛의 속도는 관찰자나 광원의 속도에 상관없이 일정하다.

😄 출제분석 | 특수 상대성 이론을 이해하면 해결할 수 있는 문제로 동시성의 상대성과 시간 지연, 길이 수축에 대해 이해하고 있다면 쉽게 해결할 수 있다.

그림은 관찰자 A에 대해 관찰자 B, C가 탄 우주선이 각각 $0.6c$, v의 속력으로 등속도 운동하는 모습을 나타낸 것이다. **A가 측정할 때,** → A가 측정할 때 광원과 P사이의 거리 < 광원과 Q 사이의 거리
B가 탄 우주선의 광원에서 발생한 빛은 검출기 P, Q에 동시에 도달하고 B가 탄 우주선의 길이 L_B는 C가 탄 우주선의 길이 L_C보다 크다. B와 C가 탄 우주선의 고유 길이는 같다. P, 광원, Q는 운동 방향과 나란한 동일 직선상에 있다.

$L_B > L_C$
즉, 길이 수축이 더 크게 일어났으므로

L_C
$v > 0.6c$
v
관찰자 C

L_B
$0.6c$　P 광원 Q

관찰자 B

관찰자 A

이에 대한 설명으로 옳은 것만을 〈보기〉에서 있는 대로 고른 것은? (단, c는 빛의 속력이다.) **3점**

보기
ㄱ. $v > 0.6c$이다.
ㄴ. A가 측정할 때, C의 시간이 B의 시간보다 느리게 간다.
ㄷ. B가 측정할 때, 광원에서 발생한 빛은 Q보다 P에 먼저 도달한다.

① ㄱ　② ㄷ　③ ㄱ, ㄴ　④ ㄴ, ㄷ　⑤ ㄱ, ㄴ, ㄷ

|자|료|해|설|
관찰자 A로부터 두 우주선이 운동하고 있으므로 우주선의 길이는 짧아지고 우주선 안의 시간은 느리게 간다.

|보|기|풀|이|
ㄱ. 정답 : B와 C가 탄 우주선의 고유 길이는 같지만 관찰자 A가 측정할 때 우주선의 길이가 $L_B > L_C$라면 우주선의 길이 수축은 C가 탄 우주선이 B가 탄 우주선보다 더 크게 일어난 것으로 $v > 0.6c$이다.
ㄴ. 정답 : A로부터 더 빠르게 운동할수록 시간은 느리게 가므로 A가 측정할 때, C의 시간은 B의 시간보다 느리게 간다.
ㄷ. 정답 : A가 측정할 때 광원에서 방출한 빛이 빛과 같은 방향으로 운동하는 P와 빛을 향해 다가오는 Q에 동시에 도달했다는 것은 '광원과 P 사이의 거리 < 광원과 Q 사이의 거리'임을 의미한다. 따라서 B가 측정할 때, 광원에서 발생한 빛은 Q보다 P에 먼저 도달한다.

😃 **문제풀이 TIP** | 관측자로부터 물체의 움직임이 빠를수록 길이 수축은 크게 일어난다.

😎 **출제분석** | 특수 상대성 이론에 대한 문항으로 특수 상대성 이론의 가정 유형(상대성 원리와 광속 불변의 법칙)과 길이 수축, 시간 팽창에 대한 개념을 잘 이해했다면 쉽게 해결할 수 있는 문항이다.

그림과 같이 우주 정거장에 대해 정지한 두 점 P에서 Q까지 우주선이 일정한 속도로 운동한다. 우주 정거장의 관성계에서 관측할 때 P와 Q 사이의 거리는 3광년이고, **우주선이 P에서 방출한 빛은 우주선보다 2년 먼저 Q에 도달한다.** → 우주선의 이동 시간 5년

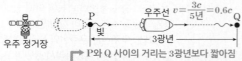
P
빛
우주 정거장
우주선 $v = \dfrac{3c}{5년} = 0.6c$ Q
3광년
→ P와 Q 사이의 거리는 3광년보다 짧아짐

우주선의 관성계에서 관측할 때에 대한 옳은 설명만을 〈보기〉에서 있는 대로 고른 것은? (단, 빛의 속력은 c이고, 1광년은 빛이 1년 동안 진행하는 거리이다.) **3점**

보기
ㄱ. Q의 속력은 $0.6c$이다.
ㄴ. P와 Q 사이의 거리는 3광년이다. ← 보다 짧다
ㄷ. 우주선의 시간은 우주 정거장의 시간보다 빠르게 간다.

① ㄱ　② ㄴ　③ ㄱ, ㄷ　④ ㄴ, ㄷ　⑤ ㄱ, ㄴ, ㄷ

|자|료|해|설|
우주 정거장에서 관측할 때 P와 Q 사이의 거리는 3광년이므로 빛의 속력으로 3년이 걸리는 거리이다. 우주선이 P에서 Q에 도달하는 시간은 이보다 2년 더 걸리므로 5년이다.

|보|기|풀|이|
ㄱ. 정답 : Q의 속력은 $v = \dfrac{3광년}{5년} = \dfrac{3c}{5} = 0.6c$이다.
ㄴ. 오답 : 우주선에서 관측할 때 P와 Q 사이의 거리는 길이 수축이 일어나 3광년보다 짧다.
ㄷ. 정답 : 우주선에서 관측할 때 우주 정거장의 시간은 우주선보다 느리게 간다.

😃 **문제풀이 TIP** | 정지한 관찰자가 운동하는 관찰자를 보면 시간이 느리게 가고 길이는 운동 방향으로 수축한다.

😎 **출제분석** | 특수 상대성 이론에 대한 문항의 보기는 거의 유사하다. 기출 문제 중심으로 풀어 보자.

그림과 같이 우주선이 우주 정거장에 대해 0.6c의 속력으로 직선 운동하고 있다. 광원에서 우주선의 운동 방향과 나란하게 발생시킨 빛 신호는 거울에 반사되어 광원으로 되돌아온다. 표는 우주선과 우주 정거장에서 각각 측정한 물리량을 나타낸 것이다.

측정한 물리량	우주선	우주 정거장
광원과 거울 사이의 거리 고유길이	L_0	L_1
빛 신호가 광원에서 거울까지 가는 데 걸린 시간	t_0	t_1
빛 신호가 거울에서 광원까지 가는 데 걸린 시간	t_0	t_2

이에 대한 설명으로 옳은 것만을 〈보기〉에서 있는 대로 고른 것은? (단, c는 빛의 속력이다.) **3점**

보기

ㄱ. $L_0 > L_1$이다.   ㄴ. $t_0 = \dfrac{L_0}{c}$이다.   ㄷ. $t_1 > t_2$이다.

① ㄱ   ② ㄷ   ③ ㄱ, ㄴ   ④ ㄴ, ㄷ   ✓ ㄱ, ㄴ, ㄷ

|자|료|해|설|

우주선은 우주 정거장에 대해서 운동하므로 우주 정거장에서 측정한 광원과 거울 사이의 거리는 운동 방향으로 짧아진다.

|보|기|풀|이|

ㄱ. 정답 : 우주선에서 측정한 광원과 거울 사이의 거리 L_0는 고유 길이로 우주 정거장에서 이 거리를 측정했을 때는 길이 수축이 일어나 L_0보다 짧은 L_1으로 관측된다. ($L_0 > L_1$)

ㄴ. 정답 : t_0는 빛이 L_0만큼 진행하는데 걸린 시간이므로 $t_0 = \dfrac{L_0}{c}$이다.

ㄷ. 정답 : 빛 신호가 광원에서 거울까지 진행할 때 우주선은 빛의 진행 방향으로 운동하므로 더 많은 거리를 진행해야 한다. 반면, 빛 신호가 거울에서 광원까지 진행할 때 광원은 빛을 향해 다가오므로 빛 신호가 광원에서 거울까지 진행할 때보다 적은 거리를 진행한다. 따라서 빛 신호가 광원에서 거울까지 가는 데 걸린 시간(t_1)은 거울에서 광원까지 가는 데 걸린 시간(t_2)보다 크다. ($t_1 > t_2$)

😮 **문제풀이 T I P |** 길이 수축 : 측정하고자 하는 물체와 다른 속도를 가진 관측자가 물체의 길이를 측정하면 물체의 길이는 물체의 운동 방향으로 짧게 측정된다.

😀 **출제분석 |** 특수 상대성 이론에 대한 문항은 매회 등장하며 주로 3점 난이도로 출제된다. 유형도 거의 비슷하여 기출 문제를 중심으로 잘 정리해둔다면 문제없이 정답을 고를 수 있다.

그림과 같이 관찰자에 대해 우주선 A, B가 각각 일정한 속도 0.7c, 0.9c로 운동한다. A, B에서는 각각 광원에서 방출된 빛이 검출기에 도달하고, 광원과 검출기 사이의 고유 길이는 같다. 광원과 검출기는 운동 방향과 나란한 직선상에 있다.

관찰자가 측정할 때, 이에 대한 설명으로 옳은 것만을 〈보기〉에서 있는 대로 고른 것은? (단, 빛의 속력은 c이다.)

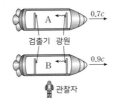

보기

ㄱ. A에서 방출된 빛의 속력은 c~~보다 작다.~~ 이다.

ㄴ. 광원과 검출기 사이의 거리는 A에서가 B에서보다 크다.

ㄷ. 광원에서 방출된 빛이 검출기에 도달하는 데 걸린 시간은 A에서가 B에서보다 크다.

① ㄱ   ② ㄴ   ③ ㄱ, ㄷ   ✓ ㄴ, ㄷ   ⑤ ㄱ, ㄴ, ㄷ

|자|료|해|설|

관찰자가 측정할 때 시간 팽창과 길이 수축은 속도가 빠른 B가 A보다 더 크게 일어난다.

|보|기|풀|이|

ㄱ. 오답 : 광속 불변의 원리에 의해 빛의 속력은 관찰자와 광원의 운동 상태에 관계없이 광속 c로 같다.

ㄴ. 정답 : 두 우주선에서 광원과 검출기 사이의 고유길이는 같지만 관찰자에 대해서 더 빠르게 움직이는 B가 A보다 길이 수축이 크게 일어난다. 따라서 관찰자가 측정한 광원과 검출기 사이의 거리는 A에서가 B에서보다 크다.

ㄷ. 정답 : 광원에서 방출된 빛의 속도는 같지만 관찰자가 측정한 광원과 검출기 사이의 거리는 A가 B보다 크므로 빛이 검출기에 도달하는데 걸린 시간은 A에서가 B에서보다 크다.

😮 **문제풀이 T I P |** 모든 관성 좌표계에서 보았을 때, 진공 중에서 진행하는 빛의 속도는 관찰자나 광원의 속도에 상관없이 항상 일정하다.

😀 **출제분석 |** 특수 상대성 이론에서 기본이 되는 개념인 광속 불변의 법칙, 길이 수축만 알면 쉽게 해결할 수 있도록 출제되었다.

그림은 관찰자 A가 탄 우주선이 정지해 있는 관찰자 B에 대해 +x방향으로 0.6c의 일정한 속력으로 운동하는 모습을 나타낸 것이다. 광원과 점 P, Q는 B에 대해 정지해 있다. **A가 관측할 때, 광원과 P 사이의 거리는 L이고 광원에서 방출된 빛은 P, Q에 동시에 도달하였다.**

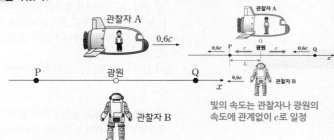

이에 대한 설명으로 옳은 것은? (단, c는 광속이다.) 3점

① A가 관측할 때 B의 속력은 0.6c보다 크다. 이다.
② A가 관측할 때 광원과 Q 사이의 거리는 L이다. 보다 크다.
③ B가 관측할 때 빛은 Q보다 P에 먼저 도달하였다. ✓
④ B가 관측할 때 A의 시간은 B의 시간보다 빠르게 간다. 느리게
⑤ 광원에서 P로 진행하는 빛의 속력은 A가 관측할 때가 B가 관측할 때보다 크다. 와 같다.

|자|료|해|설|및|선|택|지|풀|이|

③ 정답 : 관찰자 A가 관측할 때 P와 Q, 관찰자 B는 모두 −x방향으로 0.6c의 일정한 속력으로 운동하므로 x방향으로 길이 수축이 일어나 P와 광원(O) 사이의 거리($\overline{PO}$), 광원과 Q 사이의 거리($\overline{OQ}$)는 길이 수축이 일어난다. 빛의 속력은 관찰자나 광원의 속도와 관계없이 c로 일정하므로 만약 $\overline{PO}$와 $\overline{OQ}$의 거리가 같다면 P는 광원으로부터 멀어지고 Q는 광원으로 다가오므로 광원에서 방출된 빛은 Q에 먼저 도달할 것이다. 그러나 방출된 빛은 동시에 도달하였으므로 $\overline{PO}$는 $\overline{OQ}$보다 짧다. 즉, A가 관측할 때 $\overline{PO}$가 L이라면 $\overline{OQ}$는 L보다 크다. B가 관측할 때도 거리는 $\overline{PO} < \overline{OQ}$이므로 빛은 Q보다 P에 먼저 도달한다. 또한 B가 관측할 때 A는 운동하고 있으므로 A의 시간이 B의 시간보다 느리게 간다.

😮 문제풀이 TIP | 빛의 속도는 관찰자나 광원의 속도와 관계없이 c로 일정하다.

😮 출제분석 | 특수 상대성 이론에서 시간 팽창, 길이 수축 개념을 이해하는 것은 필수이다.

그림은 기준선 P, O, Q에 대해 정지한 관찰자 C가 서로 반대 방향으로 각각 0.9c, v의 속력으로 등속도 운동을 하는 우주선 A, B를 관측한 모습을 나타낸 것이다. C가 관측할 때, A, B는 O를 동시에 지난 후, O에서 각각 9L, 8L 떨어진 Q와 P를 동시에 지난다.

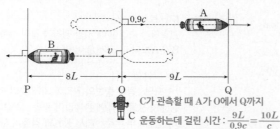

이에 대한 옳은 설명만을 <보기>에서 있는 대로 고른 것은? (단, c는 빛의 속력이다.) 3점

보기

ㄱ. $v = 0.8c$이다.

ㄴ. P와 Q 사이의 거리는 B에서 측정할 때가 A에서 측정할 때보다 짧다. 길다

ㄷ. B에서 측정할 때, O가 B를 지나는 순간부터 P가 B를 지날 때까지 걸리는 시간은 $\frac{10L}{c}$이다. 보다 작다.

① ㄱ ✓   ② ㄷ   ③ ㄱ, ㄴ   ④ ㄱ, ㄷ   ⑤ ㄴ, ㄷ

|자|료|해|설|
C에 대해 더 빨리 운동하는 A의 시간은 B보다 더 느리게 간다. 또한 C가 관측할 때 A가 O에서 Q까지 운동하는데 걸린 시간=$\frac{이동 거리}{속력}$=$\frac{9L}{0.9c}$=$\frac{10L}{c}$이다.

|보|기|풀|이|

ㄱ. 정답 : A, B는 O를 동시에 지난 후 각각 Q와 P도 동시에 지나므로, B가 O에서 P까지 운동하는데 걸린 시간은 A가 O에서 Q까지 운동하는데 걸린 시간과 같다. 따라서 B의 속력 $v=\frac{B가 이동한 거리}{걸린 시간}=\frac{8L}{\frac{10L}{c}}=0.8c$ 이다.

ㄴ. 오답 : 관측자로부터 더 빠르게 운동할수록 길이 수축은 크게 일어난다. A의 속력이 B의 속력보다 크므로 P와 Q 사이의 거리는 B에서 측정할 때가 A에서 측정할 때보다 길다.

ㄷ. 오답 : B가 관측할 때 C의 시간은 B의 시간보다 느리게 간다. 따라서 C가 관측할 때 우주선이 O에서 P까지 이동하는데 걸린 시간은 $\frac{10L}{c}$이므로, B에서 측정할 때 O가 B를 지나는 순간부터 P가 B를 지날 때까지 걸리는 시간은 $\frac{10L}{c}$보다 작다.

그림과 같이 관찰자 A에 대해 광원 P와 Q, 검출기가 정지해 있고, 관찰자 B가 탄 우주선이 P와 검출기를 잇는 직선과 나란하게 $0.8c$의 속력으로 운동한다. A의 관성계에서는 P, Q에서 동시에 발생한 빛이 검출기에 동시에 도달한다. → 모든 관성계에서 동시 발생 이에 대한 설명으로 옳은 것만을 〈보기〉에서 있는 대로 고른 것은? (단, c는 빛의 속력이다.) 3점

보기
ㄱ. B의 관성계에서는 P에서 발생한 빛의 속력이 c보다 작다. (로 일정하다.)
ㄴ. Q와 검출기 사이의 거리는 A의 관성계에서와 B의 관성계에서가 같다.
ㄷ. B의 관성계에서는 P, Q에서 빛이 동시에 발생한다. (발생하지 않는다.)

① ㄱ   ② ㄴ   ③ ㄷ   ④ ㄱ, ㄴ   ⑤ ㄴ, ㄷ

|자|료|해|설|
동일한 지점에서 동시에 발생한 사건은 모든 관성계에서 동시에 발생한 것으로 관찰된다. 즉, A와 B의 관성계에서 빛은 검출기에 동시에 도달한다.

|보|기|풀|이|
ㄱ. 오답 : 관찰자의 움직임과 관계없이 모든 관성계에서 빛의 속력은 일정하다.
ㄴ. 정답 : 길이 수축은 운동 방향의 길이에 대해서만 일어나므로 Q와 검출기 사이의 거리는 A의 관성계에서와 B의 관성계에서가 같다.
ㄷ. 오답 : B의 관성계에서는 P와 검출기 사이의 거리가 Q와 검출기 사이의 거리보다 짧게 관측된다. 따라서 검출기에 빛이 동시에 도달하기 위해서는 Q에서가 P에서보다 먼저 빛이 발생해야 한다.

😀 문제풀이 T I P | A의 관성계에서 다른 지점에서 사건이 동시에 일어난다면 B의 관성계에서는 동시가 아니다.

😀 출제분석 | 동일한 지점에서 동시에 발생한 사건은 서로 다른 관성계에서 동시에 발생한다는 보기가 자주 등장하고 있다. 이 내용을 잘 정리해두자.

그림과 같이 관찰자 P에 대해 관찰자 Q가 탄 우주선이 $0.5c$의 속력으로 직선 운동하고 있다. P의 관성계에서, Q가 P를 스쳐 지나는 순간 Q로부터 같은 거리만큼 떨어져 있는 광원 A, B에서 빛이 동시에 발생한다.

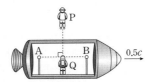

이에 대한 설명으로 옳은 것만을 〈보기〉에서 있는 대로 고른 것은? (단, c는 빛의 속력이다.) 3점

보기
ㄱ. P의 관성계에서, A와 B에서 발생한 빛은 동시에 P에 도달한다.
ㄴ. P의 관성계에서, A와 B에서 발생한 빛은 동시에 Q에 도달한다. (A보다 먼저)
ㄷ. B에서 발생한 빛이 Q에 도달할 때까지 걸리는 시간은 Q의 관성계에서가 P의 관성계에서보다 크다.

① ㄴ   ② ㄷ   ③ ㄱ, ㄴ   ④ ㄱ, ㄷ   ⑤ ㄱ, ㄴ, ㄷ

|자|료|해|설|
P의 관성계에서 관측했을 때 광원 A, B에서 빛이 동시에 발생하였으므로 광원 A, B는 P에 대해 정지한 상태로 우주선 밖에서 빛을 동시에 발생한 상황과 같다.

|보|기|풀|이|
ㄱ. 정답 : P의 관성계에서 A와 B로부터 P까지 떨어진 거리가 같으므로 A와 B에서 동시에 발생한 빛은 P에 동시에 도달한다.
ㄴ. 오답 : 우주선은 오른쪽으로 운동하므로 P의 관성계에서는 우주선과 서로 다가오는 B에서 발생한 빛이 A보다 먼저 Q에 도달한다.
ㄷ. 정답 : 길이 수축으로 P의 관성계에서 측정한 Q와 B 사이의 거리는 Q의 관성계에서 측정하는 거리보다 짧다. 또한 Q의 관성계에서는 B에서 발생한 빛이 빛의 속도로 Q에 도달하지만, P의 관성계에서는 빛의 속도에 Q가 B를 향해 운동하므로 B에서 발생한 빛이 Q에 도달할 때까지 걸리는 시간은 Q의 관성계에서가 P의 관성계에서보다 더 걸린다.

😀 문제풀이 T I P | 모든 관성 좌표계에서 빛의 속도는 관측자에 상관없이 일정하다.

😀 출제분석 | 특수 상대성 이론에서 어떤 관측자를 기준으로 하는가에 따라 시간과 길이, 사건의 발생 순서가 다르게 관측됨을 명심하자.

그림은 관찰자 A가 탄 우주선이 관찰자 B에 대해 광원 Y와 검출기 R를 잇는 직선과 나란하게 $0.8c$로 등속도 운동하는 모습을 나타낸 것이다. A가 측정할 때 광원 X에서 발생한 빛이 검출기 P와 Q에 각각 도달하는 데 걸린 시간은 같다. B가 측정할 때 광원 Y에서 발생한 빛이 R에 도달하는 데 걸린 시간은 t_0이다. Y와 R는 B에 대해 정지해 있다. 이에 대한 설명으로 옳은 것만을 〈보기〉에서 있는 대로 고른 것은? (단, c는 빛의 속력이다.) 3점

보기

ㄱ. X에서 발생하여 P에 도달하는 빛의 속력은 B가 측정할 때가 A가 측정할 ~~때보다 크다~~ 때와 같다.

ㄴ. B가 측정할 때, X에서 발생한 빛은 Q보다 P에 먼저 도달한다.

ㄷ. A가 측정할 때, Y와 R 사이의 거리는 ct_0보다 ~~크~~ 작다.

① ㄱ   ✓② ㄴ   ③ ㄷ   ④ ㄴ, ㄷ   ⑤ ㄱ, ㄴ, ㄷ

|자|료|해|설|

A가 측정할 때 광원 X에서 발생한 빛이 검출기 P와 Q에 각각 도달하는 데 걸린 시간이 같으므로 A가 측정할 때 광원과 P, Q 사이의 거리는 같다.

|보|기|풀|이|

ㄱ. 오답 : 빛의 속력은 항상 일정하므로 A가 측정할 때와 B가 측정할 때는 같다.

ㄴ. 정답 : B가 측정할 때 우주선은 오른쪽으로 이동하므로 P는 빛이 발생한 지점에 다가가고 Q는 빛이 발생한 지점에서 멀어진다. 따라서 B가 측정할 때, X에서 발생한 빛은 Q보다 P에 먼저 도달한다.

ㄷ. 오답 : B의 좌표계에서 광원 Y와 R은 고정되어 있으므로 광원 Y에서 R까지의 고유 길이는 ct_0이다. A가 측정할 때 광원 Y에서 R까지의 거리는 길이 수축이 일어나 ct_0보다 작다.

😀 **출제분석** | 특수 상대성 이론 유형은 길이 수축, 시간 팽창에 관한 보기가 대부분이다. 내용에 비해 문제는 어렵지 않게 출제되는 경우가 많으므로 기출 문제를 중심으로 정리해두어야 한다.

그림과 같이 관찰자 A의 관성계에서 광원 X, Y와 검출기 P, Q가 점 O로부터 각각 같은 거리 L만큼 떨어져 정지해 있고 X, Y로부터 각각 P, Q를 향해 방출된 빛은 O를 동시에 지난다. 관찰자 B가 탄 우주선은 A에 대해 광속에 가까운 ← 속력 v로 X와 P를 잇는 직선과 나란하게 운동한다.
→ 모든 관성계에서 O를 동시에 지난다.

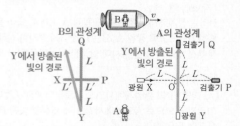

이에 대한 설명으로 옳은 것만을 〈보기〉에서 있는 대로 고른 것은?
3점

보기

ㄱ. B의 관성계에서, 빛은 Y에서가 X에서보다 먼저 방출된다.

ㄴ. B의 관성계에서, 빛은 ~~P와 Q에 동시에~~ Q보다 P에 먼저 도달한다.

ㄷ. Y에서 방출된 빛이 Q에 도달하는 데 걸리는 시간은 B의 관성계에서가 A의 관성계에서보다 크다.

① ㄱ   ② ㄴ   ✓③ ㄱ, ㄷ   ④ ㄴ, ㄷ   ⑤ ㄱ, ㄴ, ㄷ

|자|료|해|설|

A의 관성계에서는 광원 X와 Y에서 동시에 빛이 방출되어 같은 거리 $2L$을 지나 동시에 검출기 P, Q에 도달한다. 이때 P, Q를 향해 방출된 빛이 O를 동시에 지나는 것은 한 점에서 발생한 하나의 사건이므로 모든 관성계에서 두 빛은 O를 동시에 통과한다. B의 관성계에서 광원 X와 검출기 P 사이의 거리는 $2L$보다 짧은 $2L'$으로 길이 수축이 일어나므로 P, Q를 향해 방출된 빛이 O를 동시에 지나기 위해서 빛은 광원 Y에서가 X에서보다 먼저 방출되어야 한다. 또한 X, Y에서 빛이 동시에 발사되면 빛은 검출기 P에 먼저 도달한다.

|보|기|풀|이|

ㄱ. 정답 : 모든 관성계에서 두 빛은 O를 동시에 통과하는데, B의 관성계에서는 X와 O 사이의 거리에 길이 수축이 일어나므로 빛은 광원 Y에서가 X에서보다 먼저 방출된다.

ㄴ. 오답 : B의 관성계에서 X와 P 사이의 거리는 길이 수축이 일어나므로 O를 동시에 지난 두 빛 중 Y에서 방출된 빛이 검출기 Q에 도달하는 것보다 X에서 방출된 빛이 검출기 P에 먼저 도달한다.

ㄷ. 정답 : A의 관성계에서 Y에서 방출된 빛이 Q에 도달하는 데 걸리는 시간은 $\frac{2L}{c}$이다. B의 관성계에서 광원과 검출기 모두 왼쪽으로 이동하므로 Y에서 방출된 빛은 왼쪽 대각선으로 진행한다. 이때 진행한 거리는 $2L$보다 크므로 Y에서 방출된 빛이 Q에 도달하는 데 걸리는 시간은 $\frac{2L}{c}$보다 크다.

😀 **문제풀이 T I P** | 관찰자 A, B 모두 빛이 O를 동시에 지나는 것으로 관측된다.

😀 **출제분석** | 길이 수축과 시간 팽창 개념을 잘 숙지하고 있다면 문제없이 해결할 수 있도록 출제되었다.

그림은 관찰자 A에 대해 관찰자 B가 탄 우주선이 $0.6c$의 속력으로 직선 운동하는 모습을 나타낸 것이다. B의 관성계에서 광원과 거울 사이의 거리는 L이고, 광원에서 우주선의 운동 방향과 수직으로 발생시킨 빛은 거울에서 반사되어 되돌아온다.

이에 대한 설명으로 옳은 것만을 〈보기〉에서 있는 대로 고른 것은? (단, c는 빛의 속력이다.) 3점

> **보기**
> ㄱ. A의 관성계에서, 빛의 속력은 c이다.
> ㄴ. A의 관성계에서, 광원과 거울 사이의 거리는 L이다.
> ㄷ. B의 관성계에서, A의 시간은 B의 시간보다 빠르게 간다.
>   느리

① ㄱ   ② ㄷ   ③ ㄱ, ㄴ   ④ ㄴ, ㄷ   ⑤ ㄱ, ㄴ, ㄷ

|자|료|해|설|
B의 관성계에서 수직으로 발생한 빛은 거울에 반사되어 되돌아오므로 $2L$만큼 이동한다. A의 관성계에서 빛은 우주선의 운동 방향 대각선 윗(↗)방향으로 올라가 거울에 반사된 뒤 운동 방향 대각선 아래(↙)방향으로 되돌아오므로 $2L$보다 긴 거리를 이동한다.

|보|기|풀|이|
ㄱ. 정답 : 빛의 속력은 관찰자의 운동 상태와 관계없이 항상 c이다.(광속 불변의 원리)

ㄴ. 정답 : 길이 수축은 우주선의 운동 방향에 대해서만 나타나므로 A의 관성계에서 광원과 거울 사이의 거리는 여전히 L이다.

ㄷ. 오답 : B의 관성계에서 A는 $0.6c$의 속력으로 왼쪽으로 운동하므로 A의 시간은 B의 시간보다 느리게 간다.

😀 **문제풀이 TIP |** 빛의 속력은 관찰자의 운동 상태와 관계없이 광속 c로 항상 같다.

😀 **출제분석 |** 특수 상대성 이론에 대한 기본 개념을 확인하는 문제로 매우 쉽게 출제되었다.

그림과 같이 관찰자 A에 대해 광원 P, 검출기, 광원 Q가 정지해 있고 관찰자 B, C가 탄 우주선이 각각 광속에 가까운 속력으로 P, 검출기, Q를 잇는 직선과 나란하게 서로 반대 방향으로 등속도 운동을 한다.

A의 관성계에서, P, Q에서 검출기를 향해 동시에 방출된 빛은 검출기에 동시에 도달한다. P와 Q 사이의 거리는 B의 관성계에서가 C의 관성계에서보다 크다.

> 우주선의 속력이 빠를수록 길이 수축이 크게 일어나므로 C가 B보다 빠르다.

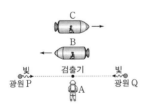

이에 대한 설명으로 옳은 것만을 〈보기〉에서 있는 대로 고른 것은?

> **보기**
>   C   B
> ㄱ. A의 관성계에서, B의 시간은 C의 시간보다 느리게 간다.
> ㄴ. B의 관성계에서, 빛은 P에서가 Q에서보다 먼저 방출된다.
> ㄷ. C의 관성계에서, 검출기에서 P까지의 거리는 검출기에서 Q까지의 거리보다 크다. 와 같다.

① ㄱ   ② ㄴ   ③ ㄱ, ㄷ   ④ ㄴ, ㄷ   ⑤ ㄱ, ㄴ, ㄷ

> B, C의 관성계에서 빛은 검출기에 동시에 도달
> B의 관성계에서 A, P, Q는 오른쪽으로 이동하므로 빛이 검출기에 동시에 도달하기 위해서는 P에서 먼저 방출되어야 함.
> C의 관성계에서 A, P, Q는 왼쪽으로 이동하므로 빛이 검출기에 동시에 도달하기 위해서는 Q에서 먼저 방출되어야 함.

|자|료|해|설|
우주선의 속력이 빠를수록 길이 수축 효과는 크게 일어난다. 길이 수축은 C의 관성계에서가 B에서보다 크게 일어나므로 우주선의 속력은 C가 B보다 크다.

|보|기|풀|이|
ㄱ. 오답 : A의 관성계에서 C가 B보다 빠르게 운동하므로 C의 시간은 B보다 느리게 간다.

ㄴ. 정답 : B의 관성계에서 P와 Q에서 방출된 빛은 검출기에 동시에 도달한다. 빛의 속력은 모든 관성계에서 같고 B의 관성계에서는 P, 검출기, A, Q가 모두 오른쪽으로 이동하므로 오른쪽으로 이동하는 검출기에 방출된 빛이 동시에 도달하기 위해서는 검출기와 멀어지는 P에서가 검출기에 다가가는 Q보다 먼저 방출되어야 한다.

ㄷ. 오답 : P와 Q 사이의 거리는 같은 비율로 수축하므로 검출기에서 P까지의 거리는 검출기에서 Q까지의 거리와 같다.

😀 **문제풀이 TIP |** A의 관성계에서 검출기에 빛이 동시에 도달한 사건은 B와 C의 관성계에서도 동시에 일어난다.

😀 **출제분석 |** 시간 지연, 길이 수축, 동시의 상대성 개념으로 쉽게 해결할 수 있는 문항이다.

그림과 같이 관찰자 A에 대해 관찰자 B가
탄 우주선이 광속에 가까운 속력 v로 등속도
운동한다. A의 관성계에서, 광원 p, q와
검출기는 정지해 있고, p와 검출기를 잇는
직선은 우주선의 운동 방향과 나란하다.
B의 관성계에서, p와 q에서 동시에 방출된
빛은 검출기에 동시에 도달한다.
  └── A의 관성계에서 $L > l$
이에 대한 설명으로 옳은 것만을 〈보기〉에서 있는 대로 고른 것은?

(3점)

보기

ㄱ. p와 검출기 사이의 거리는 A의 관성계에서가 B의
    관성계에서보다 크다.
ㄴ. q에서 방출된 빛이 검출기에 도달할 때까지 걸린 시간은
    A의 관성계에서가 B의 관성계에서보다 ~~크다~~ 작다.
ㄷ. A의 관성계에서, 빛은 p에서가 q에서보다 먼저 방출된다.

① ㄱ   ② ㄴ   ③ ㄱ, ㄷ   ④ ㄴ, ㄷ   ⑤ ㄱ, ㄴ, ㄷ

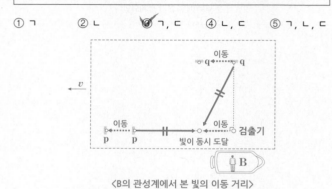

〈B의 관성계에서 본 빛의 이동 거리〉

|자|료|해|설|

A의 관성계에서 p, q, 검출기는 모두 고정되어 있으므로
p와 검출기를 잇는 직선(L), q와 검출기를 잇는 직선(l)은
모두 고유 길이이다. B는 L에 평행한 방향으로 운동하므로
B의 관성계에서 L은 길이 수축이 일어나고, l은 길이
수축이 일어나지 않는다.
B가 관찰할 때 p에서 빛이 방출된 후 검출기가 p 방향으로
이동하므로 p에서 방출된 빛은 A의 관성계에서 이동 거리
L보다 짧은 거리를 이동하고, q에서 방출된 빛은 A의
관성계에서 이동 거리 l보다 먼 거리를 이동해야 한다.
따라서 B가 관찰할 때 p와 q에서 동시에 방출된 빛이
검출기에 동시에 도달하려면 L은 l보다 길어야 한다.

|보|기|풀|이|

ㄱ. 정답 : p와 검출기 사이의 거리(L)는 B의 관성계에서
길이 수축이 일어나므로 A의 관성계에서의 길이가 B의
관성계에서보다 길다.

ㄴ. 오답 : B의 관성계에서 검출기는 이동하므로 q에서
방출된 빛은 A의 관성계에서보다 더 먼 거리를 이동한다.
또한 빛의 속도는 모든 관성계에서 일정하므로 q에서
방출된 빛이 검출기에 도달할 때까지 걸린 시간은 A의
관성계에서가 B의 관성계에서보다 작다.

ㄷ. 정답 : 빛이 검출기에 동시에 도달하는 것은 한 지점
에서 일어난 사건이므로 하나의 사건이다. 따라서 다른
관성계에서도 빛은 검출기에 동시에 도달하므로 A의
관성계에서도 p와 q에서 방출된 빛은 검출기에 동시에
도달한다. A의 관성계에서 p와 검출기 사이의 거리(L)는
q와 검출기 사이의 거리(l)보다 크므로 빛은 p에서가 q에서
보다 먼저 방출된다.

😮 **문제풀이 TIP** | B의 관성계에서 A와 p, q, 검출기는 모두 왼쪽으로 움직인다.

😊 **출제분석** | 두 관측자가 측정한 두 지점으로부터 방출되는 빛의 이동 거리와 걸린 시간을 비교하는 보기가 두드러지게 출제되고 있으니 이와 같은 유형의 기출 문제를 잘 살펴봐야
한다.

그림과 같이 관찰자 A가 관측했을 때, 정지한 광원에서 빛 p, q가 각각 $+x$방향과 $+y$방향으로 동시에 방출된 후 정지한 각 거울에서 반사하여 광원으로 동시에 되돌아온다. 관찰자 B는 A에 대해 $0.6c$의 속력으로 $+x$방향으로 이동하고 있다. 표는 B가 측정했을 때, p와 q가 각각 광원에서 거울까지, 거울에서 광원까지 가는 데 걸린 시간을 나타낸 것이다.

동일한 지점에서 동시에 발생한 사건은 모든 관성계에서 동시에 발생한 것으로 관찰
즉, B가 관측할 때도 빛 p, q는 동시에 방출된 후 광원으로 동시에 되돌아온다.

<B가 측정한 시간>

빛	광원에서 거울까지	거울에서 광원까지
p	t_1	t_2
q	t_3	t_3

B의 관성계에서 관측했을 때에 대한 옳은 설명만을 <보기>에서 있는 대로 고른 것은? (단, c는 빛의 속력이고, 광원의 크기는 무시한다.) ③점

보기

ㄱ. p의 속력은 거울에서 반사하기 전과 후가 서로 ~~다르다~~ 같다.

ㄴ. p가 q보다 먼저 거울에서 반사한다.

ㄷ. $2t_3 = t_1 + t_2$이다.

① ㄴ　　② ㄷ　　③ ㄱ, ㄴ　　④ ㄱ, ㄷ　　⑤ ㄴ, ㄷ

|자|료|해|설|

상대성 원리에 따라 B의 관성계에서는 A와 거울이 $-x$방향으로 $0.6c$의 속력으로 이동하며, B의 진행 방향과 나란한 방향은 길이 수축이 일어난다.

|보|기|풀|이|

ㄱ. 오답 : 모든 관성계에서 빛의 속력은 같다.

ㄴ. 정답 : B의 관성계에서 관측했을 때, x방향에 있는 거울은 $-x$방향으로 $0.6c$의 속력으로 이동하므로 광원에서 방출된 빛 p는 q보다 먼저 반사한다.

ㄷ. 정답 : 동일한 지점에서 동시에 발생한 사건은 모든 관성계에서 동시에 발생한 것으로 관찰된다. 즉, B가 관측할 때도 빛 p, q는 동시에 방출된 후 광원으로 동시에 되돌아오므로 빛 p와 q가 되돌아오는 데 걸린 시간은 같다. ($t_1 + t_2 = t_3 + t_3$)

😀 문제풀이 TIP | 동일한 지점에서 동시에 발생한 사건은 모든 관성계에서 동시에 발생한 것으로 관찰된다.

😎 출제분석 | 한 지점에서 동시에 발생한 사건에 대한 보기가 자주 등장하고 있다. 이번 문항을 통해 확실히 정리해 두자.

그림은 관찰자 A에 대해 관찰자 B가 탄 우주선이 $+x$방향으로 광속에 가까운 속력으로 등속도 운동하는 것을 나타낸 것이다. B의 관성계에서, 광원 P, Q에서 각각 $+y$방향, $-x$방향으로 동시에 방출된 빛은 검출기에 동시에 도달한다. 표는 A의 관성계에서, 빛의 경로에 따라 빛이 진행하는 데 걸린 시간과 빛이 진행한 거리를 나타낸 것이다.

검출기와 광원 사이의 거리가 같음

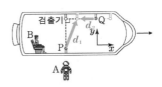

빛의 경로	걸린 시간	빛이 진행한 거리
P → 검출기	t_1	$d_1 = ct_1$
Q → 검출기	t_2	$d_2 = ct_2$

이에 대한 설명으로 옳은 것은?

① $d_1 \not< d_2$이다. ($>$)

② A의 관성계에서, A의 시간은 B의 시간보다 ~~느리게~~ 간다. (빠르게)

③ A의 관성계에서, 빛은 P에서가 Q에서보다 먼저 방출된다.

④ B의 관성계에서, 빛의 속력은 $\dfrac{d_2}{t_2}$ ~~보다 크다~~ 와 같다.

⑤ B의 관성계에서, Q에서 방출된 빛이 검출기에 도달하는 데 걸리는 시간은 t_1보다 ~~크다~~ 작다.

|자|료|해|설|및|선|택|지|풀|이|

① 오답 : A의 관성계에서 검출기는 Q를 향해 움직이므로 $d_1 > d_2$이다.

② 오답 : A의 관성계에서 A에 대해 상대 운동하는 모든 계의 시간은 느리게 간다.

③ 정답 : A의 관성계에서 빛은 검출기에 동시에 도달하므로 더 긴 거리인 P에서가 Q에서보다 먼저 방출된다.

④ 오답 : 모든 관성계에서 빛의 속력(c)은 같다. $\dfrac{d_2}{t_2} = c$ 이므로 B의 관성계에서 빛의 속력은 $\dfrac{d_2}{t_2}$와 같다.

⑤ 오답 : B의 관성계에서 Q에서 방출된 빛이 검출기에 도달하는 거리를 d, 걸린 시간을 t라 하면 $d < d_1$이므로 $\dfrac{d}{c} = t < \dfrac{d_1}{c} = t_1$이다.

😀 문제풀이 TIP | 한 지점에 동시에 일어난 사건은 다른 관성 기준계에서도 동시에 일어난다.

😎 출제분석 | 최근 특수 상대성 이론 관련 문항은 5개의 설명 중 옳은 내용을 1가지를 선택하는 유형으로 출제되고 있다.

그림과 같이 관찰자 A가 탄 우주선이 관찰자 B에 대해 광속에 가까운 일정한 속력으로 $+x$방향으로 운동한다. A의 관성계에서 빛은 광원으로부터 각각 $-x$방향, $+y$방향으로 방출된다. 표는 A와 B가 각각 측정했을 때 빛이 광원에서 점 p, q까지 가는 데 걸린 시간을 나타낸 것이다.

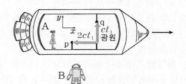

빛의 경로	걸린 시간	
	A	B
광원 → p	$2t_1$	t_2
광원 → q	t_1	t_2

2배 거리

이에 대한 설명으로 옳은 것은? (단, 빛의 속력은 c이다.) **3점**

① $t_1 \cancel{>} t_2$이다. (<)
② A의 관성계에서 광원과 p 사이의 거리는 $2ct_1$보다 작다. (이다.)
③ B의 관성계에서 광원과 p 사이의 거리는 ct_2이다. 보다 크다.
④ B의 관성계에서 광원과 q 사이의 거리는 ct_2보다 작다.
⑤ B가 측정할 때, B의 시간은 A의 시간보다 느리게 간다. (빠르게)

😀 문제풀이 TIP | B가 봤을 때 A는 광속에 가깝게 운동하므로 A의 시간은 B의 시간보다 느리게 가고, A가 봤을 때 B도 광속에 가깝게 운동하므로 B의 시간은 A의 시간보다 느리게 간다.

😀 출제분석 | 위와 같이 상대적으로 움직이는 두 관찰자가 측정한 시간을 비교하는 문제 유형이 최근 들어 자주 출제되고 있다.

| 자 | 료 | 해 | 설 |

A가 봤을 때 빛의 이동 경로는 문제의 그림과 같다. A의 관성계에서 p, q, 광원은 모두 고정되어 있으므로 광원에서 p까지의 고유 길이가 $2ct_1$이고, 광원에서 q까지의 고유 길이가 ct_1이다.

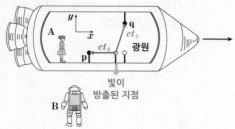

< B가 본 빛의 이동 경로 >

B가 봤을 때 빛의 이동 경로는 위 그림과 같다. B의 관성계에서는 A가 탄 우주선에 대해 길이 수축이 일어나지만, 이는 A가 탄 우주선의 운동 방향에 대해서만 일어난다. 따라서 $2ct_1 > ct_2$이고, 광원에서 q까지의 고유 길이에 대해서는 길이 수축이 일어나지 않으므로 $ct_1 < ct_2$이다.

| 선 | 택 | 지 | 풀 | 이 |

① 오답 : 빛이 광원에서 q까지 진행할 때의 이동 거리는 A의 관성계보다 B의 관성계에서 더 멀다. 관성 기준계에서 빛의 속도는 일정하므로 걸린 시간은 $t_1 < t_2$이다.

② 오답 : A의 관성계에서 광원과 p 사이의 거리는 빛의 속력×A의 관성계에서 빛이 진행하는데 걸린 시간=$2ct_1$이다.

③ 오답 : B의 관성계에서 p는 광원을 향하여 운동하므로 광원에서 p로 진행하는 빛의 이동 거리 ct_2는 광원과 p 사이의 거리보다 짧다.

④ 정답 : B의 관성계에서 빛이 광원에서 q로 이동한 거리 ct_2는 광원과 q 사이의 거리보다 크다.

⑤ 오답 : B가 측정할 때 A는 광속에 가깝게 운동하므로 A의 시간은 B의 시간보다 느리게 간다.

다음은 특수 상대성 이론에 대한 사고 실험의 일부이다.

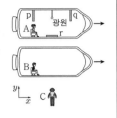

관찰자 C에 대해 관찰자 A, B가 타고 있는 우주선이 각각 광속에 가까운 서로 다른 속력으로 +x방향으로 등속도 운동하고 있다. A의 관성계에서, 광원에서 각각 $-x$, $+x$, $-y$방향으로 동시에 방출된 빛은 거울 p, q, r에서 반사되어 광원에 도달한다.

(가) A의 관성계에서, 광원에서 방출된 빛은 p, q, r에서 동시에 반사된다. ➡ 광원에서 p, q, r까지의 고유 거리는 모두 같음

(나) B의 관성계에서, 광원에서 방출된 빛은 q보다 p에서 먼저 반사된다. ➡ B는 A가 타고 있는 우주선이 +x방향으로 운동함

(다) C의 관성계에서, 광원에서 방출된 빛이 r에 도달할 때까지 걸린 시간은 t_0이다.

이에 대한 설명으로 옳은 것만을 〈보기〉에서 있는 대로 고른 것은?

보기

ㄱ. A의 관성계에서, B와 C의 운동 방향은 같다.

ㄴ. B의 관성계에서, 광원에서 방출된 빛은 p, q, r에서 반사되어 광원에 동시에 도달한다.

ㄷ. C의 관성계에서, 광원에서 방출된 빛이 q에 도달할 때까지 걸린 시간은 t_0보다 크다.

① ㄱ   ② ㄷ   ③ ㄱ, ㄴ   ④ ㄴ, ㄷ   ⑤ ㄱ, ㄴ, ㄷ

|자|료|해|설|

(가)의 결과, 광원에서 p, q, r까지의 고유 거리는 모두 같고 (나)의 결과, A가 탄 우주선은 B를 기준으로 +x방향으로 운동하므로 C의 관성계에서는 A가 B보다 빠르게 운동한다.

|보|기|풀|이|

ㄱ. 정답 : A의 관성계에서 B와 C의 운동 방향은 $-x$방향으로 같다.

ㄴ. 정답 : 한 지점에서 동시에 발생한 사건은 다른 관성 기준계에서도 동시에 발생한다. 즉, A의 관성계에서 광원에서 동시에 방출된 빛은 p, q, r에 반사되어 광원에 동시에 도달하므로 B의 관성계에서도 광원에서 방출된 빛은 광원에 동시에 도달한다.

ㄷ. 정답 : C의 관성계에서도 광원에서 방출된 빛은 광원에 동시에 도달하고, 광원에서 r까지, r에서 광원까지 빛이 이동하는 거리는 같으므로 이때 걸린 시간은 $2t_0$이다. C의 관성계에서 A는 +x방향으로 운동하므로 광원에서 q까지 빛이 이동한 거리는 q에서 광원까지 빛이 이동하는 거리보다 크기때문에 광원에서 q까지 빛이 이동하는데 걸린 시간은 t_0보다 크다.

😮 **문제풀이 TIP** | 한 지점에서 동시에 발생한 사건은 다른 관성 기준계에서도 동시에 발생한다.

그림은 관측자 P에 대해 관측자 Q가 탄 우주선이 $0.8c$의 속력으로 등속도 운동하는 것을 나타낸 것이다. 검출기 O와 광원 A를 잇는 직선은 우주선의 진행 방향과 수직이고, O와 광원 B를 잇는 직선은 우주선의 진행 방향과 나란하다. Q의 관성계에서 A, B에서 동시에 발생한 빛은 O에 동시에 도달한다.

 ➡ A와 O, B와 O 사이의 고유 거리는 같다.

P의 관성계에서 측정할 때, 이에 대한 설명으로 옳은 것만을 〈보기〉에서 있는 대로 고른 것은? (단, c는 빛의 속력이다.)

보기

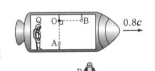

ㄱ. O에서 A까지의 거리와 O에서 B까지의 거리는 ~~같다.~~ 다르다.

ㄴ. A와 B에서 발생한 빛은 O에 동시에 도달한다.

ㄷ. 빛은 B에서가 A에서보다 ~~먼저~~ 발생하였다. 나중에

① ㄱ   ② ㄴ   ③ ㄱ, ㄴ   ④ ㄴ, ㄷ   ⑤ ㄱ, ㄴ, ㄷ

|자|료|해|설|

Q의 관성계에서 O, A, B는 고정된 지점이고, A, B에서 동시에 발생한 빛이 O에 동시에 도달하므로 A와 O, B와 O 사이의 고유 거리는 같다.

|보|기|풀|이|

ㄱ. 오답 : P의 관성계에서 측정할 때 운동 방향에 평행한 방향으로 길이 수축이 발생하므로 O와 B 사이의 거리는 길이 수축이 일어나 O와 A 사이의 거리보다 짧다.

ㄴ. 정답 : 한 지점에서 동시에 일어난 사건은 하나의 사건이므로 빛이 O에 동시에 도달하는 사건은 어떤 관성계에서던 동시에 일어난 것으로 관측된다.

ㄷ. 오답 : P의 관성계에서 우주선은 오른쪽으로 운동하므로 B에서 방출된 빛이 B를 향해 다가오는 O에 도달하는 데 걸린 시간은 A에서 방출된 빛이 O에 도달하는 데 걸린 시간보다 짧다. 따라서 빛이 O에 동시에 도달하기 위해서는 B가 A에서보다 나중에 발생해야 한다.

😮 **문제풀이 TIP** | 한 지점에서 동시에 일어난 사건은 모든 관성계에 동시에 일어난 것으로 관측된다.

😮 **출제분석** | 주로 출제되는 일반적인 유형이다.

그림과 같이 관찰자 A에 대해 광원 P,
검출기 Q가 정지해 있고, 관찰자 B가 탄
우주선이 P, Q를 잇는 직선과 나란하게
$0.9c$의 속력으로 등속도 운동을 하고
있다. A의 관성계에서, 우주선의 길이는
L_1이고, P와 Q 사이의 거리는 L_2이다.
이에 대한 설명으로 옳은 것만을 〈보기〉에서 있는 대로 고른 것은?
(단, 빛의 속력은 c이다.)

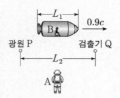

보기

ㄱ. A의 관성계에서, A의 시간은 B의 시간보다 ~~느리게~~ 빠르게 간다.
ㄴ. B의 관성계에서, 우주선의 길이는 L_1보다 길다.
ㄷ. B의 관성계에서, P에서 방출된 빛이 Q에 도달하는 데
    걸리는 시간은 $\dfrac{L_2}{c}$보다 ~~크다~~ 작다

① ㄱ   ②✓ ㄴ   ③ ㄷ   ④ ㄱ, ㄴ   ⑤ ㄴ, ㄷ

|자|료|해|설|
관찰자로부터 움직이는 관성계의 시간은 느리게 흐르고
길이는 짧아진다.

|보|기|풀|이|
ㄱ. 오답 : A의 관성계에서 B의 시간은 느리게 가고 B의
관성계에서는 A의 시간이 느리게 간다.
ㄴ. 정답 : A의 관성계에서 우주선의 길이 L_1은 길이
수축이 일어난 길이이기 때문에 B의 관성계에서 측정한
우주선의 길이보다 짧다. 따라서 B의 관성계에서 우주선의
길이는 L_1보다 길다.
ㄷ. 오답 : B의 관성계에서 측정한 P와 Q 사이의 거리는
L_2보다 짧다. 또한, 검출기는 광원 P 방향으로 다가오고
있으므로 P에 방출된 빛이 Q에 도달하는 데 걸리는 시간은
$\dfrac{L_2}{c}$보다 작다.

😎 **출제분석** | 특수 상대성 이론으로 두 관성계의 시간과 길이를
비교할 수 있어야 문제를 해결할 수 있다.

그림과 같이 관찰자 A에 대해 광원,
검출기가 정지해 있고, 관찰자 B가
탄 우주선이 광원과 검출기를 잇는
직선과 나란하게 $0.8c$의 속력으로
등속도 운동하고 있다. A, B의 관성계에서 광원에서 방출된 빛이
검출기에 도달하는 데 걸린 시간은 각각 t_A, t_B이다. A의 관성계에서
광원과 검출기 사이의 거리는 L이다.
이에 대한 설명으로 옳은 것만을 〈보기〉에서 있는 대로 고른 것은?
(단, c는 빛의 속력이다.) ③점

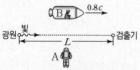

보기

ㄱ. A의 관성계에서, A의 시간은 B의 시간보다 빠르게 간다.
ㄴ. B의 관성계에서, 광원과 검출기 사이의 거리는 L보다 ~~크다~~ 작다
ㄷ. t_A ~~<~~ > t_B이다.

①✓ ㄱ   ② ㄴ   ③ ㄱ, ㄷ   ④ ㄴ, ㄷ   ⑤ ㄱ, ㄴ, ㄷ

|자|료|해|설|
두 관성계에서 측정한 빛의 속력은 c로 같다.

|보|기|풀|이|
ㄱ. 정답 : A의 관성계에서는 B의 시간이, B의
관성계에서는 A의 시간이 자신의 시간보다 느리게 간다.
ㄴ. 오답 : B의 관성계에서, 광원과 검출기 사이의 거리(L')
는 길이 수축이 일어나 L보다 작다.
ㄷ. 오답 : $t_A = \dfrac{L}{0.8c}$이다. B의 관성계에서 광원과 검출기
사이의 거리는 $L' < L$이고 검출기는 광원 쪽으로
운동하므로 $t_B = \dfrac{L'}{c + 0.8c}$이다. 따라서 $t_A > t_B$이다.

😎 **출제분석** | 시간 지연, 길이 수축 개념으로 해결할 수 있는 기본
문항이다.

그림과 같이 관찰자 X에 대해 우주선 A, B가 서로 반대 방향으로 속력 $0.6c$로 등속도 운동한다. 기준선 P, Q와 점 O는 X에 대해 정지해 있다. X의 관성계에서, A가 P에서 빛 a를 방출하는 순간 B는 Q에서 빛 b를 방출하고, a와 b는 O를 동시에 지난다.

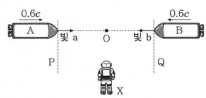

A의 관성계에서, 이에 대한 옳은 설명만을 〈보기〉에서 있는 대로 고른 것은? (단, c는 빛의 속력이다.) ③점

> **보기**
> ㄱ. B의 길이는 X가 측정한 B의 길이보다 ~~크다~~ 작다.
> ㄴ. a와 b는 O에 동시에 도달한다.
> ㄷ. b가 방출된 후 a가 방출된다.

① ㄱ   ② ㄴ   ③ ㄱ, ㄷ   ④ ㄴ, ㄷ   ⑤ ㄱ, ㄴ, ㄷ

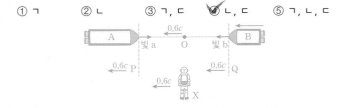

|자|료|해|설|
A가 관찰할 때 O와 X는 A를 향하여 $0.6c$의 속도로 다가오며 B는 $0.6c$보다 빠르지만 c보다는 느린 속도로 A를 향하여 다가온다.

|보|기|풀|이|
ㄱ. 오답 : A가 측정할 때 B는 $0.6c$보다 빠른 속도로 운동하고, X가 B의 속도를 측정하면 $0.6c$의 속도로 운동하는 것으로 관측된다. 따라서 X가 측정할 때보다 A쪽에서 측정할 때 길이 수축이 많이 일어난다. 그러므로 A의 측정 길이가 더 짧다.
ㄴ. 정답 : 한 점에서 동시에 발생한 두 사건은 모든 관성계에서 동시에 일어난 사건으로 관찰된다.
ㄷ. 정답 : 빛의 속력은 같고 O는 A를 향해 다가오므로 O에 a와 b가 동시에 도달하기 위해서는 b가 방출된 후 a가 방출되어야 한다.

😀 **출제분석** | 서로 다른 기준계에서 우주선과 광원의 운동에 따른 사건의 우선 순위를 따져볼 수 있어야 한다.

그림과 같이 관찰자 A가 탄 우주선이 우주 정거장 P에서 우주 정거장 Q를 향해 등속도 운동한다. A의 관성계에서, 관찰자 B의 속력은 $0.8c$이고 P와 Q 사이의 거리는 L이다. B의 관성계에서, P와 Q는 정지해 있다.

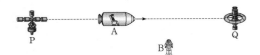

이에 대한 설명으로 옳은 것만을 〈보기〉에서 있는 대로 고른 것은? (단, c는 빛의 속력이다.) ③점

> **보기**
> ㄱ. A의 관성계에서, P의 속력은 Q의 속력보다 ~~작다~~ 과 같다.
> ㄴ. A의 관성계에서, A의 시간이 B의 시간보다 ~~느리게~~ 빠르게 간다.
> ㄷ. B의 관성계에서, P와 Q 사이의 거리는 L보다 크다.

① ㄱ   ② ㄴ   ③ ㄷ   ④ ㄱ, ㄴ   ⑤ ㄴ, ㄷ

|자|료|해|설|및|보|기|풀|이|
ㄱ. 오답 : A의 관성계에서 B, P, Q는 왼쪽으로 $0.8c$의 속력으로 운동한다.
ㄴ. 오답 : 관찰자에 대하여 상대 속도가 있는 관찰자의 시간은 느리게 간다. 따라서 A의 관성계에서 B의 시간이 A의 시간보다 느리게 간다.
ㄷ. 정답 : P와 Q는 B의 관성계에서 정지해 있으므로 B의 관성계에서 P와 Q 사이의 거리는 고유 길이이다. A의 관성계에서는 길이 수축이 일어나 P와 Q 사이의 거리는 고유 길이보다 짧다. 이 때 길이 수축이 일어난 거리가 L이므로 B의 관성계에서 P와 Q 사이의 거리는 L보다 크다.

😀 **출제분석** | 특수 상대성 이론으로 시간과 길이의 상대적 개념을 확인하는 기본 수준의 문항이다.

기
3
ㅣ
01
특수 상대성 이론

그림과 같이 관찰자 P에 대해 별 A, B가 같은 거리만큼 떨어져 정지해 있고, 관찰자 Q가 탄 우주선이 $0.9c$의 속력으로 A에서 B를 향해 등속도 운동하고 있다. P의 관성계에서 Q가 P를 스쳐 지나는 순간 A, B가 동시에 빛을 내며 폭발한다.

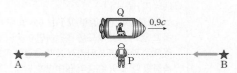

이에 대한 설명으로 옳은 것만을 〈보기〉에서 있는 대로 고른 것은? (단, c는 빛의 속력이다.)

> **보기**
> ㄱ. P의 관성계에서, A와 B가 폭발할 때 발생한 빛이 동시에 P에 도달한다.
> ㄴ. Q의 관성계에서, B가 A보다 먼저 폭발한다.
> ㄷ. Q의 관성계에서, A와 P 사이의 거리는 B와 P 사이의 거리 ~~보다 크다.~~ 와 같다

① ㄱ　② ㄷ　③ ㄱ, ㄴ　④ ㄴ, ㄷ　⑤ ㄱ, ㄴ, ㄷ

|자|료|해|설|
P의 관성계에서 A, B가 동시에 빛을 내며 폭발하지만, Q는 B쪽으로 운동하므로 B에서 발생한 빛이 A에서 발생한 빛보다 Q에 먼저 도착한다.

|보|기|풀|이|
ㄱ. 정답 : P와 A 사이, P와 B 사이의 거리는 각각 고유 거리로 같고 P의 관성계에서 측정할 때, A와 B에서 빛은 동시에 발생하므로 P의 관성계에서 A와 B가 폭발할 때 발생한 빛은 동시에 P에 도달한다.
ㄴ. 정답 : Q는 B쪽으로 운동하므로 B에서 발생한 빛이 A에서 발생한 빛보다 Q에 먼저 도달한다. 따라서 Q의 관성계에서, B가 A보다 먼저 폭발한다.
ㄷ. 오답 : P에 대해 A, B는 같은 거리만큼 떨어져 있고 Q에 대한 상대 속도도 같으므로 길이 수축의 정도는 같다. 따라서 Q의 관성계에서도 A와 P, B와 P 사이의 거리는 같다.

😀 **문제풀이 T I P** | 빛의 속력은 관측자의 운동에 관계없이 항상 일정하다.

😀 **출제분석** | 광속 불변의 원리를 알고 있다면 쉽게 해결할 수 있는 문항이다.

🦉 **더 자세한 해설 @**

STEP 1. 자료 분석

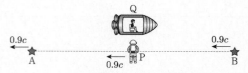

〈Q의 관성계에서 관찰한 모습〉

1. 관찰자 P에 대해 별 A, B가 같은 거리만큼 떨어져 있다.
　▶ A와 P 사이의 고유거리와 B와 사이의 고유거리는 같다.
2. Q의 관성계에서 관찰했을 때, A와 B 사이의 거리는 길이 수축이 일어나 위의 그림과 같다.
　▶ 이때, A와 P 사이의 고유거리와 B와 사이의 고유거리는 같으므로 길이 수축의 정도는 같다.
3. A와 B가 폭발하며 빛을 방출할 때, 빛의 속력은 관찰자 P와 Q 모두에게 c로 측정된다. (광속 불변의 원리)
4. P의 관성계에서 A, B가 동시에 빛을 내며 폭발할 때
　▶ Q는 B 쪽으로 다가가고 있으므로 관찰자 Q는 A에서 나온 빛보다 B에서 나온 빛을 먼저 보게 된다.
　즉, 관찰자 Q의 입장에서는 A, B가 동시에 빛을 내며 폭발하지 않는다.

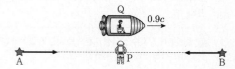

STEP 2. 보기 풀이

ㄱ. **정답** | P와 A 사이, P와 B 사이의 거리는 각각 고유 거리로 같고 P의 관성계에서 측정할 때, A와 B에서 빛은 동시에 발생하므로 P의 관성계에서 A와 B가 폭발할 때 발생한 빛은 동시에 P에 도달한다.
ㄴ. **정답** | Q는 B 쪽으로 운동하므로 B에서 발생한 빛이 A에서 발생한 빛보다 Q에 먼저 도달한다. 따라서 Q의 관성계에서, B가 A보다 먼저 폭발한다.
ㄷ. **오답** | P에 대해 A, B는 같은 거리만큼 떨어져 있고 Q에 대한 상대 속도도 같으므로 길이 수축의 정도는 같다. 따라서 Q의 관성계에서도 A와 P, B와 P 사이의 거리는 같다.

그림은 우주선 A가 우주 정거장 P와 Q를 잇는 직선과 나란하게 등속도 운동하는 모습을 나타낸 것이다. P에 대해 Q는 정지해 있고, P에서 관측한 A의 속력은 $0.6c$이다. P에서 관측할 때, P와 Q 사이의 거리는 6광년이다. A가 Q를 스쳐 지나는 순간, Q는 P를 향해 빛 신호를 보낸다.
이에 대한 설명으로 옳은 것만을 〈보기〉에서 있는 대로 고른 것은? (단, c는 빛의 속력이고, 1광년은 빛이 1년 동안 진행하는 거리이다.) **3점**

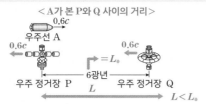

〈A가 본 P와 Q 사이의 거리〉

보기
A에서 관측할 때는 길이 수축이 일어나 P와 Q 사이의 거리는 6광년보다 짧아진다.($L < L_0 = $6광년)
ㄱ. A에서 관측할 때, P와 Q 사이의 거리는 6광년보다 짧다.
ㄴ. A에서 관측할 때, P가 지나는 순간부터 Q가 지나는 순간까지 10년이 걸린다. 보다 적은 시간이 걸린다.
ㄷ. P에서 관측할 때, A가 P를 지나는 순간부터 Q의 빛 신호가 P에 도달하기까지 16년이 걸린다.

① ㄱ ② ㄴ ③ ㄱ, ㄷ ④ ㄴ, ㄷ ⑤ ㄱ, ㄴ, ㄷ

|자|료|해|설|
우주선 A에서 관측할 때 우주 정거장 P와 Q는 우주선과 반대 방향으로 $0.6c$의 속력으로 움직인다. 따라서 우주 정거장 P와 Q 사이의 거리는 길이 수축이 일어나 6광년보다 짧아진다. 또한 A가 Q를 스쳐 지나는 순간에 발사한 빛의 속도는 여전히 광속 c이다.

|보|기|풀|이|
ㄱ. 정답 : 우주선 A에서 관측할 때 우주 정거장 P와 Q는 우주선과 반대 방향으로 $0.6c$의 속력으로 움직인다. 따라서 우주 정거장 P와 Q 사이의 거리는 길이 수축이 일어나 6광년보다 짧아진다.

ㄴ. 오답 : 우주 정거장 P에서 관측할 때 우주선 A가 6광년을 운동하는 동안 걸린 시간은 $t = \dfrac{6광년}{0.6c} = 10$년이다.
우주선 A에서 P와 Q 사이의 거리는 6광년보다 짧아지므로 이 거리를 움직이는 데 걸리는 시간은 10년보다 짧다.

ㄷ. 정답 : P에서 관측할 때 우주선 A가 P에서 Q까지 운동하는 데 걸린 시간은 10년이다. 여기에 Q의 빛 신호는 빛의 속도 c로 6광년을 진행하므로 $\dfrac{6광년}{c} = 6$년이 더 걸린다. 그러므로 10년+6년=16년이 걸린다.

😊 **문제풀이 TIP** | 진공에서 빛의 속력은 관측자와 관계없이 항상 일정하며 물체와 다른 속도를 가진 관측자가 물체의 길이를 측정하면 물체의 운동 방향으로 길이 수축이 일어난다.

😊 **출제분석** | 특수 상대성 이론에 대해 묻는 문항으로 특수 상대성의 기본 개념을 바탕으로 제시된 자료의 상황을 설명할 수 있도록 학습한다면 쉽게 해결할 수 있다.

🦉 **더 자세한 해설 @**

step 1. 개념 정리

1. 고유 시간 : 관성 좌표계의 한 점에서 일어난 두 사건 사이의 시간 간격
P에서 측정할 때 A가 지나간 시점부터 Q에서 출발한 빛이 도달하기까지 걸린 시간은 고유 시간이다. 또한 A의 입장에서 P와 Q는 왼쪽으로 $0.6c$의 속도로 운동하므로 A가 관측할 때 P가 지나간 시점부터 Q가 지나간 시점까지 걸린 시간도 고유 시간이다.

2. 고유 길이 : 한 관성 좌표계에 대해 고정된 두 지점 사이의 길이 주어진 조건에서 P 또는 Q가 측정한 P와 Q 사이의 거리는 고유 길이이지만 A는 P, Q와 다른 관성 좌표계에 속하므로 A가 측정한 P와 Q 사이의 거리는 고유 길이가 아니다.

3. 길이 수축 : 고유 길이를 측정한 관성 좌표계와 다른 관성 좌표계에서 측정한 길이는 항상 고유 길이보다 짧다. 이때 길이 수축은 운동 방향에 대해서만 일어난다.
A가 측정한 P와 Q 사이의 거리는 고유 길이가 아니므로 고유 길이인 6광년보다 짧다.

4. 시간 팽창/시간 지연 : 고유 시간을 측정한 관성 좌표계와 다른 관성 좌표계에서 측정한 시간은 항상 고유 시간보다 늘어난다.
A가 측정한 P와 Q 사이의 거리는 6광년보다 짧고 A가 관측할 때 P와 Q는 $0.6c$로 운동하므로 A를 지나는 시간 사이의 간격은 10년보다 짧고 이는 고유 시간이다. 이때 P 또는 Q에서 관측할 때 A가 P를 지난 시점부터 Q를 지난 시점까지 걸린 시간은 6광년÷$0.6c$=10년 이므로 시간 팽창이 일어났음을 알 수 있다.

	A가 관측	P 또는 Q가 관측	
P와 Q 사이의 거리	L=6광년보다 짧다.	L_0=6광년 (고유 길이)	$L < L_0$
A가 P와 Q를 지나는 순간 사이의 시간 간격	t_0=10년보다 짧다.(고유 시간)	t=10년	$t_0 < t$

5. 광속 불변의 원리 : 진공에서의 빛의 속력은 관찰자의 운동 상태와 무관하게 항상 c로 측정된다.
Q에서 P로 보낸 빛의 속력은 A가 관측할 때나 P 또는 Q가 관측할 때 모두 c이다. 따라서 A가 관측할 때 $L = ct_0$이고 P 또는 Q가 관측할 때 $L_0 = ct$이며, $L < L_0$이고 $t_0 < t$임을 확인할 수 있다.

step 2. 보기 풀이

ㄱ. **정답** | P와 Q 사이의 거리는 길이 수축이 일어난 거리이므로 P가 측정한 고유 길이인 6광년보다 짧다.

ㄴ. **오답** | $0.6c$의 속력으로 6광년 거리를 이동하는데 걸리는 시간은 6광년÷$0.6c$=10년이고, 이는 시간 팽창이 일어난 상태이다. A에서 측정한 P와 Q 사이의 거리는 길이 수축에 의해 6광년보다 짧으므로 $0.6c$의 속력으로 P가 A를 지나는 순간부터 Q가 A를 지나는 순간까지 걸린 시간은 고유 시간이고 10년보다 짧아야 한다.

ㄷ. **정답** | P에서 관측할 때, A가 Q까지 가는데 걸리는 시간은 6광년÷$0.6c$=10년이고 Q에서 방출된 빛이 P까지 도달하는데 걸리는 시간은 6광년÷c=6년이다. 따라서 총 걸린 시간은 16년이다.

그림은 관찰자 A에 대해 관찰자 B가 탄 우주선이 x축과 나란하게 광속에 가까운 속력으로 등속도 운동을 하고 있는 모습을 나타낸 것이다. B의 관성계에서 빛은 광원으로부터 각각 $+x$방향, $-y$방향으로 동시에 방출된 후 거울 p, q에서 반사하여 광원에 동시에 도달하며 광원과 q 사이의 거리는 L이다. 표는 A의 관성계에서 빛이 광원에서 p까지, p에서 광원까지 가는 데 걸린 시간을 나타낸 것이다.

빛의 경로	시간
광원 → p	$0.4t_0$
p → 광원	$0.6t_0$

A 좌표계

이에 대한 설명으로 옳은 것만을 〈보기〉에서 있는 대로 고른 것은? (단, 빛의 속력은 c이다.)

보기

ㄱ. 우주선의 운동 방향은 $-x$방향이다.

ㄴ. $t_0 > \dfrac{2L}{c}$ 이다. t_0 : 고유 시간$\left(\dfrac{2L}{c}\right)$보다 길어짐

ㄷ. A의 관성계에서 광원과 p 사이의 거리는 L보다 작다.   → 운동 방향에 대해 길이 수축

① ㄱ   ② ㄴ   ③ ㄱ, ㄷ   ④ ㄴ, ㄷ   ⑤ ㄱ, ㄴ, ㄷ

문제풀이 TIP | A의 관성계에서 측정할 때 p가 광원으로 다가가므로 빛이 광원에서 p로 진행할 때 걸린 시간이 p에서 광원으로 진행할 때 걸린 시간보다 짧다.

출제분석 | 보기 ㄴ과 같이 고유 시간으로 관찰자에 따라 다르게 측정되는 시간을 비교하는 내용이 자주 등장하고 있으니 이번 문항을 잘 정리해두자.

|자|료|해|설|

동시성의 상대성에 따라 한 점에서 동시에 발생한 사건은 하나의 사건이므로 다른 좌표계에서도 동시에 발생한 것으로 관찰된다. 따라서 광원에서 빛이 동시에 방출되는 사건과 광원에 빛이 동시에 도달하는 사건은 좌표계에 상관없이 동시에 발생하는 것으로 관측된다.
B의 좌표계에서 두 빛은 동시에 출발하여 동시에 도달하므로 광원에서 p까지의 거리도 L이다.
빛의 속력은 변하지 않으므로 A의 좌표계에서 ㉠ 광원에서 p까지 걸린 시간이 ㉡ p에서 광원까지 걸린 시간보다 작은 것은 빛의 진행 거리가 ㉡보다 ㉠에서 더 작기 때문이다. 따라서 우주선은 $-x$방향으로 운동한다.

|보|기|풀|이|

㉠ 정답 : A의 좌표계에서 볼 때 광원에서 p까지 빛의 진행 거리가 p에서 광원까지 빛의 진행 거리보다 작으므로 우주선의 운동 방향은 $-x$방향이다.

㉡ 정답 : 고유 시간은 관성 좌표계의 한 지점에서 일어난 두 사건 사이의 시간 간격을 의미하므로 B의 좌표계에서 광원으로부터 빛이 동시에 방출되는 사건과 광원으로 빛이 동시에 도달하는 사건 사이의 시간 $\dfrac{2L}{c}$은 고유 시간이다.

이는 빛이 p를 왕복할 때 걸린 시간이자 빛이 q를 왕복할 때 걸린 시간이다.
빛이 q를 왕복할 때 우주선은 $-x$방향으로 운동하므로 A의 관성계에서 빛의 진행 거리는 $2L$보다 크다. 이를 $2L+\alpha$라고 하면 빛이 q를 왕복할 때 걸린 시간은 $t_0 = \dfrac{2L+\alpha}{c} > \dfrac{2L}{c}$이다.

A의 관성계에서 빛이 광원에서 p까지 왕복한 시간은 t_0이고 관찰자 A가 측정할 때 B의 관성계에서는 A의 관성계에서보다 시간이 느리게 흐르므로 t_0는 고유 시간인 $\dfrac{2L}{c}$보다 크다.

㉢ 정답 : 고유 길이는 한 관성 좌표계에서 고정된 두 지점의 길이를 의미하므로 B의 관성계에서 광원과 p 사이의 거리 L은 고유 길이이다. B가 A를 볼 때 A는 $+x$방향으로 광속에 가깝게 운동하므로 운동 방향과 나란한 광원에서 p 사이의 거리는 A의 좌표계에서 길이 수축이 일어난다. 따라서 A의 좌표계에서 두 지점 사이의 거리는 고유 길이인 L보다 짧아진다.

step 1. 자료 분석

빛의 경로	시간
광원 → p	$0.4t_0$
p → 광원	$0.6t_0$

1. 빛이 광원에서 거울 p로 진행할 때의 시간이 더 짧으므로 우주선은 $-x$방향으로 움직인다.

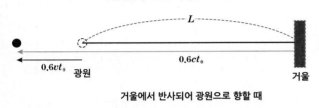

광원에서 거울로 방출될 때

2. 우주선의 속력을 v라고 하면, 빛이 광원에서 거울 p로 진행할 때에는 광원이 있던 곳으로 거울이 다가오므로 빛의 이동 거리는 L보다 짧다.

빛의 이동 거리=광원에서 거울까지의 거리−거울이 움직인 거리
$$0.4ct_0 = L - 0.4vt_0 \text{ — ①}$$

거울에서 반사되어 광원으로 향할 때

3. 거울 p에서 광원으로 빛이 반사될 때에는 거울이 있던 곳에서 광원이 멀어지므로 빛의 이동 거리는 L보다 길다.

빛의 이동 거리=광원에서 거울까지의 거리+광원이 움직인 거리
$$0.6ct_0 = L + 0.6vt_0 \text{ — ②}$$

step 2. 보기 풀이

ㄱ. **정답** | 빛이 광원에서 거울 p로 진행할 때의 시간이 더 짧으므로 광원에서 거울로 빛이 진행하는 동안 거울은 빛을 향해 다가온다. 따라서 우주선은 $-x$방향으로 움직인다.

ㄴ. **정답** | ①과 ②식을 풀면 $v=0.2c$, $t_0=\dfrac{L}{0.48c}$이 된다. 따라서 $t_0 > \dfrac{2L}{c}$이다.

ㄷ. **정답** | 광원에서 p, q까지 빛은 동시에 방출된 후 동시에 도달하므로 광원과 두 거울 사이의 길이는 L로 같고, 이는 고유 길이이다. 또한 광원과 p 사이의 길이는 운동 방향과 나란하므로 A의 관성계에서는 길이 수축이 일어나 길이가 L보다 짧아진다.

다음은 특수 상대성 이론에 대한 사고 실험의 일부이다.

> 가설 I : 모든 관성계에서 물리 법칙은 동일하다.
> 가설 II : 모든 관성계에서 빛의 속력은 c로 일정하다.
>
>   관찰자 A에 대해 정지해 있는 두 천체 P, Q 사이를 관찰자 B가 탄 우주선이 광속에 가까운 속력 v로 등속도 운동을 하고 있다. B의 관성계에서 광원으로부터 우주선의 운동 방향에 수직으로 방출된 빛은 거울에서 반사되어 되돌아온다.

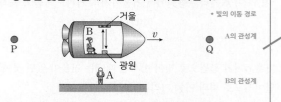

(가) 빛이 1회 왕복한 시간은 A의 관성계에서 t_A이고, B의 관성계에서 t_B이다.

(나) A의 관성계에서 t_A동안 빛의 경로 길이는 L_A이고, B의 관성계에서 t_B동안 빛의 경로 길이는 L_B이다.

(다) A의 관성계에서 P와 Q 사이의 거리 D_A는 P에서 Q까지 우주선의 이동 시간과 v를 곱한 값이다.

(라) B의 관성계에서 P와 Q 사이의 거리 D_B는 P가 B를 지날 때부터 Q가 B를 지날 때까지 걸린 시간과 v를 곱한 값이다.

이에 대한 설명으로 옳은 것만을 〈보기〉에서 있는 대로 고른 것은?

(3점)

> **보기**
> ㄱ. $t_A > t_B$이다.
> ㄴ. $L_A > L_B$이다.
> ㄷ. $\dfrac{D_A}{D_B} = \dfrac{L_A}{L_B}$이다.

① ㄱ   ② ㄷ   ③ ㄱ, ㄴ   ④ ㄴ, ㄷ   ✔⑤ ㄱ, ㄴ, ㄷ

|자|료|해|설|

우주선이 광속에 가까운 속력으로 등속도 운동을 하고 있다면, 관성계에서 본 빛의 이동 경로와 시간은 A에서와 B에서가 달라진다.

|보|기|풀|이|

ㄱ. 정답 : 광원이 B의 관성계에서 같이 움직이므로, t_B는 고유 시간이고 t_A는 시간 지연이 일어난 시간이다. 따라서 $t_A > t_B$이다.

ㄴ. 정답 : 빛의 이동 경로는 A의 관성계에서 대각선으로 움직이므로 B의 관성계에서보다 더 긴 거리를 왕복한다. $(L_A > L_B)$

ㄷ. 정답 : $L_A = ct_A$, $L_B = ct_B$, $D_A = vt_A$, $D_B = vt_B$이다. 따라서 $\dfrac{D_A}{D_B} = \dfrac{L_A}{L_B} = \dfrac{t_A}{t_B}$이다.

🤔 **문제풀이 T I P** | B의 관성계에서 빛이 1회 왕복한 시간과 P, Q 사이를 지날 때 우주선의 이동 시간은 A의 관성계에서 측정한 시간보다 짧다.

😄 **출제분석** | 상대 속도가 일정할 때 길이 수축과 시간 팽창이 일어나는 비율이 일정함을 알고 있어야 풀이가 가능한 문항이다.

🦉 **더 자세한 해설 @**

STEP 1. 시계의 동기화

X가 지구에서 천체의 폭발을 관측한다고 하자. 천체는 지구로부터 매우 멀리 떨어져 있으므로 빛이 폭발 지점부터 지구까지 이동한 시간을 고려했을 때, X가 폭발을 관측한 시점은 실제 폭발이 일어난 시점보다 더 나중의 일이다. 따라서 천체의 폭발을 관측할 때마다 X는 빛이 이동한 시간을 고려하여 번거로운 계산을 처리해야 한다. 이를 해소하기 위한 방법으로 각 지점에서의 시계를 동기화하는 방법이 있다. 어떤 좌표계에서 정지 상태인 P와 Q가 있고, 두 천체 사이의 거리를 r이라고 하자. P와 Q는 같은 좌표계에 속하므로 동일한 속도로 시간이 흐른다. 따라서 두 천체에서의 시계를 1번만 같은 시간으로 맞춰두면 같은 순간에 P와 Q에서 각각 시계를 보았을 때 시계가 같은 시간을 나타낸다. 이때 두 시계를 같은 시간으로 맞추는 과정에서 문제가 발생하는데, 만약 P에서 시계를 같은 시간으로 맞춘 후에 시계를

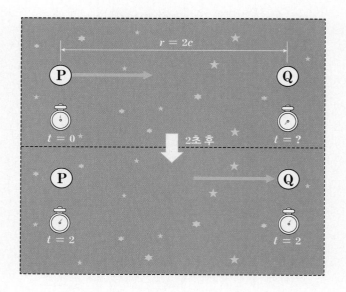

가지고 Q로 이동한다면 이동하는 과정에서 시간이 P에서와 다르게 흐를 수 있으므로 P와 Q에 시계를 먼저 가져다 둔 후에 시계를 동기화시켜야 한다.

또 다른 문제는 두 천체 사이의 거리가 매우 멀기 때문에 P가 시계를 $t=0$으로 맞추는 순간 빛의 속도(c)로 Q에게 신호를 보내더라도 앞서 X가 천체의 폭발을 관측할 때처럼 신호의 이동 시간이 존재한다는 것이다. 따라서 Q는 신호를 받은 순간 시계를 $t=0$으로 맞추어서는 안되고, 대신 신호의 이동 시간을 $t'=\dfrac{\gamma}{c}$로 고려하여 시계를 맞추어야 하는데, 이를 2초라고 한다면 P가 $t=0$에서 시계를 맞춘 후 $t=2$가 되었을 때 Q는 신호를 받아 $t=2$로 시계를 맞추므로 두 시계의 시간이 동기화된다. 이처럼 같은 관성 좌표계에서 각 좌표마다 시계를 동기화해두면, 어떤 좌표에서 사건이 일어났을 때 좌표에 해당하는 시계의 시간을 읽는 것으로 사건의 발생 시간을 알 수 있다.

STEP 2. 고유 시간

(가)에서 B가 빛이 1회 왕복한 시간을 측정할 때, 우주선의 광원에서 빛이 방출되는 시간을 시계 C_1으로 측정한다고 하자. 방출된 빛은 거울에서 반사되어 다시 광원으로 돌아오기 때문에 앞서 방출된 시간을 측정한 시계 C_1으로 빛이 광원에 다시 도달한 시간을 측정할 수 있다. 따라서 B는 빛이 광원에서 방출되는 사건1과 빛이 광원에 다시 도달하는 사건2를 같은 시계 C_1으로 측정한다.

(가)에서 A는 빛이 1회 왕복한 시간을 측정할 때, 우주선의 광원에서 빛이 방출되는 시간을 시계 C_2로 관측한다. 이때 A가 봤을 때 B가 탄 우주선은 P에서 Q로 향하는 방향으로 운동하고 있으므로 빛이 광원에 도달하는 좌표는 빛이 방출된 좌표와 다르다. 따라서 빛이 광원에 도달하는 시간은 C_2로 측정하는 것이 아니라, 빛이 광원에 도달하는 좌표에 해당하는 시계 C_3로 측정해야 한다.

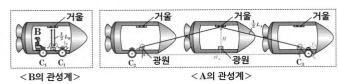

< B의 관성계 >   < A의 관성계 >

결론부터 말하자면 t_B는 고유 시간, t_A는 팽창된 시간이고, 계산을 통해 t_A와 t_B의 관계를 알아보자. 다만, 이 부분은 교육과정에 포함되지 않는다. 빛의 속력(c)은 모든 관성계에서 일정하므로 B의 관성계에서 $L_B=ct_B$이고, A의 관성계에서 $L_A=ct_A$이다. 이때 $H=\dfrac{1}{2}L_B$이므로 피타고라스 정리에 의해 $\left(\dfrac{1}{2}L_A\right)^2=\left(\dfrac{1}{2}L_B\right)^2+\left(\dfrac{1}{2}vt_A\right)^2$이다. t_A와 t_B의 관계를 알아보기 위해 $L_A=ct_A$, $L_B=ct_B$를 각각 대입하면 $(ct_A)^2=(ct_B)^2+(vt_A)^2$이고, $(c^2-v^2)t_A{}^2=c^2t_B{}^2$, $t_A=\dfrac{t_B}{\sqrt{1-\left(\dfrac{v}{c}\right)^2}}$이다. 우주선의 속력 ($v$)은 빛의 속력($c$)보다 작으므로 $v<c$이고, 분모는 항상 1보다 작으므로 t_A는 t_B보다 작아질 수 없다. 이때 $\dfrac{1}{\sqrt{1-\left(\dfrac{v}{c}\right)^2}}=\gamma$ (로렌츠 인자)로 나타내며, v가 $0.1c$보다 크지 않을 때는 γ가 1과 거의 같다. 또한 $0.1c$ 보다 클 때는 γ가 1보다 커지며, v가 빛의 속력(c)에 가까워지면 γ가 무한대에 가깝게 커진다.

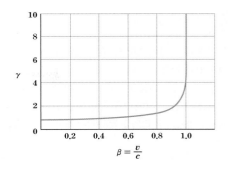

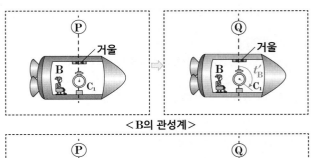

STEP 3. 고유 길이

< B의 관성계 >

< A의 관성계 >

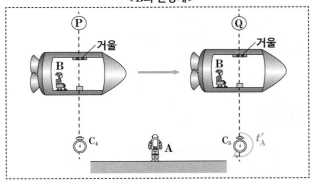

다시 한 번 결론부터 말하자면 D_A는 고유 길이, D_B는 수축된 길이이고, 계산을 통해 D_A와 D_B의 관계를 알아보자. B가 P와 Q 사이의 거리 D_B를 측정할 때 B가 탄 우주선이 P를 지날 때 C_1을 사용하여 시간을 측정하고, 우주선이 Q를 지날 때 다시 C_1을 사용하여 시간을 측정한다. 따라서 P를 지나는 사건과 Q를 지나는 사건의 시간 간격을 t_B'이라고 하면, t_B'은 고유 시간이고 $D_B=vt_B'$이다.

A의 좌표계의 P의 좌표에서 동기화된 시계를 C_4라고 하고, Q의 좌표에서 동기화된 시계를 C_5라고 하자. A가 P와 Q 사이의 거리 D_A를 측정한다면 B가 탄 우주선이 P를 지날 때 C_4를 이용하여 시간을 측정하고, 우주선이 Q를 지날 때 C_5를 이용하여 시간을 측정해야 한다. 두 사건 사이의 시간 간격을 t_A'이라고 하면 t_A'는 고유 시간이 아니라 팽창된 시간이며, $D_A=vt_A'$이다. 따라서 $t_A'=\dfrac{t_B'}{\sqrt{1-\left(\dfrac{v}{c}\right)^2}}=\gamma t_B'$이므로

$$D_B=vt_B'=v\dfrac{t_A'}{\gamma}=\dfrac{1}{\gamma}\cdot D_A$$ 이다.

STEP 4. 보기 풀이

ㄱ. 정답 | $t_A=\gamma t_B$이고, $\gamma>1$이므로 $t_A>t_B$이다.

ㄴ. 정답 | $L_A=ct_A$, $L_B=ct_B$이고, $t_A>t_B$이므로 $L_A>L_B$이다.

ㄷ. 정답 | $D_B=\dfrac{1}{\gamma}\cdot D_A$이고, $L_A=\gamma L_B$이므로 $\dfrac{D_A}{D_B}=\dfrac{L_A}{L_B}=\gamma$이다.

그림과 같이 관찰자 A에 대해, 검출기 P와 점 Q가 정지해 있고 관찰자 B가 탄 우주선이 A, P, Q를 잇는 직선과 나란하게 $0.6c$의 속력으로 등속도 운동을 한다. A의 관성계에서 B가 Q를 지나는 순간, A와 B는 동시에 P를 향해 빛을 방출한다. A의 관성계에서, A에서 P까지의 거리와 P에서 Q까지의 거리는 L로 같다.

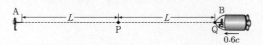

이에 대한 설명으로 옳은 것만을 〈보기〉에서 있는 대로 고른 것은? (단, c는 빛의 속력이고, 우주선과 관찰자의 크기는 무시한다.)

보기

ㄱ. A의 관성계에서, A가 방출한 빛의 속력과 B가 방출한 빛의 속력은 같다.

ㄴ. A의 관성계에서, B가 방출한 빛이 P에 도달하는 데 걸리는 시간은 $\frac{L}{c}$이다.

ㄷ. B의 관성계에서, A가 방출한 빛이 P에 도달하는 데 걸리는 시간은 B가 방출한 빛이 P에 도달하는 데 걸리는 시간보다 크다.

① ㄱ   ② ㄷ   ③ ㄱ, ㄴ   ④ ㄴ, ㄷ   ⑤ ㄱ, ㄴ, ㄷ

|자|료|해|설|

B의 관성계에서 관찰할 때 A와 P는 B와 가까워지는 방향으로 $0.6c$의 속력으로 운동한다.

|보|기|풀|이|

ㄱ. 정답 : 광속 불변의 원리에 따라 빛의 속력은 A의 관성계와 B의 관성계에서 같다.

ㄴ. 정답 : A의 관성계에서 B가 방출한 빛이 P에 도달할 때까지 이동 거리는 L이고 속력은 c이므로 걸리는 시간은 $\frac{L}{c}$이다.

ㄷ. 정답 : B의 관성계에서 A와 P, P와 Q 사이의 거리는 L'로 같고, 이는 길이 수축이 일어난 상태이므로 L보다 짧다. 따라서 A가 방출한 빛이 P에 도달하는 데 걸리는 시간$\left(\frac{L}{c}\right)$은 B가 방출한 빛이 P에 도달하는 데 걸리는 시간$\left(\frac{L'}{c}\right)$보다 크다.

😊 **출제분석** | 특수 상대성 이론의 기본 개념만으로 쉽게 해결할 수 있는 문항으로 출제되었다.

그림은 관찰자 C에 대해 관찰자 A, B가 탄 우주선이 각각 광속에 가까운 속도로 등속도 운동하는 것을 나타낸 것으로, B에 대해 광원 O, 검출기 P, Q가 정지해 있다. P, O, Q를 잇는 직선은 두 우주선의 운동 방향과 나란하다. A, B가 탄 우주선의 고유 길이는 서로 같으며, C의 관성계에서, A가 탄 우주선의 길이는 B가 탄 우주선의 길이보다 짧다. A의 관성계에서, O에서 동시에 방출된 빛은 P, Q에 동시에 도달한다.

➡ C의 관성계에서 A의 속력이 B보다 빠르다.

이에 대한 옳은 설명만을 〈보기〉에서 있는 대로 고른 것은? **3점**

보기

ㄱ. C의 관성계에서, A가 탄 우주선의 속력은 B가 탄 우주선의 속력보다 크다.

ㄴ. B의 관성계에서, P와 O 사이의 거리는 O와 Q 사이의 거리와 ~~같다.~~ 다르다.

ㄷ. C의 관성계에서, 빛은 Q보다 P에 먼저 도달한다.

① ㄱ   ② ㄴ   ③ ㄱ, ㄴ   ④ ㄱ, ㄷ   ⑤ ㄴ, ㄷ

A의 관성계에서 동시에 도달하려면 P와 O 사이보다 Q와 O 사이가 더 멀어야 한다. ◀

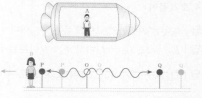

|자|료|해|설|

관측자로부터 상대 속도가 클수록 길이 수축은 크게 일어난다.

|보|기|풀|이|

ㄱ. 정답 : C의 관성계에서 상대 속도가 클수록 우주선의 길이는 더 짧아지므로 A가 탄 우주선이 B가 탄 우주선보다 빠르다.

ㄴ. 오답 : A의 관성계에서 B가 탄 우주선은 왼쪽으로 이동한다. O에서 빛이 방출될 때, P와 Q는 왼쪽으로 이동하므로 O에서 방출된 빛이 P, Q에 동시에 도달하려면 P와 O 사이의 거리보다 Q와 O 사이의 거리가 더 멀어야 한다.

ㄷ. 정답 : C의 관성계에서 B는 오른쪽으로 이동하므로 빛은 광원 방향으로 움직이는 P에 먼저 도달한다.

😊 **출제분석** | 길이 수축, 동시의 상대성 개념을 이해하고 있다면 쉽게 해결할 수 있는 문항이다.

그림과 같이 관찰자 A에 대해
관찰자 B가 탄 우주선이
$+x$방향으로 터널을 향해 $0.8c$의
속력으로 등속도 운동한다. A의
관성계에서, x축과 나란하게
정지해 있는 터널의 길이는 L이고, 우주선의 앞이 터널의 출구를
지나는 순간 우주선의 뒤가 터널의 입구를 지난다.
이에 대한 설명으로 옳은 것만을 〈보기〉에서 있는 대로 고른 것은?
(단, c는 빛의 속력이다.) ③점

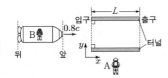

보기

ㄱ. A의 관성계에서, 우주선의 앞이 터널의 입구를 지나는
     순간부터 우주선의 뒤가 터널의 입구를 지나는 순간까지
     걸린 시간은 $\dfrac{L}{0.8c}$ 보다 작다. 이다.

ㄴ. B의 관성계에서, 터널의 길이는 L보다 작다.

ㄷ. B의 관성계에서, 터널의 출구가 우주선의 앞을 지나고 난
     후 터널의 입구가 우주선의 뒤를 지난다.

① ㄱ   ② ㄴ   ③ ㄱ, ㄷ   ④ ㄴ, ㄷ   ⑤ ㄱ, ㄴ, ㄷ

B의 관성계에서 우주선의 앞이
터널의 출구를 지나는 순간

우주선의 고유길이

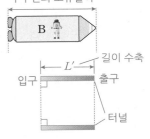

|자|료|해|설|

B의 관성계에서 터널의 길이는 길이 수축이 일어나
우주선의 앞이 터널의 출구를 지나는 순간 우주선의 뒤는
아직 터널의 입구에 도달하지 못한다.

|보|기|풀|이|

ㄱ. 오답 : 우주선의 속력은 $0.8c$이므로 걸린 시간은 $\dfrac{L}{0.8c}$
이다.

ㄴ. 정답 : B의 관성계에서 터널의 길이는 길이 수축이
일어나므로 터널의 길이는 L보다 작다.

ㄷ. 정답 : B의 관성계에서 우주선의 앞이 터널의 출구를
지난 후에 우주선의 뒤가 터널의 입구에 도달한다.

02 질량과 에너지 ★수능에 나오는 필수 개념 2가지 + 필수 암기사항 4개

필수개념 1 질량과 에너지

* **암기 질량과 에너지**
  ○ 정지 질량 : 물체에 대해 상대적으로 정지해 있는 관측자가 측정한 물체의 질량으로 m_0로 나타낸다.
  ○ 상대론적 질량 : 한 관성 좌표계에 대하여 v의 속도로 움직이고 있는 물체의 질량은 다음과 같다.

$$m = \frac{m_0}{\sqrt{1 - v^2/c^2}}$$

물체의 속도는 빛의 속도 c보다 작으므로 분모가 1보다 작다. 따라서 물체의 속력이 증가할수록 물체의 질량은 증가한다.

○ 질량 에너지 등가 원리 : 아인슈타인은 질량과 에너지가 별개의 양이 아니라 서로 변환될 수 있는 양이라고 하였다. 이 원리에 따르면 질량 m에 해당하는 에너지 E는 다음과 같다.

$$E = mc^2$$

특히, 관측자에 대해 정지한 물체가 가지고 있는 에너지를 정지 에너지라고 하며

$$E_0 = m_0 c^2$$

와 같이 나타낸다. 물체가 운동하는 속도가 빠를수록 에너지도 커진다. 질량 에너지 등가 원리는 핵융합 및 핵분열을 통해 에너지가 생성되는 것으로 증명이 되었다.

▶ 질량 에너지 동등성과 질량의 상대성
 – 질량 에너지 동등성 : 질량과 에너지는 서로 전환될 수 있으며, 정지 질량 m_0인 물체가 가지는 에너지는 $E = m_0 c^2$이다.
 – 질량의 상대성 : 물체의 속력이 증가하면 상대론적 질량도 증가한다.

필수개념 2 핵에너지

* **암기 원자핵의 표현**
  ○ 원자 번호(Z) : 원자핵 속에 들어 있는 양성자의 수
  ○ 질량수(A) : 원자핵 속에 들어 있는 양성자수와 중성자수의 합

$$\begin{matrix} \text{질량수} \rightarrow A \\ \text{원자 번호=양성자수} \rightarrow Z \end{matrix} X \begin{matrix} (A = Z + N) \\ (N : \text{중성자수}) \end{matrix}$$

○ 동위원소 : 양성자의 수는 같지만 중성자수가 달라 질량수가 다른 원소

* **암기 핵반응**
  ○ 질량 결손 : 핵반응 후 질량의 합이 반응 전 질량의 합보다 작아지는 현상. 이를 질량 결손(Δm)이라고 하고, 아인슈타인의 질량-에너지 동등성에 의해 핵반응 과정에서 방출되는 에너지는 질량 결손과 비례함. $E = \Delta m c^2$
  ○ 핵분열과 핵융합

핵반응의 종류	핵분열	핵융합
정의	무거운 원자핵이 2개 이상의 가벼운 원자핵으로 쪼개지는 반응	2개 이상의 가벼운 원자핵이 결합하여 무거운 원자핵이 되는 반응
모형과 핵반응식	$^{235}_{92}U + ^{1}_{0}n \rightarrow ^{92}_{36}Kr + ^{141}_{56}Ba + 3^{1}_{0}n + 200MeV$	$^{2}_{1}H + ^{3}_{1}H \rightarrow ^{4}_{2}He + ^{1}_{0}n + 17.6MeV$

- **[암기] 핵반응식**

  핵반응을 화학 반응식처럼 간단하게 나타낸 것으로 핵반응 전후에는 전하량 보존의 법칙과 질량수
  보존의 법칙이 성립
  ① 전하량 보존의 법칙 : 핵반응 전 전하량 합과 핵반응 후 전하량 합이 같음
  ② 질량수 보존의 법칙 : 핵반응 전 질량수 합과 핵반응 후 질량수 합이 같음

- **원자로** : 원자력 발전소에서 우라늄의 핵분열이 일어나는 곳. 저속의 중성자가 우라늄에 흡수되면
  우라늄 원자핵이 분열하면서 에너지를 방출하고 고속의 중성자를 2~3개 방출함

구분	사용 연료	감속재, 냉각재	장점	단점
경수로	저농축 우라늄	경수(물)	감속재 확보가 편리함	농축 우라늄 확보가 어려움
중수로	천연 우라늄	중수	중수 사용으로 반응 조절이 편리함	감속재 확보가 어려움

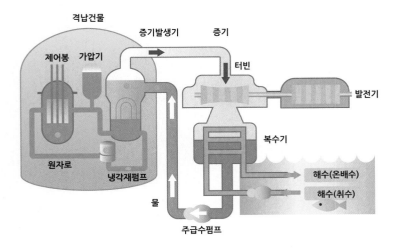

- **핵변환** : 원자핵에 입자가 충돌하여 일어나는 핵반응의 일종으로 반응 후 원래의 원자핵과 다른
  원자핵이 생성되는 반응

기본자료

▶ 연쇄 반응
질량수가 235인 우라늄이 핵분열할 때
방출된 고속 중성자들을 느리게 하면
다른 우라늄과 계속 충돌하여 핵분열이
연속적으로 일어나는 반응

핵연료
원자로 안에서 핵분열을 연쇄적으로
일으켜 에너지를 얻을 수 있는 물질

감속재
핵분열로 생긴 고속 중성자를 감속하여
연쇄 반응이 잘 일어나도록 해주는
물질

냉각재
원자로에서 발생한 열을 흡수하여 증기
발생기로 전달하는 물질

제어봉
중성자를 흡수하여 연쇄 반응을
억제하는 물질로 카드뮴, 붕소 사용

그림은 주어진 핵반응에 대해 학생 A, B, C가 대화하는 모습을
나타낸 것이다.

$${}^{2}_{1}\text{H} + {}^{3}_{1}\text{H} \rightarrow \boxed{\bigcirc} + {}^{1}_{0}\text{n} + 17.6\,\text{MeV}$$

> 핵융합 반응이야.   질량 결손에 의한 에너지는 17.6MeV야.   ①의 중성자수는 2야.
>
> 학생 A   학생 B   학생 C

제시한 내용이 옳은 학생만을 있는 대로 고른 것은?

① A   ② C   ③ A, B   ④ B, C   ✓⑤ A, B, C

|자|료|해|설|
핵반응식은 ${}^{2}_{1}\text{H} + {}^{3}_{1}\text{H} \rightarrow {}^{4}_{2}\text{He} + {}^{1}_{0}\text{n} + 17.6\,\text{MeV}$이다.

|보|기|풀|이|
학생 A. 정답 : 질량수가 작은 원자핵이 융합하여 질량수가 큰 원자핵이 되었으므로 핵융합 반응이다.
학생 B 정답 : 핵반응 후 발생한 17.6MeV의 에너지는 질량 결손에 의한 것이다.
학생 C 정답 : ①은 ${}^{4}_{2}\text{He}$으로 중성자수는 2이다.

😀 **출제분석 |** 핵반응식을 이해하는지 확인하는 기본 수준의 문항이다.

그림은 중수소(${}^{2}_{1}\text{H}$)와 삼중수소(${}^{3}_{1}\text{H}$)가 충돌하여 헬륨(${}^{4}_{2}\text{He}$), 입자 a, 에너지가 생성되는 핵반응을 나타낸 것이다. ${}^{2}_{1}\text{H}$, ${}^{3}_{1}\text{H}$, a의 질량은 각각 m_1, m_2, m_3이다. 이에 대한 옳은 설명만을 〈보기〉에서 있는 대로 고른 것은?

$${}^{4}_{2}\text{He}$$
$${}^{2}_{1}\text{H}$$
$${}^{3}_{1}\text{H}$$
a
에너지 $E = \Delta mc^2$

보기
ㄱ. a는 중성자이다.
ㄴ. 이 반응은 핵융합 반응이다.
ㄷ. ${}^{4}_{2}\text{He}$의 질량은 $m_1 + m_2 - m_3$~~이다.~~ 보다 작다

① ㄴ   ② ㄷ   ✓③ ㄱ, ㄴ   ④ ㄱ, ㄷ   ⑤ ㄱ, ㄴ, ㄷ

|자|료|해|설|
핵융합 반응으로 반응식은 ${}^{2}_{1}\text{H} + {}^{3}_{1}\text{H} \rightarrow {}^{4}_{2}\text{He} + {}^{1}_{0}\text{n} +$에너지이다.

|보|기|풀|이|
ㄱ. 정답 : 반응 전과 후의 중성자 수는 같으므로 a는 중성자(${}^{1}_{0}\text{n}$)이다.
ㄴ. 정답 : 수소 원자핵이 융합하여 원자 번호가 증가한 헬륨 원자핵이 생성되므로 핵융합 반응이다.
ㄷ. 오답 : 질량 결손만큼 에너지가 생성되므로 ${}^{2}_{1}\text{H}$와 ${}^{3}_{1}\text{H}$의 질량 합($m_1 + m_2$)은 ${}^{4}_{2}\text{He}$의 질량과 중성자의 질량(m_3) 합보다 크다.

😮 **문제풀이 T I P |** 핵반응 후 질량 결손만큼 에너지가 생성된다.

😀 **출제분석 |** 핵반응과 관련된 문항은 한 번의 정리로 매우 쉽게 해결할 수 있으므로 틀리지 않도록 유의해야 한다.

다음은 국제핵융합실험로(ITER)에 대한 기사의 일부이다.

2020년 8월 ○일   ○○신문

라틴어로 '길'이라는 뜻을 지닌 국제핵융합실험로(ITER) 공동 개발 사업은 ㉠ 핵융합 발전의 상용화를 위해 대한민국 등 7개국이 참여한 과학기술 협력 프로젝트이다.
㉡ 태양에서 ┌ A ┐ (수소) 원자핵이 헬륨 원자핵으로 융합되는 것과 같은 핵반응을 핵융합로에서 일으키려면 핵융합로는 1억도 이상의 온도를 유지해야 한다. … (중략) … 현재 ITER는 대한민국이 생산한 주요 부품을 바탕으로 본격적인 조립 단계에 접어들었다.

이에 대한 옳은 설명만을 〈보기〉에서 있는 대로 고른 것은?

보기

ㄱ. ㉠은 질량이 에너지로 전환되는 현상을 이용한다.
ㄴ. ㉡이 일어날 때 태양의 질량은 변하지 않는다. (감소한다)
ㄷ. 원자 번호는 A가 헬륨보다 크다. (작다)

① ㄱ   ② ㄷ   ③ ㄱ, ㄴ   ④ ㄴ, ㄷ   ⑤ ㄱ, ㄴ, ㄷ

|자|료|해|설|

국제핵융합실험로 개발 사업은 핵융합에너지의 상용화 가능성을 실증하기 위한 과학기술 협력 프로젝트이다. 태양 중심처럼 1억도가 넘는 초고온 플라즈마 상태에서 가벼운 수소 원자핵들이 무거운 헬륨 원자핵으로 바뀌도록 인위적으로 핵융합 반응을 일으키고, 이때 나오는 엄청난 양의 에너지를 얻는 장치가 핵융합로이다.

|보|기|풀|이|

ㄱ. 정답 : 핵융합 발전은 질량이 에너지로 전환되는 현상을 이용한다.
ㄴ. 오답 : 핵융합 반응에서 방출하는 에너지는 질량이 전환되는 것이다. 따라서 핵반응이 일어날 때 태양의 질량은 감소한다.
ㄷ. 오답 : A는 수소이므로 헬륨보다 원자 번호가 작다.

😀 **문제풀이 TIP** | 태양에서 일어나는 핵융합 반응에서 수소 원자핵은 헬륨 원자핵으로 융합된다.

😀 **출제분석** | 질량-에너지 등가성에 대한 문항으로 쉽게 해결할 수 있는 영역이다.

다음은 두 가지 핵반응을 나타낸 것이다. ㉠과 ㉡은 서로 다른 원자핵이다.

(양성자수)   (질량수=양성자수+중성자수)

(가) $㉠ + {}^{6}_{3}Li \rightarrow 2{}^{4}_{2}He + 22.4 MeV$
(나) ${}^{3}_{2}He + {}^{6}_{3}Li \rightarrow 2{}^{4}_{2}He + ㉡ + 16.9 MeV$

이에 대한 옳은 설명만을 〈보기〉에서 있는 대로 고른 것은?

보기

ㄱ. 양성자수는 ㉠과 ㉡이 같다.
ㄴ. 질량수는 ㉡이 ㉠보다 크다. (작다)
ㄷ. 질량 결손은 (가)에서가 (나)에서보다 크다.

① ㄴ   ② ㄷ   ③ ㄱ, ㄴ   ④ ㄱ, ㄷ   ⑤ ㄴ, ㄷ

|자|료|해|설|

전하량 보존, 질량수 보존에 따라 ㉠의 전하량은 4−3=1, 질량수는 8−6=2인 ${}^{2}_{1}H$이고 ㉡은 전하량이 2+3−4=1, 질량수는 3+6−8=1인 ${}^{1}_{1}H$이다.

|보|기|풀|이|

ㄱ. 정답 : 양성자수는 ㉠과 ㉡이 1로 같다.
ㄴ. 오답 : 질량수는 ㉠이 ㉡보다 크다.
ㄷ. 정답 : 질량 결손은 발생한 에너지에 비례하므로 (가)에서가 (나)에서보다 크다.

 출제분석 | 핵반응식의 기본 개념을 확인하는 문항이다.

정답 ① 정답률 90% 2021학년도 수능 2번 문제편 116p

다음은 두 가지 핵반응이다.

(가) $^2_1H + ^3_1H \rightarrow ^4_2He + ^1_0n + 17.6MeV$

(나) $^{15}_7N + ^1_1H \rightarrow$ $^{12}_6C + ^4_2He + 4.96MeV$

이에 대한 설명으로 옳은 것만을 〈보기〉에서 있는 대로 고른 것은?

3점

보기

ㄱ. (가)는 핵융합 반응이다.

ㄴ. 질량 결손은 (나)에서가 (가)에서보다 ~~크다.~~ 작

ㄷ. ㉠의 질량수는 ~~10~~이다. 12

① ㄱ ② ㄷ ③ ㄱ, ㄴ ④ ㄴ, ㄷ ⑤ ㄱ, ㄴ, ㄷ

 문제풀이 T I P | $^a_wA + ^b_xB \longrightarrow ^c_yC + ^d_zD +$ 에너지

▶ 전하량 보존: $w + x = y + z$

▶ 질량수 보존: $a + b = c + d$

😀 **출제분석** | 핵반응식의 기본 개념을 확인하는 문항으로 출제되었다.

| 자 | 료 | 해 | 설 |

(가)는 수소가 헬륨이 되는 핵융합 반응이다. (나)에서 반응 전 질량수는 15+1=16이므로 ㉠의 질량수는 16-4=12이다. 또한 반응 전 전하량은 7+1=8이므로 ㉠의 전하량은 8-2=6이다. 따라서 ㉠은 $^{12}_6C$이다.

| 보 | 기 | 풀 | 이 |

ㄱ. 정답 : 자료 해설과 같이 (가)는 핵융합 반응이다.

ㄴ. 오답 : 핵반응에서 방출하는 에너지는 질량 결손에 비례하므로 질량 결손은 에너지가 더 큰 (가)에서가 (나)에서보다 크다.

ㄷ. 오답 : 자료 해설과 같이 ㉠의 질량수는 12이다.

정답 ③ 정답률 80% 2018년 7월 학평 15번 문제편 116p

그림은 우라늄($^{235}_{92}U$) 핵분열 반응의 두 가지 예를 모식적으로 나타낸 것이다. x, y는 각각 Ba과 Xe의 질량수이고, A는 각 핵분열 반응에서 방출되는 입자이다.

$^{235}_{92}U + ^1_0n \rightarrow ^y_{54}Xe + ^{90}_{38}Sr + 2^b_aA$
235+1=y+90+2 → y=144

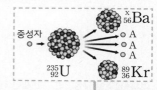
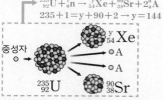

이에 대한 설명으로 옳은 것만을 〈보기〉에서 있는 대로 고른 것은?

$^{235}_{92}U + ^1_0n \rightarrow ^x_{56}Ba + ^{89}_{36}Kr + 3^b_aA$
92=56+36+3a → a=0, 즉 A는 중성자이므로 b=1
235+1=x+89+3 → x=144

보기

ㄱ. A는 중성자이다.

ㄴ. x는 ~~y보다 작다.~~ 와 같다.

ㄷ. 핵분열 반응에서 질량 결손에 의해 에너지가 발생한다.

① ㄱ ② ㄴ ③ ㄱ, ㄷ ④ ㄴ, ㄷ ⑤ ㄱ, ㄴ, ㄷ

 문제풀이 T I P | 핵반응식에서 핵반응 전의 전하량과 질량수의 합은 핵반응 후 전하량과 질량수의 합과 같다.

😀 **출제분석** | 핵분열 시 나타나는 핵에너지와 핵반응식에 대한 기본 개념을 묻는 문항이다.

| 자 | 료 | 해 | 설 |

A 입자의 양성자수를 a, 질량수를 b라 하여 ^b_aA와 같이 나타내면 주어진 자료의 우라늄 핵분열 반응식은 다음과 같이 나타낼 수 있다.

$^{235}_{92}U + ^1_0n \rightarrow ^x_{56}Ba + ^{89}_{36}Kr + 3^b_aA$ — ①

$^{235}_{92}U + ^1_0n \rightarrow ^y_{54}Xe + ^{90}_{38}Sr + 2^b_aA$ — ②

이때 ① 식에서 전하량 보존 법칙에 의해 92+0=56+36+3a이다. 따라서 a=0이고 이를 만족하는 A 입자는 중성자(^1_0n)이다. 따라서 ①과 ② 식은 다음과 같다.

$^{235}_{92}U + ^1_0n \rightarrow ^x_{56}Ba + ^{89}_{36}Kr + 3^1_0n$ — ③

$^{235}_{92}U + ^1_0n \rightarrow ^y_{54}Xe + ^{90}_{38}Sr + 2^1_0n$ — ④

| 보 | 기 | 풀 | 이 |

ㄱ. 정답 : ① 식에서 전하량 보존 법칙에 의해 92+0=56+36+3a이다. 따라서 a=0이고 이를 만족하는 A 입자는 중성자(^1_0n)이다.

ㄴ. 오답 : A 입자는 중성자이므로 ①과 ② 식은 다음과 같다.

$^{235}_{92}U + ^1_0n \rightarrow ^x_{56}Ba + ^{89}_{36}Kr + 3^1_0n$ — ③

$^{235}_{92}U + ^1_0n \rightarrow ^y_{54}Xe + ^{90}_{38}Sr + 2^1_0n$ — ④

즉, ③과 ④에서 질량수 보존 법칙에 의해 각각 235+1=x+89+3, 235+1=y+90+2이므로 x=y=144이다.

ㄷ. 정답 : 핵분열 반응에서 발생하는 에너지는 질량 결손에 의한 것이다.

다음은 두 가지 핵반응이다.

$$\boxed{\begin{array}{l} \circ\ \boxed{~\bigcirc~\xrightarrow{{}^{3}_{2}\text{He}}} + {}^{3}_{1}\text{H} \rightarrow {}^{4}_{2}\text{He} + {}^{1}_{1}\text{H} + {}^{1}_{0}\text{n} + 12.1\text{MeV} \\[2mm] \circ\ {}^{3}_{2}\text{He} + {}^{3}_{1}\text{H} \rightarrow {}^{4}_{2}\text{He} + \boxed{~\bigcirc~\xrightarrow{{}^{2}_{1}\text{H}}} + 14.3\text{MeV} \end{array}}$$

이에 대한 옳은 설명만을 〈보기〉에서 있는 대로 고른 것은? **3점**

> **보기**
> ㄱ. 핵반응에서 발생하는 에너지는 질량 결손에 의한 것이다.
> ㄴ. ⊙과 ⓒ의 중성자수는 같다.
> ㄷ. ⓒ의 질량은 ${}^{1}_{1}\text{H}$와 ${}^{1}_{0}\text{n}$의 질량의 합보다 작다.

① ㄱ　　② ㄷ　　③ ㄱ, ㄴ　　④ ㄴ, ㄷ　　✓⑤ ㄱ, ㄴ, ㄷ

|자|료|해|설|
질량수 보존에 의해 ⊙은 ${}^{3}_{2}\text{He}$, ⓒ은 ${}^{2}_{1}\text{H}$이다.

|보|기|풀|이|
ㄱ. 정답 : 핵반응에서 발생하는 에너지는 질량 결손에 비례한다.
ㄴ. 정답 : ⊙과 ⓒ의 중성자수는 1로 같다.
ㄷ. 정답 : 제시된 자료의 두 핵반응의 반응 전 질량의 합이 같으므로 에너지가 많이 발생한 핵반응이 반응 후 질량의 합이 작다. 따라서 ⓒ ${}^{2}_{1}\text{H}$의 질량은 ${}^{1}_{1}\text{H}$와 ${}^{1}_{0}\text{n}$의 질량의 합보다 작다.

😮 **문제풀이 TIP** | 핵반응에서 발생하는 에너지 : $\Delta E = \Delta mc^2$

😊 **출제분석** | 질량수 보존, 전하량 보존 법칙을 숙지하여 핵반응식을 완결할 수 있다면 문제는 쉽게 풀린다.

다음은 핵융합 반응로에서 일어날 수 있는 수소 핵융합 반응식이다.

$$\boxed{\begin{array}{l} \text{(가)}\ {}^{2}_{1}\text{H} + {}^{3}_{1}\text{H} \rightarrow {}^{4}_{2}\text{He} + \boxed{~\bigcirc~ {}^{1}_{0}\text{n}} + 17.6\text{MeV} \\[2mm] \text{(나)}\ {}^{2}_{1}\text{H} + {}^{2}_{1}\text{H} \rightarrow \boxed{~\bigcirc~ {}^{3}_{2}\text{He}} + \boxed{~\bigcirc~ {}^{1}_{0}\text{n}} + 3.27\text{MeV} \end{array}}$$

이에 대한 설명으로 옳은 것만을 〈보기〉에서 있는 대로 고른 것은?

> **보기**
> ㄱ. ⊙은 중성자이다.
> ㄴ. ⓒ과 ${}^{4}_{2}\text{He}$은 질량수가 서로 ~~같다~~ 다르다.
> ㄷ. 질량 결손은 (가)에서가 (나)에서보다 ~~작다~~ 크다.

✓① ㄱ　　② ㄴ　　③ ㄱ, ㄷ　　④ ㄴ, ㄷ　　⑤ ㄱ, ㄴ, ㄷ

|자|료|해|설|
(가)에서 질량수 합은 반응 전이 2+3=5이고 반응 후가 4이므로 ⊙의 질량수는 1이다. 또한, 전하량은 반응 전이 1+1=2이고 반응 후가 2이므로 ⊙의 전하량은 0이다. 따라서 ⊙은 중성자(${}^{1}_{0}\text{n}$)이다. (나)에서 질량수 합은 반응 전이 2+2=4이고 반응 후 ⊙의 질량수는 1이므로 ⓒ의 질량수는 3이다. 또한, 전하량은 반응 전이 1+1=2이고 ⊙의 전하량은 0이므로 ⓒ의 전하량은 2이다. 따라서 ⓒ은 ${}^{3}_{2}\text{He}$이다.

|보|기|풀|이|
ㄱ. 정답 : ⊙의 질량수는 1, 전하량은 0이므로 중성자(${}^{1}_{0}\text{n}$)이다.
ㄴ. 오답 : ⓒ의 질량수는 3, ${}^{4}_{2}\text{He}$의 질량수는 4이다.
ㄷ. 오답 : 질량 결손(Δm)과 핵반응에서 발생하는 에너지(E)는 비례($E = \Delta mc^2$)한다.

😮 **문제풀이 TIP** | 핵 반응식에서 질량수와 전하량은 보존
$${}^{a}_{w}\text{A} + {}^{b}_{x}\text{B} \rightarrow {}^{c}_{y}\text{C} + {}^{d}_{z}\text{D} + \text{에너지}$$
- 질량수 보존 : $a + b = c + d$
- 전하량 보존 : $w + x = y + z$

😊 **출제분석** | 핵융합 반응에 관한 문항은 질량수 보존, 전하량 보존을 기본으로 반응식을 쓸 수 있어야 한다.

다음 (가), (나)는 두 가지 핵반응식이고, X, Y는 원자핵이다.

질량수

(가) $2 {}^{a}_{b}X \rightarrow {}^{e}_{d}Y + {}^{0}_{1}n + 3.27MeV$ 질량수 보존 : $2a = c+1$
전하량 보존 : $2b = d+0$

양성자수

(나) ${}^{a}_{b}X + {}^{e}_{d}Y \rightarrow {}^{4}_{2}He + {}^{1}_{1}H + 18.3MeV$ 질량수 보존 : $a+c = 4+1$
전하량 보존 : $b+d = 2+1$

이에 대한 옳은 설명만을 〈보기〉에서 있는 대로 고른 것은?

보기

= 질량수 − 양성자수 = 4 − 2 = 2

ㄱ. ${}^{4}_{2}He$의 중성자수는 2이다.

ㄴ. X, Y의 양성자수는 ~~같다.~~ 다르다

ㄷ. 핵반응 과정에서 질량 결손은 (나)에서가 (가)에서보다 크다.

① ㄱ   ② ㄴ   ✔③ ㄱ, ㄷ   ④ ㄴ, ㄷ   ⑤ ㄱ, ㄴ, ㄷ

$E = mc^2$, 방출되는 에너지 양에 비례

|자|료|해|설|

X의 질량수와 양성자수를 각각 a, b라 하고 Y의 질량수와 양성자수를 각각 c, d라 하자. (가)는 질량수 보존 법칙에 의해 $2a = c+1 \cdots$ ①, 전하량 보존 법칙에 의해 $2b = d+0 \cdots$ ②가 성립하며 (나)는 질량수 보존 법칙에 의해 $a+c = 4+1 \cdots$ ③, 전하량 보존 법칙에 의해 $b+d = 2+1 \cdots$ ④가 성립한다. ①과 ③, ②와 ④로부터 a=2, b=1, c=3, d=2이고 X는 ${}^{2}_{1}H$, Y는 ${}^{3}_{2}He$이다.

|보|기|풀|이|

ㄱ. 정답 : ${}^{4}_{2}He$의 질량수는 4, 양성자수는 2이므로 중성자수는 2이다.

ㄴ. 오답 : X는 ${}^{2}_{1}H$, Y는 ${}^{3}_{2}He$이므로 양성자수는 각각 1, 2이다.

ㄷ. 정답 : 핵반응 후 에너지가 방출되는데 이 에너지는 $E = mc^2$이므로 질량에 비례한다. (나)에서 더 많은 에너지가 방출되므로 질량 결손은 (나)에서가 (가)에서보다 크다.

🙂 **문제풀이 TIP |** 핵반응식에서 핵반응 전의 전하량과 질량수 각각의 합은 핵반응 후 전하량과 질량수 각각의 합과 같다.

🙂 **출제분석 |** 핵융합 반응을 통한 핵반응식을 이해하는가 묻는 문항으로 원자핵 표기 방법을 알고 핵반응식을 이해한다면 쉽게 해결할 수 있다.

다음은 두 가지 핵반응이다.

(가) ${}^{235}_{92}U + {}^{1}_{0}n \rightarrow {}^{141}_{56}Ba + \boxed{①} + 3{}^{1}_{0}n + 약 200MeV$

(나) ${}^{235}_{92}U + \boxed{②} \rightarrow {}^{140}_{54}Xe + {}^{94}_{38}Sr + 2{}^{1}_{0}n + 약 200MeV$

이에 대한 설명으로 옳은 것만을 〈보기〉에서 있는 대로 고른 것은?

보기

작다.

ㄱ. ①은 ${}^{94}_{38}Sr$보다 질량수가 ~~크다.~~

ㄴ. ②은 중성자이다.

ㄷ. (가)에서 질량 결손에 의해 에너지가 방출된다.

① ㄱ   ② ㄴ   ③ ㄱ, ㄷ   ✔④ ㄴ, ㄷ   ⑤ ㄱ, ㄴ, ㄷ

|자|료|해|설|

(가) : ①의 질량수를 a, 양성자수를 b라고 하면, 질량수 보존 법칙에 따라 $235+1 = 141+a+3$로 ①의 질량수는 a=92이고 전하량 보존 법칙에 따라 $92 = 56+b$로 ①의 양성자수는 b=36이다.

(나) : ②의 질량수를 c, 양성자수를 d라고 하면, 질량수 보존 법칙에 따라 $235+c = 140+94+2$로 ②의 질량수는 c=1이고 전하량 보존 법칙에 따라 $92+d = 54+38$로 ②의 양성자 수는 d=0이다. 즉, ②은 ${}^{1}_{0}n$, 중성자이다.

|보|기|풀|이|

ㄱ. 오답 : ①의 질량수는 92이므로 ${}^{94}_{38}Sr$보다 질량수가 작다.

ㄴ. 정답 : ②은 ${}^{1}_{0}n$, 중성자이다.

ㄷ. 정답 : (가), (나) 모두 핵분열 반응으로 질량 결손에 의해 에너지가 방출된다.

🙂 **문제풀이 TIP |** 핵반응식에서 핵반응 전과 후의 질량수의 합과 전하량의 합은 일정하다.

🙂 **출제분석 |** 질량수 보존 법칙과 전하량 보존 법칙을 이용하여 핵반응식을 이해할 수 있어야 문제를 해결할 수 있다.

다음은 두 가지 핵반응이다.

$$(가)\ ^{235}_{92}U + \boxed{\ \bigcirc\ }^{1}_{0}n \rightarrow\ ^{141}_{56}Ba + ^{92}_{36}Kr + 3\boxed{\ \bigcirc\ }^{1}_{0}n$$
$$+ \text{약 } 200\text{MeV}$$
$$(나)\ \boxed{\ \bigcirc\ }^{2}_{1}H + \boxed{\ \bigcirc\ }^{2}_{1}H \rightarrow\ ^{3}_{2}He + \boxed{\ \bigcirc\ }^{1}_{0}n + 3.27\text{MeV}$$

이에 대한 옳은 설명만을 〈보기〉에서 있는 대로 고른 것은?

보기

ㄱ. ⊙은 중성자이다.
ㄴ. ⓒ의 질량수는 2이다.
ㄷ. 질량 결손은 (가)에서가 (나)에서보다 <s>작다.</s> 크다.

① ㄱ   ② ㄷ   ✓③ ㄱ, ㄴ   ④ ㄴ, ㄷ   ⑤ ㄱ, ㄴ, ㄷ

문제풀이 TIP | 핵반응식에서 핵반응 전후 질량수 합과 전하량 합은 일정하다. 이를 이용하면 주어지지 않은 물질을 모두 구할 수 있지만, 교육과정에서 출제될 수 있는 반응식이 한정적이므로 이를 외워두면 빠르게 문제를 해결할 수 있다.

출제분석 | 핵분열 반응식은 대부분 우라늄의 핵분열 반응식이 주어지므로 (가) 반응식을 외워두면 질량수와 전하량을 계산할 필요 없이 빠르게 ⊙이 중성자임을 알 수 있다.

|자|료|해|설|

(가)는 상대적으로 질량수가 큰 $^{235}_{92}U$(우라늄)이 상대적으로 질량수가 작은 2개의 원자핵으로 나누어지므로 핵분열 반응이다. (가)에서 질량수 보존 법칙에 따라 235+(⊙의 질량수)=141+92+(⊙의 질량수)×3이므로 ⊙의 질량수는 1이다. 또한, 전하량 보존 법칙에 따라 92+(⊙의 전하량)=56+36+(⊙의 전하량)×3이므로 ⊙의 전하량은 0이다. 따라서 ⊙은 $^{1}_{0}n$(중성자)이다.
(나)에서 질량수 보존 법칙에 따라 (ⓒ의 질량수)×2=3+1이므로 ⓒ의 질량수는 2이고 전하량 보존 법칙에 따라 (ⓒ의 전하량)×2=2+0이므로 ⓒ의 전하량은 1이다. 따라서 ⓒ은 $^{2}_{1}H$(중수소)이다.

|보|기|풀|이|

ㄱ. 정답 : ⊙의 질량수는 1이고, 전하량은 0이므로 $^{1}_{0}n$(중성자)이다.
ㄴ. 정답 : ⓒ은 $^{2}_{1}H$(중수소)이므로 질량수는 2이다.
ㄷ. 오답 : 방출되는 에너지는 질량 결손에 비례하므로 방출되는 에너지가 더 큰 (가)에서가 (나)에서보다 질량 결손이 더 크다.

다음은 두 가지 핵반응을 나타낸 것이다.

$$(가)\ ^{2}_{1}H + ^{3}_{1}H \rightarrow\ ^{4}_{2}He + \boxed{\ \bigcirc\ }^{1}_{0}n + 17.6\text{MeV}$$
$$(나)\ ^{235}_{92}U + ^{1}_{0}n \rightarrow\ ^{140}_{54}Xe + ^{94}_{38}Sr + 2\boxed{\ \bigcirc\ }^{1}_{0}n + 200\text{MeV}$$

이에 대한 설명으로 옳은 것만을 〈보기〉에서 있는 대로 고른 것은?

보기

ㄱ. (가)는 핵융합 반응이다.
ㄴ. ⊙은 중성자이다.
ㄷ. 질량 결손은 (가)에서가 (나)에서보다 <s>크다.</s> 작다.

① ㄱ   ② ㄷ   ✓③ ㄱ, ㄴ   ④ ㄴ, ㄷ   ⑤ ㄱ, ㄴ, ㄷ

문제풀이 TIP | 핵반응식에서 핵반응 전과 후의 질량수의 합과 전하량의 합은 보존된다.

출제분석 | 핵반응식에서 질량수 보존 법칙과 전하량 보존 법칙은 반드시 숙지해야 한다.

|자|료|해|설|

(가)는 질량수가 작은 원자들이 반응하여 더 무거운 원자핵이 만들어지는 핵융합 반응, (나)는 무거운 원자핵이 질량수가 작은 두 원자핵으로 나뉘는 핵분열 반응이다. 핵반응식에서는 물질의 질량이 결손되어 에너지가 발생하지만, 반응 전후 질량수 합과 전하량의 합은 보존된다.

|보|기|풀|이|

ㄱ. 정답 : (가)는 중수소와 삼중수소가 반응하여 헬륨 원자핵이 만들어지는 수소 핵융합 반응이다.
ㄴ. 정답 : 핵반응에서 질량수와 전하량은 보존되므로 ⊙의 질량수는 2+3-4=1, 전하량은 1+1-2=0이다. 따라서 ⊙은 $^{1}_{0}n$, 중성자이다.
ㄷ. 오답 : 질량 결손에 비례하여 에너지가 방출되므로 질량 결손은 (가)에서가 (나)에서보다 작다.

그림은 핵분열 과정과 핵반응식을 나타낸 것이다. 중성자의 속력은 A가 B보다 작다. 이에 대한 설명으로 옳은 것만을 〈보기〉에서 있는 대로 고른 것은?

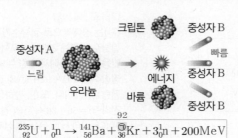

$$^{235}_{92}U + ^{1}_{0}n \rightarrow ^{141}_{56}Ba + ^{\bigcirc}_{36}Kr + 3^{1}_{0}n + 200MeV$$

보기

ㄱ. ⊙은 92이다.
ㄴ. 핵반응에서 발생하는 에너지는 질량 결손에 의한 것이다.
ㄷ. 상대론적 질량은 A가 B보다 크다. 작다.

① ㄱ　　② ㄷ　　✓③ ㄱ, ㄴ　　④ ㄴ, ㄷ　　⑤ ㄱ, ㄴ, ㄷ

| 자 | 료 | 해 | 설 |

우라늄에 중성자를 빠르게 충돌시키면 중성자는 흡수되지 못하고 그대로 빠져나오게 되므로 핵분열 반응에서는 느린 중성자를 이용한다. 반응 후에는 고속 중성자가 생기는데 이때 연속적인 핵분열 반응을 위해 감속재를 사용한다.

| 보 | 기 | 풀 | 이 |

ㄱ. 정답 : 질량수 보존 법칙에 따라 235+1=141+⊙+3 이므로 ⊙은 92이다.

ㄴ. 정답 : 핵반응에서는 질량 결손(Δm)에 해당하는 만큼 에너지가 방출($E = \Delta mc^2$)된다.

ㄷ. 오답 : 상대론적 질량$\left(m = \dfrac{m_0}{\sqrt{1-\dfrac{v^2}{c^2}}}, m_0: 정지 질량 \right)$은 속력이 빠를수록 크므로 A가 B보다 작다.

😊 **출제분석** | 핵분열, 핵융합 반응에 대한 유형은 비교적 쉽고 간단하게 출제된다.

다음은 원자로에 대한 내용이다.

→ 질량 결손에 의한 에너지 발생

○ 원자로에서는 우라늄(^{235}U) 원자핵이 분열되면서 에너지와 고속의 중성자가 방출되는 핵반응이 연쇄적으로 일어나는데, 이 연쇄 반응을 제어하기 위해서 제어봉과 　⊙　을/를 사용한다.
중성자 흡수로 연쇄 반응의 속도 조절
감속재 → 핵분열 시 방출된 고속의 중성자를 감속시켜 핵분열 반응이 더 잘 일어나게 한다.
○ 원자로의 한 종류인 경수로는 경수(H_2O)를 　⊙　과/와 냉각재로 사용한다. 경수는 고속의 중성자를 감속시키는 효율이 중수(D_2O)보다 낮지만 중수에 비해 얻기 쉽다는 장점이 있다.

이에 대한 설명으로 옳은 것만을 〈보기〉에서 있는 대로 고른 것은?

보기

ㄱ. ⊙은 감속재이다.
ㄴ. 제어봉은 핵반응에서 방출된 중성자를 흡수하는 역할을 한다.
ㄷ. 우라늄(^{235}U) 원자핵이 분열할 때 방출되는 에너지는 질량 결손에 의한 것이다.

① ㄱ　　② ㄴ　　③ ㄱ, ㄷ　　④ ㄴ, ㄷ　　✓⑤ ㄱ, ㄴ, ㄷ

| 자 | 료 | 해 | 설 |

우라늄 원자핵의 핵분열에 의한 에너지를 생산하는 원자로에 관한 문제이다. 우라늄 원자핵은 저속의 중성자를 흡수하면 상대적으로 작은 원자핵으로 분열하면서 고속의 중성자를 방출하고, 질량 결손이 일어나 $E = mc^2$에 의하여 에너지를 방출한다. 이때, 방출된 중성자가 주변의 다른 우라늄 원자핵에 흡수되어 연쇄 반응이 일어나면서 많은 에너지가 발생한다. 원자로 안에는 연쇄 반응을 돕기 위해 제어봉과 감속재가 사용된다.

| 보 | 기 | 풀 | 이 |

ㄱ. 정답 : 원자로에서는 우라늄 원자핵이 분열될 때 방출된 고속의 중성자를 감속시켜 다른 우라늄 원자핵에 흡수될 수 있게 해 주는 감속재가 사용된다. 따라서 ⊙은 감속재이다.

ㄴ. 정답 : 우라늄 원자핵이 분열될 때 너무 많은 중성자가 튀어나와 빠르게 연쇄 반응이 일어나는 것을 제어하기 위해 제어봉을 사용한다. 제어봉은 카드뮴(Cd)이나 붕소(B)를 사용하며, 핵반응에서 방출된 중성자를 흡수하는 역할을 한다.

ㄷ. 정답 : 우라늄 원자핵은 분열하면서 질량 결손이 일어나게 되는데, 이 질량이 에너지로 변환되어 방출된다.

💡 **문제풀이 T I P** | 우라늄 원자핵(^{235}U)이 분열될 때, 질량 결손이 일어나 에너지가 방출된다는 것과, 원자로 안에서의 감속재와 제어봉의 역할을 알면 쉽게 해결할 수 있는 문제이다.

😊 **출제분석** | 매우 쉬운 난도로 출제된 문제이다. 감속재와 제어봉의 단어의 뜻만 알고 있어도 쉽게 풀 수 있는 문제이며, 우라늄 원자핵의 핵분열과 수소 핵융합 모두 질량 결손에 의해 에너지가 방출된다는 것은 항상 기억해 두자.

그림은 우라늄 원자핵($^{235}_{92}$U)과 중성자($^{1}_{0}$n)가 반응하여 크립톤 원자핵($^{92}_{36}$Kr)과 원자핵 A가 생성되면서 중성자 3개와 에너지를 방출하는 핵반응을 나타낸 것이다.

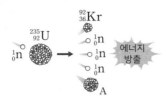

이에 대한 설명으로 옳은 것만을 〈보기〉에서 있는 대로 고른 것은?

3점

보기
ㄱ. 핵분열 반응이다.
ㄴ. A의 질량수는 141이다.
ㄷ. 입자들의 질량의 합은 반응 전이 반응 후보다 ~~작다.~~ 크다.

① ㄱ　　② ㄷ　　③ ㄱ, ㄴ　　④ ㄴ, ㄷ　　⑤ ㄱ, ㄴ, ㄷ

|자|료|해|설|
제시된 자료는 우라늄이 핵분열하여 질량수가 작은 2개의 원자핵으로 나뉘는 과정이다.

|보|기|풀|이|
ㄱ. 정답 : 우라늄 원자핵이 쪼개지는 핵분열 반응이다.
ㄴ. 정답 : 반응 전 질량수의 합(235＋1)은 반응 후 질량수의 합(92＋3＋A의 질량수)과 같다. 따라서 A의 질량수는 236－95＝141이다.
ㄷ. 오답 : 핵반응 후 결손된 질량이 에너지로 변환되므로 입자들의 질량의 합은 반응 전이 반응 후보다 크다.

😮 문제풀이 TIP | 핵반응 전과 후의 질량수(＝양성자수＋중성자수)는 일정하다.

😃 출제분석 | 질량수 보존과 전하량 보존 법칙은 핵반응식을 이해하기 위해 반드시 이해해야 하는 개념이다.

I
3
I
02
질량과에너지

다음은 핵융합로와 양전자 방출 단층 촬영 장치에 대한 설명이다.

(가) 핵융합로에서 중수소($^{2}_{1}$H)와 삼중수소($^{3}_{1}$H)가 핵융합하여 헬륨($^{4}_{2}$He), 입자 ㉠을 생성하며 에너지를 방출한다.
(나) 인체에 투입한 물질에서 방출된 양전자*가 전자와 만나 함께 소멸할 때 발생한 감마선을 양전자 방출 단층 촬영 장치로 촬영하여 질병을 진단한다.

* 양전자: 전자와 전하의 종류는 다르고 질량은 같은 입자

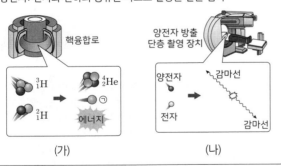

(가)　　　　　　(나)

이에 대한 옳은 설명만을 〈보기〉에서 있는 대로 고른 것은?

보기
ㄱ. ㉠은 ~~양성자~~이다. 중성자
ㄴ. (가)에서 핵융합 전후 입자들의 질량수 합은 같다.
ㄷ. (나)에서 양전자와 전자의 질량이 감마선의 에너지로 전환된다.

① ㄱ　　② ㄷ　　③ ㄱ, ㄴ　　④ ㄴ, ㄷ　　⑤ ㄱ, ㄴ, ㄷ

|자|료|해|설|
핵반응식에서는 질량은 보존되지 않지만 전하량과 질량수는 보존된다.
(가)에서는 중수소와 삼중수소가 만나 헬륨과 중성자(㉠)를 생성하며 에너지를 방출한다.
(나)에서는 양전자와 전자가 만나 감마선의 에너지로 전환되는 쌍소멸이 일어난다.

|보|기|풀|이|
ㄱ. 오답 : (가)의 핵반응식은 $^{3}_{1}$H＋$^{2}_{1}$H → $^{4}_{2}$He＋$^{1}_{0}$n(㉠)＋에너지이다.
ㄴ. 정답 : 질량수＝중성자수＋양성자수로 반응 전과 반응 후 입자들의 질량수의 합은 5로 일정하다.
ㄷ. 정답 : (나)에서 쌍소멸시 감소하는 질량에 비례하는 에너지가 발생한다.($\Delta E＝\Delta mc^2$)

😮 문제풀이 TIP | 핵반응시 질량수의 총 합은 일정하다.

😃 출제분석 | 핵반응시 질량과 에너지의 관계를 이해한다면 이 영역의 문항은 쉽게 해결할 수 있다.

다음은 두 가지 핵반응이다.

질량수, 전하량 보존

(가) $^2_1H + ^2_1H \rightarrow ^3_2He + \boxed{\bigcirc \ ^1_0n} + 3.27MeV$

(나) $^2_1H + ^2_1H \rightarrow ^3_1H + \boxed{\bigcirc \ ^1_1H} + 4.03MeV$ 질량 결손 → 에너지 $\Delta E = \Delta m \times c^2$

이에 대한 설명으로 옳은 것만을 〈보기〉에서 있는 대로 고른 것은?

보기

ㄱ. ⊙은 중성자이다.

ㄴ. ⊙과 ⓒ은 질량수가 서로 같다.

ㄷ. 질량 결손은 (가)에서가 (나)에서보다 작다. $\Delta m \propto \Delta E$

① ㄱ   ② ㄴ   ③ ㄱ, ㄷ   ④ ㄴ, ㄷ   ✓⑤ ㄱ, ㄴ, ㄷ

|자|료|해|설|

핵반응식에서 질량은 결손되어 에너지가 방출되지만 질량수는 보존된다.

(가)와 (나)에서 핵반응 전후의 질량수 합은 4이고 전하량의 합은 2이다. 따라서 ⊙의 질량수는 1, 전하량은 0이므로 ^1_0n(중성자)이고 ⓒ의 질량수는 1, 전하량은 1이므로 ^1_1H (양성자)이다.

|보|기|풀|이|

ㄱ. 정답 : ⊙은 ^1_0n이므로 중성자이다.

ㄴ. 정답 : ⊙과 ⓒ은 질량수가 1로 서로 같다.

ㄷ. 정답 : 핵반응시 발생한 에너지가 클수록 결손된 질량이 크다. 따라서 질량 결손은 (가)에서가 (나)에서보다 작다.

🤓 **문제풀이 T I P |** 핵반응 전후에 질량수와 전하량은 보존된다.

다음은 두 가지 핵반응이다.

$\qquad\qquad\qquad\qquad ^{92}_{36}Kr$

(가) $^{235}_{92}U + ^1_0n \rightarrow \boxed{\bigcirc} + ^{141}_{56}Ba + 3^1_0n + 200MeV$

(나) $^2_1H + ^3_1H \rightarrow \boxed{\bigcirc} + ^1_0n + 17.6MeV$

$\qquad\qquad\qquad\qquad ^4_2He$

이에 대한 설명으로 옳은 것만을 〈보기〉에서 있는 대로 고른 것은?

보기

           분열

ㄱ. (가)는 핵융합 반응이다.

ㄴ. 질량수는 ⊙이 ⓒ의 23배이다.

ㄷ. 질량 결손은 (가)에서가 (나)에서보다 크다.

① ㄱ   ② ㄷ   ③ ㄱ, ㄴ   ✓④ ㄴ, ㄷ   ⑤ ㄱ, ㄴ, ㄷ

|자|료|해|설|

(가)는 핵분열 반응으로 질량수 보존 법칙에 의해 235＋1＝ ⊙의 질량수＋141＋3, 전하량 보존 법칙에 의해 92＝⊙의 전하량＋56이므로 ⊙은 질량수 236－144＝92, 전하량 92－56＝36인 $^{92}_{36}Kr$이다.

(나)는 핵융합 반응으로 질량수 보존 법칙에 의해 2＋3＝ ⓒ의 질량수＋1, 전하량 보존 법칙에 의해 1＋1＝ⓒ의 전하량이므로 ⓒ은 질량수 5－1＝4, 전하량 2인 ^4_2He이다.

|보|기|풀|이|

ㄱ. 오답 : (가)는 핵분열 반응이다.

ㄴ. 정답 : 질량수는 ⊙이 92, ⓒ이 4이다.

ㄷ. 정답 : 질량 결손에 해당하는 만큼 에너지가 방출되므로 질량 결손은 방출된 에너지가 큰 (가)에서가 (나)에서보다 크다.

🤓 **문제풀이 T I P |** 핵반응 전과 후의 질량수와 전하량은 보존되고 질량은 보존되지 않는다.

다음은 핵융합 발전에 대한 내용이다.

> 태양에서 방출되는 에너지의 대부분은 **A** 원자핵들의
> ㉠ 핵융합 반응으로 **B** 원자핵이 생성되는 과정에서
> 발생한다. 핵융합을 이용한 발전은 ㉡ 핵분열을 이용한
> 발전보다 안정성과 지속성이 높고 방사성 폐기물 발생량이
> 적어 미래 에너지 기술로 기대되고 있다. 우리나라 과학자들은
> 핵융합 발전의 상용화에 필수적인 초고온 플라즈마 발생
> 기술과 핵융합로 제작 기술을 활발하게 연구하고 있다.

이에 대한 설명으로 옳은 것만을 〈보기〉에서 있는 대로 고른 것은?

보기

ㄱ. 원자핵 1개의 질량은 A가 B보다 작다.

ㄴ. ㉠ 과정에서 질량 결손에 의해 에너지가 발생한다.

ㄷ. ㉡ 과정에서 질량수가 큰 원자핵이 반응하여 질량수가 작은
원자핵들이 생성된다.

① ㄱ   ② ㄴ   ③ ㄱ, ㄷ   ✔④ ㄴ, ㄷ   ⑤ ㄱ, ㄴ, ㄷ

|자|료|해|설|

태양에서 일어나는 에너지 대부분은 수소 원자핵(^1_1H)들의 핵융합 반응으로 헬륨 원자핵(^4_2He)이 생성되는 과정에서 발생한다.

|보|기|풀|이|

ㄱ. 오답 : A는 수소 원자핵이고 B는 헬륨 원자핵이므로 원자핵 1개의 질량은 A가 B보다 작다.

ㄴ. 정답 : 핵융합 반응에서 발생하는 에너지는 질량 결손에 의한 것이다.($\Delta E = \Delta mc^2$)

ㄷ. 정답 : 핵분열은 질량수가 큰 원자핵이 질량수가 작은 원자핵들로 쪼개지는 과정이다.

😊 **문제풀이 TIP** | 태양에서는 수소 핵융합 반응이 일어난다.

😮 **출제분석** | 핵반응에 대한 기본 개념을 확인하는 문항이다.

I
3
ㅣ
02
질량과
에너지

다음은 두 가지 핵반응을, 표는 (가)와 관련된 원자핵과 중성자(^1_0n)의 질량을 나타낸 것이다.

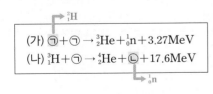

(가) ㉠ + ㉠ → ^3_2He + ^1_0n + 3.27MeV

(나) ^3_1H + ㉠ → ^4_2He + ㉡ + 17.6MeV

입자	질량
㉠ ^2_1H	M_1
^3_2He	M_2
중성자(^1_0n)	M_3

이에 대한 설명으로 옳은 것만을 〈보기〉에서 있는 대로 고른 것은?

보기

ㄱ. ㉠은 ^3_1H이다.

ㄴ. ㉡은 중성자(^1_0n)이다.

ㄷ. $2M_1 < M_2 + M_3$이다.

① ㄱ   ✔② ㄴ   ③ ㄱ, ㄷ   ④ ㄴ, ㄷ   ⑤ ㄱ, ㄴ, ㄷ

|자|료|해|설|

(가)와 (나)는 핵융합 반응으로 (가)에서 ㉠의 질량수와 전하량을 각각 a, b라 하면 질량수 보존에 의해 2a=3+1, a=2이고, 전하량 보존에 의해 2b=2+0, b=1이다. 따라서 ㉠은 ^2_1H이다. (나)에서 ㉠이 ^2_1H이므로 질량수와 전하량 보존에 의해 ㉡은 ^1_0n이다.

|보|기|풀|이|

ㄱ. 오답 : 핵반응에서 반응 전후 전하량과 질량수는 보존되므로 ㉠은 ^2_1H이다.

ㄴ. 정답 : (가)에서 ㉠이 ^2_1H이므로 전하량과 질량수 보존에 의해 ㉡은 ^1_0n이다.

ㄷ. 오답 : (가)에서 핵반응 전과 후의 질량의 총합은 각각 $2M_1$, M_2+M_3이다. 핵반응 후 질량 결손에 의해 에너지가 발생하므로 반응 전 질량의 총합은 반응 전이 후보다 크다. 따라서 $2M_1 > M_2+M_3$이다.

😮 **출제분석** | 매회 같은 유형의 문항이 출제되는 영역이다.

다음은 각각 E_1, E_2의 에너지가 방출되는 두 가지 핵반응식이다. 표는 입자와 원자핵의 종류에 따른 질량을 나타낸 것이다.

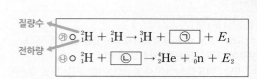

질량수
전하량

$$⑦ \circ\, {}^2_1H + {}^2_1H \to {}^3_1H + \boxed{ ㉠ } + E_1$$
$$④ \circ\, {}^2_1H + \boxed{ ㉡ } \to {}^4_2He + {}^1_0n + E_2$$

종류	질량(u)
${}^1_0n$	1.009
${}^1_1H$	1.007
${}^2_1H$	2.014
${}^3_1H$	3.016
${}^4_2He$	4.003

이에 대한 옳은 설명만을 〈보기〉에서 있는 대로 고른 것은? (단, u는 원자 질량 단위이다.)

보기
ㄱ. ㉠의 질량수는 1이다.
ㄴ. ㉠과 ㉡의 전하량은 같다.
ㄷ. $E_1 \gtrless E_2$이다. (< 표시)

① ㄱ   ② ㄷ   ③ ㄱ, ㄴ ✓   ④ ㄴ, ㄷ   ⑤ ㄱ, ㄴ, ㄷ

|자|료|해|설|
㉠을 ${}^a_wA$라 할 때, 핵반응식 ⑦에서 질량수 보존 법칙에 의해 $2+2=3+a$, 전하량 보존 법칙에 의해 $1+1=1+w$이 성립한다. 따라서 $a=1$, $w=1$이고 이에 해당하는 입자는 ${}^1_1H$이다. ㉡을 ${}^b_xB$라 할 때, 핵반응식 ④에서 질량수 보존 법칙에 의해 $2+b=4+1$, 전하량 보존 법칙에 의해 $1+x=2+0$이 성립한다. 따라서 $b=3$, $x=1$이고 이에 해당하는 입자는 ${}^3_1H$이다.

|보|기|풀|이|
ㄱ. 정답 : ㉠은 ${}^1_1H$이므로 질량수는 1이다.
ㄴ. 정답 : ㉠은 ${}^1_1H$, ㉡은 ${}^3_1H$이므로 전하량은 1로 같다.
ㄷ. 오답 : 핵반응 과정에서 방출되는 에너지는 핵반응 전과 후의 질량 차이, 즉 질량 결손(Δm)과 비례한다. 따라서 ⑦에서 E_1은 ${}^2_1H + {}^2_1H$의 질량 합 $(2.014u+2.014u=4.028u)$과 ${}^3_1H + {}^1_1H$의 질량 합$(3.016u+1.007u=4.023u)$의 차인 $4.028u-4.023u=0.005u$에 비례한다. 또한 ④에서 E_2는 ${}^2_1H + {}^3_1H$의 질량 합$(2.014u+3.016u=5.030u)$과 ${}^4_2He + {}^1_0n$의 질량 합$(4.003u+1.009u=5.012u)$의 차인 $5.030u-5.012u=0.018u$에 비례한다. 즉 질량 결손은 ④$(0.018u)$ > ⑦$(0.005u)$이므로 $E_2 > E_1$이다.

😲 문제풀이 T I P | 핵 반응식에서 반응 전후의 질량수와 전하량은 보존된다.

$${}^a_wA + {}^b_xB \to {}^c_yC + {}^d_zD + 에너지$$

• 질량수 보존 : $a+b=c+d$
• 전하량 보존 : $w+x=y+z$

😲 출제분석 | 핵반응에 관한 문항은 질량 결손, 전하량과 질량수 보존 법칙 개념이 주로 출제 된다.

다음은 핵융합 반응을, 표는 원자핵 A, B의 중성자수와 질량수를 나타낸 것이다.

$$A + A \to B + \boxed{ ㉠ } + 3.27MeV$$

원자핵	중성자수	질량수	양성자수
A	1	2	1 → ${}^2_1H$
B	1	3	2 → ${}^3_2He$

이에 대한 설명으로 옳은 것만을 〈보기〉에서 있는 대로 고른 것은?

보기
ㄱ. 양성자수는 A와 B가 같다. (다르다.)
ㄴ. ㉠은 중성자이다.
ㄷ. 핵융합 반응에서 방출된 에너지는 질량 결손에 의한 것이다.

① ㄱ   ② ㄷ   ③ ㄱ, ㄴ   ④ ㄴ, ㄷ ✓   ⑤ ㄱ, ㄴ, ㄷ

|자|료|해|설|
'양성자수=질량수−중성자수'이므로 A와 B의 양성자수는 각각 1, 2이다. 따라서 A와 B는 각각 ${}^2_1H$, ${}^3_2He$이고 ㉠은 전하량, 질량수 보존 법칙에 따라 ${}^1_0n$이다.

|보|기|풀|이|
ㄱ. 오답 : 양성자수는 A가 B보다 작다.
ㄴ. 정답 : ㉠은 ${}^1_0n$(중성자)이다.
ㄷ. 정답 : 핵반응에서는 질량 결손에 의해 에너지가 방출된다.

😲 출제분석 | 핵반응식에 대한 기본 개념만 있다면 쉽게 해결할 수 있는 문항이다.

다음은 두 가지 핵반응을, 표는 원자핵 a~d의 질량수와 양성자수를 나타낸 것이다.

$$\text{(가)} \ a + a \rightarrow c + \boxed{X} + 3.3\text{MeV}$$
$$\text{(나)} \ a + b \rightarrow d + \boxed{X} + 17.6\text{MeV}$$

(화살표 위: ^2_1H → ^3_2He → ^1_0n / ^3_1H → ^4_2He)

원자핵	질량수	양성자수
a	2	㉠ =1
b	3	1
c	3	2
d	㉡ =4	2

이에 대한 설명으로 옳은 것만을 〈보기〉에서 있는 대로 고른 것은?

보기
㉠ 질량 결손은 (가)에서가 (나)에서보다 작다.   3.3←   →17.6
㉡ X는 중성자이다.
㉢ ㉡은 ㉠의 4배이다.

① ㄱ   ② ㄴ   ③ ㄱ, ㄷ   ④ ㄴ, ㄷ   ✓⑤ ㄱ, ㄴ, ㄷ

| 자 | 료 | 해 | 설 |

X의 질량수를 x, 양성자수를 y라고 하면 ^x_yX이다. 핵반응 시 질량수는 보존되므로 (가)와 (나)에서 각각 $2+2=3+x$, $2+3=㉡+x$가 성립하므로 $x=1$, ㉡=4이다. 또한 핵반응 시 전하량도 보존되므로 (가)와 (나)에서 각각 ㉠+㉠=2+y, ㉠+1=2+y에 의해 ㉠=1, $y=0$이므로 X는 중성자(^1_0n)이다.

| 보 | 기 | 풀 | 이 |

㉠. 정답 : 질량 결손은 핵반응 시 발생하는 에너지에 비례하므로 (가)에서가 (나)에서보다 작다.
㉡. 정답 : X의 질량수를 x, 양성자수를 y라고 할 때 $x=1$, $y=0$이므로 X는 중성자(^1_0n)이다.
㉢. 정답 : 질량수 보존에 의해 ㉡=4이고, 전하량 보존에 의해 ㉠=1임을 구할 수 있다. 따라서 ㉡은 ㉠의 4배이다.

🤭 **문제풀이 TIP** | 핵반응 전과 후의 질량수와 전하량은 보존된다.

😎 **출제분석** | 핵반응식에 관한 문항은 질량수와 전하량, 질량 에너지 등가 원리를 숙지하는 것만으로 쉽게 정답을 고를 수 있다.

다음은 두 가지 핵반응이다. A, B는 원자핵이다.

$$\text{(가)} \ A + B \rightarrow {}^4_2\text{He} + {}^1_0\text{n} + 17.6\text{MeV}$$
$$\text{(나)} \ A + A \rightarrow B + {}^1_1\text{H} + 4.03\text{MeV}$$

(아래첨자: (가) ^2_1H ^3_1H / (나) ^2_1H ^2_1H ^3_1H)

이에 대한 설명으로 옳은 것만을 〈보기〉에서 있는 대로 고른 것은?

보기
ㄱ. (가)는 핵분열 반응이다.   (융합)
㉡ (나)에서 질량 결손에 의해 에너지가 방출된다.
㉢ 중성자수는 B가 A의 2배이다.

① ㄱ   ② ㄴ   ③ ㄱ, ㄷ   ✓④ ㄴ, ㄷ   ⑤ ㄱ, ㄴ, ㄷ

| 자 | 료 | 해 | 설 |

A와 B의 질량수를 각각 a, b라 하고 전하량을 c, d라 하면 질량수, 전하량 보존에 따라 (가)에서 a+b=4+1=5, c+d=2이고 (나)에서 a+a=b+1, c+c=d+1이다. 이를 연립하면 a=2, b=3, c=1, d=1이므로 A는 ^2_1H, B는 ^3_1H이다.

| 보 | 기 | 풀 | 이 |

ㄱ. 오답 : (가)는 질량수가 작은 원자핵이 융합하여 질량수가 큰 원자핵이 되는 핵융합 반응이다.
㉡. 정답 : 핵반응에서는 질량 결손에 해당하는 에너지가 방출된다.
㉢. 정답 : 중성자수는 A가 1, B가 2이므로 B가 A의 2배이다.

(우측 세로 탭: I / 3 / 02 질량과 에너지)

다음은 두 가지 핵반응이다.

$$(가)\ {}^2_1\text{H} + {}^1_1\text{H} \rightarrow \boxed{\text{㉠}}\ \underset{{}^3_2\text{He}}{} + 5.49\text{MeV} \rightarrow {}^1_1\text{H} \rightarrow {}^1_1\text{H}$$

$$(나)\ \boxed{\text{㉠}}\ \underset{{}^3_2\text{He}}{} + \boxed{\text{㉠}}\ \underset{{}^3_2\text{He}}{} \rightarrow {}^4_2\text{He} + \boxed{\text{㉡}} + \boxed{\text{㉡}} + 12.86\text{MeV}$$

이에 대한 옳은 설명만을 <보기>에서 있는 대로 고른 것은?

보기

ㄱ. ㉠의 질량수는 3이다.

ㄴ. ㉡은 중성자이다. ~~중성자~~ $\frac{1}{1}\text{H}$

ㄷ. 질량 결손은 (가)에서가 (나)에서보다 ~~크다~~ 작다.

① ㄱ ② ㄴ ③ ㄱ, ㄷ ④ ㄴ, ㄷ ⑤ ㄱ, ㄴ, ㄷ

|자|료|해|설|

(가)는 수소 핵융합 반응이 일어나는 과정이다.

|보|기|풀|이|

㉠. 정답 : ㉠은 질량수 보존에 의해 3, 전하량 보존에 의해 2인 ${}^3_2\text{He}$이다.

ㄴ. 오답 : ㉡은 ${}^1_1\text{H}$이다.

ㄷ. 오답 : 핵반응 시 에너지가 많이 발생하는 (나)에서가 (가)에서보다 질량 결손이 크다.

😮 **문제풀이 TIP** | 핵반응 전과 후의 질량수와 전하량은 보존된다.

😀 **출제분석** | 핵반응식에 관한 문항은 매번 같은 유형으로 출제된다.

다음은 두 가지 핵반응이다. X, Y는 원자핵이다.

$$(가)\ {}^2_1\text{H} + {}^1_1\text{H} \rightarrow \underset{{}^3_2\text{He}}{\text{X}} + 5.49\text{MeV}$$

$$(나)\ \underset{{}^3_2\text{He}}{\text{X}} + \underset{{}^3_2\text{He}}{\text{X}} \rightarrow \underset{{}^4_2\text{He}}{\text{Y}} + {}^1_1\text{H} + {}^1_1\text{H} + 12.86\text{MeV}$$

이에 대한 설명으로 옳은 것만을 <보기>에서 있는 대로 고른 것은?

보기

ㄱ. (가)에서 질량 결손에 의해 에너지가 방출된다.

ㄴ. Y는 ${}^4_2\text{He}$이다.

ㄷ. 양성자수는 Y가 X보다 ~~크다~~ 와 같다. ${}^4_2\text{He}$ ${}^3_2\text{He}$

① ㄱ ② ㄷ ③ ㄱ, ㄴ ④ ㄴ, ㄷ ⑤ ㄱ, ㄴ, ㄷ

|자|료|해|설|

(가)에서 X의 질량수는 2+1=3이고 양성자수는 1+1=2 이므로 X는 ${}^3_2\text{He}$이다.

|보|기|풀|이|

ㄱ. 정답 : (가)와 (나)는 핵반응으로 인한 질량 결손에 의해 에너지가 방출된다.

ㄴ. 정답 : Y의 질량수는 3+3−2=4이고 양성자수는 2+2−1−1=2이므로 Y는 ${}^4_2\text{He}$이다.

ㄷ. 오답 : 양성자수는 Y와 X 모두 2로 같다.

😮 **문제풀이 TIP** | 핵반응 전과 후의 질량수와 전하량은 보존된다.

😀 **출제분석** | 질량수와 전하량 보존, 질량 에너지 등가 원리 개념으로 쉽게 해결할 수 있는 영역이다.

다음은 두 가지 핵반응이다. X, Y는 원자핵이다.

$$(가)\ {}^{233}_{92}\text{U} + {}^1_0\text{n} \rightarrow \underset{{}^{137}_{54}\text{Xe}}{\text{X}} + {}^{94}_{38}\text{Sr} + 3{}^1_0\text{n} + 200\text{MeV}$$

$$(나)\ {}^2_1\text{H} + \underset{{}^3_1\text{H}}{\text{Y}} \rightarrow {}^4_2\text{He} + {}^1_0\text{n} + 17.6\text{MeV}$$

이에 대한 설명으로 옳은 것은?

① X의 양성자수는 54이다.

② 질량수는 Y가 ${}^3_1\text{H}$와 같다.

③ (나)는 ~~핵분열~~ 핵융합 반응이다.

④ ${}^{233}_{92}\text{U}$의 중성자수는 233이다. 141

⑤ 질량 결손은 (나)에서가 (가)에서보다 ~~크다~~ 작다.

|자|료|해|설|및|선|택|지|풀|이|

① 정답 : X의 양성자수는 92−38=54이다.

② 오답 : Y의 질량수는 4+1−2=3이고 양성자수는 2−1=1이므로 ${}^3_1\text{H}$이다.

③ 오답 : (가)는 핵분열 반응, (나)는 핵융합 반응이다.

④ 오답 : ${}^{233}_{92}\text{U}$의 중성자수는 233−92=141이다.

⑤ 오답 : 질량 결손은 방출되는 에너지가 큰 (가)에서가 (나)에서보다 크다.

😮 **문제풀이 TIP** | 핵반응 전후에 질량수와 전하량은 보존된다.

😀 **출제분석** | 질량수와 전하량 보존, 질량 에너지 등가 원리 개념은 필수로 숙지해야 한다.

다음은 두 가지 핵반응이다. X, Y는 원자핵이다.

(가) $_1^2\text{H} + _1^2\text{H} \rightarrow \overset{_2^3\text{He}}{\text{X}} + _0^1\text{n} + 3.27\text{MeV}$

(나) $\overset{_2^3\text{He}}{\text{X}} + _1^3\text{H} \rightarrow _2^4\text{He} + \overset{_1^1\text{H}}{\text{Y}} + _0^1\text{n} + 12.1\text{MeV}$

이에 대한 설명으로 옳은 것만을 〈보기〉에서 있는 대로 고른 것은?

보기

ㄱ. (가)는 핵융합 반응이다.

ㄴ. 양성자수는 X가 Y보다 크다.

ㄷ. 질량 결손은 (가)에서가 (나)에서보다 작다.

① ㄱ   ② ㄴ   ③ ㄱ, ㄷ   ④ ㄴ, ㄷ   ✓⑤ ㄱ, ㄴ, ㄷ

|자|료|해|설|
(가)에서 질량수 보존 법칙에 따라 2+2=(X의 질량수)+1, 전하량 보존 법칙에 따라 1+1=(X의 전하량)이므로 X의 질량수와 전하량은 각각 3, 2이다. (나)에서 3+3=4+(Y의 질량수)+1, 2+1=2+(Y의 전하량)이므로 Y의 질량수와 전하량은 각각 1, 1이다. 따라서 X는 $_2^3\text{He}$, Y는 $_1^1\text{H}$이다.

|보|기|풀|이|
ㄱ. 정답 : (가)와 (나)는 질량수가 작은 원자핵들이 반응하여 질량수가 큰 원자핵이 만들어지는 핵융합 반응이다.
ㄴ. 정답 : X($_2^3\text{He}$)의 양성자수는 2, Y($_1^1\text{H}$)의 양성자수는 1이므로 양성자수는 X가 Y보다 크다.
ㄷ. 정답 : 질량 결손은 핵반응에서 방출되는 에너지가 큰 (나)에서가 (가)에서보다 크다.

😮 **문제풀이 T I P** | 핵반응에서 반응 전과 후의 질량수와 전하량은 보존된다.

😊 **출제분석** | 이 영역의 문항은 보통 질량수와 전하량 보존, 질량 에너지 등가 원리 개념을 묻는 보기로 출제된다.

다음은 두 가지 핵반응이다. X, Y는 원자핵이다.

(가) $_1^2\text{H} + \overset{_1^3\text{H}}{\text{X}} \rightarrow \overset{_2^4\text{He}}{\text{Y}} + _0^1\text{n} + 17.6\text{MeV}$

(나) $_2^3\text{He} + _1^3\text{H} \rightarrow \overset{_2^4\text{He}}{\text{Y}} + _1^1\text{H} + _0^1\text{n} + 12.1\text{MeV}$

이에 대한 설명으로 옳은 것만을 〈보기〉에서 있는 대로 고른 것은?

보기

ㄱ. (가)는 핵융합 반응이다.

ㄴ. 질량 결손은 (가)에서가 (나)에서보다 크다.

ㄷ. 양성자수는 Y가 X의 2배이다.

① ㄱ   ② ㄴ   ③ ㄱ, ㄷ   ④ ㄴ, ㄷ   ✓⑤ ㄱ, ㄴ, ㄷ

|자|료|해|설|
(나)에서 Y의 질량수와 전하량을 각각 a, b라 하면 질량수 보존에 의해 3+3=a+1+1, 전하량 보존에 의해 2+1=b+1이므로 a=4, b=2이고, Y는 헬륨($_2^4\text{He}$)이다. (가)에서 X의 질량수와 전하량을 각각 c, d라 하면 질량수 보존에 의해 2+c=4+1, 전하량 보존에 의해 1+d=2이므로 c=3, d=1이고, X는 삼중수소($_1^3\text{H}$)이다.

|보|기|풀|이|
ㄱ. 정답 : (가)와 (나)는 원자 번호가 증가하는 핵융합 반응이다.
ㄴ. 정답 : 질량 결손은 방출되는 에너지가 큰 (가)에서가 (나)에서보다 크다.
ㄷ. 정답 : 양성자수는 Y가 2, X가 1이다.

다음은 핵반응식을 나타낸 것이다. E_0은 핵반응에서 방출되는 에너지이다.

→ 질량수 보존 : 235+1=141+92+ⓐ×1

$_{92}^{235}\text{U} + _0^1\text{n} \rightarrow _{56}^{141}\text{Ba} + _{36}^{92}\text{Kr} + \boxed{\text{ⓐ}}_{--}\text{n} + E_0$

→ 전하량 보존 : 92=56+36

이에 대한 설명으로 옳은 것만을 〈보기〉에서 있는 대로 고른 것은?

보기

ㄱ. ⓐ은 3이다.

ㄴ. 핵융합 반응이다. (분열)

ㄷ. E_0은 질량 결손에 의해 발생한다.

① ㄱ   ② ㄴ   ✓③ ㄱ, ㄷ   ④ ㄴ, ㄷ   ⑤ ㄱ, ㄴ, ㄷ

|자|료|해|설|및|보|기|풀|이|
ㄱ. 정답 : 질량수는 보존되므로 235+1=141+92+ⓐ×1 로부터 ⓐ은 3이다.
ㄴ. 오답 : 원자 번호가 감소하는 핵분열 반응이다.
ㄷ. 정답 : E_0는 핵반응의 질량 결손에 의해 발생하는 에너지이다.

😊 **출제분석** | 핵반응식의 기본 개념을 확인하는 문항이다.

다음은 우리나라의 핵융합 연구 장치에 대한 설명이다.

'한국의 인공 태양'이라 불리는 KSTAR는 바닷물에 풍부한 중수소($_1^2\text{H}$)와 리튬에서 얻은 삼중수소($_1^3\text{H}$)를 고온에서 충돌시켜 다음과 같이 핵융합 에너지를 얻기 위한 연구 장치이다.

$$_1^2\text{H} + {_1^3\text{H}} \rightarrow {_2^4\text{He}} + \boxed{\bigcirc}\ _0^1\text{n} + \bigcirc\ \text{에너지}$$

이에 대한 설명으로 옳은 것만을 〈보기〉에서 있는 대로 고른 것은?

보기
ㄱ. $_1^2\text{H}$와 $_1^3\text{H}$는 질량수가 <s>같다.</s> 다르다.
ㄴ. ⊙은 중성자이다.
ㄷ. ⓒ은 질량 결손에 의해 발생한다.

① ㄱ   ② ㄴ   ③ ㄷ   ④ ㄱ, ㄴ   ✓⑤ ㄴ, ㄷ

|자|료|해|설|
중수소와 삼중수소의 핵반응식은 $_1^2\text{H} + {_1^3\text{H}} \rightarrow {_2^4\text{He}} + {_0^1\text{n}} +$ 에너지이다.

|보|기|풀|이|
ㄱ. 오답 : $_1^2\text{H}$와 $_1^3\text{H}$의 질량수는 각각 2, 3이므로 서로 다르다.
ㄴ. 정답 : ⊙의 질량수와 전하량을 각각 a, b라 하면 질량수 보존에 의해 $2+3=4+a$, 전하량 보존에 의해 $1+1=2+b$이므로 $a=1$, $b=0$이다. 따라서 ⊙은 중성자($_0^1\text{n}$)이다.
ㄷ. 정답 : ⓒ은 핵반응 과정에서 질량 결손으로 발생하는 에너지이다.

다음은 핵반응 (가), (나)에 대해 학생 A, B, C가 대화하는 모습을 나타낸 것이다.

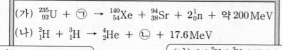

(가) $_{92}^{235}\text{U} + \bigcirc \rightarrow {_{54}^{140}\text{Xe}} + {_{38}^{94}\text{Sr}} + 2_0^1\text{n} +$ 약 $200\,\text{MeV}$
(나) $_1^2\text{H} + {_1^3\text{H}} \rightarrow {_2^4\text{He}} + \bigcirc + 17.6\,\text{MeV}$

학생 A: (가)는 핵분열 반응이고, (나)는 핵융합 반응이야.
학생 B: ⊙은 <s>양성자</s> 중성자야.
학생 C: (나)에서 $_1^2\text{H}$와 $_1^3\text{H}$의 질량의 합은 $_2^4\text{He}$과 ⓒ의 질량의 합과 <s>같아.</s> 달라

제시한 내용이 옳은 학생만을 있는 대로 고른 것은?

✓① A   ② B   ③ A, C   ④ B, C   ⑤ A, B, C

|자|료|해|설|및|보|기|풀|이|
학생 A. 정답 : (가)는 원자핵이 쪼개지는 핵분열 반응이고 (나)는 원자핵이 융합하는 핵융합 반응이다.
학생 B. 오답 : ⊙의 질량수와 전하량을 각각 a, b라 하면 질량수 보존에 의해 $235+a=140+94+2$, 전하량 보존에 의해 $92+b=54+38$이므로 $a=1$, $b=0$이다. 따라서 ⊙은 중성자($_0^1\text{n}$)이다.
학생 C. 오답 : 핵반응 과정에서 발생하는 에너지는 질량 결손에 의한 것이므로 (나)에서 $_1^2\text{H}$와 $_1^3\text{H}$의 질량의 합은 $_2^4\text{He}$과 ⓒ의 질량의 합보다 크다.

😀 출제분석 | 질량수 보존과 전하량 보존으로 핵반응식을 이해할 수 있어야 한다.

다음은 두 가지 핵반응을 나타낸 것이다. 중성자, 원자핵 X, Y의 질량은 각각 m_n, m_X, m_Y이고, $m_Y - m_X < m_n$이다.

(가) $X + {}_1^3H \rightarrow {}_2^4He + {}_0^1n + $ 에너지

(나) $Y + {}_1^3H \rightarrow {}_2^4He + 2{}_0^1n + $ 에너지

이에 대한 옳은 설명만을 〈보기〉에서 있는 대로 고른 것은?

보기
ㄱ. (가)는 핵융합 반응이다.
ㄴ. Y는 ${}_1^3H$이다.
ㄷ. 핵반응에서 발생한 에너지는 (나)에서가 (가)에서보다 ~~크다.~~ 작다

① ㄴ   ② ㄷ   ✓③ ㄱ, ㄴ   ④ ㄱ, ㄷ   ⑤ ㄱ, ㄴ, ㄷ

|자|료|해|설|
(가)와 (나)는 반응 후 원자 번호가 증가하는 핵융합 반응이다.

|보|기|풀|이|
ㄱ. 정답 : (가)와 (나)는 모두 핵융합 반응이다.
ㄴ. 정답 : 핵반응식에서는 질량수와 전하량이 보존되어야 하므로 X는 ${}_1^2H$, Y는 ${}_1^3H$이다.
ㄷ. 오답 : 질량 면에서 (나)−(가)=$m_Y - m_X = m_n +$ {(나)에서 방출하는 에너지 − (가)에서 방출하는 에너지}이다. 제시된 조건에서 $m_Y - m_X < m_n$이므로 {(나)에서 방출하는 에너지 − (가)에서 방출하는 에너지}의 값은 음수를 가져야 한다. 그러므로 핵반응 후 방출하는 에너지는 (가)에서가 (나)에서보다 크다.

😀 출제분석 | 핵반응식을 이해할 수 있어야 문제를 해결할 수 있다.

다음은 두 가지 핵반응이다.

질량수 보존 : ㉠의 질량수+2=3+1

질량수 보존 : 235+㉡의 질량수=141+92+3×1

(가) ㉠ $+ {}_1^2H \rightarrow {}_2^3He + {}_0^1n + 3.27MeV$

(나) ${}_{92}^{235}U + ㉡ \rightarrow {}_{56}^{141}Ba + {}_{36}^{92}Kr + 3{}_0^1n + $ 약 $200MeV$

전하량 보존 : ㉠의 전하량+1=2+0

전하량 보존 : 92+㉡의 전하량=56+36

이에 대한 설명으로 옳은 것만을 〈보기〉에서 있는 대로 고른 것은?

보기
ㄱ. ㉠은 ${}_1^2H$이다.
ㄴ. ㉡은 중성자이다.
ㄷ. (나)는 핵분열 반응이다.

① ㄱ   ② ㄴ   ③ ㄱ, ㄷ   ④ ㄴ, ㄷ   ✓⑤ ㄱ, ㄴ, ㄷ

|자|료|해|설|및|보|기|풀|이|
ㄱ. 정답 : 질량수는 보존되므로 ㉠의 질량수+2=3+1, 전하량 보존에 따라 ㉠의 전하량+1=2이므로 ㉠은 질량수가 2, 전하량이 1인 ${}_1^2H$이다.
ㄴ. 정답 : 질량수는 보존되므로 235+㉡의 질량수=141+92+3, 전하량 보존에 따라 92+㉡의 전하량=56+36이므로 ㉡은 질량수가 1, 전하량이 0인 ${}_0^1n$(중성자)이다.
ㄷ. 정답 : (나)에서 반응 후 원자 번호가 감소하는 반응이므로 핵분열 반응이다.

😀 출제분석 | 핵반응식의 기본 개념을 확인하는 문항이다.

다음은 두 가지 핵반응이다. (가)와 (나)에서 방출되는 에너지는 각각 E_1, E_2이고, 질량 결손은 (가)에서가 (나)에서보다 크다.
↳ $E_1 > E_2$

(가) $\boxed{\text{⊙}} + {}_0^1\text{n} \rightarrow {}_{56}^{141}\text{Ba} + {}_{36}^{92}\text{Kr} + 3{}_0^1\text{n} + E_1$

(나) ${}_1^2\text{H} + {}_1^3\text{H} \rightarrow {}_2^4\text{He} + {}_0^1\text{n} + E_2$

이에 대한 설명으로 옳은 것만을 〈보기〉에서 있는 대로 고른 것은?

 3점

보기

ㄱ. ⊙의 질량수는 ~~238~~ 235이다.

ㄴ. (나)는 핵융합 반응이다.

ㄷ. E_1은 E_2보다 크다.

① ㄱ　　② ㄴ　　③ ㄱ, ㄷ　　✔④ ㄴ, ㄷ　　⑤ ㄱ, ㄴ, ㄷ

|자|료|해|설|
(가)는 핵분열, (나)는 핵융합 반응이다.

|보|기|풀|이|
ㄱ. 오답 : 핵반응 전과 후에서 질량수는 보존되므로 (⊙의 질량수)+1=141+92+3=236이다. 따라서 ⊙의 질량수는 235이다.

ㄴ. 정답 : (나)는 핵반응을 통해 더 큰 원자 번호를 갖는 원자가 만들어지므로 핵융합 반응이다.

ㄷ. 정답 : 핵반응 시 질량 결손이 클수록 방출되는 에너지가 크다. 질량 결손은 (가)에서가 (나)에서보다 크므로 $E_2 < E_1$이다.

😀 출제분석 | 이 영역의 문항은 매회 핵반응식을 이해하는지 확인하는 수준으로 출제된다.

다음은 두 가지 핵융합 반응식이다.

질량수 ⟵
(가) ${}_2^3\text{He} + {}_2^3\text{He} \rightarrow \boxed{\text{⊙}} + {}_1^1\text{H} + {}_1^1\text{H} + 12.9\text{MeV}$
전하량 ⟵
(나) ${}_2^3\text{He} + \boxed{\text{ⓛ}}_{{}_1^3\text{H}} \rightarrow \boxed{\text{⊙}} + {}_1^1\text{H} + {}_0^1\text{n} + 12.1\text{MeV}$

이에 대한 옳은 설명만을 〈보기〉에서 있는 대로 고른 것은?

보기

ㄱ. ⊙의 질량수는 ~~2~~ 4이다.

ㄴ. ⓛ은 ${}_1^3\text{H}$이다.

ㄷ. 질량 결손은 (가)에서가 (나)에서보다 크다.

① ㄱ　　② ㄷ　　③ ㄱ, ㄴ　　✔④ ㄴ, ㄷ　　⑤ ㄱ, ㄴ, ㄷ

|자|료|해|설|
⊙의 질량수는 3+3−1−1=4, 전하량은 2+2−1−1=2인 ${}_2^4\text{He}$이고 ⓛ의 질량수는 4+1+1−3=3, 전하량은 2+1−2=1인 ${}_1^3\text{H}$이다.

|보|기|풀|이|
ㄱ. 오답 : ⊙의 질량수는 4이다.

ㄴ. 정답 : ⓛ은 ${}_1^3\text{H}$(삼중 수소)이다.

ㄷ. 정답 : 에너지가 많이 발생한 (가)에서가 (나)에서보다 질량 결손이 크다.

😀 출제분석 | 위와 같이 핵반응식을 이해할 수 있으면 쉽게 해결할 수 있는 문항으로 출제되었다.

다음은 핵반응에 대한 설명이다.

> 원자로 내부에서 $^{235}_{92}U$ 원자핵이 중성자($^{1}_{0}n$) 하나를 흡수하면, $^{141}_{56}Ba$ 원자핵과 $^{92}_{36}Kr$ 원자핵으로 쪼개지며 세 개의 중성자와 에너지가 방출된다. 이 핵반응을   ⊙   반응이라 하고, 이때 ⓒ 방출되는 에너지를 이용해 전기를 생산할 수 있다.

이에 대한 설명으로 옳은 것만을 〈보기〉에서 있는 대로 고른 것은?

> **보기**
> ㄱ. $^{235}_{92}U$ 원자핵의 질량수는 $^{141}_{56}Ba$ 원자핵과 $^{92}_{36}Kr$ 원자핵의 질량수의 합과 같다. 보다 크다.
> ㄴ. '핵분열'은 ⊙으로 적절하다.
> ㄷ. ⓒ은 질량 결손에 의해 발생한다.

① ㄱ   ② ㄴ   ③ ㄷ   ④ ㄱ, ㄴ   ⑤ ㄴ, ㄷ ✓

|자|료|해|설|
위의 설명에 해당하는 핵반응식은 $^{235}_{92}U + ^{1}_{0}n \rightarrow ^{141}_{56}Ba + ^{92}_{36}Kr + 3^{1}_{0}n +$ 약 200MeV이다.

|보|기|풀|이|
ㄱ. 오답 : 질량수는 $^{235}_{92}U$는 235, $^{141}_{56}Ba$는 141, $^{92}_{36}Kr$는 92로 $^{235}_{92}U$ 원자핵의 질량수는 $^{141}_{56}Ba$ 원자핵과 $^{92}_{36}Kr$ 원자핵의 질량수의 합보다 크다.
ㄴ. 정답 : 핵이 쪼개지는 반응이므로 ⊙은 '핵분열'이 적절하다.
ㄷ. 정답 : 방출되는 에너지는 질량 결손에 의해 발생한다.

😊 **출제분석** | 핵반응식을 이해하는 것으로 이 영역의 모든 문항을 해결할 수 있다.

I
3
ㅣ
02
질량과에너지

Ⅱ. 물질과 전자기장

1. 물질의 구조와 성질

01 전기력 ★수능에 나오는 필수 개념 2가지 + 필수 암기사항 3개

필수개념 1 마찰 전기

* [암기] **마찰 전기** : 종류가 다른 두 물체를 마찰시키면 전자가 한 물체에서 다른 물체로 이동하는데, 전자를 잃은 물체는 양(+)전하를 띠고 전자를 얻은 물체는 음(−)전하를 띤다.
  ① 대전과 대전체 : 물체가 전기를 띠는 현상을 대전, 전기를 띤 물체를 대전체라 한다.
  ② 전하 : 대전체가 띠고 있는 전기를 전하라고 하며, 전하의 양을 전하량이라고 한다. 기본 전하량은 전자의 전하량 (e)의 크기인 1.6×10^{-19}C이다.
  ③ 전하량 보존 법칙 : 임의의 고립된 계 내의 모든 전하의 대수적인 합은 언제나 일정하다.

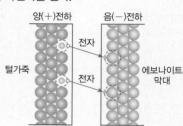

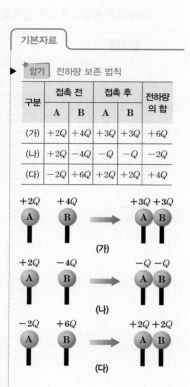

필수개념 2 쿨롱 법칙

* [암기] **전기력** : 전하들 사이에 작용하는 힘으로 같은 종류의 전하 사이에는 미는 힘(척력), 반대 종류의 전하 사이에는 끌어당기는 힘(인력)이 작용한다.

* **쿨롱 법칙** : 두 점전하 사이의 전기력은 각 전하량의 곱($q_1 q_2$)에 비례하고 거리의 제곱(r^2)에 반비례한다.

  전기력 $F = k\dfrac{q_1 q_2}{r^2}$ (k : 비례 상수)

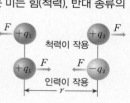

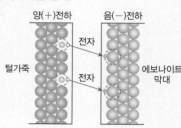

기본자료

[암기] 전하량 보존 법칙

구분	접촉 전		접촉 후		전하량 의 합
	A	B	A	B	
(가)	+2Q	+4Q	+3Q	+3Q	+6Q
(나)	+2Q	−4Q	−Q	−Q	−2Q
(다)	−2Q	+6Q	+2Q	+2Q	+4Q

그림 (가)와 같이 점전하 A와 B를 x축상에 고정시키고 점전하 P를 x축상에 놓았다. A, B는 각각 양($+$)전하, 음($-$)전하이다. 그림 (나)는 (가)에서 A, B가 각각 P에 작용하는 전기력의 크기 F_A, F_B를 P의 위치에 따라 나타낸 것이다. P의 위치가 $x=d_2$일 때, P에 작용하는 전기력의 방향은 $+x$방향이다.

↳ $F_A > F_B$이므로 P는 양($+$)전하

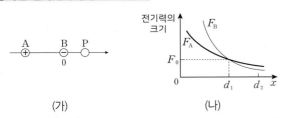

(가)   (나)

이에 대한 옳은 설명만을 〈보기〉에서 있는 대로 고른 것은? 3점

보기

ㄱ. P는 양($+$)전하이다.

ㄴ. 전하량의 크기는 A가 B보다 크다.

ㄷ. P의 위치가 $x=d_1$일 때, P에 작용하는 전기력의 크기는 이다.

① ㄴ ② ㄷ ✔③ ㄱ, ㄴ ④ ㄱ, ㄷ ⑤ ㄱ, ㄴ, ㄷ

|자|료|해|설|

전하의 종류는 A와 B가 다르므로 P에 작용하는 전기력의 방향은 반대이다. (나)에서 P가 $x=d_1$에 위치할 때, A와 B에 의한 전기력의 방향은 반대이고 크기는 같으므로 A의 전하량이 B보다 큼을 알 수 있다. $x>d_1$에서는 A에 의한 전기력의 크기가 B보다 크고 P는 $+x$방향으로 전기력을 받으므로 양($+$)전하이다.

|보|기|풀|이|

ㄱ. 정답 : (나)에서 P가 $x=d_2$에 위치할 때, $F_A > F_B$이고 P에 작용하는 전기력의 방향은 $+x$방향이므로 P는 A와 같은 양($+$)전하이다.

ㄴ. 정답 : (나)에서 P가 $x=d_1$에 위치할 때, $F_A = F_B$이므로 전하량의 크기는 A가 B보다 크다.

ㄷ. 오답 : A와 B의 전하의 종류는 반대이고 P가 $x=d_1$에 위치할 때, $F_A = F_B = F_0$이므로 P가 받는 전기력의 크기는 $F_A - F_B = F_0 - F_0 = 0$이다.

😮 **문제풀이 TIP** | 점전하 사이에 작용하는 전기력은 각 전하량의 곱에 비례하고 떨어진 거리의 제곱에 반비례한다.

😎 **출제분석** | 쿨롱 법칙의 기본 개념으로 쉽게 해결할 수 있는 문항이다.

그림과 같이 점전하 A, B, C를 x축상에 고정하였다. 전하량의 크기는 B가 A의 2배이고, B와 C가 A로부터 받는 전기력의 크기는 F로 같다. A와 B 사이에는 서로 밀어내는 전기력이, A와 C 사이에는 서로 당기는 전기력이 작용한다.

↳ C의 전하량은 $18Q$

↳ A와 B는 같은 종류의 전하

↳ A와 C는 다른 종류의 전하

$F = k\dfrac{2Q^2}{d^2}$

이에 대한 설명으로 옳은 것만을 〈보기〉에서 있는 대로 고른 것은? 3점

보기

ㄱ. 전하량의 크기는 C가 가장 크다.

ㄴ. B와 C 사이에는 서로 당기는 전기력이 작용한다.

ㄷ. B와 C 사이에 작용하는 전기력의 크기는 F보다 크다.

① ㄱ ② ㄷ ③ ㄱ, ㄴ ④ ㄴ, ㄷ ✔⑤ ㄱ, ㄴ, ㄷ

|자|료|해|설|

A의 전하량을 Q라 하면 B의 전하량은 $2Q$이고 B가 A로부터 받는 힘의 크기는 $F = k\dfrac{2Q^2}{d^2}$이다.

|보|기|풀|이|

ㄱ. 정답 : C가 A로부터 받는 힘의 크기는 $F = k\dfrac{2Q^2}{d^2} = k\dfrac{Q \cdot Q_C}{(3d)^2}$이므로 $Q_C = 18Q$이다.

ㄴ. 정답 : 같은 종류의 전하 사이에는 척력, 다른 종류의 전하 사이에서는 인력이 작용한다. 따라서 A와 B는 같은 종류의 전하, A와 C는 다른 종류의 전하이다. B와 C는 다른 종류의 전하이므로 서로 당기는 전기력이 작용한다.

ㄷ. 정답 : B와 C 사이에 작용하는 전기력의 크기는 $k\dfrac{(2Q)(18Q)}{(2d)^2} = k\dfrac{9Q^2}{d^2}$으로 F보다 크다.

😮 **문제풀이 TIP** | 두 점전하 사이에 작용하는 전기력의 크기는 $F = k\dfrac{q_1 q_2}{r^2}$이다.

😎 **출제분석** | 이 영역은 제시된 상황을 쿨롱 법칙으로 나타내고 전하의 크기와 힘을 비교하는 문항이 출제된다.

그림 (가)와 같이 x축상에 점전하 A, B, C를 같은 간격으로 고정시켰더니 양(+)전하 A에 작용하는 전기력이 0이 되었다.

> B와 C는 반대 전하를 띰
> C의 전하량이 B의 전하량보다 큼(4배)

그림 (나)와 같이 (가)의 C를 $-x$방향으로 옮겨 고정시켰더니 B에 작용하는 전기력이 0이 되었다.

> C는 양(+)전하를 띠고 전하량의 크기는 A가 C보다 큼

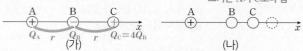
$Q_A \quad r \quad Q_B \quad r \quad Q_C = 4Q_B$
(가)   (나)

이에 대한 설명으로 옳은 것만을 〈보기〉에서 있는 대로 고른 것은? 3점

> 보기
> ㄱ. C는 양(+)전하이다.
> ㄴ. 전하량의 크기는 B가 A보다 <s>크</s>다. (작)
> ㄷ. (가)에서 C에 작용하는 전기력의 방향은 <s>$-$</s>x방향이다. (+)

① ㄱ   ② ㄴ   ③ ㄱ, ㄷ   ④ ㄴ, ㄷ   ⑤ ㄱ, ㄴ, ㄷ

| 자 | 료 | 해 | 설 |

양(+)전하 A에 작용하는 전기력이 0이 되기 위해서는 B와 C는 서로 다른 종류의 전하이고, 전하량의 크기는 C가 B보다 A로부터 2배 멀리 있으므로 4배 커야 한다. ($Q_B < Q_C = 4Q_B$) 또한 그림 (나)와 같이 (가)의 C를 B에 가까이하였을 때 B에 작용하는 전기력이 0이 되려면 A와 C가 같은 양(+)전하여야 한다. 또한 C가 A보다 B에 가까운 거리일 때 A와 C에 의해 B에 작용하는 전기력은 같으므로 전하량은 A가 C보다 크다. ($Q_A > Q_C$)

| 보 | 기 | 풀 | 이 |

ㄱ. 정답 : 자료 해설과 같이 C는 A와 같은 양(+)전하이고 B는 음(−)전하이다.

ㄴ. 오답 : 전하량의 크기는 $Q_B < Q_C < Q_A$이다.

ㄷ. 오답 : (가)에서 A가 C에 작용하는 전기력의 크기는

$$F_{AC} = k\frac{Q_A(4Q_B)}{(2r)^2} = k\frac{Q_AQ_B}{r^2}, \text{ 방향은 } +x\text{이다. B가 C에}$$

작용하는 전기력의 크기는 $F_{BC} = k\frac{Q_B(4Q_B)}{r^2} = k\frac{4Q_BQ_B}{r^2}$

이고 방향은 $-x$이다. 그런데 $Q_C(=4Q_B) < Q_A$이므로 $F_{BC} < F_{AC}$이다. 즉, C에 작용하는 전기력의 방향은 F_{AC}의 방향인 $+x$이다.

🙂 **문제풀이 TIP** | 쿨롱 법칙: $F = k\dfrac{Q_1Q_2}{r^2}$

😀 **출제분석** | 세 점전하의 힘의 관계를 비교하여 전하의 종류, 전하량을 비교하는 것은 매우 어려운 일이다. 전하의 종류에 따라 힘의 방향을 비교한 뒤 쿨롱 법칙을 이용하여 힘의 관계를 따져보고 전하량을 비교해야 한다.

그림 (가)와 같이 점전하 A, B, C가 각각 $x=0$, $x=d$, $x=2d$에 고정되어 있다. 양(+)전하 B에는 $+x$방향으로 크기가 F인 전기력이 작용한다. 그림 (나)와 같이 (가)의 C를 $x=4d$로 옮겨 고정시켰더니 B에는 $+x$방향으로 크기가 $2F$인 전기력이 작용한다.

(가)   A   B F C
    0   d $2d$ $3d$ $4d$ x

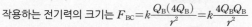

(나)   A   B $2F$ C
    0   d $2d$ $3d$ $4d$ x

> C가 멀어졌으므로 C가 B에 가하는 힘의 크기도 $\frac{1}{9}$배 됨

A와 C의 전하량의 크기를 각각 Q_A, Q_C라 할 때, $\dfrac{Q_A}{Q_C}$는? 3점

① $\dfrac{10}{9}$ ② $\dfrac{13}{9}$ ③ $\dfrac{5}{3}$ ④ $\dfrac{17}{9}$ ⑤ $\dfrac{20}{9}$

| 자 | 료 | 해 | 설 |

C가 $2d$에서 $4d$로 이동했을 때 B에 작용하는 전기력이 F만큼 커지므로 C가 B에 작용하는 힘이 F만큼 줄어들었다. 즉, C가 B를 밀어내는 힘이 감소한 것으로 C는 양(+)전하이고 (가)에서 B에 작용하는 전기력이 $+x$방향이므로 A도 양(+)전하이고 A의 전하량이 C의 전하량보다 큼을 알 수 있다. ($Q_A > Q_C$)

쿨롱 법칙에 따라 (가)에서 A가 B에 작용하는 전기력−C가 B에 작용하는 전기력$= k\dfrac{Q_AQ_B}{d^2} - k\dfrac{Q_BQ_C}{d^2} = F$ − ①,

(나)에서 A가 B에 작용하는 전기력−C가 B에 작용하는 전기력$= k\dfrac{Q_AQ_B}{d^2} - k\dfrac{Q_BQ_C}{(3d)^2} = 2F$ − ②이므로 ②−①$=$

$k\dfrac{8Q_BQ_C}{9d^2} = F$, $k\dfrac{Q_BQ_C}{d^2} = \dfrac{9}{8}F$ − ③이다.

| 선 | 택 | 지 | 풀 | 이 |

④ 정답 : ①과 ③에 의해 $k\dfrac{Q_AQ_B}{d^2} = \dfrac{17}{8}F$ − ④이므로

$$\dfrac{Q_A}{Q_C} = \dfrac{④}{③} = \dfrac{\frac{17}{8}F}{\frac{9}{8}F} = \dfrac{17}{9}$$이다.

🙂 **문제풀이 TIP** | 두 점전하 사이의 거리가 n배 멀어지면 전기력은 $\dfrac{1}{n^2}$배가 된다.

😀 **출제분석** | 쿨롱 법칙에 따라 제시된 두 경우를 식으로 표현하여 비교할 수 있다면 쉽게 해결할 수 있는 문항이다.

그림 (가)와 같이 x축상에 점전하 A, B, C를 같은 간격으로 고정시켰더니, 음(−)전하 B는 +x방향으로 전기력을 받고, C가 받는 전기력은 0이 되었다. 그림 (나)와 같이 (가)에서 C를 점전하 D로 바꾸어 같은 지점에 고정시켰더니 A가 받는 전기력이 0이 되었다.

이에 대한 옳은 설명만을 〈보기〉에서 있는 대로 고른 것은? 3점

보기

ㄱ. A는 <s>음(−)</s>전하이다.　　양(+)전하

ㄴ. (가)에서 A가 받는 전기력의 방향은 −x방향이다.

ㄷ. 전하량의 크기는 C가 D보다 <s>작다.</s>　크다.

① ㄱ　　② ㄴ　　③ ㄱ, ㄴ　　④ ㄱ, ㄷ　　⑤ ㄴ, ㄷ

문제풀이 TIP | 두 점전하 사이에 작용하는 전기력은 $F=k\dfrac{q_1 q_2}{r^2}$이므로 점전하 사이의 거리가 원래보다 n배 먼 곳에서 두 점전하 사이에 작용하는 전기력이 일정하려면 두 점전하의 곱은 n^2배가 되어야 한다.

출제분석 | 쿨롱 법칙을 기본으로 점전하 사이의 관계를 파악하는 것이 핵심이다. 다소 시간이 걸릴 뿐 어려운 문항은 아니다.

|자|료|해|설|

A, B, C의 전하량을 각각 Q_A, Q, Q_C라 하고, 전하 사이의 거리를 r이라 하면, (가)에서 C가 받는 전기력은 0이므로 A가 C에 작용하는 전기력$\left(F_{AC}=k\dfrac{Q_A Q_C}{(2r)^2}\right)$과 B가 C에 작용하는 전기력$\left(F_{BC}=k\dfrac{QQ_C}{r^2}\right)$은 크기는 같고 방향은 반대이어야 한다. 따라서 $k\dfrac{Q_A Q_C}{(2r)^2}=k\dfrac{QQ_C}{r^2}$이므로 $Q_A=4Q$ − ①이고, A와 B의 전하의 종류는 반대이어야 하므로 A는 양(+)전하이다. A에 의해 B는 −x방향으로 힘을 받는데 B에 작용하는 전기력은 +x방향이므로 C는 양(+)전하이고 B에 작용하는 전기력은 C가 A보다 크다. ($F_{AB}<F_{CB}$) 또한, A와 C는 B로부터 같은 거리만큼 떨어져 있으므로 이를 식으로 나타내면 $k\dfrac{Q_A Q}{r^2}(=F_{AB})<k\dfrac{QQ_C}{r^2}(=F_{CB})$이고 ①을 대입하면 $4Q<Q_C$ − ②이므로 C의 전하량은 $4Q$보다 크다.(A는 +$4Q$, B는 −Q, C는 +$4Q$보다 큼)

(나)에서 A가 받는 전기력은 0이므로 B가 A에 작용하는 전기력(F_{BA})과 D가 A에 작용하는 전기력(F_{DA})은 방향은 반대이고 크기는 같다. 따라서 $k\dfrac{Q_A Q}{r^2}=k\dfrac{Q_A Q_D}{(2r)^2}$이므로 D는 $Q_D=4Q$이고, A와 B의 전하의 종류는 반대이어야 하므로 D는 양(+)전하이다.(D는 +$4Q$)

|보|기|풀|이|

ㄱ. 오답 : C에서 전기력이 0이 되기 위해서는 A의 전하가 B보다 더 크고, 전하의 종류는 B와 반대이어야 한다. 따라서 A는 양(+)전하이다.

ㄴ. 정답 : 세 점전하가 주고받는 힘의 크기는 서로 작용 반작용 관계이므로 힘의 합력이 0이어야 한다. B에 작용하는 전기력은 +x방향이고 C에 작용하는 전기력은 0이므로 (가)에서 A가 받는 전기력의 방향은 −x방향이다.

ㄷ. 오답 : (가)와 (나)에서 C와 D만 A에 미는 힘을 작용한다. B의 위치가 같을 때 A는 (가)에서 −x방향으로 전기력이 작용하고 (나)에서는 작용하는 전기력이 0이기 때문에 미는 힘이 더 큰 C가 D보다 전하량이 크다.

그림은 점전하 A, B, C를 각각 $x=-d$, $x=0$, $x=d$에 고정시켜 놓은 모습을 나타낸 것이다. 표는 A, B의 전하량과 A와 B에 작용하는 전기력의 방향과 크기를 나타낸 것이다.

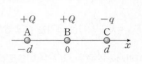

점전하	전하량	전기력의 방향	전기력의 크기
A	$+Q$	$-x$	$F=k\dfrac{Q^2}{d^2}-k\dfrac{qQ}{(2d)^2}$ ①
B	$+Q$	$+x$	$6F=k\dfrac{Q^2}{d^2}+k\dfrac{qQ}{d^2}$ ②

C의 전하량의 크기는? 3점

① Q ✓② $2Q$ ③ $3Q$ ④ $4Q$ ⑤ $5Q$

|선|택|지|풀|이|

②정답 : C의 전하량을 q라 하면 A와 B에 작용하는 전기력은 각각 $-F=-k\dfrac{Q^2}{d^2}+k\dfrac{qQ}{(2d)^2}$ — ①, $6F=k\dfrac{Q^2}{d^2}+k\dfrac{qQ}{d^2}$ — ②이고 ①과 ②를 연립하면 $q=2Q$이다.

|자|료|해|설|

C에 의해 A와 B에 전기력이 작용하는데 이때 작용하는 전기력은 두 전하 사이의 거리의 제곱에 반비례하고, 두 전하량의 곱$\left(F=k\dfrac{Q_1Q_2}{r^2}\right)$에 비례하므로 C가 B에 미치는 전기력이 A에 미치는 전기력보다 크다.

A, B, C에 작용하는 전기력은 작용 반작용 관계에 있으므로 전기력의 합력이 0이어야 한다. 따라서 C에 작용하는 전기력은 $-x$방향으로 $5F$이므로 c는 음$(-)$전하임을 알 수 있다.

C의 전하량을 q라고 하면 C에 작용하는 전기력의 크기는 $5F=k\dfrac{Qq}{(2d)^2}+k\dfrac{Qq}{d^2}$이므로 $F=k\dfrac{Qq}{4d^2}$이다. 따라서 A가 C를 당기는 힘이 F이고 B가 C를 당기는 힘이 $4F$이므로 A와 B가 서로 미는 힘은 $2F=k\dfrac{Q^2}{d^2}$이다. 따라서 $k\dfrac{Q^2}{d^2}=2k\dfrac{Qq}{4d^2}$이므로 $q=2Q$이다.

그림 (가)는 x축상에 고정된 점전하 A, B, C를 나타낸 것으로 B에 작용하는 전기력의 방향은 $+x$방향이고, C에 작용하는 전기력은 0이다. 그림 (나)는 (가)에서 A, B의 위치만 바꾸어 고정시킨 것을 나타낸 것이다. A는 양$(+)$전하이다.

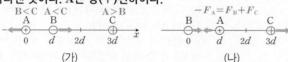

이에 대한 설명으로 옳은 것만을 <보기>에서 있는 대로 고른 것은?

보기
ㄱ. 전하량의 크기는 B가 C보다 작다.
ㄴ. A에 작용하는 전기력의 방향은 (가)에서와 (나)에서 같다.
ㄷ. (나)에서 A에 작용하는 전기력의 크기는 B에 작용하는 전기력의 크기보다 크다.

① ㄱ   ② ㄷ   ③ ㄱ, ㄴ   ④ ㄴ, ㄷ   ✓⑤ ㄱ, ㄴ, ㄷ

|자|료|해|설|

(가)에서 C에 작용하는 전기력이 0이 되기 위해서는 A와 B가 C에 작용하는 전기력의 방향이 반대이어야 하므로 A와 B의 전하의 종류가 반대이어야 한다. 따라서 B는 $(-)$ 전하이다. 또한 A가 B보다 C에 더 멀리 떨어져 있기 때문에 A의 전하량이 B보다 커야 작용하는 전기력의 크기가 같아진다.

A, B, C가 서로에게 작용하는 힘은 작용 반작용 관계이므로 A, B, C의 알짜힘의 합력이 0이어야 한다. 따라서 A에 작용하는 전기력의 방향은 $-x$방향이다. 이때 A와 B는 반대 종류의 전하이지만 알짜힘은 서로 미는 방향으로 작용하므로 C가 $(+)$ 전하이다. 또한 B로부터 떨어진 거리는 A보다 C가 멀기 때문에 전하량은 C가 A보다 커야 B의 알짜힘이 $+x$방향이 된다. 마찬가지로 A로부터 떨어진 거리는 B보다 C가 멀고, A의 알짜힘은 $-x$방향이므로 C의 전하량은 B보다도 크다. 따라서 전하량은 B<A<C이다.

(나)에서 B는 A와 C로부터 $+x$방향으로 알짜힘을 받고, A는 B와 C로부터 $-x$방향으로 알짜힘을 받는다. 또한 A의 전하량이 B보다 크기 때문에 C는 $+x$방향으로 알짜힘을 받는다.

|보|기|풀|이|

ㄱ. 정답 : (가)에서 A는 $-x$방향으로 알짜힘을 받으므로 C의 전하량이 B보다 크다.

ㄴ. 정답 : (가)에서 A는 $-x$방향으로 알짜힘을 받고, (나)에서는 B에 의해 당기는 힘, C에 의해 미는 힘을 받으므로 $-x$방향으로 알짜힘을 받는다.

ㄷ. 정답 : (나)에서도 A, B, C가 서로에게 작용하는 힘은 작용 반작용 관계이므로 A, B, C의 알짜힘의 합력이 0이어야 한다. 따라서 A가 $-x$방향으로 받는 알짜힘의 크기와 B가 $+x$방향, C가 $+x$방향으로 받는 알짜힘을 더한 크기가 서로 같아야 하므로 A에 작용하는 알짜힘의 크기가 B에 작용하는 알짜힘의 크기보다 크다.

문제풀이 T I P | 쿨롱의 법칙은 정확한 값을 물어볼 때만 사용하자.

그림 (가)는 점전하 A, B, C를 x축상에 고정시킨 모습을, (나)는 (가)에서 점전하의 위치만 서로 바꾼 모습을 나타낸 것이다. A, B는 모두 양(+)전하이며, (나)에서 A, B, C에 작용하는 전기력은 모두 0이다.

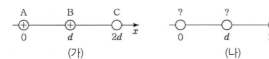

이에 대한 옳은 설명만을 〈보기〉에서 있는 대로 고른 것은? **3점**

보기

ㄱ. C는 음(−)전하이다.
ㄴ. 전하량의 크기는 A와 B가 같다.
ㄷ. (가)에서 A에 작용하는 전기력의 방향은 $-x$방향이다.

① ㄱ   ② ㄷ   ③ ㄱ, ㄴ   ④ ㄴ, ㄷ   ✓⑤ ㄱ, ㄴ, ㄷ

|자|료|해|설|

(나)에서 A, B, C에 작용하는 전기력이 모두 0이므로 $x=d$에 있는 C는 음(−)전하이고, 전하량의 크기는 A, B가 같고 C의 전하량은 A의 $\frac{1}{4}$배이어야 한다.

|보|기|풀|이|

ㄱ. 정답 : C는 음(−)전하이며 (나)에서 $x=d$에 위치한다.
ㄴ. 정답 : $x=0$, $2d$에 A 또는 B가 위치하며 전하량의 크기는 같아야 A와 B에 작용하는 전기력이 0이다.
ㄷ. 정답 : (가)에서 B의 전하량이 C보다 크고 A에 가까이 있으므로 A에 작용하는 전기력은 $-x$방향이다.

😀 출제분석 | 대부분이 경우의 수를 따져 점전하의 전하량과 세기를 비교하는 문항으로 출제되고 있다.

그림과 같이 점전하 A, B, C가 각각 $x=-d$, $x=0$, $x=2d$에 고정되어 있다. A와 C가 B에 작용하는 전기력은 0이고, B가 A에 작용하는 전기력의 크기는 C가 A에 작용하는 전기력의 크기보다 작다. A, B, C는 양(+)전하이다.

A, B, C의 전하량을 각각 Q_A, Q_B, Q_C라 할 때 Q_A, Q_B, Q_C를 옳게 비교한 것은? **3점**

① $Q_A > Q_B > Q_C$ ② $Q_A > Q_C > Q_B$ ③ $Q_B > Q_A > Q_C$
✓④ $Q_C > Q_A > Q_B$ ⑤ $Q_C > Q_B > Q_A$

|자|료|해|설|및|선|택|지|풀|이|

④ 정답 : A와 C가 B에 작용하는 전기력을 각각 $F_{CB}=k\frac{Q_B Q_C}{(2d)^2}$, $F_{AB}=k\frac{Q_A Q_B}{d^2}$라 하면 $F_{CB}=F_{AB}$이므로 $Q_C=4Q_A$이다. 또한, B가 A에 작용하는 전기력의 크기와 C가 A에 작용하는 전기력의 크기를 각각 $F_{BA}=k\frac{Q_A Q_B}{d^2}$, $F_{CA}=k\frac{Q_A Q_C}{(3d)^2}$라 하면 $F_{BA}<F_{CA}$이므로 $9Q_B<Q_C$이다. 따라서 $Q_C>Q_A>Q_B$이다.

😀 문제풀이 T I P | 쿨롱 법칙 : $F=k\frac{q_1 q_2}{r^2}$

😀 출제분석 | 제시된 자료를 쿨롱 법칙으로만 표현하면 쉽게 해결할 수 있는 문항이다.

A와 C의 전하 종류 같음, 전하량은 A가 C의 4배($Q_A = 4Q_C$)

그림 **(가)**와 같이 점전하 A, B, C를 x축상에 고정시켰더니 양(+) 전하 B에 작용하는 전기력이 0이 되었다. 그림 **(나)**와 같이 (가)의 C를 $x = 4d$로 옮겨 고정시켰더니 B에 작용하는 전기력의 방향이 $+x$방향이 되었다. C에 작용하는 전기력의 크기는 (가)에서가   A는 양(+)전하 (나)에서의 2배이다.

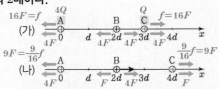

이에 대한 설명으로 옳은 것만을 〈보기〉에서 있는 대로 고른 것은?

(3점)

> **보기**
> ㄱ. B와 C 사이에는 미는 전기력이 작용한다.
> ㄴ. (나)에서 A에 작용하는 전기력의 크기는 C에 작용하는 전기력의 크기보다 ~~작다~~ 크다.
> ㄷ. 전하량의 크기는 A가 B보다 ~~작다~~ 크다.

① ㄱ   ② ㄴ   ③ ㄱ, ㄷ   ④ ㄴ, ㄷ   ⑤ ㄱ, ㄴ, ㄷ

✓ ①

| 자 | 료 | 해 | 설 |

(가)에서 B는 A와 C 사이에 있고, B에 작용하는 전기력이 0이므로 A와 B, B와 C는 각각 당기는 힘과 미는 힘 중 같은 종류의 힘이 작용한다. 따라서 A와 C의 전하의 종류는 같다. 또한 A와 B 사이의 거리와 B와 C 사이의 거리의 비(比)가 2 : 1이므로 쿨롱 법칙 $F = k\dfrac{q_1 q_2}{r^2}$에 의해 전하량은 A가 C의 4배이다. ($Q_A = 4Q_C$)

(나)에서 C가 B로부터 멀어지면 C가 B에 작용하는 전기력이 작아지는데, 이때 B는 $+x$방향으로 힘을 받으므로 B에는 A에 의해 미는 힘이 작용한다. 따라서 A는 양(+)전하이고, 전하의 종류가 같은 C도 양(+)전하이다.

(가)에서 A와 B가 서로를 미는 힘을 $4F$라고 하면, C와 B가 서로를 미는 힘도 $4F$이다. 또한 A와 C가 서로를 미는 힘을 f라고 하자. (나)에서 B와 C 사이의 거리는 (가)의 2배가 되므로 B와 C가 서로를 미는 힘은 $\dfrac{1}{4}$배가 되어 F가 된다. 또한 A와 C 사이의 거리는 (가)의 $\dfrac{4}{3}$배가 되므로 A와 C가 서로를 미는 힘은 $\dfrac{9}{16}f$가 된다. 주어진 조건에서 C에 작용하는 전기력은 (가)가 (나)의 2배라고 했으므로 $4F + f = 2\left(F + \dfrac{9}{16}f\right)$에 의해 $f = 16F$이다.

| 보 | 기 | 풀 | 이 |

ㄱ. 정답 : B와 C는 모두 양(+)전하이므로 척력이 작용한다.

ㄴ. 오답 : (나)에서 A에 작용하는 전기력의 합은 $9F + 4F = 13F$, C에 작용하는 전기력의 합은 $9F + F = 10F$이므로 A에 작용하는 전기력의 크기가 더 크다.

ㄷ. 오답 : (가)에서 A와 C의 거리는 B와 C의 거리의 2배이므로 C에 같은 힘을 작용할 때 A의 전하량은 B의 4배이다. (나)에서 A가 C에 작용하는 힘은 B가 C에 작용하는 힘의 9배이므로 A의 전하량은 B의 36배이다. ($Q_A = 36Q_B$)

😀 문제풀이 T I P | 작용−반작용 법칙에 따라 A, B, C에서 작용하는 힘의 합은 0이다.

😀 출제분석 | 쿨롱 법칙에 따라 식을 세울 수 있으면 충분히 해결할 수 있는 문항이다.

그림 **(가), (나)**와 같이 점전하 A, B, C를 각각 x축상에 고정시켰다. (가)에서 B가 받는 전기력은 0이고, (가), (나)에서 C는 각각 $+x$ 방향과 $-x$방향으로 크기가 F_1, F_2인 전기력을 받는다. $F_1 > F_2$ 이다.

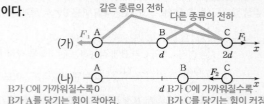

이에 대한 옳은 설명만을 〈보기〉에서 있는 대로 고른 것은? (3점)

> **보기**
> ㄱ. 전하량의 크기는 A와 C가 같다.
> ㄴ. A와 B 사이에는 서로 당기는 전기력이 작용한다.
> ㄷ. (나)에서 A가 받는 전기력의 크기는 F_2보다 ~~작다~~ 크다

① ㄴ   ② ㄷ   ③ ㄱ, ㄴ   ④ ㄱ, ㄷ   ⑤ ㄱ, ㄴ, ㄷ

✓ ③

| 자 | 료 | 해 | 설 |

작용 반작용 법칙에 따라 A, B, C에 작용하는 힘의 합력은 0이므로 (가)에서 A에 작용하는 알짜힘은 $-x$방향으로 F_1인 전기력을 받는다. 또한 A와 C는 같은 종류의 전하이며 A와 C의 전하량의 크기는 같고, B의 전하량보다 크기가 크다는 것을 알 수 있다. (나)에서 A가 C에 작용하는 전기력의 크기와 방향은 (가)와 동일하지만 B가 C에 가까워질수록 C의 전기력 방향이 달라진다는 것은 B가 C를 당기는 전기력이 커지고 있다는 것을 의미하므로 B와 C는 다른 전하이다.

| 보 | 기 | 풀 | 이 |

ㄱ. 정답 : A와 C의 전하량의 크기와 종류는 같다.

ㄴ. 정답 : A와 B는 다른 전하이므로 서로 당기는 전기력이 작용한다.

ㄷ. 오답 : (나)에서 (가)에 비해 B가 A를 $+x$방향으로 당기는 전기력이 작아지므로 A에 작용하는 알짜힘은 $-x$ 방향의 F_1보다 큰 전기력이 작용한다.

😀 문제풀이 T I P | 세 전하에 작용하는 전기력의 합력은 0이다.

그림 (가), (나)와 같이 점전하 A, B, C를 x축상에 고정시키고, 점전하 P를 각각 $x=-d$와 $x=d$에 놓았다. (가)와 (나)에서 P가 받는 전기력은 모두 0이다. A는 양(+)전하이고, A와 C는 전하량의 크기가 같다.

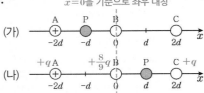

$x=0$을 기준으로 좌우 대칭

이에 대한 옳은 설명만을 〈보기〉에서 있는 대로 고른 것은? **3점**

보기

ㄱ. A와 C가 P에 작용하는 전기력의 합력의 방향은 (가)에서와 (나)에서가 ~~같다.~~ 반대이다.

ㄴ. C는 양(+)전하이다.

ㄷ. 전하량의 크기는 A가 B보다 ~~작다.~~ 크다.

① ㄱ   ✓② ㄴ   ③ ㄱ, ㄷ   ④ ㄴ, ㄷ   ⑤ ㄱ, ㄴ, ㄷ

|자|료|해|설|

(가)와 (나)는 $x=0$을 기준으로 좌우 대칭이고, (가)와 (나)에서 P가 받는 전기력이 모두 0이라면 (가)에서 A와 C의 위치만 바꾼 것이 (나)와 같아야 하므로 C는 A와 같은 양(+)전하이어야 한다.

A와 C의 전하를 $+q$라고 하면, (가)에서 P에 작용하는 전기력 크기의 비는 A : C=9 : 1이다. 이때 P가 받는 전기력의 크기가 0이어야 하므로 B는 양(+)전하이고 전하량의 비는 A : B=9 : 8이다. 따라서 B의 전하는 $+\frac{8}{9}q$이다.

|보|기|풀|이|

ㄱ. 오답 : (가)와 (나)에서 B가 P에 작용하는 전기력의 방향이 반대이므로 A와 C가 P에 작용하는 전기력의 합력 방향도 반대이다.

ㄴ. 정답 : C는 A와 같은 양(+)전하이다.

ㄷ. 오답 : A, B, C 모두 양(+)전하이고 (가)에서 P에 A가 C보다 가까운 곳에 있으므로 P에 더 큰 힘의 전기력이 작용한다. B와 C에 의해 P에 작용하는 전기력의 크기는 A에 의해 작용하는 전기력의 크기와 같으므로 A와 같은 거리에서 작용하는 B의 전하량은 A보다 작다.

🧑 **문제풀이 T I P** | (가)와 (나)는 을 기준으로 좌우 대칭임을 이용하면 문제 풀이가 수월해진다. 이를 알아차릴 수 있는 직관을 기르기 위해서는 다양한 문제를 통해 다양한 상황을 많이 접해봐야 한다.

😀 **출제분석** | 전하 위치의 대칭성을 고려하면 전기력의 크기와 방향을 비교적 빠르고 알아낼 수 있다.

그림과 같이 x축상에 점전하 A, B, C가 같은 거리만큼 떨어져 고정되어 있다. 양(+)전하 A에 작용하는 전기력은 0이고, B에 작용하는 전기력의 방향은 $-x$방향이다.

$$k\frac{Q_A Q_B}{d^2}=k\frac{Q_A Q_C}{(2d)^2}$$

$\rightarrow Q_B=\frac{Q_C}{4}$, Q_B와 Q_C의 부호는 반대

$k\frac{Q_A Q_B}{d^2}>k\frac{Q_B Q_C}{d^2} \rightarrow Q_A>Q_C$

B와 C의 부호는 이에 대한 설명으로 옳은 것만을 〈보기〉에서 있는 대로 고른 것은?
반대이고 B에 작용하는 전기력의 방향은
$-x$방향으로 B는 음(−)전하, C는 양(+)전하 **3점**

보기

ㄱ. B는 음(−)전하이다.

ㄴ. 전하량의 크기는 C가 A보다 ~~크다.~~ 작다.

ㄷ. C에 작용하는 전기력의 방향은 ~~−~~ $+x$방향이다.

✓① ㄱ   ② ㄴ   ③ ㄱ, ㄷ   ④ ㄴ, ㄷ   ⑤ ㄱ, ㄴ, ㄷ

|자|료|해|설|

A와 B, B와 C 사이의 거리를 d라 하고 A, B, C의 전하량을 각각 Q_A, Q_B, Q_C라 하면 양(+)전하 A에 작용하는 전기력은 0이므로 $k\frac{Q_A Q_B}{d^2}=k\frac{Q_A Q_C}{(2d)^2}$ 즉, $Q_B=\frac{Q_C}{4}$이고 B와 C에 의해 A에 작용하는 전기력의 방향은 반대이다. 따라서 Q_B와 Q_C의 전하의 종류는 반대이다. 또한, B에 작용하는 전기력은 A가 B에 작용하는 힘과 C가 A에 작용하는 힘의 차이므로 $k\frac{Q_A Q_B}{d^2}-k\frac{Q_B Q_C}{d^2}=k\frac{Q_B}{d^2}(Q_A -Q_C)$이다. 한편, Q_B와 Q_C의 전하의 종류는 반대이므로 B는 C에 의해 $+x$방향으로 전기력이 작용하지만, B에 작용하는 전기력의 합의 방향은 $-x$방향이므로 B는 A에 의해 C보다 더 큰 전기력이 $-x$방향으로 작용함을 알 수 있다. 따라서 전하량은 $Q_A>Q_C$이고 Q_B는 음(−)전하, Q_C는 양(+)전하이다.

|보|기|풀|이|

ㄱ. 정답 : 자료 해설과 같이 B는 음(−)전하이다.

ㄴ. 오답 : 자료 해설과 같이 $Q_A>Q_C$이다.

ㄷ. 오답 : 쿨롱 법칙에 따라 A와 B가 C에 작용하는 힘은 각각 $k\frac{Q_A Q_C}{(2d)^2}$, $k\frac{Q_B Q_C}{d^2}$이므로 두 힘의 차이는 $k\frac{Q_A Q_C}{(2d)^2}-k\frac{Q_B Q_C}{d^2}=k\frac{Q_C}{4d^2}(Q_A -4Q_B)$이다. 전하량의 크기는 $Q_A>Q_C=4Q_B$ 즉, $Q_A-4Q_B>0$이므로 A가 C에 작용하는 전기력은 B가 C에 작용하는 전기력보다 크다. 따라서 C에 작용하는 전기력은 $+x$방향이다.

🧑 **문제풀이 T I P** | A가 B와 C로부터 받는 전기력의 크기는 0이므로 B와 C의 전하의 종류는 서로 반대이고, A가 B와 가까운 곳에 있으므로 전하량의 크기는 C가 B보다 크다.

😀 **출제분석** | 점전하에 의한 전기력의 합의 크기와 방향은 쿨롱 법칙을 적용하여 구할 수 있다.

그림 (가)는 점전하 A, B, C를 x축상에 고정시킨 것을, (나)는 (가)에서 A, C의 위치만을 바꾸어 고정시킨 것을 나타낸 것이다. (가)와 (나)에서 양(+)전하인 A에 작용하는 전기력의 방향은 같고, C에 작용하는 전기력의 방향은 $+x$방향으로 같다.

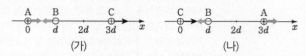

(가)   (나)

이에 대한 설명으로 옳은 것만을 〈보기〉에서 있는 대로 고른 것은?

> **보기**
> ㄱ. C는 양(+)전하이다.
> ㄴ. (가)에서 A에 작용하는 전기력의 방향은 ~~$-$~~$+x$방향이다.
> ㄷ. (나)에서 B에 작용하는 전기력의 크기는 C에 작용하는 전기력의 크기보다 ~~작다~~. 크다

✔① ㄱ   ② ㄴ   ③ ㄱ, ㄷ   ④ ㄴ, ㄷ   ⑤ ㄱ, ㄴ, ㄷ

|자|료|해|설|

(가)보다 (나)에서 C는 B와 가까워지므로 B로부터 C에 작용하는 전기력의 크기가 커지고 방향은 B를 향한다. 따라서 B와 C는 서로 반대 전하를 띤다. 또한, (가)에서 C가 받는 전기력 방향은 $+x$방향이므로 B는 음($-$)전하, C는 양(+)전하이어야 한다.

|보|기|풀|이|

ㄱ. 정답 : B는 음($-$)전하, C는 양(+)전하이다.

ㄴ. 오답 : (가)와 (나)에서 A와 C는 서로 밀어내는 전기력이 작용한다. 만약, (나)에서 A가 받는 전기력의 방향이 $-x$방향이라면 이는 B와 C에 의해 서로 당기는 전기력이 A와 C 사이에 서로 밀어내는 전기력보다 크기 때문이다. (가)에서 B에 가까워진 A에는 서로 당기는 전기력이 (나)에서보다 크게 작용하므로 $-x$방향이 될 수 없다. 만약 (가)와 (나)에서 A에 작용하는 전기력의 방향이 $+x$방향인 경우라면 가능하다.

ㄷ. 오답 : 작용 반작용 법칙에 따라 A, B, C에 작용하는 전기력의 합은 0이다. A와 C에 작용하는 전기력이 $+x$ 방향이므로 B에 작용하는 전기력의 방향은 $-x$방향이고 B에 작용하는 전기력의 크기는 A와 C에 작용하는 전기력의 크기 합과 같다.

😀 **문제풀이 TIP** | 점전하 사이의 거리가 멀어지면 전기력의 크기는 작아진다.

😀 **출제분석** | 점전하의 위치를 달리하는 조건으로 보기의 정답 유무를 고르는 문제로 매회 비슷한 유형으로 출제되고 있다.

그림 (가)는 점전하 A, B, C를 x축상에 고정시킨 것으로 양(+) 전하인 C에 작용하는 전기력의 방향은 $+x$방향이다. 그림 (나)는 (가)에서 A의 위치만 $x=3d$로 바꾸어 고정시킨 것으로 B, C에 작용하는 전기력의 방향은 $+x$방향으로 같다.

➤ A, B, C에 작용하는 힘의 합은 0이므로 A는 음($-$)전하

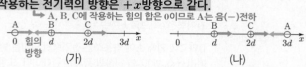

힘의 방향

(가)   (나)

이에 대한 설명으로 옳은 것만을 〈보기〉에서 있는 대로 고른 것은?

> **보기**
> ㄱ. A에 작용하는 전기력의 방향은 (가)에서와 (나)에서가 서로 ~~같다~~ 반대이다.
> ㄴ. 전하량의 크기는 B가 C보다 크다.
> ㄷ. (가)에서 B에 작용하는 전기력의 크기는 (나)에서 C에 작용하는 전기력의 크기보다 크다.

① ㄱ   ② ㄴ   ③ ㄱ, ㄷ   ✔④ ㄴ, ㄷ   ⑤ ㄱ, ㄴ, ㄷ

|자|료|해|설|

(가)와 (나)에서 점전하에 작용하는 힘의 합은 작용−반작용 법칙에 따라 0이다. (나)에서 B와 C에 작용하는 힘은 $+x$ 방향이므로 A에는 $-x$방향으로 힘이 작용한다. A가 양(+)전하인 경우 A에 작용하는 전기력의 방향이 $-x$방향이 되기 위해서는 B가 음($-$)전하이어야 한다. 이때 C에 작용하는 전기력의 방향도 $-x$방향이 되어야 하므로 주어진 조건에 맞지 않다. 따라서 A는 음($-$)전하이다. 한편, (가)에서 C에 작용하는 전기력의 방향은 $+x$방향 이므로 B는 양(+)전하이다.

|보|기|풀|이|

ㄱ. 오답 : A에 작용하는 전기력은 (가)에서는 $+x$방향, (나)에서는 $-x$방향이다.

ㄴ. 정답 : A, B, C의 전하량 크기를 Q_A, Q_B, Q_C라고 하면 (가)에서 C에 작용하는 전기력의 방향이 $+x$방향이므로 $\frac{1}{4}Q_A < Q_B$이다. 또한 (나)에서 B에 작용하는 전기력의 방향이 $+x$방향이므로 $\frac{1}{4}Q_A > Q_C$이다. 따라서 $Q_C < Q_B$ 이다.

ㄷ. 정답 : (가)와 (나)에서 B와 C가 서로 미는 힘의 크기는 같고, $Q_C < Q_B$이므로 (가)에서 A가 B를 당기는 전기력의 크기가 (나)에서 A가 C를 당기는 전기력의 크기보다 크다. 따라서 (가)에서 B에 작용하는 전기력의 크기가 (나)에서 C에 작용하는 전기력의 크기보다 크다.

😀 **문제풀이 TIP** | 점전하 A, B, C에 작용하는 힘의 합은 작용−반작용 법칙에 따라 0이다.

😀 **출제분석** | (가)와 (나)에서 A의 위치 변화로 달라지는 힘의 크기와 방향을 고려한다면 A와 B의 전하의 종류를 쉽게 알 수 있다. 이를 이용하여 쿨롱 법칙으로 제시된 상황을 식으로 표현한다면 무난하게 옳은 보기의 내용을 선택할 수 있다.

16 쿨롱 법칙

정답 ⑤ 정답률 44% 2023학년도 수능 19번 문제편 129p

그림 (가)는 점전하 A, B, C를 x축상에 고정시킨 것으로 A, B에 작용하는 전기력의 방향은 같고, B는 양(+)전하이다. 그림 (나)는 (가)에서 $x=3d$에 음(−)전하인 점전하 D를 고정시킨 것으로 B에 작용하는 전기력은 0이다. C에 작용하는 전기력의 크기는 (가)에서가 (나)에서보다 크다.

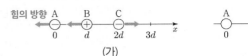

이에 대한 설명으로 옳은 것만을 〈보기〉에서 있는 대로 고른 것은?

보기

ㄱ. (가)에서 C에 작용하는 전기력의 방향은 $+x$방향이다.

ㄴ. A는 음(−)전하이다.

ㄷ. 전하량의 크기는 A가 C보다 크다.

① ㄱ ② ㄷ ③ ㄱ, ㄴ ④ ㄴ, ㄷ ⑤ ㄱ, ㄴ, ㄷ

😮 **문제풀이 TIP** | 점전하에 작용하는 힘의 합은 0이다.

😮 **출제분석** | 매회 두 가지의 그림을 분석하여 점전하의 종류와 전하량의 크기를 비교하는 유형이 출제되고 있다.

|자|료|해|설|

(나)에서 D에 의해 B에 작용하는 전기력이 0이 되므로 (가)에서 A와 B에 작용하는 전기력의 방향은 $-x$방향, C에 작용하는 전기력의 방향은 $+x$방향이다.

|보|기|풀|이|

ㄱ. 정답 : (나)에서 B는 D에 의해 $+x$방향의 전기력이 작용하므로 (가)에서 A와 B에 작용하는 전기력의 방향은 $-x$방향이다. 또한, 작용 반작용 법칙으로부터 (가)에서 A와 B에 작용하는 전기력의 크기 합은 C에 작용하는 전기력의 크기와 같고 방향은 반대이므로 C에 작용하는 전기력의 방향은 $+x$방향이다.

ㄴ. 정답 : C에 작용하는 전기력의 크기는 (가)에서가 (나)에서보다 크므로 C는 D에 의해 $-x$방향의 전기력이 작용한다. 따라서 C는 D와 같은 종류의 전하인 음(−)전하이다.

ㄷ. 정답 : (가)에서 A와 B에 작용하는 전기력의 방향이 $-x$방향이 되기 위해서는 A는 C와 같은 음(−)전하이어야 한다. A와 C는 서로에게 작용하는 전기력의 크기는 같고 방향은 반대인데 A와 C에 의해 B에 작용하는 전기력이 $-x$방향이므로 전기력의 크기는 A와 B 사이가 B와 C 사이보다 크다. 따라서 전하량의 크기는 A가 C보다 크다.

---

17 쿨롱 법칙

정답 ② 정답률 39% 2025학년도 6월 모평 12번 문제편 130p

그림 (가)는 점전하 A, B, C를 x축상에 고정시킨 모습을, (나)는 (가)에서 A의 위치만 $x=2d$로 옮겨 고정시킨 모습을 나타낸 것이다. 양(+)전하인 C에 작용하는 전기력의 크기는 (가), (나)에서 각각 F, $5F$이고, 방향은 $+x$방향으로 같다. (나)에서 B에 작용하는 전기력의 크기는 $4F$이다.

이에 대한 설명으로 옳은 것만을 〈보기〉에서 있는 대로 고른 것은?

보기

ㄱ. A와 C 사이에는 서로 ~~밀어내는~~ 당기는 전기력이 작용한다.

ㄴ. (가)에서 A와 C 사이에 작용하는 전기력의 크기는 $2F$보다 작다.

ㄷ. (나)에서 B에 작용하는 전기력의 방향은 ~~$+$~~x방향이다.

① ㄱ ② ㄴ ③ ㄷ ④ ㄱ, ㄴ ⑤ ㄴ, ㄷ

😮 **문제풀이 TIP** | A와 C 사이에 작용하는 힘의 크기는 (나)에서가 (가)에서의 4배이다.

😮 **출제분석** | 쿨롱 법칙에 따라 힘의 관계를 비교하는 식을 세울 수 있다면 쉽게 해결되는 문항이다.

|자|료|해|설|

A를 $x=-d$에서 $x=2d$로 옮기면 C에 작용하는 전기력이 커지므로 A와 C는 서로 당기는 힘이 작용하고 (가)에서 B와 C는 서로 미는 힘이 작용함을 알 수 있다. 따라서 A는 음(−)전하, B는 양(+)전하를 띤다.

|보|기|풀|이|

ㄱ. 오답 : A와 C는 서로 당기는 전기력이 작용한다.

ㄴ. 정답 : (가)에서 A가 C에 작용하는 전기력과 B가 C에 작용하는 전기력의 크기를 각각 F_{AC}, F_{BC}라 하면 (나)에서는 C와 A 사이의 거리가 (가)의 $\frac{1}{2}$이 되므로 쿨롱 법칙에 의해 A가 C에 작용하는 전기력의 크기는 (가)의 4배인 $4F_{AC}$가 된다. (가)와 (나)에서 C에 작용하는 힘의 크기는 각각 $F_{BC}-F_{AC}=F$, $4F_{AC}+F_{BC}=5F$이므로 $F_{AC}=\frac{4}{5}F$, $F_{BC}=\frac{9}{5}F$이다. 따라서 $F_{AC}=\frac{4}{5}F<2F$이다.

ㄷ. 오답 : (나)에서 C가 B에 작용하는 전기력의 크기는 $F_{BC}=\frac{9}{5}F$이고 방향은 $-x$방향이다. A가 B에 작용하는 전기력의 방향은 $+x$방향이고 B에 작용하는 전기력의 크기 $4F>F_{BC}$이므로 B에 작용하는 전기력의 방향은 $+x$방향이다.

II. 물질과 전자기장 정답과 해설 **275**

그림과 같이 x축상에 점전하 A, B를 각각 $x=0$, $x=3d$에 고정한다. 양(+)전하인 점전하 P를 x축상에 옮기며 고정할 때, $x=d$에서 P에 작용하는 전기력의 방향은 $+x$방향이고, $x>3d$에서 P에 작용하는 전기력의 방향이 바뀌는 위치가 있다. ← A: (+) 전하

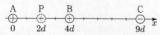

이에 대한 설명으로 옳은 것만을 〈보기〉에서 있는 대로 고른 것은?

> **보기**
> ㄱ. A는 양(+)전하이다.
> ㄴ. 전하량의 크기는 A가 B보다 ~~작다.~~ 크다.
> ㄷ. $x<0$에서 P에 작용하는 전기력의 방향이 바뀌는 위치가 ~~있다.~~ 없다.

① ㄱ 　　② ㄴ 　　③ ㄱ, ㄷ 　　④ ㄴ, ㄷ 　　⑤ ㄱ, ㄴ, ㄷ

|자|료|해|설|
$x>3d$에서 P에 작용하는 전기력의 방향이 바뀌는 위치가 있다는 것은 전기력의 합이 0이 되는 지점(D)이 있다는 것과 같다. 이를 통해 D에서 A와 B는 P에 반대 방향으로 전기력을 작용하므로 A와 B의 전하의 종류가 다르고, B보다 A가 D로부터의 거리가 더 멀지만 같은 전기력을 작용하므로 A의 전하량이 B보다 크다는 것을 알 수 있다. 또한 $x=d$에서 P에 작용하는 전기력은 A가 B보다 크고, P가 받는 전기력의 방향은 $+x$방향이므로 A는 P와 같은 양(+)전하이다.

|보|기|풀|이|
ㄱ. 정답 : A는 P와 같은 양(+)전하이고, B는 A와 전하의 종류가 다르므로 음(−)전하이다.
ㄴ. 오답 : $x>3d$에 전기력의 합이 0이 되는 지점이 있으므로 전하량의 크기는 A가 B보다 크다.
ㄷ. 오답 : A가 B보다 전하량의 크기가 크기 때문에 $x<0$에서 P에 작용하는 전기력은 모두 $-x$방향이다.

😮 **문제풀이 TIP** | 전기력은 두 전하의 곱에 비례하고 떨어진 거리의 제곱에 반비례한다.

😊 **출제분석** | A와 B는 양(+)전하, 또는 음(−)전하 중 하나이다. 각각의 경우를 가정하고 쿨롱 법칙을 적용한다면 쉽게 해결할 수 있는 문항이다.

그림과 같이 x축상에 점전하 A, B, C를 고정하고, 양(+) 전하인 점전하 P를 옮기며 고정한다. P가 $x=2d$에 있을 때, P에 작용하는 전기력의 방향은 $+x$방향이다. B, C는 각각 양(+)전하, 음(−)전하이고, A, B, C의 전하량의 크기는 같다.

이에 대한 설명으로 옳은 것만을 〈보기〉에서 있는 대로 고른 것은?

（3점）

> **보기**
> ㄱ. A는 양(+)전하이다.
> ㄴ. P가 $x=6d$에 있을 때, P에 작용하는 전기력의 방향은 $+x$ 방향이다.
> ㄷ. P에 작용하는 전기력의 크기는 P가 $x=d$에 있을 때가 $x=5d$에 있을 때보다 작다.

① ㄱ 　　② ㄷ 　　③ ㄱ, ㄴ 　　④ ㄴ, ㄷ 　　⑤ ㄱ, ㄴ, ㄷ

|자|료|해|설|
A, B, C의 전하량의 크기는 같으므로 A가 음(−)전하일 경우 P에 작용하는 전기력의 방향은 $-x$방향이다. A가 양(+)전하일 경우 P에 작용하는 전기력의 방향은 $+x$방향이다.

|보|기|풀|이|
ㄱ. 정답 : A는 양(+)전하이다.
ㄴ. 정답 : P가 $x=6d$에 있을 때 A, B, C에 의해 P가 받는 전기력의 방향은 모두 $+x$방향이다.
ㄷ. 정답 : A, B, C의 전하량을 Q라 하면 P가 받는 전기력은 P가 $x=d$에 있을 때 $+k\dfrac{Q^2}{d^2}-k\dfrac{Q^2}{(3d)^2}+k\dfrac{Q^2}{(8d)^2}=+F_1$이고 $x=5d$에 있을 때 $+k\dfrac{Q^2}{(5d)^2}+k\dfrac{Q^2}{d^2}+k\dfrac{Q^2}{(4d)^2}=+F_2$이므로 $F_1<F_2$이다.

😊 **출제분석** | 2023년도까지의 기출 문제 문항은 비교적 난이도가 높게 출제되었지만, 이번 문항의 경우 쿨롱 법칙을 이해하고 있다면 쉽게 해결할 수 있도록 출제되었다.

그림 (가)는 점전하 A, B, C를 x축상에 고정시킨 것을, (나)는 (가)에서 B의 위치만 $x=3d$로 옮겨 고정시킨 것을 나타낸 것이다. (가)와 (나)에서 양(+) 전하인 A에 작용하는 전기력의 방향은 $+x$방향으로 같고, C에 작용하는 전기력의 크기는 (가)에서가 (나)에서보다 크다.

(가)
A B C
$\xrightarrow{\quad}$
0   d   2d   3d x

(나)
A   C   B
$\xrightarrow{\quad}$
0   d   2d   3d x

이에 대한 설명으로 옳은 것만을 <보기>에서 있는 대로 고른 것은?

3점

> **보기**
> ㄱ. (가)에서 B에 작용하는 전기력의 방향은 x방향이다.
> ㄴ. 전하량의 크기는 C가 B보다 크다.
> ㄷ. A에 작용하는 전기력의 크기는 (나)에서가 (가)에서보다 크다.

① ㄱ   ② ㄴ   ③ ㄷ   ④ ㄱ, ㄷ   ⑤ ㄴ, ㄷ ✓

|자|료|해|설|

(가)와 (나)에서 A에 작용하는 전기력이 $+x$방향이 되기 위해서는 B와 C의 전하가 ①모두 음(−)전하인 경우이거나 ②각각 음(−), 양(+)전하인 경우, ③각각 양(+), 음(−) 전하인 경우이다. C에 작용하는 전기력의 크기는 (가)에서가 (나)에서보다 크므로 이 경우에는 ③일 때에 성립한다.

|보|기|풀|이|

ㄱ. 오답 : A와 B는 양(+)전하, C는 음(−)전하이므로 B에 작용하는 전기력의 방향은 $+x$방향이다.

ㄴ. 정답 : (가)에서 A의 전기력 방향을 고려하면, A와 C의 전기력의 크기는 A와 B의 전기력의 크기보다 커야 하므로 C의 전하량은 B 전하량의 4배보다 커야 한다. $\left(-F_B+F_C > 0, \dfrac{Q_A \cdot Q_C}{4d^2} > \dfrac{Q_A \cdot Q_B}{d^2}\right)$

ㄷ. 정답 : A와 C 사이에서 작용하는 힘과 A와 B 사이에서 작용하는 힘의 방향은 (가), (나)에서 변하지 않았지만, (나)에서 B의 거리가 d에서 3d로 변함에 따라 (나)에서 A와 B 사이의 작용하는 힘의 크기가 $\dfrac{1}{9}F_B$로 작아짐으로써 A에 작용하는 전기력의 크기는 (나)에서가 (가)에서보다 크다.

😮 **문제풀이 TIP** | B는 (나)에서가 (가)에서보다 A로부터 멀리 떨어져 있으므로 A에 작용하는 전기력의 크기는 작아진다.

😀 **출제분석** | 최근 쿨롱 법칙에 대한 문항은 전하의 이동으로 달라지는 전기력을 비교하여 전하의 종류와 전하량을 비교하는 것으로 출제된다.

그림과 같이 x축상에 점전하 A~D를 고정하고 양(+)전하인 점전하 P를 옮기며 고정한다. A와 B의 전하량의 크기는 서로 같고, C와 D의 전하량의 크기는 서로 같다. B, C는 양(+)전하이고 A, D는 음(−)전하이다. P가 $x=4d$에 있을 때, P에 작용하는 전기력은 0이다.

$\rightarrow -k\dfrac{qQ_P}{16d^2} + k\dfrac{qQ_P}{4d^2} = -k\dfrac{qQ_P}{16d^2} + k\dfrac{QQ_P}{64d^2}$

A   B   P   C   D
⊖   ⊕   ⊕   ⊕   ⊖ x
0   2d   4d   8d   12d
q q Q_P Q Q

이에 대한 설명으로 옳은 것만을 <보기>에서 있는 대로 고른 것은?

3점

> **보기**
> ㄱ. 전하량의 크기는 A가 C보다 ~~크다~~ 작다
> ㄴ. P가 $x=d$에 있을 때, P에 작용하는 전기력의 방향은 $-x$방향이다.
> ㄷ. P에 작용하는 전기력의 크기는 $x=6d$에 있을 때가 $x=10d$에 있을 때보다 ~~크다~~ 작다

① ㄱ   ② ㄴ ✓   ③ ㄱ, ㄷ   ④ ㄴ, ㄷ   ⑤ ㄱ, ㄴ, ㄷ

|자|료|해|설|

A, B, P, C, D의 전하량을 각각 q, q, Q_P, Q, Q라 하면, P에 작용하는 전기력은 0이므로 $-k\dfrac{qQ_P}{16d^2} + k\dfrac{qQ_P}{4d^2} = k\dfrac{QQ_P}{16d^2} - k\dfrac{QQ_P}{64d^2}$ — ①이다.

|보|기|풀|이|

ㄱ. 오답 : ①을 정리하면 $Q=4q$이다.

ㄴ. 정답 : P가 $x=d$에 있을 때, A와 B, C에 의한 전기력의 방향은 $-x$방향이다. D에 의해 P에 작용하는 전기력의 방향은 $+x$방향이지만 전기력의 세기는 C보다 작다.

ㄷ. 오답 : P에 작용하는 전기력은 $x=6d$에서 전하의 배치가 좌우 대칭이므로 $-x$방향이고 $x=10d$에서 A, B, C, D에 의해 $+x$방향이다. 그러나 전하량은 A와 B가 C와 D보다 $\dfrac{1}{4}$배로 작으므로 $x=10d$에서가 $x=6d$에서보다 크다.

😮 **문제풀이 TIP** | 두 점 전하 사이에 작용하는 전기력의 세기 $F = k\dfrac{q_1 q_2}{d^2}$

😀 **출제분석** | 쿨롱 법칙으로 주어진 조건을 나타낼 수 있다면 쉽게 해결할 수 있는 문항이다.

그림 (가)는 x축상에 점전하 A와 B를 각각 $x=0$과 $x=d$에 고정하고 점전하 C를 $x>d$인 범위에서 x축상에 놓은 모습을 나타낸 것이다. A와 C의 전하량의 크기는 같다. 그림 (나)는 C가 받는 전기력 F_C를 C의 위치 x에 따라 나타낸 것으로, 전기력은 $+x$방향일 때가 양(+)이다.

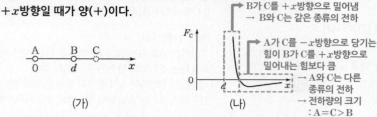

→ B가 C를 $+x$방향으로 밀어냄 → B와 C는 같은 종류의 전하

→ A가 C를 $-x$방향으로 당기는 힘이 B가 C를 $+x$방향으로 밀어내는 힘보다 큼 → A와 C는 다른 종류의 전하 → 전하량의 크기 : A=C>B

(가)   (나)

(가)에서 C를 x축상의 $x=2d$에 고정하고 B를 $0<x<2d$인 범위에서 x축상에 놓을 때, B가 받는 전기력 F_B를 B의 위치 x에 따라 나타낸 것으로 가장 적절한 것은? (3점)

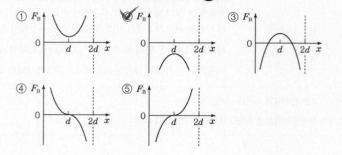

① ② ③ ④ ⑤

|자|료|해|설|

두 전하 사이에 작용하는 전기력은 떨어진 거리의 제곱에 반비례하므로 두 전하 사이의 거리가 가까울수록 크게 작용한다. (나)의 그래프에서 C가 B의 오른쪽에서 $x=d$ 부근에 있을 때 F_C는 $+x$방향으로 작용하므로 B와 C는 같은 종류의 전하이다. C가 받는 전기력이 0이 되는 곳에서 A와 B가 C에 작용하는 전기력은 같고 방향은 반대이므로 A와 C는 다른 전하이며 전하량의 크기는 B<A=C이다.

|선|택|지|풀|이|

② 정답 : A, B, C의 전하량을 각각 Q, Q_B, Q라 하면, $0<x<2d$에서 A와 C에 의해 B가 받는 전기력의 합은

$$F_B=F_{AB}+F_{CB}=-k\frac{QQ_B}{x^2}-k\frac{QQ_B}{(2d-x)^2}$$ 이고 항상 $-x$방향이므로 ②에 해당한다.

😮 **문제풀이 T I P** | $F_B=F_{AB}+F_{CB}$

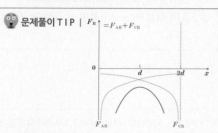

😆 **출제분석** | 두 전하 사이의 거리가 가까울수록 전기력의 크기는 크게 변한다는 사실을 숙지하고 있다면 쉽게 해결할 수 있는 문항이다.

그림 (가)와 같이 x축상에 점전하 A, B를 각각 $x=0$, $x=6d$에 고정하고, 양(+)전하인 점전하 C를 옮기며 고정한다. 그림 (나)는 (가)에서 C의 위치가 $d\le x\le 5d$인 구간에서 A, B에 작용하는 전기력을 나타낸 것이다.

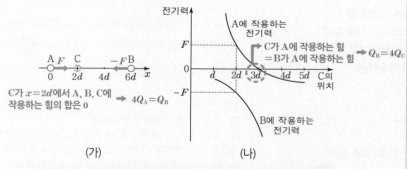

C가 $x=2d$에서 A, B, C에 작용하는 힘의 합은 0 → $4Q_A=Q_B$

A에 작용하는 전기력

C가 A에 작용하는 힘 =B가 A에 작용하는 힘 → $Q_B=4Q_C$

B에 작용하는 전기력

(가)   (나)

이에 대한 설명으로 옳은 것만을 〈보기〉에서 있는 대로 고른 것은?

보기

ㄱ. A는 음(−)전하이다.
ㄴ. 전하량의 크기는 A와 C가 같다.
ㄷ. C를 $x=2d$에 고정할 때 A가 C에 작용하는 전기력의 크기는 F보다 작다 크다.

① ㄱ   ② ㄷ   ③ ㄱ, ㄴ   ④ ㄴ, ㄷ   ⑤ ㄱ, ㄴ, ㄷ

|자|료|해|설|

(나)에서 C가 $x=2d$에서 $+x$방향으로 움직일 때 A에 $+x$방향으로 작용하는 전기력이 작아지므로 A는 C와 다른 (−)전하이고, B에 작용하는 전기력은 $-x$방향으로 커지므로 B도 C와 다른 (−)전하이다.

|보|기|풀|이|

ㄱ. 정답 : 자료 해설과 같이 A는 음(−)전하이다.

ㄴ. 정답 : 전기력의 크기는 두 전하량의 곱에 비례하고 떨어진 거리의 제곱에 반비례한다. $\left(F=k\frac{Q_1Q_2}{r^2}\right)$ C가 $x=2d$에 있을 때, 작용 반작용 법칙에 따라 A, B, C에 작용하는 힘의 합은 0이므로 A와 B가 각각 C에 작용하는 힘의 크기는 같다. 따라서 A의 전하량(Q_A)과 B의 전하량 (Q_B)은 $\frac{Q_A}{(2d)^2}=\frac{Q_B}{(4d)^2}$ 또는 $Q_B=4Q_A$이다.

C가 $x=3d$에 있을 때, C와 B가 각각 A에 작용하는 힘은 같으므로 $\frac{Q_C}{(3d)^2}=\frac{Q_B}{(6d)^2}$ 또는 $Q_B=4Q_C$이다.

ㄷ. 오답 : C가 $x=2d$에 있을 때, A에 작용하는 힘(F)은 C가 A에 $+x$방향으로 작용하는 힘(F_1)과 B가 A에 $-x$ 방향으로 작용하는 힘($-F_2$)의 합이다.($F=F_1-F_2$) A가 C에 작용하는 전기력의 크기는 C가 A에 $+x$방향으로 작용하는 힘의 반작용이므로 $F_1=F+F_2>F$이다.

😆 **출제분석** | 그래프로부터 전기력의 세기가 달라지는 이유를 설명할 수 있어야 A와 B의 전하의 종류를 알아낼 수 있다.

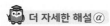

STEP 1. 전기력의 벡터 합

세 점전하 사이에 작용하는 전기력은 작용·반작용 관계에 있기 때문에 전기력을 모두 더하면 0이 된다. 이를 계산을 통해 확인해보자.

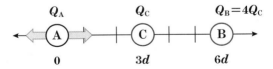

A와 B 사이에 작용하는 전기력의 크기는 $F_1=k\dfrac{Q_1Q_2}{d_1^2}$이고, 그림과 같이 A가 B를 당기는 힘과 B가 A를 당기는 힘은 작용·반작용 관계에 있으므로 두 힘의 크기는 같고 방향은 반대이다. A와 C 사이에 작용하는 전기력의 크기는 $F_2=k\dfrac{Q_1Q_3}{d_3^2}$이고, 그림에서는 서로 미는 방향으로 작용하므로 B와 C에 의해 A에 작용하는 전기력은 $F_A=F_1-F_2(\cdots\,㉠)$이다. B와 C 사이에 작용하는 전기력의 크기는 $F_3=k\dfrac{Q_2Q_3}{d_2^2}$이고, 그림에서 서로 당기는 방향으로 작용한다. 따라서 A와 C에 의해 B에 작용하는 전기력은 $F_B=F_3-F_1(\cdots\,㉡)$이고, A와 B에 의해 C에 작용하는 전기력은 $F_C=F_2-F_3(\cdots\,㉢)$이다.

㉠, ㉡, ㉢을 모두 더하면 $F_A+F_B+F_C=(F_1-F_2)+(F_3-F_1)+(F_2-F_3)=0$이므로 세 점전하 사이에 작용하는 전기력을 모두 더한 값은 0이 되는 것을 알 수 있다. 만약 각 점전하 사이에 작용하는 전기력의 방향이 그림과 반대 방향이 되더라도 이는 항상 성립하고, 점전하의 수가 3개보다 더 많아지더라도 결국 작용·반작용 관계에 있는 힘을 더하는 것이므로 마찬가지로 합이 항상 0이 된다.

STEP 2. C의 위치가 2d일 때

C의 위치가 $2d$일 때 A에 작용하는 전기력이 F, B에 작용하는 전기력이 $-F$이므로 $F_A+F_B+F_C=0$이 되기 위해서는 $F_C=0$이어야 한다. 따라서 A, B, C 각 전하의 크기를 Q_A, Q_B, Q_C라고 할 때 A에 의해 C에 작용하는 전기력의 크기는 $F_{CA}=k\dfrac{Q_A\cdot Q_C}{(2d)^2}$이고, B에 의해 C에 작용하는 전기력의 크기는 $F_{CB}=k\dfrac{Q_B\cdot Q_C}{(4d)^2}$이므로 $Q_B=4Q_A$이다. 또한 두 힘의 방향은 반대이므로 A와 B의 전하의 종류는 같다.

STEP 3. C의 위치가 3d일 때

C의 위치가 $3d$일 때는 A에 작용하는 전기력이 0이 된다. B에 의해 A에 작용하는 전기력의 크기는 $F_{AB}=k\dfrac{Q_A\cdot Q_B}{(6d)^2}$이고, C에 의해 A에 작용하는 전기력의 크기는 $F_{AC}=k\dfrac{Q_A\cdot Q_C}{(3d)^2}$이므로 $Q_B=4Q_C$이다. 또한 두 힘의 방향은 반대이므로 B와 C의 전하의 종류는 다르다. C는 양(+)전하를 띠므로 A와 B는 음(-)전하를 띤다.

STEP 4. 보기풀이

ㄱ. **정답** | A와 B는 전하의 종류가 같고, B와 C는 전하의 종류가 다르므로 A는 음(-)전하이다.

ㄴ. **정답** | $Q_B=4Q_A$이고, $Q_B=4Q_C$이므로 A와 C의 전하량 크기는 서로 같다.

ㄷ. **오답** | C의 위치가 $x=3d$일 때 $F_{AB}=F_{AC}$이고, C의 위치가 A쪽으로 점점 이동한다면 $F_{AB}<F_{AC}$이 되므로 $x=2d$에서 A에 작용하는 전기력의 방향은 F_{AC}의 방향과 같은 $+x$방향이다. 따라서 A에 작용하는 전기력의 크기는 $F=F_{AC}-F_{AB}$이므로 A가 C에 작용하는 전기력(F_{AC})의 크기는 F보다 크다.

그림 (가), (나), (다)는 점전하 A, B, C가 x축 상에 고정되어 있는 세 가지 상황을 나타낸 것이다. (가)에서는 양(+)전하인 C에 $+x$ 방향으로 크기가 F인 전기력이, A에는 크기가 $2F$인 전기력이 작용한다. (나)에서는 C에 $+x$ 방향으로 크기가 $2F$인 전기력이 작용한다.

(다)에서 A에 작용하는 전기력의 크기와 방향으로 옳은 것은?

	크기	방향		크기	방향
①	$\dfrac{F}{2}$	$+x$	②	$\dfrac{F}{2}$	$-x$
③	F	$+x$	④	F	$-x$
⑤	$2F$	$+x$			

🤪 **문제풀이 TIP** | 두 전하 사이에 작용하는 전기력은 두 전하가 떨어진 거리의 제곱에 반비례한다.(쿨롱 법칙)

▶ $F = k\dfrac{q_1 q_2}{r^2} \propto \dfrac{1}{r^2}$

😀 **출제분석** | 쿨롱 법칙 개념을 기본으로 전하량의 크기와 거리에 따른 전기력의 크기를 따질 수 있어야 풀이할 수 있다.

|자|료|해|설|및|선|택|지|풀|이|

③ **정답**: (가)와 (나)를 비교할 때, A의 위치만 변화로 C에 작용하는 힘의 크기가 커졌으므로 A는 (−)전하임을 알 수 있다. 또한 (가)에서 A는 (−)전하, C는 (+)전하이므로 A가 C에 작용하는 힘의 방향은 $-x$ 방향이지만 B에 의해 $+x$ 방향으로 힘을 받으므로 B는 (+)전하임을 알 수 있다. $+x$축 방향의 힘의 방향을 (+)로 놓고 (가)에서 B가 C에 작용하는 힘을 $+F_1$, A가 C에 작용하는 힘을 $-F_2$라 하면 C에 작용하는 힘은 $F = F_1 - F_2$ ─ ②이다. 또한, B가 A에 작용하는 힘을 F_3라 하면 A에 작용하는 힘은 C가 A에 작용하는 힘(C가 A에 작용하는 힘의 반작용) $+F_2$와 $+F_3$의 합력이므로 $2F = F_2 + F_3$ ─ ①이다. 한편, (나)에서 A가 C에 작용하는 힘은 (가)에서 A가 C에 작용하는 힘에 비해 거리가 $2d$에서 d로 줄었으므로 쿨롱 법칙$\left(F \propto \dfrac{1}{r^2}\right)$에 의해 4배 큰 $4F_2$이다. (나)에서 C에 작용하는 힘은 B가 C에 작용하는 힘 $+F_1$과 $+4F_2$의 합인 $2F = F_1 + 4F_2$ ─ ③이다. ①, ②, ③을 연립하면 힘의 크기는 각각 $F_1 = \dfrac{6}{5}F$, $F_2 = \dfrac{1}{5}F$, $F_3 = \dfrac{9}{5}F$이다.

(다)에서 A에 작용하는 전기력은 C가 A에 작용하는 힘 $-4F_2$와 B가 A에 작용하는 힘 F_3의 합이므로 A에 작용하는 전기력은 $-4F_2 + F_3 = -\dfrac{4}{5}F + \dfrac{9}{5}F = +F$로 크기는 F, 방향은 $+x$이다.

🦉 **더 자세한 해설** ⓐ

step 1. 자료 분석

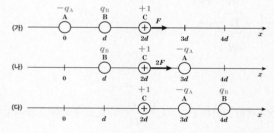

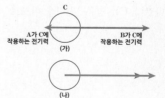

1. (가)와 (나)에서 C가 받는 전기력의 세기와 방향을 통해 A와 B의 전하(음전하인지 양전하인지)를 정한다.

▶ C가 B로부터 받는 전기력의 세기와 방향은 일정하고 A로부터 받는 전기력의 세기는 (나)에서가 (가)에서의 4배이며 방향은 반대로 바뀐다.

▶ A가 C에 작용하는 전기력을 빨간색 화살표, B가 C에 작용하는 전기력을 파란색 화살표로 나타내보면 (나)에서의 전기력은 (가)에서의 2배가 될 수 있다. 그러므로 A는 음전하, B는 양전하가 되어야 한다.

2. A~C의 전하량을 정하고 (다)에서 C가 받는 전기력의 방향 구하기

▶ A는 음전하이므로 $-q_A$, B는 양전하이므로 q_B, C는 양전하이므로 $+1$로 전하량을 정한다.

▶ (다)에서 A는 C로부터 $-x$방향, B로부터 $+x$방향으로 전기력을 받는다.

step 2. 선택지 풀이

③ **정답** | $-x$방향으로 작용하는 전기력을 (−) 부호로, $+x$방향을 (+) 부호로 놓고 전기력을 구한다.

(가)에서 C가 받는 전기력 : $-k\dfrac{q_A 1}{4d^2} + k\dfrac{q_B 1}{d^2} = F$ ─ ①

(나)에서 C가 받는 전기력 : $k\dfrac{q_A 1}{d^2} + k\dfrac{q_B 1}{d^2} = 2F$ ─ ②

(가)에서 A가 받는 전기력 : $k\dfrac{q_A q_B}{d^2} + k\dfrac{q_A 1}{4d^2} = 2F$ ─ ③

세 개의 식에 의해 $k\dfrac{q_A 1}{d^2} = \dfrac{4F}{5}$, $k\dfrac{q_B 1}{d^2} = \dfrac{6F}{5}$, $k\dfrac{q_A q_B}{d^2} = \dfrac{9F}{5}$를 얻는다.

따라서 (다)에서 A가 받는 전기력은 $-k\dfrac{q_A 1}{d^2} + k\dfrac{q_A q_B}{d^2} = -\dfrac{4}{5}F + \dfrac{9}{5}F = F$이다. 또한 합력의 부호가 양수이므로 힘의 방향은 $+x$방향이다.

그림 (가)는 점전하 A, B, C를 x축상에 고정시킨 것으로 C에 작용하는 전기력의 방향은 $+x$방향이다. 그림 (나)는 (가)에서 C의 위치만 $x=2d$로 바꾸어 고정시킨 것으로 A에 작용하는 전기력의 크기는 0이고, C에 작용하는 전기력의 방향은 $-x$방향이다. B는 양($+$)전하이다.

$-x$방향으로 이동할수록 A보다 B에 의한 전기력이 커짐

A   B   C 힘의 방향   A   B   C
○────○────────○──→   ○────○──○──→
0   d   2d   3d x 0   d   2d   3d x
                                        힘의 방향
        (가)   (나)

이에 대한 설명으로 옳은 것만을 〈보기〉에서 있는 대로 고른 것은?

보기

ㄱ. A는 음($-$)전하이다.

ㄴ. 전하량의 크기는 A가 C보다 ~~크다.~~ 작다.

ㄷ. B에 작용하는 전기력의 방향은 (가)에서와 (나)에서 ~~같다.~~ 반대이다.

① ㄱ   ② ㄴ   ③ ㄱ, ㄷ   ④ ㄴ, ㄷ   ⑤ ㄱ, ㄴ, ㄷ

😊 **문제풀이 TIP** | 쿨롱 법칙$\left(F=k\dfrac{q_1 q_2}{r^2}\right)$에 의해 두 점전하의 거리가 $\dfrac{1}{a}$배만큼 줄어들면 전기력은 a^2배 커진다.

😊 **출제분석** | (가)와 (나)에서 C가 B에 가까워지면서 C에 작용하는 전기력이 $-x$방향으로 바뀐 이유를 빠르게 해석할 수 있다면 전하의 종류와 크기를 알 수 있다.

|자|료|해|설|

(가)에서 (나)와 같이 C를 B에 가까이 이동시키면 A와 B가 C에 작용하는 전기력은 커진다. 이때 전기력은 두 전하 사이의 거리의 비율이 더 작아진 B에 의해 더 커지므로 B는 C에 인력이 작용하는 전기력, A는 C에 척력이 작용하는 전기력이 작용함을 알 수 있다. 따라서 A는 음($-$)전하, C는 음($-$)전하이다.

B와 C의 전기력은 인력이므로 C는 음($-$)전하 A는 음($-$)전하

|보|기|풀|이|

ㄱ. 정답 : 자료 해설과 같이 A는 음($-$)전하이다.

ㄴ. 오답 : A, B, C의 전하량을 각각 Q_A, Q_B, Q_C라 하면 C에 작용하는 전기력의 합은 $-x$방향(B가 C에 작용하는 전기력＞A가 C에 작용하는 전기력)이므로 $k\dfrac{Q_B Q_C}{d^2}>$ $k\dfrac{Q_A Q_C}{(2d)^2}$ 또는 $4Q_B>Q_A$이다. 한편, A에 작용하는 전기력의 합은 0(B가 A에 작용하는 전기력＝C가 A에 작용하는 전기력)이므로 $k\dfrac{Q_A Q_B}{d^2}=k\dfrac{Q_A Q_C}{(2d)^2}$ 또는 $4Q_B$ $=Q_C$이므로 $Q_A<Q_C$이다.

ㄷ. 오답 : (나)에서 A에 작용하는 전기력의 합은 0이므로 (가)에서 A에 작용하는 전기력의 합은 $+x$방향이다. 작용－반작용 법칙에 따라 내력의 총합은 0이므로 B에 작용하는 전기력은 $-x$방향이다. (나)에서 A와 C는 B로부터 같은 거리만큼 떨어져 있으므로 전하량이 큰 C에 의해 B는 $+x$방향의 전기력을 받는다.

🦉 **더 자세한 해설 @**

STEP 1. 세 점전하의 관계

x축상에 점전하 X, Y, Z가 있는 상황에서 X와 Y가 Z에 작용하는 전기력에 대해 알아보자. X와 Y의 전하의 종류, 전하량의 크기에 따라 경우를 나누어 보면 X와 Y의 전하량의 크기가 같은 경우와 다른 경우, 전하의 종류가 같은 경우와 다른 경우로 나눌 수 있다. 전하량의 크기는 Q와 q로 나타내며 $Q>q$라고 정한다.

Case1. 전하량의 크기가 같고, 전하의 종류가 같은 경우

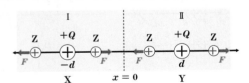

쿨롱 법칙 $F=k\dfrac{q_1 \cdot q_2}{r^2}$에 의해 X 또는 Y가 Z에 작용하는 전기력은 전하량의 크기에 비례하고, 전하 사이의 거리의 제곱에 반비례한다. 따라서 X와 Y의 전하량의 크기가 Q로 같을 때 X와 Y로부터의 거리가 같은 $x=0$에 Z를 위치시키면 X와 Y로부터 받는 전기력의 크기가 같으므로 Z에 작용하는 전기력의 합력은 0이다. $x=0$을 기준으로 X가 있는 쪽을 Ⅰ, Y가 있는 쪽을 Ⅱ라고 하면, Z가 Ⅰ에 위치했을 때 X로부터 받는 전기력의 크기가 Y로부터 받는 전기력의 크기보다 커진다. 따라서 Z가 $x=0$과 $x=-d$ 사이에 위치할 때 Z가 양($+$)전하라면 X와 Y에 의한 전기력의 방향은 $+x$방향이고, Z가 음($-$)전하라면 X와 Y에 의한 전기력의 방향은 $-x$방향이다. Z가 $x=-d$보다 왼쪽에 위치할 때 X와 Y로부터 모두 Z가 양($+$)전하라면

척력을, 음($-$)전하라면 인력을 받게 되므로 전기력의 방향은 각각 $-x$방향, $+x$방향이다.

Z가 Ⅱ에 위치하는 경우에는 X보다 Y에 의한 영향이 더 커지고, X와 Y의 전하량이 같기 때문에 Ⅰ에서와 대칭적으로 전기력이 작용한다. 따라서 Z가 $x=0$과 $x=d$ 사이에 위치할 때 Z가 양($+$)전하라면 $-x$방향, 음($-$)전하라면 $+x$방향으로 전기력이 작용하고, $x=d$보다 오른쪽에 위치하면 양($+$)전하일 때 $+x$방향, 음($-$)전하일 때 $-x$방향으로 전기력을 받는다.

Case2. 전하량의 크기가 다르고, 전하의 종류가 같은 경우

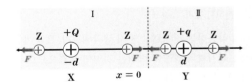

X와 Y가 모두 양($+$)전하이고, X의 전하량은 Q, Y의 전하량은 q로 전하량의 크기가 다르면 전기력의 합력이 0이 되는 지점이 Y와 가까운 쪽에서 형성된다. 이 지점에서 $x=0$까지의 거리를 L이라고 하면, Z의 전하량이 $+q$일 때 X로부터 받는 전기력은 $+x$방향으로 $F_x=$ $k\dfrac{Q \cdot q}{(d+L)^2}$이고, Y로부터 받는 전기력은 $-x$방향으로 $F_y=k\dfrac{q \cdot q}{(d-L)^2}$ 이다. 전기력의 합력이 0이면 $|F_x|=|F_y|$이므로 $\dfrac{Q}{q}=\dfrac{(d+L)^2}{(d-L)^2}$이다.

Case3. 전하량의 크기가 같고, 전하의 종류가 다른 경우

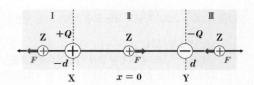

X와 Y의 전하의 종류가 달라지면 X와 Y 사이에서는 Z에 작용하는 전기력의 방향이 같아지므로 Z는 한쪽 방향으로 힘을 받는다. 주어진 상황에서처럼 X가 양(+)전하, Y가 음(-)전하이고 Z가 양(+)전하일 때 $x=-d$와 $x=d$ 사이에 위치한다면 Z는 X로부터 척력, Y로부터 인력을 받으므로 $+x$방향으로 전기력을 받고, Z가 음(-)전하라면 X로부터 인력, Y로부터 척력을 받으므로 $-x$방향으로 전기력을 받는다. X와 Y의 전하량이 같기 때문에 Z가 $x=-d$의 왼쪽에 위치하는 경우와 $x=d$의 오른쪽에 위치하는 경우에 대칭적으로 전기력이 작용한다. Z의 전하량이 $+q$이고 Ⅲ에 위치할 때 Y와 Z 사이의 거리를 L이라고 하면, X에 의해 Z에 작용하는 전기력은 $+x$방향으로 $F_x=k\dfrac{Q\cdot q}{(2d+L)^2}$이고, Y에 의해 Z에 작용하는 전기력은 $-x$방향으로 $F_y=k\dfrac{Q\cdot q}{L^2}$이다. $d>0$이므로 Z에 작용하는 전기력의 크기는 항상 $|F_x|<|F_y|$이다. 따라서 Ⅲ에서 Z는 $-x$방향으로 전기력을 받는다.

Case4. 전하량의 크기가 다르고, 전하의 종류가 다른 경우

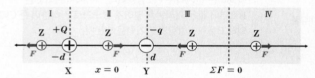

X와 Y의 전하의 종류와 전하량의 크기가 다르면 전하량의 크기가 작은 전하의 바깥쪽에 전기력의 합력이 0이 되는 지점이 생긴다. 이 지점에서 Y까지 거리를 L이라고 하면, Z의 전하량이 $+q$일 때 X로부터 받는 전기력은 $+x$방향으로 $F_x=k\dfrac{Q\cdot q}{(2d+L)^2}$이고, Y로부터 받는 전기력은 $-x$방향으로 $F_y=k\dfrac{q\cdot q}{L^2}$이다. 전기력의 합력이 0이면 $|F_x|=|F_y|$ 이므로 $\dfrac{Q}{q}=\dfrac{(2d+L)^2}{L^2}$이다. 다양한 상황이 발생하므로 가장 자주 출제되는 유형이다.

STEP 2. A의 전하량 찾기

A와 B가 C에 작용하는 전기력을 먼저 생각해보자. B의 바깥쪽에서 C에 작용하는 전기력의 방향이 바뀌는 지점이 생겼으므로 이는 Case4에 해당한다. 따라서 A의 전하량 크기는 B보다 크고, 전하의 종류가 다르므로 B의 전하량을 $+q$라고 하면 A의 전하량은 $-Q$이다. 또한 A와 B에 의해 C에 작용하는 전기력의 합력이 0이 되는 지점은 $x=2d$와 $x=3d$ 사이에 존재하며, B와 가까운 지점에서 C가 받는 전기력의 방향이 $-x$방향이므로 C는 음(-)전하이다.

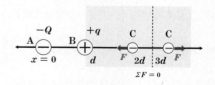

STEP 3. C의 전하량 찾기

B와 C가 A에 작용하는 전기력을 생각해보면, C가 $2d$에 있을 때 A에 작용하는 전기력의 크기가 0이 되므로 C의 전하량 크기가 B보다 크다. 또한 A로부터 거리의 비가 1 : 2이므로 쿨롱 법칙 $F=k\dfrac{q_1\cdot q_2}{r^2}$에 의해 C의 전하량 크기는 B의 전하량 크기의 4배가 되어 C의 전하량은 $-4q$ 이다. 이를 식으로 나타내면 $F_B=k\dfrac{Q\cdot q}{d^2}$, $F_C=k\dfrac{Q\cdot 4q}{(2d)^2}$이고, $|F_B|=|F_C|$이다.

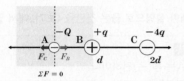

STEP 4. 보기 풀이

ㄱ. **정답** | B의 바깥쪽에 C에 작용하는 전기력이 0이 되는 지점이 있으므로 A는 음(-)전하이다.

ㄴ. **오답** | C가 $2d$에 있을 때 A에 작용하는 전기력이 0이 되는 지점은 $x=0$이고, A가 $x=0$에 있을 때 C에 작용하는 전기력이 0이 되는 지점은 $x=2d$와 $x=3d$ 사이에 있으므로 전하량의 크기는 A가 C보다 작다. ($Q<4q$)

ㄷ. **오답** | 작용·반작용 법칙에 의해 A가 B를 F로 당기면 B도 A를 F로 당기므로 A, B, C 사이에 작용하는 전기력을 모두 벡터합하면 항상 0이 된다. (가)에서 B와 C 사이의 거리가 $2d$이므로 A에 작용하는 전기력이 0이 되는 지점은 $x=-d$에 형성된다. 따라서 (가)에서 C는 $+x$방향, A도 $+x$방향으로 전기력을 받으므로 B는 $-x$방향으로 전기력을 받는다. (나)에서는 A보다 C의 전하량 크기가 더 크기 때문에 B는 $+x$방향으로 전기력을 받으므로 (가)와 (나)에서 B에 작용하는 전기력의 방향은 반대이다.

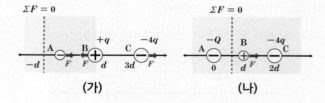

(가)   (나)

그림 (가)는 점전하 A, B, C, D를 x축상에 고정시킨 것으로 A에 작용하는 전기력의 방향은 $-x$방향이고, B에 작용하는 전기력은 0이다. 그림 (나)는 (가)에서 A와 C의 위치만 서로 바꾸어 고정시킨 것으로 B에는 $+x$방향으로 크기가 F인 전기력이 작용한다. A, B, C의 전하량의 크기는 각각 $2Q$, Q, Q이다.

(가)에서 A에 작용하는 전기력의 크기는? 3점

① $\dfrac{1}{36}F$　②$\dfrac{1}{18}F$　③$\dfrac{1}{12}F$　④$\dfrac{1}{9}F$　⑤$\dfrac{1}{6}F$

|자|료|해|설|

(가)에서 A와 C가 B에 작용하는 전기력을 F_1, D가 B에 작용하는 전기력을 F_2라 할 때, B에 작용하는 전기력의 크기는 (가)에서 $F_1+F_2=0$, (나)에서 $-F_1+F_2=+F$ 이므로 $F_1=-\dfrac{F}{2}$, $F_2=+\dfrac{F}{2}$이다. (가)에서 C보다 전하량이 큰 A는 B에 더 큰 전기력을 작용하므로 A와 B는 다른 종류의 전하, B와 D도 다른 종류의 전하이고 서로 인력이 작용한다.

만약 C가 A와 같은 종류의 전하(A, C, D는 같은 종류의 전하, B만 다른 종류의 전하)라면, B와 C는 서로 인력이 작용하므로 A가 B에 작용하는 힘의 크기는 C와 D가 B에 작용하는 힘의 크기 합과 같고 이를 식으로 표현하면

$$-k\frac{2Q^2}{d^2}+k\frac{Q^2}{d^2}+k\frac{QQ_D}{(2d)^2}=0$$ 이므로 D의 전하량 $Q_D=4Q$

이다. 이때 B, C, D가 A에 작용하는 힘은 $k\dfrac{2Q^2}{d^2}-k\dfrac{2Q^2}{(2d)^2}$

$-k\dfrac{(2Q)(4Q)}{(3d)^2}>0$이므로 제시된 조건과 맞지 않는다.

만약 C가 A와 다른 종류의 전하(A와 D, B와 C는 각각 같은 종류의 전하)라면 A와 C가 B에 작용하는 힘의 크기 합은 D가 B에 작용하는 힘의 크기와 같으므로 $-k\dfrac{2Q^2}{d^2}$

$-k\dfrac{Q^2}{d^2}+k\dfrac{QQ_D}{(2d)^2}=0$이고, D의 전하량 크기는 $Q_D=12Q$

이다. 이때 B, C, D가 A에 작용하는 힘은 $k\dfrac{2Q^2}{d^2}+k\dfrac{2Q^2}{(2d)^2}$

$-k\dfrac{(2Q)(12Q)}{(3d)^2}<0$이므로 제시된 조건을 만족한다.

따라서 A, B, C, D의 전하량은 각각 $+2Q$, $-Q$, $-Q$, $+12Q$이다.

|선|택|지|풀|이|

① 정답 : (나)에서 $F=k\dfrac{2Q^2}{d^2}+k\dfrac{Q^2}{d^2}+k\dfrac{12Q^2}{(2d)^2}=k\dfrac{6Q^2}{d^2}$

이므로 (가)에서 A에 작용하는 전기력은 $k\dfrac{2Q^2}{d^2}+k\dfrac{2Q^2}{(2d)^2}$

$-k\dfrac{(2Q)(12Q)}{(3d)^2}=-k\dfrac{Q^2}{6d^2}=-\dfrac{1}{36}F$이다.

😊 **출제분석** | 단순히 쿨롱 법칙을 적용하는 것에서 그치지 않고 주어진 조건에 부합하는지 따져가며 전하의 종류를 알아내야 해서 풀이에 다소 시간이 걸리는 문항이다.

🦉 **더 자세한 해설** @

STEP 1. F_{AC}와 F_D의 크기 비교하기

(나)는 (가)에서 A와 C의 위치를 모두 바꾸었으므로 A와 C에 의해 B에 작용하는 전기력($F_{BA}+F_{BC}$)의 방향과 서로 반대가 된다. (가)에서 B에 작용하는 전기력이 0이므로 ($F_{BA}+F_{BC}$)와 D에 의해 B에 작용하는 전기력(F_{BD})의 크기가 같다는 것을 알 수 있고, (나)에서 ($F_{BA}+F_{BC}$)와 F_{BD}의 방향이 같아졌을 때 B에 작용하는 전기력의 크기가 F이므로 ($F_{BA}+F_{BC}$)와 F_{BD}의 크기가 $\dfrac{1}{2}F$임을 알 수 있다.

B와 D 사이에는 당기는 방향으로 전기력이 작용하므로 B와 D의 전하의 종류가 다르다. A의 전하량이 C의 전하량보다 크기 때문에 A와 C에 의해 B에 작용하는 전기력의 방향과 A에 의해 B에 작용하는 전기력의 방향은 같다. 따라서 A와 B 사이에도 당기는 방향으로 전기력이 작용하므로 A와 B의 전하의 종류는 다르다. C의 전하의 종류는 B와 같을 수도 다를 수도 있으므로 B와 C의 전하의 종류가 다른 경우부터 살펴보자.

B가 양(+)전하인 경우 A, C, D는 모두 음(−)전하이므로 A, B, C, D의 전하를 각각 $-2Q$, $+Q$, $-Q$, $-Q_\mathrm{D}$라고 하자. F_BA와 F_BC의 방향이 다르므로 $|F_\mathrm{BA} - F_\mathrm{BC}| = k\dfrac{2Q\cdot Q}{d^2} - k\dfrac{Q\cdot Q}{d^2} = k\dfrac{Q^2}{d^2} = \dfrac{1}{2}F$이고, F_BD의 크기가 이와 같으므로 $|F_\mathrm{BD}| = k\dfrac{Q\cdot Q_\mathrm{D}}{(2d)^2} = \dfrac{1}{2}F$이다. 따라서 $k\dfrac{Q\cdot Q_\mathrm{D}}{4d^2} = k\dfrac{Q^2}{d^2}$이므로 $Q_\mathrm{D} = 4Q$이다.

이때 주어진 다른 조건을 만족하는지 알아보기 위해 (가)에서 A에 작용하는 전기력의 방향을 구하자. $k\dfrac{Q^2}{d^2}$을 f라 한다면, B에 의해 A에 작용하는 전기력은 $+x$방향으로 크기는 $|F_\mathrm{AB}| = k\dfrac{2Q\cdot Q}{d^2} = k\dfrac{2Q^2}{d^2} = 2f$이고, C에 의해 A에 작용하는 전기력은 $-x$방향으로 크기는 $|F_\mathrm{AC}| = k\dfrac{2Q\cdot Q}{(2d)^2} = k\dfrac{Q^2}{2d^2} = \dfrac{1}{2}f$이며, D에 의해 A에 작용하는 전기력은 $-x$방향으로 크기는 $|F_\mathrm{AD}| = k\dfrac{2Q\cdot 4Q}{(3d)^2} = k\dfrac{8Q^2}{9d^2} = \dfrac{8}{9}f$이다. 따라서 $+x$방향으로 작용하는 F_AB의 크기가 $-x$방향으로 작용하는 $(F_\mathrm{AC}+F_\mathrm{AD})$의 크기보다 크기 때문에 A에 작용하는 전기력의 방향은 $+x$방향이 되어 주어진 조건과 맞지 않는다.

B가 음(−)전하인 경우 A, C, D는 양(+)전하가 되지만, 전하량의 크기가 변하지 않고 A와 B 사이에는 당기는 방향으로, A와 C, A와 D 사이에는 미는 방향으로 전기력이 작용하므로 A에 작용하는 전기력의 방향은 마찬가지로 $+x$방향이 된다.

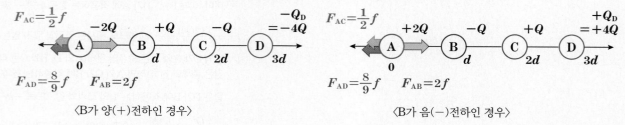

〈B가 양(+)전하인 경우〉 　　　　　　〈B가 음(−)전하인 경우〉

STEP 3. B와 C의 전하의 종류가 같을 때

B가 양(+)전하인 경우 C는 양(+)전하, A, D는 음(−)전하이므로 A, B, C, D의 전하를 각각 $-2Q$, $+Q$, $+Q$, $-Q_\mathrm{D}$라고 하자. F_BA와 F_BC의 방향이 같으므로 $|F_\mathrm{BA} + F_\mathrm{BC}| = k\dfrac{2Q\cdot Q}{d^2} + k\dfrac{Q\cdot Q}{d^2} = k\dfrac{3Q^2}{d^2} = \dfrac{1}{2}F$이고, F_BD의 크기가 이와 같으므로 $|F_\mathrm{BD}| = k\dfrac{Q\cdot Q_\mathrm{D}}{(2d)^2} = \dfrac{1}{2}F$이다. 따라서 $k\dfrac{Q\cdot Q_\mathrm{D}}{4d^2} = k\dfrac{3Q^2}{d^2}$이므로 $Q_\mathrm{D} = 12Q$이다.

B에 의해 A에 작용하는 전기력은 $+x$방향으로 크기는 $|F_\mathrm{AB}| = k\dfrac{2Q\cdot Q}{d^2} = k\dfrac{2Q^2}{d^2} = 2f$이고, C에 의해 A에 작용하는 전기력은 $+x$방향으로 크기는 $|F_\mathrm{AC}| = k\dfrac{2Q\cdot Q}{(2d)^2} = k\dfrac{2Q^2}{4d^2} = \dfrac{1}{2}f$이며, D에 의해 A에 작용하는 전기력은 $-x$방향으로 크기는 $|F_\mathrm{AD}| = k\dfrac{2Q\cdot 12Q}{(3d)^2} = k\dfrac{8Q^2}{3d^2} = \dfrac{8}{3}f$이다. 따라서 $+x$방향으로 작용하는 $(F_\mathrm{AB}+F_\mathrm{AC})$의 크기가 $-x$방향으로 작용하는 F_AD의 크기보다 작기 때문에 A에 작용하는 전기력의 방향은 $-x$방향이 되어 주어진 조건에 맞는다.

B가 음(−)전하인 경우 C는 음(−)전하, A, D는 양(+)전하가 되지만, 전하량의 크기가 변하지 않고 A와 B, A와 C 사이에는 당기는 방향으로, A와 D 사이에는 미는 방향으로 전기력이 작용하므로 A에 작용하는 전기력의 방향은 마찬가지로 $-x$방향이 된다.

〈B가 양(+)전하인 경우〉 　　　　　　〈B가 음(−)전하인 경우〉

STEP 4. 선택지 풀이

① **정답** $\left| k\dfrac{Q^2}{d^2} = \dfrac{1}{6}F \right|$이고, $k\dfrac{Q^2}{d^2} = f$이므로 $f = \dfrac{1}{6}F$이다. B와 C의 전하의 종류가 같을 때 A에 작용하는 전기력의 크기는 $\dfrac{8}{3}f - 2f - \dfrac{1}{2}f = \dfrac{1}{6}f$이므로 $\dfrac{1}{36}F$이다.

그림 (가)와 같이 x축상에 점전하 A~D를 고정하고 양(+)전하인 점전하 P를 옮기며 고정한다. A, B는 전하량이 같은 음(−)전하이고 C, D는 전하량이 같은 양(+)전하이다. 그림 (나)는 P의 위치 x가 $0<x<5d$인 구간에서 P에 작용하는 전기력을 나타낸 것이다.

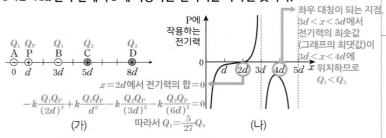

$x=2d$에서 전기력의 합이 0

$$-k\frac{Q_1Q_P}{(2d)^2}+k\frac{Q_1Q_P}{d^2}-k\frac{Q_2Q_P}{(3d)^2}-k\frac{Q_2Q_P}{(6d)^2}=0$$

따라서 $Q_1=\frac{5}{27}Q_2$

좌우 대칭이 되는 지점. $3d<x<5d$에서 전기력의 최솟값(그래프의 최댓값)이 $3d<x<4d$에 위치하므로 $Q_1<Q_2$

(가)　　　　　　　　　　　　　　　(나)

이에 대한 설명으로 옳은 것만을 〈보기〉에서 있는 대로 고른 것은?

보기

ㄱ. $x=d$에서 P에 작용하는 전기력의 방향은 −x방향이다.

ㄴ. 전하량의 크기는 A가 C보다 작다.

ㄷ. ~~5$d<x<6d$인 구간에 P에 작용하는 전기력이 0이 되는 위치가 있다.~~ 없다.

① ㄱ　② ㄷ　✓③ ㄱ, ㄴ　④ ㄴ, ㄷ　⑤ ㄱ, ㄴ, ㄷ

|자|료|해|설|

P의 전하량을 Q_P, A, B의 전하량을 Q_1, C, D의 전하량을 Q_2라 하면 P가 $x=2d$에 위치할 때 전기력의 합이 0이므로

$$-k\frac{Q_1Q_P}{(2d)^2}+k\frac{Q_1Q_P}{d^2}-k\frac{Q_2Q_P}{(3d)^2}-k\frac{Q_2Q_P}{(6d)^2}=0$$

이다. 따라서 $Q_1=\frac{5}{27}Q_2$이다.

|보|기|풀|이|

ㄱ. 정답 : $x=2d$에서 P에 작용하는 전기력의 합이 0이므로 점전하 A와 더 가까워지고 점전하 B, C, D와는 더 멀어지는 $x=d$에서 P에 작용하는 전기력은 점전하 A가 있는 음(−)의 방향, 즉 −x방향이다.

ㄴ. 정답 : P가 $x=4d$에 위치할 때 전하의 위치는 좌우 대칭이 된다. 그런데 (나)의 $3d<x<5d$구간에서 그래프의 꼭짓점(=전기력의 최솟값)은 $3d<x<4d$에 있으므로 $Q_1<Q_2$이다. 따라서 전하량의 크기는 A가 C보다 작다.

ㄷ. 오답 : P에 작용하는 전기력은 $x=2d$에서 0, $2d<x<3d$에서 +x방향이다. $5d<x<6d$구간은 $x=4d$를 기준으로 대칭이므로 이 구간에서 P에 작용하는 전기력의 방향은 +x방향이고 $Q_1<Q_2$이므로 $x=6d$에서도 전기력의 방향은 +x방향이다.

🦉 **더 자세한 해설 @**

STEP 1. 전하량의 크기 비교하기

A와 B는 음(−)전하이고, C와 D는 양(+)전하이므로 $x=4d$에서 양(+)전하인 P가 받는 전기력의 방향은 −x방향이다. 따라서 (나)에서 전기력이 음(−)의 부호일 때 힘의 방향은 −x방향이다.

$x=4d$를 기준으로 A와 D가 같은 거리($4d$)에 위치하고, B와 C가 같은 거리(d)에 위치한다. 따라서 A와 B의 전하량을 $-q$, C와 D의 전하량을 $+Q$라고 두었을 때 $Q=q$라면 P에 작용하는 전기력 그래프는 $x=4d$를 기준으로 정확히 선대칭이어야 한다. 하지만 (나)에서 $x=4d$부근의 그래프를 보면 정확히 선대칭이 아니라 $x=4d-\alpha$부근에서 전기력의 세기가 최소이므로 $Q\neq q$이다.

P가 $x=4d$에서 $x=4d-\alpha$부근으로 이동하면 C와 D로부터 받는 척력은 감소하고, A와 B로부터 받는 인력은 증가한다. 이때 전기력의 세기가 최소가 될 때까지 감소하는 구간이 존재하므로 이 구간에서 C와 D로부터 받는 척력의 감소량이 A와 B로부터 받는 인력의 증가량보다 크다는 것을 알 수 있고, $x=4d-\alpha$부근은 C와 D보다 A와 B에 더 가까운 곳이라는 지점을 고려하면 C와 D의 전하량 크기(Q)가 A와 B의 전하량 크기(q)보다 크다는 것을 알 수 있으므로 $Q>q$이다.

STEP 2. 대칭성 이용하기

$Q>q$임을 그래프를 통해서도 확인해보자. 전하량이 같은 두 전하 X, Y가 x축 상에 놓여있을 때 각 전하에 의해 양(+)전하가 받는 전기력의 방향을 그래프로 나타내면 아래 그림과 같다. 그래프가 +y 영역에 위치하면 양(+)전하가 +x방향으로 전기력을 받고, 그래프가 −y 영역에 위치하면 양(+)전하가 −x방향으로 전기력을 받는다는 의미이다. 또한 두 전하에 의해 양(+)전하가 받는 전기력의 그래프는 각 전하에 의한 전기력 그래프를 합한 것과 같다. X와 Y의 전하량의 크기가 같으면 그래프가 $x=0$에서 선대칭으로 그려지므로 두 전하의 사이에서 전기력의 세기가 최소가 되는 지점은 $x=0$이다.

각 전하에 의해 양(+)전하가 받는 전기력 그래프	두 전하에 의해 양(+)전하가 받는 전기력 그래프
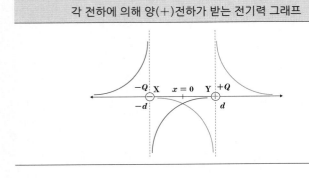	

X의 전하량 크기가 Y보다 작으면 X에 의해 양(+)전하가 받는 전기력의 크기가 작아지므로 두 전하의 사이에서 전기력이 최소가 되는 지점은 $x<0$ 인 영역에 존재하게 된다.

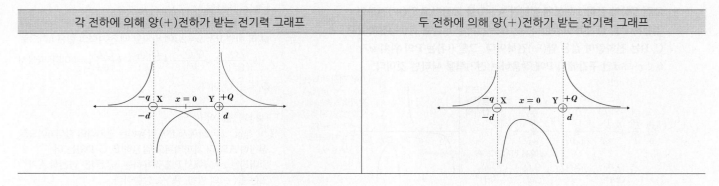

각 전하에 의해 양(+)전하가 받는 전기력 그래프	두 전하에 의해 양(+)전하가 받는 전기력 그래프

STEP 3. 문제에 적용하기

대칭성을 이용하여 A와 D에 의한 전기력 그래프와 B와 C에 의한 전기력 그래프를 그려보자. A와 D에 의한 전기력 그래프는 B와 C에 의한 전기력 그래프를 $x=4d$를 기준으로 x방향으로 4배 늘린 것과 같다. 이후 두 그래프를 더하면 네 전하에 의한 전기력 그래프를 구할 수 있다. 이때 x절편 등을 정확히 알아내기 위해서는 계산을 해야 하지만, 점근선에서 $\pm\infty$으로 발산하는 지점을 찾아 연결하면 그래프의 개형은 쉽게 찾을 수 있다.

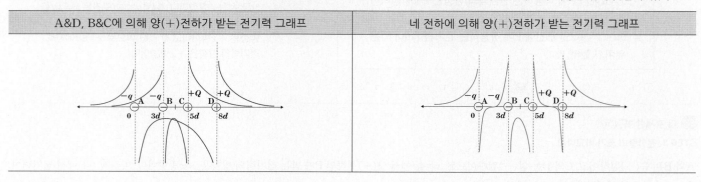

A&D, B&C에 의해 양(+)전하가 받는 전기력 그래프	네 전하에 의해 양(+)전하가 받는 전기력 그래프

STEP 4. 보기 풀이

ㄱ. 정답 | $x=d$에서 P에 작용하는 전기력 그래프의 값이 음(−)의 영역에 있으므로 힘의 방향은 $-x$방향이다.

ㄴ. 정답 | (나)의 그래프를 보면 B와 C에서 전기력이 최소가 되는 지점이 B쪽에 치우쳐 있으므로 전하량의 크기는 B가 C보다 작다.($Q>q$) A의 전하량 크기는 B와 같으므로 C의 전하량 크기보다 작다.

ㄷ. 오답 | A와 B, C와 D의 전하량 크기 차이로 인해 그래프가 $x=4d$에 완전한 대칭이 아니므로 $x=2d$에서 전기력이 0이라면 $x=6d$에서는 전기력이 0이 아님을 예상할 수 있다. 따라서 전기력이 0이 되는 지점이 $x=6d$의 어느 쪽에 있는지를 알아내야 한다.

$x=2d$에서 양(+)전하 P는 양(+)전하 C와 D에 의한 전기력의 합력(F_1)을 $-x$방향으로 받고, 음(−)전하 A와 B에 의한 전기력의 합력(F_2)을 $+x$방향으로 받는다. 이때 $x=2d$에서 p에 작용하는 전기력의 크기가 0이므로 C, D에 의한 전기력의 합력의 크기와 A, B에 의한 전기력의 합력의 크기는 같다. ($|F_1|=|F_2|$) $x=6d$에서 양(+)전하 P는 A와 B에 의한 전기력의 합력을 $-x$방향으로 받는데, 이때 전기력의 크기는 대칭성을 생각하면 F_1보다 작다. 또한 C와 D에 의한 전기력의 합력은 $+x$방향으로 받는데, 이때 전기력의 크기는 F_2보다 크다. 따라서 $x=6d$에서 양(+) 전하 P에 작용하는 전기력의 방향은 $+x$방향이므로 전기력이 0이 되는 지점은 $x=6d$보다 오른쪽에 있고, 그래프 개형을 참고했을 때 $5d<x<6d$ 에서 P에 작용하는 전기력의 방향은 항상 $+x$방향이다.

그림 (가)는 점전하 A, B, C, D를 x축상에 고정시킨 것으로 B는 음(−)전하이고 A와 C는 같은 종류의 전하이다. A에 작용하는 전기력의 방향은 $+x$방향이고, C에 작용하는 전기력은 0이다. 그림 (나)는 (가)에서 B만 제거한 것으로 D에 작용하는 전기력의 방향은 $+x$방향이다.

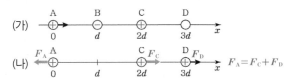

이에 대한 옳은 설명만을 〈보기〉에서 있는 대로 고른 것은?

보기

ㄱ. A는 양(+)전하이다.

ㄴ. 전하량의 크기는 B가 A보다 ~~크다.~~ 작다.

ㄷ. (나)의 D에 작용하는 전기력의 크기는 (나)의 A에 작용하는 전기력의 크기보다 ~~크다.~~ 작다.

① ㄱ   ② ㄴ   ③ ㄱ, ㄷ   ④ ㄴ, ㄷ   ⑤ ㄱ, ㄴ, ㄷ

|자|료|해|설|

(가)에서 A, C가 음(−)전하라면 D가 양(+)전하이어야 A에 작용하는 전기력이 $+x$방향이 된다. 그러나 이 경우에 C에 작용하는 전기력의 방향은 $+x$방향이 되므로 조건에 부합하지 않는다. 따라서 A, C는 양(+)전하이다.

(나)에서 B를 제거했을 때 B가 C를 당기는 전기력이 사라지므로 C에 작용하는 전기력(F_C)의 방향은 $+x$방향이다. D에 작용하는 전기력(F_D)의 방향은 $+x$방향이므로 D는 양(+)전하이다. 또한, A에 작용하는 전기력(F_A)은 작용−반작용 법칙에 의해 $-x$방향이다.($F_A=F_C+F_D$)

|보|기|풀|이|

ㄱ. 정답 : 자료 해설과 같이 A, C, D는 모두 양(+)전하이다.

ㄴ. 오답 : (가)에서 B와 D가 C에 작용하는 $-x$방향의 전기력 합의 크기는 B와 D보다 더 멀리 있는 A가 C에 작용하는 $+x$방향의 전기력의 크기와 같다. 따라서 전하량의 크기는 A가 B보다 크다.

ㄷ. 오답 : (나)에서 $F_A=F_C+F_D$이므로 $F_D<F_A$이다.

 더 자세한 해설 @

STEP 1. A, B, C, D의 전하의 종류 알아내기

(나)에서 D는 $+x$방향으로 전기력을 받으므로 A 또는 C 중 적어도 하나에 의해 밀어내는 방향으로 전기력을 받는데, 주어진 조건에서 A와 C의 전하의 종류가 같다고 했으므로 A, C, D의 전하의 종류는 서로 같다.

(가)에서 A는 C와 D에 의해 밀어내는 방향으로 전기력을 받는데, A에 작용하는 전기력의 방향은 $+x$방향이므로 B에 의해 당기는 방향으로 전기력을 받아야 한다. 따라서 A와 B의 전하의 종류는 다르다. 주어진 조건에서 B는 음(−)전하라고 했으므로 A, C, D는 양(+)전하이다.

전기력의 방향만 살펴볼 때 (나)에서 A는 C와 D에 의해 밀어내는 방향으로 전기력을 받고, D는 A와 C에 의해 밀어내는 방향으로 전기력을 받으므로 전하의 종류만 아는 상태에서도 A와 D에 작용하는 합성 전기력의 방향을 알 수 있다. 반면 A와 D에 의해 C에 작용하는 전기력의 방향은 반대이므로 전하의 종류만 아는 상태에서 C에 작용하는 합성 전기력의 방향은 알 수 없다.

B가 음(−)전하이므로 (가)에서 C는 B에 의해 당기는 방향인 $-x$방향으로 전기력을 받는데, C의 합성 전기력의 크기가 0이므로 A와 D에 의해 C에 작용하는 전기력의 크기는 $+x$방향임을 알 수 있다. 따라서 (가)의 C에 작용하는 전기력의 크기만 비교했을 때 $F_{CA}=F_{CB}+F_{CD}$이고, (나)에서 $F_{CA}>F_{CD}$이고 A, C, D에 작용하는 합성 전기력의 벡터합이 0이 되어야 하므로 전기력의 크기만 비교했을 때 $F_A=F_C+F_D$이다.

STEP 2. 전기력 방정식 세우기

A, B, C, D의 전하량을 각각 q_A, q_B, q_C, q_D라고 하고, $+x$방향의 부호를 양(+)의 부호로 두자. (가)에서 C에 작용하는 전기력은 0이라는 조건을 이용하여 방정식을 세우면 $F_C=k\dfrac{q_A q_C}{4d^2}-k\dfrac{q_B q_C}{d^2}-k\dfrac{q_C q_D}{d^2}=0$이고, 간단하게 정리하면 $\dfrac{q_A}{4}-q_B-q_D=0$, $q_A=4q_B+4q_D(\cdots\text{⑤})$이므로 A의 전하량이 B와 D의 전하량 합의 4배라는 것을 알 수 있다. (나)의 D에 작용하는 전기력의 크기는 $|F_D|=k\dfrac{q_A q_D}{9d^2}+k\dfrac{q_C q_D}{d^2}=k\dfrac{1}{d^2}\left(\dfrac{q_A q_D}{9}+q_C q_D\right)$이고, (나)의 A에 작용하는 전기력의 크기는 $|F_A|=\left|-k\dfrac{q_A q_D}{9d^2}-k\dfrac{q_A q_C}{4d^2}\right|=k\dfrac{q_A q_D}{9d^2}+k\dfrac{q_A q_C}{4d^2}=k\dfrac{1}{d^2}\left(\dfrac{q_A q_D}{9}+\dfrac{q_A q_C}{4}\right)$이다.

ㄱ. 정답 | A, C가 음(−)전하인 경우 문제 조건에 맞지 않으므로 A, C는 양(+)전하이다.

ㄴ. 오답 | (가)의 C에 작용하는 전기력의 크기가 0이므로 $F_C = k\dfrac{q_Aq_C}{4d^2} - k\dfrac{q_Bq_C}{d^2} - k\dfrac{q_Cq_D}{d^2} = 0$에서 $q_A = 4q_B + 4q_D$이다. 따라서 전하량의 크기는 A가 B보다 크다. 이는 (가)에서 C에 작용하는 전기력의 크기만 비교했을 때 $F_{CA} = F_{CB} + F_{CD}$임을 통해서도 알 수 있다.

ㄷ. 오답 | (나)에서 전기력의 크기만 비교했을 때 $F_A = F_C + F_D$이므로 F_A의 크기가 F_D보다 크다. 이를 계산으로 확인해보면 (나)의 D에 작용하는 전기력의 크기는 $|F_D| = k\dfrac{1}{d^2}\left(\dfrac{q_Aq_D}{9} + q_Cq_D\right)$이고, (나)의 A에 작용하는 전기력의 크기는 $|F_A| = k\dfrac{1}{d^2}\left(\dfrac{q_Aq_D}{9} + \dfrac{q_Aq_C}{4}\right)$이다. $|F_A| - |F_D| = k\dfrac{1}{d^2}\left(\dfrac{q_Aq_D}{9} + \dfrac{q_Aq_C}{4}\right) - k\dfrac{1}{d^2}\left(\dfrac{q_Aq_D}{9} + q_Cq_D\right) = k\dfrac{q_C(q_A - 4q_D)}{4d^2}$ (⋯ⓛ)이다. ⓛ에 ㉠을 대입하면 $|F_A| - |F_D| = k\dfrac{q_C(4q_B + 4q_D - 4q_D)}{4d^2} = k\dfrac{q_C 4q_B}{4d^2}$ > 0이므로 $|F_A| > |F_D|$이다. 따라서 A에 작용하는 전기력이 D에 작용하는 전기력의 크기보다 크다.

---

29 쿨롱 법칙

정답 ①   정답률 79%   2025학년도 9월 모평 17번   문제편 133p

그림 (가)와 같이 x축상에 점전하 A, 양(+)전하인 점전하 C를 각각 $x = 0$, $x = 5d$에 고정하고, 점전하 B를 x축상의 $d \le x \le 3d$인 구간에서 옮기며 고정한다. 그림 (나)는 (가)에서 C에 작용하는 전기력을 B의 위치에 따라 나타낸 것이고, 전기력의 방향은 $+x$방향이 양(+)이다.

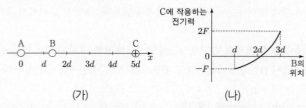

(가)   (나)

이에 대한 설명으로 옳은 것만을 〈보기〉에서 있는 대로 고른 것은? **(3점)**

보기

㉠ A는 음(−)전하이다.

㉡ 전하량의 크기는 A가 B보다 ~~작다~~ 크다

㉢ B가 $x = 3d$에 있을 때, B에 작용하는 전기력의 크기는 $2F$보다 ~~작다~~ 크다

---

① ㄱ   ② ㄴ   ③ ㄱ, ㄷ   ④ ㄴ, ㄷ   ⑤ ㄱ, ㄴ, ㄷ

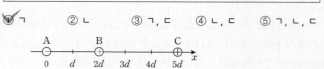

→ B가 $x = 2d$에 있을 때
A와 B가 C에 작용하는 힘의 크기는 같다.
A의 전하량 > B의 전하량

→ B가 $x = 3d$에 있을 때
A, B, C에 작용하는 힘을 모두 더하면 0(작용-반작용 법칙)
C와 A에는 $+x$방향의 힘이 작용하므로
B에 작용하는 힘은 왼쪽 방향으로 $2F$보다 큰 힘이 작용

| 자 | 료 | 해 | 설 | 및 | 보 | 기 | 풀 | 이 |

㉠ **정답** : B가 C로 다가갈수록 B가 C에 작용하는 전기력의 세기는 커지는데 C에 작용하는 전기력이 $-x$방향에서 $+x$방향으로 바뀌므로 B는 양(+)전하이다. 또한 A와 B가 C에 대해 같은 쪽에 있을 때 C에 작용하는 전기력이 0이 되는 지점이 존재하므로 A는 음(−)전하이다.

㉡ **오답** : B가 $x = 2d$에 있을 때, C에 작용하는 전기력은 0이므로 A와 B가 C에 작용하는 힘의 크기는 같다. 따라서 C로부터 멀리 있는 A가 B보다 전하량의 크기가 크다.

㉢ **오답** : 작용 반작용 법칙에 따라 A, B, C에 작용하는 힘을 모두 더하면 0이다. B가 $x = 3d$에 있을 때, C에 작용하는 전기력은 $+x$방향으로 $2F$이다. 음(−)전하인 A에 작용하는 전기력의 방향은 $+x$방향이므로 B에 작용하는 전기력의 방향은 $-x$방향이고 전기력의 크기는 A와 C에 작용하는 전기력 크기의 합이므로 $2F$보다 크다.

😀 **문제풀이 TIP** | 작용 반작용 법칙에 따라 A, B, C에 작용하는 힘의 합은 0이다.

😀 **출제분석** | (나) 그래프로부터 A와 B의 전하의 종류, 전하량의 크기를 비교할 수 있어야 문제를 해결할 수 있다.

그림 (가)는 점전하 A, B, C를 x축상에 고정시킨 것으로 A, C에 작용하는 전기력의 크기는 같다. 그림 (나)는 (가)에서 B와 C의 위치를 바꾸어 고정시킨 것으로 C에 작용하는 전기력은 0이다. 전하량의 크기는 A가 C보다 크다.

$|F_A| = |F_C|$

A와 B의 전하의 종류와 전하량은 같음

A와 C의 전하의 종류는 반대

힘의 방향 →

(가)　　　　　　　　(나)

이에 대한 옳은 설명만을 〈보기〉에서 있는 대로 고른 것은? **3점**

보기

ㄱ. 전하량의 크기는 B가 C보다 크다.

당기는
ㄴ. A와 C 사이에는 서로 밀어내는 전기력이 작용한다.

ㄷ. (가)에서 A와 B에 작용하는 전기력의 방향은 같다. 반대이다.

① ㄱ 　　② ㄴ 　　③ ㄱ, ㄷ 　　④ ㄴ, ㄷ 　　⑤ ㄱ, ㄴ, ㄷ

|자|료|해|설|

(나)에서 C에 작용하는 전기력은 0이므로 A와 B의 전하의 종류와 전하량의 크기는 같다. (가)에서 A, B, C에 작용하는 전기력의 크기를 각각 F_A, F_B, F_C라 하자. (가)에서 각각의 전하가 받는 전기력의 총합은 0이어야 한다. 즉 $F_A + F_B + F_C = 0$인데 $|F_A| = |F_C|$이므로 만약 F_A와 F_C의 방향이 다르다면 $F_B = 0$이 되어버린다. 하지만 전하량의 크기는 A가 C보다 크므로 F_B는 0이 될 수 없다. 따라서 F_A와 F_C의 방향이 같으며 F_B의 크기는 $|F_A + F_C|$, 즉 $2F_A$이고 방향은 F_A, F_C와 반대이다. 이를 충족하기 위해서 C와 A, B는 서로 전하의 종류가 달라야 한다.

|보|기|풀|이|

ㄱ. 정답 : 전하량의 크기는 A와 B가 같으므로 전하량의 크기는 B가 C보다 크다.

ㄴ. 오답 : A와 C는 다른 종류의 전하이므로 서로 당기는 전기력이 작용한다.

ㄷ. 오답 : (가)에서 A와 B에 작용하는 전기력의 방향은 각각 $-x$, $+x$방향이다.

그림 (가)는 점전하 A, B를 x축상에 고정하고 음(−)전하 P를 옮기며 x축상에 고정하는 것을 나타낸 것이다. 그림 (나)는 점전하 A~D를 x축상에 고정하고 양(+)전하 R를 옮기며 x축상에 고정하는 것을 나타낸 것이다. A와 D, B와 C, P와 R는 각각 전하량의 크기가 같고, C와 D는 양(+)전하이다. 그림 (다)는 (가)에서 P의 위치 x가 $0<x<3d$인 구간에서 P에 작용하는 전기력을 나타낸 것으로, 전기력의 방향은 $+x$방향이 양(+)이다.

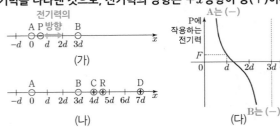

전기력의 방향

A는 (−)

B는 (−), 전하량은 A보다 큼

(가)

(나)

(다)

이에 대한 설명으로 옳은 것만을 〈보기〉에서 있는 대로 고른 것은?

3점

보기

ㄱ. (가)에서 P의 위치가 $x = -d$일 때, P에 작용하는 전기력의 크기는 F보다 크다.

ㄴ. (나)에서 R의 위치가 $x = d$일 때, R에 작용하는 전기력의 방향은 $+x$방향이다. $-x$

ㄷ. (나)에서 R의 위치가 $x = 6d$일 때, R에 작용하는 전기력의 크기는 F보다 작다. 크다

① ㄱ 　　② ㄴ 　　③ ㄱ, ㄷ 　　④ ㄴ, ㄷ 　　⑤ ㄱ, ㄴ, ㄷ

|자|료|해|설|

(다)에서 P가 A에 가까워질수록 $+x$방향의 전기력이 세지고, B에 가까워질수록 $-x$방향의 전기력이 세지므로 A와 B는 P와 같은 종류의 전하인 음(−)전하이다. 전기력이 0인 곳은 $x < 1.5d$이므로 전하량의 크기는 B가 A보다 크다.

|보|기|풀|이|

ㄱ. 정답 : (가)에서 P가 A의 왼쪽에 있을 때 A와 B에 의한 전기력은 모두 $-x$방향이다.

ㄴ. 오답 : (나)에서 R의 위치가 $x = d$일 때, A와 B에 의한 전기력의 방향은 $-x$방향이고 크기는 F이다. C와 D에 의해 R에 작용하는 전기력의 방향은 $-x$방향이므로 F보다 더 큰 $-x$방향의 전기력이 작용한다.

ㄷ. 오답 : (나)에서 R의 위치가 $x = 6d$일 때, (가)의 상황과 대칭이므로 C와 D에 의한 전기력의 방향은 $-x$방향이고 크기는 F이다. 한편, A와 B에 의해 $-x$방향의 전기력이 작용하므로 R에 작용하는 전기력의 크기는 F보다 크다.

😊 **출제분석** | 2025 수능 특강에서는 (다)와 같은 그래프로 전하의 종류와 전하량의 크기를 유추하는 문제가 다수 제시되었다.

02 빛의 흡수와 방출

❶ 돌턴, 톰슨과 러더퍼드의 원자 모형 ★수능에 나오는 필수 개념 2가지

기본자료

필수개념 1 돌턴과 톰슨의 원자 모형

o **돌턴 원자 모형** : 돌턴은 더 이상 쪼갤 수 없는 가장 작은 입자(알갱이)를 원자라고 하였다.

o **톰슨 원자 모형** : 두 개의 전극을 넣은 유리관을 진공 상태에 가깝게 만들고 두 전극 사이에 높은
전압을 걸어 주면 유리관 속의 (−)극에서 (+)극 쪽으로 빛이 나오는데, 톰슨은 이를 음극선이라고
하였다. 톰슨은 음극선에 전기장을 걸어주었을 때 음극선의 경로가 (+)쪽으로 휘는 것을 보고
음극선이 (−)전하를 띤 입자의 흐름이라는 것을 알아내었다. 이를 통해 원자를 구성하는 전자의
존재를 처음 알게 되었다. 이후 톰슨은 원자가 (+)전하를 띤 물질로 채워져 있고, 그 속에 전자들이
띄엄띄엄 박혀 있다고 생각하였다.

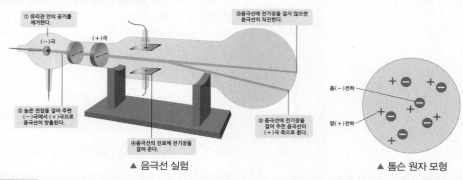

▲ 음극선 실험   ▲ 톰슨 원자 모형

필수개념 2 러더퍼드의 원자 모형

o **러더퍼드 원자 모형** : 러더퍼드는 (+)전하를 띤 알파입자를 아주 얇은 금박에 쏘았더니 일부
알파입자가 거의 180도에 가까운 각도로 튕겨 나오는 것을 발견했다. 톰슨의 원자 모형에 의하면
180도 가까이 튕겨 나오는 알파입자를 설명할 수 없었다. 그래서 러더퍼드는 원자 가운데 좁은 공간에
빽빽하게 모여 있는 (+)전하를 띤 무엇인가가 존재할 것이라고 생각했으며 이를 원자핵이라고 하였다.
러더퍼드의 알파입자 산란 실험을 통해 원자핵의 존재를 발견하였다. 또, 원자핵의 지름은 원자 지름에
비해 매우 작지만 원자핵의 질량은 전자에 비해 매우 커서 원자 질량의 대부분을 차지한다는 것도
알아내었다.

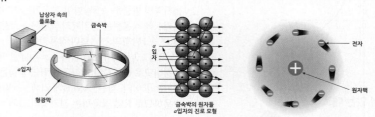

▲ 알파 입자 산란 실험   ▲ 러더퍼드 원자 모형

러더퍼드 원자 모형을 흔히 태양계 모형이라고 한다. 원자의 중심에 원자 질량의 대부분을 차지하는
원자핵이 있고, 그 주위를 가벼운 전자들이 돌고 있는 구조로 마치 행성이 태양 주위를 돌고 있는
것과 같은 모양이다. 원자핵의 주위를 전자가 돌 수 있는 이유는 (+)전하를 띠는 원자핵과
(−)전하를 띠는 전자 사이의 전기력이 존재하기 때문이다. 뉴턴의 운동 법칙으로 원자핵과 전자
사이의 만유인력을 계산하면 매우 작은 값이 나온다. 따라서 원자가 존재하기 위해서는 중력보다 더
큰 힘이 존재해야 하는데 그 힘이 전기력이다.

o **러더퍼드 모형의 한계점** : 러더퍼드 모형으로는 원자에서 방출되는 선 스펙트럼을 설명할 수 없다.
또한, 러더퍼드 모형에 따르면 전자가 원자핵 주위를 돌게 되면 에너지를 잃어 언젠가는 원자핵에
가까이 빨려 들어가야 하는데 그러한 일이 일어나지 않는다. 러더퍼드 모형의 한계점을 극복한 인물이
보어이다.

❷ 보어의 원자 모형 유형 ◀ ★수능에 나오는 필수 개념 2가지 + 필수 암기사항 3개

필수개념 1 에너지의 양자화

• 암기 **보어 원자 모형** → 양자화된 에너지 준위 : 전자가 갖는 에너지는 불연속인 에너지이다.

○ 전자는 원자핵 주위를 특정한 궤도로 돌고 있다.
○ 전자가 돌 수 있는 특정한 궤도를 양자라고 하며, n으로 표현한다.
○ 양자수 n은 불연속적인 값을 가지며 $n=1, 2, 3, \cdots$ 으로 표현한다.
○ 특정 궤도를 도는 전자가 가지고 있는 에너지는 양자수에 따라 결정되며 불연속적인 값이다.

• 암기 **진동수 조건** → $\Delta E = hf = h\dfrac{c}{\lambda}$ (에너지 준위의 차이는 진동수에 비례하고, 파장에 반비례)

○ 전자는 에너지를 방출하여 에너지 준위가 낮은 곳으로 전이한다.
○ 전자는 에너지를 흡수하여 에너지 준위가 높은 곳으로 전이한다.

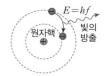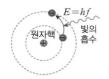

○ 에너지 준위의 차이(ΔE)가 크면 ⇨ 흡수 또는 방출하는 빛의 진동수(f)가 크고 ⇨ 파장(λ)은 짧다.

▶ **전자 궤도의 양자화**
가장 낮은 에너지 준위일 때를 안정 상태 혹은 바닥 상태라고 하며 $n=1$이 여기에 해당하고, $n=2$부터는 들뜬상태(불안정 상태)가 된다.

궤도	에너지
$n=\infty$	E_∞
$n=4$	E_4
$n=3$	E_3
$n=2$	E_2
$n=1$	E_1

플랑크 상수(h)
플랑크가 고안한 상수로 양자물리를 만드는 데 지대한 공헌을 하였다.
($h=6.63 \times 10^{-34} J \cdot s$)

전이
전자가 에너지 준위 사이를 이동하는 것

필수개념 2 에너지 준위

• 암기 → 전자는 에너지 준위의 차이에 해당하는 에너지만을 흡수, 방출한다.

○ 원자는 특정 궤도를 도는 전자가 가질 수 있는 에너지가 있는데 이를 에너지 준위(Energy Level)라고 한다.
○ 전자가 갖는 에너지 준위는 불연속적이다.
○ 전자는 에너지 준위의 차이에 해당하는 에너지만을 흡수하고 방출한다.
○ 전자가 높은 에너지 준위(n)에서 낮은 에너지 준위(m)로 전이할 때 방출하는 에너지는 다음과 같다.
　$\Delta E = E_n - E_m = hf$
○ 전자가 전이할 때 $n=1$로 전이하면 자외선을 내는 라이먼 계열, $n=2$로 전이하면 가시광선을 내는 발머 계열, $n=3$으로 전이하면 적외선을 내는 파셴 계열이다.
○ 수소 원자의 에너지 준위 식에서 (−) 부호는 원자핵에 전자가 속박되어 있다는 것을 뜻한다. 전자가 원자핵으로부터 무한대로 떨어져 있을 때의 에너지가 0 이며, n이 작을수록 에너지 준위가 낮은 상태이다.

　$E_n(\text{eV}) = -\dfrac{13.6}{n^2}$

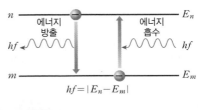

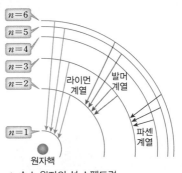

▲ 수소 원자의 선 스펙트럼

▶ **에너지 준위**
양자수가 클수록 에너지 준위도 크다.

궤도	에너지
$n=\infty$	E_∞
$n=4$	E_4
$n=3$	E_3
$n=2$	E_2
$n=1$	E_1

$E_1 < E_2 < E_3 < \cdots < E_\infty$

광자의 에너지
빛의 속력을 c, 빛의 진동수와 파장을 각각 f, λ라고 하면 광자 한 개의 에너지는 $E = hf = h\dfrac{c}{\lambda}$이다.

❸ **선 스펙트럼 유형** ◀ ★수능에 나오는 필수 개념 2가지 + 필수 암기사항 2개

기본자료

▶ 스펙트럼(spectrum)
색깔의 띠를 스펙트럼이라고 한다.
햇빛과 같은 연속 스펙트럼과 가열된
기체에서 방출되는 선 스펙트럼이 있다.

필수개념 1　원자의 구성과 스펙트럼

• 암기 → 선 스펙트럼은 에너지 준위가 불연속적임을 알려준다.

○ 원자는 양성자와 중성자로 이루어진 원자핵과 전자로 구성되어 있다.
○ 연속 스펙트럼 : 빛의 색이 무지개처럼 연속적인 띠로 나타나는 것으로, 햇빛, 전등 빛, 가열된
　고체에서 방출되는 빛의 파장은 연속적이다.

○ 방출 선 스펙트럼 : 빛의 색이 띄엄띄엄 선으로 나타나는 것으로, 가열된 기체에서 방출되는 빛의
　파장은 불연속적이다.

○ 선 스펙트럼은 기체의 종류마다 다르게 나타나는 것을 알 수 있으며 기체의 고유한 특징이기도
　하다. 다음은 수소, 네온, 수은에 높은 전압을 걸었을 때 나타나는 선 스펙트럼이다.

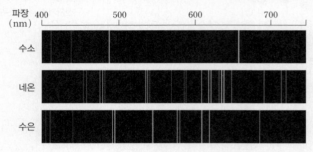

○ 흡수 스펙트럼 : 연속 스펙트럼을 나타내는 빛을 저온 기체 속으로 지나가게 하면 기체가 특정
　파장의 빛을 흡수하여 연속 스펙트럼에 검은 선이 나타나게 된다. 이러한 스펙트럼을 흡수
　스펙트럼이라고 한다. ①의 경우는 백열등에서 나오는 빛이 온도가 낮은 수소 기체를 통과한 후의
　흡수 스펙트럼이고, ②의 경우는 태양의 흡수 스펙트럼을 나타낸 것이다.

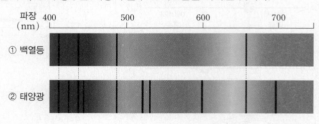

필수개념 2　선 스펙트럼 분석

• 암기 → 파장이 짧은 빛의 진동수는 크고, 에너지도 크다.

▶ 파장과 진동수의 관계
빛의 속력은 일정하므로 파장과
진동수는 서로 반비례 관계이다.

○ 가열된 기체가 방출하는 빛을 분광기로 관찰한 결과 다음과 같은 스펙트럼이 나타났다.

① 기체 원자의 에너지 준위는 불연속적이다.
② 파장이 길수록 진동수가 작은 빛이다.
③ 따라서 파장이 짧은 빛이 진동수가 크고, 방출되는 광자 1개의 에너지가 크다.

❹ 보어의 원자 모형 + 선 스펙트럼 유형 ◀★수능에 나오는 필수 개념 1가지 + 필수 암기사항 2개

필수개념 1 에너지 준위와 선 스펙트럼

- **암기** **양자수에 따른 에너지 준위와 선 스펙트럼 제시 유형(기본 유형)** → 양자수(n)가 클수록 에너지 준위도
커지고, 에너지 준위의 차이가 작을수록 파장이 긴 빛이 방출된다.

○ (가)와 같이 수소 원자의 양자수에 따른 에너지 준위 그림을 제시하고, 거기에 (나)와 같이 수소
원자가 방출하는 발머 계열의 선 스펙트럼을 함께 제시하는 유형으로 보어 원자 모형에 대한
기본적인 개념을 묻는 유형이다.

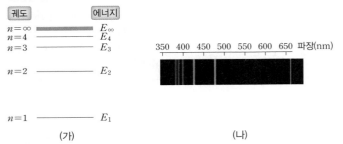

(가)　　　　　　　　　　　　　　　　　(나)

① (가)에서 양자수(n)가 클수록 에너지 준위도 커진다.
　⇨ $E_1 < E_2 < E_3 < \cdots < E_\infty$
② (가)에서 수소 원자의 에너지 준위는 불연속적이라는 것을 알 수 있다.
③ (가)에서 전자가 $n=1$인 상태에 있을 때 바닥 상태에 있다고 한다.
④ (나)는 발머 계열의 선 스펙트럼으로 들뜬 상태의 전자가 $n=2$인 궤도로 전이할 때 방출하는
스펙트럼이다.
⑤ (나)에서 파장이 긴 쪽으로 갈수록 선의 간격이 넓어지는 것을 알 수 있다.

- **암기** **전자의 전이 과정에 해당하는 선 스펙트럼 찾기 유형(심화 유형)** → 에너지 준위의 차이(ΔE)가 클수록
방출하는 빛의 진동수(f)는 커지고, 빛의 파장(λ)은 짧아진다.

○ (가)와 같이 에너지 준위 그림에서 전자가 전이하는 과정을 몇 가지 제시하고 (나)의 선
스펙트럼에서 해당되는 경우의 빛의 파장을 찾는 문제 유형이다.

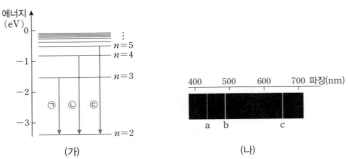

(가)　　　　　　　　　　　　　　　　　(나)

① (가)에서 ㉠, ㉡, ㉢ 모두 $n=2$로 전이하므로 발머 계열이며 가시광선이 방출된다.
② ㉠은 $n=3$에서 $n=2$인 상태로 전이하고, ㉡은 $n=4$에서 $n=2$인 상태로 전이하고 ㉢은 $n=5$
에서 $n=2$인 상태로 전이하므로 에너지 준위의 차이는 ㉢ > ㉡ > ㉠ 이다.
③ $\Delta E = hf$이고 $f = \dfrac{c}{\lambda}$이므로, $\Delta E = hf = h\dfrac{c}{\lambda}$이다. 즉 에너지 준위의 차이($\Delta E$)는 전자가
전이하면서 방출하는 빛의 진동수(f)에 비례하고, 파장(λ)에는 반비례한다.
④ 따라서 에너지 준위의 차이는 ㉢ > ㉡ > ㉠ 이고, 파장은 $a < b < c$ 이므로 전자가 ㉠과 같이
전이할 때 방출하는 빛의 파장은 c이다.
⑤ ㉡에 해당하는 빛은 b, ㉢에 해당하는 빛은 a이다.

기본자료

▶ 수소 원자의 스펙트럼

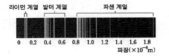

① 수소 원자에 있는 전자가 $n=1$인
상태로 전이될 때 방출하는 빛은
자외선으로 이를 라이먼 계열이라고
한다.
② 수소 원자에 있는 전자가 $n=2$인
상태로 전이될 때 방출하는 빛은
가시광선으로 이를 발머 계열이라고
한다.
③ 수소 원자에 있는 전자가 $n=3$인
상태로 전이될 때 방출하는 빛은
적외선으로 이를 파셴 계열이라고
한다.

▶ 파동의 전파 속력
파동의 전파 속력을 v라면 $v = f\lambda$이다.
이때 f는 진동수, λ는 파장에 해당한다.
빛의 경우에는 속력이 일정하여 광속을
c로 표현해 $c = f\lambda$라는 식을 사용한다.

그림은 보어의 수소 원자 모형에서 양자수 n에 따른 에너지 준위의 일부와 전자의 전이 a, b, c를 나타낸 것이다. a, b, c에서 방출되는 광자 1개의 에너지는 각각 E_a, E_b, E_c이다. 이에 대한 설명으로 옳은 것만을 〈보기〉에서 있는 대로 고른 것은? (단, 플랑크 상수는 h이다.)

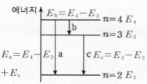

에너지
$E_b = E_4 - E_3$　$n=4$ E_4
↓ b
$n=3$ E_3
$E_a = E_4 - E_2$ a　c $E_c = E_3 - E_2$
$E_a = E_b + E_c$　$n=2$ E_2

보기

㉠. a에서 방출되는 빛의 진동수는 $\dfrac{E_a}{h}$이다.

㉡. 방출되는 빛의 파장은 a에서가 c에서보다 짧다.

㉢. $E_a = E_b + E_c$이다.

① ㄱ　　② ㄷ　　③ ㄱ, ㄴ　　④ ㄴ, ㄷ　　⑤ ㄱ, ㄴ, ㄷ

|자|료|해|설|

원자에 존재하는 전자는 특정 에너지 준위에만 안정적으로 존재할 수 있다. 전자가 하나의 에너지 준위에서 다른 에너지 준위로 전이할 때 흡수하거나 방출되는 광자 1개의 에너지는 에너지 준위 차와 같다. 따라서 양자수가 2, 3, 4인 에너지 준위를 E_2, E_3, E_4라고 할 때 $E_a = E_4 - E_2$이고, $E_b = E_4 - E_3$, $E_c = E_3 - E_2$이다.

|보|기|풀|이|

㉠. 정답 : $E = hf$이므로 a에서 방출되는 빛의 진동수는 $f_a = \dfrac{E_a}{h}$이다.

㉡. 정답 : $E = hf = \dfrac{hc}{\lambda}$에 의해 방출되는 광자의 에너지와 파장은 반비례하므로 광자의 에너지가 큰 a에서가 c에서보다 빛의 파장이 짧다.

㉢. 정답 : 방출되는 광자 1개의 에너지는 에너지 준위 차와 같으므로 $E_a = E_b + E_c$이다.

😀 문제풀이 T I P | 광자 1개의 에너지 $E = hf = \dfrac{hc}{\lambda}$

😀 출제분석 | 광자의 에너지와 진동수, 파장 관계는 필수로 숙지해야 한다.

그림은 보어의 수소 원자 모형에서 양자수 n에 따른 에너지 준위의 일부와 전자의 전이 a, b, c를 나타낸 것이다. a, b, c에서 방출되는 빛의 진동수는 각각 f_a, f_b, f_c이다. 이에 대한 설명으로 옳은 것만을 〈보기〉에서 있는 대로 고른 것은? **3점**

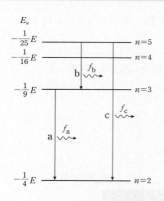

E_n
$-\dfrac{1}{25}E$　$n=5$
$-\dfrac{1}{16}E$　$n=4$
b f_b
$-\dfrac{1}{9}E$　$n=3$
c f_c
a f_a
$-\dfrac{1}{4}E$　$n=2$

보기

㉠. a에서 방출되는 광자 1개의 에너지는 ~~$\dfrac{1}{4}$~~ $\dfrac{5}{36}E$이다.

㉡. 방출되는 빛의 파장은 a에서가 b에서보다 짧다.

㉢. $f_c = f_a + f_b$이다. → 진동수에 반비례

① ㄱ　　② ㄴ　　③ ㄱ, ㄷ　　④ ㄴ, ㄷ　　⑤ ㄱ, ㄴ, ㄷ

|자|료|해|설|

전자가 높은 에너지 준위(n)에서 낮은 에너지 준위(m)로 전이할 때 빛이 방출된다. 이때 방출되는 광자 1개의 에너지는 $\Delta E = E_n - E_m = hf$이다. 따라서 a에서 방출되는 광자 1개의 에너지는 $hf_a = -\dfrac{1}{9}E - \left(-\dfrac{1}{4}E\right) = \dfrac{5}{36}E$이고 b에서 방출되는 광자 1개의 에너지는 $hf_b = -\dfrac{1}{25}E - \left(-\dfrac{1}{9}E\right) = \dfrac{16}{225}E$이다.

|보|기|풀|이|

ㄱ. 오답 : a에서 방출되는 광자 1개의 에너지는 $hf_a = -\dfrac{1}{9}E - \left(-\dfrac{1}{4}E\right) = \dfrac{5}{36}E$이다.

㉡. 정답 : a에서 방출되는 광자 1개의 에너지는 $hf_a = -\dfrac{1}{9}E - \left(-\dfrac{1}{4}E\right) = \dfrac{5}{36}E$이고 b에서 방출되는 광자 1개의 에너지는 $hf_b = -\dfrac{1}{25}E - \left(-\dfrac{1}{9}E\right) = \dfrac{16}{225}E$으로 방출되는 광자 1개의 에너지($hf$)는 a에서가 b에서보다 크다. 한편 $hf = \dfrac{hc}{\lambda}$이므로 빛의 파장은 진동수가 큰 a가 b보다 짧다.

㉢. 정답 : c에서 방출되는 광자 1개의 에너지는 a, b에서 방출되는 광자 1개의 에너지의 합과 같으므로 $hf_c = hf_a + hf_b$, $f_c = f_a + f_b$이다.

😀 문제풀이 T I P | 전자가 높은 에너지 준위(n)에서 낮은 에너지 준위(m)로 전이할 때 빛이 방출된다. 이때 방출되는 광자 1개의 에너지는 $\Delta E = E_n - E_m = hf = \dfrac{hc}{\lambda}$이다.

😀 출제분석 | 수소 원자 모형의 자료 분석에 관한 문항으로 에너지 준위에 대한 일반적인 유형이 출제되었다.

그림은 보어의 수소 원자 모형에서 양자수 n에 따른 에너지 준위의 일부와 전자의 전이 a~c를, 표는 a, b에서 방출되는 광자 1개의 에너지를 나타낸 것이다.

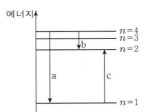

전이	방출되는 광자 1개의 에너지
a	$5E_0$
b	E_0
c	$5E_0 - E_0 = 4E_0$ (흡수하는 광자 1개의 에너지)

이에 대한 설명으로 옳은 것만을 〈보기〉에서 있는 대로 고른 것은?
(단, 플랑크 상수는 h이다.) **3점**

보기

ㄱ. a에서 방출되는 빛은 ~~가시광선~~ 자외선 이다.

ㄴ. 방출되는 빛의 파장은 a에서가 b에서보다 짧다.

ㄷ. c에서 흡수되는 빛의 진동수는 $\dfrac{4E_0}{h}$이다.

① ㄱ   ② ㄴ   ③ ㄱ, ㄷ   ④ ㄴ, ㄷ   ⑤ ㄱ, ㄴ, ㄷ

|자|료|해|설|

a, b는 빛을 방출, c는 빛을 흡수한다.

|보|기|풀|이|

ㄱ. 오답 : a에서 방출되는 빛은 $n=1$로 전이하므로 자외선이다.

ㄴ. 정답 : 방출되는 빛의 파장은 방출하는 광자의 에너지에 반비례하므로 a에서가 b에서보다 짧다.

ㄷ. 정답 : c에서 흡수되는 광자 1개의 에너지는 $5E_0 - E_0 = 4E_0$이다. 따라서 빛의 진동수는 $f = \dfrac{\Delta E}{h} = \dfrac{4E_0}{h}$이다.

😊 **문제풀이 T I P** | a는 자외선, b는 가시광선 영역의 빛이다.

😊 **출제분석** | 광자의 파장, 진동수 관계를 확인하는 수준에서 출제되었다.

그림 (가)는 수소 기체 방전관에 전압을 걸었더니 수소 기체가 에너지를 흡수한 후 빛이 방출되는 모습을, (나)는 보어의 수소 원자 모형에서 양자수 $n=2$, 3, 4인 에너지 준위와 (가)에서 일어날 수 있는 전자의 전이 과정 a, b, c를 나타낸 것이다. b, c에서 방출하는 빛의 파장은 각각 λ_b, λ_c이다.

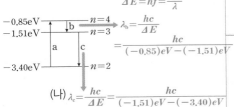

$$\Delta E = hf = \frac{hc}{\lambda}$$

(가)

$$\text{(나)} \ \lambda_b = \frac{hc}{\Delta E} = \frac{hc}{(-0.85)eV - (-1.51)eV}$$

$$\lambda_c = \frac{hc}{\Delta E} = \frac{hc}{(-1.51)eV - (-3.40)eV}$$

이에 대한 옳은 설명만을 〈보기〉에서 있는 대로 고른 것은?

보기

ㄱ. (가)에서 방출된 빛의 스펙트럼은 선 스펙트럼이다.

ㄴ. (나)의 a는 (가)에서 수소 기체가 에너지를 흡수할 때 일어날 수 있는 과정이다.

ㄷ. $\lambda_b > \lambda_c$이다.

① ㄱ   ② ㄷ   ③ ㄱ, ㄴ   ④ ㄴ, ㄷ   ⑤ ㄱ, ㄴ, ㄷ

|자|료|해|설|

에너지 준위 차이가 클수록 짧은 파장의 빛을 방출한다. $\left(\Delta E = hf = \dfrac{hc}{\lambda} \right)$ 따라서 b, c에서 방출하는 빛의 파장은

각각 $\lambda_b = \dfrac{hc}{\Delta E} = \dfrac{hc}{(-0.85)eV - (-1.51)eV} = \dfrac{hc}{0.66eV}$,

$\lambda_c = \dfrac{hc}{(-1.51)eV - (-3.40)eV} = \dfrac{hc}{1.89eV}$이다.

|보|기|풀|이|

ㄱ. 정답 : 수소의 에너지 준위는 불연속적이므로 (가)에서 방출된 빛의 스펙트럼은 선 스펙트럼이다.

ㄴ. 정답 : a는 전자가 에너지를 흡수하여 높은 에너지 준위로 전이하는 그림이다.

ㄷ. 정답 : c가 b보다 ΔE의 크기가 더 크기 때문에 $\lambda = \dfrac{hc}{\Delta E}$에 의해 $\lambda_b > \lambda_c$이다.

😊 **문제풀이 T I P** | 에너지 준위 차이는 빛의 파장과 반비례한다. $\left(\Delta E \propto \dfrac{1}{\lambda} \right)$

😊 **출제분석** | 에너지 준위 차이와 빛의 파장의 관계를 확인하는 수준에서 쉽게 출제되었다.

그림은 보어의 수소 원자 모형에서 양자수 n에 따른 전자의 궤도 일부와 전자의 전이 a, b, c를, 표는 n에 따른 에너지를 나타낸 것이다. a, b, c에서 방출되는 빛의 진동수는 각각 f_a, f_b, f_c이다.

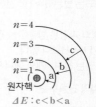

양자수	에너지(eV)
$n=1$	-13.6
$n=2$	-3.40
$n=3$	-1.51
$n=4$	-0.85

$\Delta E : c < b < a$

이에 대한 설명으로 옳은 것만을 〈보기〉에서 있는 대로 고른 것은?

보기

ㄱ. 방출되는 빛의 파장은 a에서가 b에서보다 짧다.

ㄴ. ~~$f_a < f_b + f_c$이다.~~ $>$

ㄷ. 전자가 원자핵으로부터 받는 전기력의 크기는 $n=2$일 때가 $n=3$일 때보다 ~~작다.~~ 크

① ㄱ 　　 ② ㄷ 　　 ③ ㄱ, ㄴ 　　 ④ ㄴ, ㄷ 　　 ⑤ ㄱ, ㄴ, ㄷ

|자|료|해|설|

전자의 전이	ΔE_n	ΔE	
a	$E_2 - E_1$	$(-3.40) - (-13.6)$	10.2eV
b	$E_3 - E_2$	$(-1.51) - (-3.40)$	1.89eV
c	$E_4 - E_3$	$(-0.85) - (-1.51)$	0.66eV

|보|기|풀|이|

ㄱ. 정답 : 전자가 전이할 때 방출되는 빛 에너지의 크기는 c<b<a이다. 방출하는 빛 에너지가 클수록 파장이 짧기 때문에 파장은 a<b<c이다.

ㄴ. 오답 : a, b, c에서 광자 1개가 방출하는 에너지에 따라 각각 $10.2\text{eV} = hf_a$, $1.89\text{eV} = hf_b$, $0.66\text{eV} = hf_c$이다. 따라서 $hf_a > hf_b + hf_c$이므로 $f_a > f_b + f_c$이다.

ㄷ. 오답 : 전기력은 쿨롱 법칙 $f = k\dfrac{q_1 q_2}{r^2}$에 따라 전자와 원자핵 사이 거리의 제곱($r^2$)에 반비례하므로 $n=2$일 때가 $n=3$일 때보다 크다.

😀 **문제풀이 TIP |** 빛 에너지 : $\Delta E = hf = \dfrac{hc}{\lambda}$

그림은 보어의 수소 원자 모형에서 양자수 n에 따른 에너지 준위의 일부와 전자의 전이 a, b, c를 나타낸 것이다. a, b, c에서 흡수 또는 방출된 빛의 진동수는 각각 f_a, f_b, f_c이다. 이에 대한 옳은 설명만을 〈보기〉에서 있는 대로 고른 것은?

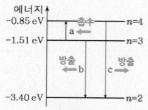

보기

ㄱ. a에서 빛이 흡수된다.

ㄴ. ~~$f_c = f_b - f_a$이다.~~ $+$

ㄷ. 전자가 원자핵으로부터 받는 전기력의 크기는 $n=4$일 때가 $n=3$일 때보다 ~~크다.~~ 작다.

① ㄱ 　　 ② ㄷ 　　 ③ ㄱ, ㄴ 　　 ④ ㄴ, ㄷ 　　 ⑤ ㄱ, ㄴ, ㄷ

|자|료|해|설|

a는 빛을 흡수, b와 c는 빛을 방출하여 전자가 전이하는 그림이다.

|보|기|풀|이|

ㄱ. 정답 : a에서 빛이 흡수되고 b, c에서 방출된다.

ㄴ. 오답 : 에너지 준위의 차이는 $hf_c = hf_a + hf_b$이므로 $f_c = f_a + f_b$이다.

ㄷ. 오답 : 전자가 원자핵에서 멀수록 전기력의 크기는 작아지므로 $n=4$일 때가 $n=3$일 때보다 작다.

😀 **출제분석 |** 에너지 준위에 대한 기본 개념을 확인하는 문항이다.

그림은 보어의 수소 원자 모형에서 양자수 n에 따른 전자 궤도의 일부와 전자가 전이하는 과정 P, Q, R를 나타낸 것이다. P, Q, R에서 방출되는 빛의 파장은 각각 λ_1, λ_2, λ_3이다.

이에 대한 설명으로 옳은 것만을 〈보기〉에서 있는 대로 고른 것은? (단, 빛의 속력은 c이다.)

보기

ㄱ. $\lambda_1 < \lambda_2$이다.

ㄴ. P에서 방출되는 빛의 진동수는 $\dfrac{c}{\lambda_1}$이다.

ㄷ. ~~$\dfrac{1}{\lambda_3} = \dfrac{1}{\lambda_1} - \dfrac{1}{\lambda_2}$이다.~~

① ㄱ　② ㄷ　③ ㄱ, ㄴ　④ ㄴ, ㄷ　⑤ ㄱ, ㄴ, ㄷ

|자|료|해|설|

전자가 전이할 때 에너지 준위 차이(ΔE)가 클수록 짧은 파장(λ), 큰 진동수(f)의 빛을 방출한다. P, Q, R에서 방출하는 에너지를 각각 E_1, E_2, E_3이라고 하면, $n=1$과 $n=2$의 에너지 준위 차이는 $n=2$와 $n=3$의 에너지 준위 차이보다 크기 때문에 ΔE는 E_2가 E_3보다 크다. 따라서 파장은 $\lambda_1 < \lambda_2 < \lambda_3$이다.

|보|기|풀|이|

ㄱ. 정답 : E_1이 E_2보다 크기 때문에 파장은 λ_1보다 λ_2가 크다.

ㄴ. 정답 : 빛의 속력은 $c = f_1\lambda_1$이다. 따라서 P에서 방출되는 빛의 진동수는 $f_1 = \dfrac{c}{\lambda_1}$이다.

ㄷ. 오답 : $E_3 = E_1 - E_2$이므로 $\dfrac{hc}{\lambda_3} = \dfrac{hc}{\lambda_1} - \dfrac{hc}{\lambda_2}$이다.

따라서 $\dfrac{1}{\lambda_3} = \dfrac{1}{\lambda_1} - \dfrac{1}{\lambda_2}$이다.

🧑‍🏫 **문제풀이 TIP** | 양자수가 커질수록 에너지 준위 차이는 작아지는 것을 잊지 않아야 그림으로 인해 헷갈리지 않을 수 있다.

😀 **출제분석** | 방출되는 빛에너지와 빛의 파장 관계를 확인하는 문항이다.

그림은 보어의 수소 원자 모형에서 양자수 n에 따른 에너지 준위 E_n의 일부를 나타낸 것이다. $n=3$인 상태의 전자가 진동수 f_A인 빛을 흡수하여 전이한 후, 진동수 f_B인 빛과 f_C인 빛을 차례로 방출하며 전이한다. 진동수의 크기는 $f_B < f_A < f_C$이다.

> 에너지 준위 높은 상태로 올라감(n 증가)
> 에너지 준위 낮은 상태로 내려감(n 감소)

흡수한 에너지보다 방출한 에너지가 작음 → 올라간 에너지 준위 차보다 내려간 에너지 준위 차가 작음

이에 해당하는 전자의 전이 과정을 나타낸 것으로 가장 적절한 것은? **3점**

> 흡수한 에너지보다 방출한 에너지가 더 큼 → 원래의 에너지 준위보다 낮은 에너지 준위로 전이

①

②

③

④

⑤

|자|료|해|설|및|선|택|지|풀|이|

① 정답 : 빛을 방출하거나 흡수할 때 빛에너지(E)는 진동수(f)에 비례한다. $f_B < f_A < f_C$이므로 $E_B < E_A < E_C$이다. 또한 E_A는 흡수한 빛이므로 n이 증가하고 E_B와 E_C는 방출한 빛이므로 n이 감소한다. 이를 종합해보면 전자의 전이 과정은 ①과 같이 n이 증가했다가 진동수 f_B인 빛을 방출할 때는 전자가 처음 있었던 에너지 준위보다 높은 곳으로 전이하고 진동수 f_C인 빛을 방출할 때는 전자가 처음보다 낮은 에너지 준위로 전이한다.

🧑‍🏫 **문제풀이 TIP** | 흡수하거나 방출할 때의 빛에너지는 진동수에 비례한다.

😀 **출제분석** | 매번 출제되는 영역으로 보어의 원자 모형의 에너지 양자화와 에너지 준위에 대해 알고 있다면 쉽게 해결할 수 있는 문항이다.

Ⅱ
1 - 02
빛의 흡수와 방출

그림은 보어의 수소 원자 모형에서
양자수 n에 따른 에너지 준위의
일부와 전자의 전이 a, b, c, d를
나타낸 것이다.
이에 대한 설명으로 옳은 것만을
〈보기〉에서 있는 대로 고른 것은? 3점

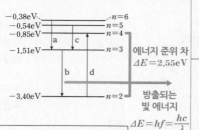

보기

ㄱ. 방출되는 빛의 파장은 a에서가 b에서보다 길다.
ㄴ. 방출되는 빛의 진동수는 a에서가 c에서보다 크다.
ㄷ. d에서 흡수되는 광자 1개의 에너지는 2.55eV이다.

① ㄱ   ② ㄴ   ③ ㄱ, ㄷ   ④ ㄴ, ㄷ   ✓⑤ ㄱ, ㄴ, ㄷ

| 자 | 료 | 해 | 설 |
전자가 전이할 때 전자는 에너지 준위의 차이만큼 에너지를 흡수(d)하거나 방출(a, b, c)한다.

| 보 | 기 | 풀 | 이 |
ㄱ. 정답 : 방출되는 빛의 파장은 에너지 준위 차이에 반비례한다. 에너지 준위 차이가 b에서가 a에서보다 크므로 파장은 a에서가 b에서보다 길다.
ㄴ. 정답 : 방출되는 빛의 진동수는 에너지 준위 차이에 비례한다. 에너지 준위 차이는 a에서가 c에서보다 크므로 진동수도 a에서가 c에서보다 크다.
ㄷ. 정답 : d에서 흡수되는 광자 1개의 에너지는 $n=4$와 $n=2$의 에너지 준위 차이와 같으므로 $\Delta E = -0.85 - (-3.40) = 2.55\text{eV}$이다.

👾 **문제풀이 T I P** | 전자가 전이할 때 방출하는 빛의 에너지(ΔE)와 진동수(f), 파장(λ)의 관계

▶ $\Delta E = hf = \dfrac{hc}{\lambda}$ (h : 플랑크 상수, c : 빛의 속력)

😀 **출제분석** | 보어의 수소 원자 모형에 대한 기본 개념을 확인하는 문항이다.

그림 (가)와 (나)는 각각 보어의 수소 원자 모형에서 양자수 n에 따른 전자의 궤도와 에너지 준위의 일부를 나타낸 것이다. a, b, c는 각각 2, 3, 4 중 하나이다.

양자수	에너지
$n=4$ ————	E_4
$n=3$ ————	E_3
$n=2$ ————	E_2

(가)   (나)

이에 대한 옳은 설명만을 〈보기〉에서 있는 대로 고른 것은?

보기

ㄱ. a=4이다. (2로 수정)
ㄴ. 전자는 E_2와 E_3 사이의 에너지를 가질 수 없다.
ㄷ. 전자가 $n=b$에서 $n=c$로 전이할 때 흡수 또는 방출하는 광자 1개의 에너지는 $|E_{\frac{3}{4}} - E_{\frac{2}{3}}|$이다.

✓① ㄴ   ② ㄷ   ③ ㄱ, ㄴ   ④ ㄱ, ㄷ   ⑤ ㄴ, ㄷ

| 자 | 료 | 해 | 설 |
a=2, b= 3, c=4이다.

| 보 | 기 | 풀 | 이 |
ㄱ. 오답 : a=2이다.
ㄴ. 정답 : 양자수에 해당하는 특정 에너지만 가질 수 있다.
ㄷ. 오답 : b=3, c=4이므로 $n=3$에서 $n=4$로 전이할 때 흡수하는 광자 1개의 에너지는 $|E_4 - E_3|$이다.

😀 **출제분석** | 보어의 원자 모형에 대한 매우 기본적인 개념을 확인하는 수준으로 출제되었다.

그림은 보어의 수소 원자 모형에서 양자수 n에 따른 에너지 준위의 일부와 전자의 전이 A, B, C를 나타낸 것이다.

이에 대한 설명으로 옳은 것만을 〈보기〉에서 있는 대로 고른 것은? (단, h는 플랑크 상수이다.)

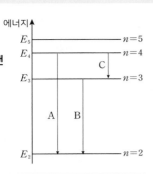

보기

ㄱ. 방출되는 빛의 파장은 A에서가 B에서보다 ~~길다.~~ 짧다.

ㄴ. B에서 방출되는 광자 1개의 에너지는 $E_3 - E_2$이다.

ㄷ. C에서 방출되는 빛의 진동수는 $\dfrac{E_4 - E_3}{h}$이다.

① ㄱ   ② ㄷ   ③ ㄱ, ㄴ   ④ ㄴ, ㄷ   ⑤ ㄱ, ㄴ, ㄷ

|자|료|해|설|

$\Delta E = hf = \dfrac{hc}{\lambda}$ 이므로 에너지 준위 차이가 C<B<A 일 때 방출되는 빛의 진동수는 C<B<A, 파장은 A<B<C 이다.

|보|기|풀|이|

ㄱ. 오답 : 방출하는 빛의 파장은 에너지 준위 차가 클수록 짧다. 따라서 방출되는 빛의 파장은 A<B<C이다.

ㄴ. 정답 : 전자가 전이할 때, 에너지 준위 차에 해당하는 에너지가 방출되므로 B에서 방출되는 광자 1개의 에너지는 $E_3 - E_2$이다.

ㄷ. 정답 : C에서 방출되는 빛의 진동수는 $f = \dfrac{\Delta E}{h} = \dfrac{E_4 - E_3}{h}$이다.

🤪 **문제풀이 TIP** | 전자가 높은 에너지 준위에서 낮은 에너지 준위로 전이할 때 에너지를 방출하며 이때 방출한 에너지는 진동수에 비례하고 파장에 반비례한다. $\left(\Delta E = hf = \dfrac{hc}{\lambda} \right)$

🤓 **출제분석** | 수소 원자 모형에서 방출되는 빛의 에너지와 파장과 진동수 관계는 늘 빠지지 않고 출제되는 보기이므로 필히 정리해두자.

그림은 보어의 수소 원자 모형에서 양자수 n에 따른 에너지 준위의 일부와 전자의 전이 a~d를 나타낸 것이다. c에서 방출되는 빛은 가시광선이다.

이에 대한 설명으로 옳은 것만을 〈보기〉에서 있는 대로 고른 것은? (단, 플랑크 상수는 h이다.)

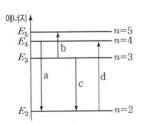

보기

ㄱ. a에서 방출되는 빛은 ~~적외선~~이다. 가시광선

ㄴ. b에서 흡수되는 빛의 진동수는 $\dfrac{|E_5 - E_3|}{h}$이다.

ㄷ. d에서 흡수되는 빛의 파장은 c에서 방출되는 빛의 파장보다 ~~길다.~~ 짧다

① ㄱ   ② ㄴ   ③ ㄱ, ㄷ   ④ ㄴ, ㄷ   ⑤ ㄱ, ㄴ, ㄷ

|자|료|해|설|

흡수 또는 방출하는 빛 에너지는 전자가 전이할 때 에너지 준위의 차와 같다.

|보|기|풀|이|

ㄱ. 오답 : $n=4$에서 $n=2$로 전이하므로 a에서 방출되는 빛은 가시광선이다.

ㄴ. 정답 : b에서 흡수되는 빛 에너지는 $E_5 - E_3$이다. 따라서 빛의 진동수는 $f = \dfrac{|E_5 - E_3|}{h}$이다.

ㄷ. 오답 : 전자가 전이할 때 에너지 준위의 차가 클수록 흡수 또는 방출하는 빛의 파장이 짧다. 에너지 준위 차는 d가 c보다 크므로 d에서 흡수되는 빛의 파장은 c에서 방출되는 빛의 파장보다 짧다.

🤪 **문제풀이 TIP** | $\Delta E = |E_m - E_n| = hf$

🤓 **출제분석** | 수소 원자 모형에서 전자가 전이할 때 방출 또는 흡수하는 빛의 에너지와 파장과 진동수 관계는 반드시 숙지해야 한다.

그림은 보어의 수소 원자 모형에서 양자수 n에 따른 에너지 준위의 일부와 전자의 전이 a~d를 나타낸 것이다. a~d에서 흡수 또는 방출되는 빛의 파장은 각각 λ_a, λ_b, λ_c, λ_d이다.

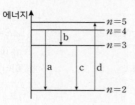

이에 대한 설명으로 옳은 것만을 〈보기〉에서 있는 대로 고른 것은?

보기

ㄱ. d에서는 빛이 ~~방출된다.~~ 을 흡수한다.

ㄴ. $\lambda_a > \lambda_d$이다.

ㄷ. $\dfrac{1}{\lambda_a} - \dfrac{1}{\lambda_b} = \dfrac{1}{\lambda_c}$이다.

① ㄱ   ② ㄴ   ③ ㄱ, ㄷ   ✔④ ㄴ, ㄷ   ⑤ ㄱ, ㄴ, ㄷ

| 자 | 료 | 해 | 설 |

전자는 높은 에너지 준위로 전이할 때 빛을 흡수하고 낮은 에너지 준위로 전이할 때 빛을 방출한다.

| 보 | 기 | 풀 | 이 |

ㄱ. 오답 : d는 전자가 높은 에너지 준위로 전이하므로 빛을 흡수한다.

ㄴ. 정답 : 빛 에너지는 빛의 파장과 반비례한다.$\left(E = \dfrac{hc}{\lambda}\right)$ 빛 에너지는 a < d이므로 빛의 파장은 $\lambda_a > \lambda_d$이다.

ㄷ. 정답 : $E_a - E_b = E_c$이므로 $\dfrac{hc}{\lambda_a} - \dfrac{hc}{\lambda_b} = \dfrac{hc}{\lambda_c}$이다.

😀 문제풀이 T I P | $E = hf = \dfrac{hc}{\lambda}$

😊 출제분석 | 전자가 전이할 때 방출하는 빛 에너지와 빛의 파장 관계로 쉽게 해결할 수 있는 문항이다.

그림은 보어의 수소 원자 모형에서 양자수 n에 따른 에너지 준위의 일부와 전자의 전이 a, b, c를 나타낸 것이다. a, b, c에서 방출되는 광자 1개의 에너지는 각각 E_a, E_b, E_c이다. 이에 대한 설명으로 옳은 것만을 〈보기〉에서 있는 대로 고른 것은? (단, 플랑크 상수는 h이다.)

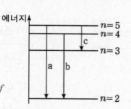

$\Delta E = hf$

보기

ㄱ. 방출되는 빛의 파장은 a에서가 b에서보다 짧다.

ㄴ. 전자가 $n=3$에서 $n=2$로 전이할 때 방출되는 빛의 진동수는 $\dfrac{E_a - E_c}{h}$이다.

ㄷ. $E_a < E_b + E_c$이다.

① ㄱ   ② ㄷ   ③ ㄱ, ㄴ   ④ ㄴ, ㄷ   ✔⑤ ㄱ, ㄴ, ㄷ

| 자 | 료 | 해 | 설 |

방출되는 광자 1개의 에너지(ΔE)는 빛의 진동수(f)에 비례하고 빛의 파장(λ)에 반비례한다$\left(\Delta E = hf = \dfrac{hc}{\lambda}\right)$. a, b, c에서 방출되는 광자 1개의 에너지는 각각 $E_a = E_5 - E_2$, $E_b = E_4 - E_2$, $E_c = E_5 - E_3$이다.

| 보 | 기 | 풀 | 이 |

ㄱ. 정답 : 방출되는 빛의 파장은 전자가 전이할 때 방출되는 광자 1개의 에너지와 반비례한다. a에서가 b에서보다 광자 1개의 에너지가 크므로 파장은 a에서가 b에서보다 짧다.

ㄴ. 정답 : 전자가 $n=3$에서 $n=2$로 전이할 때 방출되는 광자 1개의 에너지는 $\Delta E = E_3 - E_2 = E_a - E_c$이므로 이때 방출되는 빛의 진동수는 $f = \dfrac{\Delta E}{h} = \dfrac{E_a - E_c}{h}$이다.

ㄷ. 정답 : $E_b + E_c$는 전자가 $n=5$에서 $n=2$로 전이할 때 방출되는 광자 1개의 에너지(E_a)보다 크다.

😊 출제분석 | 매회 같은 유형으로 매우 쉽게 출제되는 영역이다.

그림은 보어의 수소 원자 모형에서 양자수 n에 따른 에너지 준위의 일부와 전자의 전이 a, b를 나타낸 것이다. a, b에서 방출되는 빛의 진동수는 각각 f_a, f_b이다. 이에 대한 설명으로 옳은 것만을 〈보기〉에서 있는 대로 고른 것은? (단, 플랑크 상수는 h이다.)

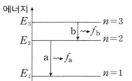

보기

ㄱ. 전자가 원자핵으로부터 받는 전기력의 크기는 $n=1$인 궤도에서가 $n=2$인 궤도에서보다 크다.

ㄴ. b에서 방출되는 빛은 가시광선이다.

ㄷ. $f_a+f_b=\dfrac{|E_3-E_1|}{h}$ 이다.

① ㄱ   ② ㄷ   ③ ㄱ, ㄴ   ④ ㄴ, ㄷ   ⑤ ㄱ, ㄴ, ㄷ

|자|료|해|설|
방출되는 빛의 진동수는 에너지 준위 차에 비례한다. ($\Delta E=hf$)

|보|기|풀|이|
ㄱ. 정답 : 전기력의 크기는 전자와 핵 사이 거리의 제곱에 반비례하므로 전자가 원자핵으로부터 가까운 거리에 있는 $n=1$인 궤도에서가 $n=2$인 궤도에서보다 크다.

ㄴ. 정답 : 수소 원자에서 전자가 $n=3$에서 $n=2$로 전이할 때 방출되는 빛은 발머 계열로 가시광선이다.

ㄷ. 정답 : $|E_3-E_1|=h(f_a+f_b)$이다.

😀 출제분석 | 보어의 원자 모형에서 쿨롱 법칙과 광자의 에너지와 진동수 관계를 확인하는 기본 문항이다.

그림은 보어의 수소 원자 모형에서 양자수 n에 따른 에너지 준위의 일부와 전자의 전이 a~d를, 표는 a~d에서 흡수 또는 방출되는 광자 1개의 에너지를 나타낸 것이다.

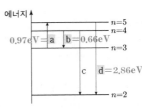

전이	흡수 또는 방출되는 광자 1개의 에너지(eV)
a	0.97
b	0.66
c	㉠ $=2.86-(0.97-0.66)$ $=2.55\text{eV}$
d	2.86

이에 대한 설명으로 옳은 것만을 〈보기〉에서 있는 대로 고른 것은?

보기

ㄱ. a에서는 빛이 ~~방출~~된다. 흡수

ㄴ. 빛의 파장은 b에서가 d에서보다 길다.

ㄷ. ㉠은 2.55이다.

① ㄱ   ② ㄴ   ③ ㄱ, ㄷ   ④ ㄴ, ㄷ   ⑤ ㄱ, ㄴ, ㄷ

|자|료|해|설|
전자가 높은 에너지 준위에서 낮은 에너지 준위로 전이할 때 빛은 방출된다.

|보|기|풀|이|
ㄱ. 오답 : 전자는 빛을 흡수하여 낮은 에너지 준위에서 높은 에너지 준위로 전이한다.

ㄴ. 정답 : 빛의 파장은 방출하는 광자 1개의 에너지에 반비례한다. 따라서 빛의 파장은 방출하는 광자 1개의 에너지가 더 작은 b에서가 d에서보다 길다.

ㄷ. 정답 : ㉠은 $n=4$와 $n=2$의 에너지 준위 차이와 같으므로 d일 때 광자 1개의 에너지에서 a와 b일 때 광자 1개의 에너지 차만큼 뺀 값과 같으므로 $2.86-(0.97-0.66)$ $=2.55\text{eV}$이다.

😀 문제풀이 T I P | 광자 1개의 에너지: $E=\dfrac{hc}{\lambda}$

😀 출제분석 | 광자의 에너지와 진동수, 파장 관계를 숙지한다면 쉽게 해결할 수 있는 문항이다.

그림은 보어의 수소 원자 모형에서 양자수 n에 따른 에너지 준위와
전자의 전이 P, Q, R를 나타낸 것이다. 표는 양자수 n에 따른 핵과
전자 사이의 거리, 핵과 전자 사이에 작용하는 전기력의 크기를
나타낸 것이다.

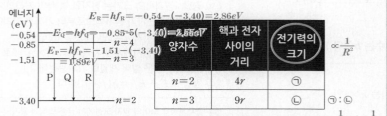

양자수	핵과 전자 사이의 거리	전기력의 크기 $\propto \dfrac{1}{R^2}$
$n=2$	$4r$	㉠
$n=3$	$9r$	㉡

$$㉠ : ㉡ = \frac{1}{(4r)^2} : \frac{1}{(9r)^2} = 81 : 16$$

이에 대한 설명으로 옳은 것만을 〈보기〉에서 있는 대로 고른 것은?

보기

㉠ 방출되는 광자 한 개의 에너지는 R에서가 Q에서보다 크다.

ㄴ. 방출되는 빛의 진동수는 Q에서가 P에서의 2배이다.
　　　　　　　　　　　　　　　　　보다 작다.

ㄷ. ㉡은 ㉠의 $\dfrac{9}{16}$ 배이다. ← $\dfrac{16}{81}$

---

① ㄱ　　② ㄴ　　③ ㄱ, ㄷ　　④ ㄴ, ㄷ　　⑤ ㄱ, ㄴ, ㄷ

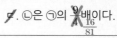 **문제풀이 TIP** | 전기력의 크기 $F = k\dfrac{q_1 q_2}{r^2} \propto \dfrac{1}{r^2}$

출제분석 | 보어의 수소 원자 모형 유형에 쿨롱 법칙 개념을 함께 적용한 문항이다.

|자|료|해|설|

전자는 높은 에너지 준위에서 낮은 에너지 준위로 전이할
때 빛에너지를 방출한다. 이때 방출하는 빛에너지의
진동수(f)와 에너지 준위의 차이(ΔE)의 관계는
$\Delta E = hf$(h : 플랑크 상수)이다. 따라서 P, Q, R에서
방출하는 광자 1개의 에너지는 각각 $E_P = hf_P =$
$-1.5 - (-3.40) = 1.89 eV$, $E_Q = hf_Q = -0.85 - (-3.40)$
$= 2.55 eV$, $E_R = hf_R = -0.54 - (-3.40) = 2.86 eV$이다.
핵과 전자 사이에 작용하는 전기력의 크기(F)는 핵과 전자
사이의 거리(R)의 제곱에 반비례$\left(F \propto \dfrac{1}{R^2}\right)$하므로

$㉠ : ㉡ = \dfrac{1}{(4r)^2} : \dfrac{1}{(9r)^2} = \dfrac{1}{16} : \dfrac{1}{81}$이다.

|보|기|풀|이|

㉠ 정답 : 방출되는 광자 한 개의 에너지는 P<Q<R이다.

ㄴ. 오답 : Q와 P에서 방출되는 빛의 진동수는 각각
$f_Q = \dfrac{2.55 eV}{h}$, $f_P = \dfrac{1.89 eV}{h}$이므로 방출되는 빛의
진동수는 Q에서가 P의 2배보다 작다.

ㄷ. 오답 : $㉠ : ㉡ = \dfrac{1}{16} : \dfrac{1}{81}$이므로 ㉡은 ㉠의 $\dfrac{16}{81}$배이다.

그림 (가)는 보어의 수소 원자 모형에서 에너지가 E_2, E_3, E_4인
세 준위 사이에서 전자가 전이할 때 방출되는 빛 A, B, C를 나타낸
것이다. 그림 (나)는 (가)에서 방출된 B, C를 같은 입사각으로
프리즘에 입사시켰을 때, B, C가 경로 Ⅰ 또는 Ⅱ로 각각 진행하는
것을 나타낸 것이다.

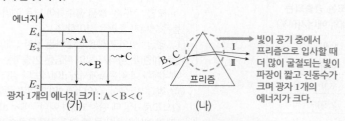

빛이 공기 중에서
프리즘으로 입사할 때
더 많이 굴절되는 빛이
파장이 짧고 진동수가
크며 광자 1개의
에너지가 크다.

광자 1개의 에너지 크기 : A<B<C
(가)　　　　　　(나)

이에 대한 설명으로 옳은 것만을 〈보기〉에서 있는 대로 고른 것은?

보기

ㄱ. A~C 중 광자 1개의 에너지가 가장 큰 것은 A이다. ← C

㉡ 파장은 A가 C보다 길다.

ㄷ. (나)에서 Ⅱ의 경로로 진행하는 빛은 B이다. ← C

---

① ㄱ　　② ㄴ　　③ ㄱ, ㄷ　　④ ㄴ, ㄷ　　⑤ ㄱ, ㄴ, ㄷ

|자|료|해|설|

에너지 준위의 차이가 크면 방출된 광자 1개의 에너지가
크고 파장은 짧다. 따라서 광자 1개의 에너지 크기는
A<B<C이고 파장은 A>B>C이다. 프리즘을 통과하는
빛의 파장이 짧을수록 더 많이 굴절되므로 Ⅰ과 Ⅱ는 각각
B와 C이다.

|보|기|풀|이|

ㄱ. 오답 : 방출된 광자 1개의 에너지는 에너지 준위의
차이가 클수록 크다. 따라서 광자 1개의 에너지가 가장 큰
것은 C이다.

㉡ 정답 : 광자 1개의 에너지 크기와 파장은 반비례한다.
광자 1개의 에너지는 C>A이므로 파장은 C<A이다.

ㄷ. 오답 : 프리즘을 통과할 때 파장이 짧은 C가 B보다 더
많이 굴절하므로 Ⅱ의 경로로 진행하는 빛은 C이다.

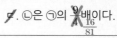 **문제풀이 TIP** | 에너지 준위의 차이가 클수록 방출되는 광자의
에너지는 크고 파장은 짧다. 또한 빛이 공기 중에서 프리즘을
통과할 때 파장이 짧을수록 더 많이 굴절된다.

출제분석 | 보어의 수소 원자 모형에 대한 이해를 바탕으로
빛의 파장에 따른 굴절에 대해 묻는 문항이다.

그림은 보어의 수소 원자 모형에서 양자수 n에 따른 전자의 궤도와 전자의 전이 a, b, c를 나타낸 것이다. a, b, c에서 흡수하거나 방출하는 빛의 파장은 각각 λ_a, λ_b, λ_c이며, n에 따른 에너지 준위는 E_n이다.

이에 대한 설명으로 옳은 것만을 〈보기〉에서 있는 대로 고른 것은? 3점

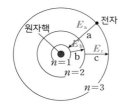

보기

ㄱ. a에서 빛을 <del>흡수</del>한다. （방출）

ㄴ. $\dfrac{1}{\lambda_a} = \dfrac{1}{\lambda_b} + \dfrac{1}{\lambda_c}$ 이다.

ㄷ. $\dfrac{\lambda_a}{\lambda_c} = \dfrac{E_3 - E_1}{E_3 - E_2}$ 이다.

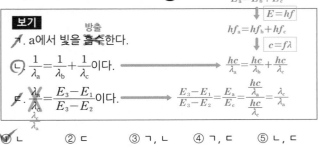

$E_a = E_b + E_c$

↓ $E = hf$

$hf_a = hf_b + hf_c$

↓ $c = f\lambda$

$\dfrac{hc}{\lambda_a} = \dfrac{hc}{\lambda_b} + \dfrac{hc}{\lambda_c}$

$\dfrac{E_3 - E_1}{E_3 - E_2} = \dfrac{E_a}{E_c} = \dfrac{\frac{hc}{\lambda_a}}{\frac{hc}{\lambda_c}} = \dfrac{\lambda_c}{\lambda_a}$

① ㄴ　　② ㄷ　　③ ㄱ, ㄴ　　④ ㄱ, ㄷ　　⑤ ㄴ, ㄷ

|자|료|해|설|

전자는 E_a를 방출(전이 a)하고 E_b와 E_c를 흡수하여 b와 c의 전이를 한다. 이때 $E_a = E_3 - E_1$, $E_b = E_2 - E_1$, $E_c = E_3 - E_2$이므로 $E_a = E_b + E_c$이다.

|보|기|풀|이|

ㄱ. 오답 : a에서 전자는 높은 에너지 준위에서 낮은 에너지 준위로 전이하므로 빛을 방출한다.

ㄴ. 정답 : a, b, c에서 방출 또는 흡수하는 에너지를 각각 E_a, E_b, E_c라 하면 $E_a = E_b + E_c$이다. 한편, $E = hf = \dfrac{hc}{\lambda}$ 이므로 $\dfrac{hc}{\lambda_a} = \dfrac{hc}{\lambda_b} + \dfrac{hc}{\lambda_c}$ 에서 $\dfrac{1}{\lambda_a} = \dfrac{1}{\lambda_b} + \dfrac{1}{\lambda_c}$ 이다.

ㄷ. 오답 : $\dfrac{E_3 - E_1}{E_3 - E_2} = \dfrac{E_a}{E_c} = \dfrac{\frac{hc}{\lambda_a}}{\frac{hc}{\lambda_c}} = \dfrac{\lambda_c}{\lambda_a}$ 이다.

😀 문제풀이 TIP | 전자가 높은 에너지 준위에서 낮은 에너지 준위로 전이할 때 방출되는 에너지는 진동수에 비례하고 파장에 반비례한다. $\left(E = hf = \dfrac{hc}{\lambda} \right)$

😀 출제분석 | 광자의 에너지와 진동수, 파장의 관계를 묻는 쉬운 문항이다. 이 영역의 문항은 대체로 기본 개념만 알면 쉽게 해결할 수 있으므로 반드시 숙지하자.

그림은 보어의 수소 원자 모형에서 양자수 n에 따른 에너지 준위의 일부와 진동수가 각각 f_A, f_B, f_C인 빛이 방출되는 전자의 전이를 나타낸 것이다.

이에 대한 옳은 설명만을 〈보기〉에서 있는 대로 고른 것은? (단, h는 플랑크 상수이다.)

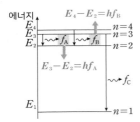

보기

ㄱ. $f_A < \dfrac{E_2 - E_1}{h}$ 이다. $\left(= \dfrac{E_3 - E_2}{h} \right)$

ㄴ. 파장은 진동수가 f_C인 빛이 f_B인 빛보다 짧다.

ㄷ. $n = 3$인 상태에 있는 전자는 진동수가 $f_B - f_A$인 빛을 흡수할 수 있다. ← 전자가 빛을 흡수하면 전자의 에너지가 증가한다.

① ㄱ　　② ㄷ　　③ ㄱ, ㄴ　　④ ㄴ, ㄷ　　⑤ ㄱ, ㄴ, ㄷ

|자|료|해|설|

진동수 f인 광자 1개의 에너지는 $E = hf$이다. 전자가 E_m인 궤도에서 E_n인 궤도로 전이할 때에는 $|E_m - E_n| = hf$에 해당하는 진동수의 광자를 방출한다.

|보|기|풀|이|

ㄱ. 정답 : $\Delta E = hf$이고, 에너지 차이는 $E_3 - E_2 < E_2 - E_1$ 이므로 $f_A = \dfrac{E_3 - E_2}{h} < \dfrac{E_2 - E_1}{h}$ 이다.

ㄴ. 정답 : 두 빛에 해당하는 에너지의 크기는 $E_4 - E_2 < E_3 - E_1$ 이므로 $hf_B < hf_C$이다. 광자의 속력은 c로 일정하므로 진동수와 파장은 역수 관계이다. 즉, 파장은 f_C의 진동수를 가진 빛이 f_B인 빛보다 짧다.

ㄷ. 정답 : $n = 3$인 상태에 있는 전자는 $E_4 - E_3$의 에너지를 흡수하여 $n = 4$인 상태로 전이할 수 있다. $E_4 - E_3 = (E_4 - E_2) - (E_3 - E_2) = hf_B - hf_A$이므로 $f_B - f_A$의 진동수를 가진 빛을 흡수하면 궤도 전이가 일어난다.

😀 문제풀이 TIP | 전자가 전이할 때 방출하는 광자의 에너지는 전이하는 두 궤도의 에너지 준위 차이와 같으며, 광자의 진동수에 비례하고 파장에 반비례한다. $\left(\Delta E = hf = \dfrac{hc}{\lambda} \right)$

또한 수소 원자 모형에서 양자수가 커질수록 인접한 두 궤도 사이의 에너지 준위 차이가 감소한다.

😀 출제분석 | 플랑크의 광자 에너지 공식만 잘 이해하고 있으면 정답을 찾는 데 큰 어려움이 없다.

그림 (가)는 수소 원자가 에너지 2.55eV인 광자를 방출하는 모습을, (나)는 보어의 수소 원자 모형에서 양자수 n에 따른 에너지 준위의 일부와 전자의 전이 a, b를 나타낸 것이다.

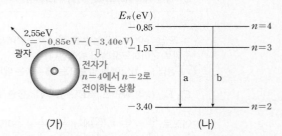

(가)   (나)

이에 대한 옳은 설명만을 〈보기〉에서 있는 대로 고른 것은? (단, h는 플랑크 상수이다.)

보기

 (가)에서 광자의 진동수는 $\dfrac{2.55\text{eV}}{h}$이다.

 (가)에서 일어나는 전자의 전이는 b이다.

~~ㄷ~~. (나)에서 방출되는 빛의 파장은 b에서가 a에서보다 ~~짧~~ 길다.

① ㄱ   ② ㄷ   ✓③ ㄱ, ㄴ   ④ ㄴ, ㄷ   ⑤ ㄱ, ㄴ, ㄷ

|자|료|해|설|
(나)에서 a와 b는 각각 $n=3 \to 2$, $n=4 \to 2$로 전이하는 상황으로 (가)는 전자가 $n=4 \to 2$로 전이할 때 2.55eV의 광자를 방출하는 모습이다.

|보|기|풀|이|
ㄱ. 정답 : 광자 1개의 에너지는 $E=hf$이므로 진동수는 $f=\dfrac{2.55\text{eV}}{h}$이다.

ㄴ. 정답 : (가)는 전자가 $n=4 \to 2$로 전이할 때 $\Delta E = -0.85-(-3.40)=2.55\text{eV}$의 광자를 방출하는 모습이다.

ㄷ. 오답 : $E=hf=\dfrac{hc}{\lambda}$로부터 빛의 파장(λ)은 광자의 에너지에 반비례한다. 즉, 에너지는 a<b이므로 파장은 a>b이다.

😮 문제풀이 TIP | 보어의 수소 원자 모형에서 에너지 준위는 불연속적이고 전자는 에너지 준위가 높은 곳에서 낮은 곳으로 전이하면서 빛을 방출한다. 이 때 방출하는 빛의 진동수는 에너지 준위의 차이(ΔE)에 비례한다.($\Delta E = hf$)

😀 출제분석 | 보어의 수소 원자 모형에 대한 이해를 묻는 문항으로 기본적인 내용을 알고 있다면 쉽게 풀 수 있다.

그림은 보어의 수소 원자 모형에서 에너지 준위의 일부와 전자의 세 가지 전이를 나타낸 것이다. 세 가지 전이에서 진동수가 f_1인 빛이 흡수되고, 진동수가 f_2, f_3인 빛이 방출된다. $f_2<f_3$이다. 이에 대한 설명으로 옳은 것만을 〈보기〉에서 있는 대로 고른 것은? (단, h는 플랑크 상수이다.)

보기

ㄱ. 수소 원자의 에너지 준위는 불연속적이다.

ㄴ. $f_1<f_3$이다.

~~ㄷ~~. $f_2=\dfrac{E_3-E_2^2}{h}$이다.

① ㄱ   ② ㄷ   ✓③ ㄱ, ㄴ   ④ ㄴ, ㄷ   ⑤ ㄱ, ㄴ, ㄷ

|자|료|해|설|
①의 경우 전자는 에너지 준위가 높은 곳으로 전이하므로 빛이 흡수되고, ②와 ③의 경우 전자는 에너지 준위가 낮은 곳으로 전이하므로 빛이 방출된다. 방출되는 빛이 가진 에너지의 크기는 에너지 준위의 차이가 큰 ②가 ③보다 크다. 따라서 ①, ②, ③은 각각 f_1, f_3, f_2이고 크기는 $f_2<f_1<f_3$이다.

|보|기|풀|이|
ㄱ. 정답 : 그림과 같이 수소 원자 모형에서 에너지 준위는 불연속적이다.
ㄴ. 정답 : 진동수의 크기는 $f_2<f_1<f_3$이다.
ㄷ. 오답 : $\Delta E=hf$이고 f_2는 ③에 해당하는 빛의 진동수로 $\Delta E=E_3-E_2$이다. 따라서 $f_2=\dfrac{E_3-E_2}{h}$이다.

😮 문제풀이 TIP | 전자는 에너지 준위가 낮은 곳으로 전이할 때 광자를 방출하고 에너지 준위가 높은 곳으로 전이할 때 광자를 흡수한다.

😀 출제분석 | 보어의 수소 원자 모형에 대한 문항으로 이 영역은 빛의 방출 또는 흡수되는 경우와 함께 빛 에너지의 크기와 진동수, 파장을 묻는 형태로 자주 출제된다.

표는 보어의 수소 원자 모형에서 양자수 n에 따른 에너지의 일부를 나타낸 것이다.

이에 대한 옳은 설명만을 〈보기〉에서 있는 대로 고른 것은? (단, 플랑크 상수는 h이다.)

양자수	에너지(eV)
$n=2$	-3.40
$n=3$	-1.51
$n=4$	-0.85

1.89
0.66

보기

ㄱ. 진동수가 $\dfrac{1.89\text{eV}}{h}$인 빛은 가시광선이다.

ㄴ. 전자와 원자핵 사이의 거리는 $n=4$일 때가 $n=2$일 때보다 크다.

ㄷ. $n=2$인 궤도에 있는 전자는 에너지가 1.51eV인 광자를 흡수할 수 있다. 없다.

① ㄱ 　② ㄷ 　③ ㄱ, ㄴ 　④ ㄴ, ㄷ 　⑤ ㄱ, ㄴ, ㄷ

|자|료|해|설|
수소 원자는 양자수에 따라 전자가 존재할 수 있는 에너지 준위가 정해져 있고, 전자는 전이할 때 에너지 준위의 차이에 해당하는 에너지만을 흡수하고 방출한다.

|보|기|풀|이|
ㄱ. 정답 : 전자가 $n=2$로 전이할 때 가시광선을 방출한다. 1.89eV는 전자가 $n=3 \rightarrow 2$로 전이할 때 방출하는 빛의 에너지이므로 $E=hf$에 의해 진동수가 $\dfrac{1.89\text{eV}}{h}$인 빛은 가시광선이다.

ㄴ. 정답 : n이 클수록 전자 궤도의 반지름이 크다. 따라서 전자와 원자핵 사이의 거리는 $n=4$일 때가 $n=2$일 때보다 크다.

ㄷ. 오답 : 전자는 에너지 준위의 차이에 해당하는 에너지만을 흡수할 수 있으므로 이 차이 이상의 에너지를 가진 광자만 흡수할 수 있다. 따라서 광자의 에너지가 1.89eV 이상이어야 하므로 1.51eV인 광자는 흡수할 수 없다.

😀 문제풀이 TIP | $n=2$로 전이하는 전자는 가시광선에 해당되는 것을 반드시 알고 있어야 한다.

😎 출제분석 | 광자의 에너지와 진동수 관계를 알고 있다면 쉽게 해결할 수 있는 문항이다.

표는 보어의 수소 원자 모형에서 전자가 양자수 $n=2$로 전이할 때 방출된 빛 A, B, C의 파장을 나타낸 것이다. B는 전자가 $n=4$에서 $n=2$로 전이할 때 방출된 빛이다.

이에 대한 옳은 설명만을 〈보기〉에서 있는 대로 고른 것은?

빛	파장(nm)	
A	656	$n=3 \rightarrow 2$
B	486	$n=4 \rightarrow 2$
C	434	

보기

ㄱ. 광자 1개의 에너지는 B가 C보다 크다. 작다.

ㄴ. A는 전자가 $n=3$에서 $n=2$로 전이할 때 방출된 빛이다.

ㄷ. 수소 원자의 에너지 준위는 불연속적이다.

① ㄱ 　② ㄷ 　③ ㄱ, ㄴ 　④ ㄴ, ㄷ 　⑤ ㄱ, ㄴ, ㄷ

|자|료|해|설|
파장이 클수록 광자 1개의 에너지는 작아진다. 따라서 A는 전자가 $n=3$에서 $n=2$로 전이할 때 방출된 빛이다.

|보|기|풀|이|
ㄱ. 오답 : 광자 1개의 에너지는 A < B < C이다.

ㄴ. 정답 : A는 B보다 양자수가 작은 에너지 준위에서 $n=2$로 전이했을 때 방출된 빛이다.

ㄷ. 정답 : 방출된 빛의 파장이 불연속적이므로 수소 원자의 에너지 준위도 불연속적이다.

😀 문제풀이 TIP | 전자가 전이할 때 방출된 광자 1개의 에너지는 파장에 반비례한다.

😎 출제분석 | 보어의 수소 원자 모형을 이해한다면 쉽게 맞출 수 있는 문항이다.

그림은 보어의 수소 원자 모형에서 양자수 n에 따른 에너지 준위의 일부와 전자의 전이 a~c를, 표는 a~c에서 방출된 적외선과 가시광선 중 가시광선의 파장과 진동수를 나타낸 것이다.

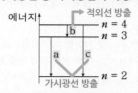

전이	파장	진동수
㉠ a	656nm	f_1
㉡ c	486nm	f_2

이에 대한 옳은 설명만을 〈보기〉에서 있는 대로 고른 것은?

보기
ㄱ. ㉠은 a이다.
ㄴ. 방출된 적외선의 진동수는 $f_2 - f_1$이다.
ㄷ. 수소 원자의 에너지 준위는 불연속적이다.

① ㄴ   ② ㄷ   ③ ㄱ, ㄴ   ④ ㄱ, ㄷ   ✓⑤ ㄱ, ㄴ, ㄷ

|자|료|해|설|
$n=2$로 전이하는 a와 c에서는 가시광선이, $n=3$으로 전이하는 b에서는 적외선이 방출된다.

|보|기|풀|이|
ㄱ. 정답 : 파장이 긴 ㉠이 a, ㉡이 c이다.
ㄴ. 정답 : b에서 방출된 광자 1개의 에너지는 $hf_2 - hf_1 = hf_b$이므로 b에서 방출된 적외선의 진동수는 $f_b = f_2 - f_1$이다.
ㄷ. 정답 : 수소 원자는 특정한 에너지 준위만 가지므로 불연속적이다.

😊 출제분석 | 보어의 수소 원자 모형에 대한 기본 유형의 문항이다.

표는 보어의 수소 원자 모형에서 양자수 n에 따른 핵과 전자 사이의 거리, 핵과 전자 사이에 작용하는 전기력의 크기, 전자의 에너지 준위를 나타낸 것이다.

r^2에 반비례

양자수	거리	전기력의 크기	에너지 준위
$n=1$	r	㉠$=(4)^2 F$	$-4E_0$
$n=2$	$4r$	F	$-E_0$

이에 대한 설명으로 옳은 것만을 〈보기〉에서 있는 대로 고른 것은?

보기
ㄱ. 전자의 에너지 준위는 양자화되어 있다.
ㄴ. ㉠은 $\frac{16}{4}F$이다.
ㄷ. 전자가 $n=2$에서 $n=1$로 전이할 때 방출되는 빛의 에너지는 $\frac{5}{3}E_0$이다.

✓① ㄱ   ② ㄴ   ③ ㄱ, ㄷ   ④ ㄴ, ㄷ   ⑤ ㄱ, ㄴ, ㄷ

|자|료|해|설|
수소 원자 모형에서 전자가 전이할 때 방출되는 빛의 에너지는 에너지 준위의 차이를 통해 구한다.

|보|기|풀|이|
ㄱ. 정답 : 보어의 수소 원자 모형에서 전자의 에너지 준위는 불연속적으로 양자화되어 있다.
ㄴ. 오답 : 전기력의 크기는 거리의 제곱에 반비례$\left(F \propto \frac{1}{r^2}\right)$하므로 ㉠은 $16F$이다.
ㄷ. 오답 : 전자가 $n=2$에서 $n=1$로 전이할 때 방출되는 빛의 에너지는 $-E_0 - (-4E_0) = 3E_0$이다.

😊 출제분석 | 보어의 수소 원자 모형에 대해 기본적인 내용을 확인하는 수준에서 출제되었다.

그림 (가)는 보어의 수소 원자 모형에서 양자수 n에 따른 에너지 준위와 전자의 전이 과정 세 가지를 나타낸 것이다. 그림 (나)는 (가)에서 방출된 빛 a, b, c를 파장에 따라 나타낸 것이다.

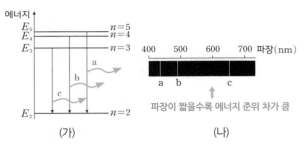

(가)   (나)

이에 대한 옳은 설명만을 〈보기〉에서 있는 대로 고른 것은?

보기

ㄱ. a는 전자가 $n=5$에서 $n=2$인 상태로 전이할 때 방출된 빛이다.

ㄴ. $n=2$인 상태에 있는 전자는 에너지가 E_4-E_2인 광자를 흡수할 수 있다.

ㄷ. a와 b의 진동수 차는 b와 c의 진동수 차보다 크다. (작다)

① ㄱ   ② ㄴ   ③ ㄱ, ㄷ   ④ ㄴ, ㄷ   ⑤ ㄱ, ㄴ, ㄷ

|자|료|해|설|

전자는 에너지 준위가 낮은 곳으로 전이할 때 에너지 준위의 차이에 해당하는 에너지를 방출한다. 즉, 에너지 준위 차가 클 때 더 짧은 파장의 빛을 방출하므로 a는 전자가 $n=5 \rightarrow 2$, b는 $n=4 \rightarrow 2$, c는 $n=3 \rightarrow 2$로 전이할 때의 파장이다.

|보|기|풀|이|

ㄱ. 정답 : a, b, c 중 a가 파장이 가장 짧으므로 에너지 준위 차가 가장 큰 전자의 전이 과정에서 방출된 빛이다.

ㄴ. 오답 : 전자는 에너지 준위의 차이에 해당하는 에너지만을 흡수하거나 방출할 수 있으므로 $n=2$인 상태에 있는 전자는 E_n-E_2인 광자만 흡수할 수 있다.

ㄷ. 오답 : 광자의 진동수는 광자의 에너지에 비례하므로 a와 b의 진동수 차와 b와 c의 진동수 차는 각각 E_5-E_4, E_4-E_3에 비례한다. 한편, 양자수가 클수록 에너지 준위는 커지지만 에너지 준위의 차이는 작아지므로 $E_5-E_4 < E_4-E_3$이다. 따라서 a와 b의 진동수 차는 b와 c의 진동수 차보다 작다.

😮 문제풀이 TIP | 전자가 전이할 때 에너지 준위 차가 클수록 방출하는 빛의 파장은 짧아진다.

😄 출제분석 | 보어의 수소 원자 모형에서는 전자의 전이 과정에서 방출하는 광자의 에너지와 파장, 진동수의 관계를 필수로 숙지해야 한다.

그림 (가)는 수소 기체 방전관에서 나오는 빛을 분광기로 관찰하는 것을 나타낸 것이고, (나)는 (가)에서 관찰한 가시광선 영역의 선 스펙트럼을 파장에 따라 나타낸 것이다. p는 전자가 양자수 $n=5$에서 $n=2$로 전이할 때 나타난 스펙트럼선이다.

 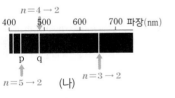

분광기

수소 기체 방전관

(가)

이에 대한 설명으로 옳은 것만을 〈보기〉에서 있는 대로 고른 것은?

보기

ㄱ. 수소 원자의 에너지 준위는 불연속적이다.

ㄴ. 광자 한 개의 에너지는 p에 해당하는 빛이 q에 해당하는 빛보다 크다.

ㄷ. q는 전자가 $n=4$에서 $n=2$로 전이할 때 나타난 스펙트럼선이다.

① ㄱ   ② ㄷ   ③ ㄱ, ㄴ   ④ ㄴ, ㄷ   ⑤ ㄱ, ㄴ, ㄷ

|자|료|해|설|

전자가 전이할 때 광자 1개의 에너지는 두 궤도의 에너지 준위의 차이와 같고 빛의 파장에 반비례한다.

|보|기|풀|이|

ㄱ. 정답 : 수소 원자의 전자가 전이할 때 선 스펙트럼이 나타나므로 수소 원자의 에너지 준위는 불연속적이다.

ㄴ. 정답 : p가 q보다 파장이 짧으므로 광자 한 개의 에너지는 p에 해당하는 빛이 q에 해당하는 빛보다 크다.

ㄷ. 정답 : 파장이 짧은 p는 $n=5 \rightarrow 2$, q는 $n=4 \rightarrow 2$로 전이할 때 나타난 스펙트럼선이다.

😮 문제풀이 TIP | 전자가 전이할 때 광자의 에너지 : $E=\dfrac{hc}{\lambda}$

😄 출제분석 | 수소의 원자에서 전자가 양자수 $n=2$로 전이할 때는 가시광선 영역의 선 스펙트럼을 방출한다. 이때 빛의 파장은 광자 1개의 에너지에 반비례함을 명심하자.

그림 (가)는 보어의 수소 원자 모형에서 양자수 n에 따른 에너지 준위의 일부와 전자의 전이에서 방출되는 빛 a, b를 나타낸 것이다. 그림 (나)는 수소 원자의 전자가 $n=2$인 상태로 전이할 때 방출되는 빛 중에서 파장이 긴 것부터 차례대로 4개를 나타낸 스펙트럼이다.

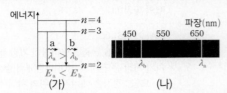

이에 대한 옳은 설명만을 〈보기〉에서 있는 대로 고른 것은? 3점

보기

ㄱ. 진동수는 a가 b보다 크다. (작)

ㄴ. 광자 1개의 에너지는 a가 b보다 작다.

ㄷ. b의 파장은 450nm보다 작다. (길)

① ㄴ   ② ㄷ   ③ ㄱ, ㄴ   ④ ㄱ, ㄷ   ⑤ ㄴ, ㄷ

|자|료|해|설|

방출되는 빛의 파장이 가장 긴 것은 a로 에너지 준위 차이가 가장 작다.

|보|기|풀|이|

ㄱ. 오답 : 방출되는 빛 에너지는 b가 a보다 크므로 진동수도 b가 a보다 크다.

ㄴ. 정답 : 광자 1개의 에너지는 에너지 준위 차이가 가장 작은 a가 b보다 작다.

ㄷ. 오답 : b는 $n=2$인 상태로 전이할 때 방출되는 2번째로 긴 파장의 빛으로 450nm보다 길다.

😮 **문제풀이 TIP** | 광자 1개의 에너지는 빛의 진동수에 비례하고 파장에 반비례한다.

😎 **출제분석** | 보어의 수소 원자 모형에서의 에너지, 진동수, 파장 관계를 확인하는 기본 문제이다.

그림 (가)는 보어의 수소 원자 모형에서 양자수 n에 따른 에너지 준위 일부와 전자의 전이 a, b, c, d를 나타낸 것이고, (나)는 (가)의 a, b, c에 의한 빛의 흡수 스펙트럼을 파장에 따라 나타낸 것이다.

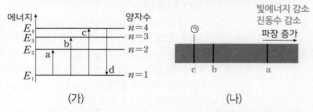

이에 대한 설명으로 옳은 것만을 〈보기〉에서 있는 대로 고른 것은?

보기

ㄱ. 흡수되는 빛의 진동수는 a에서가 b에서보다 작다.

ㄴ. ㉠은 c에 의해 나타난 스펙트럼선이다.

ㄷ. d에서 방출되는 광자 1개의 에너지는 $|E_2-E_1|$보다 작다. (크다)

① ㄱ   ② ㄷ   ③ ㄱ, ㄴ   ④ ㄴ, ㄷ   ⑤ ㄱ, ㄴ, ㄷ

|자|료|해|설|

전자가 낮은 에너지 준위에서 높은 에너지 준위로 전이할 때는 에너지 준위의 차이에 해당하는 에너지(ΔE)를 흡수하여 (나)와 같이 흡수 스펙트럼이 나타난다. 이때 흡수하는 빛에너지와 빛의 진동수는 비례하고 파장은 반비례$\left(\Delta E \propto f \propto \dfrac{1}{\lambda}\right)$하므로 (나)에서 오른쪽으로 갈수록 파장이 증가한다면 빛에너지와 빛의 진동수는 감소한다.

|보|기|풀|이|

ㄱ. 정답 : 흡수되는 빛의 진동수는 에너지 준위의 차이에 해당하는 에너지에 비례하므로 a<b<c이다.

ㄴ. 정답 : (나)에서 오른쪽으로 갈수록 파장이 길고 빛에너지는 감소한다. 따라서 ㉠은 파장이 가장 짧은 스펙트럼이면서 빛에너지가 가장 큰 스펙트럼선인 c이다.

ㄷ. 오답 : d에서 방출되는 광자 1개의 에너지는 $|E_4-E_1|$이므로 $|E_2-E_1|$보다 크다.

😮 **문제풀이 TIP** | 에너지 준위의 차이 $\Delta E = E_n - E_m = hf = \dfrac{hc}{\lambda}$ $(n>m)$

😎 **출제분석** | 보어의 수소 원자 모형에 관한 문항은 매회 출제되는 영역으로 빛에너지와 빛의 진동수, 파장의 관계는 반드시 숙지해야 문제를 해결할 수 있다.

그림 (가), (나)는 각각 보어의 수소 원자 모형에서 양자수 n에 따른 전자의 에너지 준위와 선 스펙트럼의 일부를 나타낸 것이다.

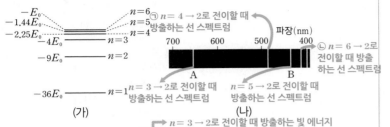

A에 해당하는 빛의 진동수가 $\dfrac{5E_0}{h}$일 때, 다음 중 B와 진동수가 같은 빛은? (단, h는 플랑크 상수이다.)

① $n=2$에서 $n=5$로 전이할 때 흡수하는 빛
② $n=3$에서 $n=4$로 전이할 때 흡수하는 빛
③ $n=4$에서 $n=2$로 전이할 때 방출하는 빛
④ $n=5$에서 $n=1$로 전이할 때 방출하는 빛
⑤ $n=6$에서 $n=3$으로 전이할 때 방출하는 빛

|자|료|해|설|및|선|택|지|풀|이|

① 정답 : 가시광선의 파장 범위는 380~780nm(나노미터)로 사람은 보통 색채로 빛을 인식한다. 수소 원자 모형에서 이 영역의 선 스펙트럼에 해당하는 경우는 모두 $n=2$로 전이하며 방출하는 발머 계열의 가시광선이다. 한편, 전자가 전이하면서 방출하는 광자의 에너지(ΔE)는 진동수(f)에 비례하고 파장(λ)에는 반비례한다. $\left(\Delta E=hf=\dfrac{hc}{\lambda}\right)$

A에 해당하는 빛의 진동수는

$f=\dfrac{\Delta E}{h}=\dfrac{5E_0}{h}=\dfrac{-4E_0-(-9E_0)}{h}$로 전자가 $n=3$에서 $n=2$로 전이할 때 방출하는 선 스펙트럼으로 앞의 가시광선 영역에 해당하는 선 스펙트럼 중 광자의 에너지는 가장 작고, 파장은 가장 길다. 또한 ㉠, B, ㉢은 차례대로 파장이 짧아지는 빛으로 ㉠은 $n=4$에서 $n=2$로, B는 $n=5$에서 $n=2$로, ㉢은 $n=6$에서 $n=2$로 전이할 때 방출하는 선 스펙트럼이다. 따라서 B와 진동수가 같은 빛은 $n=5$에서 $n=2$로 전이할 때 방출하는 선 스펙트럼과 같은 $n=2$에서 $n=5$로 전이할 때 흡수하는 빛이다.

😊 **문제풀이 T I P** | 에너지 준위의 차이가 클수록 빛의 파장은 짧아진다.

😊 **출제분석** | 보어의 수소 원자 모형에 대한 문항은 대부분 에너지 준위의 양자화, 빛에너지와 진동수, 파장과의 관계를 묻는 형태로 출제된다.

그림 (가)는 보어의 수소 원자 모형에서 양자수 n에 따른 에너지 준위의 일부와 전자의 전이 a~d를 나타낸 것이다. 그림 (나)는 (가)의 a~d에서 방출되는 빛의 스펙트럼을 파장에 따라 나타낸 것이다.

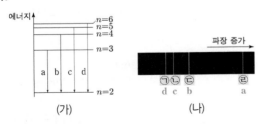

(나)의 ㉠~㉣에 해당하는 전자의 전이로 옳은 것은?

	㉠	㉡	㉢	㉣
①	a	b	c	d
②	a	c	b	d
③	d	a	b	c
④	d	b	c	a
⑤	d	c	b	a

|자|료|해|설|및|선|택|지|풀|이|

⑤ 정답 : 전자가 높은 에너지 준위에서 낮은 에너지 준위로 전이할 때 광자 1개의 에너지와 방출하는 빛의 파장의 관계는 $\Delta E=\dfrac{hc}{\lambda}$이므로 에너지와 파장($\lambda$)이 반비례 관계이다. 따라서 에너지 준위 차이가 가장 큰 d가 파장이 가장 짧고 a가 파장이 가장 길다.

😊 **출제분석** | 보어의 수소 원자 모형에서 광자 1개의 에너지와 빛의 파장 관계를 확인하는 기본 문항이다.

그림 (가)는 보어의 수소 원자 모형에서 양자수 n에 따른 전자의 에너지 준위 일부와 전자의 전이 a, b, c를 나타낸 것이다. 그림 (나)는 a, b, c에서 방출 또는 흡수하는 빛의 스펙트럼을 X와 Y로 순서 없이 나타낸 것이다.

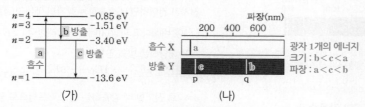

(가)   (나)

이에 대한 옳은 설명만을 <보기>에서 있는 대로 고른 것은?

보기

ㄱ. X는 흡수 스펙트럼이다.

ㄴ. p는 b에서 나타나는 스펙트럼선이다. (c)

ㄷ. 전자가 $n=2$와 $n=3$ 사이에서 전이할 때 흡수 또는 방출하는 광자 1개의 에너지는 ~~1.51eV~~ 1.89 eV이다.

① ㄱ   ② ㄴ   ③ ㄱ, ㄴ   ④ ㄱ, ㄷ   ⑤ ㄴ, ㄷ

|자|료|해|설|

광자 1개의 에너지 크기는 b<c<a이고, 광자의 에너지와 진동수, 파동의 관계는 $E = hf = \dfrac{hc}{\lambda}$이므로 흡수 또는 방출되는 파장은 a<c<b이다.

|보|기|풀|이|

ㄱ. 정답 : 파장이 가장 짧은 스펙트럼선이 있는 X가 a에 의한 흡수 스펙트럼이다.

ㄴ. 오답 : 파장은 a<c<b이므로 p는 c에서, q는 b에서 나타나는 스펙트럼선이다.

ㄷ. 오답 : 전자가 $n=3$에서 $n=2$로 전이할 때 방출하는 광자 1개의 에너지는 $-1.51-(-3.40)=1.89$eV이다.

😮 문제풀이 T I P | (가)에서 a는 흡수 스펙트럼인 X이다.

😀 출제분석 | 전자가 흡수 또는 방출하는 에너지와 빛의 파장, 진동수 관계는 필수로 숙지해야 하는 개념이다.

그림 (가)는 보어의 수소 원자 모형에서 양자수 n에 따른 에너지 준위 일부와 전자의 전이 a~d를 나타낸 것이다. 그림 (나)는 a~d에서 방출과 흡수되는 빛의 스펙트럼을 파장에 따라 나타낸 것이다.

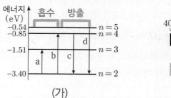 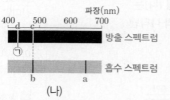

(가)   (나)

이에 대한 설명으로 옳은 것만을 <보기>에서 있는 대로 고른 것은?

보기

ㄱ. ㉠은 ~~a~~ d에 의해 나타난 스펙트럼선이다.

ㄴ. b에서 흡수되는 광자 1개의 에너지는 2.55eV이다.

ㄷ. 방출되는 빛의 진동수는 c에서가 d에서보다 ~~크다~~ 작다.

① ㄱ   ② ㄴ   ③ ㄱ, ㄷ   ④ ㄴ, ㄷ   ⑤ ㄱ, ㄴ, ㄷ

|자|료|해|설|

a와 b는 빛을 흡수하고 c와 d는 빛을 방출한다. 또한, 흡수하거나 방출할 때의 광자 1개의 에너지는 에너지 준위의 차이와 같으므로 a<b=c<d이다. (나)에서 위쪽 스펙트럼은 방출 스펙트럼이고 아래쪽은 흡수 스펙트럼이므로 에너지를 흡수하는 a, b는 아래쪽 스펙트럼의 흡수선에 해당하고, 에너지를 방출하는 c, d는 위쪽 스펙트럼의 방출선에 해당한다. 이때 출입하는 에너지의 크기는 b와 c가 같으므로 스펙트럼의 같은 위치에 존재해야 한다. 따라서 ㉠은 d이다.

|보|기|풀|이|

ㄱ. 오답 : 위쪽 방출 스펙트럼에 해당하는 전이는 c, d이고 방출하는 에너지는 d가 더 크다. 광자 1개의 에너지는 $E = hf = \dfrac{hc}{\lambda}$에 의해 파장과 반비례하므로 ㉠은 d에 해당한다.

ㄴ. 정답 : b에서 흡수하는 광자 1개의 에너지는 에너지 준위의 차이와 같으므로 $E_{2 \to 4} = E_4 - E_2 = (-0.85) - (-3.40) = 2.55$eV이다.

ㄷ. 오답 : 방출되는 광자 1개의 에너지는 빛의 진동수에 비례하므로 c의 진동수가 d의 진동수보다 작다.

😮 문제풀이 T I P | 광자 1개의 에너지는 빛의 진동수에 비례하고 파장에 반비례한다.

😀 출제분석 | 광자의 에너지와 진동수, 파장 관계를 숙지하는 것으로 이 영역의 문항은 쉽게 해결할 수 있다.

그림 (가)는 보어의 수소 원자 모형에서 양자수 n에 따른 에너지 준위의 일부와 전자의 전이 a~f를 나타낸 것이고, (나)는 a~f에서 방출되는 빛의 스펙트럼을 파장에 따라 나타낸 것이다.

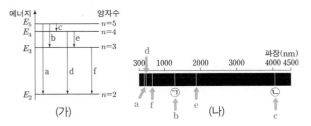

(가)   (나)

이에 대한 설명으로 옳은 것만을 〈보기〉에서 있는 대로 고른 것은? (단, h는 플랑크 상수이다.) 3점

보기

ㄱ. 방출된 빛의 파장은 a에서가 f에서보다 ~~길다~~. 짧다.

ㄴ. ㉠은 b에 의해 나타난 스펙트럼선이다.

ㄷ. ㉡에 해당하는 빛의 진동수는 $\frac{|E_5 - E_4|}{h}$이다.

① ㄴ   ② ㄷ   ③ ㄱ, ㄴ   ④ ㄱ, ㄷ   ⑤ ㄴ, ㄷ

| 자 | 료 | 해 | 설 |

전자가 전이할 때 방출하는 빛 에너지는 a>d>f>b>e >c이다.

| 보 | 기 | 풀 | 이 |

ㄱ. 오답 : 전자가 전이할 때 방출하는 빛의 파장은 빛의 에너지에 반비례하므로 파장은 a<f이다.

ㄴ. 정답 : (나)의 스펙트럼 선에 좌측부터 a, d, f, b, e, c를 차례대로 짝지으면 ㉠은 b에 해당한다.

ㄷ. 오답 : $\Delta E = hf$이므로 ㉡(c)에 해당하는 빛의 진동수는 $f = \frac{|\Delta E|}{h} = \frac{|E_5 - E_4|}{h}$이다.

😊 출제분석 | 전자가 전이할 때 방출하는 빛 에너지와 파장, 진동수의 관계만으로 쉽게 해결할 수 있도록 출제되었다.

그림 (가)는 보어의 수소 원자 모형에서 양자수 n에 따른 에너지 준위와 전자의 전이에 따른 스펙트럼 계열 중 라이먼 계열, $n \geq 3 \rightarrow 2$ 전자전이 → 발머 계열을 나타낸 $n \geq 2 \rightarrow 1$ 전자전이 것이다. 그림 (나)는 (가)에서 방출되는 빛의 스펙트럼 계열을 파장에 따라 나타낸 것으로 X, Y는 라이먼 계열, 발머 계열 중 하나이고, ㉠과 ㉡은 각 계열에서 파장이 가장 긴 빛의 스펙트럼선이다. 각 계열에서 에너지가 가장 작다. 이에 대한 설명으로 옳은 것만을 〈보기〉에서 있는 대로 고른 것은?

보기

ㄱ. X는 라이먼 계열이다.

ㄴ. 광자 1개의 에너지는 ㉠에서가 ㉡에서보다 ~~작다~~. 크다.

ㄷ. ㉡은 전자가 $n = \infty$ ($n=3$)에서 $n=2$로 전이할 때 방출되는 빛의 스펙트럼선이다.

① ㄱ   ② ㄴ   ③ ㄱ, ㄷ   ④ ㄴ, ㄷ   ⑤ ㄱ, ㄴ, ㄷ

| 자 | 료 | 해 | 설 |

전자가 $n \geq 2$인 궤도에서 $n=1$인 궤도로 전이할 때 라이먼 계열, 전자가 $n \geq 3$인 궤도에서 $n=2$인 궤도로 전이할 때를 발머 계열이라고 한다.

X가 Y보다 파장이 짧으므로 X는 자외선으로 라이먼 계열, Y는 가시광선으로 발머 계열에 해당한다.

| 보 | 기 | 풀 | 이 |

ㄱ. 정답 : X는 자외선으로 라이먼 계열이다.

ㄴ. 오답 : 광자 1개의 에너지는 파장이 짧을수록 크므로 ㉠에서가 ㉡에서보다 크다.

ㄷ. 오답 : ㉠과 ㉡은 각 계열에서 파장이 가장 긴 빛의 스펙트럼으로 전자가 각각 $n=2 \rightarrow 1$, $n=3 \rightarrow 2$로 전이할 때 방출하는 빛의 스펙트럼선이다.

😊 출제분석 | 수소 원자 모형에서 방출하는 광자 1개의 에너지와 파장, 진동수의 관계와 스펙트럼 계열의 지식을 확인하는 문항으로 이 영역의 문항은 보통 쉽게 출제된다.

그림은 가열된 수소 기체에서 발생한 빛을 분광기로 관측한 실험 결과에 대해 학생 A, B, C가 대화하는 모습을 나타낸 것이다.

제시한 내용이 옳은 학생만을 있는 대로 고른 것은? ③점

① A　　② B　　③ A, C　　④ B, C　　⑤ A, B, C

|자|료|해|설|

가열된 수소 기체에서 방출한 빛을 분광기로 관측하면 선 스펙트럼(방출 스펙트럼)이 나타난다. 이는 수소 원자의 에너지 준위가 불연속적(양자화)이라는 것을 말하며 파장이 긴 쪽으로 갈수록 선의 간격은 넓어진다. 또한 광자 한 개의 에너지는 $E = hf = \dfrac{hc}{\lambda}$로 파장이 짧을수록 커진다.

|보|기|풀|이|

학생 A 정답 : 가열된 수소 기체에서 발생한 빛은 특정한 파장에서만 빛이 방출되어 방출 스펙트럼이 나타난다.

학생 B 정답 : 광자 한 개의 에너지는 $E = hf = \dfrac{hc}{\lambda}$로 파장($\lambda$)이 짧을수록 커진다.

학생 C 정답 : 특정 파장의 에너지만 방출된 것으로 보아 수소 원자의 에너지 준위는 양자화되어 있음을 알 수 있다.

그림 (가)는 보어의 수소 원자 모형에서 양자수 n에 따른 에너지 준위의 일부와 전자의 전이 a, b, c를 나타낸 것이다. a, b, c에서 방출되는 빛의 파장은 각각 λ_a, λ_b, λ_c이다. 그림 (나)는 (가)의 a, b, c에서 방출되는 빛의 선 스펙트럼을 파장에 따라 나타낸 것이다.

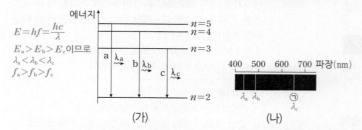

이에 대한 설명으로 옳은 것만을 〈보기〉에서 있는 대로 고른 것은?

③점

보기

ㄱ. (나)의 ㉠은 ~~a~~ c에 의해 나타난 스펙트럼선이다.

ㄴ. 방출되는 빛의 진동수는 a에서가 b에서보다 크다.

ㄷ. 전자가 $n=4$에서 $n=3$인 상태로 전이할 때 방출되는 빛의 파장은 $|\lambda_b - \lambda_c|$와 ~~같다.~~ 같지 않다.

① ㄱ　　② ㄴ　　③ ㄱ, ㄷ　　④ ㄴ, ㄷ　　⑤ ㄱ, ㄴ, ㄷ

|자|료|해|설|

그림 (가)에서 에너지 차이를 통해 방출되는 빛의 파장과 진동수의 대소 관계를 비교할 수 있다. 그림 (나)를 보면 세 종류의 선 스펙트럼 중에서 ㉠의 파장이 가장 길다.

|보|기|풀|이|

ㄱ. 오답 : (가)에서 에너지 차이가 가장 작은 전이 과정은 c이므로 λ_c의 파장이 가장 길다. (나)에서 ㉠이 가장 긴 파장이므로 ㉠은 c에 의해 나타난 스펙트럼선이다.

ㄴ. 정답 : 빛에너지는 진동수의 크기에 비례한다. (가)에서 에너지 차이는 a가 b보다 더 크므로 방출되는 빛의 진동수는 a에서가 b에서보다 크다.

ㄷ. 오답 : $n=4$에서 $n=3$인 상태로 전이할 때 방출되는 빛에너지는 b와 c에서 방출되는 빛에너지의 차이에 해당한다. 즉, $E = \dfrac{hc}{\lambda} = \dfrac{hc}{\lambda_b} - \dfrac{hc}{\lambda_c}$가 성립하므로 $\dfrac{1}{\lambda} = \dfrac{1}{\lambda_b} - \dfrac{1}{\lambda_c}$이다. 즉, $\lambda \ne |\lambda_b - \lambda_c|$이다.

🔎 **문제풀이 TIP** | 파장이 λ인 광자 하나가 가지는 빛에너지는 $E = \dfrac{hc}{\lambda}$이다. 에너지 준위가 높은 궤도에서 낮은 궤도로 전자가 전이할 때 광자가 방출되는데 에너지 차이가 클수록 더 큰 에너지의 광자를 방출한다.

😀 **출제분석** | 이 문제는 궤도 전이하는 전자와 이때 방출되는 빛의 스펙트럼이 함께 제시된 전형적인 유형이다. 보어의 수소 원자 모형은 빈출 주제이므로 반드시 알아두도록 하자.

그림 (가)는 보어의 수소 원자 모형에서 양자수 $n=2$, 3, 4인 전자의
궤도 일부와 전자의 전이 a, b를 나타낸 것이다. 그림 (나)는 수소
기체의 스펙트럼이다. ⓒ은 a에 의해 나타난 스펙트럼선이다.

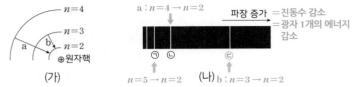

(가) $n=5 \rightarrow n=2$ (나)   b : $n=3 \rightarrow n=2$

이에 대한 옳은 설명만을 〈보기〉에서 있는 대로 고른 것은? **3점**

> **보기**
> ㄱ. 방출되는 광자 1개의 에너지는 a에서가 b에서보다 크다.
> ㄴ. ⓒ은 b에 의해 나타난 스펙트럼선이다.
> ㄷ. 전자가 원자핵으로부터 받는 전기력의 크기는 $n=4$일 때가
> $n=2$일 때보다 ~~크다~~.
>   작다

① ㄱ   ② ㄴ   ③ ㄱ, ㄷ   ④ ㄴ, ㄷ   ⑤ ㄱ, ㄴ, ㄷ

|자|료|해|설|
전자가 전이할 때 에너지 준위 차이가 클수록 광자 1개의
에너지와 빛의 진동수는 커지고 파장은 줄어든다. ⓒ은 a
에 의한, 즉 전자가 $n=4$에서 $n=2$로 전이할 때 나타난
스펙트럼선이므로 ⓐ은 전자가 $n=5$에서 $n=2$로 전이할
때 나타난 스펙트럼선이다.

|보|기|풀|이|
ㄱ. 정답 : 전자가 전이할 때 에너지 준위 차이가 클수록
광자 1개의 에너지는 커진다.
ㄴ. 오답 : b는 a보다 광자 1개의 에너지가 작으므로 파장은
ⓒ보다 길다. 따라서 b는 ⓒ이다. ⓐ은 전자가 $n=5$에서
$n=2$로 전이할 때 나타나는 스펙트럼이다.
ㄷ. 오답 : 전기력의 크기(F)는 전자와 원자핵의 중심
사이의 거리(r)의 제곱에 반비례한다.$\left(F \propto \dfrac{1}{r^2}\right)$ 따라서
원자핵에서 멀수록 전자가 받는 전기력의 크기는 작다.

👾 **문제풀이 T I P** | 광자의 에너지 크기(E)는 진동수(f)에 비례하고 파장(λ)에 반비례한다.

🙂 **출제분석** | 보어의 수소 원자 모형에 대한 이해를 바탕으로 전자가 전이할 때 방출하는 빛과 파장에 따른 스펙트럼선의 위치를 비교할 수 있어야 문제를 해결할 수 있다.

그림 (가)는 보어의 수소 원자 모형에서 양자수 n에 따른 에너지
준위의 일부와 전자의 전이 a~d를 나타낸 것이다. 그림 (나)는
(가)의 b, c, d에서 방출되는 빛의 스펙트럼을 파장에 따라 나타낸
것이고, ⓐ은 c에 의해 나타난 스펙트럼선이다.

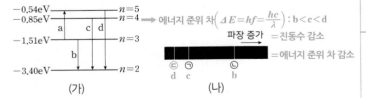

(가)   (나)

이에 대한 설명으로 옳은 것만을 〈보기〉에서 있는 대로 고른 것은?

> **보기**
>   0.97
> ㄱ. a에서 흡수되는 광자 1개의 에너지는 ~~1.51eV~~이다.
> ㄴ. 방출되는 빛의 진동수는 c에서가 b에서보다 크다.
> ㄷ. ⓐ은 ~~d~~에 의해 나타난 스펙트럼선이다.
>   b

① ㄱ   ② ㄴ   ③ ㄱ, ㄷ   ④ ㄴ, ㄷ   ⑤ ㄱ, ㄴ, ㄷ

|자|료|해|설|
전자가 전이할 때 방출되는 빛의 진동수(f)는 두 에너지
준위의 차(ΔE)에 비례하고 파장(λ)에 반비례한다.
$\left(\Delta E = hf = \dfrac{hc}{\lambda}\right)$ 따라서 (가)에서 방출되는 광자 1개의
에너지와 진동수는 b<c<d, 파장은 d<c<b이므로 (나)
에서 ⓐ은 c, ⓒ은 b에 의해 나타난 스펙트럼선이다.

|보|기|풀|이|
ㄱ. 오답 : a에서 흡수하는 광자 1개의 에너지는
$(-0.54\text{eV}) - (-1.51\text{eV}) = 0.97\text{eV}$이다.
ㄴ. 정답 : 방출되는 빛의 진동수는 b<c<d이다.
ㄷ. 오답 : 자료 해설과 같이 ⓐ은 b에 의해 나타난
스펙트럼선이다.

👾 **문제풀이 T I P** | 광자 1개의 에너지와 진동수, 파장의 관계
▶ $\Delta E = hf = \dfrac{hc}{\lambda}$

🙂 **출제분석** | 보어의 수소 원자 모형에서 광자 1개의 에너지와
파장, 진동수의 관계는 반드시 암기해야 하는 필수 개념이다.

그림 (가)는 보어의 수소 원자 모형에서 양자수 n에 따른 에너지 준위의 일부와 전자의 전이 a, b를 나타낸 것이다. 그림 (나)는 a, b에서 방출되는 빛의 스펙트럼을 파장에 따라 나타낸 것이다. 전자가 $n=2$인 궤도에 있을 때 파장이 λ_1인 빛은 흡수하지 못하고 파장이 λ_2인 빛은 흡수한다. → λ_2는 a, λ_1은 b에서 방출된 파장

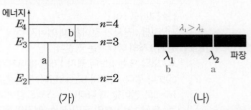

(가)　　　　　(나)

이에 대한 설명으로 옳은 것만을 〈보기〉에서 있는 대로 고른 것은?

보기

ㄱ. $\lambda_1 > \lambda_2$이다.

ㄴ. 전자가 $n=4$에서 $n=2$인 궤도로 전이할 때 방출되는 빛의 파장은 $\lambda_1 + \lambda_2$이다. $\dfrac{\lambda_1 \lambda_2}{\lambda_1 + \lambda_2}$

ㄷ. 전자가 $n=3$인 궤도에 있을 때 파장이 λ_1인 빛을 흡수할 수 있다.

① ㄱ　　② ㄴ　　③ ㄱ, ㄷ　　④ ㄴ, ㄷ　　⑤ ㄱ, ㄴ, ㄷ

|자|료|해|설|
전자는 에너지 준위 차이에 해당하는 빛만 흡수할 수 있으므로 λ_2는 a에서, λ_1은 b에서 방출되는 빛의 파장이다.

|보|기|풀|이|
ㄱ. 정답 : 전자가 전이할 때 방출하는 빛의 파장은 에너지 준위 차이에 해당하는 빛의 에너지에 반비례한다. a가 b보다 방출하는 빛 에너지가 크므로 $\lambda_2 < \lambda_1$이다.

ㄴ. 오답 : 방출되는 빛 에너지와 빛의 파장 관계는 $E = \dfrac{hc}{\lambda}$ 이므로 전자가 $n=4$에서 $n=2$인 궤도로 전이할 때 방출되는 빛의 파장을 λ라 하면 $E_4 - E_2 = \dfrac{hc}{\lambda} = \dfrac{hc}{\lambda_1} + \dfrac{hc}{\lambda_2}$ 이다. 따라서 $\lambda = \dfrac{\lambda_1 \lambda_2}{\lambda_1 + \lambda_2}$이다.

ㄷ. 정답 : 전자가 $n=3$인 구도에 있을 때 파장이 λ_1인 빛을 흡수해 $n=4$인 궤도로 전이할 수 있다.

😊 **출제분석** | 매회 같은 유형으로 출제되는 영역이다.

그림 (가)는 보어의 수소 원자 모형에서 양자수 n에 따른 에너지 준위의 일부와 전자의 전이 A~D를 나타낸 것이다. 그림 (나)는 (가)의 A, B, C에서 방출되는 빛의 스펙트럼을 파장에 따라 나타낸 것이다.

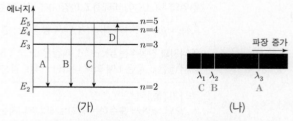

(가)　　　　　(나)

이에 대한 설명으로 옳은 것만을 〈보기〉에서 있는 대로 고른 것은? (단, 빛의 속력은 c이다.) 3점

보기

ㄱ. B에서 방출되는 광자 1개의 에너지는 $|E_4 - E_2|$이다.

ㄴ. C에서 방출되는 빛의 파장은 λ_1이다.

ㄷ. D에서 흡수되는 빛의 진동수는 $\left(\dfrac{1}{\lambda_1} - \dfrac{1}{\lambda_3}\right)c$이다.

① ㄱ　　② ㄷ　　③ ㄱ, ㄴ　　④ ㄴ, ㄷ　　⑤ ㄱ, ㄴ, ㄷ

|자|료|해|설|
전자의 전이 과정에서 방출되는 광자 1개의 에너지는 에너지 준위 차이(ΔE)에 해당하고 이는 파장(λ)에 반비례한다. $\left(\Delta E = hf = \dfrac{hc}{\lambda}, \; f :$ 빛의 진동수, $c :$ 빛의 속력$\right)$

|보|기|풀|이|
ㄱ. 정답 : B에서 방출되는 광자 1개의 에너지는 에너지 준위 차이이므로 $\Delta E = |E_4 - E_2|$이다.

ㄴ. 정답 : 방출하는 광자 1개의 에너지와 파장은 반비례 하므로 A, B, C에서 방출되는 파장은 각각 λ_3, λ_2, λ_1이다.

ㄷ. 오답 : D에서 흡수되는 빛 에너지는 C와 A에서 방출되는 에너지 차이와 같으므로 $hf = ||E_5 - E_2| - |E_3 - E_2||$ $= \dfrac{hc}{\lambda_1} - \dfrac{hc}{\lambda_3}$이다. 따라서 D에 흡수되는 빛의 진동수는 $f = \left(\dfrac{1}{\lambda_1} - \dfrac{1}{\lambda_3}\right)c$이다.

😊 **출제분석** | 문제 해결을 위해서는 전자가 전이할 때 방출하는 빛 에너지와 파장, 진동수의 관계를 반드시 숙지해야 한다.

그림은 수소 원자에서 방출되는 빛의 스펙트럼과 보어의 수소 원자 모형에 대한 학생 A, B, C의 대화를 나타낸 것이다.

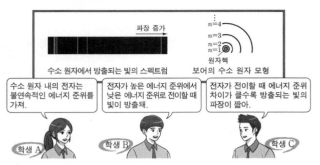

제시한 내용이 옳은 학생만을 있는 대로 고른 것은?

① A   ② C   ③ A, B   ④ B, C   ⑤ A, B, C

|자|료|해|설|및|선|택|지|풀|이|

학생 A. 정답 : 수소 원자 내의 전자는 양자수에 해당하는 특정한 에너지 값만을 가진다.

학생 B. 정답 : 전자가 높은 에너지 준위에서 낮은 에너지 준위로 전이할 때 두 에너지 준위의 차이에 해당하는 빛을 방출한다.

학생 C. 정답 : 방출되는 빛의 에너지가 클수록 파장은 짧고 진동수는 크다.

😀 **출제분석** | 수소 원자 모형의 기본 개념을 확인하는 수준에서 출제되었다.

그림은 보어의 수소 원자 모형에서 양자수 n에 따른 에너지 준위의 일부와 전자의 전이 a~d를 나타낸 것이다. a에서 흡수되는 빛의 진동수는 f_a이다. 이에 대한 설명으로 옳은 것만을 <보기>에서 있는 대로 고른 것은? 3점

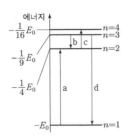

보기

ㄱ. a에서 흡수되는 광자 1개의 에너지는 $\frac{3}{4}E_0$이다.

ㄴ. 방출되는 빛의 파장은 b에서가 d에서보다 짧다. 길다.

ㄷ. c에서 흡수되는 빛의 진동수는 $\frac{1}{8}f_a$이다. $\frac{1}{4}$

① ㄱ   ② ㄴ   ③ ㄱ, ㄷ   ④ ㄴ, ㄷ   ⑤ ㄱ, ㄴ, ㄷ

|자|료|해|설|

전자가 전이할 때 두 에너지 준위 차에 해당하는 에너지를 흡수하거나 방출한다.

|보|기|풀|이|

ㄱ. 정답 : a에서 흡수되는 광자 1개의 에너지는 $-\frac{1}{4}E_0-(-E_0)=\frac{3}{4}E_0$이다.

ㄴ. 오답 : 방출되는 빛의 파장은 에너지 준위 차에 반비례한다. 에너지 준위 차는 d가 b보다 크므로 파장은 b에서가 d에서보다 길다.

ㄷ. 오답 : $E=hf$로부터 $\frac{3}{4}E_0=hf_a$이므로 c에서 흡수되는 광자 1개의 빛 에너지는 $-\frac{1}{16}E_0-\left(-\frac{1}{4}E_0\right)=\frac{3}{16}E_0=h\left(\frac{1}{4}f_a\right)$이다. 따라서 c에서 흡수되는 빛의 진동수는 $\frac{1}{4}f_a$이다.

😀 **출제분석** | 수소 원자 모형에서 빛 에너지와 진동수, 파장의 관계는 반드시 숙지해야 할 개념이다.

03 에너지띠 ◀ ★수능에 나오는 필수 개념 2가지 + 필수 암기사항 2개

기본자료

필수개념 1 고체의 에너지띠

• 암기 → 고체의 에너지 준위는 연속적인 띠를 이룬다.

○ 고체의 에너지띠
① 에너지띠 : 고체는 기체와 달리 매우 많은 원자들이 서로
  가까이 있기 때문에 원자들 내의 전자의 에너지 준위가 서로
  겹치지 않게 미세하게 나누어지므로 에너지 준위는 거의
  연속적인 띠를 이룬다.
② 허용된 띠 : 고체 내의 전자들이 존재할 수 있는
  에너지띠이다.
③ 띠 간격 : 허용된 띠 사이의 간격을 말하며, 전자는 띠 간격에
  존재할 수 없다.

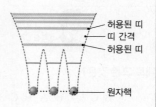

▶ 에너지띠
수소와 같은 기체에서는 에너지 준위로
표현하지만, 고체의 경우에는 매우 많은
원자들이 존재하기 때문에 띠(band)
로 표현한다.

필수개념 2 고체의 전도성

• 암기 → 띠 간격(원자가띠와 전도띠 사이의 간격)으로 전도성 확인하기
⇒ 띠 간격이 없다 : 도체, 띠 간격이 매우 넓다 : 절연체, 띠 간격이 좁다 : 반도체

○ 원자가띠와 전도띠

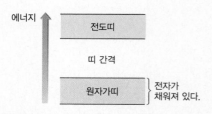

① 원자가띠 : 원자의 가장 바깥쪽에 있는 전자가 채워져 있는 에너지띠를 원자가띠라고 한다.
② 전도띠 : 원자가띠의 전자가 에너지를 흡수하여 이동할 수 있는 허용된 띠로 원자가띠 바로
  위에 위치한다.

○ 고체의 전도성

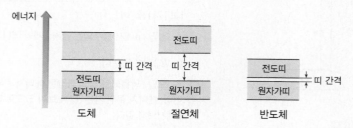

·① 도체 : 원자가띠의 일부분만 전자가 채워져 있고, 원자가띠와 전도띠가 일부 겹친 것으로
  원자가띠와 전도띠 사이에 띠 간격이 없기 때문에 전자는 전도띠로 이동하여 고체 안을
  자유롭게 움직일 수 있다.
② 절연체 : 띠 간격이 매우 넓기 때문에 전도띠로 전자가 이동하는 것이 거의 불가능하므로
  전류도 거의 흐르지 않는다.
③ 반도체 : 띠 간격이 절연체에 비해 좁기 때문에 적당한 에너지를 흡수하면 원자가띠에서
  전도띠로 많은 전자가 이동하여 전류를 흐르게 할 수 있다.

▶ 전기 전도성
물체에 전기가 얼마나 잘 통하느냐를
나타내는 척도로 구리, 금 등의 도체는
전기 전도성(전기 전도도)이 좋다.

▶ 절연체
절연체는 전기가 통하지 않는 물체로
부도체, 유전체라고도 한다. 예전에는
부도체라는 말을 많이 썼지만 지금은
절연체라는 말을 더 많이 사용한다.

그림은 도체와 반도체의 에너지띠 구조에 대해 학생 A, B, C가
대화하는 모습을 나타낸 것이다.

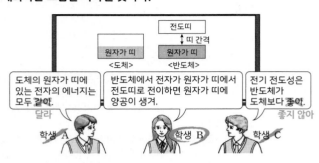

제시한 내용이 옳은 학생만을 있는 대로 고른 것은?

① A ② B ③ A, C ④ B, C ⑤ A, B, C

| 자 | 료 | 해 | 설 | 및 | 보 | 기 | 풀 | 이 |

학생 A. 오답 : 에너지띠는 여러 개의 에너지 준위가
겹쳐져 있으므로 전자의 에너지는 모두 다르다.

학생 B 정답 : 전자가 원자가 띠에서 전도띠로 전이하면
원자가 띠의 전자가 있던 곳에 양공이 생긴다.

학생 C. 오답 : 고체의 띠 간격이 작을수록 전기 전도성이
좋다. 따라서 도체가 반도체보다 전기 전도성이 좋다.

문제풀이 TIP | 도체는 띠 간격이 없어 약간의 에너지만
흡수해도 전자가 쉽게 전도띠로 이동하여 고체 안을 자유롭게
이동하므로 전류가 잘 흐른다.

출제분석 | 도체와 반도체의 특징을 확인하는 문항으로 기본
수준에서 출제되었다.

표는 고체 A, B의 에너지띠 구조와 전기 전도도를 나타낸 것이다.
A, B는 반도체, 절연체를 순서 없이 나타낸 것이다.

	A 절연체	B 반도체
에너지띠 구조	전도띠 띠 간격 5.47eV 원자가 띠	전도띠 띠 간격 1.12eV 원자가 띠
전기 전도도 $(1/\Omega \cdot m)$	㉠	4.35×10^{-4}

이에 대한 설명으로 옳은 것만을 <보기>에서 있는 대로 고른 것은?

보기

㉠ A는 절연체이다.

㉡ B에서 원자가 띠에 있던 전자가 전도띠로 전이할 때, 전자는
1.12eV 이상의 에너지를 흡수한다.

㉢ ㉠은 4.35×10^{-4}보다 작다.

① ㉠ ② ㉢ ③ ㉠, ㉡ ④ ㉡, ㉢ ⑤ ㉠, ㉡, ㉢

| 자 | 료 | 해 | 설 |

A와 B는 절연체와 반도체 중 하나이므로 상대적으로
띠 간격이 넓은 A는 절연체, B는 반도체이다. 따라서
절연체의 전기 전도도인 ㉠은 반도체의 전기 전도도보다
작다.

| 보 | 기 | 풀 | 이 |

㉠. 정답 : A는 상대적으로 띠 간격이 넓으므로
절연체이다.

㉡. 정답 : B에서 전자가 전도띠로 전이하려면 전자는 띠
간격에 해당하는 에너지 이상을 흡수해야 한다.

㉢. 정답 : A는 B보다 띠 간격이 넓으므로 전기 전도도가
작다. 따라서 ㉠은 4.35×10^{-4}보다 작다.

문제풀이 TIP | 띠 간격이 작을수록 전기 전도도가 크다.

출제분석 | 에너지띠 구조는 매우 쉬운 개념으로 문제도 쉽게
출제된다. 절대 틀려선 안 되는 영역이다.

그림은 학생 A, B, C가 도체, 반도체, 절연체를 각각 대표하는
세 가지 고체의 전기 전도도와 에너지띠 구조에 대해 대화하는
모습을 나타낸 것이다.

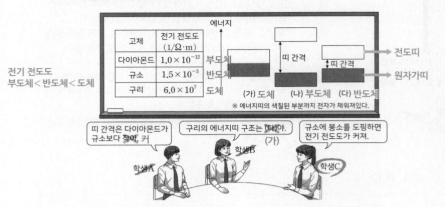

전기 전도도
부도체 < 반도체 < 도체

제시한 내용이 옳은 학생만을 있는 대로 고른 것은? 3점

① A   ② B   ③ C   ④ A, B   ⑤ B, C

|자|료|해|설|

(가)는 띠 간격이 없으므로 도체이다. 또한 띠 간격이
상대적으로 (나)가 넓고 (다)가 좁기 때문에 각각 부도체
(절연체), 반도체이다. 도체, 부도체, 반도체에 해당하는
고체는 각각 구리, 다이아몬드, 규소이다.

|보|기|풀|이|

학생 A. 오답 : 띠 간격은 부도체인 다이아몬드가 규소보다
크다.
학생 B. 오답 : 구리는 도체이므로 에너지띠 구조는 (가)
이다.
학생 C. 정답 : 규소에 원자가 전자가 3개인 붕소를
도핑하면 양공의 개수가 크게 증가하여 전기 전도도가
커진다.

😀 문제풀이 T I P | 도체, 반도체, 절연체는 띠간격으로 구분한다.

그림은 고체 A, B의 에너지띠
구조를 나타낸 것이다. A,
B에서 전도띠의 전자가 원자가
띠로 전이하며 빛이 방출된다.
이에 대한 설명으로 옳은
것만을 <보기>에서 있는 대로 고른 것은? 3점

보기

ㄱ. A에서 방출된 광자 1개의 에너지는 E_2-E_1보다 작다. 크다.
ㄴ. 띠 간격은 A가 B보다 작다.
ㄷ. 방출된 빛의 파장은 A에서가 B에서보다 짧다. 길다.

① ㄱ   ② ㄴ   ③ ㄱ, ㄷ   ④ ㄴ, ㄷ   ⑤ ㄱ, ㄴ, ㄷ

|자|료|해|설|

전도띠의 전자가 원자가 띠로 전이할 때, 띠 간격 이상의
에너지 크기를 가진 광자가 방출된다. A의 띠 간격은
E_2-E_1이고, B의 띠 간격은 E_3-E_1이므로 띠 간격이 B가
더 크고, 방출하는 광자의 에너지도 B가 더 크다.

|보|기|풀|이|

ㄱ. 오답 : A에서 방출된 광자 1개의 에너지는 띠 간격인
E_2-E_1 이상이다.
ㄴ. 정답 : A의 띠 간격은 E_2-E_1이고, B의 띠 간격은
E_3-E_1이므로 띠 간격은 B가 더 크다.
ㄷ. 오답 : 띠 간격이 클수록 방출된 광자 1개의 에너지가
크기 때문에 B에서 방출된 광자의 에너지가 더 크고, 광자
1개의 에너지는 $E=hf=\dfrac{hc}{\lambda}$에 의해 파장과 반비례하므로
방출된 빛의 파장은 A에서가 B에서보다 길다.

😀 출제분석 | 에너지 준위와 광자의 1개의 에너지 관계, 광자의 에너지와 진동수, 파장 관계를 이해하는지 확인하는 문항이다.

표는 고체 X와 Y의 전기 전도도를 나타낸 것이다. X, Y 중 하나는 도체이고 다른 하나는 반도체이다. X와 Y의 에너지띠 구조를 나타낸 것으로 가장 적절한 것은? (단, 전자는 색칠된 부분 ▨에만 채워져 있다.) **3점**

고체	전기 전도도 (1/Ω·m)	
X	2.0×10^{-2}	반도체
Y	1.0×10^{5}	도체

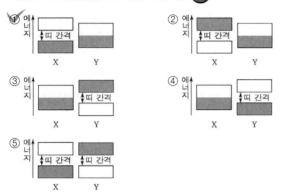

|자|료|해|설|
Y가 X보다 전기 전도도가 크므로 X는 반도체, Y는 도체이다.

|선|택|지|풀|이|
① 정답 : 전자는 낮은 에너지부터 채워져 있고 도체의 경우 띠 간격이 없으므로 이에 해당하는 것은 ①이다.

😊 **출제분석** | 고체의 에너지띠 구조를 확인하는 기본 문항이다.

그림은 고체 A의 에너지띠 구조를 절대 온도에 따라 나타낸 것이다. 색칠한 부분은 0K에서 전자가 차 있는 에너지띠를 나타낸 것이다.

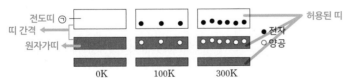

이에 대한 옳은 설명만을 〈보기〉에서 있는 대로 고른 것은?

> **보기**
> ㄱ. ㉠은 전도띠이다.
> ㄴ. A는 ~~도체이다.~~ 가 아니다.
> ㄷ. 온도가 높을수록 A의 전기 전도성이 ~~낮~~ 높 아진다.

① ㄱ   ② ㄷ   ③ ㄱ, ㄴ   ④ ㄴ, ㄷ   ⑤ ㄱ, ㄴ, ㄷ

|자|료|해|설|
절대 영도(0K)에서 원자 내부의 전자들은 허용된 띠의 가장 낮은 에너지띠부터 채워나가는데, 절대 영도에서 전자가 존재하는 가장 높은 에너지띠를 원자가띠라고 한다. 이 전자가 열에너지를 흡수하여 더 높은 에너지띠로 전이하면 고체 내부에서 자유롭게 이동할 수 있다.

|보|기|풀|이|
㉠. 정답 : 0K에서 전자가 차 있는 에너지띠 중 가장 위의 에너지띠 바로 위에 있는 에너지띠가 전도띠이다.
ㄴ. 오답 : 원자가띠와 전도띠가 띠 간격을 두고 떨어져 있으므로 A는 도체가 아니다.
ㄷ. 오답 : 온도가 높을수록 전도띠에 있는 전자가 늘어나고 원자가띠의 양공이 늘어나므로 A의 전기 전도성은 높아진다.

😊 **문제풀이 TIP** | 전도띠에 전이된 전자는 고체 내부를 자유롭게 이동할 수 있다. 또한 양공은 전자가 비어 있는 곳이므로 전압을 걸어주면 옆의 전자가 이동해 오고 새로운 양공에 다시 옆에 있는 전자가 이동해 오는 일이 계속된다.

😊 **출제분석** | 고체의 에너지띠 구조에 대한 문항으로 이 영역의 문항은 거의 모든 문제가 유사해 쉽게 해결할 수 있다.

그림은 온도 T_0에서 반도체 A의 에너지띠 구조를 나타낸 것이다. 이에 대한 설명으로 옳은 것만을 〈보기〉에서 있는 대로 고른 것은?

보기

ㄱ. 원자가 띠에 있는 전자의 에너지 준위는 ~~모두 같다.~~ 서로 다르다.

ㄴ. 원자가 띠의 전자가 전도띠로 전이할 때 띠 간격에 해당하는 에너지를 ~~방출~~ 흡수 한다.

ㄷ. 도체는 A보다 전기 전도성이 좋다.

① ㄱ 　　✓② ㄷ 　　③ ㄱ, ㄴ 　　④ ㄴ, ㄷ 　　⑤ ㄱ, ㄴ, ㄷ

|자|료|해|설|
반도체는 띠 간격이 절연체에 비해 좁으므로 적당한 에너지를 흡수하면 원자가 띠에서 전도띠로 전자가 이동하여 전류를 흐르게 할 수 있다.

|보|기|풀|이|
ㄱ. 오답 : 원자가 띠에 있는 전자의 에너지 준위는 서로 다르다.

ㄴ. 오답 : 원자가 띠의 전자가 전도띠로 전이할 때는 띠 간격에 해당하는 에너지를 흡수한다.

ㄷ. 정답 : 도체는 띠 간격이 없으므로 원자가 띠의 전자가 전도띠로 쉽게 전이하여 전기 전도성이 우수하다.

😮 문제풀이 TIP | 반도체에 대한 기본 개념을 숙지하고 있으면 쉽게 풀 수 있다.

😮 출제분석 | 반도체에 대한 기본 개념을 묻는 문항이다.

다음은 상온에서 실시한 고체의 전기 전도성에 대한 실험이다.

[실험 과정]

(가) 그림과 같이 동일한 모양의 나무 막대와 규소(Si) 막대를 준비하고 회로를 구성한다.

(나) 두 집게를 나무 막대의 양 끝 또는 규소 막대의 양 끝에 연결한 후, 전원의 전압을 증가시키면서 막대에 흐르는 전류를 측정한다.

[실험 결과]

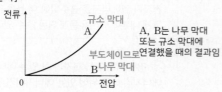

이에 대한 옳은 설명만을 〈보기〉에서 있는 대로 고른 것은? 3점

보기

ㄱ. 전기 전도성은 나무~~가~~ 규소~~보다~~ 좋다. 보다 / 가

ㄴ. A는 규소 막대를 연결했을 때의 결과이다.

ㄷ. 상온에서 전도띠로 전이한 전자의 수는 나무 막대에서~~가~~ 규소 막대에서~~보다~~ 크다. 보다 / 가

① ㄱ 　　✓② ㄴ 　　③ ㄱ, ㄷ 　　④ ㄴ, ㄷ 　　⑤ ㄱ, ㄴ, ㄷ

|자|료|해|설|
실험 결과 전압의 크기와 관계없이 B에는 전류가 흐르지 않으므로 B는 부도체인 나무 막대, A는 규소 막대이다.

|보|기|풀|이|
ㄱ. 오답 : 전기 전도성은 절연체인 나무보다 규소가 좋다.

ㄴ. 정답 : A는 규소 막대이다.

ㄷ. 오답 : 상온에서 자유 전자의 수는 전기가 통하지 않는 나무 막대가 규소 막대보다 작다.

😮 문제풀이 TIP | 전기 전도성이 낮은 부도체의 경우 원자가띠와 전도띠 사이의 띠 간격이 넓어 전기 전도성이 낮다.

😮 출제분석 | 고체의 전기 전도성은 실험 결과 전압에 따른 전류의 흐름으로부터 비교할 수 있다.

그림 (가), (나)는 반도체의 원자가띠와 전도띠 사이에서 전자가 전이하는 과정을 나타낸 것이다. (나)에서는 광자가 방출된다.

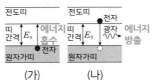

(가)   (나)

이에 대한 설명으로 옳은 것만을 〈보기〉에서 있는 대로 고른 것은?   3점

보기

ㄱ. (가)에서 전자는 에너지를 흡수한다.

ㄴ. (나)에서 방출되는 광자의 에너지는 E_0보다 작다. 크다.

ㄷ. (나)에서 원자가띠에 있는 전자의 에너지는 모두 같다. 다르다.

① ㄱ   ② ㄴ   ③ ㄱ, ㄷ   ④ ㄴ, ㄷ   ⑤ ㄱ, ㄴ, ㄷ

| 자 | 료 | 해 | 설 |

(가)는 전자가 에너지를 흡수하여 전도띠로 전이하는 과정이고 (나)는 전자가 에너지를 방출하며 원자가띠로 전이하는 과정이다.

| 보 | 기 | 풀 | 이 |

ㄱ. 정답 : (가)에서 전도띠의 에너지 준위는 원자가띠의 에너지 준위보다 높으므로 전자가 전도띠로 전이하려면 에너지를 흡수해야 한다.

ㄴ. 오답 : 전자가 전도띠에서 원자가띠로 전이할 때 방출하는 광자의 에너지는 띠 간격에 해당하는 에너지인 E_0 이상이다.

ㄷ. 오답 : 원자가띠는 원자의 가장 바깥쪽에 있는 전자가 채워진 부분으로 전자의 에너지 준위가 서로 겹치지 않게 미세하게 나누어져 있어 연속적인 띠로 나타난다. 따라서 (나)에서 원자가띠에 있는 전자의 에너지는 모두 다르다.

😀 **문제풀이 TIP** | 파울리 배타 원리란 다수의 전자를 포함하는 계에서 2개 이상의 전자가 같은 양자상태를 취하지 않는다는 법칙이다. 원자가띠에 있는 전자의 양자 상태는 모두 다르므로 파울리 배타 원리에 의해 전자의 에너지는 모두 다르다.

😀 **출제분석** | 고체의 에너지띠는 일반적으로 원자가띠와 전도띠 사이의 띠 간격에 따라 결정되는 전도성에 관한 문항으로 출제되었지만 이번 문항의 경우에는 에너지띠의 근본적인 의미를 묻는 보기로 다소 난이도가 높았다. 고체의 에너지띠 부분이 잘 이해가 되지 않는다면 에너지띠, 허용된 띠, 띠 간격에 대한 기본개념부터 다시 살펴보길 바란다.

다음은 고체의 전기 전도성에 대한 실험이다.

[실험 과정]

(가) 도체 또는 절연체인 고체 A, B를 준비한다.

(나) 그림과 같이 A를 이용하여 실험 장치를 구성한다.

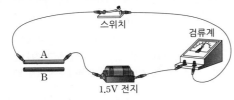

스위치

검류계

A

B

1.5V 전지

(다) 스위치를 닫아 검류계에 흐르는 전류를 측정한다.

(라) A를 B로 바꾸어 과정 (다)를 반복한다.

[실험 결과]

○ (다)에서는 <u>전류가 흐르고</u>, (라)에서는 <u>전류가 흐르지 않는다.</u>

     └→ A : 도체   └→ B : 절연체

이에 대한 옳은 설명만을 〈보기〉에서 있는 대로 고른 것은?

보기

ㄱ. A는 도체이다.

ㄴ. 전기 전도성은 A가 B보다 좋다.

ㄷ. B는 반도체에 비해 원자가 띠와 전도띠 사이의 띠 간격이 크다.

① ㄱ   ② ㄷ   ③ ㄱ, ㄴ   ④ ㄴ, ㄷ   ⑤ ㄱ, ㄴ, ㄷ

| 자 | 료 | 해 | 설 |

(다)에서는 전류가 흐르므로 A는 도체, (라)에서는 전류가 흐르지 않으므로 B는 절연체이다.

| 보 | 기 | 풀 | 이 |

ㄱ. 정답 : (다)에서는 전류가 흐르므로 A는 도체이다.

ㄴ. 정답 : A는 도체이므로 절연체인 B보다 전기 전도성이 좋다.

ㄷ. 정답 : 반도체의 띠 간격은 절연체보다 좁다.

😀 **문제풀이 TIP** | 전기가 잘 통하는 물체를 도체, 전기가 잘 통하지 않는 물체를 절연체라 한다.

😀 **출제분석** | 도체와 절연체의 개념을 확인하는 문항으로 매우 쉬운 수준으로 출제되었다.

그림은 상온에서 고체 A와 B의 에너지띠 구조를 나타낸 것이다. **A와 B는 반도체와 절연체를 순서 없이 나타낸 것이다.**

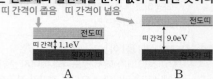

이에 대한 설명으로 옳은 것만을 〈보기〉에서 있는 대로 고른 것은? ③점

> **보기**
> ㄱ. A는 반도체이다.
> ㄴ. 전기 전도성은 A가 B보다 좋다.
> ㄷ. 단위 부피당 전도띠에 있는 전자 수는 A가 B보다 많다.

① ㄱ   ② ㄷ   ③ ㄱ, ㄴ   ④ ㄴ, ㄷ   ⑤ ㄱ, ㄴ, ㄷ

|자|료|해|설|
A는 B보다 띠 간격이 좁다. 따라서 A는 반도체, B는 절연체이다.

|보|기|풀|이|
ㄱ. 정답 : 띠 간격이 좁은 A는 반도체이다.
ㄴ. 정답 : 적당한 에너지를 흡수하면 원자가띠에서 전도띠로 많은 전자가 이동하여 전류를 흐르게 할 수 있다. A는 띠 간격이 좁기 때문에 전자는 전도띠로 쉽게 올라갈 수 있어 전기 전도성은 A가 B보다 좋다.
ㄷ. 정답 : 원자가 띠에 있는 전자의 일부가 상온에서의 열에너지를 흡수하여 전도띠로 이동한다. 띠 간격이 좁은 A에서는 이 과정이 B보다 쉽게 일어나므로 단위 부피당 전도띠에 있는 전자 수는 A가 B보다 많다.

😲 **문제풀이TIP** | 반도체는 띠 간격이 절연체에 비해 좁다.

😀 **출제분석** | 고체의 에너지띠에 관한 문항은 대부분 도체와 반도체, 절연체를 비교하는 문항으로 띠 간격의 크기와 전기 전도성의 관계를 이해한다면 쉽게 해결할 수 있다.

그림 (가)는 고체 A, B의 전기 전도도를 나타낸 것이다. A, B는 각각 도체와 반도체 중 하나이다. 그림 (나)의 X, Y는 A, B의 에너지띠 구조를 순서 없이 나타낸 것이다.

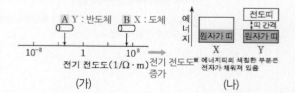

이에 대한 설명으로 옳은 것만을 〈보기〉에서 있는 대로 고른 것은? ③점

> **보기**   반도체
> ㄱ. A는 ~~도체~~이다.
> ㄴ. X는 B의 에너지띠 구조이다.
> ㄷ. Y에서 원자가 띠의 전자가 전도띠로 전이할 때, 전자는 띠 간격 이상의 에너지를 흡수한다.

① ㄱ   ② ㄴ   ③ ㄱ, ㄷ   ④ ㄴ, ㄷ   ⑤ ㄱ, ㄴ, ㄷ

|자|료|해|설|
전기 전도도가 A보다 큰 B가 도체이므로 전도띠와 원자가 띠가 겹쳐 있는 X에 해당하고, 전기 전도도가 B보다 작은 A가 반도체로 띠 간격이 존재하는 Y에 해당한다.

|보|기|풀|이|
ㄱ. 오답 : A는 B보다 전기 전도도가 작으므로 반도체이다.
ㄴ. 정답 : X는 전도띠와 원자가 띠가 겹쳐 있으므로 도체인 B의 에너지띠 구조이다.
ㄷ. 정답 : Y에서 전자는 띠 간격 이상의 에너지를 흡수해야 원자가 띠의 전자가 전도띠로 전이할 수 있다.

😀 **출제분석** | 반도체와 도체의 기본적인 특징을 확인하는 문항이다.

다음은 물질의 전기 전도도에 대한 실험이다.

[실험 과정]

(가) 물질 X로 이루어진 원기둥 모양의
막대 a, b, c를 준비한다.

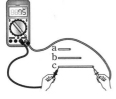

(나) a, b, c의 ⊙ 과/와 길이를
측정한다.

(다) 저항 측정기를 이용하여 a, b, c의
저항값을 측정한다.

(라) (나)와 (다)의 측정값을 이용하여 X의 전기 전도도를
구한다.

[실험 결과]

$$R = \frac{l}{\sigma S}$$

막대	⊙ (S) (cm²)	길이 (l) (cm)	저항값 (kΩ)	전기 전도도(σ) (1/Ω·m)
a	0.20	1.0	ⓒ	2.0×10^{-2}
b	0.20	2.0	50	2.0×10^{-2}
c	0.20	3.0	75	2.0×10^{-2}

이에 대한 설명으로 옳은 것만을 <보기>에서 있는 대로 고른 것은? ③점

보기

ㄱ. 단면적은 ⊙에 해당한다.

ㄴ. ⓒ은 ~~50보다 크다.~~ 25이다

ㄷ. X의 전기 전도도는 막대의 길이에 관계없이 일정하다.

① ㄱ   ② ㄴ   ③ ㄱ, ㄷ ✓   ④ ㄴ, ㄷ   ⑤ ㄱ, ㄴ, ㄷ

|자|료|해|설|

저항(R)과 전기 전도도(σ), 저항의 단면적(S), 저항의 길이
(l)의 관계는 $R = \frac{l}{\sigma S}$이다.

|보|기|풀|이|

ㄱ. 정답 : ⊙의 단위는 cm²이고 ⊙의 값이 같은 b와 c를
비교하였을 때 길이의 비가 2 : 3일 때 저항값의 비가 2 : 3
이므로 단면적이다.

ㄴ. 오답 : a, b, c는 ⊙ 단면적(S)과 전기 전도도(σ)가
같으므로 저항값의 비는 길이의 비와 같은 1 : 2 : 3이다.
따라서 ⓒ은 25이다.

ㄷ. 정답 : 실험 결과로부터 a, b, c의 길이와 관계없이 물질
X의 전기 전도도는 일정하다는 것을 알 수 있다.

😀 문제풀이 T I P | 물질의 종류가 같다면 전기 전도도가 같다.

😀 출제분석 | 저항의 단면적을 변인 통제하여 길이와 저항값을
측정하여 전기 전도도를 알아보는 실험이다.

다음은 물질 A, B, C의 전기 전도도를 알아보기 위한 탐구이다.

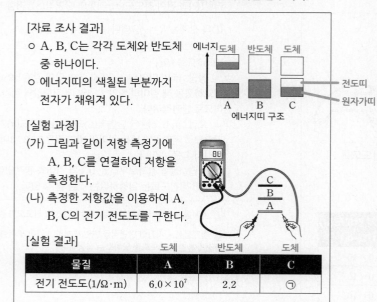

[자료 조사 결과]

ㅇ A, B, C는 각각 도체와 반도체 중 하나이다.
ㅇ 에너지띠의 색칠된 부분까지 전자가 채워져 있다.

[실험 과정]

(가) 그림과 같이 저항 측정기에 A, B, C를 연결하여 저항을 측정한다.
(나) 측정한 저항값을 이용하여 A, B, C의 전기 전도도를 구한다.

[실험 결과]

물질	A	B	C
	도체	반도체	도체
전기 전도도(1/Ω·m)	6.0×10^7	2.2	㉠

이에 대한 설명으로 옳은 것만을 〈보기〉에서 있는 대로 고른 것은?

③점

보기

ㄱ. ㉠에 해당하는 값은 2.2보다 <s>작다.</s> 크다

ㄴ. A에서는 주로 <s>양공</s>이 전류를 흐르게 한다. 전자가

ㄷ. B에 도핑을 하면 전기 전도도가 커진다.

① ㄱ   ② ㄷ ✓   ③ ㄱ, ㄴ   ④ ㄴ, ㄷ   ⑤ ㄱ, ㄴ, ㄷ

|자|료|해|설|
A와 C는 원자가띠와 전도띠가 붙어있으므로 도체, B는 원자가띠와 전도띠가 떨어져 있으므로 반도체이다.

|보|기|풀|이|
ㄱ. 오답 : C는 도체이므로 ㉠은 B의 전기 전도도 2.2보다 크다.
ㄴ. 오답 : A에서는 주로 전자가 전류를 흐르게 한다.
ㄷ. 정답 : B는 반도체이므로 도핑을 하면 전기 전도도가 커진다.

😊 출제분석 | 에너지띠 이론의 기본 개념을 알고 있다면 간단히 해결할 수 있는 문제이다.

그림 (가)는 고체 A, B의 에너지띠 구조를, (나)는 A, B를 이용하여 만든 집게 달린 전선의 단면을 나타낸 것이다. A와 B는 각각 도체와 절연체 중 하나이고, (가)에서 에너지띠의 색칠된 부분까지 전자가 채워져 있다.

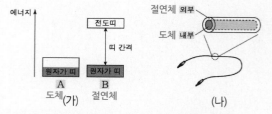

이에 대한 옳은 설명만을 〈보기〉에서 있는 대로 고른 것은?

보기

ㄱ. A는 도체이다.

ㄴ. B의 원자가 띠에 있는 전자의 에너지 준위는 모두 <s>같다.</s> 다르다

ㄷ. (나)에서 전선의 내부는 A, 외부는 B로 이루어져 있다.

① ㄱ   ② ㄴ   ③ ㄱ, ㄷ ✓   ④ ㄴ, ㄷ   ⑤ ㄱ, ㄴ, ㄷ

|자|료|해|설|
띠 간격이 없는 A가 도체, 띠 간격이 넓은 B가 절연체이다. 이는 (나)에서 각각 전선의 내부와 외부로 사용된다.

|보|기|풀|이|
ㄱ. 정답 : A는 도체, B는 절연체이다.
ㄴ. 오답 : 원자가 띠에 있는 전자의 에너지 준위는 모두 다르다.
ㄷ. 정답 : (나)에서 전선의 내부는 도체, 외부는 절연체로 이루어져 있다.

😊 출제분석 | 고체의 에너지띠 구조를 이해하는지 확인하는 문항이다.

04 반도체와 다이오드 ★수능에 나오는 필수 개념 2가지 + 필수 암기사항 2개

기본자료

필수개념 1　반도체

- ★암기 **반도체** → n형 반도체에서는 전자가, p형 반도체에서는 양공이 전하를 운반한다.

○ 순수한 반도체 : 불순물이 없는 반도체로 전기 전도성이 낮다.
○ 불순물 반도체 : 순수한 반도체에 불순물을 첨가하여 전기 전도성을 높인 반도체
　(1) n형 반도체 : 실리콘(Si), 저마늄(Ge) 등과 같은
　　순수한 반도체 물질에 원자가 전자가 5개인
　　원소를 도핑하여 만들 수 있는 반도체로 주로
　　전자가 전하를 운반한다.
　(2) p형 반도체 : 실리콘, 저마늄 등과 같은 순수한
　　반도체 물질에 원자가 전자가 3개인 원소를
　　도핑하여 만들 수 있는 반도체로 주로 양공이
　　전하를 운반한다.

▶ 원자가 전자가 5개인 원소(n형)
인(P), 비소(As), 안티몬(Sb), 비스무트
(Bi)

▶ 원자가 전자가 3개인 원소(p형)
알루미늄(Al), 붕소(B), 인듐(In), 갈륨
(Ga)

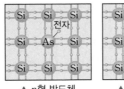

▲ n형 반도체　　▲ p형 반도체

필수개념 2　다이오드

- ★암기 **다이오드** → p형 반도체와 n형 반도체를 붙여 만든 정류 작용을 하는 소자

○ 구조 : p형 반도체와 n형 반도체의 p−n 접합을 이용하여 만든다.
○ 다이오드의 역할 : 전류를 한쪽 방향으로만 흐르게 하는 역할을 하며, 교류를
　직류로 바꾸는 기능을 한다.
○ 순방향 : p형 반도체에 전지의 (＋)극을 연결하고, n형 반도체에 전지의 (−)극을
　연결한 상태이다. p형 반도체의 양공과 n형 반도체의 전자가 접합면을 향해 이동하여 결합하는
　형태로 전류가 흐른다.
○ 발광 다이오드(LED) : 발광 다이오드에 순방향의 전압을 걸어주면 전도띠의 전자와 원자가띠의
　양공이 결합하면서 띠 간격에 해당하는 만큼의 에너지가 빛으로 방출된다.

▶ 양공
반도체의 원자가띠 내에 전자가 비어
있는 상태

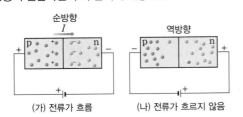

(가) 전류가 흐름　　　(나) 전류가 흐르지 않음

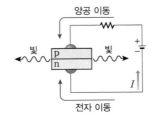

① LED를 제작하는 반도체의 재료에 따라 띠 간격에 해당되는 에너지가 달라지므로 방출되는
　빛의 색을 다양하게 만들 수 있다.
② 수명이 길고, 전력 소모가 적으며 작고 가볍다는 장점이 있어 각종 영상 장치와 조명 장치에
　사용된다.

그림 (가)는 직류 전원 장치, 저항, p−n 접합 다이오드, 스위치 S로 구성한 회로를, (나)는 (가)의 다이오드를 구성하는 반도체 X와 Y의 에너지띠 구조를 나타낸 것이다.

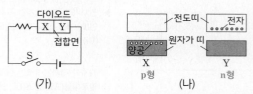

(가)   X   p형   (나)   Y   n형

이에 대한 옳은 설명만을 〈보기〉에서 있는 대로 고른 것은? 3점

보기

ㄱ. X는 p형 반도체이다.
ㄴ. S를 닫으면 저항에 전류가 흐른다.
ㄷ. S를 닫으면 Y의 전자는 p−n 접합면에서 ~~멀어진다.~~ 가까워

① ㄱ   ② ㄷ   ③ ㄱ, ㄴ ✓   ④ ㄴ, ㄷ   ⑤ ㄱ, ㄴ, ㄷ

|자|료|해|설|
(나)에서 X는 원자가 띠에 양공이 많으므로 p형 반도체이고 Y는 전도띠에 전자가 많으므로 n형 반도체이다. (가)에서 스위치 S를 닫으면 p형에 (+)극, n형에 (−)극이 연결되어 있으므로 회로에 전류가 흐른다.

|보|기|풀|이|
ㄱ. 정답 : X는 원자가 띠에 양공이 많으므로 p형 반도체이다.
ㄴ. 정답 : (가)에서 S를 닫으면 다이오드에 순방향 전압이 걸리므로 회로 전체에 전류가 흐른다.
ㄷ. 오답 : S를 닫으면 Y(n형 반도체)의 전자는 p−n 접합면으로 이동하여 양공과 결합한다.

😮 문제풀이 T I P | 원자가 띠에 양공이 많으면 p형 반도체이다.

😊 출제분석 | 다이오드의 기본 개념만으로 쉽게 해결할 수 있는 문항이다.

다음은 고체의 전기적 특성을 알아보기 위한 실험이다.

[실험 과정]
(가) 고체 막대 A와 B를 각각 연결할 수 있는 전기 회로를 구성한다. A, B는 도체와 절연체 중 하나이다.

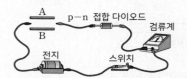

A / B / p−n 접합 다이오드 / 검류계 / 전지 / 스위치

(나) 두 집게를 A의 양 끝 또는 B의 양 끝에 연결하고 스위치를 닫은 후 막대에 흐르는 전류의 유무를 관찰한다.
(다) (가)에서 [㉠]의 양 끝에 연결된 집게를 서로 바꿔 연결한 후 (나)를 반복한다.

[실험 결과]

구분	A	B
(나)의 결과	○ 도체	× 절연체
(다)의 결과	×	㉡ ×

(○ : 전류가 흐름, × : 전류가 흐르지 않음.)

이에 대한 옳은 설명만을 〈보기〉에서 있는 대로 고른 것은? 3점

보기

ㄱ. 전기 전도도는 A가 B보다 크다.
ㄴ. 'p−n 접합 다이오드'는 ㉠으로 적절하다.
ㄷ. ㉡은 ~~○~~이다.
    ×

① ㄱ   ② ㄷ   ③ ㄱ, ㄴ ✓   ④ ㄴ, ㄷ   ⑤ ㄱ, ㄴ, ㄷ

|자|료|해|설|
실험 (나)의 결과 A에만 전류가 흐르므로 A는 도체, B는 절연체이다.

|보|기|풀|이|
ㄱ. 정답 : A는 도체이므로 전기 전도도는 A가 B보다 크다.
ㄴ. 정답 : (다)의 결과 도체인 A를 연결하였음에도 전류가 흐르지 않은 것은 p−n 접합 다이오드를 반대로 연결했기 때문이다.
ㄷ. 오답 : B는 절연체이므로 전류가 흐르지 않는다.

😮 문제풀이 T I P | 회로에 부도체를 연결하면 전류가 흐르지 않는다.

😊 출제분석 | 고체의 전기적 특성과 p−n 접합 다이오드의 기본 원리를 확인하는 문항이다.

그림 (가)는 동일한 p−n 접합 다이오드 A와 B, 전구, 스위치 S, 직류 전원 장치를 이용하여 구성한 회로를 나타낸 것이다. S를 a에 연결할 때 전구에 불이 켜지고, S를 b에 연결할 때 전구에 불이 켜지지 않는다. → ⊙은 (+)극 / X는 n형 반도체 그림 (나)는 (가)의 X를 구성하는 원소와 원자가 전자의 배열을 나타낸 것이다.

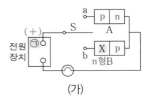

(가)   (나) n형 반도체

이에 대한 설명으로 옳은 것만을 〈보기〉에서 있는 대로 고른 것은?

보기

ㄱ. S를 a에 연결할 때, A에 역방향(순방향) 전압이 걸린다.
ㄴ. 직류 전원 장치의 단자 ⊙은 (+)극이다.
ㄷ. S를 b에 연결할 때, X에 있는 전자는 p−n 접합면 쪽으로(의 반대 방향으로) 이동한다.

① ㄱ   ② ㄴ   ③ ㄱ, ㄷ   ④ ㄴ, ㄷ   ⑤ ㄱ, ㄴ, ㄷ

|자|료|해|설|
(나)는 원자가 전자가 5개인 As(비소)가 도핑되어 있으므로 n형 반도체이다.

|보|기|풀|이|
ㄱ. 오답 : S를 a에 연결할 때 전구에 불이 켜지므로 A에 순방향 전압이 걸린다.
ㄴ. 정답 : S를 b에 연결할 때 전구에 불이 켜지지 않으므로 B에는 역방향 전압이 걸린다. 따라서 ⊙은 (+)극이다.
ㄷ. 오답 : S를 b에 연결할 때 B에는 역방향 전압이 걸리므로 전자는 p−n 접합면에서 반대 방향으로 이동한다.

😮 문제풀이 TIP | (나)는 순수한 반도체 물질에 원자가 전자가 5개인 비소를 도핑하여 만든 n형 반도체이다.

😮 출제분석 | 다이오드의 기본적인 특징을 알고 있다면 가볍게 해결할 수 있는 문항이다.

그림 (가)와 같이 동일한 p−n 접합 다이오드 A, B, C와 직류 전원을 연결하여 회로를 구성하였다. X, Y는 각각 p형 반도체와 n형 반도체 중 하나이며 B에는 전류가 흐른다. 그림 (나)는 X의 원자가 전자 배열과 Y의 에너지띠 구조를 각각 나타낸 것이다. → 순방향 전압

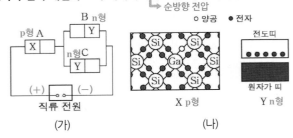

(가)   (나)

이에 대한 설명으로 옳은 것은?

① X는 n(p)형 반도체이다.
② A에는 역방향 전압이 걸려있다.
③ A의 X는 직류 전원의 (+)극에 연결되어 있다.(순방향)
④ C의 p−n 접합면에서 양공과 전자가 결합한다.(멀어진다)
⑤ Y에서는 주로 원자가 띠(전도띠)에 있는 전자에 의해 전류가 흐른다.

|자|료|해|설|
(나)에서 X는 양공이 있으므로 p형 반도체, Y는 전도띠에 있는 전자에 의해 전류가 흐르는 n형 반도체이다. 주어진 조건에서 B에는 전류가 흐르므로 A에도 전류가 흘러야 하고, A의 p형 반도체(X)와 연결된 직류 전원의 왼쪽이 (+)극, B의 n형 반도체(Y)와 연결된 오른쪽이 (−)극이다. C는 B와 반대 방향으로 연결되어 있으므로 역방향 전압이 걸리고, 양공과 전자는 p−n 접합면에서 멀어진다.

|선|택|지|풀|이|
① 오답 : X는 양공이 있으므로 p형 반도체이다.
② 오답 : B에 전류가 흐르기 위해서는 A에도 전류가 흘러야 하므로 A에는 순방향 전압이 걸려있다.
③ 정답 : B에 전류가 흐르기 위해서는 A에도 전류가 흘러야 하고, X는 p형 반도체이므로 직류 전원의 (+)극에 연결되어 있다.
④ 오답 : C는 B와 반대 방향으로 연결되어 있으므로 역방향 전압이 걸린다. 따라서 양공과 전자는 p−n 접합면에서 멀어진다.
⑤ 오답 : Y는 n형 반도체이므로 전도띠에 있는 전자에 의해 전류가 흐른다.

😮 문제풀이 TIP | p형 반도체와 n형 반도체는 양공과 전자에 의해 구분되므로 그림이 주어지면 이를 중점적으로 관찰해야 한다.

😮 출제분석 | p−n 접합 다이오드의 기본 원리를 확인하는 수준에서 출제되었다. 다이오드에 순방향 전압이 걸리는지, 역방향 전압이 걸리는지를 파악하고 나면 쉽게 문제를 해결할 수 있다.

그림 (가)는 불순물 a를 도핑한 반도체 A를 구성하는 원소와 원자가
전자의 배열을, (나)는 A를 포함한 p−n 접합 다이오드가 연결된
회로에서 전구에 불이 켜진 모습을 나타낸 것이다. X, Y는 각각
p형, n형 반도체 중 하나이다.

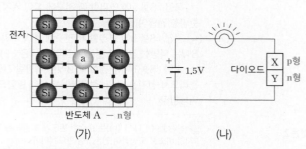

(가)   (나)

이에 대한 설명으로 옳지 않은 것은?

① a의 원자가 전자는 5개이다.
② A는 n형 반도체이다.
③ 다이오드에는 순방향 전압(바이어스)이 걸린다.
④ X가 A이다.
⑤ Y에서는 주로 전자가 전류를 흐르게 한다.

|자|료|해|설|및|선|택|지|풀|이|

④ 정답 : (가)에서 a는 원자가 전자가 5개인 원소이므로
A는 n형 반도체이다. (나)에서 전구에 불이 켜졌다는 것은
다이오드에는 순방향 전압이 걸렸기 때문이므로 X는 p형,
Y는 n형 반도체이다.

😊 문제풀이 T I P | p형 반도체에서는 양공이, n형 반도체에서는
전자가 전류를 흐르게 한다.

😲 출제분석 | 반도체와 p−n 접합 다이오드의 원리를 확인하는
문항으로 매우 쉽게 출제되었다.

그림 (가)는 실리콘(Si)에 붕소(B)를 첨가한 반도체 X와 실리콘(Si)에
비소(As)를 첨가한 반도체 Y를 나타낸 것이다. 그림 (나)는 X, Y를
접합하여 만든 p−n 접합 다이오드를 이용하여 구성한 회로를 나타낸
것이다.

→ p형 반도체
→ n형 반도체

반도체 X   반도체 Y   스위치   저항
(가)   (나)

이에 대한 설명으로 옳은 것만을 〈보기〉에서 있는 대로 고른 것은?

보기   (+)극과 p형 반도체, (−)극과 n형 반도체 연결 ←
ㄱ. X는 p형 반도체이다.
ㄴ. (나)에서 스위치를 a에 연결할 때, 다이오드에는 순방향
전압이 걸린다.
ㄷ. (나)에서 스위치를 b에 연결할 때, 다이오드의 p형
반도체에 있는 양공은 p−n 접합면 쪽으로 이동한다.
           에서 멀어지는 →

① ㄱ   ② ㄷ   ③ ㄱ, ㄴ   ④ ㄴ, ㄷ   ⑤ ㄱ, ㄴ, ㄷ

|자|료|해|설|

붕소는 원자가 전자가 3개이고 비소는 원자가 전자가
5개이다. 따라서 양공이 있는 반도체 X는 실리콘에 붕소를
첨가한 p형 반도체, 전자가 1개 더 있는 반도체 Y는 비소를
첨가한 n형 반도체이다.

|보|기|풀|이|

ㄱ. 정답 : 반도체 X는 원자가 전자가 3개인 붕소를
첨가하였으므로 p형 반도체이다.
ㄴ. 정답 : 스위치를 a에 연결할 때 전지의 (+)극과 p형
반도체, (−)극과 n형 반도체가 연결되므로 다이오드에는
순방향 전압이 걸린다.
ㄷ. 오답 : 스위치를 b에 연결할 때, 다이오드에는 역방향
전압이 걸리므로 p형 반도체의 양공은 (−)극에 연결된
부분으로 이동하게 된다. 즉 양공은 p−n 접합면에서
멀어지는 방향으로 이동한다.

😊 문제풀이 T I P | 실리콘, 저마늄 등과 같은 순수한 반도체
물질에 원자가 전자가 3개인 원소를 도핑하면 p형 반도체, 원자가
전자가 5개인 원소를 도핑하면 n형 반도체가 된다. 또한 다이오드는
p형 반도체에 (+)극, n형 반도체에 (−)극을 연결해야 p형
반도체와 n형 반도체의 접합면을 향해 양공과 전자가 결합하는
형태로 전류가 흐른다. (순방향)

😲 출제분석 | 반도체와 p−n 접합 다이오드를 이해하는가를
묻는 문항으로 기본 개념 수준에서의 보기로 쉽게 출제되었다.

그림 (가)와 같이 전원 장치, 저항, p−n 접합 발광 다이오드(LED)를 연결했더니 LED에서 빛이 방출되었다. X, Y는 각각 p형 반도체, n형 반도체 중 하나이다. 그림 (나)는 (가)의 X를 구성하는 원소와 원자가 전자의 배열을 나타낸 것이다.

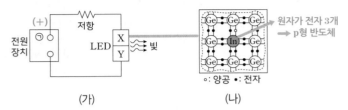

(가)   (나)

이에 대한 설명으로 옳은 것만을 〈보기〉에서 있는 대로 고른 것은?

> **보기**
> ㄱ. X는 p형 반도체이다.
> ㄴ. (가)의 LED에서 n형 반도체에 있는 전자는 p−n 접합면 쪽으로 이동한다.
> ㄷ. 전원 장치의 단자 ㉠은 (+)극이다.

① ㄱ   ② ㄷ   ③ ㄱ, ㄴ   ④ ㄴ, ㄷ   ⑤ ㄱ, ㄴ, ㄷ

|자|료|해|설|
(나)는 저마늄(Ge)에 원자가 전자가 3개인 인듐(In)을 불순물로 첨가하였으므로 p형 반도체이다. 즉, X는 p형 반도체이고 (가)에서 LED에는 빛이 방출되므로 순방향 전압이 걸린 상황이다. 따라서 ㉠은 (+)극이다.

|보|기|풀|이|
ㄱ. 정답 : 자료 해설과 같이 X는 p형 반도체이다.
ㄴ. 정답 : LED에 순방향 전압이 걸리므로 n형 반도체에 있는 전자는 p−n 접합면 쪽으로 이동하여 양공과 결합한다.
ㄷ. 오답 : 자료 해설과 같이 전원 장치의 단자 ㉠은 (+)극이다.

😀 문제풀이 T I P | 다이오드에 순방향 전압이 걸릴 때 전류가 흐른다.

😀 출제분석 | 다이오드의 기본적인 특징을 알아보는 문항이다.

그림 (가)는 고체 A와 B의 에너지띠 구조를 나타낸 것으로, A와 B는 각각 도체와 절연체 중 하나이다. 그림 (나)와 같이 저항, p−n 접합 다이오드, A, 직류 전원 장치로 구성된 회로에서 직선 도선 위에 나침반을 놓고 스위치를 a에 연결하였더니 자침이 시계 방향으로 각 θ만큼 회전하였다. X, Y는 각각 p형 반도체와 n형 반도체 중 하나이다.

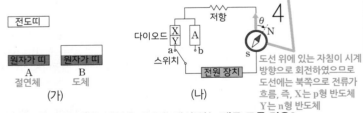

(가)   (나)

이에 대한 설명으로 옳은 것만을 〈보기〉에서 있는 대로 고른 것은? (단, 0<θ<90°이다.) 3점

> **보기**
> ㄱ. (가)에서 B의 원자가 띠에 있는 전자의 에너지는 모두 ~~같다.~~ 다르다.
> ㄴ. (나)의 회로에서 X는 p형 반도체이다.
> ㄷ. (나)의 회로에서 스위치를 b에 연결하면 자침의 회전각은 ~~θ보다 커진다.~~ 은 움직이지 않는다.

① ㄱ   ② ㄴ   ③ ㄱ, ㄴ   ④ ㄱ, ㄷ   ⑤ ㄴ, ㄷ

|자|료|해|설|
(가)에서 A는 원자가띠와 전도띠의 간격(띠 간격)이 넓으므로 절연체, B는 원자가띠와 전도띠의 간격(띠 간격)이 없으므로 도체이다. (나)에서 스위치를 a에 연결할 때 자침이 그림과 같이 움직이려면 다이오드에는 순방향의 전압이 걸리고 회로에는 반시계 방향의 전류가 흘러야 한다. 따라서 X는 p형 반도체이고 Y는 n형 반도체이다.

|보|기|풀|이|
ㄱ. 오답 : 원자가띠에 있는 전자의 에너지는 위쪽에 있을수록 크다.
ㄴ. 정답 : (나)에서 자침이 움직인 것은 회로에 전류가 흐른 것이고 다이오드에 순방향의 전압이 걸린 것이다. 따라서 X는 p형 반도체이다.
ㄷ. 오답 : A는 절연체이므로 (나)의 회로에서 스위치를 b에 연결하면 전류는 흐르지 않으므로 자침은 움직이지 않는다.

😀 문제풀이 T I P | 다이오드에서 p형 반도체에 전지의 (+)극을 연결하고, n형 반도체에 전지의 (−)극을 연결할 때 전류가 흐른다.

😀 출제분석 | 에너지띠와 다이오드의 기본 개념을 바탕으로 고체의 전기적 특성을 묻는 문항이다.

그림 (가)는 규소(Si)에 비소(As)를 첨가한 반도체 X와 규소(Si)에 붕소(B)를 첨가한 반도체 Y의 원자가 전자 배열을 나타낸 것이다. 그림 (나)와 같이 (가)의 X, Y를 이용하여 만든 다이오드에 저항과 전류계를 연결하고 광 다이오드에만 빛을 비추었더니 저항에 전류가 흘렀다.

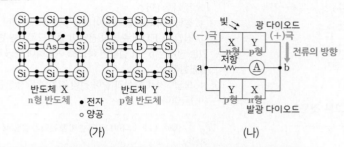

(가)   (나)

이에 대한 설명으로 옳은 것만을 〈보기〉에서 있는 대로 고른 것은?

③점

보기
ㄱ. 전류의 방향은 ~~a~~ b → 저항 → ~~b~~ a이다.
ㄴ. 발광 다이오드에서 빛이 ~~방출된다.~~ 되지 않는다.
ㄷ. 발광 다이오드의 전자와 양공은 접합면에서 서로 멀어진다.

① ㄱ   ✓② ㄷ   ③ ㄱ, ㄴ   ④ ㄴ, ㄷ   ⑤ ㄱ, ㄴ, ㄷ

|자|료|해|설|
반도체 X는 n형, Y는 p형 반도체이다.

|보|기|풀|이|
ㄱ. 오답 : 광 다이오드에서 X는 (−)극, Y는 (+)극이므로 전류의 방향은 b → 저항 → a이다.
ㄴ. 오답 : 발광 다이오드에는 역방향 전압이 걸리므로 빛이 방출되지 않는다.
ㄷ. 정답 : 발광 다이오드에 역방향 전압이 걸리면 전자와 양공은 접합면에서 서로 멀어진다.

😀 **문제풀이 TIP** | 발광 다이오드는 순방향 전압이 걸릴 때 빛을 방출한다.

😀 **출제분석** | 다이오드의 작동 원리를 이해하는지 알아보는 문항이다.

그림 (가)의 X, Y는 저마늄(Ge)에 각각 인듐(In), 비소(As)를 도핑한 반도체를 나타낸 것이다. 그림 (나)는 직류 전원, 교류 전원, 전구, 스위치, X와 Y가 접합된 구조의 p−n 접합 다이오드를 이용하여 회로를 구성하고 스위치를 a에 연결하였더니 전구에서 빛이 방출되는 것을 나타낸 것이다. A와 B는 각각 X와 Y 중 하나이다.

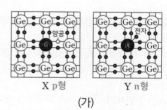 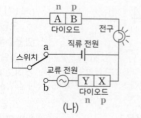

X p형   Y n형
(가)   (나)

이에 대한 설명으로 옳은 것만을 〈보기〉에서 있는 대로 고른 것은?

보기
ㄱ. A는 Y이다.
ㄴ. 스위치를 a에 연결했을 때, B에서 p−n 접합면 쪽으로 이동하는 것은 ~~전자~~이다. 양공
ㄷ. 스위치를 b에 연결하면 전구에서는 빛이 ~~방출된다.~~ 되지 않는다.

✓① ㄱ   ② ㄴ   ③ ㄱ, ㄷ   ④ ㄴ, ㄷ   ⑤ ㄱ, ㄴ, ㄷ

|자|료|해|설|
X는 13족 원소 인듐(In)으로 도핑하여 양공이 있으므로 p형, Y는 15족 원소 비소(As)로 도핑하여 자유 전자가 있으므로 n형 반도체이다. p−n 반도체에서 전압을 순방향으로 걸어주었을 때만 전류가 흐르므로 스위치 a에 연결했을 때 A−B 다이오드에 걸리는 전압은 순방향이다. 따라서 B가 p형, A가 n형임을 알 수 있다.

|보|기|풀|이|
ㄱ. 정답 : 스위치를 a에 연결했을 때, 위쪽의 다이오드에 순방향 전압이 걸렸으므로 A는 n형, B는 p형 반도체이다.
ㄴ. 오답 : 다이오드에 순방향 전압이 걸리면 p형 반도체에서는 양공이, n형 반도체에서는 전자가 p−n 접합면 쪽으로 이동한다.
ㄷ. 오답 : 스위치를 b에 연결하면 교류 전류에 의해 전류의 방향이 바뀔 때 한쪽 방향에서는 A−B 다이오드에 역방향 전압이 걸리고, 다른 방향에서는 X−Y 다이오드에 역방향 전압이 걸리므로 전구에는 불이 들어오지 않는다.

😀 **문제풀이 TIP** | 회로에 여러 다이오드가 존재하면 모든 다이오드에 순방향 전압이 걸렸을 때만 전구에 불이 들어온다.

그림은 동일한 p−n 접합 다이오드 A∼D, 전구, 스위치, 동일한 전지를 이용하여 구성한 회로를 나타낸 것이다. **스위치를 a에 연결하면 전구에 불이 켜진다.** X는 p형 반도체와 n형 반도체 중 하나이다.

↳ A와 C에 순방향 전압

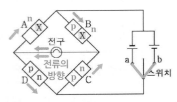

이에 대한 설명으로 옳은 것만을 〈보기〉에서 있는 대로 고른 것은?

(3점)

> **보기**
> ㄱ. 스위치를 a에 연결하면 C에는 순방향 전압이 걸린다.
> ㄴ. X는 p형 반도체이다.
> ㄷ. 스위치를 b에 연결하면 전구에 불이 켜진다.

① ㄱ   ② ㄴ   ✓③ ㄱ, ㄷ   ④ ㄴ, ㄷ   ⑤ ㄱ, ㄴ, ㄷ

|자|료|해|설|
스위치를 a에 연결할 때 D에는 역방향 전압이 걸리므로 전구에 불이 들어오기 위해서는 C에 순방향 전압이 걸려야 한다. 또한 전구에 전류가 흐르기 위해서는 A에도 순방향 전압이 걸려야 하므로 (−)극과 연결된 X 반도체는 n형 반도체이다.
스위치를 b에 연결하면 B와 D에 순방향 전압이 걸리므로 전구에 불이 켜진다. 두 경우 모두 전구에 흐르는 전류는 오른쪽에서 왼쪽 방향으로 흐른다.

|보|기|풀|이|
ㄱ. 정답 : 스위치를 a에 연결하면 D에는 역방향 전압이 걸리므로 A와 C에 순방향 전압이 걸려야 전구에 불이 켜진다.
ㄴ. 오답 : 스위치를 a에 연결할 때 A와 C에 순방향 전압이 걸리므로 X는 n형 반도체이다.
ㄷ. 정답 : 스위치를 b에 연결하면 B와 D에 순방향 전압이 걸려 전류는 B → 전구 → D 순으로 전류가 흐르며 전구에 불이 켜진다.

😀 **문제풀이 TIP** | p−n 접합 다이오드에 순방향 전압이 걸릴 때 전류가 흐른다.

😎 **출제분석** | 다이오드의 기본 특성을 이해한다면 쉽게 해결할 수 있는 유형으로 출제된다.

그림 (가)는 동일한 p−n 접합 다이오드 A와 B, 저항, 스위치를 전압이 일정한 직류 전원에 연결한 것을 나타낸 것이다. ㉠은 p형 반도체 또는 n형 반도체 중 하나이다. 그림 (나)는 스위치를 a 또는 b에 연결할 때 A에 흐르는 전류를 시간 t에 따라 나타낸 것이다. $t=0$부터 $t=2T$까지 스위치는 a에 연결되어 있다.

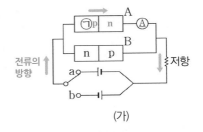
(가)

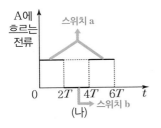
(나)

이에 대한 설명으로 옳은 것만을 〈보기〉에서 있는 대로 고른 것은?

> **보기**
> ㄱ. ㉠은 n형 반도체이다.
> ㄴ. $t=3T$일 때 A의 p−n 접합면에서 양공과 전자가 결합한다. 서로 멀어진다.
> ㄷ. $t=5T$일 때 B에는 역방향 전압이 걸린다.

① ㄱ   ✓② ㄷ   ③ ㄱ, ㄴ   ④ ㄴ, ㄷ   ⑤ ㄱ, ㄴ, ㄷ

|자|료|해|설|
스위치를 a에 연결할 때 A에는 순방향 전압이 걸리므로 A에 전류가 흐른다.

|보|기|풀|이|
ㄱ. 오답 : 스위치를 a에 연결할 때 A에는 순방향 전압이 걸리므로 ㉠은 p형 반도체이다.
ㄴ. 오답 : $t=3T$일 때 A에는 역방향 전압이 걸리므로 전류가 흐르지 않는다. 따라서 A의 접합면에서 양공과 전자는 서로 멀어진다.
ㄷ. 정답 : $t=5T$에서 A에 전류가 흐른다. 이는 스위치가 a에 연결된 상태이므로 B에는 역방향 전압이 걸린다.

😀 **문제풀이 TIP** | p−n 접합 다이오드에서는 순방향 전압이 걸릴 때 전류가 흐른다.

😎 **출제분석** | p−n 접합 다이오드의 기본 개념만 숙지한다면 쉽게 해결할 수 있는 문항이다.

그림과 같이 동일한 p−n 접합 발광 다이오드(LED) A~E와 직류 전원, 저항, 스위치 S로 회로를 구성하였다. S를 단자 a에 연결하면 2개의 LED에서, 단자 b에 연결하면 5개의 LED에서 빛이 방출된다. X는 p형 반도체와 n형 반도체 중 하나이다. 이에 대한 옳은 설명만을 〈보기〉에서 있는 대로 고른 것은?

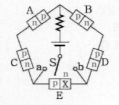

보기

ㄱ. S를 a에 연결하면, A의 p형 반도체에 있는 양공은 p−n 접합면 쪽으로 이동한다.

ㄴ. S를 b에 연결하면, A~E에 순방향 전압이 걸린다.

ㄷ. X는 ~~p~~ n형 반도체이다.

① ㄱ   ② ㄷ   ③ ㄱ, ㄴ   ④ ㄴ, ㄷ   ⑤ ㄱ, ㄴ, ㄷ

전류의 방향

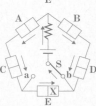

|자|료|해|설|

S를 a에 연결하면 A와 C에서 불이 들어오므로 A와 C의 위쪽은 p형, 아래쪽은 n형 반도체이다. S를 b에 연결하면 A, B, C, D, E에 불이 들어오므로 B와 D의 위쪽과 E의 왼쪽은 p형, 다른 쪽은 n형 반도체이다.

|보|기|풀|이|

ㄱ. 정답 : A에는 순방향 전압이 걸리므로 양공과 전자는 p−n 접합면 쪽으로 이동한다.

ㄴ. 정답 : S를 b에 연결하면 모든 LED에서 빛이 방출되므로 모두 순방향 전압이 걸린다.

ㄷ. 오답 : S를 b에 연결하면 E에 빛이 방출되고 E에 흐르는 전류의 방향은 오른쪽이므로 X는 n형 반도체이다.

😮 **문제풀이 T I P** | 전류는 (+)극에서 (−)극으로 전류가 흐르므로 S를 a에 연결했을 때 전류는 저항 → A → C 방향으로 흐르고 S를 b에 연결하면 전류는 각각 저항 → A → C → E, 저항 → B → D로 흐른다.

😊 **출제분석** | 회로에서 전류의 방향과 p−n 접합 다이오드의 특징을 확인하는 문항이다.

그림은 동일한 p-n 접합 다이오드 2개, 동일한 저항 A, B, C와 전지를 이용하여 구성한 회로를 나타낸 것이다. X와 Y는 p형 반도체와 n형 반도체를 순서 없이 나타낸 것이다. A에는 화살표 방향으로 전류가 흐른다.

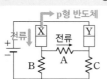

이에 대한 설명으로 옳은 것만을 〈보기〉에서 있는 대로 고른 것은?

〈보기〉

ㄱ. X에서는 주로 양공이 전류를 흐르게 한다.

ㄴ. Y는 p형 반도체이다.

ㄷ. 전류의 세기는 B에서가 C에서보다 크다.

① ㄱ   ② ㄴ   ③ ㄷ   ④ ㄱ, ㄷ   ⑤ ㄴ, ㄷ

💡 **문제풀이 TIP** | p-n 접합 다이오드는 p형 반도체를 (+)극, n형 반도체를 (−)극에 연결했을 때 순방향 전압이 걸리며 전류가 흐른다.

😀 **출제분석** | 다이오드에 관한 기본 개념을 묻는 문항이지만 옴의 법칙을 회로에 적용할 수 있어야 풀 수 있다.

|자|료|해|설|

A에 전류가 흐르기 때문에 X가 있는 p-n 접합 다이오드에는 순방향, Y가 있는 p-n 접합 다이오드에는 역방향 전압이 걸림을 알 수 있다. 따라서 X는 p형 반도체, Y는 n형 반도체이다. Y가 포함된 다이오드에 전류가 흐르지 않음을 고려하여 회로를 다시 그리면 아래와 같다.

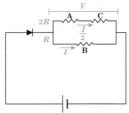

|보|기|풀|이|

ㄱ. 정답 : X는 p형 반도체이므로 주로 양공이 전류를 흐르게 한다.

ㄴ. 오답 : X가 p형 반도체이므로 Y는 n형 반도체이다.

ㄷ. 정답 : 위 그림과 같이 A와 C는 직렬로 연결되어 있고 A, C와 B는 병렬로 연결되어 있다. 따라서 A, C에 걸리는 전압과 B에 걸리는 전압이 V로 같고 B의 저항을 R이라 하면 A, C의 합성 저항은 $2R$이다. 저항이 작은 B에 흐르는 전류가 I라 하면 옴의 법칙에 의해 $V = IR = \frac{I}{2} \cdot 2R$이므로 A, C에 흐르는 전류는 $\frac{I}{2}$로 B에서보다 작다.

그림과 같이 직류 전원 2개, 스위치 S_1과 S_2, p-n 접합 다이오드 A, A와 동일한 다이오드 3개, 저항, 검류계로 회로를 구성한다. 표는 S_1을 a 또는 b에 연결하고, S_2를 열고 닫으며 검류계의 눈금을 관찰한 결과이다. X는 p형 반도체와 n형 반도체 중 하나이다.

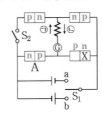

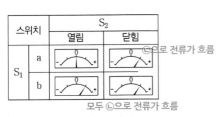

ⓒ로 전류가 흐름

모두 ⓒ로 전류가 흐름

이에 대한 설명으로 옳은 것만을 〈보기〉에서 있는 대로 고른 것은?

3점

〈보기〉

ㄱ. X는 n형 반도체이다.

ㄴ. S_1을 a에 연결하고 S_2를 닫았을 때 저항에 흐르는 전류의 방향은 ⓒ이다.

ㄷ. S_1을 b에 연결하고 S_2를 열었을 때 A에는 역방향 전압이 걸린다.

① ㄱ   ② ㄴ   ③ ㄱ, ㄴ   ④ ㄱ, ㄷ   ⑤ ㄴ, ㄷ

|자|료|해|설|

S_1을 a에 연결하고 S_2를 닫았을 때 전류가 흐르므로 오른쪽 2개의 다이오드 중 하나 이상은 순방향 전압이 걸린다. 또한 S_2를 열어두었을 때 검류계에는 전류가 흐르지 않으므로 A의 왼쪽은 n형, 오른쪽은 p형 반도체이다. S_2를 닫았을 때 검류계에 전류가 흐르므로 A의 위쪽에 있는 다이오드의 왼쪽은 p형, 오른쪽은 n형 반도체이고, X도 n형 반도체이다. 또한 S_1을 b에 연결했을 때 검류계에 전류가 흐르므로 오른쪽 위의 다이오드는 왼쪽이 n형, 오른쪽이 p형 반도체이다.

|보|기|풀|이|

ㄱ. 정답 : S_1을 a에 연결했을 때 A에는 역방향 전압이 걸리는데, S_2를 닫았을 때 검류계에 전류가 흐르기 위해서는 X가 포함된 다이오드에 순방향 전압이 걸려야 한다. 따라서 X는 n형 반도체이다.

ㄴ. 오답 : S_1을 a에 연결하고 S_2를 닫았을 때 저항에 흐르는 전류의 방향은 ⓛ이다.

ㄷ. 오답 : S_1을 b에 연결하고 S_2를 열었을 때 검류계에 전류가 흐르므로 A에는 순방향 전압이 걸린다.

💡 **문제풀이 TIP** | 다이오드의 p형 반도체에 (+)극, n형 반도체에 (−)극이 연결되어야 다이오드에 전류가 흐른다.

😀 **출제분석** | 다이오드의 기본적인 특성을 이해하는지 확인하는 문항이다.

그림과 같이 전지, 저항, 동일한 p−n접합 다이오드 A, B로 구성한 회로에서 A에는 전류가 흐르고, B에는 전류가 흐르지 않는다. X, Y는 저마늄(Ge)에 원자가 전자가 각각 x개, y개인 원소를 도핑한 반도체이다.

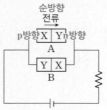

이에 대한 옳은 설명만을 〈보기〉에서 있는 대로 고른 것은? **3점**

> **보기**
> ㄱ. X는 p형 반도체이다.
> ㄴ. $x < y$이다.
> ㄷ. B에는 순방향으로 전압이 걸린다.

① ㄴ   ② ㄷ   ③ ㄱ, ㄴ   ④ ㄱ, ㄷ   ⑤ ㄴ, ㄷ

|자|료|해|설|
A에는 전류가 흐르므로 순방향 전압이 걸린다. 따라서 X는 p형, Y는 n형 반도체이다. p형과 n형 반도체는 저마늄에 원자가 전자가 각각 $x=3$개, $y=5$개인 원소를 도핑한 반도체이다.

|보|기|풀|이|
ㄱ. 오답 : X는 p형 반도체이다.
ㄴ. 정답 : $x=3$, $y=5$이므로 $x < y$이다.
ㄷ. 오답 : B에는 전류가 흐르지 않으므로 역방향으로 전압이 걸린다.

😮 문제풀이 T I P | p형 반도체에 (+)극, n형 반도체에 (−)극이 연결될 때 p−n 접합 다이오드에 전류가 흐른다.

😄 출제분석 | 반도체의 기본 개념만으로 쉽게 해결할 수 있는 문항이다.

다음은 p−n 접합 다이오드를 이용한 회로에 대한 실험이다.

[실험 과정]
(가) 그림과 같이 전압이 같은 직류 전원 2개, 저항, 동일한 p−n 접합 다이오드 A와 B, 스위치 S_1과 S_2, 전류계를 이용하여 회로를 구성한다. X는 p형 반도체와 n형 반도체 중 하나이다.

(나) S_1과 S_2의 연결 상태를 바꾸어 가며 전류계에 흐르는 전류의 세기를 측정한다.

[실험 결과]

S_1	S_2	전류의 세기
a에 연결	열림	㉠
	닫힘	I_0
b에 연결	열림	0
	닫힘	I_0

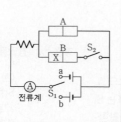

이에 대한 설명으로 옳은 것만을 〈보기〉에서 있는 대로 고른 것은?

> **보기**
> ㄱ. X는 p형 반도체이다.
> ㄴ. S_1을 b에 연결했을 때, A에는 순방향 전압이 걸린다.
> ㄷ. ㉠은 I_0이다.

① ㄱ   ② ㄴ   ③ ㄷ   ④ ㄱ, ㄷ   ⑤ ㄴ, ㄷ

|자|료|해|설|
S_1을 b에 연결하고 S_2를 열었을 때 전류는 흐르지 않으므로 A의 왼쪽과 오른쪽은 각각 n형, p형 반도체이다.

|보|기|풀|이|
ㄱ. 정답 : S_1을 b에 연결하고 S_2를 닫았을 때 전류는 흐르므로 B의 X는 p형 반도체이다.
ㄴ. 오답 : S_1을 b에 연결했을 때 전류는 흐르지 않으므로 A에는 역방향 전압이 걸린다.
ㄷ. 정답 : S_1을 a에 연결하고 S_2를 닫았을 때 A에 순방향 전압, B에는 역방향 전압이 걸린다. 따라서 S_2를 열었을 때와 닫았을 때 모두 전류계에 흐르는 전류의 세기는 I_0이다.

😄 출제분석 | p−n 접합 다이오드의 특징을 숙지하고 있다면 쉽게 해결할 수 있는 문항이다.

다음은 p−n 접합 다이오드의 특성을 알아보는 실험이다.

[실험 과정]
(가) 그림과 같이 동일한 p−n 접합 다이오드 4개, 스위치 S_1, S_2, 집게 전선 a, b가 포함된 회로를 구성한다. Y는 p형 반도체와 n형 반도체 중 하나이다.

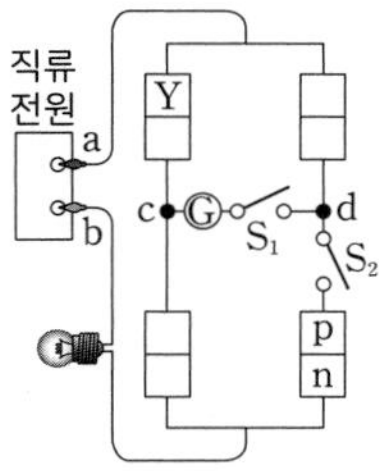

직류 전원

(나) S_1, S_2를 열고 전구와 검류계를 관찰한다.

(다) (나)에서 S_1만 닫고 전구와 검류계를 관찰한다.

(라) a, b를 직류 전원의 (+), (−) 단자에 서로 바꾸어 연결한 후, S_1, S_2를 닫고 전구와 검류계를 관찰한다.

[실험 결과]

과정	전구	전류의 방향
(나)	×	해당 없음
(다)	○	$c \rightarrow S_1 \rightarrow d$
(라)	○	㉠

(○: 켜짐, ×: 켜지지 않음)

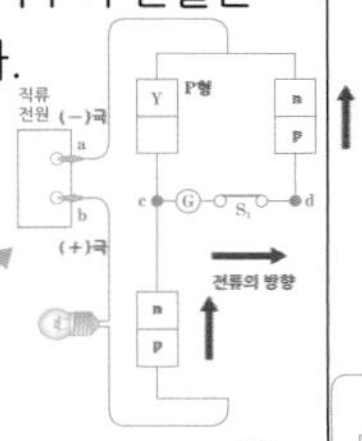

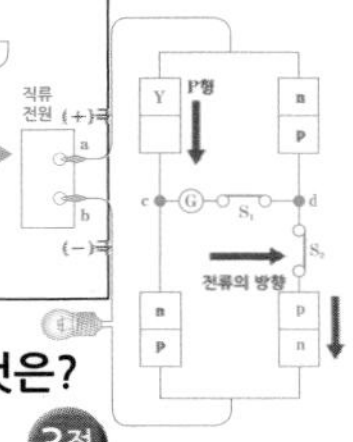

이에 대한 설명으로 옳은 것만을 〈보기〉에서 있는 대로 고른 것은? 3점

보기

ㄱ. Y는 p형 반도체이다.

ㄴ. (나)에서 a는 (—) 단자에 연결되어 있다.

ㄷ. ㉠은 d → S_1 → c이다.

① ㄱ   ② ㄴ   ③ ㄱ, ㄷ   ④ ㄴ, ㄷ   ⑤ ㄱ, ㄴ, ㄷ

|자|료|해|설|

(나)와 (다) 과정에서 표와 같은 실험 결과가 나오기 위해서는 Y는 p형 반도체이고 왼쪽 아래, 오른쪽 위에 있는 다이오드는 아래쪽이 p형, 위쪽이 n형인 다이오드이며 a는 (—)단자에, b는 (+)단자에 연결되어 있어야 한다.

|보|기|풀|이|

㉠. 정답 : 자료 해설과 같이 Y는 p형 반도체이다.

ㄴ. 오답 : (나)에서 a는 (—) 단자에 연결되어 있다.

ㄷ. 오답 : (라)에서 a를 (+)단자에 연결하면 왼쪽 위와 오른쪽 아래에 있는 다이오드에 순방향 전압이 걸리므로 전류의 방향 ㉠은 c → S_1 → d이다.

😮 **문제풀이 T I P** | p−n접합 다이오드에 전류가 흐르려면 p형에 (+)극, n형에 (—)극의 전압이 걸려야 한다.

😀 **출제분석** | 다이오드에 전류가 흐르기 위한 방법만 숙지하고 있다면 쉽게 해결할 수 있는 문항이다.

Ⅱ
1
−
04
반도체와 다이오드

다음은 **p−n 접합 다이오드**의 특성을 알아보는 실험이다.

[실험 과정]

(가) 그림과 같이 직류 전원, 동일한 p−n 접합 다이오드 A, B, p−n 접합 발광 다이오드(LED), 스위치 S_1, S_2를 이용하여 회로를 구성한다. X는 p형 반도체와 n형 반도체 중 하나이다.

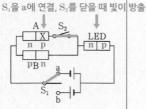

S_1을 a에 연결, S_2를 닫을 때 빛이 방출

(나) S_1을 a 또는 b에 연결하고, S_2를 열고 닫으며 LED에서 빛의 방출 여부를 관찰한다.

[실험 결과]

S_1	S_2	LED에서 빛의 방출 여부
a에 연결	열림	방출되지 않음
	닫힘	방출됨
b에 연결	열림	방출되지 않음
	닫힘	㉠ 방출되지 않음

이에 대한 설명으로 옳은 것만을 〈보기〉에서 있는 대로 고른 것은?

3점

보기

 ㄱ. A의 X는 주로 양공이 전류를 흐르게 하는 반도체이다.
ㄴ. S_1을 a에 연결하고 S_2를 열었을 때, B에는 ~~순~~방향 전압이 걸린다. _{방출되지 않음} ^역
ㄷ. ㉠은 '~~방출됨~~'이다.

① ㄱ   ② ㄴ   ③ ㄷ   ④ ㄱ, ㄴ   ⑤ ㄱ, ㄷ

|자|료|해|설|

S_1을 a에 연결하고 S_2를 열었을 때 LED에서 빛이 방출되지 않고, S_2를 닫을 때 빛이 방출되므로 A와 LED에는 순방향 전압이 걸린다. 따라서 X는 p형 반도체이고 LED의 왼쪽은 n형, 오른쪽은 p형 반도체이다.

|보|기|풀|이|

㉠ 정답 : A의 X는 p형 반도체이므로 주로 양공이 전류를 흐르게 하는 반도체이다.

ㄴ. 오답 : S_1을 a에 연결하고 S_2를 열었을 때는 LED에 빛이 방출되지 않으므로 B에는 역방향 전압이 걸린다는 것을 알 수 있다. 따라서 B의 왼쪽은 p형, 오른쪽은 n형 반도체이다.

ㄷ. 오답 : S_1을 b에 연결하면 LED에는 역방향 전압이 걸리므로 LED에는 빛이 방출되지 않는다.

😮 문제풀이 TIP | LED에 순방향 전압이 걸려야 LED에서 빛이 방출된다.

😊 출제분석 | 다이오드에서 전류가 흐르기 위한 조건을 알고 있다면 쉽게 해결할 수 있는 문항이다.

다음은 고체의 전기적 특성을 알아보기 위한 실험이다.

[실험 과정]

(가) 크기와 모양이 같은 고체 A, B를 준비한다. A, B는 도체 또는 절연체이다.

(나) 그림과 같이 p−n 접합 다이오드와 A를 전지에 연결한다. X는 p형 반도체와 n형 반도체 중 하나이다.

(다) 스위치를 닫고 전류가 흐르는지 관찰한 후, A를 B로 바꾸어 전류가 흐르는지 관찰한다.

(라) (나)에서 전지의 연결 방향을 반대로 하여 (다)를 반복한다.

[실험 결과]

고체	A	B
(다)의 결과	전류 흐름	전류 흐르지 않음
(라)의 결과	㉠	?

이에 대한 옳은 설명만을 〈보기〉에서 있는 대로 고른 것은?

보기

ㄱ. ㉠은 '전류 흐름'이다. （흐르지 않음）

ㄴ. X는 p형 반도체이다.

ㄷ. 전기 전도도는 A가 B보다 크다.

① ㄱ　　② ㄴ　　③ ㄱ, ㄴ　　④ ㄱ, ㄷ　　✔⑤ ㄴ, ㄷ

|자|료|해|설|

(다)의 결과 A에 오른쪽으로 전류가 흐르므로 A는 도체이며 X는 p형 반도체이다.

|보|기|풀|이|

ㄱ. 오답 : (라)의 결과 다이오드에 역방향 전압이 걸리므로 ㉠은 '전류가 흐르지 않음'이다.

ㄴ. 정답 : (다)의 A에서 전류가 흐르려면 다이오드는 순방향 연결이 되어야 한다. 따라서 X는 p형 반도체이다

ㄷ. 정답 : A는 도체, B는 절연체이다. 전기 전도도는 A > B이다.

😀 문제풀이 T I P | 위의 회로에서 부도체를 연결하면 (다), (라) 모두 검류계에 전류가 흐르지 않는다.

😀 출제분석 | 이 영역에서 최근 도체와 부도체의 비저항과 전기 전도성을 묻는 보기가 자주 등장하고 있으므로 확실히 정리해두자.

다음은 p−n 접합 다이오드를 이용한 실험이다.

[실험 과정]

(가) 그림과 같이 직류 전원 2개, p−n 접합 다이오드 4개, p−n 접합 발광 다이오드(LED), 스위치 S로 회로를 구성한다.

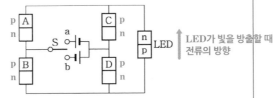

※ A~D는 각각 p형 또는 n형 반도체 중 하나임.

(나) S를 단자 a 또는 b에 연결하고 LED를 관찰한다.

[실험 결과]

○ a에 연결했을 때 LED가 빛을 방출함.

○ b에 연결했을 때 LED가 빛을 방출함.

A~D의 반도체의 종류로 옳은 것은?

	A	B	C	D		A	B	C	D
✔①	p형	p형	p형	p형	②	p형	p형	n형	n형
③	p형	n형	n형	p형	④	n형	n형	n형	n형
⑤	n형	p형	n형	p형					

|자|료|해|설|

빛을 방출할 때 LED에 흐르는 전류의 방향은 p에서 n으로 흘러야 하기 때문에 위쪽이어야 한다.

|선|택|지|풀|이|

① 정답 : LED에서 전류가 위쪽방향으로 흐르기 위해서는 S를 a에 연결할 때 B와 C가, S를 b를 연결할 때 A와 D가 p형 반도체이어야 한다.

😀 문제풀이 T I P | LED와 p−n 접합 다이오드에 순방향 전압이 흘러야 전류가 흐른다.

😀 출제분석 | LED, 다이오드의 특징과 회로도를 이해할 수 있어야 문제를 해결할 수 있다.

다음은 p−n 접합 다이오드의 특성을 알아보는 실험이다.

[실험 과정]

(가) 그림과 같이 직류 전원 2개, 스위치 S_1, S_2, p−n 접합 다이오드 A, A와 동일한 다이오드 3개, 저항, 검류계로 회로를 구성한다. X는 p형 반도체와 n형 반도체 중 하나이다.

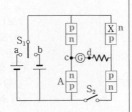

(나) S_1을 a 또는 b에 연결하고, S_2를 열고 닫으며 검류계를 관찰한다.

[실험 결과]

S_1	S_2	전류 흐름
⊙ a에 연결	열기	흐르지 않는다.
	닫기	c → Ⓖ → d로 흐른다.
ⓛ b에 연결	열기	c → Ⓖ → d로 흐른다.
	닫기	c → Ⓖ → d로 흐른다.

<그림1>

이에 대한 설명으로 옳은 것만을 〈보기〉에서 있는 대로 고른 것은?

3점

보기
ㄱ. X는 n형 반도체이다.
ㄴ. 'b에 연결'은 ⊙에 해당한다.
ㄷ. S_1을 a에 연결하고 S_2를 닫으면 A에는 순방향 전압이 걸린다.

① ㄱ　②ㄴ　③ㄱ,ㄷ　④ㄴ,ㄷ　⑤ㄱ,ㄴ,ㄷ

|자|료|해|설|

S_1이 ⊙일 때, S_2를 열면 검류계에 전류가 흐르지 않고 S_2를 닫으면 검류계에 전류가 흐르는 것은 <그림1>과 같이 다이오드가 구성되어 있기 때문이다. 따라서 ⊙은 'a에 연결' ⓛ은 'b에 연결'이다.

|보|기|풀|이|

ㄱ. 정답 : S_1이 b에 연결(ⓛ)될 때 S_2와 관계없이 검류계에 오른쪽으로 전류가 흐르기 위해서는 A와 X가 있는 오른쪽 위의 다이오드에 순방향 전압이 걸려야 한다. 따라서 X는 n형 반도체이다.

ㄴ. 오답 : 자료 해설과 같이 ⊙은 'a에 연결'이다.

ㄷ. 오답 : S_1을 a에 연결하고 S_2를 닫으면 A에는 역방향 전압이 걸린다.

😮 문제풀이 T I P | S_2가 열려있을 때 검류계에 오른쪽으로 전류가 흐르려면 A에 순방향 전압이 걸려야 한다.

😊 출제분석 | 다이오드에 전류가 흐르기 위한 조건만 알면 쉽게 해결할 수 있는 문항이다.

다음은 p−n 접합 다이오드의 특성을 알아보는 실험이다.

[실험 과정]
(가) 그림과 같이 p−n 접합 다이오드 A, A와 동일한 다이오드 3개, 직류 전원 2개, 스위치 S_1, S_2, 전구로 회로를 구성한다. X는 p형 반도체와 n형 반도체 중 하나이다.

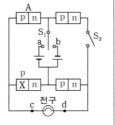

(나) S_1을 a 또는 b에 연결하고, S_2를 열고 닫으며 전구를 관찰한다.

[실험 결과]

S_1	S_2	전구
a에 연결	열기	×
	닫기	○
b에 연결	열기	○
	닫기	○

(○: 켜짐, ×: 켜지지 않음)

이에 대한 설명으로 옳은 것만을 〈보기〉에서 있는 대로 고른 것은?
(3점)

보기
ㄱ. X는 p형 반도체이다.
ㄴ. S_1을 a에 연결하고 S_2를 닫았을 때, 전류는 d → 전구 → c로 흐른다.
ㄷ. S_1을 b에 연결하고 S_2를 열었을 때, A의 n형 반도체에 있는 전자는 p−n 접합면 쪽으로 이동한다.

① ㄱ   ② ㄷ   ③ ㄱ, ㄴ   ④ ㄴ, ㄷ   ⑤ ㄱ, ㄴ, ㄷ

▶ 전류의 방향

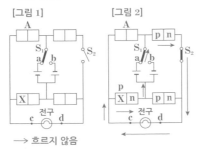

[그림 1]   [그림 2]

→ 흐르지 않음

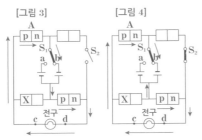

[그림 3]   [그림 4]

|자|료|해|설|
S_1을 a에 연결하고 S_2를 닫았을 때 전구에 불이 들어오므로 전류의 방향과 다이오드는 [그림2]와 같다. S_1을 b에 연결하고 S_2를 열고 닫았을 때는 각각 [그림3], [그림4]와 같으므로 X는 p형 반도체이다.

|보|기|풀|이|
ㄱ. 정답 : 다이오드에서 전류는 p형에서 n형 반도체 쪽으로 흐르므로 X는 p형 반도체이다.
ㄴ. 정답 : [그림2]와 같이 전류가 흘러 전구에 불이 들어온다.
ㄷ. 정답 : A에는 순방향 전류가 흐르므로 전자와 양공은 p−n 접합면 쪽으로 이동한다.

😀 **출제분석** | 최근에는 p−n 접합 다이오드가 다소 복잡한 회로에 이용되는 문제가 출제되고 있다.

다음은 p−n 접합 발광 다이오드(LED)의 특성을 알아보기 위한 실험이다.

[실험 과정]
(가) 그림과 같이 동일한 LED A~D, 저항, 스위치, 직류 전원으로 회로를 구성한다. X는 p형 반도체와 n형 반도체 중 하나이다.

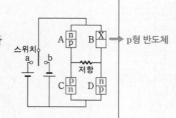

(나) 스위치를 a 또는 b에 연결하고, C, D에서 빛의 방출 여부를 관찰한다.

[실험 결과]

스위치	C에서 빛의 방출 여부	D에서 빛의 방출 여부
a에 연결	방출됨	방출되지 않음 ➡ 역방향 전압이 걸림
b에 연결	방출되지 않음	방출됨 ➡ 순방향 전압이 걸림

이에 대한 설명으로 옳은 것만을 〈보기〉에서 있는 대로 고른 것은?

보기
ㄱ. 스위치를 a에 연결하면 A에는 역방향 전압이 걸린다.
ㄴ. B의 X는 n형 반도체이다.
　　　　　p
ㄷ. 스위치를 b에 연결하면 D의 p형 반도체에 있는 양공이 p−n 접합면에서 멀어진다.
　　　　　으로 향한다.

① ㄱ　　② ㄴ　　③ ㄱ, ㄷ　　④ ㄴ, ㄷ　　⑤ ㄱ, ㄴ, ㄷ

|자|료|해|설|
LED에 순방향 전압이 걸릴 때 빛이 방출된다.

|보|기|풀|이|
ㄱ. 정답 : 스위치를 a에 연결하면 A의 n형 반도체에 (+)극, p형 반도체에 (−)극이 연결되므로 A에는 역방향 전압이 걸린다.
ㄴ. 오답 : 스위치를 a에 연결했을 때 A에 역방향 전압이 걸리므로 B에 순방향 전압이 걸려야 C에 빛이 방출된다. 또한 D에는 역방향 전압이 걸리므로 B의 X와 C의 위쪽 반도체, D의 아래쪽 반도체는 p형 반도체이다.
ㄷ. 오답 : 스위치를 b에 연결하면 D에는 순방향 전압이 걸리므로 양공은 p−n 접합면으로 향한다.

😀 출제분석 | p−n 접합 다이오드의 특성을 숙지하고 있다면 쉽게 해결되는 문항이다.

다음은 p−n 접합 발광 다이오드의 특성을 알아보는 실험이다.

[실험 과정]

(가) 그림과 같이 동일한 직류 전원 2개, p−n 접합 발광 다이오드(LED) A, A와 동일한 LED 4개, 저항, 스위치 S_1, S_2로 회로를 구성한다. X는 p형 반도체와 n형 반도체 중 하나이다.

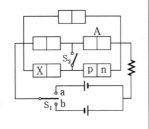

(나) S_1을 a 또는 b에 연결하고, S_2를 열고 닫으며 LED를 관찰한다.

[실험 결과]

그림 ④

S_1	S_2	빛이 방출된 LED의 개수
a에 연결	열림	0
a에 연결	닫힘	㉠
b에 연결	열림	1
b에 연결	닫힘	3

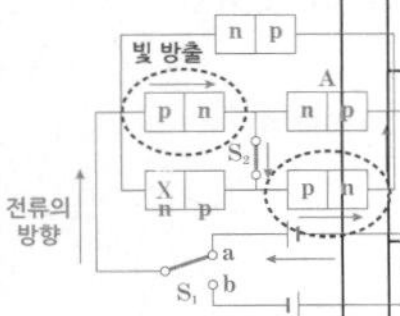

이에 대한 설명으로 옳은 것만을 〈보기〉에서 있는 대로 고른 것은? ③점

보기

ㄱ. X는 p형 반도체이다. (n)

ㄴ. S_1을 b에 연결하고 S_2를 닫았을 때, A에는 순방향 전압이 걸린다.

ㄷ. ㉠은 '2'이다.

① ㄱ   ② ㄴ   ③ ㄱ, ㄷ   ④ ㄴ, ㄷ ✓   ⑤ ㄱ, ㄴ, ㄷ

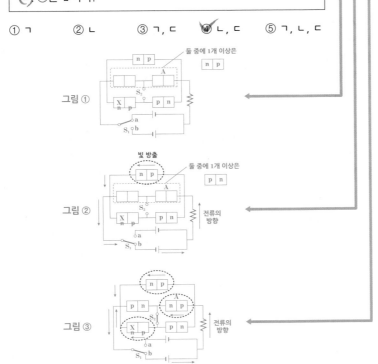

그림 ①

그림 ②

그림 ③

|자|료|해|설|

LED는 순방향 전압이 걸려야 빛을 방출한다.

|보|기|풀|이|

ㄱ. 오답 : S_1을 a에 연결하고 S_2를 열었을 때 빛을 방출하는 LED는 없으므로 회로는 그림 ①과 같고 X는 n형 반도체이다.

ㄴ. 정답 : S_1을 b에 연결하고 S_2를 닫았을 때는 그림 ③과 같이 전류가 흐르므로 A에는 순방향 전압이 걸린다.

ㄷ. 정답 : S_1을 a에 연결하고 S_2를 닫았을 때는 그림 ④와 같으므로 빛을 방출하는 LED는 2개이다.

😊 출제분석 | 회로에서 전류가 흐르는 방향과 LED가 빛을 방출하기 위한 조건만 숙지하고 있다면 쉽게 해결할 수 있는 문항 유형이다.

그림은 동일한 전지, 동일한 전구 P와 Q, 전기 소자 X와 Y를 이용하여 구성한 회로를 나타낸 것이고, 표는 스위치를 연결하는 위치에 따라 P, Q가 켜지는지를 나타낸 것이다. X, Y는 저항, 다이오드를 순서 없이 나타낸 것이다.

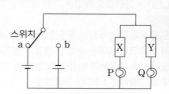

→ 모두 불이 켜지므로 X는 저항

스위치 연결 위치	전구	
	P	Q
a	○	○
b	○	×

→ Y에 역방향 전압이 걸리므로 전구 Q가 켜지지 않음

○: 켜짐, ×: 켜지지 않음

이에 대한 설명으로 옳은 것만을 〈보기〉에서 있는 대로 고른 것은?

보기
ㄱ. X는 저항이다.
ㄴ. 스위치를 a에 연결하면 다이오드에 순방향으로 전압이 걸린다.
ㄷ. Y는 정류 작용을 하는 전기 소자이다.

① ㄱ   ② ㄴ   ③ ㄱ, ㄷ   ④ ㄴ, ㄷ   ⑤ ㄱ, ㄴ, ㄷ ✓

|자|료|해|설|
저항과 전구에는 전원의 방향과 관계없이 전류가 흐르지만, 다이오드는 순방향 전압이 걸릴 때만 전류가 흐른다. 스위치가 b에 연결되어 있을 때 Q는 불이 켜지지 않으므로 전류가 흐르지 않았다. 따라서 Q에 연결된 전기 소자 Y는 다이오드이고 이때 다이오드에는 역방향으로 전압이 걸린다.

|보|기|풀|이|
ㄱ. 정답 : Y가 다이오드이므로 X는 저항이다.
ㄴ. 정답 : 스위치를 a에 연결할 때, P, Q가 모두 켜졌으므로 다이오드에는 순방향 전압이 걸렸음을 알 수 있다.
ㄷ. 정답 : Y는 다이오드로 정류 작용을 하는 전기 소자이다.

🔎 문제풀이 TIP | 다이오드에는 순방향 전압이 걸릴 때만 전류가 흐른다.

😀 출제분석 | 다이오드의 정류 작용을 알고 있다면 해결할 수 있는 문항으로 쉽게 출제되었다.

그림 (가)는 동일한 p-n 접합 발광 다이오드(LED) A와 B, 고체 막대 P와 Q로 회로를 구성하고, 스위치를 a 또는 b에 연결할 때 A, B의 빛의 방출 여부를 나타낸 것이다. P, Q는 도체와 절연체를 순서 없이 나타낸 것이고, Y는 p형 반도체와 n형 반도체 중 하나이다. 그림 (나)의 ㉠, ㉡은 각각 P 또는 Q의 에너지띠 구조를 나타낸 것으로 음영으로 표시된 부분까지 전자가 채워져 있다.

순방향 전압이 걸림 → Y는 p형 반도체

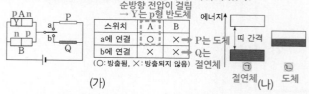

스위치	A	B
a에 연결	○	×
b에 연결	×	×

→ P는 도체
→ Q는 절연체

(○: 방출됨, ×: 방출되지 않음)

절연체 (나) 도체

(가)

이에 대한 설명으로 옳은 것만을 〈보기〉에서 있는 대로 고른 것은?

(3점)

보기
ㄱ. Y는 주로 양공이 전류를 흐르게 하는 반도체이다.
ㄴ. (나)의 ㉠은 Q의 에너지띠 구조이다.
ㄷ. 스위치를 a에 연결하면 B의 n형 반도체에 있는 전자는 ~~p-n 접합면으로 이동한다~~ 에서 멀어진다.

① ㄱ   ② ㄷ   ③ ㄱ, ㄴ ✓   ④ ㄴ, ㄷ   ⑤ ㄱ, ㄴ, ㄷ

|자|료|해|설|
스위치를 a에 연결했을 때 A에서만 빛이 방출되므로 P는 도체이고, Q는 절연체이고 A에는 순방향 전압, B에는 역방향 전압이 걸린다. 따라서 Y는 p형 반도체이다.

|보|기|풀|이|
ㄱ. 정답 : Y는 p형 반도체이므로 주로 양공이 전류를 흐르게 한다.
ㄴ. 정답 : (나)에서 ㉠은 절연체의 에너지띠 구조이므로 Q, ㉡은 도체의 에너지띠 구조이므로 P이다.
ㄷ. 오답 : 스위치를 a에 연결하면 B에는 역방향 전압이 걸리므로 B의 n형 반도체에 있는 전자는 p-n 접합면으로부터 멀어진다.

🔎 문제풀이 TIP | LED에 순방향 전압이 걸렸을 때 빛이 방출되며 이때 n형 반도체의 전자는 p-n 접합면으로 이동한다.

😀 출제분석 | 도체와 절연체의 전기적 특성과 LED의 빛의 방출 조건, 에너지띠의 이해를 확인하는 문항이다.

다음은 p−n 접합 다이오드를 이용한 회로에 대한 실험이다.

[실험 과정]

(가) 그림 I 과 같이 p−n 접합 다이오드 X, X와 동일한 다이오드 3개, 전원 장치, 스위치, 검류계, 저항, 오실로스코프가 연결된 회로를 구성한다.

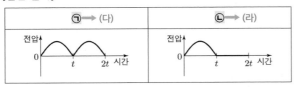

그림 I

(나) 스위치를 닫는다.

(다) 전원 장치에서 그림 II와 같은 전압을 발생시키고, 저항에 걸리는 전압을 오실로스코프로 관찰한다.

그림 II

(라) 스위치를 열고 (다)를 반복한다.

[실험 결과]

① → (다)	ⓛ → (라)

이에 대한 설명으로 옳은 것만을 〈보기〉에서 있는 대로 고른 것은? 3점

보기

ㄱ. ①은 (다)의 결과이다.

ㄴ. (다)에서 0~t일 때, 전류의 방향은 b → ⓖ → a이다.

ㄷ. (라)에서 t~2t일 때, X에는 순방향 전압이 걸린다.

① ㄱ ② ㄴ ③ ㄱ, ㄷ ④ ㄴ, ㄷ ⑤ ㄱ, ㄴ, ㄷ

A. (다)에서 0~t일 때

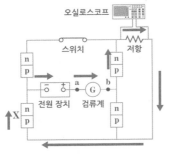

B. (다)에서 t~2t일 때

C. (라)에서 0~t일 때

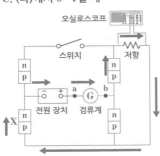

D. (라)에서 t~2t일 때

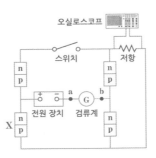

|자|료|해|설|

p형 반도체에 (+)극, n형 반도체에 (−)극이 걸릴 때 p−n 접합 다이오드에 전류가 흐른다.

실험 결과에서 0~t일 때 그래프로 보아 스위치가 열렸을 때에도 전류가 흐르므로 X는 위쪽부터 n형 반도체, p형 반도체이고, 전원 장치의 좌측부터 (−)극, (+)극이 된다.

t~2t일 때 전원 장치의 극이 반대가 되면, 스위치가 열렸을 때 전류가 흐를 수 없으므로 ⓛ은 (라)의 결과이다. 따라서 ①은 (다)의 결과이고, t에서 2t동안 스위치를 닫았을 때에도 전류가 흐르기 위해서는 나머지 2개의 다이오드에서도 위쪽이 n형 반도체, 아래쪽이 p형 반도체가 되어야 한다.

|보|기|풀|이|

ㄱ. 정답 : (다)의 결과, 0~t일 때는 A, t~2t일 때는 B와 같이 전류가 흘러 저항에 흐르는 전류의 방향은 바뀌지 않는다. 따라서 ①은 (다)의 결과이다.

ㄴ. 오답 : (다)에서 0~t일 때는 A와 같이 전류가 흐르므로 전류의 방향은 a → ⓖ → b이다.

ㄷ. 오답 : (라)의 결과, 0~t일 때는 C와 같이 전류가 흐르지만, t~2t일 때는 X에 역방향 전압이 걸리면서 전류가 흐르지 않는다.

😀 문제풀이 T I P | 스위치가 닫혀있을 때 저항에 흐르는 전류의 방향은 일정하다.

😀 출제분석 | 회로에서 전류가 흐르는 방향은 p−n 접합 다이오드를 이용하여 쉽게 알아낼 수 있다.

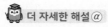

더 자세한 해설 @

STEP 1. 시간-전압 그래프 해석하기

그래프에서 전압이 양(+)의 값을 가지는 경우와 음(−)의 값을 가지는 경우는 전위차가 반대가 되는 것이므로 전원 장치나 저항에 흐르는 전류의 방향이 반대가 된다. 시간이 0~*t*일 때 ㉠과 ㉡에서 모두 전압이 양(+)의 값을 가지므로 스위치의 ON/OFF 여부와 무관하게 저항에는 전류가 같은 방향으로 흐른다. 또한 그림 Ⅱ에서 전압이 양(+)의 값에서 음(−)의 값으로 변하더라도 ㉠에서는 전압이 양(+)의 값을 가지므로 전원 장치의 극이 반대가 되더라도 저항에 흐르는 전류의 방향은 변하지 않는다. ㉡에서는 *t*~2*t*일 때 전압이 발생하지 않으므로 전원 장치의 극이 반대가 되면 저항에 전류가 흐르지 않는다. 스위치가 ON 상태일 때보다 OFF 상태일 때 회로가 간단하므로 OFF 상태인 경우부터 살펴보자.

STEP 2. W와 Y 알아내기

주어진 그림에서 오른쪽 위 다이오드를 W, 오른쪽 아래 다이오드를 Y, 왼쪽 위 다이오드를 Z라고 하자. 저항에 전압이 걸리기 위해서는 저항과 전원 장치가 하나의 폐회로에 있어야 하므로 이를 만족하는 회로를 생각해보면 회로에 W와 X가 반드시 포함되어야 한다. 이때 W의 정류 작용에 의해 전류의 방향이 정해지므로 전원 장치의 극은 왼쪽부터 (−)극, (+)극이고, X에서 위쪽은 n형 반도체, 아래쪽은 p형 반도체이다. 또한 Y에서 위쪽이 p형 반도체, 아래쪽이 n형 반도체인 경우 저항의 양단에 전위차가 발생하지 않으므로 Y의 위쪽은 n형 반도체, 아래쪽이 p형 반도체이다. 이 상태에서 전원 장치의 극이 반대가 되면 X에 역방향 전압이 걸려 전류가 흐를 수 없으므로 ㉡은 (라)의 결과이다. 이를 토대로 저항과 전원 장치만 고려하여 전위의 높고 낮음을 표시하면 아래 그림과 같다.

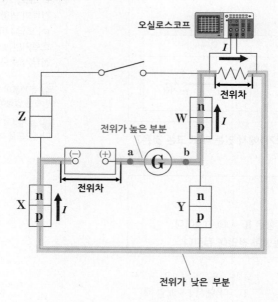

STEP 3. Z 알아내기

㉠은 (다)의 결과이므로 0~*t*일 때와 *t*~2*t*일 때 저항에 흐르는 전류의 방향이 같아야 한다. 스위치가 ON인 경우 0~*t* 동안 Z의 위쪽이 p형 반도체, 아래쪽이 n형 반도체가 되면 저항의 양단에 전위차가 발생하지 않으므로 Z의 위쪽이 n형 반도체, 아래쪽이 p형 반도체이다. 따라서 0~*t*일 때는 스위치가 OFF인 경우와 같은 회로로 전류가 흐르게 되고, *t*~2*t*일 때 전원 장치의 극이 왼쪽부터 (+)극, (−)극이 되면 Y와 Z를 포함하는 폐회로를 따라 전류가 흐른다. 이를 토대로 저항과 전원 장치만 고려하여 전위의 높고 낮음을 표시하면 아래 그림과 같다.

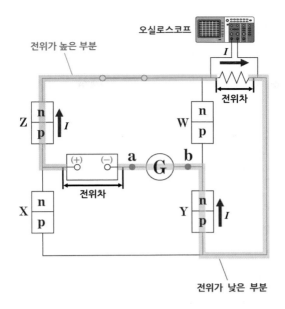

전위가 높은 부분

오실로스코프

I

전위차

Z | n / p ↑I

W | n / p

(+) (−) a Ⓖ b

전위차

X | n / p

Y | n / p ↑I

전위가 낮은 부분

STEP 4. 보기풀이

ㄱ. **정답** | ㉠은 전원 장치의 전위차가 반대가 되더라도 저항에 전류가 같은 방향으로 흐르고 있으므로 (다)의 결과이다.

ㄴ. **오답** | (다)에서 0~t일 때 전류의 방향은 a → Ⓖ → b이다.

ㄷ. **오답** | (라)에서 t~$2t$일 때 X의 n형 반도체에 전압이 높은 부분, p형 반도체에 전압이 낮은 부분이 연결되므로 역방향 전압이 걸린다.

---

29 반도체와 다이오드   정답 ③   정답률 84%   2024년 10월 학평 14번   문제편 164p

그림은 동일한 직류 전원 2개, 스위치 S, p−n 접합 다이오드 A, A와 동일한 다이오드 3개, 저항, 검류계로 회로를 구성한 모습을 나타낸 것이다. X는 p형 반도체와 n형 반도체 중 하나이다. 표는 S를 a 또는 b에 연결했을 때 검류계를 관찰한 결과이다.

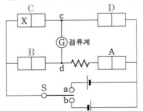

S	검류계
a에 연결	(검류계 눈금: 음의 방향)
b에 연결	(검류계 눈금: 양의 방향)

이에 대한 옳은 설명만을 〈보기〉에서 있는 대로 고른 것은? **3점**

보기

ㄱ. X는 p형 반도체이다.

ㄴ. S를 a에 연결하면 전류는 c → Ⓖ → d 방향으로 흐른다.

ㄷ. S를 b에 연결하면 A에는 역방향 전압이 걸린다.

① ㄱ   ② ㄷ   ③ ㄱ, ㄴ   ④ ㄴ, ㄷ   ⑤ ㄱ, ㄴ, ㄷ

전류의 세기가 b에 연결했을 때보다 작으므로 전류는 검류계와 저항에 흐른다.
전류의 방향 : a → C → c → 검류계 → d → 저항 → A

|자|료|해|설|

S를 a에 연결했을 때 검류계에 흐르는 전류의 세기는 b에 연결했을 때보다 작으므로 전류는 저항에도 흐른다. A를 기준으로 시계 방향 순서대로 위치한 다이오드를 각각 B, C, D라 하면, S를 a와 b에 연결했을 때 전류의 방향은 각각 a → C → c → Ⓖ → d → 저항 → A, D → c → Ⓖ → d → B → b이다.

|보|기|풀|이|

ㄱ. 정답 : S를 a에 연결했을 때 C에는 순방향 전압이 걸리므로 X는 p형 반도체이다.

ㄴ. 정답 : S를 a와 b에 연결했을 때 전류는 모두 c → Ⓖ → d 방향으로 흐른다.

ㄷ. 오답 : S를 b에 연결하면 저항에 전류는 흐르지 않는다. 따라서 A에는 역방향 전압이 걸린다.

😊 **출제분석** | p−n 접합 다이오드에서 전류가 흐르기 위한 조건을 이해한다면 쉽게 해결할 수 있는 문항이다.

다음은 $p-n$ 접합 발광 다이오드(LED)와 고체 막대를 이용한
회로에 대한 실험이다.

[실험 과정]

(가) 그림과 같이 전압이 같은 직류
전원 2개, 저항, 동일한 LED
$D_1 \sim D_4$, 고체 막대 X와 Y,
스위치 S_1과 S_2를 이용하여
회로를 구성한다. X와 Y는
도체와 절연체를 순서 없이
나타낸 것이다.

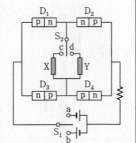

(나) S_1을 a 또는 b에 연결하고 S_2를
c 또는 d에 연결하며 $D_1 \sim D_4$에서
빛의 방출 여부를 관찰한다.

[실험 결과]

S_1	S_2	빛이 방출된 LED
a에 연결	c에 연결	없음 ➡ X는 절연체
	d에 연결	D_2, D_3 ➡ Y는 도체
b에 연결	c에 연결	없음
	d에 연결	㉠

전류의 방향

이에 대한 설명으로 옳은 것만을 〈보기〉에서 있는 대로 고른 것은?

③점

보기

ㄱ. X는 절연체이다.
ㄴ. ㉠은 D_1, D_4이다.
ㄷ. S_1을 a에 연결하고 S_2를 d에 연결했을 때, D_1에는 ~~순방향~~ 역방향
전압이 걸린다.

① ㄱ　　② ㄷ　　③ ㄱ, ㄴ　　④ ㄴ, ㄷ　　⑤ ㄱ, ㄴ, ㄷ

|자|료|해|설|및|보|기|풀|이|

㉠ 정답 : S_1을 a에 연결하고 S_2를 c에 연결했을 때 X가
도체라면 D_2와 D_3에 순방향 전압이 걸리므로 빛이 방출
된다. 그러나 빛이 방출되지 않으므로 X는 절연체, Y는
도체이다.

㉡ 정답 : S_1을 b에 연결하고 S_2를 d에 연결했을 때 D_1과
D_4에 순방향 전압이 걸리고 빛이 방출된다.

ㄷ. 오답 : S_1을 a에 연결하고 S_2를 d에 연결했을 때 D_1의
p형 반도체는 전원의 (−)극에 연결되므로 역방향 전압이
걸린다.

😀 **출제분석 |** LED의 p형 반도체에 (+)극, n형 반도체에 (−)
극을 연결할 때 불이 들어온다는 점을 알고 있다면 쉽게 해결할 수
있는 문항이다.

다음은 p−n 접합 다이오드의 특성을 알아보는 실험이다.

[실험 과정]

(가) 그림과 같이 전압이 같은 직류 전원 2개, 스위치, 동일한 p−n 접합 다이오드 4개, 저항, 검류계를 이용하여 회로를 구성한다. X, Y는 p형 반도체와 n형 반도체를 순서 없이 나타낸 것이다.

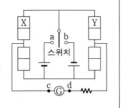

(나) 스위치를 a 또는 b에 연결하고, 검류계를 관찰한다.

[실험 결과]

스위치	전류의 흐름	전류의 방향
a에 연결	흐른다.	c → Ⓖ → d
b에 연결	흐른다.	㉠

이에 대한 설명으로 옳은 것만을 〈보기〉에서 있는 대로 고른 것은?

 보기

㉠. X는 p형 반도체이다.

ㄴ. ㉠은 ~~d~~ c → Ⓖ → ~~c~~ d 이다.

ㄷ. 스위치를 b에 연결하면 Y에서 전자는 p−n 접합면으로~~부터 멀어진다.~~ 이동한다.

① ㄱ   ② ㄷ   ③ ㄱ, ㄴ   ④ ㄴ, ㄷ   ⑤ ㄱ, ㄴ, ㄷ

[그림1] a에 연결

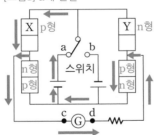

[그림2] b에 연결

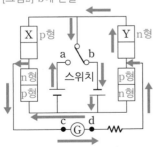

|자|료|해|설|

스위치를 a에 연결할 때 전류의 방향이 c → Ⓖ → d가 되려면 회로에 흐르는 전체 전류의 흐름은 [그림1]과 같다.

|보|기|풀|이|

㉠. 정답 : X는 p형, Y는 n형 반도체이다.

ㄴ. 오답 : 스위치를 b에 연결하면 [그림2]와 같이 전류가 흐르므로 ㉠은 c → Ⓖ → d이다.

ㄷ. 오답 : 스위치를 b에 연결하면 Y가 포함된 다이오드에는 순방향 전압이 걸리므로 Y에서 전자는 p−n 접합면으로 이동한다.

😊 출제분석 | p−n 접합 다이오드의 특징은 물론, 회로도를 이해할 수 있어야 풀 수 있는 유형으로 출제되고 있다.

2. 전자기장

01 전류에 의한 자기장 ★수능에 나오는 필수 개념 4가지 + 필수 암기사항 7개

필수개념 1 **자기장과 자기력선**

- **자기장** : 자석 주위나 전류가 흐르는 도선 주위에 생기는 자기력이 작용하는 공간
  ① 자기장 방향 : 자침의 N극이 가리키는 방향
  ② 자속(자기력선속) : 자기장에 수직한 면을 지나는 자기력선의 총 수. 단위 Wb(웨버)
  ③ 자기장의 세기(자속 밀도) : 단위 면적당 자속. 자기장에 수직한 면적 S를 지나는 자속을 ϕ라고 하면
  자기장의 세기 B는 $B = \dfrac{\phi}{S}$.　단위 : T(테슬라)
  ④ 〔암기〕 자기력선 : 자기장을 시각적으로 표현한 선
  ○ 자석 외부에서는 N극에서 나와 S극으로 들어간다.(자석 내부에선 S극 → N극)
  ○ 도중에 끊어지거나 교차하지 않는다.
  ○ 자기력선상의 한 점에 접하는 접선 방향이 그 점에서의 자기장의 방향이다.
  ○ 자기력선의 간격이 좁을수록 자기장이 세다.

필수개념 2 **직선 전류에 의한 자기장**

- 〔암기〕 **직선 전류에 의한 자기장** : 직선 도선을 중심으로 한 동심원 모양

자기장의 방향	앙페르의 법칙 : 오른손의 엄지손가락으로 전류의 방향을 가리키면서 나머지 네 손가락으로 도선을 감아쥘 때 손가락이 돌아가는 방향이 자기장의 방향	
	오른나사의 법칙 : 오른나사의 진행 방향을 전류의 방향으로 할 때 나사의 회전 방향이 자기장의 방향	
자기장의 세기	자기장의 세기 B는 전류의 세기 I에 비례하고 떨어진 거리 r에 반비례 $$B = k\dfrac{I}{r}(k: 비례상수)$$	

- 〔암기〕 **두 직선 전류에 의한 자기장이 0이 되는 지점 찾기**
① I_A와 I_B의 방향이 서로 반대 방향일 때 : 자기장이 0인 지점은 두 전류 바깥 지점에 있다.

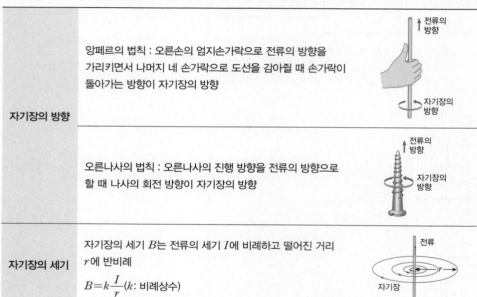

○ $I_A > I_B$이면 I_B의 바깥쪽　　　○ $I_B > I_A$이면 I_A의 바깥쪽
② I_A와 I_B의 방향이 같을 때 : 자기장이 0인 지점은 두 전류 사이에 있는 지점에 있다.

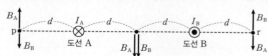

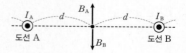

기본자료

▶ **지구 자기장**
지구는 남극 부근이 N극, 북극 부근이 S극이므로 지표면에서 지구 자기장은 남쪽에서 북쪽으로 향한다.

▶ 〔암기〕 **전류의 방향에 따른 자기장의 방향**
① 지면에서 나오는 방향으로 전류가 흐를 경우 : 전류 주변의 자기장은 시계 반대 방향으로 형성된다.

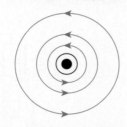

② 지면으로 들어가는 방향으로 전류가 흐를 경우 : 전류 주변의 자기장은 시계 방향으로 형성된다.

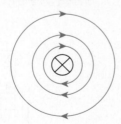

- 암기 직선 전류에 의한 자기장 실험

$$\tan \theta = \frac{\text{직선 전류에 의한 자기장}}{\text{지구 자기장}}$$

결론
① 전류의 세기가 증가할수록 나침반 자침의 회전각은 증가한다.
② 도선과 나침반 사이의 거리가 증가할수록 나침반 자침의 회전각은 감소한다.
③ 전류의 방향이 바뀌면 나침반 자침의 회전 방향이 반대로 바뀐다.
④ 나침반을 도선 위에다 설치하면 나침반 자침의 회전 방향이 반대로 바뀐다.

필수개념 3 **원형 전류에 의한 자기장**

- 암기 **원형 전류에 의한 자기장** : 직선 전류에 의한 자기장을 원 모양으로 감은 모양. 원형 전류 중심에서 자기장의 방향은 직선 형태임

자기장의 방향	전류의 방향으로 오른손 엄지손가락을 향하게 하면 자기장의 방향은 나머지 네 손가락이 도선을 감아쥐는 방향
자기장의 세기	원형 도선 중심에서의 자기장의 세기 B는 전류의 세기 I에 비례하고 원형 도선의 반지름 r에 반비례함 $$B = k' \frac{I}{r} (k' : \text{비례상수})$$

▶ 원형 전류에 의한 원형 전류 중심에서의 자기장의 방향 쉽게 찾는 법

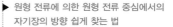

전류의 방향을 오른손 네 손가락으로 감아쥐고 엄지손가락을 펴면 엄지손가락이 가리키는 방향이 원형 전류 중심에서의 자기장 방향이다.

필수개념 4 **솔레노이드에 의한 자기장**

- 암기 **솔레노이드에 의한 자기장** : 다수의 같은 방향으로 흐르는 원형 전류가 합쳐진 것

자기장의 방향	오른손의 네 손가락을 솔레노이드에 흐르는 전류 방향으로 감아질 때 엄지손가락이 가리키는 방향이 자기장의 방향
자기장의 세기	솔레노이드 내부에 균일한 자기장의 세기 B는 다음과 같이 단위 길이당 코일의 감은 횟수 n에 비례하고, 전류의 세기 I에 비례함 $$B = k'' n I (k'' : \text{비례상수})$$

▶ 단위 길이당 감은 수(n)
솔레노이드에 감은 코일의 총 수를 N, 코일이 감긴 솔레노이드의 길이를 l이라 하면
$$n = \frac{N}{l}$$

솔레노이드에 강자성체와 상자성체를 넣은 후 솔레노이드에 전류를 흘렸다가 제거하는 경우
① 강자성체 : 자성을 오랫동안 유지하므로 자석의 역할을 한다.
② 상자성체 : 즉시 자성을 잃어버린다.

- **전자석** : 솔레노이드 내부에 철심을 넣으면 도선에 전류가 흐를 때, 철심이 자기화되어 더 강한 자석이 된다. 전류의 세기나 감은 수를 조절하여 자기장의 세기를 조절할 수 있고 전화기, 자기부상열차, MRI, 도난 경보기 등에 사용된다.

도선에 흐르는 전류에 의한 자기장을 활용하는 것만을 〈보기〉에서 있는 대로 고른 것은? **3점**

보기
ㄱ. 전자석 기중기   ㄴ. 발광 다이오드   ㄷ. 자기 공명 영상 장치
                   (LED)   (MRI)

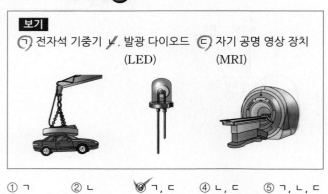

① ㄱ   ② ㄴ   ③ ㄱ, ㄷ   ④ ㄴ, ㄷ   ⑤ ㄱ, ㄴ, ㄷ

|자|료|해|설|및|보|기|풀|이|

ㄱ. 정답 : 전자석 기중기는 전류를 흘려주면 자석이 되는 성질을 이용하여 무거운 물체를 들어 올리거나 옮기는 장치이다.

ㄴ. 오답 : 발광 다이오드(LED)는 전기 에너지가 빛에너지로 변환되는 반도체 소자로 전류의 자기장 현상과 관련이 없다.

ㄷ. 정답 : 자기 공명 영상 장치(MRI)는 전자석에 전류가 흐를 때 발생하는 강한 자기장을 이용하여 영상을 얻는 장치이다. 이는 전류의 자기장을 활용한 예이다.

😀 출제분석 | 전류의 자기장 현상을 이용한 예를 찾는 문제로 기본적인 수준에서 출제되었다.

그림과 같이 일정한 세기의 전류가 흐르는 무한히 긴 직선 도선 A, B, C가 xy평면에 고정되어 있다. A, B에 흐르는 전류는 방향이 각각 $+y$방향, $-y$방향이고, 세기가 I로 같다. p, q는 x축상의 점이고, p에서 A, B, C에 흐르는 전류에 의한 자기장은 0이다.

p에서 합성 자기장의 방향은
xy평면에 수직으로 들어가는 방향

C에 흐르는 전류의 방향은 $+y$방향
전류의 세기는 I보다 커야 함

이에 대한 설명으로 옳은 것만을 〈보기〉에서 있는 대로 고른 것은?
3점

보기
ㄱ. C에 흐르는 전류의 방향은 $+y$방향이다.
ㄴ. C에 흐르는 전류의 세기는 I보다 크다.
ㄷ. q에서 A, B, C에 흐르는 전류에 의한 자기장의 방향은
     xy평면에 수직으로 들어가는 방향이다.
                   나오는

① ㄱ   ② ㄷ   ③ ㄱ, ㄴ   ④ ㄴ, ㄷ   ⑤ ㄱ, ㄴ, ㄷ

|자|료|해|설|

p에서 A와 B에 흐르는 전류에 의한 합성 자기장의 방향은 xy평면에 각각 수직으로 들어가는 방향이다. p에서 A, B, C에 흐르는 전류에 의한 자기장은 0이므로 C에 의한 p에서의 자기장의 방향은 xy평면에 수직으로 나오는 방향이다. 따라서 C에 흐르는 전류의 방향은 $+y$방향, 자기장의 세기는 전류의 세기에 비례하고 떨어진 거리에 반비례하므로 전류의 세기는 I보다 커야 한다.

|보|기|풀|이|

ㄱ. 정답 : 자료 해설과 같이 C에 흐르는 전류의 $+y$방향은 방향이다.

ㄴ. 정답 : 자료 해설과 같이 C에 흐르는 전류의 세기는 I보다 크다.

ㄷ. 오답 : q에서 B와 C에 의한 자기장의 방향은 xy평면에 수직으로 나오는 방향으로 같고 합성 자기장의 세기는 멀리 떨어진 A에 의한 자기장의 세기보다 크다. 따라서 q에서 A, B, C에 흐르는 전류에 의한 자기장의 방향은 xy평면에 수직으로 나오는 방향이다.

😀 문제풀이 TIP | 자기장의 세기 : $B = k\dfrac{I}{r}$

자기장의 방향 : 전류의 방향으로 오른손 엄지를 가리켰을 때 나머지 네 손가락으로 감아쥐는 방향.

😀 출제분석 | 직선 도선에 흐르는 전류에 관한 문항은 자기장의 세기와 방향만 잘 비교할 수 있으면 충분히 정답을 고를 수 있다. 이 영역의 문항이 어렵게 느껴진다면 관련 기출 문제가 많으므로 함께 살펴보길 바란다.

3 직선 전류에 의한 자기장

정답 ③ 정답률 55% 2024년 3월 학평 16번 문제편 168p

그림과 같이 세기와 방향이 일정한 전류가 흐르는 가늘고 무한히 긴 직선 도선 A, B, C가 xy평면에 고정되어 있다. C에는 $+x$방향으로 세기가 $10I_0$인 전류가 흐른다. 점 p, q는 xy평면상의 점이고, p와 q에서 A, B, C의 전류에 의한 자기장의 세기는 모두 0이다.

A에 흐르는 전류의 세기는? 3점

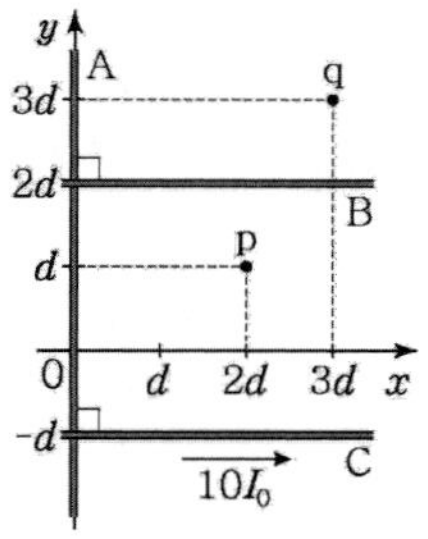

① $7I_0$ ② $8I_0$ ③ $9I_0$ ④ $10I_0$ ⑤ $11I_0$

출제분석 | 전류에 의한 자기장을 이해하는 것 이외에 경우의 수를 따져 각 도선에 흐르는 전류의 방향과 세기를 구하는 문항이 최근 자주 등장하고 있다.

|자|료|해|설|및|선|택|지|풀|이|

③ 정답 : A와 B에 흐르는 전류의 세기를 각각 I_A, I_B라 하자.

1. I_A가 $+y$방향, I_B가 $+x$방향으로 흐를 경우, 다음 표와 같으므로 $k\frac{I_A}{2d}+k\frac{I_B}{d}=k\frac{10I_0}{2d}$ — ㉠, $k\frac{I_A}{3d}=k\frac{I_B}{d}+k\frac{10I_0}{4d}$ — ㉡이다. ㉠과 ㉡을 연립하면 $I_A=9I_0$, $I_B=\frac{I_0}{2}$이다.

	p에서 자기장		q에서 자기장	
	세기	방향	세기	방향
I_A	$k\frac{I_A}{2d}$	⊗	$k\frac{I_A}{3d}$	⊗
I_B	$k\frac{I_B}{d}$	⊗	$k\frac{I_B}{d}$	⊙
$10I_0$	$k\frac{10I_0}{2d}$	⊙	$k\frac{10I_0}{4d}$	⊙

2. I_A가 $-y$방향, I_B가 $+x$방향으로 흐를 경우, q에서 자기장의 방향이 모두 xy평면에서 나오는 방향이므로 자기장의 세기는 0이 될 수 없다.
3. I_A가 $+y$방향, I_B가 $-x$방향으로 흐를 경우, 다음 표와 같으므로 $k\frac{I_A}{2d}=k\frac{I_B}{d}+k\frac{10I_0}{2d}$ — ㉢, $k\frac{I_A}{3d}+k\frac{I_B}{d}=k\frac{10I_0}{4d}$ — ㉣인데 이를 연립하면 $I_B<0$이어야 하므로 주어진 조건을 만족하지 않는다.

	p에서 자기장		q에서 자기장	
	세기	방향	세기	방향
I_A	$k\frac{I_A}{2d}$	⊗	$k\frac{I_A}{3d}$	⊗
I_B	$k\frac{I_B}{d}$	⊙	$k\frac{I_B}{d}$	⊗
$10I_0$	$k\frac{10I_0}{2d}$	⊙	$k\frac{10I_0}{4d}$	⊙

4. I_A가 $-y$방향, I_B가 $-x$방향으로 흐를 경우, p에서 자기장의 방향이 모두 xy평면에서 나오는 방향이므로 자기장의 세기는 0이 될 수 없다.

따라서 A의 전류의 세기는 $I_A=9I_0$이다.

그림과 같이 가늘고 무한히 긴 직선 도선 P, Q가 일정한 각을 이루고 xy평면에 고정되어 있다. P에는 세기가 I_0인 전류가 화살표 방향으로 흐른다. 점 a에서 P에 흐르는 전류에 의한 자기장의 세기는 B_0이고, P와 Q에 흐르는 전류에 의한 자기장의 세기는 0이다.

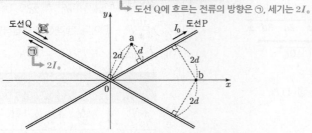

도선 Q에 흐르는 전류의 방향은 ㉠, 세기는 $2I_0$

이에 대한 설명으로 옳은 것만을 〈보기〉에서 있는 대로 고른 것은? (단, 점 a, b는 xy평면상의 점이다.) 3점

보기

㉠ Q에 흐르는 전류의 방향은 ㉠이다.
㉡ Q에 흐르는 전류의 세기는 $2I_0$이다.
㉢ b에서 P와 Q에 흐르는 전류에 의한 자기장의 세기는 $\frac{3}{2}B_0$
    이다.

① ㄱ   ② ㄷ   ③ ㄱ, ㄴ   ④ ㄴ, ㄷ   ✔⑤ ㄱ, ㄴ, ㄷ

|자|료|해|설|
점 a에서 P와 Q에 흐르는 전류에 의한 자기장의 세기는 0이므로 a에서 Q에 흐르는 전류에 의한 자기장의 세기는 B_0이고 방향은 xy평면을 수직으로 들어가는 방향이다.

|보|기|풀|이|

㉠ 정답 : a에서 도선 P에 흐르는 전류에 의한 자기장의 방향은 xy평면에서 수직으로 나오는 방향이므로 도선 Q에 흐르는 전류에 의한 자기장의 방향은 xy평면에 수직으로 들어가는 방향이어야 한다. 따라서 전류의 방향은 ㉠이다.

㉡ 정답 : 자기장의 세기는 $B \propto \frac{I}{r}$이고 Q는 P보다 2배 멀리 떨어져 있으므로 Q에 흐르는 전류의 세기는 P의 2배인 $2I_0$이다.

㉢ 정답 : b에서 P와 Q에 흐르는 전류에 의한 자기장의 방향은 xy평면에 수직으로 들어가는 방향이고 세기는 각각 $\frac{1}{2}B_0$, B_0이므로 합성 자기장의 세기는 $\frac{3}{2}B_0$이다.

👀 문제풀이 T I P | 자기장의 세기는 $B \propto \frac{I}{r}$이다.

😎 출제분석 | 직선 도선에 흐르는 자기장의 세기와 방향을 따질 수 있다면 어렵지 않게 해결할 수 있는 문항이다.

다음은 직선 도선에 흐르는 전류에 의한 자기장에 대한 실험이다.

[실험 과정]

(가) 그림과 같이 직선 도선이 수평면에 놓인 나침반의 자침과 나란하도록 실험 장치를 구성한다.

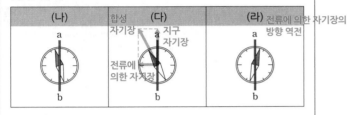

직선 전류 주변에는 동심원 모양의 자기장이 형성된다.

<위에서 본 모습>

(나) 스위치를 닫고, 나침반 자침의 방향을 관찰한다.

(다) (가)의 상태에서 가변 저항기의 저항값을 변화시킨 후, (나)를 반복한다.

(라) (가)의 상태에서 [㉠   ], (나)를 반복한다.

[실험 결과]

(나)	(다)	(라)
a b	합성 자기장 지구 자기장 전류에 의한 자기장 b	전류에 의한 자기장의 방향 역전 a b

이에 대한 설명으로 옳은 것만을 <보기>에서 있는 대로 고른 것은?

③점

보기

ㄱ. (나)에서 직선 도선에 흐르는 전류의 방향은 a $\xleftarrow{b \to a}$ b 방향이다.

ㄴ. 직선 도선에 흐르는 전류의 세기는 (나)에서가 (다)에서보다 작다.

ㄷ. '전원 장치의 (+), (−) 단자에 연결된 집게를 서로 바꿔 연결한 후'는 ㉠으로 적절하다.

① ㄱ   ② ㄷ   ③ ㄱ, ㄴ   ④ ㄴ, ㄷ   ⑤ ㄱ, ㄴ, ㄷ

|자|료|해|설|

(가)의 실험 장치와 위에서 본 나침반 모습을 보면 직선 도선이 남북 방향과 나란하게 설치되어 있음을 알 수 있다. 나침반의 N극은 지구 자기장에 의해 북쪽을 가리키려고 하는 힘이 항상 존재하므로 전류에 의한 자기장의 방향을 따질 때 함께 생각해야 한다. 직선 전류 주변에 형성되는 자기장의 형태는 동심원 모양이며, 자기장의 방향은 앙페르 법칙에 의해 오른손 엄지손가락이 전류의 방향을 가리킬 때 나머지 네 손가락이 감아쥐는 방향으로 결정된다.

|보|기|풀|이|

ㄱ. 오답 : (나)에서 지구 자기장은 북쪽인데 나침반의 N극이 북서쪽을 가리키는 것으로 보아, 전류에 의한 자기장의 방향은 서쪽임을 알 수 있다. 앙페르 법칙을 적용하면 도선에 흐르는 전류의 방향은 b → a 방향이다.

ㄴ. 정답 : (다)에서 나침반의 N극이 (나)에 비해 더 서쪽으로 치우친 것으로 보아 전류에 의한 자기장의 세기는 (다) > (나)이다. 따라서 직선 도선에 흐르는 전류의 세기도 (나)에서가 (다)에서보다 작다.

ㄷ. 정답 : (나)와 (라)를 비교하면 (나)는 북쪽에서 서쪽으로 약간 회전한 상태이고 (라)는 북쪽에서 동쪽으로 약간 회전한 상태이므로 전류의 방향이 정반대임을 알 수 있다. 따라서 ㉠에 들어갈 문장은 '전원 장치의 (+), (−) 단자에 연결된 집게를 서로 바꿔 연결한 후'이다.

🤖 **문제풀이 TIP** | 나침반의 N극이 가리키는 방향은 지구 자기장과 전류에 의한 자기장을 벡터로 더한 합성 자기장의 방향이다.

😎 **출제분석** | 직선 전류에 의한 자기장의 크기와 방향을 알면 쉽게 해결할 수 있는 문항이다. 때로는 원형 전류에 의한 자기장과 직선 전류에 의한 자기장을 복합적으로 묻는 문제도 출제되므로 개념을 확실히 파악하고 정리해 두도록 하자.

그림 (가)와 같이 수평면에 놓인 나침반의 연직 위에 자침과 나란하도록 직선 도선을 고정시킨다. 그림 (나)는 직선 도선에 흐르는 전류를 시간에 따라 나타낸 것이다. t_1일 때 자침의 N극은 **북서쪽**을 가리킨다.

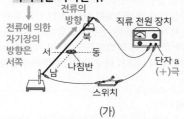

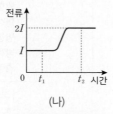

(가)   (나)

이에 대한 옳은 설명만을 〈보기〉에서 있는 대로 고른 것은? 3점

보기

ㄱ. t_1일 때 나침반의 중심에서 직선 도선에 흐르는 전류에 의한 자기장의 방향은 서쪽이다.

ㄴ. 직류 전원 장치의 단자 a는 (+)극이다.

ㄷ. 자침의 N극이 북쪽과 이루는 각은 t_2일 때가 t_1일 때보다 크다.

① ㄴ   ② ㄷ   ③ ㄱ, ㄴ   ④ ㄱ, ㄷ   ⑤ ㄱ, ㄴ, ㄷ

|자|료|해|설|
원래 자침의 N극은 북쪽을 가리킨다. t_1일 때 자침의 N극이 북서쪽을 가리켰다면 직선 도선에 흐르는 전류에 의한 자기장의 방향은 서쪽이므로 직선 도선에 흐르는 전류의 방향은 북쪽이고 단자 a는 (+)극이다.

|보|기|풀|이|
ㄱ. 정답 : t_1일 때 자침의 N극은 북서쪽을 가리키므로 직선 도선에 흐르는 전류에 의한 자기장의 방향은 서쪽이다.
ㄴ. 정답 : 전류는 (+)극에서 (−)극으로 흐르고 직선 도선에 흐르는 전류의 방향은 북쪽이므로 단자 a는 (+)극이다.
ㄷ. 정답 : 전류의 세기가 증가하면 자기장의 세기도 증가하므로 자침의 N극이 북쪽과 이루는 각은 커진다.

😲 문제풀이 T I P | 전류가 흐르는 직선 도선 주위에 생기는 자기장의 방향은 전류의 방향으로 오른나사를 진행할 때 나사가 돌아가는 방향과 같고, 이때 자기장의 세기는 전류의 세기에 비례한다.

😀 출제분석 | 제시된 그림은 전류에 의한 자기장 실험에 관한 내용으로 비교적 쉽게 답을 구할 수 있다. 보통 2개 이상의 직선 도선 주위에 생기는 자기장의 합을 묻는 어려운 문항도 자주 출제되므로 기출 문제 중심으로 살펴볼 것을 추천한다.

그림 (가), (나)는 수평면에 수직으로 고정된 무한히 긴 하나의 직선 도선에 전류 I_1이 흐를 때와 전류 I_2가 흐를 때, 각각 도선으로부터 북쪽으로 거리 r, $3r$만큼 떨어진 곳에 놓인 나침반의 자침이 45°만큼 회전하여 정지한 것을 나타낸 것이다. (나)에서 점 P는 도선으로부터 북쪽으로 $2r$만큼 떨어진 곳이다.

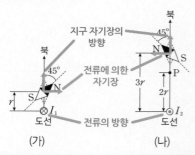

(가)   (나)

이에 대한 설명으로 옳은 것만을 〈보기〉에서 있는 대로 고른 것은? (단, 지구에 의한 자기장은 균일하고, 자침의 크기와 도선의 두께는 무시한다.) 3점

보기

ㄱ. I_1의 방향은 I_2의 방향과 ~~같다.~~ 반대이다.

ㄴ. I_1의 세기는 I_2의 세기의 $\frac{1}{3}$배이다.

ㄷ. (나)에서 나침반을 P로 옮기면 자침의 N극이 북쪽과 이루는 각은 45°보다 ~~작아진다.~~ 커진다.

① ㄱ   ② ㄴ   ③ ㄷ   ④ ㄴ, ㄷ   ⑤ ㄱ, ㄴ, ㄷ

|자|료|해|설|
(가)와 (나)에서 자침이 회전한 방향을 통해 전류에 의해 만들어지는 자기장의 방향이 반대임을 알 수 있고, 이에 따라 전류의 방향도 반대이다. 따라서 오른 나사 법칙에 의해 I_1은 수직으로 들어가는 방향, I_2는 수직으로 나오는 방향이다.
나침반의 자침이 회전한 각도가 같으므로 전류 I_1과 I_2에 의한 자기장의 세기도 같다. 직선 전류에 의한 자기장의 세기는 전류의 세기에 비례하고, 도선으로부터의 거리에 반비례 $\left(B \propto \dfrac{I}{r} \right)$한다. B가 같을 때 자침으로부터 도선이 떨어진 거리(r)는 (나)가 (가)의 3배이므로 I_2는 I_1의 3배 ($I_2 = 3I_1$)이다.

|보|기|풀|이|
ㄱ. 오답 : 자침이 회전한 방향이 (가)와 (나)에서 반대이므로 도선에 흐르는 I_1과 I_2의 방향은 반대이다.
ㄴ. 정답 : 자침에 작용하는 전류에 의한 자기장의 세기는 같으므로 $\dfrac{I_1}{r} = \dfrac{I_2}{3r}$에 의해 $I_2 = 3I_1$이다.

ㄷ. 오답 : (나)에서 나침반을 P로 옮기면 전류에 의한 자기장의 세기가 커지므로 자침의 N극이 북쪽과 이루는 각은 45°보다 커진다.

😲 문제풀이 T I P | 지구 자기장의 방향은 북쪽, 전류에 의한 자기장의 방향은 (가)와 (나)에서 각각 동쪽과 서쪽이다.

그림은 일정한 전류가 흐르는 무한히 긴 직선 도선 A, B, C가 종이 면에 수직으로 고정되어 있는 모습을 나타낸 것이다. **A에는 종이 면에 수직으로 들어가는 방향으로 전류가 흐른다.** x축 상의 점 **p에서 A와 B에 의한 자기장은 0이고, B와 C에 의한 자기장도 0이다.**

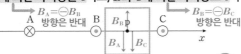

자기장의 방향은
시계 방향
p에서의 자기장
방향은 아래 방향

$B_A = \ominus B_B$ 방향은 반대　　$B_B = \ominus B_C$ 방향은 반대

A ⊗　　B ⊙ B_B p　　C ⊙　　→ x
　　　　　　　　B_A ↓ B_C

이에 대한 옳은 설명만을 〈보기〉에서 있는 대로 고른 것은? [3점]

> **보기**
> ㄱ. 전류의 세기는 A에서가 B에서보다 크다.
> ㄴ. 전류의 방향은 B와 C에서 같다.
> ㄷ. p에서 A와 C에 의한 자기장의 세기는 B에 의한 자기장의 세기의 2배이다.

① ㄴ　　② ㄷ　　③ ㄱ, ㄴ　　④ ㄱ, ㄷ　　✓⑤ ㄱ, ㄴ, ㄷ

🙂 **문제풀이 TIP** | 나란한 두 도선에 흐르는 전류의 방향이 같은 경우 두 도선 사이의 지점에서 자기장은 서로 반대 방향을 나타내고 전류의 방향이 다른 경우 두 도선 사이의 지점에서 자기장은 서로 같은 방향을 나타낸다.

😀 **출제분석** | 직선 전류에 의한 자기장에 대한 문항으로 앙페르 법칙을 알고 있다면 어려움 없이 해결할 수 있다. 나란하지 않은 도선에 전류가 흐를 때 어떤 지점에 나타나는 자기장들의 세기 합부터 원형 전류와 솔레노이드에 의한 자기장의 세기까지 비교하여 알아두자.

| 자 | 료 | 해 | 설 |

A에는 종이 면에 수직으로 들어가는 방향으로 전류가 흐르므로 앙페르의 법칙에 의해 p점에 작용하는 자기장(B_A)의 방향은 아래 방향이다. 도선 B에 흐르는 전류에 의해 p점에 작용하는 자기장을 B_B라 할 때 A와 B에 의한 자기장의 합은 $B_A + B_B = 0$이므로 p점에 작용하는 자기장의 세기는 $|B_A| = |B_B|$이고 방향은 반대이다. 따라서 도선 B에 흐르는 전류의 방향은 종이 면에서 수직으로 나오는 방향이다. 또한 p점에서 B와 C에 의한 자기장도 0이므로 B와 C에 의한 자기장의 세기는 $|B_B| = |B_C|$이고 방향은 반대이다. 따라서 C에 흐르는 전류의 방향은 종이 면에서 수직으로 나오는 방향이다.

| 보 | 기 | 풀 | 이 |

ㄱ. 정답 : p에서 A와 B에 의한 자기장의 세기는 같으므로 앙페르 법칙$\left(B = k\dfrac{I}{r}\right)$에 의해 전류의 세기는 더 먼 거리에 있는 A에서가 B에서보다 크다.

ㄴ. 정답 : p에서 B와 C에 의한 자기장의 방향은 반대이므로 앙페르 법칙에 의해 전류의 방향은 B, C 모두 종이 면에서 수직으로 나오는 방향이다.

ㄷ. 정답 : p에서 A, B, C에 흐르는 전류에 의한 자기장의 세기는 모두 같고 B만 방향이 반대이다. 따라서 A와 C에 의한 자기장의 세기는 B에 의한 자기장의 세기의 2배이다.

그림과 같이 무한히 긴 직선 도선 A, B가 xy평면에 각각 $x = -d$, $x = d$인 점에 수직으로 고정되어 있다. A, B에 흐르는 전류의 세기는 각각 I_A, I_B이고, 점 p, q, r는 x축상의 점이다. 표는 원점 O와 p에서 자기장의 세기와 방향을 나타낸 것이다.

② I_B는 xy평면에 수직으로 들어가는 방향
I_A는 xy평면에 수직으로 나오는 방향

p　A　　q　B　　r
—•——○——O——•——○——•——→ x
-2d　-d　　$\frac{d}{2}$　d　　2d

위치	자기장의 세기	자기장의 방향
O		$+y$
p	0	

이에 대한 설명으로 옳은 것만을 〈보기〉에서 있는 대로 고른 것은?

① $I_A < I_B$
I_A와 I_B의 방향은 반대

[3점]

> **보기**
> ~~ㄱ. $I_A > I_B$이다.~~
> ㄴ. B에 흐르는 전류의 방향은 xy평면에 수직으로 들어가는 방향이다.
> ~~ㄷ. 자기장의 방향은 q와 r에서가~~ 반대이다. ~~같다.~~

✓① ㄴ　　② ㄷ　　③ ㄱ, ㄴ　　④ ㄱ, ㄷ　　⑤ ㄴ, ㄷ

| 자 | 료 | 해 | 설 |

직선 전류에 의한 자기장의 세기(B)는 전류의 세기(I)에 비례하고 도선으로부터 떨어진 거리(r)에 반비례한다. A와 B에 의해 p에 작용하는 자기장의 세기는 각각 $k\dfrac{I_A}{d}$, $k\dfrac{I_B}{3d}$이고 $k\dfrac{I_A}{d} - k\dfrac{I_B}{3d} = 0$이므로 $I_B = 3I_A$이다.

| 보 | 기 | 풀 | 이 |

ㄱ. 오답 : $I_B = 3I_A$이므로 $I_A < I_B$이다.

ㄴ. 정답 : A와 B로부터 같은 거리에 떨어져 있는 O에서 자기장이 $+y$ 방향인 것은 전류의 세기가 더 큰 I_B 때문이므로 I_B의 방향은 xy평면에 수직으로 들어가는 방향이다.

ㄷ. 오답 : q와 r의 위치는 B에서 더 가깝고 전류의 세기도 $I_A < I_B$이므로 q와 r에서 자기장의 방향은 I_B에 의한 방향과 같다. 따라서 q는 $+y$방향, r은 $-y$방향이다.

🙂 **문제풀이 TIP** |
직선 전류에 의한 자기장의 세기 $B = k\dfrac{I}{r} \propto \dfrac{I}{r}$

😀 **출제분석** | 전류에 의한 자기장의 방향에 관한 문항은 무엇보다 제시된 자료를 분석하는 능력이 요구된다. 전류와 자기장의 세기와 방향 관계를 숙지하고 이를 적용하는 연습을 하자.

그림과 같이 전류가 흐르는 가늘고 무한히 긴 직선 도선 A, B가 xy평면의 $x=0$, $x=d$에 각각 고정되어 있다. A, B에는 각각 세기가 I_0, $2I_0$인 전류가 흐르고 있다. A, B에 흐르는 전류의 방향이 같을 때와 서로 반대일 때 x축상에서 A, B의 전류에 의한 자기장이 0인 점을 각각 p, q라고 할 때, p와 q 사이의 거리는?

다른 방향일 때 합성 자기장의 세기가 0인 지점

같은 방향일 때 합성 자기장의 세기가 0인 지점

① d ② $\dfrac{4}{3}d$ ③ $\dfrac{3}{2}d$ ④ $\dfrac{5}{3}d$ ⑤ $2d$

 문제풀이 TIP | 자기장의 세기 : $B=k\dfrac{I}{r}$

출제분석 | 두 직선 전류에 의해 합성 자기장이 0이 되는 곳을 찾는 문항으로 기본 수준에서 출제되었다.

|자|료|해|설|

자기장의 세기는 전류의 세기에 비례하고 떨어진 거리에 반비례한다. 두 도선에 같은 방향의 전류가 흐를 때 합성 자기장이 0이 되는 곳(p)은 두 도선 사이이며 거리의 비는 A와 B의 전류의 세기 비와 같은 1 : 2가 되는 지점인 $\dfrac{d}{3}$ 이다. 두 도선에 반대 방향의 전류가 흐를 때 합성 자기장이 0이 되는 곳(q)은 전류의 세기가 작은 A보다 $-x$방향이며 거리는 A와 B의 전류의 세기 비와 같은 1 : 2가 되는 지점인 $-d$이다.

|선|택|지|풀|이|

② 정답 : p는 $\left(\dfrac{d}{3}, 0\right)$인 지점에 있고, q는 $(-d, 0)$인 지점에 있으므로 p와 q 사이의 거리는 $\dfrac{d}{3}-(-d)=\dfrac{4}{3}d$ 이다.

자기장의 세기 $B\propto\dfrac{I}{r}$ 자기장의 방향 : 시계 방향

그림과 같이 **무한히 긴 직선 도선 A, B**가 xy평면에 수직으로 고정되어 있다. A에는 xy평면에 수직으로 들어가는 방향으로 세기가 I인 일정한 전류가 흐르고 있다. 점 p, q, r는 시간 t_1, t_2, t_3일 때, A와 B에 의한 자기장의 세기가 각각 0인 지점을 나타낸 것이다.

이에 대한 설명으로 옳은 것만을 〈보기〉에서 있는 대로 고른 것은? (3점)

A에 흐르는 전류에 의한 p, q, r에서의 자기장 방향과 세기

보기

ㄱ. t_1일 때, 전류의 세기는 A에서가 B에서보다 ~~크~~ 작다.

ㄴ. t_2일 때, p에서의 자기장의 방향은 $+x$방향이다.

ㄷ. t_3일 때, A와 B에 흐르는 전류의 방향은 서로 ~~반대~~ 같다.

① ㄱ   ② ㄴ   ③ ㄱ, ㄷ   ④ ㄴ, ㄷ   ⑤ ㄱ, ㄴ, ㄷ

시간 t에 따른 p, q, r 지점에서의 자기장의 세기와 방향

B에서의 전류의 방향

B에서의 전류의 세기 t_1일 때   > t_2일 때 (A와 B에 흐르는 전류의 세기는 같음)   > t_3일 때

문제풀이 TIP | 직선 도선에 흐르는 전류에 의한 자기장의 세기(B)는 전류의 세기(I)에 비례하고 도선과 떨어진 거리(r)에 반비례한다. 따라서 자기장의 세기가 같을 때 도선에서 떨어진 거리가 3배 멀면 도선에 흐르는 전류의 세기도 3배이다.

출제분석 | 직선 전류에 의한 자기장의 세기와 방향에 대한 기본 개념을 알고 있다면 쉽게 해결할 수 있다.

|자|료|해|설|

무한히 긴 직선 도선 A에 흐르는 전류의 방향은 xy평면에 수직으로 들어가는 방향이므로 자기장의 방향은 시계 방향이고 세기(B)는 거리(r)에 반비례하므로 도선에 가까울수록 크다. $\left(B\propto\dfrac{I}{r}\right)$ 따라서 B에 흐르는 전류가 없을 때 p, q, r지점의 자기장 방향은 오른쪽, 세기는 p>q>r 순이다.

|보|기|풀|이|

ㄱ. 오답 : t_1일 때 p에서 자기장의 세기가 0이려면 A와 B에 의한 자기장의 세기는 같고 방향은 반대이다. B는 A보다 3배 멀리 떨어져 있으므로 B에 흐르는 전류의 세기는 A의 3배이고 방향은 xy에 수직으로 들어가는 방향이다.

ㄴ. 정답 : t_2일 때 q에서 자기장의 세기가 0이려면 A와 B에 의한 자기장의 세기는 같고 방향은 반대이다. A와 B는 q에서 같은 거리만큼 떨어져 있으므로 A와 B에 흐르는 전류의 세기는 같고 방향도 같다. 따라서 p에서 자기장의 방향은 A에 의한 자기장의 세기가 B보다 크므로 $+x$방향이다.

ㄷ. 오답 : t_3일 때 r에서 자기장의 세기가 0이므로 r에 작용하는 A와 B에 의해 나타나는 자기장의 방향은 반대이다. 따라서 A와 B에 흐르는 전류의 방향은 같다.

그림과 같이 세기와 방향이 일정한 전류가 흐르는 무한히 긴 직선 도선 A, B, C, D가 xy평면에 고정되어 있다. 전류의 세기와 방향은 A와 B에서 서로 같고, C와 D에서 서로 같다. 점 p에서 A의 전류에 의한 자기장의 세기는 B_0이고, 점 q에서 A, B, C, D의 전류에 의한 자기장의 세기는 0이다. C와 D에 흐르는 전류의 세기가 각각 2배가 될 때, q에서 A, B, C, D의 전류에 의한 자기장의 세기는?

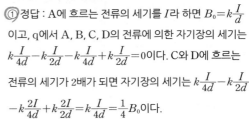

→ A, B, C, D에 흐르는 전류의 세기는 모두 같다.

✓① $\frac{1}{4}B_0$ ② $\frac{1}{2}B_0$ ③ $\frac{3}{4}B_0$ ④ B_0 ⑤ $\frac{5}{4}B_0$

|자|료|해|설|
A와 B, C와 D에 흐르는 전류의 세기와 방향이 서로 같으므로 q에서 자기장의 세기가 0이 되기 위해서는 A와 C의 전류에 의한 자기장의 방향이 서로 반대이면서 세기는 같아야 한다. 따라서 A, B, C, D에 흐르는 전류의 세기는 같다.

|선|택|지|풀|이|
①정답 : A에 흐르는 전류의 세기를 I라 하면 $B_0 = k\frac{I}{d}$ 이고, q에서 A, B, C, D의 전류에 의한 자기장의 세기는
$$k\frac{I}{4d} - k\frac{I}{2d} - k\frac{I}{4d} + k\frac{I}{2d} = 0$$이다. C와 D에 흐르는 전류의 세기가 2배가 되면 자기장의 세기는 $k\frac{I}{4d} - k\frac{I}{2d}$
$$-k\frac{2I}{4d} + k\frac{2I}{2d} = k\frac{I}{4d} = \frac{1}{4}B_0$$이다.

😲 **문제풀이 TIP** | 두 도선에 흐르는 전류의 방향이 같은 경우 두 도선의 전류에 의한 자기장의 방향은 두 도선 사이에서 반대 방향이다.

😎 **출제분석** | 주어진 조건으로 A, B, C, D에 흐르는 전류의 세기가 같음을 바로 이해할 수 있어야 주어진 시간 내에 문제를 해결할 수 있다.

그림 (가)와 같이 종이면에 수직으로 고정된 무한히 긴 직선 도선 A, B에 흐르는 전류에 의한 자기장에 의해 점 p에 놓인 자침의 N극이 동쪽으로 θ_1만큼 회전하여 정지해 있다. A, B에 흐르는 전류의 세기는 각각 I_A, I_B이다. 그림 (나)와 같이 (가)에서 A의 위치만을 변화시켰더니 자침의 N극이 동쪽으로 θ_2만큼 회전하여 정지해 있다. $\theta_1 < \theta_2$이다.

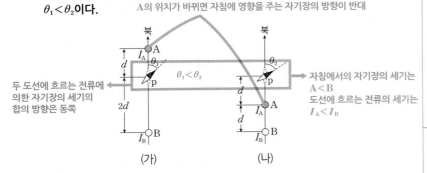

이에 대한 설명으로 옳은 것만을 <보기>에서 있는 대로 고른 것은? (단, A, B, p는 종이면의 동일 직선상에 있고, 자침의 크기는 무시한다.) 3점

보기
ㄱ. 전류의 방향은 A와 B에서 같다.
ㄴ. p에서 B에 흐르는 전류에 의한 자기장의 방향은 동쪽이다.
ㄷ. $I_A < I_B$이다.

① ㄱ   ② ㄷ   ③ ㄱ, ㄴ   ④ ㄴ, ㄷ   ✓⑤ ㄱ, ㄴ, ㄷ

|자|료|해|설|
(가) → (나)와 같이 A의 위치가 바뀌면 자침에 영향을 주는 자기장의 방향이 반대가 된다. (나)에서 자침이 동쪽(시계 방향)으로 더욱 회전하였으므로 A에 흐르는 전류의 방향은 지면으로 들어가는 방향이다. 또한 (가)에서 도선 A에 흐르는 전류의 방향은 지면으로 들어가는 방향이므로 자침에 작용하는 자기장의 방향은 서쪽이다. 그러나 자침은 동쪽으로 θ_1만큼 회전하여 정지해 있으므로 B에 의한 자기장의 세기가 A보다 크고 B에 흐르는 전류에 의한 자기장의 방향은 동쪽이다. 따라서 B에 흐르는 전류의 방향은 지면으로 들어가는 방향이다. 또한 자침으로부터 떨어진 거리가 멀지만 자침에서의 자기장의 세기는 B가 A보다 크므로 도선에 흐르는 전류의 세기는 B가 A보다 크다. ($I_A < I_B$)

|보|기|풀|이|
ㄱ. 정답 : 도선 A, B에 흐르는 전류의 방향은 모두 지면으로 들어가는 방향으로 같다.
ㄴ. 정답 : B에 흐르는 전류의 방향은 지면으로 들어가는 방향이므로 p에서 B에 의한 자기장 방향은 동쪽이다.
ㄷ. 정답 : (가)의 p에서 두 전류에 의한 자기장의 합의 방향이 동쪽이므로 자침으로부터 d만큼 떨어진 A에 흐르는 전류에 의한 자기장의 세기보다 $2d$만큼 떨어진 B에 흐르는 전류에 의한 자기장의 세기가 크다. 따라서 $I_A < I_B$이다.

그림과 같이 중심이 점 O인 세 원형 도선 A, B, C가 종이면에 고정되어 있다. 표는 O에서 A, B, C의 전류에 의한 자기장의 세기와 방향을 나타낸 것이다. A에 흐르는 전류의 방향은 시계 반대 방향이다.

→ O에서 자기장의 방향은 종이면에서 수직으로 나오는 방향

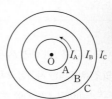

실험	전류의 세기			O에서의 자기장	
	A	B	C	세기	방향
I	I_A	0	0	B_0	㉠ = ⊙
II	I_A	I_B	0	$0.5B_0$	×
III	I_A	I_B	I_C	B_0	⊙

I_B에 의한 자기장
세기 : $1.5B_0$
방향 : ×

I_C에 의한 자기장
세기 : $1.5B_0$
방향 : ⊙

× : 종이면에 수직으로 들어가는 방향
⊙ : 종이면에서 수직으로 나오는 방향

이에 대한 설명으로 옳은 것만을 〈보기〉에서 있는 대로 고른 것은?

③점

보기

O에서 나타나는 자기장의 세기는 같지만 C가 B보다 O에서 더 먼 곳에 위치하므로 $I_B < I_C$

㉠ ㉠은 '⊙'이다.
㉡ 실험 II에서 B에 흐르는 전류의 방향은 시계 방향이다.
㉢ $I_B < I_C$이다.

① ㄱ　② ㄷ　③ ㄱ, ㄴ　④ ㄴ, ㄷ　✓⑤ ㄱ, ㄴ, ㄷ

|자|료|해|설|

실험 I에서 A에 흐르는 전류의 방향은 시계 반대 방향이므로 O에서의 자기장 방향은 종이면에서 수직으로 나오는 방향(⊙)이다. 실험 II에서 A와 B에 흐르는 전류의 영향으로 O에서의 자기장 합의 세기는 $0.5B_0$, 방향이 종이면에 수직으로 들어가는 방향(×)이므로 B에 흐르는 전류 I_B의 방향은 시계 방향이고 O에서 I_B에 의한 자기장의 세기는 이보다 큰 $1.5B_0$, 방향은 '×'이다. 실험 III에서 O에서의 자기장 합의 세기는 B_0, 방향이 '⊙'이므로 실험 II와 비교하였을 때 C에 흐르는 전류 I_C의 방향은 반시계 방향이고 O에서 I_C에 의한 자기장의 세기는 $1.5B_0$, 방향은 '⊙'이다.

|보|기|풀|이|

㉠. 정답 : 실험 I에서 A에 흐르는 전류의 방향은 시계 반대 방향이므로 O에서의 자기장 방향은 종이면에서 수직으로 나오는 방향(⊙)이다.
㉡. 정답 : 실험 I과 II를 비교했을 때 O에서의 자기장의 세기는 B가 A보다 크고 방향은 반대이므로 B에 흐르는 전류의 방향은 A와 반대인 시계 방향이다.
㉢. 정답 : 실험 II와 III을 비교했을 때 I_B와 I_C에 의해 O에 나타나는 자기장의 세기는 같다. 원형 전류에 의한 자기장의 세기(B)는 전류의 세기(I)에 비례하고 원형 도선의 반지름(r)에 반비례하므로 $\left(B = k'\dfrac{I}{r}, k' : 비례상수\right)$ 반지름이 큰 C에 흐르는 전류 I_C가 B에 흐르는 I_B보다 크다.

그림과 같이 원형 도선 P와 무한히 긴 직선 도선 Q가 xy평면에 고정되어 있다. Q에는 세기가 I인 전류가 $-y$방향으로 흐른다. 원점 O는 P의 중심이다. 표는 O에서 P, Q에 흐르는 전류에 의한 자기장의 세기를 P에 흐르는 전류에 따라 나타낸 것이다.

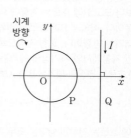

P에 흐르는 전류		O에서 P, Q에 흐르는 전류에 의한 자기장의 세기	O에서 P, Q에 흐르는 전류에 의한 자기장의 방향
세기	방향		
0	없음	B_0	⊗
I_0	㉠(반시계 방향)	0	
$2I_0$	시계 방향	㉡ = $3B_0$	⊗

이에 대한 설명으로 옳은 것만을 〈보기〉에서 있는 대로 고른 것은?

③점

보기

㉠ O에서 Q에 흐르는 전류에 의한 자기장의 방향은 xy평면에 수직으로 들어가는 방향이다.
✗㉡ ㉠은 시계 방향이다.　시계 반대 방향
㉢ ㉡은 $2B_0$보다 크다.

① ㄱ　② ㄴ　✓③ ㄱ, ㄷ　④ ㄴ, ㄷ　⑤ ㄱ, ㄴ, ㄷ

|자|료|해|설|

P에 흐르는 전류가 0일 때, O에서 Q에 의한 자기장의 방향은 xy평면에 들어가는 방향(⊗)이다. P에 I_0인 전류가 흐를 때 O에서의 합성 자기장의 세기는 0이므로 P에 의한 자기장의 방향이 평면에서 나오는 방향(⊙)이어야 한다. 따라서 P에 흐르는 전류의 방향은 반시계 방향(㉠)이고 자기장의 세기는 B_0이다. P에서 전류의 세기가 $2I_0$로 시계 방향으로 흐를 때 O에서 P에 의한 자기장의 방향은 xy평면에 들어가는 방향(⊗)이고, 세기는 $2B_0$이다. Q에 의한 자기장의 방향도 xy평면에 들어가는 방향(⊗)이고, 세기는 B_0이므로 ㉡은 $2B_0 + B_0 = 3B_0$이다.

|보|기|풀|이|

㉠. 정답 : 앙페르 법칙에 따라 O에서 Q에 흐르는 전류에 의한 자기장의 방향은 xy평면에 들어가는 방향이다.
㉡. 오답 : O에서 자기장의 세기가 0이므로 ㉠은 시계 반대 방향이다.
㉢. 정답 : P에 의한 자기장의 세기는 $2B_0$이고, Q에 의한 자기장의 세기는 B_0이므로 ㉡은 $3B_0$이다.

👾 문제풀이 TIP | O에서 Q에 의한 자기장의 방향은 xy평면에 들어가는 방향(⊗)이다.

😊 출제분석 | 표를 분석하여 전류에 의한 자기장의 세기와 방향을 알아내는 문항이다. 도선 3개 이상의 고난이도 문항도 자주 출제되므로 어려운 기출 문제도 함께 풀어보자.

16 직선, 원형 전류에 의한 자기장 · 정답 ① · 정답률 55% · 2021년 3월 학평 14번 · 문제편 172p

그림 (가)는 원형 도선 P와 무한히 긴 직선 도선 Q가 xy평면에 고정되어 있는 모습을, (나)는 (가)에서 **Q만 옮겨 고정시킨 모습을** 나타낸 것이다. P, Q에는 각각 화살표 방향으로 세기가 일정한 전류가 흐른다. **(가), (나)의 원점 O에서 자기장의 세기는 같고 방향은 반대이다.**

$B \propto \dfrac{I}{r}$

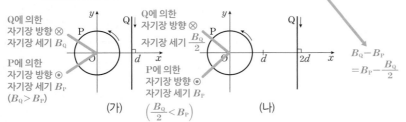

$B_Q - B_P = B_P - \dfrac{B_Q}{2}$

(가) $\left(\dfrac{B_Q}{2} < B_P\right)$ (나)

(가)의 O에서 P, Q의 전류에 의한 자기장의 세기를 각각 B_P, B_Q 라고 할 때 $\dfrac{B_Q}{B_P}$ 는? (단, 지구 자기장은 무시한다.) 3점

① $\dfrac{4}{3}$ ② $\dfrac{3}{2}$ ③ $\dfrac{8}{5}$ ④ $\dfrac{5}{3}$ ⑤ $\dfrac{7}{4}$

|자|료|해|설|

(가), (나) 모두 Q에 의한 자기장의 방향은 xy평면에 수직으로 들어가는 방향이며, 직선 전류에 의한 자기장의 세기는 떨어진 거리에 반비례한다. $\left(B \propto \dfrac{I}{r}\right)$ 따라서 (가)의 O에서 Q에 의한 자기장의 세기를 B_Q라 하면 (나)에서 Q는 d에서 $2d$로 멀어졌으므로 O에서 자기장의 세기는 $\dfrac{B_Q}{2}$ 이다.

(가), (나)의 원점 O에서 합성 자기장의 세기는 같고 방향은 반대이므로 O에서 원형 전류 P에 의한 자기장의 세기를 B_P라 할 때 (가)의 O에서 $B_Q > B_P$이고 합성 자기장의 방향은 평면에 수직으로 들어가는 방향이다. 또한 (나)의 O에서 $\dfrac{B_Q}{2} < B_P$이고 합성 자기장의 방향은 xy평면에 수직으로 나오는 방향이다.

|선|택|지|풀|이|

① 정답 : (가), (나)의 원점 O에서 합성 자기장의 세기는 같으므로 $B_Q - B_P = B_P - \dfrac{B_Q}{2}$이며 $\dfrac{B_Q}{B_P} = \dfrac{4}{3}$이다.

😀 문제풀이 TIP | (나)에서 Q는 d에서 $2d$로 멀어졌으므로 O에서 Q에 의한 자기장의 세기는 반으로 줄어든다.

😎 출제분석 | 직선 전류에 의한 자기장의 세기가 거리에 반비례함을 제시된 자료에 적용하는 문항으로 평소와 비슷한 유형으로 출제되었다.

---

17 직선 전류에 의한 자기장 · 정답 ⑤ · 정답률 60% · 2024년 7월 학평 15번 · 문제편 172p

그림과 같이 가늘고 무한히 긴 직선 도선 A, B, C가 xy평면에 고정되어 있다. A, B, C에는 방향이 일정하고 세기가 각각 I_0, $2I_0$, I_C인 전류가 흐르고 있다. A, C의 전류의 방향은 화살표 방향이고, 점 p에서 A, B, C에 흐르는 전류에 의한 자기장은 0이다. p에서 A에 흐르는 전류에 의한 자기장의 세기는 B_0이다. 이에 대한 설명으로 옳은 것만을 〈보기〉에서 있는 대로 고른 것은? 3점

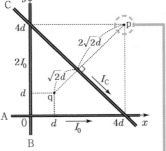

보기

ㄱ. B에 흐르는 전류의 방향은 $+y$방향이다.

ㄴ. $I_C = \dfrac{\sqrt{2}}{2} I_0$이다.

ㄷ. q에서 A, B, C에 흐르는 전류에 의한 자기장의 세기는 $6B_0$이다.

① ㄱ ② ㄷ ③ ㄱ, ㄴ ④ ㄴ, ㄷ ⑤ ㄱ, ㄴ, ㄷ

	A에 흐르는 전류에 의한 자기장	B에 흐르는 전류에 의한 자기장	C에 흐르는 전류에 의한 자기장	합
방향	⊙		⊙	
세기	$B_0 = k\dfrac{I_0}{4d}$	$k\dfrac{2I_0}{4d}$	$k\dfrac{I_C}{2\sqrt{2}d}$	0

|자|료|해|설|

P에서 A, B, C에 흐르는 전류에 의한 자기장은 0이다. P에서 A, C에 흐르는 전류에 의한 자기장의 방향은 xy평면에 수직으로 나오는 방향(⊙)이므로 B에 흐르는 전류에 의한 자기장의 방향은 xy평면에 수직으로 들어가는 방향이다.

|보|기|풀|이|

ㄱ. 정답 : P에서 B에 흐르는 전류에 의한 자기장의 방향은 xy평면에 수직으로 들어가는 방향(⊗)이므로 B에 흐르는 전류의 방향은 $+y$방향이다.

ㄴ. 정답 : A, B, C에 흐르는 전류에 의한 자기장의 세기는 각각 $B_0 = k\dfrac{I_0}{4d}$, $2B_0 = k\dfrac{2I_0}{4d}$, $k\dfrac{I_C}{2\sqrt{2}d}$이고 $k\dfrac{I_0}{4d} - k\dfrac{2I_0}{4d} + k\dfrac{I_C}{2\sqrt{2}d} = 0$이므로 $I_C = \dfrac{\sqrt{2}}{2}I_0$이다.

ㄷ. 정답 : q에서 A, B, C에 흐르는 전류에 의한 자기장의 방향은 각각 ⊙, ⊗, ⊗이고 세기는 $k\dfrac{I_0}{d} = 4B_0$, $k\dfrac{2I_0}{d} = 8B_0$, $k\dfrac{\frac{\sqrt{2}}{2}I_0}{\sqrt{2}d} = 2B_0$이므로 합성 자기장의 세기는 $-4B_0 + 8B_0 + 2B_0 = 6B_0$이다.

😀 문제풀이 TIP | P에서 A, C에 흐르는 전류에 의한 자기장의 방향은 같다.

😎 출제분석 | 전류에 의한 자기장의 방향과 세기를 표로 나타내면 쉽게 해결할 수 있다.

그림과 같이 가늘고 무한히 긴 직선 도선 A, B, C와 원형 도선 D가 xy평면에 고정되어 있다. A~D에는 각각 일정한 전류가 흐르고, C, D에는 화살표 방향으로 전류가 흐른다. 표는 y축 상의 점 p, q 에서 A~C 또는 A~D의 전류에 의한 자기장의 세기를 나타낸 것이다. p에서 A, B, C까지의 거리는 d로 같다.

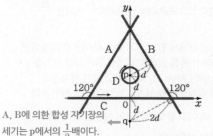

A, B에 의한 합성 자기장의 세기는 p에서의 $\frac{1}{2}$배이다.

점	도선의 전류에 의한 자기장의 세기	
	A~C	A~D
p	$+3B_0$	$-5B_0$
q	0	

p에서, C의 전류에 의한 자기장의 세기 B_C와 D의 전류에 의한 자기장의 세기 B_D로 옳은 것은? 3점

	$\dfrac{B_C}{B_0}$	$\dfrac{B_D}{B_0}$			$\dfrac{B_C}{B_0}$	$\dfrac{B_D}{B_0}$
①		$2B_0$		✓②		$8B_0$
③	$2B_0$	$2B_0$		④	$3B_0$	$2B_0$
⑤	$3B_0$	$8B_0$				

|자|료|해|설|

C에 의한 자기장 방향은 p에서 xy평면에 수직으로 나오는 방향, q에서는 xy평면에 수직으로 들어가는 방향이다. 또한, 평면에 수직으로 나오는 방향을 (+), 들어가는 방향을 (−)로 표기하고 q에서 C에 의한 자기장의 세기를 B_C라 하면 q에서 C의 자기장은 $-B_C$이고, q에서 A~C 합성 자기장의 세기가 0이므로 A와 B의 합성 자기장은 $+B_C$이다. p에서 A와 B의 합성 자기장의 방향은 q에서와 동일하고 세기는 A, B로부터 거리가 $\frac{1}{2}$배로 줄었기 때문에 2배 큰 $+2B_C$라 할 수 있다. 그러므로 p에서 A, B, C에 의한 합성 자기장은 $+2B_C+B_C=+3B_C$이다. 이때 제시된 표의 조건에 따라 $+3B_C=3B_0$로 p에서 합성 자기장의 방향은 (+)방향, 즉 평면에 수직으로 나오는 방향이다.

|선|택|지|풀|이|

②정답 : 주어진 표는 자기장의 세기만을 알려주고 있기 때문에 p에서 A~D의 합성 자기장은 $-5B_0$이거나 $+5B_0$이다. 이때 합성 자기장이 $+5B_0$라면, p에서 D에 의한 자기장은 $+5B_0-3B_0=+2B_0$, $+2B_0$로 p에서 D에 의한 자기장 방향과 맞지 않다.(p에서 D에 의한 자기장 방향은 평면에 수직으로 들어가는 방향이다.) 따라서 p에서 A~D의 합성 자기장은 $-5B_0$이고 D에 의한 자기장은 $-5B_0-3B_0=-8B_0$이다.

구분	A+B	C	D
p	$+2B_0$	$+B_0$	$-8B_0$
q	$+B_0$	$-B_0$	?

😲 **문제풀이 TIP** | 자기장의 세기(B)는 도선으로부터 떨어진 거리(r)에 반비례한다. $\left(B \propto \dfrac{1}{r}\right)$

😊 **출제분석** | p와 q에서 자기장의 세기를 식으로 표현하여 비교할 수 있어야 문제를 해결할 수 있다.

그림과 같이 가늘고 무한히 긴 직선 도선 A, B, C가 xy평면에 고정되어 있다. A, B, C에는 방향이 일정하고 세기가 각각 I_0, $2I_0$, I_C인 전류가 흐르며, A와 B에 흐르는 전류의 방향은 반대이다. 표는 점 p, q에서 A, B, C의 전류에 의한 자기장을 나타낸 것이다.

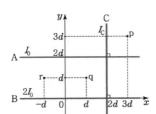

위치	A, B, C의 전류에 의한 자기장	
	방향	세기
p	×	B_0
q	해당 없음	0

×: xy평면에 수직으로 들어가는 방향

이에 대한 설명으로 옳은 것만을 〈보기〉에서 있는 대로 고른 것은? (단, p, q, r은 xy평면상의 점이다.) 3점

보기
ㄱ. $I_C = 3I_0$이다.
ㄴ. C에 흐르는 전류의 방향은 $+y$방향이다.
ㄷ. r에서 A, B, C의 전류에 의한 자기장의 세기는 $\frac{3}{4}B_0$이다.

① ㄱ　　② ㄴ　　③ ㄱ, ㄷ　　④ ㄴ, ㄷ　　⑤ ㄱ, ㄴ, ㄷ

|자|료|해|설|

A와 B에 흐르는 전류의 방향은 반대이므로 A와 B, C에 흐르는 전류의 방향을 각각 $+x$, $-x$, $+y$방향으로 놓을 때 자기장의 세기와 방향은 다음과 같다.

전류의 방향	A $+x$		B $-x$		C $+y$			
	방향	세기	방향	세기	방향	세기	방향	자기장의 세기 합
p	⊙	$k\frac{I_0}{d}$	×	$k\frac{2I_0}{3d}$	×	$k\frac{I_C}{d}$		B_0
q	×	$k\frac{I_0}{d}$	×	$k\frac{2I_0}{3d}$	⊙	$k\frac{I_C}{d}$		0

(⊙ : xy평면에 수직으로 나오는 방향)
이때 q에서의 자기장의 세기가 0이 되기 위해서는 $I_C = 3I_0$
이고 p에서의 자기장의 세기는 $-k\frac{I_0}{d} + k\frac{2I_0}{3d} + k\frac{3I_0}{d} =$
$k\frac{8I_0}{3d} = B_0$, 방향은 '×'으로 주어진 조건을 만족한다.

|보|기|풀|이|

ㄱ. 정답 : $I_C = 3I_0$일 때 주어진 조건을 만족한다.
ㄴ. 오답 : C에 흐르는 전류의 방향이 $+y$방향일 때 주어진 조건을 만족한다.
ㄷ. 정답 : r에서 A, B, C의 전류에 의한 자기장은 다음과 같다.

위치	A 방향	세기	B 방향	세기	C 방향	세기	방향	자기장의 세기 합
r	×	$k\frac{I_0}{d}$	×	$k\frac{2I_0}{3d}$	⊙	$k\frac{3I_0}{d}$	×	$k\frac{I_0}{d} = \frac{3}{4}B_0$

😀 **출제분석** | 매회 전류의 방향에 따라 자기장의 방향과 세기 합이 주어진 조건에 부합하는지 찾는 보기가 출제되고 있다.

그림은 일정한 세기의 전류가 흐르는 무한히 가늘고 긴 직선 도선 A, B, C가 xy평면에 고정되어 있는 모습을 나타낸 것이다. A, B에 흐르는 전류의 방향은 각각 $+y$, $+x$방향이고, 세기는 I이다. **점 p와 q에서 A, B, C의 전류에 의한 자기장의 세기와 방향은 같고, p에서 A의 전류에 의한 자기장의 세기는 B_0이다.** C에 흐르는 전류의 방향과 점 r에서 A, B, C의 전류에 의한 자기장의 세기로 옳은 것은? 3점

1. 점 p와 q에서 B의 전류에 의한 자기장의 세기와 방향은 동일
2. A로부터 떨어진 p, q의 거리가 C로부터 떨어진 q, p의 거리와 같음
∴ C에 흐르는 전류의 세기는 I, 방향은 $-y$

직선 전류에서 $B = k\frac{I}{r}$ (k : 비례상수)
→ $B_0 = k\frac{I}{d}$

r에서 A, B, C의 전류에 의한 자기장의 세기는
각각 $k\frac{I}{d}$, $k\frac{I}{2d}$, $k\frac{I}{2d}$이고 방향은 같으므로
$B_0 + \frac{B_0}{2} + \frac{B_0}{2} = 2B_0$

	전류의 방향	자기장의 세기
①	$-y$	$0.5B_0$
②	$-y$	B_0
③	$-y$	$2B_0$
④	$+y$	B_0
⑤	$+y$	$2B_0$

|자|료|해|설|

직선 전류에 의한 자기장의 세기(B)는 전류의 세기(I)에 비례하고 떨어진 거리(r)에 반비례한다($B = k\frac{I}{r}$, k : 비례상수). 또한 자기장의 방향은 오른손 엄지손가락으로 전류의 방향을 가리킬 때 나머지 네 손가락으로 도선을 감아쥔 방향이다.

|선|택|지|풀|이|

③ 정답 : 점 p와 q는 도선 B에서 떨어진 거리와 전류의 방향이 같으므로 B의 전류에 의한 자기장의 세기와 방향은 동일하다. 또 자기장의 세기는 도선으로부터 떨어진 거리에 반비례하는데 A로부터 p, q까지의 떨어진 거리가 C로부터 q, p까지의 떨어진 거리와 같고 점 p와 q에서 A, B, C의 전류에 의한 자기장의 세기와 방향이 같다는 것은 A에 흐르는 전류에 의해 p에 생기는 자기장의 세기와 방향과 C에 흐르는 전류에 의해 q에 생기는 자기장의 세기와 방향이 같아야 함을 의미한다. 따라서 C에 흐르는 전류의 세기는 A와 같은 I이고 전류의 방향은 $-y$이다.
한편, p에서 A의 전류에 의한 자기장의 세기(B_0)는 $B_0 = k\frac{I}{d}$라 할 수 있는데 r은 A, B, C로부터 각각 d, $2d$, $2d$만큼 떨어져 있고 자기장의 방향은 모두 지면으로 들어가는 방향이므로 A, B, C에 의한 자기장의 세기의 합은 $k\frac{I}{d} + k\frac{I}{2d} + k\frac{I}{2d} = B_0 + \frac{B_0}{2} + \frac{B_0}{2} = 2B_0$이다.

😀 **문제풀이 TIP** | 점 p, q가 도선 A, C에 대해 대칭적으로 위치해 있고, B에 의한 자기장의 세기와 방향이 같으며, A, B, C 모두에 의한 자기장의 세기와 방향도 같음을 이용해 C에 흐르는 전류의 세기와 방향을 구할 수 있다.

😀 **출제분석** | 직선 전류에 의한 자기장의 세기와 방향에 대한 문제로 3점 문제로는 비교적 쉽게 출제되었다. 이런 문제가 어렵게 느껴진다면 여러 개의 도선에 흐르는 전류에 의해 한 지점에 작용하는 자기장의 세기와 방향을 따져보는 연습이 필요하다.

그림과 같이 xy평면에 무한히
긴 직선 도선 A, B, C가
고정되어 있다. A, B에는 서로
반대 방향으로 세기 I_0인 전류가,
C에는 세기 I_C인 전류가 각각
일정하게 흐르고 있다.

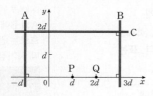

xy평면에서 수직으로 나오는 자기장의 방향을 양(+)으로 할 때,
x축상의 점 P, Q에서 세 도선에 흐르는 전류에 의한 자기장의
방향은 각각 양(+), 음(−)이다.
이에 대한 설명으로 옳은 것만을 <보기>에서 있는 대로 고른 것은?

(3점)

보기

ㄱ. A에 흐르는 전류의 방향은 $+y$방향이다.
ㄴ. C에 흐르는 전류의 방향은 $-x$방향이다.
ㄷ. $I_C \cancel{>} 2I_0$이다.

① ㄱ   ② ㄷ   ✓③ ㄱ, ㄴ   ④ ㄴ, ㄷ   ⑤ ㄱ, ㄴ, ㄷ

|자|료|해|설|

P에서 A, B, C에 의한 자기장을 각각 B_A, B_B, B_C라
하고 $|B_0| = k\dfrac{I_0}{2d}$라 하면, $|B_A| = |B_B| = |B_0|$,
$|B_C| = k\dfrac{I_C}{2d}$이고 Q에서 A, B, C에 의한 자기장의
세기는 각각 $k\dfrac{I_0}{3d} = \left|\dfrac{2}{3}B_0\right|$, $k\dfrac{I_0}{d} = |2B_0|$, $|B_C| =$
$k\dfrac{I_C}{2d}$이다. P, Q에서 A와 B에 의한 자기장의 방향은
같으므로 A와 B의 합성 자기장의 세기는 각각 $2B_0$,
$\dfrac{8}{3}B_0$로 Q에서가 P에서보다 크다. 즉, P와 Q에서 C에
의한 자기장의 세기와 방향은 변하지 않았는데 P와 Q에서
합성 자기장의 방향이 각각 양(+), 음(−)인 것은 P에서는
C에 의한 $|B_C| > |B_A + B_B| = |2B_0|$ − ①, Q에서는
$|B_C| < \left|\dfrac{8}{3}B_0\right|$이고 전류의 방향은 A, B, C가 각각 $+y$,
$-y$, $-x$방향이기 때문이다.

|보|기|풀|이|

ㄱ, ㄴ 정답 : 자료 해설 참조

ㄷ. 오답 : ①에 의해 $k\dfrac{I_C}{2d} > k\dfrac{2I_0}{2d}$ 또는 $I_C > 2I_0$이다.

😀 **문제풀이 TIP** | A, B에는 서로 반대 방향으로 전류가 흐르므로 A와 B 사이에서는 두 도선에 흐르는 전류에 의한 자기장의 방향은 같다.

😎 **출제분석** | 3개 이상의 직선 전류에 의한 합성 자기장을 묻는 문항은 매회 출제되는 영역으로 문제 풀이에 시간이 걸린다. 정확한 식을 세워 두 지점의 합성 자기장을 비교하는 것도 좋지만 시간을 절약하기 위해 두 지점에서 달라지는 물리량이 무엇인지 파악하여 보기에서 묻고자 하는 바를 빠르게 알아채는 연습이 필요하다.

그림과 같이 무한히 긴 직선 도선 A, B, C가 xy평면에 고정되어
있다. A에는 세기가 I_0으로 일정한 전류가 $+y$방향으로 흐르고
있다. 표는 x축상에서 전류에 의한 자기장이 0인 지점을 B, C에
흐르는 전류 I_B, I_C에 따라 나타낸 것이다.

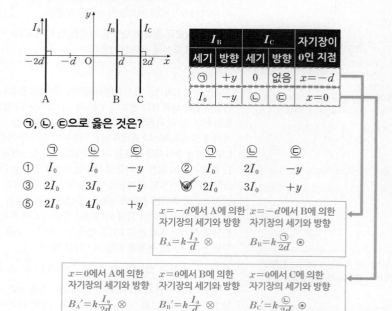

I_B		I_C		자기장이
세기	방향	세기	방향	0인 지점
㉠	$+y$	0	없음	$x = -d$
I_0	$-y$	㉡	㉢	$x = 0$

㉠, ㉡, ㉢으로 옳은 것은?

	㉠	㉡	㉢			㉠	㉡	㉢
①	I_0	I_0	$-y$		②	I_0	$2I_0$	$-y$
③	$2I_0$	$3I_0$	$-y$		✓④	$2I_0$	$3I_0$	$+y$
⑤	$2I_0$	$4I_0$	$+y$					

$x = -d$에서 A에 의한 $x = -d$에서 B에 의한
자기장의 세기와 방향   자기장의 세기와 방향
$B_A = k\dfrac{I_0}{d}$ ⊗ $B_B = k\dfrac{㉠}{2d}$ ⊙

$x = 0$에서 A에 의한 $x = 0$에서 B에 의한 $x = 0$에서 C에 의한
자기장의 세기와 방향   자기장의 세기와 방향   자기장의 세기와 방향
$B_A' = k\dfrac{I_0}{2d}$ ⊗ $B_B' = k\dfrac{I_0}{d}$ ⊗ $B_C' = k\dfrac{㉡}{2d}$ ⊙

|자|료|해|설|

$x = -d$에서 A에 의한 자기장의 세기는 $B_A = k\dfrac{I_0}{d}$,
방향은 xy평면에 수직으로 들어가는 방향(⊗)이고 B에
의한 자기장의 세기는 $B_B = k\dfrac{㉠}{2d}$, 방향은 xy평면에
수직으로 나오는 방향(⊙)이다.

$x = 0$에서 A에 의한 자기장의 세기는 $B_A' = k\dfrac{I_0}{2d}$, 방향은
xy평면에 수직으로 들어가는 방향(⊗), B에 의한 자기장의
세기는 $B_B' = k\dfrac{I_0}{d}$, 방향은 xy평면에 수직으로 들어가는
방향(⊗)이고 C에 의한 자기장의 세기는 $B_C' = k\dfrac{㉡}{2d}$,
방향은 xy평면에 수직으로 나오는 방향(⊙)이다.

|선|택|지|풀|이|

④정답 : $x = -d$에서 자기장이 0이 되려면 $B_A = B_B$이어야
하므로 $k\dfrac{I_0}{d} = k\dfrac{㉠}{2d}$이다. 따라서 ㉠=$2I_0$이다.

$x = 0$에서 자기장이 0이 되려면 $B_A' + B_B' = B_C'$이어야
하므로 $k\dfrac{I_0}{2d} + k\dfrac{I_0}{d} = k\dfrac{㉡}{2d}$이다. 따라서 ㉡=$3I_0$이고 ㉢은
$+y$방향이다.

그림과 같이 전류가 흐르는 무한히 긴 직선 도선 A, B, C가 xy평면에 고정되어 있고, C에는 세기가 I인 전류가 $+x$방향으로 흐른다. 점 p, q, r는 xy평면에 있고, p, q에서 A, B, C에 흐르는 전류에 의한 자기장은 0이다.

이에 대한 설명으로 옳은 것만을 〈보기〉에서 있는 대로 고른 것은? ③점

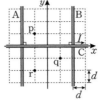

보기

ㄱ. 전류의 방향은 A에서와 B에서가 같다.

ㄴ. A에 흐르는 전류의 세기는 I보다 <s>작다</s> 크다.

ㄷ. r에서 A, B, C에 흐르는 전류에 의한 자기장의 방향은 xy평면에서 수직으로 <s>나오는</s> 들어가는 방향이다.

① ㄱ   ② ㄴ   ③ ㄱ, ㄷ   ④ ㄴ, ㄷ   ⑤ ㄱ, ㄴ, ㄷ

 문제풀이 T I P | 직선 전류에 의한 자기장의 세기(B)는 전류의 세기(I)에 비례하고 떨어진 거리(r)에 반비례한다. $\left(B=k\dfrac{I}{r},\ k:\text{비례상수} \right)$

출제분석 | 직선 전류에 의한 자기장을 묻는 문항은 자주 출제되는 영역이다. 보통 3개 이상의 직선 전류에 의한 자기장 세기를 묻는 문항은 3점 문제로 난이도가 높게 출제되지만 전류와 자기장의 관계를 숙지하고 침착하게 살펴본다면 문제없이 정답을 고를 수 있다.

|자|료|해|설|

자기장의 방향이 xy평면에서 수직으로 들어가는 방향일 때 (−), 그 반대를 (+)방향으로 하자. 도선 A에 흐르는 전류의 방향이 $+y$인 상황에서 전류의 세기를 I_A라 하면 p, q에 작용하는 자기장은 각각 $-k\dfrac{I_A}{d}$, $-k\dfrac{I_A}{3d}$이다.

마찬가지로 도선 B에 흐르는 전류의 방향이 $+y$인 상황에서 전류의 세기를 I_B라 하면 p, q에 작용하는 자기장은 각각 $+k\dfrac{I_B}{3d}$, $+k\dfrac{I_B}{d}$이다. 또한 C에 흐르는 전류에 의해 p, q에 작용하는 자기장은 각각 $+k\dfrac{I}{d}$, $-k\dfrac{I}{d}$이고 p, q에서 A, B, C에 흐르는 전류에 의한 자기장의 세기는 0이므로 이를 식으로 나타내면 다음과 같다.

p점에서 자기장의 세기$=0=-k\dfrac{I_A}{d}+k\dfrac{I_B}{3d}+k\dfrac{I}{d}$ 또는

$3I=3I_A-I_B \cdots$ ①

q점에서 자기장의 세기$=0=-k\dfrac{I_A}{3d}+k\dfrac{I_B}{d}-k\dfrac{I}{d}$ 또는

$I_A=3I_B-3I \cdots$ ②

②를 ①에 대입하면 $I_A=I_B=1.5I$이다. I_A와 I_B의 부호가 (+)이므로 A와 B에 흐르는 전류의 방향은 $+y$방향이다. (만약 앞의 결과 I_A, I_B의 부호가 (−)였다면 도선에 흐르는 전류의 방향은 $-y$이다.)

|보|기|풀|이|

ㄱ. 정답 : 자료 해설과 같이 A, B에 흐르는 전류의 방향은 같다.

ㄴ. 오답 : A에 흐르는 전류의 세기는 $I_A=1.5I$이므로 I보다 크다.

ㄷ. 오답 : r에서 A, B, C에 의한 자기장의 합은

$$B_r=-k\dfrac{I_A}{d}+k\dfrac{I_B}{3d}-k\dfrac{I}{2d}=-k\dfrac{(1.5I)}{d}+k\dfrac{(1.5I)}{3d}$$

$-k\dfrac{I}{2d}<0$이다. 자기장의 방향은 (−)이므로 r에서 자기장의 방향은 xy평면에서 수직으로 들어가는 방향이다.

그림과 같이 xy평면에 각각 일정한 전류가 흐르는 무한히 긴 직선 도선 P, Q가 놓여 있다. P는 x축에, Q는 $x=-2d$인 지점에 고정되어 있고, Q에는 $+y$ 방향으로 전류가 흐른다. 점 a에서 P, Q에 흐르는 전류에 의한 자기장은 0이다. 표는 Q의 위치만을 $x=0$, $x=2d$인 지점으로 변화시킬 때 a에서 P, Q에 흐르는 전류에 의한 자기장의 세기를 나타낸 것이다.

a점에서 도선 Q에 의한 자기장의 방향과 도선 P에 의한 자기장의 방향은 반대
⇨ P에 흐르는 전류의 방향은 $+x$ 방향

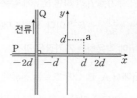

Q의 위치	a에서 전류에 의한 자기장의 세기	
$x=0$	B_0 →	도선 Q에 의한 자기장의 방향(⊗)과 도선 P에 의한 자기장의 방향(⊙)은 반대
$x=2d$	B_1 →	도선 Q에 의한 자기장의 방향(⊙)과 도선 P에 의한 자기장의 방향(⊙)은 같음 ⇩ $B_0 < B_1$

이에 대한 설명으로 옳은 것만을 〈보기〉에서 있는 대로 고른 것은? **3점**

보기

ㄱ. P에 흐르는 전류의 방향은 $+x$ 방향이다.

ㄴ. a에서 P, Q에 흐르는 전류에 의한 자기장의 방향은 Q의 위치가 $x=0$일 때와 $x=2d$일 때가 서로 반대 방향이다.

ㄷ. $B_0 < B_1$이다.

① ㄱ ② ㄴ ③ ㄱ, ㄷ ④ ㄴ, ㄷ ⑤ ㄱ, ㄴ, ㄷ ✓

|자|료|해|설|및|보|기|풀|이|

ㄱ. 정답 : 위 그림에서 Q의 오른쪽 면에 작용하는 자기장의 방향은 xy평면에 수직으로 들어가는 방향(⊗)이다. 그런데 점 a에서 P, Q에 흐르는 전류에 의한 자기장이 0이므로 P에 흐르는 전류의 방향은 $+x$ 방향이고 전류의 세기(I_P)는 Q에 흐르는 전류의 세기(I_Q)의 $\frac{1}{3}$배이다. (직선 도선에 의한 자기장의 세기 $B=k\frac{I}{r}$)

ㄴ, ㄷ. 정답 : 표에서 Q의 위치가 $x=0$일 때, a에서 전류에 의한 자기장의 세기는 Q에 의해 xy평면에 수직으로 들어가는 방향(⊗)인 $B_Q=k\frac{I_Q}{d}$와 P에 의해 xy평면에 수직으로 나오는 방향(⊙)인 $B_P=k\frac{I_P}{d}=k\frac{I_Q}{3d}$의 합인 xy평면에 수직으로 들어가는 방향(⊗)의 $B_0=B_Q-B_P=k\frac{2I_Q}{3d}$이다. 한편, $x=2d$일 때 a에서 전류에 의한 자기장의 세기는 Q에 의해 xy평면에 수직으로 나오는 방향(⊙)인 $B_Q=k\frac{I_Q}{d}$, P에 의해 xy평면에 수직으로 나오는 방향(⊙)인 $B_P=k\frac{I_P}{d}=k\frac{I_Q}{3d}$의 합으로 xy평면에 수직으로 나오는 방향(⊙)인 $B_1=B_Q+B_P=k\frac{4I_Q}{3d}$이다. 따라서 $B_0 < B_1$이다.

그림은 xy 평면에 수직으로 고정된 무한히 가늘고 긴 세 직선 도선 A, B, C에 전류가 흐르는 것을 나타낸 것으로, A에는 xy 평면에 수직으로 들어가는 방향으로 전류가 흐른다. 원점 O에서 A와 C에 흐르는 전류에 의한 자기장의 세기는 각각 B_0으로 같고, O에서 A, B, C에 흐르는 전류에 의한 자기장의 방향은 $+y$ 방향이다.

B에 흐르는 전류에 의한 O에서의 자기장의 방향은 $+x$ 방향, 세기는 B_0
C에 흐르는 전류에 의한 O에서의 자기장의 방향은 $+y$ 방향

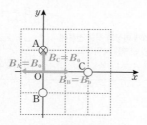

이에 대한 설명으로 옳은 것만을 〈보기〉에서 있는 대로 고른 것은? (단, 모눈 간격은 동일하다.) **3점**

보기

ㄱ. 전류의 방향은 B에서와 C에서가 반대이다. 같

ㄴ. 전류의 세기는 A에서가 B에서보다 크다. 와 가 같

ㄷ. O에서 A, B, C에 흐르는 전류에 의한 자기장의 세기는 B_0이다.

① ㄱ ② ㄴ ③ ㄷ ✓ ④ ㄱ, ㄷ ⑤ ㄱ, ㄴ, ㄷ

|자|료|해|설|

A, B, C에 흐르는 전류에 의한 자기장의 방향은 $+y$ 방향이다. 따라서 원점 O에서 A에 흐르는 전류에 의한 자기장 방향은 $-x$, 세기는 B_0이므로 B에 흐르는 전류에 의한 자기장 방향은 $+x$, 세기는 B_0이어야 하고 C에 흐르는 전류에 의한 자기장 방향은 $+y$이어야 한다. 즉 B, C 모두 xy평면에 수직으로 들어가는 방향으로 전류가 흐른다.

|보|기|풀|이|

ㄱ. 오답 : 자료해설과 같이 전류의 방향은 B, C 모두 xy평면에 수직으로 들어가는 방향이다.

ㄴ. 오답 : 직선 전류에 의한 자기장의 세기(B)는 전류의 세기(I)에 비례하고 떨어진 거리(r)에 반비례한다. $\left(B=k\frac{I}{r}, k: 비례상수\right)$ 즉, O지점에서 A, B까지의 거리가 같고 자기장의 세기가 같으므로 전류의 세기도 같다.

ㄷ. 정답 : O에서 합성 자기장의 방향은 $+y$이므로 O에서 $-x$ 방향의 자기장을 만드는 A와 B에 의한 합성 자기장은 0이어야 한다. 따라서 O에서 B에 의한 자기장의 방향은 $+x$ 방향이고 세기는 B_0이어야 한다. A와 C에 의한 자기장의 세기는 문제에서 B_0으로 주어졌다.

😊 **문제풀이 TIP** | 오른손의 엄지손가락으로 전류의 방향을 가리키면서 나머지 네 손가락으로 도선을 감아쥘 때 손가락이 돌아가는 방향이 자기장의 방향이다.(앙페르의 법칙)

😊 **출제분석** | 직선 전류의 자기장에 대한 문항으로 앙페르의 법칙을 숙지하고 있다면 쉽게 해결할 수 있다.

그림과 같이 xy평면에 고정된 무한히 긴 직선 도선 A, B, C에 세기가 각각 I_A, I_B, I_C로 일정한 전류가 흐르고 있다. B에 흐르는 전류의 방향은 $+y$방향이고, x축상의 점 p에서 세 도선의 전류에 의한 자기장은 0이다. **C에 흐르는 전류의 방향을 반대로 바꾸었더니 p에서 세 도선의 전류에 의한 자기장의 방향은 xy평면에 수직으로 들어가는 방향이 되었다.**

바꾸기 전 I_C의
전류 방향

I_C의 방향은 $+y$방향에서
$-y$방향으로 바뀌어야
자기장의 방향이 xy평면에
수직으로 들어가는 방향이 됨
→ I_A의 방향은 $+y$방향
→ I_C의 방향이 바뀌기 전
$-B_A + B_B + B_C = 0$

이에 대한 설명으로 옳은 것만을 〈보기〉에서 있는 대로 고른 것은? ③점

보기

ㄱ. A에 흐르는 전류의 방향은 $+y$방향이다.

ㄴ. $I_A < I_B + I_C$이다.

ㄷ. 원점 O에서 세 도선의 전류에 의한 자기장의 방향은 C에 흐르는 전류의 방향을 바꾸기 전과 후가 같다.

① ㄱ 　② ㄷ 　③ ㄱ, ㄴ 　④ ㄴ, ㄷ 　⑤ ㄱ, ㄴ, ㄷ

😮 **문제풀이 T I P |** 도선에 흐르는 전류의 방향이 $+y$방향일 때, 자기장의 방향은 도선의 오른쪽에서 xy평면에 수직으로 들어가는 방향이고, 도선의 왼쪽에서 xy평면에 수직으로 나가는 방향이다.

😊 **출제분석 |** 3개 이상의 직선 도선에 의한 합성 자기장의 세기를 묻는 문항은 자기장의 세기와 도선으로부터 떨어진 거리, 전류의 세기를 고려하여 비교할 수 있어야 한다.

|자|료|해|설|

p에서 I_B에 의한 자기장의 방향은 xy평면에 수직으로 나오는 방향이다. I_C의 방향을 반대로 바꾸었을 때 p에서 세 도선의 전류에 의한 자기장의 방향은 xy평면에 수직으로 들어가는 방향이 되었으므로 바꾸기 전 I_C의 방향은 $+y$방향이다. 또한 I_A의 방향도 $+y$방향이어야 p에서 I_A, I_B, I_C에 의한 p에서의 자기장은 0이다.

|보|기|풀|이|

ㄱ. 정답 : 자료 해설과 같이 A에 흐르는 전류의 방향은 $+y$ 방향이다.

ㄴ. 정답 : p에서 I_A, I_B, I_C에 의한 자기장의 세기를 각각 B_A, B_B, B_C라 하고 xy평면에 수직으로 나오는 방향을 $+$방향으로 놓으면 C에 흐르는 전류의 방향을 바꾸기 전, p에서 자기장 $= -B_A + B_B + B_C = 0$ 또는 $B_A = B_B + B_C$ ─ ①이다. 한편, 자기장의 세기는 도선으로부터 떨어진 거리에 반비례$\left(B = k\dfrac{I}{r}\right)$하므로 B와 C 사이의 거리를 d'라 하면 $B_A = B_B + B_C$는 $k\dfrac{I_A}{d} = k\dfrac{I_B}{d} + k\dfrac{I_C}{d+d'}$이다. 이 때, $k\dfrac{I_A}{d} = k\dfrac{I_B}{d} + k\dfrac{I_C}{d+d'} < k\dfrac{I_B}{d} + k\dfrac{I_C}{d}$이므로, $I_A < I_B + I_C$ 이다.

ㄷ. 정답 : C에 흐르는 전류의 방향을 바꾸기 전에는 세 도선에 흐르는 전류의 방향이 $+y$방향이므로 원점 O에서 자기장의 방향은 xy평면에 수직으로 나오는 방향이다. C에 흐르는 전류의 방향을 바꾸었을 때, 원점 O에서 I_C에 의한 자기장의 세기를 $B_C{}'$라 하면 자기장의 방향은 xy 평면에 수직으로 들어가는 방향이 되고 B와 C에서 원점 O까지의 거리는 멀어지므로 $+B_A + \dfrac{B_B}{3} - B_C{}'$이고 $B_C{}' < B_C$이다. $B_A = B_B + B_C$ ─ ①에서 $B_A - B_B = B_C$ 이므로 $+B_A + \dfrac{B_B}{3} > B_C > B_C{}'$이다. 즉, $+B_A + \dfrac{B_B}{3} - B_C{}' > 0$이므로 C에 흐르는 전류의 방향을 바꾸어도 원점 O에서 자기장의 방향은 xy평면에 수직으로 나오는 방향이다.

그림 (가)와 같이 무한히 긴 직선 도선 a, b, c가 xy평면에 고정되어 있고, a, b에는 세기가 I_0으로 일정한 전류가 서로 반대 방향으로 흐르고 있다. 그림 (나)는 원점 O에서 a, b, c의 전류에 의한 자기장 B를 c에 흐르는 전류 I에 따라 나타낸 것이다.

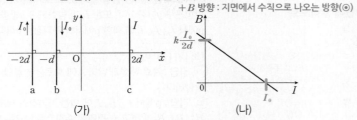

+B 방향 : 지면에서 수직으로 나오는 방향(⊙)

(가)   (나)

이에 대한 설명으로 옳은 것만을 〈보기〉에서 있는 대로 고른 것은?

보기

ㄱ. $I=0$일 때, B의 방향은 xy평면에서 수직으로 나오는 방향이다.

ㄴ. $B=0$일 때, I의 방향은 $-y$ 방향이다.

ㄷ. $B=0$일 때, I의 세기는 I_0이다.

① ㄱ   ② ㄷ   ③ ㄱ, ㄴ   ④ ㄴ, ㄷ   ✓⑤ ㄱ, ㄴ, ㄷ

🤓 **문제풀이 TIP** | 전류가 같은 방향으로 흐르는 두 직선 도선 사이에는 자기장의 방향이 반대로 작용하여 자기장의 세기가 0인 지점이 존재한다. (나)에서 자기장의 세기(B)가 c에 흐르는 전류의 세기(I)에 대해 감소하는 일차 함수 그래프로 나타내어지는 것은 c에 흐르는 전류의 방향이 O에 가까운 b에 흐르는 전류의 방향과 같음을 의미한다.

😀 **출제분석** | 2개 이상의 직선 전류에 의한 합성 자기장의 세기와 방향을 이해하는지 알아보는 문항이다.

|자|료|해|설|

직선 전류에 의한 자기장의 세기(B)는 전류의 세기(I)에 비례하고 떨어진 거리(r)에 반비례한다. $\left(B=k\dfrac{I}{r},\right.$ k: 비례상수$\left.\right)$ 앙페르의 법칙에 의해 a에 흐르는 전류에 의한 O에서의 자기장의 방향은 지면에서 수직으로 들어가는 방향(⊗)이고 자기장의 세기(B_a)는 $B_a=k\dfrac{I_0}{2d}$이다. b에 흐르는 전류에 의한 O에서의 자기장의 방향은 지면에서 수직으로 나오는 방향(⊙)으로 자기장의 세기(B_b)는 $B_b=k\dfrac{I_0}{d}$이다. 따라서 a, b에 의해 O에서 자기장의 세기(B_0)는 $B_0=B_b-B_a=k\dfrac{I_0}{2d}$이고 자기장의 방향은 지면에서 수직으로 나오는 방향(⊙)이므로 (나) 그래프에서 y절편은 $k\dfrac{I_0}{2d}$이고 +B 방향은 지면에서 수직으로 나오는 방향(⊙)임을 알 수 있다. 또한 (나) 그래프로부터 c에 흐르는 전류가 커질수록 O에서의 자기장의 세기(B)는 작아진다는 것을 통해 c에 흐르는 전류의 방향은 $-y$ 방향임을 알 수 있는데, c에 흐르는 전류에 의한 O지점에서의 자기장의 세기(B_c)는 $B_c=k\dfrac{I}{2d}$이므로 a, b, c에 의한 O지점의 자기장의 세기(B)는 $B=B_b-B_a-B_c=k\dfrac{I_0}{2d}-k\dfrac{I}{2d}$이다.

|보|기|풀|이|

ㄱ. 정답 : $I=0$일 때 a, b에 의해 B의 방향은 지면에서 수직으로 나오는 방향(⊙)이다.

ㄴ. 정답 : c에 흐르는 전류가 커질수록 지면에서 O에서 수직으로 나오는 방향의 자기장의 세기가 작아지므로 I의 방향은 $-y$ 방향이다.

ㄷ. 정답 : $B=k\dfrac{I_0}{2d}-k\dfrac{I}{2d}$이므로 $B=0$일 때 $I=I_0$이다.

그림 (가)와 같이 전류가 흐르는 무한히 긴 직선 도선 A, B가 xy평면의 $x=-d$, $x=0$에 각각 고정되어 있다. A에는 세기가 I_0인 전류가 $+y$방향으로 흐른다. 그림 (나)는 $x>0$ 영역에서 A, B에 흐르는 전류에 의한 자기장을 x에 따라 나타낸 것이다. 자기장의 방향은 xy평면에서 수직으로 나오는 방향이 양(+)이다.

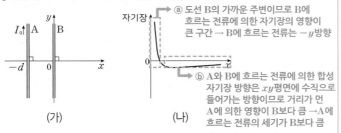

이 영역에서 A에 흐르는 전류에 의한 자기장의 방향은 xy평면에 수직으로 들어가는 방향임

ⓐ 도선 B의 가까운 주변이므로 B에 흐르는 전류에 의한 자기장의 영향이 큰 구간 → B에 흐르는 전류는 $-y$방향

ⓑ A와 B에 흐르는 전류에 의한 합성 자기장 방향은 xy평면에 수직으로 들어가는 방향이므로 거리가 먼 A에 의한 영향이 B보다 큼 → A에 흐르는 전류의 세기가 B보다 큼

(가)   (나)

이에 대한 설명으로 옳은 것만을 〈보기〉에서 있는 대로 고른 것은?

(3점)

보기

. B에 흐르는 전류의 방향은 $-y$방향이다.

ㄴ. B에 흐르는 전류의 세기는 I_0보다 ~~크~~다. (작)

ㄷ. A, B에 흐르는 전류에 의한 자기장의 방향은

$x=-\frac{1}{2}d$에서와 $x=-\frac{3}{2}d$에서가 ~~같다~~. (다르다.)

① ㄱ   ② ㄴ   ③ ㄱ, ㄷ   ④ ㄴ, ㄷ   ⑤ ㄱ, ㄴ, ㄷ

|자|료|해|설|

$x>0$인 영역에서 A에 흐르는 전류에 의한 자기장의 방향은 xy평면에 수직으로 들어가는 방향이다.

|보|기|풀|이|

ㄱ. 정답 : (나)에서 ⓐ는 도선 B와 가까운 주변으로 A보다 B에 흐르는 전류에 의한 자기장의 영향이 큰 구간이다. 이 구간에서 자기장의 방향은 양(+)의 방향으로 xy평면에 수직으로 나오는 방향이다. 따라서 B에 흐르는 전류는 $-y$방향임을 알 수 있다.

ㄴ. 오답 : ⓑ에서 A, B에 흐르는 전류에 의한 합성 자기장의 방향은 $-y$방향으로 xy평면에 수직으로 들어가는 방향이다. 자기장의 세기는 도선으로부터 멀어질수록 작아지는데 이는 더 먼 곳에 있는 A에 의한 영향이 B보다 큰 것을 의미하므로 A에 흐르는 전류의 세기는 B보다 크다.

ㄷ. 오답 : $x=-\frac{1}{2}d$와 $x=-\frac{3}{2}d$는 A에서 같은 거리에 떨어져 있으므로 A에 흐르는 전류에 의한 자기장의 세기는 같고 방향은 반대이다. B에 흐르는 전류에 의한 자기장의 방향은 $x=-\frac{1}{2}d$에서 A와 같고 $x=-\frac{3}{2}d$에서 반대이다. 또한 두 곳에서 합성 자기장의 방향은 전류의 세기가 더 큰 A에 의해 좌우되므로 $x=-\frac{1}{2}d$에서 합성 자기장의 방향은 xy평면에 수직으로 들어가는 방향, $x=-\frac{3}{2}d$에서 합성 자기장의 방향은 xy평면에 수직으로 나오는 방향이다.

😎 **문제풀이 TIP** | 직선 전류에 의한 자기장의 세기는 도선으로부터 멀어질수록 작아진다.

😎 **출제분석** | 두 개 이상의 직선 전류에 의한 합성 자기장의 세기와 방향에 관한 문항은 자기장의 세기가 전류의 세기에 비례하고 거리에 반비례한다는 사실만 기억한다면 충분히 해결할 수 있다.

Ⅱ
2
ㅣ
01
전류에 의한 자기장

그림 (가)와 같이 xy평면에 고정된 무한히 긴 직선 도선 A, B, C에 화살표 방향으로 전류가 흐른다. A와 B 중 하나에는 일정한 전류가, 다른 하나에는 세기를 바꿀 수 있는 전류 I가 흐른다. C에 흐르는 전류의 세기는 I_0으로 일정하다. 그림 (나)는 (가)의 점 p에서 A, B, C의 전류에 의한 자기장의 세기를 I에 따라 나타낸 것이다.

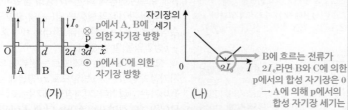

(가)   (나)

A와 B 중 일정한 전류가 흐르는 도선과 그 도선에 흐르는 전류의 세기로 옳은 것은? **3점**

	도선	전류의 세기		도선	전류의 세기
①	A	$\dfrac{8}{3}I_0$	②	A	$\dfrac{9}{2}I_0$
③	B	$\dfrac{1}{2}I_0$	✔④	B	$\dfrac{2}{3}I_0$
⑤	B	$\dfrac{28}{9}I_0$			

|자|료|해|설|
(가)와 같이 도선에 전류가 흐르는 경우 p에서 자기장의 방향은 A와 B에 의해 지면에 수직으로 들어가는 방향($\otimes$), C에 의해 지면에 수직으로 나가는 방향($\odot$)이다.

|선|택|지|풀|이|
④ 정답 : (나)에서 B에 흐르는 전류가 $I=2I_0$라면 p에서 B와 C에 의한 합성 자기장은 0이나 A에 의해 p에서의 합성 자기장은 0일 수가 없으므로 전류의 세기를 바꿀 수 있는 도선은 A이고 전류가 일정한 도선은 B이다.
지면에서 나오는 자기장의 방향을 $(+)$방향으로 한다면 p에서 A, B, C에 의한 합성 자기장은 $B_A + B_B + B_C =$
$$-k\dfrac{2I_0}{3d} - k\dfrac{I_B}{2d} + k\dfrac{I_0}{d} = 0$$이므로 B에 흐르는 전류의 세기
$I_B = \dfrac{2}{3}I_0$이다.

😮 **문제풀이 TIP** | p에서 A와 B에 흐르는 전류에 의한 자기장의 방향은 같다.

😮 **출제분석** | 이 영역의 문항은 직선 도선에 흐르는 전류의 방향을 파악하고 임의의 점에서의 합성 자기장을 구하는 것이 일반적으로 출제되는 유형이다. 이번 문항은 반대로 합성 자기장을 통해 두 도선에 흐르는 전류의 세기를 알아내는 것으로 출제되었다.

그림과 같이 일정한 방향으로 전류가 흐르는 무한히 긴 직선 도선 P, Q, R가 xy평면에 고정되어 있다. P, R에 흐르는 전류의 세기는 일정하다. 표는 Q에 흐르는 전류의 세기에 따라 xy평면상의 점 a, b에서 P, Q, R의 전류에 의한 자기장을 나타낸 것이다.

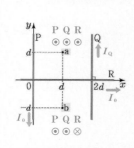

Q에 흐르는 전류의 세기	P, Q, R의 전류에 의한 자기장			
	a		b	
	방향	세기	방향	세기
I_0	$\odot$	$3B_0$	$\odot$	㉠
$2I_0$	$\odot$	$4B_0$		$2B_0$

$\odot$: xy평면에서 수직으로 나오는 방향
Q의 전류가 I_0일 때 자기장 세기 B_0

이에 대한 설명으로 옳은 것만을 〈보기〉에서 있는 대로 고른 것은?

보기
㉠ Q에 흐르는 전류의 방향은 $+y$방향이다.
㉡ ㉠은 B_0이다.
㉢ P에 흐르는 전류의 세기는 I_0이다.

① ㄱ   ② ㄷ   ③ ㄱ, ㄴ   ④ ㄴ, ㄷ   ✔⑤ ㄱ, ㄴ, ㄷ

😮 **문제풀이 TIP** | a, b에서 P와 Q의 전류에 의한 자기장의 방향은 같지만, R의 전류에 의한 자기장의 방향은 반대이다.

😮 **출제분석** | 전류의 세기와 거리로 자기장의 세기와 방향의 관계를 숙지하고 제시된 조건에 따라 식으로 표현할 수 있다면 얼마든지 해결할 수 있는 문항이다.

|자|료|해|설|
자기장의 세기는 전류의 세기에 비례한다.$(B \propto I)$ 표에서 a에서 자기장의 세기가 B_0만큼 증가한 것은 Q의 전류에 의한 자기장 세기의 차이 때문이므로 a에서 Q의 전류에 의한 자기장의 세기는 I_0일 때 B_0, $2I_0$일 때 $2B_0$이고 방향은 $\odot$이다.
a에서 Q에 의한 자기장을 고려하지 않았을 때 자기장의 세기는 $2B_0$이고 방향은 $\odot$이다. b에서도 Q에 의한 자기장을 고려하지 않았을 때 자기장의 세기는 0이다. a와 b에서 P에 의한 자기장의 세기와 방향은 동일하므로 두 지점에서 자기장의 차이 $2B_0$는 R에 의한 것이다. 따라서 R에 의한 자기장은 a에서 B_0, $\odot$이고, b에서 B_0, $\otimes$이므로 R에 흐르는 전류의 방향은 $+x$방향, 전류의 세기는 I_0이다. a와 b에서 P에 의한 자기장은 B_0, $\odot$이므로 P에 흐르는 전류의 방향은 $-y$방향, 전류의 세기는 I_0이다.

구분	P I_0, $-y$방향		Q I_0, $+y$방향		R I_0, $+x$방향		합	
a	B_0	$\odot$	B_0	$\odot$	B_0	$\odot$	$3B_0$	$\odot$
b	B_0	$\odot$	B_0	$\odot$	B_0	$\otimes$	B_0	$\odot$

|보|기|풀|이|
㉠ 정답 : a와 b에서 Q의 전류에 의한 자기장의 방향은 $\odot$이므로 전류의 방향은 $+y$방향이다.
㉡ 정답 : Q의 전류의 세기가 $2I_0$일 때 b에서의 자기장이 $2B_0$, $\odot$이므로 Q의 전류의 세기가 I_0일 때 b에서의 자기장은 B_0, $\odot$이다.
㉢ 정답 : a와 b에서 P에 의한 자기장은 B_0, $\odot$이므로 P에 흐르는 전류의 방향은 $-y$방향, 전류의 세기는 I_0이다.

그림과 같이 무한히 긴 직선 도선 A, B와 원형 도선 C가 xy평면에 고정되어 있다. A, B에는 같은 세기의 전류가 흐르고, C에는 세기가 I_0인 전류가 시계 반대 방향으로 흐른다. 표는 C의 중심 위치를 각각 점 p, q에 고정할 때, C의 중심에서 A, B, C의 전류에 의한 자기장의 세기와 방향을 나타낸 것이다.

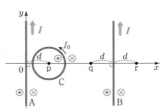

C의 중심 위치	C의 중심에서 자기장	
	세기	방향
p	0	해당 없음 → A: +y 방향
q	B_0	→ B: +y 방향

⊙ : xy평면에서 수직으로 나오는 방향
✕ : xy평면에 수직으로 들어가는 방향

이에 대한 설명으로 옳은 것만을 〈보기〉에서 있는 대로 고른 것은?
（3점）

> **보기**
> ㄱ. A에 흐르는 전류의 방향은 +y방향이다.
> ㄴ. C의 중심에서 C의 전류에 의한 자기장의 세기는 B_0보다 작다.
> ㄷ. C의 중심 위치를 점 r로 옮겨 고정할 때, r에서 A, B, C의 전류에 의한 자기장의 방향은 '✕'이다.

① ㄱ　　② ㄷ　　③ ㄱ, ㄴ　　④ ㄴ, ㄷ　　⑤ ㄱ, ㄴ, ㄷ

| 자 | 료 | 해 | 설 |

C에 흐르는 전류(I_C)에 의해 C의 중심에서 자기장의 방향은 xy평면에 수직으로 나오는 방향(⊙)이다. C의 중심이 p에서 q로 갈수록 A에 흐르는 전류(I_A)에 의한 자기장의 세기는 줄어들고 B에 흐르는 전류(I_B)에 의한 자기장의 세기는 증가한다. q에서 C 중심의 자기장 방향은 평면에 수직으로 나오는 방향(⊙)이므로 오른손 법칙에 의해 I_B의 방향은 +y방향이다.
p에서 합성 자기장의 세기는 0이고 I_B와 I_C에 의한 자기장은 xy평면에 수직으로 나오는 방향(⊙)이므로 I_A에 의한 자기장의 방향은 xy평면에 수직으로 들어가는 방향(⊗)이고, 오른손 법칙에 의해 I_A의 방향은 +y방향이다.

| 보 | 기 | 풀 | 이 |

ㄱ. 정답 : p에서 I_B와 I_C에 의한 자기장의 방향은 ⊙이므로 I_A에 의한 자기장의 방향은 ⊗이다. 따라서 오른손 법칙에 의해 I_A의 방향은 +y방향이다.

ㄴ. 정답 : C의 중심에서 I_C에 의한 자기장의 세기가 B_0라면 C를 제거했을 때 q에서 자기장의 세기는 0이어야 한다. 주어진 상황에서는 A와 B에 같은 세기의 전류가 흐르고, q는 B에 더 가까우므로 C를 제거했을 때 q에서 ⊙ 방향으로 자기장이 존재한다. 따라서 I_C에 의한 자기장의 세기는 B_0보다 작다.

ㄷ. 정답 : C의 중심을 p와 r에 맞추면 p에서 I_A와 I_C에 의한 자기장과 r에서 I_B와 I_C에 의한 자기장의 크기와 방향이 같다. p에서는 I_B에 의해 ⊙ 방향 자기장이 존재하고, r에서는 I_A에 의해 ⊗ 방향 자기장이 존재하는데, p에서 합성 자기장이 0이므로 r에서 합성 자기장의 방향은 ⊗이다.

그림과 같이 무한히 긴 직선 도선 A, B와 점 p를 중심으로 하는 원형 도선 C, D가 xy평면에 고정되어 있다. C, D에는 같은 세기의 전류가 일정하게 흐르고, **B에는 세기가 I_0인 전류가 $+x$방향으로 흐른다.** p에서 C의 전류에 의한 자기장의 세기는 B_0이다. 표는 p에서 A~D의 전류에 의한 자기장의 세기를 A에 흐르는 전류에 따라 나타낸 것이다.

p에서 자기장의 방향은 xy평면에 수직으로 나오는 방향

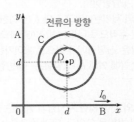

전류의 방향

A에 흐르는 전류		p에서 A~D의 전류에 의한 자기장의 세기
세기	방향	
0	해당 없음	0
I_0	$+y$	㉠ ⟶ B_0
I_0	$-y$	B_0

이에 대한 설명으로 옳은 것만을 〈보기〉에서 있는 대로 고른 것은?

③3점

= p에서 B와 C의 전류에 의한 자기장의 세기 + D의 전류에 의한 자기장의 세기
(xy평면에 수직으로 나오는 방향)   (xy평면에 수직으로 들어가는 방향)

보기

㉠. ㉠은 B_0이다.

~~ㄴ~~. p에서 C의 전류에 의한 자기장의 방향은 xy평면에 수직으로 ~~들어가는~~ 방향이다.
    나오는

㉢. p에서 D의 전류에 의한 자기장의 세기는 B의 전류에 의한 자기장의 세기보다 크다.

① ㄱ   ② ㄴ   ✓③ ㄱ, ㄷ   ④ ㄴ, ㄷ   ⑤ ㄱ, ㄴ, ㄷ

|자|료|해|설|

원형 도선의 중심에서 자기장의 세기는 원형 도선의 반지름에 반비례하므로 C와 D에 같은 세기의 전류가 흐르면 p에서 D의 전류에 의한 자기장의 세기는 C의 전류에 의한 자기장의 세기보다 크다. A에 흐르는 전류가 0일 때, p에서 B, C, D의 전류에 의한 자기장의 세기 합은 0이므로 p에서 D의 전류에 의한 자기장의 세기는 B와 C의 전류에 의한 자기장의 세기 합과 같고 C에 흐르는 전류의 방향은 반시계 방향, D에 흐르는 전류의 방향은 시계 방향이다.

|보|기|풀|이|

㉠. 정답 : p에서 B, C, D의 전류에 의한 자기장의 세기 합은 0이므로 p에서 A의 전류에 의한 자기장의 세기는 A에 흐르는 전류가 $-y$방향일 때와 같은 B_0이다.

ㄴ. 오답 : C에 흐르는 전류의 방향은 반시계 방향이므로 p에서 C의 전류에 의한 자기장의 방향은 xy평면에 수직으로 나오는 방향이다.

㉢. 정답 : D와 C의 전류의 세기는 같고 D의 반지름이 C의 반지름보다 작으므로 p에서 D의 전류에 의한 자기장의 세기 B_D는 C의 전류에 의한 자기장의 세기 B_0보다 크다. A에 흐르는 전류의 세기가 I_0일 때, p에서 A의 전류에 의한 자기장의 세기는 B_0이므로, A와 전류의 세기와 p로부터의 거리가 같은 B에 의한 자기장의 세기도 B_0이다. 따라서 p에서 D의 전류에 의한 자기장의 세기 B_D는 B의 전류에 의한 자기장의 세기 B_0보다 크다.

😲 **문제풀이 T I P** | 직선 전류에 의한 자기장의 세기: $B = k\dfrac{I}{r}$ (r: 도선으로부터의 수직 거리)

원형 전류에 의한 중심에서 자기장의 세기: $B = k'\dfrac{I}{r}$ (r: 원의 반지름, $k' > k$)

😊 **출제분석** | 직선 전류에 의한 자기장에 대한 이전 유형과는 달리 원형 전류에 의한 자기장 개념을 담은 문항으로 출제되었다.

그림과 같이 종이면에 고정된 중심이 점 O인 원형 도선 P, Q와 무한히 긴 직선 도선 R에 세기가 일정한 전류가 흐르고 있다. **전류의 세기는 P에서가 Q에서보다 크다.** 표는 O에서 한 도선의 전류에 ↳㉠$< 2B$
의한 자기장을 나타낸 것이다. **O에서 P, Q, R의 전류에 의한 자기장은 방향이 종이면에서 수직으로 나오는 방향이고 세기가 B이다.**
↳ P와 R의 전류에 의한 자기장 방향은 반대임.
O에서 Q의 전류에 의한 자기장의 세기는 수직으로 나오는 방향이고 세기가 B

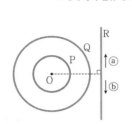

도선	O에서의 자기장	
	세기	방향
P	$2B$	×
Q	㉠$= B$	⊙
R	$2B$	㉡⊙

× : 종이면에 수직으로 들어가는 방향 (+)
⊙ : 종이면에서 수직으로 나오는 방향 (−)

이에 대한 설명으로 옳은 것만을 〈보기〉에서 있는 대로 고른 것은?

> **보기**
> ㄱ. ㉠은 B이다.
> ㄴ. ㉡은 '×'이다.
> ㄷ. R에 흐르는 전류의 방향은 ⓐ 방향이다.

① ㄱ　　② ㄷ　　③ ㄱ, ㄴ　　④ ㄴ, ㄷ　　⑤ ㄱ, ㄴ, ㄷ

|자|료|해|설|
원형 도선에 의한 중심에서 자기장의 세기는 전류의 세기에 비례하며 반지름에 반비례한다.$\left(B \propto \dfrac{I}{r}\right)$ 따라서 O에서 P의 전류에 의한 자기장의 세기가 Q보다 크다.(㉠$< 2B$)

|보|기|풀|이|
ㄱ. 정답 : ㉠은 $2B$보다 작으므로 O에서 P, Q, R의 전류에 의한 자기장의 세기가 B가 나오기 위해서는 O에서 P와 R의 전류에 의한 자기장의 합은 0이어야 하고, ㉠은 B이어야 한다.

ㄴ. 오답 : O에서 P와 R의 전류에 의한 자기장의 합이 0이 되기 위해서는 자기장의 방향이 반대여야 하므로 ㉡은 ⊙이다.

ㄷ. 오답 : O에서 R의 전류에 의한 자기장 방향은 종이면에서 수직으로 나오는 방향이어야 하므로 전류의 방향은 ⓐ이다.

😮 **문제풀이 T I P |** 반지름이 작은 P의 전류에 의한 자기장의 세기는 Q보다 크다.

😀 **출제분석 |** 세 도선에 의한 합성 자기장에 관한 문제는 매회 출제되고 있다.

그림 (가)와 같이 무한히 긴 직선 도선 P, Q와 점 a를 중심으로 하는 원형 도선 R가 xy평면에 고정되어 있다. P, Q에는 세기가 각각 I_0, $3I_0$인 전류가 $-y$방향으로 흐른다. 그림 (나)는 (가)에서 Q만 제거한 모습을 나타낸 것이다. (가)와 (나)의 a에서 P, Q, R의 전류에 의한 **자기장의 방향은 서로 반대이고, 자기장의 세기는 각각 B_0, $2B_0$이다.**

→ xy평면에 수직으로 나오는 방향 : +
→ xy평면에 수직으로 들어가는 방향 : −

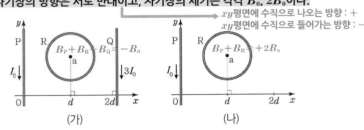

(가)　　　　　　　　(나)

a에서의 자기장에 대한 옳은 설명만을 〈보기〉에서 있는 대로 고른 것은? [3점]

> **보기**
> ㄱ. (가)에서 Q의 전류에 의한 자기장의 세기는 P의 전류에 의한 자기장의 세기의 3배이다.
> ㄴ. (나)에서 P, R의 전류에 의한 자기장의 방향은 xy평면에 수직으로 들어가는 방향이다. (나오는)
> ㄷ. R의 전류에 의한 자기장의 세기는 B_0이다.

① ㄱ　　② ㄴ　　③ ㄱ, ㄷ　　④ ㄴ, ㄷ　　⑤ ㄱ, ㄴ, ㄷ

|자|료|해|설|
전류에 의한 자기장의 방향이 xy평면에 수직으로 나오는 방향을 (+), 들어가는 방향을 (−)라 하자. Q를 제거했을 때 a에서의 자기장 세기가 B_0에서 $2B_0$가 된 것은 Q의 전류에 의한 자기장의 세기가 $3B_0$이기 때문이다. 또한, (가)와 (나)의 a에서 자기장 방향은 각각 (−), (+)이다.
a에서 P, Q, R의 전류에 의한 자기장의 세기를 각각 B_P, B_R, B_Q라 하면 (가)와 (나)에서 자기장은 각각 $B_P + B_R + B_Q = -B_0 \cdots$①, $B_P + B_R = 2B_0 \cdots$②이다.
따라서 $B_Q = -3B_0$임을 알 수 있다.

|보|기|풀|이|
ㄱ. 정답 : 자기장의 세기는 전류의 세기에 비례$\left(B = k\dfrac{I}{r}\right)$ 하므로 $B_Q = 3B_P \cdots$③이다.

ㄴ. 오답 : xy평면에 수직으로 들어가는 자기장을 만드는 Q를 제거했을 때 자기장의 세기가 증가한 것은 P와 R에 의한 합성 자기장의 방향이 xy평면에 수직으로 나오는 방향임을 의미한다.

ㄷ. 정답 : 조건을 고려하여, ①, ②, ③을 연립하면 $B_P = B_R = B_0$, $B_Q = -3B_0$이다. 따라서 R의 전류에 의한 자기장의 세기는 B_0이다.

😮 **문제풀이 T I P |** a에서 Q에 의한 자기장의 세기는 P에 의한 자기장의 세기보다 3배 크고 방향은 반대이다.

😀 **출제분석 |** 세 도선에 의한 합성 자기장에 관한 문제는 두 개의 그림을 비교하여 옳은 보기를 찾는 형태로 매회 출제되고 있다.

그림과 같이 세기와 방향이 일정한 전류가 흐르는 무한히 긴 직선 도선 A~D가 xy평면에 수직으로 고정되어 있다. D에는 xy평면에 수직으로 들어가는 방향으로 전류가 흐른다. 원점 O에서 B, D의 **전류에 의한 자기장은 0이다.** 표는 xy평면의 점 p, q, r에서 두 도선의 전류에 의한 자기장의 방향을 나타낸 것이다.

→ B와 D에 흐르는 전류의 세기와 방향은 같다.

도선	위치	두 도선의 전류에 의한 자기장 방향
A, B	p	$+y$
B, C	q	$+x$ → C에 흐르는 전류의 세기는 B에서보다 크고 방향은 ⊗이다.
A, D	r	$+x$ ← ㉠

×: xy 평면에 수직으로 들어가는 방향

이에 대한 설명으로 옳은 것만을 <보기>에서 있는 대로 고른 것은?

보기

ㄱ. ㉠은 '$+x$'이다.
ㄴ. 전류의 세기는 B에서가 C에서보다 ~~크다.~~ 작다.
ㄷ. 전류의 방향이 A, C에서가 서로 같으면, 전류의 세기는 A~D 중 C에서가 가장 크다.

① ㄱ   ② ㄴ   ✓③ ㄱ, ㄷ   ④ ㄴ, ㄷ   ⑤ ㄱ, ㄴ, ㄷ

|자|료|해|설|

원점 O에서 B, D의 전류에 의한 자기장은 0이므로 B와 D에 흐르는 전류의 세기와 방향은 같다. q에서 B의 전류에 의한 자기장은 $-x$방향이지만 표에서 B와 C의 전류에 의한 합성 자기장은 $+x$방향이므로 C에 흐르는 전류의 세기는 B에서보다 크고, 방향은 ⊗이다.
p에서 A와 B의 전류에 의한 합성 자기장은 B의 전류에 의한 자기장의 방향과 같으므로 A의 전류의 방향이 ⊙인 경우가 가능하고, A의 전류의 방향이 ⊗인 경우는 전류의 세기가 B보다 작다.

|보|기|풀|이|

ㄱ. 정답 : p에서 B의 전류에 의한 자기장은 $+y$방향이고 A와 B의 전류에 의한 합성 자기장도 $+y$방향이므로 A에 흐르는 전류는 xy평면에서 수직으로 들어가는 방향(⊗), 전류의 세기는 B보다 작은 경우와 전류가 xy평면에 수직으로 나오는 방향(⊙)일 때 모두 가능하다. 이 두 경우 모두 r에서 A와 D의 전류에 의한 자기장 방향은 $+x$방향이다.

ㄴ. 오답 : q에서 B의 전류에 의한 자기장은 $-x$방향이지만 표에서 B와 C의 전류에 의한 합성 자기장은 $+x$방향이므로 C에 흐르는 전류의 세기는 B에서보다 크고 방향은 ⊗이다.

ㄷ. 정답 : A, C의 전류의 방향이 모두 ⊗라면 도선에 흐르는 전류의 세기는 A<B=D<C이다.

그림과 같이 가늘고 무한히 긴 직선 도선 A, B, C가 정삼각형을 이루며 xy평면에 고정되어 있다. A, B, C에는 방향이 일정하고 세기가 각각 I_0, I_0, I_C인 전류가 흐른다. A에 흐르는 전류의 방향은 $+x$방향이다. 점 O는 A, B, C가 교차하는 점을 지나는 반지름이 $2d$인 원의 중심이고, 점 p, q, r은 원 위의 점이다. O에서 A에 흐르는 전류에 의한 자기장의 세기는 B_0이고, p, q에서 A, B, C에 흐르는 전류에 의한 자기장의 세기는 각각 0, $3B_0$이다.

r에서 A, B, C에 흐르는 전류에 의한 자기장의 세기는? **3점**

⊙ xy평면에 수직으로 나오는 방향(+)
⊗ xy평면에 수직으로 들어가는 방향(−)

A에 의한 자기장 방향

점O에서 A에 의한 자기장의 세기 $k\dfrac{I_0}{d}=B_0$

① 0   ② $\dfrac{1}{2}B_0$ ③ B_0 ④ $2B_0$ ✓⑤ $3B_0$

< ①(+), ②(−)인 경우 >

	A	B	C	합성 자기장 세기
p	$\dfrac{1}{2}B_0$	B_0	$-k\dfrac{I_C}{2d}$	0 → $I_C=3I_0$
q	$\dfrac{1}{2}B_0$	$-\dfrac{1}{2}B_0$	$k\dfrac{I_C}{d}=3B_0$	$3B_0(+)$

< ①(−), ②(+)인 경우 >

	A	B	C	합성 자기장 세기
p	$\dfrac{1}{2}B_0$	$-B_0$	$k\dfrac{I_C}{2d}$	0 → $I_C=I_0$
q	$\dfrac{1}{2}B_0$	$\dfrac{1}{2}B_0$	$-k\dfrac{I_C}{d}=-B_0$	$3B_0$

|자|료|해|설|

O에서 A에 흐르는 전류에 의한 자기장의 세기는 $B_0=k\dfrac{I_0}{d}$, 방향은 ⊙이다. ⊙방향을 (+)로 놓으면, p에서 A, B, C에 의한 자기장의 세기는 각각 $k\dfrac{I_0}{2d}=\dfrac{1}{2}B_0(+)$, $k\dfrac{I_0}{d}=B_0$(①), $k\dfrac{I_C}{2d}$(②)이다. 그리고 q에서 A, B, C에 의한 자기장의 세기는 각각 $k\dfrac{I_0}{2d}=\dfrac{1}{2}B_0(+)$, $k\dfrac{I_0}{2d}=\dfrac{1}{2}B_0$(②), $k\dfrac{I_C}{d}$(①)이다.

|선|택|지|풀|이|

⑤ 정답 : 만약 p에서 B에 의한 자기장 방향이 ①(+)라면 C에 의한 자기장 방향은 ②(−)이고 A, B, C의 전류에 의한 합성 자기장의 세기는 $0=\dfrac{1}{2}B_0+B_0-k\dfrac{I_C}{2d}$이므로 $k\dfrac{I_C}{2d}=\dfrac{3}{2}B_0$이다. 이때 q에서 합성 자기장의 세기는 $k\dfrac{I_0}{2d}-k\dfrac{I_0}{2d}+k\dfrac{I_C}{d}=\dfrac{1}{2}B_0-\dfrac{1}{2}B_0+3B_0$로 제시된 자료와 일치하므로 이 가정은 옳다. 즉, p에서 B와 C에 의한 자기장 방향이 각각 (+), (−)방향이 되기 위해서는 B와 C에 흐르는 전류의 방향은 각각 ↗, ↘이고 $k\dfrac{I_C}{2d}=\dfrac{3}{2}B_0=\dfrac{3}{2}\times k\dfrac{I_0}{d}$로부터 $I_C=3I_0$이다. r에서 A, B, C에 흐르는 전류에 의한 자기장은 $-k\dfrac{I_0}{d}-k\dfrac{I_0}{2d}-k\dfrac{3I_0}{2d}=-B_0-\dfrac{1}{2}B_0-\dfrac{3}{2}B_0=-3B_0$이다.

😮 **문제풀이 TIP** | 직선 전류에 의한 자기장의 방향은 도선의 왼쪽과 오른쪽이 반대이다.

😵 **출제분석** | B, C에 흐르는 전류의 방향을 알 수 없어 가정에 의한 결과와 제시된 자료가 일치하는지 확인하고 풀이 방향을 결정해야 한다.

그림과 같이 종이면에 고정된 무한히 긴 직선 도선 A, B, C에 화살표 방향으로 같은 세기의 전류가 흐르고 있다. 종이면 위의 점 p, q, r는 각각 A와 B, B와 C, C와 A로부터 같은 거리만큼 떨어져 있으며, p에서 A의 전류에 의한 자기장의 세기는 B_0이다.

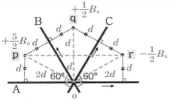

A, B, C의 전류에 의한 자기장에 대한 옳은 설명만을 <보기>에서 있는 대로 고른 것은? 3점

보기

ㄱ. q와 r에서 자기장의 세기는 서로 같다.

ㄴ. q와 r에서 자기장의 방향은 서로 ~~같다.~~ 반대이다.

ㄷ. p에서 자기장의 세기는 ~~$\frac{B_0}{2}$~~이다. $\frac{5}{2}B_0$

① ㄱ   ② ㄴ   ③ ㄱ, ㄷ   ④ ㄴ, ㄷ   ⑤ ㄱ, ㄴ, ㄷ

|자|료|해|설|

A, B, C에 흐르는 전류의 세기를 I, A와 p 사이의 거리를 d라 하고, 종이면에서 수직으로 나오는 방향(⊙)을 양(+)의 방향으로 두자. A, B, C가 교차하는 지점을 o라고 할 때 o와 p, q, r를 각각 이으면 두 개의 정삼각형이 만들어지므로 세 직선의 길이는 모두 2d이다. 또한 $\overline{op}$는 C와, $\overline{oq}$는 A와, $\overline{or}$은 B와 수직이다.

p에서 A, B, C의 전류에 의한 자기장의 세기는 각각 $B_0 = k\frac{I}{d}$, $B_0 = k\frac{I}{d}$, $\frac{B_0}{2} = k\frac{I}{2d}$이고 모두 양의 방향이므로 p에서의 자기장은 $+\frac{B_0}{2} + B_0 + B_0 = +\frac{5}{2}B_0$ 이다.

q에서 A, B, C의 전류에 의한 자기장의 세기는 각각 $\frac{B_0}{2} = k\frac{I}{2d}$, $B_0 = k\frac{I}{d}$, $B_0 = k\frac{I}{d}$이고, 방향은 각각 (+), (−), (+) 방향이므로 q에서의 자기장은 $+\frac{B_0}{2} - B_0 + B_0 = +\frac{B_0}{2}$이다.

r에서 A, B, C의 전류에 의한 자기장의 세기는 각각 $B_0 = k\frac{I}{d}$, $\frac{B_0}{2} = k\frac{I}{2d}$, $B_0 = k\frac{I}{d}$이고, 방향은 각각 (+), (−), (−)이므로 r에서의 자기장은 $B_0 - B_0 - \frac{B_0}{2} = -\frac{B_0}{2}$ 이다.

구분	p	q	r
B_A	$+B_0$	$+\frac{B_0}{2}$	$+B_0$
B_B	$+B_0$	$-B_0$	$-\frac{B_0}{2}$
B_C	$+\frac{B_0}{2}$	$+B_0$	$-B_0$
B의 합	$+\frac{5B_0}{2}$	$+\frac{B_0}{2}$	$-\frac{B_0}{2}$

|보|기|풀|이|

ㄱ. 정답 : q와 r에서 자기장의 세기는 $\frac{B_0}{2}$로 같다.

ㄴ. 오답 : q와 r에서 자기장의 방향은 각각 종이면에 수직으로 나오는 방향(⊙), 수직으로 들어가는 방향(⊗)이므로 반대이다.

ㄷ. 오답 : p에서 자기장의 세기는 $+\frac{B_0}{2} + B_0 + B_0 = +\frac{5}{2}B_0$이다.

😀 **문제풀이 TIP** | 그림은 복잡해 보이지만 교과과정 내에서 전류에 의한 자기장을 구하기 위해서는 도선과 각 지점의 직선 거리를 알아야 하므로 이를 중점적으로 관찰한다.

😀 **출제분석** | 도선과 각 지점의 직선 거리만 알아낸다면 전류의 크기와 방향이 주어져 있으므로 평이하게 해결할 수 있는 문항이다.

그림 (가)와 같이 무한히 긴 직선 도선 A, B, C가 같은 종이면에 있다. A, B, C에는 세기가 각각 $4I_0$, $2I_0$, $5I_0$인 전류가 일정하게 흐른다. A와 B는 고정되어 있고, A와 B에 흐르는 전류의 방향은 서로 반대이다. 그림 (나)는 C를 $x=-d$와 $x=d$ 사이의 위치에 놓을 때, C의 위치에 따른 점 p에서의 A, B, C에 흐르는 전류에 의한 자기장을 나타낸 것이다. 자기장의 방향은 종이면에서 수직으로 나오는 방향이 양(+)이다.

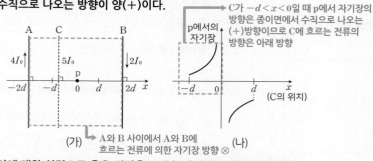

(가)   → A와 B 사이에서 A와 B에 흐르는 전류에 의한 자기장 방향 ⊗   (나)

→ C가 $-d<x<0$일 때 p에서 자기장의 방향은 종이면에서 수직으로 나오는 (+)방향이므로 C에 흐르는 전류의 방향은 아래 방향

이에 대한 설명으로 옳은 것만을 〈보기〉에서 있는 대로 고른 것은?

③점

보기

ㄱ. 전류의 방향은 B에서와 C에서가 서로 같다.

ㄴ. p에서의 자기장의 세기는 C의 위치가 $x=\dfrac{d}{5}$에서가 $x=-\dfrac{d}{5}$에서보다 크다.

ㄷ. p에서의 자기장이 0이 되는 C의 위치는 $x=-2d$와 $x=-d$ 사이에 있다.

① ㄱ   ② ㄷ   ③ ㄱ, ㄴ   ④ ㄴ, ㄷ   ✓⑤ ㄱ, ㄴ, ㄷ

| 자 | 료 | 해 | 설 |

(가)에서 도선 A와 B 사이($-d<x<d$)에서 A, B에 흐르는 전류에 의한 자기장 B_A, B_B의 방향은 모두 종이면에서 수직으로 들어가는 (−)방향으로 p에서의 자기장은 $B_A=-k\dfrac{4I_0}{2d}$, $B_B=-k\dfrac{2I_0}{2d}$이다. 한편, (나)에서 C가 $-d<x<0$일 때, p에서 합성 자기장의 방향은 종이면서 수직으로 나오는 (+)방향이므로 C에 흐르는 전류의 방향은 아래쪽이다. 또한, p에서 C에 흐르는 전류에 의한 자기장의 방향은 $-d<x<0$인 지점에서 (+)방향, $0<x<d$인 지점에서 (−)방향이고 세기는 $B_C=k\dfrac{5I_0}{x}$이므로 $-2d<x<0$, $0<x<2d$에서 합성 자기장의 세기는 $B=B_A+B_B+B_C=-k\dfrac{4I_0}{2d}-k\dfrac{2I_0}{2d}-k\dfrac{5I_0}{x}$

$=-k\dfrac{3I_0}{d}-k\dfrac{5I_0}{x}$ — ①이다.

| 보 | 기 | 풀 | 이 |

ㄱ. 정답 : C에 흐르는 전류의 방향은 아래쪽이므로 전류의 방향은 B와 C에서가 서로 같다.

ㄴ. 정답 : C의 위치가 $x=\dfrac{d}{5}$, $x=-\dfrac{d}{5}$일 때 p에서의 자기장은 ①에 대입하였을 때 각각 $-k\dfrac{3I_0}{d}-k\dfrac{5I_0}{\frac{d}{5}}=$

$-k\dfrac{28I_0}{d}$, $-k\dfrac{3I_0}{d}-k\dfrac{5I_0}{-\frac{d}{5}}=k\dfrac{22I_0}{d}$, 이므로 자기장의

세기는 $k\dfrac{28I_0}{d}>k\dfrac{22I_0}{d}$, 즉 $x=\dfrac{d}{5}$일 때가 더 크다.

C가 $0<x<2d$에 위치할 때 p에서 A, B, C에 흐르는 전류에 의한 자기장의 방향은 모두 같으므로 합성 자기장의 세기는 $x=\dfrac{d}{5}$에서가 $x=-\dfrac{d}{5}$에서보다 크다.

ㄷ. 정답 : p에서 자기장이 0이 되는 C의 위치는 ①=0, 즉 $-k\dfrac{3I_0}{d}-k\dfrac{5I_0}{x}=0$을 만족하는 지점으로 $x=-\dfrac{5}{3}d$이다.

😲 **문제풀이 TIP** | 전류에 의한 자기장의 세기는 도선으로부터 떨어진 거리에 반비례하고 도선에 흐르는 전류의 세기에 비례한다. $\left(B=k\dfrac{I}{r}\right)$

😎 **출제분석** | 3개 이상의 직선 도선에 의한 합성 자기장의 세기를 분석하는 문항은 3점 문항으로 자주 출제되는 유형이다. 단순한 개념에 복잡한 수식을 요구하진 않지만, 풀이에 시간이 걸리므로 실수가 없도록 유의하자.

그림 (가)와 같이 xy평면에 무한히 긴 직선 도선 A, B, C가 각각 $x=-d$, $x=0$, $x=d$에 고정되어 있다. 그림 (나)는 (가)의 $x>0$인 영역에서 A, B, C의 전류에 의한 자기장을 나타낸 것으로, x축상의 점 p에서 자기장은 0이다. 자기장의 방향은 xy평면에서 수직으로 나오는 방향이 양(+)이다.

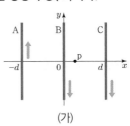

(가)

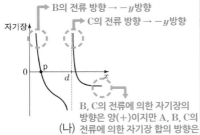

B의 전류 방향 → $-y$방향
C의 전류 방향 → $-y$방향

B, C의 전류에 의한 자기장의 방향은 양(+)이지만 A, B, C의 전류에 의한 자기장 합의 방향은 음(−) → A의 전류에 의한 자기장 방향은 $+y$방향

(나)

이에 대한 설명으로 옳은 것만을 〈보기〉에서 있는 대로 고른 것은? **3점**

보기

ㄱ. A에 흐르는 전류의 방향은 ~~+~~y방향이다.

ㄴ. A, B, C 중 A에 흐르는 전류의 세기가 가장 크다.

ㄷ. p에서, C의 전류에 의한 자기장의 세기가 B의 전류에 의한 자기장의 세기보다 ~~크다~~. 작다

① ㄱ   ② ㄴ ✓   ③ ㄷ   ④ ㄱ, ㄷ   ⑤ ㄴ, ㄷ

|자|료|해|설|

자기장의 세기는 도선에서 떨어진 거리가 가까울수록 크다. (나)에서 $x=0$, $x=d$의 오른쪽 지점에서 자기장의 방향은 양(+)의 방향이고 이는 각각 B와 C의 전류에 의한 영향이 크므로 B와 C에 흐르는 전류 방향은 둘 다 $-y$방향이다.

|보|기|풀|이|

ㄱ. 오답 : $x>d$인 지점에서 A, B, C의 전류에 의한 자기장 합의 방향은 음(−)이다. 이곳에서 B, C에 의한 자기장 방향은 양(+)이므로 A의 전류에 의한 자기장 방향은 양(+)이고 A에 흐르는 전류의 방향은 $+y$방향이다.

ㄴ. 정답 : $x>d$인 지점에서 가장 멀리 떨어진 A의 전류에 의한 자기장의 세기가 가장 크므로 A에 흐르는 전류의 세기가 B, C보다 크다.

ㄷ. 오답 : p에서 A, B, C에 의한 자기장의 방향은 각각 음(−), 양(+), 음(−)이다. 따라서 이곳에서 B의 전류에 의한 자기장의 세기는 A, C에 의한 자기장 합의 세기와 같다.

😮 **문제풀이 T I P** | 도선의 오른쪽과 왼쪽의 자기장의 방향으로 도선에 흐르는 전류 방향을 알 수 있다.

😮 **출제분석** | 그래프로부터 도선에 흐르는 전류의 방향과 위치에 따른 자기장을 파악할 수 있어야 한다.

그림은 무한히 가늘고 긴 직선 도선 P, Q와 원형 도선 R이 xy평면에 고정되어 있는 모습을 나타낸 것이다. 표는 R의 중심이 점 a, b, c에 있을 때, R의 중심에서 P, Q, R에 흐르는 전류에 의한 자기장의 세기와 방향을 나타낸 것이다. P, Q에 흐르는 전류의 세기는 각각 $2I_0$, $3I_0$이고, P에 흐르는 전류의 방향은 $-x$방향이다. R에 흐르는 전류의 세기와 방향은 일정하다.

p에서 떨어진 거리가 $2d$에서 $4d$로 늘었으므로 자기장의 세기 변화는 $k\dfrac{2I_0}{2d} - k\dfrac{2I_0}{4d} = k\dfrac{2I_0}{4d} = B_0$

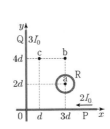

R의 중심	R의 중심에서 P, Q, R에 의한 자기장	
	세기	방향
a	⓪ 0	해당 없음
b	ⓑ $\bar{B_0}$	㉠ = ⊙
c	㉡	×

$B_R - k\dfrac{3I_0}{3d} - k\dfrac{2I_0}{2d}$
$= B_R - 2B_0 - 2B_0 = 0$

× : xy평면에 수직으로 들어가는 방향

이에 대한 설명으로 옳은 것만을 〈보기〉에서 있는 대로 고른 것은? **3점**

보기

㉠ Q에 흐르는 전류의 방향은 $+y$방향이다.

㉡ ㉠은 xy평면에서 수직으로 나오는 방향이다.

㉢ ㉡은 $3B_0$이다.

① ㄱ   ② ㄷ   ③ ㄱ, ㄴ   ④ ㄴ, ㄷ   ⑤ ㄱ, ㄴ, ㄷ ✓

|자|료|해|설|

R의 중심이 a에서 b로 옮겨질 때 자기장의 변화는 P에 의한 자기장 세기의 변화이므로 $B_0 = k\dfrac{2I_0}{2d} - k\dfrac{2I_0}{4d} = k\dfrac{I_0}{2d}$이다. R의 중심에서 R에 흐르는 전류에 의한 자기장의 세기를 B_R, xy평면에 수직으로 나오는 자기장의 방향을 (+)방향이라 하면, R의 중심이 a에서 Q와 P에 의한 자기장의 세기는 $k\dfrac{3I_0}{3d} = k\dfrac{2I_0}{2d} = 2B_0$로 같은데 R에 흐르는 전류는 0이 아니므로 자기장의 방향은 (−)방향으로 같다. 따라서 P, Q, R에 의한 합성 자기장의 세기는 $B_R - k\dfrac{3I_0}{3d} - k\dfrac{2I_0}{2d} = B_R - 2B_0 - 2B_0 = 0$이므로 $B_R = 4B_0$이다.

|보|기|풀|이|

ㄱ. 정답 : 자료 해설과 같이 a에서 Q와 P에 의한 자기장의 방향은 (−) 방향으로 같으므로 Q에 흐르는 전류의 방향은 $+y$방향이다.

ㄴ. 정답 : R의 중심이 a에서 b로 옮겨질 때 자기장의 합은 P에 의한 (−)방향의 자기장만 작아지므로 ㉠은 (+) 방향, xy평면에 수직으로 나오는 방향이다. ($-B_0 - 2B_0 + 4B_0 = B_0$)

ㄷ. 정답 : c에서 자기장은 $B_R - k\dfrac{3I_0}{d} - k\dfrac{2I_0}{4d} = 4B_0 - 6B_0 - B_0 = -3B_0$이므로 ㉡은 $3B_0$이다.

😮 **문제풀이 T I P** | 직선 전류에 의한 자기장의 세기 : $B = k\dfrac{I}{r}$

그림 (가)와 같이 중심이 원점 O인 원형 도선 P와 무한히 긴 직선 도선 Q, R가 xy평면에 고정되어 있다. P에는 세기가 일정한 전류가 흐르고, Q에는 세기가 I_0인 전류가 $-x$방향으로 흐르고 있다. 그림 (나)는 (가)의 O에서 P, Q, R의 전류에 의한 자기장의 세기 B를 R에 흐르는 전류의 세기 I_R에 따라 나타낸 것으로, $I_R = I_0$일 때 O에서 자기장의 방향은 xy평면에서 **수직으로 나오는 방향**이고, 세기는 B_1이다.

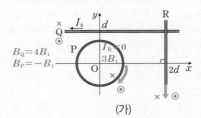
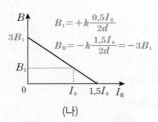

(가)   (나)

이에 대한 설명으로 옳은 것만을 〈보기〉에서 있는 대로 고른 것은? (3점)

보기

ㄱ. R에 흐르는 전류의 방향은 $-y$방향이다.

ㄴ. O에서 P의 전류에 의한 자기장의 방향은 xy평면에서 수직으로 나오는 방향이다.

ㄷ. O에서 P의 전류에 의한 자기장의 세기는 B_1이다.

① ㄱ   ② ㄴ   ③ ㄱ, ㄷ   ④ ㄴ, ㄷ   ⑤ ㄱ, ㄴ, ㄷ

|자|료|해|설|

I_R이 I_0일 때 P, Q, R이 O에 만드는 자기장을 B_P, B_Q, B_R이라고 하자. I_R이 I_0일 때 합성 자기장의 식은 $B_1 = B_P + B_Q + B_R$이고, $B = k\dfrac{I}{r}$이므로 I_R이 $1.5I_0$일 때 합성 자기장의 식은 $0 = B_P + B_Q + 1.5B_R$이다. 두 식을 빼면 $B_1 = -0.5B_R$이다. B_R의 크기는 $k\dfrac{I_0}{2d}$이고 $B_1 > 0$이므로 $B_1 = 0.5 \times k\dfrac{I_0}{2d}$이다. B_1은 ⊙ 방향 자기장이며 양(+)의 부호를 가지므로 음(−)의 부호를 가지는 B_R은 O에서 ⊗ 방향 자기장을 만들고, 전류 I_R의 방향은 $-y$방향이다. $0 = B_P + B_Q + 1.5B_R$에서 $B_P + B_Q = -1.5B_R$이므로 $B_P + B_Q = 3B_1$이고, $B_Q = k\dfrac{I_0}{d} = 4B_1$이므로 $B_P = -B_1$이다. 따라서 P는 O에서 ⊗ 방향 자기장을 만들기 때문에 전류의 방향은 시계 방향이다.

|보|기|풀|이|

ㄱ. 정답 : I_R이 증가함에 따라 합성 자기장의 세기는 감소하므로 R에 의한 O에서의 자기장 방향은 ⊗ 방향이다. 따라서 R에 흐르는 전류의 방향은 $-y$방향이다.

ㄴ. 오답 : ⊙ 방향 자기장 B_1이 양(+)의 값을 가지고 B_P는 음(−)의 값을 가지므로 P에 의한 O에서 자기장의 방향은 ⊗ 방향이다.

ㄷ. 정답 : $B_P = -B_1$이므로 자기장의 세기는 B_1이다.

🦉 **더 자세한 해설 @**

step 1. 자료 분석

1. Q와 P에 의한 합성 자기장의 방향 분석하기
   Q와 P에 의한 합성 자기장의 방향은 xy평면에 수직으로 들어가거나 xy평면에서 수직으로 나오는 방향이 가능하다.

2. Q와 P에 의한 합성 자기장과 R에 의한 자기장의 방향 구하기
   ▶ 화살표를 이용해 자기장의 방향을 표시한다.
   xy평면에 수직으로 들어가는 방향의 자기장 ⊗, xy평면에서 수직으로 나오는 방향의 자기장 ⊙

   ▶ R에 흐르는 전류의 세기가 세질수록 합성 자기장의 세기가 작아지므로 Q와 P에 의한 합성 자기장과 R에 의한 자기장은 서로 반대 방향이 되어야 한다.

   ▶ 주어진 조건에서 $I_R = I_0$일 때 합성 자기장의 방향이 xy평면에서 수직으로 나오는 방향이므로 $I_R = 1.5I_0$일 때 합성 자기장의 세기가 0이 되기 위해서는 R에 의한 자기장은 xy평면에 수직으로 들어가는 방향이 되어야 하고 Q와 P에 의한 합성 자기장은 xy평면에서 수직으로 나오는 방향이 되어야 한다. 따라서 R에 흐르는 전류의 방향은 $-y$방향이다.

3. $I_R = 1.5I_0$, $I_R = I_0$일 때 O에서의 합성 자기장 구하기
   (xy평면에 수직으로 들어가는 방향 +, xy평면에서 수직으로 나오는 방향 −)

	$I_R = I_0$	$I_R = 1.5I_0$
P에 의한 자기장	B_P	B_P
Q에 의한 자기장	$-k\dfrac{I_0}{d}$	$-k\dfrac{I_0}{d}$
R에 의한 자기장	$+k\dfrac{I_0}{2d}$	$+k\dfrac{1.5I_0}{2d}$
합성 자기장	$B_P - k\dfrac{I_0}{2d} = B_1$	$B_P - k\dfrac{I_0}{4d} = 0$

step 2. 보기 풀이

ㄱ. **정답** | $I_R = I_0$일 때 합성 자기장의 방향이 수직으로 나오는 방향이고 $I_R = 1.5I_0$일 때 합성 자기장의 세기가 0인 조건이 충족되기 위해서는 R에 의한 자기장은 xy평면에 수직으로 들어가는 방향이 되어야 한다. 그러므로 전류의 방향은 $-y$방향이다.

ㄴ. **오답** | O에서 P에 의한 자기장의 세기를 B_P라 놓고 xy평면에 수직으로 들어가는 방향을 +, xy평면에서 수직으로 나오는 방향을 −라 하면 $I_R = 1.5I_0$일 때 합성 자기장은 $B_P - k\dfrac{I_0}{d} + k\dfrac{1.5I_0}{2d} = B_P - k\dfrac{I_0}{4d} = 0$이다.

그러므로 B_P는 xy평면에 수직으로 들어가는 방향으로 크기는 $k\dfrac{I_0}{4d}$이다.

ㄷ. **정답** | $I_R = I_0$일 때 합성 자기장은 $B_P - k\dfrac{I_0}{d} + k\dfrac{I_0}{2d} = k\dfrac{I_0}{4d} - k\dfrac{I_0}{2d} = -k\dfrac{I_0}{4d} = -B_1$이다. 따라서 $B_P = B_1$이다.

그림과 같이 무한히 긴 직선 도선 A, B, C가 xy평면에 고정되어 있다. A, B, C에는 방향이 일정하고 세기가 각각 I_0, I_B, $3I_0$인 전류가 흐르고 있다. A의 전류의 방향은 $-x$방향이다. 표는 점 P, Q에서 A, B, C의 전류에 의한 자기장의 세기를 나타낸 것이다. P에서 A의 전류에 의한 자기장의 세기는 B_0이다.

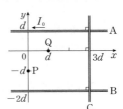

위치	A, B, C의 전류에 의한 자기장의 세기
P	B_0
Q	$3B_0$

이에 대한 설명으로 옳은 것만을 〈보기〉에서 있는 대로 고른 것은?

〈3점〉

보기

ㄱ. $I_B = 2I_0$이다.

ㄴ. C의 전류의 방향은 $+y$방향이다.

ㄷ. Q에서 A, B, C의 전류에 의한 자기장의 방향은 xy평면에서 수직으로 나오는 방향이다.

① ㄱ 　　② ㄷ 　　③ ㄱ, ㄴ 　　④ ㄴ, ㄷ 　　⑤ ㄱ, ㄴ, ㄷ

P	A	B	C
전류의 세기	I_0	I_B	$3I_0$
자기장 세기	$k\dfrac{I_0}{2d}=B_0$	$k\dfrac{I_B}{d}=2B_0$ or $4B_0$	$k\dfrac{3I_0}{3d}=2B_0$
자기장 방향	⊙		

Q	A	B	C
전류의 세기	I_0	I_B	$3I_0$
자기장 세기	$k\dfrac{I_0}{d}=2B_0$	$k\dfrac{I_B}{2d}=B_0$ or $2B_0$	$k\dfrac{3I_0}{2d}=3B_0$
자기장 방향	⊙		

|자|료|해|설|

P에서 A에 의한 자기장의 세기는 $B_0=k\dfrac{I_0}{2d}$이다. C에 의한 자기장의 세기는 $k\dfrac{3I_0}{3d}$이므로 $2B_0$이다. A, B, C의 전류에 의한 합성 자기장의 세기는 B_0이므로 B에 의한 자기장의 세기는 $k\dfrac{I_B}{d}=2B_0$ 또는 $4B_0$이어야 한다. Q에서 A에 의한 자기장의 세기는 $k\dfrac{I_0}{d}=2B_0$, B에 의한 자기장의 세기는 $k\dfrac{I_B}{2d}=B_0$ 또는 $2B_0$, C에 의한 자기장의 세기는 $k\dfrac{3I_0}{2d}=3B_0$이다. 또한, Q에서 A, B, C의 전류에 의한 합성 자기장의 세기는 $3B_0$이므로 나올 수 있는 경우의 수는 $2B_0-2B_0+3B_0=3B_0$이다. 즉, Q에서 A와 C에 의한 자기장의 방향은 같고 B는 반대이므로 B와 C에 흐르는 전류의 방향은 각각 $-x$, $+y$방향이다. 또한, Q에서 B에 의한 자기장의 세기는 $2B_0=k\dfrac{I_B}{2d}=2\times k\dfrac{I_0}{2d}$이므로 $I_B=2I_0$이다.

|보|기|풀|이|

ㄱ. 오답 : $I_B=2I_0$이다.

ㄴ. 오답 : C에 흐르는 전류의 방향은 $+y$방향이다.

ㄷ. 정답 : Q에서 A, B, C의 전류에 의한 자기장의 방향은 A의 전류에 의한 자기장의 방향과 같으므로 xy평면에 수직으로 나오는 방향이다.

🙂 **문제풀이 TIP** | 자기장의 세기는 전류의 세기에 비례하고 떨어진 거리에 반비례한다.

😀 **출제분석** | 이 영역의 문항은 경우의 수를 따져 식을 세워 풀어야 하는 수학 문제에 가깝다. 따라서 식을 세울 수 있도록 제시된 조건과 자료를 정확하게 파악하는 것이 중요하다.

🐢 **더 자세한 해설** @

STEP 1. 주어진 조건 파악하기

P에서 A의 전류에 의한 자기장의 세기가 B_0이므로 $B_0=k\dfrac{I_0}{2d}$이고, P와 Q에서 A의 전류에 의한 자기장의 방향은 오른 나사 법칙에 따라 xy평면에서 수직으로 나오는 방향(⊙)이다. 따라서 A로부터의 거리가 P의 절반인 Q에서는 자기장의 세기가 $2B_0$이고, Q는 A를 기준으로 P와 같은 쪽에 있기 때문에 Q에서의 자기장 방향도 ⊙이다.

C와 Q 사이의 거리가 $2d$이고, C의 전류 세기가 $3I_0$이므로 Q에서 C의 전류에 의한 자기장의 세기는 $B_0=k\dfrac{I_0}{2d}$에 의해 $3B_0$이다. 또한 C에서 Q와 P까지의 거리는 각각 $2d$, $3d$이므로 C의 전류에 의한 자기장의 세기 비는 P : Q = 2 : 3이다. 따라서 P에서 C의 전류에 의한 자기장의 세기는 $2B_0$이다.

B로부터 P와 Q 사이의 거리의 비는 P : Q = 1 : 2이므로 B의 전류에 의한 자기장의 세기는 P : Q = 2 : 1이다. 따라서 B의 전류에 의한 P에서의 자기장 세기를 $2B$라고 하면 Q에서 자기장 세기는 B이다. 이때 A와 C의 전류에 의한 자기장이 B_0의 정수배(2배, 3배 …)이고, 합성 자기장도 B_0의 정수배이므로 B도 B_0의 정수배이어야 한다. 이를 표로 정리하면 다음과 같다.

구분	합성(P)	A	C	B
자기장의 세기	B_0	B_0	$2B_0$	$2B$
자기장의 방향	?	⊙	?	?

구분	합성(Q)	A	C	B
자기장의 세기	$3B_0$	$2B_0$	$3B_0$	B
자기장의 방향	?	⊙	?	?

STEP 2. C의 전류에 의한 자기장의 방향 찾기

B보다 C에 대한 정보를 더 많이 알고 있으므로 C에 대한 경우를 먼저 따진다. P와 Q는 C를 기준으로 같은 쪽에 있으므로 C의 전류에 의해 P와 Q에 생성되는 자기장의 방향은 같다. 따라서 C의 전류에 의해 P에 생기는 자기장의 방향이 ⊙이면 Q에서도 ⊙이고, C의 전류에 의해 P에 생기는 자기장의 방향이 ⊗이면 Q에서도 ⊗이다. 이는 B도 마찬가지이므로 P와 Q에서 B의 전류에 의한 자기장의 방향도 서로 같다.

P와 Q에서 C의 전류에 의한 자기장의 방향이 ⊗이라고 가정한다면 A의 전류와 C의 전류에 의해 생기는 자기장의 세기와 방향이 P와 Q에서 B_0, ⊗으로 같아진다. 따라서 합성 자기장의 세기는 B의 전류에 의해 결정되는데, B의 전류에 의한 자기장의 세기는 Q보다 P에서 더 크고, B는 B_0의 정수배이므로 합성 자기장의 세기는 P에서 더 커진다. 주어진 조건에서는 Q에서의 합성 자기장 세기가 P에서의 합성 자기장 세기보다 크므로 가정이 틀렸음을 알 수 있다. 따라서 C의 전류에 의한 자기장의 방향은 ⊙이다.

STEP 3. B의 전류에 의한 자기장의 방향 찾기

P와 Q에서 C의 전류에 의한 자기장의 방향이 ⊙이므로 A와 C의 전류에 의한 자기장의 세기와 방향은 P에서 $3B_0$, ⊙과 Q에서 $5B_0$, ⊙이다. A와 C의 전류에 의한 자기장이 Q에서($5B_0$)가 P에서($3B_0$)의 $\frac{5}{3}$배이고, 합성 자기장의 세기는 Q에서($3B_0$)가 P에서(B_0)의 3배가 되어야 하는데, B의 방향이 ⊙이라면 P와 Q의 차이가 줄어들게 되므로 3배가 될 수 없다. 따라서 B의 방향은 ⊗이므로 P에서 $\pm B_0 = 3B_0 - 2B$, Q에서 $\pm 3B_0 = 5B_0 - B$이다.

STEP 4. P와 Q에서 합성 자기장의 방향 찾기

Q에서 합성 자기장의 방향이 ⊗이라면 합성 자기장은 $-3B_0$이므로 $B = 8B_0$가 되어야 한다. 이 경우 P에서 합성 자기장의 세기가 B_0가 되는 것은 불가능하다. 따라서 Q에서 합성 자기장은 $+3B_0$이고, $B = 2B_0$가 되므로 P에서 합성 자기장은 $-B_0$이다.

구분	합성(P)	A	C	B
자기장의 세기	B_0	B_0	$2B_0$	$4B_0$
자기장의 방향	⊗	⊙	⊙	⊗

구분	합성(Q)	A	C	B
자기장의 세기	$3B_0$	$2B_0$	$3B_0$	$2B_0$
자기장의 방향	⊙	⊙	⊙	⊗

STEP 5. 보기 풀이

ㄱ. **오답** | $B_0 = k\dfrac{I_0}{2d}$이고, B와 $2d$만큼 떨어진 Q에서 B의 전류에 의한 자기장의 세기가 $2B_0$이므로 $I_B = 2I_0$이다.

ㄴ. **오답** | P와 Q에서 C의 전류에 의한 자기장의 방향이 ⊙이므로 C의 전류의 방향은 $+y$방향이다.

ㄷ. **정답** | Q에서 A, B, C의 전류에 의한 자기장의 방향은 xy평면에서 수직으로 나오는 방향(⊙)이다.

그림과 같이 일정한 세기의 전류가 각각 흐르는 무한히 긴 두 직선 도선 A, B가 xy 평면에 수직으로 y축에 고정되어 있다. 점 a, b, c는 y축 상에 있다. A와 B의 전류에 의한 자기장의 세기는 a에서가 b에서보다 크고, 방향은 a와 b에서 서로 같다. A, B의 전류의 방향은 같다.
이에 대한 설명으로 옳은 것만을 〈보기〉에서 있는 대로 고른 것은? 3점 　B의 전류의 세기는 A보다 크다.

y축: $4d$ • a, $3d$ ○ A, $2d$ • b, 0 ○ B → x, $-d$ • c

보기

ㄱ. 전류의 방향은 A와 B에서 서로 같다.
ㄴ. 전류의 세기는 B가 A보다 크다.
ㄷ. A와 B의 전류에 의한 자기장의 세기는 c에서가 a에서보다 크다.

① ㄱ　　② ㄷ　　③ ㄱ, ㄴ　　④ ㄴ, ㄷ　　✓⑤ ㄱ, ㄴ, ㄷ

😀 **문제풀이 TIP** | 자기장의 세기는 전류의 세기에 비례하고 도선으로부터 수직으로 떨어진 거리에 반비례한다.

😀 **출제분석** | 이 영역에서 출제되는 문항은 위와 같이 두 개 이상의 도선에 흐르는 전류에 의해 임의의 지점에서 나타나는 합성 자기장을 비교하는 형태로 출제된다.

|자|료|해|설|

A에서 a, b까지의 거리는 각각 d로 같으므로 A의 전류에 의한 자기장의 세기는 a와 b에서 같다.

|보|기|풀|이|

ㄱ. 정답 : A와 B의 전류에 의한 자기장의 세기가 b보다 a에서 더 크려면, a에서 A와 B의 전류에 의한 자기장의 방향은 같고, b에서 A와 B의 전류에 의한 자기장의 방향은 반대여야 한다. 따라서 전류의 방향은 A와 B에서 서로 같다.

ㄴ. 정답 : a에서 A와 B의 전류에 의한 자기장의 방향은 같고, b에서 A와 B의 전류에 의한 자기장의 방향은 반대임에도 a와 b에서 A와 B의 전류에 의한 자기장의 방향이 같으려면 a, b에서 같은 방향으로 자기장을 작용하는 B의 영향이 더 커야한다. 또 b에서 A까지의 거리(d)보다 b에서 B까지의 거리($2d$)가 더 크고 자기장의 세기는 거리에 반비례하므로 전류의 세기는 B가 A보다 크다.

ㄷ. 정답 : a에서 A까지의 거리와 c에서 B까지의 거리, a에서 B까지의 거리와 c에서 A까지의 거리는 각각 같고 a, c에서 각각 A와 B의 전류에 의한 자기장의 방향은 같으므로 A와 B의 전류의 의한 자기장의 세기는 전류의 세기가 더 센 B의 영향을 받는다. 따라서 자기장의 세기는 B와 가까운 c에서가 a에서보다 크다.

🐧 **더 자세한 해설** @

STEP 1. A의 전류 방향이 xy평면에서 수직으로 나오는 방향(⊙)일 때

a와 b에서 자기장의 방향이 같다는 정보만 주어지고, A나 B의 전류의 방향에 대한 정보와 a, b, c에서 자기장의 방향에 대한 정보가 주어지지 않았으므로 A와 B의 전류의 방향은 xy평면에 수직으로 나오는 방향(⊙)과 수직으로 들어가는 방향(⊗) 모두 가능하다. 따라서 어떤 방향으로 정해서 풀이하든 문제풀이에 지장이 없다.

먼저 A의 전류 방향을 xy평면에 수직으로 나오는 방향(⊙)이라고 하자. A로부터 a와 b의 거리는 각각 d이므로 두 지점에서 자기장의 세기는 같다. 이때 오른 나사 법칙에 의해 a에서 A에 의한 자기장의 방향은 $-x$방향이고, b에서 A에 의한 자기장의 방향은 $+x$방향이다.

a와 b에서 a에서의 합성 자기장 세기가 더 크면서 합성 자기장의 방향이 같아지기 위해서는 B에 의한 자기장의 방향은 $-x$방향이어야 하고, b에서 자기장의 방향이 바뀌기 위해서는 A에 흐르는 전류의 세기보다 B에 흐르는 전류의 세기가 커야 한다. 따라서 B에 흐르는 전류의 방향은 A의 전류 방향과 같고, c에서는 a에서보다 더 큰 세기의 합성 자기장이 $+x$방향으로 형성된다.

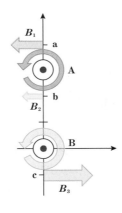

STEP 2. A의 전류 방향이 xy평면에서 수직으로 들어가는 방향(⊗)일 때

전류 방향이 반대인 경우는 미지수를 사용하여 살펴보자. A에 흐르는 전류의 세기를 I_1, B에 흐르는 전류의 세기를 I_2라고 하자. a에는 A에 의해 $+x$방향으로 $B_A = k\dfrac{I_1}{d}$의 자기장이 형성되고, b에서는 $-x$방향으로 B_A의 자기장이 형성된다. 이때 B의 전류에 의해 형성된 자기장으로 인해 b에서 자기장의 세기가 바뀌어야 하므로 $B_B = k\dfrac{I_2}{2d} > B_A = k\dfrac{I_1}{d}$가 되어 $I_2 > 2I_1$이다.

c에서 B의 전류에 의한 자기장은 $2B_B = k\dfrac{I_2}{d}$이고, A의 전류에 의한 자기장은 $\dfrac{1}{4}B_A = k\dfrac{I_1}{4d}$이다. 두 자기장의 방향은 모두 $-x$방향이므로 합성 자기장의 세기는 $\dfrac{1}{4}B_A + 2B_B$이다. a에서 B의 전류에 의한 자기장은 $\dfrac{1}{2}B_B = k\dfrac{I_2}{4d}$이고, A의 전류에 의한 자기장은 $B_A = k\dfrac{I_1}{d}$이다. 두 자기장의 방향은 모두 $+x$방향이므로 합성 자기장의 세기는 $\dfrac{1}{2}B_B + B_A$이다.

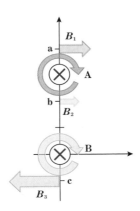

STEP 3. 보기 풀이

ㄱ. **정답** | a와 b의 합성 자기장의 방향이 같기 위해서는 A와 B에서의 전류의 방향이 같아야 한다.

ㄴ. **정답** | A에 흐르는 전류의 세기를 I_1, B에 흐르는 전류의 세기를 I_2라고 하면 b에서 각각에 흐르는 전류에 의한 자기장의 세기가 $B_B = k\dfrac{I_2}{2d} >$ $B_A = k\dfrac{I_1}{d}$이므로 $I_2 > 2I_1$이다. 따라서 전류의 세기는 B가 A보다 크다.

ㄷ. **정답** | a에서 합성 자기장의 세기는 $B_A + \dfrac{1}{2}B_B$이고, c에서 합성 자기장의 세기는 $\dfrac{1}{4}B_A + 2B_B$이다. $B_B > B_A$이므로 $\dfrac{1}{4}B_A + 2B_B > \dfrac{3}{2}B_B > B_A + \dfrac{1}{2}B_B$가 되어 c에서의 합성 자기장 세기가 a에서보다 더 크다.

---

44 직선 전류에 의한 자기장

정답 ⑤ 정답률 84% 2024년 10월 학평 11번 문제편 179p

그림과 같이 세기와 방향이 일정한 전류가 흐르는 무한히 긴 직선 도선 A, B, C, D가 xy평면에 수직으로 고정되어 있다. A와 B에는 xy평면에 수직으로 들어가는 방향으로 전류가 흐른다. 원점 O에서 A, B의 전류에 의한 자기장의 세기는 각각 B_0으로 서로 같다. 표는 O에서 두 도선의 전류에 의한 자기장의 세기와 방향을 나타낸 것이다.

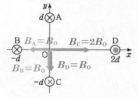

×: xy평면에 수직으로 들어가는 방향

도선	두 도선의 전류에 의한 자기장	
	세기	방향
A, C	B_0	$+x$
B, D	$2B_0$	$-y$

이에 대한 옳은 설명만을 〈보기〉에서 있는 대로 고른 것은? 3점

보기

ㄱ. O에서 C의 전류에 의한 자기장의 세기는 $2B_0$이다.
ㄴ. 전류의 세기는 D에서가 B에서의 2배이다.
ㄷ. 전류의 방향은 C와 D에서 서로 반대이다.

① ㄱ   ② ㄷ   ③ ㄱ, ㄴ   ④ ㄴ, ㄷ   ✔⑤ ㄱ, ㄴ, ㄷ

|자|료|해|설|

O에서 A, B, C, D의 전류에 의한 자기장의 세기를 각각 $B_A = B_0$, $B_B = B_0$, B_C, B_D라 하면 A와 C의 전류에 의한 자기장의 세기는 $B_C - B_0 = B_0$이므로 $B_C = 2B_0$이고 자기장의 방향은 $+x$방향이다. B와 D의 전류에 의한 자기장의 세기는 $B_0 + B_D = 2B_0$이므로 $B_D = B_0$이고 자기장의 방향은 $-y$방향이다.

|보|기|풀|이|

ㄱ. **정답** : O에서 C의 전류에 의한 자기장의 세기는 $2B_0$이고 방향은 $+x$방향이다.

ㄴ. **정답** : 자기장의 세기는 전류의 세기에 비례하고 떨어진 거리에 반비례한다. $\left(B = k\dfrac{I}{r} \right)$ O에서 B와 D의 전류에 의한 자기장의 세기는 같고 떨어진 거리는 D가 B보다 2배 크므로 전류의 세기도 D에서가 B에서의 2배이다.

ㄷ. **정답** : C와 D에 흐르는 전류의 방향은 각각 xy평면에 들어가는 방향, 나오는 방향으로 서로 반대이다.

😊 **출제분석** | 직선 전류에 의한 자기장의 세기와 방향을 이해하는지 확인하는 문항이다.

그림과 같이 가늘고 무한히 긴 직선 도선 A, C와 중심이 원점 O인 원형 도선 B가 xy평면에 고정되어 있다. A에는 세기가 I_0인 전류가 $+y$방향으로 흐르고, B와 C에는 각각 세기가 일정한 전류가 흐른다. 표는 B, C에 흐르는 전류의 방향에 따른 O에서 A, B, C의 전류에 의한 자기장의 세기를 나타낸 것이다.

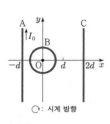

○ : 시계 방향

전류의 방향		O에서 A, B, C의 전류에 의한 자기장의 세기
B	C	
시계 방향	$+y$방향	0
시계 방향	$-y$방향	$4B_0$
시계 반대 방향	$-y$방향	$2B_0$

→ $+B_A+B_B-B_C$ $=0-$ ①
→ $+B_A+B_B+B_C$ $=+4B_0-$ ②
→ $+B_A-B_B+B_C$ $=+2B_0-$ ③

C에 흐르는 전류의 세기는? 3점

① I_0 ② $2I_0$ ③ $4I_0$ ④ $6I_0$ ⑤ $8I_0$

|자|료|해|설|및|선|택|지|풀|이|

O에서 자기장의 방향이 xy평면에 수직으로 들어가는 방향을 (+), 나오는 방향을 (−)라 하고, A, B, C에 의한 O에서의 자기장 세기를 각각 B_A, B_B, B_C라 하면, 표의 순서대로 O에서 A, B, C의 전류에 의한 자기장의 세기는 $+B_A+B_B-B_C=0-$ ①, $+B_A+B_B+B_C=4B_0-$ ②, $+B_A-B_B+B_C=2B_0-$ ③이다. 이를 연립하면 $B_A=B_0$, $B_B=B_0$, $B_C=2B_0$이다.

|선|택|지|풀|이|

③ 정답 : 직선 전류에 의한 자기장의 세기(B)는 전류의 세기(I)에 비례하고 도선으로부터 떨어진 거리(r)에 반비례$\left(B\propto\dfrac{I}{r}\right)$한다. $B_A=B_0=k\dfrac{I_0}{d}$, $B_C=2B_0=k\dfrac{I_C}{2d}$이므로 C에 흐르는 전류의 세기는 $I_C=4I_0$이다.

😀 출제분석 | 자기장의 세기와 방향을 고려하여 자기장의 세기 합을 식으로 표현하면 쉽게 해결할 수 있다.

그림과 같이 xy평면에 가늘고 무한히 긴 직선 도선 A, B, C가 고정되어 있다. C에는 세기가 I_C로 일정한 전류가 $+x$방향으로 흐른다. 표는 A, B에 흐르는 전류의 세기와 방향을 나타낸 것이다. 점 p, q는 xy평면상의 점이고, p에서 A, B, C의 전류에 의한 자기장의 세기는 (가)일 때가 (다)일 때의 2배이다.

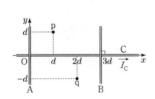

	A의 전류		B의 전류	
	세기	방향	세기	방향
(가)	I_0	$-y$	I_0	$+y$
(나)	I_0	$+y$	I_0	$+y$
(다)	I_0	$+y$	$\frac{1}{2}I_0$	$+y$

이에 대한 설명으로 옳은 것만을 〈보기〉에서 있는 대로 고른 것은?

보기

ㄱ. $I_C=3I_0$이다.

ㄴ. (나)일 때, A, B, C의 전류에 의한 자기장의 세기는 p에서와 q에서가 같다

ㄷ. (다)일 때, q에서 A, B, C의 전류에 의한 자기장의 방향은 xy평면에 수직으로 들어가는 방향이다.

① ㄱ   ② ㄷ   ③ ㄱ, ㄴ   ④ ㄴ, ㄷ   ✓⑤ ㄱ, ㄴ, ㄷ

xy평면에 수직으로 들어가는 방향 : ⊗
xy평면에 수직으로 나오는 방향 : ⊙

$B_0=k\dfrac{I_0}{4d}$, $B_C=k\dfrac{I_C}{d}$라 하면,

(가)일 때 p에서 자기장의 세기와 방향

A	B	C	합성 자기장의 세기
$4B_0$	$2B_0$	B_C	$+4B_0+2B_0+B_C=+2B$
⊙	⊙	⊙	

(다)일 때 p에서 자기장의 세기와 방향

A	B	C	합성 자기장의 세기
$4B_0$	B_0	B_C	$-4B_0+B_0+B_C=+B$
⊗	⊙	⊙	

|자|료|해|설|

xy평면에서 수직으로 나오는 방향을 (+)로 표시하고 자기장의 세기를 $B_0=k\dfrac{I_0}{4d}$, $B_C=k\dfrac{I_C}{d}$라 하면, p와 q에서 자기장의 세기와 방향은 각각 $+4B_0+2B_0+B_C=2B$, $-4B_0+B_0+B_C=B$이므로 두 식을 정리하면 $B_C=12B_0$이다.

|보|기|풀|이|

ㄱ. 정답 : $B_C=12B_0$이므로 $B_C=k\dfrac{I_C}{d}=k\dfrac{12I_0}{4d}$이므로 $I_C=3I_0$이다.

ㄴ. 정답 : (나)일 때 p와 q에서 A, B, C의 전류에 의한 자기장의 합의 세기와 방향은 각각 $-4B_0+2B_0+12B_0=+10B_0$, $-2B_0+4B_0-12B_0=-10B_0$이다.

ㄷ. 정답 : (다)일 때 q에서 A, B, C의 전류에 의한 자기장의 합의 세기와 방향은 $-2B_0+2B_0-12B_0=-12B_0$이다.

😀 문제풀이 TIP | 앙페르 법칙 $B=k\dfrac{I}{r}$

😀 출제분석 | 앙페르 법칙에 따라 합성 자기장의 세기를 식으로 표현하면 쉽게 해결할 수 있는 문항이다.

02 물질의 자성 ★수능에 나오는 필수 개념 2가지 + 필수 암기사항 3개

필수개념 1 **자성과 자성체**

- **자성** : 철이나 니켈 등과 같은 금속을 끌어당기는 성질을 자성이라 하고, 자성을 가진 물체를 자성체라 한다.

필수개념 2 **자성의 종류와 원인**

- 암기 **물질의 자성** : 자기화 정도에 따라 강자성, 상자성, 반자성으로 분류한다.

자성의 종류	상태	설명
강자성 예 철, 코발트, 니켈 등	(가) 외부 자기장을 가하기 전	원자 자석들에 의한 자기장의 방향이 무질서하므로 자석의 효과가 나타나지 않음
	(나) 외부 자기장을 가했을 때	외부 자기장의 방향으로 원자 자석이 배열됨
	(다) 외부 자기장을 제거한 후	자석의 효과를 오래 유지하지만 영원히 자화된 상태를 유지하지는 않음
	(가) (나) N S (다)	
상자성 예 알루미늄, 산소, 백금 등	(가) 외부 자기장을 가하기 전	원자 내에 쌍을 이루지 않는 전자들이 있지만 물질 내에 원자 자석들이 무질서하게 배열되어 자석의 효과가 나타나지 않음
	(나) 외부 자기장을 가했을 때	외부 자기장의 방향으로 원자 자석이 약하게 배열됨 열운동에 의해 원자 자석의 정렬이 방해를 받아 강자성보다 정렬 상태가 약함
	(다) 외부 자기장을 제거한 후	자성이 바로 사라짐
	(가) (나) N S (다)	
반자성 예 물, 구리, 유리, 나무 등	(가) 외부 자기장을 가하기 전	원자 내의 모든 전자가 스핀 방향이 반대인 전자끼리 쌍을 이루므로 자기적 성질을 띠지 않음
	(나) 외부 자기장을 가했을 때	외부 자기장의 반대 방향으로 원자 자석들이 정렬됨
	(다) 외부 자기장을 제거한 후	자성이 바로 사라짐
	(가) (나) N S (다)	

- 암기 **자성의 원인** : 물질을 구성하는 원자 내 전자의 운동에 의한 자기장 때문

전자의 궤도 운동	전자의 스핀
전자가 원자핵 주위로 궤도 운동(공전)하므로 전류가 흐르는 것과 같은 효과로 자기장이 발생. 전자의 운동 방향 : 반시계 방향 전류의 방향 : 시계 방향 중심에서 자기장 방향 : 아래 방향 S 전류 r 전자 전자의 방향 N	전자의 회전 운동(자전)으로 인해 전류가 흐르는 것과 같은 효과로 자기장이 발생. 전자의 자전 방향 : 반시계 방향 전류의 방향 : 시계 방향 중심에서 자기장 방향 : 아래 방향 전자 회전 방향 S N

▶ 개구리가 공중에 떠 있는 이유
자기장이 형성된 공간에 놓인 개구리가 공중에 떠 정지해 있는 것은 개구리를 구성하는 대부분의 물질이 반자성체인 물이기 때문이다. 물에 의해 개구리는 아래쪽으로 중력, 위쪽으로 자기력을 받아 힘의 평형을 이루어 정지해 있다.

마이스너 효과
초전도체 위에 자석을 올려놓으면 그림과 같이 자석을 공중에 뜨게 한다. 외부에 자기장을 걸어 주면 초전도체는 반자성의 효과로 외부 자기장과 반대 방향의 자기장이 형성되어 자석을 강하게 밀어낸다.

자기적 성질을 이용한 저장 매체
정보를 저장할 때에는 강자성체에 전류에 의한 자기장을 이용하여 정보를 저장하고, 정보를 읽을 때에는 전자기 유도 법칙을 활용하여 정보를 읽는다.
— 대표적인 예 : 자기 테이프, 하드 디스크, 마그네틱 카드 등

암기 대부분의 물질이 자성을 띠지 않는 이유
대부분의 물질은 전자의 궤도 운동과 전자의 스핀에 의한 자기장이 0이거나 매우 작다. 즉, 서로 반대 방향으로 궤도 운동을 하거나 서로 반대 방향의 스핀을 갖는 전자들이 짝을 이루어 전자가 만드는 자기장의 합이 0이 되기 때문이다.
① 강자성과 상자성 : 원자 내에 쌍을 이루지 않는 전자들이 있을 때 나타난다.
② 반자성 : 원자 내 전자들이 모두 쌍을 이루어 전자의 궤도 운동과 스핀에 의한 자기장이 완전히 상쇄될 때 나타난다.

그림은 물질의 자성에 대해 학생 A, B, C가 발표하는 모습을 나타낸 것이다.

발표한 내용이 옳은 학생만을 있는 대로 고른 것은?

① A 　　　② B 　　　③ A, C 　　　④ B, C 　　　⑤ A, B, C

|자|료|해|설|
물질의 자성은 자기화 정도에 따라 강자성, 상자성, 반자성으로 분류한다.

|보|기|풀|이|
학생 A. 정답 : 강자성체는 외부 자기장의 방향으로 자화되어 외부 자기장이 제거되어도 자화된 상태를 유지하므로 정보를 저장할 수 있다.
학생 B. 오답 : 상자성체는 외부 자기장을 제거하면 자성이 사라진다.
학생 C. 정답 : 반자성체는 외부 자기장의 방향과 반대 방향으로 자화되는 성질을 가진 물질이다.

😀 **출제분석** | 물질 자성의 종류와 특징을 확인하는 문항으로 기본 개념을 확인하는 수준에서 출제되었다.

그림 (가)는 철 바늘을 물 위에 띄웠더니 회전하여 북쪽을 가리키는 모습을, (나)는 플라스틱 빨대에 자석을 가까이 하였더니 빨대가 자석으로부터 멀어지는 모습을 나타낸 것이다.

(가) 　　　　　　　　　(나)

이에 대한 옳은 설명만을 〈보기〉에서 있는 대로 고른 것은?

```
보기
ㄱ. (가)의 철 바늘은 자기화되어 있다.
ㄴ. 철 바늘은 강자성체이다.
ㄷ. 플라스틱 빨대는 반자성체이다.
```

① ㄱ 　　　② ㄷ 　　　③ ㄱ, ㄴ 　　　④ ㄴ, ㄷ 　　　⑤ ㄱ, ㄴ, ㄷ

|자|료|해|설|
(가)에서 철 바늘은 강자성체로 지구 자기장 방향으로 정렬되어 있다. (나)에서 플라스틱 빨대는 반자성체로 자석을 가까이하면 자석으로부터 멀어진다.

|보|기|풀|이|
ㄱ. 정답 : 철 바늘은 지구 자기장 방향으로 정렬되므로 자기화되어 있다.
ㄴ. 정답 : 철은 강자성체이다.
ㄷ. 정답 : 플라스틱 빨대는 외부 자기장에 의해 밀려나므로 반자성체이다.

😀 **출제분석** | 자성체의 특징은 매우 쉽게 이해할 수 있는 영역이다. 반드시 정답을 고를 수 있어야 한다.

그림 (가)는 자석에 붙여 놓았던 알루미늄 클립들이 서로 달라붙지 않는 모습을, (나)는 자석에 붙여 놓았던 철 클립들이 서로 달라붙는 모습을 나타낸 것이다.

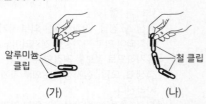

알루미늄 클립   철 클립

(가)   (나)

이에 대한 설명으로 옳은 것만을 〈보기〉에서 있는 대로 고른 것은?

보기

ㄱ. (가)의 알루미늄 클립은 ~~강~~자성체이다. 상

ㄴ. (나)의 철 클립은 ~~상~~자성체이다. 강

ㄷ. (나)의 철 클립은 자기화되어 있다.

① ㄴ   ② ㄷ ✓   ③ ㄱ, ㄴ   ④ ㄱ, ㄷ   ⑤ ㄱ, ㄴ, ㄷ

|자|료|해|설|

강자성체는 외부 자기장을 제거하여도 자성을 오래 유지한다. 상자성체는 외부 자기장을 제거하면 자성이 없어지는 물질이다.

|보|기|풀|이|

ㄱ. 오답 : 자석에 붙여 놓았던 알루미늄 클립들은 자석에서 떨어진 후 서로 달라붙지 않으므로 상자성체이다.

ㄴ. 오답 : 자석에 붙여 놓았던 철 클립들은 자석에서 떨어진 후에도 서로 달라붙었으므로 강자성체이다.

ㄷ. 정답 : (나)의 철 클립은 자성을 유지하고 있으므로 달라붙는다. 따라서 자기화되어 있다.

😮 **문제풀이 T I P** | 철은 강자성체이고 알루미늄은 상자성체이다.

😊 **출제분석** | 이 영역은 비교적 쉽게 이해할 수 있는 내용이므로 반드시 정답을 고를 수 있어야 한다.

다음은 자성체에 대한 실험이다.

[실험 과정]

(가) 스탠드에 유리 막대를 수평으로 매달고, 자석을 유리 막대의 A 부분에 가까이 가져간다.

(나) 스탠드에 지폐를 수평으로 매달고, 자석을 지폐의 숫자가 있는 B 부분에 가까이 가져간다.

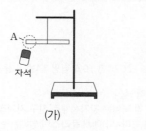 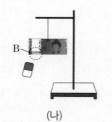

A

자석

B

(가)   (나)

[실험 결과] B는 강자성체(지폐에는 강자성체가 포함된 잉크가 쓰임)

실험	N극을 가까이 할 때	S극을 가까이 할 때
(가)	A가 밀려난다.	㉠
(나)	→ A는 반자성체	B가 끌려온다.

이에 대한 옳은 설명만을 〈보기〉에서 있는 대로 고른 것은? **3점**

보기

ㄱ. ㉠은 'A가 ~~끌려온다~~'이다. 밀려난다

ㄴ. 유리 막대는 ~~강~~자성체이다. 반

ㄷ. B에는 외부 자기장과 같은 방향으로 자기화되는 물질이 있다.

① ㄱ   ② ㄷ ✓   ③ ㄱ, ㄴ   ④ ㄱ, ㄷ   ⑤ ㄴ, ㄷ

|자|료|해|설|

(가)에서 자석을 가까이할 때 A가 밀려나므로 A는 반자성체인 유리이다. (나)에서 자석을 가까이할 때 B는 끌려오므로 B는 강자성체가 포함된 지폐이다. 자석의 극은 관계없다.

|보|기|풀|이|

ㄱ. 오답 : (가)에서 N극을 가까이할 때 A가 밀려났다면 A는 반자성체이므로 ㉠도 'A가 밀려난다'이다.

ㄴ. 오답 : A는 반자성체로 유리 막대이다.

ㄷ. 정답 : B는 강자성체가 포함된 잉크가 쓰이는 지폐로 강자성체는 외부 자기장에 대해 같은 방향으로 자기화 반응이 강하다.

😮 **문제풀이 T I P** | ▶ 강자성체 : 외부 자기장에 대해 같은 방향으로 자기화 반응이 강한 자성체로 철, 니켈, 코발트 등이 있다.

▶ 상자성체 : 외부 자기장에 대해 같은 방향으로 자기화 반응이 약한 자성체로 종이, 알루미늄, 마그네슘, 산소 등이 있다.

▶ 반자성체 : 외부 자기장의 반대 방향으로 자기화 되는 자성체로 금, 은, 구리, 납, 물, 유리, 플라스틱 등이 있다.

😊 **출제분석** | 이 영역의 문항은 자성체의 종류와 특징으로 쉽게 해결할 수 있다.

다음은 물질의 자성에 대한 실험이다.

[실험 과정]

(가) 나무 막대의 양 끝에 물체
A와 B를 고정하고 수평을
이루며 정지해 있도록
실로 매단다. A와 B는
반자성체와 상자성체를 순서
없이 나타낸 것이다.

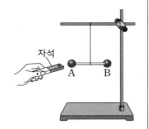
자석
A B

(나) 자석을 A에 서서히
가져가며 자석과 A 사이에 작용하는 힘의 방향을 찾는다.

(다) (나)에서 자석의 극을 반대로 하여 (나)를 반복한다.

(라) 자석을 B에 서서히 가져가며 자석과 B 사이에 작용하는
힘의 방향을 찾는다.

[실험 결과]

ㅇ (나)에서 자석과 A 사이에 작용하는 힘의 방향은 서로 미는
방향이다.   ↳ A는 반자성체, B는 상자성체

이에 대한 설명으로 옳은 것만을 〈보기〉에서 있는 대로 고른 것은?

3점

보기

ㄱ. (나)에서 A는 외부 자기장과 반대 방향으로 자화된다.

ㄴ. (다)에서 자석과 A 사이에 작용하는 힘의 방향은 서로
당기는 방향이다. 미는

ㄷ. (라)에서 자석과 B 사이에 작용하는 힘의 방향은 서로 미는
방향이다.   당기는

① ㄱ   ② ㄴ   ③ ㄱ, ㄷ   ④ ㄴ, ㄷ   ⑤ ㄱ, ㄴ, ㄷ

|자|료|해|설|

(나)에서 자석과 A 사이에 서로 미는 힘이 작용하므로 A는
반자성체, B는 상자성체이다.

|보|기|풀|이|

ㄱ. 정답 : 반자성체는 외부 자기장과 반대 방향으로
자화된다.

ㄴ. 오답 : (다)에서 자석의 극을 반대로 하여도 자석과
반자성체 사이에는 서로 미는 힘이 작용한다.

ㄷ. 오답 : 자석과 상자성체는 서로 당기는 힘이 작용한다.

😀 문제풀이 T I P | 자석을 가져갔을 때 상자성체는 인력이
작용하고 반자성체는 척력이 작용한다.

😀 출제분석 | 물질 자성의 종류에 따른 특징을 확인하는 탐구
실험 문제이다.

Ⅱ
2
ㅣ
02
물질의 자성

**그림은 자석이 냉장고의 철판에는 붙고, 플라스틱판에는 붙지 않는
현상에 대한 학생 A, B, C의 대화를 나타낸 것이다.**

자석은 강자성체야.
철은 외부 자기장과 반대 방향으로 자기화돼. 같은
플라스틱은 외부 자기장을 제거해도 자화된 상태를 유지해. 하지 못해
학생 A   학생 B   학생 C

제시한 내용이 옳은 학생만을 있는 대로 고른 것은?

① A   ② B   ③ A, B   ④ A, C   ⑤ B, C

|자|료|해|설|

자석과 철은 강자성체지만, 플라스틱은 아니다.

|보|기|풀|이|

학생 A. 정답 : 강자성체인 자석은 철에 붙는다.

학생 B. 오답 : 플라스틱은 강자성체가 아니므로 외부
자기장을 제거해도 자화된 상태를 유지하지 못한다.

학생 C. 오답 : 철은 강자성체이므로 외부 자기장과 같은
방향으로 자기화된다.

😀 출제분석 | 강자성체의 특징을 확인하는 기본 수준의 문항이다.

다음은 물체 A, B, C의 자성을 알아보기 위한 실험이다. A, B, C는 강자성체, 상자성체, 반자성체를 순서 없이 나타낸 것이다.

[실험 과정]

(가) 자기화되어 있지 않은 A, B, C를 자기장에 놓아 자기화 시킨다.

(나) 그림 Ⅰ과 같이 자기장에서 A를 꺼내 용수철저울에 매단 후, 정지된 상태에서 용수철저울의 측정값을 읽는다.

(다) 그림 Ⅱ와 같이 자기장에서 꺼낸 B를 A의 연직 아래에 놓은 후, 정지된 상태에서 용수철저울의 측정값을 읽는다.

(라) 그림 Ⅲ과 같이 자기장에서 꺼낸 C를 A의 연직 아래에 놓은 후, 정지된 상태에서 용수철저울의 측정값을 읽는다.

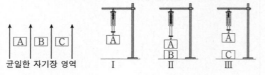

[실험 결과]

	Ⅰ	Ⅱ	Ⅲ
용수철저울의 측정값	w	$1.2w$	$0.9w$

결과 Ⅰ보다 커짐 | 결과 Ⅰ보다 작아짐

A, B, C로 옳은 것은?

	A	B	C
①	강자성체	상자성체	반자성체
②	강자성체	반자성체	상자성체
③	반자성체	강자성체	상자성체
④	상자성체	강자성체	반자성체
⑤	상자성체	반자성체	강자성체

|자|료|해|설|및|선|택|지|풀|이|

① 정답 : 실험 결과 Ⅱ에서는 결과 Ⅰ보다 값이 커졌기 때문에 A와 B는 서로 당기는 자기력이, Ⅲ에서는 결과 Ⅰ보다 값이 작아졌기때문에 A와 C는 서로 밀어내는 자기력이 작용함을 알 수 있다. 따라서 A는 강자성체, B는 상자성체, C는 반자성체이다.

😀 출제분석 | 자성체의 종류의 특징을 알고 있다면 쉽게 해결할 수 있는 문항이다.

그림 (가)와 같이 자석 주위에 자기화되어 있지 않은 자성체 A, B를 놓았더니 자석으로부터 각각 화살표 방향으로 자기력을 받았다. 그림 (나)는 (가)에서 자석을 치운 후 A와 B를 가까이 놓은 모습을 나타낸 것으로, B는 A로부터 자기력을 받는다.

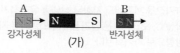

강자성체 (가) 반자성체 | (나)

이에 대한 옳은 설명만을 <보기>에서 있는 대로 고른 것은?

보기

ㄱ. B는 반자성체이다.
ㄴ. (가)에서 A와 B는 같은 방향으로 자기화되어 있다. '각각 자석과 같은 방향, 반대 방향'
ㄷ. (나)에서 A, B 사이에는 서로 당기는 자기력이 작용한다. 미는

① ㄱ   ② ㄴ   ③ ㄱ, ㄴ   ④ ㄱ, ㄷ   ⑤ ㄴ, ㄷ

|자|료|해|설|

A는 (가)에서 인력이 작용하고 (나)에서 자석 역할을 하므로 강자성체이다. B는 (가)에서 자석에 의해 척력이 작용하므로 반자성체이다.

|보|기|풀|이|

ㄱ. 정답 : B는 자석으로부터 밀려나므로 반자성체이다.
ㄴ. 오답 : (가)에서 A는 자석과 같은 방향으로, B는 자석과 반대 방향으로 자기화되어 있다.
ㄷ. 오답 : A는 (가)에서 자화되어 (나)에서는 자석 역할을 하므로 반자성체인 B에는 미는 자기력이 작용한다.

😀 문제풀이 TIP | 강자성체는 외부 자기장과 같은 방향으로 쉽게 자화되고 외부 자기장이 사라져도 자화된 상태를 유지하며, 상자성체와 반자성체는 외부 자기장이 사라지면 자화가 바로 사라진다.

😀 출제분석 | 강자성체와 반자성체의 특징을 알고 있다면 쉽게 해결할 수 있는 문항이다.

그림 (가)는 막대자석의 모습을, (나)는 (가)의 자석의 가운데를 자른 모습을 나타낸 것이다.

(가)   (나)

(나)에서 a, b 사이의 자기장 모습으로 가장 적절한 것은?

| 자 | 료 | 해 | 설 |

막대자석을 자르면 다시 N극, S극을 띠는 자석이 된다. 따라서 a는 N극, b는 S극을 띤다.

| 선 | 택 | 지 | 풀 | 이 |

① 정답 : 자기력선은 N극에서 나와 S극으로 들어가므로 정답은 ①이다.

😀 출제분석 | 자석과 자기력선의 기본 개념을 확인하는 문항이다.

다음은 자성체의 성질을 알아보기 위한 실험이다.

[실험 과정]

(가) 그림과 같이 코일을 고정시키고, 자기화되어 있지 않은 자성체 A, B를 준비한다. A, B는 강자성체, 상자성체를 순서 없이 나타낸 것이다.

(나) 바닥으로부터 같은 높이 h에서 A, B를 각각 가만히 놓아 코일의 중심을 통과하여 바닥에 닿을 때까지의 낙하 시간을 측정한다.

(다) A, B를 강한 외부 자기장으로 자기화시킨 후 꺼내, (나)와 같이 낙하 시간을 측정한다.

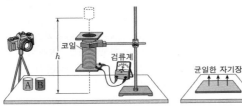

[실험 결과]

○ A의 낙하 시간은 (나)에서와 (다)에서가 같다. ➡ A는 상자성체

○ B의 낙하 시간은   ㉠   .

이에 대한 설명으로 옳은 것만을 〈보기〉에서 있는 대로 고른 것은?

보기

ㄱ. A는 ~~강자성체~~ 상자성체이다.

ㄴ. '(나)에서보다 (다)에서 길다'는 ㉠에 해당한다.

ㄷ. (다)에서 B가 코일과 가까워지는 동안, 코일과 B 사이에는 서로 밀어내는 자기력이 작용한다.

① ㄱ   ② ㄷ   ③ ㄱ, ㄴ   ✔④ ㄴ, ㄷ   ⑤ ㄱ, ㄴ, ㄷ

| 자 | 료 | 해 | 설 |

자기화 된 강자성체(B)가 코일을 통과할 때 강자성체에는 자기력이 작용하여 낙하 시간이 길어진다. 상자성체(A)의 경우 외부 자기장에서 꺼내면 자기화되지 않으므로 낙하 시간은 (나)에서와 (다)에서가 같다.

| 보 | 기 | 풀 | 이 |

ㄱ. 오답 : A의 낙하 시간은 (나)에서와 (다)에서가 같으므로 A는 상자성체이다.

ㄴ. 정답 : B는 강자성체이므로 B의 낙하 시간은 자기화된 이후 길어진다.

ㄷ. 정답 : (다)에서 B가 가까워지는 동안 코일을 통과하는 자기선속이 증가하므로 코일에는 이를 방해하는 방향의 유도 전류가 흐르며, 코일과 B 사이에는 서로 밀어내는 힘이 작용한다.

😀 출제분석 | 매회 비슷한 유형의 문항이 쉬운 난이도로 출제된다.

그림 (가)는 전류가 흐르는 전자석에 철못이 달라붙어 있는 모습을, (나)는 (가)의 철못에 클립이 달라붙은 모습을 나타낸 것이다.

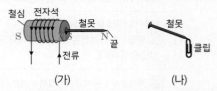

(가)   (나)

이에 대한 설명으로 옳은 것만을 <보기>에서 있는 대로 고른 것은?

보기
ㄱ. 철못은 강자성체이다.
ㄴ. (가)에서 철못의 끝은 S극을 띤다.
ㄷ. (나)에서 클립은 자기화되어 있다.

① ㄱ   ② ㄴ   ③ ㄱ, ㄷ   ④ ㄴ, ㄷ   ⑤ ㄱ, ㄴ, ㄷ

|자|료|해|설|
(가)에서 전류가 흐르면 전자석의 오른쪽은 N극을 띠게 되고, 철못은 자기화되어 철못의 끝이 N극이 되는 자석이 된다.

|보|기|풀|이|
ㄱ. 정답 : (나)에서 클립이 철못에 달라붙은 것은 철못에 외부 자기장을 제거해도 자성을 유지하고 있는 것이므로 철못은 강자성체이다.
ㄴ. 오답 : 자료 해설과 같이 철못의 끝은 N극을 띤다.
ㄷ. 정답 : (나)에서 클립은 철못에 달라붙어 있으므로 자기화되어 있다.

😮 문제풀이 T I P | 철은 강자성체이다.

😮 출제분석 | 물질의 자성 종류 3가지와 특징을 숙지하는 것만으로 이 영역의 문항은 쉽게 해결할 수 있다.

그림 (가)는 강자성체 X가 솔레노이드에 의해 자기화된 모습을, (나)는 (가)의 X를 자기화되어 있지 않은 강자성체 Y에 가져간 모습을 나타낸 것이다.

외부 자기장의 방향과 나란하게 자화됨

(가)   (나)

(나)에서 자기장의 모습을 나타낸 것으로 가장 적절한 것은? 3점

① 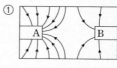   ②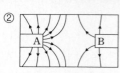

③ 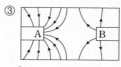   ④

⑤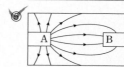

|자|료|해|설|
오른나사 법칙에 따라 (가) 솔레노이드에 흐르는 전류에 의해 만들어지는 솔레노이드 내부의 자기장 방향은 오른쪽이다. 강자성체는 외부 자기장의 방향과 같은 방향으로 자화가 일어나므로 X의 A는 N극이 된다. 또한 강자성체는 외부 자기장이 사라졌을 때에도 자화가 유지되는 특성이 있다.

|선|택|지|풀|이|
⑤ 정답 : (가)에서 자화된 강자성체 X에 의해 (나)에서 강자성체 Y도 X와 같은 방향으로 자화가 일어난다. 따라서 B는 S극으로 자화되어 ⑤와 같은 자기장을 형성한다.

😮 문제풀이 T I P | 강자성체는 외부 자기장과 나란하게 자화되며 외부 자기장이 사라져도 자화가 유지된다.

그림은 자성체를 이용한 실험에 대해 학생 A, B, C가 대화하는 모습을 나타낸 것이다.

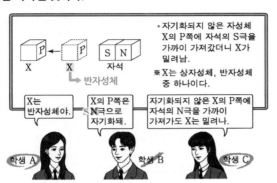

제시한 내용이 옳은 학생만을 있는 대로 고른 것은?

① A   ② B   ③ A, C   ④ B, C   ⑤ A, B, C

| 보 | 기 | 풀 | 이 |

학생 A. 정답 : 자석을 가까이 가져갔더니 X는 밀렸으므로 X는 반자성체이다.

학생 B. 오답 : X는 자석과 반대 방향으로 자기화되므로 X의 P쪽은 S극으로 자기화된다.

학생 C. 정답 : 반자성체에 자석을 가져가면 자석의 극과 관계없이 밀려난다.

😀 출제분석 | 반자성체의 특징을 확인하는 문항이다.

그림 (가)와 같이 자화되어 있지 않은 자성체 A와 B를 각각 막대자석에 가까이 하였더니, **A와 자석 사이에는 서로 미는** → A는 반자성체
자기력이 작용하였고 B와 자석 사이에는 서로 당기는 자기력이 → B는 강자성체
작용하였다. 그림 (나)와 같이 (가)에서 막대자석을 치운 후 A와 B를 가까이 하였더니, **A와 B 사이에는 자기력이 작용하였다.** 그림 (다)는 실에 매달린 막대자석 연직 아래의 수평한 지면 위에 A를 놓은 것을 나타낸 것이다.

(가)   (나)   (다)

이에 대한 설명으로 옳은 것만을 〈보기〉에서 있는 대로 고른 것은?

③점

> **보기**
> 반
> ㄱ. A는 ~~강~~자성체이다.
> ㄴ. (나)에서 A와 B 사이에는 서로 미는 자기력이 작용한다.
> ㄷ. (다)에서 지면이 A를 떠받치는 힘의 크기는 A의 무게보다 크다.

① ㄴ   ② ㄷ   ③ ㄱ, ㄴ   ④ ㄱ, ㄷ   ⑤ ㄴ, ㄷ

| 자 | 료 | 해 | 설 |

(가)에서 A와 자석 사이에는 서로 미는 자기력이 작용하므로 A는 반자성체이다. B와 자석 사이에는 서로 당기는 자기력이 작용하고 이때 자화된 B는 A와 서로 밀어내는 자기력이 작용한다. 즉, B는 강자성체이다.

| 보 | 기 | 풀 | 이 |

ㄱ. 오답 : (가)에서 A와 자석 사이에는 서로 미는 자기력이 작용하므로 A는 반자성체이다.

ㄴ. 정답 : A는 반자성체, B는 (가)에서 자화되었으므로 A와 B 사이에는 서로 미는 자기력이 작용한다.

ㄷ. 정답 : (다)에서 지면이 A를 떠받치는 힘의 크기는 A의 무게와 자기력의 합과 같다.

😀 문제풀이 T I P | 반자성 물질에 자석을 가까이하면 밀어내는 힘이 작용한다.

😀 출제분석 | 자성의 종류에는 3가지가 있다. 이 3가지 특징을 숙지하면 이 영역의 문항은 쉽게 해결할 수 있다.

다음은 한 종류의 순수한 금속으로 이루어진 초전도체 A에 대한 내용이다.

> (가) 그림과 같이 A의 저항값은 온도가 낮아짐에 따라 감소하다가 온도 T_0에서 갑자기 0이 된다. → $T_0 = T_c$
>
> 저항 ↑
> 0 T_0 온도(K)
>
> (나) 온도 T인 A를 자석 위의 공중에 가만히 놓으면, A는 그대로 공중에 뜬 상태를 유지한다.

이에 대한 설명으로 옳은 것만을 〈보기〉에서 있는 대로 고른 것은?

보기

ㄱ. $T \overset{<}{\times} T_0$이다.

ㄴ. (나)는 마이스너 효과에 의해 나타나는 현상이다.

ㄷ. (나)에서 A의 내부에는 외부 자기장과 ~~같은~~ **반대** 방향의 자기장이 형성된다.

① ㄱ   ✓② ㄴ   ③ ㄱ, ㄷ   ④ ㄴ, ㄷ   ⑤ ㄱ, ㄴ, ㄷ

|자|료|해|설|

특정 온도보다 낮은 온도에서 물체의 저항이 0이 되는 현상을 초전도 현상이라 하고 초전도 현상이 일어나는 물질을 초전도체라고 한다. 초전도 현상이 일어나는 온도를 임계 온도 또는 전이 온도라고 하며 T_c로 나타낸다.

|보|기|풀|이|

ㄱ. 오답 : 초전도 현상은 온도 T가 $T_0(T_c)$보다 낮을 때 일어난다.

ㄴ. 정답 : 초전도체 A는 온도 T에서 초전도 상태이다. 이 때, 외부의 자기장과 반대방향으로 자기장이 형성되어 내부에 침투해 있던 자기장이 외부로 밀려나는데 이를 마이스너 효과라고 한다. 이로인해 초전도체는 공중에 뜬 상태를 유지할 수 있다.

ㄷ. 오답 : 임계 온도 이하에서 초전도체의 내부는 외부 자기장과 반대 방향의 자기장이 형성되어 반자성을 가진다.

😲 **문제풀이 T I P |** 초전도체는 임계 온도보다 낮은 온도에서 반자성을 가진다.

😊 **출제분석 |** 신소재 중 하나인 초전도체에 대해 묻는 문항이다. 비교적 잘 출제되지 않지만 유전체, 액정과 함께 정리해두자.

그림 (가)와 같이 천장에 실로 연결된 자석의 연직 아래 수평면에 자기화되지 않은 물체 A를 놓았더니 A가 정지해 있다. 그림 (나)와 같이 (가)에서 자석을 자기화되지 않은 물체 B로 바꾸어 연결하고 A를 이동시켰더니 B가 A쪽으로 기울어져 정지해 있다. B는 상자성체, 반자성체 중 하나이다.

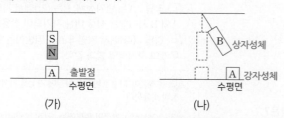

(가)   (나)

이에 대한 설명으로 옳은 것만을 〈보기〉에서 있는 대로 고른 것은?

보기

ㄱ. A는 외부 자기장과 ~~반대~~ **같은** 방향으로 자기화된다.

ㄴ. (가)에서 실이 자석에 작용하는 힘의 크기는 자석의 무게보다 크다.

ㄷ. B는 상자성체이다.

① ㄱ   ② ㄴ   ③ ㄱ, ㄷ   ✓④ ㄴ, ㄷ   ⑤ ㄱ, ㄴ, ㄷ

|자|료|해|설|

A는 외부 자기장을 제거하여도 자성을 유지하므로 강자성체이다. 또한 (나)에서 B는 A로부터 인력을 받으므로 상자성체이다.

|보|기|풀|이|

ㄱ. 오답 : A는 강자성체이므로 외부 자기장과 같은 방향으로 자기화된다.

ㄴ. 정답 : (가)에서 자석과 A는 인력이 작용하므로 실이 자석에 작용하는 힘의 크기는 자석의 무게보다 크다.

ㄷ. 정답 : B가 A에 끌려왔으므로 B와 A는 인력이 작용한다. 즉, B는 상자성체이다.

😲 **문제풀이 T I P |** (나)에서 A는 외부 자기장을 제거하여도 자성을 유지하므로 강자성체이다.

😊 **출제분석 |** 이 영역은 자성의 종류와 특징을 암기하는 것으로 쉽게 해결할 수 있다.

17 물질의 자성

정답 ② 정답률 48% 2023년 7월 학평 11번 문제편 185p

다음은 자성체 P, Q, R를 이용한 실험이다. P, Q, R는 강자성체, 상자성체, 반자성체를 순서 없이 나타낸 것이다.

[실험 과정]

(가) 그림과 같이 전지, 스위치, 코일을 이용하여 회로를 구성한 후 자성체 P를 코일의 왼쪽에 놓는다.

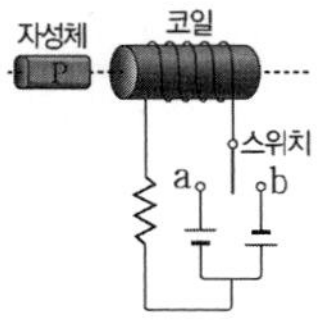

(나) 스위치를 a와 b에 각각 연결하여 코일이 자성체에 작용하는 자기력의 방향을 알아본다.

(다) (가)에서 P 대신 Q를 코일의 왼쪽에 놓은 후 (나)를 반복한다.

(라) (가)에서 P 대신 R를 코일의 왼쪽에 놓은 후 (나)를 반복한다.

[실험 결과]

스위치 연결	코일이 P에 작용하는 자기력의 방향	코일이 Q에 작용하는 자기력의 방향	코일이 R에 작용하는 자기력의 방향
a	왼쪽 (척력)	오른쪽 (인력)	왼쪽 (척력)
b	왼쪽 (척력)	㉠ 오른쪽(인력)	오른쪽 (인력)

이에 대한 설명으로 옳은 것만을 <보기>에서 있는 대로 고른 것은? 3점

보기

ㄱ. P는 외부 자기장을 제거해도 자기화된 상태를 계속 유지한다. 유지하지 못한다.

ㄴ. ㉠은 '오른쪽'이다.

ㄷ. R는 반자성체이다. 강자성체

① ㄱ ② ㄴ ③ ㄱ, ㄷ ④ ㄴ, ㄷ ⑤ ㄱ, ㄴ, ㄷ

| 자 | 료 | 해 | 설 |

P에는 코일의 자기장의 방향과 관계없이 척력이 작용하므로 P는 반자성체이다. 상자성체는 코일의 자기장의 방향과 관계없이 인력이 작용하므로 두 경우 모두 자기력의 방향이 오른쪽이어야 한다. 따라서 Q가 상자성체이고, ㉠은 오른쪽이다. R은 스위치가 a, b에 연결될 때 각각 척력과 인력이 작용하므로 자기화된 강자성체이다.

| 보 | 기 | 풀 | 이 |

ㄱ. 오답 : P는 반자성체이므로 외부 자기장을 제거하면 자기화된 상태를 유지하지 못한다.

ㄴ. 정답 : Q는 상자성체로 외부 자기장에 의해 인력이 작용한다. 따라서 ㉠은 오른쪽이다.

ㄷ. 오답 : R은 코일에서 발생하는 자기장의 방향에 따라 자기력의 방향이 바뀌므로 강자성체이다.

18 물질의 자성

정답 ① 정답률 79% 2023년 10월 학평 8번 문제편 185p

그림은 모양과 크기가 같은 자성체 P 또는 Q를 일정한 전류가 흐르는 솔레노이드에 넣은 모습을 나타낸 것이다. 자기장의 세기는 P 내부에서가 Q 내부에서보다 크다. P와 Q 중 하나는 상자성체이고, 다른 하나는 반자성체이다.
→ P는 상자성체, Q는 반자성체

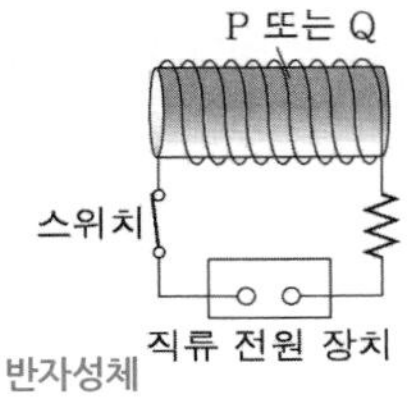

이에 대한 옳은 설명만을 <보기>에서 있는 대로 고른 것은?

보기

ㄱ. P는 상자성체이다.

ㄴ. Q는 솔레노이드에 의한 자기장과 같은 방향으로 자기화된다. (반대)

ㄷ. 스위치를 열어도 Q는 자기화된 상태를 유지한다. 하지 않는다.

① ㄱ ② ㄴ ③ ㄷ ④ ㄱ, ㄷ ⑤ ㄴ, ㄷ

| 자 | 료 | 해 | 설 |

상자성체는 외부 자기장이 있을 때만 외부 자기장과 같은 방향으로 자기화 된다. 반자성체는 외부 자기장이 있을 때만 외부 자기장과 반대 방향으로 자기화 된다.

| 보 | 기 | 풀 | 이 |

ㄱ. 정답 : 내부에서 자기장의 세기가 큰 P가 상자성체이다.

ㄴ. 오답 : Q는 반자성체이므로 솔레노이드에 의한 자기장과 반대 방향으로 자기화 된다.

ㄷ. 오답 : 스위치를 닫았을 때만 Q는 자기화 된 상태를 유지한다.

출제분석 | 상자성체와 반자성체의 특징을 알고 있다면 쉽게 해결할 수 있는 문항이다.

그림은 한 면만 검게 칠한 자기화되어 있지 않은 자성체 A, B, C를
균일하고 강한 자기장 영역에 놓아 자기화시킨 모습을 나타낸
것이다. 표는 그림의 자기장 영역에서 꺼낸 A, B, C 중 2개를
마주 보는 면을 바꾸며 가까이 놓았을 때, 자성체 사이에 작용하는
자기력을 나타낸 것이다. A, B, C는 강자성체, 상자성체, 반자성체를
순서 없이 나타낸 것이다.

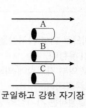

자성체의 위치	자기력	
A B	없음	상+반자성체 조합 → C는 강자성체
A C	서로 미는 힘	강+반자성체 조합 → B는 상자성체
B C	서로 당기는 힘	강+상자성체 조합 → A는 반자성체

균일하고 강한 자기장

A, B, C로 옳은 것은? 3점

	A	B	C
①	강자성체	상자성체	반자성체
②	상자성체	강자성체	반자성체
③	상자성체	반자성체	강자성체
④	반자성체	상자성체	강자성체
⑤	반자성체	강자성체	상자성체

|자|료|해|설|및|선|택|지|풀|이|
④ 정답 : 자기장 영역에서 꺼낸 이후에도 강자성체는
자기화된 상태를 유지한다. A와 B 사이에는 자기력이
작용하지 않으므로 이들은 상자성체와 반자성체의
조합이고 C는 강자성체이다. A와 C 사이에 서로 미는
힘이 작용하므로 A는 반자성체, B는 상자성체이다.

😀 출제분석 | 물질 자성의 특징으로부터 쉽게 해결할 수 있는
문항이다.

그림은 자성체에 대해 학생 A, B, C가 대화하는 모습을 나타낸
것이다.

제시한 내용이 옳은 학생만을 있는 대로 고른 것은? 3점

① A   ② C   ③ A, B   ④ B, C   ⑤ A, B, C

|자|료|해|설|
강자성체는 외부 자기장과 같은 방향으로 자기화되고,
외부 자기장을 제거해도 자기화된 상태를 일부 유지한다.
상자성체도 외부 자기장과 같은 방향으로 자기화되지만,
외부 자기장을 제거하면 자기장이 사라진다. 반자성체는
외부 자기장과 반대 방향으로 자기화되고, 외부 자기장을
제거하면 자기장이 일부 유지된다.

|보|기|풀|이|
학생 A. 정답 : 강자성체는 외부 자기장과 같은 방향으로
자기화되는 성질을 가진다.
학생 B. 오답 : 반자성체는 자석을 가까이하면 반대
방향으로 자기화되므로 서로 미는 자기력이 작용한다.
학생 C. 오답 : 철과 같은 강자성체는 외부 자기장을
제거하더라도 자기화된 상태를 유지한다.

21 물질의 자성

정답 ① 　정답률 71% 　2022년 4월 학평 13번 　문제편 186p

그림 (가)와 같이 자기화되어 있지 않은 물체 A, B를 균일한 자기장 영역에 놓았더니 A, B가 자기화되었다. 그림 (나)와 같이 자기화되어 있지 않은 물체 C를 실에 매단 후 (가)의 자기장 영역에서 꺼낸 A를 C의 연직 아래에 가까이 가져갔더니 실이 C를 당기는 힘의 크기가 C의 무게보다 작아졌다. A, B, C는 강자성체, 반자성체, 상자성체를 순서 없이 나타낸 것이다.
→ 자기력의 방향 위쪽

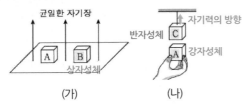

(가)　　　　　(나)

이에 대한 설명으로 옳은 것만을 〈보기〉에서 있는 대로 고른 것은?

보기

ㄱ. A는 강자성체이다.
　　　　　　같은
ㄴ. (가)에서 B는 외부 자기장과 ~~반대~~ 방향으로 자기화된다.

ㄷ. (나)에서 A를 B로 바꾸면 실이 C를 당기는 힘의 크기는 C의 무게~~보다 작다.~~ 와 같다.

① ㄱ　② ㄴ　③ ㄱ, ㄷ　④ ㄴ, ㄷ　⑤ ㄱ, ㄴ, ㄷ

|자|료|해|설|
(나)에서 C에 걸리는 장력이 줄어들었으므로 A가 C에 작용하는 자기력의 방향은 위쪽이다. 따라서 A는 외부 자기장을 제거해도 자기화된 상태를 유지하는 강자성체이고, C는 외부 자기장의 반대 방향으로 자기화되는 반자성체이다. 남은 B는 상자성체이다.

|보|기|풀|이|
ㄱ. 정답 : A는 외부 자기장을 제거해도 자기화된 상태를 유지하므로 강자성체이다.
ㄴ. 오답 : (가)에서 A는 강자성체, B는 상자성체이므로 모두 외부 자기장과 같은 방향으로 자기화된다.
ㄷ. 오답 : 상자성체는 외부 자기장이 사라지면 자기화된 상태를 유지하지 못한다. 따라서 A를 B로 바꾸면 C에 자기력이 작용하지 않아 C에 작용하는 중력과 장력이 힘의 평형을 이룬다.

😮 문제풀이 T I P | 상자성체는 외부 자기장을 제거하면 자기화된 상태를 유지하지 못한다.

😀 출제분석 | 이 영역은 자성체의 기본적인 특징만으로 쉽게 해결할 수 있으므로 반드시 정답을 고를 수 있어야 한다.

---

22 물질의 자성

정답 ① 　정답률 85% 　2025학년도 6월 모평 8번 　문제편 186p

그림 (가)는 자기화되지 않은 물체 A, B, C를 균일하고 강한 자기장 영역에 놓아 자기화시키는 모습을, (나)는 (가)의 B와 C를 자기장 영역에서 꺼내 가까이 놓았을 때 자기장의 모습을 나타낸 것이다. A, B, C는 강자성체, 상자성체, 반자성체를 순서 없이 나타낸 것이다.

강하게 자기화 됨 → 강자성체

균일하고 강한 자기장　　　외부 자기장에 의해 약하게 자기화 됨
(가)　　　　　(나)　→ 상자성체

이에 대한 설명으로 옳은 것만을 〈보기〉에서 있는 대로 고른 것은?

보기

ㄱ. A는 반자성체이다.
　　　　　　　　　다른
ㄴ. (가)에서 A와 C는 ~~같은~~ 방향으로 자기화된다.

ㄷ. (나)에서 B와 C 사이에는 서로 밀어내는 자기력이 작용한다.
　　　　　　　　　　당기는

① ㄱ　② ㄴ　③ ㄱ, ㄷ　④ ㄴ, ㄷ　⑤ ㄱ, ㄴ, ㄷ

|자|료|해|설|
(나)에서 B는 강하게 자기화되어 있으므로 강자성체, C는 외부 자기장에 의해 약하게 자기화되어 있으므로 상자성체이다.

|보|기|풀|이|
ㄱ. 정답 : B와 C는 각각 강자성체, 상자성체이므로 A는 반자성체이다.
ㄴ. 오답 : (가)에서 A는 반자성체이므로 외부 자기장과 반대 방향, B와 C는 외부 자기장과 같은 방향으로 자기화된다.
ㄷ. 오답 : (나)에서 B와 C는 서로 당기는 자기력이 작용한다.

😀 출제분석 | 강자성체, 상자성체, 반자성체의 특징을 숙지하고 있다면 쉽게 해결할 수 있는 문항으로 출제된다.

Ⅱ
2
Ⅰ
02
물질의 자성

다음은 전동 스테이플러의 작동 원리이다.

그림 (가)와 같이 전동 스테이플러에 종이를 넣지 않았을 때는 고정된 코일이 자성체 A를 당기지 않는다. 그림 (나)와 같이 종이를 넣으면 스위치가 닫히면서 코일에 전류가 흐르고, ⊙ 코일이 A를 강하게 당긴다. 그리고 A가 철사 침을 눌러 종이에 박는다. → 코일 주위에 자기장 발생 → 강자성체

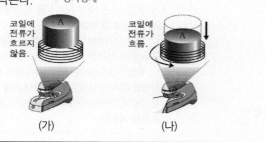

코일에 전류가 흐르지 않음.　　코일에 전류가 흐름.

(가)　　　　　(나)

이에 대한 옳은 설명만을 <보기>에서 있는 대로 고른 것은?

보기

ㄱ. ⊙은 자기력에 의해 나타나는 현상이다.
　　　　　강자성체
ㄴ. A는 반자성체이다.
ㄷ. (나)의 A는 코일의 전류에 의한 자기장과 같은 방향으로 자기화된다.

① ㄱ　② ㄷ　③ ㄱ, ㄴ　④✓ ㄱ, ㄷ　⑤ ㄴ, ㄷ

|자|료|해|설|

코일에 전류가 흐르면 코일은 전자석이 된다. 이때 A는 코일로부터 강한 인력을 받게 되므로 A는 강자성체이다. 따라서 A는 코일에 흐르는 전류에 의한 자기장과 같은 방향으로 자기화된다.

|보|기|풀|이|

ㄱ. 정답 : ⊙은 전자석(코일)과 강자성체(A)가 서로 당기는 자기력에 의해 나타나는 현상이다.

ㄴ. 오답 : A는 전류가 흐르는 코일로부터 강한 인력을 받으므로 강자성체이다.

ㄷ. 정답 : 강자성체 A는 코일의 전류에 의한 자기장과 같은 방향으로 자기화되므로 코일로부터 당기는 자기력을 받는다.

💡 **문제풀이 T I P |** 강자성체는 외부 자기장의 방향과 같은 방향으로 자기화된다. A가 반자성체라면 외부 자기장과 반대 방향으로 자기화되므로 코일로부터 밀어내는 힘을 받는다.

😀 **출제분석 |** 자기적 성질을 나타내는 물질을 구분하는 주제는 반드시 1문제씩 출제되는 주제이다. 강자성체, 상자성체, 반자성체의 특징을 구분하여 정리해두어야 한다.

그림과 같이 같은 세기의 전류가 흐르고 있는 무한히 긴 직선 도선 A, B가 xy평면상에 고정되어 있고 A에는 $+y$ 방향으로 전류가 흐른다. 자성체 P, Q는 x축상에 고정되어 있고, A, B가 만드는 자기장에 의해 모두 자기화되어 있다. P, Q 중 하나는 상자성체, 다른 하나는 반자성체이다.
　　　　외부 자기장과 나란한　　　외부 자기장과
　　　　방향으로 자기화　　　　반대 방향으로 자기화
이에 대한 옳은 설명만을 <보기>에서 있는 대로 고른 것은? (단, P, Q의 크기와 P, Q에 의한 자기장은 무시한다.) 3점

보기

ㄱ. B에는 $-y$ 방향으로 전류가 흐른다.
ㄴ. A와 B 사이에 자기장이 0인 지점은 없다.
ㄷ. P, Q는 같은 방향으로 자기화되어 있다.

① ㄱ　② ㄷ　③ ㄱ, ㄴ　④✓ ㄴ, ㄷ　⑤ ㄱ, ㄴ, ㄷ

|자|료|해|설|

A와 B에는 같은 세기의 전류가 흐르므로 같은 거리 d만큼 떨어진 자성체 P의 위치에서 A와 B에 의한 자기장의 세기는 같다. 문제와 같이 P가 자기화되어 있으려면 A와 B에 의한 자기장의 방향은 모두 지면으로 들어가는 방향(⊗)이어야 하므로 B에 흐르는 전류의 방향은 A와 반대 방향인 $-y$ 방향이다. 한편, Q지점에 작용하는 자기장의 방향은 A에 의해 지면으로 들어가는 방향(⊗), B에 의해 지면에서 나오는 방향(⊙)으로 작용하지만, 거리가 가까운 B에 의한 자기장의 세기가 A보다 크므로 자기장의 방향은 지면에서 나오는 방향(⊙)이다.

|보|기|풀|이|

ㄱ. 오답 : 자료 해설과 같이 B에는 $-y$ 방향으로 전류가 흐른다.

ㄴ. 정답 : 서로 반대 방향으로 전류가 흐르는 A와 B 사이에서의 자기장의 방향은 모두 지면으로 들어가는 방향이므로 자기장이 0인 지점은 없다.

ㄷ. 정답 : A와 B에 의해 P와 Q에 작용하는 자기장의 방향은 서로 반대 방향이다.
즉, P, Q가 각각 상자성체, 반자성체일 경우나 그 반대의 경우에 모두 P, Q는 같은 방향으로 자기화되어 있다.

💡 **문제풀이 T I P |** 직선 도선에 흐르는 전류에 의한 자기장의 세기는 거리와 반비례한다. 또한 물질 외부에 자기장을 가하면 상자성체는 외부 자기장의 방향으로 자기화되고, 반자성체는 외부 자기장의 반대 방향으로 자기화된다.

😀 **출제분석 |** 직선 전류에 의한 자기장에 대한 문항으로 도선에서 떨어진 위치에 서로 다른 종류의 자성체를 놓아 학생들로 하여금 한 번 더 고민하게끔 난이도를 올린 문항이다.

그림은 저울에 무게가 W_0으로 같은 물체 P 또는 Q를 놓고 전지와 스위치에 연결된 코일을 가까이한 모습을 나타낸 것이다. P, Q는 강자성체, 상자성체를 순서 없이 나타낸 것이다. 표는 스위치를 a, b에 연결했을 때 저울의 측정값을 비교한 것이다.

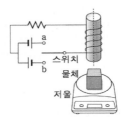

연결 위치	저울의 측정값	
	P → 강자성체	**Q** → 상자성체
a	W_0보다 큼	W_0보다 작음
b	W_0보다 작음	㉠

이에 대한 옳은 설명만을 〈보기〉에서 있는 대로 고른 것은? (단, 지구 자기장은 무시한다.) **3점**

보기

ㄱ. P는 강자성체이다.
ㄴ. ㉠은 'W_0보다 작음'이다.
ㄷ. Q는 스위치를 a에 연결했을 때와 b에 연결했을 때 ~~같은~~ **반대** 방향으로 자기화된다.

① ㄱ   ② ㄷ   ✔③ ㄱ, ㄴ   ④ ㄴ, ㄷ   ⑤ ㄱ, ㄴ, ㄷ

|자|료|해|설|
물체가 상자성체일 경우 코일의 자기장 방향에 따라 코일에 끌어당기는 자기력이 작용하므로 코일의 전류의 방향과 관계없이 저울의 측정값은 W_0보다 작다. 따라서 Q는 상자성체이다.

|보|기|풀|이|
ㄱ. 정답 : P는 자기화되어 있는 강자성체이므로 코일의 자기장 방향에 따라 척력 또는 인력이 작용한다. 따라서 연결 위치가 바뀜에 따라 W_0보다 크거나 작다.
ㄴ. 정답 : Q는 상자성체이므로 ㉠은 'W_0보다 작음'이다.
ㄷ. 오답 : Q는 코일의 자기장 방향과 같은 방향으로 자기화된다. 스위치를 a에 연결했을 때와 b에 연결했을 때 코일의 자기장 방향은 반대이므로 Q도 각각 반대 방향으로 자기화된다.

😮 **문제풀이 TIP** | 실험 전 P는 자화된 강자성체이다.

😃 **출제분석** | 강자성체, 상자성체, 반자성체의 특징과 예를 기억하는 것으로 관련 문항은 쉽게 해결할 수 있다.

그림은 자성체 P와 Q, 솔레노이드가 x축상에 고정되어 있는 것을 나타낸 것이다. 솔레노이드에 흐르는 전류의 방향이 a일 때, P와 Q가 솔레노이드에 작용하는 자기력의 방향은 $+x$방향이다. P와 Q는 상자성체와 반자성체를 순서 없이 나타낸 것이다.
이에 대한 설명으로 옳은 것만을 〈보기〉에서 있는 대로 고른 것은?

보기

ㄱ. P는 반자성체이다.
ㄴ. Q가 자기화되는 방향은 전류의 방향이 a일 때와 b일 때가 ~~같다.~~ **반대이다.**
ㄷ. 전류의 방향이 b일 때, P와 Q가 솔레노이드에 작용하는 자기력의 방향은 ~~$-$~~ x방향이다. **+**

✔① ㄱ   ② ㄴ   ③ ㄱ, ㄷ   ④ ㄴ, ㄷ   ⑤ ㄱ, ㄴ, ㄷ

|자|료|해|설|
솔레노이드에 흐르는 전류의 방향과 관계없이 상자성체는 솔레노이드와 인력이 작용하고 반자성체에는 척력이 작용한다.

|보|기|풀|이|
ㄱ. 정답 : P는 솔레노이드에 척력이 작용하므로 반자성체이다.
ㄴ. 오답 : Q는 상자성체이므로 솔레노이드와 같은 방향으로 자기화된다. 솔레노이드의 자기장 방향은 전류의 방향에 따라 반대이므로 Q가 자기화되는 방향은 전류의 방향이 a일 때와 b일 때가 반대이다.
ㄷ. 오답 : 전류의 방향이 a 또는 b일 때, 솔레노이드에 P는 척력이, Q는 인력이 작용하므로 모두 $+x$방향의 자기력이 작용한다.

😃 **출제분석** | 자성의 특징을 숙지하고 있다면 쉽게 해결할 수 있는 문항이다.

그림과 같이 자기화되어 있지 않은 자성체 A, B, C, D를 균일하고 강한 자기장 영역에 놓아 자기화시킨다. 표는 외부 자기장이 없는 영역에서 그림의 A~D 중 두 자성체를 가까이했을 때 자성체 사이에 서로 작용하는 자기력을 나타낸 것이다. A~D는 각각 강자성체, 상자성체, 반자성체 중 하나이다.

상자성체와 상자성체
상자성체와 반자성체
반자성체와 반자성체

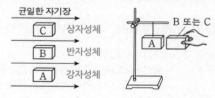
균일하고 강한 자기장

자성체	자기력	자성체	자기력
(A, B)	미는 힘	(B, C)	−
(A, C)	당기는 힘	(B, D)	미는 힘
(A, D)	당기는 힘	C, D	㉠

강자성체와 강자성체
강자성체와 상자성체

강자성체와 반자성체
(− : 힘이 작용하지 않음)

이에 대한 설명으로 옳은 것만을 〈보기〉에서 있는 대로 고른 것은?

보기

ㄱ. A는 강자성체이다.
ㄴ. ㉠은 '당기는 힘'이다.
ㄷ. D는 하드디스크에 이용된다.

① ㄱ   ② ㄷ   ③ ㄱ, ㄴ   ④ ㄴ, ㄷ   ⑤ ㄱ, ㄴ, ㄷ

|자|료|해|설|
외부 자기장이 없어도 강자성체는 자기화되어 있다. 따라서 미는 힘이 작용하는 것은 강자성체와 반자성체의 조합이다. (A, B와 B, D) 당기는 힘이 작용하는 것은 강자성체와 강자성체 또는 강자성체와 상자성체 조합이다. (A, C와 A, D) 힘이 작용하지 않을 때는 상자성체와 상자성체 또는 상자성체와 반자성체 또는 반자성체와 반자성체 조합이다. (B, C) 이 모든 경우를 종합했을 때, A와 D는 강자성체, B는 반자성체, C는 상자성체이다.

|보|기|풀|이|
ㄱ. 정답 : A는 강자성체이다.
ㄴ. 정답 : C와 D는 각각 상자성체와 강자성체로 ㉠은 '당기는 힘'이다.
ㄷ. 정답 : 강자성체는 하드디스크에 이용된다.

😊 출제분석 | 물질의 자성에 3가지의 특징에 대해서 숙지하고 있다면 쉽게 해결할 수 있는 문항이다.

다음은 물질의 자성에 대한 실험이다.

[실험 과정]
(가) 자기화되어 있지 않은 물체 A, B, C를 균일한 자기장에 놓아 자기화시킨다.
(나) 자기장 영역에서 꺼낸 A를 실에 매단다.
(다) 자기장 영역에서 꺼낸 B를 A에 가까이 하며 A를 관찰한다.
(라) 자기장 영역에서 꺼낸 C를 A에 가까이 하며 A를 관찰한다.
※ A, B, C는 강자성체, 상자성체, 반자성체를 순서 없이 나타낸 것이다.

균일한 자기장
C 상자성체
B 반자성체
A 강자성체

B 또는 C
A

[실험 결과]
ο (다)의 결과: A가 밀려난다.
ο (라)의 결과: A가 끌려온다.

이에 대한 설명으로 옳은 것만을 〈보기〉에서 있는 대로 고른 것은?

보기

ㄱ. A는 외부 자기장을 제거해도 자기화된 상태를 유지한다.
ㄴ. (가)에서 A와 B는 ~~같은~~ 방향으로 자기화된다. 반대
ㄷ. ~~C는 반자성체이다.~~ 상자성체

① ㄱ   ② ㄴ   ③ ㄱ, ㄷ   ④ ㄴ, ㄷ   ⑤ ㄱ, ㄴ, ㄷ

|자|료|해|설|
강자성체는 외부 자기장을 제거해도 자기화된 상태를 유지한다. (다)와 (라)의 결과 자기력이 작용하므로 A는 강자성체이고, (다)에서 A가 밀려나므로 B는 반자성체, (라)에서 A가 끌려오므로 C는 상자성체이다.

|보|기|풀|이|
ㄱ. 정답 : A는 강자성체이므로 외부 자기장을 제거해도 자기화된 상태를 유지한다.
ㄴ. 오답 : (다)의 결과에서 A는 밀려나므로 B는 반자성체이다. 따라서 (가)에서 A와 B는 반대 방향으로 자기화된다.
ㄷ. 오답 : (라)의 결과에서 A가 끌려오므로 C는 상자성체이다.

😊 출제분석 | 문제 해결을 위해 자성의 특징을 확인하는 필수이다.

다음은 물체의 자성을 알아보기 위한 실험이다.

[실험 과정]
(가) 자기화되어 있지 않은 물체 A, B, C에 각각 막대자석을 가까이하여 물체의 움직임을 관찰한다. A, B, C는 강자성체, 상자성체, 반자성체를 순서 없이 나타낸 것이다.
(나) 막대자석을 제거하고 A, B, C를 각각 원형 도선에 통과시켜 유도 전류의 발생 유무를 관찰한다.

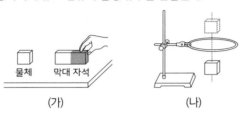

물체   막대 자석

(가)   (나)

[실험 결과]

물체	(가)의 결과	(나)의 결과
반자성체 A	자석에서 밀린다.	㉠
강자성체 B	자석에 끌린다.	흐른다.
상자성체 C	자석에 끌린다.	흐르지 않는다.

이에 대한 설명으로 옳은 것만을 〈보기〉에서 있는 대로 고른 것은?

(3점)

보기
ㄱ. '흐르지 않는다.'는 ㉠으로 적절하다.
ㄴ. B는 외부 자기장의 방향과 같은 방향으로 자기화된다.
ㄷ. C는 상자성체이다.

① ㄱ   ② ㄴ   ③ ㄱ, ㄷ   ④ ㄴ, ㄷ   ✓⑤ ㄱ, ㄴ, ㄷ

|자|료|해|설|
(가)의 결과 A는 막대자석을 가까이할 때 밀리므로 반자성체이다. B와 C는 자석에 끌리므로 강자성체 또는 상자성체인데 (나)의 결과 유도 전류가 발생하려면 물체는 막대자석에 의해 자기화된 강자성체여야 하므로 B는 강자성체, C는 상자성체이다.

|보|기|풀|이|
㉠. 정답 : 물체 A는 반자성체이므로 막대자석을 제거했을 때 A는 자기적 성질을 나타내지 않는다. 따라서 ㉠은 '흐르지 않는다.'가 적절하다.
㉡. 정답 : B는 강자성체이므로 외부 자기장의 방향과 같은 방향으로 자기화된다.
㉢. 정답 : C는 자석에 끌리지만, 자석을 제거한 뒤에는 자기화 된 상태가 사라져 (나)의 결과와 같이 원형 도선에는 유도 전류를 흐르지 않으므로 상자성체이다.

😀 문제풀이 T I P |

	외부 자기장을 가했을 때	외부 자기장을 제거했을 때
강자성체	외부 자기장의 방향으로 강하게 자기화 됨	자기화 된 상태가 오래 유지됨
상자성체	외부 자기장 방향으로 약하게 자기화 됨	자기화 된 상태가 바로 사라짐
반자성체	외부 자기장 방향과 반대로 자기화 됨	자기화 된 상태가 바로 사라짐

그림은 자석의 S극을 물체 A, B에 각각 가져갔을 때 자기장의 모습을 나타낸 것이다. A와 B는 상자성체와 반자성체를 순서 없이 나타낸 것이다.
이에 대한 설명으로 옳은 것만을 〈보기〉에서 있는 대로 고른 것은?

N극 A 상자성체

B 반자성체

(3점)

보기
ㄱ. A는 자기화되어 있다.
ㄴ. A와 자석 사이에는 서로 ~~미는~~ 당기는 힘이 작용한다.
ㄷ. B는 ~~상자성체~~ 반자성 이다.

✓① ㄱ   ② ㄷ   ③ ㄱ, ㄴ   ④ ㄴ, ㄷ   ⑤ ㄱ, ㄴ, ㄷ

|자|료|해|설|
자기력선은 N극에서 나가는 방향, S극으로 들어가는 방향으로 그려진다. A에서 자기력선이 나와 S극으로 들어가므로 A는 N극으로 자기화되어 있다. 따라서 A는 상자성체, B는 반자성체이다.

|보|기|풀|이|
㉠. 정답 : A는 N극으로 자기화되어 있다.
ㄴ. 오답 : A와 자석 사이에는 서로 당기는 힘이 작용한다.
ㄷ. 오답 : B는 반자성체이므로 외부 자기장에 대해 반대로 자기화된다.

😀 출제분석 | 상자성체와 반자성체의 특징을 확인하는 문항으로 기본적인 수준에서 출제되었다.

다음은 자성체에 대한 실험이다.

[실험 과정]

(가) 막대 A, B를 각각 수평이 유지되도록 실에 매달아 동서 방향으로 가만히 놓는다. A, B는 강자성체, 반자성체를 순서 없이 나타낸 것이다.

(나) 정지한 A, B의 모습을 나침반 자침과 함께 관찰한다.

(다) (나)에서 A, B의 끝에 네오디뮴 자석을 가까이하여 A, B의 움직임을 관찰한다.

[실험 결과]

	A → 반자성체	**B** → 강자성체
(나)		
(다)	㉠	자석으로 끌려온다.

     ↳ 자석으로부터 밀려난다.

이에 대한 옳은 설명만을 〈보기〉에서 있는 대로 고른 것은? (단, 실에 의한 회전은 무시한다.) **3점**

보기

ㄱ. (나)에서 A는 지구 자기장 방향으로 자기화되어 ~~있다.~~ 있지 않다.

ㄴ. '자석으로부터 밀려난다'는 ㉠으로 적절하다.

ㄷ. B는 강한 전자석을 만드는 데 이용할 수 있다.

① ㄱ   ② ㄷ   ③ ㄱ, ㄴ   ✓④ ㄴ, ㄷ   ⑤ ㄱ, ㄴ, ㄷ

|자|료|해|설|

실험 결과 B는 자침과 나란한 방향으로 정렬되므로 강자성체, A는 반자성체이다.

|보|기|풀|이|

ㄱ. 오답 : A는 반자성체이므로 지구 자기장과 반대 방향으로 자기화된다.

ㄴ. 정답 : A는 반자성체이므로 ㉠으로 '자석으로부터 밀려난다'는 적절한 설명이다.

ㄷ. 정답 : 강자성체는 외부 자기장과 같은 방향으로 자기화되므로 전자석의 세기를 증가시키는데 사용할 수 있다.

😀 **출제분석** | 자성의 특징을 확인하는 문항으로 이 영역은 어렵지 않게 출제된다.

그림 (가)와 같이 자기화되어 있지 않은 자성체 A, B, C를 균일하고 강한 자기장 영역에 놓아 자기화시킨다. 그림 (나), (다)는 (가)의 A, B, C를 각각 수평면 위에 올려놓았을 때 정지한 모습을 나타낸 것이다. A에 작용하는 중력과 자기력의 합력의 크기는 (나)에서가 (다)에서보다 크다. A는 강자성체이고, B, C는 상자성체, 반자성체를 순서 없이 나타낸 것이다.   → B는 상자성체, C는 반자성체

이에 대한 설명으로 옳은 것만을 〈보기〉에서 있는 대로 고른 것은? **3점**

보기

ㄱ. B는 상자성체이다.

ㄴ. (가)에서 A와 C는 ~~같은~~ 다른 방향으로 자기화된다. 다르다.(반대)

ㄷ. (나)에서 B에 작용하는 중력과 자기력의 방향은 ~~같다.~~

✓① ㄱ   ② ㄴ   ③ ㄱ, ㄷ   ④ ㄴ, ㄷ   ⑤ ㄱ, ㄴ, ㄷ

|자|료|해|설|

문제에서 A는 강자성체라고 했으므로 A에 작용하는 중력과 자기력의 합력을 고려하여 (나)에서의 경우가 (다)의 경우보다 클 조건을 생각해 보아야 한다. 이 때 중력과 자기력의 방향이 같을 경우가 다를 경우보다 합력의 크기가 크므로 A와 B는 서로 당기는 자기력, A와 C는 서로 미는 자기력이 작용해야한다. 따라서 B는 상자성체, C는 반자성체이다.

|보|기|풀|이|

ㄱ. 정답 : B는 상자성체, C는 반자성체이다.

ㄴ. 오답 : (가)에서 A는 같은 방향, C는 반대 방향으로 자기화된다. 그러므로 A와 C는 서로 반대 방향으로 자기화된다.

ㄷ. 오답 : (나)에서 B에 작용하는 중력은 아래 방향, 자기력의 방향은 A 방향으로 다르다.

😀 **출제분석** | 매회 출제되는 영역으로 매우 쉽게 출제된다.

[33~34] 다음은 자석과 자성체를 이용한 실험이다.

[실험 과정]
(가) 그림과 같은 고리 모양의 동일한 자석 A, B, C, ㉠ 강자성체 X, 상자성체 Y를 준비한다.
(나) 수평면에 연직으로 고정된 나무 막대에 자석과 자성체를 넣고, 모두 정지했을 때의 위치를 비교한다.

[실험 결과]

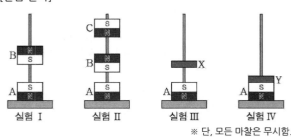

실험 Ⅰ   실험 Ⅱ   실험 Ⅲ   실험 Ⅳ

※ 단, 모든 마찰은 무시함.

실험 Ⅰ과 Ⅱ에 대한 설명으로 옳은 것은? 3점

① Ⅰ에서 A가 B에 작용하는 자기력과 B에 작용하는 중력은 ~~작용 반작용~~ 관계이다. *(힘의 평형)*
② Ⅱ에서 A가 B에 작용하는 자기력의 크기는 ~~B의 무게와~~ 같다. *(B와 C의 무게 합과)*
③ Ⅰ과 Ⅱ에서 A가 B에 작용하는 자기력의 크기는 ~~같다~~. *(다르다)*
④ B에 작용하는 알짜힘의 크기는 Ⅱ에서가 Ⅰ에서~~보다 크다~~. *(0으로 같다)*
⑤ A가 수평면을 누르는 힘의 크기는 Ⅱ에서가 Ⅰ에서보다 크다.

|자|료|해|설|및|선|택|지|풀|이|

① 오답 : Ⅰ에서 A가 B에 작용하는 자기력과 B에 작용하는 중력은 힘의 평형 관계이다. A가 B에 작용하는 자기력의 반작용은 B가 A에 작용하는 자기력이다.
② 오답 : Ⅱ에서 A가 B에 작용하는 자기력의 크기는 B와 C의 무게 합과 같다.
③ 오답 : Ⅰ과 Ⅱ에서 A가 B에 작용하는 자기력의 크기는 각각 B의 무게, B와 C의 무게 합이다.
④ 오답 : B는 정지 상태이므로 알짜힘의 크기는 모두 0이다.
⑤ 정답 : A가 수평면을 누르는 힘의 크기는 Ⅰ과 Ⅱ에서 각각 A와 B의 무게 합, ABC의 무게 합이다.

😀 **문제풀이 TIP |** 실험 Ⅰ에서 B는 정지하므로 A가 B에 작용하는 자기력과 B에 작용하는 중력의 크기는 같고 방향은 반대이다. 또한 A가 바닥을 누르는 힘은 A와 B의 무게 합과 같다.

😀 **출제분석 |** 작용 반작용 법칙으로 물체에 작용하는 힘을 표현할 수 있다면 쉽게 해결할 수 있는 문항이다.

X, Y에 대한 옳은 설명만을 〈보기〉에서 있는 대로 고른 것은?

보기
㉠ (가)에서 ㉠은 자기화된 상태이다.
ㄴ. Ⅳ에서 A와 Y 사이에는 ~~밀어내는~~ 자기력이 작용한다. *(당기는)*
ㄷ. Ⅲ, Ⅳ에서 X, Y는 서로 ~~같은~~ 방향으로 자기화되어 있다. *(다른)*

① ㄱ   ② ㄴ   ③ ㄱ, ㄴ   ④ ㄱ, ㄷ   ⑤ ㄴ, ㄷ

|자|료|해|설|
Ⅲ에서 X와 A는 서로 밀어내는 자기력이 작용하므로, X는 A와 반대 방향으로 자기화되어 있었다.

|보|기|풀|이|
㉠ 정답 : X는 떠 있으므로 아랫면이 S극인 상태로 자기화된 상태이다.
ㄴ. 오답 : 상자성체 Y는 A와 당기는 방향으로 자기화된다.
ㄷ. 오답 : X와 Y의 윗면은 각각 N극, S극으로 자기화되어 있다.

😀 **문제풀이 TIP |** 상자성체는 외부 자기장의 방향으로 자기화된다.

😀 **출제분석 |** 강자성체와 상자성체의 특성을 확인하는 문항이다.

그림 (가)는 자기화되지 않은 자성체를 자석에 가까이 놓아 자기화시키는 모습을 나타낸 것이다. 그림 (나)는 (가)에서 자석을 치운 후 p−n 접합 발광 다이오드[LED]가 연결된 코일에 자성체의 A 부분을 가까이 했을 때 LED에 불이 켜지는 모습을 나타낸 것이다. X는 p형 반도체와 n형 반도체 중 하나이다.

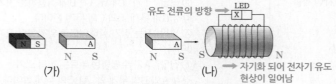

(가)   (나)   → 자기화 되어 전자기 유도 현상이 일어남

이에 대한 옳은 설명만을 〈보기〉에서 있는 대로 고른 것은?

보기

ㄱ. (가)에서 자성체와 자석 사이에는 서로 당기는 자기력이 작용한다.

ㄴ. (가)에서 자성체는 외부 자기장과 같은 방향으로 자기화 된다.

ㄷ. (나)에서 X는 p형 반도체이다.

① ㄱ   ② ㄷ   ③ ㄱ, ㄴ   ④ ㄴ, ㄷ   ⑤ ㄱ, ㄴ, ㄷ

| 자 | 료 | 해 | 설 |

(나)에서 LED에 불이 켜지므로 자성체는 (가)에서 자기화되어 A는 S극이 되고 (나)의 코일에는 A를 밀어내는 방향의 유도 전류가 흐른다.

| 보 | 기 | 풀 | 이 |

ㄱ, ㄴ. 정답 : 자성체는 외부 자기장과 같은 방향으로 자기화되는 강자성체이므로 자성체와 자석 사이에는 서로 당기는 자기력이 작용한다.

ㄷ. 정답 : (나)에서 LED에는 순방향 전압이 걸리므로 X는 p형 반도체이다.

😀 출제분석 | 자성체의 특징과 전자기 유도 현상, 다이오드의 특징을 숙지하면 쉽게 해결할 수 있는 문항이다.

그림 (가)는 자석의 S극을 가까이 하여 자기화된 자성체 A를, (나)는 자기화되지 않은 자성체 B를, (다)는 (나)에서 S극을 가까이 하여 자기화된 B를 나타낸 것이다. (다)에서 B와 자석 사이에는 서로 미는 자기력이 작용한다. A, B는 상자성체와 반자성체를 순서 없이 나타낸 것이다. 이에 대한 설명으로 옳은 것만을 〈보기〉에서 있는 대로 고른 것은?

상자성체 자성체 A   자성체 B   반자성체 자성체 B

(가)   (나)   (다)

보기

ㄱ. (가)에서 A와 자석 사이에는 서로 당기는 자기력이 작용한다.

ㄴ. (다)에서 S극 대신 N극을 가까이 하면, B와 자석 사이에는 서로 당기는 자기력이 작용한다.

ㄷ. (다)에서 자석을 제거하면, B는 (나)의 상태가 된다.

① ㄱ   ② ㄴ   ③ ㄱ, ㄷ   ④ ㄴ, ㄷ   ⑤ ㄱ, ㄴ, ㄷ

| 자 | 료 | 해 | 설 |

(가)에서 A는 외부 자기장의 방향과 같은 방향으로 자기화되므로 상자성체, (다)에서 B는 외부 자기장과 반대 방향으로 자기화되므로 반자성체이다.

| 보 | 기 | 풀 | 이 |

ㄱ. 정답 : (가)에서 A는 상자성체이므로 자석과 서로 당기는 자기력이 작용한다.

ㄴ. 오답 : (다)에서 B는 반자성체이므로 어떤 극이 오더라도 서로 미는 자기력이 작용한다.

ㄷ. 정답 : B는 반자성체이므로 (다)에서 자석을 제거하면, (나)의 상태가 된다.

03 전자기 유도 ◀ ★수능에 나오는 필수 개념 2가지 + 필수 암기사항 8개

기본자료

▶ 유도 전압
전자기 유도에 의해 외부 저항에
유도되는 전압. 단위 V

필수개념 1　전자기 유도

• 암기 **전자기 유도** : 코일과 자석의 상대적인 운동에 의해 코일 주변의 자기장이 변할 때 코일에 유도 기전력이 형성되어 유도 전류가 흐르는 현상

• **렌츠 법칙** : 유도 전류는 코일 내부를 지나는 자기력선속의 변화를 방해하는 방향 또는 자석의 운동을 방해하는 방향으로 흐른다.

① 자석이 코일에 접근할 때(코일이 다른 자석에 접근할 때) : 자기력선속의 증가를 방해하는 방향으로 또는 자석과 코일 사이에 척력이 작용하도록 유도 전류가 흐른다.

② 자석이 코일에 멀어질 때(코일이 다른 자석에 멀어질 때) : 자기력선속의 감소를 방해하는 방향으로 또는 자석과 코일 사이에 인력이 작용하도록 유도 전류가 흐른다.

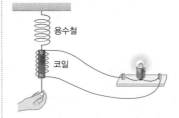

전자기 유도와 에너지 보존
자석과 코일의 상대적인 운동에서
자석을 움직일 때 에너지를 소비하여
일을 하게 되므로 일이 전기 에너지로
전환된다. 따라서 유도 전류는 다른
형태의 에너지가 전기 에너지로 전환될
때 나타나는 현상이다.

N극이 접근할 때	N극이 멀어질 때	S극이 접근할 때	S극이 멀어질 때
• 코일 위쪽에 N극이 형성 • 척력이 작용 • 유도 전류의 방향은 A → ⓖ → B	• 코일 위쪽에 S극이 형성 • 인력이 작용 • 유도 전류의 방향은 B → ⓖ → A	• 코일 위쪽에 S극이 형성 • 척력이 작용 • 유도 전류의 방향은 B → ⓖ → A	• 코일 위쪽에 N극이 형성 • 인력이 작용 • 유도 전류의 방향은 A → ⓖ → B

그림에서는 자석의 운동 에너지가 전기
에너지로 전환되는 것을 보여주고 있다.
또 만약 전구 대신 LED를 연결하면
LED는 전류를 한쪽 방향으로만
흐르게 하므로 코일이 진동하는 동안
LED에는 전류가 흘렀다가 차단되는
것을 반복한다.

• 암기 **패러데이 전자기 유도 법칙**

① 패러데이 전자기 유도 법칙 : 전자기 유도에 의한 유도 기전력(V)의 크기는 코일의 감은 수(N)와 자기력선속의 시간적 변화$\left(\dfrac{\Delta\phi}{\Delta t}\right)$에 비례한다.

$$V = -N\frac{\Delta\phi}{\Delta t} = -N\frac{\Delta(BS)}{\Delta t}$$ (N : 코일의 감은 수, B : 외부 자기장의 세기, S : 코일의 단면적)

② 유도 전류의 세기 : 유도 기전력의 크기에 비례하고 유도 전류(유도 기전력의 크기)를 증가시키는 방법은 다음과 같다.

  ○ 자석이 코일에 빠르게 접근하거나 빠르게 멀어질수록 유도 전류의 세기는 커짐(시간에 따른 자속 변화율이 커짐)

  ○ 코일의 감은 수가 많을수록 유도 전류의 세기는 커짐(유도 전류를 만드는 코일의 개수가 많아지는 효과)

  ○ 자기력이 센 자석을 사용할수록 유도 전류의 세기는 커짐(센 자석일수록 자기력선의 수가 많으므로 같은 속력일 때 자속의 시간적 변화율이 큼)

③ 암기 **자석의 낙하에 의한 전자기 유도**

암기 여러 가지 관을 통과해
떨어지는 자석의 운동
자석의 낙하 시간은 플라스틱 관
<알루미늄 관<구리 관이다. 절연체는
전류가 유도 되지 않고 알루미늄과
구리에서는 유도 전류가 흘러 자석의
운동을 방해하기 때문에 낙하
시간이 플라스틱에서보다 길다. 이때
알루미늄 관과 구리 관에서 자석이
낙하하는 동안 자석의 역학적 에너지
일부가 전기 에너지로 전환된다. 또
알루미늄에서보다 구리에서 낙하
시간이 긴 이유는 구리의 저항이
알루미늄보다 작아서 유도 전류의
세기가 크기 때문이다.

막대 자석을 수직하게 세워 원형 도선 사이로 낙하시키는 경우

○ 자속의 변화를 방해하는 방향으로 유도 전류가 생김

○ 자석의 통과 전후로 도선의 자속 변화에 미치는 영향이 반대로 바뀜 → 유도 전류의 흐름도 반대로 바뀜

○ N극이 아래로 낙하 : 통과 전 반시계 방향의 유도 전류 발생 → 통과 후 시계 방향의 유도 전류 발생

○ S극이 아래로 낙하 : 통과 전 시계 방향의 유도 전류 발생 → 통과 후 반시계 방향의 유도 전류 발생

○ 자석이 원형 도선 사이로 낙하할 때, 역학적 에너지의 총량은 보존되지 않음(자석의 낙하에 의해 유도 기전력이 발생했기 때문)

○ 낙하 전 위치 에너지＝바닥에서의 운동 에너지＋전기 에너지(단, 마찰은 무시)

④ 암기 자석이 정지해 있고 코일이 움직일 때 유도 전류의 방향

자석의 위쪽이 N극일 때		자석의 위쪽이 S극일 때	
가까워질 때	멀어질 때	가까워질 때	멀어질 때
가까워지려는 것을 방해하려면 도선과 자석이 척력이 작용해야 하므로 원형 도선 단면의 아래쪽은 N극이 되도록 유도 전류가 흐름	멀어지려는 것을 방해하려면 도선과 자석이 인력이 작용해야 하므로 원형 도선 단면의 아래쪽은 S극이 되도록 유도 전류가 흐름	가까워지려는 것을 방해하려면 도선과 자석이 척력이 작용해야 하므로 원형 도선 단면의 아래쪽은 S극이 되도록 유도 전류가 흐름	멀어지려는 것을 방해하려면 도선과 자석이 인력이 작용해야 하므로 원형 도선 단면의 아래쪽은 N극이 되도록 유도 전류가 흐름

⑤ 암기 사각형 코일이 자기장에 들어갈 때

• 유도 전류의 방향

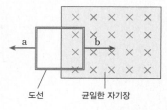

도선의 운동 방향	b	a
자속 변화	종이면으로 들어가는 방향의 자속 증가	종이면으로 들어가는 방향의 자속 감소
유도 전류에 의한 자기장의 방향	종이면에서 나오는 방향	종이면으로 들어가는 방향
유도 전류의 방향	반시계 방향	시계 방향

• 유도 전류의 세기

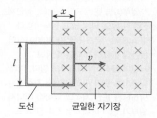

세로 길이가 l이고, 전기 저항이 R인 사각 도선이 세기가 B인 균일한 자기장 영역에 일정한 속력 v로 직선 운동하여 입사할 때

− 자속 변화 : 자기장의 세기가 B이고 자기장 영역에 포함된 면적이 $A=lx$이므로 자속은 $\phi=BA=Blx$. 여기서 자기장 B와 도선의 세로 길이 l이 일정하므로 자속 변화는 다음과 같음

$$\Delta\phi=\Delta(Blx)=Bl\Delta x$$

− 유도 전압 : $V=-N\dfrac{\Delta\phi}{\Delta t}$에서 감은 수가 $N=1$이므로 $V=-\dfrac{Bl\Delta x}{\Delta t}$, 여기서 $\dfrac{\Delta x}{\Delta t}=v$이므로 유도 전압은 $V=-Blv$

− 유도 전류의 세기(I) : 도선의 전기 저항이 R이므로 옴의 법칙을 적용하면 $I=\dfrac{Blv}{R}$

기본자료

▶ 암기 자기장이 형성된 공간에 ㄷ자형 도선을 설치하고 직선 도선 **AB**를 올려놓은 후 막대를 당기는 경우 ㄷ자형 도선과 직선 도선이 이루는 사각형의 면적이 증가하고 사각형을 통과하는 자속이 증가하므로 자속의 증가를 방해하기 위해 사각형 도선은 아래쪽 방향의 자기장을 만들기 위해 유도 전류가 위에서 보면 시계 방향 (A → D → C → B → A)으로 흐른다.

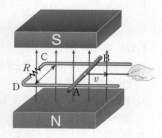

필수개념 2 **전자기 유도의 이용**

기본자료

• 암기 **전자기 유도의 이용**

<마이크>

<발전기>

<전기 기타>

<변압기>

• **마이크와 스피커의 비교**

① 마이크(전자기 유도 이용)
  – 소리에 의해 진동판이 진동하면 진동판과 연결된 코일이 함께 진동하고, 고정된 영구자석에 의해 코일에 소리의 신호를 담은 유도 전류가 발생한다.

마이크

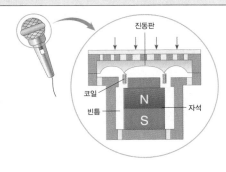

• 음성 신호(소리) → 전기 신호
• 패러데이의 전자기 유도 법칙
• 소리 → 진동판 진동 → 코일 진동 → 자기장 변화 → 유도 전류(전기 신호)

② 스피커(전류에 의한 자기장 이용)
  – 코일에 소리의 신호를 담은 교류 전류를 흐르게 하면 전류에 의해 자기장이 발생하게 된다. 발생한 자기장이 영구자석의 자기장과 상호작용하여 코일이 자기력을 받아 진동하면, 코일에 연결된 진동판도 진동하여 소리를 발생시킨다.

스피커

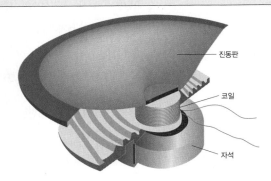

• 전기 신호 → 음성 신호(소리)
• 자기장 속에서 전류가 받는 힘(자기력)
• 전기 신호 → 코일에 자기력 발생 → 코일 진동 → 진동판 진동 → 소리

▶ 전자기 유도 이용의 또 다른 예
① 발광 킥보드 : 바퀴의 회전에 의해 코일에 유도 전류가 발생함

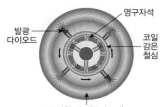

② 신용 카드 판독기 또는 자기 테이프 재생 : 원자 자석이 코일이 있는 헤드를 지날 때 코일에 유도 전류가 발생함

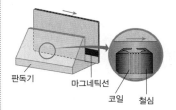

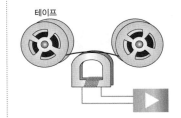

전자기 유도 현상을 활용하는 것만을 〈보기〉에서 있는 대로 고른 것은?

보기
㉠ 마이크   ㉡ 무선 충전   ㉢ 전자석 기중기 → 전자석 이용

코일 진동판 / 자석 / 스마트폰 코일 / 충전 패드 / 코일 고철

① ㉠   ② ㉢   ③ ㉠, ㉡   ④ ㉡, ㉢   ⑤ ㉠, ㉡, ㉢

|자|료|해|설|
마이크는 외부 소리에 의해 진동판이 진동하면서 이와 연결된 코일도 진동한다. 이때 고정된 영구자석에 의해 코일 내부를 통과하는 자기 선속이 변하면서 코일에 유도 전류가 흐른다.
충전 패드의 코일에 흐르는 교류 전류에 의해 자기장이 만들어지고 이는 시간에 따라 변한다. 이로 인해 스마트폰 내부의 코일을 지나는 자속이 변하므로 전자기 유도에 의해 유도 전류가 흘러 스마트폰 배터리가 충전된다.
전자석 기중기는 코일에 전류가 흐를 때 나타나는 자기력을 이용한 것으로 전자기 유도 현상을 활용한 것은 아니다.

|보|기|풀|이|
㉠ 정답 : 소리에 의해 진동판과 함께 코일이 진동하면, 고정된 자석에 의해 코일에 유도전류가 흐른다.
㉡ 정답 : 충전 패드에 흐르는 교류 전류에 의해 만들어진 자기장이 변하면서 스마트폰 내부 코일에 유도 전류가 흐른다.
㉢ 오답 : 전자석 기중기는 코일에 전류를 흐르게 하여 발생하는 자기력을 이용한다.

다음은 간이 발전기에 대한 설명이다.

○ 간이 발전기의 자석이 일정한 속력으로 회전할 때, 코일에 유도 전류가 흐른다. 이때 ⬚㉠⬚ 유도 전류의 세기가 커진다.

코일 / 자석

㉠으로 적절한 것만을 〈보기〉에서 있는 대로 고른 것은?

보기
㉠ 자석의 회전 속력만을 증가시키면
㉡ 자석의 회전 방향만을 반대로 하면
㉢ 자석을 세기만 더 강한 것으로 바꾸면

① ㉠   ② ㉢   ③ ㉠, ㉡   ④ ㉠, ㉢   ⑤ ㉡, ㉢

|자|료|해|설|
코일을 통과하는 자기선속의 시간적 변화($\frac{\Delta\phi}{\Delta t}$)가 증가할 때 유도 전류의 세기가 커진다.

|보|기|풀|이|
㉠ 정답 : 자석의 회전 속력을 증가시키면 $\frac{\Delta\phi}{\Delta t}$는 증가한다.
㉡ 오답 : 자석의 회전 방향만을 반대로 하면 유도 전류의 방향만 바뀔 뿐, $\frac{\Delta\phi}{\Delta t}$는 원래와 같다.
㉢ 정답 : 자석을 세기만 더 강한 것으로 바꾸면 $\frac{\Delta\phi}{\Delta t}$는 증가한다.

😀 문제풀이 TIP | 유도 전류의 세기는 자기선속의 시간적 변화($\frac{\Delta\phi}{\Delta t}$)가 증가할 때 커진다.

😀 출제분석 | 유도 기전력에 대한 기본 개념을 확인하는 문항으로 자기선속의 개념을 반드시 숙지해야 한다.

그림 (가)는 마이크의 내부 구조를 나타낸 것으로, 소리에 의해
진동판과 코일이 진동한다. 그림 (나)는 (가)에서 자석의 윗면과
코일 사이의 거리 d를 시간에 따라 나타낸 것이다. t_3일 때 코일에는
화살표 방향으로 유도 전류가 흐른다.

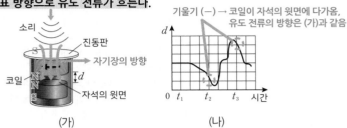

기울기 (−) → 코일이 자석의 윗면에 다가옴,
유도 전류의 방향은 (가)과 같음

소리
진동판
자기장의 방향
코일
d
자석의 윗면
(가)

d
0 t_1 t_2 t_3 시간
(나)

이에 대한 옳은 설명만을 〈보기〉에서 있는 대로 고른 것은?

보기
ㄱ. 자석의 윗면은 N극이다.
ㄴ. t_1일 때 코일에는 유도 전류가 흐르지 않는다.
ㄷ. 코일에 흐르는 유도 전류의 방향은 t_2일 때와 t_3일 때가 서로 ~~반대이다.~~ 같다.

① ㄱ ② ㄷ ③ ㄱ, ㄴ ④ ㄴ, ㄷ ⑤ ㄱ, ㄴ, ㄷ

|자|료|해|설|
소리에 의해 진동판과 함께 코일이 위아래로 진동하면 코일을 통과하는 자기 선속이 변하면서 코일에는 유도 전류가 흐른다.

|보|기|풀|이|
ㄱ. 정답 : 유도 전류의 방향이 (가)와 같으므로 유도 전류에 의한 자기장의 방향은 아래 방향이다. 즉, 자석의 윗면은 N극이다.
ㄴ. 정답 : 그래프의 기울기는 코일의 속도이다. t_1에서 속도는 0이므로 코일을 통과하는 자기 선속의 변화는 0이다. 따라서 코일에는 유도 전류가 흐르지 않는다.
ㄷ. 오답 : t_2와 t_3에서 기울기는 모두 (−)으로 코일을 통과하는 자기 선속은 증가한다. 따라서 유도 전류의 방향은 t_2와 t_3에서 모두 (가)의 화살표 방향과 같다.

😮 **문제풀이TIP** | 렌츠 법칙
▶ 유도 전류는 코일을 통과하는 자기 선속의 변화를 방해하는 방향으로 흐른다.

😮 **출제분석** | 전자기 유도 현상에 관한 문항으로 렌츠 법칙 개념을 이용하여 쉽게 해결할 수 있는 문항이다.

다음은 헤드폰의 스피커를 이용한 실험이다.

[자료 조사 내용]
○ 헤드폰의 스피커는 진동판, 코일, 자석 등으로 구성되어 있다.

진동판
자석
코일
<헤드폰의 스피커 구조>

[실험 과정]
(가) 컴퓨터의 마이크 입력 단자에 헤드폰을 연결하고, 녹음 프로그램을 실행시킨다.
(나) 헤드폰의 스피커 가까이에서 다양한 소리를 낸다.
(다) 녹음 프로그램을 종료하고 저장된 파일을 재생시킨다.

[실험 결과]
○ 헤드폰의 스피커 가까이에서 냈던 다양한 소리가 재생되었다.

이 실험에서 소리가 녹음되는 동안 헤드폰의 스피커에서 일어나는 현상에 대한 설명으로 옳은 것만을 〈보기〉에서 있는 대로 고른 것은?

보기
ㄱ. 진동판은 공기의 진동에 의해 진동한다.
ㄴ. 코일에서는 전자기 유도 현상이 일어난다.
ㄷ. 코일이 ~~자석~~에 붙은 상태로 ~~자석~~과 함께 운동한다.
　　진동판　　　　　진동판

① ㄱ ② ㄷ ③ ㄱ, ㄴ ④ ㄴ, ㄷ ⑤ ㄱ, ㄴ, ㄷ

|자|료|해|설|
마이크의 진동판은 음파(소리)로 인한 공기의 진동에 의해 진동한다. 이때, 마이크의 진동판에 연결된 코일이 자석 위에서 진동하며 코일 내부의 자기장이 변하게 된다. 이 과정에서 코일에는 전자기 유도 현상에 의해 음파의 진동수와 같은 진동수의 유도 전류(전기 신호)가 흐른다. 이 전기 신호가 스피커의 코일에 흐르면 코일과 자석 사이에서 자기력이 발생하고 이로 인해 코일과 붙어 있는 스피커 진동판은 진동하며 공기를 진동시키는데 이때 전기 신호와 같은 진동수의 음파가 발생한다. 이와 같이 마이크와 스피커는 서로 반대 역할을 하지만 기본 구조는 같다.

|보|기|풀|이|
ㄱ. 정답 : 소리는 공기를 진동시키고 공기의 진동에 의해 진동판도 진동한다.
ㄴ. 정답 : 스피커는 마이크와 기본 구조가 같고 실험 과정에서는 스피커가 마이크로 사용되었다. 즉 소리에 의해 진동판이 진동하고, 진동판에 붙어 있는 코일이 멈춰있는 자석 주변에서 진동하며 코일에서는 전자기 유도 현상에 의해 유도 전류(전기 신호)가 발생한다.
ㄷ. 오답 : 스피커에 소리를 낼 때 코일은 진동판에 붙은 상태로 함께 운동한다.

😮 **문제풀이TIP** | 마이크는 소리를 전기 신호로 바꾸고, 스피커는 이와 반대로 전기 신호를 소리로 바꾼다. 스피커와 마이크는 서로 반대의 역할을 하지만 기본 구조는 같다.

😮 **출제분석** | 전자기 유도 현상을 이해한다면 마이크, 스피커의 원리와 구조는 쉽게 이해할 수 있고 이와 같은 문제도 쉽게 해결할 수 있다.

그림 A, B, C는 자기장을 활용한 장치의 예를 나타낸 것이다.

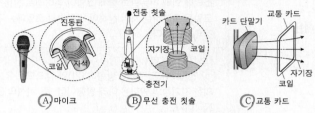

Ⓐ 마이크   Ⓑ 무선 충전 칫솔   Ⓒ 교통 카드

전자기 유도 현상을 활용한 예만을 있는 대로 고른 것은?

① A   ② C   ③ A, B   ④ B, C   ✓⑤ A, B, C

|자|료|해|설|
마이크는 소리에 의해 진동판이 울리면 진동판에 연결된 코일이 자석 주위를 진동하며 코일에 유도 전류가 흐르는 현상을 이용한다.
무선 충전 칫솔의 충전기 코일에 교류 전류가 흐르면 시간에 따라 변하는 자기장이 만들어진다. 따라서 전동 칫솔을 충전기 위에 올려두기만 하면 전동 칫솔의 코일 내부에 자기장의 변화가 발생하므로 유도 전류가 흘러 충전이 이루어진다.
카드 단말기에서 시간에 따라 변하는 자기장이 만들어지므로 교통 카드의 내부 코일을 통과하는 자기장을 변하게 하여 내부 코일에 유도 전류가 흐르게 한다.

|선|택|지|풀|이|
⑤ 정답 : A, B, C는 모두 전자기 유도 현상을 활용한 예이다.

그림은 휴대 전화를 무선 충전기 위에 놓고 충전하는 모습을 나타낸 것이다. 코일 A, B는 각각 무선 충전기와 휴대 전화 내부에 있고, A에 흐르는 전류의 세기 I는 주기적으로 변한다.
이에 대한 옳은 설명만을 〈보기〉 에서 있는 대로 고른 것은?

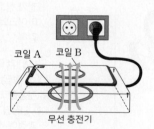

코일 A   코일 B

무선 충전기

보기

ㄱ. I가 증가할 때 B에 유도 전류가 흐른다.
ㄴ. I가 감소할 때 B에 유도 전류가 흐르지 않는다. 흐른다.
ㄷ. 무선 충전은 전자기 유도 현상을 이용한다.

① ㄱ   ② ㄴ   ✓③ ㄱ, ㄷ   ④ ㄴ, ㄷ   ⑤ ㄱ, ㄴ, ㄷ

|자|료|해|설|
무선 충전기 내부의 코일 A에 교류 전류가 흐르면 코일 A에 의해 생기는 자기장의 세기도 변화한다. 이때 휴대 전화의 코일 B에는 자기장의 변화를 방해하는 방향으로 유도 전류가 흐른다.

|보|기|풀|이|
ㄱ. 정답 : 코일 A에 흐르는 전류가 증가하면 코일 A에 의한 자기장 세기도 증가하며 코일 B의 내부를 통과하는 자기장의 세기도 증가하는데 이때 코일 B에는 자기장의 변화를 방해하는 방향으로 유도 전류가 흐른다.
ㄴ. 오답 : 코일 A에 흐르는 전류가 감소하면 보기 ㄱ과 반대로 코일 B에는 유도 전류가 흐른다. 코일 A에 흐르는 전류의 세기가 일정할 때 코일 B에 흐르는 유도 전류는 0이다.
ㄷ. 정답 : 무선 충전은 두 코일 사이의 전자기 유도 현상을 이용한다.

🤪 **문제풀이 TIP** | 자기장의 세기는 전류의 세기에 비례한다. 또한, 코일 내부를 지나는 자기장의 변화는 코일 내부를 통과하는 자기장의 변화를 방해하는 방향으로 유도 전류를 생성한다.

😀 **출제분석** | 이번 문항은 매우 쉽게 출제되었지만 전자기 유도 현상에 대한 문항은 자기장의 세기 변화에 따른 유도 전류의 방향과 세기를 묻는 어려운 문제가 주로 출제됐다.

그림 (가)는 무선 충전기에서 스마트폰의 원형 도선에 전류가 유도되어 스마트폰이 충전되는 모습을, (나)는 원형 도선을 통과하는 자기 선속 Φ를 시간 t에 따라 나타낸 것이다.

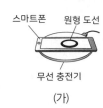
스마트폰   원형 도선
무선 충전기
(가)

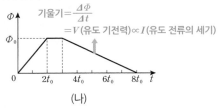
기울기 $=\dfrac{\Delta\Phi}{\Delta t}$
$=V$(유도 기전력)$\propto I$(유도 전류의 세기)
(나)

원형 도선에 흐르는 유도 전류에 대한 설명으로 옳은 것만을 <보기>에서 있는 대로 고른 것은? **3점**

보기

ㄱ. 유도 전류의 세기는 $0<t<2t_0$에서 ~~증가한다.~~ 일정하다

ㄴ. 유도 전류의 세기는 t_0일 때가 $5t_0$일 때보다 크다.

ㄷ. 유도 전류의 방향은 t_0일 때와 $6t_0$일 때가 서로 ~~같다.~~ 반대이다

① ㄱ   ②✓ ㄴ   ③ ㄱ, ㄷ   ④ ㄴ, ㄷ   ⑤ ㄱ, ㄴ, ㄷ

|자|료|해|설|

(가)에서 무선 충전기의 코일에 전류가 흐르면서 생긴 자기 선속은 스마트폰의 원형 도선을 통과한다. 이때 무선 충전기의 코일에 흐르는 전류의 세기가 변하면 스마트폰의 원형 도선을 통과하는 자기 선속이 변하게 되고 렌츠의 법칙에 따라 스마트폰의 원형 도선에는 자기 선속의 변화를 방해하는 방향으로 유도 전류가 생긴다. 또 유도 전류의 세기는 패러데이 법칙에 따라 시간에 따른 자기 선속의 변화에 비례$\left(\dfrac{\Delta\Phi}{\Delta t}\right)$한다. (나)에서 그래프의 기울기는 $\dfrac{\Delta\Phi}{\Delta t}=V$(유도 기전력)이고 유도 전류의 세기($I$)는 유도 기전력의 크기에 비례($V\propto I$)한다.

|보|기|풀|이|

ㄱ. 오답 : $0<t<2t_0$에서 (나) 그래프의 기울기는 일정하므로 유도 기전력과 유도 전류의 세기는 일정하다.

ㄴ. 정답 : (나)에서 기울기는 t_0일 때가 $5t_0$일 때보다 크므로 유도 전류의 세기도 t_0일 때가 $5t_0$일 때보다 크다.

ㄷ. 오답 : (나) 그래프에서 기울기의 부호는 유도 전류의 방향에 해당한다. t_0와 $6t_0$일 때 기울기의 부호가 반대이므로 유도 전류의 방향도 서로 반대이다.

😮 **문제풀이 TIP** | 렌츠의 법칙
▶ 유도 전류는 코일 내부를 지나는 자기력선속의 변화를 방해하는 방향으로 흐른다.
패러데이 법칙
▶ 전자기 유도에 의한 유도 기전력(V)의 크기는 코일의 감은 수(N)와 자기 선속의 시간적 변화에 비례한다.$\left(V=-N\dfrac{\Delta\Phi}{\Delta t}\right)$

😊 **출제분석** | 시간에 따른 자기 선속의 변화 그래프를 통해 패러데이 법칙 개념을 확인하는 문항이다.

그림과 같이 N극이 아래로 향한 자석이 금속 고리의 중심축을 따라 운동하여 점 p, q를 지난다. p, q로부터 고리의 중심까지의 거리는 서로 같다. 고리에 흐르는 유도 전류의 세기는 자석이 p를 지날 때가 q를 지날 때보다 작다. 이에 대한 설명으로 옳은 것만을 <보기>에서 있는 대로 고른 것은? (단, 자석의 크기는 무시한다.)

자석의 속력이 q를 지날 때가 p를 지날 때보다 빠름

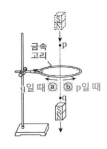
금속 고리
q일 때 ⓐ ⓑ p일 때

보기

ㄱ. 자석이 p를 지날 때 고리에 흐르는 유도 전류의 방향은 ⓐ방향이다.

ㄴ. 자석이 p를 지날 때의 속력은 자석이 q를 지날 때의 속력보다 작다.

ㄷ. 자석이 q를 지날 때 고리와 자석 사이에는 당기는 자기력이 작용한다.

① ㄱ   ② ㄴ   ③ ㄱ, ㄷ   ④✓ ㄴ, ㄷ   ⑤ ㄱ, ㄴ, ㄷ

|자|료|해|설|

유도 전류는 자기 선속의 변화를 방해하는 방향으로 흐른다. 따라서 유도 전류는 자석이 p를 지날 때 ⓑ방향, q를 지날 때 ⓐ방향으로 흐른다.

|보|기|풀|이|

ㄱ. 오답 : 자석이 p를 지날 때, 금속 고리 내부를 통과하는 자기 선속의 변화를 방해하는 유도 전류의 방향은 ⓑ방향이다.

ㄴ. 정답 : 유도 전류의 세기는 시간당 자기 선속의 변화량에 비례하는데 자석의 속력이 빠를 때 시간당 자기 선속의 변화가 커지므로 q를 지날 때가 p를 지날 때보다 자석의 속력이 빠르다.

ㄷ. 정답 : 고리와 자석 사이에는 자석이 p를 지날 때 척력이, q를 지날 때 인력이 작용한다.

😮 **문제풀이 TIP** | 자석은 p와 q에서 위쪽으로 자기력이 작용한다.

😊 **출제분석** | 전자기 유도 현상을 이해하기 위한 기본 수준의 난이도로 출제되었다. 과거의 사례를 보면 이 영역에서 다소 어려운 문항이 다수 출제되었으니 응용력이 필요한 기출 문제도 꼭 풀어보자.

Ⅱ
2
－
03
전
자
기
유
도

다음은 자가발전 손전등에 대한 설명이다.

○ 자가발전 손전등은 자석의 운동에 의해 코일에 유도 전류가 발생하여 전구에서 불이 켜지는 장치이다.

○ 그림에서 자석이 코일에 가까워지면 자석에 의해 코일을 통과하는 자기 선속이 증가하고, 코일에는 (가) 방향으로 유도 전류가 흐른다.

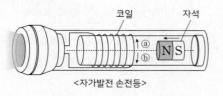

<자가발전 손전등>

이에 대한 설명으로 옳은 것만을 〈보기〉에서 있는 대로 고른 것은?

보기

ㄱ. 자가발전 손전등은 전자기 유도 현상을 이용한다.
ㄴ. (가)는 ⓐ이다.
     ⓑ
ㄷ. 자석이 코일에 가까워지면 자석과 코일 사이에는 서로 당기는 자기력이 작용한다.
   밀어내는

① ㄱ   ② ㄴ   ③ ㄱ, ㄷ   ④ ㄴ, ㄷ   ⑤ ㄱ, ㄴ, ㄷ

|자|료|해|설|
자석이 코일에 가까워지면 코일을 통과하는 자기 선속이 증가하여 코일에는 자기 선속이 감소하는 방향인 ⓑ 방향으로 유도 전류가 발생한다.

|보|기|풀|이|
ㄱ. 정답 : 자가발전 손전등은 자석의 운동으로 코일에 유도 전류가 흐르므로 전자기 유도 현상을 이용한다.
ㄴ. 오답 : 자료 해설과 같이 코일에는 ⓑ 방향으로 유도 전류가 발생한다.
ㄷ. 오답 : 자석이 코일에 가까워지면 코일과 자석 사이에는 서로 밀어내는 자기력이 작용하고 자석이 코일에서 멀어지면 코일과 자석 사이에는 인력이 작용한다.

😮 문제풀이 TIP | 렌츠의 법칙 : 코일을 통과하는 자기 선속이 변하면 이를 방해하는 방향으로 유도 전류가 발생한다.

😃 출제분석 | 전자기 유도 현상의 기본 개념을 확인하는 문항이다. 이 영역의 문항이 어렵게 느껴진다면 패러데이 법칙과 렌츠의 법칙으로 설명할 수 있도록 노력하자.

그림은 어떤 전기밥솥에서 수증기의 양을 조절하는 데 사용되는 밸브의 구조를 나타낸 것이다. 스위치 S가 열리면 금속 봉 P가 관을 막고, S가 닫히면 솔레노이드로부터 P가 위쪽으로 힘 F를 받아 관이 열린다.

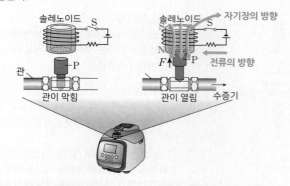

S를 닫았을 때에 대한 옳은 설명만을 〈보기〉에서 있는 대로 고른 것은?

보기

ㄱ. F는 자기력이다.
ㄴ. 솔레노이드 내부에는 아래쪽 방향으로 자기장이 생긴다.
ㄷ. P에 작용하는 중력과 F는 작용 반작용 관계이다.
    P가 지구를 당기는 힘

① ㄱ   ② ㄷ   ③ ㄱ, ㄴ   ④ ㄴ, ㄷ   ⑤ ㄱ, ㄴ, ㄷ

|자|료|해|설|
그림과 같이 시계 방향으로 전류가 흐르면 솔레노이드는 아랫부분이 N극이 되는 전자석이 된다.

|보|기|풀|이|
ㄱ. 정답 : 솔레노이드에 전류가 흐르면 전자석이 되어 금속 봉에는 위쪽으로 자기력 F를 받는다.
ㄴ. 정답 : 솔레노이드의 아래쪽이 N극, 위쪽이 S극이므로 솔레노이드 내부에는 아래쪽으로 자기장이 생긴다.
ㄷ. 오답 : P에 작용하는 중력의 반작용은 P가 지구를 당기는 힘이다.

😃 출제분석 | 솔레노이드에 전류가 흐르면 전자석이 된다. MRI, 자기 부상열차, 직류 전동기, 스피커 등 실생활에 이용되는 예도 함께 정리해두자.

그림 (가)는 정지해 있는 코일의 중심축을 따라 자석이 움직이는 모습이다. 그림 (나)는 (가)에서 코일의 중심축에 수직이고, 코일 위의 점 **p**를 포함한 코일의 단면을 통과하는 자기 선속 Φ를 시간 t에 따라 나타낸 것이다.

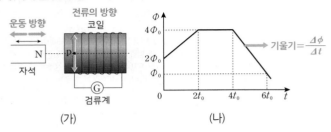

(가)   (나)

이에 대한 설명으로 옳은 것만을 〈보기〉에서 있는 대로 고른 것은?

> **보기**
> ㄱ. p에 흐르는 유도 전류의 방향은 $t=t_0$일 때와 $t=5t_0$일 때가 ~~같다.~~ 반대이다.
> ㄴ. p에 흐르는 유도 전류의 세기는 $t=t_0$일 때가 $t=5t_0$일 때보다 ~~크다.~~ 작다.
> ㄷ. $t=3t_0$일 때 p에는 유도 전류가 흐르지 않는다.

① ㄱ   ②✓ㄷ   ③ ㄱ, ㄴ   ④ ㄴ, ㄷ   ⑤ ㄱ, ㄴ, ㄷ

| 자 | 료 | 해 | 설 |

외부 자기장으로 인해 코일 내부의 자기 선속이 변하면 코일에는 자기 선속의 변화를 방해하는 방향으로 유도 전류가 생긴다. 코일의 단면을 통과하는 오른쪽 방향 자기 선속이 $0{\sim}2t_0$동안 증가하므로 유도 전류는 왼쪽 방향 자기 선속을 만들어 낸다. 따라서 p에서 전류의 방향은 위쪽 방향이다.

$4t_0{\sim}6t_0$에서 오른쪽 방향 자기 선속이 감소하므로 p에 흐르는 유도 전류는 오른쪽 방향 자기 선속을 만들어낸다. 따라서 p에서 전류의 방향은 아래쪽 방향이다.

$2t_0{\sim}4t_0$에서 자기 선속의 변화가 없으므로 유도 전류도 발생하지 않는다.

유도 전류의 세기는 단위 시간당 자기 선속의 변화량$\left(\dfrac{\varDelta\phi}{\varDelta t}\right)$의 크기에 비례하므로 $4t_0{\sim}6t_0$동안 발생한 유도 전류의 세기는 $0{\sim}2t_0$동안보다 크다.

| 보 | 기 | 풀 | 이 |

ㄱ. 오답 : (나)에서 그래프의 기울기 부호는 t_0와 $5t_0$에서 반대이므로 p에 흐르는 유도 전류의 방향은 반대이다.

ㄴ. 오답 : 유도 전류의 세기는 (나)에서 그래프의 기울기의 크기와 비례하므로 t_0일 때가 $5t_0$일 때보다 작다.

ㄷ. 정답 : $3t_0$일 때 자기 선속의 변화량이 0이므로 유도 전류는 흐르지 않는다.

다음은 전자기 유도에 대한 실험이다.

[실험 과정]

(가) 그림과 같이 코일에 검류계를
연결한다.

(나) 자석의 N극을 아래로 하고,
코일의 중심축을 따라 자석을
일정한 속력으로 코일에 가까이
가져간다.

→ (나)에서와 반대이므로 P점을 지나는 순간
검류계의 눈금은 (다)와 반대 방향

(다) 자석이 p점을 지나는 순간 검류계의 눈금을 관찰한다.

(라) 자석의 S극을 아래로 하고, 코일의 중심축을 따라 자석을
(나)에서보다 빠른 속력으로 코일에 가까이 가져가면서
(다)를 반복한다.

→ (다)의 결과가 가리키는 눈금보다
더 크게 움직임

[실험 결과]

(다)의 결과	(라)의 결과
	㉠

㉠으로 가장 적절한 것은? 3점

① 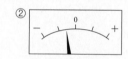   ② (가)

③    ④

⑤

|자|료|해|설|및|선|택|지|풀|이|

⑤정답 : 자석의 극을 반대로 하여 코일에 가까이 가져가면
코일에 흐르는 유도 전류의 방향은 반대가 되어 검류계의
눈금은 반대 방향으로 움직인다. 또한, 자석이 코일에
가까이 가는 속력이 빠를수록 검류계의 바늘은 크게
움직인다. 따라서 (라)의 결과로 적절한 것은 ⑤이다.

😮 문제풀이 T I P | 코일의 가까이 자석이 다가오면 자기 선속이
증가하며 이를 방해하는 방향으로 유도 전류가 흐르게 된다.
코일에서 자석이 멀어지게 되면 자기 선속이 감소하며 이를
방해하는 방향으로 유도 전류가 흐르게 된다.

😊 출제분석 | 전자기 유도 법칙을 확인하는 기본문항이다.

그림은 xy평면에 수직인 방향의
자기장 영역에서 정사각형 금속
고리 A, B, C가 각각 $+x$방향,
$-y$방향, $+y$방향으로 직선
운동하고 있는 순간의 모습을
나타낸 것이다. 자기장 영역에서
자기장은 일정하고 균일하다.
유도 전류가 흐르는 고리만을 있는 대로 고른 것은? (단, A, B, C
사이의 상호 작용은 무시한다.) 3점

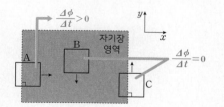

① A   ② B   ③ A, C   ④ B, C   ⑤ A, B, C

|자|료|해|설|

유도 전압(V)이 생기려면 시간에 따른 자기 선속의 변화가
있어야 한다. $\left(V = -\dfrac{\Delta\phi}{\Delta t} = -\dfrac{\Delta(BS)}{\Delta t} \neq 0 \right)$

|선|택|지|풀|이|

①정답 : 자기장의 세기는 일정($B=$일정)하므로 금속
고리 내부를 지나는 자기장 영역의 면적(S)이 시간에 따라
변하는 곳은 A뿐이다. 따라서 A에서만 유도 전압이 생겨
유도 전류가 흐른다.

😮 문제풀이 T I P | B와 C는 시간에 따른 자속 변화가 없다.

😊 출제분석 | 전자기 유도 법칙의 기본 개념을 알고 있는지
확인하는 수준에서 출제되었다.

그림은 자석이 솔레노이드 위에서 점 **a**와 **b**를 지나는 직선을 따라 화살표 방향으로 등속도 운동하는 모습을 나타낸 것이다. **자석이 a를 지날 때 솔레노이드에 연결된 저항에는 ㉠ 방향으로 유도 전류가 흐른다.** a와 b는 솔레노이드로부터 같은 거리만큼 떨어져 있다.

오른나사 법칙에 의해 솔레노이드의 윗부분이 N극을 띰

다가오는 자석의 오른쪽 면이 N극

방향 표시 없는 자기력선

X

솔레노이드

이에 대한 옳은 설명만을 〈보기〉에서 있는 대로 고른 것은? (단, 자석은 회전하지 않는다.) 3점

보기

㉠. X는 S극이다.

ㄴ. 자석이 a를 지날 때 자석과 솔레노이드 사이에 인력이(척) 작용한다.

㉢. 자석이 b를 지날 때 유도 전류의 방향은 ㉠이다.

① ㄱ   ② ㄷ   ③ ㄱ, ㄴ   ④ ㄱ, ㄷ   ⑤ ㄴ, ㄷ

|자|료|해|설|

자석이 그림과 같이 움직일 때 솔레노이드에서 ㉠ 방향으로 유도 전류가 흐른다면 솔레노이드의 윗부분은 N극을 띠게 된다. 따라서 렌츠의 법칙에 의해 다가오는 자석의 오른쪽 면이 N극, 반대쪽 면인 X가 S극임을 알 수 있다.

·렌츠의 법칙: 유도 전류는 코일 내부를 지나는 자기력선속의 변화를 방해하는 방향 또는 자석의 운동을 방해하는 방향으로 흐른다.

|보|기|풀|이|

㉠. 정답 : 렌츠의 법칙에 의해 솔레노이드로 다가오는 자석의 오른쪽 면은 N극, 반대쪽이 S극이므로 X는 S극이다.

ㄴ. 오답 : 자석이 솔레노이드로 접근 중이므로 자석과 솔레노이드 사이에는 자석의 접근을 방해하는 척력이 작용한다.

㉢. 정답 : 자석이 b를 지날 때 S극이 솔레노이드에서 멀어지므로 유도 전류의 방향은 N극이 다가올 때와 같다.

😀 **문제풀이 T I P** | 유도 전류와 관련하여 렌츠의 법칙을 잘 이해하고 있어야 큰 어려움 없이 풀어나갈 수 있다.

😄 **출제분석** | 전자기 유도 현상을 이해하는가를 묻는 문항이다.

그림은 직사각형 금속 고리가 $t=0$일 때 종이면에 수직으로 들어가는 방향의 균일한 자기장 영역에 $+x$ 방향으로 들어가는 순간부터 고리의 위치를 1초 간격으로 나타낸 것이다. 금속 고리는 0부터 1초까지와 3초부터 4초까지 각각 속력이 v인 등속도 운동을 하고, 1초에서 3초 사이에는 고리면이 자기장에 수직인 상태를 유지하면서 자기장 영역에서 90°만큼 회전하면서 이동한다.

고리를 통과하는 자기선속의 변화가 0이므로 유도 전류는 흐르지 않음

고리를 통과하는 ⊗방향 자기선속이 증가 → 이를 감소시키려는 반시계 방향의 유도 전류가 흐름

$t=3.5$초일 때 고리를 통과하는 ⊙방향 자기선속이 감소 → 이를 방해하려는 시계 방향의 유도 전류가 흐름

자기장 영역 $t=2$초 $t=3$초 $t=4$초

$t=0$ $t=1$초

L

$2L$

0   $2L$ $4L$ $6L$ $8L$ x

이에 대한 설명으로 옳은 것만을 〈보기〉에서 있는 대로 고른 것은? 3점

보기

ㄱ. $t=0.5$초일 때 금속 고리에는 시계(반) 방향으로 유도 전류가 흐른다.

㉡. $t=2$초일 때 금속 고리에는 유도 전류가 흐르지 않는다.

ㄷ. 금속 고리에 흐르는 전류의 세기는 $t=0.5$초일 때가 $t=3.5$초일 때보다 크다(작).

① ㄴ   ② ㄷ   ③ ㄱ, ㄴ   ④ ㄱ, ㄷ   ⑤ ㄴ, ㄷ

|자|료|해|설|

$t=0$에서 $t=1$초 사이에서 직사각형 금속 고리를 통과하는 자기선속은 종이면에 수직으로 들어가는 방향으로 증가하므로 유도 전류에 의한 자기장의 방향은 종이면에서 나오는 방향이고 유도 전류의 방향은 반시계 방향이다. $t=1$에서 $t=3$초 사이에는 금속 고리를 통과하는 자속의 변화가 없으므로 유도 전류는 흐르지 않는다. $t=3$과 $t=4$초 사이, 즉 금속 고리가 자기장 영역을 벗어나는 순간부터 완전히 빠져나가기 전까지 금속 고리를 통과하는 종이면에 수직으로 들어가는 방향의 자기선속은 감소하고 유도 전류에 의한 자기장의 방향은 종이면으로 들어가는 방향으로 나타나므로 유도 전류의 방향은 시계 방향이다. 또한 금속 고리가 자기장 영역에서 빠져나올 때 생기는 유도 전류의 세기는 단위 시간당 금속 고리를 통과하는 자기선속의 변화에 비례하므로 $t=3$초에서 $t=4$초 동안 흐르는 유도 전류는 $t=0$에서 $t=1$초 동안 흐르는 유도 전류의 세기보다 크다.

|보|기|풀|이|

ㄱ. 오답 : $t=0$에서 $t=1$초 동안 직사각형 금속 고리를 통과하는 자기선속은 종이면에 수직으로 들어가는 방향으로 증가하므로 유도 전류에 의한 자기장의 방향은 종이면에서 나오는 방향이고 유도 전류의 방향은 반시계 방향이다.

㉡. 정답 : $t=1$에서 $t=3$초 사이에는 금속 고리를 통과하는 자기선속의 변화가 없으므로 유도 전류는 흐르지 않는다.

ㄷ. 오답 : 금속 고리가 자기장 영역에서 빠져나올 때 생기는 유도 전류의 세기는 단위 시간당 금속 고리를 통과하는 자기선속의 변화에 비례하므로 $t=3$초에서 $t=4$초 동안 흐르는 유도 전류는 $t=0$에서 $t=1$초 동안 흐르는 유도 전류의 세기보다 크다.

그림 (가)와 같이 종이면에 수직으로 들어가는 방향의 균일한 자기장 영역 Ⅰ과 Ⅱ에서 종이면에 고정된 동일한 원형 금속 고리 P, Q의 중심이 각 영역의 경계에 있다. 그림 (나)는 (가)의 Ⅰ과 Ⅱ에서 자기장의 세기를 시간에 따라 나타낸 것이다.

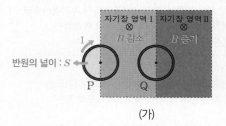
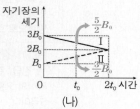

(가)   (나)

t_0일 때에 대한 옳은 설명만을 〈보기〉에서 있는 대로 고른 것은? (단, P, Q 사이의 상호 작용은 무시한다.) 3점

보기

ㄱ. P의 유도 전류는 P의 중심에 종이면에 수직으로 들어가는 방향의 자기장을 만든다.

ㄴ. Q에는 유도 전류가 흐르지 않는다.

ㄷ. Ⅰ과 Ⅱ에 의해 고리면을 통과하는 자기 선속의 크기는 Q에서가 P에서보다 크다.

① ㄴ   ② ㄷ   ③ ㄱ, ㄴ   ④ ㄱ, ㄷ   ⑤ ㄱ, ㄴ, ㄷ

|자|료|해|설|

P에서 단위 시간당 오른쪽 반원을 통과하는 자기장의 세기가 줄어들고 있으므로 P에는 변화를 방해하는 자기장이 만들어진다. 따라서 P의 중심에는 종이면에 수직으로 들어가는 방향으로 자기장이 발생하므로 시계 방향의 유도 전류가 흐른다. Q에서 단위 시간당 오른쪽 반원에서 증가하는 자기장의 세기와 왼쪽 반원에서 감소하는 자기장의 세기의 합은 0이므로 Q에는 유도 전류가 흐르지 않는다.

P에서 t_0일 때 영역 Ⅰ의 자기장의 세기는 $2.5B_0$이므로 반원의 넓이를 S라 하면, P를 통과하는 자기 선속의 크기는 $\Phi_P = 2.5B_0S$이다.

Q에서 t_0일 때 영역 Ⅰ의 자기장의 세기는 $2.5B_0$이고, 영역 Ⅱ의 자기장의 세기는 $1.5B_0$이고, 영역 Ⅰ, Ⅱ 모두 종이면의 수직으로 들어가는 방향이므로 반원의 넓이를 S라 하면 Q를 통과하는 자기 선속의 크기는 $\Phi_Q = 2.5B_0S + 1.5B_0S = 4B_0S$이다. ($\Phi_P < \Phi_Q$)

|보|기|풀|이|

ㄱ. 정답 : P에서는 종이면으로 들어가는 방향의 자기 선속이 감소하므로 유도 전류에 의한 자기장의 방향은 종이면으로 들어가는 방향으로 나타난다.

ㄴ. 정답 : Q에서 자기 선속은 일정하므로 유도 전류가 흐르지 않는다.

ㄷ. 정답 : P와 Q는 모두 절반이 영역 Ⅰ에 위치하고, Q만 나머지 절반이 영역 Ⅱ에 위치한다. 따라서 영역 Ⅰ에 의해 고리면을 통과하는 자기 선속은 P와 Q가 같고, Q는 영역 Ⅱ에 의해 고리면을 통과하는 자기 선속도 가지므로 고리면을 통과하는 자기 선속의 크기는 Q가 P보다 크다.

😲 **문제풀이 TIP** | 자기 선속의 크기를 구하는 방법도 알고 있어야 하지만, ㄷ과 같이 크기만 비교하는 문제도 자주 출제되기 때문에 굳이 계산하지 않고도 답을 구하는 방법도 알아두어야 한다.

😊 **출제분석** | 자기 선속의 변화가 있을 때만 유도 전류가 생긴다는 것을 알면 어렵지 않게 해결되는 문제이다.

그림은 동일한 원형 자석 A, B를 플라스틱 통의 양쪽에 고정하고 플라스틱 통 바깥쪽에서 금속 고리를 오른쪽 방향으로 등속 운동시키는 모습을 나타낸 것이다. 금속 고리가 플라스틱 통의 왼쪽 끝에서 오른쪽 끝까지 운동하는 동안 금속 고리에 흐르는 유도 전류의 방향은 화살표 방향으로 일정하다.

자석 A의 오른쪽 면과 자석 B의 왼쪽 면은 N극

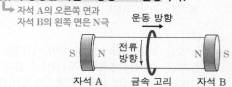

자석 A   금속 고리   자석 B

이에 대한 옳은 설명만을 〈보기〉에서 있는 대로 고른 것은? 3점

보기

ㄱ. A의 오른쪽 면은 N극이다.

ㄴ. B의 오른쪽 면은 N극이다. (S극)

ㄷ. 금속 고리를 통과하는 자기 선속은 일정하다. (하지 않다.)

① ㄱ   ② ㄴ   ③ ㄱ, ㄷ   ④ ㄴ, ㄷ   ⑤ ㄱ, ㄴ, ㄷ

|자|료|해|설|

금속 고리가 A로부터 멀어질 때 금속 고리를 통과하는 자기 선속은 줄어들고 이를 방해하는 방향으로 금속 고리에는 유도 전류가 흐른다. 또한, 자석 B로 다가가며 금속 고리를 통과하는 자기 선속은 증가하므로 이를 방해하는 방향으로 금속 고리에는 유도 전류가 흐른다. 따라서 자석 A의 오른쪽과 자석 B의 왼쪽은 N극이다.

|보|기|풀|이|

ㄱ. 정답 : 금속 고리에 화살표 방향으로 유도 전류가 흐르므로 A의 오른쪽은 N극이다.

ㄴ. 오답 : B의 왼쪽 면은 N극, 오른쪽 면은 S극이다.

ㄷ. 오답 : 금속 고리를 통과하는 자기 선속이 변해야 금속 고리에 유도 전류가 흐른다.

😲 **문제풀이 TIP** | 금속 고리가 운동하는 동안 고리를 통과하는 자기 선속은 오른쪽으로 줄어들거나 왼쪽으로 증가한다.

😊 **출제분석** | 전자기 유도에 관한 문항은 반드시 패러데이 법칙을 통해 설명할 수 있어야 한다.

그림 (가)는 균일한 자기장 영역 Ⅰ, Ⅱ가 있는 xy평면에 한 변의 길이가 $2d$인 정사각형 금속 고리가 고정되어 있는 것을 나타낸 것이다. Ⅰ의 자기장의 세기는 B_0으로 일정하고, Ⅱ의 자기장의 세기 B는 그림 (나)와 같이 시간에 따라 변한다.

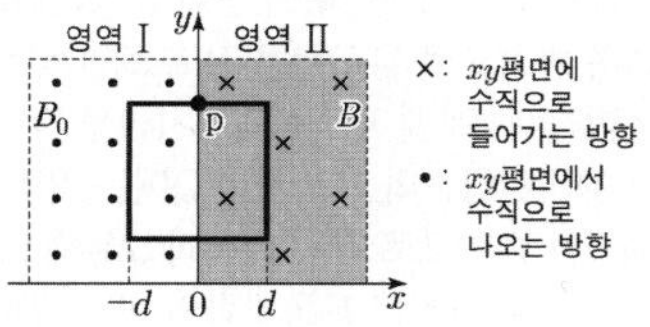

영역 Ⅰ   영역 Ⅱ

B_0 p B

× : xy평면에 수직으로 들어가는 방향
• : xy평면에서 수직으로 나오는 방향

$-d$ 0 d x

(가)

기울기 $= \dfrac{\Delta B}{\Delta t}$

$3B_0$
$2B_0$
B_0

0   1   2   3   4   5   6   7   시간(초)

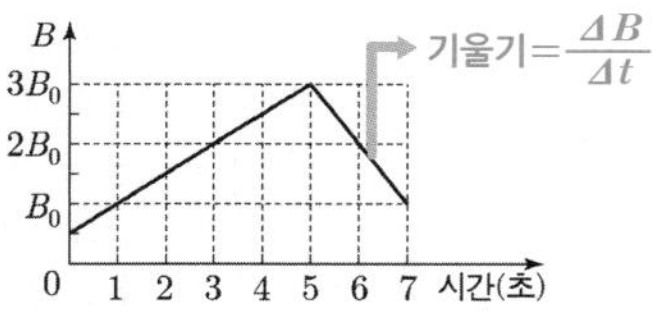

(나)

이에 대한 설명으로 옳은 것만을 〈보기〉에서 있는 대로 고른 것은?

(3점)

보기

ㄱ. 1초일 때, 고리에 유도 전류가 <del>흐르지 않는다.</del> 흐른다.

ㄴ. 2초일 때, 고리의 점 p에서 유도 전류의 방향은 $-x$방향이다.

ㄷ. 고리에 흐르는 유도 전류의 세기는 3초일 때<del>와</del>가 6초일 때<del>가 같다.</del> 보다 작다.

① ㄱ   ② ㄴ   ③ ㄱ, ㄷ   ④ ㄴ, ㄷ   ⑤ ㄱ, ㄴ, ㄷ

|자|료|해|설|

(가)에서 유도 전류는 자기선속의 변화를 방해하는 방향으로 생기므로 정사각형 금속 고리에는 0~5초까지는 시계 반대 방향, 5~7초까지는 시계 방향의 유도 전류가 흐른다. 유도 전류의 세기(I)는 시간에 따른 자기선속의 변화$\left(\dfrac{\Delta\phi}{\Delta t}\right)$에 비례한다. 자기선속은 $\phi = BS$와 같이 자기장의 세기와 자기장이 통과하는 도선의 면적을 곱하여 구하는데, (나)에서 그래프의 기울기는 $\dfrac{\Delta B}{\Delta t}$이고 자기장이 도선 내부를 통과하는 면적($S$)은 일정하므로 $I \propto \dfrac{\Delta\phi}{\Delta t} = \dfrac{\Delta B}{\Delta t} S$이다.

|보|기|풀|이|

ㄱ. 오답 : 1초일 때 영역 Ⅱ의 자기장 변화로 인해 고리의 자기선속이 변하므로 고리에는 유도 전류가 흐른다.

ㄴ. 정답 : 2초일 때, 고리에는 시계 반대 방향의 유도 전류가 흐르므로 p에서 유도 전류의 방향은 $-x$방향이다.

ㄷ. 오답 : 고리에 흐르는 유도 전류의 세기는 (나) 그래프의 기울기에 비례하므로 기울기가 큰 6초일 때가 3초일 때보다 크다.

😲 **문제풀이 TIP** | (나)에서 그래프의 기울기는 유도 전류의 세기와 비례한다.

😊 **출제분석** | 패러데이 법칙을 제시된 자료에 적용하여 분석할 수 있는지 확인하는 문항으로 이 영역은 시간에 따라 자기장의 세기가 변하거나 자기장이 통과하는 도선 내부의 면적이 변하는 상황에서 유도 전류의 세기가 얼마만큼 변하는지 생각할 수 있어야 한다.

그림과 같이 고정되어 있는 동일한 솔레노이드 A, B의 중심축에 마찰이 없는 레일이 있고, A, B에는 동일한 저항 P, Q가 각각 연결되어 있다. 빗면을 내려온 자석이 수평인 레일 위의 점 a, b, c를 지난다.

저항 P   저항 Q
a   b   c
솔레노이드 A   솔레노이드 B

이에 대한 설명으로 옳은 것만을 〈보기〉에서 있는 대로 고른 것은? (단, A와 B 사이의 상호 작용은 무시한다.) 3점

보기

 ㄱ. 자석의 속력은 c에서가 a에서보다 ~~크다.~~ 작

 ㄴ. b에서 자석에 작용하는 자기력의 방향은 자석의 운동방향과 ~~같다.~~ 반대

ㄷ. P에 흐르는 전류의 최댓값은 Q에 흐르는 전류의 최댓값보다 크다.

① ㄱ   ②✓ ㄷ   ③ ㄱ, ㄴ   ④ ㄴ, ㄷ   ⑤ ㄱ, ㄴ, ㄷ

< 자석의 운동에 따른 유도 전류의 방향과 세기 >

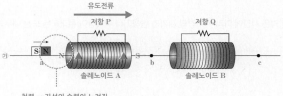

유도전류
저항 P   저항 Q
㉮ S N N   S   b   c
a   솔레노이드 A   솔레노이드 B

척력 → 자석의 속력이 느려짐

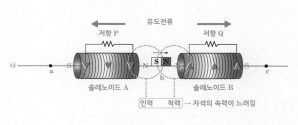

유도전류
저항 P   저항 Q
㉯ a   S   N   S N   N   S   c
솔레노이드 A   솔레노이드 B

인력   척력 → 자석의 속력이 느려짐

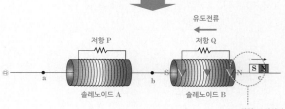

유도전류
저항 P   저항 Q
㉰ a   b   S   N   N   S N   c
솔레노이드 A   솔레노이드 B

인력 → 자석의 속력이 느려짐

| 자 | 료 | 해 | 설 |

솔레노이드에 흐르는 유도 전류의 세기는 코일의 감은 수 (N)와 자기력선속(ϕ)의 시간적 변화($\frac{\varDelta\phi}{\varDelta t}$)에 비례한다.

㉮와 같이 자석이 a지점을 지날 때 솔레노이드 A의 저항 P에는 코일 내부의 자기력선속의 변화를 방해하려는 방향인 오른쪽 방향으로 유도 전류가 흐르면서 자석에 척력이 작용한다. ㉯와 같이 자석이 b지점을 지날 때 솔레노이드 A의 저항 P와 B의 저항 Q에는 자기력선속의 변화를 방해하는 방향으로 각각 왼쪽과 오른쪽으로 유도 전류가 흐르고 자석은 운동방향의 반대 방향인 왼쪽으로 힘을 받는다. ㉰와 같이 자석이 c지점을 지날 때 솔레노이드 B에는 자기력선속의 변화를 방해하는 방향으로 저항 Q에는 왼쪽 방향으로 유도 전류가 흐르며 자석에 인력이 작용한다.

| 보 | 기 | 풀 | 이 |

ㄱ. 오답 : 자석은 a, b, c 지점에서 모두 운동방향의 반대방향인 왼쪽으로 힘을 받아 속력은 점점 줄어든다. (자석의 속력 : c지점＜b지점＜a지점)

ㄴ. 오답 : 자석은 a, b, c 모든 지점에서 운동방향과 반대로 힘을 받는다.

ㄷ. 정답 : 솔레노이드 A와 B는 동일하므로 저항 P, Q에 흐르는 유도 전류의 세기는 솔레노이드 내부의 자기력선속의 시간적 변화($\frac{\varDelta\phi}{\varDelta t}$)에 의해 결정된다. 자석은 솔레노이드를 통과하면서 운동방향의 반대 방향으로 힘을 받아 속력이 줄어들므로 자기력선속의 시간적 변화는 솔레노이드 A를 지날 때가 B를 지날 때보다 크다. 따라서 P에 흐르는 전류의 최댓값은 Q에 흐르는 전류의 최댓값보다 크다.

😮 **문제풀이 TIP |** 유도 전류는 코일 내부를 지나는 자기력선속의 변화를 방해하는 방향 또는 자석의 운동을 방해하는 방향으로 흐른다. 또한 유도 전류의 세기는 자석이 코일에 빠르게 접근하거나 빠르게 멀어질수록 커진다.

😎 **출제분석 |** 전자기 유도에 관한 문항은 다소 높은 난이도로 자주 출제되는 영역이다. 패러데이 전자기 유도 법칙 $\left(V = -N\frac{\varDelta\phi}{\varDelta t}\right)$을 이해하고 문제 상황에 잘 적용할 수 있도록 연습해두자.

그림은 빗면 위의 점 p에 가만히 놓은 자석 A가 빗면을 따라 내려와 수평인 직선 레일에 고정된 솔레노이드의 중심축을 통과한 것을 나타낸 것이다. a, b, c는 직선 레일 위의 점이다.

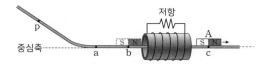

이에 대한 설명으로 옳은 것만을 〈보기〉에서 있는 대로 고른 것은? (단, A의 크기와 모든 마찰은 무시한다.)

보기
         속력이 줄어드는
ㄱ. A는 a에서 b까지 ~~등속도~~ 운동한다.
ㄴ. 솔레노이드가 A에 작용하는 자기력의 방향은 A가 b를 지날 때와 c를 지날 때가 같다.
ㄷ. 솔레노이드에 흐르는 유도 전류의 방향은 A가 b를 지날 때와 c를 지날 때가 반대이다.

① ㄱ   ② ㄷ   ③ ㄱ, ㄴ   ✓④ ㄴ, ㄷ   ⑤ ㄱ, ㄴ, ㄷ

|자|료|해|설|
자석 A는 p에서 빗면을 따라 내려오며 점점 빨라지지만 수평인 직선 레일을 지나면서 솔레노이드에 유도 전류를 만들며 운동방향과 반대인 왼쪽 방향으로 힘을 받는다.

|보|기|풀|이|
ㄱ. 오답 : 자석 A는 솔레노이드에 접근하며 솔레노이드에 유도 전류를 만든다. 이 때 척력이 작용하여 a에서 b까지 속력이 줄어든다.
ㄴ. 정답 : A가 b를 지날 때는 척력이 작용하고 c를 지날 때는 인력이 작용하여 A는 모두 왼쪽 방향으로 자기력을 받는다.
ㄷ. 정답 : A가 b를 지날 때는 솔레노이드의 왼쪽 부분이 N극이 되도록 저항에 왼쪽 방향으로 전류가 흐르고, A가 c를 지날 때는 솔레노이드의 오른쪽 부분이 N극이 되도록 저항에 오른쪽 방향으로 전류가 흐른다.

😀 문제풀이 TIP | 유도 전류는 코일 내부를 지나는 자기력선속의 변화를 방해하는 방향 또는 자석의 운동을 방해하는 방향으로 흐른다.

😊 출제분석 | 전자기 유도에 대한 기본 개념을 묻는 문항으로 비교적 쉽게 출제되었다.

다음은 전자기 유도에 대한 실험이다.

[실험 과정]
(가) 그림과 같이 고정된 코일에 검류계를 연결하고 코일 위에 실로 연결된 자석을 점 a에 정지시킨다.

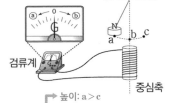
검류계   중심축
     높이: a > c

(나) a에서 자석을 가만히 놓아 자석이 최저점 b를 지나 점 c까지 갔다가 b로 되돌아오는 동안 검류계 바늘이 움직이는 방향을 기록한다.

[실험 결과]

자석의 운동 경로	검류계 바늘이 움직이는 방향
a → b	ⓐ→ (S극이 중심축으로 다가옴)
b → c	ⓑ→ (S극이 중심축에서 멀어짐)
c → b	㉠→ (S극이 중심축으로 다가옴)

이에 대한 설명으로 옳은 것만을 〈보기〉에서 있는 대로 고른 것은? (단, 모든 마찰과 공기 저항은 무시한다.)

보기
ㄱ. a와 c의 높이는 ~~같다~~ 같지 않다.
ㄴ. ㉠은 ⓐ이다.
ㄷ. 자석이 b에서 c까지 이동하는 동안 자석과 코일 사이에 작용하는 자기력의 크기는 작아진다.

① ㄱ   ② ㄴ   ③ ㄱ, ㄷ   ✓④ ㄴ, ㄷ   ⑤ ㄱ, ㄴ, ㄷ

|자|료|해|설|
자석이 코일을 지나는 동안 코일 내부를 통과하는 자기장을 변하게 하여 코일에 유도 전류가 흐르게 한다.

|보|기|풀|이|
ㄱ. 오답 : 자석이 코일 주변을 지나는 동안 전류는 자석의 운동을 방해하는 방향으로 유도되므로 자석의 역학적 에너지의 일부가 전기 에너지로 전환되어 자석의 최고점은 자석이 코일을 지날 때마다 낮아진다. 따라서 c는 a보다 낮다.
ㄴ. 정답 : c → b는 자석이 코일에 다가오므로 검류계 바늘이 움직이는 방향은 a → b와 같은 ⓐ이다.
ㄷ. 정답 : 자석이 b에서 c까지 이동할 때 거리가 멀어지고 속력이 감소하므로 유도 기전력과 자기력의 크기는 작아진다.

😀 문제풀이 TIP | 자석이 코일을 지날 때마다 자석의 역학적 에너지는 코일의 전기 에너지로 전환된다.

😊 출제분석 | 전자기 유도의 기본 개념을 확인하는 수준에서 출제되었다.

다음은 전자기 유도에 대한 실험이다.

[실험 과정]

(가) 그림과 같이 코일 P, Q를 서로 연결하고, 자기장 측정 앱이 실행 중인 스마트폰을 P 위에 놓는다.

(나) 자석의 N극을 Q의 윗면까지 일정한 속력으로 접근시키면서 스마트폰으로 자기장의 세기를 측정한다.

(다) (나)에서 자석의 속력만 [㉠] 하여 자기장의 세기를 측정한다.
└▸크게

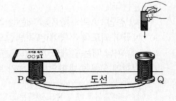

[실험 결과]

과정	(나)	(다)
자기장의 세기의 최댓값	B_0	$1.7B_0$
		증가

이에 대한 옳은 설명만을 〈보기〉에서 있는 대로 고른 것은? (단, 스마트폰은 P의 전류에 의한 자기장의 세기만 측정한다.)

보기

ㄱ. 자석이 Q에 접근할 때, P에 전류가 흐른다.
   크게
ㄴ. '작게'는 ㉠에 해당한다.
                미는
ㄷ. (나)에서 자석과 Q 사이에는 서로 당기는 자기력이 작용한다.

① ㄱ   ② ㄴ   ③ ㄷ   ④ ㄱ, ㄴ   ⑤ ㄱ, ㄷ

|자|료|해|설|

자석이 코일에 접근하면 코일에는 자석을 밀어내는 방향의 자기력이 발생하도록 유도 전류가 흐른다.

|보|기|풀|이|

ㄱ. 정답 : 자석이 Q에 접근할 때 코일 내부를 통과하는 자기 선속이 시간에 따라 변화하므로 Q에 유도 전류가 흐르고, P와 Q가 도선에 의해 연결되어 있으므로 P에도 전류가 흐른다.

ㄴ. 오답 : 자기장의 세기는 (다)에서가 (나)에서보다 크므로 (다)에서 자기 선속의 변화가 (나)보다 크다. 따라서 이는 자석을 빠르게 움직인다는 것을 의미하므로 ㉠은 '크게'이다.

ㄷ. 오답 : 렌츠 법칙에 따라 자기선속의 변화를 방해하는 방향으로 유도 전류가 흐르기 때문에 자석과 Q 사이에는 서로 미는 자기력이 작용한다.

😊 출제분석 | 전자기 유도 현상에 대한 기본 문항이다.

그림 (가)는 자기장 B가 균일한 영역에 금속 고리가 고정되어 있는 것을 나타낸 것이고, (나)는 B의 세기를 시간에 따라 나타낸 것이다. B의 방향은 종이면에 수직으로 들어가는 방향이다.

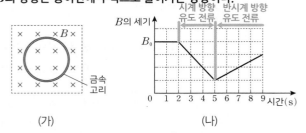

(가)   (나)

이에 대한 설명으로 옳은 것만을 〈보기〉에서 있는 대로 고른 것은?

3점

보기

ㄱ. 1초일 때 유도 전류는 흐르지 않는다.
ㄴ. 유도 전류의 방향은 3초일 때와 6초일 때가 서로 반대이다.
ㄷ. 유도 전류의 세기는 7초일 때가 4초일 때보다 크다. (작)

① ㄱ   ② ㄷ   ③ ㄱ, ㄴ   ④ ㄴ, ㄷ   ⑤ ㄱ, ㄴ, ㄷ

|자|료|해|설|
0~2초 : 자기장의 세기가 일정하므로 유도 전류가 흐르지 않는다.
2~5초 : 금속 고리를 통과하는, 종이면에 수직으로 들어가는 자기장의 세기가 감소하므로 유도 전류는 자기장의 세기가 증가하는 방향인 시계 방향의 유도 전류가 흐른다.
5~6초 : 금속 고리를 통과하는, 종이면에 수직으로 들어가는 자기장의 세기가 증가하므로 유도 전류는 자기장의 세기를 감소시키는 방향인 반시계 방향의 유도 전류가 흐른다.

|보|기|풀|이|
ㄱ. 정답 : 자료 해설과 같이 1초일 때 유도 전류는 흐르지 않는다.
ㄴ. 정답 : 자료 해설과 같이 유도 전류의 방향은 3초일 때와 6초일 때가 서로 반대이다.
ㄷ. 오답 : 유도 전류의 세기는 시간에 대한 자기장의 세기 변화량에 비례한다. (나)에서 그래프의 기울기는 시간에 대한 자기장의 세기 변화량을 의미하고 기울기의 절댓값은 7초일 때가 4초일 때보다 작으므로 유도 전류의 세기도 7초일 때가 4초일 때보다 작다.

😮 **문제풀이 TIP** | 유도 전류는 금속 고리를 통과하는 자기 선속의 변화를 방해하는 방향으로 흐른다.

😑 **출제분석** | 유도 전류의 세기는 단위 시간당 자기 선속의 변화에 비례함을 숙지하고 있어야 정답을 고를 수 있다.

그림 (가)와 같이 한 변의 길이가 $2d$인 직사각형 금속 고리가 xy평면에서 $+x$방향으로 폭이 d인 균일한 자기장 영역을 향해 운동한다. 균일한 자기장 영역의 자기장은 세기가 일정하고 방향이 xy평면에 수직으로 들어가는 방향이다. 그림 (나)는 금속 고리의 한 점 p의 위치를 시간 t에 따라 나타낸 것이다.

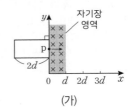 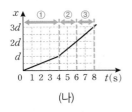

(가)   (나)

이에 대한 설명으로 옳은 것만을 〈보기〉에서 있는 대로 고른 것은?

보기

ㄱ. 2초일 때, p에 흐르는 유도 전류의 방향은 $+y$방향이다.
ㄴ. 5초일 때, 유도 전류는 흐르지 않는다.
ㄷ. 유도 전류의 세기는 2초일 때가 7초일 때보다 작다.

① ㄱ   ② ㄴ   ③ ㄱ, ㄷ   ④ ㄴ, ㄷ   ⑤ ㄱ, ㄴ, ㄷ

|자|료|해|설|
금속 고리가 $+x$방향으로 운동할 때 ①에서는 시간에 따라 xy평면에 수직으로 들어가는 방향의 자기 선속이 증가하므로 이를 방해하는 방향인 반시계 방향의 유도 전류가 흐른다. ②에서는 금속 고리 내부를 통과하는 자기 선속이 변하지 않으므로 유도 전류가 흐르지 않는다. ③에서는 금속 고리가 ①보다 빠르게 운동하여 자기장 영역을 벗어나므로 유도 전류의 세기는 ①에서보다 크고, 시간에 따라 xy평면에 수직으로 들어가는 방향의 자기 선속이 감소하므로 이를 방해하는 방향인 시계 방향의 유도 전류가 흐른다.

|보|기|풀|이|
ㄱ. 정답 : 자료 해설과 같이 2초일 때는 금속 고리에 반시계 방향의 유도 전류가 흐르므로 p에 흐르는 유도 전류의 방향은 $+y$방향이다.
ㄴ. 정답 : 5초일 때, 금속 고리 내부를 통과하는 자기 선속이 변하지 않으므로 유도 전류가 흐르지 않는다.
ㄷ. 정답 : 7초일 때 금속 고리는 2초일 때보다 빠르게 운동하므로 금속 고리를 통과하는 시간에 따른 자기 선속의 변화가 7초일 때가 2초일 때보다 크다. 따라서 유도 전류의 세기는 7초일 때가 2초일 때보다 크다.

😮 **문제풀이 TIP** | 유도 전류의 세기는 금속 고리를 통과하는 시간에 따른 자기 선속의 변화에 비례한다.

😑 **출제분석** | 그래프로부터 금속 고리를 통과하는 시간에 따른 자기 선속의 변화를 비교할 수 있다면 보기의 정답을 쉽게 찾을 수 있다.

그림은 한 변의 길이가 $4d$인 직사각형 금속 고리가 xy평면에서 운동하는 모습을 나타낸 것이다. 고리는 세기가 각각 B_0, $2B_0$, B_0으로 균일한 자기장 영역 Ⅰ, Ⅱ, Ⅲ을 $+x$방향으로 등속도 운동을 하며 지난다. 고리의 점 p가 $x=3d$를 지날 때, p에는 세기가 I_0인 유도 전류가 $+y$방향으로 흐른다. Ⅱ에서 자기장의 방향은 xy평면에 수직이다.

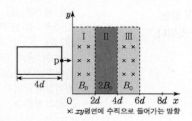
× : xy평면에 수직으로 들어가는 방향

Ⅱ에서 자기장의 방향은 평면에 수직으로 들어가는 방향

p에 흐르는 유도 전류에 대한 옳은 설명만을 〈보기〉에서 있는 대로 고른 것은?

보기
ㄱ. p가 $x=d$를 지날 때, 전류의 세기는 ~~$2I_0$~~ 0.5 이다.
ㄴ. p가 $x=5d$를 지날 때, 전류가 흐르지 않는다.
ㄷ. p가 $x=7d$를 지날 때, 전류는 $-y$방향으로 흐른다.

① ㄱ   ② ㄴ   ③ ㄱ, ㄷ   ✓④ ㄴ, ㄷ   ⑤ ㄱ, ㄴ, ㄷ

|자|료|해|설|
p가 $x=3d$를 지날 때, p에 흐르는 유도 전류의 방향이 $+y$ 방향이므로 Ⅱ에서 자기장의 방향은 xy평면에 수직으로 들어가는 방향이다.

|보|기|풀|이|
ㄱ. 오답 : 시간에 따라 고리를 통과하는 자기 선속의 변화는 p가 $x=d$를 지날 때가 $x=3d$를 지날 때의 $\frac{1}{2}$배 이므로 유도 전류의 세기는 $0.5I_0$이다.
ㄴ. 정답 : p가 $x=5d$를 지날 때 시간에 따라 고리를 통과하는 자기 선속의 변화는 없으므로 유도 전류가 흐르지 않는다.
ㄷ. 정답 : p가 $x=7d$를 지날 때 xy평면에 수직으로 들어가는 방향의 자기 선속은 감소하므로 p에 흐르는 유도 전류의 방향은 이를 방해하는 방향인 $-y$방향이다.

😮 문제풀이 T I P | 유도 전류의 세기는 시간에 따른 자기 선속의 변화량에 비례한다.

😊 출제분석 | 고리를 통과하는 시간에 따른 자기 선속의 변화량을 비교할 수 있어야 문제를 해결할 수 있다.

그림은 xy평면에서 동일한 정사각형 금속 고리 P, Q, R가 각각 $-y$ 방향, $+x$ 방향, $+x$ 방향의 속력 v로 등속도 운동하고 있는 순간의 모습을 나타낸 것이다. 이때 Q에 흐르는 유도 전류의 방향은 시계 반대 방향이다. 영역 Ⅰ과 Ⅱ에서 자기장의 세기는 각각 B_0, $2B_0$으로 균일하다.

금속 고리를 통과하는 자기선속의 시간적 변화가 없으므로 유도 전류는 흐르지 않음

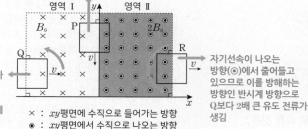

자기선속의 시간적 변화가 들어가는 방향(×)이므로 금속 고리에는 이를 감소시키는 방향인 반시계 방향의 유도 전류가 생김

자기선속이 나오는 방향(◉)에서 줄어들고 있으므로 이를 방해하는 방향인 반시계 방향으로 Q보다 2배 큰 유도 전류가 생김

× : xy평면에 수직으로 들어가는 방향
◉ : xy평면에서 수직으로 나오는 방향

이에 대한 설명으로 옳은 것만을 〈보기〉에서 있는 대로 고른 것은? (단, P, Q, R 사이의 상호 작용은 무시한다.)

보기
ㄱ. P에는 유도 전류가 흐르지 않는다.
ㄴ. R에 흐르는 유도 전류의 방향은 시계 방향이다.
ㄷ. 유도 전류의 세기는 Q에서가 R에서보다 작다.

① ㄱ   ② ㄴ   ✓③ ㄱ, ㄷ   ④ ㄴ, ㄷ   ⑤ ㄱ, ㄴ, ㄷ

|자|료|해|설|
유도 전류의 세기는 금속 고리를 통과하는 자기선속 ($\phi=BS$)의 시간적 변화에 비례하는데 P의 경우 금속 고리를 통과하는 자기선속의 시간적 변화가 없으므로 유도 전류는 흐르지 않는다. Q에는 자기선속의 시간적 변화가 xy평면에 수직으로 들어가는 방향(×)으로 나타나므로 금속 고리에는 자기선속의 변화가 줄어드는 방향인 반시계 방향의 유도 전류가 생긴다. R에서는 R을 통과하는 자기선속의 양이 줄어들고 있으므로 이를 방해하는 방향인 반시계 방향의 유도 전류가 생긴다. 또한 시간에 따른 자기선속의 변화는 Q보다 R이 2배 크므로 유도 전류의 세기도 2배 크다.

|보|기|풀|이|
ㄱ. 정답 : 유도 전류의 세기는 금속 고리를 통과하는 자기선속의 시간적 변화에 비례하는데 P의 경우 금속 고리를 통과하는 자기선속의 시간적 변화가 없으므로 유도 전류는 흐르지 않는다.
ㄴ. 오답 : R을 통과하는 자기선속의 양이 줄어들고 있으므로 이를 방해하는 방향인 반시계 방향의 유도 전류가 생긴다.
ㄷ. 정답 : 시간에 따른 자기선속의 변화는 Q보다 R이 2배 크므로 유도 전류의 세기도 2배 크다.

그림 (가)는 균일한 자기장이 수직으로 통과하는 종이면에 원형 도선이 고정되어 있는 모습을 나타낸 것이고, (나)는 (가)의 자기장을 시간에 따라 나타낸 것이다. t_1일 때, 원형 도선에 흐르는 유도 전류의 방향은 시계 방향이다.

유도 자기장의 방향은 종이면에 수직으로 들어가는 방향 ($-B$ 방향)

자기장 영역

시계 방향

원형 도선

(가)

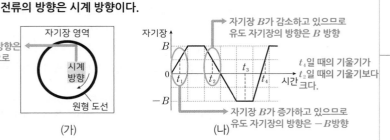

자기장 B가 감소하고 있으므로 유도 자기장의 방향은 B 방향

t_4일 때의 기울기가 t_2일 때의 기울기보다 크다.

자기장 B가 증가하고 있으므로 유도 자기장의 방향은 $-B$방향

(나)

이에 대한 설명으로 옳은 것만을 〈보기〉에서 있는 대로 고른 것은?

3점

보기

ㄱ. t_2일 때, 유도 전류의 방향은 ~~시계 방향~~이다.   시계 반대 방향

ㄴ. t_3일 때, 자기장의 방향은 종이면에서 수직으로 ~~나오는~~ 방향이다. 들어가는

ㄷ. 유도 전류의 세기는 t_2일 때가 t_4일 때보다 작다.

① ㄱ   ②✓ ㄷ   ③ ㄱ, ㄴ   ④ ㄴ, ㄷ   ⑤ ㄱ, ㄴ, ㄷ

|자|료|해|설|
원형 도선이 놓여 있는 자기장 영역에서 시간에 따라 자기장이 변할 때, 자기장의 변화에 따라 유도 전류의 세기와 방향이 변하고 있다. 자기장은 B와 $-B$를 오가면서 증감이 바뀌고 있고, 이에 따라 유도 전류의 방향도 시계 방향과 시계 반대 방향을 오가고 있다. 또한, 자기선속의 변화율의 크기는 t_1, t_2보다 t_4에서 더 크다.

|보|기|풀|이|
ㄱ. 오답 : t_1일 때와 t_2일 때 외부 자기장의 변화는 서로 반대 방향이므로, 유도 전류의 방향도 서로 반대 방향이다. t_1일 때 원형 도선에 흐르는 유도 전류의 방향은 시계 방향이므로, t_2일 때 유도 전류의 방향은 시계 반대 방향이다.

ㄴ. 오답 : t_1일 때 외부 자기장은 B 방향으로 증가하고 있으므로, 유도 자기장의 방향은 $-B$ 방향이다. 이때, 원형 도선에 흐르는 유도 전류의 방향은 시계 방향이므로 $-B$ 방향은 종이면에 수직으로 들어가는 방향이다. 즉, t_3일 때 자기장의 방향은 종이면에 수직으로 들어가는 방향이다.

ㄷ. 정답 : t_2일 때의 기울기가 t_4일 때의 기울기보다 작다. 따라서 t_4일 때 자기선속의 변화율의 크기가 더 크며, 유도 전류의 세기도 더 크다. 즉, 유도 전류의 세기는 t_2일 때가 t_4일 때보다 작다.

🧑 **문제풀이 TIP** | 원형 도선에 흐르는 유도 전류의 방향을 보고 유도 자기장의 방향을 먼저 알아내야 한다. 그 다음, 그래프를 확인하여 t_1에서 외부 자기장이 B로 증가하므로 유도 자기장의 방향이 $-B$ 방향임을 알아야 한다. 이를 토대로 자기장 B의 방향이 종이면에서 수직으로 나오는 방향임을 알면 문제를 해결할 수 있다.

😀 **출제분석** | 그림과 그래프가 같이 주어져 당황스러웠을 수 있지만, 어렵지 않은 난도의 문제이다. 유도 자기장이 외부 자기장의 변화를 방해하는 방향으로 형성된다는 것을 알고 있으면 문제를 쉽게 해결할 수 있으니, 전자기 유도의 기본 원리에 대해 잘 알아두자.

그림은 막대자석의 P면이 솔레노이드를 향해 다가갈 때 솔레노이드에 흐르는 유도 전류에 의한 자기장이 발생하는 모습을 나타낸 것이다.
이에 대한 옳은 설명만을 〈보기〉에서 있는 대로 고른 것은?

검류계

유도 전류에 의한 자기장

전류

막대자석에 의한 자기장

보기

ㄱ. P는 ~~S극~~이다.   N극이다.

ㄴ. 유도 전류의 방향은 A → G → B이다.

ㄷ. 자석과 솔레노이드 사이에는 ~~인력이~~ 작용한다.   척력이

① ㄱ   ②✓ ㄴ   ③ ㄱ, ㄷ   ④ ㄴ, ㄷ   ⑤ ㄱ, ㄴ, ㄷ

|자|료|해|설|
자기장의 방향, 즉 자기력선의 방향은 막대자석의 N극에서 나와 S극으로 들어가는 방향이다. 자석과 코일 사이에 상대 운동이 있을 때에는 코일에 유도 전류가 형성되는데 이때 유도 전류가 만드는 자기장의 방향은 항상 자석의 운동을 방해하는 방향이다.

|보|기|풀|이|
ㄱ. 오답 : 막대자석이 접근하면 솔레노이드 주변에는 막대자석의 운동을 방해하는 방향으로 자기장이 형성된다. 그림에서 솔레노이드에 의한 자기장이 왼쪽을 향하므로 막대자석 주변의 자기장은 오른쪽을 향해야 한다. 따라서 P는 N극이다.

ㄴ. 정답 : 그림에서 솔레노이드 주변의 자기장이 왼쪽을 향하므로 오른손 엄지가 왼쪽을 향할 때 나머지 네 손가락이 휘감는 방향으로 유도 전류가 흐른다. 따라서 전류의 방향은 A → G → B이다.

ㄷ. 오답 : 렌츠 법칙에 의하면 유도 전류가 만드는 자기장은 항상 자석의 운동을 방해한다. 즉, 막대자석이 솔레노이드로부터 멀어질 때는 인력이 작용하고, 그림과 같이 막대자석이 솔레노이드 쪽으로 접근할 때는 척력이 작용한다.

🧑 **문제풀이 TIP** | 유도 전류가 흐르는 솔레노이드를 일종의 막대자석으로 생각하면 P의 극성을 쉽게 파악할 수 있다.

😀 **출제분석** | 물질의 자성을 묻는 문제, 전자기 유도의 원리를 묻는 문제 중에서 적어도 한 문제는 매년 빠짐없이 출제된다고 말해도 과언이 아니다. 특히, 코일 속으로 자석을 떨어뜨리는 문제, 균일한 자기장이 형성된 공간에서 사각형 코일을 이동시키는 문제는 어렵게 출제될 수 있으므로 이러한 유형의 문제에 대한 대비가 필요하다.

II
2
I
03
전
자
기
유
도

그림 (가), (나)는 동일한 자석이 솔레노이드 A, B의 중심축을 따라 A, B로부터 같은 거리만큼 떨어진 지점을 같은 속도로 지나는 순간의 모습을 나타낸 것이다. **감은 수는 B가 A보다 크고 감긴 방향은 서로 반대이다.**

유도 전류의 세기는 B가 A보다 크고 전류의 방향은 반대

저항　　　　　　　저항

A　　　　　　　　B
(가)　　　　　　　(나)

이에 대한 옳은 설명만을 〈보기〉에서 있는 대로 고른 것은? (단, A, B는 길이와 단면적이 서로 같다.)

보기

ㄱ. 유도 기전력의 크기는 B에서가 A에서보다 크다.

ㄴ. A와 B의 내부에서 유도 전류에 의한 자기장의 방향은 서로 반대이다.

ㄷ. (가), (나)의 저항에는 모두 오른쪽 방향으로 유도 전류가 흐른다.

① ㄱ　　② ㄷ　　③ ㄱ, ㄴ　　④ ㄴ, ㄷ　　⑤ ㄱ, ㄴ, ㄷ

| 자 | 료 | 해 | 설 |

(가)와 (나) 모두 다가오는 자석에 의해 코일을 통과하는 자기력선속이 증가하고, 이로 인해 코일에는 척력이 작용하도록 유도 전류가 흐른다. 저항에 흐르는 유도 전류의 방향은 A는 왼쪽, B는 오른쪽이고 세기는 감은 수가 더 많은 B가 A보다 크다.

| 보 | 기 | 풀 | 이 |

ㄱ. 정답 : 유도 기전력의 크기는 코일의 감은 수와 비례한다.

ㄴ. 오답 : A와 B 모두 자석의 N극이 다가오므로 코일 내부에는 이를 방해하는 방향인 왼쪽 방향의 자기장이 생긴다.

ㄷ. 오답 : A와 B는 코일의 감은 방향이 달라 서로 반대 방향의 유도 전류가 흐른다.

💡 **문제풀이 TIP** | 유도 기전력의 크기는 코일의 감은 수와 자기력선속의 시간적 변화에 비례한다. 또한 유도 전류의 방향은 코일 내부를 지나는 자기력선속의 변화를 방해하는 방향으로 흐른다.

😀 **출제분석** | 전자기 유도 현상에 대한 문항으로 패러데이 전자기 유도 법칙을 이해하면 쉽게 해결할 수 있다.

그림과 같이 솔레노이드와 금속 고리를 고정한 후, 솔레노이드에 흐르는 전류의 **세기를 증가시켰더니** 금속 고리에 **a 방향으로 유도 전류가** 흐른다.

이에 대한 설명으로 옳은 것만을 〈보기〉에서 있는 대로 고른 것은?

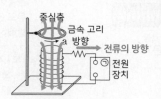

중심축
금속 고리
a 방향
전류의 방향
전원 장치
㉠

보기

ㄱ. 금속 고리를 통과하는 솔레노이드에 흐르는 전류에 의한 자기선속은 증가한다.

ㄴ. 전원 장치의 단자 ㉠은 (−)극이다.

ㄷ. 금속 고리와 솔레노이드 사이에는 당기는 자기력이 작용한다.

① ㄱ　　② ㄷ　　③ ㄱ, ㄴ　　④ ㄴ, ㄷ　　⑤ ㄱ, ㄴ, ㄷ

| 자 | 료 | 해 | 설 |

솔레노이드에 흐르는 전류의 세기를 증가시키면 솔레노이드에 의해 금속 고리를 통과하는 자기선속은 증가하고 금속 고리에는 이 자기선속을 감소시키는 방향으로 유도 전류가 흐른다. 따라서 솔레노이드에 흐르는 전류의 방향은 저항을 기준으로 왼쪽에서 오른쪽 방향이고 ㉠은 (−)극이다.

| 보 | 기 | 풀 | 이 |

ㄱ. 정답 : 솔레노이드에 흐르는 전류의 세기를 증가시키면 솔레노이드에 의한 자기선속이 증가하여 금속 고리를 통과하는 자기선속도 증가한다.

ㄴ. 정답 : 저항에 흐르는 전류의 방향은 왼쪽에서 오른쪽이므로 ㉠은 (−)극이다.

ㄷ. 오답 : 금속 고리에 생기는 유도 전류는 솔레노이드에 의해 금속 고리를 통과하는 자기선속이 증가하는 것을 방해하는 방향으로 일어나 솔레노이드와 금속고리에는 척력이 작용한다.

그림 (가)와 같이 한 변의 길이가 d인 정사각형 금속 고리가 xy평면에서 $+x$방향으로 자기장 영역 Ⅰ, Ⅱ, Ⅲ을 통과한다. Ⅰ, Ⅱ, Ⅲ에서 자기장의 세기는 각각 B, $2B$, B로 균일하고, 방향은 모두 xy평면에 수직으로 들어가는 방향이다. P는 금속 고리의 한 점이다. 그림 (나)는 P의 속력을 위치에 따라 나타낸 것이다.

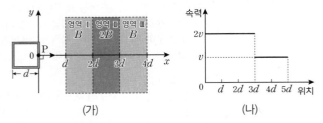

(가)   (나)

이에 대한 설명으로 옳은 것만을 〈보기〉에서 있는 대로 고른 것은?

보기

ㄱ. P가 $x=1.5d$를 지날 때, P에서의 유도 전류의 방향은 ~~+~~y방향이다.

ㄴ. 유도 전류의 세기는 P가 $x=1.5d$를 지날 때가 $x=4.5d$를 지날 때보다 크다.

ㄷ. 유도 전류의 방향은 P가 $x=2.5d$를 지날 때와 $x=3.5d$를 지날 때가 서로 반대 방향이다.

① ㄱ   ② ㄷ   ③ ㄱ, ㄴ   ④ ㄴ, ㄷ   ⑤ ㄱ, ㄴ, ㄷ

|자|료|해|설|

패러데이 법칙에 따라 사각형 코일이 자기장 영역에 들어갈 때 금속 고리에는 금속 고리를 통과하는 자속의 변화를 방해하려는 유도 전류가 흐른다. P에 흐르는 유도 전류의 방향과 세기는 다음과 같다.

P의 위치	금속 고리를 통과하는 자속의 변화	P에 흐르는 유도전류의 방향	유도기전력의 크기	P에 흐르는 유도 전류의 상대적 세기
$d \sim 2d$	xy평면에 수직으로 들어가는 방향으로 증가	$+y$	$V_1 = -Bd(2v)$	$2I$
$2d \sim 3d$	xy평면에 수직으로 들어가는 방향으로 증가	$+y$	$V_2 = -Bd(2v)$	$2I$
$3d \sim 4d$	xy평면에 수직으로 들어가는 방향으로 감소	$-y$	$V_3 = Bdv$	I

|보|기|풀|이|

ㄱ. 오답 : P가 $x=1.5d$를 지날 때 금속 고리를 통과하는 자속은 xy평면에 수직으로 들어가는 방향으로 증가하므로 유도 전류는 이를 감소시키려는 방향인 반시계 방향으로 흐른다. 따라서 P에서의 유도 전류의 방향은 $+y$방향이다.

ㄴ. 정답 : 유도 전류의 세기는 시간당 자기장의 세기 변화와 금속 고리의 속력에 비례한다. P가 $x=1.5d$를 지날 때는 $x=4.5d$를 지날 때보다 2배 빠르게 운동하고 시간당 자기장의 세기 변화는 같으므로 유도 전류의 세기는 P가 $x=1.5d$를 지날 때가 $x=4.5d$를 지날 때보다 2배 크다.

ㄷ. 정답 : 금속 고리를 통과할 때 자속의 변화는 P가 $x=2.5d$를 지날 때 xy평면에 수직으로 들어가는 방향으로 증가하고, $x=3.5d$를 지날 때 xy평면에 수직으로 들어가는 방향으로 감소하므로 서로 반대이다 따라서 P에 흐르는 유도 전류의 방향은 반대이다.

그림과 같이 동일한 정사각형 금속 고리 A, B가 종이면에 수직인 방향의 균일한 자기장 영역 Ⅰ, Ⅱ를 일정한 속력 v로 서로 반대 방향으로 통과한다. p, q, r는 영역의 경계면이다. Ⅰ에서 자기장의 세기는 B_0이고, A의 중심이 p, q를 지날 때 A에 흐르는 유도 전류의 세기와 방향은 각각 같다.

　　　　면적=S

　　p, q를 지날 때 같은 시간동안 금속 고리를 통과하는 자기 선속의 변화($\Delta\phi = \Delta BS = B_0S$)는 같다.

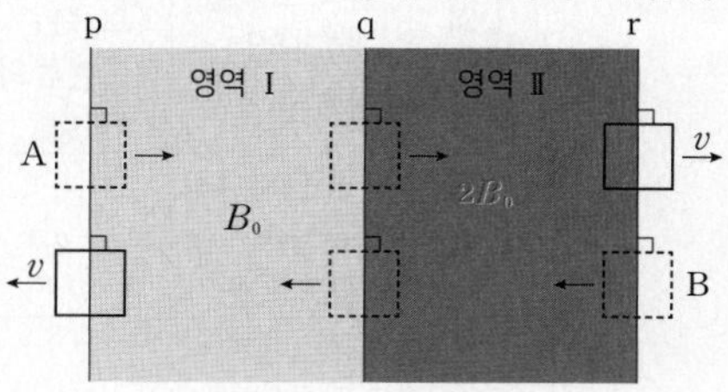

이에 대한 옳은 설명만을 〈보기〉에서 있는 대로 고른 것은? (단, A와 B의 상호 작용은 무시한다.) **3점**

보기

ㄱ. Ⅱ에서 자기장의 세기는 $2B_0$이다.
ㄴ. A에 흐르는 유도 전류의 세기는 A의 중심이 r를 지날 때가 p를 지날 때의 2배이다.
ㄷ. A와 B의 중심이 각각 q를 지날 때 A와 B에 흐르는 유도 전류의 방향은 서로 반대이다.

① ㄱ　　② ㄷ　　③ ㄱ, ㄴ　　④ ㄴ, ㄷ　　⑤ ㄱ, ㄴ, ㄷ

|자|료|해|설|

금속 고리를 통과하는 자기 선속의 변화가 생기면 금속 고리에는 같은 시간 동안 금속 고리를 통과하는 자기선속이 변화하는 정도에 비례하여 유도 전류가 흐른다. 정사각형 금속 고리의 면적을 S라 할 때, A의 중심이 p, q를 지날 때 A에 흐르는 유도 전류의 세기와 방향이 같다는 것은 p, q를 지날 때 같은 시간(A는 일정한 속력 v로 운동하므로 A가 p, q를 지날 때 걸린 시간은 같다.)동안 금속 고리를 통과하는 자기선속의 변화 ($\Delta\phi = \Delta BS = B_0S$)가 같다는 것을 의미한다.

|보|기|풀|이|

ㄱ. 정답 : A가 p, q를 지날 때 자기선속의 변화가 같으려면 영역 Ⅰ과 영역 Ⅱ의 자기장의 세기 차이는 B_0이어야 한다. 따라서 영역 Ⅱ의 자기장의 세기는 $2B_0$이고 자기장의 방향은 영역 Ⅰ과 같다.

ㄴ. 정답 : A의 중심이 r를 지날 때 자기선속의 변화는 $\Delta\phi = (-2B_0)S$이다. 따라서 A에 흐르는 유도 전류의 세기는 A의 중심이 r를 지날 때가 p를 지날 때의 2배이고 방향은 p를 지날 때와 반대이다.

ㄷ. 정답 : A와 B는 중심이 q를 지날 때 자기 선속의 변화가 A와 B 중 어느 한쪽이 증가할 때 다른 한쪽은 감소하므로 A와 B에 흐르는 유도 전류의 방향은 서로 반대이다.

그림과 같이 한 변의 길이가 $6d$인 직사각형 금속 고리가 xy평면에서 균일한 자기장 영역 Ⅰ, Ⅱ, Ⅲ을 $+x$방향으로 등속도 운동하며 지난다. Ⅰ, Ⅱ, Ⅲ에서 자기장의 세기는 일정하고, Ⅰ에서 자기장의 방향은 xy평면에 수직이다. 금속 고리의 점 p가 $x=5d$를 지날 때와 $x=8d$를 지날 때 p에 흐르는 유도 전류의 세기와 방향은 같다.

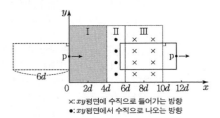

×:xy평면에 수직으로 들어가는 방향
•:xy평면에서 수직으로 나오는 방향

이에 대한 설명으로 옳은 것만을 〈보기〉에서 있는 대로 고른 것은?

(3점)

보기

ㄱ. 자기장의 세기는 Ⅰ에서가 Ⅲ에서보다 크다.

ㄴ. Ⅰ에서 자기장의 방향은 xy평면에서 수직으로 ~~나오는~~ 들어가는 방향이다.

ㄷ. p에 흐르는 유도 전류의 세기는 p가 $x=2d$를 지날 때가 $x=11d$를 지날 때보다 크다.

① ㄱ   ② ㄴ   ✓③ ㄱ, ㄷ   ④ ㄴ, ㄷ   ⑤ ㄱ, ㄴ, ㄷ

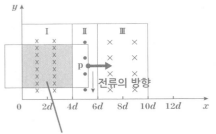

시간에 따라 자기 선속의 변화가 없는 부분

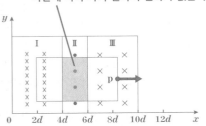

|자|료|해|설|

p가 $x=5d$, $x=8d$를 지날 때 금속 고리가 각각 Ⅰ과 Ⅱ을 통과하는 부분의 자기 선속의 변화는 없다. 즉, p가 $x=5d$에서 금속 고리 내부를 통과하는 자기 선속의 변화는 Ⅱ를 지나면서 xy평면에 나오는 방향으로 증가하므로 p에는 $-y$방향의 유도 전류가 흐른다.

|보|기|풀|이|

ㄱ. 정답, ㄴ. 오답 : p가 $x=8d$를 지날 때도 유도 전류의 방향은 $-y$방향이므로 Ⅰ에서 자기장의 세기는 Ⅲ보다 크고 방향은 xy평면에 들어가는 방향이어야 한다.

ㄷ. 정답 : $x=2d$를 지날 때가 $x=11d$를 지날 때보다 시간에 따른 자기 선속의 변화가 크므로 유도 전류의 세기도 크다.

😀 문제풀이 T I P | 금속 고리의 색칠된 부분에서는 시간에 따라 자기 선속의 변화가 없으므로 이로 인한 유도 전류는 생기지 않는다.

😀 출제분석 | 주어진 조건에 따라 시간에 따른 자기 선속 변화량을 따질 수 있어야 문제를 해결할 수 있다.

그림과 같이 한 변의 길이가 $4d$인 정사각형 금속 고리가 xy평면에서 $+x$방향으로 등속도 운동하며 자기장의 세기가 B_0으로 같은 균일한 자기장 영역 Ⅰ, Ⅱ, Ⅲ을 지난다. 금속 고리의 점 p가 $x=7d$를 지날 때, p에는 유도 전류가 흐르지 않는다. Ⅲ에서 자기장의 방향은 xy평면에 수직이다. → Ⅲ영역의 자기장의 방향과 세기는 Ⅰ영역과 같다.

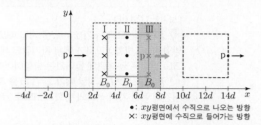

● : xy평면에서 수직으로 나오는 방향
× : xy평면에 수직으로 들어가는 방향

이에 대한 설명으로 옳은 것만을 〈보기〉에서 있는 대로 고른 것은?

(3점)

보기
ㄱ. 자기장의 방향은 Ⅰ에서와 Ⅲ에서가 같다.
ㄴ. p가 $x=3d$를 지날 때, p에 흐르는 유도 전류의 방향은 $+y$방향이다.
ㄷ. p에 흐르는 유도 전류의 세기는 p가 $x=5d$를 지날 때가 $x=3d$를 지날 때~~보다 크다.~~ 와 같다.

① ㄱ   ② ㄷ   ③✓ ㄱ, ㄴ   ④ ㄴ, ㄷ   ⑤ ㄱ, ㄴ, ㄷ

|자|료|해|설|
금속 고리를 통과하는 자기 선속이 시간에 따라 변해야 p에 유도 전류가 흐른다.

|보|기|풀|이|
ㄱ. 정답 : p가 $x=7d$를 지날 때, p에 유도 전류가 흐르지 않기 위해서는 금속 고리를 통과하는 자기 선속이 시간에 따라 변하지 않아야 한다. 따라서 Ⅲ영역의 자기장은 Ⅰ영역과 같다.
ㄴ. 정답 : p가 $x=3d$를 지날 때, 금속 고리에는 Ⅰ영역의 자기 선속이 증가하므로 금속 고리에는 이를 방해하는 방향인 반시계 방향의 전류가 흐른다.
ㄷ. 오답 : 유도 전류의 세기는 시간에 따른 자기 선속의 변화량에 비례한다. p가 $x=5d$를 지날 때와 $x=3d$를 지날 때 시간에 따른 자기 선속의 변화량은 같으므로 p에 흐르는 유도 전류의 세기는 같다.

 문제풀이 TIP | p가 $x=7d$를 지날 때, Ⅱ영역의 자기 선속은 일정하다.

😀 출제분석 | 유도 전류가 생기는 원리를 아는 것만으로 쉽게 해결할 수 있는 문항이다.

그림과 같이 한 변의 길이가 $4d$인 직사각형 금속 고리가 xy평면에서 $+x$방향으로 등속도 운동하며 균일한 자기장 영역 Ⅰ, Ⅱ, Ⅲ을 지난다. Ⅰ, Ⅱ, Ⅲ에서 자기장의 세기는 각각 B_0, B, B_0이고, Ⅱ에서 자기장의 방향은 xy평면에 수직이다. 표는 금속 고리의 점 p의 위치에 따른 p에 흐르는 유도 전류의 방향을 나타낸 것이다.

유도 전류의 방향 : 시간에 따라 금속 고리를 통과하는 자기선속(● 방향)이 줄어듦

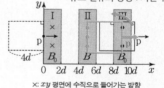

p의 위치	p에 흐르는 유도 전류의 방향
$x=5d$	㉠ $-y$
$x=9d$	$+y$

× : xy평면에 수직으로 들어가는 방향
● : xy평면에서 수직으로 나오는 방향

이에 대한 설명으로 옳은 것만을 〈보기〉에서 있는 대로 고른 것은?

(3점)

보기
ㄱ. $B>B_0$이다.
ㄴ. ㉠은 '$-y$'이다.
ㄷ. p에 흐르는 유도 전류의 세기는 p가 $x=5d$를 지날 때가 $x=9d$를 지날 때보다 크다.

① ㄱ   ② ㄷ   ③ ㄱ, ㄴ   ④ ㄴ, ㄷ   ⑤✓ ㄱ, ㄴ, ㄷ

|자|료|해|설|
p가 $x=9d$일 때 유도 전류의 방향이 $+y$방향이므로 금속 고리를 통과하는 xy평면에 수직으로 나오는 방향의 자기 선속은 시간에 따라 줄어들고 있다. 따라서 Ⅱ에서 자기장은 xy평면에 수직으로 나오는 방향이며 $B>B_0$이다.

|보|기|풀|이|
ㄱ. 정답 : Ⅱ에서 자기장은 xy평면에 수직으로 나오는 방향이므로 p가 $x=9d$를 지날 때 반시계 방향으로 유도 전류가 흐르기 위해서는 $B>B_0$이어야 한다.
ㄴ. 정답 : p가 $x=5d$일 때 금속 고리를 통과하는 자기선속은 시간에 따라 xy평면에 수직으로 나오는 방향으로 증가하므로 ㉠은 $-y$방향이다.
ㄷ. 정답 : 시간에 따라 금속 고리를 통과하는 자기선속의 변화는 p가 $x=5d$일 때가 $x=9d$일 때보다 크므로 유도 전류의 세기는 p의 위치가 $x=5d$일 때가 $x=9d$일 때보다 크다.

 문제풀이 TIP | 유도 전류의 세기는 시간에 따른 자기 선속의 변화량에 비례한다.

😀 출제분석 | 시간에 따른 자기 선속의 변화량을 비교하는 것이 문제 해결의 핵심이다.

그림과 같이 두 변의 길이가 각각 d, $2d$인 동일한 직사각형 금속 고리 A, B가 xy평면에서 $+x$방향으로 등속도 운동하며 균일한 자기장 영역 Ⅰ, Ⅱ를 지난다. Ⅰ, Ⅱ에서 자기장의 방향은 xy평면에 수직이고 세기는 각각 일정하다. A, B의 속력은 같고, 점 p, q는 각각 A, B의 한 지점이다. 표는 p의 위치에 따라 p에 흐르는 유도 전류의 세기와 방향을 나타낸 것이다.

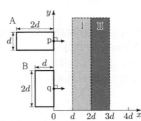

p의 위치	p에 흐르는 유도 전류	
	세기	방향
$x=1.5d$	I_0	$+y$
$x=2.5d$	$2I_0$	$-y$

이에 대한 설명으로 옳은 것만을 〈보기〉에서 있는 대로 고른 것은? (단, A와 B의 상호 작용은 무시한다.) 3점

보기

ㄱ. p의 위치가 $x=3.5d$일 때, A에 흐르는 유도 전류의 세기는 I_0이다.

ㄴ. q의 위치가 $x=2.5d$일 때, B에 흐르는 유도 전류의 세기는 $3I_0$보다 크다.

ㄷ. p와 q의 위치가 $x=3.5d$일 때, p와 q에 흐르는 유도 전류의 방향은 서로 반대이다.

① ㄱ   ② ㄴ   ③ ㄱ, ㄷ   ④ ㄴ, ㄷ   ⑤ ㄱ, ㄴ, ㄷ

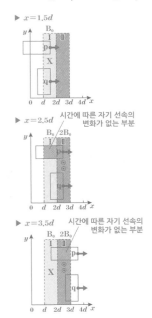

▶ $x=1.5d$

▶ $x=2.5d$ 시간에 따른 자기 선속의 변화가 없는 부분

▶ $x=3.5d$ 시간에 따른 자기 선속의 변화가 없는 부분

|자|료|해|설|

$x=1.5d$에서 금속 고리를 통과하는 자기 선속은 증가한다. 이때 자기 선속의 증가를 방해하는 $+y$방향으로 유도 전류가 흐르므로 Ⅰ에서 자기장의 방향은 xy평면에 수직으로 들어가는 방향(×)이다. $x=2.5d$에서 금속 고리를 통과하는 자기 선속의 변화는 금속 고리의 면적 중 Ⅱ를 통과하는 면적만큼 변하고 p에 흐르는 유도 전류의 방향은 $-y$방향이면서 전류의 세기는 $x=1.5d$에서보다 2배 크므로 Ⅱ에서 자기장의 방향은 xy평면에 수직으로 나오는 방향(⊙)이고 자기장의 세기는 Ⅰ에서의 2배이다. (Ⅰ에서 자기장의 세기를 B_0라 하면 Ⅱ에서는 $2B_0$이다.)

|보|기|풀|이|

ㄱ. 정답 : p의 위치가 $x=3.5d$일 때, A를 통과하는 Ⅰ의 자기 선속의 변화로 유도 전류가 발생한다. 시간에 따른 자기 선속의 변화는 $x=1.5d$와 $x=3.5d$일 때가 같고 방향은 반대이므로 p의 위치가 $x=3.5d$일 때 유도 전류의 세기는 I_0, 방향은 $-y$이다.

ㄴ. 정답 : q의 위치가 $x=2.5d$일 때 B는 Ⅰ에서 Ⅱ로 이동하는 상황이다. 이 때 Ⅰ을 통과하는 면적은 감소하고 Ⅱ를 통과하는 면적은 증가하므로 q에서 유도 전류는 $-y$방향으로 흐를 것이다. Ⅰ과 Ⅱ의 자기장의 방향은 반대이므로 자기장의 세기 차이는 $3B_0$이고 시간에 따른 면적 변화율$\left(\dfrac{\Delta S}{\Delta t}\right)$은 A에서의 2배이므로 시간에 따른 자기 선속의 변화는 6배 크다. 한편, p의 위치가 $x=2.5d$일 때 A는 Ⅱ에 의해 자기 선속이 변하고 이때 자기장의 세기 차이는 $2B_0$이다. A와 B에 흐르는 유도 전류의 세기를 패러데이 법칙으로 나타내면 각각 $V_A = -\dfrac{\Delta\phi_A}{\Delta t} = -2B_0\left(\dfrac{\Delta S}{\Delta t}\right) \propto 2I_0$, $V_B = -\left(\dfrac{\Delta\phi_B}{\Delta t}\right) = -3B_0\left(\dfrac{\Delta 2S}{\Delta t}\right) \propto 6I_0$이다.

ㄷ. 정답 : p와 q의 위치가 $x=3.5d$일 때, A에서는 Ⅰ의 자기 선속이 감소하고 B에서는 Ⅱ의 자기 선속이 감소하므로 p와 q에서 흐르는 유도 전류의 방향은 각각 $-y$, $+y$방향이다.

😀 **문제풀이 T I P** | 유도 전류의 세기 $I \propto V = -\dfrac{\Delta\phi}{\Delta t} = -\dfrac{\Delta(B\cdot S)}{\Delta t} = -B\dfrac{\Delta(S)}{\Delta t}$

😀 **출제분석** | 패러데이 법칙을 숙지하고 문제 상황에 적용하여 유도 전류의 방향과 세기를 비교할 수 있어야 한다.

다음은 상온에서 물질의 자성을 알아보기 위한 실험이다.

[실험 과정]
(가) 물체 A, B를 연직 위 방향의 강한 균일한 자기장으로
자기화시킨다. A, B는 각각 강자성체, 상자성체 중 하나이다.
(나) (가)를 거친 A의 P쪽을 솔레노이드를 향해 접근시키며
검류계에 흐르는 전류를 측정한다.
(다) (가)를 거친 B의 Q쪽을 솔레노이드를 향해 접근시키며
검류계에 흐르는 전류를 측정한다.
※ (나), (다)는 외부 자기장이 없는 곳에서 수행한다.

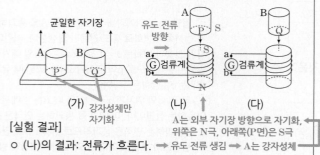

(가) 강자성체만 자기화   (나)   (다)

A는 외부 자기장 방향으로 자기화,
위쪽은 N극, 아래쪽(P면)은 S극

[실험 결과]
ㅇ (나)의 결과: 전류가 흐른다. → 유도 전류 생김 → A는 강자성체
ㅇ (다)의 결과: 전류가 흐르지 않는다. → B는 상자성체

이에 대한 설명으로 옳은 것만을 <보기>에서 있는 대로 고른 것은?

보기
ㄱ. (가)에서 A의 P쪽은 S극이다. → 외부 자기장 방향으로 자기화
ㄴ. B는 강자성체이다.
ㄷ. (나)에서 전류의 방향은 a → 검류계 → b 방향이다.

① ㄱ   ② ㄴ   ③ ㄱ, ㄷ   ④ ㄴ, ㄷ   ⑤ ㄱ, ㄴ, ㄷ

| 자 | 료 | 해 | 설 |

(가)에서 A, B 중 강자성체만 자기화되는데 실험 결과
(나)에서만 전류가 흐른 것으로 보아 A가 강자성체임을 알
수 있다. 또한 A는 외부 자기장 방향으로 자기화되므로 P는
S극이다. (나)에서 S극이 솔레노이드를 향해 접근하므로
솔레노이드의 윗면에 S극이 나타나는 유도 전류가 b →
검류계 → a 방향으로 흐른다.

| 보 | 기 | 풀 | 이 |

ㄱ. 정답 : (가)에서 A는 균일한 자기장과 같은 방향으로
자기화되므로 A의 P쪽은 S극이다.
ㄴ. 오답 : (나)에서는 검류계에 전류가 흐르고 (다)에서는
검류계에 전류가 흐르지 않으므로 A는 강자성체, B는
상자성체이다.
ㄷ. 오답 : 유도 전류는 자기력선속의 변화를 방해하는
방향으로 흐르므로 (나)에서 흐르는 전류의 방향은 b →
검류계 → a 방향이다.

🤓 문제풀이 T I P | 강자성체는 외부 자기장의 방향으로
자기화된다. 또한 유도 전류는 자기력선속의 변화를
방해하는 방향으로 흐른다.

😀 출제분석 | 자성체의 특성에 대한 탐구 실험 결과를 분석하는
문항으로 물질의 자성과 렌츠의 법칙을 이해한다면 쉽게 해결할 수
있는 문항이다.

그림과 같이 xy평면에 일정한 전류가 흐르는 무한히 긴 직선 도선 A가 $x=-3d$에 고정되어 있고, 원형 도선 B는 중심이 원점 O가 되도록 놓여있다. 표는 B가 움직이기 시작하는 순간, B의 운동 방향에 따라 B에 흐르는 유도 전류의 방향을 나타낸 것이다.

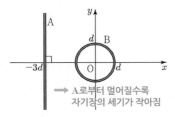

B의 운동 방향	B에 흐르는 유도 전류의 방향
$+x$	㉠
$-x$	시계 반대 방향

→ A로부터 멀어질수록 자기장의 세기가 작아짐

→ B를 xy평면에 수직으로 통과하는 자기 선속이 시간에 따라 증가함

이에 대한 설명으로 옳은 것만을 〈보기〉에서 있는 대로 고른 것은? **3점**

보기
ㄱ. A에 흐르는 전류의 방향은 $+y$방향이다.
ㄴ. ㉠은 '시계 방향'이다.
ㄷ. B의 운동 방향이 $+y$방향일 때, B에는 일정한 세기의 유도 전류가 흐른다. 흐르지 않는다.

① ㄱ   ② ㄷ   ③ ㄱ, ㄴ   ④ ㄴ, ㄷ   ⑤ ㄱ, ㄴ, ㄷ

|자|료|해|설|
직선 도선에 흐르는 전류에 의한 자기장의 세기는 A로부터 떨어진 거리에 반비례한다.

|보|기|풀|이|
ㄱ. 정답 : B가 $-x$방향으로 운동할 때, B를 통과하는 자기 선속은 시간에 따라 증가한다. B에 흐르는 유도 전류의 방향이 시계 반대 방향이라면 유도 전류는 자기 선속의 변화를 방해하는 방향으로 흐르므로 A에 흐르는 전류의 방향은 $+y$방향이다.
ㄴ. 정답 : B가 $+x$방향으로 운동할 때, B를 통과하는 xy평면에 수직으로 들어가는 자기 선속은 줄어드므로 ㉠은 '시계 방향'이다.
ㄷ. 오답 : B의 운동 방향이 $+y$방향일 때, B를 통과하는 자기 선속은 변하지 않으므로 유도 전류가 흐르지 않는다.

😀 **출제분석** | 직선 전류에 의한 자기장과 전자기 유도의 기본 개념을 확인하는 문항이다.

그림은 마찰이 없는 빗면에서 자석이 솔레노이드의 중심축을 따라 운동하는 모습을 나타낸 것이다. 점 p, q는 솔레노이드의 중심축상에 있고, 전구의 밝기는 자석이 p를 지날 때가 q를 지날 때보다 밝다. 이에 대한 설명으로 옳은 것만을 〈보기〉에서 있는 대로 고른 것은? (단, 자석의 크기는 무시한다.)

→ 솔레노이드에 유도되는 기전력의 크기는 p를 지날 때가 q를 지날 때보다 크다는 것을 의미

보기
ㄱ. 솔레노이드에 유도되는 기전력의 크기는 자석이 p를 지날 때가 q를 지날 때보다 크다.
ㄴ. 전구에 흐르는 전류의 방향은 자석이 p를 지날 때와 q를 지날 때가 서로 반대이다.
ㄷ. 자석의 역학적 에너지는 p에서가 q에서보다 작다.

크

① ㄱ   ② ㄷ   ③ ㄱ, ㄴ   ④ ㄴ, ㄷ   ⑤ ㄱ, ㄴ, ㄷ

|자|료|해|설|
점 p에서 자석이 솔레노이드에 다가오면 솔레노이드 내부에서는 자기력선속이 증가하므로 솔레노이드에는 자기력선속의 증가를 방해하는 방향으로 유도 전류가 흐른다. 이로 인해 자석에는 척력이 작용한다. 이와 반대로 점 q에서 자석이 솔레노이드에서 멀어지면 솔레노이드 내부에서는 자기력선속이 감소하므로 솔레노이드에는 자기력선속의 감소를 방해하는 방향으로 유도 전류가 흐르고 방향은 앞의 경우와 반대가 된다. 이로 인해 자석에는 인력이 작용한다.

|보|기|풀|이|
ㄱ. 정답 : 같은 전구에 더 큰 전압이 걸릴수록 전구의 밝기는 밝아진다. 전구의 밝기는 자석이 p를 지날 때가 q를 지날 때보다 밝으므로 전구에 걸리는 유도 기전력의 크기는 p를 지날 때가 q를 지날 때보다 크다.
ㄴ. 정답 : 자석이 p를 지날 때와 q를 지날 때 전구에 흐르는 전류의 방향은 자료 해설과 같이 반대이다.
ㄷ. 오답 : 자석이 솔레노이드를 통과하며 자석의 역학적 에너지의 일부는 전구에 불을 밝히는 전기 에너지로 전환된다. 따라서 자석의 역학적 에너지는 p에서가 q에서보다 크다.

😀 **문제풀이 T I P** | 유도 기전력의 크기(V)는 자기력선속의 시간적 변화$\left(\dfrac{\Delta\phi}{\Delta t}\right)$에 비례한다. 또한 솔레노이드로부터 같은 거리에 떨어진 지점에서 자기력선속의 시간적 변화는 자석이 빠르게 접근하거나 멀어질수록 크다.

😀 **출제분석** | 이번 문항의 경우 비교적 쉽게 출제되었지만 전자기 유도 법칙에 관한 문항은 난이도가 높은 문항으로 출제된 적이 많은 만큼 정답률을 높이기 위해서는 어렵게 출제되었던 기출 문제까지 잘 살펴보아야 한다.

그림과 같이 한 변의 길이가 $2d$인 정사각형 금속 고리가 xy평면에서 균일한 자기장 영역 Ⅰ~Ⅲ을 $+x$방향으로 등속도 운동을 하며 지난다. 금속 고리의 한 변의 중앙에 고정된 점 p가 $x=d$와 $x=5d$를 지날 때, p에 흐르는 유도 전류의 세기는 같고 방향은 $-y$방향이다. Ⅰ, Ⅱ에서 자기장의 세기는 각각 B_0이고, Ⅲ에서 자기장의 세기는 일정하고 방향은 xy평면에 수직이다.

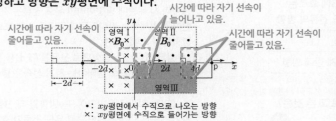

시간에 따라 자기 선속이 줄어들고 있음.
시간에 따라 자기 선속이 늘어나고 있음.
시간에 따라 자기 선속이 줄어들고 있음.

• : xy평면에서 수직으로 나오는 방향
× : xy평면에 수직으로 들어가는 방향

p에 흐르는 유도 전류를 p의 위치에 따라 나타낸 그래프로 가장 적절한 것은? (단, p에 흐르는 유도 전류의 방향은 $+y$방향이 양(+)이다.) 3점

$x=d$, $x=5d$에서 금속 고리를 통과하는 단위 시간당 자기 선속의 변화량은 같고 Ⅲ영역에서 자기장의 방향은 xy평면에 수직으로 들어가는 방향이다.

① 유도 전류

② 유도 전류

③ 유도 전류

④ 유도 전류

⑤ 유도 전류

| 자 | 료 | 해 | 설 |

점 p가 $x=5d$를 지날 때 p에 흐르는 유도 전류는 $-y$방향이므로 영역 Ⅲ에서 자기장의 방향은 xy평면에 수직으로 들어가는 방향($\otimes$)이다. p가 $x=d$, $x=5d$를 지날 때 p에 흐르는 유도 전류의 세기가 같으므로 금속 고리를 통과하는 단위 시간당 자기 선속의 변화량은 같아야한다. 따라서 영역 Ⅲ에서 자기장의 세기는 $2B_0$이다.

| 선 | 택 | 지 | 풀 | 이 |

① 정답 : p가 $x=-2d$에서 $x=0$까지를 지날 때 고리를 통과하는 단위 시간당 자기 선속의 변화량은 p가 $x=d$와 $x=5d$를 지날 때의 2배이고 방향은 '$\otimes$'이므로 유도 전류의 세기는 2배이고 이때 p에 흐르는 유도 전류의 방향은 $+y$방향이다. p가 $x=2d$에서 $x=4d$까지를 지날 때 고리를 통과하는 단위 시간당 자기 선속의 변화량은 0이므로 유도 전류의 세기는 0이다. 이에 해당하는 그래프는 ①이다.

😎 **문제풀이 T I P** | 유도 전류의 세기와 방향이 같다면 금속 고리를 통과하는 단위 시간당 자기 선속의 변화량과 방향이 같다.

😄 **출제분석** | 패러데이 법칙을 이용하여 문제 상황에 적용할 수 있는가를 확인하는 문항이다.

그림과 같이 한 변의 길이가 $4d$인 직사각형 금속 고리가 xy평면에서 자기장 세기가 각각 B_0, $2B_0$인 균일한 자기장 영역 Ⅰ, Ⅱ를 $+x$방향으로 등속도 운동을 하며 지난다.

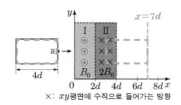

금속 고리의 점 a가 $x=d$와 $x=7d$를 지날 때, a에 흐르는 유도 전류의 방향은 같다. Ⅰ, Ⅱ에서 자기장의 방향은 xy평면에 수직 이다.
↳ a에는 $-y$방향의 유도 전류가 흐름

a의 위치에 따른 a에 흐르는 유도 전류를 나타낸 그래프로 가장 적절한 것은? (단, a에 흐르는 유도 전류의 방향은 $+y$방향이 양(+) 이다.)

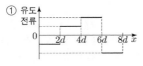 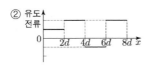

 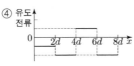

⑤ 유도 전류 그래프

|자|료|해|설|및|선|택|지|풀|이|

⑤ 정답 : 금속 고리가 $x=7d$를 지날 때, a에는 금속 고리를 통과하는 자기 선속의 변화를 방해하는 $-y$방향의 유도 전류가 흐른다. 이때 $x=d$에서도 $-y$방향의 유도 전류가 흐르려면 Ⅰ 영역에서 자기장의 방향은 xy평면에 수직으로 나오는 방향이어야 한다. 그리고, a에 흐르는 유도 전류의 세기와 방향은 단위 시간당 자기장의 변화에 비례하기 때문에 영역 Ⅰ과 영역 Ⅱ의 자기장의 세기를 고려하여 정리하면 다음 표와 같다.

a의 위치	단위 시간당 자기장의 변화량	a에 흐르는 유도 전류의 세기	a에 흐르는 유도 전류의 방향
$0 < x \leq 2d$	ΔB_0	I	$-y$
$2d < x \leq 4d$	$2\Delta B_0$	$2I$	$+y$
$4d < x \leq 6d$	ΔB_0	I	$+y$
$6d < x \leq 8d$	$2\Delta B_0$	$2I$	$-y$

이에 해당하는 것은 ⑤이다.

😀 출제분석 | 금속 고리를 통과하는 자기 선속의 변화에 따른 유도 전류의 세기와 방향을 확인하는 문항으로 이 영역에서는 반드시 이해해야 하는 기본 개념이다.

그림과 같이 p−n 접합 발광 다이오드(LED)가 연결된 솔레노이드의 중심축에 마찰이 없는 레일이 있다.

LED에서 빛이 방출될 때 전류의 방향

a, b, c, d는 레일 위의 지점이다. a에 가만히 놓은 자석은 솔레노이드를 통과하여 d에서 운동 방향이 바뀌고, 자석이 d로부터 내려와 c를 지날 때 LED에서 빛이 방출된다. X는 N극과 S극 중 하나이다.
↳ 순방향 전압이 걸림

이에 대한 설명으로 옳은 것만을 〈보기〉에서 있는 대로 고른 것은?

（3점）

보기
ㄱ. X는 N극이다.
ㄴ. a로부터 내려온 자석이 b를 지날 때 LED에서 빛이 방출된다.
ㄷ. 자석의 역학적 에너지는 a에서와 d에서가 ~~같다.~~ 다르다.

① ㄱ   ② ㄷ   ③ ㄱ, ㄴ   ④ ㄴ, ㄷ   ⑤ ㄱ, ㄴ, ㄷ

|자|료|해|설|

자석이 코일을 통과할 때 LED에서 빛이 방출되기 위해서는 LED에 순방향 전압이 걸려야 한다. 이때 코일의 왼쪽은 N극, 오른쪽은 S극이 된다.

|보|기|풀|이|

ㄱ. 정답 : 자석이 d로부터 내려와 c를 지날 때 빛이 방출되므로 코일의 왼쪽은 N극, 오른쪽은 S극이 되도록 유도 기전력이 생긴다. 즉, X는 N극이다.

ㄴ. 정답 : a로부터 내려온 자석이 b를 지날 때는 N극인 X가 코일에 다가오므로 코일의 왼쪽은 N극, 오른쪽은 S극이 되도록 유도 기전력이 생긴다.

ㄷ. 오답 : 자석의 역학적 에너지 일부는 코일을 통과할 때마다 전기 에너지로 전환되므로 역학적 에너지는 a에서가 d에서보다 크다.

😀 문제풀이 T I P | LED에 불이 들어오려면 LED에 흐르는 유도 전류의 방향은 오른쪽이다.

😀 출제분석 | 렌즈의 법칙과 LED에 전류가 흐르기 위한 조건으로 쉽게 해결할 수 있는 문항이다.

그림과 같이 p−n 접합 발광 다이오드(LED)가 연결된 한 변의 길이가 d인 정사각형 금속 고리가 종이면에 수직인 균일한 자기장 영역 Ⅰ, Ⅱ를 +x방향으로 등속도 운동하여 지난다. 고리의 중심이 $x=4d$를 지날 때 LED에서 빛이 방출된다. A는 p형 반도체와 n형 반도체 중 하나이다.   ↳ LED에 순방향 전압이 걸림

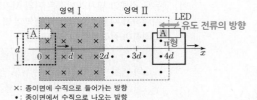

× : 종이면에 수직으로 들어가는 방향
• : 종이면에서 수직으로 나오는 방향

이에 대한 설명으로 옳은 것만을 〈보기〉에서 있는 대로 고른 것은?   ③점

보기
ㄱ. A는 n형 반도체이다.
ㄴ. 고리의 중심이 $x=d$를 지날 때, 유도 전류가 흐른다.   흐르지 않는다.
ㄷ. 고리의 중심이 $x=2d$를 지날 때, LED에서 빛이 방출된다.   되지 않는다.

① ㄱ   ② ㄴ   ③ ㄱ, ㄷ   ④ ㄴ, ㄷ   ⑤ ㄱ, ㄴ, ㄷ

| 자 | 료 | 해 | 설 |
금속 고리가 $x=4d$를 지날 때 금속 고리를 통과하는 ⊙방향 자기 선속이 감소하므로 금속 고리 내부에서는 ⊙방향으로 자기장이 유도되고, 반시계 방향으로 유도 전류가 흐른다. 이때 LED에서 빛이 방출되므로 LED에서는 순방향 전압이 걸린다. 따라서 LED의 p형 반도체에서 n형 반도체로 전류가 흐르므로 A는 n형 반도체이다.

| 보 | 기 | 풀 | 이 |
ㄱ. 정답 : 금속 고리가 $x=4d$를 지날 때 반시계 방향으로 유도 전류가 흐르고, 이때 LED에서 빛이 방출되므로 LED에서는 순방향 전압이 걸린다. 따라서 A는 n형 반도체이다.

ㄴ. 오답 : 금속 고리가 $x=d$를 지날 때, 금속 고리를 통과하는 자기 선속은 변화가 없으므로 유도 전류는 흐르지 않는다.

ㄷ. 오답 : 금속 고리가 $x=2d$를 지날 때, 금속 고리를 통과하는 ⊗방향 자기 선속은 감소, ⊙방향 자기 선속은 증가하여 시계 방향 유도 전류가 흐른다. 따라서 LED에는 역방향의 전압이 걸리므로 빛이 방출되지 않는다.

그림 (가)와 같이 방향이 각각 일정한 자기장 영역 Ⅰ과 Ⅱ에 p−n 접합 다이오드가 연결된 사각형 금속 고리가 고정되어 있다. A는 p형 반도체와 n형 반도체 중 하나이다. 그림 (나)는 Ⅰ과 Ⅱ의 자기장의 세기를 시간에 따라 나타낸 것이다. t_0일 때, 고리에 흐르는 유도 전류의 세기는 I_0이다.

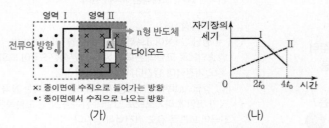

× : 종이면에 수직으로 들어가는 방향
• : 종이면에서 수직으로 나오는 방향

(가)   (나)

이에 대한 옳은 설명만을 〈보기〉에서 있는 대로 고른 것은?

보기
ㄱ. t_0일 때 유도 전류의 방향은 시계 방향이다.   반시계
ㄴ. $3t_0$일 때 유도 전류의 세기는 I_0보다 작다.   크다.
ㄷ. A는 n형 반도체이다.

① ㄱ   ② ㄷ   ③ ㄱ, ㄴ   ④ ㄴ, ㄷ   ⑤ ㄱ, ㄴ, ㄷ

| 자 | 료 | 해 | 설 |
(나)에서 Ⅰ, Ⅱ 영역에 놓인 금속 고리를 통과하는 자기 선속의 변화는 시간에 따라 종이면에 수직으로 들어가는 방향으로 증가하므로 금속 고리에는 반시계 방향으로 유도 전류가 흐른다.

| 보 | 기 | 풀 | 이 |
ㄱ. 오답 : 0~4t_0까지 유도 전류가 흐르는 방향은 반시계 방향이다.

ㄴ. 오답 : 3t_0에서 시간에 따른 자기 선속의 변화는 t_0에서 보다 크므로 유도 전류의 세기는 I_0보다 크다.

ㄷ. 정답 : 유도 전류가 반시계 방향으로 흐를 때 다이오드에 순방향 전압이 걸려야 하므로 A는 n형 반도체이다.

😀 **문제풀이 TIP** | 자기 선속의 변화를 방해하는 방향으로 유도 전류가 흐른다.

그림 (가)와 같이 $p-n$ 접합 발광 다이오드(LED)가 연결된 한 변의 길이가 d인 정사각형 금속 고리가 용수철에 매달려 종이면에 수직으로 들어가는 방향의 균일한 자기장 영역에 정지해 있다. 그림 (나)는 (가)에서 금속 고리를 $-y$방향으로 d만큼 잡아당겨, 시간 $t=0$인 순간 가만히 놓아 금속 고리가 y축과 나란하게 운동할 때 LED의 변위 y를 t에 따라 나타낸 것이다. ~~$t=t_2$일 때 금속 고리에 흐르는 유도 전류에 의해 LED에서 빛이 방출된다.~~ A는 p형 반도체와 n형 반도체 중 하나이다.

> 금속 고리가 자기장 영역을 빠져나가므로 시계 방향의 유도 전류가 흐름

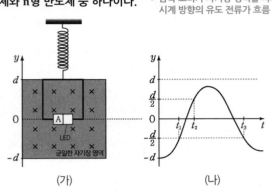

(가)   (나)

이에 대한 설명으로 옳은 것만을 〈보기〉에서 있는 대로 고른 것은? (단, 금속 고리는 회전하지 않으며, 공기 저항은 무시한다.) 3점

보기

ㄱ. A는 ~~p~~형 반도체이다.   (n)

ㄴ. $t=t_1$일 때 LED에서 빛이 방출되지 않는다.

ㄷ. 금속 고리의 운동 에너지는 $t=t_1$일 때와 $t=t_3$일 때가 ~~같다~~. 다르다.

---

① ㄱ   **② ㄴ**   ③ ㄱ, ㄷ   ④ ㄴ, ㄷ   ⑤ ㄱ, ㄴ, ㄷ

| 자 | 료 | 해 | 설 |

LED가 $y>0$인 영역을 운동할 때 LED에 순방향의 전압이 걸리며 불이 들어온다. 이때 회로에 흐르는 유도 전류의 방향은 ⊗ 방향 자기장을 만드는 시계 방향이므로 A는 n형 반도체이다.

| 보 | 기 | 풀 | 이 |

ㄱ. 오답 : $t=t_2$일 때 금속 고리가 자기장 영역을 빠져나가므로 시계 방향의 유도 전류가 흐른다. 이때 LED에는 순방향 전압이 걸리므로 A는 n형 반도체이다.

ㄴ. 정답 : $t=t_1$에서 고리를 통과하는 자기 선속의 변화는 없으므로 LED에 유도 전류가 흐르지 않는다.

ㄷ. 오답 : LED에서 빛 에너지가 발생하므로 금속 고리의 역학적 에너지는 감소한다. 따라서 운동 에너지는 $t=t_1$일 때가 $t=t_3$일 때보다 크다.

😮 문제풀이 TIP | 금속 고리에 유도 전류가 흐르면서 금속 고리의 역학적 에너지가 LED의 빛 에너지로 전환된다.

😮 출제분석 | 다이오드가 연결된 회로의 전자기 유도 현상을 이용한 실험은 자주 등장하는 유형이다.

그림 (가)는 경사면에 금속 고리를 고정하고, 자석을 점 p에 가만히 놓았을 때 자석이 점 q를 지나는 모습을 나타낸 것이다. 그림 (나)는 (가)에서 극의 방향을 반대로 한 자석을 p에 가만히 놓았을 때 자석이 q를 지나는 모습을 나타낸 것이다. (가), (나)에서 자석은 금속 고리의 중심을 지난다.

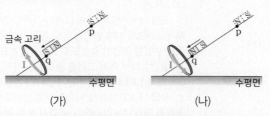

이에 대한 설명으로 옳은 것만을 〈보기〉에서 있는 대로 고른 것은? (단, 모든 마찰과 공기 저항은 무시한다.) **3점**

> **보기**
>
> ㄱ. (가)에서 자석은 p에서 q까지 등가속도 운동을 한다. 하지 않는다.
> ㄴ. 자석이 q를 지날 때 자석에 작용하는 자기력의 방향은 (가)에서와 (나)에서가 서로 같다. → 자석의 운동 방향의 반대 방향
> ㄷ. 자석이 q를 지날 때 금속 고리에 유도되는 전류의 방향은 (가)에서와 (나)에서가 서로 반대이다.

① ㄱ　　② ㄴ　　③ ㄷ　　④ ㄱ, ㄴ　　⑤ ㄴ, ㄷ

| 자 | 료 | 해 | 설 |

금속 고리를 통과하는 자기선속이 변하면 금속 고리에는 자기선속의 변화를 방해하는 방향, 즉 자석의 운동을 방해하는 방향으로 유도 전류가 흐른다.

| 보 | 기 | 풀 | 이 |

ㄱ. 오답 : (가)에서 자석이 p에서 q까지 운동하는 동안 금속 고리를 통과하는 자석의 자기선속의 변화율은 일정하지 않으므로 자석은 등가속도 운동을 하지 않는다.
ㄴ. 정답 : 자석이 q를 지날 때 자석에 작용하는 자기력의 방향은 (가)와 (나) 모두 자석의 운동을 방해하는 방향인 빗면 위 방향으로 작용한다.
ㄷ. 정답 : (가)와 (나)에서 자석의 극이 서로 반대이므로 금속 고리에 유도되는 전류의 방향은 그림처럼 서로 반대이다.

🦉 **문제풀이 T I P |** 자석이 금속 고리에 접근할 때 금속 고리에는 유도 전류가 발생하여 자석을 밀어낸다.

🦉 **출제분석 |** 전자기 유도에 대한 문항으로 기본적인 개념만으로 쉽게 해결할 수 있도록 출제되었다. 그러나 이 영역에 대한 문항은 시간에 따른 유도 전압의 변화를 묻는 것과 같은 응용력이 필요한 다양한 형태로 출제되므로 깊이 있게 공부할 필요가 있다.

🦉 **더 자세한 해설** @

step 1. 자료 분석

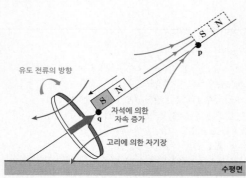

1. (가)에서의 자기장의 방향과 자속 분석
   ▶ S극이 금속 고리를 향해 다가가므로 빗면 위쪽 방향으로 금속 고리를 통과하는 자속이 증가한다. 따라서 금속 고리에는 자속 변화를 방해하는 방향으로 자기장이 형성되도록 유도 전류가 흐른다.
   ▶ 자석이 금속 고리에 가까워질수록 속력이 증가하므로 자속 변화율이 커지고 자석이 받는 자기력의 크기도 커진다.

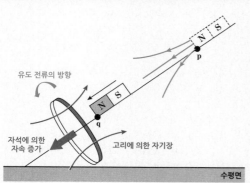

2. (나)에서의 자기장의 방향과 자속 분석
   ▶ N극이 금속 고리를 향해 다가가므로 빗면 아래 방향으로 금속 고리를 통과하는 자속이 증가한다. 따라서 금속 고리에는 자속 변화를 방해하는 방향으로 자기장이 형성되도록 유도 전류가 흐르며 이는 (가)에서와 반대이다.
   ▶ 자석이 금속 고리에 가까워질수록 속력이 증가하므로 자속 변화율이 커지고 자석이 받는 자기력의 크기도 커진다.

ㄱ. 오답 | 중력에 의해 빗면 아래 방향으로 자석에 작용하는 힘은 일정하므로 자석이 금속 고리에 가까워질 때 자기력이 일정하게 작용하여 자석에 작용하는 알짜힘이 일정하면 자석은 등가속도 운동을 한다. 그러나 주어진 경우와 같이 자석이 고리에 가까워질수록 속도가 증가하면 자속 변화율도 증가하여 자기력이 커지므로 물체에 작용하는 알짜힘의 크기는 감소한다. 따라서 속도가 증가하지만 단위 시간 동안 속도 증가량은 감소하므로 자석은 등가속도 운동을 하지 않는다. 이때 감소한 자석의 역학적 에너지는 금속 고리의 전기 에너지로 전환된다.

ㄴ. 정답 | 자속 변화를 방해하는 방향으로 자기장을 형성하므로 금속 고리와 자석 사이에는 척력이 작용한다. (가)와 (나)에서 자기력의 방향은 모두 자석의 운동과 반대 방향이다.

ㄷ. 정답 | 금속 고리를 향해 다른 극이 다가오므로 유도 전류의 방향은 반대가 된다.

개념정리

패러데이 전자기 유도 법칙

① 패러데이 전자기 유도 법칙 : 전자기 유도에 의한 유도 기전력(V)의 크기는 코일의 감은 수(N)와 자기력선속의 시간적 변화$\left(\dfrac{\varDelta\phi}{\varDelta t}\right)$에 비례한다.

$$V=-N\frac{\varDelta\phi}{\varDelta t}=-N\frac{\varDelta(BS)}{\varDelta t}\ (N : 코일의 감은 수, B : 외부 자기장의 세기, S : 코일의 단면적)$$

② 유도 전류의 세기 : 유도 기전력의 크기에 비례하고 유도 전류(유도 기전력의 크기)를 증가시키는 방법은 다음과 같다.
  ○ 자석이 코일에 빠르게 접근하거나 빠르게 멀어질수록 유도 전류의 세기는 커짐(시간에 따른 자속 변화율이 커짐)
  ○ 코일의 감은 수가 많을수록 유도 전류의 세기는 커짐(유도 전류를 만드는 코일의 개수가 많아지는 효과)
  ○ 자기력이 센 자석을 사용할수록 유도 전류의 세기는 커짐(센 자석일수록 자기력선의 수가 많으므로 같은 속력일 때 자속의 시간적 변화율이 큼)

③ 자석의 낙하에 의한 전자기 유도

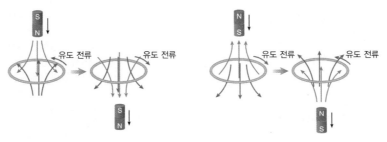

막대 자석을 수직하게 세워 원형 도선 사이로 낙하시키는 경우
  ○ 자속의 변화를 방해하는 방향으로 유도 전류가 생김
  ○ 자석의 통과 전후로 도선의 자속 변화에 미치는 영향이 반대로 바뀜 → 유도 전류의 흐름도 반대로 바뀜
  ○ N극이 아래로 낙하 : 통과 전 반시계 방향의 유도 전류 발생 → 통과 후 시계 방향의 유도 전류 발생
  ○ S극이 아래로 낙하 : 통과 전 시계 방향의 유도 전류 발생 → 통과 후 반시계 방향의 유도 전류 발생
  ○ 자석이 원형 도선 사이로 낙하할 때, 역학적 에너지의 총량은 보존되지 않음(자석의 낙하에 의해 유도 기전력이 발생했기 때문)
  ○ 낙하 전 위치 에너지=바닥에서의 운동 에너지+전기 에너지(단, 마찰은 무시)

그림은 xy평면에 수직인 방향의 균일한 자기장 영역 Ⅰ, Ⅱ의 경계에서 변의 길이가 $4d$인 동일한 정사각형 도선 A, B, C가 각각 일정한 속력 v, v, $2v$로 직선 운동하는 어느 순간의 모습을 나타낸 것이다. A, B, C는 각각 $-y$, $+x$, $+y$ 방향으로 운동한다. Ⅰ과 Ⅱ에서 자기장의 방향은 서로 반대이고 A와 B에 흐르는 유도 전류의 세기는 같다.

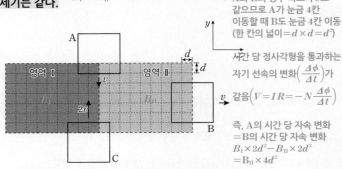

A와 B의 경우 속도가 v로 같으므로 A가 눈금 4칸 이동할 때 B도 눈금 4칸 이동 (한 칸의 넓이 $=d\times d=d^2$)

세칸 당 정사각형을 통과하는 자기 선속의 변화 $\left(\dfrac{\varDelta\phi}{\varDelta t}\right)$가 같음 $\left(V=IR=-N\dfrac{\varDelta\phi}{\varDelta t}\right)$

즉, A의 시간 당 자속 변화 = B의 시간 당 자속 변화 $B_Ⅰ\times2d^2-B_Ⅱ\times2d^2$ $=B_Ⅱ\times4d^2$

이에 대한 설명으로 옳은 것만을 〈보기〉에서 있는 대로 고른 것은? (단, 모눈 눈금은 동일하고, A, B, C 사이의 상호 작용은 무시한다.)

(3점)

보기

ㄱ. 자기장의 세기는 Ⅰ에서가 Ⅱ에서의 3배이다.
ㄴ. 유도 전류의 방향은 A에서와 B에서가 같다.
ㄷ. 유도 전류의 세기는 C에서가 A에서의 4배이다.

① ㄱ　　② ㄴ　　③ ㄱ, ㄷ　　④ ㄴ, ㄷ　　⑤ ㄱ, ㄴ, ㄷ

🤓 **문제풀이 TIP |** 도선의 전기 저항이 R일 때 유도 기전력(V)과 유도 전류의 세기(I)

▶ $V=IR=-N\dfrac{\varDelta\phi}{\varDelta t}=-N\dfrac{\varDelta(BS)}{\varDelta t}$

$I\propto\dfrac{\varDelta\phi}{\varDelta t}$

😀 **출제분석 |** 이 영역에서는 패러데이 전자기 유도 법칙이 핵심 개념이다.

|자|료|해|설|

A와 B의 경우 속도 v로 같으므로 A가 d만큼 이동할 때 B도 d만큼 이동한다. 즉, A와 B가 d만큼 이동하는데 걸린 시간($\varDelta t$) 동안 자속 변화($\varDelta\phi$)는 해당영역의 자기장의 세기(방향 고려)×해당영역의 넓이(눈금으로 고려)로 볼 수 있다.($\varDelta\phi=\varDelta(B\cdot S)$) 한편, A와 B에 흐르는 유도 전류의 세기$\left(I\propto\dfrac{\varDelta\phi}{\varDelta t}\right)$는 같고 영역 Ⅰ과 Ⅱ에서의 자기장의 방향은 반대이므로 영역 Ⅰ과 Ⅱ에서의 자기장의 세기를 각각 $B_Ⅰ$, $B_Ⅱ$라 하면 $\dfrac{\varDelta\phi}{\varDelta t}=B_Ⅰ\times2d^2-B_Ⅱ\times2d^2=B_Ⅱ\times4d^2$ — ①이다.

또한, C는 속력이 $2v$이므로 A와 B가 1칸 이동할 때 2칸 이동한다. 따라서 A와 B가 d만큼 이동하는데 걸린 시간($\varDelta t$) 동안 자속 변화($\varDelta\phi$)는 $\dfrac{\varDelta\phi}{\varDelta t}=B_Ⅰ\times6d^2-B_Ⅱ\times2d^2$ — ②이다.

|보|기|풀|이|

ㄱ. 정답 : ①을 정리하면 $B_Ⅰ=3B_Ⅱ$ — ③이다.

ㄴ. 정답 : 영역 Ⅰ에서 자기장의 방향을 xy평면에서 나오는 방향이라 한다면 $B_Ⅰ>B_Ⅱ$이므로 A에 흐르는 유도 전류는 xy평면에서 나오는 방향 자기 선속의 증가를 방해하는 방향인 시계 방향으로 흐를 것이다. 또한, 영역 Ⅱ의 자기장 방향이 xy평면에 들어가는 방향이므로 B에 흐르는 유도 전류는 xy평면에 들어가는 방향 자기 선속의 감소를 방해하는 방향인 시계 방향으로 흐를 것이다. 만약, 영역 Ⅰ에서 자기장의 방향을 xy평면에서 들어가는 방향이라 한다면 A와 B에 흐르는 전류의 방향은 앞의 경우와 반대로 반시계방향으로 같다.

ㄷ. 정답 : ③을 ①과 ②에 대입하여 A와 C의 시간 당 자속 변화$\left(\dfrac{\varDelta\phi}{\varDelta t}\right)$는 각각 $4B_Ⅱd^2:16B_Ⅱd^2=1:4$이다. $I\propto\dfrac{\varDelta\phi}{\varDelta t}$이므로 유도 전류의 세기는 C에서가 A에서의 4배이다.

🦉 **더 자세한 해설** @

step 1. 자료 분석

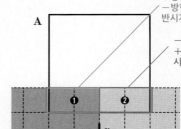

+방향으로 들어가는 자속이 증가하므로 −방향으로 자기장이 유도되도록 반시계 방향으로 유도 전류가 흐른다.

−방향으로 나오는 자속이 증가하므로 +방향으로 자기장이 유도되도록 시계 방향으로 유도 전류가 흐른다.

빨간색 네모 영역(❶)과 파란색 네모 영역(❷)은 자기장의 방향이 반대이므로 자속 변화율의 부호가 반대이다. 즉, 두 영역은 서로 반대 방향으로 유도 전류를 흐르게 할 것이다.

1. 영역 Ⅰ, 영역 Ⅱ의 자기장이 모두 통과하는 A에서의 자속 변화와 영역 Ⅱ의 자기장이 통과하는 B에서의 자속 변화 분석 (영역 Ⅰ의 자기장 방향을 +방향, 세기를 B_1, 영역 Ⅱ의 자기장 방향을 −방향, 세기를 B_2라고 하자.)

▶ A의 ❶영역과 ❷영역에서의 자속 변화율의 부호가 다르므로 서로 반대 방향으로 유도 전류가 흐르게 한다.

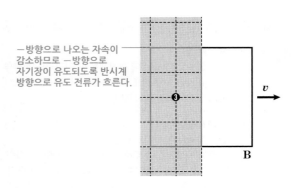

−방향으로 나오는 자속이
감소하므로 −방향으로
자기장이 유도되도록 반시계
방향으로 유도 전류가 흐른다.

▶ B의 ❸영역에서는 − 방향 자속이 감소하고 있다. 그러므로 A의 ❶영역에서와 같이 −방향으로 자기장이 유도 되도록 반시계 방향으로 유도 전류가 흐른다.

▶ A와 B에 흐르는 유도 전류의 세기가 같으므로 ❶과 ❷영역에서의 합성 자속 변화율 크기와 ❸영역에서의 자속 변화율 크기는 같아야 한다.

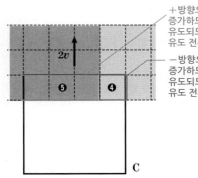

+방향으로 들어가는 자속이
증가하므로 −방향으로 자기장이
유도되도록 반시계 방향으로
유도 전류가 흐른다.

−방향으로 나오는 자속이
증가하므로 +방향으로 자기장이
유도되도록 시계 방향으로
유도 전류가 흐른다.

2. 영역 Ⅰ, 영역 Ⅱ의 자기장이 모두 통과하는 C에서의 자속 변화와 분석
   ▶ C의 ❹영역과 ❺영역에서의 자속 변화율의 부호가 다르므로 서로 반대 방향으로 유도 전류가 흐르게 한다.

step 2. 보기 풀이

ㄱ. **정답** | 고리 A의 속력이 v이므로 ❶영역은 단위 시간 동안 $v2d$만큼 면적이 증가한다. 마찬가지로 ❷영역도 $v2d$만큼 증가한다. 고리 B의 속력은 v이므로 3영역은 $v4d$만큼 감소한다.

자속 변화율은 자기장과 단위 시간 동안 면적 변화량을 곱한 값이므로 ❶영역 자속 변화율$=v2dB_1$, ❷영역 자속 변화율$=-v2dB_2$, ❸영역 자속 변화율$=-v4d \times (-B_2)=v4dB_2$이다. 그러므로 A의 총 자속 변화율은 $2dv(B_1-B_2)$, B의 자속 변화율은 $4dvB_2$이다.

주어진 조건에서 유도 전류의 세기가 같다고 했으므로 자속 변화율이 같아야 한다. 따라서 $2dv(B_1-B_2)=v4dB_2$에 의해 $B_1=3B_2$이다.

ㄴ. **정답** | A의 자속 변화율$=2dv(B_1-B_2)=4dvB_2$, B의 자속 변화율$=4dvB_2$이다. 두 경우 모두 자속 변화율이 + 값을 가지므로 유도 전류의 방향은 같다.

ㄷ. **정답** | 고리 C의 속력이 $2v$이므로 ❹영역은 단위 시간 동안 $2vd$만큼 면적이 증가한다. ❺영역은 $6vd$만큼 증가한다. 자속 변화율은 자기장과 단위 시간 동안 면적 변화량을 곱한 값이므로 ❹영역 자속 변화율$=-2vdB_2$, ❺영역 자속 변화율$=v6dB_1$이다. 이에 따라 C의 총 자속 변화율은 $2dv(3B_1-B_2)$이고, $B_1=3B_2$이므로 A의 자속 변화율은 $4dvB_2$, C의 자속 변화율은 $16dvB_2$이다. 따라서 유도 전류의 세기는 C가 A에서의 4배이다.

다음은 전자기 유도에 대한 실험이다.

[실험 과정]

(가) 그림과 같이 플라스틱 관에 감긴 코일,
저항, p—n 접합 다이오드, 스위치,
검류계가 연결된 회로를 구성한다.

(나) 스위치를 a에 연결하고, 자석의 N극을
아래로 한다.

(다) 관의 중심축을 따라 통과하도록 자석을 점
q에서 가만히 놓고, 자석을 놓은 순간부터
시간에 따른 전류를 측정한다.

(라) 스위치를 b에 연결하고, 자석의 S극을 아래로 한다.

(마) (다)를 반복한다.

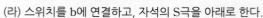

[실험 결과]

(다)의 결과	(마)의 결과
㉠	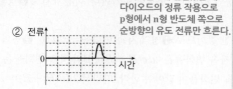

㉠으로 가장 적절한 것은? 3점

→ 스위치를 b에 연결했을 때
다이오드의 정류 작용으로
p형에서 n형 반도체 쪽으로
순방향의 유도 전류만 흐른다.

① 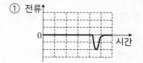   ②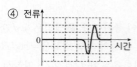

③ 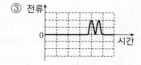   ④ (전류 그래프)

✓⑤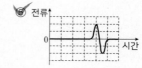

|자|료|해|설|
(마)의 결과는 스위치를 b에 연결했을 때 다이오드의 정류
작용으로 p형에서 n형 반도체로 순방향의 유도 전류만
흐를 때의 전류—시간 그래프이다.

|선|택|지|풀|이|
⑤ 정답 : (다)에서는 (라)와 달리 N극을 아래로 하고
자석을 떨어뜨리므로 (검류계)에서는 유도 전류의 방향이
코일을 통과하기 전과 통과한 후가 반대로 나타나야 하며
(마)에서의 전류 그래프가 같은 시간에서 반대 위상으로
나타나야 한다. 이에 해당하는 것은 ⑤이다.

😲 문제풀이 TIP | 자석이 코일을 통과하기 전과 후의 유도 전류
방향은 반대이다.

😀 출제분석 | 다이오드가 있는 회로에서 전류의 방향을 묻는
내용은 자주 등장한다. 자석을 떨어뜨려 코일을 통과할 때 코일에
흐르는 시간에 따른 유도 전류의 세기와 방향은 기본적으로
숙지하고 있어야 한다.

🦉 더 자세한 해설 @

STEP 1. 스위치를 b에 연결하고 S극을 아래로 할 때

(마)에서 스위치를 b에 연결하고 S극을 아래로 하여 자석을 낙하시켰을 때, 회로에 다이오드가 없었다면 자석의 운동을 방해하는 방향으로 코일
내부에 자기장이 형성되고, 회로에 반시계 방향으로 전류가 흘러야 한다. 그러나 주어진 실험에서는 (A)—❶처럼 다이오드에 역방향 전류가
걸리므로 자석이 코일에 가까워질 때는 전류가 흐르지 않는다.

자석이 코일 내부를 지나 멀어지게 될 때도 자석의 운동을 방해하는 방향으로 자기장이 형성되고, 회로에 시계 방향으로 전류가 흘러야 한다. 이때는
다이오드에 순방향 전압이 걸리므로 전류가 흐르게 되고, 시계 방향 전류를 그래프에서 양(+)의 부호로 표현하는 것을 알 수 있다.

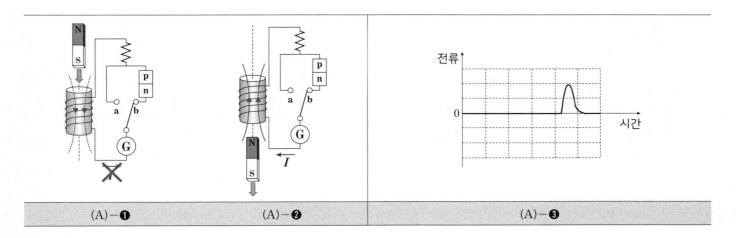

| (A)―❶ | (A)―❷ | (A)―❸ |

STEP 2. 스위치를 b에 연결하고 N극을 아래로 할 때

스위치를 b에 연결하고 N극을 아래로 하여 자석을 낙하시키면, 자석이 코일에 가까워질 때 시계 방향으로 전류가 흐른다. 이때도 다이오드에는 순방향 전압이 걸리고, 전류는 양(+)의 부호로 표현된다. 자석이 코일 내부를 지나 멀어지면 회로에 반시계 방향 전류가 흘러야 하는데, 다이오드에 역방향 전압이 걸려 전류가 흐르지 않는다.

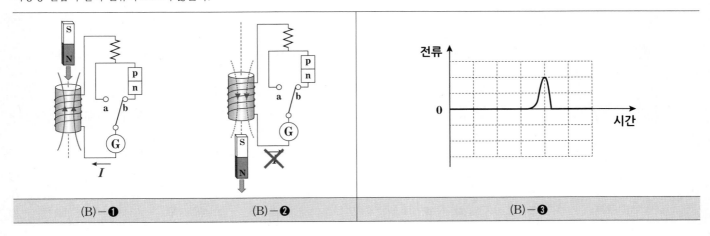

| (B)―❶ | (B)―❷ | (B)―❸ |

STEP 3. 스위치를 a에 연결하고 N극을 아래로 할 때

스위치를 a에 연결했을 때는 다이오드에 전압이 걸리지 않으므로 자석이 코일에 가까워질 때와 멀어질 때 모두 전류가 흐른다. N극을 아래로 하여 자석을 낙하시키면 자석이 코일에 가까워질 때 시계 방향으로 전류가 흐르므로 그래프에서 양(+)의 부호로 표현되고, 자석이 코일로부터 멀어질 때 반시계 방향 전류가 흐르므로 음(−)의 부호로 표현된다.

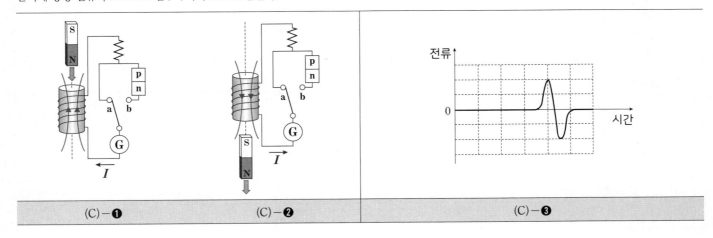

| (C)―❶ | (C)―❷ | (C)―❸ |

STEP 4. 스위치를 a에 연결하고 S극을 아래로 할 때

S극을 아래로 하여 자석을 낙하시키면 자석이 코일에 가까워질 때 반시계 방향으로 전류가 흐르므로 그래프에서 음(−)의 부호로 표현되고, 자석이 코일로부터 멀어질 때 시계 방향으로 전류가 흐르므로 양(+)의 부호로 표현된다.

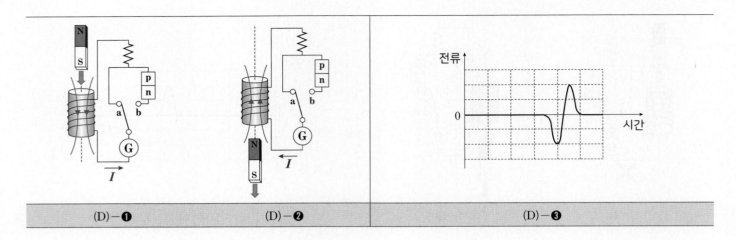

| (D) — ❶ | (D) — ❷ | (D) — ❸ |

STEP 5. 다이오드를 반대로, 스위치를 b에 연결하고 N극을 아래로 할 때

(B)—❶, (B)—❷와 다른 조건은 같게 하고 다이오드만 반대로 연결하면 회로에 시계 방향 전류는 흐르지 않고, 반시계 방향 전류만 흐를 수 있게 된다. 따라서 자석이 코일에 가까워질 때는 다이오드에 역방향 전압이 걸리므로 전류가 흐르지 못하고, 자석이 코일로부터 멀어질 때 반시계 방향 전류가 흐르므로 그래프에는 음(−)의 부호로 표현된다.

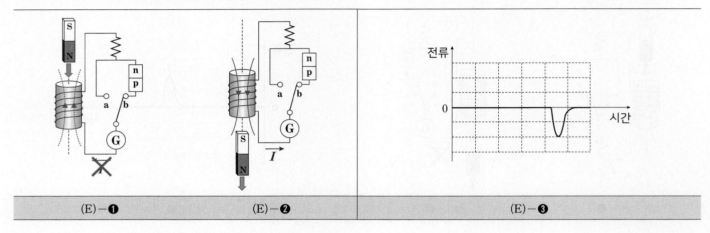

| (E) — ❶ | (E) — ❷ | (E) — ❸ |

STEP 6. 다이오드를 반대로, 스위치를 b에 연결하고 S극을 아래로 할 때

S극을 아래로 하여 자석을 낙하하면 자석이 코일에 가까워질 때 반시계 방향 전류가 흐르므로 그래프에 음(−)의 부호로 표현되고, 자석이 코일로부터 멀어질 때는 다이오드에 역방향 전압이 걸리므로 전류가 흐르지 못한다.

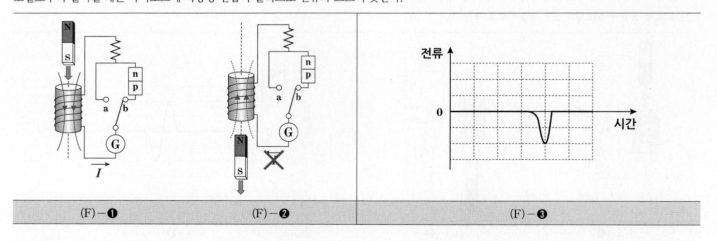

| (F) — ❶ | (F) — ❷ | (F) — ❸ |

STEP 7. 선택지풀이

⑤ **정답** | 스위치를 a에 연결했을 때 N극을 아래로 하여 자석을 낙하시키면 전류는 양(+)의 부호로 먼저 표현되고, 나중에 음(−)의 부호로 표현되므로 그래프는 ⑤와 같다.

그림 (가)와 같이 균일한 자기장 영역 Ⅰ과 Ⅱ가 있는 xy평면에 원형 금속 고리가 고정되어 있다. Ⅰ, Ⅱ의 자기장이 고리 내부를 통과하는 면적은 같다. 그림 (나)는 (가)의 Ⅰ, Ⅱ에서 자기장의 세기를 시간에 따라 나타낸 것이다.

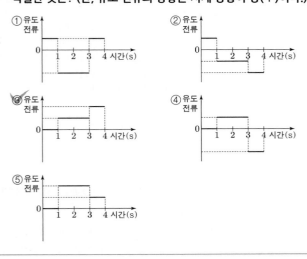

⊗방향의 자기 선속이 감소
→ 시계 방향(+)으로 유도 전류가 흐름

⊙방향의 자기 선속이 증가
→ 시계 방향(+)으로 유도 전류가 흐름

- ↻ : 시계 방향
- × : xy평면에 수직으로 들어가는 방향
- ・ : xy평면에서 수직으로 나오는 방향

(가)   (나)

고리에 흐르는 유도 전류를 시간에 따라 나타낸 그래프로 가장 적절한 것은? (단, 유도 전류의 방향은 시계 방향이 양(+)이다.)

① 유도 전류 / 시간(s)

② 유도 전류 / 시간(s)

③ 유도 전류 / 시간(s)

④ 유도 전류 / 시간(s)

⑤ 유도 전류 / 시간(s)

|자|료|해|설|및|선|택|지|풀|이|

③ 정답 : 유도 전류의 세기는 유도 기전력에 비례하고 유도 기전력은 패러데이 법칙에 따라 $V = -\dfrac{\Delta\phi}{\Delta t} = -\dfrac{\Delta B}{\Delta t}S$

(S: 반원의 면적)이고 (나)에서 그래프의 기울기($\dfrac{\Delta B}{\Delta t}$)에 비례한다. 0~1초에서 기울기는 0이므로 유도 전류는 0이다. 1~3초에서 Ⅰ의 그래프 기울기는 일정하고 xy평면에서 수직으로 들어가는 방향의 자기 선속(ϕ)이 감소하므로 고리에는 시계 방향(+)의 일정한 유도 전류가 흐른다. 3~4초에서 Ⅱ의 그래프 기울기는 1~3초에서 Ⅰ의 그래프 기울기의 2배이고 xy평면에서 수직으로 나오는 방향의 자기 선속이 증가하므로 유도 전류의 세기는 1~3초의 유도 전류의 세기보다 2배 크고 시계 방향(+)의 유도 전류가 흐른다. 이에 해당하는 것은 ③ 그래프이다.

😊 출제분석 | 패러데이 법칙에 따라 주어진 상황을 해석할 수 있어야 한다.

그림과 같이 세기와 방향이 일정한 전류가 흐르는 무한히 긴 직선 도선 A, B를 각각 x축, y축에 고정하고, xy평면에 금속 고리를 놓았다. 표는 금속 고리가 움직이기 시작하는 순간, 금속 고리의 운동 방향에 따라 금속 고리에 흐르는 유도 전류의 방향을 나타낸 것이다.

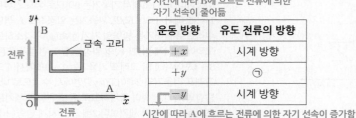

→ 시간에 따라 B에 흐르는 전류에 의한 자기 선속이 줄어듦

운동 방향	유도 전류의 방향
$+x$	시계 방향
$+y$	㉠
$-y$	시계 방향

→ 시간에 따라 A에 흐르는 전류에 의한 자기 선속이 증가함

이에 대한 옳은 설명만을 <보기>에서 있는 대로 고른 것은?

보기

   반시계
ㄱ. ㉠은 ~~시계~~ 방향이다.
ㄴ. A에 흐르는 전류의 방향은 $+x$방향이다.
ㄷ. $x > 0$인 xy평면상에서 B의 전류에 의한 자기장의 방향은 xy평면에서 수직으로 ~~나오는~~ 방향이다.
                  들어가는

① ㄱ   ②✓ ㄴ   ③ ㄷ   ④ ㄱ, ㄴ   ⑤ ㄴ, ㄷ

|자|료|해|설|
금속 고리가 $+x$방향으로 움직일 때 시간에 따라 B의 전류에 의한 자기 선속이 줄어든다. 이때 유도 전류는 금속 고리를 통과하는 자기 선속의 감소를 방해하는 방향으로 흐르게 된다. 이 방향이 시계 방향이므로 금속 고리는 xy평면에서 나오는 방향의 유도 자기장을 만들며 이는 $x > 0$에서 B에 의한 자기장의 방향과 같다. 따라서 B에는 $+y$방향의 전류가 흐른다. 금속 고리가 $-y$방향으로 움직일 때 시간에 따라 A의 전류에 의한 자기 선속이 증가한다. 이때 유도 전류는 금속 고리를 통과하는 자기 선속의 증가를 방해하는 시계 방향으로 흐르므로 A에는 $+x$방향의 전류가 흐른다.

|보|기|풀|이|
ㄱ. 오답 : 금속 고리가 $+y$방향으로 움직일 때 시간에 따라 A의 전류에 의한 자기 선속이 감소한다. 따라서 ㉠은 금속 고리가 $-y$방향으로 움직일 때와 반대 방향인 반시계 방향이다.
ㄴ. 정답 : A와 B에 흐르는 전류의 방향은 각각 $+x$, $+y$ 방향이다.
ㄷ. 오답 : B에 흐르는 전류의 방향이 $+y$방향이므로 오른나사 법칙에 따라 $x > 0$에서 B의 전류에 의한 자기장은 xy평면에 수직으로 들어가는 방향이다.

그림과 같이 한 변의 길이가 $2d$인 정사각형 금속 고리가 xy평면에서 균일한 자기장 영역 Ⅰ, Ⅱ, Ⅲ을 $+x$방향으로 등속도 운동하며 지난다. 금속 고리의 점 p가 $x = 2.5d$를 지날 때, p에 흐르는 유도 전류의 방향은 $+y$방향이다. Ⅰ, Ⅲ에서 자기장의 세기는 각각 B_0이고, Ⅱ에서 자기장의 세기는 일정하고 방향은 xy평면에 수직이다.
       → Ⅱ에서 자기장의 방향은 ×이고 자기장의 세기는 B_0보다 크다.

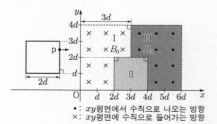

● : xy평면에서 수직으로 나오는 방향
× : xy평면에 수직으로 들어가는 방향

이에 대한 설명으로 옳은 것만을 <보기>에서 있는 대로 고른 것은?

(3점)

보기

ㄱ. 자기장의 방향은 Ⅰ에서와 Ⅱ에서가 같다.
ㄴ. p가 $x = 4.5d$를 지날 때, p에 흐르는 유도 전류의 방향은 $-y$방향이다.
ㄷ. p에 흐르는 유도 전류의 세기는 p가 $x = 5.5d$를 지날 때가 $x = 2.5d$를 지날 때보다 크다.

① ㄱ   ② ㄷ   ③ ㄱ, ㄴ   ④ ㄴ, ㄷ   ⑤✓ ㄱ, ㄴ, ㄷ

|자|료|해|설|
p가 $x = 2d$를 지날 때 금속 고리 전체는 Ⅰ에 위치한다. p가 $x = 2.5d$를 지날 때 금속 고리의 일부는 Ⅱ를 지난다. 이때 p에 흐르는 유도 전류의 방향이 $+y$방향이므로 Ⅱ에서 자기장의 방향은 xy평면에 수직으로 들어가는 방향(×)으로 자기장의 세기는 Ⅰ보다 크다.

|보|기|풀|이|
ㄱ. 정답 : 자기장의 방향은 Ⅰ, Ⅱ 모두 xy평면에 수직으로 들어가는 방향이다.
ㄴ. 정답 : p에서 금속 고리를 통과하는 자기 선속은 xy평면에 수직으로 나오는 방향으로 증가하므로 p에 흐르는 유도 전류의 방향은 이를 방해하는 방향인 $-y$방향이다.
ㄷ. 정답 : 유도 전류의 세기는 시간에 따라 자기 선속의 변화에 비례한다. 시간에 따라 금속 고리를 통과하는 자기 선속의 변화는 p가 $x = 5.5d$를 지날 때가 $x = 2.5d$를 지날 때보다 크다.

🤓 **문제풀이 TIP |** 패러데이 법칙: $V = -N \dfrac{\Delta\phi}{\Delta t}$

Ⅲ. 파동과 정보통신

1. 파동

01 파동의 성질 ★수능에 나오는 필수 개념 3가지 + 필수 암기사항 2개

필수개념 1 파동 그래프

- 암기 파동의 전파 속력 : $v = \dfrac{\lambda}{T} = f\lambda$ → 5. 소리와 빛 단원 전반에서 사용되므로 꼭 암기 할 것!!

변위 − 위치 그래프	변위 − 시간 그래프
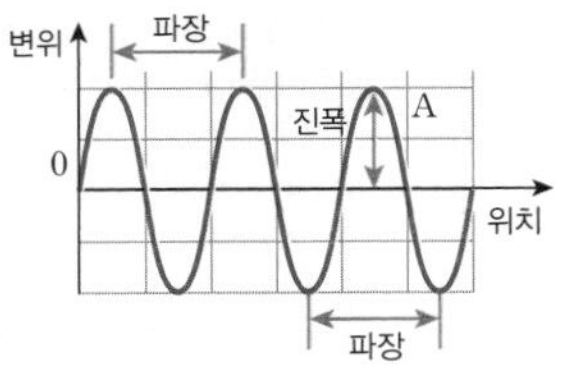	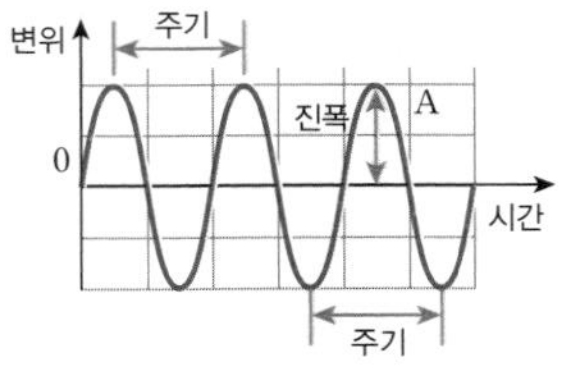
측정 가능한 물리량 : 파장, 진폭	측정 가능한 물리량 : 주기, 진동수, 진폭

필수개념 2 파동의 분류

분류		특징
매질의 유무	전자기파	매질이 없어도 전파되는 전자기파 ex) 빛, 전파, 마이크로파 등
	탄성파	파동이 전파될 때 매질이 필요한 파동 ex) 음파, 지진파, 물결파 등
진행 방향과 진동 방향	횡파	매질의 진동 방향과 진행 방향이 수직인 파동 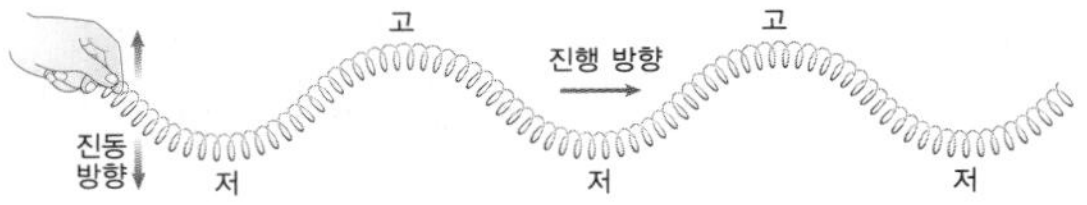 ex) 전파, 지진파의 S파 등
	종파	매질의 진동 방향과 진행 방향이 나란한 파동 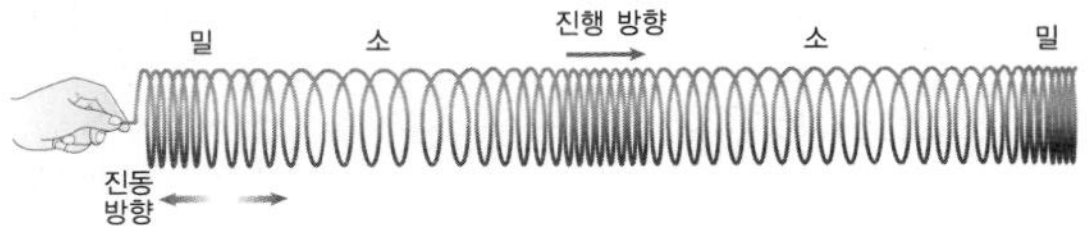 ex) 음파, 지진파의 P파 등

필수개념 3 소리의 반사와 굴절

반사	굴절
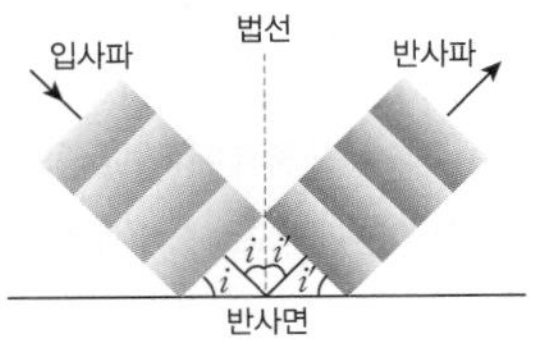	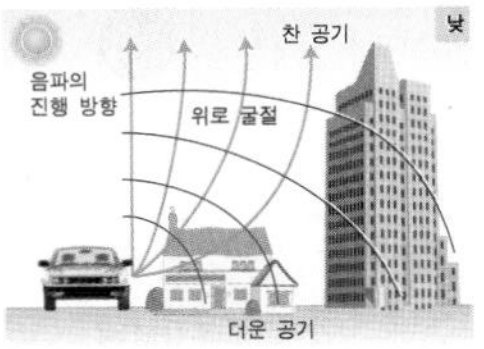
• 입사각 = 반사각 • 파장, 주기(진동수), 진폭의 변화 없음	• 매질의 변화에 따라 음파의 속력이 변해 굴절이 발생함 • 속력이 느린 방향으로 꺾임

기본자료

▶ 파동의 기본 요소
  − 파장(λ) : 인접한 마루와 마루 또는 골과 골 사이의 거리. 매질의 각 점이 1회 진동하는 동안 파동이 진행한 거리
  − 진폭(A) : 파동의 진동 중심에서 마루 또는 골까지의 변위
  − 주기(T) : 매질의 각 점이 1회 진동하는 동안 걸린 시간
  − 진동수(f) : 매질이 1초 동안 진동한 횟수. 주기와 역수 관계

파동의 진행
파동이 진행할 때, 매질은 이동하지 않고, 제자리에서 진동할 뿐이다.

▶ 암기 음파의 특징
  − 대표적인 종파
  − 가청 음파 : 진동수가 20~20,000Hz인 사람이 들을 수 있는 소리
  − 초음파 : 진동수가 20,000Hz 이상인 소리
  − 음파의 속력
    * 매질 : 고체>액체>기체
    * 온도 : 높을수록 속력이 빠름
  − 초음파의 활용 : 어군 탐지기, 자동차 후방감지 센서, 초음파 세척기 등

소리의 3요소
세기(진폭), 높낮이(진동수), 맵시(파형)

▶ 반사
파동이 장애물을 만났을 때 튕겨 나오는 현상

굴절
파동의 속력이 달라질 때 진행 방향이 휘어지는 현상(매질이 달라지거나 같은 매질이더라도 속력이 달라지면 굴절이 일어난다.)

그림 (가)는 공기에서 유리로 진행하는 빛의 진행 방향을, (나)는 낮에 발생한 소리의 진행 방향을, (다)는 신기루가 보일 때 빛의 진행 방향을 나타낸 것이다.

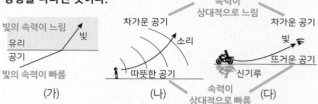

(가)   (나)   (다)

이에 대한 설명으로 옳은 것만을 〈보기〉에서 있는 대로 고른 것은?

보기

ㄱ. (가)에서 굴절률은 유리가 공기보다 크다.

ㄴ. (나)에서 소리의 속력은 차가운 공기에서가 따뜻한 공기에서보다 크다. (작다)

ㄷ. (다)에서 빛의 속력은 뜨거운 공기에서가 차가운 공기에서보다 크다.

① ㄴ   ② ㄷ   ③ ㄱ, ㄴ   ④ ㄱ, ㄷ   ⑤ ㄱ, ㄴ, ㄷ

| 자 | 료 | 해 | 설 |
(가)에서 빛이 공기에서 유리로 입사할 때 입사각이 굴절각보다 크므로 빛의 속력은 공기에서가 유리에서보다 빠르다. (나)와 (다)처럼 같은 매질에서 소리와 빛은 속력이 느려지는 쪽으로 휘어진다.

| 보 | 기 | 풀 | 이 |
ㄱ. 정답 : 굴절률은 빛의 속력에 반비례하므로 유리가 공기보다 크다.

ㄴ. 오답 : (나)에서 소리의 속력은 공기 온도가 높을수록 빨라진다.

ㄷ. 정답 : (다)에서 공기가 뜨거워지면 공기의 밀도가 작아지고 빛의 속력이 커진다.

😮 문제풀이 T I P | 파동(빛과 소리)은 속력이 달라질 때 굴절이 일어난다.

😀 출제분석 | 파동의 속력은 매질에 따라 달라짐을 숙지하고 굴절이 일어나는 이유를 적용하여 굴절 방향을 따질 수 있다면 문제없이 해결할 수 있다.

그림 (가)는 파동이 매질 A에서 매질 B로 진행하는 모습을, (나)는 (가)의 파동이 매질 Ⅰ에서 매질 Ⅱ로 진행하는 경로를 나타낸 것이다. Ⅰ, Ⅱ는 각각 A, B 중 하나이다.

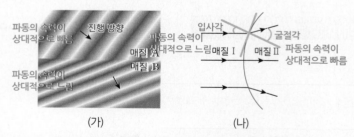

(가)   (나)

이에 대한 설명으로 옳은 것만을 〈보기〉에서 있는 대로 고른 것은?

(3점)

보기

ㄱ. (가)에서 파동의 속력은 B에서가 A에서보다 크다. (작다)

ㄴ. Ⅱ는 B이다. (A)

ㄷ. (나)에서 파동의 파장은 Ⅱ에서가 Ⅰ에서보다 길다.

① ㄱ   ② ㄷ   ③ ㄱ, ㄴ   ④ ㄴ, ㄷ   ⑤ ㄱ, ㄴ, ㄷ

| 자 | 료 | 해 | 설 |
(가)에서 매질 A의 밝은 무늬 사이의 거리가 매질 B의 밝은 무늬 사이의 거리보다 넓으므로 매질 A에서의 파장이 매질 B에서의 파장보다 길다. 파동의 진동수(f)는 매질을 통과하더라도 일정하다.

| 보 | 기 | 풀 | 이 |
ㄱ. 오답 : 파동 방정식($v=f\lambda$)으로부터 파장이 긴 매질 A가 B에서보다 파동의 속력이 빠르다.

ㄴ. 오답 : (나)에서는 파동이 매질 Ⅰ에서 Ⅱ로 굴절할 때, 굴절각이 입사각보다 크므로 파동의 속력은 매질 Ⅱ에서 더 빠르다. 즉, 매질 Ⅰ과 Ⅱ는 각각 B, A이다.

ㄷ. 정답 : (나)에서 파동의 진동수(f)는 매질을 통과하더라도 일정하다. 따라서 파동의 속력이 빠른 매질 Ⅱ에서가 Ⅰ에서보다 길다.

😮 문제풀이 T I P | 파장이 긴 쪽의 매질이 파동의 속력이 빠르다.

😀 출제분석 | 파동의 기본 개념으로 쉽게 해결할 수 있는 수준으로 출제되었다.

그림 (가)는 파동이 매질 A에서 매질 B로 진행하는 모습을 나타낸 것이고, 그림 (나)는 A 위의 점 p의 변위를 시간에 따라 나타낸 것이다. A에서 파동의 파장은 10cm이다.

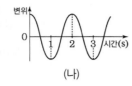

(가)   (나)

이에 대한 설명으로 옳은 것만을 〈보기〉에서 있는 대로 고른 것은?

보기

ㄱ. 파동의 진동수는 0.5 ~~2~~Hz이다.

ㄴ. (가)에서 입사각이 굴절각보다 작다.

ㄷ. B에서 파동의 진행 속력은 5cm/s보다 크다.

① ㄱ   ② ㄷ   ③ ㄱ, ㄴ   ④ ㄴ, ㄷ   ⑤ ㄱ, ㄴ, ㄷ

|자|료|해|설|

이웃한 밝은 부분까지의 거리가 파동의 파장(λ)이므로 파장은 매질 A에서보다 매질 B에서 길다. 파동이 다른 매질을 통과할 때 파동의 진동수(f)는 일정하므로 매질 A에서보다 B에서 파장이 길다는 것은 파동이 매질 A에서보다 B를 지날 때 속력($v=f\lambda$)이 빠름을 의미한다.

|보|기|풀|이|

ㄱ. 오답 : (나)에서 파동의 주기는 2초이므로 진동수는 0.5Hz이다.

ㄴ. 정답 : (가)에서 경계면에 수직인 직선을 긋고, 물결에 수직으로 진행 방향을 나타내보면 입사각은 굴절각보다 작다.

ㄷ. 정답 : A에서 파동의 진행 속력은 $\frac{10cm}{2s}=5cm/s$이고 B에서 파동의 속력은 A보다 빠르므로 5cm/s보다 크다.

😀 **문제풀이 TIP** | 파장과 파동의 속력은 비례한다.

😊 **출제분석** | 파동의 진행과 굴절이 일어나는 원리를 이해하는지 확인하는 문항이다.

그림 (가)는 파동 P, Q가 각각 화살표 방향으로 1m/s의 속력으로 진행할 때, 어느 순간의 매질의 변위를 위치에 따라 나타낸 것이다. 그림 (나)는 (가)의 순간부터 점 a~e 중 하나의 변위를 시간에 따라 나타낸 것이다.

(가)   (나)

(나)는 어느 점의 변위를 나타낸 것인가? **3점**

① a   ② b   ③ c   ④ d   ⑤ e

|자|료|해|설|및|선|택|지|풀|이|

④ 정답 : (가)에서 a, b, c, d, e의 변위는 그림과 같이 나타난다. P와 Q의 파장은 각각 3m, 2m이므로 주기는 각각 $\frac{3m}{1m/s}=3$초, $\frac{2m}{1m/s}=2$초이다.

(나)에서 시간이 0초 이후 변위가 양(+)의 방향으로 증가하고 주기가 2초이므로 이에 해당하는 것은 Q의 d이다.

😀 **문제풀이 TIP** | 파장=파동의 속력×주기($\lambda=vT$)

😊 **출제분석** | 파동의 진행 방향으로 파동을 그려보면 매질의 시간에 따른 변위를 쉽게 파악할 수 있다. 이점을 이용하여 신속하게 정답을 골라보자.

그림 (가)는 물에서 공기로 진행하는 빛의 진행 방향을, (나)는 밤에 발생한 소리의 진행 방향을 나타낸 것이다.

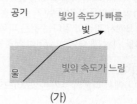 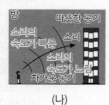

(가)   (나)

이에 대한 설명으로 옳은 것만을 〈보기〉에서 있는 대로 고른 것은?

보기
ㄱ. (가)에서 빛의 파장은 물에서가 공기에서보다 짧다.
ㄴ. (가)에서 빛의 진동수는 물에서가 공기에서보다 크다. (가 같다)
ㄷ. (나)에서 소리의 속력은 차가운 공기에서가 따뜻한 공기에서보다 크다. (작)

① ㄱ   ② ㄴ   ③ ㄱ, ㄷ   ④ ㄴ, ㄷ   ⑤ ㄱ, ㄴ, ㄷ

| 자 | 료 | 해 | 설 |

파동은 속력이 느린 방향으로 꺾인다. (가)에서는 빛이 물 쪽으로 꺾였으므로 물에서가 공기에서보다 빛의 속도가 느리고, (나)에서는 소리가 차가운 공기 쪽으로 꺾였으므로 차가운 공기에서가 따뜻한 공기에서보다 소리의 속도가 느림을 알 수 있다.

| 보 | 기 | 풀 | 이 |

ㄱ. 정답 : 빛의 속력은 공기에서가 물에서보다 빠르다. 빛의 진동수는 물과 공기에서 같고 빛의 속력(v)은 진동수(f)와 파장(λ)의 곱($v=f\lambda$)이므로 빛의 파장은 물에서가 공기에서보다 짧다.
ㄴ. 오답 : 매질이 달라져도 빛의 진동수는 변하지 않는다.
ㄷ. 오답 : 파동은 속력이 느린 방향으로 꺾이므로 소리의 속력은 차가운 공기에서가 따뜻한 공기에서보다 작다.

😀 출제분석 | 매질이 달라질 때 파동의 굴절 현상을 설명할 수 있는지 알아보는 문항이다. 매질이 달라지면 파동의 속력이 달라지지만, 파동의 진동수는 일정함을 기억하고 문제에 접근하자.

그림 (가)는 지표면 근처에서 발생한 소리의 진행 경로를 나타낸 것이다. 점 a, b는 소리의 진행 경로상의 지점으로, a에서 소리의 진동수는 f이다. 그림 (나)는 (가)에서 지표면으로부터의 높이와 소리의 속력과의 관계를 나타낸 것이다.

(가)   (나)

높이 ↑
$v=f\lambda$
f가 일정하므로
$v\propto\lambda$
0   속력 →

a에서 b까지 진행하는 소리에 대한 옳은 설명만을 〈보기〉에서 있는 대로 고른 것은?

보기
ㄱ. 굴절하면서 진행한다.
ㄴ. 진동수는 f로 일정하다.
ㄷ. 파장은 길어진다.

① ㄴ   ② ㄷ   ③ ㄱ, ㄴ   ④ ㄱ, ㄷ   ⑤ ㄱ, ㄴ, ㄷ

| 자 | 료 | 해 | 설 |

(나)에서 높이가 높을수록 소리의 속력이 증가하므로 (가)와 같이 소리는 속력이 느린 방향으로 꺾인다.

| 보 | 기 | 풀 | 이 |

ㄱ. 정답 : 소리는 높이에 따른 속력 차이로 인해 연속적으로 굴절하면서 진행한다.
ㄴ. 정답 : 발생한 소리의 진동수(f)는 일정하게 유지된다.
ㄷ. 정답 : 소리의 전파 속력은 $v=f\lambda$이다. a에서 b까지 진행할 때 소리의 속력은 증가하나 진동수는 일정하므로 파장(λ)은 길어진다.

😀 문제풀이 T I P | 매질의 변화에 따라 소리는 속력이 느린 방향으로 꺾인다.

😀 출제분석 | 파동의 속력이 달라질 때 굴절이 일어난다는 점과 파동이 굴절하더라도 진동수는 일정하다는 점을 숙지하고 문제에 임한다면 쉽게 해결할 수 있는 문항이다.

다음은 물결파에 대한 실험이다.

[실험 과정]

(가) 그림과 같이 물결파 실험 장치의 한쪽에 유리판을 넣어 물의 깊이를 다르게 한다.

물결파 발생기
유리판
물
스크린

(나) 일정한 진동수의 물결파를 발생시켜 스크린에 투영된 물결파의 무늬를 관찰한다.

[실험 결과]   파장

Ⅰ
Ⅱ
투영된 물결파

Ⅰ : 유리판을 넣은 영역
Ⅱ : 유리판을 넣지 않은 영역   → 두 영역에서 진동수는 일정

[결론]

물결파의 속력은 물이 [㉠   ]

이에 대한 설명으로 옳은 것만을 〈보기〉에서 있는 대로 고른 것은?

3점

보기

㉠ 파장은 Ⅰ에서가 Ⅱ에서보다 짧다.

㉡ 진동수는 Ⅰ에서가 Ⅱ에서~~보다 크다.~~ 같다.

㉢ '깊은 곳에서가 얕은 곳에서보다 크다.'는 ㉠에 해당한다.

① ㄱ   ② ㄴ   ✓③ ㄱ, ㄷ   ④ ㄴ, ㄷ   ⑤ ㄱ, ㄴ, ㄷ

|자|료|해|설|

물의 깊이를 다르게 하더라도 물결파의 진동수(f)는 일정하다. $v = \lambda f$로부터 파장이 긴 영역에서 물결파의 속력이 빠르다.

|보|기|풀|이|

㉠ 정답 : 실험 결과에서 이웃한 파면의 간격이 파장이다. 파장은 Ⅰ에서가 Ⅱ에서보다 짧다.

ㄴ. 오답 : 진동수는 매질과 관계없이 일정하다.

㉢ 정답 : 자료 해설과 같이 파장은 Ⅱ에서가 Ⅰ에서보다 크므로 ㉠은 '깊은 곳에서가 얕은 곳에서보다 크다'이다.

😮 **문제풀이 TIP** | 얕은 곳에서는 마찰로 인해 물결파의 속력이 느려진다.

😀 **출제분석** | 물결파의 속력과 물의 깊이의 관계를 알아보는 탐구 실험 문항으로 파동의 속력과 진동수, 파장의 관계를 숙지하고 있다면 쉽게 해결할 수 있는 문항이다.

다음은 전자기파와 소리의 전달에 대한 내용이다.

투명한 용기 안에 휴대 전화를 두고, 용기 안을 진공으로 만들었더니 통화 연결된 화면의 ㉠ 빛은 보이고 ㉡ 벨소리는 들리지 않았다.

이에 대한 설명으로 옳은 것만을 〈보기〉에서 있는 대로 고른 것은?

보기

㉠ ㉠은 진공에서 전달된다.

㉡ ㉡의 속력은 공기에서가 물에서보다 ~~크다.~~ 작다.

㉢ 공기 중에서의 속력은 ㉠이 ㉡보다 ~~작다.~~ 크다.

✓① ㄱ   ② ㄷ   ③ ㄱ, ㄴ   ④ ㄴ, ㄷ   ⑤ ㄱ, ㄴ, ㄷ

|자|료|해|설|

빛은 매질이 없어도 전달되는 반면, 소리는 매질이 있어야 전달된다.

|보|기|풀|이|

㉠ 정답 : 빛은 매질이 없어도 전달되므로 진공에서 전달된다.

ㄴ. 오답 : 소리의 속력은 고체에서 가장 빠르고 기체에서 가장 느리다. 따라서 ㉡ 벨소리의 속력은 공기에서가 물에서보다 작다.

ㄷ. 오답 : 공기 중에서 소리의 속력은 약 340m/s이고 빛의 속력은 약 3억m/s이다. 따라서 공기 중에서의 속력은 빛이 소리보다 크다.

다음은 물결파에 대한 실험이다.

[실험 과정]

(가) 그림과 같이 물결파 실험 장치를
준비한다.

(나) 일정한 진동수의 물결파를 발생시켜
스크린에 투영된 물결파의 무늬를
관찰한다.

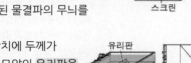

(다) 물결파 실험 장치에 두께가
일정한 삼각형 모양의 유리판을
넣고 과정 (나)를 반복한다.
→ 유리판을 넣은 부분은 물의 깊이가 얕아짐

[실험 결과]

(나)의 결과	(다)의 결과
	㉠

[결론]

물결파의 속력은 물의 깊이가 얕을수록 느리고, 물의 깊이가
얕은 곳에서 깊은 곳으로 진행하는 물결파는 입사각이
굴절각보다 작다.
→ 경계와 파면이 이루는 각 증가

㉠으로 가장 적절한 것은?

①   ②   ③

④   ⑤

|자|료|해|설|

물결파는 발생했을 때 진동수가 결정되고, 물의 깊이가
변하더라도 진동수는 변하지 않는다. 물의 깊이가 얕아지면
물결파의 속력이 느려지는데, $v=f\lambda$에서 진동수는 변하지
않으므로 파장이 짧아진다. 따라서 물결파가 깊이가 얕은
곳으로 진행하면 파면 사이의 간격이 줄어들게 된다.
물결파가 경계면에 비스듬히 진행할 때 입사각과 굴절각은
파면과 경계가 이루는 각과 같으므로 물의 깊이가 얕은
곳에서 깊은 곳으로 진행할 때 파면과 경계가 이루는 각은
증가한다.

|선|택|지|풀|이|

② 정답 : 유리판을 넣으면 물의 깊이가 얕아져 파면 사이의
간격이 작아진다. 유리판을 통과한 물결파는 다시 속력이
빨라져 파면 사이의 간격이 넓어진다. 또한 물결파가
경계에 비스듬히 진행할 때 파면과 경계가 이루는 각은
증가해야 하므로 이에 해당하는 선택지는 ②이다.

😀 출제분석 | 깊이에 따른 물결파의 속력과 파장 관계를
이해하는지 확인하는 문항으로 자주 출제되는 탐구 실험 유형이다.

그림 (가)는 매질 A와 매질 B에서 $+x$방향으로 진행하는 파동의
어느 순간의 변위를 위치 x에 따라 나타낸 것이다. 그림 (나)는
(가)의 순간부터 매질 위의 점 P의 변위를 시간 t에 따라 나타낸
것이다.

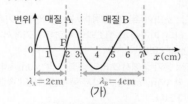

(가)   (나)

B에서 파동의 속력은? 3점
  → $v_B = \dfrac{\lambda_B}{T}$

① 5cm/s   ② 10cm/s   ③ 15cm/s

④ 20cm/s   ⑤ 30cm/s

|자|료|해|설|및|선|택|지|풀|이|

④ 정답 : (가)에서 매질 A를 지나 B를 통과하는 파동의
파장은 길어졌다.($\lambda_B > \lambda_A$) 매질이 달라져도 파동의 진동수
(f)는 일정하므로 파동 속력 $v=\lambda f$로부터 $v_B > v_A$이다.
(가)에서 매질 B에서의 파장의 길이는 $\lambda_B = 4$cm, (나)에서

주기는 $T=0.2$s이므로 B에서 파동의 속력은 $v_B = \dfrac{\lambda_B}{T} = $

$\dfrac{4\text{cm}}{0.2\text{s}} = 20$cm/s이다.

😀 문제풀이 TIP | 파동의 속력 : $v=\lambda f = \dfrac{\lambda}{T}$

😀 출제분석 | 파동의 진행에 대한 문제로 파동의 속력과 파장,
진동수, 주기의 관계로부터 쉽게 해결할 수 있는 문항이다.

다음은 물결파에 대한 실험이다.

[실험 과정]
(가) 그림과 같이 물결파 실험 장치의 한쪽에 삼각형 모양의 유리판을 놓은 후 물을 채우고 일정한 진동수의 물결파를 발생시킨다.

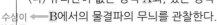
물결파 발생기
→ 수심이 깊은 곳
수심이 얕은 곳 ←

(나) 유리판이 없는 영역 A와, 있는 영역 B에서의 물결파의 무늬를 관찰한다.
(다) (가)에서 물의 양만을 증가시킨 후 (나)를 반복한다.

[실험 결과 및 결론]

입사각 A
B 굴절각
(나)의 결과

입사각 A
B 굴절각
(다)의 결과

→ 깊이가 깊어지므로 물결파의 속력은 빨라진다.

ㅇ (다)에서가 (나)에서보다 큰 물리량
 — A에서 이웃한 파면 사이의 거리
 — B에서 물결파의 굴절각
 — [㉠]

㉠에 해당하는 것만을 <보기>에서 있는 대로 고른 것은? 3점

보기
ㄱ. A에서 물결파의 속력
ㄴ. B에서 물결파의 진동수 → (나)와 (다)에서 같다.
ㄷ. 물결파의 입사각과 굴절각의 차이 → (나)가 더 크다.

 ① ㄱ   ② ㄴ   ③ ㄱ, ㄷ   ④ ㄴ, ㄷ   ⑤ ㄱ, ㄴ, ㄷ

|자|료|해|설|
물결파는 상대적으로 수심이 깊은 곳에서 속력이 빠르고, 수심이 얕은 곳에서 속력이 느리다. 파동의 속력은 $v=f\lambda$ 이고, A에서 B로 진행할 때 진동수는 변하지 않으므로 수심이 깊은 A보다 수심이 얕은 B에서의 파면 간격(=파장)이 줄어든다.
A와 B의 경계면에 수직인 직선(법선)을 그었을 때, 법선과 파면에 수직인 직선이 이루는 각은 입사각 또는 굴절각이다. 또한 직각 삼각형의 특징을 이용하면 경계면과 파면이 이루는 각이 입사각 또는 굴절각과 같으므로 이를 이용하여 입사각과 굴절각의 차이를 구하면 (나)가 (다)보다 두 각의 차이가 크다는 것을 알 수 있다.

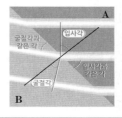
A
입사각
굴절각과 같은 각
입사각과 같은 각
B
굴절각

A
입사각과 굴절각의 차이
B

|보|기|풀|이|
ㄱ. 정답 : 물결파의 속력 = 파장(=파면 간격) × 진동수 이다. 진동수는 일정하므로 파면 간격이 넓은 (다)의 결과가 (나)의 결과보다 물결파의 속력이 빠르다.
ㄴ. 오답 : 물결파가 굴절하더라도 진동수는 변하지 않는다.
ㄷ. 오답 : 물결파의 입사각과 굴절각의 차이는 (나)에서가 (다)에서보다 크다.

😊 문제풀이 T I P | 물결파가 굴절할 때 경계면과 파면이 이루는 각이 입사각과 굴절각인 것을 알고 있어야 하고, 이를 이용해야만 두 각의 차이를 정확하게 비교할 수 있다.

😊 출제분석 | 물결파와 수심의 관계는 자주 출제되는 기본 조건이므로 반드시 암기해야 한다. 파동의 속력과 파장, 진동수의 특징을 잘 학습했는지 확인하는 문항이다.

그림은 일정한 속력으로 진행하는 파동의 $t=0$과 $t=t_0$인 순간의 변위를 위치 x에 따라 나타낸 것이다.

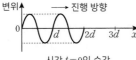
변위 → 진행 방향
0   d   2d   3d   x
시간 $t=0$인 순간

변위 → 진행 방향
파장 0   d   2d   3d   x
시간 $t=t_0$인 순간

이 파동의 파장과 진동수로 옳은 것은? 3점

	파장	진동수		파장	진동수
①	d	$\dfrac{1}{2t_0}$	②	d	$\dfrac{1}{t_0}$
③	$2d$	$\dfrac{1}{2t_0}$	④	$2d$	$\dfrac{1}{t_0}$
⑤	$4d$	$\dfrac{1}{t_0}$			

|자|료|해|설|및|선|택|지|풀|이|
② 정답 : 이웃한 마루와 마루 사이의 거리가 한 파장이므로 파장은 d이다. 파동은 시간 t_0동안 한 파장만큼 이동하였으므로 주기는 t_0, 진동수는 $\dfrac{1}{t_0}$이다.

😊 문제풀이 T I P | 진동수는 주기의 역수이다.

😊 출제분석 | 파동의 기본 개념을 확인하는 문항으로 기본 수준에서 출제되었다.

Ⅲ
1
ㅣ
01
파동의 성질

다음은 소리를 분석하는 실험이다.

[실험 과정]
(가) 실험실의 온도를 일정하게 유지한다.
(나) 소리굽쇠에서 발생하는 소리를 녹음한다.
(다) 소리 분석기로 서로 다른 시간 A, B에서의 소리굽쇠의
    소리를 분석한다.

소리 분석기

[실험 결과]

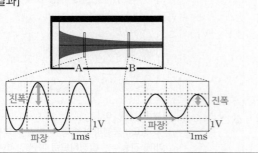

A에서가 B에서보다 큰 물리량만을 〈보기〉에서 있는 대로 고른 것은?

보기
ㄱ. 소리의 높이   ㄴ. 소리의 세기   ㄷ. 소리의 파장

① ㄱ   ② ㄴ   ③ ㄱ, ㄷ   ④ ㄴ, ㄷ   ⑤ ㄱ, ㄴ, ㄷ

| 자 | 료 | 해 | 설 |
공기 중에서 소리의 속력은 온도가 높을수록 빨라진다.
따라서 (가)와 같이 온도를 일정하게 유지하면
소리굽쇠에서 발생하는 소리는 모두 동일하다. 한편 (나)와
(다) 순서로 소리굽쇠의 소리를 분석하면 같은 음의 소리가
시간이 갈수록 작은 크기의 소리로 녹음되는 것을 볼 수
있는데 이는 각각 파장의 길이(소리의 높이는 파장에
반비례)와 진폭의 크기(소리의 세기는 진폭과 비례)로
나타난다.

| 보 | 기 | 풀 | 이 |
ㄱ. 오답 : 소리의 높이 → A=B
ㄴ. 정답 : 소리의 세기 → A>B
ㄷ. 오답 : 소리의 파장 → A=B

문제풀이 TIP | 소리굽쇠에서는 1가지 소리가 나오고
시간이 지날수록 소리의 크기는 작아지므로 소리의 변위-시간
그래프에서 시간이 지나도 파장은 동일하나 진폭은 점점 작아진다.

출제분석 | 파동의 기본 요소와 소리의 세기, 높이의 관계를
이해하는지 확인하는 기본적인 문항이다.

그림 (가)는 진폭이 2cm이고 일정한 속력으로 진행하는 물결파의
어느 순간의 모습을 나타낸 것이다. 실선과 점선은 각각 물결파의
마루와 골이고, 점 P, Q는 평면상의 고정된 지점이다. 그림 (나)는
P에서 물결파의 변위를 시간에 따라 나타낸 것이다.

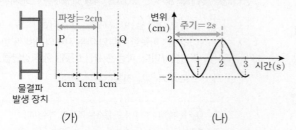

물결파
발생 장치

(가)   (나)

물결파에 대한 설명으로 옳은 것만을 〈보기〉에서 있는 대로 고른
것은?

보기
ㄱ. 파장은 2cm이다.
ㄴ. 진행 속도는 1cm/s이다.
ㄷ. 2초일 때, Q에서 변위는 −2cm이다.

① ㄱ   ② ㄷ   ③ ㄱ, ㄴ   ④ ㄴ, ㄷ   ⑤ ㄱ, ㄴ, ㄷ

| 자 | 료 | 해 | 설 |
(가)에서 마루와 이웃한 마루 사이의 거리는 파장이므로
파장은 2cm이고 (나)에서 물결파가 한 번 진동하는 데
걸리는 시간인 주기는 2초이다.

| 보 | 기 | 풀 | 이 |
ㄱ. 정답 : 파장은 마루에서 이웃한 마루까지의 거리 또는
골에서 이웃한 골까지의 거리이므로 2cm이다.

ㄴ. 정답 : 물결파의 진행 속력은 $v=f\lambda=\dfrac{\lambda}{T}=\dfrac{2cm}{2s}$
=1cm/s이다.

ㄷ. 정답 : (가)에서 P가 마루이고 (나)에서 2초일 때 P가
마루이므로 (가)는 2초일 때의 그림으로 볼 수 있다. 이때
Q는 골이므로 변위는 −2cm이다.

문제풀이 TIP | 마루와 이웃한 마루 사이의 거리 또는 골에서
이웃한 골까지의 거리는 파장이다.

출제분석 | 파동의 기본 개념을 확인하는 문항이다.

그림은 소리 분석기로 분석한 소리 A의 파형을 나타낸 것이다.

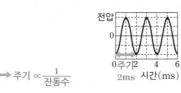

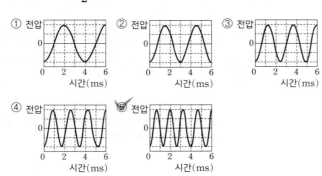

주기 $\propto \dfrac{1}{진동수}$

진동수가 A의 $\dfrac{3}{2}$배인 소리의 파형으로 가장 적절한 것은?

① 전압   ② 전압   ③ 전압
시간(ms)   시간(ms)   시간(ms)

④ 전압   ✓⑤ 전압
시간(ms)   시간(ms)

| 자 | 료 | 해 | 설 | 및 | 선 | 택 | 지 | 풀 | 이 |

⑤ 정답 : 제시된 자료의 파형은 2ms마다 반복되므로 주기(T)는 $T=2$ms이다. 주기는 진동수에 반비례하므로 진동수가 A의 $\dfrac{3}{2}$배인 소리의 주기는 A의 $\dfrac{2}{3}$배인 $\dfrac{4}{3}$ms 이다. 이에 해당하는 그래프는 ⑤이다.

😲 문제풀이 TIP | 변위(전압)─시간 그래프에서 동일한 위상 사이의 간격은 주기를 의미한다.

😃 출제분석 | 변위─시간, 변위─위치 그래프는 파장, 진폭, 주기, 진동수와 같이 파동의 기본 요소를 표현하는 필수 개념이다. 반드시 숙지하자.

그림 (가)는 $t=0$일 때, 일정한 속력으로 x축과 나란하게 진행하는 파동의 변위 y를 위치 x에 따라 나타낸 것이다. 그림 (나)는 $x=2$cm에서 y를 시간 t에 따라 나타낸 것이다.

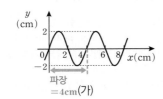

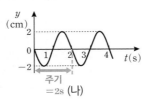

파장 =4cm(가)   주기 =2s (나)

이에 대한 설명으로 옳은 것만을 〈보기〉에서 있는 대로 고른 것은?

(3점)

보기

ㄱ. 파동의 진행 방향은 $-x$ 방향이다.

ㄴ. 파동의 진행 속도는 $\cancel{8}^{2}$cm/s이다.

ㄷ. 2초일 때, $x=4$cm에서 y는 $\cancel{2}^{0}$cm이다.

①ㄱ   ②ㄴ   ③ㄱ, ㄷ   ④ㄴ, ㄷ   ⑤ㄱ, ㄴ, ㄷ

| 자 | 료 | 해 | 설 |

(가)에서 파동의 파장은 $\lambda=4$cm이고 (나)에서 파동의 주기는 $T=2$초이다.

| 보 | 기 | 풀 | 이 |

ㄱ. 정답 : (나)에서 0에서 1초까지 변위 y는 (─)방향 이므로 파동의 진행 방향은 $-x$ 방향이다.

ㄴ. 오답 : 파동의 진행 속력은 $v=\dfrac{\lambda}{T}=\dfrac{4\text{cm}}{2\text{s}}=2$cm/s 이다.

ㄷ. 오답 : 파동의 주기가 2초이므로 2초일 때 $x=4$cm에서 변위는 (가)와 같은 $y=0$cm이다.

😲 문제풀이 TIP | (가)는 변위─위치 그래프로 측정 가능한 물리량은 파장과 진폭이고 (나)는 변위─시간 그래프로 측정 가능한 물리량은 주기, 진동수, 진폭이다.

😃 출제분석 | 파동 그래프에서 알 수 있는 물리량을 알고 있는지 확인하는 문항이다.

그림은 시간 $t=0$일 때 2m/s의 속력으로 x축과 나란하게 진행하는 파동의 변위를 위치 x에 따라 나타낸 것이다.

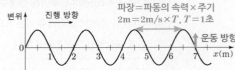

$x=7$m에서 파동의 변위를 t에 따라 나타낸 것으로 가장 적절한 것은? 3점

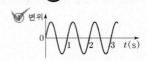

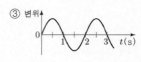
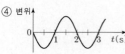
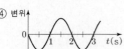

|자|료|해|설|

파동의 속력은 $v=f\cdot\lambda$이고, $f=\dfrac{1}{T}$이므로 $v=\dfrac{\lambda}{T}$이다.

제시된 자료로부터 파장은 2m이므로 주기는 $T=\dfrac{\lambda}{v}$에 의해 $\dfrac{2m}{2m/s}=1$s이다. 또한, 파동의 진행 방향이 $+x$방향 이므로 주어진 그림 직후의 파동을 그려보면 $x=7$m에서 변위는 $+y$방향으로 운동하는 것을 알 수 있다.

|선|택|지|풀|이|

① 정답 : 주기는 파동이 1회 진동할 때 걸린 시간을 의미하므로 주기가 1s이면 파동은 1회 진동해야 한다. 또한 주어진 그림의 $x=7$m에서 변위는 $+y$방향으로 운동하고 있으므로 이에 해당하는 그래프는 ①이다.

🤓 **문제풀이 TIP |** 파장 = 파동의 속력 × 주기

😆 **출제분석 |** 파장과 속력, 주기 관계를 이해하고 있다면 쉽게 해결할 수 있도록 출제되었다.

그림은 0초일 때 진동수가 f이고 진폭이 1cm인 두 파동이 줄을 따라 서로 반대 방향으로 진행하는 모습을 나타낸 것이다. 두 파동의 속력은 같고, 줄 위의 점 p는 5초일 때 처음으로 변위의 크기가 2cm가 된다.

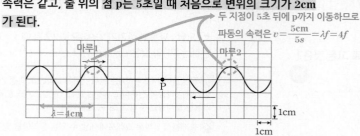

f는? 3점

① $\dfrac{1}{20}$Hz　② $\dfrac{1}{10}$Hz　③ $\dfrac{1}{8}$Hz　④ $\dfrac{1}{4}$Hz　⑤ $\dfrac{1}{2}$Hz

|자|료|해|설|및|선|택|지|풀|이|

④ 정답 : 변위의 크기가 진폭의 2배인 2cm가 되기 위해서는 두 파동의 마루와 마루가 만나야 한다. p가 5초일 때 처음으로 변위가 2cm가 된 것은 마루1과 마루2가 만난 것으로 두 파동은 5초 동안 각각 5cm를 이동하였다. 즉, 파동의 속력은 $v=\dfrac{5cm}{5s}=1$cm/s이고 파장은 $\lambda=4$cm 이므로 진동수 $f=\dfrac{v}{\lambda}=\dfrac{1}{4}$Hz이다.

🤓 **문제풀이 TIP |** 서로 다가오는 파동은 중첩되어 진폭이 커지거나 작아진다.

😆 **출제분석 |** 파동의 중첩 원리로 쉽게 해결할 수 있는 문항이다.

그림은 시간 $t=0$일 때, 매질 A에서 매질 B로 x축과 나란하게 진행하는 파동의 변위를 위치 x에 따라 나타낸 것이다. A에서 파동의 진행 속력은 2m/s이다.

파동의 속력(v)=파동의 진동수(f)×파장(λ)
매질이 변해도 파동의 진동수(f)는 일정

주기=$\dfrac{\text{파장}}{\text{속력}}$=$\dfrac{4\text{m}}{2\text{m/s}}$=$2\text{s}$=$\dfrac{1}{\text{진동수}}$
(A와 B에서 주기와 진동수는 같다.)

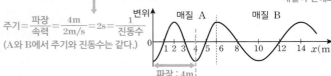

파장 : 4m

$x=12$m에서 파동의 변위를 t에 따라 나타낸 것으로 가장 적절한 것은? 3점

① 변위
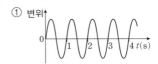

② 변위
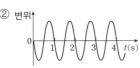

③ 변위
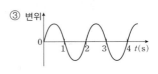

④ 변위
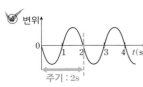
주기 : 2s

⑤ 변위
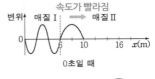

| 자 | 료 | 해 | 설 |

파동의 파장(λ)은 마루와 마루 사이의 거리 또는 골과 골 사이의 거리이므로 매질 A에서 파장은 4m이다. 이때 파동의 진행 속력이 2m/s이며 $v=f\lambda$이고 $f=\dfrac{1}{T}$이므로 $v=\dfrac{\lambda}{T}$이다. 따라서 진동수는 $f=\dfrac{1}{2}$Hz이고 주기는 $T=2$초이다.

매질이 변해도 파동의 진동수와 주기는 변하지 않으므로 매질 B에서도 주기는 $T=2$초이며 파장은 $14-6=8$m 이므로 파동의 진행 속력이 4m/s가 된 것을 알 수 있다.

| 선 | 택 | 지 | 풀 | 이 |

④ 정답 : $t=0$일 때 파동의 진행 방향에 따라 12m지점에서 매질의 이동 방향은 아래쪽이다. 또한 주기가 2초일 때 파동은 2초에 한 번씩 진동하므로 이에 해당하는 그래프는 ④이다.

😮 문제풀이 T I P | 매질이 달라져도 파동의 진동수와 주기는 변하지 않는다.

그림은 매질 Ⅰ, Ⅱ에서 $+x$방향으로 진행하는 파동의 0초일 때와 6초일 때의 변위를 위치 x에 따라 나타낸 것이다.

속도가 빨라짐

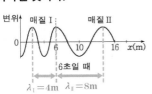

0초일 때　　　　6초일 때
$\lambda_{\text{I}}=4$m　$\lambda_{\text{II}}=8$m

Ⅰ에서 파동의 속력은? 3점

① $\dfrac{1}{6}$m/s　② $\dfrac{1}{3}$m/s　③ $\dfrac{1}{2}$m/s　④ 1m/s　⑤ $\dfrac{3}{2}$m/s

| 자 | 료 | 해 | 설 |

다른 매질을 통과할 때 파동의 진동수(f)는 변하지 않으므로 $v=f\lambda$에 의해 파동의 속력 비는 파장의 비 ($v_{\text{I}}:v_{\text{II}}=\lambda_{\text{I}}:\lambda_{\text{II}}$)와 같다.

| 선 | 택 | 지 | 풀 | 이 |

③ 정답 : 매질 Ⅱ에서 6초 동안 파동은 6m 이동하므로 매질 Ⅱ에서 파동의 속력은 $v_{\text{II}}=\dfrac{6\text{m}}{6\text{s}}=1$m/s이다. $v=f\lambda$에 의해 파동의 속력 비는 파장의 비($v_{\text{I}}:v_{\text{II}}=\lambda_{\text{I}}:\lambda_{\text{II}}$)와 같고, 매질 Ⅰ과 Ⅱ에서 파장은 각각 $\lambda_{\text{I}}=4$m, $\lambda_{\text{II}}=8$m이므로 $v_{\text{I}}=\dfrac{1}{2}$m/s이다.

😮 문제풀이 T I P | 파동이 다른 매질을 통과하더라도 진동수는 변하지 않는다.

😊 출제분석 | 파동 방정식$\left(v=\dfrac{\lambda}{T}=f\lambda\right)$을 숙지하고 있다면 이 영역의 문항은 쉽게 해결할 수 있다.

그림 (가)는 시간 $t=0$일 때, x축과 나란하게 매질 A에서 매질 B로 진행하는 파동의 변위를 위치 x에 따라 나타낸 것이다. 점 P, Q는 x축상의 지점이다. 그림 (나)는 P, Q 중 한 지점에서 파동의 변위를 t에 따라 나타낸 것이다.

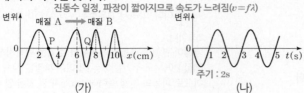

진동수 일정, 파장이 짧아지므로 속도가 느려짐($v=f\lambda$)

(가)　　　　　　(나)

이에 대한 설명으로 옳은 것만을 〈보기〉에서 있는 대로 고른 것은?

3점

보기

ㄱ. 파동의 진동수는 $\frac{1}{2}$Hz이다.

ㄴ. (나)는 Q에서 파동의 변위이다.

ㄷ. 파동의 진행 속력은 A에서가 B에서의 2배이다.

① ㄱ　② ㄷ　③ ㄱ, ㄴ　✔④ ㄴ, ㄷ　⑤ ㄱ, ㄴ, ㄷ

|자|료|해|설|
파동이 다른 매질을 지날 때 진동수(f)는 일정하다. 파동의 속력은 $v=f\lambda$이고 매질 A에서 매질 B로 파동이 진행할 때 파장이 4cm에서 2cm로 짧아지므로 파동의 속력도 $\frac{1}{2}$배로 줄어든다. 파동은 $+x$방향으로 진행하므로 $t=0$ 직후 P는 $+$방향, Q는 $-$방향으로 이동한다.

|보|기|풀|이|
ㄱ. 오답 : (나)에서 파동의 주기는 2초이므로 진동수는 $\frac{1}{2}$Hz이다.

ㄴ. 정답 : (나)의 그래프에서 $t=0$ 직후 파동의 변위는 $-$방향이므로 (나)에 해당하는 것은 Q이다.

ㄷ. 정답 : 진동수는 같고 파장은 A에서가 B에서의 2배 이므로 파동의 속력도 A에서가 B에서의 2배이다.

😊 출제분석 | 파동의 기본 개념을 확인하는 일반적인 유형이다.

그림 (가), (나)는 시간 $t=0$일 때, x축과 나란하게 진행하는 파동 A, B의 변위를 각각 위치 x에 따라 나타낸 것이다. A와 B의 진행 속력은 1cm/s로 같다. (가)의 $x=x_1$에서의 변위와 (나)의 $x=x_2$에서의 변위는 y_0으로 같다. $t=0.1$초일 때, $x=x_1$에서의 변위는 y_0보다 작고, $x=x_2$에서의 변위는 y_0보다 크다.

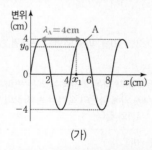　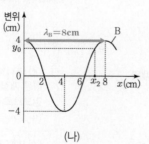

(가)　　　　　　(나)

이에 대한 설명으로 옳은 것만을 〈보기〉에서 있는 대로 고른 것은?

3점

보기

ㄱ. 주기는 A가 B의 0.5배이다.

ㄴ. B의 진행 방향은 $-x$방향이다.

ㄷ. $t=0.5$초일 때, $x=x_1$에서 A의 변위는 4cm보다 작다.

① ㄱ　✔② ㄴ　③ ㄷ　④ ㄱ, ㄴ　⑤ ㄴ, ㄷ

|자|료|해|설|
A와 B의 파장은 각각 $\lambda_A=4$cm, $\lambda_B=8$cm이므로 A와 B의 주기는 각각 $\frac{4\text{cm}}{1\text{cm/s}}=4$초, $\frac{8\text{cm}}{1\text{cm/s}}=8$초이다.

|보|기|풀|이|
ㄱ. 오답 : 주기는 A가 B의 0.5배이다.

ㄴ. 정답 : $t=0.1$초일 때, (나)에서 $x=x_2$에서 변위는 y_0보다 크므로 B의 진행 방향은 $-x$방향이다.

ㄷ. 오답 : $t=0.1$초일 때, (가)에서 $x=x_1$에서 변위는 y_0보다 작으므로 A의 진행 방향은 $+x$방향이다. 0.5초 동안, A는 $+x$방향으로 0.5cm 이동하므로 $x=x_1$에서 A의 변위는 4cm보다 작다.

😊 출제분석 | 파장, 주기, 파동의 속력 관계로 파동의 움직임을 이해할 수 있어야 문제를 해결할 수 있다.

그림은 10m/s의 속력으로 x축과 나란하게 진행하는 파동의 변위를 위치 x에 따라 나타낸 것으로, 어떤 순간에는 파동의 모양이 P와 같고, 다른 어떤 순간에는 파동의 모양이 Q와 같다. 표는 파동의 모양이 P에서 Q로, Q에서 P로 바뀌는 데 걸리는 최소 시간을 나타낸 것이다.

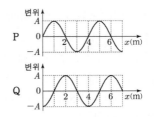

구분	최소 시간(s)
P에서 Q	0.3 ➡ $-x$방향으로 3m 이동
Q에서 P	0.1 ➡ $-x$방향으로 1m 이동

이에 대한 설명으로 옳은 것만을 〈보기〉에서 있는 대로 고른 것은?

보기

ㄱ. 파장은 4m이다.

ㄴ. 주기는 0.4s이다.

ㄷ. 파동은 ~~$+x$방향~~으로 진행한다.
        $-x$방향

① ㄱ   ② ㄷ   ✓③ ㄱ, ㄴ   ④ ㄴ, ㄷ   ⑤ ㄱ, ㄴ, ㄷ

|자|료|해|설|

P에서 Q로 바뀌는 시간이 Q에서 P로 바뀌는 시간보다 더 걸리므로 파동은 $-x$방향으로 운동한다.

|보|기|풀|이|

ㄱ. 정답 : 마루와 마루 사이의 거리가 한 파장이므로 파장은 $\lambda=4$m이다.

ㄴ. 정답 : P에서 다시 P로 바뀌는 데 걸리는 시간이 주기이므로 주기는 $T=0.3+0.1=0.4$s이다.

ㄷ. 오답 : 자료 해설과 같이 파동은 $-x$방향으로 운동한다.

😀 **문제풀이 T I P** | P에서 Q로 이동할 때 걸리는 최소 시간은 마루가 이웃 마루의 위치까지 이동하는 데 걸리는 시간이다.

😀 **출제분석** | 파동을 설명하기 위해서는 파장, 속력, 주기의 관계를 반드시 숙지해야 한다.

그림 (가)는 시간 $t=0$일 때, x축과 나란하게 매질 Ⅰ에서 매질 Ⅱ로 진행하는 파동의 변위를 위치 x에 따라 나타낸 것이다. 그림 (나)는 $x=2$cm에서 파동의 변위를 t에 따라 나타낸 것이다.

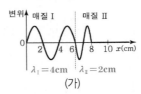
(가)

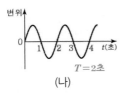
(나)

$x=10$cm에서 파동의 변위를 t에 따라 나타낸 것으로 가장 적절한 것은? **3점**

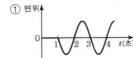
①

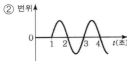
②

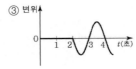
③

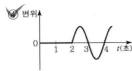
✓④

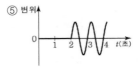
⑤

|자|료|해|설|

(가)의 매질 Ⅱ에서의 파장은 $\lambda_{Ⅱ}=2$cm이고, (나)에서 파동의 주기는 2초이므로 $x=10$cm에 파동은 2초 후에 도착하며 변위는 양(+)의 방향으로 진동한다.

|선|택|지|풀|이|

④ 정답 : 파동의 주기가 2초이므로 $x=10$cm에서 변위는 1초마다 0이 된다. 이에 해당하는 그래프는 ④이다.

😀 **문제풀이 T I P** | 파동이 다른 매질을 지나더라도 주기는 일정하다.

😀 **출제분석** | 파동의 기본 개념을 확인하는 문항이다.

그림은 시간 $t=0$일 때, x축과 나란하게 매질 A에서 매질 B로 진행하는 파동의 변위를 위치 x에 따라 나타낸 것이다. $x=3$cm인 지점 P에서 변위는 y_P이고, A에서 파동의 진행 속력은 4cm/s이다.

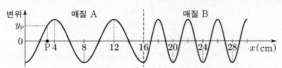

이에 대한 설명으로 옳은 것만을 〈보기〉에서 있는 대로 고른 것은?

보기

ㄱ. 파동의 주기는 2초이다.

ㄴ. B에서 파동의 진행 속력은 8cm/s이다.

ㄷ. $t=0.1$초일 때, P에서 파동의 변위는 y_P보다 작다.

① ㄱ   ② ㄴ   ③ ㄷ   ✓④ ㄱ, ㄷ   ⑤ ㄱ, ㄴ, ㄷ

|자|료|해|설|

파동의 속력은 매질의 상태에 따라 결정되며, 파동의 속력 $=\dfrac{\text{파장}}{\text{주기}}=$파장×진동수이다. 매질 A와 B에서 파동의 파장은 다르지만, 진동수와 주기는 일정하다.

|보|기|풀|이|

ㄱ. 정답 : 매질 A에서 파장은 8cm, 파동의 속력은 4cm/s 이므로 파동의 주기는 $\dfrac{8\text{cm}}{4\text{cm/s}}=2$초이다.

ㄴ. 오답 : B에서 파장은 4cm이고 주기는 A에서와 같은 2초이므로 파동의 진행 속력은 $\dfrac{4\text{cm}}{2\text{s}}=2$cm/s이다.

ㄷ. 정답 : 파동은 $+x$방향으로 진행하므로 $t=0.1$초일 때 P에서 파동의 변위는 y_P보다 작다.

😀 **출제분석** | 파동을 이해하기 위해 파장, 속력, 진동수의 관계를 이해하는 것은 필수이다.

그림은 시간 $t=0$일 때, 매질 A, B에서 x축과 나란하게 한쪽 방향으로 진행하는 파동의 변위 y를 위치 x에 따라 나타낸 것으로, 점 P와 Q는 x축상의 지점이다. A에서 파동의 진행 속력은 1cm/s 이고, $t=1$초일 때 Q에서 매질의 운동 방향은 $-y$방향이다.   주기 $=\dfrac{2\text{cm}}{1\text{cm/s}}=2$s

이에 대한 설명으로 옳은 것만을 〈보기〉에서 있는 대로 고른 것은?

③점

보기

ㄱ. B에서 파동의 진행 속력은 4cm/s이다.

ㄴ. P에서 파동의 변위는 $t=0$일 때와 $t=2$초일 때가 같다.

ㄷ. 파동의 진행 방향은 $+x$방향이다.

① ㄱ   ✓② ㄴ   ③ ㄱ, ㄷ   ④ ㄴ, ㄷ   ⑤ ㄱ, ㄴ, ㄷ

|자|료|해|설|

매질 A와 B에서 파장은 각각 $\lambda_A=2$cm, $\lambda_B=4$cm이다. 파동이 서로 다른 매질을 통과할 때 파동의 주기와 진동수는 변하지 않으므로 A와 B의 파동 주기는 $\dfrac{2\text{cm}}{1\text{cm/s}}=2$s이다.

|보|기|풀|이|

ㄱ. 오답 : B에서 파동의 진행 속력은 $\dfrac{4\text{cm}}{2\text{s}}=2$cm/s이다.

ㄴ. 정답 : 파동의 주기는 2초이므로 P에서 파동의 변위는 $t=0, 2, 4, \cdots\cdots$에서 같다.

ㄷ. 오답 : $t=1$초일 때 매질 B에서 파동은 2cm 이동한다. Q에서 매질의 운동 방향이 $-y$방향이 되려면 $x=11$cm 인 파동이 $-x$방향으로 2cm 이동해야 하므로 파동의 진행 방향은 $-x$방향이다.

💡 **문제풀이 TIP** | 파동이 서로 다른 매질을 통과할 때 파동의 주기와 진동수는 변하지 않는다.

😀 **출제분석** | 매회 같은 유형으로 출제되고 있다.

그림은 각각 0초일 때와 0.2초일 때, 매질 P, Q에서 x축과 나란하게 진행하는 파동의 변위를 위치 x에 따라 나타낸 것이다. **P에서 파동의 속력은 5m/s이다.**

$\dfrac{4m}{5m/s} = 0.8s$

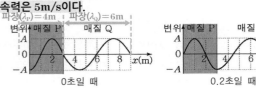

이 파동에 대한 설명으로 옳은 것은? **3점**

① P에서의 파장은 $\overset{4}{2}$m이다.
② P에서의 진폭은 $2A$이다.
✓③ 주기는 0.8초이다.
④ $-x$방향으로 진행한다.
⑤ Q에서의 속력은 $\underset{7.5}{10}$m/s이다.

|자|료|해|설|

주어진 그래프를 살펴보면 P에서는 $\dfrac{3}{4}\lambda = 3m$, $\lambda_P = 4m$ 임을, Q에서는 $\lambda = (9-3)m = 6m$임을 알 수 있다. 그리고 P에서의 속력이 5m/s라고 하였으므로 주기는 $\dfrac{4m}{5m/s} = 0.8s$이다.

|선|택|지|풀|이|

① 오답 : P와 Q에서 파동의 파장은 각각 4m, 6m이다.
② 오답 : P와 Q에서 파동의 진폭은 A이다.
③ 정답 : 매질이 변하더라도 진동수는 일정하기 때문에 주기는 P와 Q에서 모두 $\dfrac{4m}{5m/s} = 0.8s$이다.
④ 오답 : P에서 파동은 0.2초 동안 $5m/s \times 0.2s = 1m$ 진행하므로 $-x$방향으로 진행한다.
⑤ 오답 : Q에서 파동의 속력은 $\dfrac{6m}{0.8s} = 7.5m/s$이다.

😲 **문제풀이 T I P** | 매질의 굴절률과 매질을 통과하는 빛의 속력은 반비례한다.

🙂 **출제분석** | 굴절률에 따른 빛의 속도와 전반사 개념을 이해하는지 확인하는 문항이다.

그림은 주기가 2초인 파동이 x축과 나란하게 매질 Ⅰ에서 매질 Ⅱ로 진행할 때, 시간 $t=0$인 순간과 $t=3$초인 순간의 파동의 모습을 각각 나타낸 것이다. 실선과 점선은 각각 마루와 골이다. 이에 대한 설명으로 옳은 것만을 〈보기〉에서 있는 대로 고른 것은? **3점**

$v_Ⅰ = 1m/s$, $v_Ⅱ = \dfrac{3}{2}m/s$

$t=0$ $\lambda_Ⅰ = 2m$ $\lambda_Ⅱ = 3m$ 3초 후
       4.5m 이동

$t=3초$ 10.5m 이동
   — 마루 --- 골
   2번 지나감

보기

ㄱ. Ⅰ에서 파동의 파장은 $\overset{2}{1}$m이다.
ㄴ. Ⅱ에서 파동의 진행 속력은 $\dfrac{3}{2}$m/s이다.
ㄷ. $t=0$부터 $t=3$초까지, $x=7m$에서 파동이 마루가 되는 횟수는 2회이다.

① ㄱ   ② ㄴ   ③ ㄷ   ✓④ ㄴ, ㄷ   ⑤ ㄱ, ㄴ, ㄷ

|자|료|해|설|

파동이 매질 Ⅰ에서 매질 Ⅱ로 진행할 때 파장이 길어지므로 파동의 속력은 Ⅱ에서가 Ⅰ에서보다 빠르다.

|보|기|풀|이|

ㄱ. 오답 : 마루에서 이웃한 마루 또는 골에서 이웃한 골까지의 거리가 파장이다. 매질 Ⅰ과 Ⅱ에서 파장은 각각 $\lambda_Ⅰ = 2m$, $\lambda_Ⅱ = 3m$이다.

ㄴ. 정답 : Ⅱ에서 파동의 진행 속력은 $\dfrac{\lambda_Ⅱ}{T} = \dfrac{3m}{2s}$이다.

ㄷ. 정답 : Ⅱ에서 3초 동안 파동은 $\dfrac{3}{2}m/s \times 3s = 4.5m$ 이동한다. 따라서 3초 동안 $x=7m$에는 $t=0$일 때 $x=3m$, $x=6m$의 마루가 지나간다.

😲 **문제풀이 T I P** | 파동이 서로 다른 매질을 통과할 때 파동의 진동수는 일정하다.

🙂 **출제분석** | 문제 해결을 서로 다른 매질을 통과할 때 파동의 속력과 파장 관계를 이해해야 한다.

그림 (가)는 시간 $t=0$일 때, 매질 Ⅰ, Ⅱ에서 진행하는 파동의 모습을 나타낸 것이다. 파동의 진행 방향은 $+x$방향과 $-x$방향 중 하나이다. 그림 (나)는 (가)에서 $x=3$m에서의 파동의 변위를 t에 따라 나타낸 것이다.

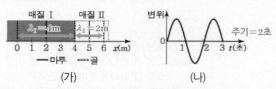

(가) 　　　　(나)

이에 대한 옳은 설명만을 〈보기〉에서 있는 대로 고른 것은?

> **보기**
> ㄱ. Ⅱ에서 파동의 속력은 1m/s이다.
> ㄴ. 파동은 $-x$방향으로 진행한다.
> ㄷ. $x=5$m에서 파동의 변위는 $t=2$초일 때가 $t=2.5$초일 때보다 크다.

① ㄱ 　② ㄴ 　③ ㄱ, ㄷ 　④ ㄴ, ㄷ 　⑤ ㄱ, ㄴ, ㄷ

｜자｜료｜해｜설｜

(가)에서 매질 Ⅰ과 Ⅱ에서 파장은 각각 4m, 2m이고 (나)에서 파동의 주기는 2초임을 알 수 있다.

｜보｜기｜풀｜이｜

ㄱ. 정답 : Ⅱ에서 파동의 속력은 $\frac{2m}{2s}=1$m/s이다.

ㄴ. 오답 : $x=3$m에서 0초에서 1초까지 변위가 증가하므로 0초일 때 $x=2$m의 마루가 $+x$방향으로 이동함을 알 수 있다.

ㄷ. 정답 : 0초일 때 $x=5$m에서 마루이므로 $t=2$초일 때 마루, $t=2.5$초일 때 0이다.

😮 **문제풀이TIP** | 파동이 매질 Ⅰ과 Ⅱ를 지날 때 주기 또는 진동수는 일정하다.

😀 **출제분석** | 파동에서 마루와 골, 매질에 따른 파장, 주기의 관계를 이해하는지 확인하는 문항이다.

그림 (가)와 (나)는 같은 속력으로 진행하는 파동 A와 B의 어느 지점에서의 변위를 각각 시간에 따라 나타낸 것이다.

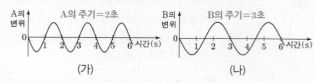

(가) 　　　　(나)

A, B의 파장을 각각 λ_A, λ_B라 할 때, $\frac{\lambda_A}{\lambda_B}$는?

① $\frac{1}{3}$ 　② $\frac{2}{3}$ 　③ 1 　④ $\frac{4}{3}$ 　⑤ $\frac{5}{3}$

｜자｜료｜해｜설｜및｜선｜택｜지｜풀｜이｜

② 정답 : '파장(λ)=파동의 속력(v)×주기(T)'이다. 파동의 속력은 A와 B가 같고 주기는 A가 $T_A=2$초, B가 $T_B=3$초이므로 $\frac{\lambda_A}{\lambda_B}=\frac{T_A}{T_B}=\frac{2}{3}$이다.

😀 **출제분석** | 파동의 속력과 주기, 파장 관계를 숙지하고 있다면 쉽게 해결할 수 있는 문항이다.

다음은 물결파에 대한 실험이다.

[실험 과정]

(가) 그림과 같이 물결파 실험 장치의
영역 Ⅱ에 사다리꼴 모양의
유리판을 넣은 후 물을 채운다.

물결파 발생기 / 영역 Ⅰ / 영역 Ⅱ / 스크린

(나) 영역 Ⅰ에서 일정한 진동수의
물결파를 발생시켜 스크린에
투영된 물결파의 무늬를 관찰한다.

(다) (가)에서 유리판의 위치만을 Ⅱ에서 Ⅰ로 옮긴 후 (나)를
반복한다.

[실험 결과]

(나)의 결과   (다)의 결과

* 화살표는 물결파의 진행 방향을
나타낸다.
* 색칠된 부분은 유리판을 넣은
영역을 나타낸다. ↳ 물의 깊이가 얕아지므로
물결파의 속력이 느려진다.

이에 대한 옳은 설명만을 〈보기〉에서 있는 대로 고른 것은? 3점

보기

ㄱ. (나)에서 물결파의 속력은 Ⅰ에서가 Ⅱ에서보다 크다.

ㄴ. Ⅰ과 Ⅱ의 경계면에서 물결파의 굴절각은 (나)에서가
(다)에서보다 작다.

ㄷ. 은 (다)의 결과로 ~~적절하다.~~
적절하지 않다.

① ㄱ   ② ㄷ   ③ ㄱ, ㄴ   ④ ㄴ, ㄷ   ⑤ ㄱ, ㄴ, ㄷ

| 자 | 료 | 해 | 설 |

수심이 얕아질수록 물결파의 속력이 느려진다. 유리판을
넣은 영역에서 수심이 얕아지므로 물결파의 속력이
느려진다.

| 보 | 기 | 풀 | 이 |

ㄱ. 정답 : (나)에서 물결파의 속력은 유리판을 넣은
Ⅱ에서가 Ⅰ에서보다 작다.

ㄴ. 정답 : 실험 결과에서 물결파의 입사각은 (나)와 (다)에서
같고 굴절각은 (나)에서가 (다)에서보다 작다.

ㄷ. 오답 : (다)의 결과 굴절각은 입사각보다 크므로 Ⅱ에서
물결파의 진행 방향은 오른쪽 위 방향이다.

😲 **문제풀이 T I P** | 유리판을 넣은 부분에서 물결파의 속력은
느려진다.

😊 **출제분석** | 매질이 달라질 때 굴절이 일어나는 이유를 확인하는
문항이다.

그림 (가)는 진동수가 일정한 물결파가 매질 A에서 매질 B로 진행할 때, 시간 $t=0$인 순간의 물결파의 모습을 나타낸 것이다. 실선은 물결파의 마루이고, A와 B에서 이웃한 마루와 마루 사이의 거리는 각각 d, $2d$이다. 점 p, q는 평면상의 고정된 점이다. 그림 (나)는 (가)의 p에서 물결파의 변위를 시간 t에 따라 나타낸 것이다.

이에 대한 설명으로 옳은 것만을 〈보기〉에서 있는 대로 고른 것은?

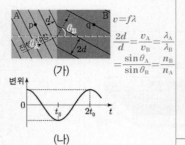

$v=f\lambda$

$$\frac{2d}{d}=\frac{v_A}{v_B}=\frac{\lambda_A}{\lambda_B}$$
$$=\frac{\sin\theta_A}{\sin\theta_B}=\frac{n_B}{n_A}$$

(가)

(나)

보기

ㄱ. 물결파의 속력은 B에서가 A에서의 2배이다.
ㄴ. (가)에서 입사각은 굴절각보다 작다.
ㄷ. $t=2t_0$일 때, q에서 물결파는 마루가 된다.

① ㄱ   ② ㄷ   ③ ㄱ, ㄴ   ④ ㄴ, ㄷ   ⑤ ㄱ, ㄴ, ㄷ

|자|료|해|설|

마루와 마루 사이의 거리는 파장으로, A와 B에서의 파장은 각각 $\lambda_A=d$, $\lambda_B=2d$이다. 파동의 주기는 $T=2t_0$이며 매질을 통과할 때 파동의 주기(T)와 진동수$\left(f=\frac{1}{T}\right)$는 일정하다. 입사각과 굴절각을 각각 θ_A, θ_B, A와 B에서 물결파의 속력을 각각 v_A, v_B라 하면, 파동 방정식($v=f\lambda$)으로부터 $\frac{\lambda_A}{\lambda_B}=\frac{v_A}{v_B}=\frac{\sin\theta_A}{\sin\theta_B}=\frac{2d}{d}$이다.

|보|기|풀|이|

ㄱ. 정답 : 물결파의 속력은 $\frac{\lambda_A}{\lambda_B}=\frac{v_A}{v_B}=\frac{2d}{d}=2$이다.

ㄴ. 정답 : $\theta_A<\theta_B$이다.

ㄷ. 정답 : $t=0$과 한 주기가 지난 후인 $t=2t_0$는 위상이 같으므로 q에서는 $t=0$과 같이 마루가 된다.

😀 **출제분석** | 파동 방정식과 서로 다른 매질을 통과할 때 파장, 속력, 진동수, 주기의 관계를 반드시 숙지해야 문제를 해결할 수 있다.

02 전반사와 광통신 ◀ ★수능에 나오는 필수 개념 2가지 + 필수 암기사항 5개

필수개념 1　빛의 굴절

- **빛의 굴절** : 빛이 한 매질에서 다른 매질로 진행할 때 각 매질에서 빛의 속력 차이에 의해 경계면에서 진행 방향이 꺾이는 현상

1. 암기 매질의 종류에 따른 굴절률과 속력
- 밀한 매질 : 굴절률이 큰 매질로 빛의 속력이 상대적으로 느리다.
- 소한 매질 : 굴절률이 작은 매질로 빛의 속력이 상대적으로 빠르다.

2. 매질에 따른 빛의 굴절

빛이 소한 매질(굴절률이 작은 매질)에서 밀한 매질(굴절률이 큰 매질)로 진행할 때	빛이 밀한 매질(굴절률이 큰 매질)에서 소한 매질(굴절률이 작은 매질)로 진행할 때
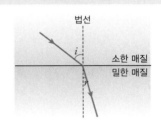	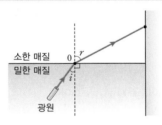
입사각(i) > 굴절각(r)	입사각(i) < 굴절각(r)
빛의 속력 : 소한 매질 > 밀한 매질	빛의 속력 : 밀한 매질 < 소한 매질
빛의 파장 : 소한 매질 > 밀한 매질	빛의 파장 : 밀한 매질 < 소한 매질

3. 암기 굴절 법칙
매질 Ⅰ에서 매질 Ⅱ로 진행할 때

$$\frac{\sin i}{\sin r} = \frac{v_1}{v_2} = \frac{\lambda_1}{\lambda_2} = \frac{n_2}{n_1}$$

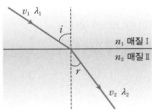

4. 빛의 파장에 따른 굴절률
빛의 파장이 짧을수록 굴절률이 더 크다. 파장이 짧은 빛일수록 공기 중에서 물로 진행할 때 속도가 더 많이 줄어들게 된다. 공기 중에서 물로 빨간색 빛과 파란색 빛을 같은 각도로 입사시킬 경우 파장이 짧은 파란색 빛이 더 많이 꺾이게 된다. 이렇게 파장에 따라 굴절률이 다르기 때문에 백색광을 프리즘에 통과시키면 무지개 색으로 빛이 퍼져나가게 되는데 이를 분산이라 한다. 파장이 가장 긴 빨간색 빛 (굴절이 조금만 되므로)이 위쪽에, 가장 짧은 보라색 빛(굴절이 많이 되므로)이 아래쪽으로 꺾여 나오게 된다.

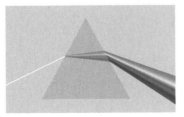

▲ 빛의 분산

필수개념 2 **전반사와 광통신**

• **전반사** : 빛이 매질의 경계면에서 전부 반사되는 현상

1. [암기] **전반사의 조건**
   ○ 빛이 밀한 매질(굴절률이 큰 매질)에서 소한 매질(굴절률이 작은 매질)로 진행해야 한다.
   ○ 입사각이 임계각보다 커야 한다.

2. [암기] **임계각(i_c)** : 굴절각이 90°일 때의 입사각을 임계각이라고 함

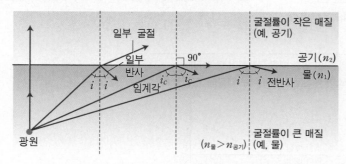

굴절 법칙에 의해 $\dfrac{\sin i_c}{\sin 90°} = \dfrac{n_2}{n_1}$ 이다. $\sin 90°$는 1이므로 $\sin i_c = \dfrac{n_2}{n_1}$ 이다.

따라서 $i_c = \sin^{-1}\dfrac{n_2}{n_1}$ 이다.

임계각 $\sin i_c = \dfrac{n_{소한매질}}{n_{밀한매질}}$ 이므로 매질 사이의 굴절률 차이가 클수록 임계각은 작아진다.

< 진공에서의 굴절률＝1 >

• **광통신**
1. **광섬유** : 전반사 현상을 이용하여 빛을 멀리까지 전송시키는 유리 또는 플라스틱 재질의 관
   ○ 광섬유의 구조 : 중앙에 굴절률이 큰 코어가 있고, 코어보다 굴절률이 작은 클래딩이 둘러싸고 있는 이중 원기둥 모양의 선

2. [암기] **광섬유에서 빛의 진행 원리** : 광섬유 내부의 코어로 입사한 빛은 굴절률이 큰 코어에 들어가 굴절률이 작은 클래딩의 경계면에서 전반사가 일어나 클래딩으로 나가지 못하고 코어에서만 빛이 진행된다.

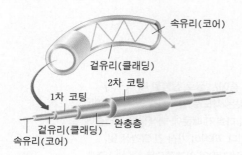

그림 (가)와 같이 동일한 단색광 P가 매질 C에서 매질 A와 B로 각각 입사하여 굴절하였다. 그림 (나)는 P가 B에서 A로 입사하는 모습을 나타낸 것이다.

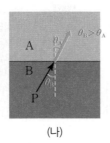

(가)   (나)

이에 대한 설명으로 옳은 것만을 〈보기〉에서 있는 대로 고른 것은?

③점

보기

ㄱ. 굴절률은 B가 C보다 ~~크다.~~ 작다.

ㄴ. P의 속력은 A에서가 B에서보다 ~~크다.~~ 작다.

ㄷ. (나)에서 P가 A로 굴절할 때 입사각이 굴절각보다 크다.

① ㄱ   ② ㄷ   ③ ㄱ, ㄴ   ④ ㄴ, ㄷ   ⑤ ㄱ, ㄴ, ㄷ

|자|료|해|설|

동일한 입사각으로 P가 입사할 때 A, B 모두에서 굴절각은 입사각보다 크므로 굴절률은 A, B보다 C가 크다. 또한, 굴절각은 B가 A보다 크므로 굴절률은 B<A<C이다.

|보|기|풀|이|

ㄱ. 오답 : P가 C에서 B로 입사할 때 입사각이 굴절각보다 작으므로 굴절률은 C가 B보다 크다.

ㄴ. 오답 : 굴절률은 B<A<C이므로 P의 속력은 C<A<B이다.

ㄷ. 정답 : 굴절률은 B<A이므로 (나)에서 입사각이 굴절각보다 크다.

😊 출제분석 | 굴절률 개념을 잘 숙지하고 있다면 쉽게 해결할 수 있는 문항이다.

다음은 물 밖에서 보이는 물고기의 위치에 대한 설명이다.

   물 밖에서 보이는 물고기의 위치는 실제 위치보다 수면에 가깝다. 이는 빛의 속력이 공기에서가 물에서보다 ⓐ 수면에서 빛이 ⓑ 하여 빛의 진행 방향이 바뀌기 때문이다.

빠르므로 / 굴절

ㅇ 공기
물
보이는 위치
실제 위치

⊙, ⓒ으로 적절한 것은?

	⊙	ⓒ		⊙	ⓒ
①	느리므로	간섭	②	빠르므로	간섭
③	느리므로	굴절	④	빠르므로	굴절
⑤	느리므로	반사			

|자|료|해|설|및|선|택|지|풀|이|

④ 정답 : 빛은 물에서 공기를 지날 때 속력이 빨라지면서 굴절각이 입사각보다 커지는 굴절이 일어난다. 따라서 물 밖에서 보이는 물고기의 위치는 실제 위치보다 떠 보인다.

😊 출제분석 | 굴절의 기본 원리를 확인하는 문항이다.

그림과 같이 동일한 단색광이 공기에서
부채꼴 모양의 유리에 수직으로 입사하여
유리와 공기의 경계면의 점 a, b에 각각
도달한다. a에 도달한 단색광은 전반사하여
입사광의 진행 방향에 수직인 방향으로
진행한다.
이에 대한 옳은 설명만을 〈보기〉에서 있는 대로 고른 것은? ③점

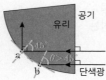

보기

ㄱ. b에서 단색광은 전반사한다.

ㄴ. 단색광의 속력은 유리에서가 공기에서보다 <s>크다.</s> 작다.

ㄷ. 유리와 공기 사이의 임계각은 45°보다 <s>크다.</s> 작다.

① ㄱ ② ㄷ ③ ㄱ, ㄴ ④ ㄴ, ㄷ ⑤ ㄱ, ㄴ, ㄷ

| 자 | 료 | 해 | 설 |

a에 도달한 단색광은 입사각＋반사각＝90°이므로
입사각이 45°이고 전반사하므로 임계각은 45°보다 작다.

| 보 | 기 | 풀 | 이 |

ㄱ. 정답 : b에 도달한 단색광은 a보다 입사각이 크므로
전반사한다.

ㄴ. 오답 : 전반사는 단색광이 굴절률이 큰 매질에서
작은 매질로 진행할 때 일어난다. 굴절률과 빛의 속력은
반비례하므로 단색광의 속력은 유리에서가 공기에서보다
작다.

ㄷ. 오답 : 자료 해설과 같이 임계각은 45°보다 작다.

😮 문제풀이 T I P | 제시된 자료의 유리와 공기의 경계면에서
전반사는 입사각이 임계각보다 클 때 일어난다.

😊 출제분석 | 전반사의 기본 개념을 확인하는 문항으로 전반사
조건을 숙지하고 있다면 쉽게 풀 수 있도록 출제되었다.

그림과 같이 동일한 단색광 X, Y가
반원형 매질 Ⅰ에 수직으로 입사한다.
점 p에 입사한 X는 Ⅰ과 매질 Ⅱ의
경계면에서 전반사한 후 점 r를 향해
진행한다. 점 q에 입사한 Y는 점 s를
향해 진행한다. r, s는 Ⅰ과 Ⅱ의
경계면에 있는 점이다.
이에 대한 설명으로 옳은 것만을 〈보기〉에서 있는 대로 고른 것은?

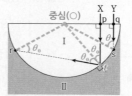

보기

ㄱ. 굴절률은 Ⅰ이 Ⅱ보다 크다.

ㄴ. X는 r에서 전반사한다.

ㄷ. Y는 s에서 전반사한다.

① ㄱ ② ㄴ ③ ㄱ, ㄷ ④ ㄴ, ㄷ ⑤ ㄱ, ㄴ, ㄷ

| 자 | 료 | 해 | 설 | 및 | 보 | 기 | 풀 | 이 |

ㄱ. 정답 : 전반사는 굴절률이 큰 매질에서 작은 매질로
빛이 임계각보다 큰 각으로 입사할 때 일어난다. Ⅰ에서
입사한 빛이 Ⅰ과 Ⅱ의 경계면에서 전반사하므로 굴절률은
Ⅰ이 Ⅱ보다 크다.

ㄴ. 정답 : 반원의 중심에서 반원의 호에 이은 직선은 모두
법선이 된다. 즉 t에서의 법선을 연장하면 반원의 중심과
만난다. p에서 입사한 X가 Ⅰ과 Ⅱ의 경계면에서 전반사할
때 입사각을 θ_0라 하면 반사각과 r에 입사할 때의 입사각도
θ_0로 같으므로 r에서 전반사한다.

ㄷ. 정답 : Y는 s에서 입사각 $\theta > \theta_0 >$ 임계각이므로
전반사한다.

😮 문제풀이 T I P | 반원의 중심에서 반원의 호까지의 거리는 모두
반지름으로 같으므로 삼각형 ort는 이등변 삼각형이다.

😊 출제분석 | 반원의 성질을 이용하여 전반사 조건을 적용하여
설명할 수 있는지 확인하는 문항이다.

그림 (가), (나)와 같이 단색광 P가 매질 X, Y, Z에서 진행한다. (가)에서 P는 Y와 Z의 경계면에서 전반사한다. θ_0과 θ_1은 각 경계면에서 P의 입사각 또는 굴절각으로, $\theta_0 < \theta_1$이다.

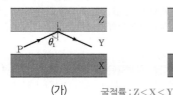 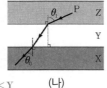

(가)   굴절률 : Z < X < Y   (나)

이에 대한 옳은 설명만을 〈보기〉에서 있는 대로 고른 것은? **3점**

보기

ㄱ. Y와 Z 사이의 임계각은 θ_1보다 <s>크다.</s> 작다.

ㄴ. 굴절률은 X가 Z보다 크다.

ㄷ. (나)에서 P를 θ_1보다 큰 입사각으로 Z에서 Y로 입사시키면 P는 Y와 X의 경계면에서 전반사할 수 <s>있다.</s> 없다.

① ㄱ   ②✓ ㄴ   ③ ㄱ, ㄷ   ④ ㄴ, ㄷ   ⑤ ㄱ, ㄴ, ㄷ

|자|료|해|설|

(가)에서 Z와 Y 경계면에서 전반사가 일어나므로 굴절률은 Z < Y이고 임계각은 θ_1보다 작다. (나)에서 Z와 Y 경계면에서가 Y와 X 사이보다 굴절이 크게 일어나므로 굴절률은 Z < X < Y이다.

|보|기|풀|이|

ㄱ. 오답 : 전반사는 입사각이 임계각보다 클 때 일어나므로 Y와 Z 사이의 임계각은 θ_1보다 작다.

ㄴ. 정답 : 굴절률은 Z < X < Y이다.

ㄷ. 오답 : $\theta_1 > \theta_0$이므로 θ_1이 90°가 되어도 θ_0는 90°보다 작아 Y와 X 경계면에서 전반사할 수 없다.

😀 **문제풀이 TIP |** 전반사는 입사각이 임계각보다 클 때 일어난다.

😀 **출제분석 |** 빛의 굴절과 전반사의 원리로 쉽게 해결할 수 있는 문항이다.

그림과 같이 단색광 X가 공기와 매질 A의 경계면 위의 점 p에 입사각 θ_i로 입사한 후, A와 매질 B의 경계면에서 굴절하고 옆면 Q에서 전반사하여 진행한다. 이에 대한 설명으로 옳은 것만을 〈보기〉에서 있는 대로 고른 것은? **3점**

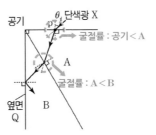

공기 / 단색광 X / 굴절률 : 공기 < A / A / 굴절률 : A < B / 옆면 Q / B

보기

ㄱ. X의 속력은 공기에서가 A에서보다 <s>작다.</s> 크다

ㄴ. 굴절률은 B가 A보다 크다.

ㄷ. p에서 θ_i보다 작은 각으로 X가 입사하면 Q에서 전반사가 일어난다.

① ㄱ   ② ㄴ   ③ ㄱ, ㄷ   ④✓ ㄴ, ㄷ   ⑤ ㄱ, ㄴ, ㄷ

|자|료|해|설|

빛이 굴절률이 작은 매질에서 큰 매질을 지날 때는 입사각이 굴절각보다 크다.

|보|기|풀|이|

ㄱ. 오답 : 빛이 공기에서 A로 진행할 때 입사각이 굴절각보다 크므로 굴절률은 공기 < A이다. 매질의 굴절률과 매질을 통과할 때 빛의 속력은 반비례하므로 X의 속력은 공기에서가 A에서보다 크다.

ㄴ. 정답 : A에서 B로 빛이 진행할 때 입사각이 굴절각보다 크므로 굴절률은 A < B이다.

ㄷ. 정답 : p에서 θ_i보다 작은 각으로 X가 입사하면 B에서 공기로 진행하는 X의 입사각은 커지므로 전반사가 일어난다.

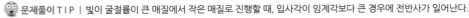

😀 **문제풀이 TIP |** 빛이 굴절률이 큰 매질에서 작은 매질로 진행할 때, 입사각이 임계각보다 큰 경우에 전반사가 일어난다.

😀 **출제분석 |** 매질에 따른 굴절률과 속력, 전반사의 조건을 숙지하고 있어야 문제를 해결할 수 있다.

그림은 단색광 P를 매질 A와 B의 경계면에 입사각 θ로 입사시켰을 때 P의 일부는 굴절하고, 일부는 반사한 후 매질 A와 C의 경계면에서 전반사하는 모습을 나타낸 것이다.

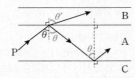

이에 대한 설명으로 옳은 것만을 〈보기〉에서 있는 대로 고른 것은?

3점

보기
ㄱ. P의 속력은 A에서가 B에서보다 작다.
ㄴ. θ는 A와 C 사이의 임계각보다 크다.
ㄷ. C를 코어로 사용한 광섬유에 B를 클래딩으로 사용할 수 있다. 없다

① ㄱ   ② ㄷ   ③✓ ㄱ, ㄴ   ④ ㄴ, ㄷ   ⑤ ㄱ, ㄴ, ㄷ

|자|료|해|설|
P가 A에서 B로 입사할 때 굴절각(θ')은 입사각(θ)보다 커지므로 A의 굴절률(n_A)이 B의 굴절률(n_B)보다 크다. 또한, 같은 입사각 θ로 C로 향한 P는 A와 C의 경계면에서 전반사하였으므로 C의 굴절률(n_C)은 A의 굴절률과 B의 굴절률보다 작음을 알 수 있다.($n_C < n_B < n_A$)

|보|기|풀|이|
ㄱ. 정답 : 굴절률은 매질을 통과하는 빛의 속도에 반비례한다. 굴절률은 A가 B보다 크므로 P의 속력은 A에서가 B에서보다 작다.
ㄴ. 정답 : 입사각 θ로 C로 향한 P는 A와 C의 경계면에서 전반사하였으므로 θ는 A와 C 사이의 임계각보다 크다.
ㄷ. 오답 : 코어에는 클래딩보다 굴절률이 높은 물질을 사용하므로 C를 코어로 사용한다면 C보다 굴절률이 큰 A와 B를 클래딩으로 사용할 수 없다.

문제풀이TIP | 다른 매질을 지날 때 굴절각이 입사각보다 큰 경우는 빛의 속도가 빨라질 때, 즉 굴절률이 작은 매질을 지나게 될 때이다. 굴절각과 입사각의 차이가 클수록 두 매질의 굴절률 차이는 크다.

출제분석 | 전반사는 자주 등장하는 영역으로 전반사가 일어나기 위한 조건은 반드시 숙지해야 한다.

그림 (가)는 매질 A와 B의 경계면에 입사한 단색광 P가 B와 매질 C의 경계면에 임계각 θ_1로 입사하는 모습을, (나)는 B와 A의 경계면에 입사각 θ_2로 입사한 P가 A와 C의 경계면에 입사각 θ_1로 입사하는 모습을 나타낸 것이다. $\theta_1 < \theta_2$이다.

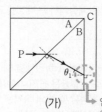

(가) 입사각이 θ_1보다 큰 θ에서 전반사가 일어남
(나) 입사각이 θ_1보다 큰 θ_2에서 전반사가 일어나지 않음
굴절률 C < A < B

이에 대한 설명으로 옳은 것만을 〈보기〉에서 있는 대로 고른 것은?

보기
ㄱ. P의 파장은 A에서가 B에서보다 짧다. 길다.
ㄴ. 굴절률은 A가 C보다 크다.
ㄷ. (나)에서 P는 A와 C의 경계면에서 전반사한다. 하지 않는다.

① ㄱ   ②✓ ㄴ   ③ ㄱ, ㄷ   ④ ㄴ, ㄷ   ⑤ ㄱ, ㄴ, ㄷ

|자|료|해|설|
(가)에서 빛이 굴절하는 모습으로 보아 굴절률은 A < B 이고, 주어진 조건에서 (가)의 θ_1이 임계각이므로 굴절률은 C < B임을 알 수 있다.
(나)의 B와 A의 경계면에서 θ_1보다 큰 입사각 θ_2로 입사한 P는 전반사가 일어나지 않지만 (가)의 B와 C의 경계면에서 θ_1이 임계각이므로 굴절률의 차이는 A와 B보다 B와 C 사이가 크다. 따라서 굴절률은 C < A < B이다.

|보|기|풀|이|
ㄱ. 오답 : P의 파장은 굴절률이 작은 A에서 B에서보다 길다.
ㄴ. 정답 : 굴절률은 A < B, C < B이고, 굴절률의 차이는 A와 B보다 B와 C 사이가 크기 때문에 굴절률은 C < A < B 이다.
ㄷ. 오답 : 굴절률 차이가 클수록 임계각은 작아지는데, 굴절률 차이는 B와 C 사이가 A와 C 사이보다 크므로 A와 C의 경계면에서 임계각은 θ_1보다 크다.

문제풀이TIP | 입사각이 임계각보다 클 때 전반사가 일어난다.

출제분석 | 전반사의 조건과 굴절의 원리는 반드시 이해해야 문제를 해결할 수 있다.

그림은 진동수가 동일한 단색광 P, Q가 매질 A, B의 경계면에 동일한 입사각으로 각각 입사하여 B와 매질 C의 경계면의 점 a, b에 도달하는 모습을 나타낸 것이다. Q는 a에서 전반사한다. 이에 대한 설명으로 옳은 것만을 〈보기〉에서 있는 대로 고른 것은? (3점)

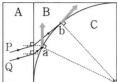

보기

ㄱ. P는 b에서 전반사한다.

ㄴ. Q의 속력은 A에서가 C에서보다 작다.

ㄷ. B를 코어로 사용한 광섬유에 ~~A~~ C를 클래딩으로 사용할 수 있다.

① ㄱ　　② ㄴ　　③ ㄷ　　④ ㄱ, ㄴ　　⑤ ㄴ, ㄷ

| 자 | 료 | 해 | 설 |

단색광이 A에서 B로 입사할 때 입사각이 굴절각보다 작으므로 굴절률은 A>B이고, A에서보다 B에서 단색광의 속력이 빨라진다. 또한, Q는 a에서 전반사하므로 굴절률은 B>C이고, b에서도 입사각이 임계각보다 크기 때문에 b에서 P가 전반사한다.

| 보 | 기 | 풀 | 이 |

ㄱ. 정답 : Q는 a에서 전반사하므로 입사각이 임계각보다 크다. P는 b에서 입사각이 Q의 입사각보다 크므로 b에서 전반사한다.

ㄴ. 정답 : 굴절률은 A>B>C이므로 단색광의 속력은 A<B<C이다.

ㄷ. 오답 : 굴절률은 코어가 클래딩보다 커야 하므로 B를 코어로 사용한 광섬유에는 A를 클래딩으로 사용할 수 없고, C를 사용할 수 있다.

😊 **출제분석** | 전반사의 조건을 숙지하고 있다면 쉽게 해결할 수 있는 문항이다.

그림 (가)는 공기에서 물질 A로 입사한 단색광 P가 A와 물질 C의 경계면에서 전반사하는 모습을, (나)는 공기에서 물질 B로 입사한 P가 B와 C의 경계면에 입사하는 모습을 나타낸 것이다.

굴절률(n)이 큰 매질에서 작은 매질로 빛이 입사할 때 일어남

(가)　　　　　(나)

이에 대한 설명으로 옳은 것만을 〈보기〉에서 있는 대로 고른 것은? (3점)

보기

ㄱ. 굴절률은 A가 C보다 크다.

ㄴ. (나)에서 P는 B와 C의 경계면에서 전반사한다.

ㄷ. 코어에 A를 사용한 광섬유의 클래딩으로 B를 사용할 수 ~~있다.~~ 없다.

① ㄱ　　② ㄷ　　③ ㄱ, ㄴ　　④ ㄴ, ㄷ　　⑤ ㄱ, ㄴ, ㄷ

| 자 | 료 | 해 | 설 |

전반사는 굴절률(n)이 큰 매질에서 작은 매질로 빛이 입사할 때 일어난다.

| 보 | 기 | 풀 | 이 |

ㄱ. 정답 : 전반사는 굴절률(n)이 큰 매질에서 작은 매질로 빛이 입사할 때 일어나므로 굴절률은 A가 C보다 크다.($n_A > n_C$)

ㄴ. 정답 : P가 공기에서 B로 굴절할 때가 공기에서 A로 굴절할 때보다 더 많이 굴절되므로 굴절률은 B가 A보다 크다.($n_B > n_A$)

ㄷ. 오답 : 광섬유에서는 굴절률이 높은 물질을 코어, 작은 물질을 클래딩으로 사용한다.

😊 **문제풀이 T I P** | 입사각과 굴절각의 차이가 클수록 굴절률 차이가 크다.

😊 **출제분석** | 전반사는 자주 출제되는 개념으로 굴절률, 전반사 조건 등 관련 개념을 숙지하고 제시된 자료에 적용하는 보기가 주로 출제된다.

그림 (가)는 단색광이 공기에서 매질 A로 입사각 θ_i로 입사한 후, 매질 A의 옆면 P에 임계각 θ_c로 입사하는 모습을 나타낸 것이다. 그림 (나)는 (가)에 물을 더 넣고 단색광을 θ_i로 입사시킨 모습을 나타낸 것이다.

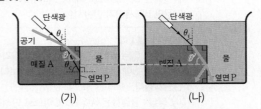

(가)   (나)

이에 대한 설명으로 옳은 것만을 〈보기〉에서 있는 대로 고른 것은?

보기

ㄱ. A의 굴절률은 물의 굴절률보다 크다.
ㄴ. (가)에서 θ_i를 증가시키면 옆면 P에서 전반사가 ~~일어난다.~~ → 일어나지 않는다.
ㄷ. (나)에서 단색광은 옆면 P에서 ~~전반사한다.~~ → 가 일어나지 않는다.

① ㄱ   ② ㄴ   ③ ㄱ, ㄷ   ④ ㄴ, ㄷ   ⑤ ㄱ, ㄴ, ㄷ

|자|료|해|설|
굴절률 차이는 물과 매질 A 사이보다 공기와 매질 A 사이가 더 크므로 단색광이 매질 A로 입사각 θ_i로 입사할 때 (나)에서가 (가)에서보다 굴절각이 더 작다. 따라서 (나)에서 단색광이 매질 A에서 물로 진행할 때의 입사각 θ'은 (가)에서의 임계각 θ_c보다 작으므로 전반사가 일어나지 않는다.

|보|기|풀|이|
ㄱ. 정답 : 전반사는 굴절률이 큰 매질에서 작은 매질로 빛이 진행할 때 일어난다. (가)에서 단색광이 매질 A에서 물로 진행할 때 전반사가 일어나므로 매질 A의 굴절률이 물의 굴절률보다 크다.

ㄴ. 오답 : (가)에서 θ_i를 증가시키면 매질 A에서 물로 진행하는 빛의 입사각 θ'가 θ_c보다 작아져서 옆면 P에서 전반사는 일어나지 않는다.

ㄷ. 오답 : 전반사는 임계각보다 클 때 일어난다. (나)에서 매질 A에서 물로 입사하는 단색광의 입사각은 $\theta' < \theta_c$ 이므로 전반사가 일어나지 않는다.

😮 문제풀이 TIP | 전반사는 빛이 굴절률이 큰 매질에서 작은 매질로 진행할 때, 입사각이 임계각보다 클 때 일어난다.

😀 출제분석 | 전반사가 일어나기 위한 조건을 알고 빛이 2~3가지 매질을 통과할 때 빛의 진행 경로를 예측하는 유형으로 자주 출제되고 있다.

다음은 광통신에 쓰이는 전자기파 A와 광섬유에 대한 설명이다.

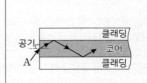

○ A의 파장은 가시광선보다 길고, 마이크로파보다 짧다. → 적외선
○ A는 광섬유의 코어로 입사하여 코어와 클래딩의 경계면에서 전반사한다. → 전반사가 일어날 조건
    1. 빛이 굴절률이 큰 매질에서 작은 매질로 진행할 때
    2. 입사각이 임계각보다 클 때

이에 대한 설명으로 옳은 것만을 〈보기〉에서 있는 대로 고른 것은?

3점

보기

ㄱ. A는 ~~자~~적외선이다.
ㄴ. 굴절률은 클래딩이 코어보다 ~~크다.~~ 작
ㄷ. A의 속력은 코어에서가 공기에서보다 느리다.

① ㄱ   ② ㄷ   ③ ㄱ, ㄴ   ④ ㄴ, ㄷ   ⑤ ㄱ, ㄴ, ㄷ

|자|료|해|설|
파장이 가시광선보다 길고 마이크로파보다 짧은 것은 적외선이다. 또한 광섬유는 전반사 현상을 이용하는 관으로 중앙에 굴절률이 큰 코어가 있고, 코어 주변에는 코어보다 굴절률이 작은 클래딩이 둘러싸고 있다.

|보|기|풀|이|
ㄱ. 오답 : 가시광선보다 길고 마이크로파보다 짧은 A는 적외선이다.

ㄴ. 오답 : 광섬유에서 클래딩의 굴절률은 코어보다 작다.

ㄷ. 정답 : 절대 굴절률이 큰 매질을 지날 때 A의 속력은 느려진다. 절대 굴절률은 코어>클래딩>공기이므로 A의 속력은 코어를 지날 때가 공기를 지날 때보다 느리다.

😮 문제풀이 TIP | 전반사의 조건
1. 빛이 밀한 매질(굴절률이 큰 매질)에서 소한 매질(굴절률이 작은 매질)로 진행해야 함.
2. 입사각이 임계각보다 커야 함.

😀 출제분석 | 보기의 내용이 광통신에 대한 지식적인 부분으로 출제되었지만, 이 영역의 기출 문제는 대게 전반사의 조건을 알고 굴절률이 다른 2가지 이상의 매질을 비교하거나 빛의 진행 경로를 통해 매질의 굴절률을 따지는 다소 어려운 형태로 출제되었으므로 좀 더 깊이 있게 살펴볼 필요가 있다.

그림과 같이 단색광 P가 공기로부터 매질 A에 θ_i로 입사하고 A와 매질 C의 경계면에서 전반사하여 진행한 뒤, 매질 B로 입사한다. **굴절률은 A가 B보다 작다.** P가 A에서 B로 진행할 때 굴절각은 θ_B 이다.

→ 빛이 A에서 B로 입사할 때 : 입사각(θ_A) > 굴절각(θ_B)
→ 임계각은 A와 C 사이가 B와 C 사이에서보다 큼

전반사가 일어났으므로 $90-\theta_A$는 임계각보다 큼

이에 대한 설명으로 옳은 것만을 〈보기〉에서 있는 대로 고른 것은?

3점

보기

ㄱ. 굴절률은 A가 C보다 크다.
ㄴ. $\theta_A \neq \theta_B$이다.
ㄷ. B와 C의 경계면에서 P는 전반사한다.

① ㄱ   ② ㄴ   ✓③ ㄱ, ㄷ   ④ ㄴ, ㄷ   ⑤ ㄱ, ㄴ, ㄷ

|자|료|해|설|

매질 A에 θ_i로 입사한 단색광 P는 매질 C의 경계면에서 전반사하므로 A와 C의 경계면에서 임계각을 θ_{CA}라 하면 $\theta_{CA}<90-\theta_A$이다. 두 매질의 굴절률 차이가 클수록 두 매질의 경계면에서 임계각은 작아진다. B와 C의 경계면에서 임계각을 θ_{CB}라 하면 굴절률 차이는 B와 C 사이가 A와 C 사이보다 크므로 $\theta_{CB}<\theta_{CA}$이다.

|보|기|풀|이|

ㄱ. 정답 : 전반사는 굴절률이 큰 매질에서 작은 매질로 진행할 때 일어나므로 굴절률은 A가 C보다 크다.

ㄴ. 오답 : 굴절률은 A가 B보다 작으므로 빛이 A에서 B로 진행할 때 입사각 θ_A는 굴절각 θ_B보다 크다. ($\theta_A>\theta_B$)

ㄷ. 정답 : 빛의 입사각이 임계각보다 크면 빛은 전반사한다. A에서 P는 전반사하므로 $\theta_{CA}<90-\theta_A$ 이고 $\theta_A>\theta_B$이므로 $90-\theta_A<90-\theta_B$이다. 또한 $\theta_{CB}<\theta_{CA}$ 이므로 $\theta_{CB}<\theta_{CA}<90-\theta_A<90-\theta_B$이다. 즉, A에서 B로 입사한 단색광 P의 입사각 $90-\theta_B$는 B와 C 사이의 임계각 θ_{CB}보다 크므로 B와 C의 경계면에서 P는 전반사한다.

🤓 **문제풀이 T I P** | 빛의 입사각이 임계각보다 큰 경우 빛은 두 매질의 경계면에서 전반사한다.

😀 **출제분석** | 전반사 조건을 숙지하는 것뿐만 아니라 두 매질의 굴절률 차이에 따른 빛의 진행 경로를 그릴 수 있어야 문제를 해결할 수 있다.

그림 (가), (나)는 각각 물질 X, Y, Z 중 두 물질을 이용하여 만든 광섬유의 코어에 단색광 A를 입사각 θ_0으로 입사시킨 모습을 나타낸 것이다. θ_1은 X와 Y 사이의 임계각이고, 굴절률은 Z가 X보다 크다.

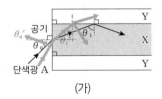

(가)

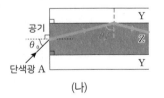

(나)

이에 대한 설명으로 옳은 것만을 〈보기〉에서 있는 대로 고른 것은?

보기

ㄱ. (가)에서 A를 θ_0보다 큰 입사각으로 X에 입사시키면 A는 X와 Y의 경계면에서 전반사하지 않는다.
ㄴ. (나)에서 Z와 Y 사이의 임계각은 θ_1보다 크다. 작

ㄷ. (나)에서 A는 Z와 Y의 경계면에서 전반사한다.

① ㄱ   ② ㄴ   ✓③ ㄱ, ㄷ   ④ ㄴ, ㄷ   ⑤ ㄱ, ㄴ, ㄷ

|자|료|해|설|

(가)에서 X에서 Y로 입사하는 단색광 A의 입사각이 θ_1(임계각)보다 크면 A는 X와 Y의 경계면에서 전반사한다.

|보|기|풀|이|

ㄱ. 정답 : (가)에서 A를 θ_0보다 큰 θ_0'로 X에 입사시키면 X에서 Y로 입사할 때 입사각은 θ_1보다 작은 θ_1'이 되므로 X와 Y의 경계면에서 전반사하지 않는다.

ㄴ. 오답 : 두 매질의 굴절률 차이가 클수록 임계각은 작아진다. (나)에서 Z와 Y의 굴절률 차이는 (가)에서 X와 Y의 굴절률 차이보다 크므로 Z와 Y 사이의 임계각 θ_2는 θ_1 보다 작다. ($\theta_2<\theta_1$)

ㄷ. 정답 : (나)에서 A를 θ_0로 Z에 입사시키면 Z에서 Y로 입사할 때 입사각 θ_2'은 θ_1보다 크고 Z와 Y 사이의 임계각 θ_2보다 크다. ($\theta_2<\theta_1<\theta_2'$) 빛이 굴절률이 큰 매질에서 작은 매질로 입사할 때, 입사각이 임계각보다 큰 경우에 빛은 두 매질의 경계면에서 전반사하므로 A는 Z와 Y의 경계면에서 전반사한다.

🤓 **문제풀이 T I P** | 두 매질의 굴절률 차이가 클수록 임계각은 줄어든다.

😀 **출제분석** | 전반사가 일어나는 조건과 두 매질의 굴절률과 임계각의 관계를 알고 있다면 전반사에 대한 문항은 쉽게 해결할 수 있다.

그림 (가)는 단색광이 매질 A, B의 경계면에서 전반사한 후 매질 A, C의 경계면에서 반사와 굴절하는 모습을, (나)는 (가)의 A, B, C 중 두 매질로 만든 광섬유의 구조를 나타낸 것이다.

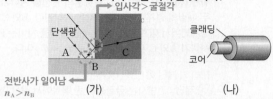

(가)　　　　　　　　(나)

광통신에 사용하기에 적절한 구조를 가진 광섬유만을 〈보기〉에서 있는 대로 고른 것은? 3점
→ 코어의 굴절률 > 클래딩의 굴절률

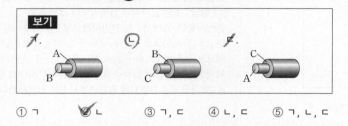

보기
ㄱ. (A 위, B 아래)
ㄴ. (B 위, C 아래)
ㄷ. (C 위, A 아래)

① ㄱ　　② ㄴ　　③ ㄱ, ㄷ　　④ ㄴ, ㄷ　　⑤ ㄱ, ㄴ, ㄷ

|자|료|해|설|및|보|기|풀|이|
단색광은 매질 A에서 B로 입사할 때 전반사 하였으므로 굴절률은 A가 B보다 크다. $(n_A > n_B)$ 전반사한 빛이 매질 C로 입사할 때 굴절각은 입사각보다 작으므로 굴절률은 C가 A보다 크다. $(n_A < n_C)$ 따라서 굴절률은 $n_B < n_A < n_C$ 이다. 한편 광통신에 사용하기에 적절한 구조를 가지려면 코어의 굴절률이 클래딩보다 커야 하는데 이를 만족하는 것은 ㄴ 뿐이다.

💡 문제풀이 T I P | 빛이 굴절률이 큰 매질에서 작은 매질로 입사할 때 굴절각은 입사각보다 크다. 또한 입사각이 임계각보다 클 때 전반사가 일어난다.

😀 출제분석 | 빛이 다른 매질을 통과할 때 굴절이 일어나는이유를 설명할 수 있다면 충분히 해결할 수 있는 문항이다.

다음은 액체의 굴절률을 알아보기 위한 실험이다.

[실험 과정]
(가) 그림과 같이 수조에 액체 A를 채우고 액체 표면 위 30cm 위치에서 액체 표면 위의 점 p를 본다.

(나) (가)에서 자를 액체의 표면에 수직으로 넣으면서 p와 자의 끝이 겹쳐 보이는 순간, 자의 액체에 잠긴 부분의 길이 h를 측정한다.

(다) (가)에서 액체 A를 다른 액체로 바꾸어 (나)를 반복한다.

[실험 결과]

$n \uparrow \rightarrow h \uparrow$

액체의 종류	h(cm)
A	17
물	19
B	21
C	24

이에 대한 설명으로 옳은 것만을 〈보기〉에서 있는 대로 고른 것은?

3점

보기
ㄱ. 굴절률은 A가 물보다 ~~크~~다. (작)
ㄴ. 빛의 속력은 B에서가 C에서보다 빠르다.
ㄷ. 액체와 공기 사이의 임계각은 A가 B보다 크다.

① ㄱ　　② ㄴ　　③ ㄷ　　④ ㄴ, ㄷ　　⑤ ㄱ, ㄴ, ㄷ

|자|료|해|설|
액체에서 공기로 빛이 진행할 때 입사각이 굴절각보다 작으므로 굴절률은 액체가 공기보다 크다. 액체의 종류를 바꾸었을 때 p에서 눈까지의 빛의 경로는 일정하므로 액체와 공기의 굴절률 차이가 클수록 입사각과 굴절각의 차이도 커져서 h도 커진다. 따라서 굴절률은 공기<A<물<B<C이다.

|보|기|풀|이|
ㄱ. 오답 : 굴절률은 A가 물보다 작다.
ㄴ. 정답 : 매질의 굴절률과 매질에서 빛의 속력은 반비례한다. 굴절률은 B<C이므로 빛의 속력은 B>C 이다.
ㄷ. 정답 : 두 매질의 굴절률 차이가 클수록 두 매질 사이의 임계각은 작아진다. 액체 B와 공기의 굴절률 차이가 A와 공기의 굴절률 차이보다 크므로 액체와 공기 사이의 임계각은 B가 A보다 작다.

💡 문제풀이 T I P | 광선 역진의 원리에 의해 자 끝에서 출발한 빛이 눈에 도달하기까지의 빛의 경로와 눈에서 빛이 출발했을 때 자 끝에 도달하기까지의 빛의 경로는 같다. 따라서 굴절률이 큰 매질일수록 빛이 더 많이 꺾이기 때문에 h도 커진다.

다음은 빛의 전반사에 대한 실험이다.

[실험 과정]

(가) 그림과 같이 단색광 P를 공기 중에서 매질 A의 윗면에 입사시킨다.

(나) 입사각 θ를 변화시키며 매질의 옆면에서 P의 전반사 여부를 관찰한다.

(다) (가)에서 A를 같은 모양의 매질 B로 바꾸고 (나)를 반복한다.

공기

옆면

매질 A

매질의 굴절률이 커지면 같은 입사각 θ에서 θ'은 커짐

[실험 결과]

매질	θ	옆면에서 전반사 여부
A	$0 < \theta < 64°$	일어남
	$64° < \theta < 90°$	일어나지 않음
B	$0 < \theta < 90°$	일어남

이에 대한 옳은 설명만을 <보기>에서 있는 대로 고른 것은? 3점

보기

ㄱ. P의 속력은 B에서가 A에서보다 ~~크~~다. (작)

ㄴ. 매질에서 공기로 P가 진행할 때 임계각은 A에서가 B에 보다 크다.

ㄷ. A와 B로 광섬유를 만든다면 ~~A~~를 코어로 사용해야 한다. (B)

① ㄱ　　② ㄴ　　③ ㄱ, ㄷ　　④ ㄴ, ㄷ　　⑤ ㄱ, ㄴ, ㄷ

|자|료|해|설|

단색광 P는 공기에서 매질 A 또는 B로 입사하며 굴절이 일어난다. 이 때 제시된 자료의 그림에서 알 수 있듯이 θ가 커질수록 매질 A에서 옆면으로 입사하는 θ'은 줄어든다. 또한 매질 A를 굴절률이 더 큰 매질로 바꾸면 같은 입사각 θ에서 옆면으로 입사하는 θ'은 커진다. 매질 A를 매질 B로 바꾸었을 때 옆면에서 전반사가 일어나는 θ의 범위가 큰 것은 P가 공기에서 매질 B로 들어갈 때 매질 A보다 더 크게 굴절됐음을 의미하므로 굴절률은 매질 B가 A보다 크다.

|보|기|풀|이|

ㄱ. 오답 : 굴절률은 매질 B가 A보다 크므로 P의 속력은 B에서가 A에서보다 작다.

ㄴ. 정답 : 임계각은 매질 사이의 굴절률 차이가 클수록 작아진다. 굴절률은 B가 A보다 크므로 임계각은 B에서가 A에서보다 작다.

ㄷ. 오답 : 광섬유에서 코어는 클래딩보다 굴절률이 커야하므로 A와 B로 광섬유를 만든다면 B를 코어로 사용해야 한다.

😀 문제풀이 TIP | 전반사는 굴절률이 큰 매질에서 작은 매질로 진행할 때 나타나는데 이 때 임계각은 매질 사이의 굴절률 차이가 클수록 작아진다.

😀 출제분석 | 빛의 전반사에 관한 문항은 그림에서 빛의 진행 경로를 그릴 수 있어야 한다. 이와 같은 문항이 어렵게 느껴진다면 개념을 숙지하는 것은 물론, 제시된 그림에서 빛의 진행 경로를 살펴보는 연습이 필요하다.

그림은 광섬유에 사용되는 물질 A, B, C 중 A와 C의 경계면과 B와 C의 경계면에 각각 입사시킨 동일한 단색광 X가 굴절하는 모습을 나타낸 것이다. θ는 입사각이고, θ_1과 θ_2는 굴절각이며, $\theta_2 > \theta_1 > \theta$ 이다.

입사각<굴절각이므로 빛의 속도가 C에서 빨라짐 → (굴절률은 A가 C보다 큼)

이에 대한 설명으로 옳은 것만을 <보기>에서 있는 대로 고른 것은? 3점

보기

ㄱ. X의 속력은 B에서가 A에서보다 ~~크~~다. (작)

ㄴ. X가 A에서 C로 입사할 때, 전반사가 일어나는 입사각은 θ보다 크다.

ㄷ. 클래딩에 A를 사용한 광섬유의 코어로 ~~C~~를 사용할 수 있다. (B)

① ㄱ　　② ㄴ　　③ ㄱ, ㄷ　　④ ㄴ, ㄷ　　⑤ ㄱ, ㄴ, ㄷ

|자|료|해|설|

빛이 굴절률이 큰 매질에서 작은 매질로 진행할 때 굴절각은 입사각보다 커진다. 또한 이 때 두 매질의 굴절률 차이가 클수록 같은 입사각에서 굴절각은 더욱 커진다. 따라서 굴절률은 C < A < B이다.

|보|기|풀|이|

ㄱ. 오답 : 굴절률이 큰 매질일수록 빛의 속력은 느리다. 굴절률은 C < A < B이므로 X의 속력은 B < A < C이다.

ㄴ. 정답 : X가 A에서 C로 입사할 때, 전반사가 일어나려면 굴절각이 90도가 되는 입사각보다 커야 한다. 빛이 A에서 C로 입사할 때 굴절각이 90도보다 크려면 입사각은 θ보다 커야 한다.

ㄷ. 오답 : 광섬유에서 코어의 굴절률은 클래딩보다 커야 한다. 따라서 클래딩에 A를 사용한다면 광섬유의 코어는 A보다 굴절률이 큰 B를 사용할 수 있다.

😀 문제풀이 TIP | 굴절률이 큰 매질에서 빛의 속력은 느리다.

😀 출제분석 | 전반사에 관한 문항은 빛의 굴절률과 빛의 속력 사이의 관계, 전반사의 조건 등을 이용하면 충분히 해결할 수 있다.

Ⅲ
1 - 02
전반사와 광통신

19 빛의 굴절, 전반사

정답 ② 정답률 80% 2022학년도 9월 모평 15번 문제편 224p

그림과 같이 단색광 X가 입사각 θ로 매질 Ⅰ에서 매질 Ⅱ로 입사할 때는 굴절하고, X가 입사각 θ로 매질 Ⅲ에서 Ⅱ로 입사할 때는 전반사한다.

이에 대한 설명으로 옳은 것만을 <보기>에서 있는 대로 고른 것은? 3점

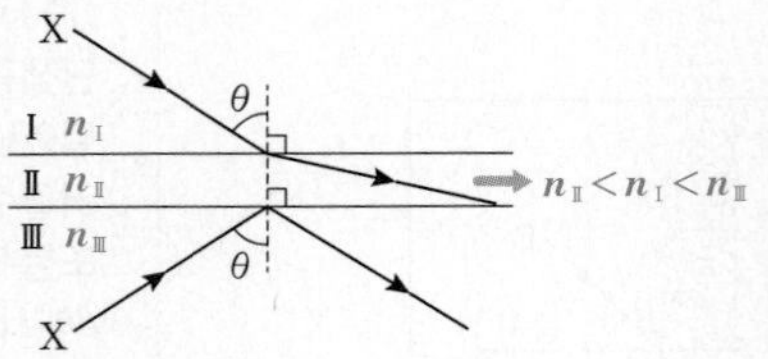

보기

ㄱ. 굴절률은 Ⅱ가 가장 크다. (작다.)

ㄴ. X가 Ⅱ에서 Ⅲ으로 진행할 때 전반사한다. (하지 않는다.)

ㄷ. 임계각은 X가 Ⅰ에서 Ⅱ로 입사할 때가 Ⅲ에서 Ⅱ로 입사할 때보다 크다.

① ㄱ ② ㄷ ③ ㄱ, ㄴ ④ ㄴ, ㄷ ⑤ ㄱ, ㄴ, ㄷ

|자|료|해|설|

매질 Ⅰ, Ⅱ, Ⅲ의 굴절률을 각각 $n_{\text{Ⅰ}}$, $n_{\text{Ⅱ}}$, $n_{\text{Ⅲ}}$라 하면 매질 Ⅰ에서 매질 Ⅱ로 X가 입사할 때 굴절각이 입사각보다 크므로 $n_{\text{Ⅱ}}<n_{\text{Ⅰ}}$이다. 매질 Ⅲ에서 매질 Ⅱ로 X가 입사할 때 전반사가 일어나므로 $n_{\text{Ⅱ}}<n_{\text{Ⅲ}}$이고 굴절률 차이는 매질 Ⅰ과 Ⅱ 사이보다 매질 Ⅱ과 Ⅲ 사이에서 더 크다. 따라서 $n_{\text{Ⅱ}}<n_{\text{Ⅰ}}<n_{\text{Ⅲ}}$이다.

|보|기|풀|이|

ㄱ. 오답 : 자료 해설과 같이 굴절률은 Ⅱ가 가장 작다.

ㄴ. 오답 : 빛이 굴절률이 작은 매질에서 큰 매질로 진행할 때는 입사각에 관계없이 전반사하지 않는다.

ㄷ. 정답 : 임계각은 빛이 진행하는 두 매질의 굴절률의 비가 클수록 전반사의 임계각이 작다. 따라서 임계각은 X가 Ⅰ에서 Ⅱ로 입사할 때가 Ⅲ에서 Ⅱ로 입사할 때보다 크다.

문제풀이 TIP | 전반사는 굴절률이 큰 매질에서 작은 매질로 진행할 때, 입사각이 임계각보다 클 때 일어난다.

출제분석 | 이 영역의 문항은 굴절 법칙과 전반사 조건을 필수로 숙지해야 한다.

20 전반사

정답 ① 정답률 61% 2024년 5월 학평 13번 문제편 224p

그림은 단색광 P가 매질 A와 B의 경계면에 임계각 45°로 입사하여 반사한 후, A와 매질 C의 경계면에서 굴절하여 C와 B의 경계면에 입사하는 모습을 나타낸 것이다.

이에 대한 설명으로 옳은 것만을 <보기>에서 있는 대로 고른 것은? 3점

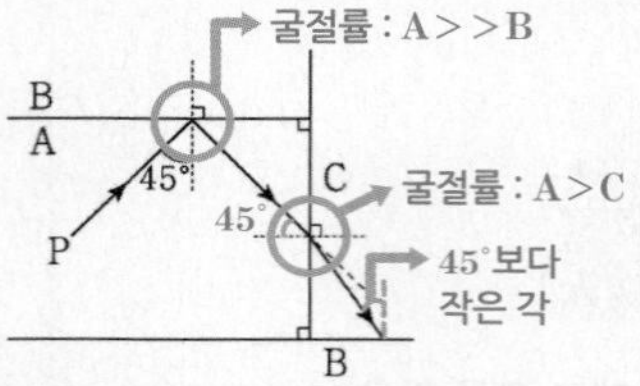

보기

ㄱ. P의 속력은 A에서가 C에서보다 작다.

ㄴ. 굴절률은 B가 C보다 크다. (작다)

ㄷ. P는 C와 B의 경계면에서 전반사한다. (하지 않는다)

① ㄱ ② ㄴ ③ ㄱ, ㄷ ④ ㄴ, ㄷ ⑤ ㄱ, ㄴ, ㄷ

|자|료|해|설|

A와 B의 경계면에서 전반사가 일어나므로 굴절률은 A가 B보다 크다. (A>B) A와 C의 경계면에서 입사각이 굴절각보다 작으므로 굴절률은 A가 C보다 조금 크다. (A>C) 각각의 경계면에서 P의 입사각은 45°이므로 전반사가 일어난 부분의 굴절률 차이가 굴절이 일어난 부분보다 크므로 굴절률은 A>C>B이다.

|보|기|풀|이|

ㄱ. 정답 : P의 속력은 굴절률이 가장 큰 A에서가 가장 작다.

ㄴ. 오답 : 굴절률은 A>C>B이다.

ㄷ. 오답 : C와 B의 경계면에서 입사각은 45°보다 작다. 전반사는 굴절률 차이가 클수록 임계각이 작아지는데 굴절률 차이는 B와 C 사이가 A와 B 사이보다 작으므로 임계각은 45°보다 큰 각에서 일어난다.

출제분석 | 굴절이 일어나는 이유와 전반사가 일어나는 조건을 이해한다면 쉽게 해결할 수 있는 문항이다.

그림과 같이 매질 A와 B의 경계면에 입사각 45°로 입사시킨 단색광 X, Y가 굴절하여 각각 B와 공기의 경계면에 있는 점 p와 q로 진행하였다. X, Y는 p, q에 같은 세기로 입사하며, p와 q 중 한 곳에서만 전반사가 일어난다. 이에 대한 옳은 설명만을 〈보기〉에서 있는 대로 고른 것은? (단, X, Y의 진동수는 같다.) **3점**

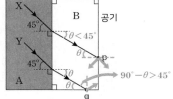

> **보기**
> ㄱ. 굴절률은 A가 B보다 작다.
> ㄴ. q에서 전반사가 일어난다.
> ㄷ. p에서 반사된 X의 세기는 q에서 반사된 Y의 세기보다 작다.

① ㄱ　　② ㄴ　　③ ㄱ, ㄷ　　④ ㄴ, ㄷ　　✓⑤ ㄱ, ㄴ, ㄷ

|자|료|해|설|

매질이 다른 A와 B의 경계면에서 단색광 X, Y는 굴절한다. 이때 제시된 자료와 같이 굴절각 θ < 입사각 45°이므로 단색광의 속력은 B에서가 A에서보다 느려진다. (굴절률은 A<B)

|보|기|풀|이|

ㄱ. 정답 : 입사각이 굴절각보다 크므로 굴절률은 A가 B보다 작다.

ㄴ. 정답 : 전반사는 입사각이 임계각보다 클 때 일어난다. 제시된 자료에서 단색광 X, Y가 매질 B에서 공기로 진행할 때의 입사각은 각각 θ, $90° - \theta$이고 θ < 45°이므로 $90° - \theta$ > 45°이다. 전반사는 p와 q 중 한 곳에서만 일어나고 입사각은 θ < $90° - \theta$이므로 전반사가 일어나는 곳은 q이다.

ㄷ. 정답 : q에서 Y는 전반사가 일어나므로 굴절과 반사를 모두 한 p에서의 X의 세기보다 q에서의 Y의 세기가 더 크다.

👤 **문제풀이 TIP |** 굴절률이 큰 다른 매질을 통과할 때 빛의 굴절각은 입사각보다 작아진다.

😀 **출제분석 |** 빛의 굴절률과 전반사가 일어나는 조건에 대해 알고 있어야 해결할 수 있는 문항이다.

그림과 같이 물질 A와 B의 경계면에 50°로 입사한 단색광 P가 전반사하여 A와 물질 C의 경계면에서 굴절한 후, C와 B의 경계면에 입사한다. A와 B 사이의 임계각은 45°이다. 이에 대한 설명으로 옳은 것만을 〈보기〉에서 있는 대로 고른 것은? **3점**

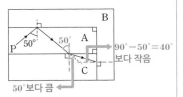

> **보기**
> ㄱ. 굴절률은 A가 B보다 크다.
> ㄴ. P의 속력은 A에서가 C에서보다 ~~크다.~~ 작다.
> ㄷ. C와 B의 경계면에서 P는 전반사~~한다.~~ 하지 않는다.

✓① ㄱ　　② ㄴ　　③ ㄱ, ㄷ　　④ ㄴ, ㄷ　　⑤ ㄱ, ㄴ, ㄷ

|자|료|해|설|

전반사는 굴절률이 큰 매질에서 작은 매질로 빛이 입사할 때, 입사각이 임계각보다 클 때 일어난다. A와 B의 경계면에서 P가 전반사하므로 굴절률은 A>B이다. 또한, 굴절률 차이가 작을수록 임계각은 커지는데, A와 C의 경계면에서 P는 전반사하지 않으므로 굴절률 차이는 A와 C 사이가 A와 B 사이보다 작다. 즉, 굴절률은 A>C>B 이다.

|보|기|풀|이|

ㄱ. 정답 : A에서 B로 입사하는 빛에서 전반사가 일어났으므로 굴절률은 A가 B보다 크다.

ㄴ. 오답 : 굴절률은 A>C이므로 P의 속력은 A<C이다.

ㄷ. 오답 : A와 B 사이의 임계각이 45°이므로 입사각(50°)이 임계각(45°)보다 크기 때문에 전반사가 일어난다. 이때 C와 B 사이의 굴절률 차이는 A와 B 사이의 굴절률 차이보다 작으므로 C에서 B로 입사하는 빛의 임계각은 A에서 B로 입사하는 임계각(45°)보다 크다. 주어진 상황에서 P가 C에서 B로 입사할 때 입사각은 40°보다 작고, 이는 임계각 $(45° + \alpha)$보다 작으므로 전반사하지 않는다.

👤 **문제풀이 TIP |** 전반사는 빛이 다른 매질을 통과할 때 입사각이 임계각보다 크면 일어난다.

😀 **출제분석 |** 이 문제에서 전반사가 일어나는 조건을 이해하는 것은 필수이다.

그림과 같이 단색광 P가 물질 A, B의 경계면에 입사한 후 일부는 굴절하여 B로 진행하고, 일부는 반사하여 물질 C의 경계면에서 전반사한다.
광섬유의 코어와 클래딩을 A, B, C 중 두 가지를 사용하여 만들고, 코어에서 클래딩으로 P를 입사시킬 때, 코어와 클래딩 사이의 임계각이 가장 작은 경우로 옳은 것은?

	코어	클래딩		코어	클래딩
①	A	B	②	A	C
③	B	C	④	C	A
⑤	C	B			

|자|료|해|설|
단색광 P가 물질 A에서 B로 입사할 때 '입사각 $(90° - 45° = 45°)$ < 굴절각'이므로 A의 굴절률이 B의 굴절률보다 크다. 또한 일부 반사한 단색광 P가 C의 경계면에서 전반사하므로 A의 굴절률이 C보다 크다. 한편, A에서 B와 C로 입사할 때의 입사각은 모두 45°로 같지만 A에서 C로 입사할 때는 전반사가 일어났으므로 굴절률의 차이는 A와 C 사이가 A와 B 사이보다 크다. 따라서 굴절률의 크기는 A>B>C이다.

|선|택|지|풀|이|
② 정답 : 코어는 클래딩보다 굴절률이 커야하므로 코어가 A일 때는 클래딩이 B, C로, 코어가 B일 때는 클래딩이 C여야 광섬유를 만들 수 있는데 코어와 클래딩 사이의 임계각이 가장 작으려면 굴절률 차이가 가장 큰 A와 C로 만들어야 한다.

😀 **문제풀이 T I P** | 광섬유를 만들 때 코어로 입사한 빛은 전반사가 일어나야 하므로 중앙에는 굴절률이 큰 코어가, 바깥부분은 코어보다 굴절률이 작은 클래딩이 둘러싸야 한다.

😀 **출제분석** | 매질에 따른 빛의 굴절과 전반사의 조건을 이해하는지 알아보는 문항으로 기본적인 수준에서 출제되었다.

그림과 같이 매질 A와 B의 경계면에 입사한 단색광이 굴절한 후 B와 A의 경계면에서 반사하여 B와 매질 C의 경계면에 입사한다.
θ는 B와 A 사이의 임계각이고,
굴절률은 A가 C보다 크다. → $n_A > n_C$
이에 대한 설명으로 옳은 것만을 <보기>에서 있는 대로 고른 것은?

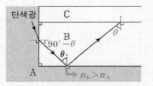

③점

보기
ㄱ. 단색광의 속력은 A에서가 B에서보다 크다.
ㄴ. θ는 45°보다 ~~작다~~ 크다.
ㄷ. 단색광은 B와 C의 경계면에서 전반사한다.

① ㄱ   ② ㄴ   ③ ㄱ, ㄷ   ④ ㄴ, ㄷ   ⑤ ㄱ, ㄴ, ㄷ

|자|료|해|설|
단색광이 A에서 B로 입사할 때 굴절각이 입사각보다 작고, B에서 A로 입사할 때 전반사하므로 굴절률은 $n_A < n_B$이다. 또한 주어진 조건에서 굴절률은 $n_C < n_A$이므로 굴절률은 $n_C < n_A < n_B$이다.

|보|기|풀|이|
ㄱ. 정답 : 굴절률은 $n_C < n_A < n_B$이므로 단색광의 속력은 $v_B < v_A < v_C$이다.
ㄴ. 오답 : 광선 역진의 원리에 의해 B에서 A로 입사할 때 $90° - \theta$로 입사하면 굴절이 일어나고, θ로 입사하면 전반사가 일어나므로 $90° - \theta < \theta$이다. 따라서 $45° < \theta$이다.
ㄷ. 정답 : A와 B 사이보다 B와 C 사이의 굴절률 차이가 크므로 B와 C 사이의 임계각은 θ보다 작다. 단색광은 B와 C의 경계면에 θ로 입사하므로 전반사한다.

😀 **문제풀이 T I P** | 두 매질의 경계면에서 빛의 입사각이 임계각보다 클 때 전반사한다.

😀 **출제분석** | 굴절률과 빛의 속도 관계, 전반사 조건을 반드시 숙지해야 문제를 해결할 수 있다.

그림 (가), (나)는 각각 매질 A와 B, 매질 B와 C에서 진행하는 단색광 P의 진행 경로의 일부를 나타낸 것이다. 표는 (가), (나)에서의 입사각과 굴절각을 나타낸 것이다. **P의 속력은 C에서가 A에서보다 크다.**

→ 굴절률 A>C

(가)   (나)

	(가)	(나)
입사각	45°	40°
굴절각	35°	㉠

→ 굴절률 A<B

이에 대한 옳은 설명만을 〈보기〉에서 있는 대로 고른 것은? **3점**

보기
ㄱ. ㉠은 45°보다 크다.
ㄴ. 굴절률은 B가 C보다 크다.
ㄷ. B를 코어로 사용하는 광섬유에 A를 클래딩으로 사용할 수 있다.

① ㄱ   ② ㄷ   ③ ㄱ, ㄴ   ④ ㄴ, ㄷ   ✔⑤ ㄱ, ㄴ, ㄷ

|자|료|해|설|
P의 속력은 C에서가 A에서보다 크므로 굴절률은 A>C 이다. (가)에서 굴절각이 입사각보다 작으므로 굴절률은 B>A이다. (굴절률 : C<A<B)

|보|기|풀|이|
ㄱ. 정답 : 굴절률 차이가 클수록 입사각과 굴절각의 차이가 크다. 제시된 표에 따르면 P가 B에서 A로 진행할 때 입사각이 35°이면 굴절각은 45°라는 것을 알 수 있다. 따라서 P가 B에서 C로 진행할 때 입사각이 40°라면 B는 A보다 C와의 굴절률 차이가 크기 때문에 굴절각 ㉠은 45° 보다 커야 한다.
ㄴ. 정답 : 굴절률은 C<A<B이다.
ㄷ. 정답 : 굴절률은 코어가 클래딩보다 커야 하므로 B를 코어로 사용하는 광섬유에는 클래딩으로 A와 C를 모두 사용할 수 있다.

🤔 **문제풀이 TIP** | 매질의 굴절률과 매질을 통과하는 빛의 속력은 반비례한다.

😀 **출제분석** | 굴절률에 따른 빛의 속도와 전반사 개념을 이해하는지 확인하는 문항이다.

그림은 반원형 매질 A 또는 B의 경계면을 따라 점 P, Q 사이에서 광원의 위치를 변화시키며 중심 O를 향해 빛을 입사시키는 모습을 나타낸 것이다. 표는 매질이 A 또는 B일 때, O에서의 전반사 여부에 따라 입사각 θ의 범위를 Ⅰ, Ⅱ로 구분한 것이다.

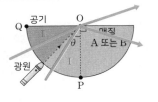

매질	Ⅰ	Ⅱ
A	0°<θ<42°	42°<θ<90°
B	0°<θ<34°	34°<θ<90°

→ 전반사가 일어나는 범위

→ 임계각으로 임계각이 작을수록 공기와 매질의 굴절률 차이가 크다

이에 대한 옳은 설명만을 〈보기〉에서 있는 대로 고른 것은? **3점**

보기
ㄱ. 전반사가 일어나는 범위는 ~~Ⅰ~~ Ⅱ 이다.
ㄴ. 굴절률은 A가 B보다 작다.
ㄷ. A와 B로 광섬유를 만든다면 ~~A~~ B를 코어로 사용해야 한다.

① ㄱ   ✔② ㄴ   ③ ㄱ, ㄷ   ④ ㄴ, ㄷ   ⑤ ㄱ, ㄴ, ㄷ

|자|료|해|설|
빛이 통과하는 두 매질 사이의 굴절률 차이가 클수록 임계각은 작다. 표에서 매질 A와 B일 때의 임계각은 각각 42°, 34°이므로 굴절률은 매질 A가 B보다 작다는 것을 알 수 있다.

|보|기|풀|이|
ㄱ. 오답 : 전반사는 임계각보다 클 때 일어나므로 전반사가 일어나는 범위는 Ⅱ이다.
ㄴ. 정답 : 자료 해설과 같이 굴절률은 A가 B보다 작다.
ㄷ. 오답 : 광섬유에서 코어는 굴절률이 높은 물질로 사용하므로 A와 B로 광섬유를 만든다면 B를 코어로 사용해야 한다.

🤔 **문제풀이 TIP** | 전반사의 임계각은 매질의 굴절률 차이가 클수록 작아진다.

😀 **출제분석** | 전반사에 대한 문항은 전반사의 개념과 조건, 매질의 굴절률 비교, 광섬유에서 코어와 클래딩의 특징에 관한 설명을 묻는 보기가 대부분이다.

그림 (가)는 매질 A에서 원형 매질 B에 입사각 θ_1로 입사한 단색광 P가 B와 매질 C의 경계면에 임계각 θ_c로 입사하는 모습을, (나)는 C에서 B로 입사한 P가 B와 A의 경계면에서 굴절각 θ_2로 진행하는 모습을 나타낸 것이다.

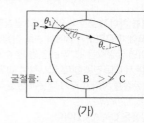 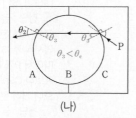

(가)   (나)

이에 대한 설명으로 옳은 것만을 〈보기〉에서 있는 대로 고른 것은?

보기
ㄱ. P의 파장은 A에서가 B에서보다 길다.
ㄴ. $\theta_1 > \theta_2$이다.
ㄷ. A와 B 사이의 임계각은 θ_c보다 크다.

① ㄱ   ② ㄴ   ③ ㄱ, ㄷ   ④ ㄴ, ㄷ   ⑤ ㄱ, ㄴ, ㄷ

|자|료|해|설|
(가)에서 P가 매질 A에서 B로 입사할 때의 굴절각과 B에서 C로 입사할 때의 입사각은 θ_c로 같다. P가 B에서 C로 입사할 때 임계각으로 입사하므로 굴절률의 차이는 A와 B 사이보다 B와 C 사이가 더 크다. 따라서 굴절률은 C<A<B이다.

|보|기|풀|이|
ㄱ. 정답 : 굴절률이 큰 매질에서 파장이 짧아지므로 P의 파장은 A에서가 B에서보다 길다.
ㄴ. 오답 : (가)에서 P가 B에서 C로 입사할 때 굴절각이 90도이고, (나)에서 C에서 B로 입사하는 P의 입사각은 90도보다 작다. 따라서 굴절각 θ_3는 θ_c보다 작으므로 $\theta_2 < \theta_1$이다.
ㄷ. 오답 : A와 B 사이의 굴절률 차이는 B와 C 사이보다 작으므로 A와 B 사이의 임계각은 θ_c보다 크다.

😮 **문제풀이 T I P |** 두 매질의 굴절률 차이가 클수록 임계각은 작아진다.

그림과 같이 단색광 P가 매질 Ⅰ, Ⅱ, Ⅲ의 경계면에서 굴절하며 진행한다. P가 Ⅰ에서 Ⅱ로 진행할 때 입사각과 굴절각은 각각 θ_1, θ_2이고, Ⅱ에서 Ⅲ으로 진행할 때 입사각과 굴절각은 각각 θ_3, θ_1이며, Ⅲ에서 Ⅰ로 진행할 때 굴절각은 θ_2이다.

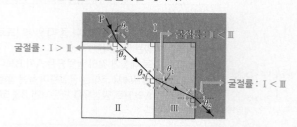

이에 대한 설명으로 옳은 것만을 〈보기〉에서 있는 대로 고른 것은?

보기
ㄱ. P의 파장은 Ⅰ에서가 Ⅱ에서보다 짧다.
ㄴ. P의 속력은 Ⅰ에서가 Ⅲ에서보다 크다.
ㄷ. $\theta_3 > \theta_2$이다.

① ㄱ   ② ㄷ   ③ ㄱ, ㄴ   ④ ㄴ, ㄷ   ⑤ ㄱ, ㄴ, ㄷ

|자|료|해|설|
빛이 매질 Ⅰ에서 매질 Ⅱ로 진행할 때 '입사각 < 굴절각'이면 굴절률은 매질 Ⅰ에서가 매질 Ⅱ에서보다 크다. Ⅰ, Ⅱ, Ⅲ에서 굴절률을 각각 $n_Ⅰ, n_Ⅱ, n_Ⅲ$라 하면 $n_Ⅱ < n_Ⅰ < n_Ⅲ$이다.

|보|기|풀|이|
ㄱ. 정답 : 파장은 매질의 굴절률과 반비례한다. 굴절률은 $n_Ⅱ < n_Ⅰ$이므로 P의 파장은 Ⅰ에서가 Ⅱ에서보다 짧다.
ㄴ. 정답 : 파동의 속력은 굴절률과 반비례한다. 굴절률은 $n_Ⅰ < n_Ⅲ$이므로 P의 속력은 Ⅰ에서가 Ⅲ에서보다 크다.
ㄷ. 정답 : 입사각 또는 굴절각이 같을 때 굴절률 차이가 클수록 입사각과 굴절각 사이의 차이가 크다. 굴절률 차이는 Ⅰ과 Ⅱ에서가 Ⅱ와 Ⅲ에서보다 작으므로 θ_1과 θ_2의 차이가 θ_1과 θ_3의 차이보다 작다. 따라서 $\theta_1 < \theta_2 < \theta_3$이다.

😮 **문제풀이 T I P |** 굴절 법칙 $\dfrac{n_2}{n_1} = \dfrac{\sin \theta_1}{\sin \theta_2} = \dfrac{v_1}{v_2} = \dfrac{\lambda_1}{\lambda_2}$

😮 **출제분석 |** 굴절 법칙을 이용하여 매질의 굴절률을 비교할 수 있다면 쉽게 해결할 수 있는 문항이다.

그림은 일정한 세기의 단색광 X가 매질 A와 B의 경계면의 점 O에 입사각 θ로 입사하여 진행하는 경로를 나타낸 것이다. 표는 X의 입사각이 θ, 2θ일 때, 금속판 P, Q에서 각각 광전자의 방출 여부를 나타낸 것이다.

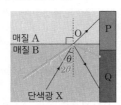

X의 입사각	광전자 방출 여부	
	P	Q
θ	방출됨	방출됨 → 일부 반사
2θ	방출 안 됨	방출됨 → 전반사

→ 빛이 도달하지 않았음

이에 대한 옳은 설명만을 〈보기〉에서 있는 대로 고른 것은?

보기

ㄱ. 입사각이 θ일 때 굴절각은 반사각보다 크다.

ㄴ. Q에서 단위 시간당 방출되는 광전자의 수는 입사각이 2θ일 때가 θ일 때보다 많다.

ㄷ. A와 B로 광섬유를 만든다면 B를 코어로 사용해야 한다.

① ㄴ   ② ㄷ   ③ ㄱ, ㄴ   ④ ㄱ, ㄷ   ✓⑤ ㄱ, ㄴ, ㄷ

😀 **문제풀이 TIP** | 굴절각이 입사각보다 크면 매질이 바뀌면서 빛의 속도가 빨라졌다는 것, 즉 매질의 굴절률이 작아졌다는 것을 의미한다. 또한 빛이 금속판에 도달했을 때 광전 효과가 일어났다면 빛의 진동수가 금속판의 문턱 진동수보다 크다는 것을 의미한다.

😀 **출제분석** | 전반사와 광전 효과, 이 두 가지 개념이 연관되어 출제된 것은 처음이지만, 모두 어려운 내용이 아니므로 쉽게 해결할 수 있어야 한다.

|자|료|해|설|

단색광 X가 매질 A에서 B로 입사각 θ로 입사할 때, 그림과 같이 단색광 X의 일부는 매질 A를 통해 금속판 P에 도달하여 광전 효과를 일으키고, 일부는 매질 A와 B의 경계면에서 반사되어 Q에 도달하여 광전 효과를 일으킨다. 따라서 빛의 진동수는 금속판 P와 Q의 문턱 진동수보다 크며 조금만 빛이 도달하더라도 광전자는 방출된다. 또한 굴절각이 입사각 θ보다 크다는 것은 굴절률이 매질 B에서가 매질 A에서보다 크다는 것을 의미한다. 한편, X의 입사각을 2θ로 할 경우 금속판 P에 빛이 전혀 도달하지 않았으므로 그림과 같이 입사한 빛이 매질 A와 B의 경계면에서 모두 전반사하여 금속판 Q에 도달한다.

|보|기|풀|이|

ㄱ. 정답 : 입사각이 θ일 때 반사각도 θ이다. 한편, 그림과 같이 굴절각은 θ보다 크므로 굴절각은 반사각보다 크다.

ㄴ. 정답 : 금속판의 문턱 진동수보다 더 큰 진동수를 가진 빛이 금속판에 더 많이 도달하면 광전자의 수도 비례하여 더 많이 방출된다. 입사각이 2θ일 때는 전반사가 일어나므로 입사한 빛은 모두 Q에 도달하는 한편, 입사각이 θ일 때는 일부의 빛만이 Q에 도달하므로 단위 시간당 방출되는 광전자의 수는 금속판에 도달하는 빛의 세기가 큰 입사각이 2θ일 때가 θ일 때보다 많다.

ㄷ. 정답 : 광섬유를 만들 때 굴절률이 큰 매질을 코어로 사용한다. 그림에서와 같이 빛의 입사각보다 굴절각이 더 크므로 굴절률이 더 큰 B를 코어로 사용해야 한다.

그림은 단색광 P가 매질 A와 중심이 O인 원형 매질 B의 경계면에 입사각 θ로 입사하여 굴절한 후, B와 매질 C의 경계면에 임계각 i_C로 입사하는 모습을 나타낸 것이다. 이에 대한 설명으로 옳은 것만을 〈보기〉에서 있는 대로 고른 것은? (단, A, B, C는 광섬유에 사용되는 물질이다.) 3점

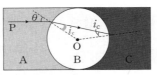

보기

ㄱ. P의 파장은 A에서가 B에서보다 길다.

ㄴ. θ가 작아지면 P는 B와 C의 경계면에서 전반사 한다. → 하지 않는다.

ㄷ. 클래딩에 A를 사용한 광섬유의 코어로 C를 사용할 수 있다. → 없다.

✓① ㄱ   ② ㄴ   ③ ㄱ, ㄷ   ④ ㄴ, ㄷ   ⑤ ㄱ, ㄴ, ㄷ

😀 **문제풀이 TIP** | 전반사는 굴절률이 큰 매질에서 작은 매질로 빛이 진행할 때 일어난다.

😀 **출제분석** | 굴절 법칙과 전반사 조건을 숙지하는 것을 기본으로 제시된 자료를 분석하여야 한다.

|자|료|해|설|

(굴절 법칙) A, B, C의 굴절률을 각각 n_A, n_B, n_C라고 하면 A에서 B로 진행하는 빛의 굴절각은 i_C이므로 굴절 법칙에 의해 $n_A\sin\theta = n_B\sin i_C = n_C\sin 90°$이다. $i_C < \theta < 90°$이므로 굴절률은 $n_C < n_A < n_B$이다.

(광선 역진의 원리) B에서 빛이 출발했다고 생각하면 입사각 i_C보다 굴절각 θ와 90°가 모두 크기 때문에 굴절률은 B가 가장 큰 것을 알 수 있다. 또한 $\theta < 90°$이므로 B와의 굴절률 차이는 A보다 C가 크다. 따라서 굴절률은 $n_C < n_A < n_B$이다.

|보|기|풀|이|

ㄱ. 정답 : 굴절률이 큰 매질을 지날수록 P의 파장은 짧다. 따라서 파장은 B보다 A에서 길다.

ㄴ. 오답 : P가 B에서 C로 입사할 때 전반사가 일어나기 위한 입사각은 임계각 i_C보다 커야 한다. θ가 작아지면 i_C도 작아지므로 P는 B와 C의 경계면에서 전반사하지 않는다.

ㄷ. 오답 : 광섬유에서 매질의 굴절률은 코어에서가 클래딩보다 커야 한다. 따라서 클래딩에 A를 사용한 광섬유의 코어는 B만 사용할 수 있다.

다음은 빛의 굴절에 대한 실험이다.

[실험 과정]
(가) 그림과 같이 광학용 물통의 절반을 물로 채운 후 레이저를 물통의 둥근 부분 쪽에서 중심을 향해 비추어 빛이 물에서 공기로 진행하도록 한다.

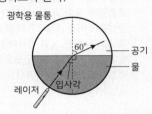

(나) (가)에서 입사각을 변화시키면서 굴절각이 60°가 되는 입사각을 측정한다.
(다) (가)에서 물을 액체 A, B로 각각 바꾸고 (나)를 반복한다.

[실험 결과]

> 입사각과 굴절각의 차이가 클수록 굴절률의 차이가 크다.

액체의 종류	입사각	굴절각
물	41°	60°
A	38°	60°
B	35°	60°

이에 대한 설명으로 옳은 것만을 〈보기〉에서 있는 대로 고른 것은?

(3점)

보기
ㄱ. 빛의 속력은 물에서가 A에서보다 크다.
ㄴ. 굴절률은 A가 B보다 크다. (작)
ㄷ. 공기와 액체 사이의 임계각은 A일 때가 B일 때보다 크다.

① ㄱ   ② ㄴ   ③ ㄱ, ㄷ   ④ ㄴ, ㄷ   ⑤ ㄱ, ㄴ, ㄷ

|자|료|해|설|
매질을 통과하는 빛의 속력과 매질의 굴절률은 반비례한다. 제시된 자료에서 액체에서 입사한 빛의 입사각은 굴절각보다 작으므로 빛은 액체보다 공기에서 속력이 빠르고 굴절률은 작다. 또한 굴절각이 같을 때 입사각과 굴절각의 차이가 클수록 굴절률 차이가 크므로 굴절률은 B > A > 물이다.

|보|기|풀|이|
ㄱ. 정답 : 빛의 속력은 굴절률이 가장 작은 물에서 가장 크다.
ㄴ. 오답 : 자료 해설과 같이 굴절률은 B > A > 물이다.
ㄷ. 정답 : 임계각은 굴절률 차이가 클수록 작다. 따라서 공기와 액체 사이의 임계각은 공기와의 굴절률 차이가 가장 큰 B일 때가 A일 때보다 작다.

😀 문제풀이 T I P | 굴절률과 빛의 속력은 반비례한다.

😀 출제분석 | 전반사와 굴절에 대해 이해하기 위해서는 굴절률과 빛의 속력의 관계를 알고 빛이 굴절되는 정도를 그려보는 것이 좋다.

그림과 같이 단색광을 매질 A, B의 경계면에 입사각 45°로 입사시켰더니 단색광이 A, B의 경계면에서 전반사한 후, A와 매질 C의 경계면에서 일부는 반사하고 일부는 C로 굴절하였다. A, B, C의 굴절률은 각각 n_A, n_B, n_C이다. A, B, C의 굴절률의 크기를 옳게 비교한 것은?

> 전반사가 일어남
> 즉, $n_A > n_B$

단색광 45°

> 전반사가 일어나지 않음
> 또한 입사각이 굴절각보다 큼
> (빛이 A에서 C로 굴절하며 속도가 느려짐) 즉, $n_A < n_C$

① $n_A > n_B > n_C$ ② $n_A > n_C > n_B$ ③ $n_B > n_A > n_C$ 즉, $n_A < n_C$
④ $n_B > n_C > n_A$ ⑤ $n_C > n_A > n_B$

> 전반사의 조건
> 1. 빛이 굴절률이 큰 매질에서 굴절률이 작은 매질로 진행할 때 일어남
> 2. 입사각이 임계각보다 커야 함

|자|료|해|설|
전반사는 굴절률이 큰 매질에서 굴절률이 작은 매질로 진행할 때, 입사각이 임계각보다 클 때 일어난다.

|선|택|지|풀|이|
⑤ 정답 : 빛이 매질 A에서 B로 입사할 때 전반사가 일어났으므로 A의 굴절률(n_A)이 B의 굴절률(n_B)보다 크다($n_A > n_B$). 빛이 매질 A에서 C로 입사할 때 굴절이 일어났지만 입사각이 굴절각보다 크므로 A의 굴절률(n_A)이 C의 굴절률(n_C)보다 작다($n_A < n_C$). 따라서 $n_C > n_A > n_B$이다.

😀 문제풀이 T I P | • 전반사의 조건
1. 빛이 굴절률이 큰 매질에서 굴절률이 작은 매질로 진행할 때 일어난다.
2. 입사각이 임계각보다 커야 한다.

😀 출제분석 | 빛의 굴절이 일어나는 기본 개념과 전반사의 조건을 이해하면 쉽게 해결할 수 있는 문항이다.

다음은 빛의 성질을 알아보는 실험이다.

[실험 과정]

(가) 반원 Ⅰ, Ⅱ로 구성된 원이 그려진 종이면의 Ⅰ에 반원형 유리 A를 올려놓는다.

(나) 레이저 빛이 점 p에서 유리면에 수직으로 입사하도록 한다.

(다) 그림과 같이 빛이 진행하는 경로를 종이면에 그린다.

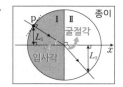

(라) p와 x축 사이의 거리 L_1, 빛의 경로가 Ⅱ의 호와 만나는 점과 x축 사이의 거리 L_2를 측정한다.

(마) (가)에서 Ⅰ의 A를 반원형 유리 B로 바꾸고, (나)~(라)를 반복한다.

(바) (마)에서 Ⅱ에 A를 올려놓고, (나)~(라)를 반복한다.

[실험 결과]

과정	Ⅰ	Ⅱ	L_1(cm)	L_2(cm)
(라)	A	공기	3.0	4.5 → 공기의 굴절률 <A의 굴절률
(마)	B	공기	3.0	5.1 → 공기의 굴절률 <B의 굴절률
(바)	B	A	3.0	㉠ → 공기의 굴절률 <A의 굴절률 <B의 굴절률

이에 대한 설명으로 옳은 것만을 〈보기〉에서 있는 대로 고른 것은? (3점)

보기

ㄱ. ㉠~~>~~5.1이다.

ㄴ. 레이저 빛의 속력은 A에서가 B에서보다 크다.

ㄷ. 임계각은 레이저 빛이 A에서 공기로 진행할 때가 B에서 공기로 진행할 때보다 크다.

① ㄱ   ② ㄴ   ③ ㄱ, ㄷ   ✓④ ㄴ, ㄷ   ⑤ ㄱ, ㄴ, ㄷ

|자|료|해|설|

빛이 Ⅰ에서 Ⅱ로 진행할 때 $L_1 < L_2$인 경우 입사각< 굴절각이고($\sin\theta_1 < \sin\theta_2$) Ⅰ의 굴절률이 Ⅱ의 굴절률보다 크다.($n_1 > n_2$) 또한 L의 차이가 클수록 굴절률 n의 차이도 크다.

실험 결과 (라)와 (마)에서 $L_1 < L_2$이므로 A와 B의 굴절률은 공기의 굴절률보다 크고, L_1과 L_2의 차이는 (마)에서가 (라)보다 크므로 공기와 B 사이의 굴절률 차이는 공기와 A 사이의 굴절률 차이보다 크다. 따라서 굴절률은 공기의 굴절률<A의 굴절률<B의 굴절률이다.

|보|기|풀|이|

ㄱ. 오답 : 굴절률의 차이가 클수록 L_1과 L_2의 차이는 크다. (바)에서 B와 A의 굴절률 차이는 (마)에서 B와 공기의 굴절률 차이보다 작으므로 ㉠은 5.1보다 작다.

ㄴ. 정답 : 빛은 굴절률이 큰 매질을 통과할 때 느려진다. 따라서 레이저 빛의 속력은 상대적으로 굴절률이 작은 A에서가 B에서보다 크다.

ㄷ. 정답 : 전반사는 굴절률이 큰 매질에서 작은 매질로 빛이 통과할 때 일어나며 임계각은 빛이 통과하는 두 매질의 굴절률 차이가 클수록 더 작은 각도에서도 전반사가 일어난다. B에서 공기로 진행할 때가 A에서 공기로 진행할 때보다 굴절률 차이가 크기 때문에 임계각은 B에서 공기로 진행할 때가 더 작다.

🤖 문제풀이 TIP | $\dfrac{n_1}{n_2} = \dfrac{v_2}{v_1} = \dfrac{\lambda_2}{\lambda_1} = \dfrac{\sin\theta_2}{\sin\theta_1}$ 이고 반지름이 r인 원에서 $\dfrac{L_2}{L_1} = \dfrac{r\sin\theta_2}{r\sin\theta_1} = \dfrac{n_1}{n_2}$ 이다.

그림과 같이 단색광이 물속에 놓인 유리를 지나면서 점 p, q에서 굴절한다. 표는 각 점에서 입사각과 굴절각을 나타낸 것이다.

점	입사각	굴절각
p	θ_0	θ_1
q	θ_2	θ_0

이에 대한 옳은 설명만을 〈보기〉에서 있는 대로 고른 것은?

보기

ㄱ. $\theta_1 = \theta_2$이다.

ㄴ. 단색광의 진동수는 유리에서와 물에서 같다.

ㄷ. 단색광의 파장은 유리에서가 물에서보다 작다.

① ㄱ   ② ㄷ   ③ ㄱ, ㄴ   ④ ㄴ, ㄷ   ✓⑤ ㄱ, ㄴ, ㄷ

|자|료|해|설|

단색광은 다른 매질로 진행할 때 속력이 달라져 굴절한다.

|보|기|풀|이|

ㄱ. 정답 : 물과 유리의 굴절률을 각각 $n_물$, $n_{유리}$ 라 하면 굴절 법칙에 따라 p와 q에서 $\dfrac{n_{유리}}{n_물} = \dfrac{\sin\theta_0(\text{p에서 입사각})}{\sin\theta_1(\text{p에서 굴절각})} = \dfrac{\sin\theta_0(\text{q에서 굴절각})}{\sin\theta_2(\text{q에서 입사각})}$ 이다. 따라서 $\theta_1 = \theta_2$이다.

ㄴ. 정답 : 단색광의 진동수는 매질과 관계없이 일정하다.

ㄷ. 정답 : p에서 입사각>굴절각이므로 단색광의 속력 (v)은 물에서가 유리에서보다 빠르다. $v = \lambda f$에서 매질과 관계없이 단색광의 진동수(f)는 일정하므로 파장(λ)은 물에서가 유리에서보다 길다.

그림은 단색광 P가 매질 X, Y, Z에서 진행하는 모습을 나타낸 것이다. θ_0과 θ_1은 각 경계면에서의 P의 입사각 또는 굴절각이고, P는 Z와 X의 경계면에서 전반사한다.

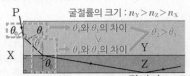

이에 대한 옳은 설명만을 〈보기〉에서 있는 대로 고른 것은? 3점

보기
ㄱ. P의 속력은 Y에서가 Z에서보다 ~~크다.~~ 작다.
ㄴ. 굴절률은 Z가 X보다 크다.
ㄷ. θ_1은 45°보다 ~~크다.~~ 작다.

① ㄱ　　② ㄴ ✓　　③ ㄱ, ㄴ　　④ ㄱ, ㄷ　　⑤ ㄴ, ㄷ

|자|료|해|설|
단색광 P가 매질 X에서 Y로 지날 때 입사각(θ_0)＞굴절각(θ_1)이므로 X의 굴절률(n_X)은 Y의 굴절률(n_Y)보다 작다. ($n_X < n_Y$) P가 매질 Y에서 Z로 입사할 때 입사각(θ_2)＜굴절각(θ_0)이므로 Y의 굴절률(n_Y)은 Z의 굴절률(n_Z)보다 크다. ($n_Z < n_Y$) 또한 P가 Z에서 X로 진행할 때 전반사하므로 굴절률은 $n_X < n_Z$이다. 따라서 X, Y, Z의 굴절률은 $n_X < n_Z < n_Y$이다.

|보|기|풀|이|
ㄱ. 오답 : 굴절률은 $n_Z < n_Y$이므로 P의 속력은 Y에서가 Z에서보다 작다.
ㄴ. 정답 : P가 Z에서 X로 진행할 때 전반사하므로 굴절률은 $n_X < n_Z$이다.
ㄷ. 오답 : 빛이 X에서 Y로 입사할 때 굴절각이 θ_1이고, Z에서 Y로 θ_0로 입사할 때 굴절각은 $\theta_2 = 90° - \theta_1$이다. Y와 Z의 굴절률 차이보다 X와 Y의 굴절률 차이가 더 크므로 $\theta_2 > \theta_1$이다. $\theta_1 + \theta_2 = 90°$이므로 θ_1은 45°보다 작다.

💡 **문제풀이 T I P** | 빛이 지나는 지점 어디서든 반대로 빛을 쏘아도 그 진행 경로는 동일하다. 이를 이용하면 주어진 상황은 X와 Z에서 같은 입사각으로 Y에 P를 입사시키는 상황으로도 볼 수 있다. 빛을 같은 입사각으로 다른 매질에 입사시키는 경우, 굴절률 차이가 클수록 빛이 꺾이는 정도가 크므로 굴절각은 작아진다.

😀 **출제분석** | 전반사는 빛이 굴절률이 큰 매질에서 작은 매질로 입사할 때 일어난다는 것을 이용하는 문제가 자주 출제된다.

다음은 빛의 성질을 알아보는 실험이다.

[실험 과정]
(가) 그림과 같이 반원형 매질 A와 B를 서로 붙여 놓는다.
(나) 단색광을 A에서 B를 향해 원의 중심을 지나도록 입사시킨다.
(다) (나)에서 입사각을 변화시키면서 굴절각과 반사각을 측정한다.

[실험 결과]
입사각＜굴절각 → $v_A < v_B$
　　　　　　　 → $n_A > n_B$

실험	입사각	굴절각	반사각
I	30°	34°	30°
II	㉠ = 50°	59°	50°
III	70°	해당 없음	70°

↳ 전반사 : 임계각＜70°

이에 대한 설명으로 옳은 것만을 〈보기〉에서 있는 대로 고른 것은? 3점

보기
ㄱ. ㉠은 50°이다.
ㄴ. 단색광의 속력은 A에서가 B에서보다 ~~크다.~~ 작다.
ㄷ. A와 B 사이의 임계각은 70°보다 ~~크다.~~ 작다.

① ㄱ ✓　　② ㄴ　　③ ㄱ, ㄷ　　④ ㄴ, ㄷ　　⑤ ㄱ, ㄴ, ㄷ

|자|료|해|설|
실험 I에서 입사각이 굴절각보다 작으므로 굴절률은 A가 B보다 크고($n_A > n_B$) 빛의 속력은 A에서가 B에서보다 작다. ($v_A < v_B$) 실험 II에서는 반사의 법칙에 따라 입사각 ㉠은 반사각과 같은 50°이다. 실험 III에서는 굴절하는 빛이 없으므로 전반사가 일어남을 알 수 있고, 임계각은 II의 50°보다 크고, III의 70°보다 작은 각이다.

|보|기|풀|이|
ㄱ. 정답 : 반사의 법칙에 따라 입사각 ㉠은 반사각과 같은 50°이다.
ㄴ. 오답 : 자료 해설과 같이 단색광의 속력은 A에서가 B에서보다 작다.
ㄷ. 오답 : 실험 III에서 단색광은 전반사하므로 A와 B 사이의 임계각은 70°보다 작다.

💡 **문제풀이 T I P** | 매질의 경계면에서 빛의 속도가 빨라지면 입사각이 굴절각보다 크다.

😀 **출제분석** | 반사의 법칙, 굴절의 법칙의 기본 개념을 숙지하고 있다면 쉽게 해결할 수 있는 문항이다.

그림 (가)와 같이 단색광이 매질 B와 C에서 진행한다. 단색광은 매질 A와 B의 경계면에 있는 p점과 A와 C의 경계면에 있는 r점에서 전반사한다. $\theta_1 > \theta_2$이다. 그림 (나)는 (가)의 단색광이 코어와 클래딩으로 구성된 광섬유에서 전반사하는 모습을 나타낸 것이다.

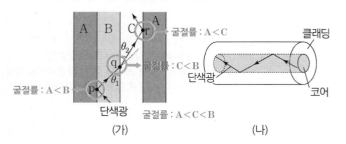

(가)   (나)

이에 대한 설명으로 옳은 것만을 〈보기〉에서 있는 대로 고른 것은?

(3점)

보기

ㄱ. 단색광의 파장은 B에서가 C에서보다 ~~길다.~~ 짧다.

ㄴ. 임계각은 A와 B 사이에서가 A와 C 사이에서보다 작다.

ㄷ. A, B, C로 (나)의 광섬유를 제작할 때 코어를 B, 클래딩을 ~~C~~로 만들면 임계각이 가장 작다. A

① ㄱ   ②✓ ㄴ   ③ ㄱ, ㄷ   ④ ㄴ, ㄷ   ⑤ ㄱ, ㄴ, ㄷ

|자|료|해|설|

p와 r에서 단색광은 전반사하므로 굴절률은 A<B, A<C이다. q에서 $\theta_1 > \theta_2$이므로 입사각($90° - \theta_1$)<굴절각($90° - \theta_2$)이고 굴절률은 C<B이다. 따라서 굴절률은 A<C<B이다.

|보|기|풀|이|

ㄱ. 오답 : 굴절률은 C<B이므로 단색광의 파장과 속력은 C>B이다.

ㄴ. 정답 : 임계각은 두 매질의 굴절률 차이가 클수록 작다. 굴절률 차이는 A와 B 사이가 A와 C 사이에서보다 크므로 임계각은 A와 B 사이에서가 A와 C 사이에서보다 작다.

ㄷ. 오답 : 굴절률 차이가 가장 큰 것은 B와 A이므로 광섬유를 제작할 때 코어로 굴절률이 가장 큰 B, 클래딩으로 굴절률이 가장 작은 A로 만들면 임계각이 가장 작다.

😀 문제풀이 T I P | 임계각은 두 매질의 굴절률 차이가 클수록 작다.

😀 출제분석 | 굴절률과 파장, 속력, 진동수의 관계는 이 영역에서 가장 기본적으로 숙지해야 할 개념이다.

그림 (가)는 단색광 X가 매질 Ⅰ, Ⅱ, Ⅲ의 반원형 경계면을 지나는 모습을, (나)는 (가)에서 매질을 바꾸었을 때 X가 매질 ㉠과 ㉡의 임계각으로 입사하여 점 p에 도달한 모습을 나타낸 것이다. ㉠과 ㉡은 각각 Ⅰ과 Ⅱ 중 하나이다.

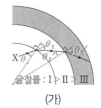 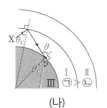

(가)   (나)

이에 대한 설명으로 옳은 것만을 〈보기〉에서 있는 대로 고른 것은?

(3점)

보기

㉠. 굴절률은 Ⅰ이 가장 크다.

㉡. ㉡은 Ⅱ이다.

㉢. (나)에서 X는 p에서 전반사한다.

① ㄱ   ② ㄴ   ③ ㄱ, ㄷ   ④ ㄴ, ㄷ   ⑤✓ ㄱ, ㄴ, ㄷ

|자|료|해|설|

(가)에서 X가 Ⅰ → Ⅱ → Ⅲ으로 지날 때 '입사각<굴절각($\theta_Ⅰ < \theta_Ⅱ$, $\theta_Ⅱ' < \theta_Ⅲ'$)'이므로 굴절률은 Ⅰ>Ⅱ>Ⅲ이다. (나)의 ㉠에서 ㉡으로 빛이 진행할 때 전반사가 일어나는데, 전반사는 굴절률이 큰 매질에서 작은 매질로 빛이 입사할 때 일어나므로 굴절률은 ㉠>㉡이다.

|보|기|풀|이|

㉠. 정답 : 굴절률은 Ⅰ>Ⅱ>Ⅲ이므로 굴절률은 Ⅰ이 가장 크다.

㉡. 정답 : (나)에서 굴절률은 ㉠>㉡이다. 따라서 ㉡은 굴절률이 더 작은 Ⅱ이다.

㉢. 정답 : (나)에서 두 매질의 굴절률 차이가 클수록 임계각은 작다. 굴절률 차이는 ㉠과 Ⅲ이 ㉠과 ㉡보다 크므로 X가 ㉠에서 Ⅲ로 입사할 때 임계각은 θ_C보다 작다. 전반사는 입사각이 임계각보다 클 때 일어나는데 입사각 θ는 θ_C보다 크므로 X는 p에서 전반사한다.

😀 문제풀이 T I P | 전반사는 굴절률이 큰 매질에서 작은 매질로 빛이 입사할 때, 입사각이 임계각보다 클 때 일어난다.

😀 출제분석 | 굴절률에 따라 입사각과 굴절각의 차이가 생기는 원리와 전반사가 일어날 조건을 확인하는 문항이다.

다음은 빛의 성질을 알아보는 실험이다.

[실험 과정]

(가) 반원형 매질 A, B, C를 준비한다.

(나) 그림과 같이 반원형 매질을 서로 붙여 놓고 단색광 P를
입사시켜 입사각과 굴절각을 측정한다.

실험 Ⅰ   실험 Ⅱ   실험 Ⅲ

[실험 결과]

실험	입사각	굴절각
Ⅰ	45°	30°
Ⅱ	30°	25°
Ⅲ	30°	㉠

이에 대한 설명으로 옳은 것만을 <보기>에서 있는 대로 고른 것은?

③점

보기

 ㉠ ㉠은 45°보다 크다.

ㄴ. P의 파장은 A에서가 B에서보다 ~~짧다.~~ 길다.

ㄷ. 임계각은 P가 B에서 A로 진행할 때가 C에서 A로 진행할
때보다 ~~작다.~~ 크다.

① ㄱ   ② ㄴ   ③ ㄱ, ㄷ   ④ ㄴ, ㄷ   ⑤ ㄱ, ㄴ, ㄷ

|자|료|해|설|

매질 A, B, C의 굴절률을 각각 n_A, n_B, n_C라 하면, 실험
Ⅰ로부터 굴절률은 매질 A가 매질 B보다 작다.($n_A < n_B$)
실험 Ⅱ로부터 굴절률은 매질 B가 매질 C보다 작다.
($n_B < n_C$) 따라서 굴절률은 $n_A < n_B < n_C$이다.

|보|기|풀|이|

㉠ 정답 : 실험 Ⅰ, Ⅱ로부터 A에서 45°로 입사한 P는
B에서 30°로 굴절하고 다시 C에서 25°로 굴절한다. 즉,
P가 C에서 25°로 입사하면 A에서 45°로 굴절하므로 실험
Ⅲ에서 P가 25°보다 큰 30°로 입사하면 굴절각은 45°보다
크다.

ㄴ. 오답 : 굴절률은 $n_A < n_B$이므로 파동의 속력은 매질
A에서가 B에서보다 빠르다. 빛의 진동수(f)는 일정하고
파장은 파동의 속력에 비례.($v = f\lambda$)하므로 P의 파장은
A에서가 B에서보다 길다.

ㄷ. 오답 : 임계각은 매질의 굴절률 차이가 클수록 작으므로
P가 B에서 A로 진행할 때가 C에서 A로 진행할 때보다
크다.

😮 **문제풀이 T I P** | P가 B에서 A로 진행할 때의 임계각을 θ_{BA}라
하면 $\sin\theta_{BA} = \dfrac{n_A}{n_B}$

P가 C에서 A로 진행할 때의 임계각을 θ_{CA}라 하면 $\sin\theta_{CA} = \dfrac{n_A}{n_C}$

굴절률은 $n_A < n_B < n_C$이므로 $\sin\theta_{BA} = \left(\dfrac{n_A}{n_B}\right) > \sin\theta_{CA} = \left(\dfrac{n_A}{n_C}\right)$
이다.

따라서 $\theta_{BA} > \theta_{CA}$이다.

😀 **출제분석** | 이 영역의 문제를 해결하기 위해 빛이 매질을
통과할 때 속도가 달라져 굴절되는 기본 원리와 함께 굴절률과
매질을 통과할 때의 빛의 속도 관계, 굴절률과 임계각의 관계 등의
개념을 숙지하는 것은 필수이다.

다음은 임계각을 찾는 실험이다.

[실험 과정]
(가) 반원형 매질 A, B, C 중 두 매질을 서로 붙인다.
(나) 단색광 P를 원의 중심으로 입사시키고, 입사각을 0에서
　　 부터 연속적으로 증가시키면서 임계각을 찾는다.

[실험 결과]

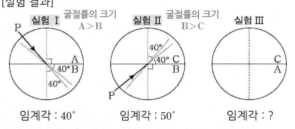

임계각 : 40°　　　　임계각 : 50°　　　　임계각 : ?

실험 Ⅲ의 결과로 가장 적절한 것은? 3점

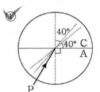 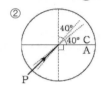 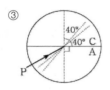

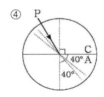 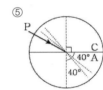

|자|료|해|설|및|선|택|지|풀|이|

① 정답 : 실험 Ⅰ로부터 굴절률은 A가 B보다 크고, 실험
Ⅱ로부터 B가 C보다 큼을 알 수 있다. 따라서 실험Ⅲ에서
A와 C의 굴절률 차이가 가장 크므로 A에서 C로 빛이
진행할 때 전반사가 일어나고 임계각은 40°보다 작다. 이에
해당하는 것은 ①이다.

😀 문제풀이 TIP | 임계각이 클수록 매질의 굴절률 차이가 작다.

😊 출제분석 | 임계각의 개념을 숙지하고 있다면 쉽게 해결할 수
있는 문항으로 출제되었다.

그림 (가)는 매질 A, B에 볼펜을
넣어 볼펜이 꺾여 보이는 것을,
(나)는 물속에 잠긴 다리가 짧아
보이는 것을 나타낸 것이다.
이에 대한 설명으로 옳은 것만을
〈보기〉에서 있는 대로 고른 것은?

3점

(가)　　　　　(나)
$n_B > n_A$

보기
　ㄱ. (가)에서 굴절률은 A가 B보다 ~~크다.~~ 작다.
　ㄴ. (가)에서 빛의 속력은 A에서가 B에서보다 크다.
　ㄷ. (나)에서 빛이 물에서 공기로 진행할 때 굴절각이 입사각보다
　　　크다.

① ㄱ　　② ㄷ　　③ ㄱ, ㄴ　　✔ ㄴ, ㄷ　　⑤ ㄱ, ㄴ, ㄷ

|자|료|해|설|
(가)와 (나)에서 볼펜과 다리가 꺾이거나 짧아 보이는
이유는 위와 같이 빛이 굴절률이 큰 매질에서 작은 매질로
진행하여 보이기 때문이다.(매질의 굴절률 B>A)

|보|기|풀|이|
ㄱ. 오답 : (가)에서 굴절률은 A가 B보다 작다.
ㄴ. 정답 : 굴절률이 작은 매질에서 빛의 속력이 크다.
굴절률은 B>A이므로 빛의 속력은 A에서가 B에서보다
크다.
ㄷ. 정답 : (나)에서 빛이 물에서 공기로 진행할 때 (가)에서
빛이 굴절하여 볼펜이 짧아 보이는 것처럼 굴절각이 입사각
보다 커서 다리가 짧아 보인다.

😀 문제풀이 TIP | 물속에 잠긴 다리가 짧아 보이는 것은 굴절률이
물에서 공기보다 크기 때문이다.

😊 출제분석 | 굴절 현상에 대해 이해하는지 확인하는 기본 문항
이다.

다음은 전반사에 대한 실험이다.

[실험 과정]
(가) 그림과 같이 동일한 단색광을 크기와 모양이 같은
　직육면체 매질 A, B의 옆면의 중심에 각각 입사시켜
　윗면의 중심에 도달하도록 한다.

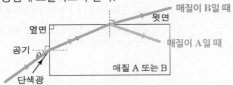

(나) (가)에서 옆면의 중심에서 입사각 θ를 측정하고, 윗면의
　중심에서 단색광이 전반사하는지 관찰한다.

[실험 결과]

매질	A		B
θ	θ_1	>	θ_2
전반사	전반사함		전반사 안 함
	공기와 매질의 굴절률 차이가 큼		공기와 매질의 굴절률 차이가 작음

이에 대한 옳은 설명만을 <보기>에서 있는 대로 고른 것은? 3점

보기
ㄱ. 굴절률은 A가 B보다 크다.
ㄴ. $\theta_1 > \theta_2$이다.
ㄷ. A와 B로 광섬유를 만들 때 코어는 ~~B~~ A를 사용해야 한다.

① ㄱ　　② ㄴ　　③ ㄷ　　④ ㄱ, ㄴ　　⑤ ㄴ, ㄷ

|자|료|해|설|
단색광은 옆면의 중심을 지나 윗면의 중심을 지나므로
윗면에 입사할 때 입사각은 A와 B에서 같다. 따라서 같은
입사각에서 전반사가 일어나는 A와 공기의 굴절률 차이가
B와 공기의 굴절률 차이보다 크다. 또한 전반사는 굴절률이
큰 매질에서 작은 매질로 진행하고, 입사각이 임계각보다
클 때 일어나므로 굴절률은 A가 공기보다 크고, B보다도
크다.

|보|기|풀|이|
ㄱ. 정답 : 매질 A, B에서 단색광을 윗면의 중심에 같은
각으로 입사시킬 때 A에서만 전반사가 일어나므로 A의
굴절률은 B보다 크다.
ㄴ. 정답 : 매질 A, B에서 단색광이 서로 같은 경로로
진행하기 위해서는 θ_1이 θ_2보다 커야 한다.
ㄷ. 오답 : 광섬유를 만들 때 코어에는 클래딩보다 굴절률이
더 큰 물질을 사용해야 하므로 코어는 매질 A를 사용해야
한다.

😀 문제풀이 TIP | 굴절률은 전반사가 일어나는 A가 B보다 크다.

😀 출제분석 | 전반사가 일어나기 위한 조건 2가지를 숙지하고
빛의 진행 경로를 나타내는 연습을 한다면 관련 문항은 쉽게 해결할
수 있다.

그림은 매질 A에서 매질 B로 입사한
단색광 P가 굴절각 45°로 진행하여
B와 매질 C의 경계면에서 전반사한 후
B와 매질 D의 경계면에서 굴절하여
진행하는 모습을 나타낸 것이다.
이에 대한 설명으로 옳은 것만을 <보기>에서 있는 대로 고른 것은?

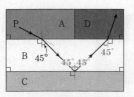

보기
ㄱ. B와 C 사이의 임계각은 45°보다 ~~크다~~ 작다.
ㄴ. 굴절률은 A가 C보다 크다.
ㄷ. P의 속력은 A에서가 D에서보다 크다.

① ㄱ　　② ㄷ　　③ ㄱ, ㄴ　　④ ㄴ, ㄷ　　⑤ ㄱ, ㄴ, ㄷ

|자|료|해|설|
빛이 굴절률이 작은 매질에서 큰 매질을 통과할 때 '입사각
>굴절각'이므로 굴절률의 크기는 A<B<D이다. B와
C의 경계면에서 전반사가 일어나므로 굴절률의 크기는
C<B이고 굴절률 차이는 B와 C 사이가 B와 A 사이보다
크다. 따라서 굴절률은 C<A<B<D이다.

|보|기|풀|이|
ㄱ. 오답 : 전반사는 빛의 입사각이 임계각보다 클 때
일어난다. 입사각이 45°일 때 전반사가 일어나므로
임계각은 45°보다 작다.
ㄴ. 정답 : 자료 해설과 같이 굴절률은 C<A<B<D이다.
ㄷ. 정답 : 빛의 속력은 굴절률의 크기에 반비례한다.
따라서 P의 속력은 D<B<A<C이다.

😀 문제풀이 TIP | 전반사는 빛이 굴절률이 큰 매질에서 작은 매질로 진행할 때, 입사각이 임계각보다 클 때 일어난다. 또한, 굴절률 차이가 클수록 임계각은 작아진다.

😀 출제분석 | 굴절이 일어나는 원리와 전반사의 원리를 숙지하고 있다면 쉽게 해결할 수 있는 문항이다.

다음은 빛의 성질을 알아보는 실험이다.

[실험 과정 및 결과]
(가) 반원형 매질 A, B, C를 준비한다.
(나) 그림과 같이 반원형 매질을 서로 붙여 놓고, 단색광 P의 입사각(i)을 변화시키면서 굴절각(r)을 측정하여 $\sin r$ 값을 $\sin i$ 값에 따라 나타낸다.

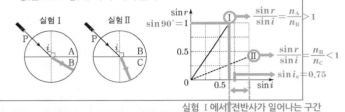

실험 Ⅰ에서 전반사가 일어나는 구간

$\sin\theta_C$ (θ_C : 임계각)

이에 대한 설명으로 옳은 것만을 〈보기〉에서 있는 대로 고른 것은?

보기
ㄱ. 굴절률은 A가 B보다 크다.
ㄴ. P의 속력은 B에서가 C에서보다 ~~작다~~ 크다.
ㄷ. Ⅰ에서 $\sin i_0=0.75$인 입사각 i_0으로 P를 입사시키면 전반사가 일어난다.

① ㄱ   ② ㄴ   ✔③ ㄱ, ㄷ   ④ ㄴ, ㄷ   ⑤ ㄱ, ㄴ, ㄷ

|자|료|해|설|
그래프의 기울기는 $\dfrac{\sin r}{\sin i}$이다. 스넬의 법칙에 따라 Ⅰ, Ⅱ의 기울기는 각각 $\dfrac{\sin r}{\sin i}=\dfrac{n_A}{n_B}>1$, $\dfrac{\sin r}{\sin i}=\dfrac{n_B}{n_C}<1$이므로 $n_A>n_B$, $n_B<n_C$이다.

|보|기|풀|이|
ㄱ. 정답 : 굴절률은 $n_A>n_B$이다.
ㄴ. 오답 : 굴절률은 $n_B<n_C$이고 굴절률은 매질을 통과하는 단색광의 속력과 반비례하므로 P의 속력은 B에서가 C에서보다 크다.
ㄷ. 정답 : 임계각 θ_C은 굴절각이 90°일 때의 입사각이므로 Ⅰ의 그래프에서 $\sin r$축이 $\sin 90°=1$일 때 $\sin i$축의 좌표가 $\sin\theta_C$이며 이는 0.75보다 작다. 따라서 입사각 θ가 θ_C보다 큰 경우에 전반사가 일어나므로 $\sin\theta_C<\sin i_0=0.75$인 입사각 i_0로 P를 입사시키면 전반사가 일어난다.

😮 문제풀이 TIP | 스넬의 법칙 : $n_1\sin\theta_1=n_2\sin\theta_2$

😄 출제분석 | 스넬의 법칙으로 표현된 그래프에서 전반사가 일어나는 구간을 찾을 수 있어야 문제를 해결할 수 있다.

그림은 동일한 단색광 A, B를 각각 매질 Ⅰ, Ⅱ에서 중심이 O인 원형 모양의 매질 Ⅲ으로 동일한 입사각 θ로 입사시켰더니, A와 B가 굴절하여 점 p에 입사하는 모습을 나타낸 것이다.

굴절률 : Ⅲ > Ⅰ > Ⅱ
$\theta_B<\theta'<\theta$

이에 대한 설명으로 옳은 것만을 〈보기〉에서 있는 대로 고른 것은? 3점

보기
ㄱ. A의 파장은 Ⅰ에서가 Ⅲ에서보다 길다.
ㄴ. 굴절률은 Ⅰ이 Ⅱ보다 크다.
ㄷ. p에서 B는 전반사~~한다~~ 하지 않는다.

① ㄱ   ② ㄷ   ✔③ ㄱ, ㄴ   ④ ㄴ, ㄷ   ⑤ ㄱ, ㄴ, ㄷ

|자|료|해|설|
단색광 A가 매질 Ⅰ에서 Ⅲ으로 진행할 때가 B가 Ⅱ에서 Ⅲ으로 진행할 때보다 입사각과 굴절각의 차이가 작으므로 ($\theta>\theta_A>\theta_B$) 굴절률은 Ⅲ > Ⅰ > Ⅱ이다.

|보|기|풀|이|
ㄱ. 정답 : 굴절률이 큰 매질에서 단색광의 파장은 짧아지므로 A의 파장은 Ⅰ에서가 Ⅲ에서보다 길다.
ㄴ. 정답 : 굴절률은 Ⅲ > Ⅰ > Ⅱ이다.
ㄷ. 오답 : 매질의 굴절률 차이는 Ⅱ와 Ⅲ 사이가 Ⅰ과 Ⅲ 사이보다 크다. 따라서 p에서 단색광 B의 굴절각(θ')은 입사각 θ_B보다 크지만, 매질 Ⅱ와 Ⅲ의 경계면을 지날 때의 입사각(θ)보다 작다. 따라서 p에서 B는 전반사하지 않는다.

😮 문제풀이 TIP | 입사각이 같을 때, 매질의 굴절률 차이가 클수록 입사각과 굴절각의 차이가 크다.

😄 출제분석 | 매질에 따라 굴절이 일어나는 이유와 매질의 상태에 따라 빛의 파장과 진동수 관계를 이해한다면 쉽게 해결할 수 있는 문항이다.

그림 (가)는 단색광 X가 광섬유에 사용되는 물질 A, B, C를
지나는 모습을 나타낸 것이다. 그림 (나)는 A, B, C를 이용하여
만든 광섬유에 X가 각각 입사각 i_1, i_2로 입사하여 진행하는 모습을
나타낸 것이다. θ_1, θ_2는 코어와 클래딩 사이의 임계각이다.

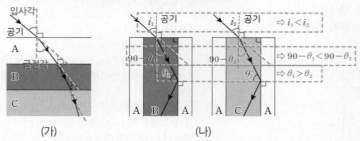

(가)　　　　　　　　　　　　　　(나)

이에 대한 설명으로 옳은 것만을 <보기>에서 있는 대로 고른 것은?

보기

ㄱ. 굴절률은 C가 A보다 크다.
ㄴ. $\theta_1 > \theta_2$이다.
ㄷ. $i_1 < i_2$이다.

① ㄱ　　② ㄴ　　③ ㄱ, ㄷ　　④ ㄴ, ㄷ　　⑤ ㄱ, ㄴ, ㄷ

|자|료|해|설|

(가)에서 단색광 X는 A, B, C를 통과하면서 굴절각이
입사각보다 작아진다. 굴절률이 큰 매질로 빛이 들어갈 때
굴절각은 입사각보다 작아지므로 굴절률은 공기 < A < B
< C이다.

|보|기|풀|이|

ㄱ. 정답 : 굴절률은 공기 < A < B < C이므로 C가 A보다
크다.
ㄴ. 오답 : 매질 사이의 굴절률 차이가 클수록 임계각은
작아진다. A에 대한 B의 굴절률보다 A에 대한 C의
굴절률이 크므로 임계각은 $\theta_1 > \theta_2$이다.
ㄷ. 오답 : (나)에서 빛이 공기에서 매질 B와 C로 각각
입사각 i_1과 i_2로 입사할 때 굴절각은 각각 $90 - \theta_1$, $90 - \theta_2$
이다. $\theta_1 > \theta_2$이므로 $90 - \theta_1 < 90 - \theta_2$이고 공기 중에서
입사하는 빛은 B보다 C로 입사할 때 더 많이 굴절하므로
$i_1 < i_2$이다.

🦉 **더 자세한 해설 @**

자료 분석

1. (가)에서 매질의 굴절률 비교

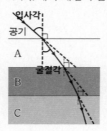

빛은 굴절률이 작은 매질에서 큰 매질로 입사할 때 매질의 경계면에서
굴절한다. 이때 입사각은 굴절각보다 크다. (입사각 > 굴절각)
▶ 단색광 X는 A, B, C를 통과하면서 굴절각이 입사각보다 작아진다.
▶ 공기와 A, B, C의 굴절률을 각각 $n_{공기}$, n_A, n_B, n_C라 하면 굴절률의 크기는 $n_{공기} < n_A < n_B < n_C$이다.
▶ 단색광 X는 A, B, C를 통과하면서 속력이 점점 느려진다. 단색광 X가 매질을 통과할 때 속력은 공기에서 가장 빠르고
A, B, C를 지나면서 점점 느려진다. $\left(n \propto \dfrac{1}{v} \right)$

2. (나)에서 단색광 X의 진행 경로 비교

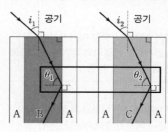

1) θ_1와 θ_2 비교
▶ θ_1과 θ_2는 코어와 클래딩 사이의 임계각이다.
▶ 공기와 매질의 굴절률 차이가 클수록 임계각은 작아진다.
▶ 굴절률은 $n_B < n_C$이므로 굴절률 차이는 A와 C 사이가 A와 B 사이보다 크다.
▶ 따라서 $\theta_1 > \theta_2$이다.

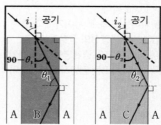

2) i_1과 i_2 비교
▶ $\theta_1 > \theta_2$이므로 $90 - \theta_1 < 90 - \theta_2$이다.
▶ 왼쪽 그림에서 굴절률은 $n_{공기} < n_B$이므로 $90 - \theta_1 < i_1$이다.
▶ 오른쪽 그림에서 굴절률은 $n_{공기} < n_C$이므로 $90 - \theta_2 < i_2$이다.
▶ 왼쪽과 오른쪽 그림 모두에서 i가 클수록 $90 - \theta$가 커지므로 θ는 작아진다.
▶ 또한, 굴절률 차이는 공기와 C 사이가 공기와 B 사이보다 크므로 i_2와 $90 - \theta_2$의 차이가 i_1와 $90 - \theta_1$
차이보다 크다.
▶ 따라서 $i_1 < i_2$이다.

그림과 같이 진동수가 동일한 단색광 X, Y가 매질 A에서 각각 매질 B, C로 동일한 입사각 θ_0으로 입사한다. X는 A와 B의 경계면의 점 p를 향해 진행한다. Y는 B와 C의 경계면에 입사각 θ_0으로 입사한 후 p에 임계각으로 입사한다.
이에 대한 옳은 설명만을 〈보기〉에서 있는 대로 고른 것은? 3점

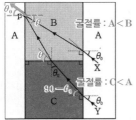

보기

ㄱ. $\theta_0 < 45°$이다.

ㄴ. p에서 X의 굴절각은 Y의 입사각보다 ~~크다.~~ 작다.

ㄷ. 임계각은 A와 B 사이에서가 B와 C 사이에서보다 ~~작다.~~ 크다.

① ㄱ   ② ㄴ   ③ ㄱ, ㄷ   ④ ㄴ, ㄷ   ⑤ ㄱ, ㄴ, ㄷ

|자|료|해|설|
X, Y는 동일한 단색광이며 B, C에 동일한 입사각으로 입사했다. X와 Y가 매질 A에서 B와 C로 진행할 때 각각 입사각>굴절각, 입사각<굴절각이므로 굴절률은 C<A<B이다.

|보|기|풀|이|
ㄱ. 정답 : Y가 매질 A에서 C로 진행할 때 $\theta_0 < 90° - \theta_0$이므로 $\theta_0 < 45°$이다.
ㄴ. 오답 : Y가 매질 C에서 B로 진행할 때 굴절각을 θ라 하면 $\theta > \theta_0$이다. p에서 X의 굴절각은 θ_0로 Y의 입사각 θ보다 작다.
ㄷ. 오답 : 임계각은 매질의 굴절률 차이가 작을수록 크다. 임계각은 B와 C 사이보다 굴절률 차이가 작은 A와 B 사이에서 크다.

😮 **문제풀이 TIP** | 굴절률은 C<A<B이다.

😮 **출제분석** | 매회 빛의 진행 경로를 통해 굴절률을 비교하거나 전반사 조건을 적용하는 문항이 출제된다.

그림은 동일한 단색광 P, Q, R를 입사각 θ로 각각 매질 A에서 매질 B로, B에서 매질 C로, C에서 B로 입사시키는 모습을 나타낸 것이다. P는 A와 B의 경계면에서 굴절하여 B와 C의 경계면에서 전반사한다.
이에 대한 설명으로 옳은 것만을 〈보기〉에서 있는 대로 고른 것은?
3점

굴절률은 B가 A보다 크다.
굴절률은 B가 C보다 크며
굴절률 차이는 B와 C 사이가 B와 A 사이보다 크다.

보기

ㄱ. 굴절률은 A가 C보다 크다.

ㄴ. Q는 B와 C의 경계면에서 전반사한다.

ㄷ. R는 B와 A의 경계면에서 ~~전반사한다.~~ 하지 않는다.

① ㄱ   ② ㄷ   ③ ㄱ, ㄴ   ④ ㄴ, ㄷ   ⑤ ㄱ, ㄴ, ㄷ

|자|료|해|설|
P가 A에서 B로 입사각 θ로 입사했을 때 굴절각을 θ'라 하면 $\theta > \theta'$이다. 즉, P를 B에서 A로 입사각 θ'로 입사시켰을 때 굴절각은 θ가 되지만 P를 B에서 C로 입사각 θ'로 입사시키면 전반사가 일어나므로 굴절률은 B>A>C이다.

|보|기|풀|이|
ㄱ. 정답 : 굴절률은 B>A>C이다.
ㄴ. 정답 : Q는 θ'보다 큰 θ로 입사하므로 전반사한다.
ㄷ. 오답 : 두 매질의 굴절률 차이가 클수록 임계각은 작아진다. A와 B의 굴절률 차이가 B와 C의 굴절률 차이보다 작으므로 B와 C 사이의 임계각은 θ'보다는 크다. 또한, R이 입사각 θ'로 입사하면 굴절각은 θ'보다 작으므로 R는 B와 A의 경계면에서 전반사하지 않는다.

03 전자기파와 파동의 간섭

★수능에 나오는 필수 개념 2가지 + 필수 암기사항 2개

필수개념 1 전자기파

• **전자기파** : 전기장과 자기장이 시간에 따라 진동하면서 공간을 퍼져 나가는 파동

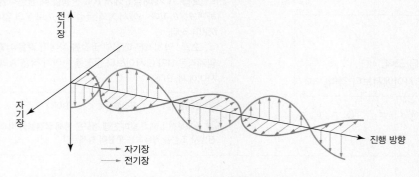

  ○ 전기장과 자기장의 진동 방향이 서로 수직이고, 진동 방향과 진행 방향이 수직인 횡파
  ○ 전자기파는 매질이 없어도 진행하며, 진공에서 전자기파의 속력은 파장에 관계없이 약 3×10^8 m/s 이다.

• **암기** **전자기파의 특징**

① 전자기파의 속력이 일정하므로, 파장과 진동수는 반비례한다. $\left(\lambda \propto \dfrac{1}{f} \right)$

② 전자기파의 에너지는 진동수에 비례한다. ($E \propto f$)

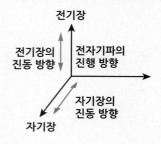

• **암기** **전자기파의 스펙트럼**
파장 또는 진동수에 따라 각 전자기파의 명칭, 특징, 예를 암기해야 한다. → 광전 효과와 연계되어 출제되고 있으니 꼭 암기하자!!

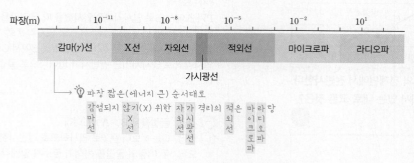

γ선	• 원자핵이 붕괴될 때 방출되며 투과력이 매우 강함 • 암 치료에 이용되나 많은 양을 쬐면 인체에 해로움
X선	• 고속의 가속 전자를 금속에 충돌시켜서 발생 • 투과력이 강해 물질의 구조 분석, X선 사진, 공항의 수하물 검사에 사용됨
자외선	• 화학 작용이 강하고 살균 작용을 함 • 식기세척기, 집적 회로 제조 등에 사용함
가시광선	• 사람의 눈으로 감지할 수 있는 전자기파로 빨간색 빛의 파장이 가장 길고, 보라색 빛의 　파장이 가장 짧음 • 광학용 카메라, 광통신, 영상 장치 등에 사용
적외선	• 강한 열작용을 하여 열선이라고도 하고, 복사의 형태로 진행 • 적외선 온도계, 카메라, 야간 투시경, 리모컨 등에 사용
마이크로파	• 파장이 1mm에서 1m까지의 전자기파로 전자레인지에서 물 분자를 진동시켜 물이 　포함된 음식물을 데움 • 기상 관측용 레이더, 위성 통신, 전자레인지 등에 사용
라디오파	• 전자기파 중에서 파장이 가장 긺 • 회절이 잘 되어 장애물 뒤쪽까지 도달함 • TV, 라디오 방송, 레이더 등에 사용

기본자료

필수개념 2 | 파동의 간섭

• **파동의 중첩**
　○ 파동의 중첩 : 두 개의 파동이 만나 파동의 모양이나 변위가 바뀌는 현상.
　○ 중첩원리 : 둘 이상의 파동이 만나면 합성파의 변위는 각 파동의 변위의 합과 같다.
　○ 파동의 독립성 : 중첩 후, 각각의 파동은 중첩되기 전의 파동 특성을 그대로 유지한 상태로
　　독립적으로 진행한다.

• **파동의 간섭** : 두 파동이 중첩되어 진폭이 변화하는(커지거나 작아짐) 현상.

▶ 위상
파동이 전파될 때 매질이 진동하는
상태를 나타내는 물리 용어

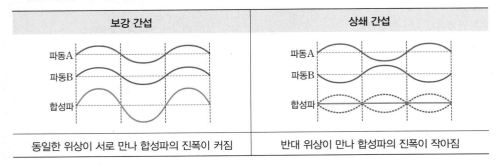

그림은 전자기파에 대해 학생 A, B, C가 대화하는 모습을 나타낸 것이다.

적외선은 열화상 카메라에 이용돼.
학생 A

마이크로파는 음식을 데우는 전자레인지에 이용돼.
학생 B

자외선은 살균 효과가 있어.
학생 C

제시한 내용이 옳은 학생만을 있는 대로 고른 것은?

① A   ② C   ③ A, B   ④ B, C   ⑤ A, B, C

|자|료|해|설|
전자기파는 파장에 따라 종류와 특징이 달라진다.

|보|기|풀|이|
학생 A. 정답 : 열화상 카메라는 물체가 방출하는 적외선을 이용하여 온도를 측정한다.
학생 B. 정답 : 마이크로파는 물 분자를 진동시켜 수분이 있는 음식을 데우는 데 이용된다.
학생 C. 정답 : 자외선은 살균 효과가 있어 소독기나 식기세척기 등에 활용한다.

😊 출제분석 | 전자기파의 종류와 이용하는 예시에 대한 문제는 간단하게 출제되는 단원이다. 한 번만 잘 정리해두면 문제를 푸는 데 어려움은 없을 것이다.

그림은 전자기파 A와 B를 사용하는 예에 대한 설명이다. A와 B 중 하나는 가시광선이고, 다른 하나는 자외선이다.

A, B 방출
자외선
가시광선

칫솔모 살균 장치에서 A와 B가 방출된다. A는 살균 작용을 하고, 눈에 보이는 B는 장치가 작동 중임을 알려 준다.

이에 대한 옳은 설명만을 <보기>에서 있는 대로 고른 것은?

보기
ㄱ. A는 자외선이다.
ㄴ. 진동수는 B가 A보다 크다. 작다
ㄷ. 진공에서 속력은 A와 B가 같다.

① ㄱ   ② ㄴ   ③ ㄱ, ㄷ   ④ ㄴ, ㄷ   ⑤ ㄱ, ㄴ, ㄷ

|자|료|해|설|
A는 자외선, B는 가시광선이다.

|보|기|풀|이|
ㄱ. 정답 : A는 자외선, B는 가시광선이다.
ㄴ. 오답 : 진동수는 A가 B보다 크다.
ㄷ. 정답 : 진공에서 전자기파의 속력은 모두 같다.

😊 출제분석 | 매회 같은 유형으로 출제되는 영역이다.

그림 (가)는 진동수에 따른 전자기파의 분류를, (나)는 전자기파 A, B를 이용한 예를 나타낸 것이다. A, B는 각각 ㉠, ㉡ 중 하나에 해당한다.

(가)　　　　　　　　　(나)

리모컨은 A를 이용하여 멀리 떨어져 있는 에어컨을 제어하고, 표시 창에서는 B가 나와 에어컨의 상태를 보여준다.

이에 대한 설명으로 옳은 것만을 〈보기〉에서 있는 대로 고른 것은?

보기
ㄱ. A는 ㉠에 해당한다.
ㄴ. 진공에서의 속력은 A와 B가 같다.
ㄷ. 파장은 B가 X선보다 길다.

① ㄱ　　② ㄴ　　③ ㄱ, ㄷ　　④ ㄴ, ㄷ　　⑤ ㄱ, ㄴ, ㄷ

|자|료|해|설|
㉠은 적외선, ㉡은 가시광선이다. (나)에서 A는 적외선, B는 눈에 보이는 가시광선이다.

|보|기|풀|이|
ㄱ. 정답 : A는 적외선으로 ㉠에 해당한다.
ㄴ. 정답 : 진공에서 모든 전자기파의 속력은 같다.
ㄷ. 정답 : 파장은 X선<B<A이다.

😊 출제분석 | 매회 비슷한 유형으로 매우 쉽게 출제되는 영역이다.

다음은 비접촉식 체온계의 작동에 대한 설명이다.

체온계의 센서가 몸에서 방출되는 전자기파 A를 측정하면 화면에 체온이 표시된다. A의 파장은 가시광선보다 길고 마이크로파보다 짧다.

→ 적외선

A는?

① 감마선　　② X선　　③ 자외선　　④ 적외선　　⑤ 라디오파

|자|료|해|설|
전자기파의 파장이 짧은 영역부터 긴 영역까지 순서대로 나열하면 감마선<X선<자외선<가시광선<적외선<마이크로파<라디오파이다. 따라서 몸에서 방출되는 전자기파 A는 적외선이고, 이는 적외선 온도계나 열화상 카메라 등에 활용된다.

|선|택|지|풀|이|
④ 정답 : 적외선 체온계의 센서는 적외선을 감지하여 화면에 체온을 표시한다.

그림 (가)는 전자기파를 파장에 따라 분류한 것을, (나)는 1965년에 펜지어스(A. Penzias)와 윌슨(R. W. Wilson)이 (가)의 C에 속하는 우주 배경 복사를 발견하는 데 사용된 안테나의 모습을 나타낸 것이다.

(가)   (나)

이에 대한 설명으로 옳은 것만을 〈보기〉에서 있는 대로 고른 것은?

보기

ㄱ. C는 마이크로파이다.
ㄴ. 진동수는 A가 B보다 <s>작다</s>. ㅋ
ㄷ. 진공에서 속력은 A가 C보다 <s>크다</s>. 와 같다.

① ㄱ   ② ㄷ   ③ ㄱ, ㄴ   ④ ㄴ, ㄷ   ⑤ ㄱ, ㄴ, ㄷ

|자|료|해|설|
A는 X선, B는 가시광선, C는 마이크로파이다. 1965년에 펜지어스와 윌슨이 사용한 안테나는 마이크로파(C)에 해당하는 우주 배경 복사를 발견하였다.

|보|기|풀|이|
ㄱ. 정답 : 우주 배경 복사는 마이크로파이다.
ㄴ. 오답 : (가)에서 진동수는 파장이 짧을수록 크므로 표의 왼쪽으로 갈수록 크다. 따라서 진동수는 A가 B보다 크다.
ㄷ. 오답 : 진공에서 전자기파의 속력은 종류에 관계없이 일정하다. 따라서 진공에서의 속력은 A, C 모두 같다.

😮 문제풀이 TIP | 전자기파의 파장은 진동수에 반비례하며 속력은 진공에서 모두 같다.

😀 출제분석 | 전자기파의 종류에 대한 지식을 묻는 문항으로 이 영역의 문제는 자주 출제되는 데다 내용이 간단하고 어렵지 않다. 종류별 쓰임새를 포함하여 반드시 숙지하자.

그림은 전자기파 A에 대해 설명하는 모습을 나타낸 것이다.

전자레인지로 음식을 데울 때 이용되는 전자기파 A는 파장이 적외선보다 길고, 라디오파보다 짧습니다.

A는?

① 마이크로파   ② 가시광선   ③ 자외선
④ X선   ⑤ 감마선

|자|료|해|설|및|선|택|지|풀|이|
① 정답 : 마이크로파는 파장이 1mm에서 1m까지의 전자기파로 전자레인지에서 물 분자를 진동시켜 물이 포함된 음식물을 데운다. 기상 관측용 레이더, 위성통신 등에 사용한다.

😮 문제풀이 TIP | 파장에 따른 전자기파 스펙트럼
감마선 < X선 < 자외선 < 가시광선 < 적외선 < 마이크로파 < 라디오파

😀 출제분석 | 전자기파의 기본 개념에 해당하는 문항이다.

다음은 전자기파 A, B가 실생활에서 이용되는 예이다.

> ○ A를 이용하여 인체 내부의 뼈의 영상을 얻는다.
> ○ 열화상 카메라는 사람의 몸에서 방출되는 B의 양을 측정하여 체온을 확인한다.

A, B로 적절한 것은?

	A	B		A	B
①	마이크로파	자외선	②	마이크로파	적외선
③	X선	자외선	✔④	X선	적외선
⑤	자외선	적외선			

|자|료|해|설|
전자기파의 종류에 따른 특징에 대해 묻는 문항이다.

|선|택|지|풀|이|
④ 정답 : A는 X선으로 피부는 투과하나 인체의 뼈는 투과하지 못하기 때문에 의학적 진단이나 건축 구조물의 비파괴 검사에도 유용하게 사용한다. B는 적외선으로 눈에 보이지는 않지만 강한 열작용을 하여 적외선 온도계, 열화상 카메라, 야간 투시경, 리모컨 등으로 사용한다.

😲 **문제풀이 TIP |** • 마이크로파 : 전자레인지에서 물 분자를 진동시켜 물이 포함된 음식물을 데우는 용도와 기상관측용 레이더, 위성통신 등에 사용한다.
• 자외선 : 화학 작용이 강하고 살균 작용을 하여 식기세척기, 집적회로 제조 등으로 사용한다.

😀 **출제분석 |** 전자기파의 종류에 따른 특징과 이용 분야에 관한 문항으로 자주 출제되고 있다.

그림 (가)~(다)는 전자기파를 일상생활에서 이용하는 예이다.

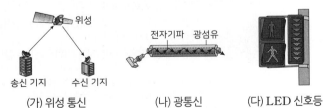

(가) 위성 통신　　　(나) 광통신　　　(다) LED 신호등

이에 대한 설명으로 옳은 것만을 〈보기〉에서 있는 대로 고른 것은?

> **보기**
> ㄱ. (가)에서 ~~자외선~~ 전파 을 이용한다.
> ㄴ. (나)에서 전반사를 이용한다.
> ㄷ. (다)에서 가시광선을 이용한다.

① ㄱ　② ㄷ　③ ㄱ, ㄴ　✔④ ㄴ, ㄷ　⑤ ㄱ, ㄴ, ㄷ

|자|료|해|설|
(가)는 전파, (나)는 적외선 영역의 레이저, (다)는 가시광선을 이용한다.

|보|기|풀|이|
ㄱ. 오답 : 위성 통신에는 전파를 이용한다. 자외선은 살균 작용이 있어 식기세척기, 집적회로 제조 등에 사용한다.
ㄴ. 정답 : 광섬유 내에서 레이저 빛은 전반사하면서 진행한다.
ㄷ. 정답 : LED 신호등은 눈에 보이는 전자기파를 사용한다.

😀 **출제분석 |** 전자기파의 종류에 따른 활용도를 확인하는 기본 수준의 문항이다.

그림은 동일한 미술 작품을 각각 가시광선과 X선으로 촬영한
사진으로, 점선 영역에서 서로 다른 모습이 관찰된다.

가시광선으로 촬영　　　　X선으로 촬영

이에 대한 옳은 설명만을 〈보기〉에서 있는 대로 고른 것은?

보기
ㄱ. 파장은 X선이 가시광선보다 ~~크다~~ 짧다
ㄴ. 가시광선과 X선은 모두 전자기파이다.
ㄷ. X선은 물체의 내부 구조를 알아보는 데 이용할 수 있다.

① ㄱ　　② ㄴ　　③ ㄱ, ㄷ　　④ ㄴ, ㄷ　　⑤ ㄱ, ㄴ, ㄷ

| 자 | 료 | 해 | 설 |
X선은 투과력이 강해 물체의 내부를 파악할 수 있다.

| 보 | 기 | 풀 | 이 |
ㄱ. 오답 : 파장은 X선<가시광선이다.
ㄴ. 정답 : 가시광선, X선은 모두 전자기파이다.
ㄷ. 정답 : X선은 투과력이 강해 물체의 내부 구조를
알아보는 데 이용한다.

😀 문제풀이 TIP | 파장에 따른 전자기파의 종류
▶ 감마(γ)선<X선<자외선<가시광선<적외선<마이크로파<
라디오파

😀 출제분석 | 전자기파의 종류와 이용에 대한 문항은 매회
출제되는 영역으로 가볍게 살펴보고 이해할 수 있는 영역이다.

그림은 카메라로 사람을 촬영하는 모습을 나타낸 것으로, 이
카메라는 가시광선과 전자기파 A를 인식하여 실물 화상과 열화상을
함께 보여준다.

A에 대한 옳은 설명만을 〈보기〉에서 있는 대로 고른 것은?

보기
적외선
ㄱ. ~~자외선~~이다.
ㄴ. 진동수는 가시광선보다 ~~크다~~ 작다
ㄷ. 진공에서의 속력은 가시광선과 같다.

① ㄴ　　② ㄷ　　③ ㄱ, ㄴ　　④ ㄱ, ㄷ　　⑤ ㄴ, ㄷ

| 자 | 료 | 해 | 설 |
열화상 카메라는 비교적 낮은 온도의 물체에서도 방출되는
적외선을 이용한다.

| 보 | 기 | 풀 | 이 |
ㄱ. 오답 : A는 적외선이다.
ㄴ. 오답 : 파장은 적외선이 가시광선보다 길고, 진동수는
적외선이 가시광선보다 작다.
ㄷ. 정답 : 진공 중에서 모든 전자기파의 속력은 같다.

😀 문제풀이 TIP | 적외선은 강한 열작용을 하여 적외선 온도계,
적외선 카메라, 야간 투시경, 리모컨 등에 이용한다.

😀 출제분석 | 이 영역의 문항은 파장 또는 진동수에 따른
전자기파의 특징만 알면 쉽게 풀 수 있다.

그림은 전자기파 A~D를 파장에 따라 분류하여 나타낸 것이다. B는 인체 내부의 뼈 사진을 촬영하는 데 사용된다.

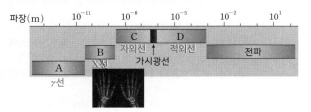

A~D에 대한 설명으로 옳은 것만을 <보기>에서 있는 대로 고른 것은?

보기
ㄱ. A는 투과력이 가장 강하고 암 치료에 사용된다.
ㄴ. C는 컵을 소독하는 데 사용된다.
ㄷ. 진공에서 전자기파의 속력은 B가 D보다 크다.
     B와 D가 같다.

① ㄱ   ② ㄷ   ③ ㄱ, ㄴ   ④ ㄴ, ㄷ   ⑤ ㄱ, ㄴ, ㄷ

|자|료|해|설|
A는 γ선, B는 X선, C는 자외선, D는 적외선이다.

|보|기|풀|이|
ㄱ. 정답 : γ선은 파장이 가장 짧은 전자기파로 투과력이 매우 강하고 큰 에너지를 가지고 있어 암세포를 파괴하는데 사용된다.
ㄴ. 정답 : 자외선은 가시광선보다 짧은 영역의 전자기파로 살균 기능이 있어 소독기로 사용한다.
ㄷ. 오답 : 진공에서 전자기파의 속력은 모두 같다.

😀 문제풀이 TIP | 파장에 따른 전자기파의 특징을 잘 알아두어야 한다.

😀 출제분석 | 전자기파에 관한 내용은 비교적 쉬운 내용이면서도 자주 출제된다. 그러므로 전자기파의 파장에 따른 특징과 이용에 대해서는 반드시 숙지해야 한다.

그림은 학생 A, B, C가 X선과 초음파에 대해 대화하는 모습을 나타낸 것이다.

X선은 인체 내부 뼈의 영상을 얻는 데 이용돼.
초음파는 태아 검진에 이용돼.
X선과 초음파 모두 진공에서 진행할 수 있어.
학생 A   학생 B   학생 C

제시한 내용이 옳은 학생만을 있는 대로 고른 것은?

① A   ② C   ③ A, B   ④ B, C   ⑤ A, B, C

|자|료|해|설|
X선은 10~0.01 나노미터의 파장인 전자기파로 투과력이 강해 물질의 구조 분석, X선 사진, 공항의 수하물 검사에 사용된다. 초음파는 진동수가 20,000Hz 이상인 음파로 물체에 부딪혀 반사되어 나오는 현상을 이용하여 바다의 깊이를 재거나 우리 몸속을 진단하는데 사용한다.

|보|기|풀|이|
학생 A 정답 : X선은 인체 내부를 통과하지만 뼈와 같은 높은 밀도의 조직은 통과하지 못하고 흡수되는 특징을 통해 인체 내부 뼈의 영상을 얻는데 이용된다.
학생 B 정답 : 초음파는 임신을 했을 때 태아의 형상을 보기 위해서 사용한다.
학생 C 오답 : X선을 포함한 전자기파는 매질이 없어도 파동이 전달되지만 초음파는 매질이 있어야만 전달된다.

😀 문제풀이 TIP | 파동은 매질의 필요 여부에 따라 전자기파(예 : X선, 자외선, 적외선 가시광선 등)와 탄성파(소리, 지진파 등)로 구분한다.

😀 출제분석 | 전자기파와 음파의 특징을 비교하는 문항은 매우 쉽지만, 자주 출제된다. 틀리지 않도록 잘 정리해두자.

그림은 파장에 따른 전자기파의 분류를 나타낸 것이다.

| A X선 가시광선   C 마이크로파 |
| 감마선   자외선   B 적외선   라디오파 |
| 10^{-12} 10^{-9} 10^{-6} 10^{-3} 1 10^{3} |
| 파장(m) |

이에 대한 설명으로 옳은 것만을 〈보기〉에서 있는 대로 고른 것은?

> **보기**
> ㄱ. 진동수는 C가 A보다 ~~크~~ 작다.
> ㄴ. 공항에서 수하물 검사에 사용하는 X선은 A에 해당한다.
> ㄷ. 적외선 체온계는 몸에서 나오는 B에 해당하는 전자기파를
>   측정한다.

① ㄱ   ② ㄷ   ③ ㄱ, ㄴ   ④ ㄴ, ㄷ   ⑤ ㄱ, ㄴ, ㄷ

|자|료|해|설|
전자기파의 파장은 감마선<X선(A)<자외선<가시광선
<적외선(B)<마이크로파(C)<라디오파이다.

|보|기|풀|이|
ㄱ. 오답 : 파장은 A<C이다. 진동수는 파장에
반비례하므로 A>C이다.
ㄴ. 정답 : X선은 투과력이 강하여 공항에서 수하물을
검사하는 데 사용한다.
ㄷ. 정답 : 적외선 체온계는 몸에서 나오는 적외선을
측정하여 온도를 측정한다.

출제분석 | 매회 출제되는 영역으로 매우 쉽게 해결할 수 있다.
파장에 따른 전자기파의 분류와 이용에 대해서 반드시 암기하자.

그림 (가)는 전자기파를 진동수에 따라 분류한 것이고, (나)는
전자기파 ㉠, ㉡을 이용한 장치를 나타낸 것이다.

| 진동수(Hz) |
| 10^{9} 10^{12} 10^{15} 10^{18} |
| 라디오파   자외선   감마선 |
| A   적외선   B   C |
| 마이크로파   가시광선   X선 |
| (가) |

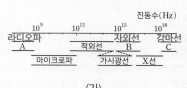

㉠을 수신하여
방송이 나오는
라디오
(라디오파)

㉡으로 살균하는
식기 소독기
(자외선)

(나)

(가)의 A, B, C 중 ㉠, ㉡이 해당하는 영역은?

	㉠	㉡			㉠	㉡
①	A	B		②	A	C
③	B	A		④	B	C
⑤	C	A				

|자|료|해|설|
A는 라디오파, B는 자외선, C는 감마선이다.

|선|택|지|풀|이|
① 정답 : 라디오는 ㉠ 라디오파(A)를 수신하여 방송이
나오는 기기이고 식기 소독기는 ㉡ 자외선(B)으로 살균
소독을 한다.

출제분석 | 전자기파의 진동수 또는 파장별 명칭과 특징은
반드시 암기해야 한다.

그림 (가)는 전자기파를 파장에 따라 분류한 것을, (나)는 (가)의 C영역에 속하는 전자기파를 송수신하는 장치를 나타낸 것이다.

이에 대한 설명으로 옳은 것만을 <보기>에서 있는 대로 고른 것은?

보기
ㄱ. 진동수는 A가 C보다 크다.
ㄴ. B는 가시광선이다.
ㄷ. (나)의 장치에서 송수신하는 전자기파는 ~~X선~~ 마이크로파 이다.

① ㄱ　　② ㄷ　　③ ㄱ, ㄴ　　④ ㄴ, ㄷ　　⑤ ㄱ, ㄴ, ㄷ

|자|료|해|설|
(가)는 전자기파를 파장에 따라 분류한 것이다. A는 X선으로 0.01~10nm, B는 가시광선으로 400~780nm, C는 1mm~1m정도의 파장이다. (나)는 무선 공유기로 여러 대의 컴퓨터가 무선으로 동시에 인터넷에 접속할 수 있도록 하는 네트워크 기기이다.

|보|기|풀|이|
ㄱ. 정답 : 파장은 진동수와 반비례한다. 파장은 C가 A보다 크므로 진동수는 A가 C보다 크다.
ㄴ. 정답 : B의 파장은 자외선보다 길고 적외선보다 짧으므로 가시광선이다.
ㄷ. 오답 : (나)는 무선 공유기로 송수신하는 전자기파는 마이크로파이다.

문제풀이 TIP | 전자기파의 속력이 일정하므로 파장과 진동수는 반비례한다. 또한, 마이크로파는 전자레인지, 가정에서 사용하는 무선 인터넷 기기, 블루투스 기기, 기상관측용 레이더, 위성통신 등에 사용된다.

출제분석 | 파장 또는 진동수에 따른 전자기파의 종류와 이용에 대한 문항은 거의 매회 빠지지 않고 출제되어왔다. 전자기파의 종류와 종류에 따른 이용 분야는 반드시 암기하자.

그림은 전자기파를 파장에 따라 분류한 것이고, 표는 전자기파 A, B, C가 사용되는 예를 순서 없이 나타낸 것이다.

전자기파	사용되는 예
적외선 (가)	체온을 측정하는 열화상 카메라에 사용된다.
마이크로파 (나)	음식물을 데우는 전자레인지에 사용된다.
X선 (다)	공항 검색대에서 수하물의 내부 영상을 찍는 데 사용된다.

(가), (나), (다)에 해당하는 전자기파로 옳은 것은?

	(가)	(나)	(다)		(가)	(나)	(다)
①	A	B	C	②	A	C	B
③	B	A	C	④	B	C	A
⑤	C	A	B				

|자|료|해|설|
파장에 의해 나뉜 영역에 따라 A는 X선, B는 적외선, C는 마이크로파이다.
(가) : 체온 정도의 온도에서 방출되는 전자기파는 적외선이므로 열화상 카메라에 사용된다.
(나) : 마이크로파의 진동수는 물 분자의 고유 진동수와 같으므로 음식에 마이크로파를 쪼이면 물 분자가 진동하여 열이 발생한다. 전자레인지는 마이크로파의 이러한 특성을 이용한다.
(다) : X선은 고속의 전자를 금속에 충돌시킬 때 전자가 감속되며 발생한다. 투과력이 강하므로 공항 검색대에 이용된다.

|선|택|지|풀|이|
④ 정답 : (가)는 적외선이므로 B, (나)는 마이크로파이므로 C, (다)는 X선이므로 A에 해당한다.

그림 (가)는 전자기파를 파장에 따라 분류한 것을, (나)는 (가)의
전자기파 A를 이용하는 레이더가 설치된 군함을 나타낸 것이다.

X선   가시광선   A 마이크로파
감마선   자외선   적외선   라디오파

10^{-12} 10^{-9} 10^{-6} 10^{-3} 1 10^{3}
파장(m)

(가)   (나)

이에 대한 설명으로 옳은 것만을 〈보기〉에서 있는 대로 고른 것은?

보기

ㄱ. A의 진동수는 가시광선의 진동수보다 ~~크다.~~ 작다.
ㄴ. 전자레인지에서 음식물을 데우는 데 이용하는 전자기파는
    A에 해당한다.
ㄷ. 진공에서의 속력은 감마선과 (나)의 레이더에서 이용하는
    전자기파가 같다.

① ㄱ   ② ㄴ   ③ ㄱ, ㄷ   ④ ㄴ, ㄷ   ⑤ ㄱ, ㄴ, ㄷ

|자|료|해|설|
A는 마이크로파로 물 분자의 고유 진동수가 포함되는
영역이므로 전자레인지에 사용된다. 또한 라디오파보다
진동수가 커서 많은 양의 정보를 보낼 수 있으므로 휴대
전화, 무선 랜 등에 사용되며 레이더나 위성 통신에도
사용된다.

|보|기|풀|이|
ㄱ. 오답 : 전자기파의 파장과 진동수는 반비례 관계에
있으므로 (가)에서 왼쪽에 위치한 영역일수록 진동수가
크다. 따라서 A(마이크로파)의 진동수는 가시광선의
진동수보다 작다.
ㄴ. 정답 : 물 분자의 고유 진동수와 같은 마이크로파를
물 분자에 쪼이면 물 분자의 진동에 의해 열이 발생하여
음식이 가열된다.
ㄷ. 정답 : 진공에서 모든 전자기파는 종류와 관계없이
속력이 같다.

다음은 병원의 의료 기기에서 파동 A, B, C를 이용하는 예이다.

뼈 촬영   의료 기구 소독   태아 검진
A : X선   B : 자외선   C : 초음파

이에 대한 설명으로 옳은 것만을 〈보기〉에서 있는 대로 고른 것은?

보기

ㄱ. A, B는 전자기파에 속한다.
ㄴ. 진공에서의 파장은 A가 B보다 ~~길다.~~ 짧다.
ㄷ. C는 매질이 없는 진공에서 진행할 수 없다.

① ㄴ   ② ㄷ   ③ ㄱ, ㄴ   ④ ㄱ, ㄷ   ⑤ ㄱ, ㄴ, ㄷ

|자|료|해|설|
A, B는 전자기파, C는 음파의 한 종류이다.

|보|기|풀|이|
ㄱ. 정답 : A와 B는 모두 전자기파에 속한다.
ㄴ. 오답 : 진공에서의 파장은 X선이 자외선보다 짧다.
ㄷ. 정답 : 음파는 매질이 없는 곳에서 진행할 수 없다.

😊 출제분석 | 매회 비슷한 유형으로 쉬운 난이도로 출제되는
영역이다.

19 전자기파

그림은 스마트폰에서 재생한 음악이
전파를 이용한 무선 통신 방식의 블루투스
스피커로 출력되는 것을 나타낸 것이다.
스마트폰과 블루투스 스피커에는
안테나가 내장되어 있다.
이에 대한 설명으로 옳은 것만을
〈보기〉에서 있는 대로 고른 것은?

보기

ㄱ. 블루투스 스피커의 안테나는 전파를 수신하는 역할을 한다.
ㄴ. 블루투스 스피커로 전송되는 전파는 전기장과 자기장이
　　진동하면서 전달된다.
ㄷ. 진공에서는 스마트폰에서 블루투스 스피커로 전파가
　　전달되지 않는다. 된다.

① ㄱ　　　② ㄷ　　　③ ㄱ, ㄴ　　　④ ㄱ, ㄷ　　　⑤ ㄴ, ㄷ

|자|료|해|설|

안테나는 전파를 수신하는 역할을 하고, 전파(전자기파)는
전기장과 자기장이 각각 시간에 따라 변하며 서로를
유도하고 서로 수직으로 진동하며 진동 방향과 진행 방향이
수직인 횡파이다. 또한 매질이 없어도 진행하며 진공에서
전자기파의 속력은 파장에 관계없이 약 3×10^8m/s이다.

|보|기|풀|이|

ㄱ. 정답 : 안테나는 전파를 수신하는 역할을 한다.
ㄴ. 정답 : 전파(전자기파)는 전기장과 자기장이 각각
시간에 따라 변하며 서로를 유도하고 서로 수직으로
진동하며 전달된다.
ㄷ. 오답 : 전파는 매질이 없는 진공에서도 전달된다.

😮 **문제풀이 T I P** | 전파(전자기파)는 매질이 없는 진공에서도
진행하며 진공에서 전자기파의 속력은 파장에 관계없이
약 3×10^8m/s이다.

😮 **출제분석** | 무선 통신과 전파의 수신에 대한 이해를 묻는
문항으로 기본 지식만으로 쉽게 해결할 수 있는 난도가 매우 낮은
문항이다. 틀리지 않도록 주의해야 한다.

---

20 전자기파의 종류와 이용

그림과 같이 위조지폐를 감별하기 위해 지폐에 **전자기파 A를**
비추었더니 형광 무늬가 나타났다.
→ 자외선

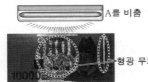

A를 비춤

형광 무늬

A는?

① 감마선　　　② 자외선　　　③ 적외선
④ 마이크로파　　⑤ 라디오파

|자|료|해|설|및|선|택|지|풀|이|

② 정답 : 자외선은 물질에 포함된 형광 물질에 흡수되면
가시광선을 방출한다. 이와 같은 자외선의 형광 작용은
위조지폐 감별에 이용된다.

😮 **출제분석** | 전자기파의 종류와 이에 따른 활용 예를 숙지하는
것으로 이 영역은 쉽게 해결할 수 있다.

다음은 어떤 전자기파가 실생활에서 이용되는 예이다.

열화상 카메라   TV 리모컨   체온계

이 전자기파는?

① X선   ② 자외선   ✔③ 적외선

④ 마이크로파   ⑤ 라디오파

|자|료|해|설|및|선|택|지|풀|이|

③ 정답 : 열화상 카메라, TV 리모컨, 체온계는 모두 적외선을 이용하는 장치이다.

🔍 **문제풀이 TIP |** X선 : X선 사진, 공항의 수하물 검사 등에 사용
자외선 : 식기세척기, 집적 회로 제조 등에 사용
마이크로파 : 기상 관측용 레이더, 위성 통신, 전자레인지 등에 사용
라디오파 : TV, 라디오 방송, 레이더 등에 사용

😀 **출제분석 |** 파장 또는 진동수에 따라 각 전자기파의 명칭, 특징, 예를 암기해야 한다.

다음은 열화상 카메라 이용 사례에 대한 설명이다.

건물에서 난방용 에너지를 절약하기 위해서는 외부로 방출되는 열에너지를 줄이는 것이 중요하다. 열화상 카메라는 건물 표면에서 방출되는 전자기파 A를 인식하여 단열이 잘되지 않는 부분을 가시광선 영상으로 표시한다.

이에 대한 옳은 설명만을 〈보기〉에서 있는 대로 고른 것은?

보기
ㄱ. A는 적외선이다.
ㄴ. 진공에서 속력은 A와 가시광선이 같다.
ㄷ. 파장은 A가 가시광선보다 길다.

① ㄴ   ② ㄷ   ③ ㄱ, ㄴ   ④ ㄱ, ㄷ   ✔⑤ ㄱ, ㄴ, ㄷ

|자|료|해|설|

전자기파 A는 적외선이다.

|보|기|풀|이|

ㄱ. 정답 : 열화상 카메라는 적외선을 이용한다.
ㄴ. 정답 : 진공에서 모든 전자기파의 속력은 같다.
ㄷ. 정답 : 적외선은 가시광선보다 파장이 길다.

😀 **출제분석 |** 파장에 따라 전파, 마이크로파, 적외선, 가시광선, 자외선, X선, γ선을 구분하고 각각의 특징과 사용 예는 필수로 암기해야 한다.

그림은 전자기파 A, B, C를 이용하는 장치이다. A, B, C는
마이크로파, 자외선, 적외선을 순서 없이 나타낸 것이다.

물체의 온도를 측정할 때 음식을 데울 때 식기를 소독할 때
A를 이용하는 온도계 B를 이용하는 전자레인지 C를 이용하는 소독기

A, B, C로 옳은 것은?

	A	B	C
①	마이크로파	자외선	적외선
②	마이크로파	적외선	자외선
③	자외선	마이크로파	적외선
✔④	적외선	마이크로파	자외선
⑤	적외선	자외선	마이크로파

|자|료|해|설|및|선|택|지|풀|이|

④정답 : A : 온도계는 적외선을 이용하여 물체 온도를
측정한다. B : 전자레인지는 마이크로파를 이용하여
음식을 데운다. C : 소독기는 자외선을 이용하여 식기를
소독한다.

😲 **문제풀이 T I P** |
▶ 전자기파의 이용
마이크로파 : 라디오나 텔레비전 방송, 전파 망원경, GPS 등
적외선 : 적외선 열화상 카메라, 적외선 온도계, 리모컨, 적외선 망
　　　　원경 등
자외선 : 의료 기구 소독기, 손 소독기, 식기 소독기, 위조지폐 감
　　　　별 등

😲 **출제분석** | 전자기파의 종류와 이용에 대한 문항은 한 번의
정리로 쉽게 정답을 고를 수 있으니 반드시 숙지하자.

다음은 학생이 전자기파 ㉠, ㉡에 대해 조사한 내용이다.

o 형광등 내부의 수은에서 방출된 ㉠ 이 형광등 내부에
발라놓은 형광 물질에 흡수되면 형광 물질에서 ㉡ 이
방출된다.

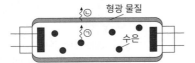

o ㉠ 은 살균 기능이 있어 식기 소독기에 이용된다.
o ㉡ 은 광학 현미경에 이용된다.

㉠, ㉡에 들어갈 전자기파는?

	㉠	㉡
✔①	자외선	가시광선
②	자외선	감마(γ)선
③	자외선	X선
④	적외선	가시광선
⑤	적외선	감마(γ)선

|자|료|해|설|및|선|택|지|풀|이|

①정답 : 형광등 내부의 수은에서 방출된 빛은 자외선이다.
자외선을 흡수한 형광 물질은 가시광선을 방출한다.
자외선은 살균 작용 및 화학 작용을 하는 특징이 있어 식기
소독기, 회로 제조에 이용되고 가시광선은 사진 및 광학
현미경에 이용된다.

😲 **문제풀이 T I P** | X선과 γ선은 투과력이 강하여 의료용으로
이용되고 적외선은 열작용이 강한 특징이 있으며 야간 투시, 리모컨
등으로 이용된다.

😲 **출제분석** | 전자기파의 종류에 따른 특징과 용도에 관한 문항은
자주 출제되고 한 번의 정리로 쉽게 해결할 수 있는 영역으로
반드시 암기해야 한다.

Ⅲ
1
ㅣ
03
전자기파와 파동의 간섭

그림은 버스에서 이용하는 전자기파를 나타낸 것이다.

ⓒ전광판에 이용하는
진동수가 4.54×10^{14} Hz인
빨간색 빛
→ 가시광선

ⓛ 무선 공유기에 이용하는
진동수가 2.41×10^{9} Hz인
마이크로파

ⓒ 교통카드 시스템에 이용하는
진동수가 1.36×10^{7} Hz인
라디오파

이에 대한 설명으로 옳은 것만을 〈보기〉에서 있는 대로 고른 것은?

보기
ㄱ. ㉠은 가시광선 영역에 해당한다.
ㄴ. 진공에서 속력은 ㉠이 ㉡~~보다 크다~~ 과 같다.
ㄷ. 진공에서 파장은 ㉡이 ㉢보다 짧다.

① ㄱ   ② ㄴ   ③ ㄱ, ㄴ   ✓④ ㄱ, ㄷ   ⑤ ㄴ, ㄷ

|자|료|해|설|
사람의 눈은 대략 380nm에서 750nm 사이의 파장을 볼 수
있다. 즉, 전광판에 이용하는 빨간색 빛은 가시광선 영역의
빛이므로 사람의 눈으로 볼 수 있다.

|보|기|풀|이|
ㄱ. 정답 : ㉠은 빨간색 빛으로 가시광선이다.
ㄴ. 오답 : 진공에서 모든 전자기파의 속력은 진동수와
상관없이 같다.
ㄷ. 정답 : 진공에서 전자기파의 속력은 같기 때문에
진동수가 클수록 파장은 짧다.($v=f \cdot \lambda$) 따라서 파장은
'가시광선< 마이크로파< 라디오파'이다.

😊 **출제분석** | 매회 비슷한 유형으로 쉽게 출제되는 영역으로
전자기파의 종류별 특징만 숙지하고 있다면 쉽게 맞출 수 있다.

그림은 스마트폰에서 쓰이는 파동 A, B, C를 나타낸 것이다.

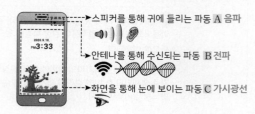

→스피커를 통해 귀에 들리는 파동 A 음파
→안테나를 통해 수신되는 파동 B 전파
→화면을 통해 눈에 보이는 파동 C 가시광선

이에 대한 설명으로 옳은 것만을 〈보기〉에서 있는 대로 고른 것은?

보기
ㄱ. A는 ~~전자기파~~ 음파 에 속한다.
ㄴ. 진동수는 B가 C보다 작다.
ㄷ. C는 매질에 ~~관계없이 속력이 일정하다.~~ 굴절률에 따라 달라진다

① ㄱ   ✓② ㄴ   ③ ㄱ, ㄷ   ④ ㄴ, ㄷ   ⑤ ㄱ, ㄴ, ㄷ

|자|료|해|설|
A는 소리이므로 음파, B는 전파, C는 가시광선이다.

|보|기|풀|이|
ㄱ. 오답 : A는 음파이다.
ㄴ. 정답 : 진동수는 B(전파)가 C(가시광선)보다 작고,
파장은 B(전파)가 C(가시광선)보다 길다.
ㄷ. 오답 : C(가시광선)는 매질의 굴절률에 따라 속력이
달라진다.

그림은 일상생활에서 활용되는 전자기파를 나타낸 것이다.

A: 열화상 카메라가   B: 광섬유를 따라 진   C: 무선 공유기가 송
감지하는 적외선   행하는 가시광선   신하는 마이크로파

전자기파 A, B, C를 진동수가 큰 순서대로 나열한 것은?

$E = hf$

① A−B−C   ② A−C−B   ③ B−A−C

④ B−C−A   ⑤ C−A−B

|자|료|해|설|

전자기파가 갖는 에너지와 진동수, 파장의 관계는

$E = hf = \dfrac{hc}{\lambda}$ 이다. 적외선, 가시광선, 마이크로파에서

에너지, 진동수, 파장의 크기는 다음과 같다.

− 에너지 크기(E) : 가시광선(B)>적외선(A)
 >마이크로파(C)

− 진동수 크기(f) : 가시광선(B)>적외선(A)
 >마이크로파(C)

− 파장의 크기(λ) : 마이크로파(C)>적외선(A)
 >가시광선(B)

|선|택|지|풀|이|

③ 정답 : 진동수는 에너지가 클수록, 파장이 작을수록 크다. 따라서 진동수 크기는 가시광선(B)>적외선(A) >마이크로파(C)이다.

문제풀이 TIP | 파장(m)

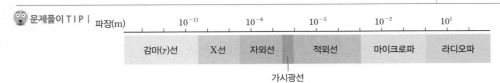

10^{-11} 10^{-8} 10^{-5} 10^{-2} 10^{1}

감마(γ)선   X선   자외선   적외선   마이크로파   라디오파

가시광선

출제분석 | 전자기파의 종류와 활용에 대한 문항으로 다른 문제들에 비해 비교적 쉽게 해결할 수 있으므로 반드시 정답을 고를 수 있도록 개념을 잘 정리해두자.

그림은 전자기파를 진동수에 따라 분류하고, 전자기파 A, B가 생활에 이용되는 예를 나타낸 것이다.

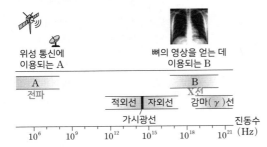

위성 통신에   뼈의 영상을 얻는 데
이용되는 A   이용되는 B

A   B
전파   X선
 적외선 자외선 감마(γ)선
 가시광선   진동수
10^6 10^9 10^{12} 10^{15} 10^{18} 10^{21} (Hz)

이에 대한 설명으로 옳은 것만을 〈보기〉에서 있는 대로 고른 것은?

보기

ㄱ. A는 X선이다.   (전파)

ㄴ. 감마(γ)선은 전자레인지에 이용된다.   (마이크로파는)

ㄷ. 진공에서의 속력은 A와 B가 같다.

① ㄱ   ② ㄷ   ③ ㄱ, ㄴ   ④ ㄴ, ㄷ   ⑤ ㄱ, ㄴ, ㄷ

|자|료|해|설|

위성 통신에 이용되는 전자기파(A)는 전파, 뼈의 영상을 얻는 데 이용되는 전자기파(B)는 X선이다.

|보|기|풀|이|

ㄱ. 오답 : 위성 통신에 이용되는 전자기파는 전파이다.

ㄴ. 오답 : 전자레인지에 이용되는 전자기파는 마이크로파이다.

ㄷ. 정답 : 진공에서 모든 전자기파의 속력은 같다.

문제풀이 TIP | 적외선은 야간 투시, 리모콘에 이용되고 자외선은 살균, 회로 기판 제조에 이용되며 감마선은 암 치료, 재료 검사에 이용된다.

출제분석 | 전자기파의 특징을 묻는 문항으로 전자기파의 파장에 따른 종류, 이용 분야는 반드시 숙지하자.

그림 (가)는 파장에 따른 전자기파의 분류를 나타낸 것이고, (나)는 (가)의 전자기파 A, B, C를 이용한 예를 순서 없이 나타낸 것이다.

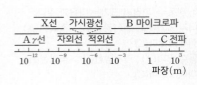

암 치료기
γ선

전자레인지
마이크로파

라디오
전파

(나)

A, B, C를 이용한 예로 옳은 것은?

	A	B	C
①	라디오	암 치료기	전자레인지
②	라디오	전자레인지	암 치료기
③	암 치료기	라디오	전자레인지
④	암 치료기	전자레인지	라디오
⑤	전자레인지	암 치료기	라디오

|자|료|해|설|및|선|택|지|풀|이|
④ 정답 : A는 X선보다 파장이 짧은 γ선이고 암 치료기에 이용된다. B는 적외선 다음으로 파장이 긴 마이크로파로 전자레인지에 이용한다. C는 파장이 가장 긴 전자기파로 전파이고 라디오에 이용한다.

😀 문제풀이 TIP | 전자기파 파장의 길이
감마선 < X선 < 자외선 < 가시광선 < 적외선 < 마이크로파 < 전파

그림은 전자기파 A, B, C가 사용되는 모습을 나타낸 것이다. A, B, C는 X선, 가시광선, 적외선을 순서 없이 나타낸 것이다.

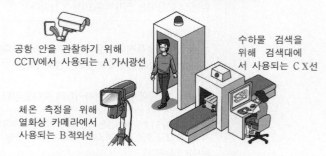

공항 안을 관찰하기 위해 CCTV에서 사용되는 A 가시광선

수하물 검색을 위해 검색대에서 사용되는 C X선

체온 측정을 위해 열화상 카메라에서 사용되는 B 적외선

이에 대한 옳은 설명만을 〈보기〉에서 있는 대로 고른 것은?

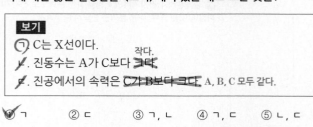

보기
ㄱ. C는 X선이다.
ㄴ. 진동수는 A가 C보다 ~~크다~~ 작다.
ㄷ. 진공에서의 속력은 ~~C가 B보다 크다~~ A, B, C 모두 같다.

① ㄱ   ② ㄷ   ③ ㄱ, ㄴ   ④ ㄱ, ㄷ   ⑤ ㄴ, ㄷ

|자|료|해|설|
A는 가시광선, B는 적외선, C는 X선이다.

|보|기|풀|이|
ㄱ. 정답 : 수하물 검색은 투과력이 높은 X선을 이용한다.
ㄴ. 오답 : 진동수는 X선 > 가시광선 > 적외선이다.
ㄷ. 오답 : 진공에서 모든 전자기파의 속력은 같다.

😀 출제분석 | 전자기파의 종류와 이용은 반드시 숙지해야 하는 내용이다.

다음은 전자기파 A에 대한 설명이다.

암 치료에 이용되는 전자기파 A는 핵반응 과정에서 방출되며 X선보다 파장이 짧고 투과력이 강하다.

γ선
A

암 치료기

A는?

✓① 감마선   ② 자외선   ③ 가시광선   ④ 적외선   ⑤ 마이크로파

|자|료|해|설|및|선|택|지|풀|이|
① 정답 : 핵반응 과정에서 방출되며 X선보다 파장이 짧은 전자기파는 감마(γ)선이다.

😀 출제분석 | 이 영역의 문항은 전자기파의 종류에 따라 이용되는 예를 확인하는 수준에서 출제된다.

다음은 전자기파 A에 대한 설명이다.

공항 검색대에서는 투과력이 강한 A를 이용하여 가방 내부의 물건을 검색한다. A의 파장은 감마선보다 길고, 자외선보다 짧다.

A는?

✓① X선   ② 가시광선   ③ 적외선   ④ 라디오파   ⑤ 마이크로파

|자|료|해|설|및|선|택|지|풀|이|
① 정답 : A는 X선으로, 투과력이 강하여 공항 수하물 검사 및 뼈의 영상을 얻는 데 이용된다.

😀 출제분석 | X선의 특징과 이용 사례를 확인하는 기본 문항이다.

그림은 스마트폰에 정보를 전송하는 과정을 나타낸 것이다. A와 B는 각각 적외선과 마이크로파 중 하나이다.

모뎀에서 광 다이오드가
A를 전기 신호로 전환함.

스마트폰이
B를 수신함.
↳ 마이크로파

광섬유에서
A가 진행함.
↳ 적외선

무선 공유기가
B로 정보를 송신함.

이에 대한 옳은 설명만을 〈보기〉에서 있는 대로 고른 것은?

보기
ㄱ. 진동수는 A가 B보다 크다.
ㄴ. 진공에서 A와 B의 속력은 같다.
ㄷ. A는 전자레인지에서 음식을 가열하는 데 이용된다.
       (B)

① ㄱ   ② ㄷ   ③ ㄱ, ㄴ   ④ ㄴ, ㄷ   ⑤ ㄱ, ㄴ, ㄷ

|자|료|해|설|
A는 광섬유에 사용되는 적외선이고, B는 라디오파보다 진동수가 큰 마이크로파로 많은 양의 정보를 전송하는 휴대 전화 통신에 이용된다.

|보|기|풀|이|
ㄱ. 정답 : 적외선(A)은 마이크로파(B)보다 진동수가 크다.
ㄴ. 정답 : 진공에서 모든 전자기파의 속력은 같다.
ㄷ. 오답 : 2.45GHz 마이크로파(B)의 진동수는 물 분자의 고유 진동수와 같으므로 전자레인지의 음식을 가열하는 데 이용된다.

😮 문제풀이 T I P | 이 단원은 반드시 암기가 필요한 문제가 출제되므로 전자기파의 종류와 활용 예시를 정리해두어야 한다.

😀 출제분석 | 전자기파가 활용되는 예시에 대한 문제는 모의고사마다 1문제씩 꼭 출제되고 있다. 관련 내용을 반드시 암기해야 한다.

그림은 전자기파에 대해 학생이 발표하는 모습을 나타낸 것이다.

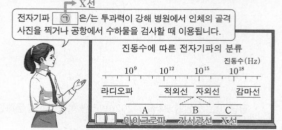

                        ↳ X선
전자기파 ㉠ 은/는 투과력이 강해 병원에서 인체의 골격 사진을 찍거나 공항에서 수하물을 검사할 때 이용됩니다.

진동수에 따른 전자기파의 분류
                                    진동수(Hz)
    10^9 10^{12} 10^{15} 10^{18}
라디오파   적외선 자외선   감마선
        A   B   C
    마이크로파 가시광선 X선

이에 대한 설명으로 옳은 것만을 〈보기〉에서 있는 대로 고른 것은?

보기
            C
ㄱ. ㉠은 A에 해당하는 전자기파이다.
ㄴ. 진공에서 파장은 A가 B보다 길다.
                        적외선
ㄷ. 열화상 카메라는 사람의 몸에서 방출되는 C를 측정한다.

① ㄱ   ② ㄴ   ③ ㄱ, ㄷ   ④ ㄴ, ㄷ   ⑤ ㄱ, ㄴ, ㄷ

|자|료|해|설|
A는 마이크로파, B는 가시광선, C는 X선이다.

|보|기|풀|이|
ㄱ. 오답 : ㉠은 투과력이 강하다고 했으므로 X선이고 이는 C에 해당한다.
ㄴ. 정답 : 파동에서 빛의 속력(일정)＝진동수×파장이므로 파장은 진동수에 반비례한다. A가 B보다 진동수가 작으므로 파장은 A가 B보다 길다.
ㄷ. 오답 : 열화상 카메라는 적외선을 측정하는 도구이다.

😀 출제분석 | 이 영역의 학습 내용은 매우 적은데다 어려운 내용이 없어 쉽게 출제된다.

그림은 전자기파에 대해 학생 A, B, C가 대화하는 모습을 나타낸
것이다.

제시한 내용이 옳은 학생만을 있는 대로 고른 것은?

① A   ② C   ③ A, B   ④ B, C   ⑤ A, B, C

|자|료|해|설|

㉠은 가시광선보다 파장이 짧은 자외선이고,
㉡은 가시광선보다 파장이 긴 적외선이다.

|보|기|풀|이|

학생 A. 정답 : 전자기파는 전기장과 자기장의 진동 방향이
서로 수직이고 진동 방향과 진행 방향이 수직인 횡파이다.

학생 B. 정답 : 가시광선보다 파장이 짧은 자외선은 살균
작용을 하고 가시광선보다 파장이 긴 적외선은 적외선
카메라, 야간 투시경, 리모컨 등에 활용된다.

학생 C. 오답 : 진동수는 파장에 반비례하므로 ㉠자외선이
㉡적외선보다 크다.

😀 출제분석 | 전자기파의 기본 개념을 확인하는 문항이다.

그림 (가)는 전자기파를 파장에 따라 분류한 것을, (나)는 (가)의
전자기파 A, B, C 중 하나를 이용한 휴대용 칫솔 살균기를 나타낸
것이다.

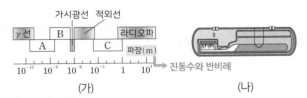

(가)   (나)

이에 대한 옳은 설명만을 〈보기〉에서 있는 대로 고른 것은?

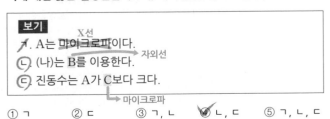

> **보기**
> ㄱ. A는 마이크로파이다.
> ㄴ. (나)는 B를 이용한다.
> ㄷ. 진동수는 A가 C보다 크다.

① ㄱ   ② ㄷ   ③ ㄱ, ㄴ   ④ ㄴ, ㄷ   ⑤ ㄱ, ㄴ, ㄷ

|자|료|해|설|

$c=f\lambda$, 즉 (빛의 속력)＝(빛의 진동수)×(빛의 파장)이므로
진동수와 파장은 반비례 관계이다.

|보|기|풀|이|

ㄱ. 오답 : γ선 영역과 일부 겹치는 A는 X선이다.

ㄴ. 정답 : B는 가시광선보다 파장이 짧은 영역이므로
자외선에 해당하고, (나)의 휴대용 칫솔 살균기는 자외선을
이용한다.

ㄷ. 정답 : C는 마이크로파이며, 파장이 C＞A이므로
진동수는 C＜A이다.

😀 문제풀이 TIP | 전자기파는 파장에 따라 γ선, X선, 자외선,
가시광선, 적외선, 마이크로파, 라디오파로 분류할 수 있다.

그림 (가)는 병원에서 전자기파 A를 사용하여 의료 진단용 사진을 찍는 모습을, (나)는 (가)에서 찍은 사진을 나타낸 것이다.

 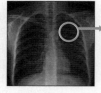

→ 뼈의 투과율이 비교적 낮아 X선 사진에서 뼈의 상태를 확인할 수 있다.

(가)   (나)

이에 대한 설명으로 옳은 것만을 〈보기〉에서 있는 대로 고른 것은?

보기

ㄱ. A는 X선이다.

ㄴ. A의 진동수는 마이크로파의 진동수보다 ~~작다.~~ 크다.

ㄷ. A는 공항에서 가방 속 물품을 검색하는 데 사용된다.

→ 직접 열어보지 않고 검사할 수 있음

① ㄱ   ② ㄴ   ✓③ ㄱ, ㄷ   ④ ㄴ, ㄷ   ⑤ ㄱ, ㄴ, ㄷ

| 자 | 료 | 해 | 설 |

그림 (가)는 흉부 X선 검사 장면이고, 그림 (나)는 검사 결과 사진이다. X선은 투과성이 높아 골절 사진 촬영이나 비파괴 검사에 이용된다.

| 보 | 기 | 풀 | 이 |

ㄱ 정답 : (가)는 흉부 X선 검사 장면이므로 이때 사용된 전자기파 A는 X선이다.

ㄴ. 오답 : 전자기파를 진동수가 큰 것부터 순서대로 나열하면 감마선, X선, 자외선, 가시광선, 적외선, 마이크로파, 라디오파 순이므로 X선의 진동수가 마이크로파의 진동수보다 크다.

ㄷ 정답 : X선은 옷이나 피부는 통과하고 뼈나 금속과 같이 단단한 성분의 물질은 투과하지 못하는 성질이 있어서 공항의 보안 검색대에도 이용된다.

😮 **문제풀이 T I P |** 전자기파는 파장에 따라 감마선, 엑스선, 자외선, 가시광선, 적외선, 마이크로파, 라디오파로 분류할 수 있다. 각 파장대의 특징에 따라 전자기파의 사용처가 다르다.

😮 **출제분석 |** 전자기파의 파장 혹은 진동수별 분류에 따른 특징과 용례만 알아두어도 관련 문제는 대부분 맞힐 수 있다.

다음은 어떤 화장품과 관련된 내용이다. A, B, C는 가시광선, 자외선, 적외선을 순서 없이 나타낸 것이다.

햇빛에는 우리 눈에 보이는 [A] 외에도 파장이 더 짧은 자외선과 더 긴 [B] 도 포함되어 있다. 햇빛이 강한 여름에 야외 활동을 할 때에는 피부를 보호하기 위해 [C] 을 차단할 수 있는 화장품을 사용하는 것이 좋다.

SPF 50+ PA+++

이에 대한 설명으로 옳은 것만을 〈보기〉에서 있는 대로 고른 것은?

보기

ㄱ. A는 가시광선이다.

ㄴ. 진동수는 B가 C보다 ~~크다.~~ 작다.

ㄷ. 열을 내는 물체에서는 B가 방출된다.

① ㄱ   ② ㄴ   ✓③ ㄱ, ㄷ   ④ ㄴ, ㄷ   ⑤ ㄱ, ㄴ, ㄷ

| 자 | 료 | 해 | 설 |

제시된 자료에서 A는 가시광선, B는 적외선, C는 자외선으로 각각의 특징은 다음과 같다.

• 자외선 : 화학 작용이 강하고 살균 작용을 함
• 가시광선 : 사람의 눈으로 감지할 수 있음
• 적외선 : 강한 열작용을 하여 열선이라고도 하고, 복사의 형태로 진행

| 보 | 기 | 풀 | 이 |

ㄱ 정답 : 가시광선은 사람의 눈으로 감지할 수 있다.

ㄴ. 오답 : 진동수는 파장에 반비례하므로 진동수는 적외선(B) < 가시광선(A) < 자외선(C)이다.

ㄷ 정답 : 열을 내는 물체는 적외선을 방출한다.

😮 **문제풀이 T I P |** 전자기파의 파장별 스펙트럼 : 자외선(C) < 가시광선(A) < 적외선(B)

😮 **출제분석 |** 전자기파에 관한 문제는 파장 또는 진동수에 따른 전자기파의 명칭과 특징, 예만 기억하면 모두 맞출 수 있는 매우 쉬운 난이도로 출제된다. 확실히 기억해두자.

다음은 파동 A, B, C가 이용되는 예를 나타낸 것이다.

A : 레이더가 수신하 B : 광섬유 내부를 지 C : 박쥐가 먹이를 찾을
는 마이크로파 나가는 가시광선 때 이용하는 초음파
 음파
전자기파

이에 대한 옳은 설명만을 〈보기〉에서 있는 대로 고른 것은?

보기

ㄱ. A, B, C는 모두 종파이다.
ㄴ. 진동수는 B가 A보다 크다.
ㄷ. C가 진행하려면 매질이 필요하다.

① ㄱ   ② ㄷ   ③ ㄱ, ㄴ   ④ ㄴ, ㄷ   ⑤ ㄱ, ㄴ, ㄷ

| 자 | 료 | 해 | 설 |

마이크로파(A)와 가시광선(B)은 매질이 없어도 전달되는 전자기파이다.
마이크로파는 눈에 보이지 않는 전자기파로 기상관측용 레이더, 위성통신, 전자레인지 등에 사용하고, 가시광선은 사람의 눈으로 감지할 수 있는 전자기파로 광통신, 영상장치 등으로 사용한다.
초음파(C)는 매질이 필요한 탄성파로 어군탐지기, 자동차 후방 감지센서, 초음파 세척기 등에 사용한다.

| 보 | 기 | 풀 | 이 |

ㄱ. 오답 : A, B는 전자기파이므로 횡파, C는 음파이므로 종파이다.
ㄴ. 정답 : 전자기파에서 진동수는 '마이크로파 < 가시광선'이다.
ㄷ. 정답 : 초음파는 탄성파로 매질이 필요하다.

문제풀이 TIP | 전자기파는 전기장과 자기장의 진동방향이 서로 수직이고, 진동방향과 진행방향이 수직인 횡파로 매질이 없어도 진행하며 진동수의 크기에 따른 전자기파 스펙트럼은 라디오파 < 마이크로파 < 적외선 < 가시광선 < 자외선 < X선 < 감마선 이다. 또한 음파는 탄성파로 매질이 필요하고 매질의 진동방향과 진행방향이 나란한 종파이다.

출제분석 | 파동의 종류와 이용에 대해 묻는 지식적인 차원의 일반적인 문항이다. 꼭 알아두자.

그림 (가)는 전자기파 A, B를 이용한 예를, (나)는 진동수에 따른 전자기파의 분류를 나타낸 것이다.

마이크로파 A   B 가시광선

전자레인지의 내부에서는 음식을 데우기 위해 A가 이용되고, 표시 창에서는 B가 나와 남은 시간을 보여 준다.

(가)

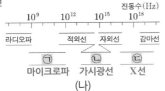

(나)

이에 대한 설명으로 옳은 것만을 〈보기〉에서 있는 대로 고른 것은?

보기

ㄱ. A는 ㉢에 해당한다.
ㄴ. B 는 ㉡에 해당한다.
ㄷ. 파장은 A가 B보다 길다.

① ㄱ   ② ㄷ   ③ ㄱ, ㄴ   ④ ㄴ, ㄷ   ⑤ ㄱ, ㄴ, ㄷ

| 자 | 료 | 해 | 설 |

A는 마이크로파, B는 가시광선에 해당하는 전자기파이다.

| 보 | 기 | 풀 | 이 |

ㄱ. 오답 : A는 마이크로파이므로 ㉠에 해당한다.
ㄴ. 정답 : B는 가시광선이므로 ㉡에 해당한다.
ㄷ. 정답 : 파장은 진동수가 클수록 짧으므로 A가 B보다 길다.

출제분석 | 전자기파의 종류와 이에 따른 활용의 예를 숙지한다면 쉽게 해결할 수 있다.

그림은 전자기파를 파장에 따라 분류한 것이다.

	X선	가시광선	마이크로파	
감마선		자외선	적외선	라디오파
10^{-12}	10^{-9}	10^{-6}	10^{-3}	1 10^3 파장(m)

파장이 길고
진동수는 작다 →

이에 대한 설명으로 옳은 것은?

① X선은 TV용 리모컨에 이용된다.   (적외선)

② 자외선은 살균 기능이 있는 제품에 이용된다.

③ 파장은 감마선이 마이크로파보다 ~~길다~~ 짧다

④ 진동수는 가시광선이 라디오파보다 ~~작다~~ 크다

⑤ 진공에서 속력은 적외선이 마이크로파~~보다 크다~~ 와 같다

|자|료|해|설|및|선|택|지|풀|이|

① 오답 : TV용 리모컨에 이용되는 전자기파는 적외선이다.

② 정답 : 자외선은 에너지가 높아 세균을 죽이는 살균 작용이 있다.

③ 오답 : 제시된 자료의 오른쪽으로 갈수록 파장이 길다. 파장은 감마선이 마이크로파보다 짧다.

④ 오답 : 제시된 자료의 오른쪽으로 갈수록 진동수가 작다. 진동수는 가시광선이 라디오파보다 크다.

⑤ 오답 : 진공에서 모든 전자기파의 속력은 같다.

😀 출제분석 | 전자기파의 종류별 특징만 숙지하고 있다면 쉽게 맞출 수 있는 영역이다.

그림 (가)는 보어의 수소 원자 모형에서 양자수 n에 따른 전자의 에너지 준위의 일부와 전자의 전이 과정에서 방출되는 빛 a, b, c를 나타낸 것이다. b는 가시광선에 해당하는 빛이고, a와 c는 순서 없이 자외선, 적외선에 해당하는 빛이다. a, b, c의 진동수는 각각 f_a, f_b, f_c이다. 그림 (나)는 전자기파의 일부를 파장에 따라 분류한 것이다. a와 c는 ㉠과 ㉡ 중 하나에 해당한다.

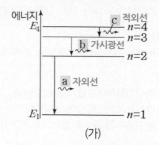
(가)

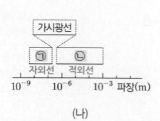
(나)

이에 대한 설명으로 옳은 것만을 〈보기〉에서 있는 대로 고른 것은? (단, 플랑크 상수는 h이다.)

보기

㉠ $f_a + f_b + f_c = \dfrac{E_4 - E_1}{h}$이다.

㉡ a는 (나)에서 ㉠에 해당한다.

㉢ TV 리모컨에 사용되는 전자기파는 (나)에서 ㉡에 해당한다.

① ㄴ   ② ㄷ   ③ ㄱ, ㄴ   ④ ㄱ, ㄷ   ⑤ ㄱ, ㄴ, ㄷ

|자|료|해|설|

(가)에서 a는 라이먼 계열에 해당하는 자외선, b는 발머 계열에 해당하는 가시광선, c는 파셴 계열에 해당하는 적외선이다. (나)에서 ㉠은 가시광선보다 파장이 짧은 자외선, ㉡은 가시광선보다 파장이 긴 적외선이다.

|보|기|풀|이|

㉠ 정답 : 전자가 $n=4$에서 $n=1$로 전이할 때 방출하는 광자 1개의 에너지는 $E_4 - E_1 = h(f_a + f_b + f_c)$이다.

따라서 $f_a + f_b + f_c = \dfrac{E_4 - E_1}{h}$이다.

㉡ 정답 : a는 자외선이므로 ㉠에 해당한다.

㉢ 정답 : TV 리모컨에 사용되는 전자기파는 적외선이므로 ㉡에 해당한다.

😀 출제분석 | 수소 원자의 에너지 준위와 선 스펙트럼 계열의 관계를 확인하는 기본 수준의 문항이다.

다음은 전자기파 A와 B를 사용하는 예에 대한 설명이다.

> 전자레인지에 사용되는 A는
> 음식물 속의 물 분자를 운동
> 시키고, 물 분자가 주위의 분자와
> 충돌하면서 음식물을 데운다.
> A보다 파장이 짧은 B는 전자레인지가 작동하는 동안 내부를
> 비춰 작동 여부를 눈으로 확인할 수 있게 한다.

가시광선 마이크로파
X선   B   A
감마선   자외선   적외선   라디오파
10^{-12} 10^{-9} 10^{-6} 10^{-3} 1 10^{3}
파장(m)

이에 대한 설명으로 옳은 것만을 〈보기〉에서 있는 대로 고른 것은?

보기
ㄱ. A는 ~~가시광선~~ 마이크로파 이다.
ㄴ. 진공에서 속력은 A와 B가 같다.
ㄷ. 진동수는 A가 B보다 ~~크다~~ 작다

① ㄱ   ②ㄴ   ③ ㄱ, ㄷ   ④ ㄴ, ㄷ   ⑤ ㄱ, ㄴ, ㄷ

|자|료|해|설|
A는 마이크로파, B는 가시광선이다.

|보|기|풀|이|
ㄱ. 오답 : A는 마이크로파이다.
ㄴ. 정답 : 진공에서 모든 전자기파의 속력은 같다.
ㄷ. 오답 : 속력이 동일할 때, 파장과 진동수는 반비례한다.
($v=f\cdot\lambda$) 파장은 A가 B보다 크므로 진동수는 A가 B보다
작다.

**다음은 가상 현실(VR) 기기에 대한 설명이다. A와 B 중 하나는
가시광선이고, 다른 하나는 적외선이다.**

적외선 ← 컨트롤러 :
A를 이용해 동
작 정보를 머리
착용형 디스플레
이로 전송함.

머리 착용형 디스플레이 :
B를 이용해 사용자가 볼
수 있는 화면을 구현함.
→ 가시광선

이에 대한 옳은 설명만을 〈보기〉에서 있는 대로 고른 것은?

보기
ㄱ. B는 가시광선이다.
ㄴ. 진동수는 B가 A보다 크다.
ㄷ. 진공에서의 속력은 ~~B가 A보다 크다.~~ A와 B가 같다.

① ㄱ   ② ㄴ   ③ ㄱ, ㄴ   ④ ㄱ, ㄷ   ⑤ ㄴ, ㄷ

|자|료|해|설|
컨트롤러는 적외선 센서를 통해 동작 정보를 인식하기
때문에 A는 적외선이고, 사용자의 눈으로 볼 수 있어야
하므로 B는 가시광선이다.

|보|기|풀|이|
ㄱ. 정답 : A는 적외선, B는 가시광선이다.
ㄴ. 정답 : 진동수는 가시광선(B)이 적외선(A)보다 크다.
ㄷ. 오답 : 진공에서 모든 전자기파의 속력은 같다.

😀 출제분석 | 전자기파의 기본적인 특징을 확인하는 문항이다.

그림 (가)는 초음파를 이용하여 인체 내의 이물질을 파괴하는 의료 장비를, (나)는 소음 제거 이어폰을 나타낸 것이다.

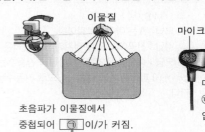

이물질

마이크

초음파가 이물질에서 중첩되어 ⊙ 이/가 커짐. 진폭

(가) 보강 간섭 이용

마이크에 ⓒ 외부 소음이 입력됨.

(나) 상쇄 간섭 이용

이에 대한 옳은 설명만을 〈보기〉에서 있는 대로 고른 것은?

> **보기**
> 진폭
> ㄱ. '진동수'는 ⊙에 해당한다.
> ㄴ. (나)의 이어폰은 ⓒ과 위상이 반대인 소리를 발생시킨다.
> ㄷ. (가)와 (나)는 모두 파동의 상쇄 간섭을 이용한다.
>   각각   보강, 상쇄

① ㄴ   ② ㄷ   ③ ㄱ, ㄴ   ④ ㄱ, ㄷ   ⑤ ㄱ, ㄴ, ㄷ

|자|료|해|설|
(가)는 보강 간섭을 통해 진폭이 커지는 원리를 이용하여 결석과 같은 이물질을 파괴한다. (나)는 마이크에 입력된 외부 소음이 이어폰에 반대 위상으로 출력되어 외부 소음과 상쇄 간섭을 일으켜 소음을 제거한다.

|보|기|풀|이|
ㄱ. 오답 : 파동이 중첩되어 보강 간섭이 일어날 때 커지는 ⊙은 진폭이다.
ㄴ. 정답 : (나)의 이어폰은 외부 소음과 위상이 반대인 소리를 발생시켜 상쇄 간섭을 일으킨다.
ㄷ. 오답 : (가)는 보강 간섭, (나)는 상쇄 간섭을 이용한다.

🤓 **문제풀이 TIP** | 최근 간섭 원리가 활용된 예시가 주어지고 보강 간섭을 이용한 것인지 상쇄 간섭을 이용한 것인지 판단하는 문제가 자주 출제된다. 빈출 예시의 원리를 이해하고 외워두어야 한다.

😀 **출제분석** | 주어진 예시 외에도 상쇄 간섭을 이용한 무반사 코팅 안경, 각도에 따라 보강 간섭이 일어나는 색을 달라지게 만든 홀로그램 등이 자주 출제된다.

다음은 간섭 현상을 활용한 예이다.

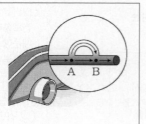

자동차의 배기관은 소음을 줄이는 구조로 되어 있다. A 부분에서 분리된 소리는 B 부분에서 중첩되는데, 이때 두 소리가 반대 ⊙ 위상으로 중첩되면서 ⓒ 상쇄 간섭이 일어나 소음이 줄어든다.

A   B

이에 대한 옳은 설명만을 〈보기〉에서 있는 대로 고른 것은?

> **보기**
> 반대
> ㄱ. '같음'은 ⊙으로 적절하다.
> ㄴ. ⓒ이 일어날 때 파동의 진폭이 작아진다.
> ㄷ. 소리의 진동수는 B에서가 A에서보다 크다.
>   A와 B에서 같다.

① ㄱ   ② ㄴ   ③ ㄱ, ㄷ   ④ ㄴ, ㄷ   ⑤ ㄱ, ㄴ, ㄷ

|자|료|해|설|
A에서 분리된 소리는 B에서 반대 위상으로 중첩되어 상쇄 간섭이 일어나 배기관의 소음이 줄어든다.

|보|기|풀|이|
ㄱ. 오답 : ⊙은 '반대'이다.
ㄴ. 정답 : 상쇄 간섭이 일어나면 파동의 진폭이 작아져 소음이 줄어든다.
ㄷ. 오답 : 중첩이 일어나더라도 소리의 진동수는 변하지 않는다.

😀 **출제분석** | 간섭 현상을 활용한 예로 상쇄 간섭의 원리를 확인하는 문항이다. 이 영역은 비교적 쉽게 출제된다.

다음은 파동의 간섭을 활용한 무반사 코팅 렌즈에 대한 내용이다.

> 무반사 코팅 렌즈는 파동이 ⓐ [상쇄] 간섭하여 빛의 세기가 줄어드는 현상을 활용한 예로 ㉠ 공기와 코팅 막의 경계에서 반사하여 공기로 진행한 빛과 ㉡ 코팅 막과 렌즈의 경계에서 반사하여 공기로 진행한 빛이 ⓐ [상쇄] 간섭한다.

이에 대한 설명으로 옳은 것만을 〈보기〉에서 있는 대로 고른 것은?

> **보기**
> ㉠. '상쇄'는 ⓐ에 해당한다.
> ㄴ. ㉠과 ㉡은 위상이 ~~같다~~ 반대이다.
> ㉢. 파동의 간섭 현상은 소음 제거 이어폰에 활용된다.

① ㄱ　② ㄴ　✓③ ㄱ, ㄷ　④ ㄴ, ㄷ　⑤ ㄱ, ㄴ, ㄷ

|자|료|해|설|
무반사 코팅 렌즈는 ㉠과 ㉡이 상쇄 간섭하도록 만들어 반사되는 빛의 세기가 줄어들게 하고, 투과되는 빛의 세기를 증가시켜 이를 사용한 안경을 착용한 사람은 더 선명한 시야를 얻을 수 있다.

|보|기|풀|이|
㉠. 정답 : 빛의 세기는 줄어들었으므로 ⓐ는 '상쇄'이다.
ㄴ. 오답 : ㉠과 ㉡은 상쇄 간섭하는 빛이므로 위상이 반대이다.
㉢. 정답 : 소음 제거 이어폰은 외부 소음을 마이크로 감지하고, 이와 반대 위상의 소리를 발생시켜 외부 소음과 상쇄 간섭이 일어나도록 한다. 그 결과 이어폰 사용자가 듣는 외부 소음이 줄어들게 된다.

😊 출제분석 | 무반사 코팅 렌즈, 노이즈 캔슬링, 지폐 홀로그램 등은 파동의 간섭 현상의 예로 자주 등장한다.

다음은 빛의 간섭을 활용하는 사례에 대한 설명이다.

> 태양 전지에 투명한 반사 방지막을 코팅하면 공기와의 경계면에서 반사에 의한 빛에너지 손실이 감소하고 흡수하는 빛에너지가 증가한다. 반사 방지막의 윗면과 아랫면에서 각각 반사한 빛이 ㉠ [반대] 위상으로 중첩되므로 ㉡ [상쇄] 간섭이 일어나 반사한 빛의 세기가 줄어든다.

이에 대한 옳은 설명만을 〈보기〉에서 있는 대로 고른 것은?

> **보기**
> ㉠. 간섭은 빛의 파동성으로 설명할 수 있다.
> ㄴ. ~~같은~~ 반대 '은 ㉠으로 적절하다.
> ㄷ. ~~보강~~ 상쇄 '은 ㉡으로 적절하다.

✓① ㄱ　② ㄷ　③ ㄱ, ㄴ　④ ㄴ, ㄷ　⑤ ㄱ, ㄴ, ㄷ

|자|료|해|설|
반사 방지막의 윗면과 아랫면에서 반사된 빛이 상쇄 간섭을 일으켜 반사한 빛의 세기가 줄어든다.

|보|기|풀|이|
㉠. 정답 : 간섭은 파동의 중첩으로 일어나는 현상이다.
ㄴ. 오답 : 빛이 중첩되었을 때 빛의 세기가 줄어들기 위해서는 ㉡ 상쇄 간섭이 일어나야 하고, 이를 위해서는 빛이 ㉠ 반대 위상으로 중첩되어야 한다.
ㄷ. 오답 : 빛이 중첩되었을 때 빛의 세기가 줄어드는 것으로 보아 ㉡ 상쇄 간섭이 일어난다.

그림은 두 파원에서 진동수가 f인 물결파가 같은 진폭으로 발생하여 중첩되는 모습을 나타낸 것이다. 두 물결파는 점 a에서는 같은 위상으로, 점 b에서는 반대 위상으로 중첩된다.

→ 보강 간섭
→ 상쇄 간섭

이에 대한 옳은 설명만을 〈보기〉에서 있는 대로 고른 것은?

보기
ㄱ. 물결파는 a에서 보강 간섭한다.
ㄴ. 진폭은 a에서가 b에서보다 크다.
ㄷ. a에서 물의 진동수는 f보다 크다 이다.

① ㄴ   ② ㄷ   ③✓ㄱ, ㄴ   ④ ㄱ, ㄷ   ⑤ ㄱ, ㄴ, ㄷ

| 자 | 료 | 해 | 설 |
파동은 같은 위상으로 중첩될 때 보강 간섭, 반대 위상으로 중첩될 때 상쇄 간섭한다.

| 보 | 기 | 풀 | 이 |
ㄱ. 정답 : a에서 물결파는 같은 위상으로 중첩되므로 보강 간섭한다.
ㄴ. 정답 : a는 보강 간섭, b는 상쇄 간섭이 일어나므로 진폭은 a에서가 b에서보다 크다.
ㄷ. 오답 : a에서 보강 간섭이 일어난 물결파는 두 파원의 진동수와 같은 f이다.

😮 문제풀이 T I P | 중첩해도 진동수는 일정하다.

😀 출제분석 | 보강 간섭과 상쇄 간섭이 일어나는 조건을 확인하는 기본 수준에서 출제되었다.

그림은 소리의 간섭 실험에 대해 학생 A, B, C가 대화하는 모습을 나타낸 것이다.

스피커
P
소음 측정기

두 개의 스피커에서 동일한 진동수의 소리를 같은 위상으로 발생시키고, 소음 측정기로 소리의 세기를 측정한다.

두 스피커로부터 거리가 같은 지점 P에서는 두 소리가 만나 보강 간섭해.

두 스피커에서 발생한 소리가 만날 때 위상이 서로 반대이면 상쇄 간섭해.

상쇄 간섭은 소음 제거 이어폰에 활용돼.

학생 A   학생 B   학생 C

제시한 내용이 옳은 학생만을 있는 대로 고른 것은? 3점

① A   ② B   ③ A, C   ④ B, C   ⑤✓A, B, C

| 자 | 료 | 해 | 설 |
두 스피커에서 동일한 진동수의 소리를 같은 위상으로 발생시킬 때는 두 스피커로부터 거리가 같은 지점 P에서 같은 위상으로 만난다. 소리가 만날 때 위상이 같다면 보강 간섭이, 위상이 반대라면 상쇄 간섭이 일어난다.

| 보 | 기 | 풀 | 이 |
학생 A. 정답 : 두 스피커로부터 거리가 같은 지점에서는 경로차=0이므로 보강 간섭한다.
학생 B. 정답 : 두 스피커에서 발생한 소리가 만날 때 위상이 반대이면 상쇄 간섭한다.
학생 C. 정답 : 이어폰의 노이즈 캔슬링은 상쇄 간섭을 이용하여 소음을 제거한다.

😀 출제분석 | 간섭이 일어나기 위한 조건을 이해하는지 확인하는 기본 문항이다.

그림은 점 S_1, S_2에서 진동수와 진폭이 같고 동일한 위상으로 발생한 물결파가 같은 속력으로 진행하는 어느 순간의 모습에 대해 학생 A, B, C가 대화하는 모습을 나타낸 것이다.

제시한 내용이 옳은 학생만을 있는 대로 고른 것은? **3점**

① A   ② B   ③ A, C   ④ B, C   ⑤ A, B, C

|자|료|해|설|
실선과 실선, 점선과 점선이 만나는 지점에서는 보강 간섭, 실선과 점선이 만나는 곳에서는 상쇄 간섭이 일어난다.

|보|기|풀|이|
학생 A. 정답 : P는 마루와 골이 만나는 지점으로 상쇄 간섭이 일어나는 지점이다.
학생 B. 오답 : Q는 마루와 마루가 만나는 지점으로 같은 위상으로 만난다.
학생 C. 오답 : R에서 중첩된 물결파의 변위는 시간에 따라 변한다.

😀 출제분석 | 이 영역은 보강 간섭과 상쇄 간섭의 기본 원리와 예시를 묻는 형태로 출제된다.

그림은 진행 방향이 서로 반대인 동일한 두 파동 X, Y의 중첩에 대해 학생 A, B, C가 대화하는 모습을 나타낸 것이다. 점 P, Q, R는 x축상의 고정된 점이다.

제시한 내용이 옳은 학생만을 있는 대로 고른 것은? **3점**

① A   ② B   ③ A, C   ④ B, C   ⑤ A, B, C

|자|료|해|설|및|보|기|풀|이|
학생 A. 오답 : P는 보강 간섭이 일어나는 지점으로 X와 Y가 중첩된 파동의 변위는 시간에 따라 변한다.
학생 B. 정답 : Q는 X의 마루와 Y의 마루가 만나 보강 간섭이 일어난 지점이다.
학생 C. 정답 : R은 X와 Y가 서로 반대 위상으로 만난 지점으로 상쇄 간섭이 일어나는 지점이다.

😀 출제분석 | 합성파의 보강 간섭과 상쇄 간섭이 일어나는 지점에서 시간에 따른 변위를 이해해야 문제를 해결할 수 있다.

다음은 일상생활에서 소리의 간섭 현상을 이용한 예이다.

> ○ 자동차 배기 장치에는 소리의 ⬜ ⑤ 간섭 현상을 이용한
> 구조가 있어서 소음이 줄어든다.
> ○ 소음 제거 헤드폰은 헤드폰의 마이크에 ⓒ 외부 소음이
> 입력되면 ⬜ ⑤ 간섭을 일으킬 수 있는 ⓒ 소리를
> 헤드폰에서 발생시켜서 소음을 줄여준다.

이에 대한 설명으로 옳은 것만을 〈보기〉에서 있는 대로 고른 것은?

> **보기**
> ㄱ. ~~보강~~ 상쇄 은 ⑤에 해당한다.
> ㄴ. ⓒ과 ⓒ은 위상이 반대이다.
> ㄷ. 소리의 간섭 현상은 파동적 성질 때문에 나타난다.

① ㄱ   ② ㄴ   ③ ㄱ, ㄷ   ✓④ ㄴ, ㄷ   ⑤ ㄱ, ㄴ, ㄷ

|자|료|해|설|
외부 소음과, 외부 소음과 반대되는 위상의 소리가 중첩되어
상쇄 간섭을 일으킨다.

|보|기|풀|이|
ㄱ. 오답 : 자동차 배기 장치에는 소리의 상쇄 간섭을
이용한 구조가 소음을 줄인다.
ㄴ. 정답 : 외부 소음은 외부 소음과 위상이 반대인 소리로
상쇄 간섭을 일으켜 소음을 줄여준다.
ㄷ. 정답 : 소리의 간섭 현상은 파동의 대표적인 현상이다.

😀 출제분석 | 파동의 상쇄 간섭이 일어나는 이유와 예를 확인하는
문항으로 기본 수준에서 출제되었다.

그림은 주기와 파장이 같고, 속력이
일정한 두 수면파가 진행하는 어느
순간의 모습을 평면상에 모식적으로
나타낸 것이다. 두 수면파의 진폭은
A로 같다. 실선과 점선은 각각
수면파의 마루와 골의 위치를, 점 P,
Q는 평면상의 고정된 지점을 나타낸 것이다.
P, Q에서 중첩된 수면파의 변위를 시간에 따라 나타낸 것으로 가장
적절한 것을 〈보기〉에서 고른 것은?

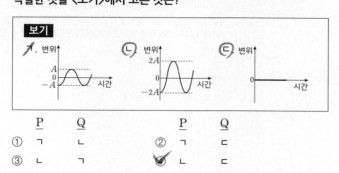

① ㄱ   ㄴ   ② ㄱ   ㄷ
③ ㄴ   ㄱ   ✓④ ㄴ   ㄷ
⑤ ㄷ   ㄴ

|자|료|해|설|및|선|택|지|풀|이|
④ 정답 : P는 골과 골이 만나는 곳으로 보강 간섭이
일어나는 지점이므로 합성파의 진폭은 2A이다. Q는 상쇄
간섭이 일어나는 지점이므로 합성파의 진폭은 0이다.

😮 문제풀이 T I P |

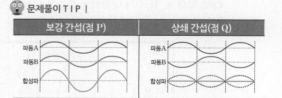

보강 간섭(점 P)	상쇄 간섭(점 Q)

😀 출제분석 | 보강 간섭과 상쇄 간섭의 기본 개념을 확인하는
문항이다.

그림 (가)는 파장과 속력이 같고 연속적으로 발생되는 두 파동 A, B가 서로 반대 방향으로 진행할 때 시간 $t=0$인 순간의 모습을 나타낸 것이다. 그림 (나)는 (가)에서 $t=1$초일 때, A, B가 중첩된 모습을 나타낸 것이다.

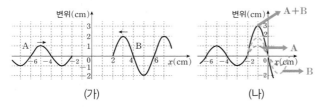

(가)   (나)

이에 대한 설명으로 옳은 것만을 〈보기〉에서 있는 대로 고른 것은?

③점

보기

ㄱ. A의 속력은 $\frac{4}{2}$cm/s이다.
ㄴ. B의 주기는 1초이다.
ㄷ. $t=2$초일 때 $x=-5$cm에서 변위의 크기는 3cm이다.

① ㄱ   ② ㄴ   ③ ㄱ, ㄷ   ④ ㄴ, ㄷ   ⑤ ㄱ, ㄴ, ㄷ

|자|료|해|설|
A와 B는 (나)와 같이 중첩되어 $x=-1$cm에서 합성파의 변위의 크기는 3cm가 된다.

|보|기|풀|이|
ㄱ. 오답 : B는 1초 동안 4cm를 이동하였으므로 A의 속력은 4cm/s이다. 또한, 제시된 자료에서 A와 B의 속력은 같으므로 A의 속력도 4cm/s이다.

ㄴ. 정답 : B의 주기는 $\frac{파장}{속력}=\frac{4cm}{4cm/s}=1s$이다.

ㄷ. 정답 : $t=2$초일 때, $x=-5$cm에서 A와 B의 변위는 각각 1cm, 2cm이므로 합성파의 변위의 크기는 3cm이다.

😀 문제풀이 TIP | 파동의 속력 $=\dfrac{파장}{주기}$

😀 출제분석 | 파동은 중첩 후 중첩되기 전의 각각의 파동 특성을 그대로 유지한 상태로 독립적으로 진행함을 기억하자.

그림은 줄에서 연속적으로 발생하는 두 파동 P, Q가 서로 반대 방향으로 x축과 나란하게 진행할 때, 두 파동이 만나기 전 시간 $t=0$인 순간의 줄의 모습을 나타낸 것이다. P와 Q의 **진동수는 0.25Hz**로 같다.
$t=2$초부터 $t=6$초까지, $x=5$m에서 중첩된 파동의 변위의 최댓값은?

주기 : 4초,
속력=파장×진동수
=0.5m/s

① 0   ② A ③ $\frac{3}{2}A$ ④ $2A$ ⑤ $3A$

|자|료|해|설|
두 파동의 진동수는 0.25Hz이므로 주기는 4초, 파장은 2m 이므로 두 파동의 속력은 0.5m/s이다.

|선|택|지|풀|이|
② 정답 : 두 파동의 속력은 0.5m/s이므로 두 파동은 $t=2$초일 때 $x=5$m인 위치에서 만나기 시작한다. 이 지점에 P의 마루($2A$)가 도착할 때 Q는 골($-A$)이 도착하며 서로 반대 위상으로 만나 중첩되므로 $t=2$초부터 $t=6$초까지 중첩된 파동의 변위의 최댓값은 $2A-A$로 A이다.

😀 문제풀이 TIP | 파동의 속력=파장×진동수

😀 출제분석 | 시간에 따라 파동의 위치를 그려보고 두 파동의 중첩된 모습을 나타낼 수 있어야 문제를 해결할 수 있다.

그림 (가)는 파원 S_1, S_2에서 발생한 물결파가 중첩될 때, 각 파원에서 발생한 물결파의 마루와 골을 나타낸 것이다. 그림 (나)는 (가)의 순간 점 P, O, Q를 잇는 직선상에서 중첩된 물결파의 변위를 나타낸 것이다. P에서 상쇄 간섭이 일어난다.

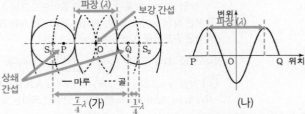

이에 대한 옳은 설명만을 〈보기〉에서 있는 대로 고른 것은? (단, 두 파원과 P, O, Q는 동일 평면상에 고정된 지점이다.)

보기
ㄱ. O에서 보강 간섭이 일어난다.
ㄴ. Q에서 중첩된 두 물결파의 위상은 ~~같다.~~ 반대이다.
ㄷ. 중첩된 물결파의 진폭은 O에서와 Q에서가 ~~같다.~~ 다르다.

① ㄱ   ② ㄴ   ③ ㄱ, ㄷ   ④ ㄴ, ㄷ   ⑤ ㄱ, ㄴ, ㄷ

|자|료|해|설|
두 물결파의 파장(λ)은 같고 S_1과 S_2로부터 떨어진 거리의 차이가 0, λ일 때 보강 간섭이, 거리 차이가 $\frac{\lambda}{2}$, $\frac{3}{2}\lambda$일 때 상쇄 간섭이 일어난다. 따라서 O에서는 보강 간섭, P, Q에서는 상쇄 간섭이 일어난다.

|보|기|풀|이|
ㄱ. 정답 : O에서 중첩된 두 물결파의 위상은 같으므로 보강 간섭이 일어난다.

ㄴ. 오답 : S_1에서 Q까지 거리는 $\lambda + \frac{3}{4}\lambda$, S_2에서 Q까지 거리는 $\frac{1}{4}\lambda$이므로 Q에서 중첩된 두 물결파의 위상은 반대이다.

ㄷ. 오답 : O에서는 보강 간섭이, Q에서는 상쇄 간섭이 일어나므로 중첩된 물결파의 진폭은 O에서가 Q에서보다 크다.

😊 출제분석 | 보강 간섭과 상쇄 간섭이 일어나는 조건을 적용할 수 있어야 한다.

다음은 소리의 간섭 실험이다.

[실험 과정]

(가) 그림과 같이 나란하게 놓인 스피커 S_1과 S_2 사이의 중앙 지점에서 수직 방향으로 2m 떨어진 점 O를 표시한다.

(나) S_1, S_2에서 진동수가 340Hz이고 위상과 진폭이 동일한 소리를 발생시킨다.

(다) O에서 $+x$방향으로 이동하며 소리의 세기를 측정하여 처음으로 보강 간섭하는 지점과 상쇄 간섭하는 지점을 표시한다.

[실험 결과]

ㅇ (다)의 결과

	같은 위상 보강 간섭	반대 위상 상쇄 간섭
지점	O	P

ㅇ O에서 P까지의 거리는 1m이다.

이에 대한 설명으로 옳은 것만을 〈보기〉에서 있는 대로 고른 것은? ③점

보기

ㄱ. S_1, S_2에서 발생한 소리의 위상은 O에서 서로 ~~반대이다.~~ 같다.

ㄴ. O에서 $-x$방향으로 1m만큼 떨어진 지점에서는 S_1, S_2에서 발생한 소리가 상쇄 간섭한다.

ㄷ. S_1에서 발생하는 소리의 위상만을 반대로 하면 S_1, S_2에서 발생한 소리가 O에서 ~~보강~~ 간섭한다. 상쇄

① ㄱ　　② ㄴ ✓　　③ ㄷ　　④ ㄱ, ㄴ　　⑤ ㄴ, ㄷ

|자|료|해|설|

S_1, S_2에서 발생한 소리는 보강 간섭이 일어나는 O에서 같은 위상으로 만나고 상쇄 간섭이 일어나는 P에서는 반대 위상으로 만난다.

|보|기|풀|이|

ㄱ. 오답 : O는 보강 간섭이 일어나므로 S_1, S_2에서 발생한 소리의 위상은 O에서 같다.

ㄴ. 정답 : O에서 $-x$방향으로 1m만큼 떨어진 지점과 $+x$방향으로 1m만큼 떨어진 지점은 파동의 경로차가 같으므로 P에서와 같이 상쇄 간섭이 일어난다.

ㄷ. 오답 : S_1에서 발생하는 소리의 위상만을 반대로 하면 O에서는 반대 위상이 만나므로 상쇄 간섭한다.

🐭 문제풀이 T I P | 동일한 위상의 파동이 한 지점에서 만나면 보강 간섭, 반대 위상의 파동이 한 지점에서 만나면 상쇄 간섭이 일어난다.

😮 출제분석 | 보강 간섭과 상쇄 간섭의 기본 개념만으로 쉽게 해결할 수 있는 문항이다.

그림과 같이 정사각형의 두 꼭짓점에 놓인 스피커 A, B에서 세기가 같고 진동수가 440Hz인 소리가 같은 위상으로 발생한다. 점 O는 두 꼭짓점 P, Q를 잇는 선분 $\overline{PQ}$의 중점이다. A, B에서 발생한 소리는 P에서 상쇄 간섭하고 O에서 보강 간섭한다.

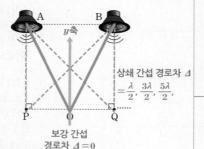

상쇄 간섭 경로차 $\Delta = \frac{\lambda}{2}, \frac{3\lambda}{2}, \frac{5\lambda}{2}$

보강 간섭 경로차 $\Delta = 0$

A, B에서 발생한 소리의 간섭에 대한 옳은 설명만을 〈보기〉에서 있는 대로 고른 것은?

보기
ㄱ. Q에서 상쇄 간섭한다.
ㄴ. 중첩된 소리의 세기는 P와 O에서 같다. (다르다)
ㄷ. $\overline{PQ}$에서 보강 간섭하는 지점은 짝수 개다. (홀수)

① ㄱ   ② ㄴ   ③ ㄱ, ㄷ   ④ ㄴ, ㄷ   ⑤ ㄱ, ㄴ, ㄷ

|자|료|해|설|
A와 B에서 소리는 같은 위상으로 발생하고 $\overline{OA}$와 $\overline{OB}$의 경로차(Δ)=0이므로 제시된 자료에서와 같이 O에서는 보강 간섭이 일어난다. P에서는 상쇄 간섭이 일어나므로 $\overline{PA}$와 $\overline{PB}$의 경로차(Δ)= $\frac{\lambda}{2}, \frac{3\lambda}{2}, \frac{5\lambda}{2}, \cdots$이다.

|보|기|풀|이|
ㄱ. 정답 : QA와 QB의 경로차(Δ)는 $\overline{PA}$와 $\overline{PB}$의 경로차(Δ)와 같으므로 Q에서 상쇄 간섭한다.
ㄴ. 오답 : P에서는 상쇄 간섭, O에서는 보강 간섭이 일어나므로 중첩된 소리는 O에서가 P에서보다 크다.
ㄷ. 오답 : 그림과 같이 O를 지나는 y축을 기준으로 경로차가 같은 지점은 좌우 대칭으로 P와 O 사이, O와 Q 사이에서 보강 간섭하는 지점의 수가 같고, O에서 보강 간섭하므로 $\overline{PQ}$에서 보강 간섭하는 지점은 홀수 개다.

😮 문제풀이 T I P |
▶ 보강 간섭 : 경로차 $\Delta = n\lambda$, ($n = 0, 1, 2 \cdots$)
▶ 상쇄 간섭 : 경로차 $\Delta = \frac{(2n+1)}{2}\lambda$, ($n = 0, 1, 2 \cdots$)

😮 출제분석 | 소리의 간섭 조건을 알고 있다면 이 영역의 문제는 모두 쉽게 해결할 수 있다.

그림과 같이 두 개의 스피커에서 진폭과 진동수가 동일한 소리를 발생시키면 $x=0$에서 보강 간섭이 일어난다. 소리의 진동수가 f_1, f_2일 때 x축상에서 $x=0$으로부터 첫 번째 보강 간섭이 일어난 지점까지의 거리는 각각 $2d$, $3d$이다.

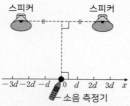

스피커   스피커
$-3d -2d -d \quad 0 \quad d \quad 2d \quad 3d \quad x$
소음 측정기
소리의 파장이 짧을수록, 소리의 진동수가 클수록 보강 간섭이 일어난 지점까지의 거리는 짧아진다.($f_1 > f_2$)

이에 대한 설명으로 옳은 것만을 〈보기〉에서 있는 대로 고른 것은?

보기
ㄱ. $f_1 < f_2$이다. (✗)
ㄴ. f_1일 때 $x=0$과 $x=2d$ 사이에 상쇄 간섭이 일어나는 지점이 있다.
ㄷ. 보강 간섭된 소리의 진동수는 스피커에서 발생한 소리의 진동수보다 크다. (와 같다.)

① ㄱ   ② ㄴ   ③ ㄱ, ㄷ   ④ ㄴ, ㄷ   ⑤ ㄱ, ㄴ, ㄷ

|자|료|해|설|
진동수가 동일한 소리를 발생시킬 때 보강 간섭이 일어날 조건은 경로차(Δ)= 0, λ, 2λ, $\cdots$와 같이 경로차가 파장의 정수배일 때이다. $\lambda = \frac{v}{f}$로부터 진동수(f)가 클수록 파장(λ)은 짧아지므로 경로차가 작아지고, 이에 따라 보강 간섭이 일어나는 지점 사이의 거리는 가까워진다.

|보|기|풀|이|
ㄱ. 오답 : $x=0$으로부터 첫 번째 보강 간섭이 일어난 지점까지의 거리가 클수록 파장이 길고 진동수가 작다. 따라서 $f_1 > f_2$이다.
ㄴ. 정답 : f_1일 때 $x=0$과 $x=2d$에서 보강 간섭이 일어나고 보강 간섭이 일어나는 두 지점 사이에는 반드시 상쇄 간섭이 일어나는 지점이 존재한다.
ㄷ. 오답 : 진동수가 같은 두 파동은 중첩되어도 진동수가 변하지 않는다.

😮 문제풀이 T I P | $\Delta x = \frac{L\lambda}{d}$
(Δx: 보강 간섭 사이의 거리, L: 두 파원의 중점에서 $x=0$까지의 거리, λ: 파동의 파장, d: 파원 사이의 거리)

그림과 같이 스피커 A, B에서 진폭과 진동수가 동일한 소리를 발생시키면 점 O에서 보강 간섭이 일어나고, 점 P에서는 상쇄 간섭이 일어난다.
이에 대한 설명으로 옳은 것만을 〈보기〉에서 있는 대로 고른 것은? (단, 스피커의 크기는 무시한다.)

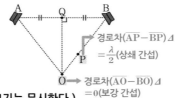

경로차($\overline{AP}-\overline{BP}$) Δ
$= \frac{\lambda}{2}$(상쇄 간섭)

경로차($\overline{AO}-\overline{BO}$) Δ
$=0$(보강 간섭)

보기

ㄱ. A와 B에서 같은 위상으로 소리가 발생한다.
ㄴ. A와 B에서 발생한 소리는 점 Q에서 보강 간섭한다.
ㄷ. B에서 발생하는 소리의 위상만을 반대로 하면 A와 B에서 발생한 소리가 P에서 보강 간섭한다.

① ㄱ   ② ㄷ   ③ ㄱ, ㄴ   ④ ㄴ, ㄷ   ✓⑤ ㄱ, ㄴ, ㄷ

|자|료|해|설|
스피커에서 발생하는 소리의 위상이 같은 경우, 경로차가 0인 지점(O, Q)에서 보강 간섭이 일어난다.

|보|기|풀|이|
ㄱ. 정답 : O는 A와 B로부터 같은 거리만큼 떨어져 있으므로 두 경로의 경로차는 0이다. 이 지점에서 보강 간섭이 일어났으므로 A와 B에서 발생하는 소리의 위상은 같다.
ㄴ. 정답 : O에서와 같이 Q는 A와 B로부터 같은 거리만큼 떨어져 있고 A와 B에서 발생하는 소리의 위상은 같으므로 보강 간섭한다.
ㄷ. 정답 : B에서 발생하는 소리의 위상만 반대로 하면 두 소리는 P에서 같은 위상으로 중첩되므로 보강 간섭이 일어난다.

😊 출제분석 | 보강 간섭과 상쇄 간섭이 일어나는 조건을 숙지하고 있다면 쉽게 해결할 수 있는 문항이다.

그림은 빛의 간섭 현상을 알아보기 위한 실험을 나타낸 것이다. 스크린상의 점 O는 **밝은 무늬의 중심**이고, 점 P는 **어두운 무늬의 중심**이다.

보강 간섭
(경로차 $=n\lambda$, $n=0, 1, 2, \cdots$)

상쇄 간섭
(경로차 $=n\lambda+\frac{1}{2}\lambda$, $n=0, 1, 2, \cdots$)

단색광

단일 슬릿   이중 슬릿   스크린

이에 대한 설명으로 옳은 것만을 〈보기〉에서 있는 대로 고른 것은?

보기

ㄱ. O에서는 보강 간섭이 일어난다.
ㄴ. 이중 슬릿을 통과하여 P에서 간섭한 빛의 위상은 서로 ~~같다~~.   반대이다
ㄷ. 간섭은 빛의 ~~입자성~~을 보여 주는 현상이다.   파동

✓① ㄱ   ② ㄴ   ③ ㄷ   ④ ㄱ, ㄴ   ⑤ ㄴ, ㄷ

|자|료|해|설|
이중 슬릿을 통과한 같은 위상의 두 단색광은 스크린 위에서 밝은 무늬와 어두운 무늬를 나타낸다. 이때 밝은 무늬의 중심은 보강 간섭이 일어난 곳이고 어두운 무늬의 중심은 상쇄 간섭이 일어난 곳이다.

|보|기|풀|이|
ㄱ. 정답 : O는 이중 슬릿에서 나온 두 단색광의 경로 차가 0인 지점으로 보강 간섭이 일어난다.
ㄴ. 오답 : P는 어두운 무늬의 중심으로 상쇄 간섭이 일어난 지점이다. 따라서 P에서 간섭한 빛의 위상은 서로 반대이다.
ㄷ. 오답 : 간섭은 빛의 파동성을 보여 주는 현상이다.

😊 문제풀이 TIP | ▶ 보강 간섭 : 경로 차 $=n\lambda$ ($n=0, 1, 2, \cdots$)
▶ 상쇄 간섭 : 경로 차 $=n\lambda+\frac{1}{2}\lambda$ ($n=0, 1, 2, \cdots$)

😊 출제분석 | 이중 슬릿에 의한 빛의 간섭 실험에 대한 문항으로 기본적인 개념 확인 수준에서 출제되었다.

다음은 소리의 간섭 실험이다.

[실험 과정]

(가) 약 1m 떨어져 서로 마주 보고 있는 스피커 A, B에서 진동수가 ⨀ 인 소리를 같은 세기로 발생시킨다.

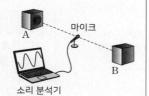

(나) 마이크를 A와 B 사이에서 이동시키면서 ⓛ <u>소리의 세기가 가장 작은 지점</u>을 찾아 마이크를 고정시킨다. → 상쇄 간섭이 일어나는 지점

(다) 소리의 파형을 측정한다.

(라) B만 끈 후 소리의 파형을 측정한다.

[실험 결과]

○ X, Y : (다), (라)의 결과를 구분 없이 나타낸 그래프

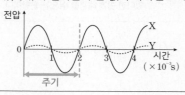

이에 대한 옳은 설명만을 〈보기〉에서 있는 대로 고른 것은?

보기

ㄱ. ⨀은 500Hz이다.

ㄴ. ⓛ에서 간섭한 소리의 위상은 서로 ~~같다~~. 반대이다.

ㄷ. (라)의 결과는 ~~X~~이다.   X

① ㄱ   ② ㄷ   ③ ㄱ, ㄴ   ④ ㄱ, ㄷ   ⑤ ㄴ, ㄷ

|자|료|해|설|

(나)에서 소리의 세기가 가장 작은 지점은 상쇄 간섭이 일어나는 지점이다.

|보|기|풀|이|

ㄱ. 정답 : 실험 결과의 그래프는 2×10^{-3}초마다 반복되므로 소리 A, B의 합성파와 소리 A, B의 주기는 2×10^{-3}초이다. 진동수는 주기의 역수이므로 $\frac{1}{2} \times 10^3 = 500$Hz이다.

ㄴ. 오답 : ⓛ은 상쇄 간섭이 일어나는 지점으로 소리의 위상은 반대이다.

ㄷ. 오답 : B만 끄면 상쇄 간섭은 일어나지 않으므로 파형의 진폭은 커진다. 따라서 (라)의 결과는 X이다.

😀 문제풀이 TIP | 상쇄 간섭이 일어나는 합성파의 진폭은 한 가지 파동의 진폭보다 작다.

😀 출제분석 | 상쇄 간섭에 대한 기본 개념을 확인하는 문항이다.

그림 (가)는 진폭이 1cm, 속력이 5cm/s로 같은 두 물결파를 나타낸 것이다. 실선과 점선은 각각 물결파의 마루와 골이고, 점 P, Q, R는 평면상의 고정된 지점이다. 그림 (나)는 R에서 중첩된 물결파의 변위를 시간에 따라 나타낸 것이다.

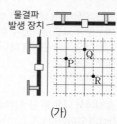 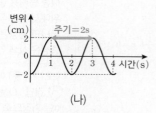

(가)   (나)

이에 대한 설명으로 옳은 것만을 〈보기〉에서 있는 대로 고른 것은?

(3점)

보기

ㄱ. 두 물결파의 파장은 10cm로 같다.

ㄴ. 1초일 때, P에서 중첩된 물결파의 변위는 ~~2cm~~이다.   0cm

ㄷ. 2초일 때, Q에서 중첩된 물결파의 변위는 ~~0~~이다. 2cm

① ㄱ   ② ㄷ   ③ ㄱ, ㄴ   ④ ㄴ, ㄷ   ⑤ ㄱ, ㄴ, ㄷ

|자|료|해|설|

(나) 그래프로부터 물결파의 주기는 2초임을 알 수 있다.

|보|기|풀|이|

ㄱ. 정답 : 두 물결파는 진폭이 1cm, 속력이 5cm/s로 같으므로 파장은 $\lambda = vT = (5\text{cm/s}) \times (2\text{s}) = 10\text{cm}$로 같다.

ㄴ. 오답 : 0초일 때 P에서는 마루와 골이 중첩되어 있다. 1초일 때 P에서 두 물결파는 각각 마루가 골로, 골이 마루가 되어 결국 골과 마루가 중첩되므로 중첩된 물결파의 변위는 0이다.

ㄷ. 오답 : 물결파의 주기가 2초이므로 2초일 때, Q에서 중첩된 물결파의 변위는 마루와 마루가 만나는 지점으로 0초일 때와 같은 2cm이다.

😀 문제풀이 TIP | 변위―시간 그래프에서 동일한 위상 사이는 파동의 주기를 의미한다.

😀 출제분석 | 위 문항에서 중첩된 두 물결파는 시간에 따른 파동의 위상을 고려할 수 있어야 한다.

그림과 같이 파원 S_1, S_2에서 진폭과 위상이 같은 물결파를 0.5Hz의 진동수로 발생시키고 있다. 물결파의 속력은 1m/s로 일정하다.

② 상쇄 간섭 ④ 상쇄 간섭

① 보강 간섭 ⑤ 보강 간섭

③ 보강 간섭

— 마루 --- 골

S_1 S_2

이에 대한 설명으로 옳은 것만을 〈보기〉에서 있는 대로 고른 것은? (단, 두 파원과 점 P, Q는 동일 평면상에 고정된 지점이다.) 3점

보기
ㄱ. P에서는 보강 간섭이 일어난다.
ㄴ. Q에서 수면의 높이는 시간에 따라 변하지 않는다. (변한다.)
ㄷ. $\overline{PQ}$에서 상쇄 간섭이 일어나는 지점의 수는 2개이다. (1)

① ㄱ   ② ㄴ   ③ ㄷ   ④ ㄱ, ㄴ   ⑤ ㄱ, ㄷ

|자|료|해|설|

물결파의 파장은 $\lambda = \dfrac{v}{f} = \dfrac{1m/s}{0.5Hz} = 2m$으로 S_1과 S_2에서 발생한 파동은 S_1과 S_2로부터 떨어진 거리의 차인 경로차가 0m인 지점(①, ⑤) 2m인 지점(③)에서 보강 간섭, 경로차가 1m인 지점(②, ④)에서 상쇄 간섭을 일으킨다.

|보|기|풀|이|

ㄱ. 정답 : P에서는 마루와 마루가 만나는 지점으로 보강 간섭이 일어난다.
ㄴ. 오답 : Q는 S_1과 S_2에서 같은 거리에 있는 지점이므로 보강 간섭이 일어난다. 따라서 수면의 높이는 시간에 따라 변한다.
ㄷ. 오답 : $\overline{PQ}$에서 상쇄 간섭이 일어나는 곳은 1개이다.

😮 문제풀이 TIP | 보강 간섭은 두 파원으로부터의 경로차가 0, λ, 2λ, …인 곳에서 일어난다.

😊 출제분석 | 보강 간섭과 상쇄 간섭이 일어나는 조건을 이해하는지 확인하는 문항이다.

그림은 파원 S_1, S_2에서 서로 같은 진폭과 위상으로 발생시킨 두 물결파의 0초일 때의 모습을 나타낸 것이다. 두 물결파의 진동수는 0.5Hz이다.

보강 간섭 상쇄 간섭

R

P   Q   — 마루
파장   --- 골
S_1 S_2

이에 대한 옳은 설명만을 〈보기〉에서 있는 대로 고른 것은? (단, 점 P, Q, R은 동일 평면상에 고정된 지점이다.) 3점

보기
ㄱ. $\overline{PQ}$에서 상쇄 간섭이 일어나는 지점의 수는 1개이다. (2)
ㄴ. 1초일 때 Q에서는 보강 간섭이 일어난다.
ㄷ. 소음 제거 이어폰은 R에서와 같은 종류의 간섭 현상을 활용한다.

① ㄴ   ② ㄷ   ③ ㄱ, ㄴ   ④ ㄱ, ㄷ   ⑤ ㄴ, ㄷ

|자|료|해|설|및|보|기|풀|이|

ㄱ. 오답 : 마루와 마루, 골과 골이 만나는 지점에서 보강 간섭이 일어나고 보강 간섭이 일어나는 이웃한 지점까지의 거리 중간 지점에서 상쇄 간섭이 일어난다. 따라서 상쇄 간섭이 일어나는 지점은 2개이다.
ㄴ. 정답 : 주기는 $\dfrac{1}{진동수}$이므로 2초이다. 1초일 때 Q는 두 물결파의 골과 골이 중첩된 보강 간섭이 일어난다.
ㄷ. 정답 : 소음 제거 이어폰은 상쇄 간섭을 이용하므로 마루와 골이 만나는 지점이어야 한다.

😮 문제풀이 TIP | 보강 간섭이 일어나는 이웃한 지점 사이에서 상쇄 간섭이 일어난다.

😊 출제분석 | 보강 간섭과 상쇄 간섭이 일어나는 조건을 확인하는 문항이다.

다음은 스피커를 이용한 파동의 간섭 실험이다.

[실험 과정]

(가) 그림과 같이 동일한 스피커 A, B를 나란하게 두고 휴대폰과 연결한다.

(나) A, B로부터 같은 거리에 있는 점 O에 소음 측정기를 놓고 A와 B에서 진동수와 진폭이 동일한 소리를 발생시킨다.

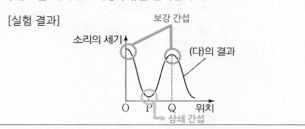

(다) 기준선을 따라 소음 측정기를 이동하면서 소음 측정기의 위치에 따른 소리의 세기를 측정한다.

(라) B를 제거하고 과정 (다)를 반복한다.

[실험 결과]

이에 대한 설명으로 옳은 것만을 〈보기〉에서 있는 대로 고른 것은?

(3점)

보기

ㄱ. A, B에서 발생한 소리는 O에서 같은 위상으로 만난다.

ㄴ. (다)에서 점 P에서는 상쇄 간섭이 일어난다.

ㄷ. 점 P에서 측정된 소리의 세기는 (다)에서가 (라)에서보다 ~~크다.~~
작

① ㄱ   ② ㄷ   ③ ㄱ, ㄴ   ④ ㄴ, ㄷ   ⑤ ㄱ, ㄴ, ㄷ

|자|료|해|설|

실험 결과의 그래프로부터 O와 Q에서 보강 간섭, P에서 상쇄 간섭이 일어난 것을 알 수 있다.

|보|기|풀|이|

ㄱ. 정답 : A, B로부터 같은 거리에 있는 점 O에서 보강 간섭이 일어났으므로 A, B에서 발생한 소리는 O에서 같은 위상으로 만난다.

ㄴ. 정답 : (다)에서 점 P에서는 상쇄 간섭이 일어난 지점으로 주변 위치보다 소리의 세기가 작다.

ㄷ. 오답 : (라)에서 B를 제거하면 점 P에서 상쇄 간섭이 일어나지 않으므로 소리의 세기는 (다)에서보다 크다.

😀 **출제분석** | 보강 간섭과 상쇄 간섭이 일어나는 원리를 확인하는 수준에서 출제되었다.

그림 A, B, C는 파동의 성질을 활용한 예를 나타낸 것이다.

A. 소음 제거 이어폰 (상쇄 간섭)   B. 돋보기 (굴절)   C. 악기의 울림통 (보강 간섭)

A, B, C 중 파동이 간섭하여 파동의 세기가 감소하는 현상을 활용한 예만을 있는 대로 고른 것은?

① A   ② C   ③ A, B   ④ B, C   ⑤ A, B, C

|자|료|해|설|및|선|택|지|풀|이|

① 정답 : A의 소음 제거 이어폰은 외부의 소음과 위상이 반대인 소리를 발생하여 상쇄 간섭을 일으키는 현상을 이용하여 파동의 세기를 감소시킨다. B의 돋보기는 빛의 굴절을 이용하여 작은 글씨를 크게 볼 수 있게 해주고 C의 악기의 울림통은 소리의 보강 간섭으로 파동의 세기를 증가시키는 현상을 이용한다.

😲 **문제풀이 TIP** | 노이즈 캔슬링: 소음 제거 이어폰에 이용되는 노이즈 캔슬링 기술은 고속도로와 고속철이 나란히 가는 곳의 방음 장치, 항공기와 자동차의 소음 저감 장치 등에 활용된다.

😀 **출제분석** | 간섭 현상이 활용되고 있는 예를 알아보는 기본문항이다.

다음은 소리의 간섭 실험이다.

[실험 과정]

(가) 그림과 같이 $x=0$에서부터 같은 거리만큼 떨어진 곳에 스피커 A, B를 나란히 고정한다.

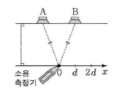

(나) A, B에서 진동수가 f이고 진폭이 동일한 소리를 발생시킨다.

(다) $+x$방향으로 이동하며 소리의 세기를 측정하여, $x=0$에서 부터 처음으로 보강 간섭하는 지점과 상쇄 간섭하는 지점을 기록한다.

(라) (나)의 A, B에서 발생하는 소리의 진동수만을 $2f$로 바꾼 후, (다)를 반복한다. ↳ $\frac{1}{2}\lambda$

(마) (나)의 A, B에서 발생하는 소리의 진동수만을 $3f$로 바꾼 후, (다)를 반복한다. ↳ $\frac{1}{3}\lambda$

[실험 결과]

↳ 첫 번째 상쇄 간섭이 일어나기 위한 경로차 = 파장 × $\frac{1}{2}$

실험	소리의 진동수	보강 간섭하는 지점	상쇄 간섭하는 지점
(다)	f　λ	$x=0$	$x=2d$
(라)	$2f$　$\frac{1}{2}\lambda$	$x=0$	$x=d$
(마)	$3f$　$\frac{1}{3}\lambda$	$x=0$	$x=⑦$ $\frac{2}{3}d$

파장

이에 대한 설명으로 옳은 것만을 〈보기〉에서 있는 대로 고른 것은? (3점)

보기

ㄱ. (라)에서, 측정한 소리의 세기는 $x=0$에서가 $x=d$에서보다 ~~작다~~ 크다.

ㄴ. ⑦은 d보다 작다.

ㄷ. (나)에서, A에서 발생하는 소리의 위상만을 반대로 하면 A, B에서 발생한 소리가 $x=0$에서 상쇄 간섭한다.

① ㄱ　　② ㄴ　　③ ㄱ, ㄷ　　✓④ ㄴ, ㄷ　　⑤ ㄱ, ㄴ, ㄷ

|자|료|해|설|

소리의 속력(v)=파장(λ)×진동수(f)이다. 공기 중에서 소리의 속력은 일정하므로 진동수가 2배, 3배로 커지면 파장은 $\frac{1}{2}$배, $\frac{1}{3}$배로 줄어든다. 또한 상쇄 간섭이 일어날 조건은 동일한 두 소리의 경로차(Δ)가 $\frac{1}{2}\lambda$, $\frac{3}{2}\lambda$, $\frac{5}{2}\lambda$, $\cdots$ 와 같이 $\frac{1}{2}\lambda$의 홀수 배일 때이다. 따라서 소리의 진동수가 커지면 파장이 짧아져서 상쇄 간섭이 일어나는 지점 사이의 거리가 줄어들게 되고, 보강 간섭과 상쇄 간섭이 일어나는 지점 사이의 거리가 짧아진다.

|보|기|풀|이|

ㄱ. 오답 : 소리의 세기는 보강 간섭이 일어나는 지점($x=0$)에서가 상쇄 간섭하는 지점($x=d$)보다 크다.

ㄴ. 정답 : 진동수가 커질수록 보강 간섭하는 지점과 상쇄 간섭하는 지점 사이의 거리가 줄어든다. 따라서 ⑦은 d보다 작다.

ㄷ. 정답 : 보강 간섭하는 지점에서는 두 소리의 위상이 같다. (나)의 A에서 발생하는 소리의 위상만을 반대로 하면 보강 간섭하는 $x=0$에서 두 소리는 반대 위상으로 만나므로 상쇄 간섭한다.

😀 문제풀이 T I P | 진동수가 커지면 파장이 짧아지고, 보강 간섭과 상쇄 간섭이 일어나는 지점 사이는 줄어든다.

😀 출제분석 | 파동의 간섭 영역에서는 위와 같은 탐구 실험과 간섭을 이용하는 예를 확인하는 유형으로 자주 출제된다.

그림 A, B, C는 빛의 성질을 활용한 예를 나타낸 것이다.

Ⓐ렌즈를 통해 보면 물체의 굴절 크기가 다르게 보인다.

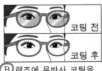
코팅 전 / 코팅 후
Ⓑ렌즈에 무반사 코팅을 하면 시야가 선명해진다.

50000 / 50000
Ⓒ보는 각도에 따라 지폐의 글자 색이 다르게 보인다.

A, B, C 중 빛의 간섭 현상을 활용한 예만을 있는 대로 고른 것은?

① A　　② C　　③ A, B　　✓④ B, C　　⑤ A, B, C

|자|료|해|설|

A는 빛의 굴절을 활용한 예이고 B, C는 파동의 간섭을 활용한 예이다.

|보|기|풀|이|

A. 오답 : 렌즈는 빛의 굴절을 활용한 예이다.

Ⓑ. 정답 : 렌즈를 코팅하면 코팅의 표면에서 반사한 빛과 렌즈의 표면에서 반사한 빛이 상쇄 간섭하고, 렌즈로 투과한 빛은 보강 간섭하여 시야가 선명해진다.

Ⓒ. 정답 : 잉크 속에 포함된 미세한 입자들의 모양이 비대칭이어서 보는 각도에 따라 보강 간섭하는 빛의 색깔이 잘 보이게 된다.

😀 출제분석 | 빛을 포함한 파동의 성질을 활용한 예는 최근 자주 등장하는 유형이면서도 쉽게 해결할 수 있는 문항이다. 반드시 정리해두자.

그림 (가)는 두 점 S_1, S_2에서 발생시킨 진동수, 진폭, 위상이 같은 두 물결파가 일정한 속력으로 진행하는 순간의 모습을, (나)는 (가)의 순간부터 점 P, Q 중 한 점에서 중첩된 물결파의 변위를 시간에 따라 나타낸 것이다.

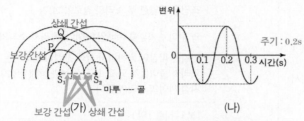

(가)   (나)

이에 대한 설명으로 옳은 것만을 〈보기〉에서 있는 대로 고른 것은? (단, S_1, S_2, P, Q는 동일 평면상에 고정된 지점이다.)

> **보기**
> ㄱ. (나)는 P에서의 변위를 나타낸 것이다.
> ㄴ. S_1에서 발생시킨 물결파의 진동수는 5Hz이다.
> ㄷ. $\overline{S_1S_2}$에서 보강 간섭이 일어나는 지점의 수는 3개이다.

① ㄱ   ② ㄷ   ③ ㄱ, ㄴ   ④ ㄴ, ㄷ   ⑤ ㄱ, ㄴ, ㄷ

|자|료|해|설|
P에서는 마루와 마루가 만나므로 보강 간섭, Q에서는 마루와 골이 만나므로 보강 간섭이 일어나는 지점이다. 따라서 (나)는 P의 물결파를 나타낸 그림이다.

|보|기|풀|이|
ㄱ. 정답 : (나)는 보강 간섭의 물결파를 나타낸 것이므로 P이다.
ㄴ. 정답 : (나)에서 물결파의 주기는 0.2초이므로 물결파의 진동수는 $\frac{1}{주기}=5Hz$이다.
ㄷ. 정답 : 상쇄 간섭이 일어나는 지점 사이에 보강 간섭이 일어난다. $\overline{S_1S_2}$에서 마루와 골이 만나는 상쇄 간섭은 2개이므로 보강 간섭이 일어나는 곳은 3개이다.

😮 **문제풀이 TIP |** $\overline{S_1S_2}$에서 상쇄 간섭이 일어나는 지점 사이에는 보강 간섭이 일어난다.

😊 **출제분석 |** 매회 비슷한 유형으로 출제되는 영역이다.

그림 (가)는 두 점 S_1, S_2에서 진동수와 진폭이 같고 서로 반대의 위상으로 발생시킨 두 물결파의 시간 $t=0$일 때의 모습을 나타낸 것이다. 점 A, B, C는 평면상에 고정된 세 지점이고, 두 물결파의 속력은 같다. 그림 (나)는 C에서 중첩된 물결파의 변위를 t에 따라 나타낸 것이다.

(가)   (나) 보강 간섭

A, B에서 중첩된 물결파의 변위를 t에 따라 나타낸 것으로 가장 적절한 것은? **3점**

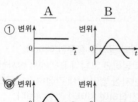

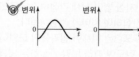

|자|료|해|설|
C는 마루와 마루가 중첩된 물결파로 보강 간섭이 일어나는 곳이다. 따라서 (나)는 보강 간섭이 일어날 때 물결파의 변위를 나타낸 그래프이다.

|선|택|지|풀|이|
③ 정답 : A는 골과 골이 중첩되어 보강 간섭이 일어나는 지점으로 C와 반대 위상을 가진 물결파의 보강 간섭이 일어난다. B는 상쇄 간섭이 일어나는 곳으로 시간에 관계없이 변위가 0이어야 한다. 이에 해당하는 것은 ③이다.

😊 **출제분석 |** 중첩된 물결파의 시간에 따른 변위를 이해하는지 확인하는 문항으로 비교적 쉽게 출제되었다.

그림은 진동수와 진폭이 같고 위상이 반대인 두 물결파를 발생시키고 있을 때, 시간 $t=0$인 순간의 모습을 나타낸 것이다. 두 물결파는 진행 속력이 20cm/s로 같고, 서로 이웃한 마루와 마루 사이의 거리는 20cm이다. 이에 대한 설명으로 옳은 것만을 〈보기〉에서 있는 대로 고른 것은? (단, 점 P, Q, R는 평면상에 고정된 지점이다.) 3점

물결파
발생 장치
— 마루
--- 골
P
상쇄간섭
20 cm
20 cm
Q R
보강간섭

보기

ㄱ. P에서는 상쇄 간섭이 일어난다.

ㄴ. Q에서 중첩된 물결파의 변위는 시간에 따라 일정하다. (변한다.)

ㄷ. R에서 중첩된 물결파의 변위는 $t=1$초일 때와 $t=2$초일 때가 같다.

① ㄱ   ② ㄷ   ③ ㄱ, ㄴ   ④ ㄱ, ㄷ   ⑤ ㄴ, ㄷ

|자|료|해|설|

마루와 마루가 만나는 Q와 골과 골이 만나는 R에서는 보강 간섭이, 마루와 골이 만나는 P에서는 상쇄 간섭이 일어난다.

|보|기|풀|이|

ㄱ. 정답 : P에서는 마루와 골이 중첩되므로 상쇄 간섭이 일어난다.

ㄴ. 오답 : Q에서 중첩된 물결파의 변위는 시간에 따라 마루와 골이 서로 번갈아 지나며 변한다.

ㄷ. 정답 : 물결파의 주기는 $\frac{\lambda}{v} = \frac{20\text{cm}}{20\text{cm/s}} = 1$초이다.

따라서 R에서 중첩된 물결파의 변위는 $t=1$초일 때와 $t=2$초일 때가 같다.

😃 **출제분석** | 보강 간섭과 상쇄 간섭 개념을 확인하는 문항이다.

그림은 가시광선, 마이크로파, X선을 분류하는 과정을 나타낸 것이다.

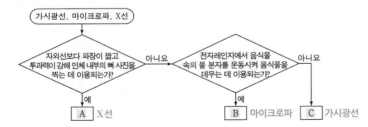

A, B, C에 해당하는 전자기파로 옳은 것은?

	A	B	C
①	X선	마이크로파	가시광선
②	X선	가시광선	마이크로파
③	마이크로파	X선	가시광선
④	마이크로파	가시광선	X선
⑤	가시광선	X선	마이크로파

|자|료|해|설|

자외선보다 파장이 짧아 투과력이 강해 뼈 사진을 찍는 데 이용하는 것은 X선이고 전자레인지에서 음식물 속의 물 분자를 운동시켜 음식물을 데우는 데 이용되는 것은 마이크로파이다.

|선|택|지|풀|이|

① 정답 : A는 X선, B는 마이크로파, C는 가시광선이다.

😃 **출제분석** | 전자기파의 종류에 따른 특징을 확인하는 기본 문항이다.

그림은 전자기파 A, B가 사용되는 모습을 나타낸 것이다. A, B는 X선, 가시광선을 순서 없이 나타낸 것이다.

신체 내부의 뼈를 촬영하기 위해 사용되는 **A**
X선

모니터 화면을 통해 눈에 보이는 **B**
가시광선

이에 대한 옳은 설명만을 〈보기〉에서 있는 대로 고른 것은?

보기
ㄱ. A는 X선이다.
ㄴ. B는 적외선보다 진동수가 크다.
ㄷ. 진공에서 속력은 A와 B가 같다.

① ㄱ   ② ㄷ   ③ ㄱ, ㄴ   ④ ㄴ, ㄷ   ✔⑤ ㄱ, ㄴ, ㄷ

| 자 | 료 | 해 | 설 | 및 | 보 | 기 | 풀 | 이 |
ㄱ. 정답 : A는 X선, B는 가시광선이다.
ㄴ. 정답 : A, B 모두 적외선보다 진동수가 크다.
ㄷ. 정답 : 진공에서 전자기파의 속력은 모두 같다.

😀 **출제분석** | 가장 쉬운 난이도의 영역이다. 전자기파의 종류와 특징은 반드시 숙지해야 한다.

그림 (가)는 두 점 S_1, S_2에서 진동수 f로 발생시킨 진폭이 같고 위상이 반대인 두 물결파의 어느 순간의 모습을, (나)는 (가)의 S_1, S_2에서 진동수 $2f$로 발생시킨 진폭과 위상이 같은 두 물결파의 어느 순간의 모습을 나타낸 것이다. (가)와 (나)에서 발생시킨 물결파의 진행 속력은 같다. d_1과 d_2는 S_2에서 발생시킨 물결파의 파장이다.

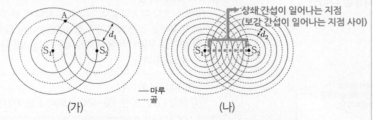

상쇄 간섭이 일어나는 지점
(보강 간섭이 일어나는 지점 사이)

—마루
----골

(가)   (나)

이에 대한 설명으로 옳은 것만을 〈보기〉에서 있는 대로 고른 것은? (단, S_1, S_2, A는 동일 평면상에 고정된 지점이다.) **3점**

보기
ㄱ. (가)의 A에서는 보강 간섭이 일어난다.
ㄴ. (나)의 $\overline{S_1S_2}$에서 상쇄 간섭이 일어나는 지점의 개수는 ~~5~~ 8개이다.
ㄷ. $d_1=2d_2$이다.

① ㄱ   ② ㄴ   ✔③ ㄱ, ㄷ   ④ ㄴ, ㄷ   ⑤ ㄱ, ㄴ, ㄷ

| 자 | 료 | 해 | 설 |
마루와 마루, 골과 골이 만나는 지점에서 보강 간섭이 일어난다. 상쇄 간섭은 보강 간섭이 일어나는 이웃한 두 지점 사이에서 일어난다.

| 보 | 기 | 풀 | 이 |
ㄱ. 정답 : A는 골과 골이 만나는 지점이므로 보강 간섭이 일어난다.
ㄴ. 오답 : (나)의 $\overline{S_1S_2}$에서 상쇄 간섭이 일어나는 지점은 보강 간섭이 일어나는 지점(마루와 마루, 골과 골이 만나는 지점)들 사이에서 있으므로 지점의 개수는 8개이다.
ㄷ. 정답 : 물결파의 속력이 같으므로 파장은 진동수에 반비례한다. 따라서 물결파의 파장은 진동수가 2배 큰 (나)에서가 (가)에서보다 $\frac{1}{2}$배로 짧다. 따라서 $d_1=2d_2$이다.

😀 **문제풀이 TIP** | 물결파의 속력=파장×진동수

😀 **출제분석** | 보강 간섭과 상쇄 간섭이 일어날 조건을 숙지하고 있다면 쉽게 해결할 수 있는 문항이다.

77 파동의 간섭

정답 ④ 정답률 88% 2024년 10월 학평 8번 문제편 254p

그림과 같이 진폭과 진동수가 동일한 소리를 일정하게 발생시키는 스피커 A와 B를 $x=0$으로부터 같은 거리만큼 떨어진 x축상의 지점에 각각 고정시키고, 소음 측정기로 x축상에서 위치에 따른 소리의 세기를 측정하였다. $x=0$에서 상쇄 간섭이 일어나고, $x=0$ 으로부터 첫 번째 상쇄 간섭이 일어난 지점까지의 거리는 $2d$이다.

→ A와 B에서 발생하는 소리의 위상은 반대

```
    A      소음 측정기                        B
    ◁——————●——————————————————————▷——→
        -3d -2d  -d  0   d   2d  3d       x
```

이에 대한 옳은 설명만을 〈보기〉에서 있는 대로 고른 것은? (단, 소음 측정기와 A, B의 크기는 무시한다.)

보기

ㄱ. $x=0$과 $x=-2d$ 사이에 보강 간섭이 일어나는 지점이 있다.

ㄴ. 소리의 세기는 $x=0$에서가 $x=3d$에서보다 작다.

ㄷ. A와 B에서 발생한 소리는 $x=0$에서 같은 위상으로 만난다.
   반대

① ㄱ   ② ㄴ   ③ ㄷ   ✔④ ㄱ, ㄴ   ⑤ ㄴ, ㄷ

|자|료|해|설|

$x=0$은 스피커 A, B로부터 같은 거리에 떨어진 지점이다. 이곳에서 상쇄 간섭이 일어나므로 A와 B에서 발생하는 소리의 위상은 반대이다. 소리의 위상이 반대일 때 스피커로부터 경로차가 0, λ, 2λ, ……인 지점에서 상쇄 간섭이 일어나는데 이웃한 상쇄 간섭이 일어난 지점 사이의 거리는 $2d$이고 $x=2d$에서 A, B의 스피커로부터 경로차가 $4d$이므로 소리의 파장은 $4d$이다.

|보|기|풀|이|

ㄱ. 정답 : $x=d$, $-d$에서 보강 간섭이 일어난다.

ㄴ. 정답 : $x=0$에서 상쇄 간섭, $x=3d$에서 보강 간섭이 일어난다.

ㄷ. 오답 : A와 B에서 발생한 소리는 $x=0$에서 상쇄 간섭이 일어나므로 반대 위상으로 만난다.

😊 출제분석 | 보강 간섭과 상쇄 간섭이 일어날 조건을 적용할 수 있어야 한다.

---

78 전자기파의 종류와 이용

정답 ② 정답률 90% 2025학년도 수능 1번 문제편 254p

그림은 전자기파를 일상생활에서 이용하는 예이다.

ⓐ 음악 감상을 위한 무선 블루투스 헤드폰 마이크로파

ⓑ 칫솔 살균을 위한 휴대용 칫솔 살균기 자외선

ⓒ 어두울 때 사용할 손전등 가시광선

이에 대한 설명으로 옳은 것만을 〈보기〉에서 있는 대로 고른 것은?

보기   마이크로파

ㄱ. ⓐ은 감마선을 이용하여 스마트폰과 통신한다.

ㄴ. ⓑ에서 살균 작용에 사용되는 자외선은 마이크로파보다 파장이 짧다.
            ⓐ, ⓑ, ⓒ 모두 같다.

ㄷ. 진공에서의 속력은 ⓒ에서 사용되는 전자기파가 X선보다

   크다.

① ㄱ   ✔② ㄴ   ③ ㄷ   ④ ㄱ, ㄴ   ⑤ ㄴ, ㄷ

|자|료|해|설|

ⓐ은 마이크로파, ⓑ은 자외선, ⓒ은 가시광선이다.

|보|기|풀|이|

ㄱ. 오답 : 감마선은 전자기파 중에서 에너지가 가장 크고 투과력이 좋아 화상, 암 유발, 유전자 변형을 일으킨다. 의료에서는 암을 치료하는 데 이용된다.

ㄴ. 정답 : 파장은 '자외선< 가시광선< 마이크로파'이다.

ㄷ. 오답 : 진공에서 전자기파의 속력은 파장과 관계없이 모두 같다.

😊 출제분석 | 전자기파의 종류에 따른 특징을 숙지하는 것만으로 쉽게 해결할 수 있도록 출제된다.

그림 (가)와 같이 xy평면의 원점 O로부터 같은 거리에 있는 x축상의 두 지점 S_1, S_2에서 진동수와 진폭이 같고, 위상이 서로 반대인 두 물결파를 동시에 발생시킨다. 점 p, q는 O를 중심으로 하는 원과 O를 지나는 직선이 만나는 지점이다. 그림 (나)는 p에서 중첩된 물결파의 변위를 시간 t에 따라 나타낸 것이다. S_1, S_2에서 발생시킨 두 물결파의 속력은 10cm/s로 일정하다.

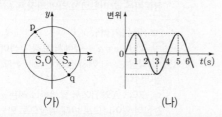

(가)　　　　　(나)

이에 대한 설명으로 옳은 것만을 〈보기〉에서 있는 대로 고른 것은? (단, S_1, S_2, p, q는 xy평면상의 고정된 지점이다.) 3점

보기
ㄱ. S_1에서 발생한 물결파의 파장은 20cm이다. 40

ㄴ. $t=1$초일 때, 중첩된 물결파의 변위의 크기는 p에서와 q에서가 같다.

ㄷ. O에서 보강 간섭이 일어난다.
　　상쇄

① ㄱ　　② ㄴ　　③ ㄷ　　④ ㄱ, ㄷ　　⑤ ㄴ, ㄷ

|자|료|해|설|
(나)에서 중첩된 물결파의 주기는 S_1, S_2에서 발생시킨 두 물결파의 주기와 같은 4초이다.

|보|기|풀|이|
ㄱ. 오답 : S_1에서 발생한 물결파의 파장은 $\lambda = vT = (10\text{cm/s})(4\text{s}) = 40\text{cm}$이다.
ㄴ. 정답 : p와 q는 원점 대칭으로 중첩된 물결파의 위상이 서로 반대이지만 변위의 크기는 같다.
ㄷ. 오답 : O에서 S_1, S_2까지 거리는 같으므로 O에서는 상쇄 간섭이 일어난다.

😮 문제풀이 TIP | 서로 반대 위상의 물결파가 경로차가 0인 지점에 도달하면 상쇄 간섭이 일어난다.

2. 빛과 물질의 이중성

01 빛의 이중성 ★수능에 나오는 필수 개념 2가지 + 필수 암기사항 5개

기본자료

▶ 문턱 진동수(한계 진동수)
금속판에 대해 빛이 전자를 방출할 수
있는 최소한의 진동수

필수개념 1 광전 효과

- [암기] **빛의 세기에 관계없이 광전 효과는 특정 진동수(한계 진동수 f_0) 이상의 빛을 비춰주면 광전자가 방출된다.** → 광전 효과 실험 결과 해석은 매 시험마다 출제되므로 꼭 암기해야 한다.
  - ○ 정의 : 금속의 표면에 문턱 진동수 이상의 진동수를 가진 빛을 비추면 금속으로부터 전자가 방출되는 현상
  - ○ 실험 결과

결과	파동으로 설명이 불가능한 이유
1. 금속 표면에 쪼여주는 빛의 진동수가 문턱 진동수라는 특정한 값보다 작으면 아무리 센 빛을 쪼여주어도 광전자가 방출되지 않는다.	파동에너지는 진폭과 진동수의 제곱에 비례함. 진폭이 큰 빛을 금속에 비추면 광전자가 방출되어야 하는데 방출되지 않음
2. 광전자의 운동 에너지는 빛의 세기와 관계가 없고 빛의 진동수에 비례한다.	진동수가 일정하면서 빛의 세기가 큰 빛을 받으면 전자가 받는 에너지가 커지므로 운동 에너지도 커져야 하는데 커지지 않음
3. 쪼여주는 빛의 진동수가 문턱 진동수보다 크면 즉시 광전자가 방출되며, 단위 시간에 방출되는 광전자의 수는 빛의 세기에 비례한다.	세기가 작은 빛을 비추면 전자가 방출되는 데 필요한 에너지가 축적되어야 하므로 시간이 걸려야 하지만 즉시 광전자가 방출됨
위의 실험 결과는 빛의 파동성으로 설명할 수 없음	

- [암기] **정지전압(V_s)** : 금속판(음극)에서 방출된 전자는 양극으로 이동하게 된다. 그러나 광전관 안에 역 전압을 걸어주면 금속판에서 튀어나온 전자는 전기력에 의해 속도를 잃게 된다. 속도를 잃은 전자는 양극으로 건너가지 못하게 되고 회로에 흐르는 광전류는 0이 된다. 이렇게 광전류의 값이 0이 될 때 광전관에 걸리는 역 전압의 크기를 정지전압이라고 한다. 정지전압의 크기는 광전자의 운동에너지가 클수록 크다. 이는 빠르게 움직이는 자동차를 멈추게 하는 것이 더 어려운 것과 같은 내용이다. 아래 그림처럼 저항의 크기를 조절하면서 전류계에 흐르는 광전류 값이 0이 되도록 한다. 광전류 값이 0이 될 때 전압계에 측정되는 전압이 정지전압이다.

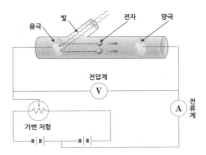

• 암기 **빛의 세기-전압에 따른 광전류 그래프**

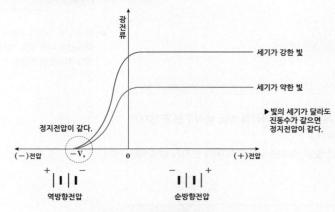

〈진동수는 같고 세기가 다른 빛을 비출 때〉

▶ 빛의 세기가 달라도 진동수가 같으면 정지전압이 같다.

• 암기 **빛의 진동수-전압에 따른 광전류 그래프**

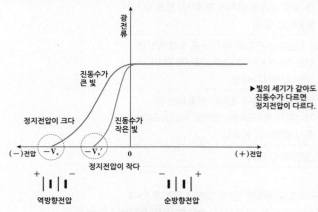

〈세기는 같고 진동수가 다른 빛을 비출 때〉

▶ 빛의 세기가 같아도 진동수가 다르면 정지전압이 다르다.

• **결론** : 정지전압은 광전자의 최대 운동에너지에 비례한다. 광전자의 최대 운동에너지는 빛의 세기가 아닌 진동수에 관계한다. 이것은 빛의 입자성을 증명하는 결과이다.

필수개념 2 **광양자설**

• 암기 **빛의 진동수와 세기가 광전 효과에 미치는 영향** → 광전 효과에서 빛의 진동수와 세기는 자주 출제되는 부분이기에 꼭 암기해야 한다!!

○ 빛의 진동수 → 광자 1개의 에너지 → 광전자의 운동 에너지
○ 빛의 세기 → 광자의 수 → 광전자의 수(광전류)

▶ 플랑크 상수(h)
양자역학적인 현상에서 기본적인 의미를 가지고 있는 기본 상수. 독일의 물리학자 M. 플랑크가 1900년에 열복사를 연구하다 발견함
$$h = 6.63 \times 10^{-34} \text{ J·s}$$

광양자설
빛은 연속적인 파동의 흐름이 아니라 진동수에 비례하는 에너지를 갖는 광자(광양자)의 흐름.
진동수가 f인 광자 1개의 에너지 : $E = hf = h\dfrac{c}{\lambda}$
빛에 의해 전달되는 에너지는 광자들이 갖는 에너지의 정수배로 이루어지는 불연속적인 값
광전자를 방출하려면 한계 진동수 f_0 이상의 빛을 비춰야 하며, 이때 금속으로부터 전자를 방출시키기 위한 최소한의 에너지를 일함수(W)라고 함.
금속의 일함수 : $W = hf_0$

진동수가 f인 광양자를 한계 진동수가 f_0인 금속에 비출 때 광전자가 방출되려면 광자의 에너지는 일함수 W보다 커야 하며, 광전자의 최대 운동 에너지 E_k는 다음과 같다.

$$E_k = E - W = hf - hf_0 = h(f - f_0)$$

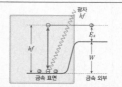

다음은 전하 결합 소자(CCD)에 대한 설명이다.

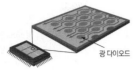

디지털카메라의 한 부품인 전하
결합 소자는 영상 정보를 기록하는
소자로, 광 다이오드로 구성된
전하 결합 소자에 빛을 비추면
전자가 발생하는 ⓐ ㉠ 에 의해
전류가 흐르므로 빛의 ⓐ ㉡ 을 이용하는 장치이다.

— 광 다이오드

㉠과 ㉡에 해당하는 것으로 옳은 것은?

	㉠	㉡
①	광전 효과	입자성
②	광전 효과	파동성
③	빛의 간섭	입자성
④	빛의 간섭	파동성
⑤	빛의 굴절	입자성

| 자 | 료 | 해 | 설 | 및 | 선 | 택 | 지 | 풀 | 이 |

①정답 : 광 다이오드에 빛을 비추면 광전 효과에 의해
빛에너지가 전기 에너지로 변환된다. 또한, 광전 효과는
빛의 입자성의 증거이다.

😀 출제분석 | 광 다이오드는 빛 신호를 전기 신호로 전환하는
소자로 광전 효과가 이용되는 예이다.

그림은 빛에 의한 현상 A, B, C를 나타낸 것이다.

A. 전하 결합 소자에서
전자-양공쌍이
생성된다.

B. 비누 막에서
다양한 색의
무늬가 보인다.
(간섭 — 빛의 파동성)

C. 지폐의 숫자 부분이
보는 각도에 따라
다른 색으로 보인다.
(간섭 — 빛의 파동성)

빛의 입자성으로 설명할 수 있는 현상만을 있는 대로 고른 것은?

① A   ② B   ③ A, C   ④ B, C   ⑤ A, B, C

| 자 | 료 | 해 | 설 |

A에서 전하 결합 소자(CCD)는 광다이오드에 입사하는
광자의 수에 따라 빛의 세기를 측정할 수 있다. B는 얇은 막
간섭 현상 중 하나로 막의 두께와 보는 각도에 따라 두 빛의
경로차가 달라져서 이에 따라 보강 간섭 또는 상쇄 간섭이
일어나 다양한 색의 무늬가 보인다. C는 B와 유사한
원리로 지폐의 숫자 부분에 존재하는 굴절률이 약간 다른
화학 물질에 의해 간섭 현상이 일어나서 숫자 부분이
다양한 색으로 보이게 된다.

| 선 | 택 | 지 | 풀 | 이 |

①정답 : A는 광전 효과로 빛의 입자성을, B와 C는 간섭
현상으로 빛의 파동성을 설명할 수 있는 현상이다.

 문제풀이 T I P | 빛의 입자성에는 광전 효과, 빛의 파동성에는 반사, 굴절, 간섭, 회절이 있다.

😀 출제분석 | 빛의 입자성과 파동성에 대한 예로 위의 보기 내용은 필수로 알고 있어야 한다.

그림과 같이 단색광 A를 금속판 P에 비추었을 때 광전자가 방출되지 않고, 단색광 B, C를 각각 P에 비추었을 때 광전자가 방출된다. 방출된 광전자의 최대 운동 에너지는 B를 비추었을 때가 C를 비추었을 때보다 크다.➡ $f_C < f_B$

이에 대한 설명으로 옳은 것만을 〈보기〉에서 있는 대로 고른 것은?

③점

보기

ㄱ. A의 세기를 증가시키면 광전자가 방출된다. ➡ 되지 않는다.

ㄴ. P의 문턱 진동수는 B의 진동수보다 작다.

ㄷ. 단색광의 진동수는 B가 C보다 크다.

① ㄱ 　　② ㄴ 　　③ ㄱ, ㄷ 　　④ ㄴ, ㄷ 　　⑤ ㄱ, ㄴ, ㄷ

|자|료|해|설|

단색광의 진동수가 금속판 P의 문턱 진동수보다 클 때 광전자가 방출되므로 광전자가 방출되지 않는 단색광 A의 진동수(f_A)는 P의 문턱 진동수(f_0)보다 작다. 또한 광전자가 방출되는 B의 진동수(f_B)와 C의 진동수(f_C)는 P의 문턱 진동수보다 크고, 단색광의 진동수가 클 때 방출된 광전자의 최대 운동 에너지도 크기 때문에 진동수는 $f_A < f_0 < f_C < f_B$ 이다.

|보|기|풀|이|

ㄱ. 오답 : A의 세기와 관계없이 A의 진동수는 금속판의 문턱 진동수보다 작으므로 광전자는 방출되지 않는다.

ㄴ. 정답 : 단색광 B를 P에 비추었을 때 광전자가 방출되므로 B의 진동수는 P의 문턱 진동수보다 크다.

ㄷ. 정답 : 단색광의 진동수가 클 때 방출된 광전자의 최대 운동 에너지도 크기 때문에 진동수는 $f_C < f_B$이다.

🤖 **문제풀이 T I P** | 단색광의 진동수가 금속판의 문턱 진동수보다 클 때 광전자가 방출된다.

다음은 단색광 A, B를 광전관의 금속판 P에 각각 비추었을 때 일어나는 현상에 대한 설명이다.

단색광 A
단색광 B
금속판 P
광전관

(가) 세기가 I인 A를 P에 비추었을 때, P에서 광전자가 방출되었다. ➡ 단색광 A의 진동수(f_A)가 금속판 P의 문턱 진동수(f_0)보다 크다.($f_A > f_0$)

(나) 세기가 I인 B를 P에 비추었을 때, P에서 광전자가 방출되지 않았다. ➡ 단색광 B의 진동수(f_B)가 금속판 P의 문턱 진동수(f_0)보다 작다.($f_B < f_0$)

이에 대한 설명으로 옳은 것만을 〈보기〉에서 있는 대로 고른 것은?

보기

ㄱ. 진동수는 A가 B보다 크다.

ㄴ. (가)에서 A의 세기를 $\frac{1}{2}I$로 감소시키면 P에서 방출되는 광전자의 수가 증가한다. ➡ 감소

ㄷ. (나)에서 B의 세기를 $2I$로 증가시키면 P에서 광전자가 방출된다. ➡ 되지 않는다. / 켜도

① ㄱ 　　② ㄷ 　　③ ㄱ, ㄴ 　　④ ㄴ, ㄷ 　　⑤ ㄱ, ㄴ, ㄷ

|자|료|해|설|

광전 효과가 일어나기 위해서는 빛의 진동수가 금속판의 문턱 진동수보다 커야 한다. (가)에서 P에서 광전자가 방출되었으므로 단색광 A의 진동수(f_A)가 금속판 P의 문턱 진동수(f_0)보다 크다.($f_A > f_0$) 또한, (나)에서는 광전자가 방출되지 않았으므로 단색광 B의 진동수(f_B)가 금속판 P의 문턱 진동수(f_0)보다 작다.($f_B < f_0$)

|보|기|풀|이|

ㄱ. 정답 : 단색광 A는 광전 효과가 일어나고 단색광 B는 광전 효과가 일어나지 않았다. 따라서 금속판 P의 문턱 진동수(f_0)를 기준으로 단색광 A의 진동수(f_A)는 크고 단색광 B의 진동수(f_B)는 작다. ($f_B < f_0 < f_A$)

ㄴ. 오답 : 광전 효과가 일어날 때 빛의 세기와 광전자의 수는 비례한다. 따라서 A의 세기를 감소시키면 P에서 방출되는 광전자의 수도 감소한다.

ㄷ. 오답 : 광전 효과가 일어나지 않으면 빛의 세기를 증가시켜도 광전자가 방출되지 않는다.

🤖 **문제풀이 T I P** | 광전 효과는 빛의 진동수가 금속판의 문턱 진동수보다 클 때에만 일어난다. 광전 효과가 일어날 때 빛의 세기와 광전자의 수는 비례하여 나타나고 광전 효과가 일어나지 않을 때는 빛의 세기가 커져도 광전자는 방출되지 않는다.

🤖 **출제분석** | 광전 효과 현상에 대한 자료 해석 문제로 광전 효과의 기본 개념만 알면 쉽게 해결할 수 있는 문제이다.

다음은 빛의 이중성에 대한 내용이다.

> 오랫동안 과학자들 사이에 빛이 파동인지 입자인지에 관한 논쟁이 있어 왔다. 19세기에 빛의 간섭 실험과 매질 내에서 빛의 속력 측정 실험 등으로 빛의 파동성이 인정받게 되었다. 그러나 빛의 파동성으로 설명할 수 없는 [㉠]을/를 아인슈타인이 광자(광양자)의 개념을 도입하여 설명한 이후, 여러 과학자들의 연구를 통해 빛의 입자성도 인정받게 되었다.

이에 대한 설명으로 옳은 것만을 〈보기〉에서 있는 대로 고른 것은?

> **보기**
> ㉠ 광전 효과는 ㉠에 해당된다.
> ㉡ 전하 결합 소자(CCD)는 빛의 입자성을 이용한다.
> ㉢ 비눗방울에서 다양한 색의 무늬가 보이는 현상은 빛의 파동성으로 설명할 수 있다.

① ㄱ   ② ㄷ   ③ ㄱ, ㄴ   ④ ㄴ, ㄷ   ⑤ ㄱ, ㄴ, ㄷ

|자|료|해|설|
진폭이 큰 빛을 금속에 비추면 광전자가 방출될 것으로 예상되지만 광전자는 방출되지 않는다. 또한 진동수가 일정하면서 빛의 세기가 큰 빛을 받으면 전자가 받는 에너지가 커지므로 운동 에너지도 커져야 하는 데 커지지 않는다. 이러한 현상은 빛의 파동성으로 설명할 수 없고 빛의 입자성으로만 설명할 수 있다.

|보|기|풀|이|
㉠ 정답 : 광전 효과는 아인슈타인이 광자 개념을 도입하여 설명한 현상이다.
㉡ 정답 : 전하 결합 소자(CCD)는 광전 효과를 이용한 것으로 빛의 입자성을 이용한 것이다.
㉢ 정답 : 비눗방울에서 다양한 색의 무늬가 보이는 현상은 빛의 파동성인 간섭에 의한 현상이다.

😊 출제분석 | 빛의 이중성에 대한 지식을 확인하는 문항으로 매우 쉽게 출제되었다.

그림과 같이 금속판에 초록색 빛을 비추어 방출된 광전자를 가속하여 이중 슬릿에 입사시켰더니 형광판에 간섭무늬가 나타났다. 금속판에 빨간색 빛을 비추었을 때는 광전자가 방출되지 않았다. 이에 대한 설명으로 옳은 것만을 〈보기〉에서 있는 대로 고른 것은? ③점

> **보기**
> ㉠ 광전자의 속력이 커지면 광전자의 물질파 파장은 줄어든다.
> ㉡ 초록색 빛의 세기를 감소시켜도 간섭무늬의 밝은 부분은 밝기가 ~~변하지 않는다.~~ 변한다.
> ㉢ 금속판의 문턱 진동수는 빨간색 빛의 진동수보다 크다.

① ㄱ   ② ㄴ   ③ ㄱ, ㄷ   ④ ㄴ, ㄷ   ⑤ ㄱ, ㄴ, ㄷ

|자|료|해|설|
진동수의 크기는 빨간색<금속판의 문턱 진동수<초록색이다.

|보|기|풀|이|
㉠ 정답 : 물질파 파장은 광전자의 속력에 반비례한다.
ㄴ. 오답 : 빛의 세기를 감소시키면 방출되는 광전자의 수가 감소하므로 형광판의 간섭 무늬의 밝기는 어두워진다.
㉢ 정답 : 금속판에 빨간색 빛을 비추었을 때 광전자는 방출되지 않으므로 빨간색의 진동수<금속판의 문턱 진동수이다.

😊 문제풀이 T I P | 빛의 진동수가 금속판의 문턱 진동수보다 커야 광전자가 방출된다.

😊 출제분석 | 광전 효과와 물질파 개념으로 쉽게 해결할 수 있는 문항이다.

그림은 동일한 금속판에 단색광 A, B를 각각 비추었을 때 광전자가 방출되는 모습을 나타낸 것이다. 방출되는 광전자 중 속력이 최대인 광전자 a, b의 운동 에너지는 각각 E_a, E_b이고, $E_a > E_b$이다. ← 광전자의 최대 운동 에너지는 단색광의 진동수가 클수록 크고, 빛의 세기와는 무관함

빛의 진동수 : 단색광 A > 단색광 B

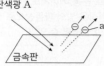 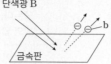

이에 대한 옳은 설명만을 〈보기〉에서 있는 대로 고른 것은?

보기

ㄱ. 진동수는 A가 B보다 크다.

ㄴ. 물질파 파장은 a가 b보다 ~~길다~~ 짧다.

ㄷ. B의 세기를 증가시~~키면~~켜도 E_b가 ~~증가한다~~ 일정하다.

 ① ㄱ   ② ㄴ   ③ ㄱ, ㄷ   ④ ㄴ, ㄷ   ⑤ ㄱ, ㄴ, ㄷ

|자|료|해|설|
광전자의 최대 운동 에너지는 광자 1개의 에너지(hf)에서 전자 1개를 금속에서 떼어내는데 필요한 에너지(= 일함수 ($W = hf_0$))를 뺀 것과 같다.

|보|기|풀|이|
ㄱ. 정답 : 동일한 금속판에 단색광을 비추었으므로 일함수는 같다. 속력이 최대인 광전자 a, b의 운동 에너지는 $E_a > E_b$이므로 광자 1개의 에너지는 단색광 A가 B보다 큼을 의미한다. 따라서 빛의 진동수는 A가 B보다 크다.

ㄴ. 오답 : 물질파의 파장은 $\lambda = \dfrac{h}{mv}$ (h : 플랑크 상수) 이므로 광전자의 속도(v)가 큰 a가 b보다 짧다.

ㄷ. 오답 : 광전자의 최대 운동 에너지는 단색광의 빛의 세기와 무관하다.

🙂 **문제풀이 TIP |** 광전효과에서 단색광에 의해 방출되는 광전자의 최대 운동 에너지는 빛의 세기와 무관하다.

😀 **출제분석 |** 광전효과의 실험 결과에 대한 문항은 거의 매회 출제되고 있으므로 실험 과정과 해석을 깊이 있게 살펴보아야 한다.

그림 (가)는 금속판 A에 단색광 P를 비추었을 때 광전자가 방출되지 않는 것을, (나)는 A에 단색광 Q를 비추었을 때 광전자가 방출되는 것을 나타낸 것이다.

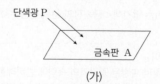 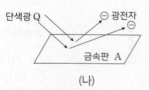

(가)   (나)

이에 대한 설명으로 옳은 것만을 〈보기〉에서 있는 대로 고른 것은?

보기

ㄱ. 진동수는 P가 Q보다 작다.

ㄴ. (가)에서 P의 세기를 증가시켜 A에 비추면 광전자가 ~~방출된다~~ 방출되지 않는다.

ㄷ. (나)에서 광전자가 방출되는 것은 빛의 입자성을 보여주는 현상이다.

① ㄱ   ② ㄴ   ③ ㄱ, ㄷ   ④ ㄴ, ㄷ   ⑤ ㄱ, ㄴ, ㄷ

|자|료|해|설|
(가)는 광전자가 방출되지 않았으므로 단색광 P의 진동수는 금속판 A의 문턱 진동수보다 작다. (나)는 광전자가 방출되었으므로 단색광 Q의 진동수는 금속판 A의 문턱 진동수보다 크다.

|보|기|풀|이|
ㄱ. 정답 : 광전자는 (나)에서만 방출되었으므로 단색광의 진동수는 P가 Q보다 작다.

ㄴ. 오답 : 빛의 세기가 센 빛을 오랜 시간 비추더라도 빛의 진동수가 금속판의 문턱 진동수 이하이면 광전자는 방출되지 않는다.

ㄷ. 정답 : 광전 효과는 빛의 입자성의 증거이다.

🙂 **문제풀이 TIP |** 빛의 진동수가 금속판의 문턱 진동수보다 클 때 광전 효과가 일어난다.

😀 **출제분석 |** 광양자설을 통해 광전 효과를 설명할 수 있다면 이 영역의 문항은 쉽게 해결할 수 있다.

그림과 같이 단색광 A 또는 B를 광 다이오드에 비추었더니
광 다이오드에 전류가 흘렀다. 표는 단색광의 세기에 따른 전류의
세기를 측정한 것을 나타낸 것이다.

단색광 A 또는 B

↓ 전류

광 다이오드

단색광	단색광의 세기	전류의 세기
A $f_0 > f_A$	I	0 → 광전자 방출 ×
	$2I$	㉠ → 0
B $f_0 < f_B$	I	㉡
	$2I$	$2I_0$ → 광전자 방출 ○

이에 대한 설명으로 옳은 것만을 〈보기〉에서 있는 대로 고른 것은?

보기

㉠ ㉠은 0이다.
작
ㄴ. ㉡은 $2I_0$보다 ~~크다.~~
입자
ㄷ. 광 다이오드는 빛의 ~~파동성~~을 이용한다.

① ㄱ　　② ㄷ　　③ ㄱ, ㄴ　　④ ㄴ, ㄷ　　⑤ ㄱ, ㄴ, ㄷ

|자|료|해|설|
광전 효과는 단색광의 진동수가 금속의 문턱 진동수(f_0)보다
클 때 일어난다. 광전 효과가 일어날 때 단색광의 세기와
전류의 세기는 비례한다.

|보|기|풀|이|
㉠. 정답 : 단색광 A의 진동수는 문턱 진동수보다 작으므로
단색광의 세기를 증가시켜도 광전자가 방출되지 않아 ㉠은
0이다.
ㄴ. 오답 : 광전 효과가 일어날 때 단색광의 세기가 클수록
전류의 세기도 커지므로 ㉡은 $2I_0$보다 작다.
ㄷ. 오답 : 광전 효과 실험은 빛의 입자성을 이용한다.

😀 출제분석 | 광전 효과가 일어나기 위한 조건과 광전 효과가
일어날 때 빛의 세기와 광전자의 수가 비례함은 반드시 숙지해야
하는 개념이다.

그림은 진동수가 다른 단색광 A, B를 금속판 P 또는 Q에 비추는
모습을, 표는 금속판에 비춘 단색광에 따라 금속판에서 방출되는
광전자의 **최대 운동 에너지**를 나타낸 것이다.
↳ $=h$(빛의 진동수−금속판의 문턱 진동수)

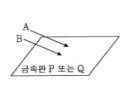

A
B

금속판 P 또는 Q

금속판	금속판에 비춘 단색광	최대 운동 에너지
P	A	E_0
	A, B	E_0 → B의 진동수는 A보다 크지 않음
Q	B	$2E_0$
	A, B	㉠

이에 대한 설명으로 옳은 것만을 〈보기〉에서 있는 대로 고른 것은?

보기

㉠ 진동수는 A가 B보다 크다.
ㄴ. 문턱 진동수는 P가 Q보다 ~~작다~~ 크다
㉢ ㉠은 $2E_0$보다 크다.

① ㄱ　　② ㄴ　　③ ㄱ, ㄷ　　④ ㄴ, ㄷ　　⑤ ㄱ, ㄴ, ㄷ

|자|료|해|설|
방출되는 광전자의 최대 운동 에너지는 진동수가 큰
빛에 의해 결정된다. 금속판 P에서 광전자의 최대 운동
에너지가 A만 비춘 상황과 A, B를 모두 비춘 상황이
같으므로 진동수는 A > B이다. 또한 Q에서 B만 비추었을
때 최대 운동 에너지가 P에서 A를 비추었을 때의 최대
운동 에너지보다 크므로 금속판의 문턱 진동수는 P > Q
이다.

|보|기|풀|이|
㉠. 정답 : 빛의 진동수는 A > B이다
ㄴ. 오답 : 금속판의 문턱 진동수는 P > Q이다.
㉢. 정답 : ㉠에서 방출되는 광전자의 최대 운동 에너지는
진동수가 큰 빛에 의해 결정되고 빛의 진동수는 A > B
이므로 $2E_0$보다 크다.

😀 문제풀이 T I P | 광전자의 최대 운동 에너지 $=h$(빛의 진동수−
금속판의 문턱 진동수)

😀 출제분석 | 문턱 진동수와 빛의 진동수에 따른 광전자의 최대
운동 에너지와 빛의 세기에 따른 광전자 수 관계를 이해한다면 이
영역의 문제는 쉽게 해결할 수 있다.

그림 (가)는 단색광 A, B를 광전관의 금속판에 비추는 모습을
나타낸 것이고, (나)는 A, B의 세기를 시간에 따라 나타낸 것이다.
t_1일 때 광전자가 방출되지 않고, t_2일 때 광전자가 방출된다.

A의 진동수는 금속판의 문턱 진동수 이하   B의 진동수는 금속판의 문턱 진동수 이상

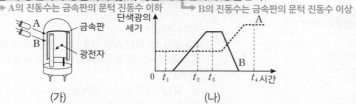

(가)   (나)

이에 대한 설명으로 옳은 것만을 〈보기〉에서 있는 대로 고른 것은?

(3점)

| 보기 |

ㄱ. 진동수는 A가 B보다 작다. A의 진동수 < 금속판의 문턱 진동수 < B의 진동수

ㄴ. 방출되는 광전자의 최대 운동 에너지는 t_2일 때가 t_3일
때보다 작다. 와 같다.

ㄷ. t_4일 때 광전자가 방출된다. 방출되지 않는다.

① ㄱ   ② ㄷ   ③ ㄱ, ㄴ   ④ ㄴ, ㄷ   ⑤ ㄱ, ㄴ, ㄷ

| 자 | 료 | 해 | 설 |

그림 (나)의 요점을 파악하는 것이 중요하다. t_1일 때 A만
비추었고, t_2와 t_3일 때 A, B를 동시에 비추었으며, t_4일 때
A만 비추었다. 또 B의 세기는 t_2일 때보다 t_3일 때에, A의
세기는 t_1일 때보다 t_4일 때에 더 세다.
금속에 빛을 비추었을 때 금속 표면으로부터 전자가
튀어나오는 현상이 광전 효과이며, 광전 효과가 일어나기
위해서는 금속의 한계 진동수보다 더 큰 진동수를 가진
빛을 비추어야만 한다. 빛을 비출 때 광전자가 방출된다면,
방출되는 전자에 의한 전류의 세기는 빛의 세기가 셀수록
더 크다.

| 보 | 기 | 풀 | 이 |

ㄱ. 정답 : 단색광 A를 비춘 t_1일 때 광전자가 방출되지
않았고, 단색광 A와 B를 비춘 t_2일 때 광전자가
방출되었으므로 광전 효과는 단색광 B에 의해 나타난
것이다. 따라서 진동수는 A가 B보다 작다.

ㄴ. 오답 : 광전자의 최대 운동 에너지는 단색광의
빛에너지에서 금속의 일함수를 뺀 값이다. t_2와 t_3에서
빛에너지와 일함수가 달라진 상황이 아니므로 광전자의
최대 운동 에너지도 달라지지 않는다.

ㄷ. 오답 : 광전 효과는 단색광 B를 비추었을 때만
일어나는데, t_4에서는 단색광 B를 비추지 않으므로
광전자가 방출되지 않는다.

그림은 보어의 수소 원자 모형에서 양자수 n에 따른 에너지 준위의
일부와 전자의 전이에서 방출되는 단색광 a, b, c, d를 나타낸
것이다. 표는 a, b, c, d를 광전관 P에 각각 비추었을 때 광전자의
방출 여부와 광전자의 최대 운동 에너지 E_{max}를 나타낸 것이다.

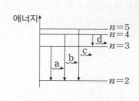

단색광	광전자의 방출 여부	E_{max}
a	방출 안 됨	—
b	방출됨	E_1
c	방출됨	E_2
d	방출 안 됨	—

이에 대한 설명으로 옳은 것만을 〈보기〉에서 있는 대로 고른 것은?

| 보기 |

작
ㄱ. 진동수는 a가 b보다 크다.

ㄴ. b와 c를 P에 동시에 비출 때 E_{max}는 E_2이다.

ㄷ. a와 d를 P에 동시에 비출 때 광전자가 방출된다. 되지 않는다.

① ㄱ   ② ㄴ   ③ ㄱ, ㄷ   ④ ㄴ, ㄷ   ⑤ ㄱ, ㄴ, ㄷ

| 자 | 료 | 해 | 설 |

제시된 표에서 단색광 b, c를 비추었을 때만 광전관 P에서
광전자가 방출되었다. 따라서 단색광 b, c의 진동수는
광전관의 문턱 진동수보다 크다.

| 보 | 기 | 풀 | 이 |

ㄱ. 오답 : 단색광의 진동수는 전이되는 전자의 에너지 준위
차이에 비례하므로, 전이되는 전자의 에너지 준위 차이가
더 큰 단색광 b의 진동수가 a보다 크다.

ㄴ. 정답 : c가 b보다 광자 1개의 에너지가 더 크므로
광전관에서 방출되는 광전자의 최대 운동 에너지 E_{max}는
단색광 c에 의한 E_2이다.

ㄷ. 오답 : 표에서와 같이 a와 d는 광전관에 비추어도
광전자가 방출되지 않으므로 두 단색광의 진동수는 모두
광전관의 문턱 진동수보다 작다. 광전자는 빛의 진동수가
광전관의 문턱 진동수보다 커야 방출되므로 a와 d를 P에
동시에 비추더라도 광전자는 방출되지 않는다.

😮 문제풀이 T I P | 광전관의 문턱 진동수 이상의 진동수를 가진
빛을 비추면 광전관에서 전자가 방출된다.

😊 출제분석 | 광전 효과가 일어나는 조건을 잘 이해하고 있다면
쉽게 해결할 수 있는 문항이다.

그림 (가)는 보어의 수소 원자 모형에서 에너지 준위와 전자가
전이할 때 방출된 빛 A, B, C를 나타낸 것이다. 그림 (나)는 (가)의
A, B, C 중 하나를 금속판 P에 비추는 것을 나타낸 것이다. P에 B를
비추었을 때는 광전자가 방출되었고 C를 비추었을 때는 광전자가
방출되지 않았다.

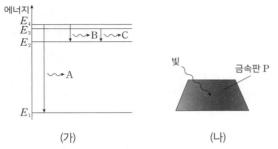

(가)   (나)

이에 대한 설명으로 옳은 것만을 <보기>에서 있는 대로 고른 것은?

보기

ㄱ. A를 P에 비추면 광전자가 방출된다.

ㄴ. 파장은 B가 C보다 길다. ~~짧~~

ㄷ. C의 세기를 증가시켜 P에 비추면 광전자가 ~~방출된다~~. 되지 않는다.

① ㄱ   ② ㄷ   ③ ㄱ, ㄴ   ④ ㄴ, ㄷ   ⑤ ㄱ, ㄴ, ㄷ

|자|료|해|설|

금속 표면에 빛을 쪼여주었을 때 광전자가 방출되기
위해서는 빛의 진동수가 금속판의 문턱 진동수(f_0)보다
커야 한다. 빛의 진동수(f)는 에너지 준위(ΔE)의 차이에
비례($\Delta E = hf$)하므로 빛 A, B, C의 진동수를 각각 $f_A, f_B,$
f_C라 할 때 진동수의 크기는 $f_A > f_B > f_0 > f_C$이다.

|보|기|풀|이|

ㄱ. 정답 : A의 진동수는 금속판의 문턱진동수보다 크다.
따라서 A를 P에 비추면 광전자가 방출된다.

ㄴ. 오답 : 빛의 파장은 빛의 진동수에 반비례하므로 파장은
B가 C보다 짧다.

ㄷ. 오답 : C의 세기를 증가시킨다는 것은 광자의 수가
증가한다는 것으로 빛의 진동수는 변함이 없다. 따라서 C의
세기를 증가시켜도 P에서는 광전자가 방출되지 않는다.

😀 문제풀이 T I P | 광전 효과는 빛의 세기에 관계없이 금속의
표면에 문턱진동수 이상의 진동수를 가진 빛을 비추면 일어난다.

😀 출제분석 | 보어의 수소 원자 모형과 광전 효과를 이해하는가
알아보는 문항으로 기본 개념만 숙지하고 있다면 쉽게 해결할 수
있을 것이다.

그림은 서로 다른 금속판 P, Q에 각각 단색광 A, B 중 하나를
비추는 모습을 나타낸 것이다. 표는 단색광을 비추었을 때 금속판에서
방출되는 광전자의 최대 운동 에너지를 나타낸 것이다.

단색광 A 또는 B   단색광 A 또는 B

금속판 P   금속판 Q

→ P에서 더 크므로 금속판의 문턱 진동수는 P < Q

	A	B
P	$3E_0$	$5E_0$
Q	E_0	㉠

→ B에서 더 크므로 단색광의 파장은 A > B

이에 대한 설명으로 옳은 것만을 <보기>에서 있는 대로 고른 것은?

보기

ㄱ. 문턱 진동수는 Q가 P보다 크다.

ㄴ. 파장은 B가 A보다 ~~길다~~. 짧다

ㄷ. ㉠은 E_0보다 크다.

① ㄱ   ② ㄴ   ③ ㄱ, ㄷ   ④ ㄴ, ㄷ   ⑤ ㄱ, ㄴ, ㄷ

|자|료|해|설|

광자 1개의 에너지는 금속으로부터 전자를 방출시키기
위한 에너지(일함수)와 광전자의 최대 운동 에너지의
합이다.

|보|기|풀|이|

ㄱ. 정답 : 금속판의 문턱 진동수가 작을수록 광전자의 최대
운동 에너지가 크다. A를 비추었을 때 광전자의 최대 운동
에너지는 P에서가 Q에서보다 크므로 문턱 진동수는 P < Q
이다.

ㄴ. 오답 : P에서 방출된 광전자의 최대 운동 에너지는
A보다 B를 비출 때가 크므로 광자 1개의 에너지는 A < B
이다. 파장은 광자 1개의 에너지와 반비례하므로 파장은
A > B이다.

ㄷ. 정답 : 광자 1개의 에너지는 A < B이므로 ㉠은 E_0보다
크다.

😀 출제분석 | 광전 효과에서 광자의 에너지와 일함수, 광전자의
최대 운동 에너지 개념과 관계는 반드시 숙지하고 있어야 한다.

그림은 광 다이오드에 단색광을 비추었을 때 광 다이오드의 p−n 접합면에서 광전자가 방출되어 n형 반도체 쪽으로 이동하는 모습을 나타낸 것이다. 표는 단색광의 세기만을 다르게 하여 광 다이오드에 비추었을 때 단위 시간당 방출되는 광전자의 수를 나타낸 것이다.

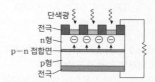

구분	단색광의 세기	광전자의 수
A	I_A	$2N_0$
B	I_B	N_0

이에 대한 설명으로 옳은 것만을 〈보기〉에서 있는 대로 고른 것은?

보기

ㄱ. $I_A < I_B$이다.
ㄴ. 광 다이오드는 빛의 입자성을 이용한다.
ㄷ. 광 다이오드는 전하 결합 소자(CCD)에 이용될 수 있다.

① ㄱ   ② ㄷ   ③ ㄱ, ㄴ   ✔④ ㄴ, ㄷ   ⑤ ㄱ, ㄴ, ㄷ

|자|료|해|설|

광 다이오드는 빛의 입자성을 이용한 기기로 특정 진동수 이상의 빛을 비출 때 빛의 세기가 클수록 단위 시간당 방출되는 광전자의 수가 많아진다.

|보|기|풀|이|

ㄱ. 오답 : 단색광의 세기가 클수록 단위 시간당 방출되는 광전자 수가 많으므로 $I_A > I_B$이다.
ㄴ. 정답 : 광 다이오드에서 광전 효과가 일어난 것으로 빛의 입자성을 이용한 것이다.
ㄷ. 정답 : CCD는 디지털 카메라 속에서 기존의 필름 대신 빛에너지를 전기 에너지로 바꾸어 주는 역할을 하는 광 다이오드의 집합체이다.

표는 금속판 A, B에 비춘 빛의 파장과 세기에 따른 광전자의 방출 여부와 광전자의 최대 운동 에너지 E_{max}의 측정 결과를 나타낸 것이다.

빛의 파장과 진동수는 반비례 ↗   광전자의 운동 에너지는 빛의 세기와 관계없음 ↗   빛의 진동수 > 금속판의 문턱 진동수 → 광전효과가 일어남 ↗

같은 파장, 즉 같은 진동수의 빛을 금속판에 비추었을 때 금속판 A는 광전자가 방출되지 않음 → 문턱 진동수 A > B

금속판	빛의 파장	빛의 세기	광전자 방출 여부	광전 효과	E_{max}
A	λ	I	방출 안 됨	×	—
	㉠	I	방출됨	○	E
B	λ	I	방출됨		$2E$
	λ	$2I$	방출됨	○	㉡

→ 빛의 진동수에 비례함

이에 대한 옳은 설명만을 〈보기〉에서 있는 대로 고른 것은?

보기

ㄱ. ㉠은 λ보다 크다. (작)
ㄴ. 문턱 진동수는 A가 B보다 크다.
ㄷ. ㉡은 $2E$보다 크다.

① ㄱ   ✔② ㄴ   ③ ㄱ, ㄷ   ④ ㄴ, ㄷ   ⑤ ㄱ, ㄴ, ㄷ

|자|료|해|설|

빛의 진동수(f)는 빛의 파장(λ)과 반비례한다. ($f = \dfrac{c}{\lambda}$, c : 빛의 속력) 광전자의 최대 운동 에너지와 빛의 세기는 아무런 관계가 없으며 광전자의 최대 운동 에너지는 빛의 진동수와 비례한다.
또한 금속판에서 광전자가 방출되려면 금속판에 비춘 빛의 진동수가 금속판의 문턱 진동수보다 커야한다.

|보|기|풀|이|

ㄱ. 오답 : 파장이 λ인 빛을 비추었을 때 A에서 광전자는 방출되지 않았다. 광전자가 방출되려면 λ보다 짧은 파장인 빛을 비추어야 하므로 ㉠은 λ보다 작아야 한다.
ㄴ. 정답 : 금속판 A와 B에 파장이 λ인 빛을 비추었을 때 금속판 A에서는 광전자가 방출되지 않았다는 것은 금속판 A의 문턱 진동수 > 빛의 진동수임을 의미한다. 또한 금속판 B에서는 광전자가 방출되었으므로 빛의 진동수 > B의 문턱 진동수임을 의미한다. 따라서 문턱 진동수는 A가 B보다 크다.
ㄷ. 오답 : E_{max}는 빛의 세기와는 관계가 없고 금속판에 비춘 빛의 진동수에 비례한다. 따라서 ㉡은 $2E$이다.

😀 **문제풀이 TIP** | 금속판에 비춘 빛의 진동수가 금속판의 문턱 진동수보다 크면 금속판에서 광전자가 방출된다. 또한 진동수는 파장과 반비례한다.

😀 **출제분석** | 광전 효과에서 빛의 진동수와 광전자의 최대 운동 에너지가 비례한다는 실험 결과, 그리고 광전자의 최대 운동 에너지와 빛의 세기는 관계가 없다는 실험 결과는 매우 자주 출제되는 내용이므로 꼭 숙지해야 한다.

그림 (가)는 단색광 A와 B를 금속판 P에 비추었을 때 광전자가 방출되지 않는 것을, (나)는 B와 단색광 C를 P에 비추었을 때 광전자가 방출되는 것을 나타낸 것이다. 이때 광전자의 최대 운동 에너지는 E_0이다.　⤷ C에 의해 방출된 광전자

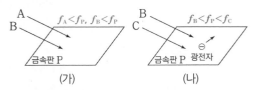

$f_A < f_P$, $f_B < f_P$　금속판 P　(가)

$f_B < f_P < f_C$　금속판 P　광전자　(나)

이에 대한 설명으로 옳은 것만을 〈보기〉에서 있는 대로 고른 것은?

보기
ㄱ. A의 진동수는 P의 문턱 진동수보다 ~~크다~~ 작다.

ㄴ. 진동수는 C가 B보다 크다.
ㄷ. A와 C를 P에 비추면 P에서 방출되는 광전자의 최대 운동 에너지는 E_0이다.

① ㄱ　② ㄷ　③ ㄱ, ㄴ　✓④ ㄴ, ㄷ　⑤ ㄱ, ㄴ, ㄷ

|자|료|해|설|

(가)에서 광전자가 방출되지 않으므로 P의 문턱 진동수(f_P)는 A와 B의 진동수보다 크다.($f_A < f_P$, $f_B < f_P$) (나)에서 광전자가 방출되므로 이때 방출된 광전자는 C에 의한 것이고 C의 진동수는 P의 문턱 진동수보다 크다.

|보|기|풀|이|

ㄱ. 오답 : (가)에서 광전자가 방출되지 않으므로 P의 문턱 진동수(f_P)는 A의 진동수보다 크다.
ㄴ. 정답 : P의 문턱 진동수(f_P)는 B의 진동수보다 크고, C의 진동수는 P의 문턱 진동수보다 크기 때문에 C의 진동수는 B보다 크다.($f_B < f_P < f_C$)
ㄷ. 정답 : P에서 방출되는 광전자는 C에 의해서만 방출되고 이때 방출된 광전자의 최대 운동 에너지는 E_0이다.

😀 문제풀이 T I P | 금속판의 문턱 진동수보다 큰 빛만이 광전자를 방출할 수 있다.

😀 출제분석 | 광전 효과가 일어나기 위한 조건을 확인하는 문항이다.

그림 (가)와 같이 금속판 P에 단색광 A를 비추었을 때는 광전자가 방출되지 않고, P에 단색광 B를 비추었을 때 광전자가 방출된다. 그림 (나)와 같이 금속판 Q에 A, B를 각각 비추었을 때 각각 광전자가 방출된다.

B　A　금속판 P　광전자
(가) $f_A < f_P < f_B$

B　A　광전자　금속판 Q　광전자
(나) $f_Q < f_A$, $f_Q < f_B$

이에 대한 설명으로 옳은 것만을 〈보기〉에서 있는 대로 고른 것은?

(3점)

보기
ㄱ. (가)에서 A의 세기를 증가시키면 광전자가 방출~~된다~~ 되지 않는다.
ㄴ. (나)에서 방출된 광전자의 최대 운동 에너지는 A를 비추었을 때가 B를 비추었을 때보다 작다.
ㄷ. B를 비추었을 때 방출되는 광전자의 물질파 파장의 최솟값은 (가)에서가 (나)에서보다 ~~작다~~ 크다.

① ㄱ　✓② ㄴ　③ ㄱ, ㄷ　④ ㄴ, ㄷ　⑤ ㄱ, ㄴ, ㄷ

|자|료|해|설|

단색광 A, B의 진동수를 f_A, f_B, 금속판 P, Q의 문턱 진동수를 각각 f_P, f_Q라 하자. 광전자는 단색광의 진동수가 금속판의 진동수보다 클 경우에만 방출되므로 (가)에서 $f_A < f_P < f_B$이고, (나)에서 $f_Q < f_A$, $f_Q < f_B$이다. 따라서 $f_Q < f_A < f_P < f_B$이다.

|보|기|풀|이|

ㄱ. 오답 : A의 진동수는 P의 문턱 진동수보다 작으므로 A의 세기를 아무리 증가시켜도 광전자는 방출되지 않는다.
ㄴ. 정답 : 방출된 광전자의 최대 운동 에너지는 단색광의 진동수가 큰 B를 비추었을 때가 A를 비추었을 때보다 크다.
ㄷ. 오답 : 금속판의 문턱 진동수는 P가 Q보다 크므로 B를 비추었을 때 방출되는 광전자의 최대 운동 에너지와 최대 속도(v)는 (가)에서가 (나)에서보다 작다. 물질파의 파장은 $\lambda = \dfrac{h}{mv}$ 이므로 물질파 파장의 최솟값은 최대 속도가 작은 (가)에서가 (나)에서보다 크다.

😀 문제풀이 T I P | 광전자의 최대 운동 에너지($\frac{1}{2}mv^2$) = 단색광의 빛 에너지(hf) − 금속의 일함수($hf_{금속}$)

😀 출제분석 | 광전 효과에서 단색광의 에너지와 금속판의 문턱 진동수에 따른 광전자의 최대 운동 에너지 관계는 반드시 숙지해야 한다.

그림은 금속판 P, Q에 단색광을 비추었을 때, P, Q에서 방출되는 광전자의 최대 운동 에너지 E_K를 단색광의 진동수에 따라 나타낸 것이다.

이에 대한 설명으로 옳은 것만을 〈보기〉에서 있는 대로 고른 것은?

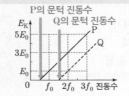

보기

ㄱ. 문턱 진동수는 P가 Q보다 작다.

ㄴ. 광양자설에 의하면 진동수가 f_0인 단색광을 Q에 오랫동안 비추어도 광전자가 방출되지 않는다.

ㄷ. 진동수가 $2f_0$일 때, 방출되는 광전자의 물질파 파장의 최솟값은 Q에서가 P에서의 $\frac{3}{\sqrt{3}}$배이다.

① ㄱ   ② ㄷ   ③ ㄱ, ㄴ ✓   ④ ㄴ, ㄷ   ⑤ ㄱ, ㄴ, ㄷ

😀 **출제분석** | 광전 효과와 물질파의 기본 개념을 이용하여 방출되는 광전자의 물질파 파장을 비교하는 보기가 자주 등장하고 있다.

|자|료|해|설|

금속판에 광전자가 방출되려면 단색광의 진동수(f)가 P의 문턱 진동수(f_P)나 Q의 문턱 진동수(f_Q)보다 커야 한다.

|보|기|풀|이|

ㄱ. 정답 : 광전자가 나오기 시작하는 절편이 금속판의 문턱 진동수이므로 $f_P = \frac{1}{2}f_0$, $f_Q = \frac{3}{2}f_0$이다.

ㄴ. 정답 : 광양자설에 의하면 f_0가 금속판 Q의 문턱 진동수 $\left(f_Q = \frac{3}{2}f_0\right)$보다 작으므로 아무리 오랫동안 단색광을 비추어도 광전자는 방출되지 않는다.

ㄷ. 오답 : 물질파 파장(λ)과 물질의 운동 에너지(E_K)의 관계는 $\lambda = \frac{h}{\sqrt{2mE_K}}$이다.($m$: 광전자의 질량, h: 플랑크 상수) 그래프에서 빛의 진동수가 $2f_0$일 때 P와 Q에서 방출되는 광전자의 최대 운동 에너지는 각각 $3E_0$, E_0이므로 P와 Q에서 물질파의 파장의 최솟값은 각각 $\frac{h}{\sqrt{2m(3E_0)}}$, $\frac{h}{\sqrt{2mE_0}}$이다. 따라서 광전자의 물질파 파장의 최솟값은 Q에서가 P에서의 $\sqrt{3}$배이다.

표는 서로 다른 금속판 A, B에 진동수가 각각 f_X, f_Y인 단색광 X, Y 중 하나를 비추었을 때 방출되는 광전자의 최대 운동 에너지를 나타낸 것이다. ＝빛에너지−금속판의 일함수

금속판	광전자의 최대 운동 에너지	
	X를 비춘 경우	Y를 비춘 경우
A	E_0	광전자가 방출되지 않음
B	$3E_0$	E_0

이에 대한 설명으로 옳은 것만을 〈보기〉에서 있는 대로 고른 것은? (단, h는 플랑크 상수이다.)

보기

ㄱ. $f_X > f_Y$이다.

ㄴ. $E_0 \cancel{>} hf_X$이다.

ㄷ. Y의 세기를 증가시켜 A에 비추면 광전자가 방출된다.   비추어도   되지 않는다.

① ㄱ ✓   ② ㄴ   ③ ㄱ, ㄷ   ④ ㄴ, ㄷ   ⑤ ㄱ, ㄴ, ㄷ

|자|료|해|설|

광전 효과는 금속 표면에 특정한 진동수(문턱 진동수) 이상의 진동수를 가진 빛을 비추었을 때 전자가 방출되는 현상이다. 즉, 진동수가 f_X, f_Y인 단색광이 금속판 A, B의 문턱 진동수보다 클 때 광전자가 방출된다.

|보|기|풀|이|

ㄱ. 정답 : 금속판 A에 X를 비춘 경우에는 광전자가 방출되었지만 Y를 비춘 경우 광전자가 방출되지 않았으므로 단색광 f_X의 진동수는 금속판의 문턱 진동수(f_{A0})보다 크고 단색광 f_Y의 진동수는 금속판의 문턱 진동수(f_{A0})보다 작다.($f_Y < f_{A0} < f_X$)

ㄴ. 오답 : 광전자의 최대 운동 에너지는 단색광의 광자 1개의 에너지에서 금속의 일함수를 뺀 값이다. 따라서 금속판 A에 X를 비춘 경우 방출되는 광자의 최대 운동 에너지(E_0)는 진동수가 f_X인 단색광의 광자 1개의 에너지(hf_X)보다 작다. ($E_0 < hf_X$)

ㄷ. 오답 : 광전자의 최대 운동 에너지는 빛의 세기와 관계가 없고 빛의 진동수에 비례한다. 따라서 Y의 세기를 증가시켜 A에 비추어도 광전자는 방출되지 않는다.

😀 **문제풀이 T I P** | 광전자가 가지는 최대 운동 에너지$\left(E_k = \frac{1}{2}mv^2\right.$, m: 광전자의 질량, v: 광전자의 속력$\left.\right)$는 금속에 비추어 준 광자의 에너지(hf)에서 일함수($W = hf_0$)를 뺀 값으로 다음과 같다.

$$E_k = \frac{1}{2}mv^2 = hf - W = hf - hf_0$$

😀 **출제분석** | 광전 효과는 이론적인 해석이 어렵게 느껴질 수 있지만 그에 비해 문제는 쉽게 출제된다. 한번쯤은 광전 효과 실험 과정과 해석을 깊이 있게 살펴보고 정리해두자.

정답 ③   정답률 81%   2020년 10월 학평 12번   문제편 262p

그림은 금속판에 광원 A 또는 B에서 방출된 빛을 비추는 모습을 나타낸 것으로 A, B에서 방출된 빛의 파장은 각각 λ_A, λ_B이다. 표는 광원의 종류와 개수에 따라 금속판에서 단위 시간당 방출되는 광전자의 수 N을 나타낸 것이다.

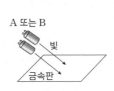

광원		N	
A	1개	0	→ A에서 방출된 빛의 진동수
	2개	㉠ $= 0$	← 금속판의 한계 진동수
B	1개	3×10^{18}	→ B에서 방출된 빛의 진동수 > 금속판의 한계 진동수
	2개	㉡	

3×10^{18}보다 큼

이에 대한 옳은 설명만을 〈보기〉에서 있는 대로 고른 것은?

보기
ㄱ. ㉠은 0이다.
ㄴ. ㉡은 3×10^{18} 보다 크다.
ㄷ. $\lambda_A \not< \lambda_B$이다.

① ㄱ   ② ㄷ   ③ ㄱ, ㄴ   ④ ㄴ, ㄷ   ⑤ ㄱ, ㄴ, ㄷ

|자|료|해|설|
광원 A 1개를 금속판에 비추었을 때 방출되는 광전자의 수는 0이므로 광원 A에서 방출된 빛의 진동수(f_A)는 금속판의 한계 진동수(f_0)보다 작다.($f_A < f_0$) 광원 B 1개를 금속판에 비추었을 때 광전자가 방출되므로 광원 B에서 방출된 빛의 진동수(f_B)는 금속판의 한계 진동수보다 크다.($f_B > f_0$)

|보|기|풀|이|
㉠. 정답 : $f_A < f_0$이므로 광원 A를 아무리 많이, 오래 비추어도 방출되는 광전자의 수는 0이다.
㉡. 정답 : $f_B > f_0$이므로 광원이 많을수록 방출되는 광전자 수도 증가한다.
ㄷ. 오답 : 빛의 진동수는 빛의 파장에 반비례$\left(f = \dfrac{v}{\lambda}\right)$한다.
$f_A < f_B$이므로 $\lambda_A > \lambda_B$이다.

😀 **문제풀이 T I P** | 빛의 진동수가 금속판의 한계 진동수보다 작을 때는 빛을 아무리 오랫동안 비춰도 광전자는 방출되지 않는다.

😀 **출제분석** | 빛의 파동설에 의한 예상과 광전 효과의 실험 결과 비교하여 정리해둔다면 빛의 이중성 영역의 문제는 쉽게 해결할 수 있다.

정답 ⑤   정답률 65 %   2022학년도 수능 7번   문제편 262p

그림 (가)는 단색광이 이중 슬릿을 지나 금속판에 도달하여 광전자를 방출시키는 실험을, (나)는 (가)의 금속판에서의 위치에 따라 방출된 광전자의 개수를 나타낸 것이다. 점 O, P는 금속판 위의 지점이다.

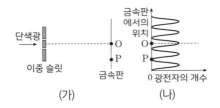

(가)   (나)

이에 대한 설명으로 옳은 것만을 〈보기〉에서 있는 대로 고른 것은?

보기
㉠. 단색광의 세기를 증가시키면 O에서 방출되는 광전자의 개수가 증가한다.
㉡. 금속판의 문턱 진동수는 단색광의 진동수보다 작다.
㉢. P에서 단색광의 상쇄 간섭이 일어난다.

① ㄱ   ② ㄴ   ③ ㄱ, ㄷ   ④ ㄴ, ㄷ   ⑤ ㄱ, ㄴ, ㄷ

|자|료|해|설|
이중 슬릿을 통과하여 금속판에 도달한 단색광은 보강 간섭, 상쇄 간섭을 일으킨다. 보강 간섭이 일어나는 지점에서는 광전자의 개수가 최대이고 상쇄 간섭이 일어나는 지점의 광전자 수는 0이다.

|보|기|풀|이|
㉠. 정답 : O에서 단색광은 보강 간섭하므로 단색광의 세기를 증가시키면 O에 도달하는 빛의 세기도 증가한다. 따라서 O에서 방출되는 광전자의 개수가 증가한다.
㉡. 정답 : 단색광이 도달했을 때 광전자가 방출되므로 금속판의 문턱 진동수는 단색광의 진동수보다 작다.
㉢. 정답 : P에 방출되는 광전자의 수가 0이므로, P에서는 단색광의 상쇄 간섭이 일어난다.

😀 **문제풀이 T I P** | 광전 효과가 일어날 때 광전자 수는 빛의 세기에 비례한다.

😀 **출제분석** | 광전 효과와 간섭의 기본 개념만 알고 있다면 쉽게 해결할 수 있는 문항이다.

그림 (가)는 보어의 수소 원자 모형에서 양자수 n에 따른 에너지 준위의 일부와, 전자가 전이하면서 진동수가 f_a, f_b인 빛이 방출되는 것을 나타낸 것이다. 그림 (나)는 분광기를 이용하여 (가)에서 방출되는 빛을 금속판에 비추는 모습을 나타낸 것으로, 광전자는 진동수가 $f_a > f_b$인 빛 중 하나에 의해서만 방출된다.

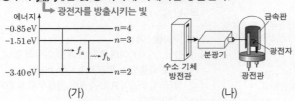

(가)   (나)

이에 대한 설명으로 옳은 것만을 〈보기〉에서 있는 대로 고른 것은?

> **보기**
> ㄱ. 진동수가 f_a인 빛을 금속판에 비출 때 광전자가 방출된다.
> ㄴ. 진동수가 f_b인 빛은 <del>적외선</del>이다.
> ㄷ. 진동수가 $f_a - f_b$인 빛을 금속판에 비출 때 광전자가 <del>방출된다.</del> 되지 않는다.

① ㄱ   ② ㄷ   ③ ㄱ, ㄴ   ④ ㄴ, ㄷ   ⑤ ㄱ, ㄴ, ㄷ

|자|료|해|설|

광전자는 금속판의 문턱 진동수보다 큰 진동수의 빛을 금속판에 비추어야 방출된다. 전자가 $n=2$로 전이할 때 방출되는 빛의 에너지와 진동수는 비례하므로 $f_a > f_b$이고, 진동수가 f_a, f_b인 빛 중 하나에 의해서만 광전자가 방출되므로 진동수가 더 큰 f_a에 의해 광전자가 방출된다.

|보|기|풀|이|

ㄱ. 정답 : 광전자는 진동수가 f_a인 빛을 비출 때 방출된다.
ㄴ. 오답 : f_a, f_b 모두 $n=2$로 전이하므로 진동수가 f_a, f_b인 빛 둘 다 가시광선이다.
ㄷ. 오답 : 진동수가 f_a인 광자의 에너지는 $-0.85 - (-3.40) = 2.55\text{eV}$이고 진동수가 f_b인 광자의 에너지는 $-1.51 - (-3.40) = 1.89\text{eV}$이다. 진동수가 $f_a - f_b$인 광자의 에너지는 $-0.85 - (-1.51) = 0.66\text{eV}$로 광전자를 방출시키지 못하는 진동수가 f_b인 광자의 에너지보다 작다.

😎 **문제풀이 TIP** | 전자가 $n=2$로 전이하면서 방출하는 빛은 가시광선, $n=3$로 전이하면서 방출하는 빛은 적외선이다.

😎 **출제분석** | 보어의 수소 원자 모형과 광전 효과 개념을 확인하는 문항으로 기본 수준으로 출제되었다.

02 물질의 이중성 ◀ ★수능에 나오는 필수 개념 3가지 ＋ 필수 암기사항 4개

필수개념 1　물질파

- **★암기　물질파** : 1924년 드브로이는 운동하는 입자도 파동의 성질을 가진다는 것을 제안하였고, 이러한 파동을 물질파라고 불렀다. 드브로이는 파동의 성질을 갖는 빛이 입자의 성질을 가지고 있으므로 자연의 대칭성을 근거로 입자의 성질을 갖는 전자(입자)도 파동의 성질을 가질 것이라 생각했다.

  ① 드브로이 파장 : 1924년 드브로이는 파장이 λ인 광자의 운동량이 $p = \dfrac{h}{\lambda}$인 것처럼, 속력 v로 움직이는 질량 m인 입자의 파장은 $\lambda = \dfrac{h}{p} = \dfrac{h}{mv}$인 것으로 예상하였다.

  ② 물질인 입자가 파동의 성질을 가질 때, 이 파동을 물질파 또는 드브로이파라 하고, 이때 파장을 드브로이 파장이라고 한다.

  ③ 일상생활 수준에서는 물질파의 파장이 매우 짧아 확인할 수 없으나, 전자나 양성자와 같은 아주 작은 입자의 세계에서는 파동성을 관찰할 수 있다.

필수개념 2　물질파 확인 실험

- **★암기　톰슨의 전자 회절 실험**
  ① 톰슨은 X선의 파장과 동일한 파장의 드브로이 파장을 갖는 전자선을 얇은 금속박에 입사시킬 때 X선에 의한 회절 모양과 전자선에 의한 회절 모양이 같다는 것을 보여 전자의 물질파 이론을 증명하였다.

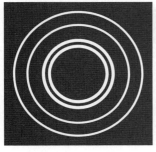
X선의 회절 무늬

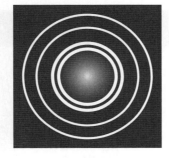
전자선의 회절 무늬

  ② 전자의 속력이 빨라지면 물질파의 파장이 짧아져 전자선에 의한 회절 무늬의 간격은 좁아진다.

- **★암기　데이비슨 · 거머 실험**
  ① 데이비슨과 거머는 니켈 결정에 가속된 전자를 비출 때 특정한 각도로 전자가 많이 산란됨을 발견하였다. 전자를 입자라고 생각하면 특정한 산란각에 의존하지 않고 모든 방향으로 방출되어야 한다. 특정한 각도에서 발견되는 전자의 수가 많거나 적다는 것은 X선이 결정에 의해 회절하여 보강 간섭과 상쇄 간섭을 일으키는 것과 같이 전자의 드브로이 파가 보강 간섭 또는 상쇄 간섭이 일어난 결과로 해석할 수 있다.

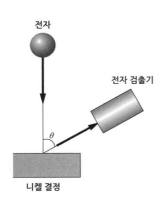

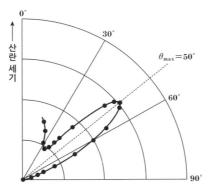

② 결과 해석 : 54V의 전압에 의해 가속한 전자가 입사한 경우 입사한 전자선과 50°의 각을 이루는 곳에서 산란되어 나오는 전자의 수가 가장 많았다. 원자가 반복적으로 배열된 결정 표면에 X선을 비출 때, 결정면에 대하여 특정한 각도로 X선을 입사 시키는 경우 결정 표면에서 반사된 빛과 이웃한 결정면에서 반사된 빛이 보강 간섭을 일으킨다. 전자를 결정 표면에 입사 시킬 때, X선을 결정 표면에 비출 경우와 마찬가지로 입사한 전자선과 결정면에서 튀어나온 전자선이 이루는 각이 특정한 각도에서 전자가 많이 검출된다. 전자의 드브로이 파장을 통해서 구한 결과와 X선의 파장을 통해서 구한 결과가 일치한다는 사실로 드브로이 물질파 이론이 증명 되었다.

기본자료

필수개념 3 **전자 현미경**

○ **암기** **분해능** : 서로 떨어져 있는 두 물체를 구별할 수 있는 능력으로 분해능이 높을수록 아주 가까운 두 물체를 서로 다른 물체로 구별할 수 있다.

○ 두 점광원에서 나온 파장 λ인 두 빛이 지름 D인 원형 구멍으로 θ의 각을 이루어 진행할 때 한 빛이 만드는 회절 무늬의 가운데 밝은 무늬의 중심이 다른 빛에 의한 회절 무늬의 첫 번째 어두운 무늬의 중심에 위치하면 두 광원을 분리하여 볼 수 있게 된다. 이것은 두 광원을 구별할 수 있는 최소한의 조건이다. 이를 레일리 기준이라고 한다.

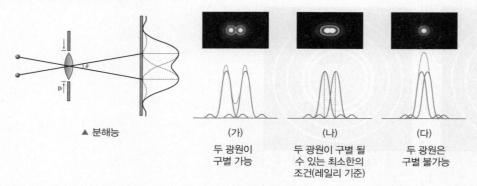

▲ 분해능

(가)
두 광원이
구별 가능

(나)
두 광원이 구별 될
수 있는 최소한의
조건(레일리 기준)

(다)
두 광원은
구별 불가능

○ 광학 기기에서는 빛이 통과하는 구멍의 지름(렌즈의 지름)이 클수록, 광원의 파장이 짧을수록 가까이 있는 두 물체를 구별하는 것이 더 쉬워진다. 전자 현미경은 광학 현미경 보다 더 짧은 파장을 이용하기 때문에 아주 가까이 붙어 있는 물체도 쉽게 구별할 수 있다.

그림은 운동 에너지가 서로 같은 입자 A, B가 속력이 각각 v, $2v$인 상태로 운동하는 모습을 나타낸 것이다.
A, B의 물질파 파장의 비 $\lambda_A : \lambda_B$는?

A ● → v
B ○ → $2v$

① 4 : 1   ② 2 : 1   ③ 1 : 4   ✔④ 1 : 2   ⑤ 1 : 1

😀 **문제풀이 TIP** | 운동에너지는 서로 같고, 각 입자의 속력이 주어졌으므로 이를 통해 입자간의 질량비를 구하면 쉽게 풀 수 있다.

😀 **출제분석** | 운동 에너지 공식과 물질파 파장과 질량, 속력의 관계만 알고 있다면 쉽게 풀 수 있는 문제이다.

|자|료|해|설|

입자 A, B의 운동 에너지$\left(E=\frac{1}{2}mv^2\right)$는 서로 같고 속력은 각각 v, $2v$이므로 A, B의 질량 m_A, m_B는 $\frac{2E}{v^2}$, $\frac{2E}{4v^2}$이다.
따라서 $m_A = 4m_B$ ─①이다.
입자의 물질파 파장$(\lambda) = \frac{h}{p} = \frac{h}{mv}$ ─② 이다.

|선|택|지|풀|이|

④ 정답 : ②식에 입자 A, B의 질량 m_A, m_B와 속력 v, $2v$를 대입한 뒤 정리하면, $\lambda_A : \lambda_B = \frac{h}{m_A v_A} : \frac{h}{m_B v_B} = \frac{h}{4m_B v}$
$: \frac{h}{m_B 2v} = 1 : 2$이다.

그림은 입자 P, Q의 물질파 파장의 역수를 입자의 속력에 따라 나타낸 것이다. P, Q는 각각 중성자와 헬륨 원자를 순서 없이 나타낸 것이다.
이에 대한 설명으로 옳은 것만을 〈보기〉에서 있는 대로 고른 것은? (단, h는 플랑크 상수이다.)

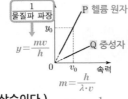

$m = \frac{h}{\lambda \cdot v}$

기울기 $= \frac{1}{\lambda v} \propto m$

보기

ㄱ. P의 질량은 $h\frac{y_0}{v_0}$이다.

ㄴ. Q는 중성자이다.

ㄷ. P와 Q의 물질파 파장이 같을 때, 운동 에너지는 P가 Q보다 작다.

① ㄱ   ② ㄷ   ③ ㄱ, ㄴ   ④ ㄴ, ㄷ   ✔⑤ ㄱ, ㄴ, ㄷ

|자|료|해|설|

$\frac{1}{물질파\ 파장} = y = \frac{mv}{h} = \frac{\sqrt{2mE}}{h}$이다.

|보|기|풀|이|

ㄱ. 정답 : 물질파에서 질량 m은 $\frac{h}{\lambda v}$이다. 따라서 그래프 P가 좌표 (v_0, y_0)을 지나므로 P의 질량은 $m_P = \frac{y_0}{v_0}h$이다.

ㄴ. 정답 : 입자의 속력이 같을 때 y값은 P가 Q보다 크다. 이 때 y값은 질량(m)에 비례하므로 P가 Q보다 질량이 크다. 또는 문제에서 제시된 그래프의 기울기가 질량에 비례하므로 기울기 비교를 통해 P는 헬륨 원자, Q는 중성자임을 알 수 있다.

ㄷ. 정답 : 물질파 파장이 같으면 y의 값도 같다는 것을 의미한다. 따라서 $y = \frac{\sqrt{2mE}}{h}$에서 질량(m)이 크면 운동 에너지(E)는 작아지므로 질량이 큰 P가 Q보다 운동 에너지가 작다.

😀 **문제풀이 TIP** | 물질파 파장 $\lambda = \frac{h}{mv} = \frac{h}{\sqrt{2mE}}$

😀 **출제분석** | 물질파와 입자의 질량, 운동 에너지 관계를 이용하여 그래프를 분석할 수 있는지 확인하는 문항이다.

그림은 각각 질량이 m_A, m_B인 입자 A, B의 드브로이 파장을 운동 에너지에 따라 나타낸 것이다.
이에 대한 설명으로 옳은 것만을 〈보기〉에서 있는 대로 고른 것은?

3점

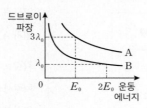

보기

ㄱ. 입자의 운동량의 크기가 클수록 드브로이 파장이 짧아진다.

ㄴ. $m_A : m_B = 2 : 9$이다.

ㄷ. B의 운동 에너지가 E_0일 때 드브로이 파장은 $\sqrt{2}\lambda_0$이다.

① ㄱ   ② ㄷ   ③ ㄱ, ㄴ   ④ ㄴ, ㄷ   ✓⑤ ㄱ, ㄴ, ㄷ

|자|료|해|설|

문제에서는 입자의 드브로이 파장과 운동 에너지가 주어졌으므로 두 조건을 이용해 문제를 풀어야 한다.

입자의 드브로이 파장 $\lambda = \dfrac{h}{p}$ —①이고, 입자의 운동량 $p = \sqrt{2mE}$ —②이므로 ①식에 ②식을 대입하면 $\lambda = \dfrac{h}{\sqrt{2mE}}$ —③가 된다. 이 식을 입자의 질량 m에 대하여 정리하면 $m = \dfrac{h^2}{2E\lambda^2}$ —④이 된다.

|보|기|풀|이|

ㄱ. 정답 : 입자의 드브로이 파장은 $\lambda = \dfrac{h}{p}$이므로 입자의 운동량의 크기가 클수록 드브로이 파장이 짧아진다.

ㄴ. 정답 : 입자 A는 운동 에너지가 E_0일 때 드브로이 파장이 $3\lambda_0$이고, 입자 B는 운동 에너지가 $2E_0$일 때, 파장이 λ_0이다. A, B의 드브로이 파장과 운동 에너지를 ④식에 대입해서 정리하면 $m_A = \dfrac{h^2}{2E_0(3\lambda_0)^2} = \dfrac{h^2}{18E_0\lambda_0^2}$이고 $m_B = \dfrac{h^2}{2(2E_0)\lambda_0^2} = \dfrac{h^2}{4E_0\lambda_0^2}$이다.

따라서 $m_A : m_B = \dfrac{h^2}{18E_0\lambda_0^2} : \dfrac{h^2}{4E_0\lambda_0^2} = 2 : 9$이다.

ㄷ. 정답 : 입자의 드브로이 파장은 ③식에 물질의 질량과 운동 에너지를 대입해서 구한다. B의 운동 에너지가 $2E_0$일 때 드브로이 파장 $\lambda_0 = \dfrac{h}{\sqrt{4m_BE_0}}$이고, B의 운동 에너지가 E_0일 때 드브로이 파장 $\lambda_0' = \dfrac{h}{\sqrt{2m_BE_0}}$이다. 따라서 B의 운동 에너지가 E_0일 때 드브로이 파장 $\lambda_0' = \sqrt{2}\lambda_0$이다.

😮 **문제풀이 TIP** | 입자의 질량을 운동 에너지와 입자의 드브로이 파장의 식을 이용해 표현하면 쉽게 풀 수 있다.

😊 **출제분석** | 입자의 드브로이 파장과 운동 에너지가 주어졌으므로 물질파의 기본적인 공식만 알고 있다면 쉽게 풀 수 있다.

그림은 입자의 종류를 바꿔가며 이중 슬릿에 의한 물질파의 간섭 무늬를 관찰하는 실험을 모식적으로 나타낸 것이다. Δx는 이웃한 밝은 무늬 사이의 간격이다. 표는 입자 A, B의 운동량과 운동 에너지를 나타낸 것이다.

입자	운동량	운동 에너지	파장	질량
A	p	$2E$	$\dfrac{h}{p}$	$\dfrac{p^2}{4E}$
B	$2p$	E	$\dfrac{h}{2p}$	$\dfrac{2p^2}{E}$

이에 대한 설명으로 옳은 것만을 〈보기〉에서 있는 대로 고른 것은?

보기

ㄱ. 물질파 파장은 A가 B보다 길다.

ㄴ. Δx는 A일 때가 B일 때보다 ~~작다~~ 크다

ㄷ. 질량은 A가 B보다 ~~크다~~ 작다

✓① ㄱ   ② ㄴ   ③ ㄷ   ④ ㄱ, ㄷ   ⑤ ㄴ, ㄷ

|자|료|해|설|

문제에서는 입자의 운동량과 운동 에너지가 주어져 있으므로 이 두 조건을 이용해 물질파의 파장$\left(\lambda = \dfrac{h}{p}\ -①\right)$과 입자의 질량을 구해야 한다. 입자의 운동 에너지 $E = \dfrac{p^2}{2m}$ —②이므로 이 식을 m에 대하여 정리하면 $m = \dfrac{p^2}{2E}$ —③이다.

|보|기|풀|이|

ㄱ. 정답 : ①식에 입자 A, B의 운동량을 대입하면 $\lambda_A = \dfrac{h}{p}$, $\lambda_B = \dfrac{h}{2p}$이다. 따라서 물질파 파장은 A가 B보다 길다.

ㄴ. 오답 : 이웃한 밝은 무늬 사이의 간격 Δx는 파장에 비례한다. 파장은 A가 B보다 길기 때문에, Δx도 A일 때가 B일 때보다 크다.

ㄷ. 오답 : ③식에 A, B의 운동량과 운동에너지를 각각 대입하면 $m_A = \dfrac{p^2}{4E}$, $m_B = \dfrac{(2p)^2}{2E} = \dfrac{2p^2}{E}$이다. 따라서 질량은 A가 B보다 작다.

😮 **문제풀이 TIP** | 이웃한 밝은 무늬 사이의 간격 Δx은 파장에 비례한다는 것을 알고 있어야 된다.

😊 **출제분석** | 입자의 운동량과 운동 에너지가 주어졌으므로 물질파의 기본적인 공식만 알고 있다면 쉽게 풀 수 있다.

그림 (가)는 입자의 종류와 운동 에너지를 바꿔가며 물질파의 이중 슬릿에 의한 간섭무늬를 관찰하는 실험을 모식적으로 나타낸 것이다. 이웃한 밝은 무늬 사이의 간격은 Δx이다. 그림 (나)의 A, B, C는 (가)에서 사용된 입자의 질량과 운동 에너지를 나타낸 것이다.

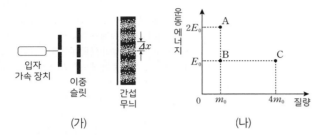

(가)　　　　　　　　　(나)

이에 대한 설명으로 옳은 것만을 〈보기〉에서 있는 대로 고른 것은?

보기
ㄱ. 운동량의 크기는 A가 B보다 크다.
ㄴ. 물질파 파장은 B가 C의 2배이다.
ㄷ. Δx는 A로 실험할 때가 B로 실험할 때보다 ~~크다~~ 작다.

① ㄱ　② ㄷ　✓③ ㄱ, ㄴ　④ ㄴ, ㄷ　⑤ ㄱ, ㄴ, ㄷ

|자|료|해|설|
입자의 운동량 $p = \sqrt{2mE}$ ─①이고 입자의 물질파 파장
$\lambda = \dfrac{h}{p}$ ─②이다.

(나)그래프에서는 입자의 질량과 운동 에너지의 관계를 알 수 있으므로 ②식에 ①식을 대입해, 질량과 운동 에너지에 따른 물질파 파장 $\lambda = \dfrac{h}{\sqrt{2mE}}$ ─③를 구한다.

간섭무늬에서 이웃한 밝은 무늬 사이의 간격 Δx는 입자의 물질파 파장에 비례한다.

|보|기|풀|이|
ㄱ. 정답 : ①식에 A, B, C의 질량에 따른 운동 에너지를 각각 대입하면 입자의 운동량은 $p_A = \sqrt{4m_0 E_0}$, $p_B = \sqrt{2m_0 E_0}$, $p_C = \sqrt{8m_0 E_0}$ 이다. 따라서 운동량의 크기는 A가 B보다 크다.

ㄴ. 정답 : ③식에 B, C의 질량과 운동 에너지를 각각 대입하면 $\lambda_B = \dfrac{h}{\sqrt{2m_0 E_0}}$, $\lambda_C = \dfrac{h}{\sqrt{2(4m_0)E_0}} = \dfrac{h}{\sqrt{8m_0 E_0}}$ $= \dfrac{h}{2\sqrt{2m_0 E_0}}$이다. 따라서 물질파 파장은 B가 C의 2배이다.

ㄷ. 오답 : 간섭무늬에서 이웃한 밝은 무늬 사이의 간격 Δx는 입자의 물질파 파장 λ에 비례한다. A의 파장 $\lambda_A = \dfrac{h}{\sqrt{4m_0 E_0}}$이고 B의 파장 $\lambda_B = \dfrac{h}{\sqrt{2m_0 E_0}}$이므로 Δx는 A로 실험할 때가 B로 실험할 때보다 작다.

그림은 속력 v로 등속도 운동하던 입자 A가 정지해 있던 입자 B와 충돌한 후 A, B가 각각 $0.5v$, $1.5v$의 속력으로 등속도 운동하는 것을 나타낸 것이다. A, B의 질량은 각각 $3m$, m이다.

A $(3m)$ $\xrightarrow{v}$　　B (m) 정지　　　A $(3m)$ $\xrightarrow{0.5v}$　　B (m) $\xrightarrow{1.5v}$

충돌 전　　　　　　　충돌 후

이에 대한 설명으로 옳은 것만을 〈보기〉에서 있는 대로 고른 것은?

보기
ㄱ. 입자의 운동량이 클수록 입자의 물질파 파장은 ~~길다~~ 짧다. ↑$\dfrac{2h}{3mv}$
ㄴ. A의 물질파 파장은 충돌 후가 충돌 전보다 길다.
ㄷ. 충돌 후 물질파 파장은 A와 B가 같다. ↓$\dfrac{h}{3mv}$

① ㄱ　② ㄴ　③ ㄷ　✓④ ㄴ, ㄷ　⑤ ㄱ, ㄴ, ㄷ

|자|료|해|설|
입자의 물질파 파장 $\lambda = \dfrac{h}{p} = \dfrac{h}{mv}$ 이다.

문제에서는 충돌 전, 후 A, B의 질량과 속도가 주어져 있으므로 이를 이용해 충돌 전, 후 A, B의 물질파 파장을 구할 수 있다.

충돌 전 A의 물질파 파장(λ_A) : $\dfrac{h}{m_A v_A} = \dfrac{h}{3mv}$

충돌 후 A의 물질파 파장(λ_A') :
$\dfrac{h}{m_A v_A'} = \dfrac{h}{3m(0.5v)} = \dfrac{h}{1.5mv} = \dfrac{2h}{3mv}$

충돌 후 B의 물질파 파장(λ_B') :
$\dfrac{h}{m_B v_B'} = \dfrac{h}{m(1.5v)} = \dfrac{h}{1.5mv} = \dfrac{2h}{3mv}$

|보|기|풀|이|
ㄱ. 오답 : 입자의 운동량과 물질파의 파장은 반비례하므로 입자의 운동량이 클수록 입자의 물질파 파장은 짧아진다.

ㄴ. 정답 : 충돌 전 A의 물질파 파장(λ_A) $= \dfrac{h}{3mv}$이고 충돌 후 A의 물질파 파장(λ_A') $= \dfrac{2h}{3mv}$이므로 A의 물질파 파장은 충돌 후가 충돌 전보다 길다.

ㄷ. 정답 : 충돌 후 A의 물질파 파장(λ_A') $= \dfrac{2h}{3mv}$, 충돌 후 B의 물질파 파장(λ_B') $= \dfrac{2h}{3mv}$이므로 충돌 후 물질파 파장은 A와 B가 같다.

😀 **문제풀이 TIP** | 입자의 물질파 파장은 운동량과 반비례 관계에 있다.

😀 **출제분석** | 입자의 질량과 속력이 모두 주어졌으므로 입자의 운동량과 입자의 물질파 파장과의 관계만 알면 쉽게 풀 수 있다. 여기서 더 심화하면 입자의 운동량을 직접 구하고 그를 통해 물질파의 파장을 구하는 문제가 나올 수 있다.

그림은 기준선에 정지해 있던 질량이 각각 m, $2m$인 입자 A, B가 중력에 의하여 등가속도로 떨어지는 것을 나타낸 것이다.

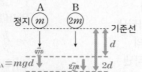

A, B 가 기준선으로부터 각각 거리 d, $2d$만큼 낙하했을 때의 물질파 파장을 각각 λ_A, λ_B라 하면, $\lambda_A : \lambda_B$는?

① 1 : 1   ② $\sqrt{2}$: 1   ③ 2 : 1   ✓④ $2\sqrt{2}$: 1   ⑤ 4 : 1

😀 **문제풀이 T I P |** 형태가 달라졌지만 기존에 나오던 운동 에너지와 물질파 파장의 관계를 이용해 문제를 풀어나가면 쉽게 풀 수 있다.

😀 **출제분석 |** 에너지 보존 법칙을 이용해 물질파의 파장을 구해야 되는 문제로 처음 접하면 어렵게 느껴질 수 있다.

| 자 | 료 | 해 | 설 |

물질파의 파장 $\lambda = \dfrac{h}{p}$ —①이고 운동량 $p = \sqrt{2mE}$ —②

이므로 ①식에 ②식을 대입하면 $\lambda = \dfrac{h}{\sqrt{2mE}}$ —③이다.

기준선에서 A, B는 정지해 있으므로 A, B의 운동 에너지는 0이다. 또 기준선에서의 중력에 의한 퍼텐셜 에너지를 0으로 잡으면 기준선에서 A, B의 역학적 에너지는 0이다. d와 $2d$에서 역학적 에너지는 보존되므로 A가 d만큼 낙하했을 때의 운동에너지(E_A)=역학적 에너지 $-d$에서 A의 중력에 의한 퍼텐셜 에너지이고 B가 $2d$만큼 낙하했을 때의 운동에너지(E_B)=역학적 에너지 $-2d$에서 A의 중력에 의한 퍼텐셜 에너지이다. 역학적 에너지는 0이므로 A가 d만큼 낙하했을 때의 운동에너지=mgd이고 B가 $2d$만큼 낙하했을 때의 운동 에너지=$4mgd$이다.

| 선 | 택 | 지 | 풀 | 이 |

④ 정답 : ③식에 A, B의 질량과 운동 에너지를 각각

대입하면 $\lambda_A = \dfrac{h}{\sqrt{2m^2 gd}}$, $\lambda_B = \dfrac{h}{\sqrt{4m(4mgd)}} =$

$\dfrac{h}{\sqrt{16m^2 gd}}$이다. 따라서

$\lambda_A : \lambda_B = \dfrac{h}{\sqrt{2m^2 gd}} : \dfrac{h}{4\sqrt{m^2 gd}} = \dfrac{1}{\sqrt{2}} : \dfrac{1}{4} = 2\sqrt{2} : 1$

이다.

표는 입자 A, B의 질량과 운동량의 크기를 나타낸 것이다.

입자	질량	운동량의 크기
A	m	$2p$
B	$2m$	p

입자의 물리량이 A가 B보다 큰 것만을 〈보기〉에서 있는 대로 고른 것은?

보기

✗. 물질파 파장   ㄴ. 속력   ㄷ. 운동 에너지

① ㄱ   ② ㄴ   ③ ㄱ, ㄷ   ✓④ ㄴ, ㄷ   ⑤ ㄱ, ㄴ, ㄷ

물질파 파장	속력	운동 에너지
$\lambda_A = \dfrac{h}{2p}$	$v_A = \dfrac{2p}{m}$	$E_A = \dfrac{1}{2}mv_A^2 = \dfrac{2v^2}{m}$
$\lambda_B = \dfrac{h}{p}$	$v_B = \dfrac{p}{2m}$	$E_B = \dfrac{1}{2}(2m)v_B^2 = \dfrac{p^2}{4m}$

| 자 | 료 | 해 | 설 | 및 | 보 | 기 | 풀 | 이 |

물질파 파장 = $\dfrac{h}{\text{운동량의 크기}}$, 속력 = $\dfrac{\text{운동량의 크기}}{\text{질량}}$,

운동 에너지 = $\dfrac{1}{2} \times$ 질량 $\times$ 속력^2 = $\dfrac{\text{운동량의 크기}^2}{2 \times \text{질량}}$이므로

A와 B의 물질파 파장, 속력, 운동 에너지는 각각 $\lambda_A = \dfrac{h}{2p}$,

$\lambda_B = \dfrac{h}{p}$, $v_A = \dfrac{2p}{m}$, $v_B = \dfrac{p}{2m}$, $E_A = \dfrac{2p^2}{m}$, $E_B = \dfrac{p^2}{4m}$이다.

따라서 A가 B보다 큰 물리량은 속력과 운동 에너지이다.

😀 **문제풀이 T I P |** 물질파 파장 $\lambda = \dfrac{h}{p} = \dfrac{h}{\sqrt{2mE}}$

😀 **출제분석 |** 물질파의 파장과 운동량의 크기, 운동 에너지의 관계로 쉽게 해결할 수 있는 문항이다.

그림은 입자 A, B, C의 물질파 파장을 속력에 따라 나타낸 것이다.

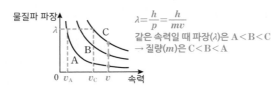

$\lambda = \dfrac{h}{p} = \dfrac{h}{mv}$
같은 속력일 때 파장(λ)은 A < B < C
→ 질량(m)은 C < B < A

이에 대한 설명으로 옳은 것만을 〈보기〉에서 있는 대로 고른 것은?

> **보기**
>
> A, B의 운동량 크기가 같을 때, 물질파 파장은 A가 B보다 짧다.   와 가 같다
>
> ㄴ. A, C의 물질파 파장이 같을 때, 속력은 A가 C보다 작다.
>
> ㄷ. 질량은 B가 C보다 작다.   크

① ㄱ   ②✓ㄴ   ③ ㄱ, ㄷ   ④ ㄴ, ㄷ   ⑤ ㄱ, ㄴ, ㄷ

| 자 | 료 | 해 | 설 |

물질파의 파장(λ)과 운동량의 크기($p=mv$)는 반비례한다.

$\left(\lambda = \dfrac{h}{p} = \dfrac{h}{mv} \right)$

| 보 | 기 | 풀 | 이 |

ㄱ. 오답 : $\lambda = \dfrac{h}{p}$ 이므로 A, B의 운동량 크기가 같다면 A, B의 물질파 파장도 같다.

ㄴ. 정답 : 그래프에서 물질파의 파장이 λ로 같을 때 속력은 A가 C보다 작다.($v_A < v_C$)

ㄷ. 오답 : 입자의 속력이 일정할 때 파장과 입자의 질량은 반비례한다. 그래프에서 입자의 속력이 v로 같을 때 파장은 A < B < C이므로 질량은 A > B > C이다.

😮 **문제풀이 TIP** | 입자의 속력이 일정할 때 파장과 입자의 질량은 반비례한다.

😮 **출제분석** | 물질파에 관한 문항을 해결하기 위해서는 파장과 운동량 크기의 관계는 반드시 숙지해야 한다.

그림은 입자 가속 장치에 의해 방출된 전자선이 얇은 금속박을 통과하여 스크린에 원형의 회절 무늬를 만드는 모습을 나타낸 것이다.
이에 대한 옳은 설명만을 〈보기〉에서 있는 대로 고른 것은?

> **보기**
>
> ㄱ. 이 실험으로 전자의 파동성을 알 수 있다.   작아
>
> ㄴ. 전자의 속력이 빠를수록 회절 무늬의 폭이 커진다.
>
> ㄷ. 전자보다 질량이 큰 입자를 같은 속력으로 방출시키면 회절 무늬의 폭이 커진다.   작아

①✓ㄱ   ② ㄴ   ③ ㄷ   ④ ㄱ, ㄴ   ⑤ ㄴ, ㄷ

😮 **문제풀이 TIP** | 전자선의 회절 무늬 실험에 관한 문제는 회절 무늬의 폭과 물질파의 파장간의 관계를 알고 있지 않다면 헷갈릴 수 있다. 회절 무늬의 폭과 전자의 파장이 비례한다는 것을 기억하고 넘어가자.

😮 **출제분석** | 회절 무늬의 폭과 전자의 파장이 비례한다는 것을 알면 기본적인 물질파 파장의 공식을 이용해서 쉽게 풀 수 있다.

| 자 | 료 | 해 | 설 |

전자선의 회절 무늬 실험은 전자의 파동성을 알아보기 위한 실험이다.

전자의 파장 $\lambda = \dfrac{h}{p} = \dfrac{h}{mv}$ —①로 나타낼 수 있고, 회절 무늬의 폭은 파장이 길어질수록 커진다.

따라서 전자의 운동량, 질량, 속도가 커질수록 회절 무늬의 폭은 작아진다.

| 보 | 기 | 풀 | 이 |

ㄱ. 정답 : 전자가 입자였다면 금속박을 통과한 전자는 회절 무늬를 만들지 않았을 것이다. 따라서 전자선의 회절 무늬 실험은 전자의 파동성을 알 수 있는 실험이다.

ㄴ. 오답 : 회절 무늬의 폭은 전자의 속력과 반비례하므로 전자의 속력이 빠를수록 회절 무늬의 폭은 작아진다.

ㄷ. 오답 : 속력이 같은 경우 회절 무늬의 폭은 질량에 반비례한다. 따라서 전자보다 질량이 큰 입자를 같은 속력으로 방출시키면 회절 무늬의 폭은 작아진다.

표는 3개의 입자 A, B, C의 운동량과 운동 에너지를 나타낸 것이다. 이에 대한 설명으로 옳은 것만을 <보기>에서 있는 대로 고른 것은? 3점

	운동량	운동 에너지
A	P_0	E_0
B	$2P_0$	$4E_0$
C	$2P_0$	E_0

보기

ㄱ. 물질파의 파장은 A가 C의 2배이다.
ㄴ. 질량은 A와 B가 같다.
ㄷ. 속력은 B가 C의 ~~2~~ 4 배이다.

① ㄱ   ② ㄷ   ✔③ ㄱ, ㄴ   ④ ㄴ, ㄷ   ⑤ ㄱ, ㄴ, ㄷ

	λ	m	v
A	$\dfrac{h}{P_0}$	$\dfrac{P_0^2}{2E_0}$	$\dfrac{2E_0}{P_0}$
B	$\dfrac{h}{2P_0}$	$\dfrac{P_0^2}{2E_0}$	$\dfrac{4E_0}{P_0}$
C	$\dfrac{h}{2P_0}$	$\dfrac{2P_0^2}{E_0}$	$\dfrac{E_0}{P_0}$

😮 **문제풀이 TIP** | 입자의 운동 에너지와 운동량을 통해 입자의 질량과 속도를 구할 수 있어야 된다.

😮 **출제분석** | 물질파의 파장과 입자의 운동량, 운동 에너지의 관계를 이용한 기본적인 문제이다.

|자|료|해|설|

물질파의 파장은 $\lambda = \dfrac{h}{p}$ —①이고 입자의 운동 에너지는

$E = \dfrac{p^2}{2m}$ —②이다.

문제에서는 A, B, C의 운동량과 운동 에너지가 주어져 있으므로 입자의 질량 $m = \dfrac{p^2}{2E}$ —③으로 나타낼 수 있다.

또, 입자의 운동 에너지 $E = \dfrac{1}{2}mv^2$이고 입자의 운동량 $p = mv$이므로 두 식을 p, E와 v에 대해 정리하면,

$v = \dfrac{2E}{p}$ —③이다.

|보|기|풀|이|

ㄱ. 정답 : 입자의 운동량이 주어져있으므로 ①식에 입자 A와 C의 운동량을 각각 대입하면, $\lambda_A = \dfrac{h}{P_0}$, $\lambda_B = \dfrac{h}{2P_0}$이다. 따라서 물질파의 파장은 A가 C의 2배이다.

ㄴ. 정답 : 입자의 운동량과 운동 에너지가 표에 나와 있으므로 입자 A, B의 운동량과 운동 에너지를 ③식에 각각 대입하면 $m_A = \dfrac{P_0^2}{2E_0}$, $m_B = \dfrac{4P_0^2}{8E_0} = \dfrac{P_0^2}{2E_0}$이다. 따라서 질량은 A와 B가 같다.

ㄷ. 오답 : 입자의 속력은 ③식에 입자의 운동량과 운동 에너지를 대입해 구할 수 있다. $v_B = \dfrac{4E_0}{P_0}$이고 $v_C = \dfrac{E_0}{P_0}$이므로 속력은 B가 C의 4배이다.

표는 입자 A, B, C의 속력과 물질파 파장을 나타낸 것이다. 이에 대한 옳은 설명만을 <보기>에서 있는 대로 고른 것은?

입자	A	B	C
속력	v_0	$2v_0$	$2v_0$
물질파 파장	$2\lambda_0$	$2\lambda_0$	λ_0

보기

ㄱ. 질량은 A가 B의 2배이다.
ㄴ. 운동량의 크기는 B와 C가 ~~같다~~ 다르다.
ㄷ. 운동 에너지는 C가 A의 ~~2~~ 4 배이다.

✔① ㄱ   ② ㄴ   ③ ㄱ, ㄴ   ④ ㄴ, ㄷ   ⑤ ㄱ, ㄴ, ㄷ

😮 **문제풀이 TIP** | $\lambda = \dfrac{h}{p} = \dfrac{h}{mv} = \dfrac{h}{\sqrt{2mE}}$

😮 **출제분석** | 물질파를 나타내는 식을 이해해야 해결할 수 있는 문항이다.

|자|료|해|설|

A, B, C 입자의 질량을 각각 m_A, m_B, m_C라 하면 입자의 물질파 파장 관계로부터 $2\lambda_0 = \dfrac{h}{m_A v_0}$, $2\lambda_0 = \dfrac{h}{m_B(2v_0)}$, $\lambda_0 = \dfrac{h}{m_C(2v_0)}$ 또는 $2\lambda_0 = \dfrac{h}{m_C v_0}$이다. 따라서 $m_B = m_0$, $m_A = m_C = 2m_0$이다.

|보|기|풀|이|

ㄱ. 정답 : 질량은 A와 C가 같고 A는 B의 2배이다.

ㄴ. 오답 : 운동량의 크기 p는 B와 C가 각각 $2m_0 v_0$, $4m_0 v_0$이다.

ㄷ. 오답 : 운동 에너지는 $E = \dfrac{1}{2}mv^2$이므로 A와 C의 운동 에너지는 각각 $\dfrac{1}{2}m_0 v_0^2$, $2m_0 v_0^2$로 C가 A의 4배이다.

그림은 질량이 다른 입자 A, B의 물질파 파장과 운동 에너지 사이의 관계를 나타낸 것이다. 두 입자의 운동 에너지가 E로 같을 때, A, B의 운동량의 크기의 비 $p_A : p_B$는?

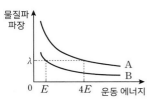

① 1 : 4   ②1 : 2   ③ 1 : 1   ④ 2 : 1   ⑤ 4 : 1

| 자 | 료 | 해 | 설 |

입자 A, B는 질량이 다르기 때문에 운동량의 크기의 비를 구하기 전 먼저 A, B의 질량의 비부터 구한다.

운동에너지 $E=\dfrac{p^2}{2m}$ —①이고, 입자의 운동량 $p=\dfrac{h}{\lambda}$ —②이다.

E와 λ가 주어졌고, m을 구해야하므로 ①에 ②를 대입하면

$E=\dfrac{1}{2m}\left(\dfrac{h}{\lambda}\right)^2=\dfrac{h^2}{2m\lambda^2}$ —③ 이다.

③식을 m에 대해 정리하면 $m=\dfrac{h^2}{2E\lambda^2}$ —④이다.

④식에 A와 B의 운동 에너지에 따른 파장을 대입하면,

$m_A=\dfrac{h^2}{8E\lambda^2}$이고 $m_B=\dfrac{h^2}{2E\lambda^2}=4m_A$이다.

| 선 | 택 | 지 | 풀 | 이 |

②정답 : ①식을 p에 대해 정리하면 $p=\sqrt{2mE}$가 된다.
따라서 두 입자의 운동 에너지가 E로 같을 때 A, B의
운동량의 크기의 비 $p_A : p_B=\sqrt{2m_AE} : \sqrt{2m_BE}$
$=\sqrt{2m_AE} : \sqrt{8m_AE}=1 : 2$이다.

😀 **문제풀이 T I P** | 먼저 입자의 운동 에너지와 물질파 파장을 이용해 입자의 질량의 비를 구하면 입자의 운동량의 비도 쉽게 구할 수 있다.

😀 **출제분석** | 두 입자의 질량이 다르다는 조건으로 인해 어려울 수 있는 문제이다. 두 입자의 질량의 비부터 차근차근 풀어 나가면 어렵지 않게 풀 수 있다.

그림은 입자 A, B, C의 운동 에너지와 속력을 나타낸 것이다. A, B, C의 물질파 파장을 각각 λ_A, λ_B, λ_C라고 할 때, λ_A, λ_B, λ_C를 비교한 것으로 옳은 것은?

$k=\dfrac{h}{mv}$

① $\lambda_A > \lambda_B > \lambda_C$ ② $\lambda_A > \lambda_B = \lambda_C$

④ $\lambda_B > \lambda_A = \lambda_C$ ⑤ $\lambda_C > \lambda_B > \lambda_A$

③ $\lambda_B > \lambda_A > \lambda_C$

$E=\dfrac{1}{2}mv^2$ or $m=\dfrac{2E}{v^2}$

$m_A=\dfrac{2(2E_0)}{v_0^2}$

$m_B=\dfrac{2E_0}{v_0^2}$

$m_C=\dfrac{2E_0}{(2v_0)^2}$

| 자 | 료 | 해 | 설 | 및 | 선 | 택 | 지 | 풀 | 이 |

⑤정답 : 운동 에너지는 $E=\dfrac{1}{2}mv^2$이므로 $m=\dfrac{2E}{v^2}$이다.

A, B, C의 질량을 m_A, m_B, m_C라 하면 각각 $\dfrac{2(2E_0)}{v_0^2}$,

$\dfrac{2E_0}{v_0^2}$, $\dfrac{2E_0}{(2v_0)^2}$이고 $\dfrac{E_0}{2v_0^2}=m$이라 하면 $m_A=8m$, $m_B=4m$,

$m_C=m$이다. 물질파 파장은 $\lambda=\dfrac{h}{mv}$이므로 A, B, C의

물질파 파장은 각각 $\lambda_A=\dfrac{h}{(8m)v_0}$, $\lambda_B=\dfrac{h}{(4m)v_0}$, $\lambda_C=$

$\dfrac{h}{m(2v_0)}$이다. 따라서 $\lambda_C > \lambda_B > \lambda_A$이다.

😀 **문제풀이 T I P** | $\lambda=\dfrac{h}{mv}=\dfrac{hv}{2E}\left(\because E=\dfrac{1}{2}mv^2\ or\ m=\dfrac{2E}{v^2}\right)$이므로 $\lambda_A : \lambda_B : \lambda_C=\dfrac{v_0}{2E_0} : \dfrac{v_0}{E_0} : \dfrac{2v_0}{E_0}=1 : 2 : 4$이다.

😀 **출제분석** | 물질파와 운동량의 크기, 운동 에너지의 관계를 숙지한다면 쉽게 해결할 수 있는 문항이다.

Ⅲ

2
ㅣ
02

물질의 이중성

그림은 두 금속판 A와 B에 빛을 비추었을 때 방출되는 광전자의
드브로이 파장의 최솟값 $\lambda_{최소}$를 빛의 진동수에 따라 나타낸 것이다.
A, B의 문턱(한계) 진동수는 각각 f_0, $2f_0$이다.

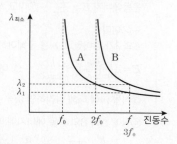

$\lambda_1 : \lambda_2$는? **3점**

① 3 : 4   ② 1 : $\sqrt{2}$ ③ 2 : 3   ④ 1 : $\sqrt{3}$ ⑤ 1 : 2

😮 **문제풀이 TIP** | 진동수 f에서의 A와 B의 파장이 각각 λ_1, λ_2이므로 진동수 f의 값을 먼저 구하는 것이 중요하다.

😀 **출제분석** | 광전 효과와 물질의 이중성을 모두 이용한 문제로 두 개념을 정확히 이해하고 있지 않으면 풀기 어려운 문제다.

|자|료|해|설|

먼저 빛을 비추었을 때 방출되는 광전자의 운동 에너지
$E = hf - W$ —①이다.
A는 진동수 f_0에서 빛이 방출되므로 $W_A = f_0$이고, B는
진동수 $2f_0$에서 빛이 방출되므로 $W_B = 2f_0$이다.
따라서 금속판 A에 빛을 비추었을 때 방출되는 광전자의
운동 에너지 $E_A = hf - hf_0$이고 금속판 B에 빛을 비추었을
때 방출되는 광전자의 운동 에너지 $E_B = hf - 2hf_0$이다.

입자의 드브로이 파장 $\lambda = \dfrac{h}{p}$ —②이고, 입자의 운동량

$p = \sqrt{2mE}$ —③이므로 ②식에 ③식을 대입하면

$\lambda = \dfrac{h}{\sqrt{2mE}}$ —④가 된다. ④식에 E_A, E_B를 대입하면

진동수에 따른 금속판 A에서 방출되는 드브로이 파장

$\lambda_A = \dfrac{h}{\sqrt{2mh(f - f_0)}}$ 과 진동수에 따른 금속판 B에서

방출되는 드브로이 파장 $\lambda_B = \dfrac{h}{\sqrt{2mh(f - 2f_0)}}$ 이 나온다.

$\lambda_2 = 2f_0$를 A에 비추었을 때 방출되는 광전자의 드브로이
파장 $= f$를 B에 비추었을 때 방출되는 광전자의 드브로이

파장이므로 $\lambda_2 = \dfrac{h}{\sqrt{2mhf_0}} = \dfrac{h}{\sqrt{2mh(f - 2f_0)}}$ 이고,

그래프의 f는 $3f_0$이다.

|선|택|지|풀|이|

② 정답 : $\lambda_1 : \lambda_2 =$ 진동수 $f(= 3f_0)$를 비출 때 금속판 A에서
방출되는 광전자의 드브로이 파장 : 진동수 $f(= 3f_0)$를
비출 때 금속판 B에서 방출되는 광전자의 드브로이

파장이므로 $\lambda_1 : \lambda_2 = \dfrac{h}{\sqrt{4mhf_0}} : \dfrac{h}{\sqrt{2mhf_0}} = \dfrac{1}{2} : \dfrac{1}{\sqrt{2}}$

$= 1 : \sqrt{2}$이다.

그림의 A, B, C는 빛의 파동성, 빛의 입자성, 물질의 파동성을
이용한 예를 순서 없이 나타낸 것이다.

A : 빛을 비추면 전류가   B : 얇은 막을 입혀,   C : 전자를 가속시켜
흐르는 CCD의   반사되는 빛의   DVD 표면을
광 다이오드   세기를 줄인 안경   관찰하는 전자 현미경

빛의 파동성, 빛의 입자성, 물질의 파동성의 예로 옳은 것은?

	빛의 파동성	빛의 입자성	물질의 파동성
①	A	B	C
②	A	C	B
③	B	A	C
④	B	C	A
⑤	C	A	B

|자|료|해|설|및|선|택|지|풀|이|

③ 정답 : A는 광전 효과로 빛의 입자성의 예이고 B는 빛의
간섭을 이용한 현상으로 빛의 파동성이다. C는 전자의
물질파를 이용한다.

😀 **출제분석** | 빛과 물질의 이중성 개념과 예는 필수로 숙지해야
하는 내용이다.

17 물질파

정답 ③ 정답률 77% 2023년 3월 학평 1번 문제편 269p

물질의 파동성으로 설명할 수 있는 것만을 〈보기〉에서 있는 대로 고른 것은?

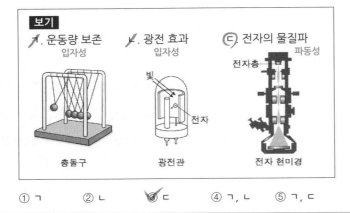

보기
ㄱ. 운동량 보존
   입자성
ㄴ. 광전 효과
   입자성
ㄷ. 전자의 물질파
   파동성
   전자총
빛
전자

충돌구   광전관   전자 현미경

① ㄱ   ② ㄴ   ③ ㄷ   ④ ㄱ, ㄴ   ⑤ ㄱ, ㄷ

|자|료|해|설|및|보|기|풀|이|
ㄱ. 오답 : 충돌구의 운동량 보존은 입자성의 예이다.
ㄴ. 오답 : 광전 효과는 빛의 입자성을 입증하는 실험이다.
ㄷ. 정답 : 전자 현미경은 전자의 파동성을 이용한다.

😊 출제분석 | 물질의 파동성을 이용하는 사례를 확인하는 문항이다.

18 물질파

정답 ② 정답률 82% 2023학년도 수능 4번 문제편 269p

다음은 물질의 이중성에 대한 설명이다.

○ 얇은 금속박에 전자선을 비추면 X선을 비추었을 때와 같이 회절 무늬가 나타난다. 이러한 현상은 전자의 ⓐ 으로 설명할 수 있다.
   파동성 ← $\lambda = \dfrac{h}{p}$ ←

○ 전자의 운동량의 크기가 클수록 물질파의 파장은 ⓑ. 짧다 물질파를 이용하는 ⓒ 현미경은 가시광선을 이용하는 현미경보다 작은 구조를 구분하여 관찰할 수 있다.
                                      → 전자

⊙, ⓛ, ⓒ에 들어갈 내용으로 가장 적절한 것은? 3점

	ⓐ	ⓛ	ⓒ		ⓐ	ⓛ	ⓒ
①	파동성	길다	전자	②	파동성	짧다	전자
③	파동성	길다	광학	④	입자성	짧다	전자
⑤	입자성	길다	광학				

|자|료|해|설|
회절 무늬는 파동이 갖는 특징이다. 물질파의 파장은 운동량의 크기에 반비례하며 ($\lambda = \dfrac{h}{p}$) 전자 현미경은 가시광선보다 파장이 짧은 물질파를 이용하여 광학 현미경보다 분해능이 뛰어나다.

|선|택|지|풀|이|
② 정답 : 금속박에 전자선을 비추었을 때 회절 무늬가 나타난다는 것은 전자의 ⓐ파동성으로 설명할 수 있다. 물질파의 파장은 운동량의 크기에 반비례하므로 전자의 운동량이 클수록 물질파의 파장은 ⓛ짧아진다. 물질파를 이용하는 현미경은 ⓒ전자 현미경이고 가시광선을 이용하는 현미경은 광학 현미경이다.

😊 출제분석 | 물질파와 전자 현미경에 관한 지식을 확인하는 수준에서 출제되었다.

그림은 빛과 물질의 이중성에 대해 학생 A, B, C가 대화하는 모습을 나타낸 것이다.

제시한 내용이 옳은 학생만을 있는 대로 고른 것은? **3점**

① A   ② B   ③ A, C   ④ B, C   ⑤ A, B, C

|자|료|해|설|

광자의 에너지는 $E = hf = \dfrac{hc}{\lambda}$ 로 파장과 반비례한다.

|보|기|풀|이|

학생 A. 정답 : 광자의 에너지가 2배인 빛의 파장은 λ_1의 $\dfrac{1}{2}$배인 $\dfrac{1}{2}\lambda_1$이다.

학생 B. 오답 : 물질파의 파장은 $\lambda_2 = \dfrac{h}{p} = \dfrac{h}{\sqrt{2mE}}$ 이므로 광자의 에너지가 2배가 되면 $\lambda_3 = \dfrac{h}{\sqrt{2m(2E)}} = \dfrac{1}{\sqrt{2}}\lambda_2$이다.

학생 C. 정답 : 전자 현미경은 가시광선보다 파장이 짧은 물질파를 이용하므로 광학 현미경보다 분해능이 좋다.

😀 **문제풀이 T I P** | 광자의 파장 : $\lambda = \dfrac{hc}{E}$, 물질파 파장 : $\lambda = \dfrac{h}{\sqrt{2mE}}$

😀 **출제분석** | 에너지에 따른 광자와 물질파 파장 관계를 확인하는 문항이다.

그림은 전자선의 간섭무늬를 보고 물질의 이중성에 대해 학생 A, B, C가 대화하는 모습을 나타낸 것이다.

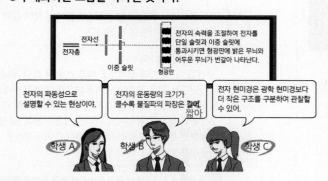

제시한 내용이 옳은 학생만을 있는 대로 고른 것은?

① A   ② B   ③ A, C   ④ B, C   ⑤ A, B, C

|자|료|해|설|및|보|기|풀|이|

학생 A. 정답 : 전자선의 간섭무늬는 물질의 파동성으로만 설명할 수 있다.

학생 B. 오답 : 물질파의 파장은 물질의 운동량의 크기에 반비례하므로 운동량의 크기가 클수록 물질파의 파장은 짧다.

학생 C. 정답 : 전자 현미경에서 이용하는 전자의 물질파 파장은 광학 현미경에서 이용하는 가시광선의 파장보다 짧아 더 작은 구조를 구분하여 관찰할 수 있다.

😀 **출제분석** | 물질의 파동성에 대한 기본 개념을 확인하는 문항이다.

다음은 전자 현미경에 대한 설명이다.

$$\lambda = \frac{h}{p}$$

전자 현미경은 전자를 이용하여 시료를 관찰하는 장치이다.
전자 현미경에서 이용하는 ⊙ 전자의 물질파 파장은
가시광선의 파장보다 짧으므로 전자 현미경은 가시광선을
이용하여 시료를 관찰하는 광학 현미경보다 (가) 이/가 좋다.
전자 현미경에는 시료를 투과하는 전자를 이용하는 투과
전자 현미경(TEM)과 시료 표면에서 반사되는 전자를
이용하는 주사 전자 현미경(SEM)이 있다.

이에 대한 설명으로 옳은 것만을 〈보기〉에서 있는 대로 고른 것은?

 3점

보기
ㄱ. 전자의 운동량이 클수록 ⊙은 ~~길다.~~ 짧다.
ㄴ. '분해능'은 (가)에 해당된다.
ㄷ. 주사 전자 현미경(SEM)을 이용하면 시료의 표면을 관찰할
   수 있다.

① ㄱ   ② ㄷ   ③ ㄱ, ㄴ   ✔ ㄴ, ㄷ   ⑤ ㄱ, ㄴ, ㄷ

| 자 | 료 | 해 | 설 |

전자 현미경은 가시광선의 파장보다 짧은 파장을 가지는
전자의 물질파를 이용하여 광학 현미경에서 선명하게 볼
수 없는 작은 시료를 관찰할 수 있다.

| 보 | 기 | 풀 | 이 |

ㄱ. 오답 : 전자의 물질파 파장은 전자의 운동량에
반비례하므로 전자의 운동량이 클수록 짧다.
ㄴ. 정답 : 전자의 물질파 파장이 짧을수록 분해능이 좋다.
ㄷ. 정답 : 주사 전자 현미경(SEM)을 이용하면 시료의
표면을 관찰할 수 있고 투과 전자 현미경(TEM)으로는
시료의 내부를 관찰할 수 있다.

😀 **문제풀이 TIP** | 물질파의 파장은 전자의 운동량에 반비례한다.

😀 **출제분석** | 전자 현미경이 광학 현미경보다 분해능이 뛰어난
이유와 전자 현미경의 종류와 특징은 이 영역에서 반드시 숙지해야
한다.

그림 (가)는 전하 결합 소자(CCD)가 내장된 카메라로 빨강 장미를
촬영하는 모습을, (나)는 광학 현미경으로는 관찰할 수 없는
바이러스를 파장이 λ인 전자의 물질파를 이용해 전자 현미경으로
관찰하는 모습을 나타낸 것이다.

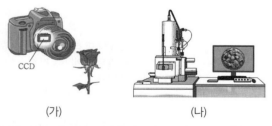

CCD

(가)   (나)

이에 대한 옳은 설명만을 〈보기〉에서 있는 대로 고른 것은?

보기
ㄱ. CCD는 빛의 입자성을 이용한 장치이다.
ㄴ. λ는 빨간색 빛의 파장보다 ~~길다.~~ 짧다
ㄷ. (나)에서 전자의 속력이 클수록 λ는 짧아진다.

① ㄱ   ② ㄴ   ✔ ㄱ, ㄷ   ④ ㄴ, ㄷ   ⑤ ㄱ, ㄴ, ㄷ

| 자 | 료 | 해 | 설 |

(가)는 빛의 입자성을 이용하여 빛의 세기를 알아내며,
(나)는 입자의 파동성을 이용하여 사물을 관찰한다.

| 보 | 기 | 풀 | 이 |

ㄱ. 정답 : CCD는 광자의 에너지를 흡수해서 전기 신호를
발생시키는 장치로 빛의 입자성을 이용한 광전 효과의 한
예이다.
ㄴ. 오답 : 전자 현미경은 광학 현미경으로 관찰할 수 없는
작은 물체를 보기 위해 가시광선보다 짧은 파장을 가지는
전자의 물질파를 이용한다.
ㄷ. 정답 : 물질파(λ)는 운동량의 크기에 반비례한다.
(나)에서 전자의 속력이 클수록 전자의 운동량이 커지므로
λ는 짧아진다.

😀 **문제풀이 TIP** | 물질파(λ)는 운동량의 크기에 반비례한다.

$$\left(\lambda = \frac{h}{p} = \frac{h}{mv} \right)$$

😀 **출제분석** | 가시광선과 물질파를 비교하는 문항으로 관련
지식을 확인하는 수준에서 출제된 문항이다.

그림은 전자 현미경의 구조를
나타낸 것이다.

전자 현미경에 대한 설명으로 옳은
것만을 〈보기〉에서 있는 대로 고른
것은?

전자선
자기렌즈
전자 검출기
시료

보기

ㄱ. 전자의 파동성을 이용하여 시료를 관찰한다.

ㄴ. 분해능은 전자 현미경이 광학 현미경보다 뛰어나다.

ㄷ. 자기렌즈는 전자의 진행 경로를 휘게 하여 전자들을 모으는
역할을 한다.

① ㄱ　　　② ㄴ　　　③ ㄱ, ㄷ　　　④ ㄴ, ㄷ　　　⑤ ㄱ, ㄴ, ㄷ

|자|료|해|설|
전자 현미경은 빛 대신 전자의 물질파를 이용하는
현미경이다.

|보|기|풀|이|
ㄱ. 정답 : 전자 현미경은 전자의 파동성을 이용하여 시료를
관찰한다.
ㄴ. 정답 : 전자의 물질파 파장이 가시광선보다 짧아
분해능은 전자 현미경이 광학 현미경보다 좋다.
ㄷ. 정답 : 자기 렌즈는 코일로 만든 원통으로 전자가
자기장에 의해 진행 경로가 휘어지는 성질을 이용하여
전자들을 모은다.

😀 **문제풀이 TIP** | 전자 현미경은 가시광선보다 파장이 수천분의
일정도로 짧은 전자의 물질파를 이용하여 광학 현미경보다
분해능이 우수하다.

😀 **출제분석** | 전자 현미경의 기본 구조를 알고 있는지 확인하는
문항이다.

그림은 현미경 A, B로 관찰할 수 있는 물체의 크기를 나타낸
것으로, A와 B는 각각 광학 현미경과 전자 현미경 중 하나이다.
사진 X, Y는 시료 P를 각각 A, B로 촬영한 것이다.

A로 관찰할 수 있는 물체의 크기

B로 관찰할 수 있는 물체의 크기

크기(m) 10^{-8}　　10^{-7}　　10^{-6}　　10^{-5}　　10^{-4}

박테리아

P

X: A로 촬영
전자 현미경

Y: B로 촬영
광학 현미경

이에 대한 옳은 설명만을 〈보기〉에서 있는 대로 고른 것은?

보기

　　　광학
ㄱ. B는 ~~전자~~ 현미경이다.

ㄴ. X는 물질의 파동성을 이용하여 촬영한 사진이다.

ㄷ. 전자 현미경으로 박테리아를 촬영하려면 P를 촬영할 때보다
~~저속~~의 전자를 이용해야 한다.
　　고속

① ㄱ　　　② ㄴ　　　③ ㄱ, ㄴ　　　④ ㄱ, ㄷ　　　⑤ ㄴ, ㄷ

|자|료|해|설|
물체의 크기가 작을수록 더 짧은 파장을 이용해야 회절이 덜
일어나 물체를 관찰할 수 있다. 전자 현미경은 가시광선을
이용하는 광학 현미경보다 더 짧은 파장을 이용하기 위해
전자의 물질파를 이용한다.

|보|기|풀|이|
ㄱ. 오답 : A는 B보다 더 작은 크기의 물체를 관찰할 수
있으므로 분해능이 더 뛰어나다. 따라서 A는 전자 현미경,
B는 광학 현미경이다.
ㄴ. 정답 : X는 전자의 물질파를 이용하는 전자 현미경으로
촬영한 사진이다.
ㄷ. 오답 : 박테리아는 매우 작으므로 고속의 전자를
이용해야 짧은 물질파 파장으로 관찰할 수 있다.

😀 **문제풀이 TIP** | 물질파의 파장은 $\lambda = \dfrac{h}{mv}$ 이므로 박테리아를
촬영하려면 P를 촬영할 때보다 고속의 전자를 이용해야 물질파의
파장이 더 짧아진다.

😀 **출제분석** | 물질파의 기본 개념만으로 쉽게 해결할 수 있는
문항이다.

그림 (가), (나)는 각각 광학 현미경, 전자 현미경으로 동일한 시료를 같은 배율로 관찰한 것이다. (나)는 (가)보다 작은 구조가 선명하게 관찰되고, 시료의 입체 구조가 확인된다. (가)를 얻기 위해 사용된 빛의 파장은 λ_1이고, (나)를 얻기 위해 사용된 전자의 물질파 파장과 속력은 각각 λ_2, v이다.

 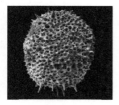

(가) 광학 현미경   (나) 주사 전사 현미경(SEM)

이에 대한 설명으로 옳은 것만을 〈보기〉에서 있는 대로 고른 것은?

보기
ㄱ. $\lambda_1 > \lambda_2$이다.
ㄴ. (나)는 ~~투과~~ 전자 현미경으로 관찰한 상이다.
       주사
ㄷ. 전자의 속력이 $\frac{v}{2}$이면 물질파 파장은 $\frac{2}{4}\lambda_2$이다.

① ㄱ   ② ㄷ   ③ ㄱ, ㄴ   ④ ㄴ, ㄷ   ⑤ ㄱ, ㄴ, ㄷ

|자|료|해|설|
전자 현미경은 광학 현미경보다 분해능이 우수하다. 따라서 (가)는 광학 현미경, (나)는 전자 현미경이다. 투과 전자 현미경(TEM)은 시료의 단면을 관찰할 수 있고, 주사 전사 현미경(SEM)은 시료의 입체 구조를 관찰할 수 있다.

|보|기|풀|이|
ㄱ. 정답 : (나)는 가시광선보다 파장이 짧은 물질파를 이용한다. 따라서 $\lambda_1 > \lambda_2$이다.
ㄴ. 오답 : (나)는 입체 구조를 관찰할 수 있는 주사 전자 현미경(SEM)이다.
ㄷ. 오답 : 물질파의 파장은 $\lambda_2 = \frac{h}{mv}$이므로 전자의 속력이 $\frac{v}{2}$이면 물질파 파장은 $\frac{h}{m\left(\frac{v}{2}\right)} = 2\lambda_2$이다.

😀 **문제풀이 TIP |** 물질파 파장과 전자의 속력은 반비례한다.

😀 **출제분석 |** 비교적 쉽게 출제되는 영역이다. 물질파에서 물질파의 파장과 운동량의 관계를 숙지하고 있다면 충분히 정답을 가려낼 수 있다.

그림은 전자 현미경과 광학 현미경에 대해 학생 A, B, C가 대화하는 모습을 나타낸 것이다.

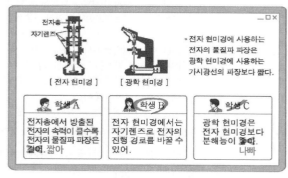

제시한 내용이 옳은 학생만을 있는 대로 고른 것은? **3점**
① A   ② B   ③ A, C   ④ B, C   ⑤ A, B, C

|자|료|해|설|
분해능은 두 점을 구별하여 볼 수 있는 능력을 뜻하며 현미경이 사용하는 파장이 짧을수록 분해능이 좋다. 전자 현미경은 빛의 파장보다 짧은 전자의 물질파 파장을 이용하므로 광학 현미경보다 분해능이 좋다.

|보|기|풀|이|
학생 A. 오답 : 물질파 파장은 $\lambda = \frac{h}{p} = \frac{h}{mv}$와 같이 전자의 운동량의 크기에 반비례하므로 전자의 속력이 클수록 전자의 물질파 파장은 짧다.
학생 B. 정답 : 자기 렌즈는 자기장을 이용하여 전자의 진행 경로를 바꾼다.
학생 C. 오답 : 빛의 파장은 물질파의 파장보다 길기 때문에 광학 현미경은 전자 현미경보다 분해능이 떨어진다.

😀 **문제풀이 TIP |** 전자 현미경에서 전자의 속력이 클수록 전자의 물질파 파장은 짧아져 분해능이 좋아진다.

😀 **출제분석 |** 이 영역에서는 물질파의 기본 개념만으로 문제를 쉽게 해결할 수 있다.

다음은 전자 현미경에 대한 설명이다.

> ㉠전자 현미경이 광학 현미경과 가장 크게 다른 점은 가시광선 대신 전자선을 사용한다는 것이다. 광학 현미경은 유리 렌즈를 사용하여 확대된 상을 얻고, 전자 현미경은 전자석 코일로 만든 ㉡자기렌즈를 사용하여 확대된 상을 얻는다.
>
> 또한 전자 현미경은 높은 전압을 이용하여 ㉢가속된 전자를 사용하므로, 확대된 상을 광학 현미경보다 선명하게 관찰할 수 있다.

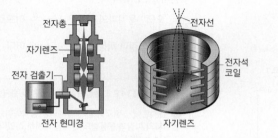

전자 현미경   자기렌즈

이에 대한 설명으로 옳은 것만을 〈보기〉에서 있는 대로 고른 것은?

보기

ㄱ. ㉠은 물질의 파동성을 이용한다.
ㄴ. ㉡은 자기장을 이용하여 전자선의 경로를 휘게 하는 역할을 한다.
ㄷ. ㉢의 물질파 파장은 가시광선의 파장보다 짧다.

① ㄱ   ② ㄴ   ③ ㄱ, ㄷ   ④ ㄴ, ㄷ   ✓⑤ ㄱ, ㄴ, ㄷ

| 자 | 료 | 해 | 설 |

전자 현미경은 전자를 가속시켜 나타나는 물질파를 이용하여 물체를 관찰한다. 물질파는 가시광선보다 파장이 짧아 분해능이 뛰어나므로 전자 현미경은 광학 현미경보다 확대된 상을 선명하게 관찰할 수 있다.

| 보 | 기 | 풀 | 이 |

ㄱ. 정답 : ㉠은 전자의 파동성을 이용한다.
ㄴ. 정답 : ㉡은 자기장을 이용하여 전자선을 굴절시킨다.
ㄷ. 정답 : ㉢의 물질파 파장은 가시광선보다 짧아 분해능이 뛰어나다.

그림은 투과 전자 현미경 A의 구조를 나타낸 것이다. 표는 A에서 시료를 관찰할 때 사용하는 전자의 드브로이 파장과 운동 에너지를 나타낸 것이다.

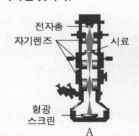

$\lambda = \dfrac{h}{\sqrt{2mE}}$

	드브로이 파장	운동 에너지
실험 I	λ_0	E_0
실험 II	$2\lambda_0$	㉠

이에 대한 설명으로 옳은 것만을 〈보기〉에서 있는 대로 고른 것은?

보기

ㄱ. A는 시료 표면의 차원적 구조를 관찰할 때 이용된다.
ㄴ. 분해능은 A가 광학 현미경보다 좋다.
ㄷ. ㉠은 $\dfrac{1}{4}E_0$이다.

① ㄱ   ✓② ㄴ   ③ ㄱ, ㄷ   ④ ㄴ, ㄷ   ⑤ ㄱ, ㄴ, ㄷ

| 자 | 료 | 해 | 설 |

투과 전자 현미경은 가시광선보다 짧은 전자의 물질파(드브로이파)를 이용하여 광학 현미경으로는 보이지 않는 작은 물체를 볼 수 있다.

| 보 | 기 | 풀 | 이 |

ㄱ. 오답 : A는 전자가 시료를 투과한 후 형광 스크린에 상을 맺으므로 시료 표면의 2차원적 구조를 관찰할 때 이용된다.
ㄴ. 정답 : 전자 현미경에서 시료를 관찰할 때 사용하는 전자의 드브로이 파장은 가시광선의 파장보다 짧다. 현미경의 분해능은 파장이 짧을수록 좋으므로 분해능은 A가 광학 현미경보다 좋다.
ㄷ. 오답 : 전자의 질량을 m, 플랑크 상수를 h라 할 때, 드브로이 파장은 $\lambda = \dfrac{h}{\sqrt{2mE}}$이다. 드브로이 파장이 실험 II에서가 실험 I 보다 2배 크므로 실험 II에서 전자의 운동 에너지는 $\dfrac{1}{4}E_0$이다.

😎 **문제풀이 T I P** | 드브로이 파장 : $\lambda = \dfrac{h}{\sqrt{2mE}}$

😎 **출제분석** | 전자의 물질파와 전자의 운동 에너지의 관계를 알고 있다면 쉽게 해결할 수 있는 문항이다.

그림은 주사 전자 현미경의 구조를
나타낸 것이다.
이에 대한 설명으로 옳은 것만을 〈보기〉
에서 있는 대로 고른 것은?

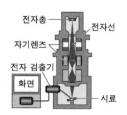

보기

ㄱ. 자기장을 이용하여 전자선을 제어하고 초점을 맞춘다.
ㄴ. 전자의 속력이 클수록 전자의 물질파 파장은 짧아진다.
ㄷ. 전자의 속력이 클수록 더 작은 구조를 구분하여 관찰할 수
있다.

① ㄱ   ② ㄴ   ③ ㄱ, ㄷ   ④ ㄴ, ㄷ   ⑤ ㄱ, ㄴ, ㄷ

|자|료|해|설|
주사 전자 현미경은 전자의 물질파를 이용한 현미경으로
광학 현미경의 최대 배율보다 크다.

|보|기|풀|이|
ㄱ. 정답 : 주사 전자 현미경은 자기렌즈에서 자기장을
이용하여 전자선을 제어하고 초점을 맞춘다.
ㄴ. 정답 : 전자의 물질파 파장(λ)은 속력(v)에 반비례
$\left(\lambda=\dfrac{h}{mv}\right)$한다. 즉, 전자의 속력이 클수록 전자의 물질파
파장은 짧아진다.
ㄷ. 정답 : 전자의 속력이 클수록 물질파 파장은 짧아진다.
물질파 파장이 짧을수록 분해능이 좋아지므로 미세한
물체까지 선명하게 볼 수 있다.

🔍 **문제풀이 T I P** | 전자의 물질파 파장 $\lambda=\dfrac{h}{p}=\dfrac{h}{mv}$ (h : 플랑크 상수)

😎 **출제분석** | 물질의 파동성을 이용한 전자 현미경에 대한 문항으로 기본 개념 수준에서 출제되었다.

그림은 투과 전자 현미경(TEM)의 구조를
나타낸 것이다. 전자총에서 방출된 전자의
운동 에너지가 E_0이면 물질파 파장은 λ_0이다.
이에 대한 설명으로 옳은 것만을 〈보기〉에서
있는 대로 고른 것은? 3점

보기

ㄱ. 시료를 투과하는 <s>전자기파</s>에 의해 스크린에 상이
만들어진다.   물질파
ㄴ. 자기렌즈는 자기장을 이용하여 전자의 진행 경로를 바꾼다.
ㄷ. 운동 에너지가 $2E_0$인 전자의 물질파 파장은 <s>$\dfrac{1}{2}$</s> λ_0이다.
                                          $\dfrac{1}{\sqrt{2}}$

① ㄱ   ② ㄴ   ③ ㄱ, ㄷ   ④ ㄴ, ㄷ   ⑤ ㄱ, ㄴ, ㄷ

|자|료|해|설|
투과 전자 현미경(TEM)은 얇은 시료에 전자를 통과시켜
확대된 상을 얻는 장치이다. 전자의 물질파는 파장이
가시광선의 파장보다 짧아 분해능이 더 뛰어나므로 더
작은 시료를 뚜렷하게 볼 수 있다.
물질파 파장은 $\lambda=\dfrac{h}{mv}$이며 운동 에너지는 $E=\dfrac{1}{2}mv^2$
이므로 $v=\sqrt{\dfrac{2E}{m}}$이다. 따라서 $mv=\sqrt{2mE}$이므로
$\lambda=\dfrac{h}{mv}=\dfrac{h}{\sqrt{2mE}}$이다. 이에 따라 운동 에너지가 E_0인
전자의 물질파 파장은 $\lambda_0=\dfrac{h}{\sqrt{2mE_0}}$이다.

|보|기|풀|이|
ㄱ. 오답 : 시료를 투과하는 물질파에 의해 스크린에 상이
만들어진다.
ㄴ. 정답 : 광학 현미경은 광학렌즈에 의해 빛이 굴절되는
현상을 이용하고, 자기렌즈는 자기장에 의해 전자의 진행
경로를 바꾼다.
ㄷ. 오답 : 운동 에너지가 $2E_0$인 전자의 물질파 파장은
$\dfrac{h}{\sqrt{2m(2E_0)}}=\dfrac{h}{\sqrt{2}\times\sqrt{2mE_0}}=\dfrac{\lambda_0}{\sqrt{2}}$이다.

😎 **출제분석** | 최근 출제 빈도가 높아진 유형이다. 물질파 파장과 전자의 운동 에너지 관계를 이해해야 하며,
물질파를 이용하는 투과 전자 현미경(TEM)과 주사 전자 현미경(SEM) 각각의 특징을 비교하여 정리한다면
쉽게 해결할 수 있다.

그림 (가), (나)는 주사 전자 현미경(SEM)으로 동일한 시료를 촬영한 사진을 나타낸 것이다. 촬영에 사용된 전자의 운동 에너지는 (가)에서가 (나)에서보다 작다.

 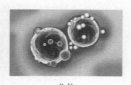

(가)   (나)

이에 대한 옳은 설명만을 〈보기〉에서 있는 대로 고른 것은?

보기
ㄱ. (가), (나)는 시료에 <s>전자기파</s> 물질파 를 쪼여 촬영한 사진이다.
ㄴ. 전자의 물질파 파장은 (가)에서가 (나)에서보다 <s>작다.</s> 길다
 ㄷ. 광학 현미경보다 전자 현미경이 크기가 더 작은 시료를 관찰할 수 있다.

① ㄱ   ② ㄴ   ③✔ ㄷ   ④ ㄱ, ㄴ   ⑤ ㄴ, ㄷ

| 자 | 료 | 해 | 설 |

주사 전자 현미경은 빛 대신 전자의 물질파를 이용한 현미경으로 광학 현미경의 최대 배율보다 크다.

| 보 | 기 | 풀 | 이 |

ㄱ. 오답 : 주사 전자 현미경은 전자의 물질파를 이용하여 촬영한다.
ㄴ. 오답 : 전자의 물질파는 전자의 운동 에너지(E)가 클수록 짧으므로 (가)에서가 (나)에서보다 길다.
ㄷ. 정답 : 전자 현미경은 가시광선보다 짧은 전자의 물질파 파장을 이용하므로 광학 현미경보다 크기가 더 작은 시료를 관찰할 수 있다.

🔅 **문제풀이 TIP** | 물질파 파장 : $\lambda = \dfrac{h}{p} = \dfrac{h}{\sqrt{2mE}}$

😀 **출제분석** | 이 영역에서는 전자 현미경과 광학 현미경의 장단점과 물질파를 이해하는 것만으로 충분히 해결할 수 있다.

그림 (가)는 주사 전자 현미경(SEM)의 구조를 나타낸 것이고, 그림 (나)는 (가)의 전자총에서 방출되는 전자 P, Q의 물질파 파장 λ와 운동 에너지 E_K를 나타낸 것이다.

   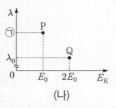

전자총
전자선
화면
시료

(가)   (나)

이에 대한 설명으로 옳은 것만을 〈보기〉에서 있는 대로 고른 것은?

보기
ㄱ. 전자의 운동량의 크기는 Q가 P의 2 <s>2</s> $\sqrt{2}$ 배이다.
ㄴ. ㉠은 2 <s>λ_0</s> $\sqrt{2}$$\lambda_0$ 이다.
 ㄷ. 분해능은 Q를 이용할 때가 P를 이용할 때보다 좋다.

① ㄱ   ②✔ ㄷ   ③ ㄱ, ㄴ   ④ ㄴ, ㄷ   ⑤ ㄱ, ㄴ, ㄷ

| 자 | 료 | 해 | 설 |

주사 전자 현미경(SEM)은 전자의 물질파를 이용한 것으로 물질파의 파장(λ)과 전자의 운동량의 크기(p), 전자의 운동 에너지(E)의 관계는 $\lambda = \dfrac{h}{p} = \dfrac{h}{\sqrt{2mE}}$ 이다.

| 보 | 기 | 풀 | 이 |

ㄱ. 오답 : 전자의 운동 에너지는 Q가 P의 2배이므로 전자의 운동량의 크기는 Q가 P의 $\sqrt{2}$배이다.
ㄴ. 오답 : Q의 물질파 파장은 $\lambda_0 = \dfrac{h}{\sqrt{2m(2E_0)}}$ 이므로 P의 물질파 파장 ㉠은 $\dfrac{h}{\sqrt{2mE_0}} = \sqrt{2}\lambda_0$ 이다.
ㄷ. 정답 : 물질파 파장이 짧을수록 분해능이 좋으므로 분해능은 Q를 이용할 때가 좋다.

😀 **출제분석** | 물질파의 파장과 분해능의 관계를 이해하는지 확인하는 문항이다.

다음은 투과 전자 현미경에 대한 기사의 일부이다.

○○대학교 물리학과 연구팀은 전자의 물질파를 이용하는 ㉠ 투과 전자 현미경(TEM)으로, 작동 중인 전기 소자의 원자 구조 변화를 실시간으로 관찰하였다. 이 연구팀의 실환경 투과 전자 현미경 분석법은 차세대 비휘발성 메모리소자 개발에 중요한 역할을 할 것으로 기대된다.

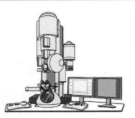

TEM : 광학 현미경으로 관찰 불가능한, ㉡ 시료의 매우 작은 구조까지 관찰 가능함.

이에 대한 옳은 설명만을 〈보기〉에서 있는 대로 고른 것은?

보기
ㄱ. ㉠은 전자의 파동성을 활용한다.
ㄴ. ㉡을 할 때, TEM에서 이용하는 전자의 물질파 파장은 가시광선의 파장보다 ~~길다~~ 짧다
ㄷ. 전자의 속력이 클수록 전자의 물질파 파장이 ~~길다~~ 짧다

① ㄱ　　② ㄷ　　③ ㄱ, ㄴ　　④ ㄴ, ㄷ　　⑤ ㄱ, ㄴ, ㄷ

|자|료|해|설|
투과 전자 현미경(TEM)은 얇은 시료에 높은 전압으로 가속시켜 만든 전자선을 투과시켜 확대된 상을 얻는 장치이다.

|보|기|풀|이|
ㄱ. 정답 : 전자 현미경은 전자의 물질파를 이용해 시료를 관찰한다.
ㄴ. 오답 : 전자의 물질파는 파장이 가시광선의 파장보다 훨씬 짧아 더 작은 상을 뚜렷하게 볼 수 있다.
ㄷ. 오답 : 물질파의 파장은 $\lambda = \dfrac{h}{mv}$ 와 같이 속력 v에 반비례하므로 전자의 속력이 클수록 물질파 파장이 짧다.

 출제분석 | 전자 현미경은 가시광선보다 짧은 파장의 전자의 물질파를 이용하므로 전자의 물질파에 영향을 주는 요인을 반드시 숙지해야 한다.

그림은 입자 A, B, C의 운동량과 운동 에너지를 나타낸 것이다. 이에 대한 설명으로 옳은 것만을 〈보기〉에서 있는 대로 고른 것은?

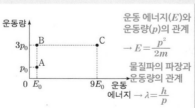

운동 에너지(E)와 운동량(p)의 관계
$\rightarrow E = \dfrac{p^2}{2m}$

물질파의 파장과 운동량의 관계
$\rightarrow \lambda = \dfrac{h}{p}$

보기
ㄱ. 질량은 A가 B보다 ~~크다~~ 작다
ㄴ. 속력은 A와 C가 ~~같다~~ 다르다
ㄷ. 물질파 파장은 B와 C가 같다.

① ㄱ　　② ㄷ　　③ ㄱ, ㄴ　　④ ㄴ, ㄷ　　⑤ ㄱ, ㄴ, ㄷ

|자|료|해|설|및|보|기|풀|이|
ㄱ. 오답 : 운동 에너지(E)와 운동량(p)의 관계는 $E = \dfrac{p^2}{2m}$ 이므로 질량 A, B, C의 비는 $m_A : m_B : m_C = \dfrac{p_0{}^2}{2E_0} : \dfrac{(3p_0)^2}{2E_0} : \dfrac{(3p_0)^2}{2(9E_0)} = 1 : 9 : 1$이다.

ㄴ. 오답 : '운동량의 크기＝질량×속력'이고 A와 C의 속력을 각각 v_A, v_C라 하면 $p_0 = m_A v_A$, $3p_0 = m_C v_C$이다. $m_A = m_C$이므로 $3v_A = v_C$이다.

ㄷ. 정답 : A, B, C의 물질파 파장 비는 $\lambda_A : \lambda_B : \lambda_C = \dfrac{h}{p_0} : \dfrac{h}{3p_0} : \dfrac{h}{3p_0} = 3 : 1 : 1$이다.

 출제분석 | 물질파의 파장을 입자의 운동량과 운동 에너지로 표현할 수 있다면 쉽게 해결할 수 있는 문항이다.

그림은 전자선과 X선을 얇은 금속박에 각각 비추었을 때 나타나는 회절 무늬에 대해 학생 A, B, C가 대화하는 모습을 나타낸 것이다.

(가) 전자선의 회절 무늬   (나) X선의 회절 무늬

학생 A: (가)는 전자의 파동성을 보여주는 현상이야.

학생 B: (나)는 아인슈타인의 광양자설로 설명할 수 있어.

학생 C: 전자의 속력이 클수록 전자의 물질파 파장은 짧아.

제시한 내용이 옳은 학생만을 있는 대로 고른 것은? 3점

① A   ② C   ③ A, B   ④ A, C   ⑤ B, C

|자|료|해|설|및|선|택|지|풀|이|

학생 A. 정답 : 전자선의 회절 무늬는 전자의 파동을 보여주는 현상이다.

학생 B. 오답 : 빛의 회절은 빛의 파동성을 보여주는 것이므로 빛의 입자성을 설명하는 광양자설은 설명으로 적절하지 않다.

학생 C. 정답 : 물질파 파장은 속력에 반비례한다.

😀 출제분석 | 빛과 물질의 이중성 내용을 이해하는지 확인하는 문항이다.

그림은 빛과 물질의 이중성에 대해 학생 A, B, C가 대화하는 모습을 나타낸 것이다.

학생 A: 광전 효과에서 광전자가 즉시 방출되는 현상은 빛의 입자성으로 설명해.

학생 B: 속력이 서로 다른 두 입자의 운동량이 같을 때, 속력이 작은 입자의 물질파 파장이 더 길어.

학생 C: 전자 현미경에서 전자의 운동 에너지가 클수록 더 작은 구조를 구분하여 관찰할 수 있어.

제시한 내용이 옳은 학생만을 있는 대로 고른 것은? 3점

① A   ② B   ③ A, C   ④ B, C   ⑤ A, B, C

|자|료|해|설|및|보|기|풀|이|

학생 A. 정답 : 금속의 문턱 진동수보다 작은 진동수의 빛으로는 광전 효과가 일어나지 않는다. 이는 빛이 입자일 때만 설명할 수 있다.

학생 B. 오답 : 물질파 파장은 입자의 운동량 크기에 반비례한다. 두 입자의 운동량이 같다면 두 입자의 물질파 파장도 같다.

학생 C. 정답 : 전자의 에너지가 크면 전자의 운동량의 크기가 커지므로 전자의 물질파 파장이 짧아져 분해능이 좋아지고 더 작은 구조를 구분하여 관찰할 수 있다.

😀 출제분석 | 빛과 물질의 이중성에 대한 기본 개념을 확인하는 문항이다.

2026 마더텅 수능기출문제집
물리학 I 연도별 해설편

등급컷 활용법 등급컷은 자신의 수준을 객관적으로 확인할 수 있는 여러 지표 중 하나입니다. 등급컷을 토대로 본인의 등급을 예측해보고, 앞으로의 공부 전략을 세우는 데에 참고하시기 바랍니다.

표에서 제시한 원점수 등급컷은 평가원의 공식 자료가 아니라 여러 교육 업체에서 제공하는 자료들의 평균 수치이므로 약간의 오차가 있을 수 있습니다.

🔥 물모평/물수능 평소보다 쉬운 난도   🏔 보통/평이 풀만한 난도   ❄ 불모평/불수능 어려운 난도

구 분			1등급	2등급	3등급	4등급	5등급	6등급	7등급	8등급
2023학년도	6월 모의평가 🔥	• 기본 개념을 잘 알고있다면 쉽게 풀 수 있는 문제가 많이 출제되었다. 전반적으로 난이도가 낮았으며, 지문을 통해 주어진 조건을 꼼꼼하게 확인하고 기본 개념에 충실하면 답을 쉽게 구할 수 있었다. • 17번(3점) 동시성의 상대성과 기준계에 따른 시간과 거리 관계에 대해 정확하게 이해하고 있지 않은 경우 보기의 의미를 잘못 해석할 수 있다. 기준계의 운동 방향과 나란한 방향에 대한 거리 수축, 빛의 진행 경로, 시간 지연에서 고유 시간과 고유 길이를 정확하게 구분하면 해결할 수 있다. • 19번(2점) 주어진 상황에 대한 전체적인 에너지 보존식을 세우고, 비보존력이 작용한 부분에서 역학적 에너지 감소량과 지문에서 주어진 조건과의 관계식을 정리하면 어렵지 않게 해결할 수 있다.	48	44	40	32	21	13	9	7
	9월 모의평가 🏔	• 전반적으로 내용이 고르게 출제되었으며, 새로운 유형의 문항은 없었다. 문항의 지문을 이해하고 식을 정리하면 문제를 해결하는데 큰 어려움이 없었을 것이다. • 17번(3점) 전원에서의 극과 LED의 극성, 전류의 방향을 파악해야 한다. • 18번(2점) 주어진 조건에 맞는 전류의 방향과 크기를 잘 확인해야 한다. • 20번(3점) 전형적인 역학적 에너지 보존 문제의 형태를 띠는 문항으로 마찰력이 작용하는 지역에서 물체의 운동을 이해하고 주어진 가속도 조건, 운동에너지 조건의 의미를 이해하고 역학적 에너지 보존식을 정확하게 정리해야 답을 찾을 수 있다.	44	39	32	26	17	13	9	7
	수능 🔥	• 교육과정의 내용 요소를 고르게 포함한 문항 구성으로 출제되었다. 새로운 유형의 문항은 없었으며 익숙한 형태의 문항으로 구성되었다. • 16번(3점) 기존의 운동량 보존 법칙 문항에서 조금은 응용된 문항이다. 양쪽에 벽을 가진 막대형 물체 A 위에서 운동하는 물체 B이 상황이 일부 학생들에게는 생소하게 느껴질 수 있으며 중상위권을 변별할 수 있는 문항이다. • 20번(2점) 복잡한 문제 상황을 빠르게 이해하는 능력이 필요하여 주어진 두 빗면에서의 가속도 비, 구간을 지나는데 걸리는 시간, 역학적 에너지 보존 법칙을 효과적으로 전개해야 답을 구할 수 있는 고난도의 문항이다.	47	42	36	29	21	15	11	7
2024학년도	6월 모의평가 🏔	• 18번, 19번쪽 고난이도 문제였던 합성 자기장과 전기력 문제들이 앞쪽 페이지로 이동하면서 난이도가 낮아졌지만, 작년 6월 모평에 비해 난이도는 조금 높게 작년 수능보다는 쉽게 출제되었다. 정성적인 이해와 정량적인 계산을 요구하는 부분이 어느 한 쪽으로 치우치지 않고 골고루 출제되었다. • 17번(2점) 광전효과와 물질파의 파장이 함께 나온 복합형 문제로 정성적 이해를 넘어서 정량적 계산까지 요구하는 문제로 확장되었다. • 19번(3점) 주어진 자료를 통해 세 물체의 운동과 변화를 추론해야 하는 문제로 상대속도를 절대 속도로 바꾸어서 문제에 적용시켜야 하는 까다로운 문제이다. • 20번(2점) 매번 비슷한 유형의 문제가 출제되고 있지만, 새로운 상황에 맞게 그 풀이를 적용해야 하므로 쉬운 문제는 아니다.	47	43	36	29	18	13	9	7
	9월 모의평가 🔥	• 난이도가 높지 않아서 큰 어려움은 없지만, 계산의 비중이 늘어 시간이 부족하다고 느꼈을 시험이었다. 출제자의 의도를 빠르게 파악하여 그에 맞는 가장 빠른 풀이를 선택하는 것이 중요하다. • 17번(3점) 운동량 보존과 운동에너지를 이용하여 질량과 속도를 구하는 문제이다. • 20번(2점) 등가속도 직선 운동 공식과 평균 속력을 이용한 문제 풀이가 요구되는 문제이다. 등가속도 직선 운동의 경우 평균 속력의 개념을 문제 풀이에 적용하면 좀 더 쉽게 접근할 수 있다.	48	45	37	29	20	12	10	7
	수능 🔥	• 초고난이도 문제들은 배제되었지만 6월, 9월 모평보다는 어렵게 작년 수능 보다는 쉬운 난이도였다. 정량적인 계산 문제들이 다수 출제되어 풀이 속도가 관건이 된 시험이었다. 전 범위에서 골고루 출제되었고, 특히 18번 문제의 경우 매력적인 오답이 있어서 정확하게 풀이하지 않았다면 오답을 생각했을 가능성이 있다. • 17번(3점) 전자기 유도에서 나오는 전형적인 문제이다. 각 영역에 맞게 금속고리의 구획을 나누어서 문제를 접근하는 것이 좋다. • 19번(3점) 등가속도 문제로 다양한 풀이가 가능한 문제였다. 본인이 이해하기 편한 문제풀이를 가지고 연습하는 것이 필요하다. • 20번(3점) 역학적 에너지 파트에서 항상 나오던 스타일의 문제였지만, 충돌의 상황에서 역학적 에너지 손실이 없다는 문제의 조건을 이용했다면 좀 더 빠른 풀이가 가능했던 문제이다.	47	42	37	30	21	15	10	7
2025학년도	6월 모의평가 🏔	• 킬러 문항이 쉽게 출제되었고 문항 배열에 변화를 주었다. 정량적인 계산보다 직관에 의한 풀이가 필요한 문제가 출제되었다. • 19번(2점) : 경사면에서 가속도를 확인한 뒤 에너지를 비교한다. • 20번(3점) : 물체의 위치 변화에 따른 가속도 변화를 확인한다.	48	45	39	31	22	16	11	8
	9월 모의평가 🔥	• 킬러 문항이 쉬운 편이었고, 역학 문제는 식과 계산이 복잡하지 않았다. 역학에 관련한 두 문제가 19, 20번으로 출제되었다. • 2번(2점) : 등가속도 운동 문제를 속도-시간 그래프로 간단히 출제되었다. • 14번(2점) : 입자의 운동량과 운동 에너지 그래프에서 질량과 속력을 비교하는 문제가 출제되었다. • 19번(3점) : 줄이 끊어지고 난 후, 가속도의 변화, 변위, 속력을 확인하는 문제이다. • 20번(2점) : 중력 퍼텐셜 에너지 변화와 마찰 구간에서 발생한 열을 비교하는 문제이다.	50	50	47	40	31	20	14	9
	수능 🔥	• 기본개념에 대한 이해와 종합적 사고력을 필요로 하는 문제와 기출 유형의 문제들로 구성되어 출제되었다. 쉽게 답을 고르고 다음 문제로 넘어가기가 어려울 정도이며 시간적 여유가 없어 시간 내에 문제를 전부 풀지 못했을 수 있다. • 13번(3점) : 전기력의 특성을 파악하고 각 전하의 전기력의 크기와 방향을 판단해야 하는 문항이 출제되었다. • 20번(2점) : 용수철에 연결된 물체 A로부터 분리된 B의 에너지 변화량을 계산하고 역학적 에너지와 마찰력이 하는 일에 대한 종합적인 이해가 필요한 문항이다.	47	42	39	32	23	15	10	7

1	⑤	2	①	3	④	4	③	5	②
6	④	7	②	8	④	9	③	10	①
11	②	12	⑤	13	④	14	③	15	①
16	⑤	17	③	18	⑤	19	④	20	①

1 전자기 유도의 이용   정답 ⑤ 정답률 81%

① A   ② C   ③ A, B   ④ B, C   ⑤A, B, C

| 자 | 료 | 해 | 설 |

마이크는 소리에 의해 진동판이 울리면 진동판에 연결된 코일이 자석 주위를 진동하며 코일에 유도 전류가 흐르는 현상을 이용한다.
무선 충전 칫솔의 충전기 코일에 교류 전류가 흐르면 시간에 따라 변하는 자기장이 만들어진다. 따라서 전동 칫솔을 충전기 위에 올려두기만 하면 전동 칫솔의 코일 내부에 자기장의 변화가 발생하므로 유도 전류가 흘러 충전이 이루어진다.
카드 단말기에서 시간에 따라 변하는 자기장이 만들어지므로 교통 카드의 내부 코일을 통과하는 자기장을 변하게 하여 내부 코일에 유도 전류가 흐르게 한다.

| 선 | 택 | 지 | 풀 | 이 |
⑤ 정답 : A, B, C는 모두 전자기 유도 현상을 활용한 예이다.

2 자성의 종류와 원인   정답 ① 정답률 80%

①A   ② C   ③ A, B   ④ B, C   ⑤ A, B, C

| 자 | 료 | 해 | 설 |

강자성체는 외부 자기장과 같은 방향으로 자기화되고, 외부 자기장을 제거해도 자기화된 상태를 일부 유지한다. 상자성체도 외부 자기장과 같은 방향으로 자기화되지만, 외부 자기장을 제거하면 자기장이 사라진다. 반자성체는 외부 자기장과 반대 방향으로 자기화되고, 외부 자기장을 제거하면 자기장이 일부 유지된다.

| 보 | 기 | 풀 | 이 |
학생 A. 정답 : 강자성체는 외부 자기장과 같은 방향으로 자기화되는 성질을 가진다.
학생 B. 오답 : 반자성체는 자석을 가까이하면 반대 방향으로 자기화되므로 서로 미는 자기력이 작용한다.
학생 C. 오답 : 철과 같은 강자성체는 외부 자기장을 제거하더라도 자기화된 상태를 유지한다.

3 전자기파   정답 ④ 정답률 80%

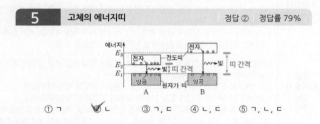

(가)

① ㄱ   ② ㄴ   ③ ㄱ, ㄷ   ④ㄴ, ㄷ   ⑤ ㄱ, ㄴ, ㄷ

| 자 | 료 | 해 | 설 |

A는 마이크로파로 물 분자의 고유 진동수가 포함되는 영역이므로 전자레인지에 사용된다. 또한 라디오파보다 진동수가 커서 많은 양의 정보를 보낼 수 있으므로 휴대 전화, 무선 랜 등에 사용되며 레이더나 위성 통신에도 사용된다.

| 보 | 기 | 풀 | 이 |
ㄱ. 오답 : 전자기파의 파장과 진동수는 반비례 관계에 있으므로 (가)에서 왼쪽에 위치한 영역일수록 진동수가 크다. 따라서 A(마이크로파)의 진동수는 가시광선의 진동수보다 작다.
ㄴ. 정답 : 물 분자의 고유 진동수와 같은 마이크로파를 물 분자에 쪼이면 물 분자의 진동에 의해 열이 발생하여 음식이 가열된다.
ㄷ. 정답 : 진공에서 모든 전자기파는 종류와 관계없이 속력이 같다.

4 파동의 간섭   정답 ③ 정답률 83%

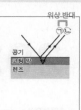

무반사 코팅 렌즈는 파동이 ⓐ 간섭하여 빛의 세기가 줄어드는 현상을 활용한 예로 ㉠ 공기와 코팅 막의 경계에서 반사하여 공기로 진행하는 빛과 ㉡ 코팅 막과 렌즈의 경계에서 반사하여 공기로 진행한 빛이 ⓐ 간섭한다.

① ㄱ   ② ㄴ   ③ㄱ, ㄷ   ④ ㄴ, ㄷ   ⑤ ㄱ, ㄴ, ㄷ

| 자 | 료 | 해 | 설 |

무반사 코팅 렌즈는 ㉠과 ㉡이 상쇄 간섭하도록 만들어 반사되는 빛의 세기가 줄어들게 하고, 투과되는 빛의 세기를 증가시켜 이를 사용한 안경을 착용한 사람은 더 선명한 시야를 얻을 수 있다.

| 보 | 기 | 풀 | 이 |
ㄱ. 정답 : 빛의 세기는 줄어들었으므로 ⓐ는 '상쇄'이다.
ㄴ. 오답 : ㉠과 ㉡은 상쇄 간섭하는 빛이므로 위상이 반대이다.
ㄷ. 정답 : 소음 제거 이어폰은 외부 소음을 마이크로 감지하고, 이와 반대 위상의 소리를 발생시켜 외부 소음과 상쇄 간섭이 일어나도록 한다. 그 결과 이어폰 사용자가 듣는 외부 소음이 줄어들게 된다.

5 고체의 에너지띠   정답 ② 정답률 79%

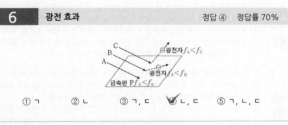

① ㄱ   ②ㄴ   ③ ㄱ, ㄷ   ④ ㄴ, ㄷ   ⑤ ㄱ, ㄴ, ㄷ

| 자 | 료 | 해 | 설 |

전도띠의 전자가 원자가 띠로 전이할 때, 띠 간격 이상의 에너지 크기를 가진 광자가 방출된다. A의 띠 간격은 $E_2 - E_1$이고, B의 띠 간격은 $E_3 - E_1$이므로 띠 간격이 B가 더 크고, 방출하는 광자의 에너지도 B가 더 크다.

| 보 | 기 | 풀 | 이 |
ㄱ. 오답 : A에서 방출된 광자 1개의 에너지는 띠 간격인 $E_2 - E_1$ 이상이다.
ㄴ. 정답 : A의 띠 간격은 $E_2 - E_1$이고, B의 띠 간격은 $E_3 - E_1$이므로 띠 간격은 B가 더 크다.
ㄷ. 오답 : 띠 간격이 클수록 방출된 광자 1개의 에너지가 크기 때문에 B에서 방출된 광자의 에너지가 더 크고, 광자 1개의 에너지는 $E = hf = \frac{hc}{\lambda}$에 의해 파장과 반비례하므로 방출된 빛의 파장은 A에서가 B에서보다 길다.

6 광전 효과   정답 ④ 정답률 70%

| 자 | 료 | 해 | 설 |

단색광의 진동수가 금속판 P의 문턱 진동수보다 클 때 광전자가 방출되므로 광전자가 방출되지 않는 단색광 A의 진동수(f_A)는 P의 문턱 진동수(f_0)보다 작다. 또한 광전자가 방출되는 B의 진동수(f_B)와 C의 진동수(f_C)는 P의 문턱 진동수보다 크고, 단색광의 진동수가 클 때 방출된 광전자의 최대 운동 에너지도 크기 때문에 진동수는 $f_A < f_0 < f_C < f_B$ 이다.

① ㄱ   ② ㄴ   ③ ㄱ, ㄷ   ④ㄴ, ㄷ   ⑤ ㄱ, ㄴ, ㄷ

| 보 | 기 | 풀 | 이 |
ㄱ. 오답 : A의 세기와 관계없이 A의 진동수는 금속판의 문턱 진동수보다 작으므로 광전자는 방출되지 않는다.
ㄴ. 정답 : 단색광 B를 P에 비추었을 때 광전자가 방출되므로 B의 진동수는 P의 문턱 진동수보다 크다.
ㄷ. 정답 : 단색광의 진동수가 클 때 방출된 광전자의 최대 운동 에너지도 크기 때문에 진동수는 $f_C < f_B$이다.

7	에너지 준위와 선 스펙트럼	정답 ② 정답률 80%

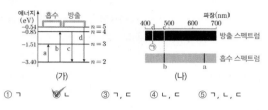

(가)   (나)

① ㄱ   ✓② ㄴ   ③ ㄱ, ㄷ   ④ ㄴ, ㄷ   ⑤ ㄱ, ㄴ, ㄷ

| 자 | 료 | 해 | 설 |

a와 b는 빛을 흡수하고 c와 d는 빛을 방출한다. 또한, 흡수하거나 방출할 때의 광자 1개의 에너지는 에너지 준위의 차이와 같으므로 a<b=c<d이다. (나)에서 위쪽 스펙트럼은 방출 스펙트럼이고 아래쪽은 흡수 스펙트럼이므로 에너지를 흡수하는 a, b는 아래쪽 스펙트럼의 흡수선에 해당하고, 에너지를 방출하는 c, d는 위쪽 스펙트럼의 방출선에 해당한다. 이때 출입하는 에너지의 크기는 b와 c가 같으므로 스펙트럼의 같은 위치에 존재해야 한다. 따라서 ㉠은 d이다.

| 보 | 기 | 풀 | 이 |

ⓛ 정답 : b에서 흡수하는 광자 1개의 에너지는 에너지 준위의 차이와 같으므로 $E_{2→4}=E_4-E_2=(-0.85)-(-3.40)=2.55eV$이다.

ㄷ. 오답 : 방출되는 광자 1개의 에너지는 빛의 진동수에 비례하므로 c의 진동수가 d의 진동수보다 작다.

8	등가속도 운동	정답 ④ 정답률 77%

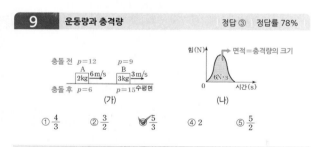

(가)   (나)
가속도 크기 : C<B<A

① ㄱ   ② ㄴ   ③ ㄱ, ㄷ   ✓④ ㄴ, ㄷ   ⑤ ㄱ, ㄴ, ㄷ

| 자 | 료 | 해 | 설 |

가속도는 $a=\frac{\Delta v}{\Delta t}$이므로 속력-시간 그래프의 기울기에 해당하고, 이동 거리는 $s=v·t$이므로 속력-시간 그래프의 넓이에 해당한다. 따라서 A, B, C는 가속도가 각각 $-\frac{v_0}{t_0}$, $-\frac{v_0}{2t_0}$, $-\frac{v_0}{3t_0}$인 등가속도 직선 운동을 하며, 기울기가 급할수록 가속도의 크기가 큰 것을 확인할 수 있다.

| 보 | 기 | 풀 | 이 |

ㄱ. 오답 : 가속도의 크기는 그래프 기울기의 크기와 같으므로 A는 $|a_A|=\frac{v_0}{t_0}$이고, B는 $|a_B|=\frac{v_0}{2t_0}$이다. 따라서 B가 A의 $\frac{1}{2}$배이다.

ⓛ 정답 : t_0일 때 C의 속력은 $v=v_0+at$에 의해 $v_0-\frac{v_0}{3t_0}\times t_0=\frac{2}{3}v_0$이다. 또는 등가속도 운동에서 $3t_0$ 동안 속력 감소량이 v_0이므로 t_0 동안 속력 감소량이 $\frac{1}{3}v_0$가 되어 t_0에서 속력은 $v_0-\frac{1}{3}v_0=\frac{2}{3}v_0$이다.

ⓒ 정답 : 물체가 출발한 순간부터 최고점에 도달할 때까지 이동한 거리는 그래프의 면적과 같다. 직각 삼각형의 높이가 같고 밑변이 A : B : C=1 : 2 : 3이므로 삼각형의 면적 또는 이동 거리도 A : B : C=1 : 2 : 3이다.

9	운동량과 충격량	정답 ③ 정답률 78%

충돌 전 p=12   p=9
A 2kg 6m/s B 3kg 3m/s
충돌 후 p=6   p=15 수평면

힘(N)   면적=충격량의 크기
6N·s
0   시간(s)

(가)   (나)

① $\frac{4}{3}$ ② $\frac{3}{2}$ ✓③ $\frac{5}{3}$ ④ 2   ⑤ $\frac{5}{2}$

| 자 | 료 | 해 | 설 |

(가)에서 충돌 전 A와 B의 운동량의 크기는 각각 12kg·m/s, 9kg·m/s이다. (나)의 힘-시간 그래프에서 면적은 $F·t=I$에 의해 충격량의 크기를 의미하므로 충돌 시 A와 B가 받는 충격량의 크기는 6N·s이다. 또한 충격량은 $I=F·t=mat=m\Delta v$에 의해 운동량의 변화량과 같고, 충돌 시 A는 왼쪽으로, B는 오른쪽으로 충격량을 받으므로 충돌 후 A와 B의 운동량의 크기는 각각 12-6=6kg·m/s, 9+6=15kg·m/s이다.

| 선 | 택 | 지 | 풀 | 이 |

③정답 : A와 B의 충돌 후 속력을 각각 v_A, v_B라 하면 충돌 후 A의 운동량의 크기는 6kg·m/s이므로 $2v_A=6$에 의해 $v_A=3$m/s이고, B의 운동량의 크기는 15kg·m/s이므로 $3v_B=15$에 의해 $v_B=5$m/s이다. 따라서 $\frac{v_B}{v_A}=\frac{5}{3}$이다.

10	파동의 성질	정답 ① 정답률 67%

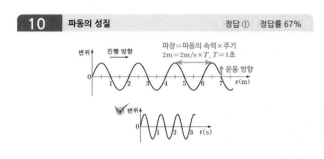

① 변위   ✓① (그래프)

① ✓   ...

| 자 | 료 | 해 | 설 |

파동의 속력은 $v=f·\lambda$이고, $f=\frac{1}{T}$이므로 $v=\frac{\lambda}{T}$이다. 제시된 자료로부터 파장은 2m이므로 주기는 $T=\frac{\lambda}{v}$에 의해 $\frac{2m}{2m/s}=1s$이다. 또한, 파동의 진행 방향이 +x방향이므로 주어진 그림 직후의 파동을 그려보면 $x=7$m에서 변위는 +y방향으로 운동하는 것을 알 수 있다.

| 선 | 택 | 지 | 풀 | 이 |

①정답 : 주기는 파동이 1회 진동할 때 걸린 시간을 의미하므로 주기가 1s이면 파동은 1회 진동해야 한다. 또한 주어진 그림의 $x=7$m에서 변위는 +y방향으로 운동하고 있으므로 이에 해당하는 그래프는 ①이다.

11	작용 반작용 법칙	정답 ② 정답률 67%

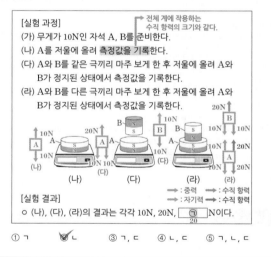

[실험 과정]
(가) 무게가 10N인 자석 A, B를 준비한다.
(나) A를 저울에 올려 측정값을 기록한다.
(다) A와 B를 같은 극끼리 마주 보게 한 후 저울에 올려 A와 B가 정지된 상태에서 측정값을 기록한다.
(라) A와 B를 다른 극끼리 마주 보게 한 후 저울에 올려 A와 B가 정지된 상태에서 측정값을 기록한다.

전체 계에 작용하는 수직 항력의 크기와 같다.

→ : 중력   → : 수직 항력
→ : 자기력   → : 수직 항력

[실험 결과]
○ (나), (다), (라)의 결과는 각각 10N, 20N, ㉠ N이다.

① ㄱ   ✓② ㄴ   ③ ㄱ, ㄷ   ④ ㄴ, ㄷ   ⑤ ㄱ, ㄴ, ㄷ

| 자 | 료 | 해 | 설 |

(나)에서 A의 무게가 10N이므로 A가 받는 중력의 크기가 10N이고, 저울이 A를 떠받치는 수직항력의 크기도 10N이다. (다)에서 A와 B를 하나의 계로 보았을 때 A와 B 사이에 작용하는 자기력은 계의 내력에 해당하므로 외부에 영향을 주지 않아 저울은 A와 B의 무게를 더한 20N을 나타낸다. 이는 (라)에서도 마찬가지이므로 (라)에서 저울이 나타내는 무게는 ㉠ 20N이다.

| 보 | 기 | 풀 | 이 |

ㄱ. 오답 : (나)에서 A에 작용하는 중력의 반작용은 A가 지구를 당기는 힘이다. A에 작용하는 중력과 저울이 A를 떠받치는 힘은 평형 관계이다.

ⓛ 정답 : (다)에서 B는 정지 상태이므로 B의 무게와 A가 B에 위쪽으로 작용하는 자기력의 크기는 10N으로 같다. 따라서 A가 B에 작용하는 자기력의 반작용인 B가 A에 아래쪽으로 작용하는 자기력의 크기는 중력의 크기와 같은 10N이다.

ㄷ. 오답 : A와 B를 하나의 계로 보았을 때 A와 B 사이의 자기력은 계의 내력에 해당하므로 외부에 영향을 주지 않아 저울의 측정값은 A와 B의 무게를 더한 20N을 나타낸다. 따라서 ㉠은 20N이다.

12 핵에너지
정답 ⑤ 정답률 84%

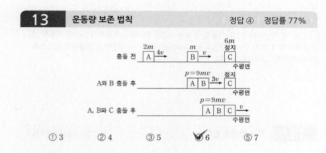

$$\begin{array}{l}(가)\ {}_{1}^{1}H:\ a + a \to c + \boxed{X} + 3.3\text{MeV}\\(나)\ {}_{1}^{1}H:\ a + b \to d + \boxed{X} + 17.6\text{MeV}\ {}_{2}^{4}He\end{array}$$

원자핵	질량수	양성자수
a	2	㉠ =1
b	3	1
c	3	2
d	㉡ =4	2

① ㄱ   ② ㄴ   ③ ㄱ, ㄷ   ④ ㄴ, ㄷ   ✓⑤ ㄱ, ㄴ, ㄷ

|자|료|해|설|

X의 질량수를 x, 양성자수를 y라고 하면 ${}_{y}^{x}$X이다. 핵반응 시 질량수는 보존되므로 (가)와 (나)에서 각각 $2+2=3+x$, $2+3=㉡+x$가 성립하므로 $x=1$, $㉡=4$이다. 또한 핵반응 시 전하량도 보존되므로 (가)와 (나)에서 각각 $㉠+㉠=2+y$, $㉠+1=2+y$에 의해 $㉠=1$, $y=0$이므로 X는 중성자(${}_{0}^{1}$n)이다.

|보|기|풀|이|

㉠. 정답 : 질량 결손은 핵반응 시 발생하는 에너지에 비례하므로 (가)에서가 (나)에서보다 작다.

13 운동량 보존 법칙
정답 ④ 정답률 77%

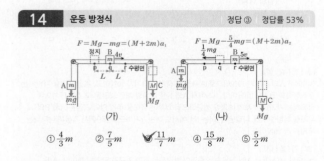

충돌 전
충돌 전 A의 속력 $4v$, B의 속력 v, 6m C 정지 (수평면)

A와 B 충돌 후
$p=9mv$, $3v$, C 정지 (수평면)

A, B와 C 충돌 후
$p=9mv$, v (수평면)

① 3   ② 4   ③ 5   ✓④ 6   ⑤ 7

|자|료|해|설|

충돌 후 A와 B의 속력 $3v$는 충돌 전 A의 속력 $4v$와 B의 속력 v의 $1:2$ 내분점에 해당한다. 따라서 A와 B의 질량비는 $m_A : m_B = 2 : 1$이다. 이를 식으로 구해보면 $m_A(4v)+m_B v = m_A(3v)+m_B(3v)$이므로 $\dfrac{m_A(4v)+m_B(v)}{m_A+m_B}=3v$이 되어 x와 y의 $n:m$ 내분점 z를 구하는 공식 $\dfrac{mx+ny}{m+n}=z$와 같아지는 것을 알 수 있다.

|선|택|지|풀|이|

④. 정답 : A와 B의 질량비가 $m_A : m_B = 2 : 1$임을 구했으므로 이를 각각 $2m$, m으로 두자. A와 B가 충돌 후 A와 B의 운동량은 $3m \cdot 3v = 9mv$이다. 이는 A, B와 C가 충돌한 후에도 같아야 하므로 A, B, C의 질량 합을 M이라고 하면 $Mv=9mv$이므로 $M=9m$, C의 질량은 $6m$이다. 따라서 $\dfrac{m_C}{m_B}=\dfrac{6m}{m}=6$이다.

14 운동 방정식
정답 ③ 정답률 53%

$$F = Mg - mg = (M+2m)a_1 \qquad F = Mg - \tfrac{5}{4}mg = (M+2m)a_2$$

(가)   (나)

① $\dfrac{4}{3}m$ ② $\dfrac{7}{5}m$ ✓③ $\dfrac{11}{7}m$ ④ $\dfrac{15}{8}m$ ⑤ $\dfrac{5}{2}m$

|자|료|해|설|

(가)와 (나)에서 A, B, C의 가속도를 각각 a_1, a_2라고 하고, p와 q 사이의 거리를 L이라 하자. 등가속도 직선 운동 공식 $2as=v^2-v_0^2$에 의해 (가)와 (나)를 표현하면 각각 $2a_1L=(4v)^2-16v^2$, $2a_2L=(5v)^2-(4v)^2$이므로 $a_1 : a_2 = 16 : 9$이다. 또한 $F=ma$이므로 전체 계에 대한 알짜힘의 비도 (가) : (나) $= 16 : 9$이다. 이때 (가)와 (나)에서 작용하는 힘의 차이는 B에 작용하는 $\dfrac{1}{4}mg$뿐이므로 이 힘의 크기가 (가)의 알짜힘 크기의 $\dfrac{7}{16}$에 해당한다.

따라서 (가)에서 알짜힘의 크기는 $\dfrac{1}{4}mg \times \dfrac{16}{7} = \dfrac{4}{7}mg$이다.

|선|택|지|풀|이|

③. 정답 : (가)에서 알짜힘을 구하면 B의 오른쪽 방향을 (+)로 두었을 때 $Mg-mg=\dfrac{4}{7}mg$이므로 $Mg=\dfrac{11}{7}mg$에 의해 $M=\dfrac{11}{7}m$이다.

15 빛의 굴절, 전반사
정답 ① 정답률 77%

[실험 과정]

(가) 그림과 같이 반원형 매질 A와 B를 서로 붙여 놓는다.

(나) 단색광을 A에서 B를 향해 원의 중심을 지나도록 입사시킨다.

(다) (나)에서 입사각을 변화시키면서 굴절각과 반사각을 측정한다.

[실험 결과]   입사각<굴절각 $\to v_A < v_B$, $n_A > n_B$

실험	입사각	굴절각	반사각
I	30°	34°	30°
II	㉠ =50°	59°	50°
III	70°	해당 없음	70°

전반사 : 임계각<70°

✓① ㄱ   ② ㄴ   ③ ㄱ, ㄷ   ④ ㄴ, ㄷ   ⑤ ㄱ, ㄴ, ㄷ

|자|료|해|설|

실험 I에서 입사각이 굴절각보다 작으므로 굴절률은 A가 B보다 크고$(n_A>n_B)$ 빛의 속력은 A에서가 B에서보다 작다.$(v_A<v_B)$ 실험 II에서는 반사의 법칙에 따라 입사각 ㉠은 반사각과 같은 50°이다. 실험 III에서는 굴절하는 빛이 없으므로 전반사가 일어남을 알 수 있고, 임계각은 II의 50°보다 크고, III의 70°보다 작은 각이다.

|보|기|풀|이|

㉠. 정답 : 반사의 법칙에 따라 입사각 ㉠은 반사각과 같은 50°이다.

ㄴ. 오답 : 자료 해설과 같이 단색광의 속력은 A에서가 B에서보다 작다.

ㄷ. 오답 : 실험 III에서 단색광은 전반사하므로 A와 B 사이의 임계각은 70°보다 작다.

16 열기관
정답 ⑤ 정답률 38%

압력 / $Q=+20W$ / A→B / 단열 $Q=0$ / $Q=0$ 단열 / $Q=-10W$ / 부피

과정	기체가 외부에 한 일 또는 외부로부터 받은 일	ΔU	Q
A → B	$+8W$	$+12W$	$+20W$
B → C	$+9W$	$-9W$	0
C → D	$-4W$	$-6W$	$-10W$
D → A	$-3W$	$+3W$	0

열기관이 한 일 : $10W$

보기

㉠ $Q=20W$이다. ∝내부 에너지

㉡ 기체의 온도는 A에서가 C에서보다 낮다. → 12W

㉢ A → B 과정에서 기체의 내부 에너지 증가량은 C → D 과정에서 기체의 내부 에너지 감소량보다 크다. → 6W

① ㄱ   ② ㄷ   ③ ㄱ, ㄷ   ④ ㄴ, ㄷ   ✓⑤ ㄱ, ㄴ, ㄷ

|자|료|해|설|

기체의 PV 값은 온도에 비례하므로 온도가 증가한 A → B 과정은 열 Q를 흡수하고, 온도가 감소한 C → D 과정은 열 Q'을 방출한다. A → B, B → C 과정은 기체가 외부로 일을 하는 구간이고, C → D, D → A 과정은 기체가 외부로부터 일을 받는 구간이다. 따라서 열기관이 한 일은 $W_{합}=+8W+9W-4W-3W=10W$이고, 열효율은 $0.5=\dfrac{10W}{Q}=\dfrac{Q-Q'}{Q}$이므로 $Q=20W$, $Q'=10W$이다.

과정	Q	ΔU	W
A → B	$+Q=+20W$	$+12W$	$+8W$
B → C	0	$-9W$	$+9W$
C → D	$-Q'=-10W$	$-6W$	$-4W$
D → A	0	$+3W$	$-3W$

| 보 | 기 | 풀 | 이 |

ㄱ 정답 : 열기관이 한 일이 $10W$이고, 열효율이 0.5이므로 $0.5 = \frac{10W}{Q}$에 의해 $Q = 20W$이다.

ㄴ 정답 : A → B 과정은 등압 과정으로 열역학 제1법칙($Q = \Delta U + W$)에 따라 $20W = \Delta U_1 + 8W$이고 이때 기체의 내부 에너지 증가량은 $\Delta U_1 = 12W$이다. B → C 과정에서 기체는 단열 팽창하므로 $0 = \Delta U_2 + 9W$이고 이때 기체의 내부 에너지 감소량은 $\Delta U_2 = -9W$이다. A → B → C 과정에서 기체의 내부 에너지 변화량은 $\Delta U = \Delta U_1 + \Delta U_2 = 12W - 9W = 3W$이고 내부 에너지 변화량은 온도 변화량과 비례하므로 기체의 온도는 A에서가 C에서보다 낮다.

ㄷ 정답 : C → D 과정에서 기체가 방출한 열량은 $Q' = \Delta U_2 - 4W = -10W$이므로 기체의 내부 에너지 변화량은 $\Delta U_2 = -6W$이다. A → B 과정에서 기체의 내부 에너지 증가량은 $\Delta U_1 = 12W$이므로 C → D 과정에서 기체의 내부 에너지 감소량인 $|\Delta U_3| = 6W$보다 크다.

---

17 특수 상대성 이론　　정답 ③　정답률 55%

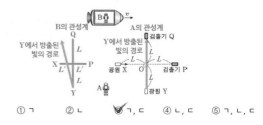

① ㄱ　　② ㄴ　　③✓ ㄱ, ㄷ　　④ ㄴ, ㄷ　　⑤ ㄱ, ㄴ, ㄷ

| 자 | 료 | 해 | 설 |

A의 관성계에서는 광원 X와 Y에서 동시에 빛이 방출되어 같은 거리 $2L$을 지나 동시에 검출기 P, Q에 도달한다. 이때 P, Q를 향해 방출된 빛이 O를 동시에 지나는 것은 한 점에서 발생한 하나의 사건이므로 모든 관성계에서 두 빛은 O를 동시에 통과한다. B의 관성계에서 광원 X와 검출기 P 사이의 거리는 $2L$보다 짧은 $2L'$으로 길이 수축이 일어나므로 P, Q를 향해 방출된 빛이 O를 동시에 지나기 위해서 빛은 광원 Y에서가 X에서보다 먼저 방출되어야 한다. 또한 X, Y에서 빛이 동시에 발사되면 빛은 검출기 P에 먼저 도달한다.

| 보 | 기 | 풀 | 이 |

ㄱ 정답 : 모든 관성계에서 두 빛은 O를 동시에 통과하는데, B의 관성계에서는 X와 O 사이의 거리에 길이 수축이 일어나므로 빛은 광원 Y에서가 X에서보다 먼저 방출된다.

ㄴ 오답 : B의 관성계에서 X와 P 사이의 거리는 길이 수축이 일어나므로 O를 동시에 지난 두 빛 중 Y에서 방출된 빛이 검출기 Q에 도달하는 것보다 X에서 방출된 빛이 검출기 P에 먼저 도달한다.

ㄷ 정답 : A의 관성계에서 Y에서 방출된 빛이 Q에 도달하는 데 걸리는 시간은 $\frac{2L}{c}$이다. B의 관성계에서 광원과 검출기 모두 왼쪽으로 이동하므로 Y에서 방출된 빛은 왼쪽 대각선으로 진행한다. 이때 진행한 거리는 $2L$보다 크므로 Y에서 방출된 빛이 Q에 도달하는 데 걸리는 시간은 $\frac{2L}{c}$보다 크다.

---

18 직선, 원형 전류에 의한 자기장　　정답 ⑤　정답률 63%

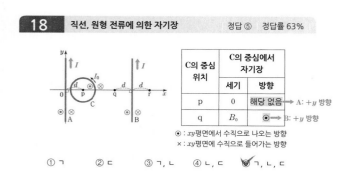

	C의 중심에서 자기장	
C의 중심 위치	세기	방향
p	0	해당 없음
q	B_0	⊙

⊙ : xy평면에서 수직으로 나오는 방향
× : xy평면에 수직으로 들어가는 방향

A: $+y$ 방향
B: $+y$ 방향

① ㄱ　　② ㄷ　　③ ㄱ, ㄴ　　④ ㄴ, ㄷ　　⑤✓ ㄱ, ㄴ, ㄷ

| 자 | 료 | 해 | 설 |

C에 흐르는 전류(I_C)에 의해 C의 중심에서 자기장의 방향은 xy평면에 수직으로 나오는 방향(⊙)이다. C의 중심이 p에서 q로 갈수록 A에 흐르는 전류(I_A)에 의한 자기장의 세기는 줄어들고 B에 흐르는 전류(I_B)에 의한 자기장의 세기는 증가한다. q에서 C 중심의 자기장 방향은 평면에 수직으로 나오는 방향(⊙)이므로 오른손 법칙에 의해 I_B의 방향은 $+y$방향이다. p에서 합성 자기장의 세기는 0이고 I_B와 I_C에 의한 자기장은 xy평면에 수직으로 나오는 방향(⊙)이므로 I_A에 의한 자기장의 방향은 xy평면에 수직으로 들어가는 방향(×)이고, 오른손 법칙에 의해 I_A의 방향은 $+y$방향이다.

| 보 | 기 | 풀 | 이 |

ㄱ 정답 : p에서 I_B와 I_C에 의한 자기장의 방향은 ⊙이므로 I_A에 의한 자기장의 방향은 ×이다. 따라서 오른손 법칙에 의해 I_A의 방향은 $+y$방향이다.

ㄴ 정답 : C의 중심에서 I_C에 의한 자기장의 세기가 B_0라면 C를 제거했을 때 q에서 자기장의 세기는 0이어야 한다. 주어진 상황에서는 A와 B에 같은 세기의 전류가 흐르고, q는 B에 더 가까우므로 C를 제거했을 때 q에서 ⊙ 방향으로 자기장이 존재한다. 따라서 I_C에 의한 자기장의 세기는 B_0보다 작다.

ㄷ 정답 : C의 중심을 p와 r에 맞추면 p에서 I_A와 I_C에 의한 자기장과 r에서 I_B와 I_C에 의한 자기장의 크기와 방향이 같다. p에서는 I_B에 의해 ⊙ 방향 자기장이 존재하고, r에서는 I_A에 의해 × 방향 자기장이 존재하는데, p에서 합성 자기장이 0이므로 r에서 합성 자기장의 방향은 ×이다.

---

19 역학적 에너지　　정답 ④　정답률 33%

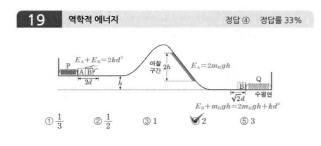

① $\frac{1}{3}$　　② $\frac{1}{2}$　　③ 1　　④✓ 2　　⑤ 3

| 자 | 료 | 해 | 설 |

P에서 탄성력에 의한 퍼텐셜 에너지는 $E_P = \frac{1}{2}k(2d)^2 = 2kd^2$이고, 이 에너지는 P의 원래 길이에서 A와 B의 운동 에너지로 전환되므로 이를 각각 E_A, E_B라고 하면 $E_A + E_B = 2kd^2$이다. A는 B와 분리된 후에도 P에 연결되어 운동하므로 E_A는 A의 속력이 0이 되는 지점에서 모두 P의 탄성 퍼텐셜 에너지로 다시 전환된다. 따라서 A와 B가 분리된 후 P의 탄성 퍼텐셜 에너지 최댓값은 E_A이다.

B는 마찰 구간에서 등속도로 운동하므로 운동 에너지는 일정하고 중력 퍼텐셜 에너지만 감소한다. 따라서 B의 역학적 에너지 감소량은 $2m_Bgh$이므로 $2m_Bgh = E_A$이다. 또한 A와 분리된 직후 B의 역학적 에너지는 $m_Bgh + E_B$이고, Q에서 탄성력에 의한 퍼텐셜 에너지는 $E_P = \frac{1}{2}k(\sqrt{2}d)^2 = kd^2$이므로 B의 역학적 에너지에 대해 식을 세우면 $m_Bgh + E_B = 2m_Bgh + kd^2$이다.

| 선 | 택 | 지 | 풀 | 이 |

④ 정답 : $E_A + E_B = 2kd^2$에 $E_A = 2m_Bgh$와 $E_B = m_Bgh + kd^2$을 대입하면 $kd^2 = 3m_Bgh$이다. 이를 다시 $E_B = m_Bgh + kd^2$에 대입하면 $E_B = 4m_Bgh$이므로 $\frac{m_B}{m_A} = \frac{E_B}{E_A} = \frac{4m_Bgh}{2m_Bgh} = 2$이다.

---

20 쿨롱 법칙　　정답 ①　정답률 55%

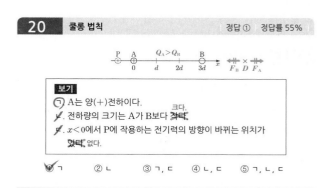

| 보기 |

ㄱ A는 양(+)전하이다.
ㄴ✗ 전하량의 크기는 A가 B보다 ~~크다~~. 크다
ㄷ✗ $x < 0$에서 P에 작용하는 전기력의 방향이 바뀌는 위치가 ~~있다~~. 없다

①✓ ㄱ　　② ㄴ　　③ ㄱ, ㄷ　　④ ㄴ, ㄷ　　⑤ ㄱ, ㄴ, ㄷ

| 자 | 료 | 해 | 설 |

$x > 3d$에서 P에 작용하는 전기력의 방향이 바뀌는 위치가 있다는 것은 전기력의 합이 0이 되는 지점(D)이 있다는 것과 같다. 이를 통해 D에서 A와 B는 P에 반대 방향으로 전기력을 작용하므로 A와 B의 전하의 종류가 다르고, B보다 A가 D로부터의 거리가 더 멀지만 같은 전기력을 작용하므로 A의 전하량이 B보다 크다는 것을 알 수 있다. 또한 $x = d$에서 P에 작용하는 전기력은 A가 B보다 크고, P가 받는 전기력의 방향은 $+x$방향이므로 A는 P와 같은 양(+)전하이다.

| 보 | 기 | 풀 | 이 |

ㄱ 정답 : A는 P와 같은 양(+)전하이고, B는 A와 전하의 종류가 다르므로 음(−)전하이다.

ㄴ 오답 : $x > 3d$에 전기력의 합이 0이 되는 지점이 있으므로 전하량의 크기는 A가 B보다 크다.

ㄷ 오답 : A가 B보다 전하량의 크기가 크기 때문에 $x < 0$에서 P에 작용하는 전기력은 모두 $-x$방향이다.

1	②	2	①	3	③	4	①	5	④
6	④	7	①	8	②	9	⑤	10	③
11	⑤	12	①	13	③	14	②	15	⑤
16	④	17	①	18	③	19	④	20	⑤

---

1 전자기파   정답 ②   정답률 80%

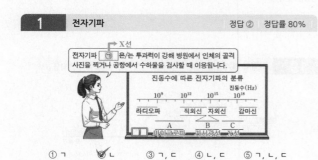

① ㄱ   ✔② ㄴ   ③ ㄱ, ㄷ   ④ ㄴ, ㄷ   ⑤ ㄱ, ㄴ, ㄷ

|보|기|풀|이|

ㄱ. 오답 : ⊙은 투과력이 강하다고 했으므로 X선이고, 이는 C에 해당한다.

ㄴ. 정답 : 파동에서 빛의 속력(일정)=진동수×파장이므로 파장은 진동수에 반비례한다. A가 B보다 진동수가 작으므로 파장은 A가 B보다 길다.

ㄷ. 오답 : 열화상 카메라는 적외선을 측정하는 도구이다.

---

2 자기장   정답 ①   정답률 80%

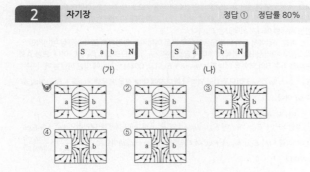

(가)   (나)

|자|료|해|설|

막대자석을 자르면 다시 N극, S극을 띠는 자석이 된다. 따라서 a는 N극, b는 S극을 띤다.

|선|택|지|풀|이|

① 정답 : 자기력선은 N극에서 나와 S극으로 들어가므로 정답은 ①이다.

---

3 빛과 물질의 이중성   정답 ③   정답률 56%

① A   ② B   ③ A, C   ④ B, C   ⑤ A, B, C

|자|료|해|설|

광자의 에너지는 $E=hf=\frac{hc}{\lambda}$로 파장과 반비례한다.

|보|기|풀|이|

학생 A 정답 : 광자의 에너지가 2배인 빛의 파장은 λ_1의 $\frac{1}{2}$배인 $\frac{1}{2}\lambda_1$이다.

학생 B. 오답 : 물질파의 파장은 $\lambda_2=\frac{h}{p}=\frac{h}{\sqrt{2mE}}$이므로 광자의 에너지가 2배가 되면

$\lambda_3=\frac{h}{\sqrt{2m(2E)}}=\frac{1}{\sqrt{2}}\lambda_2$이다.

학생 C 정답 : 전자 현미경은 가시광선보다 파장이 짧은 물질파를 이용하므로 광학 현미경보다 분해능이 좋다.

---

4 전자의 에너지 준위와 광전 효과   정답 ①   정답률 70%

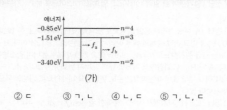

(가)

✔① ㄱ   ② ㄷ   ③ ㄱ, ㄴ   ④ ㄴ, ㄷ   ⑤ ㄱ, ㄴ, ㄷ

|자|료|해|설|

광전자는 금속판의 문턱 진동수보다 큰 진동수의 빛을 금속판에 비추어야 방출된다. 전자가 $n=2$로 전이할 때 방출되는 빛의 에너지와 진동수는 비례하므로 $f_a>f_b$이고, 진동수가 f_a, f_b인 빛 중 하나에 의해서만 광전자가 방출되므로 진동수가 더 큰 f_a에 의해 광전자가 방출된다.

|보|기|풀|이|

ㄱ. 정답 : 광전자는 진동수가 f_a인 빛을 비출 때 방출된다.

ㄴ. 오답 : f_a, f_b 모두 $n=2$로 전이하므로 진동수가 f_a, f_b인 빛 둘 다 가시광선이다.

ㄷ. 오답 : 진동수가 f_a인 광자의 에너지는 $-0.85-(-3.40)=2.55\text{eV}$이고 진동수가 f_b인 광자의 에너지는 $-1.51-(-3.40)=1.89\text{eV}$이다. 진동수가 f_a-f_b인 광자의 에너지는 $-0.85-(-1.51)=0.66\text{eV}$로 광전자를 방출시키지 못하는 진동수가 f_b인 광자의 에너지보다 작다.

---

5 빛의 굴절   정답 ④   정답률 37%

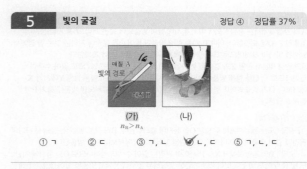

(가)   (나)
$n_B>n_A$

① ㄱ   ② ㄷ   ③ ㄱ, ㄴ   ✔④ ㄴ, ㄷ   ⑤ ㄱ, ㄴ, ㄷ

|자|료|해|설|

(가)와 (나)에서 볼펜과 다리가 꺾이거나 짧아 보이는 이유는 위와 같이 빛이 굴절률이 큰 매질에서 작은 매질로 진행하여 보이기 때문이다.(매질의 굴절률 B>A)

|보|기|풀|이|

ㄱ. 오답 : (가)에서 굴절률은 A가 B보다 작다.

ㄴ. 정답 : 굴절률이 작은 매질에서 빛의 속력이 크다. 굴절률은 B>A이므로 빛의 속력은 A에서가 B에서보다 크다.

ㄷ. 정답 : (나)에서 빛이 물에서 공기로 진행할 때 (가)에서 빛이 굴절하여 볼펜이 짧아 보이는 것처럼 굴절각이 입사각보다 커서 다리가 짧아 보인다.

---

6 핵에너지   정답 ④   정답률 65%

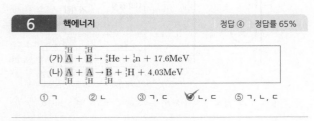

① ㄱ   ② ㄴ   ③ ㄱ, ㄷ   ✔④ ㄴ, ㄷ   ⑤ ㄱ, ㄴ, ㄷ

|자|료|해|설|

A와 B의 질량수를 각각 a, b라 하고 전하량을 c, d라 하면 질량수, 전하량 보존에 따라 (가)에서 a+b=4+1=5, c+d=2이고 (나)에서 a+a=b+1, c+c=d+1이다. 이를 연립하면 a=2, b=3, c=1, d=1이므로 A는 $^2_1$H, B는 $^3_1$H이다.

|보|기|풀|이|

ㄱ. 오답 : (가)는 질량수가 작은 원자핵이 융합하여 질량수가 큰 원자핵이 되는 핵융합 반응이다.

ㄴ. 정답 : 핵반응에서는 질량 결손에 해당하는 에너지가 방출된다.

ㄷ. 정답 : 중성자수는 A가 1, B가 2이므로 B가 A의 2배이다.

---

7 작용과 반작용 법칙 　　　　　 정답 ① 　정답률 39%

저울에 측정된 힘의 크기

① ㄱ　　② ㄷ　　③ ㄱ, ㄴ　　④ ㄴ, ㄷ　　⑤ ㄱ, ㄴ, ㄷ

|자|료|해|설|
A와 B는 정지 상태이므로 각 물체에 작용하는 알짜힘은 0이다. 저울에 측정된 힘의 크기가 3N이므로 B에 작용하는 알짜힘이 0이 되기 위해서는 용수철이 B를 1N으로 밀어야 한다. 따라서 용수철은 A도 1N으로 밀기 때문에 실에 걸리는 장력은 1N이다.

|보|기|풀|이|
ㄱ. 정답 : 저울에 측정된 3N은 저울이 B에 작용하는 힘이다. A와 B의 무게의 합은 4N이므로 실이 A를 당기는 힘의 크기는 4−3＝1N이다.
ㄴ. 오답 : 용수철이 A에 작용하는 힘의 방향은 위쪽이므로 A에 작용하는 중력의 방향과 반대이다.
ㄷ. 오답 : B에 작용하는 중력의 반작용은 B가 지구를 당기는 힘이다.

---

8 운동량과 충격량 　　　　　 정답 ② 　정답률 57%

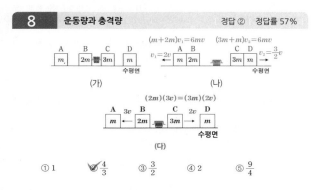

① 1　　② $\frac{4}{3}$　　③ $\frac{3}{2}$　　④ 2　　⑤ $\frac{9}{4}$

|자|료|해|설|
(다)와 같이 B, C가 용수철에서 분리되었을 때 운동량 보존 법칙에 따라 B와 C의 운동량의 합은 0이다. 따라서 B와 C의 운동량의 크기는 같고 방향은 반대이다. B의 속력을 3v라 하면 C의 속력은 2v이고 B와 C의 운동량의 크기는 $(2m)(3v)=(3m)(2v)=6mv$이다. (나)와 같이 A와 B, C와 D가 한 덩어리로 등속운동을 할 때의 속력의 크기를 각각 v_1, v_2라 하면 운동량의 크기는 $(m+2m)v_1=(3m+m)v_2=6mv$이므로 $v_1=2v$, $v_2=\frac{3}{2}v$이다.

|선|택|지|풀|이|
② 정답 : 충돌하는 동안 A, D가 각각 B, C에 작용하는 충격량의 크기는 A와 D의 운동량 변화량의 크기와 같으므로 $I_1=\Delta p_A=m(2v)$, $I_2=\Delta p_D=m\left(\frac{3}{2}v\right)$이고 $\frac{I_1}{I_2}=\frac{4}{3}$이다.

---

9 빛의 굴절, 전반사 　　　　　 정답 ⑤ 　정답률 62%

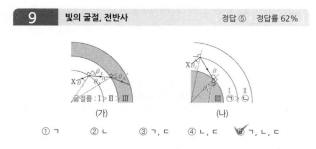

① ㄱ　　② ㄴ　　③ ㄱ, ㄷ　　④ ㄴ, ㄷ　　⑤ ㄱ, ㄴ, ㄷ

|자|료|해|설|
(가)에서 X가 Ⅰ → Ⅱ → Ⅲ으로 지날 때 '입사각＜굴절각($\theta_1<\theta_{\text{II}}$, $\theta_{\text{II}}'<\theta_{\text{III}}'$)'이므로 굴절률은 Ⅰ＞Ⅱ＞Ⅲ이다.
(나)의 ㉠에서 ㉡으로 빛이 진행할 때 전반사가 일어나는데, 전반사는 굴절률이 큰 매질에서 작은 매질로 빛이 입사할 때 일어나므로 굴절률은 ㉠＞㉡이다.

|보|기|풀|이|
ㄱ. 정답 : 굴절률은 Ⅰ＞Ⅱ＞Ⅲ이므로 굴절률은 Ⅰ이 가장 크다.
ㄴ. 정답 : (나)에서 굴절률은 ㉠＞㉡이다. 따라서 ㉡은 굴절률이 더 작은 Ⅱ이다.
ㄷ. 정답 : (나)에서 두 매질의 굴절률 차이가 클수록 임계각은 작다. 굴절률 차이는 ㉠과 Ⅲ이 ㉠과 ㉡보다 크므로 X가 ㉠에서 Ⅲ로 입사할 때 임계각은 θ_C보다 작다. 전반사는 입사각이 임계각보다 클 때 일어나는데 입사각 θ는 θ_C보다 크므로 X는 p에서 전반사한다.

---

10 파동의 간섭 　　　　　 정답 ③ 　정답률 81%

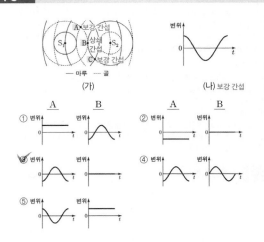

(가)　　　　　　　　(나) 보강 간섭

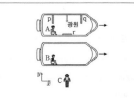

|자|료|해|설|
C는 마루와 마루가 중첩된 물결파로 보강 간섭이 일어나는 곳이다. 따라서 (나)는 보강 간섭이 일어날 때 물결파의 변위를 나타낸 그래프이다.

|선|택|지|풀|이|
③ 정답 : A는 골과 골이 중첩되어 보강 간섭이 일어나는 지점으로 C와 반대 위상을 가진 물결파의 보강 간섭이 일어난다. B는 상쇄 간섭이 일어나는 곳으로 시간에 관계없이 변위가 0이어야 한다. 이에 해당하는 것은 ③이다.

---

11 특수 상대성 이론 　　　　　 정답 ⑤ 　정답률 38%

(가) A의 관성계에서, 광원에서 방출된 빛은 p, q, r에서 동시에 반사된다. ➡ 광원에서 p, q, r까지의 고유 거리는 모두 같음

(나) B의 관성계에서, 광원에서 방출된 빛은 q보다 p에서 먼저 반사된다. ➡ B는 A가 타고 있는 우주선이 +x방향으로 운동함

(다) C의 관성계에서, 광원에서 방출된 빛이 r에 도달할 때까지 걸린 시간은 t_0이다.

① ㄱ　　② ㄷ　　③ ㄱ, ㄴ　　④ ㄴ, ㄷ　　⑤ ㄱ, ㄴ, ㄷ

|자|료|해|설|
(가)의 결과, 광원에서 p, q, r까지의 고유 거리는 모두 같고 (나)의 결과, A가 탄 우주선은 B를 기준으로 +x방향으로 운동하므로 C의 관성계에서는 A가 B보다 빠르게 운동한다.

|보|기|풀|이|
ㄱ. 정답 : A의 관성계에서 B와 C의 운동 방향은 −x방향으로 같다.
ㄴ. 정답 : 한 지점에서 동시에 발생한 사건은 다른 관성 기준계에서도 동시에 발생한다. 즉, A의 관성계에서 광원에서 동시에 방출된 빛은 p, q, r에 반사되어 광원에 동시에 도달하므로 B의 관성계에서도 광원에서 방출된 빛은 광원에 동시에 도달한다.
ㄷ. 정답 : C의 관성계에서도 광원에서 방출된 빛은 광원에 동시에 도달하고, 광원에서 r까지, r에서 광원까지 빛이 이동하는 거리는 같으므로 이때 걸린 시간은 $2t_0$이다.
C의 관성계에서 A는 +x방향으로 운동하므로 광원에서 q까지 빛이 이동한 거리는 q에서 광원까지 빛이 이동하는 거리보다 크기때문에 광원에서 q까지 빛이 이동하는데 걸린 시간은 t_0보다 크다.

---

12 전자기 유도와 다이오드 　　　　　 정답 ① 　정답률 64%

$x=4d$를 지날 때 LED에서 빛이 방출된다.
↳ LED에 순방향 전압이 걸림

① ㄱ　　② ㄴ　　③ ㄱ, ㄷ　　④ ㄴ, ㄷ　　⑤ ㄱ, ㄴ, ㄷ

②정답 : (나)에서 물체의 가속도를 a_2라고 하고 운동 방정식을 세우면, $6mg-4ma_1=$
$10ma_2$이다. $a_1=\frac{2}{3}g$를 대입하여 정리하면 $a_2=\frac{1}{3}g$이다. (나)에서 q가 C를 당기는 힘을
T_1이라고 하면, $T_1-4ma_1=4ma_2$이므로 $T_1=4mg$이다.

| 자 | 료 | 해 | 설 |
금속 고리가 $x=4d$를 지날 때 금속 고리를 통과하는 ⊙방향 자기 선속이 감소하므로 금속
고리 내부에서 ⊙방향으로 자기장이 유도되고, 반시계 방향으로 유도 전류가 흐른다.
이때 LED에서 빛이 방출되므로 LED에서는 순방향 전압이 걸린다. 따라서 LED의 p형
반도체에서 n형 반도체로 전류가 흐르므로 A는 n형 반도체이다.

| 보 | 기 | 풀 | 이 |
ㄱ 정답 : 금속 고리가 $x=4d$를 지날 때 반시계 방향으로 유도 전류가 흐르고, 이때 LED
에서 빛이 방출되므로 LED에서는 순방향 전압이 걸린다. 따라서 A는 n형 반도체이다.
ㄴ. 오답 : 금속 고리가 $x=d$를 지날 때, 금속 고리를 통과하는 자기 선속은 변화가 없으므로
유도 전류는 흐르지 않는다.
ㄷ. 오답 : 금속 고리가 $x=2d$를 지날 때, 금속 고리를 통과하는 ⊗방향 자기 선속은 감소,
⊙방향 자기 선속은 증가하여 시계 방향 유도 전류가 흐른다. 따라서 LED에는 역방향의
전압이 걸리므로 빛이 방출되지 않는다.

13 운동량 보존 법칙   정답 ③ 정답률 51%

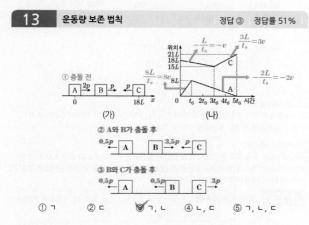

① ㄱ   ② ㄷ   ③ ㄱ, ㄴ   ④ ㄴ, ㄷ   ⑤ ㄱ, ㄴ, ㄷ

| 자 | 료 | 해 | 설 |
(나)에서 그래프의 기울기는 물체의 속도이므로 $\frac{L}{t_0}=v$라고 하면, A의 충돌 전과 후의
속도는 각각 $\frac{8L}{t_0}=8v$, $-\frac{2L}{t_0}=-2v$이고 C의 충돌 전과 후의 속도는 각각 $-\frac{L}{t_0}=-v$,
$\frac{3L}{t_0}=3v$이다. A와 B가 충돌한 후 A의 속도는 $-x$방향으로 크기가 $\frac{1}{4}$배가 되므로 충돌 후
A의 운동량은 $-x$방향으로 $0.5p$이다. 이때, A의 운동량 변화량의 크기는 $2p-(-0.5p)=$
$2.5p$이고 운동량 보존 법칙에 따라 A의 운동량 변화량의 크기는 B의 운동량 변화량의
크기와 같으므로 충돌 후 B의 운동량은 $+x$방향으로 크기는 $p+2.5p=3.5p$이다.(그림②)
B와 C가 충돌한 후 C의 속도는 $+x$방향으로 크기가 3배가 되므로 충돌 후 C의 운동량은
$+x$방향으로 $3p$이다. 이때, C의 운동량 변화량의 크기는 $3p-(-p)=4p$이고 운동량 보존
법칙에 C의 운동량 변화량의 크기는 B의 운동량 변화량의 크기와 같으므로 충돌 후 B의
운동량은 $-x$방향으로 크기는 $4p-3.5p=0.5p$이다.(그림③)

| 보 | 기 | 풀 | 이 |
ㄱ 정답 : A의 질량을 m_A, B와 C의 질량을 m이라 하면, A의 충돌 전 운동량의 크기는
$2p=m_A(8v)$이므로 $m_A=\frac{p}{4v}$이고 C의 충돌 전 운동량의 크기는 $p=mv$이므로 $m=\frac{p}{v}$이다.
따라서 $m=4m_A$이다.
ㄴ 정답 : $2t_0$에서는 그림 ②와 같이 A와 B가 충돌한 이후 상황으로 자료 해설과 같이 B의
운동량의 크기는 $3.5p$이다.
ㄷ. 오답 : 그림 ③과 같이 $4t_0$에서 B와 C의 운동량 크기는 각각 $0.5p$, $3p$이고 B와 C의
질량은 같으므로 B와 C의 속력의 비는 운동량의 크기 비와 같은 1 : 6이다.

14 운동 방정식   정답 ② 정답률 38%

$(m+M)a_1=4mg$ $6mg-4ma_1=10ma_2$

$a_1=\frac{2}{3}g$ B,q   C,q,T_1 m,B $a_2=\frac{1}{3}g$

$M=5m$ $\frac{m}{M}$A   4m C   4m $\frac{m}{p}$ $T_1-\frac{8}{3}mg=\frac{4}{3}mg$

Ma_1 $\frac{10}{3}mg$ $\frac{8}{3}mg$ MA $T_1=4mg$

$Ma_1=\frac{10}{3}mg$ (가)   (나)

① $\frac{13}{3}mg$ ② $4mg$ ③ $\frac{11}{3}mg$ ④ $\frac{10}{3}mg$ ⑤ $3mg$

| 자 | 료 | 해 | 설 |
(가)에서 p가 B를 $\frac{10}{3}mg$로 당기므로 p에 걸리는 장력이 $T=\frac{10}{3}mg$이고, p는 A도 $\frac{10}{3}mg$
로 당긴다. 따라서 A에 작용하는 중력과 수직 항력의 합력에 의한 가속도를 a_1이라고 하면
$Ma_1=\frac{10}{3}mg$이다. 이때 같은 빗면에 있는 B에서도 중력과 수직 항력의 합력에 의한
가속도는 a_1이므로 (가)에서 A, B, C에 대한 운동 방정식은 $4mg=(m+M)a_1$이다. 이 식에
$Ma_1=\frac{10}{3}mg$를 대입하여 정리하면 $a_1=\frac{2}{3}g$이고, $M=5m$이다.

---

15 열기관   정답 ⑤ 정답률 53%

	과정	흡수 또는 방출하는 열량(J)		내부 에너지 증가량 또는 감소량(J)	
등적 과정 $(W=0, Q=\Delta U)$	A → B	50 (흡수)	=	50 ⓒ (증가량)	
등온 팽창($\Delta U=0$)	B → C	100 (흡수)		0	→ 1번 순환하는 동안
등적 과정 $(W=0, Q=\Delta U)$	C → D	120 ⊙ (방출)	=	120 (감소량)	ⓒ-120+ⓒ =50-120+ⓒ
단열 과정($Q=0$)	D → A	0		70 ⓒ (증가량)	=0 ⓒ=70

① ㄱ   ② ㄷ   ③ ㄱ, ㄴ   ④ ㄴ, ㄷ   ⑤ ㄱ, ㄴ, ㄷ

| 보 | 기 | 풀 | 이 |
ㄱ 정답 : C → D 과정은 압력이 감소하는 등적 과정으로 방출한 열량이 내부 에너지
감소량과 같으므로 ⊙=120이다.
ㄴ 정답 : A → B 과정은 압력만 증가하는 등적 과정으로 흡수한 열량이 내부 에너지
증가량과 같아 ⓒ=50이다. 기체가 A → B → C → D → A를 따라 한번 순환하는 동안
내부 에너지 변화량은 0이므로 ⓒ-120+ⓒ=50-120+ⓒ=0이므로 ⓒ=70이다. 따라서
ⓒ-ⓒ=20이다.
ㄷ 정답 : 흡수하는 총 열량은 50+100=150J, 방출하는 열량은 120J이므로 열효율은
$\frac{150-120}{150}=0.2$이다.

16 등가속도 운동   정답 ④ 정답률 42%

r에서의 속력은 B가 A의 $\frac{4}{3}$배이다.

r에서 A의 속력 $3v$, B의 속력 $4v$

① $\frac{3}{16}d$ ② $\frac{1}{4}d$ ③ $\frac{5}{16}d$ ④ $\frac{3}{8}d$ ⑤ $\frac{7}{16}d$

| 자 | 료 | 해 | 설 |
r에서 A의 속력을 $3v$, B의 속력을 $4v$라고 하자. 두 물체가 충돌하는 데까지 걸린 시간을
$4t$라 하면 빗면에서 A와 B의 가속도 크기는 같으므로 $4t$ 동안 두 물체의 속도 변화량의
크기는 $4v$로 같다. p에서 r까지 B의 평균 속력은 $\frac{0+4v}{2}=2v$이므로 $d=2v\cdot 4t=8vt$이고,
$vt=\frac{1}{8}d$이다. A의 초기 속력은 빗면 위 방향으로 v이므로 최고점까지 평균 속력은 $\frac{1}{2}v$,
최고점에서 r까지 평균 속력은 $\frac{3}{2}v$이다. 따라서 A는 q에서 최고점까지 이동 거리가 $\frac{1}{2}vt$
이고, 최고점에서 r까지 이동 거리는 $\frac{3}{2}v\cdot 3t=\frac{9}{2}vt$이다. q에서 r까지의 거리는 두 값의
차와 같으므로 $\frac{9}{2}vt-\frac{1}{2}vt=4vt=\frac{1}{2}d$이다.

| 선 | 택 | 지 | 풀 | 이 |
④정답 : A와 B는 가속도가 같으므로 상대 속도의 크기는 v로 일정하다. 따라서 A가
최고점일 때 B까지의 거리는, 초기 상태에서 B가 정지 상태이고 A가 v로 t 동안 등속도
운동했을 때 A와 B의 거리와 같다. p에서 q까지의 거리는 $\frac{1}{2}d$이고, A가 v로 t 동안 등속도
운동했을 때 이동 거리는 $vt=\frac{1}{8}d$이므로 A가 최고점일 때 A와 B의 거리는 $\frac{1}{2}d-\frac{1}{8}d=$
$\frac{3}{8}d$이다.

17 반도체와 다이오드   정답 ① 정답률 35%

보기
ㄱ ⊙은 (다)의 결과이다.
ㄴ. (다)에서 0~t일 때, 전류의 방향은 ⓐ → ⓒ → ⓑ이다.
ㄷ. (라)에서 t~2t일 때, X에는 순방향 전압이 걸린다.

① ㄱ   ② ㄴ   ③ ㄱ, ㄷ   ④ ㄴ, ㄷ   ⑤ ㄱ, ㄴ, ㄷ

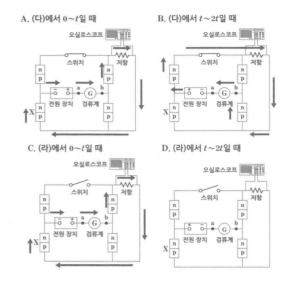

A. (다)에서 0~t일 때   B. (다)에서 t~2t일 때

C. (라)에서 0~t일 때   D. (라)에서 t~2t일 때

|자|료|해|설|

p형 반도체에 (+)극, n형 반도체에 (−)극이 걸릴 때 p−n 접합 다이오드에 전류가 흐른다. 실험 결과에서 0~t일 때 그래프로 보아 스위치가 열렸을 때에도 전류가 흐르므로 X는 위쪽부터 n형 반도체, p형 반도체이고, 전원 장치의 좌측부터 (−)극, (+)극이 된다. t~2t일 때 전원 장치의 극이 반대가 되면, 스위치가 열렸을 때 전류가 흐를 수 없으므로 ⓒ은 (라)의 결과이다. 따라서 ㉠은 (다)의 결과이고, t에서 2t동안 스위치를 닫았을 때에도 전류가 흐르기 위해서는 나머지 2개의 다이오드에서도 위쪽이 n형 반도체, 아래쪽이 p형 반도체가 되어야 한다.

|보|기|풀|이|

㉠ 정답: (다)의 결과, 0~t일 때는 A, t~2t일 때는 B와 같이 전류가 흘러 저항에 흐르는 전류의 방향은 바뀌지 않는다. 따라서 ㉠은 (다)의 결과이다.

ㄴ. 오답: (다)에서 0~t일 때는 A와 같이 전류가 흐르므로 전류의 방향은 a → ⓖ → b이다.

ㄷ. 오답: (라)의 결과, 0~t일 때는 C와 같이 전류가 흐르지만, t~2t일 때는 X에 역방향 전압이 걸리면서 전류가 흐르지 않는다.

---

18 직선 전류에 의한 자기장   정답 ③ 정답률 49%

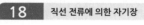

도선	위치	두 도선의 전류에 의한 자기장 방향
A, B	p	+y
B, C	q	+x : C에 흐르는 전류의 세기는 B에서보다 크고 방향은 ⊗이다.
A, D	r	+x ㉠

×: xy평면에 수직으로 들어가는 방향

① ㄱ   ② ㄴ   ✔③ ㄱ, ㄷ   ④ ㄴ, ㄷ   ⑤ ㄱ, ㄴ, ㄷ

|자|료|해|설|

원점 O에서 B, D의 전류에 의한 자기장은 0이므로 B와 D에 흐르는 전류의 세기와 방향은 같다. q에서 B의 전류에 의한 자기장은 −x방향이지만 표에서 B와 C의 전류에 의한 합성 자기장이 +x방향이므로 C에 흐르는 전류의 세기는 B에서보다 크고, 방향은 ⊗이다. p에서 A와 B의 전류에 의한 합성 자기장은 B의 전류에 의한 자기장의 방향과 같으므로 A의 전류의 방향이 ⊙인 경우가 가능하고, A의 전류의 방향이 ⊗인 경우는 전류의 세기가 B보다 작다.

|보|기|풀|이|

㉠ 정답: p에서 B의 전류에 의한 자기장은 +y방향이고 A와 B의 전류에 의한 합성 자기장도 +y방향이므로 A에 흐르는 전류는 xy평면에서 수직으로 들어가는 방향(⊗), 전류의 세기는 B보다 작은 경우와 전류가 xy평면에 수직으로 나오는 방향(⊙)일 때 모두 가능하다. 이 두 경우 모두 r에서 A와 D의 전류에 의한 자기장 방향은 +x방향이다.

ㄴ. 오답: q에서 B의 전류에 의한 자기장은 −x방향이지만 표에서 B와 C의 전류에 의한 합성 자기장은 +x방향이므로 C에 흐르는 전류의 세기는 B에서보다 크고 방향은 ⊗이다.

㉢ 정답: A, C의 전류의 방향이 모두 ⊗라면 도선에 흐르는 전류의 세기는 A<B=D<C이다.

---

19 쿨롱 법칙   정답 ④ 정답률 37%

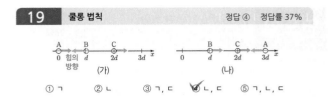

① ㄱ   ② ㄴ   ③ ㄱ, ㄷ   ✔④ ㄴ, ㄷ   ⑤ ㄱ, ㄴ, ㄷ

|자|료|해|설|

(가)와 (나)에서 점전하에 작용하는 힘의 합은 작용−반작용 법칙에 따라 0이다. (나)에서 B와 C에 작용하는 힘은 +x방향이므로 A에는 −x방향으로 힘이 작용한다. A가 양(+)전하인 경우 A에 작용하는 전기력의 방향이 −x방향이 되기 위해서는 B가 음(−)전하이어야 한다. 이때 C에 작용하는 전기력의 방향도 −x방향이 되어야 하므로 주어진 조건에 맞지 않는다. 따라서 A는 음(−)전하이다. 한편, (가)에서 C에 작용하는 전기력의 방향은 +x방향이므로 B는 양(+)전하이다.

|보|기|풀|이|

ㄴ 정답: A, B, C의 전하량 크기를 Q_A, Q_B, Q_C라고 하면 (가)에서 C에 작용하는 전기력의 방향이 +x방향이므로 $\frac{1}{4}Q_A<Q_B$이다. 또한 (나)에서 B에 작용하는 전기력의 방향이 +x방향이므로 $\frac{1}{4}Q_A>Q_C$이다. 따라서 $Q_C<Q_B$이다.

㉢ 정답: (가)와 (나)에서 B와 C가 서로 미는 힘의 크기는 같고, $Q_C<Q_B$이므로 (가)에서 A가 B를 당기는 전기력의 크기가 (나)에서 A가 C를 당기는 전기력의 크기보다 크다. 따라서 (가)에서 B에 작용하는 전기력의 크기가 (나)에서 C에 작용하는 전기력의 크기보다 크다.

---

20 역학적 에너지   정답 ⑤ 정답률 19%

A가 수평면에 닿기 직전 A의 운동 에너지
└ t_0일 때 A의 역학적 에너지

마찰 구간에서 B의 운동 에너지
└ t_0일 때 B의 운동 에너지 + t_0일 때 위치에서 s까지 B의 중력 퍼텐셜 에너지 감소량

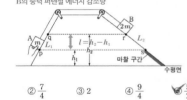

① $\frac{3}{2}$ ② $\frac{7}{4}$ ③ 2   ④ $\frac{9}{4}$ ✔⑤ $\frac{5}{2}$

|자|료|해|설|

중력 퍼텐셜 에너지의 기준점을 수평면이라고 하고, 실이 끊어진 직후를 t_0라고 하자. 실이 끊어진 후 A의 역학적 에너지는 보존되므로 수평면에 닿기 직전 A의 운동 에너지(E_k)는 t_0일 때 A의 역학적 에너지와 같다. B는 마찰 구간에서 등속도 운동하므로 이 구간에서 B의 운동 에너지는 일정하다. 또한 이때 B의 운동 에너지는 t_0일 때 운동 에너지와 t_0일 때 위치에서 s까지 중력 퍼텐셜 에너지(E_p) 감소량을 더한 것과 같다. 따라서 주어진 조건에 의해 다음 식이 성립한다. 수평면에 닿기 직전 A의 E_k=t_0일 때 A의 역학적 에너지 =2×{(t_0일 때 B의 E_k)+(t_0의 위치에서 s까지 B의 E_p 감소량)} t_0의 위치에서 s까지 높이 변화량을 알기 위해 t_0일 때 B의 위치를 구해보자. p에서 q까지 거리를 L_1, r에서 s까지의 거리를 L_2라고 하고, $h_2-h_1=l$이라고 하자. t_0 이후 A와 B의 가속도의 크기가 각각 $3a$, $2a$이므로 다음과 같은 관계를 얻을 수 있다.

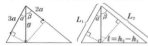

α 또는 β를 기준으로 직각 삼각형을 생각했을 때, 빗변과 밑변의 비율은 같다. 따라서 $g : 3a=L_1 : l$이므로 $L_1=\frac{gl}{3a}$이고, $g : 2a=L_2 : l$이므로 $L_2=\frac{gl}{2a}$이다. 따라서 $L_1 : L_2=2 : 3$이므로 t_0일 때 B는 r과 s의 2 : 1 내분점에 위치하고, t_0일 때의 위치에서 s까지 이동 거리는 $\frac{1}{3}L_2$, 높이 변화량은 $\frac{1}{3}l$이다.

|선|택|지|풀|이|

⑤ 정답: t_0 이후 A와 B의 가속도 크기는 각각 $3a$, $2a$이므로 A와 B에 작용하는 힘의 크기는 각각 $3ma$, $4ma$이다. 따라서 t_0 이전 A와 B를 하나의 계로 보았을 때 알짜힘의 크기는 $F=ma$이므로 A와 B의 가속도는 $\frac{F}{3m}=\frac{ma}{3m}=\frac{1}{3}a$이다. t_0일 때 A와 B의 속력은 같으므로 이를 v라고 하면, 등가속도 운동 공식 $2as=v^2-v_0^2$에 의해 t_0 이전 A에 $2\cdot\frac{1}{3}a\cdot L_1=v^2$이다. 앞서 $L_1=\frac{gl}{3a}$이었으므로 $v^2=\frac{2}{9}gl$이다.

t_0일 때 A의 역학적 에너지는 $\frac{1}{2}mv^2+mgh_2$이고, t_0일 때 B의 운동 에너지는 $\frac{1}{2}\cdot2mv^2$, t_0의 위치에서 s까지 B의 중력 퍼텐셜 에너지 감소량은 $2mg\cdot\frac{1}{3}l$이다. 따라서 $\frac{1}{2}mv^2+mgh_2=2\left(mv^2+\frac{2}{3}mgl\right)$이고, $v^2=\frac{2}{9}gl$을 대입하면 $\frac{1}{9}mgl+mgh_2=\frac{4}{9}mgl+\frac{4}{3}mgl$이다. 이를 정리하면 $9h_2=15l$이고, $l=h_2-h_1$이므로 $15h_1=6h_2$가 되어 $\frac{h_2}{h_1}=\frac{5}{2}$이다.

문제편 p.282

1	④	2	⑤	3	③	4	②	5	④
6	⑤	7	①	8	④	9	③	10	③
11	①	12	②	13	⑤	14	④	15	①
16	⑤	17	②	18	③	19	⑤	20	①

---

1 전자기파   정답 ④ 정답률 84%

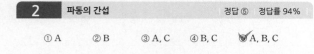

① ㄱ   ② ㄷ   ③ ㄱ, ㄴ   ④ ㄴ, ㄷ   ⑤ ㄱ, ㄴ, ㄷ

| 자 | 료 | 해 | 설 |
A는 마이크로파, B는 가시광선에 해당하는 전자기파이다.

| 보 | 기 | 풀 | 이 |
ㄱ. 오답 : A는 마이크로파이므로 ㉠에 해당한다.
ㄴ. 정답 : B는 가시광선이므로 ㉡에 해당한다.
ㄷ. 정답 : 파장은 진동수가 클수록 짧으므로 A가 B보다 길다.

---

2 파동의 간섭   정답 ⑤ 정답률 94%

① A   ② B   ③ A, C   ④ B, C   ⑤ A, B, C

| 자 | 료 | 해 | 설 |
두 스피커에서 동일한 진동수의 소리를 같은 위상으로 발생시킬 때는 두 스피커로부터
거리가 같은 지점 P에서 같은 위상으로 만난다. 소리가 만날 때 위상이 같다면 보강 간섭이,
위상이 반대라면 상쇄 간섭이 일어난다.

| 보 | 기 | 풀 | 이 |
학생 A 정답 : 두 스피커로부터 거리가 같은 지점에서는 경로차=0이므로 보강 간섭한다.
학생 B 정답 : 두 스피커에서 발생한 소리가 만날 때 위상이 반대이면 상쇄 간섭한다.
학생 C 정답 : 이어폰의 노이즈 캔슬링은 상쇄 간섭을 이용하여 소음을 제거한다.

---

3 핵에너지   정답 ③ 정답률 80%

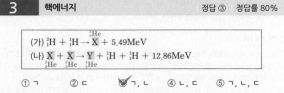

① ㄱ   ② ㄷ   ③ ㄱ, ㄴ   ④ ㄴ, ㄷ   ⑤ ㄱ, ㄴ, ㄷ

| 자 | 료 | 해 | 설 |
(가)에서 X의 질량수는 2+1=3이고 양성자수는 1+1=2이므로 X는 $^3_2$He이다.

| 보 | 기 | 풀 | 이 |
ㄱ. 정답 : (가)와 (나)는 핵반응으로 인한 질량 결손에 의해 에너지가 방출된다.
ㄴ. 정답 : Y의 질량수는 3+3-2=4이고 양성자수는 2+2-1-1=2이므로 Y는 $^4_2$He
이다.
ㄷ. 오답 : 양성자수는 Y와 X 모두 2로 같다.

---

4 물질파   정답 ② 정답률 82%

	㉠	㉡	㉢		㉠	㉡	㉢
①	파동성	길다	전자	②	파동성	짧다	전자
③	파동성	길다	광학	④	입자성	짧다	전자
⑤	입자성	길다	광학				

| 자 | 료 | 해 | 설 |
회절 무늬는 파동이 갖는 특징이다. 물질파의 파장은 운동량의 크기에 반비례$\left(\lambda = \frac{h}{p}\right)$하며
전자 현미경은 가시광선보다 파장이 짧은 물질파를 이용하여 광학 현미경보다 분해능이
뛰어나다.

| 선 | 택 | 지 | 풀 | 이 |
② 정답 : 금속박에 전자선을 비추었을 때 회절 무늬가 나타난다는 것은 전자의 ㉠파동성으로
설명할 수 있다. 물질파의 파장은 운동량의 크기에 반비례하므로 전자의 운동량이 클수록
물질파의 파장은 ㉡짧아진다. 물질파를 이용하는 현미경은 ㉢전자 현미경이고 가시광선을
이용하는 현미경은 광학 현미경이다.

---

5 전자의 에너지 준위   정답 ④ 정답률 80%

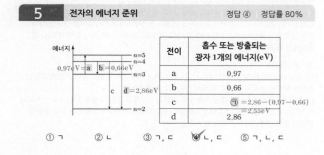

전이	흡수 또는 방출되는 광자 1개의 에너지(eV)
a	0.97
b	0.66
c	㉠ =2.86-(0.97-0.66) =2.55eV
d	2.86

① ㄱ   ② ㄴ   ③ ㄱ, ㄷ   ④ ㄴ, ㄷ   ⑤ ㄱ, ㄴ, ㄷ

| 자 | 료 | 해 | 설 |
전자가 높은 에너지 준위에서 낮은 에너지 준위로 전이할 때 빛은 방출된다.

| 보 | 기 | 풀 | 이 |
ㄱ. 오답 : 전자는 빛을 흡수하여 낮은 에너지 준위에서 높은 에너지 준위로 전이한다.
ㄴ. 정답 : 빛의 파장은 방출하는 광자 1개의 에너지에 반비례한다. 따라서 빛의 파장은
방출하는 광자 1개의 에너지가 더 작은 b에서가 d에서보다 길다.
ㄷ. 정답 : ㉠은 $n=4$와 $n=2$의 에너지 준위 차이와 같으므로 d일 때 광자 1개의 에너지에서
a와 b일 때 광자 1개의 에너지 차만큼 뺀 값과 같으므로 2.86-(0.97-0.66)=2.55eV이다.

---

6 작용 반작용 법칙   정답 ⑤ 정답률 87%

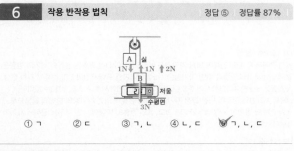

① ㄱ   ② ㄷ   ③ ㄱ, ㄴ   ④ ㄴ, ㄷ   ⑤ ㄱ, ㄴ, ㄷ

| 자 | 료 | 해 | 설 |
B의 무게는 3N이고 실이 B를 위로 당기는 힘이 1N, 저울이 B를 떠받치는 힘이 2N이다.

| 보 | 기 | 풀 | 이 |
ㄱ. 정답 : A의 무게가 1N이므로 실이 B를 당기는 힘의 크기는 1N이다.
ㄴ. 정답 : B가 저울을 누르는 힘은 저울이 B를 떠받치는 힘과 작용 반작용 관계이다.
ㄷ. 정답 : B는 정지 상태이므로 B의 무게는 실이 B를 위로 당기는 힘과 저울이 B를
떠받치는 힘의 합인 3N이다.

<table>
<tr><td>**7**</td><td>**자성의 종류와 원인**</td><td>정답 ①</td><td>정답률 59%</td></tr>
</table>

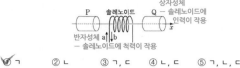

① ㄱ   ② ㄴ   ③ ㄱ, ㄷ   ④ ㄴ, ㄷ   ⑤ ㄱ, ㄴ, ㄷ

|자|료|해|설|
솔레노이드에 흐르는 전류의 방향과 관계없이 상자성체는 솔레노이드와 인력이 작용하고 반자성체에는 척력이 작용한다.

|보|기|풀|이|
ㄱ. 정답 : P는 솔레노이드에 척력이 작용하므로 반자성체이다.
ㄴ. 오답 : Q는 상자성체이므로 솔레노이드와 같은 방향으로 자기화된다. 솔레노이드의 자기장 방향은 전류의 방향에 따라 반대이므로 Q가 자기화되는 방향은 전류의 방향이 a일 때와 b일 때가 반대이다.
ㄷ. 오답 : 전류의 방향이 a 또는 b일 때, 솔레노이드에 P는 척력이, Q는 인력이 작용하므로 모두 $+x$방향의 자기력이 작용한다.

<table>
<tr><td>**8**</td><td>**파동의 성질**</td><td>정답 ④</td><td>정답률 73%</td></tr>
</table>

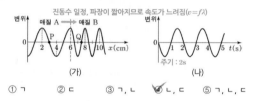

① ㄱ   ② ㄴ   ③ ㄱ, ㄷ   ④ ㄴ, ㄷ   ⑤ ㄱ, ㄴ, ㄷ

|자|료|해|설|
파동이 다른 매질을 지날 때 진동수(f)는 일정하다. 파동의 속력은 $v=f\lambda$이고 매질 A에서 매질 B로 파동이 진행할 때 파장이 4cm에서 2cm로 짧아지므로 파동의 속력도 $\frac{1}{2}$배로 줄어든다. 파동은 $+x$방향으로 진행하므로 $t=0$ 직후 P는 $+$방향, Q는 $-$방향으로 이동한다.

|보|기|풀|이|
ㄱ. 오답 : (나)에서 파동의 주기는 2초이므로 진동수는 $\frac{1}{2}$Hz이다.
ㄴ. 정답 : (나)의 그래프에서 $t=0$ 직후 파동의 변위는 $-$방향이므로 (나)에 해당하는 것은 Q이다.
ㄷ. 정답 : 진동수는 같고 파장은 A에서가 B에서의 2배이므로 파동의 속력도 A에서가 B에서의 2배이다.

<table>
<tr><td>**9**</td><td>**충격량, 일과 에너지**</td><td>정답 ③</td><td>정답률 61%</td></tr>
</table>

① ㄱ   ② ㄷ   ③ ㄱ, ㄴ   ④ ㄴ, ㄷ   ⑤ ㄱ, ㄴ, ㄷ

|자|료|해|설|
(가)와 (나)는 구간 P에서 일정한 힘을 같은 거리를 이동하는 동안 받으므로 물체에 한 일이 같다.

|보|기|풀|이|
ㄱ. 정답 : P를 지나는 데 평균 속력은 B가 A보다 크므로 P를 지나는 데 걸리는 시간은 A가 B보다 크다.
ㄴ. 정답 : 충격량은 물체가 받은 힘×힘이 가해진 시간이므로 (가)에서가 (나)에서보다 크다.
ㄷ. 오답 : 구간 P의 거리를 s, 물체에 가해진 힘을 F, 물체의 질량을 m이라 하면 물체에 한 일은 물체의 운동 에너지 증가량과 같으므로 $Fs=\frac{1}{2}m(2v)^2-\frac{1}{2}mv^2=\frac{1}{2}mv_B^2-\frac{1}{2}m(3v)^2$ 이다. 따라서 $v_B=2\sqrt{3}v$이다.

<table>
<tr><td>**10**</td><td>**전자기 유도**</td><td>정답 ③</td><td>정답률 50%</td></tr>
</table>

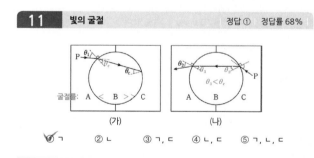

① ㄱ   ② ㄷ   ③ ㄱ, ㄴ   ④ ㄴ, ㄷ   ⑤ ㄱ, ㄴ, ㄷ

|자|료|해|설|
금속 고리를 통과하는 자기 선속이 시간에 따라 변해야 p에 유도 전류가 흐른다.

|보|기|풀|이|
ㄱ. 정답 : p가 $x=7d$를 지날 때, p에 유도 전류가 흐르지 않기 위해서는 금속 고리를 통과하는 자기 선속이 시간에 따라 변하지 않아야 한다. 따라서 Ⅲ영역의 자기장은 Ⅰ영역과 같다.
ㄴ. 정답 : p가 $x=3d$를 지날 때, 금속 고리에는 Ⅰ영역의 자기 선속이 증가하므로 금속 고리에는 이를 방해하는 방향인 반시계 방향의 전류가 흐른다.
ㄷ. 오답 : 유도 전류의 세기는 시간에 따른 자기 선속의 변화량에 비례한다. p가 $x=5d$를 지날 때와 $x=3d$를 지날 때 시간에 따른 자기 선속의 변화량은 같으므로 p에 흐르는 유도 전류의 세기는 같다.

<table>
<tr><td>**11**</td><td>**빛의 굴절**</td><td>정답 ①</td><td>정답률 68%</td></tr>
</table>

굴절률 : A < B > C   (가)   θ₃ < θ_c   (나)

① ㄱ   ② ㄴ   ③ ㄱ, ㄷ   ④ ㄴ, ㄷ   ⑤ ㄱ, ㄴ, ㄷ

|자|료|해|설|
(가)에서 P가 매질 A에서 B로 입사할 때의 굴절각과 B에서 C로 입사할 때의 입사각은 θ_c로 같다. P가 B에서 C로 입사할 때 임계각으로 입사하므로 굴절률의 차이는 A와 B 사이보다 B와 C 사이가 더 크다. 따라서 굴절률은 C<A<B이다.

|보|기|풀|이|
ㄱ. 정답 : 굴절률이 큰 매질에서 파장이 짧아지므로 P의 파장은 A에서가 B에서보다 길다.
ㄴ. 오답 : (가)에서 P가 B에서 C로 입사할 때 굴절각이 90도이고, (나)에서 C에서 B로 입사하는 P의 입사각은 90도보다 작다. 따라서 굴절각 θ_3은 θ_c보다 작으므로 $\theta_2<\theta_1$이다.
ㄷ. 오답 : A와 B 사이의 굴절률 차이는 B와 C 사이보다 작으므로 A와 B 사이의 임계각은 θ_c보다 크다.

12 특수 상대성 이론　　정답 ②　정답률 55%

B의 관성계에서, 광원에서 방출된 빛이 P, Q에 도달하는 데 걸리는
시간은 같다.　→ $L_1 < L_2$

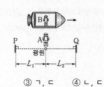

① ㄱ　　✓② ㄴ　　③ ㄱ, ㄷ　　④ ㄴ, ㄷ　　⑤ ㄱ, ㄴ, ㄷ

| 자 | 료 | 해 | 설 |

B의 관성계에서 P와 Q는 왼쪽으로 운동하므로 빛이 P, Q에 도달하는 데 걸린 시간이
같아지려면 A와 Q 사이의 거리가 P와 A 사이의 거리보다 멀어야 한다.

| 보 | 기 | 풀 | 이 |

ㄱ. 오답 : B의 관성계에서 A와 Q 사이의 거리가 P와 A 사이의 거리보다 멀다. 길이 수축은
같은 비율로 일어나므로 A의 관성계에서도 A와 Q 사이의 거리가 P와 A 사이의 거리보다
멀다.($L_1 < L_2$)

ㄴ 정답 : A의 관성계에서도 $L_1 < L_2$이므로 빛은 P에서가 Q에서보다 먼저 반사된다.

ㄷ. 오답 : A의 관성계에서 빛이 광원과 A 사이를 왕복하는 데 걸리는 시간은 고유
시간이므로 B의 관성계에서 A의 시간은 느리게 흐른다. 따라서 빛이 광원과 Q 사이를
왕복하는 데 걸리는 시간은 A의 관성계에서가 B의 관성계에서 보다 작다.

13 열기관　　정답 ⑤　정답률 68%

과정	기체가 외부에 한 일 또는 외부로부터 받은 일(J)	
A → B (열 흡수)	60	외부에 한 일 = 기체가 흡수한 열량 — 기체의 내부 에너지 증가량
B → C	90	외부에 한 일 = 기체의 내부 에너지 감소량
C → A (열 방출)	㉠	외부로부터 받은 일 = 방출한 열량

① ㄱ　　② ㄷ　　③ ㄱ, ㄴ　　④ ㄴ, ㄷ　　✓⑤ ㄱ, ㄴ, ㄷ

| 자 | 료 | 해 | 설 |

C → A 과정은 등온 과정이므로 A와 C에서 기체의 온도와 내부 에너지는 같다. A → B
과정에서 기체가 흡수한 열량은 기체의 내부 에너지 증가량+60J(외부에 한 일)이지만 B →
C 과정에서 A → B 과정에서 증가한 기체의 내부 에너지가 모두 외부에 일을 하므로 A →
B 과정에서 증가한 기체의 내부 에너지는 B → C 과정에서 기체가 외부에 한 일인 90J이다.

| 보 | 기 | 풀 | 이 |

ㄱ 정답 : B에서 기체의 내부 에너지는 A와 C보다 크므로 기체의 온도는 B에서가 C에서
보다 높다.

ㄴ 정답 : A → B 과정에서 기체가 흡수한 열량은 60+90=150J이다.

ㄷ 정답 : 열효율 $0.2 = \dfrac{60+90-㉠}{60+90}$이므로 ㉠은 120이다.

14 등가속도 운동　　정답 ④　정답률 48%

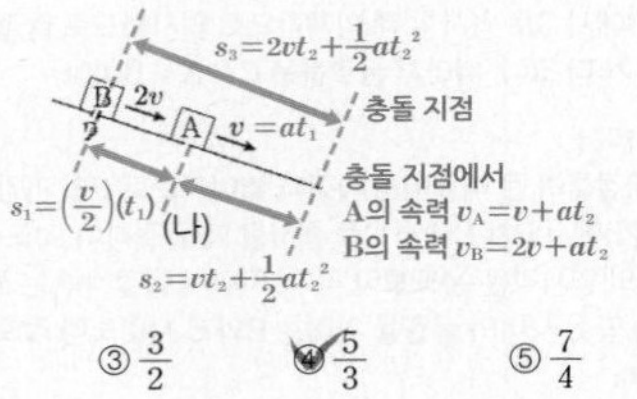

$$s_3 = 2vt_2 + \frac{1}{2}at_2^2$$

충돌 지점

(나)

$$s_1 = \left(\frac{v}{2}\right)(t_1)$$

충돌 지점에서
A의 속력 $v_A = v + at$
B의 속력 $v_B = 2v + at$

$$s_2 = vt_2 + \frac{1}{2}at_2^2$$

① $\dfrac{5}{4}$　　② $\dfrac{4}{3}$　　③ $\dfrac{3}{2}$　　✓④ $\dfrac{5}{3}$　　⑤ $\dfrac{7}{4}$

| 자 | 료 | 해 | 설 |

A와 B의 가속도 크기를 a, (가)에서 A의 속력이 0에서 v가 되는 순간까지 걸린 시간을 t_1,
이동 거리를 s_1이라 하면 $v = at_1 - ①$, $s_1 = \left(\dfrac{v}{2}\right)t_1 - ②$이다. B가 p를 지나는 순간부터 A와
만날 때까지 A와 B가 이동한 거리를 각각 s_2, s_3, 걸린 시간을 t_2라 하면 $s_2 = vt_2 + \dfrac{1}{2}at_2^2$,
$s_3 = 2vt_2 + \dfrac{1}{2}at_2^2$이고 $s_3 - s_2 = vt_2 = s_1$이므로 ①과 ②를 대입하여 t_1을 소거하면 $s_1 = vt_2 = at_1t_2 = \dfrac{v}{2}t_1$, $at_2 = \dfrac{v}{2} - ③$이다.

| 선 | 택 | 지 | 풀 | 이 |

④정답 : $\dfrac{v_B}{v_A} = \dfrac{2v + at_2}{v + at_2}$이므로 여기에 ③을 대입하여 정리하면 $\dfrac{v_B}{v_A} = \dfrac{5}{3}$이다.

15 반도체와 다이오드　　정답 ①　정답률 66%

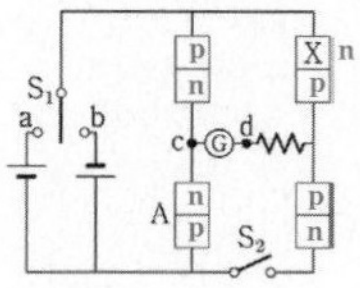

<그림1>

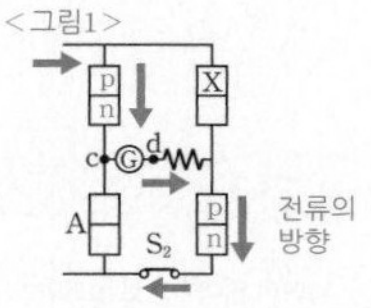

전류의
방향

✓① ㄱ　　② ㄴ　　③ ㄱ, ㄷ　　④ ㄴ, ㄷ　　⑤ ㄱ, ㄴ, ㄷ

| 자 | 료 | 해 | 설 |

S_1이 ㉠일 때, S_2를 열면 검류계에 전류가 흐르지 않고 S_2를 닫으면 검류계에 전류가 흐르는
것은 <그림1>과 같이 다이오드가 구성되어 있기 때문이다. 따라서 ㉠은 'a에 연결' ㉡은
'b에 연결'이다.

| 보 | 기 | 풀 | 이 |

ㄱ 정답 : S_1이 b에 연결(㉡)될 때 S_2와 관계없이 검류계에 오른쪽으로 전류가 흐르기
위해서는 A와 X가 있는 오른쪽 위의 다이오드에 순방향 전압이 걸려야 한다. 따라서 X는
n형 반도체이다.

ㄴ. 오답 : 자료 해설과 같이 ㉠은 'a에 연결'이다.

ㄷ. 오답 : S_1을 a에 연결하고 S_2를 닫으면 A에는 역방향 전압이 걸린다.

16 운동량 보존 법칙　　정답 ⑤　정답률 39%

3초 이후 A는 5m/s의 속력으로 등속도 운동

→ 운동량 보존 법칙에 따라
$m_A(4) + m_B(8) = (m_A + m_B)(5)$
→ $m_A = 3m_B$

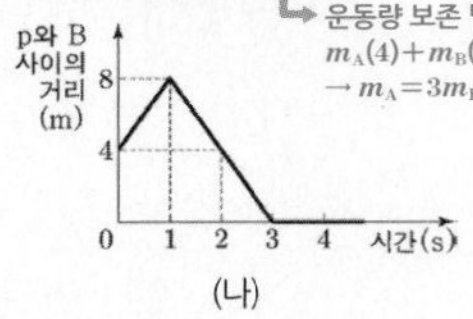

p와 B
사이의
거리
(m)

(나)

① ㄱ　　② ㄴ　　③ ㄱ, ㄷ　　④ ㄴ, ㄷ　　✓⑤ ㄱ, ㄴ, ㄷ

| 자 | 료 | 해 | 설 |

(나)의 그래프로부터 0~1초에서 B는 A보다 4m/s 빠르므로 수평면을 기준으로 8m/s
의 속력으로 운동한다. 1초에서 B가 q에 충돌 후 1~3초에서 A의 속력을 v라 하면 B의
속도는 $v - 4$이고 3초 이후 A와 B는 5m/s로 함께 등속도 운동한다.

| 보 | 기 | 풀 | 이 |

ㄱ 정답 : A와 B의 질량을 각각 m_A, m_B라 하면 0초일 때 A와 B의 운동량의 합은 3초
이후와 같으므로 $m_A(4) + m_B(8) = (m_A + m_B)(5)$이다. 따라서 $m_A = 3m_B - ①$이다.

ㄴ 정답 : 운동량 보존 법칙에 따라 2초일 때 A와 B의 운동량의 합은 3초 이후와 같으므로
$3m_Bv + m_B(v - 4) = (3m_B + m_B)(5)$이다. 따라서 A의 속력은 $v = 6$m/s이다.

ㄷ 정답 : 2초일 때 B의 속도는 6 - 4 = 2m/s이므로 A와 B 모두 오른쪽으로 운동한다.

p와 q 사이, q와 r 사이의 거리는 같다

$$\left(\frac{0+2v}{2}\right)(2t)=(2v)(t)$$
(t: A가 q에서 r까지 이동하는데 걸린 시간)

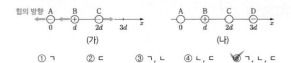

(가)

$2F=(M+m+2m)a$
$\Delta v=(a)(2t)=2v$

(나)

$2F=(2m)a'$
$\Delta v'=(a')(t)$
$=5v-2v=3v$

① 2m   ✓③ 3m   ③ 4m   ④ 5m   ⑤ 6m

|자|료|해|설|

B의 무게에 의해 빗면 아래 방향으로 작용하는 힘을 F라 하면 (나)에서 A와 B는 등속운동을 하므로 A의 무게에 의해 빗면 아래 방향으로 작용하는 힘은 F, B보다 질량이 2배인 C에 작용하는 힘은 $2F$이다.

|선|택|지|풀|이|

② 정답 : (가)에서 물체의 가속도 크기를 a, (나)에서 C의 가속도 크기를 a'라 할 때, (가)에서 물체의 운동 방정식은 $2F=(M+m+2m)a$ — ①이고 (나)에서 C의 운동 방정식은 $2F=(2m)a'$ — ②이다. p와 q 사이와 q와 r 사이를 운동하는 동안 A의 평균 속력은 각각 v, $2v$이다. p와 q 사이, q와 r 사이의 거리는 같으므로 A가 q와 r 사이를 운동하는 데 걸린 시간을 t라 하면 A가 p와 q 사이를 운동하는 데 걸린 시간은 $2t$이다. (가)에서 가속도의 크기는 $a=\frac{\Delta v}{\Delta t}=\frac{2v-0}{2t}=\frac{v}{t}$ — ③, (나)에서 C의 가속도 크기는 $a'=\frac{5v-2v}{t}=\frac{3v}{t}$ — ④이므로 ③과 ④로부터 $a'=3a$ — ⑤이고 ⑤를 ②에 대입하여 ①과 연립하면 $M=3m$이다.

A에 흐르는 전류		p에서 A~D의 전류에 의한 자기장의 세기
세기	방향	
0	해당 없음	0
I_0	$+y$	㉠ → B_0
I_0	$-y$	B_0

=p에서 B와 C의 전류에 의한 자기장의 세기+D의 전류에 의한 자기장의 세기
(xy평면에 수직으로 나오는 방향)   (xy평면에 수직으로 들어가는 방향)

① ㄱ   ② ㄴ   ✓③ ㄱ, ㄷ   ④ ㄴ, ㄷ   ⑤ ㄱ, ㄴ, ㄷ

|자|료|해|설|

원형 도선의 중심에서 자기장의 세기는 원형 도선의 반지름에 반비례하므로 C와 D에 같은 세기의 전류가 흐르면 p에서 D의 전류에 의한 자기장의 세기는 C의 전류에 의한 자기장의 세기보다 크다. A에 흐르는 전류가 0일 때, p에서 B, C, D의 전류에 의한 자기장의 세기 합이 0이므로 p에서 D의 전류에 의한 자기장의 세기는 B와 C의 전류에 의한 자기장의 세기 합과 같고 C에 흐르는 전류의 방향은 반시계 방향, D에 흐르는 전류의 방향은 시계 방향이다.

|보|기|풀|이|

㉠ 정답 : p에서 B, C, D의 전류에 의한 자기장의 세기 합은 0이므로 p에서 A의 전류에 의한 자기장의 세기는 A에 흐르는 전류가 $-y$방향일 때와 같은 B_0이다.

ㄴ. 오답 : C에 흐르는 전류의 방향은 반시계 방향이므로 p에서 C의 전류에 의한 자기장의 방향은 xy평면에 수직으로 나오는 방향이다.

㉢ 정답 : B와 C의 전류의 세기는 같고 D의 반지름이 C의 반지름보다 작으므로 p에서 D의 전류에 의한 자기장의 세기 B_D는 C의 전류에 의한 자기장의 세기 B_0보다 크다. A에 흐르는 전류의 세기가 I_0일 때, p에서 A의 전류에 의한 자기장의 세기는 B_0이므로, A와 전류의 세기와 p로부터의 거리가 같은 B에 의한 자기장의 세기도 B_0이다. 따라서 p에서 D의 전류에 의한 자기장의 세기 B_D는 B의 전류에 의한 자기장의 세기 B_0보다 크다.

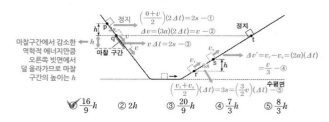

① ㄱ   ② ㄷ   ③ ㄱ, ㄴ   ④ ㄴ, ㄷ   ✓⑤ ㄱ, ㄴ, ㄷ

|자|료|해|설|

(나)에서 D에 의해 B에 작용하는 전기력이 0이 되므로 (가)에서 A와 B에 작용하는 전기력의 방향은 $-x$방향, C에 작용하는 전기력의 방향은 $+x$방향이다.

|보|기|풀|이|

㉠ 정답 : (나)에서 B는 D에 의해 $+x$방향의 전기력이 작용하므로 (가)에서 A와 B에 작용하는 전기력의 방향은 $-x$방향이다. 또한, 작용 반작용 법칙으로부터 (가)에서 A와 B에 작용하는 전기력의 크기 합은 C에 작용하는 전기력의 크기와 같고 방향은 반대이므로 C에 작용하는 전기력의 방향은 $+x$방향이다.

㉡ 정답 : C에 작용하는 전기력의 크기는 (가)에서가 (나)에서보다 크므로 C는 D에 의해 $-x$방향의 전기력이 작용한다. 따라서 C는 D와 같은 종류의 전하인 음(−)전하이다.

㉢ 정답 : (가)에서 A와 B에 작용하는 전기력의 방향이 $-x$방향이 되기 위해서는 A는 C와 같은 음(−)전하이어야 한다. A와 C는 서로에게 작용하는 전기력의 크기는 같고 방향은 반대인데 A와 C에 의해 B에 작용하는 전기력이 $-x$방향이므로 전기력의 크기는 A와 B 사이가 B와 C 사이보다 크다. 따라서 전하량의 크기는 A가 C보다 크다.

---

p와 q 사이에서 가속도의 크기 3a
r와 t 사이에서 가속도의 크기 2a

왼쪽 빗면 거리: s_1 오른쪽 빗면 거리: s_2
가속도 크기: $3a$ 가속도 크기: $2a$

중력 퍼텐셜 에너지=중력이 물체에 한 일
$mgh=m(3a)(s_1)=m(2a)(s_2)$
→ $s_1 : s_2 = 2 : 3$

정지 $\left(\frac{0+v}{2}\right)(2\Delta t)=2s$ — ①   정지
$\Delta v=(3a)(2\Delta t)=v$ — ②
$v\Delta t=2s$ — ③

마찰구간에서 감소한 역학적 에너지만큼 오른쪽 빗면에서 덜 올라가므로 마찰 구간의 높이는 h
마찰 구간
$\Delta v'=v_r-v_s=(2a)(\Delta t)$
$=\frac{v}{3}$ — ④
$\left(\frac{v_r+v_s}{2}\right)(\Delta t)=3s\left(\frac{3}{2}v\right)(\Delta t)$ — ⑤
수평면

✓① $\frac{16}{9}h$ ② 2h   ③ $\frac{20}{9}h$ ④ $\frac{7}{3}h$ ⑤ $\frac{8}{3}h$

|자|료|해|설|

p에 가까이 놓은 물체는 마찰 구간의 높이에 해당하는 중력 퍼텐셜 에너지만큼 손실되어 p보다 높이가 h만큼 낮은 t에서 정지한다. 따라서 마찰 구간의 높이가 h임을 알 수 있다. 왼쪽과 오른쪽의 빗면에서 높이 h에 해당하는 구간의 거리는 빗면을 내려올 때의 가속도의 크기에 반비례하므로 각각 $2s$(p와 q 사이의 거리, 마찰 구간의 거리), $3s$(r과 s 사이의 거리)라 하고 마찰 구간과 r에서 s까지 지나는 데 걸린 시간을 Δt, q에서의 속력을 v, r과 s에서의 속력을 각각 v_r, v_s라 하자. 이동 거리=물체의 평균 속력×걸린 시간이고 p와 q 사이에서와 마찰 구간에서 같은 거리 $2s$를 각각 평균 속력 $\frac{v}{2}$, v로 운동하므로 p와 q 사이에서 물체가 이동하는 데 걸린 시간은 $2\Delta t$이다. $\left(2s=\left(\frac{v}{2}\right)(2\Delta t)=v\Delta t\right.$ — ① 따라서 p와 q 사이에서의 가속도의 크기는 $3a=\frac{v}{2\Delta t}$ — ②이다. 또한, r과 s 사이의 거리는 $3s=\frac{(v_r+v_s)}{2}\Delta t$이고 ①에서 $s=\frac{v\Delta t}{2}$이므로 $\frac{3v}{2}\Delta t=\frac{(v_r+v_s)}{2}\Delta t$ 또는 $3v=v_r+v_s$ — ③이다. 물체가 r에서 s로 이동하는 동안 가속도의 크기는 $2a=\frac{v_r-v_s}{\Delta t}$이고 ②에서 $a=\frac{v}{6\Delta t}$이므로 $2\left(\frac{v}{6\Delta t}\right)=\frac{v_r-v_s}{\Delta t}$ 또는 $\frac{v}{3}=v_r-v_s$ — ④이다. ③과 ④로부터 $v_r=\frac{5}{3}v$, $v_s=\frac{4}{3}v$이다.

|선|택|지|풀|이|

① 정답 : 오른쪽 빗면에서 물체는 Δt마다 $\frac{5v}{3}-\frac{4v}{3}=\frac{v}{3}$만큼 속력이 감소하므로 물체가 s에서 t까지 운동하는 동안 걸린 시간은 $4\Delta t$이고 이때 이동한 s와 t까지의 거리는 평균 속력×걸린 시간은 $\left(\frac{2}{3}v\right)(4\Delta t)=\frac{8}{3}v\Delta t$이고 이는 ①에 의해 $\frac{16}{9}s$이다. 오른쪽 빗면에서 빗면의 거리 $3s$는 높이 h에 해당하므로 t와 s 사이의 높이차는 $\frac{16}{9}h$이다.

물리학 I 정답과 해설
2024학년도 6월 고3 모의평가

문제편 p.286

1	④	2	⑤	3	①	4	④	5	②
6	⑤	7	④	8	②	9	③	10	⑤
11	①	12	⑤	13	④	14	③	15	①
16	①	17	③	18	②	19	④	20	③

---

1 전자기파의 종류와 이용 정답 ④ 정답률 79%

보기
ㄱ. A, B는 전자기파에 속한다.
ㄴ. 진공에서의 파장은 A가 B보다 ~~길다.~~ 짧다.
ㄷ. C는 매질이 없는 진공에서 진행할 수 없다.

① ㄴ ② ㄷ ③ ㄱ, ㄴ ✓④ ㄱ, ㄷ ⑤ ㄱ, ㄴ, ㄷ

|자|료|해|설|
A, B는 전자기파, C는 음파의 한 종류이다.

|보|기|풀|이|
ㄴ. 오답 : 진공에서의 파장은 X선이 자외선보다 짧다.

---

2 핵에너지 정답 ⑤ 정답률 92%

① ㄱ ② ㄴ ③ ㄷ ④ ㄱ, ㄴ ✓⑤ ㄴ, ㄷ

|자|료|해|설|
중수소와 삼중수소의 핵반응식은 $^2_1H + ^3_1H \rightarrow ^4_2He + ^1_0n +$ 에너지이다.

|보|기|풀|이|
ㄱ. 오답 : ^2_1H와 ^3_1H의 질량수는 각각 2, 3이므로 서로 다르다.
ㄴ. 정답 : ⊙의 질량수와 전하량을 각각 a, b라 하면 질량수 보존에 의해 2+3=4+a, 전하량 보존에 의해 1+1=2+b이므로 a=1, b=0이다. 따라서 ⊙은 중성자(^1_0n)이다.
ㄷ. 정답 : ⓒ은 핵반응 과정에서 질량 결손으로 발생하는 에너지이다.

---

3 에너지의 양자화, 에너지 준위 정답 ① 정답률 77%

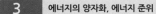
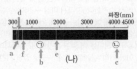

보기
ㄱ. 방출된 빛의 파장은 a에서가 f에서보다 ~~길다.~~ 짧다.
ㄴ. ⊙은 b에 의해 나타난 스펙트럼선이다.
ㄷ. ⓒ에 해당하는 빛의 진동수는 $\frac{|E_5 - E_4|}{h}$이다.

✓① ㄴ ② ㄷ ③ ㄱ, ㄴ ④ ㄱ, ㄷ ⑤ ㄴ, ㄷ

|자|료|해|설|
전자가 전이할 때 방출하는 빛 에너지는 a>d>f>b>e>c이다.

|보|기|풀|이|
ㄱ. 오답 : 전자가 전이할 때 방출하는 빛의 파장은 빛의 에너지에 반비례하므로 파장은 a<f이다.
ㄷ. 오답 : $\Delta E=hf$이므로 ⓒ(c)에 해당하는 빛의 진동수는 $f=\frac{|\Delta E|}{h}=\frac{|E_5-E_4|}{h}$이다.

---

4 물질의 자성 정답 ④ 정답률 75%

[실험 결과]
○ A의 낙하 시간은 (나)에서와 (다)에서가 같다. → A는 상자성체
○ B의 낙하 시간은 ⊙ 이다.

① ㄱ ② ㄷ ③ ㄱ, ㄴ ✓④ ㄴ, ㄷ ⑤ ㄱ, ㄴ, ㄷ

|자|료|해|설|
자기화 된 강자성체(B)가 코일을 통과할 때 강자성체에는 자기력이 작용하여 낙하 시간이 길어진다. 상자성체(A)의 경우 외부 자기장에서 꺼내면 자기화되지 않으므로 낙하 시간은 (나)에서와 (다)에서가 같다.

|보|기|풀|이|
ㄱ. 오답 : A의 낙하 시간은 (나)에서와 (다)에서가 같으므로 A는 상자성체이다.
ㄴ. 정답 : B는 강자성체이므로 B의 낙하 시간은 자기화된 이후 길어진다.
ㄷ. 정답 : (다)에서 B가 가까워지는 동안 코일을 통과하는 자기선속이 증가하므로 코일에는 이를 방해하는 방향의 유도 전류가 흐르며, 코일과 B 사이에는 서로 밀어내는 힘이 작용한다.

---

5 운동 방정식 정답 ② 정답률 67%

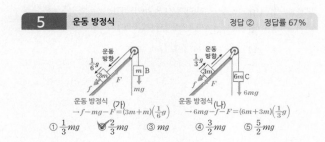

① $\frac{1}{3}mg$ ✓② $\frac{2}{3}mg$ ③ mg ④ $\frac{3}{2}mg$ ⑤ $\frac{5}{2}mg$

|자|료|해|설|
중력에 의해 A에 빗면 아래 방향으로 작용하는 힘을 f라 하면 마찰력은 운동 방향의 반대 방향으로 작용하므로 (가)와 (나)에서 운동 방정식은 각각 $f-mg-F=(3m+m)\left(\frac{1}{6}g\right)$ 또는 $f-F=\frac{5}{3}mg$ — ①, $6mg-f-F=(6m+3m)\left(\frac{1}{3}g\right)$ 또는 $f+F=3mg$ — ②이다.

|선|택|지|풀|이|
② 정답 : ①과 ②로부터 $F=\frac{2}{3}mg$, $f=\frac{7}{3}mg$이다.

---

6 힘의 법칙 정답 ⑤ 정답률 59%

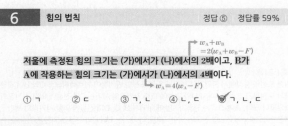

저울에 측정된 힘의 크기는 (가)에서가 (나)에서의 2배이고, B가 A에 작용하는 힘의 크기는 (가)에서가 (나)에서의 4배이다.

① ㄱ ② ㄷ ③ ㄱ, ㄴ ④ ㄴ, ㄷ ✓⑤ ㄱ, ㄴ, ㄷ

|자|료|해|설|
A와 B의 무게를 각각 w_A, w_B라 하면, 저울에 측정된 힘의 크기는 (가)에서가 (나)에서의 2배이므로 $w_A+w_B=2(w_A+w_B-F)$ 또는 $w_A+w_B=2F$ — ①이고 B가 A에 작용하는 힘의 크기는 (가)에서가 (나)에서의 4배이므로 $w_A=4(w_A-F)$ 또는 $w_A=\frac{4}{3}F$ — ②이다.

①과 ②로부터 $w_B=\frac{2}{3}F$이다.

|보|기|풀|이|
ㄱ. 정답 : A의 무게가 B의 2배이므로 질량도 A가 B의 2배이다.
ㄴ. 정답 : (가)에서 저울이 B에 작용하는 힘의 크기는 A와 B의 무게 합이므로 $w_A+w_B=2F$이다.
ㄷ. 정답 : (나)에서 A가 B에 작용하는 힘의 크기는 $w_A-F=\frac{1}{3}F$이다.

(나)

보기

ㄱ. A가 충돌하는 동안 벽으로부터 받은 충격량의 크기는 $4mv_0$이다.

ㄴ. (나)에서 B의 곡선과 시간 축이 만드는 면적은 $\frac{3}{2}mv_0$이다.

ㄷ. 충돌하는 동안 벽으로부터 받은 평균 힘의 크기는 A가 B의 8배이다.

① ㄱ ② ㄴ ③ ㄱ, ㄴ ✔④ ㄱ, ㄷ ⑤ ㄴ, ㄷ

|자|료|해|설|

A의 속도 변화량의 크기는 $v_0 - (-v_0) = 2v_0$, B의 속도 변화량의 크기는 $\frac{1}{2}v_0 - (-v_0) = \frac{3}{2}v_0$이다. (나)에서 그래프의 면적은 충격량의 크기=운동량 변화량의 크기 =질량×속도 변화량의 크기이므로 충격량의 크기는 A가 $4mv_0$, B가 $\frac{3}{2}mv_0$이다.

|보|기|풀|이|

ㄷ. 정답 : 충돌하는 동안 벽으로부터 받은 평균 힘의 크기는 $\dfrac{\text{충격량의 크기}}{\text{충돌 시간}}$이므로 A와 B가 각각 $\dfrac{4mv_0}{t_0}$, $\dfrac{\frac{3}{2}mv_0}{3t_0} = \dfrac{mv_0}{2t_0}$이다. 따라서 평균 힘의 크기는 A가 B의 8배이다.

과정	I	II	III	IV
외부에 한 일 또는 외부로부터 받은 일	$3E_0$	0	E_0	0

기체가 흡수한 열량 ←→ 기체가 방출한 열량

① ㄱ ✔② ㄷ ③ ㄱ, ㄴ ④ ㄴ, ㄷ ⑤ ㄱ, ㄴ, ㄷ

|자|료|해|설|

에너지 보존 법칙에 따라 외부에서 흡수 또는 방출한 열 에너지(Q)=내부 에너지 변화량(ΔU)+외부에 한 일 또는 받은 일(W)이다. 과정 I 와 III은 등온 과정이므로 내부 에너지 변화량은 0이다.

과정 I 에서 외부에서 흡수한 열량은 외부에 한 일과 $3E_0$로 같고, 과정 III에서 외부에 방출한 열량은 외부로부터 받은 일과 같은 E_0이다. 과정 II, IV은 부피 변화가 없는 과정이므로 외부에 한 일 또는 받은 일이 0이고 외부에 흡수하거나 방출한 열량은 기체의 내부 에너지 변화량과 같다. 과정 IV에 기체가 흡수한 열량은 기체의 내부 에너지 증가량 $2E_0$로 같고, 한 번 순환하는 동안 기체의 내부 에너지 변화는 0이므로 과정 II에서 기체의 내부 에너지 감소량과 기체가 방출한 에너지는 과정 IV와 같은 $2E_0$이다.

과정	Q	ΔU	W
I (등온 과정)	$3E_0$	0	$3E_0$
II (등적 과정)	$-2E_0$	$-2E_0$	0
III (등온 과정)	$-E_0$	0	$-E_0$
IV (등적 과정)	$2E_0$	$2E_0$	0

|보|기|풀|이|

ㄴ. 오답 : II에서 기체의 내부 에너지 감소량은 IV에서 기체의 내부 에너지 증가량과 같은 $2E_0$이다.

ㄷ. 정답 : 열기관의 열효율은 $\dfrac{\text{기체가 외부에 한 일}}{\text{흡수한 열량}} = \dfrac{3E_0 - E_0}{3E_0 + 2E_0} = 0.4$이다.

① ㄱ ② ㄴ ✔③ ㄱ, ㄷ ④ ㄴ, ㄷ ⑤ ㄱ, ㄴ, ㄷ

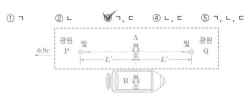

<B에서 관찰한 광원과 A의 모습>

|자|료|해|설|

B의 관성계에서 광원과 A는 왼쪽으로 0.9c의 속력으로 운동한다.

|보|기|풀|이|

ㄱ. 정답 : 관찰자로부터 운동하는 다른 관성 기준계의 시간은 느리게 간다.

ㄴ. 오답 : B의 관성계에서 P와 A 사이의 거리는 길이 수축으로 L보다 작다.($L > L'$) 또한, A는 광원 P쪽으로 운동하므로 B의 관성계에서, 빛이 P에서 A까지 도달하는 데 걸린 시간은 $\dfrac{L}{c}$보다 작다.

ㄷ. 정답 : A의 관성계에서 A와 광원 P, Q까지의 거리는 같으므로 빛은 동시에 도달한다. A의 관성계에서 한 지점에 동시에 일어난 사건은 B의 관성계에서도 동시에 일어난다. B의 관성계에서 광원과 A는 왼쪽으로 운동하므로 A에 광원이 동시에 도달하기 위해서는 빛이 광원 Q에서가 P에서보다 먼저 방출되어야 한다.

① ㄱ ② ㄷ ③ ㄱ, ㄴ ④ ㄴ, ㄷ ✔⑤ ㄱ, ㄴ, ㄷ

|자|료|해|설|

A의 전하량을 Q라 하면 B의 전하량은 $2Q$이고 B가 A로부터 받는 힘의 크기는 $F = k\dfrac{2Q^2}{d^2}$이다.

|보|기|풀|이|

ㄱ. 정답 : C가 A로부터 받는 힘의 크기는 $F = k\dfrac{2Q^2}{d^2} = k\dfrac{Q \cdot Q_C}{(3d)^2}$이므로 $Q_C = 18Q$이다.

ㄴ. 정답 : 같은 종류의 전하 사이에는 척력, 다른 종류의 전하 사이에서는 인력이 작용한다. 따라서 A와 B는 같은 종류의 전하, A와 C는 다른 종류의 전하이다. B와 C는 다른 종류의 전하이므로 서로 당기는 전기력이 작용한다.

ㄷ. 정답 : B와 C 사이에 작용하는 전기력의 크기는 $k\dfrac{(2Q)(18Q)}{(2d)^2} = k\dfrac{9Q^2}{d^2}$으로 F보다 크다.

[실험 과정]

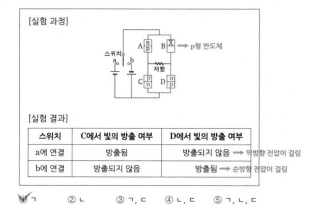

[실험 결과]

스위치	C에서 빛의 방출 여부	D에서 빛의 방출 여부
a에 연결	방출됨	방출되지 않음 → 역방향 전압이 걸림
b에 연결	방출되지 않음	방출됨 → 순방향 전압이 걸림

✔① ㄱ ② ㄴ ③ ㄱ, ㄷ ④ ㄴ, ㄷ ⑤ ㄱ, ㄴ, ㄷ

|보|기|풀|이|

ㄱ. 정답 : 스위치를 a에 연결하면 A의 n형 반도체에 (+)극, p형 반도체에 (-)극이 연결되므로 A에는 역방향 전압이 걸린다.

ㄴ. 오답 : 스위치를 a에 연결했을 때 A에 역방향 전압이 걸려야 C에 빛이 방출된다. 또한 D에는 역방향 전압이 걸리므로 B의 X와 C의 위쪽 반도체, D의 아래쪽 반도체는 p형 반도체이다.

ㄷ. 오답 : 스위치를 b에 연결하면 D에는 순방향 전압이 걸리므로 양공은 p-n 접합면으로 향한다.

12 직선 전류에 의한 자기장
정답 ⑤ 정답률 67%

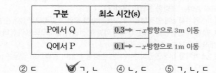

① ㄱ   ② ㄷ   ③ ㄱ, ㄴ   ④ ㄴ, ㄷ   ✓⑤ ㄱ, ㄴ, ㄷ

|자|료|해|설|
점 a에서 P와 Q에 흐르는 전류에 의한 자기장의 세기는 0이므로 a에서 Q에 흐르는 전류에 의한 자기장의 세기는 B_0이고 방향은 xy평면을 수직으로 들어가는 방향이다.

|보|기|풀|이|
ㄱ. 정답 : a에서 도선 P에 흐르는 전류에 의한 자기장의 방향은 xy평면에서 수직으로 나오는 방향이므로 도선 Q에 흐르는 전류에 의한 자기장의 방향은 xy평면에 수직으로 들어가는 방향이어야 한다. 따라서 전류의 방향은 ㉠이다.
ㄴ. 정답 : 자기장의 세기는 $B \propto \dfrac{I}{r}$이고 Q는 P보다 2배 멀리 떨어져 있으므로 Q에 흐르는 전류의 세기는 P의 2배인 $2I_0$이다.
ㄷ. 정답 : b에서 P와 Q에 흐르는 전류에 의한 자기장의 방향은 xy평면에 수직으로 들어가는 방향이고 세기는 각각 $\dfrac{1}{2}B_0$, B_0이므로 합성 자기장의 세기는 $\dfrac{3}{2}B_0$이다.

13 전자기 유도
정답 ② 정답률 61%

① ㄱ   ✓② ㄴ   ③ ㄷ   ④ ㄴ, ㄷ   ⑤ ㄱ, ㄴ, ㄷ

|자|료|해|설|
(가)에서 유도 전류는 자기선속의 변화를 방해하는 방향으로 생기므로 정사각형 금속 고리에는 0~5초까지는 시계 반대 방향, 5~7초까지는 시계 방향의 유도 전류가 흐른다. 유도 전류의 세기(I)는 시간에 따른 자기선속의 변화$\left(\dfrac{\Delta\phi}{\Delta t}\right)$에 비례한다. 자기선속은 $\phi = BS$와 같이 자기장의 세기와 자기장이 통과하는 도선의 면적을 곱하여 구하는데, (나)에서 그래프의 기울기는 $\dfrac{\Delta B}{\Delta t}$이고 자기장이 도선 내부를 통과하는 면적($S$)은 일정하므로 $I \propto \dfrac{\Delta\phi}{\Delta t} = \dfrac{\Delta B}{\Delta t}S$ 이다.

|보|기|풀|이|
ㄱ. 오답 : 1초일 때 영역 Ⅱ의 자기장 변화로 인해 고리의 자기선속이 변하므로 고리에는 유도 전류가 흐른다.
ㄴ. 정답 : 2초일 때, 고리에는 시계 반대 방향의 유도 전류가 흐르므로 p에서 유도 전류의 방향은 $-x$방향이다.
ㄷ. 오답 : 고리에 흐르는 유도 전류의 세기는 (나) 그래프의 기울기에 비례하므로 기울기가 큰 6초일 때가 3초일 때보다 크다.

14 파동의 특징
정답 ③ 정답률 71%

구분	최소 시간(s)	
P에서 Q	0.3 →	$-x$방향으로 3m 이동
Q에서 P	0.1 →	$-x$방향으로 1m 이동

① ㄱ   ② ㄷ   ✓③ ㄱ, ㄴ   ④ ㄴ, ㄷ   ⑤ ㄱ, ㄴ, ㄷ

|자|료|해|설|
P에서 Q로 바뀌는 시간이 Q에서 P로 바뀌는 시간보다 더 걸리므로 파동은 $-x$방향으로 운동한다.

|보|기|풀|이|
ㄱ. 정답 : 마루와 마루 사이의 거리가 한 파장이므로 파장은 $\lambda=4$m이다.
ㄴ. 정답 : P에서 다시 P로 바뀌는 데 걸리는 시간이 주기이므로 주기는 $T=0.3+0.1=0.4$s 이다.
ㄷ. 오답 : 자료 해설과 같이 파동은 $-x$방향으로 운동한다.

15 파동의 간섭
정답 ① 정답률 66%

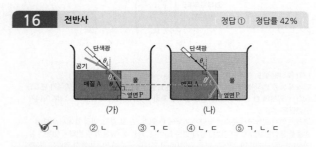

✓① ㄱ   ② ㄴ   ③ ㄷ   ④ ㄱ, ㄴ   ⑤ ㄱ, ㄷ

|자|료|해|설|
물결파의 파장은 $\lambda = \dfrac{v}{f} = \dfrac{1\text{m/s}}{0.5\text{Hz}} = 2$m으로 S_1과 S_2에서 발생한 파동은 S_1과 S_2로부터 떨어진 거리의 차인 경로차가 0m인 지점(①, ⑤) 2m인 지점(③)에서 보강 간섭, 경로차가 1m인 지점(②, ④)에서 상쇄 간섭을 일으킨다.

|보|기|풀|이|
ㄱ. 정답 : P에서는 마루와 마루가 만나는 지점으로 보강 간섭이 일어난다.
ㄴ. 오답 : Q는 S_1과 S_2에서 같은 거리에 있는 지점이므로 보강 간섭이 일어난다. 따라서 수면의 높이는 시간에 따라 변한다.
ㄷ. 오답 : $\overline{PQ}$에서 상쇄 간섭이 일어나는 곳은 1개이다.

16 전반사
정답 ① 정답률 42%

✓① ㄱ   ② ㄴ   ③ ㄱ, ㄷ   ④ ㄴ, ㄷ   ⑤ ㄱ, ㄴ, ㄷ

|자|료|해|설|
굴절률 차이는 물과 매질 A 사이보다 공기와 매질 A 사이가 더 크므로 단색광이 매질 A로 입사각 θ_i로 입사할 때 (나)에서가 (가)에서보다 굴절각이 더 작다. 따라서 (나)에서 단색광이 매질 A에서 물로 진행할 때의 입사각 θ'은 (가)에서의 임계각 θ_c보다 작으므로 전반사가 일어나지 않는다.

|보|기|풀|이|
ㄱ. 정답 : 전반사는 굴절률이 큰 매질에서 작은 매질로 빛이 진행할 때 일어난다. (가)에서 단색광이 매질 A에서 물로 진행할 때 전반사가 일어나므로 매질 A의 굴절률이 물의 굴절률보다 크다.
ㄴ. 오답 : (가)에서 θ_i를 증가시키면 매질 A에서 물로 진행하는 빛의 입사각 θ가 θ_c보다 작아져서 옆면 P에서 전반사는 일어나지 않는다.
ㄷ. 오답 : 전반사는 임계각보다 클 때 일어난다. (나)에서 매질 A에서 물로 입사하는 단색광의 입사각은 $\theta' < \theta_c$이므로 전반사가 일어나지 않는다.

17 광전 효과   정답 ③   정답률 59%

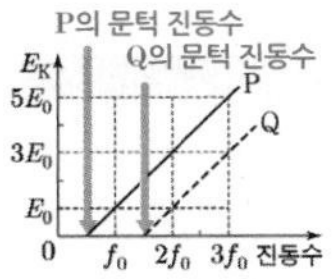

① ㄱ   ② ㄷ   ③ ㄱ, ㄴ   ④ ㄴ, ㄷ   ⑤ ㄱ, ㄴ, ㄷ

|자|료|해|설|

금속판에 광전자가 방출되려면 단색광의 진동수(f)가 P의 문턱 진동수(f_P)나 Q의 문턱 진동수(f_Q)보다 커야 한다.

|보|기|풀|이|

ㄱ. 정답 : 광전자가 나오기 시작하는 절편이 금속판의 문턱 진동수이므로 $f_P = \frac{1}{2}f_0$, $f_Q = \frac{3}{2}f_0$이다.

ㄴ. 정답 : 광양자설에 의하면 f_0가 금속판 Q의 문턱 진동수$\left(f_Q = \frac{3}{2}f_0\right)$보다 작으므로 아무리 오랫동안 단색광을 비추어도 광전자는 방출되지 않는다.

ㄷ. 오답 : 물질파 파장(λ)과 물질의 운동 에너지(E_K)의 관계는 $\lambda = \frac{h}{\sqrt{2mE_K}}$이다.($m$: 광전자의 질량, h: 플랑크 상수) 그래프에서 빛의 진동수가 $2f_0$일 때 P와 Q에서 방출되는 광전자의 최대 운동 에너지는 각각 $3E_0$, E_0이므로 P와 Q에서 물질파의 파장의 최솟값은 각각 $\frac{h}{\sqrt{2m(3E_0)}}$, $\frac{h}{\sqrt{2mE_0}}$이다. 따라서 광전자의 물질파 파장의 최솟값은 Q에서가 P에서의 $\sqrt{3}$배이다.

18 등가속도 직선 운동   정답 ②   정답률 44%

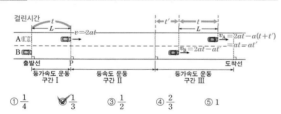

① $\frac{1}{4}$ ② $\frac{1}{3}$ ③ $\frac{1}{2}$ ④ $\frac{2}{3}$ ⑤ 1

|자|료|해|설|

A가 출발선에서 P까지 이동하는 데 걸린 시간을 t라고 하면 B가 P를 지날 때의 속력은 $v = 2at$이고, 구간 Ⅰ에서 평균 속도는 $\frac{1}{2}v = \frac{L}{t} = at$이다. A와 B는 시간이 t만큼 차이나지만 동일한 운동을 하므로 구간 Ⅲ에서 B가 v_B인 시점에서부터 L만큼 운동할 때 걸린 시간도 t이다. 따라서 구간 Ⅲ의 평균 속도는 $\frac{v_A + v_B}{2} = \frac{L}{t} = at$이므로 $v_A + v_B = 2at$이다.

|선|택|지|풀|이|

② 정답 : v_B에서 시간 t 동안 속력 변화량은 at이므로 $v_A = v_B - at$이다. 그리고 $v_A + v_B = 2at$이므로 이를 연립하면 $v_A = \frac{1}{2}at$, $v_B = \frac{3}{2}at$이고, $\frac{v_A}{v_B} = \frac{1}{3}$이다.

19 운동량 보존 법칙   정답 ④   정답률 36%

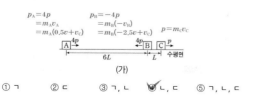

(가)

① ㄱ   ② ㄷ   ③ ㄱ, ㄴ   ④ ㄴ, ㄷ   ⑤ ㄱ, ㄴ, ㄷ

|자|료|해|설|

(나)로부터 A와 B는 $t = 2t_0$에서 충돌한다. $v = \frac{L}{t_0}$라 하면, S_{AB}와 S_{BC}의 기울기는 각각 A와 B, B와 C의 상대 속도의 크기를 의미하므로 B를 기준으로 충돌 전 A와 C의 속도는 그림①과 같이 오른쪽으로 각각 $3v$, $2.5v$이고 충돌 후 A와 C의 속도는 그림②와 같이 왼쪽으로 각각 $3v$, $1.5v$이다.

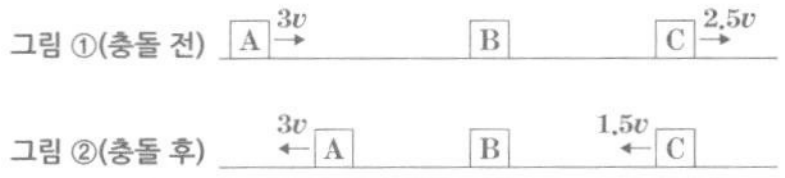

그림①(충돌 전)   A →$3v$ B   C →$2.5v$

그림②(충돌 후) $3v$← A   B $1.5v$← C

이를 충돌하지 않은 C를 기준으로 나타내면 A와 B가 충돌 전에는 그림③과 같이 A와 B의 속도는 각각 오른쪽으로 $0.5v$, 왼쪽으로 $2.5v$이고 충돌 후에는 그림④와 같이 A와 B의 속도는 각각 왼쪽으로 $1.5v$, 오른쪽으로 $1.5v$이다.

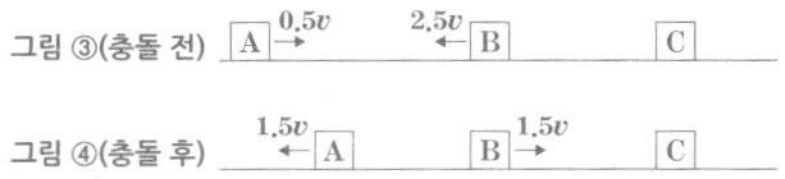

그림③(충돌 전)   A →$0.5v$ $2.5v$← B   C

그림④(충돌 후) $1.5v$← A   B →$1.5v$ C

수평면을 기준으로 C의 속도를 오른쪽으로 v_C라 하면, A와 B의 속도는 충돌 전이 그림⑤와 같이 각각 오른쪽으로 $v_A = 0.5v + v_C$, 왼쪽으로 $v_B = 2.5v - v_C$이고 충돌 후가 그림⑥과 같이 각각 왼쪽으로 $v_A' = 1.5v - v_C$, 오른쪽으로 $v_B' = 1.5v + v_C$이다.

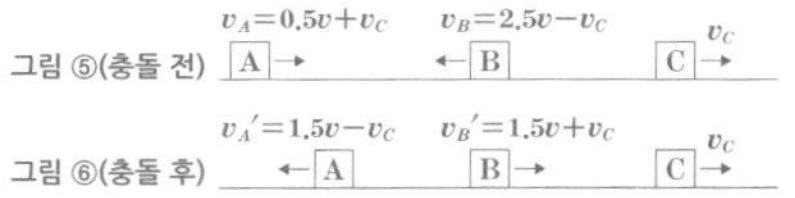

그림⑤(충돌 전)   A $v_A = 0.5v + v_C$ B $v_B = 2.5v - v_C$ C v_C

그림⑥(충돌 후)   A $v_A' = 1.5v - v_C$ B $v_B' = 1.5v + v_C$ C v_C

A와 B의 질량을 각각 m_A, m_B라 할 때, A와 B의 충돌에서 A와 B의 충돌 전 운동량의 합 $p_A + p_B = 4p + (-4p) = m_A v_A + m_B(-v_B) = m_A(0.5v + v_C) + m_B(-2.5v + v_C) = 0$ — ⑦은 충돌 후 운동량의 합 $p_A' + p_B' = m_A(-v_A') + m_B v_B' = m_A(-1.5v + v_C) + m_B(1.5v + v_C) = 0$ — ⑧과 같다.

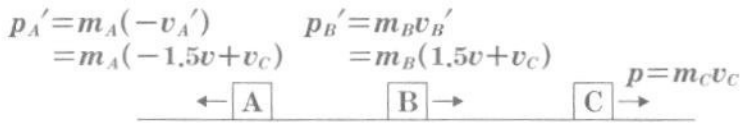

$p_A' = m_A(-v_A')$ $p_B' = m_B v_B'$
$= m_A(-1.5v + v_C)$ $= m_B(1.5v + v_C)$ $p = m_C v_C$

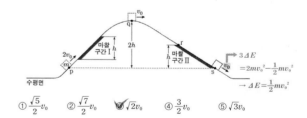

|보|기|풀|이|

ㄱ. 오답 : ⑧-⑦은 $m_A(2v) = m_B(4v)$이므로 $m_A = 2m_B$ — ⑨이다. ⑨를 ⑦에 대입하여 정리하면 $v_C = 0.5v$이므로 $v_A = 0.5v + v_C = v$, $v_B = 2.5v - v_C = 2v$이다.

ㄴ. 정답 : A와 B의 충돌 전 B의 운동량의 크기는 $p_B = 4p = m_B v_B = m_B(2v)$이고 C의 운동량의 크기는 $p_C = p = m_C v_C = 0.5 m_C v$이므로 $p_B = 4p_C$이다. 따라서 $m_B(2v) = 4 \times 0.5 m_C v$이므로 $m_B = m_C$이다.

ㄷ. 정답 : $t = 4t_0$에서 B의 운동량의 크기는 $p_B' = m_B v_B' = m_B(2v)$이므로 충돌 전 B의 운동량 크기와 같은 $4p$이다.

20 역학적 에너지 보존   정답 ③   정답률 39%

① $\frac{\sqrt{5}}{2}v_0$ ② $\frac{\sqrt{7}}{2}v_0$ ③ $\sqrt{2}v_0$ ④ $\frac{3}{2}v_0$ ⑤ $\sqrt{3}v_0$

|자|료|해|설|

마찰 구간 Ⅰ, Ⅱ에서 손실된 에너지를 각각 ΔE, $2\Delta E$라 하면, p에서 물체의 운동 에너지는 q에서 물체의 운동 에너지와 p와 q 사이의 중력 퍼텐셜 에너지 차이, 마찰 구간 Ⅰ에서 손실된 에너지의 합과 같으므로 $\frac{1}{2}m(2v_0)^2 = \frac{1}{2}mv_0^2 + mg(2h) + \Delta E$ — ①이다. 또한 물체의 운동 에너지는 q와 s에서 같으므로 마찰 구간 Ⅱ에서 손실된 에너지는 q와 s의 중력 퍼텐셜 에너지 차이와 같다. 따라서 $2\Delta E = mg(2h)$ — ②이고 ①과 ②로부터 $\Delta E = mgh = \frac{1}{2}mv_0^2$ — ③이다.

|선|택|지|풀|이|

③ 정답 : r에서 물체의 속력을 v라 하면, q와 r에서 역학적 에너지는 보존되므로 $\frac{1}{2}mv_0^2 + 2mgh = \frac{1}{2}mv^2 + mgh$ — ④이고 ③과 ④에 의해 $v = \sqrt{2}v_0$이다.

물리학 Ⅰ 연도별 해설편   **579**

문제편 p.290

1	②	2	①	3	④	4	③	5	①
6	②	7	②	8	③	9	④	10	⑤
11	①	12	⑤	13	⑤	14	③	15	④
16	②	17	②	18	⑤	19	③	20	④

---

1 전자기파의 종류와 이용　　　정답 ②　정답률 89%

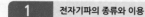

①ㄱ　　②ㄴ　　③ㄱ,ㄷ　　④ㄴ,ㄷ　　⑤ㄱ,ㄴ,ㄷ

|보|기|풀|이|

ㄱ. 오답 : A는 마이크로파이다.

ㄴ. 정답 : 진공에서 모든 전자기파의 속력은 같다.

ㄷ. 오답 : 속력이 동일할 때, 파장과 진동수는 반비례한다. ($v = f \cdot \lambda$) 파장은 A가 B보다 크므로 진동수는 A가 B보다 작다.

---

2 핵에너지　　　정답 ①　정답률 78%

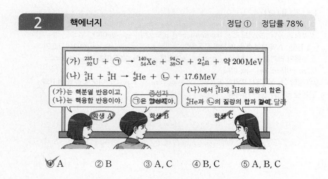

①A　　②B　　③A, C　　④B, C　　⑤A, B, C

|자|료|해|설|및|보|기|풀|이|

학생 B. 오답 : ㉠의 질량수와 전하량을 각각 a, b라 하면 질량수 보존에 의해 235+a=140+94+2, 전하량 보존에 의해 92+b=54+38이므로 a=1, b=0이다. 따라서 ㉠은 중성자($^1_0$n)이다.

학생 C. 오답 : 핵반응 과정에서 발생하는 에너지는 질량 결손에 의한 것이므로 (나)에서 $^2_1$H와 $^3_1$H의 질량의 합은 $^4_2$He과 ㉡의 질량의 합보다 크다.

---

3 파동의 특징　　　정답 ④　정답률 78%

①ㄱ　　②ㄴ　　③ㄷ　　④ㄱ,ㄷ　　⑤ㄱ,ㄴ,ㄷ

|자|료|해|설|

파동의 속력은 매질의 상태에 따라 결정되며, 파동의 속력 = $\frac{파장}{주기}$ = 파장 × 진동수이다.

매질 A와 B에서 파동의 파장은 다르지만, 진동수와 주기는 일정하다.

|보|기|풀|이|

ㄱ. 정답 : 매질 A에서 파장은 8cm, 파동의 속력은 4cm/s이므로 파동의 주기는 $\frac{8cm}{4cm/s}$ = 2초이다.

ㄴ. 오답 : B에서 파장은 4cm이고 주기는 A에서와 같은 2초이므로 파동의 진행 속력은 $\frac{4cm}{2s}$ = 2cm/s이다.

ㄷ. 정답 : 파동은 +x방향으로 진행하므로 t=0.1초일 때 P에서 파동의 변위는 y_P보다 작다.

---

4 에너지의 양자화, 에너지 준위　　　정답 ③　정답률 86%

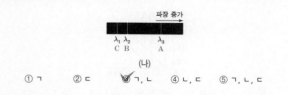

(나)

①ㄱ　　②ㄷ　　③ㄱ,ㄴ　　④ㄴ,ㄷ　　⑤ㄱ,ㄴ,ㄷ

|자|료|해|설|

전자의 전이 과정에서 방출되는 광자 1개의 에너지는 에너지 준위 차이(ΔE)에 해당하고 이는 파장(λ)에 반비례한다. $\left(\Delta E = hf = \frac{hc}{\lambda},\ f : 빛의 진동수,\ c : 빛의 속력 \right)$

|보|기|풀|이|

ㄱ. 정답 : B에서 방출되는 광자 1개의 에너지는 에너지 준위 차이이므로 $\Delta E = |E_4 - E_2|$ 이다.

ㄴ. 정답 : 방출하는 광자 1개의 에너지와 파장은 반비례하므로 A, B, C에서 방출되는 파장은 각각 $\lambda_3, \lambda_2, \lambda_1$이다.

ㄷ. 오답 : D에서 흡수되는 빛 에너지는 C와 A에서 방출되는 에너지 차이와 같으므로 $hf = ||E_5 - E_2| - |E_3 - E_2|| = \frac{hc}{\lambda_1} - \frac{hc}{\lambda_3}$이다. 따라서 D에 흡수되는 빛의 진동수는 $f = \left(\frac{1}{\lambda_1} - \frac{1}{\lambda_3} \right) c$이다.

---

5 물질의 자성　　　정답 ①　정답률 78%

[실험 결과]			
	Ⅰ	Ⅱ	Ⅲ
용수철저울의 측정값	w	1.2w	0.9w

　　　　　　　　　　　　w보다　　w보다
　　　　　　　　　　　　커짐　　　작아짐

	A	B	C
①	강자성체	상자성체	반자성체
②	강자성체	반자성체	상자성체
③	반자성체	강자성체	상자성체
④	상자성체	강자성체	반자성체
⑤	상자성체	반자성체	강자성체

|자|료|해|설|및|선|택|지|풀|이|

① 정답 : 실험 결과 Ⅱ에서 A와 B는 서로 당기는 자기력이, Ⅲ에서 A와 C는 서로 밀어내는 자기력이 작용함을 알 수 있다. 따라서 A는 강자성체, B는 상자성체, C는 반자성체이다.

---

6 특수 상대성 이론　　　정답 ②　정답률 69%

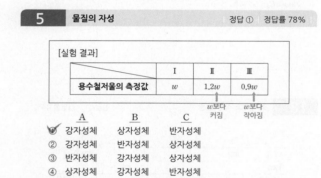

①ㄱ　　②ㄴ　　③ㄷ　　④ㄱ,ㄴ　　⑤ㄴ,ㄷ

|자|료|해|설|

관찰자로부터 움직이는 관성계의 시간은 느리게 흐르고 길이는 짧아진다.

|보|기|풀|이|

ㄱ. 오답 : A의 관성계에서 B의 시간은 느리게 가고 B의 관성계에서는 A의 시간이 느리게 간다.

ㄴ. 정답 : A의 관성계에서 우주선의 길이 L_1은 길이 수축이 일어난 길이이기 때문에 B의 관성계에서 측정한 우주선의 길이보다 짧다. 따라서 B의 관성계에서 우주선의 길이는 L_1 보다 길다.

ㄷ. 오답 : B의 관성계에서 측정한 P와 Q 사이의 거리는 L_2보다 짧다. 또한, 검출기는 광원 P 방향으로 다가오고 있으므로 P에 방출된 빛이 Q에 도달하는 데 걸리는 시간은 $\frac{L_2}{c}$보다 작다.

열효율이 0.25인 열기관에서

① ㄱ　　②✓ ㄴ　　③ ㄷ　　④ ㄱ, ㄴ　　⑤ ㄴ, ㄷ

|자|료|해|설|
A → B 과정은 에너지를 흡수하는 등적 과정으로 흡수한 열량은 내부 에너지 증가량과 같다.$(Q_1=5Q=\Delta U_1)$ B → C 과정은 에너지를 흡수하는 등온 팽창 과정으로 흡수한 열량은 외부에 한 일과 같다.$(Q_2=3Q=W_2)$ C → D 과정은 에너지를 방출하는 등적 과정으로 방출한 열량은 내부 에너지 감소량과 같다.$(Q_3=\Delta U_3)$ D → A 과정은 에너지를 방출하는 등온 압축 과정으로 방출한 에너지는 외부에서 받은 일과 같다.$(Q_4=W_4)$

|보|기|풀|이|
ㄱ. 오답 : B와 C의 절대 온도는 같으므로 보일의 법칙에 따라 두 지점의 압력×부피는 일정하다. 따라서 부피가 작은 B에서가 C에서보다 기체의 압력이 크다.

ⓛ. 정답 : 내부 에너지 변화량은 절대 온도의 변화량에 비례하므로 $Q_1=Q_3=5Q$이다.

ㄷ. 오답 : 열효율 $=\dfrac{기체가 한 일}{흡수한 열량}$이므로 $0.25=\dfrac{W_2+W_4}{Q_1+Q_2}=\dfrac{3Q+W_4}{5Q+3Q}$, $W_4=-Q$이고, 외부에서 Q만큼 일을 받았다.

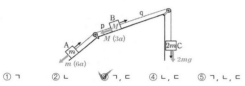

① ㄱ　　② ㄴ　　③✓ ㄱ, ㄷ　　④ ㄴ, ㄷ　　⑤ ㄱ, ㄴ, ㄷ

|자|료|해|설|
B의 질량을 M이라 하면, A, B에 빗면 아래 방향으로 작용하는 힘의 크기는 각각 $6ma$, $3Ma$이다. p가 끊어지기 전 A, B, C는 등속 운동을 하므로 물체에 작용하는 알짜힘은 $6ma+3Ma-2mg=0$ — ①이고 p가 끊어진 후 B, C에 작용하는 알짜힘은 $2mg-3Ma=(2m+M)a$, 이를 정리하면 $2mg-2ma-4Ma=0$ — ②이다.

|보|기|풀|이|
ⓖ. 정답 : ①+②$=4ma-Ma=0$이므로 $M=4m$ — ⑤이다.

ㄴ. 오답 : ⑤를 ①에 대입하여 정리하면 $a=\dfrac{1}{9}g$이다.

ⓒ. 정답 : p를 끊기 전, p가 B를 당기는 힘의 크기는 p가 A를 당기는 힘의 크기(T)와 같다. p가 끊어지기 전 A에 작용하는 알짜힘은 0이므로 $T=6ma=\dfrac{2}{3}mg$이다.

B가 A를 떠받치는 힘의 크기는 (가)에서가 (나)에서의 2배이다.
$\hookrightarrow mg+F=2(mg-2F)$

① ㄱ　　② ㄴ　　③ ㄷ　　④✓ ㄴ, ㄷ　　⑤ ㄱ, ㄴ, ㄷ

|자|료|해|설|
B가 A를 떠받치는 힘의 크기는 (가)에서 $mg+F$, (나)에서 $mg-2F$이다.

|보|기|풀|이|
ㄱ. 오답 : A에 작용하는 중력의 반작용은 A가 지구를 당기는 힘이다.

ⓛ. 정답 : $mg+F=2(mg-2F)$에서 $F=\dfrac{1}{5}mg$이다.

ⓒ. 정답 : 수평면이 B를 떠받치는 힘의 크기는 (가)에서 $4mg+F=\dfrac{21}{5}mg$, (나)에서 $4mg-2F=\dfrac{18}{5}mg$이다.

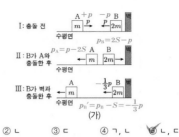

(가)

① ㄱ　　② ㄴ　　③ ㄷ　　④ ㄱ, ㄴ　　⑤✓ ㄴ, ㄷ

|자|료|해|설|
주어진 상황에서 오른쪽 방향으로의 운동을 (+), 왼쪽 방향으로의 운동을 (−) 라고 하면, A와 B가 충돌할 때 A와 B가 받은 충격량은 각각 왼쪽과 오른쪽으로 $2S$이므로 A와 B의 운동량은 각각 $p_A=p-2S$ — ①, $p_B=2S-p$ — ②이다. 이후 B가 벽과 충돌할 때 받은 충격량은 왼쪽으로 S이므로 충돌 후 B의 운동량은 $p_B'=p_B-S=-\dfrac{1}{3}p$ — ③이다.

|보|기|풀|이|
ㄱ. 오답 : A와 B가 받은 평균 힘의 크기는 각각 $\dfrac{2S}{T}$, $\dfrac{S}{2T}$로 다르다.

ⓛ. 정답 : 자료 해설의 ②와 ③을 연립하여 정리하면 $S=\dfrac{2}{3}p$, $p_B=\dfrac{1}{3}p$(B의 운동량의 크기)이다.

ⓒ. 정답 : Ⅲ에서 A와 B의 운동량은 $p_A=p-2S=-\dfrac{1}{3}p=mv_A$, $p_B'=p_B-S=-\dfrac{1}{3}p=2mv_B$이므로 A와 B의 물체의 속력 비는 $v_A : v_B=2 : 1$이다.

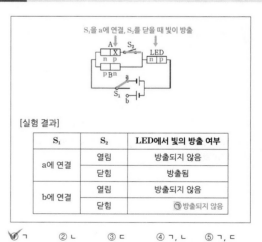

S_1을 a에 연결, S_2를 닫을 때 빛이 방출

[실험 결과]

S_1	S_2	LED에서 빛의 방출 여부
a에 연결	열림	방출되지 않음
	닫힘	방출됨
b에 연결	열림	방출되지 않음
	닫힘	ⓣ 방출되지 않음

①✓ ㄱ　　② ㄴ　　③ ㄷ　　④ ㄱ, ㄴ　　⑤ ㄱ, ㄷ

|자|료|해|설|
S_1을 a에 연결하고 S_2를 열었을 때 LED에서 빛이 방출되지 않고, S_2를 닫을 때 빛이 방출되므로 A와 LED에는 순방향 전압이 걸린다. 따라서 X는 p형 반도체이고 LED의 왼쪽은 n형, 오른쪽은 p형 반도체이다.

|보|기|풀|이|
ⓖ. 정답 : A의 X는 p형 반도체이므로 주로 양공이 전류를 흐르게 하는 반도체이다.

ㄴ. 오답 : S_1을 a에 연결하고 S_2를 열었을 때는 LED에 빛이 방출되지 않으므로 B에는 역방향 전압이 걸린다는 것을 알 수 있다. 따라서 B의 왼쪽은 p형, 오른쪽은 n형 반도체이다.

ㄷ. 오답 : S_1을 b에 연결하면 LED에는 역방향 전압이 걸리므로 LED에는 빛이 방출되지 않는다.

p에서 떨어진 거리가 $2d$에서 $4d$로 늘어났으므로 자기장의
세기 변화는 $k\dfrac{2I_0}{2d}-k\dfrac{2I_0}{4d}=k\dfrac{2I_0}{4d}=B_0$

R의 중심	R의 중심에서 P , Q , R에 의한 자기장	
	세기	방향
a	⓪	해당 없음
b	B_0	㉠=⊙
c	㉡	×

$B_R-k\dfrac{3I_0}{3d}-k\dfrac{2I_0}{2d}$
$=B_R-2B_0-2B_0=0$

× : xy평면에 수직으로 들어가는 방향

① ㄱ   ② ㄷ   ③ ㄱ, ㄴ   ④ ㄴ, ㄷ   ⑤ ㄱ, ㄴ, ㄷ

|자|료|해|설|
R의 중심이 a에서 b로 옮겨질 때 자기장의 변화는 P에 의한 자기장 세기의 변화이므로
$B_0=k\dfrac{2I_0}{2d}-k\dfrac{2I_0}{4d}=k\dfrac{I_0}{2d}$이다. R의 중심에서 R에 흐르는 전류에 의한 자기장의 세기를
B_R, xy평면에 수직으로 나오는 자기장의 방향을 (+)방향이라 하면, R의 중심이 a에서 Q와
P에 의한 자기장의 세기는 $k\dfrac{3I_0}{3d}=k\dfrac{2I_0}{2d}=2B_0$로 같은데 R에 흐르는 전류는 0이 아니므로
자기장의 방향은 (−)방향으로 같다. 따라서 P, Q, R에 의한 합성 자기장의 세기는 B_R-k
$\dfrac{3I_0}{3d}-k\dfrac{2I_0}{2d}=B_R-2B_0-2B_0=0$이므로 $B_R=4B_0$이다.

|보|기|풀|이|
㉠ 정답 : 자료 해설과 같이 a에서 Q와 P에 의한 자기장의 방향은 (−) 방향으로 같으므로
Q에 흐르는 전류의 방향은 $+y$방향이다.
㉡ 정답 : R의 중심이 a에서 b로 옮겨질 때 자기장의 합은 P에 의한 (−)방향의 자기장만
작아지므로 ㉠은 (+) 방향, xy평면에 수직으로 나오는 방향이다. $(-B_0-2B_0+4B_0=B_0)$
㉢ 정답 : c에서 자기장은 $B_R-k\dfrac{3I_0}{d}-k\dfrac{2I_0}{4d}=4B_0-6B_0-B_0=-3B_0$이므로 ㉡은 $3B_0$
이다.

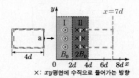

**금속 고리의 점 a가 $x=d$와 $x=7d$를 지날 때, a에 흐르는 유도
전류의 방향은 같다.**
→ a에는 $-y$방향의 유도 전류가 흐름

|자|료|해|설| 및 |선|택|지|풀|이|
⑤ 정답 : 금속 고리가 $x=7d$를 지날 때, a에는 금속 고리를 통과하는 자기 선속의 변화를
방해하는 $-y$방향의 유도 전류가 흐른다. 이때 $x=d$에서도 $-y$방향의 유도 전류가
흐르려면 Ⅰ 영역에서 자기장의 방향은 xy평면에 수직으로 나오는 방향이어야 한다. 그리고,
a에 흐르는 유도 전류의 세기와 방향은 단위 시간당 자기장의 변화에 비례하기 때문에 영역
Ⅰ과 영역 Ⅱ의 자기장 세기를 고려하여 정리하면 다음 표와 같다.

a의 위치	단위 시간당 자기장의 변화량	a에 흐르는 유도 전류의 세기	a에 흐르는 유도 전류의 방향
$0<x\leq2d$	ΔB_0	I	$-y$
$2d<x\leq4d$	$2\Delta B_0$	$2I$	$+y$
$4d<x\leq6d$	ΔB_0	I	$+y$
$6d<x\leq8d$	$2\Delta B_0$	$2I$	$-y$

이에 해당하는 것은 ⑤이다.

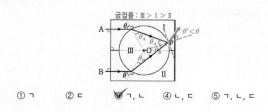

① ㄱ   ② ㄷ   ③ ㄱ, ㄴ   ④ ㄴ, ㄷ   ⑤ ㄱ, ㄴ, ㄷ

|자|료|해|설|
단색광 A가 매질 Ⅰ에서 Ⅲ으로 진행할 때가 B가 Ⅱ에서 Ⅲ으로 진행할 때보다 입사각과
굴절각의 차이가 작으므로 $(\theta>\theta_A>\theta_B)$ 굴절률은 Ⅲ > Ⅰ > Ⅱ이다.

|보|기|풀|이|
㉠ 정답 : 굴절률이 큰 매질에서 단색광의 파장은 짧아지므로 A의 파장은 Ⅰ에서가 Ⅲ에서
보다 길다.
㉡ 정답 : 굴절률은 Ⅲ > Ⅰ > Ⅱ 이다.
ㄷ. 오답 : 매질의 굴절률 차이는 Ⅱ와 Ⅲ 사이가 Ⅰ과 Ⅲ 사이보다 크다. 따라서 p에서
단색광 B의 굴절각(θ')은 입사각 θ_B보다 크지만, 매질 Ⅱ와 Ⅲ의 경계면을 지날 때의 입사각
(θ)보다 작다. 따라서 p에서 B는 전반사하지 않는다.

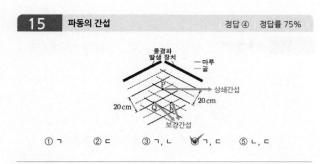

① ㄱ   ② ㄷ   ③ ㄱ, ㄴ   ④ ㄱ, ㄷ   ⑤ ㄴ, ㄷ

|자|료|해|설|
마루와 마루가 만나는 Q와 골과 골이 만나는 R에서는 보강 간섭이, 마루와 골이 만나는
P에서는 상쇄 간섭이 일어난다.

|보|기|풀|이|
㉠ 정답 : P에서는 마루와 골이 중첩되므로 상쇄 간섭이 일어난다.
ㄴ. 오답 : Q에서 중첩된 물결파의 변위는 시간에 따라 마루와 골이 서로 번갈아 지나며
변한다.
㉢ 정답 : 물결파의 주기는 $\dfrac{\lambda}{v}=\dfrac{20\text{cm}}{20\text{cm/s}}=1$초이다.
따라서 R에서 중첩된 물결파의 변위는 $t=1$초일 때와 $t=2$초일 때가 같다.

① ㄱ   ② ㄷ   ③ ㄱ, ㄴ   ④ ㄴ, ㄷ   ⑤ ㄱ, ㄴ, ㄷ

|자|료|해|설|
주사 전자 현미경(SEM)은 전자의 물질파를 이용한 것으로 물질파의 파장(λ)과 전자의
운동량의 크기(p), 전자의 운동 에너지(E)의 관계는 $\lambda=\dfrac{h}{p}=\dfrac{h}{\sqrt{2mE}}$이다.

|보|기|풀|이|
ㄱ. 오답 : 전자의 운동 에너지는 Q가 P의 2배이므로 전자의 운동량의 크기는 Q가 P의 $\sqrt{2}$
배이다.
ㄴ. 오답 : Q의 물질파 파장은 $\lambda_0=\dfrac{h}{\sqrt{2m(2E_0)}}$이므로 P의 물질파 파장 ㉠은 $\dfrac{h}{\sqrt{2mE_0}}=\sqrt{2}\lambda_0$
이다.
㉢ 정답 : 물질파 파장이 짧을수록 분해능이 좋으므로 분해능은 Q를 이용할 때가 좋다.

| **17** 운동량 보존 | 정답 ② 정답률 45% |

C, D의 속력은 각각 $2v$, v이고, 운동 에너지는 C가 B의 2배이다.
↳ C의 운동에너지=$2mv^2$
B의 운동에너지=mv^2

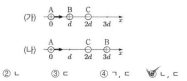

(가) 충돌 전 A, B의 운동량의 크기=$2mv$ 수평면

(나) 수평면

① $\frac{1}{2}m$　②m　③ $\frac{3}{2}m$　④ $2m$　⑤ $\frac{5}{2}m$

|자|료|해|설|및|선|택|지|풀|이|

②정답 : C의 운동 에너지는 $\frac{1}{2}(m)(2v)^2$이므로 B의 운동 에너지는 $E_B=mv^2$이다. (나)에서 A와 C가 충돌 후 정지하였으므로 운동량 보존 법칙에 의하여 (가)에서 A와 C의 운동량의 크기는 $2mv$로 같고, B의 운동량의 크기 역시 $2mv$라고 할 수 있다. 이 때 B와 D의 질량을 각각 m_B, m_D라 하면 $E_B=\frac{(2mv)^2}{2m_B}=mv^2$이므로 $m_B=2m$이고, (가)와 (나)에서 B와 D의 운동량 합도 보존되므로 $2mv-m_Dv=(2m+m_D)\left(\frac{1}{3}v\right)$, 이를 정리하면 $m_D=m$이다.

| **18** 쿨롱 법칙 | 정답 ⑤ 정답률 55% |

(가) A B C
$\bigoplus$ $\bigcirc$ $\bigcirc$
0　d　2d　3d　x

(나) A C B
$\bigoplus$ $\bigcirc$ $\bigcirc$
0　d　2d　3d　x

① ㄱ　② ㄴ　③ ㄷ　④ ㄱ, ㄷ　⑤ ㄴ, ㄷ

|자|료|해|설|
(가)와 (나)에서 A에 작용하는 전기력이 $+x$방향이 되기 위해서는 B와 C의 전하가 ①모두 음(-)전하인 경우이거나 ②각각 음(-), 양(+)전하인 경우, ③각각 양(+), 음(-)전하인 경우이다. C에 작용하는 전기력의 크기는 (가)에서가 (나)에서보다 크므로 이 경우에는 ③일 때에 성립한다.

|보|기|풀|이|
ㄱ. 오답 : A와 B는 양(+)전하, C는 음(-)전하이므로 B에 작용하는 전기력의 방향은 $+x$방향이다.
ㄴ. 정답 : (가)에서 A의 전기력 방향을 고려하면, A와 C의 전기력의 크기는 A와 B의 전기력의 크기보다 커야 하므로 C의 전하량은 B 전하량의 4배보다 커야 한다.
ㄷ. 정답 : A와 C 사이에서 작용하는 힘과 A와 B 사이에서 작용하는 힘의 방향은 (가), (나)에서 변하지 않았지만, (나)에서 A와 B 사이의 작용하는 힘이 $-F_B$에서 $-\frac{1}{9}F_B$로 작아짐으로써 A에 작용하는 전기력의 크기는 (나)에서가 (가)에서보다 크다.

| **19** 역학적 에너지 보존 | 정답 ③ 정답률 48% |

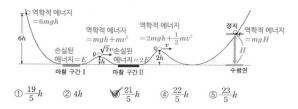

① $\frac{19}{5}h$　② $4h$　③ $\frac{21}{5}h$　④ $\frac{22}{5}h$　⑤ $\frac{23}{5}h$

|자|료|해|설|및|선|택|지|풀|이|
③정답 : 마찰 구간에서 손실된 에너지를 E라 하면 마찰 구간을 지나기 전 물체의 역학적 에너지는 지난 후의 역학적 에너지와 손실된 에너지의 합과 같으므로 $6mgh=mgh+\frac{1}{2}m(\sqrt{2}v)^2+E$ 또는 $5mgh=mv^2+E$ ─ ①, $mgh+\frac{1}{2}m(\sqrt{2}v)^2=2mgh+\frac{1}{2}mv^2+2E$ 또는 $\frac{1}{2}mv^2=mgh+2E$ ─ ②이다. ①과 ②를 연립하면 $E=\frac{3}{5}mgh$이고 $\frac{1}{2}mv^2=\frac{11}{5}mgh$이다. r의 높이를 H라 하면, q와 r의 역학적 에너지는 보존에 의해 $2mgh+\frac{1}{2}mv^2=\frac{21}{5}mgh=mgH$이므로 $H=\frac{21}{5}h$이다.

| **20** 등가속도 직선 운동 | 정답 ④ 정답률 41% |

물체가 a에서 b까지, c에서 d까지 운동하는 데 걸린 시간은 같고,
↳ $=t$, b에서 c까지 운동하는 데 걸린시간$=t'$

v $v_b=v+at$
a b
L
t
$6L$
t' $v_c=3v+at$
c
$3L$
t $v_d=3v+2at$
d

① $\frac{5v^2}{9L}$　② $\frac{2v^2}{3L}$　③ $\frac{7v^2}{9L}$　④ $\frac{8v^2}{9L}$　⑤ $\frac{v^2}{L}$

|자|료|해|설|및|선|택|지|풀|이|
④정답 : b, c, d에서 물체의 속력을 각각 v_b, v_c, v_d라 하자. a에서 b까지와 c에서 d까지 물체가 이동하는 데 걸린 시간을 t, 물체의 가속도 크기를 a라 하면 $v_b=v+at$이고 a와 b, c와 d 사이의 평균 속력은 각각 $\frac{L}{t}=\frac{v+v_b}{2}=v+\frac{1}{2}at$ ─ ①, $\frac{3L}{t}=\frac{v_c+v_d}{2}$ ─ ②이다. 이때 ①×3=②이므로 $\frac{v_c+v_d}{2}=3v+\frac{3}{2}at$이고 d에서의 속력을 $v_d=v_c+at$라 두면, $v_c=3v+at$, $v_d=3v+2at$라 할 수 있다. b에서 c까지 물체가 이동하는 데 걸린 시간을 t'라 하면, a와 d, b와 c 사이의 평균 속력은 각각 $\frac{v_a+v_d}{2}=\frac{4v+2at}{2}=\frac{10L}{2t+t'}$ ─ ③, $\frac{v_b+v_c}{2}=\frac{4v+2at}{2}=\frac{6L}{t'}$ ─ ④로, ③=④이므로 $t'=3t$이고 $v_c=v+a(t+t')=v+4at=3v+at$ 이를 정리하면, $at=\frac{2}{3}v$ ─ ⑤이다. 따라서 $v_b=\frac{5}{3}v$이고 등가속도 직선 운동공식 $2aL=v_b^2-v^2$으로부터 $a=\frac{8v^2}{9L}$임을 알 수 있다.

문제편 p.294

1	④	2	②	3	①	4	①	5	④
6	②	7	③	8	③	9	⑤	10	①
11	④	12	②	13	③	14	③	15	⑤
16	⑤	17	①	18	⑤	19	④	20	②

---

1   전자기파   정답 ④   정답률 87%

> **보기**
> ㄱ. ㉠은 가시광선 영역에 해당한다.
> ㄴ. 진공에서 속력은 ㉠이 ~~ⓛ보다 크다.~~ 과 같다.
> ㄷ. 진공에서 파장은 ⓛ이 ⓒ보다 짧다.

① ㄱ   ② ㄴ   ③ ㄱ, ㄴ   ✔④ ㄱ, ㄷ   ⑤ ㄴ, ㄷ

| 보 | 기 | 풀 | 이 |
ㄱ. 정답 : ㉠은 빨간색 빛으로 가시광선이다.
ㄴ. 오답 : 진공에서 모든 전자기파의 속력은 진동수와 상관없이 같다.
ㄷ. 정답 : 진공에서 전자기파의 속력은 같기 때문에 진동수가 클수록 파장은 짧다. $(v = f \cdot \lambda)$
따라서 파장은 '가시광선 < 마이크로파 < 라디오파'이다.

---

2   핵에너지   정답 ②   정답률 78%

(가) ㉠ + ㉠ → $_2^3\text{He} + _0^1\text{n} + 3.27\text{MeV}$
(나) $_1^2\text{H} + ㉠ → _2^4\text{He} + ⓛ + 17.6\text{MeV}$

(상단: $_1^1\text{H}$)

입자	질량
㉠ $_1^2\text{H}$	M_1
$_2^3\text{He}$	M_2
중성자($_0^1\text{n}$)	M_3

① ㄱ   ✔② ㄴ   ③ ㄱ, ㄷ   ④ ㄴ, ㄷ   ⑤ ㄱ, ㄴ, ㄷ

| 보 | 기 | 풀 | 이 |
ㄱ. 오답 : 핵반응에서 반응 전후 전하량과 질량수는 보존되므로 ㉠은 $_1^2\text{H}$이다.
ㄴ. 정답 : (가)에서 ㉠이 $_1^2\text{H}$이므로 전하량과 질량수 보존에 의해 ⓛ은 $_0^1\text{n}$이다.
ㄷ. 오답 : (가)에서 핵반응 전과 후의 질량의 총합은 각각 $2M_1$, $M_2 + M_3$이다. 핵반응 후 질량 결손에 의해 에너지가 발생하므로 반응 전 질량의 총합은 반응 전이 후보다 크다. 따라서 $2M_1 > M_2 + M_3$이다.

---

3   물질의 자성   정답 ①   정답률 74%

A에 작용하는 중력과 자기력의 합력의 크기는 (나)에서가 (다)에서보다 크다.
> B는 상자성체, C는 반자성체

| A | B | C | | 중력 ↓A↑ 자기력 | | A↓ C↑ 자기력 |

균일하고 강한 자기장   중력 수평면   자기력 수평면

(가)   (나)   (다)

✔① ㄱ   ② ㄴ   ③ ㄱ, ㄷ   ④ ㄴ, ㄷ   ⑤ ㄱ, ㄴ, ㄷ

| 자 | 료 | 해 | 설 |
중력과 자기력의 방향이 같을 경우가 다를 경우보다 합력의 크기가 크므로 A와 B는 서로 당기는 자기력, A와 C는 서로 미는 자기력이 작용해야한다. 따라서 B는 상자성체, C는 반자성체이다.

| 보 | 기 | 풀 | 이 |
ㄴ. 오답 : (가)에서 A는 같은 방향, C는 반대 방향으로 자기화된다. 그러므로 A와 C는 서로 반대 방향으로 자기화된다.
ㄷ. 오답 : (나)에서 B에 작용하는 중력은 아래 방향, 자기력의 방향은 A 방향으로 다르다.

---

4   에너지의 양자화, 선 스펙트럼   정답 ①   정답률 61%

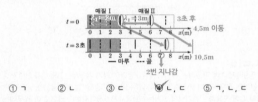

① ㄱ   ② ㄴ   ③ ㄱ, ㄷ   ④ ㄴ, ㄷ   ⑤ ㄱ, ㄴ, ㄷ

| 자 | 료 | 해 | 설 |
전자가 $n \geq 2$인 궤도에서 $n = 1$인 궤도로 전이할 때 라이먼 계열, 전자가 $n \geq 3$인 궤도에서 $n = 2$인 궤도로 전이할 때를 발머 계열이라고 한다.
X가 Y보다 파장이 짧으므로 X는 자외선으로 라이먼 계열, Y는 가시광선으로 발머 계열에 해당한다.

| 보 | 기 | 풀 | 이 |
ㄱ. 정답 : X는 자외선으로 라이먼 계열이다.
ㄴ. 오답 : 광자 1개의 에너지는 파장이 짧을수록 크므로 ㉠에서가 ⓛ에서보다 크다.
ㄷ. 오답 : ㉠과 ⓛ은 각 계열에서 파장이 가장 긴 빛의 스펙트럼으로 전자가 각각 $n = 2 → 1$, $n = 3 → 2$로 전이할 때 방출하는 빛의 스펙트럼선이다.

---

5   파동의 성질   정답 ④   정답률 59%

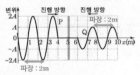

① ㄱ   ② ㄴ   ③ ㄷ   ✔④ ㄴ, ㄷ   ⑤ ㄱ, ㄴ, ㄷ

| 보 | 기 | 풀 | 이 |
ㄱ. 오답 : 마루에서 이웃한 마루 또는 골에서 이웃한 골까지의 거리가 파장이다. 매질 I 과 II에서 파장은 각각 $\lambda_{\text{I}} = 2\text{m}$, $\lambda_{\text{II}} = 3\text{m}$이다.
ㄴ. 정답 : II에서 파동의 진행 속력은 $\frac{\lambda_{\text{II}}}{T} = \frac{3\text{m}}{2\text{s}}$이다.
ㄷ. 정답 : II에서 3초 동안 파동은 $\frac{3}{2}\text{m/s} \times 3\text{s} = 4.5\text{m}$ 이동한다. 따라서 3초 동안 $x = 7\text{m}$ 에는 $t = 0$일 때 $x = 3\text{m}$, $x = 6\text{m}$의 마루가 지나간다.

---

6   파동의 간섭   정답 ②   정답률 68%

P와 Q의 진동수는 0.25Hz로 같다.
> 주기 : 4초,
> 속력 = 파장 × 진동수 = 0.5m/s

① 0   ✔② A ③ $\frac{3}{2}A$ ④ $2A$ ⑤ $3A$

| 선 | 택 | 지 | 풀 | 이 |
② 정답 : 두 파동의 속력은 0.5m/s이므로 두 파동은 $t = 2$초일 때 $x = 5\text{m}$인 위치에서 만나기 시작한다. 이 지점에서 P의 마루($2A$)가 도착할 때 Q는 골($-A$)이 도착하며 서로 반대 위상으로 만나 중첩되므로 $t = 2$초부터 $t = 6$초까지 중첩된 파동의 변위의 최댓값은 $2A - A$ 로 A이다.

수레와 벽이 충돌하는 0.4초 동안 힘의 크기를 나타낸 곡선과 시간
축이 만드는 면적은 10N·s이다.

$\bar{F} = \dfrac{I}{\Delta t}$

→ 충격량=10N·s

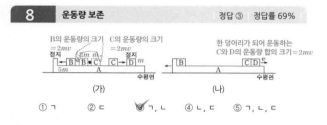

(가)   (나)

① ㄱ   ② ㄷ   ③ ㄱ, ㄴ   ④ ㄴ, ㄷ   ⑤ ㄱ, ㄴ, ㄷ

|보|기|풀|이|

ㄱ. 정답 : 수레의 운동량 변화량의 크기는 충격량인 10kg·m/s이다.

ㄴ. 정답 : 충격량의 크기와 운동량의 변화량의 크기가 같기 때문에 이를 이용하여 질량을
구할 수 있다. 충돌 전후 속도 변화는 5m/s이고, $m \times$ (5m/s)=10kg·m/s이므로 수레의
질량은 m=5kg이다.

ㄷ. 오답 : 충돌하는 동안 벽이 수레에 작용한 평균 힘의 크기는 $\bar{F} = \dfrac{10N \cdot s}{0.4s} = 25N$이다.

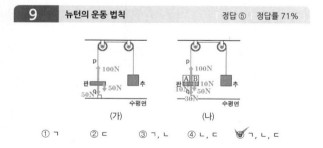

(가)   (나)

① ㄱ   ② ㄷ   ③ ㄱ, ㄴ   ④ ㄴ, ㄷ   ⑤ ㄱ, ㄴ, ㄷ

|보|기|풀|이|

ㄱ. 정답 : B와 C가 분리되기 전 운동량의 합은 0이므로 운동량 보존 법칙에 따라 B와 C의
운동량의 크기는 같고 방향은 반대이다.

ㄴ. 정답 : (나)에서 C와 D의 운동량의 크기는 $2mv$이므로 C와 D가 충돌 전 운동량의
크기의 합도 $2mv$여야 한다. 따라서 C의 운동량의 크기는 $2mv$가 된다. 이때 분리된 직후
B와 C의 운동량의 합도 0이므로 B의 운동량 크기는 C의 운동량의 크기와 같아야 한다.
$2mv=(2m)v_B$, 따라서 B의 속력은 $v_B=v$이다.

ㄷ. 오답 : (나)에서 한 덩어리가 된 A와 B의 운동량 합의 크기는 충돌 전 A와 B의 운동량의
합과 같아야 한다. 충돌 전의 운동량의 합은 B의 운동량 크기인 $2mv$이므로 한 덩어리가 된
A와 B의 속력 v'은 $2mv=(5m+2m)v'$로부터 $v'=\dfrac{2}{7}v$이다.

(가)   (나)

① ㄱ   ② ㄷ   ③ ㄱ, ㄴ   ④ ㄴ, ㄷ   ⑤ ㄱ, ㄴ, ㄷ

|자|료|해|설|

판은 정지 상태이므로 판에 작용하는 알짜힘은 0이다.

|보|기|풀|이|

ㄱ. 정답 : (가)에서 추의 중력에 의해 p가 판을 당기는 힘의 크기 100N은 q가 판을 당기는
힘의 크기(50N)와 판에 작용하는 중력의 크기인 50N의 합과 같다.

ㄴ. 정답 : p가 판을 당기는 힘의 크기는 p가 추를 당기는 힘의 크기인 100N으로 같다.

ㄷ. 정답 : (나)에서 p가 판을 당기는 힘의 크기 100N은 A와 B, 판에 작용하는 중력의 크기
(10+10+50)N과 q가 판을 당기는 힘의 크기(30N)의 합과 같다. 따라서 판이 q를 당기는
힘은 (가)에서는 50N이, (나)에서는 30N이 작용하므로 (가)가 (나)보다 크다.

(나)에서가 (가)에서의 2배이다.

→ (가)와 (나)에서 A의 가속도 크기는 각각 $a, 2a$

(가)   (나)

① ㄱ   ② ㄴ   ③ ㄱ, ㄷ   ④ ㄴ, ㄷ   ⑤ ㄱ, ㄴ, ㄷ

|자|료|해|설|

(가)와 (나)에서 A의 가속도 크기를 각각 a, $2a$라고 하고 A의 질량을 M, (나)에서 C의
가속도 크기를 a_C라 하면 운동 방정식은 (가)에서 $F-Mg=(M+4m)a$ — ①, (나)에서
$Mg=(M+m)(2a)$ — ②, $F=3ma_C$ — ③이다.

|보|기|풀|이|

ㄱ. 정답 : B가 정지했을 때 C의 속력을 v_C, 실이 끊어진 순간부터 B가 정지할 때까지 걸린
시간을 t라 하면 평균 속력은 $\dfrac{d}{t}=\dfrac{v+0}{2}$, $\dfrac{4d}{t}=\dfrac{v+v_C}{2}$이고 두 식을 정리하면 $v_C=3v$이다.

ㄴ. 오답 : (나)에서 A와 B의 가속도 크기는 $\dfrac{\Delta v}{\Delta t}=\dfrac{v-0}{t}=2a$이므로 C의 가속도 크기는

$a_C=\dfrac{\Delta v}{\Delta t}=\dfrac{3v-v}{t}=4a$이다. 이를 ③에 대입하면 $F=12ma$이고 ①에 대입하여 F를 소거

후 ②식과 연립하면 $M=2m$이다.

ㄷ. 오답 : A의 질량이 $2m$이므로 ②에 대입하면 $g=3a$인 것을 알 수 있다. 이 때, 식①에
g 대신 $3a$를 대입하면 $F=12ma$이고, $F=4mg$이다.

→ 총 흡수한 열량 200J

열효율이 0.25인 열기관에서

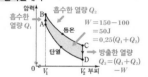

① ㄱ   ② ㄴ   ③ ㄱ, ㄷ   ④ ㄴ, ㄷ   ⑤ ㄱ, ㄴ, ㄷ

과정	Q 200J	ΔU	W
A → B (등적)	Q_1(+50J)	Q_1(+)	0
B → C (등온)	Q_2(+150J)	0	+150J
C → D (등적)	Q_3(−150J)	Q_3(−)	0
D → A (단열)	0	+100J	−100J
	50J	0	50J

|보|기|풀|이|

ㄱ. 오답 : 기체의 온도는 B와 C가 같고, B가 A보다 온도가 높으므로 A에서가 C에서보다
온도가 낮다.

ㄴ. 정답 : 열기관이 한번 순환하면서 기체가 한 일은 $W=150-100=50$J이다. A → B,
B → C 과정에서 기체가 흡수한 열은 Q_1+150J이고 열효율이 0.25이므로 $(Q_1+150) \times$
$(0.25)=50$J이다. 따라서 $Q_1=50$J이다.

ㄷ. 정답 : C → D 과정에서 기체의 내부 에너지 감소량은 방출한 열량(Q_3)과 같고 $Q_3=Q_1$
$+Q_2-W=150$J이다.

**A의 관성계에서, P, Q에서 검출기를 향해 동시에 방출된 빛은
검출기에 동시에 도달한다. P와 Q 사이의 거리는 B의 관성계에서가
C의 관성계에서보다 크다.**

→ 우주선의 속력이 빠를수록 길이 수축이 크게
일어나므로 C가 B보다 빠르다.

→ B, C의 관성계에서 빛은 검출기에 동시에 도달
B의 관성계에서 A, P, Q는 오른쪽으로 이동하므로 빛이 검출기에 동시에 도달하기 위해서는
P에서 먼저 방출해야 함.
C의 관성계에서 A, P, Q는 왼쪽으로 이동하므로 빛이 검출기에 동시에 도달하기 위해서는
Q에서 먼저 방출되어야 함.

① ㄱ   ② ㄴ   ③ ㄱ, ㄷ   ④ ㄴ, ㄷ   ⑤ ㄱ, ㄴ, ㄷ

2 0 2 4 연도별

|보|기|풀|이|
ㄱ. 오답 : A의 관성계에서 C가 B보다 빠르게 운동하므로 C의 시간은 B보다 느리게 간다.
ㄴ. 정답 : B의 관성계에서 P와 Q에서 방출된 빛은 검출기에 동시에 도달한다. 빛의 속력은
모든 관성계에서 같고 B의 관성계에서는 P, 검출기, A, Q가 모두 오른쪽으로 이동하므로
오른쪽으로 이동하는 검출기에 방출된 빛이 동시에 도달하기 위해서는 검출기와 멀어지는
P에서가 검출기에 다가가는 Q보다 먼저 방출되어야 한다.
ㄷ. 오답 : P와 Q 사이의 거리는 같은 비율로 수축하므로 검출기에서 P까지의 거리는
검출기에서 Q까지의 거리와 같다.

13 반도체와 다이오드   정답 ③   정답률 84%

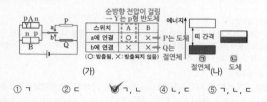

(가)

① ㄱ   ② ㄷ   ✔③ ㄱ, ㄴ   ④ ㄴ, ㄷ   ⑤ ㄱ, ㄴ, ㄷ

|보|기|풀|이|
ㄱ. 정답 : Y는 p형 반도체이므로 주로 양공이 전류를 흐르게 한다.
ㄴ. 정답 : (나)에서 ㉠은 절연체의 에너지띠 구조이므로 Q, ㉡은 도체의 에너지띠
구조이므로 P이다.
ㄷ. 오답 : 스위치를 a에 연결하면 B에는 역방향 전압이 걸리므로 B의 n형 반도체에 있는
전자는 p−n 접합면으로부터 멀어진다.

14 빛의 굴절과 전반사   정답 ③   정답률 66%

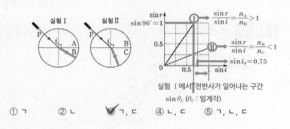

① ㄱ   ② ㄴ   ✔③ ㄱ, ㄷ   ④ ㄴ, ㄷ   ⑤ ㄱ, ㄴ, ㄷ

|자|료|해|설|
그래프의 기울기는 $\frac{\sin r}{\sin i}$이다. 스넬의 법칙에 따라 Ⅰ, Ⅱ의 기울기는 각각 $\frac{\sin r}{\sin i}=\frac{n_A}{n_B}>1$,
$\frac{\sin r}{\sin i}=\frac{n_B}{n_C}<1$이므로 $n_A>n_B$, $n_B<n_C$이다.

|보|기|풀|이|
ㄱ. 정답 : 굴절률은 $n_A>n_B$이다.
ㄴ. 오답 : 굴절률은 $n_B<n_C$이고 굴절률은 매질을 통과하는 단색광의 속력과 반비례하므로
P의 속력은 B에서가 C에서보다 크다.
ㄷ. 정답 : 임계각 θ_C은 굴절각이 90°일 때의 입사각이므로 Ⅰ의 그래프에서 $\sin r$축이
$\sin 90°=1$일 때 $\sin i$축의 좌표가 $\sin \theta_C$이며 이는 0.75보다 작다. 따라서 입사각 θ가 θ_C
보다 큰 경우에 전반사가 일어나므로 $\sin \theta_C<\sin i_0=0.75$인 입사각 i_0로 P를 입사시키면
전반사가 일어난다.

15 쿨롱 법칙   정답 ⑤   정답률 79%

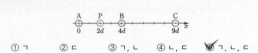

① ㄱ   ② ㄷ   ③ ㄱ, ㄴ   ④ ㄴ, ㄷ   ✔⑤ ㄱ, ㄴ, ㄷ

|자|료|해|설|
A, B, C의 전하량의 크기는 같으므로 A가 음(−)전하일 경우 P에 작용하는 전기력의
방향은 −x방향이다. A가 양(+)전하일 경우 P에 작용하는 전기력의 방향은 +x방향이다.

|보|기|풀|이|
ㄱ. 정답 : A는 양(+)전하이다.
ㄴ. 정답 : P가 $x=6d$에 있을 때 A, B, C에 의해 P가 받는 전기력의 방향은 모두 +x방향
이다.
ㄷ. 정답 : A, B, C의 전하량을 Q라 하면 P가 받는 전기력은 P가 $x=d$에 있을 때 $+k\frac{Q^2}{d^2}$
$-k\frac{Q^2}{(3d)^2}+k\frac{Q^2}{(8d)^2}=+F_1$이고 $x=5d$에 있을 때 $+k\frac{Q^2}{(5d)^2}+k\frac{Q^2}{d^2}+k\frac{Q^2}{(4d)^2}=+F_2$
이므로 $F_1<F_2$이다.

16 물질파   정답 ⑤   정답률 61%

① ㄱ   ② ㄷ   ③ ㄱ, ㄴ   ④ ㄴ, ㄷ   ✔⑤ ㄱ, ㄴ, ㄷ

|자|료|해|설|
$\frac{1}{\text{물질파 파장}}=y=\frac{mv}{h}=\frac{\sqrt{2mE}}{h}$이다.

|보|기|풀|이|
ㄱ. 정답 : 물질파에서 질량 m은 $\frac{h}{\lambda v}$이다. 따라서 그래프 P가 좌표 (v_0, y_0)을 지나므로 P의
질량은 $m_P=\frac{y_0}{v_0}h$이다.
ㄴ. 정답 : 입자의 속력이 같을 때 y값은 P가 Q보다 크다. 이 때 y값은 질량(m)에
비례하므로 P가 Q보다 질량이 크다. 또는 문제에서 제시된 그래프의 기울기가 질량에
비례하므로 기울기 비교를 통해 P는 헬륨 원자, Q는 중성자임을 알 수 있다.
ㄷ. 정답 : 물질파 파장이 같으면 y의 값도 같다는 것을 의미한다. 따라서 $y=\frac{\sqrt{2mE}}{h}$에서
질량(m)이 크면 운동 에너지(E)는 작아지므로 질량이 큰 P가 Q보다 운동 에너지가 작다.

17 전자기 유도   정답 ①   정답률 64%

**점 p가 $x=d$와 $x=5d$를 지날 때, p에 흐르는 유도 전류의 세기는
같고 방향은 −y방향이다.**
└▶ $x=d$, $x=5d$에서 금속 고리를 통과하는 단위 시간당 자기 선속의 변화량은
같고 Ⅲ영역에서 자기장의 방향은 xy평면에 수직으로 들어가는 방향이다.

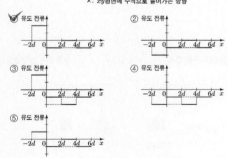

•: xy평면에서 수직으로 나오는 방향
×: xy평면에 수직으로 들어가는 방향

|자|료|해|설|
점 p가 $x=5d$를 지날 때 p에 흐르는 유도 전류는 −y방향이므로 영역 Ⅲ에서 자기장의
방향은 xy평면에 수직으로 들어가는 방향(⊗)이다. p가 $x=d$, $x=5d$를 지날 때 p에
흐르는 유도 전류의 세기가 같으므로 금속 고리를 통과하는 단위 시간당 자기 선속의
변화량은 같아야한다. 따라서 영역 Ⅲ에서 자기장의 세기는 $2B_0$이다.

|선|택|지|풀|이|
① 정답 : p가 $x=-2d$에서 $x=0$까지를 지날 때 고리를 통과하는 단위 시간당 자기 선속의
변화량은 p가 $x=d$와 $x=5d$를 지날 때의 2배이고 방향은 '⊗'이므로 유도 전류의 세기는
2배이고 이때 p에 흐르는 유도 전류의 방향은 +y방향이다. p가 $x=2d$에서 $x=4d$까지를
지날 때 고리를 통과하는 단위 시간당 자기 선속의 변화량은 0이므로 유도 전류의 세기는
0이다. 이에 해당하는 그래프는 ①이다.

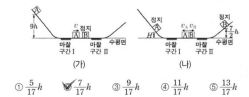

① 0   ② $\frac{1}{2}B_0$ ③ B_0 ④ $2B_0$ ⑤ $3B_0$

|자|료|해|설|

O에서 A에 흐르는 전류에 의한 자기장의 세기는 $B_0 = k\frac{I_0}{d}$, 방향은 ⊙이다. ⊙방향을 (+)로 놓으면, p에서 A, B, C에 의한 자기장의 세기는 각각 $k\frac{I_0}{2d}=\frac{1}{2}B_0(+)$, $k\frac{I_0}{d}=B_0(⊙)$, $k\frac{I_C}{2d}(⊗)$이다. 그리고 q에서 A, B, C에 의한 자기장의 세기는 각각 $k\frac{I_0}{2d}=\frac{1}{2}B_0(+)$, $k\frac{I_0}{2d}=\frac{1}{2}B_0(⊗)$, $k\frac{I_C}{d}(⊙)$이다.

|선|택|지|풀|이|

⑤정답 : 만약 p에서 B에 의한 자기장 방향이 ⊙(+)라면 C에 의한 자기장 방향은 ⊗(−) 이고 A, B, C의 전류에 의한 합성 자기장의 세기는 $0=\frac{1}{2}B_0+B_0-k\frac{I_C}{2d}$이므로 $k\frac{I_C}{2d}$ $=\frac{3}{2}B_0$이다. 이때 q에서 합성 자기장의 세기는 $k\frac{I_0}{2d}-k\frac{I_0}{2d}+k\frac{I_0}{d}=\frac{1}{2}B_0-\frac{1}{2}B_0+3B_0$ 로 제시된 자료와 일치하므로 이 가정은 옳다. 즉, p에서 B와 C에 의한 자기장 방향이 각각 (+), (−)방향이 되기 위해서는 B와 C에 흐르는 전류의 방향은 각각 ↗, ↘이고 $k\frac{I_C}{2d}$ $=\frac{3}{2}B_0=\frac{3}{2}\times k\frac{I_0}{d}$로부터 $I_C=3I_0$이다. r에서 A, B, C에 흐르는 전류에 의한 자기장은 $-k\frac{I_0}{d}-k\frac{I_0}{2d}-k\frac{3I_0}{2d}=-B_0-\frac{1}{2}B_0-\frac{3}{2}B_0=-3B_0$이다.

가속도의 크기는 A가 B의 $\frac{2}{3}$배이다. B가 Q에서 기준선 R까지 운동
→ A, B의 가속도 크기는 각각 $2a$, $3a$ → 걸린 시간은 Q에서 R까지 t, R에서 S까지 $2t$
하는 데 걸린 시간은 R에서 S까지 운동하는 데 걸린 시간의 $\frac{1}{2}$배이다.

P와 Q 사이, Q와 R 사이, R와 S 사이에서 자동차의 이동 거리는 모두 L로 같다.
→ 속력이 느려지고 있으므로 가속도의 방향은 운동방향과 반대

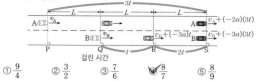

① $\frac{9}{4}$ ② $\frac{3}{2}$ ③ $\frac{7}{6}$ ④ $\frac{8}{7}$ ⑤ $\frac{8}{9}$

|선|택|지|풀|이|

④정답 : (평균 속도 이용) S에서 A와 B의 속력은 각각 $v_A+(-2a)(3t)$, $v_B+(-3a)(3t)$이고 평균 속력을 이용하면 $3L=\frac{v_A+(v_A+(-2a)(3t))}{2}\times 3t$, $2L=\frac{v_B+(v_B+(-3a)(3t))}{2}$ $\times 3t$이고 두 식을 연립하여 L을 소거하면 $4v_A-6v_B=-15at$ — ①이다. R에서 B의 속력은 $v_B+(-3a)t$이고 Q와 R, R과 S 사이의 거리는 같으므로 이를 평균 속력을 이용하여 $L=\frac{v_B+(v_B+(-3a)t)}{2}\times t=\frac{(v_B+(-3a)t+v_B+(-3a)(3t))}{2}\times 2t$로 정리할 수 있고, $v_B=\frac{21}{2}at$이다. 이를 ①에 대입하면 $v_A=12at$이므로 $\frac{v_A}{v_B}=\frac{12at}{\frac{21}{2}at}=\frac{8}{7}$이다.

→ 손실된 에너지 $=E$
A가 Ⅰ을 한 번 지날 때 손실되는 역학적 에너지는 B가 Ⅱ를 지날 때 손실되는 역학적 에너지와 같고, 충돌에 의해 손실되는 역학적 에너지는 없다.
→ $\frac{1}{2}mv^2=\frac{1}{2}mv_A^2+\frac{1}{2}(2m)v_B^2$

(가)   (나)

① $\frac{5}{17}h$ ② $\frac{7}{17}h$ ③ $\frac{9}{17}h$ ④ $\frac{11}{17}h$ ⑤ $\frac{13}{17}h$

|자|료|해|설|

충돌 전 A의 속력을 v, 충돌 후 A, B의 속력을 각각 v_A, v_B라 하면, 충돌 시 운동량은 보존되므로 $mv=-mv_A+2mv_B$ — ①이고 A와 B의 충돌로 손실되는 역학적 에너지는 없으므로 $\frac{1}{2}mv^2=\frac{1}{2}mv_A^2+\frac{1}{2}(2m)v_B^2$ — ②이다.

|선|택|지|풀|이|

②정답 : ①과 ②를 연립하면 $v=3v_A$, $v_B=2v_A$이므로 A의 충돌 후 운동 에너지를 $\frac{1}{2}mv_A^2$ $=E_0$라 하면, 충돌 전 A의 운동 에너지는 $\frac{1}{2}mv^2=\frac{9}{2}mv_A^2=9E_0$, 충돌 후 B의 운동 에너지는 $\frac{1}{2}(2m)v_B^2=4mv_A^2=8E_0$이다. 역학적 에너지와 손실된 에너지의 합은 일정하므로 (가)에서 $9mgh=9E_0+E$, (나)의 B에서 $2mg\left(\frac{7}{2}h\right)=8E_0-E$이고 두 식에 의해 $E_0=$ $\frac{16}{17}mgh$, $E=\frac{9}{17}mgh$ 이다. (나)의 A에서 $mgH=E_0-E=\frac{7}{17}mgh$이므로 $H=\frac{7}{17}h$ 이다.

연도별 · 물리학 I 정답과 해설
2025학년도 6월 고3 모의평가

문제편 p.298

1	②	2	①	3	⑤	4	③	5	③
6	④	7	③	8	①	9	⑤	10	④
11	④	12	②	13	⑤	14	③	15	⑤
16	④	17	②	18	⑤	19	①	20	②

---

1 | 전자기파의 종류와 이용   정답 ② 정답률 92%

   적외선
① ~~X선~~은 TV용 리모컨에 이용된다.
② 자외선은 살균 기능이 있는 제품에 이용된다.
③ 파장은 감마선이 마이크로파보다 ~~길다.~~ 짧다
④ 진동수는 가시광선이 라디오파보다 ~~작다.~~ 크다
⑤ 진공에서 속력은 적외선이 마이크로파~~보다 크다.~~ 와 같다

|자|료|해|설|및|선|택|지|풀|이|
① 오답 : TV용 리모컨에 이용되는 전자기파는 적외선이다.
② 정답 : 자외선은 에너지가 높아 세균을 죽이는 살균 작용이 있다.
③ 오답 : 제시된 자료의 오른쪽으로 갈수록 파장이 길다. 파장은 감마선이 마이크로파보다 짧다.
④ 오답 : 제시된 자료의 오른쪽으로 갈수록 진동수가 작다. 진동수는 가시광선이 라디오파보다 크다.
⑤ 오답 : 진공에서 모든 전자기파의 속력은 같다.

---

2 | 여러 가지 운동   정답 ① 정답률 91%

보기
ㄱ. I 에서 물체의 속력은 변한다.
ㄴ. II 에서 물체에 작용하는 알짜힘의 방향은 물체의 운동 방향과 ~~같다.~~ 같지 않다
ㄷ. III 에서 물체의 운동 방향은 ~~변하지 않는다.~~ 변한다

① ㄱ   ② ㄴ   ③ ㄱ, ㄷ   ④ ㄴ, ㄷ   ⑤ ㄱ, ㄴ, ㄷ

|자|료|해|설|및|보|기|풀|이|
ㄱ. 정답 : I 에서 물체는 운동 방향과 힘의 방향이 반대인 운동을 한다.
ㄴ. 오답 : 알짜힘의 방향과 운동 방향이 같다면 직선 운동한다. II 에서 물체에 작용하는 알짜힘의 방향은 물체의 운동 방향과 같지 않다.
ㄷ. 오답 : III 에서 물체는 곡선 운동을 하므로 물체의 운동 방향은 변한다.

---

3 | 에너지의 양자화, 에너지 준위   정답 ⑤ 정답률 91%

	㉠	㉡	㉢	㉣
①	a	b	c	d
②	a	c	b	d
③	d	a	b	c
④	d	b	c	a
⑤	d	c	b	a

|자|료|해|설|및|선|택|지|풀|이|
⑤ 정답 : 전자가 높은 에너지 준위에서 낮은 에너지 준위로 전이할 때 광자 1개의 에너지와 방출하는 빛의 파장의 관계는 $\Delta E = \dfrac{hc}{\lambda}$ 이므로 에너지와 파장(λ)이 반비례 관계이다. 따라서 에너지 준위 차이가 가장 큰 d가 파장이 가장 짧고 a가 파장이 가장 길다.

---

4 | 핵에너지   정답 ③ 정답률 90%

보기
ㄱ. ㉠은 3이다.
ㄴ. ~~핵융합~~ 반응이다. 핵분열
ㄷ. E_0은 질량 결손에 의해 발생한다.

① ㄱ   ② ㄴ   ③ ㄱ, ㄷ   ④ ㄴ, ㄷ   ⑤ ㄱ, ㄴ, ㄷ

|자|료|해|설|및|보|기|풀|이|
ㄱ. 정답 : 질량수는 보존되므로 235＋1＝141＋92＋㉠×1로부터 ㉠은 3이다.
ㄴ. 오답 : 원자 번호가 감소하는 핵분열 반응이다.
ㄷ. 정답 : E_0는 핵반응의 질량 결손에 의해 발생하는 에너지이다.

---

5 | 작용 반작용 법칙   정답 ③ 정답률 84%

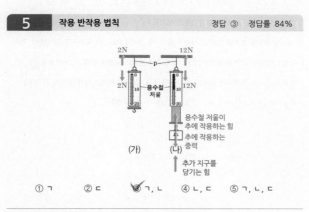

① ㄱ   ② ㄷ   ③ ㄱ, ㄴ   ④ ㄴ, ㄷ   ⑤ ㄱ, ㄴ, ㄷ

|자|료|해|설|및|보|기|풀|이|
ㄱ. 정답 : (가)에서 용수철저울은 정지 상태이므로 용수철저울에 작용하는 알짜힘은 0이다.
ㄴ. 정답 : (나)에서 p가 용수철저울에 작용하는 힘의 크기는 용수철저울과 추의 무게의 합의 크기인 12N이다.
ㄷ. 오답 : (나)에서 추에 작용하는 중력의 반작용은 추가 지구를 당기는 힘이다. 추에 작용하는 중력과 용수철저울이 추에 작용하는 힘은 한 물체에 작용하는 두 힘이므로 힘의 평형 관계이다.

---

6 | 파동의 중첩   정답 ④ 정답률 75%

① A   ② B   ③ A, C   ④ B, C   ⑤ A, B, C

|자|료|해|설|및|보|기|풀|이|
학생 A. 오답 : P는 보강 간섭이 일어나는 지점으로 X와 Y가 중첩된 파동의 변위는 시간에 따라 변한다.
학생 B. 정답 : Q는 X의 마루와 Y의 마루가 만나 보강 간섭이 일어난 지점이다.
학생 C. 정답 : R은 X와 Y가 서로 반대 위상으로 만난 지점으로 상쇄 간섭이 일어나는 지점이다.

7 특수 상대성 이론   정답 ③ 정답률 77%

> **보기**
> ㄱ. A의 관성계에서, P의 속력은 Q의 속력 ~~보다 작다~~. <과 같다>
> ㄴ. A의 관성계에서, A의 시간이 B의 시간보다 ~~느리게~~ 간다. <빠르게>
> ㄷ. B의 관성계에서, P와 Q 사이의 거리는 L보다 크다.

① ㄱ   ② ㄴ   ③ ㄷ   ④ ㄱ, ㄴ   ⑤ ㄴ, ㄷ

|자|료|해|설|및|보|기|풀|이|

ㄱ. 오답 : A의 관성계에서 B, P, Q는 왼쪽으로 0.8의 속력으로 운동한다.
ㄴ. 오답 : 관찰자에 대하여 상대 속도가 있는 관찰자의 시간은 느리게 간다. 따라서 A의 관성계에서 B의 시간이 A의 시간보다 느리게 간다.
ㄷ. 정답 : P와 Q는 B의 관성계에서 정지해 있으므로 B의 관성계에서 P와 Q 사이의 거리는 고유 길이이다. A의 관성계에서는 길이 수축이 일어나 P와 Q 사이의 거리는 고유 길이보다 짧다. 이 때 길이 수축이 일어난 거리가 L이므로 B의 관성계에서 P와 Q 사이의 거리는 L보다 크다.

---

8 물질의 자성   정답 ① 정답률 85%

> **보기**
> ㄱ. A는 반자성체이다.
> ㄴ. (가)에서 A와 C는 ~~같은~~ 방향으로 자기화된다. <다른>
> ㄷ. (나)에서 B와 C 사이에는 서로 ~~밀어내는~~ 자기력이 작용한다. <당기는>

① ㄱ   ② ㄴ   ③ ㄱ, ㄷ   ④ ㄴ, ㄷ   ⑤ ㄱ, ㄴ, ㄷ

|자|료|해|설|

(나)에서 B는 강하게 자기화되어 있으므로 강자성체, C는 외부 자기장에 의해 약하게 자기화되어 있으므로 상자성체이다.

|보|기|풀|이|

ㄱ. 정답 : B와 C는 각각 강자성체, 상자성체이므로 A는 반자성체이다.
ㄴ. 오답 : (가)에서 A는 반자성체이므로 외부 자기장과 반대 방향, B와 C는 외부 자기장과 같은 방향으로 자기화된다.
ㄷ. 오답 : (나)에서 B와 C는 서로 당기는 자기력이 작용한다.

---

9 전반사   정답 ⑤ 정답률 78%

① ㄱ   ② ㄴ   ③ ㄱ, ㄷ   ④ ㄴ, ㄷ   ⑤ ㄱ, ㄴ, ㄷ

|자|료|해|설|및|보|기|풀|이|

ㄱ. 정답 : 전반사는 굴절률이 큰 매질에서 작은 매질로 빛이 임계각보다 큰 각으로 입사할 때 일어난다. Ⅰ에서 입사한 빛이 Ⅰ과 Ⅱ의 경계면에서 전반사하므로 굴절률은 Ⅰ이 Ⅱ보다 크다.
ㄴ. 정답 : 반원의 중심에서 반원의 호에 이은 직선은 모두 법선이 된다. 즉 t에서의 법선을 연장하면 반원의 중심과 만난다. p에서 입사한 X가 Ⅰ과 Ⅱ의 경계면에서 전반사할 때 입사각을 θ_0라 하면 반사각과 r에 입사할 때의 입사각도 θ_0로 같으므로 r에서 전반사한다.
ㄷ. 정답 : Y는 s에서 입사각 $\theta > \theta_0$임계각이므로 전반사한다.

---

10 열역학   정답 ④ 정답률 67%

① 240J   ② 280J   ③ 320J   ④ 360J   ⑤ 400J

내부 에너지 변화	흡수 또는 방출한 열량
350−140=210(증가량)	750(Q)−400=350(흡수)
0	400(흡수)
600−240=360(감소량)	750(Q)−150(W)=600(방출)
150(감소량)	0

|자|료|해|설|및|선|택|지|풀|이|

④ 정답 : A → B 과정은 등압 팽창과정으로 '흡수한 열량=기체의 내부 에너지 증가량+외부에 한 일'이고 B → C 과정은 등온 팽창 과정으로 '흡수한 열량=외부에 한 일'이다. C → D 과정은 등압 수축과정으로 '방출한 열량=기체의 내부 에너지 감소량+외부에서 받은 일'이고 D → A 과정은 단열 과정으로 '기체가 외부에서 받은 일=내부 에너지 증가량'이다. 따라서 ⓐ 한 번 순환하면서 기체가 외부에 한 일(W)=140+400−240−150=150이고 ⓑ 열효율 $0.2 = \dfrac{W}{Q} = \dfrac{150J}{Q}$로부터 열기관이 고열원으로부터 흡수한 열량은 $Q=750$J이다. 따라서 ⓒ C → D 과정에서 방출한 열량은 $Q-W=750-150=600$J이고 ⓓ C → D 과정에서 기체의 내부 에너지 감소량은 열 방출량−외부에서 받은 일=600−240=360J이다.

---

11 운동량 보존 법칙   정답 ④ 정답률 80%

> **보기**
> ㄱ. 0.2초일 때, A의 속력은 ~~0.4m/s~~이다. <0.6>
> ㄴ. 0.5초일 때, A와 B의 운동량의 합은 크기가 1.2kg·m/s이다.
> ㄷ. 0.7초일 때, A와 B의 운동량은 크기가 같다.

① ㄱ   ② ㄴ   ③ ㄱ, ㄴ   ④ ㄴ, ㄷ   ⑤ ㄱ, ㄴ, ㄷ

|자|료|해|설|

실험 결과로부터 0.1~0.4초까지 A와 B의 속력은 각각 $\dfrac{0.06m}{0.1s}=0.6$m/s, 0이고 0.5~0.8초까지 A와 B의 속력은 각각 $\dfrac{0.03m}{0.1s}=0.3$m/s, $\dfrac{0.06m}{0.1s}=0.6$m/s이다.

|보|기|풀|이|

ㄱ. 오답 : 0.2초일 때, A의 속력은 0.6m/s이다.
ㄴ. 정답 : 0.5초일 때, A와 B의 운동량의 합의 크기는 운동량 보존 법칙에 따라 충돌 전 A와 B의 운동량의 합의 크기와 같다. 충돌 전 B의 운동량은 0이므로 A의 운동량의 크기인 $(2kg) \times (0.6m/s) = 1.2$kg·m/s가 A와 B의 운동량의 합의 크기가 된다.
ㄷ. 정답 : 0.7초일 때, A와 B의 운동량의 크기는 각각 $(2kg) \times (0.3m/s)$, $(1kg) \times (0.6m/s)$으로 같다.

---

12 쿨롱 법칙   정답 ② 정답률 39%

> **보기**
> ㄱ. A와 C 사이에는 서로 ~~밀어내는~~ 전기력이 작용한다. <당기는>
> ㄴ. (가)에서 A와 C 사이에 작용하는 전기력의 크기는 $2F$보다 작다.
> ㄷ. (나)에서 B에 작용하는 전기력의 방향은 ~~+x~~방향이다.

① ㄱ   ② ㄴ   ③ ㄷ   ④ ㄱ, ㄴ   ⑤ ㄴ, ㄷ

|자|료|해|설|

A를 $x=-d$에서 $x=2d$로 옮기면 C에 작용하는 전기력이 커지므로 A와 C는 서로 당기는 힘이 작용하고 (가)에서 B와 C는 서로 미는 힘이 작용함을 알 수 있다. 따라서 A는 음(−)전하, B는 양(+)전하를 띤다.

|보|기|풀|이|
ㄱ. 오답 : A와 C는 서로 당기는 전기력이 작용한다.

ㄴ. 정답 : (가)에서 A가 C에 작용하는 전기력과 B가 C에 작용하는 전기력의 크기를 각각 F_{AC}, F_{BC}라 하면 (나)에서는 C와 A 사이의 거리가 (가)의 $\frac{1}{2}$이 되므로 쿨롱 법칙에 의해 A가 C에 작용하는 전기력의 크기는 (가)의 4배인 $4F_{AC}$가 된다. (가)와 (나)에서 C에 작용하는 힘의 크기는 각각 $F_{BC}-F_{AC}=F$, $4F_{AC}+F_{BC}=5F$이므로 $F_{AC}=\frac{4}{5}F$, $F_{BC}=\frac{9}{5}F$이다. 따라서 $F_{AC}=\frac{4}{5}F<2F$이다.

ㄷ. 오답 : (나)에서 C가 B에 작용하는 전기력의 크기는 $F_{BC}=\frac{9}{5}F$이고 방향은 $-x$방향이다. A가 B에 작용하는 전기력의 방향은 $+x$방향이고 B에 작용하는 전기력의 크기 $4F>F_{BC}$이므로 B에 작용하는 전기력의 방향은 $+x$방향이다.

---

13 물질파
정답 ⑤ 정답률 62%

① $\lambda_A > \lambda_B > \lambda_C$ ② $\lambda_A > \lambda_B = \lambda_C$ ③ $\lambda_B > \lambda_A > \lambda_C$
④ $\lambda_B > \lambda_A = \lambda_C$ ✓⑤ $\lambda_C > \lambda_B > \lambda_A$

|자|료|해|설|및|선|택|지|풀|이|
⑤정답 : 운동 에너지는 $E=\frac{1}{2}mv^2$이므로 $m=\frac{2E}{v^2}$이다. A, B, C의 질량을 m_A, m_B, m_C라 하면 각각 $\frac{2(2E_0)}{v_0^2}$, $\frac{2E_0}{v_0^2}$, $\frac{2E_0}{(2v_0)^2}$이고 $\frac{E_0}{2v_0^2}=m$이라 하면 $m_A=8m$, $m_B=4m$, $m_C=m$이다. 물질파 파장은 $\lambda=\frac{h}{mv}$이므로 A, B, C의 물질파 파장은 각각 $\lambda_A=\frac{h}{(8m)v_0}$, $\lambda_B=\frac{h}{(4m)v_0}$, $\lambda_C=\frac{h}{m(2v_0)}$이다. 따라서 $\lambda_C > \lambda_B > \lambda_A$이다.

---

14 운동량과 충격량
정답 ③ 정답률 64%

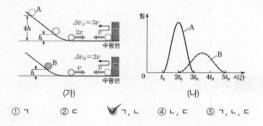

(가)   (나)

① ㄱ   ② ㄷ   ✓③ ㄱ, ㄴ   ④ ㄴ, ㄷ   ⑤ ㄱ, ㄴ, ㄷ

|자|료|해|설|
역학적 에너지 보존 법칙 $\left(mgh=\frac{1}{2}mv^2-\frac{1}{2}mv_0^2\right)$에 따라 A가 B보다 4배 높은 곳에서 내려오므로 충돌 전 수평면에서 B의 속도의 크기를 v라 하면 A의 속도의 크기는 $2v$이다. 벽과 충돌 후 A와 B는 h만큼 올라가므로 수평면에서 A와 B의 속도 크기는 v이다.

|보|기|풀|이|
ㄱ. 정답 : A의 질량을 m이라 하면 A의 운동량의 크기는 충돌 직전과 충돌 직후 각각 $m(2v)$, mv이다.

ㄴ. 정답 : (나)에서 곡선과 시간 축이 만드는 면적은 운동량의 변화량 크기 또는 충격량의 크기이므로 A와 B의 충격량은 각각 $m\Delta v_A=m(3v)$, $m\Delta v_B=m(2v)$이다.

ㄷ. 오답 : 벽으로부터 받은 평균 힘의 크기는 $\frac{운동량 변화량의 크기}{충돌 시간}$이므로 A와 B가 벽으로부터 받은 평균 힘의 크기는 각각 $\frac{3mv}{2t_0}$, $\frac{2mv}{3t_0}$이므로 평균 힘의 크기는 A가 B의 $\frac{9}{4}$배이다.

---

15 굴절 법칙
정답 ⑤ 정답률 60%

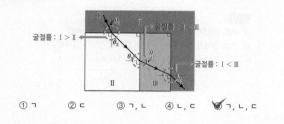

① ㄱ   ② ㄷ   ③ ㄱ, ㄴ   ④ ㄴ, ㄷ   ✓⑤ ㄱ, ㄴ, ㄷ

|자|료|해|설|
빛이 매질 I에서 매질 II로 진행할 때 '입사각 < 굴절각'이면 굴절률은 매질 I에서가 매질 II에서보다 크다. I, II, III에서 굴절률을 각각 n_I, n_{II}, n_{III}이라 하면 $n_{II}<n_I<n_{III}$이다.

|보|기|풀|이|
ㄱ. 정답 : 파장은 매질의 굴절률과 반비례한다. 굴절률은 $n_I<n_{III}$이므로 P의 파장은 I에서가 III에서보다 짧다.

ㄴ. 정답 : 파동의 속력은 굴절률과 반비례한다. 굴절률은 $n_I<n_{III}$이므로 P의 속력은 I에서가 III에서보다 크다.

ㄷ. 정답 : 입사각 또는 굴절각이 같을 때 굴절률 차이가 클수록 입사각과 굴절각 사이의 차이가 크다. 굴절률 차이는 I과 II에서가 II와 III에서보다 작으므로 θ_1과 θ_2의 차이가 θ_1과 θ_3의 차이보다 작다. 따라서 $\theta_1<\theta_2<\theta_3$이다.

---

16 반도체와 다이오드
정답 ④ 정답률 82%

전류계

전류계

보기
ㄱ. X는 p형 반도체이다.
ㄴ. S_1을 b에 연결했을 때, A에는 역방향 전압이 걸린다.
ㄷ. ㉠은 I_0이다.

① ㄱ   ② ㄴ   ③ ㄷ   ✓④ ㄱ, ㄷ   ⑤ ㄴ, ㄷ

|자|료|해|설|
S_1을 b에 연결하고 S_2를 열었을 때 전류는 흐르지 않으므로 A의 왼쪽과 오른쪽은 각각 n형, p형 반도체이다.

|보|기|풀|이|
ㄱ. 정답 : S_1을 b에 연결하고 S_2를 닫았을 때 전류는 흐르므로 B의 X는 p형 반도체이다.

ㄴ. 오답 : S_1을 b에 연결했을 때 전류는 흐르지 않으므로 A에는 역방향 전압이 걸린다.

ㄷ. 정답 : S_1을 a에 연결하고 S_2를 닫았을 때 A에 순방향 전압, B에는 역방향 전압이 걸린다. 따라서 S_2를 열었을 때와 닫았을 때 모두 전류계에 흐르는 전류의 세기는 I_0이다.

---

17 직선 전류에 의한 자기장
정답 ② 정답률 60%

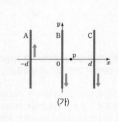

(가)

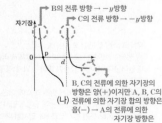

B의 전류 방향 → $-y$방향
C의 전류 방향 → $-y$방향

B, C의 전류에 의한 자기장의 방향은 양(+)이지만 A, B, C의 전류에 의한 자기장 합의 방향은 음(−) → A의 전류에 의한 자기장 방향은 $+y$방향

(나)

보기
ㄱ. A에 흐르는 전류의 방향은 ~~+y~~방향이다.
ㄴ. A, B, C 중 A에 흐르는 전류의 세기가 가장 크다.
ㄷ. p에서, C의 전류에 의한 자기장의 세기가 B의 전류에 의한
자기장의 세기보다 ~~크다~~ 작다

① ㄱ　　☑ ㄴ　　③ ㄷ　　④ ㄱ, ㄷ　　⑤ ㄴ, ㄷ

|자|료|해|설|
자기장의 세기는 도선에서 떨어진 거리가 가까울수록 크다. (나)에서 $x=0$, $x=d$의 오른쪽
지점에서 자기장의 방향은 양(+)의 방향이고 이는 각각 B와 C의 전류에 의한 영향이
크므로 B와 C에 흐르는 전류 방향은 둘 다 $-y$방향이다.

|보|기|풀|이|
ㄱ. 오답 : $x>d$인 지점에서 A, B, C의 전류에 의한 자기장 합의 방향은 음(−)이다.
이곳에서 B, C에 의한 자기장 방향은 양(+)이므로 A의 전류에 의한 자기장 방향은 양(+)
이고 A에 흐르는 전류의 방향은 $+y$방향이다.
ㄴ. 정답 : $x>d$인 지점에서 가장 멀리 떨어진 A의 전류에 의한 자기장의 세기가 가장
크므로 A에 흐르는 전류의 세기가 B, C보다 크다.
ㄷ. 오답 : p에서 A, B, C에 의한 자기장의 방향은 각각 음(−), 양(+), 음(−)이다. 따라서
이곳에서 B의 전류에 의한 자기장의 세기는 A, C에 의한 자기장 합의 세기와 같다.

19　역학적 에너지 보존　　정답 ①　정답률 41%

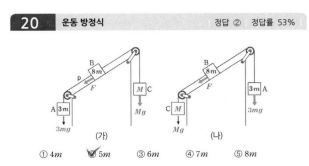

보기
ㄱ. A의 운동 에너지 변화량과 중력 퍼텐셜 에너지 변화량은
크기가 같다.
ㄴ. B의 가속도의 크기는 $\dfrac{2E_0}{md}$이다.
ㄷ. 역학적 에너지 변화량의 크기는 B가 C보다 ~~크다~~ 작다

☑ ㄱ　　② ㄴ　　③ ㄷ　　④ ㄱ, ㄴ　　⑤ ㄱ, ㄷ

|자|료|해|설|
q에서 A, B, C의 속력을 v라 하면 역학적 에너지 보존 법칙에 의해 감소한 에너지 변화량이
증가한 에너지 변화량과 같아야 하므로 'C의 중력 퍼텐셜 에너지 감소량=A의 중력 퍼텐셜
에너지 증가량+A, B, C의 운동 에너지 증가량이므로 $7E_0=E_0+\frac{1}{2}(m+2m+3m)v^2$이다.

또는 $\frac{1}{2}(m+2m+3m)v^2=6E_0$이므로 $E_0=\frac{1}{2}mv^2$이다.

|보|기|풀|이|
ㄱ. 정답 : $E_0=\frac{1}{2}mv^2$이므로 A의 중력 퍼텐셜 에너지 변화량과 운동 에너지 변화량은 같다.
ㄴ. 오답 : B에 작용한 알짜힘이 한 일은 B의 운동 에너지 증가량과 같으므로 $(2m)ad=$
$\frac{1}{2}(2m)v^2$이다. 따라서 B의 가속도 크기는 $a=\frac{v^2}{2d}=\frac{E_0}{md}$이다.
ㄷ. 오답 : B와 C의 역학적 에너지 변화량의 크기는 각각 $\frac{1}{2}(2m)v^2=2E_0$, $7E_0-\frac{1}{2}(3m)v^2$
$=4E_0$이다.

18　전자기 유도　　정답 ⑤　정답률 51%

① ㄱ　　② ㄴ　　③ ㄱ, ㄷ　　④ ㄴ, ㄷ　　☑ ㄱ, ㄴ, ㄷ

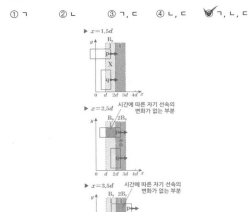

|자|료|해|설|
$x=1.5d$에서 금속 고리를 통과하는 자기 선속은 증가한다. 이때 자기 선속의 증가를
방해하는 $+y$방향으로 유도 전류가 흐르므로 I 에서 자기장의 방향은 xy평면에 수직으로
들어가는 방향이다(×). $x=2.5d$에서 금속 고리를 통과하는 자기 선속의 변화는 금속
고리의 면적 중 Ⅱ를 통과하는 면적만큼 변하고 p에 흐르는 유도 전류의 방향은 $-y$방향
이면서 전류의 세기는 $x=1.5d$에서보다 2배 크므로 Ⅱ에서 자기장의 방향은 xy평면에
수직으로 나오는 방향(◉)이고 자기장의 세기는 I 에서의 2배이다. (I 에서 자기장의 세기를
B_0라 하면 Ⅱ에서는 $2B_0$이다.)

|보|기|풀|이|
ㄱ. 정답 : p의 위치가 $x=3.5d$일 때, A를 통과하는 I 의 자기 선속의 변화로 유도 전류가
발생한다. 시간에 따른 자기 선속의 변화는 $x=1.5d$와 $x=3.5d$일 때 같고 방향은
반대이므로 p의 위치가 $x=3.5d$일 때 유도 전류의 세기는 I_0, 방향은 $-y$이다.
ㄴ. 정답 : q의 위치가 $x=2.5d$일 때 B는 I 에서 Ⅱ로 이동하는 상황이다. 이 때 I 을 통과
하는 면적은 감소하고 Ⅱ를 통과하는 면적은 증가하므로 q에서 유도 전류는 $-y$방향으로
흐를 것이다. I 과 Ⅱ의 자기장의 방향은 반대이므로 자기장의 세기 차이는 $3B_0$이고 시간에
따른 면적 변화율($\frac{\Delta S}{\Delta t}$)은 A에서의 2배이므로 시간에 따른 자기 선속의 변화는 6배 크다.
한편, p의 위치가 $x=2.5d$일 때 A는 Ⅱ에 의해 자기 선속이 변하고 이때 자기장의 세기
차이는 $2B_0$이다. A와 B에 흐르는 유도 전류의 세기를 패러데이 법칙으로 나타내면 각각
$V_A=-\frac{\Delta\phi_A}{\Delta t}=-2B_0\left(\frac{\Delta S}{\Delta t}\right)\propto 2I_0$, $V_B=-\left(\frac{\Delta\phi_B}{\Delta t}\right)=-3B_0\left(\frac{\Delta 2S}{\Delta t}\right)\propto 6I_0$이다.
ㄷ. 정답 : p와 q의 위치가 $x=3.5d$일 때, A에서는 I 의 자기 선속이 감소하고 B에서는 Ⅱ의
자기 선속이 감소하므로 p와 q에서 흐르는 유도 전류의 방향은 각각 $-y$, $+y$방향이다.

20　운동 방정식　　정답 ②　정답률 53%

① 4m　　☑ 5m　　③ 6m　　④ 7m　　⑤ 8m

|자|료|해|설|및|선|택|지|풀|이|
②정답 : C의 질량을 M, B의 무게에 의해 빗면 아래로 작용하는 힘을 F, (가)와 (나)에서
B의 가속도 크기를 각각 a, $2a$라 하면 (가)와 (나)에서 운동 방정식은 각각 $(3m-M)g+F$
$=(11m+M)a-$ⓐ, $(M-3m)g+F=(11m+M)(2a)-$ⓑ이다. (가)에서 실 p가 B를
당기는 힘의 크기는 p가 A를 당기는 힘의 크기와 같으므로 A에 작용하는 알짜힘은 $3ma=$
$3mg-\frac{9}{4}mg=\frac{3}{4}mg$ 또는 $a=\frac{1}{4}g-$ⓒ이다. ⓑ$-$ⓐ$=(2M-6m)=(11m+M)a$이고
여기에 ⓒ을 대입하여 정리하면 $M=5m$이다.

문제편 p.302

1	①	2	③	3	⑤	4	④	5	②
6	④	7	②	8	④	9	③	10	①
11	⑤	12	②	13	③	14	②	15	⑤
16	③	17	①	18	③	19	⑤	20	④

---

1 전자기파의 종류와 이용   정답 ① 정답률 98%

	A	B	C
✔	X선	마이크로파	가시광선
②	X선	가시광선	마이크로파
③	마이크로파	X선	가시광선
④	마이크로파	가시광선	X선
⑤	가시광선	X선	마이크로파

|자|료|해|설|
자외선보다 파장이 짧아 투과력이 강해 뼈 사진을 찍는 데 이용하는 것은 X선이고
전자레인지에서 음식물 속의 물 분자를 운동시켜 음식물을 데우는 데 이용되는 것은
마이크로파이다.

---

2 등가속도 직선 운동   정답 ③ 정답률 96%

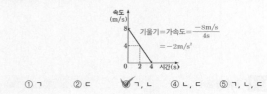

① ㄱ   ② ㄷ   ✔ ㄱ, ㄴ   ④ ㄴ, ㄷ   ⑤ ㄱ, ㄴ, ㄷ

|보|기|풀|이|
ㄱ. 정답 : 그래프의 기울기는 가속도를 의미하고, 그 값은 $a = \dfrac{-8\text{m/s}}{4\text{s}} = -2\text{m/s}^2$이다.
따라서 가속도의 크기는 2m/s^2, 방향은 운동 방향과 반대 방향이다.

ㄴ. 정답 : 0~4초까지 물체가 이동한 거리는 그래프에서 면적과 같으므로 $\dfrac{1}{2} \times 8\text{m/s} \times 4\text{s}$
$= 16\text{m}$이다.

ㄷ. 오답 : 그래프의 기울기가 0보다 작으므로 가속도의 방향은 운동 방향과 서로 반대이다.

---

3 에너지의 양자화, 에너지 준위   정답 ⑤ 정답률 92%

① A   ② C   ③ A, B   ④ B, C   ✔ A, B, C

|자|료|해|설|및|선|택|지|풀|이|
학생 A 정답 : 수소 원자 내의 전자는 양자수에 해당하는 특정한 에너지 값만을 가진다.
학생 B 정답 : 전자가 높은 에너지 준위에서 낮은 에너지 준위로 전이할 때 두 에너지
준위의 차이에 해당하는 빛을 방출한다.
학생 C 정답 : 방출되는 빛의 에너지가 클수록 파장은 짧고 진동수는 크다.

---

4 핵에너지   정답 ④ 정답률 92%

보기
ㄱ. ㉠의 질량수는 $\overset{235}{238}$이다.
ㄴ. (나)는 핵융합 반응이다.
ㄷ. E_1은 E_2보다 크다.

① ㄱ   ② ㄴ   ③ ㄱ, ㄷ   ✔ ㄴ, ㄷ   ⑤ ㄱ, ㄴ, ㄷ

|자|료|해|설|
(가)는 핵분열, (나)는 핵융합 반응이다.

|보|기|풀|이|
ㄱ. 오답 : 핵반응 전과 후에서 질량수는 보존되므로 (㉠의 질량수)+1=141+92+3=236
이다. 따라서 ㉠의 질량수는 235이다.
ㄴ. 정답 : (나)는 핵반응을 통해 더 큰 원자 번호를 갖는 원자가 만들어지므로 핵융합
반응이다.
ㄷ. 정답 : 핵반응 시 질량 결손이 클수록 방출되는 에너지가 크다. 질량 결손은 (가)에서가
(나)에서보다 크므로 $E_2 < E_1$이다.

---

5 파동의 성질   정답 ② 정답률 97%

① $\dfrac{1}{3}$ ✔ $\dfrac{2}{3}$ ③ 1   ④ $\dfrac{4}{3}$ ⑤ $\dfrac{5}{3}$

|자|료|해|설|및|선|택|지|풀|이|
'파장(λ)=파동의 속력(v) × 주기(T)'이다. 파동의 속력은 A와 B가 같고 주기는 A가 $T_A =$
2초, B가 $T_B =$ 3초이므로 $\dfrac{\lambda_A}{\lambda_B} = \dfrac{T_A}{T_B} = \dfrac{2}{3}$이다.

---

6 물질의 자성   정답 ④ 정답률 87%

	A	B	C
①	강자성체	상자성체	반자성체
②	상자성체	강자성체	반자성체
③	상자성체	반자성체	강자성체
✔	반자성체	상자성체	강자성체
⑤	반자성체	강자성체	상자성체

|자|료|해|설|및|선|택|지|풀|이|
자기장 영역에서 꺼낸 이후에도 강자성체는 자기화된 상태를 유지한다. A와 B 사이에는
자기력이 작용하지 않으므로 이들은 상자성체와 반자성체의 조합이고 C는 강자성체이다.
A와 C 사이에 서로 미는 힘이 작용하므로 A는 반자성체, B는 상자성체이다.

| **7** | 작용 반작용 법칙 | 정답 ② 정답률 91% |

(수평면이 B를 떠받치는 힘) $4mg$ mg (B가 A에 작용하는 전기력)
자석 A $\boxed{m}$
mg (중력)
자석 B $\boxed{3m}$
수평면
$3mg$ (중력) mg (A가 B에 작용하는 전기력)

보기
ㄱ. A가 B에 작용하는 자기력의 크기는 ~~$3mg$~~ mg 이다.
ㄴ. 수평면이 B를 떠받치는 힘의 크기는 $4mg$이다.
ㄷ. A에 작용하는 중력과 B가 A에 작용하는 자기력은 ~~작용 반작용~~ 힘의 평형 관계이다.

① ㄱ   **②ㄴ**   ③ ㄷ   ④ ㄱ, ㄴ   ⑤ ㄱ, ㄷ

|자|료|해|설|
정지 상태의 물체에 작용하는 알짜힘의 크기는 0이다.

|보|기|풀|이|
ㄱ. 오답 : A는 정지 상태이므로 A에 작용하는 중력과 B가 A에 작용하는 자기력의 크기는 mg로 같다. 작용 반작용으로 A가 B에 작용하는 자기력의 크기는 mg이다.
ㄴ. 정답 : 수평면이 B를 떠받치는 힘의 크기는 B에 작용하는 중력과 B가 A에 작용하는 자기력의 크기의 합인 $4mg$이다.
ㄷ. 오답 : A에 작용하는 중력의 반작용은 A가 지구를 당기는 힘이다. A에 작용하는 중력과 B가 A에 작용하는 자기력은 힘의 평형 관계이다.

| **8** | 전반사 | 정답 ④ 정답률 79% |

① ㄱ   ② ㄷ   ③ ㄱ, ㄴ   **④ ㄴ, ㄷ**   ⑤ ㄱ, ㄴ, ㄷ

|자|료|해|설|
빛이 굴절률이 작은 매질에서 큰 매질을 통과할 때 '입사각>굴절각'이므로 굴절률의 크기는 A<B<D이다. B와 C의 경계면에서 전반사가 일어나므로 굴절률의 크기는 C<B이고 굴절률 차이는 B와 C 사이가 B와 A 사이보다 크다. 따라서 굴절률은 C<A<B<D이다.

|보|기|풀|이|
ㄱ. 오답 : 전반사는 빛의 입사각이 임계각보다 클 때 일어난다. 입사각이 45°일 때 전반사가 일어나므로 임계각은 45°보다 작다.
ㄴ. 정답 : 자료 해설과 같이 굴절률은 C<A<B<D이다.
ㄷ. 정답 : 빛의 속력은 굴절률의 크기에 반비례한다. 따라서 P의 속력은 D<B<A<C이다.

| **9** | 파동의 중첩 | 정답 ③ 정답률 88% |

(가)   (나)
—마루
···· 골

① ㄱ   ② ㄴ   **③ ㄱ, ㄷ**   ④ ㄴ, ㄷ   ⑤ ㄱ, ㄴ, ㄷ

|자|료|해|설|
마루와 마루, 골과 골이 만나는 지점에서 보강 간섭이 일어난다. 상쇄 간섭은 보강 간섭이 일어나는 이웃한 두 지점 사이에서 일어난다.

|보|기|풀|이|
ㄱ. 정답 : A는 골과 골이 만나는 지점이므로 보강 간섭이 일어난다.
ㄴ. 오답 : (나)의 $\overline{S_1S_2}$에서 상쇄 간섭이 일어나는 지점은 보강 간섭이 일어나는 지점(마루와 마루, 골과 골이 만나는 지점)들 사이에서 있으므로 지점의 개수는 8개이다.
ㄷ. 정답 : 물결파의 속력이 같으므로 파장은 진동수에 반비례한다. 따라서 물결파의 파장은 진동수가 2배 큰 (나)에서가 (가)에서보다 $\frac{1}{2}$배로 짧다. 따라서 $d_1=2d_2$이다.

| **10** | 운동량과 충격량 | 정답 ① 정답률 85% |

보기
ㄱ. 충돌 직전 운동량의 크기는 A가 B보다 작다.
ㄴ. 충돌하는 동안 힘 센서로부터 받은 충격량의 크기는 A가 B보다 ~~크다.~~ 작다
ㄷ. 충돌하는 동안 힘 센서로부터 받은 평균 힘의 크기는 A가 B보다 ~~작다.~~ 크다

① ㄱ   ② ㄴ   ③ ㄱ, ㄷ   ④ ㄴ, ㄷ   ⑤ ㄱ, ㄴ, ㄷ

|보|기|풀|이|
ㄱ. 정답 : 충돌 직전 A와 B의 운동량의 크기($p=mv$)는 각각 $0.5 \times 0.4=0.2$kg·m/s, $1.0 \times 0.4=0.4$kg·m/s로 A가 B보다 작다.
ㄴ. 오답 : A와 B가 받은 충격량의 크기는 운동량 변화량의 크기($\Delta p=m\Delta v$)이므로 각각 $0.5 \times |(-0.2)-0.4|=0.3$kg·m/s, $1.0 \times |(-0.1)-0.4|=0.5$kg·m/s이다.
ㄷ. 오답 : A와 B에 작용한 평균 힘의 크기($\overline{F}=\frac{\Delta p}{\Delta t}$)는 각각 $\frac{0.3\text{kg·m/s}}{0.02\text{s}}=15$N, $\frac{0.5\text{kg·m/s}}{0.05\text{s}}=10$N이다.

| **11** | 특수 상대성 이론 | 정답 ⑤ 정답률 75% |

① ㄱ   ② ㄷ   ③ ㄱ, ㄴ   ④ ㄴ, ㄷ   **⑤ ㄱ, ㄴ, ㄷ**

|자|료|해|설|
B의 관성계에서 관찰할 때 A와 P는 B와 가까워지는 방향으로 $0.6c$의 속력으로 운동한다.

|보|기|풀|이|
ㄱ. 정답 : 광속 불변의 원리에 따라 빛의 속력은 A의 관성계와 B의 관성계에서 같다.
ㄴ. 정답 : A의 관성계에서 B가 방출한 빛이 P에 도달할 때까지 이동 거리는 L이고 속력은 c이므로 걸리는 시간은 $\frac{L}{c}$이다.
ㄷ. 정답 : B의 관성계에서 A와 P, P와 Q 사이의 거리는 L'로 같고, 이는 길이 수축이 일어난 상태이므로 L보다 짧다. 따라서 A가 방출한 빛이 P에 도달하는 데 걸리는 시간 $\left(\frac{L}{c}\right)$은 B가 방출한 빛이 P에 도달하는 데 걸리는 시간 $\left(\frac{L'}{c}\right)$보다 크다.

| **12** | 운동량 보존 | 정답 ② 정답률 79% |

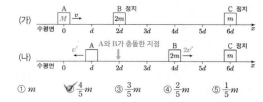

(가)
(나)

① m **② $\frac{4}{5}m$**   ③ $\frac{3}{5}m$ ④ $\frac{2}{5}m$ ⑤ $\frac{1}{5}m$

| 자 | 료 | 해 | 설 | 및 | 선 | 택 | 지 | 풀 | 이 |

(나)에서 A와 B는 $x=2d$에서 충돌 후 각각 같은 시간 동안 d, $2d$만큼 이동하므로 충돌 후 A의 속력을 v'라 하면 B의 속력은 $2v'$이다. A의 질량을 M이라 하면 운동량 보존 법칙에 따라 A와 B의 충돌에서 $Mv=M(-v')+(2m)(2v') - $ ①, B와 C의 충돌에서 $(2m)(2v')=(3m)\left(\frac{1}{3}v\right) - $ ②이다. ②를 정리하면 $v'=\frac{1}{4}v$이고 이를 ①에 대입하면 $M=\frac{4}{5}m$이다.

---

13 반도체와 다이오드 정답 ③ 정답률 91%

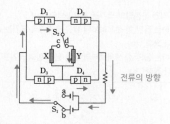

전류의 방향

| 보기 |
㉠ X는 절연체이다.
㉡ ㉠은 D_1, D_4이다.
㉢ S_1을 a에 연결하고 S_2를 d에 연결했을 때, D_1에는 ~~순방향~~ 역방향 전압이 걸린다.

① ㉠ ② ㉢ ③✓ ㉠, ㉡ ④ ㉡, ㉢ ⑤ ㉠, ㉡, ㉢

| 자 | 료 | 해 | 설 | 및 | 보 | 기 | 풀 | 이 |

㉠ 정답 : S_1을 a에 연결하고 S_2를 c에 연결했을 때 X가 도체라면 D_2와 D_3에 순방향 전압이 걸리므로 빛이 방출된다. 그러나 빛이 방출되지 않으므로 X는 절연체, Y는 도체이다.
㉡ 정답 : S_1을 b에 연결하고 S_2를 d에 연결했을 때 D_1와 D_4에 순방향 전압이 걸리고 빛이 방출된다.
㉢ 오답 : S_1을 a에 연결하고 S_2를 d에 연결했을 때 D_1의 p형 반도체는 전원의 (−)극에 연결되므로 역방향 전압이 걸린다.

---

14 물질파 정답 ② 정답률 76%

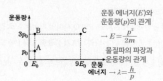

운동 에너지(E)와 운동량(p)의 관계 → $E=\frac{p^2}{2m}$
물질파의 파장과 운동량의 관계 → $\lambda=\frac{h}{p}$

| 보기 |
㉠ 질량은 A가 B보다 ~~크다~~ 작다
㉡ 속력은 A와 C가 ~~같다~~ 다르다
㉢ 물질파 파장은 B와 C가 같다.

① ㉠ ②✓ ㉢ ③ ㉠, ㉡ ④ ㉡, ㉢ ⑤ ㉠, ㉡, ㉢

| 자 | 료 | 해 | 설 | 및 | 보 | 기 | 풀 | 이 |

ㄱ. 오답 : 운동 에너지(E)와 운동량(p)의 관계는 $E=\frac{p^2}{2m}$이므로 질량 A, B, C의 비는

$m_A : m_B : m_C = \frac{p_0{}^2}{2E_0} : \frac{(3p_0)^2}{2E_0} : \frac{(3p_0)^2}{2(9E_0)} = 1 : 9 : 1$이다.

ㄴ. 오답 : '운동량의 크기=질량×속력'이고 A와 C의 속력을 각각 v_A, v_C라 하면 $p_0=m_A v_A$, $3p_0=m_C v_C$이다. $m_A=m_C$이므로 $3v_A=v_C$이다.

㉢ 정답 : A, B, C의 물질파 파장 비는 $\lambda_A : \lambda_B : \lambda_C = \frac{h}{p_0} : \frac{h}{3p_0} : \frac{h}{3p_0} = 3 : 1 : 1$이다.

---

15 열역학 정답 ⑤ 정답률 82%

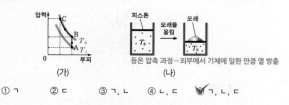

(가) (나)
등온 압축 과정−외부에서 기체에 일한 만큼 열 방출

① ㉠ ② ㉢ ③ ㉠, ㉡ ④ ㉡, ㉢ ⑤✓ ㉠, ㉡, ㉢

| 자 | 료 | 해 | 설 |

(나)는 등온 압축 과정으로 외부에서 기체에 일한 만큼 열을 방출한다.

| 보 | 기 | 풀 | 이 |

㉠ 정답 : (나)는 기체의 부피가 줄어드는 과정이므로 B → C 과정이다.
㉡ 정답 : A에서 온도를 T_1이라 하면 B와 C에서 기체의 온도는 T_0이고 $T_1<T_0$이다. 기체의 내부 에너지는 기체의 절대 온도에 비례하므로 기체의 내부 에너지는 A에서가 C에서보다 작다.
㉢ 정답 : (나)에서 등온 과정으로 기체의 부피가 감소하므로 기체는 외부로 열을 방출한다.

---

16 직선 전류에 의한 자기장 정답 ③ 정답률 74%

① I_0 ② $2I_0$ ③✓ $4I_0$ ④ $6I_0$ ⑤ $8I_0$

| 자 | 료 | 해 | 설 | 및 | 선 | 택 | 지 | 풀 | 이 |

O에서 자기장의 방향이 xy평면에 수직으로 들어가는 방향을 (+), 나오는 방향을 (−)라 하고, A, B, C에 의한 O에서의 자기장 세기를 각각 B_A, B_B, B_C라 하면 표의 순서대로 O에서 A, B, C의 전류에 의한 자기장의 세기는 $+B_A+B_B-B_C=0 - $ ①, $+B_A+B_B+B_C=4B_0 - $ ②, $+B_A-B_B+B_C=2B_0 - $ ③이다. 이를 연립하면 $B_A=B_0$, $B_B=B_0$, $B_C=2B_0$이다.

| 선 | 택 | 지 | 풀 | 이 |

③ 정답 : 직선 전류에 의한 자기장의 세기(B)는 전류의 세기(I)에 비례하고 도선으로부터 떨어진 거리(r)에 반비례$\left(B \propto \frac{I}{r}\right)$한다. $B_A=B_0=k\frac{I_0}{d}$, $B_C=2B_0=k\frac{I_C}{2d}$이므로 C에 흐르는 전류의 세기는 $I_C=4I_0$이다.

---

17 쿨롱 법칙 정답 ① 정답률 79%

| 보기 |
㉠ A는 음(−)전하이다.
㉡ 전하량의 크기는 A가 B보다 ~~작다~~ 크다
㉢ B가 $x=3d$에 있을 때, B에 작용하는 전기력의 크기는 $2F$보다 ~~작다~~ 크다

①✓ ㉠ ② ㉡ ③ ㉠, ㉢ ④ ㉡, ㉢ ⑤ ㉠, ㉡, ㉢

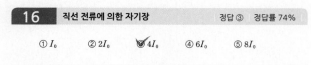

→ B가 $x=2d$에 있을 때
A와 B가 C에 작용하는 힘의 크기는 같다.
A의 전하량>B의 전하량

→ B가 $x=3d$에 있을 때
A, B, C에 작용하는 힘을 모두 더하면 0(작용-반작용 법칙)
C와 A에는 $+x$방향의 힘이 작용하므로
B에 작용하는 힘은 왼쪽 방향으로 $2F$보다 큰 힘이 작용

|자|료|해|설|및|보|기|풀|이|

ㄱ. 정답 : B가 C로 다가갈수록 B가 C에 작용하는 전기력의 세기는 커지는데 C에 작용하는 전기력이 $-x$방향에서 $+x$방향으로 바뀌므로 B는 양(+)전하이다. 또한 A와 B가 C에 대해 같은 쪽에 있을 때 C에 작용하는 전기력이 0이 되는 지점이 존재하므로 A는 음(−)전하이다.

ㄴ. 오답 : B가 $x=2d$에 있을 때, C에 작용하는 전기력은 0이므로 A와 B가 C에 작용하는 힘의 크기는 같다. 따라서 C로부터 멀리 있는 A가 B보다 전하량의 크기가 크다.

ㄷ. 오답 : 작용 반작용 법칙에 따라 A, B, C에 작용하는 힘을 모두 더하면 0이다. B가 $x=3d$에 있을 때, C에 작용하는 전기력은 $+x$방향으로 $2F$이다. 음(−)전하인 A에 작용하는 전기력의 방향은 $+x$방향이므로 B에 작용하는 전기력의 방향은 $-x$방향이고 전기력의 크기는 A와 C에 작용하는 전기력 크기의 합이므로 $2F$보다 크다.

|보|기|풀|이|

ㄱ. 정답 : (가)에서 실이 A를 당기는 힘의 크기를 T라 하면 A의 운동 방정식은 $T-2mg=2ma_1=\frac{1}{3}mg$이므로 $T=\frac{7}{3}mg$이다.

ㄴ. 정답 : q와 r 사이의 거리를 L이라 하면 $2a_2L=v_0^2$이므로 $L=\frac{v_0^2}{2a_2}=\frac{3v_0^2}{4g}$이다.

ㄷ. 정답 : (나)에서 B가 p를 지나는 순간 B의 속력을 v, p와 q 사이의 거리를 L'라 하면 (가)와 (나)에서 등가속도 직선운동 식은 $L'=\frac{v_0^2}{2a_1}=\frac{3v_0^2}{g}$이고 r에서 q까지 운동에 대해 $2a_2(L+L')=v^2$이므로 $v^2=\frac{4}{3}g\cdot\left(\frac{3v_0^2}{4g}+\frac{3v_0^2}{g}\right)=5v_0^2$이다. $v>0$이므로 $v=\sqrt{5}v_0$이다.

---

18 전자기 유도   정답 ③   정답률 74%

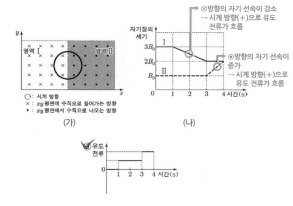

(가)   (나)

|자|료|해|설|및|선|택|지|풀|이|

유도 전류의 세기는 유도 기전력에 비례하고 유도 기전력은 패러데이 법칙에 따라 $V=-\frac{\varDelta\phi}{\varDelta t}=-\frac{\varDelta B}{\varDelta t}S$($S$: 반원의 면적)이고 (나)에서 그래프의 기울기$\left(\frac{\varDelta B}{\varDelta t}\right)$에 비례한다. 0∼1초에서 기울기는 0이므로 유도 전류는 0이다. 1∼3초에서 Ⅰ의 그래프 기울기는 일정하고 xy평면에서 수직으로 들어가는 방향의 자기 선속(ϕ)이 감소하므로 고리에는 시계 방향(+)의 일정한 유도 전류가 흐른다. 3∼4초에서 Ⅱ의 그래프 기울기는 1∼3초에서 Ⅰ의 그래프 기울기의 2배이고 xy평면에서 수직으로 나오는 방향의 자기 선속이 증가하므로 유도 전류의 세기는 1∼3초의 유도 전류의 세기보다 2배 크고 시계 방향(+)의 유도 전류가 흐른다. 이에 해당하는 것은 ③ 그래프이다.

---

20 역학적 에너지 보존   정답 ④   정답률 64%

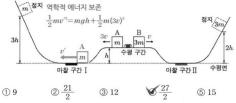

① 9   ② $\frac{21}{2}$ ③ 12   ④ $\frac{27}{2}$ ⑤ 15

|자|료|해|설|

용수철과 분리된 직후 B의 속력을 v라 하면 운동량 보존 법칙에 따라 A의 속력은 $3v$가 된다. A의 운동 에너지의 최댓값은 마찰 구간 Ⅰ을 지나기 전 수평면에서 운동할 때이고 이때 속력을 v'라 하면 $\frac{1}{2}mv'^2$이고 이는 역학적 에너지 보존 법칙에 따라 수평 구간에서의 용수철과 분리된 직후의 A의 역학적 에너지와 같다. 또한 A의 중력 퍼텐셜 에너지의 최댓값은 $3mgh$이므로 주어진 조건에 따라 $\frac{1}{2}mv'^2=mgh+\frac{1}{2}m(3v)^2=3mgh\times4$ — ① 이고 $\frac{1}{2}mv^2=\frac{11}{9}mgh$ — ②이다.

|선|택|지|풀|이|

④ 정답 : W_1과 W_2는 수평 구간에서의 역학적 에너지와 정지한 곳에서의 역학적 에너지의 차이므로 ①과 ②에 의해 $W_1=\frac{1}{2}mv'^2-3mgh=12mgh-3mgh=9mgh$이고 $W_2=3mgh+\frac{1}{2}(3m)v^2-6mgh=\frac{2}{3}mgh$이므로 $\frac{W_1}{W_2}=\frac{27}{2}$이다.

---

19 운동 방정식   정답 ⑤   정답률 66%

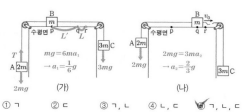

(가)   (나)

① ㄱ   ② ㄷ   ③ ㄱ, ㄴ   ④ ㄴ, ㄷ   ⑤ ㄱ, ㄴ, ㄷ

|자|료|해|설|

(가)와 (나)에서 B의 가속도 크기를 각각 a_1, a_2라 하면 운동 방정식은 각각 $mg=6ma_1$, $2mg=3ma_2$이므로 $a_1=\frac{1}{6}g$, $a_2=\frac{2}{3}g$이다.

문제편 p.306

1	②	2	⑤	3	①	4	③	5	①
6	④	7	③	8	⑤	9	④	10	③
11	②	12	①	13	①	14	③	15	⑤
16	④	17	⑤	18	③	19	⑤	20	②

1　전자기파의 종류와 이용　　정답 ②　정답률 90%

ⓐ 음악 감상을 위한 무선 블루투스 헤드폰 — 마이크로파
ⓑ 칫솔 살균을 위한 휴대용 칫솔 살균기 — 자외선
ⓒ 어두울 때 사용할 손전등 — 가시광선

보기

ㄱ. ⓐ은 ~~감마선~~ 마이크로파 을 이용하여 스마트폰과 통신한다.

ㄴ. ⓑ에서 살균 작용에 사용되는 자외선은 마이크로파보다 파장이 짧다.

ㄷ. 진공에서의 속력은 ⓒ에서 ~~사용되는 전자기파가 X선보다 크다.~~ ⓐ, ⓑ, ⓒ 모두 같다.

① ㄱ　✓② ㄴ　③ ㄷ　④ ㄱ, ㄴ　⑤ ㄴ, ㄷ

| 보 | 기 | 풀 | 이 |

ㄱ. 오답 : 감마선은 전자기파 중에서 에너지가 가장 크고 투과력이 좋아 화상, 암 유발, 유전자 변형을 일으킨다. 의료에서는 암을 치료하는 데 이용된다.

ㄴ. 정답 : 파장은 '자외선＜가시광선＜마이크로파'이다.

ㄷ. 오답 : 진공에서 전자기파의 속력은 파장과 관계없이 모두 같다.

2　핵에너지　　정답 ⑤　정답률 96%

보기

ㄱ. $^{235}_{92}$U 원자핵의 질량수는 $^{141}_{56}$Ba 원자핵과 $^{92}_{36}$Kr 원자핵의 질량수의 합과 ~~같다.~~ 보다 크다.

ㄴ. '핵분열'은 ⓐ으로 적절하다.

ㄷ. ⓑ은 질량 결손에 의해 발생한다.

① ㄱ　② ㄴ　③ ㄷ　④ ㄱ, ㄴ　✓⑤ ㄴ, ㄷ

| 자 | 료 | 해 | 설 |
위의 설명에 해당하는 핵반응식은 $^{235}_{92}$U $+ ^{1}_{0}$n $\rightarrow ^{141}_{56}$Ba $+ ^{92}_{36}$Kr $+ 3^{1}_{0}$n $+$ 약 200MeV이다.

| 보 | 기 | 풀 | 이 |
ㄱ. 오답 : 질량수는 $^{235}_{92}$U는 235, $^{141}_{56}$Ba는 141, $^{92}_{36}$Kr는 92로 $^{235}_{92}$U 원자핵의 질량은 $^{141}_{56}$Ba 원자핵과 $^{92}_{36}$Kr 원자핵의 질량수의 합보다 크다.

3　에너지의 양자화, 에너지 준위　　정답 ①　정답률 90%

보기

ㄱ. a에서 흡수되는 광자 1개의 에너지는 $\frac{3}{4}E_0$이다.

ㄴ. 방출되는 빛의 파장은 b에서가 d에서보다 ~~짧다.~~ 길다.

ㄷ. c에서 흡수되는 빛의 진동수는 $\frac{1}{8}f_a$ 이다.

✓① ㄱ　② ㄴ　③ ㄱ, ㄷ　④ ㄴ, ㄷ　⑤ ㄱ, ㄴ, ㄷ

| 보 | 기 | 풀 | 이 |

ㄱ. 정답 : a에서 흡수되는 광자 1개의 에너지는 $-\frac{1}{4}E_0-(-E_0)=\frac{3}{4}E_0$이다.

ㄴ. 오답 : 방출되는 빛의 파장은 에너지 준위 차에 반비례한다. 에너지 준위 차는 d가 b보다 크므로 파장은 b에서가 d에서보다 길다.

ㄷ. 오답 : $E=hf$로부터 $\frac{3}{4}E_0=hf_a$이므로 c에서 흡수되는 광자 1개의 빛 에너지는 $-\frac{1}{16}E_0-\left(-\frac{1}{4}E_0\right)=\frac{3}{16}E_0=h\left(\frac{1}{4}f_a\right)$이다. 따라서 c에서 흡수되는 빛의 진동수는 $\frac{1}{4}f_a$ 이다.

4　물질파　　정답 ③　정답률 74%

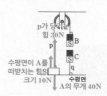

학생 A: 광전 효과에서 광전자가 즉시 방출되는 현상은 빛의 입자성으로 설명할 수 있어.
학생 B: 속력이 서로 다른 두 입자의 운동량이 같을 때, 속력이 작은 입자의 물질파 파장이 더 길어. → 파장은 같아.
학생 C: 전자 현미경에서 전자의 운동 에너지가 클수록 더 작은 구조를 구분하여 관찰할 수 있어.

제시한 내용이 옳은 학생만을 있는 대로 고른 것은? 3점

① A　② B　✓③ A, C　④ B, C　⑤ A, B, C

| 자 | 료 | 해 | 설 | 및 | 보 | 기 | 풀 | 이 |

학생 A 정답 : 금속의 문턱 진동수보다 작은 진동수의 빛으로는 광전 효과가 일어나지 않는다. 이는 빛이 입자일 때만 설명할 수 있다.

학생 B. 오답 : 물질파 파장은 입자의 운동량 크기에 반비례한다. 두 입자의 운동량이 같다면 두 입자의 물질파 파장도 같다.

학생 C 정답 : 전자의 에너지가 크면 전자의 운동량의 크기가 커지므로 전자의 물질파 파장이 짧아져 분해능이 좋아지고 더 작은 구조를 구분하여 관찰할 수 있다.

5　작용 반작용 법칙　　정답 ①　정답률 79%

p가 B를 당기는 힘 30N
S B
N
p
N C
S
q
수평면이 A를 떠받치는 힘의 크기 10N
수평면 A의 무게 40N

보기

ㄱ. 수평면이 A를 떠받치는 힘의 크기는 10N이다.

ㄴ. B에 작용하는 중력과 ~~p가 B를 당기는 힘은~~ B가 지구를 당기는 힘 은 작용 반작용 관계이다.

ㄷ. B가 C에 작용하는 자기력의 크기는 q가 C를 당기는 힘의 크기와 ~~같다.~~ 보다 크다.

✓① ㄱ　② ㄴ　③ ㄱ, ㄷ　④ ㄴ, ㄷ　⑤ ㄱ, ㄴ, ㄷ

| 보 | 기 | 풀 | 이 |

ㄱ. 정답 : B에서 p가 B를 당기는 힘의 크기는 자기력의 크기(20N)＋B에 작용하는 중력(10N)이므로 30N이다. A에서 수평면이 A를 떠받치는 힘의 크기는 A의 무게(40N) － P가 A를 당기는 힘의 크기(30N)이므로 10N이다.

6　운동량과 충격량　　정답 ④　정답률 84%

그림 (가)는 수평면에서 물체가 벽을 향해 등속도 운동하는 모습을 나타낸 것이다. 물체는 벽과 충돌한 후 반대 방향으로 등속도 운동하고, 마찰 구간을 지난 후 등속도 운동한다. 그림 (나)는 물체의 속도를 시간에 따라 나타낸 것으로, 물체는 벽과 충돌하는 과정에서 t_0 동안 힘을 받고, 마찰 구간에서 $2t_0$ 동안 힘을 받는다. 마찰 구간에서 물체가 운동 방향과 반대 방향으로 받은 평균 힘의 크기는 F이다. → 마찰 구간에서 받은 충격량의 크기는 $F(2t_0)=m(2v)$

벽과 충돌하는 동안 물체가 벽으로부터 받는 평균 힘의 크기는? (단, 마찰 구간 외의 모든 마찰은 무시한다.) 3점

① 2F　② 4F　③ 6F　✓④ 8F　⑤ 10F

| 자 | 료 | 해 | 설 | 및 | 선 | 택 | 지 | 풀 | 이 |

④ 정답 : 물체가 마찰 구간에서 받은 충격량의 크기는 물체의 운동량 변화량의 크기와 같으므로 물체의 질량을 m이라 하면 $F(2t_0)=m(3v-v)$이다. 물체가 벽으로부터 받은 충격량의 크기는 이때의 운동량 변화량의 크기와 같으므로 $F't_0=m(5v+3v)=8Ft_0$이므로 벽과 충돌하는 동안 물체가 벽으로부터 받은 평균 힘의 크기는 $F'=8F$이다.

7　물질의 자성　　정답 ③　정답률 88%

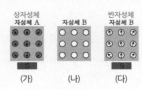

상자성체 자성체 A　　자성체 B　　반자성체 자성체 B
S　　　　　　　　　　　　　S
(가)　　　(나)　　　(다)

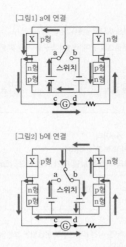

[그림1] a에 연결

[그림2] b에 연결

| 자 | 료 | 해 | 설 |

스위치를 a에 연결할 때 전류의 방향이 c → ⓖ → d가 되려면 회로에 흐르는 전체 전류의 흐름은 [그림1]과 같다.

| 보 | 기 | 풀 | 이 |

ㄱ. 정답: X는 p형, Y는 n형 반도체이다.

ㄴ. 오답: 스위치를 b에 연결하면 [그림2]와 같이 전류가 흐르므로 ㉠은 c → ⓖ → d이다.

ㄷ. 오답: 스위치를 b에 연결하면 Y가 포함된 다이오드에는 순방향 전압이 걸리므로 Y에서 전자는 p−n 접합면으로 이동한다.

13   쿨롱 법칙   정답 ①   정답률 51%

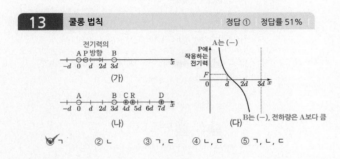

(가)

(나)

(다)

A는 (−)

B는 (−), 전하량은 A보다 큼

① ㄱ   ② ㄴ   ③ ㄱ, ㄷ   ④ ㄴ, ㄷ   ⑤ ㄱ, ㄴ, ㄷ

| 자 | 료 | 해 | 설 |

(다)에서 P가 A에 가까워질수록 +x방향의 전기력이 세지고, B에 가까워질수록 −x방향의 전기력이 세지므로 A와 B는 P와 같은 종류의 전하인 음(−)전하이다. 전기력이 0인 곳은 $x < 1.5d$이므로 전하량의 크기는 B가 A보다 크다.

| 보 | 기 | 풀 | 이 |

ㄱ. 정답: (가)에서 P가 A의 왼쪽에 있을 때 A와 B에 의한 전기력은 모두 −x방향이다.

ㄴ. 오답: (나)에서 R의 위치가 $x = d$일 때, A와 B에 의한 전기력의 방향은 −x방향이고 크기는 F이다. C와 D에 의해 R에 작용하는 전기력의 방향은 −x방향이므로 F보다 더 큰 −x방향의 전기력이 작용한다.

ㄷ. 오답: (나)에서 R의 위치가 $x = 6d$일 때, (가)의 상황과 대칭이므로 C와 D에 의한 전기력의 방향은 −x방향이고 크기는 F이다. 한편, A와 B에 의해 −x방향의 전기력이 작용하므로 R에 작용하는 전기력의 크기는 F보다 크다.

14   전반사   정답 ③   정답률 80%

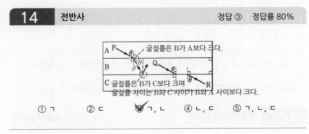

굴절률은 B가 A보다 크다.

굴절률은 B가 C보다 크며
굴절률 차이는 B와C 사이가 B와A 사이보다 크다.

① ㄱ   ② ㄷ   ③ ㄱ, ㄴ   ④ ㄴ, ㄷ   ⑤ ㄱ, ㄴ, ㄷ

| 자 | 료 | 해 | 설 |

P가 A에서 B로 입사각 θ로 입사했을 때 굴절각을 θ'라 하면 $\theta > \theta'$이다. 즉, P를 B에서 A로 입사각 θ'로 입사시켰을 때 굴절각은 θ가 되지만 P를 B에서 C로 입사각 θ'로 입사시키면 전반사가 일어나므로 굴절률은 B > A > C이다.

| 보 | 기 | 풀 | 이 |

ㄷ. 오답: 두 매질의 굴절률 차이가 클수록 임계각은 작아진다. A와 B의 굴절률 차이가 B와 C의 굴절률 차이보다 작으므로 B와 A 사이의 임계각은 θ'보다는 크다. 또한, R이 입사각 θ로 입사하면 굴절각은 θ'보다 작으므로 R는 B와 A의 경계면에서 전반사하지 않는다.

15   열역학   정답 ⑤   정답률 68%

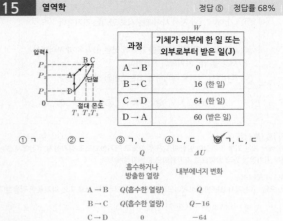

	W
과정	기체가 외부에 한 일 또는 외부로부터 받은 일(J)
A → B	0
B → C	16 (한 일)
C → D	64 (한 일)
D → A	60 (받은 일)

① ㄱ   ② ㄷ   ③ ㄱ, ㄴ   ④ ㄴ, ㄷ   ⑤ ㄱ, ㄴ, ㄷ

	Q	ΔU
	흡수하거나 방출한 열량	내부에너지 변화
A → B	Q(흡수한 열량)	Q
B → C	Q(흡수한 열량)	$Q-16$
C → D	0	-64
D → A	60(방출한 열량)	0

한 번 순환하는 동안 기체가 한 일 : $16+64-60=20\text{J}=2Q-60$

| 자 | 료 | 해 | 설 |

A, B, C에서의 절대 온도를 각각 T_1, T_2, T_3라 하고, D, A, B에서의 압력을 각각 P_1, P_2, P_3하고 B, C, D에서의 부피를 각각 V_1, V_2, V_3라 하면 압력 − 부피 그래프는 다음과 같다.

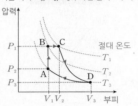

| 보 | 기 | 풀 | 이 |

ㄴ. 정답: 표와 같이 A → B 과정과 B → C 과정은 각각 부피가 일정한 상태에서 압력이 증가하는 과정과 등압 팽창과정으로 기체는 열을 흡수한다. 이때 흡수하는 열량을 각각 Q라 하면 한번 순환하는 동안 기체가 흡수하는 열량은 $2Q$이고 D → A 과정에서는 등온 압축 과정으로 기체가 외부로부터 받은 일 60J만큼 열을 방출한다. 한편, B → C 과정과 C → D 과정에서는 기체가 외부에 일을 하고, D → A 과정에서는 기체가 외부로부터 일을 받으므로 기체가 한번 순환하는 동안 한 일은 $16+64-60=2Q-60=20\text{J}$이다. 즉, $Q=40\text{J}$이므로 B → C 과정에서 내부 에너지 변화를 ΔU라 하면 $40\text{J} = \Delta U + 16\text{J}$이므로 $\Delta U = 24\text{J}$이다.

ㄷ. 정답: 열기관의 열효율은 $\dfrac{\text{한 번 순환하는 동안 기체가 한 일}}{\text{기체가 흡수한 열량}} = \dfrac{20\text{J}}{80\text{J}} = 0.25$이다.

16   등가속도 운동   정답 ④   정답률 56%

① $\dfrac{11}{5}a$ ② $2a$ ③ $\dfrac{9}{5}a$ ④ $\dfrac{8}{5}a$ ⑤ $\dfrac{7}{5}a$

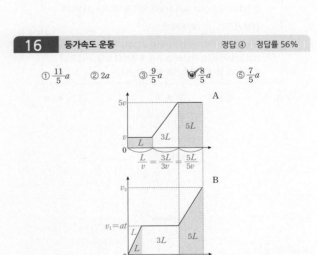

|자|료|해|설|및|선|택|지|풀|이|

④ 정답 : A가 Ⅰ, Ⅱ, Ⅲ에서 운동하는 동안 평균 속력은 각각 v, $\frac{v+5v}{2}$, $5v$이므로 걸린 시간은 각각 $\frac{L}{v}$, $\frac{3L}{3v}$, $\frac{5L}{5v}$로 같다. $x=4L$와 $x=9L$에서 B의 속력을 각각 v_1, v_2라 하면 B의 시간-속도 그래프로부터 $v_1\left(\frac{2L}{v}\right)=5L$이므로 $v_1=\frac{5}{2}v-$ ㉠이다. Ⅲ에서 B의 가속도의 크기를 a'라 하면 구간 Ⅰ과 Ⅲ에서 등가속도 직선 운동 식은 각각 $2aL=v_1^2-$ ㉡, $2a'(5L)=v_2^2-v_1^2-$ ㉢이고 Ⅲ에서 평균 속력은 A와 B가 같으므로 $5v=\frac{v_1+v_2}{2}-$ ㉣ 이므로 ㉠을 대입하면 $v_2=\frac{15}{2}v-$ ㉤이고 ㉠과 ㉤를 ㉡와 ㉢에 대입하면 $2aL=\frac{25}{4}v^2$, $10a'L=\frac{225}{4}v^2-\frac{25}{4}v^2=50v^2$ 또는 $a'L=\frac{225}{4}v^2-\frac{25}{4}v^2=5v^2$이다. 앞의 두 식을 연립하여 v를 소거하면 $a'=\frac{8}{5}a$이다.

---

17 직선 전류에 의한 자기장 정답 ⑤ 정답률 48%

	A의 전류		B의 전류	
	세기	방향	세기	방향
(가)	I_0	$-y$	I_0	$+y$
(나)	I_0	$+y$	I_0	$+y$
(다)	I_0	$+y$	$\frac{1}{2}I_0$	$+y$

① ㄱ ② ㄷ ③ ㄱ, ㄴ ④ ㄴ, ㄷ ⑤ ㄱ, ㄴ, ㄷ

xy평면으로 수직으로 들어가는 방향 : ⊗
xy평면으로 수직으로 나오는 방향 : ⊙
$B_0=k\dfrac{I_0}{4d}$, $B_C=k\dfrac{I_C}{d}$라 하면,
(가)일 때 p에서 자기장의 세기와 방향

A	B	C	합성 자기장의 세기
$4B_0$	$2B_0$	B_C	$+4B_0+2B_0+B_C=+2B$
⊙	⊙	⊙	

(다)일 때 p에서 자기장의 세기와 방향

A	B	C	합성 자기장의 세기
$4B_0$	B_0	B_C	$-4B_0+B_0+B_C=+B$
⊗	⊙	⊙	

|자|료|해|설|

xy평면에서 수직으로 나오는 방향을 $(+)$로 표시하고 자기장의 세기를 $B_0=k\dfrac{I_0}{4d}$, $B_C=k\dfrac{I_C}{d}$라 하면, p와 q에서 자기장의 세기와 방향은 각각 $+4B_0+2B_0+B_C=2B$, $-4B_0+B_0+B_C=B$이므로 두 식을 정리하면 $B_C=12B_0$이다.

|보|기|풀|이|

㉠ 정답 : $B_C=12B_0$이므로 $B_C=k\dfrac{I_C}{d}=k\dfrac{12I_0}{4d}$이므로 $I_C=3I_0$이다.

㉡ 정답 : (나)일 때 p와 q에서 A, B, C의 전류에 의한 자기장의 합의 세기와 방향은 각각 $-4B_0+2B_0+12B_0=+10B_0$, $-2B_0+4B_0-12B_0=-10B_0$이다.

㉢ 정답 : (다)일 때 q에서 A, B, C의 전류에 의한 자기장의 합의 세기와 방향은 $-2B_0+2B_0-12B_0=-12B_0$이다.

---

18 운동 방정식 정답 ③ 정답률 34%

운동 방정식 $20+10-F=(m_A+a+m_C)\times a=F-10=(m_A+1+m_C)\times a$

(가) (나)

① ㄱ ② ㄷ ③ ㄱ, ㄴ ④ ㄴ, ㄷ ⑤ ㄱ, ㄴ, ㄷ

|자|료|해|설|

(가)와 (나)에서 물체의 가속도의 크기는 같으므로 A의 가속도 방향은 (가)에서 왼쪽, (나)에서 오른쪽이다. 무게로 인해 C에 빗면 아래 방향으로 작용하는 힘을 F, A와 C의 질량을 각각 m_A, m_C라 하면 운동 방정식은 (가)와 (나)에서 각각 $20+10-F=(m_A+1+m_C)a$, $F-10=(m_A+1+m_C)a-$ ① 이므로 두 식으로부터 $F=20$N이다. p와 q에 작용하는 장력을 각각 (가)에서 $2T$, $3T$라 하고 (나)에서 $2T'$, $9T'$라 하면 B의 운동 방정식은 각각 $2T+10-3T=a$, $9T'-2T'-10=a$이고 두 식에서 a를 소거하면 $T+7T'=20-$ ⑥이다. A의 운동 방정식은 (가)와 (나)에서 각각 $20-2T=m_A a-$ ⑤, $2T'=m_A a-$ ⑥이므로 두 식을 정리하면 $T+T'=10-$ ⑦이고 ⑥와 ⑦로부터 $T=\dfrac{25}{3}$N, $T'=\dfrac{5}{3}$N 이다.

|보|기|풀|이|

㉠ 정답 : p가 A를 당기는 힘의 크기는 (가)에서 $2T=\dfrac{50}{3}$N, (나)에서 $2T'=\dfrac{10}{3}$N이다.

㉡ 정답 : $T=\dfrac{25}{3}$N, $T'=\dfrac{5}{3}$이므로 이를 ②와 ③에 대입하면 $a=\dfrac{5}{3}$m/s², $m_A=2$kg — ⑧이다.

ㄷ. 오답 : ⑧을 ①에 대입하면 $m_C=3$kg이다.

---

19 전자기 유도 정답 ⑤ 정답률 56%

금속 고리의 점 p가 $x=2.5d$를 지날 때, p에 흐르는 유도 전류의 방향은 $+y$방향이다. → Ⅱ에서 자기장의 방향은 ×이고 자기장의 세기는 B_0보다 크다.

① ㄱ ② ㄷ ③ ㄱ, ㄴ ④ ㄴ, ㄷ ⑤ ㄱ, ㄴ, ㄷ

|자|료|해|설|

p가 $x=2d$를 지날 때 금속 고리 전체는 Ⅰ에 위치한다. p가 $x=2.5d$를 지날 때 금속 고리의 일부는 Ⅱ를 지난다. 이때 p에 흐르는 유도 전류의 방향이 $+y$방향이므로 Ⅱ에서 자기장의 방향은 xy평면에 수직으로 들어가는 방향(×)으로 자기장의 세기는 Ⅰ보다 크다.

|보|기|풀|이|

㉡ 정답 : p에서 금속 고리를 통과하는 자기 선속은 xy평면에 수직으로 나오는 방향으로 증가하므로 p에 흐르는 유도 전류의 방향은 이를 방해하는 방향인 $-y$방향이다.

㉢ 정답 : 유도 전류의 세기는 시간에 따라 자기 선속의 변화에 비례한다. 시간에 따라 금속 고리를 통과하는 자기 선속의 변화는 p가 $x=5.5d$를 지날 때가 $x=2.5d$를 지날 때보다 크다.

---

20 역학적 에너지 보존 정답 ② 정답률 53%

B가 마찰 구간을 올라갈 때 손실된 역학적 에너지는 내려갈 때와 같고, P, Q의 용수철 상수는 같다. → $E'=mgH-$ ②

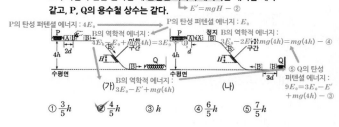

① $\dfrac{3}{5}h$ ② $\dfrac{4}{5}h$ ③ h ④ $\dfrac{6}{5}h$ ⑤ $\dfrac{7}{5}h$

|자|료|해|설|및|선|택|지|풀|이|

② 정답 : (가)에서 P의 탄성 퍼텐셜 에너지가 모두 A와 B의 운동 에너지로 전환될 때 두 물체는 최대 속력을 가지고 이때 A와 B는 분리된다. (나)에서 A의 운동 에너지가 모두 P의 탄성 퍼텐셜 에너지로 전환될 때 용수철은 d만큼 압축되고 이때의 탄성 퍼텐셜 에너지를 E_0라 하면, (가)에서 용수철이 $2d$만큼 압축되었을 때 P의 탄성 퍼텐셜 에너지는 $4E_0$이고 B의 질량을 m이라 할 때 (가)에서 분리된 직후 B의 역학적 에너지는 $4E_0-E_0+mg(4h)$ — ①이다. 마찰 구간에서 B는 등속 운동을 하므로 손실된 역학적 에너지를 E'라 하면 $E'=mgH-$ ②이고 수평면에서 B의 역학적 에너지는 모두 Q의 탄성 퍼텐셜 에너지로 전환되고 이때 용수철은 $3d$만큼 압축되므로 $3E_0-E'+mg(4h)=9E_0-$ ③이다. Q의 탄성 퍼텐셜 에너지는 B의 역학적 에너지로 전환되고 마찰 구간을 지나 $4h$인 곳에서 정지하므로 $3E_0-2E'+mg(4h)=mg(4h)$이고 이를 정리하면 $E_0=\dfrac{2}{3}E'-$ ④이다. ②와 ④를 ③에 대입하여 정리하면 $H=\dfrac{4}{5}h$이다.